$$[\nabla^2 \mathbf{v}]_x \equiv [\nabla \cdot \nabla \mathbf{v}]_x = \frac{\partial^2 v_x}{\partial x^2} + \frac{\partial^2 v_x}{\partial y^2} + \frac{\partial^2 v_x}{\partial z^2}$$

$$[\nabla^2 \mathbf{v}]_y \equiv [\nabla \cdot \nabla \mathbf{v}]_y = \frac{\partial^2 v_y}{\partial x^2} + \frac{\partial^2 v_y}{\partial y^2} + \frac{\partial^2 v_y}{\partial z^2}$$

$$[\nabla^2 \mathbf{v}]_z \equiv [\nabla \cdot \nabla \mathbf{v}]_z = \frac{\partial^2 v_z}{\partial x^2} + \frac{\partial^2 v_z}{\partial y^2} + \frac{\partial^2 v_z}{\partial z^2}$$

$$[\mathbf{v} \cdot \nabla \mathbf{v}]_x = v_x \frac{\partial v_x}{\partial x} + v_y \frac{\partial v_x}{\partial y} + v_z \frac{\partial v_x}{\partial z}$$

$$[\mathbf{v} \cdot \nabla \mathbf{v}]_y = v_x \frac{\partial v_y}{\partial x} + v_y \frac{\partial v_y}{\partial y} + v_z \frac{\partial v_y}{\partial z}$$

$$[\mathbf{v} \cdot \nabla \mathbf{v}]_z = v_x \frac{\partial v_z}{\partial x} + v_y \frac{\partial v_z}{\partial y} + v_z \frac{\partial v_z}{\partial z}$$

$$[\nabla \cdot \mathbf{vv}]_x = \frac{\partial (v_x v_x)}{\partial x} + \frac{\partial (v_y v_x)}{\partial y} + \frac{\partial (v_z v_x)}{\partial z}$$

$$[\nabla \cdot \mathbf{vv}]_y = \frac{\partial (v_x v_y)}{\partial x} + \frac{\partial (v_y v_y)}{\partial y} + \frac{\partial (v_z v_y)}{\partial z}$$

$$[\nabla \cdot \mathbf{vv}]_z = \frac{\partial (v_x v_z)}{\partial x} + \frac{\partial (v_y v_z)}{\partial y} + \frac{\partial (v_z v_z)}{\partial z}$$

$$[\nabla \cdot \boldsymbol{\tau}]_x = \frac{\partial \tau_{xx}}{\partial x} + \frac{\partial \tau_{yx}}{\partial y} + \frac{\partial \tau_{zx}}{\partial z}$$

$$[\nabla \cdot \boldsymbol{\tau}]_y = \frac{\partial \tau_{xy}}{\partial x} + \frac{\partial \tau_{yy}}{\partial y} + \frac{\partial \tau_{zy}}{\partial z}$$

$$[\nabla \cdot \boldsymbol{\tau}]_z = \frac{\partial \tau_{xz}}{\partial x} + \frac{\partial \tau_{yz}}{\partial y} + \frac{\partial \tau_{zz}}{\partial z}$$

$$\begin{aligned}(\boldsymbol{\tau} : \nabla \mathbf{v}) = {} & \tau_{xx} \frac{\partial v_x}{\partial x} + \tau_{xy} \frac{\partial v_x}{\partial y} + \tau_{xz} \frac{\partial v_x}{\partial z} \\ & + \tau_{yx} \frac{\partial v_y}{\partial x} + \tau_{yy} \frac{\partial v_y}{\partial y} + \tau_{yz} \frac{\partial v_y}{\partial z} \\ & + \tau_{zx} \frac{\partial v_z}{\partial x} + \tau_{zy} \frac{\partial v_z}{\partial y} + \tau_{zz} \frac{\partial v_z}{\partial z}\end{aligned}$$

Nota: As operações diferenciais *não* podem ser generalizadas de forma simples para coordenadas curvilíneas; ver Tabelas A.7-2 e A.7-3.

FENÔMENOS DE TRANSPORTE

SEGUNDA EDIÇÃO

R. Byron Bird
Warren E. Stewart
Edwin N. Lightfoot
Chemical Engineering Department
University of Wisconsin-Madison

Equipe de Tradução

Affonso Silva Telles, Ph.D.
Departamento de Engenharia Química — Escola de Química/UFRJ
(Capítulos 9, 10, 11, 12, 13, 14, 16 e 24)

Carlos Russo, Ph.D.
Departamento de Tecnologia de Processos Bioquímicos — Instituto de Química/UERJ
(Capítulos 17, 18, 19, 20, 21 e 22)

Ricardo Pires Peçanha, Ph.D.
Departamento de Engenharia Química — Escola de Química/UFRJ
(Capítulos 1, 2, 3, 4, 5, 6 e 8)

Verônica Calado, D.Sc.
Departamento de Engenharia Química — Escola de Química/UFRJ
(Capítulos Zero, 7, 15, 23, Apêndices A a F, Notação e Índice)

gen | LTC

Apesar dos melhores esforços dos autores, dos tradutores, do editor e dos revisores, é inevitável que surjam erros no texto. Assim, são bem-vindas as comunicações de usuários sobre correções ou sugestões referentes ao conteúdo ou ao nível pedagógico que auxiliem o aprimoramento de edições futuras. Os comentários dos leitores podem ser encaminhados à **LTC — Livros Técnicos e Científicos Editora** pelo e-mail ltc@grupogen.com.br.

Travessa do Ouvidor, 11
Rio de Janeiro, RJ — CEP 20040-040
Tels.: 21-3543-0770 / 11-5080-0770
Fax: 21-3543-0896
ltc@grupogen.com.br
www.grupogen.com.br

Capa: Norm Christiansen. Usada com permissão de John Wiley & Sons, Inc.

Editoração Eletrônica: *Gabi e Lucas Serviços de Datilografia E. A. Gráfica Ltda.-ME*

CIP-BRASIL. CATALOGAÇÃO-NA-FONTE
SINDICATO NACIONAL DOS EDITORES DE LIVROS, RJ

B517f

Bird, R. Byron (Robert Byron), 1924-
Fenômenos de transporte / R. Byron Bird, Warren E. Stewart, Edwin N. Lightfoot ; equipe de tradução Affonso Silva Telles... [et al.]. - [Reimpr.]. - Rio de Janeiro : LTC, 2018.

Tradução de: Transport phenomena, 2nd ed
Contém problemas e questões para discussão
Apêndices
Inclui índice
ISBN 978-85-216-1393-0

1. Dinâmica dos fluidos. 2. Teoria do transporte. I. Stewart, Warren E., 1924-. II. Lightfoot, Edwin N., 1925-. III. Título.

10-0663. CDD: 532.05
CDU: 532.5

PREFÁCIO

Embora as transferências de momento, de calor e de massa tenham sido desenvolvidas independentemente como ramos da física clássica há tempos, seu estudo unificado encontrou lugar como uma das ciências fundamentais de engenharia. Esse desenvolvimento, por sua vez, com menos de meio século de idade, continua a crescer e a encontrar aplicações em novas áreas, tais como biotecnologia, microeletrônica, nanotecnologia e ciência de polímeros.

A evolução dos fenômenos de transporte tem sido tão rápida e extensa que não é possível abordá-los em sua totalidade. Ao incluir muitos exemplos representativos, nossa principal ênfase, por uma questão de necessidade, diz respeito a aspectos fundamentais dessa área. Além disso, constatamos, em discussões com colegas, que o tema fenômenos de transporte é ensinado de diversas maneiras e em níveis diferentes. Foi incluído material suficiente para dois cursos: um introdutório e um avançado. O curso elementar, por sua vez, pode ser dividido em um de transferência de momento e um outro de transferência de calor e de massa, fornecendo assim mais oportunidades para demonstrar a utilidade desse material em aplicações práticas. Com o objetivo de ajudar estudantes e professores, algumas seções têm os símbolos (○) significando opcionais, e (●) significando avançadas.

Embora considerado há muito tempo como um tema matemático, os fenômenos de transporte são mais importantes por seu significado físico. Sua essência é a formulação cuidadosa e compacta dos princípios de conservação, juntamente com as expressões de fluxo com ênfase nas semelhanças e diferenças entre os três processos de transporte considerados. Freqüentemente, conhecer as condições de contorno e as propriedades físicas em um problema específico pode levar a conhecimentos úteis, com um esforço mínimo. Contudo, a linguagem dos fenômenos de transporte é matemática e, neste livro, supusemos familiaridade com equações diferenciais ordinárias e análise vetorial elementar. Introduziremos o uso de equações diferenciais parciais com explicações suficientes de modo que o estudante interessado possa dominar o material apresentado. A fim de poder se concentrar no entendimento fundamental, as técnicas numéricas não são utilizadas, apesar de sua óbvia importância.

Citações à literatura publicada são enfatizadas em todo o livro, tanto para colocar os fenômenos de transporte em seu contexto histórico adequado, quanto para conduzir o leitor a extensões dos fundamentos e outras aplicações. Foi uma preocupação nossa, em particular, apresentar os pioneiros aos quais devemos muito e dos quais podemos ainda obter inspiração útil. Esses foram seres humanos não tão diferentes de nós, e talvez alguns de nossos leitores sejam inspirados a fazer contribuições semelhantes.

Obviamente, as necessidades de nossos leitores e as ferramentas disponíveis para eles têm mudado grandemente desde que a primeira edição foi escrita, cerca de quarenta anos atrás. Fizemos um sério esforço para tornar nosso texto atualizado, dentro dos limites de espaço e de nossas habilidades, e tentamos antecipar mais desenvolvimentos. As maiores mudanças em relação à primeira edição incluem:

- propriedades de transporte de sistemas bifásicos;
- o uso de "fluxos combinados" para estabelecer balanços e equações de variações em cascas;
- conservação de momento angular e suas conseqüências;
- dedução completa do balanço de energia mecânica;
- tratamento expandido da teoria da camada limite;
- dispersão de Taylor;
- discussões melhoradas do transporte turbulento;
- análise de Fourier do transporte turbulento a altos valores de Pr ou Sc;
- mais sobre os coeficientes de transferência de calor e de massa;
- discussões estendidas de análise dimensional e mudança de escala;
- métodos matriciais para transferência de massa multicomponente;
- sistemas iônicos, separações por membranas e meios porosos;
- a relação entre a equação de Boltzmann e as equações do contínuo;
- o uso da convenção "Q + W" nas discussões de energia, em conformidade com os principais livros de física e de físico-química.

No entanto, é sempre a geração de profissionais mais jovens que vê o futuro mais claramente e que deve edificá-lo sobre heranças imperfeitas.

Ainda há muito por ser feito, mas espera-se que a utilidade dos fenômenos de transporte cresça em vez de diminuir. Cada uma das novas tecnologias entusiasmantes florescendo ao nosso redor é governada, no nível detalhado de interesse, pelas leis de conservação e pelas expressões de fluxo, juntamente com informação sobre os coeficientes de transporte. A adaptação de equacionamentos de problemas e de técnicas de solução para essas novas áreas manterá, indubitavelmente, engenheiros ocupados por um longo tempo e podemos apenas esperar ter fornecido uma base útil a partir da qual começar.

Cada novo livro depende, para seu sucesso, de muito mais pessoas do que aquelas cujos nomes aparecem na página do título. A dívida mais óbvia é certamente com os estudantes aplicados e talentosos que, coletivamente, ensinaram-nos muito mais do que temos ensinado a eles. Além disso, os professores que revisaram o manuscrito merecem agradecimentos especiais por suas numerosas correções e comentários perspicazes: Yu-Ling Cheng (Universidade de Toronto), Michael D. Graham (Universidade de Wisconsin), Susan J. Muller (Universidade da Califórnia-Berkeley), William B. Russel (Universidade de Princeton), Jay D. Schieber (Instituto de Tecnologia de Illinois) e John F. Wendt (Instituto Von Kármán de Fluidodinâmica). Entretanto, em um nível mais profundo, beneficiamo-nos da estrutura e tradição departamentais, providas por nossos antecessores aqui em Madison. O mais importante entre eles foi Olaf Andreas Hougen e é à sua memória que essa edição é dedicada.

Madison, Wisconsin

R. B. B.
W. E. S.
E. N. L.

SUMÁRIO

PARTE II TRANSPORTE DE ENERGIA

PARTE III TRANSPORTE DE MASSA

APÊNDICES

Material Suplementar

Este livro conta com material suplementar restrito a docentes (em inglês).

O acesso ao material suplementar é gratuito. Basta que o leitor se cadastre em nosso *site* (www.grupogen.com.br), faça seu *login* e clique em GEN-IO, no menu superior do lado direito. É rápido e fácil.

Caso haja alguma mudança no sistema ou dificuldade de acesso, entre em contato conosco (sac@grupogen.com.br).

CAPÍTULO 0

O ASSUNTO FENÔMENOS DE TRANSPORTE

A finalidade deste capítulo introdutório é descrever o escopo, objetivos e métodos do assunto fenômenos de transporte. É importante ter alguma idéia sobre a estrutura do tema antes de entrar em detalhes; sem essa perspectiva não é possível apreciar os princípios de unificação do assunto e a inter-relação dos vários tópicos individuais. O grande alcance dos fenômenos de transporte é essencial para o entendimento de muitos processos em engenharia, agricultura, meteorologia, fisiologia, biologia, química analítica, ciência de materiais, farmácia e outras áreas. Fenômenos de transporte é um ramo bem desenvolvido da física e eminentemente útil que permeia muitas áreas da ciência aplicada.

0.1 O QUE SÃO OS FENÔMENOS DE TRANSPORTE?

O assunto fenômenos de transporte inclui três tópicos intimamente relacionados: dinâmica dos fluidos, transferência de calor e transferência de massa. A dinâmica dos fluidos envolve o transporte de *momento*, a transferência de calor lida com o transporte de *energia* e a transferência de massa diz respeito ao transporte de *massa* de várias espécies químicas. Esses três fenômenos de transporte devem, em um nível introdutório, ser estudados juntos pelas seguintes razões:

- Eles em geral ocorrem simultaneamente em problemas industriais, biológicos, agrícolas e meteorológicos; na verdade, a ocorrência de qualquer um dos processos de transporte isoladamente é uma exceção em vez de uma regra.
- As equações básicas que descrevem os três fenômenos de transporte estão intimamente relacionadas. A similaridade das equações, sob condições simples, é a base para resolver problemas "por analogia".
- As ferramentas matemáticas necessárias para descrever esses fenômenos são muito similares. Embora não seja o objetivo deste livro ensinar matemática, será necessário o estudante rever vários tópicos matemáticos como desdobramentos do desenvolvimento. Aprender como usar a matemática pode ser um subproduto muito valioso do estudo de fenômenos de transporte.
- Os mecanismos moleculares por trás dos vários fenômenos de transporte estão bastante relacionados. Todos os materiais são compostos de moléculas e os mesmos movimentos moleculares e interações são responsáveis pela viscosidade, pela condutividade térmica e pela difusão.

O principal objetivo deste livro é dar uma visão balanceada da área de fenômenos de transporte, apresentar as equações fundamentais do assunto e ilustrar como usá-las para resolver problemas.

Existem muitos tratados excelentes sobre dinâmica dos fluidos, transferência de calor e transferência de massa. Além disso, há muitas pesquisas e revisões em periódicos especializados em cada um desses assuntos e mesmo em subáreas especializadas. O leitor que dominar os conteúdos deste livro deve poder consultar os tratados e periódicos e se aprofundar mais em outros aspectos da teoria, das técnicas experimentais, das correlações empíricas, dos métodos de planejamento e das aplicações. Ou seja, este livro não deve ser considerado como a apresentação completa do assunto, mas sim como um ponto de partida para uma vasta gama de conhecimentos existentes.

0.2 TRÊS NÍVEIS NOS QUAIS OS FENÔMENOS DE TRANSPORTE PODEM SER ESTUDADOS

Na Fig. 0.2-1, mostramos um diagrama esquemático de um sistema de grande porte – por exemplo, um equipamento grande, através do qual uma mistura fluida está escoando. Podemos descrever o transporte de massa, de momento, de energia e de momento angular em três níveis diferentes.

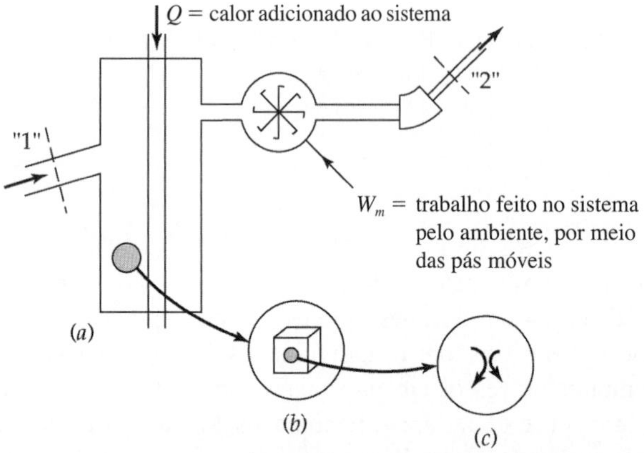

Fig. 0.2-1 (*a*) Um sistema de escoamento macroscópico que contém N_2 e O_2; (*b*) uma região microscópica dentro do sistema macroscópico, contendo N_2 e O_2, que estão escoando; (*c*) uma colisão entre uma molécula de N_2 e uma molécula de O_2.

Em *nível macroscópico* (Fig. 0.2-1*a*), escrevemos uma série de equações chamadas de "balanços macroscópicos", que descrevem como a massa, o momento, a energia e o momento angular no sistema variam por causa da introdução e retirada dessas grandezas através das correntes de entrada e de saída e devido a várias outras entradas no sistema provenientes do ambiente. Nenhuma tentativa é feita para entender todos os detalhes do sistema. No estudo de um sistema de engenharia ou biológico, é uma boa idéia começar com tal descrição macroscópica para fazer uma análise global do problema; em alguns exemplos somente essa visão global é necessária.

Em *nível microscópico* (Fig. 0.2-1*b*), examinamos o que está acontecendo com a mistura fluida em uma pequena região dentro do equipamento. Escrevemos um conjunto de equações chamadas "equações de balanço", que descrevem como a massa, o momento, a energia e o momento angular variam dentro dessa pequena região. O objetivo aqui é conseguir informação acerca dos perfis de velocidades, temperaturas, pressões e concentrações dentro do sistema. Essa informação mais detalhada pode ser necessária para o entendimento de alguns processos.

Em *nível molecular* (Fig. 0.2-1*c*), procuramos por uma compreensão fundamental dos mecanismos de transporte de massa, de momento, de energia e de momento angular, em termos da estrutura molecular e das forças intermoleculares. Geralmente, esse é o domínio dos físicos teóricos ou dos físico-químicos, porém, ocasionalmente, engenheiros e cientistas práticos têm de se envolver nesse nível. Isso é particularmente verdade se os processos em estudo envolverem moléculas complexas, faixas extremas de temperatura e pressão ou sistemas que reagem quimicamente.

Deve ser evidente que esses três níveis de descrição envolvem diferentes "escalas de comprimento": por exemplo, em um problema industrial típico, em nível macroscópico, as dimensões dos sistemas de escoamento podem ser da ordem de centímetros ou metros; o nível microscópico envolve o que está acontecendo na faixa do mícron ao centímetro e no nível molecular os problemas envolvem faixas de cerca de 1 a 1.000 nanômetros.

Este livro está dividido em três partes que lidam com:

- Escoamento de fluidos puros a temperatura constante (com ênfase nos transportes viscoso e convectivo de momento) – Caps. 1 a 8
- Escoamento de fluidos puros com temperatura variando (com ênfase nos transportes condutivo, convectivo e radiante de energia) – Caps. 9 a 16
- Escoamento de misturas de fluidos com composição variando (com ênfase nos transportes difusivo e convectivo de massa) – Caps. 17 a 24

Ou seja, passamos dos problemas mais simples aos mais difíceis. Dentro de cada uma dessas partes, começamos com um capítulo inicial que lida com alguns resultados da teoria molecular das propriedades de transporte (viscosidade, condutividade térmica e difusividade). Prosseguimos então para o nível microscópico e aprendemos como determinar os perfis de velocidades, de temperaturas e de concentrações em vários tipos de sistemas. A discussão se conclui com o nível macroscópico e a descrição de sistemas grandes.

À medida que a discussão se desenrola, o leitor perceberá que há muitas conexões entre os níveis de descrição. As propriedades de transporte que são descritas pela teoria molecular são usadas em nível microscópico. Além disso, as equações desenvolvidas neste nível são necessárias para fornecer informações que serão utilizadas para resolver problemas no nível macroscópico.

Existem também muitas conexões entre as três áreas de transporte de momento, de energia e de massa. Ao se aprender como resolver problemas em uma área, aprende-se também as técnicas para resolver problemas em outra área. As similaridades das equações nas três áreas significam que, em muitos casos, os problemas podem ser resolvidos "por analogia" – isto é, adotando-se diretamente uma solução de uma área, mudando então os símbolos nas equações e escrevendo a solução para um problema em outra área.

O estudante verá que essas conexões – entre níveis e entre os vários fenômenos de transporte – reforçam o processo de aprendizado. À medida que se vai da primeira parte do livro (transporte de momento) para a segunda parte (transporte de energia) e então para a terceira parte (transporte de massa), a metodologia será bem similar mas os "nomes dos atores" irão variar.

A Tabela 0.2-1 mostra o arranjo dos capítulos na forma de uma "matriz" 3 × 8. Uma olhada rápida na matriz tornará bastante claro que tipos de interconexões podem ser esperadas durante o estudo do livro. Recomendamos que o livro seja estudado por colunas, particularmente nos cursos de graduação. Para estudantes de pós-graduação, por outro lado, o estudo dos tópicos por linhas pode dar uma chance para reforçar as conexões entre as três áreas de fenômenos de transporte.

TABELA 0.2-1 Organização dos Tópicos Neste Livro

Tipo de transporte	Momento	Energia	Massa
Transporte por movimento molecular	**1** Viscosidade e o tensor tensão (fluxo de momento)	**9** Condutividade térmica e o vetor fluxo de calor	**17** Difusividade e os vetores fluxos de massa
Transporte em uma dimensão (métodos dos balanços em cascas)	**2** Balanços de momento em cascas e distribuições de velocidades	**10** Balanços de energia em cascas e distribuições de temperaturas	**18** Balanços de massa em cascas e distribuições de concentrações
Transporte em contínuos arbitrários (uso de equações gerais de transporte)	**3** Equações de balanço e seu uso [isotérmico]	**11** Equações de balanço e seu uso [não-isotérmico]	**19** Equações de balanço e seu uso [misturas]
Transporte com duas variáveis independentes (métodos especiais)	**4** Transporte de momento com duas variáveis independentes	**12** Transporte de energia com duas variáveis independentes	**20** Transporte de massa com duas variáveis independentes
Transporte em escoamento turbulento e propriedades de transporte turbilhonar	**5** Transporte turbulento de momento; viscosidade turbilhonar	**13** Transporte turbulento de energia; condutividade térmica turbilhonar	**21** Transporte turbulento de massa; difusividade turbilhonar
Transporte através de fronteiras de fases	**6** Fatores de atrito; o uso de correlações empíricas	**14** Coeficientes de transferência de calor; o uso de correlações empíricas	**22** Coeficientes de transferência de massa; o uso de correlações empíricas
Transporte em sistemas de grande porte, tais como equipamentos ou partes deles	**7** Balanços macroscópicos [isotérmico]	**15** Balanços macroscópicos [não-isotérmico]	**23** Balanços macroscópicos [misturas]
Transporte por outros mecanismos	**8** Transporte de momento em líquidos poliméricos	**16** Transporte de energia por radiação	**24** Transporte de massa em sistemas multicomponentes; efeitos cruzados

Em todos os três níveis de descrição – molecular, microscópico e macroscópico – as *leis de conservação* desempenham um papel-chave. A dedução das leis de conservação para sistemas moleculares é direta e instrutiva. Com física elementar e um mínimo de matemática, podemos ilustrar os principais conceitos e rever quantidades físicas chaves que serão encontradas ao longo de todo este livro. Esse será o tópico da próxima seção.

0.3 AS LEIS DE CONSERVAÇÃO: UM EXEMPLO

O sistema que consideramos se refere àquele com duas moléculas diatômicas colidindo. Por simplicidade, supomos que as moléculas não interagem quimicamente e que cada molécula seja homonuclear – ou seja, que seus núcleos atômicos sejam idênticos. As moléculas estão em um gás de baixa densidade, de modo que não precisamos considerar interações com outras moléculas em volta. Na Fig. 0.3-1 mostramos a colisão entre as duas moléculas diatômicas homonucleares, *A* e *B*. Na Fig. 0.3-2 mostramos a notação para especificar as localizações dos dois átomos de uma molécula, por meio dos vetores de posição desenhados a partir de uma origem arbitrária.

Na verdade, a descrição de eventos em nível atômico e molecular deveria ser feita usando a mecânica quântica. Entretanto, exceto para as moléculas mais leves (H_2 e He), a temperaturas menores que 50 K, a teoria cinética dos gases pode ser desenvolvida bastante satisfatoriamente pelo uso da mecânica clássica.

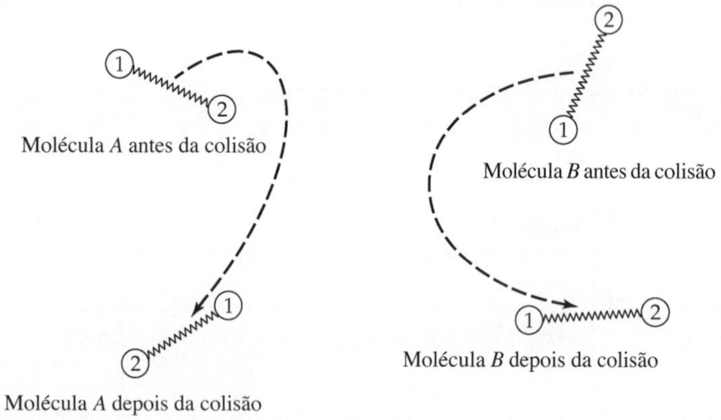

Fig. 0.3-1 Uma colisão entre moléculas diatômicas homonucleares, tais como N_2 e O_2. A molécula *A* é composta por dois átomos *A*1 e *A*2. A molécula *B* é composta por dois átomos *B*1 e *B*2.

Antes e depois de uma colisão, várias relações devem ser verificadas entre as grandezas. Presume-se que tanto antes quanto depois da colisão as moléculas estejam suficientemente afastadas de modo que duas moléculas não possam "sentir" a força intermolecular; além de uma distância de cerca de 5 diâmetros moleculares, sabe-se que a força intermolecular é negligenciável. Grandezas depois da colisão são indicadas com aspas simples.

(a) De acordo com a *lei de conservação de massa*, a massa total das moléculas antes e depois da colisão tem de ser igual a:

$$m_A + m_B = m'_A + m'_B \tag{0.3-1}$$

Nessa equação, m_A e m_B são as massas das moléculas *A* e *B*. Uma vez que não há reações químicas, as massas das espécies individuais serão conservadas, de modo que

$$m_A = m'_A \quad \text{e} \quad m_B = m'_B \tag{0.3-2}$$

(b) De acordo com a *lei de conservação de momento*, a soma dos momentos de todos os átomos antes da colisão tem de ser igual àquela depois da colisão, de modo que

$$m_{A1}\dot{\mathbf{r}}_{A1} + m_{A2}\dot{\mathbf{r}}_{A2} + m_{B1}\dot{\mathbf{r}}_{B1} + m_{B2}\dot{\mathbf{r}}_{B2} = m'_{A1}\dot{\mathbf{r}}'_{A1} + m'_{A2}\dot{\mathbf{r}}'_{A2} + m'_{B1}\dot{\mathbf{r}}'_{B1} + m'_{B2}\dot{\mathbf{r}}'_{B2} \tag{0.3-3}$$

em que $\mathbf{r}_{A1}$ é o vetor posição para o átomo 1 da molécula *A* e $\dot{\mathbf{r}}_A$ é a sua velocidade. Escrevemos agora $\mathbf{r}_{A1} = \mathbf{r}_A + \mathbf{R}_{A1}$, de modo que $\mathbf{r}_{A1}$ é escrito como a soma do vetor posição para o centro de massa e o vetor posição do átomo em relação ao

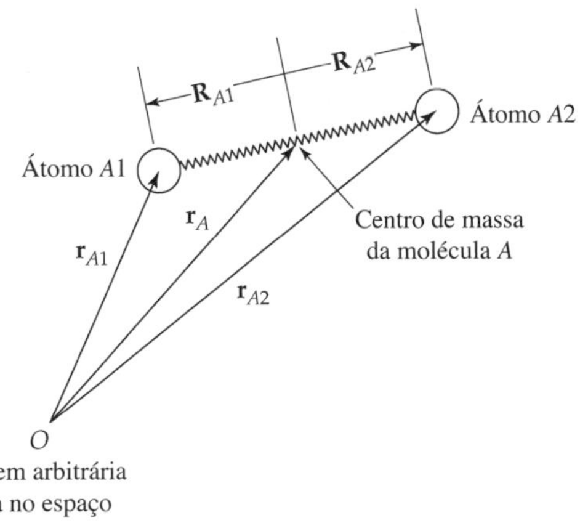

Fig. 0.3-2 Vetores de posição para os átomos $A1$ e $A2$ na molécula A.

centro de massa, e reconhecemos que $\mathbf{R}_{A2} = -\mathbf{R}_{A1}$; escrevemos também as mesmas relações para os vetores das velocidades. Podemos então reescrever a Eq. 0.3-3 como

$$m_A\dot{\mathbf{r}}_A + m_B\dot{\mathbf{r}}_B = m_A\dot{\mathbf{r}}'_A + m_B\dot{\mathbf{r}}'_B \tag{0.3-4}$$

Ou seja, o princípio de conservação pode ser escrito em termos das massas moleculares e das velocidades em que foram eliminadas as correspondentes grandezas atômicas. Ao obtermos a Eq. 0.3-4 usamos a Eq. 0.3-2 e o fato de que para moléculas diatômicas homonucleares $m_{A1} = m_{A2} = \frac{1}{2}m_A$.

(c) De acordo com a *lei de conservação de energia*, a energia do par colidente de moléculas tem de ser a mesma antes e depois da colisão. A energia de uma molécula isolada é a soma das energias cinéticas dos dois átomos e da energia potencial interatômica, ϕ_A, que descreve a força da ligação química ligando os dois átomos 1 e 2 da molécula A, e é uma função da distância interatômica $|\mathbf{r}_{A2} - \mathbf{r}_{A1}|$. Por conseguinte, a conservação de energia conduz a

$$\begin{aligned}&\left(\tfrac{1}{2}m_{A1}\dot{r}_{A1}^2 + \tfrac{1}{2}m_{A2}\dot{r}_{A2}^2 + \phi_A\right) + \left(\tfrac{1}{2}m_{B1}\dot{r}_{B1}^2 + \tfrac{1}{2}m_{B2}\dot{r}_{B2}^2 + \phi_B\right) = \\ &\left(\tfrac{1}{2}m'_{A1}\dot{r}'^2_{A1} + \tfrac{1}{2}m'_{A2}\dot{r}'^2_{A2} + \phi'_A\right) + \left(\tfrac{1}{2}m'_{B1}\dot{r}'^2_{B1} + \tfrac{1}{2}m'_{B2}\dot{r}'^2_{B2} + \phi'_B\right)\end{aligned} \tag{0.3-5}$$

Note que usamos a notação padrão abreviada que $\dot{r}_{A1}^2 = (\dot{\mathbf{r}}_{A1} \cdot \dot{\mathbf{r}}_{A1})$. Escrevemos agora a velocidade do átomo 1 da molécula A como a soma da velocidade do centro de massa de A e a velocidade de 1 em relação ao centro de massa; isto é, $\dot{\mathbf{r}}_{A1} = \dot{\mathbf{r}}_A + \dot{\mathbf{R}}_{A1}$. Então a Eq. 0.3.5 se torna

$$\left(\tfrac{1}{2}m_A\dot{r}_A^2 + u_A\right) + \left(\tfrac{1}{2}m_B\dot{r}_B^2 + u_B\right) = \left(\tfrac{1}{2}m'_A\dot{r}'^2_A + u'_A\right) + \left(\tfrac{1}{2}m'_B\dot{r}'^2_B + u'_B\right) \tag{0.3-6}$$

em que $u_A = \frac{1}{2}m_{A1}\dot{R}_{A1}^2 + \frac{1}{2}m_{A2}\dot{R}_{A2}^2 + \phi_A$ é a soma das energias cinéticas dos átomos, referidas ao centro de massa da molécula A, e do potencial interatômico da molécula A. Ou seja, dividimos a energia de cada molécula na sua energia cinética em relação às coordenadas fixas e na energia interna da molécula (que inclui suas energias vibracional, rotacional e potencial). A Eq. 0.3-6 torna claro que as energias cinéticas das moléculas colidentes podem ser convertidas em energia interna ou vice-versa. Essa idéia de um intercâmbio entre a energia cinética e interna aparecerá novamente quando discutirmos as relações de energia nos níveis microscópicos e macroscópicos.

(d) Finalmente, a *lei de conservação de momento angular* pode ser aplicada a uma colisão para dar

$$\begin{aligned}&([\mathbf{r}_{A1} \times m_{A1}\dot{\mathbf{r}}_{A1}] + [\mathbf{r}_{A2} \times m_{A2}\dot{\mathbf{r}}_{A2}]) + ([\mathbf{r}_{B1} \times m_{B1}\dot{\mathbf{r}}_{B1}] + [\mathbf{r}_{B2} \times m_{B2}\dot{\mathbf{r}}_{B2}]) = \\ &([\mathbf{r}'_{A1} \times m'_{A1}\dot{\mathbf{r}}'_{A1}] + [\mathbf{r}'_{A2} \times m'_{A2}\dot{\mathbf{r}}'_{A2}]) + ([\mathbf{r}'_{B1} \times m'_{B1}\dot{\mathbf{r}}'_{B1}] + [\mathbf{r}_{B2} \times m'_{B2}\dot{\mathbf{r}}'_{B2}])\end{aligned} \tag{0.3-7}$$

em que $\times$ é usado para indicar o produto vetorial de dois vetores. A seguir, introduziremos o centro de massa, os vetores de posição relativa e os vetores de velocidade como antes e obtemos

$$\begin{aligned}&([\mathbf{r}_A \times m_A\dot{\mathbf{r}}_A] + \mathbf{l}_A) + ([\mathbf{r}_B \times m_B\dot{\mathbf{r}}_B] + \mathbf{l}_B) = \\ &([\mathbf{r}'_A \times m_A\dot{\mathbf{r}}'_A] + \mathbf{l}'_A) + ([\mathbf{r}'_B \times m_B\dot{\mathbf{r}}'_B] + \mathbf{l}'_B)\end{aligned} \tag{0.3-8}$$

em que $\mathbf{l}_A = [\mathbf{R}_{A1} \times m_{A1}\dot{\mathbf{R}}_{A1}] + [\mathbf{R}_{A2} \times m_{A2}\dot{\mathbf{R}}_{A2}]$ é a soma dos momentos angulares dos átomos em relação a uma origem de coordenadas no centro de massa da molécula – ou seja, o "momento angular interno". O ponto importante é que há a possibilidade para intercâmbio entre o momento angular das moléculas (em relação à origem das coordenadas) e seu momento angular interno (em relação ao centro de massa da molécula). Mais adiante, isso será referido em conexão com a equação de balanço para o momento angular.

As leis de conservação quando aplicadas a colisões de moléculas monoatômicas podem ser obtidas a partir dos resultados anteriores como segue: as Eqs. 0.3-1, 0.3-2 e 0.3-4 são diretamente aplicáveis; a Eq. 0.3-6 será aplicável se as contribuições da energia interna forem omitidas e a Eq. 0.3-8 poderá ser usada se os termos do momento angular interno forem descartados.

Muito deste livro dirá respeito ao estabelecimento das leis de conservação em níveis microscópico e macroscópico e à aplicação delas em problemas de interesse na engenharia e na ciência. A discussão anterior deve fornecer uma boa base para essa aventura. Para se ter uma idéia das leis de conservação de massa, de momento e de energia nos níveis microscópicos e macroscópicos veja as Tabelas 19.2-1 e 23.5-1.

0.4 COMENTÁRIOS FINAIS

Com a finalidade de usar inteligentemente os balanços macroscópicos, é necessário usar informações sobre o transporte entre fases que seja proveniente das equações de balanço. Para usar as equações de balanço, necessitamos das propriedades de transporte, que são descritas por várias teorias moleculares. Portanto, de um ponto de vista de ensino, parece melhor começar em nível molecular e trabalhar em direção a sistemas maiores.

Todas as discussões de teoria são acompanhadas por exemplos para ilustrar como a teoria é aplicada à solução de problemas. Então, no final de cada capítulo, há problemas que darão experiência extra para usar as idéias dadas no capítulo. Os problemas são agrupados em quatro classes:

Classe A: Problemas numéricos, que são planejados para realçar equações importantes no texto e para dar um sentimento às ordens de magnitude.
Classe B: Problemas analíticos que requerem deduções elementares usando idéias principalmente do capítulo.
Classe C: Problemas analíticos mais avançados que podem trazer idéias de outros capítulos ou de outros livros.
Classe D: Problemas em que habilidades matemáticas intermediárias são requeridas.

Muitos dos problemas e exemplos ilustrativos são elementares, uma vez que eles envolvem sistemas muito simplificados ou modelos muito idealizados. No entanto, é necessário começar com esses problemas elementares para entender como a teoria funciona e para desenvolver confiança em usá-la. Além disso, alguns desses exemplos elementares podem ser muito úteis para se fazer estimativas de ordem de grandeza em problemas complexos.

Aqui estão algumas sugestões para o estudo do assunto fenômenos de transporte:

- Sempre leia o texto com lápis e papel na mão; trabalhe os detalhes dos desenvolvimentos matemáticos e complemente qualquer etapa esquecida.
- Sempre que necessário, volte aos livros-texto de matemática para rever um pouco de cálculo, equações diferenciais, vetores, etc. Essa é uma excelente oportunidade para rever a matemática que foi ensinada anteriormente (porém, possivelmente não da maneira cuidadosa como deveria ter sido feito).
- Faça a interpretação física dos resultados-chave ser um ponto importante; ou seja, crie o hábito de relacionar as idéias físicas às equações.
- Sempre se pergunte se os resultados parecem razoáveis. Se os resultados não concordam com a intuição, é importante encontrar qual não está correto.
- Torne um hábito verificar as dimensões de todos os resultados. Essa é uma maneira muito boa de localizar erros nas deduções.

Esperamos que o leitor partilhe do nosso entusiasmo em relação ao assunto fenômenos de transporte. Um certo esforço para aprender o material será necessário, mas valerão a pena o tempo e a energia requeridos.

QUESTÕES PARA DISCUSSÃO

1. Quais são as definições de momento, momento angular e energia cinética para uma única partícula? Quais são as dimensões dessas grandezas?

2. Quais são as dimensões de velocidade, velocidade angular, pressão, densidade, força, trabalho e torque? Quais são algumas das unidades comuns usadas para essas grandezas?
3. Verifique que é possível ir da Eq. 0.3-3 à Eq. 0.3-4.
4. Entre em todos os detalhes necessários para obter a Eq. 0.3-6 a partir da Eq. 0.3-5.
5. Suponha que a origem das coordenadas seja deslocada para uma nova posição. Qual o efeito que isso teria na Eq. 0.3.7? A equação mudou?
6. Compare e contraste velocidade angular e momento angular.
7. O que se entende por energia interna? E por energia potencial?
8. A lei de conservação de massa é sempre válida? Quais são as limitações?

PARTE UM

TRANSPORTE DE MOMENTO

Capítulo 1

VISCOSIDADE E OS MECANISMOS DE TRANSPORTE DE MOMENTO

A primeira parte deste livro trata do escoamento de fluidos viscosos. Para fluidos de baixo peso molecular, a propriedade física que caracteriza a resistência ao escoamento é a *viscosidade*. Qualquer um que já tenha comprado óleo para motor está a par do fato de que alguns óleos são mais "viscosos" que outros e que a viscosidade é uma função da temperatura.

Começamos na Seção 1.1 com o escoamento cisalhante simples entre placas planas paralelas e discutimos como o momento[1] é transferido através do fluido pela ação viscosa. Este é um exemplo elementar de *transporte molecular de momento* e serve para introduzir a "lei de Newton da viscosidade" juntamente com a definição de viscosidade, μ. A seguir, na Seção 1.2 mostramos como as leis de Newton podem ser generalizadas para configurações arbitrárias de escoamento. Os efeitos da temperatura e da pressão sobre a viscosidade de gases e líquidos são resumidos na Seção 1.3 por meio de um gráfico com grandezas adimensionais. Então a Seção 1.4 mostra como as viscosidades de gases podem ser calculadas a partir da teoria cinética dos gases, e na Seção 1.5 uma discussão semelhante é feita para líquidos. Na Seção 1.6 fazemos alguns comentários sobre a viscosidade de suspensões e emulsões.

Finalmente, mostramos na Seção 1.7 que o momento também pode ser transferido pelo movimento macroscópico do fluido e que esse *transporte convectivo de momento* é proporcional à densidade do fluido, ρ.

1.1 LEI DE NEWTON DA VISCOSIDADE (TRANSPORTE MOLECULAR DE MOMENTO)

Na Fig. 1.1-1 mostramos um par de placas grandes paralelas, cada uma com área A, separadas por uma distância Y. No espaço entre elas existe um fluido, gás ou líquido. Este sistema está inicialmente em repouso, mas no instante $t = 0$ a placa inferior é posta em movimento na direção positiva de x a uma velocidade constante V. Conforme o tempo passa, o fluido ganha momento até que finalmente se estabelece o perfil linear e permanente de velocidades mostrado na figura. Impomos que o escoamento seja laminar (escoamento "laminar" é um tipo ordenado de escoamento comumente observado quando se entorna um xarope, ao contrário do escoamento "turbulento", que é o escoamento irregular e caótico que se vê em um liqüidificador em alta velocidade). Quando o estado final de movimento permanente for atingido, uma força constante F é necessária para manter o movimento da placa inferior. O senso comum sugere que esta força pode ser expressa como segue:

$$\frac{F}{A} = \mu \frac{V}{Y} \tag{1.1-1}$$

[1] Denominação relativamente recente na língua portuguesa para a grandeza física tradicionalmente conhecida como quantidade de movimento. (N.T.)

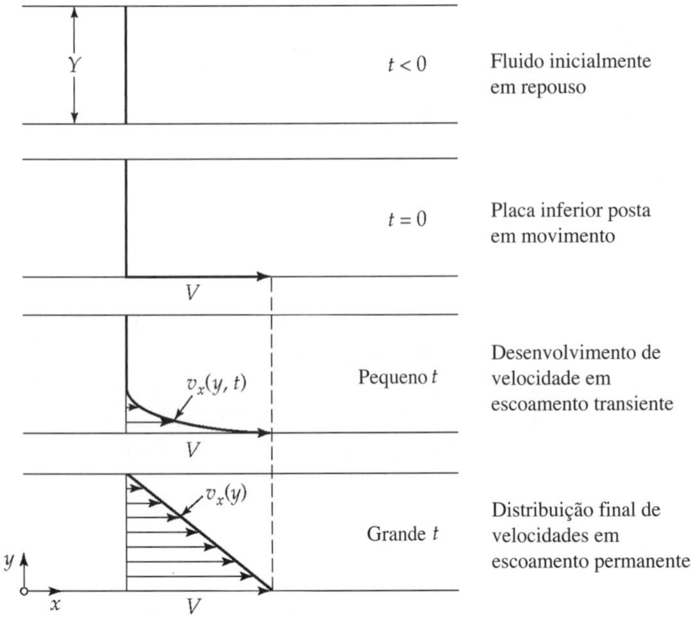

Fig. 1.1-1 Desenvolvimento de perfil laminar permanente de velocidades para um fluido contido entre duas placas. O escoamento é denominado laminar porque camadas adjacentes de fluido (lâminas) deslizam uma sobre a outra de modo ordenado.

Isto é, a força deve ser proporcional à área e à velocidade e inversamente proporcional à distância entre as placas. A constante de proporcionalidade, μ, é uma propriedade do fluido, definida como sendo a *viscosidade*.

Agora passamos à notação que será usada em todo o livro. Primeiro, substituímos F/A pelo símbolo τ_{yx}, que é a força na direção x numa área unitária perpendicular à direção y. Fica entendido que essa é a força exercida pelo fluido com y menor sobre o fluido com y maior. Além disso, substituímos V/Y por $-dv_x/dy$. Então, em termos desses símbolos, a Eq.1.1-1 se torna

$$\tau_{yx} = -\mu \frac{dv_x}{dy} \qquad (1.1\text{-}2)^2$$

Esta equação, que afirma que a força cisalhante por unidade de área é proporcional ao negativo do gradiente de velocidade, é freqüentemente chamada *lei de Newton da viscosidade*.[3] Na realidade não deveríamos nos referir à Eq.1.1-2 como uma "lei", já que Newton a sugeriu como um empiricismo[4] — a proposta mais simples que podia ser feita para relacionar a tensão e o gradiente de velocidade. Todavia, mostrou-se que a resistência ao escoamento de todos os gases e líquidos com peso molecular menor que cerca de 5000 é descrita pela Eq.1.1-2, e tais fluidos são classificados como *fluidos newtonianos*. Líquidos poliméricos, suspensões, pastas, lamas e outros fluidos complexos não são descritos pela Eq.1.1-2 e são chamados de *fluidos não-newtonianos*. Líquidos poliméricos são discutidos no Cap. 8.

A Eq.1.1-2 pode ser interpretada de outra maneira. Nas vizinhanças da superfície sólida em movimento em $y = 0$, o fluido ganha uma certa quantidade de momento na direção x. Esse fluido, por sua vez, cede momento à camada de líquido adjacente mantendo-a assim em movimento na direção x. Portanto, o momento de direção x está sendo transmitido através

[2] Alguns autores escrevem a Eq. 1.1-2 na forma

$$g_c \tau_{yx} = -\mu \frac{dv_x}{dy} \qquad (1.1\text{-}2a)$$

na qual $\tau_{yx}[=]\text{lb}_f/\text{ft}^2$, $v_x[=]\text{ft/s}$, $y[=]\text{ft}$ e $\mu[=]\text{lb}_m/\text{ft}\cdot\text{s}$; a grandeza g_c é o "fator de conversão gravitacional" com o valor de 32,174 poundals/lb$_f$. Neste livro sempre usaremos a Eq.1.1-2 e não a Eq. 1.1-2a.

[3] Sir **Isaac Newton** (1643–1727), um professor da universidade de Cambridge e posteriormente Master of the Mint, algo como diretor da Casa da Moeda, foi o fundador da mecânica clássica e contribuiu também para outros campos da física. Na verdade a Eq. 1.1-2 não aparece nos *Princípios Matemáticos da Filosofia Natural*, mas o germe da idéia está lá. Para comentários esclarecedores, veja D.J.Acheson, *Elementary Fluid Dynamics*, Oxford University Press, 1960, §6.1.

[4] Uma relação com a mesma forma da Eq.1.1-2 aparece na teoria cinética dos gases simplificada (Eq.1.4-7). Todavia, uma teoria cinética dos gases rigorosa delineada no Apêndice D deixa claro que a Eq.1.1-2 aparece como o primeiro termo em uma expansão, e que termos adicionais (de ordem superior) devem ser esperados. Além disso, mesmo uma teoria cinética de líquidos elementar também prevê comportamento não-newtoniano (Eq.1.5-6).

do fluido na direção positiva de y. Então τ_{yx} pode também ser interpretado como um *fluxo de momento de direção x na direção positiva de y,* onde o termo "fluxo" significa "escoamento por unidade de área". Essa interpretação é consistente com o modelo de transporte molecular de momento bem como com as teorias cinéticas dos gases e líquidos. Ela também está em harmonia com o tratamento análogo dado posteriormente aos transportes de calor e massa.

A idéia do último parágrafo pode ser parafraseada dizendo-se que o momento vai "morro abaixo" de uma região de alta velocidade para uma região de baixa velocidade, da mesma maneira que um esquiador vai morro abaixo de uma região mais elevada para outra menos elevada, ou da mesma maneira que o calor é transferido de uma região de alta temperatura para outra de baixa temperatura. O gradiente de velocidade pode portanto ser pensado como a "força motriz" para o transporte de momento.

No que se segue faremos algumas vezes referência à lei de Newton da Eq.1.1-2 em termos de forças (que enfatiza a natureza mecânica da questão) e algumas vezes em termos de transporte de momento (que enfatiza as analogias com transporte de calor e de massa). Estes dois pontos de vista vão se mostrar de grande ajuda em interpretações físicas.

Freqüentemente, estudiosos da dinâmica dos fluidos usam o símbolo ν para representar a viscosidade dividida pela densidade (massa por unidade de volume) do fluido, assim:

$$\nu = \mu/\rho \tag{1.1-3}$$

Essa grandeza é chamada de *viscosidade cinemática.*

Adiante são feitos comentários sobre as unidades das grandezas que foram definidas. Se o símbolo [=] for usado para dizer "tem unidades de", então no sistema SI τ_{yx}[=]N/m^2=Pa, v_x[=]m/s, e y[=]m, de modo que

$$\mu = -\tau_{yx}\left(\frac{dv_x}{dy}\right)^{-1} [=] \text{(Pa)}[(\text{m/s})(\text{m}^{-1})]^{-1} = \text{Pa}\cdot\text{s} \tag{1.1-4}$$

já que as unidades em ambos os lados da Eq.1.1-2 têm que ser as mesmas. Um resumo disso e também as unidades para o sistema c.g.s e para o sistema Britânico se encontra na Tabela 1.1-1. As tabelas de conversão no Apêndice F vão se mostrar muito úteis para resolver problemas numéricos envolvendo diferentes sistemas de unidades.

TABELA 1.1-1 Sumário de Unidades para as Grandezas Relacionadas à Eq. 1.1-2

	SI	c.g.s	Britânico
τ_{yx}	Pa	dyn/cm^2	poundals/ft^2
v_x	m/s	cm/s	ft/s
y	m	cm	ft
μ	Pa · s	gm/cm · s = poise	lb$_m$/ft · s
ν	m^2/s	cm^2/s	ft^2/s

Nota: Pascal, Pa, é o mesmo que N/m^2, e Newton, N, é o mesmo que kg·m/s^2. A abreviação para "centipoise" é "cp".

As viscosidades dos fluidos podem diferir por muitas ordens de grandeza, com a viscosidade do ar a 20°C sendo 1,8 × 10^{-5} Pa · s e a do glicerol sendo aproximadamente 1 Pa·s, com alguns óleos de silicone sendo até mais viscosos. Nas Tabelas 1.1-2, 1.1-3 e 1.1-4 dados experimentais[5] são fornecidos para fluidos puros à pressão de 1 atm. Note que para gases em baixa densidade, a viscosidade *aumenta* com o aumento da temperatura, enquanto para líquidos a viscosidade geral-

[5] Uma abordagem mais completa de técnicas para medir propriedades de transporte pode ser encontrada em W.A.Wakeham, A.Nagashima, e J.V.Sengers, *Measurement of the Transport Properties of Fluids*, CRC Press, Boca Raton, Fla. (1991). São fontes para dados experimentais: Landolt-Börnstein, *Zahlenwerte und Funktionen*, Vol. II, 5, Springer (1968-1969); *International Critical Tables*, McGraw-Hill, New York (1926); Y.S.Touloukian, P.E. Liley, and S.C. Saxena, *Thermophysical Properties of Matter*, Plenum Press, New York (1970); e também vários manuais de química, física, dinâmica dos fluidos, e transferência de calor.

mente *diminui* com o aumento da temperatura. Nos gases o momento é transportado pelas moléculas em vôo livre entre colisões, mas nos líquidos o transporte se dá predominantemente devido às forças intermoleculares que os pares de moléculas experimentam conforme transitam entre seus vizinhos. Nas Seções 1.4 e 1.5 são apresentados alguns argumentos elementares da teoria cinética para explicar a dependência da viscosidade com a temperatura.

TABELA 1.1-2 Viscosidade da Água e do Ar na Pressão de 1 atm

	Água (líq.)[a]		Ar[b]	
Temperatura T (°C)	Viscosidade μ (mPa · s)	Viscosidade cinemática ν (cm²/s)	Viscosidade μ (mPa · s)	Viscosidade cinemática ν (cm²/s)
0	1,787	1,787	0,01716	13,27
20	1,0019	1,0037	0,01813	15,05
40	0,6530	0,6581	0,01908	16,92
60	0,4665	0,4744	0,01999	18,86
80	0,3548	0,3651	0,02087	20,88
100	0,2821	0,2944	0,02173	22,98

[a]Calculado a partir dos resultados de R. C. Hardy and R. L. Cottington, *J. Research Nat. Bur. Standards*, **42**, 573-578 (1949); e J. F. Swidells, J. R. Coe, Jr., e T. B. Godfrey, *J. Research Nat. Bur. Standards*, **48**, 1-31 (1952).
[b]Calculado a partir de "Tables of Thermal Properties of Gases," *National Bureau of Standards Circular* **464** (1955), Chapter 2.

TABELA 1.1-3 Viscosidades de Alguns Gases e Líquidos na Pressão Atmosférica[a]

Gases	Temperatura T (°C)	Viscosidade μ (mPa · s)	Líquidos	Temperatura T (°C)	Viscosidade μ (mPa · s)
i-C_4H_{10}	23	0,0076[c]	$(C_2H_5)_2O$	0	0,283
SF_6	23	0,0153		25	0,224
CH_4	20	0,0109[b]	C_6H_6	20	0,649
H_2O	100	0,01211[d]	Br_2	25	0,744
CO_2	20	0,0146[b]	Hg	20	1,552
N_2	20	0,0175[b]	C_2H_5OH	0	1,786
O_2	20	0,0204		25	1,074
Hg	380	0,0654[d]		50	0,694
			H_2SO_4	25	25,54
			Glicerol	25	934,

[a]Valores obtidos de N. A. Lange, *Handbook of Chemistry*, McGraw-Hill, New York, 15th edition (1999), Tables 5.16 and 5.18.
[b]H. L. Johnston and K. E. McKloskey, *J. Phys. Chem.*, **44**, 1038-1058 (1940).
[c]*CRC Handbook of Chemistry and Physics*, CRC Press, Boca Raton, Fla. (1999).
[d]*Landolt-Börnstein Zahlenwerte und Funktionen*, Springer (1969).

TABELA 1.1-4 Viscosidades de Alguns Metais Líquidos

Metal	Temperatura T (°C)	Viscosidade μ (mPa · s)
Li	183,4	0,5918
	216,0	0,5406
	285,5	0,4548
Na	103,7	0,686
	250	0,381
	700	0,182
K	69,6	0,515
	250	0,258
	700	0,136
Hg	−20	1,85
	20	1,55
	100	1,21
	200	1,01
Pb	441	2,116
	551	1,700
	844	1,185

Dados obtidos de *The Reactor Handbook*, Vol. 2, Atomic Energy Commission AECD-3646, U.S. Government Printing Office, Washington, D.C. (May 1955), pp. 258 *et seq*.

EXEMPLO 1.1-1

Cálculo do Fluxo de Momento

Calcule o fluxo permanente de momento, τ_{yx}, em lb_f/ft^2, quando a velocidade V da placa inferior da Fig.1.1-1 é 1 ft/s na direção positiva de x, a separação das placas, Y, é 0,001 ft, e a viscosidade do fluido, μ, é 0,7 cp.

SOLUÇÃO

Como τ_{yx} é pedido em unidades britânicas, devemos converter a viscosidade para aquele sistema de unidades. Assim, fazendo uso do Apêndice F, encontramos $\mu = (0{,}7\text{ cp})(2{,}0886 \times 10^{-5}) = 1{,}46 \times 10^{-5} lb_f s/ft^2$. O perfil de velocidades é linear de modo que

$$\frac{dv_x}{dy} = \frac{\Delta v_x}{\Delta y} = \frac{-1{,}0 \text{ ft/s}}{0{,}001 \text{ ft}} = -1000 s^{-1} \quad (1.1\text{-}5)$$

que substituída na Eq. 1.1-2 fornece

$$\tau_{yx} = -\mu \frac{dv_x}{dy} = -(1{,}46 \times 10^{-5})(-1000) = 1{,}46 \times 10^{-2} \, lb_f/ft^2 \quad (1.1\text{-}6)$$

1.2 GENERALIZAÇÃO DA LEI DE NEWTON DA VISCOSIDADE

Na última seção, a viscosidade foi definida pela Eq. 1.1-2 em termos de um escoamento cisalhante simples e permanente, no qual v_x é uma função de y apenas, e v_y e v_z são zero. Usualmente estamos interessados em escoamentos mais complicados nos quais as três componentes da velocidade podem depender de todas as três coordenadas e possivelmente do tempo. Portanto, devemos ter uma expressão mais geral que a Eq. 1.1-2, que deverá recair na Eq. 1.1-2 para o escoamento cisalhante permanente.

Essa generalização não é simples; na verdade, matemáticos demoraram cerca de um século e meio para fazê-la. Não é apropriado fornecer todos os detalhes desse desenvolvimento aqui, já que eles podem ser encontrados em muitos livros de dinâmica dos fluidos.[1] Em vez disso explicamos resumidamente as principais idéias que levaram à descoberta da requerida generalização da lei de Newton da viscosidade.

Para fazer isso consideramos um configuração de escoamento muito geral, na qual a velocidade do fluido pode ter diferentes direções em locais distintos e pode depender do tempo t. As componentes da velocidade são então dadas por

$$v_x = v_x(x, y, z, t); \qquad v_y = v_y(x, y, z, t); \qquad v_z = v_z(x, y, z, t) \tag{1.2-1}$$

Em tal situação existirão nove componentes de tensão τ_{ij} (onde i e j podem ter as designações x, y e z), em vez do componente τ_{yx} que aparece na Eq. 1.1-2. Portanto, devemos começar definindo essas componentes de tensão.

Na Fig. 1.2-1 é mostrado um pequeno elemento de volume com forma de cubo no interior do campo de escoamento, cada face tendo uma área unitária. O centro do elemento de volume está na posição x, y, z. Em qualquer instante do tempo podemos seccionar o elemento de volume de maneira a remover metade do fluido nele contido. Como mostrado na figura, podemos seccionar o volume perpendicularmente a cada uma das três direções coordenadas sucessivamente. Podemos então perguntar que força deve ser aplicada na superfície livre (sombreada) de modo a repor a força que era exercida sobre aquela superfície pelo fluido que foi removido. Existirão duas contribuições para a força: aquela associada com a pressão e aquela associada com as forças viscosas.

A força de pressão será sempre perpendicular à face exposta. Então em (*a*) a força por unidade de área na superfície sombreada será um vetor $p\boldsymbol{\delta}_x$ – isto é, a pressão (um escalar) multiplicada pelo vetor unitário $\boldsymbol{\delta}_x$ da direção x. Similarmente, a força na superfície sombreada em (*b*) será $p\boldsymbol{\delta}_y$, e em (*c*) a força será $p\boldsymbol{\delta}_z$. As forças de pressão serão exercidas quando o fluido estiver em repouso bem como quando estiver em movimento.

As forças viscosas entram em jogo somente quando existirem gradientes de velocidade no fluido. Em geral elas não são nem perpendiculares nem paralelas à superfície do elemento, formando com a mesma algum ângulo (ver Fig. 1.2-1). Em (*a*) vemos uma força por unidade de área $\boldsymbol{\tau}_x$ exercida na área sombreada, e em (*b*) e em (*c*) vemos forças por unidade de área $\boldsymbol{\tau}_y$ e $\boldsymbol{\tau}_z$. Cada uma dessas forças (que são vetores) tem componentes (escalares); por exemplo, $\boldsymbol{\tau}_x$ tem componentes τ_{xx}, τ_{xy} e τ_{xz}. Então podemos resumir as forças que agem nas três áreas sombreadas da Fig. 1.2-1 na Tabela 1.2-1. Essa tabulação

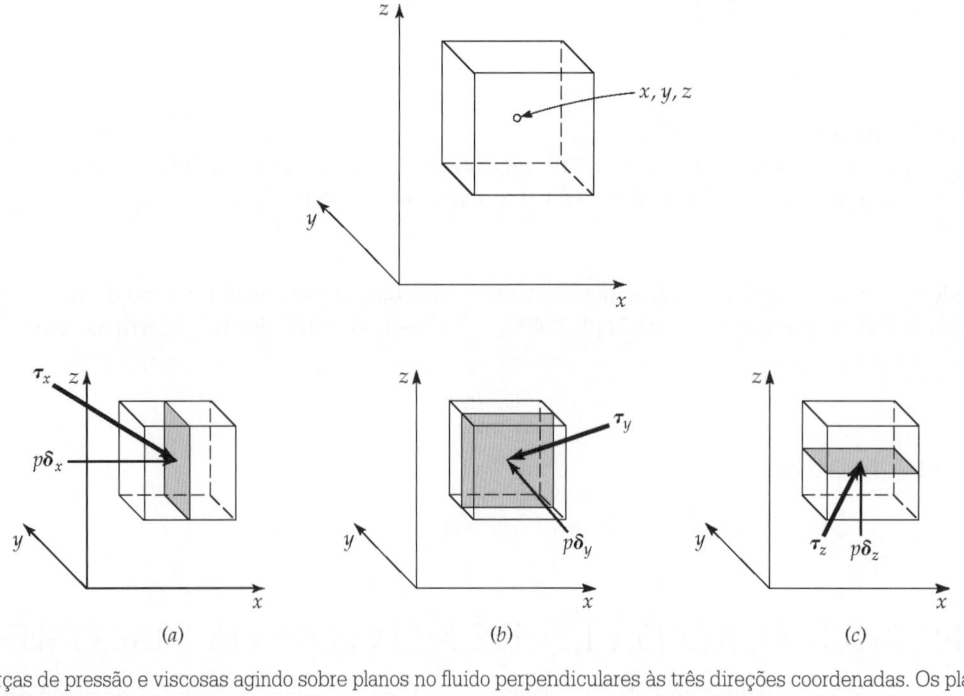

Fig. 1.2-1 Forças de pressão e viscosas agindo sobre planos no fluido perpendiculares às três direções coordenadas. Os planos sombreados têm área unitária.

[1] W. Prager, *Introduction to Mechanics of Continua*, Ginn, Boston (1961), pp. 89-91; R. Aris, *Vectors, Tensors, and the Basic Equations of Fluid Mechanics*, Prentice-Hall, Englewood Cliffs, N.J. (1962), pp. 30-34, 99-112; L. Landau and E. M. Lifshitz, *Fluid Mechanics*, Pergamon, London, 2nd edition (1987), pp. 44-45. **Lev Davydovich Landau** (1908-1968) recebeu o prêmio Nobel em 1962 por seu trabalho com hélio líquido e dinâmica de superfluidos.

é o resumo das forças por unidade de área (*tensões*) exercidas no interior do fluido, relacionadas tanto à pressão termodinâmica quanto às *tensões viscosas*. Veremos que algumas vezes é conveniente ter um símbolo que inclua ambos os tipos de tensões, e então definimos as *tensões moleculares* como segue:

$$\pi_{ij} = p\delta_{ij} + \tau_{ij} \qquad \text{onde } i \text{ e } j \text{ podem ser } x, y, \text{ ou } z \tag{1.2-2}$$

Nessa equação o *delta de Kronecker*, δ_{ij}, vale 1 se $i = j$ e zero se $i \neq j$.

Exatamente como na seção anterior, τ_{ij} (e também π_{ij}) podem ser interpretados de duas maneiras:

$\pi_{ij} = p\delta_{ij} + \tau_{ij} =$ força na direção j sobre uma área unitária perpendicular à direção i, onde está entendido que o fluido da região de x_i menor exerce a força sobre o fluido de x_i maior.

$\pi_{ij} = p\delta_{ij} + \tau_{ij} =$ fluxo de momento de direção j na direção i positiva — isto é, da região de x_i menor para a de maior x_i.

Ambas as interpretações são usadas neste livro; a primeira é particularmente útil na descrição de forças exercidas pelo fluido sobre superfícies sólidas. As tensões $\pi_{xx} = p + \tau_{xx}$, $\pi_{yy} = p + \tau_{yy}$ e $\pi_{zz} = p + \tau_{zz}$ são denominadas *tensões normais* enquanto as demais grandezas $\pi_{xy} = \tau_{xy}$, $\pi_{yz} = \tau_{yz}$, ... são denominadas *tensões cisalhantes*. Essas grandezas, que possuem dois subscritos associados com direções coordenadas, são conhecidas como "tensores", da mesma maneira que grandezas (tal como a velocidade) que possuem um subscrito associado com uma direção coordenada são chamadas "vetores". Então vamos nos referir a $\boldsymbol{\tau}$ como o *tensor tensão viscosa* (com componentes τ_{ij}) e a $\boldsymbol{\pi}$ como o *tensor tensão molecular* (com componentes π_{ij}). Quando não existir chance para confusão, os termos "viscosa" e "molecular" podem ser omitidos. Uma discussão de vetores e tensores pode ser encontrada no Apêndice A.

A questão agora é: Como essas tensões τ_{ij} estão relacionadas com os gradientes de velocidade no fluido? Ao generalizar a Eq.1.1-2 fizemos várias restrições sobre as tensões, como segue:

- As tensões viscosas podem ser combinações lineares de todos os gradientes de velocidade:

$$\tau_{ij} = -\Sigma_k \Sigma_l \mu_{ijkl} \frac{\partial v_k}{\partial x_l} \qquad \text{onde } i, j, k, \text{ e } l \text{ podem ser } 1, 2, 3 \tag{1.2-3}$$

  Nessa equação, as 81 grandezas μ_{ijkl} são "coeficientes de viscosidade". As grandezas x_1, x_2, x_3 nas derivadas denotam as coordenadas cartesianas x, y, z e v_1, v_2, v_3 são o mesmo que v_x, v_y, v_z.
- Afirmamos que derivadas ou integrais em relação ao tempo não devem aparecer na expressão. (Para fluidos viscoelásticos, conforme discutido no Cap. 8, derivadas ou integrais em relação ao tempo são necessárias para descrever as respostas elásticas.)
- Não esperamos a presença de quaisquer forças viscosas caso o fluido se encontre em estado de rotação pura. Essa exigência leva à necessidade de que τ_{ij} seja uma combinação simétrica de gradientes de velocidade. Isto quer dizer que se i e j forem permutados, a combinação de gradientes de velocidade não se modifica. Pode ser mostrado que as únicas combinações lineares simétricas de gradientes de velocidade são

$$\left(\frac{\partial v_j}{\partial x_i} + \frac{\partial v_i}{\partial x_j}\right) \quad \text{e} \quad \left(\frac{\partial v_x}{\partial x} + \frac{\partial v_y}{\partial y} + \frac{\partial v_z}{\partial z}\right)\delta_{ij} \tag{1.2-4}$$

TABELA 1.2-1 Sumário dos Componentes do Tensor Tensão Molecular (ou Tensor Fluxo Molecular de Momento)[a]

Direção normal à área sombreada	Vetor força por unidade de área agindo sobre a área sombreada (fluxo de momento através da área sombreada)	Componentes das forças (por unidade de área) agindo sobre a área sombreada (componentes fluxo de momento através da área sombreada)		
		componente x	componente y	componente z
x	$\boldsymbol{\pi}_x = p\boldsymbol{\delta}_x + \boldsymbol{\tau}_x$	$\pi_{xx} = p + \tau_{xx}$	$\pi_{xy} = \tau_{xy}$	$\pi_{xz} = \tau_{xz}$
y	$\boldsymbol{\pi}_y = p\boldsymbol{\delta}_y + \boldsymbol{\tau}_y$	$\pi_{yx} = \tau_{yx}$	$\pi_{yy} = p + \tau_{yy}$	$\pi_{yz} = \tau_{yz}$
z	$\boldsymbol{\pi}_z = p\boldsymbol{\delta}_z + \boldsymbol{\tau}_z$	$\pi_{zx} = \tau_{zx}$	$\pi_{zy} = \tau_{zy}$	$\pi_{zz} = p + \tau_{zz}$

[a]Esses são referidos como componentes do "tensor fluxo molecular de momento" porque estão associados a movimentos moleculares, conforme discutido na Seção 1.4 e Apêndice D. Os componentes adicionais do "tensor fluxo convectivo de momento", associados ao movimento macroscópico do fluido, são discutidos na Seção 1.7.

- Se o fluido é isotrópico — isto é, se ele não tem direções preferenciais — então os coeficientes que antecedem as duas expressões na Eq. 1.2-4 devem ser escalares de modo que

$$\tau_{ij} = A\left(\frac{\partial v_j}{\partial x_i} + \frac{\partial v_i}{\partial x_j}\right) + B\left(\frac{\partial v_x}{\partial x} + \frac{\partial v_y}{\partial y} + \frac{\partial v_z}{\partial z}\right)\delta_{ij} \tag{1.2-5}$$

  Assim reduzimos o número de "coeficientes de viscosidade" de 81 para 2!
- Naturalmente, a Eq. 1.2-5 deve reduzir-se à Eq. 1.1-2 para a situação de escoamento da Fig. 1.1-1. Para aquele escoamento elementar, a Eq. 1.2-5 é simplificada, resultando em $\tau_{yz} = A\, dv_x/dy$, e então a constante escalar A deve ser igual ao negativo da *viscosidade*, μ.
- Finalmente, e de comum acordo entre a maioria dos fluidodinamicistas, a constante escalar B é escrita como $\frac{2}{3}\mu - \kappa$, onde κ é chamada *viscosidade dilatacional*. A razão para escrever B dessa maneira é que se sabe da teoria cinética que κ é identicamente nula para gases monoatômicos a baixas densidades.

Assim a requerida generalização para a lei de Newton da viscosidade, Eq. 1.1-2, é então o conjunto de nove relações (sendo seis independentes):

$$\tau_{ij} = -\mu\left(\frac{\partial v_j}{\partial x_i} + \frac{\partial v_i}{\partial x_j}\right) + (\tfrac{2}{3}\mu - \kappa)\left(\frac{\partial v_x}{\partial x} + \frac{\partial v_y}{\partial y} + \frac{\partial v_z}{\partial z}\right)\delta_{ij} \tag{1.2-6}$$

Nesta equação $\tau_{ij} = \tau_{ji}$, sendo que i e j podem assumir os valores 1, 2, 3. Essas relações para as tensões em fluidos newtonianos estão associadas com os nomes de Navier, Poisson e Stokes.[2] Se desejado, esse último conjunto de relações pode ser escrito mais concisamente na notação vetor-tensor do Apêndice A como

$$\boxed{\boldsymbol{\tau} = -\mu(\nabla\mathbf{v} + (\nabla\mathbf{v})^\dagger) + (\tfrac{2}{3}\mu - \kappa)(\nabla\cdot\mathbf{v})\boldsymbol{\delta}} \tag{1.2-7}$$

onde $\boldsymbol{\delta}$ é o *tensor unitário* com componentes δ_{ij}, $\nabla\mathbf{v}$ é o *tensor gradiente de velocidade* com componentes $(\partial/\partial x_i)v_j$, $(\nabla\mathbf{v})^\dagger$ é o "transposto" do tensor gradiente de velocidade com componentes $(\partial/\partial x_j)v_i$, e $(\nabla\cdot\mathbf{v})$ é o *divergente* do vetor velocidade.

A conclusão importante é que temos uma generalização da Eq. 1.1-2, e ela envolve não um mas dois coeficientes[3] caracterizando o fluido: a viscosidade μ e a viscosidade dilatacional κ. Geralmente, ao resolver problemas de dinâmica dos fluidos, não é necessário conhecer κ. Se o fluido é um gás, freqüentemente admitimos que ele se comporta como um gás ideal monoatômico, para o qual κ é identicamente nulo. Se o fluido é um líquido, freqüentemente admitimos que ele é incompressível, e no Cap. 3 mostramos isso para líquidos incompressíveis $(\nabla\cdot\mathbf{v})=0$, e portanto o termo que contém κ é igualmente descartado. A viscosidade dilatacional é importante na descrição da absorção de som em gases poliatômicos[4] e na descrição da dinâmica de fluidos de líquidos que contêm bolhas de gás.[5]

A Eq. 1.2-7 (ou 1.2-6) é uma importante equação que iremos usar freqüentemente. Portanto, ela se encontra representada de forma completa na Tabela B.1 para coordenadas cartesianas (x, y, z), cilíndricas (r, θ, z) e esféricas (r, θ, ϕ). As expressões presentes nessa tabela para coordenadas curvilíneas são obtidas por métodos delineados nas Seções A.6 e A.7. Sugere-se que estudantes iniciantes não se preocupem com os detalhes dessas deduções mas sim em concentrarem-se no uso dos resultados tabelados. Nos Caps. 2 e 3 tal prática será amplamente exercitada.

Em coordenadas curvilíneas as componentes da tensão têm o mesmo significado que em coordenadas cartesianas. Por exemplo, τ_{rz} em coordenadas cilíndricas, que será encontrada no Cap. 2, pode ser interpretada como: (i) a força viscosa na direção z sobre uma unidade de área perpendicular à direção r, ou (ii) o fluxo viscoso de momento de direção z na direção positiva de r. A Fig. 1.2-2 ilustra alguns elementos de superfície típicos e os componentes do tensor tensão que aparecem em dinâmica dos fluidos.

---

[2] C.-L.-M.-H. Navier, *Ann. Chimie*, **19**, 244-260 (1821); S.-D. Poisson, *J. École Polytech.*, **13**, Cahier 20, 1-174 (1831); G. G. Stokes, *Trans. Camb. Phil. Soc.*, **8**, 287-305 (1845). **Claude-Louis-Marie-Henri Navier** (1785-1836) era um engenheiro civil cuja especialidade era a construção de estradas e pontes; **George Gabriel Stokes** (1819-1903) ensinava na Universidade de Cambridge e era presidente da Royal Society. Navier e Stokes são bem conhecidos devido às equações de Navier-Stokes (veja Cap. 3). Veja também D. J. Acheson, *Elementary Fluid Mechanics*, Oxford University Press (1990), pp. 209-212, 218.

[3] Alguns autores referem-se a μ como "viscosidade cisalhante", mas esta é uma nomenclatura inapropriada já que μ pode aparecer tanto em escoamentos não-cisalhantes quanto em cisalhantes. O termo "viscosidade dinâmica" também é visto ocasionalmente, mas ele tem um significado muito específico no campo da viscoelasticidade, sendo um termo inapropriado para μ.

[4] L. Landau and E. M. Lifshitz, *op.cit.*, Cap. VIII.

[5] G. K. Batchelor, *An Introduction to Fluid Dynamics*, Cambridge University Press (1967), pp. 253-255.

As tensões cisalhantes são geralmente fáceis de serem visualizadas, mas as tensões normais podem causar problemas conceituais. Por exemplo, τ_{zz} é uma força por unidade de área na direção z sobre um plano perpendicular à direção z. Para o escoamento de um fluido incompressível no canal convergente da Fig. 1.2-3, sabemos intuitivamente que v_z aumenta quando z diminui; conseqüentemente, de acordo com a Eq. 1.2-6, existe uma tensão não-zero $\tau_{zz} = -2\mu\,(\partial v_z/\partial z)$ agindo no fluido.

Nota sobre a Convenção de Sinais para o Tensor Tensão Temos enfatizado em conexão com a Eq. 1.1-2 (e na generalização nesta seção) que τ_{yx} é uma força na direção positiva de x sobre um plano perpendicular à direção y, e que esta é a força exercida pelo fluido da região de *menor* y sobre o fluido de *maior* y. Na maioria dos livros de dinâmica dos fluidos

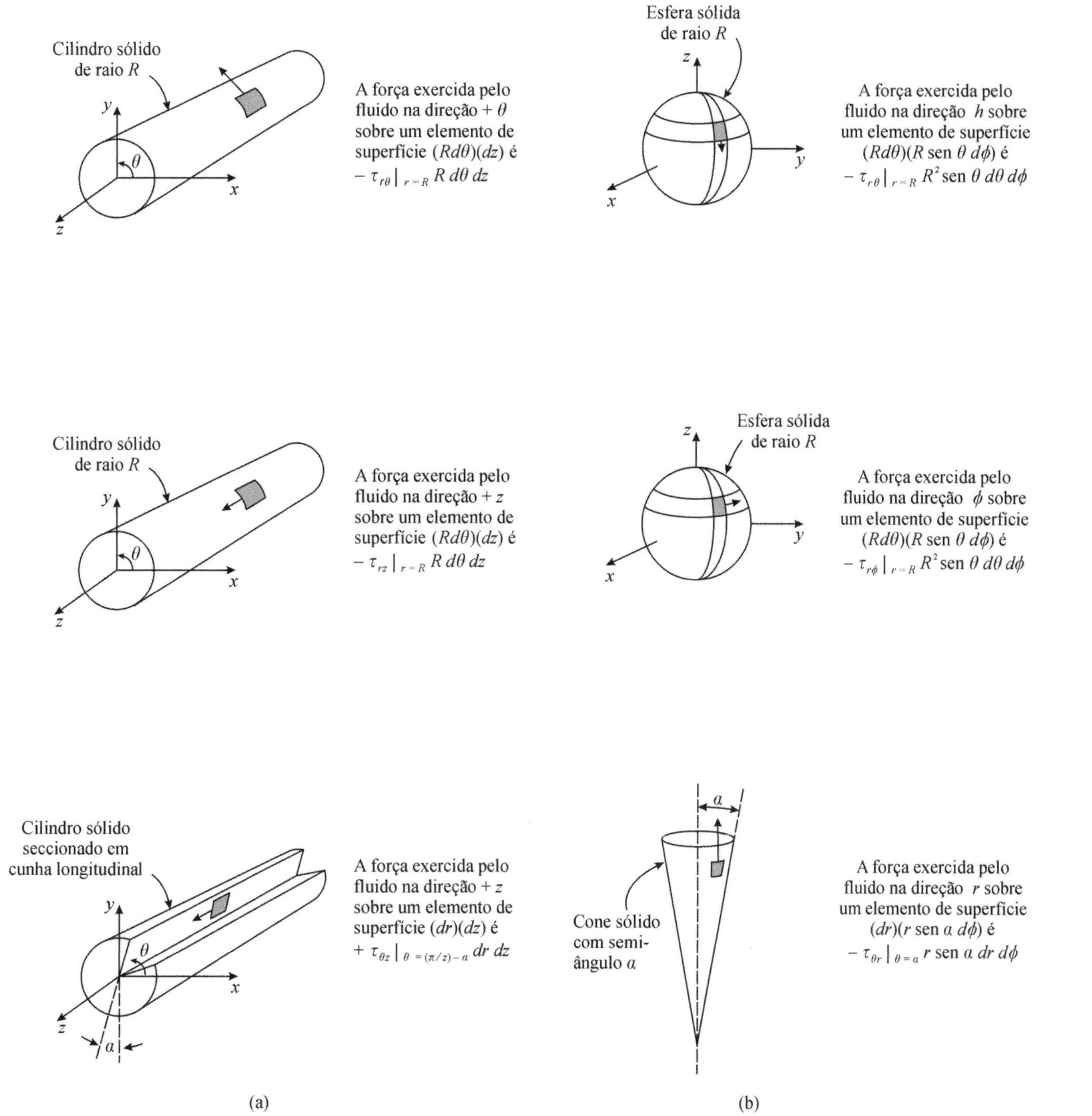

Fig. 1.2-2 (*a*) Alguns elementos de superfície e tensões cisalhantes típicos no sistema de coordenadas cilíndricas. (*b*) Alguns elementos de superfície e tensões cisalhantes típicos no sistema de coordenadas esféricas.

e elasticidade, as palavras "menor"e "maior" são permutadas e a Eq. 1.1-2 é escrita como $\tau_{yx} = +\mu\,(dv_x/dy)$. As vantagens da convenção de sinais usada neste livro são: (a) a convenção de sinais usada na lei de Newton da viscosidade é corrente com aquela usada na lei de Fourier da condução de calor e lei de Fick da difusão; (b) a convenção de sinais para τ_{ij} é a mesma que a do fluxo convectivo de momento $\rho\mathbf{vv}$ (ver Seção 1.7 e Tabela 19.2-2); (c) na Eq. 1.2-2, os termos $p\delta_{ij}$ e τ_{ij} aparecem com o mesmo sinal e os termos p e τ_{ii} são ambos positivos na compressão (concordando com o uso comum em termodinâmica); (d) todos os termos da produção de entropia na Eq. 24.1-5 têm o mesmo sinal. Claramente a convenção de sinais para as Eqs. 1.1-2 e 1.2-6 é arbitrária, e uma ou outra convenção pode ser usada, desde que o significado físico da convenção de sinais seja claramente compreendido.

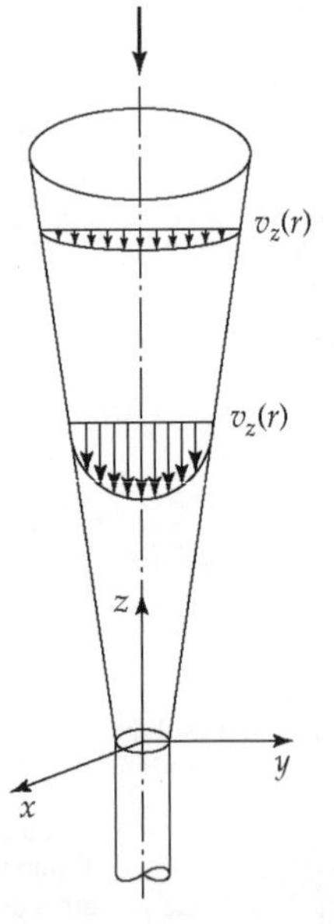

Fig. 1.2-3 O escoamento em um duto convergente é um exemplo de situação na qual as tensões normais não são zero. Como v_z é uma função de r e z, a componente normal de tensão $\tau_{zz} = -2\mu(\partial v_z/\partial z)$ é não-nula. Como v_r depende de r e z, a componente normal de tensão $\tau_{rr} = -2\mu(\partial v_r/\partial r)$ também é não-nula. Na parede, todavia, todas as tensões normais desaparecem para os fluidos descritos pela Eq. 1.2-7, desde que a densidade seja constante (ver Exemplo 3.1-1 e Problema 3C.2).

1.3 DEPENDÊNCIA DA VISCOSIDADE COM A PRESSÃO E A TEMPERATURA

Uma grande quantidade de dados sobre a viscosidade de gases puros e líquidos está disponível em vários manuais de ciência e engenharia.[1] Quando dados experimentais não estão disponíveis e se não há tempo para obtê-los, a viscosidade pode ser estimada por métodos empíricos, fazendo uso de outros dados para a mesma substância. Apresentamos aqui a *correlação dos estados correspondentes* que facilita tais estimativas e ilustra as tendências gerais de variação da viscosidade com temperatura e pressão para fluidos comuns. O princípio dos estados correspondentes, que tem uma base científica sólida,[2] é largamente utilizado para correlacionar dados termodinâmicos e equação de estado. Discussões acerca deste princípio podem ser encontradas em livros-texto de físico-química e termodinâmica.

O gráfico da Fig. 1.3-1 dá uma visão global da dependência da viscosidade com a pressão e a temperatura. A viscosidade reduzida $\mu_r = \mu/\mu_c$ é plotada versus a temperatura reduzida $T_r = T/T_c$ para vários valores de pressão reduzida $p_r = p/p_c$. Uma grandeza "reduzida" é aquela que é tornada adimensional dividindo-a pela correspondente grandeza no ponto crítico. O gráfico mostra que a viscosidade de um gás se aproxima de um limite (o limite de baixa densidade) conforme a pressão se torna pequena; para a maioria dos gases, este limite é quase atingido a 1 atm de pressão. A viscosidade de um

[1] J. A. Schetz and A. E. Fuhs (eds.), *Handbook of Fluid Dynamics and Fluid Machinery*, Wiley–Interscience, New York (1966), Vol. 1, Chapter 2; W. M. Rohsenow, J. P. Hartnett, and Y. I. Cho, *Handbook of Heat Transfer*, McGraw-Hill, New York, 3rd edition (1998), Chapter 2. Outras fontes são mencionadas na nota 5 da Seção 1.1.
[2] J. Millat, J. H. Dymond, and C. A. Nieto de Castro (eds.), *Transport Properties of Fluids*, Cambridge University Press (1996), Chapter 11, by E. A. Mason and F. J. Uribe, and Chapter 12, by M. L. Huber and H. M. M. Hanley.

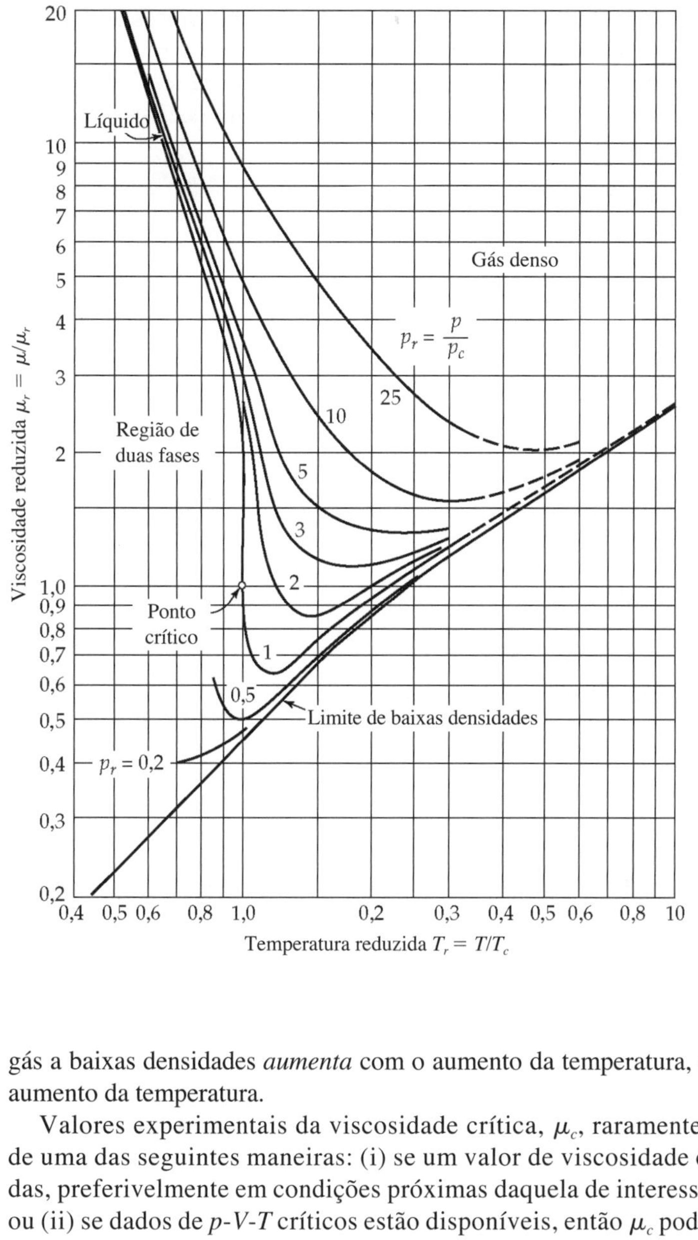

Fig. 1.3-1 Viscosidade reduzida $\mu_r = \mu/\mu_c$ como uma função da temperatura reduzida para diversos valores da pressão reduzida. [O. A. Uyehara and K. M. Watson, *Nat. Petroleum News, Tech. Section*, **36**, 764 (Oct. 4, 1944); revisada por K. M. Watson (1960). Uma versão em larga escala desse gráfico está disponível em O. A. Hougen, K. M. Watson, and R. A. Ragatz, *C. P. P. Charts*, Wiley, New York, 2nd edition (1960)].

gás a baixas densidades *aumenta* com o aumento da temperatura, enquanto a viscosidade de um líquido *diminui* com o aumento da temperatura.

Valores experimentais da viscosidade crítica, μ_c, raramente estão disponíveis. Todavia, μ_c pode ser estimada de uma das seguintes maneiras: (i) se um valor de viscosidade é conhecido a dadas pressão e temperatura reduzidas, preferivelmente em condições próximas daquela de interesse, então μ_c pode ser calculada a partir de $\mu_c = \mu/\mu_r$; ou (ii) se dados de p-V-T críticos estão disponíveis, então μ_c pode ser estimada com as seguintes relações empíricas:

$$\mu_c = 61{,}6(MT_c)^{1/2}(\tilde{V}_c)^{-2/3} \quad \text{e} \quad \mu_c = 7{,}70M^{1/2}p_c^{2/3}T_c^{-1/6} \qquad (1.3\text{-}1a, b)$$

Nessas equações μ_c está em micropoises, p_c em atm, T_c em K, e $\tilde{V}_c$ em cm^3/g-mol. Uma tabela de viscosidades críticas[3] calculadas pelo método (i) é dada no Apêndice E.

A Fig. 1.3-1 também pode ser usada para estimativas grosseiras da viscosidade de misturas. Para uma mistura de N componentes, faz-se uso das propriedades "pseudocríticas"[4] definidas como

$$p'_c = \sum_{\alpha=1}^{N} x_\alpha p_{c\alpha} \qquad T'_c = \sum_{\alpha=1}^{N} x_\alpha T_{c\alpha} \qquad \mu'_c = \sum_{\alpha=1}^{N} x_\alpha \mu_{c\alpha} \qquad (1.3\text{-}2a, b, c)$$

[3] O. A. Hougen and K. M. Watson, *Chemical Process Principles*, Part III, Wiley, New York (1947), p. 873. **Olaf Andreas Hougen** (1893-1986) foi um líder no desenvolvimento da engenharia química durante quatro décadas; junto com K. M. Watson e R. A. Ragatz, ele escreveu livros que influenciaram a termodinâmica e a cinética.
[4] O. A. Hougen and K. M. Watson, *Chemical Process Principles*, Part II, Wiley, New York (1947), p. 604.

Isto é, usa-se o diagrama exatamente como para líquidos puros, porém com as propriedades pseudocríticas em vez das propriedades críticas. Esse procedimento empírico funciona razoavelmente bem a menos que existam na mistura substâncias quimicamente muito diferentes ou quando as propriedades críticas dos componentes diferirem muito.

Existem muitas variantes do método mencionado anteriormente, bem como diversas regras empíricas. Essas podem ser encontradas na extensa compilação de Reid, Prausnitz, and Poling.[5]

EXEMPLO 1.3-1

Estimação da Viscosidade a Partir de Propriedades Críticas

Estime a viscosidade do N_2 a 50°C e 854 atm, dados $M = 28{,}0$ g/g-mol, $p_c = 33{,}5$ atm e $T_c = 126{,}2$ K.

SOLUÇÃO

Usando a Eq. 1.3-1b, obtemos

$$\mu_c = 7{,}70(2{,}80)^{1/2}(33{,}5)^{2/3}(126{,}2)^{-1/6}$$
$$= 189 \text{ micropoises} = 189 \times 10^{-6} \text{ poise} \tag{1.3-3}$$

A temperatura e pressão reduzidas são

$$T_r = \frac{273{,}2 + 50}{126{,}2} = 2{,}56; \qquad p_r = \frac{854}{33{,}5} = 25{,}5 \tag{1.3-4a, b}$$

Da Fig. 1.3-1, obtemos $\mu_r = \mu/\mu_c = 2{,}39$. Então, o valor previsto para a viscosidade é

$$\mu = \mu_c(\mu/\mu_c) = (189 \times 10^{-6})(2{,}39) = 452 \times 10^{-6} \text{ poise} \tag{1.3-5}$$

O valor medido é 455×10^{-6} poise.[6] Essa excelente concordância não é usual.

1.4 TEORIA MOLECULAR DA VISCOSIDADE DE GASES A BAIXAS DENSIDADES

Para termos uma melhor apreciação do conceito de transporte molecular de momento, examinaremos este mecanismo de transporte do ponto de vista da teoria cinética dos gases.

Consideremos um gás puro composto de moléculas esféricas, não-atrativas e rígidas, com diâmetro d e massa m, e com densidade numérica (número de moléculas por unidade de volume) igual a n. Presume-se que a concentração de moléculas do gás é suficientemente pequena de modo que a distância média entre as moléculas é igual a muitas vezes o seu diâmetro d. Em um tal gás sabe-se[1] que, em equilíbrio, as velocidades das moléculas são orientadas aleatoriamente e têm uma magnitude dada por (ver Problema 1C.1)

$$\bar{u} = \sqrt{\frac{8\kappa T}{\pi m}} \tag{1.4-1}$$

na qual κ é a constante de Boltzmann (ver Apêndice F). A freqüência de bombardeio molecular por unidade de área em uma das faces de qualquer superfície estacionária exposta ao gás é

$$Z = \tfrac{1}{4}n\bar{u} \tag{1.4-2}$$

[5] R. C. Reid, J. M. Prausnitz, and B. E. Poling, *The Properties of Gases and Liquids*, McGraw-Hill, New York, 4th edition (1987), Chapter 9.

[6] A. M. J. F. Michels and R. E. Gibson, *Proc. Roy. Soc.* (London), **A134**, 288-307 (1931).

[1] As primeiras quatro equações nesta seção são dadas sem demonstração. Justificativas detalhadas são dadas em livros sobre energia cinética — por exemplo, E. H. Kennard, *Kinetic Theory of Gases*, McGraw-Hill, New York (1938), Chapters II and III. Também E. A. Guggenheim, *Elements of Kinetic Theory of Gases*, Pergamon Press, New York (1960), Chapter 7, apresenta uma versão resumida da teoria elementar da viscosidade. Para resumos de fácil leitura da teoria cinética dos gases, veja R. J. Silbey and R. A. Alberty, *Physical Chemistry*, Wiley, New York, 3rd edition (2001), Chapter 17, ou R. S. Berry, S. A. Rice, and J. Ross, *Physical Chemistry*, Oxford University Press, 2nd edition (2000), Chapter 28.

A distância média percorrida por uma molécula entre duas colisões sucessivas é o *livre percurso médio* λ, dado por

$$\lambda = \frac{1}{\sqrt{2}\pi d^2 n} \tag{1.4-3}$$

Na média, as moléculas sobre um dado plano terão sofrido sua última colisão a uma distância a do plano, e, numa aproximação grosseira, a é dada por

$$a = \tfrac{2}{3}\lambda \tag{1.4-4}$$

O conceito de livre percurso médio tem apelo intuitivo, mas só tem significado quando λ é grande comparado ao alcance das forças intermoleculares. O conceito é apropriado ao modelo molecular de esferas rígidas considerado aqui.

Para determinar a viscosidade de um gás em termos dos parâmetros do modelo molecular, consideramos o comportamento do gás quando ele escoa paralelo ao plano xz com um gradiente de velocidade dv_x/dy (ver Fig. 1.4-1). Admitimos que as Eqs. 1.4-1 a 4 permanecem válidas nessa situação de não-equilíbrio, uma vez que todas as velocidades moleculares são calculadas relativamente à velocidade média **v** na região na qual a molécula considerada sofreu sua última colisão. O fluxo de momento de direção x através de qualquer plano de y constante é calculado admitindo-se os momentos de direção x das moléculas que o atravessam na direção positiva de y e dele subtraindo-se o momento de direção x daquelas que o atravessam na direção oposta, como segue:

$$\tau_{yx} = Zmv_x|_{y-a} - Zmv_x|_{y+a} \tag{1.4-5}$$

Ao escrever essa equação, supomos que todas as moléculas têm velocidades representativas da região em que elas por último colidiram e que o perfil de velocidades $v_x(y)$ é essencialmente linear para uma distância de vários livres percursos médios. Em vista dessa última hipótese podemos escrever adicionalmente

$$v_x|_{y\pm a} = v_x|_y \pm \tfrac{2}{3}\lambda \frac{dv_x}{dy} \tag{1.4-6}$$

Combinando-se as Eqs. 1.4-2, 5 e 6 obtemos para o fluxo líquido de momento de direção x na direção positiva de y

$$\tau_{yx} = -\tfrac{1}{3}nm\bar{u}\lambda \frac{dv_x}{dy} \tag{1.4-7}$$

Essa equação tem a mesma forma que a lei de Newton da viscosidade dada na Eq. 1.1-2. Comparando as duas equações obtemos uma expressão para a viscosidade

$$\mu = \tfrac{1}{3}nm\bar{u}\lambda = \tfrac{1}{3}\rho\bar{u}\lambda \tag{1.4-8}$$

ou, combinando-se as Eqs. 1.4-1, 3 e 8

$$\mu = \frac{2}{3}\frac{\sqrt{m\kappa T/\pi}}{\pi d^2} = \frac{2}{3\pi}\frac{\sqrt{\pi m\kappa T}}{\pi d^2} \tag{1.4-9}$$

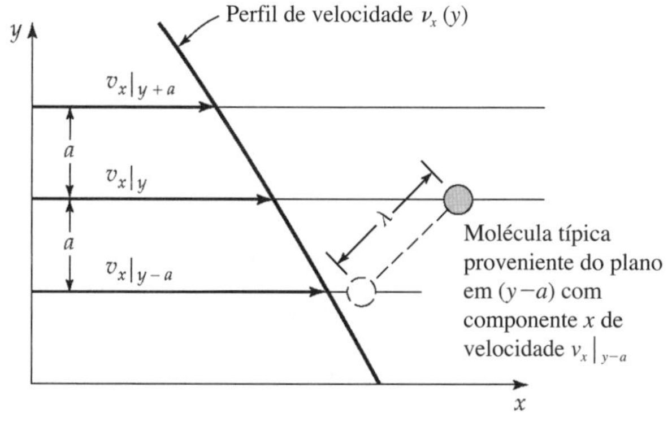

Fig. 1.4-1 Transporte molecular de momento de direção x a partir do plano em $(y - a)$ para o plano em y.

Essa expressão para a viscosidade foi obtida por Maxwell[2] em 1860. A grandeza πd^2 é chamada de seção transversal de colisão (ver Fig. 1.4-2).

A dedução anterior, que dá uma imagem qualitativamente correta da transferência de momento em um gás a baixas densidades, torna claro por que desejávamos introduzir o termo "fluxo de momento" para designar τ_{yx} na Seção 1.1.

A previsão da Eq. 1.4-9 de que μ é independente da pressão concorda bem com dados experimentais até cerca de 10 atm para temperaturas acima da temperatura crítica (ver Fig. 1.3-1). A dependência prevista com a temperatura é bem menos satisfatória; dados para vários gases indicam que μ aumenta mais rapidamente do que $\sqrt{T}$. Para descrever melhor a dependência de μ com a temperatura, é necessário substituir o modelo de esfera rígida por um que considere forças atrativas e repulsivas mais acuradamente. É também necessário abandonar as teorias de livre percurso médio e utilizar a equação de Boltzmann de modo a se obter mais precisamente a distribuição de velocidades moleculares em sistemas fora do equilíbrio. Deixando os detalhes para o Apêndice D, apresentamos aqui os principais resultados.[3,4,5]

Uma rigorosa teoria cinética de gases monoatômicos a baixas densidades foi desenvolvida no início do século vinte por Chapman na Inglaterra e independentemente por Enskog na Suécia. A teoria de Chapman-Enskog fornece expressões para as propriedades de transporte em termos da *energia potencial intermolecular* $\varphi(r)$, em que r é a distância entre duas moléculas em processo de colisão. A força intermolecular é então dada por $F(r) = -d\varphi/dr$. A forma funcional exata de $\varphi(r)$ não é conhecida; todavia, para moléculas não-polares uma expressão empírica é o *potencial de Lennard-Jones*[6] *(6-12)* dado por

$$\varphi(r) = 4\varepsilon\left[\left(\frac{\sigma}{r}\right)^{12} - \left(\frac{\sigma}{r}\right)^{6}\right] \tag{1.4-10}$$

na qual σ é um diâmetro característico das moléculas, freqüentemente denominado *diâmetro de colisão*, e ε é uma energia característica, na verdade a energia máxima de atração entre duas moléculas. Essa função, mostrada na Fig. 1.4-3, descreve o comportamento característico das forças intermoleculares: atrações fracas para separações grandes e repulsões fortes para separações pequenas. Para muitas substâncias os valores dos parâmetros σ e ε são conhecidos; uma listagem parcial é dada na Tabela E.1 e uma mais extensa está disponível em outro local.[4] Quando σ e ε não são conhecidos, eles podem

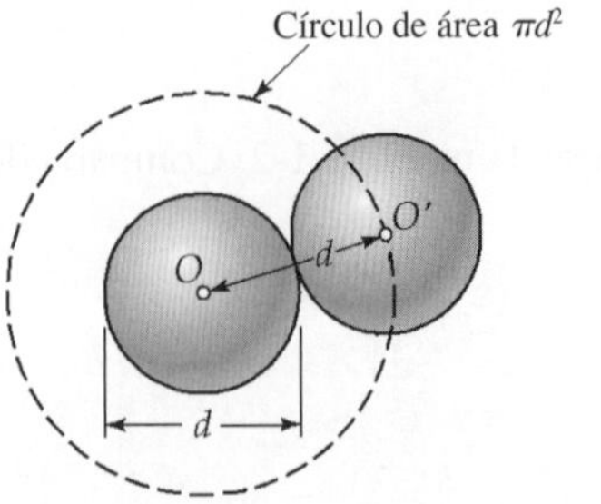

Fig. 1.4-2 Quando duas esferas rígidas de diâmetro d aproximam-se uma da outra, o centro de uma esfera (em O') "vê" um círculo de área πd^2 em torno do centro da outra esfera (em O) em que a colisão pode ocorrer. A área πd^2 é referida como "seção transversal de colisão".

[2] **James Clerk Maxwell** (1831-1879) foi um dos maiores físicos de todos os tempos; ele é particularmente famoso pelo desenvolvimento que deu à área de eletromagnetismo e por suas contribuições para a teoria cinética dos gases. Em relação a esta última, veja J. C. Maxwell, *Phil. Mag.*, **19**, Prop. XIII (1860); S. G. Brush, *Am. J. Phys.*, **30**, 269-281 (1962). Existe alguma controvérsia sobre as Eqs. 1.4-4 e 1.4-9 (veja S. Chapman and T. G. Cowling, *The Mathematical Theory of Non-Uniform Gases*, Cambridge University Press, 3rd edition (1970), p. 98; R. E. Cunningham and R. J. J. Williams, *Diffusion in Gases and Porous Media*, Plenum Press, New York (1980), §6.4).

[3] **Sydney Chapman** (1888-1970) ensinava no Imperial College em Londres, e, posteriormente, trabalhou no Observatório de Grande Altitude em Boulder, Colorado. Além do seu trabalho seminal na teoria cinética dos gases, ele contribuiu para a teoria cinética dos plasmas e para a teoria das chamas e detonações. **David Enskog** (1884-1947) é famoso por seu trabalho nas teorias cinéticas de gases a baixas e altas densidades. A referência padrão para a teoria cinética de gases diluídos de Chapman-Enskog é S. Chapman and T. G. Cowling, *The Mathematical Theory of Non-Uniform Gases*, Cambridge University Press, 3rd edition (1970); um resumo histórico da teoria cinética é dado nas pp. 407-409. Veja também a *Dissertação Inaugural*, Uppsala (1917). Adicionalmente, J. H. Ferziger and H. G. Kaper, *Mathematical Theory of Transport Processes in Gases*, North-Holland, Amsterdam (1972), expõem a teoria molecular de um modo muito fácil de se ler.

[4] A extensão da teoria de Chapman-Enskog para misturas multicomponentes de gases feita por Curtiss-Hirschfelder[5], bem como o desenvolvimento de tabelas úteis em cálculos, pode ser encontrada em J. O. Hirschfelder, C. F. Curtiss, and R. B. Bird, *Molecular Theory of Gases and Liquids*, Wiley, New York, 2nd corrected printing (1964). Veja também C. F. Curtiss, *J. Chem. Phys.*, **49**, 2917-2919 (1968), bem como referências dadas no Apêndice E. **Joseph Oakland Hirshfelder** (1911-1990), diretor fundador do Instituto de Química Teórica da Universidade de Wisconsin, especializou-se em forças intermoleculares e aplicações da teoria cinética.

[5] C. F. Curtiss and J. O. Hirschfelder, *J. Chem. Phys.*, **17**, 550-555 (1949).

[6] J. E. (Lennard-) Jones, *Proc. Roy. Soc.*, **A106**, 441-462, 463-477 (1924). Veja também R. J. Silbey and R. A. Alberty, *Physical Chemistry*, Wiley, New York, 3rd edition (2001), Chapter 17, ou R. S. Berry, S. A. Rice, and J. Ross, *Physical* Chemistry, Oxford University Press, 2nd edition (2000), Chapter 28.

ser estimados a partir das propriedades do fluido no ponto crítico (c), do líquido no ponto de ebulição normal (b) ou do sólido no ponto de fusão (m), por meio das seguintes relações empíricas:[4]

$$\varepsilon/\kappa = 0{,}77T_c \qquad \sigma = 0{,}841\tilde{V}_c^{1/3} \quad \text{ou} \quad \sigma = 2{,}44(T_c/p_c)^{1/3} \tag{1.4-11a, b, c}$$

$$\varepsilon/\kappa = 1{,}15T_b \qquad \sigma = 1{,}166\tilde{V}_{b,\text{liq}}^{1/3} \tag{1.4-12a, b}$$

$$\varepsilon/\kappa = 1{,}92T_m \qquad \sigma = 1{,}222\tilde{V}_{m,\text{sol}}^{1/3} \tag{1.4-13a, b}$$

Nessas equações ε/κ e T estão em K, σ está em Ångström (1 Å = 10^{-10} m), $\tilde{V}$ está em cm³/g-mol e p_c está em atmosferas.

A viscosidade de um gás monoatômico puro de peso molecular M pode ser escrita em termos dos parâmetros de Lennard-Jones como

$$\mu = \frac{5}{16}\frac{\sqrt{\pi m\kappa T}}{\pi\sigma^2\Omega_\mu} \quad \text{ou} \quad \mu = 2{,}6693 \times 10^{-5}\frac{\sqrt{MT}}{\sigma^2\Omega_\mu} \tag{1.4-14}$$

Na segunda forma dessa equação, se $T\,[=]K$ e $\sigma\,[=]$Å, então $\mu[=]$g/cm·s. A grandeza adimensional Ω_μ é uma função suave da temperatura adimensional $\kappa T/\varepsilon$, e possui ordem de grandeza igual a 1, dada na Tabela E.2. Ela é denominada "integral de colisão para a viscosidade" porque leva em conta detalhes das trajetórias que as moléculas descrevem durante uma colisão binária. Se o gás fosse constituído de esferas rígidas de diâmetro σ (em vez de moléculas reais com forças atrativas e repulsivas), então Ω_μ seria exatamente igual a um. Portanto a função Ω_μ pode ser interpretada como uma medida do desvio do comportamento de esfera rígida.

Embora a Eq. 1.4-14 seja um resultado da teoria cinética dos gases monoatômicos, sabe-se que ela também funciona muito satisfatoriamente para gases poliatômicos. A razão para isso é que na equação de conservação do momento para uma colisão entre moléculas poliatômicas, as coordenadas do centro de massa são mais importantes que as coordenadas internas [ver Seção 0.3(b)]. A dependência com a temperatura prevista pela Eq. 1.4-14 concorda satisfatoriamente com aquela encontrada por meio da linha de densidades baixas na correlação empírica da Fig. 1.3-1. A viscosidade de gases a baixas densidades aumenta com a temperatura aproximadamente com uma potência da temperatura absoluta entre 0,6 a 1,0, e é independente da pressão.

Para calcular a viscosidade de uma mistura de gases, a extensão multicomponente da teoria de Chapman-Enskog pode ser usada.[4,5] Alternativamente podemos usar a seguinte fórmula semi-empírica muito satisfatória:[7]

$$\mu_{\text{mix}} = \sum_{\alpha=1}^{N} \frac{x_\alpha \mu_\alpha}{\sum_\beta x_\beta \Phi_{\alpha\beta}} \tag{1.4-15}$$

na qual as grandezas adimensionais $\Phi_{\alpha\beta}$ são

$$\Phi_{\alpha\beta} = \frac{1}{\sqrt{8}}\left(1 + \frac{M_\alpha}{M_\beta}\right)^{-1/2}\left[1 + \left(\frac{\mu_\alpha}{\mu_\beta}\right)^{1/2}\left(\frac{M_\beta}{M_\alpha}\right)^{1/4}\right]^2 \tag{1.4-16}$$

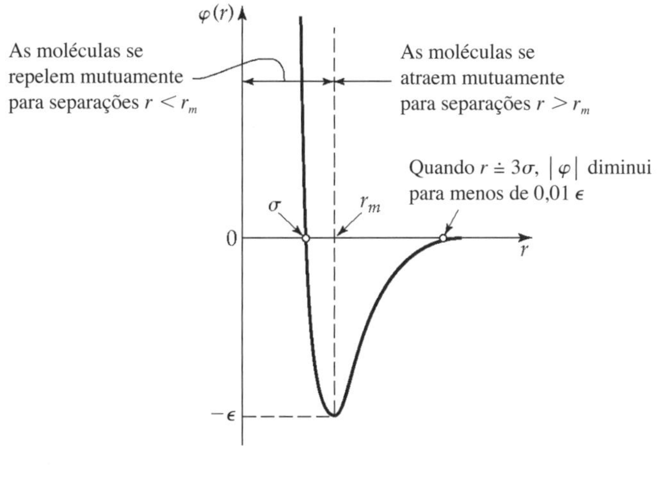

Fig. 1.4-3 Função energia potencial $\varphi(r)$ descrevendo a interação de duas moléculas esféricas não-polares. O potencial de Lennard-Jones (6-12) dado na Eq. 1.4-10 é uma de muitas equações empíricas propostas para ajustar essa curva. Para $r < r_m$ as moléculas repelem-se mutuamente enquanto para $r > r_m$ as moléculas se atraem mutuamente.

[7] C. R. Wilke, *J. Chem. Phys.*, **18**, 517-519 (1950); veja também J. W. Buddenberg and C. R. Wilke, *Ind. Eng. Chem.*, **41**, 1345-1347 (1949).

Nessa equação o número de espécies químicas na mistura é N, x_α é a fração molar das espécies α, μ_α é a viscosidade das espécies puras α na temperatura e pressão do sistema e M_α é o peso molecular das espécies α. Mostrou-se que a Eq. 1.4-16 reproduz valores medidos das viscosidades de misturas com um desvio médio de cerca de 2%. A dependência da viscosidade de misturas com a composição é extremamente não-linear para algumas misturas, particularmente para misturas de gases leves e pesados (ver Problema 1A.2).

Resumindo, as Eqs. 1.4-14, 15 e 16 são fórmulas úteis para o cálculo de viscosidades de gases não-polares e misturas de gases a baixas densidades a partir de valores tabelados dos parâmetros de forças intermoleculares σ e ε/κ. Elas não darão resultados confiáveis para gases constituídos de moléculas polares ou muito compridas devido à dependência angular dos campos de força que existem entre tais moléculas. Para vapores polares, tais como os de H_2O, NH_3, CHOH e NOCl, uma modificação da Eq. 1.4-10 dependente de ângulo tem dado bons resultados.[8] Para os gases leves H_2 e He abaixo de 100 K, efeitos quânticos devem ser levados em conta.[9]

Dispõe-se de muitas outras relações empíricas para a estimativa das viscosidades de gases e de misturas de gases. Uma referência padrão é a de Reid, Prausnitz and Poling.[10]

EXEMPLO 1.4-1

Cálculo da Viscosidade de um Gás Puro a Baixas Densidades

Calcule a viscosidade do CO_2 a 200, 300 e 800 K e 1 atm.

SOLUÇÃO

Use a Eq. 1.4-14. Na Tabela E.1 encontramos os parâmetros de Lennard-Jones para o CO_2 como sendo $\varepsilon/\kappa = 190$ K e $\sigma = 3{,}996$ Å. O peso molecular do CO_2 é 44,01. Substituindo-se M e σ na Eq. 1.4-14 temos

$$\mu = 2{,}6693 \times 10^{-5} \frac{\sqrt{44{,}01T}}{(3{,}996)^2\Omega_\mu} = 1{,}109 \times 10^{-5} \frac{\sqrt{T}}{\Omega_\mu} \tag{1.4-17}$$

na qual $\mu[=]\text{g/cm} \cdot \text{s}$ e $T\,[=]$ K. Os demais cálculos podem ser mostrados numa tabela.

				Viscosidade (g/cm·s)	
T (K)	$\kappa T/\varepsilon$	Ω_μ	$\sqrt{T}$	Previsto	Observado[11]
200	1,053	1,548	14,14	$1{,}013 \times 10^{-4}$	$1{,}015 \times 10^{-4}$
300	1,58	1,286	17,32	$1{,}494 \times 10^{-4}$	$1{,}495 \times 10^{-4}$
800	4,21	0,9595	28,28	$3{,}269 \times 10^{-4}$	...

Os dados experimentais são mostrados na última coluna para comparação. Uma boa concordância era esperada já que os parâmetros de Lennard-Jones da Tabela E.1 foram obtidos com dados de viscosidade.

EXEMPLO 1.4-2

Previsão da Viscosidade de uma Mistura Gasosa a Baixas Densidades

Estime a viscosidade da seguinte mistura de gases a 1 atm e 293 K a partir dos dados fornecidos para os componentes puros nas mesmas pressão e temperatura.

[8] E. A. Mason and L. Monchick, *J. Chem. Phys.*, **35**, 1676-1697 (1961) and **36**, 1622-1639, 2746-2757 (1962).

[9] J. O. Hirschfelder, C. F. Curtiss, and R. B. Bird, *op. cit.* Chapter 10; H. T. Wood and C. F. Curtiss, *J. Chem. Phys.*, **41**, 1167-1173 (1964); R. J. Munn, F. J. Smith, and E. A. Mason, *J. Chem. Phys.*, **42**, 537-539 (1965); S. Imam-Rahajoe, C. F. Curtiss, and R. B. Bernstein, *J. Chem. Phys.*, **42**, 530-536 (1965).

[10] R. C. Reid, J. M. Prausnitz, and B. E. Poling, *The Properties of Gases and Liquids*, McGraw-Hill, New York, 4th edition (1987).

[11] H. L. Johnston and K. E. McCloskey, *J. Phys. Chem.*, **44**, 1038-1058 (1940).

Espécie α	Fração molar, x_α	Peso molecular, M_α	Viscosidade, μ_α (g/cm·s)
1. CO_2	0,133	44,01	1462×10^{-7}
2. O_2	0,039	32,00	2031×10^{-7}
3. N_2	0,828	28,02	1754×10^{-7}

SOLUÇÃO

Use as Eqs. 1.4-16 e 15 (nessa ordem). Os cálculos podem ser sistematizados na forma de tabela, como segue:

α	β	M_α/M_β	μ_α/μ_β	$\Phi_{\alpha\beta}$	$\sum_{\beta=1}^{3} x_\alpha \Phi_{\alpha\beta}$
1.	1	1,000	1,000	1,000	
	2	1,375	0,720	0,730	0,763
	3	1,571	0,834	0,727	
2.	1	0,727	1,389	1,394	
	2	1,000	1,000	1,000	1,057
	3	1,142	1,158	1,006	
3.	1	0,637	1,200	1,370	
	2	0,876	0,864	0,993	1,049
	3	1,000	1,000	1,000	

A Eq. 1.4-15 fornece então

$$\mu = \frac{(0,1333)(1462)(10^{-7})}{0,763} + \frac{(0,039)(2031)(10^{-7})}{1,057} + \frac{(0,828)(1754)(10^{-7})}{1,049}$$
$$= 1714 \times 10^{-7}\ \text{g/cm} \cdot \text{s}$$

O valor observado [12] é 1793×10^{-7} g/cm · s.

1.5 TEORIA MOLECULAR DA VISCOSIDADE DE LÍQUIDOS

Uma teoria cinética rigorosa para as propriedades de transporte de líquidos monoatômicos foi desenvolvida por Kirkwood e colaboradores. [1] Todavia esta teoria não leva a resultados fáceis de serem usados. Uma teoria mais antiga, desenvolvida por Eyring[2] e colaboradores, talvez menos bem fundamentada teoricamente, fornece uma imagem qualitativa do mecanismo de transporte de momento em líquidos e permite estimativas grosseiras da viscosidade a partir de outras propriedades físicas. Discutiremos essa teoria abreviadamente.

Em um líquido puro em repouso, as moléculas, individualmente, estão em constante movimento. Todavia, devido ao empacotamento fechado, o movimento é muito restrito à vibração de cada molécula no interior de uma "gaiola" formada

[12] F. Herning and L. Zipperer, *Gas-und Wasserfach*, **79**, 49-54, 69-73 (1936).

[1] J. H. Irving and J. G. Kirkwood, *J. Chem. Phys.*, **18**, 817-823 (1950); R. J. Bearman and J. G. Kirkwood, *J. Chem. Phys.*, **28**, 136-146 (1958). Para publicações adicionais, veja John Gamble Kirkwood, *Collected Works*, Gordon and Breach, New York (1967). **John Gamble Kirkwood** (1907-1959) contribuiu muito para a teoria cinética de líquidos, propriedades de soluções poliméricas, teoria dos eletrólitos e termodinâmica de processos irreversíveis.

[2] S. Glasstone, K. J. Laidler, and H. Eyring, *Theory of Rate Processes*, McGraw-Hill, New York (1941), Chapter 9; H. Eyring, D. Henderson, B. J. Stover, and E. M. Eyring, *Statistical Mechanics*, Wiley, New York (1964), Chapter 16. Veja também R. J. Silbey and R. A. Alberty, *Physical Chemistry*, Wiley, New York, 3rd edition (2001), §20.1; e R. S. Berry, S. A. Rice, and J. Ross, *Physical Chemistry*, Oxford University Press, 2nd edition (2000), Chapter 29. **Henry Eyring** (1901-1981) desenvolveu teorias para as propriedades de transporte baseadas em modelos físicos simples; ele também desenvolveu a teoria das velocidades absolutas de reação.

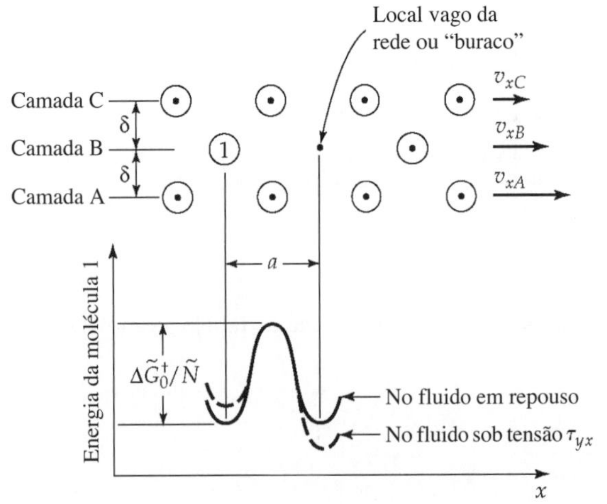

Fig. 1.5-1 Ilustração de um processo de escape no escoamento de um líquido. A molécula 1 deve passar através de um "gargalo" para atingir o sítio vago.

por suas vizinhas mais próximas. Essa "gaiola" é representada por uma barreira de energia de altura $\Delta\tilde{G}_0^\dagger/\tilde{N}$, na qual $\Delta\tilde{G}_0^\dagger$ é a energia livre molar de ativação para o escape da gaiola para o fluido estacionário (ver Fig. 1.5-1). De acordo com Eyring, um líquido em repouso sofre contínuos rearranjos, nos quais uma molécula de cada vez escapa de sua "gaiola" para um "buraco" vizinho, e que as moléculas movem-se assim em cada uma das direções coordenadas em saltos de comprimento a a uma freqüência n por molécula. A freqüência é dada pela equação de taxa

$$\nu = \frac{\kappa T}{h}\exp(-\Delta\tilde{G}_0^\dagger/RT) \tag{1.5-1}$$

na qual κ e h são, respectivamente, as constantes de Boltzmann e Planck, $\tilde{N}$ é o número de Avogadro e $R = \tilde{N}\kappa$ é a constante dos gases (ver Apêndice F).

Para um fluido que escoa na direção x com um gradiente de velocidade dv_x/dy, a freqüência de rearranjos moleculares é aumentada. O efeito pode ser explicado considerando a barreira de energia potencial como sendo distorcida sob a tensão τ_{yx} (ver Fig. 1.5-1) de modo que

$$-\Delta\tilde{G}^\dagger = -\Delta\tilde{G}_0^\dagger \pm \left(\frac{a}{\delta}\right)\left(\frac{\tau_{yx}\tilde{V}}{2}\right) \tag{1.5-2}$$

onde $\tilde{V}$ é o volume de um mol de líquido e $\pm(a/\delta)(\tau_{yx}\tilde{V}/2)$ é uma aproximação para o trabalho realizado sobre as moléculas conforme elas se deslocam para o topo da barreira de energia movendo-se *com* a tensão cisalhante aplicada (sinal de mais) ou *contra* a tensão cisalhante aplicada (sinal de menos). Definimos agora ν_+ como sendo a freqüência de saltos para a frente e ν_- como a freqüência de saltos para trás. Então, das Eqs. 1.5-1 e 1.5-2 encontramos

$$\nu_\pm = \frac{\kappa T}{h}\exp(-\Delta\tilde{G}_0^\dagger/RT)\exp(\pm a\tau_{yx}\tilde{V}/2\delta RT) \tag{1.5-3}$$

O excedente de velocidade com que as moléculas da camada A se movem em relação às da camada B (Fig. 1.5-1) é exatamente a distância percorrida por salto (a) vezes o *saldo* de freqüência dos saltos para a frente ($\nu_+ - \nu_-$); isto dá

$$v_{xA} - v_{xB} = a(\nu_+ - \nu_-) \tag{1.5-4}$$

O perfil de velocidades pode ser considerado linear para distâncias muito pequenas, δ, entre as camadas A e B, de modo que

$$-\frac{dv_x}{dy} = \left(\frac{a}{\delta}\right)(\nu_+ - \nu_-) \tag{1.5-5}$$

Combinando as Eqs.1.5-3 e 5, obtemos finalmente

$$-\frac{dv_x}{dy} = \left(\frac{a}{\delta}\right)\left(\frac{\kappa T}{h}\exp(-\Delta\tilde{G}_0^\dagger/RT)\right)(\exp(+a\tau_{yx}\tilde{V}/2\delta RT) - \exp(-a\tau_{yx}\tilde{V}/2\delta RT))$$

$$= \left(\frac{a}{\delta}\right)\left(\frac{\kappa T}{h}\exp(-\Delta\tilde{G}_0^\dagger/RT)\right)\left(2\ \mathrm{senh}\,\frac{a\tau_{yx}\tilde{V}}{2\delta RT}\right) \tag{1.5-6}$$

Essa equação prevê uma relação não-linear entre a tensão cisalhante (fluxo de momento) e o gradiente de velocidade — isto é, *escoamento não-newtoniano*. Tal comportamento não-linear é mais bem discutido no Cap. 8.

A situação usual, todavia, é que $a\tau_{yx}\tilde{V}/2\delta RT << 1$. Então podemos usar a série de Taylor (ver Seção C.2), senh $x = x + (1/3!)x^3 + (1/5!)x^5 + \ldots$ e reter somente um termo. A Eq. 1.5-6 fica então da forma da Eq. 1.1-2, com a viscosidade dada por

$$\mu = \left(\frac{\delta}{a}\right)^2 \frac{\tilde{N}h}{\tilde{V}} \exp(\Delta\tilde{G}_0^{+}/RT) \qquad (1.5\text{-}7)$$

O fator δ/a pode ser tomado como sendo unitário; note que esta simplificação não envolve perda de precisão pois $\Delta\tilde{G}_0^{\dagger}$ é geralmente determinado empiricamente de modo que a equação concorde com os dados experimentais de viscosidade.

Estabeleceu-se que as energias livres de ativação, $\Delta\tilde{G}_0^{\dagger}$, determinadas ajustando-se a Eq. 1.5-7 a dados experimentais de viscosidade *versus* temperatura, são praticamente constantes para um dado fluido e que estão relacionadas de modo simples à energia interna de vaporização no ponto de ebulição normal, como segue:[3]

$$\Delta\tilde{G}_0^{\dagger} \approx 0{,}408\, \Delta\tilde{U}_{\text{vap}} \qquad (1.5\text{-}8)$$

Usando esta relação empírica e fazendo $\delta/a = 1$, a Eq. 1.5-7 fornece

$$\mu = \frac{\tilde{N}h}{\tilde{V}} \exp 0{,}408\, \Delta\tilde{U}_{\text{vap}}/RT) \qquad (1.5\text{-}9)$$

A energia de vaporização no ponto de ebulição normal pode ser estimada grosseiramente com a regra de Trouton

$$\Delta\tilde{U}_{\text{vap}} \approx \Delta\tilde{H}_{\text{vap}} - RT_b \cong 9{,}4RT_b \qquad (1.5\text{-}10)$$

Com essa aproximação adicional, a Eq. 1.5-9 transforma-se em

$$\mu = \frac{\tilde{N}h}{\tilde{V}} \exp(3{,}8T_b/T) \qquad (1.5\text{-}11)$$

As Eqs. 1.5-9 e 11 concordam com a relação empírica $\mu = A \exp(B/T)$, usada há muito tempo e aparentemente com sucesso. A teoria, embora de natureza apenas aproximada, prevê a diminuição da viscosidade com a temperatura conforme observado, porém erros de até 30% são comuns quando as Eqs. 1.5-9 e 11 são usadas. Elas não deveriam ser usadas para moléculas muito longas e finas, tais como n-$C_{20}H_{42}$.

Além disso, existem muitas fórmulas empíricas disponíveis para a previsão da viscosidade de líquidos e misturas de líquidos. Para obtê-las deve-se consultar livros-texto de físico-química e engenharia química.[4]

EXEMPLO 1.5-1

Estimação da Viscosidade de um Líquido Puro

Estime a viscosidade do benzeno líquido, C_6H_6, a 20°C (293,2 K).

SOLUÇÃO

Use a Eq. 1.5-11 com as seguintes informações:

$$\tilde{V} = 89{,}0 \text{ cm}^3/\text{g-mol}$$
$$T_b = 80{,}1°\text{C}$$

Como essas informações estão dadas em unidades c.g.s., usamos os valores do número de Avogadro e a constante de Planck nas mesmas unidades. Substituindo na Eq. 1.5-11 temos:

$$\mu = \frac{(6{,}023 \times 10^{23})(6{,}624 \times 10^{-27})}{(89{,}0)} \exp\left(\frac{3{,}8 \times (273{,}2 + 80{,}1)}{293{,}2}\right)$$
$$= 4{,}5 \times 10^{-3}\, \text{g/cm} \cdot \text{s} \quad ou \quad 4{,}5 \times 10^{-4}\, \text{Pa} \cdot \text{s} \quad ou \quad 0{,}45\, \text{mPa} \cdot \text{s}$$

---

[3] J. F. Kincaid, H. Eyring, and A. E. Stearn, *Chem. Revs.*, **28**, 301-365 (1941).

[4] Veja, por exemplo, J. R. Partington, *Treatise on Physical Chemistry*, Longmans, Green (1949); ou R. C. Reid, J. M. Prausnitz, and B. E. Poling, *The Properties of Gases and Liquids*, McGraw-Hill, New York, 4th edition (1987). Veja também P. A. Egelstaff, *An Introduction to the Liquid State*, Oxford University Press, 2nd edition (1994), Chapter 13; e J. P. Hansen and I. R. McDonald, *Theory of Simple Liquids*, Academic Press, London (1986), Chapter 8.

1.6 VISCOSIDADE DE SUSPENSÕES E EMULSÕES

Até agora temos discutido fluidos que consistem em uma única fase homogênea. Agora voltamos nossa atenção, sucintamente, para sistemas com duas fases. A descrição completa de tais sistemas é, naturalmente, muito complexa, mas é freqüentemente útil substituir a suspensão ou a emulsão por um sistema hipotético de uma fase, que então descrevemos pela lei de Newton da viscosidade (Eq. 1.1-2 ou 1.2-7) com duas modificações: (i) a viscosidade μ é substituída pela *viscosidade efetiva*, μ_{eff}, e (ii) a velocidade e as componentes da tensão são redefinidas (sem modificação de símbolos) como o valor médio de grandezas análogas, calculado para um volume grande comparado às distâncias entre as partículas, porém pequeno em relação às dimensões do sistema de escoamento. Esse tipo de teoria é satisfatório desde que o escoamento seja permanente; para escoamentos dependentes do tempo, já foi mostrado que a lei de Newton da viscosidade é inapropriada, e o sistema bifásico deve ser considerado como um material viscoelástico.[1]

A primeira grande contribuição para a teoria da *viscosidade de suspensões de esferas* deve-se a Einstein.[2] Ele considerou uma suspensão de esferas rígidas, tão diluída que o movimento de uma esfera não influencia o escoamento do fluido nas vizinhanças de qualquer outra esfera. Assim, é suficiente analisar somente o movimento do fluido em torno de uma única esfera e os efeitos individuais de cada esfera são aditivos. A *equação de Einstein* é

$$\frac{\mu_{\text{eff}}}{\mu_0} = 1 + \frac{5}{2}\phi \qquad (1.6\text{-}1)$$

onde μ_0 é a viscosidade do meio dispergente, e ϕ a é fração em volume das esferas. O resultado pioneiro de Einstein sofreu muitas modificações, algumas das quais descreveremos a seguir.

Para *suspensões diluídas de partículas de vários formatos* a constante 5/2 tem que ser substituída por um coeficiente que depende do próprio formato de partícula. Suspensões de partículas elongadas ou flexíveis exibem viscosidade não-newtoniana.[3,4,5,6]

Para *suspensões concentradas de esferas* (isto é, ϕ maior que cerca de 0,05) as interações entre as partículas tornam-se relevantes. Numerosas expressões semi-empíricas foram desenvolvidas sendo a *equação de Mooney*[7] uma das mais simples

$$\frac{\mu_{\text{eff}}}{\mu_0} = \exp\left(\frac{\frac{5}{2}\phi}{1 - (\phi/\phi_0)}\right) \qquad (1.6\text{-}2)$$

onde ϕ_0 é uma constante empírica entre cerca de 0,74 e 0,52, sendo que esses valores correspondem, respectivamente, aos valores de ϕ para os empacotamentos mais fechado e cúbico.

Um outro enfoque para suspensões concentradas de esferas é a "teoria das células", na qual examinamos a dissipação de energia no escoamento entre as esferas. Como um exemplo desse tipo de teoria citamos a *equação de Graham*[8]

$$\frac{\mu_{\text{eff}}}{\mu_0} = 1 + \frac{5}{2}\phi + \frac{9}{4}\left(\frac{1}{\psi(1 + \frac{1}{2}\psi)(1 + \psi)^2}\right) \qquad (1.6\text{-}3)$$

em que $\psi = 2[1 - \sqrt[3]{\phi/\phi_{\text{max}}})/\sqrt[3]{\phi/\phi_{\text{max}}}]$, onde ϕ_{max} é a fração em volume correspondente ao empacotamento de esferas mais fechado, determinado experimentalmente. Essa expressão simplifica-se para a equação de Einstein quando $\phi \to 0$ e para a equação de Frankel-Acrivos[9] quando $\phi \to \phi_{\text{max}}$.

---

[1] Para suspensões diluídas de esferas rígidas, o comportamento viscoelástico linear foi estudado por H. Frohlich and R. Sack, *Proc. Roy. Soc.*, **A185**, 415-430 (1946), e para emulsões diluídas uma dedução análoga foi feita por J. G. Oldroyd, *Proc. Roy. Soc.*, **A218**, 122-132 (1953). Nessas duas publicações o fluido é descrito pelo modelo de Jeffreys (veja Eq.8.4-4), e os autores estabeleceram relações entre os três parâmetros do modelo de Jeffreys e as constantes que descrevem a estrutura do sistema bifásico (a fração em volume do material em suspensão e as viscosidades das duas fases). Para mais comentários a respeito de suspensões e reologia, veja R. B. Bird and J. M. Wiest, Chapter 3 in *Handbook of Fluid Dynamics and Fluid Machinery*, J.A. Schetz and A. E. Fuhs (eds.), Wiley, New York (1996).

[2] **Albert Einstein** (1879-1955) recebeu o prêmio Nobel por sua explicação do efeito fotoelétrico, e não pelo desenvolvimento da teoria especial da relatividade. Seu trabalho seminal com suspensões apareceu em A. Einstein, *Ann. Phys.* (Leipzig), **19**, 289-306 (1906); errata, *ibid.*, **34**, 591-592 (1911). Na publicação original, Einstein cometeu um erro na dedução e obteve ϕ em vez de $5\phi/2$. Depois que experimentos mostraram que sua equação não concordava com dados experimentais, ele recalculou o coeficiente. A dedução original de Einstein é bastante longa; para um dedução mais compacta, veja L. D. Landau and E. M. Lifshitz, *Fluid Mechanics*, Pergamon Press, Oxford, 2nd edition (1987), pp. 73-75. A formulação matemática do comportamento de um fluido multifásico pode ser encontrada em D. A. Drew and S. L. Passman, *Theory of Multicomponent Fluids*, Springer, Berlin (1999).

[3] H. L. Frisch and R. Simha, Chapter 14 in *Rheology*, Vol. 1, (F. R. Eirich, ed.), Academic Press, New York (1956), Sections II and III.

[4] E. W. Merril, Chapter 4 in *Modern Chemical Engineering*, Vol. 1, (A. Acrivos, ed.), Reinhold, New York (1963), p.165.

[5] E. J. Hinch and L. G. Leal, *J. Fluid Mech.*, **52**, 683-712 (1972); **76**, 187-208 (1976).

[6] W. R. Schowalter, *Mechanics of Non-Newtonian Fluids*, Pergamon, Oxford (1978), Chapter 13.

[7] M. Mooney, *J. Coll. Sci.*, **6**, 162-170 (1951).

[8] A. L. Graham, *Appl. Sci. Res.*, **37**, 275-286 (1981).

[9] N. A. Frankel and A. Acrivos, *Chem. Engr. Sci.*, **22**, 847-853 (1967).

Para *suspensões concentradas de partículas não-esféricas* a equação de *Krieger-Dougherty* [10] pode ser usada:

$$\frac{\mu_{\text{eff}}}{\mu_0} = \left(1 - \frac{\phi}{\phi_{\text{max}}}\right)^{-A\phi_{\text{max}}} \tag{1.6-4}$$

Os parâmetros A e ϕ_{max} a serem usados nessa última equação são mostrados na Tabela 1.6-1 para suspensões de diversos materiais. [11]

Comportamento não-newtoniano é observado com suspensões concentradas, mesmo que as partículas em suspensão sejam esferas. [11] Isso significa que a viscosidade depende do gradiente de velocidade e pode ser diferente em escoamentos cisalhantes e elongacionais. Portanto, equações tais como a Eq. 1.6-2 devem ser usadas com algum cuidado.

TABELA 1.6-1 Constantes Adimensionais para Uso na Eq. 1.6-4

Sistema	A	$\phi_{\text{máx}}$	Referência
Esferas (submícron)	2,7	0,71	*a*
Esferas (40 μm)	3,28	0,61	*b*
Gesso moído	3,25	0,69	*c*
Dióxido de titânio	5,0	0,55	*c*
Laterita	9,0	0,35	*c*
Bastões de vidro (30 × 700 μm)	9,25	0,268	*d*
Placas de vidro (100 × 400 μm)	9,87	0,382	*d*
Grãos de quartzo (53–76 μm)	5,8	0,371	*d*
Fibra de vidro (razão axial 7)	3,8	0,374	*b*
Fibra de vidro (razão axial 14)	5,03	0,26	*b*
Fibra de vidro (razão axial 21)	6,0	0,233	*b*

[a] C. G. Kruif, E. M. F. van Ievsel, A. Vrij, and W. B. Russel, in *Viscoelasticity and Rheology* (A. S. Lodge, M. Renardy, J. A. Nohel, eds.), Academic Press, New York (1985).
[b] H. Giesekus, in *Physical Properties of Foods* (J. Jowitt et al., eds.), Applied Science Publishers (1983), Chapter 13.
[c] R. M. Turian and T.-F. Yuan, *AIChE Journal*, **23**, 232-243 (1977).
[d] B. Clarke, *Trans. Inst. Chem. Eng.*, **45**, 251-256 (1966).

Em *emulsões* ou *suspensões de gotículas*, em que o material suspenso pode sofrer circulação interna mantendo porém sua forma esférica, a viscosidade efetiva pode ser consideravelmente menor que a de suspensões de esferas sólidas. A viscosidade de emulsões diluídas é então descrita pela *equação de Taylor*: [12]

$$\frac{\mu_{\text{eff}}}{\mu_0} = 1 + \left(\frac{\mu_0 + \frac{5}{2}\mu_1}{\mu_0 + \mu_1}\right)\phi \tag{1.6-5}$$

onde μ_1 é a viscosidade da fase dispersa. Todavia, deve-se notar que contaminantes tensoativos, freqüentemente presentes mesmo em líquidos cuidadosamente purificados, podem efetivamente interromper a circulação interna; [13] as gotas nesse caso se comportam como esferas rígidas.

Para *suspensões diluídas de esferas carregadas*, a Eq. 1.6-1 pode ser substituída pela *equação de Smoluchowsky* [14]

$$\frac{\mu_{\text{eff}}}{\mu_0} = 1 + \frac{5}{2}\phi\left(1 + \frac{(D\zeta/2\pi R)^2}{\mu_0 k_e}\right) \tag{1.6-6}$$

[10] I. M. Krieger and T. J. Dougherty, *Trans. Soc. Rheol.*, **3**, 137-152 (1959).
[11] H. A. Barnes, J. F. Hutton, and K. Walters, *An Introduction to Rheology*, Elsevier, Amsterdam (1989), p. 125.
[12] G. I. Taylor, *Proc. Roy. Soc.* **A138**, 411-48 (1932). **Geoffrey Ingram Taylor** (1886-1975) é famoso pela dispersão de Taylor, vórtices de Taylor, e por seu trabalho na teoria estatística da turbulência; ele abordou muitos problemas complexos de maneiras engenhosas que maximizavam o uso dos processos físicos envolvidos.
[13] V. G. Levich, *Physicochemical Hydrodynamics*, Prentice-Hall, Englewood Cliffs, N.J. (1962), Chapter 8. **Veniamin Grigorevich Levich** (1917-1987), físico e eletroquímico, fez muitas contribuições para a solução de importantes problemas em difusão e transferência de massa.
[14] M. von Smoluchowsky, *Kolloid Zeits.*, **18**, 190-195 (1916).

onde D é a constante dielétrica do fluido dispergente, k_e é a condutividade específica da suspensão, ζ é o potencial eletrocinético das partículas, e R é o raio das partículas. Cargas superficiais não são incomuns em suspensões estáveis. Outras forças superficiais não tão bem entendidas são igualmente importantes e freqüentemente levam à formação de agregados de baixas densidades.[4] Nesses casos, novamente, é comum encontrarmos comportamentos não-newtonianos.[15]

1.7 TRANSPORTE CONVECTIVO DE MOMENTO

Até aqui discutimos o *transporte molecular* de momento, e isto nos levou a um conjunto de grandezas π_{ij} que fornecem o fluxo de momento de direção j através de uma superfície perpendicular à direção i. Então relacionamos os π_{ij} aos gradientes de velocidade e à pressão e encontramos que essa relação envolvia dois parâmetros materiais, μ *e* κ. Vimos nas Seções 1.4 e 1.5 como a viscosidade aparece ao considerarmos o movimento randômico das moléculas do fluido — isto é, o movimento randômico molecular relativo ao movimento macroscópico do fluido. Além disso, no Problema 1C.3 mostramos como a contribuição da pressão para π_{ij} aparece em conseqüência do movimento molecular randômico.

Adicionalmente, o momento pode ser transportado pelo escoamento macroscópico do fluido, e esse processo é denominado *transporte convectivo*. Para discuti-lo usamos a Fig. 1.7-1, focalizando a atenção na região do espaço em forma de cubo através da qual o fluido está escoando. No centro do cubo (localizado em x, y, z) a velocidade do fluido é $\mathbf{v}$. Exatamente como na Seção 1.2, consideramos três planos mutuamente perpendiculares (os planos sombreados) que passam pelo ponto x, y, z, e indagamos sobre a quantidade de momento que escoa através de cada um deles. Cada um dos planos é tomado como tendo área unitária.

A vazão volumétrica através da área unitária sombreada em (*a*) é v_x. Esse fluido carrega consigo momento $\rho\mathbf{v}$ por unidade de volume. Então o fluxo de momento através da área sombreada é $v_x\rho\mathbf{v}$; note que esse é o fluxo de momento da região de menor x para a região de maior x. Similarmente, o fluxo de momento através da área sombreada em (b) é $v_y\rho\mathbf{v}$ e o fluxo de momento através da área sombreada em (c) é $v_z\rho\mathbf{v}$.

Esses três vetores — $v_x\rho\mathbf{v}$, $v_y\rho\mathbf{v}$ e $v_z\rho\mathbf{v}$ — descrevem o fluxo de momento através de três áreas perpendiculares aos respectivos eixos. Cada um desses vetores têm componentes x, y e z. Esses componentes podem ser arranjados conforme mostrado

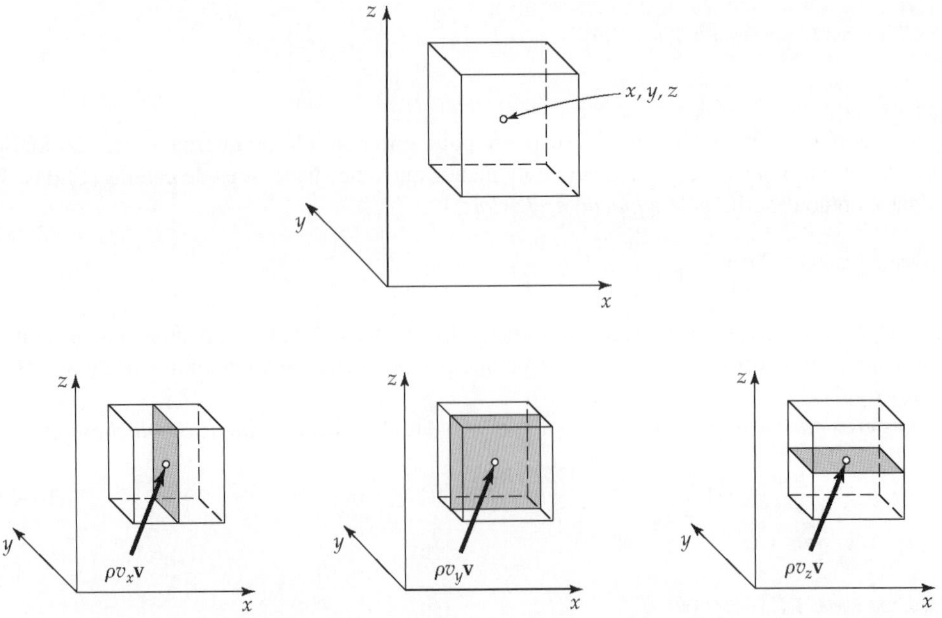

Fig. 1.7-1 Fluxos convectivos de momento através de planos com área unitária perpendiculares aos eixos coordenados.

[15] W. B. Russel, *The Dynamics of Colloidal Systems*, U. of Wisconsin Press, Madison (1987), Chapter 4; W. B. Russel, D. A. Saville, and W. R. Schowalter, *Colloidal Dispersions*, Cambridge University Press (1989); R. G. Larson, *The Structure and Rheology of Complex Fluids*, Oxford University Press (1988).

na Tabela 1.7-1. A grandeza $\rho v_x v_y$ é o fluxo convectivo de momento de direção y através de uma superfície perpendicular à direção x. Esse termo deve ser comparado com a grandeza τ_{xy}, que representa o fluxo molecular de momento de direção y através de uma superfície perpendicular à direção x . A convenção de sinais para ambos os modos de transporte é a mesma.

A coleção de nove componentes escalares dada na Tabela 1.7-1 pode ser representada como

$$\begin{aligned} \rho \mathbf{v}\mathbf{v} &= (\Sigma_i \boldsymbol{\delta}_i \rho v_i)\mathbf{v} = (\Sigma_i \boldsymbol{\delta}_i \rho v_i)(\Sigma_j \boldsymbol{\delta}_j v_j) \\ &= \Sigma_i \Sigma_j \boldsymbol{\delta}_i \boldsymbol{\delta}_j \rho v_i v_j \end{aligned} \qquad (1.7\text{-}1)$$

Como cada componente de $\rho\mathbf{vv}$ tem dois subscritos, cada um associado com uma direção coordenada, $\rho\mathbf{vv}$ é um tensor (de segunda ordem); ele é denominado *tensor fluxo convectivo de momento*. A Tabela 1.7-1 para os componentes do tensor fluxo convectivo de momento deve ser comparada com a Tabela 1.2-1 para os componentes do tensor fluxo molecular de momento.

TABELA 1.7-1 Sumário dos Componentes do Fluxo Convectivo de Momento

Direção normal à superfície sombreada	Fluxo de momento através da superfície sombreada	Componentes do fluxo convectivo de momento		
		Componente x	Componente y	Componente z
x	$\rho v_x \mathbf{v}$	$\rho v_x v_x$	$\rho v_x v_y$	$\rho v_x v_z$
y	$\rho v_y \mathbf{v}$	$\rho v_y v_x$	$\rho v_y v_y$	$\rho v_y v_z$
z	$\rho v_z \mathbf{v}$	$\rho v_z v_x$	$\rho v_z v_y$	$\rho v_z v_z$

A seguir indagamos qual seria o fluxo convectivo de momento através de um elemento de superfície cuja orientação é dada por um vetor unitário normal $\mathbf{n}$, conforme mostrado na Fig. 1.7-2.

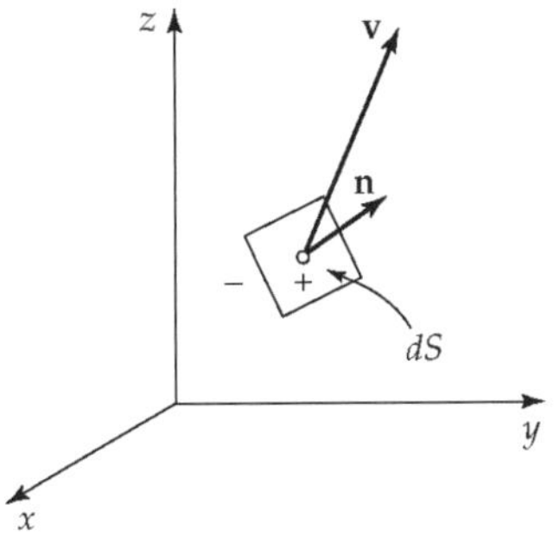

Fig. 1.7-2 O fluxo convectivo de momento através de um plano de orientação arbitrária $\mathbf{n}$ é $(\mathbf{n}\cdot\mathbf{v})\rho\mathbf{v} = [\mathbf{n}\cdot\rho\mathbf{vv}]$.

Se um fluido está escoando através da superfície dS com uma velocidade $\mathbf{v}$, então a vazão volumétrica através da superfície, vindo do lado menos para o lado mais, é $(\mathbf{n}\cdot\mathbf{v})dS$. Portanto, a taxa de transferência de momento através da superfície é $(\mathbf{n}\cdot\mathbf{v})\rho\mathbf{v}dS$, e o fluxo convectivo de momento é $(\mathbf{n}\cdot\mathbf{v})\rho\mathbf{v}$. De acordo com as regras para notação de vetores e tensores dadas no Apêndice A, essa expressão também pode ser escrita como $[\mathbf{n}\cdot\rho\mathbf{vv}]$ — isto é, o produto escalar do vetor unitário normal $\mathbf{n}$ pelo tensor fluxo convectivo de momento $\rho\mathbf{vv}$. Se identificarmos $\mathbf{n}$ sucessivamente com os vetores unitários das direções x, y e z (i.e., δ_x, δ_y e δ_z), obtemos as entradas para a segunda coluna da Tabela 1.7-1.

Similarmente, o *fluxo molecular total de momento* através de uma superfície de orientação $\mathbf{n}$ é dado por $[\mathbf{n}\cdot\boldsymbol{\pi}] = p\mathbf{n} + [\mathbf{n}\cdot\boldsymbol{\tau}]$. Fica entendido que esse é o fluxo do lado menos para o lado mais da superfície. Essa grandeza também pode ser interpretada como a força por unidade de área exercida pelo "material menos" sobre o "material mais".[1] Uma interpretação geométrica de $[\mathbf{n}\cdot\boldsymbol{\pi}]$ é dada no Problema 1D.2.

[1] Em se tratando de forças de interação — em oposição às forças de inércia ou fictícias — pela 3.ª lei de Newton (Princípio da Ação e Reação), o "lado mais" também exercerá sobre o "lado menos" uma força de mesmo módulo, mesma direção e sentido oposto. É importante lembrar que essas forças agem em corpos ("lados" no caso) distintos e portanto não se anulam. *(N.T.)*

Neste capítulo definimos o *transporte molecular* de momento na Seção 1.2, e nesta seção descrevemos o *transporte convectivo* de momento. Ao efetuarmos balanços de momento em "cascas" no Cap. 2 e balanços de momento em geral no Cap. 3, será útil definir o *fluxo combinado de momento*, que é a soma do fluxo molecular de momento e do fluxo convectivo de momento:

$$\boldsymbol{\phi} = \boldsymbol{\pi} + \rho\mathbf{vv} = p\boldsymbol{\delta} + \boldsymbol{\tau} + \rho\mathbf{vv} \tag{1.7-2}$$

Lembre-se de que a contribuição $p\boldsymbol{\delta}$ não contém velocidade, mas somente a pressão; a combinação $\rho\mathbf{vv}$ contém a densidade e produtos das componentes da velocidade; e a contribuição $\boldsymbol{\tau}$ contém a viscosidade e, para fluidos Newtonianos, é uma função linear dos gradientes de velocidade. Todas essas grandezas são tensores de segunda ordem.

A maior parte do tempo estaremos lidando com componentes dessas grandezas. Por exemplo, os componentes de $\boldsymbol{\phi}$ são

$$\phi_{xx} = \pi_{xx} + \rho v_x v_x = p + \tau_{xx} + \rho v_x v_x \tag{1.7-3a}$$

$$\phi_{xy} = \pi_{xy} + \rho v_x v_y = \tau_{xy} + \rho v_x v_y \tag{1.7-3b}$$

e assim por diante, conforme as entradas nas Tabelas 1.2-1 e 1.7-1. O importante é lembrar que

ϕ_{xy} = fluxo combinado de momento de direção y através de uma superfície perpendicular à direção x, por mecanismos molecular e convectivo.

O segundo índice dá o componente do momento que é transportado e o primeiro dá a direção do transporte.

Os vários símbolos e a nomenclatura para os fluxos de momento são dados na Tabela 1.7-2. A mesma convenção de sinais é usada para todos os fluxos.

TABELA 1.7-2 Sumário da Notação para os Fluxos de Momento

Símbolo	Significado	Referência
$\rho\mathbf{vv}$	Tensor fluxo convectivo de momento	Tabela 1.7-1
$\boldsymbol{\tau}$	Tensor fluxo viscoso de momento[a]	Tabela 1.2-1
$\boldsymbol{\pi} = p\boldsymbol{\delta} + \boldsymbol{\tau}$	Tensor fluxo molecular de momento[b]	Tabela 1.2-1
$\boldsymbol{\phi} = \boldsymbol{\pi} + \rho\mathbf{vv}$	Tensor fluxo combinado de momento	Eq. 1.7-2

[a]Para fluidos viscoelásticos (ver Cap. 8), a denominação deveria ser tensor fluxo viscoelástico de momento ou tensor tensão viscoelástica.
[b]Esse pode ser referido como tensor tensão molecular.

QUESTÕES PARA DISCUSSÃO

1. Compare a lei de Newton da viscosidade e a lei de Hooke da elasticidade. Qual a origem dessas leis?
2. Mostre que o "momento por unidade de área por unidade de tempo" tem as mesmas dimensões que a "força por unidade de área".
3. Compare e diferencie os mecanismos molecular e convectivo de transporte de momento.
4. Quais os significados físicos dos parâmetros de Lennard-Jones e como eles podem ser determinados a partir de dados de viscosidade? A determinação é única?
5. Como as viscosidades de líquidos e gases a baixas densidades dependem de temperatura e pressão?
6. O potencial de Lennard-Jones depende apenas da separação intermolecular. Para que tipos de moléculas você esperaria ser inapropriado esse tipo de potencial?
7. Esboce um gráfico da função energia potencial $\varphi(r)$ para esferas rígidas não-atrativas.
8. Moléculas diferindo apenas por seus isótopos atômicos têm os mesmos valores para os parâmetros do potencial de Lennard-Jones. Você esperaria para a viscosidade do CD_4 um valor maior ou menor que a do CH_4 nas mesmas temperatura e pressão?
9. Um fluido A tem o dobro da viscosidade de um fluido B; qual fluido você esperaria escoar mais rapidamente através de um tubo horizontal de comprimento L e raio R para uma mesma diferença de pressão?
10. Esboce um gráfico para a força intermolecular $F(r)$ obtida a partir da função de Lennard-Jones para $\varphi(r)$. Determine também o valor de r_m na Fig. 1.4-2 em termos dos parâmetros de Lennard-Jones.

11. Que idéias principais são usadas quando se parte da lei de Newton da viscosidade, Eq. 1.1-2, generalizando-a conforme a Eq. 1.2-6?

12. Que referências podem ser consultadas para se obter maiores informações sobre a teoria cinética dos gases e líquidos e também para a obtenção de relações empíricas úteis no cálculo de viscosidades?

PROBLEMAS

1A.1 Estimativa da viscosidade de um gás denso. Estime a viscosidade do nitrogênio a 68°F e 1.000 psig por meio da Fig. 1.3-1, usando a viscosidade crítica da Tabela E.1. Dê o resultado em unidades de $lb_m/ft{\cdot}s$. Para o significado de "psig", ver Tabela F.3-2.
Resposta: $1.300 \times 10^{-7}\ lb_m/ft{\cdot}s$

1A.2 Estimativa da viscosidade do fluoreto de metila. Use a Fig.1.3-1 para determinar a viscosidade do CH_3F em Pa·s, a 370°C e 120 atm. Use os seguintes valores[1] para as constantes críticas: T_c = 4,55°C, p_c = 58,0 atm, ρ_c = 0,300 g/cm^3.

1A.3 Cálculo da viscosidade de gases a baixas densidades. Prever as viscosidades do oxigênio, nitrogênio e metano, moleculares, a 20°C e pressão atmosférica, expressando o resultado em mPa·s. Compare o resultado com dados experimentais fornecidos neste capítulo.
Respostas: 0,0203, 0,0175, 0,0109 mPa·s

1A.4 Viscosidade de misturas de gases a baixas densidades. Os seguintes dados[2] estão disponíveis para as viscosidades de misturas de hidrogênio e freon-12 (dicloro-difluor-metano) a 25°C e 1 atm:

Fração molar de H_2:	0,00	0,25	0,50	0,75	1,00
$\mu \times 10^6$ (poise):	124,0	128,1	131,9	135,1	88,4

Use as viscosidades dos componentes puros para calcular as viscosidades nas três composições intermediárias, por meio das Eqs. 1.4-15 e 16.
Resposta (amostra): Para 0,5, μ = 0,013515 cp

1A.5 Viscosidades de misturas de cloro-ar a baixas densidades. Prever as viscosidades (em cp) de misturas de cloro-ar a 75°F e 1 atm para as seguintes frações molares de cloro: 0,00, 0,25, 0,50, 0,75, 1,0. Considere o ar como um único componente e use as Eqs. 1.4-14 a 16.
Respostas: 0,0183, 0,0164, 0,0150, 0,0139, 0,0131 cp

1A.6 Estimativa da viscosidade de líquido. Estime a viscosidade da água líquida saturada a 0°C e a 100°C por meio de **(a)** Eq. 1.5-9, com Δ_{vap}= 897,5 Btu/lb_m a 100°C, e **(b)** Eq. 1.5-11. Compare os resultados com valores da Tabela 1.1-1.
Resposta: **(b)** 4,0 cp, 0,95 cp

1A.7 Velocidade molecular e livre percurso médio. Calcule a velocidade molecular média $\bar{u}$ (em cm/s) e o livre percurso médio λ (em cm) para o oxigênio a 1 atm e 273,2 K. Um valor razoável para d é 3 Å. Qual é a razão entre o livre percurso médio e o diâmetro molecular sob essas condições? Qual seria a ordem de grandeza dessa razão no estado líquido?
Respostas: $\bar{u} = 4{,}25 \times 10^4$ cm/s, $\lambda = 9{,}3 \times 10^{-6}$ cm

1B.1 Perfis de velocidade e componentes de tensão τ_{ij}. Para cada uma das seguintes distribuições de velocidades, faça um esboço representativo mostrando as configurações de escoamento. Então determine todas as componentes de τ e ρvv para um fluido newtoniano. O parâmetro b é uma constante.
(a) $v_x=by,\ v_y=0,\ v_z=0$

[1] K. A. Kobe and R. E. Lynn, Jr., *Chem. Revs.* **52**, 117-236 (1953), veja p. 202.
[2] J. W. Buddenberg and C. R. Wilke, *Ind. Eng. Chem.* **41**, 1345-1347 (1949).

(b) $v_x = by,\ v_y = bx,\ v_z = 0$
(c) $v_x = -by,\ v_y = bx,\ v_z = 0$
(d) $v_x = -bx/2,\ v_y = -by/2,\ v_z = bz$

1B.2 Fluido em estado de rotação rígida.

(a) Verifique que a distribuição de velocidades (c) no Problema 1B.1 descreve um fluido em estado de rotação pura; isto é, o fluido está em rotação como um corpo sólido. Qual é a velocidade angular de rotação?

(b) Para tal configuração de escoamento, obtenha as combinações simétrica e anti-simétrica de derivadas de velocidades:

$$\text{(i)}\ (\partial v_y/\partial x) + (\partial v_x/\partial y)$$
$$\text{(ii)}\ (\partial v_y/\partial x) - (\partial v_x/\partial y)$$

(c) Discuta os resultados de (b) em conexão com o desenvolvimento na Seção1.2.

1B.3 Viscosidade de suspensões. Dados de Vand[3] para suspensões de pequenas esferas de vidro em solução aquosa de glicerol e ZnI_2 podem ser representados para valores de $\phi \leqslant 0{,}5$ pela expressão semi-empírica

$$\frac{\mu_{\text{eff}}}{\mu_0} = 1 + 2{,}5\phi + 7{,}17\phi^2 + 16{,}2\phi^3 + \cdots \tag{1B.3-1}$$

Compare esse resultado com a equação de Mooney.

Resposta: A equação de Mooney ajusta bem os dados de Vand se a ϕ_0 for atribuído o valor, bastante razoável, de 0,70.

1C.1 Algumas conseqüências da distribuição de Maxwell-Boltzmann. Na teoria cinética simplificada na Seção1.4, várias afirmações concernentes ao comportamento de equilíbrio de um gás foram feitas, porém sem comprovações. Nesse problema e no próximo algumas daquelas afirmações mostram serem conseqüências exatas da distribuição de velocidades de Maxwell-Boltzmann.

A distribuição de Maxwell-Boltzmann para as velocidades moleculares em um gás ideal em repouso é dada por

$$f(u_x, u_y, u_z) = n(m/2\pi\kappa T)^{3/2}\exp(-mu^2/2\kappa T) \tag{1C.1-1}$$

em que $\mathbf{u}$ é a velocidade molecular, n é a densidade em número e $f(u_x u_y u_z)du_x\, du_y\, du_z$ é o número de moléculas por unidade de volume com velocidades esperadas entre u_x e $u_x + du_x$, u_y e $u_y + du_y$, u_z e $u_z + du_z$. Segue-se dessa equação que a distribuição de velocidades moleculares é

$$f(u) = 4\pi n u^2 (m/2\pi\kappa T)^{3/2}\exp(-mu^2/2\kappa T) \tag{1C.1-2}$$

(a) Verifique a Eq. 1.4-1 obtendo a expressão para a velocidade média $\bar{u}$ a partir de

$$\bar{u} = \frac{\int_0^\infty u f(u)du}{\int_0^\infty f(u)du} \tag{1C.1-3}$$

(b) Obtenha os valores médios das componentes $\bar{u}_x$, $\bar{u}_y$, e $\bar{u}_z$. O primeiro destes é obtido a partir de

$$\bar{u}_x = \frac{\int_{-\infty}^{+\infty}\int_{-\infty}^{+\infty}\int_{-\infty}^{+\infty} u_x f(u_x, u_y, u_z)du_x du_y du_z}{\int_{-\infty}^{+\infty}\int_{-\infty}^{+\infty}\int_{-\infty}^{+\infty} f(u_x, u_y, u_z)du_x du_y du_z} \tag{1C.1-4}$$

O que se pode concluir dos resultados?

(c) Obtenha a energia cinética média por molécula com

$$\tfrac{1}{2}m\overline{u^2} = \frac{\int_0^\infty \tfrac{1}{2}mu^2 f(u)du}{\int_0^\infty f(u)du} \tag{1C.1-5}$$

O resultado correto é $\tfrac{1}{2}m\overline{u^2} = \tfrac{3}{2}\kappa T$.

1C.2 Freqüência de colisão com parede. Deseja-se calcular a freqüência Z com que as moléculas de um gás ideal atingem uma unidade de área de uma das faces de uma parede. O gás está em repouso e em equilíbrio a uma temperatura

[3] V. Vand, *J. Phys. Colloid Chem.*, **52**, 277-299, 300-314, 314-321 (1948).

T e a densidade em número de moléculas é n. Todas as moléculas têm massa m. Todas as moléculas na região $x < 0$ com $u_x > 0$ atingirão uma área S do plano yz em um intervalo de tempo curto, se elas estiverem no volume $Su_x \Delta t$. O número de colisões com a parede por unidade de área por unidade de tempo será

$$\begin{aligned} Z &= \frac{\int_{-\infty}^{+\infty}\int_{-\infty}^{+\infty}\int_{0}^{+\infty}(Su_x\Delta t)f(u_x, u_y, u_z)du_x du_y du_z}{S\Delta t} \\ &= n\left(\frac{m}{2\pi\kappa T}\right)^{3/2}\left(\int_0^{+\infty} u_x \exp(-mu^2/2\kappa T)\,du_x\right) \\ &\quad \left(\int_{-\infty}^{+\infty}\exp(-mu^2/2\kappa T)\,du_y\right)\left(\int_{-\infty}^{+\infty}\exp(-mu^2/2\kappa T)\,du_z\right) \\ &= n\sqrt{\frac{\kappa T}{2\pi m}} = \tfrac{1}{4}n\bar{u} \end{aligned} \tag{1C.2-1}$$

Verifique o desenvolvimento acima.

1C.3 Pressão de um gás ideal.[4] Deseja-se calcular a pressão exercida por um gás ideal sobre uma parede a partir da taxa de transferência de momento das moléculas para a parede.

(a) Quando uma molécula transladando com velocidade **v** colide com uma parede, suas componentes de velocidade de aproximação são u_x, u_y, u_z e após uma reflexão especular na parede suas componentes são $-u_x$, u_y, u_z. Assim, o momento "líquido" transmitido à parede é $2mu_x$. As moléculas que têm uma componente x de velocidade igual a u_x e que colidirão com a parede durante um pequeno intervalo de tempo Δt devem estar no interior do volume $Su_x\Delta t$. Quantas moléculas com componentes de velocidade na faixa de u_x, u_y, u_z a $u_x + \Delta u_x$, $u_y + \Delta u_y$, $u_z + \Delta u_z$ atingirão a área S da parede com uma velocidade u_x no intervalo de tempo Δt? Serão $f(u_x, u_y, u_z)\, du_x du_y du_z$ vezes $Su_x\Delta t$. Então a pressão exercida pelo gás sobre a parede será

$$p = \frac{\int_{-\infty}^{+\infty}\int_{-\infty}^{+\infty}\int_{-\infty}^{+\infty}(Su_x\Delta t)(2mu_x)f(u_x, u_y, u_z)du_x du_y du_z}{S\Delta t} \tag{1C.3-1}$$

Explique cuidadosamente como essa expressão foi obtida. Verifique que essa relação está dimensionalmente correta.

(b) Insira a Eq. 1C.1-1 para a distribuição de equilíbrio de Maxwell-Boltzmann na Eq. 1C.3-1 e efetue a integração. Verifique que esse procedimento leva a $p = n\kappa T$, a equação dos gases ideais.

1D.1 Rotação uniforme de um fluido

(a) Verifique que a distribuição de velocidades em um fluido em um estado de rotação pura (i.e., em rotação como um corpo rígido) é $\mathbf{v} = [\mathbf{w} \times \mathbf{r}]$, em que $\mathbf{w}$ é a velocidade angular (uma constante) e $\mathbf{r}$ é o vetor posição, com componentes x, y, z.

(b) O que são $\nabla\mathbf{v} + (\nabla\mathbf{v})^\dagger$ e $(\nabla \cdot \mathbf{v})$ para o campo de escoamento em (a)?

(c) Interprete a Eq. 1.2-7 em termos dos resultados de (b).

1D.2 Força sobre uma superfície com orientação arbitrária.[5] (Fig. 1D.2) Considere o material no interior de um elemento de volume $OABC$ em um estado de equilíbrio tal que a soma das forças que agem nas faces triangulares ΔOBC, ΔOCA, ΔOAB e ΔABC deve ser nula. Seja dS a área de ΔABC e $\boldsymbol{\pi}_n$ o vetor força por unidade de área que o material do lado menos de dS faz sobre o material do lado mais. Mostre que $\boldsymbol{\pi}_n = [\mathbf{n} \cdot \boldsymbol{\pi}]$.

(a) Mostre que a área do ΔOBC é igual à área projetada do ΔABC no plano yz; isto é $(\mathbf{n} \cdot \boldsymbol{\delta}_x)dS$. Escreva expressões similares para as áreas do ΔOCA e ΔOAB.

(b) Mostre que de acordo com a Tabela 1.2-1 a força por unidade de área sobre o ΔOBC é $\boldsymbol{\delta}_x\boldsymbol{\pi}_{xx} + \boldsymbol{\delta}_y\boldsymbol{\pi}_{xy} + \boldsymbol{\delta}_z\boldsymbol{\pi}_{zz}$. Escreva expressões similares para as forças sobre ΔOCA e ΔOAB.

(c) Mostre que o balanço de forças para o elemento de volume $OABC$ fornece

$$\boldsymbol{\pi}_n = \sum_i \sum_j (\mathbf{n} \cdot \boldsymbol{\delta}_i)(\boldsymbol{\delta}_j \pi_{ij}) = [\mathbf{n} \cdot \sum_i \sum_j \boldsymbol{\delta}_i \boldsymbol{\delta}_j \pi_{ij}] \tag{1D.2-1}$$

[4] R. J. Silbey and R. A. Alberty, *Physical Chemistry*, Wiley, New York, 3rd edition (2001), pp. 639-640.

[5] M. Abraham and R. Becker, *The Classical Theory of Electricity and Magnetism*, Blackie and Sons, London (1952), pp. 44-45.

em que os índices i, j assumem os valores x, y, z. O somatório duplo na última expressão é o tensor tensão π escrito como a soma de produtos de díadas unitárias e componentes.

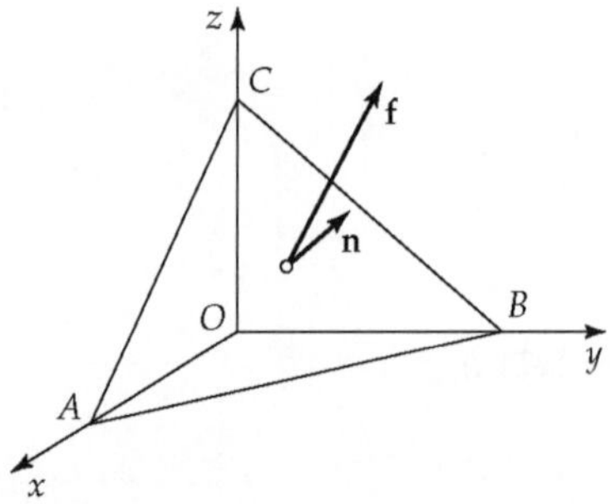

Fig. 1D.2 Elemento de volume *OABC* sobre o qual é aplicado o equilíbrio de forças. O vetor $\boldsymbol{\pi}_n = [\mathbf{n} \cdot \boldsymbol{\pi}]$ é a força por unidade de área exercida pelo material menos (material no interior de *OABC*) sobre o material mais (material no exterior de *OABC*). O vetor $\mathbf{n}$ é o vetor unitário normal à face *ABC*, dirigido para fora do volume elementar.

Capítulo 2

Balanços de Momento em Cascas e Distribuição de Velocidades em Regime Laminar

Neste capítulo mostramos como obter os perfis de velocidades para escoamentos laminares de fluidos em sistemas simples de escoamento. Tais deduções fazem uso da definição de viscosidade, das expressões para os fluxos molecular e convectivo de momento e do conceito de balanço de momento. Uma vez conhecidos os perfis de velocidades, podemos obter outras grandezas tais como a velocidade máxima, a velocidade média ou a tensão cisalhante em uma superfície. Freqüentemente são essas últimas grandezas que são de interesse nos problemas de engenharia.

Na primeira seção fazemos algumas observações genéricas acerca de como realizar balanços de momento. Nas seções que se seguem trabalhamos em detalhe diversos exemplos clássicos de configurações de escoamentos viscosos. Esses exemplos devem ser entendidos completamente, pois freqüentemente vamos nos referir a eles nos capítulos posteriores. Embora tais problemas sejam relativamente simples e envolvam sistemas idealizados, eles são, apesar disso, freqüentemente usados na solução de problemas práticos.

Os sistemas estudados neste capítulo estão arranjados de modo que o leitor é gradualmente introduzido a uma variedade de fatores que surgem na solução dos problemas de escoamento viscoso. Na Seção 2.2, o problema do filme descendente ilustra o papel das forças de gravidade e o uso de coordenadas cartesianas; ele também mostra como resolver o problema quando a viscosidade pode ser uma função de posição. Na Seção 2.3 o escoamento em um tubo circular ilustra o papel das forças de pressão e da gravidade e o uso de coordenadas cilíndricas; é feita uma extensão aproximada para o escoamento compressível. Na Seção 2.4, o escoamento em um ânulo cilíndrico enfatiza o papel desempenhado pelas condições de contorno. Então, na Seção 2.5, a questão das condições de contorno é abordada novamente na discussão do escoamento de dois líquidos imiscíveis e adjacentes. Finalmente, na Seção 2.6 o escoamento em torno de uma esfera é discutido resumidamente para ilustrar um problema em coordenadas esféricas e também para pôr em destaque a maneira como as forças tangenciais e normais são tratadas.

Os métodos e problemas neste capítulo aplicam-se somente para o *escoamento permanente*. O termo "permanente" significa que a pressão, a densidade e as componentes de velocidade em cada ponto da corrente fluida não variam com o tempo. As equações gerais para os escoamentos transientes são dadas no Cap. 3.

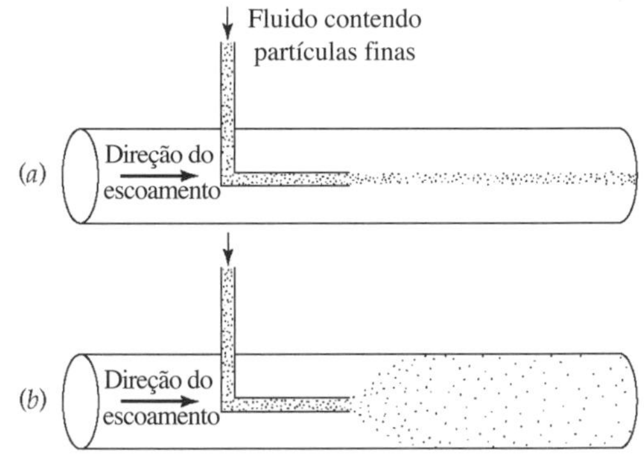

Fig. 2.0-1 (*a*) Escoamento laminar, no qual as camadas de fluido se movem suavemente umas sobre as outras na direção do escoamento, e (*b*) escoamento turbulento no qual a configuração de escoamento é complexa e dependente do tempo, com consideráveis movimentos perpendiculares à direção principal de escoamento.

Este capítulo diz respeito apenas ao *escoamento laminar*. "Escoamento laminar" é o escoamento ordenado observado, por exemplo, em tubos para velocidades do fluido suficientemente baixas de modo que partículas diminutas injetadas no tubo movem-se ao longo de uma linha fina. Ele contrasta enormemente com o caótico "escoamento turbulento", de velocidades suficientemente altas, em que as partículas se separam dispersando-se sobre toda a seção transversal do tubo. O escoamento turbulento é estudado no Cap. 5. Os desenhos da Fig. 2.0-1 ilustram as diferenças entre os dois regimes de escoamento.

2.1 BALANÇOS DE MOMENTO EM CASCAS E CONDIÇÕES DE CONTORNO

Os problemas discutidos da Seção 2.2 à Seção 2.5 são abordados fazendo-se balanços de momento em uma "casca" fina de fluido. Para *escoamento permanente*, o balanço de momento é

$$\begin{Bmatrix}\text{taxa de entrada}\\ \text{de momento}\\ \text{por transporte}\\ \text{convectivo}\end{Bmatrix} - \begin{Bmatrix}\text{taxa de saída}\\ \text{de momento}\\ \text{por transporte}\\ \text{convectivo}\end{Bmatrix} + \begin{Bmatrix}\text{taxa de entrada}\\ \text{de momento}\\ \text{por transporte}\\ \text{molecular}\end{Bmatrix} - \begin{Bmatrix}\text{taxa de saída}\\ \text{de momento}\\ \text{por transporte}\\ \text{molecular}\end{Bmatrix} + \begin{Bmatrix}\text{força da gravidade}\\ \text{agindo no sistema}\end{Bmatrix} = 0 \qquad (2.1\text{-}1)$$

Essa é uma forma restrita da lei de conservação de momento. Neste capítulo aplicamos a mesma somente a uma componente do momento — isto é, à componente na direção do escoamento. Para escrever o balanço de momento necessitamos das expressões para os fluxos convectivos de momento dadas na Tabela 1.7-1 e fluxos moleculares de momento dadas na Tabela 1.2-1; lembre-se de que o fluxo molecular de momento inclui tanto a contribuição da pressão quanto a viscosa.

Neste capítulo o balanço de momento é aplicado somente a sistemas nos quais existe apenas uma componente de velocidade, a qual depende de apenas uma variável espacial; além disso, o escoamento deve ser retilíneo. No próximo capítulo o conceito de balanço de momento será estendido a sistemas em estado transiente com movimentos curvilíneos e mais de uma componente de velocidade.

Neste capítulo o procedimento para analisar e resolver problemas de escoamento viscoso é o seguinte:

- Identificar as componentes não-nulas da velocidade e as variáveis espaciais das quais elas dependem.
- Escrever um balanço de momento na forma da Eq. 2.1-1 para uma casca fina perpendicular à variável espacial relevante.
- Fazer com que a espessura da casca se aproxime de zero e use a definição de primeira derivada para obter a equação diferencial correspondente para o fluxo de momento.
- Integrar essa equação para obter a distribuição do fluxo de momento.
- Inserir a lei de Newton da viscosidade e obter a equação diferencial para a velocidade.
- Integrar essa equação para obter a distribuição de velocidades.
- Usar a distribuição de velocidades para obter outras grandezas tais como a velocidade máxima, a velocidade média ou a força sobre superfícies sólidas.

Nas integrações mencionadas anteriormente aparecem diversas constantes de integração que são determinadas a partir de "condições de contorno" – isto é, de valores de velocidade ou tensão nas fronteiras do sistema. As condições de contorno mais comumente usadas são as seguintes:

a. Em interfaces *sólido-fluido* a velocidade do fluido iguala-se à velocidade com que a superfície sólida se move; isto se aplica a ambas as componentes, tangencial e normal, do vetor velocidade. A igualdade das componentes tangenciais é referida como "condição de não-deslizamento".

b. Em um plano interfacial *líquido-líquido* com x constante, as componentes tangenciais de velocidade v_y e v_z são contínuas através da interface (a "condição de não-deslizamento") assim como também o são as componentes do tensor tensão molecular $p + \tau_{xx}$, τ_{xy} e τ_{xz}.

c. Em um plano interfacial *líquido-gás* com x constante, assume-se que as componentes do tensor tensão τ_{xy} e τ_{xz} valem zero desde que o gradiente de velocidade no lado do gás não seja muito grande. Isto é razoável, uma vez que as viscosidades de gases são muito menores que as de líquidos.

Em todas essas condições de contorno presume-se que não há passagem de material através da interface, isto é, não há adsorção, absorção, dissolução, evaporação, fusão ou reação química na superfície entre as duas fases. Condições de contorno incorporando tais fenômenos aparecem nos Problemas 3C.5 e 11C.6, e na Seção 18.1.

Nesta seção apresentamos algumas instruções para a resolução de problemas simples de escoamento viscoso. Para certos problemas, ligeiras variações nessas instruções podem se mostrar apropriadas.

2.2 ESCOAMENTO DE UM FILME DESCENDENTE

O primeiro exemplo que vamos discutir é o do escoamento de um líquido para baixo, sobre uma placa plana inclinada de comprimento L e largura W, conforme mostrado na Fig. 2.2-1. Tais filmes têm sido estudados em conexão com torres de paredes molhadas, experimentos de evaporação e absorção de gases e aplicações de revestimentos. Consideramos a viscosidade e a densidade do fluido constantes.

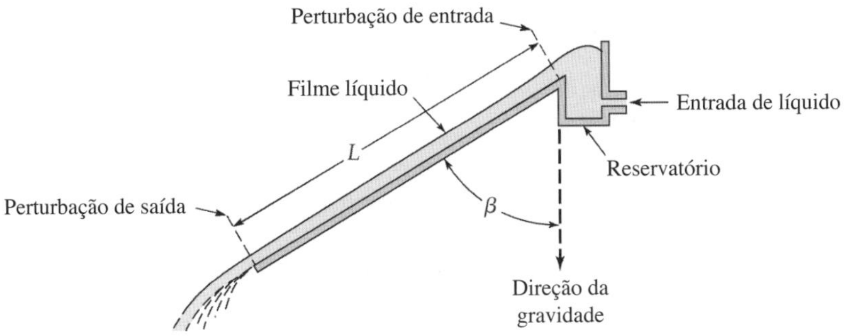

Fig. 2.2-1 Diagrama esquemático do experimento do filme descendente, mostrando efeitos de extremidades.

Uma descrição completa do escoamento do líquido é difícil devido às perturbações nas bordas do sistema ($z = 0$, $z = L$, $y = 0$, $y = W$). Uma descrição adequada pode freqüentemente ser obtida desprezando-se essas perturbações, particularmente se W e L são grandes se comparados à espessura, δ, do filme. Para vazões pequenas espera-se que as forças viscosas impeçam a contínua aceleração do fluido para baixo, de modo que v_z se torna independente de z a partir de uma pequena distância ao longo da placa, medida desde sua parte mais alta. Portanto parecem razoáveis as *hipóteses* de que $v_z = v_z(x)$, $v_x = 0$, $v_y = 0$ e, além disso, que $p = p(x)$. Da Tabela B.1 vê-se que as únicas componentes de $\boldsymbol{\tau}$ que não se anulam são $\tau_{xz} = \tau_{zx} = -\mu(dv_z/dx)$.

Agora selecionamos como "sistema" uma fina casca perpendicular à direção x (veja Fig. 2.2-2). Efetuamos então um balanço de momento de direção z sobre essa casca, que é uma região de espessura Δx, limitada pelos planos $z = 0$ e $z = L$, se estendendo por uma distância W na direção y. As diversas contribuições para o balanço de momento são então obtidas com auxílio das grandezas que figuram nas colunas "componente z" das tabelas 1.2-1 e 1.7-1. Usando as componentes do "tensor fluxo combinado de momento", $\boldsymbol{\phi}$, definido pelas Eqs. 1.7-1 a 3, podemos incluir prontamente todos os mecanismos possíveis para o transporte de momento:

taxa de entrada de momento de direção z através da superfície em $z = 0$ $\qquad (W\Delta x)\phi_{zz}|_{z=0}$ (2.2-1)

taxa de saída de momento de direção z através da superfície em $z = L$ $\qquad (W\Delta x)\phi_{zz}|_{z=L}$ (2.2-2)

taxa de entrada de momento de direção z através da superfície em x $\qquad (LW)(\phi_{xz})|_x$ (2.2-3)

taxa de saída de momento de direção z através da superfície em $x + \Delta x$ $\qquad (LW)(\phi_{xz})|_{x+\Delta x}$ (2.2-4)

força gravitacional agindo sobre o fluido na direção z $\qquad (LW\,\Delta x)(\rho g \cos\beta)$ (2.2-5)

Usando as grandezas ϕ_{xz} e ϕ_{zz} levamos em conta o transporte de momento de direção z por todos os mecanismos, convectivo e molecular. Note que tomamos os sentidos "entrada" e "saída" idênticos aos sentidos positivos dos eixos x e z (nesse problema esses últimos coincidiram com os sentidos do transporte do momento de direção z). A notação $|_{x+\Delta x}$ significa "calculado em $x + \Delta x$", e g é a aceleração da gravidade.

Quando esses termos são substituídos no balanço de momento da Eq. 2.1-1, obtemos

$$LW(\phi_{xz}|_x - \phi_{xz}|_{x+\Delta x}) + W\Delta x(\phi_{zz}|_{z=0} - \phi_{zz}|_{z=L}) + (LW\,\Delta x)(\rho g \cos\beta) = 0 \tag{2.2-6}$$

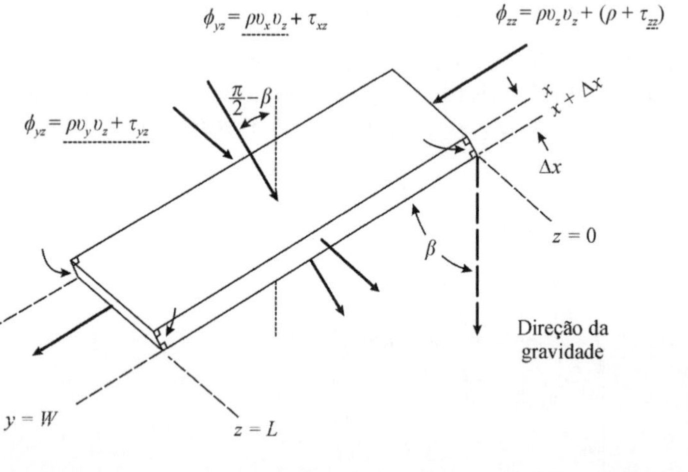

Fig. 2.2-2 Casca de espessura Δx sobre a qual um balanço de momento de direção z é feito. As setas mostram os fluxos de momento associados às superfícies da casca. Como v_x e v_y são ambas zero, $\rho v_x v_z$ e $\rho v_y v_z$ são zero. Como v_z não depende de y e z, segue-se da Tabela B.1 que $\tau_{yz} = 0$ e $\tau_{zz} = 0$. Então, os fluxos sublinhados com linha tracejada não precisam ser considerados. Ambos p e $\rho v_z v_z$ são iguais em $z = 0$ e $z = L$, e portanto não aparecem na equação final para o balanço de momento de direção z, Eq. 2.2-10.

Quando essa equação é dividida por $LW\Delta x$, e toma-se o limite quando Δx se aproxima de zero, obtemos

$$\lim_{\Delta x \to 0}\left(\frac{\phi_{xz}|_{x+\Delta x} - \phi_{xz}|_x}{\Delta x}\right) - \frac{\phi_{zz}|_{z=0} - \phi_{zz}|_{z=L}}{L} = \rho g \cos\beta \tag{2.2-7}$$

O primeiro termo do lado esquerdo é exatamente a definição da derivada de ϕ_{xz} em relação a x. Então a Eq. 2.2-7 fica

$$\frac{\partial \phi_{xz}}{\partial x} - \frac{\phi_{zz}|_{z=0} - \phi_{zz}|_{z=L}}{L} = \rho g \cos\beta \tag{2.2-8}$$

Nesse ponto temos que explicitar as componentes ϕ_{xz} e ϕ_{zz} fazendo uso da definição de $\boldsymbol{\phi}$, Eqs. 1.7-1 a 3, e das expressões de τ_{xz} e τ_{zz} do Apêndice B.1. Isso assegura que não esqueceremos de considerar nenhuma das formas de transporte de momento. Desse modo obtemos

$$\phi_{xz} = \tau_{xz} + \rho v_x v_z = -\mu \frac{\partial v_z}{\partial x} + \rho v_x v_z \tag{2.2-9a}$$

$$\phi_{zz} = p + \tau_{zz} + \rho v_z v_z = p - 2\mu \frac{\partial v_z}{\partial z} + \rho v_z v_z \tag{2.2-9b}$$

Em conformidade com as postulações de que $v_z = v_z(x)$, $v_x = 0$, $v_y = 0$ e $p = p(x)$, vemos que (i) como $v_x = 0$, o termo $\rho v_x v_z = 0$; (ii) como $v_z = v_z(x)$, o termo $-2\mu(\partial v_z/\partial z)$ na Eq. 2.2-9b é zero; (iii) como $v_z = v_z(x)$, o termo $\rho v_z v_z$ é o mesmo em $z = 0$ e em $z = L$, e (iv) como $p = p(x)$, a contribuição de p é a mesma em $z = 0$ e em $z = L$. Assim τ_{xz} depende apenas de x e a Eq. 2.2-8 simplifica-se para

$$\boxed{\frac{d\tau_{xz}}{dx} = \rho g \cos\beta} \tag{2.2-10}$$

Essa é a equação diferencial para o fluxo de momento τ_{xz}. Ela pode ser integrada obtendo-se

$$\tau_{xz} = (\rho g \cos\beta)x + C_1 \tag{2.2-11}$$

A constante de integração pode ser calculada usando-se as condições de contorno na interface gás-líquido (veja a Seção 2.1):

C.C. 1: $\quad$ em $x = 0, \quad \tau_{xz} = 0$ $\quad$ (2.2-12)

A substituição dessa condição de contorno na Eq. 2.2-11 mostra que $C_1 = 0$. Portanto a distribuição de fluxos de momento é

$$\tau_{xz} = (\rho g \cos\beta)x \tag{2.2-13}$$

como mostrado na Fig. 2.2-3

A seguir substituímos a lei de Newton da viscosidade

$$\tau_{xz} = -\mu \frac{dv_z}{dx} \tag{2.2-14}$$

no lado esquerdo da Eq. 2.2-13 obtendo

$$\frac{dv_z}{dx} = -\left(\frac{\rho g \cos\beta}{\mu}\right)x \tag{2.2-15}$$

que é a equação diferencial para a distribuição de velocidades. Ela pode ser integrada obtendo-se

$$v_z = -\left(\frac{\rho g \cos\beta}{2\mu}\right)x^2 + C_2 \tag{2.2-16}$$

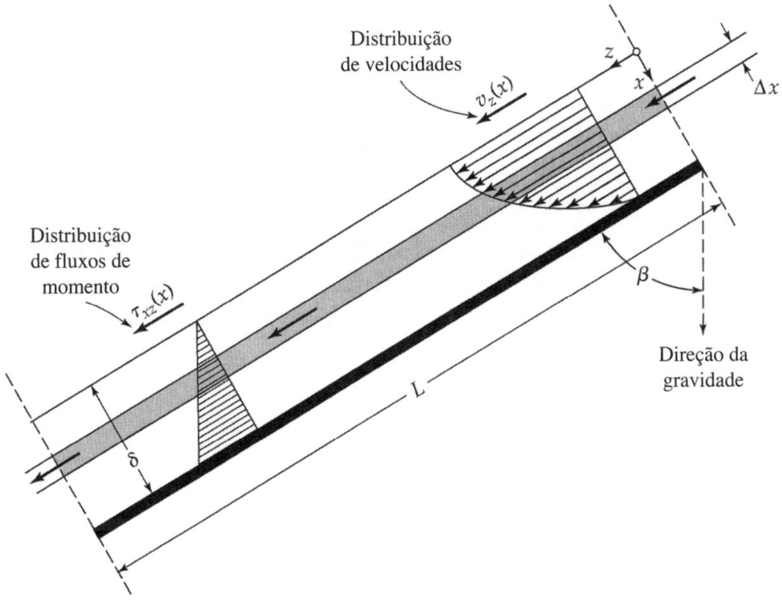

Fig. 2.2-3 Resultados finais para o problema do filme descendente, mostrando a distribuição de fluxos de momento e a distribuição de velocidades. A casca de espessura Δx, sobre a qual o balanço de momento foi feito, também é mostrada.

A constante de integração é calculada usando-se a condição de contorno de não-deslizamento na superfície sólida.

C.C. 2 $\qquad$ em $x = \delta$, $\quad v_z = 0$ $\qquad$ (2.2-17)

A substituição dessa condição de contorno na Eq. 2.2-16 mostra que $C_2 = (\rho g \cos\beta/2\mu)\delta^2$. Conseqüentemente, a distribuição de velocidades é

$$\boxed{v_z = \frac{\rho g \delta^2 \cos\beta}{2\mu}\left[1 - \left(\frac{x}{\delta}\right)^2\right]} \tag{2.2-18}$$

Essa distribuição parabólica de velocidades é mostrada na Fig. 2.2-3. Ela é coerente com as hipóteses adotadas inicialmente e deve portanto ser uma solução *possível*. Outras soluções podem ser possíveis e experimentos são normalmente necessários para informar se outras configurações de escoamento podem realmente ocorrer. Voltaremos a esse ponto depois da Eq. 2.2-23.

Uma vez que a distribuição de velocidades é conhecida, diversas grandezas podem ser calculadas:

(i) A *velocidade máxima*, $v_{z,\text{máx}}$, é claramente a velocidade em $x = 0$; isto é,

$$v_{z,\text{máx}} = \frac{\rho g \delta^2 \cos\beta}{2\mu} \tag{2.2-19}$$

(ii) A *velocidade média*, $\langle v_z \rangle$, sobre a seção transversal do filme é obtida conforme segue:

$$\langle v_z \rangle = \frac{\int_0^W \int_0^\delta v_z dx dy}{\int_0^W \int_0^\delta dx dy} = \frac{1}{\delta}\int_0^\delta v_z dx$$

$$= \frac{\rho g \delta^2 \cos\beta}{2\mu} \int_0^1 \left[1 - \left(\frac{x}{\delta}\right)^2\right] d\left(\frac{x}{\delta}\right)$$

$$= \frac{\rho g \delta^2 \cos\beta}{3\mu} = \tfrac{2}{3} v_{z,\text{máx}} \tag{2.2-20}$$

A integral dupla no denominador da primeira linha é a área da seção transversal do filme. A integral dupla no numerador corresponde à vazão volumétrica através de um elemento diferencial da área transversal, $v_z\, dx\, dy$, integrada sobre toda a seção transversal.

(iii) A *vazão mássica* w é obtida da velocidade média ou por integração da distribuição de velocidades

$$w = \int_0^W \int_0^\delta \rho v_z dx dy = \rho W \delta \langle v_z \rangle = \frac{\rho^2 g W \delta^3 \cos\beta}{3\mu} \tag{2.2-21}$$

(iv) A *espessura do filme*, δ, pode ser obtida em termos da velocidade média ou da vazão mássica conforme segue:

$$\delta = \sqrt{\frac{3\mu \langle v_z \rangle}{\rho g \cos\beta}} = \sqrt[3]{\frac{3\mu w}{\rho^2 g W \cos\beta}} \tag{2.2-22}$$

(v) A força por unidade de área na direção z sobre um elemento de superfície perpendicular à direção x é $+\tau_{xz}$ calculada em $x = \delta$. Essa é a força exercida pelo fluido (região de menor x) sobre a parede (região de maior x). A componente z da *força* **F** *do fluido sobre a superfície sólida* é obtida integrando-se a tensão cisalhante sobre a interface fluido-sólido.

$$F_z = \int_0^L \int_0^W (\tau_{xz}|_{x=\delta}) dy\, dz = \int_0^L \int_0^W \left(\mu \left.\frac{dv_z}{dx}\right|_{x=\delta} \right) dy\, dz$$

$$= (LW)(-\mu)\left(-\frac{\rho g \delta \cos\beta}{\mu}\right) = \rho g \delta L W \cos\beta \tag{2.2-23}$$

Essa é a componente z do peso do fluido em todo o filme — como era de se esperar.

Observações experimentais de filmes descendentes mostram que na verdade existem três "regimes de escoamento", e que eles podem ser classificados de acordo com o *número de Reynolds*,[1] Re, para o escoamento. Para filmes descendentes o número de Reynolds é definido por $\text{Re} = 4\delta \langle v_z \rangle \rho/\mu$. Os três regimes de escoamento são então:

escoamento laminar com ondulações mínimas	$\text{Re} < 20$
escoamento laminar com ondulações pronunciadas	$20 < \text{Re} < 1.500$
escoamento turbulento	$\text{Re} > 1.500$

A análise que fizemos anteriormente é válida somente para o primeiro regime, uma vez que ela estava restrita pelos próprios postulados adotados inicialmente. Ondulações aparecem na superfície do fluido em todos os números de Reynolds. Para números de Reynolds menores que cerca de 20, as ondulações são muito longas e crescem mais ou menos lentamente conforme elas se movem para baixo sobre a superfície do líquido. O resultado é que as fórmulas obtidas anteriormente são úteis até cerca de Re = 20 para placas de comprimentos moderados. Acima desse valor de Reynolds, o crescimento das ondulações aumenta muito rapidamente, embora o escoamento permaneça laminar. Em cerca de Re = 1.500 o escoamento torna-se irregular e caótico, quando então ele é dito ser turbulento.[2,3] Nesse ponto não está claro por que o valor do número de Reynolds deve ser usado para caracterizar regimes de escoamento. A esse respeito teremos mais a dizer na Seção 3.7.

Essa discussão ilustra um ponto muito importante: a análise teórica de sistemas de escoamento é limitada pelas hipóteses que são feitas ao se definir um problema. É absolutamente necessário realizar experimentos de modo a

[1] Esse grupo adimensional foi denominado em homenagem a **Osborne Reynolds** (1842—1912), professor de engenharia na Universidade de Manchester. Ele estudou a transição laminar-turbulenta, a transferência de calor turbulenta e a teoria da lubrificação. Veremos no próximo capítulo que o número de Reynolds é a razão entre as forças inerciais e viscosas.

[2] G. D. Fulford, *Adv. Chem. Engr.*, **5**, 151-236 (1964); S. Whitaker, *Ind. Eng. Chem. Fund.*, **3**, 132-142 (1964); V. G. Levich, *Physicochemical Hydrodynamics*, Prentice-Hall, Englewood Cliffs, N. J. (1962), §135.

[3] H.-C. Chang, *Ann. Pev. Fluid. Mech.*, **26**, 103-136 (1994); S.-H. Hwang and H.-C. Chang, *Phys. Fluids*, **30**, 1259-1268 (1987).

reconhecer os regimes de escoamento bem como a ocorrência de instabilidades (oscilações espontâneas) e quando o escoamento se torna turbulento. Algumas informações a respeito do advento de instabilidades e da demarcação dos regimes de escoamento podem ser obtidas mediante análise teórica, mas esse é um assunto extraordinariamente difícil. Isso é um resultado da natureza inerentemente não-linear das equações da dinâmica dos fluidos que descrevem o escoamento, como será explicado no Cap. 3. Nesse ponto é suficiente dizer que experimentos têm um papel *muito* importante na área de dinâmica dos fluidos.

EXEMPLO 2.2-1

Cálculo da Velocidade de um Filme

Um óleo tem uma viscosidade cinemática de 2×10^{-4} m²/s e uma densidade de $0{,}8 \times 10^3$ kg/m³. Se queremos obter um filme descendente de espessura 2,5 mm em uma parede vertical, qual deve ser a vazão mássica de escoamento do líquido?

SOLUÇÃO

De acordo com a Eq. 2.2-21, a vazão mássica em kg/s é

$$w = \frac{\rho g \delta^3 W}{3\nu} = \frac{(0{,}8 \times 10^3)(9{,}80)(2{,}5 \times 10^{-3})^3 W}{3(2 \times 10^{-4})} = 0{,}204W \tag{2.2-24}$$

Para obter a vazão mássica é necessário inserir um valor para a largura da parede em metros. Esse é o resultado procurado desde que o escoamento seja laminar e sem ondulações. Para determinar o regime de escoamento calculamos o número de Reynolds, fazendo uso das Eqs. 2.2-21 e 24

$$\text{Re} = \frac{4\delta \langle v_z \rangle \rho}{\mu} = \frac{4w/W}{\nu\rho} = \frac{4(0{,}204)}{(2 \times 10^{-4})(0{,}8 \times 10^3)} = 5{,}1 \tag{2.2-25}$$

Esse número de Reynolds é suficientemente baixo de modo que as ondulações não serão pronunciadas, e portanto a expressão para a vazão mássica da Eq. 2.2-24 é razoável.

EXEMPLO 2.2-2

Filme Descendente com Viscosidade Variável

Refaça o problema do filme descendente para uma viscosidade dependente de posição dada por $\mu = \mu_0 e^{-\alpha x/\delta}$, que aparece quando o filme é não-isotérmico, como na condensação de vapor em uma parede. Nessa equação μ_0 é a viscosidade na superfície do filme e α é uma constante que descreve quão rapidamente μ diminui quando x aumenta. Tal variação poderia surgir no escoamento descendente de um condensado sobre uma parede com um gradiente linear de temperaturas através do filme.

SOLUÇÃO

O desenvolvimento se dá como anteriormente até a Eq. 2.2-13. Então, substituindo a lei de Newton com viscosidade variável na Eq. 2.2-13 temos

$$-\mu_0 e^{-\alpha x/\delta} \frac{dv_z}{dx} = \rho g x \cos\beta \tag{2.2-26}$$

Essa equação pode ser integrada, e usando as condições de contorno da Eq. 2.2-17, podemos determinar a constante de integração. O perfil de velocidades é então

$$v_z = \frac{\rho g \delta^2 \cos\beta}{\mu_0}\left[e^{\alpha}\left(\frac{1}{\alpha} - \frac{1}{\alpha^2}\right) - e^{\alpha x/\delta}\left(\frac{x}{\alpha\delta} - \frac{1}{\alpha^2}\right)\right] \tag{2.2-27}$$

Como verificação obtemos a distribuição de velocidades para o problema de viscosidade constante (isto é, quando α é zero). Todavia, impondo $\alpha = 0$ fornece $\infty - \infty$ nas duas expressões entre parênteses.

Essa dificuldade pode ser superada se expandirmos as duas exponenciais em séries de Taylor (veja a Seção C.2), como segue:

$$(v_z)_{\alpha=0} = \frac{\rho g \delta^2 \cos\beta}{\mu_0} \lim_{\alpha\to 0}\left[\left(1 + \alpha + \frac{\alpha^2}{2!} + \frac{\alpha^3}{3!} + \cdots\right)\left(\frac{1}{\alpha} - \frac{1}{\alpha^2}\right)\right.$$
$$\left. - \left(1 + \frac{\alpha x}{\delta} + \frac{\alpha^2 x^2}{2!\delta^2} + \frac{\alpha^3 x^3}{3!\delta^3} + \cdots\right)\left(\frac{x}{\alpha\delta} - \frac{1}{\alpha^2}\right)\right]$$
$$= \frac{\rho g \delta^2 \cos\beta}{\mu_0} \lim_{\alpha\to 0}\left[\left(\frac{1}{2} + \frac{1}{3}\alpha + \cdots\right) - \left(\frac{1}{2}\frac{x^2}{\delta^2} - \frac{1}{3}\frac{x^3}{\delta^3}\alpha + \cdots\right)\right]$$
$$= \frac{\rho g \delta^2 \cos\beta}{2\mu_0}\left[1 - \left(\frac{x}{\delta}\right)^2\right] \qquad (2.2\text{-}28)$$

que concorda com a Eq. 2.2-18.

Da Eq. 2.2-27 pode ser mostrado que a velocidade média é

$$\langle v_z \rangle = \frac{\rho g \delta^2 \cos\beta}{\mu_0}\left[e^{\alpha}\left(\frac{1}{\alpha} - \frac{2}{\alpha^2} + \frac{2}{\alpha^3}\right) - \frac{2}{\alpha^3}\right] \qquad (2.2\text{-}29)$$

O leitor pode verificar que esse resultado simplifica-se para a Eq. 2.2-20 quando α vai para zero.

2.3 ESCOAMENTO ATRAVÉS DE UM TUBO CIRCULAR

O escoamento em tubos circulares é encontrado freqüentemente em física, química, biologia e engenharia. O escoamento laminar em tubos circulares pode ser analisado por meio do balanço de momento descrito na Seção 2.1. A única novidade introduzida aqui é o uso de coordenadas cilíndricas, as quais são as coordenadas naturais para descrever posições em um tubo de seção transversal circular.

Consideramos então o escoamento laminar permanente de um fluido de densidade constante ρ e viscosidade μ em um tubo vertical de comprimento L e raio R. O líquido escoa para baixo sob a influência de uma diferença de pressão e da gravidade; o sistema de coordenadas é aquele mostrado na Fig. 2.3-1. Supomos que o comprimento do tubo é muito grande quando comparado ao raio do tubo, de modo que "efeitos de extremidades" serão pouco importantes na maior parte do tubo; isto é, podemos ignorar o fato de que na entrada e na saída do tubo o escoamento não será necessariamente paralelo às paredes do tubo.

Supomos que $v_z = v_z(r)$, $v_r = 0$, $v_\theta = 0$, e $p = p(x)$. Com essas hipóteses pode ser visto na Tabela B.1 que as únicas componentes de τ que não se anulam são $\tau_{rz} = \tau_{zr} = -\mu\,(dv_z/dr)$.

Selecionamos como nosso sistema uma casca cilíndrica de espessura Δr e comprimento L e iniciamos listando as várias contribuições para o balanço de momento de direção z.

taxa de entrada de momento de direção z através da superfície anular em $z = 0$	$(2\pi r\Delta r)(\phi_{zz})\vert_{z=0}$	(2.3-1)
taxa de saída de momento de direção z através da superfície anular em $z = L$	$(2\pi r\Delta r)(\phi_{zz})\vert_{z=L}$	(2.3-2)
taxa de entrada de momento de direção z através da superfície cilíndrica em r	$(2\pi rL)(\phi_{rz})\vert_r = (2\pi rL\phi_{rz})\vert_r$	(2.3-3)
taxa de saída de momento de direção z através da superfície cilíndrica em $r + \Delta r$	$(2\pi(r + \Delta r)L)(\phi_{rz})\vert_{r+\Delta r} = (2\pi rL\phi_{rz})\vert_{r+\Delta r}$	(2.3-4)
força gravitacional que age na direção z na casca cilíndrica	$(2\pi r\Delta rL)\rho g$	(2.3-5)

As grandezas ϕ_{zz} e ϕ_{rz} levam em conta o transporte de momento por todos os mecanismos possíveis, convectivo e molecular. Na Eq. 2.3-4 $(r + \Delta r)$ e $(r)\vert_{r+\Delta r}$ são duas maneiras de se escrever a mesma coisa. Note que "entrada" e "saída" foram tomadas nos sentidos positivos dos eixos r e z.

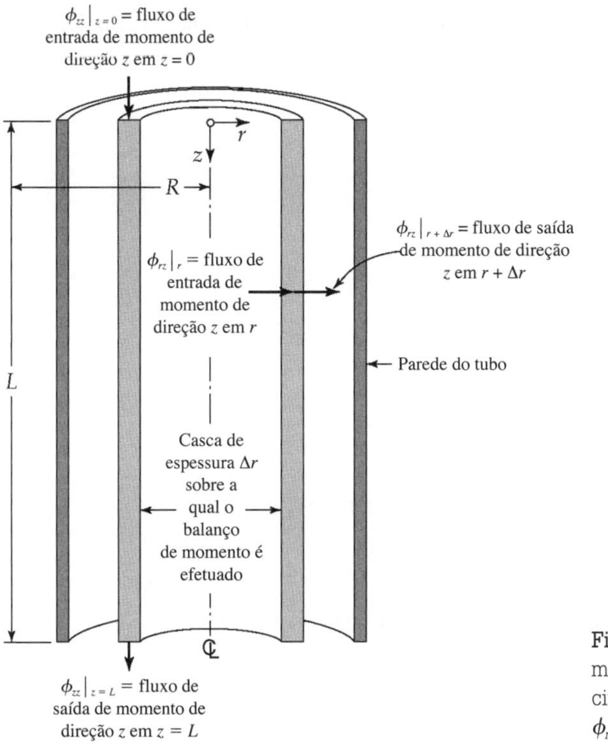

Fig. 2.3-1 Casca cilíndrica de fluido sobre a qual o balanço de momento de direção z é feito para o escoamento axial em um tubo circular (veja Eqs. 2.3-1 a 5). Os fluxos de momento de direção z, ϕ_{rz} e ϕ_{zz}, são dados de forma completa nas Eqs. 2.3-9a e 9b.

Agora somamos as contribuições do balanço de momento:

$$(2\pi rL\phi_{rz})|_r - (2\pi rL\phi_{rz})|_{r+\Delta r} + (2\pi r\Delta r)(\phi_{zz})|_{z=0} - (2\pi r\Delta r)(\phi_{zz})|_{z=L} + (2\pi r\Delta rL)\rho g = 0 \tag{2.3-6}$$

Quando dividimos a Eq. 2.3-8 por $2\pi L\Delta r$ e tomamos o limite quando $\Delta r \rightarrow 0$, obtemos

$$\lim_{\Delta r\to 0}\left(\frac{(r\phi_{rz})|_{r+\Delta r} - (r\phi_{rz})|_r}{\Delta r}\right) = \left(\frac{\phi_{zz}|_{z=0} - \phi_{zz}|_{z=L}}{L} + \rho g\right)r \tag{2.3-7}$$

A expressão do lado esquerdo é a definição da primeira derivada de $r\tau_{rz}$ em relação a r. Então a Eq. 2.3-7 pode ser escrita como

$$\frac{\partial}{\partial r}(r\phi_{rz}) = \left(\frac{\phi_{zz}|_{z=0} - \phi_{zz}|_{z=L}}{L} + \rho g\right)r \tag{2.3-8}$$

Agora temos que obter as componentes ϕ_{rz} e ϕ_{zz} da Eq. 1.7-1 e do Apêndice B.1:

$$\phi_{rz} = \tau_{rz} + \rho v_r v_z = -\mu\frac{\partial v_z}{\partial r} + \rho v_r v_z \tag{2.3-9a}$$

$$\phi_{zz} = p + \tau_{zz} + \rho v_z v_z = p - 2\mu\frac{\partial v_z}{\partial z} + \rho v_z v_z \tag{2.3-9b}$$

A seguir levamos em conta as hipóteses feitas inicialmente; isto é, $v_z = v_z(r)$, $v_r = 0$, $v_\theta = 0$ e $p = p(z)$. Então fazemos as seguintes simplificações: (i) como $v_r = 0$ cancelamos o termo $\rho v_r v_z$ da Eq. 2.3-9a; (ii) como $v_z = v_z(r)$, o termo $\rho v_z v_z$ será o mesmo em ambas as extremidades do tubo; e (iii) como $v_z = v_z(r)$, o termo $-2\mu(\partial v_z/\partial z)$ será o mesmo em ambas as extremidades do tubo. Então a Eq. 2.3-8 simplifica-se para

$$\frac{d}{dr}(r\tau_{rz}) = \left(\frac{(p_0 - \rho g0) - (p_L - \rho gL)}{L}\right)r \equiv \left(\frac{\mathcal{P}_0 - \mathcal{P}_L}{L}\right)r \tag{2.3-10}$$

em que $\mathcal{P} = p - \rho g z$ é uma abreviação conveniente para a soma dos termos de pressão e gravitacional.[1] A Eq. 2.3-10 pode ser integrada resultando

$$\tau_{rz} = \left(\frac{\mathcal{P}_0 - \mathcal{P}_L}{2L}\right) r + \frac{C_1}{r} \tag{2.3-11}$$

A constante C_1 pode ser calculada usando a condição de contorno

C.C. 1: em $r = 0, \quad \tau_{rz} = \text{finita}$ (2.3-12)

Conseqüentemente C_1 deve ser zero, pois de outra forma o fluxo de momento seria infinito no eixo do tubo. Então a distribuição do fluxo de momento é

$$\boxed{\tau_{rz} = \left(\frac{\mathcal{P}_0 - \mathcal{P}_L}{2L}\right) r} \tag{2.3-13}$$

Essa distribuição é mostrada na Fig. 2.3-2.

A lei de Newton da viscosidade para essa situação é obtida do Apêndice B.2 como segue:

$$\tau_{rz} = -\mu \frac{dv_z}{dr} \tag{2.3-14}$$

Substituindo essa expressão na Eq. 2.3-13 conduz à seguinte equação diferencial para a velocidade:

$$\frac{dv_z}{dr} = -\left(\frac{\mathcal{P}_0 - \mathcal{P}_L}{2\mu L}\right) r \tag{2.3-15}$$

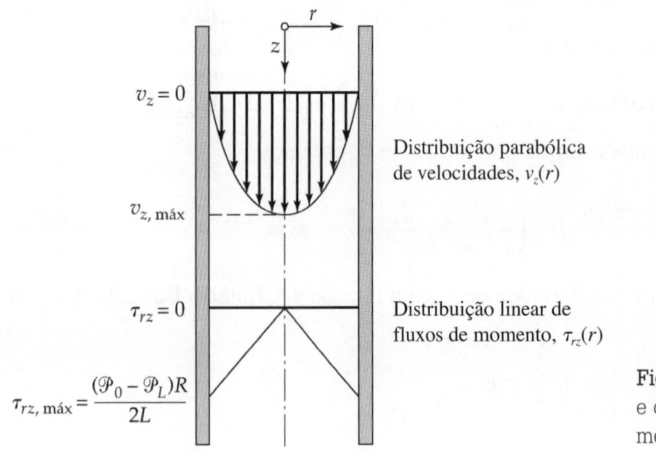

Fig. 2.3-2 Distribuição de fluxos de momento e distribuição de velocidades para o escoamento descendente em um tubo circular.

A equação diferencial de primeira ordem e separável pode ser integrada fornecendo

$$v_z = -\left(\frac{\mathcal{P}_0 - \mathcal{P}_L}{4\mu L}\right) r^2 + C_2 \tag{2.3-16}$$

A constante C_2 pode ser calculada a partir da condição de contorno

C.C. 2: em $r = R, \quad v_z = 0$ (2.3-17)

[1] A grandeza designada por $\mathcal{P}$ é chamada *pressão modificada* (ou *pressão piezométrica*). Em geral, ela é definida por $\mathcal{P} = p + \rho g h$ onde h é a distância "para cima" — isto é, no sentido oposto ao da gravidade, a partir de algum plano de referência pré-selecionado. Então nesse problema $h = -z$.

O valor encontrado para C_2 é $(\mathcal{P}_0 - \mathcal{P}_L)R^2/4\mu L$. Então a distribuição de velocidades é

$$\boxed{v_z = \frac{(\mathcal{P}_0 - \mathcal{P}_L)R^2}{4\mu L}\left[1 - \left(\frac{r}{R}\right)^2\right]} \tag{2.3-18}$$

Vemos que a distribuição de velocidades para o escoamento laminar, incompressível de um fluido newtoniano em um tubo longo é parabólica (veja Fig. 2.3-2).

Uma vez que o perfil de velocidades foi estabelecido, várias grandezas derivadas podem ser obtidas:

(i) A *velocidade máxima*, $v_{z,\text{máx}}$, ocorre em $r = 0$ e é

$$v_{z,\text{máx}} = \frac{(\mathcal{P}_0 - \mathcal{P}_L)R^2}{4\mu L} \tag{2.3-19}$$

(ii) A *velocidade média* $\langle v_z \rangle$ é obtida dividindo-se a vazão volumétrica total pela área da seção transversal

$$\langle v_z \rangle = \frac{\int_0^{2\pi}\int_0^R v_z r dr d\theta}{\int_0^{2\pi}\int_0^R r dr d\theta} = \frac{(\mathcal{P}_0 - \mathcal{P}_L)R^2}{8\mu L} = \tfrac{1}{2}v_{z,\text{máx}} \tag{2.3-20}$$

(iii) A *vazão mássica*, w, é o produto da área da seção transversal, πR^2, da densidade, ρ, e da velocidade média, $\langle v_z \rangle$

$$w = \frac{\pi(\mathcal{P}_0 - \mathcal{P}_L)R^4\rho}{8\mu L} \tag{2.3-21}$$

Esse famoso resultado denomina-se *equação de Hagen-Poiseuille*.[2] Ele é usado juntamente com dados experimentais de vazão e da queda de pressão modificada para determinar a viscosidade de fluidos (veja Exemplo 2.3-1) em um "viscosímetro capilar".

(iv) A componente z da *força*, F_z, *do fluido sobre a área molhada* do tubo é dada pela tensão cisalhante τ_{rz} integrada sobre a superfície molhada

$$F_z = (2\pi RL)\left(-\mu\frac{dv_z}{dr}\right)\bigg|_{r=R} = \pi R^2(\mathcal{P}_0 - \mathcal{P}_L)$$
$$= \pi R^2(p_0 - p_L) + \pi R^2 L\rho g \tag{2.3-22}$$

Esse resultado mostra que a força viscosa F_z é contrabalançada pela força líquida de pressão e pela força gravitacional. Isso é exatamente o que obteríamos realizando um balanço de forças sobre o fluido no tubo.

Os resultados desta seção são tão bons quanto as próprias hipóteses introduzidas no início — quais sejam, $v_z = v_z(r)$, e $p = p(z)$. Experimentos mostraram que essas hipóteses estão de fato corretas para números de Reynolds até cerca de 2.100; acima desse valor, o escoamento será turbulento caso existam no sistema perturbações consideráveis — isto é, rugosidade de parede ou vibrações.[3] Para tubos circulares o número de Reynolds é definido por $\text{Re} = D\langle v_z \rangle\rho/\mu$, onde $D = 2R$ é o diâmetro do tubo.

A seguir resumimos todas as hipóteses que foram feitas para se obter a equação de Hagen-Poiseuille.

(a) O escoamento é laminar; isto é, Re deve ser menor que cerca de 2.100.

(b) A densidade é constante ("escoamento incompressível").

(c) O escoamento é "permanente" (i.e., ele não varia com o tempo).

(d) O fluido é newtoniano (a Eq. 2.3-14 é válida).

---

[2] G. Hagen, *Ann. Phys. Chem.*, **46**, 423-442 (1839); J. L. Poiseuille, *Comptes Rendus*, **11**, 961 e 1041 (1841). **Jean Louis Poiseuille** (1799-1869) era um médico interessado no escoamento de sangue. Embora Hagen e Poiseuille tenham estabelecido a dependência da vazão com a quarta potência do raio do tubo, a Eq. 2.3-21 foi desenvolvida primeiro por Hagenbach, *Pogg. Annalen der Physik u. Chemie*, **108**, 385-426 (1860).

[3] A. A. Draad [Dissertação de Doutorado, Universidade Técnica de Delft (1996)] em um experimento cuidadosamente controlado, obteve escoamento laminar para valores de Re até 6,0 × 10^4. Ele também estudou o perfil não-parabólico de velocidades induzido pela rotação da terra (através do efeito Coriolis). Veja também A. A. Draad and F. T. M. Nieuwstadt, *J. Fluid Mech.*, **361**, 207-308 (1998).

(e) Efeitos de extremidade são desprezados. Na verdade um "comprimento de entrada", após a entrada do tubo, da ordem de $L_e = 0{,}035D$ Re, é necessário para o desenvolvimento do perfil parabólico. Se o trecho do tubo que interessa inclui a região de entrada, uma correção deve ser aplicada.[4] A correção fracionária na diferença de pressão ou na vazão mássica nunca excede L_e/L se $L>L_e$.

(f) O fluido se comporta como um contínuo — essa hipótese é válida, exceto para gases muito diluídos ou tubos capilares muito finos, nos quais o livre percurso médio das moléculas é comparável ao diâmetro do tubo ("região de escoamento com deslizamento") ou é muito maior que o diâmetro do tubo ("escoamento de Knudsen" ou "escoamento molecular livre").[5]

(g) Não há deslizamento na parede, de modo que a C.C.2 é válida; essa é uma excelente hipótese para fluidos puros sob as condições assumidas em (f). Veja Problema 2B.9 para uma discussão do deslizamento em paredes.

EXEMPLO 2.3-1

Determinação da Viscosidade a Partir de Dados de Escoamento Capilar

Glicerina ($CH_2OH{\cdot}CHOH{\cdot}CH_2OH$) a 26,5°C escoa através de um tubo horizontal com 1 ft de comprimento e 0,1 in de diâmetro interno. Para uma queda de pressão de 40 psi, a vazão volumétrica, w/ρ, é 0,00398 ft³/min. A densidade da glicerina a 26,5°C é 1,261 g/cm³. A partir dos dados de escoamento, determine a viscosidade da glicerina em centipoises e em Pa·s.

SOLUÇÃO

A partir da equação de Hagen-Poiseuille (Eq. 2.3-21) encontramos

$$\mu = \frac{\pi(p_0 - p_L)R^4}{8(w/\rho)L}$$

$$= \frac{\pi\left(40\,\frac{\text{lb}_f}{\text{in}^2}\right)\left(6{,}8947\times 10^4\,\frac{\text{dyn/cm}^2}{\text{lb}_f/\text{in}^2}\right)\left(0{,}05\text{ in}\times\frac{1}{12}\,\frac{\text{ft}}{\text{in}}\right)^4}{8\left(0{,}00398\,\frac{\text{ft}^3}{\text{min}}\times\frac{1}{60}\,\frac{\text{min}}{\text{s}}\right)(1\text{ ft})}$$

$$= 4{,}92\text{ g/cm}\cdot\text{s} = 492\text{ cp} = 0{,}492\text{ Pa}\cdot\text{s} \qquad (2.3\text{-}23)$$

Para checar se o escoamento é laminar, calculamos o número de Reynolds

$$\text{Re} = \frac{D\langle v_z\rangle\rho}{\mu} = \frac{4(w/\rho)\rho}{\pi D\mu}$$

$$= \frac{4\left(0{,}00398\,\frac{\text{ft}^3}{\text{min}}\right)\left(2{,}54\,\frac{\text{cm}}{\text{in}}\times 12\,\frac{\text{in}}{\text{ft}}\right)^3\left(\frac{1}{60}\,\frac{\text{min}}{\text{s}}\right)\left(1{,}261\,\frac{\text{g}}{\text{cm}^3}\right)}{\pi\left(0{,}1\text{ in}\times 2{,}54\,\frac{\text{cm}}{\text{in}}\right)\left(4{,}92\,\frac{\text{g}}{\text{cm}\cdot\text{s}}\right)}$$

$$= 2{,}41\text{ (adimensional)} \qquad (2.3\text{-}24)$$

Então o escoamento é realmente laminar. Além disso, o comprimento de entrada é

$$L_e = 0{,}035D\,\text{Re} = (0{,}035)(0{,}1/12)(2{,}41) = 0{,}0007\text{ ft} \qquad (2.3\text{-}25)$$

Assim, efeitos de entrada não são importantes, e o valor da viscosidade obtido anteriormente foi calculado apropriadamente.

---

[4] J. H. Perry, *Chemical Engineers' Handbook*, McGraw-Hill, New York, 3rd edition (1950), pp. 388-389; W. M. Kays and A. L. London, *Compact Heat Exchangers*, McGraw-Hill, New York (1958), p. 49.

[5] **Martin Hans Christian Knudsen** (1871-1949), professor de física na Universidade de Copenhagen, realizou experimentos-chave sobre o comportamento de gases muito diluídos. As aulas que ele deu na Universidade de Glasgow foram publicadas como M. Knudsen, *The Kinetic Theory of Gases*, Methuen, London (1934); G. N. Patterson, *Molecular Flow of Gases*, Wiley, New York (1956). Veja também J. H. Ferziger and H. G. Kaper, *Mathematical Theory of Transport Processes in Gases*, North-Holland, Amsterdam (1972), Chapter 15.

EXEMPLO 2.3-2

Escoamento Compressível em um Tubo Circular Horizontal[6]

Obtenha uma expressão para a vazão mássica, w, de um gás ideal em escoamento laminar em um tubo longo de seção transversal circular. Suponha que o escoamento é isotérmico. Admita que a variação de pressão ao longo do tubo não é muito grande, de modo que a viscosidade possa ser suposta constante em toda sua extensão.

SOLUÇÃO

Esse problema pode ser resolvido *aproximadamente* admitindo-se que a equação de Hagen-Poiseuille (Eq. 2.3-21) pode ser aplicada para um pequeno comprimento dz de tubo como segue:

$$w = \frac{\pi \rho R^4}{8\mu}\left(-\frac{dp}{dz}\right) \tag{2.3-26}$$

Para eliminar ρ em favor de p, usamos a lei dos gases ideais na forma $p/\rho = p_0/\rho_0$, em que p_0 e ρ_0 são a pressão e a densidade em $z = 0$. Isso fornece

$$w = \frac{\pi R^4}{8\mu}\frac{\rho_0}{p_0}\left(-p\frac{dp}{dz}\right) \tag{2.3-27}$$

A vazão mássica é a mesma para todos os valores de z. Desse modo a Eq. 2.3-27 pode ser integrada de $z = 0$ até $z = L$ fornecendo

$$w = \frac{\pi R^4}{16\mu L}\frac{\rho_0}{p_0}(p_0^2 - p_L^2) \tag{2.3-28}$$

Como $p_0^2 - p_L^2 = (p_0 + p_L)(p_0 - p_L)$, obtemos finalmente

$$w = \frac{\pi(p_0 - p_t)R^4\rho_{\text{média}}}{8\mu L} \tag{2.3-29}$$

em que $\rho_{\text{média}} = \frac{1}{2}(\rho_0 + \rho_L)$ é a densidade média calculada na pressão média $p_{\text{média}} = \frac{1}{2}(p_0 + p_L)$.

2.4 ESCOAMENTO ATRAVÉS DE UM ÂNULO

Agora resolveremos um outro problema de escoamento viscoso em coordenadas cilíndricas; isto é, o do escoamento axial permanente de um líquido incompressível em uma região anular entre dois cilindros coaxiais de raios κR e R conforme mostrado na Fig. 2.4-1. O fluido escoa para cima no tubo — isto é, no sentido oposto ao da gravidade. Adotamos as mesmas hipóteses que na Seção 2.3: $v_z = v_z(r)$, $v_r = 0$, $v_\theta = 0$ e $p = p(z)$. Fazendo então um balanço de momento em uma casca cilíndrica fina de líquido, chegamos à seguinte equação diferencial:

$$\frac{d}{dr}(r\tau_{rz}) = \left(\frac{(p_0 + \rho g0) - (p_L + \rho gL)}{L}\right)r \equiv \left(\frac{\mathcal{P}_0 - \mathcal{P}_L}{L}\right)r \tag{2.4-1}$$

Essa equação difere da Eq. 2.3-10 apenas porque aqui $\mathcal{P} = p + \rho g z$, já que a coordenada z tem sentido oposto à gravidade (i.e., z é o mesmo que h no primeiro rodapé da Seção 2.3). A integração da Eq. 2.4-1 fornece

$$\tau_{rz} = \left(\frac{\mathcal{P}_0 - \mathcal{P}_L}{2L}\right)r + \frac{C_1}{r} \tag{2.4-2}$$

exatamente como na Eq. 2.3-11.

[6] L. Landau and E. M. Lifshitz, *Fluid Mechanics*, 2nd edition, Pergamon, London (1987), §17, Problem 6. Uma solução desse problema pelo método das perturbações foi obtida por R. K. Prud'homme, T. W. Chapman, and J. R. Bowen, *Appl. Sci. Res.*, **43**, 67-74 (1986).

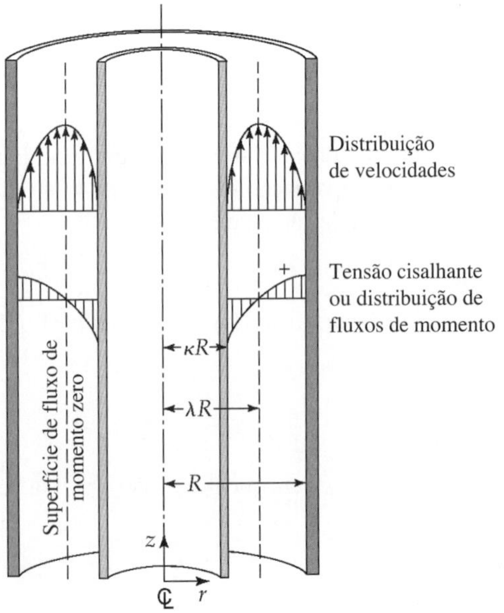

Fig. 2.4-1 Distribuição de fluxos de momento e distribuição de velocidades no escoamento para cima em um ânulo cilíndrico. Note que o fluxo de momento muda de sinal para o valor de r onde a velocidade é máxima.

A constante C_1 não pode ser determinada imediatamente, já que não temos informações sobre o fluxo de momento nas superfícies fixas $r = \kappa R$ e $r = R$. Tudo o que sabemos é que existirá um máximo no perfil de velocidades em alguma superfície (por enquanto desconhecida) $r = \lambda R$, na qual o fluxo de momento será zero. Isto é,

$$0 = \left(\frac{\mathcal{P}_0 - \mathcal{P}_L}{2L}\right)\lambda R + \frac{C_1}{\lambda R} \tag{2.4-3}$$

Tirando o valor de C_1 nessa equação e substituindo-o em seguida na Eq. 2.4-2 temos

$$\tau_{rz} = \frac{(\mathcal{P}_0 - \mathcal{P}_L)R}{2L}\left[\left(\frac{r}{R}\right) - \lambda^2\left(\frac{R}{r}\right)\right] \tag{2.4-4}$$

A única diferença entre essa equação e a Eq. 2.4-2 é que a constante de integração C_1 foi eliminada em favor de uma outra constante, λ. A vantagem disso é que sabemos o significado geométrico de λ.

Agora substituímos a lei de Newton da viscosidade, $\tau_{rz} = -\mu(dv_z/dr)$, na Eq. 2.4-4, para obtermos uma equação diferencial para v_z.

$$\frac{dv_z}{dr} = -\frac{(\mathcal{P}_0 \quad \mathcal{P}_L)R}{2\mu L}\left[\left(\frac{r}{R}\right) - \lambda^2\left(\frac{R}{r}\right)\right] \tag{2.4-5}$$

A integração dessa equação diferencial separável de primeira ordem fornece

$$v_z = -\frac{(\mathcal{P}_0 - \mathcal{P}_L)R^2}{4\mu L}\left[\left(\frac{r}{R}\right)^2 - 2\lambda^2 \ln\left(\frac{r}{R}\right) + C_2\right] \tag{2.4-6}$$

Agora avaliamos as duas constantes de integração, λ e C_2, usando a condição de não-deslizamento em cada contorno sólido:

C.C. 1: em $r = \kappa R$, $v_z = 0$ (2.4-7)

C.C. 2: em $r = R$, $v_z = 0$ (2.4-8)

A substituição dessas condições de contorno na Eq. 2.4-6 fornece então duas equações simultâneas:

$$0 = \kappa^2 - 2\lambda^2 \ln \kappa + C_2; \qquad 0 = 1 + C_2 \tag{2.4-9, 10}$$

A partir dessas equações as duas constantes de integração, λ e C_2, são determinadas como

$$C_2 = -1; \qquad 2\lambda^2 = \frac{1 - \kappa^2}{\ln(1/\kappa)} \tag{2.4-11, 12}$$

Essas expressões podem ser inseridas nas Eqs. 2.4-4 e 2.4-6 para dar a distribuição dos fluxos de momento e a distribuição de velocidades,[1] conforme segue:

$$\tau_{rz} = \frac{(\mathcal{P}_0 - \mathcal{P}_L)R}{2L}\left[\left(\frac{r}{R}\right) - \frac{1-\kappa^2}{2\ln(1/\kappa)}\left(\frac{R}{r}\right)\right] \tag{2.4-13}$$

$$v_z = \frac{(\mathcal{P}_0 - \mathcal{P}_L)R^2}{4\mu L}\left[1 - \left(\frac{r}{R}\right)^2 - \frac{1-\kappa^2}{\ln(1/\kappa)}\ln\left(\frac{R}{r}\right)\right] \tag{2.4-14}$$

Note que quando o ânulo se torna muito fino (i.e., κ é apenas ligeiramente menor que a unidade), esses resultados se simplificam para aqueles da fenda plana (veja Problema 2B.5). É sempre uma boa idéia checar "casos limites" tais como esses sempre que a oportunidade se apresentar.

O limite inferior quando $\kappa \to 0$ não é tão simples, pois a razão $\ln(R/r)/\ln(1/\kappa)$ sempre será importante em uma região próxima do contorno interno. Assim, a Eq. 2.4-14 não se simplifica para a distribuição parabólica. Todavia, a Eq. 2.4-17 para a vazão mássica de escoamento simplifica-se para a equação de Hagen-Poiseuille.

Uma vez de posse das distribuições de fluxos de momento e velocidade, é bastante simples obter outros resultados de interesse:

(i) A *velocidade máxima* é

$$v_{z,\text{máx}} = v_z|_{r=\lambda R} = \frac{(\mathcal{P}_0 - \mathcal{P}_L)R^2}{4\mu L}[1 - \lambda^2(1 - \ln \lambda^2)] \tag{2.4-15}$$

onde λ^2 é dado pela Eq. 2.4-12.

(ii) A *velocidade média* é dada por

$$\langle v_z \rangle = \frac{\int_0^{2\pi}\int_{\kappa R}^{R} v_z r\,dr\,d\theta}{\int_0^{2\pi}\int_{\kappa R}^{R} r\,dr\,d\theta} = \frac{(\mathcal{P}_0 - \mathcal{P}_L)R^2}{8\mu L}\left[\frac{1-\kappa^4}{1-\kappa^2} - \frac{1-\kappa^2}{\ln(1/\kappa)}\right] \tag{2.4-16}$$

(iii) A *vazão mássica* é $w = \pi R^2(1-\kappa^2)\rho \langle v_z \rangle$, ou

$$w = \frac{\pi(\mathcal{P}_0 - \mathcal{P}_i)R^4\rho}{8\mu L}\left[(1-\kappa^4) - \frac{(1-\kappa^2)^2}{\ln(1/\kappa)}\right] \tag{2.4-17}$$

(iv) A *força exercida pelo fluido nas superfícies sólidas* é obtida somando-se as forças que agem nos cilindros interno e externo, conforme segue:

$$\begin{aligned} F_z &= (2\pi\kappa RL)(-\tau_{rz}|_{r=\kappa R}) + (2\pi RL)(+\tau_{rz}|_{r=R}) \\ &= \pi R^2(1-\kappa^2)(\mathcal{P}_0 - \mathcal{P}_L) \end{aligned} \tag{2.4-18}$$

O leitor deve explicar a escolha dos sinais que antecedem as tensões cisalhantes e também dar uma interpretação ao resultado final.

As equações obtidas anteriormente valem somente para o escoamento laminar. A transição laminar-turbulenta ocorre nas vizinhanças de Re = 2.000, com o número de Reynolds definido por $\text{Re} = 2R(1-\kappa)\langle v_z \rangle \rho/\mu$.

2.5 ESCOAMENTO DE DOIS FLUIDOS IMISCÍVEIS E ADJACENTES[1]

Até aqui consideramos situações de escoamento com fronteiras sólido-fluido e líquido-gás. A seguir damos um exemplo de problema de escoamento com interface líquido-líquido (veja Fig. 2.5-1).

[1]H. Lamb, *Hydrodynamics*, Cambridge University Press, 2nd edition (1895), p. 522.

[1]O escoamento adjacente de gases e líquidos em tubulações foi revisto por A. E. Dukler and M. Wicks, III, in Chapter 8 of *Modern Chemical Engineering*, Vol. 1, "Physical Operations", A. Acrivos (ed.), Reinhold, New York (1963).

Dois líquidos imiscíveis e incompressíveis estão escoando na direção z em uma fenda horizontal estreita de comprimento L e largura W sob a influência de um gradiente de pressão horizontal $(p_0 - p_L)/L$. As vazões dos fluidos são ajustadas de modo que a metade da fenda é preenchida com o fluido I (a fase mais densa) e a outra metade com o fluido II (a fase menos densa). Os fluidos escoam lentamente de modo que não ocorrem instabilidades — isto é, a interface se mantém perfeitamente plana. Deseja-se determinar as distribuições dos fluxos de momento e velocidade.

Um balanço diferencial de momento leva à seguinte equação diferencial para o fluxo de momento:

$$\frac{d\tau_{xz}}{dx} = \frac{p_0 - p_L}{L} \tag{2.5-1}$$

Essa equação é obtida para ambas as fases I e II. A integração da Eq. 2.5-1 para as duas regiões fornece

$$\tau_{xz}^{\mathrm{I}} = \left(\frac{p_0 - p_L}{L}\right)x + C_1^{\mathrm{I}} \tag{2.5-2}$$

$$\tau_{xz}^{\mathrm{II}} = \left(\frac{p_0 - p_L}{L}\right)x + C_1^{\mathrm{II}} \tag{2.5-3}$$

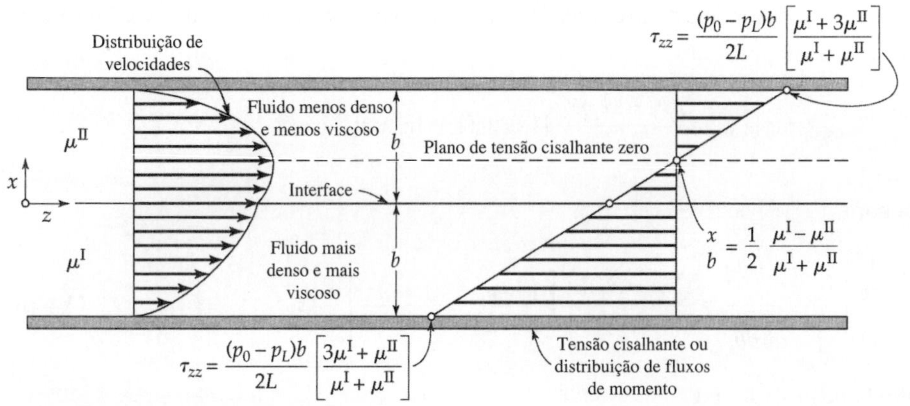

Fig. 2.5-1 Escoamento de dois fluidos imiscíveis entre um par de placas horizontais sob a influência de um gradiente de pressão.

Podemos de imediato fazer uso de uma das condições de contorno — isto é, a de que o fluxo de momento τ_{xz} é contínuo através da interface fluido-fluido:

C.C. 1: em $x = 0$, $\tau_{xz}^{\mathrm{I}} = \tau_{xz}^{\mathrm{II}}$ (2.5-4)

Isso significa que $C_1^{\mathrm{I}} = C_1^{\mathrm{II}}$; então eliminamos o sobrescrito e representamos ambas as constantes de integração por C_1.

Quando a lei de Newton da viscosidade é substituída nas Eqs. 2.5-2 e 2.5-3, obtemos

$$-\mu^{\mathrm{I}}\frac{dv_z^{\mathrm{I}}}{dx} = \left(\frac{p_0 - p_L}{L}\right)x + C_1 \tag{2.5-5}$$

$$-\mu^{\mathrm{II}}\frac{dv_z^{\mathrm{II}}}{dx} = \left(\frac{p_0 - p_L}{L}\right)x + C_1 \tag{2.5-6}$$

Essas duas equações podem ser integradas fornecendo

$$v_z^{\mathrm{I}} = -\left(\frac{p_0 - p_L}{2\mu^{\mathrm{I}}L}\right)x^2 - \frac{C_1}{\mu^{\mathrm{I}}}x + C_2^{\mathrm{I}} \tag{2.5-7}$$

$$v_z^{\mathrm{II}} = -\left(\frac{p_0 - p_L}{2\mu^{\mathrm{II}}L}\right)x^2 - \frac{C_1}{\mu^{\mathrm{II}}}x + C_2^{\mathrm{II}} \tag{2.5-8}$$

As três constantes de integração podem ser determinadas com as seguintes condições de contorno de não-deslizamento:

C.C. 2: em $x = 0$, $v_z^{\mathrm{I}} = v_z^{\mathrm{II}}$ (2.5-9)

C.C. 3: em $x = -b$, $v_z^{\mathrm{I}} = 0$ (2.5-10)

C.C. 4: em $x = +b$, $v_z^{\mathrm{II}} = 0$ (2.5-11)

Quando essas três condições de contorno são usadas, obtemos três equações simultâneas para as constantes de integração:

de C.C. 2: $$C_2^{\mathrm{I}} = C_2^{\mathrm{II}} \tag{2.5-12}$$

de C.C. 3: $$0 = -\left(\frac{p_0 - p_L}{2\mu^{\mathrm{I}}L}\right)b^2 + \frac{C_1}{\mu^{\mathrm{I}}}b + C_2^{\mathrm{I}} \tag{2.5-13}$$

de C.C. 4: $$0 = -\left(\frac{p_0 - p_L}{2\mu^{\mathrm{II}}L}\right)b^2 - \frac{C_1}{\mu^{\mathrm{II}}}b + C_2^{\mathrm{II}} \tag{2.5-14}$$

Dessas três equações obtemos

$$C_1 = -\frac{(p_0 - p_L)b}{2L}\left(\frac{\mu^{\mathrm{I}} - \mu^{\mathrm{II}}}{\mu^{\mathrm{I}} + \mu^{\mathrm{II}}}\right) \tag{2.5-15}$$

$$C_2^{\mathrm{I}} = +\frac{(p_0 - p_L)b^2}{2\mu^{\mathrm{I}}L}\left(\frac{2\mu^{\mathrm{I}}}{\mu^{\mathrm{I}} + \mu^{\mathrm{II}}}\right) = C_2^{\mathrm{II}} \tag{2.5-16}$$

Os perfis de fluxos de momento e velocidade resultantes são

$$\boxed{\tau_{xz} = \frac{(p_0 - p_L)b}{L}\left[\left(\frac{x}{b}\right) - \frac{1}{2}\left(\frac{\mu^{\mathrm{I}} - \mu^{\mathrm{II}}}{\mu^{\mathrm{I}} + \mu^{\mathrm{II}}}\right)\right]} \tag{2.5-17}$$

$$\boxed{v_z^{\mathrm{I}} = \frac{(p_0 - p_L)b^2}{2\mu^{\mathrm{I}}L}\left[\left(\frac{2\mu^{\mathrm{I}}}{\mu^{\mathrm{I}} + \mu^{\mathrm{II}}}\right) + \left(\frac{\mu^{\mathrm{I}} - \mu^{\mathrm{II}}}{\mu^{\mathrm{I}} + \mu^{\mathrm{II}}}\right)\left(\frac{x}{b}\right) - \left(\frac{x}{b}\right)^2\right]} \tag{2.5-18}$$

$$\boxed{v_z^{\mathrm{II}} = \frac{(p_0 - p_L)b^2}{2\mu^{\mathrm{II}}L}\left[\left(\frac{2\mu^{\mathrm{II}}}{\mu^{\mathrm{I}} + \mu^{\mathrm{II}}}\right) + \left(\frac{\mu^{\mathrm{I}} - \mu^{\mathrm{II}}}{\mu^{\mathrm{I}} + \mu^{\mathrm{II}}}\right)\left(\frac{x}{b}\right) - \left(\frac{x}{b}\right)^2\right]} \tag{2.5-19}$$

Essas distribuições são mostradas na Fig. 2.5-1. Se as viscosidades forem iguais, então a distribuição de velocidades é parabólica, tal como esperaríamos para um fluido puro escoando entre placas paralelas (veja Eq. 2B.3-2).

A *velocidade média* em cada camada pode ser obtida e os resultados são

$$\langle v_z^{\mathrm{I}} \rangle = \frac{1}{b}\int_{-b}^{0} v_z^{\mathrm{I}} dx = \frac{(p_0 - p_L)b^2}{12\mu^{\mathrm{I}}L}\left(\frac{7\mu^{\mathrm{I}} + \mu^{\mathrm{II}}}{\mu^{\mathrm{I}} + \mu^{\mathrm{II}}}\right) \tag{2.5-20}$$

$$\langle v_z^{\mathrm{II}} \rangle = \frac{1}{b}\int_{0}^{b} v_z^{\mathrm{II}} dx = \frac{(p_0 - p_L)b^2}{12\mu^{\mathrm{II}}L}\left(\frac{\mu^{\mathrm{I}} + 7\mu^{\mathrm{II}}}{\mu^{\mathrm{I}} + \mu^{\mathrm{II}}}\right) \tag{2.5-21}$$

A partir das distribuições de velocidades e fluxos de momento dados anteriormente, podemos calcular a velocidade máxima, a velocidade na interface, o plano onde a tensão cisalhante é zero, e o arraste sobre as paredes da fenda.

2.6 ESCOAMENTO LENTO EM TORNO DE UMA ESFERA[1,2,3,4]

Nas seções anteriores diversos problemas de escoamento viscoso foram resolvidos. Todos eles tratavam de escoamentos retilíneos com somente uma componente de velocidade não-nula. Como o escoamento em torno de uma esfera envolve duas componentes de velocidade não-nulas, v_r e v_θ, ele não pode ser prontamente analisado com as técnicas

[1] G. G. Stokes, *Trans. Cambridge Phil. Soc.*, **9**, 8-106 (1851). Para o escoamento lento em torno de um objeto com formato arbitrário, veja H. Brenner, *Chem. Engr. Sci.*, **19,** 703-727 (1964).

[2] L. D. Landau and E. M. Lifshitz, *Fluid Mechanics*, 2nd edition, Pergamon, London (1987), §20.

[3] G. K. Batchelor, *An Introduction to Fluid Dynamics*, Cambridge University Press (1967), §4.9.

[4] S. Kim and S. J. Karrila, *Microhydrodynamics: Principles and Selected Applications*, Butterworth-Heinemann, Boston (1991),4.2.3; este livro contém uma discussão detalhada de problemas de "escoamento lento".

explicadas no início deste capítulo. Todavia, uma discussão abreviada do escoamento em torno de uma esfera é realizada aqui, tendo em vista a importância do escoamento em torno de objetos submersos. No Cap. 4 mostramos como obter as distribuições de velocidade e pressão. Aqui, apenas citamos os resultados e mostramos como eles podem ser usados para obter relações importantes, as quais necessitaremos em discussões posteriores. O problema tratado aqui, e também no Cap. 4, diz respeito ao escoamento lento — isto é, muito lento. Esse tipo de escoamento é também chamado de "escoamento de Stokes".

Consideramos aqui o escoamento de um fluido incompressível em torno de uma esfera sólida de raio R e diâmetro D conforme mostrado na Fig. 2.6-1. O fluido, com densidade ρ e viscosidade μ, se aproxima de uma esfera fixa, com uma velocidade uniforme, v_∞, vertical de baixo para cima no sentido de z. Nesse problema "escoamento lento" significa que o número de Reynolds, Re $= Dv_\infty\rho/\mu$, é menor que cerca de 0,1. Esse regime de escoamento é caracterizado pela ausência de vórtices a jusante da esfera.

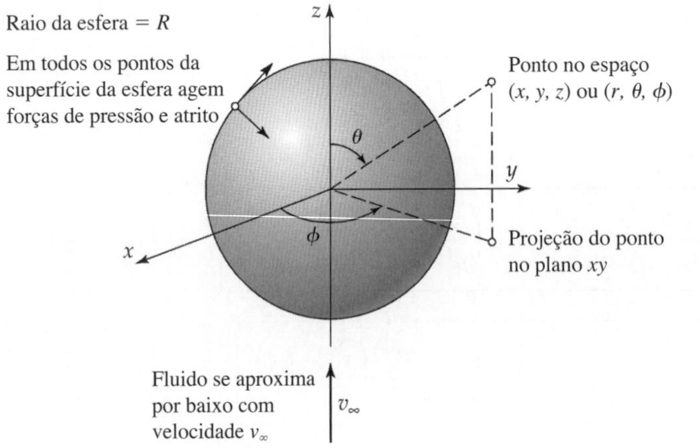

Fig. 2.6-1 Esfera de raio R em torno da qual escoa um fluido. As coordenadas r, θ e ϕ são mostradas. Para mais informações sobre as coordenadas esféricas, veja a Fig. A.8-2.

As distribuições de velocidades e pressões para tal escoamento lento, deduzidas no Cap. 4, são:

$$v_r = v_\infty\left[1 - \frac{3}{2}\left(\frac{R}{r}\right) + \frac{1}{2}\left(\frac{R}{r}\right)^3\right]\cos\theta \tag{2.6-1}$$

$$v_\theta = v_\infty\left[-1 + \frac{3}{4}\left(\frac{R}{r}\right) + \frac{1}{4}\left(\frac{R}{r}\right)^3\right]\operatorname{sen}\theta \tag{2.6-2}$$

$$v_\phi = 0 \tag{2.6-3}$$

$$p = p_0 - \rho g z - \frac{3}{2}\frac{\mu v_\infty}{R}\left(\frac{R}{r}\right)^2\cos\theta \tag{2.6-4}$$

Na última equação a grandeza p_0 é a pressão no plano $z = 0$, muito distante da esfera. O termo $-\rho g z$ é a pressão hidrostática resultante do peso do fluido e o termo contendo v_∞ é a contribuição do movimento do fluido. As Eqs. 2.6-1, 2 e 3 mostram que a velocidade do fluido é zero na superfície da esfera. Além disso, no limite quando $r \to \infty$ a velocidade do fluido tem o mesmo sentido de z e magnitude uniforme v_∞; isto se deve ao fato de que sendo $v_z = v_r \cos\theta - v_\theta \operatorname{sen}\theta$, o que pode ser obtido usando a Eq. A.6-33, e $v_x = v_y = 0$, conforme mostram as Eqs. A.6-31 e 32.

As componentes do tensor tensão, $\boldsymbol{\tau}$, em coordenadas esféricas podem ser obtidas da distribuição de velocidades dada usando-se a Tabela B.1. Eles são

$$\tau_{rr} = -2\tau_{\theta\theta} = -2\tau_{\phi\phi} = \frac{3\mu v_\infty}{R}\left[-\left(\frac{R}{r}\right)^2 + \left(\frac{R}{r}\right)^4\right] \tag{2.6-5}$$

$$\tau_{r\theta} = \tau_{\theta r} = \frac{3}{2}\frac{\mu v_\infty}{r}\left(\frac{R}{r}\right)^4 \text{sen}\,\theta \tag{2.6-6}$$

e todas as outras componentes são zero. Note que as tensões normais para esse escoamento são não-zero, exceto para $r = R$.

Vamos agora determinar a força exercida pelo fluido em escoamento sobre a esfera. Devido à simetria em torno do eixo z, a força resultante será no sentido de z. Então a força pode ser obtida integrando-se a componente z das forças normal e tangencial sobre a superfície da esfera.

Integração da Força Normal

Em cada ponto da superfície da esfera o fluido exerce uma força por unidade de área $-(p + \tau_{rr})|_{r=R}$ sobre o sólido, que age normal à superfície. Como o fluido está na região de maior r e a esfera na região de menor r, temos que colocar um sinal de menos, de acordo com a convenção estabelecida na Seção 1.2. A componente z da força é $-(p + \tau_{rr})|_{r=R}(\cos\theta)$. Agora multiplicamos essa expressão por um elemento de superfície $R^2 \,\text{sen}\, \theta\, d\theta\, d\phi$ para obter a força sobre o elemento de superfície (veja Fig. A.8-2). Então integramos sobre a superfície da esfera para obter a força normal resultante na direção z:

$$F^{(n)} = \int_0^{2\pi}\int_0^{\pi} (-(p + \tau_{rr})|_{r=R} \cos\theta) R^2 \,\text{sen}\,\theta\, d\theta\, d\phi \tag{2.6-7}$$

De acordo com a Eq. 2.6-5, a tensão normal é zero[5] em $r = R$ e pode ser omitida na integral da Eq. 2.6-7. A distribuição de pressão na superfície da esfera é, de acordo com a Eq. 2.6-64,

$$p|_{r=R} = p_0 - \rho g R \cos\theta - \frac{3}{2}\frac{\mu v_\infty}{R}\cos\theta \tag{2.6-8}$$

Quando esse resultado é substituído na Eq. 2.6-7 e a integração realizada, o termo contendo p_0 é igual a zero, o termo contendo a aceleração gravitacional, g, dá a força de empuxo, e o termo contendo a velocidade de aproximação, v_∞, fornece o "arraste de forma" conforme mostrado a seguir:

$$F^{(n)} = \tfrac{4}{3}\pi R^3 \rho g + 2\pi\mu R v_\infty \tag{2.6-9}$$

A força de empuxo é a massa de fluido deslocado $(4\pi R^3\rho/3)$ vezes a aceleração da gravidade (g).

Integração da Força Tangencial

Em cada ponto da superfície sólida existe também uma tensão cisalhante agindo tangencialmente. A força por unidade de área exercida na direção $-\theta$ pelo fluido (região de maior r) sobre o sólido (região de menor r) é $+\tau_{r\theta}|_{r=R}$. A componente z dessa força por unidade de área é $(\tau_{r\theta}|_{r=R})\text{sen}\,\theta$. Agora multiplicamos essa expressão pelo elemento de superfície $R^2\,\text{sen}\,\theta\, d\theta\, d\phi$ e integramos sobre a totalidade da superfície esférica. Isso fornece a força resultante no sentido de z:

$$F^{(t)} = \int_0^{2\pi}\int_0^{\pi} (\tau_{r\theta}|_{r=R}\,\text{sen}\,\theta) R^2 \,\text{sen}\,\theta\, d\theta\, d\phi \tag{2.6-10}$$

A distribuição de tensões cisalhantes na superfície da esfera, da Eq. 2.6-6, é

$$\tau_{r\theta}|_{r=R} = \frac{3}{2}\frac{\mu v_\infty}{R}\text{sen}\,\theta \tag{2.6-11}$$

A substituição dessa expressão na integral da Eq. 2.6-10 fornece o "arraste de atrito"

$$F^{(t)} = 4\pi\mu R v_\infty \tag{2.6-12}$$

[5] No Exemplo 3.1-1 mostramos que para fluidos newtonianos incompressíveis todas as três tensões normais são zero sobre superfícies sólidas fixas, em todos os escoamentos.

Então a força total F do fluido sobre a esfera é dada pela soma das Eqs. 2.6-9 e 2.6-12:

$$F = \underbrace{\tfrac{4}{3}\pi R^3 \rho g}_{\substack{\text{força de}\\ \text{empuxo}}} + \underbrace{2\pi\mu R v_\infty}_{\substack{\text{arraste}\\ \text{de forma}}} + \underbrace{4\pi\mu R v_\infty}_{\substack{\text{arraste}\\ \text{de atrito}}} \quad (2.6\text{-}13)$$

ou

$$F = F_b + F_k = \underbrace{\tfrac{4}{3}\pi R^3 \rho g}_{\substack{\text{força de}\\ \text{empuxo}}} + \underbrace{6\pi\mu R v_\infty}_{\substack{\text{força}\\ \text{cinética}}} \quad (2.6\text{-}14)$$

O primeiro termo é a *força de empuxo*, o que estaria presente em um fluido em repouso; ela é a massa de fluido deslocada multiplicada pela aceleração gravitacional. O segundo termo, a *força cinética*, resulta do movimento do fluido. A relação

$$F_k = 6\pi\mu R v_\infty \quad (2.6\text{-}15)$$

É conhecida como *lei de Stokes*.[1] Ela é usada para descrever o movimento de partículas coloidais sob um campo elétrico, na teoria da sedimentação, e no estudo do movimento de partículas aerossóis. A lei de Stokes é útil somente para números de Reynolds, $\text{Re} = Dv_\infty\rho/\mu$, menores ou iguais a 0,1 aproximadamente. Em $\text{Re} = 1$, a lei de Stokes prevê uma força em torno de 10% menor que o valor correto. O comportamento do escoamento para números de Reynolds maiores é discutido no Cap. 6.

Esse problema, que não poderia ser resolvido pelo método do balanço em cascas, enfatiza a necessidade de um método mais geral para abordar problemas de escoamento nos quais as linhas de corrente não são retilíneas. Esse é o assunto do próximo capítulo.

EXEMPLO 2.6-1

Determinação da Viscosidade, a Partir da Velocidade Terminal de uma Esfera em Queda

Obtenha uma equação que permita calcular a viscosidade de um fluido, medindo-se a velocidade terminal, v_t, de uma pequena esfera de raio R no fluido.

SOLUÇÃO

Se uma pequena esfera é deixada cair a partir do repouso em um fluido viscoso, ela irá se acelerar até atingir uma velocidade constante — a *velocidade terminal*. Quando essa condição permanente for atingida, a soma de todas as forças que agem sobre a esfera deve ser zero. A força da gravidade sobre o sólido age no sentido da queda, e o empuxo e as forças cinéticas agem no sentido oposto:

$$\tfrac{4}{3}\pi R^3 \rho_s g = \tfrac{4}{3}\pi R^3 \rho g + 6\pi\mu R v_t \quad (2.6\text{-}16)$$

Nessa equação ρ_s e ρ são as densidades da esfera sólida e do fluido. Resolvendo essa equação para a viscosidade do fluido obtemos

$$\mu = \tfrac{2}{9}R^2(\rho_s - \rho)g/v_t \quad (2.6\text{-}17)$$

Esse resultado só pode ser usado caso o número de Reynolds seja menor que cerca de 0,1.

Esse experimento constitui um método aparentemente simples para a determinação da viscosidade. Todavia, é difícil prevenir a rotação de uma esfera homogênea durante sua queda, e se ela girar, a Eq. 2.6-17 não pode ser usada. Algumas vezes esferas lastreadas são usadas a fim de prevenir a rotação; nesse caso o lado esquerdo da Eq. 2.6-16 deve ser substituído por m, a massa da esfera, vezes a aceleração gravitacional.

QUESTÕES PARA DISCUSSÃO

1. Resuma o procedimento usado na solução de problemas de escoamento viscoso com o método do balanço em casca. Que tipos de problemas podem ou não ser resolvidos por esse método? Como a definição de primeira derivada é usada no método?
2. Quais dos sistemas de escoamento neste capítulo podem ser usados como viscosímetros? Liste as dificuldades que podem ser encontradas em cada um.

3. Como são definidos os números de Reynolds para filmes, tubos e esferas? Quais são as dimensões de Re?

4. Como podemos modificar a fórmula para espessura de filme na Seção 2.2 para descrever um filme delgado que desce sobre as paredes internas de um cilindro? Que restrições devem ser colocadas nessa fórmula modificada?

5. Como podem os resultados da Seção 2.3 ser usados para estimar o tempo necessário para drenar completamente um líquido contido em um tubo vertical, aberto em ambas as extremidades?

6. Compare a dependência da tensão cisalhante com o raio para o escoamento laminar de um líquido newtoniano em um tubo e em um ânulo. Por que, neste último, a função muda de sinal?

7. Mostre que a fórmula de Hagen-Poiseuille é consistente dimensionalmente.

8. Que diferenças existem entre o escoamento em um tubo circular de raio R e o escoamento no mesmo tubo com um arame fino colocado ao longo do eixo?

9. Sob que condições você esperaria que a análise na Seção 2.5 não seja válida?

10. A lei de Stokes é válida para gotículas de óleo caindo em água? E para bolhas de ar ascendendo em benzeno? E para partículas finas caindo no ar, se os diâmetros das partículas são da mesma ordem de grandeza que o livre percurso médio das moléculas no ar?

11. Dois líquidos imiscíveis, A e B, escoam em regime laminar entre duas placas paralelas. Seriam possíveis perfis de velocidades com as formas mostradas na figura a seguir? Explique.

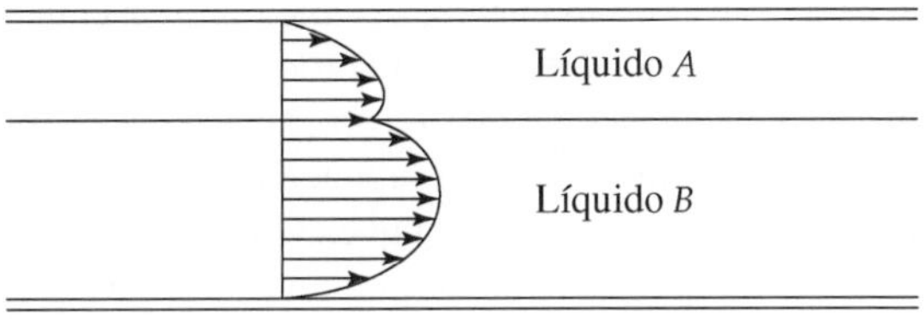

12. Qual é a velocidade terminal de uma partícula coloidal esférica que possui uma carga elétrica e em um campo elétrico de intensidade $\mathscr{E}$? Como isso é usado no experimento de Millikan da gota de óleo?

PROBLEMAS

2A.1 Espessura de um filme descendente. Água a 20°C escoa para baixo sobre uma parede vertical com Re = 10. Calcule **(a)** a vazão em galões por hora por pé de comprimento de parede, e **(b)** a espessura do filme em polegadas.
Respostas: **(a)** 0,727 gal/h·ft; **(b)** 0,00361 in

2A.2 Determinação de raio capilar por medida de escoamento. Um método para a determinação do raio de um tubo capilar baseia-se na medida da vazão de um líquido newtoniano que escoa através do tubo. Calcule o raio de um capilar a partir dos dados de escoamento que se seguem:

Comprimento do tubo capilar	50,02 cm
Viscosidade cinemática do líquido	$4{,}03 \times 10^{-5}$ m²/s
Densidade do líquido	$0{,}9552 \times 10^{3}$ kg/m³
Queda de pressão no tubo horizontal	$4{,}829 \times 10^{5}$ Pa
Vazão mássica no tubo	$2{,}997 \times 10^{-3}$ kg/s

Que dificuldades podem ser encontradas nesse método? Sugira outros métodos para a determinação do raio de tubos capilares.

2A.3 Vazão volumétrica através de um ânulo. Um ânulo horizontal com 27 ft de comprimento tem um raio interno de 0,495 in e um raio externo de 1,1 in. Uma solução aquosa de sacarose ($C_{12}H_{22}O_{11}$) a 60% deve ser bombeada através do ânulo a 20°C. Nessa temperatura a densidade da solução é 80,3 lb_m/ft^3 e a viscosidade é 136,8 $lb_m/ft \cdot h$. Qual é a vazão volumétrica quando a diferença de pressão imposta for 5,39 psi?
Resposta: 0,108 ft³/s

2A.4 Perda de partículas de catalisador em gás de chaminé. **(a)** Estime o diâmetro máximo de partículas microesféricas de um catalisador que podem ser perdidas no gás de chaminé de uma unidade de craqueamento fluido, sob as seguintes condições:

Velocidade do gás no eixo da chaminé = 1,0 ft/s (vertical e para cima)
Viscosidade do gás = 0,026 cp
Densidade do gás = 0,045 lb_m/ft^3
Densidade da partícula de catalisador = 1,2 g/cm^3
Expresse o resultado em mícrons (1 mícron = 10^{-6} m = 1 μm).
(b) É permitido usar a lei de Stokes em (a)?
Respostas: **(a)** 110 μm; Re = 0,93

2B.1 Escolha de coordenadas diferentes para o problema do filme descendente. Obtenha novamente o perfil de velocidades e a velocidade média da Seção 2.2, substituindo x pela coordenada $\bar{x}$ medida a partir da parede; isto é, $\bar{x} = 0$ é a superfície da parede e $\bar{x} = \delta$ é a interface líquido-gás. Mostre que a distribuição de velocidades é então dada por

$$v_z = (\rho g \delta^2/\mu)[(\bar{x}/\delta) - \tfrac{1}{2}(\bar{x}/\delta)^2] \cos\beta \qquad \text{(2B.1-1)}$$

e então use esse resultado para obter a velocidade média. Mostre como a Eq. 2B.1-1 pode ser obtida da Eq. 2.2-18 fazendo-se uma mudança de variável.

2B.2 Procedimento alternativo para resolver problemas de escoamento. Neste capítulo usamos o seguinte procedimento: (i) obter uma equação para o fluxo de momento, (ii) integrar essa equação, (iii) inserir a lei de Newton da viscosidade para obter uma equação diferencial de primeira ordem para a velocidade, (iv) integrar esta última para obter a distribuição de velocidades. Um outro método é: (i) obter uma equação para o fluxo de momento, (ii) inserir a lei de Newton para obter uma equação diferencial de segunda ordem para o perfil de velocidades, (iii) integrar essa última para obter a distribuição de velocidades. Aplique esse segundo método para o problema do filme descendente, substituindo a Eq. 2.2-14 na Eq. 2.2-10, prosseguindo conforme sugerido até que a distribuição de velocidades tenha sido obtida e as constantes de integração determinadas.

2B.3 Escoamento laminar em uma fenda estreita (veja a Fig. 2B.3).

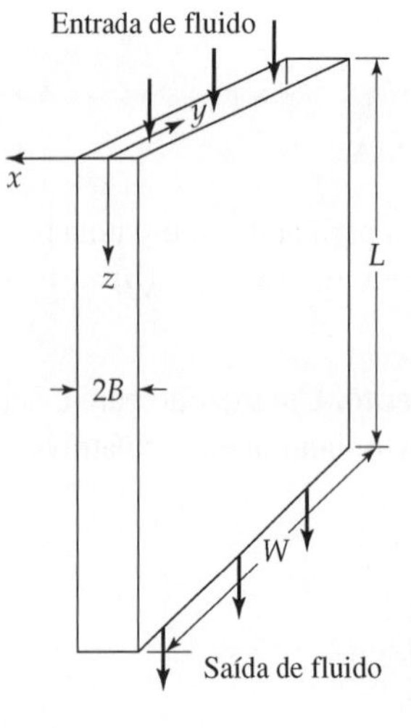

Fig. 2B.3 Escoamento através de uma fenda, com $B \ll W \ll L$.

(a) Um fluido newtoniano escoa em regime laminar em uma fenda estreita formada por duas paredes paralelas separadas por uma distância $2B$. Fica entendido que $B << W$, de modo que "efeitos de borda" não são importantes. Faça um balanço diferencial de momento e obtenha as seguintes expressões para as distribuições dos fluxos de momento e velocidades:

$$\tau_{xz} = \left(\frac{\mathcal{P}_0 - \mathcal{P}_L}{L}\right)x \qquad \text{(2B.3-1)}$$

$$v_z = \frac{(\mathcal{P}_0 - \mathcal{P}_L)B^2}{2\mu L}\left[1 - \left(\frac{x}{B}\right)^2\right] \qquad \text{(2B.3-2)}$$

Nessas expressões $\mathcal{P} = p + \rho g h = p - \rho g z$.

(b) Qual é a razão entre as velocidades média e máxima para esse escoamento?

(c) Obtenha para a fenda uma equação análoga a de Hagen-Poiseuille.

(d) Faça um desenho esquemático que mostre por que a análise anterior não se aplica se $B = W$.

(e) Como pode o resultado de (b) ser obtido a partir dos resultados da Seção 2.5?

Respostas: **(b)** $\langle v_z \rangle / v_{z,\text{máx}} = \frac{2}{3}$

(c) $w = \frac{2}{3} \frac{(\mathcal{P}_0 - \mathcal{P}_L) B^3 W \rho}{\mu L}$

2B.4 Escoamento laminar em fenda com parede móvel ("escoamento Couette plano"). Estenda o Problema 2B.3 permitindo que a parede em $x = B$ se mova no sentido positivo de z a uma velocidade v_0 constante. Obtenha (a) a distribuição de tensões cisalhantes e (b) a distribuição de velocidades. Desenhe esboços dessas funções indicando cuidadosamente as grandezas plotadas.

Respostas: $\tau_{xz} = \left(\frac{\mathcal{P}_0 - \mathcal{P}_L}{L}\right) x - \frac{\mu v_0}{2B}$; $v_z = \frac{(\mathcal{P}_0 - \mathcal{P}_L) B^2}{2\mu L}\left[1 - \left(\frac{x}{B}\right)^2\right] + \frac{v_0}{2}\left(1 + \frac{x}{B}\right)$

2B.5 Inter-relação das fórmulas para fenda e ânulo. Quando um ânulo é muito fino, ele pode, com grande aproximação, ser considerado como uma fenda estreita. Então os resultados do Problema 2B.3 podem ser usados com modificações adequadas. Por exemplo a vazão mássica em um ânulo com raio externo R e paredes internas de raio $(1-\varepsilon)R$, em que ε é pequeno, pode ser obtida do Problema 2B.3 substituindo-se $2B$ por εR, e W por $2\pi(1 - \frac{1}{2}\varepsilon)R$. Desse modo obtemos para vazão mássica:

$$w = \frac{\pi(\mathcal{P}_0 - \mathcal{P}_L) R^4 \varepsilon^3 \rho}{6\mu L}(1 - \tfrac{1}{2}\varepsilon) \quad (2B.5\text{-}1)$$

Mostre que esse mesmo resultado pode ser obtido da Eq. 2.4-17 fazendo-se κ igual a $1 - \varepsilon$ em todas as posições na fórmula e então expandindo a expressão de w em potências de ε. Isso requer o uso da série de Taylor (veja a Seção C.2)

$$\ln(1 - \varepsilon) = -\varepsilon - \tfrac{1}{2}\varepsilon^2 - \tfrac{1}{3}\varepsilon^3 - \tfrac{1}{4}\varepsilon^4 - \cdots \quad (2B.5\text{-}2)$$

e então de se efetuar uma longa divisão. O primeiro termo da série resultante será a Eq. 2B.5-1. *Cuidado:* No desenvolvimento da expressão é necessário usar os primeiros *quatro* termos da série de Taylor da Eq. 2B.5-2.

2B.6 Escoamento de um filme no lado externo de um tubo circular (veja a Fig. 2B.6). Em um experimento de absorção de gás, um fluido viscoso escoa para cima através de um pequeno tubo circular e então para baixo, em escoamento laminar, pelo lado externo do tubo. Efetue um balanço de momento sobre uma casca de espessura Δr no filme conforme mostrado na Fig. 2B.6. Note que as setas de "momento entrando" e "momento saindo" são tomadas sempre no sentido positivo da coordenada, embora nesse problema o momento se transfira através de superfícies cilíndricas no sentido negativo de r.

(a) Mostre que a distribuição de velocidades no filme descendente (desprezando os efeitos de extremidades) é

$$v_z = \frac{\rho g R^2}{4\mu}\left[1 - \left(\frac{r}{R}\right)^2 + 2a^2 \ln\left(\frac{r}{R}\right)\right] \quad (2B.6\text{-}1)$$

(b) Obtenha uma expressão para a vazão mássica no filme.

(c) Mostre que o resultado de (b) simplifica-se para a Eq. 2.2-21 se a espessura do filme for muito pequena.

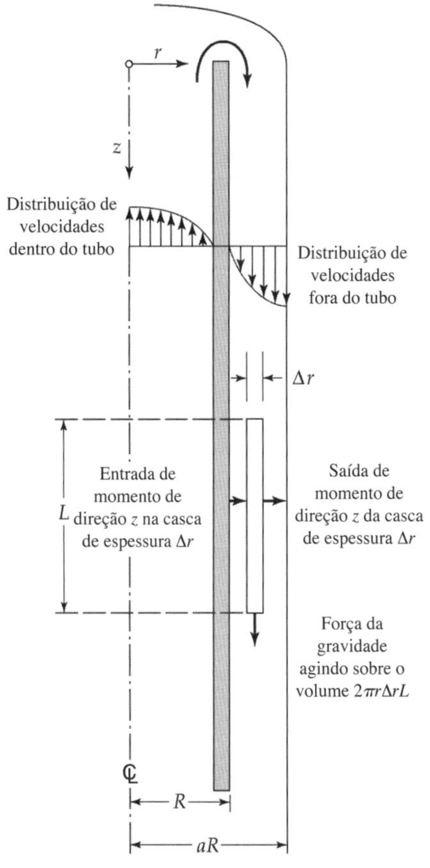

Fig. 2B.6 Distribuição de velocidades e balanço de momento de direção z para o escoamento de um filme descendente no lado externo de um tubo circular.

2B.7 Escoamento anular com cilindro interno movendo-se axialmente (veja a Fig. 2B.7). Uma barra cilíndrica de diâmetro κR move-se axialmente com velocidade v_0 ao longo do eixo de uma cavidade cilíndrica de raio R conforme mostra a figura. A pressão em ambas as extremidades da cavidade é a mesma, de modo que o fluido se move através da região anular devido somente ao movimento da barra.

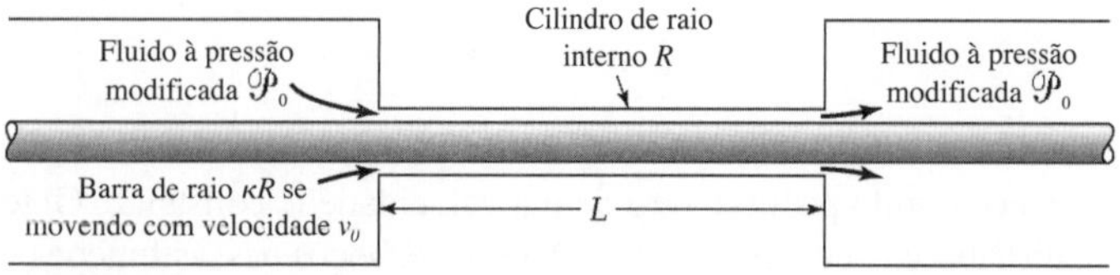

Fig. 2B.7 Escoamento anular com o cilindro interno se movendo axialmente.

(a) Determine a distribuição de velocidades na estreita região anular.
(b) Determine a vazão mássica na região anular.
(c) Obtenha uma expressão para a força viscosa que age sobre o trecho da barra de comprimento L.
(d) Mostre que o resultado de (c) pode ser escrito como o da fórmula da "fenda plana" multiplicado por uma "correção para curvatura". Problemas desse tipo aparecem no estudo do desempenho de moldes para recobrimento de fios.[1]

Respostas: **(a)** $\dfrac{v_z}{v_0} = \dfrac{\ln(r/R)}{\ln \kappa}$

(b) $w = \dfrac{\pi R^2 v_0 \rho}{2}\left[\dfrac{(1-\kappa^2}{\ln(1/\kappa)} - 2\kappa^2\right]$

(c) $F = 2\pi L \mu v_0 / \ln(1/\kappa)$

(d) $F = \dfrac{2\pi L \mu v_0}{\varepsilon}(1 - \frac{1}{2}\varepsilon - \frac{1}{12}\varepsilon^2 + \cdots)$ onde $\varepsilon = 1 - \kappa$ (veja o Problema 2B.5)

2B.8 Análise de um medidor de escoamento capilar (veja a Fig. 2B.8). Determine a vazão (em lb/h) através do medidor de escoamento capilar mostrado na figura. O fluido em escoamento no tubo inclinado é água a 20°C, e o fluido manométrico é tetracloreto de carbono (CCl_4) com densidade 1,594 g/cm³. O diâmetro do capilar é 0,010 in. *Note:* Medições de H e L são suficientes para calcular a vazão; θ não precisa ser medido. Por quê?

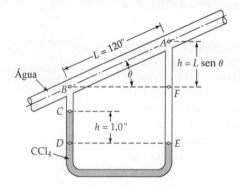

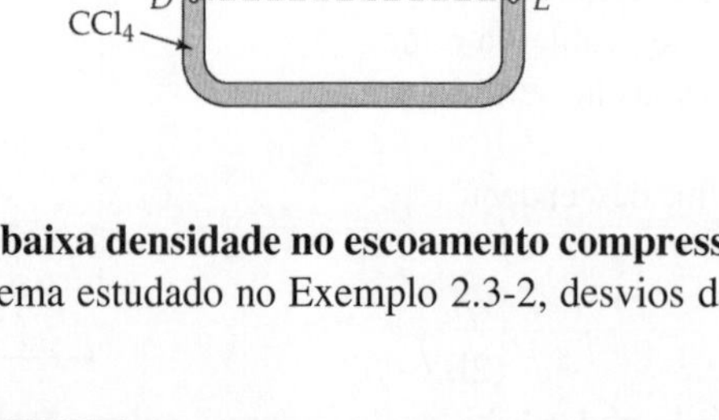

Fig. 2B.8 Medidor de escoamento capilar.

2B.9 Fenômenos de baixa densidade no escoamento compressível em tubos[2,3] (Fig. 2B.9). Conforme a pressão é diminuída no sistema estudado no Exemplo 2.3-2, desvios das Eqs. 2.3-28 e 2.3-29 aparecem. O gás se comporta

[1] J. B. Paton, P. H. Squires, W. H. Darnell, F. M. Cash, and J. F. Carley, *Processing of Thermoplastic Materials*, E. C. Bernhardt (ed.), Reinhold, New York (1959), Chapter 4.
[2] E. H. Kennard, *Kinetic Theory of Gases*, McGraw-Hill, New York (1938), pp. 292-295, 300-306.
[3] M. Knudsen, *The Kinetic Theory of Gases*, Methuen, London, 3rd edition (1950). Veja também R. J. Silbey and R. A. Alberty, *Physical Chemistry*, Wiley, New York, 3 rd edition (2001), 17.6.

como se deslizasse nas paredes do tubo. Convencionou-se[2] substituir a costumeira condição de contorno de "não-deslizamento" de que $v_z = 0$ na parede do tubo, por

$$v_z = -\zeta \frac{dv_z}{dr}, \quad \text{em } r = R \tag{2B.9-1}$$

na qual ζ é o *coeficiente de deslizamento*. Repita a dedução do Exemplo 2.3-2 usando a Eq. 2B.9-1 como condição de contorno. Faça uso também do fato experimental de que o coeficiente de deslizamento varia inversamente com a pressão $\zeta = \zeta_0/p$, em que ζ_0 é uma constante. Mostre que a vazão mássica é

$$w = \frac{\pi(p_0 - p_L)R^4\rho_{\text{média}}}{8\mu L}\left(1 + \frac{4\zeta_0}{Rp_{\text{média}}}\right) \tag{2B.9-2}$$

na qual $p_{\text{média}} = \frac{1}{2}(p_0 + p_L)$.

Quando a pressão é diminuída ainda mais, um regime de escoamento é atingido no qual o livre percurso médio das moléculas do gás é grande em comparação com o raio do tubo (*escoamento de Knudsen*). Em tal regime[3]

$$w = \sqrt{\frac{2m}{\pi\kappa T}}\left(\tfrac{4}{3}\pi R^3\right)\left(\frac{p_0 - p_L}{L}\right) \tag{2B.9-3}$$

em que m é a massa molecular e κ é a constante de Boltzmann. Na dedução desse resultado admite-se que todas as colisões de moléculas com superfícies sólidas são *difusas* e não-*especulares*. Os resultados das Eqs. 2.3-29, 2B.9-2 e 2B.9-3 estão resumidos na Fig. 2B.9.

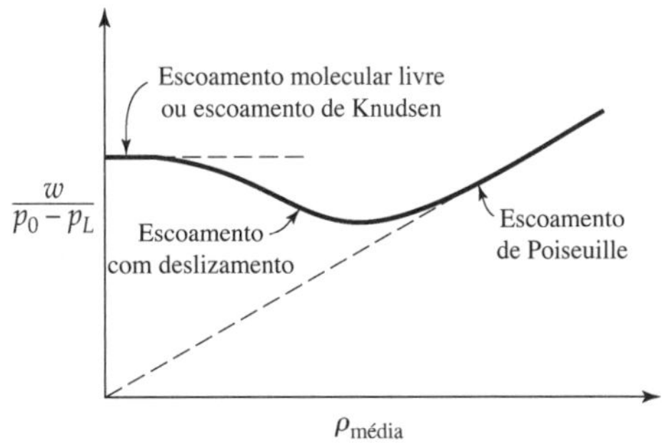

Fig. 2B.9 Uma comparação dos regimes de escoamento de gases em tubos.

2B.10 Escoamento incompressível em um tubo circular de paredes ligeiramente convergentes. Um fluido incompressível escoa em um tubo de seção transversal circular, para o qual o raio varia linearmente de R_0 na entrada do tubo para um valor R_L ligeiramente maior na saída do tubo. Suponha que a equação de Hagen-Poiseuille é *aproximadamente* válida para um comprimento diferencial, dz, de tubo de modo que a vazão mássica é

$$w = \frac{\pi[R(z)]^4\rho}{8\mu}\left(-\frac{d\mathcal{P}}{dz}\right) \tag{2B.10-1}$$

Essa é uma equação diferencial para $\mathcal{P}$ em função de z, mas, quando a expressão explícita para $R(z)$ é inserida nela, a equação resultante não é resolvida facilmente.

(a) Escreva a expressão para R em função de z.

(b) Mude para R a variável independente na equação anterior, de modo que a equação se transforma em

$$w = \frac{\pi R^4\rho}{8\mu}\left(-\frac{d\mathcal{P}}{dR}\right)\left(\frac{R_L - R_0}{L}\right) \tag{2B.10-2}$$

(c) Integre a equação, e então mostre que a solução pode ser rearranjada fornecendo

$$w = \frac{\pi(\mathcal{P}_0 - \mathcal{P}_L)R_0^4\rho}{8\mu}\left[1 - \frac{1 + (R_L/R_0) + (R_L/R_0)^2 - 3(R_L/R_0)^3}{1 + (R_L/R_0) + (R_L/R_0)^2}\right] \tag{2B.10-3}$$

Interprete o resultado. A aproximação usada aqui, de que o escoamento entre superfícies não-paralelas pode ser tomado localmente como o escoamento entre superfícies paralelas, é algumas vezes referido por *aproximação lubrificante*, sendo largamente usada na teoria da lubrificação. Efetuando-se uma cuidadosa análise de ordem de grandeza, pode ser mostrado, para esse problema, que a aproximação lubrificante é válida desde que[4]

$$\frac{R_L}{R_0}\left(1 - \left(\frac{R_L}{R_0}\right)^2\right) << 1 \tag{2B.10-4}$$

2B.11 O viscosímetro de cone-e-placa (veja a Fig. 2B.11). Um viscosímetro de cone-e-placa consiste em uma placa plana estacionária e um cone invertido, cujo vértice apenas toca a placa. O líquido cuja viscosidade deve ser medida é colocado na folga entre o cone e a placa. O cone é girado a uma velocidade angular conhecida, Ω, e o torque, T_z, necessário para girar o cone é medido. Desenvolva uma expressão para a viscosidade do fluido em termos de Ω, T_z e do ângulo ψ_0 entre o cone e a placa. Para instrumentos comerciais ψ_0 é de cerca de 1 grau.

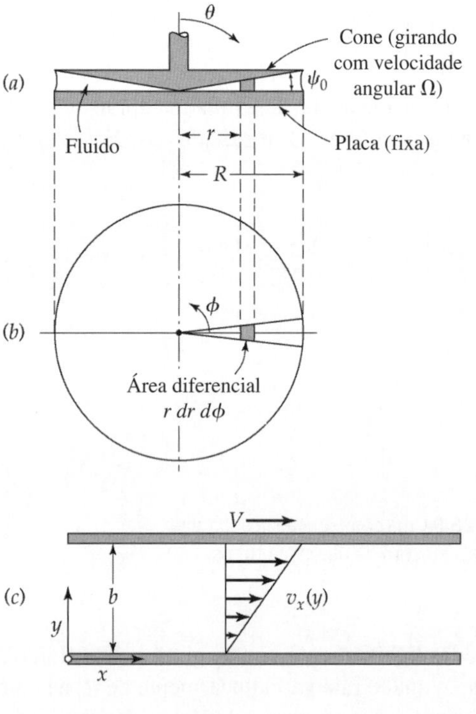

Fig. 2B.11 O viscosímetro de cone-e-placa: (*a*) vista lateral do instrumento; (*b*) vista superior do sistema de cone-e-placa, mostrando um elemento diferencial $r\,dr\,d\phi$; (*c*) uma distribuição de velocidades aproximada no interior da região diferencial. Para relacionar os sistemas em (*a*) e (*c*), identificamos as seguintes equivalências: $V = \Omega r$ e $b = r \text{ sen } \psi_0 \approx r\psi_0$.

(a) Admita que localmente a distribuição de velocidades na folga possa ser representada com boa aproximação tal qual o escoamento entre placas planas paralelas, onde a placa superior se move com velocidade constante. Verifique que isso leva à distribuição de velocidades *aproximada* (em coordenadas esféricas)

$$\frac{v_\phi}{r} = \Omega\left(\frac{(\pi/2) - \theta}{\psi_0}\right) \tag{2B.11-1}$$

Essa aproximação deve ser bastante boa, pois ψ_0 é muito pequeno.

(b) A partir da distribuição de velocidades dada pela Eq. 2B.11-1 e do Apêndice B.1, mostre que uma expressão razoável para a tensão cisalhante é

$$\tau_{\theta\phi} = \mu(\Omega/\psi_0) \tag{2B.11-2}$$

[4] R. B. Bird, R. C. Armstrong, and O. Hassager, *Dynamics of Polymeric Liquids*, Vol. 1, Wiley-Interscience, New York, 2nd edition (1987), pp. 16-18.

Esse resultado mostra que a tensão cisalhante é uniforme em toda a folga. É esse fato que torna o viscosímetro de cone-e-placa tão popular. O instrumento é muito utilizado, particularmente na indústria de polímeros.

(c) Mostre que o torque necessário para girar o cone é dado por

$$T_z = \tfrac{2}{3}\pi\mu\Omega R^3/\psi_0 \tag{2B.11-3}$$

Essa é a fórmula padrão para o cálculo da viscosidade a partir de medidas de torque e velocidade angular para a montagem cone-e-placa com R e ψ_0 conhecidos.

(d) Para um instrumento cone-e-placa com 10 cm de raio e ângulo ψ_0 igual a 0,5 grau, qual o torque (em dyn·cm) necessário para girar o cone a uma velocidade angular de 10 radianos por minuto se a viscosidade do fluido é 100 cp?

Resposta: (d) 40.000 dyn·cm

2B.12 Escoamento de um fluido em uma rede de tubos (Fig. 2B.12). Um fluido escoa em regime laminar de A para B através de uma rede de tubos como mostrado na figura. Obtenha uma expressão para a vazão mássica, w, de fluido entrando em A (ou saindo de B) em função da queda de pressão modificada, $\mathcal{P}_a - \mathcal{P}_B$. Despreze as perturbações nas várias junções de tubos.

Resposta: $w = \dfrac{3\pi(\mathcal{P}_A - \mathcal{P}_B)R^4\rho}{20\mu L}$

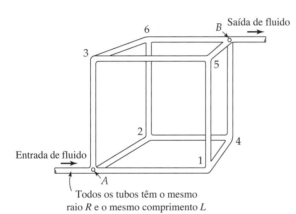

Fig. 2B.12 Escoamento de um fluido em uma rede de tubos com sub-ramos.

2C.1 Performance de um coletor elétrico de poeira (veja a Fig. 2C.1).[5]

(a) Um coletor eletrostático de poeira consiste em um par de placas paralelas com cargas opostas entre as quais escoam gases contendo partículas em suspensão. Deseja-se estabelecer um critério para o comprimento mínimo do

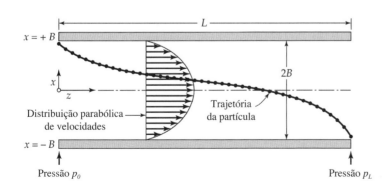

Fig. 2C.1 Trajetória de partícula em um coletor elétrico de poeira. A partícula que inicia em $z = 0$ e termina em $x = -B$ pode não percorrer necessariamente a maior distância na direção z.

---

[5] A resposta dada na primeira edição deste livro estava incorreta, conforme nos foi ressaltado em 1970 por Nau Gab Lee da Universidade Nacional de Seul.

coletor em termos da carga na partícula e, da intensidade do campo elétrico $\mathscr{E}$, da diferença de pressão $(p_0 - p_L)$, da massa da partícula, m, e da viscosidade do gás, μ. Isto é, para qual comprimento L a menor partícula presente (massa m) atingirá a placa de baixo exatamente antes que ela possa ser arrastada para fora da fenda? Admita que o escoamento entre as placas é laminar de modo que a distribuição de velocidades é descrita pela Eq. 2B.3-2. Admita também que a velocidade da partícula na direção z é a mesma que a do fluido na direção z. Além disso suponha que o arraste de Stokes sobre a esfera bem como a força gravitacional que age na esfera conforme ela é acelerada no sentido negativo de x podem ser desprezados.

(b) Refaça o problema desprezando a aceleração na direção x, mas incluindo o arraste de Stokes.

(c) Compare a utilidade das soluções (a) e (b), considerando que as partículas de um aerossol estável têm diâmetro efetivo de cerca de 1-10 mícrons e densidades em torno de 1 g/cm³.

Resposta: (a) $L_{\text{mín}} = [12(p_0 - p_L)^2 B^5 m / 25\mu^2 e \mathscr{E}]^{1/4}$

2C.2 Distribuição de tempos de residência no escoamento em tubo. Defina a *função tempo de residência, $F(t)$*, como sendo aquela fração do fluido escoando em um tubo que em um intervalo de tempo t percorre toda a extensão do tubo. Defina também o *tempo de residência médio t_m* pela relação

$$t_m = \int_0^1 t\,dF \tag{2C.2-1}$$

(a) Um líquido newtoniano incompressível escoa em um tubo circular de comprimento L e raio R, com velocidade média $\langle v_z \rangle$. Mostre que

$$F(t) = 0 \qquad\qquad \text{para } t \le (L/2\langle v_z \rangle) \tag{2C.2-2}$$
$$F(t) = 1 - (L/2\langle v_z \rangle t)^2 \qquad\qquad \text{para } t \ge (L/2\langle v_z \rangle) \tag{2C.2-3}$$

(b) Mostre que $t_m = (L/\langle v_z \rangle)$.

2C.3 Distribuição de velocidades em um tubo. Você recebeu os originais de um trabalho e deve avaliá-lo para publicação em uma revista técnica. O trabalho é sobre transferência de calor no escoamento em tubos. Os autores afirmam que, devido ao fato de o escoamento ser não-isotérmico, eles devem ter uma expressão "geral" para a distribuição de velocidades que possa ser usada mesmo quando a viscosidade do fluido depender da temperatura (e portanto da posição). Os autores afirmam que uma "expressão geral para a distribuição de velocidades em um tubo" é:

$$\frac{v_z}{\langle v_z \rangle} = \frac{\displaystyle\int_y^1 (\bar{y}/\mu)d\bar{y}}{\displaystyle\int_0^1 (\bar{y}^3/\mu)d\bar{y}} \tag{2C.3-1}$$

em que $y = r/R$. Os autores não apresentam o desenvolvimento da expressão nem fornecem uma referência para a mesma na literatura. Sendo avaliador, você se sente obrigado a deduzir a equação e a listar quaisquer restrições implicadas.

2C.4 Viscosímetro de queda-de-cilindro (veja a Fig. 2C.4).[6] Um viscosímetro de queda-de-cilindro consiste em um longo vaso cilíndrico vertical (raio R), fechado em ambas as extremidades, equipado com um pistão cilíndrico maciço (raio κR). O pistão é provido de aletas de modo que seu eixo coincide com o do vaso.

Podemos observar a velocidade de descida do pistão no vaso cilíndrico quando esse é preenchido com fluido. Desenvolva uma equação que forneça a viscosidade do fluido em função da velocidade terminal v_0 do pistão e das várias grandezas geométricas mostradas na figura.

(a) Mostre que a distribuição de velocidades na fenda anular é dada por

$$\frac{v_z}{v_0} = -\frac{(1 - \xi^2) - (1 + \kappa^2)\ln(1/\xi)}{(1 - \kappa^2) - (1 + \kappa^2)\ln(1/\kappa)} \tag{2C.4-1}$$

em que $\xi = r/R$ é uma coordenada radial adimensional.

---

[6]J. Lohrenz, G. W. Swift, and F. Kurata, *AIChE Journal*, **6**, 547-550 (1960) and **7**, 6S (1961); E. Ashare, R. B. Bird, and J. A. Lescarboura, *AIChE Journal*, **11**, 910-916 (1965).

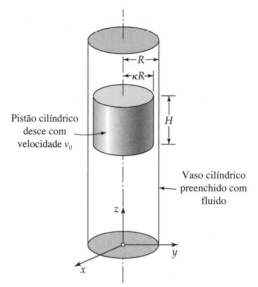

Fig. 2C.4 Um viscosímetro de queda-de-cilindro com um cilindro maciço e pequena folga, que se move verticalmente. O cilindro é comumente provido de aletas que o mantém centrado no tubo. O fluido preenche completamente o tubo, cujas extremidades são fechadas.

(b) Faça um balanço de forças sobre o pistão cilíndrico e obtenha

$$\mu = \frac{(\rho_0 - \rho)g(\kappa R)^2}{2v_0}\left[\left(\ln\frac{1}{\kappa}\right) - \left(\frac{1-\kappa^2}{1+\kappa^2}\right)\right] \quad (2C.4\text{-}2)$$

em que ρ e ρ_0 são as densidades do fluido e do pistão, respectivamente.

(c) Mostre que, para fendas estreitas, o resultado de (b) pode ser expandido em potências de $\varepsilon = 1 - \kappa$ fornecendo

$$\mu = \frac{(\rho_0 - \rho)gR^2\varepsilon^3}{6v_0}(1 - \tfrac{1}{2}\varepsilon - \tfrac{13}{20}\varepsilon^2 + \cdots) \quad (2C.4\text{-}3)$$

Veja a Seção C.2 para informações sobre expansões em séries de Taylor.

2C.5 Filme descendente sobre uma superfície cônica (veja a Fig. 2C5.7).[7] Um fluido escoa para cima através de um tubo circular e então para baixo sobre uma superfície cônica. Determine a espessura do filme em função da distância s, medida para baixo, sobre o cone.

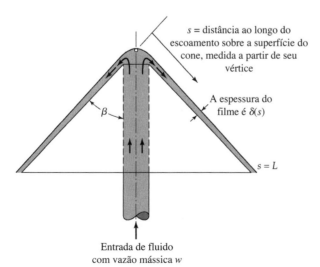

Fig. 2C.5 Um filme descendente sobre uma superfície cônica.

---

[7] R. B. Bird, in *Selected Topics in Transport Phenomena*, CEP Symposium Series #58, **61,** 1-15 (1965).

(a) Admita que os resultados da Seção 2.2 se aplicam *aproximadamente* sobre qualquer região pequena da superfície do cone. Mostre que um balanço de massa para um anel de líquido contido entre s e $s + \Delta s$ fornece:

$$\frac{d}{ds}(s\delta\langle v\rangle) = 0 \quad \text{ou} \quad \frac{d}{ds}(s\delta^3) = 0 \tag{2C.5-1}$$

(b) Integre essa equação e calcule a constante de integração igualando a vazão mássica, w, ascendente no tubo central àquela que escoa para baixo sobre a superfície cônica em $s = L$. Obtenha a seguinte expressão para a espessura do filme:

$$\delta = \sqrt[3]{\frac{3\mu w}{\pi\rho^2 gL\,\text{sen}\,2\beta}\left(\frac{L}{s}\right)} \tag{2C.5-2}$$

2C.6 Bomba de cone rotativo (veja Fig. 2C.6). Determine a vazão mássica através dessa bomba em função da aceleração da gravidade, da diferença de pressão aplicada, da velocidade angular do cone, da viscosidade e densidade do fluido, do ângulo do cone e de outras grandezas geométricas indicadas na figura.

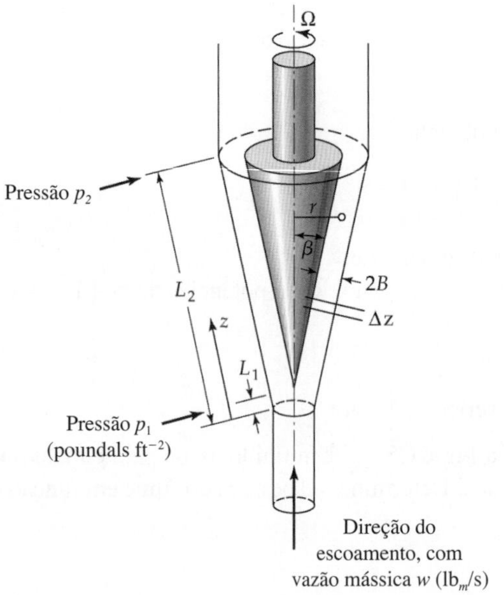

Fig. 2C.6 Uma bomba de cone rotativo. A variável r é a distância a partir do eixo de rotação até o centro da fenda.

(a) Comece analisando o sistema sem a rotação do cone. Assuma que é possível aplicar os resultados do Problema 2B.3 localmente. Isto é, adapte a solução para a vazão mássica daquele problema fazendo as seguintes substituições:

troque $(\mathcal{P}_0 - \mathcal{P}_L)/L$ por $-d\mathcal{P}/dz$
troque W por $2\pi r = 2\pi z\,\text{sen}\,\beta$
obtendo portanto

$$w = \frac{2}{3}\left(-\frac{d\mathcal{P}}{dz}\right)\frac{B^3\rho \cdot 2\pi z\,\text{sen}\,\beta}{\mu} \tag{2C.6-1}$$

A vazão mássica, w, é uma constante na faixa de variação de z. Assim essa equação pode ser integrada fornecendo

$$(\mathcal{P}_1 - \mathcal{P}_2) = \frac{3}{4\pi}\frac{\mu w}{B^3\rho\,\text{sen}\,\beta}\ln\frac{L_2}{L_1} \tag{2C.6-2}$$

(b) A seguir modifique o resultado anterior de modo a levar em conta o fato de que o cone gira com velocidade angular Ω. A força centrífuga média por unidade de volume que age no fluido na fenda terá uma componente z dada *aproximadamente* por

$$(F_{\text{centrif.}})_z = K\rho\Omega^2 z\,\text{sen}^2\,\beta \tag{2C.6-3}$$

Qual é o valor da constante K? Incorpore a força centrífuga como uma força adicional tendendo a dirigir o fluido através do canal. Mostre que isso conduz à seguinte expressão para a vazão mássica:

$$w = \frac{4\pi B^3 \rho \operatorname{sen}\beta}{3\mu}\left[\frac{(\mathcal{P}_1 - \mathcal{P}_2) + (\frac{1}{2}K\rho\Omega^2 \operatorname{sen}^2\beta)(L_2^2 - L_1^2)}{\ln(L_2/L_1)}\right] \tag{2C.6-4}$$

Aqui $\mathcal{P}_i = p_i + \rho g L_i \cos\beta$.

2C.7 Um indicador simples de velocidade de subida (veja a Fig. 2C.7). Sob circunstâncias apropriadas, o aparelho simples mostrado na figura pode ser usado para medir a velocidade de subida de um avião. A pressão manométrica no interior do dispositivo de Bourdon é tomada como sendo proporcional à velocidade de subida. Para os objetivos do problema pode-se assumir que o aparelho tem as seguintes características: (i) o tubo capilar (de raio R e comprimento L, com $L >> R$) tem volume desprezível mas resistência ao escoamento apreciável; (ii) o dispositivo de Bourdon tem um volume constante V e oferece resistência desprezível ao escoamento; e (iii) o escoamento no capilar é laminar e incompressível, e a vazão volumétrica depende somente das condições nas extremidades do capilar.

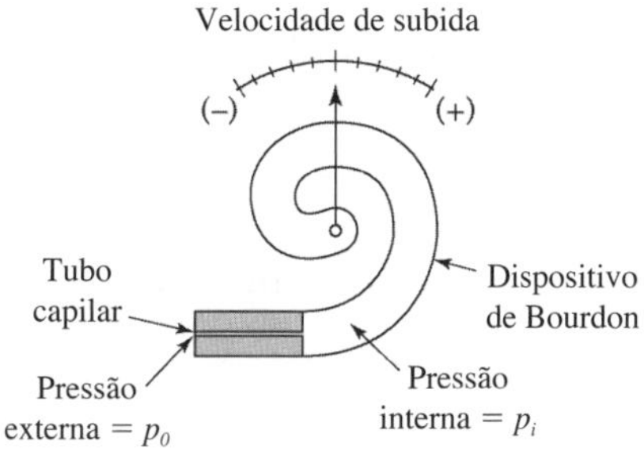

Fig. 2C.7 Um indicador de velocidade de subida.

(a) Desenvolva uma expressão para a variação da pressão do ar com a altitude, desprezando as variações de temperatura e considerando o ar como um gás ideal de composição constante. (*Sugestão*: Faça um balanço para uma casca na qual o peso do gás é balanceado pela pressão estática.)

(b) Por meio de um balanço de massa sobre o medidor, desenvolva uma relação aproximada entre a pressão manométrica, $p_i - p_0$, e a velocidade de subida, v_z, para uma longa subida com velocidade constante. Despreze a variação da viscosidade do ar, e suponha que as variações em sua densidade sejam pequenas.

(c) Desenvolva uma expressão aproximada para o "tempo de relaxamento", t_{rel}, do medidor — isto é, o tempo requerido para o valor da pressão diminuir de $1/e$ a partir do valor original, quando a pressão externa é subitamente modificada de zero (relativo ao interior do medidor) para algum valor constante e mantida indefinidamente nesse novo valor.

(d) Discuta a utilidade desse tipo de medidor para aviões pequenos.

(e) Justifique os sinais mais e menos na figura.

Respostas: **(a)** $dp/dz = -\rho g = -(pM/RT)g$

(b) $p_i - p_0 \approx v_z(8\mu L/\pi R^4)(MgV/R_gT)$, onde R_g é a constante dos gases e M é o peso molecular.

(c) $t_0 = (128/\pi)(\mu VL/\pi D^4\bar{p})$, onde $\bar{p} = \frac{1}{2}(p_i + p_o)$

2D.1 Viscosímetro de bola rolante. Uma análise aproximada do experimento da bola rolante foi feita, na qual os resultados do Problema 2B.3 foram usados.[8] Leia o trabalho original e verifique os resultados. Veja a Figura 2D.1.

2D.2 Drenagem de líquidos[9] (veja a Fig. 2D.2). Que quantidade de líquido adere à superfície interna de um vaso grande quando ele é drenado? Conforme mostrado na figura, um filme fino de líquido permanece sobre a parede conforme o nível de líquido no vaso cai. A espessura local do filme é função tanto de z (distância medida de cima para baixo a partir do nível inicial do líquido) quanto de t (tempo transcorrido).

---

[8] H. W. Lewis, *Anal. Chem.*, **25**, 507 (1953); R. B. Bird and R. M. Turian, *Ind. Eng. Chem. Fundamentals*, **3**, 87 (1964); J. Šestak and F. Ambros, *Rheol. Acta*, **12**, 70-76 (1973).

[9] J. J. van Rossum, *Appl. Sci. Research*, **A7**, 121-144 (1958); veja também V. G. Levich, *Physicochemical Hydrodynamics*, Prentice-Hall, Englewood Cliffs, N. J. (1962), Chapter 12.

Fig. 2D.1 Desenho esquemático de um viscosímetro de bola rolante; a quantidade $\sigma(\theta,z)$ é dada aproximadamente como:

$$\sigma \approx 2(R-r)\left[\cos^2\frac{1}{2}\theta + \frac{R-\sqrt{R^2-z^2}}{2(R-r)}\right].$$

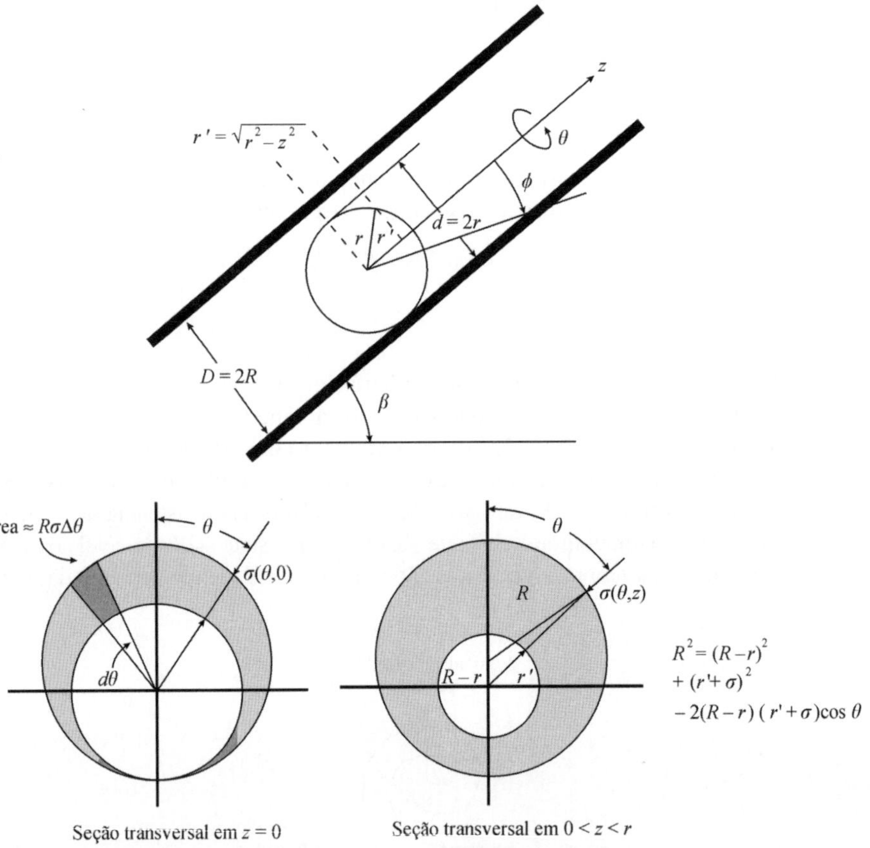

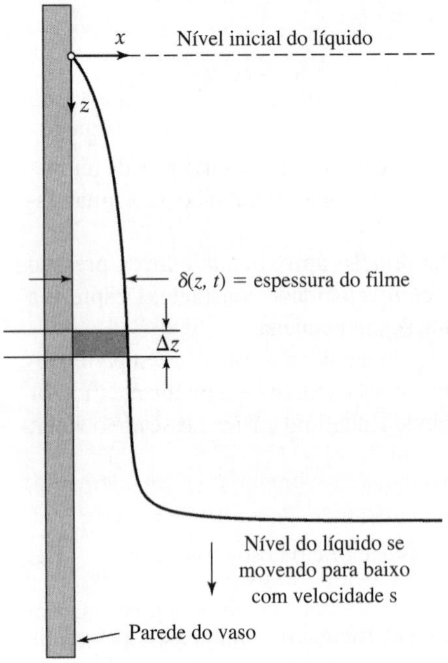

Fig. 2D.2 Aderência de um fluido viscoso às paredes de um vaso durante sua drenagem.

(a) Faça um balanço de massa transiente em uma porção do filme entre z e $z + \Delta z$ obtendo

$$\frac{\partial}{\partial z}\langle v_z\rangle\delta = -\frac{\partial\delta}{\partial t} \tag{2D.2-1}$$

(b) Use a Eq. 2.2-18 e a hipótese de regime quase-permanente para obter a seguinte equação diferencial parcial para $\delta(z, t)$:

$$\frac{\partial\delta}{\partial t} + \frac{\rho g}{\mu}\delta^2\frac{\partial\delta}{\partial z} = 0 \tag{2D.2-2}$$

(c) Resolva essa equação obtendo

$$\delta(z, t) = \sqrt{\frac{\mu}{\rho g}\frac{z}{t}} \tag{2D.2-3}$$

Que restrições devem ser impostas a esse resultado?

CAPÍTULO 3

AS EQUAÇÕES DE BALANÇO PARA SISTEMAS ISOTÉRMICOS

No Cap. 2 as distribuições de velocidades foram determinadas para diversos sistemas simples de escoamento pelo método do balanço de momento em cascas. As distribuições de velocidades resultantes foram então usadas para obter outras grandezas, tais como velocidade média e força de arrasto. O enfoque do balanço em cascas foi usado para familiarizar o novato com a noção de balanço de momento. Apesar de não termos mencionado no Cap. 2, em diversas ocasiões, tacitamente, fizemos uso da idéia de balanço de massa.

É tedioso efetuar um balanço em casca para cada novo problema com que nos defrontamos. O que precisamos é de um balanço de massa genérico e de um balanço de momento genérico que possam ser aplicados a qualquer problema, incluindo problemas de movimento não-retilíneo. Esta é a principal razão de ser deste capítulo. As duas equações que vamos deduzir denominam-se *equação da continuidade* (para o balanço de massa) e *equação do movimento* (para o balanço de momento). Essas equações podem ser usadas como ponto de partida para estudar todos os problemas envolvendo o escoamento isotérmico de um fluido puro.

No Cap. 11 aumentamos a nossa capacidade de resolver problemas, desenvolvendo as equações necessárias para fluidos puros não-isotérmicos, por meio de uma equação adicional para a temperatura. No Cap. 19 vamos ainda mais além, incorporando equações da continuidade para a concentração de espécies individuais. Assim, do Cap. 3 ao Cap. 11 e deste ao Cap. 19 sucessivamente, nos tornamos capazes de analisar sistemas de complexidade crescente, usando o conjunto completo de *equações de balanço*. Ficará evidente que o Cap. 3 é um capítulo muito importante — talvez o capítulo mais importante do livro — sendo necessário o seu completo domínio.

Na Seção 3.1 a equação da continuidade é desenvolvida fazendo-se um balanço de massa sobre um pequeno elemento de volume, através do qual o fluido está escoando. Então, quando o tamanho desse elemento tende a zero (o que equivale a tratar o fluido como um contínuo), geramos a equação diferencial parcial desejada.

Na Seção 3.2 a equação do movimento é desenvolvida fazendo-se um balanço de momento sobre um pequeno elemento de volume e permitindo que esse elemento de volume se torne infinitesimalmente pequeno. Aqui, novamente, uma equação diferencial parcial é gerada. Essa equação do movimento pode ser usada, juntamente com alguma ajuda da equação da continuidade, para equacionar e resolver todos os problemas dados no Cap. 2 e muitos outros mais complicados. Ela é então uma equação-chave em fenômenos de transporte.

Nas Seções 3.3 e 3.4 fazemos uma digressão rápida para introduzir as equações de balanço para energia mecânica e momento angular. Essas equações são obtidas da equação do movimento e assim não contêm nenhum dado físico novo. Todavia elas constituem um ponto de partida conveniente para várias aplicações neste livro — particularmente para os balanços macroscópicos do Cap. 7.

Na Seção 3.5 introduzimos a "derivada substantiva". Esta é a derivada temporal acompanhando o movimento da substância (isto é, o fluido). Devido ao seu largo uso em livros de dinâmica dos fluidos e de fenômenos de transporte, mostramos então como as várias equações de balanço podem ser reescritas em termos de derivadas substantivas.

Na Seção 3.6 discutimos a solução de problemas de escoamento com o uso das equações da continuidade e do movimento. Embora essas sejam equações diferenciais parciais, podemos resolver muitos problemas postulando a forma da solução e então descartar muitos termos nessas equações. Desta maneira terminamos com um conjunto mais simples de equações para resolver. Neste capítulo resolvemos apenas problemas nos quais as equações gerais reduzem-se a uma ou mais equações diferenciais ordinárias. No Cap. 4 examinamos problemas de maior complexidade que requerem alguma habilidade para resolver equações diferenciais parciais. Então, no Cap. 5, as equações da continuidade e do movimento são usadas como ponto de partida para a discussão do escoamento turbulento. Depois, no Cap. 8, essas mesmas equações são aplicadas a escoamentos de líquidos poliméricos que são fluidos não-newtonianos.

Finalmente, a Seção 3.7 é voltada para a expressão das equações da continuidade e do movimento na forma adimensional. Isto torna clara a origem do número de Reynolds, Re, freqüentemente mencionado no Cap. 2, e porque ele tem um papel-chave em dinâmica dos fluidos. Essa discussão prepara o caminho para estudos de aumento de escala e modelos. No Cap. 6 números adimensionais aparecem novamente em conexão com correlações experimentais para a força de arraste em sistemas complexos.

No final da Seção 2.2 enfatizamos a importância dos experimentos na dinâmica de fluidos. Repetimos aquelas palavras de cautela aqui, ressaltando que fotografias e outros tipos de visualização de escoamento nos deram uma compreensão muito mais profunda dos problemas de escoamento do que seria possível com base apenas na teoria.[1] Ter em mente que quando se obtém um campo de escoamento a partir de equações de balanço, ele não é necessariamente a única solução fisicamente admissível.

As notações vetorial e tensorial são usadas ocasionalmente neste capítulo, com o objetivo principal de encurtar expressões que de outra maneira ficariam muito longas. O estudante iniciante irá verificar que apenas um conhecimento elementar das notações vetorial e tensorial é necessário para ler este capítulo e para resolver problemas de escoamento. O estudante avançado vai notar que o Apêndice A é útil para uma melhor compreensão das manipulações de vetores e tensores. No que diz respeito à notação deve ser lembrado que usamos símbolos *itálicos comuns* para escalares, símbolos **Romanos em negrito** para vetores e símbolos **Gregos em negrito** para tensores. Além disso, nas operações de produto indicadas por "ponto simples" (·), escalares são representados entre ( ) e vetores entre [ ].

3.1 A EQUAÇÃO DA CONTINUIDADE

Esta equação é desenvolvida efetuando-se um balanço de massa sobre um elemento de volume $\Delta x\ \Delta y\ \Delta z$, fixo no espaço, através do qual um fluido está escoando (veja Fig. 3.1-1):

$$\begin{Bmatrix} \text{taxa de} \\ \text{aumento} \\ \text{de massa} \end{Bmatrix} = \begin{Bmatrix} \text{taxa de} \\ \text{entrada} \\ \text{de massa} \end{Bmatrix} - \begin{Bmatrix} \text{taxa de} \\ \text{saída de} \\ \text{massa} \end{Bmatrix} \tag{3.1-1}$$

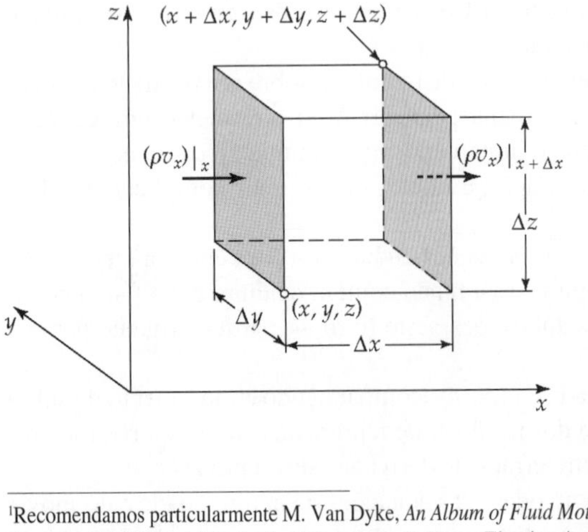

Fig. 3.1-1 Elemento de volume fixo, $\Delta x\ \Delta y\ \Delta z$, através do qual escoa fluido. As setas indicam o fluxo de massa para dentro e para fora do volume nas duas faces sombreadas, localizadas em x e em $x + \Delta x$.

[1]Recomendamos particularmente M. Van Dyke, *An Album of Fluid Motion*, Parabolic Press, Stanford (1982); H. Werlé, *Ann. Ver. Fluid Mech*, **5**, 361-382 (1973); D. V. Boger and K. Walters, *Rheological Phenomena in Focus*, Elsevier, Amsterdam (1993).

Agora temos que traduzir essa afirmação física simples em linguagem matemática.

Começamos por considerar as duas faces sombreadas, as quais são perpendiculares ao eixo x. A taxa de entrada de massa no elemento de volume através da área sombreada em x é $(\rho v_x)|_x \Delta y\, \Delta z$, e a taxa de saída de massa através da área sombreada em $x + \Delta x$ é $(\rho v_x)|_{x+\Delta x} \Delta y\, \Delta z$. Expressões similares podem ser escritas para os outros dois pares de faces. A taxa de aumento de massa no interior do elemento de volume é dada por $\Delta x\, \Delta y\, \Delta z(\partial\rho/\partial t)$. O balanço de massa fica então

$$\begin{aligned}\Delta x\, \Delta y\, \Delta z \frac{\partial \rho}{\partial t} &= \Delta y\, \Delta z[(\rho v_x)|_x - (\rho v_x)|_{x+\Delta x}] \\ &+ \Delta z\, \Delta x[(\rho v_y)|_y - (\rho v_y)|_{y+\Delta x}] \\ &+ \Delta x\, \Delta y[(\rho v_z)|_z - (\rho v_z)|_{z+\Delta z}] \end{aligned} \tag{3.1-2}$$

Dividindo a equação anterior por $\Delta x\, \Delta y\, \Delta z$ e tomando o limite quando Δx, Δy e Δz tendem a zero, e então usando as definições de derivadas parciais obtemos

$$\frac{\partial \rho}{\partial t} = -\left(\frac{\partial}{\partial x}\rho v_x + \frac{\partial}{\partial y}\rho v_y + \frac{\partial}{\partial z}\rho v_z\right) \tag{3.1-3}$$

Esta é a *equação da continuidade*, a qual descreve a taxa de variação temporal da densidade do fluido em uma posição fixa no espaço. Essa equação pode ser escrita de forma mais concisa em notação vetorial como segue:

$$\underset{\substack{\text{taxa de aumento}\\ \text{da massa por}\\ \text{unidade de}\\ \text{volume}}}{\frac{\partial \rho}{\partial t}} = \underset{\substack{\text{taxa líquida de}\\ \text{adição de massa}\\ \text{por unidade de}\\ \text{volume por convecção}}}{-(\nabla \cdot \rho \mathbf{v})} \tag{3.1-4}$$

Nessa equação $(\nabla \cdot \rho\mathbf{v})$ é chamado "divergente de $\rho\mathbf{v}$", algumas vezes escrito como "div $\rho\mathbf{v}$". O vetor $\rho\mathbf{v}$ é o fluxo de massa, e seu divergente tem um significado simples: é a taxa líquida de saída de massa por unidade de volume. A dedução a que se refere o Problema 3D.1 usa um elemento de volume de formato arbitrário; não é necessário usar um elemento de volume retangular como fizemos aqui.

Um caso especial e muito importante da equação da continuidade é aquele de um fluido de densidade constante, em que a Eq. 3.1-4 assume a forma particularmente simples

(fluido incompressível) $$(\nabla \cdot \mathbf{v}) = 0 \tag{3.1-5}$$

É claro que nenhum fluido é verdadeiramente incompressível, mas freqüentemente em aplicações de engenharia e biológicas, a hipótese de densidade constante resulta em considerável simplificação e erro muito pequeno.[1,2]

EXEMPLO 3.1-1

Tensões Normais em Superfícies Sólidas para Fluidos Newtonianos Incompressíveis

Mostre que para qualquer tipo de configuração de escoamento, as tensões normais são nulas nas fronteiras sólido–fluido, para fluidos newtonianos com densidade constante. Este é um resultado importante que usaremos freqüentemente.

SOLUÇÃO

Visualizamos o escoamento de um fluido próximo a uma superfície sólida, a qual pode ou não ser plana. O escoamento pode ser de um tipo bastante genérico, com as três componentes da velocidade sendo funções das três coordenadas e do

[1] L. D. Landau and E. M. Lifshitz, *Fluid Mechanics*, Pergamon Press, Oxford (1987), p. 21, ressaltam que, para escoamentos permanentes e isentrópicos, comumente encontrados em aerodinâmica, a hipótese de incompressibilidade é válida quando a velocidade do fluido é pequena comparada com a velocidade do som (isto é, número de Mach pequeno).

[2] A Eq. 3.1-5 é a base para o Cap. 2 de G. K. Batchelor, *An Introduction to Fluid Dynamics*, Cambridge University Press (1967), que apresenta uma longa discussão sobre as conseqüências cinemáticas da equação da continuidade.

tempo. Em algum ponto P da superfície fixamos um sistema de coordenadas cartesiano com origem em P. Agora indagamos qual é a tensão normal τ_{zz} em P.

De acordo com a Tabela B.1 ou Eq. 1.2-6, $\tau_{zz} = -2\mu(\partial v_z/\partial z)$, porque $(\nabla \cdot \mathbf{v}) = 0$ para fluidos incompressíveis. Então no ponto P da superfície do sólido

$$\tau_{zz}\big|_{z=0} = -2\mu \left.\frac{\partial v_z}{\partial z}\right|_{z=0} = +2\mu\left.\left(\frac{\partial v_x}{\partial x} + \frac{\partial v_y}{\partial y}\right)\right|_{z=0} = 0 \tag{3.1-6}$$

Primeiramente substituímos a derivada $\partial v_z/\partial z$ usando a Eq. 3.1-3 com ρ constante. Todavia, na superfície sólida em $z = 0$, a velocidade v_x é zero pela condição de não-deslizamento (veja a Seção 2.1), e portanto a derivada $\partial v_x/\partial x$ na superfície deve ser zero.O mesmo é verdade para $\partial v_y/\partial y$ na superfície. Portanto τ_{zz} é zero. Também é verdade que τ_{xx} e τ_{yy} são zero na superfície pois em $z = 0$ as derivadas se anulam. (Nota: A inexistência de tensões normais em superfícies sólidas não se aplica a fluidos poliméricos do tipo viscoelásticos. Para fluidos compressíveis, as tensões normais em superfícies sólidas são nulas se a densidade não variar com o tempo, conforme mostrado no Problema 3C.2.)

3.2 A EQUAÇÃO DO MOVIMENTO

Para obter a equação do movimento efetuamos um balanço de momento sobre o elemento de volume $\Delta x\, \Delta y\, \Delta z$ da Fig. 3.2-1 na seguinte forma

$$\begin{bmatrix}\text{taxa de}\\ \text{aumento de}\\ \text{momento}\end{bmatrix} = \begin{bmatrix}\text{taxa de}\\ \text{entrada de}\\ \text{momento}\end{bmatrix} - \begin{bmatrix}\text{taxa de}\\ \text{saída de}\\ \text{momento}\end{bmatrix} + \begin{bmatrix}\text{taxa externa}\\ \text{sobre o}\\ \text{fluido}\end{bmatrix} \tag{3.2-1}$$

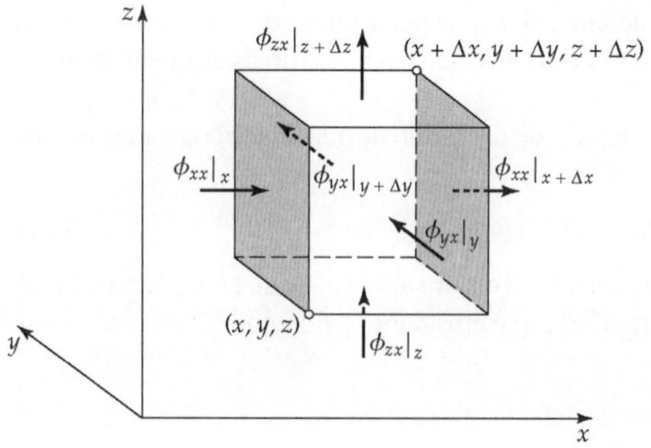

Fig. 3.2-1 Elemento de volume fixo, $\Delta x\, \Delta y\, \Delta z$, com seis setas indicando o fluxo de momento de direção x através das superfícies por todos os mecanismos. As faces sombreadas estão localizadas em x e em $x + \Delta x$.

Note que a Eq. 3.2-1 é uma extensão da Eq. 2.1-1 para problemas em regime não-permanente. Portanto prosseguimos de maneira semelhante àquela do Cap. 2. Todavia, além de incluir um termo para o regime não-permanente, devemos levar em conta que o fluido se move através de todas as seis faces do elemento de volume. Lembrar que a Eq. 3.2-1 é uma equação vetorial com componentes em cada uma das três direções coordenadas x, y e z. Deduziremos a componente x de cada termo da Eq. 3.2-1; as componentes y e z podem ser tratadas analogamente.[1]

Primeiro consideramos as taxas de momento de direção x para dentro e para fora do elemento de volume mostrado na Fig. 3.2-1. Momento entra e sai de $\Delta x\, \Delta y\, \Delta z$ por dois mecanismos: transporte convectivo (veja a Seção 1.7), e transporte molecular (veja a Seção 1.2).

[1]Neste livro todas as equações de balanço são deduzidas aplicando-se leis de conservação a uma região $\Delta x\, \Delta y\, \Delta z$ fixa no espaço. As mesmas equações podem ser obtidas usando-se uma região arbitrária no espaço ou uma movendo-se com o fluido. Essas deduções são descritas no Problema 3D.1. Estudantes avançados devem se familiarizar com essas deduções.

A taxa com que a componente de momento de direção x entra através da face sombreada em x por todos os mecanismos — convectivo e molecular — é $(\phi_{xx})|_x \Delta y \, \Delta z$ e a taxa com que ela sai pela face sombreada em $x + \Delta x$ é $(\phi_{xx})|_{x+\Delta x} \Delta y \, \Delta z$. As taxas com que momento de direção x entra e sai nas faces em y e $y + \Delta y$ são, respectivamente, $(\phi_{yx})|_y \Delta z \, \Delta x$ e $(\phi_{yx})|_{y+\Delta y} \Delta z \, \Delta x$. Similarmente, as taxas com que momento de direção x entra e sai através das faces em z e em $z + \Delta z$ são, respectivamente, $(\phi_{zx})|_z \Delta x \, \Delta y$ e $(\phi_{zx})|_{z+\Delta z} \Delta x \, \Delta y$. Quando essas contribuições são somadas obtemos a taxa líquida de adição de momento de direção x

$$\Delta y \, \Delta z(\phi_{xx}|_x - \phi_{xx}|_{x+\Delta x}) + \Delta z \, \Delta x(\phi_{yx}|_y - \phi_{yx}|_{y+\Delta y}) + \Delta x \, \Delta y(\phi_{zx}|_z - \phi_{zx}|_{z+\Delta z}) \tag{3.2-2}$$

através de todos os três pares de faces.

A seguir vem a força externa (tipicamente a força gravitacional) agindo sobre o fluido no elemento de volume. A componente x desta força é

$$\rho g_x \Delta x \, \Delta y \, \Delta z \tag{3.2-3}$$

As Eqs. 3.2-2 e 3.2-3 correspondem às componentes na direção x dos três termos no lado direito da Eq. 3.2-1. A soma desses termos deve então ser igualada à taxa de aumento de momento de direção x no interior do elemento de volume: $\Delta x \, \Delta y \, \Delta z \, \partial(\rho v_x)/\partial t$. Quando isso é feito, temos o balanço da componente de momento de direção x. Quando essa equação é dividida por $\Delta x \, \Delta y \, \Delta z$ e toma-se o limite quando Δx, Δy e Δz tendem a zero, a seguinte equação resulta:

$$\frac{\partial}{\partial t}\rho v_x = -\left(\frac{\partial}{\partial x}\phi_{xx} + \frac{\partial}{\partial y}\phi_{yx} + \frac{\partial}{\partial z}\phi_{zx}\right) + \rho g_x \tag{3.2-4}$$

Aqui, fizemos uso das definições de derivadas parciais. Equações similares podem ser desenvolvidas para as componentes y e z do balanço de momento:

$$\frac{\partial}{\partial t}\rho v_y = -\left(\frac{\partial}{\partial x}\phi_{xy} + \frac{\partial}{\partial y}\phi_{yy} + \frac{\partial}{\partial z}\phi_{zy}\right) + \rho g_y \tag{3.2-5}$$

$$\frac{\partial}{\partial t}\rho v_z = -\left(\frac{\partial}{\partial x}\phi_{xz} + \frac{\partial}{\partial y}\phi_{yz} + \frac{\partial}{\partial z}\phi_{zz}\right) + \rho g_z \tag{3.2-6}$$

Usando a notação vetorial — tensorial, essas três equações podem ser escritas como segue:

$$\frac{\partial}{\partial t}\rho v_i = -[\nabla \cdot \boldsymbol{\phi}]_i + \rho g_i \qquad i = x, y, z \tag{3.2-7}$$

Isto é, fazendo i, sucessivamente igual a x, y e z, as Eqs. 3.2-4, 5 e 6 podem ser reproduzidas. As grandezas ρv_i são as componentes Cartesianas do vetor ρv, que é o momento por unidade de volume em um ponto no fluido. Similarmente as grandezas ρg_i são as componentes do vetor $\rho \mathbf{g}$ que é a força externa por unidade de volume. O termo $-[\nabla \cdot \boldsymbol{\phi}]_i$ é o i-ésimo componente do vetor $-[\nabla \cdot \boldsymbol{\phi}]$.

Quando o i-ésimo componente da Eq. 3.2-7 é multiplicado pelo vetor unitário da direção i e os três componentes são somados vetorialmente, obtemos

$$\frac{\partial}{\partial t}\rho \mathbf{v} = -[\nabla \cdot \boldsymbol{\phi}] + \rho \mathbf{g} \tag{3.2-8}$$

que é a forma diferencial da lei de conservação de momento. Ela é a versão da Eq. 3.2-1 usando símbolos matemáticos.

Na Eq. 1.7-1 mostrou-se que o tensor fluxo combinado de momento, $\boldsymbol{\phi}$, é a soma do tensor fluxo convectivo de momento, $\rho \mathbf{vv}$, e do tensor fluxo molecular de momento, $\boldsymbol{\pi}$, sendo que esse último pode ser escrito como a soma de $p\boldsymbol{\delta}$ e $\boldsymbol{\tau}$. Quando inserimos $\boldsymbol{\phi} = \rho \mathbf{vv} + p\boldsymbol{\delta} + \boldsymbol{\tau}$ na Eq. 3.2-8, obtemos a seguinte *equação do movimento*:[2]

$\frac{\partial}{\partial t}\rho \mathbf{v}$	$=$	$-[\nabla \cdot \rho \mathbf{vv}]$	$-\nabla p$	$-[\nabla \cdot \boldsymbol{\tau}]$	$+\rho \mathbf{g}$	(3.2-9)
taxa de aumento do momento por unidade de volume		taxa de adição de momento por convecção por unidade de volume	taxa de adição de momento via transporte molecular por unidade de volume		força externa sobre o fluido por unidade de volume	

[2]Esta equação é atribuída a A.-L. Cauchy, *Ex. de math.*, **2**, 108-111 (1827). **(Baron) Augustin-Louis Cauchy** (1789-1857), originalmente formado em engenharia, fez grandes contribuições para a física teórica e matemática, incluindo o cálculo envolvendo variáveis complexas.

Nesta equação ∇p é um vetor chamado "gradiente de p (p é escalar)", algumas vezes escrito como "grad p". O símbolo $[\nabla \cdot \boldsymbol{\tau}]$ é um vetor chamado "divergência de $\boldsymbol{\tau}$ (que é um tensor)" e $[\nabla \cdot \rho\mathbf{v}\mathbf{v}]$ é um vetor chamado "divergente de $\rho\mathbf{v}\mathbf{v}$ (que é um produto diádico)."

Nas duas próximas seções apresentamos alguns resultados formais que são baseados na equação do movimento. As equações de balanço para a energia mecânica e momento angular não são usadas para resolver problemas neste capítulo, mas serão referidas no Cap. 7. Iniciantes são aconselhados a omitir essas seções numa primeira leitura, retornando às mesmas mais tarde conforme a necessidade apareça.

3.3 A EQUAÇÃO DA ENERGIA MECÂNICA

A energia mecânica não se conserva em um sistema com escoamento, porém isso não nos impede de desenvolver uma equação de balanço para essa grandeza. De fato, ao longo deste livro, vamos obter equações de balanço para diversas grandezas que não se conservam, tais como energia interna, entalpia e entropia. A equação de balanço para a energia mecânica, a qual envolve somente termos mecânicos, pode ser obtida da equação do movimento vista na Seção 3.2. A equação resultante é citada em muitos locais no texto que se segue.

Tomamos o produto escalar envolvendo o vetor velocidade $\mathbf{v}$ que aparece na equação do movimento, Eq. 3.2-9, e então efetuamos alguns rearranjos um tanto longos, fazendo uso da equação da continuidade, Eq. 3.1-4. Além disso separamos os termos que contém p e τ em duas partes. O resultado final é a *equação de balanço para a energia cinética*:

$$\frac{\partial}{\partial t}\left(\tfrac{1}{2}\rho v^2\right) = -\left(\nabla \cdot \tfrac{1}{2}\rho v^2 \mathbf{v}\right) - (\nabla \cdot p\mathbf{v}) - p(-\nabla \cdot \mathbf{v})$$

$\frac{\partial}{\partial t}(\frac{1}{2}\rho v^2)$	$-(\nabla \cdot \frac{1}{2}\rho v^2\mathbf{v})$	$-(\nabla \cdot p\mathbf{v})$	$-p(-\nabla \cdot \mathbf{v})$
taxa de aumento da energia cinética por unidade de volume	taxa de adição de energia cinética por convecção por unidade de volume	taxa de trabalho realizado pela pressão das vizinhanças sobre o fluido	taxa de conversão *reversível* de energia cinética em energia interna

$$- (\nabla \cdot [\boldsymbol{\tau} \cdot \mathbf{v}]) - (-\boldsymbol{\tau}:\nabla \mathbf{v}) + \rho(\mathbf{v} \cdot \mathbf{g}) \qquad (3.3\text{-}1)$$ [1]

$-(\nabla \cdot [\boldsymbol{\tau} \cdot \mathbf{v}])$	$-(-\boldsymbol{\tau}:\nabla \mathbf{v})$	$+\rho(\mathbf{v} \cdot \mathbf{g})$
taxa de trabalho realizado pelas forças viscosas sobre o fluido	taxa de conversão irreversível de energia cinética em energia interna	taxa de trabalho realizado por forças externas sobre o fluido

Neste ponto não está muito claro por que atribuímos o significado físico indicado aos termos $p(\nabla \cdot \mathbf{v})$ e $(\boldsymbol{\tau}:\nabla \mathbf{v})$. O significado dos mesmos não pode ser devidamente explicado até que tenhamos estudado o balanço de energia no Cap. 11. Lá veremos como esses mesmos dois termos aparecem com sinais opostos na equação de balanço para a energia interna.

Introduzimos agora a *energia potencial*[2] (por unidade de massa) $\hat{\Phi}$, definida por $\mathbf{g} = -\nabla\hat{\Phi}$. Então, o último termo da Eq. 3.3-1 pode ser reescrito como $-\rho(\mathbf{v} \cdot \nabla\hat{\Phi}) = -(\nabla \cdot \rho\mathbf{v}\hat{\Phi}) + \hat{\Phi}(\nabla \cdot \rho\mathbf{v})$. A equação da continuidade, Eq. 3.1-4, pode agora ser usada para substituir $+\hat{\Phi}(\nabla \cdot \rho\mathbf{v})$ por $-\hat{\Phi}(\partial\rho/\partial t)$. Essa última pode ser escrita como $-\partial(\rho\hat{\Phi})/\partial t$, se a energia potencial é independente do tempo. Isto é verdade para o campo gravitacional no caso de sistemas que estão localizados na superfície da terra; então $\hat{\Phi} = gh$, onde g é a aceleração da gravidade (constante) e h é a coordenada de altura no campo gravitacional.

Com a introdução da energia potencial, a Eq. 3.3-1 assume a seguinte forma:

$$\frac{\partial}{\partial t}\left(\tfrac{1}{2}\rho v^2 + \rho\hat{\Phi}\right) = -\left(\nabla \cdot \left(\tfrac{1}{2}\rho v^2 + \rho\hat{\Phi}\right)\mathbf{v}\right)$$

$$-(\nabla \cdot p\mathbf{v}) - p(-\nabla \cdot \mathbf{v}) - (\nabla \cdot [\boldsymbol{\tau} \cdot \mathbf{v}]) - (-\boldsymbol{\tau}:\nabla \mathbf{v}) \qquad (3.3\text{-}2)$$

Esta é uma *equação de balanço para energia cinética-mais-energia potencial*. Como as Eqs. 3.3-1 e 3.3-2 contêm somente termos mecânicos, ambas são referidas como *equação de balanço para a energia mecânica*.

O termo $p(\nabla \cdot \mathbf{v})$ pode ser positivo ou negativo dependendo se o fluido está sofrendo *expansão ou compressão*. As mudanças de temperatura resultantes podem ser grandes para gases em compressores, turbinas e em presença de ondas de choque.

---

[1] A interpretação dada ao termo $(\boldsymbol{\tau}:\nabla \mathbf{v})$ é correta somente para fluidos newtonianos; para fluidos viscoelásticos, tais como polímeros, este termo pode incluir conversão reversível em energia elástica.

[2] Se $\mathbf{g} = -\boldsymbol{\delta}_z g$ é um vetor de magnitude g na direção negativa de z, então a energia potencial por unidade de massa é $\hat{\Phi} = gz$, onde z é a altura no campo gravitacional.

O termo $(-\boldsymbol{\tau}:\nabla\mathbf{v})$ é sempre positivo para fluidos *newtonianos*,[3] porque ele pode ser escrito como uma soma de termos ao quadrado:

$$(-\boldsymbol{\tau}:\nabla\mathbf{v}) = \tfrac{1}{2}\mu \sum_i \sum_j \left[\left(\frac{\partial v_i}{\partial x_j} + \frac{\partial v_j}{\partial x_i}\right) - \tfrac{2}{3}(\nabla\cdot\mathbf{v})\delta_{ij}\right]^2 + \kappa(\nabla\cdot\mathbf{v})^2$$

$$= \mu\Phi_v + \kappa\Psi_v \qquad (3.3\text{-}3)$$

que serve para definir as duas grandezas Φ_ve Ψ_v. Quando o índice i assume os valores 1, 2 e 3, as componentes da velocidade v_i se tornam v_x, v_y e v_z e as coordenadas cartesianas x_i se tornam x, y e z. O símbolo δ_{ij} é o delta de Kronecker, que vale 0 se $i = j$ e 1 se $i \neq j$.

A grandeza $(-\boldsymbol{\tau}:\nabla\mathbf{v})$ descreve a degradação de energia mecânica em energia térmica que ocorre em todos os sistemas de escoamento (às vezes chamada de *aquecimento por dissipação viscosa*).[4] Esse aquecimento pode produzir elevações consideráveis de temperatura em sistemas com viscosidades e gradientes de velocidade elevados, tais como os que ocorrem em lubrificação, extrusão rápida e vôos de alta velocidade. (Um outro exemplo de conversão de energia mecânica em calor resulta da fricção de dois bastões de madeira para iniciar um fogo, o qual escoteiros, presumivelmente, são capazes de fazer.)

Quando falamos de "sistemas isotérmicos" nos referimos a sistemas nos quais não existe nenhum gradiente de temperatura imposto externamente e nenhuma variação apreciável de temperatura resulta de expansão, contração ou dissipação viscosa.

O uso mais importante da Eq. 3.3-2 é no desenvolvimento de balanços macroscópicos de energia (ou equação de Bernoulli de engenharia) na Seção 7.8.

3.4 A EQUAÇÃO DO MOMENTO ANGULAR

Uma outra equação pode ser obtida da equação do movimento através do produto vetorial do vetor posição $\mathbf{r}$ (que tem coordenadas x, y e z) com a Eq. 3.2-9. A equação do movimento conforme obtida na Seção 3.2 não fez uso da hipótese de que o tensor tensão (ou fluxo de momento) é simétrico. (É claro que as expressões dadas na Seção 3.2 para o fluido newtoniano são simétricas, isto é, $\tau_{ij} = \tau_{ji}$.)

Quando o produto vetorial é formado, obtemos — após algumas manipulações vetoriais e tensoriais — a seguinte *equação de balanço para o momento angular*:

$$\frac{\partial}{\partial t}\rho[\mathbf{r}\times\mathbf{v}] = -[\nabla\cdot\rho\mathbf{v}[\mathbf{r}\times\mathbf{v}]] - [\nabla\cdot\{\mathbf{r}\times p\boldsymbol{\delta}\}^{\dagger}] - [\nabla\cdot\{\mathbf{r}\times\boldsymbol{\tau}^{\dagger}\}^{\dagger}] + [\mathbf{r}\times\rho\mathbf{g}] - [\boldsymbol{\varepsilon}:\boldsymbol{\tau}] \qquad (3.4\text{-}1)$$

Na equação anterior $\boldsymbol{\varepsilon}$ é um tensor de terceira ordem com componentes ε_{ijk} (o símbolo de permutação está definido na Seção A.2). Se o tensor tensão $\boldsymbol{\tau}$ é simétrico, como no caso de fluidos newtonianos, o último termo é zero. De acordo com as teorias cinéticas de gases diluídos, líquidos monoatômicos e polímeros, o tensor tensão $\boldsymbol{\tau}$ é simétrico em ausência de campos elétricos e torques magnéticos.[1] Se, por outro lado, $\boldsymbol{\tau}$ é assimétrico, então o último termo descreve a taxa de conversão de momento angular macroscópico em momento angular interno.

A hipótese de um tensor tensão simétrico, então, é equivalente à afirmação de não existir interconversão entre momento angular macroscópico e momento angular interno e as duas formas de momento angular se conservam separadamente. Isto corresponde, na Eq. 0.3-8, a igualar os termos de produto vetorial e os termos de momento angular interno separadamente.

A Eq. 3.4-1 será referida somente no Cap. 7, onde indicamos que o balanço macroscópico de momento angular pode ser obtido através dela.

---

[3]Uma conseqüência interessante da dissipação viscosa para o ar é vista no estudo de H. K. Moffatt [*Nature*, **404**, 833-834 (2000)] sobre como uma moeda girante sobre uma mesa atinge o repouso.

[4]G. G. Stokes, *Trans. Camb. Phil. Soc.*, **9**, 8-106 (1851), veja pp. 57-59.

[1]J. S. Dahler and L. E. Scriven, *Nature*, **192**, 36-37 (1961); S. de Groot and Mazur, *Nonequilibrium Thermodynamics*, North Holland, Amsterdam (1962), Capítulo XII. Uma revisão da literatura pode ser encontrada em G. D. C. Kuiken, *Ind. Eng. Chem. Res.*, **34**, 3568-3572 (1995).

3.5 AS EQUAÇÕES DE BALANÇO EM TERMOS DA DERIVADA SUBSTANTIVA

Antes de prosseguirmos chamamos a atenção para as diferentes derivadas temporais que podem ser encontradas em fenômenos de transporte. Ilustramos as mesmas com um exemplo caseiro — qual seja o da observação da concentração de peixes no rio Mississippi. Devido ao fato de que os peixes se movem, a concentração dos mesmos será em geral uma função da posição (x, y, z) e do tempo (t).

A DERIVADA TEMPORAL PARCIAL $\partial/\partial t$

Suponha que estejamos sobre uma ponte de onde observamos a concentração de peixes imediatamente abaixo dela em função do tempo. Podemos então anotar a taxa de variação temporal da concentração de peixes em uma posição fixa. O resultado é $(\partial c/\partial t)|_{x,y,z}$, a derivada parcial de c em relação a t, para x, y e z constantes.

A DERIVADA TEMPORAL TOTAL d/dt

Suponha agora que em um barco a motor, naveguemos pelo rio, algumas vezes indo contra a corrente, outras a favor e outras ainda cruzando a correnteza. Durante todo o tempo a concentração de peixes é observada. A qualquer instante a taxa de variação temporal da concentração de peixes observada é

$$\frac{dc}{dt} = \left(\frac{\partial c}{\partial t}\right)_{x,y,z} + \frac{dx}{dt}\left(\frac{\partial c}{\partial x}\right)_{y,z,t} + \frac{dy}{dt}\left(\frac{\partial c}{\partial y}\right)_{z,x,t} + \frac{dz}{dt}\left(\frac{\partial c}{\partial z}\right)_{x,y,t} \tag{3.5-1}$$

onde dx/dt, dy/dt e dz/dt são as componentes da velocidade do barco.

A DERIVADA TEMPORAL SUBSTANTIVA D/Dt

Agora, usando uma canoa e, não muito dispostos a fazer força, somos levados pela correnteza, observando a concentração de peixes. Nesse caso a velocidade do observador é a mesma que a da corrente, **v**, com componentes v_x, v_y e v_z. Se a qualquer instante computarmos a taxa de variação temporal da concentração de peixes, estaremos então fornecendo

$$\frac{Dc}{Dt} = \frac{\partial c}{\partial t} + v_x\frac{\partial c}{\partial x} + v_y\frac{\partial c}{\partial y} + v_z\frac{\partial c}{\partial z} \quad \text{ou} \quad \frac{Dc}{Dt} = \frac{\partial c}{\partial t} + (\mathbf{v}\cdot\nabla \mathbf{c}) \tag{3.5-2}$$

O operador especial $D/Dt = \partial/\partial t + \mathbf{v}\cdot\nabla$ é denominado *derivada substantiva* (significando que a taxa de variação temporal é calculada conforme o observador se move com a "substância"). Os termos *derivada material*, *derivada hidrodinâmica* e *derivada acompanhando o movimento* são também usados.*

Agora precisamos saber como converter equações expressas em termos de $\partial/\partial t$ em equações escritas com D/Dt. Para qualquer função escalar $f(x, y, z, t)$ podemos fazer as seguintes manipulações:

$$\begin{aligned}
&\frac{\partial}{\partial t}(\rho f) + \left(\frac{\partial}{\partial x}\rho v_x f\right) + \left(\frac{\partial}{\partial y}\rho v_y f\right) + \left(\frac{\partial}{\partial z}\rho v_z f\right) \\
&= \rho\left(\frac{\partial f}{\partial t} + v_x\frac{\partial f}{\partial x} + v_y\frac{\partial f}{\partial y} + v_z\frac{\partial f}{\partial z}\right) + f\left(\frac{\partial \rho}{\partial t} + \frac{\partial}{\partial x}\rho v_x + \frac{\partial}{\partial y}\rho v_y + \frac{\partial}{\partial z}\rho v_z\right) \\
&= \rho\frac{Df}{Dt}
\end{aligned} \tag{3.5-3}$$

*Em dinâmica dos fluidos o operador "derivada substantiva" é aplicado ao próprio campo de velocidades do fluido, fornecendo sua aceleração. Nesse caso é oportuno lembrar que caso o barco a motor ou a canoa possuam aceleração em relação às margens do rio, e se a Terra for um referencial suficientemente inercial para analisar as forças atuantes no fluido, barco e canoa constituem um referencial não-inercial. Conseqüentemente, além das forças de interação (sujeitas a 3ª lei de Newton), o observador no barco ou na canoa deverá considerar também as chamadas forças inerciais ou fictícias (por exemplo, força centrífuga, força de Coriolis etc.) sobre o fluido. (*N.T.*)

A grandeza do segundo parêntese na segunda linha é zero, de acordo com a equação da continuidade. Conseqüentemente, a Eq. 3.5-3 pode ser escrita na forma vetorial como

$$\frac{\partial}{\partial t}(\rho f) + (\nabla \cdot \rho \mathbf{v} f) = \rho \frac{Df}{Dt} \tag{3.5-4}$$

Analogamente, para qualquer função vetorial $\mathbf{f}(x, y, z, t)$,

$$\frac{\partial}{\partial t}(\rho \mathbf{f}) + [\nabla \cdot \rho \mathbf{v} \mathbf{f}] = \rho \frac{D\mathbf{f}}{Dt} \tag{3.5-5}$$

Essas equações podem ser usadas para reescrever as equações de balanço dadas nas Seções. 3.1 a 3.4 em termos da derivada substantiva, conforme mostrado na Tabela 3.5-1.

TABELA 3.5-1. Equações de Balanço para Sistemas Isotérmicos na Forma D/Dt.[a]
Nota: À esquerda são dados os números das equações para as formas $\partial/\partial t$.

(3.1-4)	$\frac{D\rho}{Dt} = -\rho(\nabla \cdot \mathbf{v})$	(A)
(3.2-9)	$\rho \frac{D\mathbf{v}}{Dt} = -\nabla p - [\nabla \cdot \boldsymbol{\tau}] + \rho \mathbf{g}$	(B)
(3.3-1)	$\rho \frac{D}{Dt}(\frac{1}{2}v^2) = -(\mathbf{v} \cdot \nabla p) - (\mathbf{v} \cdot [\nabla \cdot \boldsymbol{\tau}]) + \rho(\mathbf{v} \cdot \mathbf{g})$	(C)
(3.4-1)	$\rho \frac{D}{Dt}[\mathbf{r} \times \mathbf{v}] = -[\nabla \cdot \{\mathbf{r} \times p\boldsymbol{\delta}\}^\dagger] - [\nabla \cdot \{\mathbf{r} \times \boldsymbol{\tau}\}^\dagger] + [\mathbf{r} \times \rho \mathbf{g}]$	(D)[a]

[a]As equações de (A) a (C) são obtidas das Eqs. 3.1-4, 3.2-9 e 3.3-1 sem o uso de hipóteses. A equação (D) foi escrita apenas para o caso de $\boldsymbol{\tau}$ simétrico.

A Eq. A da Tabela 5.3-1 informa como a densidade diminui ou aumenta conforme nos movemos com o fluido, em conseqüência dos efeitos de compressão $[(\nabla \cdot \mathbf{v}) < 0]$ ou expansão $[(\nabla \cdot \mathbf{v}) > 0]$ do fluido. A Eq. B pode ser interpretada como (massa) $\times$ (aceleração) $=$ soma das forças de pressão, forças viscosas e força externa para uma unidade de volume de fluido. Em outras palavras, a Eq. 3.2-9 é equivalente à segunda lei de Newton do movimento aplicada a uma pequena porção de fluido que se move localmente com a velocidade $\mathbf{v}$ do fluido (veja o Problema 3D.1).

A seguir discutimos brevemente as três simplificações mais comuns da equação do movimento.[1]

(i) Para ρ e μ constantes, a inserção da expressão newtoniana de $\boldsymbol{\tau}$, Eq. 1.2-7, na equação do movimento leva à muito famosa *equação de Navier-Stokes*, desenvolvida originalmente por Navier com base em argumentos moleculares e por Stokes a partir do conceito de contínuo:[2]

$$\rho \frac{D}{Dt}\mathbf{v} = -\nabla p + \mu \nabla^2 \mathbf{v} + \rho \mathbf{g} \quad \text{ou} \quad \rho \frac{D}{Dt}\mathbf{v} = -\nabla \mathcal{P} + \mu \nabla^2 \mathbf{v} \tag{3.5-6, 7}$$

Na segunda forma utilizamos a "pressão modificada", $\mathcal{P} = p + \rho g h$ introduzida no Cap. 2, onde h é a elevação no campo gravitacional e gh é a energia potencial gravitacional por unidade de massa. A Eq. 3.5-6 é um ponto de partida padrão para a descrição do escoamento isotérmico de gases e líquidos.

Devemos nos lembrar de que, quando se assume densidade constante, a equação de estado (a T constante) é uma linha vertical no gráfico de p *versus* ρ (veja Fig. 3.5-1). Assim a pressão absoluta não é mais determinável a partir de ρ e T, embora gradientes de temperatura e diferenças instantâneas continuem determináveis pelas Eqs. 3.5-6 ou 3.5-7. Pressões absolutas também podem ser obtidas se p é conhecida em algum ponto do sistema.

---

[1]Para discussões sobre a história destas e de outras relações famosas da dinâmica dos fluidos, veja H. Rouse and S. Ince, *History of Hydraulics*, Iowa Institute of Hydraulics, Iowa City (1959).

[2]L. M. H. Navier, *Mémoires de l'Académie Royale des Sciences*, **6**, 389-440 (1827); G. G. Stokes, *Proc. Cambridge Phil. Soc.*, **8**, 287-319 (1845).

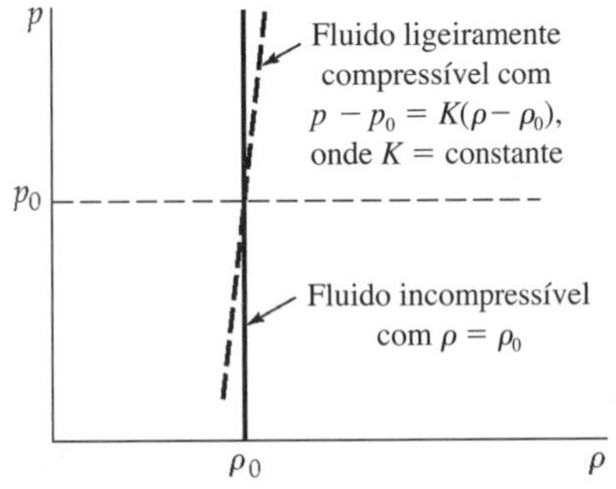

Fig. 3.5-1 A equação de estado para um fluido ligeiramente compressível e para um fluido incompressível quando T é constante.

(ii) Quando os *termos de aceleração* na equação de Navier-Stokes são desprezados — isto é, quando $\rho\,(D\mathbf{v}/Dt) = 0$ — obtemos

$$0 = -\nabla p + \mu\nabla^2\mathbf{v} + \rho\mathbf{g} \tag{3.5-8}$$

que é chamada *equação do escoamento de Stokes.* Às vezes ela é chamada *equação do escoamento lento*, porque o termo $\rho[\mathbf{v}\cdot\nabla\mathbf{v}]$, que é quadrático na velocidade, pode ser desprezado quando o escoamento é extremamente lento. Para alguns escoamentos, tais como o de Hagen-Poiseuille em tubos, o termo $\rho[\mathbf{v}\cdot\nabla\mathbf{v}]$ desaparece embora a restrição de escoamento lento não esteja implicada. A equação do escoamento de Stokes é importante na teoria da lubrificação, em estudos do movimento de partículas em suspensão, do escoamento através de meios porosos e da locomoção de micróbios. Existe uma vasta literatura sobre esse assunto.[3]

(iii) Quando as *forças viscosas são desprezadas* — isto é, $[\nabla\cdot\boldsymbol{\tau}] = 0$ — a equação do movimento torna-se

$$\rho\frac{D\mathbf{v}}{Dt} = -\nabla p + \rho\mathbf{g} \tag{3.5-9}$$

que é conhecida como *equação de Euler* para fluidos "invíscidos".[4] De fato não existem fluidos verdadeiramente invíscidos, mas existem muitos escoamentos nos quais as forças viscosas têm relativamente pouca importância. Exemplos são o escoamento em torno das asas de aviões (exceto nas proximidades da interface sólida), escoamento em torno da superfície a montante em pilares de pontes sobre rios, alguns problemas de dinâmica de gases compressíveis e escoamento de correntes oceânicas.[5]

Exemplo 3.5-1

A Equação de Bernoulli para o Escoamento Permanente de Fluidos Invíscidos

A equação de Bernoulli para o escoamento permanente de fluidos invíscidos é uma das equações mais famosas na dinâmica dos fluidos clássica.[6] Mostre como ela é obtida a partir da equação de Euler do movimento.

SOLUÇÃO

Omita o termo de derivada temporal da Eq. 3.5-9, e então use a identidade $[\mathbf{v}\cdot\nabla\mathbf{v}] = [\nabla(\mathbf{v}\cdot\mathbf{v})]/2 - [\mathbf{v}\times[\nabla\times\mathbf{v}]]$ (Eq. A.4-23) para reescrever aquela equação como

$$\rho\nabla\tfrac{1}{2}v^2 - \rho[\mathbf{v}\times[\nabla\times\mathbf{v}]] = -\nabla p - \rho g\nabla h \tag{3.5-10}$$

[3] J. Happel e H. Brenner, *Low Reynolds Number Hydrodynamics*, Martinus Nijhoff, The Hague (1983); S. Kim e S. J. Karrila, *Microhydrodynamics: Principles and Selected Applications*, Butterworth-Heinemann, Boston (1991).

[4] L. Euler, *Mém. Acad. Sci. Berlin*, **11**, 217-273, 274-315, 316-361 (1755). O matemático suíço **Leonhard Euler** (1707-1783) ensinava em St. Petersburg, Basel, e Berlim tendo publicado extensamente em muitos campos da matemática e da física.

[5] Veja, por exemplo, D. J. Acheson, *Elementary Fluid Mechanics*, Clarendon Press, Oxford (1990), Caps. 3-5; e G. K. Batchelor, *An Introduction to Fluid Dynamics*, Cambridge University Press (1967), Cap. 6.

[6] **Daniel Bernoulli** (1700-1782) foi um dos primeiros pesquisadores da dinâmica dos fluidos e também da teoria cinética dos gases. Suas idéias foram resumidas em D. Bernoulli, *Hydrodynamica sive de viribus et motibus fluidorum commentarii*, Argentorati (1738), todavia ele de fato não forneceu a Eq. 3.5-12. O crédito pela dedução da Eq. 3.5-12 é de L. Euler, *Histoires de l'Académie de Berlin* (1755).

Ao escrever o último termo expressamos **g** como $-\nabla\hat{\Phi} = -g\nabla h$, onde h é a elevação no campo gravitacional.

A seguir dividimos a Eq. 3.5-10 por ρ e então formamos o produto "ponto simples"* com o vetor unitário $\mathbf{s} = \mathbf{v}/|\mathbf{v}|$ na direção do escoamento. Quando isso é feito, pode-se mostrar que o termo envolvendo o rotacional do campo de velocidades se anula (um belo exercício de análise vetorial), e $(\mathbf{s} \cdot \nabla)$ pode ser substituído por d/ds, onde s é distância medida ao longo de uma linha de corrente. Assim, obtemos

$$\frac{d}{ds}\left(\tfrac{1}{2}v^2\right) = -\frac{1}{\rho}\frac{d}{ds}p - g\frac{d}{ds}h \tag{3.5-11}$$

Quando essa equação é integrada ao longo de uma linha de corrente do ponto 1 ao ponto 2, obtemos

$$\tfrac{1}{2}(v_2^2 - v_1^2) + \int_{p_1}^{p_2} \frac{1}{\rho}\,dp + g(h_2 - h_1) = 0 \tag{3.5-12}$$

que é conhecida como *Equação de Bernoulli*. Ela relaciona a velocidade, a pressão e a elevação em dois pontos ao longo de uma linha de corrente, para escoamento em regime permanente. Ela é usada em situações onde se pode assumir que os efeitos da viscosidade são menores.

3.6 USO DAS EQUAÇÕES DE BALANÇO PARA RESOLVER PROBLEMAS DE ESCOAMENTO

Para a maioria das aplicações da equação do movimento, temos que inserir a expressão de $\boldsymbol{\tau}$, Eq. 1.2-7, na Eq. 3.2-9 (ou, equivalentemente, as componentes de $\boldsymbol{\tau}$, Eq. 1.2-6 ou Apêndice B.1, nas Eqs. 3.2-5, 3.2-6 e 3.2-7). Então para descrever o escoamento de um fluido newtoniano a temperatura constante, em geral necessitamos de:

Equação da continuidade	Eq. 3.1-4
Equação do movimento	Eq. 3.2-9
Componentes de $\boldsymbol{\tau}$	Eq. 1.2-6
Equação de estado	$p = p(\rho)$
Equações para as viscosidades	$\mu = \mu(\rho)$, $\kappa = \kappa(\rho)$

Essas equações, juntamente com as condições de contorno e iniciais necessárias, determinam completamente as distribuições de pressões, densidades e velocidades no fluido. Raramente elas são usadas em suas formas completas para resolver problemas de dinâmica de fluidos. Usualmente formas restritas são utilizadas de maneira adequada, como neste capítulo.

Se for apropriado assumir densidade e viscosidade constantes, então utilizamos

Equação da continuidade	Eq. 3.1-4 e Tabela B.4
Equação de Navier-Stokes	Eq. 3.5-6 e Tabelas B.5, 6, 7

juntamente com as condições iniciais e de contorno. A partir dessas equações determinamos as distribuições de pressões e velocidades.

No Cap. 1 vimos as componentes do tensor tensão em coordenadas cartesianas, e neste capítulo deduzimos as equações da continuidade e do movimento em coordenadas cartesianas. Nas Tabelas B.1, 4, 5 e 6 resumimos essas equações-chave nos três sistemas de coordenadas mais utilizados: Cartesiano (x, y, z), cilíndrico (r, θ, z) e esférico (r, θ, ϕ). Estudantes iniciantes não devem se preocupar com a dedução dessas equações, mas eles devem se familiarizar com as tabelas do Apêndice B de modo a estarem aptos a utilizá-las no equacionamento de problemas de dinâmica dos fluidos. Estudantes mais avançados devem se aprofundar nos detalhes do Apêndice A e aprender como desenvolver as expressões para as diversas operações envolvendo ∇, tal como feito nas Seções A.6 e A.7.

Nesta seção ilustramos como equacionar e resolver problemas envolvendo escoamento permanente e isotérmico de fluidos newtonianos. As soluções analíticas relativamente simples dadas aqui, não devem ser vistas como um fim em si

*Entre dois vetores esse produto corresponde ao clássico produto escalar. (*N.T.*)

mesmo, mas sim como uma preparação para a obtenção de soluções analíticas ou numéricas de problemas mais avançados, o uso de vários métodos aproximados ou o emprego de análise dimensional.

A solução completa de problemas de escoamento viscoso, incluindo provas de unicidade e estabilidade, constitui-se em tarefa complexa. De fato a atenção de alguns dos melhores matemáticos aplicados do mundo tem sido devotada ao desafio de resolver equações da continuidade e do movimento. Então, é bem possível que o iniciante se sinta pouco à vontade ao encontrar essas equações pela primeira vez. Tudo o que pretendemos com os exemplos ilustrativos nesta seção é resolver alguns problemas para escoamentos estáveis bem conhecidos. Em cada caso iniciamos *postulando* a forma das distribuições de pressões e velocidades: isto é, *assumimos* como p *e* $\mathbf{v}$ dependem da posição no problema estudado. Então, descartamos, nas equações da continuidade e do movimento, os termos que são desnecessários de acordo com os postulados feitos. Por exemplo, se postulamos que v_x é uma função de y apenas, termos tais como $\partial v_x/\partial x$ e $\partial^2 v_x/\partial z^2$ podem ser descartados. Quando todos os termos desnecessários tiverem sido eliminados, freqüentemente resta um pequeno número de equações relativamente simples; e se o problema é suficientemente simples, uma solução analítica pode ser obtida.

Deve ser enfatizado que nas postulações acima referidas faz-se no uso da intuição. Esta última baseia-se na nossa experiência diária com os fenômenos de escoamento. Nossa intuição freqüentemente nos diz que um escoamento será simétrico em torno de um eixo, ou que algum componente da velocidade é zero. Tendo usado nossa intuição ao fazer tais postulados, devemos nos lembrar de que a solução final é também correspondentemente restrita. Todavia, tendo iniciado com as equações de balanço, ao terminarmos o "processo de descarte" de termos, dispomos pelo menos da lista completa de hipóteses usadas na solução. Em algumas ocasiões será possível voltar atrás e remover algumas das hipóteses usadas e assim obter uma melhor solução.

Em muitos exemplos que iremos discutir, encontraremos uma solução para as equações da dinâmica dos fluidos. Todavia, devido ao fato de que as equações completas são não-lineares, poderão existir outras soluções para o problema. Assim, uma solução completa para um problema de dinâmica dos fluidos, requer a especificação dos limites dos regimes estáveis de escoamento, bem como a de qualquer faixa de comportamento instável. Isto é, temos que desenvolver um "mapa" mostrando os vários regimes de escoamento que são possíveis. Usualmente soluções analíticas podem ser obtidas somente para os regimes de escoamento mais simples; o restante da informação é geralmente obtido por experimentação ou por soluções numéricas muito detalhadas. Em outras palavras, embora conheçamos as equações diferenciais que governam o movimento do fluido, ainda se desconhece muito sobre como resolvê-las. Esta é uma área desafiante de matemática aplicada, bem acima do nível de um livro-texto introdutório.

Quando problemas difíceis forem encontrados, uma busca deverá ser feita em tratados avançados de dinâmica dos fluidos.[1]

Agora apresentamos alguns exemplos ilustrativos. Os dois primeiros são problemas que foram discutidos no capítulo anterior; refaremos os mesmos exatamente para ilustrar o uso das equações de balanço. Então consideramos alguns outros problemas que seriam difíceis de analisar através do método do balanço em cascas do Cap. 2.

EXEMPLO 3.6-1

Escoamento Permanente em um Tubo Circular e Longo

Refaça o problema de escoamento em tubo do Exemplo 2.3-1 usando as equações da continuidade e do movimento. Isto ilustra o uso das equações tabeladas para o caso de viscosidade e densidade constantes em coordenadas cilíndricas.

SOLUÇÃO

Postulamos que $\mathbf{v} = \boldsymbol{\delta}_z v_z(r, z)$. Este postulado implica que não existem escoamentos radial ($v_r = 0$) e tangencial ($v_\theta = 0$), e que v_z não depende de θ. Conseqüentemente podemos descartar muitos termos das equações de balanço tabeladas no Apêndice B, resultando.

[1] R. Berker, *Handbuch der Physik*, Volume VIII-2, Springer, Berlin (1963), pp. 1-384; G. K. Batchelor, *An Introduction to Fluid Dynamics*, Cambridge University Press (1967); L. Landau and E. M. Lifshitz, *Fluid Mechanics*, Pergamon Press, Oxford, 2.ª ed. (1987); A. Schetz e A. E. Fuchs (eds.), *Handbook of Fluid Dynamics and Fluid Machinery*, Wiley-Interscience, New York (1996); R. W. Johnson (ed.), *The Handbook of Fluid Dynamics*, CRC Press, Boca Raton, Fla. (1998); C. Y. Wang, *Ann. Revs. Fluid Mech.*, **23**, 159-177 (1991).

equação da continuidade
$$\frac{\partial v_z}{\partial z} = 0 \qquad (3.6\text{-}1)$$

equação do movimento (direção r)
$$0 = -\frac{\partial \mathcal{P}}{\partial r} \qquad (3.6\text{-}2)$$

equação do movimento (direção θ)
$$0 = -\frac{\partial \mathcal{P}}{\partial \theta} \qquad (3.6\text{-}3)$$

equação do movimento (direção z)
$$0 = -\frac{\partial \mathcal{P}}{\partial z} + \mu \frac{1}{r}\frac{\partial}{\partial r}\left(r\frac{\partial v_z}{\partial r}\right) \qquad (3.6\text{-}4)$$

A primeira equação indica que v_z depende somente de r; então as derivadas parciais no segundo termo do lado direito da Eq. 3.6-4 podem ser substituídas por derivadas ordinárias. Usando a pressão modificada $\mathcal{P} = p + \rho g h$ (onde h é a altura acima de algum plano de referência arbitrário), evitamos a necessidade de calcular os componentes de **g** em coordenadas cilíndricas, e obtemos uma solução válida para qualquer orientação do eixo do tubo.

As Eqs. 3.6-2 e 3.6-3 mostram que $\mathcal{P}$ é uma função de z apenas, e a derivada parcial no primeiro termo da Eq. 3.6-4 pode ser substituída por uma derivada ordinária. A única maneira de termos uma função de r mais uma função de z igual a zero é cada um dos termos, individualmente, ser uma constante — digamos C_0 — de modo que a Eq. 3.6-4 se reduz a

$$\mu \frac{1}{r}\frac{d}{dr}\left(r\frac{dv_z}{dr}\right) = C_0 = \frac{d\mathcal{P}}{dz} \qquad (3.6\text{-}5)$$

A equação em $\mathcal{P}$ pode ser integrada diretamente. A equação em v_z pode ser integrada, "descascando-se" a equação, isto é, efetuando integrações sucessivas de fora para dentro, no lado esquerdo (não efetue a derivada composta indicada). Isto fornece

$$\mathcal{P} = C_0 z + C_1 \qquad (3.6\text{-}6)$$

$$v_z = \frac{C_0}{4\mu} r^2 + C_2 \ln r + C_3 \qquad (3.6\text{-}7)$$

As quatro constantes de integração podem ser determinadas a partir das condições de contorno:

C.C. 1	em $z = 0$,	$\mathcal{P} = \mathcal{P}_0$	(3.6-8)
C.C. 2	em $z = L$,	$\mathcal{P} = \mathcal{P}_L$	(3.6-9)
C.C. 3	em $r = R$,	$v_z = 0$	(3.6-10)
C.C. 4	em $r = 0$,	v_z = finito	(3.6-11)

As soluções resultantes são:

$$\mathcal{P} = \mathcal{P}_0 - (\mathcal{P}_0 - \mathcal{P}_L)(z/L) \qquad (3.6\text{-}12)$$

$$v_z = \frac{(\mathcal{P}_0 - \mathcal{P}_L)R^2}{4\mu L}\left[1 - \left(\frac{r}{R}\right)^2\right] \qquad (3.6\text{-}13)$$

A Eq. 3.6-13 é a mesma que a Eq. 2.3-18. O perfil de pressões da Eq. 3.6-12 não foi obtido no Exemplo 2.3-1, mas foi tacitamente postulado; poderíamos ter feito isso aqui também, mas preferiu-se trabalhar com um número mínimo de postulados.

Tal como enfatizado no Exemplo 2.2-2, a Eq. 3.6-13 é válida somente no regime laminar de escoamento e em regiões não muito próximas de entradas e saídas do tubo. Para números de Reynolds acima de cerca de 2100, um regime turbulento de escoamento existe a jusante das regiões de entrada e saída, e a Eq. 3.6-13 não é mais válida.

EXEMPLO 3.6-2

Película Descendente com Viscosidade Variável

Equacione o problema do Exemplo 2.2-2 usando as equações do Apêndice B. Isto ilustra o uso da equação do movimento em termos de $\boldsymbol{\tau}$.

SOLUÇÃO

Tal como no Exemplo 2.2-2 postulamos escoamento permanente com densidade constante, mas com a viscosidade dependendo de x. Postulamos, tal como antes, que as componentes x e y da velocidade são zero e que $v_z = v_z(x)$. Com esses postulados a equação da continuidade é satisfeita assumindo a forma de uma identidade. De acordo com a Tabela B.1, as componentes de $\boldsymbol{\tau}$ diferentes de zero são $\tau_{xz} = \tau_{zx} = -\mu(dv_z/dx)$. As componentes da equação do movimento em termos de $\boldsymbol{\tau}$ são, da Tabela B.5,

$$0 = -\frac{\partial p}{\partial x} + \rho g \operatorname{sen} \beta \tag{3.6-14}$$

$$0 = -\frac{\partial p}{\partial y} \tag{3.6-15}$$

$$0 = -\frac{\partial p}{\partial z} - \frac{d}{dx}\tau_{xz} + \rho g \cos \beta \tag{3.6-16}$$

onde β é o ângulo mostrado na Fig. 2.2-2.

A integração da Eq. 3.6-14 fornece

$$p = \rho g x \operatorname{sen} \beta + f(y, z) \tag{3.6-17}$$

onde $f(y, z)$ é uma função arbitrária. A Eq. 3.6-15 mostra que f não pode ser uma função de y. A seguir reconhecemos que a pressão na fase gás é, com grande aproximação, constante e igual a pressão atmosférica local, p_{atm}. Assim, na interface gás-líquido, $x = 0$, a pressão também é constante e igual a p_{atm}. Conseqüentemente, podemos tomar f como sendo igual a p_{atm} e obter finalmente

$$p = \rho g x \operatorname{sen} \beta + p_{\text{atm}} \tag{3.6-18}$$

A Eq. 3.5-16 então se transforma em

$$\frac{d}{dx}\tau_{xz} = \rho g \cos \beta \tag{3.6-19}$$

que é a mesma que a Eq. 2.2-10. O resto da solução é igual ao que aparece na Seção 2.2.

EXEMPLO 3.6-3

Operação de um Viscosímetro Couette

Mencionamos anteriormente que a medida da diferença de pressão vs. vazão mássica de escoamento através de um tubo cilíndrico é a base para a determinação da viscosidade com viscosímetros capilares comerciais. A viscosidade também pode ser determinada medindo-se o torque necessário para girar um objeto sólido em contato com um fluido. O mais antigo de todos os viscosímetros rotacionais é o do tipo Couette, esquematizado na Fig. 3.6-1.

O fluido é colocado em um copo o qual é girado com uma velocidade angular constante Ω_o (o subscrito "*o*" indica "de fora", *outer* em inglês). O líquido viscoso em rotação faz com que um corpo de prova nele submerso e suspenso por um fio, gire até que o torque nele produzido pela transferência de momento no fluido se iguale ao produto da constante de torção, k_t, do fio pelo deslocamento angular θ_b (o subscrito "b" indica o corpo de prova, *bob* em inglês) do corpo. O deslocamento angular pode ser medido observando-se a deflexão de um feixe de luz refletido por um espelho acoplado ao corpo de prova. As condições de medida são controladas de tal modo que exista um escoamento laminar tangencial e permanente na região anular entre os dois cilindros coaxiais mostrados na figura. Devido ao tipo de arranjo usado, os efeitos de extremidades sobre a região de escoamento, o que inclui altura L do corpo de prova, são desprezíveis.

Para analisar tal medição, aplicamos as equações da continuidade e do movimento para ρ e μ constantes ao escoamento tangencial na região anular em torno do corpo de prova. Queremos obter uma expressão para a viscosidade do fluido em termos da componente z do torque, T_z, sobre o cilindro interno, da velocidade angular, Ω_o, do copo girante, da altura do corpo de prova, L, e dos raios κR e R do corpo de prova e do copo, respectivamente.

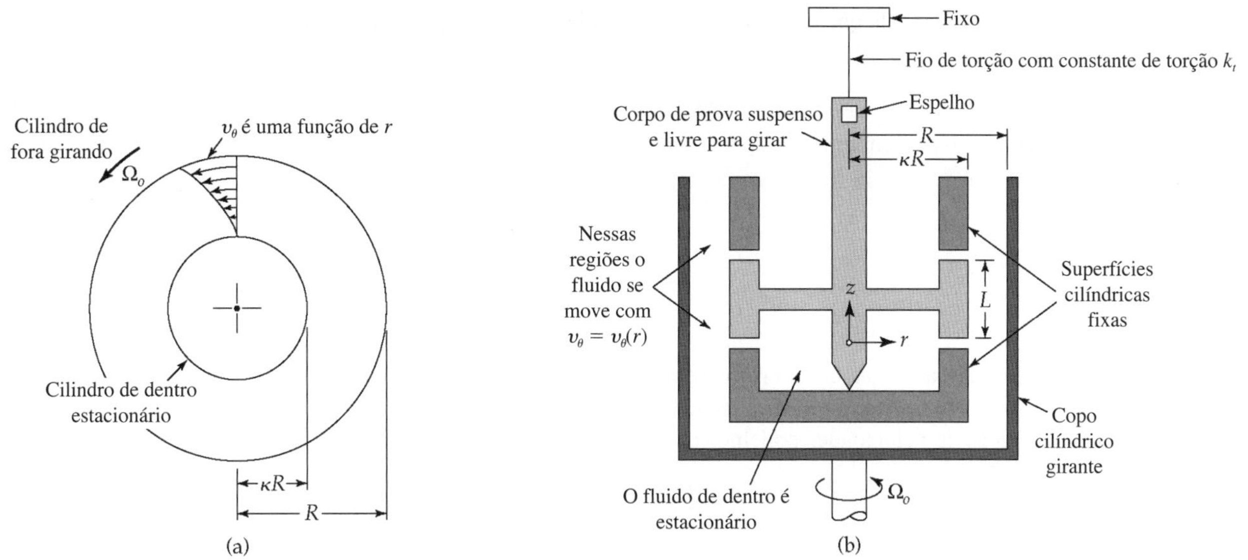

Fig. 3.6-1 (*a*) Escoamento laminar tangencial de um fluido incompressível no espaço entre dois cilindros; o cilindro de fora move-se com uma velocidade angular Ω_o. (*b*) *Diagrama* de um viscosímetro Couette. Mede-se a velocidade angular Ω_o do copo e a deflexão θ_B do corpo de prova para operação em regime permanente. A Eq. 3.6-31 dá a viscosidade, μ, em termos de Ω_o e do torque $T_z = k_t\theta_B$.

SOLUÇÃO

Na porção do ânulo sob consideração, o fluido se move em trajetória circular. Postulados razoáveis para a velocidade e pressão são: $v_\theta = v_\theta(r)$, $v_r = 0$, $v_z = 0$, e $p = p(r, z)$. Espera-se que p dependa de z, por causa da gravidade, e de r, devido à força centrífuga.

Em vista desses postulados todos os termos na equação da continuidade são zero e as componentes da equação do movimento simplificam-se resultando

componente r $$-\rho\frac{v_\theta^2}{r} = -\frac{\partial p}{\partial r} \tag{3.6-20}$$

componente θ $$0 = \frac{d}{dr}\left(\frac{1}{r}\frac{d}{dr}(rv_\theta)\right) \tag{3.6-21}$$

componente z $$0 = -\frac{\partial p}{\partial z} - \rho g \tag{3.6-22}$$

A segunda equação fornece a distribuição de velocidades. A terceira equação representa o efeito da gravidade sobre a pressão (o efeito hidrostático), e a primeira equação informa como a força centrífuga afeta a pressão. Para o presente problema necessitamos apenas da componente θ da equação do movimento.[2]

É possível que um iniciante seja compelido a efetuar as diferenciações indicadas na Eq. 3.6-21, antes de resolver a equação diferencial; todavia isso não deve ser feito. Tudo o que devemos fazer é "descascar" a equação, isto é, efetuar integrações sucessivas de fora para dentro, uma operação de cada vez — tal como você tira suas roupas — conforme segue:

$$\frac{1}{r}\frac{d}{dr}(rv_\theta) = C_1 \tag{3.6-23}$$

$$\frac{d}{dr}(rv_\theta) = C_1 r \tag{3.6-24}$$

$$rv_\theta = \frac{1}{2}C_1 r^2 + C_2 \tag{3.6-25}$$

$$v_\theta = \frac{1}{2}C_1 r + \frac{C_2}{r} \tag{3.6-26}$$

[2]Veja R. B. Bird, C. F. Curtiss, e W. E. Stewart, *Chem. Eng. Sci.*, **11,** 114-117 (1959) sobre um método de obtenção de $p(r, z)$ para esse sistema. A evolução de perfil dependente do tempo para o de estado permanente é dada por R. B. Bird e C. F. Curtiss, *Chem. Eng. Sci.*, **11**, 108-103 (1959).

As condições de contorno são as de que o fluido não desliza sobre as duas superfícies cilíndricas:

C.C. 1 em $r = \kappa R$, $v_\theta = 0$ (3.6-27)

C.C. 2 em $r = R$, $v_\theta = \Omega_o R$ (3.6-28)

Essas condições de contorno podem ser usadas para obter as constantes de integração, as quais são inseridas na Eq. 3.6-26. Isto fornece

$$v_\theta = \Omega_o R \frac{\left(\frac{r}{\kappa R} - \frac{\kappa R}{r}\right)}{\left(\frac{1}{\kappa} - \kappa\right)} \tag{3.6-29}$$

Escrevendo o resultado dessa forma, com termos semelhantes no numerador e denominador, fica claro que ambas as condições de contorno são satisfeitas e que a equação é dimensionalmente consistente.

A partir da distribuição de velocidades podemos achar o fluxo de momento usando a Tabela B.2;

$$\tau_{r\theta} = -\mu r \frac{d}{dr}\left(\frac{v_\theta}{r}\right) = -2\mu\Omega_o\left(\frac{R}{r}\right)^2\left(\frac{\kappa^2}{1-\kappa^2}\right) \tag{3.6-30}$$

O torque que age no cilindro interno é então dado pelo produto do fluxo de momento "para dentro" ($-\tau_{r\theta}$), a área da superfície do cilindro, e o "braço de alavanca", conforme segue:

$$T_z = (-\tau_{r\theta})|_{r=\kappa R} \cdot 2\pi\kappa RL \cdot \kappa R = 4\pi\mu\Omega_o R^2 L\left(\frac{\kappa^2}{1-\kappa^2}\right) \tag{3.6-31}$$

O torque também é dado por $T_z = k_t\theta_b$. Portanto, medindo-se a velocidade angular do copo e a deflexão angular do corpo de prova, é possível determinar a viscosidade do fluido. O mesmo tipo de análise está disponível para outros tipos de viscosímetros rotacionais.[3]

Seja lá qual for o tipo de viscosímetro, é essencial saber quando a turbulência irá ocorrer. O número de Reynolds crítico $(\Omega_o R^2\rho/\mu)_{\text{crit}}$, acima do qual o sistema se torna turbulento, é mostrado na Fig. 3.6-2 como uma função da razão de raios, κ.

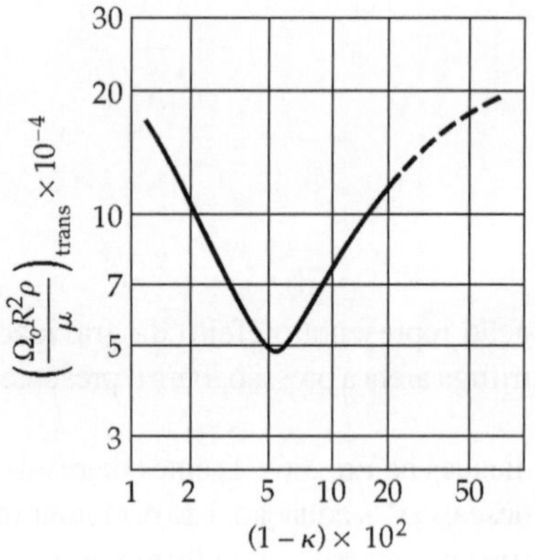

Fig. 3.6-2 Número de Reynolds crítico para o escoamento tangencial em um ânulo, com o cilindro de fora girando e o de dentro estacionário [H. Schlichting, *Boundary Layer Theory*, McGraw-Hill, New York (1955), p. 357].

Poderíamos perguntar o que aconteceria se mantivéssemos o cilindro externo fixo e girássemos o cilindro interno com uma velocidade angular Ω_i (o subscrito "i" indica "de dentro", do inglês inner). Nesse caso a distribuição de velocidades é

$$v_\theta = \Omega_i \kappa R \frac{\left(\frac{R}{r} - \frac{r}{R}\right)}{\left(\frac{1}{\kappa} - \kappa\right)} \tag{3.6-32}$$

[3] J. R. Van Wazer, J. W. Lyons, K. Y. Kim, e R. E. Colwell, *Viscosity and Flow Measurement*, Wiley, New York (1963); K. Walters, *Rheometry*, Chapman and Hall, London (1975).

Esse resultado é obtido adotando-se os mesmos postulados (veja antes da Eq. 3.6-20) e resolvendo a mesma equação diferencial (Eq. 3.6-21), porém com um conjunto diferente de condições de contorno.

A Eq. 3.6-32 descreve bem o escoamento para valores pequenos Ω_i. Todavia quando Ω_i um valor crítico ($\Omega_{i,\,\text{crit}} \approx 41{,}3(\mu/R^2(1-\kappa)^{3/2}\rho)$ para $\kappa \approx 1$) o fluido desenvolve um escoamento secundário, que se superpõe ao escoamento primário (tangencial) e que é periódico na direção axial. Um sistema muito bem definido de vórtices toroidais, denominados *vórtices de Taylor* forma-se conforme mostrado nas Figs. 3.6-3 e 3.6-4(b). O lugar geométrico dos centros desses vórtices são circunferências cujos centros estão localizados sobre o eixo comum dos cilindros. Este escoamento ainda é laminar — mas certamente é inconsistente com os postulados adotados no início do problema. Quando a velocidade angular Ω_i é aumentada ainda mais, o lugar geométrico dos centros dos vórtices toma a forma de uma onda; isto é, o escoamento se torna, adicionalmente, periódico na direção tangencial [veja a Fig. 3.6-4(c)]. Além disso a velocidade angular da onda é aproximadamente $\Omega_i/3$. Quando a velocidade angular é aumentada ainda mais, o escoamento torna-se turbulento. A Fig. 3.6-5 mostra os vários regimes para a rotação dos cilindros de dentro e de fora, conforme determinados em um equipamento específico com um dado fluido. Este diagrama demonstra quão complicado é esse sistema aparentemente simples. Mais detalhes podem ser encontrados na literatura.[4,5]

A discussão precedente deve servir como uma precaução séria sobre como postulados intuitivos podem ser enganosos. A maioria de nós não pensaria em postular as soluções periódicas simples e dupla descritas acima. No entanto essa informação *está* contida nas equações de Navier-Stokes. Todavia, como problemas envolvendo instabilidade e transições entre vários regimes de escoamento são extremamente complexos, somos forçados a usar uma combinação de teoria e experi-

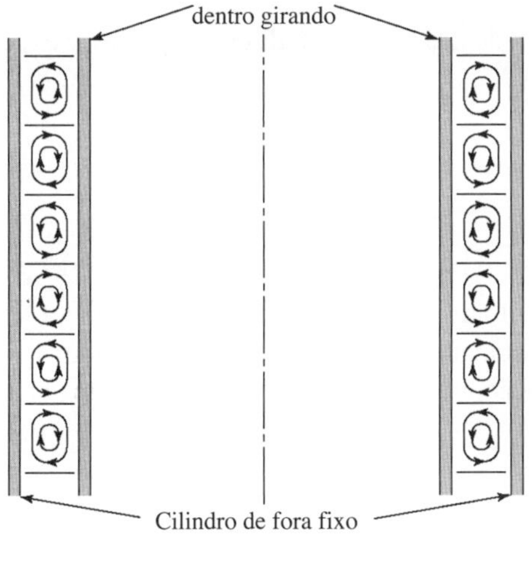

Fig. 3.6-3 Vórtices toroidais de sentidos de rotação opostos, chamados *vórtices de Taylor*, observados no espaço anular entre dois cilindros. As linhas de corrente têm a forma de hélices, cujos eixos são circunferências de centro no eixo comum dos cilindros. Isto corresponde à Fig. 3.5-4(*b*).

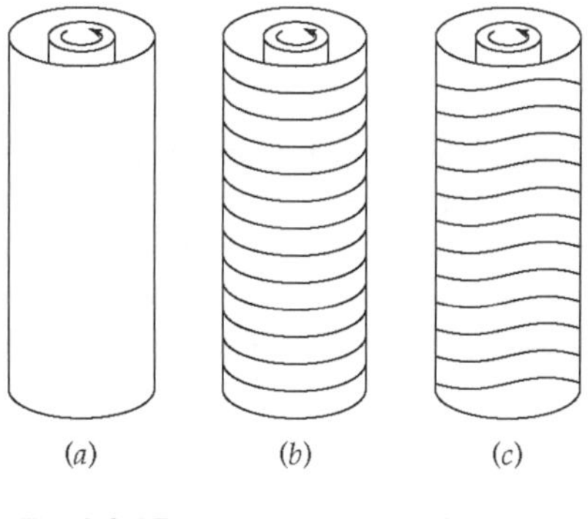

Fig. 3.6-4 Esboços mostrando os fenômenos observados no espaço anular entre dois cilindros: (*a*) escoamento puramente tangencial; (*b*) escoamento periódico simples (vórtices de Taylor); e (*c*) escoamento periódico duplo onde um movimento ondulatório é superposto aos vórtices de Taylor.

[4]O trabalho inicial nesse assunto foi feito por **John William Strutt (Lord Rayleigh)** (1842-1919), que estabeleceu o campo da acústica com sua *Teoria do Som*, escrita em uma casa-barco no rio Nilo. Algumas referências originais sobre a instabilidade de Taylor são: J. W. Strutt (Lord Rayleigh), *Proc. Roy. Soc.*, **A93**, 148-154 (1916); G. I. Taylor, *Phil. Trans.*, **A223**, 289-343 (1923) e *Proc. Roy. Soc.*, **A157**, 546-564 (1936); P. Schultz-Grunow e H. Hein, *Zeits. Flugwiss.*, **4**, 28-30 (1956); D. Coles, *J. Fluid Mech.* **21**, 385-425 (1965). Veja também R. P. Feynman, R. B. Leighton, and M. Sands, *The Feynman Lectures in Physics*, Addison-Wesley, reading, MA (1964), Seção 41-6.

[5]Outras referências sobre a instabilidade de Taylor bem como instabilidade em outros sistemas, são: L. D. Landau and E.M. Lifshitz, *Fluid Mechanics*, Pergamon Press, Oxford, 2nd edition (1987), pp. 99-106; Chandrasekhar, *Hydrodynamic and Hydromagnetic Stability*, Oxford University Press (1961), 272-342; H. Schlichting e K. Gersten, *Boundary-Layer Theory*, 8.ª ed. (2000), Cap. 15; P.G. Drazin e W. H. Reid, *Hydrodynamic Stability*, Cambridge University Press (1981); M. Van Dyke, *An Album of Fluid Motion*, Parabolic Press, Stanford (1982).

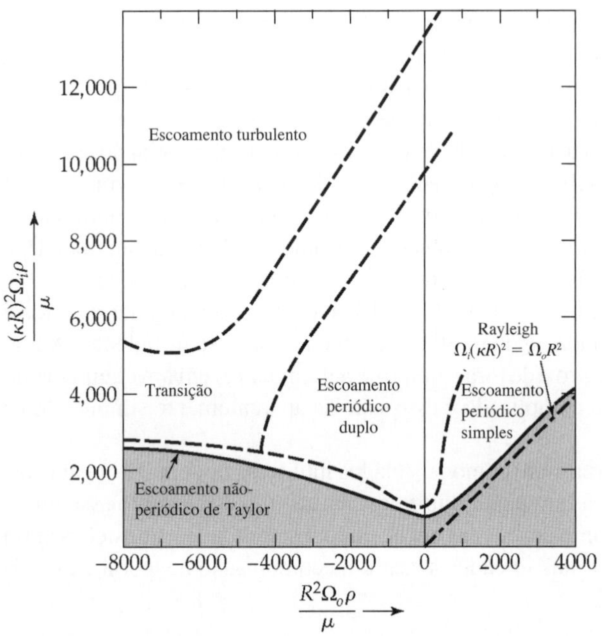

Fig. 3.6-5 Diagrama de regimes de escoamento para o escoamento entre dois cilindros coaxiais. A linha reta designada por "Rayleigh" corresponde à solução analítica de Lord Rayleigh para um fluido invíscido. [Veja D. Coles, *J. Fluid Mech.*, **21**, 385-425 (1965).]

mentos para descrevê-los. A teoria sozinha não é capaz, por enquanto, de nos fornecer todas as respostas, e experimentos cuidadosamente controlados serão necessários ainda por muitos anos.

EXEMPLO 3.6-4

Forma da Superfície de um Líquido em Rotação

Um líquido de densidade e viscosidade constantes está em um vaso cilíndrico de raio R conforme mostra a Fig. 3.6-6. O vaso é posto em rotação em torno de seu próprio eixo com uma velocidade angular Ω. O eixo do cilindro é vertical de modo que $g_r = 0$, $g_\theta = 0$ e $g_z = -g$, sendo g a magnitude da aceleração gravitacional. Determinar a forma da superfície livre do líquido quando o estado permanente for atingido.

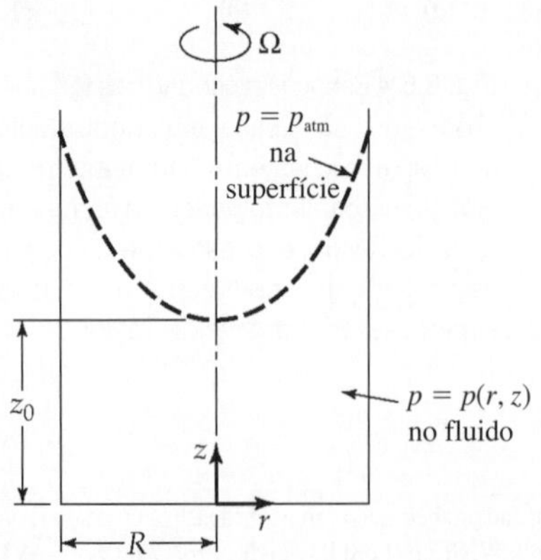

Fig. 3.6-6 Líquido sob rotação com uma superfície livre, cuja forma é a de um parabolóide de revolução.

SOLUÇÃO

Coordenadas cilíndricas são apropriadas para esse problema, e as equações de balanço são dadas nas Tabelas B.2 e B.6. Em estado permanente postulamos que v_r e v_z são ambos zero e que v_θ depende somente de r. Também postulamos que p depende de z devido à força gravitacional e de r devido à força centrífuga, mas não de θ.

Esses postulados implicam 0 = 0 para a equação da continuidade, enquanto a equação do movimento fornece:

componente r
$$-\rho \frac{v_\theta^2}{r} = -\frac{\partial p}{\partial r} \tag{3.6-33}$$

componente θ
$$0 = \mu \frac{d}{dr}\left(\frac{1}{r}\frac{d}{dr}(rv_\theta)\right) \tag{3.6-34}$$

componente z
$$0 = -\frac{\partial p}{\partial z} - \rho g \tag{3.6-35}$$

A componente θ da equação do movimento pode ser integrada para dar

$$v_\theta = \frac{1}{2}C_1 r + \frac{C_2}{r} \tag{3.6-36}$$

onde C_1 e C_2 são constantes de integração. Como v_θ não pode ser infinito em $r = 0$, a constante C_2 deve ser zero. Em $r = R$ a velocidade v_θ é $R\Omega$. Então $C_1 = 2\Omega$ e

$$v_\theta = \Omega r \tag{3.6-37}$$

Isto quer dizer que cada elemento do líquido em rotação move-se como um elemento de um corpo rígido (na verdade poderíamos ter postulado que o líquido estaria em rotação como um corpo sólido e escrever a Eq. 3.6-37 diretamente). Quando a Eq. 3.6-37 é substituída na Eq. 3.6-33, temos então as duas equações seguintes para os gradientes de pressão:

$$\frac{\partial p}{\partial r} = \rho\Omega^2 r \quad \text{e} \quad \frac{\partial p}{\partial z} = -\rho g \tag{3.6-38, 39}$$

Cada uma dessas equações pode ser integrada como segue:

$$p = \tfrac{1}{2}\rho\Omega^2 r^2 + f_1(\theta, z) \quad \text{e} \quad p = -\rho g z + f_2(r, \theta) \tag{3.6-40, 41}$$

onde f_1 e f_2 são funções arbitrárias de integração. Como postulamos que p não depende de θ, podemos escolher $f_1 = -\rho g z + C$ e $f_2 = \frac{1}{2}\rho\Omega^2 rp + C$, onde C é uma constante, que satisfazem às Eqs. 3.6-38 e 39. Assim a solução dessas equações tem a seguinte forma

$$p = -\rho g z + \tfrac{1}{2}\rho\Omega^2 r^2 + C \tag{3.6-42}$$

A constante C pode ser determinada impondo-se $p = p_{\text{atm}}$ em $r = 0$ e $z = z_0$, essa última sendo a elevação da superfície do líquido em $r = 0$. Quando C é calculada dessa maneira, obtemos

$$p - p_{\text{atm}} = -\rho g(z - z_0) + \tfrac{1}{2}\rho\Omega^2 r^2 \tag{3.6-43}$$

Essa equação fornece a pressão em todos os pontos no interior do líquido. Na interface líquido–ar, $p = p_{\text{atm}}$ e com essa substituição a Eq. 3.6-43 dá a forma da interface líquido–ar:

$$z - z_0 = \left(\frac{\Omega^2}{2g}\right) r^2 \tag{3.6-44}$$

Esta é a equação de uma parábola. O leitor pode verificar que a superfície livre de um líquido em um vaso em forma de ânulo e sob rotação obedece a uma relação semelhante.

EXEMPLO 3.6-5

Escoamento Próximo a uma Esfera Girando Vagarosamente

Uma esfera sólida de raio R gira vagarosamente com velocidade angular constante, Ω, submersa em uma grande massa fluida em repouso como um todo (veja Fig. 3.6-7). Desenvolva expressões para as distribuições de pressões e velocidades no fluido e para o torque T_z requerido para manter o movimento. É assumido que a esfera gira suficientemente devagar de modo que é apropriado usar a versão da equação do movimento para escoamento lento, Eq. 3.5-8. Esse problema ilustra o equacionamento e a solução de um problema em coordenadas esféricas.

SOLUÇÃO

As equações da continuidade e do movimento em coordenadas esféricas são dadas nas Tabelas B.4 e B.6, respectivamente. Postulamos que para escoamento permanente e lento, a distribuição de velocidades tem a forma geral $\mathbf{v} = \boldsymbol{\delta}_\phi v_\phi(r, \theta)$, e que a pressão modificada será da forma $\mathcal{P} = \mathcal{P}(r, \theta)$. Como se espera que a solução seja simétrica em relação ao eixo z, ela não deve depender do ângulo ϕ.

Com esses postulados, a equação da continuidade é satisfeita com exatidão e as componentes da equação do movimento para o escoamento lento são

componente r
$$0 = -\frac{\partial \mathcal{P}}{\partial r} \tag{3.6-45}$$

componente θ
$$0 = -\frac{1}{r}\frac{\partial \mathcal{P}}{\partial \theta} \tag{3.6-46}$$

componente ϕ
$$0 = \frac{1}{r^2}\frac{\partial}{\partial r}\left(r^2 \frac{\partial v_\phi}{\partial r}\right) + \frac{1}{r^2}\frac{\partial}{\partial \theta}\left(\frac{1}{\operatorname{sen}\theta}\frac{\partial}{\partial \theta}(v_\phi \operatorname{sen}\theta)\right) \tag{3.6-47}$$

As condições de contorno podem ser resumidas como

C.C. 1:	em $r = R$,	$v_r = 0,\ v_\theta = 0,\ v_\phi = R\Omega \operatorname{sen}\theta$	(3.6-48)
C.C. 2:	se $r \to \infty$,	$v_r \to 0,\ v_\theta \to 0,\ v_\phi \to 0$	(3.6-49)
C.C. 3:	se $r \to \infty$,	$\mathcal{P} \to p_0$	(3.6-50)

onde $\mathcal{P} = p + \rho g z$, sendo p_0 a pressão no fluido longe da esfera cujo centro está em $z = 0$.

A Eq. 3.6-47 é uma equação diferencial parcial para $v_\phi(r, \theta)$. Para resolvê-la buscamos uma solução da forma $v_\phi = f(r) \operatorname{sen}\theta$. Isto é apenas uma tentativa, porém ela é consistente com a condição de contorno dada pela Eq. 3.6-48. Quando essa forma tentativa para a distribuição de velocidades é inserida na Eq. 3.6-47, obtemos a seguinte equação diferencial ordinária para $f(r)$:

$$\frac{d}{dr}\left(r^2 \frac{df}{dr}\right) - 2f = 0 \tag{3.6-51}$$

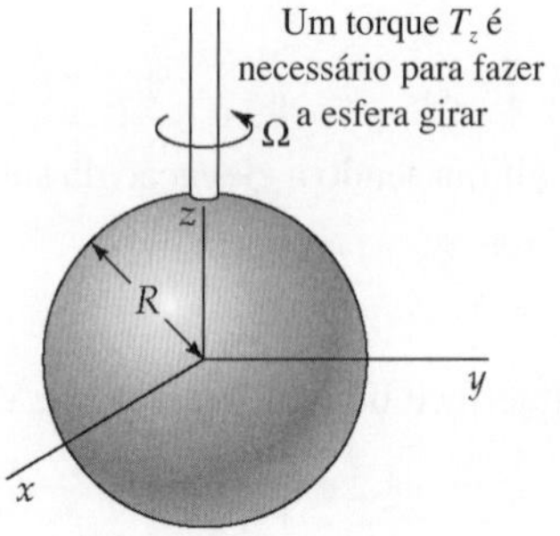

Fig. 3.6-7 Esfera girando vagarosamente em um fluido infinitamente extenso. O escoamento primário é dado por $v_\phi = \Omega R (R/r)^2 \operatorname{sen}\theta$.

Esta é uma "equação eqüidimensional" que pode ser resolvida assumindo-se uma solução–tentativa do tipo $f = r^n$ (veja Eq. C.1-14). A substituição desta solução–tentativa na Eq. 3.6-51 fornece $n = 1, -2$. A solução da Eq. 3.6-51 é então

$$f = C_1 r + \frac{C_2}{r^2} \tag{3.6-52}$$

de modo que

$$v_\phi(r, \theta) = \left(C_1 r + \frac{C_2}{r^2}\right) \operatorname{sen}\theta \tag{3.6-53}$$

A aplicação das condições de contorno mostra que $C_1 = 0$ e $C_2 = \Omega R^3$. Portanto a expressão final para distribuição de velocidades é:

$$v_\phi = \Omega R \left(\frac{R}{r}\right)^2 \operatorname{sen}\theta \tag{3.6-54}$$

A seguir avaliamos o torque necessário para manter a rotação da esfera. Este é dado pela integral, sobre a superfície da esfera, da força tangencial $(\tau_{r\phi}|_{r=R})R^2\text{sen }\theta\, d\theta d\phi$ exercida sobre o fluido por uma superfície sólida, multiplicada pelo braço de alavanca R sen θ para aquele elemento de área:

$$\begin{aligned} T_z &= \int_0^{2\pi}\int_0^{\pi} (\tau_{r\phi})|_{r=R}\,(R \text{ sen } \theta)R^2 \text{ sen } \theta d\theta d\phi \\ &= \int_0^{2\pi}\int_0^{\pi} (3\mu\Omega \text{ sen } \theta)(R \text{ sen } \theta)R^2 \text{ sen } \theta d\theta d\phi \\ &= 6\pi\mu\Omega R^3 \int_0^{\pi} \text{sen}^3\, \theta d\theta \\ &= 8\pi\mu\Omega R^3 \end{aligned} \tag{3.6-55}$$

Na passagem da primeira para a segunda linha acima, fizemos uso da Tabela B.1, e da segunda para a terceira efetuamos a integração sobre a faixa de valores da variável ϕ. A integral da terceira linha é 4/3.

Conforme a velocidade angular aumenta, desvios do "escoamento primário" dado pela Eq. 3.6-54 ocorrem. Devido aos efeitos da força centrífuga, o fluido é "puxado" em direção aos pólos da esfera e "arremessado" para fora de seu equador conforme mostrado na Fig. 3.6-8. Para descrever esse "escoamento" secundário temos que incluir o termo $[\mathbf{v} \cdot \nabla\mathbf{v}]$ na equação do movimento. Isso pode ser feito usando-se o método da função de corrente.[6]

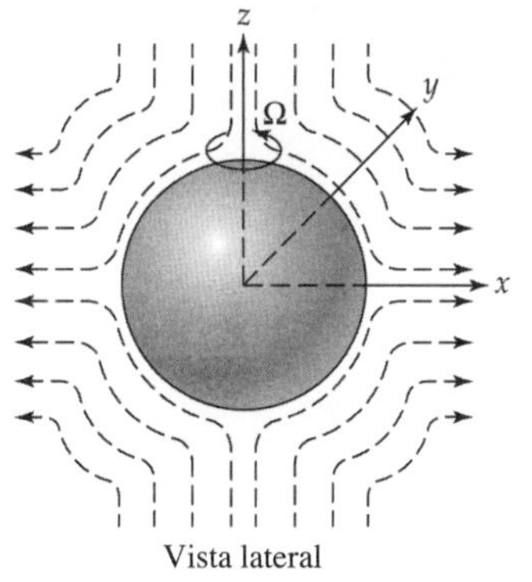

Fig. 3.6-8 Esboço simplificado mostrando o escoamento secundário que aparece em torno de uma esfera girante, conforme o número de Reynolds é aumentado.

3.7 ANÁLISE DIMENSIONAL DAS EQUAÇÕES DE BALANÇO

Suponha que tenhamos obtido dados experimentais sobre, ou feito fotografias, do escoamento através de algum sistema que não possa ser analisado resolvendo-se as equações de balanço analiticamente. Um exemplo de um tal sistema é o do escoamento de fluido através do medidor de vazão conhecido como "placa de orifício" em uma tubulação (este consiste em um disco com um orifício central, posicionado sobre a seção da tubulação, tendo sensores de pressão a jusante e a montante do disco). Suponha agora que desejemos fazer um aumento (ou diminuição) de escala do sistema experimental, de modo a construir um novo no qual se tenha exatamente as mesmas configurações de escoamento [mas com a escala devidamente aumentada (ou diminuída)]. Em primeiro lugar precisamos ter *similaridade geométrica*: isto é, as razões entre todas as dimensões do tubo e placa de orifício no sistema original e no de escala aumentada (ou diminuída) devem ser as mesmas. Adicionalmente devemos ter *similaridade dinâmica*: isto é, os grupos adimensionais (tais como o número de Reynolds) nas equações diferenciais e condições de contorno devem ser os mesmos. O estudo da similaridade dinâmica é melhor compreendido, escrevendo-se as equações de balanço juntamente com as condições de contorno e iniciais na forma adimensional.[1,2]

[6]Veja, por exemplo, o desenvolvimento dado por O. Hassager em R. B. Bird, R. C. Armstrong, e O. Hassager, *Dynamics of Polymeric Liquids*, Vol. 1., Wiley-Interscience, New York, 2.ª ed. (1897), pp. 31-33. Veja também L. D. Landau e E. M. Lifshitz, *Fluid Mechanics*, Pergamon Press, Oxford, 2.ª ed. (1987), p. 65; e L. G. Leal, *Laminar Flow and Convective Transport Processes*, Butterworth-Heinemann, Boston (1962), pp. 180-181.

[1]G. Birkhoff, *Hydrodynamics*, Dover, New York (1955), Cap. IV. Nosso procedimento de análise dimensional corresponde à "análise inspecional completa" de Birkhoff.

[2]R. W. Powell, *An Elementary Text in Hydraulics and Fluid Mechanics,* Macmillan, New York (1951), Cap. VIII; e H. Rouse e S. Ince, *History of Hydraulics,* Dover, New York (1963), que tem um material histórico interessante a respeito de grupos adimensionais e das pessoas homenageadas com a denominação dos mesmos.

Por uma questão de simplicidade vamos nos restringir aqui a fluidos de densidade e viscosidade constantes, para os quais as equações de balanço são as Eqs. 3.1-5 e 3.5-7

$$(\nabla \cdot \mathbf{v}) = 0 \tag{3.7-1}$$

$$\rho \frac{D}{Dt}\mathbf{v} = -\nabla \mathcal{P} + \mu \nabla^2 \mathbf{v} \tag{3.7-2}$$

Na maioria dos sistemas com escoamento podemos identificar os seguintes "fatores de escala": um comprimento característico l_0, uma velocidade característica v_0, e uma pressão modificada característica $\mathcal{P}_0 = p_0 + \rho g h_0$ (por exemplo, elas poderiam ser o diâmetro de um tubo, a velocidade média de escoamento, e a pressão modificada na saída do tubo). Podemos então definir variáveis e operadores adimensionais conforme segue

$$\breve{x} = \frac{x}{l_0} \qquad \breve{y} = \frac{y}{l_0} \qquad \breve{z} = \frac{z}{l_0} \qquad \breve{t} = \frac{v_0 t}{l_0} \tag{3.7-3}$$

$$\breve{\mathbf{v}} = \frac{\mathbf{v}}{v_0} \qquad \breve{\mathcal{P}} = \frac{\mathcal{P} - \mathcal{P}_0}{\rho v_0^2} \quad \text{ou} \quad \breve{\breve{\mathcal{P}}} = \frac{\mathcal{P} - \mathcal{P}_0}{\mu v_0 / l_0} \tag{3.7-4}$$

$$\breve{\nabla} = l_0 \nabla = \boldsymbol{\delta}_x (\partial / \partial \breve{x}) + \boldsymbol{\delta}_y (\partial / \partial \breve{y}) + \boldsymbol{\delta}_z (\partial / \partial \breve{z}) \tag{3.7-5}$$

$$\breve{\nabla}^2 = (\partial^2 / \partial \breve{x}^2) + (\partial^2 / \partial \breve{y}^2) + (\partial^2 / \partial \breve{z}^2) \tag{3.7-6}$$

$$D/D\breve{t} = (l_0 / v_0)(D/Dt) \tag{3.7-7}$$

Sugeriu-se duas alternativas para a pressão adimensional, sendo a primeira conveniente para números de Reynolds altos e a segunda para números de Reynolds baixos. Quando as equações de balanço correspondentes às Eqs. 3.7-1 e 3.7-2 são reescritas em termos das grandezas adimensionais, elas se transformam em

$$(\breve{\nabla} \cdot \breve{\mathbf{v}}) = 0 \tag{3.7-8}$$

$$\frac{D}{D\breve{t}}\breve{\mathbf{v}} = -\breve{\nabla}\breve{\mathcal{P}} + \left[\!\left[\frac{\mu}{l_0 v_0 \rho}\right]\!\right] \breve{\nabla}^2 \breve{\mathbf{v}} \tag{3.7-9a}$$

ou

$$\frac{D}{D\breve{t}}\breve{\mathbf{v}} = -\left[\!\left[\frac{\mu}{l_0 v_0 \rho}\right]\!\right] \breve{\nabla}\breve{\breve{\mathcal{P}}} + \left[\!\left[\frac{\mu}{l_0 v_0 \rho}\right]\!\right] \breve{\nabla}^2 \breve{\mathbf{v}} \tag{3.7-9b}$$

Nessas equações adimensionais os quatro fatores de escala l_0, v_0, ρ e μ aparecem em um grupo adimensional. O inverso desse grupo recebeu o nome de um famoso cientista da área de dinâmica de fluidos[3]

$$\text{Re} = \left[\!\left[\frac{l_0 v_0 \rho}{\mu}\right]\!\right] = \textit{número de Reynolds} \tag{3.7-10}$$

A magnitude desse grupo adimensional dá uma indicação da importância relativa das forças de inércia e viscosas no sistema.

A partir das duas versões da equação do movimento dadas na Eq. 3.7-9, podemos ganhar alguma perspectiva sobre formas especiais da equação de Navier–Stokes vista na Seção 3.5. A Eq. 3.7-9a transforma-se na equação de Euler, Eq. 3.5-9, quando Re $\rightarrow \infty$ e a Eq. 3.7-9b na equação do escoamento lento, Eq. 3.5-8, quando Re $<<$ 1. A aplicabilidade destas e de outras formas assintóticas da equação do movimento são analisadas nas Seções 4.3 e 4.4.

Outros grupos adimensionais podem surgir nas condições iniciais e de contorno; dois que aparecem em problemas envolvendo interfaces fluido-fluido são

$$\text{Fr} = \left[\!\left[\frac{v_0^2}{l_0 g}\right]\!\right] = \textit{número de Froude} \tag{3.7-11}$$[4]

$$\text{We} = \left[\!\left[\frac{l_0 v_0^2 \rho}{\sigma}\right]\!\right] = \textit{número de Weber} \tag{3.7-12}$$[5]

[3] Veja nota 1 na Seção 2.2.

[4] **William Froude** (1810-1879) estudou em Oxford e trabalhou como engenheiro civil ligado a ferrovias e a navios a vapor. O número de Froude é às vezes definido como a raiz quadrada do grupo dado pela Eq. 3.7-11.

[5] **Moritz Weber** (1871-1951) foi professor de arquitetura naval em Berlim; outro grupo adimensional envolvendo a tensão superficial é o *número capilar*, definido como Ca = $[\![\mu v_0/\sigma]\!]$.

O primeiro deles contém a aceleração gravitacional, g, e o segundo a tensão interfacial, σ, as quais podem participar das condições de contorno, conforme descrito no Problema 3C.5. Outros grupos podem aparecer, tais como razões de comprimentos no sistema de escoamento (por exemplo, a razão entre o diâmetro do tubo e o diâmetro do orifício em uma "placa de orifício").

EXEMPLO 3.7-1

Escoamento Transversal a um Cilindro Circular [6]

O escoamento de um fluido newtoniano incompressível sobre um cilindro circular deve ser estudado experimentalmente. Queremos saber como a configuração de escoamento e a distribuição de pressões dependem do diâmetro e do comprimento do cilindro, da velocidade de aproximação, e da densidade e viscosidade do fluido. Mostre como organizar o trabalho de modo que o número de experimentos necessários seja minimizado.

SOLUÇÃO

Para efeitos de análise consideramos um sistema de escoamento idealizado: um cilindro de diâmetro D e comprimento L submerso em um fluido sem outras fronteiras (ou infinito) com densidade e viscosidade constantes. Inicialmente tanto fluido quanto cilindro estão em repouso. No tempo $t = 0$, o cilindro é abruptamente posto em movimento com velocidade v_∞ na direção negativa do eixo x. O movimento subseqüente do fluido é analisado usando-se coordenadas fixas no eixo do cilindro conforme mostrado na Fig. 3.7-1.

As equações diferenciais que descrevem o escoamento são a equação da continuidade (Eq. 3.7-1) e a equação do movimento (Eq. 3.7-2). A condição inicial para $t = 0$ é:

C.I. se $x^2 + y^2 > \frac{1}{4}D^2$ ou se $|z| > \frac{1}{2}L$, $\quad \mathbf{v} = \boldsymbol{\delta}_x v_\infty$ (3.7-13)

As condições de contorno para $t \geqslant 0$ e z qualquer são:

C.C. 1 quando $x^2 + y^2 + z^2 \to \infty$, $\quad \mathbf{v} \to \boldsymbol{\delta}_x v_\infty$ (3.7-14)

C.C. 2 se $x^2 + y^2 \leq \frac{1}{4}D^2$ e $|z| \leq \frac{1}{2}L$, $\quad \mathbf{v} = 0$ (3.7-15)

C.C. 3 quando $x \to -\infty$ em $y = 0$, $\quad \mathcal{P} \to \mathcal{P}_\infty$ (3.7-16)

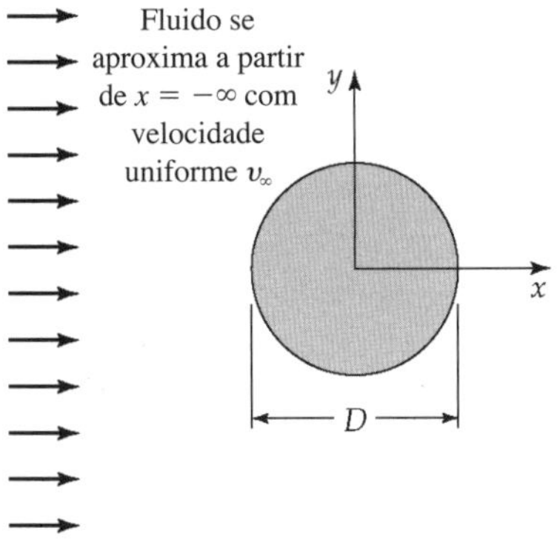

Fig. 3.7-1 Escoamento transversal em torno de um cilindro.

Agora reescrevemos o problema em termos de variáveis tornadas adimensionais por meio do comprimento característico D, da velocidade v_∞, e da pressão modificada $\mathcal{P}_\infty$. As equações adimensionais de balanço resultantes são

$$(\breve{\nabla} \cdot \breve{\mathbf{v}}) = 0, \quad \text{e} \quad \frac{\partial \breve{\mathbf{v}}}{\partial \breve{t}} + [\breve{\mathbf{v}} \cdot \breve{\nabla}\breve{\mathbf{v}}] = -\breve{\nabla}\breve{\mathcal{P}} + \frac{1}{\text{Re}}\breve{\nabla}^2\breve{\mathbf{v}} \tag{3.7-17, 18}$$

[6] Esse exemplo foi adaptado de R. P. Feynman, R. B. Leighton, e M. Sands, *The Feynman Lectures on Physics*, Vol. II, Addison-Wesley, Reading, Mass. (1964), Seção 41.4.

onde $\text{Re} = Dv_\infty\rho/\mu$. As correspondentes condições iniciais e de contorno são:

C.I.	se $\breve{x}^2 + \breve{y}^2 > \frac{1}{4}$ ou se $\lvert\breve{z}\rvert > \frac{1}{2}(L/D)$,	$\breve{\mathbf{v}} = \boldsymbol{\delta}_x$	(3.7-19)
C.C. 1	quando $\breve{x}^2 + \breve{y}^2 + \breve{z}^2 \to \infty$,	$\breve{\mathbf{v}} \to \boldsymbol{\delta}_x$	(3.7-20)
C.C. 2	se $\breve{x}^2 + \breve{y}^2 \leq \frac{1}{4}$ e $\lvert\breve{z}\rvert \leq \frac{1}{2}(L/D)$,	$\breve{\mathbf{v}} = 0$	(3.7-21)
C.C. 3	quando $\breve{x} \to -\infty$ em $y = 0$,	$\breve{\mathscr{P}} \to 0$	(3.7-22)

Se fôssemos brilhantes o suficiente para resolver as equações adimensionais de balanço juntamente com as condições adimensionais de contorno, as soluções *deveriam* ter a seguinte forma:

$$\breve{\mathbf{v}} = \breve{\mathbf{v}}(\breve{x}, \breve{y}, \breve{z}, \breve{t}, \text{Re}, L/D) \quad \text{e} \quad \breve{\mathscr{P}} = \breve{\mathscr{P}}(\breve{x}, \breve{y}, \breve{z}, \breve{t}, \text{Re}, L/D) \qquad (3.7\text{-}23, 24)$$

Isto é, a velocidade adimensional e a pressão modificada adimensional dependem somente dos parâmetros adimensionais Re e L/D e das variáveis adimensionais independentes $\breve{x}$, $\breve{y}$, $\breve{z}$ e $\breve{t}$.

Isso completa a análise dimensional do problema. Não resolvemos o problema de escoamento, mas dispomos agora de um conjunto conveniente de variáveis adimensionais que nos permite reenunciá-lo e sugerir a forma da solução. A análise mostra que se desejamos catalogar as configurações de escoamento sobre um cilindro, é suficiente gravá-las (por exemplo, fotograficamente) para uma série de valores de números de Reynolds, $\text{Re} = D\, v_\infty\rho/\mu$, e L/D; assim é desnecessário estudar separadamente os efeitos de L, D, v_∞, ρ e μ. Tal simplificação economiza muito tempo e gastos. Comentários semelhantes se aplicam à tabulação de resultados numéricos caso decidamos abordar o problema com técnica numérica.[7, 8]

Experimentos envolvem necessariamente algumas diferenças em relação à análise anterior: a corrente fluida tem tamanho finito e, inevitavelmente, flutuações de velocidade estão presentes no fluido tanto no estado inicial quanto na região a montante. Próximo ao cilindro essas flutuações desaparecem rapidamente para $\text{Re} < 1$. Para Re próximo de 40 o amortecimento de perturbações torna-se lento, e se esse limite aproximado for excedido observa-se sempre escoamento transiente.

A configuração de escoamento observada para valores grandes de $\breve{t}$, varia fortemente com o número de Reynolds conforme mostrado na Fig. 3.7-2. Para $\text{Re} << 1$ o escoamento é ordenado, conforme mostrado em (*a*). Para Re em torno de 10 um par de vórtices aparece atrás do cilindro, conforme pode ser visto em (*b*). Esse tipo de escoamento persiste até cerca de $\text{Re} = 40$, quando então aparecem dois "pontos de separação," nos quais as linhas de corrente se separam da superfície sólida. Além disso o escoamento se torna transiente; vórtices começam a se desprender do cilindro e são transportados com o fluido para a região a jusante. Aumentos subseqüentes em Re fazem com que os vórtices se separem regularmente de lados alternados do cilindro, conforme mostrado em (*c*); tal arranjo regular de vórtices é conhecido como "esteira de vórtices de von Kármán". Para valores de Re ainda mais altos, ocorre um movimento desordenado flutuante (turbulência) na esteira do cilindro, conforme mostrado em (*d*). Finalmente, com Re próximo de 10^6, turbulência aparece a montante do ponto de separação e a esteira abruptamente estreita-se, conforme mostrado em (*e*). Com toda certeza seria muito difícil analisar os escoamentos transientes mostrados nos três últimos desenhos, com base nas equações de balanço. É muito mais fácil observá-los experimentalmente e correlacionar os resultados em termos das Eqs. 3.7-23 e 24.

As Eqs. 3.7-23 e 24 também podem ser usadas para aumento de escala a partir de um único experimento. Suponha que desejamos prever a configuração de escoamento em torno de um cilindro com $D_I = 5$ ft em torno do qual ar irá escoar com velocidade de aproximação $(v_\infty)_\text{I} = 30$ ft/s, por meio de um experimento com um modelo em escala com $D_{II} = 1$ ft. Para termos similaridade dinâmica, devemos escolher condições tais que $\text{Re}_\text{II} = \text{Re}_\text{I}$. Então, se usarmos no experimento em escala menor o mesmo fluido da escala maior, de modo que $\mu_\text{II}/\rho_\text{II} = \mu_\text{I}/\rho_\text{I}$, resulta que $(v_\infty)_\text{II} = 150$ ft/s que é a velocidade requerida para o ar no modelo em escala menor. Dessa forma, com os números de Reynolds iguais, as configurações de escoamento no modelo e no sistema em escala plena serão parecidas: isto é, elas serão geométrica e dinamicamente similares.

Além disso, se Re situa-se na faixa de formação periódica de vórtices, o intervalo de tempo adimensional $t_v v_\infty/D$ entre vórtices será o mesmo nos dois sistemas. Assim a taxa de geração de vórtices será 25 vezes maior no modelo em comparação com o sistema em escala plena. A regularidade da geração de vórtices para números de Reynolds entre 10^2 e 10^4 é utilizada comercialmente na medição de vazões em tubulações de grandes diâmetros.

---

[7]Soluções analíticas desse problema para valores de Re muito pequenos e L/D infinito foram revistas em L. Rosenhead (ed.), *Laminar Boundary Layers*, Oxford University Press (1963), Cap. IV. Uma característica importante desse problema bidimensional é a ausência de solução do tipo escoamento lento (*creeping flow*). Assim, o termo $[\mathbf{v} \cdot \nabla\mathbf{v}]$ na equação do movimento deve ser incluído mesmo no limite quando $\text{Re} \to 0$ (veja o Problema 3B.9). Isto está em flagrante contraste com a situação de escoamento lento em torno de uma esfera (veja as Seções 2.6 e 2.4) e em torno de objetos tridimensionais finitos.

[8]Para estudos computacionais sobre o escoamento em torno de um cilindro, veja F. H. Harlow e J. E. From, *Scientific American*, **212**, 104-110 (1965), e S. J. Sherwin e G. E. Karniadakis, *Comput. Math.*, **123**, 189-229 (1995).

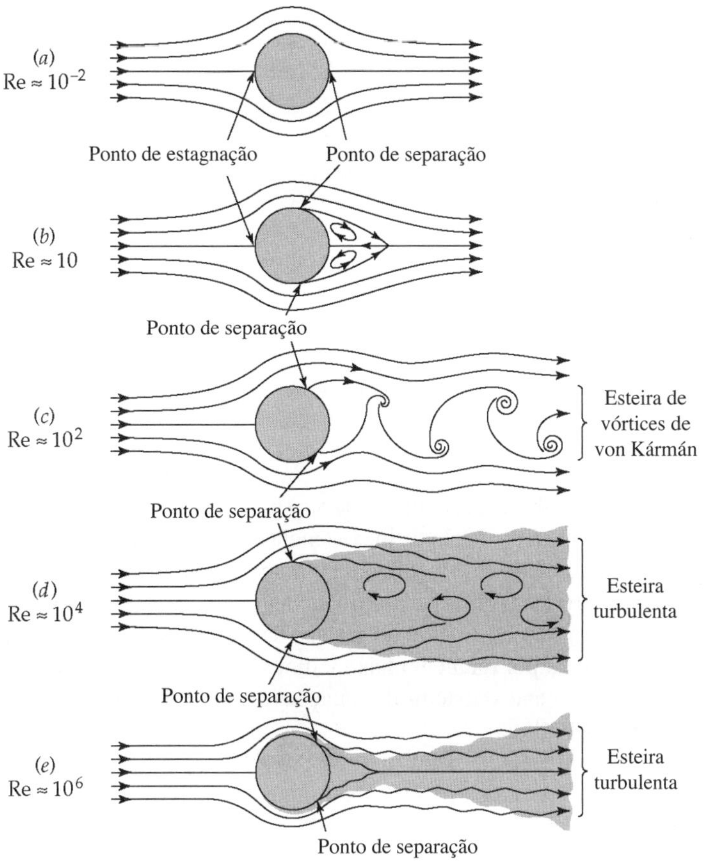

Fig. 3.7-2 Tipos de comportamento no escoamento em torno de um cilindro, ilustrando os vários regimes de escoamento que são observados conforme o número de Reynolds aumenta. As regiões de escoamento turbulento estão sombreadas em cinza.

EXEMPLO 3.7-2

Escoamento Permanente em um Tanque Agitado

Deseja-se prever o comportamento de escoamento em um grande tanque de óleo, sem chicanas, mostrado na Fig. 3.7-3, em função da velocidade de rotação do impelidor. Nos propomos a fazer isso por meio de experimentos com um modelo, usando um sistema reduzido e geometricamente similar. Determine as condições necessárias para o estudo com o modelo de modo que ele seja um meio direto de previsão.

SOLUÇÃO

Consideramos um tanque de raio R, com um impelidor centrado de diâmetro global D. No instante $t = 0$, o sistema está em repouso e contém líquido com uma altura H acima do fundo do tanque. Imediatamente após o instante $t = 0$, o impelidor começa a girar com velocidade constante de N rotações por minuto. O arraste da atmosfera sobre a superfície do líquido é desprezível. O formato do impelidor e sua posição inicial são descritos pela função $S_{\text{imp}}(r, \theta, z) = 0$.

O escoamento é governado pelas Eqs. 3.7-1 e 2, juntamente com a condição inicial

$$\text{em } t = 0, \text{ para } 0 \leq r < R \text{ e } 0 < z < H, \qquad \mathbf{v} = 0 \tag{3.7-25}$$

e as seguintes condições de contorno para a região de líquido:

fundo do tanque $\quad$ em $z = 0$ e $0 \leq r < R$, $\quad \mathbf{v} = 0$ $\quad$ (3.7-26)

paredes do tanque $\quad$ em $r = R$, $\quad \mathbf{v} = 0$ $\quad$ (3.7-27)

superfície do impelidor $\quad$ em $S_{\text{imp}}(r, \theta - 2\pi Nt, z) = 0$, $\quad \mathbf{v} = 2\pi Nr\boldsymbol{\delta}_\theta$ $\quad$ (3.7-28)

interface gás-líquido $\quad$ em $S_{\text{int}}(r, \theta, z, t) = 0$, $\quad (\mathbf{n} \cdot \mathbf{v}) = 0$ $\quad$ (3.7-29)

$$\text{e} \quad \mathbf{n}p + [\mathbf{n} \cdot \boldsymbol{\tau}] = \mathbf{n}p_{\text{atm}} \tag{3.7-30}$$

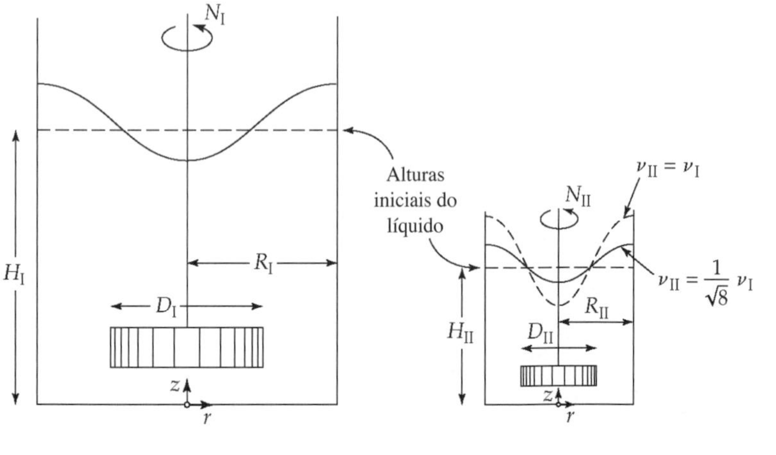

Fig. 3.7-3 Forma média da superfície livre para tempos longos, com $\text{Re}_I = \text{Re}_{II}$.

As Eqs. 3.7-26 a 28 são as condições de não-deslizamento e impermeabilidade; a superfície $S_{imp}(r, \theta - 2\pi Nt, z) = 0$ descreve a localização do impelidor após Nt rotações. A Eq. 3.7-29 representa a condição de inexistência de transferência de massa através da interface gás-líquido, descrita por $S_{int}(r, \theta, z, t) = 0$, e caracterizada localmente por um vetor unitário normal $\mathbf{n}$. A Eq. 3.7-30 é um balanço de forças sobre um elemento dessa interface (ou a declaração da continuidade da componente normal do tensor fluxo de momento $\boldsymbol{\pi}$) no qual as contribuições viscosas do lado do gás são desprezadas. Essa interface está inicialmente em repouso no plano $z = H$ e seu movimento daí por diante é mais facilmente obtido com medições, embora em princípio ele possa ser previsto resolvendo-se numericamente o sistema de equações que descreve as condições iniciais e as subseqüentes acelerações, $D\mathbf{v}/Dt$, de cada elemento de fluido.

A seguir tornamos adimensionais as equações usando as grandezas características $v_0 = ND$, $l_0 = D$ e $\mathscr{P}_0 = p_{atm}$ juntamente com coordenadas polares adimensionais $\breve{r} = r/D$, θ e $\breve{z} = z/D$. Então, as equações da continuidade e do movimento ficam como as Eqs. 3.7-8 e 9, com $\text{Re} = D^2N\rho/\mu$. A condição inicial toma a forma

$$\text{em } \breve{t} = 0, \text{para } \breve{r} = \left[\!\left[\frac{R}{D}\right]\!\right] \text{e } 0 < \breve{z} < \left[\!\left[\frac{H}{D}\right]\!\right], \quad \breve{\mathbf{v}} = 0 \tag{3.7-31}$$

e as condições de contorno tornam-se:

fundo do tanque $$\text{em } \breve{z} = 0 \text{ e } 0 < \breve{r} < \left[\!\left[\frac{R}{D}\right]\!\right], \quad \breve{\mathbf{v}} = 0 \tag{3.7-32}$$

paredes do tanque $$\text{em } \breve{r} = \left[\!\left[\frac{R}{D}\right]\!\right], \quad \breve{\mathbf{v}} = 0 \tag{3.7-33}$$

superfície do impelidor $$\text{em } \breve{S}_{imp}(\breve{r}, \theta - 2\pi\breve{t}, \breve{z}) = 0, \quad \breve{\mathbf{v}} = 2\pi\breve{r}\boldsymbol{\delta}_\theta \tag{3.7-34}$$

interface gás-líquido $$\text{em } \breve{S}_{int}(\breve{r}, \theta, \breve{z}, \breve{t}) = 0, \quad (\mathbf{n} \cdot \breve{\mathbf{v}}) = 0 \tag{3.7-35}$$

$$\text{e} \quad \mathbf{n}\breve{\mathscr{P}} - \mathbf{n}\left[\!\left[\frac{g}{DN^2}\right]\!\right]\breve{z} - \left[\!\left[\frac{\mu}{D^2N\rho}\right]\!\right][\mathbf{n} \cdot \breve{\dot{\boldsymbol{\gamma}}}] = 0 \tag{3.7-36}$$

Ao passarmos da Eq. 3.7-30 para a Eq. 3.7-36 usamos a lei de Newton da viscosidade na forma da Eq. 1.2-7 (porém omitindo-se o último termo, o que é apropriado para líquidos incompressíveis). Também usamos a abreviação $\dot{\boldsymbol{\gamma}} = \nabla\mathbf{v} + (\nabla\mathbf{v})^\dagger$ para o tensor taxa de deformação, cujos componentes cartesianos são $\dot{\gamma} = (\partial\breve{v}_j/\partial\breve{x}_i) + (\partial\breve{v}_i/\partial\breve{x}_j)$.

As grandezas entre colchetes duplos são conhecidas como grandezas adimensionais. A função $\breve{S}_{imp}(\breve{r}, \theta - 2\pi t, \breve{z})$ é conhecida para um dado projeto de impelidor. A função desconhecida $\breve{S}_{imp}(\breve{r}, \theta, \breve{z}, \breve{t})$ é mensurável fotograficamente, ou em princípio pode ser computada a partir do enunciado do problema.

Por inspeção das equações adimensionais, concluímos que os perfis de velocidade e pressão devem ter a forma

$$\breve{\mathbf{v}} = \breve{\mathbf{v}}\left(\breve{r}, \theta, \breve{z}, \breve{t}; \frac{R}{D}, \frac{H}{D}, \text{Re}, \text{Fr}\right) \tag{3.7-37}$$

$$\breve{\mathscr{P}} = \breve{\mathscr{P}}\left(\breve{r}, \theta, \breve{z}, \breve{t}; \frac{R}{D}, \frac{H}{D}, \text{Re}, \text{Fr}\right) \tag{3.7-38}$$

para dados formato de impelidor e posicionamento no vaso. A correspondente localização da superfície livre é dada por

$$\breve{S}_{int} = \breve{S}_{int}\left(\breve{r}, \theta, \breve{z}, \breve{t}; \frac{R}{D'}, \frac{H}{D'}, \text{Re}, \text{Fr}\right) = 0 \tag{3.7-39}$$

onde Re $= D^2N\rho/\mu$ e Fr $=$ Re $= DN^2/g$. Para regimes fracamente dependentes do tempo, que ocorrem em valores grandes de $\breve{t}$, a dependência de t desaparece, o mesmo acontecendo com a dependência de θ, devido a geometria axissimétrica do tanque.

Esses resultados correspondem às condições necessárias para o experimento proposto com o modelo: os dois sistemas devem ser (i) geometricamente similares (mesmos valores de R/D e H/D, mesma geometria de impelidor e posicionamento), e (ii) operados com os mesmos valores dos números de Reynolds e Froude. A condição (ii) requer

$$\frac{D_I^2 N_I}{\nu_I} = \frac{D_{II}^2 N_{II}}{\nu_{II}} \tag{3.7-40}$$

$$\frac{D_I N_I^2}{g_I} = \frac{D_{II} N_{II}^2}{g_{II}} \tag{3.7-41}$$

onde se usou a viscosidade cinemática, $\nu = \mu/\rho$. Normalmente ambos os tanques operam no mesmo campo gravitacional, $g_I = g_{II}$, de modo que a Eq. 3.7-41 requer

$$\frac{N_{II}}{N_I} = \left(\frac{D_I}{D_{II}}\right)^{1/2} \tag{3.7-42}$$

Substituindo essa última equação na Eq. 3.7-40 resulta a exigência

$$\frac{\nu_{II}}{\nu_I} = \left(\frac{D_{II}}{D_I}\right)^{3/2} \tag{3.7-43}$$

Este é um resultado importante — nominalmente, o de que um tanque menor (II) requer um fluido de viscosidade cinemática menor para que seja mantida a similaridade dinâmica. Por exemplo, se usamos um modelo em escala com $D_{II} = D_I/2$, então precisamos usar um fluido com viscosidade cinemática $\nu_{II} = \nu_I/\sqrt{8}$ no experimento em escala reduzida. Evidentemente as exigências de similaridade dinâmica nesse problema são mais rigorosas do que no exemplo prévio, e isto se deve ao grupo adimensional Fr, adicional.

Em muitos casos práticos, a Eq. 3.7-43 requer valores muito baixos de ν_{II}, inatingíveis. Nesses casos não são possíveis aumentos exatos de escala a partir de um único experimento com o modelo. Todavia, sob certas circunstâncias, os efeitos de um ou mais grupos adimensionais podem ser já conhecidos e pequenos ou previsíveis a partir da experiência com sistemas similares; Em tais situações, aumentos de escala aproximados a partir de um único experimento, são ainda viáveis.[9]

Esse exemplo mostra a importância de incluir condições de contorno na análise dimensional. Nesse caso o número de Froude apareceu somente na condição de contorno de superfície livre, Eq. 3.7-36. A não utilização dessa condição resultaria na omissão da restrição dada pela Eq. 3.7-42, o que poderia nos levar a escolher impropriamente $\nu_{II} = \nu_I$. Se fizéssemos isso, como $\text{Re}_{II} = \text{Re}_I$, o número de Froude no tanque menor seria muito grande, e o vórtice seria muito profundo, conforme mostrado pela linha tracejada na Fig. 3.7-3.

EXEMPLO 3.7-3

Queda de Pressão para Escoamento Lento em um Tubo Recheado

Mostre que o gradiente axial médio de pressão modificada, $\mathcal{P}$, para o escoamento lento de um fluido com ρ e μ constantes através de um tubo de raio R e comprimento $L >> D_p$ uniformemente recheado com partículas de tamanho característico $D_p << R$, é

$$\frac{\Delta\langle\mathcal{P}\rangle}{L} = \frac{\mu\langle v_z\rangle}{D_p^2} K(\text{geom}) \tag{3.7-44}$$

Nessa equação <···> representa um valor médio sobre a seção transversal recheada cujo comprimento é L, e a função K(geom) é uma constante para uma dada geometria do leito (isto é, para um dado formato e arranjo das partículas).

[9]Para uma introdução aos métodos de ampliação de escala com similaridade dinâmica incompleta, veja R. W. Powell, *An Elementary Text in Hydraulics and Fluid Mechanics*, Macmillan, New York (1951).

SOLUÇÃO

Escolhemos D_p como um comprimento característico e $<v_z>$ como uma velocidade característica. Então o movimento intersticial do fluido é determinado pelas Eqs. 3.7-8 e 3.7-9b, com $\breve{\mathbf{v}} = \mathbf{v}/<v_z>$ e $\breve{\mathcal{P}} = (\mathcal{P} - \mathcal{P}_0)D_p/\mu <v_z>$, juntamente com as condições de não-deslizamento nas superfícies sólidas e a diferença de pressão modificada $\Delta<\mathcal{P}> = <\mathcal{P}_0> - <\mathcal{P}_L>$. As soluções para $\breve{\mathbf{v}}$ e $\breve{\mathcal{P}}$ no escoamento lento ($D_p<v_z>\rho/\mu \to 0$) por sua vez, dependem somente de $\breve{r}$, θ e $\breve{z}$ para um dado arranjo e formato de partículas. Então o gradiente axial médio

$$\frac{D_p}{L}\int_0^{L/D_p}\left(-\frac{d\langle\breve{\mathcal{P}}\rangle}{d\breve{z}}\right)d\breve{z} = \frac{D_p}{L}(\breve{\mathcal{P}}_0 - \breve{\mathcal{P}}_L) \tag{3.7-45}$$

depende somente da geometria do leito, desde que R e L sejam grandes quando comparados a D_p. Inserindo nessa equação a expressão de $\breve{\mathcal{P}}$ vista anteriormente, obtemos diretamente a Eq. 3.7-44.

QUESTÕES PARA DISCUSSÃO

1. Qual o significado físico do termo $\Delta x\,\Delta y(\rho v_z)|_z$ na Eq. 3.1-2? Qual o significado físico de $(\nabla \cdot \mathbf{v})$? E de $(\nabla \cdot \rho\mathbf{v})$?
2. Através de um balanço de massa sobre um elemento de volume $(\Delta r)(r\Delta\theta)(\Delta z)$ obtenha a equação da continuidade em coordenadas cilíndricas.
3. Qual o significado físico do termo $\Delta x\,\Delta y(\rho v_z v_x)|_z$ na Eq. 3.2-2? Qual o significado físico de $(\nabla \cdot \rho\mathbf{vv})$?
4. O que acontece quando se faz f igual a 1 na Eq. 3.5-4?
5. A Eq. B na Tabela 3.5-1 *não* se restringe a fluidos com densidade constante, embora ρ esteja à esquerda da derivada substantiva. Explique.
6. No problema de escoamento anular tangencial do Exemplo 3.5-3, você esperaria que os perfis de velocidades relativas ao cilindro interno fossem os mesmos nas duas situações seguintes: (i) o cilindro de dentro é fixo e o cilindro de fora gira com uma velocidade angular Ω; (ii) o cilindro de fora é fixo e o cilindro de dentro gira com uma velocidade angular $-\Omega$? Presume-se que ambos escoamentos são laminares e estáveis.
7. Suponha que no Exemplo 3.6-4 existissem dois líquidos imiscíveis no vaso cilíndrico em rotação. Qual seria a forma da interface entre as duas regiões líquidas?
8. O sistema discutido no Exemplo 3.6-5 seria útil como um viscosímetro?
9. Em relação à Eq. 3.6-55, explique por meio de um esboço cuidadosamente elaborado, a escolha dos limites de integração e o significado de cada fator no primeiro integrando.
10. Que fatores precisariam ser levados em consideração no projeto de um tanque de mistura a ser operado na lua, empregando dados de um tanque similar na Terra?

PROBLEMAS

3A.1 Torque necessário para girar um eixo em um mancal (Fig. 3A.1). Calcule o torque em $lb_f \cdot ft$ e o consumo de potência em hp, necessários para girar o eixo no mancal de atrito mostrado na figura. O comprimento do mancal é 2 in e o eixo está girando a 200 rpm. A viscosidade do lubrificante é de 200 cp, e sua densidade é 50 lb_m/ft^3.
Respostas: 0,32 $lb_f \cdot ft$; 0,012 hp = 0,009 kW

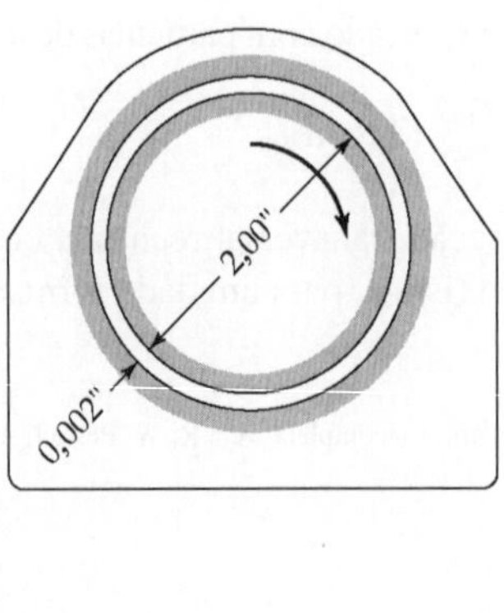

Fig. 3A.1 Mancal de atrito.

3A.2 Perda por atrito em mancais.[1] Cada uma das duas hélices de um barco a motor de grande porte é acionada por um motor de 400 hp. O eixo que conecta o motor às hélices tem 16 in de diâmetro e se apóia em uma série de mancais com 0,005 in de folga. O eixo gira a 50 rpm, o lubrificante tem uma viscosidade de 5000 cp, e existem 20 mancais, cada um com 1 ft de comprimento. Estime a fração da potência do motor consumida para girar os eixos em seus mancais. Despreze o efeito da excentricidade.
Resposta: 0,115

3A.3 Efeito da altitude sobre a pressão do ar. Na desembocadura do rio Ontonagon na costa sul do Lago Superior (602 ft acima do nível do mar) seu barômetro portátil indica uma pressão de 750 mm Hg. Use a equação do movimento para estimar a pressão barométrica no topo do Pico do Governo (2023 ft acima do nível do mar) nas proximidades das montanhas Porcupine. Assuma que a temperatura no nível do lago é de 70°F e que a temperatura diminui com o aumento da altitude a uma taxa constante de 3°F para cada 1000 ft. A aceleração da gravidade na costa sul do Lago Superior é cerca de 32,19 ft/s, e sua variação com a altitude pode ser desprezada neste problema.
Resposta: 712 mm Hg $= 9{,}49 \times 10^4$ N/m^2

3A.4 Determinação da viscosidade com um viscosímetro de cilindro rotativo. Deseja-se medir as viscosidades de soluções de sacarose de concentrações de cerca de 60% em peso a aproximadamente 20°C com um viscosímetro de cilindro rotativo tal como mostrado na Fig. 3.5-1. Este instrumento possui um cilindro interno de 4,000 cm de diâmetro envolvido por cilindro concêntrico girante de 4,500 cm de diâmetro. O comprimento L é 4,00 cm. A viscosidade de uma solução de sacarose a 60% e a 20°C é de cerca de 57 cp e sua densidade é em torno de 1,29 g/cm^3.

Com base em experiências anteriores é possível que efeitos de extremidades sejam importantes e assim é decidido calibrar o viscosímetro através de medidas com soluções conhecidas com aproximadamente a mesma viscosidade que aquelas das soluções de sacarose desconhecidas.

Determine um valor razoável para o torque aplicado a ser usado na calibração se as medidas de torque têm precisão de 100 dyn/cm e a velocidade angular pode ser medida com a precisão de 0,5%. Qual será a velocidade angular resultante?

3A.5 Fabricação de um espelho parabólico. Propõe-se construir um suporte para um espelho parabólico girando-se um prato de uma resina plástica de endurecimento lento, a velocidade constante, até que ela se solidifique. Calcule a velocidade de rotação necessária para produzir um espelho com distância focal f igual a 100 cm. A distância focal é a metade do raio de curvatura sobre o eixo, o qual é dado por

$$r_c = \left[1 + \left(\frac{dz}{dr}\right)^2\right]^{3/2}\left(\frac{d^2z}{dr^2}\right)^{-1} \tag{3A.5-1}$$

Resposta: 21,1 rpm

3A.6 Aumento de escala de um tanque agitado. Experimentos com um tanque agitado em escala pequena devem ser usados para projetar uma instalação geometricamente similar com dimensões lineares 10 vezes maiores. O fluido no tanque grande será um óleo pesado com μ igual a 13,5 cp e ρ igual a 0,9 g/cm^3. O tanque grande deverá usar uma velocidade de impelidor de 120 rpm.

(a) Determine a velocidade do impelidor para o modelo em escala pequena conforme critério de aumento de escala dado no Exemplo 3.7-2.

(b) Determine a temperatura de operação para o modelo caso o fluido sob agitação seja água.

Respostas: **(a)** 380 rpm, **(b)** 60°C

3A.7 Entrada de ar em um tanque sob drenagem (Fig. 3A-7). Um tanque de armazenamento de melaço com 60 ft de diâmetro deve ser construído provendo-se uma linha de esgotamento de 1 ft de diâmetro situada a 4 ft da parede lateral do tanque e estendendo-se verticalmente para cima 1 ft a partir do fundo do tanque. Sabe-se da experiência que conforme melaço é retirado do tanque um vórtice irá se formar e conforme o nível do líquido caia, esse vórtice irá finalmente atingir o tubo de drenagem, permitindo assim a entrada de ar e sua mistura com o melaço. Isto deve ser evitado.

[1]Esse problema é uma contribuição do Prof. E. J. Crosby da Universidade de Wisconsin.

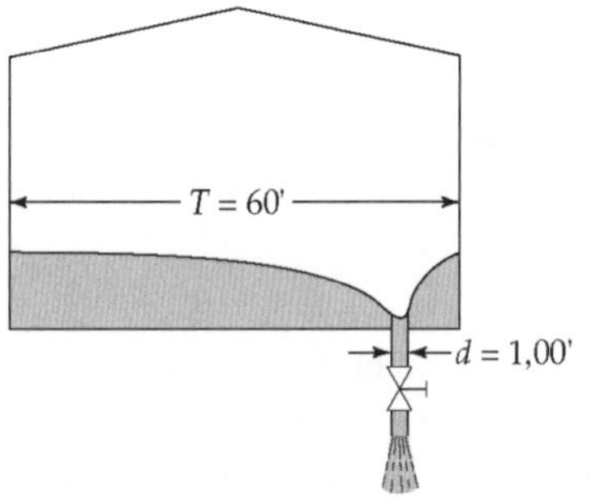

Fig. 3A.7 Drenagem de um tanque de melaço.

Propõe-se prever o nível mínimo de líquido para o qual essa entrada de ar pode ser evitada, para uma vazão de esgotamento de 800 gal/min, por meio de um estudo em modelo usando um tanque menor. Por conveniência, água a 68°F será usada como fluido no estudo do modelo.

Determine as dimensões apropriadas do tanque e as condições de operação para o modelo se a densidade do melaço é 1,286 g/cm^3 e sua viscosidade é 56,7 cp. Pode ser assumido que tanto no tanque de tamanho real quanto no modelo a forma do vórtice depende somente da quantidade de líquido no tanque e da vazão de esgotamento; isto é, o vórtice se estabelece muito rapidamente.

3B.1 Escoamento entre cilindros coaxiais e esferas concêntricas.

(a) O espaço entre dois cilindros coaxiais é preenchido com um fluido incompressível a uma temperatura constante. Os raios das superfícies molhadas, interna e externa, são κR e R, respectivamente. As velocidades angulares de rotação dos cilindros de dentro e de fora são Ω_i e Ω_o. Determine a distribuição de velocidades no fluido e os torques sobre os dois cilindros, necessários para manter o movimento.

(b) Repita a parte (a) para duas esferas concêntricas.

Respostas:

(a) $v_\theta = \dfrac{\kappa R}{1-\kappa^2}\left[(\Omega_o - \Omega_i\kappa^2)\left(\dfrac{r}{\kappa R}\right) + (\Omega_i - \Omega_o)\left(\dfrac{\kappa R}{r}\right)\right]$

(b) $v_\phi = \dfrac{\kappa R}{1-\kappa^3}\left[(\Omega_o - \Omega_i\kappa^3)\left(\dfrac{r}{\kappa R}\right) + (\Omega_i - \Omega_o)\left(\dfrac{\kappa R}{r}\right)^2\right] \operatorname{sen}\theta$

3B.2 Escoamento laminar em um duto triangular (Fig. 3B.2).[2] Um tipo de trocador de calor compacto é mostrado na Fig. 3B.2(a). Para analisar o desempenho de tal aparelho, é necessário entender o escoamento em um tubo cuja seção transversal é um triângulo equilátero. Isso é feito mais facilmente usando-se um sistema de coordenadas conforme mostrado na Fig. 3B.2(b).

(a) Verifique que a distribuição de velocidades para o escoamento laminar de um fluido newtoniano em um duto desse tipo é dada por

$$v_z = \frac{(\mathcal{P}_0 - \mathcal{P}_L)}{4\mu LH}(y - H)(3x^2 - y^2) \tag{3B.2-1}$$

(b) a partir da Eq. 3B.2-1 determine a velocidade média, a velocidade máxima e a vazão mássica.

Respostas: **(b)** $\langle v_z \rangle = \dfrac{(\mathcal{P}_0 - \mathcal{P}_L)H^2}{60\mu L} = \dfrac{9}{20} v_{z,\text{máx}}$;

$$w = \frac{\sqrt{3}(\mathcal{P}_0 - \mathcal{P}_L)H^4\rho}{180\mu L}$$

[2]Uma formulação alternativa para o perfil de velocidades é dada por L. D. Landau and E. M. Lifshitz, *Fluid Mechanics*, Pergamon Press, Oxford, 2.ª ed. (1987), p. 54.

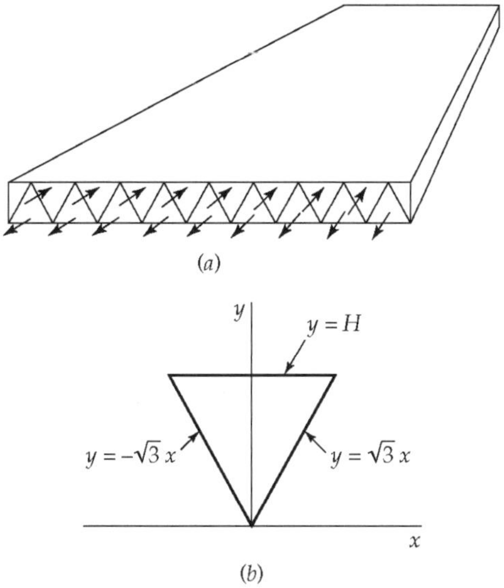

Fig. 3B.2 (a) Elemento de um trocador de calor compacto, mostrando canais com seção transversal triangular; (b) sistema de coordenadas para um duto com seção em forma de triângulo equilátero.

3B.3 Escoamento laminar em um duto quadrado

(a) Um duto reto se estende na direção z através de um comprimento L e tem uma seção transversal quadrada, limitada pelas linhas $x = \pm B$ e $y = \pm B$. Um colega lhe disse que a distribuição de velocidades é dada por

$$v_z = \frac{(\mathcal{P}_0 - \mathcal{P}_L)B^2}{4\mu L}\left[1 - \left(\frac{x}{B}\right)^2\right]\left[1 - \left(\frac{y}{B}\right)^2\right] \tag{3B.3-1}$$

Como esse colega já lhe deu conselhos equivocados em uma ocasião no passado, você se sente obrigado a checar o resultado. Ele satisfaz as condições de contorno e a equação diferencial relevantes?

(b) De acordo com o artigo de revisão de Berker,[3] a vazão mássica em um duto quadrado é dada por

$$w = \frac{0{,}563(\mathcal{P}_0 - \mathcal{P}_L)B^4\rho}{\mu L} \tag{3B.3-2}$$

Compare o coeficiente nesta expressão com o coeficiente que se obtém a partir da Eq. 3B.3-1.

3B.4 Escoamento lento entre duas esferas concêntricas (Fig. 3B.4). Um líquido newtoniano muito viscoso escoa no espaço entre duas esferas concêntricas conforme mostrado na figura. Deseja-se calcular a vazão nesse sistema em função da diferença de pressão imposta. Despreze os efeitos de extremidades e suponha que v_θ dependa somente de r e θ com as outras componentes da velocidade nulas.

(a) Usando a equação da continuidade mostre que $v_\theta \operatorname{sen} \theta = u(r)$, onde $u(r)$ é uma função de r a ser determinada.

(b) Escreva a componente θ da equação do movimento para esse sistema, assumindo que o escoamento é lento o suficiente para que $[\mathbf{v} \cdot \nabla\mathbf{v}]$ seja desprezível. Mostre que isso fornece

$$0 = -\frac{1}{r}\frac{\partial \mathcal{P}}{\partial \theta} + \mu\left[\frac{1}{\operatorname{sen}\theta}\frac{1}{r^2}\frac{d}{dr}\left(r^2\frac{du}{dr}\right)\right] \tag{3B.4-1}$$

(c) Separe a equação anterior em duas equações

$$\operatorname{sen}\theta\frac{d\mathcal{P}}{d\theta} = B; \qquad \frac{\mu}{r}\frac{d}{dr}\left(r^2\frac{du}{dr}\right) = B \tag{3B.4-2, 3}$$

[3]R. Berker, *Handbuch der Physik*, Vol. VIII/2, Springer, Berlin (1963); veja pp. 67-77 para escoamento laminar em dutos de seção transversal não-circular. Veja também W. E. Stewart, *AIChE Journal*, **8**, 425-428 (1962).

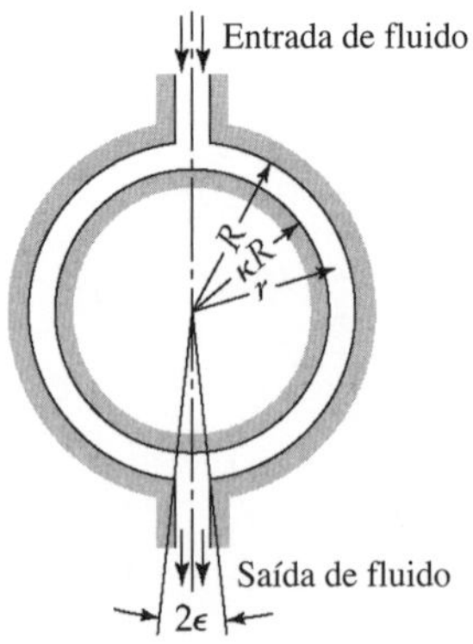

Fig. 3B.4 Escoamento lento na região entre duas esferas concêntricas estacionárias.

onde B é a constante de separação, e resolva as duas equações obtendo,

$$B = \frac{\mathcal{P}_2 - \mathcal{P}_1}{2 \ln \cot \frac{1}{2}\varepsilon} \tag{3B.4-4}$$

$$u(r) = \frac{(\mathcal{P}_1 - \mathcal{P}_2)R}{4\mu \ln \cot(\varepsilon/2)}\left[\left(1 - \frac{r}{R}\right) + \kappa\left(1 - \frac{R}{r}\right)\right] \tag{3B.4-5}$$

onde $\mathcal{P}_1$ e $\mathcal{P}_2$ são os valores da pressão modificada em $\theta = \varepsilon$ e em $\theta = \pi - \varepsilon$, respectivamente.

(d) Use os resultados acima para obter a vazão mássica.

$$w = \frac{\pi(\mathcal{P}_1 - \mathcal{P}_2)R^3(1-\kappa)^3\rho}{12\mu \ln \cot(\varepsilon/2)} \tag{3B.4-6}$$

3B.5 Viscosímetro de discos paralelos (Fig. 3B.5). Um fluido, cuja viscosidade deve ser medida, é colocado em uma folga de espessura B entre dois discos de raio R. Mede-se o torque T_z necessário para girar o disco de cima com uma velocidade angular Ω. Desenvolva uma fórmula para o cálculo da viscosidade a partir dessas medições.

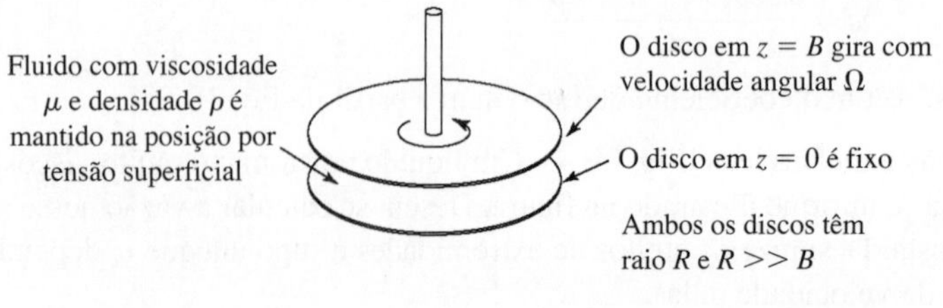

Fig. 3B.5 Viscosímetro de discos paralelos.

(a) Suponha que para valores pequenos de Ω os perfis de velocidades tenham a forma $v_r = 0$, $v_z = 0$ e $v_\theta = rf(z)$; Por que essa forma da velocidade tangencial parece razoável? Suponha também que $\mathcal{P} = \mathcal{P}(r, z)$. Escreva as equações da continuidade e do movimento simplificadas para o caso.

(b) A partir da componente θ da equação do movimento, obtenha uma equação diferencial para $f(z)$. Resolva a equação para $f(z)$ e calcule as constantes de integração. Isso conduz ao resultado final, $v_\theta = \Omega r(z/B)$. Poderia você ter antecipado esse resultado?

(c) Mostre que a desejada equação de trabalho para cálculo da viscosidade é $\mu = 2BT_z/\pi\Omega R^4$.

(d) Discuta as vantagens e desvantagens desse instrumento.

3B.6 Escoamento axial circulante em um ânulo (Fig. 3B.6). Um eixo cilíndrico de raio κR move-se para cima com velocidade constante v_0 através de um vaso cilíndrico de raio interno R contendo um líquido newtoniano. O líquido circula no cilindro, movendo-se para cima juntamente com o eixo cilíndrico central e para baixo sobre a parede interna fixa do vaso. Determine a distribuição de velocidades na região anular, longe das perturbações de extremidade. Escoamentos similares a esse ocorrem em selos de algumas máquinas alternativas — por exemplo no espaço anular entre os anéis de um pistão.

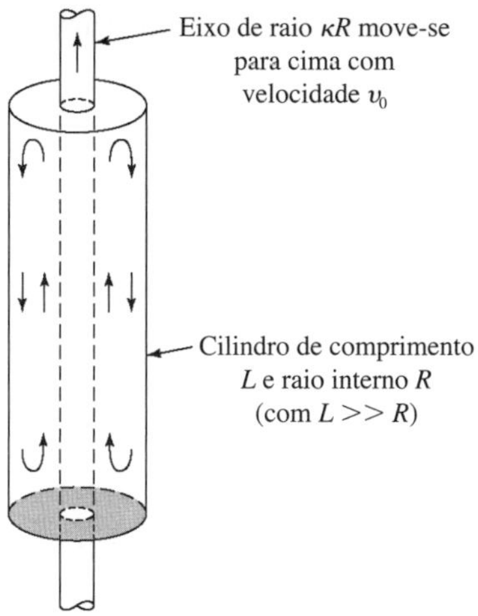

Fig. 3B.6 Escoamento circulante produzido pelo movimento axial de um eixo em uma região anular fechada.

(a) Primeiro considere o problema onde a região anular tem pequena espessura — isto é, onde κ é ligeiramente menor que a unidade. Em tal caso o ânulo pode ser aproximado por uma fenda plana estreita e a curvatura pode ser desprezada. Mostre que nesse caso limite, a distribuição de velocidades é dada por

$$\frac{v_z}{v_0} = 3\left(\frac{\xi - \kappa}{1 - \kappa}\right)^2 - 4\left(\frac{\xi - \kappa}{1 - \kappa}\right) + 1 \tag{3B.6-1}$$

onde $\xi = r/R$.

(b) A seguir resolva o problema sem a hipótese de fenda estreita. Mostre que a distribuição de velocidades é dada por

$$\frac{v_z}{v_0} = \frac{(1 - \xi^2)\left(1 - \dfrac{2\kappa^2}{1 - \kappa^2}\ln\dfrac{1}{\kappa}\right) - (1 - \kappa^2)\ln\dfrac{1}{\xi}}{(1 - \kappa^2) - (1 + \kappa^2)\ln\dfrac{1}{\kappa}} \tag{3B.6-2}$$

3B.7 Fluxos de momento para o escoamento lento em direção a uma fenda (Fig. 3B.7). Um líquido newtoniano incompressível escoa lentamente em direção a uma fenda estreita de espessura $2B$ (na direção y) e largura W (na direção z). A vazão mássica na fenda é w. A partir dos resultados do Problema 2B.3 pode ser mostrado que a distribuição de velocidades na fenda é

$$v_x = \frac{3w}{4BW\rho}\left[1 - \left(\frac{y}{B}\right)^2\right] \quad v_y = 0 \quad v_z = 0 \tag{3B.7-1}$$

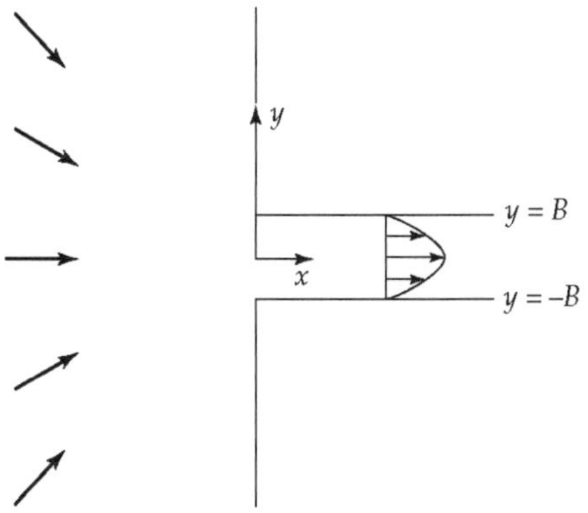

Fig. 3B.7 Escoamento de um líquido em direção a uma fenda a partir de uma região semi-infinita, $x < 0$.

em locais não muito próximos da entrada da fenda. Na região externa à fenda as componentes de velocidade para o *escoamento lento* são

$$v_x = -\frac{2w}{\pi W\rho}\frac{x^3}{(x^2+y^2)^2} \tag{3B.7-2}$$

$$v_y = -\frac{2w}{\pi W\rho}\frac{x^2 y}{(x^2+y^2)^2} \tag{3B.7-3}$$

$$v_z = 0 \tag{3B.7-4}$$

Na região próxima da fenda as Eqs. 3B.7-1 a 3B.7-4 são apenas aproximadas, para ambos $x \geq 0$ e $x \leq 0$.

(a) Determine os componentes do fluxo convectivo de momento $\rho\mathbf{vv}$ dentro e fora da fenda.

(b) Obtenha a componente xx de $\rho\mathbf{vv}$ em $x = -a$, $y = 0$.

(c) Obtenha a componente xy de $\rho\mathbf{vv}$ em $x = -a$, $y = +a$.

(d) A energia cinética total que atravessa o plano $x = -a$ é igual à energia cinética total através da fenda?

(e) Verifique que as distribuições de velocidades dadas nas Eqs. 3B.7-1 a 4 satisfazem a relação $(\nabla \cdot \mathbf{v}) = 0$.

(f) Determine a tensão normal τ_{xx} no plano $y = 0$ e também na superfície sólida em $x = 0$.

(g) Determine a tensão cisalhante τ_{yx} na superfície sólida em $x = 0$. É esse resultado surpreendente? Será que um esboço do perfil de velocidades v_y *versus* x sobre um plano $y = a$ ajudaria a entender o resultado?

3B.8 Distribuição de velocidades para o escoamento lento em direção a uma fenda (Fig. 3B.7).[4] Deseja-se obter a distribuição de velocidades associada à região de montante no problema anterior. Supomos que $v_\theta = 0$, $v_z = 0$, $v_r = v_r(r, \theta)$, e que $\mathcal{P} = \mathcal{P}(r, \theta)$.

(a) Mostre que a equação da continuidade em coordenadas cilíndricas fornece $v_r = f(\theta)/r$, onde $f(\theta)$ é uma função de θ para a qual $df/d\theta = 0$ em $\theta = 0$, e $f = 0$ em $\theta = \pi/2$.

(b) Escreva as componentes r e θ da equação do movimento para o escoamento lento e insira a expressão de $f(\theta)$ de (a).

(c) Diferencie a componente r da equação do movimento em relação a θ e a componente θ em relação a r. Mostre que isso leva a

$$\frac{d^3 f}{d\theta^3} + 4\frac{df}{d\theta} = 0 \tag{3B.8-1}$$

(d) Resolva essa equação diferencial e obtenha uma expressão para $f(\theta)$ contendo três constantes de integração.

(e) Calcule as constantes de integração usando as duas condições de contorno de (a) e o fato de que a vazão mássica total através de qualquer superfície cilíndrica deve ser igual a w. Isto fornece

$$v_r = -\frac{2w}{\pi W\rho r}\cos^2\theta \tag{3B.8-2}$$

(f) A seguir, a partir das equações do movimento em (b), obtenha $\mathcal{P}(r, \theta)$ como

$$\mathcal{P}(r, \theta) = \mathcal{P}_\infty - \frac{2\mu w}{\pi W\rho r^2}\cos 2\theta \tag{3B.8-3}$$

Qual o significado físico de $\mathcal{P}_\infty$?

(g) Mostre que a tensão normal total exercida sobre a superfície sólida em $\theta = \pi/2$ é

$$(p + \tau_{\theta\theta})|_{\theta=\pi/2} = p_\infty + \frac{2\mu w}{\pi W\rho r^2} \tag{3B.8-4}$$

(h) A seguir calcule $\tau_{\theta r}$ na mesma superfície sólida.

(i) Mostre que o perfil de velocidades obtido na Eq. 3B.8-2 é equivalente às Eqs. 3B.7-2 e 3.

3B.9 Escoamento lento e transversal em torno de um cilindro (veja a Fig. 3.7-1). Fluido newtoniano incompressível se aproxima de um cilindro estacionário com uma velocidade uniforme e permanente v_∞ na direção x positiva. Quando

[4]Adaptado de R. B. Bird, R. C. Armstrong e O. Hassager, *Dynamics of Polymeric Liquids*, Vol. 1, Wiley-Interscience, New York, 2.ª ed. (1987), pp. 42-43.

as equações de balanço são resolvidas para o escoamento lento, as seguintes expressões[5] são encontradas para a pressão e a velocidade nas vizinhanças imediatas do cilindro (elas *não* são válidas para distâncias grandes):

$$p(r, \theta) = p_\infty - C\mu \frac{v_\infty \cos\theta}{r} - \rho g r \operatorname{sen}\theta \tag{3B.9-1}$$

$$v_r = Cv_\infty\left[\frac{1}{2}\ln\left(\frac{r}{R}\right) - \frac{1}{4} + \frac{1}{4}\left(\frac{R}{r}\right)^2\right]\cos\theta \tag{3B.9-2}$$

$$v_\theta = -Cv_\infty\left[\frac{1}{2}\ln\left(\frac{r}{R}\right) + \frac{1}{4} - \frac{1}{4}\left(\frac{R}{r}\right)^2\right]\operatorname{sen}\theta \tag{3B.9-3}$$

onde p_∞ é a pressão longe do cilindro em $y = 0$ e

$$C = \frac{2}{\ln(7{,}4/\mathrm{Re})} \tag{3B.9-4}$$

com o número de Reynolds definido por $\mathrm{Re} = 2Rv_\infty\rho/\mu$.

(a) Use esses resultados para obter a pressão p, a tensão cisalhante $\tau_{r\theta}$ e a tensão normal τ_{rr} na superfície do cilindro.

(b) Mostre que a componente x da força por unidade de área exercida pelo líquido sob o cilindro é

$$-p|_{r=R}\cos\theta + \tau_{r\theta}|_{r=R}\operatorname{sen}\theta \tag{3B.9-5}$$

(c) Obtenha a força $F_x = 2C\pi L\mu v_\infty$ exercida na direção x sob um comprimento L de cilindro.

3B.10 Escoamento radial entre discos paralelos (Fig. 3B.10).

Uma parte de um sistema de lubrificação consiste em dois discos circulares entre os quais escoa radialmente um lubrificante. O escoamento tem lugar devido a uma diferença de pressão modificada $\mathcal{P}_1 - \mathcal{P}_2$ entre os raios de dentro e de fora, r_1 e r_2, respectivamente.

(a) Escreva as equações da continuidade e do movimento para esse sistema de escoamento assumindo regime permanente, laminar, incompressível e fluido newtoniano. Considere somente a região $r_1 \leq r \leq r_2$ e um escoamento que é dirigido radialmente.

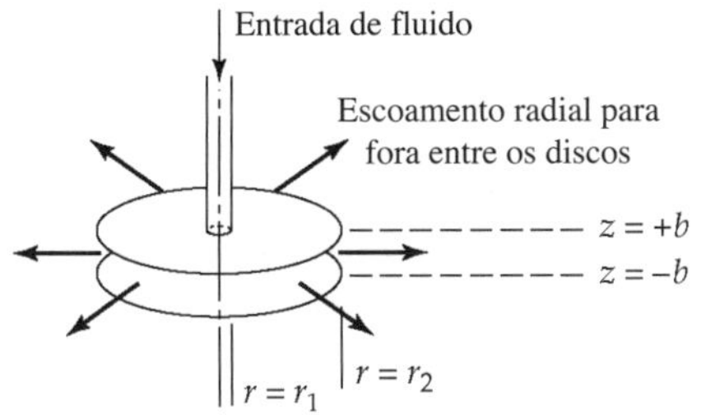

Fig. 3B.10 Escoamento radial para fora, no espaço entre dois discos circulares e paralelos.

(b) Mostre como a equação da continuidade permite simplificar a equação do movimento fornecendo

$$\rho\frac{\phi^2}{r^3} = -\frac{d\mathcal{P}}{dr} + \mu\frac{1}{r}\frac{d^2\phi}{dz^2} \tag{3B.10-1}$$

onde $\phi = rv_r$ só é função de z. Por que ϕ é independente de r?

(c) Pode-se mostrar que não existe solução para a Eq. 3B.10-1 a menos que o termo não-linear contendo ϕ seja omitido. A omissão deste termo corresponde à "hipótese de escoamento lento". Mostre que para o escoamento lento a Eq. 3B.10-1 pode ser integrada em relação a r fornecendo

$$0 = (\mathcal{P}_1 - \mathcal{P}_2) + \left(\mu\ln\frac{r_2}{r_1}\right)\frac{d^2\phi}{dz^2} \tag{3B.10-2}$$

[5]Veja G. K. Batchelor, *An Introduction to Fluid Dynamics*, Cambridge University Press (1967), pp. 244-246, 261.

(d) Mostre que a integração dessa última equação em relação a z fornece

$$v_r(r, z) = \frac{(\mathcal{P}_1 - \mathcal{P}_2)b^2}{2\mu r \ln(r_2/r_1)}\left[1 - \left(\frac{z}{b}\right)^2\right] \quad (3B.10\text{-}3)$$

(e) Mostre que a vazão mássica é

$$w = \frac{4\pi(\mathcal{P}_1 - \mathcal{P}_2)b^3\rho}{3\mu \ln(r_2/r_1)} \quad (3B.10\text{-}4)$$

(f) Esboce as curvas $\mathcal{P}(r)$ e $v_r(r, z)$.

3B.11 Escoamento radial entre dois cilindros coaxiais. Considere um fluido incompressível, a temperatura constante, escoando radialmente entre duas cascas cilíndricas porosas com raios interno e externo κR e R.

(a) Mostre que a equação da continuidade leva a $v_r = C/r$, onde C é uma constante.

(b) Simplifique as componentes da equação do movimento para obter as seguintes expressões para a distribuição de pressões modificadas.

$$\frac{d\mathcal{P}}{dr} = -\rho v_r \frac{dv_r}{dr} \quad \frac{d\mathcal{P}}{d\theta} = 0 \quad \frac{d\mathcal{P}}{dz} = 0 \quad (3B.11\text{-}1)$$

(c) Integre a expressão para $d\mathcal{P}/dr$ acima obtendo

$$\mathcal{P}(r) - \mathcal{P}(R) = \tfrac{1}{2}\rho[v_r(R)]^2\left[1 - \left(\frac{R}{r}\right)^2\right] \quad (3B.11\text{-}2)$$

(d) Escreva todas as componentes não-zero de $\boldsymbol{\tau}$ para esse escoamento.

(e) Repita o problema para esferas concêntricas.

3B.12 Distribuições de pressões em fluidos incompressíveis. Penelope está olhando para um bécher contendo um líquido que para todos os propósitos práticos pode ser considerado como incompressível; seja a sua densidade ρ_0. Ela lhe conta que está tentando entender como a pressão no líquido varia com a profundidade. Ela escolheu como origem das coordenadas a interface líquido–ar, com o eixo z positivo apontando para longe do líquido. Ela lhe diz:

"Se eu simplificar a equação do movimento para um fluido incompressível em repouso, eu obtenho $0 = -dp/dz - \rho_0 g$. Eu posso resolver essa equação e obter $p = p_{atm} - \rho_0 g z$. Isso parece razoável — a pressão aumenta com o aumento da profundidade."

"Mas por outro lado a equação de estado para qualquer fluido é $p = p(\rho, T)$, e se o sistema está a temperatura constante ela simplifica para $p = p(\rho)$. E como o fluido é incompressível, $p = p(\rho_0)$, e p deve ser uma constante para todo o fluido! Como pode ser isso?"

Claramente Penelope precisa de ajuda. Dê uma explicação.

3B.13 Escoamento de um fluido através de uma contração súbita.

(a) Um fluido incompressível escoa através de uma contração súbita a partir de um tubo de diâmetro D_1 para um tubo de diâmetro menor D_2. O que a equação de Bernoulli prevê para $\mathcal{P}_1 - \mathcal{P}_2$, a diferença de pressões modificadas entre as regiões de montante e jusante da contração? Esse resultado concorda com observações experimentais?

(b) Repita a dedução acima para o caso do escoamento isotérmico de um gás ideal através da contração súbita.

3B.14 Equação de Torricelli para esvaziamento de um tanque (Fig. 3B.14). Um grande tanque aberto para atmosfera está cheio com um líquido até uma altura h. Próximo ao fundo do tanque existe um orifício que permite que o fluido saia para a atmosfera. Aplique a equação de Bernoulli a uma linha de corrente que se estenda da superfície do líquido no topo até um ponto na corrente de saída do lado de fora do vaso. Mostre que isso leva a uma velocidade de saída igual a $v_{sai} = (2gh)^{1/2}$. Essa é conhecida como a *equação de Torricelli*.

Para obter esse resultado tem-se que supor fluido incompressível (o que é usualmente razoável para a maioria dos líquidos), e que a altura da superfície está variando tão vagarosamente com o tempo que a equação de Bernoulli pode ser aplicada a qualquer instante do tempo (hipótese de regime *quasi*-permanente).

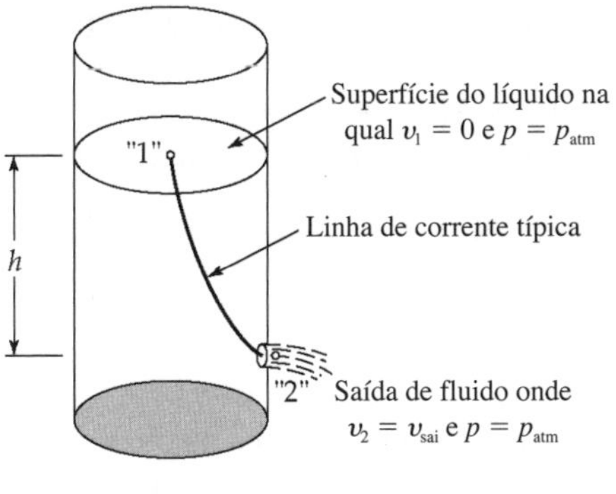

Fig. 3B.14 Drenagem de fluido a partir de um tanque. Os pontos "1" e "2" estão sobre a mesma linha de corrente.

3B.15 Forma da superfície livre no escoamento anular tangencial.

(a) Um líquido está no espaço anular entre dois cilindros concêntricos de raios κR e R, e o líquido está aberto para a atmosfera no topo. Mostre que, quando o cilindro de dentro girar com uma velocidade angular Ω_i e o cilindro de fora estiver fixo, a superfície livre do líquido tem a forma

$$z_R - z = \frac{1}{2g}\left(\frac{\kappa^2 R\Omega_i}{1-\kappa^2}\right)^2(\xi^{-2} + 4\ln\xi - \xi^2) \tag{3B.15-1}$$

onde z_R é a altura do líquido na face interna da parede cilíndrica de fora e $\xi = r/R$.

(b) Repita (a) porém com o cilindro de dentro fixado e o cilindro de fora girando com uma velocidade angular Ω_o. Mostre que a forma da superfície do líquido é

$$z_R - z = \frac{1}{2g}\left(\frac{\kappa^2 R\Omega_o}{1-\kappa^2}\right)^2[(\xi^{-2} - 1) + 4\kappa^{-2}\ln\xi - \kappa^{-4}(\xi^2 - 1)] \tag{3B.15-2}$$

(c) Desenhe um esboço comparando a forma das duas superfícies líquidas.

3B.16 Escoamento em uma fenda de seção transversal uniforme (Fig. 3B.16). Um fluido escoa na direção positiva de x através de uma longa fenda de paredes planas de comprimento L, largura W e espessura B, onde $L >> W >> B$. A fenda possui paredes porosas em $y = 0$ e em $y = B$, de tal modo que um escoamento transversal à fenda pode ser mantido com $v_y = v_0$, uma constante, em todos os lugares. Escoamentos desse tipo são importantes em processos de separação usando o efeito de *sweep-diffusion* (difusão limpante). Controlando-se cuidadosamente o escoamento transversal pode-se concentrar os constituintes de maior tamanho (moléculas, partículas de poeira etc.) próximos à parede de cima.

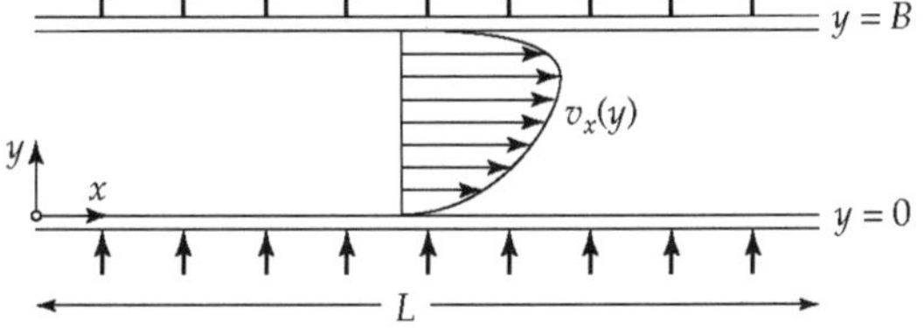

Fig. 3B.16 Escoamento em uma fenda de comprimento L, largura W e espessura B. As paredes em $y = 0$ e $y = B$ são porosas, e existe um escoamento de fluido na direção y com velocidade uniforme $v_y = v_0$.

(a) Mostre que o perfil de velocidades para o sistema é dado por

$$v_x = \frac{(\mathcal{P}_0 - \mathcal{P}_L)B^2}{\mu L}\frac{1}{A}\left(\frac{y}{B} - \frac{e^{Ay/B} - 1}{e^A - 1}\right) \tag{3B.16-1}$$

onde $A = Bv_0\rho/\mu$.

(b) Mostre que a vazão mássica na direção x é dada por

$$w = \frac{(\mathcal{P}_0 - \mathcal{P}_L)B^3 W\rho}{\mu L}\frac{1}{A}\left(\frac{1}{2} - \frac{1}{A} + \frac{1}{e^A - 1}\right) \tag{3B.16-2}$$

(c) Verifique que o resultado acima simplifica-se para aquele do Problema 2B.3 para o caso limite onde não existe qualquer escoamento transversal, isto é, quando A tende a zero.

(d) Um colega também resolveu esse problema porém usando um sistema de coordenadas com $y = 0$ no plano médio da fenda, com as paredes porosas localizadas em $y = \pm b$. Sua resposta para o item (a) acima foi

$$\frac{v_x}{\langle v_x \rangle} = \frac{e^{\alpha\eta} - \eta \operatorname{senh} \alpha - \cosh \alpha}{(1/\alpha) \operatorname{senh} \alpha - \cosh \alpha} \tag{3B.16-3}$$

onde $\alpha = bv_0\rho/\mu$ e $\eta = y/b$. Esse resultado é equivalente ao da Eq. 3B.16-1?

3C.1 Viscosímetro de compressão com discos paralelos[6] (Fig. 3C.1).

Um fluido enche completamente a região entre dois discos circulares de raio R. O disco do fundo é fixo e o de cima é aproximado do de baixo muito vagarosamente com uma velocidade constante v_0, a partir de uma altura H_0 (com $H_0 << R$). A altura instantânea do disco de cima é $H(t)$. Deseja-se determinar a força necessária para manter a velocidade v_0.

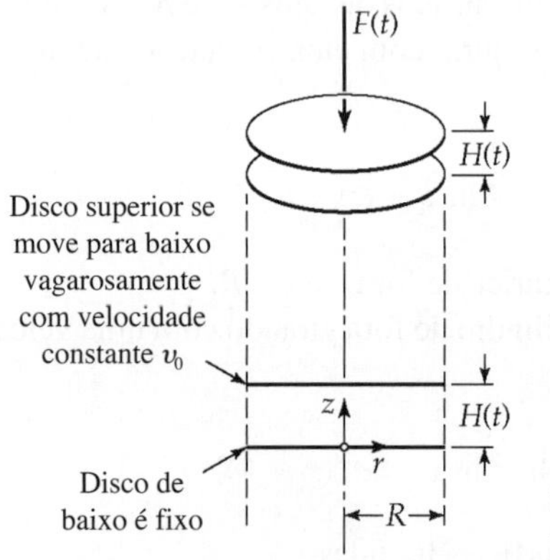

Fig. 3C.1 Escoamento por extrusão em um viscosímetro do tipo compressão de discos paralelos.

Trata-se de um problema de escoamento não-permanente inerentemente complicado. Todavia uma solução aproximada útil pode ser obtida fazendo-se duas simplificações nas equações de balanço: (i) Admitimos que a velocidade é tão baixa que todos os termos contendo derivadas temporais podem ser omitidos; isto corresponde à chamada hipótese "*quasi*-permanente"; (ii) Utilizamos o fato de que $H_0 << R$ para desprezar um bom número de termos das equações de balanço com base em argumentos de ordem de grandeza. Note que a taxa de diminuição de volume de fluido entre os discos é $\pi R^2 v_0$, que deve ser igual à vazão de saída de fluido do espaço entre os discos, que é $2\pi RH\langle v_r\rangle|_{r=R}$. Então,

$$\langle v_r \rangle|_{r=R} = \frac{Rv_0}{2H(t)} \tag{3C.1-1}$$

Agora argumentamos que $v_r(r, z)$ terá ordem de grandeza de $\langle v_r\rangle|_{r=R}$ e que $v_z(r, z)$ é da ordem de magnitude de v_0 de modo que

$$v_r \approx (R/H)v_0; \quad v_z \approx -v_0 \tag{3C.1-2, 3}$$

e então $|v_z| << v_r$. Podemos agora estimar a ordem de grandeza das várias derivadas conforme segue: conforme r vai de 0 para R a velocidade radial v_r vai de zero a aproximadamente $(R/H)v_0$. Com esse tipo de raciocínio obtemos

$$\frac{\partial v_r}{\partial r} \approx \frac{(R/H)v_0 - 0}{R - 0} = \frac{v_0}{H} \tag{3C.1-4}$$

$$\frac{\partial v_z}{\partial z} \approx \frac{(-v_0) - 0}{H - 0} = -\frac{v_0}{H}, \text{ etc.} \tag{3C.1-5}$$

[6] J. R. Van Wazer, J. W. Lyons, K. Y. Kim e R. E. Colwell, *Viscosity and Flow Measurement*, Wiley-Interscience, New York (1963), pp. 292-295.

(a) Por meio da análise de ordem de grandeza acima delineada, mostre que a equação da continuidade e que a componente r da equação do movimento torna-se (desprezando-se g_z)

continuidade: $$\frac{1}{r}\frac{\partial}{\partial r}(rv_r) + \frac{\partial v_z}{\partial z} = 0 \tag{3C.1-6}$$

movimento: $$0 = -\frac{dp}{dr} + \mu\frac{\partial^2 v_r}{\partial z^2} \tag{3C.1-7}$$

com as condições de contorno

C.C. 1:	em $z = 0$,	$v_r = 0$,	$v_z = 0$	(3C.1-8)
C.C. 2:	em $z = H(t)$,	$v_r = 0$,	$v_z = -v_0$	(3C.1-9)
C.C. 3:	em $r = R$,	$p = p_{\text{atm}}$		(3C.1-10)

(b) A partir das Eqs. 3C.1-7 a 9 obtenha

$$v_r = \frac{1}{2\mu}\left(\frac{dp}{dr}\right)z(z - H) \tag{3C.1-11}$$

(c) Integre a Eq. 3C.1-6 em relação a z e substitua o resultado da Eq. 3C.1-11 para obter

$$v_0 = -\frac{H^3}{12\mu}\frac{1}{r}\frac{d}{dr}\left(r\frac{dp}{dr}\right) \tag{3C.1-12}$$

(d) Resolva a Eq. 3C.1-12 para obter a distribuição de pressões

$$p = p_{\text{atm}} + \frac{3\mu v_0 R^2}{H^3}\left[1 - \left(\frac{r}{R}\right)^2\right] \tag{3C.1-13}$$

(e) Integre $[(p + \tau_{zz}) - p_{\text{atm}}]$ sobre a superfície do disco móvel para determinar a força total necessária para manter o disco em movimento:

$$F(t) = \frac{3\pi\mu v_0 R^4}{2[H(t)]^3} \tag{3C.1-14}$$

Esse resultado pode ser usado para obter a viscosidade a partir de medidas da força e da velocidade.

(f) Repita a análise para um viscosímetro que é operado com uma amostra circular de líquido, centrada, mas que não enche completamente o espaço entre as duas placas. Considere que o volume da amostra seja V e obtenha

$$F(t) = \frac{3\mu v_0 V^2}{2\pi[H(t)]^5} \tag{3C.1-15}$$

(g) Repita a análise para um viscosímetro que é operado aplicando-se uma força F_0 constante. A viscosidade deve então ser determinada medindo-se H como uma função do tempo, caso em que a velocidade da placa de cima não é constante. Mostre que

$$\frac{1}{[H(t)]^2} = \frac{1}{H_0^2} + \frac{4F_0 t}{3\pi\mu R^4} \tag{3C.1-16}$$

3C.2 Tensão normal em superfícies sólidas para fluidos compressíveis. Estenda o Exemplo 3.3-1 para fluidos compressíveis. Mostre que

$$\tau_{zz}|_{z=0} = (\tfrac{4}{3}\mu + \kappa)(\partial \ln \rho/\partial t)|_{z=0} \tag{3C.2-1}$$

Discuta o significado físico desse resultado.

3C.3 Deformação de uma linha fluida (Fig. 3C.3). Um fluido está contido no espaço anular entre dois cilindros de raios κR e R. Faz-se o cilindro de dentro girar com uma velocidade angular constante Ω_i. Considere uma linha de partículas fluidas no plano $z = 0$ estendendo-se do cilindro interno ao externo e inicialmente localizado em $\theta = 0$, normal às duas superfícies. Como essa linha fluida se deforma em uma curva $\theta(r, t)$? Qual é o comprimento, l, da curva após n revoluções do cilindro de dentro? Use a Eq. 3.6-32.

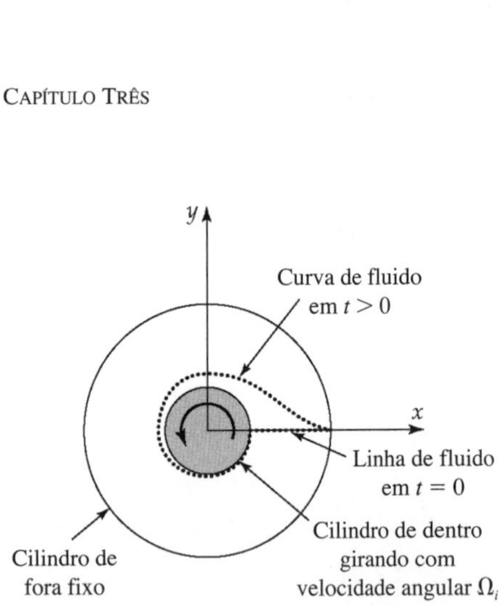

Fig. 3C.3 Deformação de uma linha de fluido no escoamento Couette.

Resposta: $\dfrac{l}{R} = \displaystyle\int_{\kappa}^{1} \sqrt{1 + \frac{16\pi^2 N^2}{[(1/\kappa)^2 - 1]^2 \xi^4}}\, d\xi$

3C.4 Métodos alternativos para resolver o problema do viscosímetro "Couette" usando conceitos de momento angular (Fig. 3.6-1).

(a) Fazendo um *balanço de momento angular em uma casca* numa casca fina de espessura Δr, mostre que

$$\frac{d}{dr}(r^2 \tau_{r\theta}) = 0 \tag{3C.4-1}$$

A seguir insira a expressão apropriada para $\pi_{r\theta}$ em termos do gradiente da componente tangencial da velocidade. Então resolva a equação diferencial resultante com as condições de contorno para obter a Eq. 3.6-29.

(b) Mostre como obter a Eq. 3C.4-1 a partir da *equação de balanço para o momento angular* dada pela Eq. 3.4-1.

3C.5 Condições de contorno interfaciais com duas fases. Na Seção 2.1, foram dadas condições de contorno para resolver problemas de escoamento viscoso. Naquele ponto nenhuma menção foi feita sobre o papel da tensão interfacial. Na interface entre dois fluidos imiscíveis I e II, a seguinte condição de contorno deve ser usada:[7]

$$\mathbf{n}^{\mathrm{I}}(p^{\mathrm{I}} - p^{\mathrm{II}}) + [\mathbf{n}^{\mathrm{I}} \cdot (\boldsymbol{\tau}^{\mathrm{I}} - \boldsymbol{\tau}^{\mathrm{II}})] = \mathbf{n}^{\mathrm{I}}\left(\frac{1}{R_1} + \frac{1}{R_2}\right)\sigma \tag{3C.5-1}$$

A equação anterior é essencialmente um balanço de momento escrito para um elemento interfacial dS que não é atravessado por massa, e é desprovido de massa interfacial e viscosidade. Nessa equação $\mathbf{n}^{\mathrm{I}}$ é o vetor unitário normal a dS e aponta para dentro da fase I. As grandezas R_1 e R_2 são os raios principais de curvatura de dS, e cada um desses é positivo se o seu centro está na fase I. A soma $(1/R_1) + (1/R_2)$ também pode ser expressa como $(\nabla \cdot \mathbf{n}^{\mathrm{I}})$. A grandeza σ é a tensão interfacial, suposta constante.

(a) Mostre que para uma gota esférica de I em repouso em um segundo meio II, a *equação de Laplace*

$$p^{\mathrm{I}} - p^{\mathrm{II}} = \left(\frac{1}{R_1} + \frac{1}{R_2}\right)\sigma \tag{3C.5-2}$$

relaciona as pressões dentro e fora da gota. A pressão na fase I é maior que na fase 2 ou é o contrário? Qual a relação entre as pressões em uma interface plana?

(b) Mostre que a Eq. 3C.5-1 leva à seguinte condição de contorno adimensional

$$\begin{aligned}
&\mathbf{n}^{\mathrm{I}}(\breve{\mathcal{P}}^{\mathrm{I}} - \breve{\mathcal{P}}^{\mathrm{II}}) + \mathbf{n}^{\mathrm{I}}\left[\!\left[\frac{\rho^{\mathrm{II}} - \rho^{\mathrm{I}}}{\rho^{\mathrm{I}}}\right]\!\right]\left[\!\left[\frac{g l_0}{v_0^2}\right]\!\right]\breve{h} \\
&\left[\!\left[\frac{\mu^{\mathrm{I}}}{l_0 v_0 \rho^{\mathrm{I}}}\right]\!\right][\mathbf{n}^{\mathrm{I}} \cdot \breve{\dot{\boldsymbol{\gamma}}}^{\mathrm{I}}] + \left[\!\left[\frac{\mu^{\mathrm{II}}}{l_0 v_0 \rho^{\mathrm{II}}}\right]\!\right][\mathbf{n}^{\mathrm{I}} \cdot \breve{\dot{\boldsymbol{\gamma}}}^{\mathrm{II}}] \\
&= \mathbf{n}^{\mathrm{I}}\left(\frac{1}{\breve{R}_1} + \frac{1}{\breve{R}_2}\right)\left[\!\left[\frac{\sigma}{l_0 v_0^2 \rho^{\mathrm{I}}}\right]\!\right]
\end{aligned} \tag{3C.5-3}$$

[7] L. Landau e E. M. Lifshitz, *Fluid Mechanics*, Pergamon Press, Oxford, 2.ª ed. (1987), Eq. 61.13. Fórmulas mais gerais incluindo funções de excesso para densidade e viscosidade foram desenvolvidas por L. E. Scriven, *Chem. Eng. Sci.*, **12**, 98-108 (1960).

onde $\breve{h}(h - h_0)/l_0$ é a elevação adimensional de dS, $\breve{\dot{\gamma}}^{\mathrm{I}}$ e $\breve{\dot{\gamma}}^{\mathrm{II}}$ são os tensores taxas de deformação adimensionais e $\breve{R}_1 = R_1/l_0$ e $\breve{R}_2 = R_2/l_0$ são os raios de curvatura adimensionais. Além disso,

$$\breve{\mathcal{P}}^{\mathrm{I}} = \frac{p^{\mathrm{I}} - p_0 + \rho^{\mathrm{I}} g(h - h_0)}{\rho^{\mathrm{I}} v_0^2};$$

$$\breve{\mathcal{P}}^{\mathrm{II}} = \frac{p^{\mathrm{II}} - p_0 + \rho^{\mathrm{II}} g(h - h_0)}{\rho^{\mathrm{I}} v_0^2} \quad (3C.5\text{-}4, 5)$$

Nesse item, as grandezas com subscrito zero são fatores de escala válidos em ambas as fases. Identifique os grupos adimensionais que aparecem na Eq. 3C.5-3.

(c) Mostre como o resultado de (b) simplifica-se para a Eq. 3.7-36, sob as hipóteses feitas no Exemplo 3.7-2.

3D.1 Dedução das equações de balanço através de teoremas integrais (Fig. 3D.1).

(a) Um fluido escoa através de uma região do espaço de 3 dimensões. Selecione uma porção arbitrária e finita desse fluido — isto é, uma região limitada por uma superfície $S(t)$ subtendendo um volume $V(t)$, cujos elementos se movem com a velocidade local do fluido. Aplique a segunda lei de Newton do movimento a esse sistema obtendo

$$\frac{d}{dt}\int_{V(t)} \rho \mathbf{v} dV = -\int_{S(t)} [\mathbf{n} \cdot \boldsymbol{\pi}] dS + \int_{V(t)} \rho \mathbf{g} dV \quad (3D.1\text{-}1)$$

na qual os termos do lado direito levam em conta as forças de superfície e as forças de volume* agindo no sistema. Aplique a fórmula de Leibniz para diferenciar uma integral (veja a Seção A.5), reconhecendo que em todos os pontos da superfície da porção fluida, a velocidade da superfície é igual à velocidade do fluido. A seguir aplique o teorema de Gauss para um tensor (veja a Seção A.5) de modo que cada termo da equação seja uma integral de volume. Como a escolha da porção fluida é arbitrária, todos os sinais da integral podem ser omitidos, e a equação do movimento, Eq. 3.2-9, é obtida.

(b) Deduza a equação do movimento efetuando um balanço de momento sobre uma região arbitrária de volume V e superfície S, fixa no espaço, através da qual escoa um fluido. Ao fazer isso proceda de modo análogo à dedução feita na Seção 3.2 para um elemento de fluido retangular. Para completar a dedução é necessário usar o teorema de Gauss para um tensor.

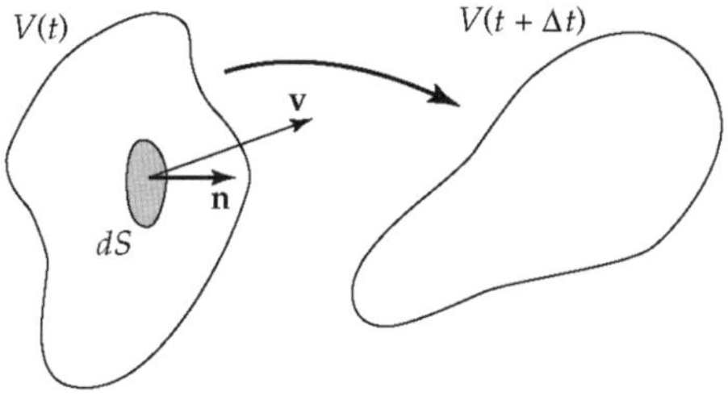

Fig. 3D.1 Porção móvel de fluido à qual a segunda lei de Newton é aplicada. Todos os elementos da superfície do fluido, $dS(t)$, pertencentes ao volume $V(t)$ móvel e sob deformação, têm a velocidade local instantânea do fluido, $\mathbf{v}(t)$.

Esse problema mostra que a aplicação da segunda lei de Newton do movimento a uma porção arbitrária, móvel, de fluido é equivalente a efetuar um balanço de momento sobre uma região do espaço arbitrária e fixa, através da qual o fluido se move. Tanto (a) como (b) fornecem o mesmo resultado que o obtido na Seção 3.2.

(c) Deduza a equação da continuidade usando um elemento de volume com forma arbitrária, tanto móvel quanto fixo, pelos métodos descritos em (a) e (b).

3D.2 A equação de balanço para a vorticidade.

(a) Tomando o rotacional da equação do movimento (na forma D/Dt ou na forma $\partial/\partial t$), obtenha uma equação para a *vorticidade*, $\mathbf{w} = [\nabla \times \mathbf{v}]$, do fluido; essa equação pode ser escrita de duas maneiras:

$$\frac{D}{Dt}\mathbf{w} = \nu \nabla^2 \mathbf{w} + [\mathbf{w} \cdot \nabla \mathbf{v}] \quad (3D.2\text{-}1)$$

$$\frac{D}{Dt}\mathbf{w} = \nu \nabla^2 \mathbf{w} + [\boldsymbol{\varepsilon} : [(\nabla \mathbf{v}) \cdot (\nabla \mathbf{v})]] \quad (3D.2\text{-}2)$$

*Também referidas como forças de corpo (do inglês *body forces*). Na língua portuguesa, todavia, a denominação "forças de campo" é a mais usada tradicionalmente. (*N.T.*)

onde $\boldsymbol{\varepsilon}$ é um tensor de terceira ordem cujos componentes correspondem ao símbolo de permutação, ε_{ijk} (veja a Seção A.2), e $\nu = \mu/\rho$ é a viscosidade cinemática.

(b) Como as equações de (a) simplificam-se para o caso de escoamentos em duas dimensões?

3D.3 Forma alternativa para a equação do movimento.[8] Mostre que para um fluido newtoniano incompressível com viscosidade constante, a equação do movimento pode ser posta da seguinte forma

$$4\nabla^2 p = \rho(\boldsymbol{\omega}:\boldsymbol{\omega}^\dagger - \dot{\boldsymbol{\gamma}}:\dot{\boldsymbol{\gamma}}) \tag{3D.3-2}$$

onde

$$\dot{\boldsymbol{\gamma}} = \nabla \mathbf{v} + (\nabla \mathbf{v})^\dagger \quad \text{e} \quad \boldsymbol{\omega} = \nabla \mathbf{v} - (\nabla \mathbf{v})^\dagger \tag{3D.3-3}$$

Alguma restrição adicional tem de ser colocada neste resultado?

[8] P. G. Saffman, *Vortex Dynamics*, Cambridge University Press, corrected edition (1995).

CAPÍTULO 4

DISTRIBUIÇÕES DE VELOCIDADES COM MAIS DE UMA VARIÁVEL INDEPENDENTE

No Cap. 2 vimos que problemas de escoamento viscoso com linhas de corrente retas podem ser resolvidos por balanços de momento em cascas. No Cap. 3 introduzimos as equações da continuidade e do movimento que constituem uma maneira melhor de equacionar problemas. O método foi ilustrado na Seção 3.6, mas lá estávamos restritos a problemas de escoamento dos quais somente equações diferenciais ordinárias tinham que ser resolvidas.

Neste capítulo discutimos várias classes de problemas que envolvem soluções de equações diferenciais parciais: escoamento transiente (Seção 4.1), escoamento viscoso em mais de uma direção (Seção 4.2), o escoamento de fluidos invíscidos (Seção 4.3) e o escoamento viscoso em camadas-limites (Seção 4.4). Como todos esses tópicos são estudados extensivamente em tratados de dinâmica de fluidos, damos aqui apenas uma introdução a eles e ilustramos alguns métodos largamente usados para resolução de problemas.

Além dos métodos analíticos cobertos nesse capítulo, existe também uma literatura em rápida expansão sobre métodos numéricos.[1] A área de dinâmica de fluidos computacional tem hoje um importante papel no campo dos fenômenos de transporte. Os métodos numéricos e analíticos têm papéis complementares um ao outro, sendo os métodos numéricos indispensáveis para problemas práticos complicados.

4.1 ESCOAMENTO DE FLUIDOS NEWTONIANOS DEPENDENTES DO TEMPO

Na Seção 3.6 somente problemas de regime permanente foram resolvidos. Todavia em muitas situações a velocidade depende tanto da posição quanto do tempo e o escoamento é descrito por equações diferenciais parciais. Nesta seção ilustramos três técnicas que são muito utilizadas em dinâmica de fluidos, condução de calor e difusão (bem como em muitos outros ramos da física e da engenharia). Em cada uma dessas técnicas o problema de resolver uma equação diferencial parcial é transformado no de resolver uma ou mais equações diferenciais ordinárias.

O primeiro exemplo ilustra o *método de combinação de variáveis* (ou *método de soluções por similaridade*). Esse método é útil somente para regiões semi-infinitas, tais que a condição inicial e condição de contorno no infinito possam ser combinadas em uma única nova condição de contorno.

O segundo exemplo ilustra o método de separação de variáveis no qual a equação diferencial parcial é separada em duas ou mais equações diferenciais ordinárias. A solução é então uma soma infinita de produtos das soluções das equações diferenciais ordinárias. Essas equações diferenciais ordinárias são usualmente discutidas sob o título problemas de "Sturm-Liouville" em livros textos de matemática de níveis intermediários.[1]

[1] R. W. Johnson (ed.), *The Handbook of Fluids Dynamics*, CRC Press, Boca Raton Fla. (1998); C. Pozrikidis, *Introduction to Theoretical and Computational Fluid Dynamics*, Oxford University Press (1997).

[1] Veja, por exemplo, M. D. Greenberg, *Foundations of Applied Mathematics*, Prentice-Hall, Englewood Cliffs, N. J. (1978), Seção 20.3.

O terceiro exemplo demonstra o método da resposta senoidal, que é útil para descrever de que maneira um sistema responde a perturbações periódicas externas.

Os exemplos ilustrativos são escolhidos por sua simplicidade física de modo a que o foco maior pode ser nos métodos matemáticos. Como todos os problemas discutidos aqui são lineares na velocidade, transformadas de Laplace podem ser usadas, e leitores familiarizados com esse assunto são convidados a resolver os três exemplos nessa seção por meio daquela técnica.

EXEMPLO 4.1-1

Escoamento Próximo a uma Parede Abruptamente Posta em Movimento

Uma massa de líquido semi-infinita com densidade e viscosidade constantes é limitada a baixo por uma superfície horizontal (o plano xz). Inicialmente o fluido e o sólido estão em repouso. Então no instante $t = 0$ a superfície sólida é posta em movimento no sentido positivo de x com velocidade v_0 conforme mostrado na Fig. 4.1-1. Determine a velocidade v_x como uma função de y e t. Não existe gradiente de pressão ou força gravitacional na direção x e o escoamento é suposto laminar.

SOLUÇÃO

Para esse sistema $v_x = v_x(y,t)$, $v_y = 0$ e $v_z = 0$. Então da Tabela B.4 concluímos que a equação da continuidade é satisfeita diretamente, e da Tabela B.5

$$\frac{\partial v_x}{\partial t} = \nu \frac{\partial^2 v_x}{\partial y^2} \tag{4.1-1}$$

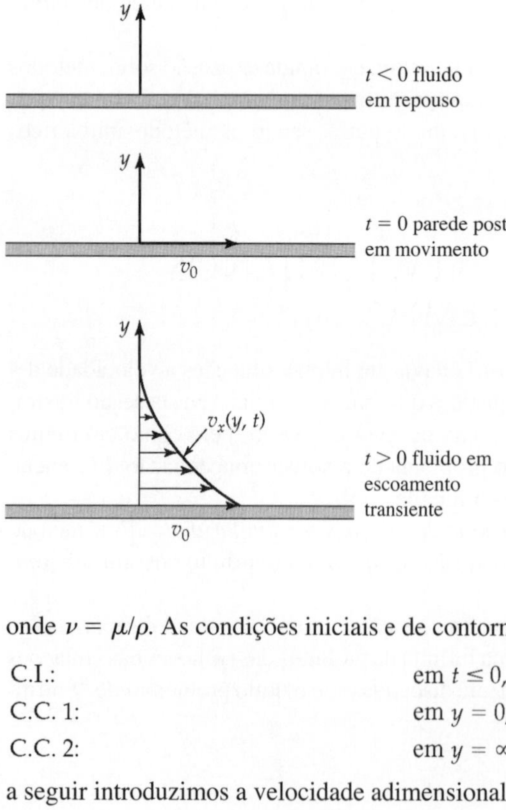

Fig. 4.1-1. Escoamento viscoso de um fluido próximo a uma parede repentinamente posta em movimento.

onde $\nu = \mu/\rho$. As condições iniciais e de contorno são

C.I.:	em $t \leq 0$,	$v_x = 0$	para todo y	(4.1-2)
C.C. 1:	em $y = 0$,	$v_x = v_0$	para todo $t > 0$	(4.1-3)
C.C. 2:	em $y = \infty$,	$v_x = 0$	para todo $t > 0$	(4.1-4)

a seguir introduzimos a velocidade adimensional $\phi = v_x/v_0$ de forma que a Eq. 4.4-1 se torna

$$\frac{\partial \phi}{\partial t} = \nu \frac{\partial^2 \phi}{\partial y^2} \tag{4.1-5}$$

com $\phi(y, 0) = 0$, $\phi(0, t) = 1$ e $\phi(\infty, t) = 0$. Como as condições iniciais e de contorno contêm somente números puros, a solução da Eq. 4.1-5 tem que ser da forma $\phi(y, t, \nu)$. Todavia como ϕ é uma função adimensional, as grandezas y, t e ν devem aparecer sempre em uma combinação adimensional. As únicas combinações adimensionais dessas três grandezas são $y/\sqrt{\nu t}$ ou potências ou múltiplos dela. Assim, concluímos que

$$\phi = \phi(\eta), \qquad \text{onde } \eta = \frac{y}{\sqrt{4\nu t}} \tag{4.1-6}$$

Este é o "método de combinação de variáveis (independentes)". O "4" é incluído de tal modo que o resultado final, Eq. 4.1-14, fique melhor arrumado; só sabemos que devemos introduzir o "4" depois de resolver o problema sem ele. A forma da solução na Eq. 4.1-6 é possível, essencialmente porque não existem comprimento ou tempo característicos no sistema físico.

Agora convertemos as derivadas na Eq. 4.1-5 em derivadas em relação à "variável combinada", η, conforme segue:

$$\frac{\partial \phi}{\partial t} = \frac{d\phi}{d\eta}\frac{\partial \eta}{\partial t} = -\frac{1}{2}\frac{\eta}{t}\frac{d\phi}{d\eta} \tag{4.1-7}$$

$$\frac{\partial \phi}{\partial y} = \frac{d\phi}{d\eta}\frac{\partial \eta}{\partial y} = \frac{d\phi}{d\eta}\frac{1}{\sqrt{4\nu t}} \qquad \text{e} \qquad \frac{\partial^2 \phi}{\partial y^2} = \frac{d^2\phi}{d\eta^2}\frac{1}{4\nu t} \tag{4.1-8}$$

A substituição dessas expressões na Eq. 4.1-5 fornece

$$\frac{d^2\phi}{d\eta^2} + 2\eta\frac{d\phi}{d\eta} = 0 \tag{4.1-9}$$

Esta é uma equação diferencial ordinária do tipo dado na Eq. C.1-8 e as correspondentes condições de contorno são

C.C. 1: em $\eta = 0$, $\phi = 1$ (4.1-10)

C.C. 2: em $\eta = \infty$, $\phi = 0$ (4.1-11)

A primeira dessas condições de contorno é a mesma da Eq. 4.1-3 e a segunda inclui as Eqs. 4.1-2 e 4. Se agora fizermos $d\phi/d\eta = \psi$, obtemos uma equação de primeira ordem separável para ψ e ela pode ser resolvida fornecendo

$$\psi = \frac{d\phi}{d\eta} = C_1 \exp(-\eta^2) \tag{4.1-12}$$

Uma segunda integração fornece então

$$\phi = C_1 \int_0^\eta \exp(-\bar{\eta}^2)\, d\bar{\eta} + C_2 \tag{4.1-13}$$

A escolha do 0 para o limite inferior da integral é arbitrária; uma outra escolha levaria a um diferente valor para C_2, o qual ainda é indeterminado. Note que fomos cuidadosos ao usar uma barra sobre a variável de integração ($\bar{\eta}$) para distingui-la do η do limite superior.

A aplicação das duas condições de contorno torna possível calcular as duas constantes de integração, e obtemos finalmente

$$\phi(\eta) = 1 - \frac{\int_0^\eta \exp(-\bar{\eta}^2)\, d\bar{\eta}}{\int_0^\infty \exp(-\bar{\eta}^2)\, d\bar{\eta}} = 1 - \frac{2}{\sqrt{\pi}}\int_0^\eta \exp(-\bar{\eta}^2)\, d\bar{\eta} = 1 - \text{erf}\, \eta \tag{4.1-14}$$

A razão de integrais que aparece na equação anterior é chamada *função erro*, abreviada erf η (veja a Seção C.6). Trata-se de uma função bem conhecida, disponível em manuais de matemática e em "pacotes" de programas de computador. Quando a Eq. 4.1-14 é reescrita com as variáveis originais obtemos

$$\frac{v_x(y, t)}{v_0} = 1 - \text{erf}\, \frac{y}{\sqrt{4\nu t}} = \text{erfc}\, \frac{y}{\sqrt{4\nu t}} \tag{4.1-15}$$

onde erfc η é denominada *função erro complementar*. Um gráfico da Eq. 4.1-15 é mostrado na Fig. 4.1-2.

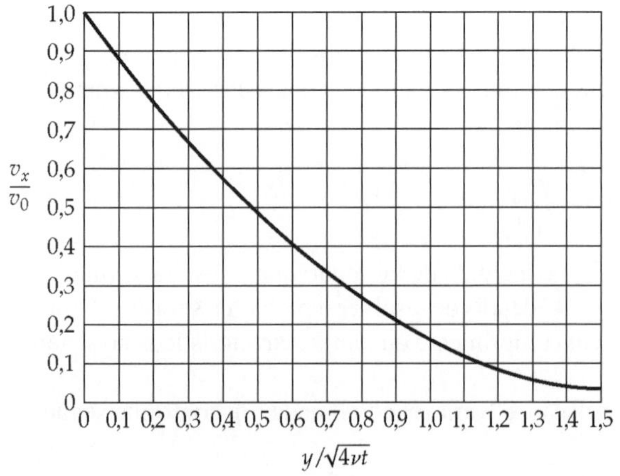

Fig. 4.1-2. Distribuição de velocidades, em forma adimensional, para o escoamento nas vizinhanças de uma parede repentinamente posta em movimento.

Note que plotando-se o resultado em termos de grandezas adimensionais, somente uma curva é necessária.

A função erro complementar, erfc η, é monótona e decrescente, variando de 1 a 0 e valendo 0,01 quando η é cerca de 2,0. Podemos usar esse fato para definir uma espessura de camada-limite, δ, como sendo a distância y para a qual v_x "cai" a um valor igual a 0,01 v_0. Isso fornece $\delta = 4\sqrt{\nu t}$, uma escala natural de comprimentos para a difusão de momento. Essa distância é uma medida da extensão com que momento "penetrou" no interior do corpo fluido. Note que a espessura de camada-limite é proporcional à raiz quadrada do tempo transcorrido.

EXEMPLO 4.1-2

Escoamento Laminar Transiente entre Duas Placas Paralelas

Deseja-se resolver novamente o exemplo ilustrativo anterior, porém com uma parede fixa a uma distância b da parede móvel que se situa em $y = 0$. Esse sistema de escoamento tende a um regime permanente no limite quando $t \to \infty$, enquanto que o problema do Exemplo 4.1-1 não.

SOLUÇÃO

Tal como no Exemplo 4.1-1, a equação para a componente x da velocidade é

$$\frac{\partial v_x}{\partial t} = \nu \frac{\partial^2 v_x}{\partial y^2} \tag{4.1-16}$$

As condições de contorno agora são

C.I.:	em $t \leq 0$,	$v_x = 0$	para todo y	(4.1-17)
C.C. 1:	em $y = 0$,	$v_x = v_0$	para todo $t > 0$	(4.1-18)
C.C. 2:	em $y = b$,	$v_x = 0$	para todo $t > 0$	(4.1-19)

É conveniente introduzir as seguintes variáveis adimensionais:

$$\phi = \frac{v_x}{v_0}; \qquad \eta = \frac{y}{b}; \qquad \tau = \frac{\nu t}{b^2} \tag{4.1-20}$$

As escolhas de velocidade e posição adimensionais garante que essas variáveis assumem valores de 0 a 1. A escolha do tempo adimensional é feita de modo que não ocorram parâmetros na equação diferencial parcial transformada:

$$\frac{\partial \phi}{\partial \tau} = \frac{\partial^2 \phi}{\partial \eta^2} \tag{4.1-21}$$

A condição inicial é $\phi = 0$ em $\tau = 0$, e as condições de contorno são $\phi = 1$ em $\eta = 0$ e $\phi = 0$ em $\eta = 1$.

Sabemos que em um tempo infinito o sistema atinge um perfil de velocidades permanente, $\phi_\infty(\eta)$, de modo que em $\tau = \infty$ a Eq. 4.1-21 transforma-se em

$$0 = \frac{d^2\phi_\infty}{d\eta^2} \tag{4.1-22}$$

com $\phi_\infty = 1$ em $\eta = 0$, e $\phi_\infty = 0$ em $\eta = 1$. Obtemos então

$$\phi_\infty = 1 - \eta \tag{4.1-23}$$

para o perfil limite de estado permanente.

Podemos então escrever

$$\phi(\eta, \tau) = \phi_\infty(\eta) - \phi_t(\eta, \tau) \tag{4.1-24}$$

onde ϕ_t é a parte transiente da solução, que desaparece conforme o tempo vai para infinito. Substituindo essa expressão na equação diferencial original e nas condições de contorno, resulta para ϕ_t

$$\frac{\partial\phi_t}{\partial\tau} = \frac{\partial^2\phi_t}{\partial\eta^2} \tag{4.1-25}$$

com $\phi_t = \phi_\infty$ em $\tau = 0$, e $\phi_t = 0$ em $\eta = 0$ e 1.

Para resolver a Eq. 4.1-25 usamos o "método de separação das variáveis (dependentes)", no qual supomos uma solução da forma

$$\phi_t = f(\eta)g(\tau) \tag{4.1-26}$$

Substituindo-se essa tentativa de solução na Eq. 4.1-25 e então dividindo o resultado pelo produto fg fornece

$$\frac{1}{g}\frac{dg}{d\tau} = \frac{1}{f}\frac{d^2f}{d\eta^2} \tag{4.1-27}$$

O lado esquerdo é função somente de τ, e o lado direito é função somente de η. Isso significa que ambos os lados devem ser iguais a uma constante. Escolhemos designar essa constante por $-c^2$ (poderíamos usar igualmente c ou $+c^2$ porém a experiência mostra que tais escolhas tornam o desenvolvimento matemático subseqüente algo mais complicado). A Eq. 4.1-27 pode então ser separada em duas equações

$$\frac{dg}{d\tau} = -c^2g \tag{4.1-28}$$

$$\frac{d^2f}{d\eta^2} + c^2f = 0 \tag{4.1-29}$$

Essas equações têm as seguintes soluções (veja as Eqs. C.1.1 e 3):

$$g = Ae^{-c^2\tau} \tag{4.1-30}$$

$$f = B \text{ sen } c\eta + C \cos c\eta \tag{4.1-31}$$

onde A, B e C são constantes de integração.

Agora aplicamos as condições de contorno e inicial do seguinte modo:

C.C. 1: Sendo $\phi_t = 0$ em $\eta = 0$, a função f deve ser zero em $\eta = 0$. Portanto C deve ser zero.

C.C. 2: Sendo $\phi_t = 0$ em $\eta = 1$, a função f deve ser zero em $\eta = 1$. Isso será verdade se $B = 0$ ou se sen c é zero. A primeira escolha levaria a $f = 0$ para todo η, o que seria inaceitável fisicamente. Desse modo fazemos a segunda escolha, que leva à exigência de que $c = 0, \pm\pi, \pm 2\pi, \pm 3\pi, \cdots$. Designamos esses vários valores admissíveis de c (chamados autovalores, do inglês, *eigenvalues**) por c_n e escrevemos

$$c_n = n\pi, \qquad \text{com } n = 0, \pm1, \pm2, \pm3, \cdots \tag{4.1-32}$$

* Na língua portuguesa são também comuns as denominações "valores característicos" ou "valores próprios", aos quais correspondem as "funções características" ou "funções próprias". O prefixo *eigen* é de origem alemã. (*N.T.*)

Assim, existem muitas funções admissíveis, f_n, (chamadas autofunções, do inglês *eigenfunctions*) que satisfazem a Eq. 4.1-29 e as condições de contorno; nominalmente,

$$f_n = B_n \operatorname{sen} n\pi\eta, \qquad \text{com } n = 0, \pm 1, \pm 2, \pm 3, \cdots \tag{4.1-33}$$

As funções correspondentes que satisfazem a Eq. 4.1-28 são chamadas g_n e são dadas por

$$g_n = A_n \exp(-n^2\pi^2\tau), \qquad \text{com } n = 0, \pm 1, \pm 2, \pm 3, \cdots \tag{4.1-34}$$

C.I.: As combinações $f_n g_n$ satisfazem a equação diferencial parcial para ϕ_t ,Eq. 4.1-25, e portanto qualquer superposição de tais produtos também a satisfarão. Então escrevemos para solução da Eq. 4.1-25.

$$\phi_t = \sum_{n=-\infty}^{+\infty} D_n \exp(-n^2\pi^2\tau) \operatorname{sen} n\pi\eta \tag{4.1-35}$$

onde os coeficientes de expansão $D_n = A_n B_n$ devem ser determinados. Na soma, o termo $n = 0$ não contribui; além disso, como $\operatorname{sen}(-n)\pi\eta = -\operatorname{sen}(+n)\pi\eta$, podemos omitir todos os termos com valores negativos de n. Portanto, Eq. 4.1-35 torna-se

$$\phi_t = \sum_{n=1}^{\infty} D_n \exp(-n^2\pi^2\tau) \operatorname{sen} n\pi\eta \tag{4.1-36}$$

De acordo com a condição inicial $\phi_t = 1 - \eta$ em $\tau = 0$, de modo que

$$1 - \eta = \sum_{n=1}^{\infty} D_n \operatorname{sen} n\pi\eta \tag{4.1-37}$$

Agora temos que determinar todos os valores de D_n desta última equação! Isso é feito multiplicando-se ambos os lados da equação por sen $m\pi\eta$, onde m é um inteiro, e então integrando sobre a faixa de valores fisicamente pertinentes de $\eta = 0$ a $\eta = 1$, isto é:

$$\int_0^1 (1 - \eta) \operatorname{sen} m\pi\eta d\eta = \sum_{n=1}^{\infty} D_n \int_0^1 \operatorname{sen} n\pi\eta \operatorname{sen} m\pi\eta d\eta \tag{4.1-38}$$

O lado esquerdo fornece $1/m\pi$; as integrais do lado direito são 0 quando $n \neq m$ e ½ quando $n = m$. Então a condição inicial leva a

$$D_m = \frac{2}{m\pi} \tag{4.1-39}$$

A expressão final para o perfil de velocidades adimensional é obtida das Eqs. 4.1-24, 36 e 39, na seguinte forma

$$\phi(\eta, \tau) = (1 - \eta) - \sum_{n=1}^{\infty} \left(\frac{2}{n\pi}\right) \exp(-n^2\pi^2\tau) \operatorname{sen} n\pi\eta \tag{4.1-40}$$

Assim, a solução consiste de um termo limite para o estado permanente menos um termo transiente, o qual desaparece com o aumento do tempo.

Aqueles leitores que estão se defrontando com o método de separação de variáveis pela primeira vez terão achado a seqüência de etapas anterior algo longa e complicada. Todavia nenhuma das passagens individuais naquele desenvolvimento é particularmente difícil. A solução final, Eq. 4.1-40, aparenta ser um pouco elaborada devido à soma infinita. Na verdade, exceto para valores muito pequenos do tempo, somente os primeiros termos das séries contribuem apreciavelmente.

Embora não tenhamos provado isso aqui, a solução deste problema bem como a do problema precedente estão estreitamente relacionadas.[2] No limite de tempos muito pequenos, a Eq. 4.1-40 torna-se equivalente a Eq. 4.1-15. Isto é razoável, pois, para tempos muito pequenos, neste problema, o fluido está em movimento somente muito próximo da parede em $y = 0$, e o fluido não pode "sentir" a presença da parede em $y = b$. Já que a solução e o resultado do Exemplo 4.1-1 são bem mais simples do que as do presente problema, essas últimas são freqüentemente usadas para representar o sistema somente quando tempos pequenos estiverem envolvidos. Naturalmente, trata-se de uma aproximação, mas ela é muito útil. Ela também é freqüentemente usada em problemas de transporte de calor e massa.

---

[2] Veja H. S. Carslaw e J.C. Jaeger, *Conduction of Heat in Solids*, Oxford University Press, 2.ª ed. (1959), pp. 308-310, para uma solução em série que é particularmente boa para tempos pequenos.

EXEMPLO 4.1-3

Escoamento Laminar Transiente Próximo a uma Placa Oscilante

Uma massa de líquido semi-infinita é limitada em um lado por uma superfície plana (o plano xz). Inicialmente o fluido e o sólido estão em repouso. No tempo $t = 0$ faz-se a superfície sólida oscilar senoidalmente na direção x com amplitude X_0 e freqüência (circular) ω. Isto é, o deslocamento X do plano de sua posição de repouso é

$$X(t) = X_0 \operatorname{sen} \omega t \tag{4.1-41}$$

e a velocidade do fluido em $y = 0$ é, então,

$$v_x(0, t) = \frac{dX}{dt} = X_0 \omega \cos \omega t \tag{4.1-42}$$

Designamos a amplitude da oscilação de velocidade por $v_0 = X_0\omega$ e reescrevemos a Eq. 4.1-42 como

$$v_x(0, t) = v_0 \cos \omega t = v_0 \Re\{e^{i\omega t}\} \tag{4.1-43}$$

onde $\Re\{z\}$ significa "a parte real de z".

Para sistemas oscilantes, em geral não estamos interessados na solução completa, mas somente no "estado permanente periódico", que existe após terem desaparecido os transientes iniciais. Nesse estado todas as partículas fluidas do sistema estarão submetidas a oscilações senoidais com freqüência ω porém com ângulo de fase e amplitude que são funções somente da posição. A solução desse "estado permanente periódico" pode ser obtida por meio de uma técnica elementar muito usada. Matematicamente ela é uma solução assintótica para $t \to \infty$.

SOLUÇÃO

Mais uma vez a equação do movimento é dada por

$$\frac{\partial v_x}{\partial t} = \nu \frac{\partial^2 v_x}{\partial y^2} \tag{4.1-44}$$

e as condições iniciais e de contorno são dadas por

C.I.:	em $t \leq 0$,	$v_x = 0$	para todo y	(4.1-45)
C.C. 1:	em $y = 0$,	$v_x = v_0\Re\{e^{i\omega t}\}$	para todo $t > 0$	(4.1-46)
C.C. 2:	em $y = \infty$,	$v_x = 0$	para todo $t > 0$	(4.1-47)

A condição inicial não será necessária, já que estamos interessados somente na resposta do fluido após a placa estar oscilando por um longo tempo.

Adotamos uma solução oscilatória da forma

$$v_x(y, t) = \Re\{v^\circ(y)e^{i\omega t}\} \tag{4.1-48}$$

Nessa última equação v° é escolhida ser uma função *complexa* de y, de modo que $v_x(y, t)$ difere de $v_x(0, t)$ tanto em amplitude quanto em ângulo de fase. Substituímos essa solução-tentativa na Eq. 4.1-44 e obtemos

$$\Re\{v^\circ i\omega e^{i\omega t}\} = \nu\Re\left\{\frac{d^2v^\circ}{dy^2}e^{i\omega t}\right\} \tag{4.1-49}$$

A seguir fazemos uso do fato de que, se $\Re\{z_1\omega\} = \Re\{z_2\omega\}$, onde z_1 e z_2 são duas grandezas complexas e ω é uma grandeza complexa arbitrária, então $z_1 = z_2$. Assim a Eq. 4.1-49 transforma-se em

$$\frac{d^2v^\circ}{dy^2} - \left(\frac{i\omega}{\nu}\right)v^\circ = 0 \tag{4.1-50}$$

com as seguintes condições de contorno:

C.C. 1:	em $y = 0$,	$v^\circ = v_0$	(4.1-51)
C.C. 2:	em $y = \infty$,	$v^\circ = 0$	(4.1-52)

A Eq. 4.1-50 possui a mesma forma que a Eq. C.1-4 e tem a solução

$$v^\circ = C_1 e^{\sqrt{i\omega/\nu}\,y} + C_2 e^{-\sqrt{i\omega/\nu}\,y} \tag{4.1-53}$$

Sendo $\sqrt{i} = \pm(1/\sqrt{2})(1 + i)$, essa última equação pode ser reescrita como

$$v^\circ = C_1 e^{\sqrt{\omega/2\nu}(1+i)y} + C_2 e^{-\sqrt{\omega/2\nu}(1+i)y} \tag{4.1-54}$$

A segunda condição de contorno requer $C_1 = 0$, e a primeira condição de contorno fornece $C_2 = v_0$. Portanto a solução da Eq. 4.1-50 é

$$v^\circ = v_0 e^{-\sqrt{\omega/2\nu}(1+i)y} \tag{4.1-55}$$

Desse último resultado e da Eq. 4.1-48 obtemos

$$\begin{aligned} v_x(y, t) &= \Re\{v_0 e^{-\sqrt{\omega/2\nu}(1+i)y} e^{i\omega t}\} \\ &= v_0 e^{-\sqrt{\omega/2\nu}\,y} \Re\{e^{-i(\sqrt{\omega/2\nu}\,y - \omega t)}\} \end{aligned} \tag{4.1-56}$$

ou finalmente

$$v_x(y, t) = v_0 e^{-\sqrt{\omega/2\nu}\,y} \cos(\omega t - \sqrt{\omega/2\nu}\,y) \tag{4.1-57}$$

Nessa expressão a exponencial descreve a *atenuação* do movimento oscilatório — isto é, a diminuição da amplitude das oscilações do fluido com o aumento da distância a partir da placa. No argumento do cosseno, a grandeza $-\sqrt{\omega/2\nu}\,y$ é chamada *deslocamento de fase*; isto é, ela descreve quanto as oscilações do fluido a uma distância y da parede estão "fora do passo" com as oscilações da própria parede.

Ter em mente que a Eq. 4.1-57 não é a solução completa do problema representado pelas Eqs. 4.1-44 a 4.1-47, mas apenas a solução do "estado permanente periódico". A solução completa é dada no Problema 4D.1.

4.2 RESOLVENDO PROBLEMAS DE ESCOAMENTO USANDO A FUNÇÃO DE CORRENTE

Até aqui os exemplos e problemas foram escolhidos de tal modo que apenas uma componente da velocidade do fluido não desaparecia. Soluções da equação de Navier–Stokes completa para o escoamento em duas ou três dimensões, são mais difíceis de serem obtidas. O procedimento básico é, naturalmente, similar: resolve-se simultaneamente as equações da continuidade e do movimento, juntamente com as condições iniciais e de contorno apropriadas, para obter os perfis de pressões e velocidades.

Todavia, ter velocidade e pressão como variáveis dependentes na equação do movimento, implica mais dificuldades nos problemas de escoamento multidimensional em comparação com os discutidos anteriormente. É então freqüentemente conveniente eliminar a pressão, tomando-se o rotacional da equação do movimento, depois de fazer uso da identidade vetorial $[\mathbf{v} \cdot \nabla\mathbf{v}] = \frac{1}{2}\nabla(\mathbf{v} \cdot \mathbf{v}) - [\mathbf{v} \times [\nabla \times \mathbf{v}]]$, a qual é dada pela Eq. A.4-23. Para fluidos com viscosidade e densidade constantes, essa operação fornece

$$\frac{\partial}{\partial t}[\nabla \times \mathbf{v}] - [\nabla \times [\mathbf{v} \times [\nabla \times \mathbf{v}]]] = \nu\nabla^2[\nabla \times \mathbf{v}] \tag{4.2-1}$$

Esta é a *equação de balanço para a vorticidade* $[\nabla \times \mathbf{v}]$; duas outras maneiras de escrevê-la são dadas no Problema 3D.2.

Para problemas de escoamento viscoso podemos então resolver a equação da vorticidade (uma equação vetorial de terceira ordem) juntamente com a equação da continuidade e as condições iniciais e de contorno relevantes, para obter a distribuição de velocidades. Uma vez que esta é conhecida, pode-se obter a distribuição de pressões a partir da equação de Navier–Stokes, Eq. 3.5-6. Esse método de resolver problemas de escoamento é conveniente às vezes, mesmo para os escoamentos unidimensionais discutidos anteriormente (veja, por exemplo, o Problema 4B.4).

Para escoamentos planos ou axissimétricos a equação da vorticidade pode ser reformulada introduzindo-se a *função de corrente*, ψ. Para fazer isso expressamos as duas componentes não-nulas da velocidade como derivadas de ψ, de tal modo que a equação da continuidade é automaticamente satisfeita (veja Tabela 4.2-1). A componente da equação da vorticidade correspondente a direção onde não há escoamento, torna-se então uma equação escalar de quarta ordem em ψ. Os dois componentes não-nulos da velocidade podem então ser obtidos depois que a equação para o escalar ψ for estabelecida. Os problemas mais importantes que podem ser tratados dessa maneira são dados na Tabela 4.1-1.[1]

A função de corrente propriamente dita não é desprovida de interesse. Superfícies de ψ constante contêm as linhas de corrente,[2] que no escoamento em estado permanente são as trajetórias das partículas do fluido. A vazão volumétrica entre as superfícies $\psi = \psi_1$ e $\psi = \psi_2$ é proporcional a $\psi_2 - \psi_1$.

Nesta seção consideramos, a título de exemplo, o escoamento lento e permanente em torno de uma esfera estacionária, que é descrito pela equação de Stokes, Eq. 3.5-8, válida para Re $<<$ 1 (veja discussão logo após a Eq. 3.7-9). Para o escoamento lento o segundo termo no lado esquerdo da Eq. 4.2-1 pode ser suposto igual a zero. A equação torna-se então linear, e portanto existem muitos métodos disponíveis para resolver o problema.[3] Usamos o método da função de corrente baseado na Eq. 4.2-1.

Tabela 4.2-1 Equações para a Função de Corrente[a]

Tipo de movimento	Sistema de coordenadas	Componentes da velocidade	Equações diferenciais para ψ que são equivalentes à equação de Navier-Stokes[b]		Expressões para os operadores
Bidimensional (plano)	Retangular com $v_z = 0$ e independente de z	$v_x = -\dfrac{\partial\psi}{\partial y}$ $v_y = +\dfrac{\partial\psi}{\partial x}$	$\dfrac{\partial}{\partial t}(\nabla^2\psi) + \dfrac{\partial(\psi, \nabla^2\psi)}{\partial(x, y)} = \nu\nabla^4\psi$	(A)	$\nabla^2 \equiv \dfrac{\partial^2}{\partial x^2} + \dfrac{\partial^2}{\partial y^2}$ $\nabla^4\psi \equiv \nabla^2(\nabla^2\psi)$ $\equiv \left(\dfrac{\partial^4}{\partial x^4} + 2\dfrac{\partial^4}{\partial x^2\partial y^2} + \dfrac{\partial^4}{\partial y^4}\right)\psi$
	Cilíndrico com $v_z = 0$ e independente de z	$v_r = -\dfrac{1}{r}\dfrac{\partial\psi}{\partial\theta}$ $v_\theta = +\dfrac{\partial\psi}{\partial r}$	$\dfrac{\partial}{\partial t}(\nabla^2\psi) + \dfrac{1}{r}\dfrac{\partial(\psi, \nabla^2\psi)}{\partial(r, \theta)} = \nu\nabla^4\psi$	(B)	$\nabla^2 \equiv \dfrac{\partial^2}{\partial r^2} + \dfrac{1}{r}\dfrac{\partial}{\partial r} + \dfrac{1}{r^2}\dfrac{\partial^2}{\partial\theta^2}$
Axissimétrico	Cilíndrico com $v_\theta = 0$ e independente de θ	$v_z = -\dfrac{1}{r}\dfrac{\partial\psi}{\partial r}$ $v_r = +\dfrac{1}{r}\dfrac{\partial\psi}{\partial z}$	$\dfrac{\partial}{\partial t}(E^2\psi) - \dfrac{1}{r}\dfrac{\partial(\psi, E^2\psi)}{\partial(r, z)} - \dfrac{2}{r^2}\dfrac{\partial\psi}{\partial z}E^2\psi = \nu E^4\psi$	(C)	$E^2 \equiv \dfrac{\partial^2}{\partial r^2} - \dfrac{1}{r}\dfrac{\partial}{\partial r} + \dfrac{\partial^2}{\partial z^2}$ $E^4\psi \equiv E^2(E^2\psi)$
	Esférico com $v_\phi = 0$ e independente de ϕ	$v_r = -\dfrac{1}{r^2 \operatorname{sen}\theta}\dfrac{\partial\psi}{\partial\theta}$ $v_\theta = +\dfrac{1}{r\operatorname{sen}\theta}\dfrac{\partial\psi}{\partial r}$	$\dfrac{\partial}{\partial t}(E^2\psi) + \dfrac{1}{r^2\operatorname{sen}\theta}\dfrac{\partial(\psi, E^2\psi)}{\partial(r, \theta)}$ $- \dfrac{2E^2\psi}{r^2\operatorname{sen}^2\theta}\left(\dfrac{\partial\psi}{\partial r}\cos\theta - \dfrac{1}{r}\dfrac{\partial\psi}{\partial\theta}\operatorname{sen}\theta\right) = \nu E^4\psi$	(D)	$E^2 \equiv \dfrac{\partial^2}{\partial r^2} + \dfrac{\operatorname{sen}\theta}{r^2}\dfrac{\partial}{\partial\theta}\left(\dfrac{1}{\operatorname{sen}\theta}\dfrac{\partial}{\partial\theta}\right)$

[a]Relações similares para coordenadas ortogonais generalizadas podem ser encontradas em S. Goldstein, *Modern Developments in Fluid Dynamics*, Dover, N. Y. (1965), pp. 114-115; nessa referência, fórmulas também são fornecidas para escoamentos axissimétricos com uma componente não-nula de velocidade em torno do eixo.

[b] Aqui os Jacobianos são designados por

$$\frac{\partial(f, g)}{\partial(x, y)} = \begin{vmatrix} \partial f/\partial x & \partial f/\partial y \\ \partial g/\partial x & \partial g/\partial y \end{vmatrix}$$

[1]Para uma técnica aplicável a escoamentos mais gerais veja J. M. Robertson, *Hydrodynamics in Theory and Application*, Prentice-Hall, Englewood Cliffs, N. J. (1965), p. 77; Para exemplos de escoamentos tridimensionais usando duas funções de corrente, veja o Problema 4D.5 e também J. P. Sørensen e W. E. Stewart, *Chem. Eng. Sci.*, **29**, 819-825 (1974). A. Lahbabi e H.-C. Chang, *Chem. Eng. Sci.*, **40**, 434-447 (1985) tratam de escoamentos com altos Re através de arranjos cúbicos de esferas, incluindo soluções para estado permanente e transição para turbulência. W. E. Stewart e M. A. McClelland, *AIChE Journal*, **29**, 947-956 (1983) deram soluções assintóticas concordantes para a convecção forçada em escoamentos tridimensionais com aquecimento viscoso.

[2] Veja, por exemplo, G. K. Batchelor, *An Introduction to Fluid Dynamics*, Cambridge University Press (1967), Seção 2.2. O Cap. 2 deste livro é uma discussão extensa sobre a cinemática do escoamento de fluidos.

[3] A solução dada aqui segue a de L. M. Milne-Thomson, *Theoretical Hydrodynamics*, Macmillan, New York, 3.ª ed. (1955), pp. 555-557. Para outros enfoques, veja H. Lamb, *Hydrodynamics*, Dover, New York (1945), Seções 337, 338. Para uma discussão do escoamento transiente em torno de uma esfera, veja R. Berker, em *Handbuch der Physik*, Volume VIII-2, Springer, Berlin (1963), Seção 69; ou H. Villat e J. Kravtchenko, *Leçons sur les Fluides Visqueux*, Gauthier-Villars, Paris (1943), Cap. VII. O problema de determinar as forças e os torques sobre objetos de formato arbitrário é discutido de modo abrangente por S. Kim and S. J. Karrila, *Microhydrodynamics: Principles and Selected Applications*, Butterworth-Heinemann, Boston (1991), Cap. II.

EXEMPLO 4.2-1

Escoamento Lento em Torno de uma Esfera

Use a Tabela 4.2-1 para obter a equação diferencial em termos de função de corrente, para o escoamento de um fluido newtoniano em torno de uma esfera estacionária de raio R sendo Re $<<$ 1. Obtenha as distribuições de velocidades e pressões quando o fluido se aproxima da esfera no sentido z positivo, como na Fig. 2.6-1.

SOLUÇÃO

Para o escoamento permanente e lento, todo o lado esquerdo da Eq. D da Tabela 4.2-1 pode ser suposto igual a zero, e a equação de ψ para o escoamento axissimétrico fica

$$E^4\psi = 0 \tag{4.2-2}$$

ou, em coordenadas esféricas,

$$\left[\frac{\partial^2}{\partial r^2} + \frac{\operatorname{sen}\theta}{r^2}\frac{\partial}{\partial\theta}\left(\frac{1}{\operatorname{sen}\theta}\frac{\partial}{\partial\theta}\right)\right]^2\psi = 0 \tag{4.2-3}$$

Essa equação deve ser resolvida com as seguintes condições de contorno:

C.C. 1: $\quad$ em $r = R$, $\quad v_r = -\dfrac{1}{r^2\operatorname{sen}\theta}\dfrac{\partial\psi}{\partial\theta} = 0$ $\quad$ (4.2-4)

C.C. 2: $\quad$ em $r = R$, $\quad v_\theta = +\dfrac{1}{r\operatorname{sen}\theta}\dfrac{\partial\psi}{\partial r} = 0$ $\quad$ (4.2-5)

C.C. 3: $\quad$ quando $r \to \infty$, $\quad \psi \to -\frac{1}{2}v_\infty r^2 \operatorname{sen}^2\theta$ $\quad$ (4.2-6)

As duas primeiras condições de contorno descrevem a condição de não-deslizamento na superfície da esfera. A terceira implica que $v_z \to v_\infty$ longe da esfera (isto pode ser verificado lembrando que longe da esfera tem-se $v_r = v_\infty \cos\theta$ e $v_\theta = -v_\infty \operatorname{sen}\theta$).

Agora supomos uma solução da forma

$$\psi(r,\theta) = f(r)\operatorname{sen}^2\theta \tag{4.2-7}$$

que pelo menos satisfará a terceira condição de contorno, Eq. 4.2-6. Quando ela é substituída na Eq. 4.2-3, obtemos

$$\left(\frac{d^2}{dr^2} - \frac{2}{r^2}\right)\left(\frac{d^2}{dr^2} - \frac{2}{r^2}\right)f = 0 \tag{4.2-8}$$

O fato de a variável θ não aparecer nessa equação, sugere que a suposição da Eq. 4.2-7 é satisfatória. A Eq. 4.2-8 é de quarta ordem e "eqüidimensional" (veja Eq. C.1-14). Quando uma tentativa de solução da forma $f(r) = Cr^n$ é substituída nesta equação, resulta que n pode ter os valores –1, 1, 2 e 4. Portanto, $f(r)$ tem a forma

$$f(r) = C_1 r^{-1} + C_2 r + C_3 r^2 + C_4 r^4 \tag{4.2-9}$$

Para satisfazer à terceira condição de contorno, C_4 deve ser zero, e C_3 tem que ser $-\frac{1}{2}v_\infty$. Então a função de corrente é

$$\psi(r,\theta) = (C_1 r^{-1} + C_2 r - \tfrac{1}{2}v_\infty r^2)\operatorname{sen}^2\theta \tag{4.2-10}$$

As componentes da velocidade são então obtidas usando-se a Tabela 4.2-1 conforme segue:

$$v_r = -\frac{1}{r^2\operatorname{sen}\theta}\frac{\partial\psi}{\partial\theta} = \left(v_\infty - 2\frac{C_2}{r} - 2\frac{C_1}{r^3}\right)\cos\theta \tag{4.2-11}$$

$$v_\theta = +\frac{1}{r\operatorname{sen}\theta}\frac{\partial\psi}{\partial r} = \left(-v_\infty + \frac{C_2}{r} - \frac{C_1}{r^3}\right)\operatorname{sen}\theta \tag{4.2-12}$$

As duas primeiras condições de contorno agora fornecem $C_1 = -\frac{1}{4}v_\infty R^2$ e $C_2 = \frac{3}{4}v_\infty R$, de modo que

$$v_r = v_\infty\left(1 - \frac{3}{2}\left(\frac{R}{r}\right) + \frac{1}{2}\left(\frac{R}{r}\right)^3\right)\cos\theta \tag{4.2-13}$$

$$v_\theta = -v_\infty\left(1 - \frac{3}{4}\left(\frac{R}{r}\right) - \frac{1}{4}\left(\frac{R}{r}\right)^3\right)\operatorname{sen}\theta \tag{4.2-14}$$

Essas são as componentes da velocidade, dadas sem demonstração nas Eqs. 2.6-1 e 2.

Para obter a distribuição de pressões, substituímos essas componentes de velocidade nas componentes r e θ da equação de Navier-Stokes (dada na Tabela B.7). Após algumas manipulações tediosas obtemos

$$\frac{\partial \mathcal{P}}{\partial r} = 3\left(\frac{\mu v_\infty}{R^2}\right)\left(\frac{R}{r}\right)^3 \cos\theta \tag{4.2-15}$$

$$\frac{\partial \mathcal{P}}{\partial \theta} = \frac{3}{2}\left(\frac{\mu v_\infty}{R}\right)\left(\frac{R}{r}\right)^2 \operatorname{sen}\theta \tag{4.2-16}$$

Essas equações podem ser integradas (conforme as Eqs. 3.6.38 a 41), e, quando se faz uso da condição de contorno de que quando $r \to \infty$ a pressão modificada $\mathcal{P}$ tende a p_0 (a pressão no plano $z = 0$ longe da esfera), obtemos

$$p = p_0 - \rho g z - \frac{3}{2}\left(\frac{\mu v_\infty}{R}\right)\left(\frac{R}{r}\right)^2 \cos\theta \tag{4.2-17}$$

Esta distribuição de pressões é a mesma que a dada na Eq. 2.6-4.

Na Seção 2.6 mostramos como podemos integrar as distribuições de pressões e velocidades sobre a superfície da esfera para obter a força de arraste. Aquele método de obtenção da força do fluido sobre o sólido é geral. Aqui calculamos a "força cinética", F_k, igualando a taxa de realização de trabalho sobre a esfera (força × velocidade) à taxa de dissipação viscosa interna ao fluido, resultando

$$F_k v_\infty = -\int_0^{2\pi}\int_0^{\pi}\int_R^{\infty} (\boldsymbol{\tau}:\nabla \mathbf{v}) r^2 dr \operatorname{sen}\theta d\theta d\phi \tag{4.2-18}$$

A inserção da função $(-\boldsymbol{\tau}:\nabla\mathbf{v})$ em coordenadas esféricas, Tabela B.7, fornece

$$F_k v_\infty = \int_0^{2\pi}\int_0^{\pi}\int_R^{\infty} \left[2\left(\frac{\partial v_r}{\partial r}\right)^2 + 2\left(\frac{1}{r}\frac{\partial v_\theta}{\partial \theta} + \frac{v_r}{r}\right)^2 + 2\left(\frac{v_r}{r} + \frac{v_\theta \cot\theta}{r}\right)^2 \right.$$
$$\left. + \left(r\frac{\partial}{\partial r}\left(\frac{v_\theta}{r}\right) + \frac{1}{r}\frac{\partial v_r}{\partial \theta}\right)^2 \right] r^2 dr \operatorname{sen}\theta d\theta d\phi \tag{4.2-19}$$

Então os perfis de velocidades das Eqs. 4.2-13 e 14 são substituídos na Eq. 4.2-19. Quando as diferenciações e integrações indicadas (trabalhoso!) são realizadas, obtemos finalmente

$$F_k = 6\pi\mu v_\infty R \tag{4.2-20}$$

que é a *lei de Stokes*.

Conforme ressaltado na Seção 2.6, a lei de Stokes é restrita a Re < 0,1. A expressão para força de arraste pode ser melhorada voltando atrás e incluindo o termo $[\mathbf{v}\cdot\nabla\mathbf{v}]$. Então o uso do método das *expansões assintóticas concordantes* leva ao seguinte resultado[4]

$$F_k = 6\pi\mu v_\infty R[1 + \tfrac{3}{16}\mathrm{Re} + \tfrac{9}{160}\mathrm{Re}^2(\ln\tfrac{1}{2}\mathrm{Re} + \gamma + \tfrac{5}{3}\ln 2 - \tfrac{323}{360}) + \tfrac{27}{640}\mathrm{Re}^3 \ln\tfrac{1}{2}\mathrm{Re} + O(\mathrm{Re}^3)] \tag{4.2-21}$$

onde $\gamma = 0{,}5772$ é a constante de Euler. Esta expressão é satisfatória até Re cerca de 1.

4.3 ESCOAMENTO DE FLUIDOS INVÍSCIDOS E POTENCIAL DE VELOCIDADE[1]

Naturalmente, sabemos que fluidos invíscidos (isto é, fluidos sem de viscosidade) não existem realmente. Todavia, a equação de Euler para o movimento, Eq. 3.5-9, tem se mostrado útil para descrever escoamentos de fluidos de baixas viscosidades em torno de objetos com perfil aerodinâmico para Re >> 1, fornecendo uma descrição razoavelmente boa do perfil de velocidades exceto muito próximo do objeto e além da linha de separação.

[4] I. Proudman e J. R. A. Pearson, *J. Fluid Mech* **2**, 237-262 (1957); W. Chester e D. R. Breach, *J. Fluid. Mech.* **37**, 751-760 (1969).

[1] R. H. Kirchhoff, Cap. 7 do *Handbook of Fluid Dynamics* (R. W. Johnson, ed.), CRC Press, Boca Raton, Fla. (1998).

Então a equação da vorticidade, Eq. 3D.2-1, pode ser simplificada omitindo-se o termo que contém a viscosidade cinemática. Se, adicionalmente, o escoamento é permanente e bidimensional, então os termos $\partial/\partial t$ e $[\mathbf{w}\cdot\nabla\mathbf{v}]$ desaparecem. Isso significa que a vorticidade $\mathbf{w} = [\nabla \times \mathbf{v}]$ é constante ao longo de uma linha de corrente. Se o fluido que se aproxima de um objeto submerso não tem vorticidade longe do objeto então o escoamento será tal que $\mathbf{w} = [\nabla \times \mathbf{v}]$ será zero através de todo campo de escoamento, isto é, o escoamento será *irrotacional.*

Resumindo, se assumirmos que ρ = constante e $[\nabla \times \mathbf{v}] = 0$, então podemos esperar obter uma descrição razoavelmente boa do escoamento de fluidos de baixa viscosidade em torno de objetos submersos em escoamentos bidimensionais. Esse tipo de escoamento é referido como *escoamento potencial.*

Naturalmente, sabemos que essa descrição de escoamento será inadequada nas vizinhanças de superfícies sólidas. Próximo a essas superfícies fazemos uso de um conjunto diferente de hipóteses, e essas levam à *teoria da camada-limite*, que é discutida na Seção 4.4. Resolvendo as equações do escoamento potencial para "regiões muito afastadas" e as equações da camada-limite para as "regiões muito próximas" e então fazendo com que as soluções concordem assintoticamente para Re grande, é possível desenvolver uma descrição de todo o campo de escoamento em torno de um objeto com perfil aerodinâmico.[2]

Para descrever o escoamento potencial começamos com a equação da continuidade para um fluido incompressível e a equação de Euler para um fluido invíscido (Eq. 3.5-9):

(continuidade) $$(\nabla \cdot \mathbf{v}) = 0 \tag{4.3-1}$$

(movimento) $$\rho\left(\frac{\partial \mathbf{v}}{\partial t} + \nabla\tfrac{1}{2}v^2 - [\mathbf{v} \times [\nabla \times \mathbf{v}]]\right) = -\nabla\mathcal{P} \tag{4.3-2}$$

Na equação do movimento temos usado a identidade vetorial $[\mathbf{v} \cdot \nabla\mathbf{v}] = \nabla\tfrac{1}{2}v^2 - [\mathbf{v} \times [\nabla \times \mathbf{v}]]$ (veja Eq. A4-23).

Para o escoamento bidimensional e irrotacional a afirmação que $[\nabla \times \mathbf{v}] = 0$ é

(irrotacional) $$\frac{\partial v_x}{\partial y} - \frac{\partial v_y}{\partial x} = 0 \tag{4.3-3}$$

e a equação da continuidade é

(continuidade) $$\frac{\partial v_x}{\partial x} + \frac{\partial v_y}{\partial y} = 0 \tag{4.3-4}$$

A equação do movimento para o escoamento permanente e irrotacional pode ser integrada fornecendo

(movimento) $$\tfrac{1}{2}\rho(v_x^2 + v_y^2) + \mathcal{P} = \text{constante} \tag{4.3-5}$$

Isto é, a soma das energias de pressão, cinética e potencial por unidade de volume é constante através de todo o campo de escoamento. Esta é a *equação de Bernoulli* para o escoamento potencial e incompressível, e a constante é a mesma para todas as linhas de corrente. (Esta equação deve ser comparada com a Eq. 3.5-12, a equação de Bernoulli para um fluido compressível em qualquer tipo de escoamento; nela a soma das três contribuições é uma constante diferente para cada linha de corrente.)

Queremos resolver as Eqs. 4.3-3 a 5 para obter v_x, v_y e $\mathcal{P}$ como funções de x e y. Já vimos em seções anteriores que a equação da continuidade para escoamentos bidimensionais pode ser satisfeita escrevendo-se as componentes da velocidade em termos de uma *função de corrente* $\psi(x, y)$. Todavia, qualquer vetor cujo rotacional é zero pode também ser escrito como o gradiente de uma função escalar (isto é, $[\nabla \times \mathbf{v}] = 0$ implica que $\mathbf{v} = -\nabla\phi$). É muito conveniente então introduzir um potencial de velocidade $\phi(x, y)$. Em vez de trabalhar com as componentes da velocidade v_x e v_y preferimos trabalhar com $\psi(x, y)$ e $\phi(x, y)$. Temos então as seguintes relações:

(função de corrente) $$v_x = -\frac{\partial \psi}{\partial y} \qquad v_y = \frac{\partial \psi}{\partial x} \tag{4.3-6, 7}$$

(potencial de velocidade) $$v_x = -\frac{\partial \phi}{\partial x} \qquad v_y = -\frac{\partial \phi}{\partial y} \tag{4.3-8, 9}$$

Agora as Eqs. 4.3-3 e 4.3-4 serão satisfeitas automaticamente. Igualando as expressões para as componentes da velocidade obtemos

$$\frac{\partial \phi}{\partial x} = \frac{\partial \psi}{\partial y} \quad \text{e} \quad \frac{\partial \phi}{\partial y} = -\frac{\partial \psi}{\partial x} \tag{4.3-10, 11}$$

[2] M. Van Dyke, *Perturbation Methods in Fluids Dynamics*, The Parabolic Press, Stanford, Cal. (1975).

Essas são as *equações de Cauchy-Riemann*, que são relações que devem ser satisfeitas pelas partes reais e imaginárias de qualquer função analítica[3] $\omega(z) = \phi(x, y) + i\psi(x, y)$, onde $z = x + iy$. A grandeza $\omega(z)$ é denominada *potencial complexo*. Diferenciando-se a Eq. 4.3-10 em relação a x e a Eq. 4.3-11 em relação a y e então somando-se os resultados obtém-se $\nabla^2\phi = 0$. Diferenciando-as em relação àquelas variáveis na ordem inversa e subtraindo os resultados vem $\nabla^2\psi = 0$. Isto é, ambas $\phi(x, y)$ e $\psi(x, y)$ satisfazem a equação de Laplace bidimensional.[4]

Em conseqüência do desenvolvimento precedente, fica aparente que *qualquer* função analítica $w(z)$ fornece um par de funções $\phi(x, y)$ e $\psi(x, y)$ que são o potencial de velocidade e a função de corrente para *algum* problema de escoamento. Além disso, as curvas $\phi(x, y)$ = constante e $\psi(x, y)$ = constante são então, respectivamente, *linhas equipotenciais* e *linhas de corrente* para o problema. As componentes da velocidade são então obtidas das Eqs. 4.3-6 e 7, ou Eqs. 4.3-8 e 9 ou de

$$\frac{dw}{dz} = -v_x + iv_y \tag{4.3-12}$$

onde $d\omega/dz$ é chamada *velocidade complexa*. Uma vez que as componentes da velocidade são conhecidas, a pressão modificada pode ser calculada a partir da Eq. 4.3-5.

Alternativamente, as linhas equipotenciais e de corrente podem ser obtidas da *função inversa* $z(\omega) = x(\phi, \psi) + iy(\phi, \psi)$, onde $z(\omega)$é uma função analítica *qualquer* de ω. Podemos eliminar ψ entre $x(\phi, \psi)$e $y(\phi, \psi)$, obtendo

$$F(x, y, \phi) = 0 \tag{4.3-13}$$

Similarmente, eliminando-se ψ temos

$$G(x, y, \psi) = 0 \tag{4.3-14}$$

Fazendo ϕ = constante na Eq.4.3-13, resultam as equações das linhas equipotenciais para *algum* problema, e fazendo ψ = constante na Eq. 4.3-14 tem-se as equações para as linhas de corrente. As componentes da velocidade podem ser obtidas de

$$-\frac{dz}{dw} = \frac{v_x + iv_y}{v_x^2 + v_y^2} \tag{4.3-15}$$

Assim, a partir de qualquer função analítica $\omega(z)$, ou de sua inversa $z(\omega)$, podemos construir uma malha de escoamento com linhas de corrente ψ = constante e linhas equipotenciais ϕ = constante. A tarefa de obter $\omega(z)$ ou $z(\omega)$ que satisfaça a um dado problema de escoamento é, todavia, consideravelmente mais difícil. Alguns métodos especiais estão disponíveis[4,5] porém é freqüentemente mais rápido consultar uma tabela de transformações conformes.[6]

Nos próximos dois exemplos ilustrativos mostramos como usar o potencial complexo $\omega(z)$ para descrever o escoamento potencial em torno de um cilindro, e a função inversa $z(\omega)$ para resolver o problema do escoamento potencial em um canal. No terceiro exemplo resolvemos o escoamento nas vizinhanças de uma parede em ângulo, que é tratada mais adiante na Seção 4.4 pelo método da camada-limite. Alguns comentários gerais devem ser lembrados:

(a) Em qualquer local as linhas de corrente são perpendiculares às linhas equipotenciais. Esta propriedade, evidente das Eqs. 4.3-10 e 11, é útil para a construção aproximada das malhas de escoamento.

(b) Linhas de corrente e equipotenciais podem ser permutadas para obter a solução de um outro problema de escoamento. Isto é uma conseqüência do item (a) e do fato de que tanto ϕ quanto ψ são soluções da equação de Laplace bidimensional.

(c) Qualquer linha de corrente pode ser substituída por uma superfície sólida. Isto decorre da condição de contorno de que a componente normal da velocidade do fluido é zero na superfície sólida. Não há restrições à componente tangencial, já que no escoamento potencial o fluido é presumivelmente capaz de deslizar livremente ao longo da superfície (vale a hipótese de deslizamento completo).

---

[3] Algum conhecimento prévio sobre funções analíticas é presumido aqui. Introduções úteis a esse assunto podem ser encontradas em V. L. Streeter, E. B. Wylie e K. W. Bedford, *Fluid Mechanics*, McGraw-Hill, New York, 9.ª Ed. (1998), Cap. 8, e em M. D. Greenberg, *Foundations of Applied Mathematics*, Prentice-Hall, Englewood Cliffs, N.J. (1978), Caps. 11 e 12.

[4] Mesmo para escoamentos tridimensionais a hipótese de escoamento irrotacional ainda permite a definição de um potencial de velocidade. Quando $\mathbf{v} = -\nabla\phi$ é substituído em $(\nabla \cdot \mathbf{v}) = 0$, obtemos a equação de Laplace tridimensional $\nabla^2\phi = 0$. A solução dessa equação é assunto da "teoria do potencial", para a qual existe uma vasta literatura. Veja, por exemplo, P. M. Morse e H. Feshbach, *Methods of Theoretical Physics*, McGraw-Hill, New York (1953), Cap. 11; e J. M. Robertson, *Hydrodynamics in Theory and Application*, Prentice-Hall, Englewood Cliffs, N.J. (1965), que enfatiza aplicações de engenharia. Existem muitos problemas em escoamento através de meios porosos, condução de calor, difusão e condução elétrica que são descritos pela equação de Laplace.

[5] J. Fuka, Cap. 21 em K. Rektorys, *Survey of Applicable Mathematics*, MIT Press, Cambridge, Mass. (1969).

[6] H. Kober, *Dictionary of Conformal Representations*, Dover, New York, 2.ª ed. (1957).

Exemplo 4.3-1

Escoamento Potencial em Torno de um Cilindro

(a) Mostre que o potencial complexo

$$w(z) = -v_\infty R\left(\frac{z}{R} + \frac{R}{z}\right) \tag{4.3-16}$$

descreve o escoamento potencial em torno de um cilindro de seção circular de raio R, quando a velocidade de aproximação é v_∞ no sentido positivo de x.

(b) Determine as componentes do vetor velocidade.

(c) Determine a distribuição de pressões sobre a superfície do cilindro quando a pressão modificada longe dele for $\mathcal{P}_\infty$.

SOLUÇÃO

(a) Para determinar a função de corrente e o potencial de velocidades, escrevemos o potencial complexo na forma $\omega(z) = \phi(x, y) + i\psi(x, y)$:

$$w(z) = -v_\infty x\left(1 + \frac{R^2}{x^2 + y^2}\right) - iv_\infty y\left(1 - \frac{R^2}{x^2 + y^2}\right) \tag{4.3-17}$$

Então a função de corrente é

$$\psi(x, y) = -v_\infty y\left(1 - \frac{R^2}{x^2 + y^2}\right) \tag{4.3-18}$$

Para fazer um gráfico das linhas de corrente é conveniente escrever a Eq. 4.3-18 na forma adimensional

$$\Psi(X, Y) = -Y\left(1 - \frac{1}{X^2 + Y^2}\right) \tag{4.3-19}$$

onde $\Psi = \psi/v_\infty R$, $X = x/R$ e $Y = y/R$.

Na Fig. 4.3-1 as linhas de corrente são plotadas como curvas de Ψ = constante. A linha de corrente $\Psi = 0$ corresponde a um círculo unitário, que representa a superfície do cilindro. A linha de corrente $\Psi = 3/2$ passa pelo ponto $X = 0$, $Y = 2$ e assim por diante.

(b) As componentes da velocidade podem ser obtidas da função de corrente usando-se as Eqs. 4.3-6 e 7. Elas também podem ser obtidas da velocidade complexa de acordo com a Eq. 4.3-12, conforme segue:

$$\frac{dw}{dz} = -v_\infty\left(1 - \frac{R^2}{z^2}\right) = -v_\infty\left(1 - \frac{R^2}{r^2}e^{-2i\theta}\right)$$

$$= -v_\infty\left(1 - \frac{R^2}{r^2}(\cos 2\theta - i\,\mathrm{sen}\,2\theta)\right) \tag{4.3-20}$$

Portanto, as componentes da velocidade em funções da posição são

$$v_x = v_\infty\left(1 - \frac{R^2}{r^2}\cos 2\theta\right) \tag{4.3-21}$$

$$v_y = -v_\infty\left(\frac{R^2}{r^2}\,\mathrm{sen}\,2\theta\right) \tag{4.3-22}$$

(c) Na superfície do cilindro, $r = R$, e

$$\begin{aligned} v^2 &= v_x^2 + v_y^2 \\ &= v_\infty^2[(1 - \cos 2\theta)^2 + (\mathrm{sen}\,2\theta)^2] \\ &= 4v_\infty^2\,\mathrm{sen}^2\,\theta \end{aligned} \tag{4.3-23}$$

Quando θ é zero ou π, a velocidade do fluido é zero; tais pontos são conhecidos como *pontos de estagnação*. Da Eq. 4.3-5 sabemos que

$$\tfrac{1}{2}\rho v^2 + \mathcal{P} = \tfrac{1}{2}\rho v_\infty^2 + \mathcal{P}_\infty \tag{4.3-24}$$

Então, a partir das duas últimas equações, obtemos a distribuição de pressões modificadas sobre a superfície do cilindro

$$(\mathcal{P} - \mathcal{P}_\infty) = \tfrac{1}{2}\rho v_\infty^2(1 - 4\,\text{sen}^2\,\theta) \qquad (4.3\text{-}25)$$

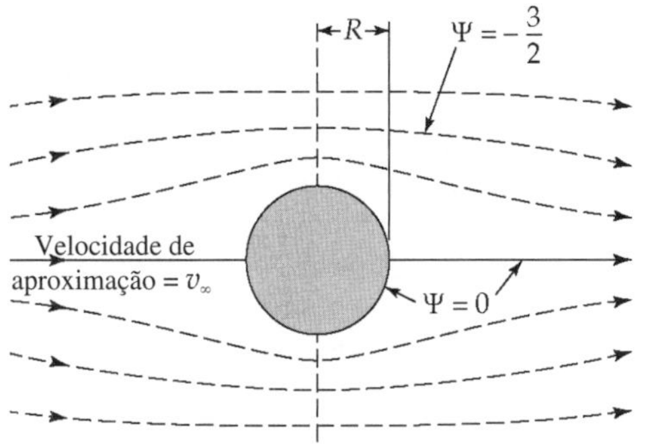

Fig. 4.3-1. Linhas de corrente para o escoamento potencial em torno de um cilindro, conforme Eq. 4.3-19.

Note que a distribuição de pressões modificadas é simétrica em relação ao eixo x; isto é, para o escoamento potencial não existe arraste de forma sobre o cilindro (*paradoxo de d'Alembert*).[7] Naturalmente sabemos hoje que esse resultado não é realmente um paradoxo, mas apenas uma conseqüência do fato de que o fluido invíscido não permite aplicar a condição de contorno de não-deslizamento na interface.

Exemplo 4.3-2

Escoamento para Dentro de um Canal Retangular

Mostre que a função inversa

$$z(w) = \frac{w}{v_\infty} + \frac{b}{\pi}\exp(\pi w/bv_\infty) \qquad (4.3\text{-}26)$$

representa o escoamento potencial para dentro de um canal retangular de meia-largura b. Na equação anterior v_∞ é a magnitude da velocidade a jusante e longe da entrada do canal.

SOLUÇÃO

Em primeiro lugar introduzimos as variáveis distâncias adimensionais

$$X = \frac{\pi x}{b} \qquad Y = \frac{\pi y}{b} \qquad Z = X + iY = \frac{\pi z}{b} \qquad (4.3\text{-}27)$$

e as grandezas adimensionais

$$\Phi = \frac{\pi\phi}{bv_\infty} \qquad \Psi = \frac{\pi\psi}{bv_\infty} \qquad W = \Phi + i\Psi = \frac{\pi w}{bv_\infty} \qquad (4.3\text{-}28)$$

A função inversa representada pela Eq. 4.3-26 pode agora ser expressa em termos de grandezas adimensionais e separada em partes real e imaginária

$$Z = W + e^W = (\Phi + e^\Phi\cos\Psi) + i(\Psi + e^\Phi\,\text{sen}\,\Psi) \qquad (4.3\text{-}29)$$

Portanto,

$$X = \Phi + e^\Phi\cos\Psi \qquad Y = \Psi + e^\Phi\,\text{sen}\,\Psi \qquad (4.3\text{-}30, 31)$$

[7] Paradoxos hidrodinâmicos são discutidos em G. Birkhoff, *Hydrodynamics*, Dover, New York (1955).

Agora podemos fazer Ψ igual a uma constante, e a linha de corrente $Y = Y(X)$ é expressa parametricamente em termos de Φ. Por exemplo, a linha de corrente $\Psi = 0$ é dada por

$$X = \Phi + e^{\Phi} \qquad Y = 0 \tag{4.3-32, 33}$$

à medida que Φ varia de $-\infty$ a $+\infty$, X também varia de $-\infty$ a $+\infty$; por conseguinte, o eixo X é uma linha de corrente. A seguir, a linha de corrente $\Psi = 0$ é dada por

$$X = \Phi - e^{\Phi} \qquad Y = \pi \tag{4.3-34, 35}$$

Conforme Φ varia de $-\infty$ a $+\infty$, X varia de $-\infty$ a -1 e então volta a $-\infty$; isto é, a linha de corrente duplica-se sobre si mesma. Selecionamos essa linha de corrente para ser uma das paredes sólidas do canal retangular. De modo similar, a linha de corrente $\Psi = -\pi$ é a outra parede. As linhas de corrente $\Psi = C$, onde $-\pi < C < \pi$, fornecem então a configuração de escoamento na região de entrada do canal retangular, conforme mostrado na Fig. 4.3-2.

A seguir, a derivada $-dz/d\omega$ pode ser determinada a partir da Eq. 4.3-29:

$$-\frac{dz}{dw} = -\frac{1}{v_\infty}\frac{dZ}{dW} = -\frac{1}{v_\infty}(1 + e^{W}) = -\frac{1}{v_\infty}(1 + e^{\Phi}\cos\Psi + ie^{\Phi}\operatorname{sen}\Psi) \tag{4.3-36}$$

Comparando essa última expressão com a Eq. 4.3-15 obtemos as componentes da velocidade

$$\frac{v_x v_\infty}{v^2} = -(1 + e^{\Phi}\cos\Psi) \qquad \frac{v_y v_\infty}{v^2} = -(e^{\Phi}\operatorname{sen}\Psi) \tag{4.3-37}$$

Essas equações devem ser usadas juntamente com as Eqs. 4.3-30 e 31 para eliminar Φ e Ψ de modo a obter as componentes da velocidade como funções de posição.

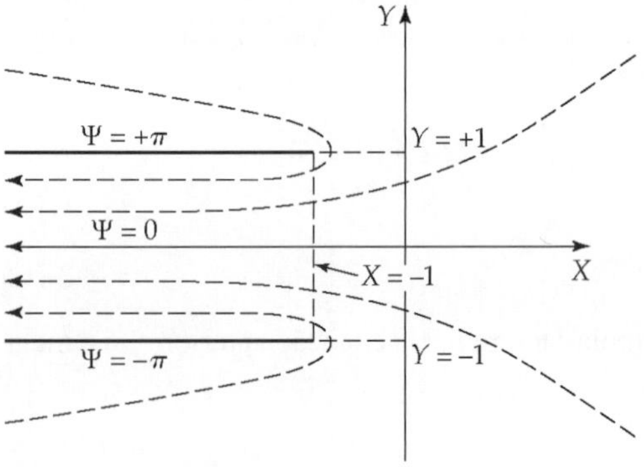

Fig. 4.3-2. Linhas de corrente para o escoamento potencial na entrada de um canal retangular, conforme previsto pela teoria do escoamento potencial das Eqs. 4.3-30 e 31. Uma configuração mais realista de escoamento é mostrada na Fig. 4.3-5.

EXEMPLO 4.3-3

Escoamento Próximo a Paredes em Ângulo[8]

A Fig. 4.3-3 mostra escoamentos potenciais ocorrendo próximos a duas paredes que formam um ângulo em O. O escoamento nas vizinhanças destas paredes pode ser descrito pelo potencial complexo

$$w(z) = -cz^{\alpha} \tag{4.3-38}$$

onde c é uma constante. Podemos agora considerar duas situações: (i) um "escoamento interior", com $\alpha > 1$; e (ii) um "escoamento exterior" com $\alpha < 1$.

(a) Determine as componentes da velocidade.

(b) Determine a velocidade tangencial nos dois trechos da parede.

(c) Descreva como obter as linhas de corrente.

(d) Como esse resultado pode ser aplicado ao escoamento em torno de uma cunha?

[8] R. L. Panton, *Incompressible Flow*, Wiley, New York, 2.ª ed. (1996).

SOLUÇÃO

(a) As componentes da velocidade são obtidas da velocidade complexa

$$\frac{dw}{dz} = -c\alpha z^{\alpha-1} = -c\alpha r^{\alpha-1}e^{i(\alpha-1)\theta} \tag{4.3-39}$$

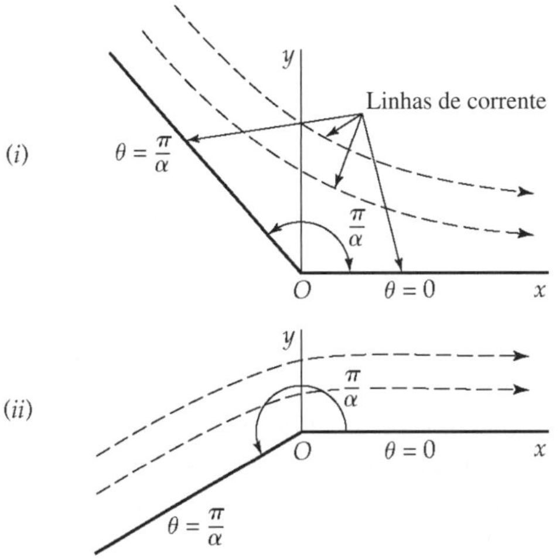

Fig. 4.3-3. Escoamento potencial próximo a paredes em ângulo. Na porção esquerda da parede, $v_r = -c\,r^{\alpha-1}$, e na direita $v_r = +c\,r^{\alpha-1}$. (i) escoamento no lado interior das paredes em ângulo, com $\alpha > 1$; e (ii) escoamento no lado exterior das paredes em ângulo, com $\alpha < 1$.

Então, da Eq. 4.3-12 obtemos

$$v_x = +c\alpha r^{\alpha-1}\cos(\alpha-1)\theta \tag{4.3-40}$$

$$v_y = -c\alpha r^{\alpha-1}\operatorname{sen}(\alpha-1)\theta \tag{4.3-41}$$

(b) A velocidade tangencial nas paredes é

em $\theta = 0$: $\quad v_x = v_r = c\alpha r^{\alpha-1} = c\alpha x^{\alpha-1}$ (4.3-42)

em $\theta = \pi/\alpha$:

$$\begin{aligned} v_r &= v_x\cos\theta + v_y\operatorname{sen}\theta \\ &= +c\alpha r^{\alpha-1}\cos(\alpha-1)\theta\cos\theta - c\alpha r^{\alpha-1}\operatorname{sen}(\alpha-1)\theta\operatorname{sen}\theta \\ &= c\alpha r^{\alpha-1}\cos\alpha\theta \\ &= -c\alpha r^{\alpha-1} \end{aligned} \tag{4.3-43}$$

Então, no caso (i), junto à parede o fluido "que chega" desacelera-se conforme se aproxima da junção e o "que parte" se acelera quando dela se afasta. No caso (ii) as componentes da velocidade tornam-se infinitas na junção das paredes já que $\alpha - 1$ é então negativo.

(c) O potencial complexo pode ser decomposto em suas partes real e imaginária

$$w = \phi + i\psi = -cr^{\alpha}(\cos\alpha\theta + i\operatorname{sen}\alpha\theta) \tag{4.3-44}$$

Então a função de corrente é

$$\psi = -cr^{\alpha}\operatorname{sen}\alpha\theta \tag{4.3-45}$$

Para obter as linhas de corrente selecionamos vários valores da função de corrente — digamos, ψ_1, ψ_2, ψ_3 ... — e então para cada valor plotamos r como uma função de θ.

(d) Como para o escoamento ideal qualquer linha de corrente pode ser substituída por uma parede, e vice-versa, os resultados encontrados anteriormente para $\alpha > 0$ descrevem o escoamento invíscido em torno da cunha (veja Fig. 4.3-4). Faremos uso disso no Exemplo 4.4-3.

Umas poucas palavras de advertência são cabíveis no que diz respeito a aplicabilidade da teoria do escoamento potencial a sistemas reais:

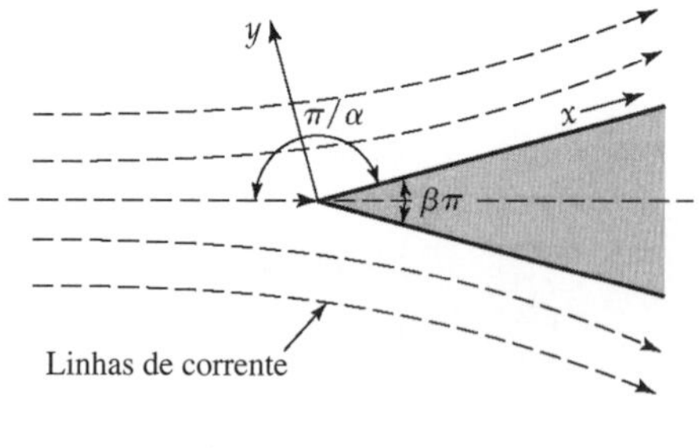

Fig. 4.3-4. Escoamento potencial sobre uma cunha. Na superfície superior da cunha, $v_x = cx^{\alpha-1} = cx^{\beta/(2-\beta)}$. As grandezas α e β estão relacionadas por $\beta = (2/\alpha)(\alpha - 1)$.

a. Para o escoamento em torno de um cilindro, as linhas de corrente mostradas na Fig. 4.3-1 não concordam com nenhum dos regimes de escoamento esboçados na Fig. 3.7-2.

b. Para o escoamento em um canal, a configuração mostrada na Fig. 4.3-2 não é realista tanto no interior do canal bem como na região de montante próxima de sua entrada. Uma aproximação bem melhor do comportamento real é mostrada na Fig. 4.3-5.

Essas duas falhas da teoria do potencial elementar resultam do fenômeno de *separação*: deslocamento das linhas de corrente de uma superfície de contorno.

A separação tende a ocorrer em contornos angulosos de fronteiras sólidas, como no escoamento em canais e no lado de jusante de objetos arredondados, tal como no escoamento em torno de um cilindro. Geralmente a separação tem mais chance de ocorrer em regiões onde a pressão aumenta na direção do escoamento. Análises de escoamento potencial não são úteis em regiões de separação. Elas podem todavia ser usadas a montante dessa região se a localização da *linha de corrente de separação* é conhecida. Métodos de efetuar tais cálculos têm sido muito desenvolvidos. Algumas vezes a posição da linha de corrente de separação pode ser estimada com sucesso a partir da teoria do escoamento potencial. Isso é verdade para o escoamento no interior de um canal, e, de fato, a Fig. 4.3-5 foi obtida desta maneira.[9] Para outros sistemas tais como o do

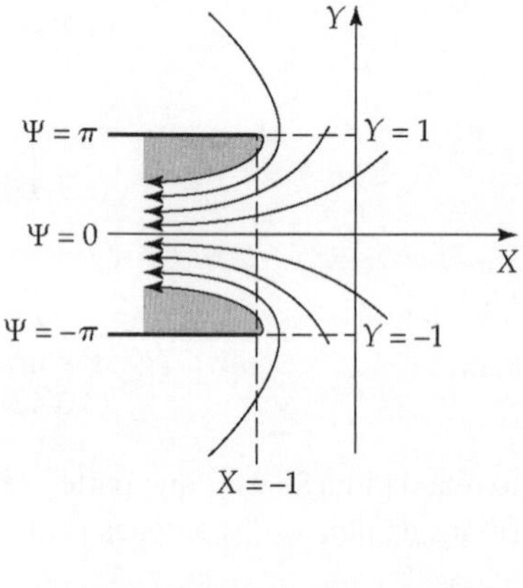

Fig. 4.3-5. Escoamento potencial na entrada de um canal retangular com separação, conforme calculado por H. von Helmholtz, *Phil. Mag.*, **36**, 337-345 (1868). As linhas de corrente para $\Psi = \pm\pi$ separam-se da superfície interna do canal. A velocidade ao longo dessa linha de corrente separada é constante. Entre a linha de corrente separada e a parede há uma região vazia.

escoamento em torno de um cilindro, o ponto de separação e a linha de corrente de separação devem ser localizados por experimento. Mesmo que a posição da linha de corrente de separação não seja conhecida, soluções de escoamento potencial podem ser úteis. Por exemplo, o campo de escoamento do Exemplo 4.3-1 mostrou-se útil para estimar o coeficiente de impacto de aerossóis sobre cilindros.[10] Esse sucesso é resultado do fato de que a maioria dos impactos de partícula ocorrem próximo do ponto de estagnação frontal, onde o escoamento não é muito afetado pela posição da linha de corrente de separação. Conclusões semiquantitativas valiosas a respeito de comportamento de transferência de calor e massa também podem ser tiradas com base em cálculos de escoamento potencial, ignorando o fenômeno de separação.

Todas as técnicas descritas nessa seção supõem que o vetor velocidade pode ser escrito como o gradiente de uma função escalar que satisfaz a equação de Laplace. A equação do movimento tem um papel muito menos importante do que

[9] H. von Helmholtz, *Phil Mag.* (4), **36**, 337-345 (1868). **Herman Ludwig Ferdinand von Helmholtz** (1821-1894) estudou medicina e tornou-se um médico do exército; ele então serviu como professor de medicina e posteriormente como professor de física em Berlim.

[10] W. E. Ranz, *Principles of Inertial Impaction*, Bulletin n.°66, Department of Engineering Research, Pennsylvania State University, University Park, Pa. (1956).

para os escoamentos viscosos discutidos anteriormente, e seu uso primário é na determinação da distribuição de pressões desde que os perfis de velocidades sejam conhecidos.

4.4 ESCOAMENTO PRÓXIMO A SUPERFÍCIES SÓLIDAS E TEORIA DA CAMADA LIMITE

Os exemplos de escoamento potencial discutidos nas seções anteriores mostraram como prever o campo de escoamento por meio de uma função de corrente e de um potencial de velocidades. As soluções para as distribuições de velocidades assim obtidas não satisfazem a condição de contorno usual de "não-deslizamento" na parede. Conseqüentemente as soluções de escoamento potencial não têm valor na descrição de fenômenos de transporte nas vizinhanças de uma parede. Especificamente, a força de arraste viscoso não pode ser obtida, e também não é possível obter-se descrições confiáveis de trocas de calor e massa entre fases em superfícies sólidas.

Para descrever o comportamento próximo de paredes, usamos a *teoria da camada limite*. Para descrição de um escoamento viscoso obtemos uma solução aproximada para as componentes da velocidade em uma fina camada limite próxima da parede, levando em conta a viscosidade. Então fazemos esta solução "concordar" com a solução do escoamento potencial que descreve o escoamento fora da camada limite. O sucesso do método está ligado a camadas limites finas, uma condição que é encontrada em escoamentos a altos números de Reynolds.

Consideramos o escoamento permanente bidimensional de um fluido com ρ e μ constantes em torno de um objeto submerso tal como mostrado na Fig. 4.4-1. Afirmamos que as principais variações de velocidade ocorrem em uma região muito fina, a camada-limite, na qual os efeitos da curvatura não são importantes. Podemos assim usar um sistema de coordenadas cartesianas com x apontando para jusante e y perpendicular a superfície sólida. A equação da continuidade e as equações de Navier-Stokes escrevem-se então:

$$\frac{\partial v_x}{\partial x} + \frac{\partial v_y}{\partial y} = 0 \tag{4.4-1}$$

$$\left(v_x \frac{\partial v_x}{\partial x} + v_y \frac{\partial v_x}{\partial y}\right) = -\frac{1}{\rho}\frac{\partial \mathcal{P}}{\partial x} + \nu\left(\frac{\partial^2 v_x}{\partial x^2} + \frac{\partial^2 v_x}{\partial y^2}\right) \tag{4.4-2}$$

$$\left(v_x \frac{\partial v_y}{\partial x} + v_y \frac{\partial v_y}{\partial y}\right) = -\frac{1}{\rho}\frac{\partial \mathcal{P}}{\partial y} + \nu\left(\frac{\partial^2 v_y}{\partial x^2} + \frac{\partial^2 v_y}{\partial y^2}\right) \tag{4.4-3}$$

Alguns dos termos dessas equações podem ser descartados por argumentos de ordem de grandeza. Usamos três grandezas como "vara-de-medida": a velocidade de aproximação v_∞, alguma dimensão linear l_0 do corpo submerso e uma espessura média δ_0 da camada limite. A hipótese de que $\delta_0 << l_0$ nos permite fazer alguns cálculos aproximados de ordem de grandeza.

Como v_x varia de 0 na superfície sólida a v_∞ no limite exterior da camada limite, podemos dizer que

$$\frac{\partial v_x}{\partial y} = \mathrm{O}\left(\frac{v_\infty}{\delta_0}\right) \tag{4.4-4}$$

onde O significa "ordem de grandeza de". Similarmente, a variação máxima de v_x ao longo do comprimento l_0 será v_∞, de modo que

$$\frac{\partial v_x}{\partial x} = \mathrm{O}\left(\frac{v_\infty}{l_0}\right) \quad \text{e} \quad \frac{\partial v_y}{\partial y} = \mathrm{O}\left(\frac{v_\infty}{l_0}\right) \tag{4.4-5}$$

No desenvolvimento acima fez-se uso da equação da continuidade para obter uma derivada adicional (estamos preocupados aqui somente com a ordem de grandeza e não como os sinais das grandezas). A integração da segunda relação sugere que $v_y = \mathrm{O}((\delta_0/l_0)v_\infty) << v_x$. Os vários termos da Eq. 4.4-2 podem agora ser estimados como

$$v_x \frac{\partial v_x}{\partial x} = \mathrm{O}\left(\frac{v_\infty^2}{l_0}\right); \; v_y \frac{\partial v_x}{\partial y} = \mathrm{O}\left(\frac{v_\infty^2}{l_0}\right) \qquad \frac{\partial^2 v_x}{\partial x^2} = \mathrm{O}\left(\frac{v_\infty}{l_0^2}\right) \qquad \frac{\partial^2 v_x}{\partial y^2} = \mathrm{O}\left(\frac{v_\infty}{\delta_0^2}\right) \tag{4.4-6}$$

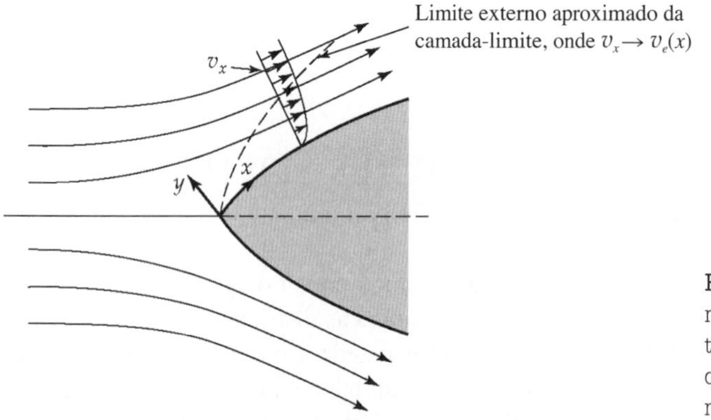

Fig. 4.4-1. Sistema de coordenadas para o escoamento bidimensional em torno de um objeto submerso. A espessura da camada limite está bastante exagerada para fins de ilustração. Tendo em vista que a camada limite é de fato muito fina, é permitido usar coordenadas retangulares ao longo da superfície curva.

Isto sugere que $\partial^2 v_x/\partial x^2 << \partial^2 v_x/\partial y^2$,de modo que o primeiro pode ser desprezado com segurança. Na camada limite é esperado que os termos do lado esquerdo da Eq. 4.4-2 tenham a mesma ordem de grandeza que os do lado direito e portanto,

$$\frac{v_\infty^2}{l_0} = O\left(\nu \frac{v_\infty}{\delta_0^2}\right) \quad \text{ou} \quad \frac{\delta_0}{l_0} = O\left(\sqrt{\frac{\nu}{v_\infty l_0}}\right) = O\left(\frac{1}{\sqrt{\text{Re}}}\right) \tag{4.4-7}$$

A segunda dessas relações mostra que a espessura da camada limite é pequena comparada às dimensões do objeto submerso para escoamentos com altos números de Reynolds.

Similarmente pode ser mostrado, com a ajuda da Eq. 4.4-7, que três derivadas na Eq. 4.4-3 têm a mesma ordem de grandeza:

$$v_x \frac{\partial v_y}{\partial x},\ v_y \frac{\partial v_y}{\partial y},\ \nu \frac{\partial^2 v_y}{\partial y^2} = O\left(\frac{v_\infty^2 \delta_0}{l_0^2}\right) >> \nu \frac{\partial^2 v_y}{\partial x^2} \tag{4.4-8}$$

A comparação deste resultado com a Eq. 4.4-6 mostra que $\partial \mathcal{P}/\partial y << \partial \mathcal{P}/\partial x$. Isso significa que a componente y da equação do movimento não é necessária e que a pressão modificada pode ser tratada como uma função apenas de x.

Como resultado desses argumentos de ordem de grandeza somos levados às *equações de Prandtl da camada limite*:[1]

(continuidade)
$$\frac{\partial v_x}{\partial x} + \frac{\partial v_y}{\partial y} = 0 \tag{4.4-9}$$

(movimento)
$$v_x \frac{\partial v_x}{\partial x} + v_y \frac{\partial v_x}{\partial y} = -\frac{1}{\rho}\frac{d\mathcal{P}}{dx} + \nu \frac{\partial^2 v_x}{\partial y^2} \tag{4.4-10}$$

A pressão modificada, $\mathcal{P}(x)$ é suposta conhecida a partir da solução do correspondente problema de escoamento potencial ou de medidas experimentais.

As condições de contorno usuais para essas equações são a condição de não-deslizamento ($v_x = 0$ em $y = 0$), a condição de ausência de transferência de massa a partir da parede ($v_y = 0$ em $y = 0$) e a hipótese de que na fronteira externa da camada limite a velocidade se iguala à do escoamento externo (escoamento potencial) ($v_x(x, y) \rightarrow v_e(x)$). A função $v_e(x)$ está relacionada a $\mathcal{P}(x)$ de acordo com a equação do movimento para o escoamento potencial, Eq. 4.3-5. Conseqüentemente o termo $-(1/\rho)(d\mathcal{P}/dx)$ na Eq. 4.4-10 pode ser substituído por $v_e(dv_e/dx)$ para o escoamento permanente. Assim a Eq. 4.4-10 pode também ser escrita como

$$v_x \frac{\partial v_x}{\partial x} + v_y \frac{\partial v_x}{\partial y} = v_e \frac{dv_e}{dx} + \nu \frac{\partial^2 v_x}{\partial y^2} \tag{4.4-11}$$

[1] **Ludwig Prandtl** (1875-1953), que lecionou em Hannover e Göttingen e depois serviu como diretor do Instituto Kaiser Wilhelm de Dinâmica de Fluidos, foi uma das pessoas que moldou o futuro do seu campo de pesquisa no começo do século XX; ele fez contribuições nas áreas de escoamento turbulento e transferência de calor, mas o desenvolvimento das equações da camada-limite foi o coroamento de suas realizações. L. Prandtl, *Verhandlungen des III Internationalen Mathematiker-Kongresses* (Heidelberg, 1904), Leipzig, pp. 484-491; L. Prandtl, *Gesammelte Abhandlungen*, **2**, Springer-Verlag, Berlin (1961), pp. 575-584. Para uma discussão introdutória de expressões assintóticas concordantes, veja D. J. Acheson, *Elementary Fluid Mechanics*, Oxford University Press (1990), pp. 268-271. Uma discussão detalhada do assunto M. Van Dyke, *Pertubation Methods in Fluid Dynamics*, The Parabolic Press, Stanford, Cal. (1975).

A equação da continuidade pode ser resolvida para v_y usando-se a condição de contorno de que $v_y = 0$ em $y = 0$ (isto é, sem transferência de massa), e então essa expressão para v_y pode ser substituída na Eq. 4.43-11 resultando

$$v_x \frac{\partial v_x}{\partial x} - \left(\int_0^y \frac{\partial v_x}{\partial x} dy \right) \frac{\partial v_x}{\partial y} = v_e \frac{dv_e}{dx} + \nu \frac{\partial^2 v_x}{\partial y^2} \tag{4.4-12}$$

Esta é uma equação diferencial parcial com uma única variável dependente, v_x.

Essa equação pode agora ser multiplicada por ρ e integrada desde $y = 0$ até $y = \infty$, dando o *balanço de momento de von Kármán*[2]

$$\mu \left. \frac{\partial v_x}{\partial y} \right|_{y=0} = \frac{d}{dx} \int_0^\infty \rho v_x (v_e - v_x) dy + \frac{dv_e}{dx} \int_0^\infty \rho (v_e - v_x) dy \tag{4.4-13}$$

Nessa equação fez-se uso da condição de que $v_x(x, y) \to v_e(x)$ conforme $y \to \infty$. A grandeza do lado esquerdo da Eq. 4.3-13 é a tensão cisalhante exercida pelo fluido sobre a parede: $-\tau_{yx}|_{y=0}$.

As equações originais de Prandtl para a camada limite, Eqs. 4.4-9 e 10, foram assim transformadas nas Eq. 4.4-11, Eq. 4.4-12 e Eq. 4.4-13, e qualquer uma dessas pode ser usada como ponto de partida para resolver problemas de camadas limites bidimensionais. A Eq. 4.4-13, juntamente com expressões adotadas para o perfil de velocidades, é a base de muitas "soluções aproximadas para camadas limites" (veja Exemplo 4.4-1). Por outro lado, as soluções analíticas ou numéricas das Eqs. 4.4-11 ou 12 são chamadas "soluções exatas da camada limite" (veja Exemplo 4.4-2).

A presente discussão refere-se ao escoamento permanente, laminar e bidimensional de fluidos com densidade e viscosidade constantes. Existem disponíveis equações análogas para escoamentos transientes, escoamentos turbulentos, propriedades dos fluidos variáveis e camadas limites tridimensionais.[3-6]

Embora muitas soluções exatas e aproximadas de camada limite tenham sido obtidas e aplicações da teoria a objetos com perfis aerodinâmicos tenham sido razoavelmente bem-sucedidas, trabalho considerável ainda está por ser feito sobre escoamentos com gradientes de pressão adversos (isto é, $\partial \mathcal{P}/\partial x$ positivo) na Eq. 4.4-10, tal como o escoamento no lado de jusante de objetos arredondados. Em tais escoamentos as linhas de corrente usualmente se separam da superfície antes de atingirem a parte traseira do objeto (veja Fig. 3.7-2). O enfoque de camada limite descrito aqui é adequado para tais escoamentos somente na região a montante do ponto de separação.

EXEMPLO 4.4-1

Escoamento Laminar ao Longo de uma Placa Plana (Solução Aproximada)

Use o balanço de momento de von Kármán para estimar os perfis de velocidades permanentes próximo a uma placa semi-infinita em uma corrente tangencial com velocidade de aproximação v_∞ (veja Fig. 4.4-2). Para esse sistema a solução do escoamento potencial é $v_e = v_\infty$.

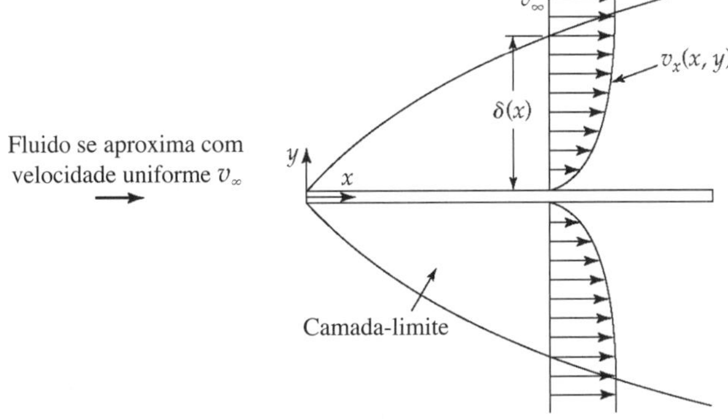

Fig. 4.4-2. Desenvolvimento de camada limite próximo a uma placa plana de espessura desprezível.

[2] Th. Von Kármán, *Zeits. fur angew. Math. u. Mech.*, **1**, 233-252 (1921). Nascido na Hungria, **Theodor von Kármán** lecionou em Göttingen, Aachen e no California Institute of Technology; ele contribuiu muito para a teoria da turbulência e aerodinâmica.

[3] H. Schlichting e K. Gersten, *Boundary-Layer Theory*, Springer Verlag, Berlin, 8th edition (2000).

[4] L. Rosenhead, *Laminar Boundary Layers*, Oxford University Press, London (1963).

[5] K. Stewarston, *The Theory of Laminar Boundary Layers in Compressible Fluids*, Oxford University Press (1964).

[6] W. H. Dorrance, *Viscous Hypersonic Flow*, McGraw-Hill, New York (1962).

SOLUÇÃO

Sabemos intuitivamente o tipo de perfil de velocidades $v_x(y)$. Então podemos tentar uma forma para $v_x(y)$ e substituir no balanço de momento de von Kármán. Uma escolha razoável é fazer $v_x(y)$ uma função de y/δ, onde $\delta(x)$ é a "espessura" da camada limite. A função é escolhida de modo que $v_x = 0$ em $y = 0$ e $v_x = v_e$ em $y = \delta$. Isto é equivalente a assumir similaridade geométrica dos perfis de velocidade para os vários valores de x. Quando esse perfil considerado é substituído no balanço de momento de von Kármán é obtida uma equação diferencial ordinária para a espessura da camada limite $\delta(x)$. Quando essa equação tiver sido resolvida, o $\delta(x)$ resultante pode então ser usado para obter o perfil de velocidades e outras grandezas de interesse.

Para o presente problema uma tentativa plausível para a distribuição de velocidades, com um formato razoável é

$$\frac{v_x}{v_\infty} = \frac{3}{2}\frac{y}{\delta} - \frac{1}{2}\left(\frac{y}{\delta}\right)^3 \quad \text{para } 0 \leq y \leq \delta(x) \quad \text{(região de camada limite)} \tag{4.4-14}$$

$$\frac{v_x}{v_\infty} = 1 \quad \text{para } y \geq \delta(x) \quad \text{(região de escoamento potencial)} \tag{4.4-15}$$

Isto é "razoável" pois este perfil de velocidade satisfaz a condição de não deslizamento em $y = 0$, e $\partial v_x/\partial y = 0$ na fronteira externa da camada limite. Substituindo-se este perfil no balanço integral de von Kármán, Eq. 4.4-13 fornece

$$\frac{3}{2}\frac{\mu v_\infty}{\delta} = \frac{d}{dx}\left(\frac{39}{280}\rho v_\infty^2 \delta\right) \tag{4.4-16}$$

Esta equação diferencial separável de primeira ordem pode ser integrada para fornecer a espessura da camada limite

$$\delta(x) = \sqrt{\frac{280}{13}\frac{\nu x}{v_\infty}} = 4{,}64\sqrt{\frac{\nu x}{v_\infty}} \tag{4.4-17}$$

Então a espessura da camada limite aumenta com a raiz quadrada da distância medida a partir da extremidade da placa a montante. A solução resultante aproximada para a distribuição de velocidades é então

$$\frac{v_x}{v_\infty} = \frac{3}{2}\left(y\sqrt{\frac{13}{280}\frac{v_\infty}{\nu x}}\right) - \frac{1}{2}\left(y\sqrt{\frac{13}{280}\frac{v_\infty}{\nu x}}\right)^3 \tag{4.4-18}$$

A partir desse resultado podemos estimar a força de arrasto sobre uma placa de tamanho finito "molhada" em ambas as faces. Para uma placa de largura W e comprimento L, a integração do fluxo de momento sobre as duas superfícies sólidas fornece

$$F_x = 2\int_0^W \int_0^L \left(+\mu \frac{\partial v_x}{\partial y}\right)\bigg|_{y=0} dx\,dz = 1{,}293\sqrt{\rho\mu L W^2 v_\infty^3} \tag{4.4-19}$$

A solução exata, dada no próximo exemplo, fornece o mesmo resultado porém com um coeficiente numérico igual a 1,328. Ambas as soluções prevêm a força de arraste dentro dos limites de erro dos dados experimentais. Todavia a solução exata apresenta uma melhor concordância com os valores medidos dos perfis de velocidades.[3] Essa precisão adicional é essencial para cálculos de estabilidade.

EXEMPLO 4.4-2

Escoamento Laminar ao Longo de uma Placa Plana (Solução Exata)[7]

Obtenha a solução exata para o problema proposto no exemplo anterior.

SOLUÇÃO

Esse problema pode ser resolvido usando a definição de função de corrente conforme Tabela 4.2-1. Inserindo as expressões para as componentes da velocidade conforme a primeira linha da tabela, obtemos

$$\frac{\partial\psi}{\partial y}\frac{\partial^2\psi}{\partial x\partial y} - \frac{\partial\psi}{\partial x}\frac{\partial^2\psi}{\partial y^2} = -\nu\frac{\partial^3\psi}{\partial y^3} \tag{4.4-20}$$

[7]Esse problema foi tratado originalmente por H. Blasius, *Zeits. Math. Phys.*, **56**, 1-37 (1908).

As condições de contorno para essa equação em $\psi(x, y)$ são

C.C. 1: em $y = 0$, $\frac{\partial \psi}{\partial x} = v_y = 0$ para $x \geq 0$ (4.4-21)

C.C. 2: em $y = 0$, $\frac{\partial \psi}{\partial y} = -v_x = 0$ para $x \geq 0$ (4.4-22)

C.C. 3: quando $y \to \infty$, $\frac{\partial \psi}{\partial y} = -v_x \to -v_\infty$ para $x \geq 0$ (4.4-23)

C.C. 4: em $x = 0$, $\frac{\partial \psi}{\partial y} = -v_x = -v_\infty$ para $y > 0$ (4.4-24)

Apesar de não existir um comprimento característico figurando nas relações acima, o método de combinação das variáveis independentes parece apropriado. Por argumentos dimensionais similares àqueles usados no Exemplo 4.1-1, escrevemos

$$\frac{v_x}{v_\infty} = \Pi(\eta), \qquad \text{aqui } \eta = y\sqrt{\frac{1}{2}\frac{v_\infty}{\nu x}} \tag{4.4-25}$$

O fator 2 é incluído para evitar a ocorrência de fatores numéricos na equação diferencial, Eq. 4.4-27. A função de corrente que dá a distribuição de velocidades presente na Eq. 4.4-25 é

$$\psi(x, y) = -\sqrt{2v_\infty \nu x} f(\eta), \qquad \text{aqui } f(\eta) = \int_0^\eta \Pi'(\bar{\eta}) d\bar{\eta} \tag{4.4-26}$$

Essa expressão para a função de corrente é consistente com a Eq. 4.4-25, como pode ser visto usando-se a relação $v_x = -\partial\psi/\partial y$ (dada na Tabela 4.2-1). Substituindo-se a Eq. 4.4-26 na Eq. 4.4-2 vem

$$-ff'' = f''' \tag{4.4-27}$$

Substituindo-se nas condições de contorno vem

C.C. 1 e 2: em $\eta = 0$, $f = 0$ e $f' = 0$ (4.4-28)

C.C. 3 e 4: quando $\eta \to \infty$, $f' \to 1$ (4.4-29)

Assim, a determinação do campo de escoamento é reduzida à solução de uma equação diferencial ordinária de terceira ordem.

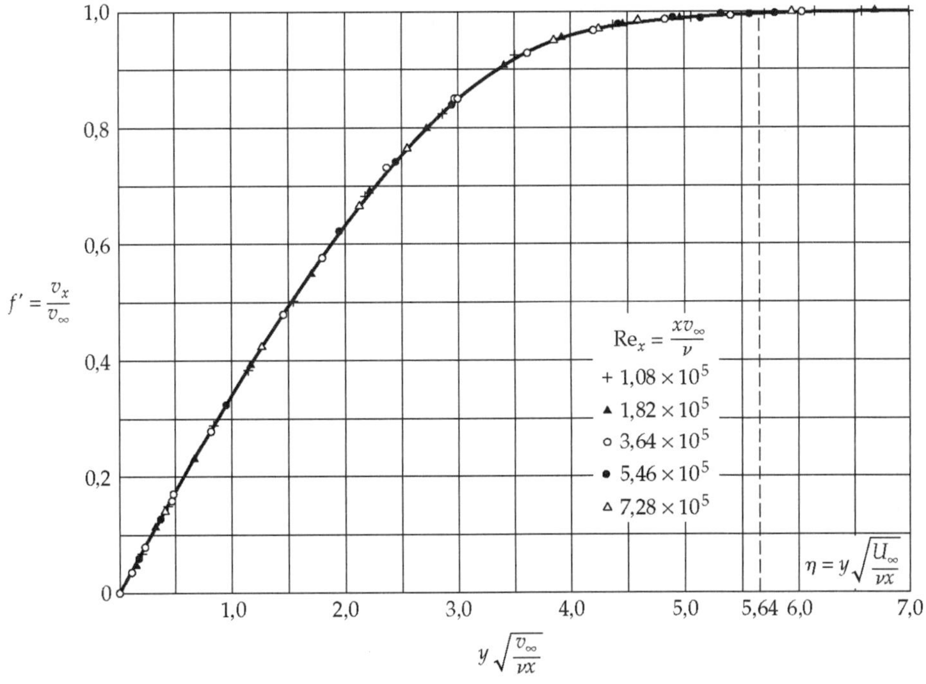

Fig. 4.4-3. Perfis de velocidade previstos e observados para o escoamento laminar tangencial ao longo de uma placa plana. A linha contínua representa a solução das Eqs. 4.4-20 a 24, obtida por Blasius [veja H. Schilichting, *Boundary-Layer Theory*, McGraw-Hill, New York, 7th edition (1979), p. 137].

Essa equação, juntamente com as condições de contorno dadas, pode ser resolvida por integração numérica, e tabelas muito acuradas de soluções estão disponíveis.[3,4] O problema foi resolvido originalmente por Blasius[7] usando aproximações analíticas que se revelaram bastante exatas. Um gráfico de tal solução é mostrado na Fig. 4.4-3 juntamente com dados experimentais obtidos posteriormente. A concordância entre teoria e experimentos é extraordinariamente boa.

A força de arrasto sobre uma placa com largura W e comprimento L pode ser calculada a partir do gradiente adimensional de velocidade na parede, $f''(0) = 0{,}4696\ldots$ conforme segue:

$$\begin{aligned} F_x &= 2\int_0^W \int_0^L \left(+\mu \frac{\partial v_x}{\partial y}\right)\bigg|_{y=0} dx\,dz \\ &= 2\int_0^W \int_0^L \left(+\mu v_\infty \frac{df'}{d\eta}\frac{\partial \eta}{\partial y}\right)\bigg|_{y=0} dx\,dz \\ &= 2\int_0^W \int_0^L \mu v_\infty f''(0)\sqrt{\frac{1}{2}\frac{v_\infty}{\nu x}}\,dx\,dz \\ &= 1{,}328\sqrt{\rho\mu L W^2 v_\infty^3} \end{aligned} \tag{4.4-30}$$

Esse resultado também foi confirmado experimentalmente.[3,4]

Devido às aproximações feitas na Eq. 4.4-10, a solução é mais correta para números de Reynolds locais altos; isto é, $\text{Re}_x = xv_\infty/\nu >> 1$. A região excluída, onde o número de Reynolds é baixo, é suficientemente pequena podendo ser ignorada na maioria dos cálculos de arrasto. Análises mais completas[8] indicam que a Eq. 4.4-30 resulta em desvios inferiores a 3% para $Lv_\infty/\nu \geqslant 10^4$ e 0,3% para $Lv_\infty/\nu \geqslant 10^6$.

O crescimento da camada-limite com o aumento de x leva a uma situação instável, com advento de escoamento turbulento. Foi determinado que a transição se inicia na faixa de número de Reynolds local, $\text{Re}_x = xv_\infty/\nu \geqslant 3 \times 10^5$ a 3×10^6, dependendo da uniformidade da corrente de aproximação.[8] A montante da região de transição o escoamento permanece laminar e a jusante ele é turbulento.

EXEMPLO 4.4-3

Escoamento Próximo a Paredes em Ângulo

Queremos agora tratar o problema da camada limite, análogo ao Exemplo 4.3-3, nominalmente o do escoamento próximo a paredes angulosas (veja Fig. 4.3-4). Se $\alpha > 1$, o problema também pode ser interpretado como o escoamento ao longo de uma cunha de ângulo interno $\beta\pi$, com $\alpha = 2/(2 - \beta)$. Para esse sistema o escoamento externo v_e é conhecido a partir das Eqs. 4.3-42 e 43, onde determinamos que

$$v_e(x) = cx^{\beta/(2-\beta)} \tag{4.4-31}$$

Essa foi a expressão que mostramos ser válida justamente sobre a parede (isto é, em $y = 0$). Então, supomos aqui que a camada-limite é tão fina que o uso da expressão para a parede com escoamento ideal, é adequado para a fronteira externa da solução da camada limite, pelo menos para valores pequenos de x.

SOLUÇÃO

Agora temos que resolver a Eq. 4.4-11, usando a Eq. 4.4-31 para $v_e(x)$. Quando introduzimos a função de corrente da primeira linha da Tabela 4.2-1, obtemos a seguinte equação diferencial para ψ:

$$\frac{\partial\psi}{\partial y}\frac{\partial^2\psi}{\partial x\partial y} - \frac{\partial\psi}{\partial x}\frac{\partial^2\psi}{\partial y^2} = \left(\frac{c^2\beta}{2-\beta}\right)\frac{1}{x^{(2-3\beta)/(2-\beta)}} - \nu\frac{\partial^3\psi}{\partial y^3} \tag{4.4-32}$$

que corresponde à Eq. 4.4-20 com o termo $v_e(dv_e/dx)$ incluído. Foi descoberto[9] que essa equação pode ser reduzida a uma única equação diferencial ordinária introduzindo-se a função de corrente adimensional $f(\eta)$ tal que

$$\psi(x, y) = \sqrt{c\nu(2-\beta)}\,x^{1/(2-\beta)}f(\eta) \tag{4.4-33}$$

[8] Y. H. Kuo, *J. Math. Phys.*, **32**, 83-101 (1953); I. Imai, *J. Aero. Sci.*, **24**, 155-156 (1957).

onde a variável independente é

$$\eta = \sqrt{\frac{c}{(2-\beta)\nu}}\,\frac{y}{x^{(1-\beta)/(2-\beta)}} \tag{4.4-34}$$

Então a Eq. 4.4-32 torna-se a *equação de Falkner-Skan*[9]

$$f''' - ff'' - \beta(1 - f'^2) = 0 \tag{4.4-35}$$

Essa equação foi resolvida numericamente com as condições de contorno apropriadas, e os resultados são mostrados na Fig. 4.4-4.

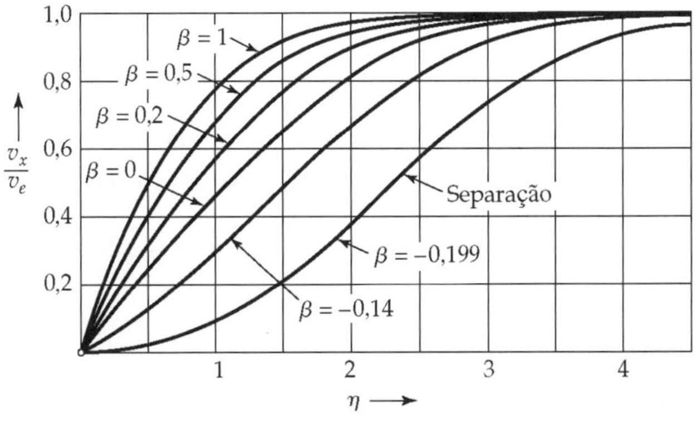

Fig. 4.4-4. Perfil de velocidades para o escoamento em torno de uma cunha de ângulo interno $\beta\pi$. Valores negativos de β correspondem ao escoamento em torno da "parede angulosa externa" [veja Fig. 4.3-3(ii)] com deslizamento na porção da parede situada a jusante do ângulo.

Pode-se ver que para valores positivos de β, que correspondem aos sistemas mostrados na Fig. 4.3-4(a) e Fig. 4.3-5, o fluido está se acelerando e os perfis de velocidades são estáveis. Para valores negativos de β, até $\beta = -0,199$, os escoamentos são desacelerados porém estáveis, não ocorrendo separação. Todavia, se $\beta > -0,199$, o gradiente de velocidade na parede torna-se zero, e a separação do escoamento ocorre. Portanto, para escoamentos interiores em paredes angulosas e para escoamentos sobre cunhas, não existe separação, mas para escoamento exterior em paredes angulosas a separação pode ocorrer.

Questões para Discussão

1. Para que tipos de problemas o método de combinação de variáveis é útil? E para o método de separação de variáveis?
2. Pode o escoamento próximo a um cilindro de comprimento infinito posto abruptamente em movimento na direção axial, ser descrito pelo método do Exemplo 4.1-1?
3. O que acontece no Exemplo 4.1-2 se tentarmos resolver a Eq. 4.1-21 pelo método de separação de variáveis sem primeiro reconhecer que a solução pode ser escrita como a soma de uma solução permanente e uma solução transiente?
4. O que acontece se a constante de separação após a Eq. 4.1-27 for tomada como c ou c^2 em vez de $-c^2$?
5. Tente resolver o problema do Exemplo 4.1-3 usando grandezas trigonométricas invés de grandezas complexas.
6. Como a equação da vorticidade é obtida e como ela pode ser usada?
7. Como a função de corrente é definida e por que ela é útil?
8. Em que sentido as soluções de escoamento potencial e as soluções de escoamento em camada limite são complementares?
9. Liste todas as formas aproximadas das equações de balanço encontradas até aqui, e indique a sua faixa de aplicação.

[9] V. M. Falkner e S. W. Skan, *Phil. Mag.*, **12**, 865-896 (1931); D. R. Hartree, *Proc. Camb. Phil. Soc.*, **33**, Part II, 223-239 (1937); H. Rouse (ed.), *Advanced Mechanics of Fluids*, Wiley, New York (1959), Cap. VII, Seção D; H. Schlichting e K. Gersten, *Boundary-Layer Theory*, Springer-Verlag, Berlin (2000), pp. 169-173 (isotérmico), 220-221 (não-isotérmico); W. E. Stewart e R. Prober, *Int. J. Heat Mass Transfer*, **5**, 1149-1163 (1962); **6**, 221-229, 872 (1963), incluem o escoamento sobre cunhas com transferência de calor e massa.

PROBLEMAS

4A.1 Tempo para atingir o regime permanente no escoamento em tubo

(a) Um óleo pesado, com viscosidade cinemática de $3{,}45 \times 10^{-4}$ m²/s, está em repouso em um tubo vertical longo com raio de 0,7 cm. Permite-se então que o fluido escoe por gravidade a partir do fundo do tubo. Após quanto tempo a velocidade no centro do tubo estará a 10% do seu valor final?

(b) Qual será o resultado se água a 68°F for usada?

Nota: O resultado ilustrado na Fig. 4D.2 pode ser usado.

Respostas: **(a)** $6{,}4 \times 10^{-2}$ s; **(b)** 0,22 s

4A.2 Velocidade próxima a uma esfera em movimento. Uma esfera de raio R cai lentamente em um fluido de viscosidade μ em repouso com uma velocidade terminal v_∞. A que distância horizontal da esfera a velocidade do fluido cai a 1% da velocidade terminal da esfera?

Resposta: Cerca de 37 diâmetros.

4A.3 Traçado de linhas de corrente para o escoamento potencial em torno de um cilindro. Plote as linhas de corrente para um escoamento em torno de um cilindro usando as informações do Exemplo 4.3-1 com o seguinte procedimento:

(a) Selecione um valor de $\Psi = C$ (isto é, selecione uma linha de corrente).

(b) Plote $Y = C + K$ (linhas retas paralelas ao eixo X) e $Y = K(X^2 + Y^2)$ (círculos com raio $1/2K$, tangente ao eixo X na origem)

(c) Plote as interseções de linhas e círculos que têm o mesmo valor de K.

(d) Junte esses pontos para obter a linha de corrente $\Psi = C$.

Então selecione outros valores de C e repita o processo até que a configuração de linhas de corrente esteja clara.

4A.4 Comparação de perfis exatos e aproximados para o escoamento ao longo de placa plana. Compare os valores de v_x/v_∞ obtidos da Eq. 4.4-18 com aqueles da Fig. 4.4-3, para os seguintes valores de $y\sqrt{v_\infty/\nu x}$: (a) 1,5, (b) 3,0, (c) 4,0. Expresse os resultados em termos de razão entre os valores aproximados e exatos.

Respostas: (a) 0,96; (b) 0,99; (c) 1,01

4A.5 Demonstração numérica do balanço de momento de von Kármán.

(a) Calcule numericamente as integrais da Eq. 4.4-13 para o perfil de velocidades de Blasius dado na Fig. 4.4-3.

(b) Use os resultados de (a) para determinar a magnitude da tensão cisalhante na parede, $\tau_{yx|y=0}$.

(c) Calcule a força total de arraste, F_x, para uma placa de largura W e comprimento L, molhada em ambos os lados. Compare seu resultado com aquele obtido na Eq. 4.4-30.

Respostas: **(a)** $\int_0^\infty \rho v_x(v_e - v_x)dy = 0{,}664\sqrt{\rho\mu v_\infty^3 x}$

$$\int_0^\infty \rho(v_e - v_x)dy = 1{,}73\sqrt{\rho\mu v_\infty x}$$

4A.6 Uso das fórmulas da camada limite. Ar a 1 atm e 20°C escoa tangencialmente a ambos os lados de uma placa plana fina e lisa, com largura $W = 10$ ft e comprimento $L = 3$ ft, posicionada na direção do escoamento. A velocidade fora da camada limite é constante e igual a 20 ft/s.

(a) Calcule o número de Reynolds local, $\text{Re}_x = xv_\infty/\nu$, no bordo de trás da placa.

(b) Supondo escoamento laminar, calcule a espessura aproximada da camada limite, em polegadas, no bordo de trás da placa. Use os resultados do Exemplo 4.4-1.

(c) Supondo escoamento laminar, calcule o arrasto total sobre a placa em lb_f. Use os resultados dos Exemplos 4.4-1 e 2.

4A.7 Escoamento de entrada em tubos.

(a) Estime o comprimento de entrada para o escoamento laminar em tubo de seção circular. Assuma que a espessura da camada limite δ, é dada adequadamente pela Eq. 4.4-17, com v_∞ do problema da placa plana correspondendo a $v_{\text{máx}}$ no problema de escoamento em tubo. Suponha também que o comprimento de entrada l_e pode ser tomado como sendo o valor de x para o qual $\delta = R$. Compare seu resultado com a expressão para l_e citado na Seção 2.3 — nominalmente, l_e igual a 0,035 D Re.

(b) Reescreva o número de Reynolds de transição, $xv_\infty/\nu \approx 3{,}5 \times 10^5$ (para placa plana), substituindo x por δ da Eq. 4.4-17, como comprimento característico. Compare a grandeza $\delta v_\infty/\nu$ assim obtida com o correspondente número Reynolds mínimo de transição para o escoamento através de tubos longos e lisos.

(c) Use o método de (a) para estimar o comprimento de entrada no duto de paredes planas mostradas na Fig. 4C.1. Compare o resultado com aquele do Problema 4C.1(d).

4B.1 Escoamento de um fluido para tensão aplicada na parede repentinamente. No sistema estudado Exemplo 4.1-1 suponha que o fluido esteja em repouso antes de $t = 0$. No tempo $t = 0$ uma força constante é aplicada ao fluido na parede no sentido positivo de x de modo que a tensão cisalhante, τ_{yx}, assume um novo valor constante, τ_0, para $t > 0$.
(a) Diferencie a Eq. 4.1-1 em relação a y e multiplique por $-\mu$ obtendo uma equação diferencial parcial para $\tau_{yx}(y, t)$.
(b) Escreva as condições de contorno e inicial para essa equação.
(c) Resolva-a usando o método do Exemplo 4.1-1 obtendo

$$\frac{\tau_{yx}}{\tau_0} = 1 - \operatorname{erf}\frac{y}{\sqrt{4\nu t}} \tag{4B.1-1}$$

(d) Use o resultado de (c) para obter o perfil de velocidades. A seguinte relação[1] será útil.

$$\int_x^\infty (1 - \operatorname{erf} u)du = \frac{1}{\sqrt{\pi}}e^{-x^2} - x(1 - \operatorname{erf} x) \tag{4B.1-2}$$

4B.2 Escoamento próximo a uma parede repentinamente colocada em movimento (solução aproximada) (Fig. 4B.2).Aplique um procedimento semelhante ao do Exemplo 4.4-1 para obter uma solução aproximada para Exemplo 4.1-1.
(a) Integre a Eq. 4.4-1 sobre y para obter

$$\int_0^\infty \frac{\partial v_x}{\partial t}dy = \nu\left.\frac{\partial v_x}{\partial y}\right|_0^\infty \tag{4B.2-1}$$

Faça uso das condições de contorno e da regra de Leibniz para diferenciação de uma integral (Eq. C.3-2) para reescrever a Eq. 4B.2-1 na forma

$$\frac{d}{dt}\int_0^\infty \rho v_x dy = \tau_{yx}|_{y=0} \tag{4B.2-2}$$

Interprete esse resultado fisicamente.

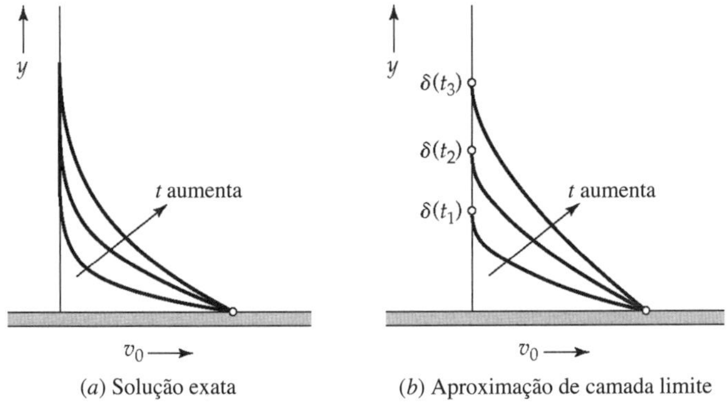

Fig. 4B.2. Comparação dos perfis de velocidades verdadeiro e aproximado, próximo a uma parede repentinamente posta em movimento com velocidade v_0.

(b) Sabemos aproximadamente como os perfis de velocidade se apresentam. Podemos adotar os seguintes postulados razoáveis para os perfis:

$$\frac{v_x}{v_\infty} = 1 - \frac{3}{2}\frac{y}{\delta(t)} + \frac{1}{2}\left(\frac{y}{\delta(t)}\right)^3 \quad \text{para } 0 \le y \le \delta(t) \tag{4B.2-3}$$

$$\frac{v_x}{v_\infty} = 1 \quad \text{para } y \ge \delta(t) \tag{4B.2-4}$$

[1] Um resumo útil das funções erro e suas propriedades pode ser encontrado em H. S. Carslaw e J. C. Jaeger, *Conduction of Heat in Solids*, Oxford University Press, 2.ª ed. (1959), Apêndice II.

Nessas equações $\delta(t)$ é uma espessura de camada limite dependente do tempo. Insira essa expressão aproximada na Eq. 4.B.2-2 para obter

$$\delta \frac{d\delta}{dt} = 4\nu \tag{4B.2-5}$$

(c) Integre a Eq. 4B.2-5 com um valor inicial adequado de $\delta(t)$, e insira o resultado na Eq. 4B.2-3 para obter perfis de velocidades aproximados.
(d) Compare os valores de v_x/v_∞ obtidos em (c) com aqueles da Eq. 4.1-15 para $y/\sqrt{4\nu t} = 0{,}2$, 0,5 e 1,0. Expresse os resultados pela razão entre os valores aproximados e exatos.
Resposta: **(d)** 1,015, 1,026, 0,738

4B.3 Escoamento lento em torno de uma bolha esférica. Quando um líquido escoa em torno de uma bolha de gás, circulação ocorre dentro da bolha. Essa circulação diminui a tensão cisalhante interfacial, e em uma primeira aproximação, podemos assumir que ela é inteiramente eliminada. Repita o desenvolvimento do Exemplo 4.2-1 para tal bolha de gás, assumindo que ela é esférica.
(a) Mostre que a C.C.2 do Ex. 4.2-1 é substituída por

$$\text{C.C. 2} \qquad \text{em } r = R, \quad \frac{d}{dr}\left(\frac{1}{r^2}\frac{df}{dr}\right) + 2\frac{f}{r^4} = 0 \tag{4B.3-1}$$

e que a menos de tal mudança o problema é o mesmo.
(b) Obtenha as seguintes componentes da velocidade:

$$v_r = v_\infty\left[1 - \left(\frac{R}{r}\right)\right]\cos\theta \tag{4B.3-2}$$

$$v_\theta = -v_\infty\left[1 - \frac{1}{2}\left(\frac{R}{r}\right)\right]\operatorname{sen}\theta \tag{4B.3-3}$$

(c) A seguir obtenha a distribuição de pressões usando a equação do movimento

$$p = p_0 - \rho g h - \left(\frac{\mu v_\infty}{R}\right)\left(\frac{R}{r}\right)^2\cos\theta \tag{4B.3-4}$$

(d) Calcule a força total do fluido sobre a esfera, obtendo

$$F_z = \tfrac{4}{3}\pi R^3 \rho g + 4\pi\mu R v_\infty \tag{4B.3-5}$$

Esse resultado pode ser obtido pelo método da Seção 2.6 ou por integração da componente z de $-[\mathbf{n}\cdot\boldsymbol{\pi}]$ sobre a superfície da esfera (sendo **n** o vetor unitário normal exterior à superfície da esfera).

4B.4 Uso da equação de vorticidade.
(a) Considere o Problema 2B.3 usando a componente y da equação da vorticidade (Eq. 3D.2-1) e as seguintes condições de contorno: em $x = \pm B$, $v_z = 0$ e em $x = 0$, $v_z = v_{z\text{máx}}$. Mostre que isso leva a

$$v_z = v_{z,\text{máx}}[1 - (x/B)^2] \tag{4B.4-1}$$

Então obtenha a distribuição de pressões a partir da componente z da equação do movimento.
(b) Considere o Problema 3B.6 (*b*) usando a equação de vorticidade, com as seguintes condições de contorno: em $r = R$, $v_z = 0$ e em $r = \kappa R$, $v_z = v_0$. Além disso, uma condição global é necessária, especificando que não existe escoamento "líquido" na direção z. Determine a distribuição de pressões no sistema.
(c) Considere os seguintes problemas usando a equação de vorticidade: 2B.6, 2B.7, 3B.1, 3B.10, 3B.16.

4B.5 Escoamento potencial permanente em torno de uma esfera estacionária.[2] No Exemplo 4.2-1 analisamos o escoamento lento em torno de uma esfera. Vamos considerar agora o escoamento de um fluido incompressível, invíscido e irrotacional em torno de uma esfera. Para tal problema sabemos que o potencial de velocidade deve satisfazer à equação de Laplace (veja texto após a Eq. 4.3-11)

[2] L. Landau e E. M. Lifshitz, *Fluid Mechanics*, Pergamon Press, Oxford, 2.ª ed. (1987), pp. 21-26, apresenta uma boa coleção de problemas de escoamento potencial.

(a) Especifique as condições de contorno para o problema.
(b) Dê as razões pelas quais o potencial de velocidades, ϕ, pode ser postulado da forma $\phi(r, \theta) = f(r) \cos \theta$.
(c) Substitua a expressão – tentativa de (b) na equação de Laplace para o potencial de velocidades.
(d) Integre a equação obtida em (c) e obtenha a função $f(r)$ contendo duas constantes de integração; determine essas constantes a partir das condições de contorno e obtenha

$$\phi = -v_\infty R\left[\left(\frac{r}{R}\right) + \frac{1}{2}\left(\frac{R}{r}\right)^2\right]\cos\theta \qquad (4B.5\text{-}1)$$

(e) A seguir mostre que

$$v_r = v_\infty\left[1 - \left(\frac{R}{r}\right)^3\right]\cos\theta \qquad (4B.5\text{-}2)$$

$$v_\theta = -v_\infty\left[1 + \frac{1}{2}\left(\frac{R}{r}\right)^3\right]\text{sen}\theta \qquad (4B.5\text{-}3)$$

(f) Determine a distribuição de pressões, e então mostre que na superfície da esfera

$$\mathcal{P} - \mathcal{P}_\infty = \tfrac{1}{2}\rho v_\infty^2(1 - \tfrac{9}{4}\,\text{sen}^2\,\theta) \qquad (4B.5\text{-}4)$$

4B.6 Escoamento potencial próximo a um ponto de estagnação (Fig. 4B.6).
(a) Mostre que o potencial complexo $\omega = -v_0 z^2$ descreve o escoamento próximo a um ponto de estagnação plano.
(b) Determine as componentes da velocidade $v_x(x, y)$ e $v_y(x, y)$.
(c) Explique o significado físico de v_0

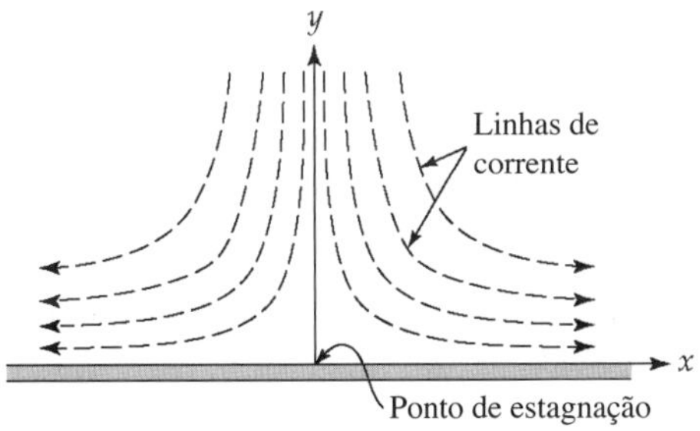

Fig. 4B-6. Escoamento potencial bidimensional próximo a um ponto de estagnação.

4B.7 Escoamento em vórtice.
(a) Mostre que o potencial complexo $w = (i\Gamma/2\pi)\ln z$ descreve o escoamento em um vórtice. Verifique que a velocidade tangencial é dada por $v_0 = \Gamma/2\pi r$ e que $v_r = 0$. Esse tipo de escoamento é algumas vezes chamado de *vórtice livre*.
(b) Compare a dependência funcional de v_θ com r em (a) com aquela que apareceu no Exemplo 3.6-4. Esse último tipo de escoamento é algumas vezes denominado *vórtice forçado*. Vórtices reais, tais como os que ocorrem em um tanque agitado têm um comportamento intermediário entre essas duas idealizações.

4B.8 O campo de escoamento em torno de uma fonte em linha. Considere o escoamento simétrico radial de um fluido incompressível, invíscido a partir de uma fonte infinitamente longa e uniforme, coincidente com o eixo z de um sistema de coordenadas cilíndricas. Fluido é gerado a uma taxa volumétrica, Γ, por unidade de comprimento da fonte.
(a) Mostre que a equação de Laplace para o potencial de velocidades para esse sistema é

$$\frac{1}{r}\frac{d}{dr}\left(r\frac{d\phi}{dr}\right) = 0 \qquad (4B.8\text{-}1)$$

(b) A partir dessa equação mostre que o potencial de velocidades, a velocidade e a pressão, em função da posição, são:

$$\phi = -\frac{\Gamma}{2\pi}\ln r \qquad v_r = \frac{\Gamma}{2\pi r} \qquad \mathcal{P}_\infty - \mathcal{P} = \frac{\rho\Gamma^2}{8\pi^2 r^2} \qquad (4B.8\text{-}2)$$

onde $\mathcal{P}_\infty$ é o valor da pressão modificada longe da fonte.

(c) Discuta a aplicabilidade dos resultados de (b) ao campo de escoamento em torno de um poço perfurado em uma rocha porosa de grandes dimensões.

(d) Esboce a rede de linhas de corrente e linhas equipotenciais para o escoamento.

4B.9 Verificando soluções para problemas de escoamento transiente.

(a) Verifique as soluções dos problemas nos Exemplos 4.1-1, 2 e 3 mostrando que elas satisfazem às equações diferenciais parciais, às condições iniciais e às condições de contorno. Para mostrar que a Eq. 4.1-15 satisfaz à equação diferencial, é necessário saber como diferenciar uma integral usando a *fórmula de Leibniz* dada na Seção C.3.

(b) No Exemplo 4.1-3 a condição inicial não é satisfeita pela Eq. 4.1-57. Por quê?

4C.1 Escoamento laminar na entrada de uma fenda.[3] (Fig. 4C.1). Estime a distribuição de velocidades na região de entrada da fenda mostrada na figura. O fluido entra em $x = 0$ com $v_y = 0$ e $v_x = \langle v_x \rangle$ onde $\langle v_x \rangle$ é a velocidade média na fenda. Suponha que a distribuição de velocidades na região de entrada $0 < x < L_e$ é

$$\frac{v_x}{v_e} = 2\left(\frac{y}{\delta}\right) - \left(\frac{y}{\delta}\right)^2 \quad \text{(região de camada limite, } 0 < y < \delta\text{)} \tag{4C.1-1}$$

$$\frac{v_x}{v_e} = 1 \quad \text{(região de escoamento potencial, } \delta < y < B\text{)} \tag{4C.1-2}$$

onde δ e v_e são funções de x, a serem determinadas.

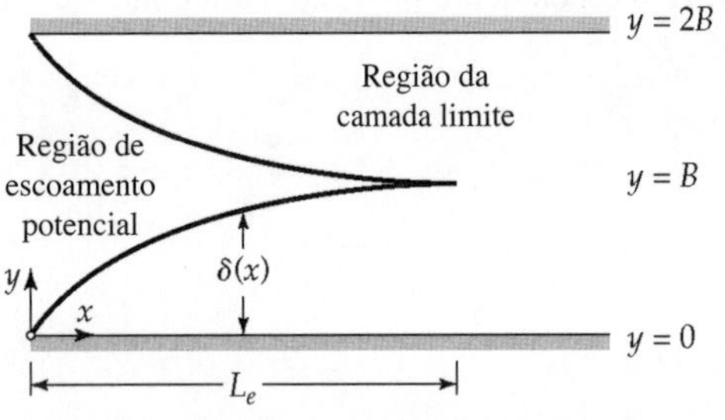

Fig. 4C-1. Escoamento de entrada em uma fenda.

(a) Use as duas equações anteriores para obter a vazão mássica ω através de uma seção transversal arbitrária na região $0 < x < L_e$. Então calcule ω a partir das condições de entrada obtendo

$$\frac{v_e(x)}{\langle v_x \rangle} = \frac{B}{B - \frac{1}{3}\delta(x)} \tag{4C.1-3}$$

(b) A seguir use as Eqs. 4.1-13, 4C.1-1 e 4C.1-2 substituindo ∞ por B (por quê?) para obter uma equação diferencial para grandeza $\Delta = \delta/B$:

$$\frac{6\Delta + 7\Delta^2}{(3 - \Delta)^2}\frac{d\Delta}{dx} = 10\left(\frac{\nu}{\langle v_x \rangle B^2}\right) \tag{4C.1-4}$$

(c) Integre essa equação com condição inicial adequada para obter a seguinte relação entre a espessura da camada limite e distância ao longo do duto:

$$\frac{\nu x}{\langle v_x \rangle B^2} = \frac{1}{10}\left[7\Delta + 48 \ln\left(1 - \tfrac{1}{3}\Delta\right) + \frac{27\Delta}{3 - \Delta}\right] \tag{4C.1-5}$$

(d) Calcule o comprimento de entrada L_e a partir da Eq. 4C.1-5, onde L_e é o valor de x para o qual $\delta(x) = B$.

(e) Usando a teoria do escoamento potencial, calcular $\mathcal{P} - \mathcal{P}_0$ na região de entrada, onde $\mathcal{P}_0$ é o valor da pressão modificada em $x = 0$.

Respostas: **(d)** $L_e = 0{,}104\langle v_x \rangle B^2/\nu$; **(e)** $\mathcal{P} - \mathcal{P}_0 = \frac{1}{2}\rho\langle v_x \rangle^2\left[1 - \left(\frac{3}{3 - \Delta}\right)^2\right]$

[3] Uma solução numérica para esse problema usando a equação de Navier-Stokes foi dada por Y. L. Wang e P. A. Longwell, *AIChE Journal*, **10**, 323-329 (1964).

4C.2 Viscosímetro oscilatório torsional (Fig. 4C.2). No viscosímetro oscilatório torsional, o fluido é colocado entre um "copo" e um "corpo de prova" conforme mostrado na figura. O copo é submetido a pequenas oscilações senoidais na direção tangencial. Esse movimento faz com que o corpo de prova, suspenso por um fio de torção, oscile com a mesma freqüência mas com uma amplitude e ângulo de fase diferentes. A razão de amplitudes (razão entre as amplitudes da função estímulo e da função resposta) e a diferença de ângulo de fase dependem da viscosidade do fluido e portanto podem ser usadas para determinar a viscosidade. Supõe-se que as oscilações são de *pequena* amplitude. Então o problema é do tipo linear e pode ser resolvido por transformada de Laplace ou pelo método delineado nesse problema.

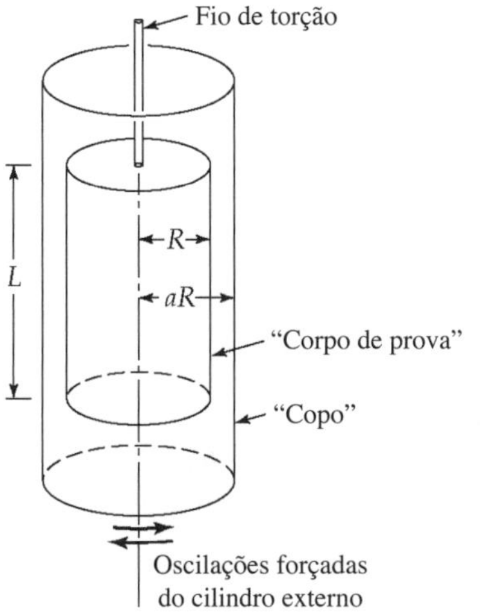

Fig. 4C.2. Esboço de um viscosímetro oscilatório torsional.

(a) Primeiramente, aplique a segunda lei de Newton do movimento ao corpo de prova cilíndrico para o caso especial em que o espaço anular está sob vácuo total. Mostre que a freqüência natural do sistema é $\omega_0 = \sqrt{k/I}$, onde I é o momento de inércia do corpo de prova e k é a constante da mola para o fio de torção

(b) A seguir, aplique a segunda lei de Newton quando existe um fluido de viscosidade μ no espaço anular. Seja θ_R o deslocamento angular do corpo de prova no tempo t, e v_θ a velocidade tangencial do fluido em função de r e t. Mostre que a equação do movimento do corpo de prova é

(Corpo de prova) $$I\frac{d^2\theta_R}{dt^2} = -k\theta_R + (2\pi RL)(R)\left(\mu r\frac{\partial}{\partial r}\left(\frac{v_\theta}{r}\right)\right)\bigg|_{r=R} \tag{4C.2-1}$$

Se o sistema estava inicialmente em repouso, temos as condições iniciais

C.I.: $$\text{em } t = 0, \quad \theta_R = 0 \quad \text{e} \quad \frac{d\theta_R}{dt} = 0 \tag{4C.2-2}$$

(c) A seguir, escreva a equação do movimento para o fluido juntamente com as condições iniciais e de contorno relevantes:

(Fluido) $$\rho\frac{\partial v_\theta}{\partial t} = \mu\frac{\partial}{\partial r}\left(\frac{1}{r}\frac{\partial}{\partial r}(rv_\theta)\right) \tag{4C.2-3}$$

C.I.: $$\text{em } t = 0, \quad v_\theta = 0 \tag{4C.2-4}$$

C.C. 1: $$\text{em } r = R, \quad v_\theta = R\frac{d\theta_R}{dt} \tag{4C.2-5}$$

C.C. 2: $$\text{em } r = aR, \quad v_\theta = aR\frac{d\theta_{aR}}{dt} \tag{4C.2-6}$$

A função $\theta_{aR}(t)$ é uma função senoidal conhecida (" o estímulo"). Faça um esboço mostrando θ_{aR} e θ_R como funções do tempo, e defina a *razão de amplitudes* e a diferença de ângulo de fase.

(d) Simplifique as equações iniciais, Eqs. 4C.2-1 a 6, fazendo a hipótese de que a é apenas ligeiramente maior que a unidade, de modo que a curvatura possa ser desprezada (o problema pode ser resolvido sem que se faça essa hipótese[4]). Isto sugere que uma variável distância adimensional adequada é $x = (r - R)/[(a - 1)R]$. Reestruture todo o problema usando grandezas adimensionais de tal modo que $1/\omega_0 = \sqrt{I/k}$ seja um tempo característico e que a viscosidade apareça apenas em um grupo adimensional. A única escolha fica sendo:

tempo: $$\tau = \sqrt{\frac{k}{I}}\,t \tag{4C.2-7}$$

velocidade: $$\phi = \frac{2\pi R^3 L\rho(a-1)}{kI}v_\theta \tag{4C.2-8}$$

viscosidade: $$M = \frac{\mu/\rho}{(a-1)^2R^2}\sqrt{\frac{I}{k}} \tag{4C.2-9}$$

inverso do momento de inércia: $$A = \frac{2\pi R^4 L\rho(a-1)}{I} \tag{4C.2-10}$$

Mostre que o problema pode ser recolocado como se segue:

(corpo de prova) $$\frac{d^2\theta_R}{d\tau^2} = -\theta_R + M\left(\frac{\partial\phi}{\partial x}\right)\bigg|_{x=0} \qquad \text{em } \tau = 0,\ \theta_R = 0;\ d\theta_R/d\tau = 0 \tag{4C.2-11}$$

(fluido) $$\frac{\partial\phi}{\partial\tau} = M\frac{\partial^2\phi}{\partial x^2} \qquad \begin{cases}\text{em } \tau = 0, & \phi = 0\\ \text{em } x = 0, & \phi = A(d\theta_R/dt)\\ \text{em } x = 1, & \phi = A(d\theta_{aR}/dt)\end{cases} \tag{4C.2-12}$$

A partir dessas duas equações queremos obter θ_R e ϕ como funções de x e τ, com M e A como parâmetros.

(e) Obtenha a solução "senoidal permanente" tomando a função estímulo θ_{aR} (o deslocamento do copo) como sendo da forma

$$\theta_{aR}(\tau) = \theta_{aR}^\circ\Re\{e^{i\bar{\omega}\tau}\} \qquad (\theta_{aR}^\circ \text{ é real}) \tag{4C.2-13}$$

onde $\bar{\omega} = \omega/\omega_0 = \omega\sqrt{I/k}$ é uma freqüência adimensional. Suponha então que os movimentos do corpo de prova e o do fluido serão também senoidais, porém com diferentes amplitudes e ângulos de fase:

$$\theta_R(\tau) = \Re\{\theta_R^\circ e^{i\bar{\omega}\tau}\} \qquad (\theta_R^\circ \text{ é complexo}) \tag{4C.2-14}$$

$$\phi(x,\tau) = \Re\{\phi^\circ(x)e^{i\bar{\omega}\tau}\} \qquad (\phi^\circ(x) \text{ é complexo}) \tag{4C.2-15}$$

Verifique que a razão de amplitudes é dada por $|\theta_R^\circ|/\theta_{aR}^\circ$ onde $|\cdots|$ indica a magnitude absoluta de uma grandeza complexa. Além disso mostre que o ângulo de fase, α, é dado por tg $\alpha = \Im\{\theta_R^\circ\}/\Re\{\theta_R^\circ\}$, onde $\Re$ e $\Im$ representam as partes real e imaginária, respectivamente.

(f) Substitua as soluções adotadas em (e) nas equações de (d) para obter equações para as amplitudes complexas θ_R° e ϕ°.

(g) Resolva a equação para $\phi^\circ(x)$ e verifique que

$$\frac{d\phi^\circ}{dx}\bigg|_{x=0} = -\frac{A(i\bar{\omega})^{3/2}}{\sqrt{M}}\left(\frac{\theta_R^\circ\cosh\sqrt{i\bar{\omega}/M} - \theta_{aR}^\circ}{\operatorname{senh}\sqrt{i\bar{\omega}/M}}\right) \tag{4C.2-16}$$

(h) A seguir, resolva a equação para θ_R° obtendo

$$\frac{\theta_R^\circ}{\theta_{aR}^\circ} = \frac{AMi\bar{\omega}}{(1-\bar{\omega}^2)\dfrac{\operatorname{senh}\sqrt{i\bar{\omega}/M}}{\sqrt{i\bar{\omega}/M}} + AMi\bar{\omega}\cosh\sqrt{i\bar{\omega}/M}} \tag{4C.2-17}$$

a partir da qual a razão de amplitudes, $|\theta_R^\circ|/\theta_{aR}^\circ$, e a diferença de ângulos de fase, α, podem ser calculadas.

[4] H. Markovitz, *J. Appl. Phys.*, **23**, 1070-1077 (1952) resolveu o problema sem fazer a hipótese de espaçamento pequeno entre o copo e o corpo de prova. O instrumento copo–e-corpo de prova foi usado por L. J. Wittenberg, D. Ofte, e C. F. Curtiss, *J. Chem. Phys.*, **48**, 3253-3260 (1968), para medir a viscosidade de ligas líquidas de plutônio.

(i) Para fluidos de viscosidade alta podemos procurar uma série de potências, expandindo a função hiperbólica da Eq. 4C.2-17, obtendo uma série de potências de $1/M$. Mostre que isso leva a

$$\frac{\theta_{aR}^\circ}{\theta_R^\circ} = 1 + \frac{i}{M}\left(\frac{\overline{\omega}^2 - 1}{A\overline{\omega}} + \frac{\overline{\omega}}{2}\right) - \frac{1}{M^2}\left(\frac{\overline{\omega}^2 - 1}{6A} + \frac{\overline{\omega}^2}{24}\right) + O\left(\frac{1}{M^3}\right) \tag{4C.2-18}$$

A partir disso, encontre a razão de amplitudes e o ângulo de fase.

(j) Plote $|\theta_R^\circ|/\theta_{aR}^\circ$ *versus* $\overline{\omega}$ para $\mu/\rho = 10$ cm²/s, $L = 25$ cm, $R = 5{,}5$ cm , $I = 2500$ g/cm², $k = 4 \times 10^6$ dyn cm. Onde se localiza o máximo da curva?

4C.3 Equação de Darcy para o escoamento através de meios porosos. Para o escoamento de um fluido através de um meio poroso, as equações da continuidade e do movimento podem ser substituídas pela

equação da continuidade suavizada
$$\varepsilon \frac{\partial \rho}{\partial t} = -(\nabla \cdot \rho \mathbf{v}_0) \tag{4C.3-1}$$

Equação de Darcy[5]
$$\mathbf{v}_0 = -\frac{\kappa}{\mu}(\nabla p - \rho \mathbf{g}) \tag{4C.3-2}$$

onde ε, a *porosidade*, é a razão entre o volume de poros e o volume total, e κ é a *permeabilidade* do meio poroso. A velocidade $\mathbf{v}_0$ nessas equações é a *velocidade superficial*, que é definida como o valor médio da vazão volumétrica através de uma unidade de área transversal de sólido mais fluido, tomado sobre uma pequena região do espaço – pequena em comparação com as dimensões macroscópicas do sistema de escoamento, mas grande em comparação com as dimensões dos poros. Os valores médios da densidade e da pressão são tomados sobre uma região disponível para o escoamento, que seja grande em comparação com o tamanho dos poros. A Eq. 4C.3-2 foi proposta empiricamente para descrever o escoamento lento através de meios porosos granulares.

Quando as Eqs. 4C.3-1 e 2 são combinadas obtemos

$$\left(\frac{\varepsilon\mu}{\kappa}\right)\frac{\partial \rho}{\partial t} = (\nabla \cdot \rho(\nabla p - \rho \mathbf{g})) \tag{4C.3-3}$$

para viscosidade e permeabilidade constantes. Essa equação e uma equação de estado descrevem o movimento do fluido em um meio poroso. Para a maioria dos casos podemos escrever a *equação de estado* como

$$\rho = \rho_0 p^m e^{\beta p} \tag{4C.3-4}$$

onde ρ_0 é a densidade do fluido na pressão unitária, sendo conhecidos os seguintes parâmetros:[6]

1. Líquidos incompressíveis $\quad m = 0 \quad \beta = 0$
2. Líquidos compressíveis $\quad m = 0 \quad \beta \neq 0$
3. Expansão isométrica de gases $\quad \beta = 0 \quad m = 1$
4. Expansão adiabática de gases $\quad \beta = 0 \quad m = C_V/C_p = 1/\gamma$

Mostre que as Eqs. 4C.3-3 e 4 podem ser combinadas e simplificadas para essas quatro categorias resultando (para gases é costume desprezar os termos gravitacionais já que eles são pequenos comparados aos termos de pressão):

Caso 1.
$$\nabla^2 p = 0 \tag{4C.3-5}$$

Caso 2.
$$\left(\frac{\varepsilon\mu\beta}{\kappa}\right)\frac{\partial \rho}{\partial t} = \nabla^2 \rho - (\nabla \cdot \rho^2 \beta \mathbf{g}) \tag{4C.3-6}$$

Caso 3.
$$\left(\frac{2\varepsilon\mu\rho_0}{\kappa}\right)\frac{\partial \rho}{\partial t} = \nabla^2 \rho^2 \tag{4C.3-7}$$

Caso 4.
$$\left(\frac{(m+1)\varepsilon\mu\rho_0^{1/m}}{\kappa}\right)\frac{\partial \rho}{\partial t} = \nabla^2 \rho^{(1+m)/m} \tag{4C.3-8}$$

---

[5] **Henry Philibert Gaspard Darcy** (1803-1858) estudou em Paris e tornou-se famoso pelo projeto do sistema de abastecimento municipal de água de Dijon, a cidade onde nasceu. H. Darcy, *Les Fontaines Publiques de la Ville de Dijon*, Victor Dalmont, Paris (1856). Para discussões adicionais da "lei de Darcy", veja J. Happel e H. Brenner, *Low Reynolds Number Hydrodynamics*, Martinus-Nihjoff, Dordrecht (1983); e H. Brenner e D. A. Edwards, *Macrotransport Processes*, Butterworth-Heinemann, Boston (1993).

[6] M. Muskat, *Flow of Homogeneous Fluids Through Porous Media*, McGraw-Hill (1937).

Note que o Caso 1 leva à *equação de Laplace,* o Caso 2 sem o termo de gravidade leva à *equação da condução, ou difusão, de calor* e os Casos 3 e 4 levam a equações não lineares.[7]

4C.4 Escoamento radial através de um meio poroso (Fig. 4C.4). Um fluido escoa através de uma casca cilíndrica porosa com raios interno e externo R_1 e R_2, respectivamente. Nessas superfícies as pressões são conhecidas e valem p_1 e p_2 respectivamente. O comprimento da casca cilíndrica é h.

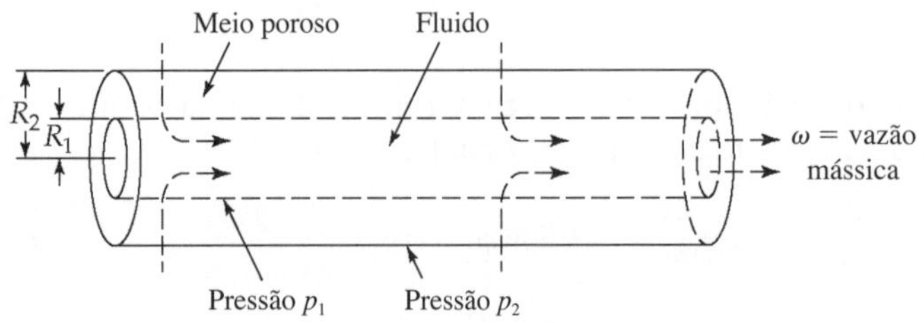

Fig. 4C.4. Escoamento radial através de um meio poroso.

(a) Determine a distribuição de pressões, a velocidade radial de escoamento e a vazão mássica para um fluido incompressível.

(b) Refaça (a) para um líquido e para um gás ideal.

Respostas: **(a)** $\dfrac{\mathcal{P} - \mathcal{P}_1}{\mathcal{P}_2 - \mathcal{P}_1} = \dfrac{\ln(r/R_1)}{\ln(R_2/R_1)}$ $\quad v_{0r} = -\dfrac{\kappa}{\mu r}\dfrac{\mathcal{P}_2 - \mathcal{P}_1}{\ln(\mathcal{P}_2/\mathcal{P}_1)}$ $\quad w = \dfrac{2\pi\kappa h(p_2 - p_1)\rho}{\mu \ln(R_2/R_1)}$

4D.1 Escoamento próximo a uma parede oscilante.[8] Mostre, usando transformadas de Laplace, que a solução completa do problema correspondente às Eqs. 4.1-44 a 47 é

$$\frac{v_x}{v_0} = e^{-\sqrt{\omega/2\nu}y}\cos(\omega t - \sqrt{\omega/2\nu}y) - \frac{1}{\pi}\int_0^\infty e^{-\bar{\omega}t}(\operatorname{sen}\sqrt{\bar{\omega}/\nu}y)\frac{\bar{\omega}}{\omega^2 + \bar{\omega}^2}\,d\bar{\omega} \tag{4D.1-1}$$

4D.2 Início de escoamento laminar em tubo de seção circular (Fig. 4D.2). Um fluido de densidade e viscosidade constantes está contido em um tubo longo de comprimento L e raio R. Inicialmente o fluido está em repouso. No tempo $t = 0$ um gradiente de pressão $(\mathcal{P}_0 - \mathcal{P}_L)/L$ é imposto ao sistema. Determine como os perfis de velocidades mudam com o tempo.

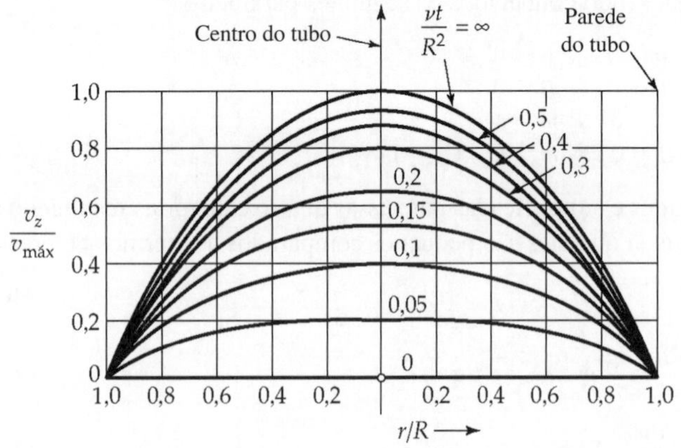

Fig. 4D.2. Distribuição de velocidades para o escoamento transiente resultante da aplicação repentina de um gradiente de pressão em um tubo de seção circular. [P. Szymanski, *J. Math. Pure Appl.*, Series 9, **11**, 67-107 (1932)].

(a) Mostre que a equação do movimento relevante para o caso, pode ser colocada em uma forma adimensional como segue:

$$\frac{\partial\phi}{\partial\tau} = 4 + \frac{1}{\xi}\frac{\partial}{\partial\xi}\left(\xi\frac{\partial\phi}{\partial\xi}\right) \tag{4D.2-1}$$

[7] Para a condição de contorno em uma superfície porosa que está ligada a um fluido em movimento, veja G. S. Beavers e D. D. Joseph, *J. Fluid Mech.*, **30,** 197-207 (1967) e G. S. Beavers, E. M. Sparrow e B. A. Masha, *AIChE Journal,* **20,** 596-597 (1974).

[8] H. S. Carslaw e J. C. Jaeger, *Conduction of Heat in Solids,* Oxford University Press, 2.ª ed. (1959), p. 319, Eq. (8), com $\varepsilon = \frac{1}{2}\pi$ e $\bar{\omega} = \kappa u^2$.

onde $\xi = r/R$, $\tau = \mu t/\rho R^2$ e $\phi = [(\mathcal{P}_0 - \mathcal{P}_L)R^2/4\mu L]^{-1}v_z$.

(b) Mostre que a solução assintótica para tempos grandes é $\phi_\infty = 1 - \xi^2$. Então, defina ϕ_t por $\phi(\xi, \tau) = \phi_\infty(\xi) - \phi_t(\xi, \tau)$, e resolva a equação diferencial parcial para ϕ_t pelo método de separação de variáveis.

(c) Mostre que a solução final é

$$\phi(\xi, \tau) = (1 - \xi^2) - 8 \sum_{n=1}^{\infty} \frac{J_0(\alpha_n \xi)}{\alpha_n^3 J_1(\alpha_n)} \exp(-\alpha_n^2 \tau) \tag{4D.2-2}$$

onde $J_n(\xi)$ é a função de Bessel de ordem n de ξ, e α_n são as raízes da equação $J_0(\alpha_n) = 0$. O resultado está plotado na Fig. 4D.2.

4D.3 Escoamento em um sistema tubo-e-disco (Fig. 4D.3).[9]

(a) Um fluido contido em um tubo de seção circular é posto em movimento tangencial pela ação de um disco girante firmemente adaptado ao tubo na superfície do líquido em $z = 0$; o fundo do tubo está localizado em $z = L$. Determine a distribuição de velocidades $v_\theta(r, z)$, quando a velocidade angular do disco é Ω. Suponha que o escoamento é lento em todo o sistema de modo que não existe escoamento secundário. Determine o limite da solução quando $L \to \infty$.

(b) Repita o problema para o escoamento transiente. O fluido está em repouso antes de $t = 0$, e o disco repentinamente começa a girar com uma velocidade angular Ω em $t = 0$. Determine a distribuição de velocidades $v_\theta(r, z, t)$, para uma coluna de fluido de altura L. Então determine a solução para o limite quando $L \to \infty$.

(c) Se o disco oscilar senoidalmente na direção tangencial com amplitude Ω_0, obtenha a distribuição de velocidades no tubo quando um "estado permanente de oscilação" for atingido. Repita o problema para um tubo de comprimento infinito.

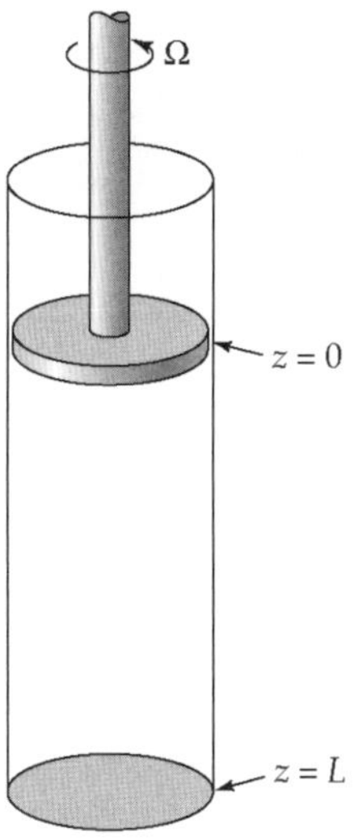

Fig. 4D.3. Disco girando em um tubo de seção circular.

4D.4 Escoamento anular transiente.[10]

(a) Obtenha a solução da equação de Navier-Stokes para o início do escoamento anular axial, devido a um gradiente de pressão repentinamente imposto ao sistema. Compare seu resultado com a solução publicada.

(b) Resolva a equação de Navier–Stokes para o escoamento tangencial transiente em um ânulo. O fluido está em repouso em $t < 0$. Em $t = 0$ o cilindro externo começa a girar com uma velocidade angular constante, causando escoamento laminar para $t > 0$. Compare seu resultado com a solução publicada.[11]

---

[9] W. Hort, *Z. tech. Phys.*, **10**, 213 (1920); C. T. Hill, J. D. Huppler e R. B. Bird, *Chem. Engr. Sci.*, **21**, 815-817 (1966).

[10] W. Müller, *Zeits. für angew. Math. u. Mech.*, **16**, 227-228 (1936).

[11] R. B. Bird e C. F. Curtiss, *Chem. Engr. Sci.*, **11**, 108-113 (1959).

4D.5 Funções de corrente para escoamento tridimensional permanente.

(a) Mostre que as funções de velocidade $\rho \mathbf{v} = [\boldsymbol{\nabla} \times \mathbf{A}]$ e $\rho \mathbf{v} = [(\boldsymbol{\nabla}\psi_1) \times (\boldsymbol{\nabla}\psi_2)]$ satisfazem identicamente à equação da continuidade para o escoamento permanente compressível. As funções ψ_1, ψ_2 e $\mathbf{A}$ são arbitrárias, exceto que suas derivadas, que aparecem em $(\boldsymbol{\nabla} \cdot \rho \mathbf{v})$, devem existir.

(b) Mostre que, para as condições da Tabela 4.2-1, o vetor $\mathbf{A}$ tem magnitude $-\rho\psi/h_3$ e a direção da coordenada normal a $\mathbf{v}$. Aqui, h_3 é o fator de escala para a terceira coordenada (veja a Seção A.7).

(c) Mostre que as linhas de corrente correspondentes à Eq. 4.3-2 são dadas pelas interseções das superfícies ψ_1 = constante e ψ_2 = constante. Esboce tal par de superfícies para o escoamento da Fig. 4.3-1.

(d) Use o teorema de Stokes (Eq. A.5-4) para obter uma expressão em termos de $\mathbf{A}$ para a vazão mássica através da superfície S limitada por uma curva fechada C. Mostre que o desaparecimento de $\mathbf{v}$ sobre C não implica o desaparecimento de $\mathbf{A}$ sobre C.

Capítulo 5

DISTRIBUIÇÕES DE VELOCIDADES NO ESCOAMENTO TURBULENTO

Nos capítulos anteriores discutimos somente problemas de escoamento laminar. Vimos que as equações diferenciais que descrevem o escoamento laminar são bem entendidas e que, para alguns sistemas simples, a distribuição de velocidades e várias grandezas derivadas podem ser obtidas de maneira direta. O fator limitante na aplicação das equações de balanço é a complexidade matemática que encontramos em problemas onde existem várias componentes de velocidade que são funções de diversas outras variáveis. Nesses casos, devido ao rápido desenvolvimento da dinâmica dos fluidos computacional, soluções numéricas de tais problemas vêm sendo obtidas gradualmente.

Neste capítulo voltamos nossa atenção para o escoamento turbulento. Enquanto o escoamento laminar é ordenado, o escoamento turbulento é caótico. É essa natureza caótica do escoamento turbulento que traz todos os tipos de dificuldades. De fato, podemos questionar se as equações de balanço dadas no Cap. 3 são capazes de descrever os movimentos violentamente flutuantes do escoamento turbulento. Como os tamanhos dos vórtices turbulentos são várias ordens de grandeza maiores que o livre percurso médio das moléculas do fluido, as equações de balanço *são* aplicáveis. Soluções numéricas dessas equações podem ser obtidas e podem ser usadas para estudar os detalhes da estrutura da turbulência. Todavia, para diversos propósitos, não estamos interessados em tais informações detalhadas, em vista do esforço computacional que seria requerido. Então, neste capítulo vamos nos preocupar primariamente com métodos que nos permitam descrever médias temporais dos perfis de velocidades e pressões.

Na Seção 5.1 começamos comparando os resultados experimentais para escoamentos laminar e turbulento em vários sistemas de escoamento. Desta maneira, podemos obter algumas idéias qualitativas acerca das principais diferenças entre movimentos laminar e turbulento. Esses experimentos ajudam a definir alguns dos desafios com os quais o pesquisador de fluidodinâmica se defronta.

Na Seção 5.2 definimos várias médias temporais de grandezas e mostramos como essas definições podem ser usadas para estabelecer médias temporais das equações de balanço para pequenos intervalos de tempo. Essas equações descrevem o comportamento das médias temporais da velocidade e da pressão. A equação da média temporal do movimento, todavia, contém o *fluxo turbulento de momento*. Esse fluxo não pode ser relacionado de maneira simples a gradientes de velocidade tais como o fluxo de momento dado pela lei de Newton da viscosidade do Cap. 1. Hoje em dia, o fluxo turbulento de momento é usualmente estimado por via experimental ou então modelado por algum tipo de empirismo baseado em dados experimentais.

Felizmente, para escoamentos turbulentos próximos a uma parede sólida, existem vários resultados bastante gerais que são muito úteis em dinâmica dos fluidos e fenômenos de transporte: o desenvolvimento em série de Taylor para a velocidade próxima da parede; e os perfis de velocidades logarítmico e lei da potência para regiões afastadas da parede, tendo sido este último obtido por raciocínio dimensional. Essas expressões para a distribuição da média temporal de velocidades são dadas na Seção 5.3.

Na seção seguinte, Seção 5.4, apresentamos alguns dos empirismos que foram propostos para o fluxo turbulento de momento. Esses empirismos têm interesse histórico e também são muito usados em cálculos de engenharia. Quando usadas com critérios apropriados, essas expressões empíricas podem ser úteis.

O restante do capítulo é voltado para a discussão de dois tipos de escoamentos turbulentos: escoamentos em condutos fechados (Seção 5.5) e escoamentos em jatos (Seção 5.6). Esses tipos ilustram os escoamentos que são comumente discutidos sob os títulos *turbulência na parede* e *turbulência livre*.

Nesta breve introdução à turbulência, tratamos primariamente da descrição do escoamento turbulento totalmente desenvolvido para um fluido incompressível. Não consideramos os métodos teóricos para a previsão do surgimento da turbulência nem as técnicas experimentais desenvolvidas para caracterizar a estrutura do escoamento turbulento. Também não discutimos as teorias estatísticas da turbulência nem a maneira pela qual a energia turbulenta é distribuída sobre os vários modos de movimento. Para esses e outros tópicos interessantes, o leitor deve consultar alguns dos livros clássicos sobre turbulência.[1-6] Existe uma literatura crescente sobre evidências experimentais e computacionais da existência de "estruturas coerentes" (vórtices) em escoamentos turbulentos.[7]

Turbulência é um assunto importante. De fato, a maioria dos escoamentos encontrados em engenharia é turbulento e não laminar! Embora a nossa compreensão de turbulência esteja ainda longe de satisfatória, ela é um assunto que deve ser estudado e entendido. Para a solução de problemas industriais não podemos obter resultados analíticos simples e, para a maioria dos casos, tais problemas são abordados usando-se uma combinação de análise dimensional e dados experimentais. Esse método é discutido no Cap. 6.

5.1 COMPARAÇÕES ENTRE ESCOAMENTOS LAMINAR E TURBULENTO

Antes de discutirmos quaisquer idéias teóricas sobre turbulência é importante resumir as diferenças entre escoamentos laminar e turbulento em diversos sistemas simples. Especificamente, consideramos os escoamentos em condutos de seção transversal circular e triangular, o escoamento sobre placas planas e o escoamento em jatos. Os três primeiros foram considerados para escoamento laminar na Seção 2.3, no Problema 3B.2 e na Seção 4.4.

TUBOS CIRCULARES

Para o escoamento laminar, permanente e totalmente desenvolvido em um tubo circular de raio R, sabemos que a distribuição de velocidades e a velocidade média são dadas por

$$\frac{v_z}{v_{z,\,\text{máx}}} = 1 - \left(\frac{r}{R}\right)^2 \quad \text{e} \quad \frac{\langle v_z \rangle}{v_{z,\,\text{máx}}} = \frac{1}{2} \qquad (\text{Re} < 2100) \tag{5.1-1, 2}$$

e que a queda de pressão e vazão mássica w estão relacionadas linearmente

$$\mathcal{P}_0 - \mathcal{P}_L = \left(\frac{8\mu L}{\pi\rho R^4}\right) w \qquad (\text{Re} < 2100) \tag{5.1-3}$$

Para o escoamento turbulento, por outro lado, a velocidade flutua caoticamente com o tempo em cada ponto do tubo. Podemos medir uma "velocidade média temporal" em cada ponto com, digamos, tubo de Pitot. Esse tipo de instrumento não é sensível a flutuações rápidas da velocidade, mas fornece a velocidade média para períodos de vários segundos. A média temporal

[1] S. Corrsin, "Turbulence: Experimental Methods", em *Handbuch der Physik,* Springer, Berlin (1963), Vol. VIII/2. **Stanley Corrsin** (1920–1986), um professor da The Johns Hopkins University, era um excelente experimentalista e instrutor; estudou a interação entre reações químicas e turbulência, e a propagação de correlações de dupla temperatura.

[2] A. A. Townsend, *The Structure of Turbulent Shear Flow*, Cambridge University Press, 2ª ed. (1976); veja também A. A. Townsend em *Handbook of Fluid Dynamics* (V. L. Streeter, ed.), McGraw-Hill (1961) para uma revisão de fácil leitura.

[3] J. O. Hinze, *Turbulence*, McGraw-Hill, Nova York, 2ª ed. (1975).

[4] H. Tennekes e J. L. Lumley, *A First Course in Turbulence*, MIT Press, Cambridge, Mass. (1972); os Caps. 1 e 2 desse livro apresentam uma introdução a interpretações físicas dos fenômenos do escoamento turbulento.

[5] M. Lesieur, *La Turbulence*, Presses Universitaires de Grenoble (1994); esse livro contém belas fotografias coloridas de sistemas com escoamento turbulento.

[6] Vários livros que cobrem o material além do escopo desse texto são: W. D. McComb, *The Physics of Fluid Turbulence*, Oxford University Press (1990); T. E. Faber, *Fluid Dynamics for Physicists*, Cambridge University Press (1995); U. Frisch, *Turbulence*, Cambridge University Press (1995).

[7] P. Holmes, J. L. Lumley, e G. Berkooz, *Turbulence, Coherent Structures, Dynamical Systems, and Symmetry*, Cambridge University Press (1996); F. Waleffe, *Phys. Rev. Lett.*, **81**, 4140–4148 (1998).

da velocidade (que é definida na próxima seção) terá uma componente z representada por $\bar{v}_z$ e sua forma e valor médio serão dados muito aproximadamente por[1]

$$\frac{\bar{v}_z}{\bar{v}_{z,\,\text{máx}}} \approx \left(1 - \frac{r}{R}\right)^{1/7} \quad \text{e} \quad \frac{\langle \bar{v}_z \rangle}{\bar{v}_{z,\text{máx}}} \approx \frac{4}{5} \quad (10^4 < \text{Re} < 10^5) \tag{5.1-4, 5}$$

A expressão de potência $\frac{1}{7}$ para a distribuição de velocidades é muito simplista para dar realisticamente a derivada da velocidade na parede. Os perfis de velocidades laminar e turbulento são comparados na Fig. 5.1-1.

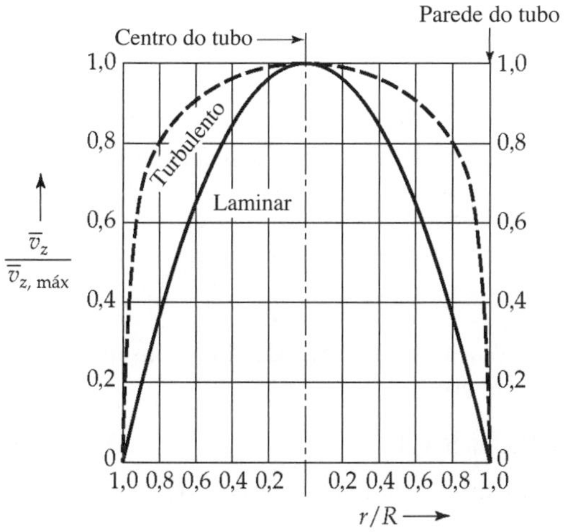

Fig. 5.1-1 Comparação qualitativa de perfis de velocidades laminar e turbulento. Para descrição mais detalhada da distribuição de velocidades próximo da parede veja a Fig. 5.5-3.

Sobre a mesma faixa de números de Reynolds, a vazão mássica e a queda de pressão não são mais proporcionais, mas relacionadas aproximadamente por

$$\mathcal{P}_0 - \mathcal{P}_L \approx 0{,}198\left(\frac{2}{\pi}\right)^{7/4}\left(\frac{\mu^{1/4}L}{\rho R^{19/4}}\right)w^{7/4} \quad (10^4 < \text{Re} < 10^5) \tag{5.1-6}$$

A dependência mais forte da queda de pressão com a vazão mássica para o escoamento turbulento resulta do fato de que mais energia tem de ser suprida para manter o violento movimento de vórtices no fluido.

A transição laminar-turbulento em tubos de seção circular normalmente ocorre em um *número de Reynolds crítico* de aproximadamente 2100, embora esse número possa ser maior se cuidado extremo é tomado para eliminar vibrações no sistema.[2] A transição de escoamento laminar para turbulento pode ser demonstrada com um experimento muito simples originalmente realizado por Reynolds. Coloca-se um tubo longo e transparente equipado com um dispositivo para injetar uma pequena quantidade de corante na corrente ao longo do eixo do tubo. Quando o escoamento é laminar, o corante se move para jusante como um filete reto e bem definido. Para o escoamento turbulento, por outro lado, o corante se espalha rapidamente sobre toda a seção transversal, similarmente ao movimento de partículas na Fig. 2.0-1, devido ao movimento de vórtices (difusão turbulenta).

TUBOS NÃO-CIRCULARES

Para o escoamento laminar desenvolvido no duto triangular mostrado na Fig. 3B.2(*b*), as partículas fluidas se movem retilineamente na direção z, paralela às paredes do duto. Em contraste, no escoamento turbulento existe, superposto à média temporal do escoamento na direção z (o *escoamento* primário), um movimento médio temporal no plano xy (o *escoamento*

[1] H. Schlichting, *Boundary-Layer Theory*, McGraw-Hill, Nova York, 7ª ed. (1979), Cap. XX (escoamento em tubos), Caps. VII e XXI (escoamento sobre placa plana), Caps. IX e XXIV (escoamento em jatos).

[2] O. Reynolds, *Phil. Trans. Roy. Soc.*, **174**, Part III, 935–982 (1883). Veja também A. A. Draad e F. M. T. Nieuwstadt, *J. Fluid Mech.*, **361**, 297–308 (1998).

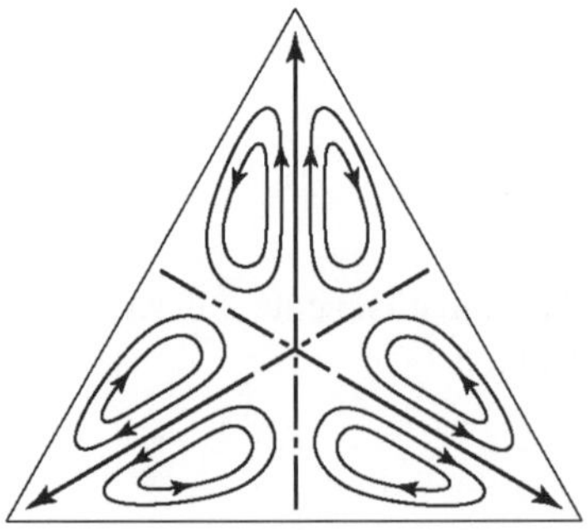

Fig. 5.1-2 Esboço mostrando configurações de escoamento secundário para regime turbulento em um tubo de seção transversal triangular [H. Schlichting, *Boundary-Layer Theory*, McGraw-Hill, Nova York, 7.ª ed. (1979), p. 613].

secundário). O escoamento secundário é muito menos intenso que o escoamento primário e manifesta-se como um conjunto de seis vórtices simetricamente arranjados em torno do eixo do duto (veja a Fig. 5.1-2). Outros tubos de seções não-circulares também exibem escoamento secundário.

PLACA PLANA

Na Seção 4.4 mostramos que para o escoamento laminar em torno de uma placa plana, molhada em ambas as faces, a solução das equações da camada-limite forneceram para expressão da força de arraste

$$F = 1{,}328\sqrt{\rho\mu L W^2 v_\infty^3} \quad \text{(laminar) } 0 < \text{Re}_L < 5 \times 10^5 \tag{5.1-7}$$

onde $\text{Re}_L = Lv_\infty\rho/\mu$ é o número de Reynolds para uma placa plana de comprimento L; a largura da placa é W, e a velocidade de aproximação do fluido é v_∞.

Para o escoamento turbulento, por outro lado, a dependência de propriedades físicas e geométricas é bastante diferente:[1]

$$F \approx 0{,}74\sqrt[5]{\rho^4\mu L^4 W^5 v_\infty^9} \quad \text{(turbulento) } (5 \times 10^5 < \text{Re}_L < 10^7) \tag{5.1-8}$$

Assim, a força é proporcional à potência $\frac{3}{2}$ da velocidade de aproximação para o escoamento laminar, e à potência $\frac{9}{5}$ para o escoamento turbulento. A dependência mais pronunciada da força em relação à velocidade de aproximação reflete a energia extra necessária para manter os movimentos irregulares dos vórtices no fluido.

JATOS CIRCULARES E PLANOS

A seguir, examinamos o comportamento de jatos que emergem de uma parede plana, que é tomada como sendo o plano xy (veja a Fig. 5.6-1). O fluido sai de um tubo circular ou de uma fenda estreita e longa, e escoa para o interior de uma grande massa do mesmo fluido. Várias observações sobre os jatos podem ser feitas: a largura do jato, a velocidade na linha central do jato e a vazão mássica através de uma seção transversal paralela ao plano xy. Todas essas propriedades podem ser medidas em função da distância z contada a partir da parede. Na Tabela 5.1-1 resumimos as propriedades dos jatos circulares e bidimensionais para escoamentos laminar e turbulento.[1] É curioso que, para o jato circular, a largura do jato, a velocidade na linha de centro e a vazão mássica dependam de z exatamente da mesma maneira, tanto no escoamento laminar quanto no turbulento. Voltaremos a esse ponto posteriormente na Seção 5.6.

TABELA 5.1-1 Dependência dos Parâmetros do Jato com a Distância z a partir da Parede

	Escoamento laminar			Escoamento turbulento		
	Largura do jato	Velocidade na linha de centro	Vazão mássica	Largura do jato	Velocidade na linha de centro	Vazão mássica
Jato circular	z	z^{-1}	z	z	z^{-1}	z
Jato plano	$z^{2/3}$	$z^{-1/3}$	$z^{1/3}$	z	$z^{-1/2}$	$z^{1/2}$

Os exemplos anteriores mostram claramente que as características macroscópicas dos escoamentos laminar e turbulento são, em geral, bastante diferentes. Um dos muitos desafios na teoria de turbulência é tentar explicar essas diferenças.

5.2 MÉDIAS TEMPORAIS DAS EQUAÇÕES DE BALANÇO PARA FLUIDOS INCOMPRESSÍVEIS

Iniciamos considerando um escoamento turbulento em um tubo sob um gradiente de pressão constante. Se em um ponto do fluido observarmos uma componente da velocidade em função do tempo, verificaremos que ela flutua de maneira caótica conforme mostrado na Fig. 5.2-1(*a*). As flutuações são desvios irregulares de um valor médio. A velocidade real do fluido pode ser considerada como a soma de um valor médio (indicado por uma barra superior) com a flutuação (indicada por um apóstrofo). Por exemplo, para a componente z da velocidade escrevemos

$$v_z = \bar{v}_z + v_z' \tag{5.2-1}$$

que algumas vezes é denominada *decomposição de Reynolds*. O valor médio é obtido de $v_z(t)$ efetuando-se uma média temporal para um grande número de flutuações

$$\bar{v}_z = \frac{1}{t_0}\int_{t-\frac{1}{2}t_0}^{t+\frac{1}{2}t_0} v_z(s)\,ds \tag{5.2-2}$$

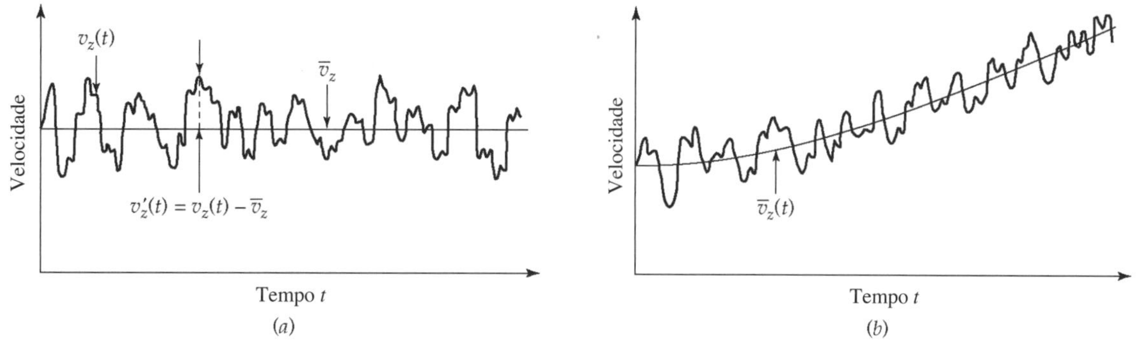

Fig. 5.2-1 Esboço mostrando a componente de velocidade v_z bem como a média temporal do seu valor, $\bar{v}_z$, e sua flutuação, v'_z no escoamento turbulento (*a*) para "escoamento turbulento permanente" no qual $\bar{v}_z$ não depende do tempo, e (*b*) para uma situação na qual $\bar{v}_z$ depende do tempo.

sendo o intervalo de tempo t_0 suficientemente longo para fornecer uma função média suave. Para o sistema de escoamento sob análise, a grandeza $\bar{v}_z$, que denominaremos *média temporal da velocidade**, naturalmente, depende da posição. Quando a média temporal da velocidade não variar na escala de intervalos de tempo em que se medem vazões (por exemplo), falamos de *escoamento turbulento induzido permanentemente*. Os mesmos comentários que fizemos para a velocidade podem também ser feitos para a pressão.

A seguir, vamos considerar o escoamento turbulento em um tubo com um gradiente de pressão dependente do tempo. Para tal escoamento podemos definir médias temporais das grandezas, como anteriormente, mas temos de entender que o período t_0 deve ser pequeno em relação às variações do gradiente de pressão, porém grande em comparação aos períodos das flutuações. Para tal situação, a média temporal da velocidade e a velocidade real são ilustradas na Fig. 5.2-1(*b*).[1]

---

*Adaptação livre do termo técnico *time-smoothed velocity*, da língua inglesa. Trata-se de uma velocidade cuja dependência do tempo é eliminada através de um processo de média temporal. O conceito de *time-smoothed velocity* se aplica a intervalos de tempo grandes em comparação aos das próprias flutuações de velocidade do fluido. Outras grandezas "time smoothed" que surjam no texto serão traduzidas de forma análoga. (*N.T.*)

[1] Também podemos definir grandezas com "barra superior" em termos de uma "amostra média". Para a maioria dos objetivos, os resultados são equivalentes ou são assumidos como tal. Veja, por exemplo, A. A. Townsend, *The Structure of Turbulent Shear Flow*, Cambridge University Press, 2ª ed. (1976). Veja também P. K. Kundu, *Fluid Mechanics*, Academic Press, Nova York (1990), p. 421, no que se refere à última fórmula dada na Eq. 5.2-3.

De acordo com a definição da Eq. 5.5-2, é fácil verificar que as seguintes relações são verdadeiras:

$$\overline{v'_z} = 0 \qquad \overline{\overline{v}_z} = \overline{v}_z \qquad \overline{\overline{v}_z v'_z} = 0 \qquad \overline{\frac{\partial}{\partial x} v_z} = \frac{\partial}{\partial x}\overline{v}_z \qquad \overline{\frac{\partial}{\partial t} v_z} = \frac{\partial}{\partial t}\overline{v}_z \tag{5.2-3}$$

A grandeza $\overline{v_z'^2}$, todavia, não é igual a zero e, de fato, a relação $\sqrt{\overline{v_z'^2}}/\langle\overline{v}_z\rangle$ pode ser tomada como uma medida da magnitude das flutuações turbulentas. Essa grandeza, conhecida como *intensidade de turbulência,* pode ter valores de 1 a 10% na maior parte da corrente turbulenta e valores de 25% ou mais nas vizinhanças de uma parede sólida. Portanto, deve ser enfatizado que não estamos necessariamente lidando com pequenas perturbações; algumas vezes, as flutuações são realmente bastante violentas e de grandes magnitudes.

Grandezas tais como $\overline{v'_x v'_y}$ também são não-nulas. A razão para isto é que movimentos locais do fluido nas direções x e y estão *correlacionados*. Em outras palavras, as flutuações na direção x não são independentes das flutuações na direção y. Veremos ainda na presente seção, que os valores dos produtos das médias temporais das propriedades têm um importante papel na transferência turbulenta de momento. Posteriormente, encontraremos correlações similares que irão surgir no estudo do transporte turbulento de calor e massa.

Tendo definido as médias temporais das grandezas e discutido algumas das propriedades das grandezas flutuantes, podemos agora prosseguir com as equações de balanço em termos de médias temporais. De modo a manter o desenvolvimento tão simples quanto possível, consideraremos aqui somente as equações para um fluido de densidade e viscosidade constantes. Começamos escrevendo as equações da continuidade e do movimento, substituindo $\mathbf{v}$ por seu equivalente $\overline{\mathbf{v}} + \mathbf{v}'$ e p por seu equivalente $\overline{p} + p'$. A equação da continuidade é então ($\nabla \cdot \mathbf{v} = 0$), e escrevemos a componente x da equação do movimento, Eq. 3.5-6, na forma $\partial/\partial t$ usando a Eq. 3.5-5:

$$\frac{\partial}{\partial x}(\overline{v}_x + v'_x) + \frac{\partial}{\partial y}(\overline{v}_y + v'_y) + \frac{\partial}{\partial z}(\overline{v}_z + v'_z) = 0 \tag{5.2-4}$$

$$\frac{\partial}{\partial t}\rho(\overline{v}_x + v'_x) = -\frac{\partial}{\partial x}(\overline{p} + p') - \left(\frac{\partial}{\partial x}\rho(\overline{v}_x + v'_x)(\overline{v}_x + v'_x) + \frac{\partial}{\partial y}\rho(\overline{v}_y + v'_y)(\overline{v}_x + v'_x)\right.$$
$$\left. + \frac{\partial}{\partial z}\rho(\overline{v}_z + v'_z)(\overline{v}_x + v'_x)\right) + \mu\nabla^2(\overline{v}_x + v'_x) + \rho g_x \tag{5.2-5}$$

As componentes y e z da equação do movimento podem ser escritas de modo similar. A seguir tornamos essas equações médias temporais fazendo uso das relações dadas na Eq. 5.2-3. Isto fornece

$$\frac{\partial}{\partial x}\overline{v}_x + \frac{\partial}{\partial y}\overline{v}_y + \frac{\partial}{\partial z}\overline{v}_z = 0 \tag{5.2-6}$$

$$\frac{\partial}{\partial t}\rho\overline{v}_x = -\frac{\partial}{\partial x}\overline{p} - \left(\frac{\partial}{\partial x}\rho\overline{v}_x\overline{v}_x + \frac{\partial}{\partial y}\rho\overline{v}_y\overline{v}_x + \frac{\partial}{\partial z}\rho\overline{v}_z\overline{v}_x\right)$$
$$-\underline{\left(\frac{\partial}{\partial x}\rho\overline{v'_x v'_x} + \frac{\partial}{\partial y}\rho\overline{v'_y v'_x} + \frac{\partial}{\partial z}\rho\overline{v'_z v'_x}\right)} + \mu\nabla^2\overline{v}_x + \rho g_x \tag{5.2-7}$$

com relações similares para as componentes y e z da equação do movimento. Essas são as equações da continuidade e das médias temporais do movimento para um fluido com densidade e viscosidade constantes. Comparando-as com as equações correspondentes, Eq. 3.1-5 e Eq. 3.5-6 (essa última escrita em termos de $\partial/\partial t$), concluímos que

a. A equação da continuidade é a mesma que tínhamos anteriormente, exceto que, agora, $\mathbf{v}$ é substituído por $\overline{\mathbf{v}}$.

b. A equação do movimento tem agora $\overline{\mathbf{v}}$ e $\overline{p}$ onde anteriormente tínhamos $\mathbf{v}$ e p. Além disso, aparecem os termos sublinhados por uma linha tracejada, que descrevem o transporte de momento associado às flutuações turbulentas.

Podemos escrever a Eq. 5.2-7 introduzindo o *tensor fluxo turbulento de momento* $\overline{\boldsymbol{\tau}}^{(t)}$ com componentes

$$\overline{\tau}^{(t)}_{xx} = \rho\overline{v'_x v'_x} \qquad \overline{\tau}^{(t)}_{xy} = \rho\overline{v'_x v'_y} \qquad \overline{\tau}^{(t)}_{xz} = \rho\overline{v'_x v'_z} \text{ e assim por diante} \tag{5.2-8}$$

Essas grandezas são usualmente referidas como as *tensões de Reynolds*. Podemos também introduzir o símbolo $\overline{\boldsymbol{\tau}}^{(v)}$ para o fluxo viscoso de momento. As componentes desse tensor têm a mesma aparência que as expressões dadas nos Apêndices B.1 a B.3, exceto que as componentes da média temporal da velocidade aparecem nelas:

$$\overline{\tau}^{(v)}_{xx} = -2\mu\frac{\partial\overline{v}_x}{\partial x} \qquad \overline{\tau}^{(v)}_{xy} = -\mu\left(\frac{\partial\overline{v}_y}{\partial x} + \frac{\partial\overline{v}_x}{\partial y}\right) \text{ e assim por diante} \tag{5.2-9}$$

Isto nos possibilita escrever as equações de balanço na forma vetorial-tensorial como

$$(\nabla \cdot \bar{\mathbf{v}}) = 0 \quad \text{e} \quad (\nabla \cdot \mathbf{v}') = 0 \tag{5.2-10, 11}$$

$$\frac{\partial}{\partial t}\rho\bar{\mathbf{v}} = -\nabla\bar{p} - [\nabla \cdot \rho\bar{\mathbf{v}}\,\bar{\mathbf{v}}] - [\nabla \cdot (\bar{\boldsymbol{\tau}}^{(v)} + \bar{\boldsymbol{\tau}}^{(t)})] + \rho\mathbf{g} \tag{5.2-12}$$

A Eq. 5.2-11 é uma equação extra, obtida subtraindo-se a Eq. 5.2-10 da equação da continuidade original.

O principal resultado dessa seção é que a equação do movimento em termos do tensor tensão, resumida na Tabela B.5 do Apêndice, pode ser adaptada para a média temporal do escoamento turbulento, trocando-se todos os v_i por $\bar{v}_i$ e p por $\bar{p}$, bem como τ_{ij} por $\bar{\tau}_{ij} = \bar{\tau}_{ij}^{(v)} + \bar{\tau}_{ij}^{(t)}$ em quaisquer dos sistemas de coordenadas dados.

Chegamos agora à principal dificuldade na teoria da turbulência. As tensões de Reynolds, $\bar{\tau}_{ij}^{(t)}$, não estão relacionadas aos gradientes de velocidade de uma maneira simples tal como ocorre com as médias temporais das tensões viscosas, $\bar{\tau}_{ij}^{(v)}$, na Eq. 5.2-9. Muito pelo contrário, elas são funções complicadas da posição e da intensidade de turbulência. Para resolver problemas de escoamento devemos ter informações experimentais sobre as tensões de Reynolds ou então recorrer a alguma expressão empírica. Na Seção 5.4 discutimos alguns empirismos existentes.

Na verdade, também podemos obter equações de balanço para as tensões de Reynolds (veja o Problema 5D.1). Todavia, essas equações contêm grandezas do tipo $\overline{v_i'v_j'v_k'}$. Similarmente, as equações de balanço para as $\overline{v_i'v_j'v_k'}$ contêm a correlação $\overline{v_i'v_j'v_k'v_l'}$, uma ordem mais elevada que a anterior, e assim por diante. Isto é, existe uma hierarquia sem fim de equações que devem ser resolvidas. Para resolver problemas de escoamento temos de "truncar" essa hierarquia mediante a introdução de empirismos. Se usarmos empirismos para as tensões de Reynolds, temos uma "teoria de primeira ordem". Se introduzirmos empirismos para $\overline{v_i'v_j'v_k'}$, então temos uma "teoria de segunda ordem", e assim por diante. O problema de introduzir empirismos para obter um conjunto fechado de equações que possa ser resolvido levando às distribuições de velocidades e pressões, é referido como "problema de fechamento". A discussão da Seção 5.4 trata do fechamento de primeira ordem. Para segunda ordem, o "empirismo k-ε" tem sido muito estudado, sendo largamente usado em mecânica dos fluidos computacional.[2]

5.3 MÉDIA TEMPORAL DO PERFIL DE VELOCIDADES PRÓXIMO A UMA PAREDE

Antes de discutirmos as diversas expressões empíricas usadas para as tensões de Reynolds, apresentamos a seguir vários desenvolvimentos que não dependem de quaisquer empirismos. Estamos interessados aqui na média temporal da distribuição de velocidades, totalmente desenvolvida, nas vizinhanças de uma parede. Discutiremos diversos resultados: uma expansão de Taylor para a velocidade nas proximidades da parede e as distribuições de velocidades logarítmica universal e lei de potência, em locais um pouco mais afastados da parede.

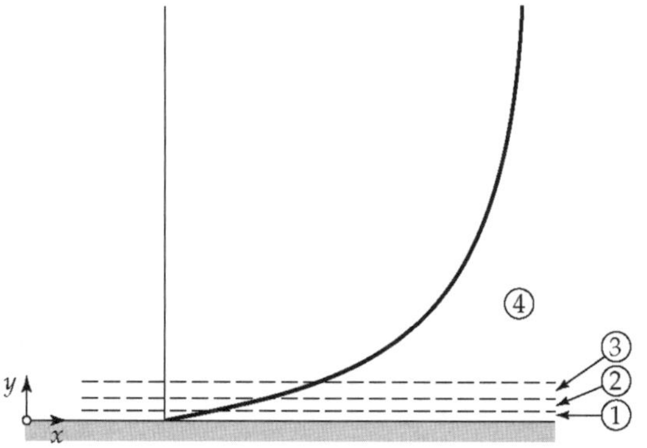

Fig. 5.3-1 Regiões de escoamento para descrever a turbulência próxima a uma parede: ① subcamada viscosa, ② camada tampão, ③ subcamada inercial, ④ corrente principal turbulenta.

[2] J. L. Lumley, *Adv. Appl. Mech.*, **18**, 123–176 (1978); C. G. Speziale, *Ann. Revs. Fluid Mech.*, **23**, 107–157 (1991); H. Schlichting e K. Gersten, *Boundary-Layer Theory*, Berlin, 8ª ed. (2000), pp. 560–563.

O escoamento próximo a uma superfície plana é mostrado na Fig. 5.3-1. É conveniente distinguir quatro regiões de escoamento:

- a *subcamada viscosa* muito próxima da parede, onde a viscosidade tem papel-chave
- a *camada tampão* onde ocorre transição entre as subcamadas viscosa e inercial
- a *subcamada inercial* no início da corrente turbulenta principal, onde a viscosidade tem, no máximo, um papel menor
- a *corrente turbulenta principal* onde a média temporal da distribuição de velocidades é quase plana e a viscosidade não é importante

Deve ser enfatizado que esta classificação em regimes é algo arbitrária.

OS PERFIS DE VELOCIDADES LOGARÍTMICO E LEI DA POTÊNCIA NA SUBCAMADA INERCIAL[1-4]

Seja τ_0 a média temporal da tensão cisalhante agindo sobre a parede $y = 0$ (o mesmo que $-\bar{\tau}_{yx}|_{y=0}$). Então, a tensão cisalhante na subcamada inercial não será muito diferente do valor de τ_0. Agora indagamos: de que grandezas deve depender a média temporal do gradiente de velocidade, $d\bar{v}_x/dy$? Ele não deve depender da viscosidade já que longe da camada tampão o transporte de momento é governado primariamente pelas flutuações de velocidade (referidas comumente por "movimento vorticoso"). Ele pode depender da densidade ρ, da tensão na parede τ_0 e da distância y a partir da parede. A única combinação dessas três grandezas que possui dimensões de velocidade é $\sqrt{\tau_0/\rho}/y$. Então, escrevemos

$$\frac{d\bar{v}_x}{dy} = \frac{1}{\kappa}\sqrt{\frac{\tau_0}{\rho}}\frac{1}{y} \qquad (5.3\text{-}1)$$

onde κ é uma constante adimensional e arbitrária que deve ser determinada experimentalmente. A grandeza $\sqrt{\tau_0/\rho}$ tem dimensões de velocidade; ela é chamada de velocidade de atrito* e é simbolizada por v_*. Quando a Eq. 5.3-1 é integrada obtemos

$$\bar{v}_x = \frac{v_*}{\kappa}\ln y + \lambda' \qquad (5.3\text{-}2)$$

onde λ' é uma constante de integração. Usando agrupamentos adimensionais reescrevemos a Eq. 5.3-2 como

$$\frac{\bar{v}_x}{v_*} = \frac{1}{\kappa}\ln\left(\frac{yv_*}{\nu}\right) + \lambda \qquad (5.3\text{-}3)$$

onde λ é uma constante relacionada a λ' de maneira simples; a viscosidade cinemática ν foi incluída de modo a tornar adimensional o argumento do logaritmo. Mostrou-se experimentalmente que valores razoáveis para as constantes são[2] $\kappa = 0{,}4$ e $\lambda = 5{,}5$, resultando

$$\frac{\bar{v}_x}{v_*} = 2{,}5\ln\left(\frac{yv_*}{\nu}\right) + 5{,}5 \qquad \frac{yv_*}{\nu} > 30 \qquad (5.3\text{-}4)$$

A equação anterior é conhecida como *distribuição logarítmica universal de velocidades de Kármán-Prandtl*;[3] ela pode ser aplicada apenas à subcamada inercial. Veremos mais tarde (na Fig. 5.5-3) que esta função descreve moderadamente bem os dados experimentais um pouco além da subcamada inercial.

Se a Eq. 5.3-1 fosse correta, as constantes κ e λ seriam então "constantes universais", aplicáveis para qualquer número de Reynolds. Todavia, valores de κ na faixa 0,40 a 0,44 e valores de λ na faixa 5,0 a 6,3 podem ser achados na literatura, dependendo da faixa de números de Reynolds. Isso sugere que o lado direito da Eq. 5.3-1 deve ser multiplicado por alguma função do número de Reynolds e que y poderia ser elevado a algum expoente envolvendo o número de Reynolds. Argumentos teóricos têm sido apresentados indicando que a Eq. 5.3-1 deveria ser substituída por

$$\frac{d\bar{v}_x}{dy} = \frac{v_*}{y}\left(B_0 + \frac{B_1}{\ln \text{Re}}\right)\left(\frac{yv_*}{\nu}\right)^{\beta_1/\ln \text{Re}} \qquad (5.3\text{-}5)$$

---

[1] L. Landau e E. M. Lifshitz, *Fluid Mechanics,* Pergamon Press, Oxford, 2ª ed. (1987), pp. 172–178.

[2] H. Schlichting e K. Gersten, *Boundary-Layer Theory,* Springer–Verlag, Berlin, 8ª ed. (2000), Seção 17.2.3.

[3] T. von Kármán, *Nachr. Ges. Wiss. Göttingen, Math-Phys. Klasse* (1930), pp. 58–76; L. Prandtl, *Ergeb. Aerodyn. Versuch.,* Series 4, Göttingen (1932).

* Também chamada de velocidade de cisalhamento. (*N.T.*)

onde $B_0 = \frac{1}{2}\sqrt{3}$, $B_1 = \frac{15}{4}$ e $\beta_1 = \frac{3}{2}$. Quando a Eq. 5.3-5 é integrada em relação a y, a *distribuição universal de velocidades de Barenblatt–Chorin* é obtida:

$$\frac{\bar{v}_x}{v_*} = \left(\frac{1}{\sqrt{3}} \ln \text{Re} + \frac{5}{2}\right)\left(\frac{yv_*}{\nu}\right)^{3/(2 \ln \text{Re})} \tag{5.3-6}$$

A Eq. 5.3-6 descreve as regiões ③ e ④ da Fig. 5.3-1 melhor do que a Eq. 5.3-4.[4] A região ① é melhor descrita pela Eq. 5.3-13.

DESENVOLVIMENTO EM SÉRIE DE TAYLOR NA SUBCAMADA VISCOSA

Começamos escrevendo uma série de Taylor para $\bar{v}_x$ em função de y, ou seja,

$$\bar{v}_x(y) = \bar{v}_x(0) + \left.\frac{\partial \bar{v}_x}{\partial y}\right|_{y=0} y + \frac{1}{2!}\left.\frac{\partial^2 \bar{v}_x}{\partial y^2}\right|_{y=0} y^2 + \frac{1}{3!}\left.\frac{\partial^3 \bar{v}_x}{\partial y^3}\right|_{y=0} y^3 + \cdots \tag{5.3-7}$$

Para calcular os termos dessa série, necessitamos de uma expressão para a média temporal da tensão cisalhante nas vizinhanças da parede. Para o caso especial do escoamento permanente em uma fenda de espessura $2B$, a tensão cisalhante será da forma $\bar{\tau}_{yx} = \bar{\tau}_{yx}^{(v)} + \bar{\tau}_{yx}^{(t)} = -\tau_0[1 - (y/B)]$. Então, das Eqs. 5.2-8 e 9, temos

$$+\mu \frac{\partial \bar{v}_x}{\partial y} - \rho \overline{v_x' v_y'} = \tau_0\left(1 - \frac{y}{B}\right) \tag{5.3-8}$$

Examinemos agora, um por um, os termos que aparecem na Eq. 5.3-7:[5]

(i) O primeiro termo é zero pela condição de não-deslizamento.

(ii) O coeficiente do segundo termo pode ser obtido da Eq. 5.3-8, reconhecendo que ambos v_x' e v_y' são zero na parede, de modo que

$$\left.\frac{\partial \bar{v}_x}{\partial y}\right|_{y=0} = \frac{\tau_0}{\mu} \tag{5.3-9}$$

(iii) O coeficiente do terceiro termo envolve a segunda derivada, que pode ser obtida diferenciando-se a Eq. 5.3-8 em relação a y e então fazendo $y = 0$, conforme segue

$$\left.\frac{\partial^2 \bar{v}_x}{\partial y^2}\right|_{y=0} = \frac{\rho}{\mu}\left.\overline{\left(v_x' \frac{\partial v_y'}{\partial y} + v_y' \frac{\partial v_x'}{\partial y}\right)}\right|_{y=0} - \frac{\tau_0}{\mu B} = -\frac{\tau_0}{\mu B} \tag{5.3-10}$$

Já que v_x' e v_y' são zero na parede.

(iv) O coeficiente do quarto termo envolve a terceira derivada, que pode ser obtida da Eq. 5.3-8 conforme segue

$$\left.\frac{\partial^3 \bar{v}_x}{\partial y^3}\right|_{y=0} = \frac{\rho}{\mu}\left.\overline{\left(v_x' \frac{\partial^2 v_y'}{\partial y^2} + 2\frac{\partial v_y'}{\partial y}\frac{\partial v_x'}{\partial y} + v_y' \frac{\partial^2 v_x'}{\partial y^2}\right)}\right|_{y=0}$$
$$= -\frac{\rho}{\mu}\left.\overline{\left(+2\left(\frac{\partial v_x'}{\partial x} + \frac{\partial v_z'}{\partial z}\right)\frac{\partial v_x'}{\partial y}\right)}\right|_{y=0} = 0 \tag{5.3-11}$$

onde se fez uso, também, da Eq. 5.2-11.

Não havendo razões para igualarmos o próximo coeficiente a zero, a série de Taylor, usando grandezas adimensionais, tem a seguinte forma

$$\frac{\bar{v}_x}{v_*} = \frac{yv_*}{\nu} - \frac{1}{2}\left(\frac{\nu}{v_* B}\right)\left(\frac{yv_*}{\nu}\right)^2 + C\left(\frac{yv_*}{\nu}\right)^4 + \cdots \tag{5.3-12}$$

---

[4] G. I. Barenblatt e A. J. Chorin, *Proc. Nat. Acad. Sci. USA*, **93**, 6749–6752 (1996) e *SIAM Rev.*, **40**, 265–291 (1981); G. I. Barenblatt, A. J. Chorin e V. M. Prostokishin, *Proc. Nat. Acad. Sci. USA*, **94**, 773–776 (1997). Veja também G. I. Barenblatt, *Scaling, Self-Similarity, and Intermediate Asymptotics*, Cambridge University Press (1992), Seção 10.2.

[4] G. I. B arenblatt e A. J. Chorin, *Proc. Nat. Acad. Sci. USA*, **93**, 6749–6752 (1996) e *SIAM Rev.*, **40**, 265–291 (1981); G. I. Barenblatt, A. J. Chorin e V. M. Prostokishin, *Proc. Nat. Acad. Sci. USA*, **94**, 773–776 (1997). Veja também G. I. Barenblatt, *Scaling, Self-Similarity, and Intermediate Asymptotics*, Cambridge University Press (1992), Seção 10.2.

[5] A. A. Townsend, *The Structure of Turbulent Shear Flow*, Cambridge University Press, 2ª ed. (1976), p. 163.

O coeficiente C foi obtido experimentalmente[6] e, portanto, temos o resultado final:

$$\frac{\bar{v}_x}{v_*} = \frac{yv_*}{\nu}\left[1 - \frac{1}{2}\left(\frac{\nu}{v_*B}\right)\left(\frac{yv_*}{\nu}\right) - \frac{1}{4}\left(\frac{yv_*}{14{,}5\nu}\right)^3 + \cdots\right] \qquad 0 < \frac{yv_*}{\nu} < 5 \tag{5.3-13}$$

O termo y^3, entre parênteses, irá se mostrar muito importante em conexão com correlações para a transferência de calor e massa nos Caps. 13, 14, 21 e 22.

Para a região $5 < yv_*/\nu < 30$, não existem disponíveis expressões analíticas simples, e curvas ajustadas empiricamente são às vezes usadas. Uma dessas curvas é mostrada na Fig. 5.5-3 para tubos circulares.

5.4 EXPRESSÕES EMPÍRICAS PARA O FLUXO TURBULENTO DE MOMENTO

Voltamos agora ao problema da utilização das médias temporais das equações de balanço, Eqs. 5.2-11 e 12, para obter as médias temporais das distribuições de pressões e velocidades. Conforme ressaltado na seção anterior, certas informações sobre a distribuição de velocidades podem ser obtidas sem que se tenha uma expressão específica para o fluxo turbulento de momento, $\bar{\boldsymbol{\tau}}^{(t)}$. Todavia, é bastante difundido entre engenheiros o uso de vários empirismos para $\bar{\boldsymbol{\tau}}^{(t)}$ que envolvem gradientes de velocidade. Mencionaremos alguns desses, mas muitos outros podem ser encontrados na literatura sobre turbulência.

A Viscosidade Turbulenta* de Boussinesq

Por analogia com a lei de Newton da viscosidade, Eq. 1.1-1, podemos escrever para um escoamento cisalhante turbulento[1]

$$\bar{\tau}_{yx}^{(t)} = -\mu^{(t)}\frac{d\bar{v}_x}{dy} \tag{5.4-1}$$

onde $\mu^{(t)}$ é a *viscosidade turbulenta* (freqüentemente chamada de *viscosidade de vórtice,* e simbolizada por ε). Como podemos ver na Tabela 5.1-1, pelo menos para um dos escoamentos ali mencionados, o jato circular, podemos esperar que a Eq. 5.4-1 seja útil. Usualmente, todavia, $\mu^{(t)}$ é uma função forte de posição e da intensidade de turbulência. De fato, para alguns sistemas[2] $\mu^{(t)}$ pode inclusive ser negativo em algumas regiões. Deve ser enfatizado que a viscosidade, μ, é uma propriedade do *fluido* enquanto a viscosidade turbulenta, $\mu^{(t)}$, é primariamente uma propriedade do *escoamento.*

Para dois tipos de escoamentos turbulentos (isto é, escoamentos ao longo de superfícies e escoamentos em jatos e esteiras), expressões especiais para $\mu^{(t)}$ estão disponíveis:

(i) Turbulência próxima a paredes:

$$\mu^{(t)} = \mu\left(\frac{yv_*}{14{,}5\nu}\right)^3 \qquad 0 < \frac{yv_*}{\nu} < 5 \tag{5.4-2}$$

Essa expressão, que pode ser obtida da Eq. 5.3-13, é válida somente muito próximo da parede. Ela tem considerável importância na teoria de transferência de calor e massa em interfaces sólido–fluido.[3]

(ii) Turbulência livre:

$$\mu^{(t)} = \rho\kappa_0 b(\bar{v}_{z,\text{máx}} - \bar{v}_{z,\text{mín}}) \tag{5.4-3}$$

onde κ_0 é um coeficiente adimensional a ser determinado experimentalmente, b é a largura da zona de mistura a uma distância z a jusante e a grandeza entre parênteses representa a diferença máxima entre as componentes z das médias temporais das velocidades para aquela distância z. Prandtl[4] mostrou que a Eq. 5.4-3 é um empirismo útil para jatos e esteiras.

---

[6] C. S. Lin, R. W. Moulton e G. L. Putnam, *Ind. Eng. Chem.*, **45**, 636–640, (1953); o coeficiente numérico foi determinado a partir de experimentos de transferência de massa em tubos circulares. A importância do termo y^4 na transferência de calor e massa havia sido reconhecida anteriormente por E. V. Murphree, *Ind. Eng. Chem.*, **24**, 726–736 (1932). **Eger Vaughn Murphree** (1898–1962) era capitão do time de futebol da Universidade do Kentucky em 1920 e tornou-se presidente da Standard Oil Development Company.

* Uma tradução mais "ao pé da letra" para o termo original *eddy viscosity*, da língua inglesa, seria *viscosidade de vórtice*. Todavia, esse termo é raramente usado na língua portuguesa. (*N.T.*)

[1] J. Boussinesq, *Mém. pres. par div. savants à l'acad. sci. de Paris,* **23**, #1, 1–680 (1877), **24**, #2, 1–64 (1877). **Joseph Valentin Boussinesq** (1842–1929), professor universitário em Lille, escreveu um tratado sobre calor, em dois volumes, e é famoso pela "aproximação de Boussinesq" e pela idéia de "viscosidade turbulenta".

[2] J. O. Hinze, *Appl. Sci. Res.*, **22**, 163–175 (1970); V. Kruka e S. Eskinazi, *J. Fluid Mech.*, **20**, 555–579 (1964).

[3] C. S. Lin, R. W. Moulton e G. L. Putnam, *Ind. Eng. Chem.*, **45**, 636–640 (1953).

[4] L. Prandtl, *Zeits. f. angew. Math. u. Mech.*, **22**, 241–243 (1942).

O COMPRIMENTO DE MISTURA DE PRANDTL

Assumindo que os vórtices se movem em um fluido da mesma maneira que as moléculas se movem em um gás de baixa densidade (uma analogia não muito boa), Prandtl[5] desenvolveu uma expressão para a transferência de momento em um fluido turbulento. O "comprimento de mistura", l, desempenha, grosso modo, o mesmo papel que o livre percurso médio na teoria cinética (veja a Seção 1.4). Esse tipo de raciocínio levou Prandtl à seguinte relação:

$$\bar{\tau}_{yx}^{(t)} = -\rho l^2 \left| \frac{d\bar{v}_x}{dy} \right| \frac{d\bar{v}_x}{dy} \tag{5.4-4}$$

Se o comprimento de mistura fosse uma constante universal, a Eq. 5.4-4 seria muito interessante, mas, de fato, verificou-se que l é uma função de posição. Prandtl propôs as seguintes expressões para l:

(i) Turbulência próxima a paredes: $l = \kappa_1 y$ (y = distância da parede) (5.4-5)

(ii) Turbulência livre: $l = \kappa_2 b$ (b = largura da zona de mistura) (5.4-6)

onde κ_1 e κ_2 são constantes. Um resultado similar à Eq. 5.4-4 foi obtido por Taylor[6] com sua "teoria do transporte de vorticidade", alguns anos antes da proposta de Prandtl.

A EQUAÇÃO DE VAN DRIEST MODIFICADA

Foram feitas inúmeras tentativas para se obterem expressões empíricas que descrevessem a tensão cisalhante turbulenta em toda a extensão do escoamento desde a parede até a corrente turbulenta principal. Damos aqui uma modificação da equação de van Driest.[7] Trata-se de uma fórmula para o cálculo do comprimento de mistura da Eq. 5.4-4.

$$l = 0{,}4y \frac{1 - \exp(-yv_*/26\nu)}{\sqrt{1 - \exp(-0{,}26yv_*/\nu)}} \tag{5.4-7}$$

Essa relação tem se mostrado útil na previsão das taxas de transferência de calor e massa no escoamento em tubos.

Nas duas próximas seções e em diversos problemas no final do capítulo ilustraremos o uso dos empirismos mostrados anteriormente. Tenha em mente que essas expressões para as tensões de Reynolds são pouco mais que expedientes que podem ser usados para a representação de dados experimentais ou para resolver problemas que se enquadram em categorias especiais.

EXEMPLO 5.4-1

Desenvolvimento de uma Expressão para a Tensão de Reynolds nas Vizinhanças de uma Parede

Obter uma expressão para $\tau_{yx}^{(t)} = \rho \overline{v_x' v_y'}$ como uma função de y na vizinhança de uma parede.

SOLUÇÃO

(a) Iniciamos fazendo um desenvolvimento em Série de Taylor para as três componentes de $\mathbf{v}'$:

$$v_x'(y) = \underline{v_x'(0)} + \left.\frac{\partial v_x'}{\partial y}\right|_{y=0} y + \frac{1}{2!} \left.\frac{\partial^2 v_x'}{\partial y^2}\right|_{y=0} y^2 + \cdots \tag{5.4-8}$$

$$v_y'(y) = \underline{v_y'(0)} + \underline{\left.\frac{\partial v_y'}{\partial y}\right|_{y=0} y} + \frac{1}{2!} \left.\frac{\partial^2 v_y'}{\partial y^2}\right|_{y=0} y^2 + \cdots \tag{5.4-9}$$

$$v_z'(y) = \underline{v_z'(0)} + \left.\frac{\partial v_z'}{\partial y}\right|_{y=0} y + \frac{1}{2!} \left.\frac{\partial^2 v_z'}{\partial y^2}\right|_{y=0} y^2 + \cdots \tag{5.4-10}$$

[5] L. Prandtl, *Zeits. f. angew. Math. u. Mech.*, **5**, 136–139 (1925).

[6] G. I. Taylor, *Phil. Trans.* **A215**, 1–26 (1915) e *Proc. Roy. Soc.* (Londres), **A135**, 685–701 (1932).

[7] E. R. van Driest, *J. Aero. Sci.*, **23,** 1007–1011 e 1036 (1956). A equação original de van Driest não apresentava a raiz quadrada do denominador. Essa modificação foi feita por O. T. Hanna, O. C. Sandall e P. R. Mazet, *AIChE Journal*, **27**, 693–697 (1981), de modo que a viscosidade turbulenta seja proporcional a y^3 quando $y \to 0$, concordando assim com a Eq. 5.4-2.

O primeiro termo das Eqs. 5.4-8 e 10 deve ser igual a zero devido à condição de não-deslizamento; o primeiro termo da Eq. 5.4-9 é igual a zero na ausência de transferência de massa. A seguir, podemos escrever a Eq. 5.2-11 em $y = 0$,

$$\left.\frac{\partial v_x'}{\partial x}\right|_{y=0} + \left.\frac{\partial v_y'}{\partial y}\right|_{y=0} + \left.\frac{\partial v_z'}{\partial z}\right|_{y=0} = 0 \tag{5.4-11}$$

O primeiro e o terceiro termos desta equação são iguais a zero devido à condição de não-deslizamento. Portanto, somos levados a concluir que o segundo termo deve ser igual a zero também. Então, todos os termos sublinhados por uma linha tracejada nas Eqs. 5.4-8 a 10 são iguais a zero, então

$$\bar{\tau}_{yx}^{(t)} = \rho \overline{v_x' v_y'} = Ay^3 + By^4 + \cdots \tag{5.4-12}$$

Isto sugere — mas não prova[8] — que o primeiro termo na tensão de Reynolds próximo da parede deve ser proporcional a y^3. Todavia, extensos estudos sobre taxas de transferência de massa em canais fechados[9] mostraram que $A \neq 0$.

(b) Para o escoamento entre placas planas e paralelas, podemos usar a expressão da média temporal do perfil de velocidades, Eq. 5.3-12, de modo a obter o fluxo turbulento de momento:

$$\begin{aligned}\bar{\tau}_{yx}^{(t)} = \rho \overline{v_x' v_y'} &= -\tau_0\left(1 - \frac{y}{B}\right) + \mu \frac{d\bar{v}_x}{dy} \\ &= -\tau_0\left(1 - \frac{y}{B}\right) + \left(\tau_0 - \tau_0 \frac{y}{B} + Ay^3 + \cdots\right)\end{aligned} \tag{5.4-13}$$

onde $A = 4C(v_*/\nu)^4$. Isto está de acordo com a Eq. 5.4-12.

5.5 ESCOAMENTO TURBULENTO EM TUBOS

Iniciamos essa seção com uma pequena discussão sobre medições experimentais para escoamentos turbulentos em dutos retangulares, de modo a fornecer algumas impressões sobre as tensões de Reynolds. Nas Figs. 5.5-1 e 2 são mostradas algumas medidas experimentais de médias temporais das grandezas, $\overline{v_z'^2}$, $\overline{v_x'^2}$ e $\overline{v_x' v_z'}$, para o escoamento na direção z em um duto retangular.

Na Fig. 5.5-1, note que, bem junto à parede, $\sqrt{\overline{v_z'^2}}$ é cerca de 13% da média temporal da velocidade sobre a linha de centro, $\bar{v}_{z,\,máx}$, enquanto $\sqrt{\overline{v_x'^2}}$ é cerca de 5% apenas. Isso significa que, próximo da parede, as flutuações de velocidade na direção do escoamento são apreciavelmente maiores que aquelas na direção transversal. Próximo do centro do duto, as amplitudes das duas flutuações são aproximadamente iguais e dizemos que ali a turbulência é quase *isotrópica*.

Na Fig. 5.5-2 a tensão cisalhante turbulenta, $\bar{\tau}_{xz}^{(t)} = \rho \overline{v_x' v_z'}$, é comparada com a tensão cisalhante total, $\bar{\tau}_{xz} = \bar{\tau}_{xz}^{(t)} + \bar{\tau}_{xz}^{(v)}$, transversal ao duto. É evidente que a contribuição turbulenta é mais importante sobre a maior parte da seção transversal, enquanto a contribuição viscosa é relevante somente nas vizinhanças da parede. Isso é ilustrado, adicionalmente, no Exemplo 5.5-3. Comportamento análogo é observado em tubos de seção transversal circular.

EXEMPLO 5.5-1

Estimativa da Velocidade Média em um Tubo Circular

Aplicar os resultados da Seção 5.3 para obter a velocidade média para escoamento turbulento em um tubo circular.

SOLUÇÃO

Podemos usar a distribuição de velocidades mostrada na legenda da Fig. 5.5-3. Para obter a velocidade média no tubo, devemos integrar sobre quatro regiões: a subcamada viscosa ($y^+ < 5$), a camada tampão ($5 < y^+ < 30$), a subcamada inercial e a corrente turbulenta principal que possui um perfil de velocidades com forma aproximadamente parabólica.

[8] H. Reichardt, *Zeits. f. angew. Math. u. Mech.*, **31**, 208-219 (1951). Veja também J. O. Hinze, *Turbulence*, McGraw-Hill, Nova York, 2ª ed. (1975), pp. 620–621.

[9] R. H. Notter e C. A. Sleicher, *Chem. Eng. Sci.*, **26**, 161–171 (1971); O. C. Sandall e O. T. Hanna, *AIChE Journal*, **25**, 190–192 (1979); D. W. Hubbard e E. N. Lightfoot, *Ind. Eng. Chem. Fundamentals*, **5**, 370–379 (1966).

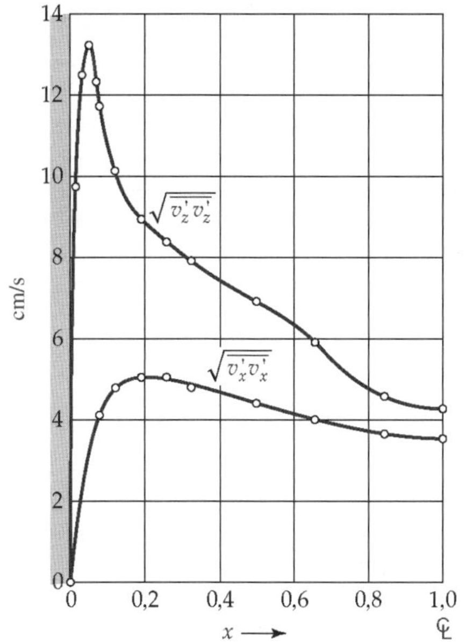

Fig. 5.5-1 Medições de H. Reichardt [*Naturwissenschaften*, 404 (1938), *Zeits. F. angew. Math. u. Mech.*, **13**, 177–180 (1933), **18**, 358–361 (1938)] para o escoamento turbulento de ar em um duto retangular com $\bar{v}_{z,máx} = 100$ cm/s. São mostradas as grandezas $\sqrt{\overline{v_x'v_x'}}$ e $\sqrt{\overline{v_z'v_z'}}$.

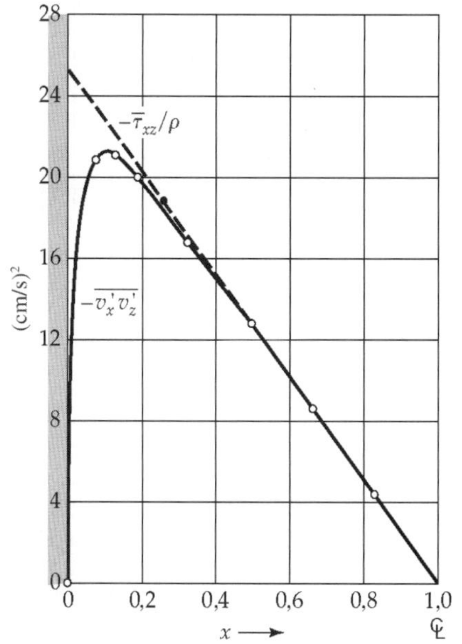

Fig. 5.5-2 Medições de H. Reichardt (veja a Fig. 5.5-1) para a grandeza $\overline{v_x'v_z'}$ em um duto retangular. Note que essa grandeza difere de $\bar{\tau}_{xz}/\rho$ apenas nas proximidades da parede do duto.

Certamente podemos fazer isso, porém já foi mostrado que ao integrar o perfil logarítmico da Eq. 5.3-4 (ou o perfil da lei da potência, Eq. 5.3-6) sobre toda a seção transversal, obtemos resultados com a forma aproximadamente correta. Para o *perfil logarítmico* resulta

$$\frac{\langle \bar{v}_z \rangle}{v_*} = 2{,}5 \ln\left(\frac{Rv_*}{\nu}\right) + 1{,}75 \tag{5.5-1}$$

Se esse resultado é comparado com dados experimentais de vazão *versus* queda de pressão, temos que uma boa concordância pode ser obtida trocando-se 2,5 por 2,45 e 1,75 por 2,0. Essa "maquiagem" das constantes provavelmente não seria necessária se a integração sobre a seção transversal fosse feita usando as expressões locais da velocidade para as diversas camadas. Por outro lado, é interessante dispor de uma relação logarítmica simples tal como a Eq. 5.5-1 para descrever a queda de pressão *versus* vazão.

De maneira similar, o *perfil lei da potência* pode ser integrado sobre toda a seção transversal resultando (veja referência 4 da Seção 5.3)

$$\frac{\langle \bar{v}_z \rangle}{v_*} = \frac{2}{(\alpha + 1)(\alpha + 2)}\left(\frac{1}{\sqrt{3}} \ln \mathrm{Re} + \frac{5}{2}\right)\left(\frac{Rv_*}{\nu}\right)^{\alpha} \tag{5.5-2}$$

onde $\alpha = 3/(2 \ln \mathrm{Re})$. Essa relação é útil sobre a faixa $3{,}07 \times 10^3 < \mathrm{Re} < 3{,}23 \times 10^6$.

EXEMPLO 5.5-2

Aplicação da Fórmula de Prandtl para o Comprimento de Mistura no Escoamento Turbulento em um Tubo Circular

Mostre como as Eqs. 5.4-4 e 5 podem ser usadas para descrever o escoamento turbulento em um tubo circular.

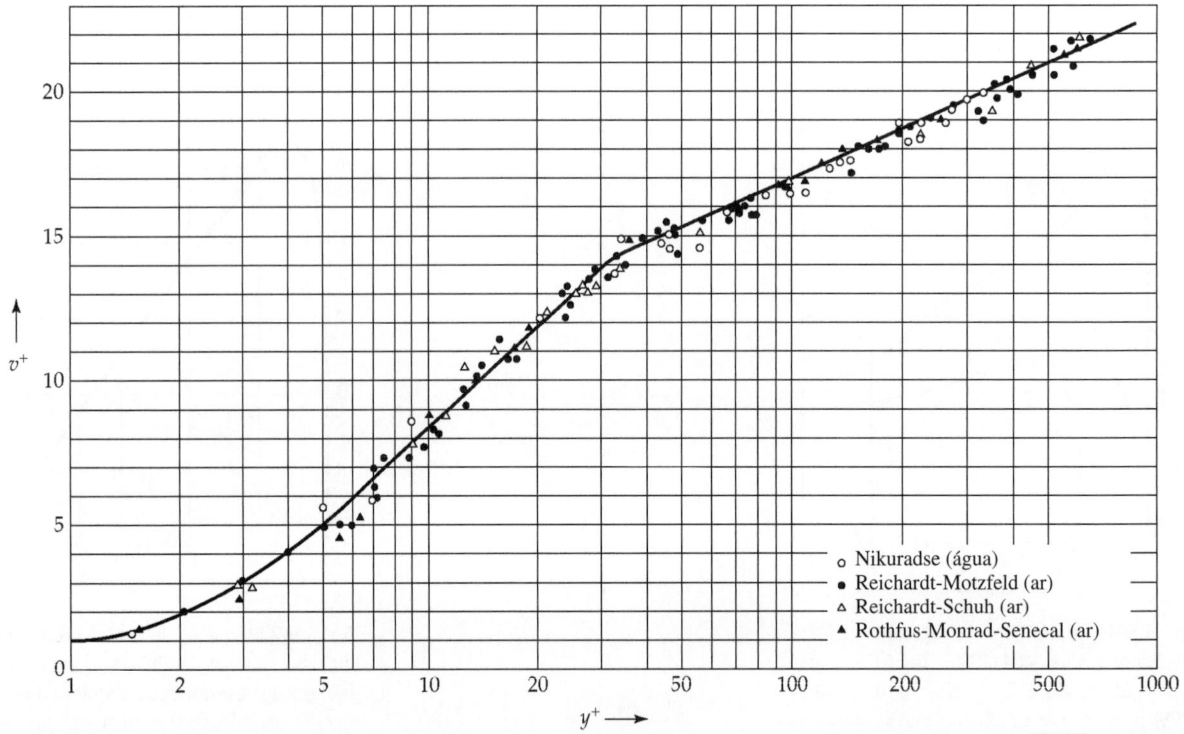

Fig. 5.5-3 Distribuição de velocidades adimensionais para o escoamento turbulento em tubos circulares, apresentadas como $v^+ = \bar{v}_z/v_*$ *versus* $y^+ = yv_*\rho/\mu$, onde $v_* = \sqrt{\tau_0/\rho}$ e τ_0 é a tensão cisalhante na parede. As curvas contínuas são as sugeridas por Lin, Moulton e Putnam [*Ind. Eng. Chem.*, **45,** 636–640 (1953)]:

$$0 < y^+ < 5: \qquad v^+ = y^+[1 - \tfrac{1}{4}(y^+/14{,}5)^3]$$
$$5 < y^+ < 30: \qquad v^+ = 5\ln(y^+ + 0{,}205) - 3{,}27$$
$$30 < y^+: \qquad v^+ = 2{,}5\ln y^+ + 5{,}5$$

Os dados experimentais são os de J. Nikuradse para água(○)[*VDI Forschungsheft,* **H356** (1932)]; Reichardt e Motzfeld para ar (●); Reichardt e Schuh (△) para ar [H. Reichardt, NACA Tech. Mem. 1047 (1943)]; e R. R. Rothfus, C. C. Monrad e V. E. Senecal para ar (▲) [*Ind. Eng. Chem.*, **42,** 2511–2520 (1950)].

SOLUÇÃO

A Eq. 5.2-12 fornece, para o escoamento permanente em um tubo circular,

$$0 = \frac{\mathcal{P}_0 - \mathcal{P}_L}{L} - \frac{1}{r}\frac{d}{dr}(r\bar{\tau}_{rz}) \tag{5.5-3}$$

onde $\bar{\tau}_{rz} = \bar{\tau}_{rz}^{(v)} + \bar{\tau}_{rz}^{(t)}$. Na maior parte do tubo, a contribuição viscosa é muito pequena; aqui, negligenciaremos a mesma completamente. A integração da Eq. 5.5-3 fornece

$$\bar{\tau}_{rz}^{(t)} = \frac{(\mathcal{P}_0 - \mathcal{P}_L)r}{2L} = \tau_0\left(1 - \frac{y}{R}\right) \tag{5.5-4}$$

onde τ_0 é a tensão cisalhante na parede e $y = R - r$ é a distância a partir da parede.

De acordo com a teoria do comprimento de mistura, representada pela Eq. 5.4-4, e com a expressão empírica da Eq. 5.4-5, temos para $d\bar{v}_z/dr$ negativo

$$\bar{\tau}_{rz}^{(t)} = -\rho l^2 \left|\frac{d\bar{v}_z}{dr}\right| \frac{d\bar{v}_z}{dr} = +\rho(\kappa_1 y)^2\left(\frac{d\bar{v}_z}{dy}\right)^2 \tag{5.5-5}$$

Substituindo esse resultado na Eq. 5.5-4 obtemos uma equação diferencial para a média temporal da velocidade. Se seguirmos Prandtl e extrapolarmos a subcamada inercial para a parede, então é apropriado substituir $\bar{\tau}_{rz}^{(t)}$ por τ_0 na Eq. 5.5-5. Quando isso é feito, a Eq. 5.5-5 pode ser integrada dando

$$\bar{v}_z = \frac{v_*}{\kappa_1} \ln y + \text{constante} \tag{5.5-6}$$

Assim, um perfil logarítmico é obtido e, portanto, os resultados do Exemplo 5.5-1 podem ser usados; isto é, podemos empregar a Eq. 5.5-6 como uma aproximação muito grosseira para toda a seção transversal do tubo.

EXEMPLO 5.5-3

Magnitude Relativa da Viscosidade e da Viscosidade Turbulenta

Determine a razão $\mu^{(t)}/\mu$ em $y = R/2$ para o escoamento de água a vazão constante em um longo tubo liso e com seção transversal circular, sob as seguintes condições:

R = raio do tubo = 3 in = 7,62 cm
τ_0 = tensão cisalhante na parede = $2{,}36 \times 10^{-5}$ lb_f/in^2 = 0,163 Pa
ρ = densidade = 62,4 lb_m/ft^3 = 1000 kg/m^3
ν = viscosidade cinemática = $1{,}1 \times 10^{-5}$ ft^2/s = $1{,}02 \times 10^{-7}$ m^2/s

SOLUÇÃO

A expressão para a média temporal do fluxo de momento é

$$\bar{\tau}_{rz}^{(t)} = -\mu \frac{d\bar{v}_z}{dr} - \mu^{(t)} \frac{d\bar{v}_z}{dr} \tag{5.5-7}$$

Essa equação pode ser resolvida para $\mu^{(t)}/\mu$ e o resultado pode ser expresso em termos de variáveis adimensionais:

$$\begin{aligned} \frac{\mu^{(t)}}{\mu} &= \frac{1}{\mu} \frac{\bar{\tau}_{rz}}{d\bar{v}_z/dy} - 1 \\ &= \frac{1}{\mu} \frac{\tau_0[1 - (y/R)]}{d\bar{v}_z/dy} - 1 \\ &= \frac{[1 - (y/R)]}{dv^+/dy^+} - 1 \end{aligned} \tag{5.5-8}$$

onde $y^+ = yv_*\rho/\mu$ e $v^+ = \bar{v}_z/v_*$. Quando $y = R/2$, o valor de y^+ é

$$y^+ = \frac{yv_*\rho}{\mu} = \frac{(R/2)\sqrt{\tau_0/\rho}\,\rho}{\mu} = 485 \tag{5.5-9}$$

Para esse valor de y^+, a distribuição logarítmica da legenda da Fig. 5.5-3 fornece

$$\frac{dv^+}{dy^+} = \frac{2{,}5}{485} = 0{,}0052 \tag{5.5-10}$$

Substituindo essa expressão na Eq. 5.5-8 vem

$$\frac{\mu^{(t)}}{\mu} = \frac{1/2}{0{,}0052} - 1 = 95 \tag{5.5-11}$$

Esse resultado enfatiza que, longe da parede do tubo, o transporte molecular de momento é desprezível em comparação com o transporte turbulento.

5.6 ESCOAMENTO TURBULENTO EM JATOS

Na seção anterior discutimos o escoamento em dutos, tais como tubos circulares; tais escoamentos são referidos como *turbulência de parede*. Uma outra classe importante de escoamentos turbulentos denomina-se *turbulência livre*, onde se incluem, por exemplo, jatos e esteiras. A média temporal da velocidade nesses tipos de escoamentos pode ser descrita adequadamente usando a expressão de Prandtl para a viscosidade turbulenta, conforme Eq. 5.4-3, ou usando a teoria do comprimento de mistura de Prandtl juntamente com o empirismo dado na Eq. 5.4-6. O primeiro método é mais simples e, portanto, será usado no exemplo ilustrativo que se segue.

EXEMPLO 5.6-1

Médias Temporais da Distribuição de Velocidades em um Jato Circular Proveniente de uma Parede [1-4]

Um jato de fluido emerge de um orifício circular para o interior de um reservatório que contém o mesmo fluido, conforme mostrado na Fig. 5.6-1. Na mesma figura aparece um esboço do perfil esperado para a componente z da velocidade. Para diferentes valores de z esperaríamos que os perfis tivessem formatos similares, diferindo apenas por um fator de escala para a distância e a velocidade. Também podemos imaginar que conforme o jato se afasta da parede, ele irá criar um escoamento radial em sua própria direção, de tal modo que o fluido das vizinhanças será arrastado com ele. Queremos determinar a distribuição de velocidades independentes do tempo no jato e também a quantidade de fluido atravessando cada plano de z constante. Antes de trabalhar na solução, pode ser útil revisar as informações sobre jatos na Tabela 5.1-1.

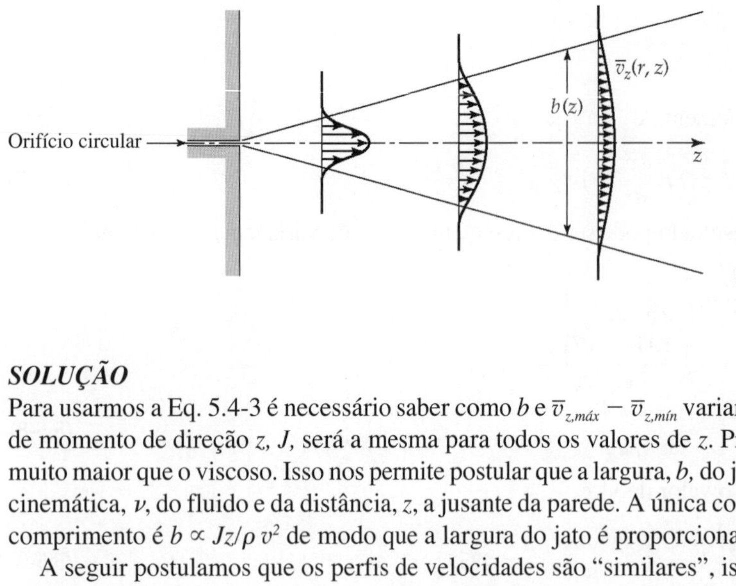

Fig. 5.6-1 Jato circular emergindo de uma parede plana.

SOLUÇÃO

Para usarmos a Eq. 5.4-3 é necessário saber como b e $\bar{v}_{z,máx} - \bar{v}_{z,mín}$ variam com z no jato circular. Sabemos que a taxa total de momento de direção z, J, será a mesma para todos os valores de z. Presumimos que o fluxo convectivo de momento é muito maior que o viscoso. Isso nos permite postular que a largura, b, do jato depende de J, da densidade, ρ, e da viscosidade cinemática, ν, do fluido e da distância, z, a jusante da parede. A única combinação dessas variáveis que tem a dimensão de comprimento é $b \propto Jz/\rho\, \nu^2$ de modo que a largura do jato é proporcional a z.

A seguir postulamos que os perfis de velocidades são "similares", isto é,

$$\frac{\bar{v}_z}{\bar{v}_{z,\text{máx}}} = f(\xi) \qquad \text{onde } \xi = \frac{r}{b(z)} \tag{5.6-1}$$

o que parece uma proposta plausível; nessa equação, $\bar{v}_{z,máx}$ é a velocidade ao longo da linha de centro. Quando esse resultado é substituído na expressão da taxa de transferência de momento no jato (desprezando-se a contribuição de $\bar{\tau}_{zz}$)

$$J = \int_0^{2\pi} \int_0^{\infty} \rho \bar{v}_z^2 r \, dr \, d\theta \tag{5.6-2}$$

encontramos que

$$J = 2\pi\rho b^2 \bar{v}_{z,\text{máx}}^2 \int_0^{\infty} f^2 \xi d\xi = \text{constante} \times \rho b^2 \bar{v}_{z,\text{máx}}^2 \tag{5.6-3}$$

[1] H. Schlichting, *Boundary-Layer Theory*, McGraw-Hill, Nova York, 7ª ed. (1979), pp. 747–750.
[2] A. A. Townsend, *The Structure of Turbulent Shear Flow*, Cambridge University Press, 2ª ed. (1976), Cap. 6.
[3] J. O. Hinze, *Turbulence*, McGraw-Hill, Nova York, 2ª ed. (1975), Cap. 6.
[4] S. Goldstein, *Modern Developments in Fluid Dynamics*, Oxford University Press (1938), e Dover reprint (1965), pp. 592–597.

Como J não depende de z e como b é proporcional a z, então $\bar{v}_{z,máx}$ tem de ser proporcional a z.

O $\bar{v}_{z,mín}$ na Eq. 5.4-3 ocorre na periferia do jato e é zero. Então, tendo em vista $b \propto z$ e $\bar{v}_{z,máx} \propto z^{-1}$, determinamos, a partir da Eq. 5.4-3 que $\mu^{(t)}$ é uma constante. Assim, podemos usar as equações do movimento para o escoamento laminar e substituir a viscosidade, μ, pela viscosidade turbulenta $\mu^{(t)}$, ou ν por $\nu^{(t)}$.

No jato, o movimento principal é na direção z; isto é, $|\bar{v}_r| << |\bar{v}_z|$. Então, podemos usar uma aproximação de camada limite (veja a Seção 4.4) para as médias temporais das equações de balanço e escrever

continuidade:
$$\frac{1}{r}\frac{\partial}{\partial r}(r\bar{v}_r) + \frac{\partial \bar{v}_z}{\partial z} = 0 \tag{5.6-4}$$

movimento:
$$\bar{v}_r \frac{\partial \bar{v}_z}{\partial r} + \bar{v}_z \frac{\partial \bar{v}_z}{\partial z} = \nu^{(t)} \frac{1}{r}\frac{\partial}{\partial r}\left(r \frac{\partial \bar{v}_z}{\partial r}\right) \tag{5.6-5}$$

Essas equações devem ser resolvidas com as seguintes condições de contorno:

C.C. 1: em $r = 0$, $\bar{v}_r = 0$ (5.6-6)

C.C. 2: em $r = 0$, $\partial \bar{v}_z / \partial r = 0$ (5.6-7)

C.C. 3: em $z = \infty$, $\bar{v}_z = 0$ (5.6-8)

A última condição de contorno é automaticamente satisfeita visto que já havíamos estabelecido que $\bar{v}_{z,máx}$ é inversamente proporcional a z. Agora buscamos uma solução para a Eq. 5.6-5 com a forma da Eq. 5.6-1 sendo $b = z$.

Para evitar trabalhar com duas variáveis dependentes, introduzimos a função de corrente conforme discutido na Seção 4.2. Para escoamento axialmente simétrico, a função de corrente é definida como segue:

$$\bar{v}_z = -\frac{1}{r}\frac{\partial \psi}{\partial r} \qquad \bar{v}_r = \frac{1}{r}\frac{\partial \psi}{\partial z} \tag{5.6-9, 10}$$

Essa definição garante que a equação da continuidade, Eq. 5.6-4, seja satisfeita. Como sabemos que $\bar{v}_z$ é $z^{-1} \times$ alguma função de ξ, deduzimos da Eq. 5.6-9 que ψ deve ser proporcional a z. Além disso, ψ deve ter dimensões de (velocidade) $\times$ (comprimento)^2 e, portanto, a função de corrente deve ter a forma

$$\psi(r, z) = \nu^{(t)} z F(\xi) \tag{5.6-11}$$

onde F é uma função adimensional de $\xi = r/z$. Das Eqs. 5.6-9 e 10, obtemos

$$\bar{v}_z = -\frac{\nu^{(t)}}{z}\frac{F'}{\xi} \qquad \bar{v}_r = \frac{\nu^{(t)}}{z}\left(\frac{F}{\xi} - F'\right) \tag{5.6-12, 13}$$

As duas primeiras condições de contorno podem ser reescritas como

C.C. 1: em $\xi = 0$, $\dfrac{F}{\xi} - F' = 0$ (5.6-14)

C.C. 2: em $\xi = 0$, $\dfrac{F''}{\xi} - \dfrac{F'}{\xi^2} = 0$ (5.6-15)

Se expandirmos F em série de Taylor em torno de $\xi = 0$,

$$F(\xi) = a + b\xi + c\xi^2 + d\xi^3 + e\xi^4 + \cdots \tag{5.6-16}$$

então, a primeira condição de contorno fornece $a = 0$, enquanto a segunda dá $b = d = 0$. Usaremos esse resultado aqui.

A substituição das expressões da velocidade, Eqs. 5.6-12 e 13, na equação do movimento, Eq. 5.6-5, resulta em uma equação diferencial de terceira ordem para F,

$$\frac{d}{d\xi}\left(\frac{FF'}{\xi}\right) = \frac{d}{d\xi}\left(F'' - \frac{F'}{\xi}\right) \tag{5.6-17}$$

Ela pode ser integrada, fornecendo

$$\frac{FF'}{\xi} = F'' - \frac{F'}{\xi} + C_1 \tag{5.6-18}$$

onde a constante de integração deve ser zero; isso pode ser visto usando-se a série de Taylor, Eq. 5.6-16, juntamente com o fato de a, b e d serem iguais a zero.

A Eq. 5.6-18 foi resolvida primeiro por Schlichting.[5] Após multiplicarmos a equação por ξ, o lado esquerdo pode ser escrito como $\frac{1}{2}(F^2)'$, e o primeiro termo no lado direito como $(\xi F)' - F'$. Assim, a equação pode ser integrada termo a termo, fornecendo:

$$\xi F' = 2F + \tfrac{1}{2}F^2 + C_2 \tag{5.6-19}$$

Mais uma vez, conhecendo o comportamento de F próximo a $\xi = 0$, concluímos que a segunda constante de integração é zero. A Eq. 5.6-19 é então uma equação de primeira ordem, separável, e pode ser resolvida fornecendo

$$F(\xi) = -\frac{(C_3\xi)^2}{1 + \frac{1}{4}(C_3\xi)^2} \tag{5.6-20}$$

onde C_3 é a terceira constante de integração. Substituindo então essa última equação nas Eqs. 5.6-12 e 13 vem

$$\bar{v}_z = \frac{\nu^{(t)}}{z}\frac{2C_3^2}{[1 + \frac{1}{4}(C_3r/z)^2]^2} \tag{5.6-21}$$

$$\bar{v}_r = \frac{C_3\nu^{(t)}}{z}\frac{(C_3r/z) - \frac{1}{4}(C_3r/z)^3}{[1 + \frac{1}{4}(C_3r/z)^2]^2} \tag{5.6-22}$$

Quando a expressão anterior para $\bar{v}_z$ é substituída na Eq. 5.6-2 para J, obtemos uma expressão para a terceira constante de integração em termos de J:

$$C_3 = \sqrt{\frac{3}{16\pi}}\sqrt{\frac{J}{\rho}}\frac{1}{\nu^{(t)}} \tag{5.6-23}$$

As três últimas equações fornecem então as médias temporais dos perfis de velocidades em termos de J, ρ e $\nu^{(t)}$.

Uma grandeza mensurável no escoamento de jatos é a posição radial correspondendo a uma velocidade axial igual à metade daquela da linha de centro; denominamos a mesma por meia-largura, $b_{1/2}$. Da Eq. 5.6-21 obtemos então

$$\frac{\bar{v}_z(b_{1/2}, z)}{\bar{v}_{z,\text{máx}}(z)} = \frac{1}{2} = \frac{1}{[1 + \frac{1}{4}(C_3b_{1/2}/z)^2]^2} \tag{5.6-24}$$

Experimentos indicam[6] que $b_{1/2} = 0{,}0848z$. Quando esse valor é inserido na Eq. 5.6-24, resulta $C_3 = 15{,}1$. Usando esse valor podemos obter a viscosidade turbulenta, $\nu^{(t)}$, como uma função de J e ρ a partir da Eq. 5.6-23.

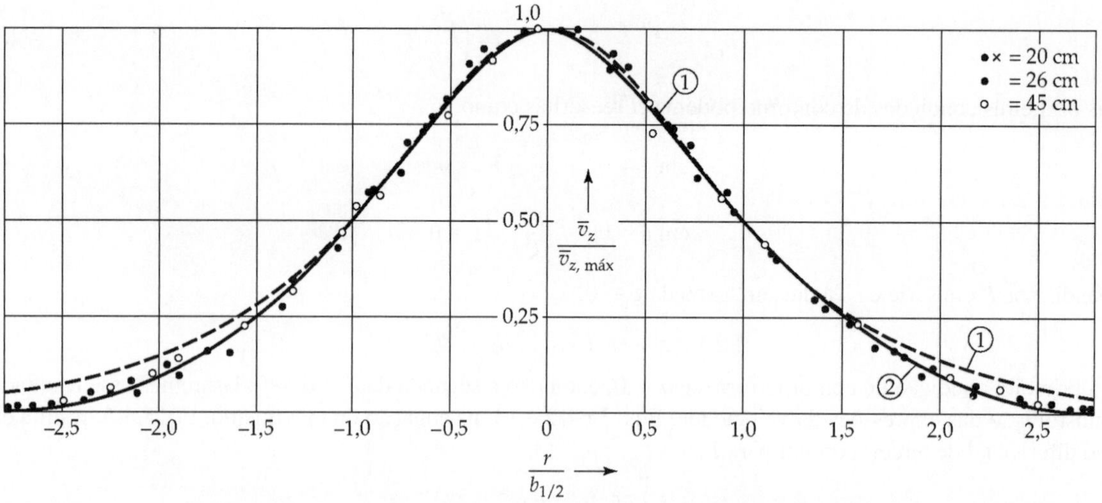

Fig. 5.6-2 Distribuição de velocidades em um jato circular em escoamento turbulento [H. Schlichting, *Boundary-Layer Theory*, McGraw-Hill, Nova York, 7ª ed. (1979), Fig. 24.9]. Os cálculos baseados na viscosidade turbulenta (curva 1) e no comprimento de mistura de Prandtl (curva 2) são comparados com medições de H. Reichardt [*VDI Forschungsheft*, 414 (1942), 2ª ed. (1951)]. Medições adicionais feitas por outros são citadas por S. Corrsin ["Turbulence: Experimental Methods", em *Handbuch der Physik*, Vol. VIII/2, Springer, Berlin (1963)].

[5] H. Schlichting, *Zeits. f. angew. Math. u. Mech.*, **13**, 260–263 (1933).
[6] H. Reichardt, *VDI Forchungsheft*, **414** (1942).

A Fig. 5.6-2 compara o perfil axial de velocidades visto anteriormente com dados experimentais. A curva obtida a partir da teoria do comprimento de mistura de Prandtl também é mostrada.[7] Ambos os métodos parecem fornecer ajustes razoavelmente bons dos perfis experimentais. O método da viscosidade turbulenta parece ser algo melhor nas vizinhanças da velocidade máxima, enquanto os resultados do comprimento de mistura são melhores na parte de fora do jato.

Uma vez conhecidos os perfis de velocidades, as linhas de corrente podem ser obtidas. A partir das linhas de corrente, mostradas na Fig. 5.6-3, pode ser visto como o jato incorpora fluido da massa fluida em suas vizinhanças. Assim, a massa de fluido transportada pelo jato aumenta com a distância a partir da fonte. Essa vazão mássica de escoamento é

$$w = \int_0^{2\pi} \int_0^{\infty} \rho \bar{v}_z r \, dr \, d\theta = 8\pi\rho\nu^{(t)} z \qquad (5.6\text{-}25)$$

Esse resultado corresponde a uma entrada na Tabela 5.1-1.

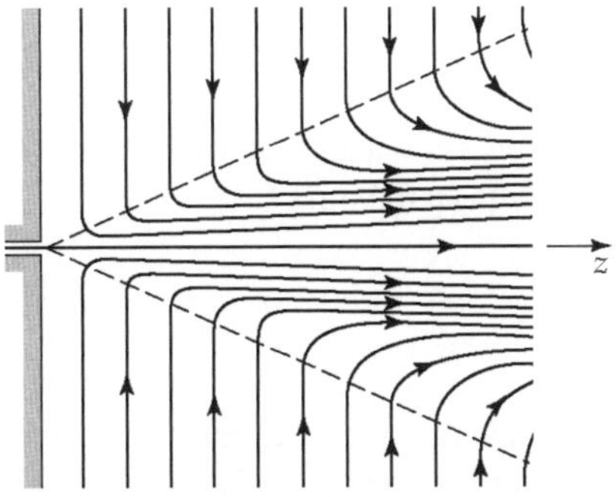

Fig. 5.6-3 Configuração das linhas de corrente para um jato circular em escoamento turbulento [H. Schlichting, *Boundary-Layer Theory*, McGraw-Hill, Nova York, 7.ª ed. (1979), Fig. 24.10].

O jato bidimensional emergindo de uma fenda estreita na parede pode agora ser analisado de modo similar. Nesse problema, todavia, a viscosidade turbulenta é função de posição.

QUESTÕES PARA DISCUSSÃO

1. Compare e contraste os procedimentos para resolução de problemas de escoamento laminar e problemas de escoamento turbulento.
2. Por que a Eq. 5.1-4 não deve ser usada para calcular o gradiente de velocidade na fronteira sólida?
3. O que o perfil logarítmico da Eq. 5.3-4 prevê para a velocidade do fluido na parede? Por que isto não cria um problema no Exemplo 5.5-1 quando o perfil logarítmico é integrado sobre a seção transversal do tubo?
4. Discuta a interpretação física de cada termo da Eq. 5.2-12.
5. Por que o sinal de valor absoluto é usado na Eq. 5.4-4? Como ele foi eliminado na Eq. 5.5-5?
6. No Exemplo 5.6-1, como é que sabemos que o transporte de momento através de qualquer plano de z constante é uma constante? Você pode imaginar uma modificação no problema do jato onde isso não ocorra?
7. Consulte alguns volumes do *Ann. Revs. Fluid Mech.* e resuma os tópicos de escoamento turbulento que forem encontrados lá.
8. Na Eq. 5.3-1, por que investigamos a dependência funcional do gradiente de velocidade e não da própria velocidade?
9. Por que turbulência é um tópico tão difícil?

PROBLEMAS

5A.1 Queda de pressão necessária para a transição laminar-turbulento. Um fluido com viscosidade de 18,3 cp e densidade de 1,32 g/cm³ escoa em um tubo horizontal longo com raio de 1,05 in (2,67 cm). Para que gradiente de pressão o escoamento se torna turbulento?
Resposta: 42 psi/mi (1,8 × 10⁵ Pa/km)

[7] W. Tollmien, *Zeits. f. angew. Math. u. Mech.*, **6**, 468–478 (1926).

5A.2 Distribuição de velocidades no escoamento turbulento em tubos. Água escoa através de uma seção longa, reta e horizontal com diâmetro interno de 6,00 in, na temperatura de 68°F. O gradiente de pressão ao longo do comprimento do tubo é de 1,0 psi/milha.

(a) Determine a tensão cisalhante na parede, τ_0, em psi (lb_f/in^2) e em Pa.

(b) Suponha que o escoamento seja turbulento e determine a distância radial a partir da parede do tubo onde se tem $\bar{v}_z/\bar{v}_{z,máx}$ = 0,0, 0,1, 0,2, 0,4, 0,7, 0,85, 1,0.

(c) Plote o perfil completo de velocidades $\bar{v}_z/\bar{v}_{z,máx}$ *versus* $y = R - r$.

(d) A hipótese de escoamento turbulento é justificada?

(e) Qual a vazão mássica?

5B.1 Velocidade média no escoamento turbulento em tubos.

(a) Para o escoamento turbulento em tubos circulares lisos, a função[1]

$$\frac{\bar{v}_z}{\bar{v}_{z,\text{máx}}} = \left(1 - \frac{r}{R}\right)^{1/n} \qquad (5B.1\text{-}1)$$

é algumas vezes útil para o propósito de ajustes: próximo a Re = 4×10^3, $n = 6$; próximo a Re = $1,1 \times 10^5$, $n = 7$; e próximo a Re = $3,2 \times 10^6$, $n = 10$. Mostre que a razão entre as velocidades médias e máxima é

$$\frac{\langle \bar{v}_z \rangle}{\bar{v}_{z,\text{máx}}} = \frac{2n^2}{(n+1)(2n+1)} \qquad (5B.1\text{-}2)$$

e verifique o resultado da Eq. 5.1-5.

(b) Esboce o perfil logarítmico da Eq. 5.3-4 como uma função de r quando aplicado a um tubo circular de raio R. Mostre então como essa função pode ser integrada sobre a seção transversal do tubo para obter a Eq. 5.5-1. Liste todas as hipóteses feitas para obter esse resultado.

5B.2 Vazão mássica em um jato circular turbulento.

(a) Verifique que as distribuições de velocidades das Eqs. 5.6-21 e 22 realmente satisfazem às equações diferenciais e condições de contorno.

(b) Verifique que a Eq. 5.6-25 é obtida da Eq. 5.6-21.

5B.3 A expressão da viscosidade turbulenta na subcamada viscosa. Verifique que a Eq. 5.4-2 para a viscosidade turbulenta vem diretamente da expressão da série de Taylor, Eq. 5.3-13.

5C.1 Jato bidimensional turbulento. Um jato de fluido perpendicular ao plano xy emerge de uma fenda e escoa na direção z para o interior de um meio semi-infinito do mesmo fluido. A largura da fenda na direção y é W. Siga a metodologia do Exemplo 5.6-1 para encontrar a média temporal dos perfis de velocidades nesse sistema.

(a) Adote os perfis similares

$$\bar{v}_z/\bar{v}_{z,\text{máx}} = f(\xi) \quad \text{onde } \xi = x/z \qquad (5C.1\text{-}1)$$

Mostre que o princípio da conservação do momento leva ao fato de que a velocidade na linha central deve ser proporcional a $z^{-1/2}$.

(b) Introduza uma função de corrente ψ tal que $\bar{v}_z = -\partial\psi/\partial x$ e $\bar{v}_x = +\partial\psi/\partial z$. Mostre que o resultado de (a) juntamente com considerações dimensionais leva à seguinte forma para ψ:

$$\psi = z^{1/2}\sqrt{J/\rho W}F(\xi) \qquad (5C.1\text{-}2)$$

Nessa equação, $F(\xi)$ é a função de corrente adimensional que será determinada a partir da equação do movimento para o fluido e J é o escoamento do momento total definido analogamente pela Eq. 5.6-2.

(c) Mostre que a Eq. 5.4-2 e considerações dimensionais leva à seguinte forma para a viscosidade cinemática turbulenta:

$$\nu^{(t)} = \mu^{(t)}/\rho = \lambda\sqrt{J/\rho W}z^{1/2} \qquad (5C.1\text{-}3)$$

Nessa equação, λ é uma constante adimensional que deve ser determinada a partir de experimentos.

[1] H. Schlichting, *Boundary-Layer Theory*, McGraw-Hill, Nova York, 7.ª ed. (1979), pp. 596–600.

(d) Reescreva a equação do movimento para o jato usando a expressão da viscosidade cinemática turbulenta de (c) e a função de corrente de (b). Mostre que isso leva à seguinte equação diferencial:

$$\tfrac{1}{2}F'^2 + \tfrac{1}{2}FF'' - \lambda F''' = 0 \qquad (5C.1\text{-}4)$$

Por uma questão de conveniência, introduza uma nova variável

$$\eta = \xi/4\lambda = x/4\lambda z \qquad (5C.1\text{-}5)$$

e reescreva a Eq. 5C.1-4.

(e) A seguir, verifique que as condições de contorno para a Eq. 5C.1-4 são $F(0) = 0$, $F''(0) = 0$ e $F'(\infty) = 0$.

(f) Mostre que a Eq. 5C.1-4 pode ser integrada para dar

$$2FF' - F'' = \text{constante} \qquad (5C.1\text{-}6)$$

e que as condições de contorno requerem que a constante seja zero.

(g) Mostre que uma integração adicional leva a

$$F^2 - F' = C^2 \qquad (5C.1\text{-}7)$$

onde C é uma constante de integração.

(h) Mostre que uma outra integração leva a

$$F = -C \operatorname{tgh} C\eta \qquad (5C.1\text{-}8)$$

e que a velocidade axial pode ser achada a partir desse último resultado como sendo

$$\bar{v}_z = \frac{\sqrt{J/\rho W}C^2}{4\lambda\sqrt{z}} \operatorname{sech}^2 C\eta \qquad (5C.1\text{-}9)$$

(i) A seguir, mostre que substituindo a velocidade axial na expressão do momento total do jato leva ao valor $C = \sqrt[3]{3\lambda}$ para a constante de integração. Reescreva a Eq. 5C.1-9 em termos de λ em lugar de C. O valor $\lambda = 0{,}0102$ fornece boa concordância para os dados experimentais.[2] Acredita-se que a concordância é ligeiramente melhor que a do empirismo do comprimento de mistura de Prandtl.

(j) Mostre que a vazão mássica através de qualquer plano z = constante é dada por

$$w = 2\sqrt[3]{3\lambda}\sqrt{\frac{J\rho z}{W}} \qquad (5C.1\text{-}10)$$

5C.2 Escoamento turbulento em um ânulo. Um ânulo é limitado por paredes cilíndricas em $r = aR$ e $r = R$ (onde $a < 1$). Obtenha expressões para os perfis turbulentos e de velocidade e para vazão mássica. Use o perfil logarítmico da Eq. 5.3-3 para o escoamento nas vizinhanças de cada parede. Suponha que a localização da velocidade máxima ocorra na mesma superfície cilíndrica $r = bR$ encontrada para o escoamento laminar anular:

$$b = \sqrt{\frac{1 - a^2}{2\ln(1/a)}} \qquad (5C.2\text{-}1)$$

Perfis de velocidades medidos sugerem que essa hipótese de b é razoável, pelo menos para números de Reynolds altos.[3] Suponha, além disso, que κ na Eq. 5.3-3 é o mesmo para as paredes de dentro e de fora.

(a) Mostre que a aplicação direta da Eq. 5.3-3 leva imediatamente aos seguintes perfis de velocidades[4] na região $r < b$ (designado por $<$) e $r > b$ (designado por $>$):

$$\frac{\bar{v}_z^<}{v_*^<} = \frac{1}{\kappa}\ln\left(\frac{(r - aR)v_*^<}{\nu}\right) + \lambda^< \qquad \text{onde } v_*^< = v_{**}\sqrt{\frac{b^2 - a^2}{a}} \qquad (5C.2\text{-}2)$$

$$\frac{\bar{v}_z^>}{v_*^>} = \frac{1}{\kappa}\ln\left(\frac{(r - aR)v_*^>}{\nu}\right) + \lambda^> \qquad \text{onde } v_*^> = v_{**}\sqrt{1 - b^2} \qquad (5C.2\text{-}3)$$

---

[2] H. Schlichting, *Boundary-Layer Theory*, McGraw-Hill, Nova York, 4ª ed. (1960), p. 607 e Fig. 23.7.

[3] J. G. Knudsen e D. L. Katz, *Fluid Dynamics and Heat Transfer*, McGraw-Hill, Nova York (1958); R. R. Rothfus (1948), J. E. Walker (1957) e G. A. Whan (1956), Teses de Doutorado, Carnegie Institute of Technology (atualmente Carnegie-Mellon University), Pittsburgh, Pa.

[4] W. Tiedt, *Berechnung des laminaren u. turbulenten Reibungswiderstandes konzentrischer u. exzentrischer Ringspalten*, Technischer Bericht Nr. 4, Inst. f. Hydraulik u. Hydraulogie, Technische Hochschule, Darmstadt (1968); D. M. Meter e R. B. Bird, *AIChE Journal*, 7, 41–45 (1961) fizeram a mesma análise usando teoria do comprimento de mistura de Prandtl.

onde $v_{**} = \sqrt{(\mathcal{P}_0 - \mathcal{P}_L)R/2L\rho}$.

(b) Obtenha uma relação entre as constantes $\lambda^<$ e $\lambda^>$ obrigando que a velocidade seja contínua em $r = bR$.

(c) Use os resultados de (b) para mostrar que a vazão mássica através do ânulo é

$$w = \pi R^2 \rho v_{**}\left\{(1 - a^2)\sqrt{1 - b^2}\left[\frac{1}{\kappa}\ln\frac{R(1 - b)\sqrt{1 - b^2}v_{**}}{\nu} + \lambda^>\right] - B\right\} \tag{5C.2-4}$$

onde B é

$$B = \frac{(b^2 - a^2)^{3/2}}{\kappa\sqrt{a}}\left(\frac{a}{a + b} + \frac{1}{2}\right) + \frac{(1 - b^2)^{3/2}}{\kappa}\left(\frac{1}{1 + b} + \frac{1}{2}\right) \tag{5C.2-5}$$

5C.3 Instabilidade em um sistema mecânico simples (Fig. 5C.3).

(a) Um disco gira com velocidade angular constante Ω. Acima do centro do disco, uma esfera de massa m está suspensa por uma haste de massa desprezível e de comprimento L. Devido à rotação do disco, a esfera experimenta uma força centrífuga e a haste faz um ângulo θ com a vertical. Por meio de um balanço de forças na esfera, mostre que

$$\cos\theta = \frac{g}{\Omega^2 L} \tag{5C.3-1}$$

O que acontece quando Ω tende a zero?

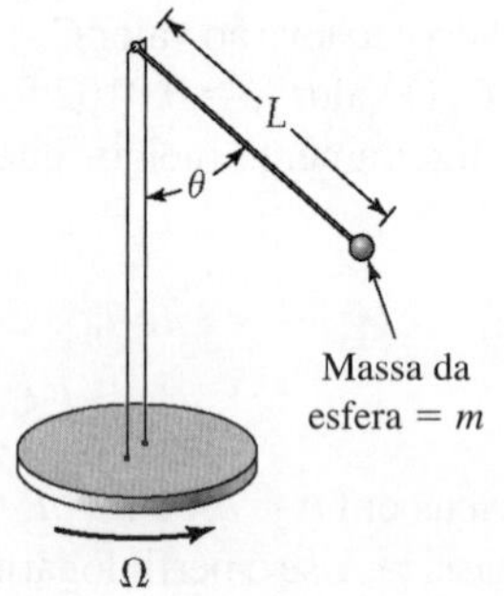

Fig. 5C.3 Um sistema mecânico simples para ilustrar conceitos de estabilidade.

(b) Mostre que, se Ω for menor que um certo valor limite, Ω_{lim}, o ângulo θ é zero. Mostre que acima desse valor limite existem dois valores possíveis para θ. Recorra a um esboço cuidadoso de θ *versus* Ω. Para valores maiores que Ω_{lim}, indique as curvas *estável* e *instável*.

(c) Em (a) e (b) consideramos somente a operação do sistema em estado permanente. A seguir, mostre que a equação do movimento para a esfera de massa m é

$$mL\frac{d^2\theta}{dt^2} = m\Omega^2 L \text{ sen }\theta\cos\theta - mg\text{ sen }\theta \tag{5C.3-2}$$

Mostre que, para operação em regime permanente, essa última equação leva à Eq. 5C.3-1. Agora, queremos usar essa equação para fazer uma análise de estabilidade para amplitudes pequenas. Seja $\theta = \theta_0 + \theta_1$ onde θ_0 é uma solução permanente (independente do tempo) e θ_1 é uma perturbação muito pequena (dependente do tempo).

(d) Considere primeiro o ramo inferior em (b) que é $\theta_0 = 0$. Então, sen θ = sen $\theta_1 \approx \theta_1$ e $\cos\theta = \cos\theta_1 \approx 1$, de forma que a Eq. 5B.2-2 transforma-se em

$$\frac{d^2\theta_1}{dt^2} = \left(\Omega^2 - \frac{g}{L}\right)\theta_1 \tag{5C.3-3}$$

Ao impor uma oscilação de pequena amplitude da forma $\theta_1 = A\Re\{e^{-i\omega t}\}$, encontre que

$$\omega_{\pm} = \pm i\sqrt{\Omega^2 - \frac{g}{L}} \tag{5C.3-4}$$

Agora, considere dois casos: (i) Se $\Omega^2 < g/L$, ambos ω_+ e ω_- reais, e então θ_1 oscila; isto indica que, para $\Omega^2 < g/L$, o sistema é estável. (ii) Se $\Omega^2 > g/L$, a raiz ω_+ é positiva imaginária e $e^{-i\omega t}$ aumentará indefinidamente como tempo; isto indica que, para $\Omega^2 > g/L$ o sistema é instável em relação a perturbações infinitesimais.

(e) Considere a seguir o ramo superior em (b). Faça uma análise similar àquela de (d). Obtenha a equação para θ_1 e despreze os termos quadráticos em θ_1 (isto é, linearize a equação). Mais uma vez. tente uma solução da forma $\theta_1 = A\Re\{e^{-i\omega t}\}$. Mostre que, válida para o ramo superior, o sistema é estável em relação a perturbações infinitesimais.

(f) Relacione a análise anterior, válida para um sistema com um grau de liberdade, ao problema da transição laminar-turbulenta para o escoamento de um fluido newtoniano entre dois cilindros girando em sentidos opostos. Leia a discussão de Landau e Lifshitz[5] a esse respeito.

5D.1 Obtenha a equação de balanço para as tensões de Reynolds. No final da Seção 5.2 ressaltou-se que existe uma equação de balanço para as tensões de Reynolds. Esta pode ser obtida (a) multiplicando-se a i-ésima componente da forma vetorial dada pela Eq. 5.2-5 por v'_j e depois tomando a média temporal, (b) multiplicando-se a j-ésima componente da forma vetorial da Eq. 5.2-5 por v'_i e depois tomando a média temporal, (c) adicionando os resultados de (a) e (b). Mostre que obtém-se, finalmente

$$\rho \frac{D}{Dt}\overline{\mathbf{v}'\mathbf{v}'} = -\rho\{\overline{\mathbf{v}'\mathbf{v}'} \cdot \nabla\overline{\mathbf{v}}\} - \rho\{\overline{\mathbf{v}'\mathbf{v}'} \cdot \nabla\overline{\mathbf{v}}\}^\dagger - \rho\{\nabla \cdot \overline{\mathbf{v}'\mathbf{v}'\mathbf{v}'}\}$$
$$- \{\overline{\mathbf{v}'\nabla p'}\} - \{\overline{\mathbf{v}'\nabla p'}\}^\dagger + \mu\left\{\overline{\mathbf{v}'\nabla^2\mathbf{v}'} + \{\overline{\mathbf{v}'\nabla^2\mathbf{v}'}\}^\dagger\right\} \tag{5D.1-1}$$

As Eqs. 5.2-10 e 11 serão necessárias neste desenvolvimento.

5D.2 Energia cinética de turbulência. Empregando o traço da Eq. 5D.1-1 obtenha o seguinte:

$$\frac{D}{Dt}(\tfrac{1}{2}\rho\overline{\mathbf{v}'^2}) = -\rho(\overline{\mathbf{v}'\mathbf{v}'}:\nabla\overline{\mathbf{v}}) - (\nabla \cdot \tfrac{1}{2}\rho\overline{\mathbf{v}'^2\mathbf{v}'}) - (\nabla \cdot \overline{p'\mathbf{v}'}) + \mu(\overline{\mathbf{v}' \cdot \nabla^2\mathbf{v}'}) \tag{5D.2-1}$$

Interprete a equação.[6]

[5] L. Landau e E. M. Lifshitz, *Fluid Mechanics*, Pergamon Press, Oxford, 2.ª ed. (1987), Seções 26–27.

[6] H. Tennekes e J. L. Lumley, *A First Course in Turbulence*, MIT Press, Cambridge, Mass. (1972), Seção 3.2.

CAPÍTULO 6

TRANSPORTE ENTRE FASES EM SISTEMAS ISOTÉRMICOS

Nos Caps. 2 a 4 mostramos como problemas de escoamento laminar podem ser equacionados e resolvidos. No Cap. 5 apresentamos alguns métodos para resolver problemas de escoamentos turbulentos através de argumentos dimensionais ou de relações semi-empíricas entre o fluxo de momento e o gradiente de velocidade média temporal. Neste capítulo, mostramos como problemas de escoamento podem ser resolvidos por uma combinação de análise dimensional e dados experimentais. A técnica apresentada aqui tem sido largamente usada em engenharia química, mecânica, aeronáutica e civil, e é útil para resolver muitos problemas práticos. É um tópico que vale a pena ser bem aprendido.

Muitos problemas de engenharia de escoamento recaem em uma de duas grandes categorias: escoamento em canais e escoamento em torno de objetos submersos. Exemplos de escoamentos em canais são o bombeamento de óleo através de tubulações, o escoamento de água em canais abertos e a extrusão de plásticos através de moldes. Exemplos de escoamento em torno de objetos submersos são o movimento do ar em torno da asa de um avião, o movimento de um fluido em torno de partículas sob sedimentação e o escoamento sobre feixes tubulares em trocadores de calor.

No escoamento em canais, o principal objetivo é usualmente obter uma relação entre a vazão volumétrica e a queda de pressão e/ou variações na elevação. Em problemas envolvendo escoamento em torno de objetos submersos, a informação desejada é geralmente a relação entre a velocidade de aproximação do fluido e a força de arrasto sobre o objeto. Vimos nos capítulos anteriores que se conhecermos as distribuições de velocidades e pressões no sistema, então as relações desejadas nesses dois casos podem ser obtidas. A dedução da equação de Hagen–Poiseuille na Seção 2.3 e a dedução da equação de Stokes nas Seções 2.6 e 4.2 ilustram as duas categorias que estamos discutindo aqui.

Para muitos sistemas, os perfis de velocidades e pressões não podem ser calculados facilmente, particularmente se o escoamento é turbulento ou se a geometria é complicada. Um exemplo de tal sistema é o do escoamento através de uma coluna recheada; um outro é o escoamento em uma tubulação na forma de uma serpentina helicoidal. Para tais sistemas, podemos usar dados experimentais cuidadosamente escolhidos e então construir "correlações" de variáveis adimensionais que podem ser usadas para estimar o comportamento de escoamento em sistemas geometricamente similares. Esse método é baseado na Seção 3.7.

Iniciamos a Seção 6.1 definindo "fator de atrito", e então mostramos, nas Seções 6.2 e 6.3, como construir diagramas para o fator de atrito para o escoamento em tubos circulares e para o escoamento em torno de esferas. Esses são sistemas que já estudamos e, de fato, vários resultados de capítulos anteriores são incluídos nesses diagramas. Finalmente, na Seção 6.4 examinamos o escoamento em colunas recheadas para ilustrar o tratamento de um sistema geometricamente complicado. O sistema mais complexo de leitos fluidizados não está incluído neste capítulo.[1]

6.1 DEFINIÇÃO DE FATORES DE ATRITO

Consideramos o escoamento permanente de um fluido de densidade constante em dois sistemas: (*a*) o fluido escoa em uma tubulação reta de seção transversal uniforme; (*b*) o fluido escoa em torno de um objeto submerso que possui um eixo

[1] R. Jackson, *The Dynamics of Fluidized Beds*, Cambridge University Press (2000).

de simetria (ou dois planos de simetria) paralelos à direção de aproximação do fluido. Existirá uma força $\mathbf{F}_{f\to s}$ exercida pelo fluido sobre as superfícies sólidas. É conveniente dividir essa força em duas partes: $\mathbf{F}_s$, a força que seria exercida pelo fluido ainda que o mesmo estivesse em repouso; e $\mathbf{F}_k$, a força adicional associada ao movimento do fluido (veja a Seção 2.6 para a discussão de $\mathbf{F}_s$ e $\mathbf{F}_k$ para o escoamento em torno de esferas). Em sistemas do tipo (*a*), $\mathbf{F}_k$ tem a mesma direção que a velocidade média, $<\mathbf{v}>$, no tubo e em sistemas do tipo (*b*) $\mathbf{F}_k$ tem a mesma direção que a velocidade de aproximação $\mathbf{v}_\infty$.[2]

Para ambos os sistemas, afirmamos que a magnitude da força $\mathbf{F}_k$ é proporcional a uma área característica A e a uma energia cinética característica K por unidade de volume; assim,

$$F_k = AKf \tag{6.1-1}$$[1]

onde a constante de proporcionalidade f é denominada *fator de atrito*. Note que a Eq. 6.1-1 *não* é uma lei de dinâmica de fluidos, mas apenas uma definição para f. Esta é uma definição útil porque a grandeza adimensional f pode ser dada como uma função relativamente simples do número de Reynolds e da forma do sistema.

Claramente, para qualquer sistema de escoamento dado, f não é definido até que A e K sejam especificados. Vejamos agora quais são as definições costumeiras:

(a) Para o *escoamento em tubos*, A é usualmente tomado como sendo a superfície molhada, e K é tomado como sendo $\frac{1}{2}\rho\langle v\rangle^2$. Especificamente, para tubos circulares de raio R e comprimento L, definimos f por

$$F_k = (2\pi RL)(\tfrac{1}{2}\rho\langle v\rangle^2)f \tag{6.1-2}$$

Geralmente, a grandeza medida não é F_k, mas sim a diferença de pressão $p_0 - p_L$ e a diferença de elevação $h_0 - h_L$. Um balanço de força sobre o fluido entre 0 e L na direção do escoamento fornece, para o escoamento plenamente desenvolvido,

$$\begin{aligned} F_k &= [(p_0 - p_L) + \rho g(h_0 - h_L)]\pi R^2 \\ &= (\mathcal{P}_0 - \mathcal{P}_L)\pi R^2 \end{aligned} \tag{6.1-3}$$

Eliminando-se F_k entre as duas últimas equações, obtemos

$$f = \frac{1}{4}\left(\frac{D}{L}\right)\left(\frac{\mathcal{P}_0 - \mathcal{P}_L}{\frac{1}{2}\rho\langle v\rangle^2}\right) \tag{6.1-4}$$

na qual $D = 2R$ é o diâmetro do tubo. A Eq. 6.1-4 mostra como calcular f a partir de dados experimentais. A grandeza f é algumas vezes chamada de fator de atrito de Fanning.[3]

(b) Para o *escoamento em torno de objetos submersos*, a área característica A é usualmente aquela obtida projetando-se o sólido sobre um plano perpendicular a velocidade de aproximação do fluido; a grandeza K é definida como $\frac{1}{2}\rho v_\infty^2$, onde v_∞ é a velocidade de aproximação do fluido a uma grande distância do objeto. Por exemplo, para escoamento em torno de uma esfera de raio R, definimos f através da equação

$$F_k = (\pi R^2)(\tfrac{1}{2}\rho v_\infty^2)f \tag{6.1-5}$$[3]

Se não é possível medir F_k, então podemos medir a velocidade terminal da esfera quando ela cai no fluido (em tal caso, v_∞ deve ser interpretado como a velocidade terminal da esfera). Na queda de uma esfera em um fluido em regime

---

[2] Para sistemas sem simetria, o fluido exerce tanto uma força quanto um torque sobre o sólido. Para discussões de tais sistemas, veja J. Happel e H. Brenner, *Low Reynolds Number Hydrodynamics*, Martinus Nijhoff, The Hague (1983), Cap. 5; H. Brenner, em *Adv. Chem. Engr.*, **6**, 287-438; S. Kim e S. J. Karrila, *Microhydrodynamics: Principles and Selected Applications*, Butterworth-Heinemann, Boston (1991), Cap. 5.

[3] Esta definição de fator de atrito é devida a J. T. Fanning, *A Practical Treatise on Hydraulic and Water Supply Enginnering*, Van Nostrand, Nova York, 1ª ed. (1877), 16ª ed. (1906); o nome "Fanning" é usado para evitar confusão com "fator de atrito de Moody", o qual é maior que o f usado aqui por um fator de 4 [L. F. Moody, *Trans. ASME*, **66**, 671–684 (1944)].

Se usarmos a "velocidade de atrito" $v_* = \sqrt{\tau_0/\rho} = \sqrt{(\mathcal{P}_0 - \mathcal{P}_L)R/2L\rho}$, introduzida na Seção 5.3, então a Eq. 6.1.4 assume a forma

$$f = 2(v_*/\langle v\rangle)^2 \tag{6.1-4a}$$

John Thomas Fanning (1837–1911) estudou engenharia arquitetônica e civil, serviu como oficial na guerra civil e, após a guerra, tornou-se um proeminente engenheiro hidráulico. A 14.ª edição do seu livro, *A Practical Treatise on Hydraulic and Water Supply Enginnering,* apareceu em 1899.

[4] Para o movimento de translação de uma esfera em três dimensões. podemos escrever *aproximadamente*

$$\mathbf{F}_k = (\pi R^2)(\tfrac{1}{2}\rho v_\infty^2)f\mathbf{n} \tag{6.1-5a}$$

onde $\mathbf{n}$ é um vetor unitário na direção de $\mathbf{v}_\infty$. Veja o Problema 6C.1.

permanente, a força F_k é contrabalançada pela força gravitacional sobre a esfera menos a força de empuxo (veja a Eq. 2.6-14):

$$F_k = \tfrac{4}{3}\pi R^3 \rho_{\text{esf}} g - \tfrac{4}{3}\pi R^3 \rho g \tag{6.1-6}$$

Eliminando-se então F_k entre as Eqs. 6.1-5 e 6.1-6 vem

$$f = \frac{4}{3}\frac{gD}{v_\infty^2}\left(\frac{\rho_{\text{esf}} - \rho}{\rho}\right) \tag{6.1-7}$$

Essa expressão pode ser usada para obter f a partir de dados de velocidade terminal. O fator atrito usado nas Eqs. 6.1-5 e 7 é algumas vezes denominado *coeficiente de arrasto* e simbolizado por c_D.

Vimos que o "coeficiente de arrasto" para objetos submersos e o "coeficiente de atrito" para escoamento em canais são definidos da mesma maneira geral. Por essa razão, preferimos usar o mesmo símbolo e nome para ambos.

6.2 FATORES DE ATRITO PARA O ESCOAMENTO EM TUBOS

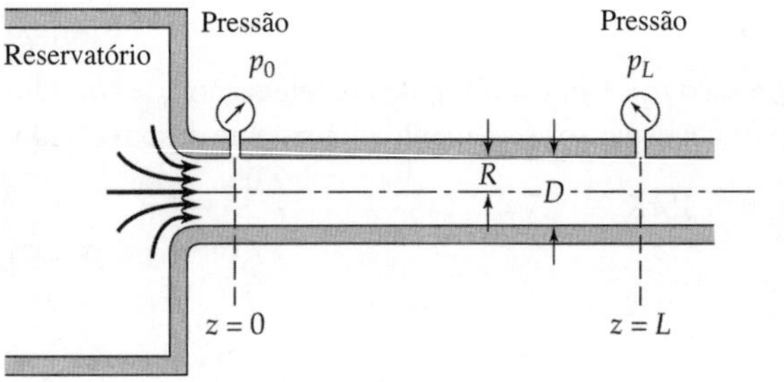

Fig. 6.2-1 Seção de um tubo circular de $z = 0$ a $z = L$ para discussão da análise dimensional.

Agora combinamos a definição de f, Eq. 6.1-2, com a análise dimensional da Seção 3.7 para mostrar de quem f depende nesse tipo de sistema. Consideramos uma "seção de teste" de raio interno R e comprimento L, mostrada na Fig. 6.2-1, transportando um fluido de densidade e viscosidade constantes a uma vazão mássica também constante. As pressões $\mathcal{P}_0$ e $\mathcal{P}_L$ nas extremidades da seção de testes são conhecidas.

O sistema está em regime laminar permanente ou em escoamento turbulento permanente (isto é, escoamento turbulento com vazão total constante). Em ambos os casos a força na direção z que o fluido faz sobre a parede interna da seção de testes é

$$F_k(t) = \int_0^L \int_0^{2\pi} \left(-\mu \frac{\partial v_z}{\partial r}\right)\bigg|_{r=R} R\, d\theta\, dz \tag{6.2-1}$$

No escoamento turbulento, a força pode ser uma função do tempo, não somente devido às flutuações turbulentas, mas também por causa do ocasional descolamento da camada limite sobre a parede, resultando em alguns distúrbios com escalas maiores de tempo. No escoamento laminar é entendido que a força será independente do tempo.

Igualando as Eqs. 6.2-1 e 6.1-2 obtemos a seguinte expressão para o coeficiente de atrito:

$$f(t) = \frac{\displaystyle\int_0^L \int_0^{2\pi} \left(-\mu \frac{\partial v_z}{\partial r}\right)\bigg|_{r=R} R\, d\theta\, dz}{(2\pi RL)(\tfrac{1}{2}\rho \langle v_z\rangle^2)} \tag{6.2-2}$$

A seguir introduzimos as grandezas adimensionais da Seção 3.7: $\breve{r} = r/D$, $\breve{z} = z/D$, $\breve{v}_z = v_z/\langle v_z\rangle$, $\breve{t} = \langle v_z\rangle t/D$, $\breve{\mathcal{P}} = (\mathcal{P} - \mathcal{P}_0)/\rho\langle v_z\rangle^2$ e $\text{Re} = D\langle v_z\rangle\rho/\mu$. Então, a Eq. 6.2-2 pode ser reescrita como

$$f(\breve{t}) = \frac{1}{\pi}\frac{D}{L}\frac{1}{\text{Re}} \int_0^{L/D} \int_0^{2\pi} \left(-\frac{\partial \breve{v}_z}{\partial \breve{r}}\right)\bigg|_{\breve{r}=1/2} d\theta\, d\breve{z} \tag{6.2-3}$$

Essa relação é válida para o escoamento laminar ou turbulento em tubos circulares. Vemos que para sistemas de escoamento nos quais o arrasto depende apenas de forças viscosas (isto é, não há "arrasto de forma") o produto *f*Re é, essencialmente, um gradiente adimensional médio de velocidade sobre a superfície.

Lembre-se agora que, em princípio, $\partial\breve{v}_z/\partial\breve{r}$ pode ser calculado a partir das Eqs. 3.7-8 e 9 juntamente com as condições de contorno[1]

$$\text{C.C. 1:} \quad \text{em } \breve{r} = \tfrac{1}{2}, \quad \breve{\mathbf{v}} = 0 \quad \text{para } z > 0 \tag{6.2-4}$$

$$\text{C.C. 2:} \quad \text{em } \breve{z} = 0, \quad \breve{\mathbf{v}} = \boldsymbol{\delta}_z \tag{6.2-5}$$

$$\text{C.C. 3:} \quad \text{em } \breve{r} = 0 \ \text{ e } \ \breve{z} = 0, \quad \breve{\mathcal{P}} = 0 \tag{6.2-6}$$

e condições iniciais apropriadas. Para um bocal e sistema de montante bem projetados, o perfil uniforme de velocidades da Eq. 6.2-5 é acurado, exceto muito próximo das paredes. Se as Eqs. 3.7-8 e 9 puderem ser resolvidas com essas condições de contorno e iniciais para obter $\breve{\mathbf{v}}$ e $\breve{\mathcal{P}}$, as soluções necessariamente seriam da forma

$$\breve{\mathbf{v}} = \breve{\mathbf{v}}(\breve{r}, \theta, \breve{z}, \breve{t}; \text{Re}) \tag{6.2-7}$$

$$\breve{\mathcal{P}} = \breve{\mathcal{P}}(\breve{r}, \theta, \breve{z}, \breve{t}; \text{Re}) \tag{6.2-8}$$

Isto é, a dependência funcional de $\breve{\mathbf{v}}$ e $\breve{\mathcal{P}}$ deve, em geral, incluir todas as variáveis adimensionais e o grupo adimensional que aparece nas equações diferenciais. Nenhum grupo adimensional adicional é introduzido devido às condições precedentes. Em conseqüência, $\partial\breve{v}_z/\partial\breve{r}$ deve, do mesmo modo, depender de $\breve{r}$, θ, $\breve{z}$, $\breve{t}$ e Re. Quando $\partial\breve{v}_z/\partial\breve{r}$ é calculado em $\breve{r} = \frac{1}{2}$ e então integrado entre $\breve{z}$ e θ, conforme a Eq. 6.2-3, o resultado depende somente de $\breve{t}$, Re e L/D (esse último aparece no limite superior de integração em $\breve{z}$). Assim somos levados à conclusão que $f(\breve{t}) = f(\text{Re}, L/D, \breve{t})$, cujo valor médio temporal é

$$f = f(\text{Re}, L/D) \tag{6.2-9}$$

desde que a média temporal seja calculada sobre um intervalo de tempo longo o suficiente para incluir quaisquer perturbações turbulentas passadas. O valor medido do fator de atrito então depende somente do número de Reynolds e da razão entre o comprimento e o diâmetro.

A dependência de f com L/D surge do desenvolvimento da distribuição de velocidades média temporal a partir de seu formato achatado na entrada, evoluindo para perfis mais arredondados para valores de z a jusante. Esse desenvolvimento ocorre em uma região de entrada, de comprimento $L_e \cong 0{,}03D$ Re para o escoamento laminar ou $L_e \approx 60D$ para o escoamento turbulento, além da qual a forma da distribuição de velocidades é dita "totalmente desenvolvida". No transporte de fluidos, o comprimento de entrada é usualmente uma pequena fração do total; então, a Eq. 6.2-9 reduz-se à forma válida para tubos longos

$$f = f(\text{Re}) \tag{6.2-10}$$

e f pode ser obtido experimentalmente a partir da Eq. 6.1-4, que foi escrita para o escoamento totalmente desenvolvido na entrada e na saída.

As Eqs. 6.2-9 e 10 são resultados úteis pois constituem um guia para a apresentação sistemática de dados de vazão *versus* diferença de pressão para escoamentos laminares e turbulentos em tubos circulares. Para tubos *longos* precisamos apenas de uma única curva de f plotada *versus* a combinação simples $D\langle\bar{v}_z\rangle\rho/\mu$. Pense o quão isso é mais simples do que plotar queda de pressão *versus* vazão para diversos valores de D, L, ρ e μ, que seria o que o não iniciado poderia fazer.

Existe muita informação experimental sobre queda de pressão *versus* vazão em tubos, e então f pode ser calculado a partir de dados experimentais pela Eq. 6.1-4. Então, f pode ser plotado *versus* Re para tubos lisos, obtendo-se as curvas *contínuas* mostradas na Fig. 6.2-2. Essas curvas descrevem os comportamentos laminar e turbulento de fluidos escoando em tubos *circulares, longos e lisos.*

Note que a curva *laminar* no diagrama do fator de atrito é meramente o gráfico da equação de *Hagen–Poiseuille,* Eq. 2.3-21. Isso pode ser visto substituindo-se a expressão $(\mathcal{P}_0 - \mathcal{P}_L)$ da Eq. 2.3-21 na Eq. 6.1-4 e usando a relação $w = \rho\langle\bar{v}_z\rangle\pi R^2$; isto fornece

$$f = \frac{16}{\text{Re}} \begin{Bmatrix} \text{Re} < 2100 & \text{estável} \\ \text{Re} > 2100 & \text{usualmente instável} \end{Bmatrix} \tag{6.2-11}$$

onde $\text{Re} = D\langle\bar{v}_z\rangle\rho/\mu$; esta é exatamente a linha laminar na Fig. 6.2-2.

[1] Aqui, adotou-se a prática costumeira de desprezar os termos $(\partial^2/\partial\breve{z}^2)\mathbf{v}$ da Eq. 3.7-9, baseado em argumentos de ordem de grandeza tais como aqueles dados na Seção 4.4. Com a supressão desses termos, não necessitamos da condição de contorno na saída para $\mathbf{v}$.

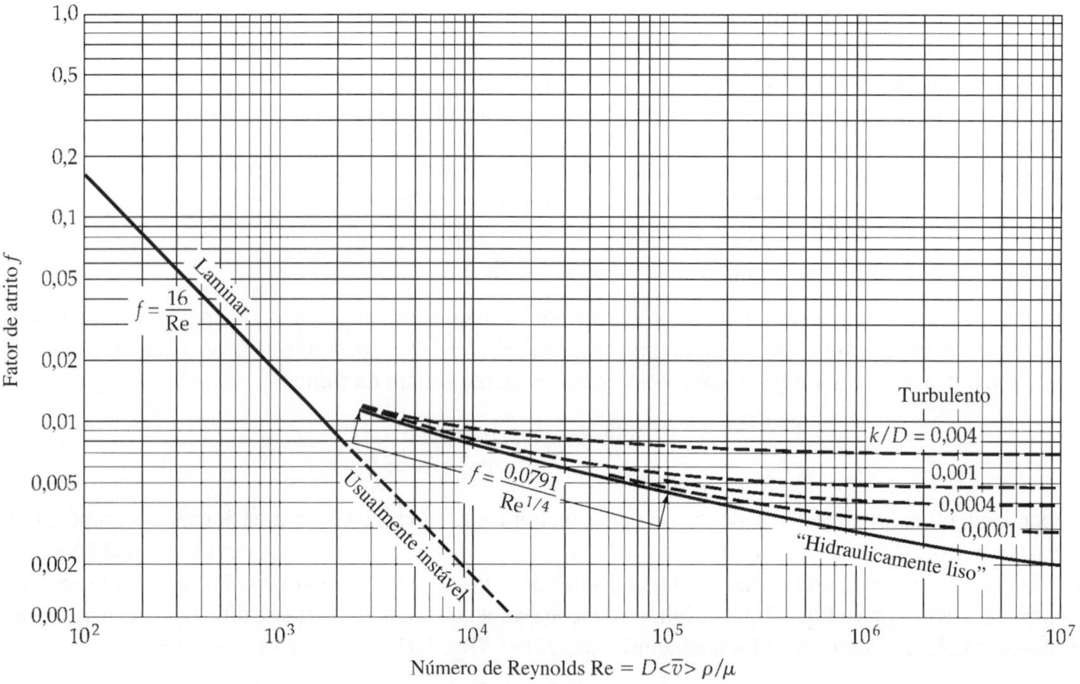

Fig. 6.2-2 Fator de atrito para o escoamento em tubos (veja a definição de f nas Eqs. 6.1-2 e 6.1-3. [Curvas de L. F. Moody, *Trans. ASME*, **66**, 671–684 (1944), conforme apresentadas em W. L. McCabe e J. C. Smith, *Unit Operations of Chemical Engineering*, McGraw-Hill, Nova York (1954).]

Curvas *turbulentas* análogas foram traçadas usando-se *dados experimentais*. Também estão disponíveis algumas expressões analíticas de curvas ajustadas. Por exemplo, a Eq. 5.1-6 pode ser colocada na forma

$$f = \frac{0{,}0791}{\mathrm{Re}^{1/4}} \qquad 2{,}1 \times 10^3 < \mathrm{Re} < 10^5 \tag{6.2-12}$$

que é conhecida como *fórmula de Blasius*.[2] A Eq. 5.5-1 (com 2,5 substituído por 2,45 e 1,75 por 2,00) é equivalente a

$$\frac{1}{\sqrt{f}} = 4{,}0 \log_{10} \mathrm{Re}\sqrt{f} - 0{,}4 \qquad 2{,}3 \times 10^3 < \mathrm{Re} < 4 \times 10^6 \tag{6.2-13}$$

que é conhecida como *fórmula de Prandtl*.[3] Finalmente, correspondendo à Eq. 5.5-2, temos

$$f = \frac{2}{\Psi^{2/(\alpha+1)}} \qquad \text{onde} \qquad \Psi = \frac{e^{3/2}(\sqrt{3} + 5\alpha)}{2^\alpha \alpha(\alpha + 1)(\alpha + 2)} \tag{6.2-14}$$

sendo $\alpha = 3/(2 \ln \mathrm{Re})$. Essa expressão representa bem os dados experimentais para $3{,}07 \times 10^3 < \mathrm{Re} < 3{,}23 \times 10^6$. A Eq. 6.2-14 é chamada *fórmula de Barenblatt*.[4]

Uma relação empírica que inclui as linhas tracejadas para tubos rugosos da Fig. 6.2-2, é a *Equação de Haaland*[5]

$$\frac{1}{\sqrt{f}} = -3{,}6 \log_{10}\left[\frac{6{,}9}{\mathrm{Re}} + \left(\frac{k/D}{3{,}7}\right)^{10/9}\right] \qquad \begin{cases} 4 \times 10^4 < \mathrm{Re} < 10^8 \\ 0 < k/D < 0{,}05 \end{cases} \tag{6.2-15}$$

Afirma-se[5] que a incerteza dessa equação é de 1,5%. Como podemos ver na Fig. 6.2-2 a resistência por atrito ao escoamento aumenta com a altura, k, das protuberâncias. Naturalmente, k deve entrar na correlação sob uma forma adimensional e, portanto, vai aparecer como a razão k/D.

[2] H. Blasius, *Forschungsarbeiten des Ver. Deutsch. Ing.*, no. 131 (1931).

[3] L. Prandtl, *Essentials of Fluid Dynamics*, Hafner, Nova York (1952), p. 165.

[4] G. I. Barenblatt, *Scaling, Self-Similarity and Intermediate Asymptotics*, Cambridge University Press (1966), Seção 10.2

[5] S. E. Haaland, *Trans. ASME, JFE*, **105**, 89–90 (1983). Para outros empirismos veja D. J. Zigrang e N. D. Sylvester, *AIChE Journal*, **28**, 514–515 (1982).

Para o *escoamento turbulento* em *tubos não-circulares,* é comum o uso do seguinte empirismo: primeiro definimos um "raio hidráulico médio", R_h, conforme segue:

$$R_h = S/Z \tag{6.2-16}$$

onde S é a área da seção transversal do duto e Z é o perímetro molhado. Então, podemos usar a Eq. 6.1-4 e a Fig. 6.2-2, com o diâmetro D do tubo circular substituído por $4R_h$. Isto é, calculamos diferenças de pressões substituindo a Eq. 6.1-4 por

$$f = \left(\frac{R_h}{L}\right)\left(\frac{\mathcal{P}_0 - \mathcal{P}_L}{\frac{1}{2}\rho\langle v_z\rangle^2}\right) \tag{6.2-17}$$

e obtendo f da Fig. 6.2-2 com um número de Reynolds definido como

$$\text{Re}_h = \frac{4R_h\langle v_z\rangle\rho}{\mu} \tag{6.2-18}$$

Esse método de estimativa das Eqs. 6.2-16 a 18 *não* deve ser usado para *escoamento laminar.*

EXEMPLO 6.2-1

Queda de Pressão Necessária para uma Dada Vazão

Qual o gradiente de pressão necessário para o escoamento de dietilanilina, $C_6H_5N(C_2H_5)_2$, em um tubo horizontal, liso, circular, de diâmetro interno D = 3 cm, com uma vazão mássica de 1028 g/s a 20°C? Nessa temperatura, a densidade da dietilanilina é ρ = 0,935 g/cm³ e sua viscosidade é μ = 1,95 cp.

SOLUÇÃO

O número de Reynolds para o escoamento é

$$\text{Re} = \frac{D\langle v_z\rangle\rho}{\mu} = \frac{Dw}{(\pi D^2/4)\mu} = \frac{4w}{\pi D\mu}$$
$$= \frac{4(1028\text{ g/s})}{\pi(3\text{ cm})(1{,}95 \times 10^{-2}\text{ g/cm}\cdot\text{s})} = 2{,}24 \times 10^4 \tag{6.2-19}$$

Da Fig. 6.2-2, determinamos que para esse número de Reynolds o fator de atrito f tem um valor de 0,0063 para tubos lisos. Então, o gradiente de pressão necessário para manter o escoamento é (de acordo com a Eq. 6.1-4)

$$\frac{p_0 - p_L}{L} = \left(\frac{4}{D}\right)\left(\frac{1}{2}\rho\langle v_z\rangle^2\right)f = \frac{2}{D}\rho\left(\frac{4w}{\pi D^2\rho}\right)^2 f$$
$$= \frac{32w^2f}{\pi^2D^5\rho} = \frac{(32)(1028)^2(0{,}0063))}{\pi^2(3{,}0)^5(0{,}935)}$$
$$= 95(\text{dina/cm}^2)/\text{cm} = 0{,}071(\text{mm Hg})/\text{cm} \tag{6.2-20}$$

EXEMPLO 6.2-2

Vazão para uma Dada Queda de Pressão

Determine a vazão, em libras por hora, de água a 68°F através de um comprimento de 1000 ft de tubulação horizontal de 8 in, n.° de catálogo* 40, de aço (diâmetro interno 7,981 in), sob uma diferença de pressão de 3,00 psi. Para tal tubulação, use a Fig. 6.2-2 e suponha que $k/D = 2{,}3 \times 10^{-4}$.

* Da língua inglesa, "schedule number", literalmente "número de lista". Esse número está diretamente relacionado à pressão máxima de trabalho da tubulação e depende tanto do material de sua construção como de características geométricas da mesma. Essas especificações têm grande importância para a segurança de instalações industriais e podem ser encontradas em manuais técnicos tais como o de R. H. Perry e D. W. Green (editores), *Perry's Chemical Engineers' Handbook*, 7.ª ed., McGraw-Hill, Nova York (1997), pp. 10-72 a 10-74. (*N. T.*)

SOLUÇÃO

Queremos usar a Eq. 6.1-4 e a Fig. 6.2-2 para calcular $\langle v_z \rangle$ quando $p_0 - p_L$ é conhecido. No entanto, a grandeza $\langle v_z \rangle$ aparece explicitamente no lado esquerdo da equação e implicitamente no lado direito em f, que depende de $\text{Re} = D\langle v_z \rangle \rho/\mu$. Claramente, uma solução por tentativa e erro pode ser encontrada. Contudo, se temos de fazer mais do que um pequeno número de cálculos de $\langle v_z \rangle$, é vantajoso desenvolver uma metodologia sistemática; sugerimos dois métodos aqui. Devido ao fato que dados experimentais são freqüentemente apresentados na forma de gráficos, é importante para estudantes de engenharia usar de originalidade na escolha de métodos especiais tais como os descritos aqui.

Método A. A Fig. 6.2-2 pode ser usada para construir um gráfico[6] de Re *versus* o grupo $\text{Re}\sqrt{f}$, que não contém $\langle v_z \rangle$:

$$\text{Re}\sqrt{f} = \frac{D\langle v_z \rangle \rho}{\mu}\sqrt{\frac{(p_0 - p_L)D}{2L\rho\langle \bar{v}_z \rangle^2}} = \frac{D\rho}{\mu}\sqrt{\frac{(p_0 - p_L)D}{2L\rho}} \tag{6.2-21}$$

A grandeza $\text{Re}\sqrt{f}$ pode ser calculada para este problema, e um valor do número de Reynolds pode ser obtido a partir do gráfico de Re *versus* $\text{Re}\sqrt{f}$. A partir de Re, a velocidade média e a vazão podem então serem calculadas.

Método B. A Fig. 6.2-2 também pode ser usada diretamente sem que se plote um novo gráfico, selecionando um esquema que é equivalente à solução gráfica de duas equações simultaneamente. As duas equações são

$$f = f(\text{Re}, k/D) \quad \text{curva dada na Fig. 6.2-2} \tag{6.2-22}$$

$$f = \frac{(\text{Re}\sqrt{f})^2}{\text{Re}^2} \quad \text{linha reta de coeficiente angular } -2 \text{ em gráfico log-log} \tag{6.2-23}$$

O procedimento é, então, calcular $\text{Re}\sqrt{f}$ de acordo com a Eq. 6.2-21 e plotar o gráfico da Eq. 6.2-23 sobre o gráfico log-log de f *versus* Re na Fig. 6.2-2. O ponto de interseção dá o número de Reynolds do escoamento, a partir do qual $\langle v_z \rangle$ pode então ser calculada.

Para o presente problema, temos

$$\begin{aligned}
p_0 - p_L &= (3{,}00\ \text{lb}_f/\text{in}^2)(32{,}17\ \text{lb}_m/\text{ft}\ \text{lb}_f\ \text{s}^2)(144\ \text{in}^2/\text{ft}^2)\\
&= 1{,}39 \times 10^4\ \text{lb}_m/\text{ft}\cdot\text{s}^2\\
D &= (7{,}981\ \text{in})(\tfrac{1}{12}\ \text{ft/in}) = 0{,}665\ \text{ft}\\
L &= 1000\ \text{ft}\\
\rho &= 62{,}3\ \text{lb}_m/\text{ft}^3\\
\mu &= (1{,}03\ \text{cp})(6{,}72 \times 10^{-4}(\text{lb}_m/\text{ft}\cdot\text{s})/\text{cp})\\
&= 6{,}93 \times 10^{-4}\ \text{lb}_m/\text{ft}\cdot\text{s}
\end{aligned}$$

Então, de acordo com a Eq. 6.2-21,

$$\begin{aligned}
\text{Re}\sqrt{f} &= \frac{D\rho}{\mu}\sqrt{\frac{(p_0 - p_L)D}{2L\rho}} = \frac{(0{,}665)(62{,}3)}{(6{,}93 \times 10^{-4})}\sqrt{\frac{(1{,}39 \times 10^4)(0{,}665)}{2(1000)(62{,}3)}}\\
&= 1{,}63 \times 10^4 \quad \text{(adimensional)}
\end{aligned} \tag{6.2-24}$$

A reta da Eq. 6.2-23 para esse valor de $\text{Re}\sqrt{f}$ passa pelo ponto $f = 1{,}0$ para $\text{Re} = 1{,}63 \times 10^4$ e pelo ponto $f = 0{,}01$ para $\text{Re} = 1{,}63 \times 10^5$. Estendendo a reta que por esses pontos até curva da Fig. 6.2-2 para $k/D = 0{,}00023$ dá a solução das duas equações simultaneamente.

$$\text{Re} = \frac{D\langle v_z \rangle \rho}{\mu} = \frac{4w}{\pi D\mu} = 2{,}4 \times 10^5 \tag{6.2-25}$$

Explicitando w temos então

$$\begin{aligned}
w &= (\pi/4)D\mu\ \text{Re}\\
&= (0{,}7854)(0{,}665)(6{,}93 \times 10^{-4})(3600)(2{,}4 \times 10^5)\\
&= 3{,}12 \times 10^5\ \text{lb}_m/\text{h} = 39\ \text{kg/s}
\end{aligned} \tag{6.2-26}$$

[6] Um gráfico correlato foi proposto por T. von Kármán, *Nachr. Ges. Wiss. Gottingen, Fachgruppen*, **I**, **5**, 58-76 (1930).

6.3 FATORES DE ATRITO PARA O ESCOAMENTO EM TORNO DE ESFERAS

Nessa seção, usamos a definição de fator de atrito, Eq. 6.1-5, juntamente com a análise dimensional da Seção 3.7 para determinar o comportamento de f para uma esfera estacionária em uma corrente infinita de fluido, se aproximando com uma velocidade uniforme e permanente, v_∞. Já estudamos o escoamento em torno de esferas nas Seções 2.6 e 4.2 para Re $< 0{,}1$ (a região de escoamento lento). Para números de Reynolds maiores do que 1 aproximadamente, existe um significativo movimento não-permanente de vórtices na esteira da esfera. Portanto, será necessário efetuar uma média temporal sobre um intervalo de tempo longo em comparação com o movimento dos vórtices.

Lembre-se, da Seção 2.6, que a força total agindo na direção z sobre a esfera pode ser escrita como a soma de uma contribuição das tensões normais (F_n) e outra das tensões tangenciais (F_t). Uma parte da contribuição das tensões normais é a força que estaria presente mesmo se o fluido estivesse parado, F_s. Assim a "força cinética", associada com o movimento do fluido, é

$$F_k = (F_n - F_s) + F_t = F_{\text{forma}} + F_{\text{atrito}} \tag{6.3-1}$$

As forças associadas com o arrasto de forma e com o arrasto por atrito são então obtidas de

$$F_{\text{forma}}(t) = \int_0^{2\pi}\int_0^{\pi} (-\mathcal{P}|_{r=R} \cos\theta) R^2 \operatorname{sen}\theta \, d\theta \, d\phi \tag{6.3-2}$$

$$F_{\text{atrito}}(t) = \int_0^{2\pi}\int_0^{\pi} \left(-\mu \left[r\frac{\partial}{\partial r}\left(\frac{v_\theta}{r}\right) + \frac{1}{r}\frac{\partial v_r}{\partial \theta} \right]\Bigg|_{r=R} \operatorname{sen}\theta \right) R^2 \operatorname{sen}\theta \, d\theta \, d\phi \tag{6.3-3}$$

Como v_r é zero em toda a superfície da esfera, o termo contendo $\partial v_r/\partial\theta$ é zero.

Se agora separarmos f em duas partes como segue

$$f = f_{\text{forma}} + f_{\text{atrito}} \tag{6.3-4}$$

então, da definição expressa pela Eq. 6.1-5, obtemos

$$f_{\text{forma}}(\breve{t}) = \frac{2}{\pi}\int_0^{2\pi}\int_0^{\pi} (-\breve{\mathcal{P}}|_{\breve{r}=1} \cos\theta) \operatorname{sen}\theta \, d\theta \, d\phi \tag{6.3-5}$$

$$f_{\text{atrito}}(\breve{t}) = -\frac{4}{\pi}\frac{1}{\text{Re}}\int_0^{2\pi}\int_0^{\pi} \left[\breve{r}\frac{\partial}{\partial \breve{r}}\left(\frac{\breve{v}_\theta}{\breve{r}}\right)\right]\Bigg|_{\breve{r}=1} \operatorname{sen}^2\theta \, d\theta \, d\phi \tag{6.3-6}$$

O fator de atrito é expresso aqui em termos de variáveis adimensionais

$$\breve{\mathcal{P}} = \frac{\mathcal{P}}{\rho v_\infty^2} \qquad \breve{v}_\theta = \frac{v_\theta}{v_\infty} \qquad \breve{r} = \frac{r}{R} \qquad \breve{t} = \frac{v_\infty t}{R} \tag{6.3-7}$$

e de um número de Reynolds definido como

$$\text{Re} = \frac{D v_\infty \rho}{\mu} = \frac{2R v_\infty \rho}{\mu} \tag{6.3-8}$$

Para calcular $f(\breve{t})$ teríamos de conhecer $\breve{\mathcal{P}}$ e $\breve{v}_\theta$ em função de $\breve{r}$, θ, ϕ e $\breve{t}$.

Sabemos que para o escoamento incompressível essas distribuições podem, *em princípio,* ser obtidas da solução das Eqs. 3.7-8 e 9 juntamente com as condições de contorno

C.C. 1: em $\breve{r} = 1$, $\breve{v}_r = 0$ e $\breve{v}_\theta = 0$ (6.3-9)

C.C. 2: em $\breve{r} = \infty$, $\breve{v}_z = 1$ (6.3-10)

C.C. 3: em $\breve{r} = \infty$, $\breve{\mathcal{P}} = 0$ (6.3-11)

e alguma condição inicial apropriada para $\breve{\mathbf{v}}$. Considerando que as condições de contorno e inicial não introduzem nenhum outro grupo adimensional, sabemos que os perfis de pressões e velocidades adimensionais terão as seguintes formas:

$$\breve{\mathcal{P}} = \breve{\mathcal{P}}(\breve{r}, \theta, \phi, \breve{t}; \text{Re}) \qquad \breve{\mathbf{v}} = \breve{\mathbf{v}}(\breve{r}, \theta, \phi, \breve{t}; \text{Re}) \tag{6.3-12}$$

Quando essas expressões são substituídas nas Eqs. 6.3-5 e 6, fica evidente que o fator de atrito da Eq. 6.3-4 deve ter a forma $f(\breve{t}) = f(\text{Re}, \breve{t})$, cuja média temporal para flutuações turbulentas, simplifica para

$$f = f(\text{Re}) \tag{6.3-13}$$

usando-se argumentos similares àqueles da Seção 6.2. Então, da definição de fator de atrito e da forma adimensional das equações de balanço juntamente com as condições de contorno, resulta que f deve ser uma função de Re apenas.

Muitas medidas experimentais da força de arrasto sobre esferas estão disponíveis, e quando essas são plotadas na forma adimensional, resulta a Fig. 6.3-1. Para esse sistema não existe nenhuma transição abrupta de uma curva de escoamento laminar instável para uma de escoamento turbulento estável para tubos longos em número de Reynolds em torno de 2100 (veja a Fig. 6.2-2). Ao contrário, quando a velocidade de aproximação aumenta, f varia suave e moderadamente até números de Reynolds da ordem de 10^5. O degrau na curva em torno de Re = 2×10^5 está associado com o deslocamento da zona de separação da camada limite da região frontal do equador para a parte de trás do equador da esfera.[1]

Associamos as discussões do escoamento em tubo e do escoamento em torno de uma esfera para enfatizar o fato de que vários sistemas de escoamento comportam-se de maneiras bastante distintas. Vários pontos de diferença entre os dois sistemas são:

Escoamento em Tubos	**Escoamento em torno de Esferas**
• Transição laminar–turbulento bem definida em Re = 2100	• Transição laminar–turbulento não definida
• A única contribuição para f é a força de atrito	• Contribuições para f de ambos os arrastos, por atrito e de forma
• Não ocorre separação da camada limite	• Existe um degrau na curva f *versus* Re associado ao deslocamento da zona de separação

A forma geral das curvas das Figs. 6.1-2 e 6.3-1 devem ser cuidadosamente relembradas.

Para a *região de escoamento lento,* já sabemos que a força de arrasto é dada pela lei de *Stokes* que é uma conseqüência de resolver-se a equação da continuidade e a equação de Navier–Stokes do movimento sem o termo $\rho D\mathbf{v}/Dt$. A lei de Stokes pode ser rearranjada para a mesma forma que a Eq. 6.1-5, obtendo-se

$$F_k = (\pi R^2)(\tfrac{1}{2}\rho v_\infty^2)\left(\frac{24}{Dv_\infty \rho/\mu}\right) \tag{6.3-14}$$

Então, para o *escoamento lento* em torno de uma esfera,

$$f = \frac{24}{\text{Re}} \quad \text{para Re} < 0{,}1 \tag{6.3-15}$$

e esta é a linha reta assintótica quando Re → 0 na curva do fator de atrito da Fig. 6.3-1.

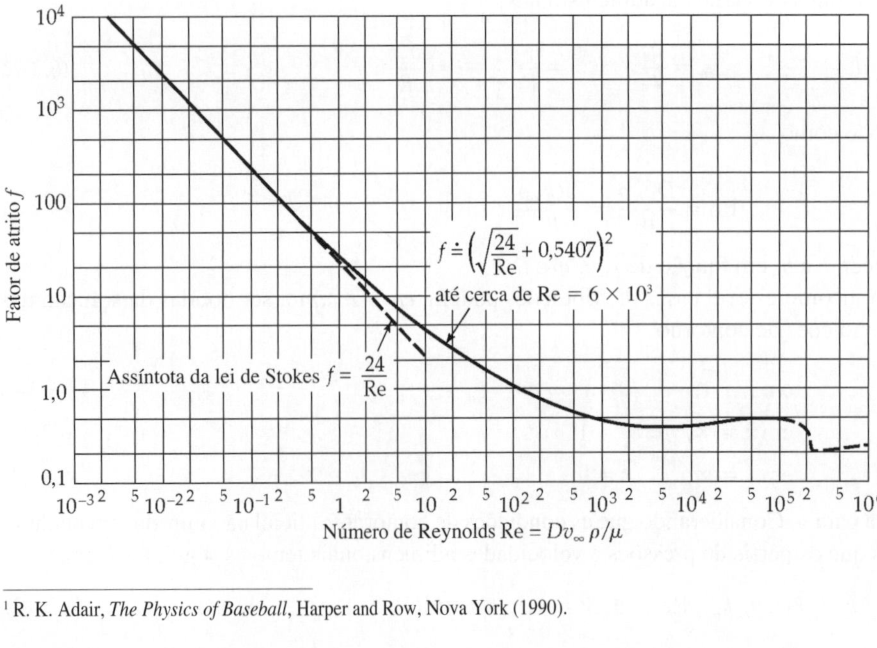

Fig. 6.3-1 Fator de atrito (ou coeficiente de arrasto) para esferas movendo-se em relação a um fluido com velocidade v_∞. A definição de f é dada na Eq. 6.1-5 . [Curva originária de C. E. Lapple, "Dust and Mist Collection", em *Chemical Engineers' Handbook*, (J. H. Perry, ed.), McGraw-Hill, Nova York, 3ª ed. (1950), p. 1018.]

[1] R. K. Adair, *The Physics of Baseball*, Harper and Row, Nova York (1990).

Para valores mais altos do número de Reynolds, a Eq. 4.2-21 descreve f acuradamente até cerca de Re = 1. Todavia, a expressão empírica[2]

$$f = \left(\sqrt{\frac{24}{\text{Re}}} + 0{,}5407 \right)^2 \quad \text{para Re} < 6000 \tag{6.3-16}$$

é simples e útil. É importante lembrar que

$$f \approx 0{,}44 \quad \text{para } 5 \times 10^2 < \text{Re} < 1 \times 10^5 \tag{6.3-17}$$

cobre uma ampla faixa de números de Reynolds. A Eq. 6.3-17 é denominada, às vezes, de *lei de Newton da resistência*; ela é muito prática para estimativas. De acordo com ela, a força de arrasto é proporcional ao quadrado da velocidade de aproximação do fluido.

Muitas extensões da Fig. 6.3-1 foram feitas, mas um estudo sistemático delas foge ao escopo deste texto. Dentre os temas que foram estudados estão os efeitos de parede[3] (veja o Problema 6C.2), queda de gotas com circulação interna,[4] sedimentação obstada (isto é, queda simultânea de muitas partículas[5] que interferem umas com as outras[*]), escoamento transiente[6] e a queda de partículas não-esféricas.[7]

EXEMPLO 6.3-1

Determinação do Diâmetro de uma Esfera em Queda

Esferas de vidro com densidade $\rho_{esf} = 2{,}62$ g/cm^3 caem através de CCl_4 líquido a 20°C em um experimento para estudar o tempo de reações humanas ao fazer observações temporais com cronômetros e instrumentos mais elaborados. Nessa temperatura, as propriedades relevantes do CCl_4 são $\rho = 1{,}59$ g/cm^3 e $\mu = 9{,}58$ milipoises. Que diâmetro devem ter as esferas para que as velocidades terminais sejam de cerca de 65 cm/s?

SOLUÇÃO

Para determinar o diâmetro da esfera, temos de resolver a Eq. 6.1-7 para D. Todavia, nessa equação devemos conhecer D de modo a obter f; e f é dado pela curva contínua da Fig. 6.3-1. Um procedimento de tentativa-e-erro pode ser usado, tomando $f = 0{,}44$ como primeira tentativa.

Alternativamente, podemos resolver a Eq. 6.1-7 para f e então notar que f/Re é uma grandeza independente de D:

$$\frac{f}{\text{Re}} = \frac{4}{3} \frac{g\mu}{\rho v_\infty^3} \left(\frac{\rho_{\text{esf}} - \rho}{\rho} \right) \tag{6.3-18}$$

A grandeza no lado direito dessa última equação pode ser calculada com as informações anteriores e será chamada C. Então, temos duas equações para resolver simultaneamente:

$$f = C\,\text{Re} \qquad \text{da Eq. 6.3-18} \tag{6.3-19}$$

$$f = f(\text{Re}) \qquad \text{da Fig. 6.3-1} \tag{6.3-20}$$

A Eq. 6.3-19 é uma linha reta com coeficiente angular unitário sobre um diagrama log-log de f *versus* Re.

Para o presente problema, temos

$$C = \frac{4}{3} \frac{(980)(9{,}58 \times 10^{-3})}{(1{,}59)(65)^3} \left(\frac{2{,}62 - 1{,}59}{1{,}59} \right) = 1{,}86 \times 10^{-5} \tag{6.3-21}$$

[2] F. F. Abraham, *Physics of Fluids*, **13**, 2194 (1970); M. Van Dyke, *Physics of Fluids*, **14**, 1038–1039 (1971).

[3] J. R. Strom e R. C. Kintner, *AIChE Journal*, **4**, 153–156 (1958).

[4] L. Landau e E. M. Lifshitz, *Fluid Mechanics*, Pergamon Press, Oxford, 2.ª ed. (1987), pp. 65–66; S. Hu e R. C. Kintner, *AIChE Journal*, **1**, 42–48 (1955).

[5] C. E. Lapple, *Fluid and Particle Mechanics*, University of Delaware Press, Newark, Del. (1951), Cap. 13; R. F. Probstein, *Physicochemical Hydrodynamics*, Wiley, Nova York, 2.ª ed. (1994), Seção 5.4.

[*] Mais comumente referido por "efeito de população". (*N.T.*)

[6] R. R. Hughes e E. R. Gilliland, *Chem. Eng. Prog.*, **48**, 497–504 (1952); L. Landau e E. M. Lifshitz, *Fluid Mechanics*, Pergamon Press, Oxford, 2.ª ed. (1987), pp. 90–91.

[7] E. S. Pettyjohn e E. B. Christiansen, *Chem. Eng. Prog.*, **44**, 147 (1948); H. A. Becker, *Can. J. Chem. Eng.*, **37**, 885–891 (1959); S. Kim e S. J. Karrila, *Microhydrodynamics: Principles and Selected Applications*, Butterworth-Heinemann, Boston (1991), Cap. 5.

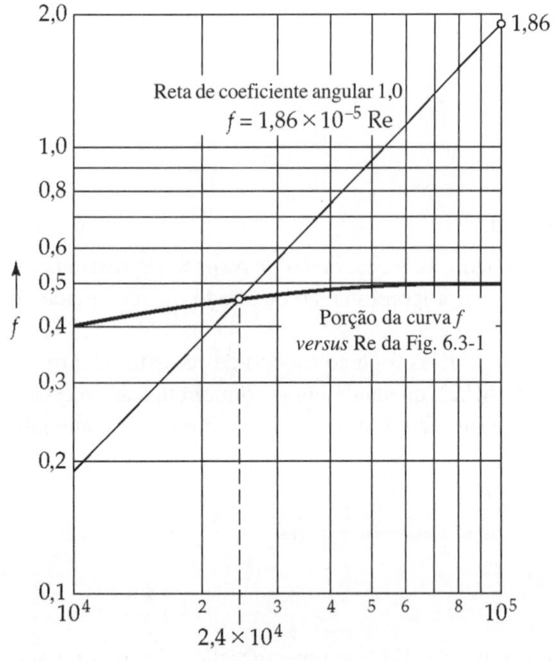

Fig. 6.3-2 Procedimento gráfico usado no Exemplo 6.3-1.

Então, para Re = 10, de acordo com a Eq. 6.3-19, $f = 1{,}86$. A reta de coeficiente angular 1 passando por $f = 1{,}86$ e Re = 10^5 é mostrada na Fig. 6.3-2. Essa reta intercepta a curva da Eq. 6.3-20 (isto é, a curva da Fig. 6.3-1) em Re $= Dv_\infty \rho/\mu = 2{,}4 \times 10^4$.

O diâmetro da esfera é então calculado

$$D = \frac{\text{Re}\,\mu}{\rho v_\infty} = \frac{(2{,}4 \times 10^4)(9{,}58 \times 10^{-3})}{(1{,}59)(65)} = 2{,}2 \text{ cm} \tag{6.3-22}$$

6.4 FATORES DE ATRITO PARA COLUNAS RECHEADAS

Nas duas seções anteriores, discutimos correlações para o fator de atrito em dois sistemas simples de escoamento, de interesse razoavelmente amplo. Diagramas para o fator de atrito estão disponíveis para diversos outros sistemas, tais como o escoamento transversal sobre um cilindro, o escoamento sobre feixes tubulares, o escoamento próximo a chicanas e o escoamento em torno e nas proximidades de discos girantes. Esses e muitos outros estão resumidos em vários trabalhos de referência.[1] Um sistema complexo de considerável interesse em engenharia química é a coluna recheada, largamente usada para reatores catalíticos e processos de separação.

Dois enfoques principais têm sido usados no desenvolvimento de expressões para o fator de atrito em colunas recheadas. Em um método, a coluna recheada é visualizada como um feixe de tubos emaranhados, com seções transversais irregulares; a teoria é então desenvolvida aplicando-se os resultados obtidos anteriormente para um tubo reto, ao feixe de tubos recurvados. No segundo método a coluna recheada é considerada como um conjunto de objetos submersos, e a queda de pressão é obtida somando-se as resistências das partículas submersas.[2] As teorias dos feixes de tubos têm sido um pouco mais bem-sucedidas, e serão discutidas aqui. A Fig. 6.4-1(*a*) mostra uma coluna recheada e a Fig. 6.1-4(*b*) ilustra o modelo de feixe de tubos.

[1] P. C. Carman, *Flow of Gases through Porous Media,* Butterworths, London (1956); J. G. Richardson, Seção 16 em *Handbook of Fluid Dynamics* (V. L. Streeter, ed.), McGraw-Hill, Nova York (1961); M. Kaviany, Cap. 21 em *The Handbook of Fluid Dynamics* (R. W. Johnson, ed.), CRC Press, Boca Raton, Fla. (1998).

[2] W. E. Ranz, *Chem. Eng. Prog.*, **48**, 274–253 (1952); H. C. Brinkman, *Appl. Sci. Research,* **A1**, 27–34, 81–86, 333–346 (1949). **Henri Coenraad Brinkman** (1908–1961) realizou pesquisas sobre aquecimento por dissipação viscosa, escoamento em meios porosos e física de plasmas; ele lecionou na Universidade de Bandung, Indonésia, de 1949 a 1954, onde escreveu a obra *The Application of Spinor Invariants to Atomic Physics.*

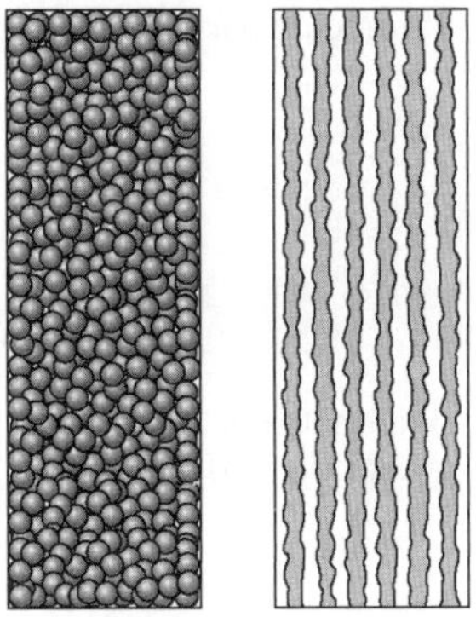

Fig. 6.4-1 (*a*) Um tubo cilíndrico recheado com esferas; (*b*) um modelo de "feixe tubular" para a coluna recheada de (*a*).

Diversos materiais podem ser usados como recheio de colunas: esferas, cilindros, selas de Berl, e assim por diante. Na discussão que se segue supõe-se que o recheio é uniforme, de modo que não ocorrem "caminhos preferenciais" (na prática, "caminhos preferenciais" ocorrem comumente e, nesse caso, o desenvolvimento dado aqui não se aplica). Além disso, supomos que o diâmetro das partículas de recheio é pequeno em comparação com o diâmetro da coluna onde o recheio está contido, e que o diâmetro da coluna é uniforme.

Definimos o fator de atrito para colunas recheadas analogamente a Eq. 6.1-4:

$$f = \frac{1}{4}\left(\frac{D_p}{L}\right)\left(\frac{\mathcal{P}_0 - \mathcal{P}_L}{\frac{1}{2}\rho v_0^2}\right) \tag{6.4-1}$$

onde L é o comprimento da coluna recheada, D_p é o tamanho efetivo de partícula (definido adiante) e v_0 é a *velocidade superficial;* isto é, a vazão volumétrica dividida pela seção transversal da coluna vazia, $v_0 = w/\rho S$.

A queda de pressão através de um tubo representativo do modelo de feixe tubular é dada pela Eq. 6.2-17

$$\mathcal{P}_0 - \mathcal{P}_L = \frac{1}{2}\rho\langle v\rangle^2\left(\frac{L}{R_h}\right)f_{\text{tubo}} \tag{6.4-2}$$

onde o fator de atrito para um dado tubo, f_{tubo}, é uma função do número de Reynolds, $\text{Re}_h = 4R_h\langle v\rangle\rho/\mu$. Quando essa diferença de pressão é substituída na Eq. 6.4-1, obtemos

$$f = \frac{1}{4}\frac{D_p}{R_h}\frac{\langle v\rangle^2}{v_0^2}f_{\text{tubo}} = \frac{1}{4\epsilon^2}\frac{D_p}{R_h}f_{\text{tubo}} \tag{6.4-3}$$

Na segunda expressão introduzimos a *fração de vazios,** ε, que é a fração do volume da coluna não ocupada pelo recheio. Então $v_0 = \langle v\rangle\varepsilon$, que resulta da definição de velocidade superficial. Agora, precisamos de uma expressão para R_h.

O raio hidráulico pode ser expresso em termos da fração de vazios, ε, e da superfície molhada por unidade de volume de leito, a, conforme segue:

$$\begin{aligned} R_h &= \left(\frac{\text{seção transversal disponível para escoamento}}{\text{perímetro molhado}}\right) \\ &= \left(\frac{\text{volume disponível para o escoamento}}{\text{superfície molhada total}}\right) \\ &= \frac{\left(\dfrac{\text{volume de vazios}}{\text{volume de leito}}\right)}{\left(\dfrac{\text{superfície molhada total}}{\text{volume de leito}}\right)} = \frac{\varepsilon}{a} \end{aligned} \tag{6.4-4}$$

* Mais freqüentemente referida como *porosidade*. (*N.T.*)

A grandeza a relaciona-se à superfície específica, a_v (área total da superfície das partículas por volume de partículas), por

$$a_v = \frac{a}{1 - \varepsilon} \tag{6.4-5}$$

A grandeza a_v, por outro lado, é usada para definir o tamanho médio de partícula, D_p, conforme segue:

$$D_p = \frac{6}{a_v} \tag{6.4-6}$$

Essa definição foi escolhida porque, para uma população de esferas idênticas, D_p é exatamente o diâmetro de uma esfera. Das três últimas expressões, resulta que o raio hidráulico é $R_h = D_p\varepsilon/6(1 - \varepsilon)$. Quando essa expressão é substituída na Eq. 6.4-3, obtemos

$$f = \frac{3}{2}\left(\frac{1 - \varepsilon}{\varepsilon^3}\right) f_{\text{tubo}} \tag{6.4-7}$$

Agora, adaptamos esse resultado para escoamentos laminar e turbulento, inserindo nele expressões apropriadas para f_{tubo}.

(a) Para o *escoamento laminar* em tubos, $f_{\text{tubo}} = 16/\text{Re}_h$. Esse resultado é exato somente para tubos circulares. Para levar em conta o fato de que o fluido escoa através de tubos não-circulares e que sua trajetória é razoavelmente tortuosa, mostrou-se que a substituição de 16 por 100/3 permite que o modelo de feixe tubular descreva os dados de coluna recheada. Quando essa expressão modificada do fator de atrito em tubos é usada, a Eq. 6.4-7 transforma-se em

$$f = \frac{(1 - \varepsilon)^2}{\varepsilon^3} \frac{75}{(D_p G_0/\mu)} \tag{6.4-8}$$

onde $G_0 = \rho v_0$ é o fluxo de massa através do sistema. Quando essa expressão para f é substituída na Eq. 6.4-1 obtemos

$$\frac{\mathcal{P}_0 - \mathcal{P}_L}{L} = 150\left(\frac{\mu v_0}{D_p^2}\right)\frac{(1 - \varepsilon)^2}{\varepsilon^3} \tag{6.4-9}$$

que é a *equação de Blake–Kozeny*.[3] As Eqs. 6.4-8 e 9 são geralmente boas para $(D_p G_0/\mu(1 - \varepsilon)) < 10$ e para frações de vazio menores que $\varepsilon = 0{,}5$.

(b) Para *escoamentos altamente turbulentos,* um tratamento similar ao anterior pode ser feito. Iniciamos novamente com a expressão que define o fator de atrito para o escoamento em um tubo circular. Dessa vez, todavia, notamos que para o escoamento altamente turbulento em tubos com rugosidade apreciável, o fator de atrito é função somente da rugosidade, independendo do número de Reynolds. Se supusermos que os tubos em todas as colunas recheadas têm características similares de rugosidade, então o valor de f_{tubo} pode ser tomado como sendo uma constante para todos os sistemas. O valor $f_{\text{tubo}} = 7/12$ provou ser uma escolha aceitável. Quando ele é inserido na Eq. 6.4-7, obtemos

$$f = \frac{7}{8}\left(\frac{1 - \varepsilon}{\varepsilon^3}\right) \tag{6.4-10}$$

Quando esse resultado é substituído na Eq. 6.4-1, obtemos

$$\frac{\mathcal{P}_0 - \mathcal{P}_L}{L} = \frac{7}{4}\left(\frac{\rho v_0^2}{D_p}\right)\frac{1 - \varepsilon}{\varepsilon^3} \tag{6.4-11}$$

que é a equação de *Burke–Plummer*,[4] válida para $(D_p G_0/\mu(1 - \varepsilon)) > 1000$. Note que a dependência da fração de vazios é diferente daquela do escoamento laminar.

(c) Para a *região de transição,* podemos superpor as expressões para a queda de pressão (a) e (b) anteriores, obtendo

$$\frac{\mathcal{P}_0 - \mathcal{P}_L}{L} = 150\left(\frac{\mu v_0}{D_p^2}\right)\frac{(1 - \varepsilon)^2}{\varepsilon^3} + \frac{7}{4}\left(\frac{\rho v_0^2}{D_p}\right)\frac{1 - \varepsilon}{\varepsilon^3} \tag{6.4-12}$$

---

[3] F. C. Blake, *Trans. Amer. Inst. Chem. Engrs.*, **14**, 415–421 (1922); J. Kozeny, *Sitzungsber. Akad. Wiss. Wien*, Abt. II*a*, **136**, 271–306 (1927).

[4] S. P. Burke e W. B. Plummer, *Ind. Eng. Chem.*, **20**, 1196–1200 (1928).

Para v_0 muito pequeno ela simplifica-se para a equação de Blake–Kozeny e, para v_0 muito grande, para a equação de Burke-Plummer. Tal superposição empírica de assíntotas freqüentemente fornece resultados satisfatórios. A Eq. 6.4-12 pode ser rearranjada para formar grupos adimensionais:

$$\left(\frac{(\mathcal{P}_0 - \mathcal{P}_L)\rho}{G_0^2}\right)\left(\frac{D_p}{L}\right)\left(\frac{\varepsilon^3}{1-\varepsilon}\right) = 150\left(\frac{1-\varepsilon}{D_p G_0/\mu}\right) + \frac{7}{4} \tag{6.4-13}$$

Essa é a *equação de Ergun,*[5] mostrada na Fig. 6.4-2 juntamente com as equações de Blake–Kozeny e de Burke-Plummer e dados experimentais. Ela tem sido utilizada com sucesso no escoamento de gases através de colunas recheadas usando-se a densidade do gás, $\bar{\rho}$, para a média aritmética das pressões de entrada e saída. Note que, ao longo da coluna, G_0 é constante, enquanto v_0, para um fluido compressível, varia. Para quedas de pressão grandes, todavia, parece mais apropriado aplicar a Eq. 6.4-12 localmente, expressando o gradiente de pressão na forma diferencial.

A equação de Ergun é apenas uma de muitas[6] que têm sido propostas para descrever colunas recheadas. Por exemplo, a *equação de Tallmadge*[7]

$$\left(\frac{(\mathcal{P}_0 - \mathcal{P}_L)\rho}{G_0^2}\right)\left(\frac{D_p}{L}\right)\left(\frac{\varepsilon^3}{1-\varepsilon}\right) = 150\left(\frac{1-\varepsilon}{D_p G_0/\mu}\right) + 4{,}2\left(\frac{1-\varepsilon}{D_p G_0/\mu}\right)^{1/6} \tag{6.4-14}$$

tem sido citada por fornecer boa concordância com dados experimentais na faixa $0{,}1 < (D_p G_0/\mu(1-\varepsilon)) < 10^5$.

A discussão anterior sobre leitos de recheio ilustra como podemos combinar soluções de problemas elementares para criar modelos úteis para sistemas complexos. As constantes que aparecem nos modelos são então determinadas a partir de dados experimentais. Conforme dados experimentais mais precisos tornem-se disponíveis, a modelagem pode ser melhorada.

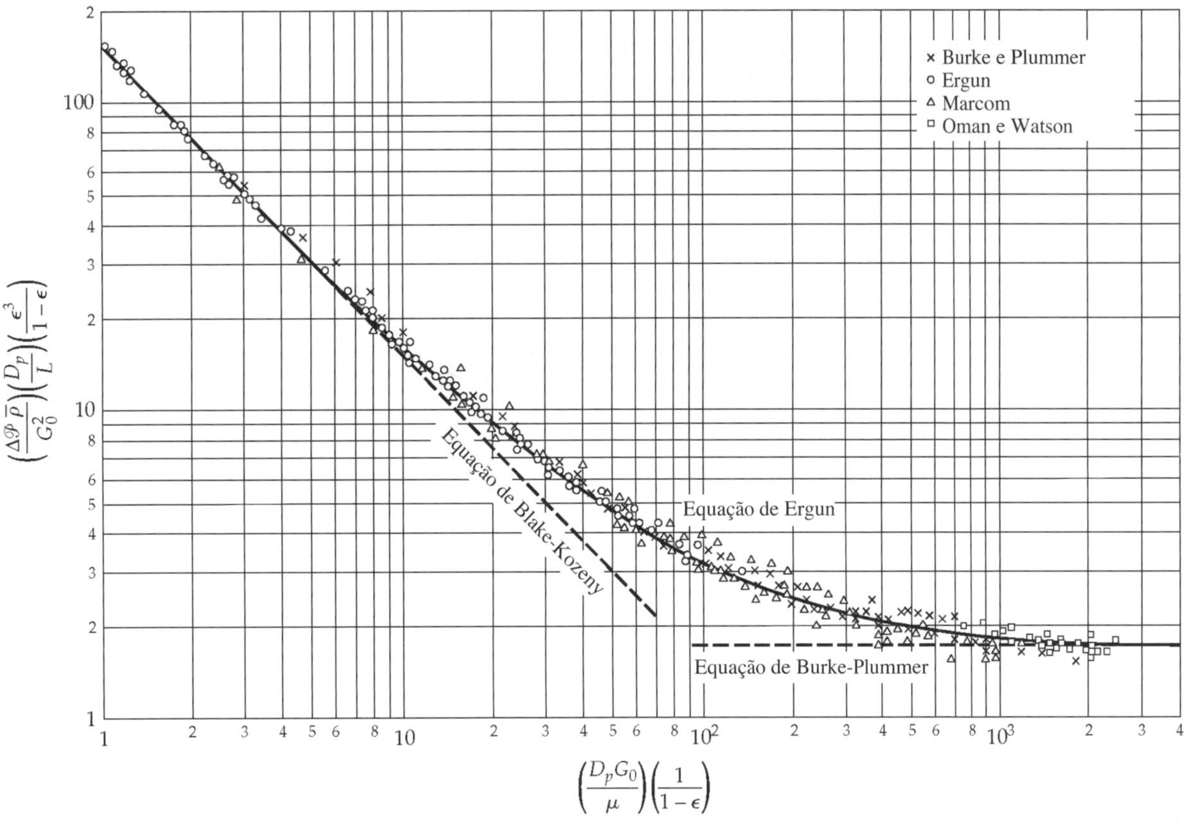

Fig. 6.4-2 A equação de Ergun para o escoamento em leitos de recheio e duas assíntotas relacionadas, a equação de Blake-Kozeny e a equação de Burke-Plummer [S. Ergun, *Chem. Eng. Prog.*, **48**, 89–94 (1952)].

[5] S. Ergun, *Chem. Eng. Prog.*, **48**, 89–94 (1952).

[6] I. F. Macdonald, M. S. El-Sayed, K. Mow e F. A. Dullien, *Ind. Eng. Chem. Fundam.*,**18**, 199–208 (1979).

[7] J. A. Tallmadge, *AIChE Journal*, **16**, 1092–1093 (1970).

QUESTÕES PARA DISCUSSÃO

1. Como diagramas de fatores de atrito *versus* números de Reynolds são gerados a partir de dados experimentais, e por que eles são úteis?
2. Compare e contraste as curvas de fator de atrito para os escoamentos em tubos e em torno de esferas. Por que elas têm formatos diferentes?
3. Na Fig. 6.2-2, por que a curva de f *versus* Re para o escoamento turbulento situa-se acima da curva para o escoamento laminar e não abaixo dela?
4. Discuta a observação que aparece após a Eq. 6.2-18. Será que o uso do raio hidráulico médio para o escoamento laminar prevê uma queda de pressão muito alta ou muito baixa para uma dada vazão?
5. As correlações do fator de atrito podem ser usadas para escoamentos transientes?
6. Qual a relação, se é que ela existe, entre a equação de Blake–Kozeny (Eq. 6.4-9) e a lei de Darcy (Eq. 4C.3-2)?
7. Discuta o escoamento de água através de uma mangueira de regar jardim de diâmetro de $\frac{1}{2}$ in, que é conectada a uma torneira onde a pressão disponível de 70 psig.
8. Por que a Eq. 6.4-12 foi reescrita na forma da Eq. 6.4-13?
9. Um comentarista de *baseball* declara: "Devido à elevada umidade do dia de hoje, a bola de *baseball* não pode ir tão longe através do ar úmido e pesado como iria em um dia seco." Comente criticamente essa afirmação.

PROBLEMAS

6A.1 **Queda de pressão necessária para um tubo com conexões.** Qual a queda de pressão necessária para bombear água a 20°C através de um tubo de 25 cm de diâmetro e 1234 m de comprimento a uma velocidade de 1,97 m/s? A tubulação está numa mesma elevação e possui quatro joelhos de 90° e dois de 45°, de raios padrões. A resistência de um joelho de 90° de raio padrão é aproximadamente equivalente àquela oferecida por um tubo com o comprimento de 82 diâmetros; para um joelho de 45° são 15 diâmetros. (Um método alternativo para o cálculo de perdas em conexões é dado na Seção 7.5.)
Resposta: 4630 psi = 21,5 MPa

6A.2 **Diferença de pressão necessária para o escoamento em uma tubulação com mudança de elevação** (Fig. 6A.2). Água a 68°F deve ser bombeada através de 95 ft de tubo padrão de 3 in (diâmetro interno 3,068 in) para um reservatório elevado. **(a)** Qual a pressão necessária na descarga da bomba para suprir água ao reservatório elevado na vazão de 18 gal/min? A 68°F a viscosidade da água é de 1,002 cp e a densidade é de 0,9982 g/ml.

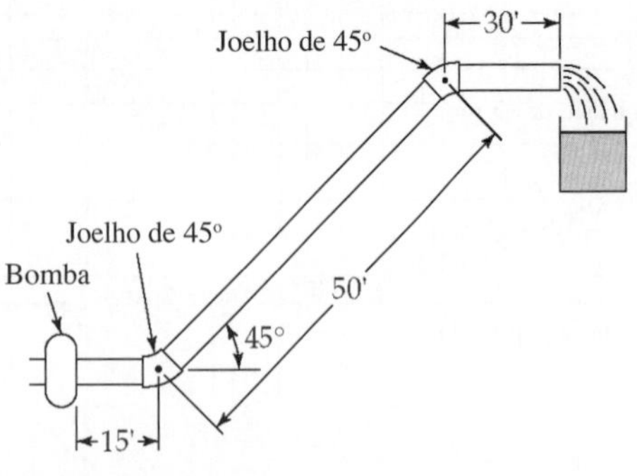

Fig. 6A.2 Sistema de escoamento em tubos.

(b) Que percentagem da queda de pressão é necessária para vencer o atrito de escoamento?
Resposta: **(a)** 15,2 psig

6A.3 **Vazão para uma dada queda de pressão.** Quantos gal/h de água a 68°F podem ser transportados através de um comprimento de 1320 ft de tubulação com DI de 6,00 in sob uma diferença de pressão 0,25 psi. Suponha que o tubo é "hidraulicamente liso".
(a) Resolva pelo Método A do Exemplo 6.2-2.

(b) Resolva pelo Método B do Exemplo 6.2-2.
Resposta: **(a)** 4070 gal/h

6A.4 Movimento de uma esfera em um líquido. Uma esfera oca com 5,00 mm de diâmetro e massa de 0,0500 g é lançada em uma coluna de líquido e atinge uma velocidade terminal de 0,500 cm/s. A densidade do líquido é de 0,900 g/cm^3. A aceleração da gravidade local é de 980,7 cm/s^2. A esfera está suficientemente afastada das paredes do vaso de modo que seus efeitos podem ser desprezados.
(a) Calcule a força de arrasto sobre a esfera em dinas.
(b) Calcule o fator de atrito.
(c) Determine a viscosidade do líquido em centipoises.
Respostas: **(a)** 8,7 dinas; **(b)** $f = 396$; **(c)** 370 cp

6A.5 Diâmetro de uma esfera para dada velocidade terminal.
(a) Explique como determinar o diâmetro da esfera, D, correspondente a valores dados de v_∞, ρ, ρ_s, μ e g fazendo uma construção gráfica sobre a Fig. 6.3-1.
(b) Refaça o Problema 2A.4 usando a Fig. 6.3-1.
(c) Refaça (b) quando a velocidade do gás for de 10 ft/s.

6A.6 Estimativa da fração de vazios de uma coluna recheada. Um tubo de 146 in^2 de seção transversal e 73 in de altura é recheado com partículas esféricas de 2 mm de diâmetro. Quando uma diferença de pressão de 158 psi é mantida através da coluna, uma solução aquosa de sacarose a 60% e a 20°C escoa através do leito a uma vazão de 244 lb/min. Nessa temperatura, a viscosidade da solução é 56,5 cp e sua densidade é de 1,2865 g/cm^3. Qual a fração de vazios do leito? Discuta a utilidade deste método para obtenção de fração de vazios.
Resposta: 0,30

6A.7 Estimativas de quedas de pressão em escoamento anular. Para o escoamento em um ânulo formado por superfícies cilíndricas de D e κD (com $\kappa < 1$) o fator de atrito para regimes laminar e turbulento é

Laminar $$f = \frac{16}{\text{Re}_\kappa} \tag{6A.7-1}$$

Turbulento $$\sqrt{\frac{1}{f}} = G \log_{10}(\text{Re}_\kappa \sqrt{f}) - H \tag{6A.7-2}$$

onde o número de Reynolds é definido por

$$\text{Re}_\kappa = K \frac{D(1-\kappa)\langle \bar{v}_z \rangle \rho}{\mu} \tag{6A.7-3}$$

Os valores de G, H e K são dados como:[1]

κ	G	H	K
0,00	4,000	0,400	1,000
0,05	3,747	0,293	0,7419
0,10	3,736	0,239	0,7161
0,15	3,738	0,208	0,7021
0,20	3,746	0,186	0,6930
0,30	3,771	0,154	0,6820
0,40	3,801	0,131	0,6759
0,50	3,833	0,111	0,6719
0,60	3,866	0,093	0,6695
0,70	3,900	0,076	0,6681
0,80	3,933	0,060	0,6672
0,90	3,967	0,046	0,6668
1,00	4,000	0,031	0,6667

[1] D. M. Meter e R. B. Bird, *AIChE Journal*, **7**, 41–45 (1961).

A Eq. 6A.7-2 é baseada no Problema 5C.2 e reproduz os dados experimentais com incerteza de 3% até números de Reynolds de 20.000.

(a) Verifique que as Eqs. 6A.7-1 e 2 são equivalentes aos resultados dados na Seção 2.4.

(b) Um duto anular é formado a partir de superfícies cilíndricas de diâmetros de 6 in e 15 in. Deseja-se bombear água a 60°F na vazão de 1500 ft^3/s. Que queda de pressão por unidade de comprimento do tubo é necessária, se o ânulo é horizontal? Use a Eq. 6A.7-2.

(c) Repita (b) usando o empirismo "raio hidráulico médio".

6A.8 Força sobre uma torre de água em um vendaval. Uma torre de água tem um tanque reservatório esférico de 40 ft de diâmetro. Em um vendaval de 100 mph qual a força que o vento faz sobre o reservatório a 0°C? Suponha que a densidade do ar seja de 1,29 g/litro ou 0,08 lb/ft^3 e que a viscosidade seja de 0,017 cp.
Resposta: 17.000 lb_f

6A.9 Escoamento de gás através de uma coluna recheada. Um tubo horizontal com diâmetro de 4 in e comprimento de 5,5 ft é recheado com esferas de vidro de 1/16 in sendo a fração de vazios 0,41. Dióxido de carbono deve ser bombeado através do tubo a 300 K, temperatura na qual sua viscosidade é de $1,495 \times 10^{-4}$ g/cm·s. Qual será a vazão mássica através da coluna quando as pressões de entrada e saída forem, respectivamente, 25 atm e 3 atm?
Resposta: 480 g/s

6A.10 Determinação do diâmetro de um tubo. Qual o diâmetro de tubo circular que é necessário para produzir uma vazão de 250 firkins por quinzena, quando existe uma queda de pressão de 3×10^5 scruples por barleycorn quadrado? O tubo é horizontal. (Os autores agradecem ao professor R. S. Kirk da Universidade de Massachusetts que os apresentou a essas unidades.)

6B.1 Efeito de erros nos cálculos de fator de atrito. Em um cálculo usando a fórmula de Blasius para o escoamento turbulento em tubos, o número de Reynolds utilizado estava errado 4% para menos. Calcule o erro resultante no fator de atrito.
Resposta: Erro de 1%, para mais

6B.2 Fator de atrito para o escoamento ao longo de uma placa plana.[2]

(a) Uma expressão para força de arrasto sobre uma placa plana molhada em ambas as faces é dada na Eq. 4.4-30. Essa equação foi obtida usando-se a teoria da camada-limite *laminar* que se sabe ter boa concordância com dados experimentais. Defina um fator de atrito e número de Reynolds, e obtenha a relação de *f versus* Re.

(b) Para o *escoamento turbulento*, um tratamento aproximado de camada-limite baseado na lei de distribuição de velocidades com potência 1/7 fornece

$$F_k = 0,072 \rho v_\infty^2 WL(Lv_\infty \rho / \mu)^{-1/5} \quad (6B.2\text{-}1)$$

Quando 0,072 é substituído por 0,074, essa relação descreve a força de arrasto dentro dos limites do erro experimental para $5 \times 10^5 < Lv_\infty\rho/\mu < 2 \times 10^7$. Expresse o fator de atrito correspondente como uma função do número Reynolds.

6B.3 Fator de atrito para o escoamento laminar em uma fenda. Use os resultados do Problema 2B.3 para mostrar que, para o regime laminar de escoamento em uma fenda estreita de espessura $2B$, o fator de atrito é $f = 12/\text{Re}$, se o número de Reynolds é definido como $\text{Re} = 2B\langle v_z \rangle \rho/\mu$. Compare esse resultado para f com aquele que seria obtido do empirismo raio hidráulico médio.

6B.4 Fator de atrito para um disco rotativo.[3] Um disco fino circular de diâmetro R é imerso em uma grande massa fluida com densidade ρ e viscosidade μ. Se um torque T_z é necessário para fazer o disco girar com uma velocidade angular Ω, então um fator de atrito f pode ser definido analogamente a Eq. 6.1-1 conforme segue,

$$T_z/R = AKf \quad (6B.4\text{-}1)$$

onde definições razoáveis para K e A são $K = \frac{1}{2}\rho(\Omega R)^2$ e $A = 2(\pi R^2)$. Uma escolha apropriada para o número de Reynolds desse sistema é $\text{Re} = R^2\Omega\rho/\mu$.

[2] H. Schlichting, *Boundary-Layer Theory*, McGraw-Hill, Nova York, 7.ª ed. (1979), Cap. XXI.

[3] T. von Kármán, *Zeits. für angew. Math. u. Mech.*, **1**, 233–252 (1921).

Para o escoamento *laminar,* um desenvolvimento exato de camada limite fornece

$$T_z = 0{,}616\pi\rho R^4\sqrt{\mu\Omega^3/\rho} \tag{6B.4-2}$$

Para o escoamento *turbulento* um tratamento de camada-limite aproximado baseado na lei de distribuição de velocidades de potência 1/7 leva a

$$\mathcal{T} = 0{,}073\rho\Omega^2R^5\sqrt[5]{\mu/R^2\Omega\rho} \tag{6B.4-3}$$

Expresse esses resultados como relações entre f e Re.

6B.5 Escoamento turbulento em tubos horizontais. Um fluido escoa com uma vazão mássica w em um tubo horizontal e liso de comprimento L e diâmetro D, como resultado de uma diferença de pressão $p_0 - p_L$. Sabe-se que o escoamento é turbulento.

O tubo deve ser substituído por um outro de diâmetro $D/2$, mas de mesmo comprimento. O mesmo fluido deverá ser bombeado com a mesma vazão mássica w. Qual diferença de pressão será necessária?

(a) Use a Eq. 6.2-12 como uma equação adequada para o fator de atrito.

(b) Como esse problema pode ser resolvido usando a Fig. 6.2-2 caso a Eq. 6.2-12 não seja apropriada?

Resposta: **(a)** Uma diferença de pressão 27 vezes maior será necessária.

6B.6 Inadequação do raio hidráulico médio para escoamento laminar.

(a) Para o escoamento laminar em um ânulo com raios κR e R, use as Eqs. 6.2-17 e 18 para obter uma expressão para a velocidade média em termos da diferença de pressão, análoga à expressão exata dada na Eq. 2.4-16.

(b) Qual o erro percentual no resultado de (a) para $\kappa = \frac{1}{2}$?

Resposta: 47%

6B.7 Queda de esfera na região da lei de Newton do arrasto. Uma esfera inicialmente em repouso em $z = 0$ cai sob a ação da gravidade. As condições são tais que, após um intervalo de tempo desprezível, a esfera cai sob a ação de uma força resistiva proporcional ao quadrado de sua velocidade.

(a) Determine a distância z percorrida pela esfera em queda como uma função de t.

(b) Qual a velocidade terminal da esfera? Suponha que a densidade do fluido seja muito menor que a densidade da esfera.

Resposta: **(a)** A distância é $z = (1/c^2g)\ln\cosh cgt$, onde $c^2 = (0{,}44)(\rho/\rho_{\text{esf}})$; **(b)** $1/c$

6B.8 Projeto de um experimento para verificar o diagrama *f versus* Re para esferas. Deseja-se projetar um experimento para testar o diagrama de fator de atrito da Fig. 6.3-1 para o escoamento em torno de uma esfera. Especificamente, queremos testar o valor plotado $f = 1$ para Re $= 100$. Isso deve ser feito deixando-se esferas de bronze ($\rho_{\text{esf}} = 8$ g/cm³) cair em água ($\rho = 1$ g/cm³, $\mu = 10^{-2}$ g/cm·s). Qual diâmetro de esfera deve ser usado?

(a) Obtenha uma fórmula que dê o diâmetro procurado em função de f, Re, g, μ, ρ e ρ_{esf} para as condições de velocidade terminal.

(b) Insira valores numéricos e determine o valor do diâmetro da esfera.

Respostas: **(a)** $D = \sqrt[3]{\dfrac{3f\,\text{Re}^2\mu^2}{4(\rho_{\text{esf}} - \rho)\rho g}}$; **(b)** $D = 0{,}048$ cm

6B.9 Fator de atrito para escoamento sobre um cilindro infinito.[4]

O escoamento sobre um cilindro longo é muito diferente daquele sobre uma esfera, e o método introduzido na seção 4.2 não pode ser usado para descrever o sistema. Determinou-se que, quando o fluido se aproxima com uma velocidade v_∞, a força cinética agindo sobre o comprimento L do cilindro é

$$F_k = \frac{4\pi\mu v_\infty L}{\ln(7{,}4/\text{Re})} \tag{6B.9-1}$$

O número de Reynolds é definido aqui como Re $= Dv_\infty\rho/\mu$. A Eq. 6B.9-1 é válida até aproximadamente Re $= 1$. Nessa faixa de Re, qual a fórmula para o fator de atrito em função do número de Re?

[4] G. K. Batchelor, *An Introduction to Fluid Dynamics*, Cambridge University Press (1967), págs. 244–246, 257–261. Para escoamento sobre cilindros finitos, veja J. Happel e H. Brenner, *Low Reynolds Number Hydrodynamics*, Martinus Nijhoff, The Hague (1983), págs. 227–230.

6C.1 Trajetórias de partículas em duas dimensões. Uma esfera de raio R é atirada horizontalmente (na direção x) a uma velocidade alta em ar parado acima do nível do chão. Conforme ela deixa o dispositivo de arremesso, uma esfera idêntica cai a partir da mesma altura acima do nível do chão (na direção y).

(a) Desenvolva equações diferenciais a partir das quais as trajetórias das partículas possam ser calculadas, e que permitam uma comparação do comportamento das duas esferas. Inclua os efeitos do atrito do fluido e adote a hipótese de que fatores de atrito de regime permanente possam ser usados (isto é, a hipótese de regime *quasi* permanente).

(b) Qual esfera atingirá o chão em primeiro lugar?

(c) A resposta de (b) seria a mesma se o número de Reynolds fosse na região da lei de Stokes?

Respostas: **(a)** $\dfrac{dv_x}{dt} = -\dfrac{3}{8}\dfrac{v_x}{R}\sqrt{v_x^2 + v_y^2}\, f \dfrac{\rho_{\text{ar}}}{\rho_{\text{esf}}}$, $\dfrac{dv_y}{dt} = -\dfrac{3}{8}\dfrac{v_y}{R}\sqrt{v_x^2 + v_y^2}\, f \dfrac{\rho_{\text{ar}}}{\rho_{\text{esf}}} + \left(1 - \dfrac{\rho_{\text{ar}}}{\rho_{\text{esf}}}\right) g$, onde $f = f(\text{Re})$ conforme dado pela Fig. 5.3-1, sendo

$$\text{Re} = \frac{2R\sqrt{v_x^2 + v_y^2}\,\rho_{\text{ar}}}{\mu_{\text{ar}}}$$

6C.2 Efeito de parede para uma esfera caindo em um cilindro.[5-7]

(a) Experimentos sobre fatores de atrito para esferas são geralmente conduzidos em tubos cilíndricos. Mostre por análise dimensional que, para tal arranjo, o fator de atrito para uma esfera terá a seguinte dependência:

$$f = f(\text{Re}, R/R_{\text{cil}}) \tag{6C.2-1}$$

onde $\text{Re} = 2Rv_\infty\rho/\mu$, sendo R o raio da esfera, v_∞ a velocidade terminal da esfera e R_{cil} o raio interno do cilindro. Para a região de *escoamento lento,* mostra-se empiricamente que a dependência de f com R/R_{cil} pode ser descrita pela *correção de Landenburg–Faxén,*[5] de modo que

$$f = \frac{24}{\text{Re}}\left(1 + 2{,}1\frac{R}{R_{\text{cil}}}\right) \tag{6C.2-2}$$

Efeitos de parede para gotas em queda também foram estudados.[6]

(b) Projete um experimento para checar o diagrama da Fig. 6.3-1 para esferas. Selecione tamanhos de esferas, dimensões do cilindro e materiais apropriados para os experimentos.

6C.3 Potência cedida a um tanque agitado (Fig. 6C.3). Mostre, por análise dimensional, que a potência, P, cedida por um impelidor rotativo a um fluido incompressível em um tanque agitado pode ser correlacionada para qualquer formato específico de tanque e impelidor pela expressão

$$\frac{P}{\rho N^3 D^5} = \Phi\left(\frac{D^2 N\rho}{\mu}, \frac{DN^2}{g}, Nt\right) \tag{6C.3-1}$$

onde N é velocidade de rotação do impelidor, D é o diâmetro do impelidor, t é o tempo desde o início da operação e Φ é uma função cuja forma deve ser determinada experimentalmente.

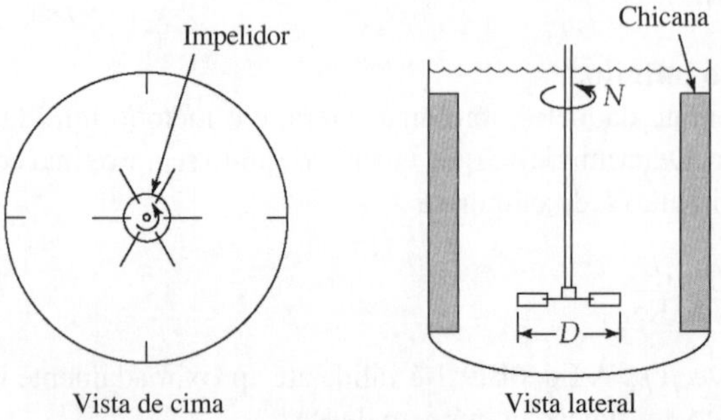

Fig. 6C.3 Tanque agitado com impelidor de seis lâminas e quatro chicanas verticais.

[5] R. Ladenburg, *Ann. Physik* (4), **23**, 447-458 (1907); H. Faxén, dissertação, Uppsala (1921). Para maiores discussões sobre o efeito de parede para esferas caindo, veja J. Happel e H. Brenner, *Low Reynolds Number Hydrodynamics*, Martinus Nijhoff, The Hague (1983).

[6] J. R. Strom e R. C. Kintner, *AIChE Journal*, **4**, 153–156 (1958).

[7] L. Landau e E. M. Lifshitz, *Fluid Mechanics*, Pergamon Press, Oxford (1987), pp. 182–183.

Para a geometria comumente usada mostrada na Fig. 6C.3, a potência é dada pela soma de duas integrais representando as contribuições do arrasto por atrito do corpo e do fundo do tanque cilíndrico e do arrasto de forma das chicanas radiais respectivamente:

$$P = NT_z = N\left(\int_S R(\partial v_\theta / \partial n)_{\text{sup}} dS + \int_A R p_{\text{sup}} dA\right) \tag{6C.3-2}$$

onde T_z é a magnitude do torque necessária para girar o impelidor, S é a área superficial total do tanque, A é a área superficial das chicanas (considerada positiva no lado de "montante" e negativa no lado de "jusante"), R é a distância radial a qualquer elemento de superfície dS ou dA a partir do eixo de rotação do impelidor e n é a distância normal medida a partir de qualquer elemento dS da superfície do tanque para o seio da massa fluida.

A solução desejada pode ser obtida então por análise dimensional das equações do movimento e continuidade, reescrevendo-se as integrais anteriores em uma forma adimensional. Aqui é conveniente usar D, DN e $\rho N^2 D^2$ para comprimento característico, velocidade e pressão, respectivamente.

6D.1 Fator de atrito para uma bolha em um líquido limpo.[7, 8] Quando uma bolha de gás se move através de um líquido, o mesmo se comporta como se existisse um escoamento potencial; isto é, o campo de escoamento na fase líquida é, com boa aproximação, dado pelas Eqs. 4B.5-2 e 3.

A força de arrasto está diretamente relacionada à dissipação da energia na fase líquida (veja a Eq. 4.2-18)

$$F_k v_\infty = E_v \tag{6D.1-1}$$

Mostre que, para um escoamento irrotacional, a expressão geral para a dissipação de energia pode ser transformada na seguinte integral de superfície:

$$E_v = \mu \int (\mathbf{n} \cdot \nabla v^2)\, dS \tag{6D.1-2}$$

Em seguida, mostre que a inserção do perfil de velocidades do escoamento potencial na Eq. 6D.1-2, e o uso da Eq. 6D.1-1 levam a

$$f = \frac{48}{\text{Re}} \tag{6D.1-3}$$

Um cálculo ligeiramente melhorado, que leva em conta a dissipação na camada limite e na esteira turbulenta, conduz ao seguinte resultado:[9]

$$f = \frac{48}{\text{Re}}\left(1 - \frac{2{,}2}{\sqrt{\text{Re}}}\right) \tag{6D.1-4}$$

Este resultado parece valer razoavelmente bem até um número de Reynolds de cerca de 200.

---

[8] G. K. Batchelor, *An Introduction to Fluid Dynamics*, Cambridge University Press, (1967), pp. 367–370.
[9] D. W. Moore, *J. Fluid Mech.*, **16**, 161–176 (1963).

Capítulo 7

BALANÇOS MACROSCÓPICOS PARA SISTEMAS ISOTÉRMICOS EM ESCOAMENTO

Nas quatro primeiras seções do Cap. 3, as *equações de balanço* para sistemas isotérmicos foram apresentadas. Essas equações foram obtidas escrevendo-se as leis de conservação para um "sistema microscópico" — isto é, um pequeno elemento de volume através do qual o fluido estava escoando. Dessa forma, equações diferenciais parciais foram obtidas para os balanços de massa, de momento, de momento angular e de energia mecânica no sistema. O sistema microscópico não tem superfícies sólidas de contorno e as interações do fluido com as superfícies sólidas em sistemas específicos de escoamento são consideradas através das condições de contorno nas equações diferenciais.

Neste capítulo, escreveremos leis similares de conservação para os "sistemas macroscópicos" — ou seja, grandes equipamentos ou suas peças. Uma amostra de um sistema macroscópico é apresentada na Fig. 7.0-1. As equações de balanço para tal sistema são chamadas de *balanços macroscópicos*; para sistemas transientes, eles são equações diferenciais ordinárias e para sistemas estacionários, eles são equações algébricas. Os balanços macroscópicos contêm termos que consideram as interações do fluido com as superfícies sólidas. O fluido pode exercer forças e torques nas superfícies do sistema e as fronteiras podem realizar trabalho W_m no fluido por meio das superfícies móveis.

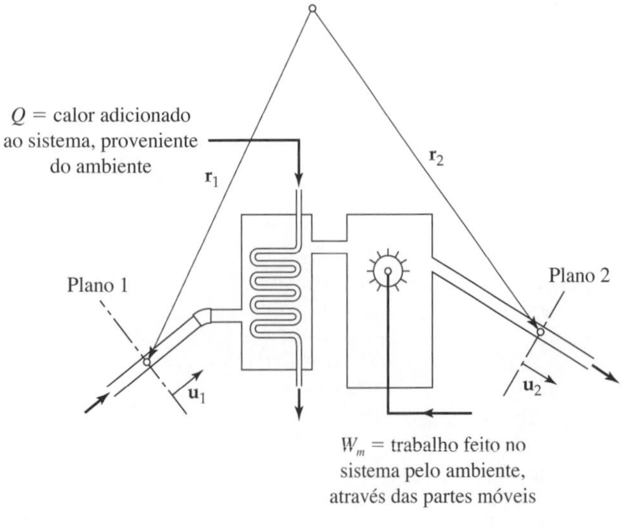

Fig. 7.0-1 Sistema macroscópico em escoamento, com fluido entrando no plano 1 e saindo do plano 2. Pode ser necessário adicionar calor a uma taxa Q, para manter constante a temperatura do sistema. A taxa de realização de trabalho *no* sistema *pelo* ambiente por meio das superfícies móveis é W_m. Os símbolos $\mathbf{u}_1$ e $\mathbf{u}_2$ denotam *vetores unitários* na direção de escoamento nos planos 1 e 2. As quantidades $\mathbf{r}_1$ e $\mathbf{r}_2$ são vetores de posição que fornecem a localização dos centros dos planos de entrada e de saída, com relação a alguma origem designada de coordenadas.

Os balanços macroscópicos podem ser obtidos a partir das equações de balanço, integrando-as ao longo de todo o volume do sistema em escoamento:[1,2]

$$\int_{V(t)} (\text{eq. da continuidade})\, dV = \text{balanço macroscópico de massa}$$

$$\int_{V(t)} (\text{eq. do movimento})\, dV = \text{balanço macroscópico de momento}$$

$$\int_{V(t)} (\text{eq. do momento angular})\, dV = \text{balanço macroscópico de momento angular}$$

$$\int_{V(t)} (\text{eq. da energia mecânica})\, dV = \text{balanço macroscópico da energia mecânica}$$

Os três primeiros desses balanços macroscópicos podem ser obtidos tanto escrevendo as leis de conservação diretamente para sistemas macroscópicos, como fazendo as integrações indicadas. Entretanto, de modo a obter o balanço macroscópico de energia mecânica, a equação correspondente de balanço tem de ser integrada ao longo do sistema macroscópico.

Nas Seções 7.1 a 7.3, estabeleceremos os balanços macroscópicos de massa, de momento, de momento angular e de energia mecânica, escrevendo as leis de conservação. Na Seção 7.4, apresentaremos o balanço macroscópico de energia mecânica adiando a dedução detalhada até a Seção 7.8. No balanço macroscópico de energia mecânica, há um termo chamado "perda por atrito" e devotaremos a Seção7.5 aos métodos de estimação dessa quantidade. Então, nas Seções 7.6 e 7.7, mostraremos como o conjunto de balanços macroscópicos pode ser usado para resolver problemas de escoamento.

Os balanços macroscópicos têm sido largamente utilizados em muitos ramos de engenharia. Eles fornecem descrições globais de grandes sistemas sem considerar muitos detalhes da dinâmica dos fluidos dentro dos sistemas. Freqüentemente, eles são úteis para fazer uma avaliação inicial de um problema de engenharia e para fazer estimativas de ordem de grandeza de várias entidades. Algumas vezes eles são usados para deduzir relações aproximadas, que podem então ser modificadas com a ajuda de dados experimentais para compensar os termos que tenham sido omitidos ou sobre as quais haja informação insuficiente.

No uso dos balanços macroscópicos, tem-se de decidir constantemente que termos podem ser omitidos ou tem-se de estimar alguns dos termos. Isso requer (i) intuição, baseada na experiência com sistemas similares, (ii) alguns dados experimentais no sistema, (iii) estudos de visualização de escoamento ou (iv) estimativas de ordem de grandeza. Isso ficará claro quando chegarmos aos exemplos específicos.

Os balanços macroscópicos fazem uso de aproximadamente todos os tópicos cobertos até aqui; logo, o Cap. 7 fornecerá uma boa oportunidade para rever os capítulos precedentes.

7.1 BALANÇO MACROSCÓPICO DE MASSA

No sistema mostrado na Fig. 7.0-1, o fluido entra no sistema pelo plano 1, com seção transversal S_1, e sai pelo plano 2, com seção transversal S_2. A velocidade média é $\langle v_1 \rangle$ no plano de entrada e $\langle v_2 \rangle$ no plano de saída. Nesta e nas próximas seções, introduziremos duas suposições que não são muito restritivas: (i) nos planos 1 e 2, a velocidade média temporal é perpendicular à seção transversal relevante e (ii) nos planos 1 e 2, a densidade e outras propriedades físicas são uniformes ao longo da seção transversal.

A lei de conservação de massa para esse sistema é então

$$\frac{d}{dt} m_{\text{tot}} = \rho_1 \langle v_1 \rangle S_1 - \rho_2 \langle v_2 \rangle S_2 \qquad (7.1\text{-}1)$$

taxa de aumento de massa	taxa de massa que entra no plano 1	taxa de massa que sai no plano 2

[1] R. B. Bird, *Chem. Eng. Sci.*, **6**, 123-131 (1957); *Chem. Eng. Educ.*, **27**(2), 102-109 (Spring 1993).

[2] J. C. Slattery and R. A. Gaggioli, *Chem. Eng. Sci.*, **17**, 893-895 (1962).

Aqui, $m_{\text{tot}} = \int \rho dV$ é a massa total de fluido contido no sistema entre os planos 1 e 2. Introduziremos agora o símbolo $w = \rho\langle v\rangle S$ para a taxa mássica de escoamento e a notação $\Delta w = w_2 - w_1$ (valor na saída menos valor na entrada). Então, o *balanço macroscópico transiente de massa* se torna

$$\boxed{\frac{d}{dt} m_{\text{tot}} = -\Delta w} \tag{7.1-2}$$

Se a massa total de fluido não variar com o tempo, então obteremos o *balanço macroscópico permanente de massa*

$$\Delta w = 0 \tag{7.1-3}$$

que é apenas a afirmação de que a taxa de massa que entra é igual à taxa de massa que sai.

Para o balanço macroscópico de massa, usamos o termo "permanente" para significar que a derivada em relação ao tempo no lado esquerdo da Eq. 7.1-2 é zero. Dentro do sistema, por causa da possibilidade de partes móveis, instabilidades de escoamento e turbulência pode muito bem haver regiões de escoamento transiente.

EXEMPLO 7.1-1

Drenagem de um Tanque Esférico

Um tanque esférico, de raio R, e seu tubo de drenagem, de comprimento L e diâmetro D, estão completamente cheios com um óleo pesado. No tempo $t = 0$, a válvula do fundo do tubo de drenagem é aberta. Quanto tempo levará para o tanque ser drenado? Existe uma saída de ar bem no topo do tanque esférico. Ignore a quantidade de óleo que adere na superfície interna do tanque e considere que o escoamento no tubo de drenagem seja laminar.

SOLUÇÃO

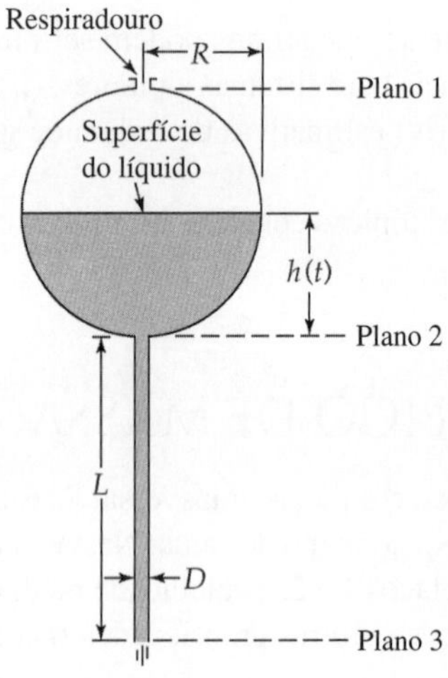

Fig. 7.1-1 Tanque esférico com tubo de drenagem.

Marcamos três planos como na Fig. 7.1-1 e denotamos o nível instantâneo do líquido acima do plano 2 como sendo *h(t)*. Então, em qualquer tempo t, a massa total de líquido na esfera é

$$m_{\text{tot}} = \pi R h^2 \left(1 - \frac{1}{3}\frac{h}{R}\right)\rho \tag{7.1-4}$$

que pode ser obtida usando cálculo integral. Uma vez que nenhum fluido atravessa o plano 1, sabemos que $w_1 = 0$. A taxa de massa na saída, w_2, como determinado pela fórmula de Hagen-Poiseuille, é

$$w_2 = \frac{\pi(\mathcal{P}_2 - \mathcal{P}_3)D^4\rho}{128\mu L} = \frac{\pi(\rho g h + \rho g L)D^4\rho}{128\mu L} \tag{7.1-5}$$

A fórmula de Hagen-Poiseuille foi deduzida para escoamento permanente, porém a usamos aqui uma vez que o volume de líquido no tanque está mudando lentamente com o tempo; esse é um exemplo de uma aproximação "quasi-estacionária". Quando essas expressões para m_{tot} e w_2 são substituídas na Eq. 7.1-2, obtemos, depois de rearranjos,

$$-\frac{(2R-h)h}{h+L}\frac{dh}{dt}=\frac{\rho g D^4}{128\mu L} \tag{7.1-6}$$

Abreviamos agora a constante do lado direito da equação como A. A equação será mais fácil de integrar se fizermos a mudança de variável $H = h + L$, de modo que

$$\frac{[H-(2R+L)](H-L)}{H}\frac{dH}{dt}=A \tag{7.1-7}$$

Integramos agora essa equação entre $t = 0$ (quando $h = 2R$ ou $H = 2R + L$) e $t = t_{descarga}$ (quando $h = 0$ ou $H = L$). Isso resulta em um tempo de descarga dado por

$$t_{\text{descarga}}=\frac{L^2}{A}\left[2\frac{R}{L}\left(1+\frac{R}{L}\right)-\left(1+2\frac{R}{L}\right)\ln\left(1+2\frac{R}{L}\right)\right] \tag{7.1-8}$$

em que A é dado pelo lado direito da Eq. 7.1-6. Note que obtivemos esse resultado sem qualquer análise detalhada do movimento do fluido dentro da esfera.

7.2 BALANÇO MACROSCÓPICO DE MOMENTO

Aplicaremos agora a lei de conservação de momento para o sistema na Fig. 7.0-1, usando as mesmas duas suposições mencionadas na seção prévia, mais duas suposições adicionais: (iii) as forças associadas com o tensor tensão $\boldsymbol{\tau}$ são negligenciadas nos planos 1 e 2, visto que elas são geralmente pequenas se comparadas às forças de pressão nos planos de entrada e de saída, e (iv) a pressão não varia ao longo da seção transversal nos planos de entrada e de saída.

Uma vez que momento é uma grandeza vetorial, cada termo no balanço tem de ser um vetor. Usamos os vetores unitários $\mathbf{u}_1$ e $\mathbf{u}_2$ para representar a direção do escoamento nos planos 1 e 2. A lei de conservação de momento fica então

$$\frac{d}{dt}\mathbf{P}_{\text{tot}} = \rho_1\langle v_1^2\rangle S_1\mathbf{u}_1 - \rho_2\langle v_2^2\rangle S_2\mathbf{u}_2 + p_1S_1\mathbf{u}_1 - p_2S_2\mathbf{u}_2 + \mathbf{F}_{s\to f} + m_{\text{tot}}\mathbf{g} \tag{7.2-1}$$

taxa de aumento de momento	taxa de momento que entra no plano 1	taxa de momento que sai no plano 2	força de pressão no fluido no plano 1	força de pressão no fluido no plano 2	força da superfície sólida no fluido	força da gravidade no fluido

Aqui $\mathbf{P}_{tot} = \int \rho\mathbf{v}dV$ é o momento total no sistema. A equação estabelece que o momento total dentro do sistema varia por causa da convecção de momento para dentro e para fora do sistema e por causa das várias forças que atuam no sistema: as forças de pressão nas extremidades do sistema, a força das superfícies sólidas que atua no fluido no sistema e a força de gravidade que atua no fluido contido entre as paredes do sistema. O subscrito "$s \to f$" serve como um lembrete da direção da força.

Introduzindo os símbolos para a vazão mássica e o símbolo Δ, finalmente obtemos o *balanço macroscópico transiente de momento*

$$\boxed{\frac{d}{dt}\mathbf{P}_{\text{tot}} = -\Delta\left(\frac{\langle v^2\rangle}{\langle v\rangle}w + pS\right)\mathbf{u} + \mathbf{F}_{s\to f} + m_{\text{tot}}\mathbf{g}} \tag{7.2-2}$$

Se a quantidade total de momento no sistema não variar com o tempo, então obteremos o *balanço macroscópico permanente de momento*

$$\mathbf{F}_{f\to s} = -\Delta\left(\frac{\langle v^2\rangle}{\langle v\rangle}w + pS\right)\mathbf{u} + m_{\text{tot}}\mathbf{g} \tag{7.2-3}$$

Novamente, enfatizamos que essa é uma equação vetorial. Ela é útil para calcular a força do fluido nas superfícies sólidas, $\mathbf{F}_{f\to s}$, tal como a força na curva de um tubo ou na pá de uma turbina. Na verdade, já usamos uma versão simplificada da equação anterior na Eq. 6.1-3.

Notas relativas a escoamento turbulento: (i) Para escoamento turbulento, é comum trocar $\langle v \rangle$ por $\langle \bar{v} \rangle$ e $\langle v^2 \rangle$ por $\langle \bar{v}^2 \rangle$; nesse último caso, estamos negligenciando o termo $\langle \bar{v}'^2 \rangle$, que é geralmente pequeno com relação a $\langle \bar{v}^2 \rangle$. (ii) Trocamos ainda $\langle \bar{v}^2 \rangle / \langle \bar{v} \rangle$ por $\langle \bar{v} \rangle$. O erro ao fazer isso é bem pequeno; para o perfil empírico de velocidades da lei de potência 1/7, dado na Eq. 5.1-4, $\langle \bar{v}^2 \rangle / \langle \bar{v} \rangle = \langle \bar{v} \rangle$, de modo que o erro é cerca de 2%. (iii) Quando fazemos essa suposição, normalmente não usamos os colchetes e as barras, com o objetivo de simplificar a notação. Ou seja, fazemos $\langle \bar{v}_1 \rangle \equiv v_1$ e v_1^2, com simplificações similares para as grandezas do plano 2.

EXEMPLO 7.2-1

Força Exercida por um Jato (Parte a)

Um jato turbulento de água sai de um tubo de raio $R_1 = 2{,}5$ cm, com uma velocidade $v_1 = 6$ m/s, conforme mostrado na Fig. 7.2-1. O jato colide em um arranjo de disco-bastão de massa $m = 5{,}5$ kg, que está livre para se mover verticalmente. O atrito entre o bastão e a manga será desprezado. Encontre a altura h na qual o disco "flutuará" como um resultado do jato.[1] Considere que a água seja incompressível.

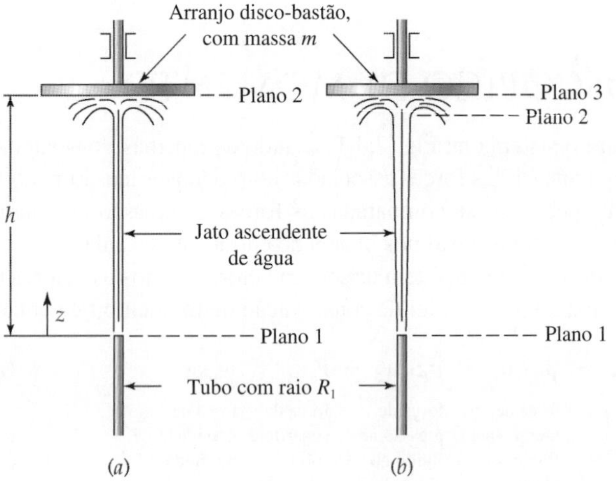

Fig. 7.2-1 Esquemas correspondentes às duas soluções para o problema do jato e disco. Em (*a*), considera-se que o jato de água tenha um raio uniforme R_1. Em (*b*), permite-se que haja um espalhamento do jato líquido.

SOLUÇÃO

Para resolver esse problema, tem-se de imaginar como o jato se comporta. Na Fig. 7.2-1(a), fazemos a suposição de que o jato tem um raio constante, R_1, entre a saída do tubo e o disco, enquanto na Fig. 7.2-1(b), consideramos que o jato se espalha levemente. Nesse exemplo, fazemos a primeira suposição e no Exemplo 7.4-1, consideraremos o espalhamento do jato.

Aplicamos a componente z do balanço permanente de momento entre os planos 1 e 2. Os termos de pressão podem ser omitidos, já que a pressão é atmosférica em ambos os planos. A componente z da velocidade do fluido no plano 2 é zero. O balanço de momento torna-se então

$$mg = v_1(\rho v_1 \pi R_1^2) - (\pi R_1^2 h)\rho g \tag{7.2-4}$$

Resolvendo para h, obtemos (nas unidades SI)

$$h = \frac{v_1^2}{g} - \frac{m}{\rho \pi R_1^2} = \frac{(6)^2}{(9{,}807)} - \frac{5{,}5}{\pi(0{,}025)^2(1.000)} = 0{,}87 \text{ m} \tag{7.2-5}$$

[1] K. Federhofer, *Aufgaben aus der Hydromechanik*, Springer-Verlag, Vienna (1954), pp. 36 e 172.

7.3 BALANÇO MACROSCÓPICO DE MOMENTO ANGULAR

O desenvolvimento do balanço macroscópico de momento angular equivale àquele para o balanço de momento (linear), visto na seção prévia. Tudo que temos de fazer é trocar "momento" por "momento angular" e "força" por "torque."

Com a finalidade de descrever o momento angular e o torque, selecionamos uma origem de coordenadas em relação à qual essas grandezas são avaliadas. A origem é designada por "O" na Fig. 7.0.1 e as localizações dos pontos médios dos planos 1 e 2, em relação a essa origem, são dadas pelos vetores de posição $\mathbf{r}_1$ e $\mathbf{r}_2$.

Mais uma vez fazemos as suposições (i)-(iv), introduzidas nas Seções 7.1 e 7.2. Com essas suposições, a taxa de entrada de momento angular no plano 1, que é $\int[\mathbf{r} \times \rho\mathbf{v}](\mathbf{v}\cdot\mathbf{u})dS$ avaliada naquele plano, torna-se $\rho_1\langle v_1^2\rangle S_1[\mathbf{r}_1 \times \mathbf{u}_1]$, com uma expressão similar para a taxa a qual o momento angular deixa o sistema em 2.

O *balanço macroscópico transiente de momento angular* pode agora ser escrito como

$$\underbrace{\frac{d}{dt}\mathbf{L}_{\text{tot}}}_{\substack{\text{taxa de}\\\text{aumento de}\\\text{momento}\\\text{angular}}} = \underbrace{\rho_1\langle v_1^2\rangle S_1[\mathbf{r}_1 \times \mathbf{u}_1]}_{\substack{\text{taxa de momento}\\\text{angular que entra}\\\text{no plano 1}}} - \underbrace{\rho_2\langle v_2^2\rangle S_2[\mathbf{r}_2 \times \mathbf{u}_2]}_{\substack{\text{taxa de momento}\\\text{angular que sai}\\\text{do plano 2}}}$$

$$+ \underbrace{p_1S_1[\mathbf{r}_1 \times \mathbf{u}_1]}_{\substack{\text{torque devido}\\\text{à pressão no}\\\text{fluido no}\\\text{plano 1}}} - \underbrace{p_2S_2[\mathbf{r}_2 \times \mathbf{u}_2]}_{\substack{\text{torque devido}\\\text{à pressão no}\\\text{fluido no}\\\text{plano 2}}} + \underbrace{\mathbf{T}_{s\to f}}_{\substack{\text{torque da}\\\text{superfície}\\\text{sólida}\\\text{no fluido}}} + \underbrace{\mathbf{T}_{\text{ext}}}_{\substack{\text{torque}\\\text{externo}\\\text{no fluido}}} \tag{7.3-1}$$

Aqui, $\mathbf{L}_{\text{tot}} = \int\rho[\mathbf{r} \times \mathbf{v}]dV$ é o momento angular total dentro do sistema e $\mathbf{T}_{\text{ext}} = \int[\mathbf{r} \times \rho\mathbf{g}]dV$ é o torque no fluido no sistema, resultante da força gravitacional. Essa equação pode também ser escrita como

$$\boxed{\frac{d}{dt}\mathbf{L}_{\text{tot}} = -\Delta\left(\frac{\langle v^2\rangle}{\langle v\rangle}w + pS\right)[\mathbf{r} \times \mathbf{u}] + \mathbf{T}_{s\to f} + \mathbf{T}_{\text{ext}}} \tag{7.3-2}$$

Finalmente, o *balanço macroscópico permanente de momento angular* é

$$\mathbf{T}_{f\to s} = -\Delta\left(\frac{\langle v^2\rangle}{\langle v\rangle}w + pS\right)[\mathbf{r} \times \mathbf{u}] + \mathbf{T}_{\text{ext}} \tag{7.3-3}$$

Isso fornece o torque exercido pelo fluido nas superfícies sólidas.

EXEMPLO 7.3-1

Torque em um Tanque de Mistura

Um tanque de mistura, mostrado na Fig. 7.3-1, está sendo operado em regime permanente. O fluido entra tangencialmente no plano 1, em escoamento turbulento, com uma velocidade v_1, e sai através do tubo vertical, com uma velocidade v_2. Uma vez que o tanque tem defletores, não há movimento helicoidal do fluido no tubo vertical de saída. Encontre o torque exercido no tanque de mistura.

SOLUÇÃO

A origem do sistema de coordenadas está no eixo do tanque, em um plano que passa através do eixo do tubo de entrada e paralelo ao topo do tanque. Então o vetor $[\mathbf{r}_1 \times \mathbf{u}_1]$ é um vetor que aponta na direção z, com magnitude R. Além disso, $[\mathbf{r}_2 \times \mathbf{u}_2] = 0$, visto que os dois vetores são colineares. Para esse problema, a Eq. 7.3-3 fornece

$$\mathbf{T}_{f\to s} = (\rho v_1^2S_1 + p_1S_1)R\boldsymbol{\delta}_z \tag{7.3-4}$$

Assim, o torque é apenas "força × braço de alavanca", como seria esperado. Se o torque for suficientemente grande, o equipamento terá de ser adequadamente fixado para suportar o torque produzido pelo movimento do fluido e pela pressão interna.

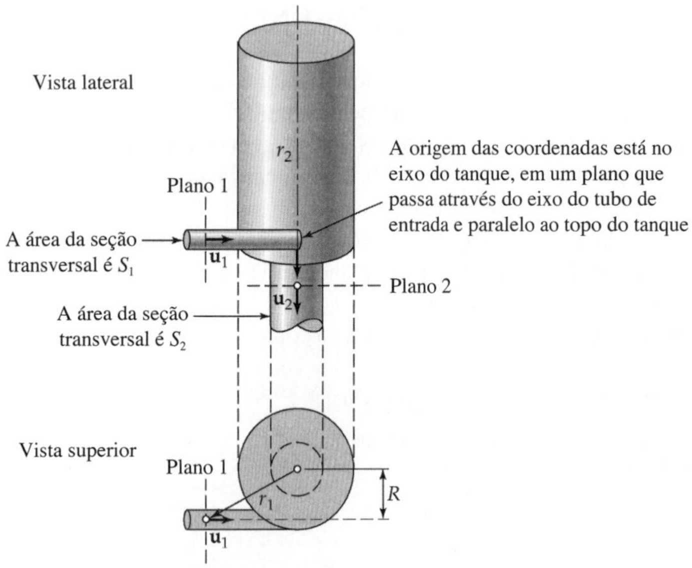

Fig. 7.3-1 Torque em um tanque, mostrando as vistas lateral e superior.

7.4 BALANÇO MACROSCÓPICO DE ENERGIA MECÂNICA

As Eqs. 7.1-2, 7.2-2 e 7.3-2 foram estabelecidas aplicando-se as leis de conservação de massa, de momento (linear) e de momento angular sobre o sistema macroscópico na Fig. 7.0-1. Os três balanços macroscópicos assim obtidos correspondem às equações de balanço nas Eqs. 3.1-4, 3.2-9 e 3.4-1 e, de fato, elas são muito similares na estrutura. Esses três balanços macroscópicos podem também ser obtidos integrando-se as três equações de balanço ao longo do volume do sistema em escoamento.

Queremos estabelecer a seguir o balanço macroscópico de energia mecânica, que corresponde à equação da energia mecânica na Eq. 3.3-2. Não há maneira de fazer isso diretamente, como fizemos nas três seções precedentes, uma vez que não há lei de conservação para a energia mecânica. Nesse caso, *temos* de integrar a equação de balanço da energia mecânica ao longo do volume do sistema em escoamento. O resultado, que fez uso das mesmas suposições (i-iv) usadas anteriormente, é o *balanço macroscópico transiente da energia mecânica* (algumas vezes chamado de *equação de engenharia de Bernoulli*). A equação será deduzida na Seção 7.8; estabelecemos aqui o resultado e discutimos seu significado:

$$\underbrace{\frac{d}{dt}(K_{\text{tot}} + \Phi_{\text{tot}})}_{\substack{\text{taxa de aumento de}\\ \text{energia cinética e}\\ \text{de energia potencial}\\ \text{no sistema}}} = \underbrace{(\tfrac{1}{2}\rho_1\langle v_1^3\rangle + \rho_1\hat{\Phi}_1\langle v_1\rangle)S_1}_{\substack{\text{taxa com que as energias}\\ \text{cinética e potencial entram}\\ \text{no sistema no plano 1}}} - \underbrace{(\tfrac{1}{2}\rho_2\langle v_2^3\rangle + \rho_2\hat{\Phi}_2\langle v_2\rangle)S_2}_{\substack{\text{taxa com que as energias}\\ \text{cinética e potencial entram}\\ \text{no sistema no plano 2}}}$$

$$+ \underbrace{(p_1\langle v_1\rangle S_1 - p_2\langle v_2\rangle S_2)}_{\substack{\text{taxa líquida com que}\\ \text{o ambiente realiza}\\ \text{trabalho no fluido}\\ \text{nos planos 1 e 2}\\ \text{devido à pressão}}} + \underbrace{W_m}_{\substack{\text{taxa de}\\ \text{realização}\\ \text{de trabalho}\\ \text{no fluido}\\ \text{devido ao}\\ \text{movimento}\\ \text{das}\\ \text{superfícies}}} + \underbrace{\int_{V(t)} p(\nabla \cdot \mathbf{v})\, dV}_{\substack{\text{taxa com que a}\\ \text{energia mecânica}\\ \text{aumenta ou}\\ \text{diminui por}\\ \text{causa da}\\ \text{expansão ou}\\ \text{compressão do}\\ \text{fluido}}} + \underbrace{\int_{V(t)} (\boldsymbol{\tau}:\nabla\mathbf{v})\, dV}_{\substack{\text{taxa com que a}\\ \text{energia mecânica}\\ \text{aumenta ou}\\ \text{diminui por causa}\\ \text{da dissipação}\\ \text{viscosa}^1}} \tag{7.4-1}$$

[1] Essa interpretação do termo é válida somente para fluidos newtonianos; líquidos poliméricos têm elasticidade e a interpretação dada acima não mais se mantém.

Aqui, $K_{tot} = \int \frac{1}{2}\rho v^2 dV$ e $\Phi_{tot} = \int \rho \Phi dV$ são as energias cinética e potencial dentro do sistema. De acordo com a Eq. 7.4-1, a energia mecânica total (isto é, cinética mais potencial) varia por causa de uma diferença nas taxas de adição e remoção da energia mecânica, por causa do trabalho feito no fluido pelo ambiente e devido aos efeitos de compressibilidade e de dissipação viscosa. Note que, na entrada do sistema (plano 1), a força $p_1 S_1$ multiplicada pela velocidade $\langle v_1 \rangle$ fornece a taxa segundo a qual o ambiente realiza trabalho no fluido. Além disso, W_m é o trabalho feito no fluido pelo ambiente através das superfícies móveis.

O balanço macroscópico de energia mecânica pode agora ser escrito mais compactamente como

$$\frac{d}{dt}(K_{tot} + \Phi_{tot}) = -\Delta\left(\frac{1}{2}\frac{\langle v^3 \rangle}{\langle v \rangle} + \hat{\Phi} + \frac{p}{\rho}\right)w + W_m - E_c - E_v \tag{7.4-2}$$

em que termos de E_c e E_v são definidos como segue:

$$E_c = -\int_{V(t)} p(\nabla \cdot \mathbf{v})\, dV \quad \text{e} \quad E_v = -\int_{V(t)} (\boldsymbol{\tau}:\nabla \mathbf{v})\, dV \tag{7.4-3, 4}$$

O *termo de compressão* E_c é positivo na compressão e negativo na expansão; ele será zero quando o fluido for considerado incompressível. O termo E_v é o *termo de dissipação viscosa* (ou *perda por atrito*), que é sempre positivo para fluidos newtonianos, como pode ser visto da Eq. 3.3-3. (Para fluidos poliméricos, que são viscoelásticos, E_v não é necessariamente positivo; esses fluidos serão discutidos no próximo capítulo.)

Se a energia total, cinética mais a potencial, no sistema não estiver variando com o tempo, obteremos

$$\Delta\left(\frac{1}{2}\frac{\langle v^3 \rangle}{\langle v \rangle} + gh + \frac{p}{\rho}\right)w = W_m - E_c - E_v \tag{7.4-5}$$

que é o *balanço macroscópico permanente de energia mecânica.* Aqui, h é a altura acima de algum plano de referência, arbitrariamente escolhido.

A seguir, se considerarmos que seja possível retirar uma linha de corrente representativa através do sistema, podemos combinar os termos $\Delta(p/\rho)$ e E_c para conseguir a seguinte relação *aproximada* (ver Seção 7.8)

$$\Delta\left(\frac{p}{\rho}\right)w + E_c \approx w\int_1^2 \frac{1}{\rho}dp \tag{7.4-6}$$

Então, depois de dividir a Eq. 7.4-5 por $w_1 = w_2 = w$, obtemos

$$\Delta\left(\frac{1}{2}\frac{\langle v^3 \rangle}{\langle v \rangle}\right) + g\Delta h + \int_1^2 \frac{1}{\rho}dp = \hat{W}_m - \hat{E}_v \tag{7.4-7}$$

Aqui, $\hat{W}_m = W_m/W$ e $\hat{E}_v = E_v/W$. A Eq. 7.4-7 é a versão do balanço permanente de energia mecânica que é usada mais freqüentemente. Para sistemas isotérmicos, o termo da integral pode ser calculado desde que se disponha de uma expressão para densidade como uma função da pressão.

A Eq. 7.4-7 deve agora ser comparada com a Eq. 3.5-12, que é a equação "clássica" de Bernoulli para um fluido invíscido. Se, para o lado direito da Eq. 3.5-12, adicionarmos apenas o trabalho $\hat{W}_m$ feito pelo ambiente e subtrairmos o termo de dissipação viscosa $\hat{E}_v$ e reinterpretarmos as velocidades como médias apropriadas ao longo das seções transversais, então conseguiremos a Eq. 7.4-7. Isso fornece um "argumento plausível" para a Eq. 7.4-7 e ainda preserva a idéia fundamental de o balanço macroscópico de energia mecânica ser deduzido a partir da equação do movimento (isto é, a partir da lei de conservação de momento). A dedução completa do balanço macroscópico de energia mecânica será dada na Seção 7.8 para aqueles que estiverem interessados.

Notas para escoamento turbulento: (i) Para escoamentos turbulentos, trocamos $\langle v^3 \rangle$ por $\langle \bar{v}^3 \rangle$ e ignoramos a contribuição das flutuações turbulentas. (ii) É prática comum trocar o quociente $\langle \bar{v}^3 \rangle / \langle \bar{v} \rangle$ por $\langle \bar{v} \rangle^2$. Para o perfil de velocidades da lei empírica de potência 1/7 dado na Eq. 5.1-4, pode ser mostrado que $\langle \bar{v}^3 \rangle / \langle \bar{v} \rangle = \frac{43.200}{40.817}\langle \bar{v} \rangle^2$, de modo que o erro está em torno de 6%. (iii) Além disso, omitimos os colchetes e as barras superiores para simplificar a notação no escoamento turbulento.

EXEMPLO 7.4-1

Força Exercida por um Jato (Parte b)

Continue o problema no Exemplo 7.2-1, considerando o espalhamento do jato quando ele se move para cima.

SOLUÇÃO

Permitimos agora o diâmetro do jato aumentar à medida que z aumenta, conforme mostrado na Fig. 7.2-1(b). É conveniente trabalhar com três planos e fazer balanços entre pares de planos. A separação entre os planos 2 e 3 é considerada bem pequena.

Um balanço de massa entre os planos 1 e 2 fornece

$$w_1 = w_2 \tag{7.4-8}$$

A seguir, aplicamos o balanço de energia mecânica da Eq. 7.4-5 ou 7.4-7 entre os mesmos dois planos. As pressões nos planos 1 e 2 são ambas atmosféricas e não há trabalho feito pelas partes móveis W_m. Consideramos que o termo de dissipação viscosa E_v pode ser negligenciado. Se z for medida para cima a partir da saída do tubo, então $g\Delta h = g(h_2 - h_1) \approx g(h - 0)$, uma vez que os planos 2 e 3 estão muito próximos. Assim, o balanço de energia mecânica fornece

$$\tfrac{1}{2}(v_2^2 - v_1^2) + gh = 0 \tag{7.4-9}$$

Aplicamos agora a componente z do balanço de momento entre os planos 2 e 3. Uma vez que a região é muito pequena, desprezamos o último termo na Eq. 7.2- 3. Ambos os planos estão sob pressão atmosférica; logo, os termos de pressão não contribuem. O componente z da velocidade do fluido é zero no plano 3; desse modo, sobram somente dois termos no balanço de momento

$$mg = v_2 w_2 \tag{7.4-10}$$

Das três equações anteriores, obtemos

$$h = \frac{v_1^2}{2g}\left(1 - \frac{v_2^2}{v_1^2}\right) \qquad \text{da Eq. 7.4-9}$$

$$= \frac{v_1^2}{2g}\left(1 - \frac{(mg/w_2)^2}{v_1^2}\right) \qquad \text{da Eq. 7.4-10}$$

$$= \frac{v_1^2}{2g}\left(1 - \left(\frac{mg}{v_1 w_1}\right)^2\right) \qquad \text{da Eq. 7.4-8} \tag{7.4-11}$$

em que mg e $v_1w_1 = \pi R_1^2 \rho v_1^2$ são conhecidos. Quando os valores numéricos são substituídos na Eq. 7.4-10, obtemos h = 0,77 m. Esse é provavelmente um resultado melhor do que o valor de 0,87 m obtido no Exemplo 7.2-1, visto que ele considera o espalhamento do jato. Não consideramos no entanto a adesão da água ao disco, que fornece ao arranjo disco-bastão uma massa efetiva um pouco maior. Ademais, a resistência por atrito do bastão na manga foi negligenciada. É necessário realizar um experimento para verificar a validade da Eq. 7.4-10.

7.5 ESTIMAÇÃO DA PERDA VISCOSA

Esta seção é dedicada aos métodos de estimação da perda viscosa (ou perda por atrito), E_v, que aparece no balanço macroscópico de energia mecânica. A expressão geral para E_v é dada na Eq. 7.4-4. Para fluidos newtonianos incompressíveis, a Eq. 3.3-3 pode ser usada para reescrever E_v como

$$E_v = \int \mu \Phi_v dV \tag{7.5-1}$$

que mostra que ele é igual à integral da taxa local de dissipação viscosa ao longo do volume do sistema inteiro em escoamento.

Queremos agora examinar E_v do ponto de vista de análise dimensional. A grandeza Φ_v é a soma dos quadrados dos gradientes de velocidade; conseqüentemente, ela tem dimensões de $(v_0/l_0)^2$, sendo v_0 e l_0 a velocidade e o comprimento característicos, respectivamente. Podemos então escrever

$$E_v = (\rho v_0^3 l_0^2)(\mu / l_0 v_0 \rho) \int \breve{\Phi}_v d\breve{V} \tag{7.5-2}$$

em que $\breve{\Phi}_v = (l_0/v_0)^2 \Phi_v$ e $d\breve{V} = l_0^{-3} dV$ são grandezas adimensionais. Se fizermos uso dos argumentos dimensionais das Seções 3.7 e 6.2, veremos que a integral na Eq. 7.5-2 dependerá somente de vários grupos adimensionais nas equações de balanço e de vários fatores geométricos que entram nas condições de contorno. Por conseguinte, se o único grupo adimensional significativo for o número de Reynolds, $\text{Re} = l_0 v_0 \rho/\mu$, então a Eq. 7.5-2 terá de ter a forma geral

$$E_v = (\rho v_0^3 l_0^2) \times \begin{pmatrix} \text{uma função adimensional de Re} \\ \text{e de várias razões geométricas} \end{pmatrix} \tag{7.5-3}$$

No *escoamento em regime permanente*, preferimos trabalhar com a grandeza $\hat{E}_v = E_v/W$, em que $w = \rho\langle v\rangle S$ é a taxa mássica de escoamento que passa através de *qualquer* seção transversal do sistema em escoamento. Se selecionarmos a velocidade de referência v_0 como $\langle v\rangle$ e o comprimento de referência l_0 como $\sqrt{S}$, então

$$\hat{E}_v = \tfrac{1}{2}\langle v\rangle^2 e_v \tag{7.5-4}$$

em que e_v, o *fator de perda por atrito*, é uma função do número de Reynolds e de razões geométricas adimensionais relevantes. O fator 1/2 foi introduzido para manter a forma de várias equações relacionadas. Queremos agora resumir o que é sabido sobre o fator de perda por atrito para as várias partes de um sistema de tubulação.

Para um tubo reto, o fator de perda por atrito está intimamente relacionado ao fator de atrito. Consideramos somente o escoamento em regime permanente de um fluido de densidade constante em um tubo reto de seção S e comprimento L arbitrários, porém constantes. Se o fluido estiver escoando na direção z, sob a influência de um gradiente de pressão e da gravidade, então as Eqs. 7.2-2 e 7.4-7 se tornarão

(componente z do momento) $$F_{f\to s} = (p_1 - p_2)S + (\rho SL)g_z \tag{7.5-5}$$

(energia mecânica) $$\hat{E}_v = \frac{1}{\rho}(p_1 - p_2) + Lg_z \tag{7.5-6}$$

Multiplicando a segunda equação por ρS e substituindo a primeira equação, temos

$$\hat{E}_v = \frac{F_{f\to s}}{\rho S} \tag{7.5-7}$$

Se, além disso, o escoamento for *turbulento*, então a expressão para $F_{f\to s}$ em termos do raio hidráulico médio R_h pode ser usada (ver Eqs. 6.2-16 a 18) de modo que

$$\hat{E}_v = \tfrac{1}{2}\langle v\rangle^2 \frac{L}{R_h} f \tag{7.5-8}$$

em que f é o fator de atrito discutido no Cap. 6. Uma vez que essa equação está na forma da Eq. 7.5-4, obtemos uma relação simples entre o fator de perda por atrito e o fator de atrito

$$e_v = \frac{L}{R_h} f \tag{7.5-9}$$

para escoamento turbulento nas seções de tubo reto com seção transversal uniforme. Para um tratamento similar no caso de dutos de seção transversal variável, ver Problema 7B.2.

A maioria dos sistemas em escoamento contém vários "obstáculos", tais como acessórios, mudanças bruscas no diâmetro, válvulas ou instrumentos de medição de escoamento. Eles também contribuem para a perda por atrito $\hat{E}_v$. Tais resistências adicionais podem ser escritas na forma da Eq. 7.5-4, com e_v determinado por um dos dois métodos: (*a*) solução simultânea dos balanços macroscópicos ou (*b*) medida experimental. Alguns valores aproximados de e_v são mostrados na Tabela 7.5-1 para a convenção de que $\langle v\rangle$ é a velocidade média a *jusante* do distúrbio. Esses valores de e_v são para *escoamento turbulento* para o qual a dependência do número de Reynolds não é muito importante.

Estamos agora na posição de rescrever a Eq. 7.4-7 na forma *aproximada* usada freqüentemente para os cálculos de *escoamento turbulento* em um sistema composto de vários tipos de tubulações e de resistências adicionais:

$$\tfrac{1}{2}(v_2^2 - v_1^2) + g(z_2 - z_1) + \int_{p_1}^{p_2} \frac{1}{\rho}\,dp = \hat{W}_m - \underbrace{\sum_i \left(\tfrac{1}{2}v^2 \frac{L}{R_h} f\right)_i}_{\substack{\text{somatório de}\\ \text{todas as seções}\\ \text{de dutos retos}}} - \underbrace{\sum_i \left(\tfrac{1}{2}v^2 e_v\right)_i}_{\substack{\text{somatório de}\\ \text{todos os}\\ \text{acessórios,}\\ \text{válvulas,}\\ \text{medidores, etc.}}} \tag{7.5-10}$$

Aqui, R_h é o raio hidráulico médio definido na Eq. 6.2-16, f é o fator de atrito definido na Eq. 6.1-4 e e_v é o fator de perda por atrito dado na Tabela 7.5-1. Observe que v_1 e v_2 no primeiro termo se referem às velocidades nos planos 1 e 2; v no

TABELA 7.5-1 Breve Sumário dos Fatores de Perda por Atrito para Uso com a Eq. 7.5-10 (Valores Aproximados para Escoamento Turbulento)[a]

Perturbações	e_v
Mudanças repentinas na área da seção transversal[b]	
Entrada arredondada para tubo	0,05
Contração repentina	$0{,}45(1-\beta)$
Expansão repentina[c]	$\left(\frac{1}{\beta}-1\right)^2$
Orifício (borda pronunciada)	$2{,}71(1-\beta)(1-\beta^2)\frac{1}{\beta^2}$
Acessórios e válvulas	
Joelhos de 90° (arredondados)	0,4–0,9
Joelhos de 90° (retos)	1,3–1,9
Joelhos de 45°	0,3–0,4
Válvula globo (aberta)	6–10
Válvula gaveta (aberta)	0,2

[a]Retirado de H. Kramers, *Physische Transportverschijnselen*, Technische Hogeschool Delft, Holanda (1958), pp. 53-54.
[b]Aqui, β = (área da menor seção transversal)/(área da maior seção transversal).
[c]Ver dedução dos balanços macroscópicos no Exemplo 7.6-1. Se $\beta = 0$, então $\hat{E}_v = \langle v\rangle^2/2$, em que $\langle v\rangle$ é a velocidade *a montante* da expansão.

primeiro somatório é a velocidade média no *i*-ésimo segmento de tubo e v no segundo somatório é a velocidade média a *jusante* do *i*-ésimo acessório, válvula ou outro obstáculo.

EXEMPLO 7.5-1

Potência Requerida para Escoamento em uma Tubulação

Qual é a potência requerida na saída de uma bomba para o sistema em regime permanente mostrado na Fig. 7.5-1? A água a 68° F (ρ = 62,4 lb_m/ft^3; μ = 1,0 cp) deve ser bombeada para um tanque superior, a uma taxa de 12 ft^3/min. Toda a tubulação é formada por um tubo circular liso, com um diâmetro interno de 4 polegadas.

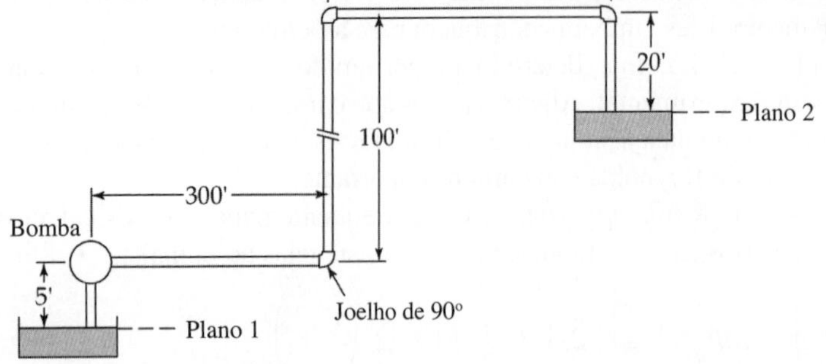

Fig. 7.5-1 Escoamento em uma tubulação com perdas por atrito devido aos acessórios. Os planos 1 e 2 estão logo abaixo da superfície do líquido.

SOLUÇÃO

A velocidade média no tubo é

$$\langle v\rangle = \frac{w/\rho}{\pi R^2} = \frac{(12/60)}{\pi(1/6)^2} = 2{,}30 \text{ ft/s} \tag{7.5-11}$$

e o número de Reynolds é

$$\text{Re} = \frac{D\langle v\rangle\rho}{\mu} = \frac{(1/3)(2{,}30)(62{,}4)}{(1{,}0)(6{,}72 \times 10^{-4})} = 7{,}11 \times 10^4 \quad (7.5\text{-}12)$$

Logo, o escoamento é *turbulento*.

A contribuição para $\hat{E}_v$ proveniente dos vários comprimentos de tubo será

$$\sum_i \left(\tfrac{1}{2}v^2 \frac{L}{R_h} f\right)_i = \frac{2v^2 f}{D} \sum_i L_i$$

$$= \frac{2(2{,}30)^2(0{,}0049)}{(1/3)}(5 + 300 + 100 + 120 + 20)$$

$$= (0{,}156)(545) = 85 \text{ ft}^2/\text{s}^2 \quad (7.5\text{-}13)$$

A contribuição para $\hat{E}_v$ da contração repentina, dos três joelhos de 90º e da expansão repentina (ver Tabela 7.5-1) será

$$\sum_i (\tfrac{1}{2}v^2 e_v)_i = \tfrac{1}{2}(2{,}30)^2(0{,}45 + 3(\tfrac{1}{2}) + 1) = 8 \text{ ft}^2/\text{s}^2 \quad (7.5\text{-}14)$$

Então, da Eq. 7.5-10, obtemos

$$0 + (32{,}2)(105 - 20) + 0 = \hat{W}_m - 85 - 8 \quad (7.5\text{-}15)$$

Resolvendo para $\hat{W}_m$, obtemos

$$\hat{W}_m = 2740 + 85 - 8 \approx 2.830 \text{ ft}^2/\text{s}^2 \quad (7.5\text{-}16)$$

Isso é o trabalho (por unidade de massa de fluido) feito *no* fluido *pela* bomba. Dessa forma, a bomba realiza 2.830 ft²/s² ou 2.830/32,2 = 88 ft·lb_f/lb_m de trabalho no fluido passando através do sistema. A taxa mássica de escoamento é

$$w = (12/60)(62{,}4) = 12{,}5 \text{ lb}_m/\text{s} \quad (7.5\text{-}17)$$

Conseqüentemente

$$W_m = w\hat{W}_m = (12{,}5)(88) = 1.100 \text{ ft lb}_f/\text{s} = 2 \text{ hp} = 1{,}5 \text{ kW} \quad (7.5\text{-}18)$$

que é a potência fornecida pela bomba.

7.6 USO DOS BALANÇOS MACROSCÓPICOS PARA PROBLEMAS PERMANENTES

Na Seção 3.6, vimos como estabelecer as equações diferenciais para calcular os perfis de velocidades e de pressões para sistemas isotérmicos em escoamento, simplificando as equações de balanço. Nesta seção, mostraremos como usar o conjunto de balanços macroscópicos permanentes para obter equações algébricas para descrever grandes sistemas.

Tabela 7.6-1 Balanços Macroscópicos Permanentes para Escoamento Turbulento em Sistemas Isotérmicos

Massa:	$\Sigma w_1 - \Sigma w_2 = 0$	(A)
Momento:	$\Sigma(v_1 w_1 + p_1 S_1)\mathbf{u}_1 - \Sigma(v_2 w_2 + p_2 S_2)\mathbf{u}_2 + m_{\text{tot}}\mathbf{g} = \mathbf{F}_{f\to s}$	(B)
Momento angular:	$\Sigma(v_1 w_1 + p_1 S_1)[\mathbf{r}_1 \times \mathbf{u}_1] - \Sigma(v_2 w_2 + p_2 S_2)[\mathbf{r}_2 \times \mathbf{u}_2] + \mathbf{T}_{\text{ext}} = \mathbf{T}_{f\to s}$	(C)
Energia mecânica:	$\Sigma\left(\tfrac{1}{2}v_1^2 + gh_1 + \dfrac{p_1}{\rho_1}\right)w_1 - \Sigma\left(\tfrac{1}{2}v_2^2 + gh_2 + \dfrac{p_2}{\rho_2}\right)w_2 = -W_m + E_c + E_v$	(D)

Notas:
(a) Todas as fórmulas aqui consideram perfis planos de velocidades.
(b) $\Sigma\omega_1 = \omega_{1a} + \omega_{1b} + \omega_{1c} + \ldots$, em que $\omega_{1a} + \rho_{1a}v_{1a}S_{1a}$, etc.
(c) h_1 e h_2 são elevações acima de um plano arbitrário de referência.
(d) Todas as equações são escritas para escoamento compressível; para escoamento incompressível, $E_c = 0$.

Para cada problema, começamos com os quatro balanços macroscópicos. Mantendo o conhecimento dos termos desprezados ou aproximados, temos automaticamente, no resultado final, uma listagem completa das suposições inerentes. Todos os exemplos dados aqui são para escoamento incompressível e isotérmico. A suposição de incompressibilidade significa que a velocidade do fluido tem de ser menor do que a velocidade do som no fluido e que variações na pressão têm de ser pequenas o suficiente de modo que as mudanças resultantes na densidade possam ser negligenciadas.

Os balanços macroscópicos permanentes podem ser facilmente generalizados para sistemas com múltiplas correntes de entrada (chamadas de 1a, 1b, 1c, ...) e múltiplas correntes de saída (chamadas de 2a, 2b, 2c, ...). Esses balanços estão resumidos na Tabela 7.6-1 para escoamento turbulento (em que os perfis de velocidades são considerados planos).

EXEMPLO 7.6-1

Aumento de Pressão e Perda por Atrito em uma Expansão Repentina

Um fluido incompressível escoa, em escoamento turbulento, de um pequeno tubo circular para um grande tubo, conforme mostrado na Fig. 7.6-1. As áreas da seção transversal dos tubos são S_1 e S_2. Obtenha uma expressão para a variação de pressão entre os planos 1 e 2 e para a perda por atrito associada à expansão repentina na seção transversal. Considere $\beta = S_1/S_2$, que é menor do que 1.

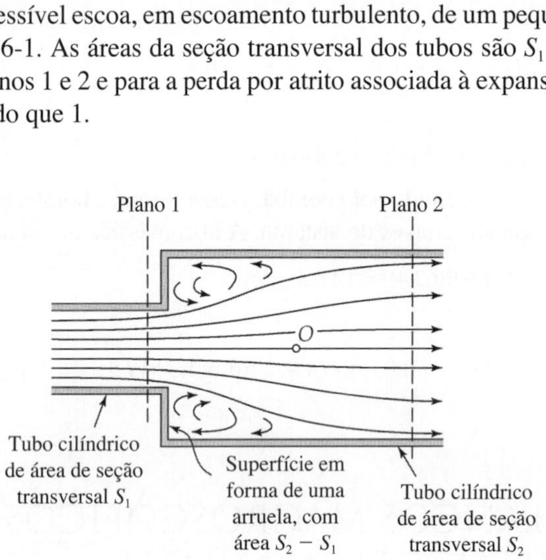

Fig. 7.6-1 Escoamento através de uma expansão repentina.

SOLUÇÃO:

(a) ***Balanço de massa.*** Para escoamento permanente, o balanço de massa fornece

$$w_1 = w_2 \quad \text{ou} \quad \rho_1 v_1 S_1 = \rho_2 v_2 S_2 \tag{7.6-1}$$

Para um fluido com densidade constante, temos

$$\frac{v_1}{v_2} = \frac{1}{\beta} \tag{7.6-2}$$

(b) ***Balanço de momento.*** A componente a jusante do balanço de momento é

$$\mathbf{F}_{f\to s} = (v_1 w_1 - v_2 w_2) + (p_1 S_1 - p_2 S_2) \tag{7.6-3}$$

A força $\mathbf{F}_{f\to s}$ é composta por duas partes: a força viscosa nas superfícies cilíndricas, paralela à direção de escoamento, e a força de pressão na superfície em forma de uma arruela, bem à direita do plano 1 e perpendicular ao eixo do escoamento. Negligenciamos (por intuição) a primeira contribuição e consideramos $p_1(S_2 - S_1)$ a segunda, supondo que a pressão na superfície em formato de arruela seja a mesma que aquela no plano 1. Obtemos então, usando a Eq. 7.6-1,

$$-p_1(S_2 - S_1) = \rho v_2 S_2 (v_1 - v_2) + (p_1 S_1 - p_2 S_2) \tag{7.6-4}$$

Resolvendo para a diferença de pressão

$$p_2 - p_1 = \rho v_2 (v_1 - v_2) \tag{7.6-5}$$

ou, em termos da velocidade a jusante,

$$p_2 - p_1 = \rho v_2^2\left(\frac{1}{\beta} - 1\right) \tag{7.6-6}$$

Note que o balanço de momento prevê (corretamente) um *aumento* na pressão.

(c) ***Balanço de momento angular.*** Esse balanço não é necessário. Se colocarmos a origem das coordenadas no eixo do sistema no centro de gravidade do fluido, localizado entre os planos 1 e 2, então $[\mathbf{r}_1 \times \mathbf{u}_1]$ e $[\mathbf{r}_2 \times \mathbf{u}_2]$ serão ambos iguais a zero e não haverá torques no sistema fluido.

(d) ***Balanço de energia mecânica.*** Não há perda por compressão, trabalho feito pelas partes móveis e nem mudança na elevação; logo,

$$\hat{E}_v = \tfrac{1}{2}(v_1^2 - v_2^2) + \frac{1}{\rho}(p_1 - p_2) \tag{7.6-7}$$

Inserindo a Eq. 7.6-6 para o aumento de pressão temos, depois de alguns rearranjos,

$$\hat{E}_v = \tfrac{1}{2}v_2^2\left(\frac{1}{\beta} - 1\right)^2 \tag{7.6-8}$$

que é uma entrada na Tabela 7.5-1.

Esse exemplo mostrou como usar os balanços macroscópicos para estimar o fator de perda por atrito para uma resistência simples em um sistema em escoamento. Por causa das suposições mencionadas depois da Eq. 7.6-3, os resultados nas Eqs. 7.6-6 e 8 são aproximados. Se for necessária uma grande exatidão, um fator de correção baseado em dados experimentais deve ser introduzido.

EXEMPLO 7.6-2

Desempenho de um Ejetor Líquido-Líquido

Um diagrama de um ejetor líquido-líquido é mostrado na Fig. 7.6-2. Deseja-se analisar a mistura das duas correntes, ambas do mesmo fluido, por meio de balanços macroscópicos. No plano 1, as duas correntes fluidas emergem. A corrente 1a tem uma velocidade v_0 e uma área de seção transversal $S_1/3$ e a corrente 1b tem uma velocidade $v_0/2$ e uma área de seção transversal $2S_1/3$. O plano 2 é escolhido suficientemente longe da jusante de tal modo que as duas correntes estão misturadas e a velocidade, v_2, é quase uniforme. O escoamento é turbulento e os perfis de velocidade nos planos 1 e 2 são considerados planos. Na análise seguinte, $\mathbf{F}_{f\to s}$ é desprezada, uma vez que ela é menos importante do que os outros termos no balanço de momento.

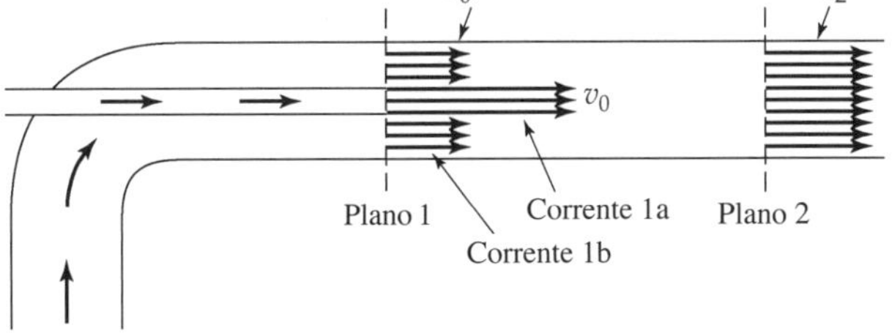

Fig. 7.6-2 Escoamento em uma bomba ejetora líquido-líquido.

SOLUÇÃO

(a) ***Balanço de massa.*** No regime permanente, a Eq. (A) da Tabela 7.6-1 fornece

$$w_{1a} + w_{1b} = w_2 \tag{7.6-9}$$

ou

$$\rho v_0(\tfrac{1}{3}S_1) + \rho(\tfrac{1}{2}v_0)(\tfrac{2}{3}S_1) = \rho v_2 S_2 \tag{7.6-10}$$

Por conseguinte, já que $S_1 = S_2$, essa equação fornece

$$v_2 = \tfrac{2}{3}v_0 \tag{7.6-11}$$

para a velocidade da corrente de saída. Observamos também, para uso posterior, que $w_{1a} = w_{1b} = \tfrac{1}{2}w_2$.

(b) *Balanço de momento.* Da Eq. (B) da Tabela 7.6-1, a componente do balanço de momento na direção de escoamento é

$$(v_{1a}w_{1a} + v_{1b}w_{1b} + p_1S_1) - (v_2w_2 + p_2S_2) = 0 \tag{7.6-12}$$

ou usando a relação do final do item (a)

$$\begin{aligned}(p_2 - p_1)S_2 &= (\tfrac{1}{2}(v_{1a} + v_{1b}) - v_2)w_2 \\ &= (\tfrac{1}{2}(v_0 + \tfrac{1}{2}v_0) - \tfrac{2}{3}v_0)(\rho(\tfrac{2}{3}v_0)S_2)\end{aligned} \tag{7.6-13}$$

da qual

$$p_2 - p_1 = \tfrac{1}{18}\rho v_0^2 \tag{7.6-14}$$

Essa é uma expressão para o aumento de pressão resultante da mistura das duas correntes.

(c) *Balanço de momento angular.* Esse balanço não é necessário.

(d) *Balanço de energia mecânica.* A Eq. (D) da Tabela 7.6-1 fornece

$$(\tfrac{1}{2}v_{1a}^2w_{1a} + \tfrac{1}{2}v_{1b}^2w_{1b}) - \left(\tfrac{1}{2}v_2^2 + \frac{p_2 - p_1}{\rho}\right)w_2 = E_v \tag{7.6-15}$$

ou, usando a relação do final do item (a), obtemos

$$(\tfrac{1}{2}v_{1a}^2(\tfrac{1}{2}w_2) + \tfrac{1}{2}(\tfrac{1}{2}v_0)^2(\tfrac{1}{2}w_2)) - (\tfrac{1}{2}(\tfrac{2}{3}v_0)^2 + \tfrac{1}{18}v_0^2)w_2 = E_v \tag{7.6-16}$$

Conseqüentemente

$$\hat{E}_v = \frac{E_v}{w_2} = \frac{5}{144}v_0^2 \tag{7.6-17}$$

é a dissipação de energia por unidade de massa. A análise precedente fornece resultados razoavelmente bons para bombas ejetoras líquido-líquido. Em ejetores gás-gás, entretanto, a densidade varia significativamente, sendo necessário incluir o balanço macroscópico de energia total, assim como uma equação de estado na análise. Isso será discutido no Exemplo 15.3-2.

EXEMPLO 7.6-3

Força sobre um Tubo Curvo

Água, a 95°C, está escoando a uma taxa de 2,0 ft³/s através de uma curva de 60°, em que há uma contração de 4 para 3 polegadas no diâmetro interno (ver Fig. 7.6-3). Calcule a força exercida na curva, se a pressão a jusante for 1,1 atm. A densidade e a viscosidade da água nas condições do sistema são 0,962 g/cm³ e 0,299 cp, respectivamente.

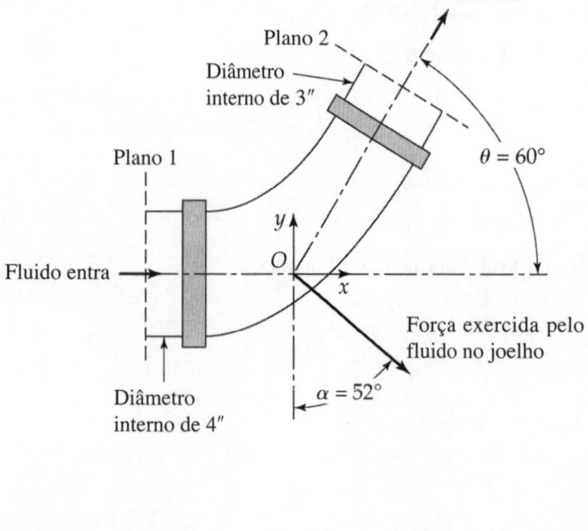

Fig. 7.6-3 Força de reação em uma curva redutora em um tubo.

SOLUÇÃO

O número de Reynolds para o escoamento no tubo de 3 polegadas é

$$\text{Re} = \frac{D\langle v\rangle\rho}{\mu} = \frac{4w}{\pi D\mu}$$

$$= \frac{4(2{,}0 \times (12 \times 2{,}54)^3)(0{,}962)}{\pi(3 \times 2{,}54)(0{,}00299)} = 3 \times 10^6 \tag{7.6-18}$$

A esse número de Reynolds, o escoamento é altamente turbulento e a suposição de perfis planos de velocidade é razoável.

(a) ***Balanço de massa.*** Para escoamento permanente, $w_1 = w_2$. Se a densidade for constante em todo o escoamento,

$$\frac{v_1}{v_2} = \frac{S_2}{S_1} \equiv \beta \tag{7.6-19}$$

em que β é a razão entre a menor e a maior seções transversais.

(b) ***Balanço de energia mecânica.*** Para escoamento permanente e incompressível, a Eq. (D) da Tabela 7.6-1 se torna, para esse problema,

$$\tfrac{1}{2}(v_2^2 - v_1^2) + g(h_2 - h_1) + \frac{1}{\rho}(p_2 - p_1) + \hat{E}_v = 0 \tag{7.6-20}$$

De acordo com a Tabela 7.5-1 e com a Eq. 7.5-4, podemos considerar a perda por atrito como sendo aproximadamente $\frac{2}{5}(\frac{1}{2}v_2^2) = \frac{1}{5}v_2^2$. Inserindo essa equação na Eq. 7.6-20 e usando o balanço de massa, conseguimos

$$p_1 - p_2 = \rho v_2^2(\tfrac{1}{2} - \tfrac{1}{2}\beta^2 + \tfrac{1}{5}) + \rho g(h_2 - h_1) \tag{7.6-21}$$

Essa é a queda de pressão através da curva, em termos da velocidade conhecida v_2 e do fator geométrico conhecido β.

(c) ***Balanço de momento.*** Temos de considerar agora as componentes x e y do balanço de momento. Os vetores unitários de entrada e de saída terão componentes x e y, dadas por $u_{1x} = 1$, $u_{1y} = 0$, $u_{2x} = \cos\theta$ e $u_{2y} = \text{sen}\,\theta$.

A componente x do balanço de momento fornece então

$$F_x = (v_1 w_1 + p_1 S_1) - (v_2 w_2 + p_2 S_2)\cos\theta \tag{7.6-22}$$

em que F_x é a componente x de $\mathbf{F}_{f\to s}$. Introduzindo as expressões específicas para w_1 e w_2, conseguimos

$$\begin{aligned} F_x &= v_1(\rho v_1 S_1) - v_2(\rho v_2 S_2)\cos\theta + p_1 S_1 - p_2 S_2 \cos\theta \\ &= \rho v_2^2 S_2(\beta - \cos\theta) + (p_1 - p_2)S_1 + p_2(S_1 - S_2\cos\theta) \end{aligned} \tag{7.6-23}$$

Substituindo a expressão para $p_1 - p_2$ da Eq. 7.6-21 nessa equação temos

$$\begin{aligned} F_x &= \rho v_2^2 S_2(\beta - \cos\theta) + \rho v_2^2 S_2 \beta^{-1}(\tfrac{7}{10} - \tfrac{1}{2}\beta^2) \\ &\quad + \rho g(h_2 - h_1)S_2\beta^{-1} + p_2 S_2(\beta^{-1} - \cos\theta) \\ &= w^2(\rho S_2)^{-1}(\tfrac{7}{10}\beta^{-1} - \cos\theta + \tfrac{1}{2}\beta) \\ &\quad + \rho g(h_2 - h_1)S_2\beta^{-1} + p_2 S_2(\beta^{-1} - \cos\theta) \end{aligned} \tag{7.6-24}$$

A componente y do balanço de momento é

$$F_y = -(v_2 w_2 + p_2 S_2)\,\text{sen}\,\theta - m_{\text{tot}}g \tag{7.6-25}$$

ou

$$F_y = -w^2(\rho S_2)^{-1}\text{sen}\,\theta - p_2 S_2\,\text{sen}\,\theta - \pi R^2 L \rho g \tag{7.6-26}$$

em que R e L são o raio e o comprimento de um cilindro aproximadamente equivalente.

Temos agora as componentes da força de reação em termos de grandezas conhecidas. Os valores numéricos necessários são

$\rho = 60\ \text{lb}_m/\text{ft}^3$	$S_2 = \frac{1}{64}\pi = 0{,}049\ \text{ft}^2$
$w = (2{,}0)(60) = 120\ \text{lb}_m/\text{s}$	$\beta = S_2/S_1 = 3^2/4^2 = 0{,}562$
$\cos\theta = \frac{1}{2}$	$R \approx \frac{1}{8}\ \text{ft}$
$\text{sen}\theta = \frac{1}{2}\sqrt{3}$	$L \approx \frac{5}{6}\ \text{ft}$
$p_2 = 16{,}2\ \text{lb}_f/\text{in}^2$	$h_2 - h_1 \approx \frac{1}{2}\ \text{ft}$

Com esses valores, conseguimos então

$$F_x = \frac{(120)^2}{2(0{,}049)(32{,}2)}\left(\frac{7}{10}\frac{1}{0{,}562} - \frac{1}{2} + \frac{0{,}562}{2}\right) + (60)(\tfrac{1}{2})(0{,}049)\left(\frac{1}{0{,}562}\right)$$
$$+ (16{,}2)(0{,}049)(144)\left(\frac{1}{0{,}562} - \frac{1}{2}\right)\text{lb}_f$$
$$= (152)(1{,}24 - 0{,}50 + 0{,}28) + 2{,}6 + (144)(1{,}78 - 0{,}50)$$
$$= 155 + 2{,}6 + 146 = 304\ \text{lb}_f = 1352\text{N} \tag{7.6-27}$$
$$F_y = -\frac{(120)^2}{2(0{,}049)(32{,}2)}\left(\frac{1}{2}\sqrt{3}\right) - (16{,}2)(0{,}049)(144)\left(\frac{1}{2}\sqrt{3}\right) - \pi(\tfrac{1}{8})^2(\tfrac{5}{6})(60)\ \text{lb}_f$$
$$= -132 - 99 - 2{,}5 = -234\ \text{lb}_f = -1.041\ \text{N} \tag{7.6-28}$$

Por conseguinte, a magnitude da força é

$$|\mathbf{F}| = \sqrt{F_x^2 + F_y^2} = \sqrt{304^2 + 234^2} = 384\ \text{lb}_f = 1708\ \text{N} \tag{7.6-29}$$

O ângulo que essa força faz com a vertical é

$$\alpha = \text{arctg}(F_x/F_y) = \text{arctg}\,1{,}30 = 52° \tag{7.6-30}$$

Olhando os cálculos anteriores, vemos que todos os efeitos que temos incluído são importantes, com a exceção possível dos termos da gravidade de 2,6 lb_f em F_x e 2,5 lb_f em F_y.

EXEMPLO 7.6-4

O Jato Colidente

Um jato retangular, de espessura b_1, de um fluido incompressível emerge de uma fenda de largura c, bate em uma placa plana e se divide em duas correntes de espessuras b_{2a} e b_{2b}, como mostrado na Fig. 7.6-4. A corrente turbulenta do jato emergente tem uma velocidade v_1 e uma vazão mássica w_1. Encontre as velocidades e as taxas mássicas das duas correntes sobre a placa.[1]

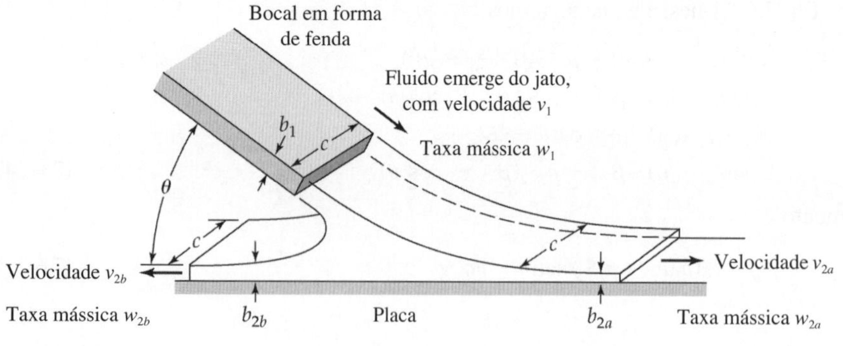

Fig. 7.6-4 Jato colidindo em uma parede e se dividindo em duas correntes. O ponto O, que é a origem de coordenadas para o balanço de momento angular, é tido como a interseção entre a linha central do jato que chega e o plano que está a uma elevação de $b_1/2$.

SOLUÇÃO

Desprezamos a dissipação viscosa e a gravidade e consideramos que os perfis de velocidade de todas as três correntes sejam planos e que suas pressões sejam essencialmente iguais. Os balanços macroscópicos fornecem então

[1] Para soluções alternativas desse problema, ver G. K. Batchelor, *An Introduction to Fluid Dynamics*, Cambridge University Press (1967), pp. 392-394, e S. Whitaker, *Introduction to Fluid Dynamics*, Prentice-Hall, Englewood Cliffs, N.J. (1968), p. 260. Uma aplicação do problema do jato impactante *compressível* foi dada por J. V. Foa, Patente americana 3.361.336 (Jan. 2, 1968). Lá, usa-se o fato de que se o bocal em forma de fenda se mover para a esquerda na Fig. 7.6-4 (ou seja, esquerda em relação à placa), então, para um fluido compressível, a corrente da direita será mais fria que o jato e a corrente da esquerda será mais quente.

Balanço de massa

$$w_1 = w_{2a} + w_{2b} \tag{7.6-31}$$

Balanço de momento (na direção paralela à placa)

$$v_1 w_1 \cos\theta = v_{2a} w_{2a} - v_{2b} w_{2b} \tag{7.6-32}$$

Balanço de energia mecânica

$$\tfrac{1}{2}v_1^2 w_1 = \tfrac{1}{2}v_{2a}^2 w_{2a} + \tfrac{1}{2}v_{2b}^2 w_{2b} \tag{7.6-33}$$

Balanço de momento angular (coloque a origem das coordenadas na linha central do jato e na altitude de $b_1/2$; isso é feito de modo a não existir momento angular do jato que chega)

$$0 = (v_{2a} w_{2a}) \cdot \tfrac{1}{2}(b_1 - b_{2a}) - (v_{2b} w_{2b}) \cdot \tfrac{1}{2}(b_1 - b_{2b}) \tag{7.6-34}$$

Essa última equação pode ser reescrita para eliminar os b's em favor dos w's. Uma vez que $w_1 = \rho v_1 b_1 c$ e $w_{2a} = \rho v_{2a} b_{2a} c$, podemos trocar $b_1 - b_{2a}$ por $(w_1/\rho v_1 c)$ - $(w_{2a}/\rho v_{2a} c)$ e trocar $b_1 - b_{2b}$ de forma similar. Então o balanço de momento angular se torna

$$(v_{2a} w_{2a})\left(\frac{w_1}{v_1} - \frac{w_{2a}}{v_{2a}}\right) = (v_{2b} w_{2b})\left(\frac{w_1}{v_1} - \frac{w_{2b}}{v_{2b}}\right) \tag{7.6-35}$$

ou

$$w_{2a}^2 - w_{2b}^2 = \frac{w_1}{v_1}(v_{2a} w_{2a} - v_{2b} w_{2b}) \tag{7.6-36}$$

Agora, as Eqs. 7.6-31, 32, 33 e 36 são quatro equações com quatro incógnitas. Quando elas são resolvidas, encontramos que

$$v_{2a} = v_1 \qquad w_{2a} = \tfrac{1}{2}w_1(1 + \cos\theta) \tag{7.6-37, 38}$$

$$v_{2b} = v_1 \qquad w_{2b} = \tfrac{1}{2}w_1(1 - \cos\theta) \tag{7.6-39, 40}$$

Logo, as velocidades de todas as três correntes são iguais. O mesmo resultado é obtido, aplicando-se a equação clássica de Bernoulli para o escoamento de um fluido invíscido (ver Exemplo 3.5-1).

EXEMPLO 7.6-5

Escoamento Isotérmico de um Líquido Através de um Orifício

Um método comum para determinar a taxa mássica de escoamento através de um tubo é medir a queda de pressão em algum "obstáculo" no tubo. Um exemplo disso é a placa de orifício, que é uma placa fina com um orifício no meio. Há tomadas de pressão nos planos 1 e 2, a montante e a jusante da placa de orifício. A Fig. 7.6-5(a) mostra a placa de orifício, as tomadas de pressão e o comportamento geral dos perfis de velocidades conforme observados experimentalmente. O perfil de velocidades no plano 1 será considerado plano. Na Fig. 7.6-5(b), mostramos um perfil aproximado de velocidades no plano 2, que usamos na aplicação dos balanços macroscópicos. A equação padrão da placa de orifício é obtida aplicando-se os balanços macroscópicos de massa e de energia mecânica.

SOLUÇÃO

(a) *Balanço de massa*. Para um fluido de densidade constante, com um sistema para o qual $S_1 = S_2 = S$, o balanço de massa na Eq. 7.1-1 fornece

$$\langle v_1 \rangle = \langle v_2 \rangle \tag{7.6-41}$$

Com os perfis considerados de velocidades isso se torna

$$v_1 = \frac{S_0}{S} v_0 \tag{7.6-42}$$

e a taxa mássica é $w = \rho v_1 S$.

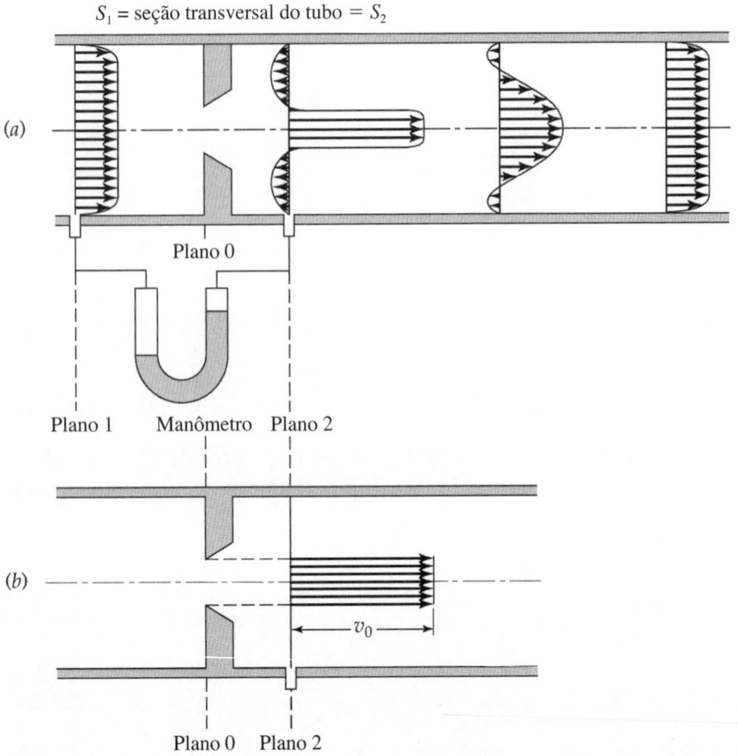

Fig. 7.6-5 (*a*) Um orifício com borda pronunciada, mostrando os perfis aproximados de velocidades em vários planos perto da placa de orifício. O jato de fluido emergente do orifício é um pouco menor do que o orifício em si. Em escoamento altamente turbulento, esse jato é estrangulado a jusante para uma seção transversal mínima na *vena contracta*. A extensão desse estrangulamento pode ser dada pelo *coeficiente de contração*, C_c – ($S_{\text{vena contracta}}/S_0$). De acordo com a teoria de escoamento invíscido, $C_c = \pi/(\pi + 2) = 0{,}611$, se $S_0/S_1 = 0$ [H. Lamb, *Hydrodynamics,* Dover, New York (1945), p. 99]. Note que existe algum retorno de escoamento perto da parede. (*b*) Perfil aproximado de velocidades no plano 2, usado para estimar $\langle v_2^3 \rangle / \langle v_2 \rangle$.

(b) ***Balanço de energia mecânica.*** Para um fluido de densidade constante em um sistema em escoamento, com nenhuma mudança na elevação e nenhuma parte móvel, a Eq. 7.4-5 fornece

$$\frac{1}{2}\frac{\langle v_2^3 \rangle}{\langle v_2 \rangle} - \frac{1}{2}\frac{\langle v_1^3 \rangle}{\langle v_1 \rangle} + \frac{p_2 - p_1}{\rho} + \hat{E}_v = 0 \tag{7.6-43}$$

A perda viscosa $\hat{E}_v$ é desprezada, muito embora ela certamente não seja igual a zero. Com os perfis considerados de velocidade, a Eq. 7.6-43 se torna então

$$\tfrac{1}{2}(v_0^2 - v_1^2) + \frac{p_2 - p_1}{\rho} = 0 \tag{7.6-44}$$

Quando as Eqs. 7.6-42 e 44 são combinadas com a finalidade de eliminar v_0, podemos resolver para v_1 de modo a conseguir

$$v_1 = \sqrt{\frac{2(p_1 - p_2)}{\rho}\frac{1}{(S/S_0)^2 - 1}} \tag{7.6-45}$$

Podemos agora multiplicar por ρS para conseguir a taxa mássica de escoamento. Então, de modo a considerar os erros introduzidos pelo fato de negligenciar $\hat{E}_v$ e pelas suposições relativas aos perfis de velocidades, incluímos um *coeficiente de descarga*, C_d, e obtemos

$$w = C_d S_0 \sqrt{\frac{2\rho(p_1 - p_2)}{1 - (S_0/S)^2}} \tag{7.6-46}$$

Coeficientes de descarga experimentais foram correlacionados como uma função de S_0/S e do número de Reynolds.[2] Para números de Reynolds maiores do que 10^4, C_d se aproxima de cerca de 0,61, para todos os valores práticos de S_0/S.

[2] G. L. Tuve e R. E. Sprenkle, *Instruments*, **6**, 202-205, 232-234 (1935); ver também R. H. Perry e C. H. Chilton, *Chemical Engineer's Handbook*, McGraw-Hill, Nova York, 5th edition (1973), Fig. 5-18; *Fluid Meters: Their Theory and Applications*, 6th edition, *American Society of Mechanical Engineers*, New York (1971), pp. 58-65; *Measurement of Fluid Flow Using Small Bore Precision Orifice Meters, American Society of Mechanical Engineers*, MFC-14-M, New York (1995).

Esse exemplo ilustrou o uso de balanços macroscópicos para conseguir a forma geral do resultado, que foi então modificada introduzindo-se uma função multiplicativa de grupos adimensionais, de modo a corrigir os erros introduzidos pelas suposições não asseguradas. Essa combinação de balanços macroscópicos e considerações dimensionais é freqüentemente usada e pode ser bem útil.

7.7 USO DOS BALANÇOS MACROSCÓPICOS PARA PROBLEMAS TRANSIENTES

Na seção precedente, ilustramos o uso dos balanços macroscópicos para resolver problemas permanentes. Nesta seção, voltamos nossa atenção para problemas transientes. Damos dois exemplos para ilustrar o uso das equações dos balanços macroscópicos dependentes do tempo.

EXEMPLO 7.7-1

Efeitos de Aceleração no Escoamento Transiente em um Tanque Cilíndrico

Um cilindro aberto, de altura H e raio R, está inicialmente cheio por completo com um líquido. No tempo $t = 0$, drena-se o líquido através do pequeno orifício de raio R_0 no fundo do tanque (ver Fig. 7.7-1).

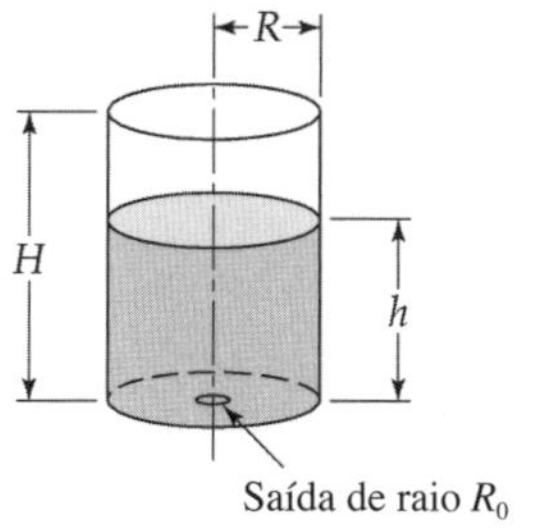

Fig. 7.7-1 Escoamento para fora de um tanque cilíndrico.

(a) Encontre o tempo de descarga do tanque, usando o balanço transiente de massa e considerando a equação de Torricelli (ver Problema 3B.14) para descrever a relação entre a velocidade de saída e a altura instantânea do líquido.
(b) Encontre o tempo de descarga do tanque, usando os balanços transientes de massa e de energia mecânica.

SOLUÇÃO

(a) Aplicamos a Eq. 7.1-2 ao sistema na Fig. 7.7-1, tomando o plano 1 no topo do tanque (logo, $w_1 = 0$). Se a altura instantânea do líquido for $h(t)$, então

$$\frac{d}{dt}(\pi R^2 h \rho) = -\rho v_2(\pi R_0^2) \tag{7.7-1}$$

Aqui, consideramos um perfil plano de velocidades no plano 2. De acordo com a equação de Torricelli, $v_2 = \sqrt{2gh}$ e a Eq. 7.7-1 se torna

$$\frac{dh}{dt} = -\left(\frac{R_0}{R}\right)^2 \sqrt{2gh} \tag{7.7-2}$$

Quando ela é integrada de $t = 0$ a $t = t_{\text{descarga}}$, conseguimos

$$t_{\text{descarga}} = \sqrt{\frac{2NH}{g}} \tag{7.7-3}$$

em que $N = (R/R_0)^4 >> 1$. Isso é efetivamente uma solução de um estado quasi-estacionário, uma vez que usamos o balanço transiente de massa juntamente com a equação de Torricelli, que foi deduzida para um escoamento permanente.

(**b**) Usamos agora a Eq. 7.7-1 e o balanço de energia mecânica na Eq. 7.4-2. Nessa última, os termos W_m e E_c são identicamente iguais a zero e consideramos que E_v seja negligenciavelmente pequeno, já que os gradientes de velocidade no sistema serão pequenos. Tomamos o plano de referência para a energia potencial como o fundo do tanque, de modo que $\hat{\Phi}_2 = gz_2 = 0$; no plano 1, nenhum líquido está entrando e conseqüentemente o termo de energia potencial não é necessário lá. Já que o topo do tanque é aberto para a atmosfera e o tanque está descarregando na atmosfera, as contribuições de pressão são canceladas.

Com o objetivo de conseguir a energia cinética total no sistema em qualquer tempo t, temos de conhecer a velocidade de cada elemento fluido no tanque. Em cada ponto no tanque, consideramos que o fluido esteja se movimentando para baixo com a mesma velocidade, ou seja, $v_2(R_0/R)^2$, de modo que a energia cinética por unidade de volume seja $\frac{1}{2}\rho v_2^2(R_0/R)^4$ em todo o lugar.

Para obter a energia potencial total no sistema em qualquer tempo t, temos de integrar a energia potencial por unidade de volume, ρgz, ao longo do volume de fluido, a partir de 0 até h. Isso fornece $\pi R^2 \rho g(\frac{1}{2}h^2)$.

Conseqüentemente, o balanço de energia mecânica na Eq. 7.4-2 se torna

$$\frac{d}{dt}[(\pi R^2 h)(\tfrac{1}{2}\rho v_2^2)(R_0/R)^4 + \pi R^2 \rho g(\tfrac{1}{2}h^2)] = -\tfrac{1}{2}v_2^2(\rho v_2 \pi R_0^2) \tag{7.7-4}$$

Do balanço transiente de massa, $v_2 = -(R/R_0)^2(dh/dt)$. Quando essa expressão for substituída na Eq. 7.7-4, conseguimos (depois de dividir por dh/dt)

$$2h\frac{d^2h}{dt^2} - (N-1)\left(\frac{dh}{dt}\right)^2 + 2gh = 0 \tag{7.7-5}$$

Isso deve ser resolvido com as duas condições iniciais:

C.I. 1: em $t = 0$, $h = H$ (7.7-6)

C.I. 2: em $t = 0$, $\dfrac{dh}{dt} = \sqrt{2gH}(R_0/R)^2$ (7.7-7)

A segunda delas é a equação de Torricelli no instante inicial de tempo.

A equação diferencial de segunda ordem para h pode ser convertida a uma equação de primeira ordem para a função $u(h)$, fazendo a mudança de variável $(dh/dt)^2 = u$. Isso fornece

$$h\frac{du}{dh} - (N-1)u + 2gh = 0 \tag{7.7-8}$$

A solução para essa equação de primeira ordem pode ser[1]

$$u = Ch^{N-1} + 2gh/(N-2) \tag{7.7-9}$$

A segunda condição inicial fornece então $C = -4g/[N(N-2)H^{N-2}]$ para a constante de integração; uma vez que $N >> 1$, não necessitamos nos preocupar com o caso especial $N = 2$. Podemos a seguir extrair a raiz quadrada da Eq. 7.7-9 e introduzir uma altura adimensional do líquido, $\eta = h/H$; isso resulta

$$\frac{d\eta}{dt} = \pm\sqrt{\frac{2g}{(N-2)H}}\sqrt{\eta - \frac{2}{N}\eta^{N-1}} \tag{7.7-10}$$

em que o sinal menos tem de ser escolhido com base física. Essa equação de primeira ordem é do tipo separável e pode ser integrada de $t = 0$ a $t = t_{\text{descarga}}$ para dar

$$t_{\text{descarga}} = \sqrt{\frac{(N-2)H}{2g}}\int_0^1 \frac{d\eta}{\sqrt{\eta - (2/N)\eta^{N-1}}} \equiv \sqrt{\frac{2NH}{g}}\,\phi(N) \tag{7.7-11}$$

[1] Ver E. Kamke, *Differentialgleichungen: Losungsmethoden und Losungen*, Chelsea Publishing Company, New York (1948), p. 311, #1.94; G. M. Murphy, *Ordinary Differential Equations and Their Solutions*, Van Nostrand, Princeton, N.J. (1960), p. 236, #157.

A função $\phi(N)$ dá o desvio da solução quase-estacionária, obtida na Eq. 7.7-3. Essa função pode ser avaliada como segue:

$$\phi(N) = \frac{1}{2}\sqrt{\frac{N-2}{N}}\int_0^1 \frac{d\eta}{\sqrt{\eta - (2/N)\eta^{N-1}}}$$

$$= \frac{1}{2}\sqrt{\frac{N-2}{N}}\int_0^1 \frac{1}{\sqrt{\eta}}\left(1 - \frac{2}{N}\eta^{N-2}\right)^{-1/2} d\eta$$

$$= \frac{1}{2}\sqrt{\frac{N-2}{N}}\int_0^1 \frac{1}{\sqrt{\eta}}\left(1 + \frac{1}{2}\left(\frac{2}{N}\eta^{N-2}\right) + \frac{3}{8}\left(\frac{2}{N}\eta^{N-2}\right)^2 + \cdots\right)d\eta \quad (7.7\text{-}12)$$

As integrações podem ser feitas agora. Quando o resultado é expandido em potências do inverso de N, encontramos que

$$\phi(N) = 1 - \frac{1}{N} + O\left(\frac{1}{N^3}\right) \quad (7.7\text{-}13)$$

Já que $N = (R/R_0)^4$ é um número muito grande, é evidente que o fator $\phi(N)$ difere somente levemente da unidade.

É instrutivo agora retornar à Eq. 7.7-4 e omitir o termo descrevendo a mudança na energia cinética total com o tempo. Se isso for feito, obtemos exatamente a expressão para o tempo de descarga na Eq. 7.7-3 (ou Eq. 7.7-11, com $\phi(N) = 1$). Podemos dessa forma concluir que, nesse tipo de problema, a mudança na energia cinética com o tempo pode seguramente ser desprezada.

EXEMPLO 7.7-2

Oscilações em Manômetros[2]

O líquido em um manômetro de tubo em U, inicialmente em repouso, é colocado em movimento, quando uma diferença de pressão $p_a - p_b$ é repentinamente imposta. Determine a equação diferencial para o movimento do fluido manométrico, considerando escoamento compressível e temperatura constante. Obtenha uma expressão para o raio do tubo no qual ocorre amortecimento crítico. Negligencie o movimento do gás acima do líquido manométrico. A notação é resumida na Fig. 7.7-2.

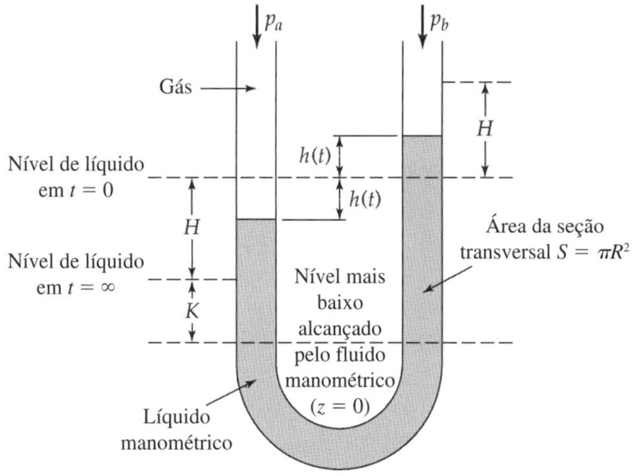

Fig. 7.7-2 Oscilações amortecidas de um fluido manométrico.

SOLUÇÃO

Designamos o líquido manométrico como o sistema para o qual aplicamos os balanços macroscópicos. Nesse caso, não há planos 1 e 2 através dos quais líquido entra ou sai. As superfícies livres do líquido são capazes de realizar trabalho no

[2] Para um resumo de trabalhos experimental e teórico sobre oscilações em manômetros, ver J. C. Biery, *AIChE Journal*, **9**, 606-614 (1963); **10**, 551-557 (1964); **15**, 631-634 (1969). Os dados experimentais de Biery mostram que a suposição feita na Eq. 7.7-14 não é muito boa.

ambiente, W_m, e conseqüentemente desempenhar o papel das partes mecânicas móveis na Seção 7.4. Aplicamos o balanço de energia mecânica da Eq. 7.4-2, com E_c estabelecido igual a zero (uma vez que o líquido manométrico é considerado como incompressível). Por causa da escolha do sistema, tanto w_1 como w_2 são iguais a zero, de modo que os únicos termos no lado direito são $-W_m$ e $-E_v$.

Com a finalidade de avaliar dK_{tot}/dt e E_v, é necessário fazer algum tipo de suposição acerca do perfil de velocidades. Aqui, adotamos o perfil de velocidades como sendo parabólico:

$$v(r,t) = 2\langle v\rangle\left[1 - \left(\frac{r}{R}\right)^2\right] \tag{7.7-14}$$

em que $\langle v\rangle = dh/dt$ é uma função do tempo, definida como positiva quando o escoamento for da esquerda para a direita.

O termo da energia cinética pode então ser avaliado como segue:

$$\begin{aligned}\frac{dK_{tot}}{dt} &= \frac{d}{dt}\int_0^L\int_0^{2\pi}\int_0^R (\tfrac{1}{2}\rho v^2) r\,dr\,d\theta\,dl \\ &= 2\pi L(\tfrac{1}{2}\rho)\frac{d}{dt}\int_0^R v^2 r\,dr \\ &= 2\pi LR^2(\tfrac{1}{2}\rho)\frac{d}{dt}\int_0^1 (2\langle v\rangle(1-\xi^2))^2\xi\,d\xi \\ &= \frac{4}{3}\rho LS\langle v\rangle\frac{d}{dt}\langle v\rangle\end{aligned} \tag{7.7-15}$$

Aqui, l é uma coordenada que fica ao longo do eixo do tubo manométrico e L é a distância ao longo desse eixo a partir de uma interface do manômetro até a outra; isto é, o comprimento total do fluido manométrico. A coordenada adimensional ξ é r/R e S é a área da seção transversal do tubo.

A variação da energia potencial com o tempo é dada por

$$\begin{aligned}\frac{d\Phi_{tot}}{dt} &= \frac{d}{dt}\int_0^L\int_0^{2\pi}\int_0^R (\rho g z) r\,dr\,d\theta\,dl \\ &= \frac{d}{dt}\left[\begin{pmatrix}\text{integral ao longo da} \\ \text{porção abaixo de} \\ z=0\text{, que é constante}\end{pmatrix} + \rho g S\int_0^{K+H-h} z dz + \rho g S\int_0^{K+H+h} z\,dz\right] \\ &= 2\rho g S h\frac{dh}{dt}\end{aligned} \tag{7.7-16}$$

O termo de perda viscosa pode também ser avaliado como segue:

$$\begin{aligned}E_v &= -\int_0^L\int_0^{2\pi}\int_0^R (\boldsymbol{\tau}:\nabla\mathbf{v}) r\,dr\,d\theta\,dl \\ &= 2\pi L\mu\int_0^R \left(\frac{\partial v}{\partial r}\right)^2 r\,dr \\ &= 8\pi L\mu\langle v\rangle^2\int_0^1 (-2\xi)^2\xi\,d\xi \\ &= 8LS\mu\langle v\rangle^2/R^2\end{aligned} \tag{7.7-17}$$

Além disso, o trabalho líquido feito pelo ambiente no sistema é

$$W_m = (p_a - p_b)S\langle v\rangle \tag{7.7-18}$$

A substituição dos termos anteriores no balanço de energia mecânica e fazendo $\langle v\rangle = dh/dt$, resulta na equação diferencial para $h(t)$ como

$$\frac{d^2h}{dt^2} + \left(\frac{6\mu}{\rho R^2}\right)\frac{dh}{dt} + \left(\frac{3g}{2L}\right)h = \frac{3}{4}\left(\frac{p_a - p_b}{\rho L}\right) \tag{7.7-19}$$

que deve ser resolvida com as condições iniciais de $h = 0$ e $dh/dt = 0$ em $t = 0$. Essa equação de segunda ordem, linear e não homogênea pode ser tornada homogênea, introduzindo-se uma nova variável k, definida por

$$k = 2h - \frac{p_a - p_b}{\rho L} \tag{7.7-20}$$

Então a equação para o movimento do líquido manométrico é

$$\frac{d^2k}{dt^2} + \left(\frac{6\mu}{\rho R^2}\right)\frac{dk}{dt} + \left(\frac{3g}{2L}\right)k = 0 \tag{7.7-21}$$

Essa equação aparece também na descrição do movimento de uma massa conectada a uma mola e amortecedor (*spring and dashpot*) assim como a corrente em um circuito *RLC* (ver Eq. C.1-7).

Tentamos agora uma solução da forma $k = e^{mt}$. A substituição dessa função tentativa na Eq. 7.7-21 mostra que há dois valores admissíveis para m:

$$m_{\pm} = \tfrac{1}{2}[-(6\mu/\rho R^2) \pm \sqrt{(6\mu/\rho R^2)^2 - (6g/L)}] \tag{7.7-22}$$

e a solução é

$$k = C_+ e^{m_+ t} + C_- e^{m_- t} \quad \text{quando } m_+ \neq m_- \tag{7.7-23}$$

$$k = C_1 e^{mt} + C_2 t e^{mt} \quad \text{quando } m_+ = m_- = m \tag{7.7-24}$$

com as constantes sendo determinadas pelas condições iniciais.

O tipo do movimento que o líquido manométrico exibe depende do valor do discriminante na Eq. 7.7-22:

(a) Se $(6\mu/\rho R^2)^2 > (6g/L)$, o sistema é *sobreamortecido* e o líquido se move lentamente para sua posição final.

(b) Se $(6\mu/\rho R^2)^2 < (6g/L)$, o sistema é *subamortecido* e o líquido oscila em torno de sua posição final; as oscilações se tornam menores e menores.

(c) Se $(6\mu/\rho R^2)^2 = (6g/L)$, o sistema é *criticamente amortecido* e o líquido se move para sua posição final na maneira monotônica mais rápida.

O raio do tubo para o amortecimento crítico é então

$$R_{\text{cr}} = \left(\frac{6\mu^2 L}{\rho^2 g}\right)^{1/4} \tag{7.7-25}$$

Se o raio do tubo R for maior do que R_{cr}, ocorrerá um movimento oscilatório.

7.8 DEDUÇÃO DO BALANÇO MACROSCÓPICO DE ENERGIA MECÂNICA[1]

Na Eq. 7.4-2, o balanço macroscópico de energia mecânica foi apresentado sem prova. Nesta seção, mostraremos como a equação é obtida pela integração da equação de balanço para a energia mecânica (Eq. 3.3-2) ao longo do volume inteiro do sistema em escoamento da Fig. 7.0-1. Começamos fazendo a integração formal:

$$\int_{V(t)} \frac{\partial}{\partial t}(\tfrac{1}{2}\rho v^2 + \rho\hat{\Phi})\,dV = -\int_{V(t)} (\boldsymbol{\nabla}\cdot(\tfrac{1}{2}\rho v^2 + \rho\hat{\Phi})\mathbf{v})\,dV - \int_{V(t)} (\boldsymbol{\nabla}\cdot p\mathbf{v})\,dV - \int_{V(t)} (\boldsymbol{\nabla}\cdot[\boldsymbol{\tau}\cdot\mathbf{v}])\,dV$$
$$+ \int_{V(t)} p(\boldsymbol{\nabla}\cdot\mathbf{v})\,dV + \int_{V(t)} (\boldsymbol{\tau}:\boldsymbol{\nabla}\mathbf{v})\,dV \tag{7.8-1}$$

A seguir, aplicamos a fórmula tridimensional de Leibniz (Eq. A.5-5) ao lado esquerdo e o teorema da divergência de Gauss (Eq. A.5-2) aos termos 1, 2 e 3 do lado direito.

$$\frac{d}{dt}\int_{V(t)} (\tfrac{1}{2}\rho v^2 + \rho\hat{\Phi})\,dV = -\int_{S(t)} (\mathbf{n}\cdot(\tfrac{1}{2}\rho v^2 + \rho\hat{\Phi})(\mathbf{v} - \mathbf{v}_S))\,dS - \int_{S(t)} (\mathbf{n}\cdot p\mathbf{v})\,dS$$
$$-\int_{S(t)} (\mathbf{n}\cdot[\boldsymbol{\tau}\cdot\mathbf{v}])\,dS + \int_{V(t)} p(\boldsymbol{\nabla}\cdot\mathbf{v})\,dV + \int_{V(t)} (\boldsymbol{\tau}:\boldsymbol{\nabla}\mathbf{v})\,dV \tag{7.8-2}$$

[1] R. B. Bird, *Korean J. Chem. Eng.*, **15**, 105-123 (1998), §3.

O termo contendo $\mathbf{v}_S$, a velocidade da superfície do sistema, aparece da aplicação da fórmula de Leibniz. A superfície $S(t)$ é constituída de quatro partes:

- a superfície fixa S_f (onde tanto $\mathbf{v}$ como $\mathbf{v}_S$ são iguais a zero)
- as superfícies móveis S_m (em que $\mathbf{v} = \mathbf{v}_S$, sendo ambos diferentes de zero)
- a seção transversal da porta de entrada S_1 (em que $\mathbf{v}_S = 0$)
- a seção transversal da porta de saída S_2 (em que $\mathbf{v}_S = 0$)

No momento, cada uma das integrais de superfície será dividida em quatro partes correspondendo a essas quatro superfícies.

Interpretamos agora os termos na Eq. 7.8-2 e, no processo, introduzimos várias suposições; essas suposições já foram mencionadas nas Seções 7.1 a 7.4, porém agora as razões para elas se tornarão claras.

O termo no lado esquerdo pode ser interpretado como a taxa temporal de variação das energias cinética total e potencial total ($K_{\text{tot}} + \Phi_{\text{tot}}$) dentro do "volume de controle", cuja forma e volume estão variando com o tempo.

Examinamos a seguir um por um dos cinco termos do lado direito:

O *termo 1* (incluindo o sinal menos) contribui somente nas seções de entrada e de saída e fornece as taxas de entrada e saída das energias cinética e potencial:

$$\text{Termo 1} = (\tfrac{1}{2}\rho_1\langle v_1^3\rangle S_1 + \rho_1\hat{\Phi}_1\langle v_1\rangle S_1) - (\tfrac{1}{2}\rho_2\langle v_2^3\rangle S_2 + \rho_2\hat{\Phi}_2\langle v_2\rangle S_2) \tag{7.8-3}$$

Os colchetes angulares indicam uma média ao longo da seção transversal. Para conseguir esse resultado, temos de considerar que a densidade do fluido e a energia potencial por unidade de massa sejam constantes ao longo da seção transversal, e que o fluido esteja escoando paralelamente às paredes do tubo nas seções de entrada e de saída. O primeiro termo na Eq. 7.8-3 é positivo, uma vez que no plano 1 $(-\mathbf{n}\cdot\mathbf{v}) = (\mathbf{u}_1\cdot(\mathbf{u}_1 v_1)) = v_1$, e o segundo termo é negativo, já que no plano 2 $(-\mathbf{n}\cdot\mathbf{v}) = (-\mathbf{u}_2\cdot(\mathbf{u}_2 v_2)) = -v_2$.

O *termo 2* (incluindo o sinal menos) não fornece contribuição sobre S_f, uma vez que lá $\mathbf{v}$ é zero. Em cada elemento de superfície dS de S_m há uma força $-\mathbf{n}pdS$ que atua na superfície se movendo com uma velocidade $\mathbf{v}$, e o produto escalar dessas grandezas fornece a taxa com que o ambiente realiza trabalho no fluido através do elemento da superfície móvel, dS. Usamos o símbolo $W_m^{(p)}$ para indicar a soma de todos esses termos da superfície. Além disso, as integrais ao longo das superfícies estacionárias S_1 e S_2 fornecem o trabalho requerido para empurrar o fluido para o sistema no plano 1 menos o trabalho requerido para empurrar o fluido para fora do sistema no plano 2. Por conseguinte, o termo 2 finalmente fornece

$$\text{Termo 2} = p_1\langle v_1\rangle S_1 - p_2\langle v_2\rangle S_2 + W_m^{(p)} \tag{7.8-4}$$

Aqui, temos de considerar que a pressão não varia ao longo da seção transversal nas seções de entrada e de saída.

O *termo 3* (incluindo o sinal menos) não fornece contribuição para S_f, uma vez que lá $\mathbf{v}$ é zero. A integral em S_m pode ser interpretada como a taxa com que o ambiente realiza trabalho no fluido por meio das forças viscosas, sendo essa integral designada como $W_m^{(\tau)}$. Nas seções de entrada e de saída, é convenção desprezar os termos do trabalho associados às contribuições de pressão, já que eles são geralmente bem pequenos se comparados às contribuições de pressão. Logo, obtemos

$$\text{Termo 3} = W_m^{(\tau)} \tag{7.8-5}$$

Introduzimos agora o símbolo $W_m = W_m^{(p)} + W_m^{(\tau)}$ para representar a taxa total com que o ambiente realiza trabalho no fluido dentro do sistema através das superfícies móveis.

Os *termos 4 e 5* não podem ser mais simplificados e portanto definimos

$$\text{Termo 4} = +\int_{V(t)} p(\nabla\cdot\mathbf{v})\,dV = -E_c \tag{7.8-6}$$

$$\text{Termo 5} = +\int_{V(t)} (\boldsymbol{\tau}:\nabla\mathbf{v})\,dV = -E_v \tag{7.8-7}$$

Para fluidos newtonianos, a perda viscosa E_v é a taxa com que a energia mecânica é *irreversivelmente* degradada em energia térmica devido à viscosidade do fluido, sendo sempre uma grandeza positiva (ver Eq. 3.3-3). Já discutimos os métodos para estimar E_v na Seção 7.5. (Para fluidos viscoelásticos, que discutiremos no Cap. 8, E_v tem de ser interpretada diferentemente e pode mesmo ser negativa.) O termo de compressão E_c é a taxa na qual a energia mecânica é *reversivelmente* transformada em energia térmica, por causa da compressibilidade do fluido; ela pode ser tanto negativa como positiva. Se o fluido estiver sendo considerado como incompressível, então E_c será zero.

Quando todas as contribuições forem inseridas na Eq. 7.8-2, finalmente obtemos o balanço macroscópico de energia mecânica:

$$\frac{d}{dt}(K_{\text{tot}} + \Phi_{\text{tot}}) = (\tfrac{1}{2}\rho_1\langle v_1^3\rangle S_1 + \rho_1\hat{\Phi}_1\langle v_1\rangle S_1 + p_1\langle v_1\rangle S_1) - (\tfrac{1}{2}\rho_2\langle v_2^3\rangle S_2 + \rho_2\hat{\Phi}_2\langle v_2\rangle S_2 + p_2\langle v_2\rangle S_2) + W_m - E_c - E_v \tag{7.8-8}$$

Se agora introduzirmos os símbolos $w_1 = \rho_1\langle v_1\rangle S_1$ e $w_2 = \rho_2\langle v_2\rangle S_2$ para as taxas mássicas de entrada e de saída, então a Eq. 7.8.8 pode ser reescrita na forma da Eq. 7.4-2. Várias suposições foram feitas nesse desenvolvimento, mas normalmente elas não são sérias. Se a situação justificar, pode-se voltar e incluir os efeitos desprezados.

Deve ser notado que a dedução anterior do balanço de energia mecânica não requer que o sistema seja isotérmico. Desse modo, os resultados nas Eqs. 7.4-2 e 7.8-8 são válidos para sistemas não-isotérmicos.

Com o objetivo de obter o balanço de energia mecânica na forma da Eq. 7.4-7, temos de desenvolver uma expressão *aproximada* para E_c. Imaginemos que exista uma linha de corrente representativa correndo através do sistema e introduzimos uma coordenada s ao longo da linha de corrente. Consideramos que pressão, densidade e velocidade não variem ao longo da seção transversal. Além disso, imaginemos que em cada posição ao longo da linha de corrente exista uma seção transversal $S(s)$ perpendicular à coordenada s, de modo que possamos escrever $dV = S(s)ds$. Se houver partes móveis no sistema e se a geometria do sistema for complexa, pode não ser possível fazer isso.

Começamos usando o fato de que $(\nabla \cdot \rho\mathbf{v}) = 0$ no regime permanente; assim,

$$E_c = -\int_V p(\nabla \cdot \mathbf{v})\, dV = +\int_V \frac{p}{\rho}(\mathbf{v} \cdot \nabla\rho)\, dV \tag{7.8-9}$$

Então, usamos a suposição de que a pressão e a densidade são constantes ao longo da seção transversal para escrever aproximadamente

$$E_c \approx \int_1^2 \frac{p}{\rho}\left(v\frac{d\rho}{ds}\right)S(s)ds \tag{7.8-10}$$

Muito embora ρ, v e S sejam funções da coordenada da linha de corrente s, seu produto, $w = \rho vS$, é uma constante para a operação em regime permanente e portanto pode ser colocado para fora da integral. Isso resulta em

$$E_c \approx w\int_1^2 \frac{p}{\rho^2}\frac{d\rho}{ds}ds = -w\int_1^2 p\frac{d}{ds}\left(\frac{1}{\rho}\right)ds \tag{7.8-11}$$

Então, uma integração por partes pode ser feita:

$$E_c \approx -w\left[\frac{p}{\rho}\bigg|_1^2 - \int_1^2 \frac{1}{\rho}\frac{dp}{ds}ds\right] = -w\Delta\left(\frac{p}{\rho}\right) + w\int_1^2 \frac{1}{\rho}dp \tag{7.8-12}$$

Quando esse resultado for colocado na Eq. 7.4-5, a relação aproximada na Eq. 7.4-7 será obtida. Por causa da natureza questionável das suposições feitas (a existência de uma linha de corrente representativa e a constância de p e ρ ao longo da seção transversal), parece preferível usar a Eq. 7.4-5 em vez da Eq. 7.4-7. Além disso, a Eq. 7.4-5 é facilmente generalizada para sistemas com seções múltiplas de entrada e saída, enquanto a Eq. 7.4-7 não o é; a generalização é dada na Eq. (D) da Tabela 7.6-1.

QUESTÕES PARA DISCUSSÃO

1. Discuta a origem, o significado e o uso dos balanços macroscópicos. Explique que suposições foram feitas na sua dedução.
2. Como alguém decide qual balanço macroscópico usar para um dado problema? Que informação auxiliar alguém pode precisar para resolver problemas com os balanços macroscópicos?
3. Os fatores de atrito e os fatores de perda por atrito estão relacionados? Se afirmativo, como?

4. Discuta a perda viscosa, E_v, e o termo de compressão, E_c, com relação a uma interpretação física, ao sinal e a métodos de estimação.

5. Como o balanço macroscópico de energia mecânica está relacionado à equação de Bernoulli para fluidos invíscidos? Como ele é deduzido?

6. O que acontece no Exemplo 7.3-1 se alguém fizer uma escolha diferente para a origem do sistema de coordenadas?

7. No Exemplo 7.5-1, qual seria o erro no resultado final, se a estimação da perda viscosa E_v estivesse desviada por um fator de 2? Sob quais circunstâncias esse erro seria mais sério?

8. No Exemplo 7.5-1, o que aconteceria se o valor de 5 ft fosse trocado por 50 ft?

9. No Exemplo 7.6-3, como os resultados seriam afetados, se a pressão de saída fosse 11 atm em vez de 1,1 atm?

10. Liste todas as suposições que são inerentes nas equações dadas na Tabela 7.6-1.

PROBLEMAS

7A.1 Aumento de pressão em uma expansão repentina (Fig. 7.6-1). Uma solução aquosa de sal está escoando através de uma expansão repentina, a uma taxa de 450 galões americanos/min = 0,0384 m³/s. O diâmetro interno do tubo menor é 5 in e aquele do tubo maior é 9 in. Qual será o aumento de pressão em libras por polegada quadrada se a densidade da solução for 63 lb_m/ft^3? O escoamento é laminar ou turbulento no tubo menor?
Resposta: 0,157 psi = $1{,}08 \times 10^3$ N/m²

7A.2 Bombeando uma solução de ácido clorídrico (Fig. 7A.2). Uma solução diluída de HCl, de densidade e viscosidade constantes (ρ = 62,4 lb_m/ft^3 e μ = 1 cp), deve ser bombeada para o tanque 1 ao tanque 2, sem variação global na elevação. As pressões nos espaços contendo gás dos dois tanques são p_1 = 1 atm e p_2 = 4 atm. O raio do tubo é 2 in e o número de Reynolds é $7{,}11 \times 10^4$. A velocidade média no tubo deve ser 2,30 ft/s. Qual a potência que tem de ser dada pela bomba?

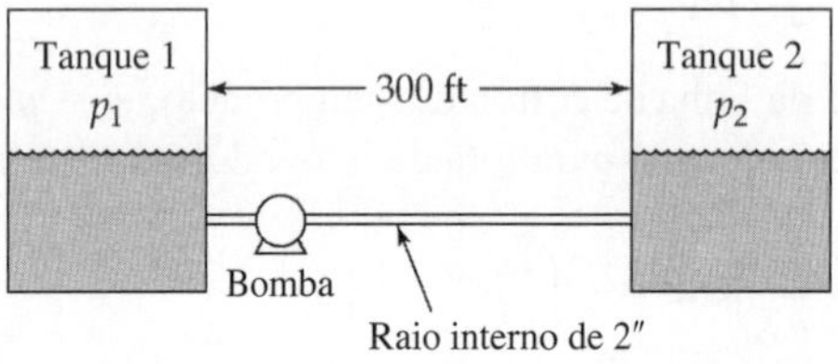

Fig. 7A.2 Bombeamento de uma solução de ácido clorídrico.

Resposta: 2,4 hp = 1,8 kW

7A.3 Escoamento compressível de um gás em um tubo cilíndrico. Nitrogênio gasoso está em escoamento turbulento e isotérmico, a 25°C, através de um comprimento reto do tubo horizontal, com 3 in de diâmetro interno e a uma taxa de 0,28 lb_m/s. As pressões absolutas na entrada e na saída são 2 atm e 1 atm, respectivamente. Avalie a perda viscosa $\hat{E}_v$, considerando o comportamento de gás ideal e distribuição radialmente uniforme de velocidades.
Resposta: 26,3 Btu/lb_m = $6{,}12 \times 10^4$ J/kg

7A.4 Escoamento incompressível em um espaço anular. Água, a 60°F, está sendo bombeada através do espaço anular formado por dutos coaxiais, com 20,3 ft de comprimento e a uma taxa de 241 galões americanos/min. Os raios interno e externo do espaço anular são 3 in e 7 in. A entrada está 5 ft abaixo da saída. Determine a potência requerida de saída da bomba. Use o empiricismo do raio hidráulico médio para resolver o problema. Considere que as pressões na entrada da bomba e na saída do espaço anular sejam as mesmas.
Resposta: 0,31 hp = 0,23 kW

7A.5 Força em uma curva em forma de U (Fig. 7A.5). Água, a 68°F (ρ = 62,4 lb_m/ft^3 e μ = 1 cp), está escoando em escoamento turbulento em um tubo em forma de U, a 3 ft³/s. Qual é a força horizontal exercida pela água na curva em forma de U?

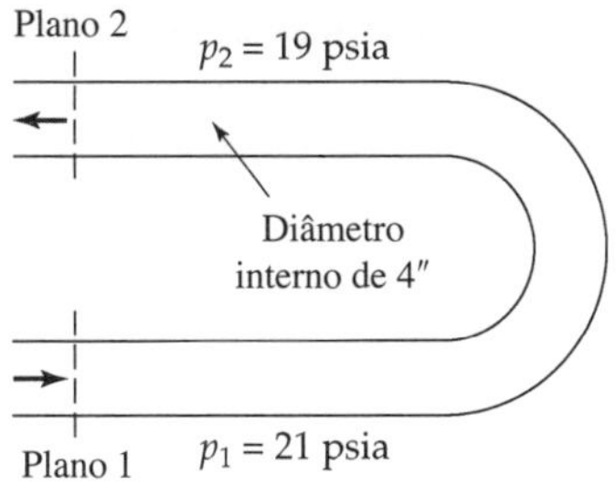

Fig. 7A.5 Escoamento em uma curva em forma de U; ambos os braços da curva estão na mesma elevação.

Resposta: 903 lb_f para a direita

7A.6 Cálculo de vazão (Fig. 7A.6). Para o sistema mostrado na figura, calcule a vazão volumétrica de água a 68°F.

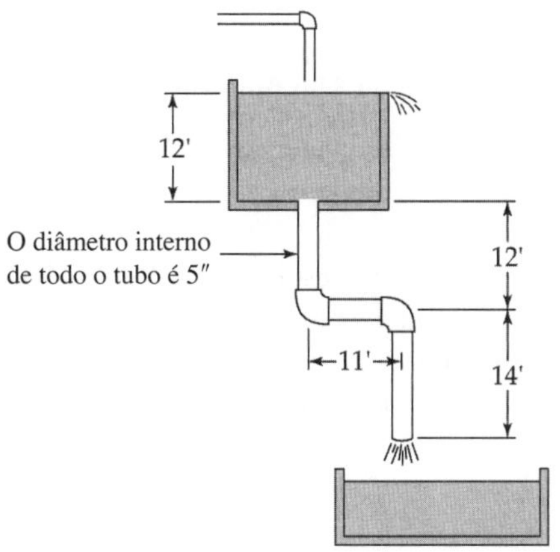

Fig. 7A.6 Escoamento de um tanque com carga constante.

7A.7 Avaliação de várias médias de velocidades a partir de dados do tubo de Pitot. A seguir, são apresentados alguns dados experimentais[1] para um tubo de Pitot transversal ao escoamento de água em um tubo de raio interno de 3,06 in:

Posição	Distância, em polegadas, a partir do centro do tubo	Velocidade local (ft/s)	Posição	Distância, em polegadas, a partir do centro do tubo	Velocidade local (ft/s)
1	2,80	7,85	6	0,72	11,70
2	2,17	10,39	7	1,43	11,47
3	1,43	11,31	8	2,17	11,10
4	0,72	11,66	9	2,80	9,26
5	0,00	11,79			

Plote esses dados e verifique se o escoamento é laminar ou turbulento. Use então a regra de Simpson para integração numérica de modo a calcular $\langle v \rangle / v_{máx}$, $\langle v^2 \rangle / v^2_{máx}$ e $\langle v^3 \rangle / v^3_{máx}$. Esses resultados são consistentes com os valores de 50/49 (apresentados exatamente antes do Exemplo 7.2-1) e 43.200/40.817 (apresentados exatamente antes do Exemplo 7.4-1)?

7.B.1 Médias de velocidade provenientes da lei de potência de 1/7. Avalie as razões de velocidades no Problema 7A.7, de acordo com a distribuição de velocidades na Eq. 5.1-4.

[1] B. Bird, C.E. thesis, University of Wisconsin (1915).

7.B.2 Relação entre força e perda viscosa para escoamento em dutos de seção transversal variável. A Eq. 7.5-6 fornece a relação $F_{f\to s} = \rho S \hat{E}_v$ entre a força de arraste e a perda viscosa para dutos retos horizontais de seção arbitrária porém constante. Consideramos aqui um canal reto, cuja seção transversal varie gradualmente com a distância a jusante. Restringimo-nos a canais simétricos, de modo que a força de arraste seja direcionada axialmente.

Se a seção transversal e a pressão na entrada forem S_1 e p_1 e na saída forem S_2 e p_2, prove então que a relação análoga à Eq. 7.5-7 é

$$F_{f\to s} = \rho S_m \hat{E}_v + p_m(S_1 - S_2) \tag{7B.2-1}$$

em que

$$\frac{1}{S_m} = \frac{1}{2}\left(\frac{1}{S_1} + \frac{1}{S_2}\right) \tag{7B.2-2}$$

$$p_m = \frac{p_1 S_1 + p_2 S_2}{S_1 + S_2} \tag{7B.2-3}$$

Interprete os resultados.

7B.3 Escoamento através de uma expansão repentina (Fig. 7.6-1). Um fluido está escoando através de uma expansão repentina, em que os diâmetros inicial e final são D_1 e D_2, respectivamente. Em que razão D_2/D_1 o aumento de pressão, $p_2 - p_1$, será máximo para um dado valor de v_1?
Resposta: $D_2/D_1 = \sqrt{2}$

7B.4 Escoamento entre dois tanques (Fig. 7B.4). *Caso I:* Um fluido está escoando entre dois tanques A e B, pelo fato de $p_A > p_B$. Os tanques estão no mesmo nível e não há bomba na linha. A linha de conexão tem uma área de seção transversal S_I e a taxa mássica é w para uma queda de pressão de $(p_A - p_B)_\text{I}$.

Caso II: Deseja-se trocar a linha de conexão por duas linhas, cada uma com seção transversal $S_\text{II} = S_\text{I}/2$. Qual é a diferença de pressão $(p_A - p_B)_\text{II}$ necessária para fornecer a mesma taxa mássica total igual à do Caso I? Considere escoamento turbulento e use a fórmula de Blasius (Eq. 6.2-12) para o fator de atrito. Despreze as perdas na entrada e na saída.
Resposta: $(p_A - p_B)_\text{II}/(p_A - p_B)_\text{I} = 2^{5/8}$

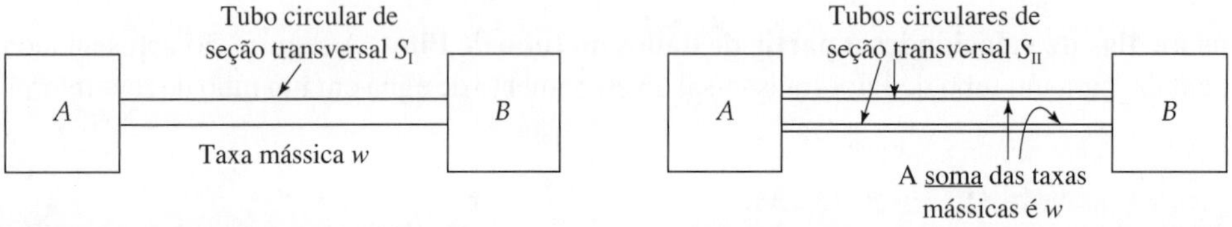

Fig. 7B.4 Escoamento entre dois tanques.

7B.5 Projeto revisto de um duto de ar (Fig. 7B.5). Um duto horizontal e reto foi instalado em uma fábrica. Supôs-se que o duto tivesse 4 ft × 4 ft de seção transversal. Por causa de uma obstrução, o duto pôde ter somente 2 ft de altura, mas podendo ter qualquer largura. Qual deve ser a largura do duto, de modo a se ter as mesmas pressões terminais e a mesma vazão volumétrica? Considere escoamento turbulento e que a fórmula de Blasius (Eq. 6.2-12) seja satisfatória para esse cálculo. O ar pode ser considerado como incompressível nessa situação.

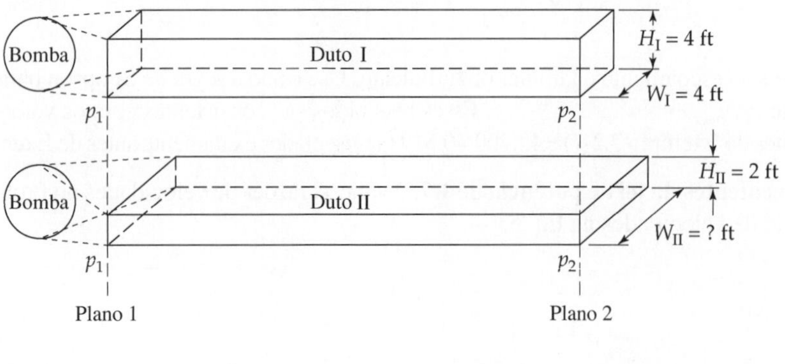

Fig. 7B.5 Instalação de um duto de ar.

(a) Escreva as versões simplificadas do balanço de energia mecânica para os dutos I e II.
(b) Iguale as quedas de pressão para os dois dutos e obtenha uma equação relacionando as larguras e as alturas dos dois dutos.
(c) Resolva numericamente a equação em *(b)*, com a finalidade de encontrar a largura que deve ser usada para o duto II.
Resposta: (*c*) 9,2 ft

7B.6 Descarga múltipla em um duto comum[2] (Fig. 7B.6). Estenda o Exemplo 7.6-1, considerando agora uma descarga de um fluido incompressível a partir de vários tubos para um tubo maior, com um aumento líquido na seção transversal. Tais sistemas são importantes em certos tipos de trocadores de calor, para os quais as perdas por expansão e contração representam uma fração apreciável da queda global de pressão. Os escoamentos nos tubos pequenos e no tubo grande podem ser laminares ou turbulentos. Analise esse sistema por meio dos balanços macroscópicos de massa, de momento e de energia mecânica.

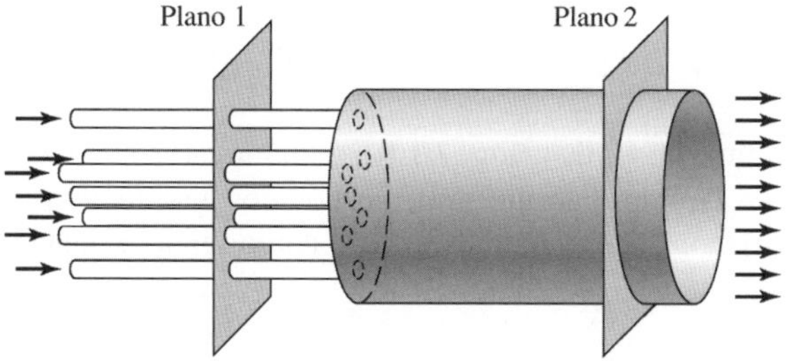

Fig. 7B.6 Descarga múltipla em um duto comum. A área total da seção transversal no plano 1 disponível para escoamento é S_1 e a no plano 2 é S_2.

7B.7 Variações do inventário de gás em reservatórios. Um reservatório de gás natural deve ser suprido, a partir de uma tubulação, a uma taxa estacionária de w_1 lb$_m$/h. Durante um período de 24 h, a demanda de combustível do reservatório, w_2, varia aproximadamente como segue,

$$w_2 = A + B \cos \omega t \tag{7B.7-1}$$

em que ωt é um tempo adimensional, medido a partir do tempo de pico da demanda (aproximadamente 6 horas da manhã).
(a) Determine os valores máximo, mínimo e médio de w_2 para um período de 24 horas, em termos de A e B.
(b) Determine o valor requerido de w_1 em termos de A e B.
(c) Faça $m_{\text{tot}} = m^0_{\text{tot}}$ em $t = 0$ e integre o balanço transiente de massa com essa condição inicial, de modo a obter m_{tot} como uma função do tempo.
(d) Se $A = 5.000$ lb$_m$/h, $B = 2.000$ lb$_m$/h e $\rho = 0{,}044$ lb$_m$/ft^3 no reservatório, determine a capacidade (em pé cúbico) absoluta mínima do reservatório, de modo a encontrar a demanda sem interrupção. A que hora do dia o reservatório tem de estar cheio para permitir tal operação?
(e) Determine a capacidade (em pé cúbico) mínima do reservatório, necessária para manter pelo menos uma reserva de três dias em todos os tempos.
Resposta: $3{,}47 \times 10^5$ ft^3; $8{,}53 \times 10^6$ ft^3

7B.8 Variação na altura de líquido com o tempo (Fig. 7.1-1).
(a) Deduza a Eq. 7.1-4, usando cálculo integral.
(b) No Exemplo 7.1-1, obtenha a expressão para a altura h de líquido, como uma função do tempo t.
(c) Faça um gráfico da Eq. 7.1-8, usando as grandezas adimensionais. Isso é útil?

7B.9 Drenagem de um tanque cilíndrico, usando um tubo de saída (Fig. 7B.9).
(a) Refaça o Exemplo 7.1-1, porém com um tanque cilíndrico em vez de um tanque esférico. Use a abordagem de quasi-estacionário; ou seja, use o balanço transiente de massa juntamente com a equação de Hagen-Pouseuille para o escoamento laminar no tubo.

[2] W. M. Kays, *Trans. ASME*, **72**, 1067-1074 (1950).

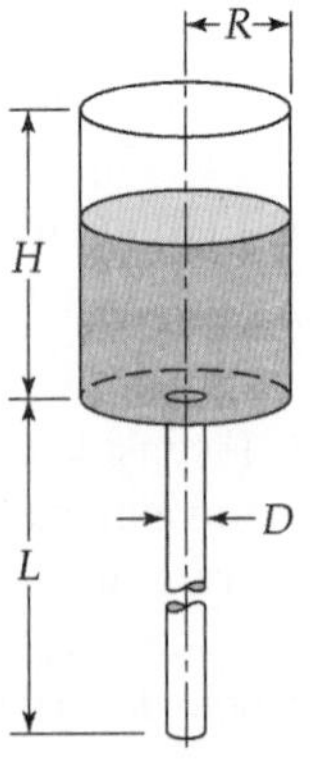

Fig. 7B.9 Tanque cilíndrico com um longo tubo conectado. A superfície do fluido e a saída do tubo estão abertas para a atmosfera.

(b) Refaça o problema para escoamento turbulento no tubo.

Resposta: (*a*) $t_{\text{descarga}} = \dfrac{128\mu L R^2}{\rho g D^4} \ln\left(1 + \dfrac{H}{L}\right)$

7B.10 Tempo de descarga para a drenagem de um tanque cônico (Fig. 7B.10). Um tanque cônico, com dimensões dadas na figura, está inicialmente cheio com um líquido. Permite-se que o líquido seja drenado por gravidade. Determine o tempo de descarga. Nos itens (a)-(c), considere o líquido no cone como sendo o "sistema".

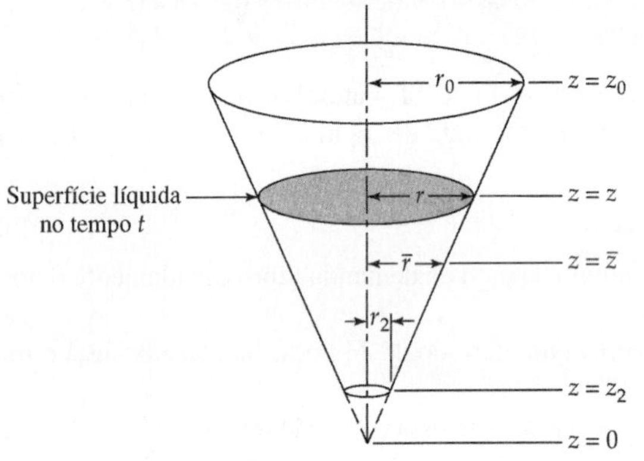

Fig. 7B.10 Reservatório cônico, do qual um líquido é drenado. A quantidade r é o raio da superfície líquida a uma altura z, e $\bar{r}$ é o raio do cone em alguma altura arbitrária $\bar{z}$.

(a) Use primeiro um balanço macroscópico transiente de massa para mostrar que a velocidade de saída é

$$v_2 = -\frac{z^2}{z_2^2}\frac{dz}{dt} \tag{7B.10-1}$$

(b) Escreva o balanço transiente de energia mecânica para o sistema. Descarte o termo de perda viscosa e o termo contendo a derivada da energia cinética em relação ao tempo e forneça as razões para fazer isso. Mostre que isso conduz a

$$v_2 = \sqrt{2g(z - z_2)} \tag{7B.10-2}$$

(c) Combine os resultados de (a) e (b). Resolva a equação diferencial resultante com uma condição inicial apropriada, de modo a obter o nível do líquido z como uma função de t. A partir disso, obtenha o tempo de descarga

$$t_{\text{descarga}} = \frac{1}{5}\left(\frac{z_0}{z_2}\right)^2 \sqrt{\frac{2z_0}{g}} \tag{7B.10-3}$$

Liste todas as suposições que têm de ser feitas e discuta o quão sérias elas são. Como essas suposições poderiam ser evitadas?

(d) Refaça o item (b), escolhendo o plano 1 como estacionário e levemente abaixo da superfície líquida no tempo *t*. Entende-se que a superfície líquida não vá abaixo do plano 1 durante o intervalo diferencial de tempo, *dt*, sobre o qual o balanço transiente de energia mecânica é feito. Com essa escolha de plano 1, a derivada $d\Phi_{tot}/dt$ é zero e não há termo de trabalho W_m. Além disso, as condições no plano 1 estão muito próximas daquelas da superfície líquida. Então, com a aproximação pseudo-estacionária de que a derivada dK_{tot}/dt seja aproximadamente zero e de que o termo de perda viscosa possa ser negligenciado, o balanço de energia mecânica, com $w_1 = w_2$, toma a forma

$$0 = \tfrac{1}{2}(v_1^2 - v_2^2) + g(h_1 - h_2) \tag{7B.10-4}$$

7B.11 Desintegração de lascas de madeira (Fig. 7B.11). Na fabricação de polpa de papel, as fibras de celulose de lascas de madeira ficam livres do aglutinante lignina pelo aquecimento, sob pressão, em soluções alcalinas em tanques cilíndricos chamados digestores. No final do período de "cozimento", uma pequena janela é aberta em uma extremidade do digestor, permitindo assim que a lama de lascas de madeira polida seja soprada sobre um prato de impacto de modo a completar a quebra das lascas e a separação das fibras. Estime a velocidade da corrente de descarga e a força adicional no prato de impacto, imediatamente depois da descarga começar. Efeitos de atrito dentro do digestor e a baixa energia cinética do fluido dentro do tanque podem ser negligenciados. (*Nota*: Ver Problema 7B.10 para dois métodos diferentes de seleção dos planos de entrada e de saída.)
Resposta: 2.810 lb_m/s (ou 1.275 kg/s); 10.900 lb_f (ou 48.500 N)

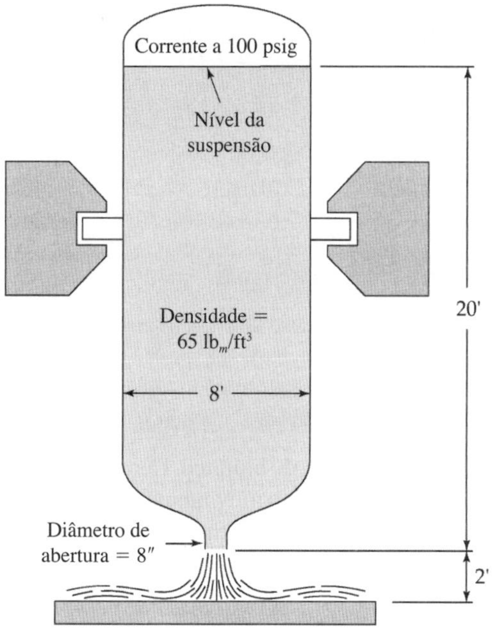

Fig. 7B.11 Digestor de polpa.

7B.12 Critério para escoamento livre de vapor em um sistema de tubulação. Para assegurar que uma tubulação esteja completamente cheia de líquido, é necessário que $p > p_{vap}$ em cada ponto. Aplique esse critério ao sistema na Fig. 7.5.1, usando os balanços de energia mecânica nas porções apropriadas do sistema.

7C.1 Correções dos efeitos de extremidades nos viscosímetros de tubos (Fig. 7C.1).[3] Analisando os dados viscosimétricos de escoamento em tubos de modo a determinar a viscosidade, comparam-se os dados de queda de pressão contra os da vazão em relação à expressão teórica (a equação de Hagen-Poiseuille da Eq. 2.3-21). Essa última considera que o escoamento seja completamente desenvolvido na região entre os dois planos nos quais a pressão é medida. Em um aparelho como aquele mostrado na figura, a pressão é conhecida na saída do tubo (2) e

[3] A. G. Fredrickson, PhD Thesis, University of Wisconsin (1959); *Principles and Applications of Rheology,* Prentice-Hall, Englewood Cliffs, N.J. (1964), §9.2.

também acima do fluido no reservatório (1). Entretanto, na região de entrada do tubo, os perfis de velocidades não estão ainda completamente desenvolvidos. Conseqüentemente, a expressão teórica relacionando a queda de pressão à vazão não é válida.

Há, no entanto, um método em que a equação de Hagen-Poiseuille pode ser usada, fazendo as medidas de escoamento em dois tubos de comprimentos diferentes, L_A e L_B; o mais curto dos dois tubos deve ser longo o suficiente de modo que os perfis de velocidades sejam completamente desenvolvidos na saída. Então, a seção final do tubo longo, de comprimento $L_B - L_A$, será uma região de escoamento completamente desenvolvido. Se soubéssemos o valor de $\mathcal{P}_0 - \mathcal{P}_4$ para essa região, então poderíamos aplicar a equação de Hagen-Poiseuille.

Mostre que a combinação apropriada dos balanços de energia mecânica, escritos para os sistemas 1-2, 3-4 e 0-4, fornecerão a seguinte expressão para $\mathcal{P}_0 - \mathcal{P}_4$, quando cada viscosímetro tiver a *mesma vazão*.

$$\frac{\mathcal{P}_0 - \mathcal{P}_4}{L_B - L_A} = \frac{p_B - p_A}{L_B - L_A} + \rho g\left(1 + \frac{l_B - l_A}{L_B - L_A}\right) \qquad (7C.1\text{-}1)$$

em que $\mathcal{P}_0 = p_0 + \rho g z_0$. Explique cuidadosamente como você usaria a Eq. 7C.1-1 para analisar medidas experimentais. A Eq. 7C.1-1 é válida para dutos não-circulares, de seção transversal uniforme?

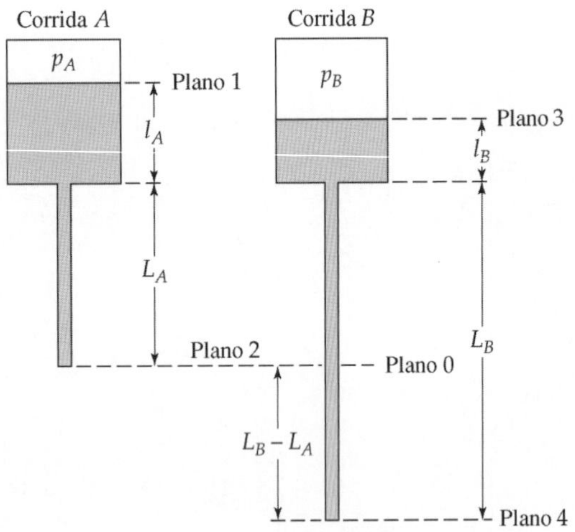

Fig. 7C.1 Dois viscosímetros de tubos, com a mesma vazão e a mesma pressão de saída. As pressões p_A e p_B são mantidas por um gás inerte.

7D.1 Dedução dos balanços macroscópicos a partir das equações de balanço. Deduza os balanços macroscópicos de massa e de momento, integrando as equações da continuidade e do movimento, ao longo do sistema em escoamento da Fig. 7.0-1. Siga o procedimento dado na Seção 7.8 para o balanço macroscópico de energia mecânica, usando o teorema da divergência de Gauss e a fórmula de Leibniz.

Capítulo 8

Líquidos Poliméricos

Nos primeiros sete capítulos consideramos somente *fluidos newtonianos*. As relações entre as tensões e os gradientes de velocidade são descritas pela Eq. 1.1-2 para escoamento cisalhante simples e pela Eq. 1.2-6 (ou Eq. 1.2-7) para escoamentos arbitrários dependentes do tempo. Para o fluido newtoniano, dois parâmetros são necessários — os dois coeficientes de viscosidade μ e κ — que dependem da temperatura, pressão e composição, mas não dos gradientes de velocidade. Todos os gases e todos os líquidos compostos de moléculas "pequenas" (até pesos moleculares da ordem de 5000) são muito bem descritos pelo modelo de fluido newtoniano.

Existem muitos fluidos que não são descritos pela Eq. 1.2-6, e eles são denominados *fluidos não-newtonianos*. Esses fluidos estruturalmente complexos incluem soluções poliméricas, polímeros fundidos, soluções de sabões, suspensões, emulsões, pastas e alguns fluidos biológicos. Neste capítulo, enfocamos os líquidos poliméricos.

Devido ao fato de conterem moléculas de elevado peso molecular com muitos graus internos de liberdade, soluções de polímeros e polímeros fundidos têm comportamento qualitativamente diferente daquele dos fluidos newtonianos. Suas viscosidades dependem fortemente dos gradientes de velocidade e, adicionalmente, eles podem apresentar "efeitos elásticos" pronunciados. No escoamento cisalhante simples entre duas placas planas paralelas, também existem tensões normais não-nulas e desiguais (τ_{xx}, τ_{yy} e τ_{zz}) que não aparecem em fluidos newtonianos. Na Seção 8.1 descrevemos alguns experimentos que enfatizam as diferenças entre fluidos newtonianos e poliméricos.

Quando se trabalha com fluidos newtonianos, a ciência da medida da viscosidade é chamada *viscosimetria*, e nos capítulos anteriores vimos exemplos de sistemas simples de escoamento que podem ser usados como *viscosímetros* (tubo circular, sistema cone-placa e cilindros coaxiais). Para caracterizar fluidos não-newtonianos temos de medir não só a viscosidade como também as tensões normais e as respostas viscoelásticas. A ciência da medida dessas propriedades denomina-se *reometria*, enquanto os instrumentos são chamados *reômetros*. Trataremos desse assunto sucintamente na Seção 8.2. A ciência da *reologia* inclui todos os aspectos do estudo da deformação e escoamento de sólidos não-hookeanos e líquidos não-newtonianos.

Após as duas primeiras seções, que tratam de fatos experimentais, apresentamos vários "modelos" não-newtonianos (isto é, expressões empíricas para o tensor tensão) que são comumente usadas para descrever líquidos poliméricos. Na Seção 8.3 iniciamos com *modelos newtonianos generalizados,* que são relativamente simples, mas que podem descrever apenas a viscosidade não-newtoniana (e não os efeitos viscoelásticos). Então, na Seção 8.4 damos exemplos de *modelos viscoelásticos lineares,* que podem descrever as respostas viscoelásticas, mas somente em escoamentos com gradientes de deslocamento muito pequenos. A seguir, na Seção 8.5, apresentamos vários *modelos viscoelásticos não-lineares,* adequados para aplicação em todas as situações de escoamento. Conforme passamos de modelos elementares para modelos mais complicados, aumentamos o conjunto de fenômenos observados que podem ser descritos (mas também as dificuldades matemáticas). Finalmente, na Seção 8.6 é feita uma breve discussão sobre a abordagem da teoria cinética na fluidodinâmica de polímeros.

Líquidos poliméricos são encontrados na fabricação de objetos plásticos e como aditivos para lubrificantes, alimentos e tintas. Eles representam uma vasta e importante classe de líquidos, e muitos cientistas e engenheiros trabalham com eles. A fluidodinâmica de polímeros, a transferência de calor e a difusão são áreas de rápido crescimento em fenômenos de transporte, e existem muitos livros-texto,[1] tratados[2] e periódicos sobre o assunto. O assunto tem sido enfocado também do ponto de vista da teoria cinética e teorias moleculares sobre líquidos poliméricos têm contribuído muito para a compreensão dos comportamentos mecânico, térmico e difusional desses fluidos.[3] Finalmente, os leitores interessados na história do assunto devem consultar o livro de Tanner e Walters.[4]

8.1 EXEMPLOS DE COMPORTAMENTO DE LÍQUIDOS POLIMÉRICOS

Nesta seção discutimos diversos experimentos que contrastam o comportamento de escoamento de fluidos newtonianos e poliméricos.[1]

ESCOAMENTO LAMINAR PERMANENTE EM TUBOS CIRCULARES

Mesmo para o escoamento laminar, axial permanente em tubos circulares, existe uma importante diferença entre o comportamento de líquidos newtonianos e o de líquidos poliméricos. Para líquidos newtonianos, a distribuição de velocidades, a velocidade média e a queda de pressão são dadas pelas Eqs. 2.3-18, 2.3-20 e 2.3-21, respectivamente.

Para *líquidos poliméricos,* dados experimentais sugerem que as seguintes equações são razoáveis:

$$\frac{v_z}{v_{z,\text{máx}}} \approx 1 - \left(\frac{r}{R}\right)^{(1/n)+1} \quad \text{e} \quad \frac{\langle v_z \rangle}{v_{z,\text{máx}}} \approx \frac{(1/n)+1}{(1/n)+3} \tag{8.1-1, 2}$$

onde n é um parâmetro positivo caracterizando o fluido, usualmente com um valor menor que a unidade. Isto é o perfil de velocidades é mais achatado do aquele de um fluido newtoniano, para o qual $n = 1$. Além disso, determinou-se experimentalmente que

$$\mathcal{P}_0 - \mathcal{P}_L \sim w^n \tag{8.1-3}$$

Assim, a queda de pressão aumenta muito menos rapidamente com a vazão mássica do que para fluidos newtonianos, para os quais a relação é linear.

Na Fig. 8.1-1 mostramos perfis de velocidades típicos para o escoamento laminar de fluidos newtonianos e poliméricos para uma mesma velocidade máxima. Esse experimento simples sugere que fluidos poliméricos têm uma viscosidade que depende do gradiente de velocidade. Esse ponto será elaborado na Seção 8.3.

Para o escoamento laminar em tubos de seção transversal não-circular, líquidos poliméricos exibem escoamento secundário superposto ao movimento axial. Lembre-se de que no escoamento turbulento de fluidos newtonianos também ocorriam escoamentos secundários — na Fig. 5.1-2 é mostrado que o fluido se move em direção aos vértices da seção triangular do duto para depois retornarem a seu centro. Para o escoamento laminar de fluidos poliméricos, os escoamentos secundários ocorrem na direção oposta — a partir dos vértices do duto e então de volta às paredes.[2] Nos escoamentos turbulentos, os escoamentos secundários resultam de efeitos inerciais, enquanto no escoamento de polímeros os escoamentos secundários estão associados às "tensões normais".

---

[1] A. S. Lodge, *Elastic Liquids,* Academic Press, Nova York (1964); R. B. Bird, R. C. Armstrong e O. Hassager, *Dynamics of Polymeric Liquids, Vol. 1, Fluid Mechanics,* Wiley-Interscience, Nova York, 2.ª ed. (1987); R. I. Tanner, *Engineering Rheology,* Clarendon Press, Oxford (1985).

[2] H. A. Barnes, J. F. Hutton e K. Walters, *An Introduction to Rheology,* Elsevier, Amsterdam (1989); H. Giesekus, *Phänomenologische Rheologie: Eine Einführung,* Springer Verlag, Berlin (1994). Livros enfatizando os aspectos de engenharia do assunto incluem Z. Tadmor e C. G. Gogos, *Principles of Polymer Processing,* Wiley, Nova York (1979), D. G. Baird e D. I. Collias, *Polymer Processing: Principles and Design,* Butterworth-Heinemann, Boston (1995), J. Dealy e K. Wissbrun, *Melt Rheology and its Role in Plastics Processing,* Van Nostrand Reinhold, Nova York (1990).

[3] R. B. Bird, C. F. Curtiss, R. C. Armstrong e O. Hassager, *Dynamics of Polymeric Liquids, Vol. 2, Kinetic Theory,* Wiley-Interscience, Nova York, 2.ª ed. (1987); C. F. Curtiss e R. B. Bird, *Adv. Polymer Sci.,* **125**, 1-101 (1996) e *J. Chem. Phys.,* **111**, 10362-10370 (1999).

[4] R. I. Tanner e K. Walters, *Rheology: An Historical Perspective,* Elsevier, Amsterdam (1998).

[1] Mais detalhes a respeito desses e de outros experimentos podem ser encontrados em R. B. Bird, R. C. Armstrong e O. Hassager, *Dynamics of Polymeric Liquids, Vol. 1, Fluid Mechanics,* Wiley-Interscience, Nova York, 2.ª ed. (1987), Cap. 2. Veja também A. S. Lodge, *Elastic Liquids,* Academic Press, Nova York (1964), Cap. 10.

[2] B. Gervang e P. S. Larsen, *J. Non-Newtonian Fluid Mech.,* **39**, 217-237 (1991).

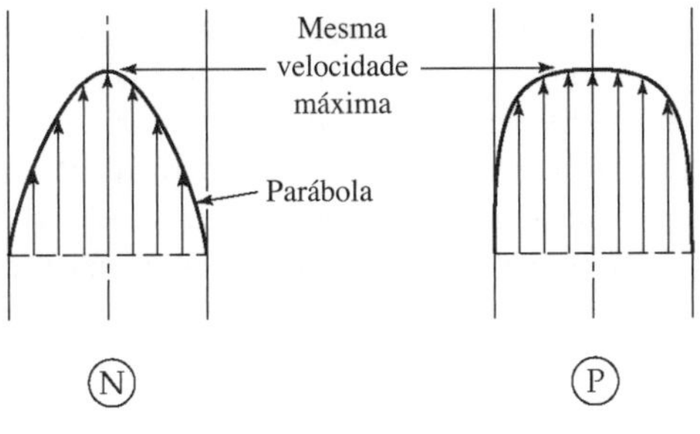

Fig. 8.1-1. Escoamento laminar em um tubo circular. Os símbolos Ⓝ (líquido Newtoniano) e Ⓟ (líquido Polimérico) são usados nesta e nas próximas seis figuras.

RECUO APÓS INTERRUPÇÃO DE UM ESCOAMENTO PERMANENTE EM TUBO CIRCULAR

Iniciamos com um fluido em repouso em um tubo circular e, com uma seringa, "desenhamos" uma linha radial no fluido conforme mostrado na Fig. 8.1-2. Então, bombeamos o fluido e observamos o corante se deformar.[3]

Para um fluido newtoniano a linha de corante se deforma como uma parábola que é continuamente esticada. Se a bomba é desligada, a parábola de corante pára de se mover. Após algum tempo ocorre difusão e a parábola naturalmente torna-se difusa.

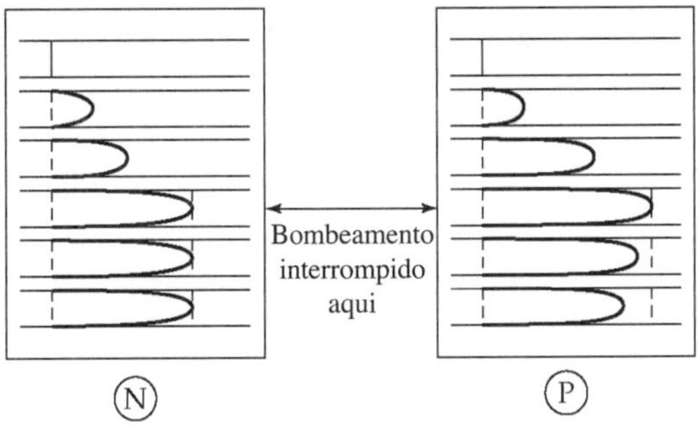

Fig. 8-1.2. Recuo parcial após a interrupção do escoamento em um tubo circular, observado em líquidos poliméricos, mas não em líquidos newtonianos.

Para um *líquido polimérico,* a linha de corante se deforma como uma curva mais achatada que uma parábola (veja a Eq. 8.1-1). Se o bombeamento é interrompido e se não houver restrição à movimentação axial do fluido, ele começará a "recuar", afastando-se do formato correspondente ao estiramento máximo; isto é, o fluido volta para trás de modo semelhante a uma tira de borracha. Todavia, enquanto uma tira de borracha volta à sua forma inicial, o fluido retorna somente em parte à sua configuração original.

Se nos permitirmos um antropomorfismo, podemos dizer que uma tira de borracha tem uma "memória perfeita", já que ela retorna a seu estado não-tensionado inicial. O fluido polimérico, por outro lado, tem uma "memória evanescente", já que ele gradualmente "esquece" seu estado original. Isto é, conforme ele recua, sua memória torna-se mais e mais fraca.

O recuo de fluidos é uma manifestação de *elasticidade,* e qualquer descrição completa de fluidos poliméricos deve ser capaz de incorporar a idéia de elasticidade na expressão do tensor tensão. A teoria deve incluir também a noção de memória evanescente.

EFEITOS DE "TENSÃO NORMAL"

Outras diferenças marcantes entre os comportamentos de fluidos newtonianos e líquidos poliméricos referem-se aos efeitos de "tensão normal". A razão para essa denominação será dada na próxima seção.

[3] Para detalhes sobre esse experimento veja N. N. Kapoor, tese de M.S., Universidade de Minnesota, Minneapolis (1964), bem como A. G. Fredrickson, *Principles and Applications of Rheology,* Prentice-Hall, Englewood Cliffs, N.J. (1964), p. 120.

A rotação de um bastão em um bécher contendo um fluido newtoniano faz com que o fluido adquira um movimento tangencial. Em regime permanente, a superfície do fluido é mais baixa próximo ao bastão girante. Intuitivamente, sabemos que isso ocorre devido à força centrífuga que é responsável pelo movimento radial do fluido em direção às paredes do bécher.* Para um *líquido polimérico,* por outro lado, o fluido move-se em direção ao bastão e, no regime permanente, a superfície do fluido é mostrada na Fig. 8.1-3. Esse fenômeno é chamado *efeito de subida em bastão de Weissenberg.*[4] Evidentemente, alguns tipos de forças são induzidas e fazem com que o líquido polimérico se comporte de uma maneira qualitativamente diferente daquela de um fluido newtoniano.

Em um outro experimento análogo, um disco girante é posto em contato com a superfície de um fluido em um vaso cilíndrico, conforme mostrado na Fig. 8.1-4. Se o fluido é newtoniano, o disco girante faz com que o fluido se mova na direção tangencial (escoamento primário) mas, adicionalmente, o fluido se move vagarosamente para fora em direção às paredes do cilindro devido à força centrífuga, e então se move para baixo e depois para cima ao longo do eixo do cilindro. Os escoamentos radial e axial superpostos são menos intensos que o escoamento primário sendo denominado "escoamento secundário".

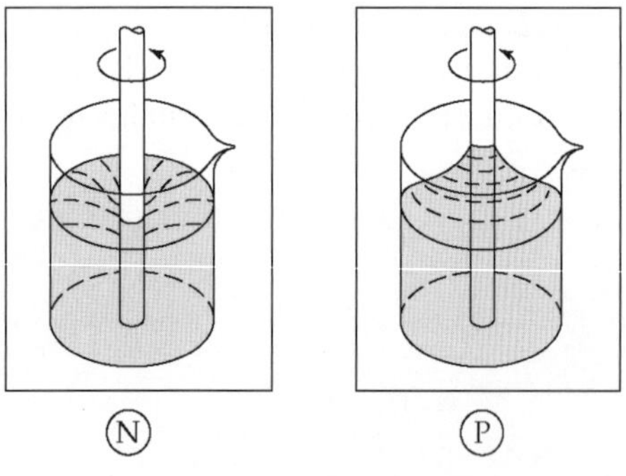

Fig. 8.1-3. A superfície livre de um líquido próximo do bastão rotativo. O líquido polimérico exibe o efeito de Weissenberg de subida-em-bastão.

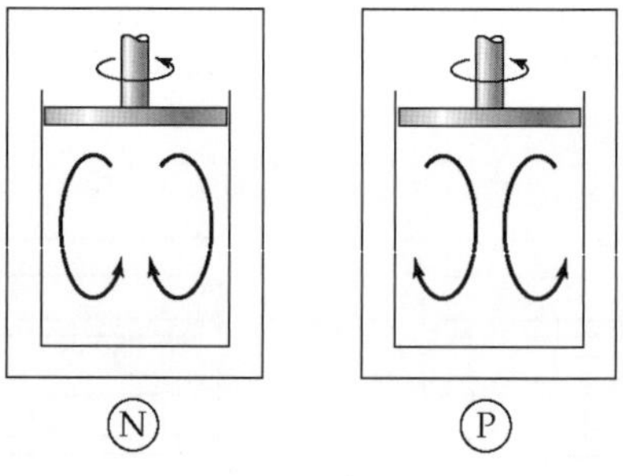

Fig. 8.1-4. Os escoamentos secundários em um vaso cilíndrico com um disco rotativo na superfície do líquido têm direções opostas para fluidos newtonianos e poliméricos.

Para um líquido polimérico também se desenvolve um escoamento primário tangencial bem como escoamentos radial e axial de baixas intensidades, porém esse último tem sentido oposto àquele visto para o fluido newtoniano.[5]

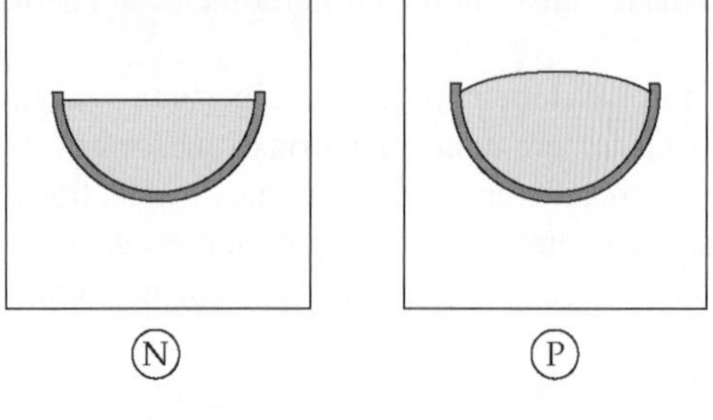

Fig. 8.1-5. Escoamento para baixo em uma calha semicilíndrica inclinada. A convexidade da superfície de um líquido polimérico está algo exagerada aqui.

*Um observador junto à bancada onde se realiza o experimento descrito (bécher, bastão e fluido newtoniano) está em um referencial (a Terra!) suficientemente inercial para analisar o movimento do fluido no bécher. Assim, para esse observador, o fluido em rotação não está sujeito a forças centrífugas, de Coriolis, etc., que só são percebidas por observadores não-inerciais. Portanto, a frase "intuitivamente sabemos, etc.", no mínimo, guarda uma certa ambigüidade, posto que o observador não foi explicitamente caracterizado pelos autores. (*N.T.*)

[4] Esse fenômeno foi descrito pela primeira vez por F. H. Garner e A. H. Nissan, Nature, **158,** 634-635 (1946) e por R. J. Russel, tese de Ph.D., Imperial Weissenberg, *Nature*, **159**, 310-311 (1947).

[5] C.T. Hill, J.D. Huppler e R.B. Bird, *Chem. Eng. Sci.*, **21**, 815-817 (1966); C. T. Hill, *Trans. Soc. Rheol.*, **16,** 213-245 (1972). Análises teóricas foram feitas por J.M. Kramer e M.W. Johnson, Jr., *Trans. Soc. Rheol.*, **16,** 197-212 (1972) e por J.P. Nirschl e W.E. Stewart, J. *Non-Newtonian Fluid Mech.*, **16**, 233-250 (1984).

Em um outro experimento deixa-se um líquido escoar ao longo de uma calha semicilíndrica e inclinada, conforme mostrado na Fig. 8.1-5. Se o fluido é newtoniano, a superfície do líquido é plana, exceto pelos efeitos dos meniscos nas bordas externas. Para a maioria dos *líquidos poliméricos*, todavia, mostrou-se que a superfície do líquido é ligeiramente convexa. Esse efeito é pequeno, mas reprodutível.[6]

Alguns Outros Experimentos

A operação de um sifão simples é familiar a qualquer um. Sabemos da experiência que se o fluido é newtoniano, a retirada do tubo do sifão do líquido significa que a ação de sifonação será interrompida. Todavia, como pode ser visto na Fig. 8.1-6, para líquidos poliméricos, a sifonação pode continuar mesmo quando o sifão é elevado vários centímetros acima da superfície do líquido. Isto denomina-se efeito *sifão sem tubo*. Podemos também elevar uma parte do fluido até a borda do bécher e então o fluido escoará para cima ao longo da parede interna do bécher e então para baixo sobre a parede externa até que o bécher esteja completamente vazio.[7]

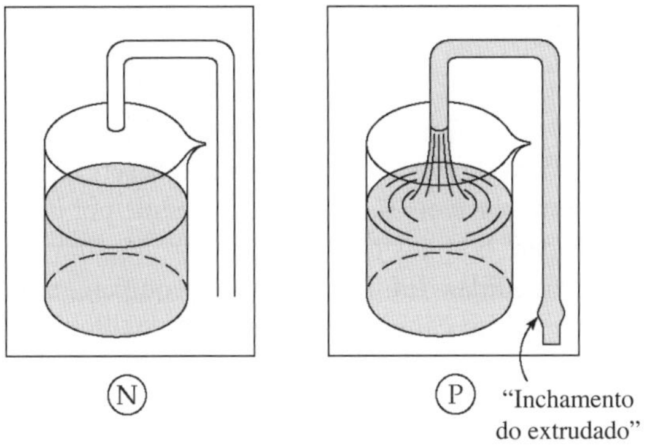

Fig. 8.1-6. A sifonação continua a ocorrer mesmo após a extremidade do tubo elevar-se acima da superfície de um líquido polimérico, mas não para um líquido newtoniano. Note o inchamento do líquido polimérico conforme ele sai do sifão.

Em um outro experimento, um bastão cilíndrico longo com o seu eixo na direção z oscila para frente e para trás na direção x mantendo o seu eixo paralelo a z (veja a Fig. 8.1-7).

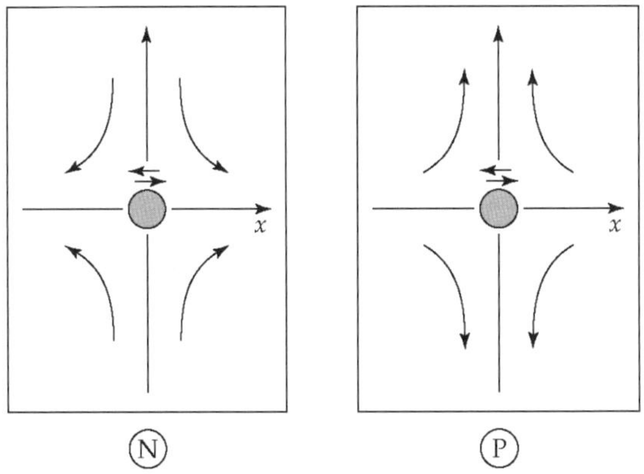

Fig. 8.1-7. A "corrente acústica" próxima a um bastão oscilando lateralmente, mostra que o escoamento secundário induzido ocorre em direções opostas para fluidos newtonianos e poliméricos.

Em um fluido newtoniano, um escoamento secundário é induzido de forma que o fluido se move em direção ao cilindro tanto das regiões de cima quanto das regiões de baixo (isto é, a partir das direções $+y$ e $-y$), afastando-se para a esquerda

[6] Esse experimento foi realizado primeiro por R. I. Tanner, *Trans. Soc. Rheol.*, **14**, 483-507 (1970), por sugestão de A. S. Wineman e A. C. Pipkin, *Acta Mech.*, **2**, 104-115 (1966). Veja também R. I. Tanner, *Engineering Rheology,* Oxford University Press (1985), 102-105.

[7] D. F. James, *Nature*, **212**, 754-756 (1966).

e para a direita (ou seja, nas direções $-x$ e $+x$). Para um líquido *polimérico*, todavia, o movimento secundário induzido é na direção oposta: o fluido se move para dentro a partir da esquerda e da direita ao longo do eixo x e para fora nas direções para cima e para baixo ao longo do eixo y.[8]

Os exemplos precedentes são somente uns poucos de muitos experimentos interessantes que têm sido realizados.[9] O comportamento polimérico pode ser ilustrado facilmente e com baixo custo usando uma solução aquosa de óxido de polietileno a 0,5%.

Existem também efeitos fascinantes que ocorrem mesmo quando pequenas quantidades de polímeros estão presentes. O mais espetacular é o fenômeno da *redução de arrasto*.[10] Com concentrações de apenas partes por milhão de alguns polímeros ("agentes de redução de arrasto"), a perda por atrito no escoamento turbulento em tubos pode ser diminuída dramaticamente — de 30-50%. Tais agentes poliméricos de redução de arrasto são usados pelos bombeiros para aumentar o escoamento de água, e por empresas para diminuir o custo de bombeamento de petróleo através de grandes distâncias.

Para discussões sobre outros fenômenos que ocorrem com fluidos poliméricos, o leitor deve consultar os trabalhos resumidos do *Annual Review of Fluid Mechanics*.[11]

8.2 REOMETRIA E FUNÇÕES MATERIAIS

Os experimentos descritos na Seção 8.1 tornam bastante claro que líquidos poliméricos não obedecem à lei de Newton da viscosidade. Nesta seção, discutimos diversos escoamentos controlados simples nos quais os componentes da tensão podem ser medidos. A partir desses experimentos podemos medir um certo número de *funções materiais* que descrevem a resposta mecânica de fluidos complexos. Enquanto fluidos newtonianos incompressíveis são descritos somente por uma constante material (a viscosidade), podemos medir muitas funções materiais para líquidos não-newtonianos. Mostramos aqui como algumas das funções materiais comumente usadas são definidas e medidas. Informações sobre equipamentos de medida e outras funções materiais podem ser obtidas em outras fontes.[1,2] Neste capítulo, supomos que os líquidos poliméricos podem ser considerados incompressíveis.

ESCOAMENTO CISALHANTE SIMPLES E PERMANENTE

Consideramos agora o escoamento cisalhante entre um par de placas paralelas, onde o perfil de velocidades é dado por $v_x = \dot{\gamma}y$, sendo zero as outras componentes da velocidade (veja a Fig. 8.2-1). A grandeza $\dot{\gamma}$, tomada aqui como positiva, é denominada "taxa de cisalhamento". Para um fluido newtoniano, a tensão cisalhante τ_{yx} é dada pela Eq. 1.1-2, sendo as tensões normais (τ_{xx}, τ_{yy} e τ_{zz}) todas nulas.

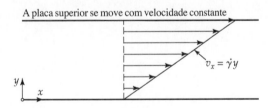

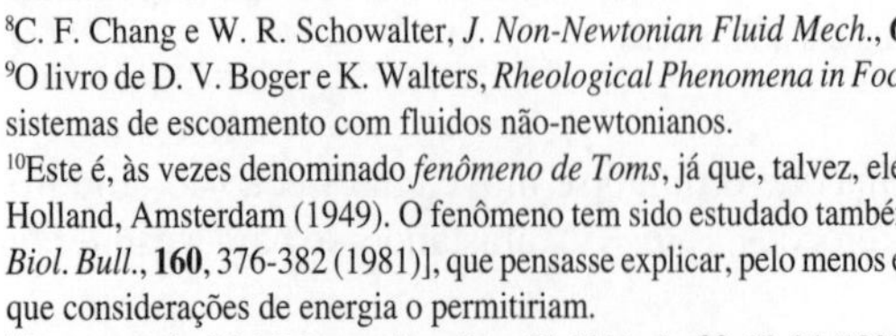

Fig. 8.2-1. Escoamento cisalhante simples entre placas paralelas, com taxa de cisalhamento $\dot{\gamma}$. Para fluidos newtonianos nesse escoamento, t_{xx} 5 t_{yy} 5 t_{zz} 5 0, mas, para fluidos poliméricos, as tensões normais são, em geral, diferentes de zero e desiguais.

[8] C. F. Chang e W. R. Schowalter, *J. Non-Newtonian Fluid Mech.*, **6**, 47-67 (1979).

[9] O livro de D. V. Boger e K. Walters, *Rheological Phenomena in Focus*, Elsevier, Amsterdam (1993), contém muitas fotografias do comportamento de fluidos em diversos sistemas de escoamento com fluidos não-newtonianos.

[10] Este é, às vezes denominado *fenômeno de Toms*, já que, talvez, ele tenha sido mencioando pela primeira vez em B. A. Toms, *Proc. Int. Congress on Rheology*, North-Holland, Amsterdam (1949). O fenômeno tem sido estudado também em conexão com a natureza redutora de arrasto das secreções produzidas por peixes [T. L. Daniel, *Biol. Bull.*, **160**, 376-382 (1981)], que pensasse explicar, pelo menos em parte, o "paradoxo de Gray" — o fato de que peixes parecem ser capazes de nadar mais rapidamente que considerações de energia o permitiriam.

[11] Por exemplo, M. M. Denn, *Ann. Rev. Fluid Mech.*, **22**, 13-34 (1990); E. S. G. Shaqfeh, *Ann. Rev. Fluid Mech.*, **28**, 129-185 (1996); G. G. Fuller, *Ann. Rev. Fluid Mech.*, **22**, 387-417 (1992).

[1] J. R. Van Wazer, J. W. Lyons, K. Y. Kim e R. E. Colwell, *Viscosity and Flow Measurement*, Interscience (Wiley), Nova York (1963).

[2] K. Walters, *Rheometry*, Wiley, Nova York (1975).

Para o escoamento incompressível de fluidos não-newtonianos, as tensões normais são diferentes de zero e desiguais. Para esses fluidos, é convencional definir três funções materiais como segue:

$$\tau_{yx} = -\eta \frac{dv_x}{dy} \tag{8.2-1}$$

$$\tau_{xx} - \tau_{yy} = -\Psi_1 \left(\frac{dv_x}{dy}\right)^2 \tag{8.2-2}$$

$$\tau_{yy} - \tau_{zz} = -\Psi_2 \left(\frac{dv_x}{dy}\right)^2 \tag{8.2-3}$$

onde η é a viscosidade não-newtoniana, Ψ_1 é o primeiro coeficiente de tensão normal e Ψ_2 é o segundo coeficiente de tensão normal. Essas três grandezas — η, Ψ_1 e Ψ_2 — são todas funções da taxa de cisalhamento, $\dot{\gamma}$. Para muitos líquidos poliméricos η pode diminuir por um fator tão grande quanto 10^4 conforme a taxa de cisalhamento aumenta. Similarmente, os coeficientes de tensão normal podem diminuir por um fator tão grande quanto 10^7 para a faixa usual de taxas de cisalhamento. Para fluidos poliméricos constituídos de macromoléculas flexíveis, determinou-se experimentalmente que as funções $\eta(\dot{\gamma})$ e $\Psi_1(\dot{\gamma})$ são positivas enquanto $\Psi_2(\dot{\gamma})$ é quase sempre negativa. Pode ser mostrado que, para $\Psi_1(\dot{\gamma})$ positiva, o fluido se comporta como se estivesse sob tensão na direção do escoamento (ou x), e que um valor negativo para $\Psi_2(\dot{\gamma})$ significa que o fluido está sob tensão na direção transversal ao escoamento (ou z). Para o fluido newtoniano $\eta = \mu$, $\Psi_1 = 0$ e $\Psi_2 = 0$.

A viscosidade não-newtoniana fortemente dependente da taxa de cisalhamento está relacionada ao comportamento dado pelas Eqs. 8.1-1 a 3, conforme mostrado na próxima seção. O valor positivo de Ψ_1 é primariamente responsável pelo efeito de subida em bastão de Weissenberg. Devido ao escoamento tangencial existe uma tensão na direção tangencial, e essa tensão puxa o fluido em direção ao bastão rotativo, sobrepujando a força centrífuga. O escoamento secundário no experimento do disco-e-cilindro (Fig. 8.1-4) também pode ser explicado qualitativamente em termos de Ψ_1 positivo. Também pode ser mostrado que o valor negativo de Ψ_2 explica a forma convexa da superfície no experimento com a calha inclinada (Fig. 8.1-5).

Muitos aparelhos engenhosos foram desenvolvidos para medir as três funções materiais para o escoamento cisalhante permanente, e as teorias necessárias ao uso de instrumentos são explicadas em detalhe em outras fontes.[2] Veja o Problema 8C.1 sobre o uso do instrumento cone-e-placa para a medida de funções materiais.

Movimento Oscilatório de Pequena Amplitude

Um método padrão para medir a resposta elástica de um fluido é o experimento de cisalhamento oscilatório de pequena amplitude mostrado na Fig. 8.2-2. Aqui, a placa de cima move-se para frente e para trás de modo senoidal e com uma amplitude bem pequena. Se o espaçamento entre as placas é extremamente pequeno e se o fluido tem uma viscosidade muito alta, então o perfil de velocidades será aproximadamente linear, de modo que, $v_x(y, t) = \dot{\gamma}^0 y \cos \omega t$, onde $\dot{\gamma}^0$, uma grandeza real, corresponde à amplitude da taxa de cisalhamento associada.

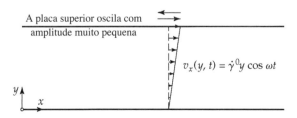

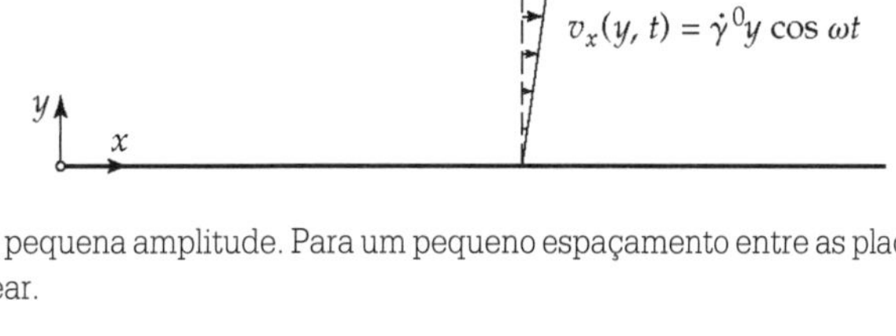

Fig. 8.2-2. Movimento oscilatório de pequena amplitude. Para um pequeno espaçamento entre as placas e fluidos altamente viscosos, o perfil de velocidades pode ser *suposto* linear.

A tensão cisalhante necessária para manter o movimento oscilatório também será periódica no tempo e, em geral, da forma

$$\tau_{yx} = -\eta'\dot{\gamma}^0 \cos \omega t - \eta''\dot{\gamma}^0 \,\text{sen}\, \omega t \quad (8.2\text{-}4)$$

onde η' e η'' são as componentes da *viscosidade complexa,* $\eta^* = \eta' - i\eta''$, que é uma função da freqüência. O primeiro termo (em fase) é a "resposta viscosa", e o segundo termo (fora de fase) é a "resposta elástica". Químicos de polímeros usam essas curvas de $\eta'(\omega)$ e $\eta''(\omega)$ (ou os módulos de armazenamento e perda, $G' = \eta''\omega$ e $G'' = \eta'\omega$) para a "caracterização" de polímeros, já que é muito conhecida a conexão entre as formas dessas curvas e sua estrutura química.[3] Para fluidos newtonianos, $\eta' = \mu$ e $\eta'' = 0$.

ESCOAMENTO ELONGACIONAL PERMANENTE

Um terceiro experimento que pode ser realizado envolve o estiramento do fluido, onde a distribuição de velocidades é dada por $v_z = \dot{\varepsilon}z$, $v_x = -\frac{1}{2}\dot{\varepsilon}x$ e $v_y = -\frac{1}{2}\dot{\varepsilon}y$ (veja a Fig. 8.2-3), onde a grandeza positiva $\dot{\varepsilon}$ é chamada "taxa de elongação". Então, a relação

$$\tau_{zz} - \tau_{xx} = -\bar{\eta}\frac{dv_z}{dz} \quad (8.2\text{-}5)$$

define a *viscosidade elongacional,* $\bar{\eta}$, que depende de $\dot{\varepsilon}$. Quando $\dot{\varepsilon}$ é negativa, o escoamento é referido como *estiramento biaxial.* Para fluidos newtonianos pode-se mostrar que $\bar{\eta} = 3\mu$, e essa grandeza é às vezes chamada de "viscosidade de Trouton".

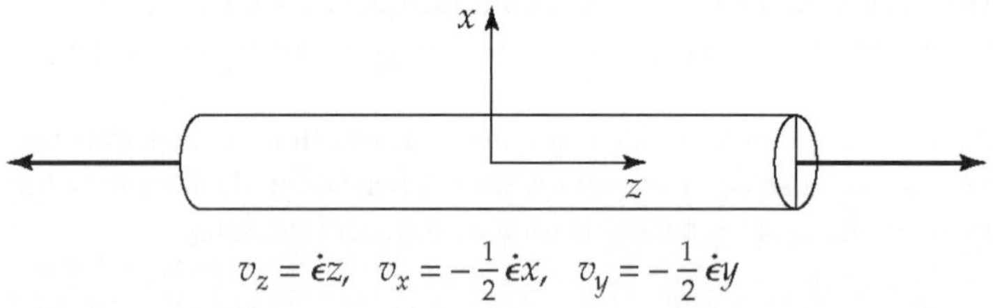

Fig. 8.2-3. Escoamento elongacional permanente com taxa de elongação ˙ 5 dv_z/dz.

A viscosidade elongacional, $\bar{\eta}$, não pode ser medida para todos os fluidos, já que o escoamento elongacional permanente nem sempre pode ser obtido.[4]

Os três experimentos descritos anteriormente são somente alguns dos testes que podem ser realizados. Outros testes incluem a relaxação de tensão pós-interrupção do escoamento, aumento de tensão pré-escoamento, recuo e escoamento muito lento — cada um dos quais pode ser realizado sob escoamentos cisalhantes, elongacionais e todos os outros tipos de escoamentos. Cada experimento resulta na definição de uma ou mais funções materiais. Essas podem ser usadas para a caracterização do fluido e também para determinar constantes empíricas dos modelos descritos nas Seções 8.3 a 8.5.

Alguns exemplos de funções materiais são mostrados nas Figs. 8.2-4 a 8.2-6. Como existe uma ampla variedade de fluidos complexos no que tange a estrutura química e constituição, existem também muitos tipos de respostas mecânicas nesses vários experimentos. Discussões mais completas dos dados obtidos em experimentos de reometria constam de outra referência.[5]

---

[3] J. D. Ferry, *Viscoelastic Properties of Polymers,* Wiley, Nova York, 3.ª ed. (1980).

[4] C. J. S. Petrie, *Elongational Flows,* Pitman, London (1979); J. Meissner, *Chem. Engr. Commun.,* **33**, 159-180 (1985).

[5] R. B. Bird, R. C. Armstrong e O. Hassager, *Dynamics of Polymeric Liquids, Vol. 1, Fluid Mechanics,* Wiley-Interscience, Nova York, 2.ª ed. (1987).

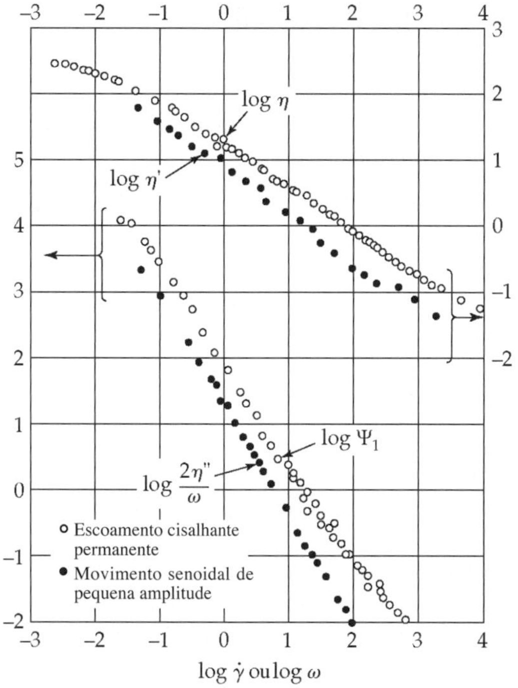

Fig. 8.2-4. As funções materiais $\eta(\dot{\gamma})$, $\Psi_1(\dot{\gamma})$, $\eta'(\omega)$, e $\eta''(\omega)$ para uma solução de 1,5% poliacrilamida em uma mistura 50/50 de água e glicerina. As grandezas η, η' e η'' são dadas em Pa · s, e Ψ_1 em Pa · s^2. Tanto $\dot{\gamma}$ quanto ω estão em s^{-1}. Os dados são de J. D. Huppler, E. Ashare e L. Holmes, *Trans. Soc. Rheol.*, **11**, 159-179 (1967), conforme replotados por J. M. Wiest. As tensões normais oscilatórias também foram estudadas experimentalmente e teoricamente (veja M. C. Williams e R. B. Bird, *Ind. Eng. Chem. Fundam.*, **3**, 42-48 (1964); M. C. Williams, *J. Chem. Phys.*, **42**, 2988-2989 (1965); E. B. Christiansen e W. R. Leppard, *Trans. Soc. Rheol.*, **18**, 65-86 (1974), onde a ordenada da Fig. 15 deve ser multiplicada por 39,27).

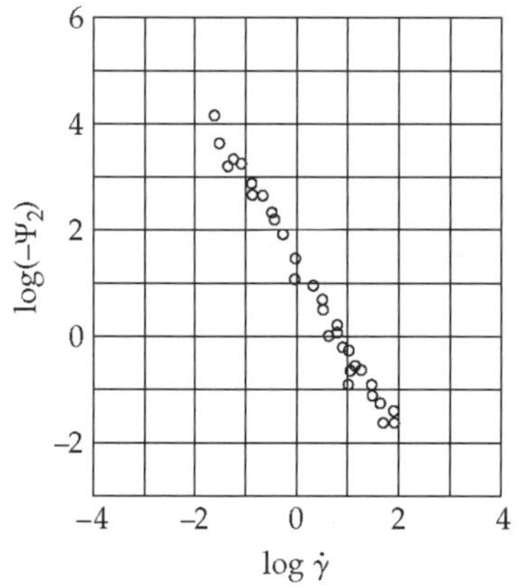

Fig. 8.2-5. Dependência do segundo coeficiente da tensão normal com a taxa de cisalhamento, para uma solução de poliacrilamida a 2,5% em uma mistura 50/50 de água e glicerina. A grandeza Ψ_2 é dada em Pa · s^2 e $\dot{\gamma}$ em s^{-1}. Os dados de E. B. Christiansen e W. R. Leppard, *Trans. Soc. Rheol.*, **18**, 65-86 (1974), foram replotados por J. M. Wiest.

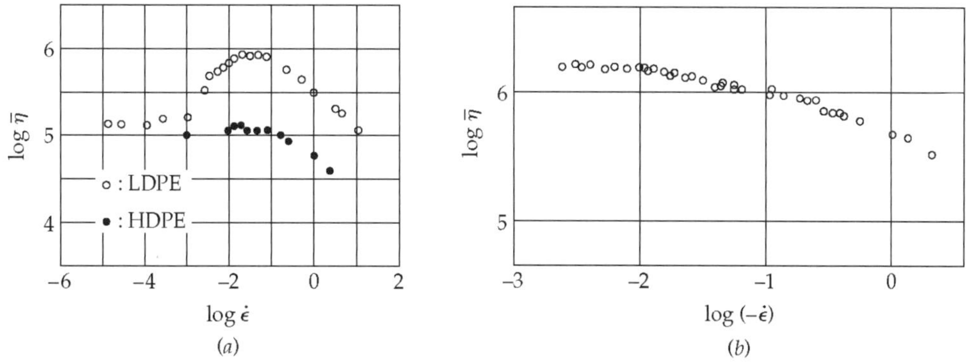

Fig. 8.2-6. (*a*) Viscosidade elongacional para estiramento uniaxial de polietileno de baixa e alta densidade. [De H. Münstedt e H. M. Laun, *Rheol. Acta*, **20**, 211-221 (1981).] (*b*) Viscosidade elongacional para estiramento biaxial de polietileno de baixa densidade, deduzida de dados de birrefringência de escoamento. [De J. A. van Aken e H. Janeschitz-Kriegl, *Rheol. Acta*, **20**, 419-432 (1981).] Em ambos os gráficos a grandeza $\bar{\eta}$ é dada em Pa · s e $\dot{\epsilon}$ em s^{-1}.

8.3 VISCOSIDADE NÃO-NEWTONIANA E MODELOS NEWTONIANOS GENERALIZADOS

Esta é a primeira de três seções sobre expressões empíricas para o tensor tensão em fluidos não-newtonianos. Poderíamos dizer, muito a grosso modo, que essas três seções satisfazem a três diferentes grupos de pessoas:

Seção 8.3 Os modelos newtonianos generalizados são usados basicamente para descrever escoamentos cisalhantes permanentes e têm sido muito utilizados por *engenheiros* no projeto de sistemas de escoamento.

Seção 8.4 Os modelos viscoelásticos lineares são usados basicamente para descrever escoamentos transientes em sistemas com gradientes de deslocamento muito pequenos, e têm sido usados principalmente por *químicos* interessados em entender a estrutura de polímeros.

Seção 8.5 Os modelos viscoelásticos não-lineares representam uma tentativa de descrever todos os tipos de escoamento (inclusive os dois listados anteriormente) e foram desenvolvidos principalmente por *físicos* e *matemáticos aplicados* interessados em estabelecer uma teoria que incluísse todos os fluidos.

Na verdade, as três classes de modelos estão inter-relacionadas, e cada uma é importante para a compreensão do escoamento não-newtoniano. Na discussão que se segue sobre modelos não-newtonianos, vamos supor que os fluidos são sempre incompressíveis.

Os *modelos newtonianos generalizados*[1] discutidos aqui são os mais simples dos três tipos a serem analisados. Eles descrevem a viscosidade não-newtoniana, mas não os efeitos de tensão normal, efeitos dependentes do tempo ou efeitos elásticos. Todavia, em muitos processos da indústria de polímeros tais como no escoamento em tubulações com transferência de calor, projeto de distribuidores, extrusão e na injeção em moldes, a viscosidade não-newtoniana e sua enorme variação com a taxa de cisalhamento são centrais na descrição dos escoamentos de interesse.

Para fluidos newtonianos incompressíveis a expressão do tensor tensão é dada pela Eq. 1.2-7 omitindo-se o último termo:

$$\boldsymbol{\tau} = -\mu(\nabla\mathbf{v} + (\nabla\mathbf{v})^\dagger) \equiv -\mu\dot{\boldsymbol{\gamma}} \tag{8.3-1}$$

onde introduziu-se o símbolo $\dot{\boldsymbol{\gamma}} = \nabla\mathbf{v} + (\nabla\mathbf{v})^\dagger$, o *tensor taxa de deformação*. O modelo de fluido newtoniano generalizado é obtido simplesmente substituindo-se a viscosidade constante, μ, pela viscosidade não-newtoniana, η, uma função da taxa de cisalhamento que em geral pode ser escrita como a "magnitude do tensor taxa de deformação", $\dot{\gamma} = \sqrt{\frac{1}{2}(\dot{\boldsymbol{\gamma}}:\dot{\boldsymbol{\gamma}})}$; fica entendido que quando a raiz quadrada for calculada, o sinal deve ser escolhido de tal modo que $\dot{\gamma}$ seja uma grandeza positiva. Então, o modelo newtoniano generalizado é

$$\boldsymbol{\tau} = -\eta(\nabla\mathbf{v} + (\nabla\mathbf{v})^\dagger) \equiv -\eta\dot{\boldsymbol{\gamma}} \qquad \text{com } \eta = \eta(\dot{\gamma}) \tag{8.3-2}$$

Os componentes do tensor taxa de deformação, $\dot{\gamma}$, podem ser obtidos em coordenadas cartesianas, cilíndricas e esféricas a partir dos lados direitos das equações da Tabela B.1, omitindo os termos $(\nabla \cdot \mathbf{v})$ bem como o fator $(-\mu)$ nos demais termos.

Agora, temos de fornecer um empirismo para a função viscosidade não-newtoniana, $\eta(\dot{\gamma})$. Dúzias de tais expressões têm sido propostas, mas mencionaremos somente duas aqui:

(a) O empirismo mais simples para $\eta(\dot{\gamma})$ é a expressão conhecida como *lei da potência* que depende de dois parâmetros:[2]

$$\eta = m\dot{\gamma}^{n-1} \tag{8.3-3}$$

onde m e n são constantes que caracterizam o fluido. Essa relação simples descreve a curva de viscosidade não-newtoniana na porção linear do diagrama log-log de viscosidade *versus* taxa de cisalhamento para muitos materiais (veja, por exemplo, os dados de viscosidade na Fig. 8.2-4). O parâmetro m tem unidades de $\text{Pa} \cdot \text{s}^n$ sendo $n - 1$ o coeficiente angular da reta no gráfico de log η *versus* log $\dot{\gamma}$. Exemplos de valores dos parâmetros da lei da potência são dados na Tabela 8.3-1.

---

[1] K. Hohenemser e W. Prager, *Zeits. f. Math. u. Mech.*, **12**, 216-226 (1932); J. G. Oldroyd, *Proc. Camb. Phil. Soc.*, **45**, 595-611 (1949) e **47**, 410-418 (1950). **James Gardner Oldroyd** (1921-1982), professor da Universidade de Liverpool, fez muitas contribuições para a teoria dos fluidos não-newtonianos, particularmente com suas idéias sobre a construção de equações constitutivas e princípios da mecânica do contínuo.

[2] W. Ostwald, *Kolloid-Zeitschrift*, **36**, 99-117 (1925); A. de Waele, *Oil Color Chem. Assoc. J.*, **6**, 33-88 (1923).

Tabela 8.3-1 Parâmetros do Modelo Lei da Potência para Soluções Aquosas[a]

Solução	Temperatura (K)	$m(\mathrm{Pa \cdot s}^n)$	$n(—)$
Hidroxietilcelulose 2,0%	293	93,5	0,189
	313	59,7	0,223
	333	38,5	0,254
Hidroxietilcelulose 0,5%	293	0,84	0,509
	313	0,30	0,595
	333	0,136	0,645
Óxido de polietileno 1,0%	293	0,994	0,532
	313	0,706	0,544
	333	0,486	0,599

[a]R. M. Turian, Ph.D. Thesis, University of Wisconsin, Madison (1964), pp. 142-148.

Embora o modelo lei da potência tenha sido proposto como uma expressão empírica, veremos na Eq. 8.6-11 que uma teoria molecular simples leva à expressão da lei da potência para altas taxas de cisalhamento, com $n = \frac{1}{3}$.

(b) Um melhor ajuste para a maioria dos dados pode ser obtido usando-se a *equação de Carreau*,[3] a quatro parâmetros, que é

$$\frac{\eta - \eta_\infty}{\eta_0 - \eta_\infty} = [1 + (\lambda\dot{\gamma})^2]^{(n-1)/2} \tag{8.3-4}$$

onde η_0 é a viscosidade para a taxa de cisalhamento zero, η_∞ é a viscosidade para a taxa de cisalhamento infinita, λ é um parâmetro com unidades de tempo e n é um parâmetro adimensional. Alguns exemplos dos parâmetros do modelo de Carreau são dados na Tabela 8.3-2.

Tabela 8.3-2 Parâmetros do Modelo de Carreau para Algumas Soluções de Poliestireno Linear em 1-Cloronaftaleno[a]

Propriedades da solução		Parâmetros da Eq. 8.3-4 (η_∞ foi tomado como zero)		
$\overline{M}_w$ (g/mol)	c (g/ml)	η_0 (Pa · s)	λ (s)	n (- - -)
$3,9 \times 10^5$	0,45	8080	1,109	0,304
$3,9 \times 10^5$	0,30	135	$3,61 \times 10^{-2}$	0,305
$1,1 \times 10^5$	0,52	1180	$9,24 \times 10^{-2}$	0,441
$1,1 \times 10^5$	0,45	166	$1,73 \times 10^{-2}$	0,538
$3,7 \times 10^4$	0,62	3930	1×10^{-1}	0,217

[a]Os valores dos parâmetros foram tirados de K. Yasuda, R. C. Armstrong e R. E. Cohen, *Rheol. Acta*, **20**, 163-178 (1981).

Veremos agora alguns exemplos de como usar o modelo lei da potência. Estes são extensões de problemas discutidos nos Caps. 2 e 3 para fluidos newtonianos.[4]

[3] P. J. Carreau, tese de Ph. D., Universidade de Wisconsin, Madison (1968). Veja também K. Yasuda, R. C. Armstrong e R. E. Cohen, *Rheol. Acta,* **20**, 163-178 (1981).
[4] Para exemplos adicionais, incluindo escoamentos não-isotérmicos, veja R. B. Bird, R. C. Armstrong e O. Hassager, *Dynamics of Polymeric Liquids, Vol. 1, Fluid Mechanics,* Wiley-Interscience, Nova York, 2.ª ed. (1987).

EXEMPLO 8.3-1

***Escoamento Laminar de um Fluido Lei da Potência,* Incompressível, em um Tubo Circular*[4,5]**

A Eq. 2.3-13 dá a distribuição de tensões cisalhantes para qualquer fluido que escoe em regime permanente em um tubo circular. Temos de inserir nessa expressão a tensão cisalhante para um fluido lei da potência (em vez de usar a Eq. 2.3-14). Essa expressão pode ser obtida das Eqs. 8.3-2 e 3 anteriores.

$$\tau_{rz} = -m\dot{\gamma}^{n-1}\frac{dv_z}{dr} \tag{8.3-5}$$

Como v_z é postulado ser uma função de r apenas, da Eq. B.1-13 encontramos que $\dot{\gamma} = \sqrt{\frac{1}{2}(\dot{\boldsymbol{\gamma}}:\dot{\boldsymbol{\gamma}})} = \sqrt{(dv_z/dr)^2}$. Temos de escolher o sinal para a raiz quadrada de modo que $\dot{\gamma}$ seja positivo. Como dv_z/dr é negativo no escoamento em tubos, temos de escolher o sinal menos, de modo que

$$\tau_{rz} = -m\left(-\frac{dv_z}{dr}\right)^{n-1}\frac{dv_z}{dr} = m\left(-\frac{dv_z}{dr}\right)^{n} \tag{8.3-6}$$

Combinando então as Eqs. 8.3-6 e 2.3-13, obtemos a seguinte equação diferencial para a velocidade:

$$m\left(-\frac{dv_z}{dr}\right)^{n} = \left(\frac{\mathcal{P}_0 - \mathcal{P}_L}{2L}\right)r \tag{8.3-7}$$

Após tomar a raiz n, essa equação pode ser integrada e, quando a condição de contorno de não-deslizamento em $r = R$ é usada, obtemos

$$v_z = \left(\frac{(\mathcal{P}_0 - \mathcal{P}_L)R}{2mL}\right)^{1/n}\frac{R}{(1/n)+1}\left[1 - \left(\frac{r}{R}\right)^{(1/n)+1}\right] \tag{8.3-8}$$

para a distribuição de velocidades (veja a Eq. 8.1-1). Quando essa última equação é integrada sobre a seção transversal do tubo circular, obtemos

$$w = \frac{\pi R^3\rho}{(1/n)+3}\left(\frac{(\mathcal{P}_0 - \mathcal{P}_L)R}{2mL}\right)^{1/n} \tag{8.3-9}$$

que se simplifica para a lei de Hagen-Poiseuille para fluidos newtonianos (Eq. 2.3-21), quando $n = 1$ e $m = \mu$. A Eq. 8.3-9 pode ser usada juntamente com dados de queda de pressão *versus* vazão, para determinar os parâmetros m e n da lei da potência.

EXEMPLO 8.3-2

***Escoamento de um Fluido Lei da Potência em uma Fenda Estreita*[4]**

O escoamento de um fluido newtoniano em uma fenda estreita é abordado no Problema 2B.3. Determine a distribuição de velocidades e a vazão mássica para um fluido lei da potência escoando na fenda.

SOLUÇÃO

A expressão para a tensão cisalhante, τ_{xz}, em função da posição, x, na Eq. 2B.3-1 pode ser usada aqui, já que ela não depende do tipo de fluido. Da lei da potência, Eq. 8.3-3, a expressão para τ_{xz} é

$$\tau_{xz} = m\left(-\frac{dv_z}{dx}\right)^{n} \quad \text{para } 0 \le x \le B \tag{8.3-10}$$

$$\tau_{xz} = -m\left(\frac{dv_z}{dx}\right)^{n} \quad \text{para } -B \le x \le 0 \tag{8.3-11}$$

---

*Para simplificar o texto vamos usar o termo "lei da potência" como um adjetivo, análogo a newtoniano. Assim, vamos nos referir a "fluido lei da potência", quando o mais correto seria algo como "fluido com comportamento reológico descrito pela lei da potência", um termo excessivamente longo. (*N.T.*)

[5]M. Reiner, *Deformation, Strain and Flow,* Interscience, Nova York, 2.ª ed. (1960), pp. 243-245.

Para obter a distribuição de velocidades na faixa $0 \leqslant x \leqslant B$, substituímos τ_{xz} da Eq. 8.3-10 na Eq. 2B.3-1 obtendo

$$m\left(-\frac{dv_z}{dx}\right)^n = \frac{(\mathcal{P}_0 - \mathcal{P}_L)x}{L} \qquad 0 \leq x \leq B \tag{8.3-12}$$

Integrando e usando a condição de contorno de não-deslizamento em $x = B$, obtemos

$$v_z = \left(\frac{(\mathcal{P}_0 - \mathcal{P}_L)B}{mL}\right)^{1/n} \frac{B}{(1/n) + 1}\left[1 - \left(\frac{x}{B}\right)^{(1/n)+1}\right] \qquad 0 \leq x \leq B \tag{8.3-13}$$

Como esperamos que o perfil de velocidades seja simétrico em relação ao plano mediano $x = 0$, podemos obter a vazão mássica conforme segue:

$$\begin{aligned} w &= \int_0^W \int_{-B}^{B} \rho v_z dx\, dy = 2\int_0^W \int_0^B \rho v_z dx\, dy \\ &= 2\left(\frac{(\mathcal{P}_0 - \mathcal{P}_L)B}{mL}\right)^{1/n} \frac{WB^2\rho}{(1/n) + 1} \int_0^1 \left[1 - \left(\frac{x}{B}\right)^{(1/n)+1}\right] d\left(\frac{x}{B}\right) \\ &= \frac{2WB^2\rho}{(1/n) + 2}\left(\frac{(\mathcal{P}_0 - \mathcal{P}_L)B}{mL}\right)^{1/n} \end{aligned} \tag{8.3-14}$$

Quando $n = 1$ e $m = \mu$, o resultado do Problema 2B.3 para fluido newtoniano é reproduzido. Dados experimentais de queda de pressão e vazão mássica no escoamento em fendas estreitas podem ser usados com a Eq. 8.3-14 para determinar os parâmetros da lei da potência.

EXEMPLO 8.3-3

***Escoamento Anular Tangencial de um Fluido Lei da Potência*[4,5]**

Refaça o Exemplo 3.6-3 para um fluido lei da potência.

SOLUÇÃO

As Eqs. 3.6-20 e 3.6-22 não se modificam para um fluido não-newtoniano, mas em vista da Eq. 3.6-21 escrevemos a componente θ da equação do movimento em termos da tensão cisalhante usando a Tabela B.5:

$$0 = -\frac{1}{r^2}\frac{d}{dr}(r^2\tau_{r\theta}) \tag{8.3-15}$$

Para o perfil de velocidades postulado, resulta para o modelo lei da potência (com a ajuda da Tabela B.1)

$$\begin{aligned} \tau_{r\theta} &= -\eta r \frac{d}{dr}\left(\frac{v_\theta}{r}\right) \\ &= -m\left(r\frac{d}{dr}\left(\frac{v_\theta}{r}\right)\right)^{n-1} r\frac{d}{dr}\left(\frac{v_\theta}{r}\right) \\ &= -m\left(r\frac{d}{dr}\left(\frac{v_\theta}{r}\right)\right)^{n} \end{aligned} \tag{8.3-16}$$

Combinando as Eqs. 8.3-15 e 16 obtemos

$$\frac{d}{dr}\left(r^2 m\left(r\frac{d}{dr}\left(\frac{v_\theta}{r}\right)\right)^n\right) = 0 \tag{8.3-17}$$

Sua integração fornece

$$r^2\left(r\frac{d}{dr}\left(\frac{v_\theta}{r}\right)\right)^n = C_1 \tag{8.3-18}$$

Dividindo por r^2 e tomando a raiz n, resulta uma equação diferencial de primeira ordem para a velocidade angular

$$\frac{d}{dr}\left(\frac{v_\theta}{r}\right) = \frac{1}{r}\left(\frac{C_1}{r^2}\right)^{1/n} \tag{8.3-19}$$

Essa pode ser integrada com as condições de contorno dadas nas Eqs. 3.6-27 e 28 fornecendo

$$\frac{v_\theta}{\Omega_o r} = \frac{1 - (\kappa R/r)^{2/n}}{1 - \kappa^{2/n}} \tag{8.3-20}$$

O torque (componente z) necessário sobre o cilindro externo para manter o movimento é então

$$\begin{aligned} T_z &= (-\tau_{r\theta})|_{r=R} \cdot 2\pi RL \cdot R \\ &= m\left(r\frac{d}{dr}\left(\frac{v_\theta}{r}\right)\right)^n\Bigg|_{r=R} \cdot 2\pi RL \cdot R \end{aligned} \tag{8.3-21}$$

Combinando as Eqs. 8.3-20 e 21 fornece então

$$T_z = 2\pi m \Omega_o (\kappa R)^2 L \left(\frac{(2/n)}{1 - \kappa^{2/n}}\right)^n \tag{8.3-22}$$

O resultado para fluido newtoniano pode ser recuperado fazendo $n = 1$ e $m = \mu$. A Eq. 8.3-22 pode ser usada junto com os dados de torque *versus* velocidade angular para determinar os parâmetros m e n da lei da potência.

8.4 ELASTICIDADE E MODELOS VISCOELÁSTICOS LINEARES

Logo após a Eq. 1.2-3, na discussão sobre a generalização da "lei da viscosidade" de Newton, excluímos especificamente derivadas temporais e integrais temporais na construção de uma expressão linear para o tensor tensão em termos dos gradientes de velocidade. Nesta seção, permitiremos a inclusão de derivadas temporais e integrais temporais, porém exige-se uma relação linear entre $\boldsymbol{\tau}$ e $\dot{\boldsymbol{\gamma}}$. Isso conduz aos modelos *viscoelásticos lineares*.

Iniciamos escrevendo as expressões de Newton para o tensor tensão para um líquido viscoso e incompressível juntamente com as expressões análogas de Hooke para o tensor tensão de um sólido elástico incompressível:[1]

Newton: $$\boldsymbol{\tau} = -\mu(\nabla\mathbf{v} + (\nabla\mathbf{v})^\dagger) \equiv -\mu\dot{\boldsymbol{\gamma}} \tag{8.4-1}$$

Hooke: $$\boldsymbol{\tau} = -G(\nabla\mathbf{u} + (\nabla\mathbf{u})^\dagger) \equiv -G\boldsymbol{\gamma} \tag{8.4-2}$$

Na segunda dessas expressões G é o módulo de elasticidade e $\mathbf{u}$ é o "vetor deslocamento", que fornece a distância e a direção que um ponto do sólido se moveu a partir de sua posição inicial, como resultado das tensões aplicadas. A grandeza $\boldsymbol{\gamma}$ é denominada "tensor deformação infinitesimal". O tensor taxa de deformação e o tensor deformação infinitesimal estão relacionados por $\dot{\boldsymbol{\gamma}} = \partial\boldsymbol{\gamma}/\partial t$. O sólido hookeano tem uma memória perfeita; quando as tensões impostas são removidas, o sólido retorna à sua configuração inicial. A lei de Hooke é válida somente para gradientes de deslocamento, $\nabla\mathbf{u}$, muito pequenos. Agora queremos combinar as idéias implícitas nas Eqs. 8.4-1 e 2 para descrever fluidos viscoelásticos.

O MODELO DE MAXWELL

A mais simples das equações para descrever um fluido que é tanto viscoso quanto elástico é o *modelo de Maxwell* a seguir:[2]

$$\boldsymbol{\tau} + \lambda_1 \frac{\partial}{\partial t}\boldsymbol{\tau} = -\eta_0\dot{\boldsymbol{\gamma}} \tag{8.4-3}$$

Nesta equação λ_1 é uma constante temporal (o *tempo de relaxação*) e η_0 é a *viscosidade para taxa de cisalhamento zero*. Quando o tensor tensão varia imperceptivelmente com o tempo, a Eq. 8.4-3 tem a forma da Eq. 8.4-1 para um líquido newtoniano. Quando ocorrem variações muito rápidas do tensor tensão com o tempo, o primeiro termo do lado esquerdo

[1] R. Hooke, *Lectures de Potentia Restitutiva* (1678).

[2] Essa relação foi proposta por J. C. Maxwell, *Phil. Trans. Roy. Soc.*, **A157**, 49-88 (1867), para estudar a possibilidade de que gases pudessem ser viscoelásticos.

da Eq. 8.4-3 pode ser omitido, e se a equação resultante é integrada em relação ao tempo, obtemos uma equação com a forma da Eq. 8.4-2 para um sólido hookeano. Nesse sentido, a Eq. 8.4-3 incorpora tanto viscosidade quanto elasticidade.

Um experimento simples que ilustra o comportamento de um líquido viscoelástico envolve o material conhecido como "silly putty".* Esse material escoa facilmente quando espremido vagarosamente entre as palmas das mãos, e isso indica que ele é um fluido viscoso. Todavia, quando ele é moldado no formato de uma bola e esta é deixada cair sobre uma superfície sólida, a mesma irá quicar. Durante o impacto as tensões variam rapidamente, e o material se comporta como um sólido elástico.

O MODELO DE JEFFREYS

O modelo de Maxwell, Eq. 8.4-3, é uma relação linear entre as tensões e os gradientes de velocidade, envolvendo derivadas temporais das tensões. Poderíamos também incluir uma derivada temporal dos gradientes de velocidade e ainda ter uma relação linear:

$$\boldsymbol{\tau} + \lambda_1 \frac{\partial}{\partial t}\boldsymbol{\tau} = -\eta_0\left(\dot{\boldsymbol{\gamma}} + \lambda_2 \frac{\partial}{\partial t}\dot{\boldsymbol{\gamma}}\right) \qquad (8.4\text{-}4)$$

O *modelo de Jeffreys*[3] tem três constantes: a viscosidade para taxa de cisalhamento zero e duas constantes temporais (a constante λ_2 é chamada *tempo de retardação*).

Claramente poderíamos adicionar termos contendo derivadas de segunda, terceira e derivadas de maior ordem dos tensores tensão e taxa de deformação, juntamente com constantes multiplicativas apropriadas, obtendo assim relações lineares mais gerais entre aqueles tensores. Teríamos então maior flexibilidade no ajuste de dados experimentais.

O MODELO DE MAXWELL GENERALIZADO

Uma outra maneira de generalizar a idéia original de Maxwell, é "superpor" equações do tipo da Eq. 8.4-3, e escrever o *modelo de Maxwell* generalizado como

$$\boldsymbol{\tau}(t) = \sum_{k=1}^{\infty} \boldsymbol{\tau}_k(t) \qquad \text{onde } \boldsymbol{\tau}_k + \lambda_k \frac{\partial}{\partial t}\boldsymbol{\tau}_k = -\eta_k\dot{\boldsymbol{\gamma}} \qquad (8.4\text{-}5, 6)$$

onde existem muitos tempos de relaxação λ_k (com $\lambda_1 \geqslant \lambda_2 \geqslant \lambda_3 ...$) e muitas constantes η_k com dimensões de viscosidade. Muito do que se sabe acerca das constantes desse modelo vem de teorias moleculares de polímeros e de inúmeros experimentos que têm sido realizados com líquidos poliméricos.[4]

O número total de parâmetros pode ser reduzido a três usando-se as seguintes expressões empíricas:[5]

$$\eta_k = \eta_0 \frac{\lambda_k}{\Sigma_j \lambda_j} \qquad \text{e} \qquad \lambda_k = \frac{\lambda}{k^\alpha} \qquad (8.4\text{-}7, 8)$$

onde η_0 é a viscosidade para taxa de cisalhamento zero, λ é uma constante de tempo e α é uma constante adimensional (usualmente entre 1,5 e 4).

*Adaptação livre: "massa boba". Trata-se de uma massa plástica muito maleável, que há alguns anos era bastante popular como um brinquedo de criança. (*N.T.*)

[3]Este modelo foi sugerido por H. Jeffreys, *The Earth*, Cambridge University Press, 1.ª ed. (1924), e 2.ª ed. (1929), p. 265, para descrever a propagação de ondas no manto terrestre. Os parâmetros deste modelo foram relacionados com a estrutura de suspensões e emulsões por H. Fröhlich e R. Sack, *Proc. Roy. Soc.*, **A185**, 415-430 (1946) e por J. G. Oldroyd, *Proc. Roy. Soc.*, **A128**, 122-132 (1953), respectivamente. Uma outra interpretação da Eq. 8.4-4 é considerá-la como a soma de uma contribuição de um solvente newtoniano (s) e uma contribuição de um polímero (p), esse último sendo descrito pelo modelo de Maxwell:

$$\boldsymbol{\tau}_s = -\eta_s\dot{\boldsymbol{\gamma}}; \qquad \boldsymbol{\tau}_p + \lambda_1 \frac{\partial}{\partial t}\boldsymbol{\tau}_p = -\eta_p\dot{\boldsymbol{\gamma}} \qquad (8.4\text{-}4a, b)$$

de modo que $\boldsymbol{\tau} = \boldsymbol{\tau}_s + \boldsymbol{\tau}_p$. Então se as Eqs. 8.4-4a e 8.4-4b, e o produto de λ_1 pela derivada temporal da Eq. 8.4-4a são somados, obtemos o modelo de Jeffreys, Eq. 8.4-4, com $\eta_0 = \eta_s + \eta_p$ e $\lambda_2 = (\eta_s/(\eta_s + \eta_p))\lambda_1$.

[4] J. D. Ferry, *Viscoelastic Properties of Polymers*, Wiley, Nova York, 3.ª ed. (1980). Veja também N. W. Tschoegl, *The Phenomenological Theory of Linear Viscoelastic Behavior*, Springer-Verlag, Berlin (1989); e R. B. Bird, R. C. Armstrong, e O. Hassager, *Dynamics of Polymeric Liquids*, Vol. 1, *Fluid Mechanics*, Wiley-Interscience, Nova York, 2.ª ed. (1987), Cap. 5.

[5] T. W. Spriggs, *Chem. Eng. Sci.*, **20**, 931-940 (1965).

Como a Eq. 8.4-6 é uma equação diferencial linear, ela pode ser integrada analiticamente usando a condição de que o fluido está em repouso em $t = -\infty$. Então, quando os vários $\boldsymbol{\tau}_k$ são somados de acordo com a Eq. 8.4-5, obtemos a forma integral do modelo de Maxwell generalizado:

$$\boldsymbol{\tau}(t) = -\int_{-\infty}^{t} \left\{ \sum_{k=1}^{\infty} \frac{\eta_k}{\lambda_k} \exp[-(t - t')/\lambda_k] \right\} \dot{\boldsymbol{\gamma}}(t')dt' = -\int_{-\infty}^{t} G(t - t')\, \dot{\boldsymbol{\gamma}}(t')dt' \quad (8.4\text{-}9)$$

Nessa expressão, a idéia de "memória evanescente" está claramente presente: a tensão no tempo t depende dos gradientes de velocidade em todos os tempos passados, t', mas, devido às exponenciais no integrando, maior peso é dado aos tempos t' que estão próximos a t; isto é, a "memória" do fluido é melhor para tempos recentes do que para tempos mais remotos no passado. A grandeza entre chaves é denominada *módulo de relaxação* do fluido e é simbolizada por $G(t - t')$. A Eq. 8.4-9, envolvendo uma integral, é algumas vezes mais conveniente para resolver problemas viscoelásticos lineares do que as equações diferenciais representadas pelas Eqs. 8.4-5 e 6.

Os modelos de Maxwell, Jeffreys e Maxwell generalizado são exemplos de modelos viscoelásticos lineares, e seu uso é restrito a movimentos com gradientes de deslocamento muito pequenos. Líquidos poliméricos têm muitos graus internos de liberdade e, conseqüentemente, muitos tempos de relaxação são necessários para descrever a resposta linear deles. Por essa razão, o modelo de Maxwell generalizado tem sido muito usado para interpretações de dados experimentais de viscoelasticidade linear. Ajustando a Eq. 8.4-9 a dados experimentais, podemos determinar a função de relaxação $G(t - t')$. Podemos então relacionar a forma das funções de relaxação à estrutura molecular do polímero. Dessa maneira, um tipo de "espectroscopia mecânica" é desenvolvido, podendo ser usado para estudar a estrutura através de medidas viscoelásticas lineares (tal como a viscosidade complexa).

Modelos descrevendo escoamentos com gradientes de deslocamento muito pequenos podem aparentemente ter interesse limitado para engenheiros. Todavia, uma razão importante para estudá-los é que alguma base em viscoelasticidade linear nos ajuda no estudo da viscoelasticidade não-linear onde escoamentos com grandes gradientes de deslocamento são discutidos.

EXEMPLO 8.4-1

Movimento Oscilatório de Pequena Amplitude

Obtenha uma expressão para os componentes da viscosidade complexa usando o modelo de Maxwell generalizado. O sistema está descrito na Fig. 8.2-2.

SOLUÇÃO

Usamos a componente yx da Eq. 8.4-9 e, para este problema, a componente yx do tensor taxa de deformação é

$$\dot{\gamma}_{yx}(t) = \frac{\partial v_x}{\partial y} = \dot{\gamma}^0 \cos \omega t \quad (8.4\text{-}10)$$

onde ω é a freqüência angular. Quando essa expressão é substituída na Eq. 8.4-9, com o módulo de relaxação (entre chaves) expresso como $G(t - t')$, obtemos

$$\begin{aligned} \tau_{yx} &= -\int_{-\infty}^{t} G(t - t')\dot{\gamma}^0 \cos \omega t' dt' \\ &= -\dot{\gamma}^0 \int_0^{\infty} G(s) \cos \omega(t - s) ds \\ &= -\dot{\gamma}^0 \left[\int_0^{\infty} G(s) \cos \omega s\, ds \right] \cos \omega t - \dot{\gamma}^0 \left[\int_0^{\infty} G(s) \operatorname{sen} \omega s\, ds \right] \operatorname{sen} \omega t \end{aligned} \quad (8.4\text{-}11)$$

onde $s = t - t'$. Quando essa equação é comparada com a Eq. 8.2-4, obtemos

$$\eta'(\omega) = \int_0^{\infty} G(s) \cos \omega s\, ds \quad (8.4\text{-}12)$$

$$\eta''(\omega) = \int_0^{\infty} G(s) \operatorname{sen} \omega s\, ds \quad (8.4\text{-}13)$$

para as componentes da viscosidade complexa $\eta^* = \eta' - i\eta''$. Quando a expressão do módulo de relaxação de Maxwell generalizado é introduzida e as integrais efetuadas, obtemos

$$\eta'(\omega) = \sum_{k=1}^{\infty} \frac{\eta_k}{1 + (\lambda_k \omega)^2} \tag{8.4-14}$$

$$\eta''(\omega) = \sum_{k=1}^{\infty} \frac{\eta_k \lambda_k}{1 + (\lambda_k \omega)^2} \tag{8.4-15}$$

Se os empirismos das Eqs. 8.4-7 e 8 são usados, pode ser mostrado que tanto η' quanto η'' diminuem com $1/\omega^{1-(1/\alpha)}$ para freqüências muito altas (veja a Fig. 8.2-4).

EXEMPLO 8.4-2

Escoamento Viscoelástico Transiente Próximo a uma Placa Oscilante

Estenda o Exemplo 4.1-3 para fluidos viscoelásticos usando o modelo de Maxwell e obtenha a atenuação e o deslocamento de fase no "estado permanente periódico".

SOLUÇÃO

Supondo-se escoamento cisalhante, a equação do movimento, escrita em termos da componente do tensor tensão é

$$\rho \frac{\partial v_x}{\partial t} = -\frac{\partial}{\partial y} \tau_{yx} \tag{8.4-16}$$

O modelo de Maxwell na forma integral é semelhante à Eq. 8.4-9, mas com uma única exponencial:

$$\tau_{yx}(y, t) = -\int_{-\infty}^{t} \left\{ \frac{\eta_0}{\lambda_1} \exp[-(t - t')/\lambda_1] \right\} \frac{\partial v_x(y, t')}{\partial y} dt' \tag{8.4-17}$$

Combinando essas duas equações, obtemos

$$\rho \frac{\partial v_x}{\partial t} = \int_{-\infty}^{t} \left\{ \frac{\eta_0}{\lambda_1} \exp[-(t - t')/\lambda_1] \right\} \frac{\partial^2 v_x(y, t')}{\partial y^2} dt' \tag{8.4-18}$$

Tal como no Exemplo 4.1-3 adotamos uma solução da forma

$$v_x(y, t) = \Re\{v^0(y) e^{i\omega t}\} \tag{8.4-19}$$

onde $v^0(y)$ é complexo. Substituindo esse resultado na Eq. 8.4-19, obtemos

$$\begin{aligned} \rho \Re\{i\omega v^0 e^{i\omega t}\} &= \int_{-\infty}^{t} \left\{ \frac{\eta_0}{\lambda_1} \exp[-(t - t')/\lambda_1] \right\} \Re\left\{ \frac{d^2 v^0}{dy^2} e^{i\omega t'} \right\} dt' \\ &= \Re\left\{ \frac{d^2 v^0}{dy^2} e^{i\omega t} \int_0^{\infty} \frac{\eta_0}{\lambda_1} e^{-s/\lambda_1} e^{-i\omega s} ds \right\} \\ &= \Re\left\{ \frac{d^2 v^0}{dy^2} e^{i\omega t} \left[\frac{\eta_0}{1 + i\lambda_1 \omega} \right] \right\} \end{aligned} \tag{8.4-20}$$

Removendo o operador real obtemos uma equação para $v^0(y)$

$$\frac{d^2 v^0}{dy^2} - \left[\frac{i\rho\omega(1 + i\lambda_1 \omega)}{\eta_0} \right] v^0 = 0 \tag{8.4-21}$$

Então, se a grandeza complexa entre colchetes é igualada a $(\alpha + i\beta)^2$, a solução da equação diferencial é

$$v^0 = v_0 e^{-(\alpha + i\beta)y} \tag{8.4-22}$$

Multiplicando a equação anterior por $e^{i\omega t}$ e tomando a parte real, obtemos

$$v_x(y, t) = v_0 e^{-\alpha y} \cos(\omega t - \beta y) \tag{8.4-23}$$

Este resultado tem a mesma forma que a Eq. 4.1-57, mas as grandezas α e β dependem da freqüência:

$$\alpha(\omega) = \sqrt{\frac{\rho\omega}{2\eta_0}}\left[\sqrt{1 + (\lambda_1\omega)^2} - \lambda_1\omega\right]^{+1/2} \quad (8.4\text{-}24)$$

$$\beta(\omega) = \sqrt{\frac{\rho\omega}{2\eta_0}}\left[\sqrt{1 + (\lambda_1\omega)^2} - \lambda_1\omega\right]^{-1/2} \quad (8.4\text{-}25)$$

Isto é, aumentando-se a freqüência, α diminui e β aumenta devido à elasticidade do fluido. Este resultado mostra como a elasticidade afeta a transmissão de ondas de cisalhamento perto de uma superfície oscilante.

Nota-se que existe uma importante diferença entre os problemas dos dois últimos exemplos. No Exemplo 8.4-1, o perfil de velocidades é dado, e derivamos uma expressão para a tensão cisalhante necessária para manter o movimento; a equação de movimento não foi usada. No Exemplo 8.4-2 nenhuma hipótese foi feita a respeito da distribuição de velocidades, e obtivemos a distribuição de velocidades usando a equação do movimento.

8.5 DERIVADAS CO-ROTACIONAIS E MODELOS VISCOELÁSTICOS NÃO-LINEARES

Na seção anterior foi mostrado que a inclusão de derivadas temporais ou (integrais temporais) na expressão do tensor tensão possibilita a descrição de efeitos elásticos. Os modelos viscoelásticos lineares podem descrever a viscosidade complexa e a transmissão de ondas cisalhantes de pequena amplitude. Também pode ser mostrado que modelos lineares podem descrever o recuo elástico, embora os resultados sejam restritos a escoamentos com gradientes de deslocamento desprezíveis (e, portanto, de pouco interesse prático).

Nesta seção, introduzimos as hipóteses[1,2] de que a relação entre o tensor tensão e tensores cinemáticos para uma partícula fluida deve ser independente da orientação instantânea da partícula no espaço. Essa parece ser uma hipótese razoável; se você mede a relação tensão-deformação em uma tira de borracha, não deveria importar se você fizer o estiramento da mesma na direção norte-sul ou leste-oeste, ou mesmo girando, conforme você obtém os dados (desde que, naturalmente, você não gire tão rapidamente que forças centrífugas interfiram nas medidas).

Uma maneira de implementar a hipótese anterior é introduzir em cada partícula fluida um referencial co-rotativo. Esse referencial ortogonal gira com a velocidade angular local instantânea, conforme ele se move juntamente com a partícula fluida através do espaço (veja a Fig. 8.5-1). Podemos agora escrever algum tipo de relação entre o tensor tensão e o tensor

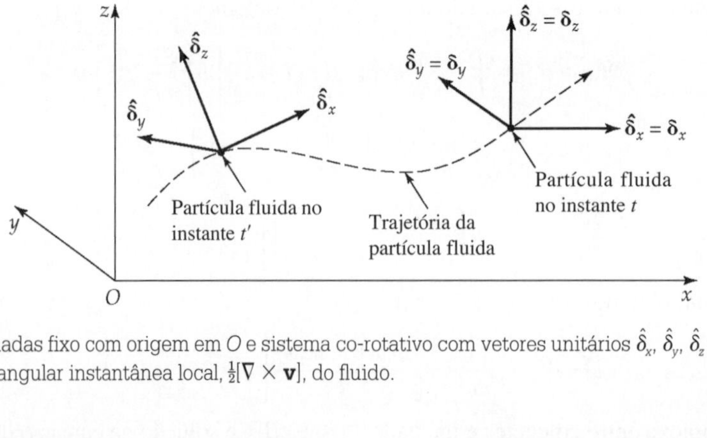

Fig. 8.5-1. Sistema de coordenadas fixo com origem em O e sistema co-rotativo com vetores unitários $\hat{\delta}_x$, $\hat{\delta}_y$, $\hat{\delta}_z$ que se move com a partícula fluida e gira com a velocidade angular instantânea local, $\frac{1}{2}[\nabla \times \mathbf{v}]$, do fluido.

---

[1] G. Jaumann, *Grundlagen der Bewegungslehre*, Leipzig (1905); *Sitzungsberichte Akad. Wiss. Wien*, IIa, **120**, 385-530 (1911); S. Zaremba, *Bull. Int. Acad. Sci., Cracovie*, 594-614, 614-621 (1903). **Gustaf Andreas Johannes Jaumann** (1863-1924) que lecionou na universidade alemã em Brünn (atual Brno), em homenagem a quem a "derivada de Jaumann" é denominada, foi um importante pesquisador na área de mecânica do contínuo no início do século XX; ele foi o primeiro a fornecer a equação de variação de entropia incluindo o "fluxo de entropia" e a "taxa de produção de entropia" (veja Seção 24.1).

[2] J. G. Oldroyd, *Proc. Roy. Soc.*, **A245**, 278-297 (1958). Para uma extensão da idéia de co-rotacional veja L. E. Wedgewood, *Rheol. Acta*, **38**, 91-99 (1999).

taxa de deformação no sistema co-rotativo; por exemplo, podemos escrever o modelo de Jeffreys e então, como uma boa medida, adicionar alguns termos não-lineares:

$$\hat{\boldsymbol{\tau}} + \lambda_1 \frac{\partial}{\partial t}\hat{\boldsymbol{\tau}} + \tfrac{1}{2}\mu_0(\text{tr}\,\hat{\boldsymbol{\tau}})\hat{\dot{\boldsymbol{\gamma}}} - \tfrac{1}{2}\mu_1\{\hat{\dot{\boldsymbol{\gamma}}} \cdot \hat{\boldsymbol{\tau}} + \hat{\boldsymbol{\tau}} \cdot \hat{\dot{\boldsymbol{\gamma}}}\} = -\eta_0\left(\hat{\dot{\boldsymbol{\gamma}}} + \lambda_2 \frac{\partial}{\partial t}\hat{\dot{\boldsymbol{\gamma}}} - \mu_2\{\hat{\dot{\boldsymbol{\gamma}}} \cdot \hat{\dot{\boldsymbol{\gamma}}}\}\right) \tag{8.5-1}$$

nos quais os acentos circunflexos sobre os tensores indicam que seus componentes são aqueles em relação ao referencial co-rotativo. Na Eq. 8.5-1, as constantes λ_1, λ_2, μ_0, μ_1 e μ_2 têm dimensões de tempo.

Como as equações da continuidade e do movimento são escritas para o sistema usual de coordenadas xyz, fixo no espaço, parece razoável transformar a Eq. 8.5-1 do sistema $\hat{x}\hat{y}\hat{z}$ para o sistema xyz. Este é um problema puramente matemático já resolvido há muito tempo[1] e a solução é bem conhecida. Pode-se mostrar que as derivadas parciais temporais $\partial/\partial t$, $\partial^2/\partial t^2$, ..., são trocadas por *derivadas temporais co-rotacionais* (ou de *Jaumann*[1-4]) $\mathscr{D}/\mathscr{D}t$, $\mathscr{D}^2/\mathscr{D}t^2$,.... A derivada temporal co-rotacional de um tensor de segunda ordem é definido como

$$\frac{\mathscr{D}}{\mathscr{D}t}\boldsymbol{\alpha} = \frac{D}{Dt}\boldsymbol{\alpha} + \frac{1}{2}\{\boldsymbol{\omega} \cdot \boldsymbol{\alpha} - \boldsymbol{\alpha} \cdot \boldsymbol{\omega}\} \tag{8.5-2}$$

onde $\boldsymbol{\omega} = \nabla\mathbf{v} - (\nabla\mathbf{v})^\dagger$ é o *tensor vorticidade,* e D/Dt é a derivada temporal substancial definida na Seção 3.5. Os produtos tensoriais indicados por um ponto (·) que aparecem na Eq. 8.5-1, com componentes no referencial $\hat{x}\hat{y}\hat{z}$, transformam-se nos correspondentes produtos "ponto" com componentes dados no referencial xyz.

Quando transformada para o referencial xyz, a Eq. 8.5-1 se torna

$$\boldsymbol{\tau} + \lambda_1 \frac{\mathscr{D}}{\mathscr{D}t}\boldsymbol{\tau} + \tfrac{1}{2}\mu_0(\text{tr}\,\boldsymbol{\tau})\dot{\boldsymbol{\gamma}} - \tfrac{1}{2}\mu_1\{\boldsymbol{\tau} \cdot \dot{\boldsymbol{\gamma}} + \dot{\boldsymbol{\gamma}} \cdot \boldsymbol{\tau}\} = -\eta_0\left(\dot{\boldsymbol{\gamma}} + \lambda_2 \frac{\mathscr{D}}{\mathscr{D}t}\dot{\boldsymbol{\gamma}} - \mu_2\{\dot{\boldsymbol{\gamma}} \cdot \dot{\boldsymbol{\gamma}}\}\right) \tag{8.5-3}$$

que é o *modelo de Oldroyd com 6 constantes*. Esse modelo, então, não depende da orientação instantânea local das partículas fluidas no espaço. Deve ser enfatizado que a Eq. 8.5-3 é um modelo empírico; o uso de um referencial co-rotacional garante apenas que a rotação local instantânea do fluido é "subtraída".

Com a escolha adequada desses parâmetros, a maior parte dos fenômenos observados em dinâmica de fluidos poliméricos pode ser descrita *qualitativamente*. Um resultado disso é que esse modelo tem sido muito usado em cálculos exploratórios de dinâmica dos fluidos. Uma simplificação da Eq. 8.5-3 com 3 constantes, $\mu_1 = \lambda_1$, $\mu_2 = \lambda_2$ e $\mu_0 = 0$, é chamada de *modelo B de Oldroyd*. No Exemplo 8.5-1 mostramos o que a Eq. 8.5-3 fornece para as funções materiais definidas na Seção 8.2.

Um outro modelo viscoelástico não-linear com três constantes é o *modelo de Giesekus,*[5] que contém um termo quadrático para as componentes da tensão:

$$\boldsymbol{\tau} + \lambda\left(\frac{\mathscr{D}}{\mathscr{D}t}\boldsymbol{\tau} - \tfrac{1}{2}\{\boldsymbol{\tau} \cdot \dot{\boldsymbol{\gamma}} + \dot{\boldsymbol{\gamma}} \cdot \boldsymbol{\tau}\}\right) - \alpha\frac{\lambda}{\eta_0}\{\boldsymbol{\tau} \cdot \boldsymbol{\tau}\} = -\eta_0\dot{\boldsymbol{\gamma}} \tag{8.5-4}$$

Nessa equação, λ é uma constante de tempo, η_0 é a viscosidade para taxa de cisalhamento zero e α é um parâmetro adimensional. Esse modelo dá formas razoáveis para a maioria das funções materiais, e as expressões analíticas para elas estão resumidas na Tabela 8.5-1. Devido ao termo $\{\boldsymbol{\tau}\cdot\boldsymbol{\tau}\}$, elas não são particularmente simples. Superposições dos modelos de Giesekus podem ser feitas para descrever as formas das funções materiais medidas, quase quantitativamente.[6] O modelo tem sido muito usado em cálculos de dinâmica de fluidos.

EXEMPLO 8.5-1

Funções Materiais para o Modelo de Oldroyd com 6 Constantes[2, 4]

Obtenha as funções materiais para o escoamento cisalhante permanente no movimento oscilatório de pequenas amplitudes e no escoamento uniaxial elongacional permanente. Faça uso do fato de que, em escoamentos cisalhantes, as compo-

[5] H. Giesekus, *J. Non-Newtonian Fluid Mech.*, **11**, 69-109 (1982); **12**, 367-374; *Rheol. Acta*, **21**, 366-375 (1982). Veja também R. B. Bird e J. M. Wiest, *J. Rheol.*, **29**, 519-532 (1985) e R. B. Bird, R. C. Armstrong e O. Hassager, *Dynamics of Polymeric Liquids, Vol. 1, Fluid Mechanics,* Wiley-Interscience, Nova York, 2.ª ed. (1987), Seção 7.3(c).

[6] W. R. Burghardt, J.-M. Li, B. Khomami e B. Yang, *J. Rheol.*, **147**, 149-165 (1999).

TABELA 8.5-1 Funções Materiais para o Modelo de Giesekus

Escoamento cisalhante permanente:	
$$\frac{\eta}{\eta_0} = \frac{(1-f)^2}{1+(1-2\alpha)f}$$	(A)
$$\frac{\Psi_1}{2\eta_0\lambda} = \frac{f(1-\alpha f)}{\alpha(1-f)}\frac{1}{(\lambda\dot{\gamma})^2}$$	(B)
$$\frac{\Psi_2}{\eta_0\lambda} = -f\frac{1}{(\lambda\dot{\gamma})^2}$$	(C)
onde	
$$f = \frac{1-\chi}{1+(1-2\alpha)\chi} \quad \text{e} \quad \chi^2 = \frac{[1+16\alpha(1-\alpha)(\lambda\dot{\gamma})^2]^{1/2}-1}{8\alpha(1-\alpha)(\lambda\dot{\gamma})^2}$$	(D, E)
Escoamento cisalhante oscilatório de pequena amplitude:	
$$\frac{\eta'}{\eta_0} = \frac{1}{1+(\lambda\omega)^2} \quad \text{e} \quad \frac{\eta''}{\eta_0} = \frac{\lambda\omega}{1+(\lambda\omega)^2}$$	(F, G)
Escoamento elongacional permanente:	
$$\frac{\bar{\eta}}{3\eta_0} = \frac{1}{6\alpha}\left[3 + \frac{1}{\lambda\dot{\varepsilon}}\left(\sqrt{1-4(1-2\alpha)\lambda\dot{\varepsilon}+4(\lambda\dot{\varepsilon})^2} - \sqrt{1+2(1-2\alpha)\lambda\dot{\varepsilon}+(\lambda\dot{\varepsilon})^2}\right)\right]$$	(H)

nentes do tensor tensão τ_{xz} e τ_{yz} são zero, e que, no escoamento elongacional, as componentes do tensor tensão que não pertencem à diagonal principal são zero (esses resultados são obtidos por argumentos de simetria[7]).

SOLUÇÃO

(a) Primeiro, simplificamos a Eq. 8.5-3 para o *escoamento cisalhante transiente* com distribuição de velocidades $v_x(y, t) = \dot{\gamma}(t)y$. Escrevendo, então, as componentes da equação, temos

$$\left(1+\lambda_1\frac{\partial}{\partial t}\right)\tau_{xx} - (\lambda_1+\mu_1)\tau_{yx}\dot{\gamma} = +\eta_0(\lambda_2+\mu_2)\dot{\gamma}^2 \tag{8.5-5}$$

$$\left(1+\lambda_1\frac{\partial}{\partial t}\right)\tau_{yy} + (\lambda_1-\mu_1)\tau_{yx}\dot{\gamma} = -\eta_0(\lambda_2-\mu_2)\dot{\gamma}^2 \tag{8.5-6}$$

$$\left(1+\lambda_1\frac{\partial}{\partial t}\right)\tau_{zz} = 0 \tag{8.5-7}$$

$$\left(1+\lambda_1\frac{\partial}{\partial t}\right)\tau_{yx} + \tfrac{1}{2}(\lambda_1-\mu_1+\mu_0)\tau_{xx}\dot{\gamma} - \tfrac{1}{2}(\lambda_1+\mu_1-\mu_0)\tau_{yy}\dot{\gamma} + \tfrac{1}{2}\mu_0\tau_{zz}\dot{\gamma} = -\eta_0\left(1+\lambda_2\frac{\partial}{\partial t}\right)\dot{\gamma} \tag{8.5-8}$$

(b) Para o *escoamento cisalhante permanente*, a Eq. 8.5-7 fornece $\tau_{zz} = 0$, e as outras três equações correspondem a um conjunto de equações algébricas que pode ser resolvido para obter os demais componentes do tensor tensão. Então, com as definições das funções materiais da Seção 8.2, podemos obter

$$\frac{\eta}{\eta_0} = \frac{1+[\lambda_1\lambda_2+(\mu_0-\mu_1)\mu_2]\dot{\gamma}^2}{1+[\lambda_1^2+(\mu_0-\mu_1)\mu_1]\dot{\gamma}^2} \equiv \frac{1+\sigma_2\dot{\gamma}^2}{1+\sigma_1\dot{\gamma}^2} \tag{8.5-9}$$

$$\frac{\Psi_1}{2\eta_0\lambda_1} = \frac{1+\sigma_2\dot{\gamma}^2}{1+\sigma_1\dot{\gamma}^2} - \frac{\lambda_2}{\lambda_1} \tag{8.5-10}$$

$$\frac{\Psi_2}{\eta_0\lambda_1} = -\left(1-\frac{\mu_1}{\lambda_1}\right)\frac{1+\sigma_2\dot{\gamma}^2}{1+\sigma_1\dot{\gamma}^2} + \left(1-\frac{\mu_2}{\lambda_2}\right)\frac{\lambda_2}{\lambda_1} \tag{8.5-11}$$

[7] R. B. Bird, R. C. Armstrong e O. Hassager, *Dynamics of Polymeric Liquids, Vol. 1, Fluid Mechanics,* Wiley-Interscience, Nova York, 2.ª ed. (1987), Seção 3.2.

O modelo, portanto, fornece uma viscosidade dependente da taxa de cisalhamento bem como coeficientes de tensão normal dependentes da taxa de cisalhamento. (Para o modelo B de Oldroyd, os coeficientes da viscosidade e das tensões normais são independentes da taxa de cisalhamento.) Para a maioria dos polímeros, a viscosidade não-newtoniana diminui com a taxa de cisalhamento e, para tais fluidos concluímos que $0 < \sigma_2 < \sigma_1$. Além disso, como os valores medidos de $|\tau_{yx}|$ sempre aumentam monotonicamente com a taxa de cisalhamento, impomos também que $\sigma_2 > \frac{1}{9}\sigma_1$. Embora o modelo forneça uma viscosidade e tensões normais dependentes da taxa de cisalhamento, as formas das curvas não concordam satisfatoriamente com dados experimentais para uma faixa ampla de taxas de cisalhamento.

Se $\mu_1 < \lambda_1$ e $\mu_2 < \lambda_2$, o segundo coeficiente da tensão normal tem o sinal oposto ao do primeiro coeficiente da tensão normal, concordando com dados para a maioria dos líquidos poliméricos. Como o segundo coeficiente da tensão normal é muito menor que o primeiro para muitos fluidos e, em alguns escoamentos, tem um papel negligenciável, fazer $\mu_1 = \lambda_1$ e $\mu_2 = \lambda_2$, pode ser considerado razoável, reduzindo de 6 para 4 o número de parâmetros.

Essa discussão mostra como avaliar um modelo empírico proposto comparando previsões do modelo com dados obtidos em experimentos de reometria. Também vimos que dados experimentais podem impor restrições sobre os parâmetros. Claramente, esta é uma tarefa gigantesca, mas não é muito diferente do problema enfrentado por termodinamicistas ao desenvolver equações de estado empíricas para misturas, por exemplo. O reologista, todavia, trabalha com equações tensoriais, enquanto o termodinamicista usa somente equações escalares.

(c) Para *movimento oscilatório de pequena amplitude,* os termos não-lineares das Eqs. 8.5-5 a 8 podem ser omitidos, e as funções materiais são as mesmas que as obtidas a partir do modelo de Jeffreys de viscoelasticidade linear:

$$\frac{\eta'}{\eta_0} = \frac{1 + \lambda_1\lambda_2\omega^2}{1 + \lambda_1^2\omega^2} \quad \text{e} \quad \frac{\eta''}{\eta_0} = \frac{(\lambda_1 - \lambda_2)\omega}{1 + \lambda_1^2\omega^2} \tag{8.5-12, 13}$$

Para que η' seja uma função monótona decrescente da freqüência e para que η'' seja positiva (como visto em todos os experimentos), devemos impor que $\lambda_2 < \lambda_1$. Aqui, novamente, o modelo fornece resultados qualitativamente corretos, mas as formas das curvas não são corretas.

(d) Para o *escoamento elongacional permanente* definido na Seção 8.2, o modelo de Oldroyd com 6 constantes fornece

$$\frac{\bar{\eta}}{3\eta_0} = \frac{1 - \mu_2\dot{\varepsilon} + \mu_2(3\mu_0 - 2\mu_1)\dot{\varepsilon}^2}{1 - \mu_1\dot{\varepsilon} + \mu_1(3\mu_0 - 2\mu_1)\dot{\varepsilon}^2} \tag{8.5-14}$$

Como para a maioria dos polímeros o coeficiente angular da curva de viscosidade elongacional *versus* taxa de elongação é positivo em $\dot{\varepsilon} = 0$, devemos impor que $\mu_1 > \mu_2$. A Eq. 8.5-14 prevê que a viscosidade elongacional pode se tornar infinita para algum valor finito da taxa de elongação; isto possivelmente pode representar um problema nos cálculos de estiramento de fibras.

Note que as constantes de tempo λ_1 e λ_2 não aparecem na expressão da viscosidade elongacional enquanto as constantes μ_0, μ_1 e μ_2, não entram nas componentes da viscosidade complexa nas Eqs. 8.5-14 e 15. Isso enfatiza o fato de ser necessária uma gama variada de experimentos de reometria para a determinação dos parâmetros de uma expressão empírica para o tensor tensão. Colocando de outra maneira, vários experimentos enfatizam diferentes partes do modelo.

8.6 TEORIAS MOLECULARES PARA LÍQUIDOS POLIMÉRICOS[1, 2, 3]

Deve estar evidente, a partir da seção anterior, que a proposição e o teste de expressões empíricas para o tensor tensão em viscoelasticidade não-linear é uma tarefa gigantesca. Lembre-se de que, em turbulência, a busca de expressões empíricas para o tensor tensão de Reynolds é igualmente trabalhosa. Todavia, em viscoelasticidade não-linear temos a vantagem de podermos estreitar consideravelmente a busca de expressões para o tensor tensão usando a teoria molecular. Embora a teoria

[1] R. B. Bird, C. F. Curtiss, R. C. Armstrong e O. Hassager, *Dynamics of Polymeric Liquids, Vol. 2, Kinetic Theory,* Wiley-Interscience, Nova York, 2.ª ed. (1987).

[2] M. Doi e S. F. Edwards, *The Theory of Polymer Dynamics*, Clarendon Press, Oxford (1986); J. D. Schieber, "Polymer Dynamics" na *Encyclopedia of Applied Physics*, Vol. 14, VCH Publishers, Inc. (1996), pp. 415-443. R. B. Bird e H. C. Öttinger, *Ann. Rev. Phys. Chem.*, **43**, 371-406 (1992).

[3] A. S. Lodge, *Elastic Liquids*, Academic Press, Nova York (1964); *Body Tensor Fields in Continuum Mechanics*, Academic Press, Nova York (1974); *Understanding Elastomer Molecular Network Theory*, Bannatek Press, Madison, Wis. (1999).

cinética de polímeros seja consideravelmente mais complicada que a teoria cinética dos gases, ela, no mínimo, guia-nos ao sugerir formas possíveis para o tensor tensão. Todavia, as constantes que aparecem nas expressões moleculares devem ainda ser determinadas a partir de medidas reométricas.

As teorias cinéticas de polímeros podem ser divididas basicamente em duas classes: *teorias de rede* e *teorias de molécula individual*:

a. As teorias de rede[3] foram originalmente desenvolvidas para descrever as propriedades mecânicas da borracha. Imaginamos que as moléculas de polímero na borracha sejam unidas quimicamente durante a vulcanização. As teorias têm sido estendidas para descrever polímeros fundidos e soluções concentradas, postulando uma rede em contínua mutação na qual os pontos de junção são temporários, formados por segmentos adjacentes que se movem junto por um determinado tempo e então gradualmente se afastam (veja a Fig. 8.6-1). É necessário adotar na teoria algumas premissas empíricas sobre as taxas de formação e ruptura das junções.

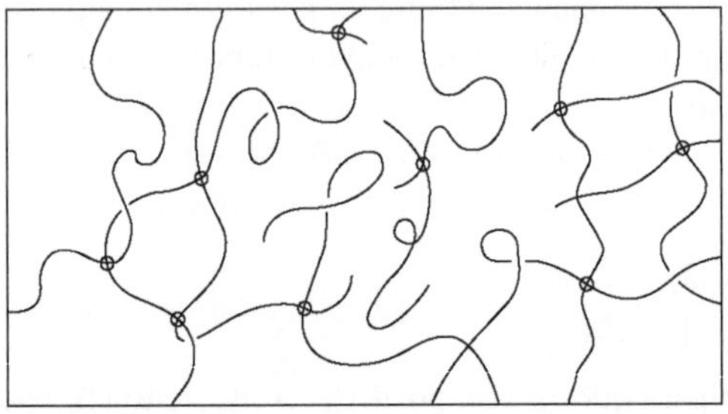

Fig. 8.6-1. Porção de uma rede polimérica formada por "junções temporárias", indicadas aqui por círculos.

b. As teorias de molécula individual[1] foram originalmente desenvolvidas para descrever as moléculas de polímero em uma solução muito diluída, onde interações polímero-polímero são pouco freqüentes. A molécula é usualmente representada por meio de um modelo do tipo "esfera-e-mola", uma série de pequenas esferas conectadas por molas lineares e não-lineares de modo a representar a arquitetura molecular; permite-se então que o modelo esfera-e-mola se mova em um solvente, com as esferas sob a ação de uma força de arrasto exercida pelo solvente conforme a lei de Stokes, bem como estando sujeitas ao movimento browniano (veja a Fig. 8.6-2a). Então, da teoria cinética obtemos a "função de distribuição" para as orientações das moléculas (modeladas como estruturas esfera-e-mola); uma vez que essa função seja conhecida, várias propriedades macroscópicas podem ser calculadas. O mesmo tipo de teoria pode ser aplicado a soluções concentradas e polímeros fundidos, examinando-se o movimento de uma molécula modelo esfera-e-mola no "campo médio de força" exercido pelas moléculas vizinhas. Isto é, devido a proximidade das moléculas vizinhas, é mais fácil para as "esferas" do modelo se moverem na direção da "coluna vertebral" da cadeia polimérica do que perpendicularmente a ela. Em outras palavras, o polímero encontra-se executando um movimento semelhante ao de uma cobra, denominado "reptiliano" (veja a Fig. 8.6-2b).

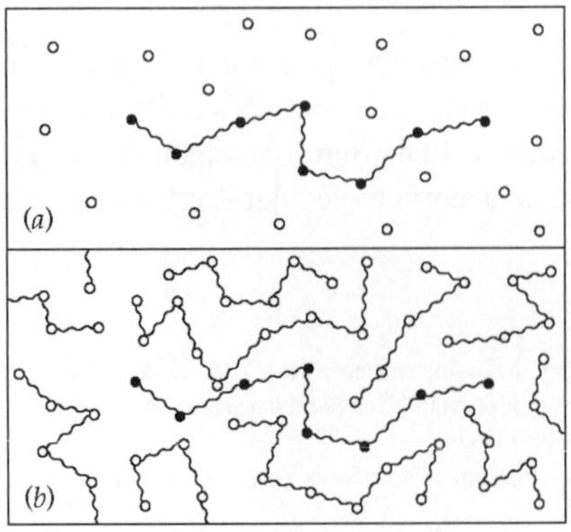

Fig. 8.6-2. Modelos de moléculas individuais esfera-e-mola para (*a*) solução polimérica diluída e (*b*) um polímero não-diluído (um polímero "fundido" sem solvente). Na solução diluída, a molécula do polímero pode se mover em todas as direções através do solvente. No polímero não-diluído, uma molécula típica de polímero (esferas pretas) interage com as moléculas vizinhas e tende a executar um movimento sinuoso ("reptiliano") deslizando para frente e para trás ao longo da direção da "coluna vertebral" da cadeia polimérica.

Como uma ilustração do enfoque da teoria cinética, vamos discutir os resultados para um sistema simples: uma solução diluída de um polímero, modelada como um haltere elástico consistindo em duas esferas conectadas por uma mola. Supomos que a mola seja não-linear e finitamente extensível, com a força na mola conectora sendo dada por[4]

$$\mathbf{F}^{(c)} = \frac{H\mathbf{Q}}{1 - (Q/Q_0)^2} \tag{8.6-1}$$

onde H é a constante da mola, $\mathbf{Q}$ é o vetor extremidade-a-extremidade do haltere, representando o estiramento e a orientação do haltere, e Q_0 é a elongação máxima da mola. O coeficiente de atrito para o movimento das esferas através do solvente é dado pela lei de Stokes como $\zeta = 6\pi\eta_s a$, onde a é o raio da esfera e η_s é a viscosidade do solvente. Embora esse modelo seja enormemente simplificado, ele incorpora as idéias físicas chaves da orientação molecular, do estiramento molecular e de sua extensibilidade finita.

Quando os detalhes da teoria cinética são levados em conta, obtém-se a seguinte expressão para o tensor tensão, escrita como uma soma das contribuições de um solvente newtoniano e um polímero (veja a nota 3 na Seção 8.4):[5]

$$\boldsymbol{\tau} = \boldsymbol{\tau}_s + \boldsymbol{\tau}_p \tag{8.6-2}$$

Aqui

$$\boldsymbol{\tau}_s = -\eta_s\dot{\boldsymbol{\gamma}} \tag{8.6-3}$$

$$Z\boldsymbol{\tau}_p + \lambda_H\left(\frac{\mathscr{D}}{\mathscr{D}t}\boldsymbol{\tau}_p - \tfrac{1}{2}\{\boldsymbol{\tau}_p\cdot\dot{\boldsymbol{\gamma}} + \dot{\boldsymbol{\gamma}}\cdot\boldsymbol{\tau}_p\}\right) - \lambda_H(\boldsymbol{\tau}_p - n\kappa T\boldsymbol{\delta})\frac{D\ln Z}{Dt} = -n\kappa T\lambda_H\dot{\boldsymbol{\gamma}} \tag{8.6-4}$$

onde n é a densidade em número das moléculas do polímero (isto é, halteres), $\lambda_H = \zeta/4H$ é uma constante de tempo (tipicamente entre 0,01 e 10 segundos), $Z = 1 + (3/b)[1 - (\text{tr}\,\boldsymbol{\tau}_p/3n\kappa T)]$ e $b = HQ_0^2/\kappa T$ é o parâmetro da extensibilidade finita, usualmente entre 10 e 100. A teoria molecular resultou assim em um modelo com quatro constantes ajustáveis: η_s, λ_H, n e b, as quais podem ser determinadas por experimentos de reometria. Assim, a teoria molecular sugere a forma da expressão do tensor tensão e os dados de reometria são usados para determinar os valores dos parâmetros. O modelo descrito pelas Eqs. 8.6-2, 3 e 4 é chamado modelo FENE-P (do inglês: finitely extensible nonlinear elastic model, in the Peterlin approximation — modelo elástico não-linear de extensibilidade finita na aproximação de Peterlin), onde $(Q/Q_0)^2$, da Eq. 8.6-1, é substituído por $\langle Q^2\rangle/Q_0^2$.

É mais difícil trabalhar com esse modelo do que com o modelo de Oldroyd com 6 constantes, pois ele é não-linear em relação às tensões. Todavia, ele fornece formas melhores para algumas das funções materiais. Além disso, como estamos lidando aqui com um modelo molecular, podemos obter informações sobre a distensão e a orientação moleculares após o problema ter sido resolvido. Por exemplo, pode ser mostrado que o estiramento molecular médio é dado por $\langle Q^2\rangle/Q_0^2 = 1 - Z^{-1}$ onde os parênteses angulares indicam média estatística.

Os exemplos que se seguem ilustram como obtemos as funções materiais para esse modelo e compara os resultados com dados experimentais. Se o modelo é aceitável, então ele deve ser combinado com as equações da continuidade e do movimento para resolver problemas interessantes de escoamento. Isso irá demandar esforço computacional em larga escala.

EXEMPLO 8.6-1

Funções Materiais para o Modelo FENE-P

Obtenha as funções materiais para o escoamento cisalhante permanente e para o escoamento elongacional permanente de um polímero descrito pelo modelo FENE-P.

SOLUÇÃO

(a) Para o escoamento cisalhante permanente, o modelo fornece as seguintes equações para as componentes não-nulas da contribuição do polímero para o tensor tensão:

$$Z\tau_{p,xx} = 2\tau_{p,yx}\lambda_H\dot{\gamma} \tag{8.6-5}$$

$$Z\tau_{p,yx} = -n\kappa T\lambda_H\dot{\gamma} \tag{8.6-6}$$

[4] H. R. Warner, Jr., *Ind. Eng. Chem. Fundamentals,* **11**, 379-387 (1972); R. L. Christiansen e R. B. Bird, *J. Non-Newtonian Fluid Mech.*, **3**, 161-177 (1977/1978).

[5] R. I. Tanner, *Trans. Soc. Rheol,*. **19**, 37-65 (1965); R. B. Bird, P. J. Dotson e N. L. Johnson, *J. Non-Newtonian Fluid Mech.*, **7**, 213-235 (1980)—nesta última publicação, as Eqs. 58-85 estão erradas.

Nessas equações, a grandeza Z é dada por

$$Z = 1 + (3/b)[1 - (\tau_{p,xx}/3n\kappa T)] \tag{8.6-7}$$

Essas equações podem ser combinadas gerando uma equação cúbica para a contribuição do polímero para a tensão cisalhante adimensional $T_{yx} = \tau_{p,yx}/3n\kappa T$

$$T_{yx}^3 + 3pT_{yx} + 2q = 0 \tag{8.6-8}$$

onde $p = (b/54) + (1/18)$ e $q = (b/108)\ \lambda_H\dot{\gamma}$. Essa equação cúbica pode ser resolvida fornecendo[6]

$$T_{yx} = -2p^{1/2}\,\text{senh}(\tfrac{1}{3}\,\text{arcsenh}\; qp^{-3/2}) \tag{8.6-9}$$

A viscosidade não-newtoniana baseada nessa função é mostrada na Fig. 8.6-3, juntamente com alguns dados experimentais para soluções de metacrilato de polimetila. Da Eq. 8.6-9 determinamos os valores limites da viscosidade

Para $\dot{\gamma} = 0$:

$$\eta - \eta_s = n\kappa T\lambda_H\left(\frac{b}{b+3}\right) \tag{8.6-10}$$

Para $\dot{\gamma} \to \infty$:

$$\eta - \eta_s \sim n\kappa T\lambda_H\left(\frac{b}{2}\frac{1}{\lambda_H^2\dot{\gamma}^2}\right)^{1/3} \tag{8.6-11}$$

Então, para altas taxas de cisalhamento obtemos o comportamento lei da potência (Eq. 8.3-3) com $n = \frac{1}{3}$. Esse resultado pode ser considerado como a justificativa molecular para o uso do modelo lei da potência.

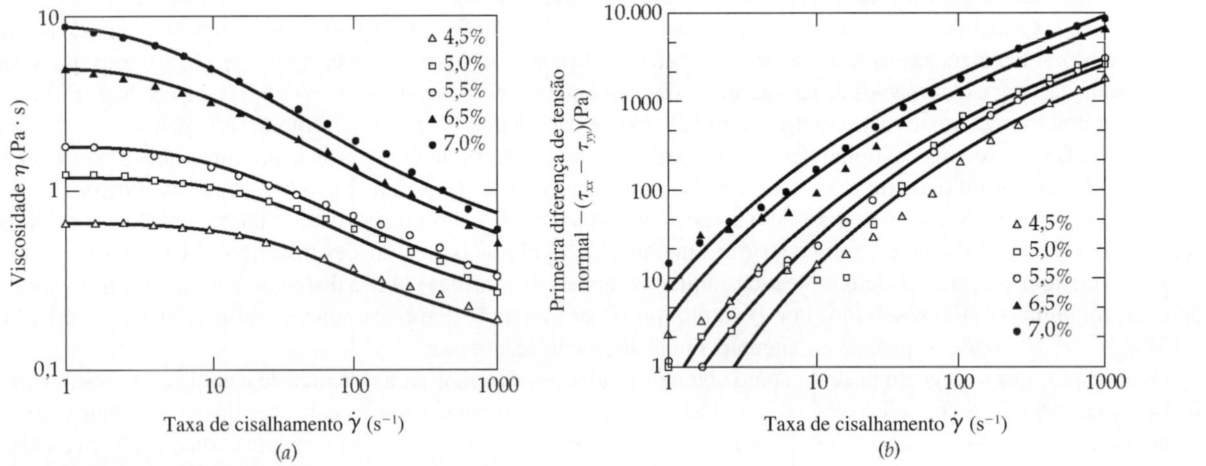

Fig. 8.6-3. Dados de viscosidade e primeira diferença de tensão normal para soluções de polimetilmetacrilato obtidos por D. D. Joseph, G. S. Beavers, A. Cers, C. Dewald, A. Hoger e P. T. Than, *J. Rheol.*, **28**, 325-345 (1984), juntamente com as curvas do modelo FENE-P para as seguintes constantes, determinadas por L. E. Wedgewood:

Concentração de polímero [%]	η_0 [Pa · s]	λ_H [s]	a [Pa]	b [- - -]
4,5	0,13	0,157	3,58	47,9
5,0	0,19	0,192	5,94	38,3
5,5	0,25	0,302	5,98	30,6
6,5	0,38	0,447	11,8	25,0
7,0	0,45	0,553	19,1	16,0

A grandeza $a = n\kappa T$ foi tomado como sendo uma parâmetro determinado a partir dos dados reométricos.

[6] K. Rektorys, *Survey of Applicable Mathematics*, MIT Press, Cambridge, MA (1969), pp. 78-79.

Da Eq. 8.6-5 encontramos que Ψ_1 é dado por $\Psi_1 = 2(\eta - \eta_s)^2/n\kappa T$; uma comparação desse resultado com dados experimentais é mostrada na Fig. 8.6-3. O segundo coeficiente da tensão normal para esse modelo, Ψ_2, é igual a zero. Como ressaltado anteriormente, uma vez que tenhamos resolvido o problema de escoamento, podemos obter também o estiramento molecular a partir da grandeza Z. Na Fig. 8.6-4 mostramos como as moléculas são estiradas, em média, em função da taxa de cisalhamento.

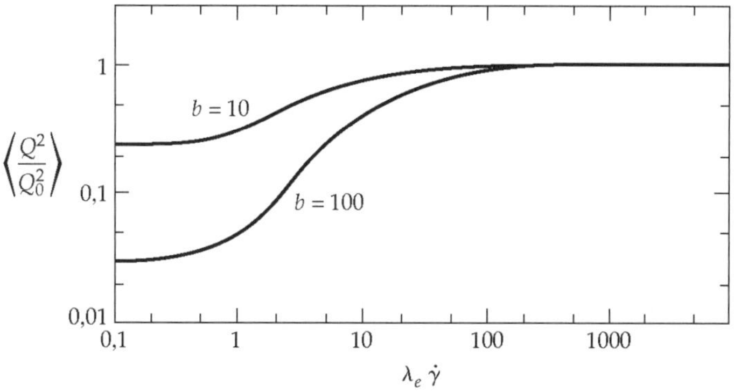

Fig. 8.6-4. Estiramento molecular em função da taxa de cisalhamento $\dot{\gamma}$ no escoamento cisalhante permanente de acordo com o modelo de haltere FENE-P. A constante de tempo acessível experimentalmente, $\lambda_e = [\eta_0]\eta_s M/RT$, onde $[\eta_0]$ é a viscosidade intrínseca para a taxa de cisalhamento zero, está relacionada a λ_H por $\lambda_e = \lambda_H b/(b+3)$. [De R. B. Bird, P. J. Dotson e N. L. Johnson, *J. Non-Newtonian Fluid Mech.*, **7**, 213-235 (1980).]

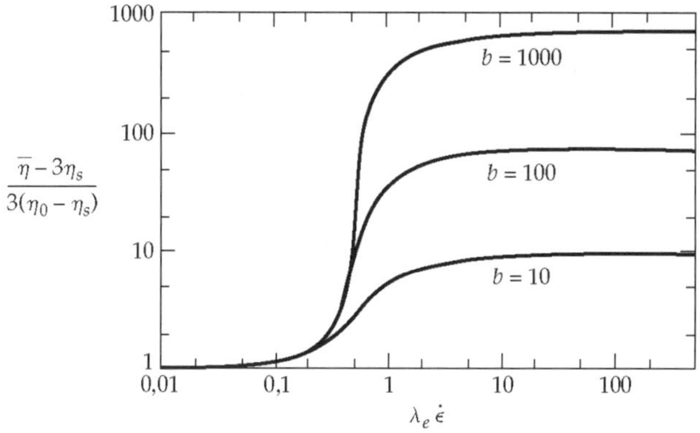

Fig. 8.6-5. Viscosidade elongacional permanente, $\bar{\eta}$, como uma função da taxa de elongação, $\dot{\varepsilon}$, de acordo com o modelo de haltere FENE-P. A constante de tempo é dada por $\lambda_e = \lambda_H b/(b+3)$. [De R. B. Bird, P. J. Dotson e N. L. Johnson, *J. Non-Newtonian Fluid Mech.*, **7**, 213-235 (1980).]

(b) Para o escoamento elongacional permanente obtemos

$$Z\tau_{p,xx} + \tau_{p,xx}\lambda_H\dot{\varepsilon} = +n\kappa T\lambda_H\dot{\varepsilon} \tag{8.6-12}$$

$$Z\tau_{p,yy} + \tau_{p,yy}\lambda_H\dot{\varepsilon} = +n\kappa T\lambda_H\dot{\varepsilon} \tag{8.6-13}$$

$$Z\tau_{p,zz} - 2\tau_{p,zz}\lambda_H\dot{\varepsilon} = -2n\kappa T\lambda_H\dot{\varepsilon} \tag{8.6-14}$$

$$Z = 1 + \frac{3}{b}\left(1 - \frac{\tau_{p,xx} + \tau_{p,yy} + \tau_{p,zz}}{3n\kappa T}\right) \tag{8.6-15}$$

Esse conjunto de equações leva a uma equação cúbica para $\tau_{p,xx} - \tau_{p,zz}$, a partir da qual a viscosidade elongacional pode ser obtida (veja a Fig. 8.6-5). Dados experimentais sobre soluções poliméricas, apesar de limitados, indicam que as formas das curvas estão, provavelmente, aproximadamente corretas.

As expressões limite para a viscosidade elongacional são

Para $\dot{\varepsilon} = 0$:
$$\bar{\eta} - 3\eta_s = 3n\kappa T\lambda_H\left(\frac{b}{b+3}\right) \tag{8.6-16}$$

Para $\dot{\varepsilon} \to \infty$:
$$\bar{\eta} - 3\eta_s = 2n\kappa T\lambda_H b \tag{8.6-17}$$

Tendo encontrado as tensões no sistema, podemos então obter o estiramento médio das moléculas em função da taxa de elongação; isso está mostrado na Fig. 8.6-6.

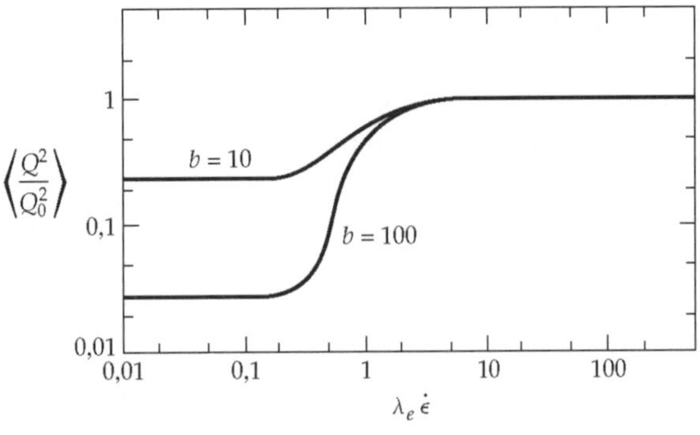

Fig. 8.6-6. Estiramento molecular em função da taxa de elongação, $\dot{\varepsilon}$, no escoamento elongacional permanente, conforme previsto pelo modelo de haltere FENE-P. A constante de tempo é dada por $\lambda_e = \lambda_H b/(b + 3)$. [De R. B. Bird, P. J. Dotson e N. L. Johnson, *J. Non-Newtonian Fluid Mech.*, **7**, 213-235 (1980).]

Vale a pena notar que para um valor típico de b — digamos, 50 — conforme a taxa de elongação aumenta, a viscosidade elongacional pode aumentar por um fator de cerca de 30, tendo, assim, um efeito marcante nos escoamentos onde existir uma componente elongacional forte.[7]

QUESTÕES PARA DISCUSSÃO

1. Compare o comportamento de líquidos newtonianos e líquidos poliméricos nos vários experimentos discutidos nas Seções 8.1 e 8.2.
2. Por que tratamos somente com diferenças de tensões normais para líquidos incompressíveis (veja as Eqs. 8.2-2 e 3)?
3. Na Fig. 8.2-2 o perfil de velocidades adotado é linear em relação a y. Que aparência você esperaria para a distribuição de velocidades se o espaçamento entre as placas não fosse pequeno e se o fluido tivesse uma viscosidade muito baixa?
4. Como o parâmetro m da Eq. 8.3-3 se relaciona com o parâmetro n da Eq. 8.3-4? Como ele está relacionado ao coeficiente angular da curva de velocidade não-newtoniana a partir do modelo do haltere da teoria cinética da Seção 8.6?
5. Que limitações devem ser consideradas no uso dos modelos newtonianos generalizados e nos modelos viscoelátiscos lineares?
6. Compare e confronte os Exemplos 8.4-1 e 2 no que diz respeito a geometria do sistema de escoamento e as hipóteses relacionadas com os perfis de velocidades.
7. Em que extensão o modelo de Oldroyd da Eq. 8.5-3 inclui o modelo newtoniano generalizado e modelo viscoelástico linear? O modelo de Oldroyd pode descrever efeitos que não sejam descritos por esses outros modelos?
8. Por que é necessário impor restrições aos parâmetros do modelo de Oldroyd? Qual a relação entre essas restrições e o assunto reometria?
9. Que vantagens têm expressões moleculares para o tensor tensão em relação às expressões empíricas?
10. Para que tipos de problemas industriais você usaria os vários tipos de modelo descritos neste capítulo?
11. Por que o modelo lei da potência pode ser insatisfatório para descrever o escoamento axial em um ânulo?

PROBLEMAS

8A.1 Escoamento de uma solução de poliisopreno em um tubo. Uma solução de poliisopreno em isopentano a 13,5% (em peso) tem os seguintes parâmetros da lei da potência a 323 K: $n = 0{,}2$ e $m = 5 \times 10^3$ Pa · s^n. A solução está sendo bombeada (em regime laminar) através de um tubo horizontal que tem um comprimento de 10,2 m e um

[7] Os modelos FENE-P e o de Giesekus foram usados com grande sucesso para descrever os detalhes da redução de arrasto turbulento, que estão intimamente relacionados à viscosidade elongacional, por R. Sureshkumar, A. N. Beris e R. A. Handler, *Phys. Fluids*, **9**, 743-755 (1997), e C. D. Dimitropoulos, R. Sureshkumar e A. N. Beris, *J. Non-Newtonian Fluid Mechanics*, **79**, 433-468 (1998).

diâmetro interno de 1,3 cm. Deseja-se usar um outro tubo com um comprimento de 30,6 m com a mesma vazão mássica e a mesma queda de pressão. Qual deve ser o raio do tubo?

8A.2 Bombeamento de uma solução de óxido de polietileno. Uma solução aquosa de óxido de polietileno a 1% e a 333 K tem os parâmetros da lei da potência, $n = 0{,}6$ e $m = 0{,}50$ Pa · s^n. A solução está sendo bombeada entre dois tanques, com o primeiro tanque na pressão p_1 e o segundo na pressão p_2. O tubo onde é transportada a solução tem um comprimento de 14,7 m e um diâmetro interno de 0,27 m.

Decidiu-se substituir o tubo por um par de tubos de mesmo comprimento, mas com diâmetros menores. Que diâmetros devem ter esses tubos de modo que a vazão mássica seja a mesma que a do tubo original?

8B.1 Escoamento de um filme polimérico. Refaça o problema da Seção 2.2 para um fluido lei da potência. Mostre que o resultado adequadamente simplificado reproduz o resultado newtoniano.

8B.2 Escoamento de um fluido lei da potência em uma fenda estreita. No Exemplo 8.3-2 mostre como obter a distribuição de velocidades na região $-B \leq x \leq 0$. É possível combinar esse resultado com o da Eq. 8.3-13 em uma única equação?

8B.3 Escoamento de um fluido não-newtoniano em um ânulo. Refaça o Problema 2B.7 para o escoamento anular de um fluido lei da potência sendo o escoamento causado pelo movimento axial do cilindro interno.

(a) Mostre que a distribuição de velocidades para o fluido é

$$\frac{v_z}{v_0} = \frac{(r/R)^{1-(1/n)} - 1}{\kappa^{1-(1/n)} - 1} \tag{8B.3-1}$$

(b) Verifique que o resultado de (a) simplifica-se para o resultado newtoniano quando n tende à unidade.

(c) Mostre que a vazão mássica na região anular é dada por

$$w = \frac{2\pi R^2 v_0 \rho}{\kappa^{1-(1/n)} - 1}\left(\frac{1 - \kappa^{3-(1/n)}}{3 - (1/n)} - \frac{1 - \kappa^2}{2}\right) \quad (\text{para } n \neq \tfrac{1}{3}) \tag{8B.3-2}$$

(d) Qual a vazão mássica para fluidos com $n = \frac{1}{3}$?

(e) Simplifique a Eq. 8B.3-2 para um fluido newtoniano.

8B.4 Escoamento de um líquido polimérico em um tubo do tipo tronco de cone. Refaça o Problema 2B.10 para um fluido lei de potência, usando a aproximação de lubrificação.

8B.5 Escoamento de um fluido de Bingham em uma fenda.[1] Para suspensões concentradas e pastas determinou-se que nenhum escoamento ocorre até que uma certa tensão característica, a *tensão crítica*, seja atingida e então o fluido escoa de tal modo que parte da corrente está em "escoamento empistonado". O modelo mais simples para um fluido com tensão crítica, é o *modelo de Bingham*:

$$\begin{cases} \eta = \infty & \text{quando } \tau \leq \tau_0 \\ \eta = \mu_0 + \dfrac{\tau_0}{\dot{\gamma}} & \text{quando } t \geq \tau_0 \end{cases} \tag{8B.5-1}$$

onde τ_0 é a tensão crítica, a tensão abaixo da qual nenhum escoamento ocorre, e μ_0 é um parâmetro com unidades de viscosidade. A grandeza $\tau = \sqrt{\frac{1}{2}(\boldsymbol{\tau}:\boldsymbol{\tau})}$ é a magnitude do tensor tensão.

Determine a vazão mássica em uma fenda para um fluido de Bingham (veja o Problema 2B.3 e Exemplo 8.3-2). A expressão para a tensão cisalhante τ_{xz} em função da posição x na Eq. 2B.3-1 pode ser assumida nesse caso, já que ela não depende do tipo de fluido. Vemos que $|\tau_{xz}|$ corresponde à tensão crítica τ_0 em $x = \pm x_0$, onde x_0 é definido por

$$\tau_0 = \frac{\mathcal{P}_0 - \mathcal{P}_L}{L} x_0 \tag{8B.5-2}$$

[1] E. C. Bingham, *Fluidity and Plasticity*, McGraw-Hill, Nova York (1922), pp. 215-218. Veja R. B. Bird, G. C. Dai e B. J. Yarusso, *Reviews in Chemical Engineering*, **1**, 1-70 (1982) para uma revisão dos modelos com tensão crítica.

(a) Mostre que a primeira expressão da Eq. 8B.5-1 requer $dv_z/dx = 0$ para $|x| \leqslant x_0$, já que $\tau_{xz} = -\eta\, dv_z/dx$ e τ_{xz} é finito; esta é, então, a região de escoamento empistonado. Mostre então que, para x positivo, $\dot{\gamma} = -dv_z/dx$, e, para x negativo, $\dot{\gamma} = dv_z/dx$, a segunda expressão da Eq. 8B.5-1 exige que

$$\tau_{xz} = \begin{cases} -\mu_0(dv_z/dx) + \tau_0 & \text{para } +x_0 \leq x \leq +B \\ -\mu_0(dv_z/dx) - \tau_0 & \text{para } -B \leq x \leq -x_0 \end{cases} \tag{8B.5-3}$$

(b) Para obter a distribuição de velocidades na faixa $+x_0 \leqslant x \leqslant +B$, substitua a primeira expressão da Eq. 8B.5-3 na Eq. 2B.3-1 e obtenha uma equação diferencial para v_z. Mostre que ela pode ser integrada usando a condição de contorno de que a velocidade é zero em $x = B$, resultando

$$v_z = \frac{(\mathcal{P}_0 - \mathcal{P}_L)B^2}{2\mu_0 L}\left[1 - \left(\frac{x}{B}\right)^2\right] - \frac{\tau_0 B}{\mu_0}\left(1 - \frac{x}{B}\right) \quad \text{para } +x_0 \leq x \leq +B \tag{8B.5-4}$$

Qual a velocidade na faixa $|x| \leqslant x_0$? Faça um esboço de $v_z(x)$.

(c) A vazão mássica pode ser obtida a partir de

$$w = W\rho\int_{-B}^{+B} v_z dx = 2W\rho\int_0^B v_z dx = 2W\rho\int_{x_0}^{B} x\left(-\frac{dv_z}{dx}\right)dx \tag{8B.5-5}$$

A integração por partes conduz mais facilmente à solução. Mostre que o resultado final é

$$w = \frac{2}{3}\frac{(\mathcal{P}_0 - \mathcal{P}_L)WB^3\rho}{\mu_0 L}\left[1 - \frac{3}{2}\left(\frac{\tau_0 L}{(\mathcal{P}_0 - \mathcal{P}_L)B}\right) + \frac{1}{2}\left(\frac{\tau_0 L}{(\mathcal{P}_0 - \mathcal{P}_L)B}\right)^3\right] \tag{8B.5-6}$$

Verifique que, quando a tensão crítica vai a zero, esse resultado simplifica-se para o fluido newtoniano do Problema 2B.3.

8B.6 Obtenção da equação de Buckingham-Reiner.[2] Refaça o Exemplo 8.3-1 para o modelo de Bingham. Primeiro, determine a distribuição de velocidades. Mostre então que a vazão mássica de escoamento é dada por

$$w = \frac{\pi(\mathcal{P}_0 - \mathcal{P}_L)R^4\rho}{8\mu_0 L}\left[1 - \frac{4}{3}\left(\frac{\tau_0}{\tau_R}\right) + \frac{1}{3}\left(\frac{\tau_0}{\tau_R}\right)^4\right] \tag{8B.6-1}$$

onde $\tau_R = (\mathcal{P}_0 - \mathcal{P}_L)R/2L$ é a tensão cisalhante na parede do tubo. Essa expressão é válida somente quando $\tau_R \geqslant \tau_0$.

8B.7 As componentes da viscosidade complexa para o fluido de Jeffreys.

(a) Refaça o Exemplo 8.4-1 para o modelo de Jeffreys, Eq. 8.4-4, e mostre que os resultados são as Eqs. 8.5-12 e 13. Como esses resultados estão relacionados às Eqs. (G) e (H) da Tabela 8.5-1?

(b) Obtenha as componentes da viscosidade complexa para o modelo de Jeffreys, usando a superposição sugerida em nota da Seção 8.4.

8B.8 Relaxação de tensão após interrupção de escoamento cisalhante. Um fluido viscoelástico escoa em regime permanente entre um par de placas paralelas, com $v_x = \dot{\gamma}y$. Se o esacoamento é interrompido repentinamente (isto é, se $\dot{\gamma}$ se torna zero), as tensões não vão para zero como seria o caso de fluido newtoniano. Explore esse fenômeno de *relaxação de tensão* usando o modelo de Oldroyd com três constantes (Eq. 8.5-3 com $\lambda_2 = \mu_2 = \mu_1 = \mu_0$).

(a) Mostre que, no escoamento em regime permanente,

$$\tau_{yx} = -\eta_0\dot{\gamma}\frac{1}{1 + (\lambda_1\dot{\gamma})^2} \tag{8B.8-1}$$

Em que extensão essa expressão concorda com os dados experimentais da Fig. 8.2-4?

(b) Usando o Exemplo 8.5-1 (parte a) mostre que, se o escoamento é interrompido em $t = 0$, a tensão cisalhante para $t \geqslant 0$ será

$$\tau_{yx} = -\eta_0\dot{\gamma}\frac{1}{1 + (\lambda_1\dot{\gamma})^2}e^{-t/\lambda_1} \tag{8B.8-2}$$

Isto mostra porque λ_1 é chamado de "tempo de relaxação". Essa relaxação de tensões após o movimento do fluido ter cessado é característica de materiais viscoelásticos.

---

[2] E. Buckingham, *Proc. ASTM,* **21,** 1154-1161 (1921); M. Reiner, *Deformation and Flow,* Lewis, Londres (1949).

(c) Qual a tensão normal τ_{xx} para o escoamento cisalhante permanente após cessado o movimento?

8B.9 Drenagem de um tanque provido de um tubo de saída (Fig. 7B.9). Refaça o Problema 7B.9(a) para um fluido lei da potência.

8B.10 O modelo de Giesekus.

(a) Use os resultados da Tabela 8.5-1 para obter os valores limites para a viscosiodade não-newtoniana e para as diferenças de tensão normal conforme a taxa de cisalhamento tende a zero.

(b) Determine as expressões limites para a viscosidade não-newtoniana e os dois coeficientes da tensão normal no limite quando a taxa de cisalhamernto se torna infinitamente grande.

(c) Qual a viscosidade elongacional no regime permanente, quando a taxa de elongação tende a zero? Mostre que a viscosidade elongacional tem um limite finito quando a taxa de elongação tende ao infinito.

8C.1 O viscosímetro de cone-e-placa (Fig. 2B.11).[3] Revise a análise newtoniana do instrumento de cone-e-placa no Problema 2B.11 e então faça o seguinte:

(a) Mostre que a taxa de cisalhamento, $\dot{\gamma}$, é uniforme em todo o espaçamento cone-placa e igual a $\dot{\gamma} = -\dot{\gamma}_{\theta\phi} = \Omega/\psi_0$. Devido à uniformidade de $\dot{\gamma}$, os componentes do tensor tensão também são constantes no espaçamento.

(b) Mostre que a viscosidade não-newtoniana é então obtida a partir de medidas do torque T_z e da velocidade de rotação Ω usando-se

$$\eta(\dot{\gamma}) = \frac{3T_z\psi_0}{2\pi R^3\Omega} \tag{8C.1-1}$$

(c) Mostre que, para o sistema cone-e-placa, a componente radial da equação do movimento é

$$0 = -\frac{\partial p}{\partial r} - \frac{1}{r^2}\frac{\partial}{\partial r}(r^2\tau_{rr}) + \frac{\tau_{\theta\theta} - \tau_{\phi\phi}}{r} \tag{8C.1-2}$$

se o termo de força centrífuga, $-\rho v_\phi^2/r$, pode ser desprezado. Rearranje essa equação para obter

$$0 = -\partial\pi_{rr}/\partial \ln r + (\tau_{\phi\phi} - \tau_{\theta\theta}) + 2(\tau_{\theta\theta} - \tau_{rr}) \tag{8C.1-3}$$

Então introduza os coeficientes da tensão normal e use o resultado de (a) para substituir $\partial\pi_{rr}/\partial \ln r$ por $\partial\pi_{\theta\theta}/\partial \ln r$, para obter

$$\partial\pi_{\theta\theta}/\partial \ln r = -(\Psi_1 + 2\Psi_2)\dot{\gamma}^2 \tag{8C.1-4}$$

Integre essa equação de r para R e use a condição de contorno $\pi_{rr}(R) = p_a$, obtendo

$$\begin{aligned}\pi_{\theta\theta}(r) &= \pi_{\theta\theta}(R) - (\Psi_1 + 2\Psi_2)\dot{\gamma}^2 \ln(r/R) \\ &= p_a - \Psi_2\dot{\gamma}^2 - (\Psi_1 + 2\Psi_2)\dot{\gamma}^2 \ln(r/R)\end{aligned} \tag{8C.1-5}$$

onde p_a é a pressão atmosférica agindo sobre o fluido na borda do instrumento cone-e-placa.

(d) Mostre que a força na direção z exercida pelo fluido sobre o cone é

$$F_z = \int_0^{2\pi}\int_0^R [\pi_{\theta\theta}(r) - p_a]\, r\, dr\, d\theta = \tfrac{1}{2}\pi R^2\Psi_1\dot{\gamma}^2 \tag{8C.1-6}$$

A partir desta equação podemos obter o primeiro coeficiente da tensão normal, medindo a força que o fluido exerce.

(e) Sugira um método para medir o segundo coeficiente de tensão normal usando os resultados de (c) se pequenos transdutores de pressão são acoplados à placa em diferentes posições radiais.

8C.2 Escoamento do tipo extrusão entre dois discos paralelos (Fig. 3C.1).[4] Refaça o Problema 3C.1(g) para um fluido lei da potência. Esse dispositivo pode ser útil para determinar os parâmetros da lei da potência para ma-

---

[3] R. B. Bird, R. C. Armstrong e O. Hassager, *Dynamics of Polymeric Liquids, Vol. 1, Fluid Mechanics*, Wiley-Interscience, Nova York, 2.ª ed. (1987), pp. 521-524.

[4] P. J. Leider, *Ind. Eng. Chem. Fundam.*, **13**, 342-346 (1974); R. J. Grimm, *AIChE Journal*, **24**, 427-439 (1978).

teriais que são altamente viscosos. Mostre que a equação análoga à Eq. 3C.1-16, da lei da potência, é

$$\frac{1}{H^{(n+1)/n}} = \frac{1}{H_0^{(n+1)/n}} + \frac{2(n+1)}{2n+1}\left(\frac{n+3}{\pi m R^{n+3}}\right)^{1/n} F_0^{1/n} t \qquad (8C.2\text{-}1)$$

8C.3 Verificação da função viscosidade de Giesekus.[5]

(**a**) Para checar as entradas da Tabela 8.5-1 de escoamento cisalhante, introduza componentes adimensionais do tensor tensão $T_{ij} = (\lambda/\eta_0)\tau_{ij}$ e uma taxa de cisalhamento adimensional $\dot{\Gamma} = \lambda\dot{\gamma}$, e então mostre que, para o escoamento cisalhante permanente, a Eq. 8.5-4 transforma-se

$$T_{xx} - 2\dot{\Gamma}T_{yx} - \alpha(T_{xx}^2 + T_{yx}^2) = 0 \qquad (8C.3\text{-}1)$$

$$T_{yy} - \alpha(T_{yx}^2 + T_{yy}^2) = 0 \qquad (8C.3\text{-}2)$$

$$T_{yx} - \dot{\Gamma}T_{yy} - \alpha T_{yx}(T_{xx} + T_{yy}) = -\dot{\Gamma} \qquad (8C.3\text{-}3)$$

Existe também uma quarta equação que leva a $T_{zz} = 0$.

(**b**) Reescreva essas equações em termos das diferenças de tensão normais adimensionais, $N_1 = T_{xx} - T_{yy}$ e $N_2 = T_{yy} - T_{zz}$ e T_{yx}.

(**c**) É difícil resolver as equações do item (b) para obter a tensão cisalhante e as diferenças de tensão normal adimensionais em termos da taxa de cisalhamento adimensional. Em vez disso, ache N_1, T_{yx} e $\dot{\Gamma}$ em função de N_2:

$$T_{yx}^2 = \frac{N_2(1 - \alpha N_2)}{\alpha} \qquad (8C.3\text{-}4)$$

$$N_1 = -\frac{2N_2(1 - \alpha N_2)}{\alpha(1 - N_2)} \qquad (8C.3\text{-}5)$$

$$\dot{\Gamma}^2 = \frac{N_2(1 - \alpha N_2)[1 + (1 - 2\alpha)N_2]^2}{\alpha(1 - N_2)^4} \qquad (8C.3\text{-}6)$$

(**d**) Resolva a última equação para N_2 como uma função de $\dot{\Gamma}$ obtendo

$$N_2 = f(\chi) = (1 - \chi)/[1 + (1 - 2\alpha)\chi] \qquad (8C.3\text{-}7)$$

onde

$$\chi^2 = \frac{\sqrt{1 + 16\alpha(1 - \alpha)\dot{\Gamma}^2} - 1}{8\alpha(1 - \alpha)\dot{\Gamma}^2} = 1 - 4\alpha(1 - \alpha)\dot{\Gamma}^2 + \cdots \qquad (8C.3\text{-}8)$$

Então, obtenha a expressão da viscosidade não-newtoniana e plote a curva $\eta(\dot{\gamma})$.

8C.4 Escoamento em tubos para modelo de Oldroyd para 6 constantes. Determine a vazão mássica para o escoamento permanente em um tubo circular longo[6] usando a Eq. 8.5-3.

8C.5 Modelos de cadeia com conectores do tipo bastão rígido. Leia e discuta as seguintes publicações: M. Gottlieb, *Computers in Chemistry*, **1**, 155-160 (1977); O. Hassager, *J. Chem. Phys.*, **60**, 2111-2124 (1974); X. J. Fan e T. W. Liu, *J. Non-Newtonian Fluid Mech.*, **19**, 303-321 (1986); T. W. Liu, *J. Chem. Phys.*, **90**, 5826-5842 (1989); H. H. Saab, R. B. Bird e C. F. Curtiss, *J. Chem. Phys.*, **77**, 4758-4766 (1982); J. D. Schieber, *J. Chem. Phys.*, **87**, 4917-4927, 4928-4936 (1987). Por que os conectores do tipo bastão são mais difíceis de trabalhar do que os do tipo mola? Que tipos de problemas podem ser resolvidos com simulações por computador?

---

[5] H. Giesekus, *J. Non-Newtonian Fluid Mech.*, **11**, 69-109 (1982).

[6] M. C. Williams e R. B. Bird, *AIChE Journal*, **8**, 378-382 (1962).

PARTE DOIS

TRANSPORTE DE ENERGIA

CAPÍTULO 9

CONDUTIVIDADE TÉRMICA E OS MECANISMOS DE TRANSPORTE DE ENERGIA

É de conhecimento geral que alguns materiais como os metais conduzem calor com facilidade, enquanto outros, como a madeira, são isolantes térmicos. A propriedade física que determina a taxa com que o calor é conduzido é a condutividade térmica k.

A condução de calor em fluidos pode ser considerada como *transporte molecular de energia já que o mecanismo básico é o movimento das moléculas constituintes da substância. A energia também pode ser transportada pelo movimento macroscópico de um fluido, sendo esse designado transporte convectivo de energia*; essa forma de transporte depende da densidade ρ do fluido. Outro mecanismo é o *transporte difusivo de energia*, que ocorre em misturas que estejam se interdifundindo. Além disso, a energia pode ser transmitida por meio do *transporte radiativo de energia*, que é bem distinto uma vez que essa forma de transporte não requer a participação de um meio material como a condução e a convecção. Este capítulo introduz os dois primeiros mecanismos, condução e convecção. A radiação será tratada separadamente no Cap. 16 e o transporte difusivo de energia aparecerá na Seção 19.3 e novamente na Seção 24.2.

Começamos na Seção 9.1 com a definição da condutividade térmica k pela lei de Fourier para o vetor fluxo térmico $\mathbf{q}$. Na Seção 9.2 resumimos a dependência de k com temperatura e pressão por intermédio do princípio dos estados correspondentes. Então, nas quatro seções seguintes apresentaremos informações sobre a condutividade térmica de gases, líquidos, sólidos e sólidos compósitos, apresentando os resultados teóricos quando disponíveis.

Uma vez que nos Caps. 10 e 11 resolveremos problemas usando a lei de conservação de energia, precisaremos saber não apenas como o *calor* se move para dentro ou para fora de um sistema, mas também como o *trabalho* é feito sobre ou pelo sistema por meio de mecanismos moleculares. A natureza dos termos de trabalho molecular será discutida na Seção 9.8. Finalmente, por combinação do fluxo condutivo de calor, do fluxo convectivo de energia e do fluxo de trabalho podemos criar um vetor *fluxo de energia combinado* $\mathbf{e}$, de utilidade no estabelecimento dos balanços de energia.

9.1 LEI DE FOURIER DA CONDUÇÃO DE CALOR (TRANSPORTE MOLECULAR DE ENERGIA)

Considere uma barra de um material sólido com área A localizada entre duas placas paralelas grandes, separadas por uma distância Y. Imaginemos que inicialmente (para $t < 0$) o sólido esteja à temperatura uniforme T_0. No instante $t = 0$, a placa inferior é subitamente levada a uma temperatura ligeiramente superior T_1 e mantida a essa temperatura. Com o passar do tempo, o perfil de temperatura da barra se altera e eventualmente estabelece-se um perfil linear permanente de temperatura (como mostra a Fig. 9.1-1). Quando essa condição permanente é alcançada, uma taxa constante de transferência de calor

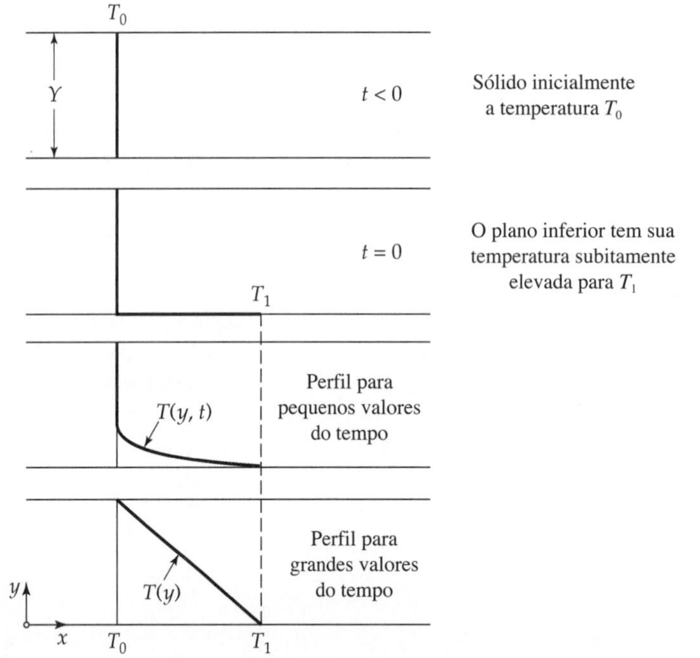

Fig. 9.1-1 Desenvolvimento do perfil de temperatura em regime permanente para uma placa de sólido entre dois planos paralelos. Veja a Fig. 1.1-1 para situação análoga para o transporte de momento.

Q, através da barra, é necessária para manter a diferença de temperatura $\Delta T = T_1 - T_0$. Verifica-se que para valores suficientemente pequenos de ΔT, a seguinte relação é valida.

$$\frac{Q}{A} = k\frac{\Delta T}{Y} \tag{9.1-1}$$

Isto é, a taxa de transferência de calor por unidade de área é proporcional ao decréscimo de temperatura ao longo da distância Y. A constante de proporcionalidade k é a *condutividade térmica* da barra. A Eq. 9.1-1 será válida também se líquidos ou gases preencherem o espaço entre as placas, desde que precauções tenham sido tomadas para eliminar a convecção e a radiação.

Em capítulos subseqüentes é melhor trabalhar com a equação anterior na forma diferencial. Ou seja, usamos a forma limite da Eq. 9.1-1 quando a espessura da barra tende a zero. A taxa local de transferência de calor por unidade de área (fluxo térmico) na direção positiva de y é designada por q_y. Nessa notação, a Eq. 9.1-1 se torna

$$q_y = -k\frac{dT}{dy} \tag{9.1-2}$$

Essa equação, que serve para definir k, é a forma unidimensional da *lei de Fourier da condução de calor*.[1,2] Ela determina que o fluxo térmico devido à condução é proporcional ao gradiente de temperatura ou, pictoriamente, "o calor desliza morro abaixo no gráfico da temperatura *versus* distância". Na verdade, a Eq. 9.1-2 não é verdadeiramente uma "lei" da

[1]J.B. Fourier, *Théorie analytique de la chaleur*, *Œuvres de Fourier*, Gauthier-Villars et Fils, Paris (1822). **(Baron) Jean-Baptiste-Joseph Fourier** (1768-1830) foi não apenas um matemático brilhante que deu origem às series de Fourier e à transformada de Fourier, mas também um egiptólogo famoso e uma figura política (foi governador da província de Isère).

[2]Alguns autores preferem escrever a Eq. 9.1-2 na forma

$$q_y = -J_e k\frac{dT}{dy} \tag{9.1-2a}$$

em que J_e é o "equivalente mecânico do calor", que explicita a conversão de unidades térmicas em unidades mecânicas. Por exemplo, no sistema c.g.s. usaríamos as seguintes unidades: q_y[=]erg/cm^2 · s, k[=]cal/cm · s · C, T[=]C, y[=]cm e J_e[=]erg/cal. Não usaremos a Eq. 9.1-2a neste livro.

natureza mas uma sugestão, que se demonstrou um empiricismo muito útil. Entretanto, ela não tem uma base teórica, como será discutido no Apêndice D.

Se a temperatura variar em todas as três direções, então escrevemos uma equação como a Eq. 9.1-2 para cada uma das direções coordenadas:

$$q_x = -k\frac{\partial T}{\partial x} \qquad q_y = -k\frac{\partial T}{\partial y} \qquad q_z = -k\frac{\partial T}{\partial z} \tag{9.1-3, 4, 5}$$

Se cada uma dessas equações for multiplicada pelo vetor unitário apropriado e as equações resultantes forem somadas obtemos

$$\boxed{\mathbf{q} = -k\nabla T} \tag{9.1-6}$$

que é a forma tridimensional da lei de Fourier. Essa equação descreve o transporte molecular de calor em meios isotrópicos. Por "isotrópico" queremos dizer que o material não possui direções preferenciais e portanto a condução se dá com a mesma condutividade térmica k em todas as direções.

Alguns sólidos, como um cristal não-cúbico, materiais fibrosos e laminados são anisotrópicos.[3] Para esses materiais, temos que modificar a Eq. 9.1-6 para

$$\mathbf{q} = -[\boldsymbol{\kappa} \cdot \nabla T] \tag{9.1-7}$$

onde $\boldsymbol{\kappa}$ é um tensor de segunda ordem simétrico denominado *tensor condutividade térmica*. Assim, o vetor fluxo térmico não aponta na mesma direção que o gradiente da temperatura. Para líquidos poliméricos em escoamento viscométrico $v_x(y, t)$, a condutividade térmica, na direção de x, pode ser 20% superior em relação ao valor de equilíbrio e 10% inferior para a direção z. A condução de calor anisotrópica em meios porosos será discutida brevemente na Seção 9.6.

Outra possível generalização da Eq. 9.1-6 depende da introdução de um termo contendo a derivada temporal de $\mathbf{q}$ multiplicada por uma constante de tempo, por analogia ao modelo de Maxwell da viscoelasticidade linear apresentado na Eq. 8.4-3. Parece existir pouca evidência experimental que justifique essa generalização.[4]

O leitor terá notado que a Eq. 9.1-2 para a condução de calor e a Eq. 1.1-2 para o escoamento viscoso são bastante similares. Em ambas, o fluxo é proporcional ao gradiente negativo de uma variável macroscópica, e o coeficiente de proporcionalidade é uma propriedade física característica do material e dependente da temperatura e pressão. Para as situações em que existe o transporte tridimensional, verifica-se que a Eq. 9.1-6 para a condução de calor e a Eq. 1.2-7 para o escoamento viscoso diferem em aparência. Essa diferença se deve ao fato de a energia ser um escalar, enquanto o momento é um vetor, e de o fluxo térmico $\mathbf{q}$ ser um vetor com três componentes, enquanto o fluxo de momento $\boldsymbol{\tau}$ é um tensor de segunda ordem com nove componentes. Podemos antecipar que os transportes de energia e de momento não serão em geral matematicamente análogos, exceto em certas situações geometricamente simples.

Além da condutividade térmica k, definida pela Eq. 9.1-2, uma quantidade conhecida como *difusividade térmica* α é usada freqüentemente. Ela é definida como

$$\alpha = \frac{k}{\rho \hat{C}_p} \tag{9.1-8}$$

Nessa equação, $\hat{C}_p$ é o calor específico a pressão constante; o acento circunflexo (^) sobre um símbolo indica uma grandeza "por unidade de massa". Ocasionalmente será necessário usar o símbolo $\tilde{C}_p$ no qual o til (~) indica uma quantidade "molar".

A difusividade α tem as mesmas dimensões que a viscosidade cinemática ν — isto é, (comprimento)^2/tempo. Quando a suposição de propriedades físicas constantes é feita, as quantidades ν *e* α ocorrem de forma similar nas equações de

[3]Embora os líquidos poliméricos em repouso sejam isotrópicos, a teoria cinética prevê que em escoamento a condução térmica é anisotrópica [veja B.H.A.A. van den Brule, *Rheol. Acta*, **28**, 257-266 (1989); e C.F. Curtiss and R.B. Bird, *Advances in Polymer Science*, **25**, 1-101 (1996). Medidas experimentais para escoamentos em cisalhamento e elongação foram apresentados por D.C. Venerus, J.D. Schieber, H. Iddir, J.D. Guzman, and A.W. Broerman, *Phys. Rev. Letters*, **82**, 366-369 (1999); A.W. Broerman, D.C. Venerus, and J.D. Schieber, *J. Chem. Phys.*,**111**, 6965-6969 (1999); H. Iddir, D.C. Venerus, and J.D. Schieber, *AIChE Journal*, **46**, 610-615 (2000). A condutividade térmica aumentada de sólidos poliméricos orientados na direção de orientação foi medida por B. Poulaert, J.-C. Chielens, C. Vandenhaende, J.-P. Issi, and R. Legras, *Polymer Comm.*, **31**, 148-151 (1989). Com relação aos modelos do tipo contas e molas para a condutividade térmica de polímeros, foi demonstrado por R. Bird, C.F. Curtiss, and K.J.Beers [*Rheol. Acta*, **36**, 269-276 (1997)] que a condutividade térmica prevista é extremamente sensível à forma da energia potencial empregada para a descrição das molas.

[4]A teoria linear da termoviscoelasticidade prevê efeitos de relaxamento na condução de calor, como foi discutido por R.M. Christensen, *Theory of Viscoelasticity*, Academic Press, 2nd. edition (1982). O efeito também se apresenta no tratamento da equação da energia pela teoria cinética dada por R.B. Bird e C.F. Curtiss, *J. Non-Newtonian Fluid Mechanics*, **79**, 255-259 (1998).

balanço para transportes de momento e de energia. A relação entre elas, ν/α, indica a facilidade relativa entre os transportes de momento e de energia em sistemas de escoamento. Essa razão adimensional

$$\mathrm{Pr} = \frac{\nu}{\alpha} = \frac{\hat{C}_p\mu}{k} \tag{9.1-9}$$

é chamada de *número de Prandtl*.[5] Outro grupo adimensional encontrado nos capítulos subseqüentes é o *número de Péclet*,[6] *Pé = RePr*.

As unidades comumente usadas para a condutividade térmica e outras quantidades relacionadas são apresentadas na Tabela 9.1-1. Outras unidades, assim como as inter-relações entre os vários sistemas, encontram-se no Apêndice F.

A condutividade térmica pode variar desde 0,01 W/m · K, para gases, até 1.000 W/m · K, para os metais puros. Alguns valores experimentais da condutividade térmica de gases, líquidos, metais líquidos e sólidos são apresentados nas Tabelas 9.1-2 a 9.1-5. Em cálculos, os valores experimentais devem ser usados sempre que possível. Na ausência de dados

TABELA 9.1-1 Resumo das Unidades para as Quantidades nas Eqs. 9.1-2 e 9

	SI	c.g.s	Inglês
q_y	W/m^2	cal/cm^2 · s	Btu/h · ft^2
T	K	C	F
y	m	cm	ft
k	W/m · K	cal/cm · s · C	Btu/h · ft · F
$\hat{C}_p$	J/K · kg	cal/C · g	Btu/F · lb$_m$
α	m^2/s	cm^2/s	ft^2/s
μ	Pa · s	g/cm · s	lb$_m$/ft · h
Pr	—	—	—

Nota: O watt (W) é o mesmo que J/s, o joule (J) é o mesmo que N·m, o newton (N) é kg·m/s^2, e o Pascal (Pa) é N/m^2. Para mais informações sobre interconversão de unidades, veja o Apêndice F.

TABELA 9.1-2 Condutividade Térmica, Calor Específico e Número de Prandtl de Gases Comuns à Pressão de 1 atm[a]

Gás	Temperatura T(K)	Condutividade térmica k(W/m · K)	Calor específico $\hat{C}_p$ (J/kg · K)	Número de Prandtl Pr (—)
H_2	100	0,06799	11.192	0,682
	200	0,1282	13.667	0,724
	300	0,1779	14.316	0,720
O_2	100	0,00904	910	0,764
	200	0,01833	911	0,734
	300	0,02657	920	0,716
NO	200	0,01778	1015	0,781
	300	0,02590	997	0,742
CO_2	200	0,00950	734	0,783
	300	0,01665	846	0,758
CH_4	100	0,01063	2073	0,741
	200	0,02184	2087	0,721
	300	0,03427	2227	0,701

[a]Tirado de J.O. Hirschfelder, C.F. Curtiss, and R.B. Bird, *Molecular Theory of Gases and Liquids*, Wiley, New York, 2.ª edição corrigida (1964), Tabela 8.4-10. Os valores de k são medidos, os de $\hat{C}_p$ são calculados de dados espectroscópicos, e de μ calculados da Eq. 1.4-18. Os valores de $\hat{C}_p$ para H_2 representam a mistura de 3:1 orto-para.

[5]Esse grupo adimensional, nomeado assim em homenagem a Ludwig Prandtl, contém apenas propriedades físicas do fluido.
[6]**Jean-Claude-Eugène Péclet** (1793-1857) foi autor de diversos livros incluindo um sobre condução de calor.

TABELA 9.1-3 Condutividades Térmicas, Calor Específico e Número de Prandtl para Alguns Líquidos Não-metálicos, à Pressão de Saturação.[a]

Líquido	Temperatura T (K)	Condutividade térmica k (W/m · K)	Viscosidade $\mu \times 10^4$ (Pa · s)	Calor específico $\hat{C}_p \times 10^{-3}$ (J/kg · K)	Número de Prandtl Pr (—)
1-penteno	200	0,1461	6,193	1,948	8,26
	250	0,1307	3,074	2,070	4,87
	300	0,1153	1,907	2,251	3,72
CCl_4	250	0,1092	20,32	0,8617	16,0
	300	0,09929	8,828	0,8967	7,97
	350	0,08935	4,813	0,9518	5,13
$(C_2H_5)_2O$	250	0,1478	3,819	2,197	5,68
	300	0,1274	2,213	2,379	4,13
	350	0,1071	1,387	2,721	3,53
C_2H_5OH	250	0,1808	30,51	2,120	35,8
	300	0,1676	10,40	2,454	15,2
	350	0,1544	4,486	2,984	8,67
Glicerol	300	0,2920	7949	2,418	6580
	350	0,2977	365,7	2,679	329
	400	0,3034	64,13	2,940	62,2
H_2O	300	0,6089	8,768	4,183	6,02
	350	0,6622	3,712	4,193	2,35
	400	0,6848	2,165	4,262	1,35

[a]Os valores desta tabela foram preparados a partir de funções fornecidas por T.E. Daubert, R.P. Danner, H.M. Sibul, C.C. Stebbins, J.L. Oscarson, R.L. Rowley, W.V. Wilding, M.E. Adams, T.L. Marshall, and N.A. Zundel. *DIPPR®Data Compilation of Pure Compound Properties*, Design Institute for Physical Property Data®, AIChE, New York,NY(2000).

TABELA 9.1-4 Condutividades Térmicas, Calor Específico e Número de Prandtl para Alguns Metais Líquidos, à Pressão Atmosférica[a]

Metal	Temperatura T(K)	Condutividade térmica k(W/m · K)	Calor específico $\hat{C}_p$ (J/kg · K)	Número de Prandtl[c] Pr (—)
Hg	273,2	8,20	140,2	0,0288
	373,2	10,50	137,2	0,0162
	473,2	12,34	156,9	0,0116
Pb	644,2	15,9	15,9	0,024
	755,2	15,5	15,5	0,017
	977,2	15,1	14,6[b]	0,013[b]
Bi	589,2	16,3	14,4	0,0142
	811,2	15,5	15,4	0,0110
	1033,2	15,5	16,4	0,0083
Na	366,2	86,2	13,8	0,011
	644,2	72,8	13,0	0,0051
	977,2	59,8	12,6	0,0037
K	422,2	45,2	795	0,0066
	700,2	39,3	753	0,0034
	977,2	33,1	753	0,0029
Liga de Na-K	366,2	25,5	1130	0,026
	644,2	27,6	1054	0,0091
	977,2	28,9	1042	0,0058

[a]Dados retirados de *Liquid Metals Handbook*, 2nd edition, U.S. Government Printing Office, Washington, D.C. (1952), e de E.R.G. Eckert e R.M. Drake, Jr., *Heat and Mass Transfer*, McGraw-Hill, New York,2nd edition (1959), Appendix A.
[b]Baseado em extrapolação.
[c] 56% Na, 44%K em massa.

TABELA 9.1-5 Valores Experimentais de Condutividade Térmica de Alguns Líquidos[a]

Substância	Temperatura T(K)	Condutividade térmica k(W/m · K)
Alumínio	373,2	205,9
	573,2	268
	873,2	423
Cádmio	273,2	93,0
	373,2	90,4
Cobre	291,2	384,1
	373,2	379,9
Aço	291,2	46,9
	373,2	44,8
Estanho	273,2	63,93
	373,2	59,8
Tijolo (vermelho comum)	—	63
Concreto (pedra)	—	92
Crosta terrestre (média)	—	1,7
Vidro	473,2	0,71
Grafite	—	5,0
Areia (seca)	—	0,389
Madeira		
paralelo ao eixo	—	0,126
perpendicular ao eixo	—	0,038

[a]Dados retirados de *Reactor Handbook*, Vol. 2, Atomic Energy Commission AECD-3646, U.S. Government Printing Office, Washington, D.C. (May 1955), p. 1766 *et seq.*

experimentais, pode-se fazer estimativas empregando os métodos descritos nas próximas seções ou consultando manuais de engenharia.[7]

EXEMPLO 9.1-1

Medida da Condutividade Térmica

Uma placa, com área $A = 1$ ft^2 e espessura $Y = 0{,}252$ polegada, conduz calor à taxa de 3,0 W com as temperaturas $T_0 = 24{,}00$°C e $T_1 = 26{,}00$°C impostas em suas duas principais faces. Qual é a condutividade térmica do plástico, dada em cal/cm·s·K a 25°C?

SOLUÇÃO

Primeiro, converta as unidades com auxílio do Apêndice F.

$$A = 144 \text{ in}^2 \times (2{,}54)^2 = 929 \text{ cm}^2$$
$$Y = 0{,}252 \text{ in} \times 2{,}54 = 0{,}640 \text{ cm}$$
$$Q = 3{,}0 \text{ W} \times 0{,}23901 = 0{,}717 \text{ cal/s}$$
$$\Delta T = 26{,}00 - 24{,}00 = 2{,}00 \text{ K}$$

A substituição na Eq. 9.1-1 fornece

$$k = \frac{QY}{A\Delta T} = \frac{0{,}717 \times 0{,}640}{929 \times 2} = 2{,}47 \times 10^{-4} \text{ cal/cm} \cdot \text{s} \cdot \text{K} \tag{9.1-20}$$

[7]Por exemplo, W.M. Rohsenow, J.P. Hartnett, and Y.I. Cho, eds., *Handbook of Heat Transfer*, McGraw-Hill, New York (1998); Landolt-Börnstein, *Zahlenwerte und Funktionen*, Vol. II, 5, Springer (1968-1969).

Para ΔT tão pequeno como 2°C, é razoável supor que o valor de k calculado seja aquele correspondente à temperatura média, que nesse caso é de 25°C. Veja os Problemas 10B.12 e 10C.1 para os métodos que levam em consideração a variação de k com a temperatura.

9.2 DEPENDÊNCIA DA CONDUTIVIDADE TÉRMICA COM A TEMPERATURA E A PRESSÃO

Quando dados de condutividade térmica para um determinado composto não podem ser encontrados, podemos fazer uma estimativa empregando o gráfico de estados correspondentes, da Fig. 9.2-1, baseado na condutividade térmica de diversas substâncias monoatômicas. Esse gráfico, que é semelhante ao gráfico da viscosidade apresentado na Fig. 1.3-1, apresenta a condutividade térmica reduzida, $k_r = k/k_c$, que é a condutividade térmica à pressão p, e temperatura T dividida pela condutividade térmica no ponto crítico. Essa grandeza é plotada como uma função da temperatura reduzida $T_r = T/T_c$ e da pressão reduzida $p_r = p/p_c$. A Fig. 9.2-1 é baseada em uma quantidade limitada de dados experimentais relativos a substâncias

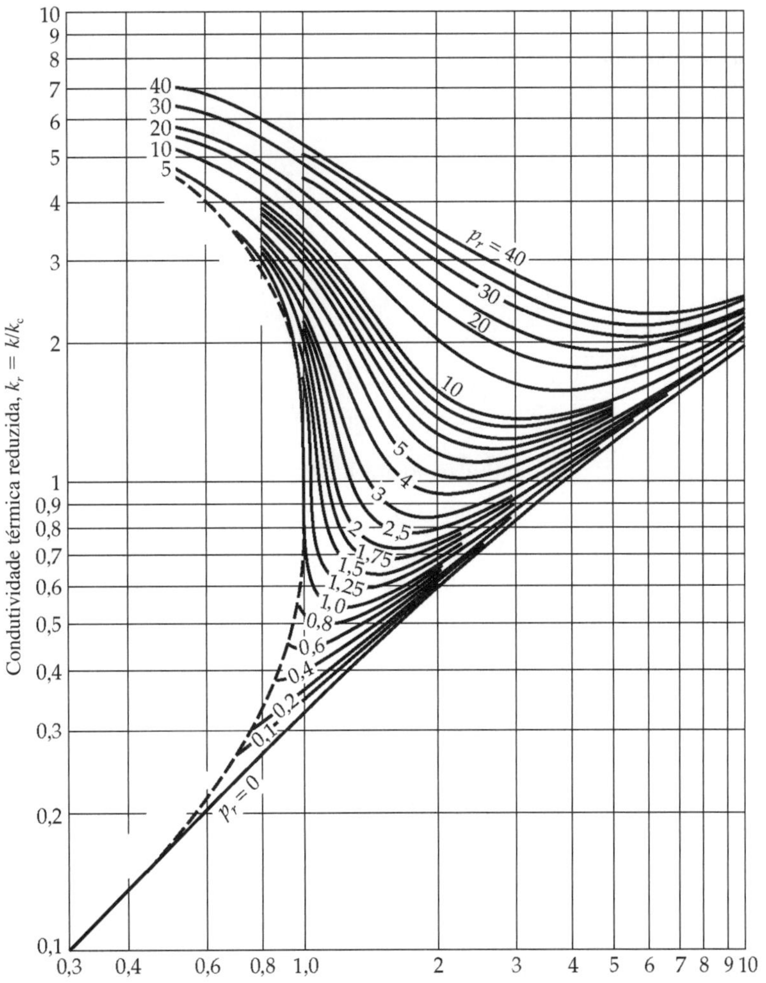

Fig. 9.2-1 Condutividade térmica reduzida para substâncias monoatômicas como função da temperatura e pressão reduzidas [E.J. Owens e G. Thodos, *AIChE Journal*, **3**, 454-461 (1957)]. Uma versão de larga escala desse gráfico pode ser encontrada em O.A. Hougen, K.M. Watson and R.A. Ragatz, *Chemical Process Principles Charts*, 2nd edição, Wiley, New York (1960).

monoatômicas, mas pode ser usada para estimativa grosseira de materiais poliatômicos. Ela não deve ser usada nas proximidades do ponto crítico.[1]

Note que a condutividade térmica de um gás tende a um valor limite, função de T, a baixas pressões; para a maioria dos gases, esse limite é atingido aproximadamente a 1 atm. A condutividade térmica de *gases* de baixa densidade *aumenta* com o aumento de temperatura, enquanto a condutividade térmica da maioria dos *líquidos diminui* com o aumento de temperatura. A correlação é menos confiável na região do líquido; líquidos polares ou associados, como a água, podem exibir um máximo na curva de k versus T. A maior virtude do gráfico dos estados correspondentes é dar uma visão global do comportamento da condutividade térmica de gases e líquidos.

O valor de k_c pode ser estimado de duas formas: (i) dado k a uma temperatura e pressão conhecidas, preferencialmente em condições próximas às que k deve ser estimado, pode-se ler k_r no gráfico e calcular $k_c = k/k_r$; ou (ii) podemos estimar um valor de k na região de baixa densidade pelos métodos apresentados na Seção 9.3 e repetir o procedimento anterior como em (i). Valores de k_c obtidos pelo primeiro método estão tabelados no Apêndice E.

Pode-se estimar a condutividade térmica para misturas por métodos análogos aos descritos na Seção 1.3. Conhece-se muito pouco sobre a precisão do método de propriedades pseudocríticas aplicado à condutividade térmica, principalmente em razão da escassez de dados de misturas à pressão elevada.

EXEMPLO 9.2-1

Efeito da Pressão sobre a Condutividade Térmica

Estimar a condutividade térmica do etano a 153°F e 191,9 atm a partir do valor experimental[2] $k = 0{,}0159$ Btu/h · ft · F a 1 atm e 153°F.

SOLUÇÃO

Como conhecemos um valor experimental para k podemos empregar o método (i). Primeiramente calcula-se p_r e T_r na condição experimental:

$$T_r = \frac{153 + 460}{(1{,}8)(305{,}4)} = 1{,}115 \qquad p_r = \frac{1}{48{,}2} = 0{,}021 \tag{9.2-1}$$

Da Fig. 9.2-1 lemos $k_r = 0{,}36$. Portanto k_c é

$$k_c = \frac{k}{k_r} = \frac{0{,}0159}{0{,}36} = 0{,}0442 \text{ Btu/h} \cdot \text{ft} \cdot \text{F} \tag{9.2-2}$$

A 153°F ($T_r = 1{,}115$) e 191,9 atm ($p_r = 3{,}98$), retira-se do gráfico $k_r = 2{,}07$. A previsão da condutividade térmica é então

$$k = k_r k_c = (2{,}07)(0{,}0422) = 0{,}0914 \text{ Btu/h} \cdot \text{ft} \cdot \text{F} \tag{9.2-3}$$

O valor observado de 0,0453 Btu/h·ft·F foi apresentado.[2] A discordância mostra que não devemos confiar nessa correlação nem para substâncias poliatômicas nem para condições próximas ao ponto crítico.

9.3 TEORIA DA CONDUTIVIDADE TÉRMICA DE GASES A BAIXAS DENSIDADES

As condutividades térmicas de gases *monoatômicos* diluídos são bem compreendidas e podem ser descritas pela teoria cinética de gases de baixa densidade. Embora teorias detalhadas para gases *poliatômicos* tenham sido desenvolvidas,[1]

---

[1]Na proximidade do ponto crítico, onde a condutividade térmica diverge, costuma-se escrever $k = k^b + \Delta k$, em que k^b é uma contribuição de "base" e Δk é a "contribuição crítica". O valor de k_c usado nos estados correspondentes é a contribuição de base. Para o comportamento das propriedades de transporte na vizinhança do ponto crítico, veja J.V. Sengers e J. Luettmer Strathmann em *Transport Properties of Fluids* (J.H. Dymond, J. Millat, and C.A. Nieto de Castro, eds.), Cambridge University Press (1995); E.P. Sakonidou, H.R. van den Berg, C.A. ten Seldam, and J.V. Sengers, *J.Chem.Phys.*, **105**, 10535-10555 (1966), and **109**, 717-736 (1998).

[2]J.M. Lenoir, W.A. Junk, and E.W. Comings, *Chem. Eng. Progr.*, **49**, 539-542 (1949).

[1]C.S. Wang Chang, G.E. Uhlenbeck, and J. de Boer, *Studies in Statistical Mechanics*, Wiley-Interscience, New York, Vol. II (1964), pp. 241-265; E.A. Mason and L. Monchick, *J. Chem. Phys.*, **35**, 1676-1697 (1961) and **36**, 1622-1639, 2746-2757 (1962); L. Monchick, A.N.G. Pereira, and E.A. Mason, *J. Chem.Phys.*, **42**, 3241-3256 (1965). Para uma introdução à teoria cinética das propriedades de transporte, veja R.S. Berry, S.A. Rice, and J. Ross, *Physical Chemistry*, 2nd edition (2000), Chapter 28.

costuma-se usar algumas teorias aproximadas mais simples. Aqui, como na Seção 1.5, apresentamos uma dedução simplificada de livre percurso médio para gases monoatômicos, e então resumimos os resultados da teoria cinética de gases de Chapman-Enskog.

Usamos o modelo de esferas rígidas, sem atração, de massa m e diâmetro d. O gás como um todo está em repouso ($\mathbf{v} = 0$), mas o movimento molecular deve ser considerado.

Como na Seção 1.5, usamos os seguintes resultados para um gás de esferas rígidas:

$$\bar{u} = \sqrt{\frac{8\kappa T}{\pi m}} = \text{velocidade molecular média} \tag{9.3-1}$$

$$Z = \tfrac{1}{4}n\bar{u} = \text{freqüência de colisão molecular por unidade de área} \tag{9.3-2}$$

$$\lambda = \frac{1}{\sqrt{2}\pi d^2 n} = \text{livre percurso médio} \tag{9.3-3}$$

As moléculas que alcançam qualquer plano no gás tiveram, em média, sua última colisão a uma distância a do plano, onde

$$a = \tfrac{2}{3}\lambda \tag{9.3-4}$$

Nessas equações κ é a constante de Boltzmann, n é o numero de moléculas por unidade de volume, e m é a massa de uma molécula.

A única forma de energia que pode ser trocada numa colisão entre duas esferas lisas e rígidas é a energia de translação. A energia de translação média por molécula sob condições de equilíbrio é

$$\tfrac{1}{2}m\overline{u^2} = \tfrac{3}{2}\kappa T \tag{9.3-5}$$

como mostrado no Problema 1C.1. Para um gás desse tipo, a capacidade calorífica molar é

$$\tilde{C}_V = \left(\frac{\partial \tilde{U}}{\partial T}\right)_V = \tilde{N}\frac{d}{dT}(\tfrac{1}{2}m\overline{u^2}) = \tfrac{3}{2}R \tag{9.3-6}$$

em que R é a constante dos gases. A Eq. 9.3-6 é satisfatória para gases monoatômicos até temperaturas de muitos milhares de graus.

Para determinar a condutividade térmica, examinamos o comportamento do gás sob o gradiente de temperatura dT/dy (veja a Fig. 9.3-1). Supomos que as Eqs. 9.3-1 a 6 permanecem válidas nessa situação não-equilibrada, exceto que $\frac{1}{2}m\overline{u^2}$ na Eq. 9.3-5 é tida como a energia cinética média para moléculas que tiveram sua última colisão na região de temperatura T. O fluxo térmico q_y através de qualquer plano de y constante é determinado somando-se as energias cinéticas das moléculas que atravessam o plano por unidade de tempo na direção positiva de y e subtraindo-se as energias cinéticas do mesmo número que atravessam y na direção oposta:

$$\begin{aligned} q_y &= Z(\tfrac{1}{2}m\overline{u^2}|_{y-a} - \tfrac{1}{2}m\overline{u^2}|_{y+a}) \\ &= \tfrac{3}{2}\kappa Z(T|_{y-a} - T|_{y+a}) \end{aligned} \tag{9.3-7}$$

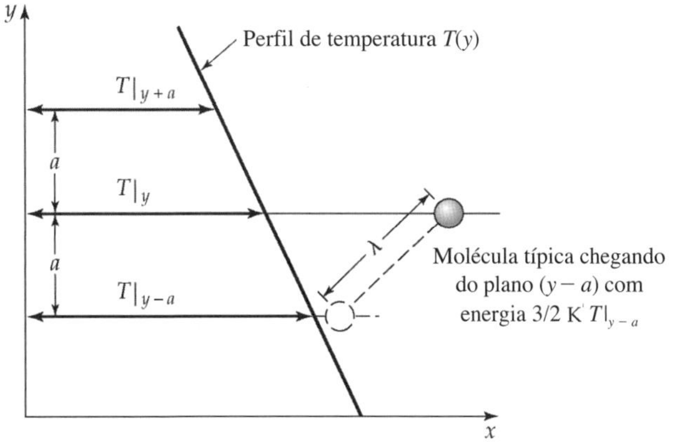

Fig. 9.3-1 Transporte molecular de energia (cinética) do plano $(y - a)$ para o plano y.

A Eq. 9.3-7 baseia-se na suposição de que todas as moléculas possuem velocidades representativas da região de sua última colisão e que o perfil de temperatura $T(y)$ é linear para uma distância de vários percursos livres médios. Em face desta suposição podemos escrever

$$T|_{y-a} = T|_y - \tfrac{2}{3}\lambda \frac{dT}{dy} \tag{9.3-8}$$

$$T|_{y+a} = T|_y + \tfrac{2}{3}\lambda \frac{dT}{dy} \tag{9.3-9}$$

Combinando as três ultimas equações chegamos a

$$q_y = -\tfrac{1}{2}n\kappa\bar{u}\,\lambda \frac{dT}{dy} \tag{9.3-10}$$

Isso corresponde à lei da condução de calor de Fourier (Eq. 9.1-2) com a condutividade térmica dada por

$$k = \tfrac{1}{2}n\kappa\bar{u}\lambda = \tfrac{1}{3}\rho\hat{C}_V\bar{u}\lambda \qquad \text{(gás monoatômico)} \tag{9.3-11}$$

em que $\rho = nm$ é a densidade do gás, e $\hat{C}_V = \tfrac{3}{2}\kappa/m$ (da Eq. 9.3-6).

A substituição da expressão para $\bar{u}$ e λ das Eqs. 9.3-1 e 9.3-3 nos dá então

$$k = \frac{\sqrt{m\kappa T/\pi}}{\pi d^2}\frac{\kappa}{m} = \frac{2}{3\pi}\frac{\sqrt{\pi m\kappa T}}{\pi d^2}\hat{C}_V \qquad \text{(gás monoatômico)} \tag{9.3-12}$$

que é a condutividade térmica de um gás diluído composto por esferas rígidas de diâmetro d. Essa equação prevê que k seja independente da pressão. A Fig. 9.2-1 indica que essa previsão está conforme a evidência experimental de até aproximadamente 10 atm para a maioria dos gases. A dependência prevista da temperatura é demasiadamente fraca, da mesma forma que para a viscosidade.

Para um tratamento mais preciso do gás monoatômico voltamos novamente para o rigoroso tratamento discutido na Seção 1.5. A fórmula de Chapman-Enskog[2] para a condutividade térmica de um gás monoatômico a baixa densidade e temperatura T é

$$k = \frac{25}{32}\frac{\sqrt{\pi m\kappa T}}{\pi\sigma^2\Omega_k}\hat{C}_V \quad \text{ou} \quad k = 1{,}9891 \times 10^{-4}\frac{\sqrt{T/M}}{\sigma^2\Omega_k} \qquad \text{(gás monoatômico)} \tag{9.3-13}$$

Na segunda forma dessa equação, k[=]cal/cm·s·K, T[=]K, σ[=]Å e a "integral de colisão" para a condutividade térmica, Ω_k, é idêntica à correspondente à viscosidade, Ω_μ apresentada na Seção 1.4. Valores para $\Omega_k = \Omega_\mu$ são apresentados para o potencial intermolecular de Lennard-Jones na Tabela E.2 como a função da temperatura adimensional $\kappa T/\varepsilon$. Foi determinado que a Eq. 9.3-13 e a Tabela E.2 são de grande precisão na determinação da condutividade térmica de gases *monoatômicos* quando os parâmetros σ e ε deduzidos a partir de medidas da viscosidade são empregados (isto é, os valores dados na Tabela E.1).

A Eq. 9.3-13 é muito similar à formula da viscosidade correspondente, Eq. 1.4-14. Dessas duas equações podemos escrever

$$k = \frac{15}{4}\frac{R}{M}\mu = \frac{5}{2}\hat{C}_V\mu \qquad \text{(gás monoatômico)} \tag{9.3-14}$$

A teoria simplificada da esfera rígida (veja Eqs. 1.4-8 e 9.3-11) dá $k = \hat{C}_V\mu$ e erra por um fator 2,5. Isso não é surpreendente tendo em vista as aproximações feitas em grande número no tratamento simples.

Até aqui discutimos apenas gases *monoatômicos*. Sabemos da discussão em na Seção 0.3 que, em colisões binárias entre moléculas diatômicas, pode haver intercâmbios entre energias cinética e interna (i.e., vibracional e rotacional). Tais intercâmbios não são considerados na teoria de Chapman-Enskog para gases monoatômicos. Pode assim ser antecipado que a teoria de Chapman-Enskog não será adequada para descrever a condutividade térmica de moléculas poliatômicas.

Um método simples e semi-empírico para contabilizar o intercâmbio de energia em gases poliatômicos foi desenvolvido por Eucken.[3] Sua equação para a condutividade térmica de gases poliatômicos a baixa densidade é

$$k = \left(\hat{C}_p + \frac{5}{4}\frac{R}{M}\right)\mu \qquad \text{(gás poliatômico)} \tag{9.3-15}$$

[2]J.O. Hirschfelder, C.F. Curtiss, e R.B. Bird, *Molecular Theory of Gases and Liquids*, Wiley, New York, 2ª impressão (1964), p. 534.

[3]A. Eucken, *Physik. Z.*, **14**, 324-333 (1913).

Essa *fórmula de Eucken* exclui a fórmula monoatômica (Eq. 9.3-14) como um caso especial, pois $\hat{C}_p = \frac{5}{2}(R/M)$ para gases monoatômicos. Hirschfelder[4] obteve uma fórmula semelhante à de Eucken usando a teoria de misturas multicomponentes (veja o Exemplo 19.4-4). Outras teorias, correlações e fórmulas empíricas estão também disponíveis.[5,6]

A Eq. 9.3-15 fornece um método simples para a estimativa do número de Prandtl, definido na Eq.9.1-8:

$$\mathrm{Pr} = \frac{\hat{C}_p\mu}{k} = \frac{\tilde{C}_p}{\tilde{C}_p + \frac{5}{4}R} \quad \text{(gás poliatômico)} \tag{9.3-16}$$

Essa equação é bastante satisfatória para gases poliatômicos não-polares a baixas densidades, como pode se verificado na Tabela 9.3-1; ela é menos precisa para moléculas polares.

A condutividade térmica de misturas de gases a baixas densidades pode ser estimada por um método[7] análogo ao previamente apresentado para a viscosidade (veja as Eqs. 1.4-15 e 16):

$$k_{\text{mix}} = \sum_{\alpha=1}^{N} \frac{x_\alpha k_\alpha}{\Sigma_\beta x_\beta \Phi_{\alpha\beta}} \tag{9.3-17}$$

TABELA 9.3-1 Valores Previstos e Observados do Número de Prandtl para Gases à Pressão Atmosférica[a]

Gás	T(K)	$\hat{C}_p\mu/k$ de Eq. 9.3.16	$\hat{C}_p\,\mu/k$ de valores observados de $\hat{C}_p$, μ e k
Ne[b]	273,2	0,667	0,66
Ar[b]	273,2	0,667	0,67
H_2	90,6	0,68	0,68
	273,2	0,73	0,70
	673,2	0,74	0,65
N_2	273,2	0,74	0,73
O_2	273,2	0,74	0,74
Ar	273,2	0,74	0,73
CO	273,2	0,74	0,76
NO	273,2	0,74	0,77
Cl_2	273,2	0,76	0,76
H_2O	373,2	0,77	0,94
	673,2	0,78	0,90
CO_2	273,2	0,78	0,78
SO_2	273,2	0,79	0,86
NH_3	273,2	0,77	0,85
C_2H_4	273,2	0,80	0,80
C_2H_6	273,2	0,83	0,77
$CHCl_3$	273,2	0,86	0,78
CCl_4	273,2	0,89	0,81

[a]Calculados de valores dados por M. Jakob, *Heat Transfer*, Wiley, New York (1949) pp. 75-76.
[b]J.O. Hirschfelder, C.F. Curtiss, and R.B. Bird, *Molecular Theory of Gases and Liquids*, Wiley, New York, impressão corrigida (1964), p. 16.

[4]J.O. Hirschfelder, *J. Chem. Phys.*, **26**, 274-281, 282-285 (1957).

[5]J.H. Ferziger and H.G. Kaper, *Mathematical Theory of Transport Processes in Gases*, North-Holland, Amsterdam (1972).

[6]R.C. Reid, J.M. Prausnitz, and B.E. Poling, *The Properties of Gases and Liquids*, McGraw-Hill, New York, 4th edition (1987).

[7]E.A. Mason and S.C. Saxena, *Physics of Fluids*, **1**, 361-369 (1958). Esse método é uma aproximação a um método mais preciso dado por J.O. Hirschfelder, *J. Chem. Phys.*, **26**, 274-281, 282-285 (1957). Com a aprovação do Professor Mason omitimos aqui o fator empírico 1,065 na sua expressão para Φ_{ij} para $i \neq j$ para estabelecer a autoconsistência para misturas de espécies idênticas.

As x_α são as frações molares, e as k_α são as condutividades térmicas das substâncias puras. Os coeficientes $\Phi_{\alpha\beta}$ são idênticos àqueles que aparecem na equação para a viscosidade (veja a Eq. 1.4-16). Todos os valores de k_α na Eq. 9.3-17 e μ_α na Eq. 1.4-16 são valores a baixa densidade e à temperatura dada. Se dados da viscosidade não são disponíveis, eles podem ser estimados a partir de k e $\hat{C}_p$ via Eq. 9.3-15. Comparações com dados experimentais indicam um desvio médio de aproximadamente 4% para misturas que contêm gases poliatômicos não-polares, incluindo O_2, N_2, CO, C_2H_2 e CH_4.

EXEMPLO 9.3-1

Cálculo da Condutividade Térmica de Gás Monoatômico a Baixa Densidade

Calcule a condutividade térmica do Ne a 1 atm e 373,2K.

SOLUÇÃO

Da Tabela E.1 as constantes de Lennard-Jones para o neônio são $\sigma = 2{,}789$ Å e $\varepsilon/\kappa = 35{,}7$K, e sua massa molecular é 20,183. Então, a 373,2K, temos $\kappa T/\varepsilon = 373{,}2/35{,}7 = 10{,}45$. A Tabela E.2 fornece $\Omega_k = \Omega_\mu = 0{,}821$. A substituição na Eq. 9.3-13 dá

$$\begin{aligned} k &= (1{,}9891 \times 10^{-4}) \frac{\sqrt{T/M}}{\sigma^2 \Omega_k} \\ &= (1{,}9891 \times 10^{-4}) \frac{\sqrt{(373{,}2)/(20{,}183)}}{(2{,}789)^2(0{,}821)} \\ &= 1{,}338 \times 10^{-4} \text{ cal/cm} \cdot \text{s} \cdot \text{K} \end{aligned} \tag{9.3-18}$$

Esse resultado de $1{,}35 \times 10^{-4}$cal/cm · s · K foi relatado[8] a 1 atm e 373,2K.

EXEMPLO 9.3-2

Estimativa da Condutividade Térmica de um Gás Poliatômico a Baixa Densidade

Estime a condutividade térmica do oxigênio molecular a 300K e a baixa pressão.

SOLUÇÃO

O peso molecular do O_2 é 32,0000; sua capacidade calorífica molar $\tilde{C}_p$ a 300°K e baixa pressão é 7,019 cal/g-mol · K. Da Tabela E.1 obtemos os parâmetros de Lennard-Jones para o oxigênio molecular sendo $\sigma = 3{,}433$ Å e $\varepsilon/\kappa = 113$K. A 300K então $\kappa T/\varepsilon = 300/113 = 2{,}655$. Da Tabela E.2 encontramos $\Omega_\mu = 1{,}074$. A viscosidade calculada pela Eq. 1.4-18, é

$$\begin{aligned} \mu &= (2{,}6693 \times 10^{-5}) \frac{\sqrt{MT}}{\sigma^2 \Omega_\mu} \\ &= (2{,}6693 \times 10^{-5}) \frac{\sqrt{(32{,}00)(300)}}{(3{,}433)^2(1074)} \\ &= 2{,}065 \times 10^{-5} \text{ g/cm} \cdot \text{s} \end{aligned} \tag{9.3-19}$$

Então, pela Eq. 9.3-15, a aproximação de Eucken para a condutividade térmica é

$$\begin{aligned} k &= (\tilde{C}_p + \tfrac{5}{4}R)(\mu/M) \\ &= (7{,}019 + 2{,}484)((2{,}065 \times 10^{-4})/(32{,}000)) \\ &= 6{,}14 \times 10^{-5} \text{ cal/cm} \cdot \text{s} \cdot \text{K} \end{aligned} \tag{9.3-20}$$

Esse valor compara-se favoravelmente ao valor experimental de $6{,}35 \times 10^{-5}$cal/cm · s · K na Tabela 9.1-1.

---

[8]W.G. Kannuluik e E.H. Carman, *Proc. Phys. Soc.* (London) **65B**, 701-704 (1952).

EXEMPLO 9.3-3

Previsão da Condutividade Térmica de uma Mistura de Gases a Baixas Densidades

Faça uma previsão da condutividade térmica da seguinte mistura de gases a 1 atm e 293K a partir de dados dos componentes puros à mesma pressão e temperatura.

Espécies	α	Fração molar x_α	Peso molecular M_α	$\mu_\alpha \times 10^7$ (g/cm · s)	$k_\alpha \times 10^7$ (cal/cm · s · K)
CO_2	1	0,133	44,010	1462	383
O_2	2	0,039	32,000	2031	612
N_2	3	0,828	28,016	1754	627

SOLUÇÃO

Use as Eqs. 9.3-17 e 18. Note que as $\Phi_{\alpha\beta}$ para essa mistura de gases nas condições dadas já foram obtidas no cálculo de viscosidade no Exemplo 1.5-2. Lá avaliamos os seguintes somatórios, que aparecem também na Eq. 9.3-17:

$\alpha \rightarrow$	1	2	3
$\sum_{\beta=1}^{3} x_\beta \Phi_{\alpha\beta}$	0,763	1,057	1,049

A substituição na Eq. 9.3-17 dá

$$\begin{aligned} k_{\text{mix}} &= \sum_{\alpha=1}^{N} \frac{x_\alpha k_\alpha}{\Sigma_\beta x_\beta \Phi_{\alpha\beta}} \\ &= \frac{(0{,}133)(383)(10^{-7})}{0{,}763} + \frac{(0{,}039)(612)(10^{-7})}{1{,}057} + \frac{(0{,}828)(627)(10^{-7})}{1{,}049} \\ &= 584 \times (10^{-7})\ \text{cal/cm} \cdot \text{s} \cdot \text{K} \end{aligned} \tag{9.3-22}$$

Não existem dados para conferir a previsão nessas condições.

9.4° TEORIA DA CONDUTIVIDADE TÉRMICA DE LÍQUIDOS

Uma teoria cinética muito detalhada para a condutividade térmica de líquidos monoatômicos foi desenvolvida há meio século,[1] mas ainda não foi possível implementá-la para cálculos práticos. Por essa razão somos forçados a usar teorias grosseiras ou métodos empíricos de estimativa.[2]

Optamos por discutir aqui a teoria simplificada de Bridgman[3] para o transporte de energia em líquidos puros. Ele supôs que as moléculas estivessem agrupadas num arranjo cúbico, com espaçamento de centro a centro dado por $(\tilde{V}/\tilde{N})^{1/3}$, em que $\tilde{V}/\tilde{N}$ é o volume por molécula. Ele supôs ainda a energia a ser transferida de um plano ao seguinte à velocidade do som v_s para o fluido dado. O desenvolvimento é baseado numa reinterpretação da Eq. 9.3-11 da teoria da esfera rígida:

$$k = \tfrac{1}{3}\rho \hat{C}_V \bar{u} \lambda = \rho \hat{C}_V \overline{|u_y|} a \tag{9.4-1}$$

A capacidade calorífica a volume constante de um líquido monoatômico é aproximadamente a mesma de um sólido a altas temperaturas, dada pela fórmula de Dulong-Petit[4] $\hat{C}_v = 3(\kappa/m)$. A velocidade molecular média na direção y, $\overline{|u_y|}$, é substi-

[1] J.H. Irving and J.G. Kirkwood, *J. Chem. Phys.*, **18**, 817-829 (1950). Essa teoria foi estendida a líquidos poliméricos por C.F. Curtiss e R.B. Bird, *J. Chem. Phys.*, **107**, 5254-5267 (1997).

[2] R.C. Reid, J.M. Prausnitz, and B.E. Poling, *The Properties of Gases and Liquids*, McGraw-Hill, New York (1987); L. Riedel, *Chemie-Ing.-Techn.*, **27**, 209-213 (1955).

[3] P.W. Bridgman, *Proc. Am. Acad. Arts and Sci.*, **59**, 141-169 (1923). A equação de Bridgman freqüentemente é mal-referenciada em razão de ter usado uma constante dos gases pouco conhecida igual a 3/2κ.

[4] Essa equação empírica foi justificada e estendida por A. Einstein [*Ann. Phys.*[4], **22**, 180-190 (1907)] and P. Debye [*Ann. Phys.* [4]**39**,789-839 (1912)].

tuída pela velocidade do som v_s. A distância a que a energia atravessa entre duas colisões consecutivas é considerada igual à distância entre os planos $(\tilde{V}/\tilde{N})^{1/3}$. Fazendo as substituições na Eq. 9.4-1 obtemos

$$k = 3(\tilde{N}/\tilde{V})^{2/3}\,\kappa v_s \tag{9.4-2}$$

que é a *equação de Bridgman.* Dados ex perimentais mostram boa concordância com a Eq. 9.4-2 mesmo para líquidos poliatômicos, mas o coeficiente numérico é um pouco alto. Obtém-se melhor concordância se o coeficiente for alterado para 2,80:

$$k = 2{,}80(\tilde{N}/\tilde{V})^{2/3}\,\kappa v_s \qquad (9.4\text{-}3)^5$$

Essa equação é limitada a densidades bem superiores à densidade crítica, devido à suposição tácita de que cada molécula oscila numa "gaiola" formada por suas vizinhas mais próximas. O sucesso dessa equação para fluidos poliatômicos parece implicar que a transferência de energia nas colisões de moléculas poliatômicas seja incompleta, uma vez que a capacidade calorífica usada aqui, $\hat{C}_v = 3(\kappa/m)$, é inferior à capacidade calorífica de líquidos poliatômicos.

A velocidade do som de baixa freqüência é dada por (veja o Problema 11C.1)

$$v_s = \sqrt{\frac{C_p}{C_V}\left(\frac{\partial p}{\partial \rho}\right)_T} \tag{9.4-4}$$

A quantidade $(\partial p/\partial \rho)_T$ pode ser determinada a partir de medidas da compressibilidade isotérmica ou de uma equação de estado, e (C_p/C_V) é muito próximo a uma unidade para líquidos, exceto próximo ao ponto crítico.

EXEMPLO 9.4-1

Previsão da Condutividade Térmica de um Líquido

A densidade do CCl_4 líquido a 20°C e 1 atm é 1,595 g/cm³ e sua compressibilidade isotérmica $(1/\rho)(\partial\rho/\partial p)_T$ é $90{,}7 \times 10^{-6}$ atm^{-1}. Qual é a sua condutividade térmica?

SOLUÇÃO

Primeiro calcule

$$\left(\frac{\partial p}{\partial \rho}\right)_T = \frac{1}{\rho(1/\rho)(\partial\rho/\partial p)_T} = \frac{1}{(1{,}595)(90{,}7\times 10^{-6})} = 6{,}91\times 10^3\ \text{atm}\cdot\text{cm}^3/\text{g}$$
$$= 7{,}00\times 10^9\ \text{cm}^2/\text{s}^2\ \text{(usando o Apêndice F)} \tag{9.4-5}$$

Admitindo que $(C_p/C_V) = 1$, obtemos da Eq. 9.4-4

$$v_s = \sqrt{(1{,}0)(7{,}00\times 10^9)} = 8{,}37\times 10^4\ \text{cm/s} \tag{9.4-6}$$

O volume molar é $\tilde{V} = M/\rho = 153{,}84/1{,}595 = 96{,}5$ cm³/g-mol. A substituição desses valores na Eq. 9.4-3 dá

$$\begin{aligned} k &= 2{,}80(\tilde{N}/\tilde{V})^{2/3}\,\kappa v_s \\ &= 2{,}80\left(\frac{6{,}023\times 10^{23}}{0{,}965\times 10^2}\right)^{2/3}(1{,}3805\times 10^{-16})(8{,}37\times 10^4) \\ &= 1{,}10\times 10^4\ (\text{cm}^{-2})(\text{erg/K})(\text{cm/s}) \\ &= 0{,}110\ \text{W/m}\cdot\text{K} \end{aligned} \tag{9.4-7}$$

O valor experimental dado na Tabela 9.1-2 é 0,103W/m · K.

9.5º CONDUTIVIDADE TÉRMICA DE SÓLIDOS

As condutividades térmicas de sólidos têm que ser medidas experimentalmente, já que dependem de muitos fatores que são difíceis de medir ou de prever.[1] Em materiais cristalinos, a fase e o tamanho dos cristalitos são importantes; em sólidos

---

[5] A Eq. 9.4-3 concorda aproximadamente com a fórmula deduzida por R.E. Powell, W.E. Roseveare, and H. Eyring, *Ind. Eng. Chem.*, **33**, 430-435 (1941).

[1] A. Goldsmith, T.E. Waterman, and H.J.Hirschhorn, eds., *Handbook of Thermophysical Properties of Solids*, Macmillan, New York (1961).

amorfos o grau de orientação molecular tem um efeito considerável. Em sólidos porosos, a condutividade térmica é fortemente dependente da porosidade, do tamanho do poro e do fluido retido nos poros. Uma discussão detalhada da condutividade térmica dos sólidos foi feita por Jakob.[2]

Em geral, metais são melhores condutores de calor que não-metais, e materiais cristalinos conduzem o calor mais rapidamente que materiais amorfos. Sólidos porosos secos são condutores muito pobres de calor e são portanto excelentes para o isolamento térmico. A condutividade da maior parte dos metais puros decresce com o aumento da temperatura, enquanto a condutividade de não-metais cresce; ligas metálicas apresentam comportamento intermediário. Talvez a regra útil mais prática seja a de que a condutividade térmica e a elétrica andem juntas.

Para metais puros, como opostos a ligas, as condutividades térmica k e elétrica k_e são relacionadas[3] aproximadamente como a seguir:

$$\frac{k}{k_e T} = L = \text{constante} \tag{9.5-1}$$

Essa é a *equação de Wiedemann-Franz-Lorenz*, que pode ser teoricamente explicada (veja o Problema 9A.6). O "número de Lorenz" L situa-se entre 22 a 29×10^{-9} volt^2/K^2 para metais puros a 0°C e muda muito pouco com a temperatura acima de 0°C; crescimento de 10-20% por 1000°C é típico. A temperaturas muito baixas (−269,4°C para o mercúrio) os metais transformam-se em supercondutores de eletricidade mas não de calor, e L portanto varia fortemente com a temperatura perto da região de supercondutividade. A Eq. 9.5-1 é de pouca utilidade para ligas, uma vez que L varia fortemente com a composição e, em alguns casos, com a temperatura.

O sucesso da Eq. 9.5-1 para metais puros é devido ao fato de os elétrons livres serem os principais transportadores de calor nesses materiais. A equação não é adequada para não-metais, nos quais a concentração de elétrons livres é tão baixa que o transporte de energia pelo movimento molecular predomina.

9.6° CONDUTIVIDADE TÉRMICA EFETIVA DE SÓLIDOS COMPÓSITOS

Até este ponto discutimos materiais homogêneos. Agora nossa atenção passa brevemente para sólidos com duas fases — uma fase dispersa numa segunda fase sólida, ou sólidos porosos, como materiais granulares, metais sinterizados e espumas de plásticos. Uma descrição completa do processo de transporte de calor através desses materiais é extremamente complicada. Entretanto, para condução em regime permanente esses materiais podem ser tomados como homogêneos com uma *condutividade térmica efetiva* k_{ef}, e temperatura e componentes do fluxo térmico são reinterpretados como as quantidades análogas médias sobre um volume que é grande em relação à escala da heterogeneidade mas pequeno em relação às dimensões do sistema condutor de calor.

A primeira grande contribuição para a estimativa da condutividade térmica de materiais sólidos heterogêneos é devida a Maxwell.[1] Ele considerou um material feito de esferas de condutividade térmica k_1 embebido numa fase sólida contínua com condutividade térmica k_0. A fração volumétrica ϕ das esferas embebidas é tida como suficientemente pequena de modo que as esferas não "interajam" termicamente; isto é, precisamos considerar apenas a condução térmica numa região que contém apenas uma esfera. Então, por uma dedução surpreendentemente simples, Maxwell mostrou que para *pequenos valores da fração volumétrica* ϕ

$$\frac{k_{ef}}{k_0} = 1 + \frac{3\phi}{\left(\dfrac{k_1 + 2k_0}{k_1 - k_0}\right) - \phi} \tag{9.6-1}$$

(veja os Problemas 11B.8 e 11C.5).

[2]M. Jakob, *Heat Transfer*, Vol. 1, Wiley, New York (1949), Chapter 6. Veja também W.H. Rohsenow, J.P. Hartnett, and Y.I. Cho, eds., *Handbook of Heat Transfer*, McGraw-Hill, New York (1998).

[3]G. Wiedemann and R. Franz, *Ann.Phys. u. Chemie*, **89**, 497-531 (1853); L. Lorenz, *Poggendorff's Annalen*, **147**, 429-452 (1872).

[1]A dedução de Maxwell foi para a condutividade elétrica, mas o mesmo argumento é aplicável à condutividade térmica. Veja J.C. Maxwell, *A Treatise on Electricity and Magnetism*, Oxford University Press, 3rd. edition (1891, reimpresso em 1998), Vol. 1, §314; H.S. Carslaw and J.C. Jaeger, *Conduction of Heat in Solids*, Clarendon Press, Oxford, 2nd edition (1959), p. 428.

Para *frações volumétricas altas*, Rayleigh[2] mostrou que, se as esferas encontram-se localizadas nas interseções de uma matriz cúbica, a condutividade térmica do compósito é dada por

$$\frac{k_{ef}}{k_0} = 1 + \frac{3\phi}{\left(\frac{k_1 + 2k_0}{k_1 - k_0}\right) - \phi + 1{,}569\left(\frac{k_1 - k_0}{3k_1 - 4k_0}\right)\phi^{10/3} + \cdots} \quad (9.6\text{-}2)$$

A comparação desse resultado com a Eq. 9.6-1 mostra que a interação entre esferas é pequena, mesmo para $\phi = \pi/6$, o valor máximo possível de ϕ para o arranjo cúbico. Portanto o resultado mais simples de Maxwell é usado com mais freqüência, e os efeitos da distribuição não-uniforme das esferas são usualmente desprezados.

Para *inclusões não-esféricas*, entretanto, a Eq. 9.6-1 deve ser modificada. Assim, para um arranjo quadrático de cilindros longos paralelos ao eixo *z*, Rayleigh[2] mostrou que o componente *zz* do tensor condutividade térmica $\boldsymbol{\kappa}$ é

$$\frac{\kappa_{ef,\,zz}}{k_0} = 1 + \left(\frac{k_1 - k_0}{k_0}\right)\phi \quad (9.6\text{-}3)$$

e que os outros componentes são

$$\frac{\kappa_{ef,\,xx}}{k_0} = \frac{\kappa_{ef,\,yy}}{k_0} = 1 + \frac{2\phi}{\left(\frac{k_1 + k_0}{k_1 - k_0}\right) - \phi + \left(\frac{k_1 - k_0}{k_1 + k_0}\right)(0{,}30584\phi^4 + 0{,}013363\phi^8 + \cdots)} \quad (9.6\text{-}4)$$

Isto é, o sólido compósito contendo cilindros alinhados é anisotrópico. O tensor condutividade térmica efetiva foi calculado até termos da ordem de $O(\phi^2)$ para um meio contendo inclusões esferoidais.[3]

Para *inclusões não-esféricas complexas*, encontradas com freqüência na prática, um tratamento exato não é possível, mas algumas correlações aproximadas estão disponíveis.[4,5,6] Para leitos granulares não-consolidados a seguinte expressão demonstrou-se bem-sucedida:

$$\frac{k_{ef}}{k_0} = \frac{(1 - \phi) + \alpha\phi(k_1/k_0)}{(1 - \phi) + \alpha\phi} \quad (9.6\text{-}5)$$

na qual

$$\alpha = \frac{1}{3}\sum_{k=1}^{3}\left[1 + \left(\frac{k_1}{k_0} - 1\right)g_k\right]^{-1} \quad (9.6\text{-}6)$$

Os g_k são "fatores de forma" para os grânulos do meio,[7] e satisfazem $g_1 + g_2 + g_3 = 1$. Para esferas $g_1 = g_2 = g_3 = 1/3$, e a Eq. 9.6-5 reduz-se à Eq. 9.6-1. Para solos não-consolidados[5] $g_1 = g_2 = 1/8$ e $g_3 = 3/4$. A estrutura dos leitos porosos consolidados — p. ex., arenitos — é consideravelmente mais complexa. Algum sucesso na previsão da condutividade térmica efetiva dessas substâncias foi alcançado,[4,6,8] mas o grau de generalidade do método é ainda desconhecido.

Para *sólidos contendo bolsões de gás*,[9] a radiação térmica (veja o Cap. 16) pode ser importante. O caso especial de fissuras planas paralelas perpendiculares à direção da condução térmica é particularmente importante para o isolamento térmico de alta temperatura. Para esses sistemas é possível demonstrar que

$$\frac{k_{ef}}{k_0} = \frac{1}{1 - \phi + \left(\frac{k_1}{k_0\phi} + \frac{4\sigma T^3 L}{k_0}\right)^{-1}} \quad (9.6\text{-}7)$$

[2]J.W. Strutt (Lord Rayleigh), *Phil.Mag.*(5), **34**, 431-502 (1892).
[3] S.-Y. Lu and S. Kim, *AIChE Journal*, **36**, 927-938 (1990).
[4]V.I. Odelevskii, *J. Tech. Phys.* (USSR), **24**, 667 e 697 (1954); F. Euler, *J. Appl. Phys.*,**28**,1342-1346(1957).
[5]D.A. de Vries, *Mededelingen van de Landbouwhogeschool te Wageningen*, (1952); veja também Ref. 6 e D.A. de Vries, Chapter 7 in *Physics of Plant Environment*, W.R. van Wijk, ed., Wiley, New York (1963).
[6]W. Woodside and J.H. Messmer, *J. Appl. Phys.*, **32**, 1688-1699, 1699-1706 (1961).
[7]A. L. Loeb, *J. Amer. Ceramic Soc.*, **37**, 96-99 (1954).
[8]Sh. N. Plyat, *Soviet Physics JETP*, **2**, 2588-2589 (1957).
[9]M. Jakob, *Heat Transfer*, Wiley, New York(1959), Vol.1, §6.5.

em que σ é a constante de Stefan-Boltzmann, k_1 é a condutividade térmica do gás, e L é a espessura total do material na direção da condução de calor. Uma modificação dessa equação para fissuras de outras formas e orientações está disponível.[7]

Para *leitos granulares cheios de gas*[6,9] um tipo diferente de complicação se apresenta. Como a condutividade térmica de gases é muito inferior à dos sólidos, a maior parte da condução na fase gasosa concentra-se perto dos pontos de contato das partículas sólidas adjacentes. Como resultado, as distâncias através das quais faz-se a condução por meio do gás aproxima-se do livre percurso médio das moléculas gasosas. Quando isto é verdadeiro, as condições para a dedução da seção 9.3 são violadas, e a condutividade térmica do gás decresce. Isolantes térmicos muito eficazes podem portanto ser preparados a partir de leitos de pós finos sob vácuo.

Dutos cilíndricos cheios de materiais granulares através dos quais um fluido escoa (na direção z) são de importância considerável em processos de separação e reatores químicos. Nesses sistemas as condutividades térmicas eficazes nas direções radial e axial são muito diferentes e são designadas[10] por $k_{ef,rr}$ e $k_{ef,zz}$. Condução, convecção e radiação contribuem para o fluxo de calor através de meios porosos.[11] Para escoamentos altamente turbulentos, a energia é transportada principalmente pelo fluxo tortuoso do fluido nos interstícios do material granular; isso gera uma condutividade térmica altamente anisotrópica. Para um leito de esferas uniformes, os componentes radial e axial são aproximadamente

$$\kappa_{ef,rr} = \tfrac{1}{10}\rho\hat{C}_p v_0 D_p; \qquad \kappa_{eff,zz} = \tfrac{1}{2}\rho\hat{C}_p v_0 D_p \tag{9.6-8, 9}$$

em que v_0 é a "velocidade superficial" definida nas Seções 4.3 e 6.4, e D_p é o diâmetro das partículas esféricas. Essas relações simplificadas são válidas para $\text{Re} = D_p v_0 \rho/\mu$ maior que 200. O comportamento para valores mais baixos do número de Reynolds foi discutido em diversas referências.[12] O comportamento do tensor condutividade térmica eficaz também foi estudado em detalhe em função do número de Péclet.[13]

9.7 TRANSPORTE CONVECTIVO DE ENERGIA

Na Seção 9.1 demos a lei de Fourier da condução de calor, que determina o transporte de energia através de um meio em virtude do movimento molecular.

Energia é também transportada com o movimento macroscópico do fluido. Na Fig. 9.7-1 mostramos três elementos de área dS mutuamente perpendiculares no ponto P, onde a velocidade do fluido é $\mathbf{v}$. A taxa volumétrica do escoamento através do elemento de área dS perpendicular ao eixo x é $v_x dS$. A taxa com que energia é transportada através desse mesmo elemento de energia é portanto

$$(\tfrac{1}{2}\rho v^2 + \rho\hat{U})v_x dS \tag{9.7-1}$$

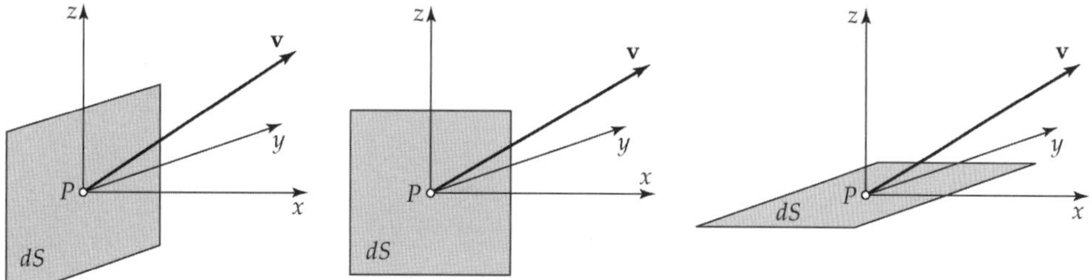

Fig. 9.7-1 Três elementos de superfície de área dS mutuamente perpendiculares através dos quais energia é transportada por convecção pelo fluido que se move com velocidade $\mathbf{v}$. A taxa volumétrica de escoamento através da face perpendicular ao eixo x é $v_x dS$, e a taxa de escoamento de energia através de dS é portanto $(1/2\rho v^2 + \rho\hat{U})v_x dS$. Expressões semelhantes podem ser escritas para os elementos de superfície perpendiculares aos eixos de y e de z.

[10]Veja a Eq. 9.1-7 para a modificação da lei de Fourier para materiais anisotrópicos. O subscrito rr enfatiza que essas quantidades são componentes de um tensor de segunda ordem.

[11]W.B. Argo and J.M. Smith, *Chem. Engr. Progress*, **49**, 443-451 (1953).

[12]J. Beek, *Adv.Chem.Engr.*, **3**,203-271(1962); H. Kramers and K.R. Westerterp, *Elements of Chemical Reactor Design and Operation*, Academic Press, New York (1963), §III.9; O. Levenspiel and K.B. Bischoff, *Adv.Chem. Engr.*, **4**, 95-198 (1963).

[13]D.L. Koch and J.F. Brady, *J.Fluid Mech.*, **154**, 399-427 (1985).

na qual $\frac{1}{2}\rho v^2 = \frac{1}{2}\rho(v_x^2+v_y^2+v_z^2)$ é a energia cinética por unidade de volume, e $\rho\hat{U}$ é a energia interna por unidade de volume.

A definição da energia interna numa situação de não-equilíbrio requer algum cuidado. Do ponto de vista do *contínuo*, a energia interna na posição **r** e instante t é supostamente a mesma função da densidade e da temperatura locais e instantâneas que teríamos no equilíbrio. Do ponto de vista *molecular*, a energia interna consiste na soma das energias cinéticas de todos os átomos constituintes (relativa à velocidade do escoamento **v**), as energias potenciais intramoleculares e as energias intermoleculares, de uma pequena região em torno do ponto **r** no instante t.

Lembre-se de que, na discussão das colisões moleculares na Seção 0.3, achamos conveniente olhar a energia do par de moléculas em colisão como a soma das energias cinéticas que se referem ao centro de massa da molécula mais a energia potencial intramolecular da molécula. Aqui também dividimos a energia do fluido (sob o ponto de vista contínuo) em energia cinética associada ao movimento macroscópico do fluido e a energia interna associada à energia cinética das moléculas com relação à velocidade de escoamento e ainda as energias potenciais intra e intermolecular.

Podemos escrever expressões semelhantes à Eq. 9.7-1 para a taxa com que a energia está sendo varrida através dos elementos de superfície perpendiculares aos eixos y e z. Se agora multiplicarmos cada uma dessas três expressões pelo correspondente vetor unitário e as somarmos, obtemos então, depois da divisão por dS,

$$(\tfrac{1}{2}\rho v^2 + \rho\hat{U})\boldsymbol{\delta}_x v_x + (\tfrac{1}{2}\rho v^2 + \rho\hat{U})\boldsymbol{\delta}_y v_y + (\tfrac{1}{2}\rho v^2 + \rho\hat{U})\boldsymbol{\delta}_z v_z = (\tfrac{1}{2}\rho v^2 + \rho\hat{U})\mathbf{v} \tag{9.7-2}$$

e essa quantidade é chamada de *vetor fluxo convectivo de energia*. Para determinar o fluxo convectivo através de uma superfície unitária cuja normal unitária é **n**, fazemos o produto escalar $(\mathbf{n}\cdot(\frac{1}{2}\rho v^2 + \rho\hat{U})\mathbf{v})$. Deve-se entender que esse é o fluxo desde o lado negativo da superfície para o lado positivo. Compare esse fluxo com o fluxo convectivo de momento na Fig. 1.7-2.

9.8 TRABALHO ASSOCIADO AOS MOVIMENTOS MOLECULARES

Neste ponto consideraremos a aplicação da lei de conservação de energia a "cascas" (como nos balanços em cascas do Cap. 10) ou a elementos de volume fixos no espaço (para deduzir equações de transformação de energia na Seção 11.1). A lei de conservação de energia para um sistema aberto com escoamento é uma extensão da primeira lei da termodinâmica clássica (para sistemas fechados em equilíbrio). Para estes últimos considera-se que a variação da energia interna é igual à quantidade de calor adicionado ao sistema mais a quantidade de trabalho feito sobre o sistema. Para sistemas em escoamento teremos que considerar o calor adicionado ao sistema (pelo movimento molecular e movimento macroscópico do fluido) e também o trabalho realizado sobre o sistema pelo movimento molecular. Conseqüentemente é apropriado desenvolver agora a expressão para a potência dos movimentos moleculares.

Primeiramente lembramos que, quando uma força **F** atua sobre um corpo e causa seu movimento por uma distância $d\mathbf{r}$, o trabalho realizado é $dW = (\mathbf{F}\cdot d\mathbf{r})$. Então a taxa com que o trabalho é realizado é $dW/dt = (\mathbf{F}\cdot d\mathbf{r}/dt) = (\mathbf{F}\cdot\mathbf{v})$ — isto é, o produto escalar da força vezes a velocidade. Agora aplicamos essa fórmula aos três planos perpendiculares no ponto P no espaço mostrado na Fig. 9.8-1.

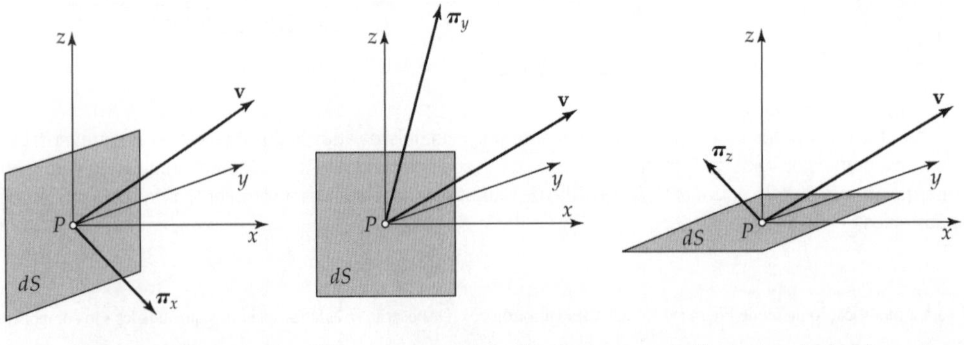

Fig. 9.8-1 Três elementos de superfície com área dS mutuamente perpendiculares no ponto P, acompanhados dos vetores tensão π_x, π_y, π_z atuando nessas superfícies. Na primeira figura, a taxa com que trabalho é efetuado pelo fluido do lado negativo de dS sobre o fluido do lado positivo de dS é portanto $(\boldsymbol{\pi}_x\cdot\mathbf{v})dS = (\boldsymbol{\pi}\cdot\mathbf{v})_x dS$. Expressões semelhantes aplicam-se aos elementos de superfície perpendiculares aos outros dois eixos coordenados.

Primeiro consideramos o elemento de superfície perpendicular ao eixo x. O fluido do lado negativo da superfície exerce uma força $\pi_x dS$ sobre o fluido que está do lado positivo (ver a Tabela 1.2-1). Uma vez que o fluido está se movendo com a velocidade $\mathbf{v}$, a taxa com que trabalho é realizado pelo fluido do lado negativo sobre o fluido do lado positivo é $(\boldsymbol{\pi}_x \cdot \mathbf{v})dS$. Expressões similares podem ser escritas para o trabalho realizado através dos outros dois elementos de superfície. Quando são escritas sob a forma de componentes, as expressões para as taxas de realização de trabalho, por unidade de área, são

$$(\boldsymbol{\pi}_x \cdot \mathbf{v}) = \pi_{xx}v_x + \pi_{xy}v_y + \pi_{xz}v_z \equiv [\boldsymbol{\pi} \cdot \mathbf{v}]_x \quad (9.8\text{-}1)$$

$$(\boldsymbol{\pi}_y \cdot \mathbf{v}) = \pi_{yx}v_x + \pi_{yy}v_y + \pi_{yz}v_z \equiv [\boldsymbol{\pi} \cdot \mathbf{v}]_y \quad (9.8\text{-}2)$$

$$(\boldsymbol{\pi}_z \cdot \mathbf{v}) = \pi_{zx}v_x + \pi_{zy}v_y + \pi_{zz}v_z \equiv [\boldsymbol{\pi} \cdot \mathbf{v}]_z \quad (9.8\text{-}3)$$

Quando os componentes escalares são multiplicados pelos vetores unitários e adicionados, obtemos "a taxa de realização de trabalho por unidade de área", que chamaremos de *fluxo de trabalho*:

$$[\boldsymbol{\pi} \cdot \mathbf{v}] = \boldsymbol{\delta}_x(\boldsymbol{\pi}_x \cdot \mathbf{v}) + \boldsymbol{\delta}_y(\boldsymbol{\pi}_y \cdot \mathbf{v}) + \boldsymbol{\delta}_z(\boldsymbol{\pi}_z \cdot \mathbf{v}) \quad (9.8\text{-}4)$$

Além disso, a taxa de realização de trabalho através de uma unidade de área de superfície cuja orientação é dada pela normal unitária $\mathbf{n}$ é $(\mathbf{n} \cdot [\boldsymbol{\pi} \cdot \mathbf{v}])$.

As Eqs. 9.8-1 a 9.8-4 podem ser escritas facilmente para coordenadas cilíndricas transformando x, y, z em r, θ, z e para coordenadas esféricas transformando x, y, z em r, θ, ϕ.

Agora vamos definir, para uso posterior, o *vetor fluxo combinado de energia* $\mathbf{e}$ como segue:

$$\mathbf{e} = (\tfrac{1}{2}\rho v^2 + \rho\hat{U})\mathbf{v} + [\boldsymbol{\pi} \cdot \mathbf{v}] + \mathbf{q} \quad (9.8\text{-}5)$$

O vetor $\mathbf{e}$ é a soma de (a) o fluxo convectivo de energia, (b) a potência mecânica dos mecanismos moleculares (por unidade de área) e (c) a taxa de transporte de calor (por unidade de área) por mecanismos moleculares. Todos os termos na Eq. 9.9-5 têm a mesma convenção de sinais, tal que e_x é o transporte de energia na direção de x positivo, por unidade de área e de tempo.

O tensor tensão total molecular $\boldsymbol{\pi}$ pode agora ser dividido em duas parcelas: $\boldsymbol{\pi} = p\boldsymbol{\delta} + \boldsymbol{\tau}$ de tal forma que $[\boldsymbol{\pi} \cdot \mathbf{v}] = p\mathbf{v} + [\boldsymbol{\tau} \cdot \mathbf{v}]$. O termo $p\mathbf{v}$ pode ser combinado ao de energia interna $\rho\hat{U}\mathbf{v}$ para dar a entalpia $\rho\hat{U}\mathbf{v} + p\mathbf{v} = \rho(\hat{U} + (p/\rho))\mathbf{v} = \rho(\hat{U} + p\hat{V})\mathbf{v} = \rho\hat{H}\mathbf{v}$, donde

$$\mathbf{e} = (\tfrac{1}{2}\rho v^2 + \rho\hat{H})\mathbf{v} + [\boldsymbol{\tau} \cdot \mathbf{v}] + \mathbf{q} \quad (9.8\text{-}6)$$

Freqüentemente o vetor $\mathbf{e}$ será usado dessa forma. Para um elemento de superfície dS com orientação $\mathbf{n}$, a quantidade $(\mathbf{n} \cdot \mathbf{e})$ dá o fluxo convectivo de energia, o fluxo térmico e o fluxo de potência através do elemento de superfície dS do lado negativo para o lado positivo de dS.

TABELA 9.8-1 Resumo da Notação para os Fluxos de Energia

Símbolo	Significado	Referência
$(\tfrac{1}{2}\rho v^2 + \rho\hat{U})\mathbf{v}$	fluxo vetorial convectivo de energia	Eq. 9.7-2
$\mathbf{q}$	fluxo vetorial molecular de calor	Eq. 9.1-6
$[\boldsymbol{\pi} \cdot \mathbf{v}]$	fluxo vetorial de trabalho molecular	Eq. 9.8-4
$\mathbf{e} = \mathbf{q} + [\boldsymbol{\pi} \cdot \mathbf{v}] + (\tfrac{1}{2}\rho v^2 + \rho\hat{U})\mathbf{v}$ $= \mathbf{q} + [\boldsymbol{\tau} \cdot \mathbf{v}] + (\tfrac{1}{2}\rho v^2 + \rho\hat{H})\mathbf{v}$	fluxo vetorial combinado de energia	Eqs. 9.8-5,6

Na Tabela 9.8-1 resumimos a notação para os vários vetores fluxo de energia apresentados nesta seção. Todos eles possuem a mesma convenção de sinais.

Para calcular a entalpia na Eq. 9.8-6, empregamos as fórmulas tradicionais da termodinâmica do equilíbrio

$$d\hat{H} = \left(\frac{\partial \hat{H}}{\partial T}\right)_p dT + \left(\frac{\partial \hat{H}}{\partial p}\right)_T dp = \hat{C}_p dT + \left[\hat{V} - T\left(\frac{\partial \hat{V}}{\partial T}\right)_p\right] dp \quad (9.8\text{-}7)$$

Quando esta é integrada desde um estado de referência $p°$, $T°$ até o estado p, T, obtemos[1]

$$\hat{H} - \hat{H}° = \int_{T°}^{T} \hat{C}_p dT + \int_{p°}^{p} \left[\hat{V} - T\left(\frac{\partial \hat{V}}{\partial T}\right)_p \right] dp \qquad (9.8\text{-}8)$$

na qual $\hat{H}°$ é a entalpia por unidade de massa no estado de referência. A integral em p é nula para gases ideais e $1/\rho(p - p°)$ para fluidos de densidade constante na faixa de temperatura relevante. Supõe-se que a Eq. 9.8-7 seja válida em sistemas não em equilíbrio, onde p e T são os valores locais da pressão e temperatura.

Questões para Discussão

1. Defina e dê as dimensões da condutividade térmica k, difusividade térmica α, calor específico $\hat{C}_p$, fluxo térmico $\mathbf{q}$ e fluxo combinado de energia $\mathbf{e}$. Use para as dimensões m = massa, 1 = comprimento, T = temperatura e t = tempo.
2. Compare as ordens de grandeza da condutividade térmica de gases, líquidos e sólidos.
3. De que modo são as leis da viscosidade de Newton e de Fourier da condução de calor similares? E dissimilares?
4. A viscosidade dos gases e suas condutividades térmicas são relacionadas? No caso positivo, como?
5. Compare a dependência com a temperatura da condutividade térmica de gases, líquidos e sólidos.
6. Compare as ordens de grandeza dos números de Prandtl para gases e líquidos.
7. São idênticas as condutividades térmicas dos gases Ne^{20} e Ne^{22}?
8. A relação $\tilde{C}_p - \tilde{C}_V = R$ é verdadeira apenas para gases ideais, ou é válida também para líquidos? Se não se aplica a líquidos, que fórmula deve então ser usada?
9. Qual é o fluxo de energia cinética na direção axial para o escoamento laminar de Poiseuille de um fluido newtoniano em um tubo circular?
10. Qual a expressão para $[\boldsymbol{\pi} \cdot \mathbf{v}] = p\mathbf{v} + [\boldsymbol{\tau} \cdot \mathbf{v}]$ para o escoamento de Poiseuille?

Problemas

9A.1 Previsao da condutividade térmica de gases a baixas densidades.

(a) Calcule a condutividade térmica do argônio a 100°C e à pressão atmosférica, usando a teoria de Chapman-Enskog e as constantes de Lennard-Jones deduzidas de dados de viscosidade. Compare seus resultados com dados experimentais[1] de 506×10^{-7}cal/cm · s · K.

(b) Calcule as condutividades térmicas de NO e CH_4 a 300K e pressão atmosférica a partir dos seguintes dados para essas condições:

	$\mu \times 10^7$ (g/cm · s)	$\tilde{C}_p$ (cal/g-mol · K)
NO	1929	7,15
CH_4	1116	8,55

Compare seus resultados com os dados experimentais da Tabela 9.1-1.

9A.2 Cálculo do número de Prandtl para gases a baixas densidades.

(a) Usando a fórmula de Eucken e dados experimentais de calor específico, estime o número de Prandtl a 1 atm e 300K para cada um dos gases da tabela.

(b) Para os mesmos gases, calcule o número de Prandtl diretamente substituindo os seguintes valores na fórmula definida $Pr = \hat{C}_p\mu/k$, e compare os valores com os resultados do item (a). Todas as propriedades são dadas a baixas pressões e 300K.

[1]Veja, por exemplo, R.J. Silbey and R.A. Alberty, *Physical Chemistry*, Wiley, New York, 3rd. edition (2001), §2.11.

[1]W.G. Kannuluik e E.H. Carman, *Proc. Phys. Soc.* (London), **65B**, 701-704 (1952).

Gás[a]	$\hat{C}_p \times 10^{-3}$ J/kg · K	$\mu \times 10^5$ Pa · s	k W/m · K
He	5,193	1,995	0,1546
Ar	0,5204	2,278	0,01784
H_2	14,28	0,8944	0,1789
Ar	1,001	1,854	0,02614
CO_2	0,8484	1,506	0,01661
H_2O	1,864	1,041	0,02250

[a]Os valores desta tabela foram preparados a partir de funções fornecidas por T.E. Daubert, R.P. Danner, H.M.Sibul, C.C. Stebbins, J.L. Oscarson, R.L. Rowley, W.V. Wilding, M.E. Adams, T.L. Marshall,and N.A. Zundel. *DIPPR®Data Compilation of Pure Compound Properties*, Design Institute for Physical Property Data®, *AIChE*, New York (2000).

9A.3 Estimativa da condutividade térmica de um gás denso.

Faça a previsão da condutividade térmica do metano a 110,4 atm e 127°F pelos seguintes métodos:

(a) Use a Fig. 9.2-1. Obtenha as constantes críticas necessárias no Apêndice E.

(b) Use a fórmula de Eucken para determinar a condutividadde térmica a 127°F e baixa pressão. Aplique a correção usando a Fig. 9.2-1. O valor experimental[2] é 0,0282 Btu/h·ft·F.

Resposta: **(a)** 0,0294 Btu/h · ft · F

9A.4 Previsao da condutividade térmica de uma mistura de gases. Calcule a condutividade térmica de uma mistura contendo 20 moles % de CO_2 e 80 moles % de H_2 a 1 atm e 300K. Use os dados do Problema 9A.2.

Resposta: 2850×10^7 cal/cm · s · k

9A.5 Estimativa da condutividade térmica de um líquido puro. Preveja a condutividade térmica da H_2O líquida a 40°C e 40 megabars de pressão (1 megabar = 10^6dyn/cm^2). A compressibilidade isotérmica $(1/\rho)(\partial \rho/\partial p)_T$ é 38×10^{-6} megabar^{-1} e a densidade é 0,9938 g/cm^3. Suponha $\tilde{C}_p = \tilde{C}_V$.

Resposta: 0,375 Btu/h · ft · F

9A.6 Cálculo do número de Lorenz.

(a) A aplicação da teoria cinética ao "gás de elétrons" num metal[3] dá para o número de Lorenz

$$L = \frac{\pi^2}{3}\left(\frac{\text{K}}{e}\right)^2 \tag{9A.6-1}$$

em que k é a constante de Boltzmann e e é a carga do elétron. Calcule L nas unidades dadas abaixo da Eq. 9.5-1.

(b) A resistividade elétrica, $1/k_e$, do cobre a 20°C é $1{,}72 \times 10^{-6}$ohm · cm. Calcule sua condutividade térmica em W/m · K usando a Eq. 9.6-1, e compare seu resultado com o valor experimental dado na Tabela 9.1-4.

Respostas: **(a)** $2{,}44 \times 10^{-8}$ volt^2/K^2; **(b)** 416 W/m · K

9A.7 Corroboraçao da lei de Wiedemann-Franz-Lorenz. Dados os seguinte valores experimentais a 20°C para metais puros, calcule os valores correspondentes do número de Lorenz, L, definido pela Eq. 9.5-1.

Metal	$k_e \times 10^6$ (ohm · cm)	k (cal/cm · s · K)
Na	4,6	0,317
Ni	6,9	0,140
Cu	1,69	0,92
Al	2,62	0,50

[2]J.M. Lenoir,W.A. Junk, and E.W. Comings, *Chem. Engr. Prog.*, **49**, 539-542 (1953).

[3]J.E. Mayer and M.G. Mayer, *Statistical Mechanics*, Wiley, New York (1946), p. 412; P. Drude, *Ann. Phys.*,**1**, 566-613 (1900).

9A.8 Condutividade térmica e número de Prandtl de um gás poliatômico.

(**a**) Estime a condutividade térmica do CH_4 a 1.500K e 1,37 atm. A capacidade calorífica a pressão constante[4] a 1.500K é 20,71 cal/g-mol · K.

(**b**) Qual o número de Prandtl à mesma pressão e temperatura?

Respostas: (**a**) $5{,}03 \times 10^{-4}$ cal/cm · s · K (**b**) 0,89

9A.9 Condutividade térmica do cloro gasoso. Use a Eq. 9.3-15 para calcular a condutividade térmica do cloro gasoso. Para isto você precisa usar a Eq. 1.4-14 para estimar a viscosidade, e precisará também dos seguintes valores do calor específico:

T (K)	200	300	400	500	600
$\tilde{C}_p$ (cal/g-mol · K)	(8,06)	8,12	8,44	8,62	6,74

Verifique como os valores calculados concordam com os seguintes dados experimentais[5]

T(K)	p(mm Hg)	$k \times 10^5$ cal/cm · s · K
198	50	1,31 ± 0,03
275	220	1,90 ± 0,02
276	120	1,93 ± 0,01
	220	1,92 ± 0,01
363	100	2,62 ± 0,02
	200	2,61 ± 0,02
395	210	3,04 ± 0,02
453	150	3,53 ± 0,03
	250	3,42 ± 0,02
495	250	3,72 ± 0,07
553	100	4,14 ± 0,04
583	170	4,43 ± 0,04
	210	4,45 ± 0,08
676	150	5,07 ± 0,10
	250	4,90 ± 0,03

9A.10 Condutividade térmica de misturas cloro-ar. Usando a Eq. 9.3-17, faça uma previsão da condutividade térmica de misturas cloro-ar a 297K e 1 atm para as seguintes frações molares de cloro: 0,25, 0,50, 0,75. O ar pode ser considerado uma substância simples, e os seguintes dados podem ser empregados:

Substância[a]	μ (Pa · s)	k(W/m · K)	$\hat{C}_p$(J/kg · K)
Ar	$1{,}854 \times 10^{-5}$	$2{,}614 \times 10^{-2}$	$1{,}001 \times 10^{3}$
Cloro	$1{,}351 \times 10^{-5}$	$8{,}960 \times 10^{-3}$	$4{,}798 \times 10^{2}$

[a]Os valores dessa tabela foram preparados a partir de funções fornecidas por T.E. Daubert, R.P. Danner, H.M. Sibul, C.C. Stebbins, J.L. Oscarson, R.L. Rowley, W.V. Wilding, M.E. Adams, T.L. Marshall, and N.A. Zundel. *DIPPR ® Data Compilation of Pure Compound Properties*, Design Institute for Physical Property Data®, *AIChE*, New York (2000).

9A.11 Condutividade térmica da areia de quartzo. Uma amostra típica de areia de quartzo tem as seguintes propriedades a 20°C:

[4]O.A. Hougen, K.M. Watson, and R.A. Ragatz, *Chemical Process Principles*, Vol.1, Wiley, New York (1954), p.253.

[5]Dados interpolados de E.U. Frank, *Z. Elektrochem.*, **55**, 636 (1951), como relatados em *Nouveau Traité de Chimie Minerale*, P. Pascal, ed., Masson et Cie, Paris (1960), pp.158-159.

Componente	Fração volumétrica	k cal/cm · s · K
$i = 1$: Sílica	0,510	$20,4 \times 10^{-3}$
$i = 2$: Feldspato	0,063	$7,0 \times 10^{-3}$
A fase contínua ($i = 0$) é uma das seguintes:		
(i) Água	0,427	$1,42 \times 10^{-3}$
(ii) Ar	0,427	$0,0615 \times 10^{-3}$

Estime a condutividade térmica efetiva da areia (i) quando saturada de água, e (ii) quando está completamente seca.
(a) Use a seguinte generalização das Eqs. 9.6-5 e 6:

$$\frac{k_{ef}}{k_0} = \frac{\sum_{i=0}^{N} \alpha_i \phi_i (k_i / k_0)}{\sum_{i=0}^{N} \alpha_i \phi_i} \tag{9A.11-1}$$

$$\alpha_i = \frac{1}{3} \sum_{i=1}^{3} \left[1 + \left(\frac{k_i}{k_0} - 1 \right) g_i \right]^{-1} \tag{9A.11-2}$$

Aqui N é o número de fases sólidas. Compare as previsões para esferas ($g_1 = g_2 = g_3 = \frac{1}{3}$) com a recomendação de de Vries ($g_1 = g_2 = \frac{1}{8}$; $g_3 = \frac{3}{4}$).
(b) Use a Eq. 9.6-1 com $k_1 = 18,9 \times 10^{-3}$ cal/cm · s · K que é a média volumétrica das condutividades térmicas dos dois sólidos. Valores observados, com precisão de 3%, são 6,2 e $0,58 \times 10^{-3}$ cal/cm · s · K para a areia molhada e seca, respectivamente.[6] As partículas foram consideradas como esferóides oblatos como melhor aproximação para suas formas, com relação entre eixos igual a 4, para as quais $g_1 = g_2 = 0,144$; $g_3 = 0,712$.
Resposta: **(a)** Da Eq. 9.6-4, $4,93 \times 10^{-3}$ cal/cm · s · K (esféricas) e $6,22 \times 10^{-3}$ cal/cm · s · K. Da Eq. 9.6-1, $5,0 \times 10^{-3}$ cal/cm · s · K

9A.12 Cálculo dos diâmetros moleculares a partir de propriedades de transporte.
(a) Determine o diâmetro molecular d do argônio pela Eq. 1.4-9 e dados experimentais da viscosidade apresentados no Problema 9A.2.
(b) Repita (a), mas usando a Eq. 9.3-12 e medidas da condutividade térmica do Problema 9A.2. Compare este com os resultados obtidos em (a).
(c) Calcule e compare os valores do diâmetro de colisão de Lennard-Jones σ usando os mesmos dados experimentais usados em (a) e (b) e $\varepsilon/\kappa = 124$K.
(d) O que se conclui desses cálculos?
Resposta: **(a)** 2,95Å; **(b)** 1,88Å; **(c)** 3,415Å da Eq. 1.4-14, 3,425Å da Eq. 9.3-13

9C.1 Teoria de Enskog para gases densos. Enskog[7] desenvolveu uma teoria cinética para as propriedades de gases densos. Ele mostrou que para moléculas idealizadas como esferas rígidas de diâmetro σ_0

$$\frac{\mu}{\mu^\circ} \frac{\tilde{V}}{b_0} = \frac{1}{y} + 0,8 + 0,761y \tag{9C.1-1}$$

$$\frac{k}{k^\circ} \frac{\tilde{V}}{b_0} = \frac{1}{y} + 1,2 + 0,755y \tag{9C.1-2}$$

Aqui μ° e k° são as propriedades a baixa pressão (calculadas, p. ex., das Eqs. 1.4-14 e 9.3-13), $\tilde{V}$ é o volume molar, e $b_0 = 2/3\pi \tilde{N}\sigma^3_0$, em que $\tilde{N}$ é o número de Avogadro. A quantidade y é relacionada à equação de estado de um gás de esferas rígidas:

$$y = \frac{p\tilde{V}}{RT} - 1 = \left(\frac{b_0}{\tilde{V}}\right) + 0,6250\left(\frac{b_0}{\tilde{V}}\right)^2 + 0,2869\left(\frac{b_0}{\tilde{V}}\right)^3 + \cdots \tag{9C.1-3}$$

Essas três equações dão a correção de densidade para a viscosidade e condutividade térmica de um gás hipotético feito de esferas rígidas.

[6] O comportamento de solos parcialmente molhados foi abordado por D.A. de Vries, Chapter 7 in *Physics and Plant Environment*, W.R. van Wijk, ed., Wiley, New York (1963).
[7] D.Enskog, *Kungliga Svenska Vetenskapsakademiens Handligar*, **62**, No.4 (1922), em alemão. Veja também J.O. Hirschfelder, C.F. Curtiss,and R.B. Bird, *Molecular Theory of Gases and Liquids*, 2.ª impressão com correções (1964), pp.647-652.

Enskog sugeriu que para gases reais, (i) y pode ser dado empiricamente por

$$y = \frac{\tilde{V}}{RT}\left[T\left(\frac{\partial p}{\partial T}\right)_{\tilde{V}} - 1\right] \tag{9C.1-4}$$

em que dados de p-$\tilde{V}$-T são usados, e (ii) b_0 pode ser determinado por ajuste do mínimo na curva de $(\mu/\mu°)\tilde{V}$ versus y.

(a) Uma forma útil de resumir a equação de estado é a de usar a apresentação dos estados correspondentes[8] de $Z = Z(p_r, T_r)$, em que $Z = p\tilde{V}/RT$, $p_r = p/p_c$, e $T_r = T/T_c$. Mostre que a quantidade y definida pela Eq. 9C.1-4 pode ser calculada como função da pressão e temperatura reduzidas de

$$y = Z\frac{1 + (\partial \ln Z/\partial \ln T_r)_{p_r}}{1 - (\partial \ln Z/\partial \ln p_r)_{T_r}} \tag{9C.1-5}$$

(b) Mostre como as Eqs. 9C.1-1, 2 e 5, juntamente com o gráfico Z de Hougen-Watson e o gráfico de Uyehara-Watson μ/μ_c na Fig. 1.3-1, pode ser usada para desenvolver um gráfico de k/k_c em função de p_r e T_r. Quais seriam as limitações do gráfico resultante? Esse procedimento (empregando dados específicos de p-$\tilde{V}$-T em vez do gráfico Z de Hougen-Watson) foi usado por Comings e Nathan.[9]

(c) Como poderíamos usar a equação de estado de Redlich-Kwong[10]

$$\left(p + \frac{a}{\sqrt{T}\tilde{V}(\tilde{V} + b)}\right)(\tilde{V} - b) = RT \tag{9C.1-6}$$

para os mesmos propósitos? As quantidades a e b são constantes características de cada gás.

---

[8] O.A. Hougen and K.M. Watson, *Chemical Process Principles*, Vol.II, Wiley, New York (1947), p. 489.

[9] E.W. Comings and M.F. Nathan, *Ind. Eng.Chem.*, **39**, 964-970 (1947).

[10] O. Redlich and J.N.S. Kwong, *Chem. Rev.*, **44**, 233-244 (1949).

Capítulo 10

BALANÇOS DE ENERGIA EM CASCAS E DISTRIBUIÇÕES DE TEMPERATURAS EM SÓLIDOS E EM ESCOAMENTO LAMINAR

No Cap. 2, vimos como certos problemas de escoamentos viscosos simples são resolvidos por um procedimento de dois passos: (i) um balanço de momento é feito numa placa fina ou casca perpendicular à direção do transporte de momento, levando a uma equação diferencial de primeira ordem que dá a distribuição do fluxo de momento; (ii) então na expressão para o fluxo de momento introduzimos a lei de Newton da viscosidade, o que conduz a uma equação diferencial de primeira ordem para a velocidade do fluido em função da posição. As constantes de integração que aparecem são avaliadas usando-se condições de contorno, que especificam a velocidade ou o fluxo de momento nas superfícies limítrofes.

Neste capítulo mostramos como um número de problemas de condução de calor são resolvidos por um procedimento análogo: (i) um balanço de energia é feito numa placa fina ou casca perpendicular à direção do fluxo térmico, e isso conduz a uma equação diferencial de primeira ordem da qual o fluxo térmico é obtido; (ii) então nessa expressão para o fluxo térmico substituímos a lei de Fourier da condução de calor, a qual dá uma equação diferencial de primeira ordem para a temperatura como função da posição. As constantes de integração são então determinadas com o emprego das condições de contorno para a temperatura ou fluxo térmico nas superfícies limítrofes.

Deve ficar claro pelo fraseado similar dos dois parágrafos precedentes que os métodos matemáticos usados neste capítulo são os mesmos dos apresentados no Cap. 2 — apenas a notação e a terminologia são diferentes. Entretanto, encontraremos aqui vários fenômenos físicos sem contraparte no Cap. 2.

Depois de uma breve introdução ao balanço de energia em cascas na Seção 10.1, apresentamos uma análise da condução de calor numa série de exemplos simples. Embora esses exemplos sejam um tanto idealizados, os resultados encontram aplicações em numerosos cálculos de engenharia. Os problemas foram escolhidos para apresentar ao iniciante vários conceitos físicos importantes associados ao campo da transferência de calor. Adicionalmente eles servem para mostrar como usar uma variedade de condições de contorno e para ilustrar a solução de problemas em coordenadas cartesianas, cilíndricas e esféricas. Nas Seções 10.2-10.5 consideramos quatro tipos de fontes de calor: elétrica, nuclear, viscosa e química. Nas Seções 10.6 e 10.7 cobrimos dois tópicos com larga faixa de aplicações — são eles: fluxo de calor através de paredes compostas e a perda de calor em aletas. Finalmente, nas Seções 10.8 e 10.9 analisamos dois casos limites de transferência de calor em fluidos em movimento: convecção forçada e convecção natural. O estudo desses tópicos pavimenta o caminho para as equações gerais do Cap. 11.

10.1 BALANÇOS DE ENERGIA EM CASCAS; CONDIÇÕES DE CONTORNO

Os problemas discutidos neste capítulo são formulados por meio de um balanço de energia numa casca. Seleciona-se uma placa (ou casca), cujas superfícies sejam normais à direção da condução de calor, e escrevemos para esse sistema uma declaração da lei da conservação de energia. Para o *regime permanente* (i.e., independente do tempo), escrevemos:

$$\begin{Bmatrix}\text{taxa de}\\ \text{entrada de}\\ \text{energia pelo}\\ \text{transporte}\\ \text{convectivo}\end{Bmatrix} - \begin{Bmatrix}\text{taxa de}\\ \text{saída de}\\ \text{energia pelo}\\ \text{transporte}\\ \text{convectivo}\end{Bmatrix} + \begin{Bmatrix}\text{taxa de}\\ \text{entrada de}\\ \text{energia pelo}\\ \text{transporte}\\ \text{molecular}\end{Bmatrix} - \begin{Bmatrix}\text{taxa de}\\ \text{saída de}\\ \text{energia pelo}\\ \text{transporte}\\ \text{molecular}\end{Bmatrix} +$$

$$\begin{Bmatrix}\text{taxa de}\\ \text{trabalho}\\ \text{realizado sobre}\\ \text{o sistema pelo}\\ \text{transporte}\\ \text{molecular}\end{Bmatrix} - \begin{Bmatrix}\text{taxa de}\\ \text{trabalho}\\ \text{realizado pelo}\\ \text{sistema pelo}\\ \text{transporte}\\ \text{molecular}\end{Bmatrix} + \begin{Bmatrix}\text{taxa de}\\ \text{trabalho}\\ \text{realizado sobre}\\ \text{o sistema}\\ \text{pelas forças}\\ \text{externas}\end{Bmatrix} + \begin{Bmatrix}\text{taxa de}\\ \text{produção}\\ \text{de energia}\end{Bmatrix} = 0 \qquad (10.1\text{-}1)$$

O *transporte convectivo* de energia foi discutido na Seção 9.7, e o *transporte molecular* (condução de calor) na Seção 9.1. Os *termos de trabalho molecular* foram explicados na Seção 9.8. Esses três termos podem ser adicionados na forma do "fluxo combinado de energia" **e**, como foi mostrado na Eq. 9.8-6. Ao equacionar problemas aqui (e no próximo capítulo) usaremos o vetor **e** associado à expressão para a entalpia da Eq. 9.8.8. Note que nos sistemas sem escoamento (para os quais **v** é zero) o vetor **e** simplifica-se no vetor **q**, que é determinado pela lei de Fourier.

O termo de *produção de energia* na Eq. 10.1-1 inclui (i) a degradação da energia elétrica em calor, (ii) o calor produzido pela desaceleração de nêutrons e outros fragmentos nucleares liberados na fissão, (iii) o calor gerado pela dissipação viscosa, e (iv) o calor produzido nas reações químicas. A fonte térmica associada às reações químicas será discutida mais profundamente no Cap. 19. A Eq. 10.1-1 é uma declaração da primeira lei da termodinâmica, escrita para um sistema "aberto" em condições de regime permanente. No Cap. 11 essa mesma declaração — estendida para o regime transiente — será escrita como uma equação de balanço.

Depois da Eq. 10.1-1 ter sido escrita para uma placa fina ou casca de material, a espessura da placa ou casca é levada a tender a zero. Esse procedimento conduz em última análise a uma expressão para a distribuição de temperatura contendo constantes de integração, que são avaliadas pelo uso das condições de contorno. Os tipos mais comuns de condições de contorno são:

a. A temperatura é especificada numa superfície.

b. O fluxo térmico normal a uma superfície pode ser dado (isto é equivalente a especificar o componente normal do gradiente de temperatura).

c. Nas interfaces são impostas a continuidade da temperatura e do fluxo térmico normal à interface.

d. Numa interface sólido-fluido o componente normal do fluxo térmico pode ser relacionado à diferença entre a temperatura da superfície sólida T_0 e a temperatura média de mistura do fluido T_b.

$$q = h(T_0 - T_b) \qquad (10.1\text{-}2)$$

Essa relação é denominada *lei de resfriamento de Newton*. Não é verdadeiramente uma lei, mas a equação de definição para h, denominado *coeficiente de transferência de calor*. O Cap. 14 trata de métodos para estimativa do coeficiente de transferência de calor.

Todos os quatro tipos de condições de contorno são encontrados neste capítulo. Outros tipos são possíveis e serão apresentados quando forem necessários.

10.2 CONDUÇÃO DE CALOR COM UMA FONTE ELÉTRICA DE CALOR

O primeiro sistema que consideraremos é o de um fio elétrico de seção circular com raio R e condutividade elétrica k_e ohm^{-1} cm^{-1}. Através desse fio circula uma corrente elétrica com densidade de corrente I amp/cm^2. A transmissão de uma corrente elétrica é um processo irreversível, e parte da energia elétrica é convertida em calor (energia térmica). A taxa de produção de calor por unidade de volume é dada pela expressão

$$S_e = \frac{I^2}{k_e} \qquad (10.2\text{-}1)$$

A quantidade S_e é a fonte de calor resultante da dissipação elétrica. Supomos aqui que o aumento da temperatura no fio não seja tão grande a ponto de a dependência com a temperatura das condutividades térmica ou elétrica ter que ser consideradas. A superfície do fio é mantida à temperatura T_0. Agora mostraremos como determinar a distribuição radial de temperatura no fio.

Para o balanço de energia tomamos o sistema como uma casca cilíndrica de espessura Δr e comprimento L (ver Fig. 10.2-1). Como $\mathbf{v} = \mathbf{0}$ nesse sistema, as únicas contribuições para o balanço de energia são

Taxa de entrada de calor através da superfície cilíndrica em r

$$(2\pi rL)q_r|_r) = (2\pi rLq_r)|_r \tag{10.2-2}$$

Taxa de saída de calor através da superfície cilíndrica em $r + \Delta r$

$$(2\pi(r + \Delta r)L)(q_r|_{r+\Delta r}) = (2\pi rLq_r)|_{r+\Delta r} \tag{10.2-3}$$

Taxa de energia térmica produzida pela dissipação elétrica

$$(2\pi r\Delta rL)S_e \tag{10.2-4}$$

A notação q_r significa o "fluxo térmico na direção de r", e $(...)|_{r+\Delta r}$ significa "avaliada em $r+\Delta r$". Note que tomamos "entrada" e "saída" em relação à direção positiva de r.

Agora substituímos essas quantidades na equação de balanço de energia Eq. 10.1-1. A divisão por $2\pi L\Delta r$ e a passagem ao limite quando Δr tende a zero dá

$$\lim_{\Delta r \to 0} \frac{(rq_r)|_{r+\Delta r} - (rq_r)|_r}{\Delta r} = S_e r \tag{10.2-5}$$

A expressão ao lado esquerdo é a derivada primeira de rq_r em relação a r, então a Eq. 10.2-5 transforma-se em

$$\frac{d}{dr}(rq_r) = S_e r \tag{10.2-6}$$

Essa é uma equação diferencial ordinária de primeira ordem para o fluxo térmico, e ela pode ser integrada para dar

$$q_r = \frac{S_e r}{2} + \frac{C_1}{r} \tag{10.2-7}$$

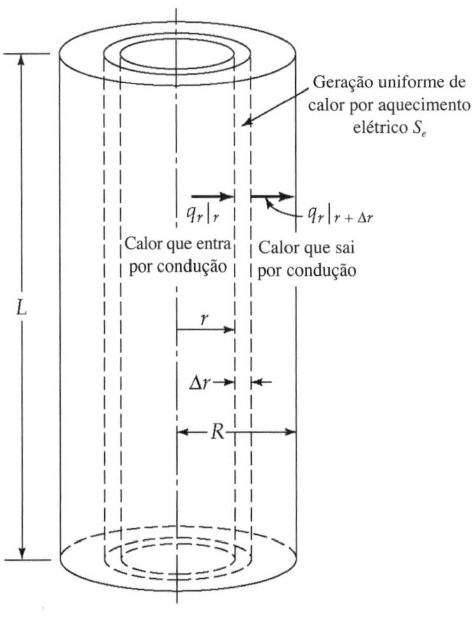

Fig. 10.2-1 Um fio eletricamente aquecido, mostrando a casca cilíndrica sobre a qual o balanço de energia é feito.

A constante de integração C_1 deve ser nula para satisfazer a condição de contorno

C.C. 1: em $r = 0$, q_r não é infinito (10.2-8)

Portanto a expressão final para a distribuição de fluxo térmico é

$$\boxed{q_r = \frac{S_e r}{2}} \tag{10.2-9}$$

Esta diz que o fluxo térmico cresce linearmente com r.

Agora substituímos a lei de Fourier na forma $q_r = -k\,(dT/dr)$ (ver a Eq. B.2-4) na Eq. 10.2-9 e obtemos

$$-k\frac{dT}{dr} = \frac{S_e r}{2} \tag{10.2-10}$$

Quando supõe-se que k seja constante, essa equação diferencial de primeira ordem pode ser integrada para dar

$$T = -\frac{S_e r^2}{4k} + C_2 \tag{10.2-11}$$

A constante de integração é determinada por

C.C. 2: em $r = R$, $T = T_0$ (10.2-12)

Com isso obtém-se $C_2 = (S_e R^2/4k) + T_0$ e a Eq. 10.2-11 fica

$$\boxed{T - T_0 = \frac{S_e R^2}{4k}\left[1 - \left(\frac{r}{R}\right)^2\right]} \tag{10.2-13}$$

A Eq. 10.2-13 dá o crescimento da temperatura como uma função parabólica da distância r do eixo do fio.

Uma vez que a distribuição de temperatura e do fluxo térmico é conhecida, várias informações sobre o sistema podem ser obtidas:

(i) *Aumento máximo da temperatura* (em $r = 0$)

$$T_{\text{máx}} - T_0 = \frac{S_e R^2}{4k} \tag{10.2-14}$$

(ii) *Aumento médio da temperatura*

$$\langle T\rangle - T_0 = \frac{\int_0^{2\pi}\int_0^R (T(r) - T_0) r\,dr\,d\theta}{\int_0^{2\pi}\int_0^R r\,dr\,d\theta} = \frac{S_e R^2}{8k} \tag{10.2-15}$$

Assim o aumento médio da temperatura sobre a seção transversal é a metade do aumento máximo.

(iii) *Taxa de transferência de calor* (para um comprimento L de fio)

$$Q|_{r=R} = 2\pi RL \cdot q_r|_{r=R} = 2\pi RL \cdot \frac{S_e R}{2} = \pi R^2 L \cdot S_e \tag{10.2-16}$$

Esse resultado não é surpreendente, uma vez que no regime permanente todo calor produzido pela dissipação elétrica no volume $\pi R^2 L$ deve deixar o sistema através da superfície em $r = R$.

O leitor, enquanto acompanha este desenvolvimento, pode muito bem ter tido o sentimento de *déja vu*. Existe uma pronunciada semelhança entre o problema do fio aquecido e o escoamento viscoso no tubo circular. Apenas a notação é diferente:

	Escoamento em Tubo	Fio Aquecido
A primeira integração dá	$\tau_{rz}(r)$	$q_r(r)$
A segunda integração dá	$v_z(r)$	$T(r) - T_0$
Condição de contorno em $r = 0$	τ_{rz} = finito	q_r = finito
Condição de contorno em $r = R$	$v_z = 0$	$T - T_0 = 0$
Propriedade de Transporte	μ	k
Termo de Fonte	$(\mathcal{P}_0 - \mathcal{P}_L)/L$	S_e
Suposições	μ = constante	k, k_e = constante

Isto é, quando as quantidades são escolhidas adequadamente, as equações diferenciais *e* as condições de contorno para os dois problemas são idênticas, e os processos físicos são chamados de "análogos". Nem todos os problemas de transferência de momento são análogos a problemas de transporte de energia ou de massa. Entretanto, quando essas analogias podem ser encontradas, elas podem ser úteis na transposição de resultados conhecidos de uma área para outra. Por exemplo, o leitor não deve ter dificuldades em achar um sistema de condução de calor análogo ao escoamento viscoso de um filme líquido sobre uma placa inclinada.

Existem muitos exemplos de condução de calor na indústria elétrica.[1] A minimização da elevação de temperatura no interior de uma máquina elétrica prolonga a vida do isolante. Um exemplo é o emprego de estatores internamente resfriados a líquido em geradores AC muito grandes (500.000 kw).

Para ilustrar melhor os problemas de aquecimento elétrico, damos dois exemplos de aumento da temperatura em fios: o primeiro indica a ordem de grandeza do efeito térmico, e o segundo mostra como empregar condições de contorno diferentes. Além disso, no Problema 10C.2 mostramos como levar em consideração a dependência da temperatura das condutividades elétrica e térmica.

EXEMPLO 10.2-1

Voltagem Necessária para um Aumento Especificado de Temperatura em um Fio Aquecido por uma Corrente Elétrica

Um fio de cobre tem 2 mm de raio e 5 m de comprimento. Para que queda de voltagem o aumento de temperatura no eixo do fio seria de 10°C, se a temperatura da superfície do fio é de 20°C?

SOLUÇÃO

Combinando as Eqs. 10.2-14 e 10.2-1 obtém-se

$$T_{\text{máx}} - T_0 = \frac{I^2R^2}{4kk_e} \tag{10.2-17}$$

A densidade de corrente está relacionada à queda de voltagem E ao longo do comprimento L por

$$I = k_e \frac{E}{L} \tag{10.2-18}$$

Portanto

$$T_{\text{máx}} - T_0 = \frac{E^2R^2}{4L^2}\left(\frac{k_e}{k}\right) \tag{10.2-19}$$

de onde

$$E = 2\frac{L}{R}\sqrt{\frac{k}{k_eT_0}}\sqrt{T_0(T_{\text{máx}} - T_0)} \tag{10.2-20}$$

Para o cobre o número de Lorenz da Seção 9.5 é $k/k_eT_0 = 2{,}23\times10^{-8}$ volt^2/K^2. Portanto a queda de voltagem necessária para causar o aumento em 10°C na temperatura é

$$\begin{aligned} E &= 2\left(\frac{5000 \text{ mm}}{2 \text{ mm}}\right)\sqrt{2{,}23 \times 10^{-8}}\,\frac{\text{volt}}{\text{K}}\,\sqrt{(293)(10)}\text{K} \\ &= (5000)(1{,}49 \times 10^{-4})(54{,}1) = 40 \text{ volts} \end{aligned} \tag{10.2-21}$$

EXEMPLO 10.2-2

Fio Aquecido com Coeficiente de Transferência de Calor e Temperatura do Ar Ambiente Especificados

Repita a análise da Seção 10.2, supondo que T_0 é desconhecido, mas que, ao contrário, o fluxo térmico na parede é dado pela "lei do resfriamento" de Newton (Eq. 10.1-2). Suponha que o coeficiente de transferência de calor h e a temperatura do ambiente T_{ar} sejam conhecidos.

[1]M. Jakob, *Heat Transfer*, Vol. 1, Wiley, New York (1949), Chapter. 10, p. 167-199.

SOLUÇÃO I

A solução emprega como anteriormente a Eq. 10.2-11, mas a segunda constante de integração é determinada pela Eq. 10.1.2:

$$\text{C.C. } 2': \qquad \text{em } r = R, \qquad -k\frac{dT}{dr} = h(T - T_{ar}) \qquad (10.2\text{-}22)$$

Substituindo a Eq. 10.2-11 na Eq. 10.2-22 dá $C_2 = (S_eR/2h)+(S_eR^2/4k)+T_{ar}$, e o perfil da temperatura é, portanto,

$$T - T_{ar} = \frac{S_eR^2}{4k}\left[1 - \left(\frac{r}{R}\right)^2\right] + \frac{S_eR}{2h} \qquad (10.2\text{-}23)$$

Daí encontra-se a temperatura da superfície do fio $T_{ar} + S_eR/2h$.

SOLUÇÃO II

Outro método de solução faz uso do resultado obtido previamente na Eq. 10.2-13. Embora T_0 não seja conhecido no presente problema, ainda assim podemos usar o resultado. Das Eqs. 10.1-2 e 10.2-16 encontramos a diferença de temperaturas

$$T_0 - T_{ar} = \frac{\pi R^2 L S_e}{h(2\pi RL)} = \frac{S_eR}{2h} \qquad (10.2\text{-}24)$$

A subtração da Eq. 10.2-24 da Eq. 10.2-13 nos permite a eliminação de T_0 e dá o resultado da Eq. 10.2-23.

10.3 CONDUÇÃO DE CALOR COM FONTE NUCLEAR DE CALOR

Consideramos um elemento esférico de combustível nuclear mostrado na Fig. 10.3-1. Ele consiste em uma esfera de material físsil com raio $R^{(F)}$, envolvida por uma casca esférica "revestida" de alumínio com raio externo $R^{(C)}$. No interior do elemento combustível, são produzidos fragmentos de alta energia cinética. A colisão entre esses fragmentos e os átomos do material físsil provê o suprimento principal da energia térmica no reator. Essa fonte de energia por unidade de volume resultante da fissão nuclear é chamada de S_n (cal/cm^3·s). Essa fonte não será uniforme em todos os pontos da esfera de material físsil; será mínima no centro da esfera. Para os propósitos desse problema suporemos que a fonte é dada aproximadamente pela função parabólica

$$S_n = S_{n0}\left[1 + b\left(\frac{r}{R^{(F)}}\right)^2\right] \qquad (10.3\text{-}1)$$

Nessa, S_{n0} é a taxa volumétrica de geração de calor no centro da esfera, e b é uma constante positiva adimensional.

Selecionamos como sistema a casca esférica de espessura Δr no interior da esfera físsil. Como o sistema não está em movimento, o balanço de energia consiste em apenas termos de condução de calor e em um termo de geração. As diversas contribuições ao balanço de energia são:

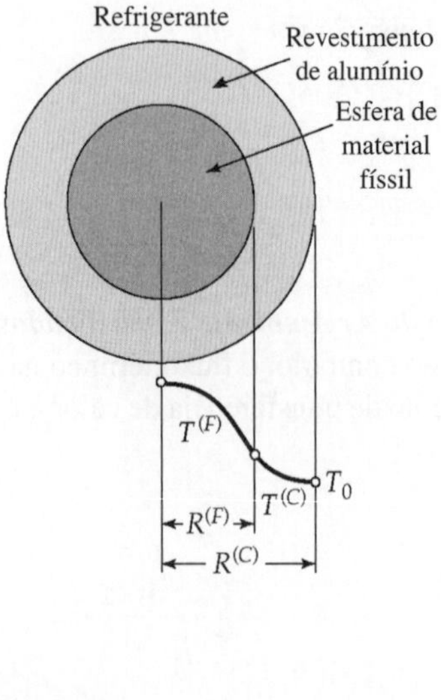

Fig. 10.3-1 Um arranjo esférico de combustível nuclear, mostrando a distribuição de energia em seu interior.

Taxa de entrada de calor por condução em r

$$q_r^{(F)}|_r \cdot 4\pi r^2 = (4\pi r^2 q_r^{(F)})|_r \tag{10.3-2}$$

Taxa de saída de calor por condução em $r+\Delta r$

$$q_r^{(F)}|_{r+\Delta r} \cdot 4\pi(r+\Delta r)^2 = (4\pi r^2 q_r^{(F)})|_{r+\Delta r} \tag{10.3-3}$$

Taxa de geração de energia produzida por fissão nuclear

$$S_n \cdot 4\pi r^2\, \Delta r \tag{10.3-4}$$

A substituição desses termos no balanço de energia da Eq. 10.1-1 dá, depois da divisão por $4\pi\Delta r$ e passagem ao limite quando $\Delta r \to 0$,

$$\lim_{\Delta r\to 0} \frac{(r^2 q_r^{(F)})|_{r+\Delta r} - (r^2 q_r^{(F)})|_r}{\Delta r} = S_n r^2 \tag{10.3-5}$$

Tomando o limite e introduzindo a expressão na Eq. 10.3-1 conduz a

$$\frac{d}{dr}(r^2 q_r^{(F)}) = S_{n0}\left[1 + b\left(\frac{r}{R^{(F)}}\right)^2\right] r^2 \tag{10.3-6}$$

A equação diferencial para o fluxo térmico $q_r^{(C)}$ no revestimento é idêntica à forma da Eq. 10.3-6, exceto pela inexistência do termo de fonte:

$$\frac{d}{dr}(r^2 q_r^{(C)}) = 0 \tag{10.3-7}$$

A integração dessas duas equações dá

$$q_r^{(F)} = S_{n0}\left(\frac{r}{3} + \frac{b}{R^{(F)2}}\frac{r^3}{5}\right) + \frac{C_1^{(F)}}{r^2} \tag{10.3-8}$$

$$q_r^{(C)} = +\frac{C_1^{(C)}}{r^2} \tag{10.3-9}$$

nas quais $C_1^{(F)}$ e $C_1^{(C)}$ são constantes de integração. Estas são avaliadas com o auxílio das condições de contorno:

C.C. 1: em $r = 0$, $q_r^{(F)}$ não é infinito (10.3-10)

C.C. 2: em $r = R^{(F)}$, $q_r^{(F)} = q_r^{(C)}$ (10.3-11)

A avaliação das constantes conduz a

$$\boxed{q_r^{(F)} = S_{n0}\left(\frac{r}{3} + \frac{b}{R^{(F)2}}\frac{r^3}{5}\right)} \tag{10.3-12}$$

$$\boxed{q_r^{(C)} = S_{n0}\left(\frac{1}{3} + \frac{b}{5}\right)\frac{R^{(F)3}}{r^2}} \tag{10.3-13}$$

Essas são as distribuições dos fluxos térmicos na esfera fissionável e na casca esférica de revestimento.

Nessas distribuições substituímos agora a lei de Fourier da condução de calor (Eq. B.2-7):

$$-k^{(F)}\frac{dT^{(F)}}{dr} = S_{n0}\left(\frac{r}{3} + \frac{b}{R^{(F)2}}\frac{r^3}{5}\right) \tag{10.3-14}$$

$$-k^{(C)}\frac{dT^{(C)}}{dr} = S_{n0}\left(\frac{1}{3} + \frac{b}{5}\right)\frac{R^{(F)3}}{r^2} \tag{10.3-15}$$

Essas equações podem ser integradas quando $k^{(F)}$ e $k^{(C)}$ são constantes para dar

$$T^{(F)} = -\frac{S_{n0}}{k^{(F)}}\left(\frac{r^2}{6} + \frac{b}{R^{(F)2}}\frac{r^4}{20}\right) + C_2^{(F)} \tag{10.3-16}$$

$$T^{(C)} = +\frac{S_{n0}}{k^{(C)}}\left(\frac{1}{3} + \frac{b}{5}\right)\frac{R^{(F)3}}{r} + C_2^{(C)} \tag{10.3-17}$$

As constantes de integração podem ser determinadas com auxílio das condições de contorno

C.C. 3: em $r = R^{(F)}$, $T^{(F)} = T^{(C)}$ (10.3-18)

C.C. 4: em $r = R^{(C)}$, $T^{(C)} = T_0$ (10.3-19)

em que T_0 é a temperatura conhecida da superfície externa do revestimento. As expressões finais para os perfis de temperatura são

$$T^{(F)} = \frac{S_{n0}R^{(F)2}}{6k^{(F)}}\left\{\left[1 - \left(\frac{r}{R^{(F)}}\right)^2\right] + \frac{3}{10}b\left[1 - \left(\frac{r}{R^{(F)}}\right)^4\right]\right\} + \frac{S_{n0}R^{(F)2}}{3k^{(C)}}\left(1 + \frac{3}{5}b\right)\left(1 - \frac{R^{(F)}}{R^{(C)}}\right) + T_0 \tag{10.3-20}$$

$$T^{(C)} = \frac{S_{n0}R^{(F)2}}{3k^{(C)}}\left(1 + \frac{3}{5}b\right)\left(\frac{R^{(F)}}{r} - \frac{R^{(F)}}{R^{(C)}}\right) + T_0 \tag{10.3-21}$$

Para determinar a temperatura máxima na esfera de material físsil, tudo que temos que fazer é igualar r a zero na Eq. 10.3-20. Essa é uma grandeza na qual estaríamos interessados para estimar a deterioração térmica.

Esse problema ilustrou dois pontos: (i) como tratar de fontes dependentes da posição, e (ii) a aplicação da continuidade do campo de temperatura e do componente normal do fluxo térmico na interface entre dois materiais sólidos.

10.4 CONDUÇÃO DE CALOR COM FONTE VISCOSA DE CALOR

Agora consideramos o escoamento de um fluido newtoniano incompressível entre dois cilindros coaxiais, como mostra a Fig. 10.4-1. As superfícies dos cilindros interno e externo são mantidas respectivamente às temperaturas $T = T_0$ e $T = T_b$. Podemos esperar que T seja uma função de r apenas.

À medida que o cilindro externo gira, cada camada cilíndrica de fluido atrita-se contra a camada adjacente de fluido. Esse atrito entre camadas adjacentes do fluido produz calor; isto é, a energia mecânica é degradada em energia térmica. O volume de fonte de calor distribuída resultante dessa "dissipação viscosa", que pode ser designada por S_v, aparece automaticamente no balanço da casca quando usamos o fluxo combinado de energia **e** definido ao final do Cap. 9, como veremos a seguir.

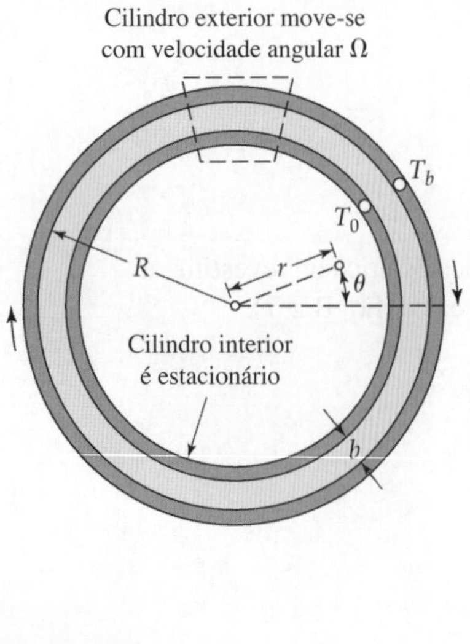

Fig. 10.4-1 Escoamento entre cilindros com geração viscosa de calor. A parte do sistema dentro da linha tracejada é mostrada de forma modificada na Fig. 10.4-2.

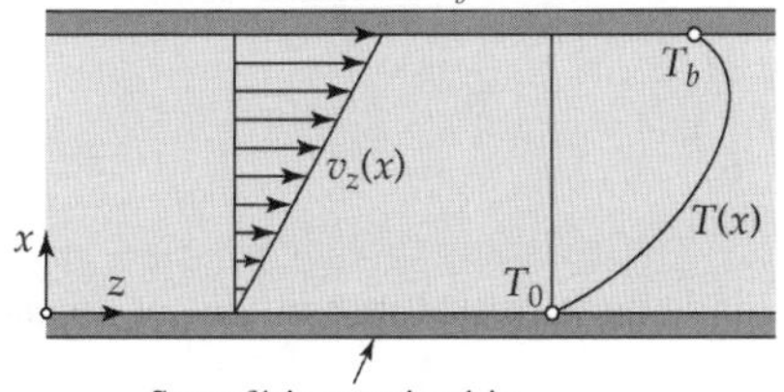

Fig. 10.4-2 Modificação da porção do sistema em escoamento da Fig. 10.4-1, na qual a curvatura das superfícies limites é desprezada.

Se a espessura do filme de líquido b é pequena em relação ao raio R do cilindro externo, então o problema pode ser resolvido aproximadamente pelo emprego de um sistema simplificado apresentado na Fig. 10.4-2. Nesse sistema ignoramos os efeitos da curvatura e resolvemos o problema em coordenadas cartesianas. A distribuição de velocidade é $v_z = v_b(x/b)$, onde $v_b = \Omega R$.

Agora fazemos um balanço de energia sobre a casca de espessura Δx, largura W e comprimento L. Como o fluido está em movimento, usamos o vetor combinado de energia **e** conforme apresentado na Eq. 9.8-6. O balanço então é

$$WLe_x|_x - WLe_x|_{x+\Delta x} = 0 \tag{10.4-1}$$

Dividindo por $WL\Delta x$ e fazendo a espessura da casca tender a zero tem-se

$$\frac{de_x}{dx} = 0 \tag{10.4-2}$$

Essa equação pode ser integrada para dar

$$e_x = C_1 \tag{10.4-3}$$

Como não se conhece qualquer condição de contorno para e_x, não podemos avaliar, nesse momento, a constante de integração.

Agora introduzimos a expressão para e_x da Eq. 9.8-6. Como o componente da velocidade na direção x é zero, o termo $(1/2\rho v^2+\rho\hat{U})\mathbf{v}$ pode ser descartado. O componente x de $\mathbf{q}$ está de acordo com a lei de Fourier $-k(dT/dx)$. O componente x de $[\boldsymbol{\tau}\cdot\mathbf{v}]$ é, como demonstrado na Eq. 9.8-1, $\tau_{xx}v_x+\tau_{xy}v_y+\tau_{xz}v_z$. Como o único componente não-nulo da velocidade é v_z e como $\tau_{xz} = -\mu(dv_z/dx)$ em conseqüência da lei da viscosidade de Newton, o componente x de $[\boldsymbol{\tau}\cdot\mathbf{v}]$ é $-\mu v_z(dv_z/dx)$. Concluímos, então, que a Eq. 10.4-3 fica

$$-k\frac{dT}{dx} - \mu v_z\frac{dv_z}{dx} = C_1 \tag{10.4-4}$$

Quando o perfil linear da velocidade $v_z = v_b(x/b)$ é introduzido obtemos

$$-k\frac{dT}{dx} - \mu x\left(\frac{v_b}{b}\right)^2 = C_1 \tag{10.4-5}$$

em que $\mu(v_b/b)^2$ pode ser identificado como a taxa de geração de calor por efeito viscoso S_v.

Quando a Eq. 10.4-5 é integrada obtemos

$$T = -\left(\frac{\mu}{k}\right)\left(\frac{v_b}{b}\right)^2\frac{x^2}{2} - \frac{C_1}{k}x + C_2 \tag{10.4-6}$$

As duas constantes de integração são determinadas pelas condições de contorno

C.C. 1: em $x = 0$, $T = T_0$ (10.4-7)

C.C. 2: em $x = b$, $T = T_b$ (10.4-8)

Isso dá, para $T_b \neq T_0$

$$\boxed{\left(\frac{T - T_0}{T_b - T_0}\right) = \frac{1}{2}\,\mathrm{Br}\,\frac{x}{b}\left(1 - \frac{x}{b}\right) + \frac{x}{b}} \tag{10.4-9}$$

Nessa equação $\text{Br} = \mu v_b^2/k(T_b - T_0)$ é o *número de Brinkman*[1] adimensional, que mede a importância do termo de dissipação viscosa. Se $T_b = T_0$, então a Eq. 10.4-9 pode ser escrita como

$$\frac{T - T_0}{T_0} = \frac{1}{2}\frac{\mu v_b^2}{kT_0}\frac{x}{b}\left(1 - \frac{x}{b}\right) \tag{10.4-10}$$

e a temperatura máxima ocorre em $x/b = 1/2$.

Se o aumento da temperatura é apreciável, a dependência da viscosidade na temperatura tem de ser considerada. Discute-se esse efeito no Problema 10C.1.

O termo de aquecimento viscoso $S_v = \mu(v_b/b)^2$ pode ser compreendido pelo seguinte argumento. Para o sistema na Fig. 10.4-2, a taxa com que o trabalho é realizado é a força que atua na placa superior vezes a velocidade com que se move, ou $(-\tau_{xz}WL)(v_b)$. A taxa do suprimento de energia por unidade de volume é obtida dividindo-se essa quantidade por (WLb), dando $(-\tau_{xz}v_b/b) = \mu(v_b/b)^2$. Essa energia aparece como calor sendo portanto S_v.

Na maioria dos problemas de escoamentos o aquecimento viscoso não é importante. Entretanto se há grandes gradientes de velocidade, então ele não pode ser desprezado. Exemplos de situações em que o aquecimento viscoso tem que ser considerado incluem: (i) escoamento de um lubrificante entre partes que se movem com alta velocidade, (ii) escoamentos de polímeros fundidos em moldes em extrusão a alta velocidade, (iii) escoamentos de fluidos altamente viscosos em viscosímetros de alta velocidade, e (iv) escoamento de ar na camada limite próximo a um satélite artificial ou foguete durante a reentrada na atmosfera terrestre. Os dois primeiros problemas têm complicações adicionais devidas ao fato de muitos lubrificantes e plásticos fundidos serem fluidos não-newtonianos. O aquecimento viscoso para fluidos não-newtonianos é ilustrado no Problema 10B.5.

10.5 CONDUÇÃO DE CALOR COM FONTE QUÍMICA DE CALOR

Uma reação química está sendo conduzida em um reator tubular de leito fixo com raio interno R como mostrado na Fig. 10.5-1. O reator se estende desde $z = -\infty$ até $z = +\infty$ e é dividido em três zonas:

Zona I: Zona de entrada recheada com esferas não-catalíticas
Zona II: Zona de reação recheada com esferas catalíticas, estendendo-se de $z = 0$ até $z = L$
Zona III: Zona de saída recheada com esferas não-catalíticas

Supõe-se que o fluido prossegue através do reator em escoamento empistonado — isto é, com velocidade axial uniforme $v_0 = w/\pi R^2\rho$ (ver o texto logo após a Eq. 6.4-1 para a definição da "velocidade superficial"). A densidade, a vazão mássica e a velocidade superficial são tratadas como independentes de r e de z. Além disso, supõe-se que a parede do reator seja bem isolada, de modo que a temperatura pode ser considerada essencialmente independente de r. Deseja-se determinar a distribuição axial de temperatura $T(z)$ no regime permanente quando o fluido é admitido em $z = -\infty$ com temperatura uniforme T_1.

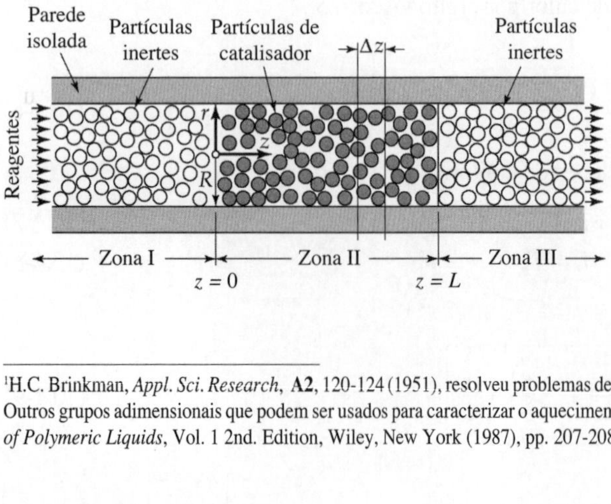

Fig. 10.5-1 Reator de fluxo axial com leito fixo. Os reagentes entram em $z = -\infty$ e saem em $z = +\infty$. A zona de reação estende-se de $z = 0$ até $z = L$.

[1] H.C. Brinkman, *Appl. Sci. Research*, **A2**, 120-124 (1951), resolveu problemas de aquecimento por dissipação viscosa para o escoamento de Poiseuille num tubo circular. Outros grupos adimensionais que podem ser usados para caracterizar o aquecimento viscoso foram resumidos por R.B. Bird, R.C. Armstrong, and O. Hassager, *Dynamics of Polymeric Liquids*, Vol. 1 2nd. Edition, Wiley, New York (1987), pp. 207-208.

Quando uma reação química ocorre, energia térmica é produzida ou consumida à medida que as moléculas dos reagentes se rearranjam para formar os produtos. A taxa volumétrica da produção de energia térmica pela reação química, S_c, é em geral uma função complicada da pressão, da temperatura, da composição e da atividade catalítica. Por simplicidade representamos S_c aqui como função apenas da temperatura $S_c = S_{c1}F(\Theta)$ onde $\Theta = (T - T_0)/(T_1 - T_0)$. Aqui T é a temperatura local no leito catalítico (admitida a mesma para fluido e catalisador), S_{c1} e T_0 são constantes empíricas para dadas condições de entrada no reator.

Selecionamos para o balanço da casca um disco de raio R e espessura Δz na zona do catalisador (ver a Fig. 10.5-1), e escolhemos Δz bem maior que a dimensão das partículas do catalisador. Para estabelecer o balanço de energia usamos o vetor de fluxo combinado de energia **e** já que estamos tratando de um sistema em escoamento. Então, no regime permanente, o balanço de energia é

$$\pi R^2 e_z|_z - \pi R^2 e_z|_{z+\Delta z} + (\pi R^2 \Delta z)S_c = 0 \tag{10.5-1}$$

A seguir dividimos por $\pi R^2 \Delta z$ e tomamos o limite quando Δz tende a zero. A rigor essa operação é "ilegal", uma vez que não estamos tratando de um contínuo mas de uma estrutura granular. Assim mesmo fazemos esse procedimento com a compreensão de que a equação resultante descreve, não valores pontuais, mas valores médios de e_z e de S_c para seções transversais com z constante. Isso dá

$$\frac{de_z}{dz} = S_c \tag{10.5-2}$$

Agora substituímos o componente z da Eq. 9.8-6 nessa equação para obtermos

$$\frac{d}{dz}\left((\tfrac{1}{2}\rho v^2 + \rho\hat{H})v_z + \tau_{zz}v_z + q_z\right) = S_c \tag{10.5-3}$$

Usamos a lei de Fourier para q_z, a Eq. 1.2-6 para τ_{zz} e a expressão da entalpia na Eq. 9.8-8 (com a suposição de calor específico constante) para obter

$$\frac{d}{dz}\left(\tfrac{1}{2}\rho v_z^2 v_z + \rho\hat{C}_p(T - T^\circ)v_z + (p - p^\circ)v_z + \rho\hat{H}^\circ v_z - \mu v_z\frac{dv_z}{dz} - \kappa_{\text{ef},zz}\frac{dT}{dz}\right) = S_c \tag{10.5-4}$$

na qual a condutividade térmica efetiva na direção z $\kappa_{\text{ef},zz}$ foi usada (ver a Eq. 9.6-9). O primeiro, o quarto e o quinto termos do lado esquerdo podem ser descartados, já que a velocidade não varia com z. O terceiro termo pode ser desprezado se a pressão não se altera significativamente na direção axial. Então no segundo termo substituímos v_z pela velocidade superficial v_0 por ser esta a velocidade efetiva do fluido no reator. Então a Eq. 10.5-4 transforma-se em

$$\rho\hat{C}_p v_0\frac{dT}{dz} = \kappa_{\text{ef},zz}\frac{d^2T}{dz^2} + S_c \tag{10.5-5}$$

Essa é a equação diferencial para a temperatura na zona II. A mesma equação aplica-se nas zonas I e III anulando-se o termo de fonte. As equações diferenciais para a temperatura conseqüentemente são:

Zona I $\quad (z < 0) \quad$ $$\rho\hat{C}_p v_0\frac{dT^{\text{I}}}{dz} = \kappa_{\text{ef},zz}\frac{d^2T^{\text{I}}}{dz^2} \tag{10.5-6}$$

Zona II $\quad (0 < z < L) \quad$ $$\rho\hat{C}_p v_0\frac{dT^{\text{II}}}{dz} = \kappa_{\text{ef},zz}\frac{d^2T^{\text{II}}}{dz^2} + S_{c1}F(\Theta) \tag{10.5-7}$$

Zona III $\quad (z > L) \quad$ $$\rho\hat{C}_p v_0\frac{dT^{\text{III}}}{dz} = \kappa_{\text{ef},zz}\frac{d^2T^{\text{III}}}{dz^2} \tag{10.5-8}$$

Aqui supusemos que podemos empregar o mesmo valor da condutividade térmica efetiva nas três zonas. Essas três equações diferenciais de segunda ordem estão sujeitas às seguintes seis condições de contorno:

C.C. 1: em $z = -\infty$, $$T^{\text{I}} = T_1 \tag{10.5-9}$$

C.C. 2: em $z = 0$, $$T^{\text{I}} = T^{\text{II}} \tag{10.5-10}$$

C.C. 3: em $z = 0$, $$\kappa_{\text{ef},zz}\frac{dT^{\text{I}}}{dz} = \kappa_{\text{ef},zz}\frac{dT^{\text{II}}}{dz} \tag{10.5-11}$$

C.C. 4: em $z = L$, $$T^{\text{II}} = T^{\text{III}} \tag{10.5-12}$$

C.C. 5: em $z = L$, $$\kappa_{\text{ef},zz}\frac{dT^{\text{II}}}{dz} = \kappa_{\text{ef},zz}\frac{dT^{\text{III}}}{dz} \tag{10.5-13}$$

C.C. 6: em $z = \infty$, $$T^{\text{III}} = \text{finito} \tag{10.5-14}$$

As Eqs. 10.5-10 a 13 expressam a continuidade da temperatura e do fluxo térmico nos limites entre as zonas. As Eqs. 10.5-9 e 14 especificam requisitos nas duas extremidades do sistema.

A solução das Eqs. 10.5-6 a 14 é considerada aqui para $F(\Theta)$ arbitrário. Em muitos casos de interesse prático, o transporte convectivo de calor é bem mais importante que o transporte condutivo axial. Portanto podemos eliminar completamente os termos condutivos (aqueles que contêm $\kappa_{ef,zz}$). Esse tratamento do problema ainda contém características relevantes da solução no limite para altos valores de Pé = RePr (ver no Problema 10B-18 uma abordagem mais completa).

Se introduzimos a coordenada axial adimensional $Z = z/L$ e a fonte química de calor adimensional $N = S_{c1}L/\rho\hat{C}_p v_0(T_1 - T_0)$, então as Eqs. 10.5.6 a 8 ficam

Zona I $\qquad (Z < 0) \qquad \dfrac{d\Theta^{I}}{dZ} = 0 \qquad$ (10.5-15)

Zona II $\qquad (0 < Z < L) \qquad \dfrac{d\Theta^{II}}{dZ} = NF(\Theta) \qquad$ (10.5-16)

Zona III $\qquad (Z > L) \qquad \dfrac{d\Theta^{III}}{dZ} = 0 \qquad$ (10.5-17)

para as quais necessitamos de três condições de contorno:

C.C. 1: $\qquad$ em $Z = -\infty$, $\quad \Theta^{I} = 1 \qquad$ (10.5-18)
C.C. 2: $\qquad$ em $Z = 0$, $\quad \Theta^{I} = \Theta^{II} \qquad$ (10.5-19)
C.C. 3: $\qquad$ em $Z = 1$, $\quad \Theta^{II} = \Theta^{III} \qquad$ (10.5-20)

As equações diferenciais de primeira ordem, separáveis com condições de contorno, são facilmente resolvidas para obtermos

Zona I $\qquad \boxed{\Theta^{I} = 1} \qquad$ (10.5-21)

Zona II $\qquad \boxed{\displaystyle\int_{\Theta^{I}}^{\Theta^{II}} \frac{1}{F(\Theta)}\, d\Theta = NZ} \qquad$ (10.5-22)

Zona III $\qquad \boxed{\Theta^{III} = \Theta^{II}|_{Z=1}} \qquad$ (10.5-23)

Esses resultados são apresentados na Fig. 10.5-2 para uma forma simples para a função de fonte — isto é, $F(\Theta) = \Theta$ — que é razoável para pequenas variações de temperatura, se a taxa de reação é insensível à concentração.

Nesta seção terminamos por descartar os termos de condução axial. No Problema 10B.18, esses termos não são descartados e a solução mostra então a existência de preaquecimento (ou pré-resfriamento) na região I.

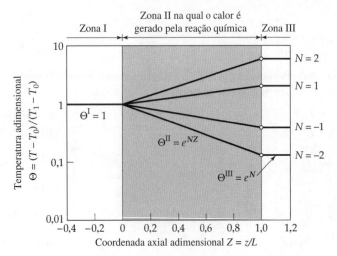

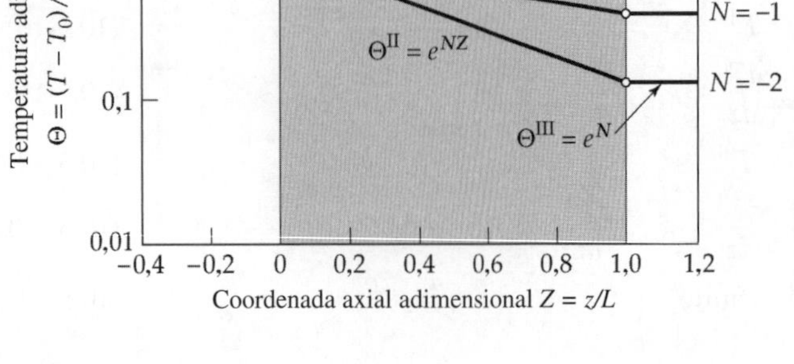

Fig. 10.5-2 Perfis de temperatura em reator de fluxo axial de leito fixo calculados para a condição em que a geração de calor varia linearmente com a temperatura e a difusão axial é desprezível.

10.6 CONDUÇÃO DE CALOR ATRAVÉS DE PAREDES COMPOSTAS

Em problemas industriais de transferência de calor nos deparamos, freqüentemente, com condução através de paredes feitas de várias camadas de materiais diferentes, apresentando condutividades térmicas diferentes. Nesta seção mostramos como as várias resistências à transferência de calor são combinadas em uma resistência total.

Na Fig. 10.6-1 mostramos uma parede composta feita de três camadas de espessuras diferentes, x_1-x_0, x_2-x_1 e x_3-x_2, e diferentes condutividades térmicas k_{01}, k_{12} e k_{23}. Em $x = x_0$, a substância 01 está em contato com um fluido à temperatura ambiente T_a, e em $x = x_3$, a substância 23 está em contacto com um fluido à temperatura T_b. A transferência de calor nos limites $x = x_0$ e $x = x_3$ é dada pela "lei de resfriamento" de Newton com coeficientes de transferência de calor h_0 e h_3, respectivamente. O perfil da temperatura esperado está esboçado na Fig. 10.6-1.

Primeiro estabelecemos o balanço de energia para o problema. Como estamos tratando de condução em um sólido, os termos contendo a velocidade no vetor **e** podem ser descartados, e a única contribuição relevante é o vetor **q**, que descreve a condução de calor. Primeiro escrevemos o balanço de energia para uma placa de volume $WH\Delta x$

Região 01: $$q_x|_x WH - q_x|_{x+\Delta x} WH = 0 \tag{10.6-1}$$

que declara que o calor que entra em x deve ser igual ao calor que sai em $x+\Delta x$, uma vez que não há geração de calor na região. Depois da divisão por $WH\Delta x$ e tomando o limite quando $\Delta x \to 0$ obtém-se

Região 01: $$\frac{dq_x}{dx} = 0 \tag{10.6-2}$$

A integração dessa equação dá

Região 01: $$q_x = q_0 \quad \text{(uma constante)} \tag{10.6-3}$$

A constante de integração, q_0, é o fluxo térmico no plano $x = x_0$. A dedução feita com as Eqs. 10.6-1, 2 e 3 pode ser repetida para as regiões 12 e 23 com as condições de continuidade de q_x nas interfaces, de forma tal que o fluxo térmico é constante e o mesmo nas três regiões:

Regiões 01, 12, 23: $$q_x = q_0 \tag{10.6-4}$$

com a mesma constante para cada uma das regiões. Agora podemos introduzir a lei de Fourier para cada uma delas e obter

Região 01: $$-k_{01}\frac{dT}{dx} = q_0 \tag{10.6-5}$$

Região 12: $$-k_{12}\frac{dT}{dx} = q_0 \tag{10.6-6}$$

Região 23: $$-k_{23}\frac{dT}{dx} = q_0 \tag{10.6-7}$$

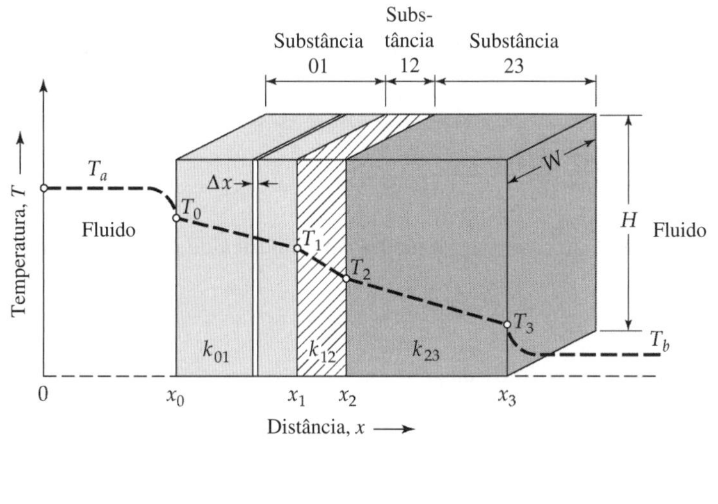

Fig. 10.6-1 Condução de calor através de parede composta, localizada entre duas correntes de fluido a temperaturas T_a e T_b.

Agora supomos que k_{01}, k_{12} e k_{23} sejam constantes. Assim integramos cada equação por toda espessura de cada uma das três camadas para obter

Região 01: $$T_0 - T_1 = q_0\left(\frac{x_1 - x_0}{k_{01}}\right) \tag{10.6-8}$$

Região 12: $$T_1 - T_2 = q_0\left(\frac{x_2 - x_1}{k_{12}}\right) \tag{10.6-9}$$

Região 23: $$T_2 - T_3 = q_0\left(\frac{x_3 - x_2}{k_{23}}\right) \tag{10.6-10}$$

Temos adicionalmente as duas hipóteses sobre o calor transferido nas superfícies de acordo com a lei do resfriamento de Newton:

Na superfície 0: $$T_a - T_0 = \frac{q_0}{h_0} \tag{10.6-11}$$

Na superfície 3: $$T_3 - T_b = \frac{q_0}{h_3} \tag{10.6-12}$$

A soma dessas cinco últimas equações dá

$$T_a - T_b = q_0\left(\frac{1}{h_0} + \frac{x_1 - x_0}{k_{01}} + \frac{x_2 - x_1}{k_{12}} + \frac{x_3 - x_2}{k_{23}} + \frac{1}{h_3}\right) \tag{10.6-13}$$

ou

$$q_0 = \frac{T_a - T_b}{\left(\frac{1}{h_0} + \sum_{j=1}^{3} \frac{x_j - x_{j-1}}{k_{j-1,j}} + \frac{1}{h_3}\right)} \tag{10.6-14}$$

Algumas vezes esse resultado é reescrito sob uma forma semelhante à lei de resfriamento de Newton, tanto para o fluxo térmico q_0(J/m^2·s) como para a taxa de transferência de calor Q_0(J/s):

$$q_0 = U(T_a - T_b) \quad \text{ou} \quad Q_0 = U(WH)(T_a - T_b) \tag{10.6-15}$$

U, o chamado "coeficiente global de transferência de calor", é dado pela seguinte fórmula famosa para a "soma das resistências":

$$\frac{1}{U} = \frac{1}{h_0} + \sum_{j=1}^{n} \frac{x_j - x_{j-1}}{k_{j-1,j}} + \frac{1}{h_n} \tag{10.6-16}$$

Aqui generalizamos a fórmula para um sistema de n camadas de sólidos. As Eqs. 10.6-15 e 16 são úteis para o cálculo da taxa de transferência de calor através de uma parede composta separando duas correntes de fluidos quando os coeficientes de transferência de calor e as condutividades térmicas são conhecidos. A estimativa dos coeficientes de transferência de calor é discutida no Cap. 14.

No desenvolvimento anterior foi suposto tacitamente que as camadas sólidas são contíguas, "sem espaços de ar" intermediários. Se as superfícies sólidas se tocam apenas em diversos pontos, a resistência térmica será consideravelmente aumentada.

EXEMPLO 10.6-1

Paredes cilíndricas compostas

Deduza uma fórmula para o coeficiente global de transferência de calor para a tubulação cilíndrica de parede composta mostrada na Fig. 10.6-2.

SOLUÇÃO

Um balanço de energia em uma casca de volume $2\pi rL\Delta r$ para a região 01 dá

Região 01: $$q_r|_r \cdot 2\pi rL - q_r|_{r+\Delta r} \cdot 2\pi(r + \Delta r)L = 0 \tag{10.6-17}$$

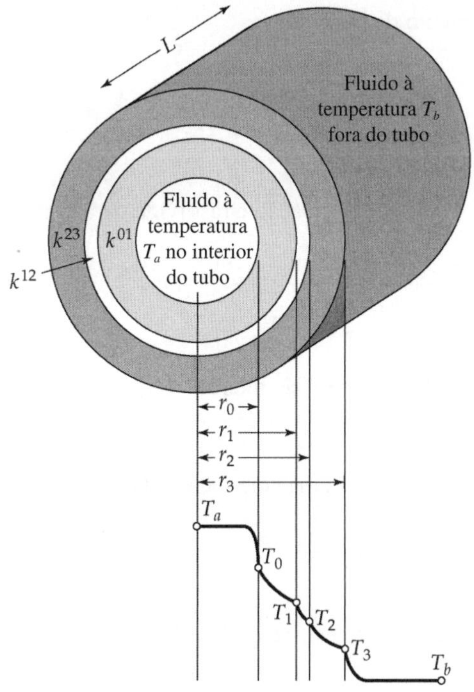

Fig. 10.6-2 Condução de calor através de tubo laminado com um fluido à temperatura T_a dentro do tubo e T_b fora.

que também pode ser escrita como

Região 01: $$(2\pi r L q_r)|_r - (2\pi r L q_r)|_{r+\Delta r} = 0 \tag{10.6-18}$$

Dividindo por $2\pi L \Delta r$ e tomando o limite quando Δr tende a zero dá

Região 01: $$\frac{d}{dr}(r q_r) = 0 \tag{10.6-19}$$

A integração dessa equação dá

$$r q_r = r_0 q_0 \tag{10.6-20}$$

na qual r_0 é raio interno da região 01, e q_0 é o fluxo térmico nesse local. Nas regiões 12 e 23, rq_r é igual a essa mesma constante. A aplicação da lei de Fourier às três regiões dá

Região 10: $$-k_{01} r \frac{dT}{dr} = r_0 q_0 \tag{10.6-21}$$

Região 12: $$-k_{12} r \frac{dT}{dr} = r_0 q_0 \tag{10.6-22}$$

Região 23: $$-k_{23} r \frac{dT}{dr} = r_0 q_0 \tag{10.6-23}$$

Se supusermos que as condutividades térmicas das três regiões anulares são constantes, então cada uma das três equações pode ser integrada através de suas regiões para dar

Região 10: $$T_0 - T_1 = r_0 q_0 \frac{\ln(r_1/r_0)}{k_{01}} \tag{10.6-24}$$

Região 12: $$T_1 - T_2 = r_0 q_0 \frac{\ln(r_2/r_1)}{k_{12}} \tag{10.6-25}$$

Região 23: $$T_2 - T_3 = r_0 q_0 \frac{\ln(r_3/r_2)}{k_{23}} \tag{10.6-26}$$

Nas duas interfaces fluido-sólido podemos escrever a lei do resfriamento de Newton:

Superfície 0: $$T_a - T_0 = \frac{q_0}{h_0} \tag{10.6-27}$$

Superfície 3: $$T_3 - T_b = \frac{q_3}{h_3} = \frac{q_0}{h_3}\frac{r_0}{r_3} \tag{10.6-28}$$

A soma das cinco equações precedentes dá uma equação para $T_a - T_b$. Então a equação é resolvida para q_0 para dar

$$Q_0 = 2\pi L r_0 q_0 = \frac{2\pi L(T_a - T_b)}{\left(\frac{1}{r_0 h_0} + \frac{\ln(r_1/r_0)}{k_{01}} + \frac{\ln(r_2/r_1)}{k_{12}} + \frac{\ln(r_3/r_2)}{k_{23}} + \frac{1}{r_3 h_3}\right)} \tag{10.6-29}$$

Agora definimos o "coeficiente global de transferência de calor baseado na superfície interna" U_0 pela equação

$$Q_0 = 2\pi L r_0 q_0 = U_0(2\pi L r_0)(T_a - T_b) \tag{10.6-30}$$

A combinação das duas últimas equações dá, quando generalizadas para um sistema com n camadas anulares,

$$\frac{1}{r_0 U_0} = \left(\frac{1}{r_0 h_0} + \sum_{j=1}^{n} \frac{\ln(r_j/r_{j-1})}{k_{j-1,j}} + \frac{1}{r_n h_n}\right) \tag{10.6-31}$$

O subscrito "0" em U_0 indica que o coeficiente global de transferência de calor está referido ao raio r_0.

10.7 CONDUÇÃO DE CALOR EM ALETA DE RESFRIAMENTO[1]

Outra aplicação simples, mas prática da condução de calor, é o cálculo da eficiência de uma aleta de resfriamento. Aletas são empregadas para aumentar a área disponível para a troca térmica entre paredes metálicas e um fluido mau condutor de calor como os gases. Uma aleta simples retangular está representada na Fig. 10.7-1. A temperatura da parede é T_w e a temperatura do ar ambiente é T_a.

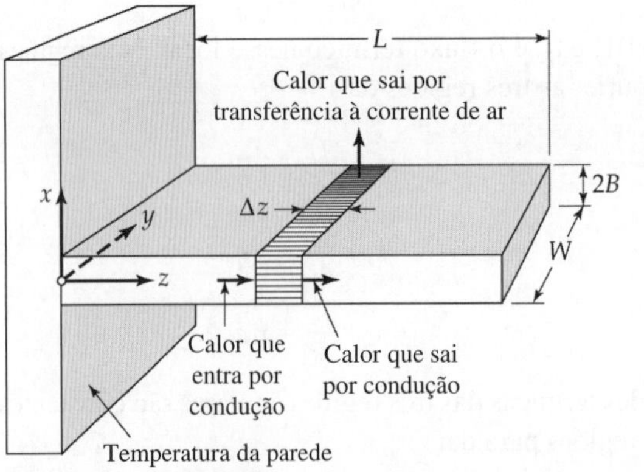

Fig. 10.7-1 Uma aleta simples de resfriamento com $B<<L$ e $B<<W$.

[1]Para informações adicionais sobre aletas ver M. Jakob, *Heat Transfer*, Vol. I, Wiley, New York (1949), Chapter. 11; and H.D. Baehr and K. Stefan, *Heat and Mass Transfer*, Springer, Berlin (1998) Seção 2.2.3.

Uma descrição razoavelmente boa do sistema pode ser obtida aproximando-se a situação real a um modelo simplificado

Situação Real	Modelo
1. T é função de x, y e z mas a dependência em z é a mais importante.	1. T é função de z apenas.
2. Uma pequena quantidade de calor é perdida pelas áreas final ($2BW$) e lateral ($2BL+2BL$).	2. Nenhum calor é perdido pelas áreas final e lateral.
3. O coeficiente de transferência de calor depende da posição.	3. O fluxo térmico na superfície é dado por $q_z = h(T - T_a)$, onde h é constante e T depende apenas de z.

O balanço de energia é feito sobre um segmento Δz da aleta. Como a aleta é estacionária, os termos contendo **v** no vetor do fluxo combinado de energia **e** podem ser descartados, e a única contribuição ao fluxo de energia é **q**. Portanto o balanço de energia é

$$2BWq_z|_z - 2BWq_z|_{z+\Delta z} - h(2W\Delta z)(T - T_a) = 0 \quad (10.7\text{-}1)$$

A divisão por $2BW\Delta z$ e passagem ao limite quando Δz tende a zero dá

$$-\frac{dq_z}{dz} = \frac{h}{B}(T - T_a) \quad (10.7\text{-}2)$$

Agora inserimos a lei de Fourier $(q_z = -kdT/dz)$, na qual k é a condutividade térmica do metal. Supondo que k é constante chegamos a:

$$\frac{d^2T}{dz^2} = \frac{h}{kB}(T - T_a) \quad (10.7\text{-}3)$$

Essa equação deve ser resolvida com auxílio das condições de contorno

C.C. 1: em $z = 0,\quad T = T_w$ (10.7-4)

C.C. 2: em $z = L,\quad \dfrac{dT}{dz} = 0$ (10.7-5)

As seguintes quantidades adimensionais são introduzidas

$$\Theta = \frac{T - T_a}{T_w - T_a} = \text{temperatura adimensional} \quad (10.7\text{-}6)$$

$$\zeta = \frac{z}{L} = \text{distância adimensional} \quad (10.7\text{-}7)$$

$$N^2 = \frac{hL^2}{kB} = \text{coeficiente de transferência de caloradimensional}^2 \quad (10.7\text{-}8)$$

O problema toma a forma

$$\frac{d^2\Theta}{d\zeta^2} = N^2\Theta \qquad \text{com } \Theta|_{\zeta=0} = 1 \quad \text{e} \quad \left.\frac{d\Theta}{d\zeta}\right|_{\zeta=1} = 0 \quad (10.7\text{-}9, 10, 11)$$

A Eq. 10.7-9 pode ser integrada em termos de funções hiperbólicas (ver a Eq. C.1-4 e Seção C.5). Quando as duas constantes de integração são determinadas obtém-se

$$\Theta = \cosh N\zeta - (\tanh N)\,\text{senh}\, N\zeta \quad (10.7\text{-}12)$$

Esta pode ser reapresentada sob a forma

$$\boxed{\Theta = \frac{\cosh N(1 - \zeta)}{\cosh N}} \quad (10.7\text{-}13)$$

[2]A quantidade N^2 pode ser reescrita como $N^2=(hL/k)(L/B)=\text{Bi}(L/B)$, onde Bi é denominado *número de Biot*, em honra a **Jean Baptiste Biot** (1774-1862). Professor de física do Collège de France, ele recebeu a medalha Rumford pelo desenvolvimento de um teste simples, não-destrutivo para a determinação da concentração de açúcar.

Esse resultado é razoável apenas quando a perda de calor pela extremidade e pelos lados é desprezível.

A "eficiência" da aleta é definida por[3]

$$\eta = \frac{\text{taxa real de perda de calor pela aleta}}{\text{taxa de perda de calor por aleta isotérmica a } T_w} \tag{10.7-14}$$

Para o problema sob consideração η é, então

$$\eta = \frac{\int_0^W \int_0^L h(T - T_a)dzdy}{\int_0^W \int_0^L h(T_w - T_a)dzdy} = \frac{\int_0^1 \Theta d\zeta}{\int_0^1 d\zeta} \tag{10.7-15}$$

ou

$$\eta = \frac{1}{\cosh N}\left(-\frac{1}{N}\operatorname{senh} N(1-\zeta)\right)\Bigg|_0^1 = \frac{\tanh N}{N} \tag{10.7-16}$$

em que N é a grandeza adimensional definida pela Eq. 10.7-8.

EXEMPLO 10.7-1

Erro nas Medidas com Termopares

Na Fig. 10.7-2 vê-se um termopar em um poço cilíndrico inserido em uma corrente de gás. Estime a temperatura correta do gás se

T_1 = 500°F = temperatura indicada pelo termopar
T_w = 350°F = temperatura da parede
h = 120 Btu/h·ft²·F = coeficiente de transferência de calor
k = 60 Btu/h·ft³·F = condutividade térmica da parede do poço
B = 0,08 in = espessura da parede do poço
L = 0,2 ft = comprimento do poço

SOLUÇÃO

A espessura B da parede do poço do termopar está em contato com a corrente de gás por um dos lados apenas, e a espessura é pequena quando comparada ao diâmetro. Portanto a distribuição de temperatura ao longo dessa parede será aproxi-

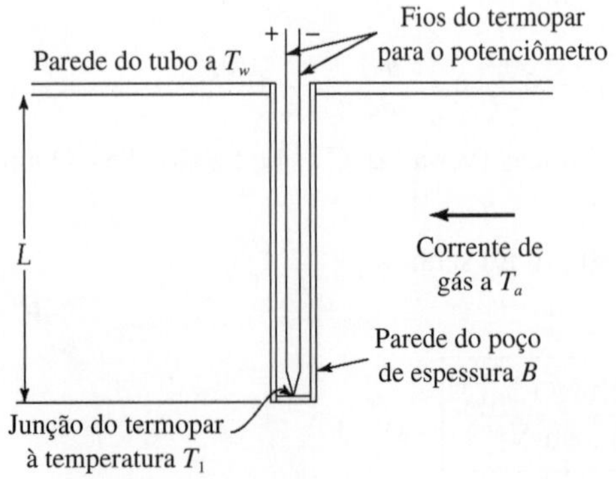

Fig. 10.7-2 Um termopar em poço cilíndrico.

[3] M. Jakob, *Heat Transfer*, Vol. I, Wiley, New York (1949), p. 235.

madamente a mesma que aquela ao longo de uma aleta de espessura $2B$, em contato com a corrente gasosa dos dois lados. De acordo com a Eq. 10.7-13, a temperatura ao final do poço (registrada pelo termopar) satisfaz

$$\frac{T_1 - T_a}{T_w - T_a} = \frac{\cosh 0}{\cosh N} = \frac{1}{\cosh\sqrt{hL^2/kB}}$$
$$= \frac{1}{\cosh\sqrt{(110)(0{,}2)^2/(60)(\frac{1}{12}\cdot 0{,}08)}}$$
$$= \frac{1}{\cosh(2\sqrt{3})} = \frac{1}{16{,}0} \qquad (10.7\text{-}17)$$

Portanto a temperatura real do ambiente é obtida da solução dessa equação para T_a:

$$\frac{500 - T_a}{350 - T_a} = \frac{1}{16{,}0} \qquad (10.7\text{-}18)$$

e o resultado é

$$T_a = 510°\text{F} \qquad (10.7\text{-}19)$$

Assim a leitura é inferior em 10°F à temperatura correta.

Esse exemplo está focado sobre um tipo de erro que pode ocorrer na termometria. Freqüentemente análises simples podem ser utilizadas para a estimativa de erros de medidas.[4]

10.8 CONVECÇÃO FORÇADA

Nas seções precedentes a ênfase foi aplicada à condução em sólidos. Nesta e nas seções seguintes estudaremos dois tipos limites de transporte de calor em fluidos: *convecção forçada* e *convecção livre* (também chamada de *convecção natural*).

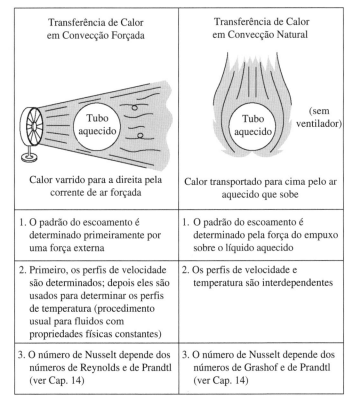

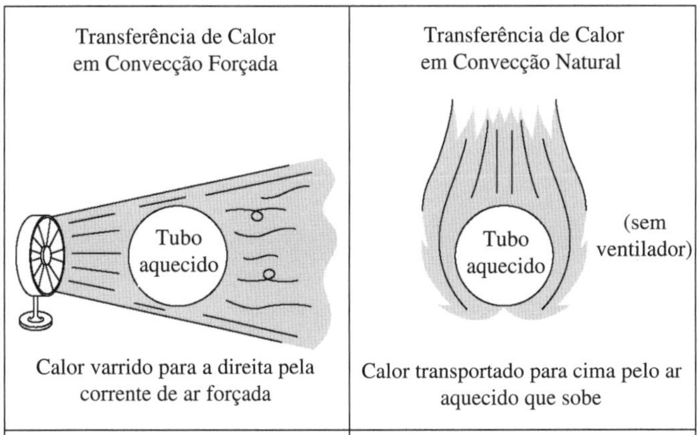

1. O padrão do escoamento é determinado primeiramente por uma força externa	1. O padrão do escoamento é determinado pela força do empuxo sobre o líquido aquecido
2. Primeiro, os perfis de velocidade são determinados; depois eles são usados para determinar os perfis de temperatura (procedimento usual para fluidos com propriedades físicas constantes)	2. Os perfis de velocidade e temperatura são interdependentes
3. O número de Nusselt depende dos números de Reynolds e de Prandtl (ver Cap. 14)	3. O número de Nusselt depende dos números de Grashof e de Prandtl (ver Cap. 14)

Fig.10.8-1 Uma comparação entre a convecção forçada e a natural em sistemas não-isotérmicos.

[4]Para discussões adicionais ver M. Jakob, *Heat Transfer,* Vol. II, Wiley, New York (1949), Chapter 33, pp. 147-201.

As principais diferenças entre esses dois modos de convecção estão indicadas na Fig. 10.8-1. A maioria dos problemas industriais de transferência de calor é posta usualmente em uma dessas duas categorias limites. Em alguns problemas, entretanto, os dois efeitos devem ser levados em consideração, e então falamos de *convecção mista* (ver Seção 14.6 que apresenta formas empíricas de abordagem dessa situação).

Nesta seção consideramos a convecção forçada em um tubo circular, onde um caso limite é suficientemente simples para ser resolvido analiticamente.[1,2] Um fluido viscoso com propriedades (μ, k, ρ, $\hat{C}_p$) que se supõe constantes está em escoamento laminar em um tubo circular de raio R. Para $z < 0$ a temperatura do fluido é uniforme à temperatura de admissão T_1. Para $z > 0$ existe um fluxo térmico constante $q_r = -q_0$ na parede. Tal situação existe, por exemplo, quando o tubo está envolvido por uma espiral de aquecimento elétrico, caso em que q_0 é positivo. Se o tubo estiver sendo resfriado, q_0 é negativo.

Como indicado na Fig. 10.8-1, o primeiro passo para a solução de um problema de convecção forçada é o cálculo do perfil da velocidade no sistema. Vimos na Seção 2.3 como isso pode ser feito para o escoamento em tubos usando o método do balanço em cascas. Sabemos que a distribuição de velocidades assim obtida é $v_r = 0, v_\theta = 0$, e

$$v_z = \frac{(\mathscr{P}_0 - \mathscr{P}_L)R^2}{4\mu L}\left[1 - \left(\frac{r}{R}\right)^2\right] = v_{z,\text{máx}}\left[1 - \left(\frac{r}{R}\right)^2\right] \tag{10.8-1}$$

Esse perfil parabólico é válido suficientemente longe a jusante da entrada.

Neste problema, calor está sendo transportado em ambas as direções r e z. Portanto, para o balanço de energia usamos um sistema da forma de uma arruela, formada pela interseção de uma região anular de espessura Δr, com uma placa de espessura Δz (ver a Fig. 10.8-2). Neste problema estamos tratando de um fluido em escoamento e, portanto, todos os termos do vetor **e** serão retidos. As várias contribuições para a Eq. 10.1-1 são

Energia total que entra em r $\quad e_r|_r \cdot 2\pi r\Delta z = (2\pi r e_r)|_r\,\Delta z$ (10.8-2)

Energia total que sai em $r + \Delta r$ $\quad e_r|_{r+\Delta r} \cdot 2\pi(r + \Delta r)\Delta z = (2\pi r e_r)|_{r+\Delta r}\,\Delta z$ (10.8-3)

Energia total que entra em z $\quad e_z|_z \cdot 2\pi r\Delta r$ (10.8-4)

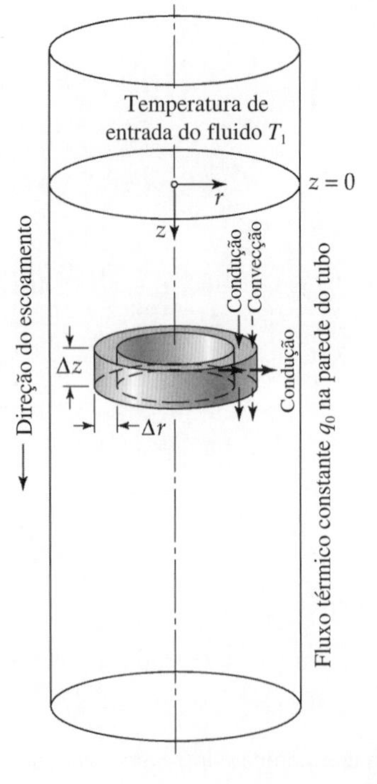

Fig. 10.8-2 Aquecimento de um fluido em escoamento laminar através de tubo circular, mostrando o anel sobre o qual o balanço de energia é feito.

[1]A. Eagle and R.M. Ferguson, *Proc. Roy. Soc. (London)*, **A127**, 540-566 (1930).

[2]S. Goldstein, *Modern Developments in Fluid Dynamics,* Oxford University Press (1938), Dover Edition (1965), Vol. II, p. 622.

Energia total que sai em $z + \Delta z$	$e_z\|_{z+\Delta z} \cdot 2\pi r \Delta r$	(10.8-5)
Trabalho feito sobre o fluido pela gravidade	$\rho v_z g_z \cdot 2\pi r \Delta r \Delta z$	(10.8-6)

A última contribuição é a taxa com a qual trabalho é realizado sobre o fluido, pela gravidade, no interior do anel — isto é, a força por unidade de volume ρg_z vezes o volume $2\pi r\Delta r\Delta z$ multiplicado pela velocidade do fluido dirigida para baixo.

O balanço de energia é obtido somando-se essas contribuições e as igualando a zero. Depois de dividir por $2\pi\Delta r\Delta z$ obtém-se

$$\frac{(re_r)|_r - (re_r)|_{r+\Delta r}}{\Delta r} + r\frac{e_z|_z - e_z|_{z+\Delta z}}{\Delta z} + \rho v_z g_z r = 0 \tag{10.8-7}$$

No limite quando Δr e Δz tendem a zero, encontramos

$$-\frac{1}{r}\frac{\partial}{\partial r}(re_r) - \frac{\partial e_z}{\partial z} + \rho v_z g = 0 \tag{10.8.8}$$

O subscrito z em g_z foi omitido, uma vez que o vetor gravidade está atuando na direção de $+z$.

A seguir usamos as Eqs. 9.8-6 e 9.8-8 para escrever a expressão para os componentes r e z do vetor do fluxo combinado de energia, usando o fato de que o único componente **v** que difere de zero é o componente axial v_z.

$$e_r = \tau_{rz}v_z + q_r = -\left(\mu\frac{\partial v_z}{\partial r}\right)v_z - k\frac{\partial T}{\partial r} \tag{10.8-9}$$

$$\begin{aligned} e_z &= (\tfrac{1}{2}\rho v_z^2)v_z + \rho\hat{H}v_z + \tau_{zz}v_z + q_z \\ &= (\tfrac{1}{2}\rho v_z^2)v_z + (p - p^\circ)v_z + \rho\hat{C}_p(T - T^\circ)v_z + \rho H_0 v_z - \left(2\mu\frac{\partial v_z}{\partial z}\right)v_z - k\frac{\partial T}{\partial z} \end{aligned} \tag{10.8-10}$$

Substituindo essas expressões para o fluxo na Eq. 10.8-8, e usando o fato de que v_z depende apenas de r, obtemos após alguma rearrumação,

$$\rho\hat{C}_p v_z\frac{\partial T}{\partial z} = k\left[\frac{1}{r}\frac{\partial}{\partial r}\left(r\frac{\partial T}{\partial r}\right) + \frac{\partial^2 T}{\partial z^2}\right] + \mu\left(\frac{\partial v_z}{\partial r}\right)^2 + v_z\left[-\frac{\partial p}{\partial z} + \mu\frac{1}{r}\frac{\partial}{\partial r}\left(r\frac{\partial v_z}{\partial r}\right) + \rho g\right] \tag{10.8-11}$$

O segundo termo entre colchetes é exatamente zero, como pode ser visto observando-se a Eq. 3.6-4, que representa o componente z da equação do movimento para o escoamento de Poiseuille em tubo circular (aqui $\mathcal{P} = p - \rho g z$). O termo contendo a viscosidade é a dissipação viscosa, que será desprezada nessa discussão. O último termo no primeiro colchete que corresponde à condução na direção axial será omitido, pois sabemos por experiência que ele é geralmente pequeno em comparação com a convecção de calor na direção axial. Portanto, a equação que queremos resolver aqui é

$$\rho\hat{C}_p v_{z,\text{máx}}\left[1 - \left(\frac{r}{R}\right)^2\right]\frac{\partial T}{\partial z} = k\left[\frac{1}{r}\frac{\partial}{\partial r}\left(r\frac{\partial T}{\partial r}\right)\right] \tag{10.8-12}$$

Essa equação a derivadas parciais, quando resolvida, descreve a temperatura do fluido em função de r e z. As condições de contorno são

C.C. 1:	em $r = 0$,	$T = \text{finito}$	(10.8-13)
C.C. 2:	em $r = R$,	$k\dfrac{\partial T}{\partial r} = q_0$ (constante)	(10.8-14)
C.C. 3:	em $z = 0$,	$T = T_1$	(10.8-15)

Agora transformamos a proposição do problema em variáveis adimensionais. A escolha das grandezas adimensionais é arbitrária. Escolhemos

$$\Theta = \frac{T - T_1}{q_0 R/k} \qquad \xi = \frac{r}{R} \qquad \zeta = \frac{z}{\rho\hat{C}_p v_{z,\text{máx}} R^2/k} \tag{10.8-16, 17, 18}$$

Geralmente tentamos selecionar as grandezas adimensionais de modo a minimizar o número de parâmetros na formulação final do problema. Nesse problema a escolha de $\xi = r/R$ é uma escolha natural devido à aparência de r/R na equação diferencial. A escolha da temperatura adimensional é sugerida pelas segunda e terceira condições de contorno. Tendo especificado essas duas variáveis adimensionais, a escolha da coordenada axial adimensional decorre naturalmente da equação.

Resulta o seguinte problema em sua forma adimensional

$$(1-\xi^2)\frac{\partial\Theta}{\partial\zeta}=\frac{1}{\xi}\frac{\partial}{\partial\xi}\left(\xi\frac{\partial\Theta}{\partial\xi}\right) \tag{10.8-19}$$

com as condições de contorno

C.C. 1: em $\xi = 0$, $\Theta = \text{finito}$ (10.8-20)

C.C. 2: em $\xi = 1$, $\dfrac{\partial\Theta}{\partial\xi} = 1$ (10.8-21)

C.C. 3: em $\zeta = 0$, $\Theta = 0$ (10.8-22)

A equação diferencial parcial da Eq. 10.8-19 foi resolvida para essas condições de contorno,[3] mas nesta seção não daremos a solução completa.

É instrutivo, entretanto, obter a solução assintótica da Eq. 10.8-19 para altos valores de ζ. Depois que o fluido está suficientemente distante a jusante do início da seção de aquecimento, podemos esperar que o fluxo constante de calor através da parede resulte no aumento linear em ζ da temperatura do fluido. Esperamos ainda que a forma do perfil da temperatura como função de ξ não sofra alterações adicionais à medida que ζ cresce (ver a Fig. 10.8-3). Portanto, uma solução da seguinte forma parece ser razoável para altos ζ:

$$\Theta(\xi,\zeta) = C_0\zeta + \Psi(\xi) \tag{10.8-23}$$

em que C_0 é uma constante a ser determinada a seguir.

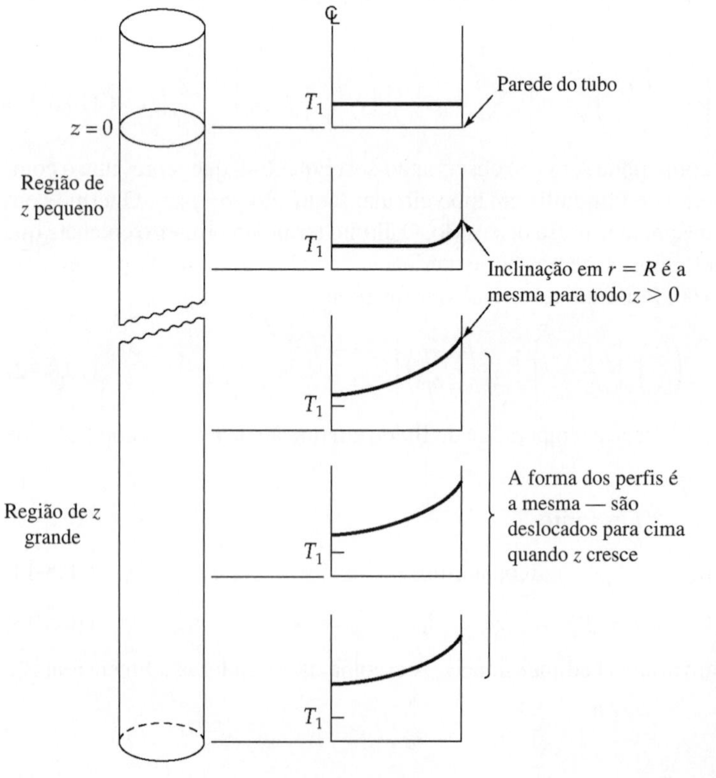

Fig. 10.8-3 Gráfico mostrando como se espera que a temperatura $T(r, z)$ pareça para o sistema mostrado na Fig. 10.8-2 quando o fluido é aquecido por meio de manta de aquecimento envolvendo uniformemente o tubo (correspondente a q_0 positivo).

[3]R. Siegel, E.M. Sparrow, and T.M. Hallman, *Appl. Sci. Research*, **A7**, 386-392 (1958). Ver o Exemplo 12.2-1 para a solução completa e o Exemplo 12.2-2 para a solução assintótica para pequenos ζ.

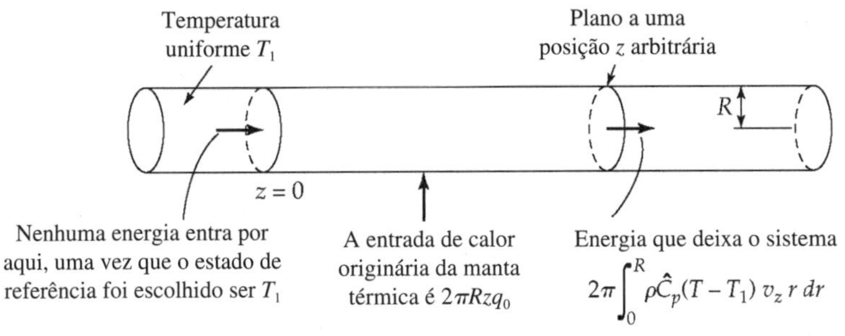

Fig. 10.8-4 Balanço de energia usado para a condição de contorno 4 dada na Eq. 10.8-24.

A função na Eq. 10.8-23 não é, claramente, a solução completa do problema; ela permite que a equação diferencial parcial e as condições de contorno 1 e 2 sejam satisfeitas, mas não satisfaz a condição 3. Portanto a trocamos por uma condição integral (ver Fig. 10.8-4),

Condição 4:
$$2\pi Rzq_0 = \int_0^{2\pi}\int_0^R \rho\hat{C}_p(T - T_1)v_z r\, dr\, d\theta \tag{10.8-24}$$

que em termos adimensionais dá

$$\zeta = \int_0^1 \Theta(\xi, \zeta)(1 - \xi^2)\xi\, d\xi \tag{10.8-25}$$

Essa condição declara que a energia que entra através da parede por uma distância ζ é a mesma que a diferença entre a energia que sai através da seção transversal em ζ e a que entra em $\zeta = 0$.

A substituição da função proposta da Eq. 10.8-23 na Eq. 10.8-19 conduz à seguinte equação para Ψ (ver a Eq. C.1-11):

$$\frac{1}{\xi}\frac{d}{d\xi}\left(\xi\frac{d\Psi}{d\xi}\right) = C_0(1 - \xi^2) \tag{10.8-26}$$

Essa equação pode ser integrada duas vezes em relação a ξ e o resultado é substituído na Eq. 10.8-23 para dar

$$\Theta(\xi, \zeta) = C_0\zeta + C_0\left(\frac{\xi^2}{4} - \frac{\xi^4}{16}\right) + C_1 \ln \xi + C_2 \tag{10.8-27}$$

As três constantes são determinadas pelas condições 1, 2 e 4 anteriores:

C.C. 1: $$C_1 = 0 \tag{10.8-28}$$
C.C. 2: $$C_0 = 4 \tag{10.8-29}$$
Condição 4: $$C_2 = -\tfrac{7}{24} \tag{10.8-30}$$

A substituição desses valores na Eq. 10.8-27 dá

$$\boxed{\Theta(\xi, \zeta) = 4\zeta + \xi^2 - \tfrac{1}{4}\xi^4 - \tfrac{7}{24}} \tag{10.8-31}$$

Esse resultado fornece a temperatura adimensional como função das coordenadas adimensionais radial e axial. É exato no limite quando $\zeta \to \infty$; para $\zeta > 0{,}1$, prevê-se a temperatura local Θ dentro de 2% de erro.

Uma vez que a distribuição de temperatura é conhecida podemos obter várias grandezas relacionadas. Existem dois tipos de temperaturas médias comumente usadas em associação com o escoamento de fluidos com ρ e $\hat{C}_p$ constantes:

$$\langle T\rangle = \frac{\int_0^{2\pi}\int_0^R T(r, z)r\, dr\, d\theta}{\int_0^{2\pi}\int_0^R r\, dr\, d\theta} = T_1 + (4\zeta + \tfrac{7}{24})\frac{q_0R}{k} \tag{10.8-32}$$

$$T_b = \frac{\langle v_zT\rangle}{\langle v_z\rangle} = \frac{\int_0^{2\pi}\int_0^R v_z(r)T(r, z)r\, dr\, d\theta}{\int_0^{2\pi}\int_0^R v_z(r)r\, dr\, d\theta} = T_1 + (4\zeta)\frac{q_0R}{k} \tag{10.8-33}$$

Ambas as médias são funções de z. A quantidade $<T>$ é média aritmética das temperaturas sobre uma seção transversal z. A temperatura de mistura (*bulk*) T_b é a temperatura que seria obtida se o tubo fosse cortado na posição z e o fluido fosse coletado em um recipiente e misturado completamente. Essa temperatura média é às vezes denominada "temperatura de mistura em copo" ou "temperatura média de escoamento".

Agora vamos avaliar a "força motriz" da transferência de calor local, $T_0 - T_b$, que é a diferença entre a temperatura da parede e a temperatura de mistura a uma distância z no tubo:

$$T_0 - T_b = \frac{11}{24}\frac{q_0 R}{k} = \frac{11}{48}\frac{q_0 D}{k} \tag{10.8-34}$$

onde D é o diâmetro do tubo. Podemos rearranjar esse resultado sob a forma do fluxo térmico na parede, adimensional

$$\frac{q_0 D}{k(T_0 - T_b)} = \frac{48}{11} \tag{10.8-35}$$

que, no Cap. 14, será identificado como *número de Nusselt*.

Antes de sair dessa seção queremos ressaltar que a coordenada axial adimensional ζ pode ser escrita como

$$\zeta = \left[\frac{\mu}{D\langle v_z\rangle\rho}\right]\left[\frac{k}{\hat{C}_p\mu}\right]\left[\frac{z}{R}\right] = \frac{1}{\text{RePr}}\left[\frac{z}{R}\right] = \frac{1}{\text{Pé}}\left[\frac{z}{R}\right] \tag{10.8-36}$$

Aqui D é o diâmetro do tubo, Re é o número de Reynolds usado na Parte I, e Pr e Pé são os números de Prandtl e de Péclet introduzidos no Cap. 9. No Cap. 11 verificaremos que os números de Reynolds e de Prandtl podem ser esperados quando são analisados problemas de convecção. Esse ponto será reforçado no Cap. 14 em relação às correlações para coeficientes de transferência de calor.

10.9 CONVECÇÃO NATURAL

Na Seção 10.8 demos um exemplo de convecção forçada. Nesta seção nossa atenção estará dirigida para um problema elementar de convecção natural — isto é, o escoamento entre duas placas paralelas mantidas a temperaturas diferentes (ver a Fig. 10.9-1).

Um fluido com densidade ρ e viscosidade μ está localizado entre duas paredes verticais a uma distância $2B$. A parede aquecida em $y = -B$ é mantida à temperatura T_2 e a parede resfriada em $y = +B$ é mantida à temperatura T_1. Vamos supor que a diferença de temperaturas é suficientemente pequena para que termos em $(\Delta T)^2$ possam ser desprezados.

Por causa do gradiente de temperatura no sistema, o fluido próximo à parede aquecida sobe, e aquele próximo à parede fria desce. O sistema é fechado no topo e no fundo, de tal forma que o fluido está continuamente circulando entre as placas. A taxa mássica de escoamento do fluido no movimento ascendente é a mesma que a do movimento descendente. Supõe-se que as placas sejam muito altas de modo que os efeitos no topo e no fundo podem ser desprezados. Assim para todos os propósitos práticos a temperatura é uma função de y apenas.

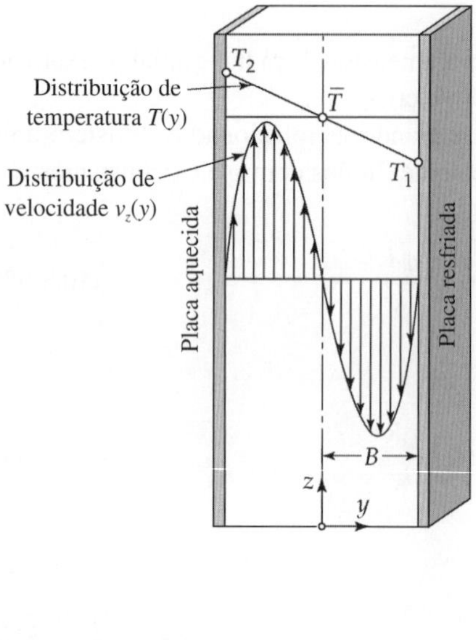

Fig. 10.9-1 Convecção natural laminar entre duas placas verticais a duas temperaturas diferentes. A velocidade é uma função cúbica da coordenada y.

Um balanço de energia pode ser feito em uma fina camada com espessura Δy, usando o componente y do fluxo de energia **e** dado pela Eq. 9.8-6. O termo contendo a energia cinética e a entalpia pode ser desconsiderado pois o componente y do vetor **v** é zero. O componente y do termo $[\boldsymbol{\tau}\cdot\mathbf{v}]$ é $\tau_{yz}v_z = -\mu(dv_z/dy)v_z$, que leva à contribuição do aquecimento viscoso discutido na Seção 10.4. Entretanto, nos escoamentos muito lentos encontrados na convecção natural, esse termo é extremamente pequeno e pode ser desprezado. O balanço de energia então conduz à equação

$$-\frac{dq_y}{dy} = 0 \quad \text{ou} \quad k\frac{d^2T}{dy^2} = 0 \tag{10.9-1}$$

para k constante. A equação da temperatura é resolvida com as seguintes condições de contorno:

C.C. 1: $\quad$ em $y = -B, \quad T = T_2$ $\quad$ (10.9-2)

C.C. 2: $\quad$ em $y = +B, \quad T = T_1$ $\quad$ (10.9-3)

A solução desse problema é

$$\boxed{T = \overline{T} - \frac{1}{2}\Delta T \frac{y}{B}} \tag{10.9-4}$$

em que $\Delta T = T_2 - T_1$ é a diferença entre as temperaturas das paredes, e $\overline{T} = \frac{1}{2}(T_1 + T_2)$ é a temperatura média aritmética.

Fazendo o balanço de momento sobre a mesma camada de espessura Δy, chega-se à equação diferencial para a distribuição de velocidade

$$\mu\frac{d^2v_z}{dy^2} = \frac{dp}{dz} + \rho g \tag{10.9-5}$$

Aqui a viscosidade foi suposta constante (ver o Problema 10.B11 para uma solução de problema com viscosidade dependente da temperatura).

O fenômeno da convecção natural resulta do fato de que, quando o fluido é aquecido, sua densidade (usualmente) decresce e o fluido sobe. A descrição matemática do sistema deve levar em consideração essa característica essencial do fenômeno. Como a diferença de temperatura $\Delta T = T_2 - T_1$ é considerada pequena nesse problema, podemos esperar que a variação da densidade no sistema também seja pequena. Isso sugere que devêssemos expandir ρ em uma série de Taylor em torno da temperatura média $\overline{T} = ½\,(T_1+T_2)$, assim:

$$\begin{aligned}\rho &= \rho|_{T=\overline{T}} + \left.\frac{d\rho}{dT}\right|_{T=\overline{T}}(T - \overline{T}) + \cdots \\ &= \overline{\rho} - \overline{\rho}\overline{\beta}(T - \overline{T}) + \cdots\end{aligned} \tag{10.9-6}$$

onde $\overline{\rho}$ e $\overline{\beta}$ são a densidade e o coeficiente de expansão volumétrico avaliados a $\overline{T}$. O coeficiente de expansão volumétrico é definido como

$$\beta = \frac{1}{V}\left(\frac{\partial V}{\partial T}\right)_p = \frac{1}{(1/\rho)}\left(\frac{\partial(1/\rho)}{\partial T}\right)_p = -\frac{1}{\rho}\left(\frac{\partial\rho}{\partial T}\right)_p \tag{10.9-7}$$

Agora introduzimos a equação de estado base "Taylor" na equação do movimento na Eq. 10.9-5 para obter

$$\mu\frac{d^2v_z}{dy^2} = \frac{dp}{dz} + \overline{\rho}g - \overline{\rho}g\overline{\beta}(T - \overline{T}) \tag{10.9-8}$$

Essa equação descreve o balanço entre as forças viscosas, a força de pressão, a força gravitacional e a força de empuxo $-\overline{\rho}g\overline{\beta}\,(T - \overline{T})$ (todas elas por unidade de volume). Agora substituímos a distribuição de temperatura dada pela Eq. 10.9-4 para obter a equação diferencial

$$\mu\frac{d^2v_z}{dy^2} = \left(\frac{dp}{dz} + \overline{\rho}g\right) + \frac{1}{2}\overline{\rho}g\overline{\beta}\Delta T\frac{y}{B} \tag{10.9-9}$$

que deve ser resolvida com as condições de contorno

C.C. 1: $\quad$ em $y = -B, \quad v_z = 0$ $\quad$ (10.9-10)

C.C. 2: $\quad$ em $y = +B, \quad v_z = 0$ $\quad$ (10.9-11)

A solução é

$$v_z = \frac{(\bar{\rho}g\bar{\beta}\Delta T)B^2}{12\mu}\left[\left(\frac{y}{B}\right)^3 - \left(\frac{y}{B}\right)\right] + \frac{B^2}{2\mu}\left(\frac{dp}{dz} + \bar{\rho}g\right)\left[\left(\frac{y}{B}\right)^2 - 1\right] \tag{10.9-12}$$

Agora impomos a restrição de que a vazão mássica total na direção z seja nula, isto é,

$$\int_{-B}^{+B} \rho v_z dy = 0 \tag{10.9-13}$$

A substituição de v_z dada pela Eq. 10.9-12 e de ρ das Eqs. 10.9-6 e 4 nessa integral conduz à conclusão de que

$$\frac{dp}{dz} = -\bar{\rho}g \tag{10.9-14}$$

quando os termos contendo o quadrado da quantidade pequena ΔT são desprezados. A Eq. 10.9-14 declara que o gradiente da pressão no sistema deve-se exclusivamente ao peso do fluido, e a distribuição usual de pressão hidrostática prevalece. Portanto o segundo termo do lado direito da Eq. 10.9-12 anula-se e a expressão final para a distribuição de velocidade é

$$\boxed{v_z = \frac{(\bar{\rho}g\bar{\beta}\Delta T)B^2}{12\mu}\left[\left(\frac{y}{B}\right)^3 - \left(\frac{y}{B}\right)\right]} \tag{10.9-15}$$

A velocidade média na direção para cima é

$$\langle v_z \rangle = \frac{(\bar{\rho}g\bar{\beta}\Delta T)B^2}{48\mu} \tag{10.9-16}$$

O movimento do fluido é, portanto, conseqüência do termo de força de empuxo presente na Eq. 10.9-8, associado ao gradiente de temperatura no sistema. A distribuição de velocidade dada pela Eq. 10.9-15 está representada na Fig. 10.9-1. Esse tipo de distribuição de velocidade ocorre no espaço de ar entre as placas de vidro de janelas de vidro duplo ou em paredes duplas de edifícios. Esse tipo de escoamento ocorre também na operação de colunas de Clusius-Dickel usadas para a separação de isótopos ou de soluções líquidas de substâncias orgânicas pelo efeito combinado da difusão térmica e da convecção natural.[1]

A distribuição de velocidade na Eq. 10.9-15 pode ser reescrita usando uma velocidade adimensional $\breve{v}_z = Bv_z\bar{\rho}/\mu$ e uma coordenada adimensional $\breve{y} = y/B$ na forma:

$$\breve{v}_z = \tfrac{1}{12}\text{Gr}(\breve{y}^3 - \breve{y}) \tag{10.9-17}$$

Aqui Gr é o *número de Grashof*[2], adimensional, definido por

$$\text{Gr} = \left[\frac{(\bar{\rho}^2 g\bar{\beta}\Delta T)B^3}{\mu^2}\right] = \left[\frac{\bar{\rho}gB^3\,\Delta\rho}{\mu^2}\right] \tag{10.9-18}$$

em que $\Delta\rho = \rho_1 - \rho_2$. A segunda forma do número de Grashof é obtida da primeira pelo emprego da Eq. 10.9-6. O número de Grashof é o grupo característico que ocorre nas análises da convecção natural, como é demonstrado pela análise dimensional no Cap. 11. Ele aparece nas correlações do coeficiente de transferência de calor do Cap. 14.

QUESTÕES PARA DISCUSSÃO

1. Verifique que os números de Brinkman, Biot, Prandtl e Grashof são adimensionais.
2. A que problemas em circuitos elétricos é análoga a adição de resistências térmicas?
3. Qual é o coeficiente de expansão térmica de um gás ideal? Qual é a expressão correspondente para o número de Grashof?

[1] Difusão térmica é a difusão resultante de um gradiente de temperatura. Uma discussão lúcida da coluna de Clusius-Dickel é apresentada em K.E. Grew and T.L. Ibbs, *Thermal Diffusion in Gases*, Cambridge University Press (1952), pp. 94-106.

[2] Em homenagem a **Franz Grashof** (1826-1893). Ele foi professor de mecânica aplicada em Karlsruhe e um dos fundadores do Verein Deutscher Ingenieure em 1856.

4. Quais podem ser algumas conseqüências de grandes gradientes de temperatura gerados pelo aquecimento viscoso na viscometria, na lubrificação e na extrusão de plásticos?

5. Haveria alguma vantagem em escolher a temperatura adimensional $\Theta = (T - T_1)/T_1$ e a coordenada adimensional axial $\zeta = z/R$ na Seção 10.8?

6. O que aconteceria na Seção 9.9 se o fluido fosse a água e $\overline{T}$ fosse 4°C?

7. Há alguma vantagem na solução da Eq. 9.7-9 em termos das funções hiperbólicas em vez das exponenciais?

8. Na passagem da Eq. 10.8-11 para a Eq. 10.8-12 o termo de condução axial foi desprezado face ao termo de convecção axial. Para justificar isso use alguns valores numéricos para estimar os tamanhos relativos dos termos.

9. Quão grave é desprezar a dependência da viscosidade da temperatura na solução de problemas de convecção forçada? E em problemas de dissipação viscosa?

10. No regime permanente o perfil de temperatura em um sistema laminado apresenta-se como a seguir. Que material possui a maior condutividade térmica?

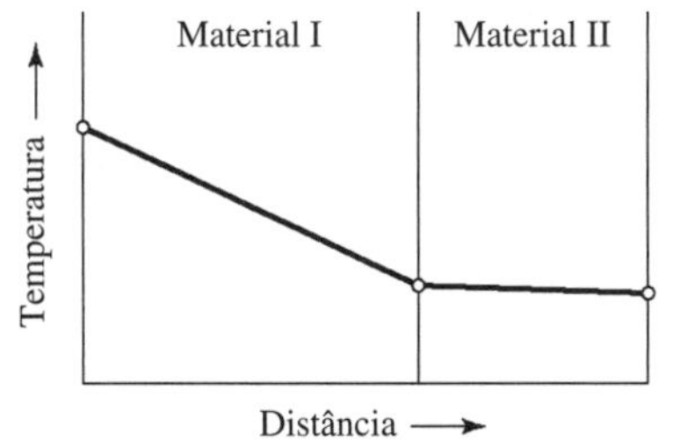

11. Mostre que a Eq. 10.6-4 pode ser obtida diretamente reescrevendo-se a Eq. 10.6-1 com $x+\Delta x$ no lugar de x_0. Similarmente, obtém-se a Eq. 10.6-20 da Eq. 10.6-17 pela troca de $r+\Delta r$ por r_0.

PROBLEMAS

10A.1 Perda de calor de um tubo isolado. Um tubo de aço padrão, catálogo 40, de 2 in (diâmetro interno 2,067 in e espessura de parede 0,154 in) transportando vapor está isolado com 2 in de magnésia 85%, coberta por 2 in de cortiça. Estime a perda de calor por hora, por pé de tubo, se a superfície interna do tubo está a 250°F e a superfície externa da cortiça está a 90°F. As condutividades térmicas (em Btu/h·ft·F) dos materiais são: aço, 26,1; magnésia 85%, 0,04; cortiça, 0,03.
Resposta: 24 Btu/h·ft

10A.2 Perda de calor de aleta retangular. Calcule a perda de calor de uma aleta retangular (ver a Fig. 10.7-1) para as seguintes condições:

Temperatura do ar	350°F
Temperatura da parede	500°F
Condutividade térmica da aleta	60 Btu/h·ft·F
Condutividade térmica do ar	0,0022 Btu/h·ft·F
Coeficiente de transferência de calor	120 Btu/h·ft²·F
Comprimento da aleta	0,2 ft
Largura da aleta	1,0 ft
Espessura da aleta	0,16 in

Resposta: 2.074 Btu/h

10A.3 Temperatura máxima de lubrificante. Um óleo atua como lubrificante para um par de superfícies cilíndricas como se vê na Fig. 10.4-1. A velocidade angular do cilindro externo é 7908 rpm. O cilindro externo tem um raio de 5,06 cm e a distância entre os cilindros é de 0,027 cm. Qual é a temperatura máxima no óleo se as temperaturas das duas superfícies é 158°F? As propriedades físicas do óleo são admitidas constantes com os valores:

Viscosidade	92,3 cp
Densidade	1,22 g/cm³
Condutividade térmica	0,0055 cal/s·cm·C

Resposta: 174°F

10A.4 Capacidade de transporte de corrente de um fio. Um fio de cobre de 0,040 in de diâmetro está isolado uniformemente com plástico a um diâmetro externo de 0,12 in e está exposto a um ambiente a 100°F. O coeficiente de transferência de calor da superfície externa do plástico é 1,5 Btu/h·ft²·F. Qual a corrente permanente, em ampères, que o fio pode transportar sem aquecer qualquer porção do plástico acima de sua temperatura limite de operação de 200°F. As condutividades térmica e elétrica podem ser supostas como constantes com os seguintes valores:

	k (Btu/h·ft·F)	k_e(ohm^{-1} cm^{-1})
Cobre	220	$5{,}1 \times 10^5$
Plástico	0,20	0,0

Resposta: 13,4 amp

10A.5 Velocidade de convecção natural.

(a) Verifique a expressão para a velocidade da corrente ascendente na Eq. 10.9-16.

(b) Avalie $\bar{\beta}$ para as condições dadas a seguir.

(c) Qual a velocidade média da corrente ascendente no sistema descrito na Fig. 10.9-1 para ar escoando nessas condições?

Pressão	1 atm
Temperatura da parede aquecida	100°C
Temperatura da parede resfriada	20°C
Espaçamento entre as paredes	0,6 cm

Resposta: 2,3 cm/s

10A.6 Poder isolante de uma parede (Fig. 10.A.6). O "poder isolante" de uma parede pode ser medido por meio de um arranjo mostrado na figura. Coloca-se um painel plástico contra a parede. No painel montam-se dois termopares sobre as superfícies do painel. A condutividade térmica e a espessura do painel são conhecidas. Da medida das temperaturas no regime permanente mostrada na figura calcule:

(a) O fluxo térmico permanente através da parede (e do painel).

(b) A resistência térmica (espessura da parede dividida pela condutividade térmica).

Resposta: **(a)**14,3 Btu/h·ft²; **(b)** 4,2 ft²·h·F/Btu.

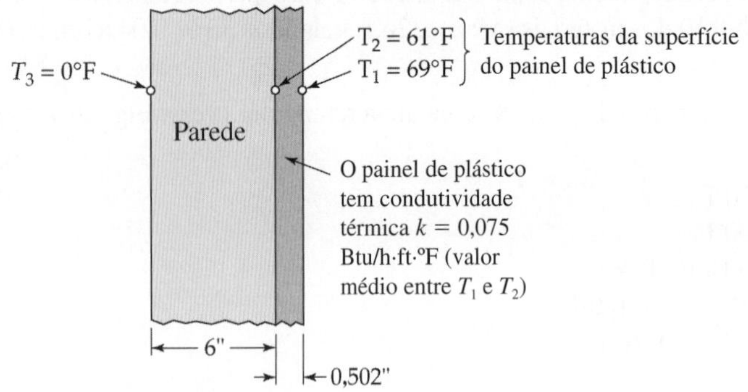

Fig. 10A.6 Determinação da resistência térmica de uma parede.

10A.7 Aquecimento viscoso em caneta esferográfica. Você deve decidir se o decréscimo da viscosidade nas tintas de canetas esferográficas durante a escrita se deve ao efeito de "afinamento ao cisalhamento" (redução da viscosidade devida a efeitos não-newtonianos) ou ao "afinamento à temperatura" (decréscimo da viscosidade devido ao aumento da temperatura causado pelo aquecimento viscoso). Se o aumento da temperatura for inferior a 1K, então o afinamento à temperatura não seria importante. Estime o aumento da temperatura usando a Eq. 10.4-9 e os seguintes dados estimados:

Espaço entre a esfera e a cavidade	5×10^{-5} in
Diâmetro da bola	1 mm
Viscosidade da tinta	10^4 cp
Velocidade da escrita	100 in/min
Condutividade térmica da tinta (estimada)	5×10^{-4} cal/s·cm·C

10A.8 Aumento de temperatura de fio elétrico.
(a) Um fio elétrico de 5 mm de diâmetro e 15 ft de comprimento apresenta uma queda de voltagem de 0,6 volt. Determine a temperatura máxima no fio se o ar ambiente está a 25°C e o coeficiente de transferência de calor h é 5,7 Btu/h·ft²·F.
(b) Compare as quedas de temperatura através do fio e do ar em torno do fio.

10B.1 Condução de calor de uma esfera para um fluido estacionário. Uma esfera aquecida de raio R está suspensa em um fluido estacionário e infinito. Deseja-se estudar a condução de calor no fluido que circunda a esfera na ausência de convecção.
(a) Estabeleça a equação diferencial que descreve a temperatura T do fluido em função da distância r desde o centro da esfera. A condutividade térmica k do fluido é considerada constante.
(b) Integre a equação diferencial e use as condições de contorno para determinar as constantes de integração: em $r = R$, $T = T_R$; e em $r = \infty$, $T = T_\infty$.

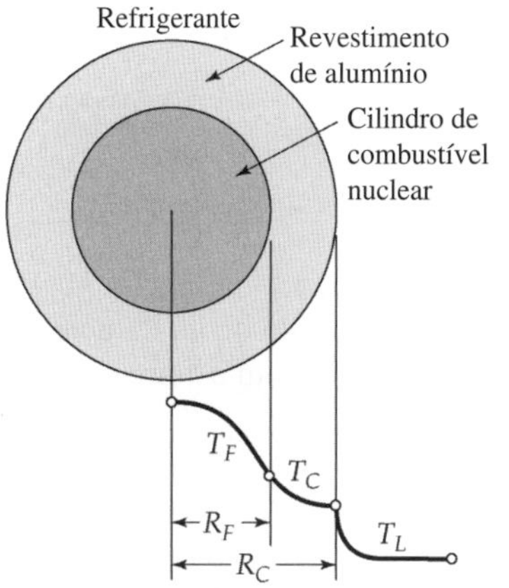

Fig. 10B.3 Distribuição de temperatura em eixo cilíndrico de combustível nuclear.

(c) Do perfil de temperatura obtenha uma expressão para o fluxo térmico na superfície. Iguale esse resultado ao fluxo térmico expresso pela "lei do resfriamento de Newton" e mostre que um coeficiente adimensional de transferência de calor (conhecido como *número de Nusselt*) é dado por

$$\text{Nu} = \frac{hD}{k} = 2 \qquad (10B.1\text{-}1)$$

em que D é o diâmetro da esfera. Esse resultado bem conhecido provê o valor limite do Nu para a transferência de calor de esferas a baixos números de Reynolds e Grashof (ver Seção 14.4).
(d) Sob que sentido os números de Biot e de Nusselt diferem?

10B.2 Aquecimento viscoso em escoamento em uma fenda. Determine o perfil da temperatura para o problema do aquecimento viscoso da Fig. 10.4-2, quando são dadas as seguintes condições de contorno: em $x = 0$, $T = T_0$; em $x = b$, $q_x = 0$.

Resposta: $\dfrac{T - T_0}{\mu v_b^2/k} = \left(\dfrac{x}{b}\right) - \dfrac{1}{2}\left(\dfrac{x}{b}\right)^2$

10B.3 Condução de calor em um tarugo de combustível nuclear (Fig. 10B.3). Considere um tarugo de combustível nuclear na forma de um cilindro longo, circundado por uma camada anular de alumínio. Dentro do tarugo calor é produzido por fissão; esse calor depende da posição aproximadamente como

$$S_n = S_{n0}\left[1 + b\left(\frac{r}{R_F}\right)^2\right] \qquad (10B.3\text{-}1)$$

Aqui S_{n0} e b são constantes conhecidas, e r é a coordenada radial medida desde o eixo do cilindro. Calcule a temperatura máxima no tarugo de combustível se a temperatura da superfície externa do alumínio está em contato com um líquido refrigerante à temperatura T_L. O coeficiente de transferência de calor na superfície de contato alumínio-refrigerante é h_L, e as condutividades térmicas do combustível e alumínio são k_F e k_c.

Resposta: $T_{F,\text{máx}} - T_L = \dfrac{S_{n0}R_F^2}{4k_F}\left(1 + \dfrac{b}{4}\right) + \dfrac{S_{n0}R_F^2}{2k_C}\left(1 + \dfrac{b}{2}\right)\left(\dfrac{k_C}{R_C h_L} + \ln\dfrac{R_C}{R_F}\right)$

10B.4 Condução de calor em um ânulo (Fig.10B.4).

(a) Calor atravessa a parede anular de raio interno r_0 e raio externo r_1. A condutividade térmica varia linearmente com a temperatura desde k_0 a T_0 até k_1 a T_1. Desenvolva uma expressão para a vazão de calor através da parede.
(b) Mostre que a expressão em (a) pode ser simplificada quando $(r_1 - r_0)/r_0$ é muito pequeno. Interprete fisicamente o resultado.

Resposta: **(a)** $Q = 2\pi L(T_0 - T_1)\left(\frac{k_0 + k_1}{2}\right)\left(\ln \frac{r_1}{r_0}\right)^{-1}$; **(b)** $Q = 2\pi r_0 L\left(\frac{k_0 + k_1}{2}\right)\left(\frac{T_0 - T_1}{r_1 - r_0}\right)$

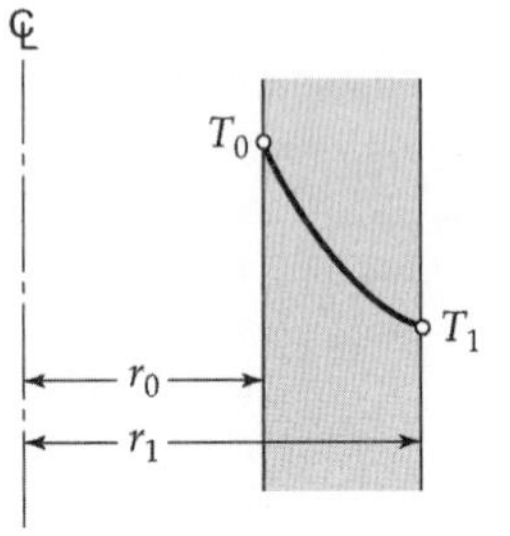

Fig. 10B.4 Perfil de temperatura em parede anular.

10B.5 Geração térmica viscosa em polímero fundido. Reformule o problema discutido na Seção 10.4 para um polímero fundido, cuja viscosidade pode ser adequadamente descrita por um modelo de lei da potência (ver o Cap. 8). Mostre que a distribuição de temperatura é a mesma que na Eq. 10.4-9 mas com o número de Brinkman dado por

$$\text{Br}_n = \left[\frac{m v_b^{n+1}}{b^{n-1} k (T_b - T_0)}\right] \tag{10B.5-1}$$

10B.6 Espessura de isolante para parede de fornalha (Fig. 10B.6). Uma parede de fornalha consiste em três camadas: (i) uma camada de tijolo refratário ou resistente ao calor, (ii) uma camada de tijolo isolante, e (iii) uma placa de aço com espessura de 0,25 in, para proteção mecânica. Calcule a espessura de cada camada de tijolo para a espessura total mínima se a perda de calor através da parede deve ser 5.000 Btu/ft²·h, supondo que as camadas têm contato térmico excelente. A seguinte informação está disponível:

Material	Temperatura máxima permitida	Condutividade térmica (Btu/h·ft·F) a 100°	a 2.000°F
Tijolo refratário	2600°F	1,8	3,6
Tijolo isolante	2000°F	0,9	1,8
Aço	—	26,1	—

Resposta: Tijolo refratário: 0,39 ft; tijolo isolante: 0,51 ft.

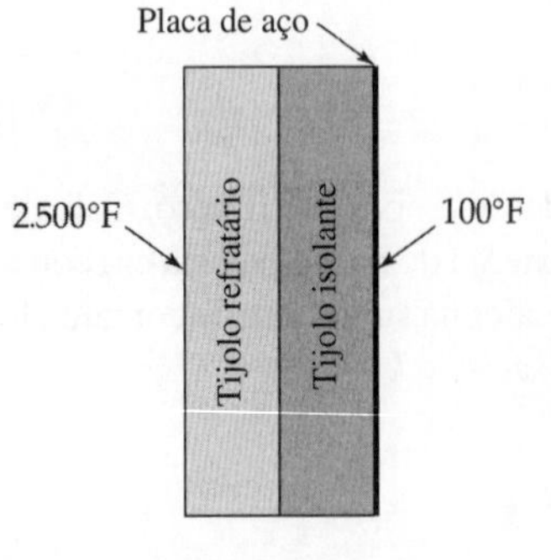

Fig. 10B.6 Parede composta de uma fornalha.

10B.7 Convecçao forçada no escoamento entre placas paralelas (Fig. 10B.7). Um fluido viscoso com propriedades físicas independentes da temperatura está em escoamento laminar plenamente desenvolvido entre duas superfícies planas separadas pela distância $2B$. Para $z < 0$, a temperatura do fluido é uniforme a $T = T_1$. Para $z > 0$, calor é adicionado a um fluxo constante q_0 em ambas as paredes. Determine a distribuição de temperatura $T(x, z)$ para altos valores de z.

(a) Faça um balanço de energia para obter a equação diferencial para $T(x, z)$. Então descarte o termo de dissipação viscosa e o termo de condução axial.

(b) Reformule o problema em termos das quantidades adimensionais

$$\Theta = \frac{T - T_1}{q_0 B/k} \qquad \sigma = \frac{x}{B} \qquad \zeta = \frac{kz}{\rho \hat{C}_p v_{z,\text{máx}} B^2} \tag{10B.7-1, 2, 3}$$

(c) Obtenha a solução assintótica para altos valores de z.

$$\Theta(\sigma, \zeta) = \tfrac{3}{2}\zeta + \tfrac{3}{4}\sigma^2 - \tfrac{1}{8}\sigma^4 - \tfrac{39}{280} \tag{10B.7-4}$$

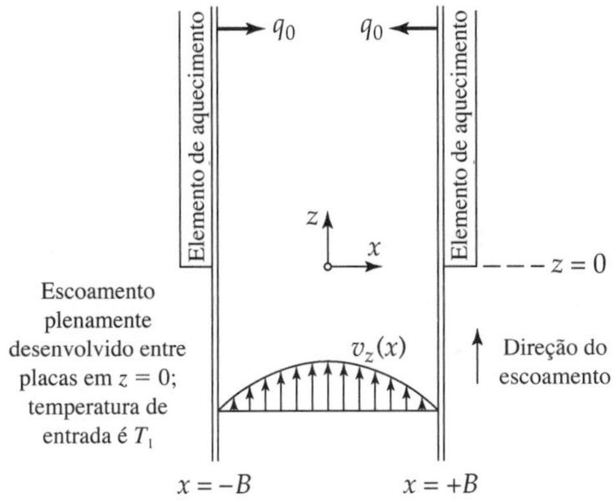

Fig. 10B.7 Escoamento laminar, incompressível entre placas paralelas, ambas aquecidas por um fluxo térmico uniforme iniciando em $z = 0$.

10B.8 Aquecimento elétrico de um tubo (Fig. 10B.8). Na manufatura de tubos de aços revestidos com vidro, é uma prática comum primeiro aquecer o tubo até a faixa de fusão do vidro e então proporcionar o contato da superfície do tubo quente com os grãos de vidro. Esses grãos se fundem e molham a superfície do tubo para formar uma camada não-porosa e fortemente aderente ao tubo. Em um dos métodos de preaquecimento do tubo uma corrente elétrica passa ao longo do tubo resultando no seu aquecimento (como na Seção10.2). Para solução desse problema faça as seguintes suposições:

(i) A condutividade elétrica do tubo k_e é constante na faixa de temperatura de interesse. A taxa local de geração de calor pela energia elétrica S_e é uniforme por todo o tubo.

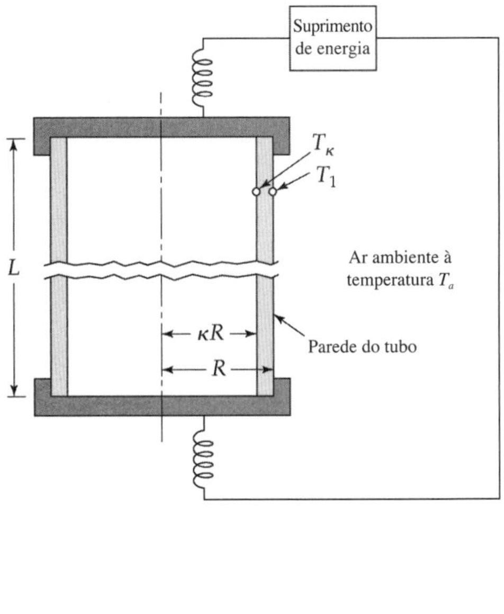

Fig. 10B.8 Aquecimento elétrico de um tubo.

(ii) O topo e o fundo do tubo estão fechados de modo que a perda de calor por eles é desprezível.

(iii) A perda de calor através da superfície externa é dada pela lei do resfriamento de Newton: $q_r = h(T_1 - T_a)$. Aqui h é o coeficiente de transferência de calor.

Qual a potência elétrica necessária para manter a superfície interna do tubo a uma temperatura desejada T_k para k, T_a, h e dimensões do tubo conhecidas?

Resposta: $P = \dfrac{\pi R^2(1-\kappa^2)L(T_k - T_a)}{\dfrac{(1-\kappa^2)R}{2h} - \dfrac{(\kappa R)^2}{4k}\left[\left(1 - \dfrac{1}{\kappa^2}\right) - 2\ln\kappa\right]}$

10B.9 Transferência de calor por convecçao forçada no escoamento empistonado. Pastas e suspensões muito grossas algumas vezes movem-se em canais quase como se fossem um pistão sólido. Podemos então aproximar a velocidade pelo valor constante v_0 em toda a seção do escoamento.

(a) Reformule o problema da Seção 10.8 para o escoamento empistonado em um *tubo circular* de raio R. Mostre que a distribuição de temperatura análoga à Eq. 10.8-31 é

$$\Theta(\xi, \zeta) = 2\zeta + \tfrac{1}{2}\xi^2 - \tfrac{1}{4} \tag{10B.9-1}$$

em que $\zeta = kz/\rho\hat{C}_p v_0 R^2$ e Θ e ξ são definidos como na Seção 10.8.

(b) Mostre que para o escoamento empistonado entre placas com abertura $2B$, a distribuição de temperatura análoga à Eq. 10B.7-4 é

$$\Theta(\xi, \zeta) = \zeta + \tfrac{1}{2}\sigma^2 - \tfrac{1}{6} \tag{10B.9-2}$$

em que $\zeta = kz/\rho\hat{C}_p v_0 B^2$ e Θ e σ estão definidos como no Problema 10B.7.

10.B10 Convecçao natural em regiao anular de altura finita (Fig.10B.10). Um fluido está contido numa região anular vertical fechada no topo e no fundo. A parte interna de raio κR é mantida à temperatura T_κ, e a parede externa de raio R é mantida a T_1. Usando as suposições e procedimento da Seção 10.9, obtenha a distribuição de velocidades produzida pela convecção natural.

(a) Primeiramente deduza a distribuição de temperatura

$$\frac{T_1 - T}{T_1 - T_\kappa} = \frac{\ln \xi}{\ln \kappa} \tag{10B.10-1}$$

em que $\xi = r/R$.

(b) Então mostre que a equação do movimento é

$$\frac{1}{\xi}\frac{d}{d\xi}\left(\xi \frac{dv_z}{d\xi}\right) = A + B \ln \xi \tag{10B.10-2}$$

na qual $A = (R^2/\mu)(dp/dz + \rho_1 g)$ e $B = [(\rho_1 g \beta_1 \Delta T)R^2/\mu \ln\kappa]$ em que $\Delta T = T_1 - T_\kappa$.

(c) Integre a equação do movimento (ver Eq. C.1-11) e aplique as condições de contorno para avaliar as constantes de integração. Mostre então que A pode ser avaliado pela condição de vazão total nula a qualquer plano z constante, com o resultado final

$$v_z = \frac{\rho_1 g \beta_1 \Delta T R^2}{16\mu}\left[\frac{(1-\kappa^2)(1-3\kappa^2) - 4\kappa^4 \ln\kappa}{(1-\kappa^2)^2 + (1-\kappa^4)\ln\kappa}\left((1-\xi^2) - (1-\kappa^2)\frac{\ln\xi}{\ln\kappa}\right) + 4(\xi^2 - \kappa^2)\frac{\ln\xi}{\ln\kappa}\right] \tag{10B.10-3}$$

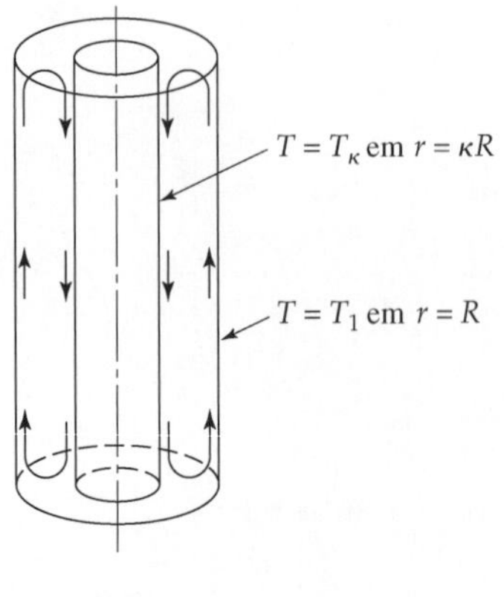

Fig. 10B.10 Convecção natural em espaço anular com $T_1 > T_k$.

10B.11 Convecçao natural com viscosidade dependente da temperatura. Reelabore o problema da Seção 10.9, considerando a variação da viscosidade com a temperatura. Suponha que a "fluidez" (inverso da viscosidade) é dada pela seguinte função da temperatura

$$\frac{1}{\mu} = \frac{1}{\bar{\mu}}[1 + \bar{\beta}_\mu(T - \bar{T})] \tag{10B.11-1}$$

Use as quantidades adimensionais $\breve{y}$, $\breve{v}_z$ e Gr definidos na Seção 10.9 (mas com $\bar{\mu}$ no lugar de μ) e adicionalmente

$$b_T = \tfrac{1}{2}\bar{\beta}\Delta T, \quad b_\mu = \tfrac{1}{2}\bar{\beta}_\mu \Delta T \quad \text{e} \quad P = \frac{\bar{\rho}B^3}{\bar{\mu}^2}\left(\frac{dp}{dz} + \bar{\rho}g\right) \tag{10B.11-2, 3}$$

e mostre que a equação diferencial para a distribuição de velocidade é

$$\frac{d}{d\breve{y}}\left(\frac{1}{1 - b_\mu \breve{y}}\frac{d\breve{v}_z}{d\breve{y}}\right) = P + \tfrac{1}{2}\text{Gr}\,\breve{y} \tag{10B.11-4}$$

Siga o procedimento na Seção 10.9, descarte os termos contendo a segunda e potências mais altas de b_μ. Mostre que isso conduz a $P = \frac{1}{30}\text{Gr}\,b_T + \frac{1}{15}\text{Gr}\,b_\mu$ e finalmente:

$$\breve{v}_z = \tfrac{1}{6}\text{Gr}[(\breve{y}^3 - \breve{y}) - \tfrac{3}{20}b_\mu(\breve{y}^2 - 1)(5\breve{y}^2 - 1)] \tag{10B.11-5}$$

Esboce o resultado para mostrar como o perfil da velocidade fica assimétrico devido à dependência da viscosidade na temperatura.

10B.12 Conduçao de calor com condutividade térmica dependente da temperatura (Fig. 10B.12). As superfícies curvas e as superfícies ao final (ambas sombreadas na figura) do sólido da forma de uma casca semicilíndrica estão isoladas. A superfície $\theta = 0$, de área $(r_2 - r_1)/L$, é mantida à temperatura T_0 e a superfície em $\theta = \pi$, também de mesma área, é mantida à temperatura T_π.

A condutividade térmica do sólido varia linearmente com a temperatura de k_0 a $T = T_0$ até k_π a $T = T_\pi$.

(a) Determine a distribuição permanente de temperatura.

(b) Determine a taxa de transferência de calor através da superfície em $\theta = 0$.

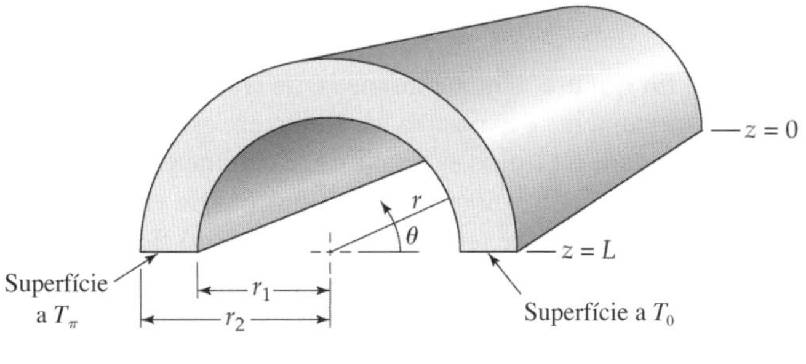

Fig. 10B.12 Condução tangencial de calor em uma casca anular.

10B.13 Reator com fonte térmica funçao exponencial da temperatura. Formule a função $F(\Theta)$ da Eq. 10.5-7 para uma reação de ordem zero com dependência da temperatura dada por

$$S_c = Ke^{-E/RT} \tag{10B.13-1}$$

em que K e E são constantes, e R é a constante dos gases. Introduza $F(\Theta)$ nas Eqs. 10.5-15 até 20 e resolva para o perfil adimensional de temperatura com a condução axial $k_{z,\,ef}$ desprezada.

10B.14 Perdas por evaporaçao em tanque de oxigênio.

(a) Gases liquefeitos são às vezes armazenados em recipientes esféricos, bem isolados, com alívio para a atmosfera. Desenvolva uma expressão para a taxa de transferência de calor em regime permanente através das paredes desses recipientes, com raios das superfícies interna e externa iguais a r_0 e r_1 respectivamente, e as temperaturas correspondentes são T_0 e T_1. A condutividade térmica do isolante varia linearmente com a temperatura de k_0 a T_0 até k_1 a T_1.

(b) Estime a taxa de evaporação do oxigênio líquido de um recipiente esférico com diâmetro interno de 6 ft recoberto com uma jaqueta de 1 ft de espessura com partículas isolantes, sob vácuo. As informações seguintes estão disponíveis:

Temperatura da superfície interna do isolante	-183°C
Temperatura da superfície externa do isolante	0°C
Ponto de ebulição do O_2	-183°C
Calor de vaporização do O_2	1636 cal/g-mol
Condutividade térmica do isolante a 0°C	$9{,}0 \times 10^{-4}$ Btu/h·ft·F
Condutividade térmica do isolante a -183°C	$7{,}2 \times 10^{-4}$ Btu/h·ft·F

Resposta: **(a)** $Q_0 = 4\pi r_0 r_1 \left(\dfrac{k_0 + k_1}{2}\right)\left(\dfrac{T_1 - T_0}{r_1 - r_0}\right)$; **(b)** 0,198 kg/h

10B.15 Gradiente radial de temperatura em reator químico anular. Uma reação catalítica está se processando, à pressão constante, em um reator recheado entre cilindros coaxiais com paredes de raio interno r_0 e raio externo r_1. Essa configuração ocorre quando as temperaturas são medidas com um poço termométrico central, e adicionalmente é útil para o controle do gradiente de temperatura se o ânulo usado é estreito. Toda a parede interna está à temperatura T_0, e é admissível supor que não haja transferência de calor através dessa parede. A reação libera calor à taxa volumétrica S_c uniforme por todo o reator. A condutividade térmica efetiva do conteúdo do reator deve ser considerada constante.

(a) Por um balanço de energia deduza uma equação diferencial de segunda ordem para o perfil de temperatura, supondo que o gradiente de temperatura axial pode ser desprezado. Que condições de contorno devem ser usadas?

(b) Reescreva a equação diferencial e as condições de contorno em termos da coordenada radial adimensional e temperatura adimensional definidas como

$$\xi = \frac{r}{r_0}; \qquad \Theta = \frac{T - T_0}{S_c r_0^2 / 4k_{ef}} \tag{10B.15-1}$$

Explique por que essas são escolhas lógicas.

(c) Integre a equação diferencial adimensional para obter o perfil radial de temperatura. A que problema de escoamento laminar esse problema de condução é análogo?

(d) Determine expressões para a temperatura na parede externa e para a temperatura média do leito catalítico.

(e) Calcule a temperatura da parede externa quando $r_0 = 0{,}45$ in, $r_1 = 0{,}50$ in, $k_{ef} = 0{,}3$ Btu/h·ft·F, $T_0 = 900$°F e $S_c = 4800$ cal/h·cm³.

(f) Como os resultados do item (*e*) seriam modificados se os raios das duas paredes fossem multiplicados por 2?

Resposta: (e) 888°F

10B.16 Distribuiçao de temperatura em anemômetro de fio quente. Um anemômetro de fio quente é essencialmente um fio fino, usualmente feito de platina, aquecido eletricamente e exposto a um fluido em escoamento. Sua temperatura, que é função da temperatura do fluido, da velocidade do fluido e da taxa de aquecimento, pode ser determinada pela medida de sua resistência elétrica. É usado para medir velocidades e flutuações de velocidade em escoamentos turbulentos. Nesse problema analisamos a distribuição de temperatura ao longo do fio.

Consideramos um fio com diâmetro D e comprimento $2L$ suportado em suas extremidades ($z = -L$ e $z = +L$) e montado perpendicularmente a uma corrente de ar. Uma corrente elétrica de densidade I amp/cm² percorre o fio e o calor gerado é parcialmente perdido por convecção para a corrente de ar (ver a Eq.10.1-2) e parcialmente por condução em direção às extremidades do fio. Devido ao seu tamanho e às altas condutividades elétrica e térmica, os suportes não são apreciavelmente aquecidos pela corrente elétrica, mas permanecem à temperatura T_L, igual à temperatura do ar que se aproxima. As perdas por radiação podem ser desprezadas.

(a) Deduza uma equação para a distribuição de temperatura do fio no regime permanente, supondo que T depende apenas de z; isto é, a variação radial da temperatura no fio é desprezada. Suponha também que as condutividades elétrica e térmica são uniformes no fio, e que o coeficiente de transferência de calor entre o fio e o ar é, também, uniforme.

(b) Esboce o perfil de temperatura obtido em (a).

(c) Calcule a corrente, em ampères, necessária para aquecer o fio de platina à temperatura de 50°C no ponto médio sob as seguintes condições:

$T_L = 20$°C	$h = 100$ Btu/h·ft²·F
$D = 0{,}127$ mm	$k = 40{,}2$ Btu/h·ft·F
$L = 0{,}5$ cm	$k_e = 1{,}00 \times 10^{-5}$ ohm⁻¹cm⁻¹

Resposta: **(b)** $T - T_L = \dfrac{DI^2}{4hk_e}\left(1 - \dfrac{\cosh\sqrt{4k/kD}\,z}{\cosh\sqrt{4h/kD}\,L}\right)$; **(c)** 1,01 amp

10B.17 Escoamento nao-newtoniano com transferência de calor por convecçao forçada.[1] Para estimar o efeito da viscosidade não-newtoniana na transferência de calor em dutos, o modelo da potência do Cap. 8 descreve muito bem os desvios da forma parabólica dos perfis de velocidade.

(a) Refaça o problema da Seção 10.8 (transferência de calor em *tubo circular*) para o modelo de lei da potência dado pelas Eqs.8.3-2, 3. Mostre que o perfil da temperatura final é

$$\Theta = \frac{2(s+3)}{(s+1)}\zeta + \frac{(s+3)}{2(s+1)}\xi^2 - \frac{2}{(s+1)(s+3)}\xi^{s+3} - \frac{(s+3)^3-8}{4(s+1)(s+3)(s+5)} \qquad (10B.17\text{-}1)$$

na qual $s = 1/n$.

(b) Refaça o Problema 10B.7 (transferência de calor entre placas paralelas) para o modelo de lei da potência. Obtenha o perfil adimensional de temperatura:

$$\Theta = \frac{(s+2)}{(s+1)}\left[\zeta + \frac{1}{2}\sigma^2 - \frac{1}{(s+2)(s+3)}|\sigma|^{s+3} - \frac{(s+2)(s+3)(2s+5)-6}{6(s+3)(s+4)(2s+5)}\right] \qquad (10B.17\text{-}2)$$

Note que esses resultados contêm os resultados newtonianos ($s = 1$) e o resultado do escoamento em pistão ($s = \infty$). Ver o Problema 10D.2 para uma generalização desse procedimento.

10B.18 Perfis de temperatura em reatores com fluxo térmico axial[2] **(Fig.10B.18).**

(a) Mostre que para uma fonte de calor que dependa linearmente da temperatura, as Eqs. 10.5-6 a 14 possuem a solução (para $m_+ \neq m_-$)

$$\Theta^{\text{I}} = 1 + \frac{m_+ m_-(\exp m_+ - \exp m_-)}{m_+^2 \exp m_+ - m_-^2 \exp m_-}\exp\left[(m_+ + m_-)Z\right] \qquad (10B.18\text{-}1)$$

$$\Theta^{\text{II}} = \frac{m_+(\exp m_+)(\exp m_- Z) - m_-(\exp m_-)(\exp m_+ Z)}{m_+^2 \exp m_+ - m_-^2 \exp m_-}(m_+ + m_-) \qquad (10B.18\text{-}2)$$

$$\Theta^{\text{III}} = \frac{m_+^2 - m_-^2}{m_+^2 \exp m_+ - m_-^2 \exp m_-}\exp(m_+ + m_-) \qquad (10B.18\text{-}3)$$

Aqui $m_\pm = \frac{1}{2}B\,[1 \pm \sqrt{1-(4N/B)}]$, em que $B = \rho v_0 \hat{C}_p L/\kappa_{\text{ef},zz}$. Alguns perfis calculados dessas equações são apresentados na Fig. 10B.18.

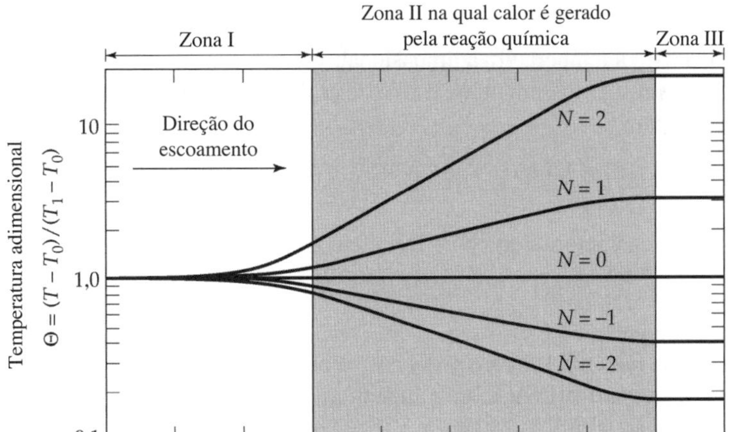

Fig. 10B.18 Previsão dos perfis de temperatura em um reator de fluxo axial em leito fixo para $B = 8$ e vários valores de N.

[1] R.B. Bird, *Chem.-Ing. Technik*, **31**, 569-572 (1959).

[2] Baseado nos trabalhos de G. Damköhler, *Z. Elektrochem.*, **43**, 1-8, 9-13 (1937), J.F. Wehner and R.H. Wilhelm, *Chem. Engr. Sci.*, **6**, 89-93 (1956); **8**, 309 (1958) para reatores isotérmicos de escoamento em pistão com difusão longitudinal e reação de primeira ordem. **Gerhard Damköhler** (1908-1944) alcançou fama por seus trabalhos em sistemas com reações químicas em escoamento com difusão; uma publicação chave foi em *Der Chemie-Ingenieur*, Leipzig (1937), pp. 359-485. **Richard Herman Wilhelm** (1909-1968), chefe do Departamento de Engenharia Química da Universidade de Princeton, foi bem conhecido por seu trabalho em reatores catalíticos de leito fixo, transporte em leitos fluidizados, e processos de separação com "bombeamento paramétrico".

(b) Mostre que, no limite quando B tende a infinito, a solução anterior concorda com a das Eqs. 10.5-21, 22 e 23.
(c) Faça comparações numéricas dos resultados nas Eqs. 10.5-22 e na Fig. 10B.18 para $N = 2$ em $Z = 0{,}0; 0{,}5; 0{,}9;$ e 1,0.
(d) Supondo a aplicabilidade da Eq. 9.6-9, mostre que os resultados na Fig. 10B.18 correspondem a um leito catalítico de comprimento L de 4 diâmetros de partículas. Como a razão L/D_p dificilmente é inferior a 100 em reatores industriais, segue que desprezar $\kappa_{ef,zz}$ é uma suposição razoável para cálculos de regime permanente.

10C.1 Aquecimento de fio elétrico com condutividades térmica e elétrica em funçao da temperatura.[3] Determine a distribuição de temperatura em um fio eletricamente aquecido quando as condutividades térmica e elétrica variam com a temperatura como segue:

$$\frac{k}{k_0} = 1 - \alpha_1\Theta - \alpha_2\Theta^2 + \cdots \tag{10C.1-1}$$

$$\frac{k_e}{k_{e0}} = 1 - \beta_1\Theta - \beta_2\Theta^2 + \cdots \tag{10C.1-2}$$

em que k_0 e k_{e0} são os valores das condutividades à temperatura T_0 e $\Theta = (T - T_0)/T_0$ é o aumento adimensional da temperatura. Os coeficientes α_i e β_i são constantes. Essas expansões em série são úteis sobre faixas moderadas de temperaturas.

(a) Devido ao gradiente de temperatura no fio, a condutividade elétrica é função da posição, $k_e(r)$. Portanto a densidade de corrente é também função de r: $I(r) = k_e(r)\cdot(E/L)$, e a geração elétrica de calor é também função da posição: $S_e(r) = k_e(r)\cdot(E/L)^2$. Essa equação para a distribuição de temperatura é

$$-\frac{1}{r}\frac{d}{dr}\left(rk(r)\frac{dT}{dr}\right) = k_e(r)\left(\frac{E}{L}\right)^2 \tag{10C.1-3}$$

Introduza agora as quantidades adimensionais $\xi = r/R$ e $B = k_{e0}R^2E^2/k_0LT_0$ e mostre que a Eq. 10C.1-3 transforma-se em

$$-\frac{1}{\xi}\frac{d}{d\xi}\left(\frac{k}{k_0}\xi\frac{d\Theta}{d\xi}\right) = B\frac{k_e}{k_{e0}} \tag{10C.1-4}$$

Quando as expressões das séries de potências para as condutividades são substituídas nessa equação obtemos

$$-\frac{1}{\xi}\frac{d}{d\xi}\left((1 - \alpha_1\Theta - \alpha_2\Theta^2 + \cdots)\xi\frac{d\Theta}{d\xi}\right) = B(1 - \beta_1\Theta - \beta_2\Theta^2 + \cdots) \tag{10C.1-5}$$

Essa é a equação que deve ser resolvida para a temperatura adimensional.

(b) Comece notando que se os coeficientes α_i e β_i fossem nulos (isto é, se as duas condutividades fossem constantes), então a Eq. 10C.1-5 se simplificaria para

$$-\frac{1}{\xi}\frac{d}{d\xi}\left(\xi\frac{d\Theta}{d\xi}\right) = B \tag{10C.1-6}$$

Quando esta é resolvida com as condições de contorno que Θ = finito em $\xi = 0$ e $\Theta = 0$ em $\xi = 1$, obtém-se

$$\Theta = \tfrac{1}{4}B(1 - \xi^2) \tag{10C.1-7}$$

Essa é a Eq. 10.2-13 em notação adimensional.

Note que a Eq. 10C.1-5 tem a solução da Eq. 10C.1-7 para pequenos valores de B — isto é, para a fonte térmica fraca. Para fontes mais fortes, admite-se que a distribuição de temperatura possa ser expressa por uma série de potências na força da fonte térmica adimensional B:

$$\Theta = \tfrac{1}{4}B(1 - \xi^2)(1 + B\Theta_1 + B^2\Theta_2 + \cdots) \tag{10C.1-8}$$

Nesta Θ_n são funções de ξ mas não de B. Substitua a Eq.10C.1-8 na Eq. 10C.1-5, e iguale os coeficientes de mesma potência de B para obter um conjunto de equações diferenciais ordinárias para Θ_n com $n = 1, 2, 3, \ldots$. Estas podem ser resolvidas com as condições de contorno Θ_n = finito em $\xi = 0$ e $\Theta_n = 0$ em $\xi = 1$. Com isso obtemos

$$\Theta = \tfrac{1}{4}B(1 - \xi^2)[1 + B(\tfrac{1}{8}\alpha_1(1 - \xi^2) - \tfrac{1}{16}\beta_1(3 - \xi^2)) + O(B^2)] \tag{10C.1-9}$$

[3] A solução apresentada aqui foi sugerida por L.J.F. Broer (comunicação pessoal, 20 August/1958).

em que $O(B^2)$ significa "termos da ordem de B^2 e mais altos".

(c) Para materiais que são descritos pela lei de Wiedemann-Franz-Lorenz (ver Seção 9.5), a relação entre k/k_eT é constante (independentemente da temperatura). Portanto

$$\frac{k}{k_eT} = \frac{k_0}{k_{e0}T_0} \qquad (10C.1\text{-}10)$$

Combine esta com as Eqs. 10C.1-1 e 2 para obter

$$1 - \alpha_1\Theta - \alpha_2\Theta^2 + \cdots = (1 - \beta_1\Theta - \beta_2\Theta^2 + \cdots)(1 + \Theta) \qquad (10C.1\text{-}11)$$

Iguale os coeficientes com a mesma potência da temperatura adimensional para obter as relações entre α_i e β_i: $\alpha_1 = \beta_l - 1$, $\alpha_2 = \beta_1 + \beta_2$ etc.... Use essas relações para obter

$$\Theta = \tfrac{1}{4}B(1 - \xi^2)[1 - \tfrac{1}{16}B((\beta_1 + 2) + (\beta_1 - 2)\xi^2) + O(B^2)] \qquad (10C.1\text{-}12)$$

10C.2 Aquecimento viscoso com viscosidade e condutividade térmica dependentes da temperatura (Figs. 9.4-1 e 2). Considere o escoamento mostrado na Fig. 10.4-2. As duas superfícies estacionária e móvel estão mantidas à temperatura constante T_0. As dependências de k e μ da temperatura são dadas por

$$\frac{k}{k_0} = 1 + \alpha_1\Theta + \alpha_2\Theta^2 + \cdots \qquad (10C.2\text{-}1)$$

$$\frac{\mu_0}{\mu} = \frac{\varphi}{\varphi_0} = 1 + \beta_1\Theta + \beta_2\Theta^2 + \cdots \qquad (10C.2\text{-}2)$$

em que α_i e β_i são constantes, $\varphi = 1/\mu$ é a fluidez, e o subscrito "0" significa "avaliado a $T = T_0$". A temperatura adimensional é definida por $\Theta = (T - T_0)/T_0$.

(a) Mostre que as equações diferenciais que descrevem o escoamento e a condução de calor podem ser escritas sob as formas

$$\frac{d}{d\xi}\left(\frac{\mu}{\mu_0}\frac{d\phi}{d\xi}\right) = 0 \qquad (10C.2\text{-}3)$$

$$\frac{d}{d\xi}\left(\frac{k}{k_0}\frac{d\Theta}{d\xi}\right) + \text{Br}\,\frac{\mu}{\mu_0}\left(\frac{d\phi}{d\xi}\right)^2 = 0 \qquad (10C.2\text{-}4)$$

em que $\phi = v_z/v_b$, $\xi = x/b$ e $\text{Br} = \mu_0 v_b^2/k_0T_0$ (o número de Brinkman).

(b) A equação para a velocidade adimensional pode ser integrada uma vez para dar $d\phi/d\xi = C_1(\varphi/\varphi_0)$, na qual C_1 é uma constante de integração. Essa expressão é substituída na equação do balanço de energia para dar

$$\frac{d}{d\xi}\left((1 + \alpha_1\Theta + \alpha_2\Theta^2 + \cdots)\frac{d\Theta}{d\xi}\right) + \text{Br}C_1^2(1 + \beta_1\Theta + \beta_2\Theta^2 + \cdots) = 0 \qquad (10C.2\text{-}5)$$

Obtenha os dois primeiros termos da solução na forma

$$\Theta(\xi; \text{Br}) = \text{Br}\Theta_1(\xi) + \text{Br}^2\Theta_2(\xi) + \cdots \qquad (10C.2\text{-}6)$$

$$\phi(\xi; \text{Br}) = \phi_0 + \text{Br}\phi_1(\xi) + \text{Br}^2\phi_2(\xi) + \cdots \qquad (10C.2\text{-}7)$$

Sugere-se, adicionalmente, que a constante de integração C_1 seja também expandida em uma série de potências do número de Brinkman, na forma:

$$C_1(\text{Br}) = C_{10} + \text{Br}C_{11} + \text{Br}^2C_{12} + \cdots \qquad (10C.2\text{-}8)$$

(c) Repita o problema alterando a condição de contorno em $y = b$ para $q_x = 0$ (em vez da especificação da temperatura.[4]

Resposta: **(b)** $\phi = \xi - \frac{1}{12}\text{Br}\beta_1(\xi - 3\xi^2 + 2\xi^3) + \cdots$

$\Theta = \frac{1}{2}\text{Br}(\xi - \xi^2) - \frac{1}{8}\text{Br}^2\alpha_1(\xi^2 - 2\xi^3 + \xi^4) - \frac{1}{24}\text{Br}^2\beta_1(\xi - 2\xi^2 + 2\xi^3 - \xi^4) + \cdots$

(c) $\phi = \xi - \frac{1}{6}\text{Br}\beta_1(2\xi - 3\xi^2 + \xi^3) + \cdots$

$\Theta = \text{Br}(\xi - \frac{1}{2}\xi^2) - \frac{1}{8}\text{Br}^2\alpha_1(4\xi^2 - 4\xi^3 + \xi^4) + \frac{1}{24}\text{Br}^2\beta_1(-8\xi + 8\xi^2 - 4\xi^3 + \xi^4) + \cdots$

[4] R.M. Turian and R.B. Bird, *Chem. Eng. Sci*, **18**, 689-696 (1963).

10C.3 Aquecimento viscoso em viscosímetro de cone e placa.[5] Na Eq. 2B.11-3 há uma expressão para o torque T_z necessário para manter a velocidade angular Ω em um viscosímetro de cone e placa, com ângulo Ψ_0 (ver a Fig. 2B-11). Deseja-se obter um fator de correção para compensar a alteração do torque causado pela mudança da viscosidade resultante do aquecimento viscoso. Esse efeito pode ser um distúrbio nas medidas de viscosidade, responsável por erros de até 20%.

(a) Adapte o resultado do Problema 10C.2 para o sistema de cone e placa como foi feito no Problema 2B.11(a). A condição de contorno de fluxo térmico nulo na superfície do cone parece ser mais realista que a suposição de que as temperaturas do cone e da placa sejam as mesmas, já que a placa é termostatada, enquanto o cone não.

(b) Mostre que isso conduz à seguinte modificação da Eq. 2B.11-3:

$$T_z = \frac{2\pi\mu_0\Omega R^3}{3\psi_0}\left(1 - \tfrac{1}{5}\overline{\text{Br}}\beta_1 + \tfrac{1}{35}\overline{\text{Br}}^2(3\beta_1^2 + \alpha_1\beta_1 - 2\beta_2) + \cdots\right) \quad (10\text{C}.3\text{-}1)$$

onde $\overline{\text{Br}} = \mu_0\Omega^2R^2/k_0T_0$ é o número de Brinkman. O símbolo μ_0 representa a viscosidade à temperatura T_0.

10D.1 Perda de calor de uma aleta circular (Fig. 10D.1).

(a) Obtenha o perfil de temperatura $T(r)$ para a aleta circular de espessura $2B$ em um tubo com temperatura da superfície externa T_0. Faça as suposições que foram feitas no estudo da aleta retangular na Seção 10.7.

(b) Deduza uma expressão para a perda total de calor.

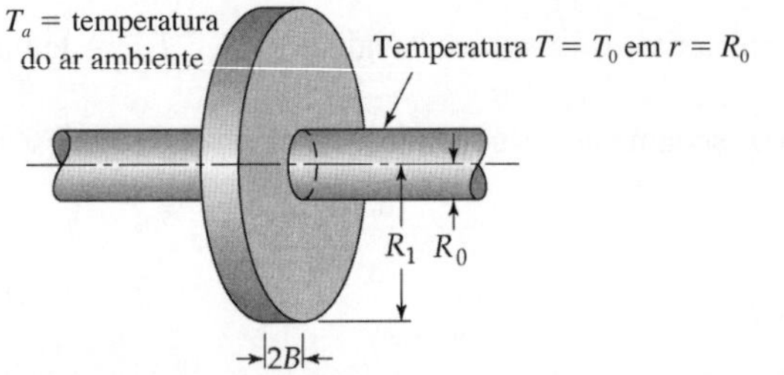

Fig. 10D.1 Aleta circular sobre tubo aquecido.

10D.2 Escoamento em dutos com fluxo térmico na parede constante e distribuiçao arbitrária de velocidade.

(a) Refaça o problema da Seção 10.8 para um escoamento plenamente desenvolvido, axissimétrico, com distribuição de velocidade $v_z/v_{z,\text{máx}} = \phi(\xi)$, onde $\xi = r/R$. Verifique que a distribuição de temperatura é dada por

$$\Theta = C_0\zeta + C_0\int_0^{\xi}\frac{I(\bar{\xi})}{\bar{\xi}}\,d\bar{\xi} + C_1\ln\xi + C_2 \quad (10\text{D}.2\text{-}1)$$

na qual

$$I(\bar{\xi}) = \int_0^{\bar{\xi}}\phi\bar{\bar{\xi}}\,d\bar{\bar{\xi}} \quad (10\text{D}.2\text{-}2)$$

Mostre que $C_1 = 0$ e $C_0 = [I(1)]^{-1}$. Mostre então que a outra constante é

$$C_2 = -[I(1)]^{-2}\int_0^1\phi\xi\left[\int_0^{\xi}\bar{\xi}^{-1}I(\bar{\xi})d\bar{\xi}\right]d\xi \quad (10\text{D}.2\text{-}3)$$

Verifique que as equações anteriores conduzem às Eqs. 10.8-27 a 30 quando o perfil de velocidade é parabólico.

Esses resultados podem ser usados para o cálculo do perfil de temperatura para o escoamento plenamente desenvolvido em tubos para qualquer tipo de material, desde que uma estimativa razoável possa ser feita para a distribuição de velocidade. Como casos especiais, podemos obter resultados para escoamentos newtonianos, empistonados, não-newtonianos e com algumas modificações, até para escoamentos turbulentos (ver Seção 13.4).[6]

---

[5] R.M. Turian, *Chem. Eng. Sci.*, **20**, 771-781 (1965); a correção do aquecimento viscoso para fluidos não-newtonianos é discutida nesta publicação (ver também R.B. Bird, R.C. Armstrong, and O. Hassager, *Dynamics of Polymeric Liquids*, Vol. 1, 2nd ed., Wiley-Interscience, New York (1987), pp. 223-227.

[6] R.N. Lyon, *Chem. Engr. Prog.*, **47**, 75-79 (1951); note que a definição de $\phi(\xi)$ usada aqui é diferente daquela das Tabelas 14.2-1 e 2.

(b) Mostre que a diferença da temperatura adimensional $\Theta_0 - \Theta_b$ é

$$\Theta_0 - \Theta_b = [I(1)]^{-2} \int_0^1 \xi^{-1} [I(\xi)]^2 \, d\xi \tag{10D.2-4}$$

(c) Verifique que o fluxo térmico adimensional é

$$\frac{q_w D}{k(T_0 - T_b)} = \frac{2}{\Theta_0 - \Theta_b} \tag{10D.2-5}$$

e que, para escoamento laminar de fluido newtoniano, essa quantidade é de $\frac{48}{11}$.
(d) Qual a interpretação física de $I(1)$?

Capítulo 11

AS EQUAÇÕES DE BALANÇO PARA SISTEMAS NÃO-ISOTÉRMICOS

No Cap. 10, introduzimos o balanço de energia em cascas para a solução de problemas relativamente simples de transferência de calor em regime permanente. Obtivemos perfis de temperaturas, assim com algumas propriedades derivadas com a temperatura média e fluxos de energia. Neste capítulo, generalizamos os balanços de energia em cascas para obter a *equação da energia*, uma equação diferencial parcial que descreve o transporte de energia em fluidos ou sólidos homogêneos.

Este capítulo é também relacionado, de perto, ao Cap. 3, onde introduzimos a equação da continuidade (conservação da massa) e a equação do movimento (conservação de momento). A adição da equação da energia (conservação de energia) nos permite estender nossa capacidade de solução de problemas a sistemas não-isotérmicos.

Começamos na Seção 11.1 deduzindo a equação de balanço da *energia total*. Como no Cap. 10, usamos o vetor combinado de fluxo de energia **e** na aplicação da lei de conservação de energia. Na Seção 11.2 subtraímos a equação da *energia mecânica* (dada na Seção 3.3) da equação da energia total para obter uma equação de balanço para a *energia interna*. Desta última podemos obter uma equação de balanço para a *temperatura*, e é essa equação da energia que é a mais comumente empregada.

Embora nosso interesse principal neste capítulo seja com as várias equações de energia mencionadas, achamos útil discutir na Seção 11.3 uma equação aproximada do movimento por ser conveniente para a solução de problemas envolvendo a convecção natural.

Na Seção 11.4 resumimos as equações de balanço encontradas até este ponto. Então prosseguimos para ilustrar o uso dessas equações em uma série de exemplos, nos quais começamos com as equações gerais e descartamos os termos desnecessários. Dessa maneira temos um procedimento padronizado para formular e resolver problemas.

Finalmente, na Seção 11.5 estendemos a discussão da análise dimensional da Seção 3.7 e mostramos como grupos adimensionais adicionais aparecem em problemas de transferência de calor.

11.1 A EQUAÇÃO DA ENERGIA

A equação de balanço de energia é obtida aplicando-se a lei de conservação de energia a um pequeno elemento de volume $\nabla x \nabla y \nabla z$ (veja a Fig. 3.1.1) e então permitimos que a dimensão do elemento de volume torne-se pequeno. A lei de conservação de energia é uma extensão da primeira lei da termodinâmica clássica, que diz respeito à diferença de energia de dois estados de equilíbrio de um sistema fechado devida à adição de calor e ao trabalho feito sobre o sistema (isto é, o familiar $\Delta U = Q + W$).[1]

Aqui estamos interessados em um elemento de volume estacionário, fixo no espaço, através do qual um fluido está escoando. Tanto a energia cinética quanto a energia interna podem estar entrando e deixando o sistema por transporte convectivo. Calor pode entrar e sair do sistema por condução de calor. Como vimos no Cap. 9, a condução de calor é um processo fundamentalmente molecular. Trabalho pode ser feito no fluido em escoamento pelas tensões, e este é, também, um processo molecular. Esse termo inclui o trabalho feito pelas forças de pressão e pelas forças viscosas. Além disso, trabalho pode ser feito sobre o sistema em virtude de forças externas como a da gravidade.

[1] R. J. Silbey and R. A. Alberty, *Physical Chemistry*, Wiley, New York, 3 edition (2001), §2.3.

Podemos resumir o parágrafo precedente escrevendo a conservação da energia em palavras como segue:

$$\left\{\begin{matrix}\text{taxa de}\\ \text{aumento}\\ \text{da energia}\\ \text{interna e}\\ \text{cinética}\end{matrix}\right\} = \left\{\begin{matrix}\text{taxa líquida de}\\ \text{adição de energia}\\ \text{cinética e interna}\\ \text{por transporte}\\ \text{convectivo}\end{matrix}\right\} + \left\{\begin{matrix}\text{taxa líquida de}\\ \text{adição de calor}\\ \text{por transporte}\\ \text{molecular}\\ \text{(condução)}\end{matrix}\right\} + \left\{\begin{matrix}\text{taxa de trabalho}\\ \text{feito no sistema}\\ \text{por mecanismo}\\ \text{molecular (i.e.,}\\ \text{pelas tensões)}\end{matrix}\right\} + \left\{\begin{matrix}\text{taxa de trabalho}\\ \text{feito no sistema}\\ \text{pelas forças}\\ \text{externas (p.ex.,}\\ \text{gravidade)}\end{matrix}\right\} \quad (11.1\text{-}1)$$

No desenvolvimento da equação da energia usaremos o vetor **e** da Eq. 9.8-5 ou 6, que inclui as três primeiras chaves do lado direito da Eq. 11.1-1. Diversos comentários merecem ser feitos antes de prosseguir:

(i) Por *energia cinética* entendemos a energia associada ao movimento observável do fluido, que é $\frac{1}{2}\rho v^2 \equiv \frac{1}{2}\rho(\mathbf{v}\cdot\mathbf{v})$, por unidade de volume. Aqui **v** é o vetor velocidade do fluido.

(ii) Por *energia interna* entendemos a energia cinética das moléculas constituintes do fluido calculadas em um referencial que se move com a velocidade **v**, mais as energias associadas ao movimento de vibração e de rotação das moléculas e também as energias de interação entre todas as moléculas. *Supõe-se* que a energia interna U para um fluido em escoamento seja a mesma função da temperatura e da densidade que a de um fluido em equilíbrio. Lembre-se de que uma suposição análoga é feita para a pressão termodinâmica $p(\rho,T)$ para um fluido em escoamento.

(iii) A *energia potencial* não aparece na Eq. 11.1-1, uma vez que preferimos considerar o trabalho feito sobre o sistema pela gravidade. Ao final desta seção, entretanto, mostramos como expressar esse trabalho em termos de energia potencial.

(iv) Na Eq. 10.1-1, vários *termos de fonte* foram incluídos no balanço de energia. Na Seção 10.4 a fonte viscosa de calor S_v apareceu automaticamente, porque os termos de energia mecânica em **e** foram apropriadamente considerados; a mesma situação prevalece aqui, e o termo de aquecimento viscoso $-(\boldsymbol{\tau} : \nabla\mathbf{v})$ aparecerá automaticamente na Eq. 11.2-1. Os termos de fonte química, elétrica e nuclear (S_c, S_e e S_n) não aparecem automaticamente uma vez que reações químicas, efeitos elétricos e desintegrações nucleares não foram incluídas no balanço de energia. No Cap. 19, em que a equação da energia para misturas com reações químicas é considerada a fonte de energia, S_c aparece naturalmente, assim como o termo "fonte difusiva" $\Sigma_\alpha(\mathbf{j}_\alpha \cdot \mathbf{g}_\alpha)$.

Agora traduzimos a Eq. 11.1-1 para termos matemáticos. A taxa de crescimento das energias cinética e interna em um elemento de volume $\Delta x\ \Delta y\ \Delta z$ é

$$\Delta x\ \Delta y\ \Delta z \frac{\partial}{\partial t}(\tfrac{1}{2}\rho v^2 + \rho\hat{U}) \quad (11.1\text{-}2)$$

Aqui $\hat{U}$ é a energia interna por unidade de massa (às vezes chamada de "energia interna específica"). O produto $\rho\hat{U}$ é a energia interna por unidade de volume e $\frac{1}{2}\rho v^2 = \frac{1}{2}\rho(v_x^2 + v_y^2 + v_z^2)$ é a energia cinética por unidade de volume.

A seguir temos que saber quanta energia entra e sai através das faces do elemento de volume $\Delta x\ \Delta y\ \Delta z$.

$$\Delta y\ \Delta z(e_x|_x - e_x|_{x+\Delta x}) + \Delta x\ \Delta z(e_y|_y - e_y|_{y+\Delta y}) + \Delta x\ \Delta y(e_z|_z - e_z|_{z+\Delta z}) \quad (11.1\text{-}3)$$

Lembre-se de que o vetor **e** inclui o transporte convectivo de energia cinética e interna, a condução de calor e o trabalho associado aos processos moleculares.

A taxa com que o trabalho é feito sobre o fluido pelas forças externas é o produto escalar da velocidade do fluido **v** e a força que atua no fluido $(\rho\ \Delta x\ \Delta y\ \Delta z)\mathbf{g}$, ou

$$\rho\ \Delta x\ \Delta y\ \Delta z(v_x g_x + v_y g_y + v_z g_z) \quad (11.1\text{-}4)$$

Agora inserimos essas diversas contribuições na Eq. 11.1-1 e dividimos por $\Delta x\ \Delta y\ \Delta z$. Quando Δx, Δy e Δz tendem a zero obtém-se

$$\frac{\partial}{\partial t}(\tfrac{1}{2}\rho v^2 + \rho\hat{U}) = -\left(\frac{\partial e_x}{\partial x} + \frac{\partial e_y}{\partial y} + \frac{\partial e_z}{\partial z}\right) + \rho(v_x g_x + v_y g_y + v_z g_z) \quad (11.1\text{-}5)$$

Essa equação pode ser escrita mais compactamente em notação vetorial como

$$\frac{\partial}{\partial t}(\tfrac{1}{2}\rho v^2 + \rho\hat{U}) = -(\nabla \cdot \mathbf{e}) + \rho(\mathbf{v} \cdot \mathbf{g}) \quad (11.1\text{-}6)$$

A seguir introduzimos a expressão para o vetor **e** da Eq. 9.8-5 para chegar à *equação da energia*:

$$\frac{\partial}{\partial t}(\tfrac{1}{2}\rho v^2 + \rho\hat{U}) = -(\nabla \cdot (\tfrac{1}{2}\rho v^2 + \rho\hat{U})\mathbf{v}) - (\nabla \cdot \mathbf{q})$$

taxa de aumento da energia por unidade de volume; taxa de adição de energia por unidade de volume por transporte convectivo; taxa de adição de energia por unidade de volume por condução de calor

$$- (\nabla \cdot p\mathbf{v}) - (\nabla \cdot [\boldsymbol{\tau} \cdot \mathbf{v}]) + \rho(\mathbf{v} \cdot \mathbf{g}) \qquad (11.1\text{-}7)$$

taxa de trabalho feito sobre o fluido por unidade de volume pelas forças de pressão; taxa de trabalho feito sobre o fluido por unidade de volume pelas forças viscosas; taxa de trabalho feito sobre o fluido por unidade de volume pelas forças externas

Essa equação não inclui as formas de energia nuclear, radiativa, eletromagnética ou química. Para fluidos viscoelásticos, o penúltimo termo tem que ser reinterpretado trocando-se "viscoso" por "viscoelástico".

A Eq. 11.1-7 é o principal resultado desta seção e dá a base para o restante do capítulo. Ela pode ser escrita sob outra forma para incluir a energia potencial por unidade de massa, $\hat{\Phi}$, que foi definida anteriormente por $\mathbf{g} = -\nabla\hat{\Phi}$ (veja Seção 3.3). Para elevações moderadas de elevação, escreve-se $\hat{\Phi} = gh$ em que h é uma coordenada na direção oposta ao campo gravitacional. Para problemas terrestres, onde o campo gravitacional é independente do tempo, podemos escrever

$$\begin{aligned}
\rho(\mathbf{v} \cdot \mathbf{g}) &= -(\rho\mathbf{v} \cdot \nabla\hat{\Phi}) && (11.1\text{-}8)\\
&= -(\nabla \cdot \rho\mathbf{v}\hat{\Phi}) + \hat{\Phi}(\nabla \cdot \rho\mathbf{v}) && \text{Use a identidade vetorial da Eq. A.4-19}\\
&= -(\nabla \cdot \rho\mathbf{v}\hat{\Phi}) - \hat{\Phi}\frac{\partial \rho}{\partial t} && \text{Use a Eq. 3.1-4}\\
&= -(\nabla \cdot \rho\mathbf{v}\hat{\Phi}) - \frac{\partial}{\partial t}(\rho\hat{\Phi}) && \text{Use } \hat{\Phi} \text{ independente de } t
\end{aligned}$$

Quando esse resultado é inserido na Eq. 11.1-7 obtemos

$$\frac{\partial}{\partial t}(\tfrac{1}{2}\rho v^2 + \rho\hat{U} + \rho\hat{\Phi}) = -(\nabla \cdot (\tfrac{1}{2}\rho v^2 + \rho\hat{U} + \rho\hat{\Phi})\mathbf{v}) - (\nabla \cdot \mathbf{q}) - (\nabla \cdot p\mathbf{v}) - (\nabla \cdot [\boldsymbol{\tau} \cdot \mathbf{v}]) \qquad (11.1\text{-}9)$$

Algumas vezes é conveniente ter a equação da energia sob essa forma.

11.2 FORMAS ESPECIAIS DA EQUAÇÃO DA ENERGIA

A forma mais útil da equação da energia é aquela na qual aparece a temperatura. O objetivo desta seção é chegar a essa equação, que pode ser usada para a previsão de perfis de temperaturas.

Primeiro, subtraímos a equação da energia mecânica na Eq. 3.3-1 da equação de energia da Eq. 11.1-7. Esse procedimento conduz à seguinte *equação de balanço para a energia interna*:

$$\frac{\partial}{\partial t}\rho\hat{U} = -(\nabla \cdot \rho\hat{U}\mathbf{v}) - (\nabla \cdot \mathbf{q})$$

taxa de aumento da energia interna por unidade de volume; taxa de adição de energia interna pelo transporte convectivo, por unidade de energia; taxa de adição de energia por condução de calor, por unidade de volume

$$- p(\nabla \cdot \mathbf{v}) - (\boldsymbol{\tau}:\nabla\mathbf{v}) \qquad (11.2\text{-}1)$$

taxa de crescimento *reversível* da energia interna por compressão, por unidade de volume; taxa de crescimento *irreversível* da energia interna pela dissipação viscosa, por unidade de volume

Agora é interessante comparar a equação da energia mecânica da Eq. 3.3-1 e a equação da energia interna da Eq. 11.2-1. Note que os termos $p(\nabla \cdot \mathbf{v})$ e $(\boldsymbol{\tau} \cdot \nabla \mathbf{v})$ aparecem em ambas as equações, mas com sinais opostos. Portanto, esses termos descrevem a interconversão de energia mecânica e térmica. O termo $p(\nabla \cdot \mathbf{v})$ pode ser positivo ou negativo, dependendo de o fluido estar em expansão ou em compressão; portanto ele representa um modo *reversível* de interação. Por outro lado, para fluidos newtonianos, a quantidade $-(\boldsymbol{\tau} \cdot \nabla \mathbf{v})$ é sempre positiva (veja a Eq. 3.3-3) e portanto representa uma degradação *irreversível* de energia mecânica para energia interna. Para fluidos viscoelásticos, discutidos no Cap. 8, a quantidade $-(\boldsymbol{\tau} \cdot \nabla \mathbf{v})$ não tem que ser positiva, uma vez que parte da energia pode ser armazenada como energia elástica.

Chamamos a atenção na Seção 3.5 que as equações de balanço podem ser escritas mais compactamente com o uso da derivada substantiva (veja a Tabela 3.5-1). A Eq. 11.2-1 pode ser posta na forma da derivada substantiva usando-se a Eq. 3.5-4. Obtêm-se sem suposições adicionais

$$\rho \frac{D\hat{U}}{Dt} = -(\nabla \cdot \mathbf{q}) - p(\nabla \cdot \mathbf{v}) - (\boldsymbol{\tau}:\nabla \mathbf{v}) \tag{11.2-2}$$

É conveniente passar da energia interna para a entalpia como foi feito ao final da Seção 9.8. Isto é, na Eq. 11.2-2 faz-se $\hat{U} = \hat{H} - p\hat{V} = \hat{H} - (p/\rho)$, empregando-se a suposição padrão de que as fórmulas da termodinâmica do equilíbrio podem ser aplicadas localmente a sistemas não-equilibrados. Quando substituímos essa fórmula na Eq. 11.2-2 e usamos a equação da continuidade (Eq. A da Tabela 3.5-1), obtemos

$$\rho \frac{D\hat{H}}{Dt} = -(\nabla \cdot \mathbf{q}) - (\boldsymbol{\tau}:\nabla \mathbf{v}) + \frac{Dp}{Dt} \tag{11.2-3}$$

A seguir podemos usar a Eq. 9.8-7, que supõe que a entalpia seja uma função de p e T (isso restringe o desenvolvimento subseqüente a *fluidos newtonianos*). Então podemos ter uma expressão para a variação da entalpia em um elemento de fluido que se move com a velocidade do fluido, que é

$$\begin{aligned}\rho \frac{D\hat{H}}{Dt} &= \rho\hat{C}_p \frac{DT}{Dt} + \rho\left[\hat{V} - T\left(\frac{\partial \hat{V}}{\partial T}\right)_p\right]\frac{Dp}{Dt} \\ &= \rho\hat{C}_p \frac{DT}{Dt} + \rho\left[\frac{1}{\rho} - T\left(\frac{\partial(1/\rho)}{\partial T}\right)_p\right]\frac{Dp}{Dt} \\ &= \rho\hat{C}_p \frac{DT}{Dt} + \left[1 + \left(\frac{\partial \ln \rho}{\partial \ln T}\right)_p\right]\frac{Dp}{Dt}\end{aligned} \tag{11.2-4}$$

Igualando os lados direitos das Eqs. 11.2-3 e 11.2-4 temos

$$\boxed{\rho\hat{C}_p \frac{DT}{Dt} = -(\nabla \cdot \mathbf{q}) - (\boldsymbol{\tau}:\nabla \mathbf{v}) - \left(\frac{\partial \ln \rho}{\partial \ln T}\right)_p \frac{Dp}{Dt}} \tag{11.2-5}$$

Essa é a *equação de balanço para a temperatura*, em termos do fluxo térmico $\mathbf{q}$ e do tensor fluxo de momento viscoso $\boldsymbol{\tau}$. Para usar essa equação necessitamos de expressões para esses fluxos:

(i) Quando a lei de Fourier da Eq. 9.1-4 é usada, então o termo $-(\nabla \cdot \mathbf{q})$ transforma-se em $+(\nabla \cdot k\nabla T)$, ou, se a condutividade térmica é constante, $+k\nabla^2 T$.

(ii) Quando a lei de Newton da Eq. 1.2-7 é usada, o termo $-(\boldsymbol{\tau} : \nabla \mathbf{v})$ transforma-se em $\mu\Phi_v + \kappa\Psi_v$, a quantidade dada explicitamente na Eq. 3.3-3.

Não faremos essas substituições aqui devido ao fato de a equação de balanço para a temperatura raramente ser usada em sua generalidade completa.

Agora discutiremos diversas versões especiais *restritas* da equação de balanço para a temperatura. Em todas elas empregamos a lei de Fourier com k constante, e omitimos o termo da dissipação viscosa, já que ele é importante apenas em escoamentos com enormes gradientes de velocidade:

(i) Para um *gás ideal*, $(\partial \ln \rho/\partial \ln T)_p = -1$, e

$$\rho\hat{C}_p \frac{DT}{Dt} = k\nabla^2 T + \frac{Dp}{Dt} \tag{11.2-6}$$

Ou, se fizermos uso da relação $\tilde{C}_p - \tilde{C}_V = R$, da equação de estado na forma $pM = \rho RT$, e da equação da continuidade como na Tabela 3.5-1, chegamos a

$$\rho\hat{C}_V \frac{DT}{Dt} = k\nabla^2 T - p(\nabla \cdot \mathbf{v}) \tag{11.2-7}$$

(ii) Para um *fluido escoando em um sistema a pressão constante,* $Dp/Dt = 0$, e

$$\rho\hat{C}_p \frac{DT}{Dt} = k\nabla^2 T \tag{11.2-8}$$

(iii) Para um *fluido com densidade constante,*[1] $(\partial \ln \rho/\partial \ln T)_p = 0$, e

$$\rho\hat{C}_p \frac{DT}{Dt} = k\nabla^2 T \tag{11.2-9}$$

(iv) Para um *sólido estacionário,* $\mathbf{v}$ é zero e

$$\rho\hat{C}_p \frac{\partial T}{\partial t} = k\nabla^2 T \tag{11.2-10}$$

Essas últimas cinco equações são as mais freqüentemente encontradas nos livros-texto e nas publicações de pesquisas. Claro está que podemos sempre voltar à Eq. 11.2-5 e desenvolver equações menos restritivas, sempre que necessário. Termos de fonte de energia química, elétrica, nuclear podem ser adicionados de forma ad hoc como foi feito no Cap. 10.

A Eq. 11.2-10 é a equação de condução de calor em sólidos, e muito tem sido escrito a respeito dessa equação famosa desenvolvida por Fourier.[2] A obra de referência famosa de Carslaw e Jaeger merece menção especial. Ela contém centenas de soluções dessa equação para uma grande variedade de condições iniciais e de contorno.[3]

11.3 A EQUAÇÃO DE BOUSSINESQ DO MOVIMENTO PARA CONVECÇÃO FORÇADA E NATURAL

A equação do movimento dada na Eq. 3.2-9 (ou Eq. B da Tabela 3.5-1) é válida tanto para escoamentos isotérmicos quanto para não-isotérmicos. Em escoamentos não-isotérmicos, a densidade e a viscosidade do fluido dependem da temperatura e da pressão. A variação da densidade é particularmente importante pois dá origem ao aparecimento de forças de empuxo, e portanto de convecção natural, como vimos na Seção 10.9.

A força de empuxo aparece automaticamente quando uma equação de estado é inserida na equação do movimento. Por exemplo, podemos usar a equação simplificada de estado apresentada na Eq. 10.9-6 (isto é chamado de *aproximação de Boussinesq*)[1]

$$\rho(T) = \bar{\rho} - \bar{\rho}\bar{\beta}(T - \bar{T}) \tag{11.3-1}$$

em que $\bar{\beta}$ é $-(1/\rho)(\partial\rho/\partial T)_p$ avaliado em $T = \bar{T}$. Essa equação é obtida escrevendo-se a série de Taylor para ρ como uma função de T, considerando p constante, e mantendo apenas os dois primeiros termos da série. Quando a Eq. 11.3-1 é substituída no termo em $\rho\mathbf{g}$ [mas não no termo $\rho(D\mathbf{v}/Dt)$] da Eq. B da Tabela 3.5-1, obtém-se a *equação de Boussinesq*:

$$\boxed{\rho \frac{D\mathbf{v}}{Dt} = (-\nabla p + \bar{\rho}\mathbf{g}) - [\nabla \cdot \boldsymbol{\tau}] - \bar{\rho}\mathbf{g}\bar{\beta}(T - \bar{T})} \tag{11.3-2}$$

[1]A suposição de densidade constante é feita aqui, em vez da suposição menos convincente de que $(\partial \ln \rho/\partial \ln T)_p = 0$ uma vez que a Eq. 11.2-9 é costumeiramente usada com a Eq. 3.1-5 (equação da continuidade para densidade constante) e a Eq. 3.5-6 (equação do movimento para densidade e viscosidade constante). Note que a equação de estado hipotética ρ = constante tem que ser suplementada pela declaração de que $(\partial \ln p/\partial \ln T)_\rho$ = finito, de forma a permitir a avaliação de certas derivadas termodinâmicas. Por exemplo, a relação

$$\hat{C}_p - \hat{C}_V = -\frac{1}{\rho}\left(\frac{\partial \ln \rho}{\partial \ln T}\right)_p\left(\frac{\partial p}{\partial T}\right)_\rho \tag{11.2-9a}$$

conduz ao resultado $\hat{C}_p = \hat{C}_V$ para o fluido incompressível assim definido.

[2]J.B. Fourier, *Théorie analytique de la chaleur, Œuvres de Fourier,* Gauthier-Villars et Fils, Paris (1822).

[3]H.S. Carslaw e J.C. Jaeger, *Conduction of Heat in Solids,* Oxford University Press, 2nd edition (1959).

[1]J. Boussinesq, *Théorie Analytique de Chaleur*, Vol. 2, Gauthier-Villars, Paris (1903).

Essa forma da equação do movimento é muito útil para análises de transferência de calor. Ela descreve os casos limites de convecção forçada e natural (veja a Fig. 10.8-1), assim como a região entre os extremos. Na *convecção forçada* o termo de empuxo $-\bar{\rho}\mathbf{g}\bar{\beta}(T - \bar{T})$ é desprezado. Na *convecção natural* o termo $(-\nabla p + \bar{\rho}\mathbf{g})$ é pequeno, e é apropriado omiti-lo, quase sempre, particularmente para escoamentos retilíneos, verticais e para o escoamento próximo a corpos submersos em grandes corpos de fluido. Fazer $(-\nabla p + \bar{\rho}\mathbf{g})$ igual a zero é equivalente à suposição de que a distribuição de pressão é idêntica à do fluido em repouso.

Também é costume trocar-se ρ no lado esquerdo da Eq. 11.3-2 por $\bar{\rho}$. Essa substituição tem tido sucesso para a convecção natural para diferenças moderadas de temperaturas. Nessas condições, o movimento do fluido é devagar, e seu termo de aceleração $D\mathbf{v}/Dt$ é pequeno quando comparado a $\mathbf{g}$.

Entretanto, em sistemas em que o termo de aceleração é grande em relação a $\mathbf{g}$, devemos usar a Eq. 11.3-1 para a densidade no lado esquerdo da equação do movimento. Isso é particularmente verdadeiro, por exemplo, em turbinas a gás e próximo a mísseis hipersônicos, em que o termo $(\rho - \bar{\rho})D\mathbf{v}/Dt$ pode ser tão importante quanto $\bar{\rho}\mathbf{g}$.

11.4 USO DAS EQUAÇÕES DE BALANÇO PARA RESOLVER PROBLEMAS EM REGIME PERMANENTE

Nas Seções 3.1 a 3.4 e nas Seções 11.1 a 11.3 deduzimos diversas equações de transformações para um fluido ou sólido puros. Parece apropriado apresentar aqui um resumo dessas equações para referência futura. Esse resumo é apresentado na Tabela 11.4-1 em que a maioria das equações é dada de duas formas: $\partial/\partial t$ e D/Dt. Faz-se, também, referência ao primeiro local onde cada equação aparece.

Embora a Tabela 11.4-1 seja um resumo útil, para a solução de problemas usamos as equações escritas explicitamente em diversos sistemas de coordenadas. Isso foi feito no Apêndice B, e os leitores devem se familiarizar com aquelas tabelas.

Em geral, para descrever o escoamento não-isotérmico de um fluido newtoniano são necessárias

- a equação da continuidade
- a equação do movimento (contendo μ e κ)
- a equação da energia (contendo μ, κ e k)
- a equação térmica de estado ($p = p(\rho, T)$)
- a equação calórica de estado ($\hat{C}_p = \hat{C}_p(\rho, T)$)

bem como expressões para a dependência da viscosidade, com respeito à densidade e à temperatura, viscosidade dilacional e condutividade térmica. Além disso precisamos das condições iniciais e de contorno. O conjunto das equações pode, em princípio, ser resolvido para pressão, densidade, velocidade e temperatura como funções da posição e do tempo. Se quisermos resolver um problema tão detalhado assim, de um modo geral serão necessários métodos numéricos.

Freqüentemente podemos ficar satisfeitos com uma solução restrita para uma estimativa da ordem de grandeza das variáveis de um problema, ou para investigar casos limites antes de uma análise com solução numérica completa. Isso é feito com auxílio de algumas suposições freqüentes:

(i) *Suposição de propriedades físicas constantes.* Se pudermos admitir que todas as propriedades físicas são constantes, então as equações tornam-se consideravelmente mais simples, e em alguns casos soluções analíticas podem ser encontradas.

(ii) *Suposição de fluxos nulos.* Fazendo $\boldsymbol{\tau}$ e $\mathbf{q}$ iguais a zero pode ser útil para (a) processos com escoamentos adiabáticos em sistemas projetados para minimizar os efeitos do atrito (como em medidores Venturi e turbinas), e (b) escoamentos em altas velocidades em torno de objetos de formas aerodinâmicas. As soluções obtidas seriam inúteis para a descrição da situação na proximidade de limites fluidos-sólidos, mas podem ser adequadas para análise de fenômenos longe de limites sólidos.

Para ilustrar a solução de problemas nos quais a equação da energia desempenha um papel significativo, resolvemos uma série de problemas idealizados. Nos restringiremos aqui a problemas de escoamentos em regime permanente e consideraremos problemas não-permanentes no Cap. 12. Em cada problema começaremos listando as suposições que conduzem a versões simplificadas das equações.

TABELA 11.4-1 Equações de Balanço para Fluidos Puros em Termos dos Fluxos

Eq.	Forma especial	Em termos de D/Dt		Comentários
Continuidade	—	$\frac{D\rho}{Dt} = -\rho(\nabla \cdot \mathbf{v})$	Tabela 3.5-1 (A)	Para ρ = constante, simplifica para $(\nabla \cdot \mathbf{v}) = 0$
Movimento	Geral	$\rho\frac{D\mathbf{v}}{Dt} = -\nabla p - [\nabla \cdot \boldsymbol{\tau}] + \rho\mathbf{g}$	Tabela 3.5-1 (B)	Para $\boldsymbol{\tau} = 0$ torna-se equação de Euler
	Aproximada	$\rho\frac{D\mathbf{v}}{Dt} = -\nabla p - [\nabla \cdot \boldsymbol{\tau}] + \bar{\rho}\mathbf{g} - \bar{\rho}\mathbf{g}\bar{\beta}(T - \bar{T})$	11.3-2 (C)	Apresenta o termo de empuxo
Energia	Em termos de $\hat{K} + \hat{U} + \hat{\Phi}$	$\rho\frac{D(\hat{K} + \hat{U} + \hat{\Phi})}{Dt} = -(\nabla \cdot \mathbf{q}) - (\nabla \cdot p\mathbf{v}) - (\nabla \cdot [\boldsymbol{\tau} \cdot \mathbf{v}])$	— (D)	Exata apenas para Φ independente do tempo
	Em termos de $\hat{K} + \hat{U}$	$\rho\frac{D(\hat{K} + \hat{U})}{Dt} = -(\nabla \cdot \mathbf{q}) - (\nabla \cdot p\mathbf{v}) - (\nabla \cdot [\boldsymbol{\tau} \cdot \mathbf{v}]) + \rho(\mathbf{v} \cdot \mathbf{g})$	— (E)	
	Em termos de $\hat{K} = \frac{1}{2}v^2$	$\rho\frac{D\hat{K}}{Dt} = -(\mathbf{v} \cdot \nabla p) - (\mathbf{v} \cdot [\nabla \cdot \boldsymbol{\tau}]) + \rho(\mathbf{v} \cdot \mathbf{g})$	Tabela 3.5-1 (F)	Da equação do movimento
	Em termos de $\hat{U}$	$\rho\frac{D\hat{U}}{Dt} = -(\nabla \cdot \mathbf{q}) - p(\nabla \cdot \mathbf{v}) - (\boldsymbol{\tau}:\nabla\mathbf{v})$	11.2-2 (G)	O termo contendo $(\nabla \cdot \mathbf{v})$ é zero se ρ for constante
	Em termos de $\hat{H}$	$\rho\frac{D\hat{H}}{Dt} = -(\nabla \cdot \mathbf{q}) - (\boldsymbol{\tau}:\nabla\mathbf{v}) + \frac{Dp}{Dt}$	11.2-3 (H)	$\hat{H} = \hat{U} + (p/\rho)$
	Em termos de $\hat{C}_v$ e T	$\rho\hat{C}_v\frac{DT}{Dt} = -(\nabla \cdot \mathbf{q}) - T\left(\frac{\partial p}{\partial T}\right)_\rho(\nabla \cdot \mathbf{v}) - (\boldsymbol{\tau}:\nabla\mathbf{v})$	— (I)	Para um gás ideal $T(\partial p/\partial T)_\rho = p$
	Em termos de $\hat{C}_p$ e T	$\rho\hat{C}_p\frac{DT}{Dt} = -(\nabla \cdot \mathbf{q}) - \left(\frac{\partial \ln \rho}{\partial \ln T}\right)_p\frac{Dp}{Dt} - (\boldsymbol{\tau}:\nabla\mathbf{v})$	11.2-5 (J)	Para um gás ideal $(\partial\ln\rho/\partial\ln T)_p = -1$
Continuidade	—	$\frac{\partial}{\partial t}\rho = -(\nabla \cdot \rho\mathbf{v})$	3.1-4 (K)	Para ρ = constante, simplifica para $(\nabla \cdot \mathbf{v}) = 0$
Movimento	Geral	$\frac{\partial}{\partial t}\rho\mathbf{v} = -[\nabla \cdot \rho\mathbf{v}\mathbf{v}] - \nabla p - [\nabla \cdot \boldsymbol{\tau}] + \rho\mathbf{g}$	3.2-9 (L)	Para $\boldsymbol{\tau} = 0$ torna-se equação de Euler
	Aproximada	$\frac{\partial}{\partial t}\rho\mathbf{v} = -[\nabla \cdot \rho\mathbf{v}\mathbf{v}] - \nabla p - [\nabla \cdot \boldsymbol{\tau}] + \bar{\rho}\mathbf{g} - \bar{\rho}\mathbf{g}\bar{\beta}(T - \bar{T})$	— (M)	Mostra o termo de empuxo
Energia	Em termos de $\hat{K} + \hat{U} + \hat{\Phi}$	$\frac{\partial}{\partial t}\rho(\hat{K} + \hat{U} + \hat{\Phi}) = -(\nabla \cdot \rho(\hat{K} + \hat{H} + \hat{\Phi})\mathbf{v}) - (\nabla \cdot \mathbf{q}) - (\nabla \cdot [\boldsymbol{\tau} \cdot \mathbf{v}])$	11.1-9 (N)	Exata apenas para Φ independente do tempo
	Em termos de $\hat{K} + \hat{\Phi}$	$\frac{\partial}{\partial t}\rho(\hat{K} + \hat{\Phi}) = -(\nabla \cdot \rho(\hat{K} + \hat{\Phi})\mathbf{v}) - (\mathbf{v} \cdot \nabla p) - (\mathbf{v} \cdot [\nabla \cdot \boldsymbol{\tau}])$	3.3-2 (O)	Exata apenas para Φ independente do tempo. Da equação do movimento
	Em termos de $\hat{K} + \hat{U}$	$\frac{\partial}{\partial t}\rho(\hat{K} + \hat{U}) = -(\nabla \cdot \rho(\hat{K} + \hat{H})\mathbf{v}) - (\nabla \cdot \mathbf{q}) - (\nabla \cdot [\boldsymbol{\tau} \cdot \mathbf{v}]) + \rho(\mathbf{v} \cdot \mathbf{g})$	11.1-7 (P)	

TABELA 11.4-1 Equações de Balanço para Fluidos Puros em Termos dos Fluxos (*Continuação*)

	Em termos de $\hat{K} = \frac{1}{2}v^2$	$\frac{\partial}{\partial t}\rho\hat{K} = -(\nabla \cdot \rho\hat{K}\mathbf{v}) - (\mathbf{v} \cdot \nabla p) - (\mathbf{v} \cdot [\nabla \cdot \boldsymbol{\tau}]) + \rho(\mathbf{v} \cdot \mathbf{g})$	3.3-1 (Q)	Da equação do movimento
	Em termos de $\hat{U}$	$\frac{\partial}{\partial t}\rho\hat{U} = -(\nabla \cdot \rho\hat{U}\mathbf{v}) - (\nabla \cdot \mathbf{q}) - p(\nabla \cdot \mathbf{v}) - (\boldsymbol{\tau}:\nabla\mathbf{v})$	11.2-1 (R)	O termo contendo $(\nabla \cdot \mathbf{v})$ é zero se ρ for constante
	Em termos de $\hat{H}$	$\frac{\partial}{\partial t}\rho\hat{H} = -(\nabla \cdot \rho\hat{H}\mathbf{v}) - (\nabla \cdot \mathbf{q}) - (\boldsymbol{\tau}:\nabla\mathbf{v}) + \frac{Dp}{Dt}$	— (S)	$\hat{H} = \hat{U} + (p/\rho)$
Entropia	—	$\frac{\partial}{\partial t}\rho\hat{S} = -(\nabla \cdot \rho\hat{S}\,\mathbf{v}) - \left(\nabla \cdot \frac{\mathbf{q}}{T}\right) - \frac{1}{T^2}(\mathbf{q} \cdot \nabla T) - \frac{1}{T}(\boldsymbol{\tau}:\nabla\mathbf{v})$	11D.1-1 (T)	Os dois últimos termos descrevem a produção de entropia

EXEMPLO 11.4-1

Transferência de Calor, em Regime Permanente, por Convecção Forçada em Escoamento Laminar em um Tubo Circular

Mostre como estabelecer as equações para o problema considerado na Seção 10.8 — isto é, o de achar os perfis de temperaturas para o escoamento laminar plenamente desenvolvido em um tubo.

SOLUÇÃO

Supomos propriedades físicas constantes e que a solução é do tipo: $\mathbf{v} = \boldsymbol{\delta}_z v_z(r)$, $\mathcal{P} = \mathcal{P}(z)$, e $T = T(r, z)$. Então as equações de balanço, como apresentado no Apêndice B, podem ser simplificadas para

Continuidade:
$$0 = 0 \tag{11.4-1}$$

Movimento:
$$0 = -\frac{d\mathcal{P}}{dz} + \mu\left[\frac{1}{r}\frac{d}{dr}\left(r\frac{dv_z}{dr}\right)\right] \tag{11.4-2}$$

Energia:
$$\rho\hat{C}_p v_z \frac{\partial T}{\partial z} = k\left[\frac{1}{r}\frac{\partial}{\partial r}\left(r\frac{\partial T}{\partial r}\right) + \frac{\partial^2 T}{\partial z^2}\right] + \mu\left(\frac{dv_z}{dr}\right)^2 \tag{11.4-3}$$

A equação da continuidade é automaticamente satisfeita em conseqüência das suposições. A equação do movimento, quando resolvida segundo o Exemplo 3.6-1, dá a distribuição de velocidades (perfil de velocidade parabólico). Essa expressão deve então ser substituída no termo de transporte convectivo de calor ao lado esquerdo da Eq. 11.4-3 e no termo de aquecimento por dissipação viscosa ao lado direito.

A seguir, como na Seção 10.8, fazemos duas suposições: (i) a condução de calor na direção z é muito menor que a convecção de calor, de forma que o termo $\partial^2 T/\partial z^2$ pode ser desprezado, e (ii) o escoamento não é suficientemente veloz para que a dissipação viscosa seja significativa, e, conseqüentemente, o termo $\mu(\partial v_z/\partial r)^2$ pode ser omitido. Quando essas suposições são feitas, a Eq. 11.4-3 transforma-se na mesma que a Eq. 10.8-12. Desse ponto em diante, a solução assintótica, válida somente para z grande, prossegue como na Seção 10.8. Note que percorremos três tipos de processos de restrição: (i) *as suposições*, na qual uma tentativa é feita como para a forma da solução; (ii) *aproximações*, em que eliminamos alguns fenômenos físicos ou efeitos descartando termos ou supondo que as propriedades físicas são constantes; e (iii) uma *solução assintótica*, na qual obtemos apenas uma parte da solução matemática completa. É importante distinguir entre esses tipos diferentes de restrições.

EXEMPLO 11.4-2

Escoamento Tangencial em Região Anular com Geração de Calor por Atrito

Determine a distribuição de temperaturas no líquido incompressível confinado entre dois cilindros coaxiais, cujo cilindro externo gira com velocidade angular Ω_o constante (veja Seção 10.4 e Exemplo 3.6-6). Empregue a nomenclatura do Exemplo

3.6-6 e considere que a relação entre os raios κ é bastante pequena de forma que a curvatura das linhas de fluxo do fluido devem ser desconsideradas.

As temperaturas das superfícies interna e externa da região anular são mantidas a T_κ e T_1, respectivamente, com $T_\kappa \neq T_1$. Suponha que o escoamento é permanente e laminar, e despreze a dependência na temperatura das propriedades físicas.

Esse é um exemplo de problema de convecção forçada: as equações da continuidade e do movimento são resolvidas para a distribuição de velocidades e a seguir resolve-se a equação da energia, com geração de calor, para a distribuição de temperaturas. Esse problema é de interesse junto com os efeitos térmicos em viscosímetros[1] de cilindros coaxiais e em sistemas de lubrificação.

SOLUÇÃO

Começamos supondo que $\mathbf{v} = \boldsymbol{\delta}_\theta v_\theta(r)$, que $\mathcal{P} = \mathcal{P}(r, z)$ e que $T = T(r)$. A simplificação das equações de balanço conduzem às Eqs. 3.6-20, 21 e 22 (os componentes r, θ e z da equação do movimento) e à equação da energia

$$0 = k\frac{1}{r}\frac{d}{dr}\left(r\frac{dT}{dr}\right) + \mu\left[r\frac{d}{dr}\left(\frac{v_\theta}{r}\right)\right]^2 \quad (11.4\text{-}4)$$

Quando a solução do componente θ da equação do movimento, dada pela Eq. 3.6-29, é substituída na equação da energia, obtemos

$$0 = k\frac{1}{r}\frac{d}{dr}\left(r\frac{dT}{dr}\right) + \frac{4\mu\Omega_o^2\kappa^4R^4}{(1-\kappa^2)^2}\frac{1}{r^4} \quad (11.4\text{-}5)$$

Essa é a equação diferencial para a distribuição de temperaturas. Pode ser reescrita em termos de quantidades adimensionais fazendo-se:

$$\xi = \frac{r}{R} \qquad \Theta = \frac{T - T_\kappa}{T_1 - T_\kappa} \qquad N = \frac{\mu\Omega_o^2R^2}{k(T_1 - T_\kappa)}\cdot\frac{\kappa^4}{(1-\kappa^2)^2} \quad (11.4\text{-}6, 7, 8)$$

O parâmetro N é intimamente relacionado ao número de Brinkman da Seção 10.4. A Eq. 11.4-5 transforma-se em

$$\frac{1}{\xi}\frac{d}{d\xi}\left(\xi\frac{d\Theta}{d\xi}\right) = -4N\frac{1}{\xi^4} \quad (11.4\text{-}9)$$

Esta é da forma da Eq. C.1-11 e tem como solução

$$\Theta = -N\frac{1}{\xi^2} + C_1 \ln \xi + C_2 \quad (11.4\text{-}10)$$

As constantes de integração são determinadas utilizando-se as condições de contorno

C.C. 1: em $\xi = \kappa$, $\Theta = 0$ (11.4-11)

C.C. 2: em $\xi = 1$, $\Theta = 1$ (11.4-12)

A determinação das constantes leva a

$$\Theta = \left(1 - \frac{\ln \xi}{\ln \kappa}\right) + N\left[\left(1 - \frac{1}{\xi^2}\right) - \left(1 - \frac{1}{\kappa^2}\right)\frac{\ln \xi}{\ln \kappa}\right] \quad (11.4\text{-}13)$$

Quando $N = 0$, obtemos a distribuição de temperaturas para a casca cilíndrica estacionária com espessura $R(1 - \kappa)$ com temperaturas das duas superfícies iguais a T_κ e T_1. Se N é suficientemente grande haverá um máximo na distribuição de temperaturas localizado em

$$\xi = \sqrt{\frac{2\ln(1/\kappa)}{(1/\kappa^2) - 1 + (1/N)}} \quad (11.4\text{-}14)$$

com temperatura nesse ponto sendo superior tanto a T_κ quanto a T_1.

[1]J.R. Van Wazer, J.W. Lyons, K.Y. Kim e R.E. Colwell *Viscosity and Flow Measurement,* Wiley, New York (1963), pp. 82-85.

Embora o exemplo dê uma ilustração do uso das equações de balanço tabuladas para coordenadas cilíndricas, na maioria das aplicações à viscometria e à lubrificação o espaço entre os cilindros é tão estreito que os resultados numéricos calculados pela Eq.11.4-13 não diferem substancialmente dos obtidos da Eq. 10.4-9.

EXEMPLO 11.4-3

Escoamento Permanente em Filme Não-isotérmico

Um líquido escoa para baixo em regime laminar e permanente ao longo de uma superfície plana inclinada, como mostram as Figs. 2.2-1 a 3. A superfície livre do líquido é mantida à temperatura T_0 e a superfície do sólido, em $x = \delta$ é mantida a T_δ. A essas temperaturas a viscosidade do líquido tem os valores μ_0 e μ_δ, respectivamente, e a densidade e a condutividade térmica do líquido podem ser admitidas como constantes. Determine a distribuição de velocidades nesse escoamento não-isotérmico, desprezando efeitos de entrada, e reconhecendo que o aquecimento viscoso não é importante nesse tipo de escoamento. Suponha que a dependência da viscosidade na temperatura pode ser expressa por uma equação da forma $\mu = Ae^{B/T}$, com A e B sendo constantes empíricas; essa forma é sugerida pela teoria de Eyring dada na Seção 1.5.

Primeiramente resolvemos a equação da energia para determinar o perfil da temperatura, após o que o empregamos para determinar a dependência da viscosidade com a posição. Então a equação do movimento pode ser resolvida para se chegar ao perfil da velocidade.

SOLUÇÃO

Supomos que $T = T(x)$ e que $\mathbf{v} = \boldsymbol{\delta}_z v_z(x)$. Então a equação de energia simplifica para

$$\frac{d^2T}{dx^2} = 0 \tag{11.4-15}$$

Esta pode ser integrada entre as temperaturas terminais conhecidas para dar

$$\frac{T - T_0}{T_\delta - T_0} = \frac{x}{\delta} \tag{11.4-16}$$

A dependência da viscosidade na temperatura pode ser escrita como

$$\frac{\mu(T)}{\mu_0} = \exp\left[B\left(\frac{1}{T} - \frac{1}{T_0}\right)\right] \tag{11.4-17}$$

em que B é uma constante a ser determinada a partir de dados da viscosidade versus temperatura. Para chegar à dependência da viscosidade com a posição, combinamos as duas últimas equações para obter

$$\frac{\mu(x)}{\mu_0} = \exp\left[B\,\frac{T_0 - T}{T_0 T}\left(\frac{x}{\delta}\right)\right] \cong \exp\left[B\,\frac{T_0 - T}{T_0 T_\delta}\left(\frac{x}{\delta}\right)\right] \tag{11.4-18}$$

A segunda expressão é uma boa aproximação se a temperatura não varia grandemente através do filme. Quando essa equação é combinada com a Eq. 11.4-17, escrita para $T = T_\delta$, obtém-se

$$\frac{\mu(x)}{\mu_0} = \exp\left[\left(\ln\frac{\mu_\delta}{\mu_0}\right)\left(\frac{x}{\delta}\right)\right] = \left(\frac{\mu_\delta}{\mu_0}\right)^{x/\delta} \tag{11.4-19}$$

Essa é a mesma que a expressão usada no Exemplo 2.2-2, se fazemos α igual a $-\ln(\mu_\delta/\mu_0)$. Assim tomamos os resultados do Exemplo 2.2-2 e escrevemos o perfil da velocidade como

$$v_z = \left(\frac{\rho g \cos\beta}{\mu_0}\right)\left(\frac{\delta}{\ln(\mu_\delta/\mu_0)}\right)^2\left[\frac{1 + (x/\delta)\ln(\mu_\delta/\mu_0)}{(\mu_\delta/\mu_0)^{x/\delta}} - \frac{1 + \ln(\mu_\delta/\mu_0)}{(\mu_\delta/\mu_0)}\right] \tag{11.4-20}$$

Isso completa a análise do problema começado no Exemplo 2.2-2 fornecendo o valor apropriado para a constante α.

EXEMPLO 11.4-4

Resfriamento por Transpiração[2]

Um sistema de duas cascas esféricas concêntricas e porosas de raios κR e R é apresentado na Fig. 11.4-1. A superfície interna da casca externa está à temperatura T_1, e a superfície externa da casca interna está a uma temperatura inferior T_κ. Ar seco a T_κ é soprado para fora radialmente da casca interna para o espaço intermediário e então através da casca externa. Desenvolva uma expressão para a taxa de remoção de calor necessária para a refrigeração da esfera interna como uma função da vazão mássica do gás. Suponha um escoamento laminar, permanente e a baixa velocidade do gás.

Nesse exemplo as equações da continuidade e da energia são resolvidas para obtermos a distribuição de temperaturas. A equação do movimento dá informação a respeito da distribuição de pressão no sistema.

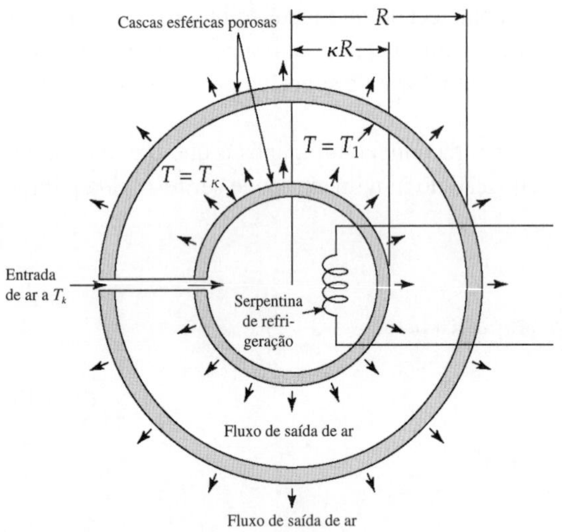

Fig. 11.4-1 Refrigeração por transpiração. A esfera interna está sendo refrigerada por intermédio de uma serpentina de refrigeração para manter sua temperatura em T_κ. Quando ar é bombeado para o exterior, como mostrado, menos refrigeração é necessária.

SOLUÇÃO

Supomos para esse sistema que $\mathbf{v} = \delta_r v_r(r)$, $T = T(r)$, e $\mathcal{P} = \mathcal{P}(r)$. A *equação da continuidade* em coordenadas esféricas fica

$$\frac{1}{r^2}\frac{d}{dr}(r^2 \rho v_r) = 0 \tag{11.4-21}$$

Esta pode ser integrada para dar

$$r^2 \rho v_r = \text{const.} = \frac{w_r}{4\pi} \tag{11.4-22}$$

Aqui w_r é a vazão mássica do gás.

O componente radial da *equação do movimento* em coordenadas esféricas pela Eq. B.6-7, é:

$$\rho v_r \frac{dv_r}{dr} = -\frac{d\mathcal{P}}{dr} + \mu\left[\frac{d}{dr}\left(\frac{1}{r^2}\frac{d}{dr}(r^2 v_r)\right)\right] \tag{11.4-23}$$

O termo da viscosidade desaparece em conseqüência da Eq. 11.4-21. A integração da Eq. 11.4-23 tem como resultado

$$\mathcal{P}(r) - \mathcal{P}(R) = \frac{w_r^2}{32\pi^2 \rho R^4}\left[1 - \left(\frac{R}{r}\right)^4\right] \tag{11.4-24}$$

Portanto a pressão $\mathcal{P}$ cresce com r, mas apenas ligeiramente já que a velocidade do gás é baixa em conformidade com a suposição empregada.

[2] M. Jakob, *Heat Transfer*, Vol. 2, Wiley, New York (1957), pp. 394-415.

A *equação da energia,* em termos da temperatura, em coordenadas esféricas, é, de acordo com a Eq. B.9-3,

$$\rho \hat{C}_p v_r \frac{dT}{dr} = k \frac{1}{r^2} \frac{d}{dr}\left(r^2 \frac{dT}{dr}\right) \qquad (11.4\text{-}25)$$

Aqui empregamos a Eq. 11.2-8, para a qual foi feita a suposição de pressão e condutividade térmica constantes, e de não haver dissipação viscosa — todas suposições razoáveis para esse problema.

Quando a Eq. 11.4-22 para a distribuição de velocidades é usada para v_r, na Eq. 11.4-25, obtemos a seguinte equação diferencial para a distribuição de temperaturas $T(r)$ no gás entre as duas cascas:

$$\frac{dT}{dr} = \frac{4\pi k}{w_r \hat{C}_p} \frac{d}{dr}\left(r^2 \frac{dT}{dr}\right) \qquad (11.4\text{-}26)$$

Fazemos a transformação de variável $u = r^2 (dT/dr)$ e obtemos uma equação diferencial separável, de primeira ordem para $u(r)$. Esta pode ser integrada, e quando as condições de contorno são empregadas obtém-se

$$\frac{T - T_1}{T_\kappa - T_1} = \frac{e^{-R_0/r} - e^{-R_0/R}}{e^{-R_0/\kappa R} - e^{-R_0/R}} \qquad (11.4\text{-}27)$$

na qual $R_0 = w_r \hat{C}_p / 4\pi\kappa$ é uma constante com dimensões de comprimento.

A vazão de calor dirigida para a esfera interna é

$$Q = -4\pi\kappa^2 R^2 q_r|_{r=\kappa R} \qquad (11.4\text{-}28)$$

e esta é a taxa de remoção de calor pelo refrigerante. Inserindo a lei de Fourier para o componente r do fluxo térmico obtemos

$$Q = +4\pi\kappa^2 R^2 k \left.\frac{dT}{dr}\right|_{r=\kappa R} \qquad (11.4\text{-}29)$$

A seguir avaliamos o gradiente de temperatura na superfície com auxílio da Eq. 11.4-27 para obter a expressão para a taxa de remoção de calor.

$$Q = \frac{4\pi R_0 k (T_1 - T_\kappa)}{\exp[(R_0/\kappa R)(1-\kappa)] - 1} \qquad (11.4\text{-}30)$$

No limite quando a vazão mássica do gás é zero, quando então $R_0 = 0$, a taxa de remoção de calor é

$$Q_0 = \frac{4\pi\kappa R k (T_1 - T_\kappa)}{1 - \kappa} \qquad (11.4\text{-}31)$$

A razão de redução de calor devida à transpiração pode ser calculada

$$\frac{Q_0 - Q}{Q_0} = 1 - \frac{\phi}{e^\phi - 1} \qquad (11.4\text{-}32)$$

onde $\phi = R_0(1 - \kappa)/\kappa R = w_r \hat{C}_p (1 - \kappa)/4\pi\kappa R k$ é a "taxa adimensional de transpiração". A Eq. 11.4-32 é mostrada graficamente na Fig. 11.4-2. Para pequenos valores de ϕ, a quantidade $(Q_0 - Q)/Q_0$ tende ao valor assintótico $\frac{1}{2}\phi$.

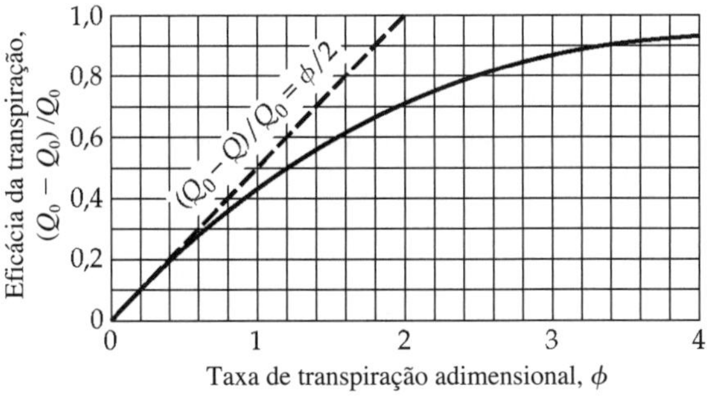

Fig. 11.4-2 O efeito da refrigeração por transpiração.

EXEMPLO 11.4-5

Transferência de Calor por Convecção Natural a Partir de uma Placa Vertical

Uma placa de altura H e largura W (com $W >> H$) aquecida a uma temperatura T_0 está suspensa em um fluido extenso, que está à temperatura ambiente T_1. Na vizinhança da placa aquecida o fluido sobe sob a ação da força de empuxo (veja a Fig. 11.4-3). Das equações de balanço, deduza a dependência da perda de calor nas variáveis do sistema. As propriedades físicas do fluido são consideradas constantes, exceto que a variação da densidade com a temperatura será considerada pela aproximação de Boussinesq.

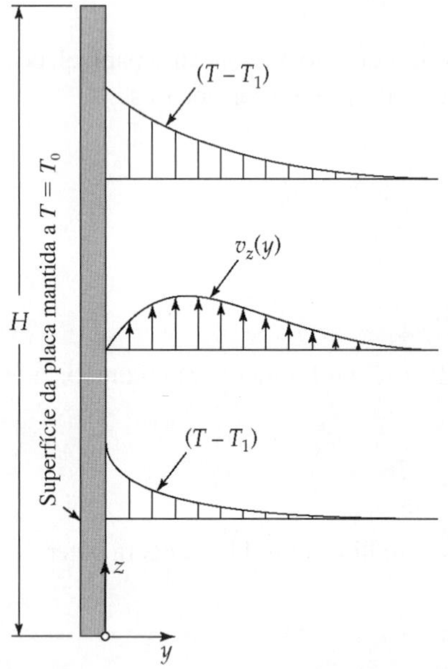

Fig. 11.4-3 Perfis de temperatura e de velocidade na vizinhança de uma placa vertical aquecida.

SOLUÇÃO

Supomos que $\mathbf{v} = \boldsymbol{\delta}_y v_y(y, z) + \boldsymbol{\delta}_z v_z(y, z)$ e que $T = T(y, z)$. Supomos ainda que o fluido aquecido se move quase que diretamente para cima, de forma que $v_y << v_z$. Então os componentes x e z da Eq. 11.3-2 dão $p = p(z)$, e assim a pressão é dada, com muito boa aproximação, por $-dp/dz - \bar{\rho}g = 0$, que é a distribuição hidrostática de pressão. As demais equações de balanço são

Continuidade:
$$\frac{\partial v_y}{\partial y} + \frac{\partial v_z}{\partial z} = 0 \qquad (11.4\text{-}33)$$

Movimento:
$$\bar{\rho}\left(v_y \frac{\partial}{\partial y} + v_z \frac{\partial}{\partial z}\right)v_z = \mu\left(\frac{\partial^2}{\partial y^2} + \underline{\frac{\partial^2}{\partial z^2}}\right)v_z + \bar{\rho}g\bar{\beta}(T - T_1) \qquad (11.4\text{-}34)$$

Energia:
$$\bar{\rho}\hat{C}_p\left(v_y \frac{\partial}{\partial y} + v_z \frac{\partial}{\partial z}\right)(T - T_1) = k\left(\frac{\partial^2}{\partial y^2} + \underline{\frac{\partial^2}{\partial z^2}}\right)(T - T_1) \qquad (11.4\text{-}35)$$

na qual $\bar{\rho}$ e $\bar{\beta}$ são avaliadas à temperatura T_1. Os termos com sublinhados tracejados serão omitidos sob a consideração de que os transportes moleculares de momento e de energia na direção z são pequenos face aos correspondentes convectivos presentes no lado esquerdo das equações. A omissão desses termos deve resultar em uma descrição satisfatória do sistema, exceto em uma pequena região em torno da parte inferior da placa. Com essa simplificação, as seguintes condições de contorno são suficientes para a análise do sistema até $z = H$.

C.C. 1: em $y = 0$, $v_y = v_z = 0$ e $T = T_0$ (11.4-36)

C.C. 2: quando $y \to \pm\infty$, $v_z \to 0$ e $T \to T_1$ (11.4-37)

C.C. 3: em $z = 0$, $v_z = 0$ (11.4-38)

Note que a diferença de temperatura aparece na equação do movimento e que a distribuição de velocidades aparece na equação da energia. Assim essas equações estão *acopladas*. Soluções analíticas para sistemas acoplados de equações diferenciais não-lineares são muito difíceis, e nos contentamos aqui com a aplicação da análise dimensional.

Para tanto introduzimos as seguintes variáveis adimensionais:

$$\Theta = \frac{T - T_1}{T_0 - T_1} = \text{temperatura adimensional} \tag{11.4-39}$$

$$\zeta = \frac{z}{H} = \text{coordenada vertical adimensional} \tag{11.4-40}$$

$$\eta = \left(\frac{B}{\mu\alpha H}\right)^{1/4} y = \text{coordenada horizontal adimensional} \tag{11.4-41}$$

$$\phi_z = \left(\frac{\mu}{\alpha B H}\right)^{1/2} v_z = \text{velocidade vertical adimensional} \tag{11.4-42}$$

$$\phi_y = \left(\frac{\mu H}{\alpha^3 B}\right)^{1/4} v_y = \text{velocidade horizontal adimensional} \tag{11.4-43}$$

em que $\alpha = k/\rho\hat{C}_p$ e $B = \bar{\rho}g\bar{\beta}(T_0 - T_1)$.

Quando as equações de balanço, sem os termos sublinhados, são escritas em termos dessas variáveis adimensionais, obtemos

Continuidade:
$$\frac{\partial \phi_y}{\partial \eta} + \frac{\partial \phi_z}{\partial \zeta} = 0 \tag{11.4-44}$$

Movimento:
$$\frac{1}{\text{Pr}}\left(\phi_y \frac{\partial}{\partial \eta} + \phi_z \frac{\partial}{\partial \zeta}\right)\phi_z = \frac{\partial^2 \phi_z}{\partial \eta^2} + \Theta \tag{11.4-45}$$

Energia:
$$\left(\phi_y \frac{\partial}{\partial \eta} + \phi_z \frac{\partial}{\partial \zeta}\right)\Theta = \frac{\partial^2 \Theta}{\partial \eta^2} \tag{11.4-46}$$

As condições de contorno precedentes tornam-se

C.C. 1: em $\eta = 0$, $\phi_y = \phi_z = 0$, $\Theta = 1$ (11.4-47)

C.C. 2: quando $\eta \to \infty$, $\phi_z \to 0$, $\Theta \to 0$ (11.4-48)

C.C. 3: em $\zeta = 0$, $\phi_z = 0$ (11.4-49)

Podemos ver imediatamente dessas equações e condições de contorno que os perfis de velocidades adimensionais ϕ_y e ϕ_z e a temperatura adimensional Θ dependerão de η e ζ e também do número de Prandtl, Pr. Uma vez que o escoamento é geralmente muito vagaroso na convecção natural, os termos onde o número de Prandtl aparece serão geralmente muito pequenos; fazê-los iguais a zero corresponderia à suposição de "escoamento lento". Assim podemos esperar que a dependência da solução no número de Prandtl seja fraca.

O fluxo térmico médio de uma face da placa pode ser escrito como

$$q_{\text{méd}} = \frac{1}{H}\int_0^H \left(-k\frac{\partial T}{\partial y}\right)\bigg|_{y=0} dz \tag{11.4-50}$$

A integral pode ser apresentada em termos das variáveis adimensionais

$$\begin{aligned}
q_{\text{méd}} &= k(T_0 - T_1)\left(\frac{B}{\mu\alpha H}\right)^{1/4} \cdot \int_0^1 \left(-\frac{\partial \Theta}{\partial \eta}\right)\bigg|_{\eta=0} d\zeta \\
&= k(T_0 - T_1)\left(\frac{B}{\mu\alpha H}\right)^{1/4} \cdot C \\
&= C \cdot \frac{k}{H}(T_0 - T_1)\left(\left(\frac{\hat{C}_p\mu}{k}\right)\left(\frac{\rho^2 g\beta(T_0 - T_1)H^3}{\mu^2}\right)\right)^{1/4} \\
&= C \cdot \frac{k}{H}(T_0 - T_1)(\text{GrPr})^{1/4}
\end{aligned} \tag{11.4-51}$$

onde o grupamento Ra = GrPr é denominado *número de Rayleigh*. Como Θ é função de η, ζ e Pr, a derivada $\partial\Theta/\partial\eta$ é também uma função de η, ζ e Pr. Então $\partial\Theta/\partial\eta$, avaliada em $\eta = 0$, depende apenas de ζ e Pr. A integral em ζ é portanto função de Pr. Dos comentários apresentados anteriormente depreende-se que essa função, designada C, será uma função fraca do número de Prandtl, isto é, quase uma constante.

A análise precedente mostra que, mesmo sem resolver as equações diferenciais parciais, podemos prever que o fluxo térmico médio seja proporcional à potência 5/4 da diferença de temperatura $(T_0 - T_1)$ e inversamente proporcional à potência ¼ de H. Ambas as previsões foram experimentalmente confirmadas. A única coisa que não pudemos fazer foi determinar C em função de Pr.

Para determinar essa função temos que realizar medidas experimentais ou resolver as Eqs. 11.4-44 a 46. Em 1881, Lorenz[3] obteve uma solução aproximada dessas equações e achou $C = 0{,}548$. Mais tarde, cálculos mais refinados[4] mostraram a seguinte dependência de C com Pr:

Pr	0,73(ar)	1	10	100	1000	∞
C	0,518	0,535	0,620	0,653	0,665	0,670

Os valores para C estão em concordância quase exata com os melhores dados experimentais em regime laminar (i.e., GrPr $< 10^9$).[5]

EXEMPLO 11.4-6

Processos Adiabáticos, Livres de Atrito, em um Gás Ideal

Desenvolva equações para a relação da pressão local com densidade ou temperatura em uma corrente de gás ideal na qual o fluxo de momento $\boldsymbol{\tau}$ e o fluxo térmico $\mathbf{q}$ são desprezíveis.

SOLUÇÃO

Com $\boldsymbol{\tau}$ e $\mathbf{q}$ desprezados, a equação da energia [Eq. (*J*) da Tabela 11.4-1] pode ser reescrita como

$$\rho\hat{C}_p \frac{DT}{Dt} = \left(\frac{\partial \ln \hat{V}}{\partial \ln T}\right)_p \frac{Dp}{Dt} \tag{11.4-52}$$

Para um gás ideal, $p\hat{V} = RT/M$, em que M é a massa molecular do gás, e a Eq. 11.4-52 fica

$$\rho\hat{C}_p \frac{DT}{Dt} = \frac{Dp}{Dt} \tag{11.4-53}$$

Dividindo-a por p e supondo que o calor específico molar $\tilde{C}_p = M\hat{C}_p$ seja constante, podemos usar novamente a lei dos gases ideais para chegar a

$$\frac{D}{Dt}\left(\frac{\tilde{C}_p}{R}\ln T - \ln p\right) = 0 \tag{11.4-54}$$

Portanto a quantidade entre parênteses é constante ao longo do percurso de um elemento de fluido, assim como seu antilogaritmo, e assim temos:

$$T^{\tilde{C}_p/R}p^{-1} = \text{constante} \tag{11.4-55}$$

Essa relação aplica-se a todos estados termodinâmicos p, T que o elemento de fluido encontra enquanto se move em conjunto com o fluido.

---

[3]L. Lorenz, *Wiedemann's Ann. der Physik u. Chemie,* **13**,422-447,582-606(1881). Veja também U.Grigull,*Die Grundgesetze der Wärmeübertragung*, Springer-Verlag,Berlin,3rd edition(1955),pp.263-269.

[4]Veja S. Whitaker, *Fundamental Principles of Heat Transfer*,Krieger, Malabar Fla.(1977),§5.11. O caso limite de Pr$\to\infty$ foi trabalhado numericamente por E.J.LeFevre [Heat Div. Paper 113, Dept. Sci. and Ind.Res.,Mech.Engr.Lab.(Inglaterra), Aug. 1956] e foi determinado que

$$\left.\frac{\partial\Theta}{\partial\eta}\right|_{\eta=0} = \frac{0{,}5028}{\zeta^{1/4}} \qquad \left.\frac{\partial\phi_z}{\partial\eta}\right|_{\eta=0} = \frac{1{,}16}{\zeta^{1/4}} \tag{11.4-51a, b}$$

A Eq.11.4-51a corresponde ao valor $C = 0{,}670$. Esse resultado foi verificado experimentalmente por C.R. Wilke, C.W. Tobias,e M. Eisenberg, *J.Eletrochem. Soc.*,**100**,513-523(1953), para o problema análogo de transferência de massa.

[5]Para a análise da convecção natural em escoamento lento tridimensional, veja W.E.Stewart,*Int.J.Heat and Mass Transfer*,**14**,1013-1031(1971).

Introduzindo a definição $\gamma = \hat{C}_p/\hat{C}_V$ e a relação própria do gás ideal $\tilde{C}_p - \tilde{C}_V = R$ e $p = \rho RT/M$, obtêm-se as expressões inter-relacionadas

$$p^{(\gamma-1)/\gamma}T^{-1} = \text{constante} \tag{11.4-56}$$

e

$$p\rho^{-\gamma} = \text{constante} \tag{11.4-57}$$

Essas três últimas equações têm uso freqüente no estudo de processos adiabáticos sem atrito na dinâmica de gases ideais. A Eq. 11.4-57 é uma relação famosa que bem vale memorizar.

Quando o fluxo de momentum $\boldsymbol{\tau}$ e o fluxo térmico $\mathbf{q}$ são nulos não há variação da entropia quando se segue um elemento de fluido. Portanto a derivada $d \ln p/d \ln T = \gamma/(\gamma - 1)$ acompanhando o movimento do fluido deve ser entendida com o significado $(\partial \ln p/\partial \ln T)_S = \gamma/(\gamma - 1)$. Essa equação é uma fórmula padrão da termodinâmica do equilíbrio.

EXEMPLO 11.4-7

Escoamento Compressível Unidimensional: Perfis de Velocidades, de Temperaturas e de Pressões em uma Onda Estacionária de Choque

Consideramos a expansão adiabática[6-10] de um gás ideal através de bocal convergente-divergente sob condições tais que forma-se uma onda de choque estacionária. O gás provém de um reservatório onde a pressão é p_0, e depois do bocal é descarregado para a atmosfera, onde a pressão é p_a. Na ausência da onda de choque, o escoamento através de um bocal bem desenhado é praticamente sem atrito (portanto *isentrópico* para a condição adiabática que está sendo considerada).

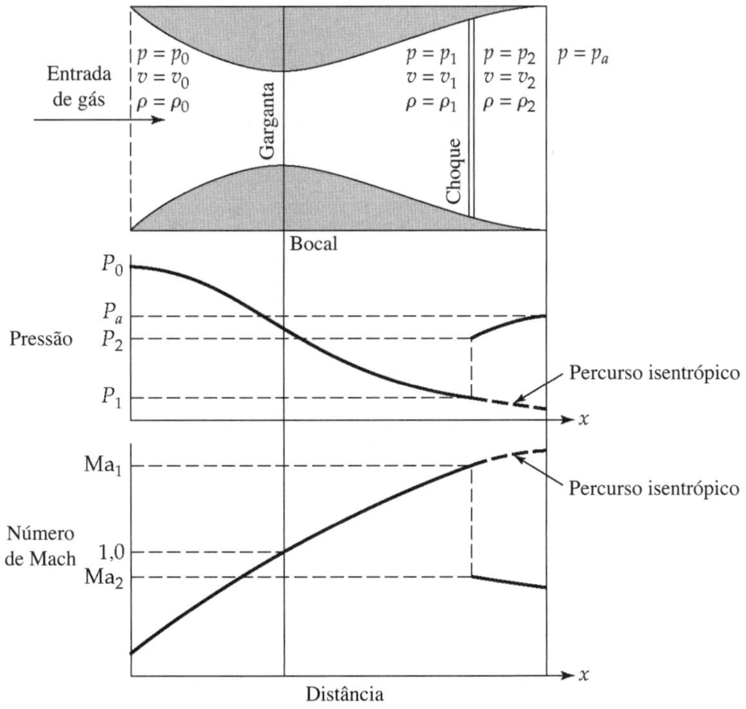

Fig. 11.4-4 Formação de onda de choque em um bocal.

[6]H.W. Liepmann e A. Roshko, *Elements of Gas Dynamics*, Wiley, New York(1957), §§5.4 e 13.13.
[7]J.O. Hirschfelder, C.F. Curtiss e R.B. Bird, *Molecular Theory of Gases and Liquids*, Wiley, New York, 2nd edição corrigida (1964), pp.791-797.
[8]M.Morduchow e P.A. Libby, *J.Aeronautical Sci.*, **16**, 674-684(1948).
[9]R.von Mises, *J.Aeronautical Sci.*, **17**, 551-554(1950).
[10]G.S.S.Ludford, *J.Aeronautical Sci.*, **18**, 830-834(1951).

Se, além disso, p_a/p_0 é suficientemente pequeno, sabe-se que o escoamento é essencialmente sônico na garganta (a região de seção transversal mínima) e é supersônico na porção divergente do bocal. Nessas condições a pressão *diminui* continuamente, e a velocidade *aumenta* na direção do escoamento, como indicado na Fig. 11.4-4.

Entretanto, para qualquer desenho de bocal existe uma faixa de p_a/p_0 para a qual esse escoamento isentrópico produz uma pressão inferior a p_a na saída. Então o escoamento isentrópico torna-se instável. A mais simples das muitas situações possíveis é uma onda de choque estacionária normal, como representada na Fig. 11.4-4 por um par de linhas paralelas próximas. Nesse ponto a velocidade cai muito rapidamente a um valor subsônico, enquanto a pressão e densidade crescem. Essas mudanças ocorrem em uma região extremamente fina, que pode ser considerada unidimensional e laminar. Ocorre aí uma dissipação intensa de energia mecânica. A dissipação viscosa e a condução de calor acham-se concentrados nessa pequena região do bocal, e o propósito desse exemplo é explorar o comportamento do fluido. Por simplicidade a onda de choque será considerada normal às linhas de fluxo; na prática, formas muito mais complexas são, com freqüência, observadas. A velocidade, a pressão e a temperatura a montante do choque podem ser calculadas e serão consideradas como conhecidas.

Use as três equações de balanços para determinar as condições sob as quais uma onda de choque é possível, e para determinar a velocidade, a temperatura e a pressão nessa onda de choque. Suponha regime permanente, unidimensional de gás ideal, despreze a viscosidade dilacional κ e ignore a variação de μ, k, e $\hat{C}_p$ com a temperatura e a pressão.

SOLUÇÃO

As equações de balanço na vizinhança da onda de choque estacionária podem ser simplificadas para

Continuidade:
$$\frac{d}{dx}\rho v_x = 0 \tag{11.4-58}$$

Movimento:
$$\rho v_x \frac{dv_x}{dx} = -\frac{dp}{dx} + \frac{4}{3}\frac{d}{dx}\left(\mu\frac{dv_x}{dx}\right) \tag{11.4-59}$$

Energia:
$$\rho\hat{C}_p v_x \frac{dT}{dx} = \frac{d}{dx}\left(k\frac{dT}{dx}\right) + v_x\frac{dp}{dx} + \frac{4}{3}\mu\left(\frac{dv_x}{dx}\right)^2 \tag{11.4-60}$$

A equação da energia está sob a forma da Eq. *J* da Tabela 11.4-1, escrita para o gás ideal em regime permanente.

A equação da *continuidade* pode ser integrada para dar

$$\rho v_x = \rho_1 v_1 \tag{11.4-61}$$

em que ρ_1 e v_1 são avaliadas a uma pequena distância a montante do choque.

Na equação da *energia* eliminamos ρv_x pelo emprego da Eq. 11.4-61, e dp/dx com auxílio da equação do movimento para obtermos (depois de algum rearranjo)

$$\rho_1\hat{C}_p v_1\frac{dT}{dx} = \frac{d}{dx}\left(k\frac{dT}{dx}\right) - \rho_1 v_1\frac{d}{dx}\left(\frac{1}{2}v_x^2\right) + \frac{4}{3}\mu\frac{d}{dx}\left(v_x\frac{dv_x}{dx}\right) \tag{11.4-62}$$

A seguir movemos o segundo termo ao lado direito para o lado esquerdo e dividimos a equação por $\rho_1 v_1$. A integração em relação a x dá

$$\hat{C}_p T + \tfrac{1}{2}v_x^2 = \frac{k}{\rho_1\hat{C}_p v_1}\frac{d}{dx}(\hat{C}_p T + (\tfrac{4}{3}\text{Pr})\tfrac{1}{2}v_x^2) + C_\text{I} \tag{11.4-63}$$

em que C_1 é a constante de integração e $\text{Pr} = \hat{C}_p\mu/k$. Para a maioria dos gases Pr situa-se entre 0,65 e 0,85, com média perto de 0,75. Para simplificar o problema fazemos $\text{Pr} = \frac{3}{4}$. A Eq. 11.4-63 torna-se então uma equação diferencial ordinária, linear, de primeira ordem, para a qual a solução é

$$\hat{C}_p T + \tfrac{1}{2}v_x^2 = C_\text{I} + C_\text{II}\exp[(\rho_1\hat{C}_p v_1/k)x] \tag{11.4-64}$$

Uma vez que $\hat{C}_p T + \frac{1}{2}v_x^2$ não pode crescer indefinidamente na direção x positiva, a segunda constante de integração C_II deve ser nula. A primeira constante é avaliada pelas condições a montante, de forma que

$$\hat{C}_p T + \tfrac{1}{2}v_x^2 = \hat{C}_p T_1 + \tfrac{1}{2}v_1^2 \tag{11.4-65}$$

Se não tivéssemos feito $\text{Pr} = \frac{3}{4}$ teria sido necessário fazer uma integração numérica da Eq. 11.4-63.

A seguir substituímos o resultado da integração da equação da continuidade na equação do *movimento* e integramos uma vez para obter

$$\rho_1 v_1 v_x = -p + \frac{4}{3}\mu \frac{dv_x}{dx} + C_{III} \quad (11.4\text{-}66)$$

A avaliação da constante C_{III} satisfazendo as condições a montante, onde $dv_x/dx = 0$, dá $C_{III} = \rho_1 v_1^2 + p_1 = \rho_1[v_1^2 + (RT_1/M)]$. Agora multiplicamos ambos os lados por v_x e dividimos por $\rho_1 v_1$. Então, com auxílio da lei dos gases ideais, $p = \rho RT/M$, e as Eqs. 11.4-61 e 65, podemos eliminar p da Eq. 11.4-60 para chegar a uma relação contendo apenas v_x e x como variáveis:

$$\frac{4}{3}\frac{\mu}{\rho_1 v_1} v_x \frac{dv_x}{dx} = \frac{\gamma + 1}{2\gamma} v_x^2 + \frac{\gamma - 1}{\gamma} C_I - \frac{C_{III}}{\rho_1 v_1} v_x \quad (11.4\text{-}67)$$

Essa equação, após um rearranjo considerável, pode ser reescrita em termos de variáveis adimensionais:

$$\phi \frac{d\phi}{d\xi} = \beta \text{Ma}_1(\phi - 1)(\phi - \alpha) \quad (11.4\text{-}68)$$

As variáveis adimensionais relevantes são

$$\phi = \frac{v_x}{v_1} = \text{velocidade adimensional} \quad (11.4\text{-}69)$$

$$\xi = \frac{x}{\lambda} = \text{coordenada adimensional} \quad (11.4\text{-}70)$$

$$\text{Ma}_1 = \frac{v_1}{\sqrt{\gamma RT_1/M}} = \text{número de Mach às condições a montante} \quad (11.4\text{-}71)$$

$$\alpha = \frac{\gamma - 1}{\gamma + 1} + \frac{2}{\gamma + 1}\frac{1}{\text{Ma}_1^2} \quad (11.4\text{-}72)$$

$$\beta = \tfrac{9}{8}(\gamma + 1)\sqrt{\pi/8\gamma} \quad (11.4\text{-}73)$$

O comprimento de referência λ é o livre percurso médio definido na Eq. 1.4-3 (com d^2 eliminado pelo uso da Eq. 1.4-9):

$$\lambda = \frac{3\mu_1}{\rho_1}\sqrt{\frac{\pi M}{8RT_1}} \quad (11.4\text{-}74)$$

A Eq. 11.4-68 pode ser integrada para

$$\frac{1 - \phi}{(\phi - \alpha)^\alpha} = \exp[\beta \text{Ma}_1(1 - \alpha)(\xi - \xi_0)] \qquad (\alpha < \phi < 1) \quad (11.4\text{-}75)$$

Essa equação descreve a distribuição adimensional de velocidade $\phi(\xi)$ com uma constante de integração $\xi_0 = x_0/\lambda$, que especifica a posição da onda de choque no bocal; nesta ξ_0 é considerado como conhecido. No gráfico da Eq. 11.4-85 na Fig. 11.4-5 vê-se que as ondas de choque são, de fato, muito finas. As distribuições de temperatura e pressão podem ser determinadas da Eq. 11.4-75 e das Eqs. 11.4-65 e 66. Uma vez que ϕ deve tender a unidade quando $\xi \to -\infty$, a constante α é inferior a 1. Isso é possível apenas quando $\text{Ma}_1 > 1$ — isto é se o escoamento a montante é supersônico. Podemos ver, também, que para ξ positivo e muito grande, a velocidade adimensional ϕ tende a α. O número de Mach Ma_1 é definido como a relação de v_1 para a velocidade do som a T_1 (veja o Problema 11C.1).

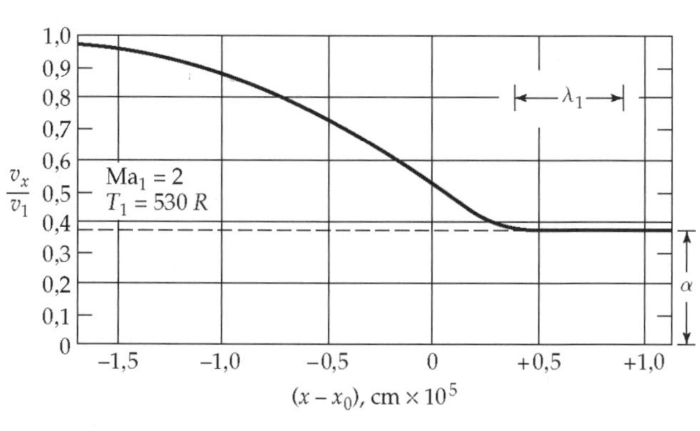

Fig. 11.4-5 Distribuição de velocidade em uma onda de choque estacionária.

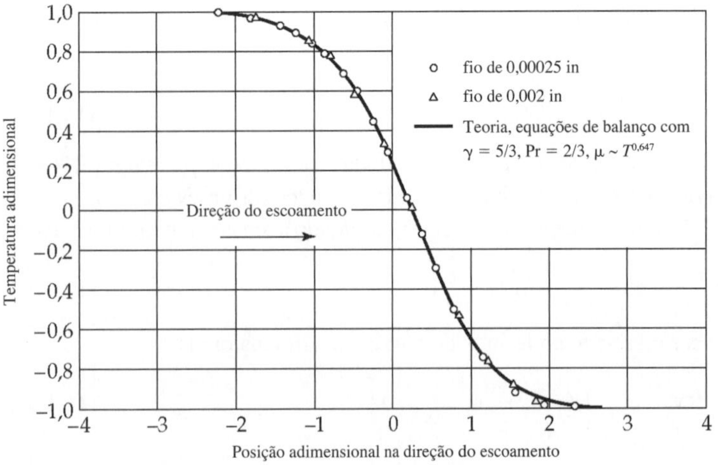

Fig. 11.4-6 Gráfico semi-log do perfil de temperatura através de uma onda de choque, para o hélio com Ma_1 = 1,82. Os valores experimentais foram medidos com um termômetro de resistência. [Adaptado de H. W. Liepmann e A. Roshko, *Elements of Gas Dynamics*, Wiley, New York (1957), p. 333.]

No desenvolvimento anterior escolhemos o número de Prandtl $\text{Pr} = \frac{3}{4}$, mas a solução foi estendida para incluir outros valores de Pr assim como a variação da viscosidade com a temperatura.

A tendência de um gás em escoamento supersônico para reverter espontaneamente para o subsônico é importante em túneis de vento e no projeto de sistemas com altas velocidades — por exemplo, em motores de turbinas e foguetes. Note que as mudanças ocorridas nas ondas de choque são irreversíveis e que, uma vez que os gradientes de velocidade são muito grandes, uma quantidade considerável de energia é dissipada.

Em razão da pouca espessura da onda de choque prevista, podemos questionar a aplicabilidade da análise apresentada aqui, baseada em equações de balanço para um contínuo. Assim é desejável que se faça a comparação da teoria com experimentos. Na Fig. 11.4-6 medidas experimentais da temperatura para uma onda de choque no hélio são comparadas com a teoria para $\gamma = \frac{5}{3}$, $\text{Pr} = \frac{2}{3}$ e $\mu \approx T^{0,647}$. Podemos observar uma concordância excelente. Outrossim devemos reconhecer que esse é um sistema simples, já que o hélio é um gás monoatômico, e que portanto não participam graus de liberdade internos. A análise correspondente para gases diatômicos ou poliatômicos necessitaria que se considerasse o intercâmbio de energia entre graus de liberdade translacionais e internos, o que requer centenas de colisões, alargando consideravelmente a onda de choque. Uma discussão desse assunto pode ser achada no Cap. 11 da Ref.7.

11.5 ANÁLISE DIMENSIONAL DAS EQUAÇÕES DE BALANÇO PARA SISTEMAS NÃO-ISOTÉRMICOS

Agora que já mostramos como usar as equações de balanço para sistemas não-isotérmicos para resolver alguns problemas de transporte de energia representativos, discutiremos a análise dimensional dessas equações.

Assim como a discussão da análise dimensional da Seção 3.7 forneceu uma introdução para o fator de atrito do Cap. 6, o material desta seção fornece a base necessária para a discussão de correlações para o coeficiente de transferência de calor do Cap. 14. Como no Cap. 3, escrevemos as equações de balanço e condições de contorno sob forma adimensional. Dessa maneira encontramos parâmetros adimensionais que podem ser usados para caracterizar os sistemas de escoamento não-isotérmicos.

Veremos, entretanto, que a análise de sistemas não-isotérmicos nos conduz a um número maior de grupos adimensionais do que tínhamos no Cap. 3. Como conseqüência devemos ter mais atenção em simplificações judiciosas das equações de balanço e na escolha cuidadosa de modelos físicos. Exemplos destes são a equação do movimento de Boussinesq para a convecção natural (Seção 11.3) e as equações da camada-limite laminar (Seção 12.4).

Como na Seção 3.7, em prol da simplicidade nos restringiremos a um fluido com viscosidade constante μ, k e $\hat{C}_p$. A densidade é dada pela expressão linear $\rho = \bar{\rho} - \bar{\rho}\bar{\beta}(T - \bar{T})$ no termo $\rho\mathbf{g}$ na equação de movimento, e $\rho = \bar{\rho}$ em todos os outros lugares (a "aproximação de Boussinesq"). As equações de balanço se tornam com $p + \bar{\rho}gh$ expresso como $\mathcal{P}$,

Continuidade:
$$(\nabla \cdot \mathbf{v}) = 0 \tag{11.5-1}$$

Movimento:
$$\bar{\rho}\frac{D\mathbf{v}}{Dt} = -\nabla\mathcal{P} + \mu\nabla^2\mathbf{v} + \bar{\rho}\mathbf{g}\bar{\beta}(T - \bar{T}) \tag{11.5-2}$$

Energia:

$$\bar{\rho}\hat{C}_p \frac{DT}{Dt} = k\nabla^2 T + \mu\Phi_v \tag{11.5-3}$$

Agora introduzimos quantidades feitas adimensionais com quantidades características (subscrito 0 ou 1) como segue:

$$\breve{x} = \frac{x}{l_0} \qquad \breve{y} = \frac{y}{l_0} \qquad \breve{z} = \frac{z}{l_0} \qquad \breve{t} = \frac{v_0 t}{l_0} \tag{11.5-4}$$

$$\breve{\mathbf{v}} = \frac{\mathbf{v}}{v_0} \qquad \breve{\mathcal{P}} = \frac{\mathcal{P} - \mathcal{P}_0}{\bar{\rho} v_0^2} \qquad \breve{T} = \frac{T - T_0}{T_1 - T_0} \tag{11.5-5}$$

$$\breve{\Phi}_v = \left(\frac{l_0}{v_0}\right)^2 \Phi_v \qquad \breve{\nabla} = l_0 \nabla \qquad \frac{D}{D\breve{t}} = \left(\frac{l_0}{v_0}\right)\frac{D}{Dt} \tag{11.5-6}$$

Aqui l_0, v_0 e $\mathcal{P}_0$ são as quantidades de referência apresentadas na Seção 3.7, e T_0 e T_1 são temperaturas que aparecerão nas condições de contorno. Na Eq. 11.5-2 o valor de $\bar{T}$ é a temperatura em torno da qual a densidade ρ é expandida.

Em termos dessas variáveis adimensionais, as equações de balanço dadas nas Eqs. 11.5-1 a 3 assumem as formas

Continuidade:

$$(\breve{\nabla} \cdot \breve{\mathbf{v}}) = 0 \tag{11.5-7}$$

Movimento:

$$\frac{D\breve{\mathbf{v}}}{D\breve{t}} = -\breve{\nabla}\breve{\mathcal{P}} + \left[\frac{\mu}{l_0 v_0 \bar{\rho}}\right]\breve{\nabla}^2\breve{\mathbf{v}} - \left[\frac{g l_0 \bar{\beta}(T_1 - T_0)}{v_0^2}\right]\left(\frac{\mathbf{g}}{g}\right)(\breve{T} - \breve{\bar{T}}) \tag{11.5-8}$$

Energia:

$$\frac{D\breve{T}}{D\breve{t}} = \left[\frac{k}{l_0 v_0 \bar{\rho}\hat{C}_p}\right]\breve{\nabla}^2\breve{T} + \left[\frac{\mu v_0}{l_0 \bar{\rho}\hat{C}_p (T_1 - T_0)}\right]\breve{\Phi}_v \tag{11.5-9}$$

A velocidade característica pode ser escolhida de diversas formas, e as conseqüências das escolhas estão resumidas na Tabela 11.5-1. Os grupos adimensionais que aparecem nas Eqs. 11.5-8 e 9, junto com algumas combinações desses grupos,

TABELA 11.5-1 Grupos Adimensionais das Eqs. 11.5-7, 8 e 9

Casos especiais →	Convecção forçada	Intermediária	Convecção natural (A)	Convecção natural (B)
Escolha para v_0 →	v_0	v_0	ν/l_0	α/l_0
$\left[\frac{\mu}{l_0 v_0 \bar{\rho}}\right]$	$\frac{1}{\text{Re}}$	$\frac{1}{\text{Re}}$	1	Pr
$\left[\frac{g l_0 \bar{\beta}(T_1 - T_0)}{v_0^2}\right]$	Desprezado	$\frac{\text{Gr}}{\text{Re}^2}$	Gr	GrPr^2
$\left[\frac{k}{l_0 v_0 \bar{\rho}\hat{C}_p}\right]$	$\frac{1}{\text{RePr}}$	$\frac{1}{\text{RePr}}$	$\frac{1}{\text{Pr}}$	1
$\left[\frac{\mu v_0}{l_0 \bar{\rho}\hat{C}_p(T_1 - T_0)}\right]$	$\frac{\text{Br}}{\text{RePr}}$	$\frac{\text{Br}}{\text{RePr}}$	Desprezado	Desprezado

Notas:

[a] Para a convecção forçada e a forçada-mais-natural ("intermediária) v_0 é geralmente tomada como a velocidade de aproximação (para escoamentos em torno de objetos submersos) ou uma velocidade média no sistema (para escoamentos em condutos).

[b] Para a convecção natural existem duas escolhas comuns para v_0, rotuladas como *A* e *B*. Na Seção 10.9, o Caso *A* aparece naturalmente. O Caso *B* demonstra-se conveniente se a suposição de escoamento lento é apropriado, de tal forma que $D\breve{\mathbf{v}}/D\breve{t}$ pode ser desprezado (veja o Exemplo 11.5-2). Então uma nova diferença de pressão adimensional $\breve{\mathcal{P}} = \text{Pr}\breve{\mathcal{P}}$, diferente de $\breve{\mathcal{P}}$ da Eq. 3.7-4, pode ser introduzida, de modo que quando se divide a equação do movimento por Pr, o único grupo adimensional que permanece na equação é GrPr. Note que no Caso *B* nenhum grupo adimensional aparece na equação da energia.

estão resumidos na Tabela 11.5-2. Adiante, outros grupos adimensionais podem aparecer nas condições de contorno ou na equação de estado. Os números de Froude e Weber já foram introduzidos na Seção 3.7, e o número de Mach no Exemplo 11.4-7.

Já vimos no Cap. 10 como diversos grupos adimensionais aparecem na solução de problemas não-isotérmicos. Aqui vimos que esses mesmos grupos aparecem naturalmente quando as equações de balanço são adimensionalizadas. Esses grupos adimensionais são muito usados nas correlações para os coeficientes de transferência de calor.

Algumas vezes é útil pensar nos grupos adimensionais como relações entre duas forças ou efeitos presentes no sistema, como mostrado na Tabela 11.5-3. Por exemplo, o termo inercial na equação do movimento é $\rho[\mathbf{v} \cdot \nabla\mathbf{v}]$ e o termo viscoso é $\mu\nabla^2\mathbf{v}$. Para obter valores "típicos" desses termos troque as variáveis pelas quantidades características empregadas na construção das variáveis adimensionais. Assim troque $\rho[\mathbf{v} \cdot \nabla\mathbf{v}]$ por $\rho v_0^2/l_0$, e troque $\mu\nabla^2\mathbf{v}$ por $\mu v_0/l_0^2$ para ter a ordem de grandeza desses termos. A relação entre os dois termos dá o número de Reynolds, como mostra a tabela. Os outros grupos adimensionais são obtidos de forma análoga.

TABELA 11.5-2 Grupos Adimensionais Usados em Sistemas Não-isotérmicos

$\text{Re} = [\![l_0 v_0 \rho/\mu]\!] = [\![l_0 v_0/\nu]\!]$	= *número de Reynolds*
$\text{Pr} = [\![\hat{C}_p \mu/k]\!] = [\![\nu/\alpha]\!]$	= *número de Prandtl*
$\text{Gr} = [\![g\beta(T_1 - T_0) l_0^3/\nu^2]\!]$	= *número de Grashof*
$\text{Br} = [\![\mu v_0^2/k(T_1 - T_0)]\!]$	= *número de Brinkman*
$\text{Pé} = \text{RePr}$	= *número de Péclet*
$\text{Ra} = \text{GrPr}$	= *número de Rayleigh*
$\text{Ec} = \text{Br}/\text{Pr}$	= *número de Eckert*

TABELA 11.5-3 Interpretação Física dos Grupos Adimensionais

$$\text{Re} = \frac{\rho v_0^2/l_0}{\mu v_0/l_0^2} = \frac{\text{força inercial}}{\text{força viscosa}}$$

$$\text{Fr} = \frac{\rho v_0^2/l_0}{\rho g} = \frac{\text{força inercial}}{\text{força da gravidade}}$$

$$\frac{\text{Gr}}{\text{Re}^2} = \frac{\rho g \beta (T_1 - T_0)}{\rho v_0^2/l_0} = \frac{\text{força de empuxo}}{\text{força inercial}}$$

$$\text{Pé} = \text{RePr} = \frac{\rho \hat{C}_p v_0 (T_1 - T_0)/l_0}{k(T_1 - T_0)/l_0^2} = \frac{\text{transporte de calor por convecção}}{\text{transporte de calor por condução}}$$

$$\text{Br} = \frac{\mu (v_0/l_0)^2}{k(T_1 - T_0)/l_0^2} = \frac{\text{produção de calor por dissipação viscosa}}{\text{transporte de calor por condução}}$$

Um valor baixo para o número de Reynolds significa que as forças viscosas são grandes em comparação com as forças inerciais. Um baixo valor para o número de Brinkman indica que o calor gerado pela dissipação viscosa pode ser rapidamente transportado pela condução de calor. Quando Gr/Re^2 é alto, a força de empuxo é importante para a determinação do padrão do escoamento.

Como a análise dimensional é uma arte que requer ponderação e experiência, damos a seguir três exemplos ilustrativos. Nos dois primeiros analisamos as convecções natural e forçada em geometrias simples. No terceiro discutimos problemas de mudança de escala em um equipamento relativamente complexo.

EXEMPLO 11.5-1

Distribuição de Temperatura em Torno de um Cilindro Longo

Deseja-se prever a distribuição de temperaturas em um gás escoando em torno de um longo cilindro refrigerado internamente (sistema I) por determinações experimentais em um modelo em escala de um quarto (sistema II). Se possível o mesmo fluido deve ser usado no modelo como no sistema de escala completa. O sistema, mostrado na Fig. 11.5-1, é o mesmo daquele do Exemplo 3.7-1, exceto que agora ele é não-isotérmico. O fluido que se aproxima do cilindro tem velocidade v_∞ e temperatura T_∞, e o cilindro é mantido a T_0, por exemplo, pela ebulição de um refrigerante em seu interior.

Mostre por intermédio da análise dimensional como condições experimentais apropriadas podem ser escolhidas para o estudo no modelo. Faça a análise dimensional para o "caso intermediário" da Tabela 11.5-1.

SOLUÇÃO

Os dois sistemas, I e II, são geometricamente similares. Para garantir a similaridade dinâmica, como visto na Seção 3.7, as equações diferenciais adimensionais e as condições de contorno devem ser iguais, e os grupos adimensionais que aparecem nas duas devem ter os mesmos valores numéricos.

Aqui, escolhemos o diâmetro D do cilindro como a dimensão característica, a velocidade de aproximação v_∞ como a velocidade característica e como pressão característica a pressão em $x = -\infty$ e $y = 0$, e como temperaturas características a temperatura de aproximação do fluido T_∞ e a temperatura da parede do cilindro T_0. Essas grandezas características serão indexadas por I ou II em correspondência ao sistema que está sendo descrito.

Os dois sistemas são descritos pelas equações diferenciais adimensionais apresentadas nas Eqs. 11.5-7 a 9, e pelas condições de contorno

C.C. 1 quando $\breve{x}^2 + \breve{y}^2 \to \infty, \quad \breve{\mathbf{v}} \to \boldsymbol{\delta}_x, \quad \breve{T} \to 1$ (11.5-10)

C.C. 2 em $\breve{x}^2 + \breve{y}^2 = \frac{1}{4}, \quad \breve{\mathbf{v}} = 0, \quad \breve{T} = 0$ (11.5-11)

C.C. 3 em $\breve{x} \to -\infty$ e $\breve{y} = 0, \quad \breve{\mathscr{P}} \to 0$ (11.5-12)

em que $\breve{T} = (T - T_0)/(T_\infty - T_0)$. Para essa geometria simples, as condições de contorno não contêm grupos adimensionais. Portanto, o requisito de que as equações diferenciais e condições de contorno na forma adimensional sejam idênticas é que os seguintes grupos adimensionais sejam os mesmos nos dois sistemas: $\text{Re} = Dv_\infty\rho/\mu$, $\text{Pr} = \hat{C}_p\mu/k$, $\text{Br} = \mu v_\infty^2/k(T_\infty - T_0)$, e $\text{Gr} = \rho^2 g\beta(T_\infty - T_0)D^3/\mu^2$. No último destes grupos usamos a expressão do gás ideal $\beta = 1/T$.

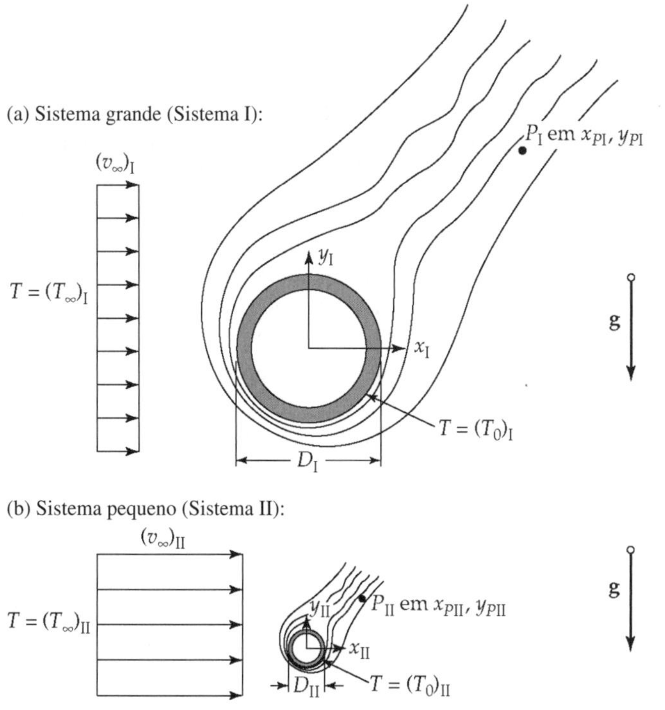

Fig. 11.5-1 Perfis de temperatura em torno de um longo cilindro aquecido. As linhas de contorno nas duas figuras representam superfícies de temperatura constante.

Para obter a igualdade necessária para os quatro grupos adimensionais podemos usar valores diferentes para os quatro parâmetros disponíveis nos dois sistemas: a velocidade de aproximação v_∞, a temperatura do fluido T_∞, a pressão de aproximação $\mathcal{P}_\infty$, e a temperatura do cilindro T_0.

As condições necessárias para a similaridade, quando $D_{\text{I}} = 4D_{\text{II}}$, são

Igualdade de Pr
$$\frac{\nu_{\text{I}}}{\nu_{\text{II}}} = \frac{\alpha_{\text{I}}}{\alpha_{\text{II}}} \tag{11.5-13}$$

Igualdade de Re
$$\frac{\nu_{\text{I}}}{\nu_{\text{II}}} = 4\frac{v_{\infty\text{I}}}{v_{\infty\text{II}}} \tag{11.5-14}$$

Igualdade de Gr
$$\left(\frac{\nu_{\text{I}}}{\nu_{\text{II}}}\right)^2 = 64\frac{T_{\infty\text{II}}}{T_{\infty\text{I}}}\frac{(T_\infty - T_0)_{\text{I}}}{(T_\infty - T_0)_{\text{II}}} \tag{11.5-15}$$

Igualdade de Br
$$\left(\frac{\text{Pr}_{\text{I}}}{\text{Pr}_{\text{II}}}\right)\left(\frac{v_{\infty\text{I}}}{v_{\infty\text{II}}}\right)^2 = \frac{\hat{C}_{p\text{I}}}{\hat{C}_{p\text{II}}}\frac{(T_\infty - T_0)_{\text{I}}}{(T_\infty - T_0)_{\text{II}}} \tag{11.5-16}$$

Aqui $\nu = \mu/\rho$ é a viscosidade cinemática e $\alpha = k/\rho\hat{C}_p$, a difusividade térmica.

A forma mais simples para satisfazer a Eq. 11.5-13 é usar o mesmo fluido à mesma pressão de aproximação $\mathcal{P}_\infty$ e temperatura T_∞ nos dois sistemas. Se isso for feito, a Eq. 11.5-14 requer que a velocidade de aproximação no modelo pequeno (II) seja quatro vezes a empregada no sistema grande (I). Se a velocidade do fluido for moderadamente grande e a diferença de temperatura pequena, a igualdade de Pr e Re nos dois sistemas provê uma aproximação adequada à similaridade dinâmica. Esse é o caso-limite da convecção forçada com dissipação viscosa desprezível.

Se, entretanto, a diferença de temperatura $T_\infty - T_0$ for grande, os efeitos da convecção natural podem ser apreciáveis. Nessas condições, de acordo com a Eq. 11.5-15, a diferença de temperatura no modelo deve ser 64 vezes a do sistema grande para garantir a similaridade.

A partir da Eq. 11.5-16 é possível verificar que tal relação de diferença de temperaturas não permite a igualdade do número de Brinkman. Para este uma relação de 16 seria necessária. Esse conflito normalmente não se apresenta, pois convecção natural e efeitos do aquecimento viscoso muito raramente são concomitantes. Os efeitos da convecção natural aparecem a baixas velocidades, enquanto o aquecimento viscoso ocorre em intensidade significativa apenas quando o gradiente da velocidade é grande.

EXEMPLO 11.5-2

Convecção Natural em uma Camada Horizontal de Fluido; Formação de Células de Bénard

Queremos investigar o movimento da convecção natural no sistema representado na Fig. 15.5-2. Ele consiste em uma fina camada de fluido entre duas placas horizontais paralelas, a inferior à temperatura T_0 e a superior a T_1 com $T_1 < T_0$. Na ausência de movimento do fluido, o fluxo térmico condutivo será o mesmo qualquer que seja z, e um gradiente de temperatura praticamente uniforme se estabelece no regime permanente. Esse gradiente causa um gradiente de densidade. Se a densidade decresce com z crescente, o sistema será estável, mas se ela cresce ocorre uma situação potencialmente instável. Parece possível que qualquer perturbação que venha a causar o fluido mais denso mova-se para baixo deslocando o fluido menos denso. Se as temperaturas das duas superfícies são mantidas constantes, o resultado pode ser um movimento permanente de convecção natural. As forças viscosas tendem a oporem-se ao movimento, que existirá apenas se a diferença de temperatura superar um valor crítico mínimo.

Determine por meio da análise dimensional a dependência funcional desse movimento de fluido e as condições sob as quais ele acontecerá.

SOLUÇÃO

O sistema é descrito pelas Eqs. 11.5-1 a 3 com as seguintes condições de contorno:

C.C. 1: em $z = 0$, $\mathbf{v} = 0$ $\quad T = T_0$ (11.5-17)

C.C. 2: em $z = h$, $\mathbf{v} = 0$ $\quad T = T_1$ (11.5-18)

C.C. 3: em $r = R$, $\mathbf{v} = 0$ $\quad \partial T/\partial r = 0$ (11.5-19)

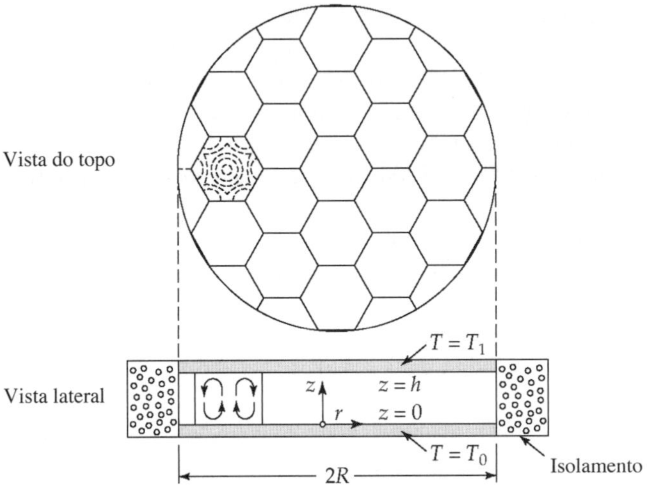

Fig. 11.5-2 Células de Bénard formadas na região entre duas placas paralelas horizontais, com a placa inferior a uma temperatura mais elevada que a superior. Se o número de Rayleigh exceder um certo valor crítico, o sistema torna-se instável e células hexagonais de Bénard são produzidas.

Agora reapresentamos o problema sob a forma adimensional, usando $l_0 = h$. Usamos as variáveis adimensionais listadas sob o Caso B na Tabela 11.5-1, e selecionamos a temperatura de referência $\overline{T} = \frac{1}{2}(T_0 + T_1)$, e portanto

Continuidade: $$(\breve{\nabla} \cdot \breve{\mathbf{v}}) = 0 \tag{11.5-20}$$

Movimento: $$\frac{D\breve{\mathbf{v}}}{D\breve{t}} = -\breve{\nabla}\breve{\mathcal{P}} + \text{Pr}\breve{\nabla}^2\breve{\mathbf{v}} - \text{GrPr}^2\left(\frac{\mathbf{g}}{g}\right)(\breve{T} - \tfrac{1}{2}) \tag{11.5-21}$$

Energia: $$\frac{D\breve{T}}{D\breve{t}} = \breve{\nabla}^2\breve{T} \tag{11.5-22}$$

com as condições de contorno adimensionais

C.C. 1: em $\breve{z} = 0$, $\breve{\mathbf{v}} = 0$ $\breve{T} = 0$ (11.5-23)

C.C. 2: em $\breve{z} = 1$, $\breve{\mathbf{v}} = 0$ $\breve{T} = 1$ (11.5-24)

C.C. 3: em $\breve{r} = R/h$, $\breve{\mathbf{v}} = 0$ $\partial\breve{T}/\partial\breve{r} = 0$ (11.5-25)

Se as equações adimensionais anteriores pudessem ser resolvidas satisfazendo as condições de contorno adimensionais, seria verificado que os perfis de velocidade e temperatura dependeriam apenas de Gr, Pr e R/h. Além disso, quanto maior a relação R/h, menos proeminentes seriam seus efeitos, e no limite para placas horizontais extremamente grandes, o comportamento do sistema dependerá apenas de Gr e Pr.

Se considerarmos apenas escoamentos permanentes e lentos, então o termo $D\breve{\mathbf{v}}/D\breve{t}$ pode ser igualado a zero. A seguir definimos uma nova diferença de pressão adimensional $\bar{\mathcal{P}} = \text{Pr}\breve{\mathcal{P}}$. Com o lado esquerdo da Eq. 11.5-21 igual a zero podemos agora dividir por Pr e a equação resultante contém apenas um grupo adimensional, isto é o número de Rayleigh[1] $\text{Ra} = \text{GrPr} = \rho^2 g\beta(T_1 - T_0)l_0^3\hat{C}_p/\mu k$, cujos valores irão determinar o comportamento do sistema. Isso ilustra como é possível reduzir o número de grupos adimensionais necessários para descrever um sistema com escoamento não-isotérmico.

A análise precedente sugere que pode existir um valor crítico do número de Rayleigh, tal que quando esse valor é superado ocorre movimento do fluido. Essa sugestão foi amplamente confirmada experimentalmente[2,3] e o valor crítico do número de Rayleigh foi determinado em 1.700 ± 51 para $R/h >> 1$. Para números de Rayleigh menores que o valor crítico, o fluido é estacionário, como evidenciado pela medida do fluxo térmico, que através da película de fluido é igual ao previsto pela condução em fluido estático: $q_z = k(T_0 - T_1)/h$. Logo que o número crítico de Rayleigh é excedido o fluxo térmico cresce rapidamente, devido ao transporte convectivo de energia. O aumento da condutividade térmica reduz o número de Rayleigh, levando portanto Ra em direção à faixa estável.

[1] O número de Rayleigh é uma homenagem a Lord Rayleigh (J.W. Strutt), *Phil.Mag.*, **32**(6),529-546(1916).

[2] P.L.Silverston, *Forsch.Ingenieur-Wesen*, **24**,29-32,59-69(1958).

[3] S.Chandrasekhar, *Hydrodynamic and Hydromagnetic Instability*, Oxford University Press (1961); T.E. Faber, *Fluid Dynamics for Physicists*, Cambridge University Press (1995)§8.7.

A suposição de escoamento lento é razoável para esse sistema, e é assintoticamente correta quando $\Pr \to \infty$. É também muito conveniente, uma vez que permite a obtenção de soluções analíticas das equações de balanço relevantes.[4] Uma solução desse tipo, que concorda bem com as observações, está esboçada na Fig. 11.5-2. O escoamento apresenta células hexagonais com movimento para cima no centro, e para baixo na periferia. As unidades dessa estrutura fascinante são chamadas de *células de Bénard.*[5] A solução analítica também confirma a existência de um número de Rayleigh. Para as condições de contorno desse problema e para R/h muito grandes o valor calculado,[4] foi de 1708, em excelente concordância com os resultados experimentais mencionados anteriormente.

Um comportamento semelhante é observado para outras condições de contorno. Se a placa superior da Fig. 11.5-2 é trocada por uma interface líquido-gás, de forma que a tensão de cisalhamento no líquido é desprezível, o aparecimento da convecção celular é previsto teoricamente para números de Rayleigh acima de 1101. Um exemplo espetacular desse tipo de instabilidade ocorre na água de fontes de lagos do norte. Se a água dos lagos é resfriada quase até o congelamento durante o inverno, um gradiente adverso de densidade pode aparecer quando a água se aquece até aproximadamente 4°C, a temperatura de densidade máxima da água.

Em camadas de líquido com superfície livre, instabilidades podem também acontecer por gradientes de tensão superficial. As tensões superficiais produzem convecção celular superficialmente similares às resultantes de gradientes de temperatura, e os dois efeitos podem ser confundidos. De fato o escoamento permanente observado inicialmente por Bénard e creditado a efeitos de empuxo parece ter sido devido a gradientes de tensão superficial.[6]

EXEMPLO 11.5-3

Temperatura de Superfície de uma Serpentina Elétrica de Aquecimento

Uma serpentina de aquecimento elétrico de diâmetro D está sendo projetada para manter um grande tanque de líquido acima de seu ponto de fusão. Deseja-se prever a temperatura alcançada pela superfície da serpentina em função da taxa de aquecimento Q e a temperatura da superfície do tanque T_0. Essa previsão deve ser baseada em experiências em um tanque menor, geometricamente semelhante cheio com o mesmo líquido.

Esboce um procedimento experimental que permita a predição desejada. A dependência na temperatura das propriedades físicas, que não a densidade, pode ser desprezada. É possível supor que toda a superfície da serpentina esteja à temperatura uniforme T_1.

SOLUÇÃO

Esse é um problema de convecção natural, e usamos os grupos adimensionais da coluna A da Tabela 11.5-1. As equações de balanço e condições de contorno permitem concluir que a temperatura adimensional $\breve{T} = (T - T_0)/(T_1 - T_0)$ deve ser função das coordenadas adimensionais e depender dos grupos Pr e Gr.

A taxa de transmissão de energia através da superfície da serpentina é

$$Q = -k \int_S \left.\frac{\partial T}{\partial r}\right|_S dS \tag{11.5-26}$$

Aqui r é a coordenada medida em direção ao exterior e normal à superfície da serpentina, e o gradiente de temperatura é o do fluido imediatamente adjacente à superfície da serpentina. A forma adimensional desta relação é

$$\frac{Q}{k(T_1 - T_0)D} = -\int_{\breve{S}} \left.\frac{\partial \breve{T}}{\partial \breve{r}}\right|_{\breve{S}} d\breve{S} = \psi(\Pr, \mathrm{Gr}) \tag{11.5-27}$$

em que ψ é uma função de $\Pr = \hat{C}_p\mu/k$ e $\mathrm{Gr} = \rho^2 g\beta(T_1 - T_0)D^3/\mu^2$. Uma vez que os dois sistemas, grande e pequeno, são geometricamente similares, a função adimensional $\breve{S}$ que descreve a superfície de integração será a mesma para os dois sistemas e portanto não precisa ser incluída na função ψ. Analogamente, se escrevêssemos as condições de contorno para a temperatura, velocidade e pressão nas superfícies da serpentina e do tanque, obteríamos relações de tamanho que seriam idênticas nos dois sistemas.

[4] A. Pellew e R.V.Southwell, *Proc.Roy.Soc.*, **A176**, 312-343(1940).

[5] H.Bénard, *Revue génerale des sciences pures et appliquées*, **11**, 1261-1271, 1309-1328(1900); *Annales de Chimie et de Physique*, **23**, 62-144(1901).

[6] C.V.Sternling e L.E.Scriven, *AIChE Journal*, **5**, 514-523(1959); L.E.Scriven e C.V.Sternling, *J.Fluid Mech.*, **19**, 321-340(1964).

Agora notamos que a quantidade desejada $(T_1 - T_0)$ aparece nos dois lados da Eq. 11.5-27. Se multiplicarmos os dois lados pelo número de Grashof, então $(T_1 - T_0)$ aparecerá apenas no lado direito:

$$\frac{Q\rho^2 g\beta D^2}{k\mu^2} = \text{Gr} \cdot \psi(\text{Pr}, \text{Gr}) \tag{11.5-28}$$

Em princípio podemos resolver a Eq. 11.5-28 para Gr e obter uma expressão para $(T_1 - T_0)$. Como estamos desconsiderando a dependência das propriedades físicas na temperatura, podemos considerar o número de Prandtl como constante e escrever

$$T_1 - T_0 = \frac{\mu^2}{\rho^2 g\beta D^3} \cdot \phi\left(\frac{Q\rho^2 g\beta D^2}{k\mu^2}\right) \tag{11.5-29}$$

Nesta ϕ é uma função experimentalmente determinável do grupo $Q\rho^2 g\beta D^2/k\mu^2$. Podemos então construir um gráfico da Eq. 11.5-29 de medidas experimentais de T_1, T_0 e D para o modelo em escala menor e as propriedades conhecidas do fluido. Esse gráfico pode ser usado para a previsão do comportamento do sistema em larga escala.

Como desprezamos a dependência na temperatura das propriedades do fluido podemos ir mais adiante. Se mantivermos a relação dos valores de Q nos dois sistemas iguais ao inverso do quadrado da relação de diâmetros, então a relação entre os valores de $(T_1 - T_0)$ será igual ao inverso do cubo da relação dos diâmetros.

QUESTÕES PARA DISCUSSÃO

1. Defina energia, energia potencial, energia cinética e energia interna. Que unidades são usadas, em comum, para elas?
2. Como se associa o significado físico aos termos individuais nas Eqs. 11.1-7 e 11.2-1?
3. Na obtenção da Eq. 11.2-7 usamos a relação $\tilde{C}_p - \tilde{C}_V = R$, que é válida para gases ideais. Qual é a equação equivalente para gases não-ideais e para líquidos?
4. Faça um resumo de todos os passos necessários para a obtenção da equação de balanço para a temperatura.
5. Compare e contraste a convecção forçada e a natural, com relação aos métodos de solução de problemas, análise dimensional e ocorrência em problemas industriais e meteorológicos.
6. Se o cone do nariz de um foguete fosse feito de material poroso e um líquido volátil fosse forçado lentamente através de seus poros durante a entrada na atmosfera, como a temperatura da superfície seria afetada, e por quê?
7. Qual o princípio de Arquimedes e como se relaciona ao termo $\bar{\rho}\mathbf{g}\beta(T - \bar{T})$ da Eq. 11.3-2?
8. Você esperaria o aparecimento de células de Bénard no aquecimento de uma panela rasa de água em um fogão?
9. Quando, se alguma vez, é possível resolver completa e exatamente a equação da energia sem o conhecimento detalhado do perfil da velocidade do sistema?
10. Quando, se alguma vez, pode a equação do movimento ser completamente resolvida para um sistema não-isotérmico sem o conhecimento detalhado do perfil da temperatura do sistema?

PROBLEMAS

11.A1 Temperatura em um mancal. Calcule a temperatura máxima no mancal do Problema 3A.1, supondo que a condutividade térmica do lubrificante seja $4{,}0 \times 10^{-4}$ cal/s·cm·C, a temperatura do metal 200°C e a velocidade de rotação 4.000 rpm.

11A.2 Variação da viscosidade e gradientes da velocidade em um filme não-isotérmico. Água escoa e cai em contato com uma parede vertical em filme de 0,1 mm de espessura. A temperatura da água é 100°C na superfície livre e 80°C na superfície da parede.

(a) Mostre que o desvio relativo máximo entre as viscosidades previstas pelas Eqs. 11.4-17 e 18 ocorre quando $T = \sqrt{T_0 T_\delta}$.

(b) Calcule o desvio relativo máximo para as condições dadas.

Resposta: **(b)** 0,5%

11A.3 Resfriamento por transpiração.
(a) Calcule a distribuição de temperaturas entre as duas cascas do Exemplo 11.4-4 para taxas do fluxo de massa de zero e de 10^{-5} g/s nas seguintes condições:

$$R = 500 \text{ mícrons} \qquad T_R = 300°C$$
$$\kappa R = 100 \text{ mícrons} \qquad T_\kappa = 100°C$$
$$k = 6{,}13 \times 10^{-5} \text{ cal/cm·s·C}$$
$$\hat{C}_p = 0{,}25 \text{ cal/g·C}$$

(b) Compare as taxas de condução de calor para a superfície em κR na presença e na ausência de convecção.

11A.4 Perda de calor por convecção natural em superfície vertical. Um pequeno painel de aquecimento consiste essencialmente em uma superfície plana, retangular, vertical de 30 cm de altura e 50 cm de largura. Estime a taxa total de perda de calor de um lado desse painel por convecção natural, se o painel está a 150°F, e o ar em volta está a 70°C e 1 atm. Use o valor $C = 0{,}548$ de Lorenz na Eq. 11.4-51 e o valor de C recomendado por Whitaker, e compare os resultados dos dois cálculos.
Resposta: 8,1 cal/s pela expressão de Lorenz

11A.5 Velocidade, temperatura e pressão em onda de choque. Ar a 1 atm e 70°F escoa com número de Mach 2, a montante através de onda de choque estacionária. Calcule as seguintes expressões, supondo que γ é constante igual a 1,4 e que $\hat{C}_p = 0{,}24$ Btu/lb$_m$·F:
(a) A velocidade inicial do ar.
(b) A velocidade, a temperatura e a pressão a jusante da onda de choque.
(c) A variação das energias interna e cinética através da onda de choque.
Resposta: **(a)** 2.250 ft/s
(b) 844 ft/s; 888 R; 4,48 atm
(c) $\Delta \hat{U} = +61{,}4$ Btu/lb$_m$; $\Delta \hat{K} = -86{,}9$ Btu/lb$_m$

11A.6 Compressão adiabática, sem atrito de um gás ideal. Calcule a temperatura atingida pelo ar comprimido, inicialmente a 100°F e 1 atm, a 0,1 de seu volume inicial. Supor que $\gamma = 1{,}40$ e que a compressão é sem atrito e adiabática. Discuta o resultado em relação à operação de um motor de combustão interna.
Resposta: 950°F

11A.7 Efeito da convecção natural no valor isolante de um espaço de ar horizontal. Duas grandes placas metálicas paralelas e horizontais estão separadas por 2,5 cm de ar a uma temperatura média de 100°C. Quão mais quente que a placa superior pode a placa inferior ficar sem que cause o aparecimento de convecção natural celular discutida no Exemplo 11.5-2? Quanto mais essa temperatura pode ser aumentada se uma placa metálica muito fina for inserida no plano médio entre as duas placas?
Resposta: Aproximadamente 3 e 48°C, respectivamente.

11B.1 Processo adiabático sem atrito em gás ideal.
(a) Note que um gás que obedece a lei dos gases ideais pode desviar-se apreciavelmente de $\tilde{C}_p$ = constante. Portanto refaça o Exemplo 11.4-6 usando uma expressão para o calor específico molar da forma

$$\tilde{C}_p = a + bT + cT^2 \tag{11B.1-1}$$

(b) Determine a pressão final, p_2, necessária se metano (CH_4) é aquecido de 300K e 1 atm até 800K por compressão adiabática sem atrito. As constantes empíricas recomendadas[1] para o metano são: $a = 2{,}322$ cal/g-mol·K, $b = 38{,}04 \times 10^{-3}$ cal/g-mol·K^2 e $c = -10{,}97 \times 10^{-6}$ cal/g-mol·K^3.
Resposta: **(a)** $pT^{-a/R}\exp[-(b/R)T-(c/2R)T^2]$ = constante
(b) 270 atm

[1] O.A.Hougen, K.M.Watson e R.A.Ragatz, *Chemical Process Principles*, Part I, 2nd edition, Wiley, New York(1958),p. 255. Veja também Parte II, pp.646-653, para uma discussão de cálculos de processos isentrópicos.

11B.2 Aquecimento viscoso em escoamento laminar em tubo (soluções assintóticas).
(a) Mostre que para o escoamento laminar newtoniano plenamente desenvolvido em tubo circular de raio R, a equação da energia fica

$$\rho \hat{C}_p v_{z,\text{máx}}\left[1-\left(\frac{r}{R}\right)^2\right]\frac{\partial T}{\partial z}=k\frac{1}{r}\frac{\partial}{\partial r}\left(r\frac{\partial T}{\partial r}\right)+\frac{4\mu v_{z,\text{máx}}^2}{R^2}\left(\frac{r}{R}\right)^2 \tag{11B.2-1}$$

se os termos da dissipação viscosa não são desprezados. Aqui $v_{z,\text{máx}}$ é a velocidade máxima no tubo. Que restrições devem ser impostas em qualquer solução da Eq. 11B.2-1?
(b) Para o problema da *parede isotérmica* ($T = T_0$ em $r = R$ para $z > 0$, e em $z = 0$ para todo r), determine a solução assintótica para $T(r)$ e z grande, reconhecendo que $\partial T/\partial z$ será zero quando z é grande. Resolva a Eq. 11B.2-1 para obter

$$T - T_0 = \frac{\mu v_{z,\text{máx}}^2}{4k}\left[1-\left(\frac{r}{R}\right)^4\right] \tag{11B.2-2}$$

(c) Para o problema da *parede adiabática* ($q_r = 0$ em $r = R$ para todo z) uma expressão assintótica para z grande pode ser encontrada como segue: omita o termo de condução de calor na Eq. 11B.2-1, e faça a média dos outros termos na seção transversal do tubo multiplicando por rdr e integrando de $r = 0$ até $r = R$. Então integre a equação resultante em z para obter

$$\langle T\rangle - T_1 = (4\mu v_{z,\text{máx}}/\rho\hat{C}_pR^2)z \tag{11B.2-3}$$

em que T_1 é a temperatura na entrada em $z = 0$. Agora suponha que o perfil assintótico da temperatura para z grande tem a forma

$$T - T_1 = (4\mu v_{z,\text{máx}}/\rho\hat{C}_pR^2)z + f(r) \tag{11B.2-4}$$

Substitua este na Eq. 11B.2-1 e integre a equação resultante para $f(r)$ para obter

$$T - T_1 = \frac{4\mu v_{z,\text{máx}}}{\rho\hat{C}_pR^2}z + \frac{\mu v_{z,\text{máx}}^2}{k}\left[\left(\frac{r}{R}\right)^2-\frac{1}{2}\left(\frac{r}{R}\right)^4\right] \tag{11B.2-5}$$

Não se esqueça de que as soluções dadas nas Eqs. 11B.2-2 e 5 são válidas apenas para z grande. A solução completa para z pequeno é discutida no problema 11D.2.

11B.3 Distribuição de velocidades em um filme não-isotérmico. Mostre que a Eq. 11.4-20 satisfaz os seguintes requisitos:
(a) Em $x = \delta$, $v_z = 0$.
(b) Em $x = 0$, $\partial v_z/\partial x = 0$.
(c) $\lim_{\mu_\delta \to \mu_0} v_z(x) = (\rho g\delta^2 \cos\beta/2\mu_0)[1-(x/\delta)^2]$

11B.4 Condução de calor em casca esférica (Fig. 11B.4). Uma casca esférica tem raios interno e externo R_1 e R_2. Um orifício é feito na casca no pólo norte cortando-se o segmento cônico na região $0 \leq \theta \leq \theta_1$. Um orifício similar é feito no pólo sul por remoção da porção $(\pi - \theta_1) \leq \theta \leq \pi$. A superfície $\theta = \theta_1$ é mantida à temperatura $T = T_1$, e

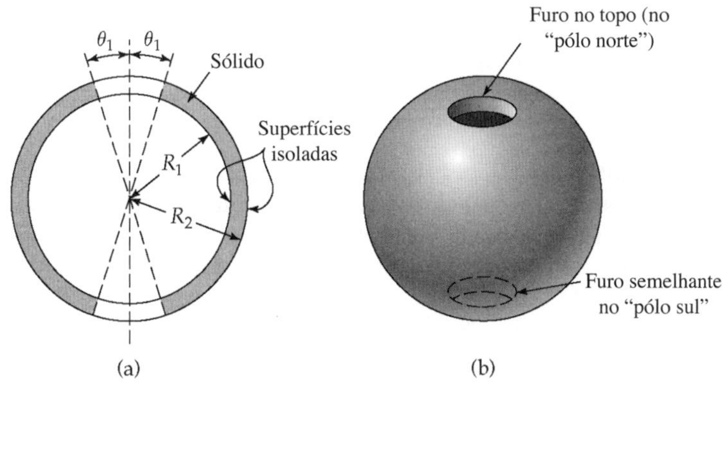

Fig. 11B.4. Condução de calor em uma casca esférica: (*a*) seção transversal contendo o eixo z; (*b*) vista superior da esfera.

a superfície $\theta = \pi - \theta_1$ é mantida à temperatura $T = T_2$. Determine a distribuição de temperaturas no regime permanente, usando a equação da condução de calor.

11B.5 Condução axial de calor em um fio[2] (Fig. 11B.5). Um fio de densidade constante ρ move-se para baixo com velocidade uniforme v para um banho metálico à temperatura T_0. Deseja-se determinar o perfil de temperatura no fio $T(z)$. Suponha que $T = T_\infty$ em $z = \infty$, e que a resistência à condução radial é desprezível. Suponha também que a temperatura do fio seja $T = T_0$ em $z = 0$.

(a) Primeiramente resolva o problema para propriedades físicas constantes $\hat{C}_p$ e k. Obtenha

$$\Theta = \frac{T - T_\infty}{T_0 - T_\infty} = \exp\left(-\frac{\rho \hat{C}_p v z}{k}\right) \qquad (11B.5\text{-}1)$$

(b) A seguir resolva o problema quando $\hat{C}_p$ e k são funções conhecidas da temperatura adimensional Θ: $k = k_\infty K(\Theta)$ e $\hat{C}_p = \hat{C}_{p\infty} L(\Theta)$. Obtenha o perfil de temperatura

$$-\left(\frac{\rho \hat{C}_{p\infty} v z}{k_\infty}\right) = \int_1^\Theta \frac{K(\overline{\Theta})d\overline{\Theta}}{\int_0^{\overline{\Theta}} L(\overline{\overline{\Theta}})d\overline{\overline{\Theta}}} \qquad (11B.5\text{-}2)$$

(c) Verifique que a solução em (b) satisfaz a equação diferencial da qual se deriva.

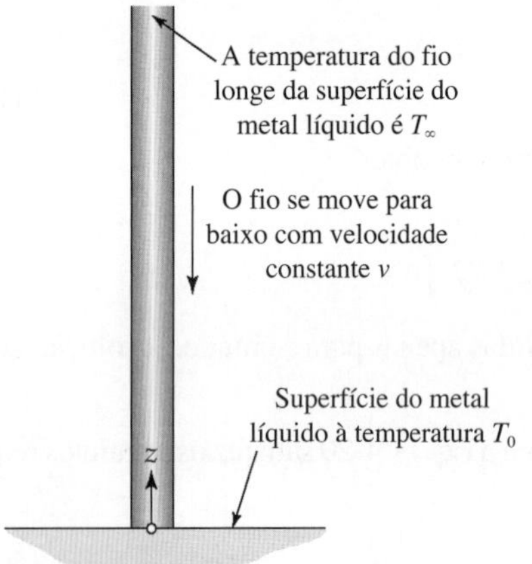

Fig. 11B.5. Fio movendo-se para um banho de metal líquido.

11B.6 Resfriamento por transpiração em sistema plano. Duas grandes placas horizontais, planas e porosas estão separadas pela distância relativamente pequena L. O plano superior em $y = L$ está à temperatura T_L, e o inferior em $y = 0$ é mantido à temperatura T_0. Para reduzir a quantidade de calor que deve ser removida da placa inferior, um gás ideal à temperatura T_0 é soprado para cima através das duas placas a uma vazão fixa. Deduza uma expressão para a distribuição de temperaturas e para a quantidade de calor que deve ser removida da placa fria por unidade de área com uma função das propriedades do fluido e vazão de gás. Use a abreviação $\phi = \rho \hat{C}_p v_y L/k$.

Resposta: $\dfrac{T - T_L}{T_0 - T_L} = \dfrac{e^{\phi y/L} - e^\phi}{1 - e^\phi}$; $q_0 = \dfrac{k(T_L - T_0)}{L}\left(\dfrac{\phi}{e^\phi - 1}\right)$

11B.7 Redução de perdas com evaporação por transpiração (Fig. 11B.7). Propõe-se reduzir a taxa de evaporação do oxigênio liquefeito em recipientes pequenos tirando vantagem da transpiração. Para tanto o líquido é armazenado em um recipiente esférico envolto por uma casca esférica de material isolante poroso, como mostra a figura. Um fino espaço deve ser deixado entre o recipiente e o isolante, e a abertura no isolante deve ser arrolhada. Em

[2] Sugerido pelo Prof. G.L. Borman, Mechanical Engineering Department, University of Wisconsin.

funcionamento, o oxigênio que se evapora deixa o recipiente, passa pelo espaço de gás e então escoa uniformemente através do isolante poroso.

Calcule a taxa de ganho de calor e a perda por evaporação de um tanque de 1 ft de diâmetro recoberto por uma casca isolante de 6 in de espessura, sob as seguintes condições com e sem transpiração.

Temperatura do oxigênio líquido	−297°F
Temperatura da superfície externa do isolante	30°F
Condutividade térmica efetiva do isolante	0,02 Btu/h·ft·F
Calor de evaporação do oxigênio	91,7 Btu/lb
$\hat{C}_p$ médio do O_2 escoando através do isolante	0,22 Btu/lb·F

Despreze a resistência térmica do oxigênio líquido, da parede do recipiente e do espaço de gás, e despreze a perda de calor através da rolha. Suponha que as partículas do isolante estejam em equilíbrio térmico com o gás.

Resposta: 82 Btu/h sem transpiração; 61 Btu/h com transpiração

11B.8 Distribuição de temperaturas em esfera envolta. Uma esfera de raio R e condutividade térmica k_1 está envolta por um sólido infinito de condutividade térmica k_0. O centro da esfera está localizado na origem das coordenadas, e longe da esfera existe um gradiente constante de temperatura, A, na direção positiva de z. A temperatura no centro da esfera é $T°$.

A distribuição permanente da temperatura na esfera T_1 e no meio que a envolve foi demonstrado ser:[3]

$$T_1(r,\theta) - T° = \left[\frac{3k_0}{k_1 + 2k_0}\right] Ar\cos\theta \qquad r \leq R \tag{11B.8-1}$$

$$T_0(r,\theta) - T° = \left[1 - \frac{k_1 - k_0}{k_1 + 2k_0}\left(\frac{R}{r}\right)^3\right] Ar\cos\theta \qquad r \geq R \tag{11B.8-2}$$

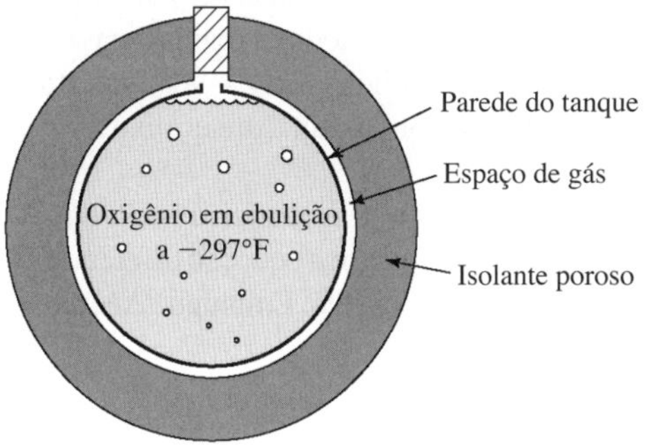

Fig. 11B.7. Emprego de resfriamento por transpiração para reduzir a taxa de evaporação.

(a) Quais as equações diferenciais que devem ser satisfeitas pelas Eqs. 11B.8-1 e 2?
(b) Escreva as condições de contorno aplicáveis em $r = R$.
(c) Mostre que T_1 e T_0 satisfazem suas respectivas equações diferenciais parciais em (a).
(d) Mostre que as Eqs. 11B.8-1 e 2 satisfazem as condições de contorno em (b).

11B.9 Fluxo térmico em sólido limitado por duas superfícies cônicas (Fig. 11B.9). Um objeto sólido possui a forma mostrada na figura. As superfícies cônica θ_1 = constante e θ_2 = constante são mantidas às temperaturas T_1 e T_2, respectivamente. A superfície esférica e $r = R$ está isolada. Para a condução em regime permanente, ache

[3] L. D. Landau e E. M. Lifshitz, *Fluid Mechanics*, 2nd edition, Pergamon Press, Oxford (1987), p. 199.

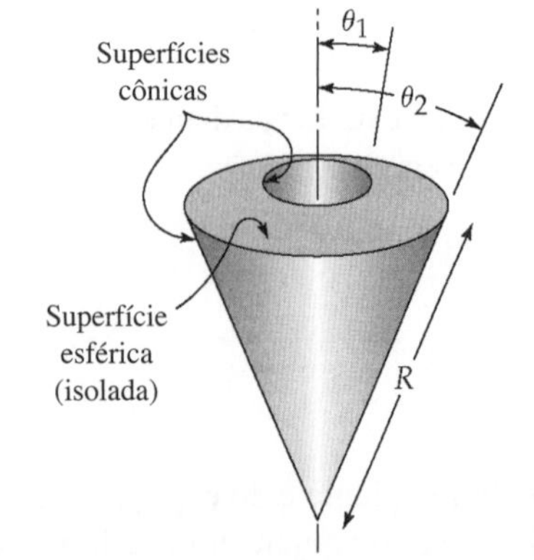

Fig. 11B.9. Corpo formado pela interseção de dois cones e uma esfera.

(a) A equação diferencial parcial que $T(\theta)$ deve satisfazer.

(b) A solução da equação diferencial em (a) que contém duas constantes de integração.

(c) Expressões para as constantes de integração.

(d) A expressão para o componente θ do vetor fluxo térmico.

(e) O calor total que atravessa a superfície cônica em $\theta = \theta_1$.

Resposta: **(e)** $Q = \dfrac{2\pi Rk(T_1 - T_2)}{\ln\left(\dfrac{\text{tg } \frac{1}{2}\theta_2}{\text{tg } \frac{1}{2}\theta_1}\right)}$

11B.10 Congelamento de uma gota esférica (Fig. 11B.10). Para avaliar o desempenho de um bico de atomização propõe-se atomizar uma cera líquida não volátil em uma corrente de ar frio. Espera-se que a partícula de cera solidifique no ar, de onde pode ser coletada e examinada. As gotas de cera deixam o atomizador ligeiramente acima de seu ponto de congelamento. Estime o tempo t_f necessário para que uma gota de raio R se congele completamente, considerando que a gota está inicialmente no ponto de congelamento T_0 e a corrente de gás está a T_∞. Calor é perdido pela gota para o ar à sua volta de acordo com a lei do resfriamento de Newton, com um coeficiente de transferência de calor h. Suponha não haver variação de volume durante o congelamento. Resolva o problema usando um método de regime quase-permanente.

(a) Primeiramente resolva o problema da condução de calor na região da fase sólida entre $r = R_f$ (a interface líquido-sólido) e $r = R$ (a interface sólido-ar). Seja k a condutividade térmica da fase sólida. Então determine a vazão térmica radial Q através da superfície esférica $r = R$.

(b) Escreva o balanço de energia transiente, equacionando a liberação de calor na superfície $r = R_f(t)$ resultante do congelamento do sólido ao calor Q que escoa através da superfície em $r = R$. Integre a equação diferencial separável de primeira ordem entre os limites 0 e R, para obter o tempo para a solidificação da gota. Empregue $\Delta\hat{H}_f$ para significar o calor latente de congelamento.

Resposta: **(a)** $Q = \dfrac{h \cdot 4\pi R^2(T_0 - T_\infty)}{[1 - (hR/k)] + (hR^2/kR_f)}$; **(b)** $t_f = \dfrac{\rho\Delta\hat{H}_f R}{h(T_0 - T_\infty)}\left[\dfrac{1}{3} + \dfrac{1}{6}\dfrac{hR}{k}\right]$

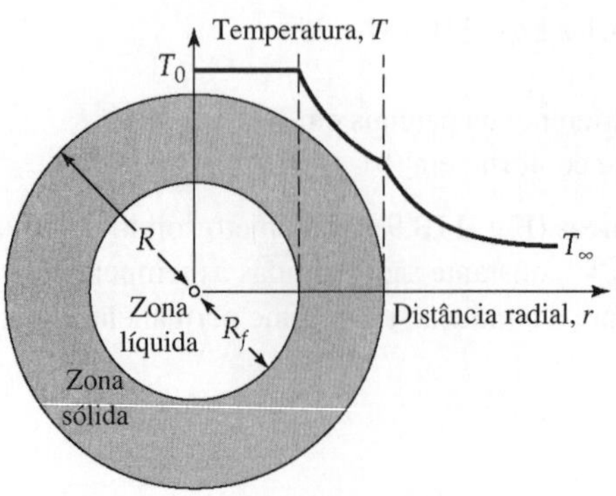

Fig. 11B.10. Perfil de temperatura no congelamento de uma gota esférica.

11B.11 Elevação da temperatura em pelota de catalisador esférica (Fig. 11B.11). Uma pelota de catalisador tem raio R e condutividade térmica k (que pode ser considerada constante). Devido à reação química que ocorre no interior da pelota, calor é gerado à taxa de S_c cal/cm^3·s. Calor é perdido através da superfície da pelota para a corrente de gás à temperatura T_g por convecção com coeficiente de transferência de calor h. Determine o perfil de temperatura no regime permanente, supondo que S_c é constante em toda a pelota.

(a) Estabeleça a equação diferencial fazendo um balanço em uma casca.

(b) Estabeleça a equação diferencial simplificando a forma apropriada da equação da energia.

(c) Integre a equação diferencial para determinar o perfil de temperatura. Esboce a função $T(r)$.

(d) Qual a forma limite de $T(r)$ quando $h \to \infty$?

(e) Qual a temperatura máxima no sistema?

(f) Onde deveríamos modificar o procedimento para considerar os efeitos de k e S_c variáveis?

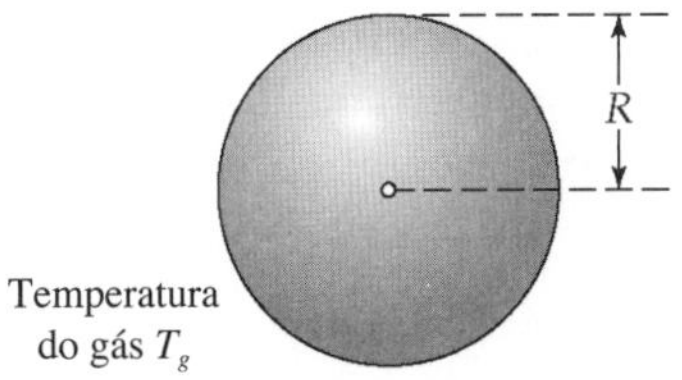

Fig. 11B.11. Esfera com geração interna de calor.

11B.12 Estabilidade de um sistema de reações exotérmicas.[3] Considere uma ripa de espessura $2B$, largura W, e comprimento L, com $B << W$ e $B << L$. No interior da ripa ocorre uma reação exotérmica, com taxa de geração térmica dependente da temperatura $S_c(T) = S_{c0} \exp A(T - T_0)$.

(a) Use a equação da energia para obter uma equação diferencial para a temperatura da ripa. Suponha que as propriedades físicas são constantes, e postule uma solução para o regime permanente $T(x)$.

(b) Escreva a equação diferencial e condições de contorno em termos das variáveis adimensionais: $\xi = x/B$, $\Theta = A(T - T_0)$ e $\lambda = S_{c0}AB^2/k$.

(c) Integre a equação diferencial (*dica:* multiplique primeiro por $2d\Theta/d\xi$) para obter

$$\left(\frac{d\Theta}{d\xi}\right)^2 = 2\lambda(\exp \Theta_0 - \exp \Theta) \tag{11B.12-1}$$

onde Θ_0 é uma constante auxiliar que representa o valor de Θ em $\xi = 0$.

(d) Integre o resultado de (c) e use as condições de contorno para obter a relação entre a espessura da ripa e a temperatura no plano médio.

$$\exp(-\tfrac{1}{2}\Theta_0)\,\text{arccosh}(\exp(\tfrac{1}{2}\Theta_0)) = \sqrt{\tfrac{1}{2}\lambda} \tag{11B.12-2}$$

(e) Calcule λ para $\Theta_0 = 0{,}5$, $1{,}0$, $1{,}2$, $1{,}4$ e $2{,}0$; faça um gráfico desses resultados para determinar o valor máximo de λ para as condições permanentes. Se o valor máximo de λ for excedido o sistema explodirá.

11B.13 Escoamento anular laminar com fluxo térmico na parede constante. Repita o desenvolvimento da Seção 10.8 para o escoamento na região anular com raios interno e externo κR e R, respectivamente, iniciando com as equações de balanço. Calor é adicionado ao fluido através da parede do cilindro interno à taxa q_0 (calor por unidade de tempo), e a parede externa está termicamente isolada.

11B.14 Aquecimento transiente de uma esfera. Uma esfera de raio R e difusividade térmica α está inicialmente à temperatura uniforme T_0. Para $t > 0$ a esfera é imersa em um banho de água perfeitamente misturado e mantido à temperatura $T_1 > T_0$. A temperatura dentro da esfera é uma função da coordenada radial r e do tempo t. A solução da equação da condução de calor é dada por:[4]

$$\frac{T - T_0}{T_1 - T_0} = 1 + 2\sum_{n=1}^{\infty} (-1)^n \left(\frac{R}{n\pi r}\right) \text{sen}\left(\frac{n\pi r}{R}\right) \exp(-\alpha n^2 \pi^2 t/R^2) \tag{11B.14-1}$$

[4] H.S. Carslaw e J.C. Jaeger, *Conduction of Heat in Solids*, 2nd edition, Oxford University Press(1959), p. 233,Eq.(4).

Deseja-se verificar se essa equação satisfaz a equação diferencial, as condições de contorno e a condição inicial.
(a) Escreva a equação diferencial que descreve o problema.
(b) Mostre que a Eq. 11B.14-1 para *T(r, t)* satisfaz a equação diferencial de (a).
(c) Mostre que a condição de contorno em $r = R$ é satisfeita.
(d) Mostre que T em $r = 0$ é finito.
(e) Para mostrar que a Eq. 11B.14-1 satisfaz a condição inicial faça $t = 0$ e $T = T_0$ e obtenha o seguinte:

$$-1 = 2 \sum_{n=1}^{\infty} (-1)^n \left(\frac{R}{n\pi r}\right) \operatorname{sen}\left(\frac{n\pi r}{R}\right) \tag{11B.14-2}$$

Para mostrar que isso é verdadeiro multiplique os dois lados por $\operatorname{sen}(m\pi r/R)$, onde m é um inteiro de 1 a ∞, e integre desde $r = 0$ até $r = R$. Na integração todos os termos com $m \neq n$ são nulos no lado direito. O termo com $m = n$, quando integrado, é igual à integral do termo da esquerda da equação.

11B.15 Variáveis adimensionais para a convecção natural.[5] As variáveis adimensionais na Eqs. 11.4-39 a 43 podem ser obtidas por argumentos simples. A forma de Θ é ditada pelas condições de contorno e a de ζ é sugerida pela geometria. As variáveis adimensionais remanescentes podem ser determinadas como segue:
(a) Faça $\eta = y/y_0$, $\phi_z = v_z/v_{z0}$ e $\phi_y = v_y/v_{y0}$, as variáveis com subscrito zero sendo constantes. Então a equação diferencial transforma-se em

$$\frac{\partial \phi_y}{\partial \eta} + \left[\frac{v_{z0}y_0}{v_{y0}H}\right]\frac{\partial \phi_z}{\partial \zeta} = 0 \tag{11B.15-1}$$

$$\phi_y \frac{\partial \phi_y}{\partial \eta} + \left[\frac{v_{z0}y_0}{v_{y0}H}\right]\phi_z \frac{\partial \phi_z}{\partial \zeta} = \left[\frac{\mu}{\rho y_0 v_{y0}}\right]\frac{\partial^2 \phi_z}{\partial \eta^2} + \left[\frac{y_0 g\beta(T_0 - T_1)}{v_{y0}v_{z0}}\right]\Theta \tag{11B.15-2}$$

$$\phi_y \frac{\partial \Theta}{\partial \eta} + \left[\frac{v_{z0}y_0}{v_{y0}H}\right]\phi_z \frac{\partial \Theta}{\partial \zeta} = \left[\frac{k}{\rho \hat{C}_p y_0 v_{y0}}\right]\frac{\partial^2 \Theta}{\partial \eta^2} \tag{11B.15-3}$$

com condições de contorno dadas nas Eqs. 11.4-47 a 49.
(b) Escolha valores apropriados para v_{z0}, v_{y0} e y_0 para converter as equações em (a) nas Eqs. 11.4-44 a 46, e mostre que as definições dadas nas Eqs. 11.4.41 a 43 são conseqüências diretas.
(c) Por que as variáveis deduzidas em (b) são preferíveis às obtidas fazendo os três grupos adimensionais das Eqs. 11B.15-1 e 2 iguais a 1?

11C.1 A velocidade de propagação de ondas sonoras. Ondas sonoras são ondas harmônicas de compressão de muito pequena amplitude que se propagam através de fluido compressível. A velocidade de propagação dessas ondas pode ser estimada supondo-se que o tensor fluxo de momento $\boldsymbol{\tau}$ e que o vetor fluxo térmico $\mathbf{q}$ são nulos e que a velocidade $\mathbf{v}$ do fluido é pequena.[6] Desprezar $\boldsymbol{\tau}$ e $\mathbf{q}$ equivale a assumir que, seguindo o movimento de um elemento fluido, a entropia é constante (veja o Problema 11D.1).
(a) Use a termodinâmica do equilíbrio para mostrar que

$$\left(\frac{\partial p}{\partial \rho}\right)_S = \gamma \left(\frac{\partial p}{\partial \rho}\right)_T \tag{11C.1-1}$$

em que $\gamma = C_p/C_v$.
(b) Quando o som se propaga pelo fluido existem pequenas perturbações do estado de equilíbrio na pressão, $p = p_0 + p'$, densidade $\rho = \rho_0 + \rho'$ e velocidade $\mathbf{v} = \mathbf{v}_0 + \mathbf{v}'$, as quantidades com subscrito zero são constantes associadas ao estado de repouso (com $\mathbf{v}_0 = \mathbf{0}$) e as quantidades com sobrescrito são muito pequenas. Mostre que, quando estas são substituídas na equação da continuidade e na equação do movimento (omitindo $\boldsymbol{\tau}$ e $\mathbf{g}$) bem como os termos envolvendo os produtos de termos pequenos, obtemos

Equação da continuidade
$$\frac{\partial \rho}{\partial t} = -\rho_0(\nabla \cdot \mathbf{v}) \tag{11C.1-2}$$

Equação do movimento
$$\rho_0 \frac{\partial \mathbf{v}}{\partial t} = -\nabla p \tag{11C.1-3}$$

---
[5] O procedimento usado aqui é semelhante ao sugerido por J.D. Hellums e S.W. Churchill, *AIChE Journal*, **10**, 110-114(1964).
[6] Veja L. Landau e E. M. Lifshitz, *Fluid Mechanics*, 2nd edition, Pergamon, Oxford (1987), Chapter VIII; R.J. Silbey e R.A. Alberty, *Physical Chemistry*, 3rd edition, Wiley, New York(2001), §17.4.

(c) Use o resultado de (a) para reescrever a equação do movimento como

$$\rho_0 \frac{\partial \mathbf{v}}{\partial t} = -v_s^2 \nabla \rho \qquad (11C.1\text{-}4)$$

em que $v_s^2 = \gamma(\partial p/\partial \rho)_T$.

(d) Mostre como as Eqs. 11C.1-2 e 4 podem ser combinadas para dar

$$\frac{\partial^2 \rho}{\partial t^2} = v_s^2 \nabla^2 \rho \qquad (11C.1\text{-}5)$$

(e) Mostre que uma solução da Eq. 11C.1-5 é

$$\rho = \rho_0 \left[1 + A \text{ sen}\left(\frac{2\pi}{\lambda}(z - v_s t) \right) \right] \qquad (11C.1\text{-}6)$$

Essa solução representa uma onda harmônica de comprimento de onda λ e amplitude $\rho_0 A$ que se propaga na direção de z com velocidade v_s. Soluções mais gerais podem ser construídas por superposição de ondas de diferentes comprimentos e direções.

11C.2 Convecção natural em fenda. Um fluido de viscosidade constante, com densidade dada pela Eq. 11.3-1, está confinado em uma fenda retangular. A fenda tem paredes verticais em $x = \pm B$, $y = \pm W$, e topo e fundo em $z = \pm H$, com $H >> W >> B$. As paredes são não-isotérmicas, com distribuição de temperaturas $T_w = \bar{T} + Ay$, de forma que o fluido circula por convecção natural. O perfil de velocidade deve ser previsto para as condições de regime permanente, laminar e com desvios pequenos da densidade média $\bar{\rho}$.

(a) Simplifique as equações de continuidade, de movimento e de energia de acordo com os postulados: $\mathbf{v} = \delta_z v_z(x, y)$, $\partial^2 v_z/\partial y^2 << \partial^2 v_z/\partial x^2$ e $T = T(y)$. Esses postulados são razoáveis para escoamento lento exceto próximo aos cantos $y = \pm W$ e $z = \pm H$.

(b) Apresente as condições de contorno a serem usadas no problema simplificado em (a).

(c) Resolva para os perfis de temperatura, pressão e velocidade.

(d) Ao se fazer medidas da difusão em câmaras fechadas, a convecção natural pode ser uma fonte de erros, e gradientes de temperatura devem ser evitados. Por ilustração calcule o gradiente de temperatura, A, máximo tolerável, para um experimento com água a 20°C em uma câmara de B = 0,1 mm, W = 2,0 mm e H = 2 cm, se o movimento convectivo máximo permissível é 0,1% de H por hora.

Respostas: **(c)** $v_z(x, y) = \dfrac{\bar{\rho} g \bar{\beta} A}{2\mu}(x^2 - B^2)y$; **(d)** $2{,}7 \times 10^{-3}$ K/cm

11C.3 Escoamento tangencial anular de fluido de alta viscosidade. Mostre que a Eq. 11.4-13 para o escoamento em região anular reduz-se à Eq. 10.4-9 para escoamento plano no limite quando κ tende a um. Comparações desse tipo são, freqüentemente, úteis para verificação de consistência de resultados.

O lado direito da Eq. 11.4-13 é indeterminado em $\kappa = 1$, mas seu limite quando $\kappa \to 1$ pode ser obtido por expansão em potências de $\varepsilon = 1 - \kappa$. Para tanto faça $\kappa = 1 - \varepsilon$ e $\xi = 1 - \varepsilon[1 - (x/b)]$; então o intervalo $\kappa \leq \xi \leq 1$ no Problema 11.4-2 corresponde ao intervalo $0 \leq x \leq b$ na Seção 10.4. Após a substituição, expanda o lado direito da Eq. 11.4-13 em potências de ε (desprezando termos acima de ε^2) e mostre que a Eq. 10.4-9 é obtida.

11C.4 Condução de calor com condutividade térmica variável.

(a) Para a condução de calor em regime permanente em sólidos, a Eq. 11.2-5 fica $(\nabla \cdot \mathbf{q}) = 0$, e a introdução da lei de Fourier dá $(\nabla \cdot k\nabla T) = 0$. Mostre que a função $F = \int k dT$ + const. satisfaz a equação de Laplace $\nabla^2 F = 0$, desde que k dependa apenas de T.

(b) Use o resultado em (a) para resolver o Problema 10B.12(parte a), usando uma função arbitrária $k(T)$.

11C.5 Condutividade térmica efetiva de um sólido com inclusões esféricas (Fig. 11C.5). Deduza a Eq. 9.6-1 para a condutividade térmica efetiva de um sistema bifásico iniciando com as Eqs. 11.B.8-1 e 2. Construímos dois sistemas contidos dentro de uma região esférica de raio R': (a) o sistema "real", um meio com condutividade térmica k_0, no qual estão embebidos n esferas minúsculas de condutividade térmica k_1 e raio R; e (b) um sistema "equivalente", que consiste em um contínuo, com condutividade térmica efetiva k_{efe}. Ambos sistemas são submetidos a um gradiente de temperatura A e estão envoltos por um meio com condutividade térmica k_0.

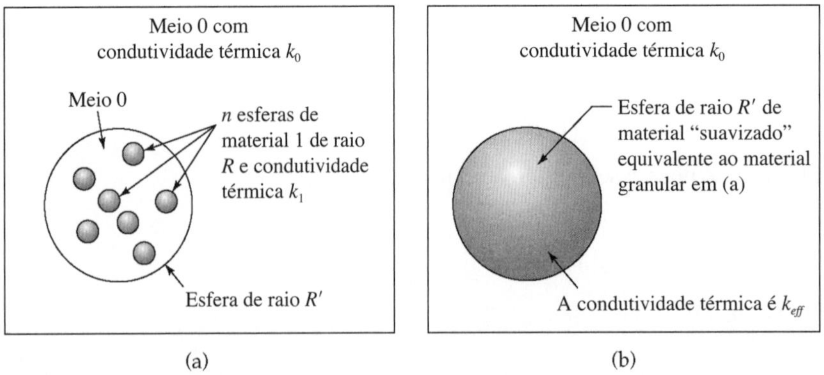

Fig. 11C.5 Experimento mental usado por Maxwell para determinar a condutividade térmica de um compósito sólido: (*a*) o "real" sistema discreto, e (*b*) o sistema contínuo "equivalente".

(a) Para o sistema "real" sabemos que a uma grande distância L do sistema o campo de temperatura será dado por uma ligeira modificação da Eq. 11B.8-2, desde que as pequenas esferas incluídas sejam muito diluídas:

$$T_0(r, \theta) - T^\circ = \left[1 - n\frac{k_1 - k_0}{k_1 + 2k_0}\left(\frac{R}{r}\right)^3\right] Ar\cos\theta \tag{11C.5-1}$$

Explique cuidadosamente como esse resultado é obtido.

(b) A partir da Eq. 11B.8-2 escrevemos para o sistema equivalente

$$T_0(r, \theta) - T^\circ = \left[1 - \frac{k_{\text{eff}} - k_0}{k_{\text{eff}} + 2k_0}\left(\frac{R'}{r}\right)^3\right] Ar\cos\theta \tag{11C.5-2}$$

(c) A seguir deduza a relação $nR^3 = \phi R'^3$, na qual ϕ é a fração volumétrica das inclusões no sistema real.

(d) Iguale os lados direitos das Eqs. 11C.5-1 e 2 para chegar à equação de Maxwell[7] na Eq. 9.6-1.

11C.6 Condições de contorno interfaciais. Considere uma superfície interfacial não-isotérmica $S(t)$ entre duas fases I e II em um sistema não-isotérmico. As fases podem consistir em dois fluidos imiscíveis (de forma que não ocorra a passagem de material através da superfície), ou em duas fases puras de uma mesma substância pura (entre as quais pode ocorrer intercâmbio de massa com a condensação, evaporação, congelamento ou fusão). Seja $\mathbf{n}^{\text{I}}$ a normal unitária à superfície $S(t)$ dirigida para a fase I. Um sobrescrito I ou II será usado para os valores junto com S em cada fase, e um sobrescrito s para valores na própria superfície. A condição de contorno usual para a velocidade tangencial v_t e temperatura T sobre S são

$$v_t^{\text{I}} = v_t^{\text{II}} \quad \text{(sem escorregamento)} \tag{11C.6-1}$$

$$T^{\text{I}} = T^{\text{II}} \quad \text{(continuidade da temperatura)} \tag{11C.6-2}$$

Além disso, as seguintes versões simplificadas para as equações de conservação são sugeridas[8] para interfaces sem surfactantes:

Balanço de massa interfacial

$$(\mathbf{n}^{\text{I}} \cdot \{\rho^{\text{I}}(\mathbf{v}^{\text{I}} - \mathbf{v}^s) - \rho^{\text{II}}(\mathbf{v}^{\text{II}} - \mathbf{v}^s)\}) = 0 \tag{11C.6-3}$$

Balanço de momento interfacial

$$\mathbf{n}^{\text{I}}\left[(p^{\text{I}} - p^{\text{II}}) + (\rho^{\text{I}}v^{\text{I}2} - \rho^{\text{II}}v^{\text{II}2}) + \sigma\left(\frac{1}{R_1} + \frac{1}{R_2}\right)\right] + [\mathbf{n}^{\text{I}} \cdot \{\boldsymbol{\tau}^{\text{I}} - \boldsymbol{\tau}^{\text{II}}\}] = -\nabla^s\sigma \tag{11C.6-4}$$

Balanço de energia interna interfacial

$$(\mathbf{n}^{\text{I}} \cdot \rho^{\text{I}}\{\mathbf{v}^{\text{I}} - \mathbf{v}^s\})[(\hat{H}^{\text{I}} - \hat{H}^{\text{II}}) + \tfrac{1}{2}(v^{\text{I}2} - v^{\text{II}2})] + (\mathbf{n}^{\text{I}} \cdot \{\mathbf{q}^{\text{I}} - \mathbf{q}^{\text{II}}\}) = \sigma(\nabla^s \cdot \mathbf{v}^s) \tag{11C.6-5}$$

---

[7] J.C.Maxwell, *A Treatise on Electricity and Magnetism*, Vol.1, Oxford University Press(1891, reimpresso em 1998), §314.

[8] J.C.Slattery, *Advanced Transport Phenomena*, Cambridge University Press(1999), pp. 58,435; condições mais completas são dadas na Ref.8.

O balanço de momento da Eq. 3C.5-1 foi estendido para incluir o gradiente na superfície da tensão superficial $\nabla^s\sigma$; as forças tangenciais resultantes dão origem a uma variedade de fenômenos interfaciais conhecidos como *efeitos Marangoni*.[9,10] A Eq. 11C.6-5 é obtida como exposto na Seção 11.2, a partir do balanço de energia mecânica em S, desprezando a energia de excesso interfacial U^s, o fluxo térmico $\mathbf{q}^s$, e dissipação viscosa $(\boldsymbol{\tau}^s : \nabla^s\mathbf{v}^s)$; resultados mais completos são apresentados por Slattery.[8]

(a) Verifique a consistência dimensional de cada uma das equações de balanço interfacial.

(b) Sob que condições tem-se $\mathbf{v}^{\mathrm{I}} = \mathbf{v}^{\mathrm{II}}$?

(c) Mostre como as equações de balanço se simplificam quando as fases I e II são dois líquidos puros imiscíveis.

(d) Mostre como as equações de balanço se simplificam quando uma das fases é um sólido.

11C.7 Efeito do gradiente da tensão superficial sobre filme descendente.

(a) Repita a determinação da tensão de cisalhamento e da distribuição de velocidades do Exemplo 2.1-1 na presença de um pequeno gradiente de temperatura dT/dz na direção do escoamento. Suponha que esse gradiente de temperatura produz um gradiente constante da tensão superficial $d\sigma/dz = A$ mas não há qualquer outro efeito nas propriedades físicas do sistema. Note que esse gradiente da tensão superficial produz uma tensão cisalhante na superfície do filme (veja o Problema 11C.6) e, portanto, requer um gradiente de velocidade não-nulo. Novamente suponha um filme laminar, estável, sem ondas superficiais.

(b) Calcule a espessura do filme em função da vazão volumétrica e discuta o significado físico do resultado.

Resposta: **(a)** $\tau_{xz} = \rho g x \cos\beta + A$; $v_z = \dfrac{\rho g \delta^2 \cos\beta}{2\mu}\left[1 - \left(\dfrac{x}{\delta}\right)^2\right] + \dfrac{A\delta}{\mu}\left(1 - \dfrac{x}{\delta}\right)$

11D.1 Equação de balanço da entropia. Esse problema é uma introdução à termodinâmica dos processos irreversíveis. Um tratamento de misturas multicomponentes é dado nas Seções 24.1 e 2.

(a) Escreva um balanço de entropia para um elemento fixo de volume $\Delta x\Delta y\Delta z$. Seja $\mathbf{s}$ o *vetor fluxo de entropia*, medido com relação ao vetor de velocidade do fluido $\mathbf{v}$. Seja g_s a *taxa de produção de entropia*, por unidade de volume. Mostre que, quando o elemento de volume $\Delta x\Delta y\Delta z$ tende a zero obtém-se uma *equação de balanço para a entropia* em ambas as seguintes formas:[11]

$$\frac{\partial}{\partial t}\rho\hat{S} = -(\nabla\cdot\rho\hat{S}\mathbf{v}) - (\nabla\cdot\mathbf{s}) + g_S \qquad (11D.1\text{-}1)$$

$$\rho\frac{D\hat{S}}{Dt} = -(\nabla\cdot\mathbf{s}) + g_S \qquad (11D.1\text{-}2)$$

em que $\hat{S}$ é a entropia por unidade de massa.

(b) Se supusermos que as grandezas termodinâmicas podem ser definidas localmente como em uma situação de equilíbrio, então U pode ser relacionado a $\hat{S}$ e $\hat{V}$ de acordo com a relação termodinâmica $dU = Td\hat{S} - pd\hat{V}$. Combine essa relação com a Eq. 11.2-2 para obter

$$\rho\frac{D\hat{S}}{Dt} = -\frac{1}{T}(\nabla\cdot\mathbf{q}) - \frac{1}{T}(\boldsymbol{\tau}:\nabla\mathbf{v}) \qquad (11D.1\text{-}3)$$

(c) O fluxo local de entropia é igual ao fluxo local de energia dividido pela temperatura[12-15]; isto é, $\mathbf{s} = \mathbf{q}/T$. Quando essa relação entre $\mathbf{s}$ e $\mathbf{q}$ é reconhecida podemos comparar as Eqs. 11D.1-2 e 3 para chegar à seguinte expressão para a taxa de produção de entropia por unidade de volume:

$$g_S = -\frac{1}{T^2}(\mathbf{q}\cdot\nabla T) - \frac{1}{T}(\boldsymbol{\tau}:\nabla\mathbf{v}) \qquad (11D.1\text{-}4)$$

---

[9] C.G.M. Marangoni, *Ann. Phys. (Poggendorf)*, **3**, 337-354 (1871);C.V. Sternling e E. Scriven, *AIChE Journal*, **5**, 514-523 (1959).

[10] D.A. Edwards, H. Brenner e D.T. Wasan, *Interfacial Transport Processes and Rheology*, Butterworth-Heinemann, Stoneham, Mass. (1991).

[11] G.A.J. Jaumann, *Sitzungsber. der Math.-Naturwiss. Klasse der Kaiserlichen Akad. der Wissenschaften (Wien)*, **102**, Abt.IIa, 385-530 (1911).

[12] **Carl Henry Eckart** (1902-1973), vice-reitor da Universidade da Califórnia em San Diego (1965-1969), fez contribuições fundamentais à mecânica quântica, à hidrodinâmica geofísica e à termodinâmica dos processos irreversíveis; sua contribuição chave aos fenômenos de transporte encontram-se em C.H. Eckart, *Phys. Rev.*, **58**,267-268,269-275 (1940).

[13] C.F. Curtiss e J.O. Hirschfelder, *J. Chem. Phys.*, **18**, 171-173 (1950).

[14] J.G. Kirkwood e B.L. Crawford, Jr., *J. Phys. Chem.*, **56**, 1048-1051 (1952).

[15] S.R. de Groot e P.Mazur, *Non-Equilibrium Thermodynamics*, North-Holland, Amsterdam (1962).

O primeiro termo da direita é a taxa de produção de entropia associada ao transporte de energia, e o segundo é a produção de entropia resultante do transporte de momento. A Eq. 11D.1-4 é o ponto de partida para o estudo termodinâmico dos processos irreversíveis em um fluido puro.

(d) Que conclusões podem ser tiradas quando a lei da viscosidade de Newton e a lei de Fourier da condução de calor são inseridas na Eq. 11D.1-4?

11D.2 Aquecimento viscoso no escoamento laminar em tubulação.

(a) Continue a análise iniciada no Problema 11B.2 – i.e., a de determinar o perfil da temperatura em um fluido newtoniano que escoa em um tubo circular a uma velocidade suficientemente alta para que os efeitos do aquecimento viscoso sejam importantes. Suponha que o perfil da velocidade na entrada ($z = 0$) é plenamente desenvolvido, e que a temperatura da entrada seja uniforme ao longo da seção transversal. Suponha que todas as propriedades físicas sejam constantes.

(b) Repita a análise para um modelo de fluido não-newtoniano da lei da potência.[16]

11D.3 Dedução da equação da energia usando os teoremas integrais. Na Seção 11.1 a equação da energia foi deduzida contabilizando-se as mudanças de energia que ocorrem em um volume elementar, retangular, $\Delta x \Delta y \Delta z$.

(a) Repita a dedução empregando um volume arbitrário V com limites fixos S seguindo o procedimento sugerido no Problema 3D.1. Inicie escrevendo a lei de conservação de energia como

$$\frac{d}{dt}\int_V (\rho\hat{U} + \tfrac{1}{2}\rho v^2)\, dV = -\int_S (\mathbf{n}\cdot\mathbf{e})\, dS + \int_V (\mathbf{v}\cdot\mathbf{g})\, dV \qquad \text{(11D.3-1)}$$

Use então o teorema da divergência de Gauss para converter as integrais de superfície em integrais de volume e obtenha a Eq. 11.1-6.

(b) Faça a dedução análoga para uma parte móvel de fluido.

---

[16] R.B. Bird, *Soc. Plastics Engrs. Journal*, **11**, 35-40 (1955).

Capítulo 12

DISTRIBUIÇÕES DE TEMPERATURAS COM MAIS DE UMA VARIÁVEL INDEPENDENTE

No Cap. 10, vimos como problemas simples de transferência de calor podem ser resolvidos por intermédio de balanços de energia em cascas. No Cap. 11, desenvolvemos a equação da energia para sistemas em escoamento, que descreve o transporte de calor em situações mais complexas. Para ilustrar a utilidade da equação da energia demos na Seção 11.4 uma série de exemplos, muitos dos quais não requerem qualquer conhecimento sobre a solução de equações diferenciais parciais.

Neste capítulo voltamos a atenção para diversas classes de problemas de transporte de calor envolvendo mais de uma variável independente, ou duas variáveis espaciais, ou uma espacial e a variável tempo. Os tipos de problemas e os métodos matemáticos seguem em paralelo àqueles apresentados no Cap. 4.

12.1 CONDUÇÃO TRANSIENTE DE CALOR EM SÓLIDOS

Para sólidos, a equação da energia dada pela Eq. 11.2-5, quando combinada a lei da condução de calor de Fourier fica

$$\rho \hat{C}_p \frac{\partial T}{\partial t} = (\nabla \cdot k \nabla T) \tag{12.1-1}$$

Se a condutividade térmica pode ser suposta como independente da temperatura e da posição, então essa equação transforma-se em

$$\frac{\partial T}{\partial t} = \alpha \nabla^2 T \tag{12.1-2}$$

na qual $\alpha = k/\rho\hat{C}_p$ é a difusividade térmica do sólido. Muitas soluções dessa equação foram obtidas. O tratado de Carslaw e Jaeger[1] contém uma discussão profunda dos métodos de solução assim como uma tabulação abrangente de soluções para uma larga variedade de condições iniciais e de contorno. Muitos dos problemas de condução de calor freqüentemente encontrados podem ser resolvidos apenas pela busca da solução nesse trabalho de referência impressionante.

Nesta seção ilustraremos quatro importantes métodos de solução de problemas não-permanentes: o método da combinação de variáveis, o método da separação de variáveis, o método da resposta senoidal e o método da transformada de Laplace. Os três primeiros destes também foram usados na Seção 4.1.

Exemplo 12.1-1

Aquecimento de uma Placa Semi-Infinita

Um material sólido ocupando o espaço de $y = 0$ até $y = \infty$ está inicialmente à temperatura T_0. No instante $t = 0$, a superfície $y = 0$ é subitamente elevada para a temperatura T_1 e mantida nessa temperatura para todo $t > 0$. Ache o perfil dependente do tempo $T(y, t)$.

[1] H.S. Carslaw and J.C. Jaeger, *Conduction of Heat in Solids*, 2nd edition, Oxford University Press (1959).

SOLUÇÃO

Para esse problema a Eq. 12.1-2 fica

$$\frac{\partial \Theta}{\partial t} = \alpha \frac{\partial^2 \Theta}{\partial y^2} \tag{12.1-3}$$

Aqui a diferença de temperatura adimensional $\Theta = (T - T_0)/(T_1 - T_0)$ foi introduzida. As condições iniciais e de contorno são

C.I.:	em $t \leq 0$,	$\Theta = 0$	para todo y	(12.1-4)
C.C. 1:	em $y = 0$,	$\Theta = 1$	para todo $t > 0$	(12.1-5)
C.C. 2:	em $y = \infty$,	$\Theta = 0$	para todo $t > 0$	(12.1-6)

Esse problema é matematicamente análogo àquele formulado pelas Eqs. 4.1-1 até 4. Portanto a solução dada na Eq. 4.1-15 pode ser tomada diretamente apenas com as alterações de notação apropriadas:

$$\Theta = 1 - \frac{2}{\sqrt{\pi}} \int_0^{y/\sqrt{4\alpha t}} \exp(-\eta^2)\, d\eta \tag{12.1-7}$$

ou

$$\frac{T - T_0}{T_1 - T_0} = 1 - \operatorname{erf} \frac{y}{\sqrt{4\alpha t}} \tag{12.1-8}$$

A solução mostrada na Fig. 4.1-2 descreve o perfil da temperatura quando a ordenada é rotulada $(T - T_0)/(T_1 - T_0)$ e a abscissa $y/\sqrt{4\alpha t}$.

Uma vez que a função erro atinge o valor 0,99 quando o argumento é aproximadamente 2, a *espessura de penetração térmica* δ_T é

$$\delta_T = 4\sqrt{\alpha t} \tag{12.1-9}$$

Isto é, para distâncias $y > d_T$ a temperatura alterou-se que 1% da diferença $T_1 - T_0$. Havendo a necessidade do cálculo da temperatura de placa de espessura finita, a solução dada pela Eq. 12.1-8 será uma boa aproximação quando δ_T for pequeno com relação à espessura da placa. Entretanto, quando δ_T é da ordem de grandeza da espessura da placa, ou maior, então a solução em série do Exemplo 12.1-2 deve ser usada.

O fluxo térmico na parede pode ser calculado da Eq. 12.1-8 como a seguir:

$$q_y|_{y=0} = -k \left.\frac{\partial T}{\partial y}\right|_{y=0} = \frac{k}{\sqrt{\pi \alpha t}} (T_1 - T_0) \tag{12.1-10}$$

Portanto o fluxo térmico varia como $t^{-1/2}$, enquanto a espessura de penetração varia como $t^{1/2}$.

EXEMPLO 12.1-2

Aquecimento de uma Placa Finita

Uma placa sólida ocupando o espaço entre $y = -b$ e $y = +b$ está inicialmente à temperatura T_0. No instante $t = 0$ as superfícies em $y = \pm b$ são subitamente elevadas para T_1 e mantidas nessa temperatura. Determine $T(y, t)$.

SOLUÇÃO

Para esse problema definimos as seguintes variáveis adimensionais:

Temperatura adimensional
$$\Theta = \frac{T_1 - T}{T_1 - T_0} \tag{12.1-11}$$

Coordenada adimensional
$$\eta = \frac{y}{b} \tag{12.1-12}$$

Tempo adimensional
$$\tau = \frac{\alpha t}{b^2} \tag{12.1-13}$$

Com essas variáveis adimensionais, a equação diferencial e as condições de contorno são

$$\frac{\partial \Theta}{\partial \tau} = \frac{\partial^2 \Theta}{\partial \eta^2} \quad (12.1\text{-}14)$$

C.I.: em $\tau = 0,$ $\Theta = 1$ (12.1-15)

C.C. 1 e 2: em $\eta = \pm 1,$ $\Theta = 0$ para $\tau > 0$ (12.1-16)

Note que não aparecem quaisquer parâmetros quando o problema é assim reformulado.

Podemos resolver esse problema pelo método da separação de variáveis. Iniciamos supondo que uma solução na forma do seguinte produto pode ser obtida:

$$\Theta(\eta, \tau) = f(\eta)g(\tau) \quad (12.1\text{-}17)$$

A substituição dessa função tentativa na Eq. 12.1-14 e na subseqüente divisão pelo produto $f(\eta)g(\tau)$ dá

$$\frac{1}{g}\frac{dg}{d\tau} = \frac{1}{f}\frac{d^2 f}{d\eta^2} \quad (12.1\text{-}18)$$

O lado esquerdo é uma função só de τ, e o lado direito é uma função de η apenas. Isso só pode ser verdade se ambos os lados forem iguais a uma constante, a qual chamamos $-c^2$. Se a constante fosse chamada $+c^2$, $+c$ ou $-c$, o mesmo resultado seria obtido, mas a solução seria um pouco mais confusa. A Eq. 12.1-18 pode então ser separada em duas equações diferenciais ordinárias

$$\frac{dg}{d\tau} = -c^2 g \quad (12.1\text{-}19)$$

$$\frac{d^2 f}{d\eta^2} = -c^2 f \quad (12.1\text{-}20)$$

Estas são da forma da Eq. C.1-1 e 3 e podem ser integradas para dar

$$g = A \exp(-c^2 \tau) \quad (12.1\text{-}21)$$

$$f = B \operatorname{sen} c\eta + C \cos c\eta \quad (12.1\text{-}22)$$

nas quais A, B e C são constantes de integração.

Devido à simetria em relação ao plano xz, devemos ter $\Theta(\eta, \tau) = \Theta(-\eta, \tau)$, e portanto $f(\eta) = f(-\eta)$. Como a função seno não possui esse tipo de comportamento, precisamos que B seja nulo. O uso de qualquer uma das condições de contorno dá

$$C \cos c = 0 \quad (12.1\text{-}23)$$

Claramente C não pode ser nula, pois essa escolha conduz a uma solução fisicamente inadmissível. Entretanto, a igualdade pode ser satisfeita por diferentes escolhas de c, que chamamos c_n:

$$c_n = (n + \tfrac{1}{2})\pi \qquad n = 0, \pm 1, \pm 2, \pm 3 \ldots, \pm \infty \quad (12.1\text{-}24)$$

Portanto a Eq. 12.1-14 pode ser satisfeita por

$$\Theta_n = A_n C_n \exp[-(n + \tfrac{1}{2})^2 \pi^2 \tau] \cos (n + \tfrac{1}{2})\pi\eta \quad (12.1\text{-}25)$$

Os subscritos n nos lembram que A e C podem ser diferentes para cada valor de n. Devido à linearidade da equação diferencial, podemos superpor todas as soluções da forma da Eq. 12.1-25. Ao fazermos isso notamos que as exponenciais e cossenos para n possuem os mesmos valores que para $-(n + 1)$, de maneira que os termos com índices negativos se combinam com os positivos. A superposição dá então

$$\Theta = \sum_{n=0}^{\infty} D_n \exp[-(n + \tfrac{1}{2})^2 \pi^2 \tau] \cos (n + \tfrac{1}{2})\pi\eta \quad (12.1\text{-}26)$$

na qual $D_n = A_n C_n + A_{-(n+1)} C_{-(n+1)}$.

Os D_n são determinados com o auxílio da condição inicial, que nos dá

$$1 = \sum_{n=0}^{\infty} D_n \cos (n + \tfrac{1}{2})\pi\eta \quad (12.1\text{-}27)$$

A multiplicação por $\cos(m + \frac{1}{2})\pi\eta$ e a integração desde $\eta = -1$ até $\eta = +1$ dá

$$\int_{-1}^{+1} \cos(m + \tfrac{1}{2})\pi\eta \, d\eta = \sum_{n=0}^{\infty} D_n \int_{-1}^{+1} \cos(m + \tfrac{1}{2})\pi\eta \cos(n + \tfrac{1}{2})\pi\eta \, d\eta \tag{12.1-28}$$

Quando as integrações são efetuadas, verifica-se que todas as integrais do lado direito são identicamente nulas exceto pelo termo em que $n = m$. Assim obtemos

$$\left. \frac{\operatorname{sen}(m + \frac{1}{2})\pi\eta}{(m + \frac{1}{2})\pi} \right|_{\eta=-1}^{\eta=+1} = D_m \left. \frac{\frac{1}{2}(m + \frac{1}{2})\pi\eta + \frac{1}{4}\operatorname{sen} 2(m + \frac{1}{2})\pi\eta}{(m + \frac{1}{2})\pi} \right|_{\eta=-1}^{\eta=+1} \tag{12.1-29}$$

Após a introdução dos limites podemos resolver para D_m e ter

$$D_m = \frac{2(-1)^m}{(m + \frac{1}{2})\pi} \tag{12.1-30}$$

A substituição dessa expressão na Eq. 12.1-26 dá o perfil da temperatura, o qual reescrevemos em termos das variáveis originais[2]

$$\frac{T_1 - T}{T_1 - T_0} = 2 \sum_{n=0}^{\infty} \frac{(-1)^n}{(n + \frac{1}{2})\pi} \exp[-(n + \tfrac{1}{2})^2\pi^2\alpha t/b^2] \cos(n + \tfrac{1}{2}) \frac{\pi y}{b} \tag{12.1-31}$$

As soluções de muitos problemas de condução de calor em regime variável são obtidas em séries infinitas como a obtida aqui. Essas séries convergem rapidamente para valores altos[2] do tempo adimensional $\alpha t/b^2$. Para tempos muito curtos a convergência é muito lenta, e no limite quando $\alpha t/b^2$ tende a zero é possível demonstrar que a solução dada na Eq. 12.1-31 se aproxima daquela apresentada na Eq. 12-1-8 (veja o Problema 12D.1). Embora a Eq. 12.1-31 seja inconveniente para alguns cálculos práticos, a representação gráfica, como a da Fig. 12.1-1, é facilmente usada (veja o Problema 12A.3). Na figura observa-se que quando o tempo adimensional $\tau = \alpha t/b^2$ é 0,1, o calor atingiu, mensuravelmente, o plano central da placa, e para $\tau = 1{,}0$ o aquecimento é 90% completo no plano central.

Resultados análogos à Fig. 12.1-1 são apresentados para cilindros infinitos e esferas nas Figs. 12-1-2 e 3. Esses gráficos podem também ser usados para a construção de soluções de problemas análogos de condução de calor em paralelepípedos retangulares e em cilindros de comprimento finito (veja o Problema. 12C.1).

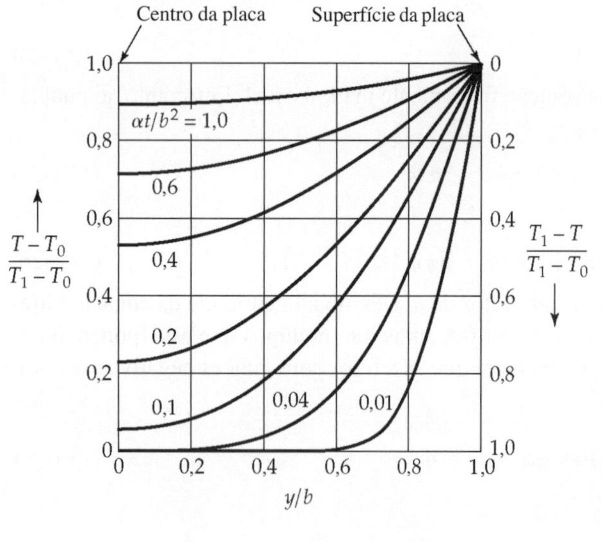

Fig. 12.1-1 Perfis de temperatura para a condução de calor em regime transiente em uma placa de espessura finita $2b$. A temperatura inicial da placa é T_0 e T_1 é a temperatura imposta à superfície da placa para $t > 0$. [H.S. Carslaw and J.C. Jaeger, *Conduction of Heat in Solids*, 2nd edition, Oxford University Press (1959), p. 101.]

[2]H.S. Carslaw and J.C. Jaeger, *Conduction of Heat in Solids*, 2nd edition, Oxford University Press (1959), p. 97, Eq. (8); a solução alternativa da Eq. (9) converge rapidamente para curtos tempos.

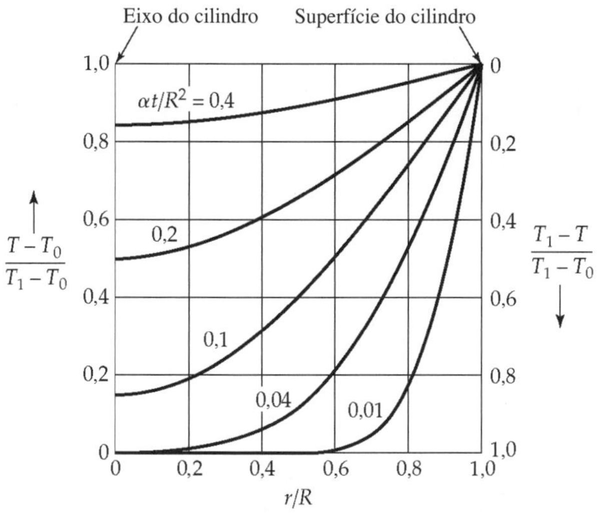

Fig. 12.1-2 Perfis de temperatura para a condução de calor transiente em um cilindro de raio R. A temperatura inicial do cilindro é T_0, e T_1 é a temperatura imposta à superfície do cilindro para $t > 0$. [H.S. Carslaw and J.C. Jaeger, *Conduction of Heat em Sólidos*, 2nd edition, Oxford University Press (1959), p. 200.]

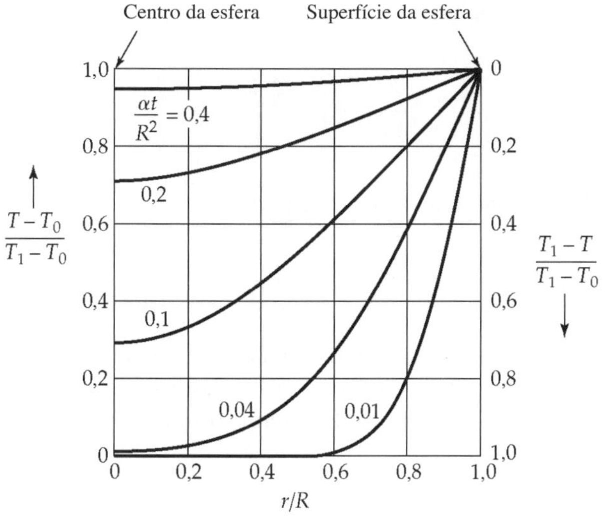

Fig. 12.1-3 Perfis de temperatura para a condução de calor transiente em uma esfera de raio R. A temperatura inicial do cilindro é T_0, e T_1 é a temperatura imposta à superfície do cilindro para $t > 0$. [H.S. Carslaw and J.C. Jaeger, *Conduction of Heat in Solids*, 2nd edition, Oxford University Press (1959), p. 234.]

Exemplo 12.1-3

Condução Transiente de Calor Próximo a uma Parede com Fluxo Térmico Senoidal

Um corpo sólido ocupando o espaço desde $y = 0$ até $y = \infty$ está inicialmente a T_0. A partir de $t = 0$, um fluxo térmico periódico dado por

$$q_y = q_0 \cos \omega t = q_0 \Re\{e^{i\omega t}\} \tag{12.1-32}$$

é imposto em $y = 0$. Aqui q_0 é a amplitude da oscilação do fluxo térmico, e ω é a freqüência (circular). Deseja-se determinar a temperatura nesse sistema, $T(y, t)$, no estado periódico estacionário (veja o Problema 4.1-3).

SOLUÇÃO

Para a condução térmica unidimensional a Eq. 12.1-2 é

$$\frac{\partial T}{\partial t} = \alpha \frac{\partial^2 T}{\partial y^2} \tag{12.1-33}$$

Multiplicando por $-k$ e operando na equação inteira com $\partial/\partial y$ dá

$$\frac{\partial}{\partial t}\left(-k\frac{\partial T}{\partial y}\right) = \alpha\frac{\partial^2}{\partial y^2}\left(-k\frac{\partial T}{\partial y}\right) \tag{12.2-34}$$

ou, reconhecendo que $q_y = -k(\partial T/\partial y)$

$$\frac{\partial q_y}{\partial t} = \alpha\frac{\partial^2 q_y}{\partial y^2} \tag{12.1-35}$$

Portanto q_y satisfaz a mesma equação diferencial que T. As condições de contorno são

C.C. 1: $\quad$ em $y = 0, \quad q_y = q_0\Re\{e^{i\omega t}\}$ $\quad$ (12.1-36)

C.C. 2: $\quad$ em $y = \infty, \quad q_y = 0$ $\quad$ (12.1-37)

Formalmente esse problema é exatamente o mesmo que o dado nas Eqs. 4.1-44, 46 e 47. Portanto a solução dada pela Eq. 4.1-57 pode ser tomada apenas com as mudanças de notação:

$$q_y(y, t) = q_0 e^{-\sqrt{\omega/2\alpha}y}\cos\left(\omega t - \sqrt{\frac{\omega}{2\alpha}}y\right) \tag{12.1-38}$$

Então, por integração da lei de Fourier

$$-k\int_T^{T_0} d\bar{T} = \int_y^\infty q_{\bar{y}}(\bar{y}, t)\,d\bar{y} \tag{12.1-39}$$

A substituição da distribuição do fluxo térmico no lado direito dessa equação dá após a integração

$$T - T_0 = \frac{q_0}{k}\sqrt{\frac{\alpha}{\omega}}e^{-\sqrt{\omega/2\alpha}y}\cos\left(\omega t - \sqrt{\frac{\omega}{2\alpha}}y - \frac{\pi}{4}\right) \tag{12.1-40}$$

Assim, na superfície $y = 0$, a temperatura oscila com um atraso de $\pi/4$ em relação à oscilação do fluxo térmico.

Esse problema ilustra um procedimento padrão para a obtenção do regime periódico estacionário da condução de calor. Ele também mostra como podemos usar a equação da condução de calor em termos do fluxo térmico, quando são conhecidas as condições de contorno para o fluxo térmico.

EXEMPLO 12.1-4

Resfriamento de uma Esfera em Contato com um Fluido Bem Agitado

Uma esfera sólida homogênea de raio R, inicialmente à temperatura T_1, é subitamente imersa em $t = 0$ em um volume V_f de um fluido bem agitado à temperatura T_0 em um tanque isolado. Deseja-se determinar a difusividade térmica $\alpha_s = k_s/\rho_s\hat{C}_{ps}$ do sólido por observação da temperatura do fluido T_f com o tempo. Usamos as seguintes variáveis adimensionais:

$$\Theta_s(\xi, \tau) = \frac{T_1 - T_s}{T_1 - T_0} = \text{temperatura adimensional do sólido} \tag{12.1-41}$$

$$\Theta_f(\tau) = \frac{T_1 - T_f}{T_1 - T_0} = \text{temperatura adimensional do fluido} \tag{12.1-42}$$

$$\xi = \frac{r}{R} = \text{coordenada radial adimensional} \tag{12.1-43}$$

$$\tau = \frac{\alpha_s t}{R^2} = \text{tempo adimensional} \tag{12.1-44}$$

SOLUÇÃO

O leitor pode verificar que o problema expresso em variáveis adimensionais é

Sólido		Fluido	
$\dfrac{\partial \Theta_s}{\partial \tau} = \dfrac{1}{\xi^2}\dfrac{\partial}{\partial \xi}\left(\xi^2 \dfrac{\partial \Theta_s}{\partial \xi}\right)$	(12.1-45)	$\dfrac{d\Theta_f}{d\tau} = -\dfrac{3}{B}\dfrac{\partial \Theta_s}{\partial \xi}\Big\vert_{\xi=1}$	(12.1-49)
Em $\tau = 0, \Theta_s = 0$	(12.1-46)	Em $\tau = 0, \Theta_f = 1$	(12.1-50)
Em $\xi = 1, \Theta_s = \Theta_f$	(12.1-47)		
Em $\xi = 0, \Theta_s =$ finito	(12.1-48)		

onde $B = \rho_f \hat{C}_{pf} V_f / \rho_s \hat{C}_{ps} V_s$, e os V's representam os volumes de fluido e sólido.

Problemas lineares com condições de contorno complicadas e/ou acoplamento entre equações são prontamente resolvidos, com freqüência, por aplicação da transformada de Laplace. Aplicamos esse método e transformamos as equações precedentes e suas condições de contorno em:

Sólido		Fluido	
$p\overline{\Theta}_s = \dfrac{1}{\xi^2}\dfrac{d}{d\xi}\left(\xi^2 \dfrac{d\overline{\Theta}_s}{d\xi}\right)$	(12.1-51)	$p\overline{\Theta}_f - 1 = -\dfrac{3}{B}\dfrac{d\overline{\Theta}_s}{d\xi}\Big\vert_{\xi=1}$	(12.1-54)
Em $\xi = 1, \overline{\Theta}_s = \overline{\Theta}_f$	(12.1-52)		
Em $\xi = 0, \overline{\Theta}_s =$ finito	(12.1-53)		

Aqui p é a variável transformada.[3] A solução da Eq. 12.1-51 é

$$\overline{\Theta}_s = \frac{C_1}{\xi}\,\text{senh}\sqrt{p}\xi + \frac{C_2}{\xi}\cosh\sqrt{p}\xi \tag{12.1-55}$$

Devido à condição de contorno em $\xi = 0$, fazemos C_2 igual a zero. A substituição desse resultado na Eq. 12.1-54 dá então

$$\overline{\Theta}_f = \frac{1}{p} + 3\frac{C_1}{Bp}(\text{senh}\sqrt{p} - \sqrt{p}\cosh\sqrt{p}) \tag{12.1-56}$$

A seguir, inserimos esses dois últimos resultados na condição de contorno em $\xi = 1$, para a determinação de C_1. Obtém-se para $\overline{\Theta}_f$:

$$\overline{\Theta}_f = \frac{1}{p} + 3\left(\frac{1 - (1/\sqrt{p})\tanh\sqrt{p}}{(3 - Bp)\sqrt{p}\tanh\sqrt{p} - 3p}\right) \tag{12.1-57}$$

Agora dividimos o numerador e denominador no interior dos parênteses por p, e tomamos a transformada inversa de Laplace para obter

$$\Theta_f = 1 + 3\mathcal{L}^{-1}\left\{\frac{(1/p) - (1/p^{3/2})\tanh\sqrt{p}}{(3 - Bp)(1/\sqrt{p})\tanh\sqrt{p} - 3}\right\} \equiv 1 + 3\mathcal{L}^{-1}\left\{\frac{N(p)}{D(p)}\right\} \tag{12.1-58}$$

Pode-se demonstrar que $D(p)$ possui apenas uma raiz em $p = 0$, e raízes em $\sqrt{p_k} = ib_k$(com $k = 1,2,3..., \infty$), onde b_k são as raízes não-nulas de $b_k = 3b_k/(3 + Bb_k^2)$. O teorema de Heaviside da expansão em frações parciais[4] pode agora ser usado com

$$\frac{N(0)}{D'(0)} = -\frac{1/3}{1+B} \qquad \frac{N(p_k)}{D'(p_k)} = \frac{2B}{9(1+B) + B^2 b_k^2} \tag{12.1-59, 60}$$

[3] Usamos a definição $\mathcal{L}\{f(t)\} = \bar{f}(p) = \int_0^\infty f(t)e^{-pt}\,dt$.

[4] A. Erdélyi, W. Magnus, F. Oberhettinger, and F.G. Tricomi, *Tables of Integral Transforms*, Vol. 1, McGraw-Hill, New York (1954), p. 232, Eq. 20; veja também C.R. Wylie and L.C. Barrett, *Advanced Engineering Mathematics*, McGraw-Hill, New York, 6th edition (1995), §10.9.

Para se obter

$$\Theta_f = \frac{B}{1+B} + 6B \sum_{k=1}^{\infty} \frac{\exp(-b_k^2 \tau)}{9(1+B) + B^2 b_k^2} \tag{12.1-61}$$

A Eq. 12.1-61 está representada na Fig. 12.1-4. Nesse resultado o único local onde a difusividade do sólido α_s aparece é no tempo adimensional $\tau = \alpha_s t/R^2$, de modo que o aumento da temperatura do fluido pode ser usado para determinar experimentalmente a difusividade térmica do sólido. Note que a técnica da transformada de Laplace permite-nos chegar à historia da temperatura do fluido sem passar pelos perfis de temperaturas do sólido.

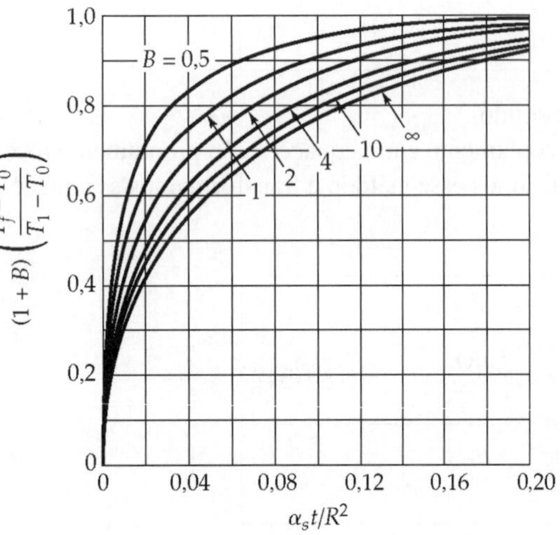

Fig. 12.1-4 Variação com o tempo da temperatura de um fluido depois que uma esfera de raio R à temperatura T_1 é posta em um fluido bem misturado inicialmente à temperatura T_0. O parâmetro adimensional B está definido no texto após a Eq. 12.1-50. [H.S. Carslaw and J.C. Jaeger, *Conduction of Heat in Solids*, 2nd edition, Oxford University Press (1959), p. 241.]

12.2 CONDUÇÃO PERMANENTE DE CALOR EM ESCOAMENTO LAMINAR E INCOMPRESSÍVEL

Na discussão precedente da condução de calor em sólidos, tivemos a necessidade de usar apenas a equação da energia. Para problemas que envolvem o escoamento de fluidos, entretanto, todas as três equações de balanço são necessárias. Aqui nos restringiremos a fluidos com propriedades físicas constantes, para os quais as equações de balanço relevantes são:

Continuidade $$(\nabla \cdot \mathbf{v}) = 0 \tag{12.2-1}$$

Movimento $$\rho[\mathbf{v} \cdot \nabla \mathbf{v}] = \mu \nabla^2 \mathbf{v} - \nabla \mathcal{P} \tag{12.2-2}$$

Energia $$\rho \hat{C}_p (\mathbf{v} \cdot \nabla T) = k \nabla^2 T + \mu \Phi_v \tag{12.2-3}$$

Na Eq. 12.2-3, Φ_v é a função de dissipação dada pela Eq. 3.3-3. Para obter os perfis de temperatura para a convecção forçada usamos um procedimento de dois passos: primeiramente as Eqs. 12.2-1 e 2 são resolvidas para a distribuição da velocidade $\mathbf{v}(\mathbf{r}, t)$; a seguir a expressão para $\mathbf{v}$ é substituída na Eq. 12.2-3, que agora pode ser resolvida para dar o perfil da temperatura $T(\mathbf{r}, t)$. Aqui, $\mathbf{r}$ é o vetor de posição definido na Eq. A.2-24.

Muitas soluções analíticas das Eqs. 12.2-1 até 3 estão disponíveis para as situações comumente encontradas.[1-7] Um dos problemas mais antigos de convecção forçada é o problema de *Graetz-Nusselt*,[8] que descreva os perfis de temperatura nos

[1] M. Jakob, *Heat Transfer*, Vol. I, Wiley, New York (1949), pp. 451-464.
[2] H. Gröber, S. Erk, and U. Grigull, *Die Grundgesetze der Wärmeübertragung*, Springer, Berlin (1961), Part II.
[3] R.K. Shah and A.L. London, *Laminar Flow Forced Convection in Ducts*, Academic Press, New York (1978).
[4] L.C. Burmeister, *Convective Heat Transfer*, Wiley-Interscience, New York (1983).
[5] L.D. Landau and E.M. Lifshitz, *Fluid Mechanics*, Pergamon, Oxford (1987) Chapter 5.
[6] L.G. Leal, *Laminar Flow and Convective Transport Processes*, Butterworth-Heinemann (1992), Chapters 8 e 9.
[7] W.M. Deen, *Analysis of Transport Phenomena*, Oxford University Press (1998), Chapters 9 e 10.
[8] L. Graetz, *Ann. Phys. (N.F.)*, **18**, 79-94 (1883), **25**, 337-357 (1885); W. Nusselt, *Zeits.Ver. deutch. Ing.*, **54**, 1154-1158 (1910). Para o "problema estendido de Graetz", que inclui a condução axial, ver E. Papoutsakis, D. Ramkrishna, e H.C. Lim, *Appl. Sci. Res.*, **36**, 13-34 (1980).

escoamentos em tubos onde a temperatura da parede sofre um aumento súbito em um ponto do tubo (veja os Problemas 12D.2, 3 e 4). Soluções análogas foram obtidas para variações arbitrárias da temperatura e do fluxo térmico na parede.[9] O problema de Graetz-Nusselt foi também estendido para fluidos não-newtonianos.[10] Soluções foram, também, desenvolvidas para uma larga classe de problemas sobre trocadores de calor em regime laminar,[11] no qual a condição de contorno da parede é dada pela continuidade do fluxo térmico através das superfícies que separam as duas correntes. Um problema adicional de interesse é o do escoamento em duto acompanhado de efeitos do aquecimento viscoso significativo (o *problema de Brinkman*[12]).

Nesta seção estendemos a discussão do problema tratado na Seção 10.8 — i.e., o da determinação dos perfis de temperatura para o escoamento laminar de um fluido incompressível em um tubo circular. Naquela seção apresentamos o problema e determinamos a solução assintótica para grandes distâncias do início da zona de aquecimento. Aqui damos a solução completa da equação diferencial parcial, assim como a solução assintótica para curtas distâncias. Isto é, o sistema apresentado na Fig. 10.8-2 é discutido, neste livro, a partir de três pontos de vista:

a. Solução completa da equação diferencial parcial pelo método da separação de variáveis (Exemplo 12.2-1).
b. Solução assintótica para curtas distâncias, tubo abaixo, pelo método da combinação de variáveis (Exemplo 12.2-2).
c. Solução assintótica para grandes distâncias tubo abaixo (Seção 10.8).

EXEMPLO 12.2-1

Escoamento Laminar em um Tubo, com Fluxo Constante de Calor na Parede
Resolva a Eq. 10.8-19 com as condições de contorno dadas pelas Eqs. 10.8-20, 21 e 22.

SOLUÇÃO
A solução completa para a temperatura é suposta ser da seguinte forma:

$$\Theta(\xi, \zeta) = \Theta_\infty(\xi, \zeta) - \Theta_d(\xi, \zeta) \tag{12.2-4}$$

na qual $\Theta_\infty(\xi,\zeta)$ é a solução assintótica dada pela Eq. 10.3-31, e $\Theta_d(\xi,\zeta)$ é uma função que será amortecida exponencialmente com o tempo. Com a substituição da expressão para $\Theta(\xi,\zeta)$ da Eq. 12.2-4 na Eq. 10.8-19, é possível demonstrar que a função $\Theta_d(\xi,\zeta)$ deve satisfazer à Eq. 10.8-19 e também às seguintes condições de contorno:

C.C. 1: em $\xi = 0,\quad \dfrac{\partial \Theta_d}{\partial \xi} = 0$ (12.2-5)

C.C. 2: em $\xi = 1,\quad \dfrac{\partial \Theta_d}{\partial \xi} = 0$ (12.2-6)

C.C. 3: em $\zeta = 0,\quad \Theta_d = \Theta_\infty(\xi, 0)$ (12.2-7)

Admitimos que a solução da equação para $\Theta_d(\xi,\zeta)$ será fatorável,

$$\Theta_d(\xi, \zeta) = X(\xi)Z(\zeta) \tag{12.2-8}$$

Então a Eq. 10.8-19 pode ser separada em duas equações diferenciais ordinárias

$$\frac{dZ}{d\zeta} = -c^2 Z \tag{12.2-9}$$

$$\frac{1}{\xi}\frac{d}{d\xi}\left(\xi\frac{dX}{d\xi}\right) + c^2(1 - \xi^2)X = 0 \tag{12.2-10}$$

[9] E.N. Lightfoot, C. Massot, and F. Irani, *Chem. Eng. Progress Symp. Series,* Vol. 61, No. 58 (1965), pp. 28-60.
[10] R.B. Bird, R. C. Armstrong, and O. Hassager, *Dynamics of Polymeric Liquids,* Wiley-Interscience (1987) 2nd edition, Vol. 1, §4.4.
[11] R.J. Nunge and W.N. Gill, *AIChE Journal*, **12**, 279-289 (1966).
[12] H.C. Brinkman, *Appl. Sci. Research,* **A2**, 120-124 (1951); R.B. Bird, *SPE Journal*, **11**, 35-40 (1955); H.L. Toor, *Ind. Eng. Chem.*, **48**, 922-926 (1956).

nas quais $-c^2$ é a constante de separação. Como as condições de contorno para X são $dx/d\xi = 0$ em $\xi = 0, 1$, temos um problema de Sturm-Liouville.[13] Portanto sabemos que teremos um número infinito de autovalores c_k e autofunções X_k, e a solução final é da forma:

$$\Theta(\xi, \zeta) = \Theta_\infty(\xi, \zeta) - \sum_{k=1}^{\infty} B_k \exp(-c_k^2\zeta) X_k(\xi) \tag{12.2-11}$$

em que

$$B_k = \frac{\int_0^1 \Theta_\infty(\xi, 0)[X_k(\xi)](1 - \xi^2)\xi\, d\xi}{\int_0^1 [X_k(\xi)]^2(1 - \xi^2)\xi\, d\xi} \tag{12.2-12}$$

O problema é portanto reduzido ao da determinação das autofunções $X_k(\xi)$ por solução da Eq.12.2-10, e determinação dos autovalores c_k por aplicação da condição de contorno em $\xi = 1$. Para esse problema isso foi feito para k até as 7 primeiras funções.[14]

EXEMPLO 12.2-2

Escoamento Laminar em um Tubo com Fluxo Constante de Calor na Parede: Solução Assintótica para a Região de Entrada

Note que a soma na Eq. 12.2-11 converge rapidamente para z grande mas vagarosamente para z pequeno. Desenvolva uma expressão para $T(r, z)$ que seja útil para pequenos valores de z.

SOLUÇÃO

Para z pequeno a adição de calor afeta apenas uma estreita região próxima à parede, de modo que as três seguintes aproximações conduzem a resultados precisos no limite quando $z \to 0$:

a. Efeitos da curvatura podem ser desprezados e o problema tratado como se a parede fosse plana; chame a distância à parede $y = R - r$.

b. O fluido pode ser olhado como se estendesse desde a superfície (plana) de transferência de calor ($y = 0$) até $y = \infty$.

c. O perfil da velocidade pode ser tratado como se fosse linear, com a inclinação dada pelo perfil parabólico de velocidade na parede: $v_z(y) = v_0 y/R$, em que $v_0 = (\mathcal{P}_0 - \mathcal{P}_L)R^2/2\mu L$.

É dessa forma que o sistema se apresentaria para um minúsculo "observador" localizado no interior da fina casca de fluido aquecida. Para esse observador, a parede pareceria plana, o fluido, infinito, e o perfil da velocidade, linear.

A equação da energia então fica, para a região apenas um pouco além de $z = 0$,

$$v_0 \frac{y}{R}\frac{\partial T}{\partial z} = \alpha \frac{\partial^2 T}{\partial y^2} \tag{12.2-13}$$

É mais fácil trabalhar com a equação para o fluxo térmico na direção de y ($q_y = -k\, \partial T/\partial y$). Essa equação é obtida dividindo-se a Eq. 12.2-13 por y e diferenciando em relação a y:

$$v_0 \frac{1}{R}\frac{\partial q_y}{\partial z} = \alpha \frac{\partial}{\partial y}\left(\frac{1}{y}\frac{\partial q_y}{\partial y}\right) \tag{12.2-14}$$

É mais conveniente trabalhar com as variáveis adimensionais definidas como

$$\psi = \frac{q_y}{q_0} \qquad \eta = \frac{y}{R} \qquad \lambda = \frac{\alpha z}{v_0 R^2} \tag{12.2-15}$$

[13] M.D. Greenberg, *Advanced Engineering Mathematics*, Prentice-Hall, Upper Saddle River, N.J., 2nd edition (1998), §17.7.

[14] R. Siegel, E.M. Sparrow, and T.M. Hallman, *Appl. Sci. Research*, **A7**, 386-392 (1958).

Então a Eq. 12.2-14 transforma-se em

$$\frac{\partial \psi}{\partial \lambda} = \frac{\partial}{\partial \eta}\left(\frac{1}{\eta}\frac{\partial \psi}{\partial \eta}\right) \tag{12.2-16}$$

com essas condições de contorno:

C.C. 1: em $\lambda = 0,\quad \psi = 0$ (12.2-17)

C.C. 2: em $\eta = 0,\quad \psi = 1$ (12.2-18)

C.C. 3: como $\eta \to \infty,\quad \psi \to 0$ (12.2-19)

Esse problema pode ser resolvido pelo método da combinação de variáveis (veja os Exemplos 4.1-1 e 12.1-1) usando a nova variável independente $\chi = \eta/\sqrt[3]{9\lambda}$. Então a Eq. 12.2-16 fica

$$\chi \frac{d^2\psi}{d\chi^2} + (3\chi^3 - 1)\frac{d\psi}{d\chi} = 0 \tag{12.2-20}$$

As condições de contorno são: em $\chi = 0$, $\psi = 1$, e quando $\chi \to \infty$, $\psi \to 1$. A solução da Eq. 12.2-20 é encontrada primeiro fazendo $d\psi/d\chi = p$, e obtendo uma equação de primeira ordem para p. A equação para p pode ser resolvida e a seguir ψ é obtido com a seguinte forma:

$$\psi(\chi) = \frac{\int_\chi^\infty \bar{\chi}\exp(-\bar{\chi}^3)\,d\bar{\chi}}{\int_0^\infty \bar{\chi}\exp(-\bar{\chi}^3)\,d\bar{\chi}} = \frac{3}{\Gamma(\frac{2}{3})}\int_\chi^\infty \bar{\chi}\exp(-\bar{\chi}^3)\,d\bar{\chi} \tag{12.2-21}$$

O perfil da temperatura pode ser agora encontrado por integração do fluxo térmico:

$$\int_T^{T_1} dT = -\frac{1}{k}\int_y^\infty q_y dy \tag{12.2-22}$$

ou, na forma adimensional,

$$\Theta(\eta, \lambda) = \frac{T - T_1}{q_0 R/k} = \sqrt[3]{9\lambda}\int_\chi^\infty \psi d\bar{\chi} \tag{12.2-23}$$

A expressão para ψ é introduzida na integral e a ordem de integração da integral dupla pode ser invertida (veja o Problema 12D.7). O resultado é

$$\Theta(\eta, \lambda) = \sqrt[3]{9\lambda}\left[\frac{\exp(-\chi^3)}{\Gamma(\frac{2}{3})} - \chi\left(1 - \frac{\Gamma(\frac{2}{3}, \chi^3)}{\Gamma(\frac{2}{3})}\right)\right] \tag{12.2-24}$$

Aqui $\Gamma(\frac{2}{3})$ é a função gama (completa), e $\Gamma(\frac{2}{3}, \chi^3)$ é a função gama incompleta.[15] Para comparar esse resultado com o do Exemplo 12.2-1, notamos que $\eta = 1 - \xi$ e $\lambda = \frac{1}{2}\zeta$. A temperatura adimensional é definida de forma idêntica na Seção 10.8, no Exemplo 12.2-1, e aqui.

12.3 ESCOAMENTO POTENCIAL PERMANENTE DE CALOR EM SÓLIDOS

O fluxo permanente de calor em sólidos com condutividade térmica constante é descrito por

Lei de Fourier $\mathbf{q} = -k\nabla T$ (12.3-1)

Equação da condução de calor $\nabla^2 T = 0$ (12.3-2)

[15] M. Abramowitz and I.A. Stegun, eds., *Handbook of Mathematical Functions,* Dover, New York, 9th Printing (1973), pp. 255 et seq.

Essas equações são exatamente análogas à expressão para a velocidade em termos do potencial velocidade ($\mathbf{v} = -\nabla\phi$), e à equação de Laplace para o potencial velocidade ($\nabla^2\phi = 0$), que encontramos na Seção 4.3. Problemas de condução de calor em regime permanente podem, portanto, ser resolvidos por aplicação da teoria do potencial.

Para a condução térmica bidimensional em sólidos com condutividade térmica constante, a temperatura satisfaz a equação de Laplace bidimensional:

$$\frac{\partial^2 T}{\partial x^2} + \frac{\partial^2 T}{\partial y^2} = 0 \tag{12.3-3}$$

Agora usamos o fato que *qualquer* função analítica $w(z) = f(x, z) + ig(x,y)$ provê duas funções escalares f e g, que são soluções da Eq. 12.3-3. Curvas de f constante podem ser interpretadas como as linhas de fluxo de calor, e curvas de g constante são as isotermas correspondentes para *alguns* problemas de transferência de calor. Os dois conjuntos de curvas são ortogonais — isto é, elas se interceptam em ângulos retos. Adicionalmente, os componentes do vetor fluxo térmico em qualquer ponto são dados por

$$ik\frac{dw}{dz} = q_x - iq_y \tag{12.3-4}$$

Dada qualquer função analítica, é fácil determinar problemas de escoamento de calor que sejam descritos por ela. Mas o processo inverso da determinação de uma função analítica adequada a um determinado problema é em geral muito difícil. Alguns métodos para tanto estão disponíveis, mas estão fora do escopo deste livro.[1,2]

Para cada função complexa $w(z)$, duas redes de fluxo térmico são obtidas pela troca das linhas de f e de g constantes. Além disso, duas redes adicionais são obtidas trabalhando-se com a função inversa $z(w)$ como ilustrado no Cap. 4 para o escoamento de fluido ideal.

Note que o escoamento potencial de fluidos e o fluxo potencial de calor são matematicamente similares, com as redes bidimensionais, em ambos os casos, sendo descritas por funções analíticas. Fisicamente, entretanto, existem certas diferenças importantes. As redes correspondentes ao escoamento de fluidos descritas na Seção 4.3 são para um fluido sem viscosidade (um fluido fictício!) e, portanto não podemos usá-las para calcular a força de arraste sobre superfícies. Por outro lado as redes correspondentes ao fluxos térmicos descritas aqui são para sólidos que possuem uma condutividade térmica finita, e conseqüentemente os resultados podem ser usados para o cálculo do fluxo térmico em todas as superfícies. Além disso, na Seção 4.3 os perfis de velocidade *não* satisfazem a equação de Laplace, enquanto nesta seção os perfis de temperatura a satisfazem. Informações adicionais acerca de processos físicos análogos descritos pela equação de Laplace estão disponíveis em livros sobre equações diferenciais parciais.[3]

Aqui damos apenas um exemplo para providenciar um vislumbre do uso de funções analíticas; exemplos adicionais podem ser encontrados nas referências citadas.

EXEMPLO 12.3-1

Distribuição de Temperatura em uma Parede

Considere uma parede de espessura b estendendo-se de 0 a na direção de y, e de $-\infty$ a $+\infty$ na direção perpendicular às direções x e y (veja a Fig. 12.3-1). As superfícies $x = \pm\frac{1}{2}b$ são mantidas à temperatura T_0, enquanto o fundo da parede na superfície $y = 0$ é mantido à temperatura T_1. Mostre que a parte imaginária da função[4]

$$w(z) = \frac{1}{\pi}\ln\left(\frac{(\text{sen}\,\pi z/b) - 1}{(\text{sen}\,\pi z/b) + 1}\right) \tag{12.3-5}$$

dá a distribuição permanente da temperatura $\Theta(x, y) = (T - T_0)/(T_1 - T_0)$.

[1] H.S. Carslaw and J.C. Jaeger, *Conduction of Heat in Solids*, 2nd edition, Oxford University Press (1959), Chapter XVI.
[2] M.D. Greenberg, *Advanced Engineering Mathematics*, Prentice-Hall, Upper Saddle River, N.J., 2nd edition (1998), Chapter 22.
[3] I.N. Sneddon, *Elements of Partial Differential Equations*, Dover, New York (1996), Chapter 4.
[4] R.V. Churchill, *Introduction to Complex Variables and Applications*, McGraw-Hill, New York, (1948), Chapter IX. Veja também C.R. Wylie and L.C. Barrett, *Advance Engineering Mathematics*, McGraw-Hill, New York, 6th edition (1995), Chapter 20.

SOLUÇÃO

A parte imaginária de *w(z)* na Eq. 12.3-5 é

$$\Theta(x, y) = \frac{2}{\pi}\arctan\left(\frac{\cos\ \pi x/b}{\text{senh}\ \pi y/b}\right) \tag{12.3-6}$$

na qual o arcotangente está na faixa de 0 a $\frac{\pi}{2}$. Quando $x = \pm\frac{1}{2}b$, a Eq.12.3-6 dá $\Theta = 0$, e quando $y = 0$, ela dá $\Theta = \frac{\pi}{2}arctan\ \infty = 1$.

Da Eq. 12.3-6 o fluxo térmico na base da parede pode ser obtido:

$$q_y|_{y=0} = -k\frac{\partial T}{\partial y}\bigg|_{y=0} = \frac{2k\sec\ \pi x/b}{b}(T_1 - T_0) \tag{12.3-7}$$

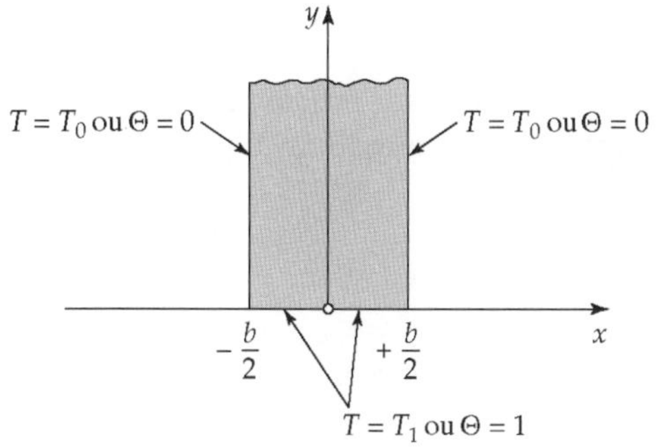

Fig. 12.3-1 Distribuição bidimensional de temperatura em regime permanente.

12.4 TEORIA DA CAMADA LIMITE PARA ESCOAMENTO NÃO-ISOTÉRMICO[1,2,3]

Na Seção 4.4, discutimos o uso da aproximação da camada limite para a descrição do escoamento laminar de fluidos incompressíveis à temperatura constante. Vimos que na vizinhança de uma superfície sólida as equações da continuidade e do movimento podiam ser simplificadas, e que essas equações podem ser resolvidas para se obter "soluções exatas da camada limite" e que uma forma integrada dessas equações (o momento de balanço de von Kármán) permite-nos obter uma "solução aproximada da camada limite". Nesta seção estendemos o desenvolvimento prévio incluindo a equação da camada limite para o transporte de energia, dando ensejo à determinação dos perfis de temperatura na proximidade de superfícies sólidas.

Como na Seção 4.4 consideramos o escoamento permanente, bidimensional em torno de um objeto sólido submerso como mostra a Fig. 4.4-1. Na vizinhança da superfície sólida as equações de balanço podem ser escritas (omitindo as barras sobre ρ e β) como:

Continuidade
$$\frac{\partial v_x}{\partial x} + \frac{\partial v_y}{\partial y} = 0 \tag{12.4-1}$$

Movimento
$$\rho\left(v_x\frac{\partial v_x}{\partial x} + v_y\frac{\partial v_x}{\partial y}\right) = \rho v_e\frac{dv_e}{dx} + \mu\frac{\partial^2 v_x}{\partial y^2} + \rho g_x\beta(T - T_\infty) \tag{12.4-2}$$

Energia
$$\rho\hat{C}_p\left(v_x\frac{\partial T}{\partial x} + v_y\frac{\partial T}{\partial y}\right) = k\frac{\partial^2 T}{\partial y^2} + \mu\left(\frac{\partial v_x}{\partial y}\right)^2 \tag{12.4-3}$$

[1] H. Schlichting, *Boundary-Layer Theory*, 7th. edition, McGraw-Hill, New-York (1979), Chapter 12.
[2] K. Stewartson, *The Theory of Laminar Boundary Layers in Compressible Fluids*, Oxford University Press (1964).
[3] E.R.G. Eckert and R.M. Drake, Jr., *Analysis of Heat and Mass Transfer*, McGraw-Hill, New-York (1972), Chapter 6 and 7.

Nelas ρ, μ, k e $\hat{C}_p$ são considerados constantes e $\mu(\partial v_x/\partial y)^2$ é o efeito de aquecimento viscoso, que daqui para frente é desprezado. Soluções dessas equações são assintoticamente precisas para valores pequenos da difusividade de momento $\nu = \mu/\rho$ na Eq. 12.4-2, e para pequenos valores da difusividade térmica na Eq. 12.4-3.

A Eq. 12.4-1 é a mesma que a Eq. 4.4-1. A Eq. 12.4-2 difere da Eq. 4.4-2 por causa da inclusão da força de empuxo (veja a Seção 11.3), a qual pode ser significativa mesmo quando a variação relativa da densidade é pequena. A Eq. 12.4-3 é obtida da Eq. 11.2-9 desprezando-se a condução de calor na direção de x. Formas mais completas das equações da camada limite podem ser encontradas em outros lugares.[2,3]

As condições de contorno usuais para as Eqs. 12.4-1 e 2 são $v_x = v_y = 0$ na superfície do sólido, e que a velocidade tende ao escoamento potencial na margem externa da *camada limite da velocidade*, de modo que $v_x \rightarrow v_e(x)$. Para a Eq. 12.4-3 a temperatura T é especificada em T_0 na superfície do sólido e T_∞ na borda externa da *camada limite térmica*. Isto é, a velocidade e a temperatura diferem de $v_e(x)$ e de T_∞ apenas nas finas camadas próximas à superfície do sólido. Entretanto as camadas limites de velocidade e temperatura serão de espessuras diferentes correspondendo à facilidade relativa da difusão de momento e de calor. Como $\text{Pr} = \nu/\alpha$, para $\text{Pr} > 1$ a camada limite térmica usualmente é menor que a camada limite da velocidade, enquanto para $\text{Pr} < 1$ a relação de espessuras é justamente a inversa. Lembre-se de que para gases Pr é próximo a $\frac{3}{4}$, enquanto para líquidos comuns $\text{Pr} > 1$, e para os metais líquidos $\text{Pr} << 1$.

Na Seção 4.4 demonstramos que a equação do movimento da camada limite podia ser integrada formalmente de $y = 0$ até $y =$, se fizermos uso da equação da continuidade. De forma análoga podemos efetuar a integração das Eqs. 12.4-1 a 3 e obtemos:

Momento

$$\mu \left.\frac{\partial v_x}{\partial y}\right|_{y=0} = \frac{d}{dx}\int_0^\infty \rho v_x(v_e - v_x)dy + \frac{dv_e}{dx}\int_0^\infty \rho(v_e - v_x)dy + \int_0^\infty \rho g_x \beta(T - T_\infty)dy \tag{12.4-4}$$

Energia

$$k\left.\frac{\partial T}{\partial y}\right|_{y=0} = \frac{d}{dx}\int_0^\infty \rho \hat{C}_p v_x(T_\infty - T)dy \tag{12.4-5}$$

As Eqs. 12.4-4 e 5 são os *balanços de momento e de energia de von Kármán*, válidos para sistemas de convecção forçada e de convecção natural. A condição velocidade nula $v_y = 0$ em $y = 0$ foi usada aqui, assim como na Eq. 4.4-4; velocidades não-nulas em $y = 0$ ocorrem em sistemas de transferência de massa e serão consideradas no Cap. 20.

Como mencionado na Seção 4.4, existem dois métodos para a solução das equações da camada limite: as soluções analíticas ou numéricas das Eqs. 12.4-1 a 3 são chamadas "soluções exatas da camada limite", enquanto as soluções obtidas das Eqs. 12.4-4 e 5, com perfis aproximados para a velocidade e a temperatura, são chamadas "soluções aproximadas da camada limite". Freqüentemente uma visão crítica pode ser obtida pelo segundo método, e com um esforço relativamente pequeno. O Exemplo 12.4-1 ilustra esse método.

Um uso extensivo tem sido feito das equações da camada limite para o estabelecimento de correlações de taxas de transferência de momento e de calor, como será visto no Cap. 14. Embora nesta seção não venhamos a tratar da convecção natural, no Cap. 15 muitos resultados úteis são apresentados acompanhados das citações bibliográficas apropriadas.

EXEMPLO 12.4-1

Transferência de Calor por Convecção Forçada Laminar, ao Longo de uma Placa Plana Aquecida (Método Integral de von Kármán)

Obtenha o perfil de temperatura próximo a uma placa plana, ao longo da qual escoa um fluido newtoniano, como mostra a Fig. 12.4-1. A superfície molhada é mantida à temperatura T_0 e a temperatura de aproximação do fluido é T_∞.

SOLUÇÃO

Para usar os balanços de von Kármán, devemos primeiramente postular formas para os perfis de velocidade e de temperatura. Os seguintes polinômios dão 0 na parede e 1 na borda externa da camada limite com inclinação nula na borda externa:

$$\begin{cases} \dfrac{v_x}{v_\infty} = 2\left(\dfrac{y}{\delta}\right) - 2\left(\dfrac{y}{\delta}\right)^3 + \left(\dfrac{y}{\delta}\right)^4 & y \le \delta(x) \\ \dfrac{v_x}{v_\infty} = 1 & y \ge \delta(x) \end{cases} \tag{12.4-6, 7}$$

$$\begin{cases} \dfrac{T_0 - T}{T_0 - T_\infty} = 2\left(\dfrac{y}{\delta_T}\right) - 2\left(\dfrac{y}{\delta_T}\right)^3 + \left(\dfrac{y}{\delta_T}\right)^4 & y \le \delta_T(x) \\ \dfrac{T_0 - T}{T_0 - T_\infty} = 1 & y \ge \delta_T(x) \end{cases} \tag{12.4-8, 9}$$

Isto é, supusemos que os perfis adimensionais da velocidade e da temperatura têm a mesma forma dentro de suas respectivas camadas limite. *Supusemos* ainda que as espessuras das camadas limite $\delta(x)$ e $\delta_T(x)$ têm uma razão constante, de tal forma que $\Delta = \delta_T(x)/\delta(x)$ seja independente de x. Duas possibilidades devem ser consideradas: $\Delta \leqslant 1$ e $\Delta \geqslant 1$. Consideramos aqui $\Delta \leqslant 1$ e deixamos o outro caso para o Problema 12D.8.

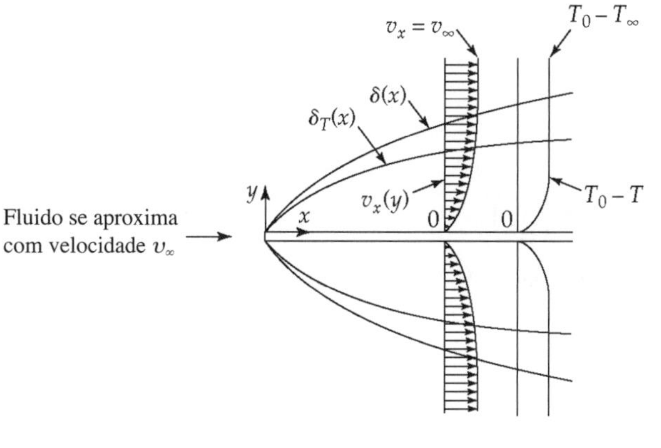

Fig. 12.4-1 Desenvolvimento da camada limite para o escoamento ao longo de uma placa aquecida, mostrando a camada limite térmica para $\Delta = \delta_T(x)/\delta(x) < 1$. A superfície está à temperatura T_0, e o fluido se aproxima à temperatura T_∞.

O uso das Eqs. 12.4-4 e 5 é simples e direto mas tedioso. A substituição das Eqs .12.4-6 até 9 nas integrais dá (com v_e feita igual a v_∞ aqui)

$$\int_0^\infty \rho v_x(v_\infty - v_x)dy = \rho v_\infty^2 \delta(x) \int_0^\infty (2\eta - 2\eta^3 + \eta^4)(1 - 2\eta + 2\eta^3 - \eta^4)d\eta = \tfrac{37}{315}\rho v_\infty^2 \delta(x) \tag{12.4-10}$$

$$\begin{aligned} \int_0^\infty \rho \hat{C}_p v_x (T_\infty - T)dy &= \rho \hat{C}_p v_\infty (T_\infty - T_0)\delta_T(x) \int_0^\infty (2\eta_T\Delta - 2\eta_T^3\Delta^3 + \eta_T^4\Delta^4) \\ &\quad \cdot(1 - 2\eta_T + 2\eta_T^3 - \eta_T^4)d\eta_T \\ &= (\tfrac{2}{15}\Delta - \tfrac{3}{140}\Delta^3 + \tfrac{1}{180}\Delta^4)\rho \hat{C}_p v_\infty (T_\infty - T_0)\delta_T(x) \end{aligned} \tag{12.4-11}$$

Nessas integrais $\eta = y/\delta(x)$ e $\eta_T = y/\delta_T(x) = y/\Delta\delta(x)$. A seguir, a substituição dessas integrais nas Eqs. 12.4-4 e 5 dá equações diferenciais para as espessuras das camadas limites. Essas equações diferenciais separáveis de primeira ordem são facilmente integradas, e obtemos

$$\delta(x) = \sqrt{\frac{1260}{37}\left(\frac{\nu x}{v_\infty}\right)} \tag{12.4-12}$$

$$\delta_T(x) = \sqrt{\frac{4}{\frac{2}{15}\Delta - \frac{3}{140}\Delta^3 + \frac{1}{180}\Delta^4}\left(\frac{\alpha x}{v_\infty}\right)} \tag{12.4-13}$$

As espessuras das camadas limites estão agora determinadas, exceto pela avaliação de Δ na Eq. 12.4-13. A relação da Eq. 12.4-12 para a Eq. 12.4-13 dá uma equação para Δ em função do número de Prandtl:

$$\tfrac{2}{15}\Delta^3 - \tfrac{3}{140}\Delta^5 + \tfrac{1}{180}\Delta^6 = \tfrac{37}{315}\mathrm{Pr}^{-1} \qquad \Delta \le 1 \tag{12.4-14}$$

Quando essa equação de sexta ordem é resolvida para Δ em função de Pr, verifica-se que a solução pode ser ajustada pela relação simples[4]

$$\Delta = \mathrm{Pr}^{-1/3} \qquad \Delta < 1 \tag{12.4-15}$$

acerca de 5%.

TABELA 12.4-1 Comparação de Cálculos da Transferência de Calor para o Escoamento sobre uma Placa Plana

Método	Valor do coeficiente numérico na expressão para a taxa de transferência de calor na Eq. 12.4-17
Método de Von Kármán com perfis das Eqs. 12.4-9 a 12	$\sqrt{148/315} = 0{,}685$
Solução exata das Eqs. 12.4-1 a 3 por Pohlhausen	0,657 em Pr = 0,6
	0,664 em Pr = 1,0
	0,670 em Pr = 2,0
Ajuste de curva do cálculo exato (Pohlhausen)	0,664
Solução assintótica das Eqs. 12.4-1 a 3 para Pr >> 1	0,677

O perfil da temperatura é, finalmente, dado (para $\Delta \leqslant 1$) por

$$\frac{T_0 - T}{T_0 - T_\infty} = 2\left(\frac{y}{\Delta\delta}\right) - 2\left(\frac{y}{\Delta\delta}\right)^3 + \left(\frac{y}{\Delta\delta}\right)^4 \tag{12.4-16}$$

em que $\Delta \approx \mathrm{Pr}^{-\frac{1}{3}}$ e $\delta(x) = \sqrt{(1.260/37)(\nu x/v_\infty)}$. A suposição de que o escoamento seja laminar é valida para $x < x_{crít}$ onde $x_{crít}v_\infty\rho/\mu$ é usualmente maior que 10^5.

Finalmente, a taxa de perda de calor de ambos os lados da placa aquecida, de largura W e comprimento L, pode ser obtida das Eqs. 12.4-5,11,12,15 e 16:

$$\begin{aligned} Q &= 2\int_0^W \int_0^L q_y|_{y=0} dx\, dz \\ &= 2\int_0^W \int_0^\infty \rho\hat{C}_p v_x (T - T_\infty)|_{x=L} dy\, dz \\ &= 2W\rho\hat{C}_p v_\infty (T_0 - T_\infty)(\tfrac{2}{15}\Delta - \tfrac{3}{140}\Delta^3 + \tfrac{1}{180}\Delta^4)\delta_T(L) \\ &\approx \sqrt{\tfrac{148}{315}}(2WL)(T_0 - T_\infty)\left(\frac{k}{L}\right)\mathrm{Pr}^{1/3}\,\mathrm{Re}_L^{1/2} \end{aligned} \tag{12.4-17}$$

na qual $\mathrm{Re}_L = Lv_\infty\rho/\mu$. Assim a técnica da camada limite permite que seja obtida a dependência da taxa de transferência de calor Q nas dimensões da placa, condições do escoamento e propriedades térmicas do fluido.

A Eq. 12.4-17 concorda bastante com soluções mais detalhadas baseadas nas Eqs. 12.4-1 a 3. A solução assintótica para Q válida para números de Prandtl altos, dada no próximo exemplo,[5] tem a mesma forma, exceto que o coeficiente numérico $\sqrt{148/315}$ é modificado para 0,677. A solução exata para Q a números de Prandtl finitos, obtida numericamente,[6] tem a mesma forma exceto que o coeficiente é substituído por uma função de pequena variação $C(\mathrm{Pr})$, apresentada na Tabela 12.4-1. O coeficiente $C = 0{,}664$ é exato para $\mathrm{Pr} = 1$ e válido dentro de $\pm 2\%$ para $\mathrm{Pr} > 0{,}6$.

A proporcionalidade de Q a $\mathrm{Pr}^{\frac{1}{3}}$, aqui encontrada, é assintoticamente correta no limite quando $\mathrm{Pr} \to \infty$, não apenas para a placa plana mas também para todas as geometrias que permitem uma camada limite laminar, não separada, como ilustrado no próximo exemplo. Desvios de $Q \sim \mathrm{Pr}^{\frac{1}{3}}$ ocorrem para números de Prandtl finitos para escoamentos sobre placas planas, e mais ainda para escoamentos na proximidade de corpos com formas diversas, e próximo a superfícies em rotação. Esses desvios são devidos à não-linearidade do perfil da velocidade dentro da camada limite térmica. Expansões assintóticas para a dependência de Pr em Q foram apresentadas por Merk e outros.[7]

---

[4] H. Schlichting, *Boundary Layer Theory,* 7th edition, McGraw-Hill, New York (1979), pp. 292-308.

[5] M.J. Lighthill, *Proc. Roy. Soc.*, **A202**, 359-377 (1950).

[6] E. Pohlhausen, *Zeits. f. angew. Math. u. Mech.*, **1**, 115-121 (1921).

[7] H.J. Merk, *J. Fluid Mech.*, **5**, 460-480 (1959).

EXEMPLO 12.4-2

Transferência de Calor por Convecção Forçada Laminar, ao Longo de uma Placa Plana Aquecida (Solução Assintótica para Números Grandes de Prandtl)[5]

No exemplo precedente usamos as expressões integrais de von Kármán para a camada limite. Agora repetimos o mesmo problema para obter uma solução exata das equações da camada limite no limite quando o número de Prandtl é grande (ver Seção 9.1). Nesse limite, a borda externa da camada limite térmica fica bem dentro da camada limite da velocidade. Portanto podemos supor, com segurança, que v_x varia linearmente ao longo de toda a camada limite térmica.

SOLUÇÃO

Combinando a equação da camada limite, da continuidade e da energia (Eqs. 12.4-1 e 3) obtemos

$$v_x \frac{\partial T}{\partial x} + \left(-\int_0^y \frac{\partial v_x}{\partial x} dy \right) \frac{\partial T}{\partial y} = \alpha \frac{\partial^2 T}{\partial y^2} \tag{12.4-18}$$

na qual $\alpha = k/\rho\hat{C}_p$. O primeiro termo da expansão em série de Taylor para a distribuição de velocidades próximo à parede é

$$\frac{v_x}{v_\infty} = c \frac{y}{\sqrt{\nu x/v_\infty}} \tag{12.4-19}$$

onde a constante $c = 0{,}4696/\sqrt{2} = 0{,}332$ pode ser inferida da Eq. 4.4-30.

A substituição dessa expressão da velocidade na Eq. 12.4-18 dá

$$\left(c \frac{y v_\infty}{\sqrt{\nu x/v_\infty}} \right) \frac{\partial T}{\partial x} + \left(\frac{c}{4} \frac{y^2 v_\infty / x}{\sqrt{\nu x/v_\infty}} \right) \frac{\partial T}{\partial y} = \alpha \frac{\partial^2 T}{\partial y^2} \tag{12.4-20}$$

Esta deve ser resolvida com as condições de contorno que $T = T_0$ em $y = 0$, e $T = T_\infty$ em $x = 0$.

Essa equação pode ser resolvida pelo método da combinação de variáveis. A escolha das variáveis adimensionais

$$\Pi(\eta) = \frac{T_0 - T}{T_0 - T_\infty} \quad \text{e} \quad \eta = \left(\frac{c v_\infty^{3/2}}{12 \alpha \nu^{1/2}} \right)^{1/3} \frac{y}{x^{1/2}} \tag{12.4-21, 22}$$

torna possível reescrever a Eq. 12.4-20 (ver Eq. C.1-9) como

$$\frac{d^2\Pi}{d\eta^2} + 3\eta^2 \frac{d\Pi}{d\eta} = 0 \tag{12.4-23}$$

A integração dessa equação com a condição de contorno que $\Pi = 0$ em $\eta = 0$ e $\Pi \to 1$ quando $\eta \to \infty$, dá

$$\Pi(\eta) = \frac{\int_0^\eta \exp(-\bar{\eta}^3)\, d\bar{\eta}}{\int_0^\infty \exp(-\bar{\eta}^3)\, d\bar{\eta}} = \frac{\int_0^\eta \exp(-\bar{\eta}^3)\, d\bar{\eta}}{\Gamma(\frac{4}{3})} \tag{12.4-24}$$

para a distribuição de temperatura adimensional. Veja a Seção C.4 para uma discussão da função gama $\Gamma(n)$.

A taxa de transferência de calor por ambos os lados da placa aquecida com dimensões W de largura e L de comprimento nos dá

$$\begin{aligned} Q &= 2\int_0^W \int_0^L q_y|_{y=0}\, dx\, dz \\ &= 2W \int_0^L \left(-k \frac{\partial T}{\partial y} \right) \Bigg|_{y=0} dx \\ &= (2WL)(T_0 - T_\infty)\left(\frac{k}{L}\right) \int_0^L \left(+k \frac{d\Pi}{d\eta} \right) \Bigg|_{\eta=0} \left(\frac{c v_\infty^{3/2}}{12\alpha\nu^{1/2}} \right)^{1/3} \frac{dx}{x^{1/2}} \\ &= (2WL)(T_0 - T_\infty)\left(\frac{k}{L}\right)\left[\frac{2}{\Gamma(\frac{4}{3})} \left(\frac{c}{12}\right)^{1/3} \right] \mathrm{Pr}^{1/3}\mathrm{Re}_L^{1/2} \end{aligned} \tag{12.4-25}$$

que é o mesmo resultado que o da Eq. 12.4-17 a não ser pela constante numérica. O termo entre colchetes é igual a 0,677, o valor assintótico que aparece na Tabela 12.4-1.

EXEMPLO 12.4-3

Convecção Forçada no Escoamento Tridimensional para Números Grandes de Prandtl[8,9]

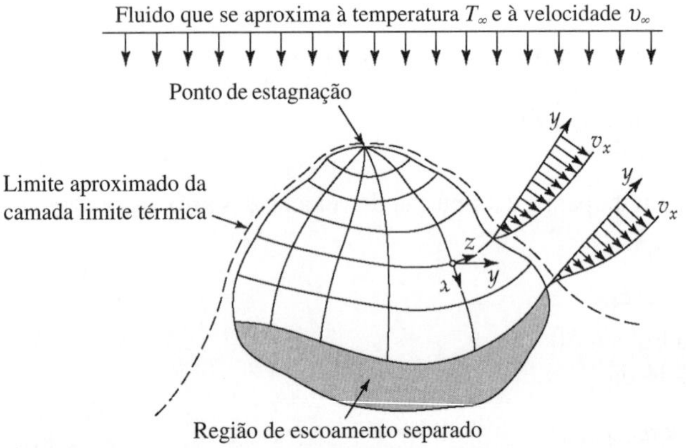

Fig. 12.4-2 Transferência de calor de uma superfície tridimensional. A análise assintótica se aplica a montante das regiões de escoamento separado e turbulento. Essa regiões estão ilustradas para cilindros na Fig. 3.7-2.

A técnica introduzida no exemplo precedente foi estendida a escoamentos em torno de objetos de forma arbitrária. Considere o escoamento permanente de um fluido sobre um objeto estacionário representado na Fig. 12.4-2. O fluido se aproxima com temperatura uniforme T_∞, e a superfície do sólido é mantida à temperatura uniforme T_0. A distribuição de temperatura e a transferência de calor devem ser determinadas para a região de escoamento laminar, que se estende a jusante do ponto de estagnação até o local onde a turbulência se inicia ou onde há a separação da camada limite. Os perfis de velocidade são considerados conhecidos.

A camada limite térmica é considerada muito fina, o que implica que as isotermas quase coincidam com a superfície sólida, de modo que o fluxo térmico **q** seja quase normal à superfície. Isso também implica que os perfis completos da velocidade sejam desnecessários. Precisamos saber o estado do movimento apenas próximo à superfície do sólido.

Para tirar proveito dessas simplificações escolhemos as coordenadas de forma especial (veja a Fig. 12.4-2). Definimos y como a distância de um ponto no fluido à superfície justamente como na Fig. 12.4-1. Definimos x e z como as coordenadas do ponto mais próximo sobre a superfície, medidas paralela e perpendicularmente ao movimento tangencial próximo à superfície. Expressamos os elementos de arco nas direções x e z como $h_x dx$ e $h_z dz$, em que h_x e h_z são os "fatores de escala" dependentes da posição discutidos na Seção A.7. Como estamos interessados apenas na região onde y é pequeno, os fatores de escala são considerados funções apenas de x e de z.

Com essa escolha os componentes da velocidade para pequenos valores de y ficam

$$v_x = \beta(x, z)y \tag{12.4-26}$$

$$v_y = \left(-\frac{1}{2h_x h_z}\frac{\partial}{\partial x}(h_z\beta)\right)y^2 \tag{12.4-27}$$

$$v_z = 0 \tag{12.4-28}$$

Aqui $\beta(x, z)$ é o valor local de $\partial v_x/\partial y$ na superfície; é positivo na região sem separação, mas pode anular-se nos pontos de estagnação ou de separação. Essas equações são obtidas escrevendo-se as séries de Taylor para v_x e v_z, retendo termos até o primeiro grau em y, e então integrando a equação da continuidade com a ajuda da condição de contorno $v_y = 0$ na super-

[8] W.E. Stewart, *AIChE Journal*, **9**, 528-535 (1963).

[9] Para análises bidimensionais análogas, veja M.J. Lighthill, *Proc. Roy. Soc.*, **A202**, 359-377 (1950); V.G. Levich, *Physico-Chemical Hydrodynamics*, Chapter 2, Prentice-Hall, Englewood Cliffs, N.J. (1962); A. Acrivos, *Physics of Fluids*, **3**, 657-658 (1960).

fície e assim obter a expressão para v_y. Esses resultados são válidos para escoamentos newtonianos ou não-newtonianos com viscosidade independente da temperatura.[10]

Por um procedimento análogo ao utilizado no Exemplo 12.4-2 obtemos um resultado semelhante ao dado na Eq. 12.4-24. A única diferença é que η é definido com maior generalidade como $\eta = y/\delta_T$, onde δ_T é a espessura da camada limite térmica definida por

$$\delta_T = \frac{1}{\sqrt{h_z\beta}}\left(9\alpha\int_{x_1(z)}^{x}\sqrt{h_z\beta}h_x h_z d\bar{x}\right)^{1/3} \tag{12.4-29}$$

e $x_1(z)$ é o limite a montante para a região de transferência de calor. Das Eqs. 12.4-24 e 25 o fluxo térmico local na superfície q_0 e a taxa total de transferência de calor para a região aquecida da forma $x_1(z) < x < x_2(z)$, $z_1 < z < z_2$ são

$$q_0 = \frac{k(T_0 - T_\infty)}{\Gamma(\frac{4}{3})\delta_T} \tag{12.4-30}$$

$$Q = \frac{3^{1/3}k(T_0 - T_\infty)}{2\alpha^{1/3}\Gamma(\frac{4}{3})}\int_{z_1}^{z_2}\left(\int_{x_1(z)}^{x_2(z)}\sqrt{h_z\beta}h_x h_z d\bar{x}\right)^{2/3} dz \tag{12.4-31}$$

Esse último resultado mostra como Q depende das propriedades do fluido, perfis de velocidade, e da geometria do sistema. Vemos que Q é proporcional à diferença de temperatura, a $k/a^{1/3}$ 5 $k^{2/3}r^{1/3}\hat{C}_p^{1/3}$, e à potência $\frac{1}{3}$ do gradiente médio da velocidade sobre a superfície.

Mostre como esses resultados podem ser usados para obter a taxa de transferência de calor de uma esfera aquecida, de raio R, com um fluido viscoso em escoamento lento (regime de Stokes)[11] (veja o Exemplo 4.2-1 e a Fig. 2.6-1).

SOLUÇÃO

As coordenadas da camada limite x, y e z podem ser identificadas aqui com $\pi - \theta$, $r - R$ e ϕ da Fig. 2.6-1. Então a estagnação ocorre em $\theta = \pi$, e a separação ocorre em $\theta = 0$. Os fatores de escala são $h_x = R$ e $h_z = R$ sen θ. O gradiente da velocidade β é

$$\beta = -\left.\frac{\partial v_\theta}{\partial r}\right|_{r=R} = \frac{3}{2}\frac{v_\infty}{R}\,\text{sen}\,\theta \tag{12.4-32}$$

Inserindo esses nas Eqs. 12.4-29 e 31 obtém-se os seguintes resultados para a transferência de calor em convecção forçada de uma esfera isotérmica de diâmetro D:

$$\begin{aligned}\delta_T &= \frac{1}{\sqrt{\frac{3}{2}v_\infty\,\text{sen}^2\,\theta}}\left(-9\alpha\int_\pi^0\sqrt{\tfrac{3}{2}v_\infty\,\text{sen}^2\,\theta}\,R^2\,\text{sen}\,\theta\,d\theta\right)^{1/3}\\ &= (\tfrac{3}{4})^{1/3}D(\text{Re Pr})^{-1/3}\frac{(\pi - \theta + \frac{1}{2}\,\text{sen}\,2\theta)^{1/3}}{\text{sen}\,\theta}\end{aligned} \tag{12.4-33}$$

$$\begin{aligned}Q &= \frac{3^{1/3}k(T_0 - T_\infty)}{2\alpha^{1/3}\Gamma(\frac{4}{3})}\int_0^{2\pi}\left(-\int_\pi^0\sqrt{\tfrac{3}{2}v_\infty\,\text{sen}^2\,\theta}\,R^2\,\text{sen}\,\theta\,d\theta\right)^{2/3}d\phi\\ &= (\pi D^2)(T_0 - T_\infty)\left(\frac{k}{D}\right)\left[\frac{(3\pi)^{2/3}}{2^{7/3}\Gamma(\frac{4}{3})}\right](\text{Re Pr})^{1/3}\end{aligned} \tag{12.4-34}$$

A constante em colchetes é 0,991.

O comportamento previsto pela Eq. 12.4-33 está esboçado na Fig. 12.4-3. A espessura da camada limite cresce de um valor pequeno no ponto de estagnação a um valor infinito no ponto de separação, onde a camada limite transforma-se em uma esteira estendendo-se a jusante. A análise aqui é mais precisa para a parte da frente da esfera, onde δ_T é pequena; felizmente essa é também a região onde a maior fração da transferência de calor ocorre. O resultado para Q é bom dentro de cerca de 5% para RePr > 100; isso limita seu uso primariamente a fluidos com Pr > 100, uma vez que o regime de Stokes é confinado a Re da ordem de 1 ou menor.[12]

---

[10] Propriedade dependentes da temperatura foram incluídas por Acrivos, *loc. cit.*

[11] A solução desse problema foi obtida primeiramente por V.G. Levich, *loc. cit.* Foi estendida para números de Reynolds mais elevados por A. Acrivos e T.D. Taylor, *Phys. Fluids*, **5**, 387-394 (1962).

[12] Uma revisão de análises para uma larga faixa de Pé = RePe é dada por S.K. Friedlander, *AIChE Journal*, **7**, 347-348 (1961).

Resultados com a mesma forma da Eq. 12.4-34 são obtidos para escoamentos lentos em outras geometrias, incluindo meios porosos.[8,13]

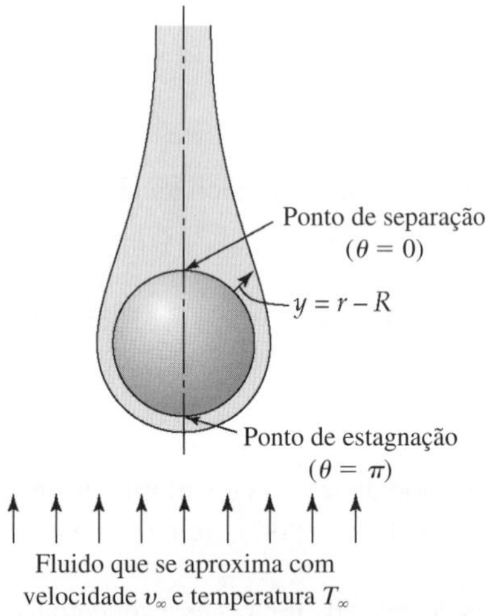

Fig. 12.4-3 Transferência de calor em convecção forçada de uma esfera em escoamento lento. A região sombreada mostra a camada limite térmica (definida por $\Pi_T \leq 0{,}99$ ou $y \leq 1{,}5\delta_T$) para Pé = RePr ≈ 200.

Deve ser enfatizado que as soluções assintóticas são particularmente importantes; elas são relativamente fáceis de serem obtidas, e para muitas aplicações são suficientemente precisas. Veremos no Cap. 14 que algumas das correlações importantes e de uso corrente são baseadas em soluções do tipo das discutidas aqui.

QUESTÕES PARA DISCUSSÃO

1. Como a Eq. 12.1-2 deve ser modificada se existir uma fonte de calor no interior do sólido?
2. Mostre como a Eq. 12.1-10 é obtida a partir da Eq. 12.1-8. Qual é o escoamento viscoso análogo a essa equação?
3. Que tipos de problemas de condução de calor podem ser resolvidos pela transformada de Laplace? E quais não podem?
4. No Exemplo 12.1-3 tanto o fluxo térmico quanto a temperatura satisfazem a "equação da condução de calor". Isso é sempre verdadeiro?
5. Desenhe um esboço cuidadoso dos resultados nas Eqs. 12.1-38 e 40 mostrando o que se quer dizer na seguinte declaração: "as oscilações de temperatura são atrasadas em relação às do fluxo térmico por $\pi/4$".
6. Verifique que a Eq. 12.1-40 satisfaz às condições de contorno. Ela deve satisfazer a uma condição inicial? Em caso positivo, qual?
7. No Exemplo 12.2-1, o método da separação de variáveis funcionaria se fosse aplicado diretamente à $\Theta(\xi, \zeta)$ e não a $\Theta_d(\xi, \zeta)$?
8. No Exemplo 12.2-2, como a temperatura da parede depende da coordenada a jusante z?
9. Por meio de um diagrama cuidadosamente rotulado, mostre o que se quer dizer pelos dois casos $\Delta \leq 1$ e $\Delta \geq 1$ na Seção 12.4. Qual desses casos se aplica a gases poliatômicos diluídos? E a líquidos orgânicos? E a metais fundidos?
10. Resuma a situação na qual os quatro métodos matemáticos na Seção 12.1 são aplicáveis.

PROBLEMAS

12A.1 Condução de calor transiente em uma esfera de ferro. Uma esfera de ferro com 1 in de diâmetro tem as seguintes propriedades físicas: $k = 30$ Btu/h·ft·F, $\hat{C} = 0{,}12$ Btu/lb$_m$·F e $\rho = 436$ lb$_m$/ft^3. Inicialmente a esfera está a 70°F.

[13] J.P. Sørensen and W.E. Stewart, *Chem. Eng. Sci.*, **29**, 833-837 (1974).

(a) Qual é a difusividade térmica da esfera?
(b) Se a esfera for subitamente imersa em um grande corpo de fluido à temperatura de 270°F, quanto tempo é necessário para que o centro da esfera atinja a temperatura de 128°F?
(c) Uma esfera de igual tamanho e temperatura inicial, mas feita de outro material requer o dobro do tempo para chegar a 128°F. Qual é a sua difusividade térmica?
(d) A carta usada na solução de (b) e (c) foi preparada da solução de uma equação diferencial parcial. Qual é esta equação diferencial?
Respostas: **(a)** 0,574 ft²/h; **(b)** 1,1 s; **(c)** 0,287 ft²/h

12A.2 Comparação entre as duas soluções para placas em tempos curtos. Quanto de erro se comete pelo emprego da Eq. 12.1-8 (baseada na placa de espessura semi-infinita) em vez da Eq. 12.1-31 (baseada na placa de espessura finita), quando $\alpha t/b^2 = 0{,}01$ e para a posição 0,9 distante do plano médio da placa à sua superfície? Use as soluções apresentadas graficamente para fazer as comparações.
Resposta: 4%

12A.3 Cola com adesivo de cura térmica[1] (Fig. 12A-3). Deseja-se colar duas placas de material sólido, cada um com espessura de 0,77 cm. Isso é feito empregando uma fina camada de material plástico, o que se funde e forma uma boa liga a 160°C. As duas placas são postas em uma prensa, com os dois pratos da prensa mantidos a 220°C. Por quanto tempo deverão as placas permanecer na prensa se inicialmente estão a 20°C? As placas têm uma difusividade térmica de $4{,}2\times10^{-3}$ cm²/s.
Resposta: 85 s

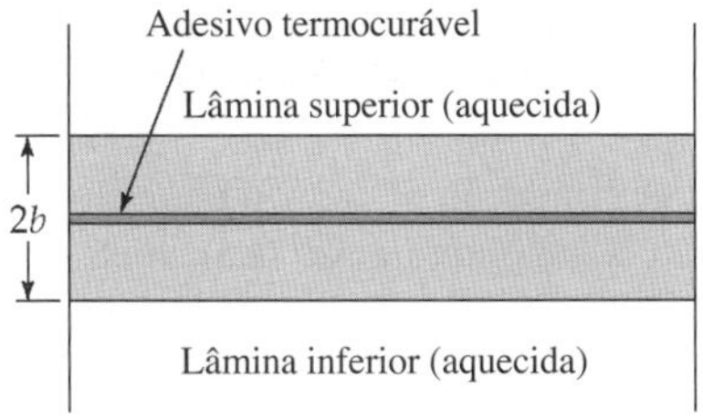

Fig. 12A.3 Duas lâminas de material sólido com uma camada fina de adesivo entre elas.

12A.4 Resfriamento de um tarugo de aço. Um tarugo de aço com 1ft de diâmetro e 3ft de comprimento, inicialmente a 1.000°F é resfriado em um óleo. Suponha que a superfície do tarugo está a 200°F durante todo o resfriamento. O aço tem as seguintes propriedades, que podem ser consideradas independentes da temperatura: $k = 25$Btu/h·ft·F, $\rho = 7{,}7$g/cm³ e $\hat{C}_p = 0{,}12$cal/g·C.

Estime a temperatura do ponto mais quente do tarugo depois de 5 minutos de resfriamento. Despreze os efeitos das superfícies terminais; isto é, faça os cálculos para um cilindro com o diâmetro dado mas de comprimento infinito. Veja o Problema 12C.1 com o método para considerar os efeitos terminais.
Resposta: 750°F

12A.5 Medida da difusividade térmica pela amplitude da oscilação da temperatura.
(a) Deseja-se usar os resultados do Exemplo 12.1-3 para medir a difusividade térmica $\alpha = k/\rho\hat{C}_p$ de um material sólido. Isso pode ser feito medindo-se as amplitudes A_1 e A_2 em dois pontos às distâncias y_1 e y_2 de uma superfície aquecida periodicamente. Mostre que a difusividade térmica pode ser estimada pela fórmula

$$\alpha = \frac{\omega}{2}\left(\frac{y_2 - y_1}{\ln(A_1/A_2)}\right)^2 \qquad (12A.4\text{-}1)$$

(b) Calcule a difusividade térmica α quando o fluxo térmico senoidal na superfície tem uma freqüência de 0,0030 ciclos/s, se $y_2 - y_1 = 6{,}19$ cm e a relação de amplitudes é A_1/A_2 é 6,05.
Resposta: $\alpha = 0{,}111$ cm²/s

[1] Esse problema é baseado no Exemplo 10 de J.M. McKelvey, Chapter 2 de *Processing of Thermoplastic Materials* (E.C. Bernhardt, ed.), Reinhold, New York (1959), p. 93.

12A.6 Convecção forçada de uma esfera para um escoamento lento. Uma esfera de diâmetro D, cuja superfície é mantida à temperatura T_0, está em um fluido que se aproxima com velocidade v_∞ e temperatura T_∞. O escoamento em torno da esfera é no regime de Stokes – isto é, o número de Reynolds é inferior a aproximadamente 0,1. O fluxo térmico desde a esfera é descrito pela Eq. 12.4-34.

(a) Verifique se a equação é dimensionalmente correta.

(b) Estime a taxa de transferência de calor, Q, para o escoamento em torno de uma esfera de 1 mm de diâmetro. O fluido é um óleo a $T_\infty = 50°C$ movendo-se à velocidade de 1,0 cm/s em relação à esfera, cuja superfície é mantida a 100°C. O óleo tem as seguintes propriedades: $\rho = 0{,}9$ g/cm³, $\hat{C}_p = 0{,}45$ cal/g·K, $k = 3{,}0 \times 10^{-4}$ cal/s·cm·K, e $\mu = 150$ cp.

12B.1 Medida da difusividade térmica em um experimento transiente. Uma placa sólida, com 1,90 cm de espessura, é levada ao equilíbrio térmico em um banho de temperatura constante a 20,0°C. Em dado instante ($t = 0$) a placa é presa entre dois pratos de cobre termostatados, cujas superfícies são cuidadosamente mantidas a 40,0°C. A temperatura do plano médio da placa é registrada em função do tempo por um termopar. Os dados experimentais são:

t(s)	0	120	240	360	480	600
T(C)	20,0	24,4	30,5	34,2	36,5	37,8

Determine a difusividade e a condutividade térmica da placa, sabendo-se que $\rho = 1{,}50$ g/cm³, $\hat{C}_p = 0{,}365$ cal/g·C.
Resposta: $\alpha = 1{,}50\times10^{-3}$ cm²/s; $k = 8{,}2\times10^{-4}$ cal/s·cm·C ou 0,20 Btu/h·ft·F

12B.2 Convecção forçada bidimensional com fonte térmica em linha. Um fluido à temperatura T_∞ escoa na direção de x ao longo de um fio infinitamente fino, o qual é aquecido eletricamente à taxa Q/L (energia por unidade de tempo por unidade de comprimento). O fio funciona como uma fonte térmica em linha. Supõe-se que o fio não altera o escoamento apreciavelmente. As propriedades do fluido (densidade, condutividade térmica e calor específico) são, por hipótese, constantes e o escoamento é uniforme. Além disso, supõe-se que a transferência de calor do fio por radiação seja desprezível.

(a) Simplifique a equação da energia da forma apropriada desprezando a condução de calor na direção x em relação ao transporte convectivo. Verifique que as seguintes condições para a temperatura são razoáveis:

$$T \to T_\infty \quad \text{como } y \to \infty \quad \text{para todo } x \tag{12B.2-1}$$

$$T = T_\infty \quad \text{em } x < 0 \quad \text{para todo } y \tag{12B.2-2}$$

$$\int_{-\infty}^{+\infty} \rho\hat{C}_p(T - T_\infty)|_x v_x dy = Q/L \quad \text{para todo } x > 0 \tag{12B.2-3}$$

(b) Postule uma solução da forma (para $x > 0$)

$$T(x, y) - T_\infty = f(x)g(\eta) \qquad \text{onde } \eta = y/\delta(x) \tag{12B.2-4}$$

Mostre por intermédio da Eq. 12B.2-3 que $f(x) = C_1/\delta(x)$. Substitua a Eq. 12B.2 na equação da energia e obtenha

$$-\left[\frac{v_x\delta}{\alpha}\frac{d\delta}{dx}\right]\frac{d}{d\eta}(\eta g) = \frac{d^2g}{d\eta^2} \tag{12B.2-5}$$

(c) Faça a quantidade em colchetes igual a 2 (por quê?), e então a resolva para determinar $\delta(x)$.

(d) A seguir resolva a equação para $g(\eta)$.

(e) Finalmente avalie a constante C_1 e assim complete a dedução da distribuição da temperatura.

12B.3 Aquecimento de uma parede (fluxo na parede constante). Uma parede de grande espessura está inicialmente à temperatura T_0. No instante $t = 0$ um fluxo térmico constante q_0 é aplicado a uma de suas superfícies (em $y = 0$) e esse fluxo é mantido. Determine os perfis de temperatura em função do tempo $T(y, t)$ para tempos curtos. Como a parede é muito espessa, é seguro admitir que as duas superfícies da parede estão a uma distância infinita na obtensão dos perfis de temperatura.

(a) Siga o procedimento usado na passagem da Eq. 12.1-33 para Eq. 12.1-35, e então escreva as condições de contorno e iniciais apropriadas. Mostre que a solução analítica do problema é

$$T(y, t) - T_0 = \frac{q_0}{k}\left(\sqrt{\frac{4\alpha t}{\pi}}\exp(-y^2/4\alpha t) - \frac{2y}{\sqrt{\pi}}\int_{y/\sqrt{4\alpha t}}^{\infty}\exp(-u^2)\,du\right) \tag{12B.3-1}$$

(b) Verifique que a solução está correta por sua substituição na equação da condução térmica unidimensional para a temperatura (veja a Eq. 12.1-33). Mostre igualmente que as condições de contorno e inicial são satisfeitas.

12B.4 Transferência de calor de uma parede para um filme descendente (limite para tempos curtos)[2] (Fig. 12B.4). Um líquido frio escoa para baixo em contato com uma parede sólida, como se mostra na figura, tem um efeito de resfriamento apreciável sobre a superfície sólida. Estime a taxa de transferência de calor para o fluido para tempos tão curtos que a temperatura do fluido se altera apreciavelmente apenas na vizinhança imediata da parede.

(a) Mostre que a distribuição de velocidade no filme descendente, dada na Seção 2.2, pode ser escrita como $v_z = v_{z,\text{máx}}[2(y/\delta) - (y/\delta)^2]$, em que $v_{z,\text{máx}} = \rho g\delta^2/2\mu$. Então demonstre que na vizinhança da parede a velocidade é uma função linear de y dada por

$$v_z \approx \frac{\rho g\delta}{\mu} y \tag{12B.4-1}$$

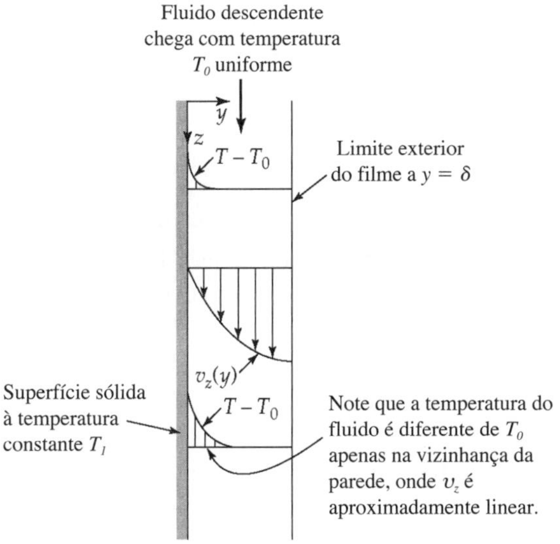

Fig. 12B.4 Transferência de calor para um filme descendente sobre parede vertical.

(b) Demonstre que a equação da energia para essa situação se reduz a

$$\rho\hat{C}_p v_z \frac{\partial T}{\partial z} = k\frac{\partial^2 T}{\partial y^2} \tag{12B.4-2}$$

Faça uma lista de todas as simplificações necessárias para chegar a esse resultado. Combine as duas equações precedentes para obter

$$y\frac{\partial T}{\partial z} = \beta\frac{\partial^2 T}{\partial y^2} \tag{12B.4-3}$$

em que $\beta = \mu k/\rho^2\hat{C}_p g\delta$.

(c) Mostre que para tempos de contatos curtos podemos escrever como condições de contorno

C.C. 1:	$T = T_0$	para $z = 0$	e $y > 0$	(12B.4-4)
C.C. 2:	$T = T_0$	para $y = \infty$	e z finito	(12B.4-5)
C.C. 3:	$T = T_1$	para $y = 0$	e $z > 0$	(12B.4-6)

[2] R.L. Pigford, *Chemical Engineering Progress Symposium Series*, **51**, No. 17, 79-92 (1955). **Robert Lamar Pigford** (1917-1988), que lecionou na Universidade de Delaware e na Universidade da Califórnia em Berkeley, pesquisou muitos aspectos da difusão e da transferência de massa; ele foi o editor fundador dos *Industrial and Engineering Chemistry Fundamentals*.

Note que a condição de contorno correta em $y = \delta$ é trocada por uma condição de contorno fictícia em $y = \infty$. Isso é permitido porque o calor penetra no fluido em uma distância muito curta.
(d) Use variáveis adimensionais $\Theta(\eta) = (T - T_0)/(T_1 - T_0)$ e $\eta = y/\sqrt[3]{9\beta z}$ para reescrever a equação diferencial como (veja a Eq.C.1-9):

$$\frac{d^2\Theta}{d\eta^2} + 3\eta^2 \frac{d\Theta}{d\eta} = 0 \qquad (12B.4\text{-}7)$$

Mostre que as condições de contorno são $\Theta = 0$ para $\eta = \infty$ e $\Theta = 1$ em $\eta = 0$.
(e) Na Eq.12B.4-7, faça $d\Theta/d\eta = p$ e obtenha uma equação para $p(\eta)$. Resolva essa equação para achar $d\Theta/d\eta = p(\eta) = C_1 \exp(-\eta^3)$. Mostre que uma segunda integração e aplicação das condições de contorno dá

$$\Theta = \frac{\int_\eta^\infty \exp(-\bar{\eta}^3)d\bar{\eta}}{\int_0^\infty \exp(-\bar{\eta}^3)d\bar{\eta}} = \frac{1}{\Gamma(\frac{4}{3})}\int_\eta^\infty \exp(-\bar{\eta}^3)d\bar{\eta} \qquad (12B.4\text{-}8)$$

(f) Mostre que o fluxo térmico médio para o fluido é

$$q_{\text{méd}}|_{y=0} = \frac{3}{2}\frac{(9\beta L)^{-1/3}}{\Gamma(\frac{4}{3})}k(T_1 - T_0) \qquad (12B.4\text{-}9)$$

em que foi feito emprego da fórmula de Leibniz apresentada na Seção C.3.

12B.5 Temperatura em uma placa com geração de calor. A placa de condutividade térmica k do Exemplo 12.1-2 está inicialmente à temperatura T_0. Para $t > 0$ existe uma geração de calor uniforme no interior da placa.
(a) Obtenha uma expressão para a temperatura adimensional $k(T - T_0)/S_0b^2$ em função da coordenada adimensional $\eta = y/b$ e o tempo adimensional olhando a solução do livro da Carslaw e Jaeger.
(b) Qual é a temperatura máxima alcançada no centro da placa?
(c) Quanto tempo decorre antes que a temperatura alcance 90% do máximo?
Resposta: **(c)** $t \approx b^2/\alpha$

12B.6 Convecção forçada no escoamento lento em torno de um cilindro (Fig. 12B.6). Um longo cilindro de raio R está suspenso em um fluido de propriedades ρ, μ, $\hat{C}_p$ e k. O fluido se aproxima com temperatura T_∞ e velocidade v_∞. A superfície cilíndrica é mantida à temperatura T_0. Para esse sistema a distribuição de velocidade foi determinada por Lamb[3] no limite de Re << 1. Seu resultado para a região próxima ao cilindro é

$$\psi = -\frac{v_\infty R \operatorname{sen}\theta}{2S}\left[\frac{r}{R}\left(2\ln\frac{r}{R} - 1\right) + \frac{R}{r}\right] \qquad (12B.6\text{-}1)$$

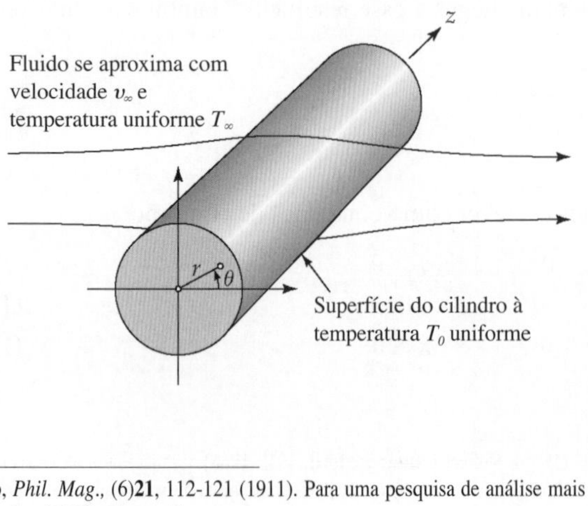

Fig. 12B.6 Transferência de calor ao longo de um cilindro de raio R.

[3]H. Lamb, *Phil. Mag.*, (6)**21**, 112-121 (1911). Para uma pesquisa de análise mais detalhadas veja L. Rosenhead (ed.), *Laminar Boundary Layers*, Oxford University Press, London (1963), Chapter 4.

na qual ψ é a primeira função fluxo em coordenadas polares da Tabela 4.2-1. A quantidade adimensional S é dada por $S = \frac{1}{2} - \gamma + \ln(8/\text{Re})$, onde $\gamma = 0{,}5772...$ é a "constante de Euler" e $\text{Re} = Dv_\infty\rho/\mu$.

(a) Para esse sistema, determine o gradiente da velocidade interfacial b definido no Exemplo 12.4-3.

(b) Determine a taxa de perda de calor Q por um comprimento L do cilindro usando o método do Exemplo 12.4-3. Note que

$$\int_0^\pi \sqrt{\text{sen}\,\theta}\,d\theta = \text{B}(\tfrac{3}{4}, \tfrac{1}{2}) = 2{,}3963\ldots \tag{12B.6-2}$$

em que $\text{B}(m, n) = \Gamma(m)/\Gamma(m + n)$ é a "função beta".

(c) Determine δ_T/R em $\theta = 0, \frac{1}{2}\pi$ e π

Respostas: **(a)** $\beta = \dfrac{2v_\infty\,\text{sen}\,\theta}{RS}$

(b) $Q = C(\pi DL)(T_0 - T_\infty)\left(\dfrac{k}{D}\right)\left(\dfrac{\text{Re Pr}}{S}\right)^{1/3}$ (Avaliar a constante C)

(c) $\dfrac{\delta_T}{R} = \left(\dfrac{9S}{\text{Re Pr}}\right)^{1/3} f(\theta); f = \infty, 1.1982, (\tfrac{2}{3})^{1/3}$

12B.7 Uma tabela de tempo para assar um peru.

(a) Um corpo sólido de forma arbitrária está inicialmente à temperatura uniforme T_0. No instante $t = 0$ é imerso em um fluido à temperatura T_1. Seja L uma dimensão característica do sólido. Mostre que a análise dimensional prevê que

$$\Theta = \Theta(\xi, \eta, \zeta, \tau \text{ e razões geométricas}) \tag{12B.7-1}$$

na qual $\Theta = (T - T_0)/(T_1 - T_0)$, $\xi = x/L$, $\eta = y/L$, $\zeta = z/L$ e $\tau = \alpha t/L^2$. Relacione esse resultado nos gráficos da Seção 12.1.

(b) Uma tabela típica para assar peru a 350°F é[4]

Massa do peru (lb_m)	Tempo necessário por unidade de massa (min/lb_m)
6-10	20-25
10-16	18-20
18-25	15-18

Compare esses tempos determinados empiricamente com os resultados da parte (a), para perus geometricamente semelhantes, à temperatura inicial T_0, e cozidos a uma temperatura superficial fixa T_1 até a mesma distribuição adimensional de temperaturas $\Theta = \Theta(\xi, \eta, \zeta)$.

12B.8 Uso da solução assintótica da camada limite. Use os resultados do Ex. 12.4-2 para obter δ_T e q_0 para o sistema do Problema 12D.4. Por comparação de δ_T com D, estime a faixa de aplicabilidade da solução obtida no Problema 12D.4.

12B.9 Transferência de calor para fluido não-newtoniano com fluxo constante na parede (solução assintótica para pequenas distâncias axiais). Reformule o Exemplo 12.2-2 para um fluido cujo comportamento não-newtoniano é descrito adequadamente pelo modelo da lei da potência. Mostre que a solução dada na Eq. 12.2-2 pode ser adaptada para o modelo da lei da potência simplesmente por uma modificação apropriada na definição de v_0.

12C.1 Soluções de produto para condução técnica transiente em sólidos.

(a) No Exemplo 12.1-2 a condução de calor transiente é resolvida para a placa de espessura $2b$. Mostre que a solução da Eq. 12.1-2 para o problema análogo para um bloco retangular de dimensões finitas $2a$, $2b$ e $2c$ pode ser escrita como o produto das soluções para as três placas de dimensões correspondentes:

$$\frac{T_1 - T(x, y, z, t)}{T_1 - T_0} = \Theta\left(\frac{x}{a}, \frac{\alpha t}{a^2}\right)\Theta\left(\frac{y}{b}, \frac{\alpha t}{b^2}\right)\Theta\left(\frac{z}{c}, \frac{\alpha t}{c^2}\right) \tag{12C.1-1}$$

[4]*Woman's Home Companion Cook Book*, Garden City Publishing Co., (1946), cortesia de Jean Stewart.

em que $\Theta(y/b, \alpha t/b^2)$ é o lado direito da Eq. 12.1-31.

(b) Mostre um resultado similar para cilindros de comprimento finito; então reformule o Problema 12A.4 sem a suposição de que o cilindro é infinitamente longo.

12C.2 Aquecimento de placa semi-infinita com condutividade térmica variável. Reformule o Exemplo 12.1-1 para um sólido cuja condutividade térmica varia com a temperatura na forma:

$$\frac{k}{k_0} = 1 + \beta\left(\frac{T - T_0}{T_1 - T_0}\right) \tag{12C.2-1}$$

em que k_0 é a condutividade à temperatura T_0 e β é uma constante. Use o seguinte procedimento aproximado:

(a) Faça $\Theta = (T - T_0)/(T_1 - T_0)$ e $\eta = y/\delta(t)$, em que $\delta(t)$ é uma espessura da camada limite que varia com o tempo. Então suponha que

$$\Theta(y, t) = \Phi(\eta) \tag{12C.2-2}$$

na qual a função $\Phi(\eta)$ dá a forma de perfis "similares". Isso é equivalente a supor que os perfis têm formas similares para todos os valores de β, o que não corresponde à verdade.

(b) Substitua os perfis aproximados assim obtidos na equação da condução de calor e obtenha a seguinte equação diferencial para a espessura da camada limite:

$$M\delta \frac{d\delta}{dt} = \alpha_0 N \tag{12C.2-3}$$

na qual $\alpha_0 = k_0/\rho\hat{C}_p$ e

$$M = \int_0^1 \Phi(\eta)d\eta \quad \text{e} \quad N = (1 + \beta\Phi)(d\Phi/d\eta)|_0^1 \tag{12C.2-4, 5}$$

Então resolva para $\delta(t)$.

(c) Agora faça $\Phi(\eta) = 1 - \frac{3}{2}\eta + \frac{1}{2}\eta^3$. Por que esta é uma expressão adequada? Então determine a distribuição transiente de temperatura $T(y, t)$ assim como o fluxo térmico em $y = 0$.

12C.3 Condução de calor com mudança de fase (*o problema de Neumann-Stefan*) (Fig. 12C.3).[5] Um líquido contido em um longo cilindro está inicialmente à temperatura T_i. Para o tempo $t \geqslant 0$, a temperatura do fundo é mantida à temperatura T_0, abaixo do ponto de fusão T_m. Queremos estimar o movimento da interface sólido-líquido, $Z(t)$, durante o processo de congelamento.

Por simplicidade supomos que as propriedades ρ, k e $\hat{C}_p$ são constantes e as mesmas para as duas fases. Seja $\Delta\hat{H}_f$ o calor de fusão por grama, e usamos a abreviação $\Lambda = \Delta\hat{H}_f/\hat{C}_p(T_1 - T_0)$.

(a) Escreva a equação para a condução de calor para as regiões do líquido (L) e do sólido (S); apresente as condições de contorno e inicial.

(b) Suponha que as soluções são da forma:

$$\Theta_S \equiv \frac{T_S - T_0}{T_1 - T_0} = C_1 + C_2 \operatorname{erf}\frac{z}{\sqrt{4\alpha t}} \tag{12C.3-1}$$

$$\Theta_L \equiv \frac{T_L - T_0}{T_1 - T_0} = C_3 + C_4 \operatorname{erf}\frac{z}{\sqrt{4\alpha t}} \tag{12C.3-2}$$

(c) Use a condição de contorno em $z = 0$ para mostrar que $C_1 = 0$ e a condição em $z = \infty$ para mostrar que $C_3 = 1 - C_4$. Use o fato de que $T_S = T_L = T_m$ em $z = Z(t)$ para concluir que $Z(t) = \lambda\sqrt{4\alpha t}$, em que λ é uma constante (ainda não determinada). Determine C_3 e C_4 em termos de λ. Use a condição de contorno restante para determinar λ em termos Λ e $\Theta_m = (T_m - T_0)/(T_1 - T_0)$:

$$\sqrt{\pi}\Lambda\lambda \exp\lambda^2 = \frac{\Theta_m}{\operatorname{erf}\lambda} - \frac{1 - \Theta_m}{1 - \operatorname{erf}\lambda} \tag{12C.3-3}$$

---

[5] Para referências bibliográficas e problemas relacionados, veja H.S. Carslaw and J.C. Jaeger, *Conduction of Heat in Solids*, 2nd edition, Oxford University Press (1959), Chapter XI; nas pp. 283-286 o problema considerado aqui é trabalhado para a situação em que as propriedades das fases líquida e sólida são diferentes. Veja também S.G. Bankoff, *Advances in Chemical Engineering*, Vol. 5, Academic Press, New York (1964), pp. 75-150: J. Crank, *Free and Moving Boundary Problems*, Oxford University Press (1984); J.M. Hill, *One-Dimensional Stefan Problems*, Longmans (1987).

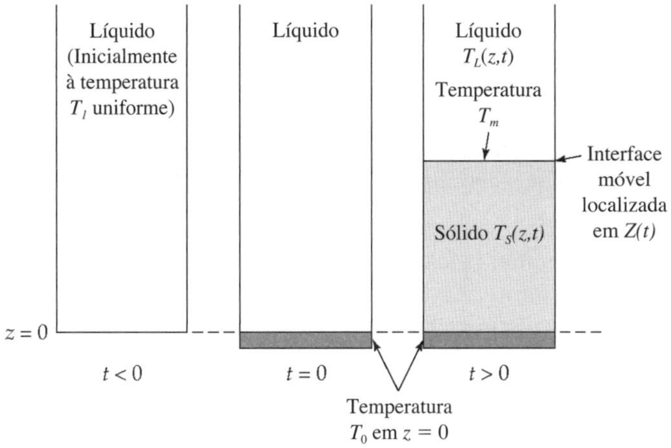

Fig. 12C.3 Condução de calor com solidificação.

Qual a expressão final para $Z(t)$? (*Nota*: Nesse problema supusemos que a transição de fase ocorre instantaneamente e que não há sub-resfriamento na fase líquida. No congelamento de muitos líquidos esta suposição é insustentável. Isto é, para descrever o processo de solidificação corretamente, temos que levar em consideração a cinética do processo de cristalização.[6])

12C.4 Aquecimento viscoso em escoamento oscilatório.[7] Um aquecimento viscoso pode ser um fator nocivo para a medida da viscosidade. Aqui vemos como ele pode afetar a medida da viscosidade em um sistema com prato oscilante.

Um fluido newtoniano está localizado na região entre dois pratos paralelos separados pela distância b. Ambos os pratos são mantidos à temperatura T_0. O prato inferior (em $z = 0$) é forçado a oscilar senoidalmente na direção de z com uma amplitude de velocidade v_0 e freqüência angular ω. Estime a elevação de temperatura resultante do aquecimento viscoso. Considere apenas o limite para alta freqüência.

(a) Mostre que a distribuição de velocidade é dada por

$$\frac{v_z(x,t)}{v_0} = \frac{\left[\begin{array}{l} \begin{pmatrix} \operatorname{senh} a(1-\xi)\cos a(1-\xi)\operatorname{senh} a \cos a \\ +\operatorname{sen} a(1-\xi)\cosh a(1-\xi)\operatorname{sen} a \cosh a \end{pmatrix} \cos \omega t \\ +\begin{pmatrix} -\operatorname{sen} a(1-\xi)\cosh a(1-\xi)\operatorname{senh} a \cos a \\ +\operatorname{senh} a(1-\xi)\cos a(1-\xi)\operatorname{sen} a \cosh a \end{pmatrix} \operatorname{sen} \omega t \end{array}\right]}{\operatorname{senh}^2 a \cos^2 a + \cosh^2 a \operatorname{sen}^2 a} \tag{12C.4-1}$$

em que $a = \sqrt{\rho\omega b^2/2\mu}$ e $\xi = x/b$.

(b) A seguir calcule a função de dissipação Φ_v, fazendo a média em um ciclo. Use as fórmulas

$$\overline{\cos^2 \omega t} = \overline{\operatorname{sen}^2 \omega t} = \tfrac{1}{2} \quad \text{e} \quad \overline{\operatorname{sen} \omega t \cos \omega t} = 0 \tag{12C.4-2}$$

que podem ser verificadas. Então simplifique o resultados para alta freqüência (i.e., para altos valores de a) para obter

$$\overline{\Phi}_v \ (\omega \text{ grande}) = a^2\left(\frac{v_0}{b}\right)^2 e^{-2a\xi} \tag{12C.4-3}$$

(c) Calcule o valor médio temporal da equação da condução de calor para obter

$$0 = k\frac{d^2\overline{T}}{dx^2} + \mu\overline{\Phi}_v \tag{12C.4-4}$$

[6] H. Janeschitz-Kriegl, *Plastics and Rubber Processing and Applications,* **4**, 145-158 (1984); H. Janeschitz-Kriegl, em *One-Hundred Years of Chemical Engineering* (N.A. Peppas, ed.), Kluwer Academic Publishers, Dordrecht (The Netherlands) (1989), pp. 111-124; H. Janeschitz-Kriegl, E. Ratajski, and G. Eder, *Ind. Eng. Chem. Res.*, **34**, 3481-3487 (1995); G. Astarita and J.M. Kenny, *Chem. Eng. Comm.*, **53**, 69-84 (1987).

[7] R.B. Bird, *Chem. Eng. Prog. Symposium Series*, Vol. 61, No. 58 (1965), pp.13-14; veja também F. Ding, A.J. Giacomin, R.B. Bird, and C-B Kweon, J. *Non-Newtonian Fluid Mech.*, **86**, 359-374 (1999).

na qual $\overline{T}$ é a temperatura media por um ciclo. Resolva essa equação obtendo:

$$\overline{T} - T_0 = \left(\frac{\mu v_0^2}{4k}\right)[(1 - e^{-2a\xi}) - (1 - e^{-2a})\xi] \tag{12C.4-5}$$

Esse resultado mostra como a temperatura no espaço entra as placas varia com a posição. A partir desta função é possível calcular a elevação de temperatura. Para freqüências razoavelmente altas, $\sqrt{\rho\omega b^2/2\mu}$.

12C.5 Penetração do calor solar. Muitos animais do deserto se protegem das altas temperaturas diurnas enterrando-se suficientemente de modo a manterem-se a uma temperatura razoavelmente constante. Seja $T(y, t)$ a temperatura do solo, onde a profundidade é y abaixo da superfície da terra e t é o tempo medido a partir do instante de temperatura máxima T_0. Seja T_∞ a temperatura longe da superfície e seja a temperatura da superfície dada por

$$T(0, t) - T_\infty = 0 \qquad \text{para } t < 0$$

$$T(0, t) - T_\infty = (T_0 - T_\infty)\cos\omega t \qquad \text{para } t \geq 0 \tag{12C.5-1}$$

Aqui $\omega = 2\pi/t_{per}$, na qual t_{per} é o tempo de um ciclo completo da oscilação de temperatura, i.e., 24 horas. Nessas condições pode-se demonstrar que a temperatura a qualquer profundidade é dada por

$$\frac{T(y, t) - T_\infty}{T_0 - T_\infty} = e^{-\sqrt{\omega/2\alpha}\,y}\cos(\omega t - \sqrt{\omega/2\alpha}\,y) - \frac{1}{\pi}\int_0^\infty e^{-\overline{\omega}t}(\text{sen}\sqrt{\overline{\omega}/\alpha}\,y)\frac{\overline{\omega}}{\omega^2 + \overline{\omega}^2}\,d\overline{\omega} \tag{12C.5-2}$$

Essa equação é a correspondente análoga para a condução de calor da Eq. 4D.1-1, que descreve a resposta do perfil da velocidade próximo a uma placa oscilatória. O primeiro termo descreve o regime "periódico estacionário" e o segundo, o comportamento "transiente". Suponha as seguintes propriedades para o solo:[8] $\rho = 1515$ kg/m^3, $k = 0{,}027$ W/m·K e $\hat{C}_p = 800$ J/kg·K.

(a) Suponha que o aquecimento da superfície da terra é exatamente senoidal, e ache a amplitude da variação de temperatura a uma distância y abaixo da superfície. Para isso use apenas o termo periódico de regime estacionário da Eq. 12C.5-2. Mostre que à profundidade de 10 cm essa amplitude tem o valor de 0,0172.

(b) Discuta a importância do termo transiente na Eq. 12C.5-2. Estime o tamanho dessa contribuição.

(c) Considere, a seguir, uma expressão formal arbitrária para a temperatura diária da superfície dada por uma série de Fourier da forma

$$\frac{T(0, t) - T_\infty}{T_0 - T_\infty} = \sum_{n=0}^{\infty}(a_n \cos n\omega t + b_n\,\text{sen}\,n\omega t) \tag{12C.5-3}$$

Quantos termos dessa série são usados para resolver a parte (a)?

12C.6 Transferência de calor para filme descendente de fluido não-newtoniano. Repita o Problema 12B.4 para um fluido polimérico que seja razoavelmente bem descrito pelo modelo da potência da Eq. 8.3-3.

12D.1 Aquecimento transiente de uma placa (método da transformada de Laplace).

(a) Resolva novamente o problema do Exemplo 12.1-31 usando a transformada de Laplace e obtenha o resultado da Eq. 12.1-31.

(b) Note que a série na Eq. 12.1-31 não converge rapidamente para tempos curtos. Invertendo-se a transformada de Laplace de um modo deferente que o de (a), obtenha uma série diferente que seja rapidamente convergente para tempos curtos.[9]

(c) Mostre que o primeiro termo da série em (b) está relacionado à solução para tempos curtos do Exemplo 12.1-1.

12D.2 O problema de Graetz-Nusselt (Tabela 12D.2).

(a) Um fluido (newtoniano ou newtoniano generalizado) escoa em regime laminar em um tubo circular de raio R. Na região de entrada $z < 0$, a temperatura do fluido é uniforme em T_1. Na região $z > 0$ a temperatura da parede é

---

[8] W.M. Rohsenhow, J.P. Hartnett, and Y.I. Cho, eds., *Handbook of Heat Transfer*, 3rd edition, McGraw-Hill (1998), p. 268.

[9] H.S. Carslaw and J. C. Jaeger, *Conduction of Heat in Solids*, 2nd edition, Oxford University Press (1959), pp. 308-310.

mantida em T_0. Suponha que todas as propriedades físicas sejam constantes e a dissipação viscosa e a condução axial de calor sejam desprezíveis. Use as seguintes variáveis adimensionais:

$$\Theta = \frac{T - T_0}{T_1 - T_0} \qquad \phi = \frac{v_z}{\langle v_z \rangle} \qquad \xi = \frac{r}{R} \qquad \zeta = \frac{\alpha z}{\langle v_z \rangle R^2} \tag{12D.2-1}$$

Mostre que os perfis de temperatura nesse sistema são

$$\Theta = \sum_{i=1}^{\infty} A_i X_i(\xi) \exp(-\beta_i^2 \zeta) \tag{12D.2-2}$$

na qual X_i e β_i são as autofunções e autovalores obtidos da solução da seguinte equação:

$$\frac{1}{\xi}\frac{d}{d\xi}\left(\xi \frac{dX_i}{d\xi}\right) + \beta_i^2 \phi X_i = 0 \tag{12D.2-3}$$

com condições de contorno X = finito em $\xi = 0$ e $X = 0$ em $\xi = 1$. Mostre ainda que

$$A_i = \frac{\int_0^1 X_i \phi \xi \, d\xi}{\int_0^1 X_i^2 \xi \, d\xi} \tag{12D.2-4}$$

(b) Resolva a Eq.12D.2-3 para o fluido newtoniano obtendo uma solução em série de potências para X_i. Calcule o menor autovalor pela solução de uma equação algébrica. Verifique seu resultado com o dado na Tabela 12D.2.

(c) Com o trabalho requerido em (b) para o cálculo de β_i^2 é possível inferir que o cômputo dos autovalores superiores seja tedioso. Para autovalores mais altos que o segundo ou o terceiro, o método de Wenzel-Kramers-Brillouin (WKB)[10] pode ser usado; quanto mais altos os autovalores, mais preciso é o método de WKB. Leia sobre esse método e verifique que para fluido newtoniano

$$\beta_i^2 = \tfrac{1}{2}(4i - \tfrac{4}{3})^2 \tag{12D.2-5}$$

Uma fórmula semelhante foi deduzida para o modelo da potência.[11]

TABELA 12D.2 Autovalores β_1^2 para o Problema de Graetz-Nusselt para Fluidos Newtonianos[a].

i	Pelo cálculo direto[b]	Pelo método WKB[c]	Pelo método de Stodola e Vianello[d]
1	3,67	3,56	3,661[c]
2	22,30	22,22	—
3	56,95	56,88	—
4	107,6	107,55	—

[a] Os β_i^2 correspondem a $\frac{1}{2}\lambda_i^2$ em W.M. Rohsenow, J. P. Hartnett, e Y. I. Cho. *Handbook of Heat Transfer*, McGraw-Hill (New York). Tabela 5.3, p. 510.
[b] Valores tomados de K. Yamagata, *Memoirs of the Faculty of Engineering*, Kyûshû University, Volume VIII, N.º 6, Fukuoka, Japan (1940).
[c] Calculado pela Eq. 12D.5-1.
[d] Para a função de teste particular na parte (d) do problema.

(d) Obtenha o menor autovalor pelo método de Stodola e Vianello. Use as Eqs.71a e 72b da p.203 do livro do Hildebrand[12], com $\phi = 2(1 - \xi^2)$ para fluido newtoniano e $X_1 = 1 - \xi^2$ como uma função tentativa simples mas admissível. Mostre que se chega, rapidamente, ao valor $\beta_1^2 = 3{,}661$.

12D.3 O problema de Graetz-Nusselt (solução assintótica para *z* grande). Note que, no limite para z muito grande, apenas um termo ($i = 1$) é necessário na Eq.12D.2-2. Deseja-se usar esse resultado para calcular o fluxo térmico na parede, q_0, para z grande e para expressar o resultado como

$$q_0 = (\text{uma função do sistema e propriedades do fluido}) \times (T_b - T_0) \tag{12D.3-1}$$

[10] J. Heading, *An Introduction to Phase-Integral Methods*, Wiley, New York (1962); J.R. Sellars, M. Tribus, and J.S. Klein, *Trans. ASME*, **78**, 441-448 (1956).
[11] I.R. Whiteman and W.B. Drake, *Trans. ASME*, **80**, 728-732 (1958).
[12] F.B. Hildebrand, *Advanced Calculus for Applications*, Prentice-Hall, Englewood Cliffs, N.J. (1963), §.5.

em que T_b é a temperatura média do fluido definida na Eq. 10.8-33.
(a) Primeiramente verifique que

$$q_0 = -\frac{k}{R}\frac{\partial\Theta/\partial\xi|_{\xi=1}}{\Theta_b}(T_b - T_0) \qquad (12D.3\text{-}2)$$

Aqui Θ é o mesmo que no Problema 12D.2, e $\Theta_b = (T_b - T_0)/(T_1 - T_0)$.
(b) Mostre que para z grande tanto a Eq.12D.3-2 quanto a Eq.12D.2-2 dão

$$q_0 = \frac{k}{2R}\beta_1^2(T_b - T_0) \qquad (12D.3\text{-}3)$$

Portanto para z grande, tudo que precisamos saber é o primeiro autovalor; as autofunções não precisam ser calculadas. Isso mostra como o método de Stodola e Vianello[12] é útil para o cálculo do valor limite do fluxo térmico.

12D.4 O problema de Graetz-Nusselt (solução assintótica para z pequeno).
(a) Aplique o método do Exemplo 12.2-2 para a solução do problema discutido no Problema 12D.2. Considere um fluido newtoniano e use as seguintes variáveis adimensionais:

$$\Theta = \frac{T_1 - T}{T_1 - T_0} \qquad \zeta = \frac{z}{R} \qquad \sigma = \frac{R-r}{R} = \frac{s}{R} \qquad N = \frac{4\langle v_z\rangle R}{\alpha} \qquad (12D.4\text{-}1)$$

Mostre que o método de combinação de variáveis dá

$$\Theta = \frac{1}{\Gamma(\frac{4}{3})}\int_\eta^\infty \exp(-\bar{\eta}^3)d\bar{\eta} \qquad (12D.4\text{-}2)$$

na qual $\eta = (N\sigma^3/9\zeta)^{1/3}$.
(b) Mostre que o fluxo na parede é

$$q_r|_{r=R} = \frac{k}{R}\left[\frac{1}{9^{1/3}\Gamma(\frac{4}{3})}\left(\text{Re Pr}\frac{D}{z}\right)^{1/3}\right](T_1 - T_0) \qquad (12D.4\text{-}3)$$

A quantidade (Re Pr D/z) = $(4/\pi)(\omega\hat{C}_p/kz)$ aparece freqüentemente; o grupamento Gz = $(\omega\hat{C}_p/kz)$ é denominado *número de Graetz*. Compare esse resultado com o da Eq.12D.3-3 com relação à dependência nos grupos adimensionais.
(c) Como esses resultados podem ser escritos de forma a serem válidos para todo modelo newtoniano generalizado?

12D.5 O problema de Graetz para escoamento entre placas paralelas. Refaça os Problemas 12D.2, 3 e 4 para o escoamento entre placas paralelas (ou escoamento em um duto retangular de pequena altura).

12D.6 O problema de fluxo constante na parede entre placas paralelas. Aplique os métodos usados na Seção 10.8, Exemplo 12.2-1 e Exemplo 12.2-2 para o escoamento entre placas paralelas.

12D.7 Solução assintótica para z pequeno para o escoamento laminar em um tubo com fluxo térmico constante. Preencha os passos que faltam entre Eq. 12.2-23 e Eq. 12.2-24. A introdução da expressão para ψ na Eq. 12.2-23 dá

$$\Theta = \sqrt[3]{9\lambda}\int_\chi^\infty \left[\frac{3}{\Gamma(\frac{2}{3})}\int_{\bar{\chi}}^\infty \bar{\bar{\chi}}\exp(-\bar{\bar{\chi}}^3)\,d\bar{\bar{\chi}}\right]d\bar{\chi} \qquad (12D.7\text{-}1)$$

Por que introduzimos os símbolos $\bar{\chi}$ e $\bar{\bar{\chi}}$? A seguir inverta a ordem da integração para obter

$$\Theta = \sqrt[3]{9\lambda}\int_\chi^\infty \left[\frac{3}{\Gamma(\frac{2}{3})}\int_\chi^{\bar{\bar{\chi}}} \bar{\chi}\exp(-\bar{\bar{\chi}}^3)d\bar{\chi}\right]d\bar{\bar{\chi}} \qquad (12D.7\text{-}2)$$

Finalmente complete a interação em $\bar{\chi}$ para chegar a

$$\Theta(\eta, \lambda) = \frac{\sqrt[3]{9\lambda}}{\Gamma(\frac{2}{3})}\left[\exp(-\chi^3) - 3\chi\left(\int_0^\infty \chi\exp(-\chi^3)\,d\chi - \int_0^\chi \bar{\chi}\exp(-\bar{\chi}^3)\,d\bar{\chi}\right)\right] \qquad (12D.7\text{-}3)$$

Use então as definições $\Gamma(a) = \int_0^\infty t^{a-1}e^{-t}dt$ e $\Gamma(a, x) = \int_\chi^\infty t^{a-1}e^{-t}dt$ para as funções gama incompletas.

12D.8 Condução de calor forçada de uma placa plana (a camada limite térmica se estende além da camada limite de momento). Mostre que o resultado análogo à Eq. 12.4-14 para $\Delta > 1$ é[13]

$$\frac{3}{10}\Delta^2 - \frac{3}{10}\Delta + \frac{2}{15} - \frac{3}{140}\frac{1}{\Delta^2} + \frac{1}{180\Delta^3} = \frac{37}{315}\frac{1}{\mathrm{Pr}} \qquad (12D.8\text{-}1)$$

[13] H. Schlichting, *Boundary-Layer Theory,* 7th edition, McGraw-Hill, New York (1979), p. 306.

Capítulo 13

Distribuições de Temperaturas em Escoamentos Turbulentos

Nos Caps. 10 e 12 mostramos como obter as distribuições de temperaturas em sólidos e em fluidos em escoamento laminar. O procedimento envolveu a solução de equações de balanço com condições iniciais e de contorno apropriadas.

Agora voltamos a atenção para o problema da determinação de perfis de temperaturas no escoamento turbulento. Essa discussão é bem semelhante àquela do Cap. 5. Começamos por determinar a média temporal das equações de balanço. Na média temporal da equação da energia aparece o fluxo térmico turbulento $\overline{\mathbf{q}}^{(t)}$, expresso pela correlação entre as flutuações da velocidade e da temperatura. Existem diversas expressões empíricas muito úteis para $\overline{\mathbf{q}}^{(t)}$, que permitem a previsão da temperatura média próxima a paredes e na turbulência livre. Usamos a transferência de calor em tubos para ilustrar o método.

O efeito mais aparente da turbulência sobre o transporte de energia é o acréscimo do transporte na direção perpendicular ao escoamento principal. Se energia é transferida a um fluido em escoamento laminar na direção z, então o transporte de calor nas direções x e y deve-se, exclusivamente, à condução, e passa-se muito vagarosamente. Por outro lado, se o escoamento é turbulento, o calor se difunde nas direções x e y muito rapidamente. Essa rápida dispersão do calor é um aspecto característico do escoamento turbulento. Esse processo de mistura é apresentado aqui em detalhe para o escoamento em tubos e em jatos circulares.

Embora seja convencional estudar o transporte turbulento de calor por intermédio das equações da energia em média temporal, também é possível analisar o fluxo térmico em uma parede pelo uso da técnica da transformada de Fourier, sem passar pela média temporal. Isto é apresentado na última seção deste capítulo.

13.1 Média Temporal das Equações de Balanço para o Escoamento Incompressível Não-Isotérmico

Na Seção 5.2, introduzimos a noção das médias temporais de grandezas e de suas flutuações. Neste capítulo, estaremos preocupados com perfis de temperatura. Introduzimos a temperatura média $\overline{T}$ e sua flutuação $\overline{T}'$, e escrevemos em analogia à Eq. 5.2-1

$$T = \overline{T} + T' \qquad (13.1\text{-}1)$$

Claramente, o valor médio de T' é zero, $\overline{T'} = 0$, mas as grandezas como $\overline{v_x'T'}$, $\overline{v_y'T'}$ e $\overline{v_z'T'}$ serão diferentes de zero em razão da correlação existente entre as flutuações de velocidade e da temperatura em qualquer ponto.

Para um fluido puro, necessitamos de três equações de balanço e queremos discutir aqui as suas formas médias temporais. As médias das equações de continuidade e do movimento para um fluido com densidade e viscosidade constantes foram apresentadas nas Eqs. 5.2-10 e 12, e não há necessidade de serem repetidas aqui. Para um fluido com

μ, ρ, $\hat{C}_p$ e k constantes, a Eq. 11.2-5, quando posta na forma $\partial/\partial t$ pelo emprego da Eq. 3.5-4, e usando as leis de Fourier e de Newton, fica

$$\frac{\partial}{\partial t}\rho\hat{C}_pT = -\left(\frac{\partial}{\partial x}\rho\hat{C}_pv_xT + \frac{\partial}{\partial y}\rho\hat{C}_pv_yT + \frac{\partial}{\partial z}\rho\hat{C}_pv_zT\right) + k\left(\frac{\partial^2T}{\partial x^2} + \frac{\partial^2T}{\partial y^2} + \frac{\partial^2T}{\partial z^2}\right)$$
$$+ \mu\left[2\left(\frac{\partial v_x}{\partial x}\right)^2 + \left(\frac{\partial v_x}{\partial y}\right)^2 + 2\left(\frac{\partial v_x}{\partial y}\right)\left(\frac{\partial v_y}{\partial x}\right) + \cdots\right] \tag{13.1-2}$$

na qual apenas alguns termos representativos da dissipação viscosa $-(\tau{:}\nabla\mathbf{v}) = \mu\Phi_v$ foram incluídos (veja a Eq. B7-1 para a expressão completa).

Na Eq. 13.1-2, substituímos T por $\overline{T} + T'$, v_x por $\overline{v}_x + v_x'$ etc. Então, a média temporal da equação é calculada para obter-se

$$\frac{\partial}{\partial t}\rho\hat{C}_p\overline{T} = -\left(\frac{\partial}{\partial x}\rho\hat{C}_p\overline{v}_x\overline{T} + \frac{\partial}{\partial y}\rho\hat{C}_p\overline{v}_y\overline{T} + \frac{\partial}{\partial z}\rho\hat{C}_p\overline{v}_z\overline{T}\right)$$
$$-\underline{\left(\frac{\partial}{\partial x}\rho\hat{C}_p\overline{v_x'T'} + \frac{\partial}{\partial y}\rho\hat{C}_p\overline{v_y'T'} + \frac{\partial}{\partial z}\rho\hat{C}_p\overline{v_z'T'}\right)}$$
$$+k\left(\frac{\partial^2\overline{T}}{\partial x^2} + \frac{\partial^2\overline{T}}{\partial y^2} + \frac{\partial^2\overline{T}}{\partial z^2}\right)$$
$$+\mu\left[2\left(\frac{\partial\overline{v}_x}{\partial x}\right)^2 + \left(\frac{\partial\overline{v}_x}{\partial y}\right)^2 + 2\left(\frac{\partial\overline{v}_x}{\partial y}\right)\left(\frac{\partial\overline{v}_y}{\partial x}\right) + \cdots\right]$$
$$+\mu\underline{\left[2\overline{\left(\frac{\partial v_x'}{\partial x}\right)\left(\frac{\partial v_x'}{\partial x}\right)} + \overline{\left(\frac{\partial v_x'}{\partial y}\right)\left(\frac{\partial v_x'}{\partial y}\right)} + 2\overline{\left(\frac{\partial v_x'}{\partial y}\right)\left(\frac{\partial v_y'}{\partial x}\right)} + \cdots\right]} \tag{13.1-3}$$

A comparação dessa equação com a precedente mostra que a equação média possui a mesma forma da equação original, exceto pelo aparecimento dos termos indicados pelas linhas pontilhadas que os sublinham, que dizem respeito às flutuações turbulentas. Somos levados à definição do fluxo térmico turbulento $\overline{\mathbf{q}}^{(t)}$ com componentes

$$\overline{q}_x^{(t)} = \rho\hat{C}_p\overline{v_x'T'} \qquad \overline{q}_y^{(t)} = \rho\hat{C}_p\overline{v_y'T'} \qquad \overline{q}_z^{(t)} = \rho\hat{C}_p\overline{v_z'T'} \tag{13.1-4}$$

e à função dissipação turbulenta de energia $\overline{\Phi}_v^{(t)}$:

$$\overline{\Phi}_v^{(t)} = \sum_{i=1}^{3}\sum_{j=1}^{3}\left(\overline{\left(\frac{\partial v_i'}{\partial x_j}\right)\left(\frac{\partial v_i'}{\partial x_j}\right)} + \overline{\left(\frac{\partial v_i'}{\partial x_j}\right)\left(\frac{\partial v_j'}{\partial x_i}\right)}\right) \tag{13.1-5}$$

A semelhança entre os componentes de $\overline{\mathbf{q}}^{(t)}$ na Eq. 13.1-4 e os de $\overline{\boldsymbol{\tau}}^{(t)}$ na Eq. 5.2-8 deve ser notada. Na Eq. 13.1-5 v_1', v_2' e v_3' são sinônimos de v_x', v_y' e v_z', e x_1, x_2 e x_3 têm o mesmo significado que x, y e z.

Em resumo, listamos as equações médias para escoamentos turbulentos com μ, ρ, $\hat{C}_p$ e k constantes, e sob a forma da derivada D/Dt (as duas primeiras foram apresentadas nas Eqs. 5.2-10 e 12):

Continuidade $$(\nabla \cdot \overline{\mathbf{v}}) = 0 \tag{13.1-6}$$

Movimento $$\rho\frac{D\overline{\mathbf{v}}}{Dt} = -\nabla\overline{p} - [\nabla \cdot (\overline{\boldsymbol{\tau}}^{(v)} + \underline{\overline{\boldsymbol{\tau}}^{(t)}})] + \rho\mathbf{g} \tag{13.1-7}$$

Energia $$\rho\hat{C}_p\frac{D\overline{T}}{Dt} = -(\nabla \cdot (\overline{\mathbf{q}}^{(v)} + \underline{\overline{\mathbf{q}}^{(t)}})) + \mu(\overline{\Phi}_v^{(v)} + \underline{\overline{\Phi}_v^{(t)}}) \tag{13.1-8}$$

nas quais entende-se que $D/Dt = \partial/\partial t + \overline{\mathbf{v}}\cdot\nabla$. Nelas, $\overline{\mathbf{q}}^{(v)} = -k\nabla\overline{T}$, e $\overline{\Phi}_v^{(v)}$ é a dissipação viscosa da Eq. B.7-1, mas com todos os v_i substituídos por $\overline{v}_i$.

Na discussão de problemas de transferência de calor, é costume desprezar-se os termos de dissipação viscosa. Assim, estabelece-se um problema de transferência de calor como no escoamento laminar, exceto que τ e $\mathbf{q}$ são substituídos por $\overline{\boldsymbol{\tau}}^{(v)} + \overline{\boldsymbol{\tau}}^{(t)}$ e $\overline{\mathbf{q}}^{(v)} + \overline{\mathbf{q}}^{(t)}$, respectivamente, e os valores médios de $\overline{p}$, $\overline{\mathbf{v}}$ e $\overline{T}$ são usados nos termos restantes.

13.2 O PERFIL DE TEMPERATURA MÉDIA PRÓXIMO A UMA PAREDE[1]

Antes de apresentar expressões empíricas para $\overline{\mathbf{q}}^{(t)}$ na próxima seção, apresentamos uma curta discussão de alguns resultados que não dependem desses empiricismos.

Consideramos o escoamento turbulento ao longo de uma parede plana como mostra a Fig. 13.2-1, e perguntamos sobre a temperatura da subcamada inercial. Seguimos o desenvolvimento segundo aquele elaborado para a Eq. 5.3-1. Designamos o fluxo térmico para o fluido, em $y = 0$, $q_0 = \bar{q}_y|_{y=0}$ e postulamos que o fluxo térmico na subcamada inercial não difere substancialmente do fluxo térmico na parede.

Procuramos relacionar o fluxo térmico q_0 ao valor médio do gradiente de temperatura na subcamada inercial. Uma vez que o transporte nessa região é dominado pela convecção turbulenta, a viscosidade μ e a condutividade térmica k não têm um papel importante. Assim, os únicos parâmetros dos quais $d\bar{T}/dy$ podem depender são q_0, $v_* = \sqrt{\tau_0/\rho}$, ρ, $\hat{C}_p$ e y. Necessitamos usar o fato da linearidade da equação da energia implicar que $d\bar{T}/dy$ deva ser proporcional a q_0. A única combinação a satisfazer esse requisito é

$$-\frac{d\bar{T}}{dy} = \frac{\beta q_0}{\kappa \rho \hat{C}_p v_* y} \tag{13.2-1}$$

na qual κ é a constante adimensional da Eq. 5.3-1, e β é uma constante adicional (que vem a ser o número de Prandtl turbulento $\text{Pr}^{(t)} = \nu^{(t)}/\alpha^{(t)}$).

Quando integramos a Eq. 13.2-1 obtemos

$$T_0 - \bar{T} = \frac{\beta q_0}{\kappa \rho \hat{C}_p v_*} \ln y + C \tag{13.2-2}$$

onde T_0 é a temperatura da parede e C é uma constante de integração. A constante deve ser avaliada fazendo a concordância da expressão logarítmica com a expressão para $\bar{T}(y)$ que faz a junção com a subcamada viscosa. Nessa última estão presentes μ e k e, portanto, incluirá o grupo $\text{Pr} = \hat{C}_p\mu/k$. Se, adicionalmente, introduzimos a coordenada adimensional yv_*/ν, então a Eq. 13.2-2 pode ser escrita como

$$T_0 - \bar{T} = \frac{\beta q_0}{\kappa \rho \hat{C}_p v_*}\left[\ln\left(\frac{yv_*}{\nu}\right) + f(\text{Pr})\right] \quad \text{para } \frac{yv_*}{\nu} > 1 \tag{13.2-3}$$

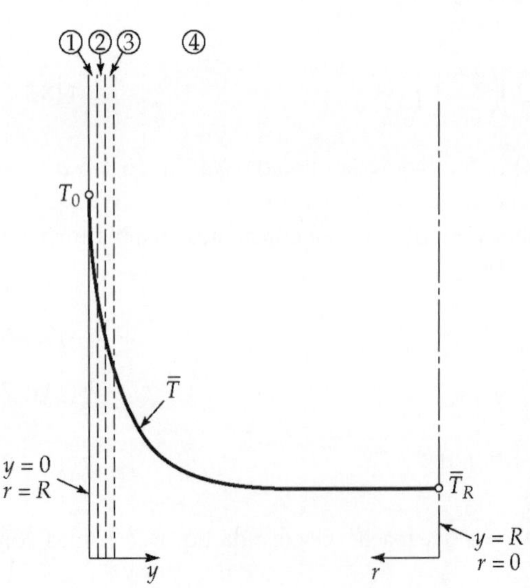

Fig. 13.2-1 Perfil da temperatura em um tubo no escoamento turbulento. As regiões são (1) subcamada laminar, (2) subcamada tampão, (3) subcamada inercial e (4) núcleo turbulento.

[1] L. Landau e E. M. Lifshitz, *Fluid Mechanics*, 2ª edição, Pergamon Press, New York (1987), Seção 54.

na qual $f(\text{Pr})$ é uma função que representa a resistência térmica entre a parede e a subcamada inercial. Landau e Lifshitz (veja a referência 1 desta seção) estimam a partir de um argumento baseado no comprimento de mistura (veja a Eq. 13.3-3), que, para altos valores do número de Prandtl, $f(\text{Pr}) = \text{constante}\cdot\text{Pr}^{3/4}$; entretanto, o Exemplo 13.3-1 implica que a função $f(\text{Pr}) = \text{constante}\cdot\text{Pr}^{2/3}$ seja melhor. Tenha em mente que a Eq. 13.2-3 deve ser válida apenas na subcamada inercial e que não deve ser usada na vizinhança imediata da parede.

13.3 EXPRESSÕES EMPÍRICAS PARA O FLUXO TÉRMICO TURBULENTO

Na Seção 13.1 vimos que a determinação da média temporal da equação da energia dá origem ao fluxo térmico turbulento $\overline{\mathbf{q}}^{(t)}$. A solução da equação da energia para os perfis da temperatura média é, como se costuma postular, uma relação entre $\overline{\mathbf{q}}^{(t)}$ e o gradiente da temperatura média. Resumimos aqui duas das expressões empíricas mais populares; outras expressões podem ser encontradas na literatura de transferência de calor.

CONDUTIVIDADE TÉRMICA TURBULENTA

Escrevemos, por analogia com a lei de Fourier para a condução de calor,

$$\overline{q}_y^{(t)} = -k^{(t)}\frac{d\overline{T}}{dy} \tag{13.3-1}$$

na qual o coeficiente $k^{(t)}$ é denominado *condutividade térmica turbulenta*. Essa não é uma propriedade física do fluido, mas depende da posição, da direção e da natureza do escoamento turbulento.

A viscosidade cinemática turbulenta $\nu^{(t)} = \mu^{(t)}/\rho$ e a difusividade térmica turbulenta $\alpha^{(t)} = k^{(t)}/\rho\hat{C}_p$ possuem as mesmas dimensões. A razão entre elas é um grupo adimensional

$$\text{Pr}^{(t)} = \frac{\nu^{(t)}}{\alpha^{(t)}} \tag{13.3-2}$$

denominado *número de Prandtl turbulento*. Essa grandeza adimensional é da ordem da unidade, os valores utilizados na literatura variam entre 0,5 a 1,0. Para escoamentos de gases em tubos, $\text{Pr}^{(t)}$ situa-se na faixa de 0,7 a 0,9 (para tubos circulares, é recomendado o valor 0,85[1]), enquanto para escoamentos em jatos e nas esteiras seu valor é mais próximo de 0,5. A suposição de que $\text{Pr}^{(t)} = 1$ é chamada de *analogia de Reynolds*.

A EXPRESSÃO DO COMPRIMENTO DE MISTURA DE PRANDTL E TAYLOR

De acordo com a teoria do comprimento de mistura de Prandtl, momento e energia são transferidos nos escoamentos turbulentos pelo mesmo mecanismo. Portanto, por analogia à Eq. 5.4-4, obtém-se

$$\overline{q}_y^{(t)} = -\rho\hat{C}_p l^2\left|\frac{d\overline{v}_x}{dy}\right|\frac{d\overline{T}}{dy} \tag{13.3-3}$$

onde l é o comprimento de mistura apresentado na Eq. 5.4-4. Note que essa expressão prevê que $\text{Pr}^{(t)} = 1$. A teoria do transporte de vorticidade de Taylor[2] fornece $\text{Pr}^{(t)} = 1/2$.

EXEMPLO 13.3-1

Uma Relação Aproximada para o Fluxo Térmico na Parede para o Escoamento Turbulento em um Tubo

Use a analogia de Reynolds ($\nu^{(t)} = \alpha^{(t)}$), em conjunto com a Eq. 5.4-2 para a viscosidade turbulenta, para estimar o fluxo térmico na parede para o escoamento turbulento em tubo de diâmetro $D = 2R$. Expresse esse resultado em termos da

[1] W. M. Kays and M. E. Crawford, *Convective Heat and Mass Transfer*, 3.ª edição, McGraw-Hill, New York (1993), pp. 259-266.

[2] G. I. Taylor, *Proc. Roy. Soc.* (London), **A135**, 685-702 (1932); *Phil. Trans.*, **A215**, 1-26 (1915).

diferença de temperatura motriz $T_0 - \bar{T}_R$, onde T_0 é a temperatura da parede ($y = 0$) e $\bar{T}_R$ é temperatura média no eixo do tubo ($y = R$).

SOLUÇÃO

O fluxo térmico médio radial em um tubo é dado pela soma de $\bar{q}_r^{(v)}$, e $\bar{q}_r^{(t)}$:

$$\bar{q}_r = -(k + k^{(t)})\frac{d\bar{T}}{dr} = -(1 + \frac{\alpha^{(t)}}{\alpha})k\frac{d\bar{T}}{dr}$$

$$= +(1 + \frac{\nu^{(t)}}{\alpha})k\frac{d\bar{T}}{dy} \tag{13.3-4}$$

Aqui empregamos a Eq. 13.3-1 e a analogia de Reynolds, e mudamos para a variável y, a qual é a distância desde a parede. Agora usamos a expressão empírica da Eq. 5.4-2, aplicável através da subcamada viscosa próxima à parede:

$$\bar{q}_y = -\left[1 + \Pr\left(\frac{yv_*}{14{,}5\nu}\right)^3\right]k\frac{d\bar{T}}{dy} \qquad \text{para } \frac{yv_*}{\nu} < 5 \tag{13.3-5}$$

onde usamos $\bar{q}_r = -\bar{q}_y$.

Se, agora, substituímos o fluxo térmico $\bar{q}_y$ na Eq. 13.3-5 por seu valor na parede q_0, então a integração desde $y = 0$ até $y = R$ dá

$$q_0 \int_0^R \frac{dy}{1 + \Pr(yv_*/14{,}5\nu)^3} = k(T_0 - \bar{T}_R) \tag{13.3-6}$$

Para números de Prandtl muito altos, o limite superior R pode ser substituído por ∞, uma vez que o integrando decresce rapidamente quando y cresce. Então, a integral do lado esquerdo é feita e o resultado é posto sob a forma adimensional para obter-se

$$\frac{q_0 D}{k(T_0 - \bar{T}_R)} = \frac{3\sqrt{3}}{2\pi(14{,}5)}\left(\frac{v_*}{\langle \bar{v}_z \rangle}\right)\text{Re}\,\Pr^{1/3} = \frac{1}{17{,}5}\sqrt{\frac{f}{2}}\,\text{Re}\,\Pr^{1/3} \tag{13.3-7}$$

na qual a Eq. 6.1-4a foi usada para eliminar v_* em termos do fator de atrito.

O desenvolvimento visto anteriormente é apenas aproximado. Não levamos em consideração a mudança da temperatura média quando o fluido se move axialmente ao longo do tubo, nem levamos em conta a variação do fluxo térmico através do tubo. Além disso, os resultados são restritos a números de Prandtl muito altos, devido a extensão da integração a $y = \infty$. Uma outra dedução é apresentada na próxima seção, livre dessas suposições. Entretanto, veremos que, para números de Prandtl altos, o resultado na Eq. 13.4-20 reduz-se ao da Eq. 13.3-7, mas com uma constante numérica diferente.

13.4 DISTRIBUIÇÃO DE TEMPERATURA PARA O ESCOAMENTO TURBULENTO EM TUBOS

Na Seção 10.8, mostramos como se obter o comportamento assintótico do perfil de temperatura para altos valores de z para um fluido em escoamento laminar em tubo circular. Repetimos aquele problema aqui, mas para o escoamento turbulento plenamente desenvolvido. O fluido é admitido no tubo de raio R com temperatura T_1. Para $z > 0$, o fluido é aquecido devido a um fluxo térmico radial uniforme q_0 na parede (veja a Fig. 13.4-1).

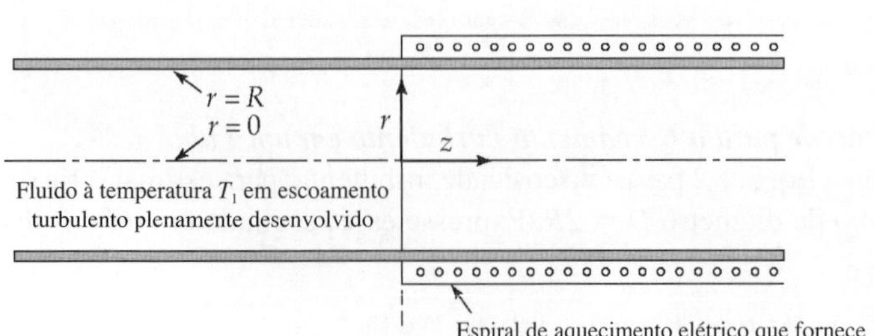

Fig. 13.4-1 Sistema usado para aquecimento de um líquido em escoamento turbulento plenamente desenvolvido com fluxo térmico para $z > 0$.

Partimos da equação da energia, Eq. 13.1-8, escrita em coordenadas cilíndricas

$$\rho\hat{C}_p\bar{v}_z\frac{\partial\bar{T}}{\partial z} = -\frac{1}{r}\frac{\partial}{\partial r}(r(\bar{q}_r^{(v)} + \bar{q}_r^{(t)})) \tag{13.4-1}$$

A inserção da expressão para o fluxo térmico radial dado pela Eq. 13.3-4 conduz a

$$\bar{v}_z\frac{\partial\bar{T}}{\partial z} = \frac{1}{r}\frac{\partial}{\partial r}\left(r(\alpha + \alpha^{(t)})\frac{\partial\bar{T}}{\partial r}\right) \tag{13.4-2}$$

Essa deve ser resolvida com as condições de contorno

C.C. 1: em $r = 0$, $\bar{T} = \text{finita}$ (13.4-3)

C.C. 2: em $r = R$, $+k\frac{\partial\bar{T}}{\partial r} = q_0$ (uma constante) (13.4-4)

C.C. 3: em $z = 0$, $\bar{T} = T_1$ (13.4-5)

Agora usamos as mesmas variáveis adimensionais dadas nas Eqs. 10.8-16 a 18 (com $\bar{T}$ no lugar de T na definição da temperatura adimensional). Então, a Eq. 13.4-2 na forma adimensional é

$$\phi\frac{\partial\Theta}{\partial\zeta} = \frac{1}{\xi}\frac{\partial}{\partial\xi}\left(\xi\left(1 + \frac{\alpha^{(t)}}{\alpha}\right)\frac{\partial\Theta}{\partial\xi}\right) \tag{13.4-6}$$

onde $\phi(\xi) = \bar{v}_z/\bar{v}_{\text{máx}}$ é o perfil adimensional da velocidade turbulenta. Essa equação deve ser resolvida com as condições de contorno adimensionais

C.C. 1: em $\xi = 0$, $\Theta = \text{finita}$ (13.4-7)

C.C. 2: em $\xi = 1$, $+\frac{\partial\Theta}{\partial\xi} = 1$ (13.4-8)

C.C. 3: em $\zeta = 0$, $\Theta = 0$ (13.4-9)

A solução completa desse problema foi obtida,[1] mas nos contentaremos com a solução para z alto.

Começamos supondo que uma solução assintótica é da forma da Eq. 10.8-23

$$\Theta(\xi,\zeta) = C_0\zeta + \Psi(\xi) \tag{13.4-10}$$

a qual deve satisfazer a equação diferencial e as condições de contorno 1 e 2, e a condição 4 da Eq. 10.8-24 (com T e $v_z = \bar{v}_{\text{máx}}(1 - \xi^2)$ substituídos por $\bar{T}$ e $v_z = \bar{v}_{\text{máx}}\phi(\xi)$. A equação resultante é

$$\frac{1}{\xi}\frac{d}{d\xi}\left(\xi\left(1 + \frac{\alpha^{(t)}}{\alpha}\right)\frac{d\Psi}{d\xi}\right) = C_0\phi \tag{13.4-11}$$

A dupla integração dessa equação e a construção da função Θ usando a Eq. 13.4-10 nos dá

$$\Theta = C_0\zeta + C_0\int_0^{\xi}\frac{I(\bar{\xi})}{\bar{\xi}[1 + (\alpha^{(t)}/\alpha)]}d\bar{\xi} + C_1\int_0^{\xi}\frac{1}{\bar{\xi}[1 + (\alpha^{(t)}/\alpha)]}d\bar{\xi} + C_2 \tag{13.4-12}$$

na qual entende-se que $\alpha^{(t)}$é uma função de ξ e que $I(\xi)$ é dada pela integral

$$I(\bar{\xi}) = \int_0^{\bar{\xi}}\phi\bar{\bar{\xi}}\,d\bar{\bar{\xi}} \tag{13.4-13}$$

A constante de integração C_1 é feita igual a zero para satisfazer a C.C.1. A constante C_0 é determinada pela aplicação da C.C.2 que dá

$$C_0 = \left(\int_0^1\phi\xi d\xi\right)^{-1} = [I(1)]^{-1} \tag{13.4-14}$$

A terceira constante, C_2, pode, se necessário, ser obtida da condição 4, mas aqui ela é desnecessária (veja o Problema 13D.1).

[1] R. H. Notter e C. A. Sleicher, *Chem. Eng. Sci.*, **27**, 2073-2093 (1972).

A seguir, obtemos uma expressão para a diferença de temperatura adimensional $\Theta_0 - \Theta_b$, a "força motriz" para a transferência de calor na parede do tubo:

$$\Theta_0 - \Theta_b = C_0 \int_0^1 \frac{I(\xi)}{\xi[1 + (\alpha^{(t)}/\alpha)]} d\xi - \frac{C_0}{I(1)} \int_0^1 \phi\xi \left[\int_0^{\xi} \frac{I(\bar{\xi})}{\bar{\xi}[1 + (\alpha^{(t)}/\alpha)]} d\bar{\xi} \right] d\xi$$

$$= C_0 \int_0^1 \frac{I(\xi)}{\xi[1 + (\alpha^{(t)}/\alpha)]} d\xi - \frac{C_0}{I(1)} \int_0^1 \frac{I(\bar{\xi})}{\bar{\xi}[1 + (\alpha^{(t)}/\alpha)]} \left[\int_{\bar{\xi}}^1 \phi\xi d\xi \right] d\bar{\xi} \quad (13.4\text{-}15)$$

Na segunda linha, a ordem da integração da integral dupla foi invertida. A integral interna no segundo termo à direita é apenas $I(1) - I(\xi)$, e a parcela contendo $I(1)$ cancela exatamente o primeiro termo da Eq. 13.4-15. Portanto, quando a Eq. 13-4-14 é empregada obtemos

$$\Theta_0 - \Theta_b = \int_0^1 \frac{[I(\xi)/I(1)]^2}{\xi[1 + (\alpha^{(t)}/\alpha)]} d\xi \quad (13.4\text{-}16)$$

Mas a quantidade $I(1)$ que aparece na Eq. 13.4-16 tem uma interpretação simples:

$$I(1) = \int_0^1 \phi\, \xi\, d\xi = \left(\int_0^R \bar{v}_z r\, dr \right) \frac{1}{\bar{v}_{z,\text{máx}} R^2} = \frac{1}{2} \frac{\langle \bar{v}_z \rangle}{\bar{v}_{z,\text{máx}}} \quad (13.4\text{-}17)$$

Finalmente, deseja-se obter o fluxo térmico adimensional na parede,

$$\frac{q_0 D}{k(\bar{T}_0 - \bar{T}_b)} = \frac{2}{\Theta_0 - \Theta_b} \quad (13.4\text{-}18)$$

O inverso do qual é[2]

$$\frac{k(\bar{T}_0 - \bar{T}_b)}{q_0 D} = 2 \left(\frac{\bar{v}_{z,\text{máx}}}{\langle \bar{v}_z \rangle} \right)^2 \int_0^1 \frac{[I(\xi)]^2}{\xi[1 + (\nu^{(t)}/\nu)(\text{Pr}/\text{Pr}^{(t)})]} d\xi \quad (13.4\text{-}19)$$

Para usar esse resultado é necessário termos uma expressão para o perfil da velocidade média temporal $\bar{v}$ (que aparece em $I(\xi)$), a viscosidade cinemática turbulenta, $v^{(t)}$ em função da posição, e de um postulado para o número de Prandtl turbulento $\text{Pr}^{(t)}$.

Cálculos extensos baseados na Eq. 13.4-19 foram feitos por Sandall, Hanna e Mazet.[3] Esses autores tomaram o valor do número de Prandtl turbulento igual a 1. Dividiram a região de integração em duas partes, uma próxima à parede e a outra o núcleo turbulento. Na região da parede, usaram a equação modificada de van Driest, Eq. 5.4-7, para o comprimento de mistura e, na região do núcleo, usaram a distribuição logarítmica da velocidade. O resultado final[3] é dado por

$$\frac{q_0 D}{k(\bar{T}_0 - \bar{T}_b)} = \frac{\text{Re}\,\text{Pr}\sqrt{f/2}}{12{,}48\,\text{Pr}^{2/3} - 7{,}853\,\text{Pr}^{1/3} + 3{,}613 \ln \text{Pr} + 5{,}8 + 2{,}78 \ln(\frac{1}{45}\text{Re}\sqrt{f/8})} \quad (13.4\text{-}20)$$

A Eq. 6.1-4a foi usada na obtenção deste resultado.

A Eq. 13.4-20 concorda bem com dados disponíveis de transferência de calor (e de massa) com erro entre 3,6 e 8,1% na faixa $0{,}73 < \text{Pr} < 590$, dependendo dos conjuntos de dados estudados. A expressão análoga para a transferência de massa, contendo $\text{Sc} = \mu/\rho\mathscr{D}_{AB}$ em lugar de Pr, foi declarado com concordância com dados de transferência de massa dentro de 8% na faixa $452 < \text{Sc} < 97.600$. A concordância da teoria com dados de transferência de calor e de massa apresentados na Fig. 13.4-2 é bem convincente.

[2] A Eq. 13.4-19 foi primeiramente deduzida por R. N. Lyon, *Chem Eng. Prog.* **47**, 75-79 (1950) em um artigo sobre a transferência de calor em metais líquidos. O lado esquerdo da Eq. 13.4-19 é o inverso do número de Nusselt, $\text{Nu} = hD/k$, que é um coeficiente de transferência de calor adimensional. Essa nomenclatura é discutida no próximo capítulo.

[3] O. C. Sandall, O. T. Hanna e P. R. Mazet, *Canad. J. Chem. Eng.*, **58**, 443-447 (1980). Veja também O. T. Hanna e O. C. Sandall, *AIChE Journal*, **18**, 527-533 (1972).

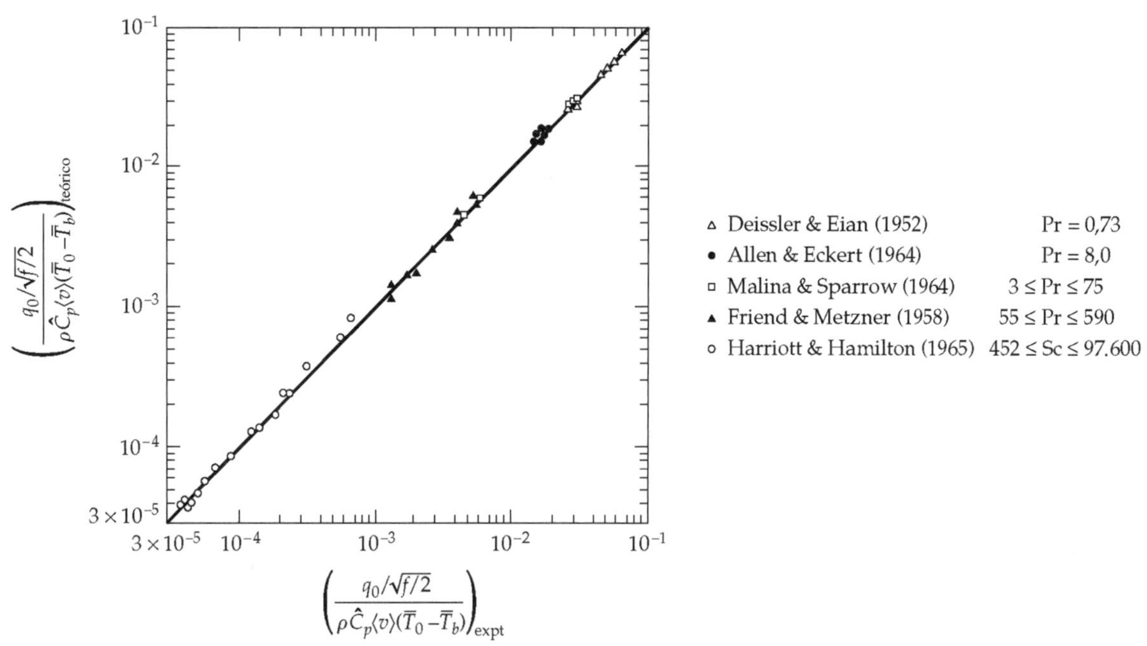

Fig. 13.4-2 Comparação da expressão da Eq. 13.4-20 para o fluxo térmico na parede no escoamento turbulento plenamente desenvolvido com dados experimentais de R. G. Deissler e C. S. Eian, *NACA Tech. Note n°2629* (1952); R. W. Allen e E. R. G. Eckert, *J. Heat Transfer, Trans. ASME, Ser. C.*, **86**, 301-310 (1964); J. A. Malina e E. M. Sparrow, *Chem. Eng. Sci*, **19**, 953-962 (1964); W. L. Friend e A. B. Metzner, *AIChE Journal*, **4**, 393-402 (1958); P. Harriot e R. M. Hamilton, *Chem. Eng. Sci.*, **20**, 1073-1078 (1965). Os dados de Harriot e Hamilton são para o experimento análogo de transferência de massa, para o qual a Eq. 13.4-20 também se aplica.

13.5 DISTRIBUIÇÃO DE TEMPERATURA PARA ESCOAMENTO TURBULENTO EM JATOS[1]

Na Seção 5.6 desenvolvemos uma expressão para a distribuição de velocidade em um jato circular de um fluido descarregando em uma região infinita com o mesmo fluido (veja a Fig. 5.6-1). Aqui, queremos estender esse problema considerando um jato com temperatura T_0 mais alta que T_1 a temperatura do fluido em seu entorno. O problema é o de determinar a distribuição da temperatura média temporal $\overline{T}(r, z)$ do jato em regime permanente. Espera-se que essa distribuição seja monotonicamente decrescente nas duas direções r e z.

Iniciamos assumindo que a dissipação viscosa seja desprezível e desprezamos a contribuição de $\overline{\mathbf{q}}^{(v)}$ ao fluxo térmico, bem como a contribuição axial a $\overline{\mathbf{q}}^{(t)}$. A Eq. 13.1-8 assume a seguinte forma na média temporal

$$\rho \hat{C}_p \left(\overline{v}_r \frac{\partial \overline{T}}{\partial r} + \overline{v}_z \frac{\partial \overline{T}}{\partial z} \right) = -\frac{1}{r} \frac{\partial}{\partial r} (r \overline{q}_r^{(t)}) \tag{13.5-1}$$

Agora, expressamos o fluxo térmico turbulento em termos da condutividade térmica apresentada na Eq. 13.3-1:

$$\overline{q}_r^{(t)} = -k^{(t)} \frac{\partial \overline{T}}{\partial r} = -\rho \hat{C}_p \alpha^{(t)} \frac{\partial \overline{T}}{\partial r} = \rho \hat{C}_p \frac{\nu^{(t)}}{\text{Pr}^{(t)}} \frac{\partial \overline{T}}{\partial r} \tag{13.5-2}$$

Quando a Eq. 13.5-1 é escrita em termos da temperatura adimensional definida por

$$\Theta(\xi, \zeta) = \frac{\overline{T} - T_1}{T_0 - T_1} \tag{13.5-3}$$

fica

$$\left(\overline{v}_r \frac{\partial \Theta}{\partial r} + \overline{v}_z \frac{\partial \Theta}{\partial z} \right) = \frac{\nu^{(t)}}{\text{Pr}^{(t)}} \frac{1}{r} \frac{\partial}{\partial r} \left(r \frac{\partial \Theta}{\partial r} \right) \tag{13.5-4}$$

[1] J. O. Hinze, *Turbulence*, 2.ª edição, McGraw-Hill, New York (1975), pp. 531-546.

Aqui foi feita a suposição de que tendo o número de Prandtl turbulento quanto a viscosidade cinemática turbulenta sejam constantes (veja a discussão após a Eq. 5.6-3). Essa equação deve ser resolvida com as condições de contorno:

C.C. 1: em $z = 0$, $\Theta = 1$ (13.5-5)

C.C. 2: em $r = 0$, Θ é finito (13.5-6)

C.C. 3: em $r = \infty$, $\Theta = 0$ (13.5-7)

A seguir, introduzimos a expressão para os componentes da velocidade média temporal, $\bar{v}_r$ e $\bar{v}_z$, em termos da função fluxo $F(\xi)$, dada pelas Eqs. 5.6-12 e 13, e uma expressão de tentativa para a temperatura média temporal, adimensional:

$$\Theta(\xi, \zeta) = \frac{1}{\zeta} f(\xi) \tag{13.5-8}$$

Aqui $\xi = r/z$ e $\zeta = (\rho \nu^{(t)}/w)z$, onde w é a vazão mássica total do jato. A proposição na Eq.13.5-8 é motivada pela expressão para $\bar{v}_z$ encontrada na Eq. 5.6-21.

Quando essas expressões para os componentes da velocidade e temperatura adimensional são substituídos na Eq. 13.5-4, alguns termos se cancelam, outros podem ser combinados e, como resultado, obtém-se a seguinte equação bem simples:

$$\text{Pr}^{(t)} \frac{1}{\xi} \frac{d}{d\xi}(Ff) = \frac{1}{\xi} \frac{d}{d\xi}\left(\xi \frac{df}{d\xi}\right) \tag{13.5-9}$$

Essa equação pode ser integrada uma vez para dar

$$\text{Pr}^{(t)} Ff = \xi \frac{df}{d\xi} + C \tag{13.5-10}$$

A constante de integração pode ser anulada, uma vez que, de acordo com a Eq. 5.6-20, $F = 0$ em $\xi = 0$. Uma segunda integração de 0 a ξ dá

$$\begin{aligned} \ln \frac{f(\xi)}{f(0)} &= \text{Pr}^{(t)} \int_0^{\xi} \frac{F}{\xi} d\xi = -\text{Pr}^{(t)} \int_0^{\xi} \frac{C_3^2 \xi}{1 + \frac{1}{4}(C_3 \xi)^2} d\xi \\ &= -\text{Pr}^{(t)} \ln (1 + \tfrac{1}{4}(C_3\xi)^2)^2 \end{aligned} \tag{13.5-11}$$

ou

$$\frac{f(\xi)}{f(0)} = (1 + \tfrac{1}{4}(C_3\xi)^2)^{-2\text{Pr}^{(t)}} \tag{13.5-12}$$

Finalmente, a comparação das Eqs. 13.5-12 e 13.5-8 com a Eq. 5.6-21 mostra que a forma dos perfis da temperatura média temporal e da velocidade são relacionados intimamente,

$$\frac{\Theta}{\Theta_{\text{máx}}} = \left(\frac{\bar{v}_z}{\bar{v}_{z,\text{máx}}}\right)^{\text{Pr}^{(t)}} \tag{13.5-13}$$

uma equação atribuída a Reichardt.[2] Ela provê uma explicação moderadamente satisfatória para a forma dos perfis de temperaturas.[1] O número de Prandtl turbulento (ou de Schmidt) deduzido de determinações da temperatura (ou concentrações) em jatos circulares é de aproximadamente 0,7.

A quantidade C_3 que aparece na Eq. 13.5-12 foi dada explicitamente na Eq. 5.6-23 como $C_3 = \sqrt{3/16\pi}\sqrt{J/\rho}(1/\nu^{(t)})$, onde J é a taxa de transferência de momento no jato, definida na Eq. 5.6-2. Similarmente, uma expressão para a quantidade $f(0)$ da Eq. 13.5-12 pode ser determinada igualando-se a energia do jato na admissão à energia do jato que atravessa um plano qualquer a jusante:

$$w\hat{C}_p(T_0 - T_1) = \int_0^{2\pi} \int_0^{\infty} \rho \hat{C}_p \bar{v}_z (\bar{T} - T_1) r \, dr \, d\theta \tag{13.5-14}$$

Inserindo as expressões para os perfis de velocidade e de temperatura, e fazendo a integração, obtém-se

$$\frac{1}{f(0)} = 4\pi C_3^2 \int_0^{\infty} (1 + \tfrac{1}{4}(C_3\xi)^2)^{-(2+2\text{Pr}^{(t)})} \xi \, d\xi = \frac{8}{C_3} \frac{1}{1 + 2\,\text{Pr}^{(t)}} \tag{13.5-15}$$

[2] H.Reichardt, *Zeits. f. angew. Math. u. Mech.*, **24**, 268-272 (1944).

Combinando as Eqs. 13.5-3, 13.5-8, 5.6-23, 13.5-12 e 13.5-15 chegamos à expressão completa para o perfil da temperatura $\overline{T}(r, z)$ no jato circular turbulento, em termos do momento total do jato, a viscosidade turbulenta, do número de Prandtl turbulento e da densidade do fluido

13.6 ANÁLISE DE FOURIER DO TRANSPORTE DE ENERGIA NO ESCOAMENTO EM TUBOS PARA ALTOS NÚMEROS DE PRANDTL

Nas duas seções precedentes analisamos o transporte de energia em sistemas turbulentos usando a média temporal das equações de balanço. Expressões empíricas foram necessárias para a descrição dos fluxos turbulentos em termos dos perfis médios usando coeficientes de transporte turbulentos, experimentalmente estimados. Nesta seção, analisamos o transporte turbulento de energia sem o uso da média temporal — isto é, pelo uso direto da equação da energia com flutuações dos campos da velocidade e da temperatura. A transformada de Fourier[1] é bem apropriada para esse tipo de problema e o "método do balanço dominante"[2] fornece resultados úteis sem computações detalhadas.

A questão básica considerada aqui é a influência da difusividade térmica, $\alpha = k/\rho\hat{C}_p$, sobre a distribuição média e flutuações da temperatura do fluido na convecção próxima a uma parede.[3] Esse tópico foi discutido no Exemplo 13.3-1 por um procedimento aproximado.

Consideremos um fluido com ρ, $\hat{C}_p$ e k constantes em escoamento turbulento através de um tubo de raio $R = \frac{1}{2}D$. O fluido é admitido em $z = -\infty$ com temperatura uniforme T_1 e sai em $z = L$. A parede do tubo é adiabática para $z < 0$, e isotérmica em T_0 para $0 \leq z \leq L$. A condução de calor na direção z é desprezível. A distribuição de temperatura $T(r, \theta, z, t)$ deve ser analisada sob o limite de tempos longos, na fina camada limite térmica formada, para $z > 0$ quando a difusividade térmica *molecular* α é pequena (como no fluido newtoniano quando o número de Prandtl $\text{Pr} = \hat{C}_p\theta\mu/k = \mu/\rho\alpha$, é grande). Uma função distensão $\kappa(\alpha)$ será deduzida para a espessura média da camada limite térmica sem que se use a definição da difusividade turbulenta $\alpha^{(t)}$.

No limite, quando $\alpha^{(t)} \rightarrow 0$, a camada-limite térmica situa-se inteiramente no interior da subcamada viscosa, onde as componentes da velocidade são expressas por séries de Taylor, truncadas, escritas em função da distância à parede, $y = r - R$ (compare essas expansões com aquelas das Eqs. 5.4-8 a 10).

$$v_\theta = \beta_\theta y + O(y^2) \tag{13.6-1}$$

$$v_z = \beta_z y + O(y^2) \tag{13.6-2}$$

$$v_r = -\left(\frac{1}{R}\frac{\partial\beta_\theta}{\partial\theta} + \frac{\partial\beta_z}{\partial z}\right)\frac{y^2}{2} + O(y^3) \tag{13.6-3}$$

Aqui, os coeficientes β_θ e β_z são tratados como funções conhecidas de θ, z e t. Essas expressões para a velocidade satisfazem a condição de deslizamento nulo e de impermeabilidade na parede em $y = 0$ e a equação da continuidade para y pequeno, e são ainda consistentes com a equação do movimento até as ordens de y indicadas. A equação da energia pode ser escrita como

$$\frac{\partial T}{\partial t} + \left(\frac{\beta_\theta}{R}\frac{\partial T}{\partial\theta} + \beta_z\frac{\partial T}{\partial z}\right)y - \left(\frac{1}{R}\frac{\partial\beta_\theta}{\partial\theta} + \frac{\partial\beta_z}{\partial z}\right)\frac{y^2}{2}\frac{\partial T}{\partial y} = \alpha\frac{\partial^2 T}{\partial y^2} \tag{13.6-4}$$

com a aproximação usual da camada-limite para $\nabla^2 T$, e com as seguintes condições de contorno em $T(y, \theta, z, t)$:

Condição de entrada: em $z = 0$, $T(y, \theta, 0, t) = T_1$ para $0 < y \leq R$ (13.6-5)

Condição na parede: em $y = 0$, $T(0, \theta, z, t) = T_0$ para $0 \leq z \leq L$ (13.6-6)

A distribuição inicial de temperatura $T(y, \theta, z, 0)$ não é necessária uma vez que seus efeitos desaparecem no limite para tempos longos.

Para se obter resultados assintoticamente válidos quando $\alpha \rightarrow 0$, introduzimos uma coordenada distendida $Y = y/\kappa(\alpha)$, a qual é a distância à parede relativa à espessura média da camada limite $\kappa(\alpha)$. A faixa de Y é de 0, em $y = 0$ até ∞, em

---

[1] R. N. Bracewell, *The Fourier Transform and its Applications*, 2.ª edição, McGraw-Hill, New York (1978).

[2] Esse método está bem apresentado em C. M. Bender e S. A. Orzag, *Advanced Mathematical Methods for Scientists and Engineers*, McGraw-Hill, New York (1978), pp. 435-437.

[3] W. E. Stewart, *AIChE Journal*, **33**, 2008-2016 (1987); errata, *ibid*, **34**, 1030 (1988); W. E. Stewart e D. G. O'Sullivan, *AIChE Journal* (a ser avaliado).

$y = R$, no limite quando $\alpha \to 0$. O uso de κY no lugar de y, e a introdução da temperatura adimensional $\Theta(Y, \theta, z, t) = (T - T_1)/(T_0 - T_1)$, permite que se escreva a Eq. 13.6-4 como

$$\frac{\partial\Theta}{\partial t} + \left(\frac{\beta_\theta}{R}\frac{\partial\Theta}{\partial\theta} + \beta_z\frac{\partial\Theta}{\partial z}\right)\kappa Y - \left(\frac{1}{R}\frac{\partial\beta_\theta}{\partial\theta} + \frac{\partial\beta_z}{\partial z}\right)\frac{\kappa Y^2}{2}\frac{\partial\Theta}{\partial y} = \frac{\alpha}{\kappa^2}\frac{\partial^2\Theta}{\partial Y^2} \tag{13.6-7}$$

com condições de contorno:

Condição de entrada: em $z = 0$, $\Theta(Y, \theta, 0, t) = 0$ para $Y > 0$ (13.6-8)

Condição na parede: em $Y = 0$, $\Theta(0, \theta, z, t) = 1$ para $0 \leq z \leq L$ (13.6-9)

A Eq. 13.6-7 contém uma derivada ilimitada $\partial\Theta/\partial t$ com coeficiente 1, independente de α. Assim, uma mudança de variáveis é necessária para a análise da influência do parâmetro α nesse problema. Com esse propósito, voltamos para a transformada de Fourier, um instrumento padrão para a análise de processos com ruído.

Escolhemos a seguinte definição[1] para a transformada de Fourier de uma função $g(t)$ no domínio da freqüência ν para uma determinada posição Y, θ, z:

$$\mathscr{F}\{g(t)\} = \int_{-\infty}^{\infty} e^{-2\pi i\nu t}g(t)dt = \tilde{g}(\nu) \tag{13.6-10}$$

As transformadas correspondentes à derivada em t, e para os produtos de funções de t são

$$\int_{-\infty}^{\infty} e^{-2\pi i\nu t}\frac{\partial}{\partial t}g(t)dt = 2\pi i\nu\tilde{g}(\nu) \tag{13.6-11}$$

$$\int_{-\infty}^{\infty} e^{-2\pi i\nu t}g(t)h(t)dt = \int_{-\infty}^{\infty}\tilde{g}(\nu)\tilde{h}(\nu - \nu_1)d\nu_1 = \tilde{g} * \tilde{h} \tag{13.6-12}$$

e a última integral é chamada de *convolução* das transformadas $\tilde{g}$ e $\tilde{h}$.

Antes de achar a transformada de Fourier das Eqs. 13.6-7 a 9, expressamos cada função $g(t)$ como sua média temporal $\bar{g}$ mais uma função de flutuação g' e expandimos cada produto dessas funções. As expressões resultantes possuem as seguintes transformadas de Fourier.

$$\mathscr{F}\{\bar{g} + g'\} = \delta(\nu)\bar{g} + \tilde{g}'(\nu) \tag{13.6-13}$$

$$\begin{aligned}\mathscr{F}\{(\bar{g} + g')(\bar{h} + h')\} &= \mathscr{F}\{\bar{g}\bar{h} + \bar{g}h' + g'\bar{h} + g'h'\} \\ &= \delta(\nu)\bar{g}\bar{h} + \bar{g}\tilde{h}' + \tilde{g}'\bar{h} + \tilde{g}' * \tilde{h}'\end{aligned} \tag{13.6-14}$$

Nelas, $\delta(\nu)$ é a função delta de Dirac, obtida como a transformada de Fourier da função $g(t) = 1$ no limite de alta duração. O primeiro termo na última linha é um impulso real em $\nu = 0$, originário do termo $\bar{g}\bar{h}$, independente do tempo. Os dois termos seguintes são funções complexas da freqüência ν. O termo de convolução $\tilde{g}' * \tilde{h}$ pode conter funções complexas de ν além do impulso real $\delta(\nu)\overline{g'h'}$ proveniente das parcelas independentes do tempo de produtos de oscilações harmônicas presentes em g' e h'.

Tomando a transformada de Fourier da Eq. 13.6-7 pelo método indicado anteriomente e notando que $\partial\bar{\Theta}/\partial t$ é identicamente nula, obtemos a equação diferencial

$$\begin{aligned}2\pi i\nu\tilde{\Theta}' &+ \left(\delta(\nu)\frac{\bar{\beta}_\theta}{R}\frac{\partial\bar{\Theta}}{\partial\theta} + \frac{\bar{\beta}_\theta}{R}\frac{\partial\tilde{\Theta}'}{\partial\theta} + \frac{\tilde{\beta}'_\theta}{R}\frac{\partial\bar{\Theta}}{\partial\theta} + \frac{\tilde{\beta}'_\theta}{R} * \frac{\partial\tilde{\Theta}'}{\partial\theta}\right)\kappa Y \\ &+ \left(\delta(\nu)\bar{\beta}_z\frac{\partial\bar{\Theta}}{\partial z} + \bar{\beta}_z\frac{\partial\tilde{\Theta}'}{\partial z} + \tilde{\beta}'_z\frac{\partial\bar{\Theta}}{\partial z} + \tilde{\beta}'_z * \frac{\partial\tilde{\Theta}'}{\partial z}\right)\kappa Y \\ &- \left(\frac{\delta(\nu)}{R}\frac{\partial\bar{\beta}_\theta}{\partial\theta}\frac{\partial\bar{\Theta}}{\partial Y} + \frac{1}{R}\frac{\partial\bar{\beta}_\theta}{\partial\theta}\frac{\partial\tilde{\Theta}'}{\partial Y} + \frac{1}{R}\frac{\partial\tilde{\beta}'_\theta}{\partial\theta}\frac{\partial\bar{\Theta}}{\partial Y} + \frac{1}{R}\frac{\partial\tilde{\beta}'_\theta}{\partial\theta} * \frac{\partial\tilde{\Theta}'}{\partial Y}\right)\frac{\kappa Y^2}{2} \\ &- \left(\delta(\nu)\frac{\partial\bar{\beta}_z}{\partial z}\frac{\partial\bar{\Theta}}{\partial Y} + \frac{\partial\bar{\beta}_z}{\partial z}\frac{\partial\tilde{\Theta}'}{\partial Y} + \frac{\partial\tilde{\beta}'_z}{\partial z}\frac{\partial\bar{\Theta}}{\partial Y} + \frac{\partial\tilde{\beta}'_z}{\partial z} * \frac{\partial\tilde{\Theta}'}{\partial Y}\right)\frac{\kappa Y^2}{2} \\ &= \left(\delta(\nu)\frac{\partial^2\bar{\Theta}}{\partial Y^2} + \frac{\partial^2\tilde{\Theta}'}{\partial Y^2}\right)\frac{\alpha}{\kappa^2}\end{aligned} \tag{13.6-15}$$

para a transformada de Fourier da temperatura $\tilde{\Theta}(Y, \theta, z, \nu)$. As condições de contorno transformadas são

Condição de entrada: em $z = 0$, $\tilde{\Theta}(Y, \theta, z, \nu) = 0$ para $Y > 0$ (13.6-16)

Condição na parede: em $Y = 0$, $\tilde{\Theta}(Y, \theta, z, \nu) = \delta(\nu)$ para $0 \leq z \leq L$ (13.6-17)

Aqui novamente, o impulso unitário $\delta(\nu)$ aparece como a transformada de Fourier da função $g(t) = 1$ no limite de longa duração.

Dois tipos de contribuições aparecem na Eq. 13.6-15: impulsos $\delta(\nu)$ reais, de freqüência zero, originários de funções e produtos independentes de t, e funções complexas de ν originárias de produtos de funções do tempo. Consideramos esses dois tipos de contribuições separadamente dividindo a Eq. 13.6-15 em duas equações.

Começamos com os termos de impulso de freqüência zero. Em adição aos termos explícitos em $\delta(\nu)$ da Eq. 13.6-15, impulsos implícitos surgem dos termos de convolução das oscilações síncronas da velocidade e da temperatura, dando origem ao termo do fluxo térmico turbulento $\overline{\mathbf{q}}^{(t)} = \rho\hat{C}_p\overline{\mathbf{v}'T'}$ discutido na Seção 13.2. Os coeficientes de todos os termos de impulso devem ser funções proporcionais de α, de forma que os termos dominantes em cada ponto permaneçam balanceados (isto é, de tamanhos comparáveis) quando $\alpha \rightarrow 0$. Por conseqüência, o coeficiente κ dos termos de impulso convectivo, incluindo os de flutuações síncronas, devem ser proporcionais ao coeficiente α/κ^2 do termo de impulso condutivo, dando $\kappa \propto \alpha^{1/3}$, ou

$$\kappa = \mathrm{Pr}^{-1/3}D \tag{13.6-18}$$

para a dependência da espessura média da camada limite térmica no número de Prandtl.

Os termos restantes da Eq. 13.6-15 descrevem as flutuações turbulentas de temperatura. Eles incluem o termo de acumulação $2\pi i\nu\tilde{\Theta}$ e os termos remanescentes de convecção e condução. Os coeficientes desses termos (incluindo $2\pi i\nu$ no primeiro termo) devem ser funções proporcionais de α de modo que permaneçam igualmente balanceados quando $\alpha \rightarrow 0$. Esse raciocínio confirma a Eq. 13.6-18 e dá a relação $\nu \propto \kappa$, ou

$$\frac{D\Delta\nu}{\langle v_z\rangle} \propto \kappa = \mathrm{Pr}^{-1/3}D \tag{13.6-19}$$

para a faixa de freqüências $\Delta\nu$ das flutuações de temperatura. Por conseqüência, a freqüência esticada $\mathrm{Pr}^{1/3}\nu$ e o tempo esticado $\mathrm{Pr}^{1/3}t$ são variáveis naturais para apresentar a análise de Fourier da convecção forçada turbulenta. Shaw e Hanratty[4] apresentaram espectros de turbulência para suas experiências de transferência de massa de modo análogo, em termos de uma freqüência esticada proporcional a $\mathrm{Sc}^{1/3}\nu$ (onde $\mathrm{Sc} = \mu/\rho\mathscr{D}_{AB}$ é o número de Schmidt, o análogo do número de Prandtl para a transferência de massa, que contém a difusividade binária $\mathscr{D}_{AB}$ a ser apresentada no Cap. 16).

Até aqui consideramos apenas o primeiro termo da expansão de Taylor em κ, para cada termo da equação da energia. Resultados mais precisos podem ser obtidos por continuação da expansão de Taylor a potências superiores de κ e, conseqüentemente, de $\mathrm{Pr}^{-1/3}D$. A solução formal resultante é uma expansão em série de perturbação

$$\tilde{\Theta} = \tilde{\Theta}_0(Y, \theta, z, \mathrm{Pr}^{1/3}\nu) + \kappa\tilde{\Theta}_1(Y, \theta, z, \mathrm{Pr}^{1/3}\nu) + \cdots \tag{13.6-20}$$

para a distribuição de flutuações de temperatura com a posição e a freqüência em um campo de velocidade.

A expansão para $\overline{T}$ (a média temporal de tempo longo) correspondente à Eq. 13.6-20 é obtida da parcela de $\tilde{\Theta}$ de freqüência zero,

$$\overline{\Theta} = \overline{\Theta}_0(Y, \theta, z) + \kappa\overline{\Theta}_1(Y, \theta, z) + \cdots \tag{13.6-21}$$

Dessa equação podemos calcular o fluxo térmico local, médio, na parede:

$$q_0 = -k\left.\frac{\partial \overline{T}}{\partial y}\right|_{y=0} = -\frac{k(T_0 - T_1)}{\mathrm{Pr}^{-1/3}D}\left.\frac{\partial\overline{\Theta}}{\partial Y}\right|_{Y=0} \tag{13.6-22}$$

e o número de Nusselt é dado por

$$\mathrm{Nu}_{\mathrm{loc}} = \frac{q_0 D}{k(T_0 - T_1)} = \mathrm{Pr}^{1/3}\left.\left(-\frac{\partial\overline{\Theta}}{\partial Y}\right)\right|_{Y=0} \tag{13.6-23}$$

Então, o número de Nusselt médio ao longo de toda a superfície da parede, e a quantidade análoga para a transferência de massa, são

$$\mathrm{Nu}_m = \mathrm{Pr}^{1/3}\left\langle\left.\left(-\frac{\partial\overline{\Theta}}{\partial Y}\right)\right|_{Y=0}\right\rangle = a_1\mathrm{Pr}^{1/3} + a_2\mathrm{Pr}^0 + \cdots \tag{13.6-24}$$

$$\mathrm{Sh}_m = \mathrm{Sc}^{1/3}\left\langle\left.\left(-\frac{\partial\overline{\Theta}_A}{\partial Y}\right)\right|_{Y=0}\right\rangle = a_1\mathrm{Sc}^{1/3} + a_2\mathrm{Sc}^0 + \cdots \tag{13.6-25}$$

[4] D. A. Shaw e T. J. Hanratty, *AIChE Journal*, **23**, 160-169 (1977); D. A. Shaw e T. J. Hanratty, *AIChE Journal*, **23**, 28-37 (1977).

Nessa última equação, Sh_m, $\overline{\Theta}_A$ e Sc são as quantidades análogas a Nu_m, $\overline{\Theta}$ e Pr, válidas para a transferência de massa. Apresentamos essas aqui (em vez de esperar pela Parte III), pois experimentos eletroquímicos de transferência de massa são mais precisos que os de transferência de calor, e a faixa de números de Schmidt disponíveis é muito mais ampla que a de números de Prandtl.

Se as expansões das Eqs. 13.6-24 e 25 são truncadas após o primeiro termo, ficamos com $Nu_m \propto Pr^{1/3}$ e $Sh_m \propto Sc^{1/3}$. Essas expressões são o ingrediente essencial das famosas relações de Chilton–Coulburn[5] (veja as Eqs. 14.3-18 e 19, e as Eqs. 22.3-22 a 24). O primeiro termo da Eq. 13.6-24 ou 25 também corresponde à assíntota da Eq. 13.4-20 para altos números de Prandtl (ou de Schmidt).[6]

Com o desenvolvimento dos métodos eletroquímicos de medição da transferência de massa em superfícies, tornou-se possível investigar o segundo termo na Eq. 13.6-25. Na Fig. 13.6-1 mostra-se dados obtidos por Shaw e Hanratty, que mediu a difusão limitada pela corrente para um eletrodo na parede, para valores do número de Schmidt, $Sc \approx \mu/\rho\mathscr{D}_{AB}$, variando de 693 até 37.200. Esses dados ajustam-se bem[3] à expressão

$$\frac{Sh}{ReSc^{1/3}\sqrt{f/2}} = 0{,}0575 + 0{,}1184Sc^{-1/3} \tag{13.6-26}$$

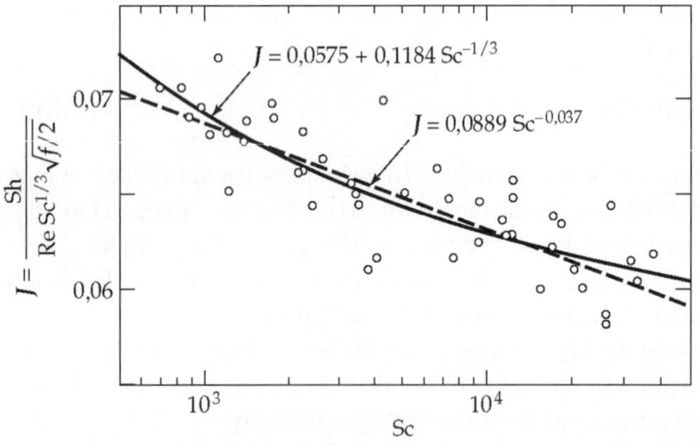

Fig. 13.6-1 Dados de transferência de massa turbulentos de D. A. Shaw e T. J. Hanratty [*AIChE Journal*, **28**, 23-37, 160-169 (1977)] comparados com uma curva baseada na Eq. 13.6-25 (curva contínua) Também se mostra uma curva simples de potência obtida por Shaw e Hanratty.

na qual *f*(Re) é o fator de atrito definido no Cap. 6. A Eq. 13.6-26 combina a dependência observada no número de Reynolds de número de Sherwood com os dois primeiros termos da Eq. 13.6-25 (isto é, o coeficiente a_1, a_2,... são proporcionais a $Re\sqrt{f/2}$). A Eq. 13.6-26 admite uma clara interpretação física: o primeiro termo corresponde a uma camada limite de difusão tão fina que a velocidade tangencial é linear em *y* e a curvatura da parede pode ser ignorada, enquanto o segundo termo considera a curvatura e termos em y^2 na expansão da velocidade tangencial das Eqs. 13.6-1 e 2. Nas aproximações de ordem superior, termos novos são esperados levando em consideração efeitos de borda como os considerados por Newman[7] e por Stewart[3].

QUESTÕES PARA DISCUSSÃO

1. Compare a condutividade térmica turbulenta e a viscosidade turbulenta no que diz respeito à definição, ordem de grandeza e dependência em propriedades físicas e natureza do escoamento.
2. O que é a "analogia de Reynolds" e qual o seu significado?
3. Existe alguma conexão entre as Eqs. 13.2-3 e 13.4-12 depois que as constantes de integração dessa última são avaliadas?

[5] T. H. Chilton e A. P. Colburn, *Ind. Eng. Chem.*, **26**, 1183-1187 (1934). Thomas Hamilton Chilton (1899-1972) teve sua carreira profissional na E. I. du Pont de Nemours Company, Inc., em Wilmington, Delaware; ele foi presidente do AIChE em 1951. Após sua aposentadoria, foi professor convidado em mais de uma dúzia de universidades.
[6] Veja também O. C. Sandall e O. T. Hanna, *AIChE Journal*, **25**, 290-292 (1979).
[7] J. S. Newman, *Eletroanalytical Chemistry*, **6**, 187-352 (1973).

4. A analogia entre a lei de Fourier da condução de calor e a Eq. 13.3-1 é válida?

5. Qual o significado físico do fato de o número de Prandtl turbulento ser da ordem da unidade?

PROBLEMAS

13B.1 Fluxo termico turbulento na parede em tubos (aproximado). Elabore o Exemplo 13.3-1, incluindo os passos omitidos. Em especial, verifique a integração da passagem da Eq. 13.3-6 para Eq. 13-3-7.

13B.2 Fluxo termico turbulento na parede de tubos.

(a) Resuma as suposições do Seção 13.4

(b) Elabore os detalhes matemáticos desta seção tomando cuidado especial com os passos que vão da Eq. 13.4-12 à Eq. 13.4-16.

(c) Quando é desnecessário determinar a constante C_2 da Eq. 13.4-12?

13C.1 Fluxo termico turbulento na parede de duas placas paralelas.

(a) Elabore o desenvolvimento no Seção 13.4 e faça uma dedução semelhante para o escoamento turbulento em uma fenda fina mostrada na Fig. 2B.3. Mostre que a análoga da Eq. 13.4-19 é

$$\frac{k(\bar{T}_0 - \bar{T}_b)}{q_0 B} = \left(\frac{\bar{v}_{z,\text{máx}}}{\langle \bar{v}_z \rangle}\right)^2 \int_0^1 \frac{[J(\xi)]^2}{[1 + (\nu^{(t)}/\nu)(\text{Pr}/\text{Pr}^{(t)})]} d\xi \tag{13C.1-1}$$

na qual $\xi = x/B$, e $J(\xi) = \int_0^\xi \phi(\bar{\xi})d\bar{\xi}$.

(b) Mostre como o resultado em (a) se simplifica para escoamento laminar de fluido newtoniano e para o escoamento "empistonado" (perfil de velocidade plano).

Resposta: **(b)** $k(\bar{T}_0 - \bar{T}_b)/q_0B = \frac{17}{35}; \frac{1}{3}$

13D.1 O perfil de temperatura para escoamento turbulento em tubos. Para calcular a distribuição de temperatura no escoamento turbulento em tubos circulares a partir da Eq. 13.4-12, é necessário conhecer C_2.

(a) Mostre como determinar C_2 por aplicação da C.C.4 como foi feito na Seção 10.8. O resultado é

$$C_2 = \int_0^1 \frac{[I(\xi)/I(1)]^2 - [I(\xi)/I(1)]}{\xi[1 + (\alpha^{(t)}/\alpha)]} d\xi \tag{13D.1-1}$$

(b) Verifique que a Eq. 13D.1-1 dá $C_2 = 7/24$ para um fluido newtoniano.

Capítulo 14

TRANSFERÊNCIAS ENTRE FASES EM SISTEMAS NÃO-ISOTÉRMICOS

No Cap. 10 vimos como as equações de balanço de energia podem ser estabelecidas para diversos problemas simples e como estas conduzem a equações diferenciais das quais os perfis de temperatura podem ser calculados. Vimos também, no Cap. 11, que o balanço de energia em um elemento diferencial de fluido conduz a uma equação diferencial parcial — a equação da energia — a qual pode ser empregada para estabelecer as equações para a descrição de problemas mais complexos. Então no Cap. 13 vimos que a média temporal da equação da energia, em conjunto com expressões empíricas para o fluxo turbulento de calor provê uma base útil para o resumo e a extrapolação das medidas dos perfis de temperatura em sistemas turbulentos. Assim, neste ponto o leitor deve ter uma boa apreciação para o significado das equações de balanço para escoamentos não-isotérmicos e suas respectivas faixas de aplicação.

Deve ficar aparente que todos os problemas discutidos foram relativos a sistemas com geometrias simples, e que para a maior parte destes problemas foram feitas suposições, como as de viscosidade independente da temperatura e de densidade constante. Para certos propósitos estas soluções podem ser adequadas, especialmente para estimativas da ordem de grandeza. Adicionalmente, o estudo de sistemas simples provê os alicerces para a discussão de problemas mais complexos.

Neste capítulo estudaremos alguns problemas para os quais é conveniente ou necessário empregar uma análise menos detalhada. Nestes problemas é conveniente ou necessário usar análises menos detalhadas. Em tais problemas a metodologia usual baseia-se na formulação de balanços de energia sobre equipamentos, ou sobre suas partes, como descrito no Cap. 15. No balanço macroscópico de energia assim obtido aparecem termos que requerem estimativas para o calor transferido através das superfícies limítrofes do sistema. Isto requer o conhecimento do *coeficiente de transferência de calor* para a descrição do transporte entre fases. Usualmente este coeficiente é dado, para o sistema de interesse, como uma correlação empírica do *número de Nusselt*[1] (uma expressão adimensional para o fluxo térmico na parede ou para o coeficiente de transferência de calor) em função das grandezas adimensionais relevantes, como os números de Reynolds e de Prandtl.

Esta situação é semelhante à encontrada no Cap. 6, onde aprendemos como usar correlações adimensionais do fator de atrito para resolver problemas de transferência de momento. Entretanto para problemas não-isotérmicos o número de grupos adimensionais é maior, os tipos de condições de contorno são mais numerosos e a dependência das propriedades físicas na temperatura é freqüentemente importante. Ocorrem nos sistemas não-isotérmicos os fenômenos de convecção natural, condensação e ebulição.

[1] Este grupamento adimensional recebe o nome de **Ernst Kraft Wilhelm Nusselt** (1882-1957), o engenheiro alemão que foi a primeira figura com importantes contribuições ao estudo da transferência de calor e massa. Veja, por exemplo, W. Nusselt, *Zeit. d. Ver deutsch. Ing.*, **53**, 1750-1755 (1909), *Forschungsarb. a. d. Geb. d. Ingenicurwes.*, N.° 80, 1-38, Berlin (1910), e *Gesundheito-Ing.*, **38**, 477-482, 490-496 (1915).

Nos limitamos voluntariamente, a um número pequeno de fórmulas e correlações para a transferência de calor — justamente o suficiente para apresentar o assunto ao leitor sem tentar ser enciclopédico. Diversos tratados de transferência de calor tratam do assunto em muito maior profundidade.[2,3,4,5,6]

14.1 DEFINIÇÕES DE COEFICIENTES DE TRANSFERÊNCIA DE CALOR

Consideremos um sistema em escoamento com o fluido escoando ou em um conduto, ou em torno a um objeto sólido. Suponha que a superfície do sólido esteja mais quente que o fluido, de forma que o calor esteja sendo transferido do sólido para o fluido. Então se espera que a taxa de transferência de calor através da interface sólido-fluido deva depender da área da interface e da queda de temperatura entre o fluido e o sólido. É usual a definição de um fator de proporcionalidade h (o coeficiente de transferência de calor) por

$$Q = hA\,\Delta T \tag{14.1-1}$$

na qual Q é a taxa de transferência de calor para o fluido (J/s, ou kcal/h, ou BTU/h), A é uma área característica, e ΔT é uma diferença de temperatura característica. A Eq. 14.1-1 pode também ser usada quando o fluido é resfriado. A Eq. 14.1-1, sob uma forma ligeiramente diferente, já foi encontrada na Eq. 10.1-2. Note que h não está definido até que a área A e a diferença de temperatura ΔT sejam especificadas. Agora consideraremos as definições usuais para h para dois tipos de geometria do escoamento.

Como um exemplo de *escoamentos em condutos*, consideramos um fluido escoando através de um tubo circular de diâmetro D (veja a Fig. 14.4-1), onde existe uma seção de parede aquecida com comprimento L e de temperatura variável $T_0(z)$ desde T_{01} até T_{02}. Suponha que a temperatura média do fluido (definida na Eq. 10.8-33 para fluidos com ρ e $\hat{C}_p$ constantes) cresça desde T_{b1} até T_{b2} ao longo da seção aquecida. Então existem três definições convencionais do coeficiente de transferência de calor para o fluido na seção aquecida:

$$Q = h_1(\pi DL)(T_{01} - T_{b1}) \equiv h_1(\pi DL)\Delta T_1 \tag{14.1-2}$$

$$Q = h_a(\pi DL)\left(\frac{(T_{01} - T_{b1}) + (T_{02} - T_{b2})}{2}\right) \equiv h_a(\pi DL)\Delta T_a \tag{14.1-3}$$

$$Q = h_{\ln}(\pi DL)\left(\frac{(T_{01} - T_{b1}) - (T_{02} - T_{b2})}{\ln(T_{01} - T_{b1}) - \ln(T_{02} - T_{b2})}\right) \equiv h_{\ln}(\pi DL)\Delta T_{\ln} \tag{14.1-4}$$

Isto é, h_1 é baseado na diferença de temperatura ΔT_1 da admissão, h_a é baseado na temperatura média aritmética ΔT_a das diferenças de temperaturas terminais, e $h_{\ln}$ é baseado na diferença de temperatura média logarítmica $\Delta T_{\ln}$. Para a maioria dos cálculos $h_{\ln}$ é preferível, pois menos dependente de L/D que os outros dois, embora não seja usado sempre.[1] Ao se usar correlações de transferência de calor apresentadas nos tratados e manuais devemos tomar o cuidado de verificar qual das definições foi empregada.

Se a distribuição de temperatura da parede é *a priori* desconhecida, ou se as propriedades do fluido alteram-se apreciavelmente ao longo do tubo, torna-se difícil prever os coeficientes de transferência de calor definidos anteriormente. Nestas condições é costume reapresentar a Eq. 14.1-2 na forma diferencial:

$$dQ = h_{\text{loc}}(\pi D dz)(T_0 - T_b) \equiv h_{\text{loc}}(\pi D dz)\Delta T_{\text{loc}} \tag{14.1-5}$$

---

[2] M. Jakob, *Heat Transfer,* Vol. 1 (1949) e Vol. 2 (1957), Wiley, New York.

[3] W. M. Kays e M. E. Crawford, *Convective Heat and Mass Transfer,* 3.ª ed., McGraw-Hill, New York (1993).

[4] H. D. Baehr e K. Stephan, *Heat and Mass Transfer,* Springer, Berlin (1998).

[5] W. M. Rosenhow, J. P. Hartnett, e Y. I. Cho (eds.), *Handbook of Heat Transfer*, McGraw-Hill, New York (1998).

[6] H. Gröber, S. Erk, e U. Grigull, *Die Grundgesetze der Wärmeübertragung*, Springer, 3.ª ed., Berlin (1961).

[1] Se $\Delta T_2/\Delta T_1$ situa-se entre 0,5 e 2,0, então ΔT_b pode ser substituído por ΔT_{ln} e h_b por h_{ln}, com erro máximo de 4%. Este grau de precisão é aceitável na maioria dos cáculos de transferência de calor.

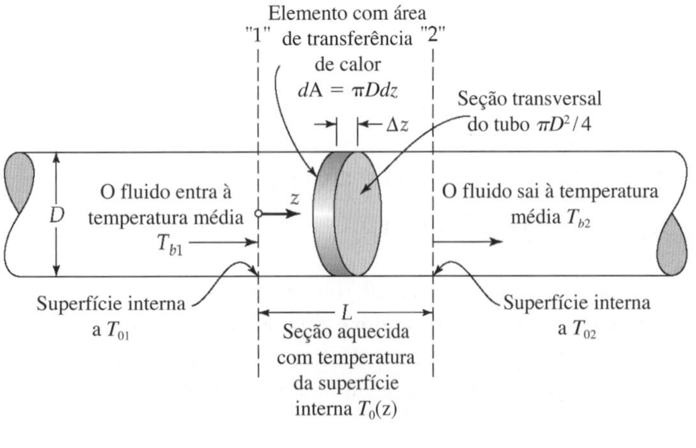

Fig. 14.1-1 Transferência de calor em tubo circular.

Aqui dQ é o calor cedido ao fluido ao longo da distância dz da tubulação, ΔT_{loc} é a diferença local de temperatura (na posição z), e h_{loc} é o *coeficiente local de transferência de calor*. Esta equação é muito usada em projetos de engenharia. Na verdade, as definições de não estão completas antes do estabelecimento da forma do elemento de área. Na Eq. 14.1.5 fizemos $dA = \pi D\, dz$, o que significa que h_{loc} e ΔT_{loc} são valores médios para a área sombreada dA da Fig. 14.1.1.

Como um exemplo de *escoamento em torno de um objeto submerso*, considere um fluido escoando em volta de uma esfera de raio R, cuja superfície é mantida no valor uniforme T_0. Suponha que o fluido se aproxima da esfera com temperatura uniforme T_∞. Então, podemos definir o *coeficiente médio de transferência de calor*, h_m, para a superfície toda da esfera pela relação

$$Q = h_m(4\pi R^2)(T_0 - T_\infty) \tag{14.1-6}$$

A área característica é tomada aqui como sendo a superfície de troca térmica (como nas Eqs. 14.1-2 a 5), enquanto que na Eq. 6.1-5 usamos a secção transversal da esfera.

Um coeficiente local também pode ser definido para objetos submersos por analogia com a Eq. 14.1-5:

$$dQ = h_{loc}(dA)(T_0 - T_\infty) \tag{14.1-7}$$

Este coeficiente é mais informativo que h_m pois ele prevê como o fluxo térmico se distribui sobre a superfície. Entretanto, a maior parte dos trabalhos experimentais reporta apenas h_m, que é mais fácil de medir.

TABELA 14.1-1 Ordem de Grandeza Típica de Coeficientes de Transferência de Calor[a]

Sistema	h (W/m² · K) ou (kcal/m² · h · C)	h (Btu/ft² · h · F)
Convecção natural		
Gases	3-20	1-4
Líquidos	100-600	20-120
Água em ebulição	1000-20.000	200-4000
Convecção forçada		
Gases	10-100	2-20
Líquidos	50-500	10-100
Água	500-10.000	100-2000
Condensação de vapores	1000-100.000	200-20.000

[a]Tirado de H. Gröber, S. Erk e U. Grigull, *Wärmeübertragung*, Springer Verlag, Berlin, 3.ª ed., (1955), p. 158. Quando h for dado em kcal/m²·h·C multiplicar por 0,204 para obter h em Btu/ft²·h·F, e por 1,162 para obter h em W/m²·K. Fatores de conversão adicionais estão no Apêndice F.

Enfatizemos que as definições de A e ΔT devem ser apresentadas antes da definição de h. Lembre-se também de que h não é uma constante característica do fluido. Ao contrário, o coeficiente de transferência de calor depende de uma forma complicada de diversas variáveis, incluindo propriedades do fluido (k, μ, ρ, $\hat{C}_p$), da geometria do sistema, e da velocidade do escoamento. O resto deste capítulo é devotado à previsão da dependência de h nestas grandezas. Usualmente isto é feito usando-se dados experimentais e análise dimensional para o desenvolvimento de correlações. É também possível, para alguns sistemas simples, calcular o coeficiente de transferência de calor diretamente das equações de balanço. Algumas faixas típicas para h são dadas na Tabela 14.1-1.

Vimos na Seção 10.6 que, no cálculo de taxas de transferência de calor entre duas correntes de fluidos separadas por uma ou mais camadas sólidas, é conveniente usar o *coeficiente global de transferência de calor*, U_0, que expressa os efeitos combinados da série de resistências através das quais o calor trafega. Damos aqui a definição de U_0 e mostramos como calculá-lo no caso especial de troca térmica entre duas correntes coaxiais com temperaturas médias T_h ("hot") e T_c ("cold"), separadas por um tubo cilíndrico de diâmetro interno D_0 e diâmetro externo D_1:

$$dQ = U_0(\pi D_0 dz)(T_h - T_c) \tag{14.1-8}$$

$$\frac{1}{D_0 U_0} = \left(\frac{1}{D_0 h_0} + \frac{\ln(D_1/D_0)}{2k^{01}} + \frac{1}{D_1 h_1}\right)_{\text{loc}} \tag{14.1-9}$$

Note que U_0 é definido como um coeficiente local. Esta é a definição empregada na maioria dos procedimentos de projeto (veja o Exemplo 15.4-1).

As Eqs. 14.1-8 e 9 são, é claro, restritas a resistências em *série*. Em algumas situações pode existir fluxos térmicos em paralelo, apreciáveis devido à radiação em uma ou mais superfícies, e as Eqs. 14.1-8 e 9 necessitarão de alterações especiais (veja o Exemplo 16.5-2).

Para ilustrar o significado físico dos coeficientes de transferência de calor e ilustrar um método para sua medição, concluímos esta seção com a análise de um conjunto de dados de transferência de calor.

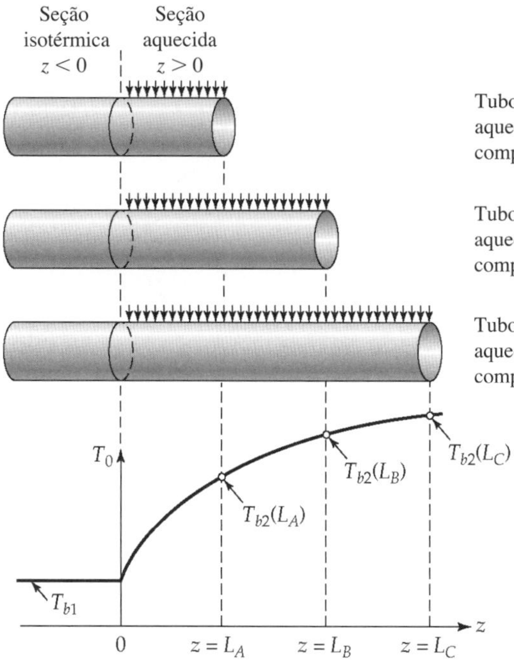

Fig. 14.1-2 Série de experimentos destinados a medir o coeficiente de transferência de calor.

EXEMPLO 14.1-1

Calculo de Coeficientes de Transferência de Calor a Partir de Dados Experimentais

Uma série simulada de experiências em regime permanente do aquecimento de ar em tubos é mostrada na Fig. 14.1-2. Na primeira experiência, ar a $T_{b1} = 200{,}0°F$ escoa em um tubo de diâmetro interno igual a 0,5 in com um perfil de velocidade laminar plenamente desenvolvido na seção isotérmica da tubulação $z < 0$. Em $z = 0$ a temperatura da parede é subitamente elevada para $T_0 = 212{,}0$°F e mantida nesse valor em todo resto do tubo de comprimento L_A. Em $z = L_A$ o fluido escoa para uma câmara de mistura onde sua temperatura de mistura T_{b2} é medida. Experiências semelhantes são realizadas com tubos de diferentes comprimentos, L_B, L_C, ... com os seguintes resultados:

Experiência	A	B	C	D	E	F	G
L(in)	1,5	3,0	6,0	12,0	24,0	48,0	96,0
T_{b2}(°F)	201,4	202,2	203,1	204,6	206,6	209,0	211,0

Em todas as experiências a vazão de ar w é 3,0 lb_m/h. Calcule h_l, h_a, $h_{\ln}$ e o valor de saída de h_{loc} em função de L/D.

SOLUÇÃO

Primeiramente fazemos um balanço de energia no regime permanente sobre um comprimento L do tubo, declarando que o calor que atravessa a parede do tubo mais a energia que entra em $z = 0$ por convecção é igual à energia que deixa o tubo em $z = L$. Os fluxos axiais de energia na entrada e saída podem ser calculados pela Eq. 9.8-6. Para o escoamento plenamente desenvolvido, variações do fluxo de energia cinética $\frac{1}{2}\rho v^2\mathbf{v}$ e o termo de trabalho $[\boldsymbol{\tau}\cdot\mathbf{v}]$ são desprezíveis em face das variações do fluxo de entalpia. Assumimos também que $q_z << \rho\hat{H}v_z$, de modo que o termo de condução de calor axial pode ser desprezado. Portanto, a única contribuição ao fluxo de energia que entra e que sai com o escoamento do fluido será o termo que contém a entalpia, e que pode ser calculado com o auxílio da Eq. 9.8-8 e as suposições de que a capacidade calorífica e densidade do fluido são constantes em todos os pontos. Portanto o balanço de energia térmica no regime permanente é simplesmente "taxa de entrada de energia = taxa de saída de energia", ou

$$Q + w\hat{C}_pT_{b1} = w\hat{C}_pT_{b2} \tag{14.1-10}$$

Usando a Eq. 14.1-2 para avaliar Q e re-arranjando obtém-se

$$= \quad w\hat{C}_p(T_{b2} - T_{b1}) = h_1(\pi DL)(T_0 - T_{b1}) \tag{14.1-11}$$

de onde

$$h_1 = \frac{w\hat{C}_p}{\pi D^2}\frac{(T_{b2} - T_{b1})}{(T_0 - T_{b1})}\left(\frac{D}{L}\right) \tag{14.1-12}$$

Isto nos dá a fórmula necessária para o cálculo de h_l a partir dos dados apresentados.

Analogamente, o uso das Eqs. 14.1-3 e 14.1-4 dá

$$h_a = \frac{w\hat{C}_p}{\pi D^2}\frac{(T_{b2} - T_{b1})}{(T_0 - T_b)_a}\left(\frac{D}{L}\right) \tag{14.1-13}$$

$$h_{\ln} = \frac{w\hat{C}_p}{\pi D^2}\frac{(T_{b2} - T_{b1})}{(T_0 - T_b)_{\ln}}\left(\frac{D}{L}\right) \tag{14.1-14}$$

necessárias aos cálculos de h_a e $h_{\ln}$ a partir dos dados.

Para a avaliação de h_{loc}, temos de usar os dados precedentes para a construção de uma curva contínua $T_b(z)$, como na Fig. 14.1-2, para representar a variação da temperatura média com z no mais longo dos tubos (96 in). Então a Eq. 14.1-10 fica

$$Q(z) + w\hat{C}_pT_{b1} = w\hat{C}_pT_b(z) \tag{14.1-15}$$

A diferenciação desta expressão com relação a z e combinação do resultado com a Eq. 14.1-5 dá

$$w\hat{C}_p\frac{dT_b}{dz} = h_{\text{loc}}\pi D(T_0 - T_b) \tag{14.1-16}$$

ou

$$h_{\text{loc}} = \frac{w\hat{C}_p}{\pi D} \frac{1}{(T_0 - T_b)} \frac{dT_b}{dz} \tag{14.1-17}$$

Como T_0 é constante esta se transforma em

$$h_{\text{loc}} = -\frac{w\hat{C}_p}{\pi D^2} \frac{d \ln (T_0 - T_b)}{d(z/L)} \left(\frac{D}{L}\right) \tag{14.1-18}$$

A derivada nesta equação é convenientemente determinada do gráfico de $\ln(T_0 - T_b)$ *versus* z/L. Devido ao passo de diferenciação torna-se difícil a determinação precisa de h_{loc}.

Os valores calculados são apresentados na Fig. 14.1-3. Note que todos os coeficientes decrescem com o aumento de L/D, mas h_{loc} e $h_{\ln}$ variam menos que os demais. Eles tendem a uma assíntota comum aos dois (veja o Problema 14B.5 e a Fig. 14.1-3). Um comportamento semelhante é observado em escoamentos turbulentos com temperatura da parede constante, exceto que h_{loc} tende ao valor assintótico muito mais rapidamente (veja a Fig. 14.3-2).

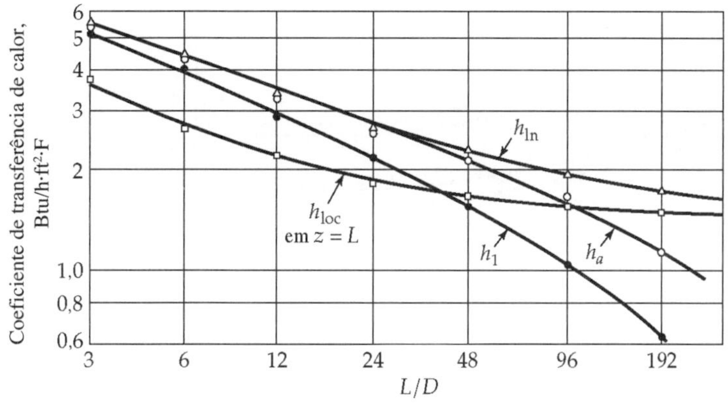

Fig. 14.1-3 Coeficientes de transferência de calor calculados no Exemplo 14.1-1.

14.2 CÁLCULOS ANALÍTICOS DE COEFICIENTES DE TRANSFERÊNCIA DE CALOR PARA CONVECÇÃO FORÇADA EM TUBOS E FENDAS

Recorde-se do Cap. 6, onde definimos e discutimos fatores de atrito, que para alguns sistemas laminares muito simples fórmulas analíticas podiam ser obtidas para o fator de atrito (adimensional) em função do número de Reynolds (adimensional). Gostaríamos de fazer o mesmo para o coeficiente de transferência de calor, h, o qual não é uma grandeza adimensional. Entretanto podemos construir a partir dele uma grandeza adimensional, $\text{Nu} = hD/k$, o *número de Nusselt*, usando a condutividade térmica do fluido e um comprimento característico D que deve ser especificado para cada sistema de escoamento. Dois outros grupos adimensionais freqüentemente usados são: o *número de Stanton*, $\text{St} = \text{Nu}/\text{RePr}$, e o *fator j de Chilton-Colburn* para a transferência de calor $j_H = \text{Nu}/\text{RePr}^{1/3}$. Cada um destes grupos adimensionais pode ser decorado com um subscrito 1, a, ln, ou m correspondente ao subscrito do coeficiente de transferência de calor.

Para ilustração, voltemos à Seção 10.8 onde discutimos o aquecimento de um fluido em regime laminar em um tubo, com todas suas propriedades consideradas como constantes. Podemos determinar a diferença entre a temperatura da parede e a temperatura média a partir das Eqs. 10.8-33 e 10.8-31:

$$\begin{aligned} T_0 - T_b &= \left(4\zeta + \frac{11}{24}\right)\left(\frac{q_0 R}{k}\right) - 4\zeta\left(\frac{q_0 R}{k}\right) \\ &= \frac{11}{24}\left(\frac{q_0 R}{k}\right) = \frac{11}{48}\left(\frac{q_0 D}{k}\right) \end{aligned} \tag{14.2-1}$$

onde R e D são o raio e o diâmetro do tubo. Resolvendo para o fluxo na parede obtemos

$$q_0 = \frac{48}{11}\left(\frac{k}{D}\right)(T_0 - T_b) \qquad (14.2\text{-}2)$$

Fazendo uso da definição do coeficiente local de transferência de calor h_{loc} – em que $q_0 = h_{loc}(T_0 - T_b)$ — determinamos

$$h_{loc} = \frac{48}{11}\left(\frac{k}{D}\right) \quad \text{ou} \quad \text{Nu}_{loc} = \frac{h_{loc}D}{k} = \frac{48}{11} \qquad (14.2\text{-}3)$$

Este resultado é o correspondente à Eq. (L) da Tabela 14.2-1 — para o escoamento laminar de um fluido com propriedades constantes e com fluxo constante na parede, e para altos valores de z. As demais entradas da tabela são obtidas de forma similar.[1] Números de Nusselt para alguns casos de fluidos newtonianos com propriedades constantes são apresentados na Fig. 14.2-1.[2]

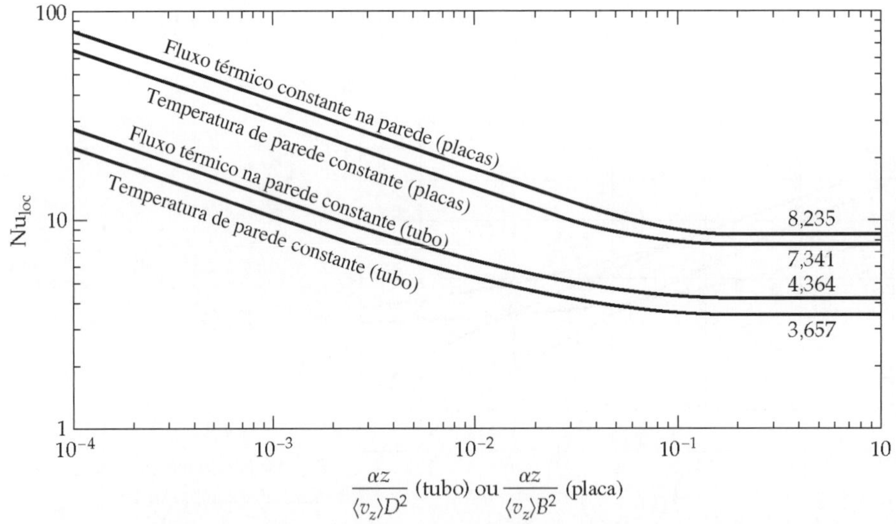

Fig. 14.2-1 Número de Nusselt para escoamento laminar plenamente desenvolvido de fluido newtoniano com propriedades físicas constantes: $\text{Nu}_{loc} = h_{loc}D/k$ para tubos circulares de diâmetro D, e $\text{Nu}_{loc} = 4h_{loc}B/k$ para placas com semidistância B. As expressões limites são dadas nas Tabelas 14.2-1 e 14.2-2.

Para *escoamentos turbulentos* em tubo circular com fluxo térmico na parede constante, o número de Nusselt pode ser obtido da Eq. 13.4-20 (que por sua vez vem da Eq. (K) da Tabela 14.2-1):[3]

$$\text{Nu}_{loc} = \frac{\text{RePr}\sqrt{f/2}}{12{,}48\text{Pr}^{2/3} - 7{,}853\text{Pr}^{1/3} + 3{,}613 \ln \text{Pr} + 5{,}8 + 2{,}78 \ln(\frac{1}{45}\text{Re}\sqrt{f/8})} \qquad (14.2\text{-}4)$$

---

[1] Estas tabelas foram tomadas de R. B. Bird, R. C. Armstrong e O. Hassager, *Dynamics of Polimeric Liquids, Vol. 1 Fluid Mechanics*, 1.ª ed., Wiley, New York, (1987), pp. 212-213. Eles são baseados, por sua vez, em W. J. Beek e R. Eggink, *De Ingenieur*, **74**, (35) Caps.81-89 (1962) e J. M. Valstar e W. J. Beek, *De Ingenieur*, **75**, (1), Caps.1-7 (1963).

[2] A correspondência entre as entradas das Tabelas 14.2.1 e 2 e problemas neste livro é como segue (⊙ = tubo circular, || = fenda plana):

Eq. (C)	Problema 12D.4⊙;12D.5 ||	Laminar newtoniano
Eq. (F)	Problema 12D.3⊙;12D.5 ||	Laminar newtoniano
Eq. (G)	Problema 10B.9(a)⊙;10B9(b) ||	Escoamento empistonado
Eq. (I)	Problema 12D.7⊙;12D.6 ||	Laminar newtoniano
Eq. (K)	Problema 10D.2⊙	Laminar não-newtoniano
Eq. (L)	Problema 12D.6 ||	Laminar newtoniano

Equações análogas para as Eqs. (K) nas Tabelas 14.3-2 e 2, são dadas para escoamento nas Eqs. 13.4-19 e 13C.1-1.

[3] O. C. Sandall, O. T. Hanna e P. R. Mazet, *Canad. J. Chem. Eng.*, **58**, 443-447 (1980).

TABELA 14.2-1 Resultados Assintóticos para o Número de Nusselt Local (Escoamento em Tubos)[a, b]; $Nu_{loc} = h_{loc}D/k$

Todos os valores são para números de Nusselt *locais*		Temperatura da parede constante 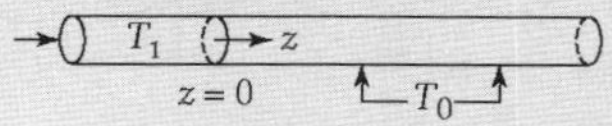		Fluxo térmico na parede constante 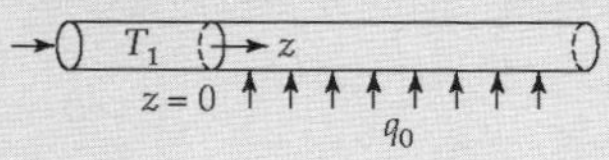
Região de entrada térmica[c]	Escoamento em pistão	$Nu = \frac{1}{\sqrt{\pi}}\left(\frac{\langle v_z\rangle D^2}{\alpha z}\right)^{1/2}$ (A)	Escoamento em pistão	$Nu = \frac{\sqrt{\pi}}{2}\left(\frac{\langle v_z\rangle D^2}{\alpha z}\right)^{1/2}$ (G)
$\frac{\langle v_z\rangle D^2}{\alpha z} >> 1$	Escoamento laminar não newtoniano	$Nu = \frac{2}{9^{1/3}\Gamma(\frac{4}{3})}\left[\frac{\langle v_z\rangle D^2}{\alpha z}\left(-\frac{1}{4}\frac{d\phi}{d\xi}\bigg\vert_{\xi=1}\right)\right]^{1/3}$ (B)	Escoamento laminar não newtoniano	$Nu = \frac{2\Gamma(\frac{2}{3})}{9^{1/3}}\left[\frac{\langle v_z\rangle D^2}{\alpha z}\left(-\frac{1}{4}\frac{d\phi}{d\xi}\bigg\vert_{\xi=1}\right)\right]^{1/3}$ (H)
	Escoamento laminar newtoniano	$Nu = \frac{2}{9^{1/3}\Gamma(\frac{4}{3})}\left(\frac{\langle v_z\rangle D^2}{\alpha z}\right)^{1/3}$ (C)	Escoamento laminar newtoniano	$Nu = \frac{2\Gamma(\frac{2}{3})}{9^{1/3}}\left(\frac{\langle v_z\rangle D^2}{\alpha z}\right)^{1/3}$ (I)
Escoamento termicamente completamente desenvolvido	Escoamento empistonado	$Nu = 5{,}772$ (D)	Escoamento empistonado	$Nu = 8$ (J)
$\frac{\langle v_z\rangle D^2}{\alpha z} << 1$	Escoamento laminar não newtoniano	$Nu = \beta_1^2$, onde β_1 é o *menor* autovalor de $\frac{1}{\xi}\frac{d}{d\xi}\left(\xi\frac{dX_n}{d\xi}\right) + \beta_n^2\phi(\xi)X_n = 0$; $X_n'(0) = 0,\ X_n(1) = 0$ (E)	Escoamento laminar não newtoniano	$Nu = \left[2\int_0^1 \frac{1}{\xi}\left[\int_0^{\xi} \xi'\phi(\xi')d\xi'\right]^2 d\xi\right]^{-1}$ (K)
	Escoamento laminar newtoniano	$Nu = 3{,}657$ (F)	Escoamento laminar newtoniano	$Nu = \frac{48}{11} = 4{,}364$ (L)

[a]Nota: $\phi(\xi) = v_z/\langle v_z\rangle$, onde $\xi = r/R$ e $R = D/2$; para fluidos newtonianos $\langle v_z\rangle D^2/\alpha_z = RePr(D/z)$ com $Re = D\langle v_z\rangle\rho/\mu$. Aqui, $\alpha = k/\rho\hat{C}_p$.

[b]W. J. Beek e R. Eggink, *De Ingenieur*, **74**, n.° 35, Caps. 81-89 (1962); errata, **75**, n.° 1, Cap. 7 (1963).

[c]O grupamento $\langle v_z\rangle D^2/\alpha_z$ é algumas vezes escrito como $Gz\cdot(L/z)$, onde $Gz = \langle v_z\rangle D^2/\alpha L$ é denominado número de Graetz; aqui, L é o comprimento do tubo além de z = 0. Assim, a região de entrada térmica corresponde a altos volumes do número de Graetz.

TABELA 14.2-2 Resultados Assintóticos para o Número de Nusselt Local (Escoamento em Placas Finas)[a,b]; $\text{Nu}_{\text{loc}} = 4h_{\text{loc}}B/k$

Todos os valores são para números de Nusselt *locais*		Temperatura da parede constante 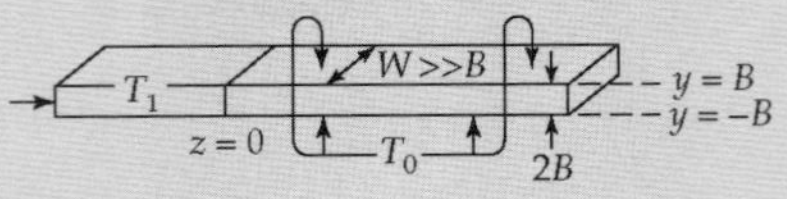		Fluxo térmico na parede constante 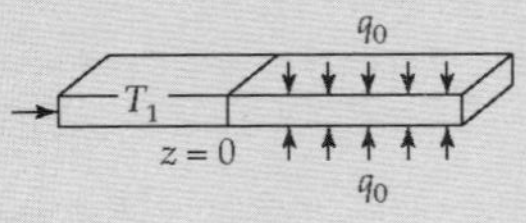
Região de entrada térmica[c]	Escoamento em pistão	$\text{Nu} = \dfrac{4}{\sqrt{\pi}}\left(\dfrac{\langle v_z\rangle B^2}{\alpha z}\right)^{1/2}$ (A)	Escoamento em pistão	$\text{Nu} = 2\sqrt{\pi}\left(\dfrac{\langle v_z\rangle B^2}{\alpha z}\right)^{1/2}$ (G)
$\dfrac{\langle v_z\rangle B^2}{\alpha z} >> 1$	Escoamento laminar não newtoniano	$\text{Nu} = \dfrac{4}{9^{1/3}\Gamma(\frac{4}{3})}\left[\dfrac{\langle v_z\rangle B^2}{\alpha z}\left(-\left.\dfrac{d\phi}{d\sigma}\right\vert_{\sigma=1}\right)\right]^{1/3}$ (B)	Escoamento laminar não newtoniano	$\text{Nu} = \dfrac{4\Gamma(\frac{2}{3})}{9^{1/3}}\left[\dfrac{\langle v_z\rangle B^2}{\alpha z}\left(-\left.\dfrac{d\phi}{d\sigma}\right\vert_{\sigma=1}\right)\right]^{1/3}$ (H)
	Escoamento laminar newtoniano	$\text{Nu} = \dfrac{4}{3^{1/3}\Gamma(\frac{4}{3})}\left(\dfrac{\langle v_z\rangle B^2}{\alpha z}\right)^{1/3}$ (C)	Escoamento laminar newtoniano	$\text{Nu} = \dfrac{4\Gamma(\frac{2}{3})}{3^{1/3}}\left(\dfrac{\langle v_z\rangle B^2}{\alpha z}\right)^{1/3}$ (I)
	Escoamento empistonado	$\text{Nu} = \pi^2 = 9{,}870$ (D)	Escoamento empistonado	$\text{Nu} = 12$ (J)
Escoamento termicamente completamente desenvolvido	Escoamento laminar não newtoniano	$\text{Nu} = 4\beta_1^2$, onde β_1 é o *menor* autovalor de $\dfrac{d^2X_n}{d\sigma^2} + \beta_n^2\phi(\sigma)X_n = 0; \quad X_n(\pm 1) = 0$ (E)	Escoamento laminar não newtoniano	$\text{Nu} = \left[\dfrac{1}{4}\displaystyle\int_0^1\left[\int_0^\sigma \phi(\sigma')d\sigma'\right]^2 d\sigma\right]^{-1}$ (K)
$\dfrac{\langle v_z\rangle B^2}{\alpha z} << 1$	Escoamento laminar newtoniano	$\text{Nu} = 7{,}541$ (F)	Escoamento laminar newtoniano	$\text{Nu} = \dfrac{140}{17} = 8{,}235$ (L)

[a]Nota: $\phi(\sigma) = v_z/\langle v_z\rangle$, onde $\sigma = y/B$; para fluidos newtonianos $\langle v_z\rangle D^2/\alpha z = 4\,\text{RePr}(B/z)$, com $\text{Re} = 4B\langle v_z\rangle\rho/\mu$. Aqui $\alpha = k/\rho \hat{C}_p$.

[b]J. M. Valstar e W. J. Beek, *De Ingenieur*, **75**, n.°1, Caps. 1-7 (1963).

[c]O grupamento $\langle v_z\rangle B^2/\alpha z$ é escrito algumas vezes como $\text{Gz}\cdot(L/z)$ onde $\text{Gz} = \langle v_z\rangle B^2/\alpha L$ é denominado número de Graetz; aqui, L é o comprimento da placa além de $z = 0$. Assim, a região de entrada térmica corresponde a altos valores do número de Graetz.

Esta é válida apenas para $\alpha z/\langle v_2\rangle D^2 >> 1$, para fluidos com propriedades físicas constantes, e para tubos não-rugosos. Tem sido aplicada com sucesso para a faixa de números de Prandtl $0{,}7 < \text{Pr} < 590$. Note que, para números de Prandtl muito altos a Eq. 14.2-4 dá

$$\text{Nu}_{\text{loc}} = 0{,}0566\ \text{RePr}^{1/3}\sqrt{f} \tag{14.2-5}$$

A dependência em $\text{Pr}^{1/3}$ concorda exatamente com o limite para Pr altos na Seção 13.6 e Eq. 13.3-7. Para escoamentos turbulentos existe uma pequena diferença entre Nu para temperatura da parede constante e para fluxo térmico na parede constante.

Para o escoamento turbulento de *metais líquidos*, para os quais os números de Prandtl são em geral muito menores que a unidade, existem dois resultados de importância. Notter e Sleicher[4] resolveram a equação da energia numericamente, usando uma forma realística para o perfil velocidade turbulenta, e obtiveram as taxas de transferência de calor através da parede. Os resultados finais foram ajustados a expressões analíticas simples para dois casos:

Temperatura da parede constante: $$\text{Nu}_{\text{loc}} = 4{,}8 + 0{,}0156\ \text{Re}^{0{,}85}\ \text{Pr}^{0{,}93} \tag{14.2-6}$$

Fluxo térmico na parede constante: $$\text{Nu}_{\text{loc}} = 6{,}3 + 0{,}0167\ \text{Re}^{0{,}85}\ \text{Pr}^{0{,}93} \tag{14.2-7}$$

Estas equações são limitadas a $L/D > 60$ e propriedades físicas constantes. A Eq. 14.2-7 é apresentada na Fig. 14.2-2.

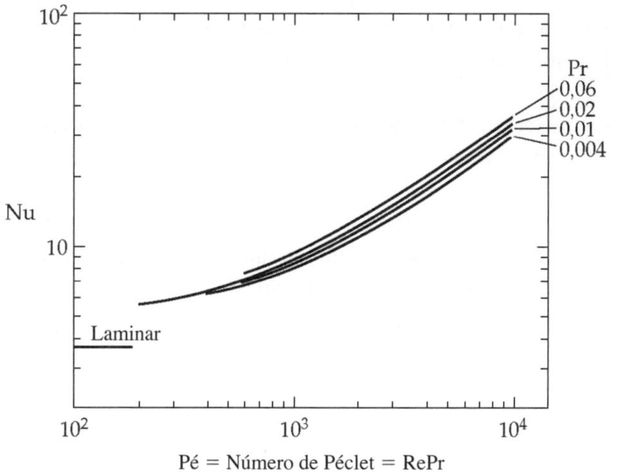

Fig. 14.2-2 Números de Nusselt para escoamento turbulentos de metais líquidos em tubos circulares, baseados nos cálculos de R. H. Notter e C. A. Sleicher, *Chem. Eng. Sci.*, **27**, 2073-2039 (1972).

Já foi enfatizado que todos os resultados desta seção são limitados a fluidos com propriedades físicas constantes. Quando existem grandes diferenças de temperatura no sistema é necessário levar em consideração a dependência com a temperatura da viscosidade, densidade, capacidade calorífica, e condutividade térmica. Usualmente isto é feito por intermédio de um empiricismo, qual seja o de avaliar as propriedades físicas a uma temperatura média apropriada. Neste capítulo, a não ser quando se especifica o contrário, entende-se que todas as propriedades são calculadas à temperatura do filme T_f definida como segue:[5]

a. Para tubos, fendas e outros dutos,

$$T_f = \tfrac{1}{2}(T_{0a} + T_{ba}) \tag{14.2-8}$$

[4] R. H. Notter e C. A. Sleicher, *Chem. Eng. Sci*, **27**, 2073-2093 (1972).

[5] W. J. M. Douglas e S. W. Churchill, *Chem. Eng. Prog. Symposium Series,* No. **52**, 23-28 (1956); E. R. G. Eckert, *Recent Advances in Heat and Mass Transfer,* McGraw-Hill, New York (1961), pp. 51-81, Eq. (20); estados de referência mais detalhados foram propostos por W. E. Stewart, R. Kilgour e K.-T. Liu, Universidade de Wisconsin-Madison Centro de Pesquisa em Matemática Relatório n.º 1310 (junho de 1973).

onde T_{0a} é a temperatura média aritmética das temperaturas da superfície nos dois finais do duto, $T_{0a} = \frac{1}{2}(T_{01} + T_{02})$ e T_{ba} é a média aritmética das temperaturas médias do fluido na entrada e saída, T_{ba} 5 $\frac{1}{2}(T_{b1} + T_{b2})$.

É também recomendado que o número de Reynolds seja escrito como $\text{Re} = D\langle \rho v \rangle/\mu = Dw/S\mu$, de modo a considerar as variações de viscosidade, velocidade e densidade ao longo da área da seção transversal S.

b. Para *objetos submersos* com temperatura de superfície uniforme T_0 em uma corrente de líquido que se aproxima com temperatura uniforme T_∞,

$$T_f = \tfrac{1}{2}(T_0 + T_\infty) \tag{14.2-9}$$

Para sistemas em escoamento em contato com geometrias mais complicadas é preferível usar correlações experimentais para coeficientes de transferência de calor. Na seção seguinte mostramos como estas correlações podem ser estabelecidas por uma combinação de análise dimensional e dados experimentais.

14.3 COEFICIENTES DE TRANSFERÊNCIA DE CALOR PARA CONVECÇÃO FORÇADA EM TUBOS

Na seção anterior mostramos que o número de Nusselt para alguns casos de escoamento laminar pode ser calculado a partir de princípios fundamentais. Nesta seção mostramos como a análise dimensional nos leva a uma forma geral de dependência do número de Nusselt em vários grupos adimensionais, e que esta forma inclui não apenas os resultados da seção anterior mas também os escoamentos turbulentos. Por fim apresentamos um gráfico adimensional do número de Nusselt obtido da correlação de dados experimentais.

Primeiramente estendemos a análise dimensional apresentada na Seção 11.5 para obter uma forma geral para as correlações de coeficientes de transferência de calor em convecção forçada. Considere o escoamento permanente laminar ou turbulento de um fluido newtoniano através de um tubo reto de raio interno R, como mostra a Fig. 14.3-1. O fluido entra no tubo em $z = 0$ com velocidade uniforme até muito próximo à parede, e com temperatura uniforme T_1 $(= T_{b1})$. A parede do tubo é isolada exceto na região $0 \leq Z \leq L$, onde uma temperatura uniforme da superfície interna T_0 é mantida pelo calor da condensação de vapores sobre a superfície externa. Por enquanto supomos que as propriedades físicas ρ, μ, k e $\hat{C}_p$ sejam constantes. Posteriormente estenderemos a forma empírica da Seção 14.2 para termos uma representação adequada da variação com a temperatura destas propriedades.

Seguimos o mesmo procedimento usado na Seção 6.2 para os fatores de atrito. Começamos por escrever a expressão para o fluxo térmico instantâneo da parede para o fluido no sistema descrito acima,

$$Q(t) = \int_0^L \int_0^{2\pi} \left(+k\frac{\partial T}{\partial r} \right)\bigg|_{r=R} R\, d\theta\, dz \tag{14.3-1}$$

a qual é válida para escoamento laminar ou turbulento (no escoamento laminar, Q seria, é claro, independente do tempo). O sinal $+$ aparece uma vez que o calor é adicionado ao sistema na direção negativa de r.

Equacionando as expressões para Q dadas pelas Eqs. 14.1-2 e 14.3-1 e resolvendo para h_1, obtemos

$$h_1(t) = \frac{1}{\pi DL(T_0 - T_{b1})} \int_0^L \int_0^{2\pi} \left(+k\frac{\partial T}{\partial r} \right)\bigg|_{r=R} R\, d\theta\, dz \tag{14.3-2}$$

A seguir introduzimos as quantidades adimensionais $\breve{r} = r/D$, $\breve{z} = z/D$ e $\breve{T} = (T - T_0)/(T_{b1} - T_0)$, e multiplicamos por D/k para obtermos o número de Nusselt $\text{Nu}_1 = h_1 D/k$:

$$\text{Nu}_1(t) = \frac{1}{2\pi L/D} \int_0^{L/D} \int_0^{2\pi} \left(-\frac{\partial \breve{T}}{\partial \breve{r}} \right)\bigg|_{\breve{r}=1/2} d\theta\, d\breve{z} \tag{14.3-3}$$

Portanto o número de Nusselt (instantâneo) é basicamente um *gradiente de temperatura adimensional na média sobre toda superfície de troca térmica.*

O gradiente de temperatura adimensional que aparece na Eq. 14.3-3 poderia, por princípio, ser avaliado pela diferenciação da expressão para $\breve{T}$ obtida pela resolução das Eqs. 11.5-7, 8 e 9 com as condições de contorno

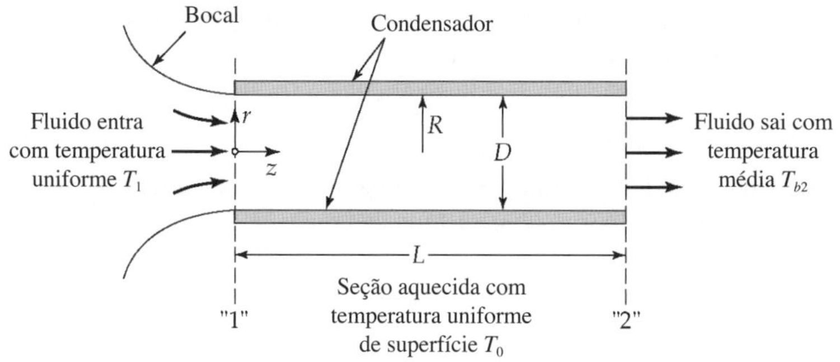

Fig. 14.3-1 Transferência de calor na região de entrada de um tubo.

$$\text{em } \breve{z} = 0, \quad \breve{\mathbf{v}} = \boldsymbol{\delta}_z \quad \text{para } 0 \leq \breve{r} < \tfrac{1}{2} \tag{14.3-4}$$

$$\text{em } \breve{r} = \tfrac{1}{2}, \quad \breve{\mathbf{v}} = 0 \quad \text{para } \breve{z} \geq 0 \tag{14.3-5}$$

$$\text{em } \breve{r} = 0 \text{ e } \breve{z} = 0, \quad \breve{\mathcal{P}} = 0 \tag{14.3-6}$$

$$\text{em } \breve{z} = 0, \quad \breve{T} = 1 \quad \text{para } 0 \leq \breve{r} \leq \tfrac{1}{2} \tag{14.3-7}$$

$$\text{em } \breve{r} = \tfrac{1}{2} \quad \breve{T} = 0 \quad \text{para } 0 \leq \breve{z} \leq L/D \tag{14.3-8}$$

onde $\breve{\mathbf{v}} = \mathbf{v}/\langle v_z\rangle_1$ e $\breve{\mathcal{P}} = (\mathcal{P} - \mathcal{P}_1)/\rho\langle v_z\rangle_1^2$. Como na Seção 6.2, desprezamos os termos em $\partial^2/\partial\breve{z}^2$ das equações de balanço com base em um raciocínio de ordem de grandeza análogo ao da Seção 4.4. Com a supressão desses termos o transporte de momento e de calor na direção do escoamento são excluídos, de modo que a solução para além do plano 2 é independente de l/D.

Das Eqs. 11.5-7, 8 e 9 e destas condições de contorno, concluímos que a distribuição adimensional instantânea de temperatura é necessariamente da seguinte forma:

$$\breve{T} = \breve{T}(\breve{r}, \theta, \breve{z}, \breve{t}; \text{Re}, \text{Pr}, \text{Br}) \quad \text{para } 0 \leq \breve{z} \leq L/D \tag{14.3-9}$$

A substituição desta relação na Eq. 14.3-3 conduz à conclusão de que $\text{Nu}_1(\breve{t}) = \text{Nu}_1(\text{Re}, \text{Pr}, \text{Br}, L/D, \breve{t})$. Quando a média temporal desta é calculada sobre um intervalo de tempo suficientemente longo de modo a incluir todos os distúrbios turbulentos, tem-se

$$\text{Nu}_1 = \text{Nu}_1(\text{Re}, \text{Pr}, \text{Br}, L/D) \tag{14.3-10}$$

Uma relação semelhante é válida no caso em que o escoamento no plano 1 é plenamente desenvolvido.

Se, como é o caso freqüentemente, a dissipação viscosa é pequena, o número de Brinkman pode ser omitido. Então a Eq. 14.3-10 se simplifica para

$$\text{Nu}_1 = \text{Nu}_1(\text{Re}, \text{Pr}, L/D) \tag{14.3-11}$$

Portanto, a análise dimensional nos diz que, para a convecção forçada em tubos circulares com temperatura da parede constante, os valores experimentais do coeficiente de transferência de calor h_1 podem ser correlacionados dando Nu_1 em função do número de Reynolds, o número de Prandtl e da razão geométrica L/D. Este resultado deve ser comparado com o resultado semelhante, mas mais simples, relativo ao fator de atrito (Eqs. 6.2-9 e 10).

O mesmo raciocínio conduz a expressões similares para os outros coeficientes de transferência de calor que já definimos. Pode-se demonstrar (veja o Problema 14.B-4) que

$$\text{Nu}_a = \text{Nu}_a(\text{Re}, \text{Pr}, L/D) \tag{14.3-12}$$

$$\text{Nu}_{\text{ln}} = \text{Nu}_{\text{ln}}(\text{Re}, \text{Pr}, L/D) \tag{14.3-13}$$

$$\text{Nu}_{\text{loc}} = \text{Nu}_{\text{loc}}(\text{Re}, \text{Pr}, L/D) \tag{14.3-14}$$

Nas quais $\text{Nu}_a = h_aD/k$, $\text{Nu}_{\text{ln}} = h_{\text{ln}}D/k$ e $\text{Nu}_{\text{loc}} = h_{\text{loc}}D/k$. Isto é, para cada um dos coeficientes de transferência de calor existe um número de Nusselt correspondente. Estes números de Nusselt são, claro está, inter-relacionados (veja o Problema 14.B-5). Estas formas funcionais gerais para os números de Nusselt possuem uma base científica firme, uma vez que envolvem apenas a análise dimensional das equações de balanço e as condições de contorno.

Até agora supusemos que as propriedades físicas são constantes na faixa de temperaturas encontradas no sistema em escoamento. Ao final da Seção 14.2 indicamos que a avaliação das propriedades físicas na temperatura do filme é um empirismo satisfatório. Entretanto, para diferenças de temperaturas muito altas, as variações de viscosidade podem ocasionar distorções do perfil de velocidades tão acentuadas que torna-se necessária a introdução de um grupo adimensional adicional, μ_b, μ_0, onde μ_b é a viscosidade à temperatura média aritmética das temperaturas médias nas seções de entrada e saída, e μ_0 é a viscosidade à média aritmética da temperatura da parede.[1] Assim podemos escrever

$$\text{Nu} = \text{Nu}(\text{Re}, \text{Pr}, L/D, \mu_b/\mu_0) \tag{14.3-15}$$

Este tipo de correlação parece ter sido vista primeiramente por Sieder e Tate.[2] Se, adicionalmente, a densidade varia significativamente, então a convecção natural pode ocorrer. Este efeito pode ser considerado incluindo-se o número de Grashof junto com os outros grupos adimensionais. Este ponto é examinado na Seção 14.6.

Façamos agora uma pausa para refletir sobre o significado da discussão antecedente para a construção de correlações de transferência de calor. O coeficiente de transferência de calor h depende de oito grandezas físicas (D, $\langle v \rangle$, ρ, μ_0, μ_b, $\hat{C}_p$, k, L). Entretanto a Eq. 14.3-15 nos diz que esta dependência pode ser expressa mais concisamente dando Nu como função de apenas *quatro* grupos adimensionais. Assim em vez de obter dados de h para cinco valores das oito quantidades físicas individuais (5^8 testes), podemos medir h para 5 valores dos grupos adimensionais (5^4 testes) — uma redução considerável de tempo e esforço.

Uma boa visão global da transferência de calor em tubos circulares com temperatura da parede praticamente constante pode ser obtida da correlação de Sieder e Tate[2] apresentada na Fig. 14.3-2. Esta é da forma da Eq. 14.3-15. Foi determinada empiricamente[2,3] que a transição para turbulência usualmente inicia-se para Re = 2100, mesmo quando a viscosidade varia apreciavelmente na direção radial.

Para *escoamentos altamente turbulentos*, as curvas para $L/D > 10$ convergem para uma curva única. Para $\text{Re}_b > 20.000$ esta curva é descrita pela equação

$$\text{Nu}_{\text{ln}} = 0{,}026\,\text{Re}^{0{,}8}\,\text{Pr}^{1/3}\left(\frac{\mu_b}{\mu_0}\right)^{0{,}14} \tag{14.3-16}$$

Esta equação reproduz dados experimentais disponíveis com precisão de $\pm 20\%$ nas faixas $10^4 < \text{Re}_b < 10^5$ e $0{,}6 < \text{Pr} < 100$.

Para *escoamento laminar*, as linhas descendentes à esquerda são dadas pela equação

$$\text{Nu}_{\text{ln}} = 1{,}86\left(\text{RePr}\,\frac{D}{L}\right)^{1/3}\left(\frac{\mu_b}{\mu_0}\right)^{0{,}14} \tag{14.3-17}$$

que é baseada na Eq. (C) da Tabela 14.2-1 e Problema 12D.4. O coeficiente numérico foi multiplicado por um fator $\frac{3}{2}$ para converter de h_{loc} para h_{ln}, e modificada ainda empiricamente para levar em consideração os desvios devidos às variações das propriedades físicas. Isto ilustra como uma correlação empírica satisfatória pode ser obtida modificando-se o resultado de uma dedução analítica. A Eq. 14.3-17 é boa dentro de 20% para RePr $D/L > 10$, mas para valores inferiores de RePr D/L ele subestima consideravelmente h_{loc}. A ocorrência de $\text{Pr}^{1/3}$ nas Eqs.14.3-16 e 17 é consistente com a assíntota para altos números de Prandtl encontrada nas Seções 13.6 e 12.4.

A *região de transição*, aproximadamente $2100 < \text{Re} < 8000$ na Fig. 14.3-2, não é bem compreendida e é usualmente evitada, em projetos, sempre que possível. As curvas nesta região têm suporte em dados experimentais[2] mas são menos confiáveis que o restante da figura.

---

[1] Podemos chegar à relação de viscosidades introduzindo nas equações de balanço a viscosidade função da temperatura descrita, por exemplo, por uma expansão em série de Taylor em torno da temperatura da parede:

$$\mu = \mu_0 + \left.\frac{\partial \mu}{\partial T}\right|_{T=T_0}(T - T_0) + \cdots \tag{14.3-15a}$$

Quando a série é truncada e o coeficiente diferencial é aproximado por um coeficiente de diferenças finitas, obtém-se

$$\mu \cong \mu_0 + \left(\frac{\mu_b - \mu_0}{T_b - T_0}\right)(T - T_0) \tag{14.3-15b}$$

ou, após um rearranjo,

$$\frac{\mu}{\mu_0} \cong 1 + \left(\frac{\mu_b}{\mu_0} - 1\right)\left(\frac{T - T_0}{T_b - T_0}\right) \tag{14.3-15c}$$

Assim, a relação de viscosidades aparece na equação do movimento, e por conseqüência na correlação adimensional.

[2] E. N. Sieder e G. E. Tate, *Ind. Eng. Chem.*, **28**, 1429-1435 (1936).

[3] A. P. Colburn, *Trans. AIChE*, **29**, 174-210 (1933). **Alan Philip Colburn** (1904-1955), reitor acadêmico da Universidade de Delaware (1950-1955), fez importantes contribuições às áreas de transferência de calor e massa, incluindo as "correlações de Chilto-Colburn".

[4] A Eq. (C) é uma solução assintótica do problema de Graetz, um dos problemas clássicos de convecção de calor: L. Graetz, *Ann. d. Physik*, **18**, 79-94 (1883); veja J. Lévêque, *Ann. Mines* (Série 12), **13**, 291-299, 305-362, 381-415 (1928) para a assíntota na Eq. (C). Um resumo extenso pode ser encontrado em M. A. Ebadian e Z. F. Dong, Cap. 5 de *Handbook of Heat Transfer*, 3.ª ed., (W. M. Rosenhow, J. P. Hartnett e Y. I. Cho, eds.), McGraw-Hill, New York (1998).

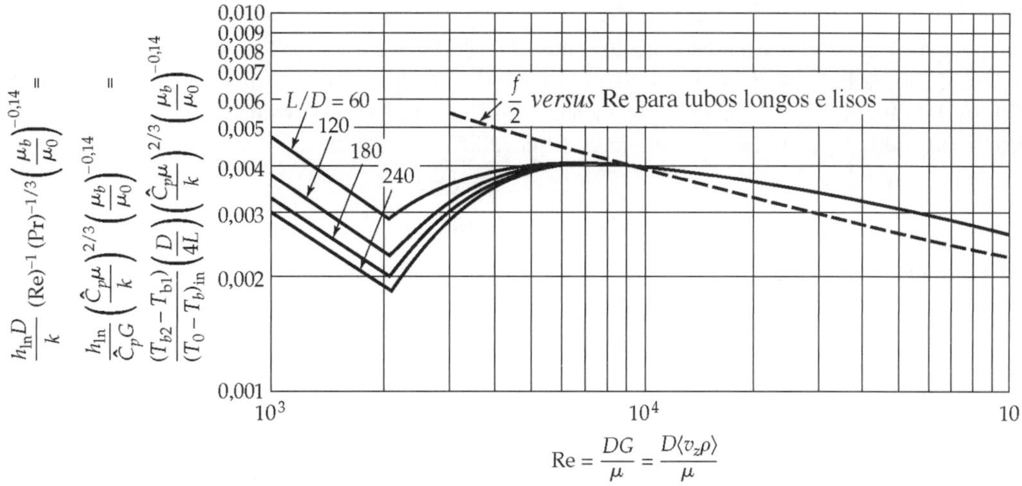

Fig. 14.3-2 Coeficientes de transferência de calor para escoamentos plenamente desenvolvidos em tubos lisos. As linhas para escoamento laminar não devem ser usadas na faixa RePr$D/L < 10$, que corresponde a $(T_0 - T_b)_2/(T_0 - T_b)_1 < 0{,}2$. Estas curvas estão baseadas em dados para RePr$D/L >> 10$ temperatura de parede praticamente constante; nestas condições h_a é h_{ln} são indistinguíveis. Recomendamos usar h_{ln} em oposição a h_a sugerido por Sieder e Tate, porque esta escolha é mais segura para os cálculos usuais de projeto de cambiadores de calor [E. N. Sieder e G. E. Tate, *Ind. Eng. Chem.*, **28**, 1429-1435 (1936)].

As características gerais das curvas da Fig. 14.3-2 merecem um estudo cuidadoso. Note que para uma seção aquecida com dados L e D e um fluido com propriedades conhecidas a ordenada é proporcional ao aumento adimensional da temperatura do fluido que a atravessa — isto é $(T_{b2} - T_{b1})/(T_0 - T_b)_{\rm ln}$. Nestas circunstâncias, quando a vazão (ou o número de Reynolds) cresce, a temperatura de saída primeiro decrescerá até que Re atinja 2100, depois aumentará até que Re atinja aproximadamente 8000, e finalmente decrescerá novamente. A influência de L/D sobre $h_{\rm ln}$ é acentuada no regime laminar mas torna-se insignificante para Re > 8000 com $L/D > 60$.

Note também que a Fig. 14.3-2 assemelha-se ao gráfico do fator de atrito da Fig. 6.2-2, embora a situação física seja bem diferente. Na região de alta turbulência (Re > 10.000) a ordenada de transferência de calor concorda, aproximadamente, com $f/2$ para os tubos longos em consideração. Isto foi apontado por Colburn,[3] que propôs a seguinte analogia empírica para tubos cilíndricos longos:

$$j_{H,\rm ln} \approx \tfrac{1}{2}f \qquad (\text{Re} > 10.000) \tag{14.3-18}$$

na qual

$$j_{H,\rm ln} = \frac{\text{Nu}_{\rm ln}}{\text{RePr}^{1/3}} = \frac{h_{\rm ln}}{\langle\rho v\rangle\hat{C}_p}\left(\frac{\hat{C}_p\mu}{k}\right)^{2/3} = \frac{h_{\rm ln}S}{w\hat{C}_p}\left(\frac{\hat{C}_p\mu}{k}\right)^{2/3} \tag{14.3-19}$$

onde S é a área da seção transversal do tubo, ω a vazão mássica através do tubo e $f/2$ é obtido da Fig. 6.2-2 empregando $\text{Re} = D\omega/S\mu = 4\omega/\pi D\mu$. Claramente a analogia da Eq. 14.3-18 não é válida abaixo de Re = 10.000. Para tubos rugosos com escoamento turbulento plenamente desenvolvido a analogia perde precisão pois f é mais afetado pela rugosidade que j_H.

Um comentário adicional sobre o uso da Fig. 14.3-2 relaciona-se a sua aplicação a condutos não-cilíndricos. Para *escoamentos altamente turbulentos* podemos usar o raio hidráulico médio da Eq. 6.2-16. Para aplicar este empiricismo, D é trocado por $4R_h$ em todos os lugares nos números de Reynolds e de Nusselt.

EXEMPLO 14.3-1

Projeto de um Aquecedor Tubular

Ar a 70°F e 1 atm deve ser bombeado através de um tubo reto de 2 in DI à vazão de 70 lb_m/h. Uma seção do tubo deve ser aquecida a uma temperatura de parede interna de 250°F para aumentar a temperatura do ar até 230°F. Que comprimento de tubo aquecido é necessário?

SOLUÇÃO

A temperatura média é $T_{ba} = 150°F$, a temperatura do filme é $T_f = \frac{1}{2}(150 + 250) = 200°F$. Nesta temperatura as propriedades do ar são $\mu = 0{,}052\ lb_m/ft{\cdot}h$, $\hat{C}_p = 0{,}242\ Btu/lb_m{\cdot}F$, $k = 0{,}0180\ Btu/h{\cdot}ft{\cdot}F$ e $Pr = \hat{C}_p\mu/k = 0{,}70$. As viscosidades do ar a 150°F e 250°F são 0,049 e 0,055 $lb_m/ft{\cdot}h$, respectivamente, e assim a relação de viscosidades $\mu_b/\mu_0 = 0{,}049/0{,}055 = 0{,}89$.

O número de Reynolds avaliado na temperatura do filme, 200°F, é portanto

$$\text{Re} = \frac{Dw}{S\mu} = \frac{4w}{\pi D\mu} = \frac{4(70)}{\pi(2/12)(0{,}052)} = 1{,}02 \times 10^4 \tag{14.3-20}$$

Da Fig. 14.3-1 obtemos

$$\frac{(T_{b2} - T_{b1})}{(T_0 - T_b)_{\ln}} \frac{D}{4L} \text{Pr}^{2/3} \left(\frac{\mu_b}{\mu_0}\right)^{-0{,}14} = 0{,}0039 \tag{14.3-21}$$

Quando esta é resolvida para L/D encontramos

$$\begin{aligned} \frac{L}{D} &= \frac{1}{4(0{,}0039)} \frac{(T_{b2} - T_{b1})}{(T_0 - T_b)_{\ln}} \text{Pr}^{2/3} \left(\frac{\mu_b}{\mu_0}\right)^{-0{,}14} \\ &= \frac{1}{4(0{,}0039)} \frac{(230 - 70)}{72{,}2} (0{,}70)^{2/3} (0{,}89)^{-0{,}14} \\ &= \frac{1}{4(0{,}0039)} \frac{160}{72{,}8} (0{,}788)(1{,}02) = 113 \end{aligned} \tag{14.3-22}$$

Assim o comprimento necessário é

$$L = 113D = (113)(2/12) = 19 \text{ ft} \tag{14.3-23}$$

Se Re_b tivesse sido muito menor, teria sido necessário estimar L/D antes da leitura da Fig. 14.3-2, iniciando assim um processo de tentativa e erro.

Note que neste problema não calculamos h. A avaliação numérica de h é necessária em problemas mais complicados como o de transferência de calor entre dois fluidos com uma parede interveniente.

14.4 COEFICIENTES DE TRANSFERÊNCIA DE CALOR PARA A CONVECÇÃO EM TORNO DE OBJETOS SUBMERSOS

Outro tópico de importância industrial é a transferência de calor de ou para um objeto em torno do qual um fluido está escoando. O objeto pode ser relativamente simples, como um único cilindro ou esfera, ou pode ser mais complexo como um "feixe tubular" feito um conjunto de tubos cilíndricos com uma corrente de gás ou de líquido escoando entre eles. Examinamos aqui apenas umas poucas correlações selecionadas para sistemas simples: a placa plana, a esfera e o cilindro. Muitas correlações adicionais podem ser encontradas nas referências citadas na introdução do capítulo.

ESCOAMENTO AO LONGO DE UMA PLACA PLANA

Em primeiro lugar examinamos o escoamento ao longo de uma placa plana com orientação paralela ao escoamento, com sua superfície mantida à temperatura T_0 e a corrente de aproximação com uma temperatura T_∞ e velocidade uniforme v_∞. O coeficiente de transferência de calor $h_{\text{loc}} = q_0/(T_0 - T_\infty)$ e o fator de atrito $f_{\text{loc}} = \tau_0/\frac{1}{2}\rho v_\infty^2$ são apresentados na Fig. 14.4-1. Para a região laminar, que normalmente existe próximo ao bordo frontal da placa, as seguintes expressões teóricas são obtidas (veja a Eq. 4.4-30 bem como as Eqs. 12.4-12, 12.4-15 e 12.4-16):

$$\tfrac{1}{2} f_{\text{loc}} = +\frac{\mu(\partial v_x/\partial y)|_{y=0}}{\rho v_\infty^2} = f''(0)\sqrt{\frac{\mu}{2xv_\infty\rho}} = 0{,}332\ \text{Re}_x^{-1/2} \tag{14.4-1}$$

$$\text{Nu}_{\text{loc}} = \frac{h_{\text{loc}}x}{k} = \frac{x}{(T_\infty - T_0)} \left.\frac{\partial T}{\partial y}\right|_{y=0} = 2\sqrt{\frac{37}{1260}}\ \text{Re}_x^{1/2}\text{Pr}^{1/3} \tag{14.4-2}$$

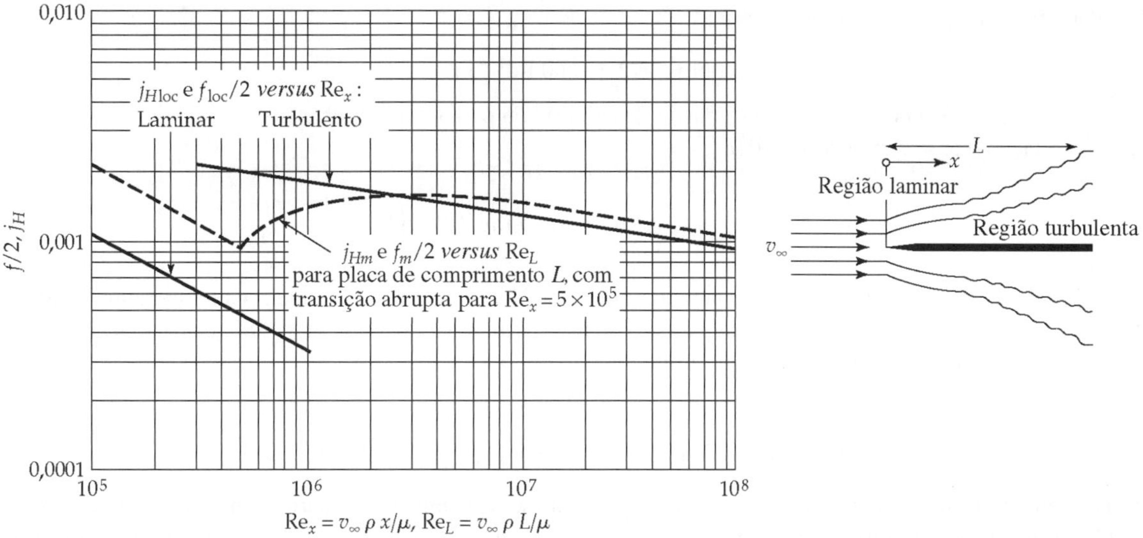

Fig. 14.4-1 Coeficientes de transferência para uma placa plana lisa com escoamento tangencial. Adaptada de H. Schlichting, *Boundary Layer Theory*, McGraw-Hill, New York (1955), pp. 438-439.

Como é apresentado na Tabela 12.4-1, um valor mais preciso do coeficiente numérico na Eq. 14.4-2 é o de Pohlhausen qual seja 0,332. Usando este valor, então a Eq. 14.4-2 dá

$$j_{H,\text{loc}} = \frac{\text{Nu}_{\text{loc}}}{\text{RePr}^{1/3}} = \frac{h_{\text{loc}}}{\rho \hat{C}_p v_\infty}\left(\frac{\hat{C}_p \mu}{k}\right)^{2/3} = 0{,}332\ \text{Re}_x^{-1/2} \tag{14.4-3}$$

Como o coeficiente numérico da Eq. 14.4-3 é o mesmo que o da Eq. 14.4-1, então, obtém-se

$$j_{H,\text{loc}} = \tfrac{1}{2} f_{\text{loc}} = 0{,}332\ \text{Re}_x^{-1/2} \tag{14.4-4}$$

para a analogia de Colburn entre a transferência de calor e atrito fluido. Isto era previsível uma vez que não há arrasto de forma nesta geometria de escoamento.

A Eq. 14.4-4 foi deduzida para fluidos com propriedades físicas constantes.[1] A Eq. 14.4-3, sabidamente, funciona bem para gases quando as propriedades físicas são avaliadas na temperatura do filme $T_f = \frac{1}{2}(T_0 + T_\infty)$.[2] A analogia da Eq. 14.4-4 é precisa dentro de 2% para $\text{Pr} > 0{,}6$, mas torna-se imprecisa para números de Prandtl mais baixos.

Para escoamentos altamente turbulentos, a analogia de Colburn ainda se sustenta com boa precisão, com f_{loc} dado pela curva empírica da Fig. 14.2-1. A transição entre escoamento laminar e turbulento é semelhante à transição em tubos como na Fig. 14.3-1, mas os limites da região de transição são mais difíceis de serem previstos. Para placas lisas e com borda afiada a transição, no escoamento isotérmico, inicia-se usualmente para o número de Reynolds $\text{Re}_x = xv_\infty\rho/\mu$ de 100.000 até 300.000 e se completa a um número de Reynolds 50% mais alto.

ESCOAMENTO EM TORNO DE UMA ESFERA

No Problema 10B.1 mostrou-se que o número de Nusselt para uma esfera em um fluido estacionário é 2. Para a esfera com temperatura constante na superfície T_0 em um fluido que se aproxima com uma velocidade uniforme v_∞, o número de Nusselt

[1] O resultado da Eq. 14.4-1 foi obtido primeiramente por H. Blasius, *Z. Math.Phys.*, **56**, 1-37 (1908), e o da Eq. 14.4.3 por E. Pohlhausen, *Z. angew. Math. Mech.*, **1**, 115-121 (1921).

[2] E. R. G. Eckert, *Trans. ASME*, **56**, 1273-1283 (1956). Este artigo inclui também escoamentos a altas velocidades, para os quais a compressibilidade e a dissipação viscosa tornam-se importantes.

médio é dado pela seguinte correlação empírica[3]

$$\text{Nu}_m = 2 + 0{,}60\,\text{Re}^{1/2}\,\text{Pr}^{1/3} \tag{14.4-5}$$

Este resultado é útil para a previsão da transferência de calor de ou para gotas e bolhas.

Outra correlação que se demonstrou útil[4] é

$$\text{Nu}_m = 2 + (0{,}4\,\text{Re}^{1/2} + 0{,}06\text{Re}^{2/3})\text{Pr}^{0,4}\left(\frac{\mu_\infty}{\mu_0}\right)^{1/4} \tag{14.4-6}$$

na qual as propriedades físicas que se apresentam no número de Nu_m, Re e Pr são avaliadas na temperatura de aproximação do fluido. Esta correlação é recomendada para $3{,}5 < \text{Re} < 7{,}6 \times 10^4$, $0{,}71 < \text{Pr} < 380$, e $1{,}0 < \mu_\infty/\mu_0 < 3{,}2$. Em contraste com a Eq. 14.4-5, ela não é válida no limite em que $\text{Pr} \to \infty$.

Escoamento em Torno de um Cilindro

Um cilindro em um fluido estacionário infinito não admite uma solução em regime permanente. Por conseqüência o número de Nusselt para um cilindro não tem a mesma forma que a da esfera. Whitaker recomenda para o número de Nusselt médio[4]

$$\text{Nu}_m = (0{,}4\,\text{Re}^{1/2} + 0{,}06\,\text{Re}^{2/3})\text{Pr}^{0,4}\left(\frac{\mu_\infty}{\mu_0}\right)^{1/4} \tag{14.4-7}$$

Na faixa $1{,}0 < \text{Re} < 1{,}0 \times 10^5$, $0{,}67 < \text{Pr} < 300$ e $0{,}25 < \mu_\infty/\mu_0 < 5{,}2$. Aqui, assim como na Eq. 14.4-6, os valores da viscosidade e da condutividade térmica no Re e Pr são os correspondentes à temperatura da corrente de aproximação. Resultados semelhantes estão disponíveis para feixes de cilindros, que são utilizados em certos tipos de cambiadores de calor.[4]

Outra correlação,[5] baseada em ajuste de curva da compilação de McAdams de coeficientes de transferência de calor,[6] e na assíntota para baixos Re do Problema 12B.6, é:

$$\text{Nu}_m = (0{,}376\,\text{Re}^{1/2} + 0{,}057\,\text{Re}^{2/3})\text{Pr}^{1/3} + 0{,}92\left[\ln\left(\frac{7{,}4055}{\text{Re}}\right) + 4{,}18\,\text{Re}\right]^{-1/3}\text{Re}^{1/3}\text{Pr}^{1/3} \tag{14.4-8}$$

Esta correlação tem o comportamento adequado no limite quando $\text{Pr} \to \infty$, e também se comporta adequadamente para baixos valores do número de Reynolds. Este resultado pode ser usado para analisar a performance de anemômetros de fio quente no regime permanente, que tipicamente operam a baixos números de Reynolds.

Escoamentos em Torno de Outros Objetos

Aprendemos com as três discussões precedentes que, para o escoamento em torno de objetos de formatos diversos dos apresentados anteriormente, que podemos partir da seguinte expressão para o coeficiente de transferência de calor:

$$\text{Nu}_m - \text{Nu}_{m,0} = 0{,}6\,\text{Re}^{1/2}\,\text{Pr}^{1/3} \tag{14.4-9}$$

na qual $\text{Nu}_{m,0}$ é o número de Nusselt médio para número de Reynolds nulo. Esta generalização, que é mostrada na Fig. 14.4-2, é freqüentemente útil para estimar-se o coeficiente de transferência de calor para objetos irregulares.

[3] W. E. Ranz e W. R. Marshall, Jr., *Chem. Eng. Progr.*, **48**, 141-146, 173-180 (1952). N. Frössling, *Gerlands Beitr. Geophys.*, **52**, 170-216 (1938), em primeiro apresentaram uma correlação desta forma, com um coeficiente de 0,552 no lugar de 0,60 no último termo.

[4] S. Whitaker, *Fundamental Principles of Heat Transfer*, Krieger Publishing Co., Malabar, Fla. (1977), pp. 340-342; *AIChE Journal*, **18**, 361-371 (1972).

[5] W. E. Stewart (não publicada).

[6] W. H. McAdams, *Heat Transmission*, 3.ª ed., McGraw-Hill, New York (1954), p. 259.

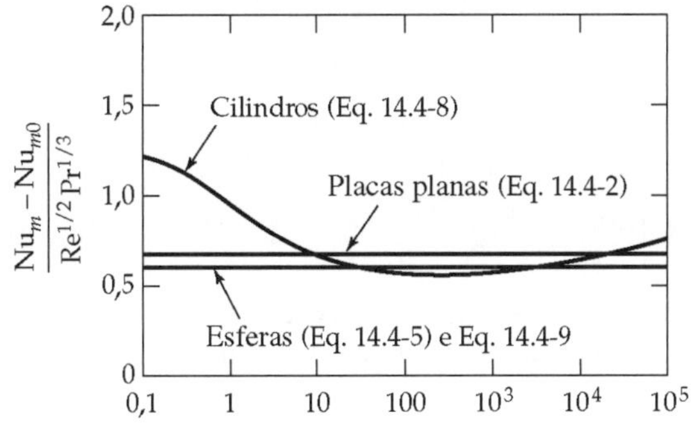

Fig. 14.4-2 Gráfico de comparação dos números de Nusselt para o escoamento em torno de placas planas, esferas e cilindros com a Eq. 14.4-9.

14.5 COEFICIENTES DE TRANSFERÊNCIA DE CALOR PARA CONVECÇÃO FORÇADA ATRAVÉS DE MEIOS POROSOS

Os coeficientes de transferência de calor entre partículas e fluido em um leito poroso são importantes para o projeto de reatores catalíticos de leito fixo, absorvedores, secadores, cambiadores de calor de cascalho. Os perfis de velocidade em meios porosos exibem um forte máximo na proximidade da parede em conseqüência do aumento da porosidade e devido também à existência de passagens intersticiais mais ordenadas ao longo da superfície lisa da parede. A resultante segregação do escoamento em uma rápida corrente externa e uma corrente interior mais lenta, que se misturam na saída do leito conduz a um comportamento complicado do número de Nusselt em leitos longos,[1] a não ser que a relação entre os diâmetros de tubo para partículas D_t/D_p seja muito alta ou próxima a um. Experiências com leitos largos e curtos mostram um comportamento mais simples e são usados na discussão que se segue.

Definimos h_{loc} para um volume representativo Sdz de partículas e fluido pela seguinte modificação da Eq. 14.1-5

$$dQ = h_{loc}(aSdz)(T_0 - T_b) \tag{14.5-1}$$

Nesta a é a área da superfície externa das partículas por unidade de volume do leito, como a Seção 6.4. As Eqs. 6.4-5 e 6 dão o tamanho característico das partículas D_p como $6/a_v = 6(1 - \varepsilon)/a$ para um meio poroso com porosidade ε.

Uma grande quantidade de dados da convecção forçada de gases[2] e líquidos[3] através de leitos porosos rasos foram analisados criticamente[4] para obter a seguinte correlação local para a transferência de calor,

$$j_H = 2{,}19\ \mathrm{Re}^{-2/3} + 0{,}78\ \mathrm{Re}^{-0{,}381} \tag{14.5-2}$$

e uma fórmula idêntica para a função de transferência de massa j_D definida na Seção 22.3. Aqui fator j_H de Chilton-Colburn e o número de Reynolds são definidos por

$$j_H = \frac{h_{loc}}{\hat{C}_p G_0}\left(\frac{\hat{C}_p \mu}{k}\right)^{2/3} \tag{14.5-3}$$

$$\mathrm{Re} = \frac{D_p G_0}{(1 - \varepsilon)\mu\psi} = \frac{6G_0}{a\mu\psi} \tag{14.5-4}$$

Nesta equação as propriedades físicas são todas elas avaliadas à temperatura do filme $T_f = \frac{1}{2}(T_0 - T_b)$, e $G_0 = w/S$ é o fluxo de massa superficial apresentado na Seção 6.4. A quantidade ψ é um fator de forma das partículas, com o valor 1 para esferas e um valor de ajuste[4] de 0,92 para partículas cilíndricas. Um fator semelhante foi empregado por Gamson[5] no Re e em j_H; o fator ψ presente só é usado para o a Re.

---

[1] H. Martin, *Chem. Eng. Sci.*, **33**, 913-919 (1978).
[2] B. W. Gamson, G. Thodos e O. A. Hougen, *Trans. AIChE*, **39**, 1-35 (1943); C. R. Wilke e O. A. Hougen, *Trans. AIChE*, **41**, 445-451 (1945).
[3] L. K. McCune e R. H. Wilhelm, *Ind. Eng. Chem.*, **41**, 1124-1134 (1949); J. E. Williamson, K. E. Bazaire, e C. J. Geankoplis, *Ind. Eng. Chem. Fund*, **2**, 126-129 (1963); E. J. Wilson e C. J. Geankoplis, *Ind. Eng. Chem. Fund.*, **5**,9-14(1966).
[4] W. E. Stewart, não publicado.
[5] B. W. Gamson, *Chem. Eng. Prog.*, **47**, 19-28 (1951).

Para baixos Re, a Eq. 14.5-2 gera a assíntota

$$j_H = 2{,}19\ \mathrm{Re}^{-2/3} \tag{14.5-5}$$

ou

$$\mathrm{Nu}_{\mathrm{loc}} = \frac{h_{\mathrm{loc}} D_p}{k(1-\varepsilon)\psi} = 2{,}19(\mathrm{RePr})^{1/3} \tag{14.5-6}$$

consistente com a teoria da camada limite[6] para escoamentos lentos com RePr $>> 1$. A última restrição dá Nu $>> 1$ correspondente a uma camada limite térmica fina em relação a $D_p/(1-\varepsilon)\psi$. Esta assíntota representa muito bem os dados de transferência de massa no escoamento lento para líquidos.[3]

O expoente $\frac{2}{3}$ na Eq. 14.5-3 corresponde a uma assíntota para altos Pr dada pela teoria da camada limite em regime laminar e permanente e para escoamentos permanentes turbulentos.[7] Esta dependência é consistente com os dados citados em toda faixa de Pr $> 0{,}6$ e a faixa correspondente do grupo adimensional Sc para a transferência de massa.

14.6 COEFICIENTES DE TRANSFERÊNCIA DE CALOR PARA CONVECÇÃO NATURAL E MISTA[1]

Expandimos agora o Exemplo 11.4-5 para resumir o comportamento de alguns importantes sistemas na presença de forças de empuxo significativas, primeiramente reformulando os resultados obtidos em termos do número de Nusselt seguida de sua extensão a outras situações: (1) forças de empuxo pequenas, onde a suposição de camada limite fina do Exemplo 11.4-5 pode não ser válida; (2) forças de empuxo muito altas, onde a turbulência pode ocorrer na camada limite, e (e) convecção natural e forçada conjugadas. Nos limitaremos à transferência de calor entre corpos sólidos e um grande volume de fluido estacionário, e a condições de contorno a temperatura constante, discutidas no Exemplo 11.4-5. A discussão de outras situações, incluindo o comportamento transiente e escoamento em cavidades são disponíveis em outros locais.[1]

No Exemplo 11.4-5 vimos que para a convecção natural próxima a uma placa vertical, o grupo adimensional principal é GrPr, o qual é freqüentemente designado por *número de Rayleigh*, Ra. Se definimos o número médio de Nusselt ao longo da área como $\mathrm{Nu}_m = hH/k = q_{avg}H/k(T_0 - T_1)$, então, a Eq. 11.4-51 pode ser escrita como

$$\mathrm{Nu}_m = C(\mathrm{GrPr})^{1/4} \tag{14.6-1}$$

onde C verificou-se ser uma função fraca do número de Prandtl. O comportamento da transferência de calor para valores moderados do Ra = GrPr, é governado, para corpos sólidos de diferentes formas, por camada limite laminar do tipo descrito no Exemplo 11.4-5, e os resultados daquela discussão são diretamente usados.

Entretanto, para pequenos valores de GRPr a condução direta de calor ao fluido circundante pode invalidar os resultados baseados na camada limite, e para valores de GrPr suficientemente altos o mecanismo de transferência de calor se altera para o de erupção aleatória de plumes de fluido gerando turbulência no interior da camada limite. Então o número de Nusselt torna-se independente do tamanho do sistema. O caso da convecção combinada natural forçada (comumente denominada de convecção mista) é mais complexa: devemos considerar Pr, Gr, e Re como variáveis independentes, e ainda se os efeitos da convecção forçada e natural acham-se na mesma direção ou em direções opostas. Apenas a primeira destas parece ser bem compreendida. A descrição do comportamento é complicada pela ausência de uma transição abrupta entre os diversos regimes de escoamento.

Foi demonstrado, entretanto, que previsões simples e confiáveis de taxas de transferência de calor (expressas pelo número de Nusselt médio na área Nu_m) podem ser obtidas para esta ampla variedade de regimes por combinações empíricas de expressões assintóticas:

a. $\mathrm{Nu}_m^{\mathrm{cond}}$, para condução na ausência de empuxo e convecção forçada
b. $\mathrm{Nu}_m^{\mathrm{lam}}$, para camada limite fina, como no Exemplo 11.4-5

[6] W. E. Stewart, *AIChE Journal*, **9**, 528-535 (1963); R. Pfeffer, *Ind. Eng. Chem. Fund.*, **3**, 380-383 (1964); J. P. Sorensen e W. E. Stewart, *Chem. Eng. Sci.*, **29**, 833-837 (1974). Veja também o Exemplo 12.4.3.

[7] W. E. Stewart, *AIChE Journal*, **33**, 2008-2016 (1987); corrigenda, **34**, 1030 (1988).

[1] G. D. Raithby e K. G. T. Hollands, Cap. 4 no W. M. Rosenhow, J. P. Hartnett e Y. I. Cho, eds. *Handbook of Heat Transfer*, 3.ª ed., McGraw-Hill, New York (1998).

c. $\text{Nu}_m^{\text{turb}}$, para camada limite turbulenta
d. $\text{Nu}_m^{\text{forçada}}$, para convecção forçada pura

Estas são tratadas nas subseções seguintes.

NA AUSÊNCIA DE EMPUXO

O número de Nusselt limite para o caso de convecção natural e forçada desprezíveis é obtido por solução da equação da condução de calor (a equação de Laplace $\nabla^2 T = 0$) para uma temperatura uniforme da superfície do sólido, e uma temperatura constante e diferente no infinito. O número de Nusselt médio tem a seguinte forma

$$\text{Nu}_m^{\text{cond}} = K(\text{forma}) \tag{14.6-2}$$

Onde K é zero para todos os objetos com pelo menos uma de suas dimensões infinita (por exemplo cilindros infinitamente longos, ou placas infinitamente largas). Para corpos finitos K é não nulo, e um caso importante é o da esfera para o qual, de acordo com o Problema 10B.1,

$$\text{Nu}_m^{\text{cond}} = 2 \tag{14.6-3}$$

com o comprimento característico igual ao diâmetro da esfera. Elipsóides de revolução oblatos são discutidos no Problema 14D.1.

CAMADA LIMITE LAMINAR E FINA

Para camadas limites laminares e finas, a placa vertical isotérmica é um sistema representativo, obedecendo a Eq. 14.6-1. Esta equação pode ser generalizada para

$$\text{Nu}_m^{\text{lam}} = C(\text{Pr}, \text{forma})(\text{GrPr})^{1/4} \tag{14.6-4}$$

Além de que a função do número de Prandtl e da forma pode ser fatorada no produto

$$C = C_1(\text{forma})\,C_2(\text{Pr}) \tag{14.6-5}$$

com[2]

$$C_2 \approx \frac{0{,}671}{[1 + (0{,}492/\text{Pr})^{9/16}]^{4/9}} \tag{14.6-6}$$

Valores representativos[1,3] de C_1 e C_2 são dados nas Tabelas 14.6-1 e 2, respectivamente. Fatores de forma para uma grande variedade de outras formas estão disponíveis.[3,4] Para superfícies horizontais com face aquecida voltadas para cima a seguinte correlação[5] é recomendada:

$$\text{Nu}_m^{\text{lam}} = \frac{0{,}527}{[1 + (1{,}9/\text{Pr})^{9/10}]^{2/9}}(\text{GrPr})^{1/5} \tag{14.6-7}$$

TABELA 14.6-1 O Fator C_1 da Eq. 14.6-5 e o D no Número de Nusselt, para Diversas Formas Representativas[a]

Forma →	Placa vertical	Placa horizontal[a]	Cilindro horizontal	Esfera
C_1	1,0	0,835	0,772	0,878
"D" em Nu	Altura H	Largura W	Diâmetro D	Diâmetro D

[a] Para a superfície aquecida voltada para cima e isolada abaixo, ou o inverso para superfície fria.

[2] S. W. Churchill e R. Usagi, *AIChE Journal*, **23**, 1121-1128 (1972).
[3] W. E. Stewart, *Int. J. Heat and Mass Transfer*, **14**, 1013-1031 (1971).
[4] [a]A. Acrivos, *AIChE Journal*, **6**, 584-590 (1960).
[5] T. Fujii, M. Honda e I. Morioka, *Int. J. Heat and Mass Transfer*, **15**, 755-767 (1972).

TABELA 14.6-2 O Fator C_2 como Função do Número de Prandtl									
	Hg	Gás		Água				Óleo	
Pr	0,022	0,71	1,0	2,0	4,0	6,0	50	100	2000
C_2	0,287	0,515	0,534	0,568	0,595	0,608	0,650	0,656	0,668

Para a placa vertical com condição de contorno de fluxo térmico constante, a potência recomendada para o grupo GrPr é, também, 1/5.

Para a convecção natural laminar o fluxo térmico tende a ser pequeno, e uma correção para a condução é freqüentemente necessária para uma previsão precisa. O limite de condução é determinado pela solução da equação $\nabla^2 T = 0$ para a geometria considerada, e isto leva ao cálculo de um "número de Nusselt da condução", $\mathrm{Nu}_m^{\mathrm{cond}}$. Então o número de Nusselt combinado, $\mathrm{Nu}_m^{\mathrm{comb}}$, é estimado pela combinação das duas contribuições por uma equação da forma[1]

$$\mathrm{Nu}_m^{\mathrm{comb}} \cong [(\mathrm{Nu}_m^{\mathrm{lam}})^n + (\mathrm{Nu}_m^{\mathrm{cond}})^n]^{1/n} \tag{14.6-8}$$

Valores ótimos de n dependem da geometria, mas 1,07 é sugerido como estimativa preliminar na ausência de informações específicas.

CAMADAS LIMITES TURBULENTAS

Os efeitos da turbulência crescem gradualmente, e é prática comum combinar as contribuições laminar e turbulenta como segue:[1]

$$\mathrm{Nu}_m^{\mathrm{natural}} = [(\mathrm{Nu}_m^{\mathrm{comb}})^m + (\mathrm{Nu}_m^{\mathrm{turb}})^m]^{1/m} \tag{14.6-9}$$

Assim, para placa plana vertical isotérmica escreve-se

$$\mathrm{Nu}_m^{\mathrm{turb}} = \frac{C_3(\mathrm{GrPr})^{1/3}}{1 + (1{,}4 \times 10^9/\mathrm{Gr})} \tag{14.6-10}$$

com

$$C_3 = \frac{0{,}13\mathrm{Pr}^{0{,}22}}{(1 + 0{,}61\mathrm{Pr}^{0{,}81})^{0{,}42}} \tag{14.6-11}$$

e $m = 6$. Os valores de m na Eq. 14.6-9 dependem fortemente da geometria.

CONVECÇÃO MISTA NATURAL E FORÇADA

Finalmente devemos tratar de problemas de convecção simultânea natural e forçada, e novamente isto é feito pelo emprego da regra empírica de combinação:[6]

$$\mathrm{Nu}_m^{\mathrm{total}} = [\mathrm{Nu}_m^{\mathrm{natural}})^3 + (\mathrm{Nu}_m^{\mathrm{forçado}})^3]^{1/3} \tag{14.6-12}$$

Esta regra verifica-se razoavelmente bem para todas as geometrias e situações, desde que as convecções natural e forçada possuam a mesma direção principal de escoamento.

EXEMPLO 14.6-1

Calor Perdido por Convecção Natural de Tubo Horizontal

Estime a taxa de perda de calor por convecção natural de uma unidade de comprimento de um tubo longo horizontal com 6 in de diâmetro externo, se a temperatura de sua superfície externa é 100°F e o ar ambiente está a 1 atm e 80°F.

[6] E. Ruckenstein, *Adv. Chem. Eng.*, **13**, 11-112 (1987) E. Ruckenstein e R. Rajagopalan, *Chem. Eng. Communications*, **4**, 15-29 (1980).

SOLUÇÃO

As propriedades do ar a 1 atm e à temperatura do filme $T_f = 90°F = 550°R$ são

$$\begin{aligned} \mu &= 0{,}0190 \text{ cp} = 0{,}0460 \text{ lb}_m/\text{ft·h} \\ \rho &= 0{,}0723 \text{ lb}_m/\text{ft}^3 \\ \hat{C}_p &= 0{,}241 \text{ Btu/lb}_m\text{·R} \\ k &= 0{,}0152 \text{ Btu/h·ft·R} \\ \beta &= 1/T_f = (1/550)R^{-1} \end{aligned}$$

Outros valores relevantes são $D = 0{,}5$ ft, $\Delta T = 20°R$, e $g = 4{,}17 \times 10^8$ ft/h^2. Destes dados obtemos

$$\begin{aligned} \text{GrPr} &= \left(\frac{(0{,}5)^3(0{,}0723)^2(4{,}17 \times 10^8)(20/550)}{(0{,}0460)^2}\right)\left(\frac{(0{,}241)(0{,}0460)}{0{,}0152}\right) \\ &= (4{,}68 \times 10^6)(0{,}729) = 3{,}4 \times 10^6 \end{aligned} \tag{14.6-13}$$

Então, das Eqs. 14.6-1 a 3 e da Tabela 14.6-1 determinamos

$$\begin{aligned} \text{Nu}_m^{lam} &= 0{,}772\left(\frac{0{,}671}{[1 + (0{,}492/0{,}729)^{9/16}]^{4/9}}\right)(4{,}68 \times 10^6)^{1/4} \\ &= 0{,}772\left(\frac{0{,}671}{1{,}30}\right)(46{,}51) = 18{,}6 \end{aligned} \tag{14.6-14}$$

O coeficiente de transferência de calor é dado por

$$h_m = \text{Nu}_m^{lam}\frac{k}{D} = 18{,}6\left(\frac{0{,}0152}{0{,}5}\right) = 0{,}57 \text{ Btu/h} \cdot \text{ft}^2 \cdot \text{F} \tag{14.6-15}$$

A taxa de perda de calor por unidade de comprimento do tubo é

$$\begin{aligned} \frac{Q}{L} &= \frac{h_m A \Delta T}{L} = h_m \pi D \Delta T \\ &= (0{,}57)(3{,}1416)(0{,}5)(20) = 18 \text{ Btu/h} \cdot \text{ft} \end{aligned} \tag{14.6-16}$$

Esta é a perda de calor devida à convecção apenas. A perda por radiação para o mesmo problema foi determinada no Exemplo 16.5-2

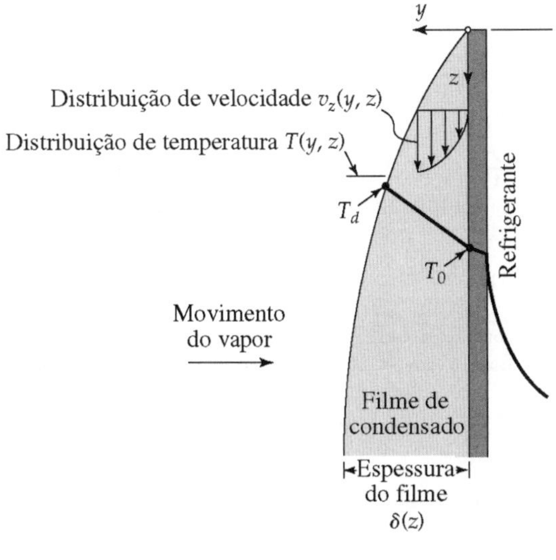

Fig. 14.7-1 Condensação em filme sobre uma superfície vertical (descontinuidade da temperatura na interface foi exagerada).

14.7 COEFICIENTES DE TRANSFERÊNCIA DE CALOR PARA A CONDENSAÇÃO DE VAPORES PUROS SOBRE SUPERFÍCIES SÓLIDAS

A condensação de vapores puros sobre uma superfície sólida é um processo de transferência de calor particularmente complicado, pois envolve duas fases fluidas em escoamento: o vapor e o condensado. A condensação ocorre industrialmente em muitos tipos de equipamentos; por simplicidade consideraremos apenas os casos comuns de condensação de um vapor em movimento lento na superfície externa de tubos verticais e de placas planas verticais.

O processo de condensação sobre uma parede vertical é ilustrado esquematicamente na Fig. 14.7-1. O vapor escoa sobre a superfície de condensação e move-se na direção da parede por um pequeno gradiente de pressão próximo à superfície do líquido.[1] Algumas das moléculas da fase vapor atingem a superfície e retornam; outras penetram a superfície e transferem seu calor latente de condensação. O calor assim liberado deve se propagar através do condensado até a parede, e daí para o refrigerante do outro lado da parede. Ao mesmo tempo o condensado deve drenar da superfície por ação da gravidade.

O condensado na parede normalmente é a única resistência importante à transferência de calor para a superfície de condensação. Se a superfície sólida está limpa, o condensado freqüentemente formará um filme contínuo recobrindo a superfície, mas se traços de certas impurezas estão presentes (como ácidos graxos em um condensador de vapor), o condensado formará gotas. "A condensação em gotas"[2] dá taxas de transferência de calor muito maiores que a condensação em filme, mas é de difícil manutenção, de modo que comumente supõe-se a condensação em filme para o projeto de condensadores. A correlação que segue aplica-se apenas à condensação em filme.

A definição usual de h_m para a condensação de um vapor puro sobre uma superfície sólida de área A e temperatura uniforme T_0 é

$$Q = h_m A(T_d - T_0) = w\Delta\hat{H}_{\text{vap}} \qquad (14.7\text{-}1)$$

na qual Q é a taxa de transferência de calor para a superfície do sólido, e T_d é a temperatura do *ponto de orvalho* do vapor que se aproxima da superfície da parede — isto é, a temperatura na qual o vapor se condensaria se fosse resfriado à pressão do ambiente. Esta temperatura é muito próxima da temperatura do líquido na interface gás-líquido. Portanto h_m pode ser considerado como o coeficiente de transferência de calor para o filme de líquido.

Expressões para h_m foram deduzidas para escoamento laminar de condensado sem ondas superficiais por soluções aproximadas da equação da energia e o movimento de um filme de líquido (veja o Problema 14C.1). Para a condensação em filme ocorrendo em tubo horizontal de diâmetro D, comprimento L, e temperatura constante da superfície T_0, o resultado de Nusselt[3] pode ser escrito como

$$h_m = 0{,}954\left(\frac{k^3\rho^2 gL}{\mu w}\right)^{1/3} \qquad (14.7\text{-}2)$$

Onde w/L a taxa ponderal de condensação por unidade de comprimento do tubo, entende-se que todas as propriedades físicas sejam calculadas à temperatura do filme $T_f = \frac{1}{2}(T_d - T_0)$.

Para diferenças moderadas de temperaturas, a Eq. 14.7-2 pode ser reescrita com auxílio de um balanço de energia no condensado que dá

$$h_m = 0{,}725\left(\frac{k^3\rho^2 g\Delta\hat{H}_{\text{vap}}}{\mu D(T_d - T_0)}\right)^{1/4} \qquad (14.7\text{-}3)$$

As Eqs. 14.7-2 e 3 foram confirmadas experimentalmente na faixa de 10% para tubo horizontal único. Elas parecem dar, também, resultados satisfatórios para feixes de tubos horizontais,[4] apesar das complicações introduzidas pelo gotejamento de um tubo para outros.

---

[1] Note que ocorrem variações de pressão e temperatura pequenas mas abruptas na interface. Estas descontinuidades são essenciais ao processo de condensação , mas são, em geral, desprezíveis nos cálculos de engenharia para fluidos puros. Para misturas, eles podem ser importantes. Veja R. W. Schraage, *Interphase Mass Transfer,* Columbia University Press (1953).

[2] Condensação em gotas e a ebulição são extensamente discutidas por G. Collier e J. R. Thomé, *Convective Boiling Condensation*, 3ª ed., Oxford University Press (1996). W. Nusselt, *Z. Ver. deutsch. Ing.*, **60**, 541-546, 575-596 (1916).

[3] W. Nusselt, *Z. Ver. deutsch. Ing.*, **60**, 541-546, 575-596 (1916).

[4] B. E. Short e H. E. Brown, *Proc. General Disc. Heat Transfer*, London (1951), pp. 27-31. Veja também D. Butterworth, em *Handbook of Heat Exchanger Design* (G. F. Hewitt, ed.), Oxford Univerity Press, London (1977), pp. 426-462.

Para condensação em filme em tubos e paredes verticais de comprimento L, os resultados teóricos correspondentes às Eqs. 14.7-2 e 3 são

$$h_m = \frac{4}{3}\left(\frac{k^3\rho^2 g}{3\mu\Gamma}\right)^{1/3} \quad (14.7\text{-}4)$$

e

$$h_m = \frac{2\sqrt{2}}{3}\left(\frac{k^3\rho^2 g\Delta\hat{H}_{\text{vap}}}{\mu L(T_d - T_0)}\right)^{1/4} \quad (14.7\text{-}5)$$

respectivamente. A quantidade Γ na Eq. 14.7-4 é a taxa total de escoamento de condensado no fim da superfície de condensação por unidade de largura da superfície. Para um tubo vertical, $\Gamma = w/\pi D$, onde w é a vazão mássica de condensado no tubo. Para *tubos verticais curtos* ($L < 0{,}5$ ft), os valores experimentais de h_m confirmam bem a teoria, mas os valores medidos para *tubos longos* ($L > 8$ ft) podem exceder a teoria, para um dado $T_d - T_0$ por até 70%. Esta discrepância é atribuída às ondulações que atingem seus maiores valores em tubos longos.[5]

Agora consideramos expressões empíricas para o escoamento de condensados em escoamento turbulento. Escoamentos turbulentos iniciam-se, para tubos e paredes verticais, a um número de Reynolds $\text{Re} = \Gamma/\mu$ de aproximadamente 350. Para números de Reynolds mais elevados, a seguinte fórmula empírica foi proposta:[6]

$$h_m = 0{,}003\left(\frac{k^3\rho^2 g(T_d - T_0)L}{\mu^3\Delta\hat{H}_{\text{vap}}}\right)^{1/2} \quad (14.7\text{-}6)$$

Esta equação é equivalente, para $T_d - T_0$ pequenos à fórmula

$$h_m = 0{,}021\left(\frac{k^3\rho^2 g\Gamma}{\mu^3}\right)^{1/3} \quad (14.7\text{-}7)$$

As Eqs. 14.7-4 a 7 estão resumidas na Fig. 14.7-2, para conveniência nos cálculos e para demonstrar a extensão da concordância com os dados experimentais. Uma concordância um tanto melhor poderia ter sido obtida empregando-se uma família de linhas na faixa turbulenta para representar o efeito do número de Prandtl. Entretanto, tendo em vista a dispersão dos dados uma linha única é adequada.

Escoamento turbulento de condensado é muito difícil de ser obtido em tubos horizontais, a não ser que os diâmetros dos tubos sejam muito grandes, ou que sejam encontradas altas diferenças de temperatura. Acredita-se que as Eqs. 14.7-2 e 3 sejam satisfatórias até o valor estimado do número de Reynolds de transição, $\text{Re} = w_T/L\mu$, de aproximadamente 1000, onde w_T é fluxo de condensado total que deixa cada tubo, incluindo o condensado dos tubos superiores.[7]

O problema inverso de vaporização de um fluido puro é consideravelmente mais complicado que a condensação. Não tentaremos discutir aqui a transferência de calor para líquidos em ebulição mas apresentar ao leitor as revisões.[2,8]

EXEMPLO 14.7-1

Condensação de Vapor sobre Superfície Vertical

Um líquido em ebulição escoa em um tubo vertical está sendo aquecido pela condensação de vapor na superfície externa do tubo. A seção aquecida do tubo é de 10 ft de altura e 2 in de diâmetro externo. Se estiver sendo usado vapor saturado, que temperatura de vapor é necessária para suprir 92.000 Btu/h de calor ao tubo à temperatura da superfície do tubo de 200°F? Suponha condensação em filme.

SOLUÇÃO

As propriedades do fluido dependem da temperatura T_d desconhecida. Fazemos a estimativa $T_d = T_0 = 200$°F. Então as propriedades físicas à temperatura do filme (também a 200°F) são

---

[5] W. H. McAdams, *Heat Transmission* 3ª ed., McGraw-Hill, New York (1954) p. 333.

[6] U. Grigull, *Forsch. Ingenieurwessen*, **13**, 49-57 (1942); *Z. Ver. dtsch. Ing.*, **86**, 444-445 (1942).

[7] W. H. McAdams, *Heat Transmission,* 3ª ed., McGraw-Hill, Nova York (1954) pp. 338-339.

[8] H. D. Baehr e K. Stephan, *Heat and Mass Transfer,* Springer, Berlim (1998), Cap. 4.

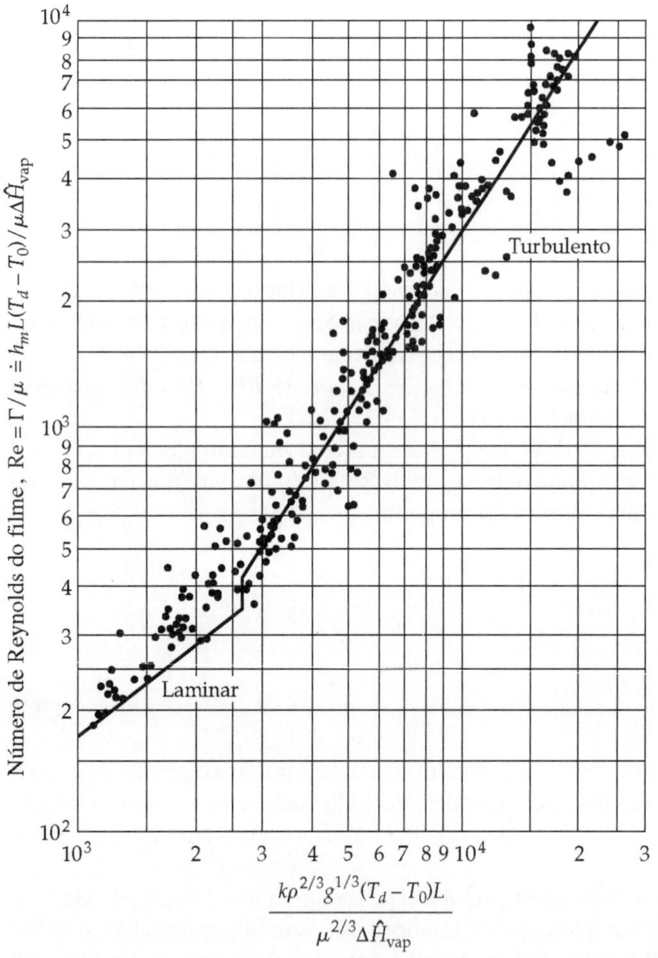

Fig. 14.7-2 Correlação de dados de transferência de calor para condensação em filme de vapores puros sobre superfícies verticais. [H. Gröber, S. Erk e U. Grigull, *Die Grundgestze der Wärmeübertragung*, 3.ª ed., Springer Verlag, Berlin (1955), p. 296.]

$$\Delta\hat{H}_{vap} = 978 \text{ Btu/lb}_m$$
$$k = 0{,}393 \text{ Btu/h} \cdot \text{ft} \cdot \text{F}$$
$$\rho = 60{,}1 \text{ lb}_m/\text{ft}^3$$
$$\mu = 0{,}738 \text{ lb}_m/\text{ft} \cdot \text{h}$$

Supondo que o vapor fornece apenas o calor latente (a suposição $T_d = T_0 = 200°\text{F}$ implica isto), um balanço de energia no tubo dá

$$Q = w\Delta\hat{H}_{vap} = \pi D\Gamma\Delta\hat{H}_{vap} \tag{14.7-8}$$

Na qual Q é a quantidade de calor dada à parede do tubo. O número de Reynolds do filme é

$$\frac{\Gamma}{\mu} = \frac{Q}{\pi D\mu\Delta\hat{H}_{vap}} = \frac{92.000}{\pi(2/12)(0{,}738)(978)} = 244 \tag{14.7-9}$$

Lendo a Fig. 14.7-2 neste valor da ordenada, encontramos que o escoamento é laminar. A Eq. 14.7-2 é aplicável, mas é mais conveniente usar a linha baseada nesta equação da Fig. 14.7-2, que dá

$$\frac{k\rho^{2/3}g^{1/3}(T_d - T_0)L}{\mu^{5/3}\Delta\hat{H}_{vap}} = 1700 \tag{14.7-10}$$

da qual

$$\begin{aligned} T_d - T_0 &= 1700 \frac{\mu^{5/3} \Delta \hat{H}_{\text{vap}}}{k\rho^{2/3} g^{1/3} L} \\ &= 1700 \frac{(0{,}738)^{5/3}(978)}{(0{,}393)(60{,}1)^{2/3}(4{,}17 \times 10^8)^{1/3}(10)} \\ &= 22°\text{F} \end{aligned} \tag{14.7-11}$$

Portanto, a primeira aproximação para a temperatura do vapor é $T_d = 222°F$. Este resultado é suficientemente próximo; a avaliação das propriedades físicas em acordo com este resultado dá $T_d = 220°F$ como segunda aproximação. Conclui-se da Fig. 14.7-2 que este resultado representa um limite superior. Devido às ondas superficiais a queda de temperatura através do filme de condensado pode vir a ser a metade desta previsão.

QUESTÕES PARA DISCUSSÃO

1. Defina o coeficiente de transferência de calor, o número de Nusselt, e o j_H de Chilton-Colburn. Como cada um destes pode ser modificado para indicar o tipo de força motriz em diferença de temperatura que está sendo empregada?
2. Quais são os grupos adimensionais característicos que aparecem na correlação para o número de Nusselt para convecção forçada? Para convecção natural? Para convecção mista?
3. Em que extensão podem os números de Nusselt ser calculados *a priori* a partir de soluções analíticas?
4. Explique como desenvolvemos uma correlação experimental para números de Nusselt em função dos grupos adimensionais relevantes.
5. Em que extensão podem as correlações empíricas ser desenvolvidas nas quais o número de Nusselt é dado como o produto de grupos adimensionais relevantes, cada um elevado a uma potência característica?
6. Além do número de Nusselt, encontramos o número de Reynolds, Re, o número de Prandtl, Pr, o número de Grashof, Gr, o número de Péclet, Pé, e o número de Rayleigh, Ra. Defina cada um destes e explique seus significados e usos.
7. Discuta o conceito temperatura congelamento ao vento.

PROBLEMAS

14A.1 Coeficientes de transferência de calor (Fig. 14A.1)**.** Dez mil libras por hora de um óleo com calor específico de 0,6 Btu/lb_m·F são aquecidos desde 100°F a 200°F em um trocador de calor simples representado na figura. O óleo escoa através dos tubos, feitos de cobre de 1 in de diâmetro externo e 0,065 in de espessura. A soma dos comprimentos dos tubos é de 300 ft. O calor necessário é suprido pela condensação de vapor saturado a 15,0 psia na superfície externa dos tubos. Calcule h_1, h_a e $h_{\ln}$ para o óleo, supondo que as superfícies internas dos tubos estejam à temperatura de saturação do vapor, 213°F.
Respostas: 78, 139, 190 Btu/h·ft²·F

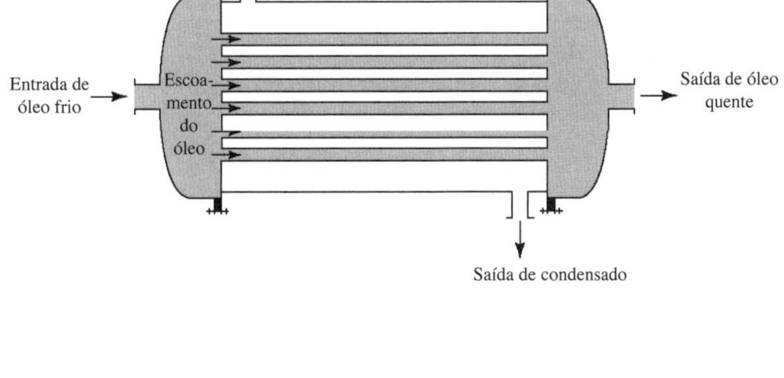

Fig. 14A.1 Um cambiador de calor de casco e tubo de passe único.

14A.2 Transferência de calor em regime laminar. Cem libras por hora de óleo a 100°F escoam através de um tubo de cobre de 1 in d.i., com 20 ft de comprimento. A superfície interna do tubo é mantida a 215°F pela condensação de vapor na superfície externa. Pode-se supor que o escoamento seja plenamente desenvolvido em todo comprimento do tubo, e as propriedades físicas do óleo podem ser consideradas constantes com os seguintes valores: $\rho = 55$ lb_m/ft^3, $\hat{C}_p = 0,49$ $Btu/lb_m/h{\cdot}ft$, $k = 0,085$ Btu/h·ft·F.
(a) Calcule Pr.
(b) Calcule Re.
(c) Calcule a temperatura de saída do óleo.
Respostas: **(a)** 8,44; **(b)** 1075; **(c)** 155°F

14A.3 Efeito da vazão na temperatura de saída de um trocador de calor.
(a) Repita os itens **(b)** e **(c)** do Problema 14A.2 para escoamento de óleo às vazões de 200, 400, 800, 1600 e 3200 lb_m/h.
(b) Calcule a taxa total de transferência de calor através da parede do tubo para cada uma das vazões de óleo em (a).

14A.4 Coeficiente local de transferência de calor para convecção forçada turbulenta em um tubo. Água escoa em tubo de 2 in d.i. a uma vazão mássica $w = 15.000$ lb_m/h. A temperatura da parede interna em um ponto do tubo é 160°F e a temperatura média do fluido neste ponto é 60°F. Qual o fluxo térmico local q_r na parede do tubo? Suponha que h_{loc} atingiu seu valor assintótico constante.
Resposta: $-6,25 \times 10^4$ $Btu/h{\cdot}ft^2$

14A.5 Transferência de calor na condensação de vapores.
(a) A superfície externa de um tubo vertical de 1 in de diâmetro externo e 1 ft de comprimento é mantida a 190°F. Se este tubo está circundado por vapor saturado a 1 atm, qual será a transferência total de calor através da parede do tubo?
(b) Qual seria a taxa de transferência de calor se o tubo estivesse na horizontal?
Respostas: **(a)** 8400 Btu/h; **(b)** 12.000 Btu/h

14A.6 Transferência de calor por convecção forçada de uma esfera isolada.
(a) Uma esfera sólida de 1 in de diâmetro é colocada em uma corrente de ar sem outras perturbações, a qual se aproxima à velocidade de 100 ft/s, pressão de 1 atm, e temperatura de 100°F. A superfície da esfera é mantida a 200°F por meio de uma espiral de aquecimento elétrico em seu interior. Qual deve ser a taxa de aquecimento elétrico em cal/s para manter as condições estabelecidas? Despreze a radiação e use a Eq. 14.4-5.
(b) Repita o problema **(a)**, mas use a Eq. 14.4-6.
Resposta: **(a)** 3,35 cal/s

14A.7 Transferência de calor por convecção natural de uma esfera isolada. Se a esfera do Problema 14A.6 é suspensa em ar estacionário a 1 atm de pressão e 100°F de temperatura do ar ambiente, e se a esfera é novamente mantida a 200°F, qual seria a taxa de aquecimento elétrico necessária? Despreze a radiação.
Resposta: 0,332 cal/s

14A.8 Perda de calor por convecção natural de tubo horizontal imerso em um líquido. Estime a taxa de perda de calor por convecção natural de um tubo horizontal de 6 in de diâmetro externo e comprimento unitário, se a temperatura de sua superfície externa é 100°F e a água circundante está a 80°F. Compare os resultados com os obtidos no Exemplo 14.6-1, no qual ar é o meio circundante. As propriedades da água à temperatura do filme de 90°F (ou 32°C) são $\mu = 0,7632$ cp, $\hat{C}_p = 0,9986$ cal/g·C e $k = 0,636$ Btu/h·ft·F. A densidade da água na vizinhança de 90°F é

T(C)	30,3	31,3	32,3	33,3	34,3
$\rho(g/cm^3)$	0,99558	0,99528	0,99496	0,99463	0,99430

Resposta: $Q/L = 32$ Btu/h·ft

14A.9 O pescador no gelo do lago Mendota. Compare as taxas de perda de calor de um pescador no gelo entre uma pescaria em tempo calmo (velocidade do vento nula) e quando a velocidade do vento é de 20 milhas por hora vindo do norte. A temperatura do ar ambiente é −10°F. Suponha que um pescador encolhido pode ser aproximado a uma esfera com 3 ft de diâmetro.

14B.1 Número de Nusselt local limite para escoamento empistonado com fluxo térmico constante.
(a) A Eq. 10B.9-1 dá a temperatura assintótica para o resfriamento de um fluido de propriedades físicas constantes no escoamento empistonado em um tubo longo com fluxo térmico na parede constante. Use este perfil de temperatura para mostrar que o número de Nusselt limite nestas condições é $\text{Nu}_{\text{loc}} = 8$.
(b) A distribuição de temperatura para o problema análogo de escoamento empistonado entre placas é dada na Eq. 10B.9-2. Use esta equação para mostrar que o número limite de Nusselt é $\text{Nu}_{\text{loc}} = 12$.

14B.2 Coeficiente de transferência de calor local médio. No Problema 14A.1 as resistências térmicas do filme de condensado e da parede foram desprezadas. Justifique este procedimento calculando a temperatura da parede interna dos tubos na seção transversal do trocador de calor para a qual a temperatura do óleo é 150°F. Você pode supor que para o óleo $h_{\text{loc}} = 190$ Btu/h·ft·sF, é constante ao longo do trocador. Os tubos são horizontais.

14B.3 O anemômetro de fio quente.[1] Um anemômetro de fio quente é essencialmente um fio fino, usualmente feito de platina, o qual é aquecido eletricamente e posicionado em uma corrente de fluido. A temperatura do fio, que é função da temperatura do fluido, da velocidade do fluido e da taxa de aquecimento, pode ser determinada pela medida da resistência elétrica.
(a) Um fio reto cilíndrico de 0,5 in de comprimento e 0,001 in de diâmetro é exposto a uma corrente de ar a 70°F que escoa a uma velocidade de 100 ft/s. Qual deve ser o fornecimento de energia, em watts, para manter a superfície do fio a 600°F? Despreze a radiação e a condução de calor ao longo do fio.
(b) Foi verificado[2] que para um dado fluido e fio e dadas as temperaturas do fio e do fluido (portanto, dada a resistência do fio)

$$I^2 = B\sqrt{v_\infty} + C \tag{14B.3-1}$$

onde I é a corrente necessária para manter a temperatura desejada, v_∞ é a velocidade de aproximação do fluido, e B e C são constantes. Como esta equação se compara às previsões da Eq. 14.4-7 ou Eq. 14.4-8 para o fluido e fio de (a) pela faixa de velocidade do fluido de 100 a 300 ft/s? Qual o significado da constante C na Eq. 14B.3-1?

14B.4 Análise dimensional. Considere o sistema de escoamento descrito no primeiro parágrafo da Seção 14.3, para o qual a análise dimensional já forneceu os perfis de velocidade adimensional (Eq. 6.2-7) e perfil de temperatura (Eq. 14.3-9).
(a) Use as Eqs. 6.2-7 e 14.3-9 e a definição de temperatura média de mistura para chegar à expressão para a média temporal.

$$\frac{T_{b2} - T_{b1}}{T_0 - T_{b1}} = \text{uma função de Re, Pr}, L/D \tag{14B.4-1}$$

(b) Use o resultado obtido e as definições dos coeficientes de transferência de calor para demonstrar as Eqs. 14.3-12 e 14.

14B.5 Relação entre h_{loc} e h_{ln}. Em muitos trocadores de calor industriais (veja o Exemplo 15.4-2) a temperatura da superfície do tubo T_0 varia linearmente com a temperatura média do fluido T_b. Para esta situação comum h_{loc} e h_{ln} podem ser relacionadas de forma simples.
(a) Partindo da Eq. 14.1-5, mostre que

$$h_{\text{loc}}(\pi D dz)(T_b - T_0) = -(\tfrac{1}{4}\pi D^2)(\rho \hat{C}_p \langle v \rangle dT) \tag{14B.5-1}$$

e portanto,

$$\int_0^L h_{\text{loc}} dz = \tfrac{1}{4}\rho \hat{C}_p D \langle v \rangle \frac{T_b(L) - T_b(0)}{(T_0 - T_b)_{\text{ln}}} \tag{14B.5-2}$$

(b) Combine o resultado (a) com a Eq. 14.1-4 para mostrar que

$$h_{\text{ln}} = \frac{1}{L}\int_0^L h_{\text{loc}} dz \tag{14B.5-3}$$

[1] Veja, por exemplo, G. Comte-Bellot, Cap. 34 em *the Handbook of Fluid Dynamics* (R. W. Johnson, ed.) CRC Press, Boca Raton, Fla. (1999).
[2] L. V. King, *Phil. Trans. Roy. Soc.*(Londres), **A214**, 373-432 (1941).

onde L é o comprimento total do tubo, e portanto, (se $(\partial h_{\text{loc}}/\partial L)_2 = 0$, que é o mesmo que desconsiderar a condução axial de calor)

$$h_{\text{loc}}|_{z=L} = h_{\text{ln}} + L\frac{dh_{\text{ln}}}{dL} \tag{14B.5-4}$$

14B.6 Perda de calor por convecção natural em um tubo. No Exemplo 14.6-1, a perda de calor seria aumentada ou reduzida se a temperatura da superfície do tubo fosse 200°F e a temperatura do ar fosse 180°F?

14C.1 A expressão de Nusselt para o coeficiente de transferência de calor para condensação em filme (Fig. 14.7-1). Considere um filme laminar de condensado escoando sobre uma parede vertical, e suponha que este filme de líquido seja a única resistência à transferência de calor no lado da parede em contato com o vapor. Suponha ainda que (i) a tensão de cisalhamento entre o líquido e o vapor pode ser desprezada; (ii) as propriedades físicas podem ser avaliadas à média aritmética entre as temperaturas do vapor e da superfície de resfriamento e que a temperatura da superfície de resfriamento pode ser considerada constante; (iii) a aceleração de elementos de fluido no filme pode ser desprezada, quando comparada às forças de gravidade e viscosas; (iv) a variação do calor sensível, $\hat{C}_p dT$, no filme de condensado é de pouca importância quando comparado com o calor latente transferido através do filme; e (v) o fluxo térmico é muito aproximadamente perpendicular à superfície da parede.

(a) Lembre-se, da Seção 2.2 que a velocidade média de um filme de espessura constante δ é $\langle v_z \rangle = \rho g \delta^2 / 3\mu$. Suponha que esta relação seja válida para todo z.

(b) Escreva a equação da energia para o filme, desprezando a curvatura do filme e a convecção. Mostre que o fluxo térmico através do filme na direção da parede fria é

$$-q_y = k\left(\frac{T_d - T_0}{\delta}\right) \tag{14C.1-1}$$

(c) À medida que o filme segue parede abaixo, ele adquire massa pela condensação. Neste processo o calor é liberado à razão de $\Delta\hat{H}_{\text{vap}}$ por unidade de massa de material que sofre mudança de fase. Mostre que equacionando o calor liberado na condensação com o calor que atravessa o filme em um segmento dz do filme obtemos

$$\rho\Delta\hat{H}_{\text{vap}} d(\langle v_z \rangle \delta) = k\left(\frac{T_d - T_0}{\delta}\right)dz \tag{14C.1-2}$$

(d) Insira a expressão para a velocidade média obtida em (a) na Eq. 14C.1-2 e integre desde $z = 0$ até $z = L$ para obter

$$\delta(L) = \left(\frac{4k(T_d - T_0)\mu L}{\rho^2 g \Delta\hat{H}_{\text{vap}}}\right)^{1/4} \tag{14C.1-3}$$

(e) Use a definição do coeficiente de transferência de calor e o resultado de (d) para chegar à Eq. 14.7-5

(f) Mostre que as Eqs. 14.7-4 e 5 são equivalentes para as condições deste problema.

14C.2 Correlações de transferência de calor para tanques agitados (Fig. 14C.2). Um líquido com propriedades físicas essencialmente constantes está sendo continuamente aquecido pela passagem através de um tanque agitado, como mostrado na figura. O calor é suprido pela condensação de vapor na superfície externa da parede do tanque. A resistência térmica do filme condensado pode ser considerada pequena quando comparada à do fluido no tan-

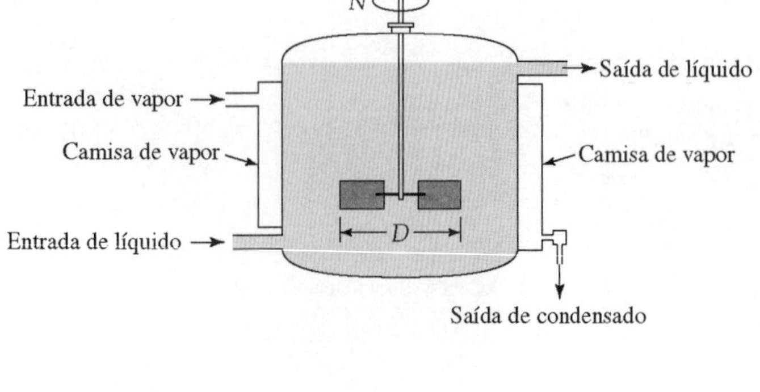

Fig. 14C.2 Aquecimento contínuo de um líquido em um tanque agitado.

que, e a parte da superfície do tanque sem jaqueta pode ser considerada bem isolada. A vazão de líquido através do tanque tem efeitos desprezíveis na configuração do escoamento em seu interior.

Desenvolva uma forma geral da correlação do coeficiente de transferência de calor para o tanque correspondente à correlação para o escoamento em tubos da Seção 14.3. Escolha as seguintes quantidades de referência: comprimento de referencia, D, o diâmetro do agitador; velocidade de referência, ND, onde N é a velocidade de rotação do eixo em rotações por unidade de tempo; pressão de referência, ρN^2D^2, onde ρ é a densidade do fluido.

14D.1 Transferência de calor de elipsóide oblato de revolução. Sistemas deste tipo são melhor descritos em coordenadas elipsoidais oblatas (ξ, η, ψ)[1] para as quais

$\xi =$ constantes descrevem elipsóides oblatos $(0 \leqslant \xi < \infty)$
$\eta =$ constantes descrevem hiperbolóides de revolução $(0 \leqslant \eta \leqslant \pi)$
$\psi =$ constantes descrevem semiplanos $(0 \leqslant \psi < 2\pi)$

Note que $\xi = \xi_0$ pode descrever elipsóides oblatos, com $\xi_0 = 0$ sendo um caso limite do disco de dois lados, e o limite quando $\xi_0 \rightarrow \infty$ correspondendo à esfera. Neste problema investigamos os dois valores limites do número de Nusselt correspondentes.

(a) Use primeiramente a Eq. A.7-13 para obter os fatores de escala da relação entre as coordenadas elipsoidais oblatas e as coordenadas cartesianas:

$$x = a \cosh \xi \text{ sen } \eta \cos \psi \tag{14D.1-1}$$

$$y = a \cosh \xi \text{ sen } \eta \text{ sen } \psi \tag{14D.1-2}$$

$$z = a \text{ senh } \xi \cos \eta \tag{14D.1-3}$$

onde a é a metade da distância entre focos. Mostre que

$$h_\xi = h_\eta = a\sqrt{\cosh^2 \xi - \text{sen}^2 \eta} \tag{14D.1-4}$$

$$h_\psi = a \cosh \xi \text{ sen } \eta \tag{14D.1-5}$$

As Eqs. A.7-13 e 14 podem então ser usadas para qualquer das operações ∇ necessárias.

(b) A seguir obtenha o perfil de temperatura fora de um elipsóide oblato com temperatura da superfície T_0, inserido em um meio infinito com temperatura T_∞ longe do elipsóide. Faça $\Theta = (T - T_0)/(T_\infty - T_0)$ a temperatura adimensional, e mostre que a equação de Laplace que descreve a condução de calor fora do elipsóide é

$$\frac{1}{a^2(\cosh^2 \xi - \text{sen}^2 \eta)}\left[\frac{\partial}{\partial \xi}\left(\cosh \xi \frac{\partial \Theta}{\partial \xi}\right) + \cdots\right] = 0 \tag{14D.1-6}$$

Os termos nas derivadas em relação a η e ψ foram omitidos por não serem necessários. Mostre que esta equação pode ser resolvida satisfazendo as condições de contorno $\Theta(\xi_0) = 0$ e $\Theta(\infty) = 1$ dando o resultado

$$\Theta = 1 - \frac{\frac{1}{2}\pi - \arctan(\text{senh } \xi)}{\frac{1}{2}\pi - \arctan(\text{senh } \xi_0)} \tag{14D.1-7}$$

(c) A seguir reduza este resultado para o disco de duas faces (que é o caso limite para $\xi_0 = 0$), e mostre que o gradiente de temperatura normal à superfície é

$$(\mathbf{n} \cdot \nabla\Theta)|_{\text{surf}} = \left(\mathbf{n}_\xi \cdot \mathbf{n}_\xi \frac{1}{h_\xi}\frac{\partial \Theta}{\partial \xi}\right)\bigg|_{\xi=0} = \frac{2}{\pi}\frac{1}{R \cos \eta} \tag{14D.1-8}$$

onde a foi expresso como R, o raio do disco. Mostre ainda que a perda de calor total pelos dois lados do disco é

[1] Para uma discussão das coordenadas elipsoidais oblatas veja P. Moon e D. E. Spencer, *Field Theory Handbook*, Springer, Berlin (1961), pp. 31-34. Veja também J. Happel e H. Brenner, *Low Reynolds Number Hydrodynamics*, Prentice-Hall, Englewood Cliffs, N. J. (1965), pp. 512-516: note que o fator de escala empregado é o inverso daqueles definidos neste livro.

$$\begin{aligned} Q &= -2k\int(\mathbf{n} \cdot \nabla T)\, dS \\ &= +2k(T_0 - T_\infty)\int(\mathbf{n} \cdot \nabla \Theta)\, dS \\ &= 2k(T_0 - T_\infty)\int_0^{2\pi}\int_0^{\pi/2}\left(\frac{2}{\pi R \cos \eta}\right)R^2 \cos \eta \operatorname{sen} \eta \, d\eta \, d\psi \\ &= 8kR(T_0 - T_\infty) \end{aligned} \tag{14D.1-9}$$

e que o número de Nusselt é dado por Nu $= 16/\pi = 5{,}09$. Uma vez que Nu = 2 para o problema análogo da esfera, vemos que o número de Nusselt para qualquer elipsóide oblato deve situar-se entre 2 e 5,09.

(d) Usando análise dimensional mostre que, sem fazer uma análise completa, como a que foi feita neste exercício, podemos prever que a perda de calor de um elipsóide deve ser proporcional à dimensão linear a e não à área da superfície. É este resultado limitado a elipsóides? Discuta.

CAPÍTULO 15

BALANÇOS MACROSCÓPICOS PARA SISTEMAS NÃO ISOTÉRMICOS

No Cap. 7, discutimos os balanços macroscópicos de massa, de momento, de momento angular e de energia. Lá, o tratamento foi restrito a sistemas com temperatura constante. Na verdade, essa restrição é um pouco artificial, uma vez que para sistemas reais em escoamento, a energia mecânica está sempre sendo convertida em energia térmica pela dissipação viscosa. O que realmente consideramos no Cap. 7 é que qualquer calor assim produzido é ou muito pequeno para mudar as propriedades do fluido ou imediatamente eliminado através das paredes do sistema contendo o fluido. Neste capítulo, estendemos os resultados prévios com o objetivo de descrever o comportamento global de sistemas macroscópicos não isotérmicos em escoamento.

Para um sistema não isotérmico, há cinco balanços macroscópicos que descrevem as relações entre as condições de entrada e de saída da corrente. Eles podem ser deduzidos a partir da integração das equações de balanço no sistema macroscópico:

$$\int_{V(t)} (\text{eq. da continuidade})\, dV = \text{balanço macroscópico de massa}$$

$$\int_{V(t)} (\text{eq. do movimento})\, dV = \text{balanço macroscópico de momento}$$

$$\int_{V(t)} (\text{eq. do momento angular})\, dV = \text{balanço macroscópico de momento angular}$$

$$\int_{V(t)} (\text{eq. da energia mecânica})\, dV = \text{balanço macroscópico de energia mecânica}$$

$$\int_{V(t)} (\text{eq. da energia (total)})\, dV = \text{balanço macroscópico de energia (total)}$$

Os quatro primeiros desses balanços foram discutidos no Cap. 7 e suas deduções sugerem que eles podem ser aplicados a sistemas não isotérmicos tão bem quanto para sistemas isotérmicos. Neste capítulo, adicionamos o quinto balanço, ou seja, aquele para a energia total. Isso será deduzido na Seção 15.1, não fazendo a integração anterior, mas aplicando a lei de conservação da energia total diretamente ao sistema mostrado na Fig. 7.0-1. Então, na Seção 15.2, revisaremos o balanço de energia mecânica e o examinaremos à luz da discussão do balanço de energia (total). A seguir, na Seção 15.3, daremos versões simplificadas dos balanços macroscópicos para sistemas em regime permanente e ilustraremos seu uso.

Na Seção 15.4, daremos as formas diferenciais (formas *d*) dos balanços em regime permanente. Nessas formas, os planos de entrada e de saída, 1 e 2, são tomados como sendo somente uma distância diferencial de separação. As "formas *d*" são freqüentemente úteis para resolver problemas envolvendo escoamento em dutos em que a velocidade, a temperatura e a pressão estejam variando continuamente na direção de escoamento.

Finalmente, na Seção 15.5, apresentaremos várias ilustrações de problemas em regime transiente que podem ser resolvidos através dos balanços macroscópicos.

Este capítulo fará uso de aproximadamente todos os tópicos estudados até agora e oferecerá uma excelente oportunidade para rever os capítulos precedentes. Uma vez mais lembramos ao leitor que no uso dos balanços macroscópicos pode ser necessário omitir alguns termos e estimar os valores de outros. Isso requer boa intuição ou alguns dados experimentais extras.

15.1 BALANÇO MACROSCÓPICO DE ENERGIA

Consideramos o sistema esquematizado na Fig. 7.0-1 e fazemos as mesmas suposições que foram feitas no Cap. 7 com relação às grandezas nos planos de entrada e de saída:

(i) A velocidade média temporal é perpendicular à seção transversal relevante.
(ii) A densidade e outras propriedades físicas são uniformes ao longo da seção transversal.
(iii) As forças associadas ao tensor tensão $\boldsymbol{\tau}$ são negligenciadas.
(iv) A pressão não varia ao longo da seção transversal.

A essas adicionamos (também nos planos de entrada e de saída):

(v) O transporte de energia por condução, $\mathbf{q}$, é pequeno comparado ao transporte de energia por convecção, podendo ser negligenciado.
(vi) O trabalho associado com $[\boldsymbol{\tau} \cdot \mathbf{v}]$ pode ser negligenciado em relação a $p\mathbf{v}$.

Aplicaremos agora o enunciado da conservação de energia para o fluido no sistema macroscópico em escoamento. Fazendo isso, usamos o conceito de energia potencial de modo a considerar o trabalho feito contra as forças externas (isso corresponde a usar a Eq. 11.1-9 em vez da Eq. 11.1-7, como a equação de balanço para a energia).

O enunciado da lei de conservação de energia adquire então a forma:

$$\underbrace{\frac{d}{dt}(U_{\text{tot}} + K_{\text{tot}} + \Phi_{\text{tot}})}_{\substack{\text{taxa de aumento das}\\ \text{energias interna,}\\ \text{cinética e potencial}\\ \text{no sistema}}} = \underbrace{(\rho_1 \hat{U}_1 \langle v_1 \rangle + \tfrac{1}{2}\rho_1 \langle v_1^3 \rangle + \rho_1 \hat{\Phi}_1 \langle v_1 \rangle) S_1}_{\substack{\text{taxa em que as energias interna,}\\ \text{cinética e potencial entram no sistema}\\ \text{pelo plano 1 devido ao escoamento}}}$$

$$- \underbrace{(\rho_2 \hat{U}_2 \langle v_2 \rangle + \tfrac{1}{2}\rho_2 \langle v_2^3 \rangle + \rho_2 \hat{\Phi}_2 \langle v_2 \rangle) S_2}_{\substack{\text{taxa em que as energias interna,}\\ \text{cinética e potencial saem do sistema}\\ \text{pelo plano 2 devido ao escoamento}}} \tag{15.1-1}$$

$$+ \underbrace{Q}_{\substack{\text{taxa em que calor}\\ \text{é adicionado ao}\\ \text{sistema através}\\ \text{das fronteiras}}} + \underbrace{W_m}_{\substack{\text{taxa em que trabalho é}\\ \text{feito no sistema pelo}\\ \text{ambiente, por meio das}\\ \text{superfícies móveis}}} + \underbrace{(p_1 \langle v_1 \rangle S_1 - p_2 \langle v_2 \rangle S_2)}_{\substack{\text{taxa em que trabalho}\\ \text{é feito no sistema}\\ \text{pelo ambiente, nos}\\ \text{planos 1 e 2}}}$$

Aqui, $U_{\text{tot}} = \int \rho \hat{U} dV$, $K_{\text{tot}} = \int \frac{1}{2}\rho v^2 dV$ e $\Phi_{\text{tot}} = \int \rho \hat{\Phi} dV$ são as energias interna total, cinética total e potencial total no sistema, sendo as integrações feitas ao longo do volume inteiro do sistema.

Essa equação pode ser escrita em uma forma mais compacta, introduzindo as vazões mássicas $w_1 = \rho_1 \langle v_1 \rangle S_1$ e $w_2 = \rho_2 \langle v_2 \rangle S_2$ e a energia total $E_{\text{tot}} = U_{\text{tot}} + K_{\text{tot}} + \Phi_{\text{tot}}$. Conseguimos assim para o *balanço macroscópico transiente de energia*

$$\boxed{\frac{d}{dt}E_{\text{tot}} = -\Delta\left[\left(\hat{U} + p\hat{V} + \frac{1}{2}\frac{\langle v^3 \rangle}{\langle v \rangle} + \hat{\Phi}\right)w\right] + Q + W_m} \tag{15.1-2}$$

É claro, das deduções da Eq. 15.1-1, que o "trabalho feito no sistema pelo ambiente" consiste em duas partes: (1) o trabalho feito pelas superfícies móveis W_m e (2) o trabalho feito nas extremidades do sistema (planos 1 e 2), que aparece como $-\Delta(p\hat{V}w)$ na Eq. 15.1-2. Embora tenhamos combinado os termos pV com os termos das energias interna, cinética e potencial na Eq. 15.1-2, não é apropriado dizer que "a energia pV entra e sai do sistema" na entrada e na saída. Os termos pV se originam como termos de trabalho e devem ser pensados como tal.

Consideramos agora a situação em que o sistema esteja operando em regime permanente, de modo que a energia total E_{tot} seja constante, e que as vazões mássicas que entram e saem sejam iguais ($w_1 = w_2 = w$). Então, é conveniente introduzir os símbolos $\hat{Q} = Q/w$ (a adição de calor por unidade de massa de fluido escoando) e $\hat{W}_m = W_m/w$ (o trabalho feito em uma unidade de massa de fluido escoando). Então, o *balanço macroscópico de energia em regime permanente* é

$$\Delta\left(\hat{H} + \frac{1}{2}\frac{\langle v^3\rangle}{\langle v\rangle} + gh\right) = \hat{Q} + \hat{W}_m \tag{15.1-3}$$

Aqui, escrevemos $\hat{\Phi}_1 = gh_1$ e $\hat{\Phi}_2 = gh_2$, em que h_1 e h_2 são alturas acima de um plano de referência arbitrariamente escolhido (ver discussão imediamente antes da Eq. 3.3-2). Similarmente, $\hat{H}_1 = \hat{U}_1 + p_1\hat{V}$ e $\hat{H}_2 = \hat{U}_2 + p_2\hat{V}_2$ são entalpias por unidade de massa, medidas com relação a um estado de referência arbitrariamente especificado. A fórmula explícita para a entalpia é dada na Eq. 9.8-8.

Para muitos problemas na indústria química, a energia cinética, a energia potencial e os termos de trabalho são negligenciados comparados aos termos térmicos na Eq. 15.1-3, simplificando o balanço de energia para $\hat{H}_2 - \hat{H}_1 = \hat{Q}$; esse termo é freqüentemente chamado de "balanço de entalpia". Entretanto, essa relação não deve ser construída como uma equação de conservação para entalpia.

15.2 BALANÇO MACROSCÓPICO DE ENERGIA MECÂNICA

O balanço macroscópico de energia mecânica, dado na Seção 7.4 e deduzido na Seção 7.8, é repetido aqui para comparação com as Eqs. 15.1-2 e 15.1-3. O *balanço macroscópico transiente de energia mecânica*, conforme dado na Eq. 7.4-2, é

$$\frac{d}{dt}(K_{tot} + \Phi_{tot}) = -\Delta\left(\frac{1}{2}\frac{\langle v^3\rangle}{\langle v\rangle} + \hat{\Phi} + \frac{p}{\rho}\right)w + W_m - E_c - E_v \tag{15.2-1}$$

sendo E_c e E_v definidos nas Eqs. 7.4-3 e 4. Uma forma aproximada do *balanço macroscópico de energia mecânica em regime permanente*, como dado na Eq. 7.4-7, é

$$\Delta\left(\frac{1}{2}\frac{\langle v^3\rangle}{\langle v\rangle}\right) + g\Delta h + \int_1^2 \frac{1}{\rho}dp = \hat{W}_m - \hat{E}_v \tag{15.2-2}$$

Os detalhes da aproximação introduzida aqui estão explicados nas Eqs. 7.8-9 a 12.

A integral na Eq. 15.2-2 tem de ser avaliada ao longo de uma "linha de corrente representativa" no sistema. Para fazer isso, tem-se de conhecer a equação de estado $\rho = \rho(p,T)$ e também como T varia com p ao longo da linha de corrente. Na Fig. 15.2-1, é mostrada a superfície $\hat{V} = \hat{V}(p,T)$ para um gás ideal. No plano pT, é mostrada uma curva começando em p_1, T_1 (as condições da corrente de entrada) e terminando em p_2, T_2 (as condições da corrente de saída). A curva no plano pT indica a sucessão de estados através dos quais o gás passa do estado inicial ao estado final. A integral $\int_1^2 (1/\rho)\, dp$ é então a projeção da área sombreada na Fig. 15.2-1 no plano $p\hat{V}$. É evidente que o valor dessa integral varia quando o "caminho termodinâmico" do processo do plano 1 a 2 é alterado. Se o caminho e a equação de estado forem conhecidos, então pode-se calcular $\int_1^2 (1/\rho)\, dp$.

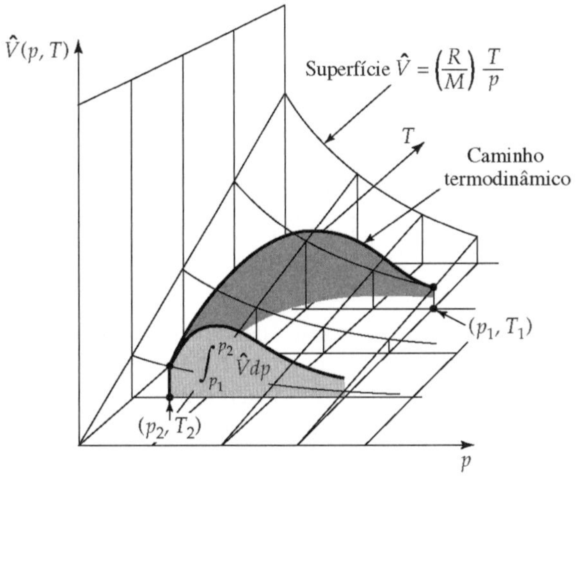

Fig. 15.2-1 Representação gráfica da integral na Eq. 15.2-2. A área restrita é $\int_{p_1}^{p_2}\hat{V}dp = \int_{p_1}^{p_2}(1/\rho)dp$. Note que o valor dessa integral é negativo aqui, porque estamos integrando da direita para a esquerda.

Em várias situações especiais, não é difícil avaliar a integral:

a. Para *sistemas isotérmicos*, a integral é avaliada usando a equação de estado isotérmica — ou seja, fornecendo a relação para ρ como uma função de p. Por exemplo, para gases ideais $\rho = pM/RT$ e

$$\int_1^2 \frac{1}{\rho}dp = \frac{RT}{M}\int_{p_1}^{p_2}\frac{1}{p}dp = \frac{RT}{M}\ln\frac{p_2}{p_1} \qquad \text{(gases ideais)} \qquad (15.2\text{-}3)$$

b. Para *líquidos incompressíveis*, ρ é constante de modo a

$$\int_1^2 \frac{1}{\rho}dp = \frac{1}{\rho}(p_2 - p_1) \qquad \text{(líquidos incompressíveis)} \qquad (15.2\text{-}4)$$

c. Para *escoamento sem atrito e adiabático de gases ideais*, com capacidade calorífica constante, p e ρ estão relacionados pela expressão $p\rho^{-\gamma}$ = constante, em que $\gamma = \hat{C}_p/\hat{C}_v$, conforme mostrado no Exemplo 11.4-6. Então a integral se torna

$$\begin{aligned}\int_1^2 \frac{1}{\rho}dp &= \frac{p_1^{1/\gamma}}{\rho_1}\int_{p_1}^{p_2}\frac{1}{p^{1/\gamma}}dp = \frac{p_1}{\rho_1}\frac{\gamma}{\gamma-1}\left[\left(\frac{p_2}{p_1}\right)^{(\gamma-1)/\gamma} - 1\right]\\ &= \frac{p_1}{\rho_1}\frac{\gamma}{\gamma-1}\left[\left(\frac{\rho_2}{\rho_1}\right)^{\gamma-1} - 1\right]\end{aligned} \qquad (15.2\text{-}5)$$

Conseqüentemente, para esse caso especial de escoamento não isotérmico, a integração pode ser feita analiticamente.

Concluímos agora com vários comentários envolvendo tanto o balanço de energia mecânica como o balanço de energia total. Enfatizamos na Seção 7.8 que a Eq. 7.4-2 (a mesma que a Eq. 15.2-1) é deduzida fazendo o produto escalar de **v** com a equação do movimento e então integrando o resultado ao longo do volume do sistema em escoamento. Uma vez que começamos com a equação do movimento – que é a expressão da lei de conservação do momento linear – o balanço de energia mecânica contém informação diferente daquela do balanço de energia (total), que é a expressão da lei de conservação de energia. Por conseguinte, em geral, ambos os balanços são necessários para resolver problemas. O balanço de energia mecânica não é "uma forma alternativa" do balanço de energia.

De fato, se subtrairmos o balanço de energia mecânica na Eq. 15.2-1 do balanço de energia total na Eq. 15.1-2, obteremos o *balanço macroscópico para a energia interna*

$$\boxed{\frac{dU_{tot}}{dt} = -\Delta\hat{U}w + Q + E_c + E_v} \qquad (15.2\text{-}6)$$

Isso estabelece que a energia interna total no sistema varia por causa da diferença na quantidade de energia interna que entra e sai do sistema pelo escoamento de fluido, por causa do calor que entra (ou sai) no sistema através das paredes do sistema, por causa do calor produzido (ou consumido) dentro do fluido por compressão (ou expansão) e por causa do calor produzido no sistema devido à dissipação viscosa. A Eq. 15.2-6 não pode ser escrita *a priori*, uma vez que não há lei de conservação para energia interna. No entanto, ela pode ser obtida integrando-se a Eq. 11.2-1 ao longo do sistema inteiro de escoamento.

15.3 USO DOS BALANÇOS MACROSCÓPICOS PARA RESOLVER PROBLEMAS EM REGIME PERMANENTE COM PERFIS PLANOS DE VELOCIDADES

As aplicações mais importantes dos balanços macroscópicos estão nos problemas em regime permanente. Além disso, geralmente se considera escoamento turbulento, de modo que a variação da velocidade ao longo da seção transversal pode ser seguramente negligenciada (ver "Notas" depois das Eqs. 7.2-3 e 7.4-7). Os cinco balanços macroscópicos, com essas restrições adicionais, estão resumidos na Tabela 15.3-1. Eles foram generalizados para múltiplos pontos de entrada e de saída a fim de acomodar um conjunto maior de problemas.

TABELA 15.3-1 Balanços Macroscópicos em Regime Permanente para Escoamento Turbulento em Sistemas Não Isotérmicos

Massa:	$\sum w_1 - \sum w_2 = 0$	(A)
Momento:	$\sum(v_1 w_1 + p_1 S_1)\mathbf{u}_1 - \sum(v_2 w_2 + p_2 S_2)\mathbf{u}_2 + m_{\text{tot}}\mathbf{g} = \mathbf{F}_{f\to s}$	(B)
Momento angular:	$\sum(v_1 w_1 + p_1 S_1)[\mathbf{r}_1 \times \mathbf{u}_1] - \sum(v_2 w_2 + p_2 S_2)[\mathbf{r}_2 \times \mathbf{u}_2] + \mathbf{T}_{\text{ext}} = \mathbf{T}_{f\to s}$	(C)
Energia mecânica:	$\sum\left(\frac{1}{2}v_1^2 + gh_1 + \frac{p_1}{\rho_1}\right)w_1 - \sum\left(\frac{1}{2}v_2^2 + gh_2 + \frac{p_2}{\rho_2}\right)w_2 = -W_m + E_c + E_v$	(D)
Energia (total):	$\sum(\frac{1}{2}v_1^2 + gh_1 + \hat{H}_1)w_1 - \sum(\frac{1}{2}v_2^2 + gh_2 + \hat{H}_2)w_2 = -W_m - Q$	(E)

Notas:

[a]Todas as fórmulas aqui envolvem perfis planos de velocidades.

[b]$\sum \omega_1 = \omega_{1a} + \omega_{1b} + \omega_{1c} + \ldots$, sendo $\omega_{1a} = \rho_{1a}v_{1a}S_{1a}$, e assim por diante.

[c]h_1 e h_2 são as elevações acima de um plano arbitrário de referência.

[d]$\hat{H}_1$ e $\hat{H}_2$ são entalpias por unidade de massa, relativas a algum estado de referência, escolhido arbitrariamente (ver Eq. 9.8-8).

[e]Todas as equações são escritas para escoamento compressível; para escoamento incompressível, $E_c = 0$. As grandezas E_c e E_v são definidas nas Eqs. 7.3-3 e 4.

[f]$\mathbf{u}_1$ e $\mathbf{u}_2$ são vetores unitários na direção de escoamento.

EXEMPLO 15.3-1

O Resfriamento de um Gás Ideal

Duzentas libras por hora de ar seco entram no tubo interno do trocador de calor mostrado na Fig. 15.3-1, a 300°F e 30 psia, com uma velocidade de 100 ft/s. O ar sai do trocador a 0°F e 15 psia, e 10 ft acima da entrada do trocador. Calcule a taxa de remoção de energia através da parede do tubo. Considere o escoamento turbulento e o comportamento de gás ideal. Use a seguinte expressão para a capacidade calorífica do ar:

$$\tilde{C}_p = 6{,}39 + (9{,}8 \times 10^{-4})T - (8{,}18 \times 10^{-8})T^2 \tag{15.3-1}$$

sendo $\tilde{C}_p$ dado em Btu/(lb-mol · R) e T em graus R.

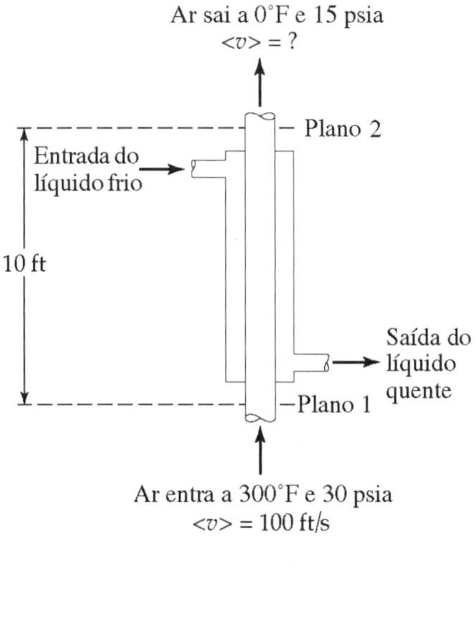

Fig. 15.3-1 O resfriamento do ar em um trocador de calor em contracorrente.

SOLUÇÃO

Para esse sistema, o balanço macroscópico de energia, Eq. 15.1-3, se torna

$$(\hat{H}_2 - \hat{H}_1) + \tfrac{1}{2}(v_2^2 - v_1^2) + g(h_2 - h_1) = \hat{Q} \qquad (15.3\text{-}2)$$

A diferença de entalpia pode ser obtida da Eq. 9.8-8 e a velocidade pode ser obtida como uma função da temperatura e da pressão, com a ajuda do balanço macroscópico de massa $\rho_1 v_1 = \rho_2 v_2$ e da lei de gás ideal $p = \rho RT/M$. Logo, a Eq. 15.3-2 se torna

$$\frac{1}{M}\int_{T_1}^{T_2} \tilde{C}_p dT + \frac{1}{2}v_1^2\left[\left(\frac{p_1 T_2}{p_2 T_1}\right)^2 - 1\right] + g(h_2 - h_1) = \hat{Q} \qquad (15.3\text{-}3)$$

A expressão explícita para $\tilde{C}_p$ na Eq. 15.3-1 pode então ser inserida na Eq. 15.3-3 e a integração realizada. Em seguida, a substituição dos valores numéricos fornece a remoção de calor por libra de fluido que passa através do trocador de calor:

$$\begin{aligned} -\hat{Q} &= \tfrac{1}{29}[(6{,}39)(300) + \tfrac{1}{2}(9{,}8 \times 10^{-4})(5{,}78 - 2{,}12)(10^5) \\ &\quad - \tfrac{1}{3}(8{,}18 \times 10^{-8})(4{,}39 - 0{,}97)(10^8)] \\ &\quad + \frac{1}{2}\left(\frac{10^4}{(32{,}2)(778)}\right)[1 - (1{,}21)^2] - \left(\frac{10}{778}\right) \\ &= 72{,}0 - 0{,}093 - 0{,}0128 \\ &= 71{,}9 \text{ Btu/h} \end{aligned} \qquad (15.3\text{-}4)$$

A taxa de remoção de calor é então

$$-\hat{Q}w = 14.380 \text{ Btu/h} \qquad (15.3\text{-}5)$$

Note, na Eq. 15.3-4, que as contribuições das energias cinética e potencial são negligenciáveis em comparação com a variação de entalpia.

EXEMPLO 15.3-2

Mistura de Duas Correntes de Gás Ideal

Duas correntes turbulentas e em regime permanente do mesmo gás ideal, escoando a diferentes velocidades, temperaturas e pressões, são misturadas, conforme mostrado na Fig. 15.3-2. Calcule a velocidade, a temperatura e a pressão da corrente resultante.

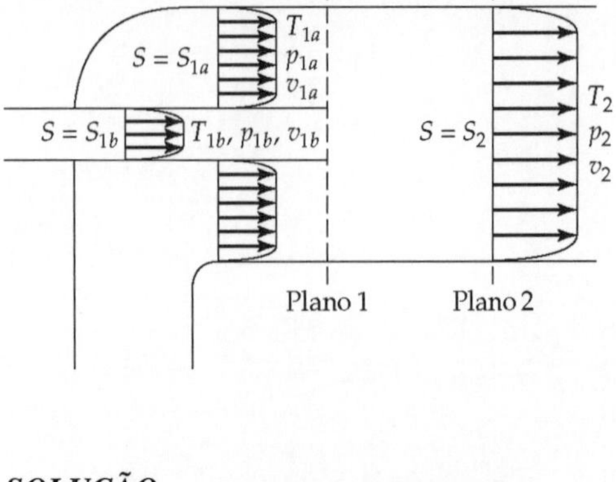

Fig. 15.3-2 Mistura de duas correntes de gás ideal.

SOLUÇÃO

O comportamento do fluido nesse exemplo é mais complexo comparado com a situação incompressível e isotérmica discutida no Exemplo 7.6-2, porque aqui variações na densidade e na temperatura podem ser importantes. Precisamos usar o balanço macroscópico de energia em regime permanente, Eq. 15.2-3, e a equação de estado para o gás ideal, além dos balanços de massa e de momento. Com essas exceções, procedemos como no Exemplo 7.6-2.

Escolhemos os planos de entrada (1a e 1b) como as seções transversais nas quais os fluidos começam a se misturar. O plano de saída (2) é tomado longe o suficiente a jusante de modo que mistura completa tenha ocorrido. Como no Exemplo 7.6-2, consideramos perfis planos de velocidades, tensões cisalhantes desprezíveis na parede do tubo e nenhuma variação de energia potencial. Além disso, desprezamos as variações na capacidade calorífica do fluido e admitimos operação adiabática. Escrevemos agora as seguintes equações para esse sistema com duas entradas e uma saída:

Massa:
$$w_1 = w_{1a} + w_{1b} = w_2 \tag{15.3-6}$$

Momento:
$$v_2 w_2 + p_2 S_2 = v_{1a} w_{1a} + p_{1a} S_{1a} + v_{1b} w_{1b} + p_{1b} S_{1b} \tag{15.3-7}$$

Energia:
$$w_2[\hat{C}_p(T_2 - T_{\text{ref}}) + \tfrac{1}{2}v_2^2] = w_{1a}[\hat{C}_p(T_{1a} - T_{\text{ref}}) + \tfrac{1}{2}v_{1a}^2] + w_{1b}[\hat{C}_p(T_{1b} - T_{\text{ref}}) + \tfrac{1}{2}v_{1b}^2] \tag{15.3-8}$$

Equação de estado:
$$p_2 = \rho_2 R T_2 / M \tag{15.3-9}$$

Nesse conjunto de equações, conhecemos todas as grandezas em 1a e 1b, sendo p_2, T_2, ρ_2 e v_2 as quatro incógnitas. T_{ref} é a temperatura de referência para a entalpia. Multiplicando-se a Eq. 15-3.6 por $\hat{C}_p T_{\text{ref}}$ e adicionando o resultado à Eq. 15.3-8, temos

$$w_2[\hat{C}_p T_2 + \tfrac{1}{2}v_2^2] = w_{1a}[\hat{C}_p T_{1a} + \tfrac{1}{2}v_{1a}^2] + w_{1b}[\hat{C}_p T_{1b} + \tfrac{1}{2}v_{1b}^2] \tag{15.3-10}$$

O lado direito das Eqs. 15.3-6, 7 e 10 contém grandezas conhecidas, sendo designadas por w, P e E, respectivamente. Note que w, P e E não são independentes, porque a pressão, a temperatura e a densidade de cada corrente de entrada têm de estar relacionadas pela equação de estado.

Resolvemos agora a Eq. 15.3-7 para v_2 e eliminamos p_2 usando a lei de gás ideal. Além disso, escrevemos w_2 como $\rho_2 v_2 S_2$. Isso resulta em

$$v_2 + \frac{RT_2}{Mv_2} = \frac{P}{w} \tag{15.3-11}$$

Essa equação pode ser resolvida para T_2, que é inserida na Eq. 15.3-10 para fornecer

$$v_2^2 - \left[2\left(\frac{\gamma}{\gamma + 1}\right)\frac{P}{w}\right]v_2 + 2\left(\frac{\gamma - 1}{\gamma + 1}\right)\frac{E}{w} = 0 \tag{15.3-12}$$

em que $\gamma = C_p/C_V$, uma grandeza que varia de cerca de 1,1 a 1,667 para gases. Aqui, usamos o fato de que $\tilde{C}_p/R = \gamma/(\gamma - 1)$ para um gás ideal. Quando a Eq. 15.3-12 é resolvida para v_2, conseguimos

$$v_2 = \left(\frac{\gamma}{\gamma + 1}\right)\frac{P}{w}\left[1 \pm \sqrt{1 - 2\left(\frac{\gamma^2 - 1}{\gamma^2}\right)\frac{wE}{P^2}}\right] \tag{15.3-13}$$

Com base em física, o radicando não pode ser negativo. Pode ser mostrado (ver Problema 15B.4) que quando o radicando for zero, a velocidade da corrente final será sônica. Desse modo, em geral uma das soluções para v_2 é supersônica e a outra é subsônica. Somente a solução inferior (subsônica) pode ser obtida no processo de mistura turbulenta sob consideração, uma vez que escoamento supersônico no tubo é instável. A transição de escoamento supersônico para subsônico no tubo é ilustrada no Exemplo 11.4-7.

Uma vez conhecida a velocidade v_2, a pressão e a temperatura podem ser calculadas das Eqs. 15.3-7 e 11. O balanço de energia mecânica pode ser usado para obter $(E_c + E_v)$.

15.4 FORMAS *D* DOS BALANÇOS MACROSCÓPICOS

A estimação de E_v no balanço de energia mecânica e de Q no balanço de energia total apresenta constantemente algumas dificuldades em sistemas não isotérmicos.

Por exemplo, para E_v, considere as seguintes situações não isotérmicas:

a. Para líquidos, a velocidade média de escoamento em um tubo de seção transversal constante é aproximadamente constante. Entretanto, a viscosidade pode variar marcadamente na direção do escoamento por causa das variações de temperatura, de modo que f na Eq. 7.5-9 varia com a distância. Conseqüentemente, a Eq. 7.5-9 não pode ser aplicada ao duto inteiro.

b. Para gases, a viscosidade não varia muito com a pressão; logo, o número de Reynolds local e o fator de atrito local são aproximadamente constantes para dutos de seção transversal constante. No entanto, a velocidade média pode variar consideravelmente ao longo do duto, como um resultado da variação da densidade com a temperatura. Desse modo, a Eq. 7.5-9 não pode ser aplicada ao duto inteiro.

Similarmente ao escoamento no tubo com temperatura da parede variando com a distância, pode ser necessário usar coeficientes locais de transferência de calor. Para tal situação, podemos escrever a Eq. 15.1-3 em uma base de incrementos e gerar uma equação diferencial. Ou a área da seção transversal do duto pode estar variando com a distância a jusante e essa situação também resulta em uma necessidade de trabalhar o problema em uma base de incrementos.

É portanto útil reescrever o balanço macroscópico de energia mecânica em regime permanente e o balanço de energia total, considerando os planos 1 e 2 afastados por uma distância diferencial dl. Obtemos então o que chamamos das "formas *d*" dos balanços:

FORMA *D* DO BALANÇO DE ENERGIA MECÂNICA

Se considerarmos os planos 1 e 2 afastados por uma distância diferencial, então poderemos escrever a Eq. 15.2-2 na seguinte forma diferencial (supondo perfis planos de velocidades):

$$d(\tfrac{1}{2}v^2) + gdh + \frac{1}{\rho}dp = d\hat{W} - d\hat{E}_v \qquad (15.4\text{-}1)$$

Usando então a Eq. 7.5-9 para um comprimento diferencial dl, escrevemos

$$vdv + gdh + \frac{1}{\rho}dp = d\hat{W} - \tfrac{1}{2}v^2\frac{f}{R_h}dl \qquad (15.4\text{-}2)$$

em que f é o fator de atrito local e R_h é o valor local do raio hidráulico médio. Na maioria das aplicações, omitimos o termo $d\hat{W}$, já que o trabalho é feito geralmente em pontos isolados ao longo do caminho de escoamento. O termo $d\hat{W}$ seria necessário em tubos com paredes extensíveis, com escoamentos direcionados magneticamente ou com sistemas com transporte por parafusos sem fim.

FORMA D DO BALANÇO DE ENERGIA TOTAL

Se escrevermos a Eq. 15.1-3 na forma diferencial, teremos (com perfis planos de velocidades)

$$d(\tfrac{1}{2}v^2) + gdh + d\hat{H} = d\hat{Q} + d\hat{W} \qquad (15.4\text{-}3)$$

Usando então a Eq. 9.8-7 para $d\hat{H}$ e a Eq. 14.1-8 para $d\hat{Q}$, obtemos

$$vdv + gdh + \hat{C}_p dT + \left[\hat{V} - T\left(\frac{\partial \hat{V}}{\partial T}\right)_p\right]dp = \frac{U_{loc}Z\Delta T}{w}dl + d\hat{W} \qquad (15.4\text{-}4)$$

em que U_{loc} é o coeficiente global local de transferência de calor, Z é o perímetro local correspondente do duto e ΔT é a diferença local de temperatura entre os fluidos dentro e fora do duto.

Os exemplos que seguem ilustram aplicações das Eqs. 15.4-2 e 15.4-4.

EXEMPLO 15.4-1

Trocadores de Calor com Escoamento Concorrente ou Contracorrente

Deseja-se descrever o desempenho do trocador de calor bitubular simples, mostrado na Fig. 15.4-1, em termos dos coeficientes de transferência de calor das duas correntes e da resistência térmica da parede do tubo. O trocador consiste essencialmente de dois tubos coaxiais, com uma corrente fluida escoando através do tubo interno e uma outra escoando no espaço anular; calor é transferido através da parede do tubo interno. Ambas as correntes podem escoar na mesma direção, conforme indicado na figura, porém normalmente é mais eficiente usar escoamento em contracorrente – ou seja, inverter a direção de uma corrente de modo a w_h ou w_c ser negativa. Escoamento turbulento em regime permanente pode ser

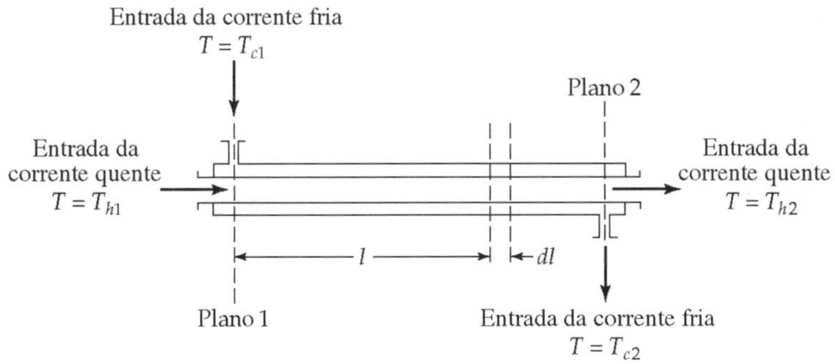

Fig. 15.4-1 Trocador de calor bitubular.

considerado e as perdas de calor para o ambiente podem ser negligenciadas. Considere além disso que o coeficiente global local de transferência de calor seja constante ao longo do trocador.

SOLUÇÃO

(a) Balanço macroscópico de energia para cada corrente como um todo. Designamos com um subscrito h as grandezas referentes à corrente quente, e com um subscrito c as grandezas referentes à corrente fria. Para variações negligenciáveis nas energias cinética e potencial, o balanço de energia em regime permanente na Eq. 15.1-3 se torna

$$w_h(\hat{H}_{h2} - \hat{H}_{h1}) = Q_h \tag{15.4-5}$$

$$w_c(\hat{H}_{c2} - \hat{H}_{c1}) = Q_c \tag{15.4-6}$$

Pelo fato de não haver perda de calor para o ambiente, $Q_h = -Q_c$. Para líquidos incompressíveis com uma queda de pressão não muito grande, ou para gases ideais, a Eq. 9.8-8 fornece para $\hat{C}_p$ constante, a relação $\Delta\hat{H} = \hat{C}_p\Delta T$. Dessa maneira, as Eqs. 15-4.5 e 15.4-6 podem ser reescritas como

$$w_h\hat{C}_{ph}(T_{h2} - T_{h1}) = Q_h \tag{15.4-7}$$

$$w_c\hat{C}_{pc}(T_{c2} - T_{c1}) = Q_c = -Q_h \tag{15.4-8}$$

(b) Forma d do balanço macroscópico de energia. A aplicação da Eq. 15.4-4 à corrente quente fornece

$$\hat{C}_{ph}dT_h = \frac{U_0(2\pi r_0)(T_c - T_h)}{w_h}dl \tag{15.4-9}$$

sendo r_0 o raio externo do tubo interno e U_0 o coeficiente global de transferência de calor baseado no raio r_0 (ver Eq. 14.1-8).

O rearranjo da Eq. 15.4-9 fornece

$$\frac{dT_h}{T_c - T_h} = U_0\frac{(2\pi r_0)dl}{w_h\hat{C}_{ph}} \tag{15.4-10}$$

A equação correspondente para a corrente fria é

$$-\frac{dT_c}{T_c - T_h} = U_0\frac{(2\pi r_0)dl}{w_c\hat{C}_{pc}} \tag{15.4-11}$$

Adicionando as Eqs. 15.4-10 e 11 temos uma equação diferencial para a diferença de temperatura dos dois fluidos como uma função de l:

$$-\frac{d(T_h - T_c)}{T_h - T_c} = U_0\left(\frac{1}{w_h\hat{C}_{ph}} + \frac{1}{w_c\hat{C}_{pc}}\right)(2\pi r_0)dl \tag{15.4-12}$$

Supondo que U_0 seja independente de l e integrando do plano 1 ao plano 2, obtemos

$$\ln\left(\frac{T_{h1} - T_{c1}}{T_{h2} - T_{c2}}\right) = U_0\left(\frac{1}{w_h\hat{C}_{ph}} + \frac{1}{w_c\hat{C}_{pc}}\right)(2\pi r_0)L \tag{15.4-13}$$

Essa expressão relaciona as temperaturas terminais com as vazões mássicas e com as dimensões do trocador, podendo assim ser usada para descrever o desempenho do trocador. Entretanto, é convenção rearrumar a Eq. 15.4-13 aproveitando os balanços de energia em regime permanente nas Eqs. 15.4-7 e 8. Resolvemos cada uma dessas equações para $w\hat{C}_p$ e substituímos os resultados na Eq. 15.4-13 para obter

$$Q_c = U_0(2\pi r_0 L)\left(\frac{(T_{h2} - T_{c2}) - (T_{h1} - T_{c1})}{\ln[(T_{h2} - T_{c2})/(T_{h1} - T_{c1})]}\right) \qquad (15.4\text{-}14)$$

ou

$$Q_c = U_0 A_0 (T_h - T_c)_{\ln} \qquad (15.4\text{-}15)$$

Aqui, A_0 é a superfície externa total do tubo interno e $(T_h - T_c)_{\ln}$ é a "média logarítmica da diferença de temperatura" entre as duas correntes. As Eqs. 15.4-14 e 15 descrevem a taxa de troca térmica entre as duas correntes, tendo uma larga aplicação na prática da engenharia. Observe que as vazões mássicas das correntes não aparecem explicitamente nessas equações que são válidas para trocadores de calor com escoamento tanto concorrente como contracorrente (ver Problema 15A.1).

Das Eqs. 15.4-10 e 11, podemos também obter as temperaturas das correntes como funções de l, se desejado. Cuidado considerável tem de ser usado na aplicação dos resultados desse exemplo para escoamento laminar, para o qual a variação do coeficiente global de transferência de calor pode ser bem grande. O Problema 15B.1 é um exemplo em que U_0 é variável.

EXEMPLO 15.4-2

Potência Requerida para Bombear um Fluido Compressível, Através de um Tubo Longo

Um gás natural, que pode ser considerado metano puro, deve ser bombeado através de uma tubulação longa e lisa, com um diâmetro interno de 2 ft. O gás entra na linha a 100 psia, com uma velocidade de 40 ft/s e a uma temperatura ambiente de 70°F. Estações de bombeamento existem a cada 10 milhas ao longo da linha, e em cada uma dessas estações o gás é comprimido novamente e resfriado até sua temperatura e pressão originais (ver Fig. 15.4-2). Estime a potência que tem de ser consumida no gás em cada estação de bombeamento, supondo comportamento de gás ideal, perfis planos de velocidades e variações negligenciáveis na elevação.

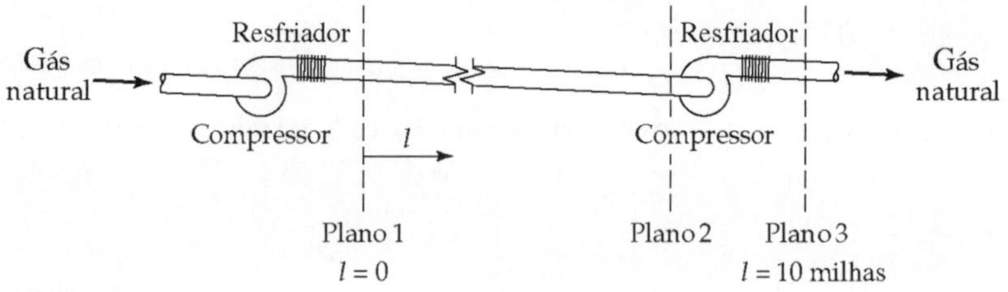

Fig. 15.4-2 Bombeamento de um fluido compressível através de uma tubulação.

SOLUÇÃO

É conveniente considerar o tubo e o compressor separadamente. Primeiro, aplicamos a Eq. 15.4-2 a um comprimento dl do tubo. Integramos então essa equação entre os planos 1 e 2 de modo a obter a pressão desconhecida p_2. Uma vez conhecidas podemos aplicar a Eq. 15.2-2 ao sistema entre os planos 1 e 2 para obter o trabalho feito pela bomba.

(a) Escoamento através do tubo. Para essa porção do sistema, a Eq. 15.4-2 simplifica para

$$v dv + \frac{1}{\rho} dp + \frac{2v^2 f}{D} dl = 0 \qquad (15.4\text{-}16)$$

em que D é o diâmetro do tubo. Sendo o tubo bem longo, consideramos o fluido isotérmico a 70°F. Podemos então eliminar v e ρ da Eq. 15.4-16 pelo uso da equação de estado considerada, $p = \rho RT/M$, e pelo balanço macroscópico de massa, que pode ser escrito $\rho v = \rho_1 v_1$. Com ρ e v escritos em termos da pressão, a Eq. 15.4-16 se torna

$$-\frac{1}{p} dp + \frac{RT_1}{M(\rho_1 v_1)^2} p dp + \frac{2f}{D} dl = 0 \qquad (15.4\text{-}17)$$

Mostramos na Seção 1.3 que a viscosidade de gases ideais é independente da pressão. Disso, segue que o número de Reynolds do gás, Re $= Dw/S\mu$, e conseqüentemente o fator de atrito f, têm de ser constantes. Podemos então integrar a Eq. 15.4-17 para obter

$$-\ln \frac{p_2}{p_1} + \frac{1}{2}\left[\left(\frac{p_2}{p_1}\right)^2 - 1\right]\frac{RT_1}{Mv_1^2} + \frac{2fL}{D} = 0 \qquad (15.4\text{-}18)$$

Essa equação fornece p_2 em termos de grandezas já conhecidas, exceto para f, que é facilmente calculado: a viscosidade cinemática do metano a 100 psi e 70°F é cerca de $2{,}61 \times 10^{-5}$ ft²/s e por conseguinte, Re $= Dv/\nu = (200\ \text{ft})(40\ \text{ft/s})/(2{,}61\ \text{ft}^2/\text{s}) = 3{,}07 \times 10^6$. O fator de atrito pode então ser estimado como 0,0025 (ver Fig. 6.2-2).

Substituindo os valores numéricos na Eq. 15.4-18, temos

$$-\ln \frac{p_2}{p_1} + \frac{1}{2}\left[\left(\frac{p_2}{p_1}\right)^2 - 1\right]\frac{(1545)(530)(32{,}2)}{(16{,}04)(40)^2} + \frac{(2)(0{,}0025)(52.800)}{(2{,}00)} = 0 \qquad (15.4\text{-}19)$$

ou

$$-\ln \frac{p_2}{p_1} + 513\left[\left(\frac{p_2}{p_1}\right)^2 - 1\right] + 132 = 0 \qquad (15.4\text{-}20)$$

Resolvendo essa equação com $p_1 = 100$ psia, obtemos $p_2 = 86$ psia.

(b) Escoamento através do compressor. Estamos agora prontos para aplicar o balanço de energia mecânica ao compressor. Começamos colocando a Eq. 15.2-2 na forma

$$\hat{W}_m = \tfrac{1}{2}(v_3^2 - v_2^2) + \int_{p_2}^{p_3} \frac{1}{\rho}\,dp + \hat{E}_v \qquad (15.4\text{-}21)$$

De modo a avaliar a integral nessa equação, consideramos que a compressão seja adiabática e que $\hat{E}_v$ entre os planos 2 e 3 possa ser negligenciado. Podemos usar a Eq. 15.2-5 para reescrever a Eq. 15.2-21 como

$$\begin{aligned}\hat{W}_m &= \tfrac{1}{2}(v_3^2 - v_2^2) + \frac{p_2^{1/\gamma}}{\rho_2}\int_{p_2}^{p_3} p^{-1/\gamma}\,dp \\ &= \frac{v_1^2}{2}\left[1 - \left(\frac{p_1}{p_2}\right)^2\right] + \frac{RT_2}{M}\frac{\gamma}{\gamma-1}\left[\left(\frac{p_1}{p_2}\right)^{(\gamma-1)/\gamma} - 1\right]\end{aligned} \qquad (15.4\text{-}22)$$

em que $\hat{W}_m$ é a energia requerida do compressor. Substituindo os valores numéricos na Eq. 15.4-22, obtemos

$$\begin{aligned}\hat{W}_m &= \frac{(40)^2}{2(32{,}2)}[1 - (1.163)^2] + \frac{(1.545)(530)}{16}\frac{1{,}3}{0{,}3}(1{,}163^{0{,}3/1{,}3} - 1) \\ &= -9 + 7.834 = 7.825\ \text{ft lb}_f/\text{lb}_m\end{aligned} \qquad (15.4\text{-}23)$$

A potência requerida para comprimir o fluido é

$$\begin{aligned}w\hat{W}_m &= \left(\frac{\pi D^2}{4}\right)\left(\frac{p_1 M}{RT_1}\right)v_1\hat{W}_m \\ &= \frac{\pi(100)(16{,}04)(40)}{(10{,}73)(530)}(7.825)\ \text{ft lb}_f/\text{s} \\ &= 277.000\ \text{ft lb}_f/\text{s} = 504\ \text{hp}\end{aligned} \qquad (15.4\text{-}24)$$

A potência requerida seria praticamente a mesma se o escoamento na tubulação fosse adiabático (ver Problema 15A.2).

As suposições usadas aqui – considerando a compressão adiabática e desprezando a dissipação viscosa – são convencionais no projeto de combinações de compressores-resfriadores. Note que a energia requerida para o funcionamento do compressor é maior do que o trabalho calculado, $\hat{W}_m$, devido a (i) $\hat{E}_v$ entre os planos 2 e 3, (ii) perdas mecânicas no próprio compressor e (iii) erros no caminho p-ρ suposto. Normalmente, a energia requerida no eixo da bomba é no mínimo 15 a 20% maior do que $\hat{W}_m$.

15.5° USO DOS BALANÇOS MACROSCÓPICOS PARA RESOLVER PROBLEMAS EM REGIME TRANSIENTE E PROBLEMAS COM PERFIS NÃO PLANOS DE VELOCIDADES

Na Tabela 15.5-1, resumimos todos os cinco balanços macroscópicos para os perfis não planos e transientes de velocidades e para sistemas com múltiplas entradas e saídas. Praticamente nunca se necessita usar esses balanços tão completos assim, mas é conveniente ter, em um lugar, o conjunto inteiro de equações coletadas. Ilustraremos seu uso nos exemplos que seguem.

TABELA 15.5-1 Balanços Macroscópicos Transientes para Escoamento em Sistemas Não Isotérmicos

Massa:	$\frac{d}{dt}m_{\text{tot}} = \sum w_1 - \sum w_2 = \sum \rho_1\langle v_1\rangle S_1 - \sum \rho_2\langle v_2\rangle S_2$	(A)
Momento:	$\frac{d}{dt}\mathbf{P}_{\text{tot}} = \sum\left(\frac{\langle v_1^2\rangle}{\langle v_1\rangle}w_1 + p_1S_1\right)\mathbf{u}_1 - \sum\left(\frac{\langle v_2^2\rangle}{\langle v_2\rangle}w_2 + p_2S_2\right)\mathbf{u}_2 + m_{\text{tot}}\mathbf{g} - \mathbf{F}_{f\to s}$	(B)
Momento angular:	$\frac{d}{dt}\mathbf{L}_{\text{tot}} = \sum\left(\frac{\langle v_1^2\rangle}{\langle v_1\rangle}w_1 + p_1S_1\right)[\mathbf{r}_1 \times \mathbf{u}_1] - \sum\left(\frac{\langle v_2^2\rangle}{\langle v_2\rangle}w_2 + p_2S_2\right)[\mathbf{r}_2 \times \mathbf{u}_2] + \mathbf{T}_{\text{ext}} - \mathbf{T}_{f\to s}$	(C)
Energia mecânica:	$\frac{d}{dt}(K_{\text{tot}} + \Phi_{\text{tot}}) = \sum\left(\frac{1}{2}\frac{\langle v_1^3\rangle}{\langle v_1\rangle} + gh_1 + \frac{p_1}{\rho_1}\right)w_1 - \sum\left(\frac{1}{2}\frac{\langle v_2^3\rangle}{\langle v_2\rangle} + gh_2 + \frac{p_2}{\rho_2}\right)w_2 + W_m - E_c - E_v$	(D)
Energia (total):	$\frac{d}{dt}(K_{\text{tot}} + \Phi_{\text{tot}} + U_{\text{tot}}) = \sum\left(\frac{1}{2}\frac{\langle v_1^3\rangle}{\langle v_1\rangle} + gh_1 + \hat{H}_1\right)w_1 - \sum\left(\frac{1}{2}\frac{\langle v_2^3\rangle}{\langle v_2\rangle} + gh_2 + \hat{H}_2\right)w_2 + W_m + Q$	(E)

Notas:

[a] $\sum w_1 = w_{1a} + w_{1b} + w_{1c} + \ldots$, sendo $w_{1a} = \rho_{1a}v_{1a}S_{1a}$, e assim por diante.

[b] h_1 e h_2 são as elevações acima de um plano arbitrário de referência.

[c] $\hat{H}_1$ e $\hat{H}_2$ são entalpias por unidade de massa, relativas a algum estado de referência, escolhido arbitrariamente; a fórmula para $\hat{H}$ é dada na Eq. 9.8-8.

[d] Todas as equações são escritas para escoamento compressível; para escoamento incompressível, $E_c = 0$. As grandezas E_c e E_v são definidas nas Eqs. 7.3-3 e 4.

[e] $\mathbf{u}_1$ e $\mathbf{u}_2$ são vetores unitários na direção de escoamento.

EXEMPLO 15.5-1

Aquecimento de um Líquido em um Tanque Agitado[1]

Um tanque cilíndrico, capaz de reter 1.000 ft^3 de líquido, está equipado com um agitador com potência suficiente para manter o conteúdo do líquido a uma temperatura uniforme (ver Fig. 15.5-1). O calor é transferido para o conteúdo por meio de uma serpentina colocada de forma que a área disponível para transferência de calor seja proporcional à quantidade de líquido no tanque. Essa serpentina de aquecimento consiste em 10 voltas, 4 ft de diâmetro, com tubos tendo 1 in de diâmetro externo. Água a 20°C é alimentada nesse tanque, a uma taxa de 20 lb$_m$/min, começando sem água no tanque no tempo $t = 0$. Vapor, a 105°C, escoa através da serpentina de aquecimento e o coeficiente global de transferência de calor é 100 Btu/h · ft^2 · °F. Qual será a temperatura da água quando o tanque estiver cheio?

SOLUÇÃO

Devemos fazer as seguintes suposições:

a. A temperatura do vapor é uniforme em toda a serpentina.

b. A densidade e a capacidade calorífica não variam muito com a temperatura.

c. O fluido é aproximadamente incompressível; logo, $\hat{C}_p \approx \hat{C}_v$.

[1] Esse problema é retirado na forma modificada de W. R. Marshall, Jr. and R. L. Pigford, *The Applications of Differential Equations to Chemical Engineering Problems*, University of Delaware Press, Newark, Del. (1947), pp. 16-18.

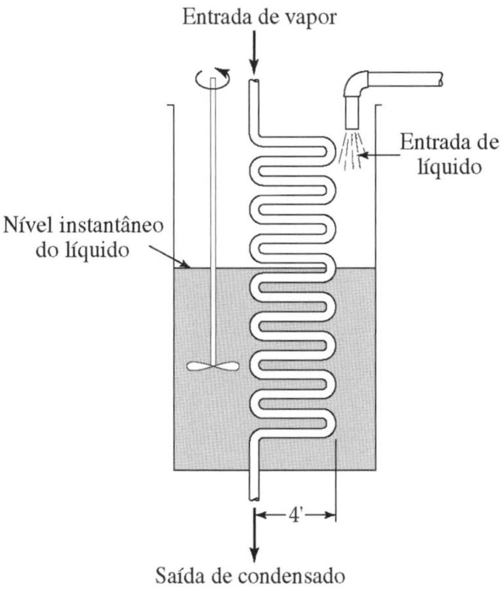

Fig. 15.5-1 Aquecimento de um líquido em um tanque com um nível variável de líquido.

d. O agitador mantém a temperatura uniforme em todo o líquido.
e. O coeficiente de transferência de calor é independente da posição e do tempo.
f. As paredes do tanque são perfeitamente isoladas, de modo que nenhuma perda de calor ocorre.

Selecionamos o líquido do tanque como o sistema a ser considerado e fazemos um balanço de energia, dependente do tempo, em todo esse sistema. Tal balanço é dado pela Eq. (E) da Tabela 15.5-1. No lado esquerdo da equação, as taxas temporais de variação das energias cinética e potencial podem ser desprezadas em relação àquelas da energia interna. No lado direito, podemos omitir normalmente o termo do trabalho e os termos das energias cinética e potencial podem ser descartados, já que eles serão pequenos se comparados com os outros termos. Pelo fato de não haver corrente de saída, podemos fazer w_2 igual a zero. Assim, para esse sistema, o balanço de energia total simplifica para

$$\frac{d}{dt} U_{\text{tot}} = w_1 \hat{H}_1 + Q \tag{15.5-1}$$

Isso estabelece que a energia interna do sistema aumenta por causa da entalpia adicionada pelo fluido que entra e por causa da adição de calor através da serpentina com vapor.

Uma vez que os valores de U_{tot} e $\hat{H}_1$ não podem ser dados, selecionamos agora a temperatura de entrada T_1 como o plano térmico de referência. Então $\hat{H}_1 = 0$ e $U_{\text{tot}} = \rho\hat{C}_v V(T - T_1) \approx \rho\hat{C}_v V(T - T_1)$, sendo T e V a temperatura e o volume instantâneos do líquido. Além disso, a taxa de adição de calor ao líquido, Q, é dada por $Q = U_0 A(T_s - T)$, em que T_s é a temperatura do vapor e A é a área instantânea de transferência de calor. Por conseguinte, a Eq. 15.5-1 se torna

$$\rho\hat{C}_p \frac{d}{dt} V(T - T_1) = U_0 A(T_s - T) \tag{15.5-2}$$

As expressões para $V(t)$ e $A(t)$ são

$$V(t) = \frac{w_1}{\rho} t \qquad A(t) = \frac{V}{V_0} A_0 = \frac{w_1 t}{\rho V_0} A_0 \tag{15.5-3}$$

sendo V_0 e A_0 o volume e a área de troca térmica, quando o tanque estiver cheio. Portanto, a equação de balanço de energia se torna

$$w_1 \hat{C}_p t \frac{d}{dt}(T - T_1) + w_1 \hat{C}_p (T - T_1) = \frac{w_1 t}{\rho V_0} U_0 A_0 (T_s - T) \tag{15.5-4}$$

que deve ser resolvida com a condição inicial de $T = T_1$ em $t = 0$.

A equação é mais facilmente resolvida na forma adimensional. Dividimos ambos os lados por $w_1 \hat{C}_p (T_s - T_1)$ de modo a obter

$$t \frac{d}{dt}\left(\frac{T - T_1}{T_s - T_1}\right) + \left(\frac{T - T_1}{T_s - T_1}\right) = \frac{U_0 A_0 t}{\rho \hat{C}_p V_0}\left(\frac{T_s - T}{T_s - T_1}\right) \tag{15.5-5}$$

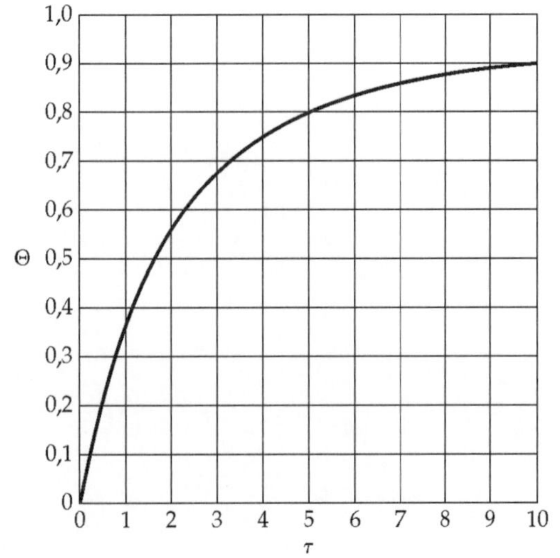

Fig. 15.5-2 Gráfico da temperatura adimensional, $\Theta = (T - T_1)/(T_s - T_1)$, *versus* tempo adimensional, $\tau = (U_0A_0/\rho\hat{C}_pV_0)t$, de acordo com a Eq. 15.5-10. [W. R. Marshall and R. L. Pigford, *Application of Differential Equations to Chemical Engineering*, University of Delaware Press, Newark, Del. (1947), p. 18.]

Essa equação sugere que as definições adequadas de temperatura e tempo sejam

$$\Theta = \left(\frac{T - T_1}{T_s - T_1}\right) \quad \text{e} \quad \tau = \frac{U_0A_0t}{\rho\hat{C}_pV_0} \tag{15.5-6, 7}$$

Então, a Eq. 15.5-5, depois de alguns rearranjos, torna-se

$$\frac{d\Theta}{d\tau} + \left(1 + \frac{1}{\tau}\right)\Theta = 1 \tag{15.5-8}$$

e a condição inicial requer que $\Theta = 0$ em $\tau = 0$.

Essa é uma equação diferencial linear de primeira ordem, cuja solução é (ver Eq. C.1-2)

$$\Theta = 1 - \frac{1 - Ce^{-\tau}}{\tau} \tag{15.5-9}$$

Multiplicando-se primeiro a Eq. 15.5-9 por τ, obtemos a constante de integração, C. Encontramos assim que $C = 1$, sendo a solução final dada por

$$\Theta = 1 - \frac{1 - e^{-\tau}}{\tau} \tag{15.5-10}$$

Essa função é mostrada na Fig. 15.5-2.

Finalmente, a temperatura T_0 do líquido no tanque, quando ele estiver sendo cheio, é dada pela Eq. 15.5-10, quando $t = \rho V_0/w_1$ (da Eq. 15.5-3) ou $\tau = U_0A_0/w_1\hat{C}_p$ (da Eq. 15.5-7). Dessa maneira, em termos das variáveis originais,

$$\frac{T_0 - T_1}{T_s - T_1} = 1 - \frac{1 - \exp(-U_0A_0/w_1\hat{C}_p)}{U_0A_0/w_1\hat{C}_p} \tag{15.5-11}$$

Assim, pode ser visto que a temperatura final do líquido é determinada inteiramente pelo grupo adimensional $U_0A_0/w_1\hat{C}_p$ que, para esse problema, tem o valor de 2,74. Sabendo disso, podemos encontrar, a partir da Eq. 15.5-11, que $(T_0 - T_1)/(T_s - T_1) = 0{,}659$, de onde $T_0 = 76°C$.

EXEMPLO 15.5-2

Operação de um Controlador Simples de Temperatura

Um tanque bem isolado é mostrado na Fig. 15.5-3. O líquido entra a uma temperatura $T_1(t)$, que pode variar com o tempo. Deseja-se controlar a temperatura, $T_2(t)$, do fluido que sai do tanque. Presume-se que a agitação seja suficiente para que a temperatura no tanque possa ser considerada uniforme e igual à temperatura de saída. O volume do líquido no tanque, V, e a vazão mássica de líquido, w, são constantes.

Com a finalidade de executar o controle desejado, um fio elétrico metálico de aquecimento, de área superficial A, é colocado no tanque, e um elemento sensor de temperatura é colocado na corrente de saída, para medir $T_2(t)$. Esses dispositivos são conectados a um controlador de temperatura que fornece energia ao fio de aquecimento, a uma taxa $Q_e = b(T_{\text{máx}} - T_2)$, em que $T_{\text{máx}}$ é a temperatura máxima para qual o controlador é projetado para operar e b é um parâmetro conhecido. Pode ser considerado que a temperatura do líquido $T_2(t)$ seja sempre menor do que $T_{\text{máx}}$ em operação normal. O fio de aquecimento fornece energia para o líquido no tanque, a uma taxa de $Q = UA(T_c - T_2)$, sendo U o coeficiente global de transferência de calor entre o fio e o líquido e T_c a temperatura instantânea do fio, considerada uniforme.

Até o tempo $t = 0$, o sistema tem operado em regime permanente, com a temperatura de entrada do líquido $T_1 = T_{10}$ e a temperatura de saída $T_2 = T_{20}$. No tempo $t = 0$, a temperatura de entrada da corrente é repentinamente aumentada para $T_1 = T_{1\infty}$ e mantida assim. Como uma conseqüência desse distúrbio, a temperatura do tanque começará a aumentar e o indicador de temperatura de saída da corrente alertará o controlador para diminuir a potência fornecida ao fio de aquecimento. Finalmente, a temperatura do líquido no tanque atingirá um novo valor permanente $T_{2\infty}$. Deseja-se descrever o comportamento da temperatura do líquido $T_2(t)$. Um esquema qualitativo, mostrando as várias temperaturas, é dado na Fig. 15.5-4.

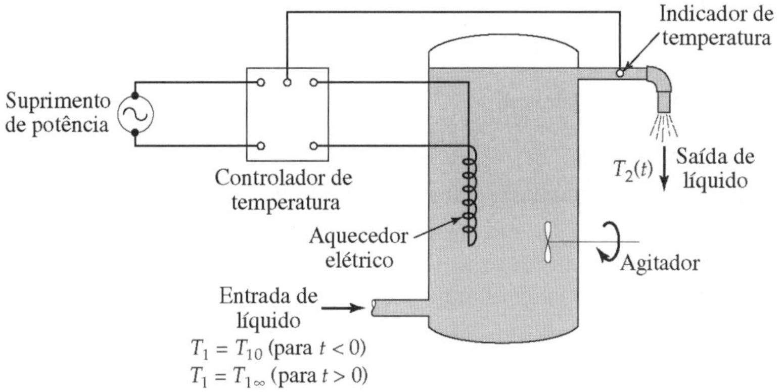

Fig. 15.5-3 Tanque agitado, com um controlador de temperatura.

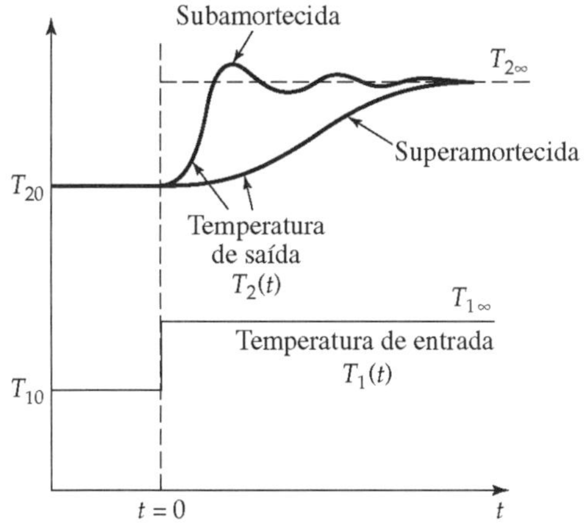

Fig. 15.5-4 Temperaturas de entrada e de saída como funções do tempo.

SOLUÇÃO

Escrevemos primeiro os balanços macroscópicos transientes de energia [Eq. (E) da Tabela 15.5-1] para o líquido no tanque e para o fio de aquecimento:

(líquido) $$\rho \hat{C}_p V \frac{dT_2}{dt} = w\hat{C}_p(T_1 - T_2) + UA(T_c - T_2) \qquad (15.5\text{-}12)$$

(fio) $$\rho_c \hat{C}_{pc} V_c \frac{dT_c}{dt} = b(T_{\text{máx}} - T_2) - UA(T_c - T_2) \qquad (15.5\text{-}13)$$

Note que aplicando o balanço macroscópico de energia ao líquido, temos desprezado as variações de energia cinética e potencial, assim como a alimentação de potência ao agitador.

(a) ***Comportamento em regime permanente para*** $t < 0$. Quando as derivadas temporais nas Eqs. 15.5-12 e 13 são estabelecidas iguais a zero e as equações adicionadas, obtemos para $t < 0$, em que $T_1 = T_{10}$:

$$T_{20} = \frac{w\hat{C}_p T_{10} + bT_{\text{máx}}}{w\hat{C}_p + b} \tag{15.5-14}$$

Então, da Eq. 15.5-13 podemos obter a temperatura inicial do fio

$$T_{c0} = T_{20}\left(1 - \frac{b}{UA}\right) + \frac{bT_{\text{máx}}}{UA} \tag{15.5-15}$$

(b) ***Comportamento em regime permanente para*** $t \to \infty$. Quando operações similares são feitas com $T_1 = T_{1\infty}$, obtemos:

$$T_{2\infty} = \frac{w\hat{C}_p T_{1\infty} + bT_{\text{máx}}}{w\hat{C}_p + b} \tag{15.5-16}$$

e

$$T_{c\infty} = T_{2\infty}\left(1 - \frac{b}{UA}\right) + \frac{bT_{\text{máx}}}{UA} \tag{15.5-17}$$

para a temperatura final do fio.

(c) ***Comportamento transiente para*** $t > 0$. É conveniente definir variáveis adimensionais, usando as grandezas de regime permanente para $t < 0$ e $t \to \infty$:

$$\Theta_2 = \frac{T_2 - T_{2\infty}}{T_{20} - T_{2\infty}} = \text{temperatura adimensional do líquido} \tag{15.5-18}$$

$$\Theta_c = \frac{T_c - T_{c\infty}}{T_{c0} - T_{c\infty}} = \text{temperatura adimensional do fio} \tag{15.5-19}$$

$$\tau = \frac{UAt}{\rho\hat{C}_p V} = \text{tempo adimensional} \tag{15.5-20}$$

Além disso, definimos três parâmetros adimensionais:

$$R = \rho\hat{C}_p V/\rho_c\hat{C}_{pc}V_c = \text{razão de capacidades térmicas} \tag{15.5-21}$$

$$F = w\hat{C}_p/UA = \text{parâmetros da vazão mássica} \tag{15.5-22}$$

$$b/UA = \text{parâmetro do controlador} \tag{15.5-23}$$

Em termos dessas grandezas, os balanços transientes nas Eqs. 15.5-12 e 13 se tornam (depois de manipulações consideráveis):

$$\frac{d\Theta_2}{d\tau} = -(1 + F)\Theta_2 + (1 - B)\Theta_c \tag{15.5-24}$$

$$\frac{d\Theta_c}{d\tau} = R(\Theta_2 - \Theta_c) \tag{15.5-25}$$

A eliminação de Θ_c entre esse par de equações fornece uma única equação diferencial ordinária linear de segunda ordem para a temperatura de saída do líquido como uma função do tempo:

$$\frac{d^2\Theta_2}{d\tau^2} + (1 + R + F)\frac{d\Theta_2}{d\tau} + R(B + F)\Theta_2 = 0 \tag{15.5-26}$$

Essa equação tem a mesma forma que aquela obtida para o manômetro amortecido na Eq. 7.7-21 (ver também Eq. C.1-7). A solução geral é então da forma da Eq. 7.7-23 ou 24:

$$\Theta_2 = C_+ \exp(m_+\tau) + C_- \exp(m_-\tau) \qquad (m_+ \neq m_-) \tag{15.5-27}$$

$$\Theta_2 = C_1 \exp m\tau + C_2\tau \exp m\tau \qquad (m_+ = m_- = m) \tag{15.5-28}$$

em que

$$m_{\pm} = \tfrac{1}{2}[-(1 + R + F) \pm \sqrt{(1 + R + F)^2 - 4R(B + F)}] \tag{15.5-29}$$

Assim, por analogia com o Exemplo 7.7-2, a temperatura de saída do fluido pode atingir seu valor final como uma função monotônica crescente (superamortecida ou criticamente amortecida) ou com oscilações (subamortecida). Os parâmetros do sistema aparecem na variável adimensional do tempo, assim como nos parâmetros B, F e R. Por conseguinte, cálculos numéricos são necessários para determinar se em um sistema particular a temperatura oscilará ou não.

EXEMPLO 15.5-3

Escoamento de Fluidos Compressíveis Através de Medidores de Carga

Estenda o desenvolvimento do Exemplo 7.6-5 ao escoamento em regime permanente de fluidos compressíveis através de placas de orifício e tubos Venturi.

SOLUÇÃO

Começamos, como no Exemplo 7.6-5, escrevendo os balanços de massa e de energia mecânica, em regime permanente, entre os planos 1 e 2 dos dois medidores de escoamento mostrados na Fig. 15.5-5. Para fluidos compressíveis, esses balanços podem ser expressos como

$$w = \rho_1\langle v_1\rangle S_1 = \rho_2\langle v_2\rangle S_2 \tag{15.5-30}$$

$$\frac{\langle v_2\rangle^2}{2\alpha_2} - \frac{\langle v_1\rangle^2}{2\alpha_1} + \int_1^2 \frac{1}{\rho}\,dp + \tfrac{1}{2}\langle v_2\rangle^2 e_v = 0 \tag{15.5-31}$$

em que as grandezas $\alpha_i = \langle v_i\rangle^3/\langle v_i^3\rangle$ são incluídas de modo a permitir a troca da média do cubo pelo cubo da média.

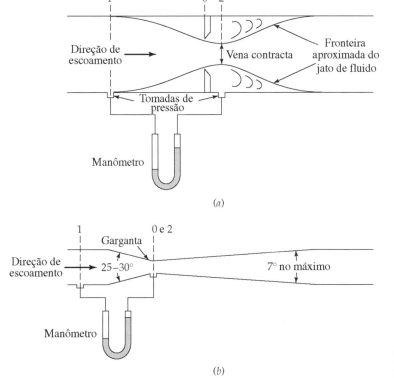

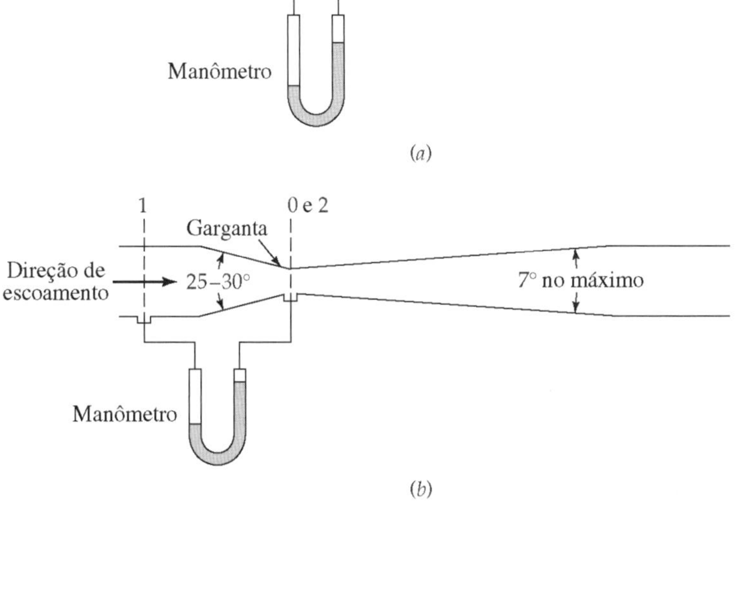

Fig. 15.5-5 Medida da vazão mássica, usando (*a*) uma placa de orifício e (*b*) um tubo Venturi.

Eliminamos em seguida $\langle v_1 \rangle$ e $\langle v_2 \rangle$ das duas equações anteriores com o objetivo de obter uma expressão para a vazão mássica:

$$w = \rho_2 S_2 \sqrt{\frac{-2\alpha_2 \int_1^2 (1/\rho)dp}{1 - (\alpha_2/\alpha_1)(\rho_2 S_2/\rho_1 S_1)^2 + \alpha_2 e_v}} \tag{15.5-32}$$

Repetimos agora as suposições do Exemplo 7.6-5: (i) $e_v = 0$, (ii) $\alpha_1 = 1$ e (iii) $\alpha_2 = (S_0/S_1)^2$. Então, a Eq. 15.5-32 se torna

$$w = C_d \rho_2 S_0 \sqrt{\frac{-2 \int_1^2 (1/\rho)dp}{1 - (\rho_2 S_0/\rho_1 S_1)^2}} \tag{15.5-33}$$

O "coeficiente de descarga" empírico, C_d, é incluído nessa equação para permitir a correção dessa expressão com relação a erros introduzidos pelas três suposições. Esse coeficiente tem de ser determinado experimentalmente.

Para *medidores Venturi*, é conveniente colocar o plano 2 no ponto de mínima seção transversal do medidor, de modo que $S_2 = S_0$. Então, α_2 é muito próximo da unidade, e foi constatado experimentalmente que C_d é quase o mesmo para fluidos compressíveis e incompressíveis – ou seja, cerca de 0,98 para medidores Venturi bem projetados. Para *placas de orifício*, o grau de contração de uma corrente de um fluido compressível no plano 2 é um pouco menor do que para fluidos incompressíveis, especialmente a altas vazões, necessitando-se de um coeficiente de descarga[2] diferente.

Com o objetivo de usar a Eq. 15.5-33, a densidade do fluido tem de ser conhecida como uma função da pressão. Isto é, tem-se de conhecer tanto o caminho da expansão quanto a equação de estado do fluido. Na maioria dos casos, a suposição de comportamento adiabático sem atrito parece ser aceitável. Para gases ideais, pode-se escrever $p\rho^{-\gamma}$ = constante, sendo $\gamma = C_p/C_V$ (ver Eq. 15.2-5). Então, a Eq. 15.5-33 se torna

$$w = C_d \rho_2 S_0 \sqrt{\frac{2(p_1/\rho_1)[\gamma/(\gamma-1)][1-(p_2/p_1)^{(\gamma-1)/\gamma}]}{1-(S_0/S_1)^2(p_2/p_1)^{2/\gamma}}} \tag{15.5-34}$$

Essa fórmula expressa a vazão mássica como uma função de grandezas mensuráveis e do coeficiente de descarga. Valores deste último podem ser encontrados em manuais de engenharia.[2]

EXEMPLO 15.5-4

Expansão Livre em Batelada de um Fluido Compressível

Um gás compressível, inicialmente a $T = T_0$, $p = p_0$ e $\rho = \rho_0$, é descarregado de um grande tanque estacionário e isolado, através de um pequeno bocal convergente, conforme mostrado na Fig. 15.5-6. Mostre como a fração da massa restante de fluido no tanque, ρ/ρ_0, pode ser determinada como uma função do tempo. Desenvolva equações de trabalho, considerando que o gás seja ideal.

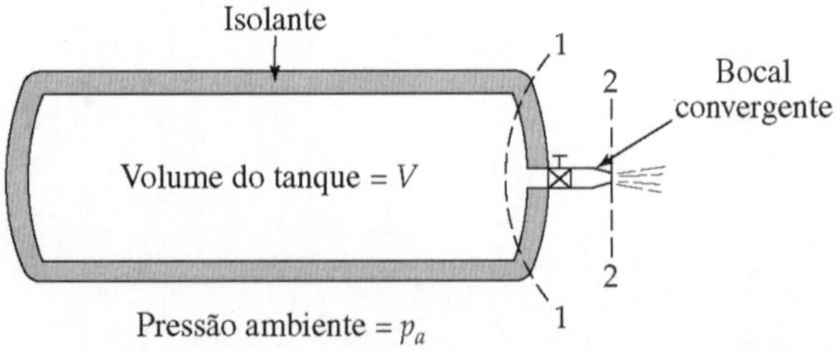

Fig. 15.5-6 Expansão livre em uma batelada de um fluido compressível. O esquema mostra as localizações das superfícies 1 e 2.

[2] R. H. Perry, D. W. Green, and J. O. Maloney, *Chemical Engineers' Handboook*, 7th edition, McGraw-Hill, New York (1997); ver também Cap. 15 de *Handbook of Fluid Dynamics and Fluid Machinery* (J. A. Chertz and A. E. Fuhs, eds.), Wiley, New York (1996).

SOLUÇÃO

Por conveniência, dividimos o tanque em duas partes separadas pela superfície 1, como mostrado na figura. Supomos que a superfície 1 esteja próxima o suficiente da saída do tanque, de modo que toda a massa do fluido esteja essencialmente à sua esquerda, porém longe o suficiente da saída, de modo que a velocidade do fluido através da superfície 1 seja negligenciável. Consideramos ainda que as propriedades médias do fluido à esquerda de 1 sejam idênticas àquelas na superfície 1. Consideramos agora, separadamente, o comportamento dessas duas partes do sistema.

(a) ***O fluido no tanque (como um todo).*** Para a região à esquerda da superfície 1, o balanço transiente de massa na Eq. (A) da Tabela 15.5-1 é

$$\frac{d}{dt}(\rho_1 V) = -w_1 \tag{15.5-35}$$

Para a mesma região, o balanço de energia da Eq. (E) da Tabela 15.5-1 se torna

$$\frac{d}{dt}(\rho_1 V(\hat{U}_1 + \hat{\Phi}_1)) = -w_1\left(\hat{U} + \frac{p_1}{\rho_1} + \hat{\Phi}_1\right) \tag{15.5-36}$$

sendo V o volume total no sistema considerado e w_1 a vazão mássica de gás saindo do sistema. Ao escrevermos essa equação, desprezamos a energia cinética do fluido.

Substituindo o balanço de massa em ambos os lados da equação da energia, temos

$$\rho_1\left(\frac{d\hat{U}_1}{dt} + \frac{d\hat{\Phi}_1}{dt}\right) = \frac{p_1}{\rho_1}\frac{d\rho_1}{dt} \tag{15.5-37}$$

Para um sistema estacionário sob a influência de nenhuma força externa além da gravidade, $d\hat{\Phi}/dt = 0$, de modo que a Eq. 15.5-37 se torna

$$\frac{d\hat{U}_1}{d\rho_1} = \frac{p_1}{\rho_1^2} \tag{15.5-38}$$

Essa equação pode ser combinada com a equações térmica e calórica de estado para o fluido, a fim de obter $p_1(\rho_1)$ e $T_1(\rho_1)$. Encontramos assim que a condição do fluido no tanque depende somente do grau no qual o tanque tenha sido esvaziado e não da taxa de descarga. Para o caso especial de um gás ideal com $\hat{C}_v$ constante, para o qual $d\hat{U} = \hat{C}_v dT$ e $p = \rho RT/M$, podemos integrar a Eq. 15.5-38 para obter

$$p_1\rho_1^{-\gamma} = p_0\rho_0^{-\gamma} \tag{15.5-39}$$

em que $\gamma = C_p/C_V$. Esse resultado é proveniente também da Eq. 11.4-57.

(b) ***Descarga do gás através do bocal.*** Por motivo de simplicidade, consideramos aqui que o escoamento entre as superfícies 1 e 2 seja tanto adiabático quanto sem atrito. Além disso, uma vez que w_1 não é muito diferente de w_2, é também apropriado considerar em qualquer instante o escoamento como sendo quase-estacionário. Então, podemos usar o balanço macroscópico de energia mecânica na forma da Eq. 15.2-2, com o segundo, o quarto e o quinto termos omitidos. Ou seja,

$$\tfrac{1}{2}v_2^2 + \int_1^2 \frac{1}{\rho}\,dp = 0 \tag{15.5-40}$$

Já que estamos lidando com um gás ideal, podemos usar o resultado na Eq. 15.5-34 para conseguir a taxa instantânea de descarga. Uma vez que nesse problema a razão S_2/S_1 é muito pequena e seu quadrado é ainda menor, podemos trocar o denominador sob o sinal da raiz quadrada na Eq. 15.5-34 pela unidade. Então, o ρ_2 que está fora do sinal de raiz é movido para dentro e a Eq. 15.5-39 é usada. Isso fornece

$$w_2 = -V\frac{d\rho_1}{dt} = S_2\sqrt{2p_1\rho_1[\gamma/(\gamma-1)][(p_2/p_0)^{2/\gamma} - (p_2/p_0)^{(\gamma+1)/\gamma}]} \tag{15.5-41}$$

sendo S_2 a área da seção transversal da abertura do bocal.

Usamos agora a Eq. 15.5-39 para eliminar p_1 da Eq. 15.5-41. Temos então uma equação diferencial de primeira ordem para ρ_1, que pode ser integrada para resultar

$$t = \frac{V/S_2}{\sqrt{2(p_0/\rho_0)[\gamma/(\gamma-1)]}}\int_{\rho_1/\rho_0}^{1} \frac{d(\rho_1/\rho_0)}{\sqrt{(p_2/p_0)^{2/\gamma}(\rho_1/\rho_0)^{\gamma-1} - (p_2/\rho_0)^{(\gamma+1)/\gamma}}} \tag{15.5-42}$$

Dessa equação, podemos obter o tempo requerido para descartar qualquer fração dada do gás original.

A baixas vazões, a pressão p_2 na abertura do bocal é igual à pressão ambiente. Entretanto, um exame da Eq. 15.5-41 mostra que, à medida que a pressão ambiente é reduzida, a vazão mássica calculada alcança um máximo em uma razão crítica de pressões.

$$r \equiv \left(\frac{p_2}{p_1}\right)_{\text{crít}} = \left(\frac{2}{\gamma + 1}\right)^{\gamma/(\gamma-1)} \tag{15.5-43}$$

Para ar ($\gamma = 1{,}4$), essa razão crítica de pressões é 0,53. Se a pressão ambiente for reduzida mais ainda, a pressão bem dentro do bocal continuará no valor de p_2, calculada da Eq. 15.5-43, e a vazão mássica se tornará independente da pressão ambiente p_a. Sob essas condições, a taxa de descarga é

$$w_{\text{máx}} = S_2\sqrt{p_1\rho_1\gamma\left(\frac{2}{\gamma + 1}\right)^{(\gamma+1)/(\gamma-1)}} \tag{15.5-44}$$

Então, para $p_a/p_1 < r$, podemos escrever a Eq. 15.5-42 de forma mais simples:

$$t = \frac{V/S_2}{\sqrt{(p_0/\rho_0)\gamma(2/(\gamma + 1))^{(\gamma+1)/(\gamma-1)}}}\int_{\rho_1/\rho_0}^{1}\frac{dx}{x^{(\gamma+1)/2}} \tag{15.5-45}$$

ou

$$t = \frac{V/S_2}{\sqrt{\gamma R t_0/M(2/(\gamma + 1))^{(\gamma+1)/(\gamma-1)}}}\left(\frac{2}{\gamma - 1}\right)\left[\left(\frac{\rho_1}{\rho_0}\right)^{(1-\gamma)/2} - 1\right] \quad (p_a/p_1 < r) \tag{15.5-46}$$

Se p_a/p_1 for inicialmente menor do que r, as Eqs. 15.5-46 e 42 serão úteis para calcular o tempo total de descarga.

QUESTÕES PARA DISCUSSÃO

1. Forneça o significado físico de cada termo nos cinco balanços macroscópicos.
2. Como as equações de balanço estão relacionadas aos balanços macroscópicos?
3. Cada um dos quatro termos dentro dos parênteses na Eq. 15.1-2 re⌀00presenta uma forma de energia? Explique.
4. Como o balanço macroscópico de energia (total) se relaciona com a primeira lei da termodinâmica, $\Delta U = Q + W$?
5. Explique como as médias $\langle v \rangle$ e $\langle v^3 \rangle$ aparecem na Eq. 15.1-1.
6. Qual é o significado físico de E_c e E_v? Que sinal eles têm? Como eles estão relacionados à distribuição de velocidades? Como eles podem ser estimados?
7. Como é deduzido o balanço macroscópico para energia interna?
8. Que informação pode ser obtida da Eq. 15.2-2, a respeito de um fluido em repouso?

PROBLEMAS

15A.1 Transferência de calor em trocadores bitubulares.

(a) Óleo quente, entrando no trocador de calor do Exemplo 15.4-1 pela superfície 2, deve ser resfriado pela água que entra pela superfície 1. Ou seja, o trocador está sendo operado em *contracorrente*. Calcule a área requerida do trocador, A, se o coeficiente de transferência de calor, U, for 200 Btu/h · ft² · °F e as correntes dos fluidos tiverem as seguintes propriedades:

	Vazão mássica (lb_m/h)	Capacidade calorífica (Btu/lb_m · °F)	Temperatura entrando (°F)	Temperatura saindo (°F)
Óleo	10.000	0,60	200	100
Água	5.000	1,00	60	—

(b) Repita o cálculo do item (a), se $U_1 = 50$ e $U_2 = 350$ Btu/h · ft² · °F. Considere que U varia linearmente com a temperatura da água e use os resultados do Problema 15B.1.
(c) Qual é a quantidade mínima de água que pode ser usada em (a) e (b), de modo a obter a variação desejada de temperatura para o óleo? Qual é a quantidade mínima de água que pode ser usada no escoamento paralelo?
(d) Calcule a área requerida do trocador de calor para a operação em paralelo, se a vazão mássica de água for 15.500 lb_m/h e U for constante e igual a 200 Btu/h · ft² · °F.
Respostas: **(a)** 104 ft²; **(b)** 122 ft²; **(c)** 4.290 lb_m/h; 15.000 lb_m/h; **(d)** cerca de 101 ft²

15A.2 Escoamento adiabático de gás natural em uma tubulação. Recalcule a potência requerida $w\hat{W}$no Exemplo 15.4-2, para o caso de escoamento adiabático em vez de isotérmico na tubulação.
(a) Use o resultado do Problema 15B.3(d) para determinar a densidade do gás no plano 2.
(b) Use sua resposta do item (a), juntamente com o resultado do Problema 15B.3(e), para obter p_2.
(c) Calcule a potência requerida, como no Exemplo 15.4-2.
Respostas: **(a)** 0,243 lb_m/ft^3; **(b)** 86 psia; **(c)** 504 hp

15A.3 Mistura de duas correntes de gás ideal.
(a) Calcule a velocidade resultante, a temperatura e a pressão, quando as duas correntes de ar, dadas a seguir, forem misturadas em um equipamento, tal como o descrito no Exemplo 15.3-2. O calor específico, $\hat{C}_p$, do ar pode ser considerado constante e igual a 6,9 Btu/lbmol · F. As propriedades das duas correntes são:

	w(lb_mh)	v(ft/s)	T(°F)	p(atm)
Corrente 1a:	1.000	1.000	80	1,00
Corrente 2b:	10.000	100	80	1,00

Resposta: **(a)** 11.000 lb_m/h; cerca de 110 ft/s; 86,5°F; 1,00 atm
(b) Qual seria a velocidade calculada, se a densidade do fluido fosse tratada como constante?
(c) Estime E_v para essa operação, baseando seus cálculos nos resultados do item (b).
Respostas: **(b)** 109 ft/s; **(c)** $1{,}4 \times 10^3$ ft · lb_f/lb_m

15A.4 Escoamento através de um tubo Venturi. Um tubo Venturi, com uma garganta de 3 in de diâmetro, é colocado em um tubo circular de 1 ft de diâmetro que transporta ar seco. O coeficiente de descarga, C_d, do medidor é 0,98. Calcule a vazão mássica do ar no tubo, se o ar entra no Venturi a 70°C e a 1 atm, sendo a pressão na garganta igual a 0,75 atm.
(a) Considere escoamento adiabático, sem atrito e $\gamma = 1{,}4$.
(b) Considere escoamento isotérmico.
(c) Considere escoamento incompressível na condição da densidade de entrada.
Respostas: **(a)** 2,07 lb_m/s; **(b)** 1,96 lb_m/s; **(c)** 2,43 lb_m/s

15A.5 Expansão livre em batelada de um fluido compressível. Um tanque com volume $V = 10$ ft³ (ver Fig. 15.5-6) está cheio com ar ($\gamma = 1{,}4$) a $T_0 = 300$K e $p_0 = 100$ atm. No tempo $t = 0$, a válvula é aberta, permitindo o ar se expandir até a pressão ambiente de 1 atm através do bocal convergente, que tem uma seção transversal na garganta de $S_2 = 0{,}1$ ft².
(a) Calcule a pressão e a temperatura na garganta do bocal, imediatamente depois do início da descarga.
(b) Calcule a pressão e a temperatura dentro do tanque, quando p_2 atingir seu valor final de 1 atm.
(c) Quanto tempo levará para o sistema atingir o estado descrito em (*b*)?

15A.6 Aquecimento do ar em um tubo. Um tubo horizontal de 20 ft de comprimento é aquecido por meio de um aquecedor elétrico, uniformemente enrolado ao redor do tubo. O ar seco entra a 5°F e 40 psia, a uma velocidade de 75 ft/s e 185 lb_m/h. O aquecedor fornece calor a uma taxa de 800 Btu/h por pé de tubo. A que temperatura o ar deixará o tubo, se a pressão de saída for 15 psia? Considere escoamento turbulento e comportamento de gás ideal. Para ar na faixa de interesse, a capacidade calorífica, em Btu/lb-mol · °F, a pressão constante é

$$\tilde{C}_p = 6{,}39 + (9{,}8 \times 10^{-4})T - (8{,}18 \times 10^{-8})T^2 \qquad (15A.6\text{-}1)$$

em que T é expressa em graus Rankine.
Resposta: $T_2 = 354$°F

15A.7 Operação de um trocador de calor bitubular simples. Uma corrente de água fria, 5.400 lb_m/h a 70°F, deve ser aquecida por 8.100 lb_m/h de água quente a 200°F em um trocador de calor bitubular simples. A água fria escoa através do tubo interno e a água quente escoa através do espaço anular entre os tubos. Dois trocadores de 20 ft de comprimento são disponíveis, assim como todos os acessórios necessários.

(a) Por meio de um esquema, mostre a maneira pela qual os dois trocadores bitubulares devem ser conectados de modo a conseguir a transferência de calor mais eficaz.

(b) Calcule a temperatura de saída da corrente fria para o arranjo decidido no item (a), para a seguinte situação:

(i) O coeficiente de transferência de calor para o anel, baseado na área de troca térmica da superfície interna do tubo interno é 2.000 Btu/h · ft^2 · °F.

(ii) O tubo interno tem as seguintes propriedades: comprimento total, 40 ft; diâmetro interno 0,0875 ft; superfície de troca térmica por pé, 0,2745 ft^2; capacidade na velocidade média de 1 ft/s é 1.345 lb_m/h.

(iii) As propriedades médias da água no tubo interno são:

$\mu = 0,45$ cp $= 1,09$ lb_m/h · ft
$\hat{C}_p = 1,00$ Btu/lb_m · °F
$k = 0,376$ Btu/h·ft · °F
$\rho = 61,5$ lb_m/ft^3

(iv) A resistência combinada da parede do tubo e das incrustações é 0,001 h · ft^2 · °F/Btu, baseada na área superficial do tubo interno.

(c) Esquematize o perfil de temperaturas no trocador.

Resposta: **(b)** 136°F

15B.1 Desempenho de um trocador de calor bitubular, com coeficiente global de transferência de calor variável. Desenvolva uma expressão para a quantidade transferida de calor em um trocador do tipo discutido no Exemplo 15.4-1, se o coeficiente global de transferência de calor, U, variar linearmente com a temperatura de cada corrente.

(a) Uma vez que $T_h - T_c$ é uma função linear de T_h e T_c, mostre que

$$\frac{U - U_1}{U_2 - U_1} = \frac{\Delta T - \Delta T_1}{\Delta T_2 - \Delta T_1} \tag{15B.1-1}$$

sendo $\Delta T = T_h - T_c$. Os subscritos 1 e 2 se referem às condições nas superfícies de controle 1 e 2.

(b) Substitua o resultado em (a) para $T_h - T_c$ na Eq. 15.4-12 e integre a equação, assim obtida, ao longo do comprimento do trocador. Use esse resultado para mostrar que[1]

$$Q_c = A\frac{U_1\Delta T_2 - U_2\Delta T_1}{\ln(U_1\Delta T_2/U_2\Delta T_1)} \tag{15B.1-2}$$

15B.2 Queda de pressão em escoamento turbulento em um tubo levemente convergente (Fig. 15B.2). Considere o escoamento turbulento de um fluido incompressível em um tubo circular, tendo um diâmetro que varia linearmente com a distância de acordo com a relação

$$D = D_1 + (D_2 - D_1)\frac{z}{L} \tag{15B.2-1}$$

Em $z = 0$, a velocidade é v_1 e pode ser considerada constante ao longo da seção transversal. O número de Reynolds para o escoamento é tal que f é dado aproximadamente pela fórmula de Blasius da Eq. 6.2-13,

$$f = \frac{0,0791}{\text{Re}^{1/4}} \tag{15B.2-2}$$

Obtenha a queda de pressão $p_1 - p_2$ em termos de v_1, D_1, D_2, ρ, L e $\nu = \mu/\rho$.

[1] A. P. Colburn, *Ind. Eng. Chem.*, **25**, 873 (1933).

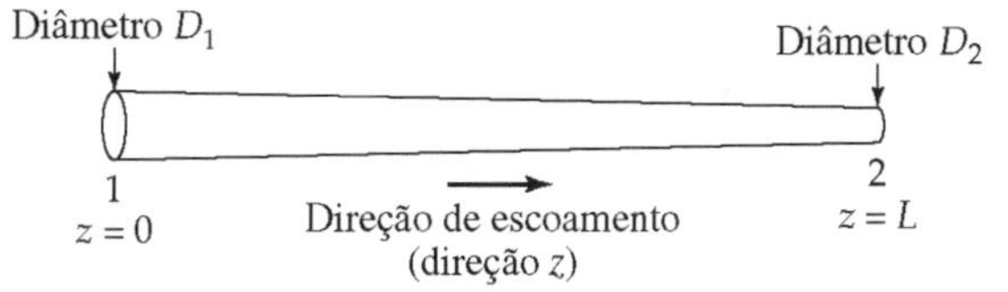

Fig. 15B.2 Escoamento turbulento em um tubo horizontal, levemente afunilado (D_1 é levemente maior do que D_2).

(a) Integre a forma d do balanço de energia mecânica para obter

$$\frac{1}{\rho}(p_1 - p_2) = \frac{1}{2}(v_2^2 - v_1^2) + 2\int_0^L \frac{v^2 f}{D} dz \tag{15B.2-3}$$

e então elimine v_2 da equação.
(b) Mostre que tanto v como f são funções de D:

$$v = v_1\left(\frac{D_1}{D}\right)^2; \qquad f = \frac{0{,}0791}{(D_1 v_1/\nu)^{1/4}}\left(\frac{D}{D_1}\right)^{1/4} \tag{15B.2-4}$$

Naturalmente, D é uma função de z de acordo com a Eq. 15B.2-1.
(c) Faça uma mudança de variável na integral na Eq. 15B.2-3 e mostre que

$$\int_0^L \frac{v^2 f}{D} dz = \frac{L}{D_2 - D_1}\int_{D_1}^{D_2} \frac{v^2 f}{D} dD \tag{15B.2-5}$$

(d) Combine os resultados de (b) e (c) para finalmente obter

$$\frac{1}{\rho}(p_1 - p_2) = \frac{1}{2}v_1^2\left[\left(\frac{D_1}{D_2}\right)^4 - 1\right] + \frac{2Lv_1^2}{D_1 - D_2}\frac{\frac{4}{15}(0{,}0791)}{(D_1 v_1/\nu)^{1/4}}\left[\left(\frac{D_1}{D_2}\right)^{15/4} - 1\right] \tag{15B.2-6}$$

(e) Mostre que esse resultado simplifica, apropriadamente, para $D_1 = D_2$.

15B.3 Escoamento permanente de gases ideais em dutos de seção transversal constante.
(a) Mostre que, para o escoamento horizontal de qualquer fluido em um duto circular de diâmetro uniforme D, a forma d do balanço de energia mecânica, Eq. 15.4-1, pode ser escrita como

$$v\,dv + \frac{1}{\rho}dp + \tfrac{1}{2}v^2 de_v = 0 \tag{15B.3-1}$$

em que $de_v = (4f/D)dL$. Considere perfis planos de velocidades.
(b) Mostre que a Eq. 15B.3-1 pode ser reescrita como

$$v\,dv + d\left(\frac{p}{\rho}\right) + \left(\frac{p}{\rho^2}\right)d\rho + \tfrac{1}{2}v^2 de_v = 0 \tag{15B.3-2}$$

Mostre ainda que, quando se usa a forma d do balanço de massa, a Eq. 15B.3-2 se torna, para o *escoamento isotérmico* de um gás ideal

$$de_v = \frac{2RT}{M}\frac{dv}{v^3} - 2\frac{dv}{v} \tag{15B.3-3}$$

(c) Integre a Eq. 15B.3-3 entre quaisquer duas seções transversais 1 e 2 envolvendo um comprimento total de tubo, L. Use a equação de estado do gás ideal e o balanço macroscópico de massa para mostrar que $v_2/v_1 = \rho_1/\rho_2 = p_1/p_2$, de modo que a "velocidade mássica", G, possa ser colocada na forma

$$G \equiv \rho_1 v_1 = \sqrt{\frac{\rho_1 p_1(1 - r)}{e_v - \ln r}} \quad \text{(escoamento } \textit{isotérmico} \text{ de gases ideais)} \tag{15B.3-4}$$

em que $r = (p_2/p_1)^2$. Mostre que, para qualquer valor de e_v e condições na seção 1, a grandeza G alcança seu valor máximo em um valor crítico de r, definido por $\ln r_c + (1 - r_c)/r_c = e_v$. Ver Problema 15B.4.

(d) Mostre que, para o *escoamento adiabático* de um gás ideal, com $\hat{C}_p$ constante, em um duto horizontal de seção transversal constante, a forma *d* do balanço de energia total (Eq. 15.4-4) simplifica para

$$p\hat{V} + \left(\frac{\gamma - 1}{\gamma}\right)\tfrac{1}{2}v^2 = \text{constante} \tag{15B.3-5}$$

sendo $\gamma = C_p/C_V$. Combine esse resultado com a Eq. 15B.3-2 para obter

$$\frac{\gamma + 1}{\gamma}\frac{dv}{v} - 2\left(\frac{p_1}{\rho_1} + \left(\frac{\gamma - 1}{\gamma}\right)\tfrac{1}{2}v_1^2\right)\frac{dv}{v^3} = -de_v \tag{15B.3-6}$$

Integre essa equação entre as seções 1 e 2 envolvendo a resistência e_v, considerando γ constante. Rearranje o resultado com a ajuda do balanço macroscópico, com o objetivo de obter a seguinte relação para o fluxo mássico G.

$$G \equiv \rho_1 v_1 = \sqrt{\frac{\rho_1 p_1}{\dfrac{e_v - [(\gamma + 1)/2\gamma] \ln s}{1 - s} - \dfrac{\gamma - 1}{2\gamma}}} \quad \text{(escoamento } \textit{adiabático} \text{ de gases ideais)} \tag{15B.3-7}$$

sendo $s = (\rho_2/\rho_1)^2$.

(e) Mostre que, pelo uso dos balanços macroscópicos de energia e de massa, o escoamento adiabático horizontal de gases ideais, com γ constante,

$$\frac{p_2}{p_1} = \frac{\rho_2}{\rho_1}\left[1 + \frac{[1 - (\rho_1/\rho_2)^2]G^2}{\rho_1 p_1}\left(\frac{\gamma - 1}{2\gamma}\right)\right] \tag{15B.3-8}$$

Essa equação pode ser combinada com a Eq. 15B.3-7 para mostrar que, como no caso de escoamento isotérmico, existe uma razão crítica de pressões p_2/p_1, correspondente à máxima vazão mássica possível.

15B.4 O número de Mach na mistura de duas correntes fluidas.

(a) Mostre que, quando o radicando na Eq. 15.3-13 for zero, o número de Mach da corrente final será igual a um. Note que o número de Mach, Ma, que é a razão entre a velocidade local do fluido e a velocidade do som nas condições locais, pode ser escrito para um gás ideal como $v/v_s = v/\sqrt{\gamma RT/M}$ (ver Problema 11C.1).

(b) Mostre como os resultados do Exemplo 15.3-2 podem ser usados para prever o comportamento de um gás passando através de uma expansão repentina da seção transversal do duto.

15B.5 Taxas limitantes de descarga para medidores Venturi.

(a) Começando com a Eq. 15.5-34 (para *escoamento adiabático*), mostre que quando a pressão na garganta em um medidor Venturi é reduzida, a vazão mássica alcança um máximo quando a razão $r = p_2/p_1$ entre a pressão na garganta e a pressão na entrada é definida pela expressão

$$\frac{\gamma + 1}{r^{2/\gamma}} - \frac{2}{r^{(\gamma+1)/\gamma}} - \frac{\gamma - 1}{(S_1/S_0)^2} = 0 \tag{15B.5-1}$$

(b) Mostre que para $S_1 >> S_0$, a vazão mássica sob essas condições limitantes é

$$w = C_d p_1 S_0 \sqrt{\frac{\gamma M}{RT_1}\left(\frac{2}{\gamma + 1}\right)^{(\gamma+1)/(\gamma-1)}} \tag{15B.5-2}$$

(c) Obtenha resultados análogos às Eqs. 15B.5-1 e 2 para *escoamento isotérmico.*

15B.6 Escoamento de um fluido compressível através de um bocal convergente-divergente (Fig. 15B.6). Em muitas aplicações, tal como turbinas a vapor e foguetes, gases quentes comprimidos são expandidos através de bocais do tipo mostrado na figura, de modo a converter a entalpia do gás em energia cinética. Essa operação é, em muitas maneiras, similar ao escoamento de gases através de orifícios. Aqui, no entanto, a finalidade da expansão é produzir potência – por exemplo, pela colisão de um fluido se movendo rapidamente pelas lâminas de uma turbina ou pelo empuxo direto, como em um motor de foguete.

Com a finalidade de explicar o comportamento de tal sistema e justificar a forma geral do bocal descrito, siga o caminho da expansão de um gás ideal. Considere que o gás esteja inicialmente em um reservatório muito grande, a uma velocidade essencialmente zero, e que ele se expanda, através de um bocal adiabático sem atrito, até uma pressão igual a zero. Considere ainda perfis planos de velocidades e despreze variações na elevação.

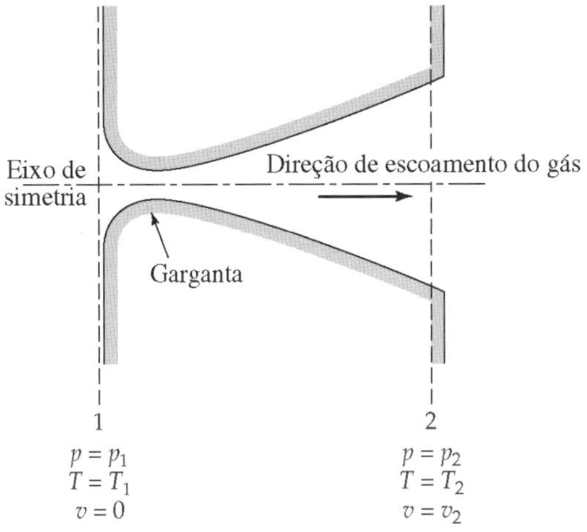

Fig. 15B.6 Esquema da seção transversal de um bocal convergente-divergente.

(a) Mostre, escrevendo o balanço macroscópico de energia mecânica ou o balanço de energia total entre os planos 1 e 2, que

$$\tfrac{1}{2}v_2^2 = \frac{RT_1}{M}\frac{\gamma}{\gamma - 1}\left[1 - \left(\frac{p_2}{p_1}\right)^{(\gamma-1)/\gamma}\right] \tag{15B.6-1}$$

(b) Pelo uso da lei de gás ideal, do balanço macroscópico de massa em regime permanente e da Eq. 15B.6-1, mostre que a seção transversal S da corrente se expandindo passa por um mínimo na pressão crítica

$$p_{2,\text{crit}} = p_1\left(\frac{2}{\gamma + 1}\right)^{\gamma/(\gamma-1)} \tag{15B.6-2}$$

(c) Mostre que o número de Mach, Ma $= v_2/v_s(T_2)$, do fluido nessa seção transversal mínima é unitário (v_s para ondas sonoras de baixa freqüência é deduzido no Problema 11C.1). Como o resultado do item (a) se compara àquele do Problema 15B.5?

(d) Calcule a velocidade do fluido, v, a temperatura do fluido, T, e a seção transversal, S, da corrente como uma função da pressão local, p, para a descarga de 10 lbmoles de ar por segundo de 560R e 10 atm para a pressão zero. Discuta o significado de seus resultados.

Resposta:

p, atm	10	9	8	7	6	5,28*	5	4	3	2	1	0
v, ft/s	0	442	638	795	1.020	1.050	1.092	1.242	1.390	1.560	1.790	2.575
T, R	562	546	525	506	485	468	461	433	399	354	292	0
S, ft^2	∞	0,99	0,745	0,656	0,620	0,612	0,620	0,635	0,693	0,860	1,182	∞

*Pressão na seção transversal mínima.

15B.7 Comportamento térmico transiente de um dispositivo cromatográfico (Fig. 15B.7). Você é um consultor para um problema industrial referente à experimentação, entre outras coisas, com fenômenos térmicos transientes em um cromatógrafo a gás. Um dos empregados mostra primeiro a você alguns trabalhos de um pesquisador bem conhecido e diz que ele está tentando aplicar as novas abordagens do pesquisador, mas que está atualmente com dificuldades em resolver um problema de transferência de calor. Embora o problema esteja somente subordinado ao estudo principal, ele deve contudo ser entendido em conexão com sua interpretação dos dados e da aplicação das novas teorias.

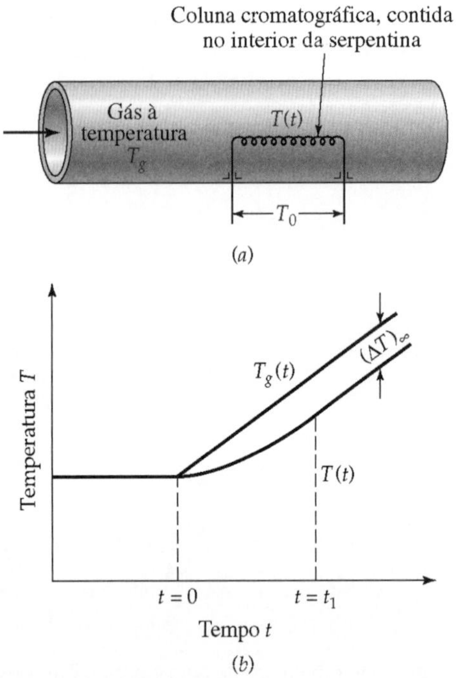

Fig. 15B.7 (*a*) Dispositivo cromatográfico; (*b*) resposta da temperatura do sistema cromatográfico.

Uma coluna cromatográfica muito fina está contida dentro de uma serpentina, que por sua vez está inserida em um tubo através do qual um gás é soprado para controlar a temperatura (ver Fig. 15B.7a). A temperatura do gás será chamada de $T_g(t)$. A temperatura nas extremidades da serpentina (fora do tubo) é T_0, que não é muito diferente do valor inicial de T_g. A temperatura real dentro da coluna cromatográfica (isto é, dentro da serpentina) será chamada de $T(t)$. Inicialmente, o gás e a serpentina estão à temperatura T_{g0}. Então, começando no tempo $t = 0$, a temperatura do gás é aumentada linearmente de acordo com a equação

$$T_g(t) = T_{g0}\left(1 + \frac{t}{t_0}\right) \tag{15B.7-1}$$

sendo t_0 uma constante conhecida, com dimensões de tempo.

Disseram a você que, inserindo termopares dentro da própria coluna, as pessoas no laboratório obtiveram curvas de temperatura parecidas com aquelas na Fig. 15B.7(b). A curva $T(t)$ parece se tornar paralela às curvas $T_g(t)$ para valores grandes de t. Pediram para você explicar esse par de curvas, por meio de algum tipo de teoria. Pediram a você para encontrar, especificamente, o seguinte:

(a) Em qualquer tempo t, qual será $T_g - T$?

(b) Qual será o valor limite de $T_g - T$, quando $t \to \infty$? Chame essa quantidade de $(\Delta T)_\infty$.

(c) Qual é o intervalo de tempo requerido, t_1, para $T_g - T$ ficar dentro de, por exemplo, 1% de $(\Delta T)_\infty$?

(d) Quais suposições devem ser feitas para modelar o sistema?

(e) Quais as constantes físicas, as propriedades físicas etc. que devem ser conhecidas de modo a fazer uma comparação entre os valores medidos e teóricos de $(\Delta T)_\infty$?

Imagine a teoria mais simples possível com o objetivo de considerar as curvas de temperatura e responder as cinco questões anteriores.

15B.8 Aquecimento contínuo de uma lama em um tanque agitado (Fig. 15B.8). Uma lama está sendo aquecida pelo seu bombeamento através de um tanque bem agitado de aquecimento. A temperatura de entrada da lama é T_i e a temperatura da superfície externa da serpentina de vapor é T_s. Use os seguintes símbolos:

V = volume da lama no tanque
$\rho, \hat{C}_p$ = densidade e capacidade calorífica da lama
w = vazão mássica da lama através do tanque

U = coeficiente global de transferência de calor da serpentina de aquecimento
A = área total de troca térmica da serpentina

Considere que a agitação seja intensa o suficiente de modo que a temperatura do fluido no tanque seja uniforme e a mesma que a temperatura de saída do fluido.

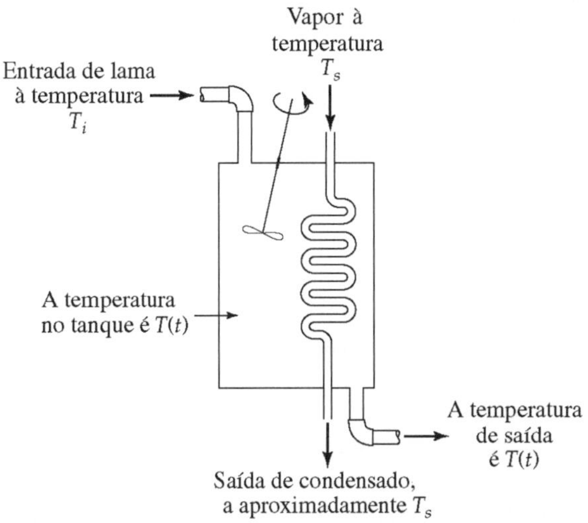

Fig. 15B.8 Aquecimento de uma lama em um tanque agitado.

(a) Por meio de um balanço de energia, mostre que a temperatura da lama $T(t)$ é descrita pela equação diferencial

$$\frac{dT}{dt} = \left(\frac{UA}{\rho \hat{C}_p V}\right)(T_s - T) - \left(\frac{w}{\rho V}\right)(T - T_i) \tag{15B.8-1}$$

A variável t é o tempo desde o começo do aquecimento.
(b) Reescreva essa equação diferencial em termos das variáveis adimensionais

$$\tau = \frac{wt}{\rho V} \qquad \Theta = \frac{T - T_\infty}{T_i - T_\infty} \tag{15B.8-2, 3}$$

em que

$$T_\infty = \frac{(UA/w\hat{C}_p)T_s + T_i}{(UA/w\hat{C}_p) + 1} \tag{15B.8-4}$$

Qual é o significado físico de τ, Θ e T_∞?
(c) Resolva a equação adimensional obtida no item (b), para a condição inicial de $T = T_i$ em $t = 0$.
(d) Verifique a solução para ver que a equação diferencial e a condição inicial são satisfeitas. Como o sistema se comporta em tempos grandes? Esse comportamento limite está em concordância com a sua intuição?
(e) Como a temperatura no tempo infinito é afetada pela vazão? Isso é razoável?

Resposta: **(c)** $\dfrac{T - T_\infty}{T_i - T_\infty} = \exp\left[-\left(\dfrac{UA}{\rho \hat{C}_p V} + \dfrac{w}{\rho V}\right)t\right]$

15C.1 Trocadores de calor casco-tubo (Fig. 15C.1). No trocador mostrado na figura a seguir, o fluido que passa pelo tubo (fluido A) entra e sai na mesma extremidade do trocador de calor, enquanto o fluido que passa pelo casco (fluido B) sempre se move na mesma direção. Assim, existem os escoamentos concorrente e contracorrente no mesmo equipamento. Esse arranjo de escoamentos é um dos exemplos mais simples de "escoamento misturado", freqüentemente usado na prática para reduzir o comprimento do trocador.[2]

[2] Ver D. Q. Kern, *Process Heat Transfer,* McGraw-Hill, New York (1950), pp. 127-189; J. H. Perry, *Chemical Engineers' Handbook*, 3rd edition, McGraw-Hill, New York (1950), pp. 464-465; W. M. Rohsenow, J. P. Hartnett and Y. I. Cho, *Handbook of Heat Transfer*, 3rd edition, McGraw-Hill, New York (1998), Chapter 17; S. Whitaker, *Fundamentals of Heat Transfer*, edição corrigida, Krieger Publishing Company, Malabar, Fla., (1983), Chapter 11.

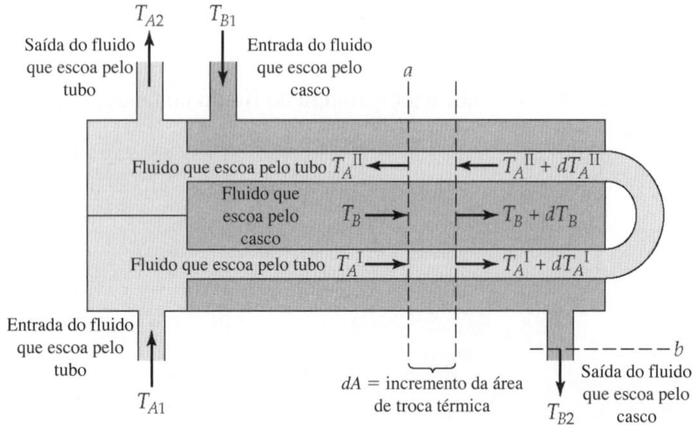

Fig. 15C.1 Trocador de calor casco-tubo.

O comportamento desse tipo de equipamento pode ser simplesmente analisado, fazendo-se as seguintes suposições:

(i) Existem as condições de regime permanente.

(ii) O coeficiente global de transferência de calor, U, e as capacidades caloríficas dos dois fluidos são constantes.

(iii) A temperatura do fluido que escoa no casco, T_B, é constante ao longo de qualquer seção transversal perpendicular à direção de escoamento.

(iv) Há uma mesma área de aquecimento em cada passagem do fluido pelo tubo – isto é, para as correntes I e II na figura.

(a) Através de um balanço de energia na porção do sistema entre os planos a e b, mostre que

$$T_B - T_{B2} = R(T_A^{II} - T_A^{I}) \qquad \text{sendo } R = |w_A\hat{C}_{pA}/w_B\hat{C}_{pB}| \tag{15C.1-1}$$

(b) Para uma seção diferencial do trocador, dA, incluindo uma superfície *total* de troca térmica, mostre que

$$\frac{dT_A^{I}}{d\alpha} = \frac{1}{2}(T_B - T_A^{I}) \tag{15C.1-2}$$

$$\frac{dT_A^{II}}{d\alpha} = \frac{1}{2}(T_A^{II} - T_B) \tag{15C.1-3}$$

$$\frac{1}{R}\frac{dT_B}{d\alpha} = -\left[T_B - \frac{1}{2}(T_A^{I} + T_A^{II})\right] \tag{15C.1-4}$$

em que $d\alpha = (U/w_A\hat{C}_{pA})dA$ e w_A e $\hat{C}_{pA}$ são definidos como no Exemplo 15.4-1.

(c) Mostre que quando T_A^{I} e T_A^{II} são eliminados entre essas três equações, uma equação diferencial para o fluido que escoa no casco pode ser obtida:

$$\frac{d^2\Theta}{d\alpha^2} + R\frac{d\Theta}{d\alpha} - \frac{1}{4}\Theta = 0 \tag{15C.1-5}$$

sendo $\Theta(a) = (T_B - T_{B2})/(T_{B1} - T_{B2})$. Resolva essa equação (ver Eq. C.1-7) com as condições de contorno

$$\text{C.C. 1:} \qquad \text{em } \alpha = 0, \qquad \Theta = 1 \tag{15C.1-6}$$

$$\text{C.C. 2:} \qquad \text{em } \alpha = (UA_T/w_A\hat{C}_{pA}), \qquad \Theta = 0 \tag{15C.1-7}$$

sendo A_T a superfície total de troca térmica do trocador.

(d) Use o resultado do item (c) para obter uma expressão para $dT_B/d\alpha$. Elimine $dT_B/d\alpha$ dessa expressão com a ajuda da Eq. 15C.1-4 e avalie a equação resultante em $\alpha = 0$, de modo a obter a seguinte relação para o desempenho do trocador.

$$\alpha_T = \frac{UA_T}{w_A\hat{C}_{pA}} = \frac{1}{\sqrt{R^2+1}}\ln\left[\frac{2 - \Psi(R + 1 - \sqrt{R^2+1})}{2 - \Psi(R + 1 + \sqrt{R^2+1})}\right] \tag{15C.1-8}$$

em que $\Psi = (T_{A2} - T_{A1})/(T_{B1} - T_{A1})$.

(e) Use esse resultado para obter a seguinte expressão para a taxa de transferência de calor no trocador:

$$Q = UA(\Delta T)_{\ln} \cdot Y \tag{15C.1-9}$$

em que

$$(\Delta T)_{\ln} = \frac{(T_{B1} - T_{A2}) - (T_{B2} - T_{A1})}{\ln[(T_{B1} - T_{A2})/(T_{B2} - T_{A1})]} \tag{15C.1-10}$$

$$Y = \frac{\sqrt{R^2 + 1}\ \ln[(1 - \Psi)/(1 - R\Psi)]}{(R - 1)\ln\left[\dfrac{2 - \Psi(R + 1 - \sqrt{R^2 + 1})}{2 - \Psi(R + 1 + \sqrt{R^2 + 1})}\right]} \tag{15C.1-11}$$

A grandeza Y representa a razão entre o calor transferido no trocador casco-tubo, CT 1-2, mostrado e o calor transferido em um verdadeiro trocador em contracorrente de mesmas áreas e temperaturas de saída dos fluidos. Valores de $Y(R, \Psi)$ são dados graficamente no manual de Perry.[2] Pode ser visto que $Y(R, \Psi)$ é sempre menor do que a unidade.

15C.2 Descarga de ar proveniente de um tanque grande. Deseja-se retirar 5 lb_m/s de ar, proveniente de um grande tanque de armazenagem, através de um comprimento equivalente de 55 ft de um tubo novo de aço com 2,067 in de diâmetro. O ar é submetido a uma contração repentina na entrada do tubo e a perda que acompanha a contração não é incluída no comprimento equivalente do tubo. A vazão mássica desejada poderá ser obtida se o ar no tanque estiver a 150 psig e 70°F e a pressão no final do tubo for 50 psig?

O efeito da contração repentina pode ser estimado com razoável exatidão, considerando a entrada como um bocal ideal convergindo para uma seção transversal igual àquela do tubo, seguida por uma seção de tubo com e_v = 0,5 (ver Tabela 7.5-1). O comportamento do bocal pode ser determinado da Eq. 15.5-34, considerando infinita a área da seção transversal, S_1, e C_d igual à unidade.

Resposta: Sim. A vazão mássica calculada é de cerca de 6 lb_m/s, se escoamento *isotérmico* for suposto (ver Problema 15B.3) e cerca de 6,3 lb_m/s, para escoamento *adiabático*. A vazão mássica real deve estar entre esses limites, para uma temperatura ambiente de 70°F.

15C.3 Temperatura de estagnação (Fig. 15C.3). Um "sensor de temperatura", conforme mostrado na figura, é inserido em uma corrente estacionária de um gás ideal a uma temperatura T_1 que escoa com uma velocidade v_1. Parte do gás que escoa entra na extremidade aberta da sonda, sendo desacelerado até uma velocidade próxima de zero antes de escapar lentamente para fora dos orifícios de extravasamento. Essa desaceleração resulta em um aumento da temperatura, que é medida pelo termopar. Uma vez que a desaceleração é rápida, ela é aproximadamente adiabática.

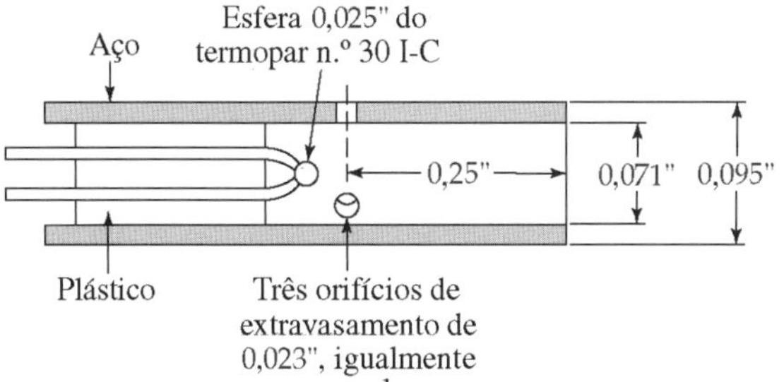

Fig. 15C.3 "Sensor de temperatura." [H. C. Hottel and A. Kalitinsky, *J. Appl. Mech.*, **12**, A25 (1945).]

(a) Desenvolva uma expressão para a temperatura registrada pelo termopar, em termos de T_1 e v_1, usando o balanço macroscópico de energia em regime permanente, Eq. 15.1-3. Use como seu sistema uma corrente representativa do fluido entrando na sonda. Desenhe o plano de referência 1 a montante e longe o bastante, de forma que as condições possam ser consideradas inalteradas pela sonda. O plano de referência 2 coloque na própria sonda. Considere velocidade zero no plano 2, despreze radiação e despreze a condução térmica do fluido quando ele passa entre os planos de referência.

(b) Qual é a função dos orifícios de extravasamento?

Resposta: **(a)** $T_2 - T_1 = v_1^2/2\hat{C}_p$. A temperatura aumenta cerca de 2% em relação àquela encontrada por essa expressão e pode ser obtida com sondas bem projetadas.

15D.1 O balanço macroscópico de entropia.

(a) Mostre que a integração da equação de balanço para entropia (Eq. 11D.1-3) ao longo do sistema em escoamento da Fig. 7.0-1 conduz a

$$\frac{d}{dt} S_{\text{tot}} = -\Delta\left(\hat{S} + \frac{q}{\rho v T}\right)w + g_{S,\text{tot}} + Q_S \qquad (15D.1\text{-}1)$$

em que

$$S_{\text{tot}} = \int_V \rho \hat{S} dV \qquad (15D.1\text{-}2)$$

$$g_{S,\text{tot}} = -\int_V \frac{1}{T}((\mathbf{q} \cdot \boldsymbol{\nabla} \ln T) + (\boldsymbol{\tau} : \boldsymbol{\nabla} \mathbf{v}))dV \qquad (15D.1\text{-}3)$$

(b) Forneça uma interpretação de cada termo das equações no item (a).

(c) O termo $g_{s,\text{tot}}$ envolvendo o tensor tensão é o mesmo que a dissipação de energia pelo aquecimento viscoso?

15D.2 Dedução do balanço macroscópico de energia. Mostre como integrar a Eq. (N) da Tabela 11.4-1 ao longo do volume inteiro V de um sistema em escoamento, que, por causa das partes móveis, pode ser uma função do tempo. Com a ajuda do teorema da divergência de Gauss e da fórmula de Leibniz para diferenciar uma integral, mostre que isso fornece o balanço macroscópico de energia total, Eq. 15.1-2. Quais são as suposições feitas na dedução? Como se pode interpretar W_m? (*Sugestão:* Algumas sugestões para a resolução desse problema podem ser obtidas estudando a dedução do balanço macroscópico de energia mecânica na Seção 7.8.)

15D.3 Operação de um trocador de calor (Fig. 15D.3). Um fluido quente entra no tubo circular de raio R_1, na posição $z = 0$, e se move na direção positiva de z para $z = L$, onde ele deixa o tubo e escoa de volta pelo espaço anular formado entre esse tubo e um outro. Calor é trocado entre o fluido no tubo e o que está escoando no espaço anular. Além disso, calor é perdido do espaço anular para o ar externo, o qual está na temperatura do ar ambiente, T_a (constante). Considere que a densidade e a capacidade calorífica sejam constantes. Use a seguinte notação:

U_1 = coeficiente global de transferência de calor entre o fluido no tubo e o fluido no espaço anular
U_2 = coeficiente global de transferência de calor entre o fluido no espaço anular e o ar na temperatura de T_a
$T_1(z)$ = temperatura do fluido no tubo
$T_2(z)$ = temperatura do fluido no espaço anular
w = vazão mássica através do sistema (constante)

Se o fluido entrar na temperatura de entrada T_i, qual será a temperatura de saída T_0? É sugerido que as seguintes grandezas adimensionais sejam usadas: $\Theta_1 = (T_1 - T_a)/(T_i - T_a)$, $N_1 = 2\pi R_1 U_1 L/w\hat{C}_p$ e $\zeta = z/L$.

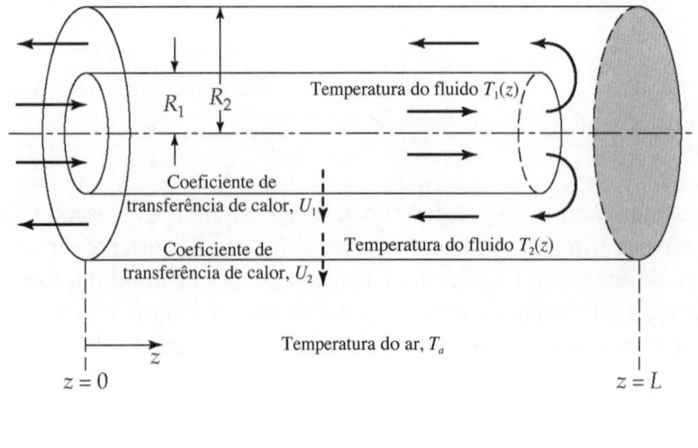

Fig. 15D.3 Dispositivo de troca térmica.

15D.4 Descarga de um gás proveniente de um tanque móvel (Fig. 15.5-6). A Eq. 15.5-38 no Exemplo 15.5-4 foi obtida fazendo $d\hat{\Phi}/dt$ igual a zero, um procedimento justificado somente porque o tanque estava parado. Entretanto, é verdade que a Eq. 15.5-38 seja correta para tanques móveis também. Essa afirmação pode ser provada conforme segue:

(a) Considere um tanque tal como aquele desenhado na Fig. 15.5-6, porém movendo-se a uma velocidade **v**, que é muito maior do que a velocidade relativa entre o fluido e o tanque na região à esquerda da superfície 1. Mostre que para essa região do tanque, o balanço macroscópico de momento se torna

$$-\left(\mathbf{F}_{f\to s} + \mathbf{u}_2 \int_{S_1} p_1 dS\right) = m_{\text{tot}}\left(\frac{d\mathbf{v}}{dt} - \mathbf{g}\right) \quad (15D.4\text{-}1)$$

sendo a velocidade do fluido considerada uniforme e igual a **v**. Então, faça o produto escalar de ambos os lados da Eq. 15D.4-1 com **v** para obter

$$W_m = m_{\text{tot}}\left(\frac{d\hat{K}}{dt} + \frac{d\hat{\Phi}}{dt}\right) \quad (15D.4\text{-}2)$$

em que $\partial\hat{\Phi}/\partial t$ é desprezado.

(b) Substitua esse resultado no balanço macroscópico de energia e continue como no Exemplo 15.5-4.

15D.5 A equação clássica de Bernoulli. Abaixo da Eq. 15.2-5, enfatizamos que o balanço de energia mecânica e o balanço de energia total contêm informações diferentes, já que o primeiro é uma conseqüência da conservação de momento, enquanto o segundo é uma conseqüência da conservação de energia.

Para o escoamento em regime permanente de um fluido compressível com propriedades de transporte iguais a zero, ambos os balanços conduzem à equação clássica de Bernoulli. A dedução baseada na equação do movimento foi dada no Exemplo 3.5-1. Faça uma dedução similar para a equação de energia em regime permanente, considerando as propriedades de transporte iguais a zero, ou seja, para escoamento isentrópico.[3]

[3] R. B. Bird e M. D. Graham, em *Handbook of Fluid Dynamics* (R. W. Johnson, ed.), CRC Press, Boca Raton, Fla. (1998), p. **3**-13.

Capítulo 16

TRANSPORTE DE ENERGIA POR RADIAÇÃO

Concluímos a Parte I deste livro com um capítulo sobre fluidos que não podem ser descritos pela lei da viscosidade de Newton, mas requerem diversos tipos de expressões não-lineares e dependentes do tempo. Agora concluímos a Parte II com uma breve discussão do transporte de energia radiante, que não pode ser descrita pela lei de Fourier.

Nos Caps. de 9 a 15, foi discutido o transporte de energia por condução e por convecção. Os dois modos de transporte dependem da presença de um meio material. Para que a condução ocorra, é necessária a existência de diferença de temperatura entre pontos vizinhos. Para que a convecção ocorra, deve existir um fluido livre para se movimentar e, assim, transportar energia. Neste capítulo, voltamos a atenção para um terceiro mecanismo de transporte de energia, a *radiação*. Radiação é, basicamente, um mecanismo eletromagnético que permite que a energia seja transportada com a velocidade da luz através de regiões do espaço desprovidas de matéria. A taxa de transporte de energia entre dois corpos "negros" no vácuo é proporcional à diferença da quarta potência de suas temperaturas absolutas. Esse mecanismo é qualitativamente muito diferente dos mecanismos de transporte considerados em outras partes deste livro: transporte de momento em fluidos newtonianos, que é proporcional ao gradiente da velocidade; transporte de energia por condução de calor, que é proporcional ao gradiente de temperatura; e o transporte de massa por difusão, que é proporcional ao gradiente de concentração. Devido à unicidade da radiação como meio de transporte e devido à importância da transferência de calor radiante em processos industriais, devotamos um capítulo separado a este assunto.

Uma compreensão profunda da física do transporte radiativo requer o uso de diversas disciplinas diferentes:[1,2] a teoria eletromagnética é necessária para a descrição da natureza essencialmente oscilatória da radiação, em particular, a energia e pressão associadas às ondas eletromagnéticas; a termodinâmica é necessária para a determinação de algumas relações entre as propriedades globais de um recipiente contendo radiação; a mecânica quântica é necessária para a descrição em detalhes dos processos atômicos e moleculares que ocorrem quando a radiação é produzida dentro da matéria e quando é absorvida por pela matéria; e a mecânica estatística é necessária para a descrição do modo de distribuição da radiação pelo espectro de comprimentos de onda. Tudo que podemos fazer nesta discussão elementar é definir as grandezas principais e apresentar os resultados da teoria e de experimentos. A seguir, mostramos como alguns destes resultados podem ser usados para o cálculo da taxa de transferência de calor por processos de radiação em sistemas simples.

Nas Seções 16.1 e 16.2 introduzimos os conceitos básicos e definições. Então na Seção 16.3 alguns dos principais resultados da radiação por corpo negro são apresentados. Na seção seguinte, Seção 16.4, a taxa de transferência entre dois corpos negros é discutida. Esta seção não introduz qualquer princípio novo, e o problema básico é geométrico. A seguir,

[1] M. Planck, *Theory of Heat,* Macmillan, Londres (1932), Partes III e IV. **Max Karl Ernst Ludwig Planck** (1858-1947) recebeu o prêmio Nobel por ter sido o primeiro a formular a hipótese da quantificação da energia e, assim, introduzir a nova constante fundamental h (constante de Planck); seu nome é também associado à equação de "Fokker-Plank" da dinâmica estocástica.

[2] W. Heitler, *Quantum Theory of Radiation,* 2.ª edição, Oxford University Press (1944).

a Seção16.5 é devotada a uma extensão da seção precedente para corpos não-negros. Finalmente, na última seção há uma breve discussão de processos de radiação em meios absorventes.[3]

16.1 O ESPECTRO DA RADIAÇÃO ELETROMAGNÉTICA

Quando um corpo sólido é aquecido — por uma corrente elétrica, por exemplo — sua superfície emite radiação com comprimento de onda na faixa de 0,1 a 10 microns. Usualmente, refere-se a esta radiação como *radiação térmica*. Uma descrição do mecanismo atômico e molecular pelo qual a radiação é produzida por mecanismos quânticos está fora do escopo desta discussão. Uma descrição qualitativa, entretanto, é possível. Quando energia é fornecida a um corpo sólido, algumas de suas moléculas e átomos são elevados a "estados excitados". Existe a tendência para que estes átomos ou moléculas retornem espontaneamente para estados com energia mais baixa. Quando isso ocorre, energia é emitida sob a forma de radiação eletromagnética. Devido ao fato de a radiação resultar de alterações nos estados eletrônicos, vibracionais e rotacionais dos átomos ou moléculas, a radiação se distribuirá por uma faixa de comprimentos de onda.

Na verdade, a radiação térmica representa apenas uma pequena parte de espectro completo da radiação eletromagnética. A Fig. 16.1-1 mostra de forma grosseira os tipos de mecanismos que são responsáveis pelas diversas partes do espectro. Os diversos tipos de radiação se distinguem apenas pela faixa de comprimento de onda. No vácuo, todas estas formas

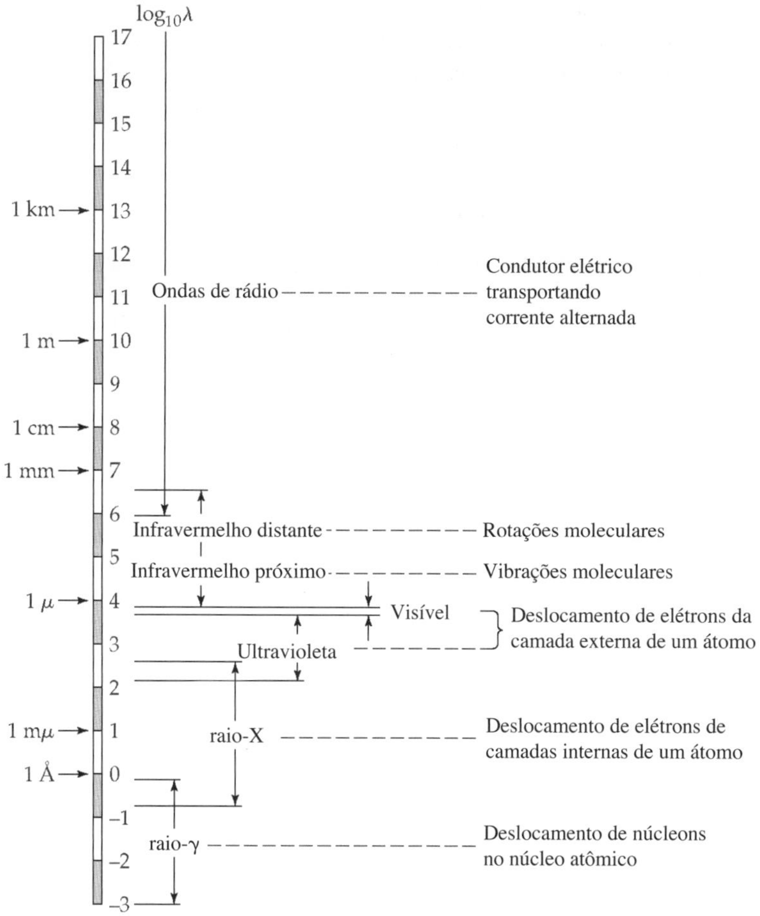

Fig. 16.1-1. O espectro de radiação eletromagnética mostrando, aproximadamente, os mecanismos pelos quais os diversos comprimentos de onda são gerados (1Å = unidade Ångström = 10^{-8} cm = 0,1 nm; 1μ = 1 mícron = 10^{-6}m).

[3] Para informações adicionais sobre a transferência de calor radiativa e suas aplicações em engenharia veja o livro texto abrangente de R. Siegel e J. R. Howell, *Thermal Radiation Heat Transfer*, 3ª edição, Hemisphere Publishing Co., Nova York (1992). Veja também J. R. Howell e M. P. Mengöç, *Handbook of Heat Transfer*, 3.ª edição (W. M. Rohsenhow, J. P. Hartnett e Y. I. Choi, eds.), McGraw-Hill, New York (1998), Cap 7.

de energia radiante se propagam com a velocidade da luz, c. O comprimento de onda λ, que caracteriza a onda eletromagnética, é relacionado a sua freqüência v pela equação

$$\lambda = \frac{c}{\nu} \tag{16.1-1}$$

Na qual $c = 2{,}998 \times 10^8$ m/s. Na parte visível do espectro, os vários comprimentos de onda são associados à "cor" da luz.

É conveniente, para alguns propósitos, pensar na radiação eletromagnética sob um ponto de vista corpuscular. Para isso, associamos a uma onda eletromagnética de freqüência v um *fóton*, uma partícula de carga e massa nulas e com uma energia dada por

$$\varepsilon = h\nu \tag{16.1-2}$$

Aqui, $h = 6{,}626 \times 10^{-34}$ J·s é a constante de Planck. Destas duas equações e com as informações da Fig. 16.1-1, vemos que diminuir o comprimento de onda da radiação eletromagnética corresponde a decrementar a energia dos fótons correspondentes. Este fato ajusta-se aos diversos mecanismos que produzem radiação. Por exemplo, energias relativamente baixas são liberadas quando uma molécula tem sua velocidade de rotação diminuída, e a radiação emitida situa-se no infravermelho. Por outro lado, energias relativamente altas são liberadas quando um núcleo atômico passa de um estado de alta energia para um de energia mais baixa, e a radiação associada é radiação gama ou radiação X. As declarações seguintes também parecem tornar claro que a energia radiante emitida por um objeto aquecido tende a comprimentos de onda mais curtos (fótons de mais altas energias) na medida em que sua temperatura é elevada.

Até agora, esboçamos o fenômeno de *emissão* de energia radiante ou de fótons quando um sistema molecular ou atômico passa de um estado alta energia para um estado de baixa energia. O processo inverso, conhecido como absorção, ocorre quando a adição de energia radiante a um sistema molecular ou atômico causa a passagem do sistema de um estado de baixa energia para um estado de alta energia. Isso é o que ocorre quando energia radiante atinge uma superfície sólida e provoca o aumento de sua temperatura.

16.2 ABSORÇÃO E EMISSÃO EM SUPERFÍCIES SÓLIDAS

Tendo introduzido os conceitos de absorção e emissão em termos da visão atômica, prosseguimos agora com a discussão dos mesmos processos a partir de um ponto de vista macroscópico. Aqui, restringimos a discussão a sólidos opacos.

A radiação que atinge a superfície de um sólido opaco é absorvida ou refletida. A fração da energia incidente que é absorvida é denominada *absortividade* e é dada pelo símbolo a. A fração da energia radiante com freqüência ν que é absorvida é designada a_ν. Assim, a e a_ν são definidas como

$$a = \frac{q^{(a)}}{q^{(i)}} \qquad a_\nu = \frac{q_\nu^{(a)}}{q_\nu^{(i)}} \tag{16.2-1, 2}$$

na qual $q_\nu^{(a)}d\nu$ e $q_\nu^{(i)}d\nu$ são as energias incidente e absorvida por unidade de área e de tempo na faixa de freqüência ν e $\nu + d\nu$. Para todo corpo, a_ν é menor que 1, e varia consideravelmente com a freqüência. Um corpo hipotético para o qual a_ν é uma constante menor do que 1 sobre toda a faixa de freqüência e toda temperatura é chamado de *corpo cinza*. Assim, um corpo cinza sempre absorve a mesma fração da radiação incidente de qualquer freqüência. Um caso limite de corpo cinza é o que $a_\nu = 1$ para todas as freqüências e todas as temperaturas. Este comportamento limite define um *corpo negro*.

Todas as superfícies sólidas emitem energia radiante. A energia radiante total emitida por unidade de área e de tempo é designada por $q^{(e)}$, e a emitida na faixa de freqüência ν e $\nu + d\nu$ é chamada $q_\nu^{(e)}d\nu$. Em termos destas quantidades, define-se as *emissividades* total e a associada a uma dada freqüência como

$$e = \frac{q^{(e)}}{q_b^{(e)}} \qquad e_\nu = \frac{q_\nu^{(e)}}{q_{b\nu}^{(e)}} \tag{16.2-3, 4}$$

A emissividade é também uma quantidade menor que a unidade para superfícies reais, e não-fluorescentes, e é igual a um para corpos negros. A uma temperatura qualquer, a energia radiante emitida por um corpo negro representa um limite superior para a energia radiante emitida por superfícies reais não-fluorescentes.

Agora, vamos considerar a radiação no interior de uma cavidade evacuada com paredes isotérmicas. Imaginemos que o sistema esteja em equilíbrio. Nesta condição, não existe saldo no fluxo de energia através das interfaces entre o sólido e a cavidade. Vamos demonstrar que a radiação nesta cavidade é independente da natureza do sólido, dependendo exclusivamente da temperatura das paredes da cavidade. Conectamos as duas cavidades, cujas paredes estão à mesma temperatura, mas são feitas de materiais diferentes, como mostra a Fig. 16.2-1. Se as intensidades de radiação nas duas cavidades fossem diferentes, haveria um transporte líquido de energia radiante de uma cavidade para a outra. Como este fluxo violaria a segunda lei da termodinâmica, as intensidades de radiação nas duas cavidades devem ser iguais, a despeito da diferença de composição de suas superfícies. Além disso, pode ser demonstrado que a radiação é uniforme e não-polarizada em toda a cavidade. Esta *radiação de cavidade* tem um importante papel no desenvolvimento da lei de Planck. Designamos a intensidade de radiação como $q^{(\mathrm{cav})}$. Esta é a energia radiante que atingiria uma superfície sólida com área unitária localizada em qualquer lugar da cavidade.

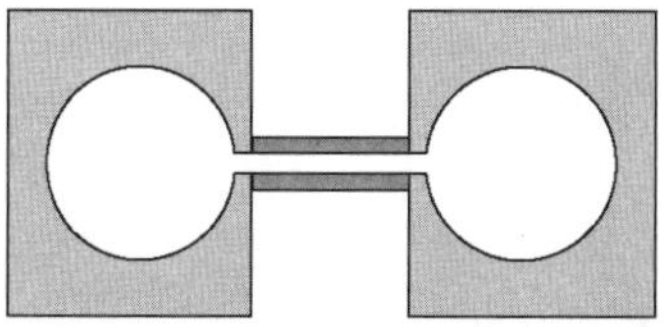

Fig.16.2-1. Experimento mental para demonstração que a radiação em cavidades independe da natureza das paredes.

Faremos agora duas experiências imaginárias. Na primeira delas, colocamos na cavidade um pequeno corpo negro à mesma temperatura que as paredes da cavidade. Não haverá um intercâmbio líquido de energia entre o corpo negro e as paredes da cavidade. Portanto, a energia que atinge a superfície do corpo negro deve ser igual à energia emitida por ele:

$$q^{(\mathrm{cav})} = q_b^{(e)} \tag{16.2-5}$$

Deste resultado, chegamos à importante conclusão de que a radiação emitida por um corpo negro é a mesma que a intensidade de radiação de equilíbrio no interior de uma cavidade à mesma temperatura.

Na segunda experiência imaginária, colocamos um pequeno corpo não-negro dentro da cavidade, novamente especificando sua temperatura como igual às das paredes da cavidade. Conseqüentemente, podemos afirmar que a energia absorvida pelo corpo não-negro será a mesma que a que dele se irradia:

$$aq^{(\mathrm{cav})} = q^{(e)} \tag{16.2-6}$$

A comparação entre as Eqs. 16.2-5 e 6 conduz ao resultado

$$a = \frac{q^{(e)}}{q_b^{(e)}} \tag{16.2-7}$$

A definição de emissividade e pela Eq. 16.2-3 permite concluir que

$$\boxed{e = a} \tag{16.2-8}$$

Esta é a *Lei de Kirchhoff,*[1] que declara que, a uma dada temperatura, a emissividade e absortividade de qualquer superfície são iguais, desde que a radiação esteja em equilíbrio com a superfície do sólido. Pode ser demonstrado que a Eq. 16.2-8 aplica-se igualmente para cada comprimento de onda:

$$\boxed{e_\nu = a_\nu} \tag{16.2-9}$$

Os valores da emissividade total e para alguns sólidos estão dados na Tabela 16.2-1. Na verdade, e depende também da freqüência e do ângulo da emissão, mas os valores médios dados na tabela são muito usados. Os valores tabelados são, com poucas exceções, para a emissão normal à superfície, mas podem ser usados para a emissividade hemisférica, particularmente em superfícies rugosas. Superfícies metálicas limpas e não-oxidadas possuem emissividades muito baixas, enquanto a maioria dos não-metais e óxidos metálicos possuem emissividades acima de 0,8 à temperatura ambiente ou acima. Note que a emissividade cresce com a temperatura para quase todos os materiais.

[1] G. Kirchhoff, *Monatsber. d. preuss. Acad. d. Wissenschaften*, p. 783 (1859); *Poggendorffs Annalen*, **109**, 275-301 (1860). **Gustav Robert Kirchhoff** (1824-1887) publicou suas famosas leis para circuitos elétricos enquanto aluno de pós-graduaçaõ; ele lecionou em Breslau, Heidelberg e em Berlim.

Mencionamos que a energia radiante emitida por um corpo negro é o limite superior para a energia radiante emitida por superfícies reais, e que esta energia é uma função de temperatura. Foi demonstrado experimentalmente que o fluxo de energia total emitida por uma superfície negra é

$$q_b^{(e)} = \sigma T^4 \tag{16.2-10}$$

onde T é a temperatura absoluta. Esta é conhecida como a *Lei de Stefan-Boltzmann*[2]. A constante de Stephan-Boltzmann τ tem o valor de $0{,}1712 \times 10^{-8}$ Btu/h·ft²·R ou $1{,}355 \times 10^{-12}$ cal/s·cm²·K. Na próxima seção indicaremos os caminhos teóricos pelos quais esta importante fórmula foi obtida. Para superfícies não-negras à temperatura T, o fluxo emitido é

$$q^{(e)} = e\sigma T^4 \tag{16.2-11}$$

onde e deve ser avaliado à temperatura T. O uso das Eqs. 16.2-10 e 11 para o cálculo das taxas de transferência de calor entre superfícies aquecidas será discutido nas Seções 16.4 e 16.5.

TABELA 16.2-1 Emissividades Totais de Diversas Superfícies para Emissão Perpendicular[a]

	T(°R)	e	T(°R)	e
Alumínio				
Altamente polido, 98,3% puro	900	0,039	1530	0,057
Oxidado a 1110°F	850	0,11	1570	0,19
Teto recoberto com Al	560	0,216		
Cobre				
Altamente polido, eletrolítico	636	0,018		
Oxidado a 1110°F	850	0,57	1570	0,57
Ferro				
Altamente polido, eletrolítico	810	0,052	900	0,064
Completamente enferrujado	527	0,685		
Ferro fundido, polido	852	0,21		
Ferro fundido, oxidado a 1110°F	850	0,64	1570	0,78
Papel de asbesto	560	0,93	1160	0,945
Tijolo				
Vermelho, áspero	530	0,93		
Sílica não vitrificada, áspera	2292	0,80		
Sílica vitrificada, áspera	2472	0,85		
Negro de fumo 0,003 in ou mais, de espessura	560	0,945	1160	0,945
Tintas				
Laca preta brilhante sobre ferro	536	0,875		
Laca branca	560	0,80	660	0,95
Tintas a óleo, 16 cores	672	0,92-0,96		
Tintas aluminizadas, idade e conteúdo de laca variáveis	672	0,27-0,67		
Refratários, 40 diferentes tipos				
Radiadores fracos	1570	0,65-0,70	2290	0,75
Radiadores bons	1570	0,80-0,85	2290	0,85-0,90
Água, líquidos, camada espessa[b]	492	0,95	672	0,963

[a] Valores selecionados da tabela compilada por H. C. Hottel para W. H. McAdams, *Heat Transmission*, 3.ª edição, McGraw-Hill, Nova York (1954), pp. 472-479.
[b] Calculados a partir de dados espectrométricos.

[2] J. Stephan, *Sitzber. Akad. Wiss. Wien*, **79**, 391-428 (1879); L. Boltzmann, *Ann. Phys. (Wied.Ann)* Ser. 2, **22**, 291-294 (1884). Nascido na Slovenia, **Josef Stefan** (1835-1893), Reitor da Universidade de Viena (1876-1877), além de ser conhecido pela lei da radiação que leva o seu nome, contribuiu também para a teoria da difusão multicomponente e para o problema da condução de calor com mudança de fase. **Ludwig Eduard Boltzmann** (1844-1906), que foi professor em Viena, Graz, Munique e Leipzig, desenvolveu a equação diferencial básica da teoria cinética dos gases (veja o Apêndice D) e a relação fundamental entre entropia e probabilidade, $S = \kappa \ln W$, que está gravada em sua lápide em Viena; κ é denominada "constante de Boltzmann".

Mencionamos que a constante de Stefan-Boltzmann foi determinada experimentalmente. Isto quer dizer que temos a nossa disposição um corpo realmente negro. Sólidos com superfícies perfeitamente negras não existem. Entretanto, podemos obter uma excelente aproximação para uma superfície negra fazendo um furo muito pequeno na parede de uma cavidade isotérmica. O próprio furo comporta-se como uma superfície, muito aproximadamente, negra. A medida de quanto o furo é uma boa aproximação pode ser avaliada com auxílio da seguinte relação, que dá a emissividade do furo, e_{furo}, em uma cavidade com paredes rugosas em termos da emissividade e das paredes da cavidade e da fração f da área total interna da cavidade cortada pelo furo:

$$e_{\text{furo}} \cong \frac{e}{e + f(1-e)} \tag{16.2-12}$$

Se $e = 0{,}8$ e $f = 0{,}001$, então $e_{furo} = 0{,}99975$. Portanto, 99,975% da radiação que incide no furo será absorvida. A radiação que emerge do furo será muito aproximadamente a radiação de um corpo negro.

16.3 LEI DA DISTRIBUIÇÃO DE PLANCK, LEI DO DESLOCAMENTO DE WIEN, E LEI DE STEFAN-BOLTZMANN[1,2,3]

A lei de Stephan-Boltzmann pode ser deduzida a partir da termodinâmica, desde que alguns resultados da teoria de campos eletromagnéticos sejam considerados. Especificamente, pode ser demonstrado que, para a radiação de cavidade, a densidade de energia (isto é, a energia por unidade de volume) no interior da cavidade é

$$u^{(r)} = \frac{4}{c} q_b^{(e)} \tag{16.3-1}$$

Como a energia radiante emitida por um corpo negro depende apenas da temperatura, a densidade de energia $u^{(r)}$ deve ser também função apenas da temperatura. Pode ser demonstrado ainda que a radiação eletromagnética exerce uma pressão $p^{(r)}$ nas paredes da cavidade dada por

$$p^{(r)} = \tfrac{1}{3} u^{(r)} \tag{16.3-2}$$

Os resultados precedentes para a radiação de cavidade podem também ser obtidos considerando que a cavidade esteja cheia com um gás de fótons, cada qual investido com a energia $h\nu$ e momento $h\nu/c$. Agora, aplicamos a relação termodinâmica

$$\left(\frac{\partial U}{\partial V}\right)_T = T\left(\frac{\partial p}{\partial T}\right)_V - p \tag{16.3-3}$$

ao gás de fótons ou radiação na cavidade. Empregando $U^{(r)} = Vu^{(r)}$ e $p^{(r)} = \frac{1}{3}u^{(r)}$ nesta relação, obtém-se a seguinte equação diferencial para $u^{(r)}(T)$:

$$u^{(r)} = \tfrac{1}{3} T \frac{du^{(r)}}{dT} - \tfrac{1}{3} u^{(r)} \tag{16.3-4}$$

Esta equação pode ser integrada para chegarmos a:

$$u^{(r)} = bT^4 \tag{16.3-5}$$

onde b é uma constante de integração. A combinação deste resultado com a Eq. 16.3-1 dá a energia emitida pela superfície de um corpo negro, por unidade de área e unidade de tempo:

$$q_b^{(e)} = \frac{c}{4} u^{(r)} = \frac{cb}{4} T^4 = \sigma T^4 \tag{16.3-6}$$

Esta é a lei de Stefan-Boltzmann. Note que a dedução termodinâmica não prevê o valor numérico de σ.

A segunda via para a dedução da lei de Stefan-Boltzmann é por integração da *lei da distribuição de Planck*. Esta famosa equação dá o fluxo de energia radiante $q_{b\lambda}^{(e)}$ de um corpo negro na faixa de comprimento de onda entre λ e $\lambda + d\lambda$:

$$\boxed{q_{b\lambda}^{(e)} = \frac{2\pi c^2 h}{\lambda^5} \frac{1}{e^{ch/\lambda\kappa T} - 1}} \tag{16.3-7}$$

[1] J. de Bôer, Capítulo VII em *Leerboek der Naturkunde*, 3.ª edição, (R. Kronig, ed.), Scheltema e Holkema, Amsterdam (1951).

[2] H. B. Callen, *Thermodynamics and an Introduction Thermostatics*, 2.ª edição, Wiley, Nova York, pp. 78-79.

[3] M. Planck, *Vorlesungen über die Theorie des Wärmestrahlung*, 5.ª edição Barth, Leipzig (1923); *Ann. Phys.*, **4**, 553-563, 564-566 (1901).

Aqui, h é a constante de Planck. O resultado pode ser deduzido por aplicação da estatística quântica a um gás de fótons em uma cavidade, os fótons obedecendo à estatística de Bose-Einstein.[4,5] A distribuição de Planck, mostrada na Fig. 16.3-1 prevê corretamente a curva completa de energia *versus* comprimento de onda e o desvio de seu máximo na direção de comprimentos mais curtos a temperaturas mais altas. Quando a integração é efetuada para todos os comprimentos de onda, obtém-se

$$\begin{aligned} q_b^{(e)} &= \int_0^\infty q_{b\lambda}^{(e)} d\lambda \\ &= 2\pi c^2 h \int_0^\infty \frac{\lambda^{-5}}{e^{ch/\lambda\kappa T} - 1} d\lambda \\ &= \frac{2\pi\kappa^4 T^4}{c^2 h^3} \int_0^\infty \frac{x^3}{e^x - 1} dx \\ &= \frac{2\pi\kappa^4 T^4}{c^2 h^3} \left(6 \sum_{n=1}^{\infty} \frac{1}{n^4} \right) \\ &= \frac{2\pi\kappa^4 T^4}{c^2 h^3} \left(\frac{\pi^4}{15} \right) \end{aligned} \tag{16.3-8}$$

Na integração efetuada mudamos a variável de integração de λ para $x = ch/\lambda\kappa T$. Então, a integração em x foi efetuada expandindo $1/(e^x - 1)$ em uma série de Taylor para e^x (veja a seção C.2) e integrando termo a termo. A via da estatística quântica dá os detalhes da distribuição espectral da radiação e também a expressão para a constante de Stefan-Boltzmann,

$$\boxed{\sigma = \frac{2}{15} \frac{\pi^5 \kappa^4}{c^2 h^3}} \tag{16.3-9}$$

que tem o valor $1{,}355 \times 10^{-12}$ cal/s·cm²·K, que é confirmado dentro da incerteza experimental por médias diretas da radiação. A Eq.16.3-9 é uma fórmula surpreendente, que relaciona σ da radiação, o κ da mecânica estatística, a velocidade da luz c do eletromagnetismo, e o h da mecânica quântica.

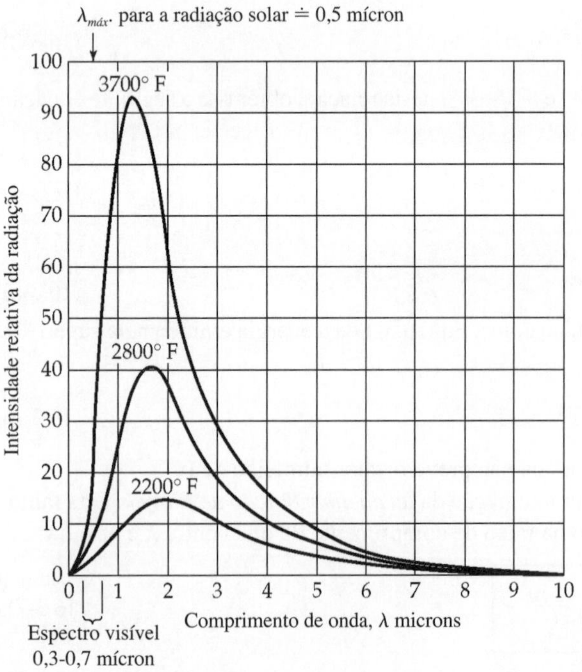

Fig. 16.3-1. O espectro da radiação de equilíbrio dado pela lei de Planck. [M. Planck, *Verh. der deutschen physik. Gesell.*, **2**, 202-237 (1900); *Ann. der Physik*, **4**, 553-563, 564-566 (1901).

[4] J. E. Mayer e M. G. Mayer, *Statistical Mechanics*, Wiley, Nova York (1940), pp. 363-374.
[5] L. D. Landau e E. M. Lifshitz, *Statistical Physics*, 3.ª edição, Parte 1, Pergamon, Oxford (1980), §63.

Além de obter a lei de Stefan-Boltzmann a partir da distribuição de Planck, podemos obter uma importante relação pertencente ao máximo da distribuição de Planck. Antes, escrevemos a Eq. 16.3-7 em termos de x e fazemos $dq_{b\lambda}^{(e)}/dx = 0$. Obtém-se a seguinte equação para $x_{\text{máx}}$, o valor para o qual a distribuição de Planck passa pelo máximo:

$$x_{\text{máx}} = 5(1 - e^{-x_{\text{máx}}}) \tag{16.3-10}$$

A solução desta equação determinada numericamente é $x_{\text{máx}} = 4{,}9651\ldots$. Portanto, a uma dada temperatura T,

$$\lambda_{\text{máx}} T = \frac{ch}{\kappa x_{\text{máx}}} \tag{16.3-11}$$

Inserindo as constantes universais e o valor de $x_{\text{máx}}$, obtemos

$$\lambda_{\text{máx}} T = 0{,}2884 \text{ cm K} \tag{16.3-12}$$

Este resultado, originalmente determinado experimentalmente,[6] é conhecido como a *Lei do deslocamento de Wien*. Ele é útil primariamente para a estimativa da temperatura de objetos remotos. A lei prevê, em concordância com a experiência, que a cor aparente da radiação desloca-se do vermelho (comprimento de onda longo) na direção do azul (comprimento de onda curto) quando a temperatura cresce.

Finalmente, podemos reinterpretar alguns de nossos comentários prévios em termos da lei de distribuição de Planck. Na Fig. 16.3-2 esboçamos três curvas: a lei da distribuição de Planck para um corpo negro hipotético, a distribuição para um corpo cinza hipotético e uma curva de distribuição para um corpo real. Fica claro que quando usamos valores para a emissividade total, como aqueles da Tabela 16.2-1, estamos apenas considerando empiricamente os desvios para a distribuição de Planck por todo o espectro.

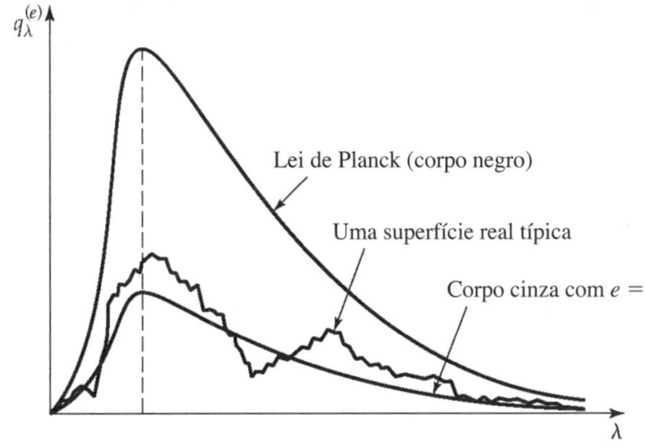

Fig. 16.3-2. Comparação entre a radiação emitida por um corpo negro, cinza e superfícies reais.

Não deveríamos deixar o tema da distribuição de Planck sem dizer que a Eq. 16.3-7 foi apresentada na reunião de outubro de 1900 da Sociedade Alemã de Física como um empiricismo que se ajustava aos dados disponíveis.[7] Entretanto, antes do final do ano,[8] Planck conseguiu demonstrar a equação, sob a hipótese radical da quantização da energia, uma idéia que foi recebida com pouco entusiasmo. O próprio Planck tinha restrições a esse respeito, como está claramente declarado no seu livro-texto.[9] Em uma carta de 1931 ele escreveu: "... o que eu fiz pode ser descrito como um ato de desespero... eu estive brigando sem sucesso por seis anos... com o problema de equilíbrio entre radiação e a matéria, e sabia que o problema era de importância fundamental..." Então, Planck segue dizendo que estava "pronto para sacrificar todas as minhas convicções prévias sobre as leis da física" exceto pela primeira e segunda leis da termodinâmica.[10] A proposição radical de Planck conduziu a física a uma nova e excitante era, e a mecânica quântica penetrou a química e outros campos científicos do século XX.

[6] W. Wien, *Sitzungsber. d. kglch. preuss. Akad. d. Wissenschaften,* (VI), p. 55-62 (1893).

[7] O. Lummer e E. Prigsheim, *Wied. Ann.*, **63**, 396 (1897); *Ann. der Physik*, **3**, 159 (1900).

[8] M. Planck, *Verhandl. d. deutsch. Physik. Ges.*, **2**, 202 e 237 (1900); *Ann. Phys.* **4**, 553-563, 564-566 (1901).

[9] M. Planck, *The Theory of Heat Radiation,* Dover, Nova York (1991), tradução para o inglês de *Vorlesungen übber die Theorie der Wärmestrahlung* (1913), p. 154.

[10] A. Hermann, *The Gênesis of Quantum Theory*, MIT Press (1971), pp. 23-24.

EXEMPLO 16.3-1

Temperatura e Emissão de Energia Radiante do Sol

Para cálculos aproximados, o sol pode ser considerado um corpo negro, emitindo radiação com intensidade máxima a λ = 0,5 mícron (5000 Å). Com esta informação, estime **(a)** a temperatura da superfície do sol e **(b)** o fluxo térmico emitido pela superfície solar.

SOLUÇÃO

(a) Da lei do deslocamento de Wien, Eq. 16.3-12,

$$T = \frac{0{,}2884}{\lambda_{\text{máx}}} = \frac{0{,}2884 \text{ cm K}}{0{,}5 \times 10^{-4} \text{ cm}} = 5760\text{K} = 10.400 \text{ R} \tag{16.3-13}$$

(b) Da lei de Stefan Boltzmann, Eq. 16.2-10.

$$\begin{aligned} q_b^{(e)} &= \sigma T^4 = (0{,}1712 \times 10^{-8})(10.400)^4 \\ &= 2{,}0 \times 10^7 \text{ Btu/h} \cdot \text{ft}^2 \end{aligned} \tag{16.3-14}$$

16.4 RADIAÇÃO DIRETA ENTRE CORPOS NEGROS NO VÁCUO A DIFERENTES TEMPERATURAS

Nas seções precedentes apresentamos a lei de Stefan-Boltzmann, que descreve a emissão total de energia radiante de uma superfície perfeitamente negra. Nesta seção, discutimos a transferência de energia radiante entre dois corpos negros de geometria e orientação arbitrárias. Portanto, é necessário o conhecimento de como a energia radiante que emana de um corpo negro se distribui em relação ao ângulo. Uma vez que a radiação de corpo negro é isotrópica, a seguinte relação, conhecida como *lei do co-seno de Lambert*,[1] pode ser deduzida:

$$q_{b\theta}^{(e)} = \frac{q_b^{(e)}}{\pi} \cos \theta = \frac{\sigma T^4}{\pi} \cos \theta \tag{16.4-1}$$

onde $q_{b\theta}^{(e)}$ é a energia emitida por unidade de área, de tempo e de ângulo sólido na direção θ (veja a Fig. 16.4-1). A energia emitida através do ângulo sólido sombreado é $q_{b\theta}^{(e)}$ sen $\theta d\phi$ por unidade de área de superfície do corpo negro. A integração da expressão para $q_{b\theta}^{(e)}$ sobre o hemisfério inteiro dá a energia total emitida, já conhecida:

$$\begin{aligned} \int_0^{2\pi} \int_0^{\pi/2} q_{b\theta}^{(e)} \text{ sen } \theta \, d\theta \, d\phi &= \frac{\sigma T^4}{\pi} \int_0^{2\pi} \int_0^{\pi/2} \cos \theta \text{ sen } \theta \, d\theta \, d\phi \\ &= \sigma T^4 = q_b^{(e)} \end{aligned} \tag{16.4-2}$$

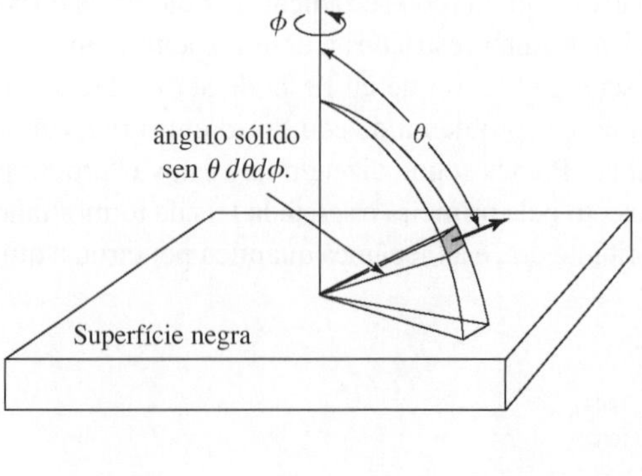

Fig. 16.4-1. Radiação a um ângulo θ da normal à superfície para um ângulo sólido sen $\theta\, d\theta d\phi$.

[1] H. Lambert, *Photometria*, Augsburg (1760).

Isto justifica a inclusão do fator $1/\pi$ na Eq. 16.4-1

Agora, estamos na posição de determinar a taxa líquida de transferência de calor entre os corpos 1 e 2, sendo eles corpos negros de qualquer orientação e forma (veja a Fig. 16.4-2). Fazemos isso obtendo a taxa líquida de transferência entre o par de elementos de superfície dA_1 e dA_2 que podem se "ver", e integrando sobre todos os possíveis pares de áreas. Os elementos dA_1 e dA_2 são ligados pela linha reta de comprimento r_{12}, que faz um ângulo θ_1 com a normal a dA_1 e um ângulo θ_2 com a normal a dA_2.

Começamos por escrever uma expressão para a energia que se irradia de dA_1 para um ângulo sólido sen $\theta_1\, d\theta_1\, d\phi_1$ em torno de r_{12}. Escolhemos este ângulo suficientemente grande de modo que dA_2 se situe no interior do "feixe" (veja a Fig. 16.4-2). De acordo com a lei do co-seno de Lambert, a energia radiante por unidade de tempo será

$$\left(\frac{\sigma T_1^4}{\pi}\cos\theta_1\right)dA_1 \,\text{sen}\,\theta_1\, d\theta_1\, d\phi_1 \tag{16.4-3}$$

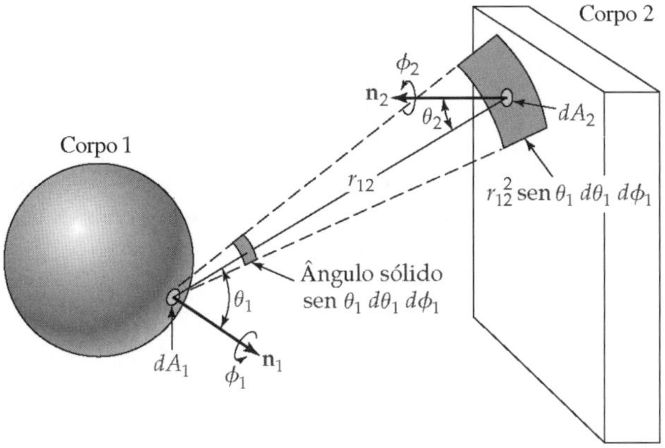

Fig. 16.4-2. Intercâmbio de radiação entre dois corpos negros.

Da energia que deixa dA_1 sob o ângulo θ_1, apenas a fração dada pela seguinte expressão interceptará dA_2:

$$\frac{\begin{pmatrix}\text{área de } dA_2 \text{ projetada sobre um}\\ \text{plano perpendicular a } r_{12}\end{pmatrix}}{\begin{pmatrix}\text{área formada pela interseção}\\ \text{do ângulo sólido sen } \theta_1\, d\theta_1\, d\phi_1\\ \text{com uma esfera de raio } r_{12} \text{ com}\\ \text{centro em } dA_1\end{pmatrix}} = \frac{dA_2\cos\theta_2}{r_{12}^2\,\text{sen}\,\theta_1\, d\theta_1\, d\phi_1} \tag{16.4-4}$$

A multiplicação destas duas últimas expressões dá

$$dQ_{\underset{12}{\rightarrow}} = \frac{\sigma T_1^4}{\pi}\frac{\cos\theta_1\cos\theta_2}{r_{12}^2}dA_1 dA_2 \tag{16.4-5}$$

Esta é a energia radiante emitida por dA_1 e interceptada por dA_2 por unidade de tempo. De modo similar, podemos escrever

$$dQ_{\underset{21}{\rightarrow}} = \frac{\sigma T_2^4}{\pi}\frac{\cos\theta_1\cos\theta_2}{r_{12}^2}dA_1 dA_2 \tag{16.4-6}$$

que é a energia radiante emitida por dA_2 que é interceptada por dA_1 por unidade de tempo. A taxa líquida de transporte de energia de dA_1 para dA_2 é, por conseguinte,

$$\begin{aligned} dQ_{12} &= dQ_{\underset{12}{\rightarrow}} - dQ_{\underset{21}{\rightarrow}} \\ &= \frac{\sigma}{\pi}(T_1^4 - T_2^4)\frac{\cos\theta_1\cos\theta_2}{r_{12}^2}dA_1 dA_2 \end{aligned} \tag{16.4-7}$$

Portanto, a taxa líquida de transferência de energia de um corpo negro isotérmico 1 para outro corpo negro isotérmico 2 é

$$Q_{12} = \frac{\sigma}{\pi}(T_1^4 - T_2^4)\int\int \frac{\cos\,\theta_1\,\cos\,\theta_2}{r_{12}^2}\,dA_1dA_2 \tag{16.4-8}$$

Deve ser entendido que a integração é restrita àqueles pares de áreas dA_1 e dA_2 que estão em plena linha de visada. Este resultado é convencionalmente escrito sob a forma

$$Q_{12} = A_1F_{12}\sigma(T_1^4 - T_2^4) = A_2F_{21}\sigma(T_1^4 - T_2^4) \tag{16.4-9}$$

onde A_1 e A_2 são usualmente escolhidos para serem as áreas totais dos corpos 1 e 2. As quantidades adimensionais F_{12} e F_{21}, denominadas fatores de forma, são dadas por

$$F_{12} = \frac{1}{\pi A_1}\int\int \frac{\cos\,\theta_1\,\cos\,\theta_2}{r_{12}^2}\,dA_1dA_2 \tag{16.4-10}$$

$$F_{21} = \frac{1}{\pi A_2}\int\int \frac{\cos\,\theta_1\,\cos\,\theta_2}{r_{12}^2}\,dA_1dA_2 \tag{16.4-11}$$

e os dois fatores de forma são relacionados por $A_1F_{12} = A_2F_{21}$. O fator de forma F_{12} representa a fração de radiação que deixa o corpo 1 e que é diretamente interceptada pelo corpo 2.

O cálculo dos fatores de forma é um problema difícil, exceto para algumas situações muito simples. Na Fig. 16.4-3 e na Fig. 16.4-4, alguns destes fatores para radiação direta são apresentados.[2,3,4] Quando estas cartas estão disponíveis os cálculos de intercâmbio de energia pela Eq. 16.4-9 são fáceis.

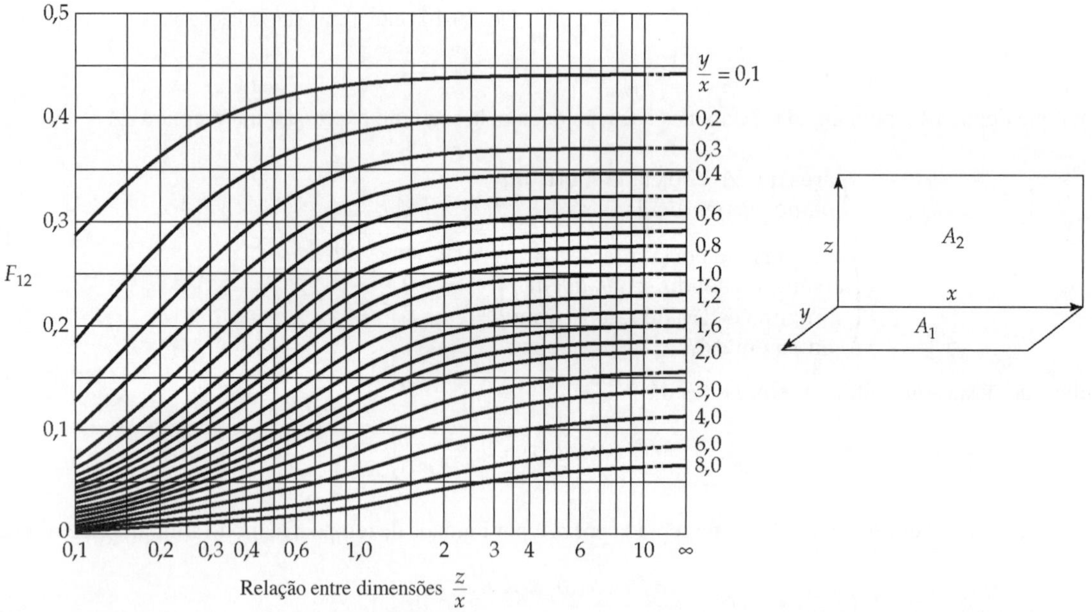

Fig. 16.4-3. Fatores de forma para radiação direta entre retângulos adjacentes em planos perpendiculares. [H. C. Hottel, Cap. 3 em W. H. McAdams, *Heat Transmission*, McGraw-Hill, Nova York (1954), p. 68.]

[2] H. C. Hottel e A. S. Sarofin, *Radiative Transfer*, McGraw-Hill, Nova York (1967).
[3] H. C. Hottel, Cap. 4 de W.H. McAdams, *Heat Transmission*, McGraw-Hill, New York (1954).
[4] R. Siegel e J. R. Howell, *Thermal Radiation Heat Transfer*, 3.ª edição, Hemisphere Publishing Co., Nova York (1992).

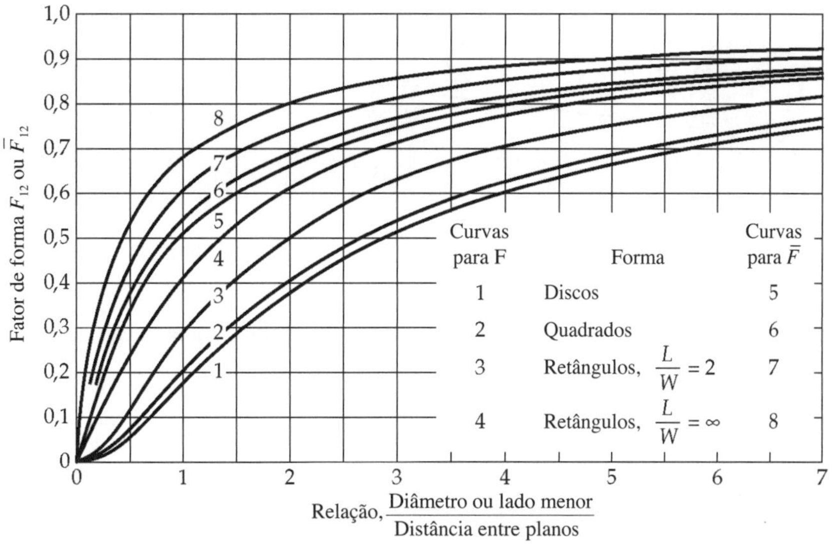

Fig. 16.4-4. Fatores de forma para radiação direta entre formas idênticas opostas em planos paralelos. [H. C. Hottel, Cap. 3 em W. H. McAdams, *Heat Transmission*, McGraw-Hill, Nova York (1954), 3.ª edição, p. 69.]

Neste desenvolvimento, supusemos que as leis de Lambert e de Stefan-Boltzmann podem ser usadas para descrever o processo de transporte fora do equilíbrio, a despeito do fato de que elas são, a rigor, válidas apenas para a radiação de equilíbrio. Os erros introduzidos não parecem ter sido profundamente estudados, mas aparentemente as fórmulas resultantes dão uma boa descrição quantitativa.

Até agora nos preocupamos em interações por radiação entre dois corpos negros. Agora queremos considerar um conjunto de superfícies negras 1,2,..., n, que formam as paredes de um espaço fechado. As superfícies estão mantidas às temperaturas T_1, T_2,..., T_n, respectivamente. O fluxo térmico líquido de qualquer das superfícies para as demais superfícies do espaço é

$$Q_{ie} = \sigma A_i \sum_{j=1}^{n} F_{ij}(T_i^4 - T_j^4) \qquad i = 1, 2, \ldots, n \tag{16.4-12}$$

ou

$$Q_{ie} = \sigma A_i \left(T_i^4 - \sum_{j=1}^{n} F_{ij} T_j^4 \right) \qquad i = 1, 2, \ldots, n \tag{16.4-13}$$

Ao escrever a segunda forma usamos as relações

$$\sum_{j=1}^{n} F_{ij} = 1 \qquad i = 1, 2, \ldots, n \tag{16.4-14}$$

As somas nas Eqs. 16.4-13 e 14 incluem o termo F_{ii}, que é zero para qualquer objeto que não intercepte qualquer de seus raios. O conjunto de n equações pode ser resolvido para a determinação das temperaturas ou das taxas de transferência de calor, dependendo das condições disponíveis para o problema particular.

A solução simultânea das Eqs. 16.4-13 e 14 de interesse especial é aquela para a qual $Q_3 = Q_4 = ... = Q_n = 0$. As superfícies 3, 4,..., n são chamadas aqui de "adiabáticas". Nesta situação, podemos eliminar do cálculo da taxa de transferência de calor as temperaturas de todas as superfícies exceto as de 1 e 2, e obter a solução exata para a taxa líquida de transferência de calor da superfície 1 para a 2:

$$Q_{12} = A_1\bar{F}_{12}\sigma(T_1^4 - T_2^4) = A_2\bar{F}_{21}\sigma(T_1^4 - T_2^4) \tag{16.4-15}$$

Valores de $\bar{F}_{12}$ para uso nesta equação são apresentados na Fig. 16.4-4. Estes valores se aplicam apenas quando as paredes adiabáticas são formadas por elementos de linha perpendiculares às superfícies 1 e 2.

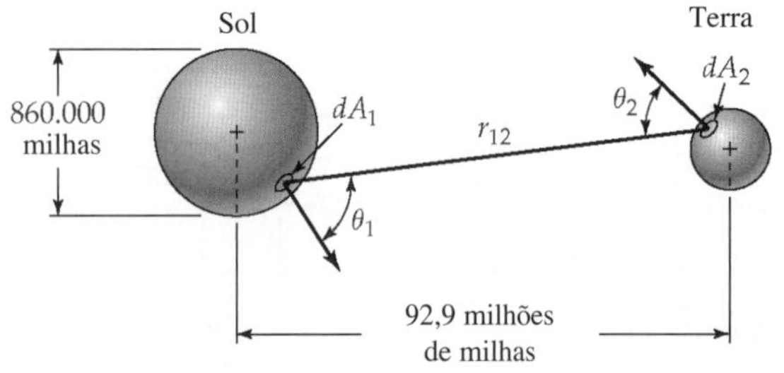

Fig. 16.4-5. Estimativa da constante solar.

O emprego destes fatores de forma F e $\bar{F}$ simplifica grandemente os cálculos para radiação de corpos negros, quando as temperaturas das superfícies 1 e 2 são uniformes. O leitor que queira informações adicionais sobre a transferência de calor radiante em cavidades deve buscar a literatura.[4]

EXEMPLO 16.4-1

Estimativa da Constante Solar

O fluxo térmico radiante que atinge a atmosfera terrestre oriundo do sol foi denominado por "constante solar" e é importante para a utilização de energia solar assim como em meteorologia. Denomine o sol como corpo 1 e a terra como corpo 2, e use os seguintes dados para calcular a constante solar: $D_I = 8{,}60 \times 10^5$milhas; $r_{12} = 9{,}29 \times 10^7$milhas; $q_{bl}^{(e)} = 2{,}0 \times 10^7$ Btu/h·ft² (do Exemplo 16.3-1).

SOLUÇÃO

A partir da Eq. 16.4-5 e da Fig. 16.4-5, a energia radiante que chega em dA_2 a partir de dA_1 é $d\varphi_{\overrightarrow{12}}/\cos\theta_2 dA_2 = (\sigma T_1^4/\pi r_{12}^2)$ $\cos\theta_1 dA_1$. Assim, a energia radiante total emitida pelo sol que chega em dA_2 é obtida pela integração $d\varphi_{\overrightarrow{12}}/\cos\theta_2 dA_2$ sobre aquela parte da superfície solar que está visível da terra.

$$\text{constante solar} = \frac{\sigma T_1^4}{\pi r_{12}^2}\int \cos\theta_1 dA_1 = \frac{\sigma T_1^4}{\pi r_{12}^2}\left(\frac{\pi D_1^2}{4}\right)$$

$$= \frac{q_{b1}^{(e)}}{4}\left(\frac{D_1}{r_{12}}\right)^2 = \frac{2{,}0 \times 10^2}{4} = \left(\frac{8{,}60 \times 10^5}{9{,}29 \times 10^7}\right)^2$$

$$= \frac{2{,}0 \times 10^7}{4}\left(\frac{8{,}60 \times 10^5}{9{,}29 \times 10^7}\right)^2$$

$$= 430 \text{ Btu/h} \cdot \text{ft}^2 \qquad (16.4\text{-}16)$$

Este resultado concorda satisfatoriamente com outras estimativas que têm sido feitas. A suposição de r_{12} constante no integrando é admissível já que a distância r_{12} varia menos que 0,5% sobre a superfície do sol. A integral restante $\int \cos\theta_1 dA_1$ é a área projetada do sol como vista da terra, ou muito aproximadamente $\pi D_1^2/4$.

EXEMPLO 16.4-2

Transferência de Calor Radiante entre Discos

Dois discos negros com diâmetros de 2 ft estão colocados diretamente em oposição à distância de 4 ft. O disco 1 é mantido a 2000° R, e o disco 2 a 1000°R. Calcule a taxa de transferência de calor entre os dois discos **(a)** quando não estão presentes outras superfícies, e **(b)** quando os dois discos são conectados por uma superfície negra de cilindro reto adiabática
(a) Da Eq. 16.4-9 e da curva 1 da Fig. 16.4-4

$$Q_{12} = A_1 F_{12}\sigma(T_1^4 - T_2^4)$$

$$= \pi(0{,}06)(0{,}1712 \times 10^{-8})[(2000)^4 - (1000)^4]$$

$$= 4{,}83 \times 10^3 \text{ Btu/h} \qquad (16.4\text{-}17)$$

(b) Da Eq. 16.4-15 e da curva 5 da Fig. 16.4-4

$$\begin{aligned} Q_{12} &= A_1\bar{F}_{12}\sigma(T_1^4 - T_2^4) \\ &= \pi(0{,}34)(0{,}1712 \times 10^{-8})[(2000)^4 - (1000)^4] \\ &= 27{,}4 \times 10^3 \text{ Btu/h} \end{aligned} \quad (16.4\text{-}18)$$

16.5 RADIAÇÃO ENTRE CORPOS NÃO-NEGROS A TEMPERATURAS DIFERENTES

Em princípio, a radiação entre corpos não-negros pode ser tratada por análise diferencial dos raios emitidos e por suas sucessivas reflexões. Para superfícies quase negras isto é factível, pois apenas uma ou duas reflexões devem ser consideradas. Para superfícies refletoras, entretanto, a análise é complicada, e as distribuições de raios emitidos e refletidos com relação ao ângulo e ao comprimento de onda não são usualmente conhecidos com precisão suficiente para justificar um cálculo detalhado.

Um tratamento razoavelmente preciso é possível para superfícies pequenas e convexas em uma grande cavidade aproximadamente isotérmica (isto é, uma "cavidade"), tal como uma tubulação de vapor em um salão com paredes à temperatura constante. A taxa de emissão de energia da superfície não-negra 1 para a cavidade circunvizinha é dada por

$$Q_{\vec{12}} = e_1 A_1 \sigma T_1^4 \quad (16.5\text{-}1)$$

e a taxa de absorção de energia das parede circunvizinhas pela superfície 1 é

$$Q_{\vec{21}} = a_1 A_1 \sigma T_2^4 \quad (16.5\text{-}2)$$

Aqui usamos o fato de a radiação que atinge a superfície 1 ser muito aproximadamente idêntica à radiação da cavidade, ou radiação de corpo negro correspondente à temperatura T_2. Como A_1 é convexa, não intercepta qualquer de seus raios; portanto F_{12} foi feito igual à unidade. A taxa líquida de A_1 para a vizinhança é, por conseguinte,

$$Q_{12} = \sigma A_1(e_1 T_1^4 - a_1 T_2^4) \quad (16.5\text{-}3)$$

Na Eq. 16.5-3, e_1 é o valor da emissividade da superfície 1 a T_1. A absortividade a_1 é usualmente estimada como igual ao valor de e à temperatura T_2.

A seguir, consideramos uma cavidade formada por n superfícies cinzas, opacas e de reflexão difusa A_1, A_2, ..., A_n às temperaturas T_1, T_2, ..., T_n. Seguindo Oppenheim[1] definimos a *radiosidade* J_i para cada superfície A_i como a soma dos fluxos de energia radiante refletida e emitida de A_i. Então, a taxa líquida de energia radiante de A_i para A_k é expressa como

$$Q_{ik} = A_i F_{ik}(J_i - J_k) \qquad i, k = 1, 2, 3, \ldots, n \quad (16.5\text{-}4)$$

isto é, pela Eq. 16.4-9 com a substituição das radiosidades J_i no lugar do poder de emissão de corpos negros σT_i^4.

A definição de J_i dá, para uma superfície opaca,

$$J_i = (1 - e_i)I_i + e_i \sigma T_i^4 \quad (16.5\text{-}5)$$

onde I_i é o fluxo radiante incidente sobre A_i. A eliminação de I_i em favor do fluxo líquido radiante Q_{ie}/A_i desde A_i até a cavidade dá

$$\frac{Q_{ie}}{A_i} = J_i - I_i = J_i - \frac{J_i - e_i \sigma T_i^4}{1 - e_i} \quad (16.5\text{-}6)$$

e, portanto,

$$\frac{Q_{ie}}{A_i} = \frac{e_i}{1 - e_i} A_i(\sigma T_i^4 - J_i) \quad (16.5\text{-}7)$$

Finalmente, o balanço de energia em regime permanente sobre cada superfície dá

$$Q_i = Q_{ie} = \sum_{k=1}^{n} Q_{ik} \quad (16.5\text{-}8)$$

[1] A. K. Oppenheim, *Trans. ASME*, **78**, 725-735 (1956); para trabalhos anteriores, veja G. Poljak, *Tech. Phys. USSR*, **1**, 555-590 (1935).

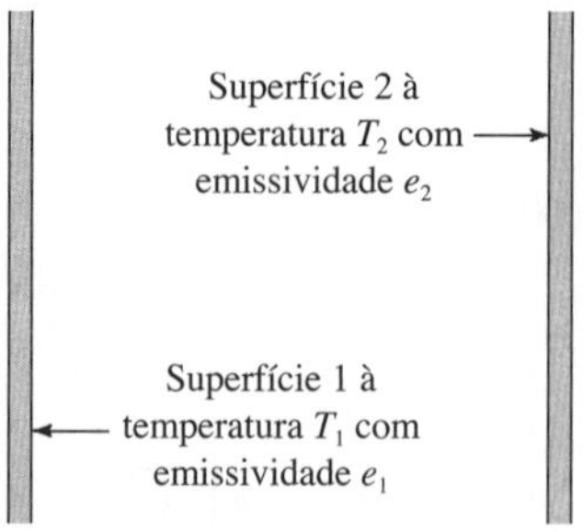

Fig. 16.5-1. Radiação entre duas superfícies cinzas infinitas, paralelas.

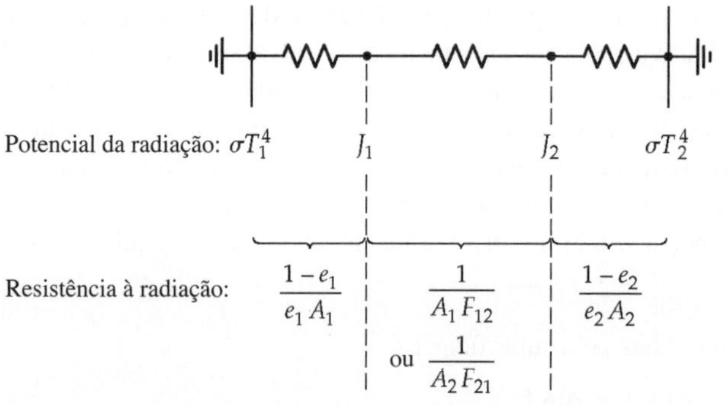

Fig. 16.5-2. Circuito equivalente para o sistema apresentado na Fig. 16.5-1.

Aqui, Q_i é a taxa de adição de calor para a superfície Q_i por meios não radiativos.

Equações semelhantes à Eq. 16.5-4, 7 e 8 aparecem na análise de circuitos de corrente contínua, empregando a lei de Ohm da condução e a lei de Kirchhoff da conservação da carga. Assim, temos as seguintes analogias

Elétrica	*Radiativa*
Corrente	Q
Voltagem	J ou σT^4
Resistência	$(1 - e_i)/e_i A_i$ ou $1/(A_i F_{ij})$

Esta analogia permite uma diagramação simples de circuitos equivalentes para a visualização de sistemas simples de radiação em cavidades. Por exemplo, o sistema da Fig. 16.5-1 dá o circuito equivalente apresentado na Fig. 16.5-2 e, portanto, a taxa de transferência líquida de calor radiante é

$$Q_{12} = \frac{\sigma(T_1^4 - T_2^4)}{\dfrac{1-e_1}{e_1 A_1} + \dfrac{1}{A_1 F_{12}} + \dfrac{1-e_2}{e_2 A_2}} \tag{16.5-9}$$

A solução de curto circuito resumida pela Eq. 16.4-15 foi generalizada para cavidades de superfícies não-negras, dando

$$Q_{12} = A_1 \bar{F}_{12}(J_1 - J_2) \tag{16.5-10}$$

no lugar da Eq. 16.5-8, obtida para uma cavidade com $Q_i = 0$ para $i = 2,3,..., n$. O resultado é análogo ao da Eq. 16.5-9, exceto pelo fato de que $\bar{F}_{12}$ deve ser empregado no lugar de F_{12} de modo a incluir caminhos indiretos de A_1 para A_2, resultando assim em uma taxa de transferência de calor mais elevada.

EXEMPLO 16.5-1

Escudos de Radiação

Deduza uma expressão para a redução da transferência de energia radiante entre dois planos paralelos, infinitos, cinzas, com a mesma área, A, quando uma fina camada cinza de condutividade térmica muito alta é interposta entre elas como mostra Fig. 16.5-3.

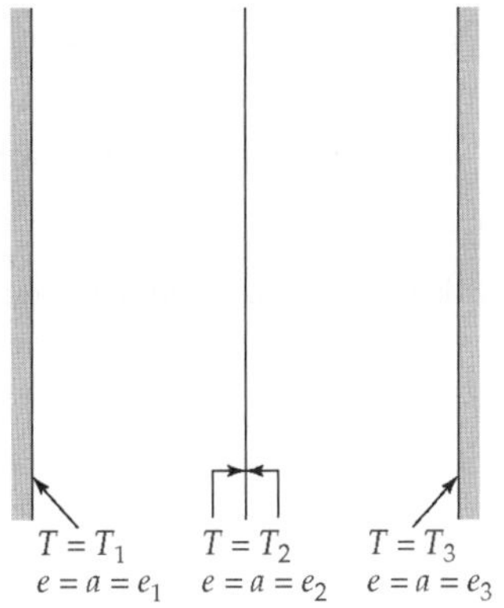

Fig. 16.5-3. Escudo de radiação.

SOLUÇÃO

A taxa de radiação entre os planos 1 e 2 é dada por

$$Q_{12} = \frac{A\sigma(T_1^4 - T_2^4)}{\dfrac{1-e_1}{e_1} + 1 + \dfrac{1-e_2}{e_2}} = \frac{A\sigma(T_1^4 - T_2^4)}{\dfrac{1}{e_1} + \dfrac{1}{e_2} - 1} \tag{16.5-11}$$

uma vez que os dois planos possuem a mesma área A e o fator de forma é a unidade. De forma semelhante, a transferência de calor entre os planos 2 e 3 é

$$Q_{23} = \frac{A\sigma(T_2^4 - T_3^4)}{\dfrac{1-e_2}{e_2} + 1 + \dfrac{1-e_3}{e_3}} = \frac{A\sigma(T_2^4 - T_3^4)}{\dfrac{1}{e_2} + \dfrac{1}{e_3} - 1} \tag{16.5-12}$$

Estas duas últimas equações podem ser combinadas para a eliminação da temperatura do escudo de radiação, T_2, dando

$$Q_{12}\left(\frac{1}{e_1} + \frac{1}{e_2} - 1\right) + Q_{23}\left(\frac{1}{e_2} + \frac{1}{e_3} - 1\right) = A\sigma(T_1^4 - T_3^4) \tag{16.5-13}$$

Como $Q_{12} = Q_{23} = Q_{13}$ obtemos

$$Q_{13} = \frac{A\sigma(T_1^4 - T_3^4)}{\left(\dfrac{1}{e_1} + \dfrac{1}{e_2} - 1\right) + \left(\dfrac{1}{e_2} + \dfrac{1}{e_3} - 1\right)} \tag{16.5-14}$$

Finalmente, a relação entre a transferência de energia radiante com o escudo e sem ele é

$$\frac{(Q_{13})_{\text{com}}}{(Q_{13})_{\text{sem}}} = \frac{\left(\dfrac{1}{e_1} + \dfrac{1}{e_3} - 1\right)}{\left(\dfrac{1}{e_1} + \dfrac{1}{e_2} - 1\right) + \left(\dfrac{1}{e_2} + \dfrac{1}{e_3} - 1\right)} \tag{16.5-15}$$

EXEMPLO 16.5-2

Perda de Calor de uma Tubulação Horizontal por Radiação e por Convecção Natural

Faça uma previsão da taxa de perda de calor por radiação e por convecção natural, da unidade de comprimento de uma tubulação horizontal recoberta com asbesto. O diâmetro externo do isolante é de 6 in. A superfície externa do isolante está a 560°R, e o ar ambiente está a 540°R.

SOLUÇÃO

Designemos por 1 a superfície do isolante e por 2 as paredes da sala. Então, a Eq. 16.5-3 dá

$$Q_{12} = \sigma A_1 F_{12}(e_1 T_1^4 - a_1 T_2^4) \tag{16.5-16}$$

Como a superfície da tubulação é convexa e localizada no interior da superfície 2, então $F_{12} = 1$. Da Tabela 16.2-1, obtêm-se que $e_1 = 0{,}93$ a 560°R e $a_1 = 0{,}93$ a 540°R. A substituição dos valores numéricos na Eq. 16.5-12 nos dá para 1 ft de tubulação:

$$Q_{12} = (0{,}1712 \times 10^{-8})(\pi/2)(1{,}00)[0{,}93(560)^4 - 0{,}93(540)^4] \qquad (16.5\text{-}17)$$
$$= 32 \text{ Btu/h}$$

Somando o calor perdido por convecção calculado no Exemplo 14.5-1 obtemos o calor perdido total:

$$Q = Q^{(\text{conv})} + Q^{(\text{rad})} = 21 + 32 = 53 \text{ Btu/h} \qquad (16.5\text{-}18)$$

Note que nesta situação a radiação é responsável por mais de metade da perda de calor. Se o fluido não fosse transparente, os processos de convecção e radiação não seriam independentes, e as duas contribuições não poderiam ser diretamente adicionadas.

EXEMPLO 16.5-3

Radiação e Convecção Combinadas

Um corpo diretamente exposto ao céu noturno claro se resfriará a uma temperatura inferior à ambiente por radiação ao espaço. Este efeito pode ser usado para congelar a água em bandejas rasas e bem isoladas do chão. Estime a temperatura máxima do ar para a qual o congelamento é possível, desprezando a evaporação.

SOLUÇÃO

Como primeira aproximação, as seguintes suposições podem ser feitas:

a. Todo calor recebido pela água é através de convecção natural do ar ambiente, que, por suposição, está estacionário.
b. O calor de evaporação ou condensação da água não é significativo.
c. O regime permanente foi atingido.
d. A bandeja de água é de secção quadrada.
e. O retorno de radiação da atmosfera é desprezível.

A temperatura máxima permitida para o ar na superfície da água é $T_1 = 492$°R. A taxa de perda de calor por radiação é

$$Q^{(\text{rad})} = \sigma A_1 e_1 T_1^4 = (0{,}1712 \times 10^{-8})(L^2)(0{,}95)(402)^4$$
$$= 95L^2 \text{ Btu/h} \cdot \text{ft}^2 \qquad (16.5\text{-}19)$$

onde L é o comprimento de um beiral da bandeja.

Para determinar o ganho de calor por convecção natural usamos a relação

$$Q^{(\text{conv})} = hL^2(T_{\text{ar}} - T_{\text{água}}) \qquad (16.5\text{-}20)$$

onde h é o coeficiente de transferência de calor por convecção natural. Para o resfriamento do ar por um quadrado horizontal voltado para cima, o coeficiente de transferência de calor é dado por[2]

$$h = 0{,}2(T_{\text{ar}} - T_{\text{água}})^{1/4} \qquad (16.5\text{-}21)$$

onde h é expresso em Btu/h·ft²·F e a temperatura é dada em Rankine.

Quando as expressões para a perda de calor por radiação e ganho de calor por convecção natural são igualadas, obtêm-se

$$95L^2 = 0{,}2L^2(T_{\text{ar}} - 492)^{5/4} \qquad (16.5\text{-}22)$$

A partir disso encontramos que a temperatura máxima do ar é 630°R ou 170°F. Exceto nas condições desérticas, o retorno de radiação e a condensação de umidade reduzem, consideravelmente, a temperatura necessária para o ar.

16.6 TRANSPORTE DE ENERGIA RADIANTE EM MEIOS ABSORVENTES[1]

Os métodos apresentados nas seções anteriores são aplicáveis apenas a materiais ou completamente transparentes, ou completamente opacos. A descrição do transporte de energia em meios não-transparentes requer que se escreva equações

[2] W. H. McAdams, em *Chemical Engineers Handbook* (J. H. Perry, Ed.), McGraw-Hill, Nova York (1950), 3.ª edição, p. 474.

[1] G. C. Pomraning, *Radiation Hydrodynamics*, Pergamon Press, Nova York (1973); R. Siegel e J. R. Howell, *Thermal Radiation Heat Transfer*, 3.ª edição, Hemisphere Publishing Co., Nova York (1992).

diferenciais para a taxa local de variação da energia dos pontos de vista tanto do material quanto da radiação. Isto é, consideramos um meio material atravessado por radiação eletromagnética como duas "fases" coexistentes: uma "fase material", consistindo de toda a massa do sistema, e uma "fase de fótons", consistindo de radiação eletromagnética.

No Cap. 11 apresentamos um balanço de energia para um sistema que não contém radiação. Estendemos aqui a Eq. 11.2-1 para a fase material considerando agora que há um intercâmbio com a fase de fótons por processos de emissão e absorção:

$$\frac{\partial}{\partial t}\rho\hat{U} = -(\nabla \cdot \rho\hat{U}\mathbf{v}) - (\nabla \cdot \mathbf{q}) - p(\nabla \cdot \mathbf{v}) - (\boldsymbol{\tau}:\nabla\mathbf{v}) - (\mathscr{E} - \mathscr{A}) \tag{16.6-1}$$

Aqui introduzimos $\mathscr{E}$ e $\mathscr{A}$, que são, respectivamente, as taxas locais de emissão e absorção de fótons por unidade de volume. Isto é, $\mathscr{E}$ representa a energia perdida pela fase material resultante da emissão de fótons pelas moléculas, e $\mathscr{A}$ representa o ganho local de energia pela fase material resultante da absorção de fótons pelas moléculas (veja a Fig. 16.6-1). O $\mathbf{q}$ na Eq. 16.6-1 é o fluxo térmico condutivo dado pela lei de Fourier.

Para a "fase de fótons", podemos escrever uma equação que descreve a taxa local de variação da densidade de energia radiante $u^{(r)}$:

$$\frac{\partial}{\partial t}u^{(r)} = -(\nabla \cdot \mathbf{q}^{(r)}) + (\mathscr{E} - \mathscr{A}) \tag{16.6-2}$$

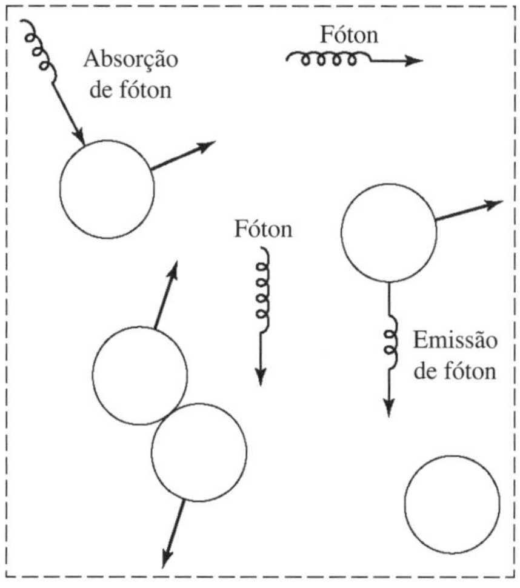

Fig. 16.6-1. Elemento de volume sobre o qual os balanços de energia são feitos; os círculos representam moléculas.

na qual $\mathbf{q}^{(r)}$ é o fluxo de energia radiante. Esta equação pode ser obtida escrevendo-se um balanço de energia em um elemento de volume fixo no espaço. Note não haver um termo convectivo na Eq. 16.6-2, já que os fótons se movem independentemente da velocidade material local. Note ainda que o termo ($\mathscr{E} - \mathscr{A}$) aparece com sinais opostos nas Eqs. 16.6-1 e 2, indicando que o ganho líquido de energia radiante ocorre às expensas de energia molecular. A Eq. 16.6-2 pode também ser escrita para energia radiante restrita a faixa de freqüência de ν a $\nu + d\nu$:

$$\frac{\partial}{\partial t}u_\nu^{(r)} = -(\nabla \cdot \mathbf{q}_\nu^{(r)}) + (\mathscr{E}_\nu - \mathscr{A}_\nu) \tag{16.6-3}$$

Esta expressão é obtida por diferenciação da Eq. 16.6-2 em relação a ν.

Com o propósito de facilitar a discussão, consideramos um sistema em regime permanente e sem escoamento onde a radiação trafega apenas na direção de z positivo. Este sistema pode ser aproximado pela passagem de um feixe colimado de luz através de uma solução a temperatura suficientemente baixa de modo que a emissão pela solução possa ser desprezada. (Se as emissões fossem importantes seria necessário considerar a radiação em todas as direções.) Estas são as condições usualmente encontradas em espectrometria. Para este sistema, as Eqs. 16.6-1 e 2 ficam

$$0 = -\frac{d}{dz}q_z + \mathscr{A} \tag{16.6-4}$$

$$0 = -\frac{d}{dz} q_z^{(r)} - \mathcal{A} \tag{16.6-5}$$

Para usar estas equações é necessária a informação sobre a absorção volumétrica $\mathcal{A}$. Para um feixe unidirecional emprega-se uma expressão convencional

$$\mathcal{A} = m_a q^{(r)} \tag{16.6-6}$$

na qual m_a é conhecida como *coeficiente de extinção*. Basicamente, esta equação nos diz que a taxa de absorção é proporcional à concentração de fótons.

Exemplo 16.6-1

Absorção de Feixe de Radiação Monocromática

Um feixe de radiação monocromática com freqüência ν, focado paralelamente à direção do eixo z, passa através de um fluido absorvente. A taxa local de absorção é dada por $m_{a\nu} q_\nu^{(r)}$, onde $m_{a\nu}$ é o coeficiente de extinção para radiação de freqüência ν. Determine a distribuição do fluxo radiante $q_\nu^{(r)}(z)$ no sistema.

SOLUÇÃO

Desprezamos a refração e o espalhamento do raio incidente. Também assumimos que o líquido é resfriado e que, portanto, a re-irradiação pode ser desprezada. Assim, a Eq. 16.6-5, para o regime permanente, torna-se

$$0 = -\frac{d}{dz} q_\nu^{(r)} - m_{a\nu} q_\nu^{(r)} \tag{16.6-7}$$

A integração com relação a z dá

$$q_\nu^{(r)}(z) = q_\nu^{(r)}(0) \exp(-m_{a\nu} z) \tag{16.6-8}$$

Esta é a *lei da absorção de Lambert*,[2] de uso em fotometria. Para cada material puro, $m_{a\nu}$ depende de ν de uma forma característica. A forma do espectro de absorção é, por conseguinte, uma ferramenta útil para a análise qualitativa.

Questões para Discussão

1. As leis apresentadas neste capítulo são importantes. Qual o conteúdo físico das leis associadas aos nomes: Stefan e Boltzmann, Planck, Kirchhoff, Lambert, Wien?
2. Como são as leis de Stefan-Boltzmann e a lei do deslocamento de Wien relacionadas à lei da distribuição de Planck para o corpo negro?
3. Corpos negros existem realmente? Por que o conceito de um corpo negro é útil?
4. Na reflexão especular, o ângulo de incidência é igual ao de reflexão. Como estes ângulos se relacionam na reflexão difusa?
5. Qual o significado físico do fator de forma, e como ele pode ser calculado?
6. Quais são as unidades de $q^{(e)}$, $q_\nu^{(e)}$ e $q_\lambda^{(e)}$?
7. Sob que condições é o efeito da geometria no intercâmbio de energia radiante completamente determinado pelos fatores de forma?
8. Quais equações deste capítulo mostram que o brilho aparente de um corpo negro com temperatura superficial uniforme é independente da posição (distância e direção) da qual ele é visto através de um meio transparente?
9. Que relação é análoga à Eq. 16.3-2 para um gás monoatômico ideal?
10. Verifique a consistência dimensional da Eq. 16.3-9.

[2] J. H. Lambert, *Photometria*, Augsburg (1760).

PROBLEMAS

16A.1. Aproximação de um corpo negro por um furo numa esfera. Uma esfera fina de cobre, com superfície interna altamente oxidada, tem um diâmetro de 6 in. Determine que diâmetro de furo deve ser feito na esfera para fazer uma abertura com absortividade de 0,99?
Resposta: Raio = 0,70 in.

16A.2. Eficiência de uma máquina solar. Um dispositivo para utilização de energia solar, desenvolvido por Abbot,[1] consiste de um espelho parabólico que foca a luz solar incidente sobre um tubo Pirex contendo um fluido de alta temperatura de ebulição e quase negro. Este líquido circula para um cambiador de calor onde calor é transferido para água superaquecida a 25 atm de pressão. Vapor pode ser retirado do sistema e usado para rodar uma máquina. O projeto mais eficiente requer um espelho de 10 ft de diâmetro para gerar 2 hp, quando o eixo do espelho aponta diretamente para o sol. Qual a eficiência global deste dispositivo?
Resposta: 15%.

16A.3. Necessidade de aquecimento radiante.
Um barracão é retangular com piso de 15 ft por 30 ft e teto a 7,5 ft acima do piso. O piso é aquecido por água quente correndo em serpentinas. No inverno, as paredes externas e o teto ficam a -10°F, aproximadamente. A que taxa deve-se fornecer calor, através do piso de modo a manter a superfície do piso a 75°F? (Suponha serem negras todas as superfícies do sistema.)

16A.4. Temperatura do teto no regime permanente. Estime a temperatura máxima de um teto horizontal a 45° latitude norte no dia 21 de junho em tempo claro. A radiação de outras fontes além do sol podem ser desprezadas, e o coeficiente de transferência de calor por convecção é estimado em 2,0 Btu/h · ft^2 · F. A constante solar do Exemplo 16.4-1 pode ser usada, e a absorção e o espalhamento dos raios solares pela atmosfera pode ser desprezado.
(a) Resolva para um teto perfeitamente negro.
(b) Resolva para um teto revestido de alumínio, com absortividade de 0,3 para uma emissividade de 0,07 à temperatura do teto.

16A.5. Erros de radiação nas medidas de temperatura. A temperatura de uma corrente de ar em um duto está sendo medida por um termopar. Os fios do termopar e a junção são cilíndricos, com 0,05 in de diâmetro, e se estende através do duto perpendicular ao escoamento, com a junção em seu centro. Supondo que a emissividade da junção é $e = 0{,}8$, estime a temperatura do gás a partir dos seguintes dados obtidos em condições permanentes:

Temperatura da junção do termopar	= 500°F
Temperatura da parede do duto	= 300°F
Coeficiente de transferência de calor do fio para o ar	= 50 Btu/h · ft^2 · F

A temperatura da parede é constante no valor dado por 20 diâmetros de duto a jusante e a montante da instalação do termopar. Os fios do termopar são tais que a condução de calor ao longo deles pode ser desprezada.

16A.6. Temperaturas superficiais na lua da Terra.
(a) Estime a temperatura da superfície de nossa lua em seu ponto mais próximo do sol por um balanço de energia em regime quase-permanente, considerando a superfície lunar como cinza. Despreze a radiação e a reflexão dos planetas. A constante solar é dada no Exemplo 16.4-1.
(b) Estenda a parte (a) para dar a temperatura da superfície lunar em função do ângulo de deslocamento a partir do ponto mais quente.

16B.1. Temperatura de referência para emissividade efetiva. Mostre que se a emissividade cresce linearmente com a temperatura, a Eq. 16.5-3 pode ser escrita como

$$Q_{12} = e_1^\circ \sigma A_1(T_1^4 - T_2^4) \tag{16B.1-1}$$

[1] C .G. Abbot, em *Solar Energy Research* (F. Daniels e J. A. Duffie, eds.), University of Wisconsin Press, Madison (1955), pp. 91-95; veja também U.S. Patent No. 2.460.482 (fev. 1, 1945).

onde e_1^o é a emissividade da superfície 1 avaliada à temperatura de referência T^o dada por

$$T^o = \frac{T_1^5 - T_2^5}{T_1^4 - T_2^4} \tag{16B.1-2}$$

16B.2. Radiação através de região anular. Deduza uma expressão para a transferência de calor radiante entre dois cilindros coaxiais longos 1 e 2. Mostre que

$$Q_{12} = \frac{\sigma(T_1^4 - T_2^4)}{\dfrac{1}{A_1 e_1} + \dfrac{1}{A_2}\left(\dfrac{1}{e_2} - 1\right)} \tag{16B.2-1}$$

onde A_1 é a área do cilindro interno.

16B.3. Escudos múltiplos de radiação.

(a) Desenvolva uma equação para a taxa de transferência de energia radiante através de uma série de n placas metálicas paralelas, planas, muito finas, cada uma tendo uma emissividade e diferente, com a primeira delas à temperatura T_1, e a última à temperatura T_n. Expresse o resultado em termos das resistências a radiação

$$R_{i,i+1} = \frac{\sigma(T_i^4 - T_{i+1}^4)}{Q_{i,i+1}} \tag{16B.3-1}$$

para os pares de planos sucessivos. Efeitos de cantos e de condução entre os espaços de ar devem ser desprezados.

(b) Determine a relação entre a taxa de transferência entre n placas idênticas e a taxa para duas placas idênticas.

(c) Compare seus resultados para três placas com o obtido no Exemplo 16.5-1.

A importante redução na taxa de transferência de calor produzido por um número de escudos de radiação em série conduziu ao uso de camadas múltiplas de folhas metálicas para o isolamento de altas temperaturas.

16B.4. Radiação e condução através de meios absorventes. Uma placa de vidro, limitada pelos planos $z = 0$ e $z = \delta$, estende-se ao infinito nas direções x e y. A temperatura das superfícies $z = 0$ e $z = \delta$ são mantidas a T_0 e T_δ, respectivamente. Um feixe radiante uniforme e monocromático de intensidade $q^{(r)}{}_0$ na direção z incide sobre a face em $z = 0$. A emissão no interior da placa, a reflexão e a radiação incidente na direção negativa de z podem ser desprezadas.

(a) Determine a distribuição de temperatura na placa supondo m_a e k constantes.

(b) Como a distribuição do fluxo térmico condutivo q_z depende de m_a?

16B.5. Resfriamento de um corpo negro no vácuo. Um corpo negro fino e de condutividade térmica muito alta possui um volume V, área da superfície A, densidade ρ e calor específico $\hat{C}_p$. Em $t = 0$, este corpo inicialmente à temperatura T_1 é colocado no interior de uma cavidade cujas paredes são mantidas permanentemente à temperatura T_2 ($T_2 < T_1$). Deduza uma expressão para a temperatura T do corpo negro em função do tempo.

16B.6. Perda de calor de um corpo isolado. Uma tubulação de 2 in padrão catálogo 40 (diâmetro interno 2,067 in, espessura de parede 0,154 in) transportando vapor, é isolada com 2 pol de magnésia a 85% e envolta por uma camada externa de folha de alumínio ($e = 0{,}05$). A superfície interna da tubulação é de 250°F e a tubulação horizontal está circundada por ar a 1 atm e 80°F.

(a) Calcule o fluxo condutivo de calor por unidade de comprimento ($Q^{(\text{cond})}/L$) da tubulação e isolante para as temperaturas supostas de T_0 de 100°F e 250°F na superfície externa da folha de alumínio.

(b) Calcule a perda de calor por radiação e convecção natural, $Q^{(\text{rad})}/L$ e $Q^{(\text{conv})}/L$, para as mesmas temperaturas supostas.

(c) Obtenha uma solução gráfica ou numérica por interpolação para os valores em regime permanente de T_0 e $Q^{(\text{cond})}/L = Q^{(\text{rad})}/L + Q^{(\text{conv})}/L$.

16C.1. Cálculo da integral do fator de forma para um par de discos (Fig. 16C.1). Dois discos paralelos perfeitamente negros de raio R estão dispostos à distância H. Avalie o fator de forma para este caso e mostre que

$$F_{12} = F_{21} = \frac{1 + 2B^2 - \sqrt{1 + 4B^2}}{2B^2} \tag{16.1-1}$$ [2]

[2] C. Christiansen, *Wiedemann's Ann. d. Physik*, **19**, 267-283 (1883); veja também M. Jakob, *Heat Transfer*, vol. II, Wiley, Nova York (1957), p. 14.

onde $B = R/H$.

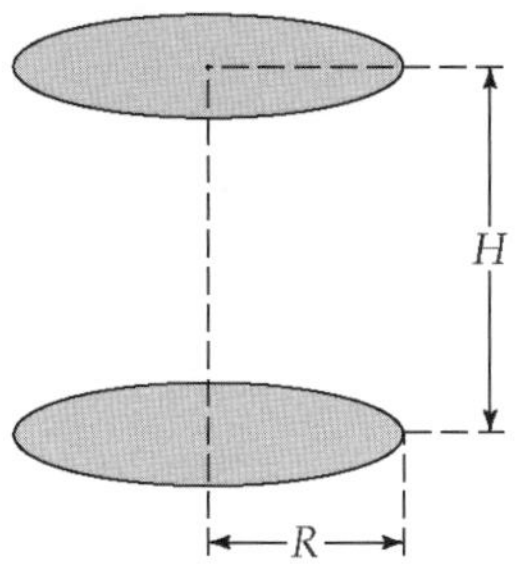

Fig. 16.C.1. Dois discos perfeitamente negros.

16D.1. Perda de calor por um fio transportando uma corrente elétrica.[3] Um fio eletricamente aquecido de comprimento L perde calor para o ambiente por radiação. Se as extremidades do fio são mantidas à temperatura T_0 obtenha uma expressão para a variação axial da temperatura do fio. Pode-se considerar que o fio esteja irradiando para um ambiente negro à temperatura T_0.

[3] H. S. Carslaw e J. C. Jaeger, *Conduction of Heat in Solids*, 2.ª edição, Oxford University Press (1959), pp. 154-156.

PARTE TRÊS

TRANSPORTE DE MASSA

CAPÍTULO 17

DIFUSIVIDADE E OS MECANISMOS DE TRANSPORTE DE MASSA

No Cap. 1, apresentamos a lei de Newton da viscosidade, e iniciamos o Cap. 9 com a lei de Fourier da condução de calor. No presente capítulo, apresentamos a lei de Fick da difusão, que descreve o movimento de uma espécie química *A* em uma mistura binária de *A* e *B*, que decorre de um gradiente de concentração de *A*.

O movimento de uma espécie química de uma região de alta concentração para uma região de baixa concentração pode ser observado lançando-se um pequeno cristal de permanganato de potássio em um bécher com água. O $KMnO_4$ começa a se dissolver na água e na região em torno do cristal aparece uma coloração púrpura escura, indicativa de uma solução concentrada de $KMnO_4$. Devido ao gradiente de concentração que se estabelece, o $KMnO_4$ se difunde para fora da região, podendo-se acompanhar o progresso da difusão pelo crescimento da região de coloração púrpura.

Na Seção 17.1 apresentamos a lei de Fick da difusão para misturas binárias e definimos a difusividade $\mathscr{D}_{AB}$ para o par *A*-*B*. A seguir, apresentamos uma breve discussão sobre a influência da pressão e da temperatura sobre a difusividade, bem como um resumo das teorias disponíveis para a previsão da difusividade para gases, líquidos, sistemas coloidais e polímeros. No final do capítulo, discutiremos o transporte de massa de uma espécie química pelo mecanismo de convecção, fazendo assim um paralelo aos tratamentos apresentados nos Caps. 1 e 9 para o transporte de momento e de calor. Também introduzimos as unidades de concentração, expressas em moles, e a notação pertinente para descrever a difusão em termos dessa unidade. Finalmente, apresentamos as equações de Maxwell-Stefan para sistemas multicomponentes em fase gasosa a baixas densidades.

Antes de iniciarmos a discussão, vamos adotar a seguinte notação. No caso de *difusao* em sistemas *multicomponentes*, designaremos as espécies químicas com letras gregas α, β, γ... na forma de subscrito. No caso da *difusao binária*, usamos a forma maiúscula dos caracteres latinos *A* e *B*. Para a *autodifusao* (difusão de espécies químicas com propriedades químicas semelhantes), identificamos essas espécies como *A* e A^*. A espécie designada por A^* pode diferir da espécie *A* em relação a outras propriedades como radioatividade ou uma outra propriedade correlata como massa, momento magnético ou spin.[1] O uso dessa notação nos permite, de imediato, constatar o tipo de sistema a que uma dada fórmula é aplicável.

17.1 LEI DE FICK DA DIFUSÃO BINÁRIA (TRANSPORTE MOLECULAR DE MASSA)

Considere uma placa de sílica delgada, plana e horizontal com área de cada face igual a *A* e espessura *Y*. Suponha que, para $t < 0$, ambas as faces horizontais da placa estão em contato com o ar, considerado totalmente insolúvel em sílica. No tempo

[1]E. O. Stejskal and J. E. Tanner, *J. Chem. Phys.*, **42**, 288-292 (1965); P. Stilbs, *Prog. NMR Spectros*, **19**, 1-45 (1987); P. T. Callaghan and J. Stepisnik, *Adv. Magn. Opt. Reson.*, **19**, 325-388 (1996).

$t = 0$, o ar, em contato com a face inferior da placa, é subitamente substituído por hélio puro, que é solúvel em sílica. Em decorrência do movimento de suas moléculas, o hélio lentamente penetra na placa e finalmente aparece na fase gasosa localizada na região acima da face superior da placa. O transporte molecular de uma substância relativo a uma outra substância é conhecido como *difusao* (também conhecido como *difusao mássica*, *difusao por gradiente de concentraçao* ou ainda como *difusao ordinária*). O ar acima da placa está sendo rapidamente substituído, de modo que há uma expressiva acumulação de hélio nessa região. Temos assim uma situação que pode ser representada pela Fig. 17.1-1; esse processo é análogo ao descrito nas Figs. 1.1-1 e 9.1-1, nas quais foram respectivamente definidas a viscosidade e a condutividade térmica.

No sistema aqui considerado, designaremos o hélio como a "espécie A" e a sílica como a "espécie B". As concentrações serão definidas em termos das "frações mássicas" ω_A e ω_B. A fração mássica ω_A é a massa de hélio dividida pela soma das massas de hélio e de sílica em um dado elemento de volume microscópico. A fração mássica ω_B é definida de forma análoga.

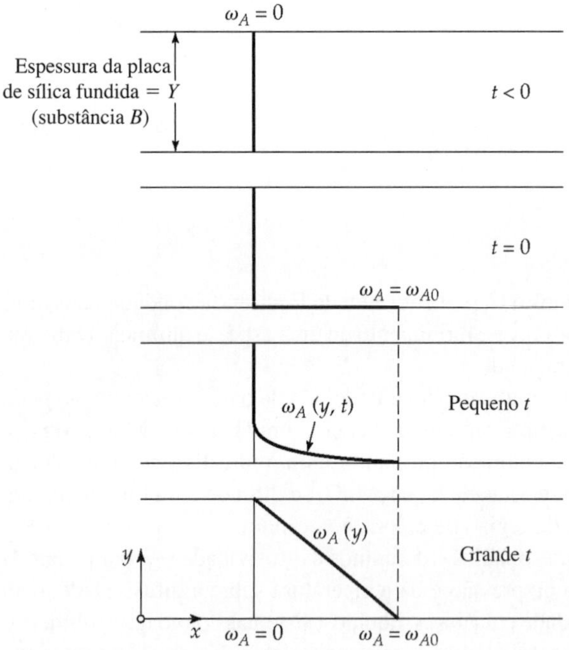

Fig. 17.1-1 Formação do perfil de concentração em regime permanente para a difusão do hélio (substância A) através da sílica fundida (substância B). A notação ω_A representa a fração mássica de hélio, sendo ω_{A0} sua solubilidade em sílica fundida, expressa em termos da fração mássica. Ver Figs. 1.1-1 e 9.1-1 para situações análogas de transporte de momento e de calor.

Para $t < 0$, a fração mássica de hélio, ω_A, é nula em todos os pontos. Para $t > 0$, na face inferior da placa, $y = 0$, a fração mássica de hélio é igual a ω_{A0}, sendo esta última expressa em termos da fração mássica e correspondente à solubilidade do hélio na sílica. À medida que o tempo cresce se desenvolve um perfil de fração mássica, com $\omega_A = \omega_{A0}$ na face inferior da placa e $\omega_A = 0$ na face superior da placa. Conforme o tempo cresce, o perfil tende a se estabelecer na forma de uma linha reta, como indicado na Fig. 17.1-1.

No regime permanente, verifica-se que o fluxo de massa de hélio ω_{Ay} que ocorre na direção positiva do eixo dos y pode ser descrito com uma boa aproximação pela relação

$$\frac{w_{Ay}}{A} = \rho\mathscr{D}_{AB}\frac{\omega_{A0} - 0}{Y} \tag{17.1-1}$$

Isso significa que a taxa de transferência de massa de hélio por unidade de área (ou *fluxo mássico*) é proporcional à diferença da fração mássica dividida pela espessura da placa. Aqui ρ representa a densidade do sistema sílica-hélio, sendo $\mathscr{D}_{AB}$ o fator de proporcionalidade, conhecido como a *difusividade* do sistema sílica-hélio. Agora, reescrevemos a Eq. 17.1-1 para um elemento diferencial de volume dentro da placa:

$$j_{Ay} = -\rho\mathscr{D}_{AB}\frac{d\omega_A}{dy} \tag{17.1-2}$$

Aqui ω_{Ay}/A foi substituído por j_{Ay}, que representa o *fluxo molar de massa* de hélio na direção positiva do eixo dos y. Note que o primeiro índice, A, designa a espécie química (neste caso, o hélio) e o segundo índice indica a direção na qual o transporte difusivo da espécie A está ocorrendo (no caso, a direção y).

A Eq. 17.1-2 é a forma unidimensional da *primeira lei da difusao de Fick.*[1] Ela é válida para qualquer mistura binária sólida, líquida ou gasosa, desde que j_{Ay} seja definido como o fluxo de massa relativo à velocidade da mistura, v_y. Para o sistema ilustrado na Fig. 17.1-1, o hélio está se movendo bastante devagar e sua concentração é muito pequena, de modo que, durante o processo de difusão, v_y pode ser considerado não-nulo.

Em geral, para uma mistura binária

$$v_y = \omega_A v_{Ay} + \omega_B v_{By} \tag{17.1-3}$$

Assim $\mathbf{v}$ é uma média na qual as velocidades das espécies químicas, $\mathbf{v}_A$ e $\mathbf{v}_B$, são ponderadas em relação às suas respectivas frações mássicas. Essa velocidade é definida como *velocidade mássica média*. A velocidade $\mathbf{v}_A$ não é propriamente a velocidade instantânea de uma molécula de A, mas sim a média aritmética das velocidades de todas as moléculas de A contidas em um elemento de volume de pequenas dimensões.

De uma forma geral, o fluxo de massa j_{Ay} é definido por

$$j_{Ay} = \rho\omega_A(v_{Ay} - v_y) \tag{17.1-4}$$

O fluxo de massa j_{By} é definido de forma análoga. Na medida em que ocorre uma intradifusão entre as espécies químicas, ocorre também, e localmente, um deslocamento do centro de massa na direção y no caso em que as massas moleculares de A e B forem diferentes. Os fluxos de massa j_{Ay} e j_{By} são definidos de tal forma que $j_{Ay} + j_{By} = 0$. Em outras palavras, os fluxos j_{Ay} e j_{By} são medidos em termos do movimento do centro de massa. Esse ponto será discutido em detalhe nas Seções 17.7 e 8.

Se escrevermos equações similares à Eq. 17.1-2 para as direções x e z e combiná-las, obteremos a forma vetorial da lei de Fick:

$$\mathbf{j}_A = -\rho\mathscr{D}_{AB}\nabla\omega_A \tag{17.1-5}$$

Uma relação semelhante pode ser escrita para a espécie B:

$$\mathbf{j}_B = -\rho\mathscr{D}_{BA}\nabla\omega_B \tag{17.1-6}$$

No Exemplo 17.1-2, admitimos $\mathscr{D}_{BA} = \mathscr{D}_{AB}$. Assim, para o par A-B necessitamos definir um único valor de difusividade; de um modo geral, a difusividade é função da pressão, da temperatura e da composição da mistura.

A difusividade mássica $\mathscr{D}_{AB}$, a difusividade térmica $\alpha = k/\rho\hat{C}_p$ e a difusividade de momento (viscosidade cinemática) $\nu = \mu/\rho$ têm dimensão de (comprimento)^2/tempo. As relações entre essas três grandezas são, portanto, por relações ou grupos adimensionais:

Número de Prandtl:
$$\text{Pr} = \frac{\nu}{\alpha} = \frac{\hat{C}_p\mu}{k} \tag{17.1-7}$$

Número de Schmidt:[2]
$$\text{Sc} = \frac{\nu}{\mathscr{D}_{AB}} = \frac{\mu}{\rho\mathscr{D}_{AB}} \tag{17.1-8}$$

Número de Lewis:[2]
$$\text{Le} = \frac{\alpha}{\mathscr{D}_{AB}} = \frac{k}{\rho\hat{C}_p\mathscr{D}_{AB}} \tag{17.1-9}$$

Esses grupos adimensionais, definidos em termos das propriedades físicas dos fluidos, exercem um papel importante na forma adimensional das equações que descrevem os processos de transporte que ocorrem simultaneamente. (*Nota*: Em alguns casos, o número de Lewis é definido de forma inversa à que foi antes definido).

Nas Tabelas 17.1-1, 2, 3 e 4 são apresentados alguns valores de $\mathscr{D}_{AB}$ em cm^2/s para alguns gases, líquidos, sólidos e sistemas poliméricos, os quais podem ser convertidos em m^2/s bastando, para isso, multiplicá-los por 10^{-4}. A baixas densidades, a difusividade de gases é praticamente independente de ω_A, aumenta com a temperatura e varia inversamente com a pressão. A difusividade de sólidos e de líquidos é fortemente dependente da concentração e geralmente aumenta

---

[1] A. Fick, *Ann. der Physik*, **94**, 59-86 (1855). A segunda lei de Fick, análoga à equação de condução de calor dada pela Eq. 11.2-10, é dada pela Eq. 19.1-18. **Adolf Eugen Fick** (1829-1901) foi um médico e docente nas universidades de Zurique e Marburg, tornando-se mais tarde Reitor da Universidade de Würzburg. Postulou as leis da difusão por analogia à condução de calor e não por experimentos.

[2] Esses grupos foram assim denominados em homenagem a: **Ernst Heinrich Wilhelm Schmidt** (1892-1975), docente das universidades de Gdansk, Braunschweig e Munique (onde foi o sucessor de Nusselt); **Warren Kendall Lewis** (1882-1975) docente no MIT e co-autor de um livro-texto pioneiro, W. H. Walker, W. K. Lewis and W. H. McAdams, *Principles of Chemical Engineering*, McGraw-Hill, New York (1923).

com a temperatura. Há numerosos métodos experimentais para a medida da difusividade, sendo alguns deles descritos nos capítulos subseqüentes.[3]

Para *misturas gasosas*, o número de Schmidt pode variar na faixa de 0,2 a 3, como pode ser visto na Tabela 17.1-1. Para *misturas líquidas*, foram medidos valores de até 40.000.[4]

TABELA 17.1-1 Valores Experimentais da Difusividade,[a] de Valores Limite do Número de Schmidt de Pares de Gases a 1 Atmosfera de Pressão.

Pares de gases (A-B)	*Temperatura* (K)	$\mathscr{D}_{AB}$ (cm²/s)	Sc $x_A \to 1$	Sc $x_B \to 1$
CO_2–N_2O	273,2	0,096	0,73	0,72
CO_2–CO	273,2	0,139	0,50	0,96
CO_2–N_2	273,2	0,144	0,48	0,91
	288,2	0,158	0,49	0,92
	298,2	0,165	0,50	0,93
N_2–C_2H_6	298,2	0,148	1,04	0,51
N_2–nC_4H_{10}	298,2	0,0960	1,60	0,33
N_2–O_2	273,2	0,181	0,72	0,74
H_2–SF_6	298,2	0,420	3,37	0,055
H_2–CH_4	298,2	0,726	1,95	0,23
H_2–N_2	273,2	0,674	1,40	0,19
NH_3–H_2[c]	263	0,58	0,19[e]	1,53
NH_3–N_2[c]	298	0,233	0,62[e]	0,65
H_2O–N_2[c]	308	0,259	0,58[e]	0,62
H_2O–O_2[c]	352	0,357	0,56[e]	0,59
C_3H_8–nC_4H_{10}[d]	378,2	0,0768	0,95	0,66
	437,7	0,107	0,91	0,63
C_3H_8–iC_4H_{10}[d]	298,0	0,0439	1,04	0,73
	378,2	0,0823	0,89	0,63
	437,8	0,112	0,87	0,61
C_3H_8–neo-C_5H_{12}[d]	298,1	0,0431	1,06	0,56
	378,2	0,0703	1,04	0,55
	437,7	0,0945	1,03	0,55
nC_4H_{10}–neo-C_5H_{12}[d]	298,0	0,0413	0,76	0,59
	378,2	0,0644	0,78	0,61
	437,8	0,0839	0,80	0,62
iC_4H_{10}–neo-C_5H_{12}[d]	298,1	0,0362	0,89	0,67
	378,2	0,0580	0,89	0,67
	437,7	0,0786	0,87	0,66

[a] A menos que seja indicado em contrário, os valores são tirados de J. O. Hirschfelder, C. F. Curtiss, and R. B. Bird, *Molecular Theory of Gases and Liquids*, 2.ª edição corrigida, Wiley, New York (1964), p. 579. Todos os valores são dados para a pressão de 1 atmosfera.
[b] Calculado usando os parâmetros de Lennard-Jones da Tabela E.1. Os parâmetros para o hexafluoreto de enxofre foram obtidos de dados dos coeficientes do segundo virial.
[c] Valores de $\mathscr{D}_{AB}$ para misturas de água e amônia foram tirados da tabela de R. C. Reid, J. M. Prausnitz, and B. E. Poling, *The Properties of Gases and Liquids*, 4th edition, McGraw-Hill, New York (1987).
[d] Os valores de $\mathscr{D}_{AB}$ para pares de hidrocarboneto-hidrocarboneto foram tirados de S. Gotoh, M. Manner, J.P. Sorensen, and W. E. Stewart, *J. Chem. Eng. Data*, **19**, 169-171 (1974).
[e] Os valores de μ para água e amônia foram calculados de funções obtidas por T. E. Daubert, R. P. Danner, H. M. Sibul, C. C. Stebbins, J. L. Oscarson, R. L. Rowley, W. V. Wilding, M. E. Adams, T. L. Marshall, and N. A. Zundel, *DIPPR®*, *Data Compilation of Pure Compound Properties*, Design Institute for Physical Property Data®, AIChE, New York, N. Y. (2000).

[3] Para uma discussão mais abrangente, ver W. E. Wakeham, A. Nagashima and J. V. Sengers, *Measurement of the Transport Properties of Fluids: Experimental Thermodynamics*, Vol. III, CRC Press, Boca Raton, Florida (1991).
[4] D. A. Shaw and T.J. Hanratty, *AIChE Journal*, **23**, 28-37, 160-169 (1977); P. Harriott and R. M. Hamilton, *Chem. Eng. Sci.*, **20**, 1073-1078 (1965).

TABELA 17.1-2 Valores Experimentais da Difusividade em Líquidos[a,b]

A	B	T(°C)	x_A	$\mathscr{D}_{AB} \times 10^5$ (cm²/s)
Clorobenzeno	Bromobenzeno	10,10	0,0332	1,007
			0,2642	1,069
			0,5122	1,146
			0,7617	1,226
			0,9652	1,291
		39,92	0,0332	1,584
			0,2642	1,691
			0,5122	1,806
			0,7617	1,902
			0,9652	1,996
Água	Butanol	30	0,131	1,24
			0,222	0,920
			0,358	0,560
			0,454	0,437
			0,524	0,267
Etanol	Água	25	0,026	1,076
			0,266	0,368
			0,408	0,405
			0,680	0,743
			0,880	1,047
			0,944	1,181

[a] Os dados para os dois primeiros pares foram tirados de artigo de revisão de P. A. Johnson and A. L. Babb, *Chem. Revs.*, **56**, 387-453 (1956). Outros resumos de dados experimentais podem ser encontrados em: P. W. M. Rutten, *Diffusion in Liquids*, Delft University Press, Delft, The Nether lands (1992); L. J. Gosting, *Adv. in Protein Chem.*, Vol. XI, Academic Press, New York (1956); A.Vignes, *I. E. C. Fundamental*, **5**, 189-199 (1966).
[b] Os dados para etanol-água foram tirados de M. T. Tyn and W. F. Calus, *J. Chem. Eng. Data*, **20**, 310-316 (1975).

TABELA 17.1-3 Valores Experimentais da Difusividade no Estado Sólido[a]

A	B	T(°C)	$\mathscr{D}_{AB}$ (cm²/s)
He	SiO_2	20	$2{,}4\text{–}5{,}5 \times 10^{-10}$
He	Pirex	20	$4{,}5 \times 10^{-11}$
		500	2×10^{-8}
H_2	SiO_2	500	$0{,}6\text{–}2{,}1 \times 10^{-8}$
H_2	Ni	85	$1{,}16 \times 10^{-8}$
		165	$10{,}5 \times 10^{-8}$
Bi	Pb	20	$1{,}1 \times 10^{-16}$
Hg	Pb	20	$2{,}5 \times 10^{-15}$
Sb	Ag	20	$3{,}5 \times 10^{-21}$
Al	Cu	20	$1{,}3 \times 10^{-30}$
Cd	Cu	20	$2{,}7 \times 10^{-15}$

[a] Admite-se que em cada um dos pares acima, o componente A está presente apenas em pequenas concentrações. Os dados foram obtidos de R. M. Barrer, *Diffusion in and through Solids*, Macmillan, New York (1941), pp. 141, 222 e 275.

TABELA 17.1-4 Valores Experimentais da Difusividade de Gases em Polímeros.[a] Os valores de $\mathscr{D}_{AB}$ são dados em unidades de 10^{-6} (cm^2/s). Os valores para N_2 e O_2 são para 298 K e os valores para CO_2 e H_2 são para 198 K.

	N_2	O_2	CO_2	H_2
Polibutadieno	1,1	1,5	1,05	9,6
Borracha de Silicone	15	25	15	75
Trans-1,4-poliisopropeno	0,50	0,70	0,47	5,0
Poliestireno	0,06	0,11	0,06	4,4

[a] Transcrito de D. W. van Krevelen, *Properties of Polymers*, 3rd edition, Chapter VI, Elsevier, Amsterdam (1990), p. 544-545. Uma outra referência importante é S. Pauly, in *Polymer Handbook*, 4th edition (editada por J. Brandrup and E. H. Immergut, eds.), Wiley-Interscience, New York (1999).

Até o momento, discutimos o caso de fluidos isotrópicos, nos quais a velocidade de difusão não depende da orientação da mistura fluida. No caso de alguns sólidos e de fluidos estruturados, a difusividade terá que ser representada por uma grandeza tensorial, e não mais por uma grandeza escalar, de modo que a lei de Fick tem que ser modificada na forma:

$$\mathbf{j}_A = -[\rho \boldsymbol{\Delta}_{AB} \cdot \nabla \omega_A] \qquad (17.1\text{-}10)$$

na qual $\boldsymbol{\Delta}_{AB}$ é o *tensor difusividade* (simétrico).[5,6] Como pode ser visto na equação anterior, o fluxo mássico não é necessariamente colinear com o gradiente da fração mássica. Não trataremos desse assunto doravante.

Nesta seção, discutimos a difusão em sistemas que ocorre como um resultado do gradiente de concentração. Referimo-nos a esse tipo de difusão como *difusão de concentração* ou *difusão ordinária*. Há, no entanto, outros tipos de difusão: difusão decorrente de gradiente de temperatura; *difusão por pressão*, decorrente de gradiente de pressão; e *difusão forçada*, que é aquela causada por forças externas que atuam sobre as espécies químicas. Por ora, vamos considerar apenas a primeira e reservar o Cap. 24 para a discussão das demais. No Cap. 24 vamos também definir e utilizar o conceito de atividade, em vez de o conceito de concentração, como a força motriz da difusão ordinária.

EXEMPLO 17.1-1

Difusão de Hélio através de Vidro Pirex

Calcule o fluxo de massa j_{Ay} que ocorre na difusão de hélio através de vidro pirex em regime permanente para o sistema ilustrado na Fig. 17.1-1, considerando a temperatura a 500 K. A pressão parcial do hélio é de 1 atm em $y = 0$ e nula na superfície superior da placa, $y = Y$. A espessura Y da placa de pirex é de 10^{-2} mm, e sua densidade, $\rho^{(B)}$, é de 2,6 g/cm^3. A solubilidade e a difusividade do hélio[7] são respectivamente iguais a 0,0084 volume de hélio gasoso por unidade de volume de vidro e $\mathscr{D}_{AB} = 0{,}2 \times 10^{-7}$ cm^2/s. Mostre que a suposição de desprezarmos a velocidade mássica média é razoável.

SOLUÇÃO

A concentração mássica do hélio na superfície inferior da placa é obtida a partir de dados de solubilidade e da lei dos gases ideais:

$$\begin{aligned}\rho_{A0} &= (0{,}0084)\frac{p_{A0}M_A}{RT} \\ &= (0{,}0084)\frac{(1{,}0\ \text{atm})(4{,}00\ \text{g/mole})}{(82{,}05\ \text{cm}^3\ \text{atm/mole K})(773\text{K})} \\ &= 5{,}3 \times 10^{-7}\ \text{g/cm}^3\end{aligned} \qquad (17.1\text{-}11)$$

[5] Para o caso de polímeros em escoamento, expressões teóricas foram desenvolvidas para o tensor difusividade usando a teoria cinética; ver H. C. Öttinger, *AIChE Journal*, **35**, 279-286 (1989), and C.F. Curtiss and R. B. Bird, *Adv. Polym. Sci.*, 1-101 (1996), §§6 and 15.

[6] M. E. Glicksman, *Diffusion in Solids: Field Theory, Solid State Principles, and Applications*, Wiley, New York (2000).

[7] C. C. Van Voorhis, *Phys. Rev.*, **23**, 557 (1924) como publicado por R. M. Barrer, *Diffusion in and through Solids*, edição corrigida, Cambridge University Press (1951).

A fração mássica do hélio na fase sólida na superfície interior é então

$$\omega_{A0} = \frac{\rho_{A0}}{\rho_{A0} + \rho_{B0}} = \frac{5{,}3 \times 10^{-7}}{5{,}3 \times 10^{-7} + 2{,}6} = 2{,}04 \times 10^{-7} \quad (17.1\text{-}12)$$

Podemos agora calcular o fluxo de hélio da Eq. 17.1-1 como

$$j_{Ay} = (2{,}6\ \text{g/cm}^3)(2{,}0 \times 10^{-8}\ \text{cm}^2/\text{s})\, \frac{2{,}04 \times 10^{-7}}{10^{-3}\ \text{cm}}$$
$$= 1{,}05 \times 10^{-11}\ \text{g/cm}^2\text{s} \quad (17.1\text{-}13)$$

A seguir, calculamos a velocidade do hélio a partir da Eq.17.1-4:

$$v_{Ay} = \frac{j_{Ay}}{\rho_A} + v_y \quad (17.1\text{-}14)$$

Na superfície da placa ($y = 0$) essa velocidade é calculada pela Eq. 17.1-15:

$$v_{Ay}\big|_{y=0} = \frac{1{,}05 \times 10^{-11}\ \text{g/cm}^2\ \text{s}}{5{,}3 \times 10^{-7}\ \text{g/cm}^3} + v_{y0} = 1{,}98 \times 10^{-5}\ \text{cm/s} + v_{y0} \quad (17.1\text{-}15)$$

O valor de v_{y0}, que corresponde à velocidade mássica média do sistema hélio-vidro em $y = 0$, pode ser obtido da Eq. 17.1-3.

$$v_{y0} = (2{,}04 \times 10^{-7})(1{,}98 \times 10^{-5}\ \text{cm/s} + v_{y0}) + (1 - 2{,}04 \times 10^{-7})\,(0) \quad (17.1\text{-}16)$$

$$v_{y0} = \frac{(2{,}04 \times 10^{-7})(1{,}98 \times 10^{-5}\ \text{cm/s})}{1 - (2{,}04 \times 10^{-7})}$$
$$= 4{,}04 \times 10^{-12}\ \text{cm/s}$$

Assim, a suposição de que o valor v_y pode ser desprezado na Eq. 17.1-14 e de que o experimento ilustrado na Fig. 17.1-1 ocorre em regime permanente, é suficientemente precisa.

EXEMPLO 17.1-2

A Equivalência de $\mathscr{D}_{AB}$ e $\mathscr{D}_{BA}$

Mostre que apenas um valor de difusividade, $\mathscr{D}_{AB}$ ou $\mathscr{D}_{BA}$, é necessário para descrever o comportamento difusional de uma mistura binária.

SOLUÇÃO

Começamos escrevendo a Eq. 17.1-6 na forma:

$$\mathbf{j}_B = -\rho\mathscr{D}_{BA}\nabla\omega_B = +\rho\mathscr{D}_{BA}\nabla\omega_A \quad (17.1\text{-}17)$$

A segunda forma dessa equação resulta do fato de que $\omega_A + \omega_B = 1$. A seguir usamos a forma vetorial equivalente das Eqs. 17.1-3 e 4 para escrever

$$\mathbf{j}_A = \rho\omega_A(\mathbf{v}_A - \omega_A\mathbf{v}_A - \omega_B\mathbf{v}_B)$$
$$= \rho\omega_A((1 - \omega_A)\mathbf{v}_A - \omega_B\mathbf{v}_B)$$
$$= \rho\omega_A\omega_B(\mathbf{v}_A - \mathbf{v}_B) \quad (17.1\text{-}18)$$

Nessa expressão, substituindo A por B podemos mostrar que $\mathbf{j}_A = -\mathbf{j}_B$, e combinando esse resultado com a segunda forma da Eq.17.1-17, obtemos

$$\mathbf{j}_A = -\rho\mathscr{D}_{BA}\nabla\omega_A \quad (17.1\text{-}19)$$

Comparando esse resultado com a Eq. 17.1-5 resulta que $\mathscr{D}_{AB} = \mathscr{D}_{BA}$. Assim, encontramos que a ordem dos subscritos não é relevante para um sistema binário, e que somente um valor de difusividade é necessário para descrever o comportamento difusional da mistura.

Todavia, pode até mesmo ser o caso em que a difusividade para uma solução diluída de A em B e para uma solução diluída de B em A sejam *numericamente* distintas. A razão para tal decorre do fato de que a difusividade depende da concentração, de modo que os dois valores limites antes mencionados correspondem aos valores da difusividade $D_{AB} = D_{BA}$ em dois valores distintos de concentração.

17.2 DEPENDÊNCIA DA DIFUSIVIDADE EM RELAÇÃO À TEMPERATURA E À PRESSÃO

Utilizando o método dos estados correspondentes, discutimos nesta seção a determinação da difusividade $\mathscr{D}_{AB}$ para sistemas binários. Esses métodos são também úteis para a extrapolação de valores conhecidos da difusividade. Comparações entre métodos alternativos estão disponíveis na literatura.[1, 2]

Para o caso de misturas binárias em fase gasosa e a baixas pressões, $\mathscr{D}_{AB}$ é inversamente proporcional à pressão, aumenta com o aumento da temperatura e, para um dado par de componentes, é praticamente independente da composição. A equação a seguir permite a determinação de valores de $\mathscr{D}_{AB}$ a baixas pressões e foi desenvolvida[3] a partir de uma combinação da teoria cinética e da teoria dos estados correspondentes.

$$\frac{p\mathscr{D}_{AB}}{(p_{cA}p_{cB})^{1/3}(T_{cA}T_{cB})^{5/12}(1/M_A + 1/M_B)^{1/2}} = a\left(\frac{T}{\sqrt{T_{cA}T_{cB}}}\right)^b \tag{17.2-1}$$

em que $\mathscr{D}_{AB}$ [=] cm²/s, p [=] atm e T[=] K. Excetuando-se o caso do hélio e do hidrogênio, a análise dos resultados experimentais relativos a gases apolares fornece os seguintes valores numéricos das constantes adimensionais, $a = 2{,}745\times10^{-4}$ e $b = 1{,}823$, e $a = 3{,}640\times10^{-4}$ e $b = 2{,}334$, quando o par consiste em água e em um gás apolar. A Eq. 17.2-1 ajusta os dados experimentais obtidos à pressão atmosférica dentro de um desvio médio na faixa de 6 a 8%. Se os gases A e B forem apolares e conhecidos os seus parâmetros de Lennard-Jones, o método da teoria cinética descrito na próxima seção, geralmente fornece valores ainda mais precisos.

Para o caso de líquidos a altas pressões, o comportamento de $\mathscr{D}_{AB}$ é bem mais complicado. A situação mais simples de ser entendida é a que se refere à autodifusão (interdifusão de moléculas marcadas de uma mesma espécie química). Em primeiro lugar, discutimos esse caso e estendemos os resultados para estimar valores aproximados para misturas binárias.

O gráfico da autodifusividade $\mathscr{D}_{AA^*}$ obtido pela teoria dos estados correspondentes para substâncias apolares é apresentado na Fig. 17.2-1.[4] Esse gráfico é baseado em medidas experimentais de autodifusividade, complementadas por simulações da dinâmica molecular e pela teoria cinética na faixa de pressões baixas. A ordenada é dada por $c\mathscr{D}_{AA^*}$, à pressão p e à temperatura T dividida por cD_{AA^*} no ponto crítico. O valor desta grandeza é lançado em um gráfico em função da pressão reduzida $p_r = p/p_c$ e da temperatura reduzida $T_r = T/T_c$. Devido à similaridade entre as espécies A e A^*, as propriedades críticas de ambas podem ser consideradas iguais.

Da Fig. 17.2-1 constatamos que, em especial no caso de líquidos, $c\mathscr{D}_{AA^*}$ é fortemente dependente da temperatura. Cada temperatura $c\mathscr{D}_{AA^*}$ diminui em direção a zero quando a pressão aumenta. Com a diminuição da temperatura, $c\mathscr{D}_{AA^*}$ cresce à medida que a pressão tende a zero, como previsto pela teoria cinética (ver Seção 17.3). O leitor deve levar em conta de que esse é um gráfico preliminar, e que as linhas, exceto aquelas referentes às regiões de baixas densidades, são traçadas a partir de dados obtidos para umas poucas espécies químicas: Ar, Kr, Xe e CH_4.

A grandeza $(c\mathscr{D}_{AA^*})$ pode ser estimada por um dos três métodos a seguir:

(i) Dado o valor de $c\mathscr{D}_{AA^*}$ à temperatura e pressão conhecidas, pode-se ler o valor de $(c\mathscr{D}_{AA^*})_r$ do gráfico e obter $(c\mathscr{D}_{AA^*}) = c\mathscr{D}_{AA^*}/(c\mathscr{D}_{AA^*})_r$.

---

[1] R. C. Reid, J.M.Prausnitz, and B. E. Poling, *The Properties of Gases and Liquids*, 4th ed., McGraw-Hill, New York (1987), Chapter 11.

[2] E. N. Fuller, P.D. Shettler, and J.C. Giddings, *Ind. Eng. Chem.*, **58**, N.º 5,19-27(1966); Errata: *ibid*, **58**, N.º 8, 81 (1966). Esse artigo apresenta um método bastante eficiente para a previsão da difusividade binária de gases a partir das fórmulas moleculares das duas espécies.

[3] J. C. Slattery and R.B. Bird, *AIChE Journal*, **4**, 137-142 (1958).

[4] Outras correlações para autodifusividade foram publicadas na Ref. 3 e em L.S. Tee, G.F. Kuether, R.C. Robinson and W. E. Stewart, *API Proceedings, Division of Refining*, 235-243 (1966); R. C. Robinson, and W. E. Stewart, *IEC Fundamentals*, **7**, 90-95 (1968); J. L. Bueno, J. Dizy, R. Alvarez and J. Coca, *Trans. Inst. Chem. Eng.*, **68**, Part A, 392-397 (1990).

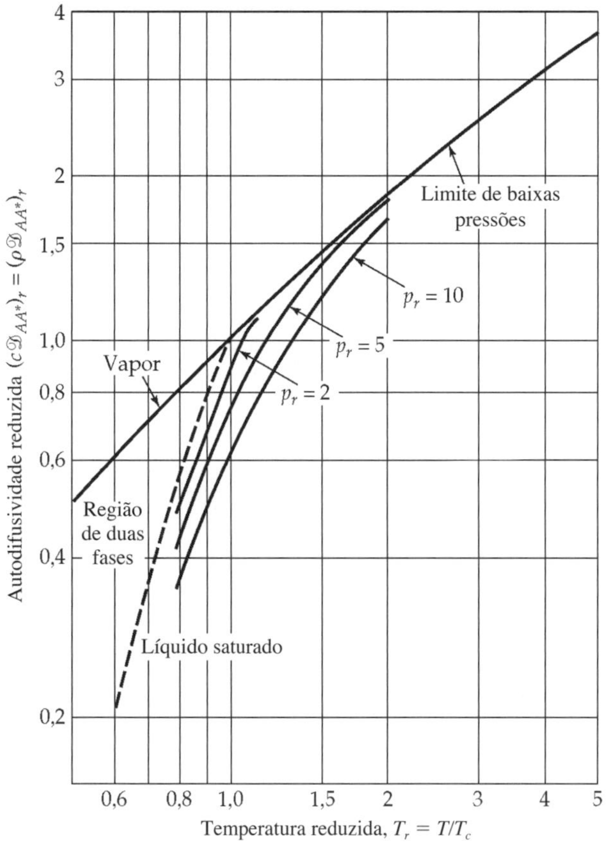

Fig. 17.2-1 Gráfico de estados correspondentes para a autodifusividade reduzida. Aqui $(c\mathscr{D}_{AA^*})_r = (\rho\mathscr{D}_{AA^*})_r$ para o caso de Ar, Kr, Xe e CH_4 é mostrada em função da temperatura reduzida para diversos valores da pressão reduzida. Esse gráfico é baseado em dados de difusividade de J. J. van Loef and E. G. D. Cohen, *Physica A*, **156**, 522-533 (1989), na função de compressibilidade de B. I. Lee and M. G. Kesler, *AIChE Journal*, **21**, 510-527 (1975), e na Eq. 17.3-11 para baixos valores da pressão.

(ii) Pode-se prever o valor de $c\mathscr{D}_{AA^*}$ na região de baixas densidades pelos métodos discutidos na Seção 17.3 e proceder como indicado no método (i).

(iii) Pode-se usar a fórmula empírica (ver Problema 17.9):

$$(c\mathscr{D}_{AA^*})_c = 2{,}96 \times 10^{-6}\left(\frac{1}{M_A} + \frac{1}{M_{A^*}}\right)^{1/2} \frac{p_{cA}^{2/3}}{T_{cA}^{1/6}} \tag{17.2-2}$$

Como no caso da Eq. 17.2-1, essa equação não deve ser usada para o caso de isótopos de hélio ou de hidrogênio. Aqui, c [=] g-mol/cm^3, $\mathscr{D}_{AA^*}$ [=] cm^2/s; T_c [=] K e p_c [=] atm.

Até o momento, a discussão sobre o comportamento em condições de altas densidades envolveu o mecanismo de autodifusão. Vamos agora voltar a considerar o caso de difusão binária de espécies químicas distintas. Na falta de outra informação, admitimos que a Fig. 17.2-1 pode ser usada para uma primeira estimativa dos valores de $c\mathscr{D}_{AB}$ com p_{cA} e T_{cA} respectivamente substituídos por $(p_{cA}p_{cB})^{1/2}$ e $(T_{cA}T_{cB})^{1/2}$ (ver Problema 17A.9 para consubstanciar essa suposição). A ordenada do gráfico pode então ser interpretada como $(c\mathscr{D}_{AB})_r = c\mathscr{D}_{AB}/(c\mathscr{D}_{AB})_c$ e a Eq. 17.2-2 é substituída por

$$(c\mathscr{D}_{AB})_c = 2{,}96 \times 10^{-6}\left(\frac{1}{M_A} + \frac{1}{M_B}\right)^{1/2} \frac{(p_{cA}p_{cB})^{1/3}}{(T_{cA}T_{cB})^{1/12}} \tag{17.2-3}$$

Com essas substituições, valores mais precisos são obtidos no limite de baixas pressões. A pressões mais elevadas, poucos dados estão disponíveis para comparação, e assim o método deve ser considerado como estimativa preliminar.

Os resultados na Fig. 17.2-1, e suas extrapolações para sistemas binários, são expressos em termos de $c\mathscr{D}_{AA^*}$ e $c\mathscr{D}_{AB}$ em vez de $\mathscr{D}_{AA^*}$ e $\mathscr{D}_{AB}$. Isso decorre do fato de que valores da difusividade, multiplicados por c, são, com maior freqüência, utilizados em cálculos de transferência de massa, oferecendo relações de dependência com a temperatura e a pressão mais simples.

EXEMPLO 17.2-1

Estimação de Difusividade a Baixas Densidades

Estime o valor de $\mathcal{D}_{AB}$ para o sistema $CO\text{-}CO_2$ a 296,1 K e 1 atm de pressão total.

SOLUÇÃO

Os valores das propriedades necessárias para a solução da Eq. 17.2-1 são (veja a Tabela E.1):

Designação da espécie	Espécie	M	T_c(K)	p_c (atm)
A	CO	28,01	133	34,5
B	CO_2	44,01	304,2	72,9

Assim,

$$(p_{cA}p_{cB})^{1/3} = (34{,}5 \times 72{,}9)^{1/3} = 13{,}60$$

$$(T_{cA}T_{cB})^{5/12} = (133 \times 304{,}2)^{5/12} = 83{,}1$$

$$\left(\frac{1}{M_A} + \frac{1}{M_B}\right)^{1/2} = \left(\frac{1}{28{,}01} + \frac{1}{44{,}01}\right)^{1/2} = 0{,}2417$$

$$a\left(\frac{T}{\sqrt{T_{cA}T_{cB}}}\right)^b = 2{,}745 \times 10^{-4}\left(\frac{296{,}1}{\sqrt{133 \times 304{,}2}}\right)^{1{,}823} = 5{,}56 \times 10^{-4}$$

A substituição desses valores na Eq.17.2-1 fornece

$$(1{,}0)\mathcal{D}_{AB} = (5{,}56 \times 10^{-4})(13{,}60)(83{,}1)(24{,}17) \tag{17.2-4}$$

da qual resulta $\mathcal{D}_{AB} = 0{,}152\ cm^2/s$, valor esse que apresenta uma boa concordância com o valor experimental.[5] Essa não é uma boa concordância comum.

Esse problema pode também ser resolvido usando a Fig. 17.2-1 e a Eq. 17.2-3, juntamente com a equação dos gases ideais $p = cRT$. O resultado é $\mathcal{D}_{AB} = 0{,}140\ cm^2/s$, o que corresponde a uma razoável aproximação com os dados experimentais.

EXEMPLO 17.2-2

Estimação de Autodifusividade a Altas Densidades

Estime o valor de $c\mathcal{D}_{AA^*}$ para o sistema $C^{14}O_2\text{-}CO_2$ a 171,7 atm e 373 K. Sabe-se que[6] $\mathcal{D}_{AA^*} = 0{,}113\ cm^2/s$ a 1,00 atm e 298K, em cujas condições o valor de $c = p/RT = 4{,}12 \times 10^{-5}$ g-mol/cm^3.

SOLUÇÃO

Uma vez que o valor medido de $\mathcal{D}_{AA^*}$ é conhecido, podemos usar o método (i). As condições reduzidas são $T_r = 298/304{,}2 = 0{,}980$ e $p_r = 1{,}00/72{,}9 = 0{,}014$. Assim, da Fig. 17.2-1 podemos obter o valor de $(c\mathcal{D}_{AA^*})_r = 0{,}98$. Daí resulta que:

$$(c\mathcal{D}_{AA^*})_c = \frac{c\mathcal{D}_{AA^*}}{(c\mathcal{D}_{AA^*})_r} = \frac{(4{,}12 \times 10^{-5})(0{,}113)}{0{,}98}$$

$$= 4{,}75 \times 10^{-6}\ \text{g-mol/cm}\cdot\text{s} \tag{17.2-5}$$

[5] B. A. Ivakin, P. E. Suetin, *Sov. Phys. Tech. Phys.* (versão inglesa), **8**, 748-751 (1964).

[6] E. B. Wynn, *Phys. Ver.*, **80**, 1024-1027 (1950).

Nas condições de previsão, (T_r = 373/304,2 = 1,23 e p_r = 171,7/72,9 = 2,36), podemos obter o valor de $(c\mathcal{D}_{AA^*})_r = 1{,}21$. O valor previsto é dado pela equação

$$c\mathcal{D}_{AA^*} = (c\mathcal{D}_{AA^*})_r(c\mathcal{D}_{AA^*})_c = (1{,}21)(4{,}75 \times 10^{-6})$$
$$= 5{,}75 \times 10^{-6}\ \text{g-mol/cm} \cdot \text{s} \qquad (17.2\text{-}6)$$

Nessas condições, o valor obtido por O'Hern e Martin[7] é de $c\mathcal{D}_{AA^*} = 5{,}89 \times 10^{-6}$ g-mol/cm·s. Essa boa concordância entre o valor estimado e o valor medido não deve surpreender, já que, para a estimativa de $(c\mathcal{D}_{AA^*})_c$, foram usados dados obtidos a baixas pressões.

Esse problema também pode ser resolvido pelo método (iii) sem um valor experimental de $c\mathcal{D}_{AA^*}$. A Eq. 17.4-2 fornece diretamente

$$(c\mathcal{D}_{AA^*})_c = 2{,}96 \times 10^{-6}\left(\frac{1}{44{,}01} + \frac{1}{46}\right)^{1/2} \frac{(72{,}9)^{2/3}}{(304{,}2)^{1/6}}$$
$$= 4{,}20 \times 10^{-6}\ \text{g-mol/cm} \cdot \text{s} \qquad (17.2\text{-}7)$$

O valor estimado de $c\mathcal{D}_{AA^*}$ é de $5{,}1 \times 10^{-6}$ g-mol/cm·s.

EXEMPLO 17.2-3

Estimação de Difusividade Binária a Altas Densidades

Estime o valor de $c\mathcal{D}_{AB}$ para uma mistura de 80 moles% de CH_4 e 20 moles% de C_2H_6 a 136 atm e 313 K. Sabe-se que, a 1 atm e 293 K, a densidade molar é $c = 4{,}17 \times 10^{-5}$ g-mol/cm³·s e $\mathcal{D}_{AB} = 0{,}163$ cm²/s.

SOLUÇÃO

Usamos a Fig. 17.2-1 com o método (i). As condições reduzidas para as condições dadas são

$$T_r = \frac{T}{\sqrt{T_{cA}T_{cB}}} = \frac{293}{\sqrt{(190{,}7)(305{,}4)}} = 1{,}22 \qquad (17.2\text{-}8)$$

$$p_r = \frac{p}{\sqrt{p_{cA}p_{cB}}} = \frac{1{,}0}{\sqrt{(45{,}8)(48{,}2)}} = 0{,}021 \qquad (17.2\text{-}9)$$

Para essas condições, da Fig. 17.2-1 tiramos o valor de $(c\mathcal{D}_{AB})_r = 1{,}21$, sendo que o valor crítico $(c\mathcal{D}_{AB})_c$ é dado por

$$(c\mathcal{D}_{AB})_c = \frac{c\mathcal{D}_{AB}}{(c\mathcal{D}_{AB})_r} = \frac{(4{,}17 \times 10^{-5})(0{,}163)}{1{,}21}$$
$$= 5{,}62 \times 10^{-6}\ \text{g-mol/cm} \cdot \text{s} \qquad (17.2\text{-}10)$$

A seguir calculamos as condições reduzidas para as condições de previsão (T_r = 1,30, p_r = 2,90) e obtemos o valor de $c\mathcal{D}_{AB} = 1{,}31$ da Fig. 17.2-1. O valor previsto de $c\mathcal{D}_{AB}$ é portanto igual a:

$$c\mathcal{D}_{AB} = (c\mathcal{D}_{AB})_r(c\mathcal{D}_{AB})_c = (1{,}31)(5{,}62 \times 10^{-6})$$
$$= 7{,}4 \times 10^{-6}\ \text{g-mol/cm} \cdot \text{s} \qquad (17.2\text{-}11)$$

Valores experimentais[8] dão $c\mathcal{D}_{AB} = 6{,}0 \times 10^{-6}$, de modo que o valor previsto é 23% superior. Todavia, na estimativa de valores de $c\mathcal{D}_{AB}$ a altas densidades, desvios dessa ordem são comuns.

Uma solução alternativa pode ser obtida pelo método (iii). A substituição na Eq. 17.4-3, fornece

$$(c\mathcal{D}_{AB})_c = 2{,}96 \times 10^{-6}\left(\frac{1}{16{,}04} + \frac{1}{30{,}07}\right)^{1/2} \frac{(45{,}8 \times 48{,}2)^{1/3}}{(190{,}7 \times 305{,}4)^{1/12}}$$
$$= 4{,}78 \times 10^{-6}\ \text{g-mol/cm} \cdot \text{s} \qquad (17.2\text{-}12)$$

[7] H. A. O'Hern and J. J. Martin, *Ind. Eng. Chem.*, **47**, 2081-2086 (1955).

[8] V. J. Berry, Jr., and R. C. Koeller, *AIChE Journal*, **6**, 274-280 (1960).

Multiplicando por $(c\mathscr{D}_{AB})_r$ nas condições especificadas, resulta

$$c\mathscr{D}_{AB} = (4{,}78 \times 10^{-6})(1{,}31)$$
$$= 6{,}26 \times 10^{-6}\ \text{g-mol/cm} \cdot \text{s} \qquad (17.2\text{-}13)$$

Valor este que tem boa concordância com o valor medido.[8]

17.3 TEORIA DA DIFUSÃO EM GASES A BAIXAS DENSIDADES

Valores da difusividade mássica, $\mathscr{D}_{AB}$, para misturas de gases apolares podem ser previstos pela teoria cinética dentro de uma faixa de 5%. Como já discutido anteriormente nas Seções 1.4 e 9.3, começamos com um desenvolvimento simplificado para ilustrar os mecanismos envolvidos e apresentar resultados mais precisos obtidos com a teoria de Chapman-Enskog.

Considere um volume gasoso de grandes dimensões contendo as espécies A e A^*, que são idênticas porém identificadas de forma distinta. Desejamos determinar a autodifusividade $\mathscr{D}_{AA^*}$ em termos das propriedades moleculares baseadas na suposição de que as moléculas se constituem de esferas rígidas de massa igual m_A e de diâmetro d_A.

Uma vez que as propriedades de A e A^* são praticamente as mesmas, podemos usar os resultados obtidos da teoria cinética para uma esfera gasosa rígida e pura a baixas densidades, na qual os gradientes de temperatura, de pressão e de velocidade podem ser desprezados:

$$\bar{u} = \sqrt{\frac{8\kappa T}{\pi m}} = \text{velocidade média relativa a } \mathbf{v} \qquad (17.3\text{-}1)$$

$$Z = \tfrac{1}{4}n\bar{u} = \text{freqüência de colisão da parede de área em um gás estacionário} \qquad (17.3\text{-}2)$$

$$\lambda = \frac{1}{\sqrt{2}\pi d^2 n} = \text{livre percurso médio} \qquad (17.3\text{-}3)$$

Em média, as moléculas que alcançam qualquer plano no gás têm sua última colisão a uma distância a do plano, onde

$$a = \tfrac{2}{3}\lambda \qquad (17.3\text{-}4)$$

Nessas equações n corresponde à densidade, definida como o número total de moléculas por unidade de volume.

Para a estimativa da autodifusividade $\mathscr{D}_{AA^*}$, vamos considerar o movimento da espécie A na direção y sob um gradiente de fração mássica $d\omega_A/dy$ (ver Fig. 17.3-1), em que a mistura fluida se move na direção y a uma velocidade mássica média v_y. A temperatura T e a concentração mássica molar total ρ são consideradas constantes. Supomos adicionalmente que, nessa situação de não-equilíbrio, as Eqs. 17.3-1 a 4 são aplicáveis. O fluxo mássico da espécie A que atravessa a unidade de área de qualquer plano y constante é determinado escrevendo-se um balanço de massa relativo à espécie A considerando a massa que atravessa o plano no sentido positivo de y subtraída da massa de A que atravessa o mesmo plano, porém em sentido oposto:

$$(\rho\omega_A v_y)|_y + [(\tfrac{1}{4}\rho\omega_A\bar{u})|_{y-a} - (\tfrac{1}{4}\rho\omega_A\bar{u})|_{y+a}] \qquad (17.3\text{-}5)$$

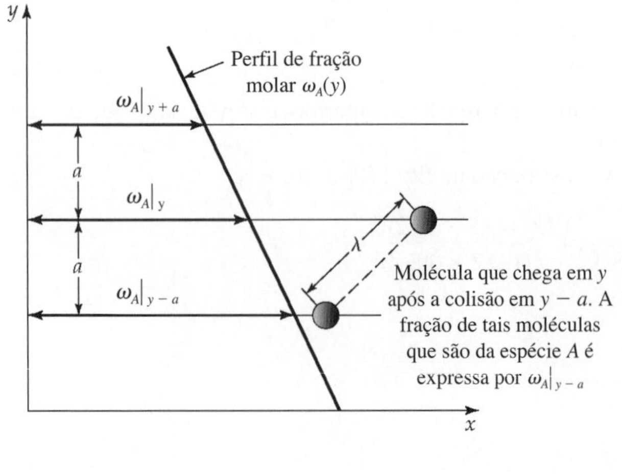

Fig. 17.3-1 Transporte molecular da espécie A do plano $(y - a)$ ao plano y.

Nessa equação, o primeiro termo representa a massa transportada na direção y, transporte esse que resulta do movimento macroscópico do fluido — isto é, o transporte convectivo — e os dois últimos termos representam o transporte difusivo relativo a v_y.

Admitindo-se que o perfil de concentração $\omega_A(y)$ é praticamente linear ao longo de uma distância equivalente a vários valores do livre percurso médio, podemos escrever:

$$\omega_A\big|_{y\pm a} = \omega_A\big|_y \pm \tfrac{2}{3}\lambda \frac{d\omega_A}{dy} \tag{17.3-6}$$

Da combinação dessas duas últimas equações, resulta o *fluxo mássico combinado* no plano y:

$$\begin{aligned} n_{Ay} &= \rho\omega_A v_y - \tfrac{1}{3}\rho\bar{u}\lambda \frac{d\omega_A}{dy} \\ &\equiv \rho\omega_A v_y - \rho\mathscr{D}_{AA^*}\frac{d\omega_A}{dy} \end{aligned} \tag{17.3-7}$$

Essa grandeza é definida como a soma do *fluxo mássico convectivo* e do *fluxo mássico molecular*, sendo o último dado pela Eq. 17.1-1. Assim, podemos obter as seguintes expressões para a autodifusividade:

$$\mathscr{D}_{AA^*} = \tfrac{1}{3}\bar{u}\lambda \tag{17.3-8}$$

Usando agora as Eqs. 17.3-1 e 3, obtemos

$$\mathscr{D}_{AA^*} = \frac{2}{3}\frac{\sqrt{\kappa T/\pi m_A}}{\pi d_A^2}\frac{1}{n} = \frac{2}{3\pi}\frac{\sqrt{\pi m_A \kappa T}}{\pi d_A^2}\frac{1}{\rho} \tag{17.3-9}$$

a qual pode ser comparada com a Eq. 1.4-9 para a viscosidade e com a Eq. 9.3-12 para a condutividade térmica.

O desenvolvimento da fórmula de $\mathscr{D}_{AB}$ para esferas rígidas de massas e diâmetros desiguais é consideravelmente mais difícil. Limitamo-nos a transcrever o resultado[1] na Eq. 17.3-10:

$$\mathscr{D}_{AB} = \frac{2}{3}\sqrt{\frac{\kappa T}{\pi}}\sqrt{\frac{1}{2}\left(\frac{1}{m_A} + \frac{1}{m_B}\right)}\frac{1}{\pi(\frac{1}{2}(d_A + d_B))^2}\frac{1}{n} \tag{17.3-10}$$

Isto é, $1/m_A$ é substituído pela média aritmética de $1/m_A$ e $1/m_B$ e d_A pela média de d_A e d_B.

A discussão precedente mostrou como a difusividade pode ser obtida por considerações baseadas no livre percurso médio. Para resultados mais precisos, a teoria cinética de Chapman-Enskog deve ser usada. Os resultados obtidos com essa teoria para a viscosidade e para a condutividade térmica foram anteriormente apresentados nas Seções 1.4 e 9.3, respectivamente. A fórmula correspondente para $c\mathscr{D}_{AB}$ é:[2,3]

$$\begin{aligned} c\mathscr{D}_{AB} &= \frac{3}{16}\sqrt{\frac{2RT}{\pi}\left(\frac{1}{M_A} + \frac{1}{M_B}\right)}\frac{1}{\tilde{N}\sigma_{AB}^2\Omega_{\mathscr{D},AB}} \\ &= 2{,}2646 \times 10^{-5}\sqrt{T\left(\frac{1}{M_A} + \frac{1}{M_B}\right)}\frac{1}{\sigma_{AB}^2\Omega_{\mathscr{D},AB}} \end{aligned} \tag{17.3-11}$$

Ou ainda, se aproximarmos o valor de c pela lei dos gases ideais $p = cRT$, obtemos para $\mathscr{D}_{AB}$

$$\begin{aligned} \mathscr{D}_{AB} &= \frac{3}{16}\sqrt{\frac{2(RT)^3}{\pi}\left(\frac{1}{M_A} + \frac{1}{M_B}\right)}\frac{1}{\tilde{N}p\sigma_{AB}^2\Omega_{\mathscr{D},AB}} \\ &= 0{,}0018583\sqrt{T^3\left(\frac{1}{M_A} + \frac{1}{M_B}\right)}\frac{1}{p\sigma_{AB}^2\Omega_{\mathscr{D},AB}} \end{aligned} \tag{17.3-12}$$

---

[1] Um resultado semelhante é dado por R. D. Present, *Kinetic Theory of Gases*, Mc Graw-Hill, New York (1958), p. 55.

[2] S.Chapman and T.G. Cowling, *The Mathematical Theory of Non-Uniform Gases*,3rd ed., Cambridge University Press (1970), Chaphers10 and 14.

[3] J. O. Hirschfelder, C. F. Curtiss, and R. B. Bird, *Molecular Theory of Gases and Liquids*, 2.ª impressão corrigida, Wiley, New York (1964), p. 539.

Na segunda linha das Eqs. 17.3-11 e 12, $\mathscr{D}_{AB}$ [=] cm²/s, σ_{AB} [=] Å, T [=] K e p [=] atm.

A grandeza $\Omega_{\mathscr{D},AB}$ é adimensional e denominada "integral de colisão" para a difusão, que depende da temperatura adimensional $\kappa T/\varepsilon_{AB}$. Os parâmetros σ_{AB} e ε_{AB} aparecem no potencial de Lennard-Jones entre uma molécula de A e uma de B (cf. Eq. 1.4-10):

$$\varphi_{AB}(r) = 4\varepsilon_{AB}\left[\left(\frac{\sigma_{AB}}{r}\right)^{12} - \left(\frac{\sigma_{AB}}{r}\right)^{6}\right] \tag{17.3-13}$$

A função $\Omega_{\mathscr{D},AB}$ é dada na Tabela E.2 e na Eq. E.2-2. Desses resultados verifica-se que, na faixa de baixas temperaturas, $\mathscr{D}_{AB}$ cresce com T^2, enquanto na faixa de temperaturas elevadas com $T^{1,65}$; na Fig. 17.2-1 atente para a curva $p_r \rightarrow 0$. Para esferas rígidas, $\Omega_{\mathscr{D},AB}$ teria um valor unitário em todas as temperaturas e um resultado análogo à Eq. 17.3-10 seria obtido.

Os parâmetros σ_{AB} e ε_{AB} poderiam, em princípio, ser diretamente determinados a partir de medidas mais precisas de $\mathscr{D}_{AB}$ dentro de uma ampla faixa de temperatura. Dados adequados não estão, todavia, ainda disponíveis para muitos pares de gases, e ter-se-á que recorrer ao uso de outras propriedades mensuráveis, tais como viscosidade[4] de uma mistura binária de A e B. No caso em que esses dados não estejam disponíveis, podemos então estimar σ_{AB} e ε_{AB} das seguintes regras de combinação:[5]

$$\sigma_{AB} = \tfrac{1}{2}(\sigma_A + \sigma_B); \qquad \varepsilon_{AB} = \sqrt{\varepsilon_A \varepsilon_B} \tag{17.3-14, 15}$$

para pares de gases não-polares. A utilização dessas regras de combinação permite prever os valores de $\mathscr{D}_{AB}$ dentro de uma faixa de erro de 6% usando-se os dados de viscosidade das espécies puras A e B, ou dentro de uma faixa de erro de 10% usando-se os parâmetros de Lennard-Jones para A e B estimados a partir de dados de ponto de ebulição usando a Eq. 1.4-12.[6]

Para pares de isótopos $\sigma_{AA^*} = \sigma_A = \sigma_{A^*}$ e $\varepsilon_{AA^*} = \varepsilon_A = \varepsilon_{A^*}$; isso significa que os campos de força intermoleculares para os vários pares A-A^*, A^*-A^* e A-A são praticamente idênticos, sendo que os parâmetros σ_A e ε_A podem ser obtidos a partir de dados de viscosidade da espécie A pura. Se, adicionalmente, o valor de M_A for muito grande, a Eq. 17.3-11 se reduz a

$$c\mathscr{D}_{AA^*} = 3{,}2027 \times 10^{-5}\sqrt{\frac{T}{M_A}}\frac{1}{\sigma_A^2 \Omega_{\mathscr{D},AA^*}} \tag{17.3-16}$$

A expressão que corresponde ao modelo da esfera rígida é dada pela Eq. 17.3-9.

A comparação da Eq. 17.3-16 com a Eq. 17.4-14 mostra que a autodifusividade $\mathscr{D}_{AA^*}$ e a viscosidade μ (ou a viscosidade cinemática ν) estão relacionadas na forma a seguir indicada para o caso de pares de gases de isótopos pesados a baixos valores de densidade:

$$\frac{\mu}{\rho\mathscr{D}_{AA^*}} = \frac{\nu}{\mathscr{D}_{AA^*}} = \frac{5}{6}\frac{\Omega_{\mathscr{D},AA^*}}{\Omega_\mu} \tag{17.3-17}$$

na qual $\Omega_\mu \approx 1{,}1\ \Omega_{\mathscr{D},AA^*}$ em uma ampla faixa de valores de $\kappa T/\varepsilon_A$, como pode ser visto na Tabela E.2. Assim, $\mathscr{D}_{AA^*} \approx 1{,}32\nu$ para a *autodifusividade*. A relação entre ν e a *difusão binária* $\mathscr{D}_{AB}$ não é tão simples, pois ν pode variar consideravelmente com a composição. O número de Schmidt Sc $= \mu/\rho\mathscr{D}_{AB}$ se situa na faixa de 0,2 a 5,0 para a maioria dos pares de gases.

As Eqs. 17.3-11, 12, 16 e 17 foram derivadas para gases apolares monoatômicos mas têm sido bastante úteis também para gases apolares poliatômicos. Além disso, essas equações podem ser usadas para estimar valores de $\mathscr{D}_{AB}$ para a interdifusão de um gás polar e um gás apolar combinando relações distintas[7] das que foram apresentadas nas Eqs. 17.3-14 e 15.

EXEMPLO 17.3-1

Cálculo da Difusividade Mássica para Gases Monoatômicos a Baixas Densidades

Determine o valor de $\mathscr{D}_{AB}$ para o sistema CO-CO_2 a 296,1 K e 1,0 atm de pressão total.

---

[4] S. Weissman and E. A. Mason, *J. Chem. Phys.*, **37**, 1289-1300 (1962); S. Weissman, *J. Chem. Phys.*, **40**, 3397-3406 (1964).

[5] J. O. Hirschfelder, R. B. Bird, and E. L. Spotz, *Chem. Revs.*, **44**, 205-231 (1949); S. Gotoh, M. Manner, J. P. Sørensen, and W. E. Stewart, *J. Chem. Eng. Data*, **19**, 169-171 (1974).

[6] R. C. Reid, J. M. Prausnitz, and B. E. Poling, *The Properties of Gases and Liquids*, 4th edition, McGraw-Hill, New York (1987).

[7] J.O Hirschfelder, C. F. Curtiss, and R. B. Bird, *Molecular Theory of Gases and Liquids*, 2.ª ed. corrigida, Wiley, New York (1964), §8.6*b* e p. 1201. Gases polares e misturas de gases são discutidos por E. A. Mason and L. Monchick, *J. Chem. Phys.*, **36**, 2746-2757 (1962).

SOLUÇÃO
Da Tabela E.1 obtemos os valores dos seguintes parâmetros:

CO:	$M_A = 28{,}01$	$\sigma_A = 3{,}590$ Å	$\varepsilon_A/\kappa = 100$K
CO_2:	$M_B = 44{,}01$	$\sigma_B = 3{,}996$ Å	$\varepsilon_B/\kappa = 190$K

Os parâmetros de mistura são então estimados das Eqs. 17.3-14 e 15:

$$\sigma_{AB} = \tfrac{1}{2}(3{,}590 + 3{,}996) = 3{,}793 \text{ Å} \tag{17.3-18}$$

$$\varepsilon_{AB}/\kappa = \sqrt{(110)(190)} = 144{,}6\text{K} \tag{17.3-19}$$

O valor da temperatura adimensional é calculado por $\kappa T/\varepsilon_{AB} = (296{,}1)/(144{,}6) = 2{,}048$. Da Tabela E.2 podemos calcular a integral de colisão para difusão, $\Omega_{\mathscr{D},AB} = 1{,}067$. Substituindo os valores dados antes na Eq. 17.3-12 resulta:

$$\begin{aligned}\mathscr{D}_{AB} &= 0{,}0018583\sqrt{(296{,}1)^3\left(\frac{1}{28{,}01} + \frac{1}{44{,}01}\right)}\frac{1}{(1{,}0)(3{,}793)^2(1{,}067)} \\ &= 0{,}149 \text{ cm}^2/\text{s}\end{aligned} \tag{17.3-20}$$

17.4 TEORIA DA DIFUSÃO EM LÍQUIDOS BINÁRIOS

A teoria cinética para a difusão em líquidos simples não está desenvolvida como no caso de gases diluídos, e, portanto, ela não nos permite estimar dados analíticos precisos da difusividade.[1-3] A nossa compreensão sobre a difusão de líquidos se baseia em modelos simplificados de hidrodinâmica e dos estados ativados. A aplicação desses modelos gerou um número considerável de correlações empíricas, as quais se configuram como o melhor procedimento para a estimativa de parâmetros relevantes. Essas correlações permitem estimativas da difusividade, expressas em função de valores de propriedades mais facilmente mensuráveis, tais como a viscosidade e o volume molar.

Na *teoria hidrodinâmica* o ponto de partida é a equação de Nernst-Einstein,[4] na qual é postulado que a difusividade de uma única partícula ou molécula do soluto A através de um meio estacionário B é dada por

$$\mathscr{D}_{AB} = \kappa T(\mu_A/F_A) \tag{17.4-1}$$

em que μ_A/F_A expressa a "mobilidade" de uma partícula de A (isto é, o gradiente de velocidade da partícula sob a ação de uma força unitária). A origem da Eq. 17.4-1 é discutida na Seção 17.5 juntamente com o movimento browniano de suspensões coloidais. Uma vez conhecidos a forma e o tamanho de A, a mobilidade pode ser calculada pela equação do movimento para escoamentos lentos[5] (Eq. 3.5-8). Assim, se A é uma partícula esférica e se considerarmos a possibilidade de ocorrer "deslizamento" na interface sólido-fluido, podemos obter[6]

$$\frac{\mu_A}{F_A} = \left(\frac{3\mu_B + R_A\beta_{AB}}{2\mu_B + R_A\beta_{AB}}\right)\frac{1}{6\pi\mu_B R_A} \tag{17.4-2}$$

na qual μ_B é a viscosidade do solvente puro, R_A é o raio da partícula do soluto e β_{AB} é o "coeficiente de deslizamento" (que é formalmente idêntico à relação μ/ζ definida no Problema 2.B-9). Os casos limites para $\beta_{AB} = \infty$ e $\beta_{AB} = 0$ são de particular interesse:

a. $\beta_{AB} = \infty$ (condição de não-deslizamento)
Nesse caso a Eq. 17.4-2 se reduz à lei de Stokes (Eq. 2.6-15) e a Eq. 17.4-1 se reduz a

$$\frac{\mathscr{D}_{AB}\mu_B}{\kappa T} = \frac{1}{6\pi R_A} \tag{17.4-3}$$

[1] R. J. Bearman and J. G. Kirkwood, *J. Chem. Phys.*, **28**, 136-145 (1958).
[2] R. J. Bearman, *J. Phys. Chem.*, **65**, 1961-1968 (1961).
[3] C. F. Curtiss and R. B. Bird, *J. Chem. Phys.*, **111**, 10362-10370 (1999).
[4] Ver § 17.7 e E. A. Moelwyn-Hughes, *Physical Chemistry*, 2nd. edition, corrected printing, MacMillan, New York (1964), pp. 62-74. Ver também R. J. Silbey and R. A. Alberty, *Physical Chemistry*, 3 rd. edition, Wiley, New York (2001), §20.2. Aparentemente a equação de Nernst-Einstein não pode ser generalizada para fluidos poliméricos com apreciáveis gradientes de velocidade, e foi vista por H. C. Öttinger, *AIChE Journal*, **35**, 279-286 (1986).
[5] S. Kim and S. J. Karrila, *Microhydrodynamics: Principles and Selected Applications*, Butterworth-Heinemann, Boston (1991).
[6] H. Lamb, *Hydrodynamics*, 6th edition, Cambridge University Press (1932), reprinted (1997), § 337.

a qual é conhecida como a *equação de Stokes-Einstein*. Essa equação se aplica à difusão de moléculas esféricas de grande diâmetro em solventes de baixo peso molecular[7] e para partículas em suspensão. Expressões análogas àquelas desenvolvidas para partículas não-esféricas, foram usadas para prever a forma de moléculas de proteínas.[8,9]

b. $\beta_{AB} = 0$ (condição de deslizamento total)
Nesse caso, a Eq. 17.4-1 reduz-se a (ver Eq. 4B.3-4)

$$\frac{\mathscr{D}_{AB}\mu_B}{\kappa T} = \frac{1}{4\pi R_A} \tag{17.4-4}$$

Se as moléculas A e B são idênticas (isto é, para o caso de autodifusão) e se podemos supor que elas formem um látice cúbico com as moléculas adjacentes em contato direto, então $2R_A = (\tilde{V}_A/\tilde{N}_A)^{1/3}$ e

$$\frac{\mathscr{D}_{AA}\mu_A}{\kappa T} = \frac{1}{2\pi}\left(\frac{\tilde{N}_A}{\tilde{V}_A}\right)^{1/3} \tag{17.4-5}$$

A Eq. 17.4-5 ajusta dados de autodifusão para alguns líquidos, tanto polares quanto substâncias associadas, metais líquidos e enxofre fundido em uma faixa de 12%.[10] O modelo hidrodinâmico mostrou-se menos adequado para difusão binária (isto é, para A diferente de B) embora os valores estimados para a influência da temperatura e da pressão sobre a difusividade são razoavelmente corretos.

Deve ser ressaltado que as fórmulas anteriormente indicadas são aplicáveis somente para o caso de soluções diluídas de A em B. Todavia, alguns trabalhos já foram publicados referentes à utilização do modelo hidrodinâmico para o caso de soluções com concentrações finitas.[11]

A *teoria do estado ativado de Eyring* busca explicar o comportamento relativo ao transporte por meio de um modelo quase-cristalino do estado líquido.[12] Nessa teoria supõe-se que ocorra algum processo unimolecular, em termos do qual a difusão pode ser descrita, e, nesse processo, assume-se adicionalmente que ocorra configuração que pode ser identificada como o "estado ativado". A teoria de Eyring relativa às taxas de reação é aplicada nesse processo elementar de maneira análoga àquela descrita na Seção 1.5 para a estimativa da viscosidade de líquidos. Uma modificação proposta por Ree, Eyring e colaboradores[13] do modelo original de Eyring fornece uma expressão análoga à Eqs. 17.4-5 para traços de A no solvente B:

$$\frac{\mathscr{D}_{AB}\mu_B}{\kappa T} = \frac{1}{\xi}\left(\frac{\tilde{N}_A}{\tilde{V}_B}\right)^{1/3} \tag{17.4-6}$$

Aqui ξ representa um "parâmetro de empacotamento", que teoricamente representa o número das moléculas vizinhas mais próximas das moléculas do solvente. Para o caso particular da autodifusão, o valor de ξ é aproximadamente igual a 2π, de modo que, a despeito da diferença entre os modelos a partir dos quais elas foram obtidas, as Eqs. 17.4-5 e 6 fornecem um bom ajuste.

A teoria de Eyring baseia-se em um modelo simplificado do estado líquido e, conseqüentemente, as condições requeridas para essa validade são desconhecidas. Todavia, Bearman mostrou[2] que o modelo de Eyring fornece resultados bastante consistentes com os dados obtidos a partir da mecânica estatística para "soluções regulares", isto é, para misturas de moléculas que têm tamanhos, formas e forças intermoleculares semelhantes. Para esse caso limite, Bearman também obtém uma expressão relacionando a difusividade e a concentração,

$$\frac{\mathscr{D}_{AB}\mu_B}{(\mathscr{D}_{AB}\mu_B)_{x_A\to 0}} = \left[1 + x_A\left(\frac{\overline{V}_A}{\overline{V}_B} - 1\right)\right]\left(\frac{\partial \ln a_A}{\partial \ln x_A}\right)_{T,p} \tag{17.4-7}$$

---

[7] A. Polson, *J. Phys. Colloid Chem.*, **54**, 649-652 (1950).

[8] H. J. V. Tyrrell, *Diffusion and Heat Flow in Liquids*, Butterworths, London (1961), Chapter 6.

[9] O escoamento lento no entorno de corpos finitos imersos em meios fluidos de extensão infinita foi revisto por J. Happel and H. Brenner, *Low Reynolds Number Hydrodynamics*, Prentice-Hall, Englewood Cliffs, N. J. (1965); ver também S.Kim and S. J. Karrila, *Microhydrodynamics: Principles and Selected Applications*, Butterworth-Heinemann, Boston (1991). G. K. Youngren and A. Acrivos, *J. Chem. Phys.*, **63**, 3846-3848 (1975) calcularam o coeficiente de atrito rotacional para o benzeno corroborando a validade de não-deslizamento em dimensões moleculares.

[10] J. C. M. Li and P. Chang, *J. Chem. Phys.*, **23**, 518-520 (1955).

[11] C. W. Pyrin and M. Fixman,, *J. Chem. Phys.*, **41**, 937-944 (1964).

[12] S. Glasstone, K. J. Laidler, and H. Eyring, *Theory of Rate Processes*, McGraw-Hill, New York (1941), Chapter IX.

[13] H. Eyring, D. Henderson, B. J. Stover, and E. M. Eyring, *Statistical Mechanics and Dynamics*, Wiley, New York (1964), §16.8.

na qual $\mathscr{D}_{AB}$ e μ_B são a difusividade e a viscosidade da mistura de composição x_A, e a_A é a atividade termodinâmica para a espécie A. Para soluções regulares, os volumes parciais molares $\overline{V}_A$ e $\overline{V}_B$ são iguais aos respectivos volumes molares dos componentes puros. Baseado em sua análise, Bearman sugere que a Eq. 17.4-7 deve ser aplicada somente para o caso de soluções regulares, e foi estabelecido que ela também se aplica ao caso de soluções quase ideais.

Devido à natureza limitada da teoria da difusão em líquidos, torna-se necessário recorrer a expressões *empíricas*. Por exemplo, a equação de Wilke-Chang[14] fornece a difusividade em cm^2/s para baixos valores das concentrações de A em B na forma de

$$\mathscr{D}_{AB} = 7{,}4 \times 10^{-8} \frac{\sqrt{\psi_B M_B}\,T}{\mu \tilde{V}_A^{0,6}} \tag{17.4-8}$$

Aqui $\tilde{V}_A$ é o volume molar do soluto A em cm^3/g-mol no estado líquido, μ é a viscosidade da solução em centipoise, ψ_B é um "parâmetro de associação" para o solvente e T a temperatura absoluta em K. Valores recomendados para ψ_B são: 2,6 para a água; 1,5 para etanol; 1,9 para o metanol; 1,0 para o benzeno, éter, heptano e outros solventes não dissociados. A Eq. 17.4-8 só se aplica para o caso de soluções diluídas de solutos não-dissociados. Para esses casos, a equação citada estima valores em uma faixa de $\pm$ 10%.

Outras relações empíricas, bem como os seus méritos relativos, foram sumarizados por Reid, Prausnitz e Poling.[15]

EXEMPLO 17.4-1

Estimação da Difusividade de Líquidos

Estime o valor de $\mathscr{D}_{AB}$ de uma solução diluída de TNT (2,4,6-trinitrotolueno) em benzeno a 15°C.

SOLUÇÃO

Use a equação de Wilke e Chang, considerando o TNT como o componente A e o benzeno como o componente B. Os dados necessários são

$$\begin{aligned} \mu &= 0{,}705 \text{ cP (viscosidade do benzeno puro)} \\ \tilde{V}_A &= 140 \text{ cm}^3/\text{g-mol (TNT)} \\ \psi_B &= 1{,}0 \text{ (benzeno)} \\ M_B &= 78{,}11 \text{ (benzeno)} \end{aligned}$$

A substituição na Eq. 17.4-8 resulta

$$\begin{aligned} \mathscr{D}_{AB} &= 7{,}4 \times 10^{-8} \frac{\sqrt{(1{,}0)(78{,}11)}(273 + 15)}{(0{,}705)(1{,}40)^{0,6}} \\ &= 1{,}40 \times 10^{-5} \text{ cm}^2/\text{s} \end{aligned} \tag{17.4-9}$$

Esse resultado apresenta uma boa concordância com o valor experimental 140×10^{-5} cm^2/s.

17.5 TEORIA DA DIFUSÃO EM SUSPENSÕES COLOIDAIS[1,2,3]

Vamos agora considerar o movimento de partículas coloidais de pequeno diâmetro em um líquido. Em particular, vamos considerar o caso de uma suspensão diluída de partículas finamente divididas de um material A em um líquido B estacionário. Quando as esferas de A são suficientemente pequenas (porém de tamanho muito maior que o tamanho das moléculas da

[14] C. R. Wilke, *Chem. Eng. Prog.*, **45**, 218-224 (1949); C. R. Wilke and P. Chang, *AIChE Journal*, **1**, 264-270 (1955).

[15] R. C. Reid, J. M. Prausnitz, and B. E. Poling, *The Properties of Gases and Liquids*, 4th ed., McGraw-Hill, New York (1987), Chapter 11.

[1] A. Einstein, *Ann. d. Phys.*, **17**, 549-560 (1905), **19**, 371-38 (1906); *Investigations on the Theory of the Brownian Movement*, Dover, New York (1956).

[2] S. Chandrasekhar, *Rev. Mod. Phys.*, **15**, 1-89 (1943).

[3] W. B. Russel, D. A. Saville, and W. R. Schowalter, *Colloidal Dispersions*, Cambridge University Press (1989); H.C. Öttinger, *Stochastic Processes in Polymeric Fluids*, Springer, Berlin (1996).

fase contínua), das colisões entre as partículas de A com as moléculas de B resulta um movimento aleatório das primeiras. Esse movimento aliatório é denominado *movimento browniano*.[4]

O movimento de cada esfera pode ser descrito por uma equação denominada *equação de Langevin:*

$$m\frac{d\mathbf{u}_A}{dt} = -\zeta\mathbf{u}_A + \mathbf{F}(t) \tag{17.5-1}$$

na qual $\mathbf{u}_A$ é a velocidade instantânea da esfera de massa m. O termo $-\zeta\mathbf{u}_A$ representa a força de arraste da lei de Stokes[5] e $\zeta = 6\pi\mu_B R_A$, o "coeficiente de arraste". Finalmente $\mathbf{F}(t)$ representa a força motriz do movimento browniano. No sentido usual, a Eq. 17.5-1 não pode ser resolvida, uma vez que ela contém uma força aleatoriamente flutuante. Equações semelhantes à Eq. 17.5-1 são denominadas "equações diferenciais estocásticas".

Admitindo-se que (i) $\mathbf{F}(t)$ não dependem de $\mathbf{u}_A$ e que (ii) as variações em $\mathbf{F}(t)$ são muito mais rápidas do que as que ocorrem com $\mathbf{u}_A$, podemos então determinar, da Eq. 17.5-1, a probabilidade $W(\mathbf{u}_A,t;\mathbf{u}_{A0})d\mathbf{u}_A$ que a partícula terá uma velocidade na faixa compreendida entre $\mathbf{u}_A$ e $\mathbf{u}_A + d\mathbf{u}_A$. À medida que $t \to \infty$, considerações de ordem física impõem que a densidade de probabilidade $W(\mathbf{u}_A,t;\mathbf{u}_{A0})$ se aproxime da distribuição de equilíbrio de Maxwell:

$$W(\mathbf{u}_A,t;\mathbf{u}_{A0}) \to \left(\frac{m}{2\pi\kappa T}\right)^{3/2} \exp(-mu_A^2/2\kappa T) \tag{17.5-2}$$

sendo T a temperatura do fluido em que as partículas estão em suspensão.

Uma outra grandeza de interesse que pode ser obtida a partir da equação de Langevin é a probabilidade $W(\mathbf{r},t;\mathbf{r}_0,\mathbf{u}_{A0})d\mathbf{r}$, que uma partícula, no tempo t e com velocidade e posição iniciais dadas por $\mathbf{v}_0$ e $\mathbf{r}_0$, ocupará uma posição entre $\mathbf{r}$ e $\mathbf{r} + d\mathbf{r}$. Para tempos longos $t >> m/\zeta$, essa probabilidade é dada por

$$W(\mathbf{r},t;\mathbf{r}_0,\mathbf{u}_{A0})d\mathbf{r} = \left(\frac{\zeta}{4\pi\kappa Tt}\right)^{3/2} \exp(-\zeta(r - r_0)^2/4\kappa Tt)d\mathbf{r} \tag{17.5-3}$$

Todavia, acontece que essa expressão tem a mesma forma da solução que resulta da aplicação da segunda lei de Fick da difusão (ver Eq. 19.1-18 e Problema 20B.5) para a difusão a partir de uma fonte pontual. Para tal, tem-se que relacionar W com a concentração c_A e $\kappa T/\zeta$ com $\mathscr{D}_{AB}$. Dessa forma, Einstein (ver Ref.1) chegou à seguinte expressão para a difusividade de uma suspensão diluída de partículas coloidais esféricas:

$$\mathscr{D}_{AB} = \frac{\kappa T}{\zeta} = \frac{\kappa T}{6\pi\mu_B R_A} \tag{17.5-4}$$

Assim, $\mathscr{D}_{AB}$ é relacionada à temperatura e ao coeficiente de atrito ζ (o recíproco do coeficiente de atrito é denominado "mobilidade"). A Eq. 17.5-4 já foi dada na forma da Eq. 17.4-3 para o caso de interdifusão em líquidos.

17.6 TEORIA DA DIFUSÃO DE POLÍMEROS

Para uma *solução diluída* de um polímero A em um solvente B de baixo peso molecular há uma detalhada teoria[1] pela qual as moléculas do polímero são modeladas como se constituindo em uma corrente constituída de esferas e molas (ver Fig. 8.6-2). Cada corrente corresponde a um arranjo linear de N esferas e $N - 1$ correntes de Hooke. As esferas são caracterizadas por um coeficiente de atrito ζ, o qual descreve a resistência, descrita pela equação de Stokes, ao movimento da esfera através do solvente. O modelo também leva em conta o fato de que, à medida que a esfera se desloca, ela perturba o solvente

[4] Nome dado em homenagem ao botânico R. Brown, *Phil. Mag.*, **4**, p. 161 (1828); *Ann. d. Phys. u. Chem.*, **14**, 294-313 (1828). Na realidade, esse fenômeno havia sido descoberto e divulgado nos Países Baixos em 1789 por Jan Ingenhousz (1730-1799).

[5] Como pode ser visto do Exemplo 4.2-1, a lei de Stokes é válida somente para o caso de regime de escoamento permanente unidimensional de uma esfera em um fluido. Considerando arbitrário o movimento da esfera, há, adicionalmente à contribuição de Stokes, uma componente da força de inércia e de um termo que corresponde à memória integral (força de Basset). Ver A. B. Basset, *Phil. Trans.*, **179**, 43-63 (1887); H. Lamb, *Hydrodynamics*, 6th ed.,Cambridge University Press (1932), reeditado (1997), p. 644; H. Villat and J. Kravtchenko, *Leçons sur les Fluides Visqueux*, Gauthier-Villars, Paris (1943), p. 213, Eq. (62); L. Landau and E. M. Lifshitz, *Fluid Mechanics*, 2nd ed., Pergamon, New York (1987), p.94. Na aplicação da equação de Langevin na teoria cinética de polímeros, a força de Basset foi considerada por J. D. Schieber, *J. Chem. Phys.*, **94**, 7526-7533 (1991).

[1] J. G. Kirkwood, *Macromolecules*, Gordon and Breach, New York, (1967), pp.13, 41, 76-77, 95, 101-102. A teoria original de Kirkwood foi reexaminada e ligeiramente melhorada por H. C. Öttinger, *J. Chem. Phys.*, **87**, 3156-3165 (1987).

localizado nas vizinhanças das demais esferas; isto é denominado *interação hidrodinâmica*. Finalmente, a teoria também prevê que, para valores de N elevados, a difusividade é proporcional a $N^{-1/2}$. Sendo o número de esferas proporcional ao peso molecular M do polímero, o seguinte resultado é obtido:

$$\mathscr{D}_{AB} \sim \frac{1}{\sqrt{M}} \tag{17.6-1}$$

A dependência relacionada ao inverso da raiz quadrada já foi consolidada através de experimentos.[2] Por outro lado, se a interação hidrodinâmica entre as esferas fosse desprezada, chegar-se-ia à relação $\mathscr{D}_{AB} \sim 1/M$.

A teoria da *autodifusão* em soluções poliméricas concentradas foi estudada sob diferentes pontos de vista.[3,4] Essas teorias, que são bastante simplificadas, levam a resultados como

$$\mathscr{D}_{AA^*} \sim \frac{1}{M^2} \tag{17.6-2}$$

Dados experimentais concordam razoavelmente com esse resultado,[5] mas, para alguns polímeros, o expoente do peso molecular pode alcançar um valor igual a 3 ou mesmo acima.

Embora uma teoria geral para polímeros já tenha sido desenvolvida,[6] sua aplicação tem sido bastante restrita. Até o momento ela foi usada para mostrar que, no movimento de soluções poliméricas diluídas, o tensor difusividade (ver Eq. 17.1-10) é um tensor anisotrópico e dependente de gradientes de velocidade. Foi também mostrado como se pode generalizar as equações de Maxwell-Stefan (ver Seções 17.9 e 24.1) para soluções poliméricas multicomponentes. Avanços subseqüentes nesse assunto podem ser esperados a partir de simulações moleculares.[7]

17.7 TRANSPORTE MÁSSICO E MOLAR POR CONVECÇÃO

Na Seção 17.1, a discussão da lei de Fick (primeira) da difusão foi apresentada em termos de *unidades mássicas*: concentração mássica, fluxo mássico e velocidade mássica média. Nesta seção vamos estender as discussões anteriores para incluir as *unidades molares*. Assim, a maior parte desta seção estará relacionada com a questão de notações e definições. Poder-se-ia argumentar se, de fato, essas duas formas de notação são necessárias. Infelizmente são necessárias, pois quando reações químicas estão envolvidas, unidades molares são com freqüência preferidas. Quando a equação da difusão é resolvida simultaneamente com a equação do movimento, as unidades mássicas são geralmente utilizadas. Assim, é necessário familiarizar-se com ambas as notações. Nesta seção introduzimos também o conceito de *fluxo convectivo* de massa e de moles.

CONCENTRAÇÕES MÁSSICA E MOLAR

Anteriormente definimos a *concentração mássica* ρ_α como a massa da espécie α por unidade de volume de solução. Agora definimos a *concentração molar* $c_\alpha = \rho_\alpha/M_\alpha$ como o número de moles de α por unidade de volume de solução.

Analogamente, e em adição à definição da *fração mássica* $\omega_\alpha = \rho_\alpha/\rho$, usaremos a *fração molar* $x_\alpha = c_\alpha/c$, em que $\rho = \Sigma_\alpha\rho_\alpha$ é a massa de todas as espécies por unidade de volume de solução, e $c = \Sigma_\alpha c_\alpha$ é o número total de moles de todas as espécies por unidade de volume de solução. O termo "solução" deve ser aqui entendido como constituído de uma fase gasosa, líquida ou uma mistura sólida. A Tabela 17.7-1 apresenta o resumo dessas unidades de concentração e suas inter-relações para sistemas multicomponentes.

[2] R. B. Bird, C. F. Curtiss, R. C. Armstrong, and O. Hassager, *Dynamics of Polymeric Liquids*, Vol.2, *Kinetic Theory*, 2nd ed., Wiley, New York (1987), pp. 174-175.

[3] P.-G. de Gennes and L. Léger, *Ann. Rev. Phys. Chem.*, 49-61 (1982); P.-G. de Gennes, *Physics Today*, **36**,33-39 (1983). De Gennes foi quem introduziu o conceito de reptação segundo o qual as moléculas poliméricas se movem alternadamente de trás para a frente ao longo de suas espinhas de forma semelhante ao movimento browniano.

[4] R. B. Bird, C. F. Curtiss, R. C. Armstrong, and O. Hassager, *Dynamics of Polymeric Liquids*, Vol.2, *Kinetic Theory*, 2nd ed., Wiley, New York (1987), pp. 326-327; C. F. Curtiss and R. B. Bird, *Proc. Nat. Acad. Sci.*, **93**, 7440-7445 (1996).

[5] P. F. Green, in *Diffusion in Polymers* (P.Neogi, editors), Dekker, New York (1996), Chapter 6.

[6] C. F. Curtiss and R. B. Bird, *Adv. Polym. Sci.*, **125**, 1-101 (1996) and *J. Chem. Phys.*, **111**, 10362-10370 (1999).

[7] D. N. Theodorou, em *Diffusion in Polymers*, (P. Neogi, editors), Dekker, New York. (1996), Chapter 2.

É necessário enfatizar que ρ_α é a concentração mássica da espécie α na mistura. Quando necessário, usamos a notação $\rho^{(\alpha)}$ para designar a densidade da espécie α pura.

VELOCIDADES MÁSSICA E MOLAR MÉDIA

Em uma mistura difusional, as várias espécies químicas estão se movendo com diferentes velocidades. O termo "velocidade da espécie α", designado por $\mathbf{v}_\alpha$, *não* representa a velocidade de uma molécula individual da espécie α, mas sim a média das velocidades de todas as espécies contidas dentro de um pequeno volume. Assim, para uma mistura de N espécies, a *velocidade mássica média* local $\mathbf{v}$ é definida por

$$\mathbf{v} = \frac{\sum_{\alpha=1}^{N} \rho_\alpha \mathbf{v}_\alpha}{\sum_{\alpha=1}^{N} \rho_\alpha} = \frac{\sum_{\alpha=1}^{N} \rho_\alpha \mathbf{v}_\alpha}{\rho} = \sum_{\alpha=1}^{N} \omega_\alpha \mathbf{v}_\alpha \tag{17.7-1}$$

TABELA 17.7-1 Nomenclatura para as Concentrações.

Definições básicas			
ρ_α	= concentração mássica da espécie α		(A)
$\rho = \sum_{\alpha=1}^{N} \rho_\alpha$	= densidade mássica da solução		(B)
$\omega_\alpha = \rho_\alpha/\rho$	= fração mássica da espécie α		(C)
c_α	= concentração molar da espécie α		(D)
$c = \sum_{\alpha=1}^{N} c_\alpha$	= densidade molar da solução		(E)
$x_\alpha = c_\alpha/c$	= fração molar da espécie α		(F)
$M = \rho/c$	= peso molecular molar médio da solução		(G)
Relações algébricas:			
$c_\alpha = \rho_\alpha/M_\alpha$	(H)	$\rho_\alpha = c_\alpha M_\alpha$	(I)
$\sum_{\alpha=1}^{N} x_\alpha = 1$	(J)	$\sum_{\alpha=1}^{N} \omega_\alpha = 1$	(K)
$\sum_{\alpha=1}^{N} x_\alpha M_\alpha = M$	(L)	$\sum_{\alpha=1}^{N} \omega_\alpha/M_\alpha = 1/M$	(M)
$x_\alpha = \dfrac{\omega_\alpha/M_\alpha}{\sum_{\beta=1}^{N} (\omega_\beta/M_\beta)}$	(N)	$\omega_\alpha = \dfrac{x_\alpha M_\alpha}{\sum_{\beta=1}^{N} (x_\beta M_\beta)}$	(O)

Relações diferenciais:

$$\nabla x_\alpha = -\frac{M^2}{M_\alpha} \sum_{\substack{\gamma=1 \\ \gamma\neq\alpha}}^{N} \left[\frac{1}{M} + \omega_\alpha\left(\frac{1}{M_\gamma} - \frac{1}{M_\alpha}\right)\right]\nabla\omega_\gamma \tag{P^a}$$

$$\nabla\omega_\alpha = -\frac{M_\alpha}{M^2} \sum_{\substack{\gamma=1 \\ \gamma\neq\alpha}}^{N} [M + x_\alpha(M_\gamma - M_\alpha)]\nabla x_\gamma \tag{Q^a}$$

[a] Forma simplificada das equações (P) e (Q) para sistemas binários

$$\nabla x_A = \frac{\dfrac{1}{M_A M_B}\nabla\omega_A}{\left(\dfrac{\omega_A}{M_A} + \dfrac{\omega_B}{M_B}\right)^2} \quad \text{(P')} \qquad \nabla\omega_A = \frac{M_A M_B \nabla x_A}{(x_A M_A + x_B M_B)^2} \quad \text{(Q')}$$

Note que $\rho\mathbf{v}$ corresponde à taxa local com que a massa atravessa a unidade de área perpendicular à direção do vetor velocidade $\mathbf{v}$. Essa velocidade local, que poderia ser a velocidade medida por um tubo de Pitot, ou mesmo por técnicas de laser-Doppler, corresponde ao valor de $\mathbf{v}$ geralmente utilizado nas equações do movimento e da energia mencionadas em capítulos precedentes para fluidos puros.

De modo semelhante, podemos definir a *velocidade molar média* local $\mathbf{v}^*$ por

$$\mathbf{v}^* = \frac{\sum_{\alpha=1}^{N} c_\alpha \mathbf{v}_\alpha}{\sum_{\alpha=1}^{N} c_\alpha} = \frac{\sum_{\alpha=1}^{N} c_\alpha \mathbf{v}_\alpha}{c} = \sum_{\alpha=1}^{N} x_\alpha \mathbf{v}_\alpha \tag{17.7-2}$$

Note ainda que $c\mathbf{v}^*$ corresponde à taxa local com que os moles atravessam a unidade de área perpendicular à direção do vetor velocidade molar $\mathbf{v}^*$. Tanto a velocidade mássica média quanto a velocidade molar média serão extensivamente utilizadas ao longo dos capítulos subseqüentes. Outras expressões são também eventualmente usadas, tais como *velocidade média volumétrica* (ver Problema 17C.1). Na Tabela 17.7-2 é apresentado um resumo das relações entre essas velocidades.

TABELA 17.7-2 Nomenclatura para Velocidades para Sistemas Multicomponentes

Definições básicas:		
$\mathbf{v}_\alpha$	velocidade da espécie α relativa a eixos coordenados fixos	(A)
$\mathbf{v} = \sum_{\alpha=1}^{N} \omega_\alpha \mathbf{v}_\alpha$	velocidade mássica média	(B)
$\mathbf{v}^* = \sum_{\alpha=1}^{N} x_\alpha \mathbf{v}_\alpha$	velocidade molar média	(C)
$\mathbf{v}_\alpha - \mathbf{v}$	velocidade de difusão da espécie α relativa à velocidade mássica média $\mathbf{v}$	(D)
$\mathbf{v}_\alpha - \mathbf{v}^*$	velocidade de difusão da espécie α relativa à velocidade molar média $\mathbf{v}^*$	(E)
Relações adicionais:		
$\mathbf{v} - \mathbf{v}^* = \sum_{\alpha=1}^{N} \omega_\alpha(\mathbf{v}_\alpha - \mathbf{v}^*)$ (F)	$\mathbf{v}^* - \mathbf{v} = \sum_{\alpha=1}^{N} x_\alpha(\mathbf{v}_\alpha - \mathbf{v})$	(G)

FLUXOS DE MASSA MOLECULAR E MOLAR

Na Seção 17.1 definimos o fluxo mássico molar de α como o fluxo de massa de α que atravessa a unidade de área na unidade de tempo: $\mathbf{j}_\alpha = \rho_\alpha(\mathbf{v}_\alpha - \mathbf{v})$. Isto é, consideramos apenas a velocidade da espécie α relativa à velocidade mássica média $\mathbf{v}$. Analogamente, definimos o fluxo molar da espécie α como o número de moles de α que atravessa a unidade de área na unidade de tempo: $\mathbf{J}_A^* = c_A(\mathbf{v}_A - \mathbf{v}^*)$. Aqui consideramos apenas a velocidade da espécie α relativa à velocidade molar média $\mathbf{v}^*$.

Assim, na Seção 17.1 representamos a primeira lei da difusão de Fick, que, em uma mistura binária, representa a massa da espécie A que é transportada em decorrência dos movimentos em escala molecular. Essa lei pode também ser expressa em termos de unidades molares. Assim, para sistemas *binários* podemos ter as seguintes relações:

Unidades mássicas: $$\mathbf{j}_A = \rho_A(\mathbf{v}_A - \mathbf{v}) = -\rho\mathscr{D}_{AB}\nabla\omega_A \tag{17.7-3}$$

Unidades molares: $$\mathbf{J}_A^* = c_A(\mathbf{v}_A - \mathbf{v}^*) = -c\mathscr{D}_{AB}\nabla x_A \tag{17.7-4}$$

As diferenças $(\mathbf{v}_A - \mathbf{v})$ e $(\mathbf{v}_A - \mathbf{v}^*)$ são às vezes denominadas *velocidades de difusão*. Usando algumas relações das Tabelas 17.7-1 e 2 podemos obter a Eq. 17.7-4 que é derivada da Eq. 17.7-3.

FLUXOS CONVECTIVOS DE MASSA E MOLAR

Além do transporte por ação molecular, massa pode ser transportada pelo movimento macroscópico do fluido. Na Fig. 9.7-1 mostramos 3 planos mutuamente perpendiculares de área dS no ponto P onde a *velocidade mássica média* do fluido é $\mathbf{v}$. A vazão volumétrica de massa através da superfície do elemento de área dS perpendicular ao eixo dos x é dada por $v_x dS$, sendo $\rho_\alpha v_x dS$ a taxa de massa correspondente. Podemos escrever expressões semelhantes para o escoamento da massa da espécie α através dos elementos de área perpendiculares aos demais eixos como $\rho_\alpha v_y dS$ e $\rho_\alpha v_z dS$. Se multiplicarmos cada uma dessas expressões pelo vetor unitário na mesma direção e somarmos esses componentes e finalmente dividirmos por dS, obtemos

$$\rho_\alpha \boldsymbol{\delta}_x v_x + \rho_\alpha \boldsymbol{\delta}_y v_y + \rho_\alpha \boldsymbol{\delta}_z v_z = \rho_\alpha \mathbf{v} \tag{17.7-5}$$

definido como *vetor fluxo mássico convectivo*, cujas unidades são expressas em kg/m^2·s.

Se repetirmos o procedimento descrito no parágrafo anterior, agora expressando a massa em termos de unidades molares e expressando a velocidade na forma da *velocidade molar média* $\mathbf{v}^*$, obteremos

$$c_\alpha \boldsymbol{\delta}_x v_x^* + c_\alpha \boldsymbol{\delta}_y v_y^* + c_\alpha \boldsymbol{\delta}_z v_z^* = c_\alpha \mathbf{v}^* \tag{17.7-6}$$

para expressar o vetor *fluxo molar convectivo*, cujas unidades são expressas em kg-mol/m^2·s.

Para obtermos os fluxos mássico e molar convectivos que atravessam a área unitária cuja normal é o vetor $\mathbf{n}$, teremos, respectivamente, os produtos escalares $(\mathbf{n}\cdot\rho_\alpha \mathbf{v})$ e $(\mathbf{n}\cdot c_\alpha \mathbf{v}^*)$.

17.8 RESUMO DOS FLUXOS MÁSSICO E MOLAR

Nos Caps. 1 e 9 introduzimos o tensor ϕ denominado tensor *fluxo combinado de momento* e o vetor $\mathbf{e}$, denominado tensor *fluxo combinado de energia*, que foram bastante úteis na execução dos balanços globais e nas equações de transporte. Damos agora as definições correspondentes aos vetores fluxo de massa e molar. Da soma dos vetores fluxo molecular com o fluxo de massa convectivo resulta o *fluxo combinado de massa* e o *fluxo combinado molar*:

Fluxo combinado de massa: $$\mathbf{n}_\alpha = \mathbf{j}_\alpha + \rho_\alpha \mathbf{v} \tag{17.8-1}$$

Fluxo combinado molar: $$\mathbf{N}_\alpha = \mathbf{J}_\alpha^* + c_\alpha \mathbf{v}^* \tag{17.8-2}$$

Nas três primeiras linhas da Tabela 17.8-1, apresentamos um resumo das definições dos fluxos de massa e molar até aqui discutidos. Nas áreas hachuradas, também apresentamos as definições dos fluxos $\mathbf{j}_\alpha^*$ (fluxo de *massa* relativo à velocidade *molar* média) e $\mathbf{J}_\alpha$ (fluxo molar relativo à velocidade *mássica* média). Como regra geral, esses fluxos "híbridos" não devem ser utilizados.

Na Tabela 17.8-1 definimos também outras relações de grande utilidade, como, por exemplo, as somas desses fluxos e a inter-relação entre eles. Usando as Eqs. (J) e (M), podemos reescrever as Eqs. 17.8-1 e 2 da forma

$$\mathbf{j}_\alpha = \mathbf{n}_\alpha - \omega_\alpha \sum_{\beta=1}^{N} \mathbf{n}_\beta \tag{17.8-3}$$

$$\mathbf{J}_\alpha^* = \mathbf{N}_\alpha - x_\alpha \sum_{\beta=1}^{N} \mathbf{N}_\beta \tag{17.8-4}$$

Para sistemas binários, as relações anteriores podem ser simplificadas e combinadas com as Eqs. 17.7-3 e 4, para obter as Eqs. (C) e (D) da Tabela 17.8-2, cujas formas são equivalentes à forma da primeira lei de Fick. As formas dadas pelas Eqs. (E) e (F) da Tabela 17.8-2, expressas em termos das velocidades relativas das espécies, são interessantes, posto que nelas nem $\mathbf{v}$ nem $\mathbf{v}^*$ estão incluídas.

No Cap. 18 escreveremos a lei de Fick apenas na forma da Eq. (D) da Tabela 17.8-2, a qual tem sido extensivamente utilizada na área de engenharia química. Em muitos problemas, pode-se conhecer a relação entre $\mathbf{N}_A$ e $\mathbf{N}_B$, com base na estequiometria ou nas condições de contorno. Em um dado problema, podemos eliminar $\mathbf{N}_B$ da Eq. (D) através de uma relação direta entre $\mathbf{N}_A$ e ∇x_A.

Na Seção 1.7 enfatizamos que o fluxo total de momento molecular através de uma superfície cuja normal é $\mathbf{n}$ corresponde ao vetor $[\mathbf{n}\cdot\boldsymbol{\pi}]$. Na Seção 9.7 tratamos de grandeza análoga para definir o fluxo térmico molecular na forma do escalar $(\mathbf{n}\cdot\mathbf{q})$. Em termos de transferência de massa, as grandezas análogas são as grandezas escalares $(\mathbf{n}\cdot\mathbf{j}_\alpha)$ e $(\mathbf{n}\cdot\mathbf{J}_\alpha^*)$, que expressam os fluxos mássico e molar através de uma superfície cuja normal é $\mathbf{n}$. Analogamente, para o caso de fluxos combinados através da superfície de normal $\mathbf{n}$, teremos para momento $[\mathbf{n}\cdot\boldsymbol{\phi}]$, para energia $(\mathbf{n}\cdot\mathbf{e})$ e $(\mathbf{n}\cdot\mathbf{n}_\alpha)$ e $(\mathbf{n}\cdot\mathbf{N}_\alpha)$ para as massas de espécies α.

TABELA 17.8-1 Nomenclatura e Simbologia para os Fluxos Mássico e Molar*

Grandeza	Com relação a eixos estacionários	Com relação à velocidade mássica média **v**	Com relação à velocidade molar média **v***
Velocidade da espécie α (cm/s)	$\mathbf{v}_\alpha$ (A)	$\mathbf{v}_\alpha - \mathbf{v}$ (B)	$\mathbf{v}_\alpha - \mathbf{v}^*$ (C)
Fluxo mássico da espécie α (g/cm²s)	$\mathbf{n}_\alpha = \rho_\alpha \mathbf{v}_\alpha$ (D)	$\mathbf{j}_\alpha = \rho_\alpha(\mathbf{v}_\alpha - \mathbf{v})$ (E)	$\mathbf{j}_\alpha^* = \rho_\alpha(\mathbf{v}_\alpha - \mathbf{v}^*)$ (F)
Fluxo molar da espécie α (gmols/cm²s)	$\mathbf{N}_\alpha = c_\alpha \mathbf{v}_\alpha$ (G)	$\mathbf{J}_\alpha = c_\alpha(\mathbf{v}_\alpha - \mathbf{v})$ (H)	$\mathbf{J}_\alpha^* = c_\alpha(\mathbf{v}_\alpha - \mathbf{v}^*)$ (I)
Somas dos fluxos mássicos	$\sum_{\alpha=1}^{N} \mathbf{n}_\alpha = \rho \mathbf{v}$ (J)	$\sum_{\alpha=1}^{N} \mathbf{j}_\alpha = 0$ (K)	$\sum_{\alpha=1}^{N} \mathbf{j}_\alpha^* = \rho(\mathbf{v} - \mathbf{v}^*)$ (L)
Somas dos fluxos molares	$\sum_{\alpha=1}^{N} \mathbf{N}_\alpha = c\mathbf{v}^*$ (M)	$\sum_{\alpha=1}^{N} \mathbf{J}_\alpha = c(\mathbf{v}^* - \mathbf{v})$ (N)	$\sum_{\alpha=1}^{N} \mathbf{J}_\alpha^* = 0$ (O)
Relações entre os fluxos mássico e molar	$\mathbf{n}_\alpha = M_\alpha \mathbf{N}_\alpha$ (P)	$\mathbf{j}_\alpha = M_\alpha \mathbf{J}_\alpha$ (Q)	$\mathbf{j}_\alpha^* = M_\alpha \mathbf{J}_\alpha^*$ (R)
Inter-relações entre fluxos mássicos	$\mathbf{n}_\alpha = \mathbf{j}_\alpha + \rho_\alpha \mathbf{v}$ (S)	$\mathbf{j}_\alpha = \mathbf{n}_\alpha - \omega_\alpha \sum_{\beta=1}^{N} \mathbf{n}_\beta$ (T)	$\mathbf{j}_\alpha^* = \mathbf{n}_a - x_\alpha \sum_{\beta=1}^{N} \frac{M_\alpha}{M_\beta} \mathbf{n}_\beta$ (U)
Inter-relações entre fluxos molares	$\mathbf{N}_\alpha = \mathbf{J}_\alpha^* + c_\alpha \mathbf{v}^*$ (V)	$\mathbf{J}_\alpha = \mathbf{N}_\alpha - \omega_\alpha \sum_{\beta=1}^{N} \frac{M_\beta}{M_\alpha} \mathbf{N}_\beta$ (W)	$\mathbf{J}_\alpha^* = \mathbf{N}_\alpha - x_\alpha \sum_{\beta=1}^{N} \mathbf{N}_\beta$ (X)

*As entradas nas regiões destacadas, que envolvem os "fluxos híbridos" $\mathbf{j}_\alpha^*$ e $\mathbf{J}_\alpha$, são raramente utilizadas. Elas são incluídas apenas por razões de generalização.

TABELA 17.8-2 Formas Equivalentes da Primeira Lei de Fick para Difusão Binária

Fluxo	Gradiente	Forma da Lei de Fick	
$\mathbf{j}_A$	$\nabla\omega_A$	$\mathbf{j}_A = -\rho\mathscr{D}_{AB}\nabla\omega_A$	(A)
$\mathbf{J}_A^*$	∇x_A	$\mathbf{J}_A^* = -c\mathscr{D}_{AB}\nabla x_A$	(B)
$\mathbf{n}_A$	$\nabla\omega_A$	$\mathbf{n}_A = \omega_A(\mathbf{n}_A + \mathbf{n}_B) - \rho\mathscr{D}_{AB}\nabla\omega_A = \rho_A\mathbf{v} - \rho\mathscr{D}_{AB}\nabla\omega_A$	(C)
$\mathbf{N}_A$	∇x_A	$\mathbf{N}_A = x_A(\mathbf{N}_A + \mathbf{N}_B) - c\mathscr{D}_{AB}\nabla x_A = c_A\mathbf{v}^* - c\mathscr{D}_{AB}\nabla x_A$	(D)
$\rho(\mathbf{v}_A - \mathbf{v}_B)$	$\nabla\omega_A$	$\rho(\mathbf{v}_A - \mathbf{v}_B) = -\frac{\rho\mathscr{D}_{AB}}{\omega_A\omega_B}\nabla\omega_A$	(E)
$c(\mathbf{v}_A - \mathbf{v}_B)$	∇x_A	$c(\mathbf{v}_A - \mathbf{v}_B) = -\frac{c\mathscr{D}_{AB}}{x_A x_B}\nabla x_A$	(F)

17.9 AS EQUAÇÕES DE MAXWELL-STEFAN PARA SISTEMAS MULTICOMPONENTES DE GASES A BAIXAS DENSIDADES

Para a *difusão multicomponente* de *gases a baixas densidades* foi mostrado[1,2] que a Eq. 17.9-1 se constitui em uma boa aproximação:

$$\nabla x_\alpha = -\sum_{\beta=1}^{N} \frac{x_\alpha x_\beta}{\mathscr{D}_{\alpha\beta}}(\mathbf{v}_\alpha - \mathbf{v}_\beta) = -\sum_{\beta=1}^{N} \frac{1}{c\mathscr{D}_{\alpha\beta}}(x_\beta \mathbf{N}_\alpha - x_\alpha \mathbf{N}_\beta) \qquad \alpha = 1, 2, 3, \ldots, N \tag{17.9-1}$$

em que $\mathscr{D}_{\alpha\beta}$ corresponde à difusividade *binária* calculada pelas Eqs. 17.3-11 ou 17.3-12. No caso de sistemas multicomponentes, $(1/2)N(N-1)$ valores de difusividade são requeridos.

As Eqs. 17.9-1 são conhecidas como as *equações de Maxwell-Stefan*, pois Maxwell,[3] baseando-se na teoria cinética, sugeriu aplicá-las para o caso de misturas binárias, e Stefan[4] generalizou-as para o caso de difusão em uma mistura gasosa com N espécies. Posteriormente, Curtiss e Hirschfelder obtiveram as Eqs. 17.9-1 estendendo a teoria de Chapman-Enskog para multicomponentes.

Para gases de alta densidade, líquidos e polímeros foi mostrado que as equações de Maxwell-Stefan podem também ser aplicadas, porém as difusividades que nelas aparecem *não* são as difusividades binárias, de vez que as mesmas são fortemente dependentes da concentração.[5]

Há uma diferença muito importante entre a difusão em sistemas binários e a difusão em sistemas multicomponentes.[6] Na difusão binária o movimento da espécie A é sempre proporcional ao gradiente de concentração e sempre ocorre em sentido contrário a esse gradiente. Todavia, na difusão multicomponente, outras situações peculiares podem aparecer: (i) *difusão reversa*, na qual a espécie se desloca no sentido oposto ao do seu gradiente de concentração; (ii) *difusão osmótica*, no qual, mesmo em condições de gradiente de concentração nulo, a espécie se difunde; (iii) *barreira de difusão*, que é o caso em que, mesmo ocorrendo um gradiente de concentração, a espécie não se difunde. Além disso, o fluxo de uma espécie não é necessariamente colinear com o correspondente gradiente de concentração. Há, portanto, flagrantes diferenças entre a difusão em misturas binárias e a difusão em misturas multicomponentes.

QUESTÕES PARA DISCUSSÃO

1. Defina difusão binária. Como é definida a autodifusão? Dê valores da ordem de grandeza da difusividade de gases, líquidos e sólidos.
2. Faça um resumo da simbologia dos fluxos molecular, convectivo e total dos três processos de transporte. Como se determinam os fluxos de massa, de momento e de calor através de uma superfície com orientação **n**?
3. Defina os números de Prandtl, Schmidt e Lewis. Quais as faixas de valores de Pr e Sc para o caso de gases e líquidos?
4. Se conhecidos os parâmetros para os dois componentes da mistura binária, como se pode estimar o potencial de Lennard-Jones para essa mistura?
5. Qual a importância das teorias da difusão da hidrodinâmica?
6. Qual é a equação de Langevin? Por que é chamada de "equação diferencial estocástica"? Qual informação pode ser obtida dela?
7. Compare e discuta a relação entre a difusividade de misturas binárias e a viscosidade de gases e líquidos.
8. Em que medida as equações de Maxwell-Stefan para difusão em sistemas multicomponentes estão relacionadas com a equação de Fick para difusão binária?
9. Em um sistema multicomponente, o desaparecimento de $\mathbf{N}_\alpha$ implica $\nabla x_\alpha = 0$?

---

[1] C. F. Curtiss and J. O. Hirschfelder, *J. Chem. Phys.*, **17**, 550-555 (1949).

[2] Para aplicações em engenharia, ver E. L. Cussler, *Diffusion: Mass Transfer in Fluid Systems*, 2nd ed., Cambridge University Press (1997); R. Taylor and R. Krishna, *Multicomponent Mass Transfer*, Wiley, New York (1993).

[3] J. C. Maxwell, *Phil. Mag.*, **XIX**, 19-32 (1860); **XX**, 21-32,33-36 (1868).

[4] J. Stefan, *Sitzungsber. Kais. Akad. Wiss. Wien*, **LXIII**(2), 63-124 (1871); **LXV** (2), 323-363 (1872).

[5] C. F. Curtiss and R. B .Bird, *Ind. Eng. Chem. Res.*, **38**, 2515-2522 (1999); *J. Chem. Phys.*, **111**, 10362-10370 (1999); 40, 1791 (2001).

[6] H. L. Toor, *AIChE Journal*, **3**, 98-207 (1959).

PROBLEMAS

17A.1 Determinação da difusividade binária a baixas densidades. Determine o valor de $\mathscr{D}_{AB}$ para o sistema metano-etano a 193 K e 1 atm pelos seguintes métodos:
(a) Eq. 17.2-1.
(b) O gráfico dos estados correspondentes na Fig. 17.2-1 e na Eq. 17.2-3.
(c) A relação de Chapman-Enskog (Eq. 17.3-12) com os parâmetros de Lennard-Jones que aparecem no Apêndice E.
(d) A relação de Chapman-Enskog (Eq. 17.3-2) com os parâmetros de Lennard-Jones estimados a partir de valores das propriedades críticas.
Respostas: (em cm^2/s): **(a)** = 0,152; **(b)** = 0,138; **(c)** = 0,146; **(d)** = 0,138

17A.2 Extrapolação de valores de difusividades binárias para temperaturas elevadas. Um valor de $\mathscr{D}_{AB}$ = 0,151 cm^2/s foi publicado[1] para o sistema CO_2-ar a 293 K e 1 atm. Obtenha o valor de $\mathscr{D}_{AB}$ a 1.500 K pelos seguintes métodos:
(a) Eq. 17.2-1.
(b) Eq. 17.3-10.
(c) Eqs. 17.3-12 e 15, com a Tabela E.2.
O que você pode concluir comparando esses resultados com o valor experimental[1] de 2,45 cm^2/s?
Respostas (em cm^2/s): **(a)** = 2,96; **(b)** = 1,75; **(c)** = 2,51

17A.3 Autodifusão de mercúrio líquido. A difusividade do Hg^{203} líquido foi medida,[2] bem como sua viscosidade e seu volume específico. Compare os valores experimentais com os valores calculados pela Eq. 17.4-5.

T (K)	$\mathscr{D}_{AA^*}$ (cm^2/s)	μ (cp)	$\hat{V}$ (cm^3/g)
275,7	$1{,}52 \times 10^{-5}$	1,68	0,0736
289,6	$1{,}68 \times 10^{-5}$	1,56	0,0737
364,2	$2{,}57 \times 10^{-5}$	1,27	0,0748

17A.4 O número de Schmidt para misturas binárias de gases a baixas densidades. Use a Eq. 17.3-11 e os dados do Problema 1.A-4 para calcular $Sc = \mu/\rho\mathscr{D}_{AB}$ para misturas de hidrogênio e Freon 12, sendo x_A = 0,00; 0,25; 0,50; 0,75 e 1,00 a 25°C e 1 atm.
Algumas respostas: Em x_A = 0,00, Sc = 3,43; em x_A =1,00, Sc = 0,407

17A.5 Estimação da difusividade de misturas binárias a altas densidades. Determine o valor de $c\mathscr{D}_{AB}$ para uma mistura eqüimolar de N_2 e C_2H_6 a 288,2 K e 40 atm.
(a) Use o valor de $\mathscr{D}_{AB}$ a 1 atm da Tabela 17.1-1 e a Fig. 17.2-1.
(b) Use a Eq. 17.2-3 e a Fig. 17.2-1.
Respostas: **(a)** = $5{,}8 \times 10^{-6}$ g-mol/cm·s; **(b)** = $5{,}3 \times 10^{-6}$ g-mol/cm·s

17A.6 Difusividade e número de Schmidt para misturas cloro-ar.
(a) Estime o valor de $\mathscr{D}_{AB}$ para misturas cloro-ar a 75°F e 1 atm. Considere o ar como uma substância simples com os parâmetros de Lennard-Jones dados no Apêndice E. Use os resultados da teoria de Chapman-Enskog da Seção 17.3.
(b) Repita o item (a) usando a Eq. 17.2-1.
(c) Use os resultados do item (a) e os do Problema 1A.5 para estimar os valores do número de Schmidt para misturas cloro-ar a 297 K e 1 atm para os seguintes valores de fração molar do cloro: 0; 0,25; 0,50; 0,75 e 1,00.
Respostas: **(a)** = 0,121 cm^2/s; **(b)** = 0,124 cm^2/s; **(c)** Sc = 1,27; 0,832; 0,602; 0,463; 0,372

17A.7 O número de Schmidt para autodifusão.
(a) Use as Eqs. 1.3-b e 17.2-2 para estimar os valores do número de Schmidt, $Sc = \mu/\rho\mathscr{D}_{AA^*}$ para a autodifusão no ponto crítico para um sistema com $M_A \approx M_{A^*}$.

---

[1] Ts. M. Klibanova, V. V. Pomerantsev, and D. A. Frank-Kamenetskii, *J. Tech. Phys. (USSR)*, **12**, 14-30 (1942), cf. citado por C. R. Wilke and C. Y. Lee, *Ind. Eng. Chem.*, **47**, 1253 (1955).
[2] R. E. Hoffman, *J. Chem. Phys.*, **20**, 1567-1570 (1952).

(**b**) Use o resultado do item (a), juntamente com a Fig. 1.3-1 e a Fig. 17.2-1 para estimar número de Schmidt $= \mu/\rho\mathscr{D}_{AA^*}$ nas seguintes condições:

Fase	Gás	Gás	Gás	Líquido	Gás	Gás
T_r	0,7	1,0	5,0	0,7	1,0	2,0
p_r	0,0	0,0	0,0	saturação	1,0	1,0

17A.8 Correção para altas temperaturas dos valores da difusividade a altas densidades. O valor medido[3] de $c\mathscr{D}_{AB}$ para uma mistura de 80% moles de CH_4 e 20% moles de C_2H_6 a 313 K e 136 atm é $6{,}0 \times 10^{-6}$ g-mol/cm·s (ver Exemplo 17.2-3). Usando a Fig. 17.2-1, estime o valor de $c\mathscr{D}_{AB}$ para a mesma mistura a 136 atm e 351 K.
Resposta: $6{,}3 \times 10^{-6}$ g-mol/cm·s
Valor observado:[3] $6{,}33 \times 10^{-6}$ g-mol/cm·s

17A.9 Estimação dos valores de $c\mathscr{D}_{AB}$ em condições críticas.
A Fig. 17.2-1 fornece o valor de $(c\mathscr{D}_{AA^*})_r = 1{,}01$ em $T_r = 1$ e $\rho_r \to 0$. Nesse limite, a Eq. 17.2-3 fornece

$$1{,}01(c\mathscr{D}_{AA^*})_c = 2{,}2646 \times 10^{-5}\sqrt{T_{cA}\left(\frac{1}{M_A}+\frac{1}{M_{A^*}}\right)}\frac{1}{\sigma_{AA^*}^2\,\Omega_{\mathscr{D},AA^*}} \qquad (17A.9\text{-}1)$$

O valor medido[4] do argumento $\kappa T_{cA}/\varepsilon_{AA^*}$ de $\Omega_{\mathscr{D},AA^*}$ é 1,225 para Ar, Kr e Xe. Usamos o valor de 1/0,77 da Eq. 1.4-11a como uma média representativa válida para muitos fluidos.
(**a**) Combine a Eq. 17A.9-1 com as relações

$$\sigma_{AA^*} = 2{,}44(T_{cA}/p_{cA})^{1/3} \qquad \varepsilon_{AA^*}/\kappa = 0{,}77T_{cA} \qquad (17A.9\text{-}2,\ 3)$$

e a Tabela E.2 para obter a Eq. 17.2-2 para $(c\mathscr{D}_{AA^*})_c$
(**b**) Mostre que das aproximações

$$\sigma_{AB} = \sqrt{\sigma_A\sigma_B} \qquad \varepsilon_{AB} = \sqrt{\varepsilon_A\varepsilon_B} \qquad (17A.9\text{-}4,\ 5)$$

para os parâmetros de Lennard-Jones para a interação A e B resultam

$$\sigma_{AB} = 2{,}44\left(\frac{T_{cA}T_{cB}}{p_{cA}p_{cB}}\right)^{1/6} \qquad \frac{\varepsilon_{AB}}{\kappa} = 0{,}77\sqrt{T_{cA}T_{cB}} \qquad (17A.9\text{-}6,\ 7)$$

quando as Eqs. 17A.9-2, 3 (com A^* substituído por B) são inseridas. Combine essas expressões com a Eq. 17A.9-1 [com A^* substituído por B e T_{cA} por $(T_{cA}T_{cB})^{1/2}$] para obter a Eq. 17.2-3 para $(c\mathscr{D}_{AB})_c$. A substituição de p_c e T_c na Fig. 17.2-1 por $(p_{cA}p_{cB})^{1/2}$ e $(T_{cA}T_{cB})^{1/2}$ representa considerar as colisões entre A e B como predominantes a colisões de moléculas semelhantes na determinação do valor de $c\mathscr{D}_{AB}$.

17A.10 Estimação da difusividade de líquidos.
(**a**) Estime a difusividade de uma solução aquosa diluída de ácido acético a 12,5°C, usando a equação de Wilke-Chang. No ponto de ebulição a densidade do ácido acético puro é de 0,937 g/cm³.
(**b**) A difusividade de uma solução diluída de metanol a 15°C é de cerca de $1{,}28 \times 10^{-5}$ cm/s. Estime o valor da mesma solução a 100°C.
Resposta: (**b**) $6{,}7 \times 10^{-5}$ cm/s

17B.1 Inter-relação de composições variáveis em misturas.
(**a**) Usando as definições básicas na Eqs. (A) a (G) da Tabela 17.7-1, verifique as relações algébricas que aparecem nas Eqs. (H) a (O).
(**b**) Para misturas binárias, mostre que na Tabela 17.7-1 as Eqs. (P) e (Q) são convertidas nas Eqs. (P′) e (Q′).
(**c**) Obtenha as Eqs. (P′) e (Q′) a partir das Eqs. (N) e (O).

[3] V. J. Berry and R. C. Koeller, *AIChE Journal*, **6**, 274-280 (1960).
[4] J. J. van Loef and E. G. D. Cohen, *Physica A*, **156**, 522-533 (1989).

17B.2 Relações entre fluxos em sistemas multicomponentes.
Usando somente as definições de concentrações, velocidades e fluxos, verifique as Eqs. (K), (O), (T) e (X) da Tabela 17.8-1.

17B.3 Relações entre fluxos em sistemas binários.
Para sistemas com dois componentes, a equação a seguir é utilizada para obter inter-relações entre expressões definidas em termos de unidades de massa com expressões definidas em termos de unidades molares:

$$\frac{\mathbf{j}_A}{\rho\omega_A\omega_B} = \frac{\mathbf{J}_A^*}{cx_Ax_B} \tag{17B.3-1}$$

Verifique se essa afirmativa é correta.

17B.4 Formas equivalentes da lei de Fick para misturas binárias.
(a) A partir da Eq. (A) da Tabela 17.8-2, obtenha as Eqs. (B), (D) e (F).
(b) A partir da Eq. (A) da Tabela 17.8-2, obtenha as seguintes expressões para o fluxo:

$$\mathbf{j}_A = -\rho(M_AM_B/M^2)\mathscr{D}_{AB}\nabla x_A \tag{17B.4-1}$$

$$\nabla x_A = \frac{1}{c\mathscr{D}_{AB}}(x_A\mathbf{N}_B - x_B\mathbf{N}_A) \tag{17B.4-2}$$

Quais conclusões podem ser tiradas dessas duas equações?
(c) Mostre que a Eq. (F) da Tabela 17.8-2 pode ser escrita na forma:

$$\mathbf{v}_A - \mathbf{v}_B = -\mathscr{D}_{AB}\nabla \ln \frac{x_A}{x_B} \tag{17B.4-3}$$

17C.1 Fluxo mássico relativo à velocidade volumétrica média. Seja a *velocidade média volumétrica* de uma mistura com N componentes definida por

$$\mathbf{v}^{\blacksquare} = \sum_{\alpha=1}^{N} \rho_\alpha(\overline{V}_\alpha/M_\alpha)\mathbf{v}_\alpha = \sum_{\alpha=1}^{N} c_\alpha\overline{V}_\alpha\mathbf{v}_\alpha \tag{17C.1-1}$$

na qual $\overline{V}_\alpha$ é o volume parcial molar da espécie α. Defina então

$$\mathbf{j}_\alpha^{\blacksquare} = \rho_\alpha(\mathbf{v}_\alpha - \mathbf{v}^{\blacksquare}) \tag{17C.1-2}$$

como o fluxo mássico relativo à velocidade volumétrica média.
(a) Mostre que para um sistema binário de A e B,

$$\mathbf{j}_A^{\blacksquare} = \rho(\overline{V}_B/M_B)\mathbf{j}_A \tag{17C.1-3}$$

Para essa etapa você tem que usar a identidade $c_A\overline{V}_A + c_B\overline{V}_B = 1$. De onde essa identidade se origina?
(b) Mostre que, nesse caso, a primeira lei de Fick se reduz à forma

$$\mathbf{j}_A^{\blacksquare} = -\mathscr{D}_{AB}\nabla\rho_A \tag{17C.1-4}$$

Para verificar esse resultado, você precisa da relação $V_A\nabla c_A + V_B\nabla c_B = 0$. Qual a origem desse resultado?

17C.2 Fluxo mássico relativo à velocidade do solvente.
(a) Em um sistema com N espécies químicas, selecione o componente N para ser o solvente. Então, defina

$$\mathbf{j}_\alpha^N = \rho_\alpha(\mathbf{v}_\alpha - \mathbf{v}_N) \tag{17C.2-1}$$

como o fluxo de massa relativo à velocidade do solvente. Mostre que

$$\mathbf{j}_\alpha^N = \mathbf{j}_\alpha - (\rho_\alpha/\rho_N)\mathbf{j}_N \tag{17C.2-2}$$

(b) Para um sistema binário (definindo B como o solvente), mostre que

$$\mathbf{j}_A^B = (\rho/\rho_B)\mathbf{j}_A = -(\rho^2/\rho_B)\mathscr{D}_{AB}\nabla\omega_A \tag{17C.2-3}$$

Como esse resultado pode ser simplificado para o caso de soluções diluídas de A no solvente B?

17C.3 Determinação dos parâmetros do potencial de Lennard-Jones a partir de dados de difusividade de uma mistura binária gasosa.

Use os dados[5] obtidos para o sistema H_2O-O_2 a 1 atm para determinar σ_{AB} e ε_{AB}/κ:

T (K)	400	500	600	700	800	900	1000	1100
$\mathcal{D}_{AB}$ (cm^2/s)	0,47	0,69	0,94	1,22	1,52	1,85	2,20	2,58

Para essa determinação utilize folhas de papel de gráfico muito finas e proceda da seguinte forma: (i) Lance os dados em gráfico tendo log $(T^{3/2}/\mathcal{D}_{AB})$ como ordenada e log T como abscissa. (ii) Em folha separada, faça, na mesma escala, um gráfico de $\Omega_{\mathcal{D},AB}$ contra $\kappa T/\varepsilon_{AB}$. (iii) Sobreponha o primeiro gráfico ao segundo, e, das escalas dos dois gráficos, determine as relações numéricas $(T/(\kappa T/\varepsilon_{AB}))$ e $((T^{3/2}/\mathcal{D}_{AB})/\Omega_{\mathcal{D},AB})$. (iv) Use essas duas relações e a Eq. 17.3-11 para obter o valor dos parâmetros σ_{AB} e ε_{AB}/κ.

[5] R. E. Walker and A. A. Westenberg, *J. Chem. Phys.*, **32**, 436-442 (1960); R. M.Fristron and A. A. Westenberg, *Flame Structure*, McGraw-Hill, New York (1965), p. 265.

Capítulo 18

Distribuições de Concentrações em Sólidos e em Escoamento Laminar

No Cap. 2, apresentamos alguns exemplos relacionados ao escoamento de fluidos viscosos envolvendo a solução das equações resultantes de um *balanço de momento em cascas*. No Cap. 9, vimos como problemas de condução estacionária de calor podem ser resolvidos por meio de um *balanço de energia em cascas*. No presente capítulo, veremos como problemas de difusão estacionária de massa podem ser formulados através de um *balanço de massa em cascas*. O procedimento usado aqui será praticamente idêntico aos já utilizados nos capítulos antes mencionados.

a. Um balanço de massa é feito em uma casca muito fina perpendicular à direção do transporte de massa; desse balanço de massa resulta uma equação diferencial de primeira ordem, de cuja solução resulta a distribuição do fluxo mássico.

b. Na distribuição do fluxo mássico, inserimos a relação entre o fluxo mássico e o gradiente de concentração, resultando em uma equação diferencial de segunda ordem para o perfil de concentração. As constantes de integração que aparecem nas expressões resultantes são determinadas pelas condições de contorno sobre a concentração e/ou o fluxo mássico nas fronteiras do sistema.

No Cap. 17 indicamos vários tipos de fluxo mássico usualmente utilizados. Por simplicidade, usaremos no presente capítulo o denominado fluxo combinado, $\mathbf{N}_A$, o qual é definido como o número de moles de A que atravessam a unidade de área fixa no espaço na unidade de tempo. Devemos também relacionar o fluxo molar com o gradiente de concentração pela Eq. (D) da Tabela 17.8-2, cujo componente na direção z é expresso por

$$\underbrace{N_{Az}}_{\text{fluxo combinado}} = \underbrace{-c\mathscr{D}_{AB}\frac{\partial x_A}{\partial z}}_{\text{fluxo molecular}} + \underbrace{x_A(N_{Az} + N_{Bz})}_{\text{fluxo convectivo}} \tag{18.0-1}$$

Antes de usarmos a Eq.18.0-1, temos de eliminar o componente N_{Bz}. Isso pode ser feito se a relação N_{Bz}/N_{Az} for conhecida. Nos problemas relacionados à difusão binária em fluidos, discutidos neste capítulo, começamos por especificar essa relação utilizando argumentos de ordem física ou de ordem química.

No presente capítulo estudaremos a difusão em sistemas *reacionais* e *não-reacionais*. No caso em que ocorram reações químicas, podemos distinguir dois tipos de reação: *homogênea*, assim definida quando a reação ocorre em todo o volume do sistema, e *heterogênea*, no caso em que a reação ocorre apenas em uma região restrita, tal como a superfície de um catalisador. Atente que a diferença entre as homogêneas e heterogêneas não se dá, apenas, no ponto de vista físico, mas também no modo pelo qual os dois tipos de reação são matematicamente descritos. Em uma reação *homogênea*, a taxa de produção de uma dada espécie química aparece como um termo de fonte na equação diferencial proveniente de um balanço de massa em cascas, tal como apareceu o termo de fonte térmica na equação diferencial resultante do balanço de energia em cascas. Por outro lado, em uma reação *heterogênea* a taxa de produção não aparece na equação diferencial, mas sim na condição de contorno definida na região onde a reação ocorre.

Para estabelecer problemas envolvendo reações químicas, temos de dispor de alguma informação acerca da taxa de aparecimento ou desaparecimento das várias espécies químicas decorrentes da reação. Isso nos faz entrar no vasto campo do conhecimento relacionado à *cinética química*, que é o ramo da físico-química que trata dos mecanismos das reações químicas e das taxas com que tais reações ocorrem.[1] Neste capítulo, vamos considerar que as taxas de reação sejam descritas por meio de funções simples das concentrações dos reagentes envolvidos.

Nesse ponto, precisamos enfatizar a importância da notação que será usada para as constantes da taxa de reação. Para reações homogêneas, a taxa molar de produção da espécie A pode ser dada por uma expressão da forma

Reação homogênea:
$$R_A = k_n'''c_A^n \qquad (18.0\text{-}2)$$

sendo R_A [=] moles/cm^3·s e c_A[=] moles/cm^3. O índice n indica a "ordem" da reação;[2] para uma reação de 1.ª ordem, k_1''' [=]1/s. Para reações heterogêneas, a taxa molar de produção na superfície onde a reação ocorre pode ser especificada por uma relação da forma

Reação heterogênea:
$$N_{Az}|_{\text{superfície}} = k_n''c_A^n|_{\text{superfície}} \qquad (18.0\text{-}3)$$

sendo N_{Az} [=] moles/cm^2·s e c_A[=] moles/cm^3. Nesse caso, k_1''[=] cm/s. Note que o sobrescrito (‴) na constante da taxa indica que a fonte de massa ocorre em todo o volume, e o sobrescrito (″) indica que a reação ocorre na superfície.

Começamos a Seção 18.1 estabelecendo um balanço de massa em cascas e definindo os vários tipos de condição de contorno que podem ocorrer na resolução de problemas de difusão. Na Seção 18.2, discutimos o problema relacionado à difusão de massa através de um filme líquido estagnante, posto que esse tópico é necessário para o entendimento de modelos de filmes, que freqüentemente aparecem em problemas de difusão na área de engenharia química. Assim é que nas Seções 18.3 e 4 daremos alguns exemplos elementares de difusão com reação química — tanto heterogênea quanto homogênea. Esses exemplos ilustram o papel exercido pela difusão na cinética química e o fato muito importante que a difusão pode afetar significativamente a taxa de reação química. Nas Seções 18.5 e 6 voltaremos a nossa atenção para a transferência de massa em sistemas com convecção forçada; isto é, a difusão sobreposta ao campo de escoamento. Embora não tenhamos incluído um exemplo de transferência de massa por convecção natural, seria possível fazer um paralelo com o problema de transferência de calor por convecção natural dado na Seção 10.9. Na Seção 18.7 discutiremos a difusão em catalisadores porosos. Finalmente, na última seção estendemos o problema de evaporação abordado na Seção 18.2 para sistemas com três componentes.

18.1 BALANÇOS DE MASSA EM CASCAS; CONDIÇÕES DE CONTORNO

Os problemas de difusão apresentados neste capítulo são resolvidos a partir de balanços da massa para uma ou mais espécies química em uma casca fina de sólido ou de fluido. Uma vez selecionado um sistema adequado de coordenadas, a lei da conservação da massa da espécie A em um sistema binário é escrita para o volume da casca na forma

$$\begin{Bmatrix}\text{taxa de} \\ \text{massa de} \\ A \text{ que entra}\end{Bmatrix} - \begin{Bmatrix}\text{taxa de} \\ \text{massa de} \\ A \text{ que sai}\end{Bmatrix} + \begin{Bmatrix}\text{taxa de massa de} \\ A \text{ produzida pela} \\ \text{reação homogênea}\end{Bmatrix} = 0 \qquad (18.1\text{-}1)$$

Essa relação, é claro, pode também ser escrita em termos da unidade de massa expressa em mol. A espécie química A pode entrar ou sair do sistema por difusão (i.e., pelo movimento molecular), bem como em decorrência do movimento global do

[1] R.J. Silbey and R.A. Alberty, *Physical Chemistry*, 3rd. ed., Wiley, New York (2001), Chapter18.

[2] Note que nem todas as taxas podem ser expressas de uma forma simples como a apresentada na Eq. 18.0-2. A taxa de reação pode depender de uma relação de dependência bastante complexa, a qual pode envolver todas as espécies presentes. Restrições semelhantes também cabem para o caso da Eq.18.0-3. Para informações detalhadas sobre o assunto ver *Table of Chemical Kinetics, Homogeneous Reactions*, National Bureau of Standards, Circular 510(1951), Supplement No. 1 para Circular 510 (1956). Essa referência está sendo complementada por uma base de dados mantida pela NIST em http://kinetics.nist.gov. Para reações heterogêneas, ver R.Mezaki and H.Inoue, *Rate Equations of Solid-Catalyzed Reactions*, U.of Tokyo Press, Tokyo(1991). Ver também C.G.Hill, *Chemical Engineering Kinetics and Reactor Design:An Introduction*, Wiley, New York (1977).

fluido (i.e., por convecção), ambos incluídos no termo $\mathbf{N}_A$. Além disso, considera-se que a espécie química possa estar sendo consumida ou produzida por reações químicas homogêneas.

Depois de o balanço ser feito em uma casca de espessura finita usando a Eq. 18.1-1, tomamos o limite quando essa espessura tende a zero. Como resultado desse processo, obtém-se uma equação diferencial para descrever o fluxo mássico (ou molar). Se, nessa última, substituirmos a expressão para o fluxo mássico (ou molar) em termos do gradiente de concentração, obteremos uma equação diferencial para a concentração.

Quando essa equação é integrada, aparecem constantes de integração que são determinadas através das condições de contorno. As condições de contorno empregadas são análogas àquelas utilizadas em condução de calor (ver Seção 10.1):

a. A concentração na superfície pode ser especificada; por exemplo, $x_A = x_{A0}$.
b. O fluxo mássico na superfície pode ser especificado; por exemplo, $N_{Az} = N_{A0}$. O conhecimento da relação N_{Bz}/N_{Az} equivale a conhecermos o gradiente de concentração.
c. Se está ocorrendo difusão em um sólido imerso em um fluido em movimento, pode acontecer que, na superfície do sólido, a substância A esteja sendo transferida para o fluido de acordo com a relação

$$N_{A0} = k_c(c_{A0} - c_{Ab}) \qquad (18.1\text{-}2)$$

na qual N_{A0} corresponde ao fluxo molar na superfície do sólido, c_{A0} é a concentração da superfície, c_{Ab} corresponde à concentração de A na corrente de fluido, sendo a constante de proporcionalidade, k_c, denominada "coeficiente global de transferência de massa". Métodos para correlacionar coeficientes de transferência de massa são discutidos no Cap. 22. A Eq. 18.1-2 é análoga à "lei de Newton do resfriamento", representada pela Eq. 10.1-2.
d. A taxa de reação química na superfície pode ser especificada. Por exemplo, se a substância A desaparece na superfície por uma reação química de primeira ordem, então $N_{A0} = k_1''c_{A0}$. Em outras palavras, a taxa de desaparecimento em uma superfície é proporcional à concentração na superfície, sendo a constante de proporcionalidades k_1'' uma constante da taxa da reação química de primeira ordem.

18.2 DIFUSÃO ATRAVÉS DE UM FILME ESTAGNANTE DE GÁS

Vamos agora analisar o sistema de difusão ilustrado na Fig. 18.2-1 no qual o líquido A está evaporando no gás B. Vamos imaginar que há um sistema com o qual o nível do líquido no reservatório é mantido constante e igual a $z = z_1$. Na interface líquido-gás, a concentração de A na fase gasosa, expressa em termos da fração molar, é dada por x_{A1}. Esse é o valor da

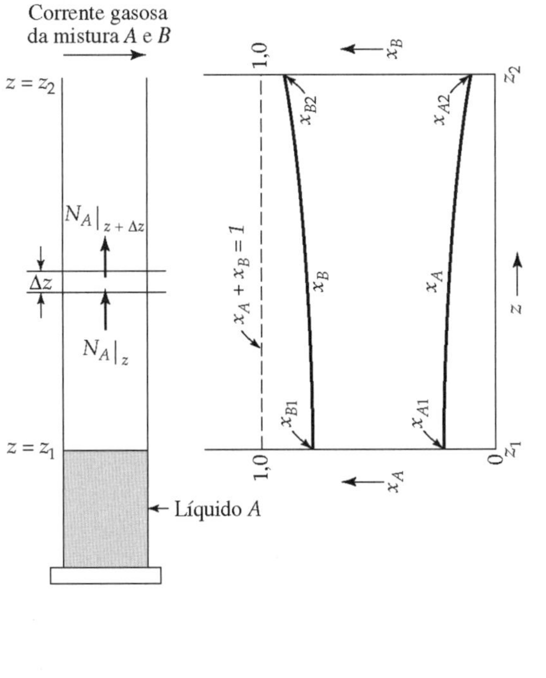

Fig. 18.2-1 Difusão da espécie química A em regime permanente através de um gás B com interface gás-líquido mantida em uma posição fixa. O gráfico mostra que, devido ao efeito do fluxo mássico, o perfil de concentração não corresponde a uma linha reta.

concentração de A na fase gasosa correspondente à concentração de equilíbrio[1] com o líquido na interface. Em outras palavras, x_{A1} é a pressão de vapor dividida pela pressão total, p_A^{vap}/p, desde que A e B formem uma mistura gasosa ideal e que a solubilidade do gás B no líquido A possa ser desprezada.

Uma corrente da mistura gasosa A e B de concentração x_{A2} escoa lentamente sobre o topo do cilindro, de forma a manter a fração molar de A, expressa por x_{A2}, constante no plano $z = z_2$. Admite-se que o sistema é mantido à temperatura e pressão constantes. Os gases A e B são considerados ideais.

Sabemos que, a partir da interface gás-líquido, haverá um movimento de gás na direção ascendente ($z > 0$) e que a velocidade do gás nas vizinhanças da parede do cilindro será menor que a velocidade no entorno do eixo axial do cilindro. Para simplificar o problema, vamos desprezar esse efeito, supondo que não há dependência do componente v_z com a coordenada na direção radial.

Uma vez atingido o equilíbrio, haverá um movimento de A para fora da interface, sendo que a espécie B ficará em repouso. Considerando $N_{Bz} = 0$, o fluxo molar de A é dado pela Eq. 17.0-1. Resolvendo a equação para N_{Az}, obtemos

$$N_{Az} = -\frac{c\mathcal{D}_{AB}}{1 - x_A}\frac{dx_A}{dz} \tag{18.2-1}$$

Em regime permanente, um balanço de massa (expresso em termos de mol) em um volume de controle de espessura Δz da coluna estabelece que a massa de A que entra no plano z é igual à massa de A que sai do plano $z + \Delta z$:

$$SN_{Az}|_z - SN_{Az}|_{z+\Delta z} = 0 \tag{18.2-2}$$

em que S é a área da seção reta da coluna. Dividindo por $S\Delta z$ e tomando o limite quando $\Delta z \to 0$ resulta

$$-\frac{dN_{Az}}{dz} = 0 \tag{18.2-3}$$

Substituição da Eq. 18.2-1 na Eq. 18.2-3 resulta

$$\frac{d}{dz}\left(\frac{c\mathcal{D}_{AB}}{1 - x_A}\frac{dx_A}{dz}\right) = 0 \tag{18.2-4}$$

Para uma mistura gasosa ideal a equação de estado é dada por $p = cRT$, de modo que, para temperatura e pressão constantes, c também será constante. Considera-se adicionalmente que, para gases, $\mathcal{D}_{AB}$ é praticamente independente da composição da mistura. Assim, $c\mathcal{D}_{AB}$ pode ser explicitado do operador derivada para obtermos

$$\frac{d}{dz}\left(\frac{1}{1 - x_A}\frac{dx_A}{dz}\right) = 0 \tag{18.2-5}$$

Essa é uma equação diferencial de segunda ordem para o perfil de concentração, expressa em termos da fração molar de A, cuja integração em relação a z fornece

$$\frac{1}{1 - x_A}\frac{dx_A}{dz} = C_1 \tag{18.2-6}$$

De uma segunda integração resulta

$$-\ln(1 - x_A) = C_1 z + C_2 \tag{18.2-7}$$

Substituindo o valor de C_1 e C_2, respectivamente, por $-\ln K_1$ e $-\ln K_2$, a Eq. 18.2-7 se reduz a

$$1 - x_A = K_1^z K_2 \tag{18.2-8}$$

As duas constantes de integração K_1 e K_2 podem então ser determinadas das seguintes condições de contorno

C.C. 1: $\quad$ em $z = z_1, \quad x_A = x_{A1}$ $\quad$ (18.2-9)

C.C. 2: $\quad$ em $z = z_2, \quad x_A = x_{A2}$ $\quad$ (18.2-10)

[1] L.J. Delaney and L.C. Eagleton [*AIChE Journal*, **8**, 418-420(1962) concluíram que, para sistemas onde ocorre evaporação, a suposição de equilíbrio na interface é razoável, com erros prováveis variando na faixa de 1,3 a 7,0%.

Uma vez obtidos os valores das constantes, teremos finalmente

$$\left(\frac{1 - x_A}{1 - x_{A1}}\right) = \left(\frac{1 - x_{A2}}{1 - x_{A1}}\right)^{\frac{z-z_1}{z_2-z_1}} \tag{18.2-11}$$

Os perfis para a fração molar do gás B são obtidos fazendo-se $x_B = 1 - x_A$. Os perfis de concentração são mostrados na Fig. 18.2-1. Pode ser verificado que, embora N_{Az} seja constante, a tangente dx_A/dz não é constante; esse resultado poderia ser diretamente verificado da inspeção da Eq. 18.2-1.

Uma vez conhecidos os perfis de concentração, podemos obter os valores médios de algumas grandezas, bem como os fluxos mássicos na superfície. Por exemplo, a concentração média de B na região entre z_1 e z_2 é obtida da seguinte forma:

$$\frac{x_{B,\text{méd}}}{x_{B1}} = \frac{\int_{z_1}^{z_2} (x_B/x_{B1})dz}{\int_{z_1}^{z_2} dz} = \frac{\int_0^1 (x_{B2}/x_{B1})^{\zeta}\, d\zeta}{\int_0^1 d\zeta} = \left.\frac{(x_{B2}/x_{B1})^{\zeta}}{\ln(x_{B2}/x_{B1})}\right|_0^1 \tag{18.2-12}$$

na qual $\zeta = (z - z_1)/(z_2 - z_1)$ é uma variável adimensional referente ao comprimento. Essa média pode ser reescrita na forma de

$$x_{B,\text{méd}} = \frac{x_{B2} - x_{B1}}{\ln(x_{B2}/x_{B1})} \tag{18.2-13}$$

Isto é, o valor médio de x_B corresponde à média logarítmica $(x_B)_{\ln}$ dos valores das concentrações nos pontos extremos.

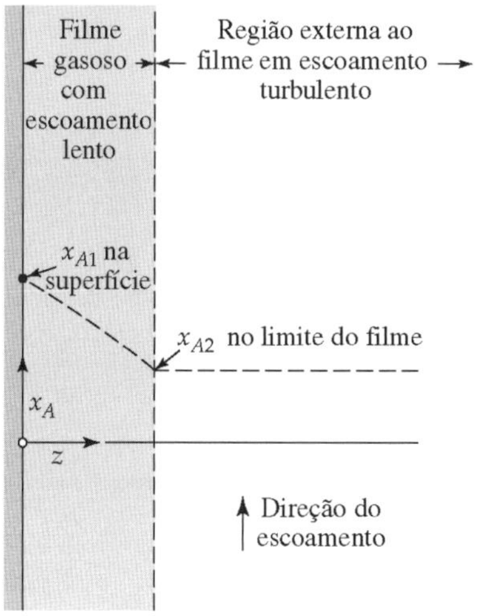

Fig. 18.2-2 Modelo do filme para transferência de massa. O componente A está se difundindo da superfície para a corrente gasosa através de um filme líquido hipotético.

A partir da Eq. 18.2-1, a taxa de transferência de massa na interface gás-líquido — isto é, a taxa de evaporação — pode ser obtida como se segue

$$N_{Az}\big|_{z=z_1} = -\frac{c\mathscr{D}_{AB}}{1 - x_{A1}} \left.\frac{dx_A}{dz}\right|_{z=z_1} = +\frac{c\mathscr{D}_{AB}}{x_{B1}} \left.\frac{dx_B}{dz}\right|_{z=z_1} = \frac{c\mathscr{D}_{AB}}{z_2 - z_1} \ln\left(\frac{x_{B2}}{x_{B1}}\right) \tag{18.2-14}$$

Combinando as Eqs. 18.2-13 e 14, obtemos finalmente

$$N_{Az}\big|_{z=z_1} = \frac{c\mathscr{D}_{AB}}{(z_2 - z_1)(x_B)_{\ln}} (x_{A1} - x_{A2}) \tag{18.2-15}$$

Essa última expressão fornece a taxa de evaporação, expressa em termos da força-motriz característica do processo difusivo, $x_{A1} - x_{A2}$.

Desenvolvendo a solução dada pela Eq. 18.2-15 em termos de uma série de Taylor, podemos obter (ver Seção C.2 e Problema 18B.18)

$$N_{Az}|_{z=z_1} = \frac{c\mathscr{D}_{AB}(x_{A1} - x_{A2})}{(z_2 - z_1)}[1 + \tfrac{1}{2}(x_{A1} + x_{A2}) + \tfrac{1}{3}(x_{A1}^2 + x_{A1}x_{A2} + x_{A2}^2) + \cdots] \tag{18.2-16}$$

A expressão que aparece antes do somatório dos termos da série é o resultado que seria obtido se o termo convectivo fosse inteiramente omitido na Eq. 18.0-1, enquanto a inclusão do somatório corresponderia a uma correção referente à inclusão desse termo. Uma outra forma de se interpretar essa expressão é que ela simplesmente corresponde a ligar os pontos de valores extremos da curva x_A na Fig. 18.2-1 por uma linha reta, sendo que o resultado completo corresponde a usar a curva x_A versus z. Se os valores da fração molar correspondentes aos valores extremos de x_A são muito pequenos, o termo de correção na Eq. 18.2-16 será ligeiramente maior que a unidade.

Os resultados desta seção foram utilizados para a determinação experimental de difusividades.[2] Além disso, esses resultados podem ser utilizados nos modelos de transferência de massa baseados em filmes. Na Fig. 18.2-2 é mostrada uma superfície (sólida ou líquida) em torno da qual escoa um gás. Próximo da superfície escoa lentamente um filme de fluido através do qual a espécie A se difunde. Esse filme é limitado pelas superfícies em $z = z_1$ e $z = z_2$. Nesse "modelo" admite-se que ocorra uma transição bem definida entre o filme estacionário e um fluido homogêneo, no qual os gradientes de concentração podem ser desprezados. Embora esse modelo físico seja pouco realista, ele tem se demonstrado bastante útil, pois fornece uma forma simplificada para a correlação de coeficientes de transferência de massa.

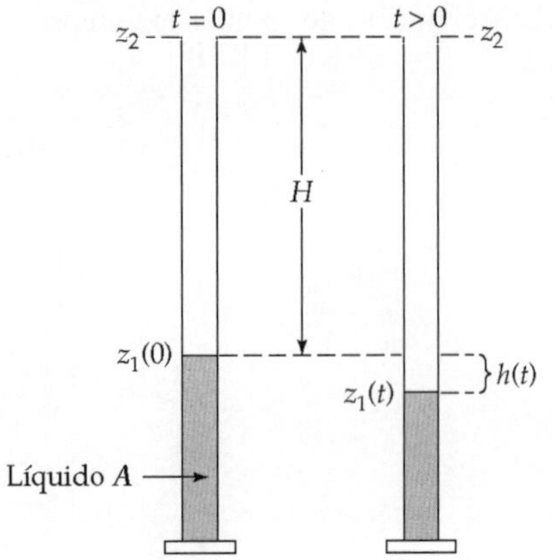

Fig. 18.2-3 Evaporação com difusão quase-permanente. O nível do líquido decresce lentamente à medida que evapora. Uma mistura gasosa de composição x_{A2} escoa através do topo do tubo.

EXEMPLO 18.2-1

Difusão com uma Interface Móvel

Neste exemplo, vamos examinar um problema ligeiramente diferente do problema antecedente. Em vez de considerarmos a interface líquido-gás com altura constante, vamos admitir que o nível de líquido decresce à medida que a evaporação prossegue, como mostrado na Fig. 18.2-3. Se o nível de líquido decresce muito lentamente, podemos obter uma solução através de um método quase-permanente com confiança.

SOLUÇÃO

Inicialmente, igualamos a taxa de evaporação de A, expressa em termos de moles, da fase líquida com a taxa molar de A que entra na fase gasosa:

$$-S\frac{\rho^{(A)}}{M_A}\frac{dz_1}{dt} = \frac{c\mathscr{D}_{AB}}{(z_2 - z_1(t))(x_B)_{\ln}}(x_{A1} - x_{A2})S \tag{18.2-17}$$

[2] C.Y.Lee and C.R.Wilke, *Ind.Eng.Chem.*, **46**, 2381-2387(1954).

Em que $\rho^{(A)}$ é a densidade do líquido A puro e M_A, o seu peso molecular. No segundo membro da Eq. 18.2-17 usamos a taxa de evaporação de equilíbrio calculada em função da altura de líquido na coluna (o que corresponde à aproximação do método quase-permanente). Da integração dessa equação resulta

$$\int_0^h (H + h)dh = \frac{c\mathscr{D}_{AB}(x_{A1} - x_{A2})}{(\rho^{(A)}/M_A)(x_B)_{\ln}} \int_0^t dt \qquad (18.2\text{-}18)$$

na qual $h(t) = z_1(0) - z_1(t)$ corresponde à distância que a interface decresceu no tempo t, e $H = z_2 - z_1(0)$ é a altura inicial da coluna de gás. Representando o segundo membro da Eq. 18.2-18 pela expressão $(\frac{1}{2})Ct$, podemos obter a altura h a partir da integração da Eq. 18.2-19.

$$h(t) = H(\sqrt{1 + (Ct/H^2)} - 1) \qquad (18.2\text{-}19)$$

Essa equação pode ser usada para se ajustar os valores experimentais da variação da altura da coluna de líquido em função do tempo e com isso se obter o valor da difusividade.

EXEMPLO 18.2-2

Determinação da Difusividade

A difusividade do par gasoso O_2-CCl_4 está sendo determinada pela observação da evaporação de tetracloreto de carbono em um tubo contendo oxigênio, como mostrado na Fig. 18.2-1. A distância entre o nível de CCl_4 líquido e o topo do tubo é $z_2 - z_1 = 17{,}1$ cm. A pressão total do sistema é de 775 mm Hg e sua densidade é 1,629 g/m^3, e a temperatura é de 0°C. À mesma temperatura, a pressão do CCl_4 é de 33,0 mm Hg. A área da seção reta do tubo é de 0,82 cm^2. Após um intervalo de tempo de 10 h, determinou-se que o volume de CCl_4 evaporado foi de 0,0208 cm^3. Qual é a difusividade do par gasoso O_2-CCl_4?

SOLUÇÃO

Vamos designar o CCl_4 como a espécie A e o O_2 como a espécie B. O fluxo molar de A é dado por

$$\begin{aligned} N_A &= \frac{(0{,}0208\ \text{cm}^3)(1{,}629\ \text{g/cm}^3)}{(153{,}82\ \text{g/g-mol})(0{,}82\ \text{cm}^2)(3{,}6 \times 10^4\ \text{s})} \\ &= 7{,}46 \times 10^{-9}\ \text{g-mol/cm}^2 \cdot \text{s} \end{aligned} \qquad (18.2\text{-}20)$$

Utilizando a Eq. 18.2-14, obtemos

$$\begin{aligned} \mathscr{D}_{AB} &= \frac{(N_A|_{z=z_1})(z_2 - z_1)}{c \ln(x_{B2}/x_{B1})} \\ &= \frac{(N_A|_{z=z_1})(z_2 - z_1)RT}{p \ln(p_{B2}/p_{B1})} \\ &= \frac{(7{,}46 \times 10^{-9})(17{,}1)(82{,}06)(273)}{(755/760)(2{,}303 \log_{10}(755/722))} \\ &= 0{,}0634\ \text{cm}^2/\text{s} \end{aligned} \qquad (18.2\text{-}21)$$

Esse método para a determinação da difusividade de gases apresenta várias limitações como, por exemplo, o resfriamento decorrente da evaporação do líquido, da concentração de componentes não-voláteis na interface, da ascensão do líquido pelas paredes do tubo e da curvatura do menisco.

EXEMPLO 18.2-3

Difusão através de um Filme Esférico Não-isotérmico

(a) Deduza expressões, análogas à Eq. 18.2-11 (perfil de concentração) e à Eq. 18.2-14 (fluxo molar), para a difusão através de uma casca de geometria esférica. O sistema sob consideração está mostrado na Fig. 18.2-4.

(b) Use esses resultados para descrever a difusão em um filme não-isotérmico, no qual a temperatura deve variar de acordo com a equação a seguir

$$\frac{T}{T_1} = \left(\frac{r}{r_1}\right)^n \tag{18.2-22}$$

em que T_1 é a temperatura no ponto $r = r_1$. Como primeira aproximação, suponha que $\mathscr{D}_{AB}$ varia com a temperatura na potência 2/3 da temperatura:

$$\frac{\mathscr{D}_{AB}}{\mathscr{D}_{AB,1}} = \left(\frac{T}{T_1}\right)^{3/2} \tag{18.2-23}$$

na qual $\mathscr{D}_{AB,1}$ é a difusividade em $T = T_1$. Problemas desse tipo aparecem em conexão com a secagem de gotas de pequeno diâmetro e com a difusão através de filmes gasosos próximos a partículas esféricas de catalisador.

A distribuição de temperatura dada pela Eq. 18.2-22 foi escolhida por razões de simplificação do modelo matemático. Esse exemplo é incluído para enfatizar que, para sistemas não-isotérmicos, a Eq. 18.0-1 se constitui no ponto de início correto, em vez de se partir da suposição que $N_{Az} = -\mathscr{D}_{AB}(dc_A/dz) + x_A(N_{Az} + N_{Bz})$, como é freqüentemente adotado em alguns livros-texto.

SOLUÇÃO

(a) Considerando regime permanente de um balanço material em uma casca esférica temos

$$\frac{d}{dr}(r^2 N_{Ar}) = 0 \tag{18.2-24}$$

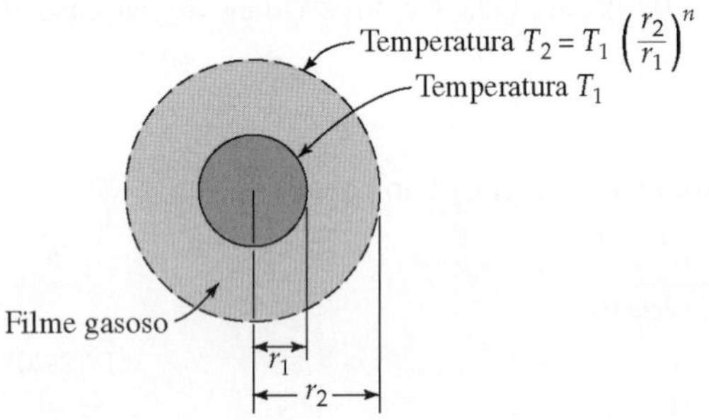

Fig. 18.2-4 Difusão através de um filme hipotético esférico estagnado envolvendo uma gota de pequeno diâmetro do líquido A.

Substituímos na equação anterior a expressão para o fluxo molar N_{Ar}, considerando N_{Br} nulo, uma vez que B é insolúvel no líquido A. Daí resulta

$$\frac{d}{dr}\left(r^2 \frac{c\mathscr{D}_{AB}}{1 - x_A}\frac{dx_A}{dr}\right) = 0 \tag{18.2-25}$$

Considerando a *temperatura constante*, o produto $c\mathscr{D}_{AB}$ é constante e a Eq. 18.2-25 pode ser integrada para fornecer o perfil de concentração

$$\left(\frac{1 - x_A}{1 - x_{A1}}\right) = \left(\frac{1 - x_{A2}}{1 - x_{A1}}\right)^{\frac{(1/r_1)-(1/r)}{(1/r_1)-(1/r_2)}} \tag{18.2-26}$$

Da Eq. 18.2-26 podemos obter

$$W_A = 4\pi r_1^2 N_{Ar}\big|_{r=r_1} = \frac{4\pi c\mathscr{D}_{AB}}{(1/r_1) - (1/r_2)} \ln\left(\frac{1 - x_{A2}}{1 - x_{A1}}\right) \tag{18.2-27}$$

a qual fornece o fluxo molar de A através de qualquer superfície esférica de raio r entre r_1 e r_2.

(b) Para o problema não-isotérmico, a combinação das Eqs. 18.2-22 e 23 fornece a variação da difusividade com a posição

$$\frac{\mathscr{D}_{AB}}{\mathscr{D}_{AB,1}} = \left(\frac{r}{r_1}\right)^{3n/2} \tag{18.2-28}$$

Inserindo essa expressão na Eq. 18.2-25 e fazendo $c = p/RT$, obtemos

$$\frac{d}{dr}\left(r^2 \frac{p\mathscr{D}_{AB,1}/RT_1}{1 - x_A}\left(\frac{r}{r_1}\right)^{n/2}\frac{dx_A}{dr}\right) = 0 \tag{18.2-29}$$

Após integração no intervalo entre r_1 e r_2, obtemos (para $n \neq -2$)

$$W_A = 4\pi r_1^2 N_{Ar}|_{r=r_1} = \frac{4\pi(p\mathscr{D}_{AB,1}/RT_1)[1 + (n/2)]}{[(1/r_1)^{1+(n/2)} - (1/r_2)^{1+(n/2)}]r_1^{n/2}} \ln\left(\frac{1 - x_{A2}}{1 - x_{A1}}\right) \tag{18.2-30}$$

Para $n = 0$, esse resultado é igual ao resultado obtido pela Eq. 18.2-27.

18.3 DIFUSÃO COM REAÇÃO QUÍMICA HETEROGÊNEA

Vamos agora considerar um modelo simplificado para um reator catalítico, tal como o sistema ilustrado na Fig. 18.3-1a, no qual está ocorrendo a reação $2A \rightarrow B$. Um exemplo de uma reação desse tipo seria a reação de dimerização do $CH_3CH{=}CH_2$ com catalisador sólido.

Vamos imaginar que cada partícula de catalisador está envolvida por um filme de gasoso estagnado através do qual a espécie A tem que se difundir até alcançar a superfície do catalisador, como mostrado na Fig. 18.3-1b. Admitimos ainda que na superfície do catalisador a reação $2A \rightarrow B$ ocorre instantaneamente e que os produtos da reação se difundem através do filme em sentido oposto para a corrente gasosa externa composta de A e B. Queremos obter uma expressão para a taxa local de conversão de A em B quando a espessura efetiva do filme e as concentrações x_{A0} e x_{B0} são conhecidas. Supomos ainda que o filme é isotérmico, embora em muitas reações catalíticas o calor gerado não possa ser desprezado.

Para a situação ilustrada na Fig. 18.3-1b e da estequiometria da reação, sabemos que para *um* mol de B se movendo no sentido *negativo* da direção z, há *dois* moles de A se movendo em sentido *positivo*. Assim, no regime permanente

$$N_{Bz} = -\tfrac{1}{2}N_{Az} \tag{18.3-1}$$

para qualquer valor de z. Substituindo a Eq. 18.3-1 na Eq. 18.0-1, podemos resolver em termos de N_{Az} e daí resulta

$$N_{Az} = -\frac{c\mathscr{D}_{AB}}{1 - \frac{1}{2}x_A}\frac{dx_A}{dz} \tag{18.3-2}$$

Assim, utilizando a Eq. 18.0-1 e conhecendo-se a estequiometria da reação, obtemos uma expressão para N_{Az} em função do gradiente de concentração.

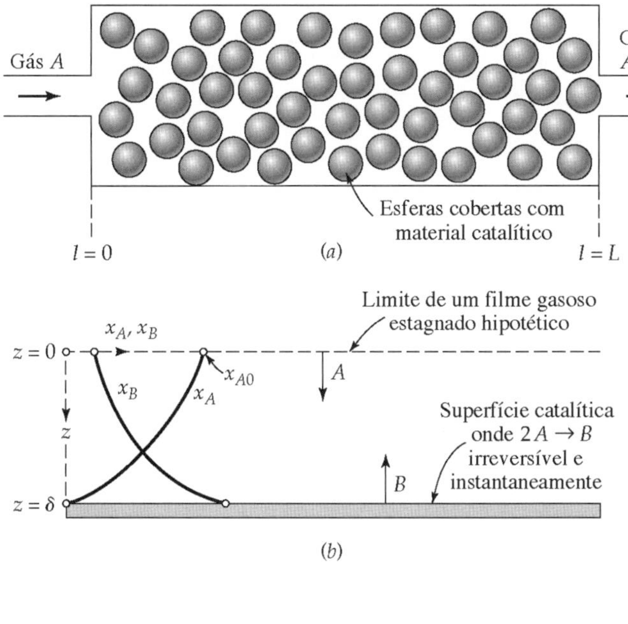

Fig. 18.3-1 (*a*) Diagrama esquemático de um reator catalítico no qual A está sendo convertido em B. (*b*) Modelo idealizado do problema de difusão próxima da superfície da partícula do catalisador.

Faremos agora um balanço de massa relativo à espécie A em uma lâmina de gás muito fina de espessura Δz. Desse procedimento, que é igual ao já adotado em relação à obtenção das Eqs. 18.2-2 e 3, resulta

$$\frac{dN_{Az}}{dz} = 0 \tag{18.3-3}$$

Inserindo nessa equação a expressão de N_{Az} anteriormente obtida, resulta (para $\mathscr{D}_{AB}$ constante)

$$\frac{d}{dz}\left(\frac{1}{1-\frac{1}{2}x_A}\frac{dx_A}{dz}\right) = 0 \tag{18.3-4}$$

da qual, após ser integrada duas vezes em relação a z, resulta

$$-2\ln(1-\tfrac{1}{2}x_A) = C_1 z + C_2 = -(2\ln K_1)z - (2\ln K_2) \tag{18.3-5}$$

É mais fácil determinar as constantes de integração em termos de K_1 e K_2 do que em termos de C_1 e C_2. As condições de contorno são dadas por

C.C. 1: em $z = 0, \quad x_A = x_{A0}$ (18.3-6)

C.C. 2: em $z = \delta, \quad x_A = 0$ (18.3-7)

Finalmente

$$\boxed{(1-\tfrac{1}{2}x_A) = (1-\tfrac{1}{2}x_{A0})^{1-(z/\delta)}} \tag{18.3-8}$$

para o perfil de concentração no filme gasoso. A Eq. 18.3-2 pode ser agora utilizada para obtermos o fluxo molar do reagente através do filme gasoso:

$$N_{Az} = \frac{2c\mathscr{D}_{AB}}{\delta}\ln\left(\frac{1}{1-\frac{1}{2}x_{A0}}\right) \tag{18.3-9}$$

A grandeza N_{Az} pode também ser interpretada como a taxa local de reação por unidade de área superficial da partícula de catalisador. Essa informação pode ser combinada com uma outra relacionada ao reator catalítico ilustrado na Fig. 18.3-1(a) para obtermos a taxa global de conversão do reator.

Um ponto deve agora ser ressaltado. Embora a reação química ocorra instantaneamente na superfície do catalisador, a conversão de A em B se dá a uma taxa finita devida ao processo difusivo, o qual ocorre "em série" com a reação. Desse modo consideramos que a conversão de A em B é uma reação *controlada pela difusão.*

Nesse exemplo, admitimos que a reação ocorre instantaneamente na superfície do catalisador. No próximo exemplo mostraremos como levar em conta as reações que são caracterizadas por uma cinética finita na superfície do catalisador.

EXEMPLO 18.3-1

Difusão com Reação Heterogênea Lenta

Refaça o problema anterior no caso em que a reação $2A \rightarrow B$ que ocorre na superfície do catalisador $z = \delta$ não é instantânea. Neste caso, admita que a taxa de desaparecimento de A na superfície do catalisador é proporcional à concentração de A no fluido da interface,

$$N_{Az} = k_1''c_A = k_1''cx_A \tag{18.3-10}$$

em que k_1'' é a constante da taxa superficial da pseudo-reação de primeira ordem.

SOLUÇÃO

Neste caso, vamos adotar um procedimento idêntico ao anterior com a diferença de que a C.C.2 da Eq. 18.3-7 deve ser substituída por

C.C. 2′: em $z = \delta, \quad x_A = \dfrac{N_{Az}}{k_1''c}$ (18.3-11)

em que N_{Az}, claro, pode ser considerado constante em regime permanente. A determinação das constantes de integração, a partir das condições C.C.1 e C.C.2′ resulta em

$$(1 - \tfrac{1}{2}x_A) = \left(1 - \frac{1}{2}\frac{N_{Az}}{k_1''c}\right)^{z/\delta}(1 - \tfrac{1}{2}x_{A0})^{1-(z/\delta)} \tag{18.3-12}$$

A partir dessa expressão determinamos $(dx_A/dz)|_{z=0}$ e o substituímos na Eq. 18.3-2, para obter

$$N_{Az} = \frac{2c\mathscr{D}_{AB}}{\delta}\ln\left(\frac{1 - \frac{1}{2}(N_{Az}/k_1''c)}{1 - \frac{1}{2}x_{A0}}\right) \tag{18.3-13}$$

Essa é uma equação transcendental cuja solução fornece o valor de N_{Az} em função de x_{A0}, k_1'', $c\mathscr{D}_{AB}$ e δ. Quando o valor de k_1'' é muito grande, o logaritmo de $1 - ½\,(N_{Az}/k_1''c)$pode ser desenvolvido em termos de uma série de Taylor, da qual se retém apenas o primeiro termo. Assim, obtemos

$$N_{Az} = \frac{2c\mathscr{D}_{AB}/\delta}{1 + \mathscr{D}_{AB}/k_1''\delta}\ln\left(\frac{1}{1 - \frac{1}{2}x_{A0}}\right) \qquad (k_1 \text{ grande}) \tag{18.3-14}$$

Note mais uma vez que obtivemos a taxa *combinada* referente aos processos de reação e de difusão. Note também que o grupo adimensional, $c\mathscr{D}_{AB}/k_1''\delta$ descreve a relação entre o efeito da cinética da reação que ocorre na superfície do catalisador e o processo difusivo e de reação global. A recíproca desse número é conhecida como o *segundo número de Damköhler*[1] $\text{Da}^{\text{II}} = k_1''\delta/\mathscr{D}_{AB}$. Evidentemente, no limite quando $\text{Da}^{\text{II}} \to \infty$, obtemos o resultado previsto pela Eq. 18.3-9.

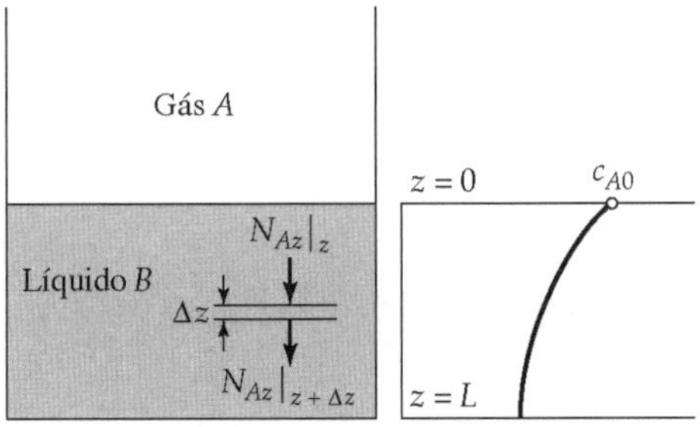

Fig. 18.4-1 Absorção de A por B, seguida de reação homogênea na fase líquida.

18.4 DIFUSÃO COM REAÇÃO QUÍMICA HOMOGÊNEA

A seguir, abordamos o caso de balanço de massa para o sistema ilustrado na Fig. 18.4-1. Nesse sistema consideramos que o gás A se dissolve no líquido B contido em um recipiente e se difunde isotermicamente na fase líquida. À medida que se difunde no meio, a espécie A reage irreversivelmente com B em uma reação homogênea de primeira ordem: $A + B \to AB$. A absorção de CO_2 em uma solução aquosa de NaOH seria um exemplo desse tipo de reação.

Consideramos esse sistema como uma solução binária de A e B e ignoramos as pequenas quantidades do composto AB eventualmente presentes (a *suposição pseudobinária*). Dessa forma, um balanço de massa em relação à espécie A em uma lâmina de espessura Δz da fase líquida fornece

$$N_{Az}|_z S - N_{Az}|_{z+\Delta z} S - k_1'''c_A S\Delta z = 0 \tag{18.4-1}$$

na qual k_1''' é a constante da taxa da reação de primeira ordem para a decomposição química de A, e S é a área da seção reta do recipiente que contém o líquido. O produto $k_1'''c_A$ representa o número de moles de A consumidos na reação por unidade de volume e por unidade de tempo. Dividindo a Eq. 18.4-1 por $S\Delta z$ e tomando o limite quando $\Delta z \to 0$ resulta

$$\frac{dN_{Az}}{dz} + k_1'''c_A = 0 \tag{18.4-2}$$

[1] G. Damköhler, *Z. Elektrochem.*, **42**, 846-862 (1936).

Considerando a concentração de A muito pequena, podemos, com uma boa aproximação, escrever a Eq. 18.0-1 na forma

$$N_{Az} = -\mathscr{D}_{AB}\frac{dc_A}{dz} \tag{18.4-3}$$

já que a concentração molar total na fase líquida, c, pode ser considerada praticamente uniforme. Da combinação dessas duas últimas equações resulta

$$\mathscr{D}_{AB}\frac{d^2c_A}{dz^2} - k_1'''c_A = 0 \tag{18.4-4}$$

a qual deve ser resolvida com as seguintes condições de contorno:

C.C. 1: em $z = 0$, $c_A = c_{A0}$ (18.4-5)

C.C. 2: em $z = L$, $N_{Az} = 0$ (ou $dc_A/dz = 0$) (18.4-6)

A primeira condição de contorno estabelece que a concentração de A na superfície do líquido permanece constante e igual a c_{A0}, enquanto a segunda estabelece que a espécie A não se difunde através do fundo do recipiente, ou seja, em $z = L$.

Multiplicando a Eq. 18.4-4 por $L^2/c_{A0}\mathscr{D}_{AB}$ ela pode ser escrita em termos de variáveis adimensionais da forma da Eq. C.1-4.

$$\frac{d^2\Gamma}{d\zeta^2} - \phi^2\Gamma = 0 \tag{18.4-7}$$

em que $\Gamma = c_A/c_{A0}$ é uma concentração adimensional, $\zeta = z/L$ um comprimento adimensional e $\phi = (k_1'''L^2/\mathscr{D}_{AB})^{1/2}$ é também um grupo adimensional denominado *módulo de Thiele*.[1] Esse grupo representa a influência relativa da reação química $k_1'''c_{A0}$ e da difusão $c_{A0}\mathscr{D}_{AB}/L^2$. A Eq. 18.4-7 deve ser resolvida com as condições de contorno, também na forma adimensional, dadas, respectivamente, por $\zeta = 0, \Gamma = 1$ e em $\zeta = 1, d\Gamma/d\zeta = 0$. A solução geral da equação é dada por

$$\Gamma = C_1 \cosh \phi\zeta + C_2 \operatorname{senh} \phi\zeta \tag{18.4-8}$$

Determinando os valores das condições de contorno, vem

$$\Gamma = \frac{\cosh \phi \cosh \phi\zeta - \operatorname{senh} \phi \operatorname{senh} \phi\zeta}{\cosh \phi} = \frac{\cosh[\phi(1-\zeta)]}{\cosh \phi} \tag{18.4-9}$$

Expressando esse resultado, em termos das variáveis dimensionais, vem

$$\boxed{\frac{c_A}{c_{A0}} = \frac{\cosh[\sqrt{k_1'''L^2/\mathscr{D}_{AB}}(1 - (z/L))]}{\cosh\sqrt{k_1'''L^2/\mathscr{D}_{AB}}}} \tag{18.4-10}$$

O perfil de concentração assim obtido é ilustrado na Fig. 18.4-1. Uma vez obtido o perfil de concentração, podemos determinar outras grandezas, tais como a concentração média na fase líquida

$$\frac{c_{A,\text{méd}}}{c_{A0}} = \frac{\int_0^L (c_A/c_{A0})dz}{\int_0^L dz} = \frac{\tanh \phi}{\phi} \tag{18.4-11}$$

O fluxo molar no plano $z = 0$ pode também ser determinado na forma de

$$N_{Az}|_{z=0} = -\mathscr{D}_{AB}\left.\frac{dc_A}{dz}\right|_{z=0} = \left(\frac{c_{A0}\mathscr{D}_{AB}}{L}\right)\phi \tanh \phi \tag{18.4-12}$$

Esse resultado mostra a relação entre a reação química e a taxa de absorção do gás A pelo líquido B.

Provavelmente a essa altura, o leitor estará se questionando sobre como a solubilidade c_{A0} e a difusividade $\mathscr{D}_{AB}$ podem ser determinadas experimentalmente se, em paralelo ao efeito difusivo, está ocorrendo uma reação química. Em primeiro lugar, k_1''' pode ser medida em um experimento em separado conduzido em um reator tanque agitado. Assim, em princípio, c_{A0} e $\mathscr{D}_{AB}$ podem ser obtidas através de medidas experimentais das taxas de absorção para diversos valores de profundidade do líquido.

[1] E.W. Thiele, *Ind. Eng. Chem.*, **31**, 916-920 (1939). **Ernest William Thiele** (1895-1993) é conhecido por seu trabalho em fatores de eficiência de catalisadores e por sua participação na elaboração do diagrama "McCabe-Thiele". Após 35 anos trabalhando para a Standard Oil of Indiana, ensinou por uma década na Universidade de Notre Dame.

EXEMPLO 18.4-1

Absorção de Gás com Reação Química em um Tanque Agitado [2]

Estime o efeito da taxa de reação química sobre a taxa de absorção do gás em um tanque agitado (ver Fig. 18.4-2). Considere um sistema no qual o gás dissolvido A experimenta uma reação irreversível de primeira ordem com o líquido B; isso significa que A desaparece na fase líquida a uma taxa considerada proporcional à sua concentração local. Um exemplo desse sistema seria o da absorção de SO_2 ou H_2S em uma solução aquosa de NaOH.

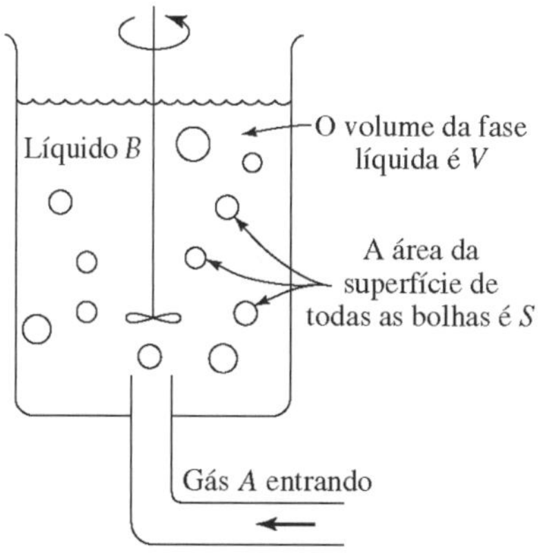

Fig. 18.4-2 Equipamento de absorção de gás.

SOLUÇÃO

Uma análise exata dessa situação não é factível devido à complexidade do processo de absorção do gás. Todavia, uma solução semiquantitativa pode ser obtida pela aplicação de um modelo relativamente simples.

a. Cada bolha de gás é envolvida por um filme líquido estagnado de espessura δ, considerada muito pequena quando comparada ao diâmetro da bolha.
b. Um perfil de concentração quase-permanente é instantaneamente estabelecido no filme líquido logo após a formação da bolha.
c. O gás A é ligeiramente solúvel no líquido, de modo que podemos desprezar os efeitos convectivos que aparecem na Eq. 18.0-1.
d. A concentração do líquido na região externa ao filme estagnado é dada por c_{A0}, a qual todavia varia muito pouco com o tempo, de forma que ela pode ser considerada constante.

A equação diferencial que descreve o processo de difusão com reação química é a própria Eq. 18.4-4, a qual, porém, está sujeita às seguintes condições de contorno:

C.C. 1: $$\text{em } z = 0, \quad c_A = c_{A0} \tag{18.4-13}$$

C.C. 2: $$\text{em } z = \delta, \quad c_A = c_{A\delta} \tag{18.4-14}$$

sendo c_{A0} a concentração de A na interface do líquido, suposta em equilíbrio com a fase gasosa na interface, e $c_{A\delta}$ a concentração de A no seio do líquido. A solução da Eq. 18.4-4, com as condições de contorno dadas é

$$\frac{c_A}{c_{A0}} = \frac{\operatorname{senh}\phi \cosh \phi\zeta + (B - \cosh\phi \operatorname{senh}\phi\zeta)}{\operatorname{senh}\phi} \tag{18.4-15}$$

na qual $\zeta = z/\delta$, $B = c_{A\delta}/c_{A0}$ e $\phi = (k_1'''\delta^2/\mathscr{D}_{AB})^{1/2}$. A Fig. 18.4-3 corresponde ao gráfico dessa equação.

[2] E.N. Lightfoot, *AIChE Journal* **4**, 499-500 (1958), **8**, 710-712 (1962).

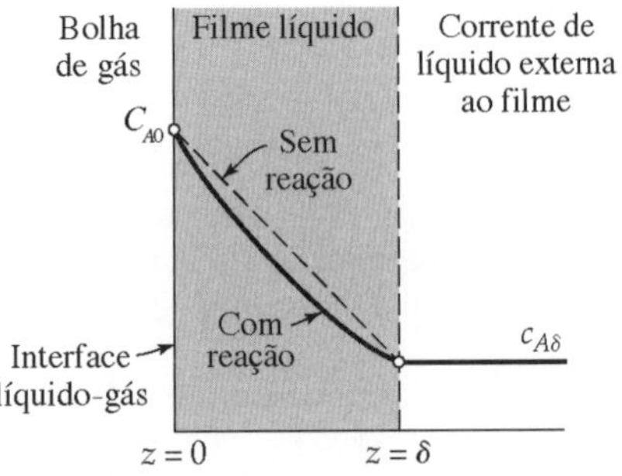

Fig. 18.4-3 Perfil de concentração previsto na fase líquida adjacente a uma bolha.

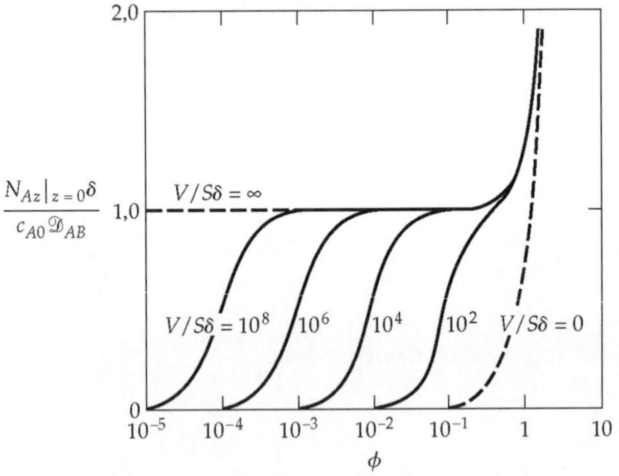

Fig. 18.4-4 Absorção de gás seguida de reação de primeira ordem irreversível.

A seguir, e usando a suposição (d), igualamos a quantidade de A que entra no seio do líquido em $z = \delta$ através da superfície S da bolha no tanque com a quantidade de A consumida no líquido pela reação química

$$-S\mathscr{D}_{AB} \left.\frac{dc_A}{dz}\right|_{z=\delta} = Vk_1'''c_{A\delta} \tag{18.4-16}$$

Substituindo o valor de c_{A0}, obtido da Eq. 18.4-15 na Eq. 18.4-16 obtemos uma expressão para B:

$$B = \frac{1}{\cosh \phi + (V/S\delta)\phi \,\mathrm{senh}\, \phi} \tag{18.4-17}$$

Quando esse resultado é inserido na Eq. 18.4-15, obtemos uma expressão para c_A/c_{A0} em função de ϕ e $V/S\delta$.

Dessa expressão para o perfil de concentração podemos obter agora a taxa global de absorção com reação química a partir de $N_{Az} = -\mathscr{D}_{AB}(dc_A/dz)$, determinado em $z = 0$. Assim:

$$\breve{N} = \frac{N_{Az}|_{z=0}\delta}{c_{A0}\mathscr{D}_{AB}} = \frac{\phi}{\mathrm{senh}\,\phi}\left(\cosh\phi - \frac{1}{\cosh\phi + (V/S\delta)\phi\,\mathrm{senh}\,\phi}\right) \tag{18.4-18}$$

Esse resultado é representado na Fig. 18.4-4.

Pode-se constatar que a forma adimensional da taxa de absorção por unidade de área, $\breve{N}$, cresce com ϕ para valores finitos de $V/S\delta$. Para valores de ϕ muito pequenos — isto é, para reações lentas — $\breve{N}$ tende a zero. Para essa situação limite considera-se o líquido como praticamente saturado com o gás nele dissolvido, e a "força-motriz" para a absorção muito pequena. Para valores elevados de ϕ, o fluxo mássico superficial adimensional $\breve{N}$ aumenta rapidamente com ϕ e se torna praticamente independente de $V/S\delta$. Nessas circunstâncias, a reação é tão rápida que quase todo o gás dissolvido é consumido quando ainda se encontra dentro do filme. Nesse caso, B é próximo de zero, sendo que as condições na maior parte da fase líquida não são afetadas. No caso limite em que os valores de ϕ são muito elevados, o valor de $\breve{N}$ coincide com o valor de ϕ.

Um comportamento ainda mais interessante é o que ocorre para valores intermediários de ϕ. Pode ser observado que, para valores moderados de $V/S\delta$, há uma ampla faixa de valores de ϕ para a qual o valor de $\breve{N}$ é praticamente unitário.

Nessa região, a reação química é suficientemente rápida de forma a manter a região correspondente ao seio do líquido isenta do soluto, mas lenta o bastante para exercer qualquer influência no transporte do soluto através do filme. Tal situação ocorrerá quando a relação $V/S\delta$ correspondente ao volume do líquido externo ao filme for suficientemente grande de modo que a taxa de reação por unidade de volume do filme não seja afetada. Nesse caso, a taxa de absorção é igual à taxa de absorção física (isto é, a taxa para o valor de $k_1''' = 0$) para o líquido puro. Esse comportamento é freqüentemente observado na prática, e a operação sob tais condições provou ser uma maneira adequada para caracterizar o processo de transferência de massa de uma gama variada de unidades de absorção de gases.[2]

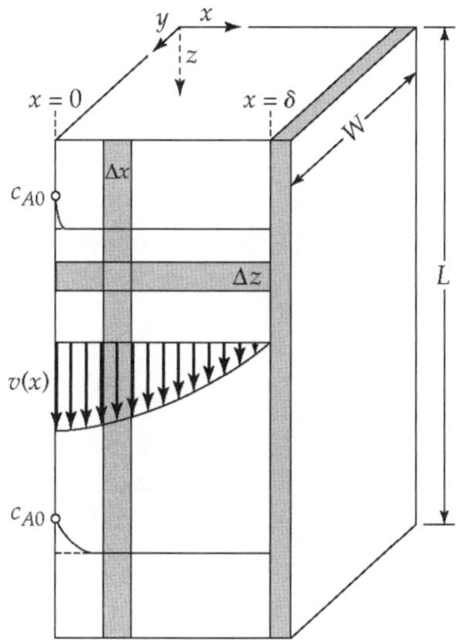

Fig. 18.5-1 Absorção do gás *A* por um filme descendente do líquido *B*.

18.5 DIFUSÃO EM UM FILME LÍQUIDO DESCENDENTE (ABSORÇÃO GASOSA)[1]

Nesta seção analisamos um problema de transferência de massa envolvendo o efeito da *convecção forçada*, no qual o escoamento de um fluido real e a difusão ocorrem em condições tais que o campo de velocidade pode ser considerado como praticamente independente do processo difusivo. Especificamente, consideramos a absorção de um gás *A* por um líquido *B*, que, na forma de um filme delgado, escoa ao longo de uma placa plana vertical. Além disso, consideramos que espécie *A* é apenas parcialmente solúvel em *B*, de modo que a viscosidade de *B* pode ser considerada como constante. Uma outra restrição imposta se refere ao fato de que o processo difusivo é tão lento que o gás *A* não "penetrará" senão a distâncias muito pequenas ao longo da espessura do filme líquido. O sistema físico é ilustrado na Fig. 18.5-1. Um exemplo de tal sistema corresponde àquele em que ocorre a absorção de O_2 em H_2O.

Vamos agora propor as equações diferenciais que descrevem o processo de difusão. Inicialmente, temos que resolver a equação do movimento para obter o perfil de velocidade do filme líquido, $v_z(x)$; para o caso de não haver transferência de massa, essa equação já foi resolvida na Seção 2.2, cujo resultado é

$$v_z(x) = v_{\text{máx}}\left[1 - \left(\frac{x}{\delta}\right)^2\right] \tag{18.5-1}$$

desde que os "efeitos das pontas" ou "terminais" sejam desprezados.

Vamos agora proceder a um balanço de massa em relação ao componente *A*. Notamos que c_A será tanto função de x quanto de z e, dessa forma, o elemento de volume de fluido para o balanço de massa será formado pela interseção de duas

[1] S. Lynn, J. R. Straatemeier, and H. Kramers, *Chem. Eng. Sci.*, **4**, 49-67 (1955).

lâminas de fluido com espessura Δz e Δx. Então o balanço de massa nesse segmento de filme líquido com largura W se torna

$$N_{Az}|_z \, W\Delta x - N_{Az}|_{z+\Delta z} \, W\Delta x + N_{Ax}|_x \, W\Delta z - N_{Ax}|_{x+\Delta x} \, W\Delta z = 0 \tag{18.5-2}$$

Dividindo a Eq. 18.5-2, por $W\Delta x\Delta z$ e tomando o limite quando o elemento de volume tende a zero, resulta

$$\frac{\partial N_{Az}}{\partial z} + \frac{\partial N_{Ax}}{\partial x} = 0 \tag{18.5-3}$$

Na equação anterior inserimos as expressões correspondentes a N_{Az} e N_{Ax} e fazendo as simplificações apropriadas da Eq. 18.0-1 obtemos, para o caso de c constante e na direção z, a expressão para o fluxo molar de A na forma

$$N_{Az} = \underline{-\mathscr{D}_{AB}\frac{\partial c_A}{\partial z}} + x_A(N_{Az} + N_{Bz}) \approx c_A v_z(x) \tag{18.5-4}$$

Podemos descartar o termo sublinhado, pois consideramos que o transporte de A na direção z será predominantemente por ação convectiva. Aqui fizemos uso da Eq. (M) da Tabela 17.8-1 e também do fato de que no caso de soluções diluídas, $\mathbf{v}$ é praticamente igual a $\mathbf{v}^*$. Analogamente, na direção x o fluxo molar de A é dado por

$$N_{Ax} = -\mathscr{D}_{AB}\frac{\partial c_A}{\partial x} + \underline{x_A(N_{Ax} + N_{Bx})} \approx -\mathscr{D}_{AB}\frac{\partial c_A}{\partial x} \tag{18.5-5}$$

Nessa expressão descartamos também o termo sublinhado, pois agora consideramos que, em virtude da pequena solubilidade de A em B, o transporte de massa por ação convectiva na direção x é praticamente nulo e que, portanto, na direção x o transporte de massa será predominantemente por difusão. Considerando $\mathscr{D}_{AB}$ constante, a combinação das três últimas equações resulta em

$$v_z\frac{\partial c_A}{\partial z} = \mathscr{D}_{AB}\frac{\partial^2 c_A}{\partial x^2} \tag{18.5-6}$$

Inserindo a expressão para o perfil de velocidade, vem

$$v_{\text{máx}}\left[1 - \left(\frac{x}{\delta}\right)^2\right]\frac{\partial c_A}{\partial z} = \mathscr{D}_{AB}\frac{\partial^2 c_A}{\partial x^2} \tag{18.5-7}$$

que a equação diferencial para $c_A(x, z)$.

A Eq. 18.5-7 pode ser resolvida com as seguintes condições de contorno

C.C. 1: em $z = 0$, $c_A = 0$ (18.5-8)

C.C. 2: em $x = 0$, $c_A = c_{A0}$ (18.5-9)

C.C. 3: em $x = \delta$, $\dfrac{\partial c_A}{\partial x} = 0$ (18.5-10)

A primeira condição de contorno se justifica pelo fato de que, no topo da placa, $z = 0$, o filme consiste no líquido B puro, e a segunda que na interface líquido-gás a concentração de A é determinada pela sua solubilidade em B (isto é, c_{A0}). A terceira condição estabelece que A não pode se difundir através da parede sólida. A solução analítica dessa equação pode ser dada em termos de uma série infinita,[2] porém não apresentaremos a solução completa, mas sim uma solução para o caso limite em que consideramos "tempos de contato curtos", isto é, para pequenos valores de $L/v_{\text{máx}}$.

Se, como ilustrado na Fig. 18.5-1, a substância A penetra apenas a uma pequena distância dentro do filme líquido, então a espécie A "tem a impressão" de que o filme está escoando com uma velocidade igual a $v_{\text{máx}}$. Além disso, se a penetração de A se restringe à região próxima da interface líquido-gás, sua presença só será detectada nessa região, ou seja, longe da parede sólida ($x = \delta$). Assim, se o filme fosse de espessura infinita e com velocidade $v_{\text{máx}}$, o material que se difunde "não

[2] R. L. Pigford, PhD thesis, University of Illinois (1941).

perceberia a diferença". Esse argumento de caráter físico sugere (corretamente) que podemos obter um resultado bastante aproximado se substituirmos a Eq. 18.5-7 e suas condições de contorno pelas seguintes expressões

$$v_{\text{máx}} \frac{\partial c_A}{\partial z} = \mathfrak{D}_{AB} \frac{\partial^2 c_A}{\partial x^2} \quad (18.5\text{-}11)$$

C.C. 1: em $z = 0,$ $c_A = 0$ (18.5-12)

C.C. 2: em $x = 0,$ $c_A = c_{A0}$ (18.5-13)

C.C. 3: em $x = \infty,$ $c_A = 0$ (18.5-14)

No Exemplo 4.1-1 já apresentamos a solução de um problema análogo relacionado ao transporte de momento, o qual foi resolvido pelo método da combinação de variáveis. É portanto possível aplicarmos a mesma solução para o caso presente, tendo-se, antes, o cuidado de fazermos uma troca de variáveis. A solução da Eq. 18.5-11, com as condições de contorno correspondentes, é da forma[3]

$$\frac{c_A}{c_{A0}} = 1 - \frac{2}{\sqrt{\pi}} \int_0^{x/\sqrt{4\mathfrak{D}_{AB}z/v_{\text{máx}}}} \exp(-\xi^2)\, d\xi \quad (18.5\text{-}15)$$

ou ainda

$$\boxed{\frac{c_A}{c_{A0}} = 1 - \text{erf} \frac{x}{\sqrt{4\mathfrak{D}_{AB}z/v_{\text{máx}}}} = \text{erfc} \frac{x}{\sqrt{4\mathfrak{D}_{AB}z/v_{\text{máx}}}}} \quad (18.5\text{-}16)$$

Nessas expressões os termos "erf x" e "erfc x" são, respectivamente, denominados "função erro" e "função erro complementar" do argumento x, que são discutidos na Seção C.6 e tabelados em textos de referências.[4]

Uma vez conhecidos os perfis de concentração, podemos determinar o fluxo mássico local

$$N_{Ax}|_{x=0} = -\mathfrak{D}_{AB} \left.\frac{\partial c_A}{\partial x}\right|_{x=0} = c_{A0}\sqrt{\frac{\mathfrak{D}_{AB}v_{\text{máx}}}{\pi z}} \quad (18.5\text{-}17)$$

O fluxo total de moles de A que atravessa a superfície em $x = 0$ (isto é, o fluxo molar que está sendo absorvido pelo filme líquido de comprimento L e largura W) é dado por

$$\begin{aligned} W_A &= \int_0^W \int_0^L N_{Ax}|_{x=0} dz\, dy \\ &= Wc_{A0}\sqrt{\frac{\mathfrak{D}_{AB}v_{\text{máx}}}{\pi}} \int_0^L \frac{1}{\sqrt{z}} dz \\ &= WLc_{A0}\sqrt{\frac{4\mathfrak{D}_{AB}v_{\text{máx}}}{\pi L}} \end{aligned} \quad (18.5\text{-}18)$$

Um resultado análogo pode ser obtido pela integração do produto $v_{\text{máx}}c_A$ ao longo da seção reta em $z = L$ (ver Problema 18C.3).

A Eq. 18.5-18 mostra a taxa de transferência de massa como sendo diretamente proporcional à raiz quadrada da difusividade e inversamente proporcional à raiz quadrada do "tempo de contato", $t_{\text{exp}} = L/v_{\text{máx}}$. Esse enfoque para o estudo da absorção de um gás por um líquido foi aparentemente proposto primeiro por Higbie.[5]

O problema discutido nesta seção serviu para ilustrar o "modelo da penetração" da transferência de massa. Esse modelo será novamente aplicado nos Caps. 20 e 22.

---

[3] A solução pelo método da combinação de variáveis é apresentada em detalhe no Exemplo 4.1-1.

[4] M. Abramowitz and I. A. Stegun, *Handbook of Mathematical Functions*, Dover, New York, 9th printing (1973), pp. 310 et seq.

[5] R. Higbie, *Trans. AIChE*, **31**, 365-389 (1935); **Ralph Wilmarth Higbie** (1908-1941), graduado pela Univesidade de Michigan, propôs as bases do "modelo da penetração" para a transferência de massa. Trabalhou na E. I. du Pont de Nemours & Co. Inc. e na Eagle-Picher Lead Co.; posteriormente trabalhou como docente na Universidade de Arkansas e na Universidade de North Dakota.

EXEMPLO 18.5-1

Absorção de Gás a Partir de Bolhas Ascendentes

Estime a taxa na qual bolhas ascendentes de um gás A são absorvidas por um líquido B. Considere também que a velocidade das bolhas corresponde à velocidade terminal v_t e que o líquido é estagnado.

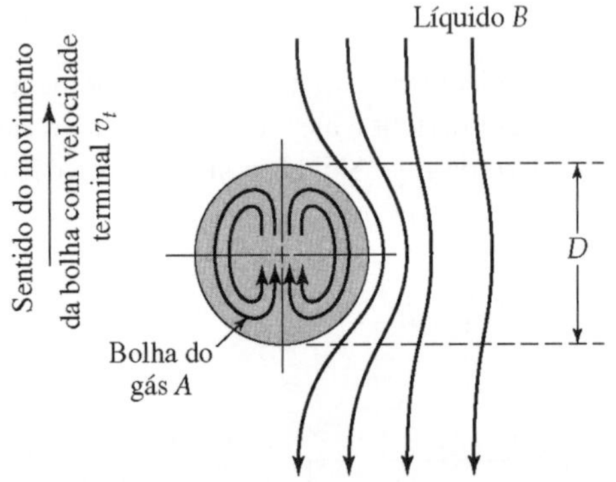

Fig. 18.5-2 Absorção de um gás A por um líquido B.

SOLUÇÃO

Uma bolha de gás de tamanho médio, que ascende em um líquido isento de agentes tensoativos, experimenta uma circulação toroidal (circulação de Rybczynski-Hadamard), como mostrado na Fig. 18.5-2. O líquido se move na direção oposta à direção do movimento da bolha, sendo crescente a concentração de A próxima da interface de maneira análoga à já descrita no caso do filme líquido e ilustrada na Fig. 18.5-1. A distância de penetração do gás dissolvido no líquido é ligeiramente superior àquela que se verifica na maior parte da bolha, devido ao movimento do líquido relativo à bolha e ao pequeno valor da difusividade $\mathscr{D}_{AB}$. Assim, como primeira aproximação, podemos usar a Eq. 18.5-18 para estimar a taxa de absorção do gás, bastando para isso substituir o tempo de contato do filme líquido, $t_{exp} = L/v_{máx}$, por D/v_t relativo à bolha, onde D corresponde ao valor instantâneo do diâmetro da bolha. Essa expressão fornece uma estimativa[5] da taxa de absorção molar, tomada como um valor médio ao longo da superfície da bolha, na forma de

$$(N_A)_{\text{méd}} = \sqrt{\frac{4\mathscr{D}_{AB}v_t}{\pi D}}\, c_{A0} \tag{18.5-19}$$

sendo c_{A0} a solubilidade do gás no líquido B, medida na temperatura da interface e pressão parcial do gás. É de se notar que o resultado obtido pela Eq. 18.5-19 fornece boas estimativas para o caso de escoamento potencial em torno da bolha (ver Problema 4B.5). Os resultados previstos pela Eq. 18.5-19 foram razoavelmente confirmados[6] para o caso de bolhas de gás de diâmetro entre 0,3 e 0,5 cm ascendendo em água ultrapura.

Esse sistema foi também aplicado para o caso de escoamentos lentos[7] e o resultado é (ver Exemplo 20.3-1)

$$(N_A)_{\text{méd}} = \sqrt{\frac{4\mathscr{D}_{AB}v_t}{3\pi D}}\, c_{A0} \tag{18.5-20}$$

em vez de aplicar a Eq. 18.5-19.

Pequenas quantidades de agentes tensoativos em solução causam sensíveis reduções nos valores das taxas de absorção de bolhas de pequeno diâmetro, pois formam uma "pele" em torno de cada bolha e assim reduzem a circulação interna. A taxa de absorção molar na região de baixos valores da difusividade se torna proporcional à potência 1/3 da difusividade, como é o caso de esferas sólidas (ver Seções 22.2 e 3).

---

[5] R. Higbie, *Trans. AIChE Journal*, **31**, 365-389 (1935). **Ralph Wilmarth Higbie** (1908-1941), graduado pela Universidade de Michigan, estabeleceu as bases do "modelo da penetração.

[6] D. Hammerton and F. H. Garner, *Trans. Inst. Chem. Engrs.* (*London*), **32**, S18 (1954).

[7] V. G. Levich, *Physicochemical Hydrodynamics*, Prentice-Hall, Englewood Cliffs, N. J. (1962), p. 408, Eq. 72.9. Essa referência fornece muitos outros resultados, incluindo aqueles relacionados com a transferência de massa em sistemas líquido-líquido e efeitos de agentes tensoativos.

Um enfoque similar foi também usado com bastante sucesso para a previsão das taxas de transferência de massa durante a formação de gotas na ponta de tubos capilares.[8]

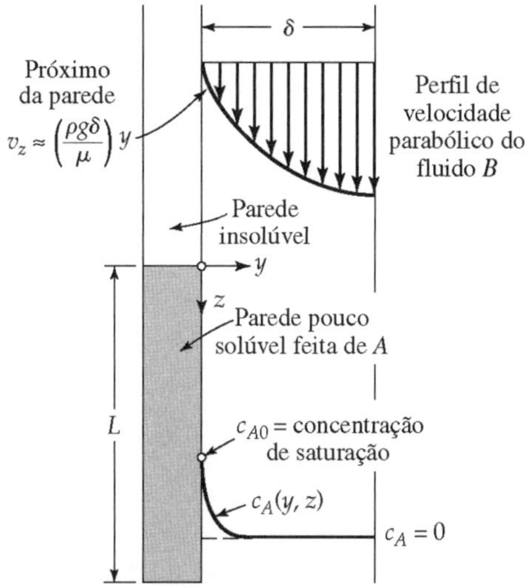

Fig. 18.6-1 Dissolução de um sólido A por um líquido B em movimento descendente com perfil de velocidade parabólico plenamente desenvolvido.

18.6 DIFUSÃO EM UM FILME LÍQUIDO DESCENDENTE (DISSOLUÇÃO DE UM SÓLIDO)[1]

Vamos agora voltar a nossa atenção para o problema de um filme líquido descendente distinto daquele discutido na seção anterior. Sob a ação gravitacional, o líquido B está escoando ao longo de uma placa plana vertical, como ilustrado na Fig. 18.6-1. O filme começa longe o suficiente da região de entrada, de modo que se pode considerar que, para qualquer valor de $z \geqslant 0$, v_z dependerá somente de y. No intervalo $0 < z < L$ a placa é constituída de uma espécie A, considerada ligeiramente solúvel no líquido B.

Para pequenas distâncias a jusante, a espécie A não se difundirá muito dentro do filme. Isso significa que a presença de A ocorrerá somente dentro de uma camada de espessura muito reduzida próxima da parede sólida. Assim, a espécie A terá o perfil de velocidade característico ao que ocorre na região próxima da parede sólida, em $y = 0$. Nesse caso, a distribuição de velocidade é dada pela Eq. 2.2-18, sendo, na situação presente, $\cos \theta = 1$ e $x = \delta - y$, e

$$v_z = \frac{\rho g \delta^2}{2\mu}\left[1 - \left(1 - \frac{y}{\delta}\right)^2\right] = \frac{\rho g \delta^2}{2\mu}\left[2\left(\frac{y}{\delta}\right) - \left(\frac{y}{\delta}\right)^2\right] \tag{18.6-1}$$

Na região adjacente à parede sólida $(y/\delta)^2 << (y/\delta)$, de forma que para o presente problema a velocidade do fluido pode, com uma boa aproximação, ser expressa por $v_z = (\rho g \delta/\mu)y \equiv ay$. Isso significa que a Eq. 18.5-6, que é aplicável aqui, se torna para curtas distâncias a jusante

$$ay\frac{\partial c_A}{\partial z} = \mathscr{D}_{AB}\frac{\partial^2 c_A}{\partial y^2} \tag{18.6-2}$$

em que $a = \rho g \delta/\mu$. Essa equação deve ser resolvida com as seguintes condições de contorno

C.C. 1:	em $z = 0$,	$c_A = 0$	(18.6-3)
C.C. 2:	em $y = 0$,	$c_A = c_{A0}$	(18.6-4)
C.C. 3:	em $y = \infty$,	$c_A = 0$	(18.6-5)

[8] H. Groothuis and H. Kramers, *Chem. Eng. Sci.*, **4**, 17-25 (1955).

[1] H. Kramers and P. J. Kreyger, *Chem. Eng. Sci*, **6**, 42-48 (1956). Ver também R. L. Pigford, *Chem. Eng. Prog. Symposium Series* No.17, Vol. 51, pp. 79-92 (1955) para o problema análogo de transferência de calor.

Na segunda condição de contorno, o termo c_{A0} representa a solubilidade de A em B, enquanto a terceira condição é usada em vez da condição correta ($\partial c_A/\partial y = 0$ em $y = 0$), uma vez que para curtos tempos de contato podemos, de forma intuitiva, admitir que o uso de qualquer das duas condições de contorno é indiferente. Considerando que a espécie A não penetra muito dentro do filme líquido, ela não poderá "ver" a fronteira externa do filme líquido e, portanto, ela não poderá distinguir entre a condição de contorno verdadeira e a condição de contorno aproximada que estamos usando. As mesmas considerações foram feitas ao desenvolvermos o Exemplo 12.2-2 e o Problema 12B.4.

A forma das condições de contorno expressas pelas Eqs. 18.6-3 a 5 sugere que a solução pode ser obtida por meio do método da combinação de variáveis. Para tal, podemos definir $c_A/c_{A0} = f(\eta)$, em que $\eta = y(a/9\mathscr{D}_{AB}z)^{1/3}$. Esta última é uma forma adimensional das variáveis independentes combinadas, sendo que o valor numérico "9" é incluído apenas para tornar o resultado mais simplificado.

Quando essa mudança de variáveis é implementada, a equação diferencial parcial na forma da Eq. 18.6-2 se reduz a

$$\frac{d^2f}{d\eta^2} + 3\eta^2\frac{df}{d\eta} = 0 \tag{18.6-6}$$

com as seguintes condições de contorno $f(0) = 1$ e $f(\infty) = 0$.

Essa equação ordinária de segunda ordem, que é da forma da Eq. C.1-9, tem como solução

$$f = C_1\int_0^\eta \exp(-\bar{\eta}^3)\,d\bar{\eta} + C_2 \tag{18.6-7}$$

As constantes de integração podem então ser determinadas usando as condições de contorno, obtendo-se finalmente

$$\frac{c_A}{c_{A0}} = \frac{\int_\eta^\infty \exp(-\bar{\eta}^3)\,d\bar{\eta}}{\int_0^\infty \exp(-\bar{\eta}^3)\,d\bar{\eta}} = \frac{\int_\eta^\infty \exp(-\bar{\eta}^3)\,d\bar{\eta}}{\Gamma(\frac{4}{3})} \tag{18.6-8}$$

para os perfis de concentração, nos quais a função $\Gamma(4/3) = 0{,}8930...$ é denominada função gama de 4/3. A seguir, podemos obter o fluxo mássico local da seguinte maneira

$$\begin{aligned} N_{Ay}|_{y=0} &= -\mathscr{D}_{AB}\frac{\partial c_A}{\partial y}\bigg|_{y=0} = -\mathscr{D}_{AB}c_{A0}\left[\frac{d}{d\eta}\left(\frac{c_A}{c_{A0}}\right)\frac{\partial\eta}{\partial y}\right]\bigg|_{y=0} \\ &= -\mathscr{D}_{AB}c_{A0}\left[-\frac{\exp(-\eta^3)}{\Gamma(\frac{4}{3})}\left(\frac{a}{9\mathscr{D}_{AB}z}\right)^{1/3}\right]\bigg|_{y=0} = +\frac{\mathscr{D}_{AB}c_{A0}}{\Gamma(\frac{4}{3})}\left(\frac{a}{9\mathscr{D}_{AB}z}\right)^{1/3} \end{aligned} \tag{18.6-9}$$

O fluxo molar de A através da superfície de transferência de massa localizada no ponto $y = 0$ é

$$W_A = \int_0^W\int_0^L N_{Ay}|_{y=0}\,dz\,dx = \frac{2\mathscr{D}_{AB}c_{A0}WL}{\Gamma(\frac{7}{3})}\left(\frac{a}{9\mathscr{D}_{AB}L}\right)^{1/3} \tag{18.6-10}$$

em que a função $\Gamma(7/3) = (4/3)\Gamma(4/3) = 1{,}1907...$

O problema discutido na Seção 18.5 e o discutido nesta seção são exemplos de dois tipos de soluções assintóticas, as quais serão posteriormente discutidas nas Seções 20.2 e 20.3, bem como no Cap. 22. Se configura, portanto, como muito importante que esses dois problemas sejam bem compreendidos. Note que na Seção 18.5, $W_A \propto (\mathscr{D}_{AB}L)^{1/2}$, enquanto na presente seção $W_A \propto (\mathscr{D}_{AB}L)^{2/3}$. As diferenças entre os expoentes refletem a natureza distinta dos gradientes de velocidade na interface onde a transferência de massa ocorre: na Seção 18.5, o gradiente de velocidade foi considerado nulo, enquanto nesta seção o gradiente de velocidade foi considerado não-nulo.

18.7 DIFUSÃO E REAÇÃO QUÍMICA NO INTERIOR DE UM CATALISADOR POROSO

Até o presente momento discutimos a difusão em gases e em líquidos em sistemas de geometria simples. Queremos agora aplicar o método do balanço macroscópico de massa e a primeira lei de Fick para descrever o processo difusivo dentro de uma partícula porosa de catalisador. Não tentaremos, todavia, descrever o processo difusivo que ocorre dentro das tortuosidades internas da partícula. Descreveremos, apenas, a difusão "média" do reagente em termos de um parâmetro denominado "difusividade efetiva".[1,2,3]

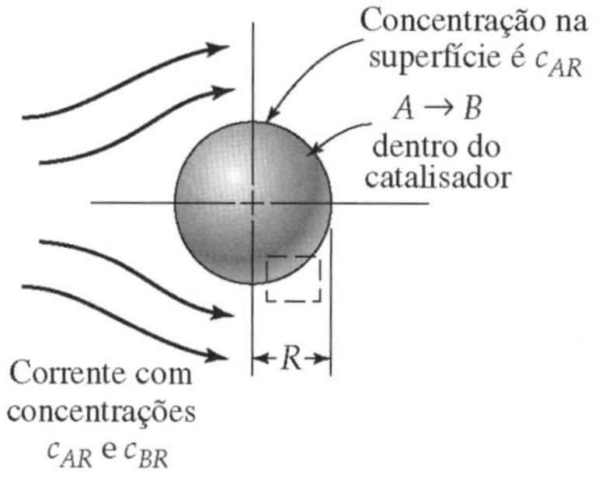

Fig. 18.7-1 Partícula porosa de catalisador. Para uma imagem ampliada da região destacada, ver Fig. 18.7-2.

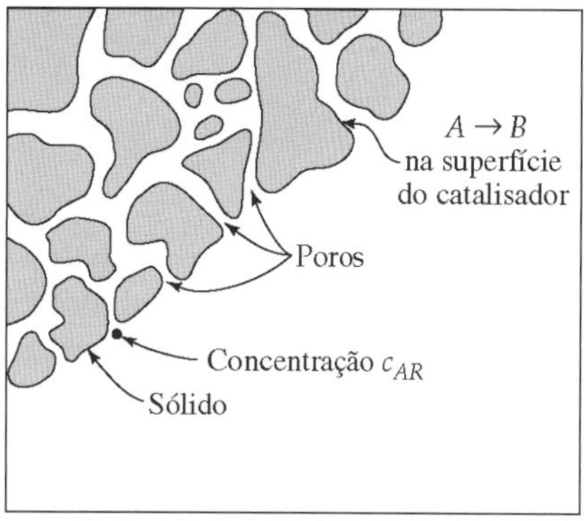

Fig. 18.7-2 Poros da partícula do catalisador, em que ocorrem difusão e reação química.

Especificamente, consideramos uma partícula esférica e porosa de catalisador de raio R, como ilustrado na Fig. 18.7-1. Essa partícula está contida em um reator catalítico e submersa em uma corrente gasosa contendo o reagente A e o produto da reação B. Nas vizinhanças da superfície da partícula em questão, podemos supor que a concentração é dada por c_{AR} moles por unidade de volume e que a espécie A se difunde através das passagens tortuosas dentro da partícula de catalisador e, na superfície, é convertida em B, como ilustrado na Fig. 18.7-2.

Iniciamos fazendo um balanço de massa em relação à espécie A em uma casca esférica de espessura Δr dentro de uma única partícula de catalisador:

$$N_{Ar}|_r \cdot 4\pi r^2 - N_{Ar}|_{r+\Delta r} \cdot 4\pi(r + \Delta r)^2 + R_A \cdot 4\pi r^2 \Delta r = 0 \tag{18.7-1}$$

Aqui $N_{Ar}|_r$ corresponde ao número de moles de A que se desloca na direção r através de uma superfície imaginária localizada a uma distância r do centro da esfera. O termo referente à fonte $R_A \cdot 4\pi r^2 \Delta r$ corresponde à taxa molar de produção de A pela reação química que ocorre na casca esférica considerada de espessura Δr. Dividindo a expressão anterior por $4\pi\,\Delta r$ e tomando o limite quando $\Delta r \rightarrow 0$, resulta

$$\lim_{\Delta r \to 0} \frac{(r^2 N_{Ar})|_{r+\Delta r} - (r^2 N_{Ar})|_r}{\Delta r} = r^2 R_A \tag{18.7-2}$$

ou, na forma de derivada,

$$\frac{d}{dr}(r^2 N_{Ar}) = r^2 R_A \tag{18.7-3}$$

Esse processo de tomada ao limite claramente se choca com o fato de que o meio poroso é granular e descontínuo. Conseqüentemente, na Eq. 18.7-3 as grandezas N_{Ar} e R_A não podem ser interpretadas como sendo grandezas definidas em um ponto, mas sim como grandezas consideradas como valores médios medidos em uma região pequena no entorno do ponto em questão — uma região pequena em relação ao raio R da partícula, mas grande o suficiente em relação às dimensões dos poros da partícula de catalisador.

Definimos agora a "difusividade efetiva" para o meio poroso por

$$N_{Ar} = -\mathscr{D}_A \frac{dc_A}{dr} \tag{18.7-4}$$

[1] E. W. Thiele, *Ind. Eng. Chem.*, **31**, 916-920 (1939).
[2] R. Aris, *Chem. Eng. Sci.*, **6**, 265-268 (1957).
[3] A. Wheeler, *Advances in Catalysis*, Academic Press, New York (1950), Vol. 3, pp. 250-326.

na qual c_A é a concentração do gás A contido dentro dos poros. A difusividade efetiva $\mathscr{D}_A$ deve ser medida experimentalmente. Em geral, a difusividade efetiva é função da pressão e da temperatura, bem como da configuração da estrutura dos poros do catalisador. O mecanismo atual de difusão em poros é bastante complexo, uma vez que as dimensões dos poros podem ser menores do que o comprimento do livre percurso médio das moléculas que estão se difundindo. Não nos aprofundaremos na questão desse mecanismo mas, apenas, vamos supor que a Eq. 18.7-4 pode servir para representar esse mecanismo de difusão (ver Seção 24.6).

Quando a expressão precedente é inserida na Eq. 18.7-3, obtemos o seguinte valor para a difusividade constante

$$\mathscr{D}_A \frac{1}{r^2}\frac{d}{dr}\left(r^2 \frac{dc_A}{dr}\right) = -R_A \tag{18.7-5}$$

Agora consideraremos o caso em que a espécie A desaparece de acordo com uma reação química de primeira ordem que ocorre na superfície do catalisador, a qual forma a totalidade ou parte das paredes das tortuosidades. Seja a a superfície disponível do catalisador por unidade de volume (de sólidos + poros). Assim, $R_A = -k_1'''ac_A$, e, nesse caso, a Eq. 18.7-5 se torna (ver Eq. C.1-6)

$$\mathscr{D}_A \frac{1}{r^2}\frac{d}{dr}\left(r^2 \frac{dc_A}{dr}\right) = k_1''ac_A \tag{18.7-6}$$

Essa equação deve ser resolvida com as condições de contorno que $c_A = c_{AR}$ em $r = R$ e c_A = finito em $r = 0$.

As equações contendo o operador $(1/r^2)(d/dr)[r^2(d/dr)]$ podem ser freqüentemente resolvidas usando um "truque clássico" — isto é, fazendo-se uma mudança da variável $c_A/c_{AR} = (1/r)f(r)$. Expressa em termos de $f(r)$, a equação anterior fica

$$\frac{d^2f}{dr^2} = \left(\frac{k_1''a}{\mathscr{D}_A}\right)f \tag{18.7-7}$$

Esta é uma equação diferencial de segunda ordem, que pode ser resolvida em termos de funções exponenciais ou de funções hiperbólicas. Quando resolvida e o resultado dividido por r, obtemos a solução da Eq. 18.7-6 em termos de funções hiperbólicas da forma (ver Seção C.5):

$$\frac{c_A}{c_{AR}} = \frac{C_1}{r}\cosh\sqrt{\frac{k_1''a}{\mathscr{D}_A}}\,r + \frac{C_2}{r}\,\text{senh}\sqrt{\frac{k_1''a}{\mathscr{D}_A}}\,r \tag{18.7-8}$$

Aplicando as condições de contorno obtemos finalmente

$$\boxed{\frac{c_A}{c_{AR}} = \left(\frac{R}{r}\right)\frac{\text{senh}\sqrt{k_1''a/\mathscr{D}_A}\,r}{\text{senh}\sqrt{k_1''a/\mathscr{D}_A}\,R}} \tag{18.7-9}$$

No estudo de cinética química e de catálise está-se freqüentemente interessado na determinação do valor do fluxo molar N_{AR} ou da taxa molar W_{AR} na superfície $r = R$:

$$W_{AR} = 4\pi R^2 N_{AR} = -4\pi R^2 \mathscr{D}_A \left.\frac{dc_A}{dr}\right|_{r=R} \tag{18.7-10}$$

Inserindo a Eq. 18.7-9 na equação anterior, obtemos

$$W_{AR} = 4\pi R\mathscr{D}_A c_{AR}\left(1 - \sqrt{\frac{k_1''a}{\mathscr{D}_A}}\,R\coth\sqrt{\frac{k_1''a}{\mathscr{D}_A}}\,R\right) \tag{18.7-11}$$

Resultado esse que fornece o valor da taxa de conversão (expressa em moles/s) de A em B que ocorre em uma única partícula de catalisador de raio R em termos dos parâmetros que descrevem os processos de reação e de difusão.

Se a superfície ativa do catalisador fosse completamente exposta à corrente gasosa de concentração c_{AR}, então a espécie química A não teria que difundir através dos poros para um lugar ativo. Desse modo, a taxa molar de conversão teria que ser dada pelo produto da superfície disponível e a taxa de reação superficial:

$$W_{AR,0} = (\tfrac{4}{3}\pi R^3)(a)(-k_1''c_{AR}) \tag{18.7-12}$$

Tomando a relação entre as duas últimas equações, obtemos

$$\eta_A = \frac{W_{AR}}{W_{AR,0}} = \frac{3}{\phi^2}(\phi \coth \phi - 1) \qquad (18.7\text{-}13)$$

na qual $\phi = (k_1'''a/\mathscr{D}_{AB}R)^{1/2}$ é denominado *modulo de Thiele*,[1] definido na Seção 18.4. A grandeza η_A é denominada *fator de eficiência*.[1-4] Ela corresponde à grandeza pela qual $W_{AR,0}$ deve ser multiplicada para se levar em conta a relação entre a resistência intrapartícula à difusão e o processo de conversão global.

Para partículas de catalisador não-esféricas, redefinindo a variável R, os resultados antecedentes podem ser aplicados de forma aproximada. Notamos que para uma esfera de raio R a relação entre o volume e a área superficial é dada por $R/3$. Para partículas não-esféricas, redefinimos a grandeza R que aparece na Eq. 18.7-13 da forma

$$R_{\text{não-esf}} = 3\left(\frac{V_P}{S_P}\right) \qquad (18.7\text{-}14)$$

na qual V_P e S_P são, respectivamente, o volume e a área superficial de uma única partícula de catalisador. O valor absoluto da conversão é dado pela expressão aproximada

$$|W_{AR}| \approx V_P a k_1'' c_{AR} \eta_A \qquad (18.7\text{-}15)$$

onde

$$\eta_A = \frac{1}{3\Lambda^2}(3\Lambda \coth 3\Lambda - 1) \qquad (18.7\text{-}16)$$

na qual a grandeza $\Lambda = (k_1'''a/\mathscr{D}_{AB})^{1/2}\,(V_P/S_P)$ é um módulo generalizado.[2,3]

A principal utilidade da grandeza Λ pode ser vista na Fig. 18.7-3. É claro que quando as expressões teóricas exatas para η_A são lançadas em gráfico em função de Λ, as curvas

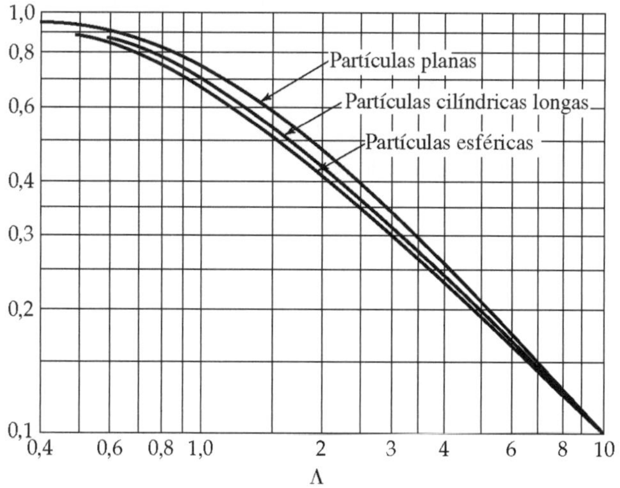

Fig. 18.7-3 Fatores de eficiência relativos a várias formas de partículas porosas de catalisador [R. Aris, *Chem. Eng. Sci.*, **6**, 262-268(1957)].

apresentam assíntotas comuns tanto para altos quanto baixos valores de Λ e seus valores não diferem muito para valores intermediários de Λ. Assim, a Fig. 18.7-3 fornece uma boa justificativa para o uso da Eq. 18.7-16 para estimativa de valores de η_A para o caso de partículas não-esféricas.

[4] O. A. Hougen and K.M. Watson, *Chemical Process Principles*, Wiley, New York (1947), Part III, Chapter XIX. Veja também *CPP Charts*, por O. A. Hougen, K.M.Watson, and R.A. Ragatz, Wiley, New York (1960), Fig. E.

18.8 DIFUSÃO EM UM SISTEMA GASOSO COM TRÊS COMPONENTES

Até o momento discutimos sistemas binários, ou mesmo sistemas que poderiam ser aproximados como tal. Para ilustrar a solução de problemas de difusão envolvendo sistemas multicomponentes para gases, vamos elaborar o problema relacionado à evaporação, apresentado na Seção 18.2, quando a água em estado líquido (espécie 1) está evaporando para o ar, considerado como uma mistura binária constituída de nitrogênio (2) e oxigênio (3) a 1 atm e 352K. Consideramos a interface ar-água localizada no plano horizontal $z = 0$ e o topo da coluna no plano $z = L$. Consideramos conhecida a pressão de vapor da água, de modo que em $z = 0$ x_1 é conhecida (isto é, $x_{10} = 341/760 = 0{,}449$), e as frações molares dos três gases são também conhecidas em $z = L$: $x_{1L} = 0{,}10$, $x_{2L} = 0{,}75$, $x_{3L} = 0{,}15$. O comprimento do tubo de difusão é $L = 11{,}2$ cm.

A aplicação da lei da conservação da massa, com o mesmo procedimento adotado na Seção 18.2, resulta em

$$\frac{dN_{\alpha z}}{dz} = 0 \qquad \alpha = 1, 2, 3 \tag{18.8-1}$$

Dessa expressão podemos concluir que, no regime permanente, o fluxo molar das 3 espécies é constante. Como as espécies 2 e 3 não estão se movendo, podemos concluir que tanto N_{2z} quanto N_{3z} são nulos.

A seguir precisamos determinar as expressões para os respectivos fluxos molares a partir da Eq. 17.9-1. Sendo $x_1 + x_2 + x_3 = 1$, precisamos determinar apenas duas das três variáveis e, para tal, selecionamos as equações para as espécies 2 e 3. Como $N_{2z} = 0$ e $N_{3z} = 0$, essas equações experimentais podem ser muito simplificadas:

$$\frac{dx_2}{dz} = \frac{N_{1z}}{c\mathscr{D}_{12}} x_2; \qquad \frac{dx_3}{dz} = \frac{N_{1z}}{c\mathscr{D}_{13}} x_3 \tag{18.8-2, 3}$$

Note que a difusividade $\mathscr{D}_{23}$ não aparece porque não há movimento relativo entre as espécies 2 e 3. Essas equações podem ser integradas a partir de uma altura arbitrária z até o topo da coluna, ou seja, $z = L$, que, para o caso de $c\mathscr{D}_{\alpha\beta}$ constante, fornece

$$\int_{x_2}^{x_{2L}} \frac{dx_2}{x_2} = \frac{N_{1z}}{c\mathscr{D}_{12}} \int_z^L dz; \qquad \int_{x_3}^{x_{3L}} \frac{dx_3}{x_3} = \frac{N_{1z}}{c\mathscr{D}_{13}} \int_z^L dz \tag{18.8-4, 5}$$

Efetuando a integração, resulta

$$\frac{x_2}{x_{2L}} = \exp\left(-\frac{N_{1z}(L-z)}{c\mathscr{D}_{12}}\right); \qquad \frac{x_3}{x_{3L}} = \exp\left(-\frac{N_{1z}(L-z)}{c\mathscr{D}_{13}}\right) \tag{18.8-6, 7}$$

e o perfil de concentração da fração molar do vapor na coluna de difusão será dado por

$$\boxed{x_1 = 1 - x_{2L}\exp\left(-\frac{N_{1z}(L-z)}{c\mathscr{D}_{12}}\right) - x_{3L}\exp\left(-\frac{N_{1z}(L-z)}{c\mathscr{D}_{13}}\right)} \tag{18.8-8}$$

Aplicando a condição de contorno em $z = 0$, obtemos

$$x_{10} = 1 - x_{2L}\exp\left(-\frac{N_{1z}L}{c\mathscr{D}_{12}}\right) - x_{3L}\exp\left(-\frac{N_{1z}L}{c\mathscr{D}_{13}}\right) \tag{18.8-9}$$

que é uma equação transcendental para a variável N_{1z}.

Segundo os dados experimentais obtidos por Reid, Prausnitz e Poling,[1] $\mathscr{D}_{12} = 0{,}364$ cm²/s e $\mathscr{D}_{13} = 0{,}357$ cm²/s, medidos em condições de $T = 352$K e 1 atm. Nessas condições, $c = 3{,}46 \times 10^{-5}$ gmol/cm³. Para obtermos uma solução mais imediata da Eq. 18.8-9, tomamos os valores das difusividades iguais[2] a 0,36 cm²/s. Assim procedendo, obtemos

$$0{,}449 = 1 - 0{,}90\exp\left(-\frac{N_{1z}(11{,}2)}{(3{,}462 \times 10^{-5})(0{,}36)}\right) \tag{18.8-10}$$

[1] R.C. Reid, J.M. Prausnitz, and B.E. Poling, *The Properties of Gases and Liquids*, 4th edition, McGraw-Hill, New York (1987), p. 591.

[2] A solução de problemas de difusão para sistemas ternários nos quais a difusividade de dois componentes é igual foi discutida por H.L. Toor, *AIChE Journal*, **3**, 198-207 (1957).

da qual encontramos o valor de $N_{1z} = 5{,}523 \times 10^{-7}$ gmol/cm²·s. Se necessário, esse valor pode ser usado como primeira aproximação para uma solução exata da Eq. 18.8-9 e, a partir das Eqs. 18.8-6 a 8, os perfis completos podem ser obtidos.

Questões para Discussão

1. Quais argumentos físicos são usados neste capítulo para eliminar N_B da Eq. 18.0-1?
2. Sugira alguns modos pelos quais a difusividade $\mathscr{D}_{AB}$ pode ser medida por meio dos exemplos discutidos neste capítulo. Faça um resumo das possíveis fontes de erros.
3. A partir de qual valor limite as curvas de concentração da Fig. 18.2-1 se tornam linhas retas?
4. O que você entende pelos termos reação homogênea e reação heterogênea? Dentre elas, quais são descritas por meio das condições de contorno e quais são descritas por meio das equações diferenciais?
5. Discuta o significado do termo "reação controlada pela difusão".
6. Que tipo de "dispositivo" você sugeriria adotar na primeira frase da Seção 18.2 para manter constante o nível da interface?
7. Por que o primeiro membro da Eq. 18.2-15 é denominado "taxa de evaporação"?
8. Explique detalhadamente como a Eq. 18.2-19 é obtida.
9. Apresente uma crítica ao Exemplo 18.2-3. Em que medida ele é considerado "um problema acadêmico"? O que você aprendeu desse problema?
10. De que maneira a grandeza N_{Az} na Eq. 18.3-9 pode ser interpretada como a taxa local de reação química?
11. Como varia o tamanho da bolha à medida que ela ascende no líquido?
12. Em que contexto você encontrou a Eq. 18.5-11 antes?
13. O que acontece se você tenta resolver a Eq. 18.7-8 usando a solução baseada em funções exponenciais em vez de funções hiperbólicas? Como você pode fazer uma escolha antecipada?
14. Compare os sistemas discutidos nas Seções 18.5 e 6 em relação aos problemas físicos, aos métodos matemáticos utilizados para resolvê-los e às expressões finais para os fluxos molares.

Problemas

18A.1 Taxa de evaporação. Para o sistema ilustrado na Fig. 18.2-1, determine a taxa de evaporação em g/h do composto CCl_3NO_2 (cloropicrina) no ar a 25°C. Faça a suposição usual de que o ar é uma "substância pura".

Pressão total	770 mm Hg
Difusividade (CCl_3NO_2-ar)	0,088 cm²/s
Pressão de vapor do CCl_3NO_2	23,81 mm Hg
Distância entre o nível do líquido e o topo do tubo	11,14 cm
Densidade do CCl_3NO_2	1,65 g/cm³
Área superficial do líquido exposta à evaporação	2,29 cm²

Resposta: 0,0139 g/h

18A.2 Sublimação de esferas de iodo de pequeno diâmetro em ar estagnado. Uma esfera de iodo, de 1 cm de diâmetro, é colocada em um ar quiescente mantido a 40°C e pressão de 747 mm Hg. Nessa temperatura a pressão de vapor do iodo é de cerca de 1,03 mm Hg. Desejamos determinar a difusividade do sistema iodo-ar por medidas da taxa de sublimação. Para ajudar a determinar as condições experimentais exeqüíveis,

(a) Estime o valor da difusividade do sistema iodo-ar nas condições de temperatura e pressão antes dadas, usando os parâmetros de força intermolecular dados na Tabela E.1.

(b) Estime a taxa de sublimação, baseando os seus cálculos na Eq. 18.2-27. (*Sugestão*: Suponha r_2 muito grande.)

Esse método tem sido utilizado para medidas de difusividade, mas, devido a possíveis efeitos decorrentes da convecção natural, essa questão ainda está em aberto.

Resposta: **(a)** $\mathscr{D}_{I2\text{-}ar} = 0{,}088$ cm²/s; **(b)** $W_{I2} = 1{,}06 \times 10^{-4}$ gmol/h

18A.3 Estimação do erro no cálculo da taxa de absorção. Qual é o erro máximo possível no cálculo da taxa de absorção a partir da Eq. 18.5-18, se, dentro de uma margem de erro na faixa de $\pm 5\%$, a solubilidade de A em B é conhecida e a difusividade de A em B é conhecida dentro de uma margem de erro na faixa de $\pm 15\%$? Suponha que tanto as grandezas geométricas quanto a velocidade são determinadas com bastante precisão.

18A.4 Absorção de cloro em um filme líquido descendente (Fig. 18A.4). Cloro gasoso está sendo absorvido de um gás na pequena torre de absorção ilustrada na figura. O líquido que escorre ao longo da placa plana vertical é água com uma velocidade média de 17,7 cm/s. Qual é a taxa de absorção, expressa em gmol/h, se a difusividade da fase líquida do sistema cloro-água é de $1{,}26 \times 10^{-5}$ cm²/s, e se a concentração de saturação do cloro na água é de 0,823 g de cloro em 100 g de água (esses são valores experimentais medidos a 16°C). As dimensões da coluna são dadas na figura. (*Sugestão*: Ignore a reação química que ocorre entre o cloro e a água.)
Resposta: 0,273 gmol/h

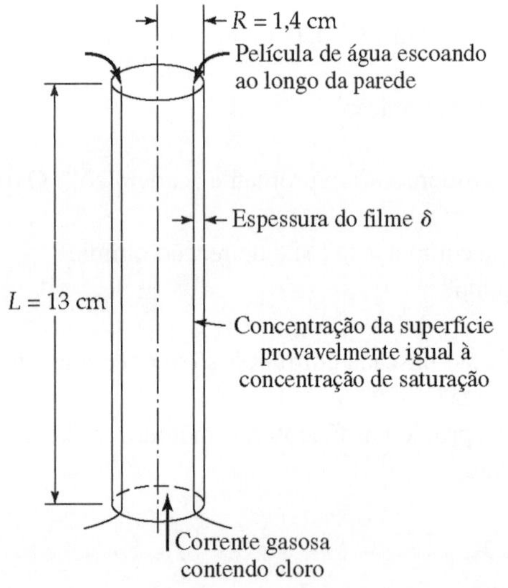

Fig. 18 A.4 Desenho esquemático de uma coluna de parede molhada.

18A.5 Medida da difusividade pelo método da fonte pontual (Fig. 18C.1).[1] Para a medida de $\mathscr{D}_{AB}$, desejamos projetar um sistema de escoamento para utilizar os resultados obtidos no Problema 18C.1. A corrente gasosa de B puro será dirigida para cima, e a composição do gás será medida em vários pontos ao longo da direção z.

(a) Calcule a taxa de injeção de gás W_A em gmol/h necessária para produzir uma fração molar $x_A = 0{,}01$ em um ponto localizado a 1 cm abaixo do ponto em que ele é injetado, em um sistema gasoso ideal a 1 atm e 800°C, se $v_0 = 50$ cm/s e $\mathscr{D}_{AB} \approx 5$ cm²/s.

(b) Qual é o erro máximo possível cometido na localização do dispositivo de amostragem na posição radial, se a composição medida experimentalmente de x_A deverá se situar dentro de uma faixa de 1% em relação ao valor previsto na linha central?

18A.6 Determinação da difusividade do sistema éter-água. Os dados a seguir tabelados por Jost[2] se relacionam à evaporação do éter etílico ($C_2H_5OC_2H_5$). Os dados são para um tubo de 6,16 mm de diâmetro, pressão total de 747 mm Hg e temperatura de 22°C. Nas condições do experimento, a densidade do éter líquido é de 0,712 g/cm³.

[1] Esse é o método de maior precisão já desenvolvido para medidas de difusividade a temperaturas elevadas. Para uma descrição detalhada do método, ver R.E. Walker and A. A. Westenberg, *J. Chem. Phys.*, **29**, 1139-1146, 1147-1153 (1958). Para um resumo dos valores medidos e comparações com os valores previstos pela teoria de Chapman-Enskog, ver R.M. Fristrom and A. A. Westenberg, *Flame Structure*, McGraw-Hill, New York (1965), Chapter XIII.

[2] W. Jost, *Diffusion*, Academic Press, New York (1952), pp. 411-413.

Decréscimo do nível de éter (medido a partir da extremidade aberta do tubo) em mm Hg	Tempo, em segundos, decorrido para o decréscimo de nível indicado
de 9 a 11	590
de 14 a 16	895
de 19 a 21	1185
de 24 a 26	1480
de 34 a 36	2055
de 44 a 46	2655

O peso molecular do éter etílico é 74,12, e sua pressão de vapor a 22°C é de 480 mm de Hg. Pode-se admitir que a concentração de éter na extremidade aberta do tubo seja nula. Jost forneceu um vapor de $\mathscr{D}_{AB}$ para o sistema éter-ar de 0,0786 cm^2/s a 0°C e 760 mm Hg.

(a) Use os dados de evaporação para determinar o vapor de $\mathscr{D}_{AB}$ a 747 mm Hg e 22°C supondo que a média aritmética dos valores dos comprimentos da coluna de gás pode ser usada para $Z_2 - Z_1$ na Fig. 18.2-1. Suponha também que a mistura éter-ar seja ideal e que a difusão possa ser considerada como binária.

(b) Converta o resultado para $\mathscr{D}_{AB}$ a 760 mm Hg e 0°C usando os resultados da Eq. 17.2-1.

18A.7 Fluxo de massa de uma bolha circulante.

(a) Use a Eq. 18.5-20 para estimar a taxa de absorção do CO_2 (componente A) de uma bolha de dióxido de carbono de 0,5 cm que ascende através da água (componente B) a 18°C e pressão de 1 atm. Os seguintes dados[3] podem ser usados: $\mathscr{D}_{AB} = 1{,}46 \times 10^{-5}$ cm^2/s, $c_{A0} = 0{,}041$ gmol/l, $v_t = 22$ cm/s.

(b) Recalcule a taxa de absorção, usando os dados experimentais de Hammerton e Garner,[4] que obtiveram um valor médio superficial k_c de 117 cm/h (ver Eq. 18.1-2).

Respostas: **(a)** $1{,}17 \times 10^{-6}$ $gmol/cm^2 \cdot s$; **(b)** $1{,}133 \times 10^{-6}$ $gmol/cm^2 \cdot s$.

18B.1 Difusão através de um filme estagnado — desenvolvimento alternativo. Na Seção 18.2 foi obtida uma expressão para a taxa de evaporação pela diferenciação do perfil de concentração determinado no mesmo parágrafo. Mostre que os mesmos resultados podem ser obtidos sem se utilizar do perfil de concentração. Note que em regime permanente N_{Az} é constante de acordo com a Eq. 18.2-3. Nesse caso então a Eq. 18.2-1 pode ser diretamente integrada para se obter a Eq. 18.2-14.

18B.2 Erro quando se despreza o termo convectivo na evaporação.

(a) Refaça o problema no texto da Seção 18.2 desprezando o termo $x_A(\mathbf{N}_A + \mathbf{N}_B)$que aparece na Eq. 18.0-1. Mostre que se pode obter

$$N_{Az} = \frac{c\mathscr{D}_{AB}}{z_2 - z_1}(x_{A1} - x_{A2}) \tag{18B.2-1}$$

Essa equação fornece resultados bastante aproximados somente no caso em que a espécie A está presente em baixas concentrações.

(b) Fazendo as simplificações necessárias, obtenha o mesmo resultado do item anterior tendo a Eq. 18.2-14 como ponto de partida.

(c) Qual o erro cometido na determinação de $\mathscr{D}_{AB}$ no Exemplo 18.2-2 se o resultado obtido em (a) for usado?

Resposta: 0,78%

18B.3 Efeito da taxa de transferência de massa sobre o perfil de concentração.

(a) Combine o resultado dado pela Eq. 18.2-11 com o da Eq. 18.2-14 para obter

$$\frac{1 - x_A}{1 - x_{A1}} = \exp\left(\frac{N_{Az}(z - z_1)}{c\mathscr{D}_{AB}}\right) \tag{18B.3-1}$$

[3] G. Tammann and V. Jessen, *Z. anorg. allgem. Chem.*, **179**, 125-144 (1929); F. H. Garner and D. Hammerton, *Chem. Eng. Sci.*, **3**, 1-11 (1954).

[4] D. Hammerton and F.H. Garner, *Trans. Inst. Chem. Engrs.* (London), **32**, 518 (1954).

(b) Considerando N_{Az} constante, obtenha o mesmo resultado pela integração da Eq. 18.2-1.
(c) Atente para o resultado obtido quando o valor da taxa de transferência de massa é muito pequeno. Desenvolva a Eq. 18B.3-1 em série de Taylor e considere apenas os dois primeiros termos, como é apropriado para o caso de pequenos valores de N_{Az}. O que acontece com as linhas levemente curvas que aparecem na Fig. 18.2-1 para o caso de N_{Az} ser muito pequeno?

18B.4 Absorção com reação química.
(a) Refaça o problema discutido no texto da Seção 18.4, porém considere o valor de $z = 0$ como a posição do fundo de recipiente e $z = L$ como a posição da interface líquido-gás no topo da coluna.
(b) Na solução da Eq. 18.4-7, consideramos a mesma como resultante da soma de duas funções hiperbólicas. Tente, agora, uma solução da mesma equação do tipo: $\Gamma = C_1 \exp(\phi\zeta) + C_2 \exp(-\phi\zeta)$.
(c) Em que medida os resultados previstos pelas Eqs. 18.4-10 e 12 são simplificados para elevados valores de L? E para pequenos valores de L? Dê uma interpretação física desses resultados.

18B.5 Absorção de cloro pelo ciclo-hexeno. O cloro pode ser absorvido de misturas Cl_2-ar por olefinas dissolvidas em CCl_4. Foi observado[5] que a reação do Cl_2 com o ciclo-hexeno (C_6H_{10}) é uma reação de segunda ordem em relação ao Cl_2 e de ordem zero em relação ao C_6H_{10}. Em conseqüência, a taxa de desaparecimento do Cl_2 por unidade de volume é dada por $k_2'''c_A^2$ (onde A designa o Cl_2).

Refaça o problema da Seção 18.4 onde B consiste em uma mistura de C_6H_{10}-CCl_4, supondo que a difusão pode ser considerada como uma difusão pseudobinária. Suponha além disso que o ar pode ser considerado praticamente insolúvel na mistura C_6H_{10}-CCl_4. Considere também que a profundidade da fase líquida é suficientemente grande de modo que se pode considerar $L = \infty$.
(a) Mostre que o perfil de concentração é dado por

$$\frac{c_{A0}}{c_A} = \left[1 + \sqrt{\frac{k_2'''c_{A0}}{6\mathscr{D}_{AB}}}\,z\right]^2 \qquad (18B.5\text{-}1)$$

(b) Obtenha uma expressão para a taxa de absorção do Cl_2 pelo líquido.
(c) Suponha uma substância A se dissolvendo e reagindo com a substância B de tal forma que a taxa de desaparecimento de A por unidade de volume é uma função arbitrária da concentração $f(c_A)$. Mostre então que a taxa de absorção de A é dada por

$$N_{Az}|_{z=0} = \sqrt{2\mathscr{D}_{AB}\int_0^{c_{A0}} f(c_A)dc_A} \qquad (18B.5\text{-}2)$$

Use esse resultado para verificar a validade do resultado obtido em (b).

18B.6 Experimento dos dois bulbos para medidas da difusividade de gases — análise do estado quase-permanente[6] (Fig. 18B.6). Um procedimento experimental para a medida da difusividade de gases é chamado de "experimento dos dois bulbos". O bulbo da esquerda e o tubo de $z = -L$ a $z = 0$ estão cheios do gás A. O bulbo da direita e o tubo de $z = 0$ a $z = +L$ estão cheios do gás B. No tempo $t = 0$, abre-se o registro e a difusão tem início; então

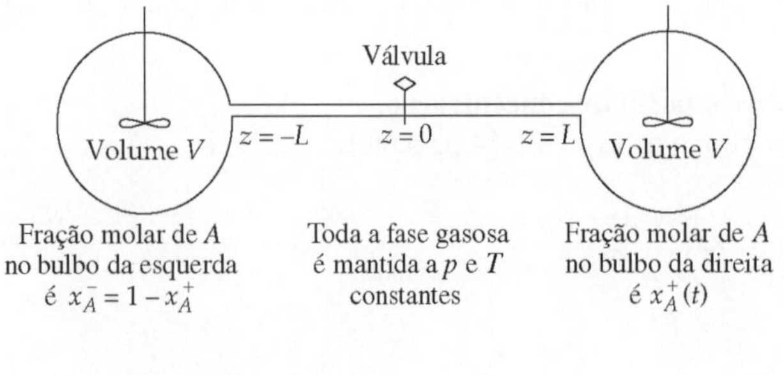

Fig. 18B.6 Desenho esquemático do dispositivo de dois bulbos para medidas de difusividade de gases. Os agitadores nos bulbos mantêm uma concentração uniforme.

[5] G. H. Roper, *Chem. Eng. Sci.*, **2**, 18-31, 247-253 (1953).
[6] S.P.S. Andrew, *Chem. Eng. Sci.*, **4**, 269-272 (1955).

a concentração de A em cada bulbo, mantidos em agitação constante, varia. Mede-se x_A^+ em função do tempo, e, dessa medida, determina-se o valor de $\mathscr{D}_{AB}$. Desejamos obter a expressão matemática que descreve o processo difusivo.

Como os bulbos são muito maiores que os tubos, tanto x_A^+ quanto x_A^- variam *muito lentamente* com o tempo. Desse modo, o processo difusivo pode ser tratado como um processo que ocorre em estado quase-permanente, cujas condições de contorno pertinentes são dadas por $x_A = x_A^-$ em $z = -L$ e $x_A = x_A^+$ em $z = +L$.

(a) Faça um balanço de massa em termos de moles de A em um segmento de tubo igual a Δz (sendo S a área da seção reta do tubo e mostre que $N_{Az} = C_1$ = constante.

(b) Mostre que, para esse problema, a forma simplificada da Eq. 18.0-1 é dada por

$$N_{Az} = -c\mathscr{D}_{AB}\frac{dx_A}{dz} \tag{18B.6-1}$$

(c) Integre essa equação, usando o resultado obtido em (a). Designe como C_2 a constante de integração resultante.

(d) Determine a constante C_2 para o caso em que $x_A = x_A^+$ em z $= +L$.

(e) A seguir, faça $x_A = x_A^-$ (ou $1 - x_A^+$) em $z = -L$ e resolva para o valor de N_{Az} para obter

$$N_{Az} = (\tfrac{1}{2} - x_A^+)\frac{c\mathscr{D}_{AB}}{L} \tag{18B.6-2}$$

(f) Faça um balanço de massa para a espécie A contida no bulbo da direita e obtenha

$$S(\tfrac{1}{2} - x_A^+)\frac{c\mathscr{D}_{AB}}{L} = Vc\frac{dx_A^+}{dt} \tag{18B.6-3}$$

(g) Integre a equação obtida em (f) para obter uma expressão para x_A^+ contendo a grandeza $\mathscr{D}_{AB}$:

$$\ln\left(\frac{\frac{1}{2} - x_A^+}{\frac{1}{2}}\right) = -\frac{S\mathscr{D}_{AB}t}{LV} \tag{18B.6-4}$$

(h) Sugira um procedimento para determinar graficamente o valor de $\mathscr{D}_{AB}$.

18B.7 Difusão de uma gota de pequeno diâmetro suspensa (Fig. 18.2-3). Uma gota de pequeno diâmetro do líquido A, de raio r_1, está imersa em uma corrente gasosa de B. Podemos supor que a gota está envolta por um filme gasoso, também esférico, de raio r_2. A concentração de A na fase gasosa é x_{A1} em $r = r_1$ e x_{A2} em $r = r_2$, posição esta que corresponde à fronteira do filme gasoso.

(a) Por intermédio de um balanço macroscópico de massa, mostre que, em regime permanente, o termo r^2N_{Ar} é constante no interior do filme gasoso, e considere a constante igual $r_1^2N_{Ar1}$, correspondendo ao valor na superfície da gota.

(b) Mostre que a Eq. 18.0-1 e o resultado obtido em (a) fornecem a seguinte expressão para x_A:

$$r_1^2N_{Ar1} = -\frac{c\mathscr{D}_{AB}}{1 - x_A}r^2\frac{dx_A}{dr} \tag{18B.7-1}$$

(c) Integre a equação obtida em (b) entre os limites r_1 e r_2 para obter

$$N_{Ar1} = \frac{c\mathscr{D}_{AB}}{r_2 - r_1}\left(\frac{r_2}{r_1}\right)\ln\frac{x_{B2}}{x_{B1}} \tag{18B.7-2}$$

Qual o valor da expressão anterior no caso em que $r_2 \rightarrow \infty$?

18B.8 Método de separação de hélio do gás natural (Fig. 18B.8). Com exceção do hélio, o vidro pirex é quase impermeável aos gases. Por exemplo, a difusividade de He através do pirex é cerca de 25 vezes maior que a do H_2, sendo

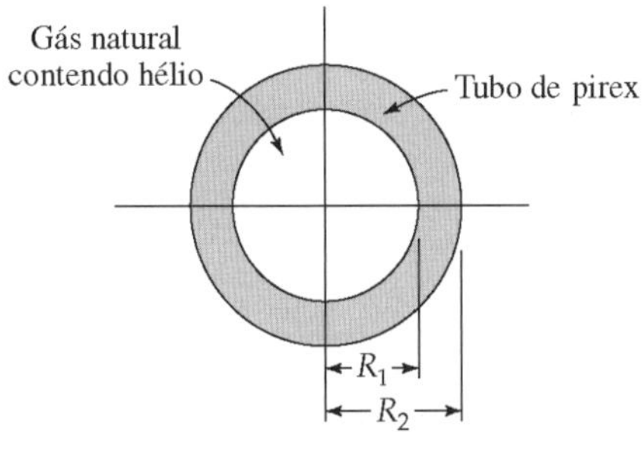

Fig. 18B.8 Difusão do hélio através de um tubo de vidro pirex. O comprimento do tubo é igual a L.

este último o gás de melhor desempenho. Esse fato sugere que um método para separar o hélio do gás natural poderia ser baseado nas taxas relativas de difusão desses gases através do pirex.[7]

Suponha uma mistura de gás natural contida em um tubo de pirex com as dimensões indicadas na figura. Obtenha uma expressão para a taxa com que o hélio irá "vazar" do tubo, expressando-a em termos da difusividade do hélio no pirex, da concentração do hélio na interface sólido-gás e da geometria do sistema.

Resposta: $W_{\text{He}} = 2\pi L \dfrac{\mathscr{D}_{\text{He-pirex}}(c_{\text{He},1} - c_{\text{He},2})}{\ln (R_2/R_1)}$

18B.9 Taxa de lixiviação (Fig. 18B.9). No estudo da taxa de lixiviação de um sólido A constituído de partículas pela ação de um solvente B, podemos postular que a etapa controladora do processo corresponde à etapa de difusão de A da superfície da partícula através do filme líquido estagnado de espessura δ até à corrente fluida externa ao filme estagnado. Considere a solubilidade molar de A em B como c_{A0} e a concentração de A na corrente externa ao filme como $c_{A\delta}$.

(a) Obtenha uma equação diferencial para c_A em função de z fazendo um balanço de massa em relação ao componente A em uma lâmina delgada de líquido de espessura Δz. Suponha que $\mathscr{D}_{AB}$ é constante e que A é ligeiramente solúvel em B. Despreze os efeitos de curvatura da partícula.

(b) Mostre que, na ausência de reação química na fase líquida, o perfil de concentração é linear.

(c) Mostre que a taxa de lixiviação poder ser expressa por

$$N_{Az} = \mathscr{D}_{AB}(c_{A0} - c_{A\delta})/\delta \quad (18B.9\text{-}1)$$

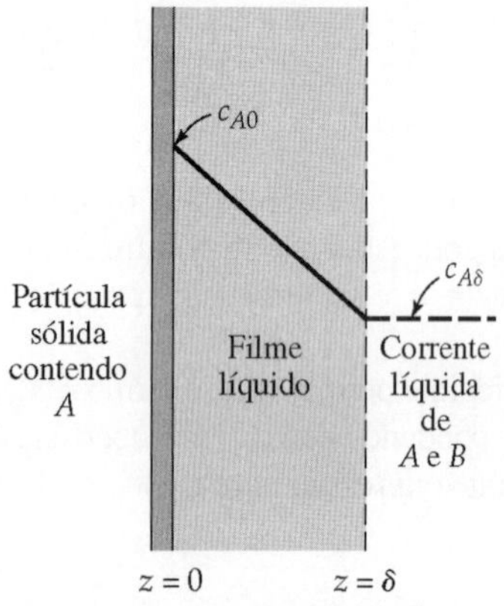

Fig. 18B.9 Lixiviação de A por difusão em um filme líquido estagnado de B.

18B.10 Constantes da taxa de evaporação de mistura. Uma mistura líquida binária e constituída de tolueno (1) e etanol (2), de composição constante x_1, está se evaporando através de nitrogênio gasoso (3) contido dentro de um tubo vertical de altura considerada a partir de um plano $z = 0$. As diferenças entre os valores de difusividade dos dois líquidos deslocam os valores das taxas de evaporação a favor do etanol. Para sistemas isotérmicos, operados a 60° F e 760 mm Hg, faça uma análise desse efeito verificando se os valores previstos das difusividades[8] a 60°F são dados por $c\mathscr{D}_{12} = 1{,}53 \times 10^{-6}$; $c\mathscr{D}_{13} = 2{,}98 \times 10^{-6}$; $c\mathscr{D}_{23} = 4{,}68 \times 10^{-6}$.

(a) Considerando regime permanente, use as equações de Maxwell-Stefan para obter os perfis de fração molar da fase vapor $y_\alpha(z)$ em termos do fluxo molar $N_\alpha(z)$ nesse sistema ternário. Levando em conta a equação da continuidade para os três componentes, podemos considerar que os fluxos molares são constantes. Nas condições dadas, podemos desprezar a solubilidade do nitrogênio na fase líquida, temos que $N_{3z} = 0$. Como condições de contorno

[7] *Scientific American*, **199**, 52 (1958) descreve sumariamente o método proposto por K. B. McAfee da Bell Telephone Laboratories.

[8] L. Monchick and E.A. Mason, *J. Chem. Phys.*, **35**, 1676-1697 (1961), com o parâmetro δ lido como $\delta_{\text{máx}}$, conforme aparece indicado na Tabela IV; E.A. Mason and L. Monchick, *J. Chem. Phys.*, **36**, 2746-2757 (1962); L.S. Tee, S. Gotoh, and W.E. Stewart, *Ind. Eng. Chem.Fundam.*, **5**, 356-362 (1966).

considere que $y_1 = y_2 = 0$ em $z = L$, e $y_1 = y_{10}$ e $y_2 = y_{20}$ em $z = 0$, sendo que os últimos valores devem ser determinados. Mostre que

$$y_3(z) = e^{-A(L-z)}; \qquad y_1(z) = \frac{D}{A-B}e^{-A(L-z)} - \left(\frac{C}{B} + \frac{D}{A-B}\right)e^{-B(L-z)} + \frac{C}{B} \tag{18B.10-1}$$

$$A = \frac{N_{1z}}{c\mathscr{D}_{13}} + \frac{N_{2z}}{c\mathscr{D}_{23}}; \qquad B = \frac{N_{1z} + N_{2z}}{c\mathscr{D}_{12}}; \qquad C = \frac{N_{1z}}{c\mathscr{D}_{12}}; \qquad D = \frac{N_{1z}}{c\mathscr{D}_{12}} - \frac{N_{1z}}{c\mathscr{D}_{13}} \tag{18B.10-2}$$

(b) Uma mistura de líquidos em processo de evaporação à taxa constante é definida como aquela para a qual a composição da fase vapor é igual à da fase líquida, isto é, é aquela para a qual $N_{1z}/(N_{1z} + N_{2z})$. Juntamente com os dados de equilíbrio ilustrados na tabela a seguir, use os resultados obtidos no item (a) para calcular a composição da fase líquida à pressão de 760 mm Hg. Na tabela, a linha I fornece as composições da fase líquida, enquanto a linha II, a composição da fase vapor obtidas em experimentos utilizando apenas dois dos componentes; esses valores são expressos em termos de $y_1/(y_1 + y_2)$ para sistemas ternários e neles, portanto, pode ser descartada a influência do nitrogênio. A linha III dá a soma das pressões parciais do tolueno e do etanol.

I: x_1	0,096	0,155	0,233	0,274	0,375
II: $y_1/(y_1 + y_2)$	0,147	0,198	0,242	0,256	0,277
III: $p_1 + p_2$ (mm Hg)	388	397	397	395	390

As seguintes etapas são sugeridas para o procedimento de cálculo: (i) arbitre um valor inicial da composição do líquido, x_1; (ii) calcule os valores de y_{10}, y_{20} e y_{30} das linhas 2 e 3 da Tabela; (iii) calcule A da Eq. 18B.10-1, no ponto $z = 0$; (iv) use o resultado da etapa (iii) para calcular os valores de N_{2z}, B, C e D, e finalmente o valor de $y_1(0)$ para os valores de N_{1z} arbitrados; (v) interpole os resultados obtidos na etapa (iv) para o caso de $y_1(0) = y_{10}$ para obter os valores corrigidos de N_{1z} e N_{2z}, para o valor inicial de x_1. Repita as etapas i-v com valores corrigidos de x_1 até o ponto em que o valor de $LN_{1z}/(LN_{1z} + LN_{2z})$ converge para melhor o valor de x_1. Este último será o valor da composição da fase líquida.

18B.11 Difusão com reação rápida de segunda ordem (Figs. 18.2-2 e 18B.11). Um sólido A está se dissolvendo, em condições isotérmicas, em uma corrente de um solvente S em regime permanente. De acordo com a teoria do filme, suponha que a superfície de A está coberta com um filme líquido estagnado de espessura δ e que a região externa ao filme líquido está bem homogeneizada (ver Fig. 18.8-2).

(a) Considerando que na região externa ao filme a concentração de A é desprezível, obtenha uma expressão para a taxa de dissolução de A no líquido.

(b) Obtenha uma expressão para a taxa de dissolução no caso em que o líquido contém uma substância B, que, no plano $z = \kappa\delta$, reage instantânea e irreversivelmente com A: $A + B \rightarrow P$. (Um exemplo desse sistema corresponde

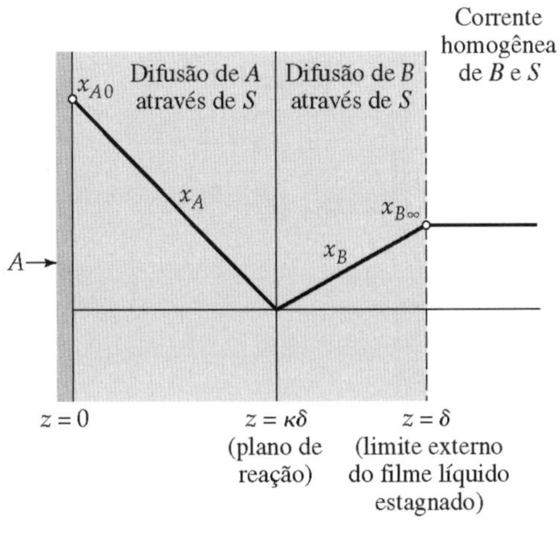

Fig. 18B.11 Perfis de concentração para reação química de segunda ordem rápida. A concentração do produto P não é considerada.

à dissolução do ácido benzóico em uma solução aquosa de NaOH.) A corrente líquida principal consiste essencialmente em B e S, na qual a fração molar de B é dada por $x_{B\infty}$. (*Sugestao*: Deve-se atentar que tanto A quanto B se difundem na direção de uma delgada zona de reação, como mostrado na Fig. 18B.11.)

Resposta: **(a)** $N_{Az}|_{z=0} = \left(\frac{c\mathscr{D}_{AS}x_{A0}}{\delta}\right)$; **(b)** $N_{Az}|_{z=0} = \left(\frac{c\mathscr{D}_{AS}x_{A0}}{\delta}\right)\left(1 + \frac{x_{B00}\mathscr{D}_{BS}}{x_{A0}\mathscr{D}_{AS}}\right)$

18B.12 Um experimento[9] da célula compartimentada para medida da difusividade de gases (Fig.18B.12). O líquido A está se evaporando através de um gás B estagnado mantido nas condições de 741 mm Hg de pressão total e 25°C. Nessa temperatura a pressão de vapor de A é de 600 mm Hg. Após ter atingido o regime permanente, a coluna cilíndrica de gás é dividida em seções, como mostrado. Para um dispositivo de altura total de 4,22 cm, dividido em 4 seções, a análise das amostras de gás assim obtidas dão o seguinte resultado:

Seção	$(z - z_1)$ em cm Base da seção	Topo da seção	Fração molar de A
I	0,10	1,10	0,757
II	1,10	2,10	0,641
III	2,10	3,10	0,469
IV	3,10	4,10	0,215

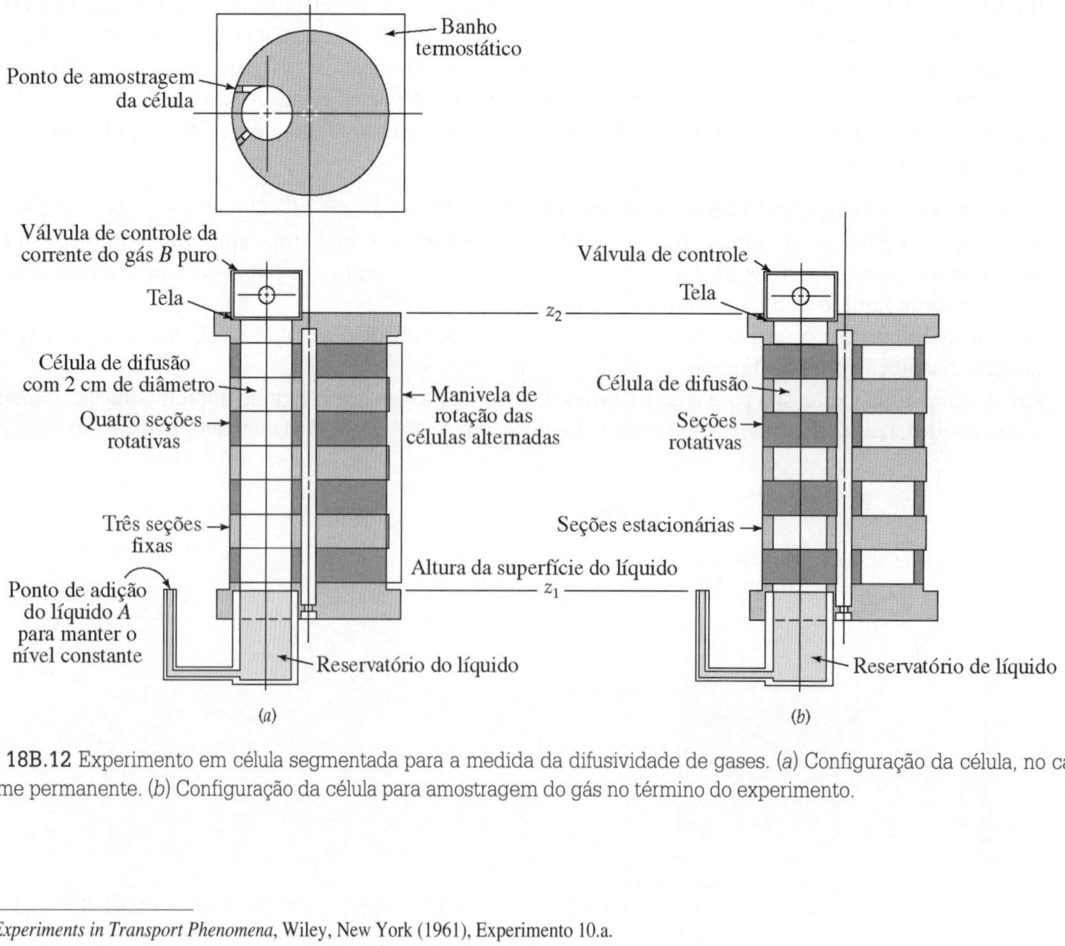

Fig. 18B.12 Experimento em célula segmentada para a medida da difusividade de gases. (*a*) Configuração da célula, no caso de regime permanente. (*b*) Configuração da célula para amostragem do gás no término do experimento.

[9] E.J. Crosby, *Experiments in Transport Phenomena*, Wiley, New York (1961), Experimento 10.a.

A taxa de evaporação medida da espécie A em regime permanente é de 0,0274 gmol/h. Foi suposto comportamento ideal.

(a) Considerando regime permanente, obtenha a seguinte expressão para o perfil de concentração:

$$\ln \frac{x_{B2}}{x_B} = \frac{N_{Az}(z_2 - z)}{c\mathscr{D}_{AB}} \tag{18B.12-1}$$

(b) Em um gráfico em escala semi-logarítmica lance os valores da fração molar x_B para cada seção versus o valor de z considerada na altura média de cada célula. É obtida uma linha reta? Quais são as interseções dessa reta nas alturas z_1 e z_2? Interprete esses resultados.

(c) Use o perfil de concentração dado pela Eq. 18B.12-1 para obter uma expressão analítica para a concentração média em cada seção da coluna.

(d) Desses experimentos, determine o valor mais provável de $\mathscr{D}_{AB}$.

Resposta: 0,155 cm²/s

18B.13 Recobrimento de superfícies metálicas. Na oxidação da maioria dos metais (excluídos os metais alcalinos e os alcalino-terrosos) o volume do óxido metálico produzido é maior que o volume do metal consumido. Em conseqüência, o óxido tende a formar uma camada compacta e, efetivamente, a isolar o oxigênio do metal. Para o desenvolvimento que se segue, podemos supor que

(a) Para fins de proceder a oxidação, o oxigênio deve difundir através da camada oxidada, sendo aplicável nesse processo a lei de Fick.

(b) A superfície livre da camada oxidada está saturada de oxigênio do ar.

(c) A partir do ponto em que a camada oxidada se torna moderadamente espessa, a difusão passa a ser a etapa controladora do processo; isto é, a concentração do oxigênio na superfície metal-óxido é praticamente nula.

(d) A taxa de variação da concentração de oxigênio dissolvido no filme é pequena quando comparada com a taxa de reação. Em outras palavras, pode-se supor a ocorrência de condições quase-permanentes.

(e) A reação envolvida no processo é $(1/2)xO_2 + M \rightarrow MO_x$.

Desejamos desenvolver uma expressão para a taxa de recobrimento, expressa em termos da difusividade do oxigênio através do filme de óxido, das densidades do metal e de seu óxido, e da estequiometria da reação. Seja c_O a solubilidade do oxigênio no filme, c_f a densidade molar do filme, e z_f a espessura do filme. Mostre que essa espessura é dada por

$$z_f = \sqrt{\frac{2\mathscr{D}_{O_2-MO_x}t}{x}\frac{c_O}{c_f}} \tag{18B.13-1}$$

Esse resultado, conhecido como a "lei quadrática", fornece uma correlação empírica bastante satisfatória para várias reações de oxidação e de recobrimento de superfícies metálicas.[10] Todavia, o mecanismo envolvido na maioria dessas reações é muito mais complexo do que o descrito.[11]

18B.14 Fatores de eficiência para discos delgados. Considere uma partícula porosa de catalisador na forma de um disco delgado, de tal forma que a área superficial transversal à direção radial seja muito pequena quando comparada às áreas da seção circular. Aplique o método descrito na Seção 18.7 para mostrar que, em regime permanente, o perfil de concentração é dado por

$$\frac{c_A}{c_{As}} = \frac{\cosh\sqrt{k_1''a/\mathscr{D}_A}\,z}{\cosh\sqrt{k_1''a/\mathscr{D}_A}\,b} \tag{18B.14-1}$$

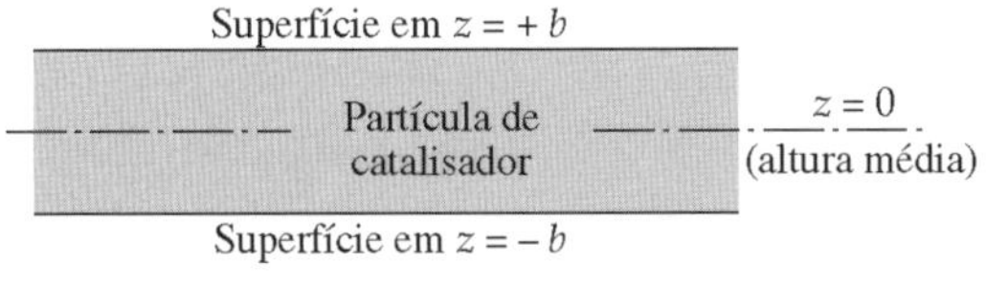

Fig. 18B.14 Vista lateral de uma partícula de catalisador na forma de disco.

[10]G. Tammann, *Z. anorg. allgem. Chemie*, **124**, 25-35 (1922).

[11]W. Jost, *Diffusion, Academic Press*, New York (1952), Chapter IX. Para uma discussão sobre a oxidação de silício, ver R. Ghez, *A Primer of Diffusion Problems*, Wiley, New York (1988), §2.3.

no qual z e b são mostrados na figura. Mostre que a taxa total de transferência de massa nas superfícies $z = \pm b$ é

$$|W_A| = 2\pi R^2 c_{As} \mathscr{D}_A \lambda \tanh \lambda b \tag{18B.14-2}$$

em que $\lambda = (k_1''a/\mathscr{D}_A)^{1/2}$. Mostre que, se o disco for seccionado em um plano paralelo ao plano xy em n lâminas, a taxa total de transferência de massa é expressa por

$$|W_A^{(n)}| = 2\pi R^2 c_{As} \mathscr{D}_A \lambda n \tanh(\lambda b/n) \tag{18B.14-3}$$

Obtenha uma expressão para o fator de eficiência, tomando o limite da expressão

$$\eta_A = \lim_{n\to\infty} \frac{|W_A|}{|W_A^{(n)}|} = \frac{\tanh \lambda b}{\lambda b} \tag{18B.14-4}$$

Expresse esse resultado em termos do parâmetro Λ definido na Seção 18.6.

18B.15 Difusão e reação química em um tubo de pequeno diâmetro fechado uma das pontas (Fig. 18B.15). Um poro circular de comprimento L, área da seção reta S e perímetro P, está em contato com um meio fluido homogêneo de grandes dimensões, meio esse que consiste em uma mistura das espécies A e B. A espécie A, o constituinte de menor proporção, entra pelo poro e se difunde na direção z, reagindo com as paredes do poro. A taxa dessa reação pode ser expressa como $(\mathbf{n}\cdot\mathbf{n})_A|_{\text{superfície}} = f(\omega_{A0})$; isso significa que o fluxo mássico normal à superfície transversal do poro pode ser suposto como uma função da fração mássica ω_{A0} de A no fluido adjacente à superfície sólida. A fração mássica ω_{A0} depende de z, a distância tomada a partir da entrada do poro. Sendo a concentração de A considerada muito pequena, a temperatura final e a densidade podem ser consideradas constantes, e o fluxo difusional pode ser adequadamente descrito pela relação $\mathbf{j}_A = -\rho\mathscr{D}_{AB}\nabla\omega_A$, em que a difusividade pode ser considerada constante. Como o comprimento do poro é grande em relação ao seu diâmetro, o gradiente de concentração na superfície lateral do poro pode ser desprezado. Note a semelhança desse problema com o problema discutido na Seção 10.7.

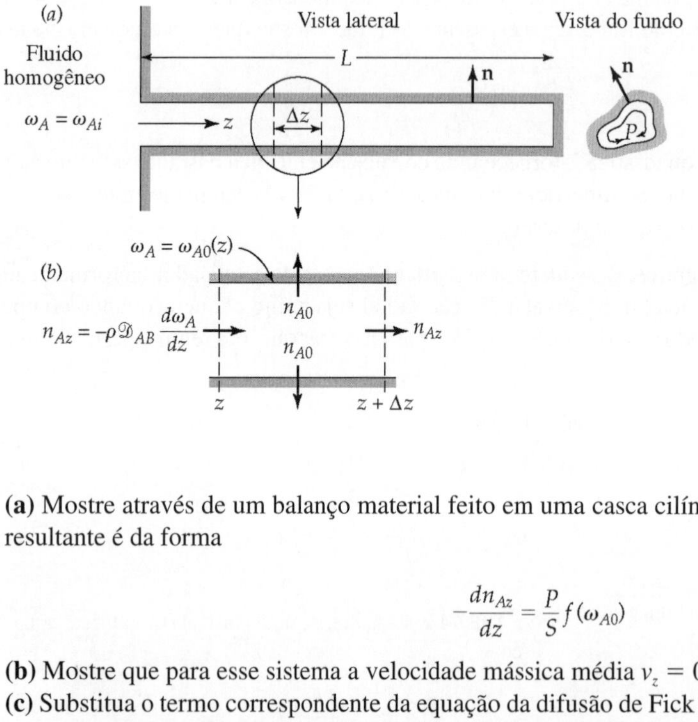

Fig. 18B.15 (*a*) Difusão e reação heterogênea em um cilindro longo de forma arbitrária. (*b*) Região de espessura Δz na qual é feito um balanço de massa.

(a) Mostre através de um balanço material feito em uma casca cilíndrica, que, no regime permanente, a equação resultante é da forma

$$-\frac{dn_{Az}}{dz} = \frac{P}{S} f(\omega_{A0}) \tag{18B.15-1}$$

(b) Mostre que para esse sistema a velocidade mássica média $v_z = 0$.
(c) Substitua o termo correspondente da equação da difusão de Fick na Eq. 18.5-1, e integre a equação diferencial resultante para o caso particular em que $f(\omega_{A0}) = k_1''\omega_{A0}$. Para obter as condições de contorno no ponto $z = L$, despreze a taxa de reação na ponta fechada do poro; por que essa é uma aproximação aceitável?
(d) Desenvolva uma expressão para a taxa global ω_A de desaparecimento de A no poro.

(e) Compare os resultados obtidos em (c) e (d) com os resultados já obtidos na Seção 10.7, tanto do ponto de vista do desenvolvimento matemático quanto das suposições feitas.

Resposta: **(c)** $\dfrac{\omega_A}{\omega_{Ai}} = \dfrac{\cosh N[1 - (1Z/L)]}{\cosh N}$, onde $N = \sqrt{\dfrac{PL^2k_1''}{S\rho\mathscr{D}_{AB}}}$; **(d)** $w_A = (S\rho\mathscr{D}_{AB}\omega_{Ai}/L)N \tanh N$

18B.16 Efeito da temperatura e da pressão sobre a taxa de evaporação.

(a) Na Seção 18.2, qual é o efeito da variação de temperatura e da pressão sobre a grandeza x_{A1}?

(b) Se a pressão for duplicada, como é afetado o valor da taxa de evaporação dada pela Eq. 18.2-14?

(c) Como varia a taxa de evaporação quando a temperatura do sistema de T a T'?

18B.17 Taxas de reação em partículas de grande e pequeno diâmetro.

(a) Obtenha os seguintes limites da Eq. 18.7-11:

$$R \to 0: \qquad W_{AR} = -(\tfrac{4}{3}\pi R^3)(k_1''a_1)c_{AR} \tag{18B.17-1}$$

$$R \to \infty: \qquad W_{AR} = -(4\pi R^2)(k_1''a_1\mathscr{D}_A)^{1/2}c_{AR} \tag{18B.17-2}$$

Interprete esses resultados do ponto de vista físico.

(b) Obtenha as assíntotas correspondentes para o sistema discutido no Problema 18B.14. Compare esses valores com os valores previstos no item (a).

18B.18 Taxa de evaporação para pequenos valores da fração molar de líquidos voláteis. A partir da Eq. 18.2-15, desenvolva a expressão

$$\frac{1}{(x_B)_{\ln}} = \left(\frac{1}{x_{A1} - x_{A2}}\right)\left(\ln\frac{1 - x_{A2}}{1 - x_{A1}}\right) \tag{18B.18-1}$$

em termos da série de Taylor apropriada para pequenos valores da fração mássica de A. Inicialmente, reescreva a forma logarítmica do quociente em termos da diferença de logaritmos, e desenvolva $\ln(1 - x_{A1})$ e $\ln(1 - x_{A2})$ na série de Taylor em torno do valor de $x_{A1} = 1$ e de $x_{A2} = 1$, respectivamente. Verifique se a Eq. 18.2-16 está correta.

18B.19 Consumo de oxigênio por floco de bactérias. Sob certas condições, a taxa de consumo de oxigênio por células bacterianas, quando comparada com a concentração de oxigênio, é próxima de zero. Vamos examinar esse caso focalizando a nossa atenção em um floco esférico de células, com raio R. Desejamos determinar a taxa total de consumo de oxigênio pelo floco, em função do tamanho do floco, da concentração mássica de oxigênio ρ_0 na superfície do floco, da atividade metabólica das células e do comportamento difusional do oxigênio. Para simplificar, vamos considerar que o floco é homogêneo. Podemos então considerar que a taxa metabólica pode ser representada por uma taxa de reação volumétrica efetiva $r_{O2} = -k_0'''$e o processo difusivo descrito pela lei de Fick, considerando uma difusividade pseudobinária efetiva, representada por $\mathscr{D}_{O2m}$. Como nesse sistema a solubilidade do oxigênio é muito baixa, podemos desprezar tanto o transporte convectivo de oxigênio quanto os efeitos transientes.[12]

(a) Utilizando um balanço de massa em uma casca esférica, mostre que o perfil de concentração do oxigênio, em regime quase-permanente, é dado pela equação

$$\frac{1}{\xi^2}\frac{d}{d\xi}\left(\xi^2\frac{d\chi}{d\xi}\right) = N \tag{18B.19-1}$$

em que $\chi = \rho_{O2}/\rho_0$, $\xi = r/R$ e $N = k_0'''R^2/\rho_0\mathscr{D}_{O2m}$.

(b) Poderá haver um núcleo carente de oxigênio, no caso em que N seja suficientemente grande de tal forma que, para valores de $\xi < \xi_0$, $\chi = 0$. Nesse caso, escreva as condições de contorno apropriadas para integrar a Eq. 18B.19-1. Para isso, deve ser reconhecido que tanto χ quanto $d\chi/d\xi$ são nulos em $\xi = \xi_0$. Qual é o significado físico subjacente à essa última frase?

(c) Integre a Eq. 18B.19-1 e mostre como ξ_0 pode ser determinado.

(d) Ilustre a taxa total de consumo de oxigênio e de ξ_0 em função de N, e discuta a possibilidade do núcleo carente de oxigênio existir.

[12] J.A. Mueller, W. C. Boyle, and E.N. Lightfoot, *Biotechnol. and Bioengr.*, **10**, 331-358 (1968).

Resposta: (**c**) $\chi = 1 - \frac{N}{6}(1 - \xi^2) + \frac{N}{3}\xi_0^3\left(\frac{1}{\xi} - 1\right)$ para $\xi > \xi_0 > 0$, em que ξ_0 é determinado como uma função de N a partir de

$$\xi_0^3 - \frac{3}{2}\xi_0^2 + \left(\frac{1}{2} - \frac{3}{N}\right) = 0$$

18C.1 Difusão a partir de uma fonte pontual em uma corrente de fluido (Fig. 18C.1). Uma corrente de um fluido B em escoamento laminar tem uma velocidade v_0. Em algum ponto dessa corrente (tomado como o ponto de origem dos eixos coordenados) a espécie A é injetada a uma taxa W_A gmol/h muito baixa. Essa taxa provavelmente é bastante baixa, de forma a que a velocidade mássica média da corrente fluida não seja afetada. À medida que a espécie A é arrastada no sentido de cima para baixo (na direção z), ela se difunde tanto na direção axial quanto na direção radial,

(**a**) Considerando regime permanente e $\mathscr{D}_{AB}$ constante, mostre que do balanço de massa relativo à espécie A no elemento de volume de fluido indicado na figura resulta na seguinte equação diferencial

$$v_0 \frac{\partial c_A}{\partial z} = \mathscr{D}_{AB}\left[\frac{1}{r}\frac{\partial}{\partial r}\left(r\frac{\partial c_A}{\partial r}\right) + \frac{\partial^2 c_A}{\partial z^2}\right] \tag{18C.1-1}$$

(**b**) Mostre que a Eq. 18C.1-1 pode também ser escrita na forma

$$v_0\left(\frac{z}{s}\frac{\partial c_A}{\partial s} + \frac{\partial c_A}{\partial z}\right) = \mathscr{D}_{AB}\left[\frac{1}{s^2}\frac{\partial}{\partial s}\left(s^2\frac{\partial c_A}{\partial s}\right) + \frac{\partial^2 c_A}{\partial z^2} + 2\frac{z}{s}\frac{\partial^2 c_A}{\partial s \partial z}\right] \tag{18C.1-2}$$

em que $s^2 = r^2 + z^2$.

(**c**) Faça uma verificação (longa duração!) de que a solução

$$c_A = \frac{W_A}{4\pi\mathscr{D}_{AB}s}\exp[-(v_0/2\mathscr{D}_{AB})(s - z)] \tag{18C.1-3}$$

satisfaz à equação diferencial anterior.

(**d**) Mostre que as seguintes condições de contorno são também satisfeitas pela Eq. 18C.1-3:

C.C. 1: em $s = \infty$, $c_A = 0$ (18C.1-4)

C.C. 2: como $s \to 0$, $-4\pi s^2 \mathscr{D}_{AB}\frac{\partial c_A}{\partial s} \to W_A$ (18C.1-5)

C.C. 3: em $r = 0$, $\frac{\partial c_A}{\partial r} = 0$ (18C.1-6)

Justifique o significado físico de cada uma dessas condições de contorno.

(**e**) Admitindo-se correta a solução obtida, mostre como dados de $c_A(r, z)$ para o par de valores v_0 e $\mathscr{D}_{AB}$ podem ser descritos de forma gráfica expressa por uma linha reta cuja inclinação é $v_0/2\mathscr{D}_{AB}$ e intercepta o valor ln $\mathscr{D}_{AB}$.

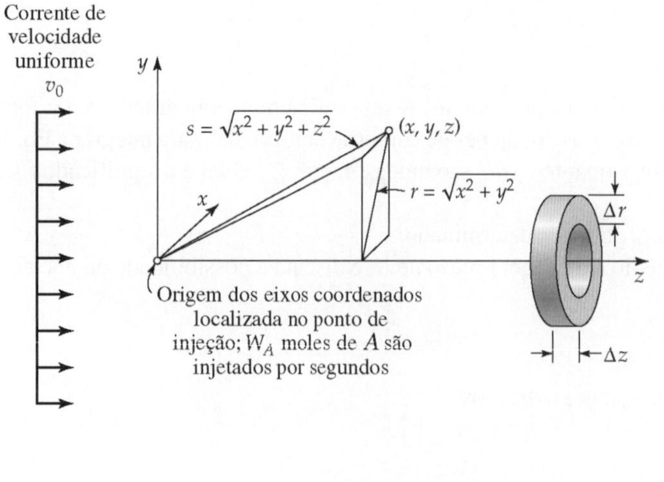

Fig. 18C.1 Difusão de A de uma fonte pontual em uma corrente de B que se movimenta com velocidade constante.

18C.2 Difusão e reação em partícula de catalisador parcialmente impregnada. Considere uma partícula esférica de catalisador como a ilustrada na Seção 18.7, exceto que o ingrediente ativo do catalisador está presente apenas na região interior do anel, compreendida entre $r = \kappa R$ e $r = R$.

Na região I ($0 < r < \kappa R$), $$k_1''a = 0 \tag{18C.2-1}$$

Na região II ($\kappa R < r < R$), $$k_1''a = \text{constante} > 0 \tag{18C.2-2}$$

Tal situação pode ocorrer quando o componente ativo do catalisador é colocado após a peletização, como é o caso freqüente para catalisadores comerciais.

(a) Integre a Eq. 18.7-6 separadamente para as regiões ativa e inativa. Aplique então as condições de contorno pertinentes para determinar as constantes de integração e determine o perfil de concentração em cada região. Ilustre a forma aproximada desses perfis.

(b) Determine W_{AR}, a taxa molar total de conversão de A em uma única partícula.

18C.3 Taxa de absorção em um filme líquido cadente.O resultado expresso pela Eq. 18.5-18 pode ser obtido por um método alternativo.

(a) De acordo com um balanço material global no filme líquido, o número total de moles de A que é transferido na unidade de tempo através da interface gás-líquido deve ser igual à taxa molar total de A que atravessa o plano em $z = L$. Esta última é calculada pela equação:

$$W_A = \lim_{\delta\to\infty}(W\delta v_{\text{máx}})\left(\frac{1}{\delta}\int_0^\delta c_A|_{z=L}\,dx\right) = Wv_{\text{máx}}\int_0^\infty c_A|_{z=L}\,dx \tag{18C.3-1}$$

Explique esse procedimento detalhadamente.

(b) Insira a solução de c_A da Eq. 18.5-15 no resultado conseguido no item (a) para obter:

$$\begin{aligned} W_A &= Wv_{\text{máx}}c_{A0}\frac{2}{\sqrt{\pi}}\int_0^\infty\left(\int_{x/\sqrt{4\mathscr{D}_{AB}L/v_{\text{máx}}}}^\infty \exp(-\xi^2)\,d\xi\right)dx \\ &= Wv_{\text{máx}}c_{A0}\frac{2}{\sqrt{\pi}}\sqrt{\frac{4\mathscr{D}_{AB}L}{v_{\text{máx}}}}\int_0^\infty\left(\int_u^\infty \exp(-\xi^2)\,d\xi\right)du \end{aligned} \tag{18C.3-2}$$

Na segunda linha, introduziu-se uma nova variável, definida por $u = x/(4\mathscr{D}_{AB}L/v_{\text{máx}})^{1/2}$.

(c) Altere a ordem de integração na integral dupla para obter

$$W_A = WLc_{A0}\sqrt{\frac{4\mathscr{D}_{AB}v_{\text{máx}}}{\pi L}}\cdot 2\int_0^\infty \exp(-\xi^2)\left(\int_0^\xi du\right)d\xi \tag{18C.3-3}$$

Justifique por meios de uma ilustração detalhada como são escolhidos os valores limites das integrais. Essas integrais podem ser feitas analiticamente para se obter a Eq. 18.5-18.

18C.4 Estimativa do comprimento mínimo de um reator isotérmico (Fig. 18.3-1). Seja a a área de uma superfície catalítica por unidade de volume de um leito catalítico recheado e S a área da seção reta do reator. Suponha, por exemplo, que a vazão mássica no reator seja ω (expressa em lb_m/h).

(a) Considerando regime permanente, mostre que de um balanço material relativo à espécie A em um elemento de comprimento dl de reator resulta

$$\frac{d\omega_{A0}}{dl} = -\frac{SaN_AM_A}{w} \tag{18C.4-1}$$

(b) Use esse resultado e a Eq. 18.3-9, supondo δ e $\mathscr{D}_{AB}$ constantes, para obter uma expressão para o comprimento do reator L necessária para a conversão de uma corrente de entrada de composição $x_A(0)$ para uma composição de saída $x_A(L)$. (*Sugestão*: A Eq. (P) da Tabela 17.8-1 pode ser útil.)

Resposta: **(b)** $L = \left(\dfrac{w\delta M_B}{2Sac\mathscr{D}_{AB}}\right)\displaystyle\int_{x_A(0)}^{x_A(L)} \frac{dx_{A0}}{[M_Ax_{A0} + M_B(1 - x_{A0})]^2\ln(1 - \frac{1}{2}x_{A0})}$

18C.5 Evaporação em regime permanente. No estudo da evaporação, em regime permanente, de uma mistura de metanol (1) e acetona (2) no ar (3), os perfis de concentração de cada uma das espécies no tubo foram medidos.[13] Nessas

[13] R. Carty and T. Schrodt, *Ind. Eng. Chem.*, **14**, 276-278 (1975).

condições a espécie 3 não está se movendo, e as espécies 1 e 2 se movem de baixo para cima, com fluxos molares medidos e iguais a N_{z1} e N_{z2}. A concentração interfacial dessas duas espécies, x_{10} e x_{20} foram também medidas e os três coeficientes de difusão binária conhecidos. A interface foi localizada no plano $z = 0$ e o topo do tubo de difusão, no plano $z = L$.

(a) Mostre que a equação de Maxwell-Stefan para a espécie 3 pode ser resolvida na forma de

$$x_3 = x_{30}e^{A\zeta} \tag{18C.5-1}$$

na qual $A = \nu_{113} + \nu_{223}$, sendo $\nu_{\alpha\beta\gamma} = N_\alpha L/c\mathscr{D}_{\alpha\gamma}$ e $\zeta = z/L$.

(b) Resolva a equação para a espécie 2 para obter

$$x_2 = x_{20}e^{B\zeta} + \frac{\nu_{212}}{B}(1 - e^{B\zeta}) + \frac{Cx_{30}}{A - B}(e^{A\zeta} - e^{B\zeta}) \tag{18C.5-2}$$

em que $B = \nu_{112} + \nu_{212}$ e $C = \nu_{212} - \nu_{223}$.

(c) Compare as equações acima com resultados publicados.

(d) É aceitável o ajuste dos pontos experimentais pelas Eqs. 18C.5-1 e 2?

18D.1 Fator de eficiência para cilindros longos. Obtenha uma expressão para η_A para cilindros longos de forma análoga à Eq. 18.7-16. Despreze os efeitos da difusão nas saídas do cilindro.

Resposta: $\eta_A = \dfrac{I_1(2\Lambda)}{\Lambda I_0(2\Lambda)}$, em que I_0 e I_1 são "funções modificadas de Bessel".

18D.2 Absorção de gás em um filme líquido descendente com reação química. Refaça o problema discutido na Seção 18.5 e descrito pela Eq.18.5-1, no caso em que o gás A reage com o líquido B em uma reação irreversível de primeira ordem na fase líquida, cuja taxa é dada por k_1'''. Determine a expressão para a taxa total de absorção, de maneira análoga àquela dada pela Eq. 18.5-18. Mostre que o resultado para a absorção com reação se reduz ao caso de absorção sem reação.

Resposta: $W_A = Wc_{A0}v_{\text{máx}}\sqrt{\dfrac{\mathscr{D}_{AB}}{k_1'''}}\left[(\tfrac{1}{2} + u)\,\text{erf}\sqrt{u} + \sqrt{\dfrac{u}{\pi}}e^{-u}\right]$ em que $u = k_1'''L/v_{\text{máx}}$.

Capítulo 19

EQUAÇÕES DE BALANÇO PARA SISTEMAS MULTICOMPONENTES

No Cap. 18, foram formulados alguns problemas de difusão de massa a partir de balanços de massa em uma casca considerando a difusão de uma ou mais espécies químicas. Iniciamos o presente capítulo com um balanço de massa em um elemento de volume arbitrário do fluido com finalidade de obter a equação da continuidade para cada espécie química de uma mistura multicomponente. A inserção da expressão do fluxo mássico na equação diferencial, que resulta do balanço de massa, nos permite, então, obter as equações de difusão nas mais variadas formas. Essas equações podem ser usadas na solução de qualquer problema discutido no Cap. 18, bem como na solução de outros problemas de natureza ainda mais complexa.

Apresentamos então um resumo de todas as equações de balanço relativas a misturas: as equações da continuidade, a equação do movimento e a equação da energia. Nestas duas últimas, são também incluídas as equações apresentadas nos Caps. 3 e 11. Apresentamos também um resumo das expressões do fluxo de massa para misturas. Todas essas equações são apresentadas na forma geral, embora, para a solução de um problema específico, termos de usar a forma simplificada e adequada ao problema. O restante do capítulo é dedicado a soluções analíticas e à análise dimensional de sistemas de transferência de massa.

19.1 AS EQUAÇÕES DA CONTINUIDADE PARA UMA MISTURA MULTICOMPONENTE

Nesta seção, aplicaremos a lei de conservação da massa para cada espécie química α constituinte de uma mistura, sendo $\alpha = 1, 2, 3, \ldots, N$. O sistema aqui se constitui de um elemento de volume de fluido $\Delta x \Delta y \Delta z$ fixo no espaço, através do qual a mistura fluida escoa (ver Fig. 3.1-1). Dentro dessa mistura, podem ocorrer reações entre as várias espécies químicas, e utilizamos o símbolo r_α para indicar a taxa com que a espécie α está sendo produzida, com dimensões de massa/volume·tempo.

As diferentes contribuições para o balanço de massa são

taxa de aumento da massa de α no elemento de volume	$(\partial \rho_\alpha / \partial t)\Delta x\, \Delta y\, \Delta z$	(19.1-1)
taxa de entrada da massa de α através da superfície em x	$n_{\alpha x}\vert_x\, \Delta y\, \Delta z$	(19.1-2)
taxa da saída da massa de α através da superfície em $x + \Delta x$	$n_{\alpha x}\vert_{x+\Delta x}\, \Delta y\, \Delta z$	(19.1-3)
taxa de produção da massa de α por reação química	$r_\alpha \Delta x\, \Delta y\, \Delta z$	(19.1-4)

O fluxo combinado de massa $n_{\alpha x}$ inclui tanto o fluxo molecular quanto o fluxo convectivo. Adicionalmente, incluem-se também termos referentes à entrada e saída de massa nas demais direções. Quando o balanço completo é escrito e o resultado dividido por $\Delta x \Delta y \Delta z$, resulta, para o caso em que o volume do elemento de volume tende a zero,

$$\frac{\partial \rho_\alpha}{\partial t} = -\left(\frac{\partial n_{\alpha x}}{\partial x} + \frac{\partial n_{\alpha y}}{\partial y} + \frac{\partial n_{\alpha z}}{\partial z}\right) + r_\alpha \qquad \alpha = 1, 2, 3, \ldots, N \tag{19.1-5}$$

a qual representa a *equação da continuidade para espécies* α em uma mistura reacional multicomponente. Ela descreve a taxa de variação de massa para espécies α com o tempo em um ponto fixo no espaço e leva em conta os mecanismos de transferência de massa por processo difusivo e convectivo, bem como a reação química pela qual a espécie α está sendo produzida ou consumida. As grandezas $n_{\alpha x}$,$n_{\alpha y}$, e $n_{\alpha z}$ são os componentes escalares do vetor fluxo de massa $\mathbf{n}_\alpha = \rho_\alpha \mathbf{v}_\alpha$ dado pela Eq. (D) da Tabela 17.8-1.

Em notação vetorial a forma da Eq. 19.1-5 é a seguinte

$$\frac{\partial \rho_\alpha}{\partial t} = -(\nabla \cdot \mathbf{n}_\alpha) + r_\alpha \qquad \alpha = 1, 2, 3, \ldots, N \tag{19.1-6}$$

Podemos também usar a forma alternativa, dada pela Eq. (S) da Tabela 17.8-1

$$\frac{\partial \rho_\alpha}{\partial t} = -(\nabla \cdot \rho_\alpha \mathbf{v}) - (\nabla \cdot \mathbf{j}_\alpha) + r_\alpha \qquad \alpha = 1, 2, 3, \ldots, N \qquad (19.1\text{-}7)$$ [1]

$\frac{\partial \rho_\alpha}{\partial t}$	$-(\nabla \cdot \rho_\alpha \mathbf{v})$	$-(\nabla \cdot \mathbf{j}_\alpha)$	r_α
taxa de aumento da massa de *A* por unidade de volume	taxa "líquida" de adição de massa de *A* por unidade de volume por convecção	taxa "líquida" de adição de massa de *A* por unidade de volume por difusão	taxa de produção da massa de *A* por unidade de volume por reação química

Somando membro a membro cada termo das *N* equações que aparecem nas Eqs. 19.1-6 ou 19.1-7, temos

$$\frac{\partial \rho}{\partial t} = -(\nabla \cdot \rho \mathbf{v}) \tag{19.1-8}$$

que é a *equação da continuidade para a mistura*. Essa equação é idêntica à equação da continuidade para um fluido puro, dada pela Eq. 3.1-4. Para obtermos a Eq. 19.1-8 usamos a Eq. (J) da Tabela 17.8-1, bem como o fato de que da lei da conservação total da massa resulta que $\Sigma_\alpha r_\alpha = 0$. Finalmente, podemos constatar que, para uma mistura fluida de *massa específica constante* ρ, a Eq. 19.1-8 se reduz a

$$(\nabla \cdot \mathbf{v}) = 0 \tag{19.1-9}$$

Na discussão precedente expressamos as grandezas em unidades de massa. A equação da continuidade, expressa agora em termos de unidades molares, é da forma

$$\frac{\partial c_\alpha}{\partial t} = -(\nabla \cdot \mathbf{N}_\alpha) + R_\alpha \qquad \alpha = 1, 2, 3, \ldots, N \tag{19.1-10}$$

onde R_α é a taxa de produção de α, expressa em moles por unidade de volume. Essa equação pode ser reescrita levando em conta a Eq. (V) da Tabela 17.8-1 na forma de

$$\frac{\partial c_\alpha}{\partial t} = -(\nabla \cdot c_\alpha \mathbf{v}^*) - (\nabla \cdot \mathbf{J}_\alpha^*) + R_\alpha \qquad \alpha = 1, 2, 3, \ldots, N \tag{19.1-11}$$

$\frac{\partial c_\alpha}{\partial t}$	$-(\nabla \cdot c_\alpha \mathbf{v}^*)$	$-(\nabla \cdot \mathbf{J}_\alpha^*)$	R_α
taxa de aumento de moles de *A* por unidade de volume	taxa "líquida" de adição de moles de *A* por unidade de volume por convecção	taxa "líquida" de adição de moles de *A* por unidade de volume por difusão	taxa de produção de moles de *A* por unidade de volume por reação química

Quando as *N* equações nas Eqs. 19.1-10 ou 11 são somadas membro a membro, resulta

$$\frac{\partial c}{\partial t} = -(\nabla \cdot c\mathbf{v}^*) + \sum_{\alpha=1}^{N} R_\alpha \tag{19.1-12}$$

que é a forma da equação da continuidade para a mistura. Para obter essa última equação usamos a Eq. (M) da Tabela 17.8-1. Nessa expressão, podemos notar que o termo de reação química não desaparece devido ao fato de que em uma reação química o número de moles não é necessariamente conservado. Finalmente, podemos concluir que

$$(\nabla \cdot \mathbf{v}^*) = \frac{1}{c} \sum_{\alpha=1}^{N} R_\alpha \tag{19.1-13}$$

para o caso de uma mistura fluida com *densidade molar*, c, constante.

Vimos assim que a equação da continuidade para espécies α pode ser escrita na forma da Eq. 19.1-7 e da Eq. 19.1-11. Usando as relações de conservação da massa, apresentadas nas Eqs. 19.1-8 e 19.1-12, o leitor poderá verificar que a equação da continuidade para a espécie α pode ser escrita de duas outras formas equivalentes:

$$\rho\left(\frac{\partial \omega_\alpha}{\partial t} + (\mathbf{v} \cdot \nabla \omega_\alpha)\right) = -(\nabla \cdot \mathbf{j}_\alpha) + r_\alpha \qquad \alpha = 1, 2, 3, \ldots, N \tag{19.1-14}$$

$$c\left(\frac{\partial x_\alpha}{\partial t} + (\mathbf{v}^* \cdot \nabla x_\alpha)\right) = -(\nabla \cdot \mathbf{J}_\alpha^*) + R_\alpha - x_\alpha \sum_{\beta=1}^{N} R_\beta \qquad \alpha = 1, 2, 3, \ldots, N \tag{19.1-15}$$

Essas duas equações têm exatamente o mesmo significado físico, mas são escritas em duas formas distintas — a primeira em termos de grandezas mássicas, e a segunda em termos de grandezas molares. Para usar essas equações temos que inserir expressões apropriadas que relacionam os fluxos e os termos de reação química. Neste capítulo apresentamos somente os resultados para *sistemas binários* com $\rho\mathscr{D}_{AB}$ e $c\mathscr{D}_{AB}$ constantes ou para velocidade nula.

SISTEMAS BINÁRIOS COM $\rho\mathscr{D}_{AB}$ CONSTANTE

Nesse caso, a Eq.19.1-14 se reduz, após inserção da lei de Fick na forma apresentada na Eq. (A) da Tabela 17.8-2, a

$$\rho\left(\frac{\partial \omega_A}{\partial t} + (\mathbf{v} \cdot \nabla \omega_A)\right) = \rho\mathscr{D}_{AB}\nabla^2\omega_A + r_A \tag{19.1-16}$$

com a equação correspondente à espécie B. Essa equação é adequada para descrever o processo difusivo em *soluções líquidas diluídas* a temperatura e pressão constantes. O primeiro membro pode ser escrito na forma de $\rho D\omega_\alpha/Dt$. A Eq. 9.1-16, sem o termo r_A, é da mesma forma que as Eqs. 11.2-8 ou 9. Essa similaridade é muito importante, pois ela é a base para as analogias freqüentemente utilizadas na solução de problemas de transferência de calor e de massa e no escoamento de líquidos com propriedades físicas constantes.

SISTEMAS BINÁRIOS COM $c\mathscr{D}_{AB}$ CONSTANTE

Nesse caso, a Eq. 19.1-15 se reduz, após inserção da lei de Fick na forma apresentada na Eq. (B) da Tabela 17.8-2, a

$$c\left(\frac{\partial x_A}{\partial t} + (\mathbf{v}^* \cdot \nabla x_A)\right) = c\mathscr{D}_{AB}\nabla^2 x_A + (x_B R_A - x_A R_B) \tag{19.1-17}$$

com a equação correspondente à espécie B. Essa equação é utilizada para o caso de *gases a baixa densidade* a temperatura e pressão constantes. O primeiro membro dessa equação *não pode*, agora, ser escrito na forma de cDx_α/Dt pelo fato de que ela é descrita em termos de $\mathbf{v}^*$ e não de $\mathbf{v}$.

SISTEMAS BINÁRIOS COM VELOCIDADE NULA

No caso de não se considerar reação química, os termos correspondentes à produção são nulos. Se, além disso, $\mathbf{v}$ é nula e ρ constante na Eq. 19.1-16, ou $\mathbf{v}^*$ é nula ou c é constante na Eq. 19.1-17, obtemos

$$\frac{\partial c_A}{\partial t} = \mathscr{D}_{AB}\nabla^2 c_A \tag{19.1-18}$$

a qual é denominada *segunda lei da difusão de Fick*, ou, simplesmente, *equação da difusão*. Essa equação é geralmente utilizada para o caso de difusão em *sólidos* ou em *líquidos estacionários* (isto é, $\mathbf{v} = 0$ na Eq. 19.1-16) e para o caso de *contradifusão eqüimolar* em gases (isto é, $\mathbf{v}^* = 0$ na Eq. 19.1-17). Definimos contradifusão eqüimolar como aquela que ocorre no caso em que o fluxo molar relativo aos eixos coordenados estacionários é nulo; em outras palavras, isto significa que para cada mol de A que se move, digamos, no sentido positivo da direção z, corresponde a um mol de B que se move no sentido oposto.

Note que a Eq. 19.1-18 tem a mesma forma da *equação de condução de calor* expressa na Eq. 11.2-10. Essa similaridade se constitui na base para as analogias freqüentemente utilizadas na solução de problemas de condução de calor e de difusão em sistemas sólidos. Atente que centenas de problemas relacionados à segunda lei de Fick já foram resolvidos. Essas soluções são apresentadas nas publicações de Crank[1] e de Carslaw e Jaeger.[2]

Nas Tabelas B-10 e 11 apresentamos a Eq. 19.1-14 (equação da continuidade para sistema multicomponente, expressa em termos de $\mathbf{j}_\alpha$) e a Eq. 19.1-16 (difusão binária para ρ e $\mathfrak{D}_{AB}$ constantes) nos três sistemas de coordenadas-padrão. A partir dessas, outras formas da equação podem ser obtidas.

EXEMPLO 19.1-1

Difusão, Convecção e Reação Química[3]

A Fig. 19.1-1 ilustra um sistema no qual o líquido, *B*, se desloca lentamente em direção a um tampão poroso constituído da espécie *A*. Considere que, após se dissolver no líquido, *A* é consumida através de uma reação química de primeira ordem. Determine o perfil de concentração em regime permanente, $c_A(z)$, onde z é a coordenada no sentido ascendente do tampão. Suponha que a velocidade do fluido é uniforme ao longo da direção radial do tubo. Suponha também que c_{A0} corresponde à solubilidade de *A* (não reagido) em *B*. Despreze os efeitos de variação de temperatura associados ao calor de reação.

SOLUÇÃO

A Eq. 19.1-16 pode ser aplicada para o caso de soluções líquidas diluídas. Dividindo essa equação pelo peso molecular M_A e considerando o problema como unidimensional e em regime permanente, obtemos, para o caso de ρ constante:

$$v_0 \frac{dc_A}{dz} = \mathfrak{D}_{AB} \frac{d^2 c_A}{dz^2} - k_1''' c_A \tag{19.1-19}$$

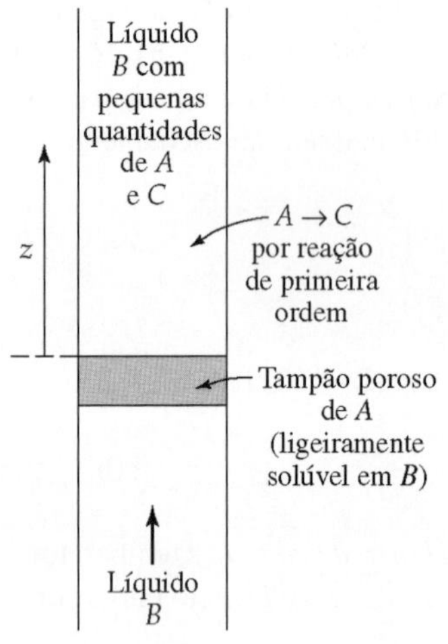

Fig. 19.1-1 Difusão, convecção e reação química simultâneas.

Essa equação deve ser resolvida considerando-se as seguintes condições de contorno, $c_A = c_{A0}$ em $z = 0$ e $c_A = 0$ em $z = \infty$. A Eq. 19.1-19 é a forma padrão de uma equação diferencial linear de segunda ordem (Eq. C.7), cujo método de solução é conhecido.

Uma função possível para a solução é da forma $c_A = e^{az}$, para a qual são obtidos dois valores de a, um dos quais, todavia, não satisfaz a condição de contorno em $z = \infty$. A solução final, portanto, é da forma

$$\frac{c_A}{c_{A0}} = \exp[-(\sqrt{1 + (4k_1'''\mathfrak{D}_{AB}/v_0^2)} - 1)(v_0 z/2\mathfrak{D}_{AB})] \tag{19.1-20}$$

Este exemplo serve para ilustrar o uso da equação da continuidade de *A* para a solução de problemas de difusão que envolvem efeitos da convecção e da reação química.

[1] J. Crank, *The Mathematics of Diffusion*, 2nd ed., Oxford University Press (1975).

[2] H.S. Carslaw e J. C. Jaeger, *Conduction of Heat in Solids*, 2nd ed., Oxford University Press (1959).

[3] W. Jost, *Diffusion*, Academic Press, New York, (1952), pp. 58-59.

19.2 SUMÁRIO DAS EQUAÇÕES MULTICOMPONENTES DE BALANÇO

Nas três partes principais deste livro introduzimos seqüencialmente as leis da conservação conhecidas como equações de balanço. No Cap. 3 foram apresentadas as leis da conservação da massa e da conservação de momento para fluidos puros. No Cap. 11, introduzimos a lei da conservação da energia para fluidos puros. Na Seção 19.1, apresentamos as equações de conservação da massa para as várias espécies presentes. Pretendemos agora apresentar um resumo das equações de conservação para sistemas multicomponentes.

Com os dados da Tabela 19.2-1, iniciamos com as equações de balanço de massa para uma mistura com N espécies químicas, expressas em termos dos fluxos combinados relativos a eixos coordenados estacionários. Os números associados à cada equação indicam o ponto em que cada equação foi apresentada pela primeira vez. Da tabulação das equações de balanço de massa dessa maneira, podemos avaliar a metodologia empregada. A única suposição feita se fundamenta no fato de que todas as espécies químicas estão submetidas a mesma força externa por unidade de massa, $\mathbf{g}$; a nota (b) da Tabela 19.2-1 é auto-explicativa das modificações que devem ser adotadas para o caso em que essa suposição não se verifique.

Uma característica importante dessas equações é que elas apresentam a mesma forma básica

$$\begin{Bmatrix}\text{taxa de}\\ \text{aumento da}\\ \text{entidade}\end{Bmatrix} = \begin{Bmatrix}\text{taxa ``líquida''}\\ \text{de adição}\\ \text{da entidade}\end{Bmatrix} + \begin{Bmatrix}\text{taxa de}\\ \text{produção}\\ \text{da entidade}\end{Bmatrix} \qquad (19.2\text{-}1)$$

na qual o termo "entidade" pode representar massa, momento ou energia. Em cada equação a taxa "líquida" de adição da entidade por unidade de volume pode ser expressa através do valor negativo da sua divergência. Somente no caso em que ocorrem reações químicas, as respectivas "taxas de produção" aparecem na primeira equação e do campo de forças externo nas outras duas. Cada equação, portanto, representa uma *lei da conservação* específica. Normalmente, consideramos essas leis como empíricas, isto é, leis enunciadas através do conhecimento obtido de experimentos específicos, sendo que, em geral, elas são aceitas pela comunidade científica.[1]

TABELA 19.2-1 Equações de Balanço para Misturas Multicomponentes em Termos dos Fluxos Combinados

Massa de α: ($\alpha = 1, 2, \ldots, N$)	$\dfrac{\partial}{\partial t}\rho\omega_\alpha = -(\nabla\cdot\mathbf{n}_\alpha) + r_\alpha$	(A)[a] (Eq. 19.1-6)
Momento:	$\dfrac{\partial}{\partial t}\rho\mathbf{v} = -[\nabla\cdot\boldsymbol{\phi}] + \rho\mathbf{g}$	(B)[b] (Eq. 3.2-8)
Energia:	$\dfrac{\partial}{\partial t}\rho(\hat{U} + \frac{1}{2}v^2) = -(\nabla\cdot\mathbf{e}) + (\rho\mathbf{v}\cdot\mathbf{g})$	(C)[b] (Eq. 11.1-6)

[a] Quando todas as N equações da continuidade são somadas, a equação da continuidade para a mistura fluida

$$\frac{\partial}{\partial t}\rho = -(\nabla\cdot\rho\mathbf{v}) \qquad \text{(D) (Eq. 3.1-4)}$$

é obtida. Aqui $\mathbf{v}$ é a velocidade mássica média definida pela Eq. 17.7-1.

[b] Se sobre a espécie α atuar uma força por unidade de volume, dada por $\mathbf{g}_\alpha$, então $\rho\mathbf{g}$ tem que ser substituído por $\Sigma_\alpha\rho_\alpha\mathbf{g}_\alpha$ na Eq. (B), e $(\rho\mathbf{v}\cdot\mathbf{g})$ tem que ser substituído por $\Sigma_\alpha(\mathbf{n}_\alpha\cdot\mathbf{g}_\alpha)$ na Eq. (C). Essas substituições são exigidas, por exemplo, se algumas espécies são espécies iônicas com cargas diferentes, sobre as quais atua um campo elétrico. Problemas desse tipo são discutidos no Cap. 24.

[1] Na realidade, as leis da conservação de energia, de momento e de momento angular são derivadas a partir da equação do movimento de Lagrange, associada à homogeneidade do tempo, do espaço e de isotropia do espaço (*teorema de Noether*). Dessa forma, há alguma coisa de fundamental acerca das leis da conservação, mais do que à primeira vista aparenta haver. Sobre esse assunto, ver L. Landau e E.M. Lifshitz, *Mechanics*, Addison-Wesley, Reading, Mass. (1960), Cap. 2, e Emmy Noether, *Nachr. Kgl. Ges. Wiss. Göttingen* (*Math. Phys. Kl.* (1918), pp. 235-257. **Amalie Emmy Noether** (1882-1935), após concluir seu doutorado na Universidade de Erlangen, foi discípula de Hilbert em Göttingen até a ascensão de Hitler em 1933, quando então foi obrigada a ir para os Estados Unidos, onde exerceu a docência em Matemática no Bryn Mawr College; uma cratera da Lua leva o seu nome.

Os três "fluxos combinados", que aparecem nas Eqs. (A) a (C) da Tabela 19.2-1, podem ser escritos em termos da soma dos *fluxos convectivos* e *moleculares (ou difusivos)*. A expressão desses fluxos é encontrada na Tabela 19.2-2, onde são dados os números que identificam o ponto em que as equações apareceram pela primeira vez.

Quando as expressões para os fluxos da Tabela 19.2-2 são substituídas nas equações da conservação da Tabela 19.2-1, podemos expressar estas últimas em termos de D/Dt, tendo em vista as Eqs. 3.5-4 e 5, e obtemos as equações de balanço de massa para sistemas multicomponentes na forma usual. Estas últimas são apresentadas na Tabela 19.2-3.

Além dessas equações, precisamos também ter as expressões para os fluxos em termos dos gradientes e das propriedades de transporte (sendo essas últimas funções da temperatura, da densidade e da composição). Finalmente, prd"isamos também conhecer uma equação de estado térmico, $p = p(\rho,T,x_\alpha)$, e a equação de estado calórico, $U = U(\rho,T,x_\alpha)$, bem como de outras informações pertinentes às taxas de reações químicas homogêneas envolvidas.[2]

TABELA 19.2-2 Os Fluxos Molecular e Convectivo Combinados para Misturas Multicomponentes (todas com o mesmo sinal convencionado)

Entidade	Fluxo combinado	=	Fluxo molecular	+	Fluxo convectivo	
Massa ($\alpha = 1, 2, \ldots, N$)	$\mathbf{n}_\alpha$	=	$\mathbf{j}_\alpha$	+	$\rho\mathbf{v}\omega_\alpha$	(A)[a] (Eq. 17.8-1)
Momento	$\boldsymbol{\phi}$	=	$\boldsymbol{\pi}$	+	$\rho\mathbf{v}\mathbf{v}$	(B)[b] (Eq. 1.7-1)
Energia	$\mathbf{e}$	=	$\mathbf{q} + [\boldsymbol{\pi}\cdot\mathbf{v}]$	+	$\rho\mathbf{v}(\hat{U} + \frac{1}{2}v^2)$	(C)[c] (Eq. 9.8-5)

[a] A velocidade $\mathbf{v}$ que aparece nessas expressões é a velocidade mássica média, definida na Eq. 17.7-1.
[b] O fluxo de momento molecular consiste em duas partes: $\boldsymbol{\pi} = p\boldsymbol{\delta} + \boldsymbol{\tau}$.
[c] O fluxo de energia molecular é constituído pelo vetor fluxo térmico $\mathbf{q}$ e pelo vetor fluxo de trabalho $[\boldsymbol{\pi}\cdot\mathbf{v}] = p\mathbf{v} + [\boldsymbol{\tau}\cdot\mathbf{v}]$, sendo que o último ocorre apenas em sistemas com escoamento de fluidos.

TABELA 19.2-3 Equações de Balanço para Misturas Multicomponentes em Termos dos Fluxos Moleculares

Massa total:

$$\frac{D\rho}{Dt} = -\rho(\nabla\cdot\mathbf{v}) \qquad \text{(A)}$$

(Eq. (A) da Tabela 3.5-1)

Massa da espécie: ($\alpha = 1, 2, \cdots, N$)

$$\rho\frac{D\omega_\alpha}{Dt} = -(\nabla\cdot\mathbf{j}_\alpha) + r_\alpha \qquad \text{(B)}^a$$

(Eq. 19.1-7a)

Momento:

$$\rho\frac{D\mathbf{v}}{Dt} = -\nabla p - [\nabla\cdot\boldsymbol{\tau}] + \rho\mathbf{g} \qquad \text{(C)}^b$$

(Eq. (B) da Tabela 3.5-1)

Energia:

$$\rho\frac{D}{Dt}(\hat{U} + \tfrac{1}{2}v^2) = -(\nabla\cdot\mathbf{q}) - (\nabla\cdot p\mathbf{v}) - (\nabla\cdot[\boldsymbol{\tau}\cdot\mathbf{v}]) + (\rho\mathbf{v}\cdot\mathbf{g}) \qquad \text{(D)}^b$$

(Eq. (E) da Tabela 11.4-1)

[a] Somente $N - 1$ dessas equações são independentes, uma vez que da soma das N equações resulta $0 = 0$.
[b] Veja nota (*b*) da Tabela 19.2-1 para as modificações necessárias para o caso em que várias espécies estão submetidas a diferentes forças.

[2] Pode-se argumentar porque são necessárias as equações do movimento e da energia separadas para a espécie α. Essas equações podem ser obtidas a partir do conceito de fluido como meio contínuo, porém os fluxos de momento e de energia para a espécie não são grandezas mensuráveis e, desta forma, tem-se de lançar mão da teoria molecular para que o assunto seja melhor esclarecido. Essas equações separadas para cada espécie não são necessárias para a solução de problemas de transporte. Todavia, as equações de momento para cada espécie foram utilizadas para obter expressões cinéticas para os fluxos de massa em sistemas multicomponente [ver C.F. Curtiss e R.B. Bird, *Proc. Nat. Acad. Sci. USA*, **93**, 7440-7445 (1996) e *J. Chem. Phys.*, **111**, 10362-10370 (1999)].

Dessa discussão podemos tecer algumas considerações acerca das formas particulares das equações do movimento e da energia. Na Seção 11.3 foi enfatizado que a *equação do movimento*, na forma como foi apresentada no Cap. 3, é a adequada para resolver problemas relacionados com a convecção forçada, mas que uma forma alternativa (Eq. 11.3-2) para explicitar o termo relacionado com a força de empuxo resultante das diferenças de temperatura dentro do sistema fluido. Em sistemas binários, em que ocorrem diferenças de concentração e de temperatura dentro do sistema fluido, podemos escrever a equação do movimento na forma da Eq. (B) da Tabela 3.5-1 e usar uma equação de estado aproximada resultante de uma expansão dupla em série de Taylor de $\rho(T,\omega_A)$ em torno da condição $\overline{T},\overline{\omega}_A$:

$$\begin{aligned}\rho(T,\omega_A) &= \overline{\rho} + \left.\frac{\partial\rho}{\partial T}\right|_{\overline{T},\overline{\omega}_A}(T-\overline{T}) + \left.\frac{\partial\rho}{\partial\omega_A}\right|_{\overline{T},\overline{\omega}_A}(\omega_A-\overline{\omega}_A)+\cdots \\ &\approx \overline{\rho} - \overline{\rho}\overline{\beta}(T-\overline{T}) - \overline{\rho}\overline{\zeta}(\omega_A-\overline{\omega}_A)\end{aligned} \quad (19.2\text{-}2)$$

TABELA 19.2-4 As Equações da Energia para Sistemas Multicomponentes, sendo a Gravidade a Única Força Externa[a,b]

$$\rho\frac{D}{Dt}(\hat{U}+\hat{\Phi}+\tfrac{1}{2}v^2) = -(\nabla\cdot\mathbf{q}) - (\nabla\cdot[\boldsymbol{\pi}\cdot\mathbf{v}]) \quad (A)^c$$

$$\rho\frac{D}{Dt}(\hat{U}+\tfrac{1}{2}v^2) = -(\nabla\cdot\mathbf{q}) - (\nabla\cdot[\boldsymbol{\pi}\cdot\mathbf{v}]) + (\mathbf{v}\cdot\rho\mathbf{g}) \quad (B)$$

$$\rho\frac{D}{Dt}(\tfrac{1}{2}v^2) = -(\mathbf{v}\cdot[\nabla\cdot\boldsymbol{\pi}]) + (\mathbf{v}\cdot\rho\mathbf{g}) \quad (C)$$

$$\rho\frac{D\hat{U}}{Dt} = -(\nabla\cdot\mathbf{q}) - (\boldsymbol{\pi}:\nabla\mathbf{v}) \quad (D)$$

$$\rho\frac{D\hat{H}}{Dt} = -(\nabla\cdot\mathbf{q}) - (\boldsymbol{\tau}:\nabla\mathbf{v}) + \frac{Dp}{Dt} \quad (E)$$

$$\rho\hat{C}_p\frac{DT}{Dt} = -(\nabla\cdot\mathbf{q}) - (\boldsymbol{\tau}:\nabla\mathbf{v}) + \left(\frac{\partial\ln\hat{V}}{\partial\ln T}\right)_{p,x_\alpha}\frac{Dp}{Dt} + \sum_{\alpha=1}^{N}\overline{H}_\alpha[(\nabla\cdot\mathbf{J}_\alpha) - R_\alpha] \quad (F)^d$$

$$\begin{aligned}\rho\hat{C}_v\frac{DT}{Dt} &= -(\nabla\cdot\mathbf{q}) - (\boldsymbol{\pi}:\nabla\mathbf{v}) + \left(1-\left(\frac{\partial\ln p}{\partial\ln T}\right)_{\rho,x_\alpha}\right)p(\nabla\cdot\mathbf{v}) \\ &\quad + \sum_{\alpha=1}^{N}\left(\overline{U}_\alpha + \left(1-\left(\frac{\partial\ln p}{\partial\ln T}\right)_{\rho,x_\alpha}\right)p\overline{V}_\alpha\right)[(\nabla\cdot\mathbf{J}_\alpha) - R_\alpha]\end{aligned} \quad (G)$$

$$\frac{\partial}{\partial t}\sum_{\alpha=1}^{N}c_\alpha\overline{H}_\alpha + \left(\nabla\cdot\sum_{\alpha=1}^{N}\mathbf{N}_\alpha\overline{H}_\alpha\right) = (\nabla\cdot k\nabla T) - (\boldsymbol{\tau}:\nabla\mathbf{v}) + \frac{Dp}{Dt} \quad (H)^e$$

[a] Para misturas multicomponentes $\mathbf{q} = -k\nabla T + \sum_{\alpha=1}^{N}\frac{\overline{H}_\alpha}{M_\alpha}\mathbf{j}_\alpha + \mathbf{q}^{(x)}$, onde $\mathbf{q}^{(x)}$ é um termo associado aos efeitos de difusão desprezível e, em geral, pode ser desprezado (veja a Eq. 24.2-6).

[b] As equações nesta tabela são válidas somente no caso em que a mesma força externa atua sobre todas as espécies química. Em caso contrário, então $\Sigma_\alpha(\mathbf{j}_\alpha\cdot\mathbf{g}_\alpha)$ deve ser adicionado à Eq. (A) e às Eqs. (D-H), o último termo da Eq. (B) tem que ser substituído por $\Sigma_\alpha(\mathbf{n}_\alpha\cdot\mathbf{g}_\alpha)$, e o último termo da Eq. (C) tem que ser substituído por $\Sigma_\alpha(\mathbf{v}\cdot\rho_\alpha\mathbf{g}_\alpha)$.

[c] Exata somente no caso em que $\partial\Phi/\partial t = 0$.

[d] L. B. Rothfeld, PhD Thesis, University of Wisconsin (1961). Ver também Problema 19D.1.

[e] A contribuição de $\mathbf{q}^{(x)}$ para o vetor fluxo térmico foi omitida nessa equação.

Aqui, o coeficiente $\overline{\zeta} = -(1/\overline{\rho})(\partial\rho/\partial\omega_A)$ determinado nas condições $\overline{T}$ e $\overline{\omega}_A$, relaciona a densidade com a composição. Este coeficiente é análogo ao coeficiente $\overline{\beta}$ definido na Eq. 11.3-1. Quando esta equação de estado aproximada é substituída no termo $\rho\mathbf{g}$ (porém não no termo $\rho D\mathbf{v}/Dt$) da equação do movimento, obtemos a denominada *equação do movimento de Boussinesq* para uma mistura binária, sendo a gravidade a única força de campo considerada:

$$\rho\frac{D\mathbf{v}}{Dt} = (-\nabla p + \rho\mathbf{g}) - [\nabla\cdot\boldsymbol{\tau}] - \overline{\rho}\mathbf{g}\overline{\beta}(T-\overline{T}) - \overline{\rho}\mathbf{g}\overline{\zeta}(\omega_A-\omega_A) \quad (19.2\text{-}3)$$

Os dois últimos termos dessa equação descrevem as forças de empuxo que resultam das diferenças de concentração e de temperatura que ocorrem dentro do sistema fluido.

A seguir, vamos considerar a *equação da energia*. Vamos considerar a Tabela 11.4-1, a qual lista várias formas da equação da energia para fluidos puros. O mesmo pode ser feito para o caso de misturas e uma seleção representativa das possíveis formas dessa equação é dada pela Tabela 19.2-4. Note que, no caso, não é necessário adicionar o termo S_c (como foi feito no caso do Cap.10) para descrever a energia térmica gerada através de uma reação química homogênea. Essa informação é implicitamente incluída nas funções $\hat{H}$ e U, e, de forma explícita, aparece na forma $-\Sigma_\alpha \hat{H}_\alpha R_\alpha$ e $-\Sigma_\alpha U_\alpha R_\alpha$ nas Eqs. (F) e (G). Devemos considerar que no cálculo de $\hat{H}$ e U, as energias de formação e de mistura das várias espécies químicas devem ser incluídas (ver Exemplo 23.5-1).

19.3 SUMÁRIO DOS FLUXOS MULTICOMPONENTES

As equações de balanço foram expressas em termos dos fluxos de massa, de momento e de energia. Para resolver essas equações, temos que expressar os fluxos em termos das propriedades de transporte e dos respectivos gradientes de concentração, velocidade e temperatura. A seguir apresentamos um resumo das expressões dos fluxos correspondentes para misturas:

Massa: $$\mathbf{j}_A = -\rho\mathscr{D}_{AB}\nabla\omega_A \quad \text{somente mistura binária} \tag{19.3-1}$$

Momento: $$\boldsymbol{\tau} = -\mu[\nabla\mathbf{v} + (\nabla\mathbf{v})^\dagger] + (\tfrac{2}{3}\mu - \kappa)(\nabla\cdot\mathbf{v})\boldsymbol{\delta} \tag{19.3-2}$$

Energia: $$\mathbf{q} = -k\nabla T + \sum_{\alpha=1}^{N}\frac{\overline{H}_\alpha}{M_\alpha}\mathbf{j}_\alpha \tag{19.3-3}$$

Apresentamos a seguir algumas considerações

a. A expressão dada para o *fluxo mássico* é válida somente para sistemas binários. Para misturas gasosas multicomponentes a pressões moderadas, podemos usar as equações de Maxwell-Stefan dadas pela Eq. 17.9-1. Ocorrem também contribuições adicionais para o fluxo mássico, que correspondem a forças motrizes outras que não apenas as referentes aos gradientes de concentração: *difusão forçada*, que ocorre quando as espécies químicas estão sujeitas a diferentes forças externas; *difusão por pressão*, proporcional a ∇p; e *difusão térmica*, proporcional a ∇T. O estudo envolvendo esses mecanismos de difusão, sendo que os dois primeiros podem ser muito importantes, é apresentado no Cap. 24.

b. A expressão do *fluxo de momento* é a mesma tanto para sistemas constituídos de fluidos puros quanto para sistemas multicomponentes. Devemos ressaltar que a contribuição do termo relacional à viscosidade dilatacional, κ, é, em geral desprezível. É claro que, para o caso de polímeros e de outros fluidos viscoelásticos, a Eq. 19.3-2 tem que ser substituída por outras mais complexas, como discutido no Cap. 8.

c. A expressão para o *fluxo de energia* dada aqui para sistemas multicomponentes consiste em dois termos: o primeiro termo, que corresponde ao calor transferido por condução, foi dado pela Eq. 9.1-4 para materiais puros; e o segundo termo corresponde ao calor transferido por cada espécie química que se difunde. A grandeza $\overline{H}_\alpha$ é a entalpia parcial molar da espécie α. Devemos ainda considerar uma outra contribuição para o fluxo de energia, relacionada ao gradiente de concentração como força motriz —em geral muito pequena — e o *efeito térmico-difusivo*, que será discutido no Cap. 24. A condutividade térmica de uma mistura — a grandeza κ, que aparece na Eq. 19.3-3 — é definida como a constante de proporcionalidade entre o fluxo térmico e o gradiente de temperatura na ausência de quaisquer fluxos mássicos.

Concluímos essa discussão com alguns comentários relacionados ao fluxo combinado de energia **e**. Da substituição da Eq. 19.3-3 na Eq. (C) da Tabela 19.2-2, resulta

$$\begin{aligned}
\mathbf{e} &= \rho(\hat{U} + \tfrac{1}{2}v^2)\mathbf{v} + \mathbf{q} + p\mathbf{v} + [\boldsymbol{\tau}\cdot\mathbf{v}] \\
&= \rho(\hat{U} + \tfrac{1}{2}v^2)\mathbf{v} - k\nabla T + \sum_{\alpha=1}^{N}\frac{\overline{H}_\alpha}{M_\alpha}\mathbf{j}_\alpha + p\mathbf{v} + [\boldsymbol{\tau}\cdot\mathbf{v}] \\
&= -k\nabla T + \sum_{\alpha=1}^{N}\overline{H}_\alpha\mathbf{J}_\alpha + \rho(\hat{U} + p\hat{V})\mathbf{v} + \underline{\tfrac{1}{2}\rho v^2\mathbf{v} + [\boldsymbol{\tau}\cdot\mathbf{v}]}
\end{aligned} \tag{19.3-4}$$

Em certas situações, especialmente naquelas relacionadas ao caso de filmes e camadas limites de baixas velocidades, as contribuições dos termos ½ $\rho v^2\mathbf{v}$ e $[\boldsymbol{\tau}\cdot\mathbf{v}]$ podem ser desprezadas. Dessa forma os termos que aparecem sublinhados por pontilhados podem ser descartados. Essa simplificação resulta em

$$\mathbf{e} = -k\nabla T + \sum_{\alpha=1}^{N} \overline{H}_\alpha \mathbf{J}_\alpha + \rho\hat{H}_\alpha \mathbf{v}$$

$$= -k\nabla T + \sum_{\alpha=1}^{N} \overline{H}_\alpha \mathbf{J}_\alpha + \sum_{\alpha=1}^{N} c_\alpha \overline{H}_\alpha \mathbf{v} \qquad (19.3\text{-}5)$$

A seguir, usamos as Eqs. (G) e (H) da Tabela 17.8-1 para finalmente obter

$$\mathbf{e} = -k\nabla T + \sum_{\alpha=1}^{N} \overline{H}_\alpha \mathbf{N}_\alpha \qquad (19.3\text{-}6)$$

Finalmente, para o caso de misturas gasosas ideais, a expressão anterior pode ser ainda mais simplificada substituindo-se as entalpias parciais molares $\overline{H}_\alpha$ pela entalpia molar $\tilde{H}_\alpha$. A Eq. 19.3-6 fornece um ponto de partida para a solução de problemas unidimensionais relacionados ao transporte simultâneo de calor e massa.[1]

EXEMPLO 19.3-1

A Entalpia Parcial Molar

Para um sistema multicomponente, a entalpia parcial molar $\overline{H}_\alpha$, que aparece nas Eqs. 19.3-3 e 19.3-6, é definida como

$$\overline{H}_\alpha = \left(\frac{\partial H}{\partial n_\alpha}\right)_{T,p,n_\beta} \qquad (19.3\text{-}7)$$

na qual n_α é o número de moles da espécie α na mistura, e o subscrito n_β indica que a derivada em relação a uma espécie deve ser tomada mantendo-se constante o número de moles das demais espécies. A entalpia $H(n_1, n_2, n_3, ...)$ é uma "propriedade extensiva", uma vez que, se o número de moles de cada componente for multiplicado pelo valor k, a própria entalpia será também multiplicada pelo mesmo valor k:

$$H(kn_1, kn_2, kn_3, \cdots) = kH(n_1, n_2, n_3, \cdots) \qquad (19.3\text{-}8)$$

Matemáticos referem-se a esse tipo de função como funções "homogêneas de primeiro grau". Para tais funções, o teorema de Euler[2] nos permite concluir que

$$H = \sum_\alpha n_\alpha \overline{H}_\alpha \qquad (19.3\text{-}9)$$

(a) Mostre que para uma mistura binária, as entalpias parciais molares, para um dado valor da fração molar, podem ser determinadas em um gráfico de entalpia por mol em função da fração molar, determinando-se então a interseção da tangente que passa pelo ponto correspondente à fração molar em questão (ver Fig. 19.3-1). Isso mostra uma maneira de se obter a entalpia parcial molar a partir de dados relativos à entalpia da mistura.

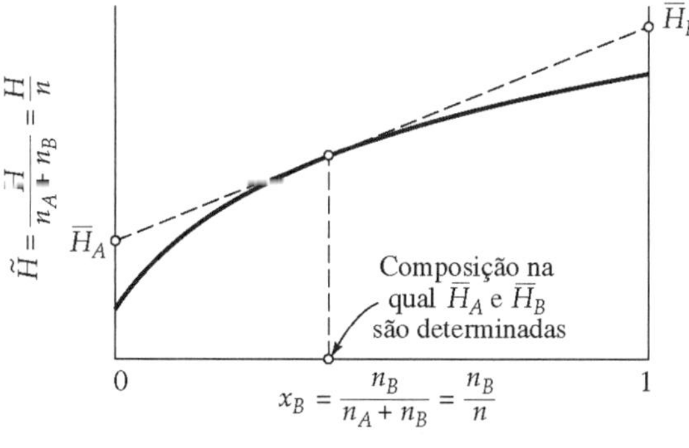

Fig. 19.3-1 O "método das interseções" para a determinação de grandezas parciais molares em misturas binárias.

[1] T.K. Sherwood, R.L. Pigford e C.R. Wilke, *Mass Transfer*, McGraw-Hill, New York (1975), Chapter 7. **Thomas Kilgore Sherwood** (1903-1976) lecionou no MIT por cerca de 40 anos, e posteriormente na Universidade da Califórnia em Berkeley. Devido às suas inúmeras contribuições na área de transferência de massa, o número de Sherwood (Sh) é dado em sua homenagem.

[2] M.D. Greenberg, *Foundations of Applied Mathematics*, Prentice-Hall, Englewood Cliffs, N.J. (1978), p.128; R.J. Silbey e R.A. Alberty, *Physical Chemistry*, 3rd ed., Wiley, New York (2001), §§1.10, 4.9 e 6.10.

(b) De que outra maneira poder-se-ia obter a entalpia parcial molar?

SOLUÇÃO

(a) Por razões de simplificação de notação, omitiremos nesse exemplo os subscritos de p e T, indicando que essas grandezas são mantidas constantes. Inicialmente, escrevemos as expressões relativas às interseções da forma:

$$\overline{H}_A = \tilde{H} - x_B\left(\frac{\partial \tilde{H}}{\partial x_B}\right)_n; \qquad \overline{H}_B = \tilde{H} + x_A\left(\frac{\partial \tilde{H}}{\partial x_B}\right)_n \tag{19.3-10, 11}$$

na qual $\tilde{H} = H/(n_A + n_B) = H/n$. Para verificar a exatidão da Eq. 19.3-10, reescrevemos a expressão em termos de H:

$$\overline{H}_A = \frac{H}{n} - \frac{x_B}{n}\left(\frac{\partial H}{\partial x_B}\right)_n \tag{19.3-12}$$

Agora a expressão $\overline{H}_A = (\partial H/\partial n_A)_{nB}$ implica que H é uma função de n_A e n_B, enquanto $(\partial H/\partial x_A)_n$ implica que H é uma função de x_A e n. A relação entre esses dois tipos de derivadas é dada pela regra da cadeia de derivada parcial. Para aplicar essa regra, precisamos de uma relação entre as variáveis independentes, que, nesse problema, são

$$n_A = (1 - x_B)n; \qquad n_B = x_B n \tag{19.3-13, 14}$$

Assim, podemos escrever

$$\left(\frac{\partial H}{\partial x_B}\right)_n = \left(\frac{\partial H}{\partial n_A}\right)_{n_B}\left(\frac{\partial n_A}{\partial x_B}\right)_n + \left(\frac{\partial H}{\partial n_B}\right)_{n_A}\left(\frac{\partial n_B}{\partial x_B}\right)_n$$
$$= \overline{H}_A(-n) + \overline{H}_B(+n) \tag{19.3-15}$$

Substituindo essa equação na Eq. 19.3-12 e usando o teorema de Euler ($H = \overline{H}_A n_A + \overline{H}_B n_B$) obtemos uma identidade. Isto demonstra a validade da Eq. 19.3-10, sendo que a validade da Eq. 19.3-11 pode ser comprovada de maneira semelhante.

(b) Pode-se também obter $\overline{H}_A$ usando a definição dada na Eq. 19.3-7 e medindo-se a inclinação da curva de H versus n_A, para o caso de n_B constante. Pode-se também obter $\overline{H}_A$ medindo-se a entalpia da mistura e usando

$$H = n_A\overline{H}_A + n_B\overline{H}_B = n_A\tilde{H}_A + n_B\tilde{H}_B + \Delta H_{\text{mis}} \tag{19.3-16}$$

Freqüentemente, a entalpia da mistura é desprezada e as entalpias das substâncias puras são dadas como $\tilde{H}_A \approx \tilde{C}_{pA}(T - T^0)$ e uma expressão análoga para $\tilde{H}_B$. Essa é uma suposição usual para o caso de misturas de gases a valores baixos a moderados da pressão.

Outros métodos para a determinação de grandezas parciais molares podem ser encontrados na literatura corrente sobre termodinâmica.

19.4 USO DAS EQUAÇÕES DE BALANÇO PARA MISTURAS

As equações de balanço de massa na Seção 19.2 podem ser usadas para resolver todos os problemas do Cap. 18, e outros ainda mais difíceis. A menos que o problema seja idealizado ou simplificado, fenômenos de transferência de massa envolvendo misturas são bastante complicados e, em geral, exigem métodos numéricos para a sua solução. A título de ilustração, aqui resolvemos alguns problemas introdutórios.

EXEMPLO 19.4-1

Transporte Simultâneo de Calor e Massa [1]

(a) Obtenha uma expressão para o perfil de fração molar $x_A(y)$ e para o perfil de temperatura $T(y)$ para o sistema ilustrado na Fig. 19.4-1, sendo dadas as frações molares e as temperaturas nas duas fronteiras do filme ($y = 0$ e $y = \delta$). Aqui um vapor aquecido e condensável, A, está se difundindo em regime permanente através de um filme estagnado de um gás não-

[1] A.P. Colburn e T.B. Drew, *Trans. Am. Inst. Chem. Engrs.*, **38**, 197-212 (1937).

condensável, B, em uma superfície fria em $y = 0$, onde A se condensa. Suponha comportamento ideal do gás e pressão uniforme. Além disso, suponha que as propriedades físicas são constantes, com valores determinados a uma dada temperatura e composição. Despreze os efeitos da radiação térmica.

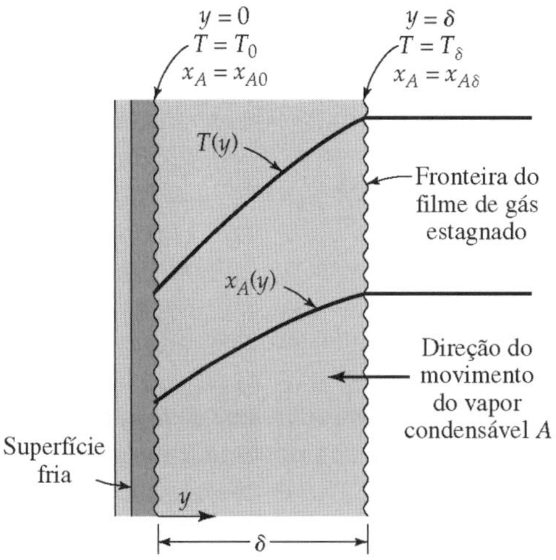

Fig. 19.4-1 Condensação de vapor aquecido A sobre uma superfície fria na presença de um gás não-condensável B.

(b) Generalize os resultados obtidos para o caso em que tanto A quanto B estão condensando na parede, assumindo diferentes valores da espessura do filme para o caso de transferência simultânea de calor e de massa.

SOLUÇÃO

(a) Para determinar as grandezas pedidas, precisamos resolver as equações da continuidade e da energia para esse sistema. Simplificação da Eq. 19.1-10 e da Eq. C da Tabela 19.2-1, para o caso de regime unidimensional permanente, e na ausência de reação química e de forças externas, resulta em

Continuidade de A:
$$\frac{dN_{Ay}}{dy} = 0 \tag{19.4-1}$$

Energia:
$$\frac{de_y}{dy} = 0 \tag{19.4-2}$$

Daí conclui-se que N_{Ay} e e_y são constantes através do filme.

Para determinar o *perfil de fração molar*, precisamos do fluxo molar por difusão de A através do filme estagnado de B:

$$N_{Ay} = -\frac{c\mathscr{D}_{AB}}{1 - x_A}\frac{dx_A}{dy} \tag{19.4-3}$$

Inserindo a Eq. 19.4-3 na Eq. 19.4-1 e integrando, obtemos o perfil de fração molar (ver Seção 18.2)

$$\left(\frac{1 - x_A}{1 - x_{A0}}\right) = \left(\frac{1 - x_{A\delta}}{1 - x_{A0}}\right)^{y/\delta} \tag{19.4-4}$$

Aqui consideramos $c\mathscr{D}_{AB}$ constante, e determinada à temperatura média do filme. Podemos então determinar o fluxo N_{Ay} constante das Eqs. 19.4-3 e 4:

$$N_{Ay} = \frac{c\mathscr{D}_{AB}}{\delta}\ln\frac{1 - x_{A\delta}}{1 - x_{A0}} \tag{19.4-5}$$

Note que o valor de N_{ay} é negativo devido ao fato de a espécie A estar se condensando. As duas últimas expressões podem ser combinadas para expressar os perfis de concentração em uma forma alternativa:

$$\frac{x_A - x_{A0}}{x_{A\delta} - x_{A0}} = \frac{1 - \exp[(N_{Ay}/c\mathscr{D}_{AB})y]}{1 - \exp[(N_{Ay}/c\mathscr{D}_{AB})\delta]} \tag{19.4-6}$$

Para obter o *perfil de temperatura*, usamos a equação do fluxo de energia da Eq. 19.3-6 para um gás ideal juntamente com a Eq.9.8-8:

$$e_y = -k\frac{dT}{dy} + (\tilde{H}_A N_{Ay} + \tilde{H}_B N_{By})$$

$$= -k\frac{dT}{dy} + N_{Ay}\tilde{C}_{pA}(T - T_0) \tag{19.4-7}$$

Aqui escolhemos T_0 como a temperatura de referência para a determinação da entalpia. Inserindo essa expressão para e_y na Eq. 19.4-2 e integrando entre os limites $T = T_0$ em $y = 0$ e $T = T_\infty$ em $y = \delta$, resulta

$$\frac{T - T_0}{T_\delta - T_0} = \frac{1 - \exp[(N_{Ay}\tilde{C}_{pA}/k)y]}{1 - \exp[(N_{Ay}\tilde{C}_{pA}/k)\delta]} \tag{19.4-8}$$

Pode ser observado que, para esse sistema, o perfil de temperatura não é linear exceto no limite em que $N_{Ay}\tilde{C}_{pA}/k \to 0$. Note a similaridade entre as Eqs. 19.4-6 e 8.

O fluxo de calor por condução na parede é maior neste caso do que no caso em que há transferência de massa. Assim, usando o sobrescrito zero para indicar as condições referentes à ausência de transferência de massa, podemos escrever

$$\frac{-k(dT/dy)|_{y=0}}{-k(dT/dy)^0|_{y=0}} = \frac{-(N_{Ay}\tilde{C}_{pA}/k)\delta}{1 - \exp[(N_{Ay}\tilde{C}_{pA}/k)\delta]} \tag{19.4-9}$$

Vemos então que a taxa de transferência de calor é diretamente afetada pela transferência de massa simultânea, enquanto o fluxo mássico não é diretamente afetado pela transferência de calor simultânea. Nas condições em que a temperatura está abaixo da temperatura de ebulição da espécie A, o valor de $N_{Ay}\tilde{C}_{pA}/k$ é muito pequeno, e o segundo membro da Eq. 19.4-9 é muito próximo da unidade (ver Problema 19A.1). A interação entre a transferência de calor e de massa é também discutida no Cap. 22.

(b) Se tanto A quanto B estão condensando na parede, então as Eqs.19.4-1 e 2, quando integradas, resultam em $N_{Ay} = N_{A0}$ e $e_y = e_0$, onde as grandezas com o subscrito "0" são determinadas em $y = 0$. Vamos integrar a equação análoga à Eq. 19.4-1 para a espécie B para obter $N_{By} = N_{B0}$ e

$$-c\mathscr{D}_{AB}\frac{dx_A}{dy} + x_A(N_{A0} + N_{B0}) = N_{A0} \tag{19.4-10}$$

$$-k\frac{dT}{dy} + (N_{A0}\overline{H}_A + N_{B0}\overline{H}_B) = e_0 \tag{19.4-11}$$

Na segunda equação, substituímos $\overline{H}_A$ por $\tilde{C}_{pA}(T - T_0)$ e $\overline{H}_B$ por $\tilde{C}_{pB}(T - T_0)$ e, como a temperatura de referência é T_0, podemos substituir e_0 por q_0, este sendo o fluxo de calor por condução na parede. Na primeira equação, subtraímos o valor de $x_{A0}(N_{A0} + N_{B0})$ de ambos os membros para transformá-la em uma forma similar à equação da temperatura já obtida. Assim

$$-c\mathscr{D}_{AB}\frac{dx_A}{dy} + (N_{A0} + N_{B0})(x_A - x_{A0}) = N_{A0} - x_{A0}(N_{A0} + N_{B0}) \tag{19.4-12}$$

$$-k\frac{dT}{dy} + (N_{A0}\tilde{C}_{pA} + N_{B0}\tilde{C}_{pB})(T - T_0) = q_0 \tag{19.4-13}$$

Integração dessas equações em relação a y e aplicação da condição de contorno em $y = 0$, fornece

$$\frac{(N_{A0} + N_{B0})(x_A - x_{A0})}{N_{A0} - x_{A0}(N_{A0} + N_{B0})} = 1 - \exp\left[(N_{A0} + N_{B0})\frac{y}{c\mathscr{D}_{AB}}\right] \tag{19.4-14}$$

$$\frac{(N_{A0}\tilde{C}_{pA} + N_{B0}\tilde{C}_{pB})(T - T_0)}{q_0} = 1 - \exp\left[(N_{A0}\tilde{C}_{pA} + N_{B0}\tilde{C}_{pB})\frac{y}{k}\right] \tag{19.4-15}$$

Esses são os perfis de concentração e de temperatura expressos em termos dos respectivos fluxos mássico e térmico. Aplicação das condições de contorno nas fronteiras externas do filme — isto é, $y = \delta_x$ e $y = \delta_T$, respectivamente — resulta

$$\frac{(N_{A0} + N_{B0})(x_{A\delta} - x_{A0})}{N_{A0} - x_{A0}(N_{A0} + N_{B0})} = 1 - \exp\left[(N_{A0} + N_{B0})\frac{\delta_x}{c\mathscr{D}_{AB}}\right] \tag{19.4-16}$$

$$\frac{(N_{A0}\tilde{C}_{pA} + N_{B0}\tilde{C}_{pB})(T_\delta - T_0)}{q_0} = 1 - \exp\left[(N_{A0}\tilde{C}_{pA} + N_{B0}\tilde{C}_{pB})\frac{\delta_T}{k}\right] \tag{19.4-17}$$

Essas equações relacionam os fluxos às espessuras dos filmes e às propriedades de transporte. Quando a Eq. 19.4-14 é dividida pela Eq. 19.4-16 e a Eq. 19.4-15 é dividida pela Eq. 19.4-17, obtemos os perfis de concentração em termos dos coeficientes de transporte (analogamente às Eqs. 19.4-6 e 8). As Eqs. 19.4-16 e 17 serão novamente utilizadas na Seção 22.8.

EXEMPLO 19.4-2

Perfil de Concentrações em um Reator Tubular

Um reator catalítico tubular é mostrado na Fig. 19.4-2. Uma solução diluída do soluto A em um solvente S está escoando em regime laminar estabelecido na região em que $z < 0$. Quando entra em contato com a parede catalítica do tubo na região $0 \leq z \leq L$, o soluto A é instantânea e irreversivelmente convertido em um isômero B. Escreva a equação da difusão correspondente a esse problema e obtenha a solução válida para pequenos valores da distância axial dentro do reator. Suponha ainda que o escoamento é isotérmico e não considere a presença de B.

SOLUÇÃO

Para as condições anteriores, o líquido em escoamento será constituído do solvente S puro. O produto $c\mathscr{D}_{AS}$ pode ser considerado constante, e a difusão de A em S pode ser descrita pela Eq. 19.1-14 considerando o regime como permanente (não levando em conta a presença de pequenas quantidades do produto da reação B). As equações de balanço relevantes ao sistema são então

Continuidade de A:
$$v_z\frac{\partial c_A}{\partial z} = \mathscr{D}_{AS}\left[\frac{1}{r}\frac{\partial}{\partial r}\left(r\frac{\partial c_A}{\partial r}\right) + \underline{\frac{\partial^2 c_A}{\partial z^2}}\right] \tag{19.4-18}$$

Movimento:
$$0 = -\frac{d\mathscr{P}}{dz} + \mu\frac{1}{r}\frac{d}{dr}\left(r\frac{dv_z}{dr}\right) \tag{19.4-19}$$

Fazemos a suposição usual de que a difusão axial pode ser desprezada em relação à convecção axial, e assim podemos descartar o termo sublinhado (compare com as Eqs. 10.8-11 e 12). A Eq. 19.4-19 pode ser resolvida para fornecer o perfil parabólico de velocidade $v_z(r) = v_{z,\text{máx}}[1-(r/R)^2]$. Quando esse resultado é substituído na Eq. 19.4-18, obtemos

$$v_{z,\text{máx}}\left[1 - \left(\frac{r}{R}\right)^2\right]\frac{\partial c_A}{\partial z} = \mathscr{D}_{AS}\frac{1}{r}\frac{\partial}{\partial r}\left(r\frac{\partial c_A}{\partial r}\right) \tag{19.4-20}$$

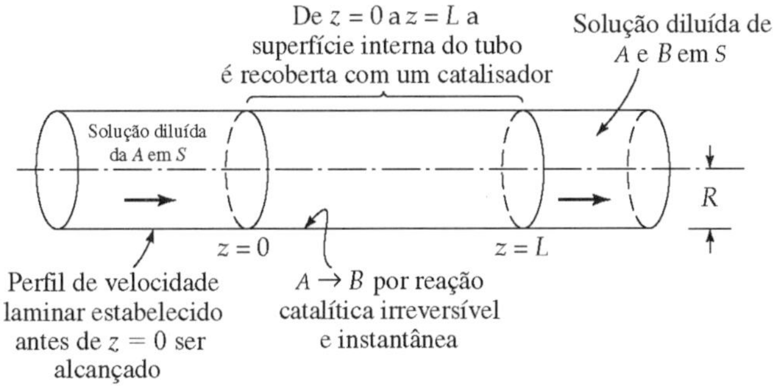

Fig. 19.4-2 Condições de contorno para um reator tubular.

Essa equação deve ser resolvida com as seguintes condições de contorno

C.C. 1: em $z = 0$, $c_A = c_{A0}$ (19.4-21)

C.C. 2: em $r = R$, $c_A = 0$ (19.4-22)

C.C. 3: em $r = 0$, $c_A = \text{finita}$ (19.4-23)

Para pequenos valores de z dentro do reator, a concentração c_A difere de c_{A0} somente na região próxima de parede, onde o perfil de velocidade é praticamente linear. Assim, desprezando os termos relacionados à curvatura, podemos introduzir a variável $y = R - r$, e substituir a C.C. 3 por uma condição de contorno fictícia em $y = \infty$ (ver Exemplo 12.2-2 para uma discussão detalhada desse método utilizado na região de entrada do tubo).

Dessa maneira, a equação relevante é da forma

$$2v_{z,\text{máx}} \frac{y}{R} \frac{\partial c_A}{\partial z} = \mathscr{D}_{AS} \frac{\partial^2 c_A}{\partial y^2} \tag{19.4-24}$$

com as condições de contorno

C.C. 1: em $z = 0$, $c_A = c_{A0}$ (19.4-25)

C.C. 2: em $y = 0$, $c_A = 0$ (19.4-26)

C.C. 3: em $y = \infty$, $c_A = c_{A0}$ (19.4-27)

Esse problema pode ser resolvido pelo método da combinação das variáveis independentes através de uma solução da forma $c_A/c_{A0} = f(\eta)$, onde $\eta = (y/R)(2v_{z,\text{máx}}R^2/9\mathscr{D}_{AS}z)^{1/3}$. Obtém-se, assim, a equação diferencial ordinária $f'' + 3\eta^2 f' = 0$, que pode ser integrada para dar (ver Eq. C.1-9)

$$\frac{c_A}{c_{A0}} = \frac{\int_0^\eta \exp(-\bar{\eta}^3)\,d\bar{\eta}}{\int_0^\infty \exp(-\bar{\eta}^3)\,d\bar{\eta}} = \frac{\int_0^\eta \exp(-\bar{\eta}^3)\,d\bar{\eta}}{\Gamma(\frac{4}{3})} \tag{19.4-28}$$

Esse problema é matematicamente análogo ao problema de Graetz, discutido no Problema 12D.4, sendo que a variável Θ daquele problema é análoga à variável $1 - (c_A/c_{A0})$ no presente caso.

Experimentos do tipo aqui descritos serviram para comprovar a utilidade de se obter dados de transferência para elevados valores de Schmidt.[2] Uma reação particularmente interessante é a da redução de íons de ferricianeto sobre superfícies metálicas de acordo com a seguinte reação

$$Fe(CN)_6^{-3} + e^{-1} \rightarrow Fe(CN)_6^{-4} \tag{19.4-29}$$

na qual o ferricianeto e o ferrocianeto substituem as espécies A e B no desenvolvimento anteriormente descrito. Sob condições apropriadas, essa reação eletroquímica é bastante rápida. Além do mais, uma vez que ela envolve apenas transferência de elétrons, as propriedades físicas da solução são praticamente constantes. Os efeitos de difusão forçada desprezados aqui podem ser suprimidos pela adição em excesso de um eletrólito indiferente.[3,4]

EXEMPLO 19.4-3

Oxidação Catalítica de Monóxido de Carbono

A Fig. 19.4-3 ilustra a reação catalítica sobre uma superfície de paládio entre o monóxido de carbono e o oxigênio para produzir o dióxido de carbono, de acordo com a reação a seguir, que é muito importante do ponto de vista tecnológico[5]

$$O_2 + 2CO \rightarrow 2CO_2 \tag{19.4-30}$$

[2] D.W. Hubbard e E.N. Lightfoot, *Ind. Eng. Chem. Fund.*, **5**, 370-379 (1966).

[3] J.S. Newman, *Electrochemical Systems*, 2nd ed., Prentice-Hall, Englewood Cliffs, N.J. (1991), §1.10.

[4] J.R. Selman e C.W. Tobias, *Advances in Chemical Engineering*, **10**, Academic Press, New York (1978), p. 212-318.

[5] B.C. Gates, *Catalytic Chemistry*, Wiley, New York (1992), pp. 356-362; C.N. Satterfield, *Heterogeneous Catalysis in Industrial Practice*, McGraw-Hill, New York, 2nd ed. (1991), Chapter 8.

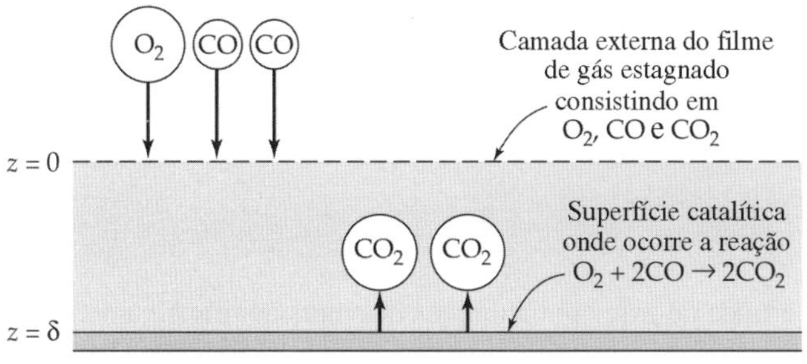

Fig. 19.4-3 Sistema com três componentes com reação química catalítica.

Para essa análise, vamos supor que, na superfície do catalisador, a reação ocorra instantânea e irreversivelmente. A composição do gás na fronteira externa do filme (em $z = 0$) é supostamente conhecida, sendo que superfície do catalisador é localizada em $z = \delta$. A temperatura e a pressão são presumivelmente independentes da posição ao longo da espessura do filme. Vamos rotular as espécies químicas por: $O_2 = 1$; $CO = 2$, $CO_2 = 3$.

SOLUÇÃO

Para a difusão unidimensional em regime permanente sem reação química homogênea, a Eq. 19.1-10 se reduz a

$$\frac{dN_{1z}}{dz} = 0; \qquad \frac{dN_{2z}}{dz} = 0; \qquad \frac{dN_{3z}}{dz} = 0 \tag{19.4-31}$$

a qual implica que os fluxos molares são constantes através da espessura do filme. Das condições de contorno, indicadas pela estequiometria da reação relativa ao problema, sabemos ainda que

$$N_{1z} = \tfrac{1}{2}N_{2z} = -\tfrac{1}{2}N_{3z} \tag{19.4-32}$$

As equações de Maxwell-Stefan da Eq. 17.9-1 fornecem

$$\begin{aligned}\frac{dx_3}{dz} &= -\frac{1}{c\mathscr{D}_{13}}(x_1N_{3z} - x_3N_{1z}) - \frac{1}{c\mathscr{D}_{23}}(x_2N_{3z} - x_3N_{2z}) \\ &= -\frac{N_{3z}}{c\mathscr{D}_{13}}(1 + \tfrac{1}{2}x_3)\end{aligned} \tag{19.4-33}$$

$$\begin{aligned}\frac{dx_1}{dz} &= -\frac{1}{c\mathscr{D}_{12}}(x_2N_{1z} - x_1N_{2z}) - \frac{1}{c\mathscr{D}_{13}}(x_3N_{1z} - x_1N_{3z}) \\ &= \frac{N_{3z}}{2c\mathscr{D}_{12}}(1 - 3x_1 - x_3) + \frac{N_{3z}}{2c\mathscr{D}_{13}}(2x_1 + x_3)\end{aligned} \tag{19.4-34}$$

Essas equações foram simplificadas usando-se a Eq. 19.4-32 e o fato de que $\mathscr{D}_{23} \approx \mathscr{D}_{13}$ ao longo de uma extensa faixa de temperatura. Essa última consideração pode ser comprovada usando-se o Apêndice E para mostrar que $\sigma_{23} = 3{,}793$Å, $\sigma_{13} = 3{,}714$Å e que $\varepsilon_{23}/\kappa = 145$K e $\varepsilon_{13}/\kappa = 146$K. Como a fração molar x_3 aparece na Eq. 19.4-33, ela pode ser integrada[6] uma vez para fornecer

$$x_3 = -2 + (x_{30} + 2)\exp\left(-\frac{N_{3z}z}{2c\mathscr{D}_{13}}\right) \tag{19.4-35}$$

Combinando as duas últimas equações e integrando, obtemos

$$x_1 = 1 - \frac{1}{3}(x_{30} + 2)\exp\left(-\frac{N_{3z}z}{2c\mathscr{D}_{13}}\right) - \left(\frac{1}{3} - x_{10} - \frac{1}{3}x_{30}\right)\exp\left[-\left(\frac{3}{2}\frac{\mathscr{D}_{13}}{\mathscr{D}_{12}} - 1\right)\left(\frac{N_{3z}z}{c\mathscr{D}_{13}}\right)\right] \tag{19.4-36}$$

Dessa equação e de uma equação análoga para x_2, podemos obter o valor de x_3 em $z = \delta$. Assim, a partir da Eq. 19.4-35 obtemos

$$N_{3z} = -\frac{c\mathscr{D}_{13}}{\delta}\ln\left(\frac{x_{3\delta} + 2}{x_{30} + 2}\right) \tag{19.4-37}$$

[6] Problemas envolvendo três componentes com duas difusividades iguais foram discutidos por H. L. Toor, *AIChE Journal*, **3**, 198-207 (1957).

que nos fornece a taxa de formação do CO_2 na superfície do catalisador. Esse resultado pode então ser substituído na Eq. 19.4-35 e as frações molares de cada um dos três componentes podem ser calculadas em função de z.

EXEMPLO 19.4-4

Condutividade Térmica de um Gás Poliatômico

Na Seção 9.3 ressaltamos que os valores da condutividade térmica de gases poliatômicos desviam significativamente da fórmula dos gases monoatômicos, devido aos efeitos dos graus de liberdade internos nas moléculas complexas. Quando a fórmula de Eucken para gases poliatômicos (Eq. 9.3-15) é dividida pela fórmula para gases monoatômicos (Eq. 9.3-14) e se usa a lei dos gases ideais, pode-se escrever a relação entre a condutividade térmica de gases poliatômicos e a condutividade térmica de gases monoatômicos na forma

$$\frac{k_{\text{poli}}}{k_{\text{mon}}} = \frac{3}{5} + \frac{4}{15}\frac{\tilde{C}_v}{R} \tag{19.4-38}$$

Derive uma expressão para essa relação considerando o gás poliatômico como mistura gasosa, na qual as várias "espécies" que interagem entre si são as moléculas poliatômicas do gás em vários estados de rotação e vibração.

SOLUÇÃO

O fluxo térmico para uma mistura gasosa é dado pela Eq. 19.3-3. Todas as "espécies" terão a mesma condutividade térmica devido a elas só diferirem entre si pelos seus respectivos estados quânticos internos. Assim, podemos esperar que o valor de cada k_α seja igual a k_{mon}. Similarmente, o fluxo mássico para cada "espécie" deveria ser dado pela lei de Fick para um gás puro $\mathbf{j}_\alpha = -\rho\mathscr{D}_{\alpha\alpha}\nabla\omega_\alpha$, com todos os $\mathscr{D}_{\alpha\alpha}$ tendo um valor comum igual a $\mathscr{D}_{\text{mon}}$. Assim, obtemos

$$\begin{aligned}\mathbf{q}_{\text{poli}} &= -k_{\text{mon}}\nabla T - \sum_{\alpha=1}^{N}\frac{\tilde{H}_\alpha}{M_\alpha}\rho\mathscr{D}_{\alpha\alpha}\nabla\omega_\alpha \\ &= -k_{\text{mon}}\nabla T - c\mathscr{D}_{\text{mon}}\sum_{\alpha=1}^{N}\tilde{H}_\alpha\nabla x_\alpha\end{aligned} \tag{19.4-39}$$

uma vez que os pesos moleculares de todas as "espécies" são iguais.

Se for agora postulado que a distribuição ao longo dos vários estados quânticos está em equilíbrio com a temperatura local, então $\nabla x_\alpha = (dx_\alpha/dT)\nabla T$. Podemos então definir a *condutividade térmica efetiva* da mistura pela relação

$$\mathbf{q}_{\text{poli}} = -k_{\text{mon}}\nabla T - c\mathscr{D}_{\text{mon}}\sum_{\alpha=1}^{N}\tilde{H}_\alpha(dx_\alpha/dT)\nabla T \equiv -k_{\text{poli}}\nabla T \tag{19.4-40}$$

e escrever

$$\begin{aligned}\frac{k_{\text{poli}}}{k_{\text{mon}}} &= 1 + \left(\frac{c\mathscr{D}_{\text{mon}}}{k_{\text{mon}}}\right)\left(\frac{d}{dT}\sum_{\alpha=1}^{N}\tilde{H}_\alpha x_\alpha - \sum_{\alpha=1}^{N}x_\alpha\left(\frac{d\tilde{H}_\alpha}{dT}\right)\right) \\ &= 1 + \left(\frac{c\mathscr{D}_{\text{mon}}}{k_{\text{mon}}}\right)(\tilde{C}_{p,\text{poli}} - \tilde{C}_{p,\text{mon}}) \\ &= 1 + \tfrac{4}{5}A[(\tilde{C}_{p,\text{poli}}/\tilde{C}_{p,\text{mon}}) - 1]\end{aligned} \tag{19.4-41}$$

Aqui, a grandeza dependente da temperatura

$$A = \tfrac{5}{4}(c\mathscr{D}_{\text{mon}}\tilde{C}_{p,\text{mon}}/k_{\text{mon}}) \tag{19.4-42}$$

pode ser calculada pela teoria cinética dos gases a baixas densidades. Ela varia muito pouco com a temperatura, sendo o valor usual igual a 1,106. A quantidade $\tilde{C}_{p,\text{poli}} = d\tilde{H}/dT$ é a capacidade térmica para um gás em que o equilíbrio entre os vários estados quânticos é mantido durante a variação de temperatura, enquanto $\tilde{C}_{p,\text{mon}}$ é a capacidade térmica para um gás no qual as transições entre os estados quânticos não se verificam, de tal forma que $\tilde{C}_{p,\text{mon}} = (5/2)R$. Quando o valor numérico de $A = 1{,}106$ é inserido na Eq. 19.4-41, obtemos finalmente

$$\frac{k_{\text{poli}}}{k_{\text{mon}}} = 0{,}115 + 0{,}354\left(\frac{\tilde{C}_{p,\text{poli}}}{R}\right) = 0{,}469 + 0{,}354\left(\frac{\tilde{C}_{V,\text{poli}}}{R}\right) \tag{19.4-43}$$

que é a fórmula recomendada por Hirschfelder.[7] Embora os valores previstos pela Eq. 19.4-43 não divirjam muito dos valores previstos pelas velhas fórmulas de Eucken, o desenvolvimento anterior nos dá, pelo menos, um alerta para o papel dos graus de liberdade internos na condução de calor.[8, 9]

19.5 ANÁLISE DIMENSIONAL DAS EQUAÇÕES DE BALANÇO PARA MISTURAS BINÁRIAS SEM REAÇÃO

Nesta seção, vamos fazer uma análise dimensional das equações de balanço resumidas na Seção 19.2, usando os casos particulares das expressões de fluxo da Seção 19.3. A discussão segue em paralelo àquela desenvolvida na Seção 11.5 e serve para objetivos comuns: identificar os grupos adimensionais relevantes aos problemas de transferência de massa, bem como fornecer uma introdução ao assunto relativo às correlações de transferência que será discutido no Cap. 22.

Ainda dessa vez restringiremos a discussão considerando constantes as propriedades físicas. A equação da continuidade para a mistura se reduz à forma de

Continuidade:
$$(\nabla \cdot \mathbf{v}) = 0 \tag{19.5-1}$$

A equação do movimento pode ser aproximada da forma de Boussinesq (ver Seção 11.3) colocando as Eqs. 19.3-2 e 19.5-1 na Eq. 19.2-3, e substituindo $-\nabla p + \bar{\rho}\mathbf{g}$ por $-\nabla\mathcal{P}$. Para um fluido newtoniano com viscosidade constante resulta em

Movimento:
$$\bar{\rho}\frac{D\mathbf{v}}{Dt} = \mu\nabla^2\mathbf{v} - \nabla\mathcal{P} - \bar{\rho}\mathbf{g}\bar{\beta}(T - \bar{T}) - \bar{\rho}\mathbf{g}\bar{\zeta}(\omega_A - \bar{\omega}_A) \tag{19.5-2}$$

A equação da energia, na ausência de reações químicas, dissipação viscosa e forças externas que não a gravidade, é obtida da Eq. (F) da Tabela 19.2-4, com a Eq. 19.3-3. Com o uso dessa última equação desprezamos o transporte difusivo de energia relativo à velocidade mássica média. Para o caso de condutividade térmica constante obtemos

Energia:
$$\frac{DT}{Dt} = \alpha\nabla^2 T \tag{19.5-3}$$

na qual $\alpha = k/\rho\tilde{C}_p$ é a difusividade térmica. Para misturas binárias em sistemas sem reação, com ρ e $\mathcal{D}_{AB}$ constantes, a Eq. 19.1-14 toma a forma de

Continuidade de A:
$$\frac{D\omega_A}{Dt} = \mathcal{D}_{AB}\nabla^2\omega_A \tag{19.5-4}$$

Para as suposições feitas, a analogia entre as Eqs. 19.5-3 e 4 é clara.

Vamos agora definir as grandezas de referência na forma de l_0, v_0 e $\mathcal{P}_0$, usadas na Seção 3.7 e Seção 11.5, as temperaturas de referência T_0 e T_1 da Seção 11.5, e as frações mássicas análogas de referência ω_{A0} e ω_{A1}. Assim, as variáveis adimensionais que usaremos são as seguintes

$$\breve{x} = \frac{x}{l_0} \qquad \breve{y} = \frac{y}{l_0} \qquad \breve{z} = \frac{z}{l_0} \qquad \breve{t} = \frac{v_0 t}{l_0} \tag{19.5-5}$$

$$\breve{\mathbf{v}} = \frac{\mathbf{v}}{v_0} \qquad \breve{\nabla} = l_0\nabla \qquad \frac{D}{D\breve{t}} = \left(\frac{l_0}{v_0}\right)\frac{D}{Dt} \qquad \breve{\mathcal{P}} = \frac{\mathcal{P} - \mathcal{P}_0}{\bar{\rho}v_0^2} \tag{19.5-6}$$

$$\breve{T} = \frac{T - T_0}{T_1 - T_0} \qquad \breve{\omega}_A = \frac{\omega_A - \omega_{A0}}{\omega_{A1} - \omega_{A0}} \tag{19.5-7}$$

Aqui entende-se que **v** é a velocidade mássica média da mistura. Deve ser ressaltado que, para alguns problemas específicos, outras formas das variáveis são preferíveis.

---

[7] J.O. Hirschfelder, *J. Chem. Phys.*, **26**, 274-281 (1957). Veja também D. Secrest e J.O. Hirschfelder, *Physics of Fluids*, **4**, 61-73 (1961) para desenvolvimento adicional da teoria, na qual o equilíbrio entre os vários estados quânticos não é considerado.

[8] Para uma comparação entre as duas fórmulas com dados experimentais, ver Reid, Prausnitz e Poling , op. cit., p. 497. Tanto a fórmula de Hirschfelder na Eq. 19.4-42, quanto a fórmula de Eucken da Eq. 9.3-15 tendem a incluir os valores medidos da condutividade.

[9] J.H. Ferziger e H.G. Kaper, *Mathematical Theory of Transport Processes in Gases*, North Holland, Amsterdam (1977), §§11.2 e 3.

Em termos das variáveis adimensionais listadas anteriormente, as equações de balanço podem ser expressas por

Continuidade:
$$(\breve{\nabla} \cdot \breve{\mathbf{v}}) = 0 \tag{19.5-8}$$

Movimento:
$$\frac{D\breve{\mathbf{v}}}{D\breve{t}} = \frac{1}{\text{Re}}\breve{\nabla}^2\breve{\mathbf{v}} - \breve{\nabla}\breve{\mathscr{P}} - \frac{\text{Gr}}{\text{Re}^2}\frac{\mathbf{g}}{g}(\breve{T} - \bar{\breve{T}}) - \frac{\text{Gr}_\omega}{\text{Re}^2}\frac{\mathbf{g}}{g}(\breve{\omega}_A - \bar{\breve{\omega}}_A) \tag{19.5-9}$$

Energia:
$$\frac{D\breve{T}}{D\breve{t}} = \frac{1}{\text{RePr}}\breve{\nabla}^2\breve{T} \tag{19.5-10}$$

Continuidade de A:
$$\frac{D\breve{\omega}_A}{D\breve{t}} = \frac{1}{\text{ReSc}}\breve{\nabla}^2\breve{\omega}_A \tag{19.5-11}$$

Os números de Reynolds, Prandtl e Grashof térmico foram dados na Tabela 11.5-1. Os outros dois números são novos:

$$\text{Sc} = \left[\frac{\mu}{\rho\mathscr{D}_{AB}}\right] = \left[\frac{\nu}{\mathscr{D}_{AB}}\right] = \text{número de Schmidt} \tag{19.5-12}$$

$$\text{Gr}_\omega = \left[\frac{g\bar{\zeta}(\omega_{A1} - \omega_{A0})l_0^3}{\nu^2}\right] = \text{número de Grashof para a difusão} \tag{19.5-13}$$

O número de Schmidt expressa a relação entre a difusividade de momento molecular e a difusividade mássica e representa a relação entre o transporte de momento molecular e o transporte de massa. Ele é análogo ao número de Prandtl, que representa a relação entre o transporte de momento molecular e a difusividade térmica. O número de Grashof de difusão aparece em decorrência das forças de empuxo geradas pelas heterogeneidades da concentração. Os produtos RePr e ReSc nas Eqs. 19.5-10 e 11 são conhecidos como o número de Péclet, Pé e Pé_{AB}, respectivamente.

A análise dimensional de problemas de transferência de massa é análoga a de problemas de transferência de calor. Vamos ilustrar esse procedimento através de três exemplos: (i) A grande similaridade entre as Eqs. 19.5-10 e 11 permite a solução de muitos problemas de transferência de massa considerando a analogia entre esses problemas com os problemas de transferência de calor já resolvidos; tal analogia é usada no Exemplo 19.5-1. (ii) Freqüentemente, a transferência de massa demanda ou libera energia, de modo que a transferência de calor e de massa devem ser considerados simultaneamente, como ilustrado no Exemplo 19.5-2. (iii) Algumas vezes, como é o caso de muitas operações industriais envolvendo a mistura, a difusão exerce um papel secundário na transferência de massa e, por esse motivo, ela não deve ser levada em conta; essa é a situação ilustrada no Exemplo 19.5-3.

Veremos então que, como é o caso de transferência de calor, o uso de análise dimensional para a solução de problemas práticos de transferência de massa é uma arte. Essa técnica é, em geral, bastante útil quando os efeitos de pelo menos uma das relações adimensionais podem ser desprezados. Em geral, a estimativa da importância relativa dos grupos adimensionais relevantes requer experiência prática.

EXEMPLO 19.5-1

Distribuição de Concentração em Torno de um Cilindro Longo

Desejamos determinar a distribuição de concentrações em torno de um cilindro longo, constituído por um sólido volátil *A*, imerso em uma corrente gasosa da espécie *B*, que é insolúvel no sólido *A*. O sistema é semelhante àquele ilustrado na Fig. 11.5-1, exceto que aqui consideramos a transferência de massa em vez da transferência de calor. A pressão de vapor do sólido é pequena quando comparada com a pressão total do gás, de modo que o processo de transferência de massa é praticamente isotérmico.

Poderão os resultados do Exemplo 11.5-1 ser usados para fazer as estimativas desejadas?

SOLUÇÃO

Os resultados do Exemplo 11.5-1 serão aplicáveis somente se pudermos mostrar que os perfis de concentração adimensionais definidos para o sistema de transferência de massa são idênticos aos perfis de temperatura adimensionais definidos para o sistema de transferência de calor:

$$\breve{\omega}_A(\breve{x}, \breve{y}, \breve{z}) = \breve{T}(\breve{x}, \breve{y}, \breve{z}) \tag{19.5-14}$$

Essa igualdade será comprovada se as equações diferenciais e as condições de contorno para os dois sistemas puderem ser expressas numa forma idêntica.

Começamos então escolhendo os mesmos comprimentos, velocidades e pressões de referência, definidos no Exemplo 11.5-1, e uma função da composição análoga: $\breve{\omega}_A = (\omega_A - \omega_{A0})/(\omega_{A\infty} - \omega_{A0})$. Aqui ω_{A0} é a fração mássica de A na fase gasosa adjacente à interface, e $\omega_{A\infty}$ é o valor longe do cilindro. Especificamos também que $\bar{\omega}_A = \omega_{A0}$, de modo que $\breve{\bar{\omega}}_A = 0$. As equações de balanço necessárias nesse caso são as Eqs. 19.5-8, 9 e 11. Assim, a equação diferencial aqui e no Problema 11.5-1 são análogas, com exceção do termo de dissipação viscosa que aparece na Eq. 11.5-3.

Como condições de contorno, temos aqui:

C.C. 1: quando $\breve{x}^2 + \breve{y}^2 \to \infty$, $\quad \breve{\mathbf{v}} \to \boldsymbol{\delta}_x \quad \breve{\omega}_A \to 1$ (19.5-15)

C.C. 2: em $\breve{x}^2 + \breve{y}^2 = \frac{1}{4}$, $\quad \breve{\mathbf{v}} = \dfrac{1}{\text{ReSc}} \dfrac{(\omega_{A0} - \omega_{A\infty})}{(1 - \omega_{A0})} \breve{\nabla} \breve{\omega}_A \quad \breve{\omega}_A = 0$ (19.5-16)

C.C. 3: em $\breve{x}^2 + \breve{y}^2 = \infty$ e $\breve{y} = 0$, $\quad \breve{\mathscr{P}} = 0$ (19.5-17)

A condição de contorno em $\breve{\mathbf{v}}$, obtida com o uso da primeira lei de Fick, estabelece que há uma velocidade radial interfacial resultante da sublimação de A.

Se compararmos a descrição dada anteriormente com a que foi dada no caso de transferência de calor no Exemplo 11.5-1, veremos que na transferência de massa não há o termo equivalente à dissipação viscosa da equação da energia e que na transferência de calor não há o termo equivalente ao componente radial da velocidade interfacial nas condições de contorno da Eq. 19.5-16. Os demais termos são análogos, considerando-se, todavia, $\breve{\omega}_A$, Sc e Gr_ω substituindo os valores de $\breve{T}$, Pr e Gr.

Quando o número de Brinkman é suficientemente pequeno, a dissipação viscosa pode ser desprezada e o termo correspondente na equação da energia pode ser descartado. Essa situação, todavia, não se aplica no caso de escoamento de fluidos muito viscosos ou em casos de gradientes de velocidade muito grandes, ou ainda no caso de camadas limites hipersônicas (Seção 10.4). Analogamente, no caso em que o termo $(1/\text{ReSc})[(\omega_{A0} - \omega_{A\infty})/(1 - \omega_{A0})]$ for muito pequeno, ele pode ser considerado igual a zero sem que seja introduzido erro apreciável. Se essas condições limites são satisfeitas, será obtido um comportamento análogo para a transferência de calor e de massa. Mais precisamente, a concentração adimensional, $\breve{\omega}_A$, terá a mesma relação de dependência de $\breve{x}$, $\breve{y}$, $\breve{z}$, $\breve{t}$, Re, Sc, e Gr_ω que a temperatura adimensional, $\breve{T}$, tem de $\breve{x}$, $\breve{y}$, $\breve{z}$, $\breve{t}$, Re, Pr e Gr. A um mesmo valor de Re, os perfis de concentração e de temperatura serão idênticos, sempre que Sc = Pr e Gr_ω = Gr.

O número de Grashof térmico pode, pelo menos em princípio, ser variado à vontade trocando os valores de $T_0 - T_\infty$. Dessa forma, pode-se esperar que o valor desejado de Grashof pode ser obtido. Todavia, como pode ser visto das Tabelas 9.1-1 e 17.1-1, o número de Schmidt para gases pode variar em uma faixa de valores muito extensa, enquanto a variação do número de Prandtl é mais restrita. Dessa forma, pode ser difícil a obtenção de um modelo térmico satisfatório a partir da transferência de massa, exceto em uma faixa restrita de valores do número de Schmidt.

Um outro possivelmente sério obstáculo para obter os comportamentos de transferência de calor e de massa relaciona-se à não-uniformidade da temperatura da superfície. O calor de sublimação deve ser obtido do gás que envolve a superfície, o que, em conseqüência, faz com que a temperatura do sólido fique abaixo da temperatura do gás. Desse modo, é necessário considerar que tanto a transferência de calor quanto a de massa ocorram simultaneamente. Uma análise muito simples da transferência simultânea de calor e de massa é vista no exemplo a seguir.

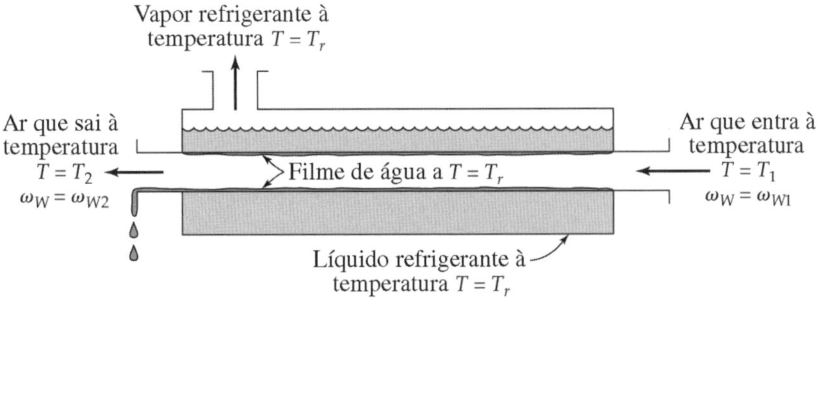

Fig. 19.5-1 Representação esquemática de um desumidificador. O ar entra à temperatura T_1 e umidade ω_{W1} (fração mássica do vapor d'água), e sai à temperatura T_2 e umidade ω_{W2}. Como a transferência de calor para o refrigerante é muito eficaz, a temperatura da interface ar-condensado pode ser considerada igual à temperatura do refrigerante T_r.

EXEMPLO 19.5-2

Formação de Névoa durante a Desumidificação

Ar úmido está sendo simultaneamente resfriado e desumidificado através da sua passagem por um tubo metálico resfriado pela ebulição de um líquido refrigerante. A superfície do tubo está abaixo do ponto de orvalho do ar que entra e, portanto, a sua superfície fica recoberta por uma película de água. A transferência de calor do líquido refrigerante para essa camada de condensado é suficientemente efetiva de modo que a superfície livre da película de água pode ser considerada isotérmica e com temperatura igual à temperatura de ebulição do líquido refrigerante. Esse sistema é ilustrado na Fig. 19.5-1.

Queremos determinar a faixa de temperatura do líquido refrigerante que pode ser usada sem que haja formação de névoa. A névoa é indesejável, devido ao fato de as gotículas de água que constituem a névoa serem arrastadas para fora do tubo juntamente com o ar, a não ser que coletores especiais de névoa sejam utilizados. A névoa pode ser formada em qualquer ponto do sistema, desde que o ar se torne supersaturado.

SOLUÇÃO

Seja o ar designado como a espécie A e a água como a espécie W. É conveniente aqui escolher as seguintes variáveis adimensionais

$$\breve{T} = \frac{T - T_r}{T_1 - T_r}; \qquad \breve{\omega}_W = \frac{\omega_W - \omega_{Wr}}{\omega_{W1} - \omega_{Wr}} \tag{19.5-18}$$

Os subscritos são definidos na Fig. 19.5-1.

Para o sistema ar-água a temperaturas moderadas, a suposição de ρ e $\mathscr{D}_{AW}$ constantes é razoável, sendo o ar considerado como uma única espécie. As capacidades térmicas do vapor d'água e do ar são diferentes, porém o transporte de energia térmica por difusão é muito pequeno. Assim, as Eqs. 19.5-9 a 11 representam uma descrição bastante realista do processo de desumidificação. As condições de contorno necessárias para integrar essas equações incluem $\breve{\omega}_W = \breve{T} = 1$ na entrada do tubo, e $\breve{\omega}_W = \breve{T} = 0$ na interface gás-líquido, e as condições de não-deslizamento e de entrada no que se refere à velocidade $\breve{\mathbf{v}}$.

Assim, os perfis adimensionais estão relacionados por

$$\breve{\omega}_W(\breve{x}, \breve{y}, \breve{z}, \text{Re}, \text{Gr}_\omega, \text{Gr}, \text{Sc}, \text{Pr}) = \breve{T}(\breve{x}, \breve{y}, \breve{z}, \text{Re}, \text{Gr}, \text{Gr}_\omega, \text{Pr}, \text{Sc}) \tag{19.5-19}$$

Nesse caso, assim como $\breve{T}$, $\breve{\omega}_W$ é função de seus argumentos *na mesma ordem em que os mesmos são apresentados*. Já que, em geral, Gr_ω não é igual a Gr e Sc não é igual a Pr, os dois perfis não são similares. O resultado geral é por demais complexo para ser de alguma utilidade.

Todavia, para o sistema ar-água, a temperaturas moderadas e pressões próximas da pressão atmosférica, Sc = 0,6 e Pr = 0,71.

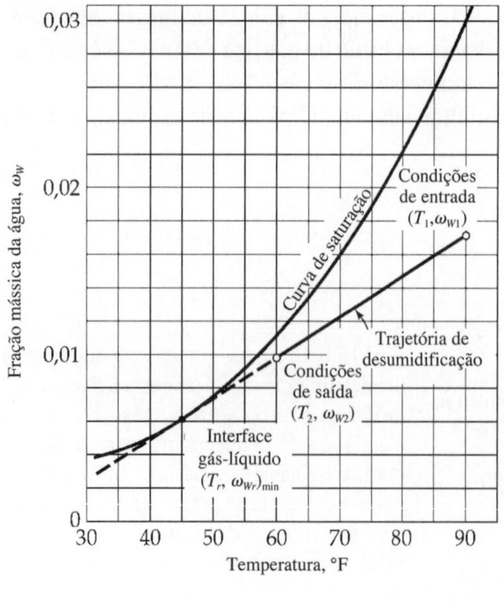

Fig. 19.5-2 Uma trajetória representativa da desumidificação. A trajetória de desumidificação mostrada aqui corresponde a $T_{r,\text{min}}$, a temperatura que garante a ausência de névoa. Para essa condição, a trajetória da desumidificação corresponde à tangente que passa pelo ponto (T_1, ω_{W1}) da curva de saturação, representando uma dada condição de entrada. Trajetórias de desumidificação calculadas para temperaturas inferiores do refrigerante cruzariam a curva de saturação. Concentrações de vapor saturado seriam ultrapassadas, possibilitando a formação de névoa.

Se admitirmos, por ora, que Sc e Pr são iguais, a análise dimensional se torna muito mais simples. Para esse caso particular, as equações da energia e da continuidade para cada espécie serão idênticas. Uma vez que as condições de contorno relativas a $\breve{\omega}_W$ e $\breve{T}$ são também as mesmas, os perfis de concentração e temperatura adimensionais serão também idênticos. Deve ser enfatizado que a igualdade entre Gr_W e Gr não é mandatória. Isso se deve ao fato de que os valores do número de Grashof afetam os perfis de concentração e de temperatura somente no que se refere à velocidade **v**, que aparece tanto na equação da continuidade quanto na equação da energia da mesma maneira.

Assim, a suposição de que Sc = Pr nos leva a

$$\breve{\omega}_W = \breve{T} \tag{19.5-20}$$

em cada ponto do sistema. Por outro lado, isto significa que *cada* par temperatura-concentração no tubo é representado por uma linha reta entre os pontos (T_1, ω_{W1}) e (T_r, ω_{Wr}) em um gráfico psicrométrico. Isso é ilustrado no gráfico da Fig. 19.5-2 para um conjunto de condições representativas. Note que (T_r, ω_{Wr}) deve estar localizado sobre a curva de saturação, uma vez que o equilíbrio é bastante aproximado.

Pode-se concluir que não haverá formação de névoa no caso em que uma reta passando entre os pontos (T_1, ω_{W1}) e (T_1, ω_{W1}) não intercepte a curva de saturação. Assim, a fim de prevenir a formação de névoa, a temperatura mínima do líquido refrigerante será representada pelo ponto de tangência de uma reta que passa pelo ponto (T_1, ω_{W1}) com a curva de saturação.

Deve-se notar que *todas* as condições ao longo da linha, desde o ponto de entrada (T_1, ω_{W1}) até o ponto (T_r, ω_{Wr}), ocorrerão no gás mesmo no caso em que as condições médias variem somente de (T_1, ω_{W1}) a (T_2, ω_{W2}). Assim, alguma névoa pode ser formada mesmo no caso em que as condições para que isso ocorra não sejam atingidas no seio do gás em escoamento. Para o caso de ar entrando a 90°F e 50% de umidade relativa, a temperatura mínima segura do líquido refrigerante é de 45°F. Também pode ser visto da Fig. 19.5-2 que não é necessário trazer todo o ar úmido às condições de ponto de orvalho para que o mesmo seja desumidificado. Basta que o ar esteja saturado na superfície de resfriamento. As condições médias na saída (T_2, ω_{W2}) podem se localizar ao longo da trajetória de desumidificação entre os pontos (T_1, ω_{W1}) e (T_r, ω_{Wr}), dependendo da eficiência do equipamento utilizado. Cálculos baseados na suposta igualdade entre Sc e Pr comprovaram ser de grande utilidade para o caso de sistemas ar-água.

Considerando o significado físico dos números de Schmidt e de Prandtl, pode ser constatado que do procedimento de cálculo adotado anteriormente resultam valores conservadores. Uma vez que o número de Schmidt é ligeiramente menor que o número de Prandtl, a desumidificação vai ocorrer proporcionalmente mais rápida que o resfriamento, e os pares de temperatura-concentração estarão ligeiramente abaixo da trajetória de desumidificação representada na Fig. 19.5-2. Na condensação de vapores orgânicos em ar, todavia, a situação reversa ocorre com freqüência. Nesses casos, o número de Schmidt tende a ser maior que o número de Prandtl, sendo que o resfriamento ocorre mais rapidamente que a condensação. As condições então se situam acima da linha reta da Fig. 19.5-2, e o risco de formação de névoa é aumentado.

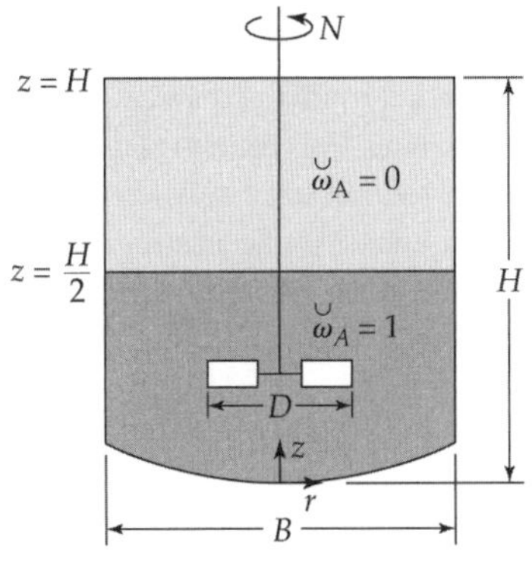

Fig. 19.5-3 Mistura de líquidos miscíveis. No tempo $t = 0$, a parte média superior desse tanque está isenta de soluto, enquanto a parte inferior contém soluto estacionário e com uma distribuição de concentração uniforme unitária. Para $t > 0$, faz-se o impulsor girar com uma velocidade de rotação constante e igual a N. As posições no tanque são dadas pelas coordenadas r, θ, z, sendo r medida a partir do eixo axial do impulsor, e z medida a partir do fundo do tanque.

EXEMPLO 19.5-3

Mistura de Fluidos Miscíveis

Por análise dimensional, desenvolva a forma geral de uma correlação para determinar o tempo necessário para a mistura completa de dois fluidos miscíveis em um tanque agitado. Considere o tanque como sendo do tipo ilustrado na Fig. 19.5-3, e admita que os dois fluidos, assim como a mistura deles, têm as mesmas propriedades físicas.

SOLUÇÃO

Será admitido que a obtenção da condição de "mesmo grau de mistura" em duas operações de misturação distintas ocorrerá quando os perfis adimensionais de concentração resultantes em cada uma delas forem iguais. Em outras palavras, a concentração adimensional do soluto $\breve{\omega}_A$ é a mesma função das coordenadas adimensionais dos dois sistemas $(\breve{r},\theta,\breve{z})$ quando os graus de mistura forem iguais. Esses perfis de concentração serão função de grupos adimensionais que aparecem na forma adimensional das equações de balanço, das condições de contorno e do tempo adimensional.

No presente problema vamos adotar as seguintes variáveis adimensionais:

$$\breve{r} = \frac{r}{D} \qquad \breve{z} = \frac{z}{D} \qquad \breve{\mathbf{v}} = \frac{\mathbf{v}}{ND} \qquad \breve{t} = Nt \qquad \breve{p} = \frac{p - p_0}{\rho N^2 D^2} \tag{19.5-21}$$

Aqui D é o diâmetro impelidor, N é a taxa de rotação do impelidor, expressa em rotações por unidade de tempo, e p_0 é a pressão atmosférica prevalente. A pressão adimensional $\breve{p}$ é usada em vez da quantidade $\breve{\mathcal{P}}$ definida na Seção 3.7; a forma com $\breve{p}$ é mais simples e fornece resultados equivalentes. Note que $\breve{t}$ é igual ao número total de rotações do impelidor desde o início da rotação.

As equações de conservação que descrevem esse sistema são as Eqs. 19.5-8, 9 e 11, delas excluído o termo correspondente ao número de Grashof. Os grupos adimensionais que resultam dessas equações são os números de Re, Fr e Sc. As condições de contorno incluem os valores do vetor $\mathbf{v} = 0$ nas paredes do tanque e de p na superfície livre do tanque. Além disso, temos que especificar as condições iniciais

$$\text{C. 1:} \qquad \text{em } \breve{t} \leq 0, \qquad \breve{\omega}_A = 0 \quad \text{para } \frac{1}{2}\frac{H}{D} < \breve{z} < \frac{H}{D} \tag{19.5-22}$$

$$\text{C. 2:} \qquad \text{em } \breve{t} \leq 0, \qquad \breve{\omega}_A = 1 \quad \text{para } 0 < \breve{z} < \frac{1}{2}\frac{H}{D} \tag{19.5-23}$$

$$\text{C. 3:} \qquad \text{em } \breve{t} \leq 0, \qquad \breve{\mathbf{v}} = 0 \quad \text{para } 0 < \breve{z} < \frac{H}{D} \text{ e } 0 < \breve{r} < \frac{1}{2}\frac{B}{D} \tag{19.5-24}$$

e a condição de não deslizamento no impelidor (ver Eq. 3.7-34).

Encontramos então que os perfis de concentração adimensional são função de Re, Sc, Fr, do tempo adimensional $\breve{t}$, da geometria do tanque (representada pelas relações H/D e B/D) e das proporções relativas dos dois fluidos. Isso significa que

$$\breve{\omega}_A = f(\text{Re, Fr, Sc}, \breve{t}, \text{geometria, condições iniciais}) \tag{19.5-25}$$

Em geral, é possível reduzir-se o número de variáveis a serem avaliadas.

Foi observado que, se o tanque for adequadamente aletado,[1] a formação de vórtices será mínima, isto é, a superfície livre do líquido será praticamente horizontal. Nessas condições, ou ainda na ausência de superfície livre do líquido, o número de Froude não aparece na descrição do sistema, como foi constatado na Seção 3.7.

Foi também observado que, na maioria das operações envolvendo líquidos de baixa viscosidade, a etapa controladora é a dispersão de um líquido no outro. Nessas dispersões, o processo de difusão ocorre a distâncias muito pequenas. Como conseqüência, a difusão molecular não é a taxa limitante e o número de Schmidt tem pouca importância. Foi também constatado que, dentro das condições usualmente encontradas, o número de Reynolds (Re) pode ser desprezado. Isso se deve ao fato de que a maior parte da mistura ocorre dentro do tanque, onde os efeitos viscosos são muito pequenos, e não nas regiões da camada limite, que se formam junto às paredes do tanque e às pás do impelidor, nas quais esses efeitos são muito grandes.[2]

Para a maioria das combinações tanque-impelidor de uso corrente, o número de Reynolds (Re) não é importante quando o seu valor é maior do que 10^4. Esse comportamento foi verificado por vários autores.[3]

---

[1]Um sistema de aletas bastante comum e eficaz se constitui de um tanque cilíndrico vertical com impelidores montados no sentido axial, sendo as aletas igualmente espaçadas e colocadas ao longo da parede do tanque, de modo que as suas superfícies planas estejam perpendiculares ao eixo do tanque e largura com pelo menos 1/5 do raio do tanque.

[2]A não-dependência do tempo de mistura requerido ao número de Reynolds pode ser intuitivamente vista do fato de que o termo $(1/\text{Re})\breve{\nabla}^2\breve{\mathbf{v}}$ na Eq. 19.5-9 é muito pequeno quando comparado ao termo de aceleração $D\breve{\mathbf{v}}/D\breve{t}$ para valores elevados de Re. Tais argumentos baseados na intuição, todavia, são muito perigosos, uma vez que o efeito do número de Reynolds é sempre importante nas vizinhanças da parede sólida. Aqui a quantidade de mistura que ocorre nas vizinhanças da parede sólida é pequena e pode, portanto, ser desprezada.

A não-dependência do tempo de mistura requerido ao número de Schmidt pode ser vista da média temporal da equação da continuidade no Cap. 21. A valores elevados de Re, o fluxo mássico turbulento é maior que o fluxo mássico decorrente da difusão molecular, exceto nas vizinhanças da parede sólida.

[3]E.A. Fox e V.E. Gex, *AIChE Journal*, **2**, 539-544 (1956); H. Kramers, G.M. Baars e W.H. Knoll, *Chem. Eng. Sci.*, **2**, 35-42 (1955); J.F. van de Vusse, *Chem. Eng. Sci.*, **4**, 178-200, 209-220 (1955).

Finalmente, *após extensiva experimentação*, chegamos a um resultado surpreendentemente simples. Quando todas as suposições anteriormente feitas são válidas, os perfis de concentração adimensional dependem apenas do tempo adimensional, $\breve{t}$. Assim, *o tempo adimensional requerido para produzir qualquer grau de mistura é uma constante* para uma dada geometria do sistema. Em outras palavras, o número total de rotações do impelidor durante o processo de mistura determina o grau de mistura independentemente de Re, Fr, Sc e do tamanho do tanque, desde que, claro, os tanques e os impelidores sejam geometricamente similares.

Pelas mesmas razões, em um tanque adequadamente aletado, a distribuição da velocidade adimensional e a eficiência de bombeamento volumétrico do impelidor são praticamente independentes do número de Froude (Fr) e do número de Reynolds (Re) para os casos em que $\mathrm{Re} > 10^4$.

QUESTÕES PARA DISCUSSÃO

1. Como as várias equações de balanço apresentadas nos Caps. 3 e 11 devem ser modificadas para o caso de misturas reacionais?
2. Como as várias expressões para o fluxo apresentadas nos Caps. 3 e 11 devem ser modificadas para o caso de misturas reacionais?
3. Sob quais condições é $(\nabla \cdot \mathbf{v}) = 0$? E $(\nabla \cdot \mathbf{v}^*) = 0$?
4. As Eqs. 19.1-14 e 19.1-15 são fisicamente equivalentes. Para quais tipos de problema haverá uma preferência no uso de uma ou de outra forma?
5. Dê a interpretação física de cada termo das equações que aparecem na Tabela 19.2-3.
6. A condutividade térmica de uma mistura é definida como a relação entre o fluxo térmico e o negativo do gradiente de temperatura no caso em que todos os fluxos difusivos são nulos. Interprete esse conceito em termos da Eq. 19.3-3.
7. Discuta as semelhanças e as diferenças entre transferência de calor e transferência de massa.
8. Refaça todas as etapas da obtenção da Eq. 19.3-6 a partir da Eq. 19.3-4. Por que o resultado da primeira equação (aproximada) é importante?
9. Comente sobre a afirmativa feita no final do Exemplo 19.4-1 que a taxa de transferência de calor é diretamente afetada pela transferência simultânea de massa, enquanto a afirmativa reversa não é verdadeira.

PROBLEMAS

19A.1 Desumidificação do ar (Fig. 19.4-1). Para o sistema do Exemplo 19.4-1, seja a H_2O a fase vapor e o ar a fase estagnada. Suponha as seguintes condições (que são representativas em sistemas de ar condicionado): (i) em $z = \delta$, $T = 80°F$ e $x_{H_2O} = 0{,}018$; (ii) em $z = 0$, $T = 50°F$.

(a) Para $p = 1$ atm, calcule o segundo membro da Eq. 19.4-9.

(b) Compare o fluxo de calor por condução com o fluxo difusivo no ponto $z = 0$. Qual o significado físico da sua resposta?

Resposta: **(a)** 1,004

19B.1 Evaporação em regime permanente (Fig. 18.2-1). Refaça o problema resolvido na Seção 18.2, lidando com a evaporação do líquido A em um gás B, começando da Eq. 19.1-17.

(a) Em primeiro lugar, obtenha uma expressão para $\mathbf{v}^*$, usando a Eq. (M) da Tabela 17.8-1, assim como a primeira lei de Fick na forma da Eq. (D) da Tabela 17.8-2.

(b) Mostre que a Eq. 19.1-17 se reduz à seguinte equação diferencial não-linear de segunda ordem:

$$\frac{d^2x_A}{dz^2} + \frac{1}{1 - x_A}\left(\frac{dx_A}{dz}\right)^2 = 0 \qquad \text{(19B.1-1)}$$

(c) Resolva esta equação para obter o perfil de fração molar dado pela Eq. 18.2-11.

19B.2 Absorção de gás com reação química (Fig. 18.4-1). Refaça o problema resolvido na Seção 18.4 a partir da Eq. 19.1-16. Quais as suposições que você teve que fazer para chegar à Eq. 18.4-4?

19B.3 Difusividade dependente da concentração. Uma camada estacionária de um líquido B é limitada pelos planos $z = 0$ (parede sólida) e $z = b$ (interface gás-líquido). Nesses planos a concentração de A é c_{A0} e c_{Ab}, respectivamente. A difusividade $\mathscr{D}_{AB}$ é função da concentração de A.

(a) Considerando o regime permanente e começando com a Eq. 19.1-5, derive uma equação diferencial para obter a distribuição de concentração.

(b) Mostre que a distribuição de concentração é dada por

$$\frac{\int_{c_A}^{c_{A0}} \mathscr{D}_{AB}(\bar{c}_A)d\bar{c}_A}{\int_{c_{Ab}}^{c_{A0}} \mathscr{D}_{AB}(c_A)dc_A} = \frac{z}{b} \tag{19B.3-1}$$

(c) Mostre que o fluxo molar na interface sólido-líquido é

$$N_{Az}|_{z=0} = \frac{1}{b}\int_{c_{Ab}}^{c_{A0}} \mathscr{D}_{AB}(c_A)dc_A \tag{19B.3-2}$$

(d) Admita agora que a difusividade pode ser expressa em termos de uma série de Taylor na concentração

$$\mathscr{D}_{AB}(c_A) = \overline{\mathscr{D}}_{AB}[1 + \beta_1(c_A - \bar{c}_A) + \beta_2(c_A - \bar{c}_A)^2 + \cdots] \tag{19B.3-3}$$

na qual $\bar{c}_A = 1/2(c_{A0} + c_{Ab})$ e $\overline{\mathscr{D}}_{AB} = \mathscr{D}_{AB}(\bar{c}_A)$. Mostre ainda que

$$N_{Az}|_{z=0} = \frac{\overline{\mathscr{D}}_{AB}}{b}(c_{A0} - c_{Ab})[1 + \tfrac{1}{12}\beta_2(c_{A0} - c_{Ab})^2 + \cdots] \tag{19B.3-4}$$

(e) Como esse resultado pode ser simplificado admitindo-se que a difusividade varia linearmente com a concentração?

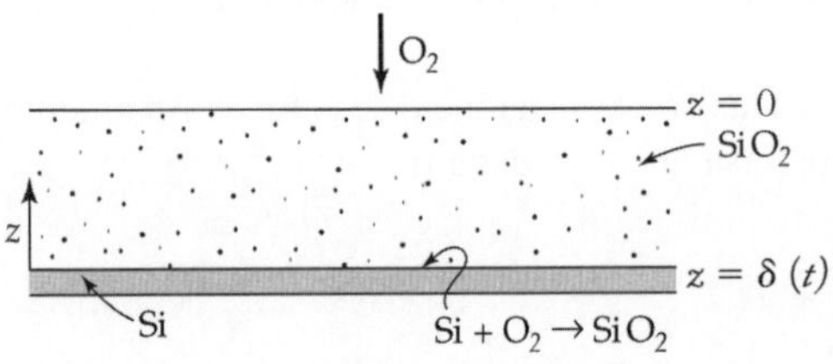

Fig. 19B.4 Oxidação de silício.

19B.4 Oxidação do silício (Fig. 19B.4).[1] Uma placa de silício está exposta ao oxigênio gasoso (espécie A) à pressão, p, produzindo uma camada de dióxido de silício (espécie B). Essa camada se estende da superfície $z = 0$, onde o oxigênio se dissolve com concentração $c_{A0} = Kp$, para a superfície em $z = \delta(t)$, onde o oxigênio e o silício reagem com reação química de primeira ordem cuja taxa é dada por k''_1. A espessura $\delta(t)$ da camada de óxido deve ser determinada. Um método quase-permanente é útil nesse caso, em virtude de o avanço da frente de reação ser muito lento.

(a) Inicialmente resolva a equação da difusão na forma da Eq. 19.1-18, desprezando o termo $\partial c_A/\partial t$, e aplique as condições de contorno para obter

$$c_A = c_{A0} - (c_{A0} - c_{A\delta})\frac{z}{\delta} \tag{19B.4-1}$$

na qual a concentração $c_{A\delta}$ na superfície onde ocorre a reação não é conhecida.

(b) A seguir use um balanço transiente molar de O_2 na região $0 < z < \delta(t)$ para obter, com a aplicação da fórmula de Leibniz da Seção C.3,

$$c_{A\delta}\frac{d\delta}{dt} = -\mathscr{D}_{AB}\frac{dc_A}{dz} - k''_1 c_{A\delta} \tag{19B.4-2}$$

[1] R. Ghez, *A Primer of Diffusion Problems*, Wiley-Interscience, New York (1988), pp. 46-55; este livro discute um grande número de problemas relacionados à área de microeletrônica.

(c) Escreva um balanço transiente molar de SiO_2 na mesma região para obter

$$+k_1''c_{A\delta} = \frac{1}{\tilde{V}_B}\frac{d\delta}{dt} \tag{19B.4-3}$$

(d) Na Eq. 19B.4-2, determine a expressão $d\delta/dt$ da Eq. 19B.4-3 e dc_A/dz da Eq. 19B.4-1. Daí resultará uma equação para $c_{A\delta}$:

$$\frac{k_1''\delta\tilde{V}_B}{\mathscr{D}_{AB}}c_{A\delta}^2 + \left(1 + \frac{k_1''\delta}{\mathscr{D}_{AB}}\right)c_{A\delta} = c_{A0} \tag{19B.4-4}$$

Inserindo valores numéricos na Eq. 19B.4-4 mostre que o termo quadrático pode ser seguramente desprezado.[1]

(e) Combine as Eqs. 19B.4-3 com a Eq. 19B.4-4 (sem o termo quadrático) para obter uma equação diferencial para $\delta(t)$. Mostre que essa equação é da forma

$$\frac{\delta^2}{2\mathscr{D}_{AB}} + \frac{\delta}{k_1''} = \tilde{V}_B c_{A0} t \tag{19B.4-5}$$

que correlaciona bem os dados experimentais.[1] Interprete os resultados.

19B.5 As equações de Maxwell-Stefan para misturas gasosas multicomponentes. Na Eq. 17.9-1 são dadas as equações de Maxwell-Stefan para os fluxos mássicos em um sistema gasoso multicomponente. Mostre que, para um sistema binário, essas equações podem ser simplificadas para a lei de Fick, como dado pela Eq. 17.1-5.

19B.6 Difusão e reação química em um líquido.

(a) Uma esfera sólida da substância A é suspensa em um líquido B no qual ela é ligeiramente solúvel, e com o qual reage com uma taxa k_1'' em uma reação de primeira ordem. Em regime permanente a difusão é exatamente balanceada pela reação química. Mostre que o perfil de concentração é da forma

$$\frac{c_A}{c_{A0}} = \frac{R}{r}\frac{e^{-br/R}}{e^{-b}} \tag{19B.6-1}$$

em que R é o raio da esfera, c_{A0} é a solubilidade molar de A em B e $b^2 = k_1''R^2/\mathscr{D}_{AB}$.

(b) Utilizando argumentos relativos a regimes quase-permanentes, mostre como se pode calcular o decréscimo gradual do diâmetro da esfera à medida que A se dissolve e reage. Mostre que o raio da esfera é dado por

$$R^2 = R_0^2 - 2\frac{\mathscr{D}_{AB}c_{A0}(1 + b)}{M_A\rho_{esf}}(t - t_0) \tag{19B.6-2}$$

em que R_0 é o raio da esfera no tempo t_0 e ρ_{esf} é a densidade da esfera.

19B.7 Várias formas da equação da continuidade para as espécies químicas.

(a) Neste capítulo, a equação da continuidade relativa às espécies químicas é dada de três formas diferentes: Eq. 19.1-7, Eq. (A) da Tabela 19.2-1, e a Eq. (B) da Tabela 19.2-3. Mostre que essas formas são equivalentes.

(b) Mostre como se obtém a Eq. 19.1-5 a partir da Eq. 19.1-11.

19C.1 Forma alternativa da equação da difusão para sistemas binários. Na ausência de reações químicas, a Eq. 19.1-17 pode ser escrita em termos de **v** em vez de **v*** pelo uso de diferentes medidas de concentração — isto é, do logaritmo do peso molecular médio:[2]

$$\frac{\partial}{\partial t}\ln M + (\mathbf{v}\cdot\nabla\ln M) = \mathscr{D}_{AB}\nabla^2\ln M \tag{19C.1-1}$$

em que $M = x_AM_A + x_BM_B$. (*Atenção*: A solução é longa.)

A Eq. 19C.1-1 é de difícil solução mesmo para o caso do filme estagnado estudado na Seção 18.2, devido à densidade mássica ρ variável que aparece na equação da continuidade (Eq. A da Tabela 19.2-3).

---

[1]R. Ghez, *A Primer of Diffusion Problems*, Wiley-Interscience, New York (1988), pp. 46-55; este livro discute um grande número de problemas relacionados à área de microeletrônica.

[2]C.H. Bedingfield, Jr., e T.B. Drew, *Ind. Eng. Chem.*, **42**, 1164-1173 (1950).

19D.1 Obtenção da equação da continuidade. Na Seção 19.1, a equação da continuidade para as espécies químicas foi obtida a partir de um equilíbrio de massa em um pequeno volume retangular $\Delta x \Delta y \Delta z$ fixo no espaço.
(a) Repita a derivação para o caso de um elemento de volume de forma arbitrária, V, envolvido por uma superfície fixa e suficientemente lisa S. Mostre que o equilíbrio para cada espécie pode ser expresso por

$$\frac{d}{dt}\int_V \rho_A dV = -\int_S (\mathbf{n}\cdot\mathbf{n}_A)dS + \int_V r_A dV \tag{19D.1-1}$$

Use o teorema da divergência de Gauss para converter a integral de superfície em integral de volume, e obtenha a Eq. 19.1-6.
(b) Repita a derivação usando a região do fluido limitada por uma superfície, cada ponto da qual está se movendo à velocidade mássica média.

19D.2 Obtenção da equação de balanço de energia para um sistema multicomponente. Obtenha a Eq. (F) da Tabela 19.2-4 a partir da Eq. (E). Sugerimos a seguinte seqüência de etapas:
(a) Sendo a entalpia uma propriedade extensiva, podemos escrever

$$H(m_1, m_2, m_3, \ldots, m_N) = m\hat{H}(\omega_1, \omega_2, \omega_3, \ldots, \omega_{N-1}) \tag{19D.2-1}$$

em que as m_α representam as massas das várias espécies, m é a soma das m_α e $\omega_\alpha = m_\alpha/m$ são as frações mássicas correspondentes. Entende-se que tanto H quanto $\hat{H}$ são funções de T e p, bem como da composição da mistura. Use a regra da cadeia para derivadas parciais para mostrar que

$$(\alpha \neq N) \qquad \left(\frac{\partial H}{\partial m_\alpha}\right)_{m_\gamma} = \sum_{\beta=1}^{N-1}\left(\frac{\partial \hat{H}}{\partial \omega_\beta}\right)_{\omega_\gamma}\left(\delta_{\alpha\beta} - \frac{m_\beta}{m}\right) + \hat{H} \tag{19D.2-2}$$

$$(\alpha = N) \qquad \left(\frac{\partial H}{\partial m_N}\right)_{m_\gamma} = \sum_{\beta=1}^{N-1}\left(\frac{\partial \hat{H}}{\partial \omega_\beta}\right)_{\omega_\gamma}\left(-\frac{m_\beta}{m}\right) + \hat{H} \tag{19D.2-3}$$

Da subtração então resulta para $\alpha \neq N$

$$\left(\frac{\partial H}{\partial m_\alpha}\right)_{m_\gamma} - \left(\frac{\partial H}{\partial m_N}\right)_{m_\gamma} = \left(\frac{\partial \hat{H}}{\partial \omega_\alpha}\right)_{\omega_\gamma} \tag{19D.2-4}$$

O subscrito ω_γ implica "manter constantes as demais frações mássicas".
(b) O primeiro membro da Eq. (E) pode ser desenvolvido levando em conta que a entalpia por unidade de massa é função de p, de T e das primeiras $(N-1)$ frações mássicas:

$$\rho\frac{D\hat{H}}{Dt} = \rho\left(\frac{\partial \hat{H}}{\partial p}\right)_{T,\omega_\gamma}\frac{Dp}{Dt} + \rho\left(\frac{\partial \hat{H}}{\partial T}\right)_{p,\omega_\gamma}\frac{DT}{Dt} + \rho\sum_{\alpha=1}^{N-1}\left(\frac{\partial \hat{H}}{\partial \omega_\alpha}\right)_{p,T,\omega_\gamma}\frac{D\omega_\alpha}{Dt} \tag{19D.2-5}$$

A seguir, verifique que os coeficientes das derivadas substantivas podem ser identificados como

$$\rho\left(\frac{\partial \hat{H}}{\partial p}\right)_{T,\omega_\gamma} = 1 - \left(\frac{\partial \ln \hat{V}}{\partial \ln T}\right)_{p,\omega_\gamma} \tag{19D.2-6}$$

$$\rho\left(\frac{\partial \hat{H}}{\partial T}\right)_{p,\omega_\gamma} = \rho\hat{C}_p \tag{19D.2-7}$$

O coeficiente de $\rho(D\omega_\alpha/Dt)$ já foi dado na Eq. 19D.2-4.
(c) Substitua os coeficientes na Eq. 19D.2-5, e então use a Eq. 19.1-14 para eliminar $\rho(D\omega_\alpha/Dt)$ e constatar que $(\partial H/\partial m_\alpha)_{p,T,m_\gamma}$ é igual a $\bar{H}_\alpha/M_\alpha$. O somatório em relação a α, que vai de 1 a $N-1$, tem que ser adequadamente reescrito na forma de um somatório de 0 a N, usando a Eq. (K) da Tabela 17.8-1 e o fato de que $\Sigma_\alpha r_\alpha = 0$.
(d) A seguir, combine os resultados obtidos em (a), (b) e (c) com a Eq. (E) para obter a Eq. (F).

19D.3 Separação de gases por atmólise ou "difusão profunda" (Fig. 19D.3). Quando dois gases A e B são forçados a se difundir através de um terceiro gás C, há, entre A e B, uma tendência de separação devida às taxas de difusão diferentes. Esse fenômeno foi primeiramente estudado por Hertz,[3] e posteriormente por Maier.[4] Benedict e Boas[5]

[3]G. Hertz, *Zeits. f. Phys.*, **91**, 810-815 (1934).
[4]G.G. Maier, *Mechanical Concentration of Gases*, U. S. Bureau of Mines Bulletin 431 (1940).
[5]M. Benedict e A. Boas, *Chem. Eng. Prog.*, **47**, 51-62, 111-122 (1951).

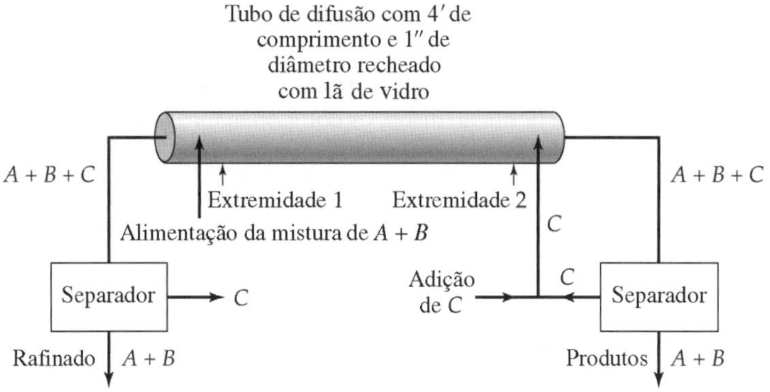

Fig. 19D.3 O experimento de Keyes-Pigford para o estudo da separação de gases por meio de um gás carreador.

estudaram a economia do processo particularmente aplicado à separação de isótopos. Keyes e Pigford[6] contribuíram tanto nos aspectos teóricos quanto experimentais. No aparato experimental desses autores, C foi um vapor condensável, que poderia ser separado de A e de B por resfriamento, de forma tal que C condensava.

Queremos estudar os detalhes do processo de difusão de três componentes que ocorre no tubo de comprimento L, com o sistema operando em regime permanente. Obtenha uma expressão relacionando as concentrações x_{A1} e x_{B1} na entrada da alimentação no tubo com as concentrações x_{A2} e x_{B2} na saída do tubo. Essa expressão deverá conter os fluxos molares das três espécies, que são controlados pelas respectivas taxas de adição dos materiais nas duas correntes de entrada.

Use a seguinte notação para as grandezas adimensionais: $\zeta = z/L$ para a distância a partir da entrada da alimentação; $r_A = \mathscr{D}_{AB}/\mathscr{D}_{BC}$ para a relação entre as difusividades; e $\nu_\alpha = N_{\alpha z}L/c\mathscr{D}_{AB}$ para os fluxos molares (com $\alpha = A, B, C$).

(a) Mostre que, em termos dessas grandezas adimensionais, as equações de Maxwell-Stefan para a difusão são

$$\frac{dx_A}{d\zeta} = Y_{AA}x_A + Y_{AB}x_B + Y_A \tag{19D.3-1}$$

$$\frac{dx_B}{d\zeta} = Y_{BA}x_A + Y_{BB}x_B + Y_B \tag{19D.3-2}$$

em que $Y_{AA} = \nu_B + r_A(\nu_A + \nu_C)$, $Y_{AB} = \nu_A(r_A - 1)$ e $Y_A = -r_A\nu_A$, sendo as demais grandezas obtidas trocando-se A e B.

(b) Usando a transformada de Laplace, resolva as Eqs. 19D.3-1 e 2 para obter os perfis de concentração de A e de B no tubo.

(c) Mostre que as concentrações nas extremidades do tubo são relacionadas da seguinte forma

$$x_{A2} = \frac{X_A(x_{A1}, x_{B1}; 0)}{p_+p_-} + \frac{X_A(x_{A1}, x_{B1}; p_+)\exp p_+}{p_+(p_+ - p_-)} + \frac{X_A(x_{A1}, x_{B1}; p_-)\exp p_-}{p_-(p_- - p_+)} \tag{19D.3-3}$$

na qual

$$p_\pm = \tfrac{1}{2}[(Y_{AA} + Y_{BB}) \pm \sqrt{(Y_{AA} + Y_{BB})^2 + 4Y_{AB}Y_{BA}}] \tag{19D.3-4}$$

$$X_A(x_{A1}, x_{B1}, p) = p^2x_{A1} + p(Y_A - x_{A1}Y_{BB} + x_{B1}Y_{AB}) + (Y_{AB}Y_B - Y_{BB}Y_A) \tag{19D.3-5}$$

Uma expressão análoga pode ser obtida para x_{B2}. Keyes e Pigford[6] dão resultados adicionais para outros casos especiais.

19D.4 Difusão em regime permanente em um disco rotatório.[7] Um disco de grande diâmetro está girando com uma velocidade angular Ω em um meio infinito de um líquido B. A superfície é recoberta com um material A que é

[6] J.J. Keyes, Jr., e R.L. Pigford, *Chem. Eng. Sci.*, **6**, 215-226 (1957).
[7] V.G. Levich, *Physicochemical Hydrodynamics*, Prentice-Hall, Englewood Cliffs, N.J. (1962), §11.

ligeiramente solúvel em B. Determine a taxa de dissolução de A em B. (A solução desse problema pode ser aplicada a um disco de raio finito R com erro desprezível.)

Neste problema a dinâmica do fluido foi desenvolvida por Kármán[8] e posteriormente corrigida por Cochran.[9] Foi determinado que, com exceção da região próxima da borda do disco, os componentes da velocidade podem ser expressos por

$$v_r = \Omega r F(\zeta); \qquad v_\theta = \Omega r G(\zeta); \qquad v_z = \sqrt{\Omega \nu} H(\zeta) \tag{19D.4-1}$$

na qual $\zeta = z(\Omega/\nu)^{1/2}$. As funções F, G e H têm as seguintes formas expandidas,[8]

$$F = a\zeta - \tfrac{1}{2}\zeta^2 - \tfrac{1}{3}b\zeta^3 - \tfrac{1}{12}b^2\zeta^4 - \cdots \tag{19D.4-2}$$

$$G = 1 + b\zeta + \tfrac{1}{3}a\zeta^3 + \tfrac{1}{12}(ab - 1)\zeta^4 - \cdots \tag{19D.4-3}$$

$$H = -a\zeta^2 + \tfrac{1}{3}\zeta^3 + \tfrac{1}{6}\zeta^4 + \cdots \tag{19D.4-4}$$

nas quais $a = 0{,}510$ e $b = -0{,}616$. Sabe-se ainda que, no limite quando $\zeta \to \infty$, $H \to -0{,}886$ e F, G e G' todos tendem a zero. Sabe-se também que a espessura da camada limite é proporcional a $(\nu/\Omega)^{1/2}$, exceto na região da borda do disco.

A equação da difusão da Eq. 19.1-16, com os componentes da velocidade já conhecidos, deve ser resolvida com as seguintes condições de contorno: $\rho_A = \rho_{A0}$ em $z = 0$; $\rho_A = 0$ em $z = \infty$; e $\partial\rho_A/\partial r = 0$ em $r = 0, \infty$. Como tem que haver apenas uma solução para esse problema linear, pode ser constatado que uma solução da forma $\rho_A(z)$ pode ser encontrada de tal forma que satisfaça a equação diferencial e as condições de contorno. Assim, na região considerada, a solução para ρ_A não depende da coordenada radial.

(a) Mostre que, em regime permanente, a Eq. 19.1-16 é da forma

$$H(\zeta)\frac{d\rho_A}{d\zeta} = \frac{1}{\mathrm{Sc}}\frac{d^2\rho_A}{d\zeta^2} \tag{19D.4-5}$$

(b) Resolva a Eq. 19D.4-5 para obter, para valores elevados do número de Schmidt

$$\frac{\rho_A}{\rho_{A0}} = 1 - \frac{(\frac{1}{3}a\mathrm{Sc})^{1/3}}{\Gamma(\frac{4}{3})}\int_0^{\zeta} \exp(-\tfrac{1}{3}a\mathrm{Sc}\bar{\zeta}^3)d\bar{\zeta} \tag{19D.4-6}$$

(c) Mostre que, na superfície do disco, o fluxo de massa é dado por[7]

$$j_{Az}\big|_{z=0} = 0{,}620\,\frac{\rho_{A0}\mathscr{D}_{AB}^{2/3}\Omega^{1/2}}{\nu^{1/6}} \tag{19D.4-7}$$

para valores elevados do número de Schmidt. Claramente, se desejado, poder-se-ia usar termos de maior ordem na expansão em série para H e ampliar a faixa de valores do número de Schmidt.[10] Esse sistema foi usado para estudar a remoção de ácido beênico sólido de superfícies de aço inoxidável.[11]

---

[8]T. von Kármán, *Zeits. f. angew. Math. u. Mech.*, **1**, 244-247 (1921).

[9]W.G. Cochran, *Proc. Camb. Phil. Soc.*, **30**, 365-375 (1934).

[10]D.Schuhmann, *Physicochemical Hydrodynamics*, (*V. G. Levich Fextschrift*), Vol. 1 (D.B. Spalding ed.), Advance Publications Ltd., London (1977), pp. 445-459; ver também K.-T. Liu e W.E. Stewart , *Intl. Jnl. Heat and Mass Trf.*, **15**, 187-189 (1972).

[11]C.S. Grant, A.T. Perka, W.D. Thomas e R. Caton, *AIChE Journal*, **42**, 1465-1476 (1996).

CAPÍTULO 20

DISTRIBUIÇÕES DE CONCENTRAÇÕES COM MAIS DE UMA VARIÁVEL INDEPENDENTE

A maioria dos problemas de difusão discutidos nos dois capítulos precedentes resultaram em equações diferenciais ordinárias para os perfis de concentração. Neste capítulo usamos as equações gerais do Cap. 19 para estabelecer e resolver alguns problemas de difusão que resultem em equações diferenciais parciais.

Um grande número de problemas de difusão pode ser resolvido, comparando a solução dos mesmos com a solução de problemas análogos de transferência de calor por condução. Quando as equações diferenciais, e as condições iniciais e de contorno para o processo de difusão são exatamente da mesma forma das formas correspondentes aos problemas de condução de calor, então a solução dos primeiros pode, após pequenas mudanças de notação pertinentes, ser diretamente obtida. Na Tabela 20.0-1 as três principais equações de transferência de calor usadas no Cap. 12 são mostradas juntamente com as equações análogas relacionadas à transferência de massa. A solução de um grande número de problemas relativos a meios estacionários pode ser encontrada nos trabalhos de Carslaw e Jaeger [1] e Crank. [2]

Como os problemas de difusão descritos pelas equações da Tabela 20.0-1 são análogos às equações relacionadas aos problemas do Cap. 12, não os discutiremos extensivamente aqui. Ao contrário, focalizaremos a nossa atenção inicial aos problemas que envolvem a difusão com reação química, difusão com interface não estacionária e difusão com elevadas taxas de transferência de massa.

Na Seção 20.1 discutimos um grande número de problemas de difusão transiente. Na Seção 20.2 apresentamos alguns problemas de camada limite em regime permanente envolvendo misturas binárias. Essa discussão é seguida da apresentação de dois problemas de camada limite para sistemas mais complexos: a difusão em regime permanente de um escoamento em torno de um objeto de forma arbitrária na Seção 20.3 e a difusão em escoamentos com interface móvel na Seção 20.4. Finalmente, na Seção 20.5 exploramos uma solução assintótica para o problema da "dispersão de Taylor".

20.1 DIFUSÃO DEPENDENTE DO TEMPO

Nessa seção apresentamos quatro exemplos de difusão transiente. O primeiro exemplo é relacionado à evaporação de um líquido volátil e ilustra os desvios relativos à segunda lei da difusão de Fick que aparecem em problemas de transferência de massa a elevadas taxas de transferência. O segundo e terceiro exemplos tratam da difusão com reação química. No último exemplo examinamos o papel da área interfacial na difusão. O método da combinação das variáveis é usado nos Exemplos 20.1-1, 2 e 4, e as transformadas de Laplace são usadas no Exemplo 20.1-3.

[1] H.S. Carslaw e J. C. Jaeger, *Conduction of Heat in Solids*, 2nd. ed., Oxford University Press (1959).
[2] J. Crank, *The Mathematics of Diffusion*, 2nd. ed., Clarendon Press, Oxford (1975).

TABELA 20.0-1 Analogias entre as Formas Especiais das Equações da Condução de Calor e da Difusão

	Processo	Transiente em meio estagnado	Escoamento permanente	Permanente em meio estagnado
	Solução dada em	Seção 12.1 — Soluções exatas	Seção 12.2 — Soluções exatas Seção 12.4 — Soluções da camada limite	Seção 12.3 — Soluções exatas para duas dimensões por funções analíticas
Condução de calor	Equações	$\frac{\partial T}{\partial t} = \alpha \nabla^2 T$	$(\mathbf{v} \cdot \nabla T) = \alpha \nabla^2 T$	$\nabla^2 T = 0$
	Aplicações	Condução de calor em sólidos	Condução de calor em escoamento laminar de fluido incompressível	Condução de calor em sólidos em regime permanente
	Suposições	1. k = constante $\mathbf{v} = 0$	1. k, ρ = constantes 2. Sem dissipação viscosa 3. Regime permanente	1. k = constante 2. $\mathbf{v} = 0$ 3. Regime permanente
Difusão	Equações	$\frac{\partial c_A}{\partial t} = \mathscr{D}_{AB} \nabla^2 c_A$	$(\mathbf{v} \cdot \nabla c_A) = \mathscr{D}_{AB} \nabla^2 c_A$	$\nabla^2 c_A = 0$
	Aplicações	Difusão de traços de A em B	Difusão em escoamento laminar (soluções diluídas de A em B)	Difusão em sólidos em regime permanente
	Suposições	1. $\mathscr{D}_{AB}$, ρ = constantes 2. $\mathbf{v} = 0$ 3. Sem reações químicas	1. $\mathscr{D}_{AB}$, ρ = constantes 2. Regime permanente 3. Sem reações químicas	1. $\mathscr{D}_{AB}$, ρ = constantes 2. Regime permanente 3. Sem reações químicas 4. $\mathbf{v} = 0$
	Aplicações	OU Contradifusão eqüimolar em gases a baixas densidades		
	Suposições	1. $\mathscr{D}_{AB}$, c = constantes 2. $\mathbf{v}^* = 0$ 3. Sem reações químicas		

EXEMPLO 20.1-1

Evaporação de um Líquido, em Regime Transiente (o "Problema de Arnold")

Desejamos determinar a taxa de evaporação de um líquido volátil A num gás B puro contido num tubo de comprimento infinito. O nível do líquido é mantido constante em $z = 0$. Consideramos que a temperatura e a pressão são constantes, e que os vapores de A e de B formam uma mistura ideal. Assim, na fase gasosa, a densidade molar c pode ser considerada constante, e $\mathscr{D}_{AB}$ pode também ser considerada constante. Admite-se ainda que a espécie B é insolúvel no líquido A, e que a velocidade média molar na fase gasosa não é função da coordenada radial.

SOLUÇÃO

Para esse sistema, a forma geral da equação da continuidade para a mistura, dada na Eq. 19.1-12, se reduz a

$$\frac{\partial v_z^*}{\partial z} = 0 \tag{20.1-1}$$

na qual v_z^* é o componente z da velocidade molar média. Integrando em relação a z, resulta

$$v_z^* = v_{z0}^*(t) \tag{20.1-2}$$

Aqui e em qualquer outro ponto desse problema, o subscrito "0" indica que a grandeza é determinada em $z = 0$. De acordo com a Eq. (M) da Tabela 17.8-1, essa velocidade pode ser escrita em termos dos fluxos molares de A e de B na forma

$$v_z^* = \frac{N_{Az0} + N_{Bz0}}{c} \tag{20.1-3}$$

Todavia, N_{Bz0} é nulo devido à insolubilidade da espécie B no líquido A. Assim, usando a Eq. (D) da Tabela 17.8-2 obtemos

$$v_z^* = -\frac{\mathscr{D}_{AB}}{1 - x_{A0}} \left.\frac{\partial x_A}{\partial z}\right|_{z=0} \tag{20.1-4}$$

na qual x_{A0} é a concentração da fase gasosa na interface, determinada com a suposição de equilíbrio na interface. Para uma mistura gasosa ideal, isso corresponde ao valor da pressão de vapor de A puro dividida pela pressão total.

A equação geral da continuidade, dada pela Eq. 19.1-17, se torna então

$$\frac{\partial x_A}{\partial t} - \left(\frac{\mathscr{D}_{AB}}{1 - x_{A0}} \left.\frac{\partial x_A}{\partial z}\right|_{z=0}\right)\frac{\partial x_A}{\partial z} = \mathscr{D}_{AB}\frac{\partial^2 x_A}{\partial z^2} \tag{20.1-5}$$

Essa equação deve ser resolvida com as seguintes condições inicial e de contorno.

C.I.:	em $t = 0$,	$x_A = 0$	(20.1-6)
C.C. 1:	em $z = 0$,	$x_A = x_{A0}$	(20.1-7)
C.C. 2:	em $z = \infty$,	$x_A = 0$	(20.1-8)

Podemos tentar o mesmo tipo de combinação de variáveis usado no Exemplo 4.1-1; isto é, $X = x_A/x_{A0}$ e $Z = z/\sqrt{4\mathscr{D}_{AB}t}$. Todavia, uma vez que a Eq. 20.1-5 contém o parâmetro x_{A0}, podemos antecipar que X dependerá não apenas de Z mas também do parâmetro x_{A0}.

Em termos dessas variáveis adimensionais, a Eq. 20.1-5 pode ser escrita na forma de

$$\frac{d^2X}{dZ^2} + 2(Z - \varphi)\frac{dX}{dZ} = 0 \tag{20.1-9}$$

Aqui, a grandeza

$$\varphi(x_{A0}) = -\frac{1}{2}\frac{x_{A0}}{1 - x_{A0}}\left.\frac{dX}{dZ}\right|_{Z=0} \tag{20.1-10}$$

é a velocidade molar média adimensional, $\varphi = v_z^*\sqrt{t/\mathscr{D}_{AB}}$, como pode ser constatado pela comparação da Eq. 20.1-10 com a Eq. 20.1-4. As condições inicial e de contorno correspondentes às Eqs. 20.1-6 a 8 são

C.C. 1:	em $Z = 0$,	$X = 1$	(20.1-11)
C.C. 2 e C.I.:	em $Z = \infty$,	$X = 0$	(20.1-12)

A Eq. 20.1-9 pode ser resolvida fazendo-se $dX/dZ = Y$. Daí resulta uma equação diferencial de primeira ordem para a variável Y, cuja solução é da forma

$$Y = C_1 \exp[-(Z - \varphi)^2] \equiv \frac{dX}{dZ} \tag{20.1-13}$$

de cuja integração resulta

$$X = C_1 \int_0^Z \exp[-(\bar{Z} - \varphi)^2]d\bar{Z} + C_2 \tag{20.1-14}$$

Combinando esse resultado com as Eqs. 20.1-11 e 12, obtemos

$$X(Z) = 1 - \frac{\int_0^Z \exp[-(\bar{Z} - \varphi)^2]d\bar{Z}}{\int_0^\infty \exp[-(Z - \varphi)^2]dZ} = 1 - \frac{\int_{-\varphi}^{Z-\varphi} \exp(-W^2)dW}{\int_{-\varphi}^\infty \exp(-W^2)dW} \tag{20.1-15}$$

A seguir usamos a definição da função erro e algumas de suas propriedades, em particular, $-\text{erf}(-\varphi) = \text{erf}\varphi$ e $\text{erf}\infty = 1$ (ver Seção C.6). Daí resulta a expressão final para a distribuição da fração molar:[1]

$$X(Z) = 1 - \frac{\text{erf}(Z - \varphi) + \text{erf}\,\varphi}{\text{erf}\,\infty + \text{erf}\,\varphi} = \frac{1 - \text{erf}(Z - \varphi)}{1 + \text{erf}\,\varphi} \tag{20.1-16}$$

Para obter o valor da função $\varphi(x_{A0})$, essa distribuição da fração molar tem que ser substituída na Eq. 20.1-10. Daí, resulta

$$\varphi = \frac{1}{\sqrt{\pi}} \frac{x_{A0}}{1 - x_{A0}} \frac{\exp(-\varphi^2)}{1 + \text{erf}\,\varphi} \tag{20.1-17}$$

Em vez de resolver essa equação para obter φ em função de x_{A0}, é mais fácil determinar x_{A0} em função de φ:

$$x_{A0} = \frac{1}{1 + [\sqrt{\pi}(1 + \text{erf}\,\varphi)\varphi \exp \varphi^2]^{-1}} \tag{20.1-18}$$

Uma tabela de valores da função $\varphi(x_{A0})$ é apresentada na Tabela 20.1-1, sendo os perfis de concentração ilustrados na Fig. 20.1-1.

Podemos agora calcular a taxa de produção de vapor na superfície de área S. Se V_A for o volume de A produzido por evaporação ao longo do tempo, t, então

$$\frac{dV_A}{dt} = \frac{N_{Az0}S}{c} = S\varphi\sqrt{\frac{\mathscr{D}_{AB}}{t}} \tag{20.1-19}$$

TABELA 20.1-1 Tabela[1] de $\varphi(x_{A0})$ e $\psi(x_{A0})$

x_{A0}	φ	$\psi = \varphi\sqrt{\pi}/x_{A0}$
0,00	0,0000	1,000
0,25	0,1562	1,108
0,50	0,3578	1,268
0,75	0,6618	1,564
1,00	∞	∞

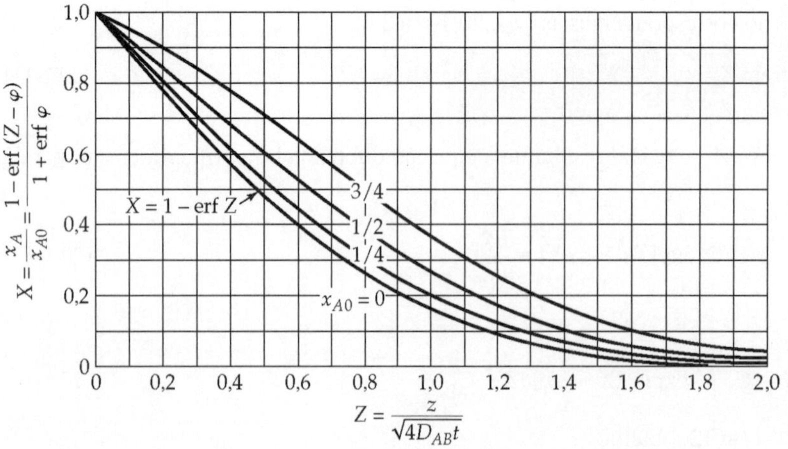

Fig. 20.1-1 Perfis de concentração em processo de evaporação transiente, mostrando que os desvios da lei de Fick crescem com a volatilidade do líquido.

[1] J. H. Arnold, *Trans. AIChE*, **40**, 361-378 (1944). **Jerome Howard Arnold** (1907-1974) ensinou no MIT e nas universidades de Minnesota, North Dakota e Iowa; trabalhou para a Standard Oil of California (1944-1948) e foi diretor do Contra Costa Transit District (1956-1960).

Integrando em relação a t, resulta

$$V_A = S\varphi\sqrt{4\mathcal{D}_{AB}t} \tag{20.1-20}$$

Essa relação pode ser usada para o cálculo da difusividade a partir da taxa de evaporação (ver Prob. 20A.1).

Podemos agora avaliar a importância de se considerar o transporte convectivo da espécie A no tubo. Se a segunda lei de Fick (Eq. 19.1-18) tivesse sido usada para determinar X, teríamos obtido

$$V_A^{\text{Fick}} = Sx_{A0}\sqrt{\frac{4\mathcal{D}_{AB}t}{\pi}} \tag{20.1-21}$$

Dessa forma, podemos reescrever a Eq. 20.1-20 como

$$V_A = Sx_{A0}\sqrt{\frac{4\mathcal{D}_{AB}t}{\pi}} \cdot \psi \tag{20.1-22}$$

O fator $\psi = \varphi\sqrt{\pi}/x_{A0}$, dado na Tabela 20.1-1, se constitui numa correção dos desvios em relação à segunda lei de Fick, desvios esses causados pela velocidade molar média não nula. Constatamos que esses desvios são ainda mais significativos para valores elevados de x_{A0} — isto é, para o caso de líquidos altamente voláteis.

Na análise precedente o sistema foi admitido como isotérmico. Na realidade, a interface vai ser resfriada pela evaporação, principalmente em valores elevados de x_{A0}. Esse efeito pode ser minimizado usando-se um tubo de pequeno diâmetro constituído de um material com elevada condutividade térmica. Para aplicações a outros sistemas de transferência de massa, todavia, a análise aqui apresentada deverá incluir a solução da equação da energia, de modo que a temperatura da interface e as composições possam ser também determinadas (ver Problema 20.B-2).

Essa análise pode ser estendida[2] para incluir o transporte entre fases de ambas as espécies, com valores arbitrários da relação N_{Az0}/N_{B0} não dependentes do tempo, bem como com valores arbitrários da composição inicial do gás $x_{A\infty}$. Um exemplo simples desse sistema refere-se ao caso de reação química controlada pela difusão $2A \rightarrow B$ sobre a superfície de um catalisador em $z = 0$, sendo o calor de reação removido através da superfície do sólido. O perfil de concentração corresponde à generalização da Eq. 20.1-16:

$$\Pi \equiv \frac{x_A - x_{A0}}{x_{A\infty} - x_{A0}} = \frac{\operatorname{erf}(Z - \varphi) + \operatorname{erf}\varphi}{1 + \operatorname{erf}\varphi} \tag{20.1-23}$$

O fluxo adimensional φ depende agora de x_{A0}, de $x_{A\infty}$ e da razão N_{Bz0}/N_{Az0}:

$$\varphi(x_{A0}) = \frac{1}{2}\frac{(x_{A0} - x_{A\infty})(N_{Az0} + N_{Bz0})}{N_{Az0} - x_{A0}(N_{Az0} + N_{Bz0})}\left.\frac{d\Pi}{dZ}\right|_{Z=0} \tag{20.1-24}$$

A relação entre os fluxos interfaciais e as composições terminais é

$$\frac{(x_{A0} - x_{A\infty})(N_{Az0} + N_{Bz0})}{N_{Az0} - x_{A0}(N_{Az0} + N_{Bz0})} = \sqrt{\pi}(1 + \operatorname{erf}\varphi)\varphi\exp\varphi^2 \tag{20.1-25}$$

As Eqs. 20.1-16, 10 e 18 são incluídas como casos especiais das três últimas equações. Esta última corresponde à equação-chave para cálculos de transferência de massa (ver Seção 22.8).

EXEMPLO 20.1-2

Absorção de Gás com Reação Rápida [3, 4]

O gás A é absorvido por um solvente líquido estagnado que contém o soluto B. A espécie A reage com a espécie B numa reação instantânea e irreversível de acordo com a equação $aA + bB \rightarrow$ Produtos. Podemos admitir que a segunda lei de

[2] W. E. Stewart, J. B. Angelo, and E. N. Lightfoot, *AIChE Journal*, **16**, 771-786 (1970), generalizaram esse exemplo e o exemplo a seguir relacionado à convecção forçada em escoamentos tridimensionais, incluindo escoamentos em regimes turbulentos.

[3] T.K. Sherwood, R.L. Pigford, and C.R. Wilke, *Absorption and Extraction*, 3rd ed., McGraw-Hill, New York (1975), Chap. 8; Ver também G. Astarita, *Mass Transfer with Chemical Reaction*, Elsevier, Amsterdam (1967), Chap. 5.

[4] Para problemas relacionados a fronteiras móveis com mudança de fase, ver H.S. Carslaw e J.C. Jaeger, *Conduction of Heat in Solids*, 2nd ed., Oxford University Press (1959). Ver também S.G. Bankoff, *Advances in Chemical Engineering*, Academic Press, New York (1964), Vol. 5, pp. 76-150; J. Crank, *Free and Moving Boundary Problems*, Oxford University Press (1984).

Fick descreve adequadamente o processo de difusão, uma vez que A, B e os produtos da reação estão presentes em S em concentração muito baixa. Obtenha as expressões para os perfis de concentração.

SOLUÇÃO

Devido à reação instantânea entre A e B, ocorrerá um plano que passa paralelo à interface vapor-líquido localizado a uma distância z_R dessa interface, a qual separa a região isenta de A da região isenta de B. A distância z_R é função de t, de vez que a fronteira entre A e B decresce à medida que B é consumido na reação química.

As equações diferenciais, expressas em termos de c_A e de c_B, são dadas por

$$\frac{\partial c_A}{\partial t} = \mathscr{D}_{AS}\frac{\partial^2 c_A}{\partial z^2} \quad \text{para } 0 \leq z \leq z_R(t) \tag{20.1-26}$$

$$\frac{\partial c_B}{\partial t} = \mathscr{D}_{BS}\frac{\partial^2 c_B}{\partial z^2} \quad \text{para } z_R(t) \leq z < \infty \tag{20.1-27}$$

Essas equações devem ser resolvidas com as seguintes condições inicial e de contorno:

C.I.:	em $t = 0$,	$c_B = c_{B\infty}$	para $z > 0$	(20.1-28)
C.C. 1:	em $z = 0$,	$c_A = c_{A0}$		(20.1-29)
C.C. 2, 3:	em $z = z_R(t)$,	$c_A = c_B = 0$		(20.1-30)
C.C. 4:	em $z = z_R(t)$,	$-\frac{1}{a}\mathscr{D}_{AS}\frac{\partial c_A}{\partial z} = +\frac{1}{b}\mathscr{D}_{BS}\frac{\partial c_B}{\partial z}$		(20.1-31)
C.C. 5:	em $z = \infty$,	$c_B = c_{B\infty}$		(20.1-32)

Onde c_{A0} é a concentração na interface líquida de A, e $c_{B\infty}$ é a concentração inicial de B. A quarta condição de contorno é determinada pela estequiometria da reação pela qual a moles de A consomem b moles de B (ver Problema 20B.2).

A inexistência de um comprimento característico nesse problema, e o fato de que $c_B = c_{B\infty}$ tanto em $t = 0$ quanto em $z = \infty$, apontam para a utilização do método da combinação de variáveis para a solução da equação. A comparação com o exemplo antecedente (sem o termo v_z^*) sugere as seguintes soluções:

$$\frac{c_A}{c_{A0}} = C_1 + C_2 \,\text{erf}\,\frac{z}{\sqrt{4\mathscr{D}_{AS}t}} \quad \text{para } 0 \leq z \leq z_R(t) \tag{20.1-33}$$

$$\frac{c_B}{c_{B\infty}} = C_3 + C_4 \,\text{erf}\,\frac{z}{\sqrt{4\mathscr{D}_{BS}t}} \quad \text{para } z_R(t) \leq z < \infty \tag{20.1-34}$$

Essas funções satisfazem as equações diferenciais, e no caso em que as constantes de integração C_1 a C_4 possam ser escolhidas de forma que as condições inicial e de contorno sejam satisfeitas, podemos obter a solução completa do problema.

A aplicação da condição inicial e das três primeiras condições de contorno possibilita a determinação das constantes de integração em termos de $z_R(t)$, daí resultando

$$\frac{c_A}{c_{A0}} = 1 - \frac{\text{erf}(z/\sqrt{4\mathscr{D}_{AS}t})}{\text{erf}(z_R/\sqrt{4\mathscr{D}_{AS}t})} \quad \text{para } 0 \leq z \leq z_R(t) \tag{20.1-35}$$

$$\frac{c_B}{c_{B\infty}} = 1 - \frac{1 - \text{erf}(z/\sqrt{4\mathscr{D}_{BS}t})}{1 - \text{erf}(z_R/\sqrt{4\mathscr{D}_{BS}t})} \quad \text{para } z_R(t) \leq z < \infty \tag{20.1-36}$$

Assim, a C.C. 5 é automaticamente satisfeita. Finalmente, inserindo essas soluções na C.C. 4 resulta a equação implícita da qual $z_R(t)$ pode ser obtida:

$$1 - \text{erf}\sqrt{\frac{\gamma}{\mathscr{D}_{BS}}} = \frac{ac_{B\infty}}{bc_{A0}}\sqrt{\frac{\mathscr{D}_{BS}}{\mathscr{D}_{AS}}}\,\text{erf}\sqrt{\frac{\gamma}{\mathscr{D}_{AS}}}\exp\left(\frac{\gamma}{\mathscr{D}_{AS}} - \frac{\gamma}{\mathscr{D}_{BS}}\right) \tag{20.1-37}$$

Aqui γ é uma constante igual a $z_R^2/4t$. Assim, z_R cresce na razão de $\sqrt{t}$.

Para determinar os perfis de concentração, deve-se primeiro resolver a Eq. 20.1-37 em termos de $\sqrt{\gamma}$, e então inserir esse resultado para $z_R/\sqrt{4t}$ nas Eqs. 20.1-35 e 36. Alguns perfis de concentração são ilustrados na Fig. 20.1-2 (para a = b), que mostra a taxa de crescimento da zona de reação.

Dos perfis de concentração podemos calcular a taxa de transferência de massa na interface:

$$N_{Az0} = -\mathscr{D}_{AS} \left.\frac{\partial c_A}{\partial z}\right|_{z=0} = \frac{c_{A0}}{\text{erf}\sqrt{\gamma/\mathscr{D}_{AS}}} \sqrt{\frac{\mathscr{D}_{AS}}{\pi t}} \tag{20.1-38}$$

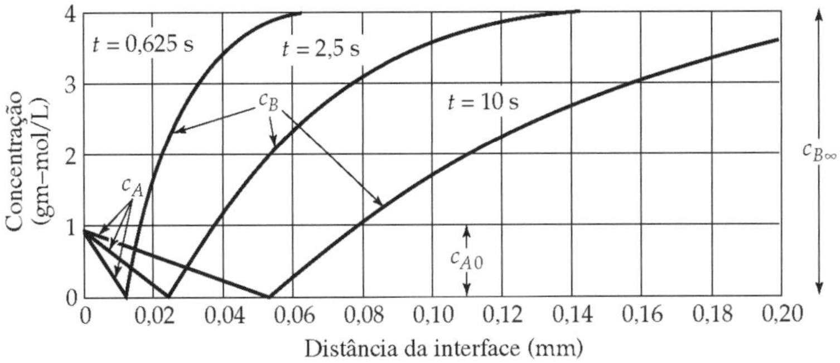

Fig. 20.1-2 Absorção de gás com reação química rápida, sendo os perfis de concentração dados pelas Eqs. 20.1-35 a 37 (para a = b). Os cálculos foram feitos considerando $\mathscr{D}_{AB} = 3{,}9 \times 10^{-5}$ ft²/h e $\mathscr{D}_{AB} = 1{,}95 \times 10^{-5}$ ft²/h [T.K. Sherwood and R.L. Pigford, *Absorption and Extraction*, McGraw-Hill, New York (1952), p.336]

A taxa média de absorção no tempo, t, é dada por

$$N_{Az0,\text{méd}} = \frac{1}{t}\int_0^t N_{Az0}dt = 2\frac{c_{A0}}{\text{erf}\sqrt{\gamma/\mathscr{D}_{AS}}} \sqrt{\frac{\mathscr{D}_{AS}}{\pi t}} \tag{20.1-39}$$

Assim, essa taxa média corresponde a duas vezes o valor da taxa instantânea.

EXEMPLO 20.1-3

Difusão Transiente com Reação Homogênea de Primeira Ordem[5-8]

Quando a espécie A se difunde num meio líquido B e reage irreversivelmente com esse líquido ($A + B \rightarrow C$) de acordo com uma pseudo-reação de primeira ordem, então o processo que engloba a difusão e a reação pode ser descrito por

$$\frac{\partial \omega_A}{\partial t} + (\mathbf{v} \cdot \nabla\omega_A) = \mathscr{D}_{AB}\nabla^2\omega_A - k_1'''\omega_A \tag{20.1-40}$$

desde que a concentração de A seja muito pequena e que a produção de C não seja muito grande. Aqui k_1''' corresponde à constante da taxa da reação homogênea. A Eq. 20.1-40 é freqüentemente associada às seguintes condições inicial e de contorno

C.I. em $t = 0$: $\omega_A = \omega_{AI}(x, y, z)$ (20.1-41)

C.C. em superfícies de contorno: $\omega_A = \omega_{A0}(x, y, z)$ (20.1-42)

e com um perfil de velocidade independente do tempo. Para esses problemas, mostre que a solução é da forma

$$\omega_A = g\exp(-k_1'''t) + \int_0^t \exp(-k_1'''t)\frac{\partial}{\partial t'}f(x, y, z, t')dt' \tag{20.1-43}$$

[5] P.V. Danckwerts, *Trans. Faraday Soc.*, **47**, 1014-1023 (1951). **Peter Victor Danckwerts** (1916-1984) foi oficial encarregado da desativação de bombas no porto de Londres durante a "Blitz" e foi ferido num campo minado da Itália durante a Segunda Guerra Mundial; como docente do Imperial College em Londres e da Universidade de Cambridge dedicou-se a pesquisas relacionadas à determinação da distribuição do tempo de residência, difusão e reações químicas, bem como o papel da difusão na absorção de gases.

[6] A. Giuliani e F.P. Foraboschi, *Atti.Acad.Sci.Inst.Bologna*, **9**, 1-16 (1962); F.P. Foraboschi, *ibid.*, **11**, 1-14 (1964); F.P. Foraboschi, *AIChE Journal*, **11**, 752-768 (1965).

[7] E.N. Lightfoot, *AIChE Journal*, **10**, 278-284 (1964).

[8] W.E. Stewart, *Chem. Eng. Sci.*, **23**, 483-487 (1968); corrigenda, *ibid.*,**24**, 1189-1190 (1969). Nesta última, o enfoque anterior foi generalizado para o caso de escoamentos transientes com reações homogêneas e heterogêneas de primeira ordem.

Aqui f é a solução das Eqs. 20.1-40 a 42 com $k_1''' = 0$ e $\omega_{AI} = 0$, enquanto g é a solução com $k_1''' = 0$ e $\omega_{A0} = 0$.

SOLUÇÃO

Esse problema é linear em termos de ω_A. Ele pode, portanto, ser resolvido pela superposição de dois problemas mais simples:

$$\omega_A = \omega_A^{(1)} + \omega_A^{(2)} \tag{20.1-44}$$

sendo $\omega_A^{(1)}$ descrita pelas equações

E.D.P.: $$\frac{\partial \omega_A^{(1)}}{\partial t} + (\mathbf{v} \cdot \nabla \omega_A^{(1)}) = \mathscr{D}_{AB}\nabla^2\omega_A^{(1)} - k_1'''\omega_A^{(1)} \tag{20.1-45}$$

C.I. em $t = 0$: $$\omega_A^{(1)} = \omega_{AI}(x, y, z) \tag{20.1-46}$$

C.C. nas superfícies: $$\omega_A^{(1)} = 0 \tag{20.1-47}$$

e $\omega_A^{(2)}$ descrita pelas equações

E.D.P.: $$\frac{\partial \omega_A^{(2)}}{\partial t} + (\mathbf{v} \cdot \nabla \omega_A^{(2)}) = \mathscr{D}_{AB}\nabla^2\omega_A^{(2)} - k_1'''\omega_A^{(2)} \tag{20.1-48}$$

C.I. em $t = 0$: $$\omega_A^{(2)} = 0 \tag{20.1-49}$$

C.C. nas superfícies: $$\omega_A^{(2)} = \omega_{A0}(x, y, z) \tag{20.1-50}$$

Vamos agora resolver essas duas equações auxiliares por meio da transformada de Laplace.

Tomando a transformada de Laplace das equações para $\omega_A^{(1)}$ resulta

E.D.P. + C.I.: $$(p + k_1''')\overline{\omega}_A^{(1)} - \omega_{AI}(x, y, z) + (\mathbf{v} \cdot \nabla \overline{\omega}_A^{(1)}) = \mathscr{D}_{AB}\nabla^2\overline{\omega}_A^{(1)} \tag{20.1-51}$$

C.C. nas superfícies: $$\overline{\omega}_A^{(1)} = 0 \tag{20.1-52}$$

Agora, a função g na Eq. 20.1-43 corresponde à solução para $\omega_A^{(1)}$ com o valor de k_1''' substituído por zero. De igual forma, a transformada $\bar{g}$ satisfaz as Eqs. 20.1-51 e 52 com $p + k_1'''$ substituído por p:

$$\overline{\omega}_A^{(1)}(p, x, y, z) = \bar{g}(p + k_1''', x, y, z) \tag{20.1-53}$$

Assim, tomando a transformada inversa obtemos

$$\omega_A^{(1)} = g\exp(-k_1'''t) \tag{20.1-54}$$

que corresponde à primeira parte da solução.

A seguir, tomando a transformada de Laplace das Eqs. 20.1-48 a 50 resulta

E.D.P. + C.I.: $$(p + k_1''')\overline{\omega}_A^{(2)} + (\mathbf{v} \cdot \nabla \overline{\omega}_A^{(2)}) = \mathscr{D}_{AB}\nabla^2\overline{\omega}_A^{(2)} \tag{20.1-55}$$

C.C. nas superfícies: $$\overline{\omega}_A^{(2)} = \frac{1}{p}\omega_{A0}(x, y, z) \tag{20.1-56}$$

A transformada de Laplace $\bar{f}$ satisfaz às mesmas equações com k_1 substituído por zero. Isto é, usando agora s como a variável da transformada em vez de p, obtemos

E.D.P. + C.I.: $$s\bar{f} + (\mathbf{v} \cdot \nabla\bar{f}) = \mathscr{D}_{AB}\nabla^2\bar{f} \tag{20.1-57}$$

C.C. nas superfícies: $$\bar{f} = \frac{1}{s}\omega_{A0}(x, y, z) \tag{20.1-58}$$

Podemos constatar que a função $s\bar{f}$ satisfaz às mesmas condições de contorno que $p\omega_A^{(2)}$ satisfaz e que as equações diferenciais para $s\bar{f}$ e $p\overline{\omega}_A^{(2)}$ são idênticas quando $s = p + k_1'''$. Assim,

$$p\overline{\omega}_A^{(2)}|_p = (s\bar{f})|_{s=p+k_1'''} \tag{20.1-59}$$

ou

$$\overline{\omega}_A^{(2)}(p, x, y, z) = \frac{p + k_1'''}{p}\bar{f}(p + k_1''', x, y, z) \tag{20.1-60}$$

Tomando a transformada inversa, temos

$$\omega_A^{(2)} = \int_0^t \exp(-k_1'''t')\frac{\partial}{\partial t'}f(x, y, z, t')dt' \tag{20.1-61}$$

como a segunda parte da solução. Da soma de ambas as partes da solução, $\omega_A^{(1)}$ e $\omega_A^{(2)}$, resulta diretamente a Eq. 20.1-43.

A Eq. 20.1-43 possibilita a determinação dos perfis de concentração em sistemas com reação a partir de cálculos e de experimentos em sistemas sem reação operando nas mesmas condições de escoamento. Vários exemplos desse tipo de tratamento são conhecidos, inclusive para sistemas multicomponente,[9] escoamento turbulento,[8,9] e condições de contorno mais gerais.[7-9]

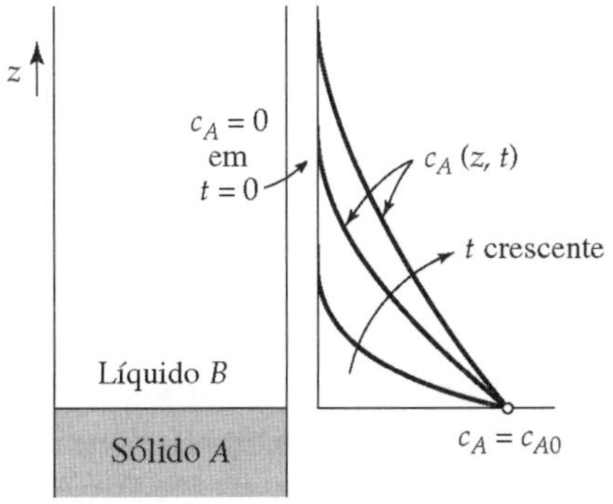

Fig. 20.1-3 Difusão transiente de uma placa solúvel de *A* numa coluna semi-infinita do líquido *B*.

EXEMPLO 20.1-4

Influência da Variação da Área Interfacial na Transferência de Massa em uma Interface[10,11]

A Fig. 20.1-3 ilustra os perfis de concentração para a difusão de *A* de uma parede ligeiramente solúvel num meio líquido semi-infinito acima dela. Se a difusividade e a densidade são constantes, então esse problema corresponde a um problema de transferência de massa análogo aos problemas já discutidos nas Seções 4.1 e 12.1. A difusão é descrita pela versão unidimensional da segunda lei de Fick, Eq. 19.1-18,

$$\frac{\partial c_A}{\partial t} = \mathscr{D}_{AB}\frac{\partial^2 c_A}{\partial z^2} \tag{20.1-62}$$

juntamente com a condição inicial pela qual $c_A = 0$ na fase líquida, e com a condição de contorno dada por $c_A = c_{A0}$ na interface sólido-líquido e $c_A = 0$ à distância infinita da interface. A solução dessa equação é dada por

$$\frac{c_A}{c_{A0}} = 1 - \operatorname{erf}\frac{z}{\sqrt{4\mathscr{D}_{AB}t}} \tag{20.1-63}$$

da qual podemos obter o fluxo interfacial

$$N_{Az0} = c_{A0}\sqrt{\frac{\mathscr{D}_{AB}}{\pi t}} \tag{20.1-64}$$

A Eq. 20.1-63 é a equação análoga às Eqs. 4.1-15 e 12.1-8.

Na Fig. 20.1-4 ilustramos um problema semelhante no qual a área interfacial varia com o tempo na medida em que o líquido se espalha nas direções *x* e *y*, de modo que a área interfacial é função do tempo, *S*(*t*). As condições inicial e de contorno para as concentrações são idênticas. Desejamos determinar a função $c_A(z,t)$ para esse sistema.

[9] Y.-H. Pao, *AIAA Journal*, **2**, 1550-1559 (1964); *Chem. Eng. Sci.*, **19**, 694-696 (1964); *ibid.*, **20**, 665-669 (1965).

[10] D. Ilkovic, *Collec. Czechoslov.Chem.Comm.*, **6**, 498-513 (1934). O resultado final dessa seção foi obtido por Ilkovic em um trabalho relacionado a eletrodo de mercúrio.

[11] V.G. Levich, *Physicochemical Hydrodynamics*, 2nd ed. (versão em inglês), Prentice-Hall, Englewood Cliffs, N.J., (1962), §10.8. Este livro contém um massivo trabalho teórico e de dados experimentais sobre difusão e fenômenos relacionados ao escoamento de líquidos e de sistemas bifásicos.

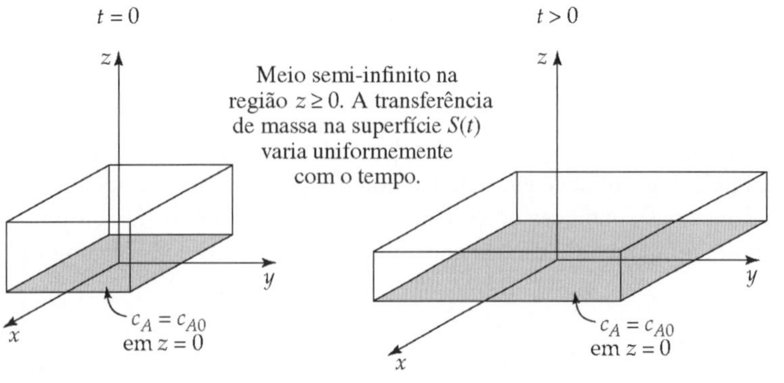

Fig. 20.1-4 Difusão de massa transiente através de uma interface $S(t)$ que varia com o tempo. O líquido B, na região acima do plano $z = 0$, tem uma distribuição de velocidade $v_x = +(1/2)ax$, $v_y = +(1/2)ay$ e $v_z = -az$, onde $a = d \ln S/dt$.

SOLUÇÃO

A distribuição de velocidade para esse problema de área interfacial variável é dada por $v_x = +1/2\ ax$, $v_y = +1/2\ ay$, $v_z = -az$, onde $a = d \ln S/dt$. A equação da difusão para esse sistema é dada por

$$\frac{\partial c_A}{\partial t} - \left(\frac{d}{dt} \ln S\right) z \frac{\partial c_A}{\partial z} = \mathscr{D}_{AB} \frac{\partial^2 c_A}{\partial z^2} \quad (20.1\text{-}65)$$

Como a Eq. 20.1-62 pôde ser resolvida pelo método da combinação das variáveis, podemos aqui também usar o mesmo método. Assim, definimos

$$\frac{c_A}{c_{A0}} = g(\zeta) \qquad \text{com } \zeta = \frac{z}{\delta(t)} \quad (20.1\text{-}66)$$

Substituindo essa solução tentativa na Eq. 20.1-65, resulta

$$\frac{d^2 g}{d\zeta^2} + 2\left[\frac{\delta^2}{2\mathscr{D}_{AB}}\left(\frac{d}{dt} \ln (S\delta)\right)\right]\zeta \frac{dg}{d\zeta} = 0 \quad (20.1\text{-}67)$$

Fazendo a expressão dentro da chave igual à unidade, conseguimos duas coisas: (i) obtemos uma equação para g que tem a mesma forma da Eq. 4.1-9, para a qual conhecemos a solução; (ii) obtemos uma equação para δ como função de t:

$$\frac{d}{dt} \ln (S\delta) = \frac{2\mathscr{D}_{AB}}{\delta^2} \quad (20.1\text{-}68)$$

Da integração dessa equação resulta

$$\int_0^{S(t)\delta(t)} d(S\delta)^2 = 4\mathscr{D}_{AB} \int_0^t S^2(\bar{t})d\bar{t} \quad (20.1\text{-}69)$$

O limite inferior do primeiro membro é escolhido de forma a garantir que $c_A = 0$ inicialmente por todo o meio fluido. Essa escolha leva então à

$$\delta(t) = \sqrt{4\mathscr{D}_{AB} \int_0^t [S(\bar{t})/S(t)]^2 d\bar{t}} \quad (20.1\text{-}70)$$

e finalmente obtemos os perfis de concentração

$$\frac{c_A}{c_{A0}} = 1 - \text{erf} \frac{z}{\sqrt{4\mathscr{D}_{AB} \int_0^t [S(\bar{t})/S(t)]^2 d\bar{t}}} \quad (20.1\text{-}71)$$

O fluxo mássico interfacial é então obtido tomando a derivada da Eq. 20.1-71,

$$N_{Az0} = c_{A0}\sqrt{\frac{\mathscr{D}_{AB}}{\pi t}}\left(\frac{1}{t}\int_0^t [S(\bar{t})/S(t)]^2 d\bar{t}\right)^{-1/2} \quad (20.1\text{-}72)$$

O número total de moles de A que cruzam a interface no tempo, t, através da superfície $S(t)$ pode ser obtido por integração da Eq. 20.1-71 da seguinte forma:

$$\begin{aligned} M_A(t) &= \iint\int_0^\infty c_A dz\, dy\, dx = S(t)c_{A0}\int_0^\infty (1 - \text{erf}(z/\delta))dz \\ &= S(t)c_{A0}\frac{2}{\sqrt{\pi}}\int_0^\infty\int_{z/\delta}^\infty \exp(-\zeta^2)\, d\zeta\, dz \\ &= S(t)c_{A0}\frac{2}{\sqrt{\pi}}\delta\int_0^\infty \exp(-\zeta^2)\,\zeta\, d\zeta \\ &= S(t)c_{A0}\frac{1}{\sqrt{\pi}}\sqrt{4\mathscr{D}_{AB}\int_0^t [S(\bar{t})/S(t)]^2 d\bar{t}} \\ &= c_{A0}\sqrt{\frac{4\mathscr{D}_{AB}}{\pi}\int_0^t [S(t)]^2\, d\bar{t}} \end{aligned} \tag{20.1-73}$$

Uma expressão equivalente pode ser obtida por integração da Eq. 20.1-72:

$$\begin{aligned} M_A(t) &= \int_0^t S(\bar{t})N_{Az0}(\bar{t})d\bar{t} \\ &= c_{A0}\sqrt{\frac{\mathscr{D}_{AB}}{\pi}}\int_0^t \frac{[S(\bar{t})]^2}{\sqrt{\int_0^{\bar{t}} [S(\bar{\bar{t}})/S(\bar{t})]^2 d\bar{\bar{t}}}}\, d\bar{t} \end{aligned} \tag{20.1-74}$$

$$\begin{aligned} &= c_{A0}\sqrt{\frac{4\mathscr{D}_{AB}}{\pi}}\int_0^t \frac{\left[S(\bar{t})\right]^2}{\sqrt{\int_0^{t}\left[S(\bar{\bar{t}})\right]^2 d\bar{\bar{t}}}}\, d\bar{t} = c_{A0}\sqrt{\frac{4\mathscr{D}_{AB}}{\pi}}\frac{\int_0^t\left[S(\bar{t})\right]^2 d\bar{t}}{\sqrt{\int_0^{t}\left[S(\bar{\bar{t}})\right]^2 d\bar{\bar{t}}}} \\ &= c_{A0}\sqrt{\frac{4\mathscr{D}_{AB}}{\pi}}\sqrt{\int_0^t\left[S(\bar{t})\right]^2 d\bar{t}} = c_{A0}\sqrt{\frac{4\mathscr{D}_{AB}}{\pi}\int_0^t\left[S(\bar{t})\right]^2 d\bar{t}} \end{aligned}$$

Tanto a Eq. 20.1-73 quanto a Eq. 20.1-74 podem ser verificadas levando-se em conta que $dM_A/dt = N_{A0z}(t)S(t)$.

Se $S(t) = at^n$, em que a é uma constante, os resultados anteriores recaem em

$$N_{Az0}(t) = c_{A0}\sqrt{\frac{(2n+1)\mathscr{D}_{AB}}{\pi t}} \tag{20.1-75}$$

$$M_A(t) = c_{A0}a\sqrt{\frac{4\mathscr{D}_{AB}t^{2n+1}}{(2n+1)\pi}} \tag{20.1-76}$$

Para a difusão no líquido na região em torno de uma bolha de gás de volume crescente com o tempo, $n = 2/3$ e $2n + 1 = 7/3$. Esse, claro, é um resultado aproximado no qual os efeitos de curvatura foram desprezados, e é válido somente para curtos tempos de contato. Resultados semelhantes foram obtidos para interfaces de configuração arbitrária,[2, 12] e confirmados experimentalmente para diversos sistemas em escoamento laminar e turbulento.[2, 13]

20.2 TRANSPORTE EM REGIME PERMANENTE EM CAMADAS LIMITES BINÁRIAS

Na Seção 12.4, discutimos a aplicação das equações da camada limite para escoamentos não-isotérmicos de fluidos puros. As equações da continuidade, do movimento e da energia foram apresentadas na forma de camadas limites e resolvidas para alguns casos simples. Na presente seção estendemos o conjunto de equações da camada limite para misturas binárias reacionais, adicionando a equação da continuidade para a espécie A, de modo a determinarmos os perfis de concentração. A seguir, apresentamos três exemplos para a geometria da placa plana: uma relacionada ao problema de convecção força-

[12] J.B. Angelo, E.N. Lightfoot, and D.W. Howard, *AIChE Journal*, **12**, 751-760 (1966).

[13] W.E. Stewart, in *Physicochemical Hydrodynamics* (D.B. Spalding, ed.), Advance Publications Ltd., London, Vol. 1 (1977), pp. 22-63.

da com uma reação homogênea, uma com transferência de massa a taxas elevadas, e uma sobre analogias em processos de transferências a baixas taxas de transferência.

Considere o escoamento bidimensional permanente de uma mistura binária em torno de um objeto submerso, como o ilustrado na Fig. 4.4-1. Nas vizinhanças da placa, as equações de balanço dadas nas Seções 18.2 e 3 podem ser simplificadas através do seguinte procedimento, desde que $\rho, \mu, k, \hat{C}_p$ e $\mathscr{D}_{AB}$ são essencialmente constantes (exceto no que se refere ao termo ρg) e que a dissipação viscosa pode ser desprezada:

Continuidade:
$$\frac{\partial v_x}{\partial x} + \frac{\partial v_y}{\partial y} = 0 \tag{20.2-1}$$

Movimento:
$$\rho\left(v_x \frac{\partial v_x}{\partial x} + v_y \frac{\partial v_x}{\partial y}\right) = \rho v_e \frac{dv_e}{dx} + \mu \frac{\partial^2 v_x}{\partial y^2} + \bar{\rho} g_x \bar{\beta}(T - T_\infty) + \bar{\rho} g_x \bar{\zeta}(\omega_A - \omega_{A\infty}) \tag{20.2-2}$$

Energia:
$$\rho \hat{C}_p\left(v_x \frac{\partial T}{\partial x} + v_y \frac{\partial T}{\partial y}\right) = k \frac{\partial^2 T}{\partial y^2} - \left(\frac{\overline{H}_A}{M_A} - \frac{\overline{H}_B}{M_B}\right) r_A \tag{20.2-3}$$

Continuidade de A:
$$\rho\left(v_x \frac{\partial \omega_A}{\partial x} + v_y \frac{\partial \omega_A}{\partial y}\right) = \rho \mathscr{D}_{AB} \frac{\partial^2 \omega_A}{\partial y^2} + r_A \tag{20.2-4}$$

A equação da continuidade é a própria Eq. 12.4-1. A equação do movimento, obtida da Eq. 19.2-3, difere da Eq. 12.4-2 pelo termo referente à força de empuxo binária $\bar{\rho} g_x \bar{\zeta}(\omega_A - \omega_{A\infty})$. A equação da energia, obtida da Eq. (F) da Tabela 19.2-4), difere da Eq. 12.4-3 pelo termo da geração de calor pela reação $-[(\overline{H}_A/M_A) - (\overline{H}_B/M_B)]r_A$. A Eq. 20.2-4 é obtida a partir da Eq. 19.1-6 considerando que $\omega_A = \omega_A(x,y)$ e desprezando a difusão que ocorre na direção x. Soluções mais completas, válidas para altas velocidades, propriedades das camadas limites variáveis, foram já publicadas.[1]

As condições de contorno usualmente empregadas para a variável v_x são $v_x = 0$ na placa, e $v_x = v_e(x)$ na região externa à *camada limite hidrodinâmica*. As condições de contorno empregadas para a variável T, relacionadas à Eq. 20.2-3 são $T = T_0(x)$ na placa e $T = T_\infty$ na região externa à *camada limite térmica*. As condições correspondentes à ω_A para a Eq. 20.2-4 são $\omega_A = \omega_{A0}(x)$ na placa e $\omega_A = \omega_{A\infty}$ na região externa à *camada limite mássica*. Assim, temos que considerar três camadas limites, cada uma com a sua própria espessura. Em fluidos com propriedades físicas constantes e a valores elevados dos números de Prandtl e de Schmidt, as camadas limites térmica e mássica estão, em geral, submersas dentro da camada limite hidrodinâmica, enquanto para o caso de Pr < 1 e Sc < 1, elas podem se estender para fora dela.

Para sistemas com transferência de massa, a velocidade v_y na superfície não é nula, mas sim função de x. Assim, consideramos $v_y = v_0(x)$ em $y = 0$. Essa condição de contorno é apropriada sempre que há um fluxo "líquido" de massa entre a superfície da placa e a corrente externa à camada limite, como é o caso de processos de fusão, secagem, sublimação, combustão da parede ou transpiração do fluido através de uma parede porosa. Claramente, alguns desses processos podem ser possíveis para o caso de fluidos puros, mas por simplificação adiamos a sua discussão para o presente capítulo (ver também Seções 18.3 e 22.8 para discussões pertinentes).

Com a ajuda da equação da continuidade, as Eqs. 20.2-1 a 4 podem ser formalmente integradas, com as condições de contorno antes apresentadas, e obter o seguinte conjunto de balanços relativos à cada camada limite:

Continuidade + movimento:
$$\mu \left.\frac{\partial v_x}{\partial y}\right|_{y=0} = \frac{d}{dx}\int_0^\infty \rho v_x(v_e - v_x)dy + \frac{dv_e}{dx}\int_0^\infty \rho(v_e - v_x)dy - \int_0^\infty \rho g_x \beta(T - T_\infty)dy - \int_0^\infty \rho g_x \zeta(\omega_A - \omega_{A\infty})dy + \rho v_0 v_e \tag{20.2-5}$$

Continuidade + energia:
$$k \left.\frac{\partial T}{\partial y}\right|_{y=0} = \frac{d}{dx}\int_0^\infty \rho v_x \hat{C}_p(T_\infty - T)\,dy - \int_0^\infty \left(\frac{\overline{H}_A}{M_A} - \frac{\overline{H}_B}{M_B}\right) r_A dy - \rho v_0 \hat{C}_p(T_\infty - T_0) \tag{20.2-6}$$

Continuidade + Continuidade de A:
$$\rho \mathscr{D}_{AB} \left.\frac{\partial \omega_A}{\partial y}\right|_{y=0} = \frac{d}{dx}\int_0^\infty \rho v_x(\omega_{A\infty} - \omega_A)\,dy + \int_0^\infty r_A dy - \rho v_0(\omega_{A\infty} - \omega_{A0}) \tag{20.2-7}$$

[1] Ver, por exemplo, W.H. Dorrance, *Viscous Hypersonic Flow*, McGraw-Hill, New York (1962), e K. Stewartson, *The Theory of Laminar Boundary Layers in Compressible Fluids*, Oxford University Press (1964).

Essas equações se constituem numa extensão dos denominados *balanços de von Kármán* das Seções 4.4 e 12.4, os quais podem também ser aqui aplicados, como é mostrado no Exemplo 20.2-1.

Os métodos de solução de problemas de camada limite têm sido de valor considerável no desenvolvimento da teoria de vôos a altas velocidades, processos de separação, reatores químicos e sistemas biológicos de transferência de massa. Alguns problemas bastante interessantes que já foram estudados se referem a reações químicas em camada limite hipersônica [1], transferência de massa em gotas[2], polarização de eletrodos em convecção forçada[2] e em convecção natural[3], dessalinisação da água por osmose reversa[4] e transferência de massa em reatores recheados e em colunas de destilação.[5]

EXEMPLO 20.2-1

Difusão e Reação Química em Escoamento Laminar Isotérmico ao Longo de uma Placa Plana Solúvel

Um problema de transferência de massa análogo ao problema discutido no Exemplo 12.4-1 se refere ao escoamento ao longo de uma placa plana que contém uma espécie A ligeiramente solúvel no fluido B. A concentração na superfície da placa seria c_{A0}, que corresponde à solubilidade de A em B, e a concentração de A, a uma longa distância da placa, seria dada por $c_{A\infty}$. No presente exemplo vamos considerar $c_{A\infty} = 0$, mas não vamos levar em conta a analogia com o Exemplo 12.4-1 supondo que A reage com B numa reação homogênea de ordem n, de modo que $R_A = -k_n'''c_A^n$. A concentração de A dissolvido é suposta muito pequena, de modo que as propriedades físicas μ, ρ e $\mathscr{D}_{AB}$ são virtualmente constantes por todo o fluido. Desejamos analisar o sistema, ilustrado na Fig. 20.2-1, pelo método de von Kármán.

SOLUÇÃO

Iniciamos admitindo formas para o perfil de velocidade e de concentração. Para minimizar o trabalho algébrico e ainda assim ilustrar o método, selecionamos funções simples (claramente podem ser sugeridas outras funções mais realistas):

$$\begin{cases} \dfrac{v_x}{v_\infty} = \dfrac{y}{\delta} & y \leq \delta(x) \\ \dfrac{v_x}{v_\infty} = 1 & y \geq \delta(x) \end{cases} \tag{20.2-8}$$

$$\begin{cases} \dfrac{c_A}{c_{A0}} = 1 - \dfrac{y}{\delta_c} & y \leq \delta_c(x) \\ \dfrac{c_A}{c_{A0}} = 0 & y \geq \delta_c(x) \end{cases} \tag{20.2-9}$$

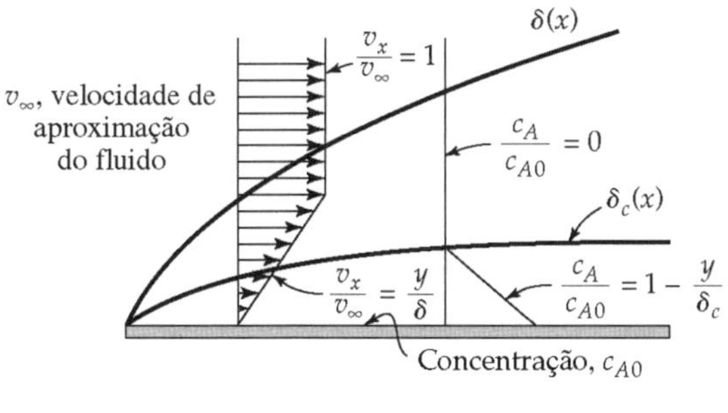

Fig. 20.2-1 Perfis de velocidade e de concentração admitidos para a camada limite laminar com reação química homogênea.

Note que indicamos diferentes valores de espessuras, δ e δ_c, para a camada limite hidrodinâmica e mássica. A fim de relacionar esse problema com o problema do Exemplo 12.4-1, introduzimos a grandeza $\Delta = \delta_c/\delta$, que, no caso, é função de x devido à reação química que está ocorrendo. Restringimos a discussão para $\Delta \leqslant 1$, para o qual a camada limite mássica se encontra inteiramente submersa dentro da camada limite hidrodinâmica. Podemos também desprezar a velocidade in-

[2] V.G. Levich, *Physicochemical Hydrodynamics*, 2nd ed. (versão em inglês), Prentice-Hall, Englewood Cliffs, N.J. (1962).
[3] C.R. Wilke, C.W. Tobias, and M. Eisenberg, *Chem. Eng. Prog.*, **49**, 663-674 (1953).
[4] W.N. Gill, D. Zeh, and C. Tien, *Ind. Eng. Chem. Fund.*, **4**, 433-439 (1965); *ibid.*, **5**, 367-370 (1966). Ver também P.L.T. Brian, *ibid.*, **4**, 439-445 (1965).
[5] J.P. Sørensen and W.E. Stewart, *Chem. Eng. Sci.*, **29**, 833-837 (1974); W.E. Stewart and D.L. Weidman, *ibid.*, **45**, 2155-2160 (1990); T.C. Young and W.E. Stewart, *AIChE Journal*, **38**, 592-602, 1302 (1992).

terfacial, $v_0 = v_{y|y=0}$, que é considerada suficientemente pequena devido à baixa solubilidade de A. A inserção dessas expressões nas Eqs. 20.2-5 e 7 resulta nas seguintes equações diferenciais

$$\frac{\mu v_\infty}{\delta} = \frac{d}{dx}\left(\tfrac{1}{6}\rho v_\infty^2 \delta\right) \tag{20.2-10}$$

$$-\frac{\mathscr{D}_{AB} c_{A0}}{\delta\Delta} = \frac{d}{dx}\left(-\tfrac{1}{6} c_{A0} v_\infty \delta \Delta^2\right) - \frac{k_n''' c_{A0}^n \delta\Delta}{n+1} \tag{20.2-11}$$

para as espessuras da camada limite δ e $\delta_c = \delta\Delta$.

Da integração da Eq. 20.2-10 resulta

$$\delta = \sqrt{12 \frac{\nu x}{v_\infty}} \tag{20.2-12}$$

A inserção desse resultado na Eq. 20.2-11 e a multiplicação por $-\delta\Delta/\nu c_{A0}$, resulta

$$\frac{1}{\mathrm{Sc}} = \frac{4}{3} x \frac{d}{dx}\Delta^3 + \Delta^3 + 12\left[\frac{k_n''' c_{A0}^{n-1} x}{(n+1)v_\infty}\right]\Delta^2 \tag{20.2-13}$$

que é a equação diferencial para Δ. Assim, Δ é função do número de Schmidt, $\mathrm{Sc} = \mu/\rho\mathscr{D}_{AB}$, e da coordenada espacial na forma adimensional mostrada dentro do colchete. A grandeza dentro do colchete corresponde a $1/(n+1)$ vezes o *primeiro número de Damköhler*[6] calculado em termos da distância x.

Quando não há reação química, k_n''' é nula, e a Eq. 20.2-13 se reduz a uma equação linear de primeira ordem em termos de Δ^3. Quando essa equação é integrada, obtemos

$$\Delta^3 = \frac{1}{\mathrm{Sc}} + \frac{C}{x^{3/4}} \tag{20.2-14}$$

na qual C é uma constante de integração. Como Δ não tende para infinito quando $x \rightarrow 0$, obtemos na ausência de reação química (cf. Eq. 12.4-15):

$$\Delta = \mathrm{Sc}^{-1/3} \qquad \Delta < 1 \tag{20.2-15}$$

Isto é, para o caso de não haver reação química e para $\mathrm{Sc} > 1$, as espessuras das camadas limites mássica e hidrodinâmica mantêm entre si uma relação constante, a qual só depende do número de Schmidt.

No caso de uma *reação lenta* (ou para pequenos valores de x), uma solução em série da Eq. 20.2-13 pode ser obtida:

$$\Delta = \mathrm{Sc}^{-1/3}(1 + a_1\xi + a_2\xi^2 + \cdots) \tag{20.2-16}$$

na qual

$$\xi = 12\left[\frac{k_n''' c_{A0}^{n-1} x}{(n+1)v_\infty}\right] \tag{20.2-17}$$

Substituindo essa última expressão na Eq. 20.2-13 temos

$$a_1 = -\tfrac{1}{7}\mathrm{Sc}^{1/3}, \qquad a_2 = +\tfrac{3}{539}\mathrm{Sc}^{2/3}, \qquad \text{etc.} \tag{20.2-18}$$

Como a_1 tem um valor negativo, a espessura da camada limite mássica decresce à medida que a reação prossegue.

No caso de uma *reação rápida* (ou para valores elevados de x), uma solução em série para $1/\xi$ é mais apropriada. Para elevados valores de ξ, admitimos que o termo predominante é o termo da forma $\Delta = \text{const.} \cdot \xi^m$, sendo $m < 0$. Substituindo essa função tentativa na Eq. 20.2-13, pode-se mostrar que

$$\Delta = (\mathrm{Sc}\,\xi)^{-1/2} \qquad \text{para } \xi \text{ grande} \tag{20.2-19}$$

A combinação das Eqs. 20.2-12 e 19 mostra que, para valores elevados de x, a espessura da camada limite mássica $\delta_c = \delta\Delta$ se torna constante e, portanto, não depende de v_∞ e ν.

Uma vez conhecida $\Delta(\xi,\mathrm{Sc})$, podemos determinar o perfil de concentração e a taxa de transferência de massa na superfície. Um tratamento mais completo desse problema pode ser encontrado na Ref.[7].

[6] G. Damköhler, *Zeits. f. Electrochemie*, **42**, 846-862 (1936); W.E. Stewart, *Chem. Eng. Prog. Symp. Series*, #58, **61**, 16-27 (1965).

[7] P.L. Chambré and J.D. Young, *Physics of Fluids*, **1**, 48-54 (1958). Reações em superfícies catalíticas dentro da camada limite foram estudadas por P.L. Chambré e A. Acrivos, *J. Appl. Phys.*, **27**, 1322-1328 (1956).

EXEMPLO 20.2-2

Convecção Forçada a Partir de uma Placa Plana a Altas Taxas de Transferência de Massa

A espessura da camada limite laminar ao longo de uma placa plana (ver Fig. 20.2-2) tem sido um sistema extensivamente utilizado para estudos de transferência de calor e de massa. Nesse exemplo, apresentamos uma análise referente à convecção em um escoamento subsônico nessa geometria para altas taxas de transferência de massa, e discutimos as analogias que consubstanciam essa situação. Esse exemplo corresponde a uma extensão do Exemplo 4.4-2.

SOLUÇÃO

Considere o escoamento bidimensional permanente e não-isotérmico de uma mistura binária no sistema ilustrado na Fig. 20.2-2. As propriedades do fluido $\rho, \mu, \hat{C}_p, k$ e $\mathscr{D}_{AB}$ são consideradas constantes, a dissipação viscosa é desprezada e não há ocorrência de reações químicas homogêneas. As equações da camada limite de Prandtl para a região laminar são

Continuidade:
$$\frac{\partial v_x}{\partial x} + \frac{\partial v_y}{\partial y} = 0 \qquad (20.2\text{-}20)$$

Movimento:
$$v_x \frac{\partial v_x}{\partial x} + v_y \frac{\partial v_x}{\partial y} = \nu \frac{\partial^2 v_x}{\partial y^2} \qquad (20.2\text{-}21)$$

Energia:
$$v_x \frac{\partial T}{\partial x} + v_y \frac{\partial T}{\partial y} = \alpha \frac{\partial^2 T}{\partial y^2} \qquad (20.2\text{-}22)$$

Continuidade de A:
$$v_x \frac{\partial \omega_A}{\partial x} + v_y \frac{\partial \omega_A}{\partial y} = \mathscr{D}_{AB} \frac{\partial^2 \omega_A}{\partial y^2} \qquad (20.2\text{-}23)$$

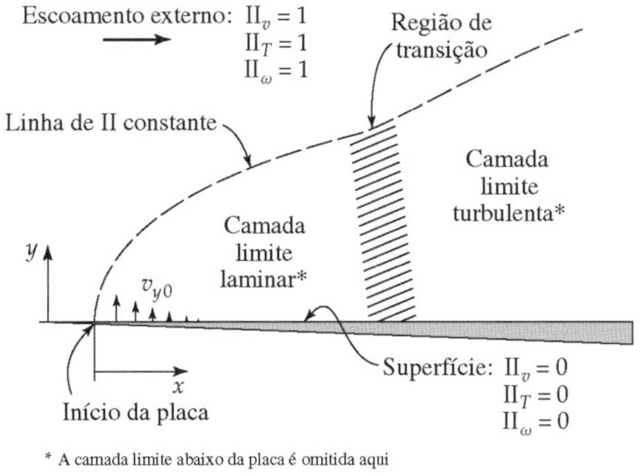

Fig. 20.2-2 Escoamento tangencial ao longo de uma placa plana semi-infinita com transferência de massa na corrente de fluido. Em geral, a transição laminar-turbulenta ocorre a valores de Re $(xv_\infty/\nu)_{crit}$ na faixa de 10^5 a 10^6.

As condições de contorno são as seguintes

$$\text{em } x \le 0 \text{ ou } y = \infty, \quad v_x = v_\infty,\quad T = T_\infty,\quad \omega_A = \omega_{A\infty} \qquad (20.2\text{-}24)$$

$$\text{em } y = 0, \quad v_x = 0,\quad T = T_0,\quad \omega_A = \omega_{A0} \qquad (20.2\text{-}25)$$

$$\text{em } y = 0, \quad v_y = v_0(x) \qquad (20.2\text{-}26)$$

Aqui, a função $v_0(x)$ representa o valor de $v_y(x,y)$ determinado em $y = 0$ e descreve a distribuição da taxa de transferência de massa ao longo da superfície. Essa função será posteriormente definida.

A Eq. 20.2-20 pode ser integrada com as condições de contorno da Eq. 20.2-26 para fornecer

$$v_y = v_0(x) - \frac{\partial}{\partial x}\int_0^y v_x dy \qquad (20.2\text{-}27)$$

Essa expressão deve ser inserida nas Eqs. 20.2-21 a 23.

Para enfatizar as formas análogas das Eqs. 20.2-21 a 23 e as seis primeiras condições de contorno, definimos os seguintes perfis adimensionais

$$\Pi_v = \frac{v_x}{v_\infty} \qquad \Pi_T = \frac{T - T_0}{T_\infty - T_0} \qquad \Pi_\omega = \frac{\omega_A - \omega_{A0}}{\omega_{A\infty} - \omega_{A0}} \qquad (20.2\text{-}28)$$

e as relações adimensionais entre as propriedades físicas

$$\Lambda_v = \frac{\nu}{\nu} = 1 \qquad \Lambda_T = \frac{\nu}{\alpha} = \text{Pr} \qquad \Lambda_\omega = \frac{\nu}{\mathscr{D}_{AB}} = \text{Sc} \qquad (20.2\text{-}29)$$

Com essas definições, e com a equação anterior para v_y, as Eqs. 20.2-21 a 23 são representadas por

$$\Pi_v \frac{\partial \Pi}{\partial x} + \left(\frac{v_0(x)}{v_\infty} - \frac{\partial}{\partial x}\int_0^y \Pi_v dy\right)\frac{\partial \Pi}{\partial y} = \frac{\nu}{v_\infty \Lambda}\frac{\partial^2 \Pi}{\partial y^2} \qquad (20.2\text{-}30)$$

e as condições de contorno para as variáveis dependentes representadas por:

$$\text{em } x \leq 0 \text{ ou } y = \infty, \qquad \Pi = 1 \qquad (20.2\text{-}31)$$

$$\text{em } y = 0, \qquad \Pi = 0 \qquad (20.2\text{-}32)$$

Assim, os perfis adimensionais da velocidade, da temperatura e da composição satisfazem à mesma equação, porém cada um deles com valores específicos de Λ.

A forma das condições de contorno em relação a Π sugere que a solução pelo método da combinação de variáveis pode ser utilizada. Por analogia com a Eq. 4.4-20 selecionamos a combinação:

$$\eta = y\sqrt{\frac{1}{2}\frac{v_\infty}{\nu x}} \qquad (20.2\text{-}33)$$

Em seguida, admitindo que Π e Π_v como função de η (ver Problema 20B.3), obtemos a seguinte equação diferencial

$$\left(\frac{v_0(x)}{v_\infty}\sqrt{2\frac{v_\infty x}{\nu}} - \int_0^\eta \Pi_v d\eta\right)\frac{d\Pi}{d\eta} = \frac{1}{\Lambda}\frac{d^2\Pi}{d\eta^2} \qquad (20.2\text{-}34)$$

com as condições de contorno

$$\text{em } \eta = \infty, \qquad \Pi = 1 \qquad (20.2\text{-}35)$$

$$\text{em } \eta = 0, \qquad \Pi = 0 \qquad (20.2\text{-}36)$$

Dessas três últimas equações podemos concluir que os perfis serão expressos em termos de uma única variável independente, η, se, e somente se, a velocidade interfacial $v_0(x)$ for da forma

$$\frac{v_0(x)}{v_\infty}\sqrt{2\frac{v_\infty x}{\nu}} = K = \text{constante} \qquad (20.2\text{-}37)$$

Qualquer outra relação funcional para $v_0(x)$ faria com que o primeiro membro da Eq. 20.2-34 passasse a depender tanto de η quanto de x, de modo que uma combinação de variáveis não seria possível. Dessa forma, a integração das equações da camada limite teria que ser feita por meio de uma integral em duas dimensões, tornando os cálculos mais difíceis. A Eq. 20.2-37 especifica que $v_0(x)$ varia na razão de $1/\sqrt{x}$, e assim, inversamente com a espessura da camada limite hidrodinâmica, δ, da Eq. 4.4-17. Essa equação tem a mesma faixa de validade que a Eq. 20.2-34, isto é, $1 << (v_\infty x/\nu) < (v_\infty x/\nu)_{\text{crit}}$ (ver Fig. 20.2-2).

Felizmente, a condição dada pela Eq. 20.3-37 pode ser utilizada. Ela corresponde a uma proporcionalidade direta de ρv_0 aos fluxos interfaciais τ_0, q_0 e j_{A0}. Condições desse tipo aparecem naturalmente em reações controladas pela difusão, bem como em certos problemas de secagem e de resfriamento por evaporação. A determinação de K para essas situações é considerada no final desse exemplo. Até lá consideraremos K como foi feito até agora.

Com a especificação de $v_0(x)$ dada pela Eq. 20.2-37, o enunciado do problema fica completo, estando nós agora prontos para determinar os perfis. Essa determinação é feita por integração numérica, com valores especificados dos parâmetros Λ e K.

A primeira etapa da solução refere-se à determinação do perfil de velocidade Π_v. Para esse objetivo podemos definir a função

$$f = -K + \int_0^{\eta} \Pi_v d\eta \tag{20.2-38}$$

a qual corresponde à generalização da função corrente adimensional, f, usada no Exemplo 4.4-2. A seguir, fazendo $\Lambda = 1$ na Eq. 20.2-34 e as substituições $f' = df/d\eta = \Pi_v, f'' = d^2f/d\eta^2 = d\Pi_v/d\eta$ etc., dá a equação do movimento na forma

$$-ff'' = f''' \tag{20.2-39}$$

e as Eqs. 20.2-35, 36 e 38 têm associadas as seguintes condições de contorno

$$\text{em } \eta = \infty, \quad f' = 1 \tag{20.2-40}$$

$$\text{em } \eta = 0, \quad f' = 0 \tag{20.2-41}$$

$$\text{em } \eta = 0, \quad f = -K \tag{20.2-42}$$

A Eq. 20.2-39 pode ser resolvida numericamente com essas condições de contorno para obter o valor de f em função de η para diferentes valores de K.

Uma vez conhecida a função $f(\eta, K)$, podemos integrar a Eq. 20.2-34 com as condições de contorno dadas pelas Eqs. 20.2-35 e 36 para obter

$$\Pi(\eta, \Lambda, K) = \frac{\int_0^{\eta} \exp\left(-\Lambda \int_0^{\bar{\eta}} f(\bar{\bar{\eta}}, K) d\bar{\bar{\eta}}\right) d\bar{\eta}}{\int_0^{\infty} \exp\left(-\Lambda \int_0^{\bar{\eta}} f(\bar{\bar{\eta}}, K) d\bar{\bar{\eta}}\right) d\bar{\eta}} \tag{20.2-43}$$

Alguns perfis calculados por essa equação integrada numericamente são ilustrados na Fig. 20.2-3. Os perfis de velocidade são dados pelas curvas correspondentes a $\Lambda = 1$. Os perfis de temperatura e da composição são dados para vários valores dos números de Prandtl e de Schmidt e para valores correspondentes de Λ. Note que as espessuras das camadas limite hidrodinâmica, térmica e mássica aumentam para valores positivos de K (como é o caso da evaporação) e diminuem quando K é negativo (como é o caso da condensação).

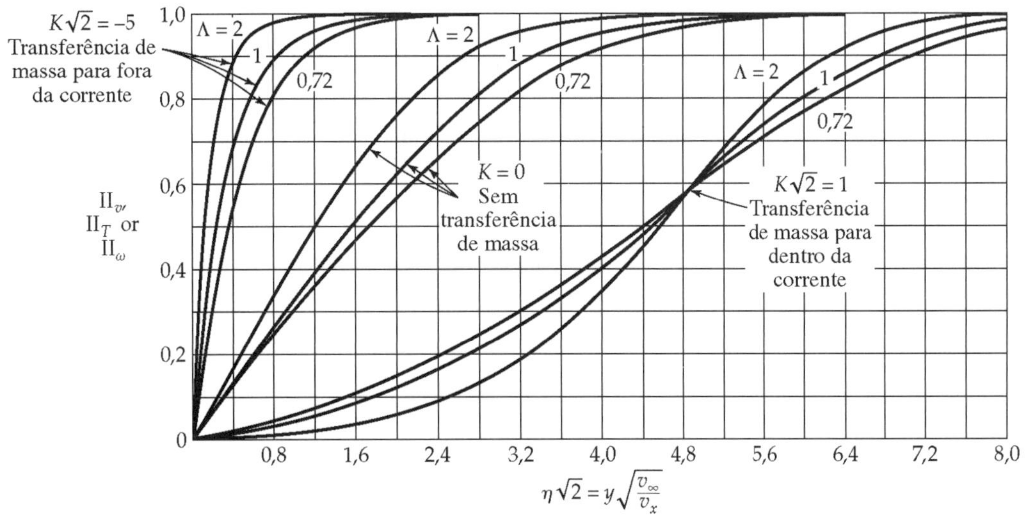

Fig. 20.2-3 Perfis de velocidade, temperatura e composição no escoamento dentro da camada limite laminar em uma placa plana com transferência de massa na parede [H.S. Mickley, R.C. Ross, A.L. Squyers, and W.E. Stewart, *NACA Technical Note 3208* (1954)].

Os gradientes de velocidade, de temperatura e de composição na parede são obtidos a partir das derivadas da Eq. 20.2-43:

$$\Pi'(0, \Lambda, K) = \left.\frac{d\Pi(\eta, \Lambda, K)}{d\eta}\right|_{\eta=0} = \frac{1}{\int_0^\infty \exp\left(-\Lambda \int_0^\eta f(\bar{\eta}, K)d\bar{\eta}\right)d\eta} \tag{20.2-44}$$

Alguns valores calculados dessa expressão obtida por integração numérica são apresentados na Tabela 20.2-1.

TABELA 20.2-1 Gradientes Adimensionais de Velocidade, Temperatura e Composição no Escoamento Laminar ao Longo de uma Placa Plana[a]

K	$\Lambda = 0{,}1$	$\Lambda = 0{,}2$	$\Lambda = 0{,}4$	$\Lambda = 0{,}6$	$\Lambda = 0{,}7$	$\Lambda = 0{,}8$	$\Lambda = 1{,}0$	$\Lambda = 1{,}4$	$\Lambda = 2{,}0$	$\Lambda = 5{,}0$
−3,0	0,4491	0,7681	1,3722	1,9648	2,2600	2,5550	3,1451	4,3273	6,1064	15,0567
−2,0	0,3664	0,5956	1,0114	1,4100	1,6070	1,8032	2,1945	2,9764	4,1524	10,0863
−1,0	0,2846	0,4282	0,6658	0,8799	0,9829	1,0842	1,2836	1,6754	2,2568	5,1747
−0,5	0,2427	0,3452	0,4999	0,6291	0,6890	0,7468	0,8579	1,0688	1,3707	2,8194
−0,2	0,2165	0,2948	0,4024	0,4849	0,5213	0,5555	0,6190	0,7333	0,8861	1,5346
0,0	0,1980	0,2604	0,3380	0,3917	0,4139	0,4340	0,4696	0,5281	0,5972	0,8156
0,2	0,1783	0,2246	0,2736	0,3011	0,3108	0,3187	0,3305	0,3439	0,3496	0,3015
0,5	0,1441	0,1657	0,1751	0,1701	0,1656	0,1603	0,1485	0,1240	0,09096	0,01467
0,75	0,1032	0,1023	0,0840	0,0638	0,0549	0,0471	0,0340	0,0172	0,00571	0,0000152
0,87574[b]	0	0	0	0	0	0	0	0	0	0

[a] Dados obtidos das seguintes fontes: E. Elzy and R.M. Sisson, *Engineering Experiment Station Bulletin No. 40*, Oregon State University, Corvallis, Or.(1967); H.L. Evans, *Int.J.Heat and Mass Transfer*, **3**, 321-339 (1961); W.E. Stewart e R. Prober, *Int.J. Heat and Mass Transfer*, **5**, 1149-1163 (1962) and **6**, 872 (1963). Resultados mais completos e revisões de trabalhos anteriores são apresentados nessas referências.

[b] O valor de $K = 0{,}87574$ é o número positivo de maior valor obtido nessa geometria para escoamento laminar. Ver H.W. Emmons and D.C. Leigh, *Interim Technical Report No. 9*, Combustion Aerodynamics Laboratory, Harvard University (1953).

Os fluxos moleculares de momento, de energia e de massa na parede são dados pelas seguintes expressões adimensionais

$$\frac{\tau_0}{\rho v_\infty(v_\infty - 0)} = \Pi'(0, 1, K)\sqrt{\frac{\nu}{2v_\infty x}} \tag{20.2-45}$$

$$\frac{q_0}{\rho \hat{C}_p v_\infty(T_0 - T_\infty)} = \frac{\Pi'(0, \text{Pr}, K)}{\text{Pr}}\sqrt{\frac{\nu}{2v_\infty x}} \tag{20.2-46}$$

$$\frac{j_{A0}}{\rho v_\infty(\omega_{A0} - \omega_{A\infty})} = \frac{\Pi'(0, \text{Sc}, K)}{\text{Sc}}\sqrt{\frac{\nu}{2v_\infty x}} \tag{20.2-47}$$

com os valores tabelados de $\Pi'(0,\Lambda,K)$. Assim, os fluxos podem ser calculados diretamente quando o valor de K é conhecido. Essas expressões são obtidas a partir das definições de fluxo de Newton, Fourier e Fick, e os perfis dados pela Eq. 20.2-43. O fluxo de energia térmica, q_0, aqui corresponde ao termo de condução $-k\nabla T$ da Eq.19.3-3; o fluxo difusivo j_{A0} é obtido usando-se a Eq. 20.2-47.

As propriedades físicas do fluido $\rho, \mu, \hat{C}_p$, k e $\mathfrak{D}_{AB}$ foram consideradas constantes nesse problema. Todavia, os valores obtidos a partir das Eqs. 20.2-45 a 47 são bastante próximos dos valores obtidos através de considerações menos restritivas,[8, 9, 10], desde que K seja da forma geral

$$K = \frac{\rho_0 v_0(x)}{\rho v_\infty}\sqrt{2\frac{v_\infty x}{\nu}} \tag{20.2-48}$$

[8] Para calcular a transferência de momento e de energia térmica em gases, com $K = 0$, ver E.R.G. Eckert, *Trans. A.S.M.E.*, **78**, 1273-1283 (1956).

[9] Para calcular a transferência de momento e de massa em misturas binárias e multicomponentes em gases, ver W.E. Stewart e R. Prober, *Ind. Eng. Chem. Fundamentals*, **3**, 224-235 (1964); outras condições são apresentadas por T.C. Young and W.E. Stewart, *ibid.*, **25**, 276-482 (1986), como ressaltado na §22.9.

[10] Para outros métodos de aplicação da Eq. 20.2-47 a sistemas com propriedades físicas variáveis, ver O. T. Hanna, *AIChE Journal*, **8**, 278-279 (1962); **11**, 706-712 (1965).

e que $\rho, \mu, \hat{C}_p$, k e $\mathscr{D}_{AB}$ são determinados nas "condições de referência" $T_f = (1/2)(T_0 + T_\infty)$ e $\omega_{Af} = 1/2\ (\omega_{A0} + \omega_{A\infty})$.

Em muitos casos, uma dentre as seguintes variáveis adimensionais

$$R_v = \frac{(n_{A0} + n_{B0})(v_\infty - 0)}{\tau_0} \tag{20.2-49}$$

$$R_T = \frac{(n_{A0} + n_{B0})\hat{C}_p(T_0 - T_\infty)}{q_0} \tag{20.2-50}$$

$$R_\omega = \frac{(n_{A0} + n_{B0})(\omega_{A0} - \omega_{A\infty})}{j_{A0}} = \frac{(\omega_{A0} - \omega_{A\infty})(n_{A0} + n_{B0})}{n_{A0} - \omega_{A0}(n_{A0} + n_{B0})} \tag{20.2-51}$$

é conhecida e de fácil determinação. Nas condições de contorno utilizadas, essas taxas de fluxo, R, não dependem de x e estão relacionadas a Λ e K da seguinte forma,

$$R = \frac{K\Lambda}{\Pi'(0, \Lambda, K)} \tag{20.2-52}$$

de acordo com as Eqs. 20.2-45 a 51. Da Eq. 20.2-52 constatamos que o fluxo de massa na interface, K, pode ser tabelado em função de R e de Λ, usando os dados da Tabela 20.2-1. Assim, K pode ser determinado por interpolação se os valores numéricos de R e Λ para um dos três perfis (isto é, se pudermos especificar R_v ou R_T e Pr, ou R_ω e Sc). Gráficos apropriados dessas relações são apresentados nas Figs. 22.8-5 e 7.

Para uma ilustração simples, suponha que a placa plana seja porosa e saturada com o líquido A, que vaporiza para uma corrente gasosa da mistura A e B. Suponha também que o gás B não é condensável e insolúvel no líquido A, e que ω_{A0} e $\omega_{A\infty}$ são conhecidas. Assim, R_ω pode ser calculado da Eq. 20.2-51 com $n_{B0} = 0$, e K pode ser determinado por interpolação da função $K(R,\Lambda)$, para os valores de $R = R_\omega$ e $\Lambda = \mu/\rho\mathscr{D}_{AB}$.

TABELA 20.2-2 Coeficientes das Fórmulas Aproximadas para a Placa Plana,[a] Eqs. 20.2-54 e 55

Λ	0	0,1	0,2	0,5	0,7	1,0	2	5	10	100	∞
$a(\Lambda)$	$\left(\frac{2}{\pi}\right)^{1/2}\Lambda^{1/6}$	0,4266	0,4452	0,4620	0,4662	0,4696	0,4740	0,4769	0,4780	0,4789	0,4790
$b(\Lambda)$	1,308	0,948	0,874	0,783	0,752	0,723	0,676	0,632	0,610	0,577	0,566

[a] Obtido de H.J. Merk, *Appl.Sci.Res.***A8**, 237-277 (1959), and R. Prober and W.E. Stewart, *Int.J.Heat and Mass Transfer*, **6**, 221-229, 872(1963).

Para valores intermediários de K, os cálculos podem ser simplificados representando a função $\Pi'(0,\Lambda,K)$na forma de uma série de Taylor do parâmetro K da forma:

$$\Pi'(0, \Lambda, K) = \Pi'(0, \Lambda, 0) + K\frac{\partial}{\partial K}\Pi'(0, \Lambda, K)\bigg|_{K=0} \tag{20.2-53}$$

Essa série pode ser expressa em forma mais compacta como

$$\Pi'(0, \Lambda, K) = a\Lambda^{1/3} - bK\Lambda \tag{20.2-54}$$

na qual a e b são funções de Λ, dadas na Tabela 20.2-2. Inserção da Eq. 20.2-54 na Eq. 20.2-52 fornece a expressão adequada para o fluxo de massa na interface, K

$$K = a\Lambda^{-2/3}\frac{R}{1 + bR} \tag{20.2-55}$$

para os cálculos com o parâmetro desconhecido, K. Esse resultado é relativamente simples de usar e fornece valores bastante aproximados. O valor previsto da função $K(R,\Lambda)$ está dentro de uma margem de erro em torno de 1,6% em relação aos valores obtidos utilizando-se os dados da Tabela 20.2-1 para $|R| < 0{,}25$ e $\Lambda > 0{,}1$.

Esse exemplo ilustra os efeitos relacionados à velocidade da interface v_0 sobre os perfis de velocidade, de temperatura e da composição. O efeito de v_0 sobre um dado perfil, Π, será pequeno se $R << 1$ para aquele perfil em particular (como ocorre em processos de separação) e grande se $R \geqslant 1$ (como ocorre em muitos processos de combustão e de resfriamento por transpiração). Algumas aplicações são apresentadas no Cap. 22.

EXEMPLO 20.2-3

Analogias Aproximadas para a Placa Plana a Baixas Taxas de Transferência de Massa

Pohlhausen[11] resolveu a equação da energia térmica para o sistema do Exemplo 12.1-2 e ajustou os resultados para determinar a taxa de transferência de calor, Q (ver a terceira linha da Tabela 12.4-1). Compare os resultados desse autor com os resultados previstos pela Eq. 20.2-46, e derive os resultados correspondentes aos fluxos de momento e de massa.

SOLUÇÃO

Inserindo o coeficiente 0,664 em lugar de $\sqrt{148/315}$ na Eq. 12.4-17, e fazendo $2Wq_0(x) = (dQ/dL)|_{L=x}$, obtemos

$$\frac{q_0}{\rho \hat{C}_p v_\infty (T_0 - T_\infty)} \cong 0{,}332\ \text{Pr}^{2/3}\sqrt{\frac{\nu}{v_\infty x}} \qquad (20.2\text{-}56)$$

Esse resultado é associado à condição de contorno $v_0(x) = 0$, a qual corresponde ao valor de $K = 0$ no sistema descrito no Exemplo 20.2-2.

Para o caso de $K = 0$, a Eq. 20.2-56 pode ser obtida da Eq. 20.2-46 fazendo-se $\Pi'(0,\text{Pr},0) \cong 0{,}4696\text{Pr}^{1/3}$; esse resultado está de acordo com os resultados da Tabela 20.2-2 para $\Lambda = 1$. Substituição conveniente nas Eqs. 20.2-45 e 47, obtemos a seguinte analogia

$$\frac{\tau_0}{\rho v_\infty (v_\infty - 0)} \cong \frac{q_0}{\rho \hat{C}_p v_\infty (T_0 - T_\infty)}\text{Pr}^{2/3} \cong \frac{j_{A0}}{\rho v_\infty (\omega_{A0} - \omega_{A\infty})}\text{Sc}^{2/3}$$
$$\cong 0{,}332\sqrt{\frac{\nu}{v_\infty x}} \qquad (20.2\text{-}57)$$

a qual foi recomendada por Chilton e Colburn[12] para essa condição de escoamento (cf. Seções 14.3 e 22.3). A expressão para τ_0 concorda com a solução exata para o valor de $K = 0$, e os resultados para q_0 e j_{A0} têm um erro da ordem de $\pm 2\%$ para o valor de $K = 0$ e para $\Lambda > 0{,}5$.

20.3 TEORIA DA CAMADA LIMITE EM REGIME PERMANENTE PARA ESCOAMENTO EM TORNO DE OBJETOS

Nas Seções 18.5 e 6, discutimos dois problemas de transferência de massa na região da camada limite. Queremos agora ampliar[1-7] a discussão das idéias já apresentadas e considerar o escoamento em torno de objetos de outras formas, tal como a forma ilustrada na Fig. 12.4-2. Embora na presente seção apresentemos esse material relativo à transferência de massa, deve ser entendido que os mesmos podem ser diretamente aplicados ao problema análogo de transferência de calor através de mudanças adequadas de notação. Admite-se que a espessura da camada limite mássica é muito pequena, o que significa que os resultados se aplicam somente na região que se estende desde o ponto de estagnação (a partir do qual a distância x é medida) até a região da separação da camada (em caso de que esta separação ocorra), como indicado na Fig. 12.4-2.

A concentração da espécie que está se difundindo é designada por c_A, e a sua concentração na superfície do objeto é c_{A0}. Na região externa à camada limite mássica, a concentração de A é nula.

Procedendo de forma análoga à forma já adotada no Exemplo 12.4-3, consideramos o sistema de coordenadas cartesianas para a camada limite mássica, na qual x corresponde à distância medida ao longo de toda a superfície e na direção das linhas

[11] E. Pohlhausen, *Zeits.f. angew. Math. Mech.*, **1**, 115-121 (1921).
[12] T.H. Chilton and A.P. Colburn, *Ind. Eng. Chem.*, **26**, 1183-1187 (1934).
[1] A. Acrivos, *Chem. Eng. Sci.*, **17**, 457-465 (1962).
[2] W.E. Stewart, *AIChE Journal*, **9**, 528-535 (1963).
[3] D.W. Howard and E.N. Lightfoot, *AIChE Journal*, **14**, 458-467 (1968).
[4] W.E. Stewart, J.B. Angelo, and E.N. Lightfoot, *AICHE Journal*, **16**, 771-786 (1970).
[5] E.N. Lightfoot, in *Lectures in Transport Phenomena*, American Institute of Chemical Engineers, New York (1969).
[6] E. Ruckenstein, *Chem. Eng. Sci.*, **23**, 363-371 (1968).
[7] W.E. Stewart, in *Physicochemical Hydrodynamics*, Vol. 1 (D.B. Spalding, ed.), Advance Publications, Ltd., London (1977), pp. 22-63.

de corrente. A coordenada y é tomada na direção perpendicular à superfície, e a coordenada z medida ao longo da superfície cuja direção é perpendicular à direção das linhas de corrente. Essas são as denominadas "coordenadas ortogonais gerais", como descritas pelas Eqs. A.7-10 a 18, porém com $h_y = 1$, $h_x = h_x(x,z)$ e $h_z = h_z(x,z)$. Uma vez que o escoamento próximo da interface não tem o componente da velocidade na direção z, a equação da continuidade nessa região é da forma

$$\frac{\partial}{\partial x}(h_z v_x) + h_x h_z \frac{\partial}{\partial y} v_y = 0 \tag{20.3-1}$$

a qual está de acordo com a Eq. A.7-16. A equação da difusão para a camada limite mássica é da forma

$$v_x \frac{1}{h_x} \frac{\partial c_A}{\partial x} + v_y \frac{\partial c_A}{\partial y} = \mathscr{D}_{AB} \frac{\partial^2 c_A}{\partial y^2} \tag{20.3-2}$$

onde as Eqs. A.7-15 e 17 foram usadas. Ao escrever essas equações foi admitido que: (i) os componentes x e z do fluxo difusivo podem ser desprezados, (ii) a espessura da camada limite é muito pequena quando comparada aos raios de curvatura da interface, e (iii) a densidade e a difusividade são constantes. Queremos agora obter uma expressão para os perfis de concentração e de fluxo mássico para os dois casos que correspondem à generalização dos problemas resolvidos na Seção 18.5 e Seção 18.6. Quando obtemos as expressões para o fluxo molar local na interface, podemos concluir que a dependência da difusividade (à potência ½ na Seção 18.5 e à potência ⅔ na Seção 18.6) corresponde aos casos (a) e (b) que serão discutidos a seguir. Esse resultado é de grande importância na obtenção de correlações adimensionais de coeficientes de transferência de massa, como veremos no Cap. 22.

GRADIENTE DE VELOCIDADE NULO NA SUPERFÍCIE DE TRANSFERÊNCIA DE MASSA

Essa situação se dá no escoamento de um líquido isento de um agente tensoativo em torno de uma bolha de gás. Aqui v_x não depende de y, e v_y pode ser obtido da equação da continuidade dada. Assim, para o caso de baixos valores de taxas de transferência de massa, podemos escrever as seguintes expressões gerais para os componentes de velocidade

$$v_x = v_s(x, z) \tag{20.3-3}$$

$$v_y = -\frac{y}{h_x h_z} \frac{\partial}{\partial x}(h_z v_s) \equiv -\gamma y \tag{20.3-4}$$

onde γ depende de x e z. Quando essas equações são usadas na Eq. 20.3-2, obtemos a equação da difusão para a fase líquida

$$v_s \frac{1}{h_x} \frac{\partial c_A}{\partial x} - \gamma y \frac{\partial c_A}{\partial y} = \mathscr{D}_{AB} \frac{\partial^2 c_A}{\partial y^2} \tag{20.3-5}$$

que tem que ser resolvida com as seguintes condições de contorno

C.C. 1: em $x = 0$, $c_A = 0$ (20.3-6)

C.C. 2: em $y = 0$, $c_A = c_{A0}$ (20.3-7)

C.C. 3: quando $y \to \infty$, $c_A \to 0$ (20.3-8)

A natureza das condições de contorno sugere que o tratamento da combinação de variáveis seja o mais adequado. Todavia, esse método está longe de ser considerado uma combinação adimensional satisfatória. Assim, tentamos o seguinte: seja $c_A/c_{A0} = f(\eta)$, onde $\eta = y/\delta_A(x,z)$, onde $\delta_A(x,z)$ é a espessura da camada limite da espécie A, a ser posteriormente determinada.

Quando a combinação de variáveis indicada é introduzida na Eq. 20.3-5, esta se reduz a

$$\frac{d^2 f}{d\eta^2} + \frac{1}{\mathscr{D}_{AB}} \left(\frac{v_s}{h_x} \delta_A \frac{\partial \delta_A}{\partial x} + \gamma \delta_A^2 \right) \eta \frac{df}{d\eta} = 0 \tag{20.3-9}$$

com as condições de contorno: $f(0) = 1$ e $f(\infty) = 0$. Se, agora, o coeficiente do termo $\eta(df/d\eta)$ fosse constante, então a Eq. 20.3-9 teria a mesma forma da Eq. 4.1-9, cuja solução já conhecemos. Por conveniência, especificamos a constante como

$$\frac{1}{\mathscr{D}_{AB}} \left(\frac{v_s}{h_x} \delta_A \frac{\partial \delta_A}{\partial x} + \gamma \delta_A^2 \right) = 2 \tag{20.3-10}$$

A seguir inserimos a expressão para γ da Eq. 20.3-4 e rearranjamos a equação da seguinte forma:

$$\frac{\partial}{\partial x}\delta_A^2 + \left(\frac{\partial}{\partial x}\ln (h_z v_s)^2\right)\delta_A^2 = \frac{4\mathfrak{D}_{AB}h_x}{v_s} \tag{20.3-11}$$

A qual é uma equação linear de primeira ordem para a variável δ_A^2, que deve ser resolvida com a condição de contorno $\delta_A = 0$ em $x = 0$. A integração da Eq. 20.3-11, fornece

$$\delta_A(x, z) = 2\sqrt{\frac{\mathfrak{D}_{AB}\int_0^x h_{\bar{x}}h_{\bar{z}}^2 v_{\bar{s}}\bar{x}}{h_z^2 v_s^2}} \tag{20.3-12}$$

que fornece a espessura em função da camada limite mássica. Como a Eq. 20.3-9 e as condições de contorno têm uma única variável independente η, o postulado da combinação de variáveis é válido, e os perfis de concentração são dados pela solução da Eq. 20.3-9:

$$f(\eta) = 1 - \frac{2}{\sqrt{\pi}}\int_0^\eta \exp(-\bar{\eta}^2)\,d\bar{\eta} = 1 - \text{erf}\,\eta \tag{20.3-13}$$

As Eqs. 20.3-12 e 13 correspondem à solução do problema.

A seguir, vamos combinar essa solução com a primeira lei de Fick de modo a se poder determinar o fluxo mássico da espécie A na interface:

$$N_{Ay}|_{y=0} = -\mathfrak{D}_{AB}\left.\frac{\partial c_A}{\partial y}\right|_{y=0} = -\mathfrak{D}_{AB}c_{A0}\left.\left(\frac{df}{d\eta}\frac{\partial \eta}{\partial y}\right)\right|_{y=0}$$

$$= +\mathfrak{D}_{AB}c_{A0}\frac{2}{\sqrt{\pi}}\left.\left(\exp(-\eta^2)\frac{1}{\delta_A}\right)\right|_{y=0} = c_{A0}\sqrt{\frac{\mathfrak{D}_{AB}}{\pi}\frac{h_z^2 v_s^2}{\int_0^x h_{\bar{x}}h_{\bar{z}}^2 v_{\bar{s}}d\bar{x}}} \tag{20.3-14}$$

Esse resultado mostra a mesma dependência do fluxo mássico com a potência ½ da difusividade, que apareceu na Eq. 18.5-17, para um problema de absorção de gás, muito mais simples do que o presente problema. De fato, se adotarmos valores unitários para os fatores de escala h_x e h_z e substituirmos v_s por $v_{\text{máx}}$, recaímos integralmente na Eq. 18.5-17.

Perfil Linear de Velocidade Próximo à Superfície de Transferência de Massa

Essa função de velocidade é característica do problema de transferência de massa numa superfície sólida (ver Exemplo 12.4-3) e quando a camada limite mássica é muito fina. Aqui v_x é considerada como uma função linear de y dentro da camada limite mássica, e v_y obtido da equação da continuidade. Conseqüentemente, quando a taxa "líquida" de massa que escoa através da interface é muito pequena, os componentes da velocidade dentro da camada limite mássica são dados por

$$v_x = \beta(x, z)y \tag{20.3-15}$$

$$v_y = -\frac{y^2}{2h_x h_z}\frac{\partial}{\partial x}(h_z\beta) \equiv -\gamma y^2 \tag{20.3-16}$$

na qual γ depende de x e de z. Substituindo essas expressões na Eq. 20.3-2 resulta a equação da difusão para a fase líquida

$$\frac{\beta y}{h_x}\frac{\partial c_A}{\partial x} - \gamma y^2\frac{\partial c_A}{\partial y} = \mathfrak{D}_{AB}\frac{\partial^2 c_A}{\partial y^2} \tag{20.3-17}$$

a qual deve ser resolvida com as seguintes condições de contorno

C.C. 1: em $x = 0$, $c_A = 0$ (20.3-18)

C.C. 2: em $y = 0$, $c_A = c_{A0}$ (20.3-19)

C.C. 3: quando $y \to \infty$, $c_A \to 0$ (20.3-20)

Mais uma vez usamos o método da combinação das variáveis fazendo $c_A/c_{A0} = f(\eta)$, em que $\eta = y/\delta_A(x, z)$.

Quando a mudança de variáveis é feita, obtemos a equação da difusão na forma de

$$\frac{d^2f}{d\eta^2} + \frac{1}{\mathscr{D}_{AB}}\left(\frac{\beta}{h_x}\delta_A^2\frac{\partial\delta_A}{\partial x} + \gamma\delta_A^3\right)\eta^2\frac{df}{d\eta} = 0 \qquad (20.3\text{-}21)$$

com as seguintes condições de contorno: $f(0) = 1$ e $f(\infty) = 0$. Uma solução em termos de uma função $f(\eta)$ é possível somente no caso em que o fator que aparece entre parênteses for constante. Fazendo essa constante igual a 3 fazemos com que a Eq. 20.3-21 recaia na Eq. 18.6-6, cuja solução é conhecida. Assim, obtemos a seguinte expressão para a espessura da camada limite mássica

$$\frac{1}{\mathscr{D}_{AB}}\left(\frac{\beta}{h_x}\delta_A^2\frac{\partial\delta_A}{\partial x} + \gamma\delta_A^3\right) = 3 \qquad (20.3\text{-}22)$$

ou

$$\frac{\partial}{\partial x}\delta_A^3 + \left(\frac{\partial}{\partial x}\ln(h_z\beta)^{3/2}\right)\delta_A^3 = \frac{9\mathscr{D}_{AB}h_x}{\beta} \qquad (20.3\text{-}23)$$

A solução dessa equação linear de primeira ordem em relação a δ_A^3 é dada por

$$\delta_A = \frac{1}{\sqrt{h_z\beta}}\sqrt[3]{9\mathscr{D}_{AB}\int_0^x \sqrt{h_z\beta}\, h_x h_z\, dx} \qquad (20.3\text{-}24)$$

Assim, a solução do problema dessa subseção é

$$\frac{c_A}{c_{A0}} = f(\eta) = \frac{\int_\eta^\infty \exp(-\overline{\eta}^3)\, d\overline{\eta}}{\Gamma(\frac{4}{3})} \qquad (20.3\text{-}25)$$

cuja forma se reduz à forma da Eq. 18.6-10 para o problema aqui considerado.

Finalmente, obtemos a expressão para o fluxo molar na interface, que é dada por

$$\begin{aligned} N_{Ay}|_{y=0} &= -\mathscr{D}_{AB}\frac{\partial c_A}{\partial y}\bigg|_{y=0} = -\mathscr{D}_{AB}c_{A0}\left(\frac{df}{d\eta}\frac{\partial\eta}{\partial y}\right)\bigg|_{y=0} \\ &= \frac{\mathscr{D}_{AB}c_{A0}}{\Gamma(\frac{4}{3})}\frac{\sqrt{h_z\beta}}{\sqrt[3]{9\mathscr{D}_{AB}\int_0^x\sqrt{h_z\beta}\,h_x h_z\,dx}} \end{aligned} \qquad (20.3\text{-}26)$$

Para a superfície que passa pelo plano $h_x = h_z = 1$ e β = constante, a Eq. 20.3-26 se reduz à Eq. 18.6-11.

EXEMPLO 20.3-1

Transferência de Massa para Escoamento Lento em Torno de uma Bolha de Gás

Um líquido B está escoando lentamente em torno de uma bolha esférica de raio R de um gás A. Determine a taxa de transferência de massa de A para o líquido que envolve a bolha, se a solubilidade do gás A no líquido B é c_{A0}.

(a) Mostre como usar a Eq. 20.3-14 para obter o fluxo de massa na interface gás-líquido para esse sistema.

(b) Obtenha então o fluxo mássico médio ao longo de toda a superfície esférica.

SOLUÇÃO

(a) Selecione o ponto de estagnação a jusante como o ponto de origem dos eixos coordenados, e defina as coordenadas x e z da seguinte forma: $x = R\theta$ e $z = R(\text{sen }\theta)\phi$, nas quais θ e ϕ são as coordenadas esféricas usuais. A direção y, portanto, coincide com a direção r das coordenadas esféricas. A velocidade interfacial é obtida da Eq. 4B.3-3, uma vez que $v_s = \frac{1}{2} v_\infty \text{ sen } \theta$, onde v_∞ corresponde à velocidade de aproximação.

Quando essas grandezas são inseridas na Eq. 20.3-14 obtemos

$$N_{Ay}|_{y=0} = c_{A0}\sqrt{\frac{\mathscr{D}_{AB}}{\pi}\frac{(R\ \text{sen}\ \theta)^2(\frac{1}{2}v_\infty\ \text{sen}\ \theta)^2}{\int_0^{R\theta}(R)(R\ \text{sen}\ \theta)^2(\frac{1}{2}v_\infty\ \text{sen}\ \theta)d(R\theta)}}$$

$$= c_{A0}\text{sen}^2\,\theta\sqrt{\frac{\mathscr{D}_{AB}v_\infty}{2\pi R}\frac{1}{\int_0^\theta \text{sen}^3\,\theta\,d\theta}}$$

$$= c_{A0}\text{sen}^2\,\theta\sqrt{\frac{3\mathscr{D}_{AB}v_\infty}{2\pi R}}\frac{1}{\sqrt{\cos^3\theta - 3\cos\theta + 2}} \qquad (20.3\text{-}27)$$

(b) Para obter o fluxo mássico médio de área, integramos as expressões anteriores em relação a θ e a ϕ e dividimos pela superfície da esfera:

$$N_{A0,\text{méd}} = \frac{1}{4\pi R^2}\int_0^{2\pi}\int_0^{\pi} N_{Ay}\Big|_{y=0} R\ \text{sen}\ \theta\,d\theta\,d\phi$$

$$= \frac{2\pi R^2 c_{A0}}{4\pi R^2}\sqrt{\frac{3\mathscr{D}_{AB}v_\infty}{2\pi R}}\int_0^{\pi}\frac{\text{sen}^3\,\theta\,d\theta}{\sqrt{\cos^3\theta - 3\cos\theta + 2}}$$

$$= \frac{c_{A0}}{2}\sqrt{\frac{3\mathscr{D}_{AB}v_\infty}{2\pi R}}\int_{-1}^{+1}\frac{(1-u^2)du}{\sqrt{u^3 - 3u + 2}}$$

$$= \frac{c_{A0}}{2}\sqrt{\frac{3\mathscr{D}_{AB}v_\infty}{2\pi R}}\int_{-1}^{+1}\frac{(1+u)du}{\sqrt{2+u}}$$

$$= \frac{c_{A0}}{2}\sqrt{\frac{3\mathscr{D}_{AB}v_\infty}{2\pi R}}\left(\frac{4}{3}\right) = \sqrt{\frac{4\mathscr{D}_{AB}v_\infty}{3\pi D}}c_{A0} \qquad (20.3\text{-}28)$$

Ao passarmos da segunda para a terceira linha, fizemos a troca da variável $\cos\theta = u$, e para obtermos a quarta linha, explicitamos o termo $(1 - u)$ do numerador e do denominador. A Eq. 20.3-28 foi citada na Eq.18.5-20 em conexão com o problema de absorção de bolhas de gás.[8] Essa equação é novamente mencionada no Cap. 22 em conexão com os coeficientes de transferência de massa.

20.4 TRANSPORTE DE MASSA NA CAMADA LIMITE COM MOVIMENTO INTERFACIAL COMPLEXO[1-3]

Escoamentos interfaciais transientes e turbulentos são comuns nas operações de transferência em sistemas fluido-fluido. A teoria da camada limite fornece importantes subsídios teóricos e relações assintóticas para esses sistemas, considerando a pequena espessura da camada limite mássica no caso de baixos valores de $\mathscr{D}_{AB}$ (como é o caso de líquidos) ou para o caso nos quais ocorrem freqüentes descolamentos da camada limite (como ocorre em interfaces onduladas ou oscilantes). A transferência de massa com movimentos simples na interface foi discutida na Seção 18.5 para o caso de escoamento laminar de um filme líquido cadente e uma bolha de gás com circulação, e no Exemplo 20.1-4 para uma interface em expansão uniforme. Aqui consideramos a transferência em interfaces com movimentos mais generalizados.

Considere a transferência de massa em regime transiente da espécie A entre duas fases fluidas, com composições iniciais uniformes, porém distintas uma da outra. Começamos com a equação da continuidade para uma mistura binária para o caso em que ρ e $\mathscr{D}_{AB}$ são constantes (Eq. 19.1-16, dividida por ρ):

$$\frac{D\omega_A}{Dt} = \mathscr{D}_{AB}\nabla^2\omega_A + \frac{1}{\rho}r_A \qquad (20.4\text{-}1)$$

[8] V.G. Levich, *Physicochemical Hydrodynamics*, Prentice-Hall, Englewood Cliffs, N.J. (1962), p. 408.
[1] J.B. Angelo, E.N. Lightfoot, and D.W. Howard, *AIChE Journal*, **12**, 751-760 (1966).
[2] W.E. Stewart, J.B. Angelo, and E.N. Lightfoot, *AIChE Journal*, **16**, 771-786 (1970).
[3] W.E. Stewart, *AIChE Journal*, **33**, 2008-2016 (1987); **34**, 1030 (1988).

Agora queremos aplicar essa equação para a camada limite considerando baixos valores de $\mathscr{D}_{AB}$, e apresentar a solução para vários problemas relacionados à convecção forçada em que a etapa controladora está em uma das fases.

Usamos as seguintes aproximações para a camada limite:

(i) que o fluxo de massa difusivo é colinear com o vetor unitário **n** normal ao elemento de área interfacial mais próximo. (Neste livro, essa aproximação é usada em todas as seções relacionadas à camada limite. Aproximações de ordem superior,[4] não consideradas aqui, são utilizadas para descrever a camada limite mássica na região próxima das extremidades, ondas e pontos de separação.)

(ii) que, na região da camada limite mássica, a velocidade tangencial do fluido, relativa à interface, é desprezível. (Essa aproximação é satisfatória para sistemas fluido-fluido isentos de agentes tensoativos, quando o arraste interfacial não é muito grande.)

(iii) que a camada limite mássica, bem como cada interface, é muito pequena, quando comparada com os raios de curvatura locais da interface.

(iv) que a camada limite mássica nos elementos de interfaces não-adjacentes não se sobrepõem.

Cada uma dessas aproximações é assintoticamente válida para valores de $\mathscr{D}_{AB}$ muito pequenos em escoamentos sem circulação com interfaces não-rígidas e $\mathscr{D}\omega_A/Dt$ não nula — isto é, para o caso da concentração variando com o tempo, o qual é medido por um observador movendo-se com o fluido. Os sistemas considerados na parte (a) da Seção 20.3 são, pois, incluídos devido aos mesmos serem igualmente transientes para o mesmo observador (embora pareçam permanentes para um observador estacionário).

Nessa discussão são usadas coordenadas próprias localizadas na interface, com uma malha interfacial contínua em pequenos intervalos (*piecewise smooth interfacial grid*) como ilustrado na Fig. 20.4-1. Cada elemento de área da interface é permanentemente identificado por coordenadas superficiais (u,w) e o vetor posição correspondente à cada interface por $\mathbf{r}_s(u,w,t)$. Cada ponto dentro da camada limite é identificado por sua distância y do ponto de localização da interface mais próxima, juntamente com as coordenadas superficiais (u,w) daquele ponto. O vetor posição de cada ponto (u,w,y) no tempo, t, será dado por

$$\mathbf{r}(u, w, y, t) = \mathbf{r}_s(u, w, t) + y\mathbf{n}(u, w, t) \tag{20.4-2}$$

relativo à origem estacionária, como ilustrado na Fig. 20.4-2. A função $\mathbf{r}_s(u,w,t)$ dá a trajetória de cada ponto interfacial (u,w), sendo que a função associada $\mathbf{n}\ (u,w,t) = (\partial/\partial y)\mathbf{r}$ fornece o vetor normal instantâneo a cada superfície no sentido positivo. Essas funções são calculadas a partir das equações da camada limite para escoamentos simples e fornecem uma base confiável para a quantificação de experimentos em escoamentos mais complexos.

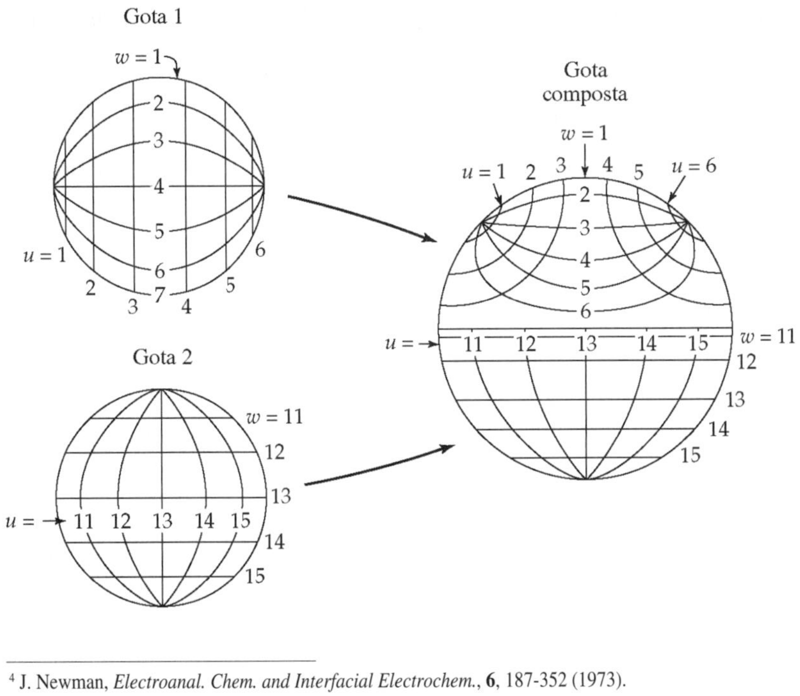

Fig. 20.4-1 Ilustração esquemática dos sistemas de coordenadas próprias num processo de coalescência simples. W.E. Stewart, J.B. Angelo, and E.N. Lightfoot, *AIChE Journal*, **14**, 458-467 (1968).

[4] J. Newman, *Electroanal. Chem. and Interfacial Electrochem.*, **6**, 187-352 (1973).

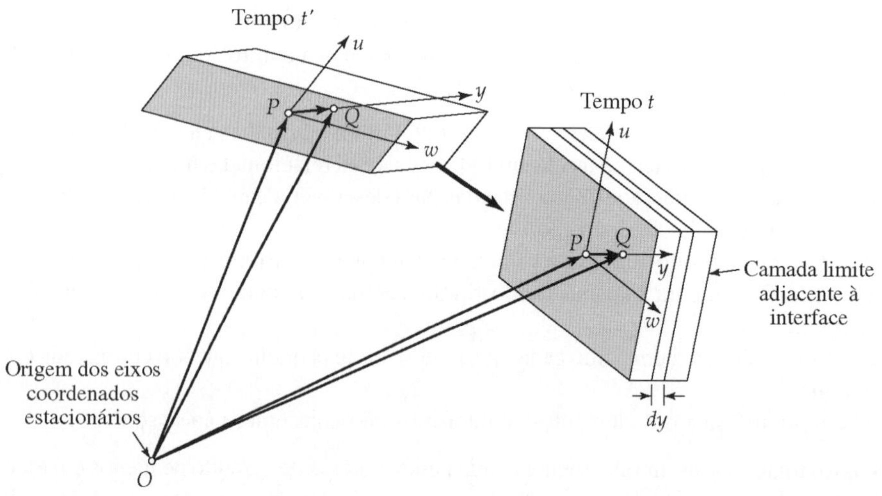

Fig.20.4-2 O elemento dS (hachurado) de uma área interfacial deformável mostrado em dois instantes de tempo distintos, t' e t, com a camada limite adjacente. No tempo t, os vetores são

$\overrightarrow{OP} = \mathbf{r}_s(u,w,t)$ = vetor posição de um ponto sobre a interface
$\overrightarrow{PQ} = y\mathbf{n}(u,w,t)$ = vetor de comprimento y normal à interface localizando um ponto dentro da camada limite.
$\overrightarrow{OQ} = \mathbf{r}(u,w,y,t)$ = vetor posição para um ponto dentro da camada limite.

O elemento de área interfacial é constituído pelas mesmas partículas à medida que ele se move através do espaço. A magnitude da área varia com o tempo e é dada por $dS = \left|\frac{\partial \mathbf{r}_s}{\partial u}du \times \frac{\partial \mathbf{r}_s}{\partial w}dw\right|$. De forma análoga, o volume daquela região da camada limite, localizada entre y e $y + dy$ é dado por $dV = \left|\left[\frac{\partial \mathbf{r}_s}{\partial u}du \times \frac{\partial \mathbf{r}_s}{\partial w}dw\right] \cdot \mathbf{n}\,dy\right|$.

O volume instantâneo de um elemento $du\,dw\,dy$ dentro da camada limite (ver Fig. 20.4-2) é

$$dV = \sqrt{g(u, w, y, t)}\,du\,dw\,dy \tag{20.4-3}$$

na qual $\sqrt{g(u, w, y, t)}$ corresponde ao produto dos vetores unitários de cada interface $(\partial/\partial u)\mathbf{r}_s$ e $(\partial/\partial w)\mathbf{r}_s$, e o vetor unitário normal $(\partial/\partial y)\mathbf{r}_s = \mathbf{n}$,

$$\sqrt{g} = \left|\left[\frac{\partial \mathbf{r}_s}{\partial u} \times \frac{\partial \mathbf{r}_s}{\partial w}\right] \cdot \mathbf{n}\right| = \left|\left[\frac{\partial \mathbf{r}_s}{\partial u} \times \frac{\partial \mathbf{r}_s}{\partial w}\right]\right| \tag{20.4-4}$$

que nessa discussão é considerado como positivo. A segunda igualdade decorre do fato de que $\mathbf{n}$ é colinear com o produto vetorial dos vetores bases locais de cada interface, que se localizam no plano da interface. Correspondentemente, a área instantânea do elemento interfacial $du\,dw$ na Fig. 20.4-2 é dada por

$$dS = s(u, w, t)du\,dw \tag{20.4-5}$$

na qual $s(u,w,t)$ é o produto dos vetores bases da interface

$$s(u, w, t) = \sqrt{g(u, w, 0, t)} = \left|\left[\frac{\partial \mathbf{r}_s}{\partial u} \times \frac{\partial \mathbf{r}_s}{\partial w}\right]\right| \tag{20.4-6}$$

Nesse sistema de coordenadas, a velocidade mássica média $\mathbf{V}$, relativa aos eixos coordenados estacionários é dada por

$$\mathbf{V}(u, w, y, t) = \mathbf{v}(u, w, y, t) + \frac{\partial}{\partial t}\mathbf{r}(u, w, y, t) \tag{20.4-7}$$

Nessa seção, $\mathbf{v}$ é a velocidade mássica média relativa a um observador localizado em (u,w,y), sendo $(\partial/\partial t)\mathbf{r}(u,w,y,t)$ a velocidade do observador relativa à origem estacionária. Tomando a divergência dessa equação temos o seguinte corolário[2] (ver Problema 20D.5)

$$(\nabla \cdot \mathbf{V}(\mathbf{r}, t)) = (\nabla \cdot \mathbf{v}(u, w, y, t)) + \frac{\partial \ln \sqrt{g(u, w, y, t)}}{\partial t} \tag{20.4-8}$$

Essa equação estabelece que a divergência de **V** difere da divergência de **v** pelo valor da taxa local de expansão ou de contração do sistema de eixos coordenados.

O último termo da Eq. 20.4-8 aparece quando ocorre a deformação da interface. Da omissão desse termo em tais problemas decorrem estimativas imprecisas, as quais foram corrigidas por Higbie[5] e Danckwerts[6,7] introduzindo a hipótese do tempo de residência da superfície[5,6] ou de renovação da superfície.[7] Na presente análise, as hipóteses desses autores não são necessárias.

A aplicação da Eq. 20.4-8 em $y = 0$ e considerando a densidade constante, vem

$$(\nabla \cdot \mathbf{V}) = 0 \tag{20.4-9}$$

juntamente com a condição de não-deslizamento em relação ao componente tangencial de **v**, resulta a derivada

$$\left.\frac{\partial v_y}{\partial y}\right|_{y=0} = -\frac{\partial \ln s(u, w, t)}{\partial t} \tag{20.4-10}$$

Assim, a série de Taylor truncada na forma

$$v_y = v_{y0} - y\frac{\partial \ln s(u, w, t)}{\partial t} + O(y^2) \tag{20.4-11}$$

descreve o componente normal de **v** num fluido incompressível próximo a uma interface deformável.

A correspondente expansão para a componente tangencial de **v** é

$$\mathbf{v}_{\parallel} = y\mathbf{B}_{\parallel}(u, w, t) + O(y^2) \tag{20.4-12}$$

na qual $\mathbf{B}_{\parallel}(u,w,t)$ é a derivada em relação a y de $\mathbf{v}_{\parallel}$. Com esses resultados [desprezando os termos de $O(y^2)$] e considerando a aproximação (i), podemos escrever a Eq. 20.4-1 para $\omega_A(u,w,y,t)$ na forma

$$\frac{\partial \omega_A}{\partial t} + (y\mathbf{B}_{\parallel} \cdot \nabla\omega_A) + \left(v_{y0} - y\frac{\partial \ln s}{\partial t}\right)\frac{\partial \omega_A}{\partial y} = \mathscr{D}_{AB}(\nabla \cdot \mathbf{n}\nabla\omega_A) + \frac{1}{\rho}r_A$$
$$= \mathscr{D}_{AB}\left[\frac{\partial^2 \omega_A}{\partial y^2} + (\nabla_0 \cdot \mathbf{n})\frac{\partial \omega_A}{\partial y} + \cdots\right] + \frac{1}{\rho}r_A \tag{20.4-13}$$

Aqui $(\nabla_0 \cdot \mathbf{n})$ é definida como a divergência na superfície de **n** no ponto interfacial mais próximo e corresponde à soma das principais curvaturas da superfície. A notação $+\cdots$ corresponde aos termos de ordem superior não considerados.

Para selecionar os termos predominantes da Eq. 20.4-13, introduzimos a coordenada adimensional

$$Y = y/\kappa(\mathscr{D}_{AB}) \tag{20.4-14}$$

na qual $\kappa(\mathscr{D}_{AB})$ corresponde à espessura média da camada limite mássica. Em termos dessa nova variável, a Eq. 20.4-14 se reduz a

$$\frac{\partial \omega_A}{\partial t} + \kappa(Y\mathbf{B}_{\parallel} \cdot \nabla\omega_A) + \left(\frac{v_{y0}}{\kappa} - Y\frac{\partial \ln s}{\partial t}\right)\frac{\partial \omega_A}{\partial Y}$$
$$= \frac{\mathscr{D}_{AB}}{\kappa^2}\left[\frac{\partial^2 \omega_A}{\partial Y^2} + \kappa(\nabla_0 \cdot \mathbf{n})\frac{\partial \omega_A}{\partial Y} + \cdots\right] + \frac{1}{\rho}r_A \tag{20.4-15}$$

para ω_A em termos de u, w, Y e t. Por considerações físicas, podemos admitir que o valor de κ diminuirá com o decréscimo de $\mathscr{D}_{AB}$, sendo que os termos predominantes para pequenos valores de $\mathscr{D}_{AB}$ serão aqueles de ordem inferior de κ — isto é, todos com exceção das contribuições de $\mathbf{B}_{\parallel}$ e $(\nabla_0 \cdot \mathbf{n})$. A subdominância dos últimos termos confirma a validade assintótica das aproximações (ii) e (iii) em escoamentos sem circulação.

Agora, os coeficientes de todos os termos dominantes devem ser proporcionais ao longo de toda a faixa de valores de $\mathscr{D}_{AB}$, a fim de que esses termos tenham ordens de grandeza equivalentes nos limites de pequenos valores de $\mathscr{D}_{AB}$. Tal "princípio do balanço de dominantes" foi aplicado anteriormente na Seção 13.6. Aqui, ele fornece as seguintes ordens de grandeza

$$\mathscr{D}_{AB}/\kappa^2 = O(1) \qquad \text{e} \qquad v_{y0}/\kappa = O(1) \tag{20.4-16, 17}$$

[5] R. Higbie, *Trans. AIChE*, **31**, 365-389 (1935).
[6] P.V. Danckwerts, *Ind. Eng. Chem.*, **43**, 1460-1467 (1951).
[7] P.V. Danckwerts, *AIChE Journal*, **1**, 456-463 (1955).

para os termos de ordem inferior em relação a κ. A Eq. 20.4-16 é coerente com os exemplos anteriores, nos quais, para escoamentos com superfície livre, foi mostrado que a espessura da camada limite mássica era proporcional a $\mathscr{D}_{AB}$. Ela também confirma a validade da suposição (iv) para pequenos valores de $\mathscr{D}_{AB}$. A Eq. 20.4-17 é coerente com a proporcionalidade entre v_z^* e $\mathscr{D}_{AB}^{1/2}$, indicada pela Eq. 20.1-10 para o problema de Arnold. Assim, a equação da camada limite em termos de ω_A em qualquer fase e próxima a uma interface deformável é

$$\frac{\partial \omega_A}{\partial t} + \left(v_{y0} - y\frac{\partial \ln s}{\partial t}\right)\frac{\partial \omega_A}{\partial y} = \mathscr{D}_{AB}\frac{\partial^2 \omega_A}{\partial y^2} + \frac{1}{\rho}r_A \tag{20.4-18}$$

para a ordem mais inferior dos valores de κ. Na ordem de aproximação seguinte apareceriam termos proporcionais a κ, e tais termos estão relacionados à velocidade tangencial $y\mathbf{B}_{\parallel}$ e à curvatura da interface $(\boldsymbol{\nabla}_0 \cdot \mathbf{n})$. Esse último termo aparece nos Problemas 20C.1 e 20C.2.

A multiplicação da Eq. 20.4-18 por ρ/M_A (uma constante para as suposições feitas aqui), e o uso de z como a coordenada normal à interface como no Exemplo 20.1-1, fornece a equação correspondente para a concentração molar $c_A(u,w,z,t)$

$$\frac{\partial c_A}{\partial t} + \left(v_{z0} - z\frac{\partial \ln s}{\partial t}\right)\frac{\partial c_A}{\partial z} = \mathscr{D}_{AB}\frac{\partial^2 c_A}{\partial z^2} + R_A \tag{20.4-19}$$

que possibilita uma extensão conveniente de vários problemas anteriores. Um outro corolário bastante útil refere-se à equação da camada limite para misturas binárias expressa em termos de x_A e $\mathbf{v}^*$

$$\frac{\partial x_A}{\partial t} + \left(v_{z0}^* - z\frac{\partial \ln s}{\partial t}\right)\frac{\partial x_A}{\partial z} = \mathscr{D}_{AB}\frac{\partial^2 x_A}{\partial z^2} + \frac{1}{c}[R_A - x_A(R_A + R_B)] \tag{20.4-20}$$

na qual c e $\mathscr{D}_{AB}$ foram consideradas constantes, como no Exemplo 20.1-1.

EXEMPLO 20.4-1

Transferência de Massa com Deformação Interfacial Não-uniforme

A Eq. 20.4-19 fornece uma forma generalizada da Eq. 20.1-65, pois não leva em conta o termo de reação R_A e despreza o termo relativo à velocidade normal v_{z0} (assim, admitindo que o fluxo de massa interfacial é muito pequeno). A equação resultante tem a forma da Eq. 20.1-65, exceto pela substituição do termo referente à taxa total de crescimento da interface, dada por $d \ln S/dt$ pelo termo referente à taxa local de crescimento, dada por $\partial \ln s(u,w,t)/\partial t$. A equação diferencial parcial resultante tem duas variáveis espaciais adicionais (u e w), porém ela pode ser resolvida da mesma maneira, pois nenhuma derivada relativa a essas variáveis aparece.

SOLUÇÃO

Reescreve a Eq. 20.1-66 com a espessura da camada limite expressa por uma função $\delta(u,w,t)$ nos leva por procedimento análogo à relação

$$\delta(u, w, t) = \sqrt{4\mathscr{D}_{AB}\int_0^t [s(u, w, \bar{t})/s(u, w, t)]^2 d\bar{t}} \tag{20.4-21}$$

e as generalizações correspondentes às Eqs. 20.1-71 e 72:

$$\frac{c_A}{c_{A0}} = 1 - \operatorname{erf}\frac{z}{\sqrt{4\mathscr{D}_{AB}\int_0^t [s(u, w, \bar{t})/s(u, w, t)]^2 d\bar{t}}} \tag{20.4-22}$$

$$N_{Az0} = c_{A0}\sqrt{\frac{\mathscr{D}_{AB}}{\pi t}}\left(\frac{1}{t}\int_0^t [s(u, w, \bar{t})/s(u, w, t)]^2 d\bar{t}\right)^{-1/2} \tag{20.4-23}$$

Essas soluções, ao contrário das Eqs. 20.1-71 e Eq. 20.1-72, incluem as variações espaciais da espessura da camada limite e do fluxo molar interfacial N_{Az0}, que ocorrem em escoamentos não-uniformes. Estiramento local da interface (como ocorre nos pontos de estagnação) diminui o valor de N_{Az0}, mas também expulsa o fluido para fora da camada limite, fazendo com que ele se misture na mesma fase. As observações sobre o acréscimo da transferência de massa por tal forma de mistura foram interpretadas por alguns autores como "renovação da superfície", mesmo considerando que o aparecimento de novos elementos de área em uma superfície existente seja proibido no contexto da mecânica dos fluidos em meios contínuos.

Esses resultados, e outros para v_{z0} desprezível, podem ser obtidos introduzindo-se as seguintes variáveis na Eq. 20.4-19

$$Z = zs(u, w, t) \quad \text{e} \quad \tau = \int_0^t s^2(u, w, \bar{t})d\bar{t} \tag{20.4-24, 25}$$

Na ausência de reação química, a equação diferencial resultante para a concentração $c_A(u,w,Z,\tau)$se torna

$$\frac{\partial c_A}{\partial \tau} = \mathscr{D}_{AB} \frac{\partial^2 c_A}{\partial Z^2} \tag{20.4-26}$$

Essa é a forma generalizada da segunda lei de Fick para uma relação assintótica para escoamentos com convecção forçada com superfícies livres.

EXEMPLO 20.4-2

Absorção de Gás com Reação Rápida e com Deformação na Interface

Mostre como generalizar o Exemplo 20.1-2 para escoamentos usando a Eq. 20.4-26 para as duas zonas sem reação.

SOLUÇÃO

Usando a Eq. 20.4-26, obtemos as seguintes substituições para as Eqs. 20.1-26 e 27:

$$\frac{\partial c_A}{\partial \tau} = \mathscr{D}_{AS} \frac{\partial^2 c_A}{\partial Z^2} \quad \text{para } 0 \leq Z \leq Z_R \tag{20.4-27}$$

$$\frac{\partial c_B}{\partial \tau} = \mathscr{D}_{BS} \frac{\partial^2 c_B}{\partial Z^2} \quad \text{para } Z_R \leq Z < \infty \tag{20.4-28}$$

Agora o *plano* em que a reação ocorre $z = z_R$ do exemplo original corresponde a uma superfície cuja área é *função do tempo*, $Z = Z_R$, ou $z_R(u,w,t) = Z_R/s(u,w,t)$. As condições inicial e de contorno são as mesmas, sujeitas a essa generalização para a localização da frente de reação.

As soluções para c_A e c_B tomam então as formas das Eqs. 20.1-35 e 36, com $z/\sqrt{t}$ substituído por $Z/\sqrt{\tau}$ e $z_R/\sqrt{t}$ substituído por $\sqrt{\gamma}$. Esta última constante é mais uma vez dada pela Eq. 20.1-37. O aumento da taxa de absorção decorrente da reação química pode ser constatado pelas expressões que serão dadas na Eq. 22.5-10 e simplificadas nas Eqs. 22.5-11 a 13.

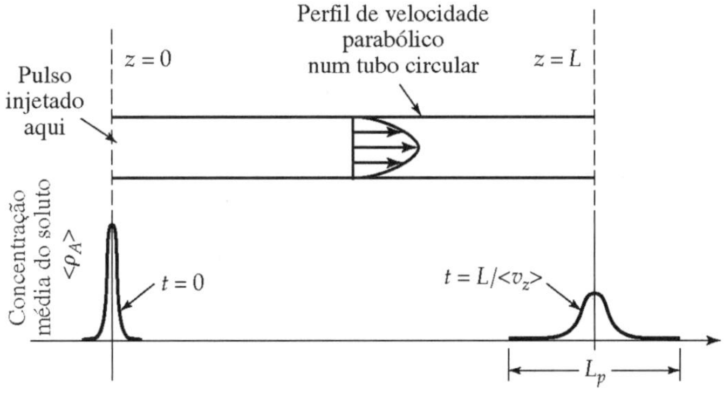

Fig. 20.5-1 Ilustração do espalhamento axial de um pulso de concentração na dispersão de Taylor dentro de um tubo de seção circular.

20.5 DISPERSÃO DE TAYLOR NO ESCOAMENTO LAMINAR EM TUBOS

Discutimos aqui o transporte e o espalhamento de um "pulso" de um material A introduzido em um fluido B no escoamento laminar permanente em tubo cilíndrico longo, de raio R, como ilustrado na Fig. 20.5-1. Em $t = 0$, um pulso de massa m_A

é introduzido na seção de entrada, $z = 0$, e a sua propagação através do fluido deve ser analisada em função do tempo. Problemas desse tipo são usualmente encontrados em controle de processos (ver Problema 20C.4), e em procedimentos relacionados a diagnósticos médicos,[1] e em várias aplicações relacionadas ao meio ambiente.[2]

A curtas distâncias a jusante do ponto de entrada, a dependência θ da fração mássica com o tempo decrescerá. Nesse caso, a equação da difusão para $\omega_A(r,z,t)$ no escoamento de Poiseuille com μ,ρ e $\mathscr{D}_{AB}$ constantes toma a forma de

$$\frac{\partial \omega_A}{\partial t} + v_{z,\text{máx}}\left[1 - \left(\frac{r}{R}\right)^2\right]\frac{\partial \omega_A}{\partial z} = \mathscr{D}_{AB}\left(\frac{1}{r}\frac{\partial}{\partial r}\left(r\frac{\partial \omega_A}{\partial r}\right) + \underline{\frac{\partial^2 \omega_A}{\partial z^2}}\right) \tag{20.5-1}$$

Essa equação deve ser resolvida com as seguintes condições de contorno

$$\text{C.C.1 e C.C.2:} \qquad \text{em } r = 0 \text{ e em } r = R, \quad \frac{\partial \omega_A}{\partial r} = 0 \tag{20.5-2}$$

que expressa a simetria radial do perfil de fração mássica e a impermeabilidade da difusão da parede do tubo. Para essa análise, válida há tempos, não é necessário especificar a exata configuração do pulso injetado no tempo $t = 0$. Não é conhecida a solução analítica para o perfil de fração mássica, $\omega_A(r,z,t)$— mesmo no caso em que a condição inicial fosse claramente formulada — porém, Taylor[3,4] apresentou uma solução bastante útil, que será resumida aqui. Esta envolve a obtenção, a partir da Eq. 20.5-1, de uma equação diferencial parcial para a fração mássica média de área definida por

$$\langle \omega_A \rangle = \frac{\int_0^{2\pi}\int_0^R \omega_A r\, dr\, d\theta}{\int_0^{2\pi}\int_0^R r\, dr\, d\theta} = \frac{2}{R^2}\int_0^R \omega_A r\, dr \tag{20.5-3}$$

a qual pode ser resolvida para descrever o comportamento do pulso para tempos longos.

Taylor iniciou desprezando o termo de difusão molecular axial (que é o termo que aparece pontilhado na Eq. 20.5-1) e a seguir mostrou[4] que essa suposição se aplica para os casos em que o número de Péclet $\text{Pé}_{AB} = R\langle v_z\rangle/\mathscr{D}_{AB}$ é da ordem de 70 ou maior, e se o comprimento do pulso $L_p(t)$ da região ocupada pelo pulso, medida experimentalmente por Taylor,[3] é da ordem de $170R$ ou maior. Aqui, $\langle v_z\rangle = \frac{1}{2} v_{z,\text{máx}}$ é a velocidade média de área do fluido.

Taylor buscou uma solução válida para tempos longos. Ele estimou que as condições de validade desse resultado são

$$\frac{L_p}{v_{z,\text{máx}}} >> \frac{R^2}{(3{,}8)^2\mathscr{D}_{AB}} \tag{20.5-4}$$

Quando o comprimento do pulso, L_p atinge essa faixa, o tempo decorrido foi suficiente para tornar irrelevante a forma inicial do pulso.

Para seguir o desenvolvimento do perfil de concentração à medida que o fluido se desloca na direção axial, é conveniente introduzir uma nova coordenada axial da forma

$$\bar{z} = z - \langle v_z \rangle t \tag{20.5-5}$$

Quando essa nova coordenada é introduzida na Eq. 20.5-1 (sem o termo sublinhado), obtemos a seguinte equação da difusão para $\omega_A(r,\bar{z},t)$,

$$\frac{\partial \omega_A}{\partial t} + v_{z,\text{máx}}(\tfrac{1}{2} - \xi^2)\frac{\partial \omega_A}{\partial \bar{z}} = \frac{\mathscr{D}_{AB}}{R^2}\frac{1}{\xi}\frac{\partial}{\partial \xi}\left(\xi\frac{\partial \omega_A}{\partial \xi}\right) \tag{20.5-6}$$

na qual $\xi = r/R$ é a coordenada radial adimensional. Nesse caso, a derivada temporal deve ser tomada a um valor de $\bar{z}$ constante, e, nas condições estabelecidas para a Eq. 20.5-4, essa derivada deve ser desprezada face ao termo de difusão radial. Como resultado temos uma equação de estado quase-permanente.

$$\frac{1}{\xi}\frac{\partial}{\partial \xi}\left(\xi\frac{\partial \omega_A}{\partial \xi}\right) = \frac{R^2 v_{z,\text{máx}}}{\mathscr{D}_{AB}}(\tfrac{1}{2} - \xi^2)\frac{\partial \omega_A}{\partial \bar{z}} \tag{20.5-7}$$

[1] J.B. Bassingthwaighte and C.A. Goresky, na Seção 2, Vol. 3 do *Handbook of Physiology*, 2nd ed., American Physiological Society, Bethesda, Md. (1984).

[2] H.B. Fisher, *Ann. Rev. Fluid Mech.*, **5**, 59-78, (1973); B.E. Logan, *Environmental Transport Processes*, Wiley-Interscience, New York (1999), Caps. 10 e 11; J.H. Seinfeld, *Advances in Chemical Engineering*,, Academic Press, New York (1983), pp. 209-299.

[3] G.I. Taylor, *Proc. Roy. Soc.*, **A219**, 186-203 (1953).

[4] G.I. Taylor, *Proc. Roy. Soc.*, **A225**, 473-477 (1954).

Para a condição da Eq. 20.5-4, a fração mássica pode ser expressa como

$$\omega_A(\xi, \bar{z}, t) = \langle \omega_A \rangle + \omega_A'(\xi, \bar{z}, t) \qquad \text{com } |\omega_A'| << \langle \omega_A \rangle \tag{20.5-8}$$

em que ω_A é uma função de $\bar{z}$ e t. Substituindo essa expressão na Eq. 20.5-7, e desprezando o termo ω'_A, obtemos

$$\frac{1}{\xi}\frac{\partial}{\partial \xi}\left(\xi \frac{\partial \omega_A}{\partial \xi}\right) = \frac{R^2 v_{z,\text{máx}}}{\mathscr{D}_{AB}}\left(\tfrac{1}{2} - \xi^2\right)\frac{\partial \langle \omega_A \rangle}{\partial \bar{z}} \tag{20.5-9}$$

da qual, sob as condições da Eq. 20.5-4, a dependência radial da fração mássica pode ser obtida.

A integração da Eq. 20.5-9 com as condições de contorno correspondentes à Eq. 20.5-2, resulta em

$$\omega_A(\xi, \bar{z}) = \frac{R^2 v_{z,\text{máx}}}{8\mathscr{D}_{AB}}\frac{\partial \langle \omega_A \rangle}{\partial \bar{z}}\left(\xi^2 - \tfrac{1}{2}\xi^4\right) + \omega_A(0, \bar{z}) \tag{20.5-10}$$

A média desse perfil ao longo da área da seção transversal do tubo é

$$\langle \omega_A \rangle = \frac{\int_0^1 \omega_A \xi d\xi}{\int_0^1 \xi d\xi} = \frac{R^2 v_{z,\text{máx}}}{24\mathscr{D}_{AB}}\frac{\partial \langle \omega_A \rangle}{\partial \bar{z}} + \omega_A(0, \bar{z}) \tag{20.5-11}$$

Subtraindo essa equação da equação anterior, e substituindo $v_{z,\text{máx}}$ por $2\langle v_z \rangle$, vem finalmente

$$\omega_A - \langle \omega_A \rangle = \frac{R^2 \langle v_z \rangle}{2\mathscr{D}_{AB}}\frac{\partial \langle \omega_A \rangle}{\partial \bar{z}}\left(-\tfrac{1}{3} + \xi^2 - \tfrac{1}{2}\xi^4\right) \tag{20.5-12}$$

como a solução aproximada da Eq. 20.5-6 dada por Taylor.

O fluxo mássico total de A através de um plano que passa por $\bar{z}$ constante (isto é, considerando o escoamento relativo à velocidade média $\langle v_z \rangle$) é

$$\begin{aligned} \pi R^2 \rho \langle \omega_A (v_z - \langle v_z \rangle) \rangle &= \frac{\pi R^4 \rho \langle v_z \rangle^2}{\mathscr{D}_{AB}}\frac{\partial \langle \omega_A \rangle}{\partial \bar{z}}\int_0^1 \left(-\tfrac{1}{3} + \xi^2 - \tfrac{1}{2}\xi^4\right)\left(\tfrac{1}{2} - \xi^2\right)\xi\, d\xi \\ &= -\frac{\pi R^4 \rho \langle v_z \rangle^2}{48\mathscr{D}_{AB}}\frac{\partial \langle \omega_A \rangle}{\partial \bar{z}} \end{aligned} \tag{20.5-13}$$

A seguir notamos que, com a suposição de ρ constante, $\rho\langle \omega_A \langle v_z \rangle\rangle = \langle \rho_A \rangle\langle v_z \rangle$ e $\rho\langle \omega_A v_z \rangle \approx \langle n_{Az} \rangle$. (A substituição de v_z por v_{Az} pode ser feita, pois considerando a difusão molecular desprezível, as espécies A e B estão se movendo com a mesma velocidade na direção axial.) Assim, quando a Eq. 20.5-13 é dividida por πR^2, obtemos a expressão para o fluxo mássico médio

$$\langle n_{Az} \rangle = \langle \rho_A \rangle\langle v_z \rangle - K\frac{\partial \langle \rho_A \rangle}{\partial \bar{z}} = \langle \rho_A \rangle\langle v_z \rangle - K\frac{\partial \langle \rho_A \rangle}{\partial z} \tag{20.5-14}$$

relativo aos eixos coordenados estacionários. Aqui K é o *coeficiente de dispersão axial*, que, pela análise de Taylor, é expresso da forma

$$K = \frac{R^2 \langle v_z \rangle^2}{48\mathscr{D}_{AB}} = \frac{1}{48}\mathscr{D}_{AB}\text{Pé}_{AB}^2 \tag{20.5-15}$$

Essa fórmula indica que a dispersão axial (para valores de Pé >> 1 considerados até agora) é aumentada pela variação radial de v_z e diminuída pela difusão molecular na mesma direção.

Embora a Eq. 20.5-14 tenha a mesma forma da lei de Fick na Eq. (C) da Tabela 17.8-2, ela não inclui qualquer efeito da difusão molecular na direção axial. Deve ser também enfatizado que K não é uma propriedade da mistura fluida, mas depende de R e de $\langle v_z \rangle$, bem como de $\mathscr{D}_{AB}$.

A seguir escrevemos a equação da continuidade de Eq. 19.1-6, na forma de uma média tomada ao longo da seção transversal do tubo, como

$$\frac{\partial}{\partial t}\langle \rho_A \rangle = -\frac{\partial}{\partial z}\langle n_{Az} \rangle \tag{20.5-16}$$

Quando a expressão para o fluxo mássico de A, dado pela Eq. 20.5-14, é inserida na expressão anterior, obtemos a seguinte equação para a *dispersão axial*:

$$\frac{\partial}{\partial t}\langle \rho_A \rangle + \langle v_z \rangle \frac{\partial}{\partial z}\langle \rho_A \rangle = K\frac{\partial^2}{\partial z^2}\langle \rho_A \rangle \tag{20.5-17}$$

Essa equação pode ser resolvida para se obter a forma do pulso em movimento que se originou da adição da injeção de um pulso δ, de massa m_A do soluto A na corrente até então pura de B:

$$\langle \rho_A \rangle = \frac{m_A}{2\pi R^2\sqrt{\pi K t}}\exp\left(-\frac{(z-\langle v_z \rangle t)^2}{4Kt}\right) \tag{20.5-18}$$

Essa expressão pode ser usada juntamente com a Eq. 20.5-15 para se obter o valor de $\mathscr{D}_{AB}$ a partir de valores medidos da concentração de A no pulso em movimento. De fato, esse é provavelmente o melhor método para medidas experimentais de difusividade de líquidos.

O desenvolvimento de Taylor originou uma vasta literatura sobre a dispersão convectiva. Todavia, restam ainda fazer estudos sobre as aproximações feitas e determinar os seus limites de aplicação. Aris[5] apresentou um tratamento detalhado da dispersão em tubos e dutos, cobrindo uma ampla faixa de t e incluindo a difusão nas direções z e θ. Seu valor assintótico

$$K = \mathscr{D}_{AB} + \frac{R^2\langle v_z \rangle^2}{48\mathscr{D}_{AB}} = \mathscr{D}_{AB}\left(1 + \frac{1}{48}\text{Pé}_{AB}^2\right) \tag{20.5-19}$$

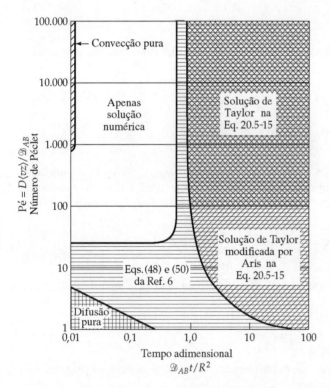

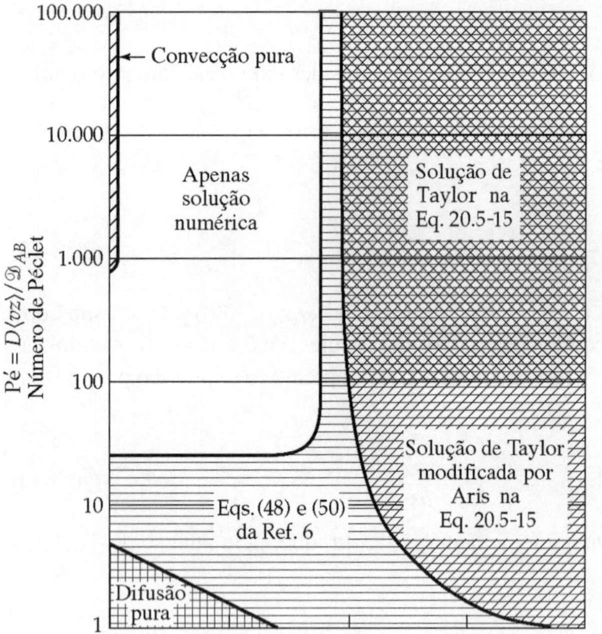

Fig. 20.5-2 Ilustração mostra os limites de validade das equações de Taylor (Eq. 20.3-15) e de Aris (Eq. 20.5-19) para o cálculo do coeficiente de dispersão axial. Essa figura é semelhante à figura que aparece na referência 6.

válido para longos tempos corresponde a uma importante extensão da Eq. 20.5-15. Desse resultado podemos concluir que a difusão molecular aumenta a dispersão axial para valores do número de Péclet, $\text{Pé} = R\langle v_z \rangle/\mathscr{D}_{AB}$ menores que $\sqrt{48}$ e inibe a dispersão axial a maiores valores, faixa essa na qual o mecanismo de transporte de Taylor predomina.

[5] R. Aris, *Proc. Roy. Soc.*, **A235**, 67-77 (1956).

As faixas de validade das fórmulas de dispersão de Taylor e de Aris foram estudadas através de cálculos feitos pelo método de diferenças finitas[6] e pelo método da colocação ortogonal.[7] A Fig. 20.5-2 mostra as faixas úteis das Eqs. 20.5-15 e 19. A última fórmula tem sido extensivamente utilizada para medidas de difusividades binárias, e uma extensão da mesma[8] foi usada para medidas de difusividades em misturas líquidas com três componentes.

Vários trabalhos sobre dispersão convectiva serão a seguir mencionados. *Tubos em espiral* apresentam valores pequenos de dispersão axial, como mostrados pelos experimentos de Koutsky e Adler,[9] que foram analisados por Nunge, Lin e Gill.[10] Esse efeito é importante no projeto de reatores químicos e em medidas de difusividade, nos quais o tubo em espiral é freqüentemente utilizado para fins de se obter um comprimento de tubo desejado dentro de um equipamento compacto.

Dispersão extracoluna, causada pela bomba e pela tubulação que conecta sistemas de cromatografia, foi estudada por Shankar e Lenhoff[11] com previsões bastante detalhadas e dados experimentais com alta precisão. Seus resultados mostram que a média radial é importante em tempos mais curtos do que os resultados mostrados na Fig. 20.5-2 para a fórmula de Taylor-Aris. Dependendo do tipo de analisador utilizado, os dados podem ser mais bem descritos pela densidade média de mistura, ρ_{Ab}, ou ainda pela densidade média de área antes definida.

Hoagland e Prud'homme[12] analisaram a dispersão longitudinal em escoamentos laminares em *tubos com variação senoidal do raio*, $R(z) = R_0(1 + \varepsilon \text{ sen } (2\pi z/\lambda))$, para modelar a dispersão em processos em leitos recheados. Seus resultados são semelhantes aos obtidos pela Eq. 20.5-19, quando as variações têm amplitudes, ε, relativamente pequenas e comprimentos de onda, λ/R_0, relativamente grandes. Pode-se pensar que, numa coluna recheada, a dispersão axial seria a mesma que ocorreria em tubos com variação senoidal do raio, mas esse não é o caso. Em vez do valor previsto pela Eq. 20.3-19, obtém-se $K = 2{,}5\, \mathscr{D}_{AB} \text{Pé}_{AB}$ na qual o número de Péclet aparece com a primeira potência, e não com a segunda potência e com K independente de $\mathscr{D}_{AB}$.[13] Brenner e Edwards[14] apresentam análises da dispersão convectiva e reação em várias geometrias, incluindo tubos e leitos espacial e periodicamente recheados.

A dispersão foi também analisada em escoamentos ainda mais complexos. Para *escoamento turbulento* em tubos retos, Taylor[15] desenvolveu, e confirmou por resultados experimentais, a fórmula para a dispersão axial $K/Rv^* = 10{,}1$, onde v^* é a velocidade de atrito definida na Eq. 5.3-2. Bassingthwaighte e Goreski[1] utilizaram modelos de troca de soluto e de água em um sistema cardiovascular, e H.B. Fisher[2] apresentam modelos matemáticos da dispersão turbulenta em rios e estuários.

As Eqs. 20.5-1 e 19 são limitadas às condições impostas à Eq. 20.5-2 e 4. Assim, elas *não* são apropriadas para descrever a região de entrada de reatores operando em regime permanente ou sistemas com reações heterogêneas. Para escoamentos laminares, a Eq. 20.5-1 se constitui num melhor ponto de partida.

Questões para Discussão

1. Quais as dificuldades experimentais que poderiam ser encontradas, utilizando-se o sistema descrito no Exemplo 20.1-1 para medir a difusividade de gases?
2. Quais problemas você prevê encontrar ao usar a técnica de dispersão de Taylor da Seção 20.5 para a medida da difusividade na fase líquida?
3. Mostre que a Eq. 20.1-16 satisfaz à equação diferencial parcial bem como as condições inicial e de contorno.
4. O que você pode concluir da Tabela 20.1-1?
5. Por que a transformada de Laplace é útil na solução do problema relacionado ao Exemplo 20.1-3? Poderia a transformada de Laplace ser utilizada para resolver o problema do Exemplo 20.1-1?
6. Como é obtida a distribuição de velocidade no Exemplo 20.1-4?

[6] V. Ananthakrishnan, W.N. Gill and A.J. Barduhn, *AIChE Journal*, **11**, 1063-1072 (1965).
[7] J.C. Wang and W.E. Stewart, *AIChE Journal*, **29**, 493-497 (1983).
[8] Ph. W.M. Rutten, *Diffusion in Liquids*, Delft University Press, Delft, The Netherlands (1992).
[9] J. A. Koutsky and R.J. Adler, *Can. J. Chem. Eng.*, **42**, 239-246 (1964).
[10] R. J. Nunge, T. S. Lin and W.N. Gill, *J. Fluid Mech.*, **51**, 363-382 (1972).
[11] A. Shankar and A.M. Lenhoff, *J. Chromatography*, **556**, 235-248 (1991).
[12] D.A. Hoagland and R.K. Prud'homme, *AIChE Journal*, **31**, 236-244 (1985).
[13] A.M. Athalye, J. Gibbs, and E.N. Lightfoot, *J.Chromatog.*, **589**, 71-85 (1992).
[14] H. Brenner and D.A. Edwards, *Macrotransport Processes*, Butterworth-Heinemann, Boston (1993).
[15] G.I. Taylor, *Proc. Roy. Soc.*, **A223**, 446-467 (1954).

7. Descreva o método de solução do problema de área variável descrito no Exemplo 20.1-4.
8. Faça a verificação sugerida após a Eq. 20.1-74.
9. Quais são os efeitos da reação química sobre a espessura da camada limite ?
10. Discuta as expressões de Chilton-Colburn da Eq. 20.2-57. Você esperaria que essas mesmas relações fossem válidas para escoamento em torno de cilindros e de esferas?

PROBLEMAS

20A.1. Medida da difusividade por evaporação em regime transiente. Use os dados da tabela a seguir para determinar a difusividade do propionato de etila (espécie A) numa mistura de 20 mol% de ar e 80 mol% de hidrogênio (essa mistura sendo considerada um gás puro B).[1]

Acréscimo no Volume de Vapor (cm^3)	$\sqrt{t}$ ($s^{1/2}$)
0,01	15,5
0,11	19,4
0,22	23,4
0,31	26,9
0,41	30,5
0,50	34,0
0,60	37,5
0,70	41,5

Esses dados foram obtidos[1] usando um tubo de vidro de 200 cm de comprimento e diâmetro interno de 1,043 cm; a temperatura foi de 27,9°C e a pressão de 761,2 mm Hg. A pressão de vapor do propionato de etila a essa temperatura é de 41,5 mm Hg. Note que t corresponde ao tempo contado a partir do início da evaporação, sendo que o acréscimo no volume é medido a partir de $t \approx 240$ s.

20A.2. Absorção de oxigênio por uma bolha em expansão (Fig. 20A.2). Oxigênio está sendo injetado em água pura por meio de um tubo capilar. O sistema é praticamente isotérmico e isobárico a 25°C e 1 atm. A solubilidade do oxigênio na fase líquida é $\omega_{A0} = 7{,}78 \times 10^{-4}$, e a difusividade do par oxigênio-água na fase líquida é $\mathscr{D}_{AB} = 2{,}60 \times 10^{-5}$

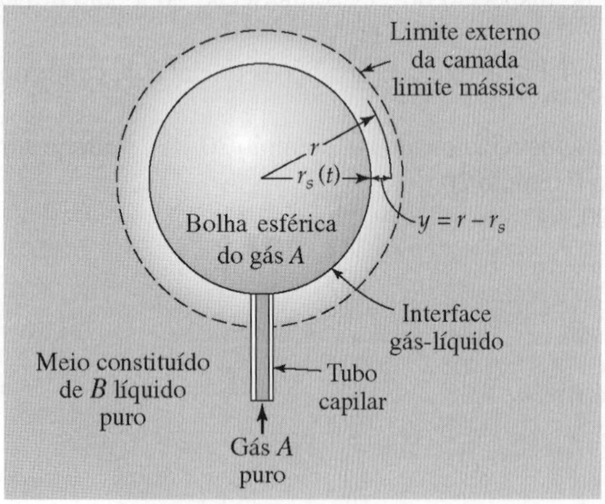

Fig. 20A.2 Absorção do gás em uma bolha em expansão, idealizada como uma esfera.

[1] D.F. Fairbanks and C.R. Wilke, *Ind.Eng.Chem.*, **42**, 471-475 (1950).

cm^2/s. Calcule a taxa instantânea de absorção do gás em g/s, para uma bolha de 1 mm de diâmetro e idade $t = 2$ s, supondo

(a) Taxa de crescimento volumétrico constante

(b) Taxa de crescimento do raio da bolha, dr_s/dt constante

Respostas: **(a)** $7{,}6 \times 10^{-8}$ g/s; **(b)** $1{,}11 \times 10^{-7}$ g/s

20A.3. Taxa de evaporação do *n*-octano. A 20°C, quantos gramas de *n*-octano líquido irão evaporar no N_2 em 24,5 h no sistema tal como o estudado no Exemplo 20.1-1 a pressões de **(a)** 1 atm, e **(b)** 2 atm? A área superficial do líquido é de 1,29 cm^2, e a pressão de vapor do *n*-octano a 20°C é de 10,45 mm Hg.

Resposta: **(a)** 6,71 mg

20A.4. Efeito do tamanho da bolha na composição da interface (Fig. 20A.2). Aqui examinamos a suposição de composição da interface, ω_{A0}, independente do tempo para o sistema ilustrado na Fig. 20A.2. Notamos que devido à tensão interfacial, a pressão do gás, p_A, depende do valor instantâneo do raio da bolha, r_s. A expressão de equilíbrio

$$p_A = p_\infty + \frac{2\sigma}{r_s} \tag{20A.4-1}$$

é adequada a não ser no caso em que dr_s/dt seja elevada. Aqui p_∞ é a pressão ambiente do líquido à meia altura da bolha, e σ, a tensão interfacial.

Para o caso de solutos de baixa solubilidade, a composição do líquido na interface, ω_{A0}, depende de p_A, de acordo com a lei de Henry

$$\omega_{A0} = Hp_A \tag{20A.4-2}$$

na qual o valor da constante de Henry, H, depende das duas espécies e da temperatura e da pressão do líquido. Essa expressão pode ser combinada com a Eq. 20A.4-1 para se obter a relação entre ω_{A0} em r_s.

Para uma bolha de gás que se dissolve na água a $T = 25$°C e $p_\infty = 1$ atm, qual o tamanho da bolha para que ocorra um acréscimo de 10% no valor de ω_{A0} acima do valor de uma bolha de grande diâmetro?

Admita que $\sigma = 72$ dina/cm nas condições da faixa de composições verificada.

Resposta: 1,4 micra

20A.5. Absorção com reação rápida de segunda ordem (Fig. 20.1-2). Faça os seguintes cálculos para o sistema reacional ilustrado na figura:

(a) Verifique a localização da zona de reação, usando a Eq. 20.1-37.

(b) Calcule o valor de N_{A0} no tempo $t = 2{,}5$ s.

20A.6. Transferência de massa a altas taxas em convecção forçada na camada limite laminar. Calcule a taxa de evaporação $n_{A0}(x)$ para o sistema descrito através da Eq. 20.2-52, sendo conhecidos $\omega_{A0} = 0{,}9$, $\omega_{A\infty} = 0{,}1$, $n_{B0}(x) = 0$ e Sc $= 2{,}0$. Use a Fig. 22.8-5, com R calculado como R_w da Eq. 20.2-51, de modo a encontrar o fluxo mássico adimensional ϕ (derrotado por ϕ_w para cálculos difusionais com frações mássicas). Use, então, a Eq. 20.2-1 para calcular k e a Eq. 20.2-48 para calcular n_{A0}/x).

Resposta: $n_{A0}(x) = 0{,}33\sqrt{\rho v_\infty \mu / x}$

20A.7. Transferência de massa a baixas taxas em convecção forçada na camada limite laminar. Esse problema ilustra o uso das Eqs. 20.2-55 e 57 e verifica a exatidão dos resultados obtidos em relação àquela da Eq. 20.2-47.

(a) Determine a expressão da taxa local de evaporação, n_{A0}, em função de x na secagem de uma placa porosa saturada com água, cuja forma é ilustrada na Fig. 20.2-2. A placa está colocada em uma corrente de ar com alta velocidade, sabendo-se que $\omega_{A0} = 0{,}05$, $\omega_{A\infty} = 0{,}01$ e Sc $= 0{,}6$. Use a Eq. 20.5-55 para efetuar os cálculos.

(b) Usando a Eq. 20.2-57 calcule novamente n_{A0}.

(c) Compare os resultados precedentes com o valor de n_{A0} calculado a partir da Eq. 20.2-47 e com os dados da Tabela 20.2-1. Os valores de K determinados em (a) serão suficientemente precisos para a determinação de $\Pi'(0,\text{Sc},K)$.

Respostas: **(a)** $n_{A0}(x) = 0{,}0188\sqrt{\rho v_\infty \mu / x}$; **(b)** $n_{A0}(x) = 0{,}0196\sqrt{\rho v_\infty \mu / x}$;
(c) $n_{A0}(x) = 0{,}0188\sqrt{\rho v_\infty \mu / x}$

20B.1. Extensão do problema de Arnold para levar em conta a transferência entre fases de ambas espécies. Mostre como se pode obter as Eqs. 20.1-23, 24 e 25 a partir da equação da continuidade das espécies A e B (em unidades molares) e as condições inicial e de contorno associadas.

20B.2. Extensão do problema de Arnold para a difusão não-isotérmica. Nas condições descritas no Problema 2B.1, determine o resultado análogo para a distribuição de temperatura $T(z,t)$.

(a) Mostre que a equação da energia térmica [Eq. (H) da Tabela 19.2-4] se reduz a

$$\frac{\partial T}{\partial t} + v_z^* \frac{\partial T}{\partial z} = \alpha \frac{\partial^2 T}{\partial z^2} \tag{20B.2-1}$$

desde que k, p e c (ou ρ) sejam essencialmente constantes e que $\overline{H}_\alpha = \tilde{H}_\alpha(p, T)$ e $\tilde{C}_{pA} = \tilde{C}_{pB}$ = constante; logo α é então uma constante. Supõe-se também c, k e p constantes. Aqui o termo de dissipação viscosa ($\boldsymbol{\tau}:\nabla\mathbf{v}$) e o de trabalho mecânico $\Sigma_\alpha(\mathbf{j}_\alpha \cdot \mathbf{g}_\alpha)$ podem ser desprezados. (*Dica*: Use a equação da continuidade para espécies na forma da Eq. 19.1-10.)

(b) Mostre que a solução da Eq. 20B.2-1, com a condição inicial, $T = T_\infty$ em $t = 0$, e as condições de contorno, $T = T_0$ em $z = 0$, e $T = T_\infty$ em $z = \infty$, é da forma

$$\frac{T - T_0}{T_\infty - T_0} = \Pi_T(Z_T) = \frac{\text{erf}(Z_T - \varphi_T) + \text{erf}\,\varphi_T}{1 + \text{erf}\,\varphi_T} \tag{20B.2-2}$$

com

$$Z_T = \frac{z}{\sqrt{4\alpha t}} \quad \text{e} \quad \varphi_T = v_z^* \sqrt{\frac{t}{\alpha}} \tag{20B.2-3}$$

(c) Mostre que os fluxos mássico e de energia na interface são relacionados a T_0 e a T_∞ por

$$\frac{N_{A0} + N_{B0}}{[q_0/\tilde{C}_p(T_0 - T_\infty)]} = \sqrt{\pi}(1 + \text{erf}\,\varphi_T)\varphi_T \exp \varphi_T^2 \tag{20B.2-4}$$

de tal forma que a relação N_{A0}/q_0 e N_{B0}/q_0 são constantes para $t > 0$. Esse elegante resultado aparece em decorrência de não ter sido definido um comprimento ou um tempo característico do modelo matemático do sistema.

20B.3. Condições de contorno relativas à estequiometria de uma reação instantânea e irreversível. Os fluxos dos reagentes do Exemplo 20.1-2 devem satisfazer à seguinte relação estequiométrica

$$\text{em } z = z_R(t), \quad ac_A(v_{Az} - v_R) = -\frac{1}{b} c_B(v_{Bz} - v_R) \tag{20B.3-1}$$

na qual $v_R = dz_R/dt$. Usando a primeira lei da difusão de Fick e considerando c constante e uma reação instantânea e irreversível, mostre que essa relação recai na Eq. 20.1-31.

20B.4. Dispersão de Taylor para o escoamento em uma fenda (Fig. 2B.3). Mostre que, para o escoamento laminar numa fenda de largura $2B$ e comprimento L, o coeficiente de dispersão de Taylor é

$$K = \frac{2B^2 \langle v_z \rangle^2}{105\mathscr{D}_{AB}} \tag{20B.4-1}$$

20B.5. Difusão de uma fonte pontual instantânea. No tempo $t = 0$, a massa m_A da espécie A é injetada num grande volume de fluido B. Considere que a origem dos eixos coordenados coincide com o ponto de injeção. O material A se difunde na direção radial. A solução pode ser encontrada no Carslaw e Jaeger:[2]

$$\rho_A = \frac{m_A}{(4\pi\mathscr{D}_{AB}t)^{3/2}} \exp(-r^2/4\mathscr{D}_{AB}t) \tag{20B.5-1}$$

(a) Verifique se a Eq. 20B.5-1 satisfaz à segunda lei da difusão de Fick.
(b) Verifique se a Eq. 20B.5-1 satisfaz à condição de contorno em $r = \infty$.
(c) Mostre que, quando integrada em todo o volume, a Eq. 20B.5-1 fornece o valor de m_A como desejado.
(d) O que acontece com a Eq. 20B.5-1 quando $t \to 0$?

[2] H.S. Carslaw and J.C. Jaeger, *Conduction of Heat in Solids*, 2nd ed., Oxford University Press (1959), p.257.

20B.6. Difusão transiente com reação química de primeira ordem. Use a Eq. 20.1-43 para obter o perfil de concentração nas seguintes situações:

(a) A partícula de catalisador do Problema 18B.14, em regime transiente com as mesmas condições de contorno, mas com condição inicial em que $c_A = 0$ em $t = 0$. A equação diferencial para c_A é dada por

$$\varepsilon \frac{\partial c_A}{\partial t} = \mathscr{D}_A \frac{\partial^2 c_A}{\partial z^2} - k_1''ac_A \tag{20B.6-1}$$

em que ε é a porosidade da partícula. A solução para o caso de $k_l'''a = 0$ pode ser obtida do resultado do Exemplo 12.1-2.

(b) Difusão e reação de um soluto, A, injetado no tempo $t = 0$ e no ponto $r = 0$ (em coordenadas esféricas) num meio infinito estacionário. Aqui a função g da Eq. 20.1-43 é dada por

$$g = \frac{1}{(4\pi\mathscr{D}_{AB}t)^{3/2}} \exp(-r^2/4\mathscr{D}_{AB}t) \tag{20B.6-2}$$

e a função f se anula.

20B.7. Transferência simultânea de momento, calor e massa: condições de contorno alternativas (Fig. 20B.7). Os perfis adimensionais $\Pi(\eta,\Lambda,K)$da Eq. 20.2-43 podem ser aplicados a várias situações. Use as Eqs. 20.2-49 a 52 para obter as equações implícitas para a determinação do fluxo mássico "líquido" adimensional K, nas seguintes operações em regime permanente:

(a) Evaporação de um líquido puro, A, de uma placa porosa saturada numa corrente gasosa de A e B. A substância B é insolúvel no líquido A.

(b) Reação instantânea e irreversível do gás A com uma placa do sólido C tendo o gás B como produto, de acordo com a reação $A + C \rightarrow 2B$. Os pesos moleculares de A e B são iguais.

(c) Resfriamento por transpiração de uma placa oca de paredes porosas, como ilustrado na figura. O fluido A puro envolve a placa, e o fluido injetado é distribuído de forma a manter toda a superfície externa da placa à temperatura uniforme, T_0.

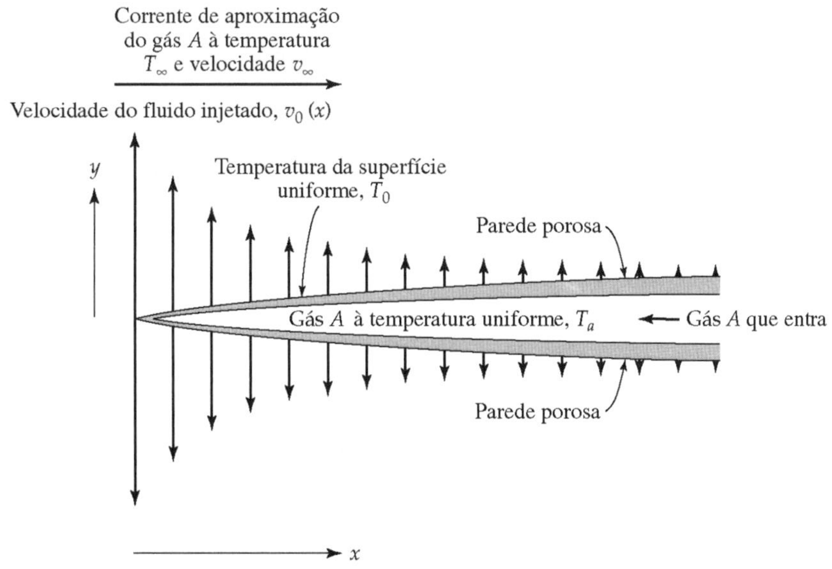

Fig. 20B.7 Uma placa porosa resfriada por transpiração.

Respostas: **(a)** $K = \frac{1}{\text{Sc}}\left(\frac{\omega_{A0} - \omega_{A\infty}}{1 - \omega_{A0}}\right)\Pi'(0, \text{Sc}, K)$; **(b)** $K = \frac{1}{\text{Sc}}\,\omega_{A\infty}\,\Pi'(0, \text{Sc}, K)$

(c) $K = \frac{1}{\text{Pr}}\left(\frac{T_0 - T_\infty}{T_a - T_0}\right)\Pi'(0, \text{Pr}, K)$

20B.8. Absorção em bolha pulsante. Use os resultados do Exemplo 20.1-4 para calcular $\delta(t)$ e $N_{A0}(t)$ para uma bolha cujo raio experimenta uma pulsação do tipo onda-quadrada:

$$r_s = R_1 \quad \text{para } 2n < \omega t < 2n + 1$$
$$r_s = R_2 \quad \text{para } 2n + 1 < \omega t < 2n + 2 \tag{20B.10-1}$$

Aqui ω é a freqüência característica, e $n = 0,1,2,...$

20B.9. Verificação da solução da equação da dispersão de Taylor. Mostre que a solução da Eq. 20.5-17, dada pela Eq. 20.5-18, satisfaz a equação diferencial, a condição inicial e as condições de contorno.[3] Estas últimas são consideradas em $z = \pm\infty$,

$$\langle \rho_A \rangle = 0 \quad \text{e} \quad \frac{\partial}{\partial z}\langle \rho_A \rangle = 0 \tag{20B.9-1}$$

A condição inicial é que, em $t = 0$, o soluto pulsante, de massa m_A, se concentra em $z = 0$, com nenhum soluto em qualquer outra região do tubo, de modo que, para todos os tempos,

$$\pi R^2 \int_{-\infty}^{+\infty} \langle \rho_A \rangle dz = m_A \tag{20B.9-2}$$

(a) Mostre que, através de uma mudança de coordenadas, a Eq. 20.5-17 pode ser reduzida à forma unidimensional da segunda lei da difusão de Fick

$$\bar{z} = z - \langle v_z \rangle t \tag{20B.9-3}$$

(b) Mostre que a Eq. 20.5-18 satisfaz a equação obtida em (a).
(c) Mostre que as Eqs. 20B.9-1 e 2 são também satisfeitas.

20C.1. Análise da ordem de grandeza da taxa de absorção do gás de uma bolha em expansão (Fig. 20A.2).
(a) Considerando a expansão da bolha esférica do Problema 20A.2(a) em um líquido de densidade constante, mostre que, de acordo com a equação da continuidade para a fase líquida, a velocidade radial é dada por $v_r = C_0/r^2$. Use a condição de contorno expressa por $v_r = dr_s/dt$, sendo $r = r_s(t)$ para obter

$$v_r = \frac{r_s^2}{r^2}\frac{dr_s}{dt} \tag{20C.1-1}$$

(b) A seguir use a equação da continuidade para a espécie química em coordenadas esféricas considerando que a difusão só ocorre na direção radial, para obter

$$\frac{\partial \omega_A}{\partial t} + \left(\frac{r_s^2}{r^2}\frac{dr_s}{dt}\right)\frac{\partial \omega_A}{\partial r} = \mathscr{D}_{AB}\frac{1}{r^2}\frac{\partial}{\partial r}\left(r^2\frac{\partial \omega_A}{\partial r}\right) \quad (r > r_s(t)) \tag{20C.1-2}$$

e indique as condições inicial e de contorno pertinentes.
(c) Para curtos tempos de contato, a zona de difusão efetiva se constitui de uma camada relativamente fina, de modo que é conveniente a introdução da variável $y = r - r_s(t)$. Mostre que isso leva a

$$\underset{(1)}{\frac{\partial \omega_A}{\partial t}} + \left(\underset{(2)}{-\frac{2y}{r_s}} + \underset{(3)}{\frac{3y^2}{r_s^2}} + \cdots\right)\frac{dr_s}{dt}\frac{\partial \omega_A}{\partial y} = \mathscr{D}_{AB}\left[\underset{(4)}{\frac{\partial^2 \omega_A}{\partial y^2}} + \frac{2}{r_s}\left(\underset{(5)}{1} - \underset{(6)}{\frac{y}{r_s}} + \underset{(7)}{\frac{y^2}{r_s^2}} - \cdots\right)\frac{\partial \omega_A}{\partial y}\right] \tag{20C.1-3}$$

(d) Do Exemplo 20.1-4 podemos constatar que a contribuição dos termos (1), (2) e (4) são da mesma ordem de grandeza dentro da camada limite mássica, isto é, $y = O(\delta_w) = O(\sqrt{\mathscr{D}_{AB}t})$. Considerando esses termos como tendo O(1), estime as ordens de grandeza dos demais termos mostrados na Eq. 20C.1-3.
(e) Mostre que dos termos relativos às duas ordens de grandeza de maior valor na Eq. 20C.1-3 resulta

$$\frac{\partial \omega_A}{\partial t} + \left[-\frac{2y}{r_s} + \underline{\frac{3y^2}{r_s^2}}\right]\frac{dr_s}{dt}\frac{\partial \omega_A}{\partial y} = \mathscr{D}_{AB}\left[\frac{\partial^2 \omega_A}{\partial y^2} + \underline{\frac{2}{r_s}\frac{\partial \omega_A}{\partial y}}\right] \tag{20C.1-4}$$

[3] Ver, por exemplo, H.S. Carslaw e J.C. Jaeger, *Heat Conduction in Solids*, 2nd ed., Oxford University Press (1959), §10.3. Para sistemas de tubo com comprimento finito, ver H. Brenner, *Chem.Eng.Sci.*, **17**, 229-243 (1961).

sendo o termo de segunda ordem identificado na forma sublinhada.

Essa equação foi extensivamente analisada na literatura relacionada à eletroquímica.[4] Os resultados para n_{A0} são analisados no Problema 20C.2.

20C.2 Efeito da curvatura da superfície na absorção de uma bolha em expansão (Fig. 20A.2). Um gás puro A escoa de um tubo capilar num reservatório de grande volume de um líquido B, inicialmente puro a vazão molar constante W_A. O fluxo molar interfacial de A para o líquido pode ser determinado pela equação de *Levich-Koutecký-Newman*

$$N_{A0} = c_{A0}\sqrt{\frac{7\mathscr{D}_{AB}}{3\pi t}}\left(1 + \frac{16}{11}\sqrt{\frac{3}{7}}\frac{\Gamma(\frac{15}{14})}{\Gamma(\frac{11}{7})}\frac{\mathscr{D}_{AB}^{1/2}t^{1/6}}{\gamma}\right) \tag{20C.2-1}$$

na qual

$$\gamma = \frac{r(t)}{t^{1/3}} = \left(\frac{3W_A}{4\pi c}\right)^{1/3} \tag{20C.2-2}$$

para o caso de escoamento radial e de uma bolha esférica. A Eq. 20C.2-1 é uma conseqüência da Eq. 20C.1-4.

(a) Obtenha uma expressão para o número de moles absorvidos de A, ao longo do tempo de duração da bolha igual a t_0.

(b) Use a Eq. 20C.2-1 a fim de obter, para as taxas de absorção, resultados mais precisos do que os resultados calculados no Problema 20A.2.

20C.3 Absorção com reação química num meio semi-infinito. Um meio semi-infinito constituído de um material B se estende de um plano que passa por $x = 0$ para $x = \infty$. No tempo $t = 0$, a substância A é posta em contato com esse meio no plano $x = 0$, cuja concentração na superfície é dada por c_{A0} (para a absorção do gás A pelo líquido B, por exemplo, c_{A0} seria a concentração de saturação). As substâncias A e B reagem entre si produzindo C através de uma reação irreversível de primeira ordem $A + B \rightarrow C$. Admite-se que A esteja presente em pequenas concentrações e que a equação que descreve o processo de difusão e reação química é dada por

$$\frac{\partial c_A}{\partial t} = \mathscr{D}_{AB}\frac{\partial^2 c_A}{\partial x^2} - k_1'''c_A \tag{20C.3-1}$$

na qual k_l''' é a taxa de reação de primeira ordem. Essa equação foi resolvida para a condição inicial $c_{A0} = 0$ em $t = 0$ e para as condições de contorno $c_A = c_{A0}$ em $x = 0$, e $c_A = 0$ em $x = \infty$. A solução é dada por[5]

$$\begin{aligned}\frac{c_A}{c_{A0}} &= \frac{1}{2}\exp\left(-\sqrt{\frac{k_1'''x^2}{\mathscr{D}_{AB}}}\right)\operatorname{erfc}\left(\frac{x}{\sqrt{4\mathscr{D}_{AB}t}} - \sqrt{k_1'''t}\right)\\ &+ \frac{1}{2}\exp\left(\sqrt{\frac{k_1'''x^2}{\mathscr{D}_{AB}}}\right)\operatorname{erfc}\left(\frac{x}{\sqrt{4\mathscr{D}_{AB}t}} + \sqrt{k_1'''t}\right)\end{aligned} \tag{20C.3-2}$$

(a) Verifique se a Eq. 20C.3-2 satisfaz à equação diferencial e às condições de contorno.

(b) Mostre que o fluxo molar na interface $x = 0$ é

$$N_{Ax}|_{x=0} = c_{A0}\sqrt{\mathscr{D}_{AB}k_1'''}\left(\operatorname{erf}\sqrt{k_1'''t} + \frac{\exp(-k_1'''t)}{\sqrt{\pi k_1'''t}}\right) \tag{20C.3-3}$$

(c) Mostre também que o número total de moles absorvidos através da área A até o tempo t é

$$M_A = Ac_{A0}\sqrt{\mathscr{D}_{AB}t}\left[\left(\sqrt{k_1'''t} + \frac{1}{2\sqrt{k_1'''t}}\right)\operatorname{erf}\sqrt{k_1'''t} + \frac{\exp(-k_1'''t)}{\sqrt{\pi}}\right] \tag{20C.3-4}$$

[4] J. Koutecký, *Czech.J.Phys.*, **2**, 50-55 (1953). Ver também V. Levich, *Physicochemical Hydrodynamics*, 2nd ed., Prentice-Hall, Englewood Cliffs, N.J. (1962). O segundo membro das equações de Levich 108.17 e 108.18 devem ser multiplicados por $t^{2/3}$. Ver também J.S. Newman, *Electrochemical Systems*, 2nd ed., Prentice-Hall, Englewood Cliffs, N.J. (1950).

[5] P.V. Danckwerts, *Trans.Faraday Soc.*, **46**, 300-304 (1950).

(d) Mostre que, para altos valores de $k_1'''t$, a expressão em (c) se reduz assintoticamente a

$$M_A = Ac_{A0}\sqrt{\mathscr{D}_{AB}k_1'''}\left(t + \frac{1}{2k_1'''}\right) \tag{20C.3-5}$$

Para valores de $k_1'''t$ maior do que 4, esse resultado[6] apresenta valores com desvios da ordem de 2%.

20C.4 Projeto de circuitos de controle de fluidos. Deseja-se controlar um reator por meio do monitoramento contínuo de uma corrente em paralelo. Calcule a freqüência máxima de variação da concentração que pode ser detectada em função da vazão volumétrica retirada, se essa vazão for retirada através de um tubo de 10 cm de comprimento, com 0,5 mm de diâmetro interno. *Sugestão*: Como critério, considere que o desvio padrão da duração do pulso não seja superior a 5% do tempo de duração de cada ciclo, $t_0 = 2\pi/\omega$, onde ω é o valor da freqüência a ser determinado.

20C.5 Dissociação de um gás decorrente de um gradiente de temperatura. Um gás que se dissocia ($Na_2 \rightleftharpoons 2Na$) está contido num tubo fechado nas extremidades, ambas mantidas a diferentes temperaturas. Devido a esse gradiente de temperatura, haverá um fluxo contínuo das moléculas de Na_2 da extremidade fria para a extremidade quente, onde elas se dissociam em átomos de Na, que, por sua vez, fluem da extremidade quente para a fria. Desenvolva as equações necessárias para se determinar os perfis de concentração. Compare os seus resultados com os resultados obtidos por Dirac.[7]

20D.1 Experimento dos dois bulbos para medidas da difusividade de gases - solução analítica (Fig.18B.6). Esse experimento, descrito no Problema 18B.6, foi analisado considerando um regime quase-permanente. O método da separação das variáveis fornece uma solução exata[8] para as composições nos dois bulbos na forma de

$$x_A^{\pm} = \tfrac{1}{2}\left[1 \pm \sum_{n=1}^{\infty} (-1)^{n+1}\left(\frac{2N}{\gamma_n}\right)\frac{\sqrt{\gamma_n^2 + N^2}}{\gamma_n^2 + N^2 + N}\exp\left(-\frac{\gamma_n^2\mathscr{D}_{AB}t}{L^2}\right)\right] \tag{20D.1-1}$$

na qual γ_n corresponde à n-ésima raiz de $\gamma \tan \gamma = N$, sendo $N = SL/V$. Aqui, o sinal $\pm$ corresponde aos reservatórios nas extremidades $\pm L$. Compare os resultados numéricos previstos pela Eq. 20D.1 com os resultados experimentais obtidos por Andrew.[9] Compare também a Eq. 20D.1-1 com o resultado mais simplificado dado pela Eq.18B.6-4.

20D.2. Difusão transiente entre fases. Dois solventes imiscíveis I e II estão em contato no plano $z = 0$. No tempo $t = 0$ a concentração de A é dada por $c_I = c_I^0$ na fase I e $c_{II} = c_{II}^0$ na fase II. Para $t > 0$ a difusão se processa através da interface líquido-líquido. Deve ser admitido que o soluto está presente em pequenas concentrações, de modo que se pode aplicar a segunda lei da difusão de Fick. Temos, portanto, que resolver as seguintes equações

$$\frac{\partial c_I}{\partial t} = \mathscr{D}_I\frac{\partial^2 c_I}{\partial z^2} \qquad -\infty < z < 0 \tag{20D.2-1}$$

$$\frac{\partial c_{II}}{\partial t} = \mathscr{D}_{II}\frac{\partial^2 c_{II}}{\partial z^2} \qquad 0 < z < +\infty \tag{20D.2-2}$$

nas quais c_I e c_{II} são as concentrações de A nas fases I e II, e $\mathscr{D}_I$ e $\mathscr{D}_{II}$, as difusividades correspondentes. As condições inicial e de contorno são dadas por:

C. I. 1: em $t = 0$, $\quad c_I = c_I^0$ (20D.2-3)

C. I. 2: em $t = 0$, $\quad c_{II} = c_{II}^0$ (20D.2-4)

C. C. 1: em $z = 0$, $\quad c_{II} = mc_I$ (20D.2-5)

C. C. 2: em $z = 0$, $\quad -\mathscr{D}_I\dfrac{\partial c_I}{\partial z} = -\mathscr{D}_{II}\dfrac{\partial c_{II}}{\partial z}$ (20D.2-6)

[6] R.A. T. O. Nijsing, *Absorptie van gassen in vloeistoffen, zonder en met chemische reactie*, Academisch Proefschrift, Technische Universiteit Delft (1957).

[7] P.A.M. Dirac, *Proc. Camb. Phil. Soc.*, **22**, Part II, 132-137 (1924). Essa foi a primeira publicação de Dirac, escrita durante o seu curso de graduação.

[8] R.B. Bird, *Advances in Chemical Engineering*, Vol.1, Academic Press, New York (1956), pp. 156-239; errata, Vol. 2 (1958), p. 325. O resultado que aparece no rodapé da p. 207 está incorreto, uma vez que o fator $(-1)^{n+1}$ está faltando. Ver também H.S. Carslaw and J.C. Jaeger, *Conduction of Heat in Solids*, 2nd ed., Oxford University Press (1959), p. 129.

[9] S.P.S. Andrew, *Chem.Eng.Sci.*, **4**, 269-272 (1955).

C. C. 3: em $z = -\infty$, $c_\text{I} = c_\text{I}^0$ (20D.2-7)

C. C. 4: em $z = +\infty$, $c_\text{II} = c_\text{II}^0$ (20D.2-8)

A primeira condição de contorno em $z = 0$ estabelece o equilíbrio na interface, sendo m o "coeficiente de distribuição" ou a "constante da lei de Henry". A segunda condição de contorno condiciona que o fluxo molar calculado em $z = 0^-$ é o mesmo que se verifica em $z = 0^+$; isto é, não há perda de A através da interface líquido-líquido.

(a) Resolva o sistema de equações simultâneas pelo método da transformada de Laplace ou outro método adequado.

$$\frac{c_\text{I} - c_\text{I}^0}{c_\text{II}^0 - mc_\text{I}^0} = \frac{1 + \text{erf}(z/\sqrt{4\mathscr{D}_\text{I}t})}{m + \sqrt{\mathscr{D}_\text{I}/\mathscr{D}_\text{II}}} \quad (20D.2\text{-}9)$$

$$\frac{c_\text{II} - c_\text{II}^0}{c_\text{I}^0 - (1/m)c_\text{II}^0} = \frac{1 - \text{erf}(z/\sqrt{4\mathscr{D}_\text{II}t})}{(1/m) + \sqrt{\mathscr{D}_\text{II}/\mathscr{D}_\text{I}}} \quad (20D.2\text{-}10)$$

(b) Obtenha uma expressão para a taxa de transferência de massa na interface.

20D.3 Tamanho crítico de um sistema catalítico. Deseja-se usar o resultado do Exemplo 20.1-3 para discutir o tamanho crítico de um sistema no qual ocorre uma reação autocatalisada. Nesse sistema a presença dos produtos faz com que a taxa de reação aumente. Se a relação entre a área e o volume do sistema é grande, então os produtos da reação tendem a sair dos limites do sistema. Se, por outro lado, essa relação for muito pequena, a taxa de saída poderá ser maior que a taxa de formação dos produtos, e assim a taxa de reação tenderá a crescer rapidamente. Para um sistema de geometria definida, haverá um tamanho crítico em que a taxa de saída é igual à taxa de produção.

Um exemplo desse sistema é relacionado à fissão nuclear. Numa pilha nuclear a taxa de fissão depende da concentração local de nêutrons. Se os nêutrons são produzidos a uma taxa maior do que a taxa de saída por difusão, a reação se configura como auto-sustentável e a explosão nuclear ocorre.

Comportamento análogo é o que se verifica em muitos sistemas químicos, embora, nesses casos, o comportamento é bem mais complexo. Um exemplo é o que refere à decomposição térmica do acetileno gasoso, que é termodinamicamente instável de acordo com a reação global.

$$\text{H} - \text{C} \equiv \text{C} - \text{H} \rightarrow \text{H}_2 + 2\text{C} \quad (20D.3\text{-}1)$$

Aparentemente essa reação se processa por meio de uma cadeia ramificada, mecanismo de radical livre, no qual os radicais exibem um comportamento semelhante ao dos nêutrons descrito no parágrafo anterior, de modo que a decomposição é também autocatalisada.

Todavia, em contato com uma superfície ferrosa, os radicais livres são efetivamente neutralizados, de modo que, na superfície, a concentração de radicais livres é mantida próxima de zero. No estado gasoso, o acetileno pode ser mantido num tubo de ferro como diâmetro abaixo de um valor "crítico", valor esse que decresce à medida que a pressão e a temperatura do gás aumentam. Se o tubo for de diâmetro muito grande, a formação mesmo de um único radical livre acelerará a taxa de decomposição e daí poderá resultar uma séria explosão.

(a) Considere um sistema constituído por um tubo cilíndrico longo, no qual os processos de difusão e de reação são descritos por

$$\frac{\partial c_A}{\partial t} = \mathscr{D}_{AB}\frac{1}{r}\frac{\partial}{\partial r}\left(r\frac{\partial c_A}{\partial r}\right) + k_1'''c_A \quad (20D.3\text{-}2)$$

com $c_A = 0$ em $r = R$ e $c_A = f(r)$ em $t = 0$, na qual $f(r)$ é uma função de r. Use o resultado obtido no Exemplo 20.1-3 para obter uma solução para $c_A(r,t)$.

(b) Mostre que o raio crítico do sistema é dado por

$$R_\text{crít} = \alpha_1\sqrt{\frac{\mathscr{D}_{AB}}{k_1'''}} \quad (20D.3\text{-}3)$$

na qual α_1 é o primeiro autovalor da função de Bessel J_0 de ordem zero.

(c) Para um núcleo cilíndrico de um reator nuclear,[10] o valor efetivo de $k_1'''/\mathscr{D}_{AB}$ é de 9×10^{-3} cm^{-2}. Qual é o raio crítico?

Resposta: **(c)** $R_{crít} = 25{,}3$ cm.

[10] R.L. Murray, *Nuclear Reactor Physics*, Prentice-Hall, Englewood Cliffs, N.J. (1957), pp. 23, 30, 53.

20D.4 Dispersão de um pulso de grande amplitude no escoamento laminar permanente em um tubo. No problema da dispersão de Taylor, considere um pulso distribuído de um soluto A introduzido num tubo de comprimento L, no qual escoa um fluido em regime laminar permanente. No início do tubo, a condição inicial de contorno é dada por

$$\text{em } t = 0, \quad \frac{d}{dt} m_A = f(t) \tag{20D.4-1}$$

com as mesmas restrições de que a difusão através das seções de entrada e de saída seja desprezível, como indicado no Problema 20B.9. Note que agora cada elemento do soluto se comporta de maneira diferente dos demais.
(a) Usando o resultado do Problema 20B.9, mostre que a concentração de saída é dada por

$$\langle \rho_A \rangle|_{z=L} = \frac{1}{\sqrt{4\pi R^4 \mathscr{D}_{AB}}} \int_{-\infty}^{t} f(t') \frac{\exp[-(L - \langle v_z \rangle (t - t'))/\sqrt{4\mathscr{D}_{AB}(t - t')}]}{\sqrt{t'}} dt' \tag{20D.4-2}$$

(b) Adapte esse resultado para um pulso quadrado:

$$f = f_0 \quad \text{para} \, 0 < t < t_0; \qquad f = 0 \quad \text{para} \, t > t_0 \tag{20D.4-3}$$

Ilustre os resultados para diversos valores de $<v_z>t_0/L$.

20D.5 Divergência da velocidade nas coordenadas próprias. Considere um domínio fechado $D(u,w,y)$ nas coordenadas próprias interfaciais da Fig. 20.4-2.
(a) Integre a Eq. 20.4-7 ao longo da superfície de D e obtenha

$$\int_{S_D} (\mathbf{V} \cdot d\mathbf{S}_D) = \int_{S_D} (\mathbf{v} \cdot d\mathbf{S}_D) + \int_{S_D} \left(\frac{\partial \mathbf{r}(u, w, y, t)}{\partial t} \cdot d\mathbf{S}_D \right) \tag{20D.5-1}$$

na qual $d\mathbf{S}_D$ é o vetor unitário do elemento de área, com magnitude dS_D e dirigido para fora da fronteira do domínio D.
(b) O integrando do último termo é a velocidade do elemento de área $d\mathbf{S}_D$. Assim, a última integral é a taxa de variação do volume de D. Reescreva essa integral com a ajuda da Eq. 20.4-3, para obter

$$\begin{aligned} \int_{S_D} \left(\frac{\partial \mathbf{r}(u, w, y, t)}{\partial t} \cdot d\mathbf{S}_D \right) &= \frac{d}{dt} \int_D \sqrt{g(u, w, y, t)}\, du\, dw\, dy \\ &= \int_D \frac{\partial \sqrt{g(u, w, y, t)}}{\partial t} du\, dw\, dy \end{aligned} \tag{20D.5-2}$$

A segunda igualdade é obtida pela regra de Leibniz, observando que u, w e y são independentes de t em cada elemento de superfície $d\mathbf{S}_D$.
(c) Use o resultado obtido em (b) e o teorema da divergência de Gauss-Ostrogradskii da Seção A.5 para expressar a Eq. 20D.5-1 como o termo que se anula de uma soma de três integrais de volume ao longo de $D(u,w,y)$. Mostre que desse resultado e da forma arbitrária com que D foi escolhido, resulta a Eq. 20.4-8.

CAPÍTULO 21

DISTRIBUIÇÃO DE CONCENTRAÇÕES NO ESCOAMENTO TURBULENTO

Nos capítulos precedentes, derivamos as equações da difusão em um sistema fluido ou sólido, e mostramos como se pode obter expressões para a distribuição de concentração, para o caso em que fenômenos de turbulência não estejam envolvidos.

No presente capítulo seguimos uma linha paralela àquela discutida no Cap.13, e, levando em conta a analogia entre os processos de transferência de calor e de massa, muito do material nele exposto pode ser aqui utilizado. Mais especificamente, as Seções 13.4, 13.5 e 13.6 podem ser diretamente aplicadas por simples substituição das grandezas relativas à transferência de calor por grandezas relativas à transferência de massa. De fato, os problemas discutidos naquelas seções foram verificados para o caso de transferência de massa, pois a faixa de valores do número de Schmidt atingida é consideravelmente maior que a faixa correspondente para o número de Prandtl.

Vamos nos ater aqui ao caso de sistemas binários e isotérmicos, e admitir que a densidade mássica e a difusividade são constantes. Nesse caso, as equações diferenciais parciais que descrevem o processo difusivo em um fluido escoando (Eq. 19.1-16) são da mesma forma que a Eq. 11.2-9), que representa o caso de condução de calor em um fluido escoando, exceto para o caso em que é considerado um termo adicional que se refere à reação química.

21.1 FLUTUAÇÕES NA CONCENTRAÇÃO E MÉDIA TEMPORAL DA CONCENTRAÇÃO

Por analogia, a discussão da Seção 13.1 sobre flutuações e média temporal da temperatura pode ser integralmente utilizada para o caso da concentração molar c_A. No escoamento turbulento, c_A será uma função oscilatória com alta freqüência que pode ser escrita em termos da soma do seu valor médio temporal $\bar{c}_A$ e o da flutuação correspondente,

$$c_A = \bar{c}_A + c'_A \qquad (21.1\text{-}1)$$

a qual é análoga à Eq. 13.1-1 para a temperatura. À vista da definição de c'_A, podemos verificar que $\overline{c'_A} = 0$. Todavia, grandezas como $\overline{v'_x c'_A}$, $\overline{v'_y c'_A}$ e $\overline{v'_z c'_A}$ não são nulas, posto que as flutuações locais da concentração e velocidade não são independentes entre si.

Os perfis médios temporais da concentração $\bar{c}_A(x, y, z, t)$ são aqueles medidos, por exemplo, em amostras coletadas de vários pontos da corrente líquida e em tempos distintos. No escoamento em tubos com transferência de massa na parede, pode-se esperar que, na região turbulenta plena, a concentração média temporal $\bar{c}_A$ variará ligeiramente com a posição radial, onde os processos de transporte ocorrem essencialmente pelo mecanismo turbilhonar. Por outro lado, na região próxima da parede do tubo, onde o escoamento é lento, espera-se que a concentração $\bar{c}_A$ só varie dentro de uma pequena distância de seu valor na região turbulenta em comparação com o seu valor na região da subcamada laminar. O elevado gradiente de concentração que se verifica é então associado ao processo lento de difusão molecular na região da subcamada laminar em contraste com o transporte turbilhonar que ocorre na região turbulenta.

21.2 MÉDIA TEMPORAL DA EQUAÇÃO DA CONTINUIDADE DE A

Iniciamos com a equação da continuidade para a espécie A, que supomos desaparecer por uma reação química de ordem n.[1] Em coordenadas cartesianas, a Eq. 19.1-16 é da forma

$$\frac{\partial c_A}{\partial t} = -\left(\frac{\partial}{\partial x} v_x c_A + \frac{\partial}{\partial y} v_y c_A + \frac{\partial}{\partial z} v_z c_A\right) + \mathscr{D}_{AB}\left(\frac{\partial^2 c_A}{\partial x^2} + \frac{\partial^2 c_A}{\partial y^2} + \frac{\partial^2 c_A}{\partial z^2}\right) - k_n''' c_A^n \tag{21.2-1}$$

Aqui k_n''' é o coeficiente da taxa da reação química de ordem n, supostamente independente da posição. Nas equações subseqüentes, vamos considerar os casos para $n = 1$ e $n = 2$ apenas para enfatizar as diferenças entre as reações de ordem 1 e as reações de ordem superior.

Quando c_A é substituída por $\bar{c}_A + c_A'$ e v_i por $\bar{v}_i + v_i'$, e, após efetuarmos a média temporal da equação resultante, obtemos

$$\frac{\partial \bar{c}_A}{\partial t} = -\left(\frac{\partial}{\partial x} \bar{v}_x \bar{c}_A + \frac{\partial}{\partial y} \bar{v}_y \bar{c}_A + \frac{\partial}{\partial z} \bar{v}_z \bar{c}_A\right) - \underline{\left(\frac{\partial}{\partial x} \overline{v_x' c_A'} + \frac{\partial}{\partial y} \overline{v_y' c_A'} + \frac{\partial}{\partial z} \overline{v_z' c_A'}\right)}$$
$$+ \mathscr{D}_{AB}\left(\frac{\partial^2 \bar{c}_A}{\partial x^2} + \frac{\partial^2 \bar{c}_A}{\partial y^2} + \frac{\partial^2 \bar{c}_A}{\partial z^2}\right) - \begin{cases} k_1''' \bar{c}_A & \text{ou} \\ k_2'''(\bar{c}_A^2 + \underline{\overline{c_A'^2}}) \end{cases} \tag{21.2-2}$$

Comparando a equação anterior com a Eq. 21.2-1 constatamos que a equação resultante da média temporal difere apenas em alguns termos adicionais que aparecem sublinhados. Os termos contendo $\overline{v_i' c_A'}$ descrevem o transporte turbulento de massa, os quais são designados por $\bar{J}_{Ai}^{(t)}$, ou seja, o i-ésimo componente do vetor fluxo molar turbulento. Agora trataremos do terceiro tipo de fluxo turbulento, cujos componentes são os seguintes

fluxo molar turbulento (vetor) $$\bar{J}_{Ai}^{(t)} = \overline{v_i' c_A'} \tag{21.2-3}$$

fluxo de momento turbulento (tensor) $$\bar{\tau}_{ij}^{(t)} = \rho \overline{v_i' v_j'} \tag{21.2-4}$$

fluxo térmico turbulento (vetor) $$\bar{q}_i^{(t)} = \rho \hat{C}_p \overline{v_i' T'} \tag{21.2-5}$$

Todos esses fluxos são definidos em termos da velocidade mássica média.

É interessante notar uma diferença essencial entre os comportamentos de reações químicas de diferentes ordens. O termo referente à reação química de primeira ordem tem a mesma forma, tanto na forma original, quanto na forma da média temporal. Por outro lado, o termo referente à reação química de segunda ordem na forma da média temporal incorpora um termo extra $-k_2'''\overline{c_A'^2}$, termo esse que representa a interação entre a cinética da reação e as flutuações geradas pelo turbilhonamento do fluido.

Vamos agora resumir os três componentes da média temporal das equações de balanço para o caso de escoamento turbulento e isotérmico de uma mistura líquida considerando ρ, $\mathscr{D}_{AB}$ e μ constantes:

continuidade $$(\nabla \cdot \bar{\mathbf{v}}) = 0 \tag{21.2-6}$$

movimento $$\rho \frac{D\bar{\mathbf{v}}}{Dt} = -\nabla \bar{p} - [\nabla \cdot (\bar{\boldsymbol{\tau}}^{(v)} + \underline{\bar{\boldsymbol{\tau}}^{(t)}})] + \rho \mathbf{g} \tag{21.2-7}$$

continuidade de A $$\frac{D\bar{c}_A}{Dt} = -(\nabla \cdot (\bar{\mathbf{J}}_A^{(v)} + \underline{\bar{\mathbf{J}}_A^{(t)}})) - \begin{cases} k_1''' \bar{c}_A & \text{ou} \\ k_2'''(\bar{c}_A^2 + \underline{\overline{c_A'^2}}) \end{cases} \tag{21.2-8}$$

Onde $\bar{\mathbf{J}}_A^{(v)} = -\mathscr{D}_{AB} \bar{c}_A$, sendo que o operador D/Dt deve ser representado em termos da média temporal de $\bar{\mathbf{v}}$.

21.3 EXPRESSÕES SEMI-EMPÍRICAS PARA O FLUXO MÁSSICO TURBULENTO

Na seção precedente, mostramos que na média temporal da equação da continuidade de A aparece o fluxo mássico turbulento, cujo componente é expresso por $\bar{J}_{Ai}^{(t)} = \overline{v_i' c_A'}$. Para resolver os problemas de transferência de massa em regime de escoamento

[1] S. Corrsin, *Physics of Fluids*, **1**, 42-47 (1958).

turbulento, pode ser muito útil propor uma relação entre $\bar{J}_{Ai}^{(t)}$ e a média temporal do gradiente de concentração. Um número de expressões empíricas pode ser encontrado na literatura, porém, aqui, apresentamos as duas mais extensivamente utilizadas.

DIFUSIVIDADE TURBILHONAR

Por analogia com a primeira lei da difusão de Fick, podemos escrever

$$\bar{J}_{Ay}^{(t)} = -\mathscr{D}_{AB}^{(t)} \frac{d\bar{c}_A}{dy} \tag{21.3-1}$$

como a equação de definição da *difusividade turbulenta*, $\mathscr{D}_{AB}^{(t)}$, também denominada de *difusividade turbilhonar*. Como é o caso da viscosidade turbilhonar e da condutividade turbilhonar, a difusividade turbilhonar não é uma propriedade física característica do fluido, posto que ela é função da posição, da direção e da natureza do campo de velocidade.

A difusividade turbilhonar $\mathscr{D}_{AB}^{(t)}$ e a viscosidade turbilhonar, $\nu^{(t)} = \mu^{(t)}/\rho$ têm as mesmas dimensões - ou seja, comprimento^2/tempo. A relação entre ambas

$$\text{Sc}^{(t)} = \frac{\nu^{(t)}}{\mathscr{D}_{AB}^{(t)}} \tag{21.3-2}$$

é uma grandeza adimensional, conhecida como o *número de Schmidt turbulento*. Como é o caso com o número de Prandtl turbulento, o número de Schmidt turbulento é de ordem de grandeza unitária (ver discussão na Seção 13.3). Assim, a difusividade turbilhonar pode ser estimada substituindo-a pela viscosidade cinemática turbilhonar, sobre a qual já se dispõe de bastante conhecimento. Isto é feito na Seção 21.4, a seguir.

A EXPRESSÃO DO COMPRIMENTO DE MISTURA DE PRANDTL E TAYLOR

De acordo com a teoria do comprimento de mistura de Prandtl, momento, energia e massa são transportados pelos mesmos mecanismos. Assim, por analogia com as Eqs. 5.4.4 e 13.3.3, podemos escrever

$$\bar{J}_{Ay}^{(t)} = -l^2 \left| \frac{d\bar{v}_x}{dy} \right| \frac{d\bar{c}_A}{dy} \tag{21.3-3}$$

onde l é o comprimento de mistura de Prandtl introduzido no Cap. 5. A grandeza $l^2|d\bar{v}_x/dy|$ que aparece na equação anterior corresponde ao termo $\mathscr{D}_{AB}^{(t)}$ da Eq. 21.3-1, e às expressões para $\nu^{(t)}$ e $\alpha^{(t)}$ que aparecem implícitas nas Eqs. 5.4-4 e 13.3-3. Dessa forma, a teoria do comprimento de mistura satisfaz a *analogia de Reynolds*, pela qual $\nu^{(t)} = \alpha^{(t)} = \mathscr{D}_{AB}^{(t)}$, ou $\text{Pr}^{(t)} = \text{Sc}^{(t)} = 1$.

21.4 AUMENTO DE TRANSFERÊNCIA DE MASSA POR UMA REAÇÃO DE PRIMEIRA ORDEM EM UM ESCOAMENTO TURBULENTO[1]

Vamos agora avaliar o efeito do termo correspondente à reação química na equação da difusão para regime de escoamento turbulento. Mais especificamente, vamos estudar o efeito da reação na taxa de transferência de massa na parede para o caos de escoamento turbulento num tubo, onde a parede (constituída da espécie A) é ligeiramente solúvel no fluido (líquido B) que escoa através do tubo. A espécie A se dissolve e desaparece por meio de uma reação química de primeira ordem. Vamos focalizar nossa atenção para o caso de números de Schmidt e de taxas de reação química elevados.

Para o escoamento em tubos com simetria axial e supondo que $\bar{c}_A$ não dependa do tempo, a Eq. 21.2-8 se reduz a

$$\bar{v}_z \frac{\partial \bar{c}_A}{\partial z} = \frac{1}{r}\frac{\partial}{\partial r}\left(r(\mathscr{D}_{AB} + \mathscr{D}_{AB}^{(t)}) \frac{\partial \bar{c}_A}{\partial r} \right) - k_1''' \bar{c}_A \tag{21.4-1}$$

Aqui fazemos também a suposição usual de que a transferência, tanto por mecanismo difusivo quanto por mecanismo turbulento, pode ser desprezada. Nessas condições, desejamos determinar a taxa de transferência de massa na parede.

$$+\mathscr{D}_{AB} \left. \frac{\partial \bar{c}_A}{\partial r} \right|_{r=R} = k_c(c_{A0} - \bar{c}_{A,\text{eixo}}) \tag{21.4-2}$$

[1] O.T. Hanna, O.C. Sandall, and C.L. Wilson, *Ind. Eng. Chem. Research*, **26**, 2286-2290(1987). Um tratamento de problema semelhante ao de filmes em queda é dado por O.C. Sandall, O.T. Hanna, and F.J. Valeri, *Chem. Eng. Communications*, **16**, 135-147(1982).

onde c_{A0} e $\bar{c}_{A,\ \text{eixo axial}}$ são respectivamente as concentrações de A na parede e no eixo axial. Como indicado no parágrafo anterior, a difusividade turbilhonar é nula na parede, e, em conseqüência, ela não aparece na Eq. 21.4.2. A grandeza k_c é denominada *coeficiente global de transferência de massa*, que é análogo ao coeficiente global de transferência de calor, h. Este último foi discutido no Cap. 14 e mencionado no Cap. 9 no contexto da "lei de Newton do resfriamento". Como primeira aproximação[1] vamos considerar $\bar{c}_{A,\ \text{eixo axial}}$ como nula, bem como que a reação é suficientemente rápida de modo que a espécie que está se difundindo não chega a alcançar o eixo axial; nesse caso, $\partial\bar{c}_A/\partial r$ será também nula no eixo axial. Após analisarmos o sistema nestas condições, relaxaremos essa suposição e apresentaremos uma série de resultados para vários valores da taxa da reação.

Vamos definir a concentração adimensional do reagente $C = \bar{c}_A/c_{A0}$. Fazendo a seguir uma nova consideração[1] que, para valores elevados de z, a concentração não depende dessa variável, e assim a Eq. 21.4-1 se reduz a

$$\frac{1}{r}\frac{\partial}{\partial r}\left(r(\mathscr{D}_{AB} + \mathscr{D}_{AB}^{(t)})\frac{\partial C}{\partial r}\right) = k_1'''C \tag{21.4-3}$$

Após ter sido multiplicada por r e integrada de um valor arbitrário r até a parede do tubo $r = R$, resulta

$$k_cR - r(\mathscr{D}_{AB} + \mathscr{D}_{AB}^{(t)})\frac{\partial C}{\partial r} = k_1'''\int_r^R \bar{r}C(\bar{r})d\bar{r} \tag{21.4-4}$$

Nesse caso, foi usada a condição de contorno em $r = 0$, bem como a definição do coeficiente de transferência de massa. De uma segunda integração no mesmo intervalo, resulta

$$k_cR\int_0^R \frac{1}{r(\mathscr{D}_{AB} + \mathscr{D}_{AB}^{(t)})}dr - 1 = k_1'''\int_0^R \frac{1}{r(\mathscr{D}_{AB} + \mathscr{D}_{AB}^{(t)})}\left[\int_r^R \bar{r}C(\bar{r})d\bar{r}\right]dr \tag{21.4-5}$$

As condições de contorno utilizadas foram $C = 0$ em $r = 0$ e $C = 1$ em $r = R$.

A seguir introduzimos a variável $y = R - r$, uma vez que a região de interesse é bem próxima da parede. Dessa forma, obtemos

$$k_cR\int_0^R \frac{1}{(R-y)(\mathscr{D}_{AB} + \mathscr{D}_{AB}^{(t)})}dy - 1 = k_1'''\int_0^R \frac{1}{(R-y)(\mathscr{D}_{AB} + \mathscr{D}_{AB}^{(t)})}\left[\int_0^y (R-\bar{y})C(\bar{y})d\bar{y}\right]dy \tag{21.4-6}$$

na qual $C(\bar{y})$ não corresponde à mesma função de $\bar{y}$ da forma com que $C(\bar{r})$ é função de $\bar{r}$. Para valores elevados de Sc os integrandos são importantes somente na região onde $y << R$, de modo que $R - y$ pode ser aproximado por R. Além disso, podemos usar o fato de que, nas vizinhanças da parede, a difusividade turbilhonar é proporcional à distância da parede elevada à potência 1/3. Escrevendo essas integrais em termos de $\sigma = y/R$, obtemos a seguinte equação adimensional

$$\frac{1}{2}\left(\frac{k_cD}{\mathscr{D}_{AB}}\right)\left(\frac{\mathscr{D}_{AB}}{\nu}\right)\int_0^1 \frac{1}{(\mathscr{D}_{AB}/\nu) + K\sigma^3}d\sigma - 1 = \left(\frac{k_1'''R^2}{\nu}\right)\int_0^1 \frac{1}{(\mathscr{D}_{AB}/\nu) + K\sigma^3}\left[\int_0^\sigma C(\bar{\sigma})d\bar{\sigma}\right]d\sigma \tag{21.4-7}$$

Essa equação contém vários grupos adimensionais: o número de $\text{Sc} = \nu/\mathscr{D}_{AB}$, a taxa de reação adimensional, $\text{Rx} = k_1'''R^2/\nu$, e um coeficiente de transferência de massa adimensional, $\text{Sh} = k_cD/\mathscr{D}_{AB}$, conhecido como o número de Sherwood, no qual D é o diâmetro do tubo.

No limite em que $Rx \to \infty$, a solução da Eq. 21.4-3 com as condições de contorno mostradas anteriormente é da forma $C = \exp(-\text{Sh}\sigma/2)$. Substituindo essa expressão na Eq. 21.4-7 e integrando diretamente, resulta

$$\frac{1}{2}\frac{\text{Sh}}{\text{Sc}}I_0 - 1 = 2\frac{\text{Rx}}{\text{Sh}}I_0 - 2\frac{\text{Rx}}{\text{Sh}}I_1 \tag{21.4-8}$$

na qual

$$I_0 = \int_0^1 \frac{1}{\text{Sc}^{-1} + K\sigma^3}d\sigma \tag{21.4-9}$$

$$I_1 = \int_0^1 \frac{\exp(-\text{Sh}\sigma/2)}{\text{Sc}^{-1} + K\sigma^3}d\sigma \tag{21.4-10}$$

que podem ser resolvidas para fornecer os valores de Sh em função de Sc, Rx e K.

A solução da Eq. 21.4-3 só se aplica no caso em que os valores de Sh, Rx e z forem elevados, e uma melhoria desse resultado é apresentada por Vieth, Porter e Sherwood.[2] Todavia, na ausência de reação química, a Eq. 21.4-3 não descreve

[2] W.R.Vieth, J.H. Porter, and T.K. Sherwood, *Ind. Eng. Chem. Fundam.*, **2**, 1-3 (1963).

o aumento do valor de C em função da distância axial, aumento esse decorrente da transferência da espécie A dentro da fase fluida. Assim, o aumento da taxa de transferência de massa devido à reação química não pode ser efetivamente quantificado a partir dos resultados obtidos pelos autores das referências 1 e 2.

Para uma análise mais detalhada do problema, usamos a Eq. 21.4-1 para obter uma forma mais completa da equação diferencial que descreve a variável C:

$$\bar{v}_z \frac{\partial C}{\partial z} = \frac{1}{r}\frac{\partial}{\partial r}\left(r(\mathfrak{D}_{AB} + \mathfrak{D}_{AB}^{(t)}) \frac{\partial C}{\partial r}\right) - k_1'''C \tag{21.4-11}$$

A suposição de que $C = 0$ em $r = 0$ é agora substituída pela condição de fluxo mássico nulo, $\partial C/\partial r = 0$ em $r = 0$. Nessa geometria representamos $D_{AB}^{(t)}$ na forma de $l^2|d\bar{v}_z/dr|$ para o caso de escoamento plenamente desenvolvido, inserindo o comprimento de mistura numa relação de dependência com a posição radial, como indicado na Eq. 21.3-3. Introduzindo as seguintes variáveis adimensionais $v^+ = \bar{v}_z/v_*$, $z^+ = zv_*/\nu$, $r^+ = rv_*/\nu$ e $l^+ = lv_*/\nu$, sendo $v_* = \sqrt{\tau_0/\rho}$ denominada velocidade de atrito podemos expressar a Eq. 21.4-11 na forma adimensional

$$\begin{aligned} v^+ \frac{\partial C}{\partial z^+} &= \frac{1}{r^+}\frac{\partial}{\partial r^+}\left(r^+ \left(\frac{\mathfrak{D}_{AB} + \mathfrak{D}_{AB}^{(t)}}{\nu}\right) \frac{\partial C}{\partial r^+}\right) - \left[\frac{k_1'''\nu}{v_*^2}\right] C \\ &= \frac{1}{r^+}\frac{\partial}{\partial r^+}\left(r^+ \left(\frac{1}{\text{Sc}} + (l^+)^2 \left|\frac{dv^+}{dr^+}\right|\right) \frac{\partial C}{\partial r^+}\right) - \text{Da}\, C \end{aligned} \tag{21.4-12}$$

na qual o número de Damkohler, $\text{Da} = k_1'''\nu/v_*^2$, foi introduzido.

Um modelo bastante realista para o comprimento de mistura l é representado pela Eq. 5.4-7, desenvolvido por Hanna, Sandall e Mazet,[3] que se constitui numa modificação do modelo proposto por van Driest.[4] Esse modelo fornece perfis de concentração bem comportados, desde que usemos uma relação funcional para a velocidade que admita uma derivada radial e não uma função discreta, dada pela Fig. 5.5-3. Tal função pode ser obtida pela integração da seguinte equação diferencial

$$(l^+)^2\left(\frac{dv^+}{dy^+}\right)^2 + \frac{dv^+}{dy^+} = 1 - \frac{y^+}{R^+} \quad \text{para } 0 \leq y^+ \leq R^+ \tag{21.4-13}$$

na qual $v^+ = \bar{v}_z/v_*$ e $y^+ = yv_*/\nu$ da Fig. 5.5-3 com as seguintes condições de contorno $v^+ = 0$ em $y^+ = 0$ (parede do tubo) e $dv^+/dy^+ = 0$ em $y^+ = R^+$ (eixo axial do tubo). A Eq. 21.4-13 é obtida (ver Problema 21B.5) pela combinação das Eqs. 5.5-3 e 5.4-4, expressas em termos de coordenadas cilíndricas, com a forma adimensional

$$l^+ = \frac{lv_*}{\nu} = 0{,}4y^+ \frac{1 - \exp(-y^+/26)}{\sqrt{1 - \exp(-0{,}26y^+)}} \quad \text{para } 0 \leq y^+ \leq R^+ \tag{21.4-14}$$

do modelo do comprimento de mistura representado pela Eq. 5.4-7. A Eq. 21.4-13 pode ser resolvida pela fórmula quadrática para fornecer

$$\frac{dv^+}{dy^+} = \begin{cases} \dfrac{-1 + \sqrt{1 + 4(l^+)^2[1 - y^+/R^+]}}{2(l^+)^2} & \text{se } y^+ > 0; \\ 1 & \text{se } y^+ = 0 \end{cases} \tag{21.4-15}$$

sendo que v^+ pode ser obtido pelo método da quadratura usando, por exemplo, as subrotinas trapzd e qtrap de Press e colaboradores.[5] A expressão para v^+ que resulta desse procedimento se aproxima bastante da reta que aparece na Fig. 5.5-3, com pequenos desvios na região entorno de $y^+ = 30$, onde a reta tem uma descontinuidade e na região entorno do eixo axial, onde o valor calculado de v^+ atinge um valor máximo. Esse depende do valor do raio do tubo na forma adimensional, R^+, condição esta que não é indicada pela reta que aparece na Fig. 5.5-3.

As Eqs. 21.4-12 a 15 foram resolvidas numericamente[6] para o caso de escoamento turbulento plenamente desenvolvido para o caso de um fluido de viscosidade cinemática $\nu = 0{,}6581\ \text{cm}^2/\text{s}$ num tubo hidraulicamente liso com 3 cm de

[3] O.T. Hanna, O.C. Sandall, and P.R. Mazet, *AIChE Journal*, **27**, 693-697 (1981).
[4] E.R. van Driest, *J. Aero. Sci.*, **23**, 1007-1011, 1036 (1956).
[5] W.H. Press, S.A. Teukolsky, W.T. Vettering, and B.P. Flannery, *Numerical Recipes in FORTRAN*, Cambridge University Press, 2nd ed. (1992).
[6] M. Caracotsios, comunicação pessoal.

diâmetro interno, para Re = 10.000, Sc = 200 e vários valores do número de Damkohler, Da. Esses cálculos foram feitos através da utilização do pacote de software denominado Athena Visual Workbench.[7] Valores calculados do número de Sherwood, $\text{Sh} = k_c D/\mathscr{D}_{AB}$, baseado no valor de k_c definido pela Eq. 21.4-2, são lançados no gráfico que aparece na Fig. 21.4-1 em função de z^+ para vários valores do número de Damköhler. Desses resultados podemos tirar as seguintes conclusões:

1. Na ausência de reação química (isto é, para o caso em que Da = 0) o número de Sherwood decresce rapidamente à medida que aumenta a distância para o interior da região de transferência de massa. Esse comportamento é coerente com os resultados obtidos por Sleicher e Tribus[8] para um problema análogo de transferência de calor, bem como confirma o fato de que o termo relacionado à convecção da Eq. 21.4-11 é essencial para esse sistema. Esse termo foi desprezado nas Referências 2 e 3 ao considerarem o perfil de concentração como "plenamente desenvolvido".

2. Na presença de uma reação química de pseudoprimeira ordem do soluto (isto é, no caso em que Da > 0), o número de Sherwood decresce mais lentamente com a distância axial, convergindo assintoticamente para um valor constante, valor esse que é função do número de Damköhler. Assim, um fator de incremento, definido como Sh (com reação)/Sh (sem reação) pode aumentar consideravelmente à medida que cresce a distância dentro da região de transferência de massa.

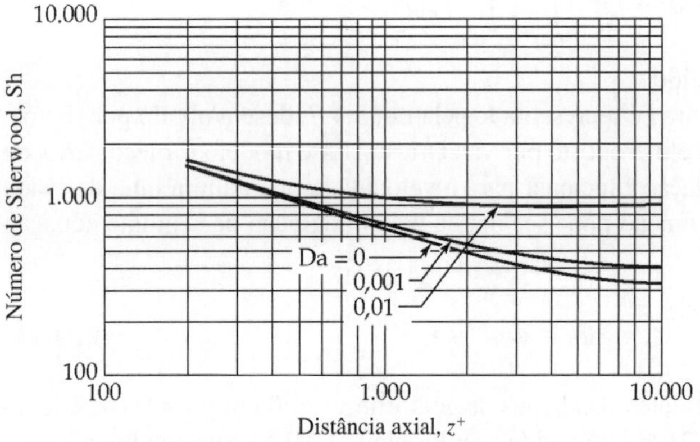

Fig. 21.4-1 Número de Sherwood, $\text{Sh} = k_c D/\mathscr{D}_{AB}$, calculado para a transferência de massa da parede do tubo em escoamento turbulento, com e sem reação química homogênea de primeira ordem. Os resultados são obtidos para Re = 10.000 e Sc = 200, em função da direção axial $z^+ = zv_*/D$ e do número de Damkohler, $\text{Da} = k_1'''\nu/v_*^2$.

21.5 MISTURA TURBULENTA E ESCOAMENTO TURBULENTO COM REAÇÃO DE SEGUNDA ORDEM

Vamos agora considerar processos dentro de sistemas turbulentos, com particular referência ao sistema de um tanque agitado com dois agitadores, como ilustrado na Fig. 21.5-1. Na Fig. 21.5-1(*a*) é ilustrada a *condição de regime permanente*, na qual há duas correntes de entrada com vazão constante, enquanto na Fig. 21.5-1(*b*) é mostrada a *condição de regime transiente*, na qual dois fluidos imiscíveis inicialmente em repouso e separados são misturados através da rotação de um impelidor que, no tempo $t = 0$, começa a girar com velocidade angular constante. Uma corrente [na condição (*a*)] ou uma região inicial [na condição (*b*)] contém um soluto A dissolvido no solvente S, e a outra contém o soluto B, num solvente S. Todas as soluções são consideradas suficientemente diluídas de modo que a viscosidade, a densidade e a difusividade não são afetadas. Assim, o comportamento do soluto (A ou B) em ambos sistemas [(*a*) ou (*b*)] pode ser descrito pela equação da difusão para cada um dos solutos na forma

$$\frac{Dc_A}{Dt} = \mathscr{D}_{AS}\nabla^2 c_A + R_A \qquad \frac{Dc_B}{Dt} = \mathscr{D}_{BS}\nabla^2 c_B + R_B \tag{21.5-1, 2}$$

com as apropriadas formas da condição de contorno.

[7] Informações sobre esse pacote podem ser diretamente obtidas nos endereços www.athenavisual.com e stewart_associates.msn.com.
[8] C.A. Sleicher and M. Tribus, *Trans. ASME*, **79**, 789-797 (1957).

Para esses sistemas, podemos considerar que em $z = 0$ [na condição (a)] ou $t = 0$ [na condição (b)]

$$c_A = c_{A0} \quad \text{e} \quad c_B = 0 \tag{21.5-3, 4}$$

no ponto de entrada do soluto A [na condição (a)] ou na região inicial [na condição (b)], e

$$c_B = c_{B0} \quad \text{e} \quad c_A = 0 \tag{21.5-5, 6}$$

no ponto de entrada do soluto B [na condição (a)] ou na região inicial [na condição (b)]. Além disso, devemos considerar todas as demais superfícies do sistema como inertes e impermeáveis.[1]

SISTEMAS SEM REAÇÃO

Nesses casos, os termos R_A e R_B são identicamente nulos. Podemos então definir uma nova variável dependente na forma de

$$\Gamma = \frac{c_{A0} - c_A}{c_{A0}} = \frac{c_B}{c_{B0}} \tag{21.5-7}$$

Assim, considerando o sistema como um todo, as Eqs. 21.5-1 e 2 tomam a forma de

$$\frac{D\Gamma}{Dt} = \mathscr{D}_{iS}\nabla^2\Gamma \tag{21.5-8}$$

na qual o subescrito i pode representar tanto o soluto A quanto o soluto B e

$\Gamma = 0$ para (a) corrente de entrada rica em A, ou
(b) região inicialmente rica em A (21.5-9)

$\Gamma = 1$ para (a) corrente de entrada rica em B, ou
(b) região inicialmente rica em B (21.5-10)

Daí segue-se que, para valores iguais de difusividade, os perfis de concentração médios temporal, $\overline{\Gamma}(x,y,z,t)$ são iguais para ambos os solutos, onde

$$\overline{\Gamma} = \frac{c_{A0} - \overline{c}_A}{c_{A0}} = \frac{\overline{c}_B}{c_{B0}} \tag{21.5-11}$$

Todavia, as flutuações Γ' são também de interesse, pois elas representam uma medida do grau de "mistura incompleta". Essas flutuações podem ser iguais apenas no contexto estatístico. Para comprovar isto, subtraímos a Eq. 21.5-11 da Eq. 21.5-7, e tomamos a média temporal do resultado elevado à potência 2, chegando a

$$\overline{\left(\frac{c'_A}{c_{A0}}\right)^2} = \overline{\left(\frac{c'_B}{c_{B0}}\right)^2} = d^2 \tag{21.5-12}$$

Aqui, $d(x,y,z,t)$ é a forma adimensional da *função decaimento*, cujo valor diminui à medida que z cresce [para o caso de não haver agitação na condição ilustrada na Fig. 21.5-1(a)] ou para valores elevados de t [para o caso do tanque agitado ilustrado na Fig. 21.5-1(b)]. A Fig. 21.5-2 apresenta os valores médios obtidos a partir de medidas tomadas ao longo da seção reta do tanque de agitação.

Resta ainda determinar a dependência funcional da função decaimento, e para isso introduzimos as seguintes variáveis adimensionais:

$$\breve{\mathbf{v}} = \frac{\mathbf{v}}{v_0}; \qquad \breve{t} = \frac{v_0 t}{l_0}; \qquad \breve{\nabla} = l_0\nabla \tag{21.5-13}$$

Em conseqüência, a Eq. 21.5-8 se reduz a

$$\frac{D\Gamma}{D\breve{t}} = \frac{1}{\text{ReSc}}\breve{\nabla}^2\Gamma \tag{21.5-14}$$

na qual $\text{Re} = l_0 v_0 \rho/\mu$.

[1] Na condição (a), as condições de contorno são consideradas aproximações. Os valores indicados de c_A e c_B são considerados valores assintóticos para valores de $z << 0$.

Para se chegar a conclusões mais pertinentes, vamos voltar a nossa atenção para tanques de mistura [ver Fig. 21.5-(*b*)], e considerar líquidos de baixa viscosidade e solutos de baixo peso molecular. Para esses sistemas l_0 é, em geral, escolhido como o diâmetro do impelidor, e v_0 representado por l_0N, sendo N a taxa de rotação do impelidor, expressa em termos de revoluções por unidade de tempo.

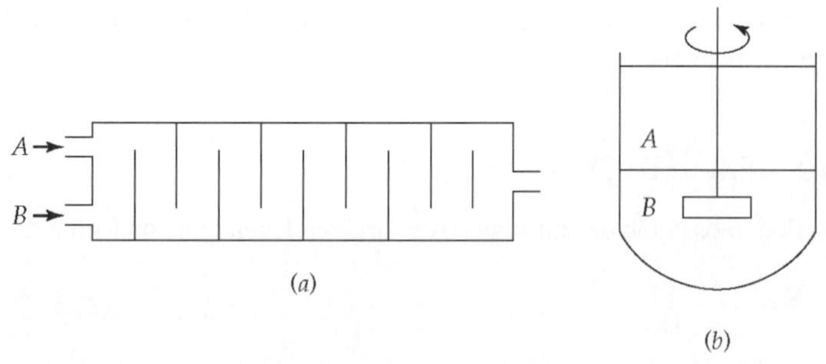

Fig. 21.5-1 Dois tipos de misturadores: (*a*) misturador com chicanas sem partes móveis; (*b*) misturador provido de agitador.

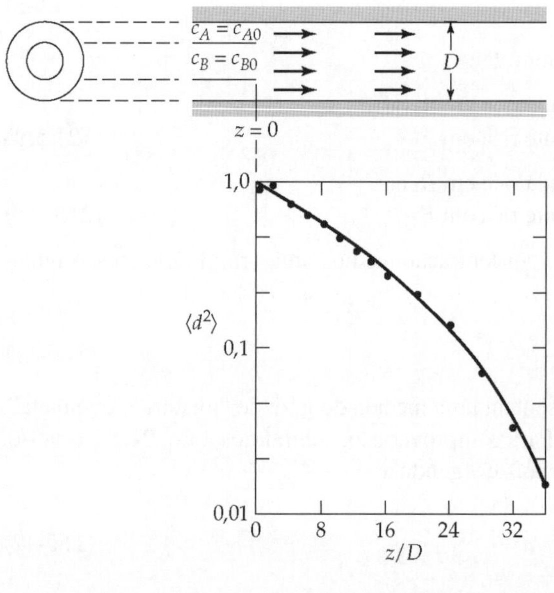

Fig. 21.5-2 A função de decaimento para um dispositivo de mistura de duas correntes líquidas emergindo de um tubo e de uma região anular concêntrica. Esta figura é baseada na figura obtida por E.L. Cussler, *Diffusion: Mass Transfer in Fluid Systems*, Cambridge University Press (1997), p. 422, a qual foi baseada nos dados obtidos por R.S. Brodkey, *Turbulence in Mixing Operations*, Academic Press, New York (1975), p. 65, Fig. 6, curva superior. O raio do tubo externo corresponde a $\sqrt{2}$ do tubo interno.

Através da experiência acumulada no estudo do processo global envolvendo a mistura de fluidos, podemos destacar os seguintes pontos:[2]

(i) *macromistura*, na qual as perturbações de grande intensidade dispersam as correntes fluidas ricas na espécie A ou na espécie B, por todo o volume do tanque, a sub-regiões localizadas a distâncias muito maiores do que a distância que a espécie química é capaz de alcançar por processo difusivo.

(ii) *micromistura*, na qual o mecanismo difusivo provê a mistura final em regiões de dimensões moleculares.

Foi determinado[1] que, em geral, a macromistura é a etapa mais lenta do processo, e que essa observação pode ser explicada em termos da análise dimensional. Essa constatação é coerente com resultados obtidos em experimentos conduzidos em tanques de mistura de grandes dimensões.

Para o caso de sistemas industriais, os valores do número de Reynolds geralmente ultrapassam o valor de 10^4 e os números de Schmidt se situam na faixa de 10^5. Nesse caso o termo de difusão tende a ser pouco significativo dentro do sistema.

[2] M.L. Hanks and H.L. Toor, *Ind. Eng. Chem. Res.*, **34**, 3252-3256 (1995).

Esse termo pode ser desprezado durante o período de macromistura, no qual a difusão, e, portanto, o número de Schmidt, não tem efeito significativo. Assim, para efeitos práticos podemos escrever

$$\frac{D\Gamma}{D\breve{t}} \approx 0 \qquad (\text{ReSc} >> 1) \tag{21.5-15}$$

Para o caso de valores diferentes de difusividade, podemos agora analisar um outro sistema com base nos resultados já obtidos. Sabemos que tanto o número de Reynolds quanto o número de Schmidt têm pouca importância no processo de macromistura, e que o grau efetivo de não-mistura, d^2, é função somente do tempo adimensional.

Para tanques de mistura de grande volume, essa previsão está suficientemente confirmada.[3] A operação desses tanques é geralmente conduzida a valores elevados do número de Reynolds (em geral, acima de 10^4), onde os movimentos macroscópicos, expressos em termos de $\breve{\mathbf{v}}(\breve{x}, \breve{y}, \breve{z}, \breve{t})$, não são função de Reynolds nem do tamanho do sistema. Nesse contexto, um grande número de pesquisadores constatou que, para misturadores com diferentes geometrias, o produto do tempo de mistura, t_{mix}, requerido e a taxa de rotação N independem tanto de Reynolds quanto do tamanho do misturador.

$$Nt_{\text{mis}} = K(\text{geometria}) \quad \text{ou} \quad t_{\text{mis}} = K/N \tag{21.5-16}$$

Isso significa que, para uma dada geometria, o tempo de mistura requerido, t_{mix}, corresponde essencialmente ao número de rotações do impelidor. Esse resultado é confirmado experimentalmente.

Essa conclusão é corroborada pelos resultados já disponíveis[2] que tanto a vazão volumétrica adimensional, Q/ND,[3] quanto o fator de atrito do tanque, $P/\rho N^3D^5$, são constantes e dependem apenas da geometria do tanque e da do impelidor (ver Problema 6C.3). Aqui, Q é a vazão volumétrica do jato produzido pelo impelidor e P a potência requerida para a operação.

Considerações semelhantes geralmente se aplicam ao caso de misturadores fixos, nos quais o aumento da velocidade de rotação tem pouco efeito sobre o grau de mistura. Todavia, esse tipo de aproximação tem que ser testado nos estágios preliminares de uma programação experimental. Do ponto de vista prático, essas aproximações são bastante pertinentes para o procedimento de aumento de escala (*scale-up*), uma vez que o número de Reynolds é diretamente proporcional ao tamanho do equipamento.

SISTEMAS COM REAÇÃO

A seguir vamos considerar os efeitos de uma reação homogênea irreversível, $A + B \rightarrow$ produtos. Novamente, vamos analisar o caso de soluções diluídas, de modo que podemos desprezar os efeitos do calor de reação, bem como da presença de produtos da reação. Além disso, admitimos iguais as difusividades de ambos os solutos.

A seguir definimos

$$\Gamma_{\text{reação}} = \frac{c_{A0} - (c_A - c_B)}{c_{A0} + c_{B0}} \tag{21.5-17}$$

Quando subtraímos a Eq. 21.5-2 da Eq. 21.5-1 encontramos que a descrição da função $\Gamma_{\text{reação}}$ é idêntica à que se obtém para o caso de não haver reação. Assim

$$\left(\frac{c_{A0} - (c_A - c_B)}{c_{A0} + c_{B0}}\right)_{\text{reativo}} = \left(\frac{c_{A0} - c_A}{c_{A0}}\right)_{\text{não-reativo (inerte)}} \left(\frac{c_B}{c_{B0}}\right)_{\text{não-reativo (inerte)}} \tag{21.5-18}$$

Subtraindo dessa expressão a média temporal de uma expressão análoga, obtida para o caso de sistemas sem reação, encontramos que a equação, análoga à Eq. 21.5-18, deve ser igualmente válida para expressar as flutuações

$$\left(\frac{c'_A - c'_B}{c_{A0} + c_{B0}}\right)_{\text{reativo}} = \left(\frac{c'_A}{c_{A0}}\right)_{\text{não-reativo}} \tag{21.5-19}$$

A média temporal dos quadrados das grandezas descritas no segundo membro dessa equação é igual a d^2, que é medida através do experimento ilustrado na Fig. 21.5-2, possibilitando assim uma maneira para a previsão da grandeza correspondente ao caso de sistemas com reação.

A Eq. 21.5-19 sugere que as flutuações dos valores de c_A e de c_B em sistemas com reação ocorrem simultaneamente e as escalas de distância são da mesma ordem de grandeza das que se verificam em sistemas com reação. Note que essa

[3] J.Y. Oldshue, *Fluid Mixing Technology,* McGraw-Hill, New York (1983); H. Benkreira, *Fluid Mixing,* Institution of Chemical Engineers, Rugby, UK, Vol. 4 (1990) Vol. 6 (1999); I. Bouwmans e H.E.A van den Akker, Vol. 4 de *Fluid Mixing,* Institution of Chemical Engineers, Rugby, UK (1990), pp. 1-12.

consideração é também válida para qualquer geometria, condições de escoamento e cinética da reação. Estamos agora prontos para considerar alguns casos especiais.

Iniciamos com o caso de uma *reação rápida*, para a qual os dois solutos não podem coexistir, e a taxa de reação é controlada pela difusão de uma espécie em relação à outra. Assim, para a primeira etapa (macromistura) da operação de mistura, em que a difusão é muito lenta quando comparada com os processos convectivos que ocorrem em larga escala, não há reação que seja significativa. Nessa, tipicamente dominante, etapa de mistura

$$\left(\frac{c'_A}{c_{A0}}\right)_{\text{reativo}} = \left(\frac{c'_A}{c_{A0}}\right)_{\text{não-reativo}} \tag{21.5-20}$$

Foi sugerido[4] que a Eq. 21.5-20 é também válida para a etapa de micromistura. Nos casos em que essa consideração é válida (por exemplo, no caso em que a etapa de macromistura é a etapa controladora da operação de mistura), podemos concluir que tanto para sistemas com reação quanto para sistemas sem reação obtemos descrições idênticas para as flutuações do soluto.

Na prática, reações rápidas (por exemplo, neutralização de correntes ácidas com correntes alcalinas) são utilizadas para determinar a eficiência de misturadores, de vez que, para esses sistemas, a realização de testes experimentais são bem mais fáceis de executar do que para sistemas sem reação). Com freqüência, pode-se utilizar medidas de parâmetros macroscópicos, tais como elevação da temperatura ou mudança da coloração de um agente indicador. Todavia, as medidas das flutuações da concentração podem fornecer informações mais seguras sobre a natureza e sobre o processo de mistura.

Reações lentas são também importantes, de modo que consideramos o caso especial de uma reação irreversível de segunda ordem, cuja cinética é definida por

$$R_A = -k_2'''c_Ac_B \tag{21.5-21}$$

Em termos de média temporal, essa expressão tem a forma de

$$\overline{R}_A = -k'''(\bar{c}_A\bar{c}_B + \overline{c'_Ac'_B}) \tag{21.5-22}$$

Podemos, portanto, concluir que as flutuações que ocorrem na concentração do soluto aumentam o valor da média temporal da taxa de reação, quando comparado ao caso quando um único produto envolvido na média temporal é considerado. Do ponto de vista prático, todavia, é muito difícil a comprovação desse efeito.

Vamos ilustrar esse ponto por uma simples análise da ordem de grandeza, considerando inicialmente a definição de um tempo de reação constante, t_A, para um dos reagentes, no caso, o soluto A:

$$t_A = c_{A0}/R_A \tag{21.5-23}$$

Como primeira aproximação, podemos escrever

$$t_A \approx 1/k_2'''c_{B0} \tag{21.5-24}$$

Reações rápidas e lentas podem, então, ser definidas como aquelas para as quais

$$t_{\text{mis}} >> t_A \quad \text{reação rápida} \tag{21.5-25}$$

$$t_{\text{mis}} << t_A \quad \text{reação lenta} \tag{21.5-26}$$

O caso de reações rápidas já foi anteriormente discutido. Para o caso de reações lentas, os efeitos de turbulências podem ser desprezados devido ao fato de que as flutuações são de pequena amplitude antes de qualquer reação que eventualmente possa ocorrer.

Se as constantes de tempo para a mistura e para a reação são da mesma ordem de grandeza, uma análise mais aprofundada da que foi discutida anteriomente deve ser feita. Nessa análise deve ser incluído um modelo para o movimento turbulento, que parece não estar ainda disponível.

QUESTÕES PARA DISCUSSÃO

1. Discuta as similaridades e as diferenças entre o transporte de calor e de massa turbulento.
2. Discuta o efeito de se considerar uma reação de primeira ordem e uma reação de ordem superior sobre a média temporal da equação da continuidade de uma espécie. Quais as conseqüências dessa consideração?
3. Em que medida os fluxos turbulentos de momento, de calor e de massa são similares na forma?
4. Quais considerações empíricas são disponíveis para descrever o fluxo mássico turbulento?

[4] K.-T. Li e H.L. Toor, *Ind. Eng. Chem. Fundam.*, **25**, 719-723 (1986).

5. De quais parâmetros a difusividade turbilhonar depende? Como ela pode ser medida?
6. Considerando Rx = 0 na Eq. 21.4-8, você esperaria, dessa forma, obter resultados confiáveis de transferência de massa sem reação química para o escoamento turbulento em tubos?

Problemas

21A.1 Determinação da difusividade turbilhonar (Figs. 18C.1 e 21A.1). No Problema 18C.1, apresentamos a expressão para o perfil de concentração para a difusão a partir de uma fonte pontual numa corrente fluida. Em escoamento altamente turbulento e isotrópico, a Eq. 18C.1-2 pode ser modificada substituindo-se $\mathscr{D}_{AB}$ pela difusividade turbilhonar $\mathscr{D}_{AB}^{(t)}$. Essa equação mostrou-se bastante útil para a determinação da difusividade turbilhonar.
(a) Mostre que a inclinação da curva do gráfico de sc_A versus s-z é dada por $-v_0/2\mathscr{D}_{AB}^{(t)}$.
(b) Use os dados da difusão de CO_2 de uma fonte pontual numa corrente turbulenta de ar mostrada na Fig. 21A.1 para obter o valor de $\mathscr{D}_{AB}^{(t)}$ para as seguintes condições: diâmetro do tubo, 15,24 cm; v_0 = 1.512 cm/s.
(c) Compare o valor de $\mathscr{D}_{AB}^{(t)}$ com o valor da difusividade molecular $\mathscr{D}_{AB}$ para o sistema CO_2-ar.
(d) Liste todas as suposições feitas para os cálculos.
Resposta: **(b)** $\mathscr{D}_{AB}^{(t)}$ = 19 cm²/s

21A.2 Analogia entre transferência de calor e de massa. Escreva a expressão análoga para a transferência de massa da Eq. 13.4-19. Quais são as limitações da expressão resultante?

21B.1 Fluxo mássico na parede para escoamento turbulento sem reação química. Use a expressão análoga da Eq.13.3.7 para a difusão considerando escoamento turbulento em tubos de seção circular, e a expressão de Blasius para o fator de atrito, para obter a seguinte expressão do número de Sherwood,

$$\text{Sh} = 0{,}0160\,\text{Re}^{7/8}\,\text{Sc}^{1/3} \tag{21B.1-1}$$

válida para valores elevados do número de Schmidt. [1]

21B.2 Expressões alternativas para o fluxo mássico turbulento. Desenvolva uma expressão assintótica para o fluxo mássico turbulento para tubos longos considerando fluxo mássico constante na parede do tubo. Suponha que o fluxo mássico através da parede é pequeno.
(a) Através de procedimento análogo ao caso de transferência de calor em regime de escoamento laminar apresentado na Seção 10.8, obtenha:

$$\Pi(\xi, \zeta) = -\frac{\omega_A - \omega_{A1}}{j_{A0}D/\rho\mathscr{D}_{AB}} = C_1\zeta + \Pi_\infty(\xi) + C_2 \tag{21B.2-1}$$

na qual $\xi = r/D$, $\zeta = (z/D)/\text{ReSc}$, ω_{A1} é a fração mássica de A na entrada, e j_{A0} o fluxo de massa interfacial de A que entra no fluido.

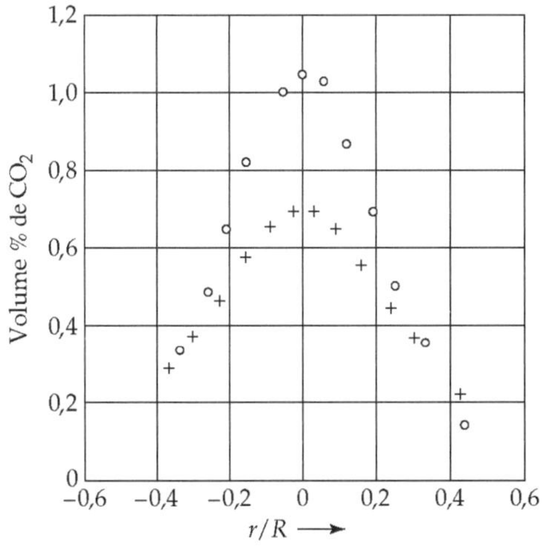

Fig. 21A.1 Distribuição radial da concentração de CO_2 injetada a numa corrente de fluido em escoamento turbulento com Re = 119.000 num tubo com 15,24 cm de diâmetro. Os círculos correspondem a medidas tomadas a uma distância axial z = 112,5 cm a partir do ponto de injeção e as cruzes a medidas tomadas em z = 152,7 cm. [Dados experimentais tirados de W.L. Towle e T.K. Sherwood, *Ind. Eng. Chem.*, **31**, 457-462 (1939).]

[1] O T. Hanna, O C. Sandall, and C.L. Wilson, *Ind. Eng. Chem. Res.*, **28**, 2286-2290 (1987)

(b) Use a equação da continuidade para a espécie A para obter

$$-4\frac{v_z}{\langle v_z\rangle}=\frac{1}{\xi}\frac{d}{d\xi}\left[\left(1+\frac{\text{Sc}}{\text{Sc}^{(t)}}\frac{\mu^{(t)}}{\mu}\right)\xi\frac{d\Pi_\infty}{d\xi}\right] \tag{21B.2-2}$$

na qual $\text{Sc}^{(t)}=\mu^{(t)}/\rho\mathscr{D}_{AB}^{(t)}$. Essa equação deve ser integrada com as condições de contorno de forma que Π_∞ é finita em $\xi=0$ e $d\Pi_\infty/d\xi=-1$ em $\xi=\frac{1}{2}$.

(c) Integre a equação anterior em relação a ξ para obter

$$-\frac{d\Pi_\infty}{d\xi}=\frac{\frac{1}{2}-4\int_\xi^{1/2}(v_z/\langle v_z\rangle)\xi d\xi}{\xi[1+(\text{Sc}/\text{Sc}^{(t)})(\mu^{(t)}/\mu)]} \tag{21B.2-3}$$

21B.3 Uma expansão assintótica para o fluxo mássico turbulento.[2]
Inicie a solução com a expressão final obtida no Problema 21B.2, e note que para valores elevados do número de Schmidt, a curvatura do perfil de concentração ocorrerá na região próxima da parede do tubo, onde $v_z/\langle v_z\rangle\approx 0$ e $\xi\approx\frac{1}{2}$. Suponha que $\text{Sc}^{(t)}=1$ e use a Eq. 5.4-2 para obter

$$-\frac{d\Pi_\infty}{d\xi}=\frac{1}{[1+\text{Sc}(\mu^{(t)}/\mu)]}=\frac{1}{1+\text{Sc}(yv_*/14.5\nu)^3} \tag{21B.3-1}$$

Introduza uma nova coordenada $\eta=\text{Sc}^{1/3}(yv_*/14{,}5\nu)$ na Eq. 21B.3-1 para obter uma equação para $d\Pi/d\eta$ válida dentro da região da subcamada laminar. Integre essa equação nos limites $\eta=0$ (onde $\omega_A=\omega_{A0}$) para obter uma relação explícita para o fluxo mássico na parede j_{A0}. Compare essa expressão com a expressão análoga da Eq. 13.4-20 obtida na solução do Problema 21A.2.

21B.4 Deposição de prata numa corrente turbulenta (Fig. 21B.3).
Uma solução de KNO_3 de concentração aproximada de 0,1N contendo $1{,}00\times10^{-6}$ g-equiv. $AgNO_3$ por litro escoa entre eletrodos de Ag, conforme ilustrado na Fig. 21B.3(a). Uma pequena voltagem é aplicada nas placas para

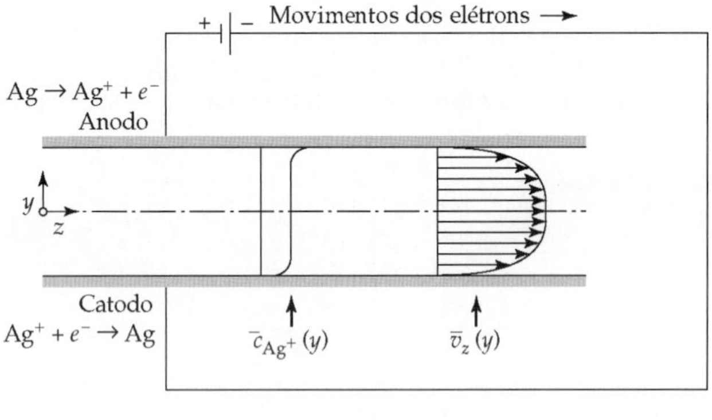

(a)

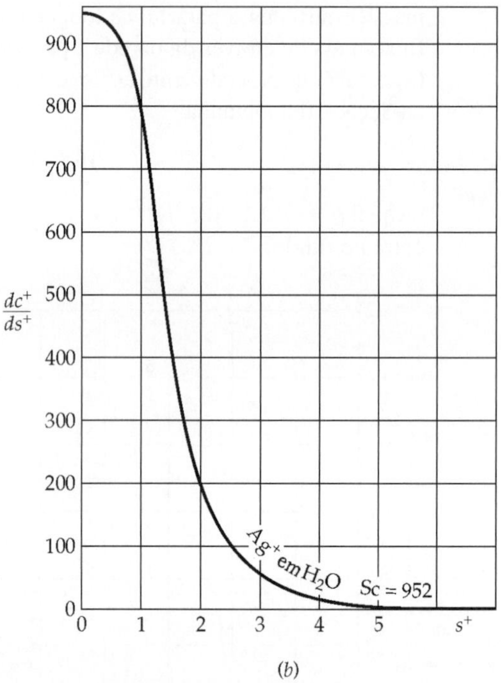

(b)

Fig. 21B.3 (a) Eletrodeposição do Ag^+ em uma corrente turbulenta escoando no sentido positivo do eixo axial, z, entre duas placas planas e paralelas. (b) Gradientes de concentração na eletrodeposição da Ag em um eletrodo.

[2] C.S. Lin, R.W. Moulton, and G.L. Putnam, *Ind. Eng. Chem.*, **45**, 636 (1953).

produzir uma deposição de Ag sobre o catodo (placa inferior) e para polarizar completamente o circuito (isto é, para manter a concentração de Ag^+ no catodo praticamente nula). Os efeitos da difusão forçada podem ser desprezados, e o Ag^+ considerado como se movendo na direção do catodo por difusão ordinária (isto é, difusão regida pela lei de Fick) e por difusão turbilhonar. Considere adicionalmente que essa solução é suficientemente diluída de modo que os efeitos das demais espécies ionizadas não interferem na difusão de Ag^+.

(a) Calcule o perfil de concentração de Ag^+, supondo que (i) a difusividade binária efetiva do Ag^+ na água é de $1{,}06 \times 10^{-5}$ cm²/s; (ii) a expressão truncada obtida por Lin, Moulton e Putnam na forma da Eq. 5.4-2 para o perfil de velocidade do escoamento turbulento em tubos é válida somente para o caso de "escoamento através de fenda", se o diâmetro do tubo for substituído pelo quádruplo do raio hidráulico; (iii) a distância entre as placas é de 1,27 cm e $\sqrt{\tau_0/\rho}$ é igual a 11,4 cm/s.

(b) Determine a taxa de deposição da Ag sobre o catodo, desprezando as demais reações que ocorrem no eletrodo.

(c) O procedimento de cálculo da parte (a) prevê uma descontinuidade do gradiente do perfil de concentração no plano médio do sistema? Explique.

Respostas: **(a)** Ver Fig. 21B.3(*b*); **(b)** $6{,}7 \times 10^{-12}$ equiv/cm² · s;

21B.5 Expressão do comprimento de mistura para o perfil de velocidade.

(a) A partir da Eq. 5.5-3 mostre que para o caso de escoamento turbulento plenamente desenvolvido num tubo a seguinte expressão é válida

$$\frac{\tau_{rz}}{\tau_0} = \frac{r}{R} = 1 - \frac{y}{R} \tag{21B.5-1}$$

(b) Faça $\bar{\tau}_{rz} = \bar{\tau}_{rz}^{(v)} + \bar{\tau}_{rz}^{(t)}$, onde $\bar{\tau}_{rz}^{(v)}$ é dada, em coordenadas cilíndricas, pela expressão análoga à Eq. 5.2-9 e $\bar{\tau}_{rz}^{(t)}$ pela Eq. 5.5-5. Mostre que a Eq. 21B.5-1, se reduz a

$$\rho l^2 \left(\frac{d\bar{v}_z}{dy}\right)^2 + \mu\left(\frac{d\bar{v}_z}{dy}\right) = \tau_0\left(1 - \frac{y}{R}\right) 0 \le y \le R \tag{21B.5-2}$$

(c) Obtenha a Eq. 21.4-13 a partir da Eq. 21B.5-2 introduzindo as grandezas adimensionais usadas na primeira equação.

Capítulo 22

TRANSPORTE ENTRE FASES EM MISTURAS NÃO-ISOTÉRMICAS

Aqui nos apoiamos nas discussões anteriores sobre difusão binária para prover os meios de previsão do comportamento das operações envolvendo transferência de massa, como destilação, absorção, adsorção, extração, secagem, separação com membranas e reações químicas heterogêneas. Este capítulo tem muitas características em comum com os Caps. 6 e 14. Ele é particularmente relacionado ao Cap.14, devido à ocorrência de várias situações nas quais as analogias entre os processos de transferência de calor e massa podem ser consideradas exatas.

Todavia, há importantes diferenças entre transferência de calor e massa, e muito deste capítulo será dedicado a explorar essas diferenças. Considerando que muitas operações de transferência de massa envolvem interfaces fluido-fluido, temos que considerar as distorções da forma da interface por ação do arraste viscoso e por gradientes de tensão superficial que resultam de heterogeneidades da temperatura e da composição. Além disso, ocorrem muitas interações entre transferência de calor e de massa e sistemas com reação química. Além do mais, a valores elevados de taxas de transferência de massa, os perfis de temperatura e de concentração podem ser distorcidos. Esses efeitos complicam e algumas vezes invalidam a analogia entre transferência de calor e de massa que, do contrário, seria esperada.

No Cap. 14, a transferência de calor entre fases envolveu o transporte de calor para e de uma superfície sólida, ou o calor transferido entre dois fluidos separados por uma superfície sólida. Aqui encontramos transferência de calor e de massa entre duas fases contíguas: fluido-fluido ou fluido-sólido. Isso levanta a questão de como levar em conta a resistência à difusão resultante do fluido em cada lado da interface.

Começamos o capítulo definindo, na Seção 22.1, os coeficientes de transferência de massa para misturas binárias em uma fase (líquido ou gás). Então, na Seção 22.2 mostramos como as soluções analíticas para os problemas de difusão dão origem a expressões explícitas para os coeficientes de transferência de massa. Nessa seção apresentamos algumas expressões analíticas de coeficientes de transferência de massa para altos valores do número de Schmidt para vários sistemas relativamente simples. Damos ênfase ao comportamento distinto de sistemas com interfaces fluido-fluido e fluido-sólido.

Na Seção 22.3 mostramos como a análise dimensional nos leva a previsões envolvendo o número de Sherwood (Sh) e o número de Schmidt (Sc), os quais são análogos ao número de Nusselt (Nu) e ao de Prandtl (Pr) definidos no Cap. 14. Aqui a ênfase é dada nas analogias entre transferência de calor em fluidos puros e transferência de massa em misturas binárias. Na Seção 22.4 apresentamos a definição dos coeficientes de transferência de massa com difusão entre duas fases adjacentes. Mostramos como aplicar a informação sobre transferência de massa em uma única fase para a compreensão da transferência de massa em sistemas com duas fases.

Finalmente, nas cinco últimas seções do capítulo, consideramos alguns efeitos que são peculiares para sistemas de transferência de massa: a transferência de massa com reações químicas (Seção 22.5), a interação entre calor e massa em processos envolvendo a convecção natural (Seção 22.6), os fatores complicadores do processo relacionados às forças interfaciais e aos efeitos Marangoni (Seção 22.7), as distorções dos perfis de temperatura e de concentração que aparecem em sistemas com valores elevados das taxas "líquidas" de transferência de massa através da interface (Seção 22.8); e finalmente a análise matricial da transferência de massa em sistemas multicomponentes. Neste capítulo a ênfase é dada no comportamento diferenciado de sistemas de transferência de calor e de massa.

Neste capítulo restringimos a discussão a alguns tópicos mais importantes relacionados à transferência de massa e a correlações de transferência de massa. Sobre esse assunto o leitor poderá obter informações adicionais em textos já publicados.[1-4]

22.1 DEFINIÇÃO DOS COEFICIENTES DE TRANSFERÊNCIA EM UMA FASE

Neste capítulo relacionamos, especialmente para o caso de sistemas binários, as taxas de transferência de massa através das fronteiras de uma dada fase com as diferenças de concentração pertinentes. Essas relações são análogas às correlações para transferência de calor que aparecem no Cap. 14 e são expressas em termos dos *coeficientes de transferência de massa* em vez dos coeficientes do capítulo mencionado. O sistema pode ter uma fase com interface verdadeira, como indicada na Fig. 22.1-1, 2 ou 4, ou uma mudança brusca das propriedades hidrodinâmicas, como ilustrado na Fig. 22.1-3, constituído de um sólido poroso. A Fig. 22.1-1 ilustra a evaporação de um líquido volátil, usualmente utilizado em experimentos com vistas à obtenção de correlações de transferência de massa. A Fig. 22.1-2 ilustra uma membrana seletiva, na qual a superfície seletiva permeável permite um transporte mais eficaz do solvente do que do soluto, o qual deve ficar retido, como é o caso da ultrafiltração de proteínas em solução ou na dessalinização da água do mar. A Fig. 22.1-3 ilustra um sólido com poros de grandes dimensões, que pode servir como uma superfície de transferência de massa ou pode prover locais para adsorção ou reação. A Fig. 22.1-4 mostra um contactor gás-líquido idealizado em que a interface de transferência de massa pode estar distorcida pela ação de forças viscosas ou de tensão superficial.

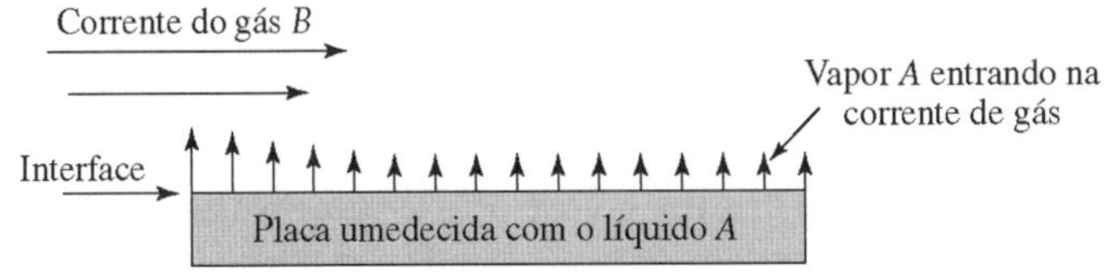

Fig. 22.1-1 Exemplo de transferência de massa através de uma fronteira plana: secagem de uma placa úmida.

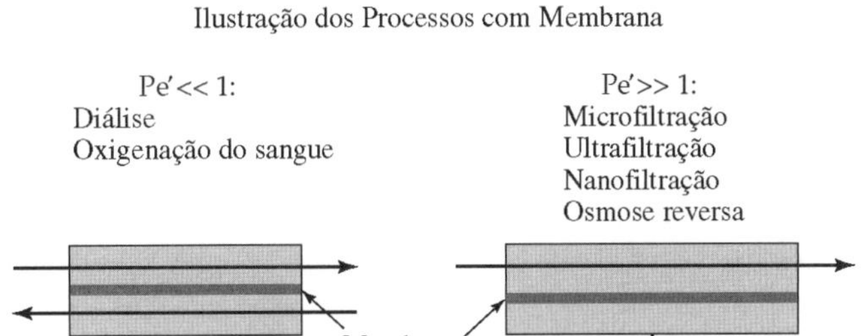

Fig. 22.1-2 Dois exemplos comuns de separadores por membranas, aqui classificados em função do número de Péclet, Pé = $\delta v/\mathcal{D}_{eff}$ para o escoamento através da membrana. Aqui δ é a espessura da membrana, v é a velocidade com a qual o solvente escoa através da membrana e $\mathcal{D}_{eff}$ é a difusividade efetiva do soluto através da membrana. A linha reticulada representa a membrana, e as setas representam o escoamento ao longo ou através da membrana.

[1] T.K. Sherwood, R.L. Pigford, and C.R. Wilke, *Mass Transfer*, McGraw-Hill, New York (1975).
[2] R.E. Treybal, *Mass Transfer Operations*, 3rd ed., McGraw-Hill, New York (1980).
[3] E.L. Cussler, *Diffusion: Mass Transfer in Fluid Systems*, 2nd ed., Cambridge University Press (1997).
[4] D.E. Rosner, *Transport Processes in Chemically Reacting Flow Systems*, (versão completa), Dover, New York (2000).

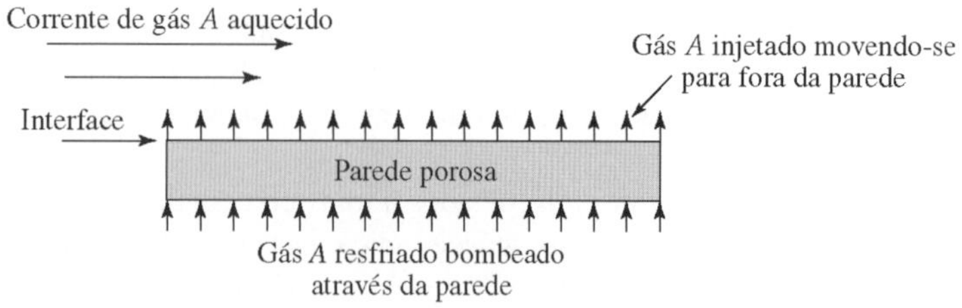

Fig. 22.1-3 Exemplo de transferência de massa através de uma placa porosa: resfriamento por evaporação.

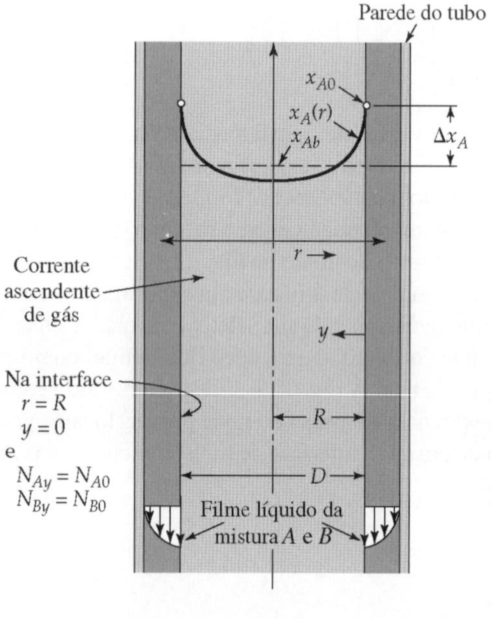

Fig. 22.1-4 Exemplo de um dispositivo de contato gás-líquido: a coluna molhada. Duas espécies químicas A e B estão se movendo do líquido em movimento descendente para o gás em movimento em sentido ascendente em um tubo cilíndrico.

Em cada um dos sistemas antes mencionados, haverá transferência tanto de calor quanto de massa na interface, e cada fluxo correspondente terá um termo molecular (difusivo) e um termo convectivo (aqui colocamos o termo convectivo no primeiro membro da equação):

$$N_{A0} - x_{A0}(N_{A0} + N_{B0}) = -\left(c\mathscr{D}_{AB}\frac{\partial x_A}{\partial y}\right)\bigg|_{y=0} \tag{22.1-1}$$

$$e_0 - (N_{A0}\overline{H}_{A0} + N_{B0}\overline{H}_{B0}) = -\left(k\frac{\partial T}{\partial y}\right)\bigg|_{y=0} \tag{22.1-2}$$

Essas equações são idênticas às Eqs. 18.0-1 e 19.3-6, escritas em termos das condições na interface ($y = 0$). Elas descrevem o fluxo molar entre fases da espécie A e o fluxo de energia (excluída a energia cinética e a contribuição do termo $[\boldsymbol{\tau} \cdot \mathbf{v}]$). Tanto N_{A0} quanto e_0) são definidos como grandezas positivas para a transferência para *dentro* da fase local exceto no caso da Seção 22.4 em que os fluxos em cada fase são definidos como grandezas positivas na direção da fase líquida.

No Cap. 14 definimos o coeficiente de transferência de calor na ausência de transferência de massa pela Eq. 14.1-1 ($Q = hA\,\Delta T$). Para superfícies com transferência de calor e massa, as Eqs. 22.1-1 e 2 indicam que as seguintes definições são apropriadas:

$$W_{A0} - x_{A0}(W_{A0} + W_{B0}) = k_{xA}A\,\Delta x_A \tag{22.1-3}$$

$$E_0 - (W_{A0}\overline{H}_{A0} + W_{B0}\overline{H}_{B0}) = hA\,\Delta T \tag{22.1-4}$$

Aqui W_{A0} é o número de moles da espécie A por unidade de tempo que atravessa a superfície de transferência em $y = 0$, e E_0 é a energia total que atravessa essa mesma superfície. Os coeficientes de transferência k_{xA} e h não são definidos até que a área e as forças motrizes Δx_A e ΔT sejam especificadas. Em relação a essas definições, todos os comentários do Cap. 14 podem ser adotados no presente capítulo, de tal forma que o subscrito 1, ln, a, m ou loc pode ser adicionado para explicitar claramente o tipo de força motriz que está sendo considerada. Usaremos, todavia, os coeficientes locais de transferência e eventualmente os coeficientes médios de transferência. Neste capítulo também usaremos os fluxos molares das espécies, pois que esse procedimento é o tradicionalmente utilizado na engenharia química. As relações entre as expressões para transferência de massa, expressas em unidades de massa ou de moles, estão apresentadas na Tabela 22.2-1.

Os coeficientes locais de transferência são definidos escrevendo-se as Eqs. 22.1-3 e 4 em termos de uma área diferencial. Como $dW_{A0}/dA = N_{A0}$ e $dE_0/dA = e_0$, obtemos as seguintes definições

$$N_{A0} - x_{A0}(N_{A0} + N_{B0}) = k_{xA,\text{loc}}\Delta x_A \tag{22.1-5}$$

$$e_0 - (N_{A0}\overline{H}_{A0} + N_{B0}\overline{H}_{B0}) = h_{\text{loc}}\Delta T \tag{22.1-6}$$

A seguir, notamos que o primeiro membro da Eq. 22.1-5 é J^*_{A0}, e o primeiro membro da mesma equação para a espécie B é J^*_{B0}. Todavia, como $J^*_{A0} = -J^*_{B0}$ e $\Delta x_A = -\Delta x_B$, encontramos $k_{xA,loc} = k_{xB,loc}$, e, desse modo, podemos escrever ambos os coeficientes de transferência de massa como $k_{x,loc}$, cujas unidades são expressas em termos de (mol)/(área)(tempo). Ademais, se o calor de mistura é nulo (como no caso de misturas de gases ideais), podemos substituir $\overline{H}_{A0}$ por $\tilde{C}_{pA,0}(T_0 - T^\circ)$, onde T° é uma temperatura de referência arbitrária, como explicado no Exemplo 19.3-1. Uma substituição semelhante pode ser feita para $\overline{H}_{B0}$. Com essas substituições obtemos

$$N_{A0} - x_{A0}(N_{A0} + N_{B0}) = k_{x,\text{loc}}\Delta x_A \tag{22.1-7}$$

$$e_0 - (N_{A0}\tilde{C}_{pA,0} + N_{B0}\tilde{C}_{pB,0})(T_0 - T^\circ) = h_{\text{loc}}\Delta T \tag{22.1-8}$$

Lembramos ao leitor que a transferência de massa a altas taxas através dos planos que passam pelas fronteiras do sistema pode distorcer os perfis de velocidade, temperatura e concentração, como já vimos na Seção 18.2 e no Exemplo 19.4-1. A correlação dada na Seção 22.2, bem como as expressões análogas apresentadas nos Caps. 6 e 14, são válidas para valores pequenos das taxas líquidas de transferência de massa; isto é, para situações em que os termos convectivos das Eqs. 22.1-7 e 8 podem ser desprezados em relação ao primeiro termo. Tais situações são bastante comuns, e a maioria das correlações na literatura padece da mesma restrição. Na Seção 22.8 consideramos os desvios associados às condições em que ocorrem altas taxas de transferência de massa e identificamos essa condição com o sobrescrito "•" (ver Seção 22.8).

Na maior parte da literatura relacionada à engenharia química, os coeficientes de transferência de massa são definidos por

$$N_{A0} = k^0_{x,\text{loc}}\Delta x_A \tag{22.1-9}$$

A relação entre esse coeficiente de transferência de massa "aparente" e o coeficiente definido pela Eq. 22.1-7 é

$$k^0_{x,\text{loc}} = \frac{k_{x,\text{loc}}}{[1 - x_{A0}(1 + r)]} \tag{22.1-10}$$

na qual $r = N_{B0}/N_{A0}$. Outros coeficientes bastante utilizados são definidos por

$$N_{A0} = k^0_{c,\text{loc}}\Delta c_A \quad \text{e} \quad N_{A0} = k^0_{\rho,\text{loc}}\Delta \rho_A \tag{22.1-11}$$

para líquidos e

$$N_{A0} = k^0_{p,\text{loc}}\Delta p_A \tag{22.1-12}$$

para gases. No limite de baixas concentrações do soluto e de baixos valores da taxa líquida de transferência de massa, para as quais a maioria das correlações foram obtidas,

$$\lim_{x_{A0}(1+r)\to 0} \begin{Bmatrix} k^0_{x,\text{loc}} \\ ck^0_{c,\text{loc}} \\ pk^0_{p,\text{loc}} \\ \rho k^0_{\rho,\text{loc}} \end{Bmatrix} = k_{x,\text{loc}} \tag{22.1-13}$$

O sobrescrito 0 indica que essas quantidades são aplicáveis apenas nos casos de *pequenas taxas de transferência de massa* e *pequenos valores da fração molar da espécie A*.

Em muitos contactores industriais, o valor real da área interfacial não é conhecido. Um exemplo desse sistema seria o de uma coluna recheada com partículas sólidas aleatoriamente distribuídas. Nessa situação, pode-se definir um coeficiente de transferência de massa volumétrico, $k_x a$, que incorpora a área interfacial para uma região diferencial da coluna. A taxa molar com que A é transferida através dos interstícios de fluido de volume Sdz da coluna é dado por

$$\begin{aligned} dW_{A0} &= (k_x a)(x_{A0} - x_{Ab})Sdz + x_{A0}(dW_{A0} + dW_{B0}) \\ &\approx (k^0_x a)(x_{A0} - x_{Ab})Sdz \end{aligned} \tag{22.1-14}$$

Aqui, a corresponde à área interfacial por unidade de volume, a qual é combinada com o coeficiente de transferência de massa, S é a seção reta da coluna e z é medida no sentido do escoamento principal. Correlações para a previsão dos valores desses coeficientes estão disponíveis, mas elas devem ser usadas com cautela. Raramente elas incluem todos os parâmetros relevantes, e, em conseqüência, elas não podem ser extrapoladas para outros sistemas.[1-5] Além do mais, embora sejam usualmente descritas como "locais", representam na realidade um valor médio definido deficientemente sobre uma ampla faixa de condições de interface.[1-5]

Concluímos esta seção definindo um grupo adimensional amplamente utilizado na literatura de transferência de massa e no restante deste livro:

$$\text{Sh} = \frac{k_x l_0}{c\mathscr{D}_{AB}} \tag{22.1-15}$$

o qual é denominado número de Sherwood baseado em um comprimento característico l_0. Essa grandeza pode ser "decorada" com os subscritos 1, a, m, ln e loc da mesma maneira com que h foi decorada.

22.2 EXPRESSÕES ANALÍTICAS PARA OS COEFICIENTES DE TRANSFERÊNCIA DE MASSA

Nos capítulos precedentes obtivemos algumas soluções analíticas para os perfis de concentração e para os fluxos molares a eles associados. Dessas soluções podemos agora obter os coeficientes de transferência de massa correspondentes. Esses são geralmente apresentados na forma adimensional em termos do número de Sherwood. Vamos resumir essas expressões analíticas aqui para serem usadas em seções subseqüentes deste capítulo. Todos os resultados apresentados nesta seção são para sistemas com um componente A ligeiramente solúvel, baixas difusividades $\mathscr{D}_{AB}$ e pequenos valores da taxa líquida de transferência de massa, como definido nas Seções 22.1 e 8. Nesse ponto pode ser útil fazer referência à Tabela 22.2-1, em que os grupos adimensionais relativos à transferência de calor e massa são apresentados.

TRANSFERÊNCIA DE MASSA EM FILMES DESCENDENTES AO LONGO DE SUPERFÍCIES PLANAS

Para a absorção de um gás A ligeiramente solúvel em um filme cadente constituído de um líquido B puro, podemos expressar a Eq. 18.5-18 na forma da Eq. 22.1-3 (apropriadamente modificada para as unidades de concentração molar da mesma forma que aparecem na Eq. 22.1-11), portanto

$$W_{A0} = \left(\sqrt{\frac{4\mathscr{D}_{AB}v_{\text{máx}}}{\pi L}}\right)(WL)(c_{A0} - 0) \equiv k_{c,m}^0 A\Delta c_A \tag{22.2-1}$$

Assim, quando a área característica é escolhida como a área da interface, WL, verificamos que

$$\text{Sh}_m = \frac{k_{c,m}^0 L}{\mathscr{D}_{AB}} = \sqrt{\frac{4Lv_{\text{máx}}}{\pi\mathscr{D}_{AB}}} = \sqrt{\frac{4}{\pi}\left(\frac{Lv_{\text{máx}}\rho}{\mu}\right)\left(\frac{\mu}{\rho\mathscr{D}_{AB}}\right)}$$
$$= 1{,}128(\text{ReSc})^{1/2} \tag{22.2-2}$$

Essa equação expressa o número de Sherwood (o coeficiente de transferência de massa adimensional) em termos do número de Reynolds e do número de Schmidt, com Re definido em termos da velocidade máxima $v_{máx}$ do filme e do comprimento do filme, L. O número de Reynolds poderia também ser definido em termos da velocidade média do filme com um coeficiente numérico diferente.

[1] J. Stichlmair and J.F. Fair, *Distillation Principles and Practice,* Wiley, New York (1998).
[2] H.Z. Kister, *Distillation Design*, McGraw-Hill, New York (1992).
[3] J.C. Godfrey and M.M. Slater, *Liquid-Liquid Extraction Equipment*, Wiley, New York (1994).
[4] R.H. Perry and D.W. Green, *Chemical Engineers' Handbook*, 8th ed., McGraw-Hill, New York (1997).
[5] J.E. Vivian and C.J King, in *Modern Chemical Engineering* (A. Acrivos, ed.), Reinhold, New York (1963).

TABELA 22.2-1 Analogia entre Transferência de Calor e Massa para Baixos Valores de Taxas de Transferência de Massa

	Grandezas de transferência de calor (fluidos puros)	Grandezas de transferência de massa em sistemas binários (fluidos isotérmicos, unidades molares)	Grandezas de transferência de massa em sistemas binários (fluidos isotérmicos, unidades de massa)
Perfis	T	x_A	ω_A
Difusividade	$\alpha = k/\rho\hat{C}_p$	$\mathscr{D}_{AB}$	$\mathscr{D}_{AB}$
Efeito dos perfis sobre a densidade	$\beta = -\frac{1}{\rho}\left(\frac{\partial\rho}{\partial T}\right)_p$	$\xi = -\frac{1}{\rho}\left(\frac{\partial\rho}{\partial x_A}\right)_{p,T}$	$\zeta = -\frac{1}{\rho}\left(\frac{\partial\rho}{\partial\omega_A}\right)_{p,T}$
Fluxo	$\mathbf{q}$	$\mathbf{J}_A^* = \mathbf{N}_A + x_A(\mathbf{N}_A + \mathbf{N}_B)$	$\mathbf{j}_A = \mathbf{n}_A + \omega_A(\mathbf{n}_A + \mathbf{n}_B)$
Taxa de transferência	Q	$W_{A0} - x_{A0}(W_{A0} + W_{B0})$	$w_{A0} - \omega_{A0}(w_{A0} + w_{B0})$
Coeficiente de transferência	$h = \frac{Q}{A\,\Delta T}$	$k_x = \frac{W_{A0} - x_{A0}(W_{A0} + W_{B0})}{A\,\Delta x_A}$	$k_\omega = \frac{w_{A0} - \omega_{A0}(w_{A0} + w_{B0})}{A\,\Delta\omega_A}$
Grupos adimensionais comuns às três correlações	$\text{Re} = l_0 v_0 \rho/\mu$ $\text{Fr} = v_0^2/gl_0$	$\text{Re} = l_0 v_0 \rho/\mu$ $\text{Fr} = v_0^2/gl_0$	$\text{Re} = l_0 v_0 \rho/\mu$ $\text{Fr} = v_0^2/gl_0$
Grupos adimensionais que são diferentes	$\text{Nu} = hl_0/k$ $\text{Pr} = \hat{C}_p\mu/k$ $\text{Gr} = l_0^3\rho^2 g\beta\Delta T/\mu^2$ $\text{Pé} = \text{RePr} = l_0 v_0 \hat{C}_p/k$	$\text{Sh} = k_x l_0/c\mathscr{D}_{AB}$ $\text{Sc} = \mu/\rho\mathscr{D}_{AB}$ $\text{Gr}_x = l_0^3\rho^2 g\xi\Delta x_A/\mu^2$ $\text{Pé} = \text{ReSc} = l_0 v_0/\mathscr{D}_{AB}$	$\text{Sh} = k_\omega l_0/\rho\mathscr{D}_{AB}$ $\text{Sc} = \mu/\rho\mathscr{D}_{AB}$ $\text{Gr}_\omega = l_0^3\rho^2 g\zeta\Delta\omega_A/\mu^2$ $\text{Pé} = \text{ReSc} = l_0 v_0/\mathscr{D}_{AB}$
Fator *j* de Chilton-Colburn	$j_H = \text{NuRe}^{-1}\text{Pr}^{-1/3} = \frac{h}{\rho\hat{C}_p v_0}\left(\frac{\hat{C}_p\mu}{k}\right)^{2/3}$	$j_D = \text{ShRe}^{-1}\text{Sc}^{-1/3} = \frac{k_x}{cv_0}\left(\frac{\mu}{\rho\mathscr{D}_{AB}}\right)^{2/3}$	$j_D = \text{ShRe}^{-1}\text{Sc}^{-1/3} = \frac{k_\omega}{\rho v_0}\left(\frac{\mu}{\rho\mathscr{D}_{AB}}\right)^{2/3}$

Notas: (a) O subscrito 0 em l_0 e v_0 indica, respectivamente, o comprimento e a velocidade característicos, enquanto o subscrito 0 na fração molar (ou mássica) e o fluxo molar (ou mássico) significam "determinado na interface". (b) Todos os três números de Grashof podem ser escritos como $\text{Gr} = l_0^3\rho g\Delta\rho/\mu^2$, desde que a variação da densidade seja decorrente apenas por uma diferença de temperatura ou de composição.

Analogamente, na dissolução de um soluto A ligeiramente solúvel, da parede até a camada externa do filme líquido B puro, podemos expressar a Eq. 18.6-10 na forma da Eq. 22.1-3 como se segue:

$$W_{A0} = \left(\frac{2\mathscr{D}_{AB}}{\Gamma(\frac{7}{3})}\sqrt[3]{\frac{a}{9\mathscr{D}_{AB}L}}\right)(WL)(c_{A0} - 0) \equiv k_{c,m}^0 A\,\Delta c_A \tag{22.2-3}$$

Então, usando a definição $a = \rho g\delta/\mu$ dada logo após a Eq. 18.6-1 e a expressão para a velocidade máxima do filme na Eq. 2.2-19, determinamos o número de Sherwood na forma de:

$$\text{Sh}_m = \frac{k_{c,m}^0 L}{\mathscr{D}_{AB}} = \frac{2}{\Gamma(\frac{7}{3})}\sqrt[3]{\frac{(2v_{\text{máx}}/\delta)L^2}{9\mathscr{D}_{AB}}} = \frac{1}{\Gamma(\frac{7}{3})}\sqrt[3]{\frac{16}{9}\left(\frac{L}{\delta}\right)\left(\frac{Lv_{\text{máx}}\rho}{\mu}\right)\left(\frac{\mu}{\rho\mathscr{D}_{AB}}\right)}$$

$$= 1{,}017\sqrt[3]{\left(\frac{L}{\delta}\right)}(\text{ReSc})^{1/3} \tag{22.2-4}$$

Nesse caso temos não só os números de Reynolds e de Schmidt aparecendo, mas também a relação entre a espessura e o comprimento do filme.

Esses dois problemas — absorção de um gás por um filme líquido cadente e a dissolução de uma placa sólida por um filme líquido cadente — ilustram duas situações importantes. No primeiro problema, não ocorrem gradientes de velocidade na interface gás-líquido, e a quantidade ReSc aparece elevada à potência (1/2) na expressão do número de Sherwood. No segundo problema, ocorre um gradiente de velocidade na interface sólido-líquido, e a quantidade ReSc aparece elevada à potência (1/3) na expressão do número de Sherwood.

TRANSFERÊNCIA DE MASSA PARA O ESCOAMENTO EM TORNO DE ESFERAS

A seguir, consideramos a difusão que ocorre no escoamento lento em torno de uma bolha de gás esférica e em torno de uma esfera sólida de diâmetro D. Ambos os sistemas são análogos aos sistemas já discutidos na subseção anterior.

Para a absorção do gás de uma bolha de gás envolvida por um líquido em escoamento lento, podemos colocar a Eq. 20.3-28 na forma da Eq. 22.1-5, expressando-a como:

$$N_{A0,\text{méd}} = \sqrt{\frac{4}{3\pi}\frac{\mathscr{D}_{AB}v_\infty}{D}}(c_A - 0) \equiv k^0_{c,m}\Delta c_A \tag{22.2-5}$$

O número de Sherwood é então definido por

$$\text{Sh}_m = \frac{k^0_{c,m}D}{\mathscr{D}_{AB}} = \sqrt{\frac{4}{3\pi}\frac{Dv_\infty}{\mathscr{D}_{AB}}} = \sqrt{\frac{4}{3\pi}\left(\frac{Dv_\infty\rho}{\mu}\right)\left(\frac{\mu}{\rho\mathscr{D}_{AB}}\right)}$$
$$= 0{,}6415(\text{ReSc})^{1/2} \tag{22.2-6}$$

Aqui o número de Reynolds é definido usando-se a velocidade de aproximação v_∞ do fluido (ou, alternativamente, a velocidade terminal da bolha ascendente).

Para o escoamento lento em torno de uma esfera sólida recoberta de um material A ligeiramente solúvel no líquido que escoa em torno dela, podemos modificar o resultado na Eq. 12.4-34 para obter

$$N_{A0,\text{méd}} = \frac{(3\pi)^{2/3}}{2^{7/3}\Gamma(\frac{4}{3})}\sqrt[3]{\frac{\mathscr{D}^2_{AB}v_\infty}{D^2}}(c_A - 0) \equiv k^0_{c,m}\Delta c_A \tag{22.2-7}$$

Esse resultado pode ser reescrito em termos do número de Sherwood como

$$\text{Sh}_m = \frac{k^0_{c,m}D}{\mathscr{D}_{AB}} = \frac{(3\pi)^{2/3}}{2^{7/3}\Gamma(\frac{4}{3})}\sqrt[3]{\frac{Dv_\infty}{\mathscr{D}_{AB}}} = \frac{(3\pi)^{2/3}}{2^{7/3}\Gamma(\frac{4}{3})}\sqrt[3]{\left(\frac{Dv_\infty\rho}{\mu}\right)\left(\frac{\mu}{\rho\mathscr{D}_{AB}}\right)}$$
$$= 0{,}991(\text{ReSc})^{1/3} \tag{22.2-8}$$

Como ocorreu na subseção anterior, temos o produto ReSc elevado a uma potência (1/2) para o sistema gás-líquido e a uma potência (1/3) para o sistema sólido-líquido.

Tanto a Eq. 22.2-6 quanto a Eq. 22.2-8 são válidas somente para o caso de escoamento lento. Todavia, elas não se aplicam no limite em que Re tende a zero. Como sabemos do Problema 10B.1 e da Eq. 14.4-5, se não há escoamento em torno da esfera sólida ou da bolha esférica, $\text{Sh}_m = 2$. Foi determinado que uma descrição satisfatória da transferência de massa para valores decrescentes de Re até o valor de Re = 0 pode ser obtida usando-se uma superposição simples: $\text{Sh}_m = 2 + 0{,}6415(\text{ReSc})^{1/2}$ e $\text{Sh}_m = 2 + 0{,}991(\text{ReSc})^{1/3}$ em lugar das Eqs. 22.2-6 e 8.

TRANSFERÊNCIA DE MASSA EM CAMADA LIMITE SEM SEPARAÇÃO, EM REGIME PERMANENTE, AO REDOR DE OBJETOS DE FORMA ARBITRÁRIA

Para sistemas com interface fluido-fluido e sem gradiente de velocidade na interface, determinamos que o fluxo mássico na superfície é dado pela Eq. 20.3-14:

$$N_{A0} = \sqrt{\frac{\mathscr{D}_{AB}}{\pi}\frac{h_z^2v_s^2}{\int_0^x h_{\bar{x}}h_z^2v_s d\bar{x}}}(c_{A0} - 0) \equiv k^0_{c,\text{loc}}\Delta c_A \tag{22.2-9}$$

O número de Sherwood local é dado por

$$\text{Sh}_{\text{loc}} = \frac{k^0_{c,\text{loc}}l_0}{\mathscr{D}_{AB}} = \frac{1}{\sqrt{\pi}}(\text{ReSc})^{1/2}\sqrt{\frac{h_z^2v_s^2}{\int_0^x h_{\bar{x}}h_z^2v_s d\bar{x}}\frac{l_0}{v_0}} \tag{22.2-10}$$

no qual a constante $1/\sqrt{\pi}$, é igual a 0,5642 e $\text{Re} = l_0 v_0 \rho/\mu$.

Analogamente, para sistemas com interface fluido-sólido e gradiente de velocidade na interface, a expressão para o fluxo mássico é dada pela Eq. 20.3-26 da forma

$$N_{A0} = \frac{\mathscr{D}_{AB}}{\Gamma(\frac{4}{3})} \sqrt[3]{\frac{(h_z\beta)^{3/2}}{9\mathscr{D}_{AB}\int_0^x \sqrt{h_z\beta}\, h_{\bar{x}} h_z\, d\bar{x}}}\,(c_{A0} - 0) \equiv k_{c,\text{loc}}^0 \Delta c_A \qquad (22.2\text{-}11)$$

A expressão análoga para o número de Sherwood é dada por

$$\text{Sh}_{\text{loc}} = \frac{k_{c,\text{loc}}^0 l_0}{\mathscr{D}_{AB}} = \frac{1}{9^{1/3}\Gamma(\frac{4}{3})}(\text{ReSc})^{1/3} \sqrt[3]{\frac{(h_z\beta)^{3/2}}{\int_0^x \sqrt{h_z\beta}\, h_{\bar{x}} h_z\, d\bar{x}} \frac{l_0^2}{v_0}} \qquad (22.2\text{-}12)$$

em que o coeficiente numérico tem o valor de 0,5348. Nessas equações l_0 e v_0 representam o comprimento característico e a velocidade característica que podem ser escolhidos após a forma do objeto ter sido definida. Novamente aqui vemos que, independentemente da forma do objeto, a quantidade ReSc aparece elevada à potência ($\frac{1}{2}$) no sistema fluido-fluido e à ($\frac{1}{3}$) no sistema sólido-fluido. Os radicandos que aparecem nas expressões do número de Sherwood são adimensionais.

Transferência de Massa nas Vizinhanças de um Disco Rotatório

Para um disco de diâmetro, D, recoberto com um material A ligeiramente solúvel, girando com uma velocidade angular Ω em um grande volume de um líquido B, o fluxo mássico na superfície do disco independe da posição. De acordo com a Eq. 19D.4-7, temos

$$N_{A0} = 0{,}620\left(\frac{\mathscr{D}_{AB}^{2/3}\Omega^{1/2}}{\nu^{1/6}}\right)(c_{A0} - 0) \equiv k_{c,m}^0 \Delta c_A \qquad (22.2\text{-}13)$$

que pode ser expressa em termos do número de Sherwood da forma

$$\text{Sh}_m = \frac{k_{c,m}^0 D}{\mathscr{D}_{AB}} = 0{,}620\left(\frac{D\Omega^{1/2}\rho^{1/6}}{\mathscr{D}_{AB}^{1/3}\mu^{1/6}}\right) = 0{,}620\sqrt{\frac{D(D\Omega)\rho}{\mu}}\sqrt[3]{\frac{\mu}{\rho\mathscr{D}_{AB}}}$$
$$= 0{,}620\,\text{Re}^{1/2}\text{Sc}^{1/3} \qquad (22.2\text{-}14)$$

Aqui a velocidade característica que define o número de Reynolds é expressa por $D\Omega$.

22.3 CORRELAÇÃO DE COEFICIENTES DE TRANSFERÊNCIA BINÁRIA EM UMA FASE

Nesta seção vamos mostrar que as correlações para os coeficientes de transferência binária de massa a baixos valores da taxa de transferência de massa podem ser diretamente obtidas das expressões análogas obtidas para transferência de calor por uma simples mudança de notação. Essas correspondências são bastante úteis, e muitas das correlações para transferência de calor foram obtidas a partir das correlações análogas de transferência de massa.

Para ilustrar os fundamentos dessas analogias e as condições sob as quais elas se aplicam, iniciamos por apresentar o análogo difusional da análise dimensional dada na Seção 14.3. Considere o escoamento isotérmico laminar ou turbulento em regime permanente de uma solução líquida de A em B, no tubo ilustrado na Fig. 22.3-1. O fluido entra no tubo em $z = 0$ com velocidade uniforme até bem próximo da parede do tubo e com uma composição uniforme igual a x_{A1}. No trecho entre $z = 0$ e $z = L$, a parede do tubo é recoberta com uma solução sólida de A e B, que se dissolve lentamente e mantém uma composição do líquido na interface constante e igual a x_{A0}. Por ora, vamos admitir que as propriedades físicas ρ, μ, c e $\mathscr{D}_{AB}$ são constantes.

A situação para a transferência de massa descrita é matematicamente análoga à situação para a transferência de calor descrita no início da Seção 14.3. Para enfatizar a analogia, apresentamos as equações para os dois sistemas. Assim, a

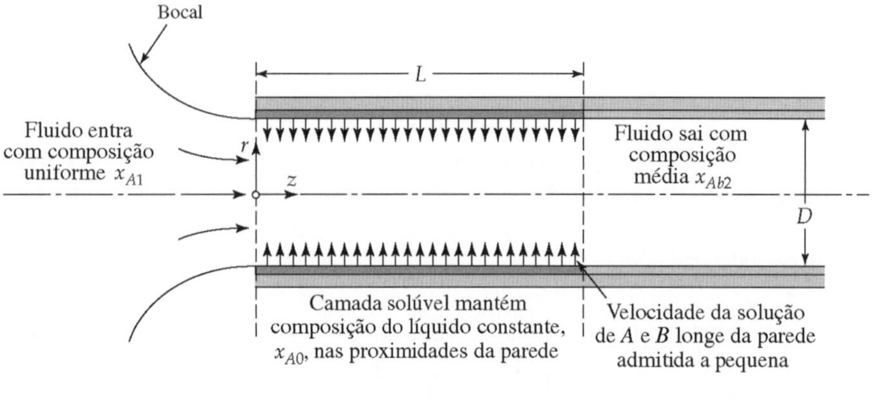

Fig. 22.3-1 Transferência de massa em um tubo com parede interna solúvel.

taxa de calor adicionado por condução entre as seções 1 e 2 da Fig. 14.3-1 e a taxa molar adicionada de espécie A por difusão entre as seções 1 e 2 na Fig. 22.3-1 são dadas pelas seguintes expressões, ambas válidas tanto para escoamento laminar quanto turbulento.

transferência de calor:
$$Q(t) = \int_0^L \int_0^{2\pi} \left(+k \frac{\partial T}{\partial r}\bigg|_{r=R} \right) R\, d\theta\, dz \tag{22.3-1}$$

transferência de massa:
$$W_{A0}(t) - x_{A0}(W_{A0}(t) + W_{B0}(t)) = \int_0^L \int_0^{2\pi} \left(+c\mathscr{D}_{AB} \frac{\partial x_A}{\partial r}\bigg|_{r=R} \right) R\, d\theta\, dz \tag{22.3-2}$$

Igualando o primeiro membro dessas equações a, respectivamente, $h_1(\pi DL)(T_0 - T_1)$ e $k_{x1}(\pi DL)(x_{A0} - x_{A1})$, obtemos os coeficientes de transferência

transferência de calor:
$$h_1(t) = \frac{1}{\pi DL(T_0 - T_1)} \int_0^L \int_0^{2\pi} \left(+k \frac{\partial T}{\partial r}\bigg|_{r=R} \right) R\, d\theta\, dz \tag{22.3-3}$$

transferência de massa:
$$k_{x1}(t) = \frac{1}{\pi DL(x_{A0} - x_{A1})} \int_0^L \int_0^{2\pi} \left(+c\mathscr{D}_{AB} \frac{\partial x_A}{\partial r}\bigg|_{r=R} \right) R\, d\theta\, dz \tag{22.3-4}$$

Agora inserimos as variáveis adimensionais $\breve{r} = r/D$, $\breve{z} = z/D$, $\breve{T} = (T - T_0)/(T_1 - T_0)$ e $\breve{x}_A = (x_A - x_{A0})/(x_{A1} - x_{A0})$ e rearranjamos para obter

transferência de calor:
$$\mathrm{Nu}_1(t) = \frac{h_1 D}{k} = \frac{1}{2\pi L/D} \int_0^{L/D} \int_0^{2\pi} \left(-\frac{\partial \breve{T}}{\partial \breve{r}}\bigg|_{\breve{r}=\frac{1}{2}} \right) d\theta\, d\breve{z} \tag{22.3-5}$$

transferência de massa:
$$\mathrm{Sh}_1(t) = \frac{k_{x1} D}{c\mathscr{D}_{AB}} = \frac{1}{2\pi L/D} \int_0^{L/D} \int_0^{2\pi} \left(-\frac{\partial \breve{x}_A}{\partial \breve{r}}\bigg|_{\breve{r}=\frac{1}{2}} \right) d\theta\, d\breve{z} \tag{22.3-6}$$

Aqui, Nu é o número de Nusselt para transferência de calor sem transferência de massa, e Sh é o número de Sherwood para transferência de massa em sistemas isotérmicos e baixos valores da taxa de transferência de massa. O número de Nusselt e o de Sherwood são gradientes de temperatura e de concentração adimensionais integrados ao longo da superfície.

Em princípio, esses gradientes podem ser determinados pelas Eqs. 11.5-7, 8 e 9 (para transferência de calor) e pelas Eqs. 19.5-8, 9 e 11 (para transferência de massa), sujeitas às seguintes condições de contorno (com $\breve{\mathbf{v}}$ e $\breve{\mathscr{P}}$ definidos na Seção 14.3 e com a média temporal das soluções no caso de escoamento turbulento):

velocidade e pressão:

$$\text{em } \breve{z} = 0, \breve{\mathbf{v}} = \boldsymbol{\delta}_z \qquad \text{para } 0 \le \breve{r} < \tfrac{1}{2} \tag{22.3-7}$$
$$\text{em } \breve{r} = \tfrac{1}{2}, \breve{\mathbf{v}} = 0 \qquad \text{para } \breve{z} \ge 0 \tag{22.3-8}$$
$$\text{em } \breve{r} = 0 \text{ e } \breve{z} = 0, \breve{\mathscr{P}} = 0 \tag{22.3-9}$$

temperatura:

$$\text{em } \breve{z} = 0, \breve{T} = 1 \qquad \text{para } 0 \leq r < \tfrac{1}{2} \qquad (22.3\text{-}10)$$

$$\text{em } \breve{r} = \tfrac{1}{2}, \breve{T} = 0 \qquad \text{para } 0 \leq z \leq L/D \qquad (22.3\text{-}11)$$

concentração:

$$\text{em } \breve{z} = 0, \breve{x}_A = 1 \qquad \text{para } 0 \leq r < \tfrac{1}{2} \qquad (22.3\text{-}12)$$

$$\text{em } \breve{r} = \tfrac{1}{2}, \breve{x}_A = 0 \qquad \text{para } 0 \leq z \leq L/D \qquad (22.3\text{-}13)$$

A condição de contorno na Eq. 22.3-8, relacionada à velocidade na parede, é precisa para o caso de transferência de calor e também para transferência de massa, desde que o termo $x_{A0}(W_{A0} + W_{B0})$ seja pequeno; esse último critério é discutido nas Seções 22.1 e 8. Nenhuma condição de contorno é necessária na seção de saída, $z = L/D$, quando desprezamos os termos relacionados $\partial^2/\partial z^2$ nas equações da conservação de modo análogo ao que foi feito nas Seções 4.4 e 14.3.

Se pudermos desprezar o calor gerado por dissipação viscosa na Eq. 11.5-9 e se não houver produção de A por reação química como indicado na Eq. 19.5-11, então as equações diferenciais para a transferência de calor e de massa são análogas juntamente com as condições de contorno. Daí segue-se que os perfis adimensionais de temperatura e de concentração (médio temporal, quando necessário) são similares,

$$\breve{T} = F(\breve{r}, \theta, \breve{z}, \text{Re}, \text{Pr}); \qquad \breve{x}_A = F(\breve{r}, \theta, \breve{z}, \text{Re}, \text{Sc}) \qquad (22.3\text{-}14, 15)$$

que correspondem à mesma forma de F em ambos os sistemas. Assim, para se obter os perfis de concentração a partir dos perfis de temperatura, substituímos $\breve{T}$ por $\breve{x}_A$ e Pr por Sc.

Finalmente, inserindo os perfis nas Eqs. 22.3-5 e 6 e fazendo as integrações e tomando a média temporal obtemos para a *convecção forçada*

$$\text{Nu}_1 = G(\text{Re}, \text{Pr}, L/D); \qquad \text{Sh}_1 = G(\text{Re}, \text{Sc}, L/D) \qquad (22.3\text{-}16, 17)$$

Aqui G corresponde à mesma função em ambas equações. A mesma expressão formal é obtida para Nu_a, Nu_{ln}, Nu_{loc} bem como para os números de Sherwood correspondentes. Essa importante analogia permite que se escreva uma correlação de transferência de massa a partir da correlação de transferência de calor através de uma simples substituição de Nu por Sh, e Pr por Sc. O mesmo procedimento pode ser adotado para uma outra geometria e para escoamento laminar ou turbulento. Note, todavia, que para obter essa analogia temos que supor (i) propriedades físicas constantes, (ii) pequenos valores da taxa líquida de massa, (iii) ausência de reação química, (iv) ausência de calor gerado de dissipação viscosa, (v) nenhuma absorção ou emissão de energia radiante e (vi) nenhuma difusão por pressão, difusão térmica ou difusão forçada. Alguns desses efeitos serão discutidos nas seções subseqüentes deste capítulo; outras serão tratadas no Cap. 24.

Para a *convecção natural* em torno de objetos de forma arbitrária, uma análise similar mostra que

$$\text{Nu}_m = H(\text{Gr}, \text{Pr}); \qquad \text{Sh}_m = H(\text{Gr}_x, \text{Sc}) \qquad (22.3\text{-}18, 19)$$

Aqui H corresponde à mesma função em ambos os casos, e o número de Grashof para ambos processos é definido de forma análoga (ver na Tabela 22.2-1 um resumo das quantidades análogas para a transferência de calor e de massa).

Para levar em conta a variação das propriedades físicas em sistemas com transferência de massa, estendemos os procedimentos introduzidos no Cap. 14 para sistemas com transferência de calor. Isto é, geralmente determinamos as propriedades físicas relacionadas às condições da composição e da temperatura do filme, exceto para o caso da relação da viscosidade, μ_b/μ_0.

Apresentamos agora três procedimentos de como "traduzir" as correlações de transferência de calor em correlações de transferência de massa:

CONVECÇÃO FORÇADA EM TORNO DE ESFERAS

Para o caso de convecção forçada em torno de uma esfera sólida, a Eq. 14.4-5 e a sua forma análoga para transferência de massa são expressas por:

$$\text{Nu}_m = 2 + 0{,}60\,\text{Re}^{1/2}\,\text{Pr}^{1/3}; \qquad \text{Sh}_m = 2 + 0{,}60\,\text{Re}^{1/2}\,\text{Sc}^{1/3} \qquad (22.3\text{-}20, 21)$$

As Eqs. 22.3-20 e 21 são válidas para o caso de temperatura e composição da superfície constantes, respectivamente, e para pequenos valores da taxa de transferência de massa. Elas podem ser também aplicadas a problemas de transferência simultânea de calor e massa sob as condições (i)-(vi) dadas após a Eq. 22.3-17.

CONVECÇÃO FORÇADA AO LONGO DE UMA PLACA PLANA

Como uma segunda ilustração do uso dessas analogias, podemos citar a aplicação da Eq. 14.4-4 para o escoamento laminar ao longo de uma placa plana, para incluir a transferência de massa:

$$j_{H,\text{loc}} = j_{D,\text{loc}} = \tfrac{1}{2}f_{\text{loc}} = 0{,}332\ \text{Re}_x^{-1/2} \qquad (22.3\text{-}22)$$

Os fatores j de Chilton-Colburn, um para transferência de calor e um para a transferência de massa por difusão, são definidos por[1]

$$j_{H,\text{loc}} = \frac{\text{Nu}_{\text{loc}}}{\text{RePr}^{1/3}} = \frac{h_{\text{loc}}}{\rho \hat{C}_p v_\infty}\left(\frac{\hat{C}_p \mu}{k}\right)^{2/3} \qquad (22.3\text{-}23)$$

$$j_{D,\text{loc}} = \frac{\text{Sh}_{\text{loc}}}{\text{ReSc}^{1/3}} = \frac{k_{x,\text{loc}}}{c v_\infty}\left(\frac{\mu}{\rho \mathscr{D}_{AB}}\right)^{2/3} \qquad (22.3\text{-}24)$$

A analogia tríplice que aparece na Eq. 22.3-22 é correta para o caso em que os valores de Pr e Sc são próximos da unidade (ver Tabela 12.4-1) com as restrições mencionadas após a Eq. 22.3-17. Para o escoamento em torno de outros objetos, a parte relativa ao fator de atrito não é válida devido ao arraste de forma, e mesmo no caso de escoamento em torno de cilindros de seção circular a analogia com $(1/2)f_{loc}$ é apenas aproximada (ver Seção 14.4).

A ANALOGIA DE CHILTON-COLBURN

A analogia empírica mais extensamente utilizada

$$jH = j_D = \text{função de Re, geometria e condições de contorno} \qquad (22.3\text{-}25)$$

demonstrou ser bastante útil para o escoamento transversal em torno de cilindros, leitos recheados e escoamento em tubos a altos valores do número de Reynolds. Para o escoamento em dutos e em leitos recheados, a "velocidade de aproximação" v_∞ tem que ser substituída pela velocidade intersticial ou pela velocidade superficial. A Eq. 22.3-25 é a forma usual da *analogia de Chilton-Colburn*. Todavia, das Eqs. 22.3-20 e 21, resulta que a analogia é válida para o escoamento em torno de esferas somente no caso em que Nu e Sh são substituídos por (Nu − 2) e (Sh − 2).

Não seria adequado deixar a impressão de que todos os coeficientes de transferência de massa podem ser obtidos a partir das formas correspondentes dos coeficientes de transferência de calor. No caso de transferência de massa encontramos uma variedade muito maior de condições de contorno e de diferentes faixas de valores das variáveis relevantes. O comportamento que não pode ser resolvido com esse procedimento é discutido nas Seções 22.5-8.

EXEMPLO 22.3-1

Evaporação de uma Gota em Queda Livre

Uma gota esférica de água, 0,05 cm de diâmetro, está caindo com uma velocidade de 215 cm/s através de ar seco e estagnado a 1 atm sem circulação interna. Determine a taxa instantânea de evaporação da gota, quando a sua superfície está a $T_0 = 70°\text{F}$ e a temperatura do ar (longe da gota) é de $T_\infty = 140°\text{F}$. A pressão de vapor da água a 70°F é de 0,0247 atm. Suponha condições quase-permanentes.

SOLUÇÃO

Designamos a água como a espécie A e o ar como a espécie B. A solubilidade do ar na água pode ser desprezada, de modo que $W_{B0} = 0$. Admitindo então que a taxa de evaporação é pequena, podemos escrever a Eq. 22.1-3 para a superfície esférica total na forma de

$$W_{A0} = k_{xm}(\pi D^2)\frac{x_{A0} - x_{A\infty}}{1 - x_{A0}} \qquad (22.3\text{-}26)$$

[1] T.H. Chilton and A.P. Colburn, *Ind.Eng.Chem.*, **26**, 1183-1187 (1934).

Considerando que não há circulação interna, o coeficiente de transferência de massa médio, k_{xm}, pode ser determinado pela Eq. 22.3-21.

As condições do filme necessárias para a determinação das propriedades físicas são obtidas da seguinte forma:

$$T_f = \tfrac{1}{2}(T_0 + T_\infty) = \tfrac{1}{2}(70 + 140) = 105°\text{F} \quad (22.3\text{-}27)$$

$$x_{Af} = \tfrac{1}{2}(x_{A0} + x_{A\infty}) = \tfrac{1}{2}(0{,}0247 + 0) = 0{,}0124 \quad (22.3\text{-}28)$$

Para o cálculo de x_{Af} admitimos o comportamento de gás ideal, equilíbrio na interface e completa insolubilidade do ar na água. A fração molar média, x_{Af}, do vapor d'água é considerada suficientemente pequena de modo que ela pode ser desprezada na determinação das propriedades físicas do filme.

$$c = 3{,}88 \times 10^{-5}\ \text{g-mol/cm}^3$$

$$\rho = 1{,}12 \times 10^{-3}\ \text{g/cm}^3$$

$$\mu = 1{,}91 \times 10^{-4}\ \text{g/cm} \cdot \text{s (da Tabela 1.1-1)}$$

$$\mathscr{D}_{AB} = 0{,}292\ \text{cm}^2/\text{s (da Eq. 17.2-1)}$$

$$\text{Sc} = \left(\frac{\mu}{\rho\mathscr{D}_{AB}}\right) = \frac{1{,}91 \times 10^{-4}}{(1{,}12 \times 10^{-3})(0{,}292)} = 0{,}58$$

$$\text{Re} = \left(\frac{Dv_\infty\rho}{\mu}\right) = \frac{(0{,}05)(215)(1{,}12 \times 10^{-3})}{1{,}91 \times 10^{-4}} = 63$$

Usando esses valores na Eq. 22.3-21 obtemos

$$\text{Sh}_m = 2 + 0{,}60(63)^{1/2}(0{,}58)^{1/3} = 5{,}96 \quad (22.3\text{-}29)$$

sendo o coeficiente de transferência de massa médio igual a

$$k_{xm} = \frac{c\mathscr{D}_{AB}}{D}\text{Sh}_m = \frac{(3{,}88 \times 10^{-5})(0{,}292)}{0{,}05}(5{,}96)$$
$$= 1{,}35 \times 10^{-3}\ \text{g-mol/s} \cdot \text{cm}^2 \quad (22.3\text{-}30)$$

Então, da Eq. 22.3-30 a taxa de evaporação é dada por

$$W_{A0} = (1{,}35 \times 10^{-3})(\pi)(0{,}05)^2\frac{0{,}0247 - 0}{1 - 0{,}0247}$$
$$= 2{,}70 \times 10^{-7}\ \text{g-mol/s} \quad (22.3\text{-}31)$$

Esse resultado corresponde a um decréscimo de $1{,}23 \times 10^{-3}$ cm/s no diâmetro da gota e indica que uma gota desse tamanho cairá por uma distância considerável antes que ela se evapore completamente.

Nesse exemplo, para simplificar, foram dadas a velocidade e a temperatura da superfície da gota. Geralmente, essas condições devem ser calculadas a partir das equações de balanço de momento e de energia, como discutido no Problema 22B.1.

EXEMPLO 22.3-2

Psicrômetro de Bulbos Seco e Úmido

A seguir voltamos a nossa atenção para um problema para o qual a analogia entre transferência de calor e de massa conduz a um resultado que, embora aproximado, é surpreendentemente simples e útil. O sistema, ilustrado na Fig. 22.3-2, se constitui de um par de termômetros, um dos quais é coberto por uma mecha cilíndrica mantida saturada com água. A mecha é resfriada pela evaporação da água na corrente de ar e, em regime permanente, a temperatura medida vai se aproximar assintoticamente de uma condição denominada *temperatura do bulbo úmido*. Por outro lado, a leitura do outro termômetro tenderá à temperatura do ar, condição essa denominada *temperatura do bulbo seco*. Obtenha uma expressão para a determinação da umidade do ar a partir das leituras dos termômetros de bulbo seco e úmido desprezando os efeitos de radiação e admitindo que a substituição da água que se evapora não afeta significativamente a leitura do bulbo úmido. No Problema 22B.2 veremos como a radiação pode ser levada em conta.

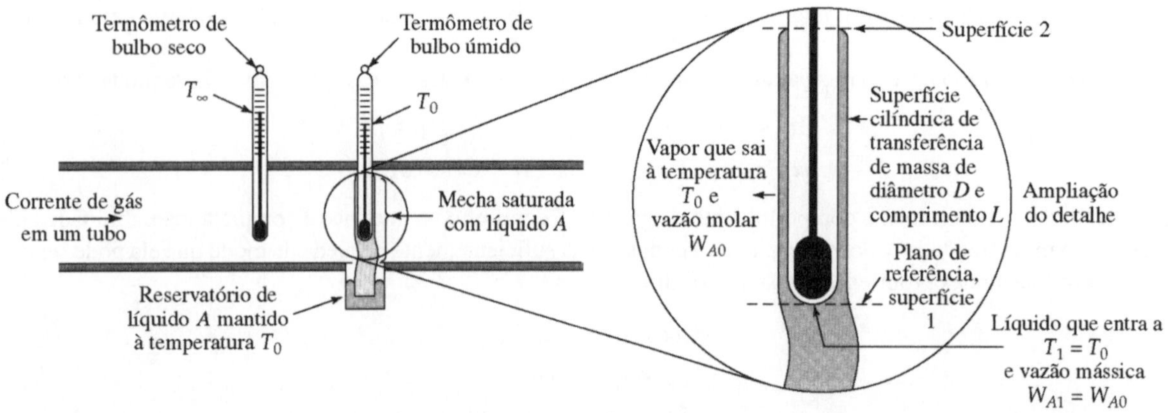

Fig.22.3-2 Ilustração de um psicrômetro de bulbo seco e de bulbo úmido. Admite-se que através do plano 2 não há transferência de calor ou de massa.

SOLUÇÃO

Para simplificar, vamos admitir que a velocidade da água é suficientemente elevada de modo que leitura do termômetro não é afetada por efeitos de radiação e por condução de calor ao longo da haste do termômetro, mas não tão elevada de modo que os efeitos de geração de calor por dissipação possam ser desprezados. Essas suposições são usualmente satisfatórias para termômetros de vidro e para velocidades do ar na faixa de 30 a 100 ft/s. A leitura do termômetro de bulbo seco será então a mesma temperatura T_∞ do gás, e a leitura do bulbo úmido será a mesma temperatura do exterior da mecha, T_0.

Seja a água denominada como a espécie A e o ar como a espécie B. Um balanço de energia é feito no sistema de comprimento L da mecha (a distância entre os planos 1 e 2 da figura). A taxa de calor adicionada ao sistema pela corrente de gás é $h_m(\pi DL)(T_\infty - T_0)$. A entalpia também entra através do plano 1 a uma taxa $W_{A1}\bar{H}_{A1}$ na fase líquida e sai através da superfície de transferência de massa a uma taxa $W_{A0}\bar{H}_{A0}$, ambas ocorrendo a uma temperatura T_0. Assim, do balanço de energia resulta

$$h_m(\pi DL)(T_\infty - T_0) = W_{A0}(\bar{H}_{A1} - \bar{H}_{A0}) \tag{22.3-32}$$

uma vez que a água entra no sistema no plano 1 à mesma taxa que ela sai na forma de vapor na interface de transferência de massa 0. Como uma boa aproximação, podemos substituir $\bar{H}_{A1} - \bar{H}_{A0}$ por $\Delta\tilde{H}_{vap}$, que é o calor de vaporização da água.

Da definição do coeficiente de transferência de massa

$$W_{A0} - x_{A0}(W_{A0} + W_{B0}) = k_{xm}(\pi DL)(x_{A0} - x_{A\infty}) \tag{22.3-33}$$

na qual $W_{B0} = 0$, como visto no exemplo anterior. A combinação das Eqs. 22.3-32 e 33 resulta em

$$\frac{(x_{A0} - x_{A\infty})}{(T_\infty - T_0)(1 - x_{A0})} = \frac{h_m}{k_{xm}\Delta\tilde{H}_{\text{vap}}} \tag{22.3-34}$$

A seguir, usando as definições de Nu_m e Sh_m, e notando que $\rho\hat{C}_p = c\tilde{C}p$, podemos reescrever a Eq. 22.3-34 na forma

$$\frac{(x_{A0} - x_{A\infty})}{(T_\infty - T_0)(1 - x_{A0})} = \frac{\text{Nu}_m}{\text{Sh}_m}\left(\frac{\text{Sc}}{\text{Pr}}\right)\frac{\tilde{C}_p}{\Delta\tilde{H}_{\text{vap}}} \tag{22.3-35}$$

Devido à analogia entre transferência de calor e de massa, podemos esperar que os números de Nu e de Sherwood médios sejam da mesma forma

$$\text{Nu}_m = F(\text{Re})\text{Pr}^n; \quad \text{Sh}_m = F(\text{Re})\text{Sc}^n \tag{22.3-36, 37}$$

em que F é a mesma função de Reynolds em ambas as expressões. Assim, conhecendo-se as temperaturas do bulbo úmido e do bulbo seco e a fração molar do vapor d'água adjacente à mecha (x_{A0}), podemos calcular a concentração do ar a jusante $x_{A\infty}$ por meio da equação

$$\frac{(x_{A0} - x_{A\infty})}{(T_\infty - T_0)(1 - x_{A0})} = \left(\frac{\text{Sc}}{\text{Pr}}\right)^{1-n}\frac{\tilde{C}_p}{\Delta\tilde{H}_{\text{vap}}} \tag{22.3-38}$$

Até certo ponto, o valor do expoente n depende ligeiramente da geometria, porém não se afasta muito do valor (1/3), e o valor da quantidade $(\text{Sc}/\text{Pr})^{1-n}$ não se afasta muito da unidade.[2] Além disso, a temperatura do bulbo úmido pode ser considerada independente do número de Reynolds nas condições de validade das Eqs. 22.3-36 e 37. Esse resultado seria também obtido usando as relações de Chilton-Colburn, das quais resultaria o valor de $n = \frac{1}{3}$.

A composição do gás na interface x_{A0} pode ser calculada com grande precisão, para o caso de baixos valores da taxa de transferência de massa, e desprezando a resistência na própria interface ao transporte de calor e de massa (ver na Seção 22.4 a discussão sobre o assunto). Pode-se representar x_{A0} pela relação de equilíbrio líquido-vapor:

$$x_{A0} = x_{A0}(T_0, p) \tag{22.3-39}$$

Uma relação desse tipo é válida para as dadas espécies A e B se o líquido A é puro, como admitimos anteriormente. Uma relação aproximada comumente utilizada é

$$x_{A0} = \frac{p_{A,\text{vap}}}{p} \tag{22.3-40}$$

na qual $p_{A,vap}$ é a pressão de vapor de A puro à temperatura T_0. Essa relação admite tacitamente que a presença de B não altera a pressão parcial de A na interface, e que A e B formam uma mistura gasosa ideal.

Se, em uma mistura ar-água a 1 atm resulta uma temperatura do bulbo úmido de 70°F e uma temperatura do bulbo seco de 140°F, então

$$\begin{aligned} p_{A,\text{vap}} &= 0{,}0247 \text{ atm} \\ x_{A0} &= 0{,}0247, \text{ da Eq. 22.3.40} \\ \tilde{C}_p &= 6{,}98 \text{ Btu/lb-mol} \cdot \text{F a 105°F, a temperatura do filme} \\ \Delta\tilde{H}_{\text{vap}} &= 18{,}900 \text{ Btu/lb-mol a 70°F} \\ \text{Sc} &= 0{,}58 \text{ (ver Exemplo 22.2.1)} \\ \text{Pr} &= 0{,}74, \text{ da Eq. 9.3.16} \end{aligned}$$

Substituição na Eq. 22.3-37, com $n = \frac{1}{3}$, resulta

$$\frac{(0{,}0247 - x_{A\infty})}{(140 - 70)(1 - 0{,}0247)} = \left(\frac{0{,}58}{0{,}74}\right)^{2/3} \frac{6{,}98}{18.900} \tag{22.3-41}$$

Dessa equação podemos determinar a fração molar da água no ar

$$x_{A\infty} = 0{,}0033 \tag{22.3-42}$$

Uma vez que, como primeira aproximação, consideramos que a concentração de A no filme é dada por $x_A = 0$, poderíamos então retornar e fazer uma segunda aproximação usando a média da concentração de A no filme de $\frac{1}{2}(0{,}0247 + 0{,}0033) = 0{,}0140$ nos cálculos das propriedades físicas. Todavia, as propriedades físicas não são determinadas com grau de precisão que justifique refazer esses cálculos.

Os resultados calculados pela Eq. 22.3-43 apresentam uma razoável concordância com os resultados encontrados nos gráficos de umidade, devido ao fato de eles serem tipicamente baseados na temperatura de saturação adiabática em vez de serem calculados na temperatura do bulbo úmido.[3]

EXEMPLO 22.3-3

Transferência de Massa em Escoamento Lento Através de Leitos com Recheio

Muitas operações de adsorção, desde a purificação de proteínas na moderna biotecnologia até a recuperação de vapor de solvente em empresas de lavagem a seco, ocorrem em leitos recheados com partículas e são conduzidas em regimes de

[2] Uma equação ligeiramente diferente, com 1 − n = 0,56, foi recomendada a partir de medidas no ar por C.H. Bedingfield and T.B. Drew, *Ind. Eng. Chem.*, **42**, 1164-1173 (1950).

[3] O.A. Hougen, K.M. Watson, and R.A. Ragatz, *Chemical Process Principles*, Part I, 2nd. ed., Wiley, New York, (1954), p. 120.

escoamento lento - isto é, em valores de $Re = \mathscr{D}_p v_0 \rho/\mu < 20$. Aqui $\mathscr{D}_p$ é o diâmetro efetivo da partícula e v_0 é a velocidade superficial, definida como a vazão volumétrica dividida pela área da seção reta do leito (ver Seção 6.4). Segue-se que a velocidade adimensional $\mathbf{v}/v_0$ terá uma distribuição espacial independente do número de Reynolds. Informação detalhada só está disponível para o recheio constituído de partículas esféricas.

Considerando regime permanente e escoamento lento, use a análise dimensional discutida no início dessa seção para determinar a expressão da correlação para o coeficiente de transferência de massa.

SOLUÇÃO

O desenvolvimento da análise dimensional apresentado na Seção 19.5 pode ser usado, com D_p considerado o comprimento característico e v_0 a velocidade característica. Assim, da Eq. 19.5-11, constatamos que a concentração adimensional dependerá somente do produto ReSc, bem como da posição adimensional e da geometria do leito.

A maior quantidade de dados para escoamento lento foi obtida para valores elevados de Péclet. Dados experimentais sobre a dissolução de esferas de ácido benzóico em água[4] forneceram a seguinte expressão

$$\text{Sh}_m = \frac{1{,}09}{\varepsilon}(\text{ReSc})^{1/3} \qquad \text{ReSc} >> 1 \tag{22.3-43}$$

em que ε é a fração volumétrica do leito ocupada pelo fluido. A Eq. 22.3-43 é razoavelmente coerente com a relação

$$\text{Sh}_m = 2 + 0{,}991(\text{ReSc})^{1/3} \tag{22.3-44}$$

a qual incorpora a solução para escoamento lento em torno de uma esfera isolada[5] ($\varepsilon = 1$)(ver Seção 22.2*b*). Isso sugere que a configuração do escoamento em torno de uma esfera isolada não difere muito daquele que se verifica em uma esfera envolvida por outras esferas, principalmente na região próxima da superfície onde ocorre a maior fração de massa transportada.

Não se dispõe de dados confiáveis para o comportamento para a faixa de valores de ReSc muito baixos, porém cálculos numéricos, para o caso de distribuição regular de partículas no leito,[6] indicam que o número de Sherwood tende assintoticamente para um valor limite igual a 4,0, se o mesmo for baseado na diferença entre a concentração na interface e a composição média global da mistura.

Comportamentos dentro da fase sólida são bem mais complexos, e nenhuma aproximação simplificada tem se demonstrado totalmente confiável. Todavia, dados já disponíveis[7] mostram que quando o transporte de massa intrapartícula pode ser descrito pela segunda lei de Fick, a seguinte aproximação pode ser usada

$$\text{Sh}_m = \frac{k_{c,s} D_p}{\mathscr{D}_{As}} \approx 10 \tag{22.3-45}$$

onde $k_{c,s}$ é o coeficiente efetivo de transferência de massa dentro da fase sólida e $\mathscr{D}_{As}$ a difusividade de A dentro da fase sólida. A equação não se aplica ao caso de variações "lentas" da concentração do soluto que envolve a partícula. Essa é uma solução assintótica para uma variação linear da onda de concentração na superfície com o tempo,[8] que foi confirmada analiticamente[9]. Para uma onda de concentração com distribuição gaussiana, o termo "lentas" implica que a passagem do tempo (desvio médio temporal) da onda é longo relativo ao tempo de resposta do efeito difusivo na partícula, que é da ordem de $D_p^2/6\mathscr{D}_{As}$. A segunda lei de Fick deve ser resolvida com a história prévia detalhada da concentração da superfície quando essa desigualdade não for satisfeita.

Em leitos recheados, como no escoamento em tubos, deve-se levar em conta o fato de que ocorrerão não-uniformidades na concentração em função da coordenada radial. Esse assunto foi discutido na Seções 14.5 e 20.3.

---

[4] E.J. Wilson and C.J. Geankopolis, *Ind. Eng. Chem. Fundamentals*, **5**, 9-14 (1966). Ver também J.R. Selman and C.W. Tobias, *Advances in Chemical Engineering*, **10**, 212-318 (1978), para um resumo abrangente de correlações de coeficentes de transferência de massa obtidas por experimentos eletroquímicos.

[5] V.G Levich, *Physicochemical Hydrodynamics*, Prentice-Hall, Englewood Cliffs, N.J. (1962), §14.

[6] J.P. Sørensen and W.E. Stewart, *Chem. Eng. Sci.*, **29**, 811-837 (1974).

[7] A.M. Athalye, J. Gibbs, and E.N. Lightfoot, *J.Chromatography*, **589**, 71-85 (1992).

[8] H.S. Carslaw and J.C. Jaeger, *Conduction of Heat in Solids*, 2nd ed., Oxford University Press (1959), §9.3, Eqs.10 and 11.

[9] J.F. Reis, E.N. Lighfoot, P.T. Noble, and A.S. Chiang, *Sep. Sci. Tech.*, **14**, 367-394 (1979).

EXEMPLO 22.3-4

Transferência de Massa em Gotas e Bolhas

Tanto nos contactores gás-líquido [10] quanto nos contactores líquido-líquido,[11] aprays de gotas de líquido ou névoas de bolhas são freqüentemente encontrados. Compare o comportamento relativo à transferência de massa desses equipamentos com o comportamento que se verifica no caso de esferas sólidas.

SOLUÇÃO

Muitos comportamentos distintos são encontrados, e forças de superfícies podem desempenhar um papel muito importante. Na Seção 22.7 discutimos as forças de superfície com algum detalhe. Aqui consideramos somente os casos limite e sugerimos ao leitor consultar as referências antes citadas.

Gotas e bolhas de pequeno diâmetro se comportam da mesma forma que esferas sólidas e podem ser tratadas pelas correlações obtidas no Exemplo 22.3-3 e no Cap.14. Todavia, se ambas as fases adjacentes não contêm agentes surfactantes ou partículas de contaminantes de pequeno diâmetro, ocorre uma circulação no interior da fase arrastando as regiões adjacentes do exterior da fase. Essa "circulação de Hadamard-Rybczinski" [12] aumenta sensivelmente as taxas de transferência de massa, freqüentemente de uma ordem de grandeza, as quais podem ser estimadas por extensões [13-16] do "modelo da penetração" discutido na Seção 18.5. Assim, para uma bolha esférica do gás A, com diâmetro D, que ascende através de um líquido B puro, o número de Sherwood relativo ao líquido se situa na faixa de[16]

$$\sqrt{\frac{4}{3\pi}\frac{Dv_t}{\mathscr{D}_{AB}}} < \mathrm{Sh}_m < \sqrt{\frac{4}{\pi}\frac{Dv_t}{\mathscr{D}_{AB}}} \tag{22.3-46}$$

em que v_t é a velocidade terminal (ver Eqs. 18.5-19 e 20).

O tamanho a partir do qual ocorre a transição entre o comportamento sólido e a circulação no líquido depende do grau de contaminação na superfície e é, portanto, difícil de ser determinado.

Gotas ou bolhas de grande diâmetro oscilam,[13] e ambas as fases podem ser descritas por um modelo da penetração modificado,

$$\mathrm{Sh}_m \approx \sqrt{\frac{4.8D^2\omega}{\pi\mathscr{D}_{AB}}} \tag{22.3-47}$$

com uma freqüência angular de oscilação igual a [17]

$$\omega = \sqrt{\frac{192\sigma}{D^3(3\rho_D + 2\rho_C)}} \tag{22.3-48}$$

em que σ é a tensão interfacial, e ρ_D e ρ_C são respectivamente as densidades da gota e da fase contínua.

O sucesso desse modelo implica que a condição de contorno é freqüentemente renovada a cada oscilação, porém há ainda um pequeno efeito decorrente do estiramento da superfície.

22.4 DEFINIÇÃO DOS COEFICIENTES DE TRANSFERÊNCIA DE MASSA EM DUAS FASES

Na Seção 10.6, introduzimos o conceito de coeficiente global de transferência de calor, U, para descrever a transferência de calor entre duas correntes separadas uma da outra por uma parede. Esse coeficiente global leva em conta a resistência à transferência de calor da própria parede, bem como a resistência de ambos os fluidos.

[10] J. Stichlmair and J.F. Fair, *Distillation Principles and Practice*, Wiley, New York, (1998).
[11] J.C. Godfrey and M.M. Slater, *Liquid-Liquid Extraction Equipment*, Wiley, New York (1994).
[12] J. Happel and H. Brenner, *Low Reynolds Number Hydrodynamics*, Martinus Nijhoff, The Hague (1983).
[13] J.B. Angelo, and E.N. Lightfoot, and D.W. Howard, *AIChE Journal*, **12**, 751-760 (1966).
[14] J.B. Angelo and E.N. Lightfoot, *AIChE Journal*, **12**, 531-540 (1968).
[15] W.E. Stewart, J.B. Angelo, and E.N. Lightfoot, *AIChE Journal*, **16**, 771-786 (1970).
[16] R. Higbie, *Trans. AIChE*, **31**, 365-389 (1935).
[17] R.R. Schroeder and R.C. Kintner, *AIChE Journal*, **11**, 5-8 (1965).

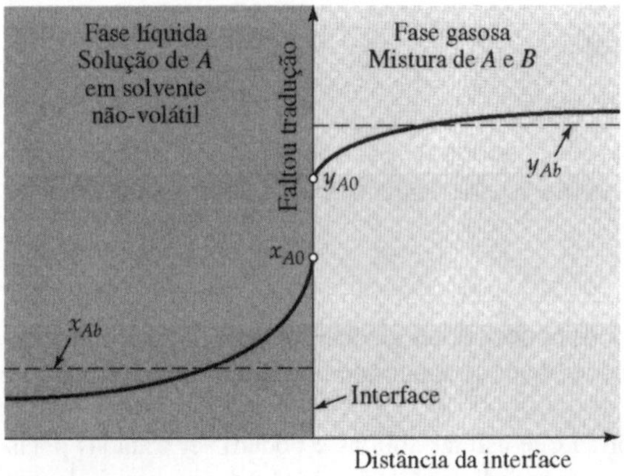

Fig.22.4-1 Perfis de concentração nas vizinhanças de uma interface gás-líquido.

Tratamos de uma situação análoga para a transferência de massa, só que agora estamos tratando de dois fluidos em contato direto entre si, de modo que a resistência da parede ou da interface é eliminada. Essa é a situação mais freqüentemente encontrada na prática. Uma vez que a própria interface contém quantidades significativas de massa, iniciamos admitindo a continuidade do fluxo mássico total na interface para qualquer espécie que está sendo transportada. Assim, para o sistema ilustrado na Fig. 22.4-1, escrevemos

$$N_{A0}|_{\text{gás}} = N_{A0}|_{\text{líquido}} = N_{A0} \tag{22.4-1}$$

para o fluxo interfacial de A em direção à fase líquida. Usando a definição dada na Eq. 22.1-9, obtemos

$$N_{A0} = k^0_{y,\text{loc}}(y_{Ab} - y_{A0}) = k^0_{x,\text{loc}}(x_{A0} - x_{Ab}) \tag{22.4-2}$$

na qual estamos mantendo a notação x para representar as frações molares na fase líquida e y para as frações molares na fase gasosa. Temos agora que inter-relacionar as composições interfaciais das duas fases.

Na maioria dos casos isso pode ser feito admitindo um equilíbrio através da interface, de modo que as composições das fases gasosa e líquida adjacentes estão sobre uma curva de equilíbrio (ver Fig.22.4-2), que é obtida a partir de dados de solubilidade:

$$y_{A0} = f(x_{A0}) \tag{22.4-3}$$

Exceções para isso são: (i) taxas de transferência de massa elevadas, que ocorrem em fases gasosas sob alto vácuo, onde N_{A0} tende a $p_{A0}/\sqrt{2\pi M_A RT}$, a taxa de equilíbrio na qual as moléculas gasosas atingem a interface; e (ii) interfaces contaminadas com concentrações elevadas de partículas adsorvidas ou moléculas de surfactantes. A situação (i) é muito rara e a situação (ii) tem normalmente um efeito indireto mudando o comportamento do escoamento em vez de causar desvios no equilíbrio. Nos casos extremos a contaminação da superfície pode gerar resistências adicionais ao transporte de massa.

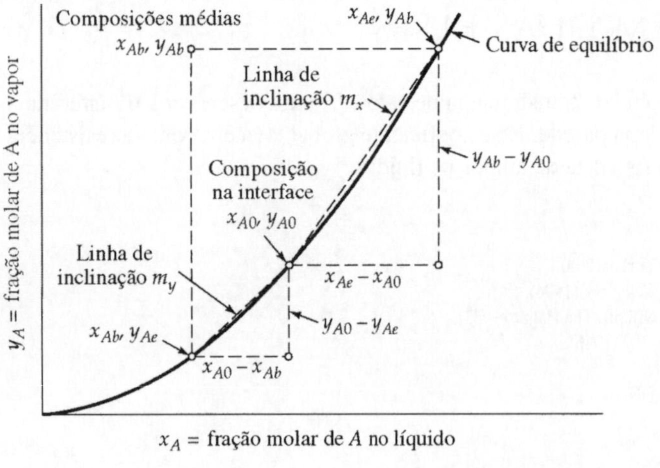

Fig.22.4-2 Relações entre as composições das fases gás e líquida e a interpretação gráfica de m_x e m_y.

Para descrever as taxas de transporte entre fases, pode-se usar a Eq. 22.4-2 e 3 e calcular as concentrações na interface e então usar os coeficientes para uma única fase, ou então usar os coeficientes globais de transferência de massa

$$N_{A0} = K^0_{y,\text{loc}}(y_{Ab} - y_{Ae}) = K^0_{x,\text{loc}}(x_{Ae} - x_{Ab}) \tag{22.4-4}$$

Aqui y_{Ae} é a composição da fase gasosa em equilíbrio com a fase líquida de composição x_{Ab}, e x_{Ae} é a composição da fase líquida em equilíbrio com a fase gasosa de composição y_{Ab}. A quantidade $K^0_{y,loc}$ é o coeficiente global de transferência de massa "baseado na fase gasosa" e $k^0_{x,\text{loc}}$ é o coeficiente global de transferência de massa "baseado na fase líquida". Novamente aqui o fluxo molar N_{A0} é considerado positivo para a transferência de massa no sentido da fase gasosa para a fase líquida.

Igualando as duas quantidades nas Eqs. 22.4-2 e 4, resultam as seguintes relações

$$K^0_{x,\text{loc}}(x_{Ae} - x_{Ab}) = k^0_{x,\text{loc}}(x_{A0} - x_{Ab}) \tag{22.4-5}$$

$$K^0_{y,\text{loc}}(y_{Ab} - y_{Ae}) = k^0_{y,\text{loc}}(y_{Ab} - y_{A0}) \tag{22.4-6}$$

que relacionam os coeficientes das duas fases com os coeficientes de uma única fase.

As quantidades x_{Ae} e y_{Ae} introduzidas nas três relações dadas podem ser usadas para definir as quantidades m_x e m_y da seguinte forma:

$$m_x = \frac{y_{Ab} - y_{A0}}{x_{Ae} - x_{A0}}; \qquad m_y = \frac{y_{A0} - y_{Ae}}{x_{A0} - x_{Ab}} \tag{22.4-7, 8}$$

Como podemos verificar da Fig. 22.4-2, m_x é a inclinação da reta que liga os pontos (x_{A0}, y_{A0}) e (x_{Ae}, y_{Ab}) sobre a curva de equilíbrio, e m_y é a inclinação da reta que liga os pontos (x_{Ab}, y_{Ae}) e (x_{A0}, y_{A0}).

Das relações anteriores podemos eliminar as concentrações e obter as relações entre os coeficientes de transferência de massa de uma única fase com os coeficientes de duas fases.

$$\frac{k^0_{x,\text{loc}}}{K^0_{x,\text{loc}}} = 1 + \frac{k^0_{x,\text{loc}}}{m_x k^0_{y,\text{loc}}}; \qquad \frac{k^0_{y,\text{loc}}}{K^0_{y,\text{loc}}} = 1 + \frac{m_y k^0_{y,\text{loc}}}{k^0_{x,\text{loc}}} \tag{22.4-9, 10}$$

A primeira dessas equações foi obtida das Eqs. 22.4-5, 2 e 7, e a segunda das Eqs. 22.4-6, 2 e 8. Se, dentro do intervalo de interesse, a curva de equilíbrio pode ser aproximada por uma linha reta, então $m_x = m_y = m$, que corresponde à inclinação local da curva nas condições da interface. Vemos que as expressões nas Eqs. 22.4-9 e 10 contêm relações entre os coeficientes para uma única fase ponderadas em relação à quantidade m. Essa quantidade é de grande importância, pois:

(i) Se $k^0_{x,loc}/mk^0_{y,loc} << 1$, a resistência à transferência de massa da fase gasosa tem pouco efeito, e nesse caso ela é dita como transferência de massa *controlada pela fase líquida*. Na prática, isso significa que o projeto do sistema deve levar em conta apenas a transferência de massa dentro da fase líquida.

(ii) Se $k^0_{x,loc}/mk^0_{y,loc} >> 1$, então a transferência de massa é *controlada pela fase gasosa*. Na prática, isso significa que o projeto do sistema deve levar em conta apenas a transferência de massa dentro da fase gasosa.

(iii) Se $0{,}1 < k^0_{x,loc}/mk^0_{y,loc} < 10$, aproximadamente, deve-se ter bastante cautela e considerar as interações entre as duas fases no cálculo dos coeficientes de transferência para as duas fases. Fora desses limites, essas interações são usualmente pouco significativas. Retornaremos a esse ponto no exemplo a seguir.

Os valores médios dos coeficientes das duas fases devem ser cuidadosamente definidos, e aqui consideramos apenas o caso específico em que as concentrações médias globais nas duas fases adjacentes não variam significativamente em relação à transferência de massa ao longo da superfície S. Podemos então definir K^0_{xm} pela relação

$$(N_{A0})_m = \frac{1}{S}\int_S K^0_{x,\text{loc}}(x_{Ae} - x_{Ab})dS = K^0_{xm}(x_{Ae} - x_{Ab}) \tag{22.4-11}$$

de tal modo que, quando a Eq. 22.3-9 é usada,

$$K^0_{xm} = \frac{1}{S}\int_S \frac{1}{(1/k^0_{x,\text{loc}}) + (1/m_x k^0_{y,\text{loc}})}dS \tag{22.4-12}$$

Freqüentemente, os valores dos coeficientes de transferência de massa médios de área são calculados a partir dos valores dos coeficientes médios de área de duas fases adjacentes:

$$K^0_{x,\text{aprox}} = \frac{1}{(1/k^0_{xm}) + (1/m_x k^0_{ym})} \tag{22.4-13}$$

Os dois valores médios representados pelas Eqs. 22.4-12 e 13 podem diferir significativamente entre si (ver Exemplo 22.4-3).

EXEMPLO 22.4-1

Determinação da Resistência Controladora

Oxigênio deve ser removido da água usando nitrogênio à pressão atmosférica e a 20°C na forma de bolhas com circulação interna, como ilustrado na Fig. 22.4-3. Estime a importância relativa dos dois coeficientes de transferência de massa $k^0_{x,loc}$ e $k^0_{y,loc}$. Seja A designando O_2, B, H_2O e C, N_2.

SOLUÇÃO

Podemos resolver esse problema admitindo que o modelo da penetração (ver Seção 18.5) se aplica para cada fase, de modo que

$$k^0_{x,\text{loc}} \approx k_{x,\text{loc}} = c_l\sqrt{\frac{\mathscr{D}_{AB}}{\pi t_{\text{exp}}}}; \qquad k^0_{y,\text{loc}} \approx k_{y,\text{loc}} = c_g\sqrt{\frac{\mathscr{D}_{AC}}{\pi t_{\text{exp}}}} \tag{22.4-14}$$

em que c_l e c_g representam, respectivamente, as concentrações molares na fase líquida e na fase gasosa. O tempo de contato efetivo, t_{exp}, é o mesmo para cada uma das fases.

A solubilidade do O_2 na água a 20°C é de $1,38 \times 10^{-3}$ mol/L a uma pressão parcial de oxigênio de 760 mm Hg, a pressão de vapor da água é de 17,535 mm Hg, e a pressão total nas medidas de solubilidade é de 777,5 mm Hg. A 20°C, a difusividade do O_2 na água é $\mathscr{D}_{AB} = 2,1 \times 10^{-5}$ cm²/s, e na fase gasosa a difusividade do par O_2-N_2 é $\mathscr{D}_{AC} = 0,2$ cm²/s. Podemos então escrever

$$\frac{k^0_{x,\text{loc}}}{mk^0_{y,\text{loc}}} = \frac{c_l}{c_g}\sqrt{\frac{\mathscr{D}_{AB}}{\mathscr{D}_{AC}}}\cdot\frac{1}{m} \tag{22.4-15}$$

Nessa equação devemos substituir

$$\frac{c_l}{c_g} = \frac{c_l}{(p/RT)} = \frac{1.000/18}{(777,5/760)/(0,08206)(293,5)} = 1308 \tag{22.4-16}$$

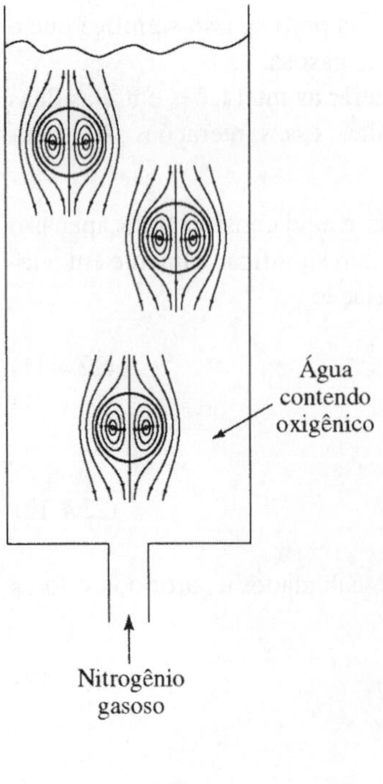

Fig.22.4-3 Diagrama esquemático de uma coluna de esgotamento de oxigênio, na qual o oxigênio dissolvido na água se difunde para as bolhas de nitrogênio.

$$\sqrt{\frac{\mathcal{D}_{AB}}{\mathcal{D}_{AC}}} = \sqrt{\frac{2,1 \times 10^{-5}}{0,2}} = 0,01 \tag{22.4-17}$$

$$\frac{1}{m} = \frac{1,38 \times 10^{-3}/55,5}{760/777,5} = 2,54 \times 10^{-5} \tag{22.4-18}$$

Daí resulta que

$$\frac{k^0_{x,\text{loc}}}{mk^0_{y,\text{loc}}} = (1308)(0,01)(2,54 \times 10^{-5}) = 3,32 \times 10^{-4} \tag{22.4-19}$$

Portanto, a única resistência significativa é a correspondente à fase líquida, e a suposição do comportamento de penetração na fase gasosa não é crítica para concluir que a fase líquida é a fase controladora. Poderá ser também constatado que o fator dominante é a baixa solubilidade do oxigênio na água. Pode-se generalizar e estabelecer que a absorção e a dessorção de gases pouco solúveis são quase sempre controladas pela fase líquida. A correção dos coeficientes da fase gasosa para a taxa líquida de transferência de massa é claramente irrelevante, e a correção para a fase líquida é desprezível.

EXEMPLO 22.4-2

Interação das Resistências das Fases

Há muitas situações para as quais os coeficientes de transferência de massa de uma única fase não são disponíveis para as condições de contorno de problemas de transferência de massa para duas fases, e constitui uma prática corrente usar os modelos de uma fase nos quais as condições de contorno são utilizadas, sem que a interação dos processos difusivos que ocorrem em duas fases seja levada em conta. Tal simplificação pode introduzir erros significativos. Avalie esse procedimento para a lixiviação de um soluto A de uma esfera sólida de B de raio R imersa em um fluido parcialmente agitado C, cujo volume é tão grande que a concentração média global de A pode ser desprezada.

SOLUÇÃO

A descrição completa do processo de lixiviação é dada pela solução da segunda lei da difusão de Fick escrita em termos da concentração de A no sólido contido na região $0 < r < R$:

$$\frac{\partial c_{As}}{\partial t} = \mathcal{D}_{AB} \frac{1}{r^2} \frac{\partial}{\partial r}\left(r^2 \frac{\partial c_{As}}{\partial r}\right) \tag{22.4-20}$$

As condições inicial e de contorno são:

C.C. 1:	em $r = 0$,	c_{As} é finita	(22.4-21)
C.C. 2:	em $r = R$,	$c_{As} = mc_{AI} + b$	(22.4-22)
C.I.:	em $t = 0$,	$c_{As} = c_0$	(22.4-23)

O processo de difusão na fase líquida da interface sólido-líquido é descrito em termos do coeficiente de transferência de massa dado por

$$-\mathcal{D}_{AB} \left.\frac{\partial c_{As}}{\partial r}\right|_{r=R} = k_c(c_{AI} - 0) \tag{22.4-24}$$

na qual $c_{AI}(t)$ é a concentração da fase líquida adjacente à interface. O comportamento do processo de difusão nas duas fases é acoplado através da Eq. 22.4-22, a qual descreve o equilíbrio na interface. Devido a esse acoplamento, é conveniente usar o método da transformada de Laplace. Inicialmente, todavia, vamos expressar o problema em termos de variáveis adimensionais, usando $\xi = r/R$, $\tau = \mathcal{D}_{AB}t/R^2$, $C_s = c_{As}/c_0$, $C_I = (mc_{AI} + b)/c_0$ e $N = k_cR/m\mathcal{D}_{AB}$, as Eqs. 22.3-20 e 24 tomam a forma de

$$\frac{\partial C_s}{\partial \tau} = \frac{1}{\xi^2} \frac{\partial}{\partial \xi}\left(\xi^2 \frac{\partial C_s}{\partial \xi}\right); \qquad -\left.\frac{\partial C_s}{\partial \xi}\right|_{\xi=1} = NC_I \tag{22.4-25, 26}$$

na qual $\overline{C}_s$ é finita no centro da esfera, $\overline{C}_s = \overline{C}_I$ na superfície da esfera e $C_s = 1$ por toda a esfera no tempo $t = 0$.

Tomando a transformada de Laplace dessas equações, temos

$$p\bar{C}_s - 1 = \frac{1}{\xi^2}\frac{d}{d\xi}\left(\xi^2\frac{d\bar{C}_s}{d\xi}\right); \qquad -\left.\frac{\partial\bar{C}_s}{\partial\xi}\right|_{\xi=1} = N\bar{C}_l \tag{22.4-27, 28}$$

com $\bar{C}_s$ finita no centro da esfera, e $\bar{C}_s = \bar{C}_l$ na superfície da esfera. A solução das Eqs. 22.4-27 (que é uma equação não-homogênea análoga à Eq. C.1-6a) e 28 é dada por

$$\bar{C}_s = -\frac{N}{p[\sqrt{p}\cosh\sqrt{p} - (1-N)\operatorname{senh}\sqrt{p}]}\frac{\operatorname{senh}\sqrt{p}\xi}{\xi} + \frac{1}{p} \tag{22.4-29}$$

A transformada de Laplace de M_A, a massa total de A dentro da esfera no tempo t, é

$$\frac{\bar{M}_A}{4\pi R^3 c_0} = \int_0^1 \bar{C}_s \xi d\xi = \frac{N^2}{p^2(\sqrt{p}\coth\sqrt{p} - (1-N))} - \frac{N}{p^2} + \frac{1}{3p} \tag{22.4-30}$$

A transformada inversa, usando o desenvolvimento em frações parciais de Heaviside para raízes múltiplas,[1] dá

$$\frac{M_A(t)}{\frac{4}{3}\pi R^3 c_{A0}} = 6\sum_{n=1}^{\infty} B_n \exp(-\lambda_n^2 \mathscr{D}_{AB} t/R^2) \tag{22.4-31}$$

Para valores finitos de k_c (ou N), as constantes λ_n e B_n são

$$\lambda_n \cot\lambda_n - (1-N) = 0; \qquad B_n = \frac{N^2}{\lambda_n^3}\frac{\operatorname{sen}^2\lambda_n}{(\lambda_n - \operatorname{sen}\lambda_n\cos\lambda_n)} \tag{22.4-32, 33}$$

e para valores infinitos de k_c (ou N),

$$\lambda_n = n\pi; \qquad B_n = \left(\frac{1}{n\pi}\right)^2 \tag{22.4-34, 35}$$

Note que obtivemos a massa total de A transferida através da interface, $M_A(t)$, sem conhecer a expressão para o perfil da concentração no sistema. Essa é uma das vantagens em se utilizar a transformada de Laplace.

Podemos agora definir dois coeficientes globais de transferência de massa: (i) a expressão usual do coeficiente global de transferência de massa para esse sistema baseado na fase sólida

$$K_s = \frac{N_{Ar}|_{r=R}}{c_{Ab}} = -\frac{R}{3}\frac{1}{M_A}\frac{dM_A}{dt} \tag{22.4-36}$$

em que c_{Ab} é a concentração volumétrica média de A na fase sólida, e (ii) é um coeficiente aproximado, baseado na determinação em separado do comportamento das duas fases, calculada pela Eq. 22.4-13,

$$\frac{1}{K_{s,\text{aprox}}} = -\frac{3}{R}\frac{M_A^0}{dM_A^0/dt} + \frac{m}{k_c} \tag{22.4-37}$$

onde o sobrescrito 0 indica "resistência externa nula" e k_c é o coeficiente de transferência na fase líquida.

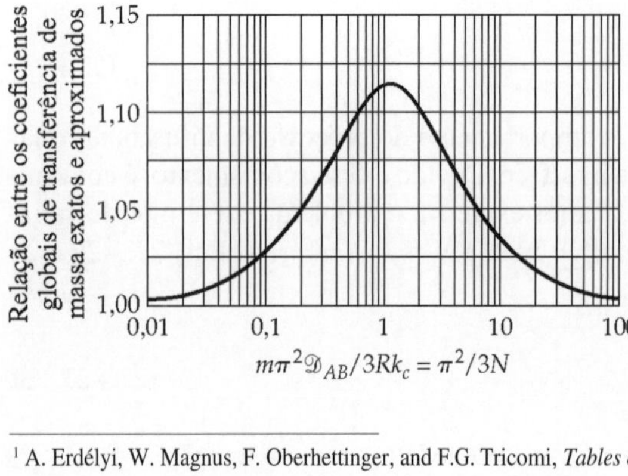

Fig. 22.4-4 Relação entre os valores exatos e aproximados dos coeficientes de transferência de massa na lixiviação de um soluto de uma esfera, para valores elevados de $\mathscr{D}_{AB}t/R^2$ versus a relação adimensional $m\pi^2\mathscr{D}_{AB}/3RK_c$.

[1] A. Erdélyi, W. Magnus, F. Oberhettinger, and F.G. Tricomi, *Tables of Integral Transforms*, McGraw-Hill (1954), p. 232, Formula 21.

Podemos agora fazer uma comparação entre K_s e $K_{s,aprox}$. Fazemos isso somente para o caso de valores elevados de $\mathscr{D}_{AB}t/R^2$, para o qual o termo dominante da soma indicada na Eq. 22.4-31 sobressai. Para essa situação, obtemos

$$\frac{1}{K_{s,\text{aprox}}} = \frac{3R}{\pi^2 \mathscr{D}_{AB}} + \frac{m}{k_c} \tag{22.4-38}$$

e

$$\frac{K_s}{K_{s,\text{aprox}}} = \frac{\lambda_1^2}{\pi^2}\left(1 + \frac{\pi^2 m \mathscr{D}_{AB}}{3Rk_c}\right) \tag{22.4-39}$$

em que λ_1 deve ser calculado no valor específico de k_c; atente para o fato de que λ_1 é obtido da Eq. 22.4-32, na qual $N = k_cR/m\mathscr{D}_{AB}$. Um gráfico da Eq. 22.4-39 é mostrado na Fig. 22.4-4. Nessa figura podemos constatar que o erro máximo no modelo dos dois filmes ocorre próximo a $\pi^2/3N = 1$, e que o afastamento da teoria dos dois filmes é apreciável, porém não muito grande.

EXEMPLO 22.4-3

Cálculo de Médias em Áreas[2]

Considere uma seção qualquer de uma torre recheada para a qual medidas individuais dos coeficientes de transferência de massa de cada fase fornecem a seguinte relação

$$\frac{k_{xm}^0}{mk_{ym}^0} = 10 \tag{22.4-40}$$

mas na qual a fase líquida apenas molha a metade da superfície do recheio. Aqui o subscrito m refere-se ao valor médio relativo a uma área típica S da superfície do recheio. O coeficiente de transferência da fase gasosa, por outro lado, é uniforme ao longo de toda a superfície. Esse exemplo hipotético corresponde a um caso particular de molhamento não-uniforme. Calcule os valores exatos e os aproximados de k^0_{xm}/K^0_{xm} de acordo com as Eqs. 12.4-12 e 13.

SOLUÇÃO

Iniciamos com a Eq. 22.4-12 e notamos que para a metade da área $k^0_{x,\text{loc}} = 0$, e que para a outra metade

$$k_{x,\text{loc}}^0 = 2k_{xm}^0 \tag{22.4-41}$$

enquanto para a fase gasosa

$$k_{y,\text{loc}}^0 = k_{ym}^0 \tag{22.4-42}$$

Assim, da Eq. 22.4-12, resulta

$$K_{xm}^0 = \frac{1}{S}\left[\frac{\frac{1}{2}S}{(1/2k_{xm}^0) + (1/mk_{ym}^0)}\right] \tag{22.4-43}$$

Dessa e das Eqs. 22.4-40 e 22.4-9 encontramos que o valor correto de k^0_{xm}/K^0_{xm} é

$$\frac{k_{xm}^0}{K_{xm}^0} = 1 + 2\frac{k_{xm}^0}{mk_{ym}^0} = 21 \tag{22.4-44}$$

enquanto o valor aproximado da Eq. 22.4-13 é

$$\frac{k_{xm}^0}{K_{xm}^0} = 1 + \frac{k_{xm}^0}{mk_{ym}^0} = 11 \tag{22.4-45}$$

Assim, a má distribuição do coeficiente de transferência de massa na fase líquida reduz a taxa de transferência de massa à metade, embora, "na média", a resistência da fase líquida seja muito baixa. A indisponibilidade geral de informações detalhadas é mais uma razão para justificar as incertezas na previsão do comportamento de contactores complexos.

[2] C.J. King, *AIChE Journal*, **10**, 671-677 (1964).

22.5 TRANSFERÊNCIA DE MASSA E REAÇÕES QUÍMICAS

Muitas operações envolvendo transferência de massa são acompanhadas de reações químicas, e a cinética da reação pode ter um considerável efeito nas taxas de transferência. Exemplos importantes dessas operações incluem absorção de gases reativos e destilação com reação. Em especial, ocorrem duas situações de interesse:

(i) Absorção de uma substância A pouco solúvel em uma fase que contém um segundo reagente B em alta concentração. A absorção do dióxido de carbono em soluções de NaOH ou de aminas são exemplos industriais importantes, e nesse caso a reação pode ser considerada de pseudoprimeira ordem, em virtude de o reagente B estar presente em excesso:

$$R_A = -(k_2'''c_B)c_A = -k_1'''c_A \tag{22.5-1}$$

Um exemplo desse tipo de problema foi dado na Seção 18.4.

(ii) Absorção seguida de uma reação rápida do soluto A em uma solução de B. Como primeira aproximação podemos aqui supor que as duas espécies reagem tão rapidamente entre si que elas não podem coexistir. Uma ilustração desse caso foi apresentada no Exemplo 20.1-2.

Estamos particularmente interessados nas camadas limites da fase líquida, e os efeitos do calor de reação tendem a ser moderados devido a relação entre Sc e Pr ser é geralmente muito grande. Efeitos térmicos macroscópicos ocorrem, mas esses são discutidos no Cap. 23. Aqui nos limitamos a alguns exemplos ilustrativos, mostrando como se pode usar um modelo de absorção com reação química para prever o comportamento da operação de um equipamento.[1]

EXEMPLO 22.5-1

Estimativa da Área Interfacial em uma Coluna com Recheio

Medidas de transferência de massa em sistemas com reações irreversíveis de primeira ordem têm sido freqüentemente utilizadas para estimar a área interfacial de equipamentos complexos de transferência de massa. Mostre como esse método pode ser justificado.

SOLUÇÃO

O sistema aqui considerado é o da absorção de dióxido de carbono em uma solução cáustica, que é limitada por uma hidratação do CO_2 dissolvido de acordo com a reação

$$CO_2(aq) + H_2O \rightleftarrows H_2CO_3 \tag{22.5-2}$$

O ácido carbônico então reage com o NaOH a uma taxa que é proporcional à concentração do dióxido de carbono. A cinética dessa reação já foi bem estabelecida.[1]

A solução desse problema de difusão foi apresentada no Problema 20C.3. Da Eq. 20.3-3, determinamos que para tempos longos[2,3]

$$W_{A0} = Ac_{A0}\sqrt{\mathfrak{D}_{AB}k_1'''} \tag{22.5-3}$$

que pode ser resolvida em termos da área total da superfície. Segue-se que a área total da superfície A sob consideração é dada por

$$A = \frac{1}{c_{A0}\sqrt{\mathfrak{D}_{AB}k_1'''}}\frac{dM_{A,\text{tot}}}{dt} \tag{22.5-4}$$

aqui $M_{A,tot}$ é o número de moles de dióxido de carbono absorvido no tempo t.

Esse desenvolvimento é imediatamente aplicado para um filme de líquido cadente de comprimento L e velocidade superficial v_s, desde que $k_lL/v_s >> 1$. A reação química de primeira ordem em camada limite com transferência de massa é discutida no Exemplo 18.4-1 para um modelo simples de filme e no Exemplo 20.1-3. Esse procedimento pode ser também estendido para estimar a área interfacial em colunas recheadas, nas quais a fase líquida é suportada como um filme líquido sobre uma superfície sólida, uma configuração bastante comum.

[1] T.K. Sherwood, R.L. Pigford, and C.R. Wilke, *Mass Transfer*, McGraw-Hill, New York (1975), Chapter 8.
[2] P.V. Danckwerts, *Trans. Faraday Soc.*, **46**, 300-304 (1950).
[3] R.A.T.O. Nijsing, *Absortie van gassen in vloeistoffen, sonder en met chemische reactie*, Academisch Proefschrift, Delft (1957).

EXEMPLO 22.5-2

Estimativa dos Coeficientes Volumétricos de Transferência de Massa

A seguir, consideraremos a absorção de um gás seguida de uma reação química de primeira ordem em um tanque agitado, tendo como ponto de partida a reação

$$O_2 + 2Na_2SO_3 \rightarrow 2Na_2SO_4 \tag{22.5-5}$$

já discutida no Exemplo 18.4-1, usando um filme líquido delgado como modelo de transferência de massa.

SOLUÇÃO

Esse não é um modelo realista, porém o desenvolvimento ilustrado no Exemplo 18.4-1 pode ser refeito em uma *forma de modelo insensível* escrevendo-se

$$k_c = \frac{\mathscr{D}_{AB}}{\delta} \tag{22.5-6}$$

de modo que

$$\phi = \sqrt{\frac{k_1'''\delta^2}{\mathscr{D}_{AB}}} \rightarrow \sqrt{\frac{k_1'''\mathscr{D}_{AB}}{k_c^2}} \quad \text{e} \quad \frac{V}{A\delta} \rightarrow \frac{Vk_c}{A\mathscr{D}_{AB}} \tag{22.5-7}$$

O subscrito AB deve ser trocado para O_2S, em que S representa a solução de sulfito.

Pode-se testar a *sensibilidade do modelo* do sistema comparando-se o modelo do filme com o modelo da penetração. Isso é feito na Fig. 22.5-1, onde se pode constatar que não há diferença significativa entre os dois.[4] Ademais, há uma substancial região do espaço do parâmetro onde a taxa prevista para a absorção do oxigênio é idêntica à da absorção física no tanque livre de oxigênio. Esse sistema químico comprovou-se um meio bastante utilizado para a estimativa de coeficientes volumétricos de transferência de massa. Ele tem sido extensamente utilizado para caracterizar a eficiência de oxigenação de biorreatores aeróbios.[5]

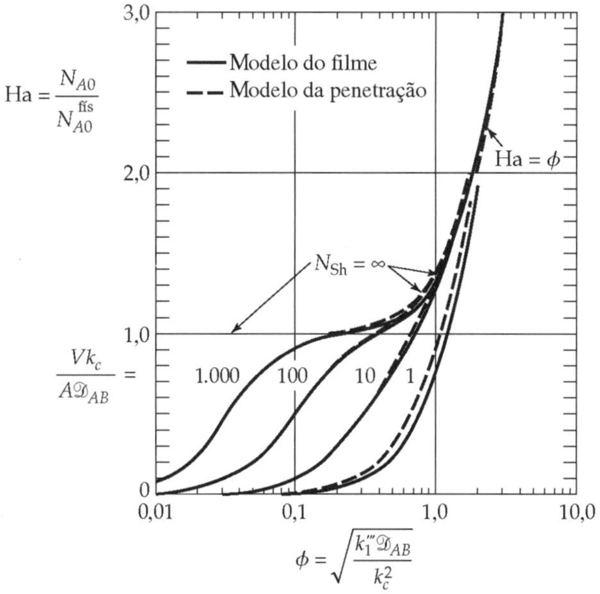

Fig. 22.5-1 Efeito de uma reação irreversível de primeira ordem sobre a absorção em regime pseudopermanente de um gás levemente solúvel em um tanque agitado. Comparação entre os modelos do filme e da penetração.

[4] E.N. Lightfoot, *AIChE Journal*, **8**, 710-712 (1962).

[5] A.M. Friedman and E.N. Lightfoot, *Ind. Eng. Chem.*, **49**, 1227-1230 (1957); J.E. Bailey and D.F. Ollis, *Biochemical Engineering Fundamentals*, McGraw-Hill, New York (1986); V. Linek P. Benes, and J. Sinkule, *Biotechnol.-Bioeng.*, **35**, 766-770 (1990).

EXEMPLO 22.5-3

Correlações Independentes do Modelo para Absorção com Reação Rápida

A seguir, considere a absorção com reação rápida e irreversível, e busque a simplificação e a generalização da discussão apresentada no Exemplo 20.1-2. Faremos isso em termos do *número de Hatta*,[6] definido por

$$\text{Ha} = \frac{N_{A0}}{N_{A0}^{\text{fís}}} \tag{22.5-8}$$

aqui o sobrescrito fís denota a absorção do soluto A no mesmo sistema mas sem reação química. Esse grupo adimensional fornece uma medida conveniente da influência da taxa de reação química sobre a taxa de absorção.

SOLUÇÃO

Na ausência do soluto B, a espécie A experimentaria apenas uma absorção física (isto é, absorção sem reação química) a uma taxa

$$N_{A0}^{\text{fís}} = c_{A0}\sqrt{\frac{\mathfrak{D}_{AS}}{\pi t}} \tag{22.5-9}$$

de vez que o valor de erf $\sqrt{\gamma/\mathfrak{D}_{AS}}$ tende para a unidade com $c_{B\infty}/c_{A0}$. Dividimos agora o resultado na Eq. 20.1-39 pela Eq. 22.5-9 para obter

$$\text{Ha} = \frac{1}{\text{erf}\sqrt{\gamma/\mathfrak{D}_{AS}}} \tag{22.5-10}$$

que pode ser ainda mais simplificado nos seguintes casos:[7, 8]

(i) *Para pequenos valores de* $c_{B\infty}/c_{A0}$, ou para difusividades iguais,

$$\text{Ha} = 1 + \frac{ac_{B\infty}}{bc_{A0}} \tag{22.5-11}$$

(ii) *Para valores elevados de* $c_{B\infty}/c_{A0}$,

$$\text{Ha} = \left(1 + \frac{ac_{B\infty}\mathfrak{D}_{BS}}{bc_{A0}\mathfrak{D}_{AS}}\right)\sqrt{\frac{\mathfrak{D}_{AS}}{\mathfrak{D}_{BS}}} \tag{22.5-12}$$

(iii) *Para qualquer valor de* $c_{B\infty}/c_{A0}$(aproximado),

$$\text{Ha} \approx 1 + \frac{ac_{B\infty}}{bc_{A0}}\sqrt{\frac{\mathfrak{D}_{BS}}{\mathfrak{D}_{AS}}} \tag{22.5-13}$$

A Eq. 22.5-11 é particularmente útil, já que ela é exata para a situação correntemente encontrada de valores de difusividades aproximadas, bem como para pequenos valores de $c_{B\infty}/c_{A0}$. A Eq. 22.5-13 é também útil devido à sua aplicação tanto a elevados quanto pequenos valores de $ac_{B\infty}\mathfrak{D}_{BS}/bc_{A0}\mathfrak{D}_{AS}$. Ademais, a solução exata sempre se situa no espaço entre a curva da Eq. 22.5-13 e as porções da curva das Eqs. 22.5-11 e 12 que estão mais próximas a ela. Isso é mostrado na Fig. 22.5-2, onde essas soluções limites são comparadas com a solução exata.

A seguir constatamos que podemos substituir a relação de difusividades pela relação correspondente aos números de Sherwood sem reação,

$$\sqrt{\frac{\mathfrak{D}_{AS}}{\mathfrak{D}_{BS}}} = \frac{\text{Sh}_B^0}{\text{Sh}_A^0} \tag{22.5-14}$$

[6] S. Hatta, *Technological Reports of Tôhoku University*, **10**, 613-662 (1932). **Shirôji Hatta** (1895-1973) ensinou na Universidade de Tôhoku de 1925 a 1958 e em 1954 foi indicado como Dean de Engenharia; após a sua "aposentadoria" assumiu uma posição na Chiyoda Chemical Engineering and Construction Co. Foi editor-chefe da *Kagaku Kôgaku* e presidente da Kagaku Kôgakkai.

[7] E.N. Lightfoot, *Chem. Eng. Sci.*, **17**, 1007-1011 (1962).

[8] D.H. Cho and W.E. Ranz, *Chem. Eng. Prog. Symposium Series* # 72, **63**, 37-45 e 46-58 (1967).

em que o sobrescrito 0 denota o número de Sherwood determinado na ausência de reação química. Podemos então obter um conjunto de soluções limites do modelo insensível

$$\begin{aligned}\text{Ha} &\approx 1 + \frac{ac_{B\infty}}{bc_{A0}} \\ &\approx \left[1 + \left(\frac{ac_{B\infty}}{bc_{A0}}\right)\left(\frac{\mathscr{D}_{BS}}{\mathscr{D}_{AS}}\right)\right]\frac{\text{Sh}_B^0}{\text{Sh}_A^0} \\ &\approx 1 + \left(\frac{ac_{B\infty}}{bc_{A0}}\right)\frac{\text{Sh}_A^0}{\text{Sh}_B^0}\end{aligned} \tag{22.5-15}$$

Essas equações demonstraram ser[7] soluções limites convenientes para camadas limites laminar e turbulenta, bem como para o modelo da penetração do Exemplo 20.1-2. Assim, elas expressam uma correlação do modelo insensível e são extensamente utilizadas.

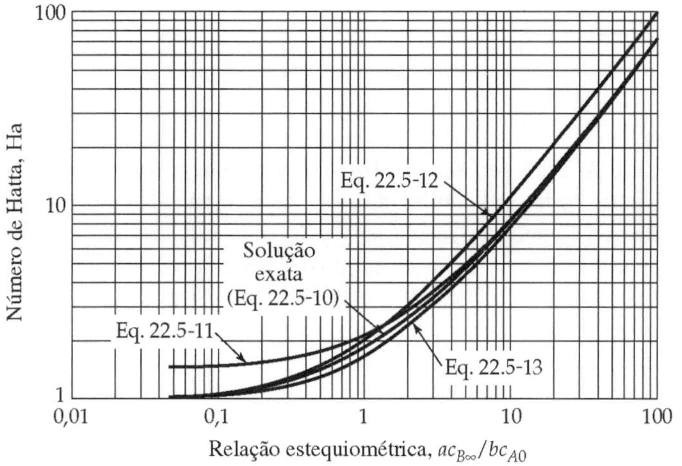

Fig. 22.5-2 Correlações do modelo não-sensível para a absorção com reação química rápida derivada a partir do modelo da penetração, para o caso em que $\mathscr{D}_{AS} = 2\mathscr{D}_{BS}$.

22.6 TRANSFERÊNCIA SIMULTÂNEA DE CALOR E MASSA POR CONVECÇÃO NATURAL

Nesta seção consideramos brevemente algumas importantes interações entre os processos de transferência, com ênfase na convecção natural. Essa é uma extensão de nossa discussão anterior sobre a transferência de calor por convecção natural na Seção 14.6 e é razoavelmente bem compreendida.

A transferência simultânea de calor e massa por convecção natural está entre os mais simples exemplos de interação entre os três fenômenos de transporte. As equações adimensionais que descrevem esses processos foram apresentadas nas Eqs. 19.5-8 a 11. A integração numérica dessas equações é possível,[1] mas podemos obter resultados mais simples e úteis através do uso da teoria da camada limite. Consideramos dois problemas particularmente simples nos exemplos a seguir.

EXEMPLO 22.6-1

Aditividade dos Números de Grashof

Obtenha uma expressão para a transferência simultânea de calor e massa no caso particular em que o número de Prandtl é igual ao número de Schmidt. Admita que a transferência se dá entre uma superfície a temperatura e composição constantes e um volume de fluido de grande extensão.

[1] W.R. Wilcox, *Chem. Eng. Sci.*, **13**, 113-119 (1961).

SOLUÇÃO

Essa é uma extensão direta das condições de contorno do Exemplo 11.4-5. Então, se a temperatura e composição adimensionais são definidas de forma análoga, segue-se que $\check{T} = \check{x}_A$ em todo o sistema em questão.

Segue-se que a solução desse problema de convecção misto é idêntica àquela para calor ou massa isoladamente, mas com Gr ou Gr_ω substituídos pela soma $(\text{Gr} + \text{Gr}_\omega)$. Essa simplificação é geralmente usada para o sistema ar-água, em que pequenas diferenças nos valores dos números de Sc e Pr não têm efeitos significativos.

Assim, para a evaporação da água de uma placa plana vertical (com Sc = 0,61 e Pr = 0,73) pode-se usar a Eq. 11.4-11 com $C = 0{,}518$ para obter

$$\text{Nu}_m \approx 0{,}518[0{,}73(\text{Gr} + \text{Gr}_\omega)]^{1/4} \tag{22.6-1}$$

$$\text{Sh}_m \approx 0{,}518[0{,}61(\text{Gr} + \text{Gr}_\omega)]^{1/4} \tag{22.6-2}$$

Note que as potências (1/4) que aparecem nos números de Pr e Sc são respectivamente iguais a 0,92 e 0,88. Essa diferença é pouco significativa em virtude das incertezas de qualquer situação real e do modelo da camada limite do qual esses resultados foram obtidos. Note também que o número de Grashof térmico é, em geral, bem maior, de modo que desprezar essa interação faria com que as taxas de evaporação calculadas fossem subestimadas.

EXEMPLO 22.6-2

Transferência de Calor por Convecção Natural como Fonte de Transferência de Massa por Convecção Forçada

Há muitas situações — por exemplo, a evaporação de solventes de baixa volatilidade — em que os números de Grashof térmicos são muito maiores que os seus correspondentes de transferência de massa ($\text{Gr} > \text{Gr}_\omega$) e os números de Schmidt são maiores que os números de Prandtl (Sc > Pr). Sob essas condições, as forças de empuxo térmico fornecem uma fonte de momento, a qual, por sua vez, gera um fluxo convectivo para a transferência de massa. Foi demonstrado[2] que o gradiente de velocidade ascendente termicamente induzido na superfície da placa plana vertical de comprimento L é dado por

$$\left.\frac{\partial v_z}{\partial y}\right|_{y=0} \approx 1{,}08\left(\frac{4}{3}\frac{z}{L}\right)^{1/4}\left(\frac{\text{Gr}}{\text{Pr}}\right)^{1/4}\sqrt{\frac{g\beta\Delta T}{L}} \tag{22.6-3}$$

Aqui z é a distância medida no sentido ascendente, y é medida na direção para fora da placa e ΔT é a diferença entre a temperatura da placa e a temperatura do meio externo do fluido. Essa é uma solução assintótica para elevados valores do número de Prandtl, mas é também útil para gases. Desenvolva as expressões para os números de Sherwood local e médio.

SOLUÇÃO

Na convecção natural de calor um campo de velocidades é gerado, dentro do qual se desenvolve uma camada limite mássica. Conhecido esse campo de velocidades, podemos usar a equação análoga de transferência de massa a partir das Eqs. 12.4-30 e 29 juntamente com a definição $\text{Nu}_{\text{loc}} = D/\Gamma(\frac{4}{3})\delta_T$ para obter a descrição da taxa de transferência de massa em escoamento bidimensional:

$$\text{Sh}_{\text{loc}} = \frac{(\text{ReSc})^{1/3}}{9^{1/3}\Gamma(\frac{4}{3})}\frac{\sqrt{\Gamma_0}}{\left(\int_0^{z/l_0}\sqrt{\Gamma_0(u)}du\right)^{1/3}} \tag{22.6-4}$$

Aqui

$$\Gamma_0 = \left.\frac{l_0}{v_0}\frac{\partial v_z}{\partial y}\right|_{y=0} \tag{22.6-5}$$

é o gradiente adimensional da velocidade na parede (l_0 e v_0 são quantidades arbitrárias de referência usadas na definição do número de Reynolds). Para a convecção natural é conveniente usar a altura da placa L para l_0 e ν/L para v_0. Assim,

[2] A. Acrivos, *Phys. Fluids*, **3**, 657-658 (1960).

o número de Reynolds tem valor unitário, e a quantidade Γ_0 é definida por $\Gamma_0 = (L^2/\nu)(\partial v z/\partial y)|_{y=0}$. Então, a Eq. 22.6-4 se torna

$$\begin{aligned} \mathrm{Sh_{loc}} &= \left(\frac{1{,}08}{8}\right)^{1/3} \frac{(\frac{4}{3})^{1/12}}{\Gamma(\frac{4}{3})} (\mathrm{GrSc})^{1/4} \left(\frac{\mathrm{Sc}}{\mathrm{Pr}}\right)^{1/12} \left(\frac{L}{z}\right)^{1/4} \\ &\approx 0{,}59(\mathrm{GrSc})^{1/4} \left(\frac{\mathrm{Sc}}{\mathrm{Pr}}\right)^{1/12} \left(\frac{L}{z}\right)^{1/4} \end{aligned} \tag{22.6-6}$$

O número de Sherwood médio, obtido tomando-se a média ao longo da área da placa é

$$\mathrm{Sh}_m \approx 0{,}79(\mathrm{GrSc})^{1/4} \left(\frac{\mathrm{Sc}}{\mathrm{Pr}}\right)^{1/12} \tag{22.6-7}$$

Note que essas duas últimas equações mostram características tanto de convecção natural quanto de convecção forçada na camada limite laminar: a potência (1/4) do número de Grashof para a convecção natural e a potência (1/3) para o número de Schmidt para a convecção forçada.

Além do mais, podemos testar o efeito de Sc/Pr, pois, do exemplo anterior e da Tabela 14.6-1, sabemos que Pr = Sc,

$$\mathrm{Sh}_m = 0{,}67(\mathrm{GrSc})^{1/4} \tag{22.6-8}$$

na qual o coeficiente é de valor mais baixo do que aquele que aparece na Eq. 22.6-7 na razão 0,85. O valor do número de Sherwood, Sh_m, variará entre os valores previstos nas Eqs. 22.6-7 e 8 para $\mathrm{Sc} \geqslant \mathrm{Pr}$ e $\mathrm{Pr} >> 1$.

Argumentos semelhantes aos utilizados na Eq. 14.6-6 agora sugerem a seguinte extensão das Eqs. 22.67 e 68,

$$\mathrm{Sh}_m \approx 0{,}73(1 \pm 0{,}1) \frac{(\mathrm{GrSc})^{1/4}(\mathrm{Sc}/\mathrm{Pr})^{1/12}}{[1 + (0{,}492/\mathrm{Pr})^{9/16}]^{4/9}} \tag{22.6-9}$$

para $\mathrm{Sc} \geqslant \mathrm{Pr}$ e $\mathrm{Pr} \geqslant 0{,}73$. Esse resultado é correto para os limites Pr = 0,73 e Pr = ∞, e, assim, podemos incluir a evaporação de solventes no ar. Essa análise pode também ser estendida para outras geometrias.

22.7 EFEITOS DAS FORÇAS INTERFACIAIS NA TRANSFERÊNCIA DE CALOR E DE MASSA

Nesta seção consideramos brevemente algumas importantes interações entre os três processos de transporte, com ênfase nos efeitos das tensões interfaciais variáveis (*efeitos Marangoni*). A importância desse assunto tem origem na prevalência do contato direto fluido-fluido em sistemas de transferência de massa, mas ele também pode ser importante em operações similares de transferência de calor. Processos de difusão ainda pouco compreendidos permitem a violação da condição de não-deslizamento do fluido em contato com a parede nas vizinhanças do menisco móvel.[1] Em relação aos efeitos de distorção gerados por gradientes de tensão superficial sobre a transferência de massa e de calor nas regiões de contato gás-líquido, estes serão considerados através das condições de contorno.

De acordo com a Eq. 11C.6-4, se as tensões na fase gasosa (fase II) não são consideradas, as tensões interfaciais tangenciais que atuam sobre uma interface cuja normal é dada pelo vetor unitário **n** são dadas por[2]

$$[(\boldsymbol{\delta} - \mathbf{nn}) \cdot [\mathbf{n} \cdot \boldsymbol{\tau}]] = -\nabla^s \sigma \tag{22.7-1}$$

[1] V. Ludviksson and E.N. Lightfoot, *AIChE Journal*, **14**, 674-677 (1968); P.A. Thompson and S.M. Troian, *Phys. Rev. Letters*, **63**, 766-769 (1997); A. Marmur, in *Modern Approach to Wettability: Theory and Applications* (M.E. Schrader and G. Loeb, eds.), Plenum Press (1992); D. Schaeffer and P.-Z. Wong, *Phys. Rev. Letters*, **80**, 3069-3072 (1998).

[2] Na Eq. 3.2-6 de D.A. Edwards, H. Brenner, and D.T. Wasan, *Interfacial Transport Processes and Rheology*, Butterworth-Heinemann, Boston (1949), o operador ($\boldsymbol{\delta}$ − **nn**) é denominado "idemfator diádico de superfície"; a mesma quantidade é denominada "tensor de projeção", por J.C. Slattery, *Interfacial Transport Phenomena*, Springer Verlag, New York (1990), p. 1086. Ambos os textos contêm um grande número de informações relacionadas a tensão superficial, viscosidade superficial, viscoelasticidade superficial e outras propriedades das interfaces e métodos para as suas medidas.

em que σ é a tensão superficial, ∇^S é o operador gradiente em duas dimensões na interface e $(\boldsymbol{\delta} - \mathbf{nn})$ é um "operador de projeção" que seleciona quais componentes de $[\mathbf{n} \cdot \boldsymbol{\tau}]$ se situam tangentes ao plano da interface. Por exemplo, se $\mathbf{n}$ é tomado como o vetor unitário na direção z, a Eq. 22.7-1 fica

$$\tau_{zx} = -\frac{\partial \sigma}{\partial x} \qquad \tau_{zy} = -\frac{\partial \sigma}{\partial y} \tag{22.7-2, 3}$$

que são as forças de tensão da interface nas direções x e y que atuam sobre o plano xy.

As tensões geradas pela tensão superficial são tipicamente da mesma ordem de grandeza que as tensões hidrodinâmicas correspondentes, e os fenômenos de escoamentos que delas resultam são globalmente conhecidos como *efeitos Marangoni*.[3] Foi demonstrado[4] que as taxas de transferência de massa podem ser quase triplicadas em função dos efeitos Marangoni, mas em outras circunstâncias elas podem até diminuir.

A natureza e a extensão dos efeitos Marangoni dependem fortemente da geometria do sistema e das propriedades de transporte, e aqui será conveniente considerar quatro exemplos específicos:

(i) gotas e bolhas imersas em um meio líquido contínuo
(ii) jato de gotas em um meio gasoso contínuo
(iii) filmes líquidos sobre um suporte em um meio gasoso ou líquido contínuo
(iv) espumas de bolhas de gás em um meio líquido contínuo

Esses sistemas, cada um com a sua importância prática, exibem comportamentos distintos entre si.

Para gotas e bolhas em movimento através de um meio líquido contínuo, os principais problemas referem-se à presença de agentes surfactantes ou de partículas microscópicas que podem reduzir ou mesmo eliminar a "circulação de Hadamard-Rybczinski", bem como impedir a mistura periódica gerada pela oscilação de gotas e bolhas de grandes diâmetros.[5] Elas são discutidas brevemente no Exemplo 22.3-4. Essas situações são importantes nos equipamentos de absorção de gases e na extração de líquidos. Para sprays de gotas em um gás, importantes em colunas de destilação de grande porte, as forças de Marangoni não são importantes.[6]

Leitos de espuma, importantes em colunas de destilação de pequeno porte, e filmes sobre um suporte, importantes em uma vasta gama de colunas recheadas, são particularmente interessantes. Ambos são fortemente afetados pelos gradientes de tensão superficial que resultam das variações da tensão superficial com a composição das correntes adjacentes.

Leitos de espuma são estabilizados quando o líquido tem uma tensão superficial mais baixa do que aquela em equilíbrio com a fase gasosa, denominado "sistema positivo". Em tal situação, a tensão interfacial tende a ser maior nas regiões onde as bolhas estão mais próximas entre si do que nas regiões onde as bolhas estão mais afastadas, e o encolhimento das regiões de alta tensão superficial tende a separar as bolhas, daí resultando a estabilização da espuma. Nas regiões onde ocorrem pequenas diferenças de tensão superficial, ou onde a direção é invertida, um "sistema negativo", o efeito de estabilização não ocorre e a formação de espuma é muito pequena. A concentração de etanol em solução aquosa é interessante, pois ela apresenta fortes gradientes de tensão superficial positivos onde a volatilidade relativa é elevada, mas se torna quase neutra à medida que atinge as condições do azeótropo. Assim, para uma coluna contendo pratos com campânulas, as eficiências dos estágios são elevadas onde é menos necessário e pequenas nos estágios em que a composição se aproxima da composição do azeótropo.

Nas colunas recheadas, onde o líquido descendente é suportado sobre uma superfície sólida na forma de um filme de pequena espessura, a situação é completamente diferente. Nesse caso, a tensão superficial do líquido que desce decresce e se aproxima de um sistema positivo, e está sujeita a instabilidades hidrodinâmicas para formar pequenos filetes. Estes fazem com que a área interfacial e as eficiências de transferência de massa diminuam. Por outro lado, nos sistemas nega-

---

[3] C.G.M. Marangoni, *Tipographia dei fratelli Fusi*, Pavia (1865); *Ann. Phys.* (Poggendorf), **143**, 337-354 (1871). Artigos clássicos sobre os efeitos Marangoni são L.E. Scriven e C.V. Sternling, *Nature*, **187**, 186-188 (1960), and S. Ross and P. Becher, *J. Coll. Interfac. Sci*, **149**, 575-579 (1992).

[4] Uma boa revisão dos efeitos Marangoni e fenômenos afins, com ênfase em sistemas líquido-líquido, foi publicada por J.C. Godfrey and M.J. Slater, *Liquid-Liquid Equipment*, Wiley, New York (1994), pp. 68-75. Uma teoria oferecida por C.V. Sternling and L.E Scriven, *AIChE Journal*, **5**, 514-523 (1959), fornece um enfoque bastante útil, porém é considerada simples demais para fornecer previsões confiáveis sobre o início das instabilidades.

[5] J.B. Angelo and E.N. Lightfoot, *AIChE Journal*, **12**, 751-760 (1966).

[6] F.J. Zuiderweg and A. Harmens, *Chem. Eng. Sci.*, **9**, 89-103 (1958).

tivos os filmes estão estabilizados, e a transferência de massa tem eficiência maior que para os sistemas neutros. Nenhuma análise quantitativa sobre essa situação parece estar disponível, mas foi demonstrado que as instabilidades encontradas por Zuiderweg e Harmens para colunas molhadas podem ser previstas por análise de estabilidade linearizada.[7] A análise de estabilidade sugere também que a presença de um gradiente de tensão superficial positivo deve aumentar a eficiência de condensadores. Um outro trabalho sobre estabilidade para filmes muito pequenos abre novas possibilidades para os processadores microfluídicos.[8]

EXEMPLO 22.7-1

Eliminação da Circulação em uma Bolha Gasosa Ascendente

A presença de surfactantes pode eliminar a circulação de Hadamard-Rybczinski em uma bolha de gás ascendente. Explique esse fenômeno (ver Fig. 22.7-1).

SOLUÇÃO

A circulação resulta na expansão da superfície no topo de uma bolha em movimento ascendente e na contração da superfície no fundo da bolha. Em conseqüência, o surfactante se acumula no fundo, gerando localmente uma concentração maior que a concentração média, enquanto no topo da bolha a concentração local é menor que a concentração média. Uma vez que o surfactante reduz a tensão superficial, daí resulta uma tensão induzida pela tensão superficial que (em coordenadas esféricas) é da forma

$$\tau_{r\theta,s}\big|_{r=R} = \frac{1}{R}\frac{\partial \sigma}{\partial \theta} \tag{22.7-4}$$

que tende a se opor à deformação da interface (ver Eq. 22.7-1). Se o valor da tensão alcançar o valor que ocorreria em uma esfera sólida em movimento ascendente (ver Eq. 2.6-6)

$$\tau_{r\theta}\big|_{r=R} = \frac{3}{2}\frac{\mu v_\infty}{R}\operatorname{sen}\theta \tag{22.7-5}$$

a circulação deixaria de ocorrer.

Do ponto de vista prático, mesmo pequenas quantidades de surfactante reduzem a circulação. Pequenas concentrações de particulados de pequeno diâmetro têm efeito semelhante, sendo acumulados na região posterior da bolha e formando uma superfície rígida.

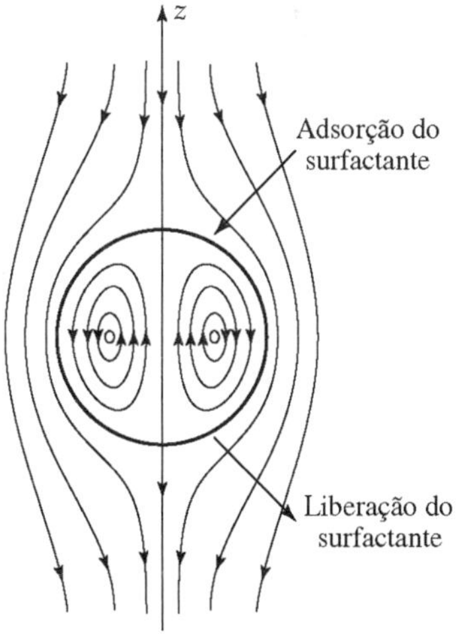

Fig. 22.7-1 Transporte do agente surfactante durante a circulação de Hadamard-Rybczynski.

[7] K.H. Wang, V. Ludviksson, and E.N. Lightfoot, *AIChE Journal*, **17**, 1402-1408 (1971).
[8] D.E. Kataoka and M.S. Troian, *Nature*, **402**, 794-797 (16 December 1999).

Exemplo 22.7-2

Instabilidade de Marangoni em um Filme Líquido Descendente

Entre os mais simples processos de transferência de massa induzidos pelos efeitos Marangoni está a instabilidade em um filme líquido cadente que resulta da absorção contracorrente de vapores com altos valores de calor de dissolução. Um importante e representativo exemplo é a absorção contracorrente de vapor de HCl pela água, que, por ser tão ineficiente, utiliza-se do escoamento concorrente. Explique esse efeito.

SOLUÇÃO

Essa situação pode ser simulada admitindo-se que o filme líquido de água escoa ao longo de uma placa, cuja temperatura do topo é menor que a do fundo. Se o experimento for conduzido com o devido cuidado, pode-se obter uma espessura do filme com variação senoidal, como mostrado[9] por medidas interferométricas na Fig. 22.7-2(*a*). Aqui cada linha escura representa uma linha de espessura constante, que difere de suas vizinhas por meio comprimento de onda da luz incidente na água.

Essa situação corresponde a uma série de *células de rolamento* paralelas, do tipo ilustrado na Fig. 22.7-2(*b*), geradas por gradientes de tensão superficiais laterais. Por sua vez, esses gradientes resultam de pequenas variações da espessura do filme causadas por pequenas variações espaciais inevitáveis da velocidade superficial: as regiões de maior espessura movem-se a maior velocidade e, por isso, tendem a se esfriar mais rapidamente que as regiões de menor espessura. Uma simples análise de perturbação[1] mostra que as perturbações de algumas larguras crescem mais rápido que outras, e as que crescem mais rápido tendem a ser as predominantes. Os períodos das linhas senoidais ilustradas na Fig. 22.7-2(*a*) correspondem a estas perturbações de crescimento mais rápido.

Tal regularidade é, todavia, raramente observada na prática. Mais comumente, são constatados espessos filetes de líquido envoltos por regiões finas de grande extensão. Essas regiões finas, que ocupam a maior extensão da área disponível, têm

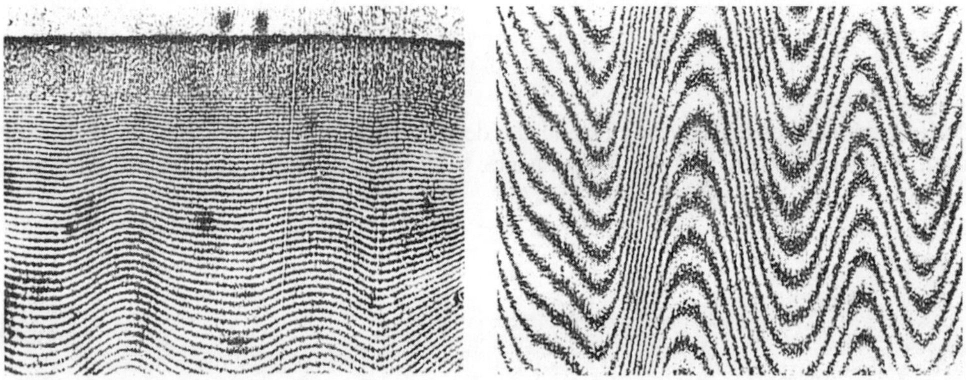

(*a*) (*b*)

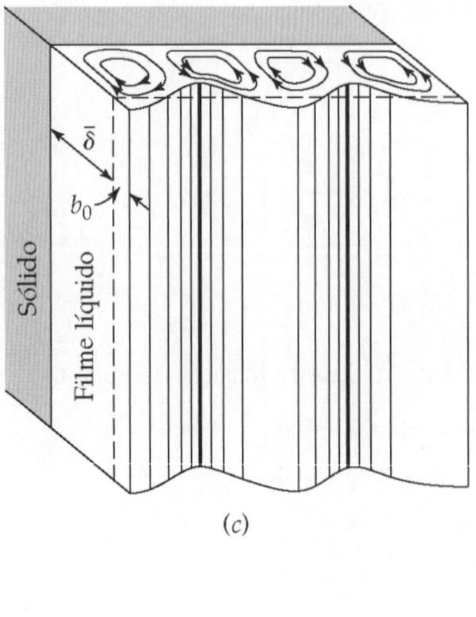

(*c*)

Fig. 22.7-2 *(a)* Início da instabilidade de Marangoni na drenagem de um filme líquido. *(b)* Instabilidade de Marangoni plenamente desenvolvida. *(c)* Figura qualitativa das perturbações verticais das células rolantes [V. Ludviksson and E.N. Lightfoot, *AIChE Journal*, **14**, 620-626 (1968)].

velocidade baixa, se tornam rapidamente saturadas e, por isso, têm baixa eficiência para a transferência de massa. Somente os filetes mais espessos são eficientes, porém a sua área total é muito pequena. Comportamento semelhante é observado no caso de gradiente de tensão superficial gerado por variações da composição ao longo da placa. Entretanto, nesse caso, o comportamento é bem mais complicado e requer uma análise relacionada à transferência de massa entre fases.[7]

22.8 COEFICIENTES DE TRANSFERÊNCIA A ELEVADOS VALORES DE TAXAS LÍQUIDAS DE TRANSFERÊNCIA DE MASSA

Altas taxas líquidas de transferência de massa através das fronteiras de uma fase distorcem os perfis da camada limite hidrodinâmica e térmica, bem como o de concentração da espécie, e podem também alterar a espessura das camadas limites. Ambos os efeitos tendem a aumentar o fator de atrito, bem como os coeficientes de transferência de calor e de massa, se a massa estiver sendo transferida em direção à camada, e para diminuí-los em caso contrário. Essas tendências usuais são revertidas, porém na convecção natural e em escoamentos gerados por uma superfície em rotação. A magnitude dessa reversão depende da geometria do sistema, das condições de contorno e da magnitude dos parâmetros relevantes, tais como os números de Reynolds, de Prandtl e de Schmidt, a qual decorre das variações das propriedades físicas. Elas podem também aumentar ou diminuir a estabilidade hidrodinâmica. Para levar rigorosamente em conta os efeitos da taxa líquida de transferência de massa, portanto, requer-se um procedimento de cálculo longo e/ou experimentação, mas alguns aspectos mais notórios podem ser ilustrados usando-se modelos físicos idealizados, e esse é o enfoque que discutimos a seguir.

Começamos com o clássico *modelo do filme estagnado*, que fornece estimativas iniciais da distorção do perfil, mostrando-se, porém, incapaz de prever as variações na espessura efetiva do filme. A seguir discutimos o *modelo da penetração* e o *modelo da camada limite laminar* ao longo de uma placa plana. Concluímos com vários exemplos ilustrativos, sendo que o último corresponde a um exemplo numérico de camadas limites em discos rotatórios. Esse exemplo servirá para se avaliar a sensibilidade do modelo.

Como indicado na Seção 22.1, no caso em que elevados valores da taxa de transferência de massa são levados em conta, introduzimos uma modificação na notação dos coeficientes de transferência:

$$N_{A0} - x_{A0}(N_{A0} + N_{B0}) = k^{\bullet}_{x,\text{loc}}\Delta x_A \tag{22.8-1a}$$

$$e_0 - (N_{A0}\tilde{C}_{pA,0} + N_{B0}\tilde{C}_{pB,0})(T_0 - T^{\circ}) = h^{\bullet}_{\text{loc}}\Delta T \tag{22.8-1b}$$

Onde o símbolo $^{\bullet}$ em $k^{\bullet}_{x,\text{loc}}$ e $h^{\bullet}_{\text{loc}}$ implica que as distorções dos perfis de concentração e de temperatura decorrem da inclusão das condições de elevadas taxas de transferência de massa.

As relações entre esses coeficientes de transferência e os definidos pelas Eqs. 22.1-7 e 8 são

$$k_{x,\text{loc}} = \lim_{N_{A0}+N_{B0}\to 0} k^{\bullet}_{x,\text{loc}} \tag{22.8-2a}$$

$$h_{\text{loc}} = \lim_{N_{A0}\tilde{C}_{pA,0}+N_{B0}\tilde{C}_{pB,0}\to 0} h^{\bullet}_{\text{loc}} \tag{22.8-2b}$$

Isso mostra o procedimento de tomada ao limite que relaciona esses dois tipos de coeficientes.

MODELO DE FILME ESTAGNADO[1-4]

Já discutimos esse modelo brevemente na Seção 18.2 e mais detalhadamente no Exemplo 19.4-1. Combinando as expressões nas Eqs. 19.4-16 e 17 com as definições nas Eqs. 22.8-1a e 1b, obtemos para o sistema ilustrado na Fig. 22.8-1.

$$1 + \frac{(N_{A0} + N_{B0})}{k^{\bullet}_{x,\text{loc}}} = \exp\left[(N_{A0} + N_{B0})\frac{\delta_x}{c\mathcal{D}_{AB}}\right] \tag{22.8-3}$$

$$1 + \frac{(N_{A0}\tilde{C}_{pA} + N_{B0}\tilde{C}_{pB})}{h^{\bullet}_{\text{loc}}} = \exp\left[(N_{A0}\tilde{C}_{pA} + N_{B0}\tilde{C}_{pB})\frac{\delta_T}{k}\right] \tag{22.8-4}$$

[1] W.K. Lewis and K.C. Chang, *Trans. AIChE*, **21**, 127-136 (1928).
[2] G. Ackerman, *Forschungsheft*, **382**, 1-16 (1937).
[3] A.P. Colburn and T.B. Drew, *Trans. AIChE*, **33**, 197-212 (1937).
[4] H.S. Mickley, R.C. Ross, A.L. Squyers, and W.E. Stewart, *NACA Tech. Note 3208* (1954).

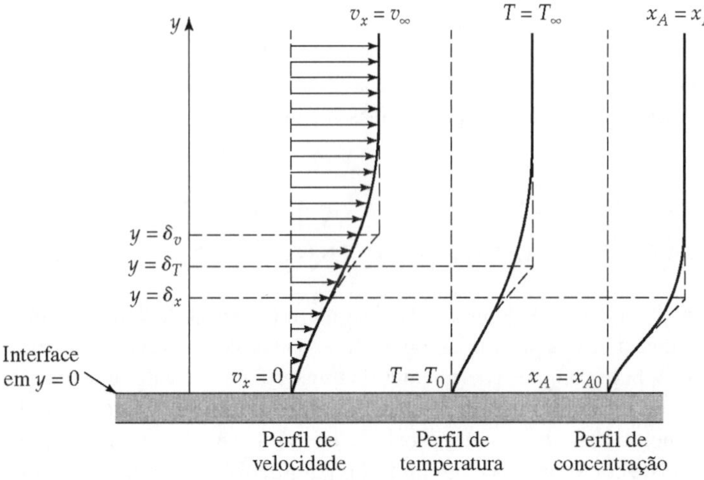

Fig. 22.8-1 Escoamento permanente ao longo de uma placa plana com elevadas taxas de transferência de massa para a corrente do fluido. As curvas cheias representam os perfis verdadeiros, enquanto as curvas tracejadas representam as curvas previstas pelo modelo do filme.

Seguindo os procedimentos indicados nas Eqs. 22.8-2a e 2b, obtemos as expressões para os coeficientes de transferência no limite de baixos valores da taxa líquida de transferência de massa:

$$\frac{1}{k_{x,\text{loc}}} = \frac{\delta_x}{c\mathscr{D}_{AB}} \tag{22.8-5}$$

$$\frac{1}{h_{\text{loc}}} = \frac{\delta_T}{k} \tag{22.8-6}$$

Esses valores limites são obtidos expandindo o segundo membro das Eqs. 22.8-3 e 4 em uma série de Taylor e retendo os dois primeiros termos. A substituição das Eqs. 22.7-5 e 6 nas Eqs. 19.4-16 e 17 nos possibilita a eliminação da espessura do filme (que está maldefinida) em favor dos coeficientes de transferência para baixos valores da taxa (que são grandezas mensuráveis):

$$1 + \frac{(N_{A0} + N_{B0})(x_{A0} - x_{A\infty})}{N_{A0} - x_{A0}(N_{A0} + N_{B0})} = \exp\left(\frac{N_{A0} + N_{B0}}{k_{x,\text{loc}}}\right) \tag{22.8-7}$$

$$1 + \frac{(N_{A0}\tilde{C}_{pA} + N_{B0}\tilde{C}_{pB})(T_0 - T_\infty)}{q_0} = \exp\left(\frac{N_{A0}\tilde{C}_{pA} + N_{B0}\tilde{C}_{pB}}{h_{\text{loc}}}\right) \tag{22.8-8}$$

Essas equações correspondem ao principal resultado obtido com o modelo do filme. Elas mostram como o fluxo de energia por condução e o fluxo mássico por difusão na parede dependem de N_{A0} e N_{B0}. Nesse modelo, os efeitos da taxa líquida de transferência de massa sobre os fluxos por condução e por difusão na interface são claramente análogos. Embora essas relações tenham sido obtidas para o escoamento laminar e propriedades físicas constantes, elas são igualmente úteis para escoamento turbulento e para propriedades físicas variáveis (ver Problema 22B.3).

Os resultados para transferência de calor e de massa podem ser resumidos nas duas equações a seguir:

$$\theta = \frac{\phi}{R} = \frac{\phi}{e^\phi - 1} = \frac{\ln(1 + R)}{R} \tag{22.8-9}$$

$$\Pi = \frac{e^{\phi\eta} - 1}{e^\phi - 1} = \frac{(1 + R)^\eta}{R} \qquad (\eta \leq 1) \tag{22.8-10}$$

A Eq. 22.8-9 dá os fatores de correção θ_x e θ_T pelos quais os coeficientes $k_{x,\text{loc}}$ e h_{loc} devem ser multiplicados para se obter os coeficientes a altos valores das taxas de transferência de massa. A Eq. 22.8-10 dá os perfis de temperatura e de concentração. Os significados dos símbolos estão resumidos na Tabela 22.8-1.

A Eq. 22.8-9 é ilustrada na forma do gráfico da Fig. 22.8-2. Ele mostra que, para a transferência líquida de A e B para a corrente (ϕ positivo), os coeficientes de transferência decrescem, enquanto a transferência líquida de A e B para fora da corrente (ϕ negativo) faz com que os coeficientes de transferência aumentem.

Alguns perfis ilustrativos da Eq. 22.8-10 são mostrados na Fig. 22.8-3. No limite para pequenos valores da taxa de transferência (i.e., para $\phi \to 0$ ou $R \to 0$, a Eq. 22.8-10 se reduz a $\Pi = \eta$. O modelo do filme leva em conta a região fora do filme como perfeitamente misturada, gerando, assim, um perfil plano além de $\eta = 1$.

TABELA 22.8-1 Resumo das Grandezas Adimensionais Usadas em Todos os Modelos Discutidos na Seção 22.8. Versões Relativas à Transferência de Massa Aparecem nas Seções 20.2 e 22.9

θ = fatores de correção R = relações de fluxos
ϕ = fatores de taxa Π = perfis
η = distância adimensional a partir da parede

	Transferência de massa	Transferência de calor
θ	$\theta_x = \dfrac{k^{\bullet}_{x,\text{loc}}}{k_{x,\text{loc}}}$	$\theta_T = \dfrac{h^{\bullet}_{\text{loc}}}{h_{\text{loc}}}$
ϕ	$\phi_x = \dfrac{N_{A0} + N_{B0}}{k_{x,\text{loc}}}$	$\phi_T = \dfrac{N_{A0}\tilde{C}_{pA} + N_{B0}\tilde{C}_{pB}}{h_{\text{loc}}}$
R	$R_x = \dfrac{(N_{A0} + N_{B0})(x_{A0} - x_{A\infty})}{N_{A0} - x_{A0}(N_{A0} + N_{B0})}$	$R_T = \dfrac{(N_{A0}\tilde{C}_{pA} + N_{B0}\tilde{C}_{pB})(T_0 - T_\infty)}{q_0}$
Π	$\Pi_x = \dfrac{x_A - x_{A0}}{x_{A\infty} - x_{A0}}$	$\Pi_T = \dfrac{T - T_0}{T_\infty - T_0}$
η	$\eta_x = \dfrac{y}{\delta_x} = \dfrac{y}{c\mathscr{D}_{AB}/k_{x,\text{loc}}}$	$\eta_T = \dfrac{y}{\delta_T} = \dfrac{y}{k/h_{\text{loc}}}$

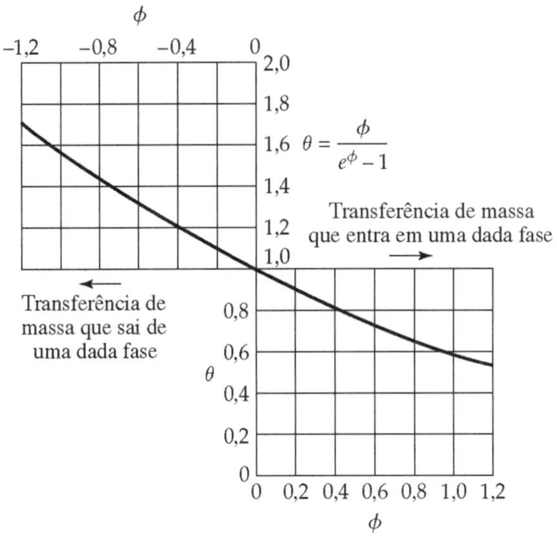

Fig. 22.8-2 Variação dos coeficientes de transferência em função da taxa de transferência de massa, como calculada pelo modelo do filme (ver Eq. 22.8-9).

MODELO DA PENETRAÇÃO

A seguir voltamos a nossa atenção para o coeficiente de transferência para altos valores da taxa líquida de transferência em sistemas para os quais, na interface, o arraste é muito pequeno. Já estudamos vários sistemas desse tipo: absorção de gás em um filme líquido cadente e de uma bolha em movimento ascendente (Seção 18.5), e na evaporação em regime transiente (Seção 20.1). Esses sistemas são geralmente agrupados sob o rótulo de *teoria da penetração*.

Um sistema de filme líquido cadente é ilustrado na Fig. 22.8-4. O tempo decorrido para que o filme se desloque do ponto de entrada até o ponto de saída (o "tempo de contato") é suficientemente pequeno para que a espécie que se difunde não penetre muito para o interior do líquido. Nessa situação, podemos (de um ponto de vista matemático) considerar o filme líquido como de espessura infinita. Podemos então usar os resultados obtidos no Exemplo 20.1-1.

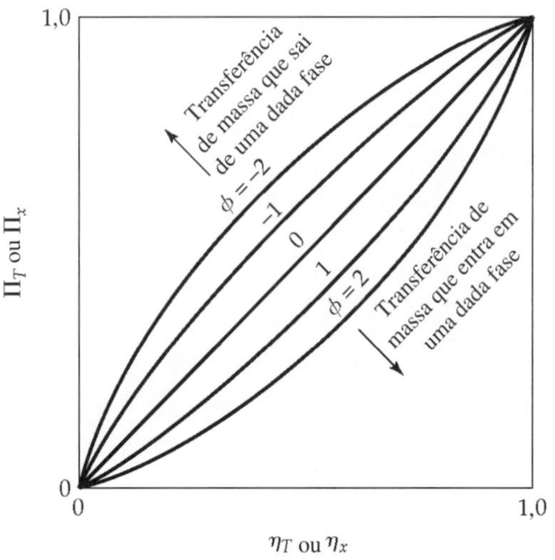

Fig. 22.8-3 Perfis de concentração e de temperatura em um filme laminar, como calculados pelo modelo do filme (ver Eq. 22.8-10).

A Eq. 20.1-23 dá os perfis de concentração para um sistema transiente correspondente com alta taxa de transferência de massa, e uma equação análoga pode ser escrita para os perfis de temperatura:

$$\Pi_x \equiv \frac{x_A - x_{A0}}{x_{A\infty} - x_A} = \frac{\operatorname{erf}(\eta_x - \varphi)_x + \operatorname{erf}\varphi_x}{1 + \operatorname{erf}\varphi_x} \tag{22.8-11}$$

$$\Pi_T \equiv \frac{T - T_0}{T_\infty - T_0} = \frac{\operatorname{erf}(\eta_T - \varphi)_T + \operatorname{erf}\varphi_T}{1 + \operatorname{erf}\varphi_T} \tag{22.8-12}$$

Aqui $\eta_x = y/\sqrt{4\mathfrak{D}_{AB}t}$ e $\eta_T = y/\sqrt{4\alpha t}$ são distâncias adimensionais a partir da interface, e, em cada fórmula, φ corresponde à forma adimensional da velocidade molar média na interface:

$$\varphi \equiv \frac{N_{A0} + N_{B0}}{c}\sqrt{\frac{t}{\mathfrak{D}_{AB}}} = \frac{1}{2}\frac{(x_{A\infty} - x_{A0})(N_{A0} + N_{B0})}{N_{A0} - x_{A0}(N_{A0} + N_{B0})}\left.\frac{d\Pi_x}{d\eta_x}\right|_{\eta_x=0} \tag{22.8-13}$$

Desses resultados e das definições dos coeficientes de transferência nas Eqs. 22.8-1 e 2, podemos então obter os fatores de taxa, ϕ, as relações entre os fluxos, R, e os fatores de correção θ, definidos na subseção anterior:

$$\phi = \sqrt{\pi}\varphi \tag{22.8-14}$$

$$R = \left(1 + \operatorname{erf}\frac{\phi}{\sqrt{\pi}}\right)\phi\exp\left(\frac{\phi^2}{\pi}\right) \tag{22.8-15}$$

$$\theta = \frac{\exp(-\phi^2/\pi)}{1 + \operatorname{erf}(\phi/\sqrt{\pi})} \tag{22.8-16}$$

Das definições que aparecem nas Eqs. 22.8-1 e 2 e dos perfis nas Eqs. 22.8-11 e 12, podemos também obter expressões para os coeficientes de transferência para baixos valores da taxa líquida de transferência de massa:

$$k_{x,\text{loc}} = c\sqrt{\frac{\mathfrak{D}_{AB}}{\pi t}}; \qquad h_{\text{loc}} = \rho\hat{C}_p\sqrt{\frac{\alpha}{\pi t}} \tag{22.8-17, 18}$$

Os coeficientes correspondentes a altos valores da taxa líquida de transferência de massa podem ser obtidos multiplicando-se pelo fator de correção que aparece na Eq. 22.8-16.

Dessas duas últimas relações obtemos a seguinte relação:

$$h_{\text{loc}} = k_{x,\text{loc}}\tilde{C}_p\left(\frac{\alpha}{\mathfrak{D}_{AB}}\right)^{1/2} \tag{22.8-19}$$

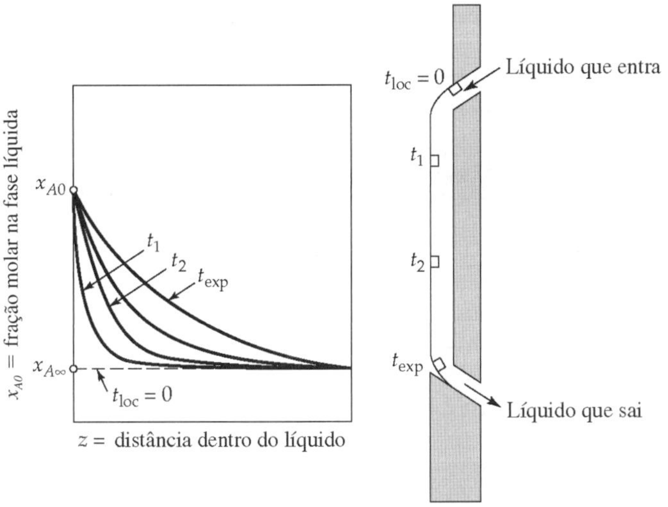

Fig. 22.8-4 Difusão em um filme líquido em movimento descendente. Aqui t_{exp} é o tempo total de exposição de um típico elemento de volume próximo da superfície.

Uma relação semelhante, com o expoente $\frac{2}{3}$ (em vez do expoente $\frac{1}{2}$), é obtida a partir das relações de Chilton-Colburn dadas pelas Eqs. 22.3-23 a 25. Essa última é válida para escoamentos adjacentes a fronteiras rígidas, enquanto a Eq. 22.8-19 se aplica a sistemas fluido-fluido com gradiente de velocidade nulo na interface.

A proporcionalidade de $k_{x,loc}$ à raiz quadrada da difusividade, dada pela Eq. 22.8-17, foi confirmada experimentalmente para a fase líquida em vários sistemas de transferência de massa gás-líquido, incluindo colunas de parede molhada de pequeno comprimento, colunas recheadas, e, sob certas condições, líquidos escoando em torno de bolhas. O modelo da penetração foi também aplicado para a absorção com reações químicas (ver Exemplo 20.1-2).

MODELO DA CAMADA LIMITE AO LONGO DE UMA PLACA PLANA

A transferência em regime permanente na camada limite ao longo de uma placa plana em fluido com propriedades físicas constantes foi discutida na Seção 20.2. A expressão geral para os perfis $\Pi(\eta, \Lambda, K)$ foi dada pela Eq. 20.2-43. Nessa equação $\eta = y\sqrt{v_\infty/2\nu x}$ é uma coordenada de posição adimensional medida a partir da placa, Λ é o grupo de propriedades físicas (i.e., 1, Pr ou Sc) e $K = (v_{y0}/v_\infty)\sqrt{2v_\infty x/\nu}$ é o fluxo mássico líquido adimensional em $\eta = 0$.

Mais uma vez, introduzimos as notações definidas na Tabela 22.8-1. Então, para o cálculo da camada limite, temos

$$R = \frac{K\Lambda}{\Pi'(0, \Lambda, K)}; \qquad \phi = \frac{K\Lambda}{\Pi'(0, \Lambda, 0)}; \qquad \theta = \frac{\Pi'(0, \Lambda, K)}{\Pi'(0, \Lambda, 0)} \qquad (22.8\text{-}20, 21, 22)$$

No cálculo da camada limite foi admitido que as capacidades térmicas de cada espécie são idênticas.

Os fluxos de momento, térmico e mássico para a placa plana são dados na Fig. 22.8-5. Então, nas duas figuras seguintes, Figs. 22.8-6 e 22.8-7, são apresentados dois gráficos, comparando os fatores de correção, θ, para o modelo do filme, modelo da penetração e modelo da camada limite. O modelo da camada limite mostra uma dependência de Λ que não é mostrada nos outros modelos, uma vez que esse modelo inclui o efeito dos perfis de velocidade tangencial sobre os perfis de temperatura e de concentração. O modelo do filme prediz uma menor dependência dos coeficientes de transferência sobre a taxa líquida de transferência de massa.

Os fatores de correção consideravelmente diferentes de 1 aparecem no caso em que ϕ ou R é de ordem de grandeza 1 ou maior para T ou x_A; ver Figs. 22.8-6, 7 e 8 e a relação $\theta = \phi/R$. Os fluxos mássicos líquidos na interface elevados, por essas medidas, são comuns quando a massa é transferida por ação mecânica, como ocorre na ultrafiltração (Exemplo 22.8-5) e resfriamento por transpiração (Problema 20B.7(c)). Altos valores da taxa líquida de transferência de massa podem ocorrer na vaporização, condensação, fusão e outras mudanças de estado e em reações químicas heterogêneas, quando acompanhadas por diferenças de temperatura elevadas ou intensidades de radiação para transferir o necessário calor latente ou a energia para a reação. Valores mais moderados dessas taxas, e fatores de correção próximos da unidade, são comuns em operações em multiestágio e em processos de separação em colunas recheadas, nas quais as diferenças de tem-

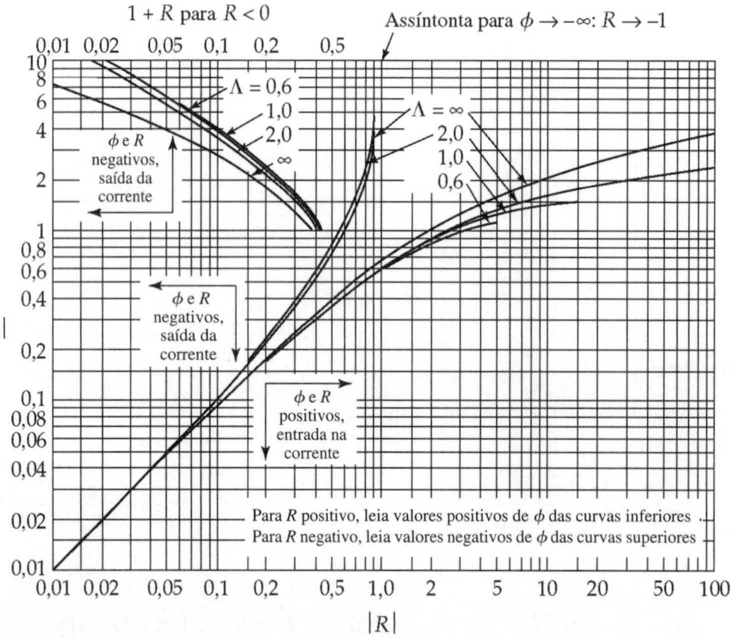

Fig. 22.8-5 Fluxos mássicos e térmicos entre uma placa plana e uma camada limite laminar. [W.E. Stewart, ScD thesis, Massachusetts Institute of Technology (1951)].

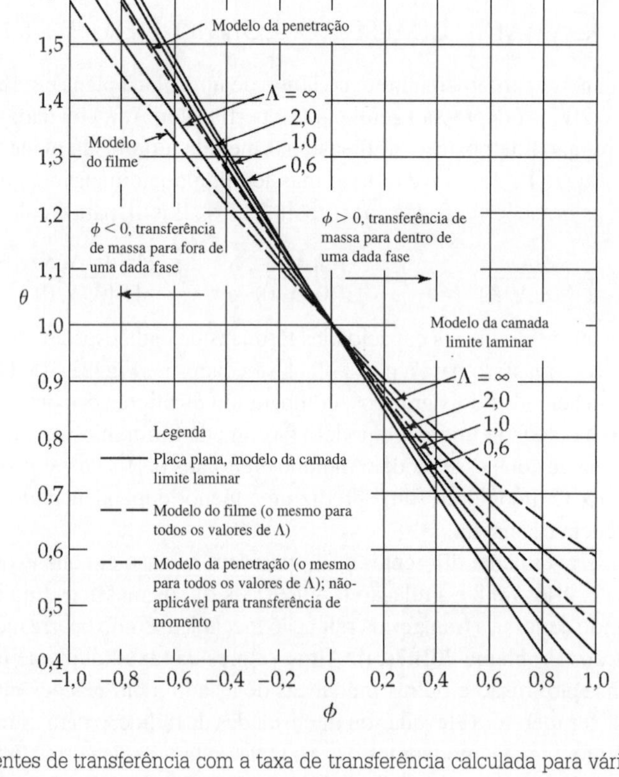

Fig. 22.8-6 Variação dos coeficientes de transferência com a taxa de transferência calculada para vários modelos. A curva para $\Lambda \to \infty$ é válida para o escoamento permanente dentro da camada limite, sem separação, sobre superfícies rígidas e de geometria arbitrária.

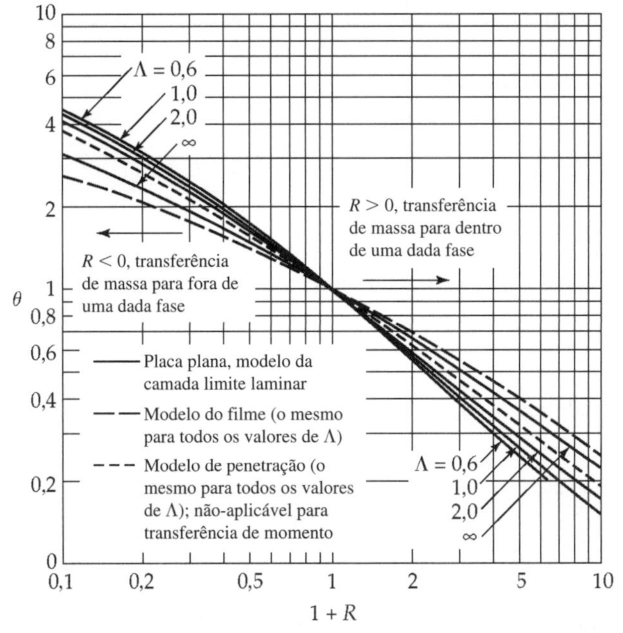

Fig. 22.8-7 Variação dos coeficientes de transferência com a relação de fluxos R, como previsto por vários modelos. A curva para $\Lambda \to \infty$ é válida para o escoamento permanente dentro da camada limite, sem separação, sobre superfícies rígidas e lisas e de geometria arbitrária.

peratura e composição dentro do estágio ou na seção reta do escoamento são bastante pequenas. A relação do fluxo de energia R_T é um importante critério para determinar as correções do fluxo líquido, como ilustrado nos Exemplos 22.8-2 e 3.

EXEMPLO 22.8-1

Evaporação Rápida de um Líquido de uma Superfície Plana

O solvente A está evaporando de um revestimento de laca sobre uma superfície plana exposta a uma corrente tangencial de um gás não-condensável B. Em um dado ponto sobre a superfície, o coeficiente local de transferência de massa da fase gasosa, $k_{x,\text{loc}}$, determinado nos valores médios das propriedades do fluido, é de 0,1 lb-mol/h · ft²; o número de Schmidt é Sc = 2,0. A composição do gás na interface é $x_{A0} = 0{,}8$. Determine a taxa de evaporação local, usando **(a)** o modelo do filme estagnado, **(b)** o modelo da camada limite ao longo da placa plana e **(c)** o coeficiente de transferência não-corrigido, $k_{x,\text{loc}}$.

SOLUÇÃO

(a) Como B não é condensável, $N_{B0} = 0$. A aplicação da Eq. 22.8-7 (que é igual a $1 + R_x = \exp \phi_x$) para a fase gasosa fornece

$$1 + \frac{(N_{A0} + 0)(0{,}80 - 0)}{N_{A0} - 0{,}80(N_{A0} + 0)} = \exp\left(\frac{N_{A0} + 0}{0{,}1}\right) \tag{22.8-23}$$

Dessa equação obtemos, após tomarmos o logaritmo,

$$N_{A0} = 0{,}1 \ln(1 + 4{,}0) = 0{,}161 \text{ lb-mol/h} \cdot \text{ft}^2 \tag{22.8-24}$$

como resultado do modelo do filme estagnado. Isso corresponde a um fator de correção $\theta_x = \phi_x/R_x = 0{,}40$.

(b) Como na parte (a), $R_x = 4{,}0$. Então da Fig. 22.8-5, com $R_x = 4{,}0$ e $\Lambda_x = 2{,}0$, encontramos que $\phi_x = 1{,}3$. Fazendo $N_{B0} = 0$ na fórmula para ϕ_x na Tabela 22.8-1, obtemos

$$N_{A0} = k_{x,\text{loc}}\phi_x = (0{,}1)(1{,}3) = 0{,}13 \text{ lb-mol/h} \cdot \text{ft}^2 \tag{22.8-25}$$

como resultado do modelo da camada limite ao longo da placa plana. O correspondente fator de correção θ_x é 0,33.

(c) Se o coeficiente local de transferência de massa $k_{x,\text{loc}}$ é usado sem a correção para o fluxo líquido de massa na interface, obtemos da Eq. 22.1-5, com $N_{B0} = 0$

$$N_{A0} - 0{,}80(N_{A0} + 0) = (0{,}1)(0{,}80 - 0) \tag{22.8-26}$$

de onde se tira $N_{A0} = 0{,}400$. Esse resultado é bastante elevado e mostra que, nessas condições, o uso do fator de correção para o fluxo líquido de moles é muito importante. A solução da camada limite na parte (b) deve ser precisa se o escoamento for laminar e as variações das propriedades físicas não forem muito grandes.

EXEMPLO 22.8-2

Fatores de Correção na Evaporação de Gotículas

Ajuste os resultados do Exemplo 22.3-1 para o fluxo líquido de moles aplicando o fator de correção θ_x do modelo do filme e do modelo da camada limite ao longo de uma placa plana.

SOLUÇÃO

No Exemplo 22.3-3 a relação do fluxo molar R_x em um ponto qualquer da superfície da gota é dada por

$$R_x = \frac{(N_{A0} + N_{B0})(x_{A0} - x_{A\infty})}{N_{A0} - x_{A0}(N_{A0} + N_{B0})}$$

$$= \frac{(N_{A0} + 0)(0{,}0247 + 0)}{N_{A0} - 0{,}0247(N_{A0} + 0)} = \frac{0{,}0247}{1 - 0{,}0247} = 0{,}0253 \qquad (22.8\text{-}27)$$

Da Eq. 22.8-9 (modelo do filme) ou da Fig. 22.8-7 (modelo da camada limite ao longo da placa plana), o fator de correção θ_x é de cerca de 0,99 em todos os pontos sobre a gota. Assim, a taxa de transferência de massa corrigida é (por ajuste da Eq. 22.3-31)

$$W_{A0} = \theta_x k_{xm} \pi D^2 \frac{x_{A0} - x_{A\infty}}{1 - x_{A0}} = (0{,}987)(2{,}70 \times 10^{-7})$$

$$= 2{,}66 \times 10^{-7}\ \text{g-mol/s} \cdot \text{cm}^2 \qquad (22.8\text{-}28)$$

Esse resultado difere ligeiramente do resultado obtido no Exemplo 22.3-1. Assim, nas condições dadas, a suposição de pequenos valores da taxa de transferência de massa foi bastante satisfatória.

EXEMPLO 22.8-3

Desempenho do Bulbo Úmido Corrigido para Taxa de Transferência de Massa

Usando o modelo do filme estagnado, aplique a análise desenvolvida no Exemplo 22.3-2 para incluir os fatores de correção para a taxa líquida de transferência de massa.

SOLUÇÃO

Reescrevendo o balanço de energia, Eq. 22.3-32, para um ponto qualquer da mecha, obtemos um valor finito da taxa de transferência de massa

$$N_{A0}\Delta\tilde{H}_{A,\text{vap}} = h^{\bullet}_{\text{loc}}(T_\infty - T_0) \qquad (22.8\text{-}29)$$

Multiplicando ambos os membros por $\tilde{C}_{pA}/(\Delta\tilde{H}_{A,\text{vap}} h^{\bullet}_{\text{loc}})$ resulta em, uma vez que $N_{B0} = 0$,

$$R_T = \frac{N_{A0}\tilde{C}_{pA}}{h^{\bullet}_{\text{loc}}} = \frac{\tilde{C}_{pA}(T_\infty - T_0)}{\Delta\tilde{H}_{A,\text{vap}}} \qquad (22.8\text{-}30)$$

O segundo membro dessa equação é facilmente calculado se T_0, T_∞ e p são conhecidos.

A seguir, escreveremos a expressão $\phi = \ln(1 + R)$ tanto para a transferência de calor quanto para a transferência de massa, levando em consideração que $N_{B0} = 0$:

$$\frac{N_{A0}\tilde{C}_{pA}}{h_{\text{loc}}} = \ln(1 + R_T); \qquad \frac{N_{A0}}{k_{x,\text{loc}}} = \ln(1 + R_x) \qquad (22.8\text{-}31, 32)$$

Resolvendo ambas as equações para N_{A0} e igualando as expressões resultantes, obtemos

$$\ln(1 + R_x) = \frac{h_{\text{loc}}}{k_{x,\text{loc}}\tilde{C}_{pA}} \ln(1 + R_T) \tag{22.8-33}$$

Então substituindo as expressões para R_x e R_T da Tabela 22.8-1, resulta

$$\ln\left(1 + \frac{x_{A0} - x_{A\infty}}{1 - x_{A0}}\right) = \frac{h_{\text{loc}}}{k_{x,\text{loc}}\tilde{C}_{pA}} \ln\left(1 + \frac{\tilde{C}_{pA}(T_\infty - T_0)}{\Delta\tilde{H}_{A,\text{vap}}}\right) \tag{22.8-34}$$

Essa equação mostra que x_{A0} e T_0 são constantes ao longo da superfície da mecha, se $h_{\text{loc}}/(k_{x,\text{loc}}\tilde{C}_{pA})$ é constante e portanto igual a $h_m/(k_{xm}\tilde{C}_{pA})$. Essa constância é admitida aqui para fins de simplificação. Tal suposição é particularmente satisfatória para o sistema ar-água para o qual Pr e Sc são aproximadamente iguais. Com essa substituição, a Eq. 22.8-34 se torna

$$\ln\left(1 + \frac{x_{A0} - x_{A\infty}}{1 - x_{A0}}\right) = \frac{h_m}{k_{xm}\tilde{C}_{pA}} \ln\left(1 + \frac{\tilde{C}_{pA}(T_\infty - T_0)}{\Delta\tilde{H}_{A,\text{vap}}}\right) \tag{22.8-35}$$

Embora simplificada, essa solução dá o valor exato previsto pela Eq. 22.8-35 para baixos valores da taxa de transferência de massa.

Para o problema numérico do Exemplo 22.3-2, os seguintes valores são aplicáveis:

$$x_{A0} = 0{,}0247$$
$$\tilde{C}_{pA} = 8{,}03 \text{ Btu/lb-mol} \cdot \text{F para o vapor d'água a 105°F}$$
$$h_m/k_{xm} = 5{,}93 \text{ Btu/lb-mol} \cdot \text{F da analogia de Chilton-Colburn (Eq. 22.3-25)}$$
$$\frac{\tilde{C}_{pA}(T_\infty - T_0)}{\Delta\tilde{H}_{A,\text{vap}}} = \frac{(8{,}03)(140 - 70)}{18.900} = 0{,}0297$$

A inserção desses valores na Eq. 22.8-35, resulta

$$\ln\left(1 + \frac{0{,}0247 - x_{A\infty}}{1 - 0{,}0247}\right) = \frac{5{,}93}{8{,}03} \ln(1{,}0297) = 0{,}0216 \tag{22.8-36}$$

Resolvendo essa equação, obtemos

$$x_{A\infty} = 0{,}0034 \tag{22.8-37}$$

Esse resultado difere ligeiramente do valor 0,0033 obtido no Exemplo 22.3-2 e justifica a prévia omissão do fator de correção sob as condições dadas.

Cálculos numéricos indicam que a forma simplificada da Eq. 22.3-34 fornece uma boa aproximação para a Eq. 22.8-35 para o sistema ar-água sob todas as condições impostas para o termômetro de bulbo úmido. As Eqs. 22.3-32 e 33 superestimam o valor da taxa de transferência de forma análoga, e, quando essas equações são combinadas, os erros cometidos, de uma maneira geral, são amplamente compensados.

EXEMPLO 22.8-4

Comparação entre os Modelos de Filme e da Penetração para a Evaporação Transiente em um Tubo Longo

Compare os efeitos da taxa líquida de transferência sobre o sistema de evaporação transiente descrito no Exemplo 20.1-1 com os resultados previstos pelo **(a)** modelo da penetração generalizado e pelo **(b)** modelo do filme estagnado anteriormente introduzido. O último cálculo requer um tratamento de estado quase-permanente desse sistema dependente do tempo.

SOLUÇÃO

Para esse sistema, podemos considerar $x_{A\infty}$ e $N_{B0} = 0$. Da Eq. 22.8-1a e Tabela 22.8-1 segue-se que

$$N_{A0} = \theta_x k_{x,\text{loc}} \frac{x_{A0} - 0}{1 - x_{A0}} \tag{22.8-38}$$

TABELA 22.8-2 Comparação entre os Modelos do Filme e da Penetração

x_{A0}	θ_x do modelo da penetração (Eq. 22.8-41)	θ_x do modelo do filme (Eq. 22.8-42)
0,00	1,000	1,000
0,25	0,831	0,863
0,50	0,634	0,693
0,75	0,391	0,462
1,00	0,000	0,000

Assim, o fator de correção θ_x é a relação entre o fluxo corrigido para a taxa líquida de transferência de massa e o fluxo não-corrigido.

(a) ***O modelo da penetração.*** Notamos que o gradiente de concentração na superfície do líquido pode ser obtido derivando a Eq. 20.1-16 e reescrevendo o resultado em termos de x_A e z. O resultado é

$$\left.\frac{\partial x_A}{\partial z}\right|_{z=0} = -\frac{2}{\sqrt{\pi}}\frac{\exp(-\varphi^2)}{1+\operatorname{erf}\varphi}\frac{x_{A0}}{\sqrt{4\mathscr{D}_{AB}t}} \tag{22.8-39}$$

Para valores nulos da taxa líquida de transferência de massa, $\varphi = 0$. Assim, a relação entre o fluxo de massa na presença da taxa líquida e o fluxo de massa na ausência da taxa líquida é dada por

$$\theta_x = \frac{\exp(-\varphi^2)}{1+\operatorname{erf}\varphi} \tag{22.8-40}$$

que está de acordo com as Eqs. 22.8-14 a 16. Para obter os valores de θ_x em função de x_{A0} podemos usar a Fig. 22.8-7 ou usar a Eq. 20.1-17 para escrever

$$\theta_x = (1 - x_{A0})\psi(x_{A0}) \quad \text{(modelo da penetração)} \tag{22.8-41}$$

em que $\psi(x_{A0})$ é a quantidade definida logo após a Eq. 20.1-22 e dada na Tabela 20.1-1.

(b) ***O modelo do filme estagnado.*** O resultado do modelo do filme pode ser obtido da Eq. 22.8-9 na forma de $\theta = (1/R)\ln(1 + R)$ na forma

$$\theta_x = \frac{1 - x_{A0}}{x_{A0}}\ln\left(\frac{1}{1 - x_{A0}}\right) \quad \text{(modelo da filme)} \tag{22.8-42}$$

Valores numéricos para ambos os modelos são dados na Tabela 22.8-2 e na Fig. 22.8-7.

Constata-se que o modelo da penetração prevê uma maior correção para θ_x para a taxa líquida de transferência de massa do que a correção prevista pelo modelo do filme. Em parte, isso se deve ao fato de que o escoamento aumenta a espessura da camada limite, efeito esse que não é levado em conta no modelo do filme. Deve ser também observado que o presente exemplo se constitui em uma utilização realista do modelo da penetração, uma vez que, nesse sistema isotérmico, os efeitos da concentração do soluto nas propriedades físicas não são importantes. Uma situação radicalmente oposta é vista no exemplo a seguir.

EXEMPLO 22.8-5

Polarização de Concentração em Ultrafiltração

A ultrafiltração de proteínas é um processo de concentração, no qual a água de uma solução aquosa de proteína é forçada a escoar através de uma membrana impermeável à proteína mas permeável à água e a solutos de pequenas dimensões, tais como sais inorgânicos. A proteína se acumula em uma denominada *camada de polarização*, ou uma região de alta concentração de proteína adjacente à superfície da membrana, como ilustrado na Fig. 22.8-8. Determine a relação entre a velocidade de permeação da água e a diferença de pressão através da membrana. Descreva o efeito da taxa líquida de transferência sobre o coeficiente de transferência de massa para o transporte de proteína. Admita que a membrana é completamente impermeável para a proteína de forma que a transferência líquida de proteína através da superfície da membrana é nula.

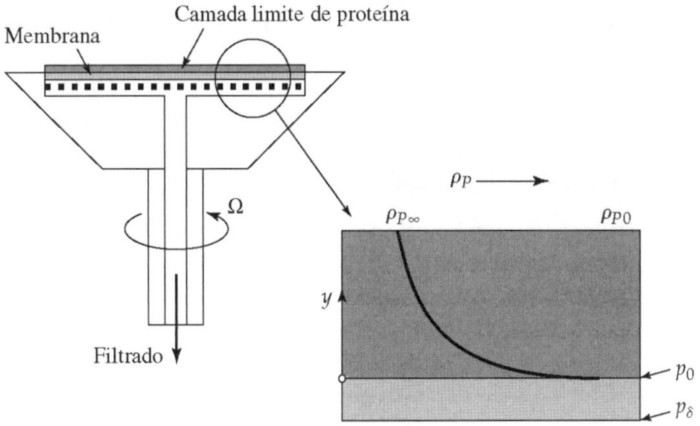

Fig. 22.8-8 Ultrafiltração em disco rotatório.

SOLUÇÃO

Por simplicidade vamos escolher a geometria de um disco rotatório, como mostrado na Fig. 22.8-8, para a qual a concentração de proteína será função apenas da distância y tomada a partir da superfície do disco e independente da posição radial[5] (ver Problema 19D.4). Todavia, teremos que considerar a variação da densidade, da viscosidade e da difusividade do par proteína-água na concentração de proteína, bem como conceituar o termo pressão osmótica.[6]

A nossa solução se baseia no conceito de *permeabilidade hidráulica* da membrana filtrante:

$$v_\delta = K_H(p_0 - p_\delta - \pi) \tag{22.8-43}$$

Aqui v_δ é a velocidade, ou fluxo volumétrico, do solvente que sai a jusante da superfície da membrana. A Eq. 22.8-43 é a equação de definição de K_H, a permeabilidade hidráulica da membrana. As grandezas p_0 e p_δ são as pressões hidrodinâmicas que atuam contra as superfícies da membrana, como indicado na Fig. 22.8-8, e π é a *pressão osmótica* a jusante da superfície da membrana. A inclusão de π estabelece que, de fato, é o potencial total da termodinâmica a força motriz do transporte através da membrana (esse ponto será discutido com mais detalhes no Cap. 24).

Para essa situação, a velocidade da proteína na interface é zero, de modo que o balanço de massa em relação ao solvente através da camada limite da proteína é expresso por

$$\rho^{(S)}v_\delta = -(\rho_S v_{Sy})|_{y=0} \tag{22.8-44}$$

na qual y é a distância tomada a montante da superfície da membrana para dentro da camada limite da proteína. A quantidade $\rho^{(S)}$ é a densidade do solvente puro, e $\rho_{S0} = \rho_S|_{y=0}$ e $v_{S0} = v_{Sy}|_{y=0}$ são, respectivamente, a concentração mássica e a velocidade do solvente a montante da superfície da membrana.

A pressão osmótica π é uma função da concentração de proteína ρ_P, e daremos um exemplo disso no Problema 22C.1. Determinamos então que a vazão mássica através da membrana depende da concentração de proteína na superfície da membrana, bem como da diferença de pressão hidrodinâmica através da membrana. Por outro lado, essa concentração pode ser relacionada a v_δ através da condição de impermeabilidade da membrana para a proteína e da definição do coeficiente de transferência de massa. Então em $y = 0$, descrevemos a impermeabilidade da membrana em relação à proteína por

$$n_{Py} = 0 = k^{\bullet}_\rho(\rho_{P0} - \rho_{P\infty}) + \omega_{P0}(0 + \rho_{S0}v_{S0}) \tag{22.8-45}$$

onde $k^{\bullet}_\rho$ foi definido por analogia com $k^{\bullet}_c$. A combinação com a Eq. 22.8-44 resulta em

$$-\rho^{(S)}v_\delta = k^{\bullet}_\rho(\rho_{P0} - \rho_{P\infty})/\omega_{P0} \tag{22.8-46}$$

Essa equação pode ser resolvida em termos da velocidade de permeação:

$$v_\delta = k_\rho\theta\left(\frac{\rho_0}{\rho^{(S)}}\right)\left(1 - \frac{\rho_{P\infty}}{\rho_{P0}}\right) \tag{22.8-47}$$

Aqui $\rho_0 = \rho_{P0} + \rho_{S0}$ e $\theta = k^{\bullet}_\rho/k_\rho$ é um fator de correção para a transferência de massa, análogo a θ_x, que deve agora ser inserido para levar em conta os efeitos das variações das propriedades, bem como para corrigir a velocidade introduzida

[5] D.R. Olander, *J. Heat Transfer*, **84**, 185 (1972).

[6] R.J. Silbey and R.A. Alberty, *Physical Chemistry*, 3rd ed., Wiley, New York (2001), p. 206.

na Tabela 22.8-1. Voltaremos à discussão dessa quantidade a seguir (ver Eq. 22.8-48). O termo ρ_0 representa a densidade da solução a montante da superfície da membrana.

Podemos calcular as quantidades desejadas, v_δ e a diferença de pressão através da membrana, se tivermos informação suficiente acerca das propriedades de transporte e de equilíbrio. Aqui consideramos conhecida a concentração de proteína na corrente livre, $\rho_{P\infty}$, e, por conveniência, iniciamos selecionando os valores da concentração da proteína ρ_{P0} na superfície da membrana acima da faixa de concentrações entre $\rho_{P\infty}$ e o limite de solubilidade da proteína:

(i) Para qualquer valor selecionado para ρ_{P0}, podemos calcular o valor correspondente de v_δ da Eq. 22.8-47 com os valores apropriados para k_ρ e θ. Esses valores permitem também calcular a pressão osmótica π das relações de equilíbrio apropriadas.

(ii) Podemos então calcular a diferença de pressão através da membrana requerida para esse escoamento através da Eq. 22.8-43 e um valor apropriado de K_H.

A elevada dependência da concentração de proteína sobre as propriedades do sistema significa que a solução deve ser obtida através de um procedimento numérico.

Vamos nos restringir aqui a resumir os resultados de Kozinski e Lightfoot[7] para a albumina de soro bovino; esses autores foram os primeiros a fazer tais cálculos e, até agora, apresentaram o melhor trabalho sobre o assunto. Em seus trabalhos, mostram que o coeficiente de transferência de massa pode ser expresso como o produto de dois fatores, sendo que um deles leva em conta os efeitos da concentração e o outro leva em conta a variação das propriedades físicas.

$$\theta = \theta_c \theta_p \tag{22.8-48}$$

na qual, em relação à faixa de valores estudada,

$$\theta_c = 1{,}6\left(\frac{\rho_{P0}}{\rho_{P\infty}}\right)^{1/3}; \qquad \theta_p = \mathscr{D}_{\text{rel}}^{2/3}\left(\frac{1}{\nu}\right)_{\text{rel}}^{1/3} \tag{22.8-49, 50}$$

e

$$\mathscr{D}_{\text{rel}} = \frac{1}{2}\left(1 + \frac{\mathscr{D}_{PS}(0)}{\mathscr{D}_{PS}(\infty)}\right); \qquad \left(\frac{1}{\nu}\right)_{\text{rel}} = \frac{1}{2}\left(1 + \frac{\nu(\infty)}{\nu(0)}\right) \tag{22.8-51, 52}$$

As Eqs. 22.8-49 a 52 devem ser consideradas equações empíricas. A Eq. 22.8-47 superestima o valor de v_δ para baixos níveis de polarização, mas, nesse caso, os efeitos da pressão osmótica sobre o escoamento são pequenos. O subscrito "rel" significa "relativo ao valor da corrente livre".

Nas condições de baixos valores da taxa de transferência de massa e de pequenas variações das propriedades,[7] o coeficiente de transferência de massa é dado por

$$\text{Sh}_m = \text{Sh}_{\text{loc}} = 0{,}625 = \frac{k_\rho L}{\mathscr{D}_{PS}(\infty)} = \left(\frac{L^2\Omega}{\nu(\infty)}\right)^{1/2}\left(\frac{\nu(\infty)}{\mathscr{D}_{PS}(\infty)}\right)^{1/3} \tag{22.8-53}$$

na qual L é o diâmetro do disco e Ω é a taxa de rotação em radianos por unidade de tempo. A independência da taxa de transferência em relação ao tamanho do disco explica a popularidade dessa geometria para estudos completos de transferência de massa. Outras geometrias são ligeiramente abordadas por Kozinski e Lightfoot.[7]

Em uma comparação entre as previsões *a priori* do modelo anterior com os dados experimentais mostrado na Fig. 22.8-9 podemos constatar que eles apresentam um ajuste muito bom. Esse ajuste pode, em parte, decorrer do fato de que as moléculas de proteína se comportam como partículas incompressíveis a altos valores da força iônica nos quais os dados foram obtidos. Pode-se também constatar que os efeitos da pressão osmótica são desprezíveis para as diferenças de pressão de cerca de 5 psi; aqui, o valor previsto não pode ser distinguido dos valores obtidos para o caso do solvente puro, no caso, a água. É somente nessa região obscura que a Eq. 22.8-48 não é confiável. Detalhes dos cálculos são dados no Problema 22C.1.

O efeito do aumento da diferença de pressão através da camada limite de proteína é bastante diferente daquele que ocorre no caso membrana não-seletiva. Em primeiro lugar, a camada limite mássica é bem mais delgada, como seria de se esperar, e o coeficiente de transferência de massa, $k^\bullet_\rho$, aumenta. Todavia, com o aumento da diferença de pressão, os valores da espessura da camada limite, de $k^\bullet_\rho$ e de θ_c se aproximam de valores limites. Na prática, esses valores assintóticos são alcançados antes mesmo que os efeitos de polarização se tornem significativos em relação à resistência da membrana ao escoamento, e esses valores assintóticos são suficientes para determinar uma relação entre a diferença de pressão e o escoamento através da membrana.

[7] A.A. Kozinski, PhD thesis, University of Wisconsin (1971). A.A. Kozinski and E.N. Lightfoot, *AIChE Journal*, **18**, 1030-1040 (1972).

Esse comportamento pode ser mais bem explicitado inserindo-se as Eqs. 22.8-48 e 49 e a fórmula aproximada

$$1{,}6\left(\frac{\rho_{P0}}{\rho_{P\infty}}\right)^{1/3}\left(1-\frac{\rho_{P\infty}}{\rho_{P0}}\right)\approx 1{,}39\ln\frac{\rho_{P0}}{\rho_{P\infty}} \tag{22.8-54}$$

na Eq. 22.8-47. Então, se configurando como uma surpreendente boa aproximação, a Eq. 22.8-47 se reduz a

$$v_\delta=\left(1{,}39k_\rho\ln\frac{\rho_{P0}}{\rho_{P\infty}}\right)\left(\frac{\rho_0}{\rho^{(S)}}\right)\theta_p \tag{22.8-55}$$

A quantidade dentro dos primeiros parênteses tem a forma simplificada do modelo do filme, porém com k_ρ multiplicado por 1,39. Foi, provavelmente, a Eq. 22.8-55 que tornou atraente a forma simplificada do modelo do filme para correlacionar dados experimentais de ultrafiltração e de osmose reversa. Todavia, desprezar o coeficiente 1,39 corresponde a subestimar o valor de v_δ, mesmo antes de se levar em conta os efeitos da variação das propriedades.

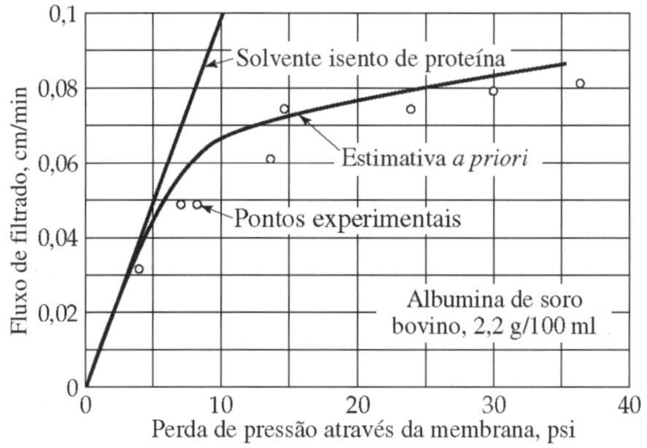

Fig. 22.8-9 Ultrafiltração de proteína com disco rotatório a 273 rpm.

22.9 APROXIMAÇÕES MATRICIAIS PARA O TRANSPORTE DE MASSA MULTICOMPONENTE

Com bastante freqüência, o transporte de massa em sistemas multicomponentes relacionados a processos químicos, fisiológicos, biológicos e ambientais tem sido analisado por vários métodos matemáticos. Aqui revemos alguns métodos de aproximação por matrizes para o transporte de massa por convecção e difusão ordinária em gases multicomponentes. Um tratamento mais aprofundado, incluindo transferência de massa em líquidos, é dado no texto de Taylor e Krishna.[1]

Problemas de transferência de massa multicomponente são geralmente aproximados por linearização — isto é, por substituição das propriedades das variáveis que aparecem nas equações de balanço com valores de referência constantes. Esse enfoque se constitui em um complemento bastante útil ao método essencialmente numérico, especialmente para o caso de escoamentos complexos, e pode fornecer bons resultados quando a variação das propriedades não é muito grande. Análises multicomponentes desse tipo foram apresentadas por muitos pesquisadores, para o meio em repouso[2] e para sistemas com convecção forçada.[3-6]

Iniciamos com a equação da continuidade para a espécie química na forma dada pela Eq. 19.1-15, aplicando-a a um sistema gasoso com N componentes com $N-1$ frações molares independentes x_α e um número igual de fluxos difusivos independentes $\mathbf{J}^*_\alpha$. Seja $[x]$ e $[\mathbf{J}^*]$, respectivamente, representantes de um conjunto independente de frações molares

[1] R. Taylor and R. Krishna, *Multicomponent Mass Transfer*, Wiley, New York (1993).

[2] L. Onsager, *Ann. N.Y. Acad. Sci.*, **46**, 241-265 (1948); P.J. Dunlop and L.J. Gosting, *J. Phys. Chem.*, **63**, 86-93 (1959); J.S. Kirkaldy, *Can. J. Phys.*, **37**, 30-34 (1959); S.R. de Groot and P. Mazur, *Non-Equilibrium Thermodynamics*, North-Holland, Amsterdam (1961); J.S. Kirkaldy, D. Weichert, and Zia-Ul-Haq, *Can. J. Phys.*, **41**, 2166-2173 (1963); E.L. Cussler, Jr., and E.N. Lightfoot, *AIChE Journal*, **10**, 702-703, 783-785 (1963); H.T. Cullinan, *Ind. Eng. Chem. Fund.*, **4**, 133-139 (1965).

[3] R. Prober, PhD thesis, Univ. of Wisconsin (1961).

[4] H. L. Toor, *AIChE Journal*, **10**, 460-465 (1964).

[5] W.E. Stewart and R. Prober, *Ind. Eng. Chem. Fund.*, **3**, 224-235 (1964).

[6] V. Tambour and B. Gal-Or, *Physics of Fluids*, **19**, 219-225 (1976).

$x_1, ..., x_{N-1}$ e fluxos difusivos independentes $\mathbf{J}^*_1, ..., \mathbf{J}^*_{N-1}$; então, aproximando o valor da densidade molar c na Eq. 19.1-15 por um valor de referência, c_{ref}, resulta o seguinte sistema de equações linearizadas

$$c_{\text{ref}}\left(\frac{\partial}{\partial t}[x] + (\mathbf{v}^* \cdot \nabla[x])\right) = -(\nabla \cdot [\mathbf{J}^*]) \tag{22.9-1}$$

para escoamento laminar ou turbulento sem reações químicas homogêneas.

Para a difusão ordinária em sistemas multicomponentes, a expressão do fluxo pode ser escrita na forma de uma matriz generalizada ou na forma da primeira lei da difusão de Fick[2,4] (Eq. B da Tabela 17.8-2),

$$[\mathbf{J}^*] = -c[\mathbf{D}]\nabla[x] \tag{22.9-2}$$

ou na forma matricial[3,5] da equação de Maxwell-Stefan (Eq. 17.9-1):

$$c\nabla[x] = -[\mathbf{A}][\mathbf{J}^*] \tag{22.9-3}$$

As matrizes $[\mathbf{D}]$ e $[\mathbf{A}]$ devem ser de $(N-1) \times (N-1)$ e não-singulares para dar o número esperado de fluxos independentes (na Eq. 22.9-2) e de frações molares independentes (na Eq. 22.9-3). A consistência dessas duas equações requer então que, em qualquer estado, $[\mathbf{D}] = [\mathbf{A}]^{-1}$.

Na região de valores moderados de densidade dos gases, os elementos da matriz $[\mathbf{A}]$ são determinados com bastante precisão a partir da Eq. 17.9-1, resultando

$$\left.\begin{aligned} A_{\alpha\beta} &= \frac{x_\alpha}{\mathscr{D}_{\alpha N}} - \frac{x_\alpha}{\mathscr{D}_{\alpha\beta}} \quad \text{para } \beta \neq \alpha \\ A_{\alpha\alpha} &= \frac{x_\alpha}{\mathscr{D}_{\alpha N}} + \sum_{\substack{\beta=1 \\ \beta\neq\alpha}}^{N} \frac{x_\alpha}{\mathscr{D}_{\alpha\beta}} \end{aligned}\right\} \tag{22.9-4}$$

na qual os quocientes $\mathscr{D}_{\alpha\beta}$ representam as difusividades *binárias* de pares de espécies correspondentes. Na primeira aproximação da teoria cinética dos gases de Chapman-Enskog, o coeficiente para um dado par α e β depende somente de c e de T, como indicado na Eq. 17.3-11. Essas expressões simples nos levam a utilizar a Eq. 22.9-3 em vez da Eq. 22.9-2, a não ser no caso em que medidas de $[\mathbf{D}]$ estejam disponíveis nas condições desejadas. Equações formalmente similares podem ser escritas em termos de composições e fluxos por unidade de massa ou por unidade de volume, após a transformação apropriada dos coeficientes da matriz $[\mathbf{A}]$ ou $[\mathbf{D}]$. As unidades de massa são as mais convenientes de se usar no caso em que a equação do movimento é incluída na formulação do problema, já que, como indicado na Seção 19.2, a velocidade mássica média é essencial.

Para sistemas multicomponentes ($N \geq 3$), cada uma dessas expressões do fluxo normalmente tem um coeficiente não-diagonal da matriz, dando um sistema de equações da difusão simultâneas. A Eq. 22.9-3 pode ser desacoplada pelo uso da transformação

$$[\mathbf{P}]^{-1}[\mathbf{A}][\mathbf{P}] = \begin{bmatrix} \check{A}_1 & & \\ & \ddots & \\ & & \check{A}_{N-1} \end{bmatrix} \tag{22.9-5}$$

na qual $[\mathbf{P}]$ é a matriz coluna dos autovetores de $[\mathbf{A}]$, e $\check{A}_1, \ldots, \check{A}_{N-1}$ são os autovalores correspondentes. Esses autovalores, raízes da equação $\det[\mathbf{A} - \lambda\mathbf{I}] = 0$, são positivos para qualquer estado da mistura localmente estável; eles são também invariantes para transformações similares de $[\mathbf{A}]$ em relação a outras unidades de composição. Aqui, $\mathbf{I}$ é a matriz unitária de ordem $N - 1$. A matriz $[\mathbf{D}]$, quando usada, é redutível de modo semelhante com a mesma matriz $[\mathbf{P}]$, e seus autovalores $\check{D}_1, \ldots, \check{D}_{N-1}$ são os valores recíprocos de $\check{A}_1, \ldots, \check{A}_{N-1}$. Para um menor esforço, a matriz $[\mathbf{A}]$ (ou $[\mathbf{D}]$) e os arranjos dela derivados serão doravante determinados nos valores das propriedades de referência, de modo que o subscrito $_{\text{ref}}$ será omitido; todavia, o subscrito ω será adicionado em $[\mathbf{A}]$, $[\mathbf{D}]$, $[\mathbf{P}]$ e $[\mathbf{P}]^{-1}$ no caso em que esses arranjos forem descritos em termos de unidades de massa.

A Eq. 22.9-5 sugere que as seguintes composições transformadas e os fluxos difusivos transformados devem ser úteis:

$$[\check{x}] = [\mathbf{P}]^{-1}[x] = \begin{bmatrix} \check{x}_1 \\ \vdots \\ \check{x}_{N-1} \end{bmatrix}; \quad \begin{bmatrix} x_1 \\ \vdots \\ x_{N-1} \end{bmatrix} = [\mathbf{P}][\check{x}] \tag{22.9-6, 7}$$

$$[\check{\mathbf{J}}^*] = [\mathbf{P}]^{-1}[\mathbf{J}^*] = \begin{bmatrix} \check{\mathbf{J}}^*_1 \\ \vdots \\ \check{\mathbf{J}}^*_{N-1} \end{bmatrix}; \quad \begin{bmatrix} \mathbf{J}^*_1 \\ \vdots \\ \mathbf{J}^*_{N-1} \end{bmatrix} = [\mathbf{P}][\check{\mathbf{J}}^*] \tag{22.9-8, 9}$$

Doravante, a notação ($^\vee$) será usada nas variáveis transformadas e nos elementos correspondentes da matriz, incluindo os autovalores $\check{A}_\alpha$ e $\check{D}_\alpha$. A pré-multiplicação da Eq. 22.9-3 por $[\mathbf{P}]^{-1}$ e o uso das Eqs. 22.9-5 a 9 dão as equações de fluxo não-acopladas

$$c_{\text{ref}}\nabla\check{x}_\alpha = -\check{A}_\alpha\check{\mathbf{J}}^*_\alpha \qquad (\alpha = 1, \ldots, N-1) \tag{22.9-10}$$

que é formalmente equivalente à primeira lei da difusão de Fick para $N - 1$ sistemas binários. A equação da continuidade para sistemas multicomponentes se transforma correspondentemente em

$$c_{\text{ref}}\frac{\partial\check{x}_\alpha}{\partial t} + c_{\text{ref}}(\check{\mathbf{v}}^* \cdot \nabla x_\alpha) = -(\nabla \cdot \check{\mathbf{J}}^*_\alpha) \qquad (\alpha = 1, \ldots, N-1) \tag{22.9-11}$$

Assim, as composições transformadas $\check{x}_\alpha$ e os fluxos $\check{\mathbf{J}}^*_\alpha$ para cada α satisfazem à equação da continuidade e às equações de fluxo para o problema binário com a mesma função $\mathbf{v}^*$ (laminar ou turbulento) que o sistema multicomponente satisfaz, sendo a difusividade $\mathcal{D}_{AB}$ igual ao autovalor $\check{D}_\alpha = 1/\check{A}_\alpha$.

As condições inicial e de contorno relativas a $[\check{x}]$ e a $[\check{\mathbf{J}}^*]$ são obtidas a partir de $[x]$ e $[\mathbf{J}^*]$ aplicando as Eqs. 22.9-6 e 8. Os problemas quase-binários resultantes podem então ser resolvidos através da aplicação da teoria ou da correlação de dados experimentais, e os resultados combinados[5] através das Eqs. 22.9-7 e 9 para obter a solução dos sistemas multicomponentes em termos de $[x]$ e $[\mathbf{J}^*]$.

As taxas locais de transferência de massa em sistemas binários são expressas na forma

$$N_{A0} - x_{A0}(N_{A0} + N_{B0}) = k^\bullet_{x,\text{loc}}(\mathcal{D}_{AB}, \ldots)(x_{A0} - x_{Ab}) \tag{22.9-12}$$

como indicado na Eq. 22.1-7 e na Seção 22.8. A notação ..., que aparece após o termo $\mathcal{D}_{AB}$, representa qualquer variável adicional (tal como ϕ_x da Seção 22.8) da qual o coeficiente de transferência de massa para sistemas binários $k^\bullet_x$ pode depender. O conjunto de equações correspondentes na notação da Eq. 22.9-10 e 11 é dado por

$$\check{J}^*_{\alpha 0} = \check{k}^\bullet_{x,\text{loc}}(\check{D}_\alpha, \ldots)(\check{x}_{\alpha 0} - \check{x}_{\alpha b}) \qquad (\alpha = 1, \ldots, N-1) \tag{22.9-13}$$

ou, na forma matricial,

$$\begin{bmatrix} \check{J}^*_{1,0} \\ \vdots \\ \check{J}^*_{N-1,0} \end{bmatrix} = \begin{bmatrix} \check{k}^\bullet_{x,\text{loc}}(\check{D}_1, \ldots & & \\ & \ddots & \\ & & \check{k}^\bullet_{x,\text{loc}}(\check{D}_{N-1}, \ldots) \end{bmatrix} \begin{bmatrix} \check{x}_{1,0} - \check{x}_{1b} \\ \vdots \\ \check{x}_{N-1,0} - \check{x}_{N-1,b} \end{bmatrix} \tag{22.9-14}$$

A transformação desse resultado em termos das variáveis originais fornece os fluxos difusivos na interface, expressos por, $J^*_{1,0}, \ldots, J^*_{N-1,0}$ que entra na fase gasosa como

$$[J^*_0] = [\mathbf{P}][\check{\mathbf{k}}^\bullet_x][\mathbf{P}]^{-1}[x_0 - x_b] \tag{22.9-15}$$

ou as diferenças de composição correspondentes aos fluxos $J_{\alpha 0}$ como

$$[x_0 - x_b] = [\mathbf{P}][\check{\mathbf{k}}^\bullet_x]^{-1}[\mathbf{P}]^{-1}][J^*_0] \tag{22.9-16}$$

Aqui $[\check{\mathbf{k}}^\bullet_x]$ é a matriz diagonal mostrada na Eq. 22.9-14, e $[\check{\mathbf{k}}^\bullet_x]^{-1}$ é a matriz formada pelos valores recíprocos dos mesmos elementos da diagonal.

Da mesma forma que para o caso de misturas binárias, informações adicionais são necessárias para calcular o fluxo de cada espécie na interface $N_{\alpha 0}$ relativo à interface, do qual os valores das taxas locais de transferência podem ser obtidos. A relação de fluxo $r = N_{A0}/N_{B0}$ foi especificada na Eq. 21.1-9 para ser resolvida em termos de N_{A0}; especificações análogas são igualmente requeridas para sistemas multicomponentes. O cálculo dos fluxos $N_{\alpha 0}$ a partir dos fluxos difusivos $J^*_{\alpha 0}$ e das taxas de transferência relativas é denominado problema do *bootstrap*,[1,7] e é tratado na Ref.1. Esse problema se torna ainda mais simplificado reescrevendo-se a Eq. 22.9-14 da seguinte forma, usando a matriz $[N_0]$ dos fluxos molares na interface $N_{1,0}, \ldots, N_{N-1,0}$ relativo à interface,

$$\left[N_0 - x_0 \sum_{\alpha=1}^{N} N_{\alpha 0}\right] = [\mathbf{P}][\check{\mathbf{k}}^\bullet_x][\mathbf{P}]^{-1}[x_0 - x_b] \tag{22.9-17}$$

[7] R. Krishna and G.L. Standart, *Chem. Eng. Commun.*, **3**, 201-275 (1979).

para permitir a inserção direta das relações entre as taxas de transferências das espécies. O resultado correspondente para a matriz $[n_0]$ dos fluxos mássicos na interface $n_{1,0}, \ldots, n_{N-1,0}$ relativos à interface é expresso por:

$$\left[n_0 - \omega_0 \sum_{\alpha=1}^{N} n_{\alpha,0}\right] = [\mathbf{P}_\omega][\check{\mathbf{k}}^\bullet_\omega][\mathbf{P}_\omega]^{-1}[\omega_0 - \omega_\infty] \tag{22.9-18}$$

Várias formas específicas desses resultados serão apresentadas agora.

Para sistemas em que o *fluxo molar líquido na interface* é nulo, o somatório dos N termos que aparecem na Eq. 22.9-17 também é nulo, e esta toma uma forma mais conveniente

$$[N_0] = [\mathbf{P}][\check{\mathbf{k}}_x][\mathbf{P}]^{-1}[x_0 - x_b] \tag{22.9-19}$$

na qual a matriz diagonal $[\check{\mathbf{k}}_x]$ não necessita da *correção para o fluxo líquido*. Esse resultado pode ser estendido ao caso de valores *fluxo molar líquido moderados* através da aproximação de cada coeficiente de transferência $k^\bullet_x(\check{D}_\alpha, \check{\phi}_{x\alpha})$ na Eq. 22.9-14 como uma função linear do fluxo molar líquido na interface, usando a tangente no ponto $\phi = 0$ da curva de θ que aparece na Fig. 22.8-2 para o modelo de transferência de massa selecionado. Daí resulta o sistema de equações lineares[8]

$$\left[N_0 - 0{,}5(x_0 + x_b)\sum_{\alpha=1}^{N} N_{\alpha 0}\right] = [\mathbf{P}][\check{\mathbf{k}}_x][\mathbf{P}]^{-1}[x_0 - x_b] \tag{22.9-20}$$

para o *modelo do filme estagnado* dado na Seção 22.8. Da mesma forma, obtém-se

$$\left[N_0 - (0{,}363x_0 + 0{,}637x_b)\sum_{\alpha=1}^{N} N_{\alpha 0}\right] = [\mathbf{P}][\check{\mathbf{k}}_x][\mathbf{P}]^{-1}[x_0 - x_b] \tag{22.9-21}$$

para o *modelo da penetração* dado na Seção 20.4 e na Seção 22.8, e

$$\left[N_0 - (0{,}434x_0 + 0{,}566x_b)\sum_{\alpha=1}^{N} N_{\alpha 0}\right] = [\mathbf{P}][\check{\mathbf{k}}_x][\mathbf{P}]^{-1}[x_0 - x_b] \tag{22.9-22}$$

no limite quando $\Lambda \to \infty$ na *camada limite laminar*, mostrada na Fig. 22.8-5 e 6 e válida para camadas limites sem separação em escoamento permanente e em três dimensões.[9]

Em sistemas com *fluxo mássico líquido nulo na interface*, como o que ocorre nas reações catalíticas, a Eq. 22.9-18 se reduz a

$$[n_0] = [\mathbf{P}_\omega][\check{\mathbf{k}}_\omega][\mathbf{P}_\omega]^{-1}[\omega_0 - \omega_b] \tag{22.9-23}$$

Os elementos da matriz $\check{k}_\omega$ podem ser determinados através de expressões do número de Sherwood para misturas binárias ou pelo fator j_D definidos em termos de unidades de massa da Tabela 22.2-1, com os autovalores $\check{D}_\alpha$ substituindo os valores das difusividades binárias $\mathcal{D}_{AB}$.

Para um dado campo de velocidade, o produto $[\mathbf{P}][\check{\mathbf{k}}_x][\mathbf{P}]^{-1}$ nas Eqs. 22.9-19 a 22 é função da matriz $[\mathbf{A}]$. O produto dessas três matrizes, aqui designado por $[\mathbf{k}_x]$, é uma matriz não-diagonal para $N \geqslant 3$, enquanto como visto antes, $[\check{\mathbf{k}}_x]$ é uma matriz diagonal. Um método simples e eficiente para a aproximação dessas funções foi desenvolvido por Alopaeus e Nordén.[10] Seja f uma função escalar real definida pelos autovalores de uma matriz $[\mathbf{A}]$, na qual os elementos da diagonal são dominantes, como mostrado na Eq. 22.9-4. As aproximações propostas para os elementos da matriz $[\mathbf{B}] = f[\mathbf{A}]$ são então dadas por

$$\text{para os elementos da diagonal, } B_{ii} = f(A_{ii}) \tag{22.9-24}$$

$$\text{para os elementos fora da diagonal, } B_{ij} = \begin{cases} A_{ij}\dfrac{df(A_{ii})}{dA_{ii}} & \text{se } A_{ii} \approx A_{jj} \\ A_{ij}\dfrac{f(A_{ii}) - f(A_{jj})}{A_{ii} - A_{jj}} & \text{ao contrário.} \end{cases} \tag{22.9-25}$$

---

[8] W.E. Stewart, *AIChE Journal*, **19**, 398-400 (1973); Errata, **25**, 208 (1979).

[9] W.E. Stewart, *AIChE Journal*, **9**, 528-535 (1963).

[10] V. Alopaeus and H.V. Nordén, *Computers & Chemical Engineering*, **23**, 1177-1182 (1999).

Alopaeus e Nordén[10] testaram essas aproximações para as matrizes dos coeficientes de transferência de massa $[\mathbf{k}_x]$ da forma $b[\mathbf{D}]^{1-p}$ ou da forma $b[\mathbf{A}]^{p-1}$, e os fluxos correspondentes $N_{\alpha 0}$, em sistemas com 3 a 25 espécies gasosas. Valores do expoente p usados variaram na faixa de 0,25 a 0,66; valores de 0 a 0,5 para expressões de transferência de massa aparecem neste capítulo. Comparações foram feitas com expressões exatas dos elementos $k_{x\alpha\beta}$ e $N_{\alpha 0}$ através da Eq. 22.9-19, e em comparação com o modelo do filme dado por Krishna e Standart,[11] no qual cada elemento $k_{x\alpha\beta}$ é calculado independentemente da difusividade binária correspondente $\mathcal{D}_{\alpha\beta}$. Os cálculos a partir das Eqs. 22.9-24 e 25 foram efetuados de três a cinco vezes mais rápidos do que aqueles feitos com a Eq. 22.9-19 e se demonstraram mais precisos (erros relativos típicos foram de ordem inferior a 1% e raramente maiores que 10%), especialmente quando feitos diretamente a partir da matriz diagonal dominante de Stefan-Maxwell $[\mathbf{A}]$ em vez de através de sua inversa, $[\mathbf{D}]$. Cálculos com o modelo do filme de Krishna-Standart demandaram mais tempo do que os cálculos feitos através das Eqs. 22.9-24 e 25, e os erros a ele associados foram muito maiores. Assim, o uso das Eqs. 22.9-24 e 25 é recomendado como aproximações práticas aos elementos da matriz produto $[\mathbf{B}] = [\mathbf{P}][\check{\mathbf{k}}_x][\mathbf{p}]^{-1}$ nas Eqs. 22.9-19 a 22, sempre que a Eq. 22.9-4 é usada. Essa aproximação pode também ser usada na Eq. 22.9-23, com $[\mathbf{B}]$, no final, definida em termos de unidades de massa; todavia, as Eqs. 22.9-20 ou 22 serão de uso mais conveniente e comparativamente mais precisas na faixa de valores moderados do fluxo molar "líquido" usualmente encontrados em catálise heterogênea.

A precisão das soluções linearizadas depende da escolha dos valores de referência para o cálculo das propriedades, especialmente no caso em que a variação desses valores é muito grande. Na discussão a seguir, todas as propriedades são determinadas em um estado comum de referência, cujas composições são expressas em termos da fração molar

$$[x_{\text{ref}}] = a_x[x_b] + (1 - a_x)[x_0] \tag{22.9-26}$$

ou da fração mássica

$$[\omega_{\text{ref}}] = a_\omega[\omega_b] + (1 - a_\omega)[\omega_0] \tag{22.9-27}$$

Note que $[x_{\text{ref}}]$ permanece aberta à escolha seja das Eqs. 22.9-20, 21 ou 22, uma vez que as composições médias nelas indicadas fornecem correções para o fluxo líquido e não para os valores das propriedades físicas.

As Eqs. 22.9-17 e 18 e várias outras para a transferência de massa em sistemas multicomponentes foram testadas[12] em comparação com integrações de modelos com propriedades físicas variáveis para sistemas isotérmicos. As conclusões desses estudos foram as seguintes:

1. Para vinte problemas de difusão transiente de gases, abrangendo uma ampla faixa de valores da taxa líquida de transferência de massa, a linearização em termos de unidades molares demonstrou uma excelente concordância com a solução exata. Taxas de evaporação e de condensação de isobutano, para o sistema i-C_4H_{10}-N_2-H_2 na geometria do Exemplo 20.1-1, foram aproximadas com um desvio médio de 1,6% pela Eq. 22.9-17 usando valores de frações molares de referência dados pela Eq. 22.9-26, com $a_x = 0{,}5$. Tomando por base a unidade de massa, a linearização através da Eq. 22.9-18, demonstrou-se inferior devido às variações de ρ e de $[\mathbf{A}_\omega]$. Usando o valor de $a_\omega = 0{,}8$, esse método apresentou um desvio padrão de 3,8% para os fluxos na interface $N_{\alpha 0}$ da única espécie transferível (isobutano). Aproximações baseadas no modelo do filme em regime quase-permanente demonstraram-se bastante imprecisas; o uso de fatores de correção $\check{\theta}_{x\alpha} = \check{\phi}_{x\alpha}/(\exp\check{\phi}_{x\alpha} - 1)$ (como dado por Stewart e Prober[5] para o modelo do filme da Seção 22.8) apresentou um desvio padrão de 7,88% com o valor otimizado de $a_x = 1{,}0$. O modelo do filme de Krishna e Standart,[11] que não utiliza a linearização, deu um desvio padrão de 14,3%, valor esse independente dos valores de a_x e a_ω. Esses resultados favorecem o uso da Eq. 22.9-17 (ou para valores moderados das taxas da Eq. 22.9-21) com $a_x = 0{,}5$ para a fase gasosa nas operações de transferência descritas pelo modelo da penetração.

2. Para vinte problemas de transferência de momento e de massa na camada limite no escoamento laminar gasoso de H_2, N_2 e CO_2 ao longo de uma placa porosa, resolvido analiticamente por Prober,[3] a linearização, baseada em unidades de massa, foi a que melhor se aproximou das soluções exatas. Para o caso de propriedades variáveis, as soluções completas para $n_{\alpha 0}$ para as três espécies foram aproximadas[12] com um desvio padrão de 0,55% pela Eq. 22.9-18, usando os coeficientes de transferência de massas $\check{\mathbf{k}}_\alpha$ previstos pelas Eqs. 20.2-47 e 22.9-27 com o valor otimizado de $a_\omega = 0{,}4$. Os modelos do filme de Stewart e Prober[5] e o de Krishna e Standart[11] deram desvios padrões de 4,78% (com $a_x = 1{,}0$) e de 8,25%, respectivamente, para as taxas de transferências das espécies.

Os métodos aqui apresentados estão sendo extensamente utilizados na engenharia de processos de separação multicomponente. Avanços na tecnologia computacional têm facilitado o uso desses métodos e estimulado pesquisas na

[11] R. Krishna and G.L. Standart, *AIChE Journal*, **22**, 383-389 (1976).

[12] T.C. Young and W.E. Stewart, *Ind. Eng. Chem.*, **25**, 476-482 (1986).

busca de outros ainda mais eficientes para a solução de problemas relacionados a fenômenos não-lineares e reações químicas complexas.

QUESTÕES PARA DISCUSSÃO

1. Sob quais condições as analogias da Tabela 22.2-1 podem ser aplicadas? Elas podem ser aplicadas em sistemas com reação química?
2. Qual é o coeficiente de transferência de calor na Eq. 22.1-6 que é definido de forma distinta daquele definido na Eq. 14.1-1 — ou é o mesmo?
3. Alguns coeficientes de transferência de massa do presente capítulo têm o sobrescrito 0, enquanto outros têm o sobrescrito $^\bullet$. Explique detalhadamente o significado desses sobrescritos.
4. Quais conclusões você pode tirar dos cálculos analíticos dos coeficientes de transferência de massa na Seção 22.2?
5. Qual é o significado do dígito 2 que aparece nas Eqs. 22.3-20 e 21?
6. Qual é o significado dos subscritos 0, *e* e *b* na Seção 22.4?
7. Qual é o significado do termo "modelo pouco sensível"?
8. De que maneira a tensão superficial exerce influência na transferência de massa na interface? Como a tensão superficial pode ser definida? Como a tensão superficial depende da temperatura?
9. Discuta os fundamentos físicos relacionados ao modelo do filme, ao modelo da penetração e ao modelo da camada limite para a transferência de calor e massa.
10. Como os coeficientes de transferência de calor e massa são afetados em condições de elevadas taxas de transferência de massa através da interface?

PROBLEMAS

22A.1 Previsão dos coeficientes de transferência de massa em canais fechados. Estime os coeficientes de transferência de massa para o vapor d'água evaporando em ar a 2 atm e 25°C, e uma vazão mássica de 1.570 lbm/h, no sistema a seguir. Considere $\mathscr{D}_{AB} = 0{,}130\ \text{cm}^2/\text{s}$.

(a) Um tubo vertical de 6 in de diâmetro interno com um filme de água escoando ao longo da parede interna do tubo. Faça uso das seguintes correlações[1] para gases em uma coluna molhada:

$$\text{Sh}_{\text{loc}} = 0{,}023\,\text{Re}^{0{,}83}\text{Sc}^{0{,}44} \quad (\text{Re} > 2000) \tag{22A.1-1}$$

(b) Um leito recheado de 6 in com esferas saturadas de água, com $a = 100\ \text{ft}^{-1}$.

22A.2 Cálculo da composição do gás a partir de dados psicrométricos. Uma corrente de ar úmido tem uma temperatura de bulbo úmido de 80°F e de bulbo seco de 130°F, medidas a uma pressão total de 800 mm Hg e alta velocidade do ar. Determine a fração molar do vapor d'água na corrente de ar. Para simplificar, considere que a água é um componente traço para a determinação das propriedades do filme.
Resposta: $x_{A\infty} = 0{,}0176$

22A.3 Cálculo da temperatura de entrada do ar para secagem em um leito fixo. Um leito raso de sólidos granulados saturados com água deve ser secado através de uma corrente de ar a 1,1 atm de pressão e velocidade superficial de 15 ft/s. Qual é a temperatura de entrada do ar requerida para que a temperatura da superfície dos sólidos seja mantida a 60°F? Despreze os efeitos de radiação: Ver Seção 14.5 para valores de coeficientes de transferência de calor para leitos recheados.

22A.4 Taxa de secagem de sólidos granulares em leito fixo. Calcule a taxa de remoção da água na operação de secagem descrita no Problema 22A.3, se as partículas têm geometria cilíndrica com $a = 180\ \text{ft}^{-1}$.

22B.1 Evaporação de uma gota em queda livre. Uma gota de água, 1,00 mm de diâmetro, está em queda livre através de ar seco, estagnado à pressão de 1 atm e temperatura de 100°F sem circulação interna. Suponha um comporta-

[1] E.R. Gilliland and T.K. Sherwood, *Ind. Eng. Chem.*, **26**, 516-523 (1934).

mento de regime quase-permanente e uma pequena taxa de transferência de massa para determinar **(a)** a velocidade da gota em queda livre, **(b)** a temperatura da superfície da gota e **(c)** a taxa de decréscimo do diâmetro da gota em cm/s. Suponha que as propriedades do filme são iguais às do ar seco a 80°F.
Respostas: **(a)** 390 cm/s; **(b)** 54°F; **(c)** $-5{,}6 \times 10^{-4}$ cm/s

22B.2 Efeitos da radiação em medidas psicrométricas. Suponha que um termômetro de bulbo úmido e um de bulbo seco estejam instalados em um duto longo cuja temperatura na superfície interna é constante e igual a T_s e que a velocidade do gás é pequena. Então a temperatura do bulbo seco T_{db} e a do bulbo úmido T_{wb} devem ser corrigidas para levar em conta os efeitos da radiação. Como no Exemplo 22.3-2, vamos supor que os termômetros estão instalados de tal forma que a condução de calor ao longo da haste do termômetro pode ser desprezada.
(a) Faça um balanço de energia por unidade de área do termômetro de bulbo seco para obter uma equação para a temperatura do gás T_∞ em termos de T_{db}, T_s, h_{db}, e_{db} e a_{db} (sendo esses dois últimos, respectivamente, a emissividade e a absortividade do termômetro de bulbo seco).
(b) Faça um balanço de energia por unidade de área e obtenha uma expressão para a taxa de evaporação.
(c) Determine $x_{A\infty}$ para as leituras de pressão e temperatura do Exemplo 22.3-2, considerando ainda que $v_\infty = 15$ ft/s, $T_s = 130$°F, $e_{db} = a_{db} = e_{wb} = a_{wb} = 0{,}93$, diâmetro do termômetro de bulbo seco = 0,1 in, e o diâmetro do termômetro de bulbo úmido = 0,15 in, incluindo a mecha.
Resposta: $x_{A\infty} = 0{,}0021$

22B.3 Teoria do filme com propriedades de transporte variáveis
(a) Mostre que para sistemas nos quais as propriedades de transporte são funções de y, as Eqs. 19.4-12 e 13 podem ser integradas para dar para $y \leq \delta_x$ ou $y \leq \delta_T$, respectivamente,

$$1 - \frac{(N_{A0} + N_{B0})(x_A - x_A)}{N_{A0} - x_{A0}(N_{A0} + N_B)} = \exp\left[(N_{A0} + N_{B0}) \int_0^y \frac{dy}{c\mathscr{D}_{AB}}\right] \quad (22B.3\text{-}1)$$

$$1 - \frac{(N_{A0}\tilde{C}_{pA} + N_{B0}\tilde{C}_{pB})(T - T_0)}{q_0} = \exp\left[(N_{A0}\tilde{C}_{pA} + N_{B0}\tilde{C}_{pB}) \int_0^y \frac{dy}{k}\right] \quad (22B.3\text{-}2)$$

(b) Faça as mudanças correspondentes nas Eqs. 19.4-16 e 17, bem como nas Eqs. 22.8-5 e 6. Verifique então que as Eqs. 22.8-7 e 8 continuam válidas. Nesse caso não é necessário trabalhar com integrais no cálculo das taxas de transferência se h_{loc} e $k_{x,\text{loc}}$ podem ser determinados.
(c) Mostre que h_{loc} e $k_{x,\text{loc}}$ têm que ser determinados em termos das propriedades físicas e do regime de escoamento predominante (laminar ou turbulento) nas condições para as quais $h^\bullet_{\text{loc}}$ e $k^\bullet_{x,\text{loc}}$ devem ser determinados.

22B.4 Produção de gelo por evaporação. Considere uma vasilha rasa com 0,5 m de diâmetro e cheia até a borda, que se apóia sobre uma camada de material isolante, tal como palha solta, em uma área sem vento. A qual temperatura do ar pode a água ser resfriada até o ponto de congelamento, se a umidade relativa do ar é de 30%? Faça as seguintes suposições: (i) despreze os efeitos de radiação, (ii) considere a radiação para um céu escuro (corpo negro) de temperatura efetiva de 150K, e (iii) suponha que a vasilha tem uma elevação de 2 mm de altura ao longo da borda.

22B.5 Arraste de oxigênio. Calcule a taxa pela qual o oxigênio é transferido da água estagnada saturada com oxigênio a 20°C para uma bolha de nitrogênio puro de 1 mm de diâmetro, se a bolha se comporta como uma esfera rígida. Note que, inicialmente, será necessário determinar a velocidade de ascensão da bolha através da água.

22B.6 Controle da resistência difusional. Gotas de água de 2 mm de diâmetro estão sendo oxigenadas à medida que estão em queda livre em um meio constituído de oxigênio puro a 20°C e pressão de 1 atm. Você precisa saber da difusividade da fase gasosa para calcular a taxa de transferência de oxigênio? Por quê? Sob essas condições, a solubilidade do oxigênio é de 1,39 mmol/litro, e sua difusividade na fase líquida é de cerca de $2{,}1 \times 10^{-5}$ cm²/s.

22B.7 Determinação da difusividade (Fig. 22B.7). A difusividade do vapor d'água no nitrogênio deve ser determinada à pressão de 1 atm no intervalo de temperatura entre 0°C e 100°C por meio do "experimento de Arnold" descrito no Exemplo 20.1-1. Será, portanto, necessário usar o fator de correção θ_{AB} para o modelo da penetração. Calcule esse fator em função da temperatura. Nessa faixa de temperatura, a pressão de vapor da água pode ser obtida da Fig. 22B.7 ou calculada da

$$\log_{10} p_{H_2O} = 0{,}6715 + 0{,}030T - 0{,}00008T^2 \quad (22B.7\text{-}1)$$

em que p_{H_2O} é a pressão de vapor em mm Hg, e T, a temperatura de graus Celsius.

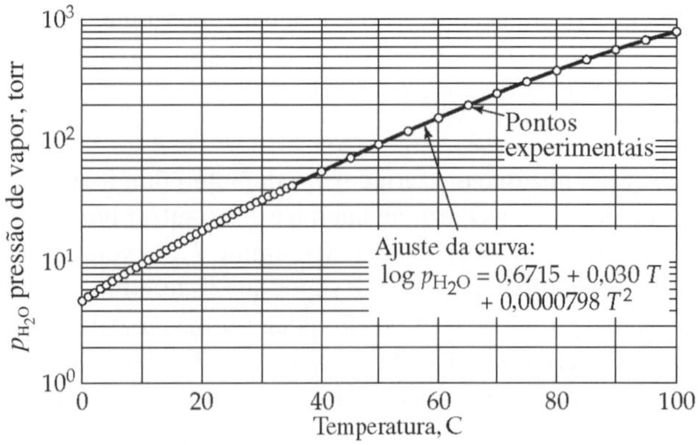

Fig. 22B.7 Pressão de vapor da água sob o seu próprio vapor — dados de *Lange's Handbook of Chemistry* (J. Dean, ed.), 15th edition, McGraw-Hill, New York (1999).

22B.8 Efeitos Marangoni na condensação de vapores. Em muitas situações o coeficiente de transferência para a condensação de vapores é dado por $h = k/\delta$, onde k é a condutividade térmica do filme de condensado e δ é a espessura do filme. Correlações disponíveis na literatura são usualmente baseadas na suposição de tensões cisalhantes nulas na superfície livre do filme, mas, se a temperatura da superfície decresce, haverá uma tensão cisalhante $\tau_s = \sigma/\ z$, onde σ é a tensão superficial e z é a coordenada no sentido do escoamento. Quanto desse efeito fará variar um coeficiente de transferência de calor de 5.000 kcal/h·m²·C para um filme de água? Para esse problema, a viscosidade cinemática da água pode ser considerada igual a 0,0029 cm²/s, a densidade igual a 0,96 g/cm³, a condutividade térmica igual a 0,713 kcal/h·m·C e $d\sigma/dT = -0{,}2$ dina/cm·C.

Resposta Parcial: $\rho\langle v_z\rangle = \left(\dfrac{\rho^2 g\delta^2}{3\mu}\right)\left(1 + \dfrac{3}{2}\dfrac{\tau_s}{\rho g\delta}\right)$

O termo em que τ_s aparece representa os efeitos dos gradientes de tensão superficial, e, quando esse termo é pequeno, o valor do denominador será próximo do valor para o caso de gradiente nulo. Para as condições desse problema $\rho g\delta = 14{,}3$ dina/cm². Os efeitos da tensão superficial aumentam no sentido de cima para baixo. No caso oposto, mesmo pequenos gradientes podem causar instabilidades hidrodinâmicas e assim os efeitos serão maiores.

22B.9 Modelo do filme para esferas. Obtenha os resultados correspondentes às Eqs. 22.8-3 e 4 para a transferência simultânea de calor e massa em um sistema com simetria esférica. Isto é, suponha uma superfície esférica de transferência de massa e que T e x_A dependem somente da coordenada radial r. Mostre que as Eqs. 22.8-7 e 8 não precisam ser modificadas. Quais conclusões poderiam ser obtidas se fosse tentado usar a teoria do filme para o cálculo do arraste na esfera?

22B.10 Modelo do filme para cilindros. Obtenha os resultados correspondentes às Eqs. 22.8-3 e 4 para um sistema com simetria cilíndrica. Isto é, suponha que uma superfície cilíndrica de transferência de massa e que T e x_A dependem somente da coordenada radial r. Mostre que as Eqs. 22.8-7 e 8 não precisam ser modificadas.

22C.1 Cálculo das taxas de ultrafiltração. Verifique a precisão dos resultados previstos que são mostrados na Fig. 22.8-9 para os seguintes dados e propriedades físicas:

Sistema físico:
- Taxa de rotação do disco filtrante = 273 rpm
- Albumina de soro bovino em $\rho_p = 2{,}2$ g/100 ml
- Difusividade da solução-tampão de fosfato (pH 6,7) = $7{,}1 \times 10^{-7}$ cm²/s
- Viscosidade cinemática da solução-tampão = 0,01 cm²/s
- Volumes parciais específicos de proteína e tampão iguais a 0,75 e 1,00 ml/g, respectivamente
- Permeabilidade hidráulica, $K_H = 0{,}0098$ cm/min·psi

Efeito concentração de proteína:
- Densidade da solução $\rho = 0{,}997 + 0{,}224\rho_p$ em g/ml
- Relação de difusividades proteína-tampão $\mathscr{D}_{PS}(0)/\mathscr{D}_{PS}(\rho_p) = 21{,}3\,\phi_P/\tanh(21{,}3\phi_P)$, onde $\phi_P = \omega_P\hat{V}_P/(\omega_P\hat{V}_P + \omega_S\hat{V}_S)$ é a fração molar volumétrica de proteína, sendo $\hat{V}_P$ e $\hat{V}_S$ os volumes parciais específicos de proteína e solvente

Relação de viscosidades proteína-tampão $\mu(0)/\mu(\rho_P) = 1{,}11 - 0{,}054\rho_P + 0{,}00067\rho_P^2$, com ρ_P expresso em g/100 ml

Pressão osmótica $\pi = 0{,}013\rho_P^2$ em psi (100 ml/g)^2

Os dados de operação são os seguintes:

Diferença de pressão através da membrana, $(p_0 - p_\delta)$, psi	**Velocidade de percolação v_δ, em cm/min**
4,0	0,032
7,1	0,049
8,4	0,049
13,6	0,061
14,7	0,066
23,9	0,074
29,7	0,078
30,0	0,079
36,4	0,081
47,0	0,082

CAPÍTULO 23

BALANÇOS MACROSCÓPICOS PARA SISTEMAS MULTICOMPONENTES

As aplicações das leis de conservação de massa, de momento e de energia a sistemas de engenharia em escoamento foram discutidas no Cap. 7 (sistemas isotérmicos) e no Cap. 15 (sistemas não-isotérmicos). Neste capítulo, continuaremos a discussão introduzindo três fatores adicionais não encontrados nos capítulos anteriores: (a) o fluido no sistema é composto de mais de uma espécie química; (b) reações químicas podem estar ocorrendo, juntamente com variações de composição e produção ou consumo de calor e (c) massa pode estar entrando no sistema através das superfícies de contorno (isto é, através das superfícies diferentes dos planos 1 e 2). Vários mecanismos pelos quais a massa pode entrar ou sair através das superfícies de contorno do sistema são mostradas na Fig. 23.0-1.

Neste capítulo, resumimos os balanços macroscópicos para a situação mais geral descrita anteriormente. Cada um desses balanços conterá agora um termo extra, de modo a considerar o transporte de massa, de momento ou de energia através das superfícies de contorno. Os balanços assim obtidos são capazes de descrever processos industriais de transferência de

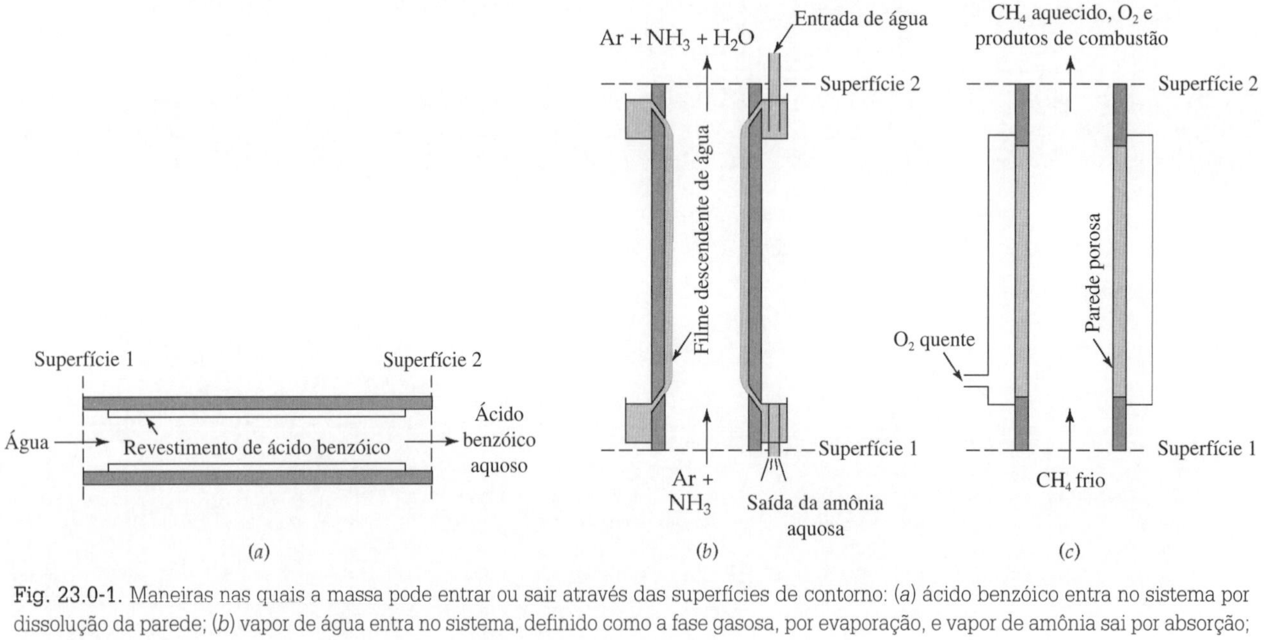

Fig. 23.0-1. Maneiras nas quais a massa pode entrar ou sair através das superfícies de contorno: (*a*) ácido benzóico entra no sistema por dissolução da parede; (*b*) vapor de água entra no sistema, definido como a fase gasosa, por evaporação, e vapor de amônia sai por absorção; (*c*) oxigênio entra no sistema por transpiração através de uma parede porosa.

massa, tais como absorção, extração, troca iônica e adsorção seletiva. Visto que existem tratados inteiros devotados a esses tópicos, tudo que tentaremos fazer aqui é mostrar como o material discutido nos capítulos precedentes alicerçam o caminho para o estudo de operações com transferência de massa. O leitor interessado em pesquisar mais sobre esses tópicos, deve consultar livros-texto e tratados disponíveis.[1-8]

A principal ênfase neste capítulo está nos balanços de massa para misturas. Por essa razão, a Seção 23.1 é acompanhada de cinco exemplos, que ilustram problemas que surgem na ciência ambiental, em separação de isótopos, na avaliação econômica e na ciência biomédica. Nas Seções 23.2 a 23.4, os outros balanços macroscópicos serão dados. Na Tabela 23.5-1, eles estão resumidos para sistemas com múltiplas entradas e saídas. As duas últimas seções do capítulo ilustrarão aplicações dos balanços macroscópicos a sistemas mais complexos.

23.1 BALANÇOS MACROSCÓPICOS DE MASSA

O enunciado da lei de conservação de massa de uma espécie química α em um sistema macroscópico multicomponente em escoamento é

$$\boxed{\frac{dm_{\alpha,\text{tot}}}{dt} = -\Delta w_\alpha + w_{\alpha,0} + r_{\alpha,\text{tot}} \qquad \alpha = 1, 2, 3, \ldots, N} \tag{23.1-1}$$

Essa é uma generalização da Eq. 7.1-2. Aqui, $m_{\alpha,\text{tot}}$ é a massa instantânea total de α no sistema e $-\Delta w_\alpha = w_{\alpha 1} - w_{\alpha 2} = \rho_{\alpha 1}\langle v_1\rangle S_1 - \rho_{\alpha 2}\langle v_2\rangle S_2$ é a diferença entre as vazões mássicas da espécie α através dos planos 1 e 2. A grandeza $w_{\alpha,0}$ é a vazão mássica de adição da espécie α ao sistema, devido à transferência de massa através da superfície de contorno. Note que $w_{\alpha,0}$ é positiva quando massa for *adicionada* ao sistema, da mesma forma que Q e W_m são considerados positivos no balanço de energia total, quando calor é adicionado ao sistema e trabalho é feito no sistema pelas partes móveis. Finalmente, o símbolo $r_{\alpha,\text{tot}}$ representa a taxa líquida de produção da espécie α por reações homogêneas e heterogêneas dentro do sistema.[1]

Lembre-se de que na Tabela 15.5-1, os transportes molecular e turbulento de momento e de energia, através das superfícies 1 e 2 na direção de escoamento, foram negligenciados em relação ao transporte convectivo. O mesmo é feito em toda parte neste capítulo – na Eq. 23.1-1 e nos outros balanços macroscópicos apresentados aqui.

Se todas as N equações na Eq. 23.1-1 forem somadas, conseguimos

$$\frac{dm_{\text{tot}}}{dt} = -\Delta w + w_0 \tag{23.1-2}$$

em que $w_0 = \Sigma_\alpha w_{\alpha,0}$ e usou-se a lei de conservação de massa na forma $\Sigma_\alpha \mathbf{r}_{\alpha,\text{tot}} = 0$.

Freqüentemente é conveniente escrever a Eq. 23.1-1 em unidades molares:

$$\boxed{\frac{dM_{\alpha,\text{tot}}}{dt} = -\Delta W_\alpha + W_{\alpha,0} + R_{\alpha,\text{tot}} \qquad \alpha = 1, 2, 3, \ldots, N} \tag{23.1-3}$$

---

[1] W. L. McCabe, J. C. Smith, and P. Harriot, *Unit Operations of Chemical Engineering*, McGraw-Hill, New York, 6th edition (2000).

[2] T. K. Sherwood, R. L. Pigford, and C. R. Wilke, *Mass Transfer*, McGraw-Hill, New York (1975).

[3] R. E. Treybal, *Mass Transfer Operations*, 3rd edition, McGraw-Hill, New York (1980).

[4] C. J. King, *Separation Processes*, McGraw-Hill, New York (1971).

[5] C. D. Holland, *Multicomponent Distillation*, McGraw-Hill, New York (1963).

[6] T. C. Lo, M. H. I. Baird, and C. Hanson, eds., *Handbook of Solvent Extraction*, Wiley-Interscience, New York (1983).

[7] R. T. Yang, *Gas Separations by Adsorption Processes*, Butterworth, Boston (1987).

[8] J. D. Seader and E. J. Henley, *Separation Process Principles*, Wiley, New York (1998).

[1] As grandezas $m_{\alpha,\text{tot}}$, $w_{\alpha,0}$ e $r_{\alpha,\text{tot}}$ podem ser expressas como integrais:

$$m_{\alpha,\text{tot}} = \int_V \rho_\alpha dV; \qquad w_{\alpha,0} = -\int_{S_0} (\mathbf{n} \cdot \rho_\alpha \mathbf{v}_\alpha) dS; \qquad r_{\alpha,\text{tot}} = \int_V r_\alpha dV + \int_{S_0} r_\alpha^{(s)} dS \tag{23.1-1a, b, c}$$

em que $\mathbf{n}$ é o vetor unitário normal, dirigido para fora, e S_0 é aquela porção da superfície de contorno onde a transferência de massa ocorre. Os integrandos em $r_{\alpha,\text{tot}}$ são as taxas líquidas de produção da espécie α por reações homogênea e heterogênea, respectivamente.

Aqui, as letras maiúsculas representam os correspondentes molares dos símbolos em letras minúsculas na Eq. 23.1-1. Quando a Eq. 23.1-3 for somada para todas as espécies, o resultado será

$$\frac{dM_{\text{tot}}}{dt} = -\Delta W + W_0 + \sum_{\alpha=1}^{N} R_{\alpha,\text{tot}} \tag{23.1-4}$$

Observe que o último termo, em geral, não é zero, porque o total de moles produzidos e consumidos não é igual em muitos sistemas de reações.

Em algumas aplicações, tais como operações de transferência de massa contínua no espaço, é de costume reescrever a Eq. 23.1-1 ou 3 para um elemento diferencial do sistema (ou seja, na "forma *d*", discutida na Seção 15.4). Então, os diferenciais $dw_{\alpha,0}$ ou $dW_{\alpha,0}$ podem ser expressos em termos de coeficientes locais de transferência de massa.

EXEMPLO 23.1-1

Eliminação de um Produto Residual Instável

Uma corrente fluida emerge de uma planta química, com vazão mássica constante, w, e é descarregada em um rio (Fig. 23.1-1*a*). Ela contém um resíduo A, com uma fração mássica ω_{A0}, que é instável e se decompõe a uma taxa proporcional à sua concentração, de acordo com a expressão $r_A = -k_1'''\rho_A$ – isto é, por uma reação de primeira ordem.

Para reduzir a poluição, permite-se que a corrente de efluente passe através de um tanque de retenção de volume V, antes de descarregar no rio (Fig. 23.1-1*b*). O tanque está equipado com um agitador eficiente que mantém o fluido no tanque com composição aproximadamente uniforme. No tempo $t = 0$, o fluido começa a escoar para dentro do tanque vazio. Nenhum líquido escoa para fora até que o tanque tenha enchido até o volume V.

Desenvolva uma expressão para a concentração do fluido no tanque, como uma função do tempo, durante o processo de enchimento do tanque e depois de o tanque ter sido completamente cheio.

SOLUÇÃO

(a) Começamos considerando o período durante o qual o tanque está sendo cheio – ou seja, o período $t \leq \rho V/w$, sendo ρ a densidade da mistura do fluido. Aplicamos o balanço macroscópico de massa da Eq. 23.1-1 para o tanque de retenção. A grandeza $m_{A,\text{tot}}$ no lado esquerdo é $wt\omega_A$ no tempo t. A vazão mássica entrando no tanque é $w\omega_{A0}$, não havendo escoa-

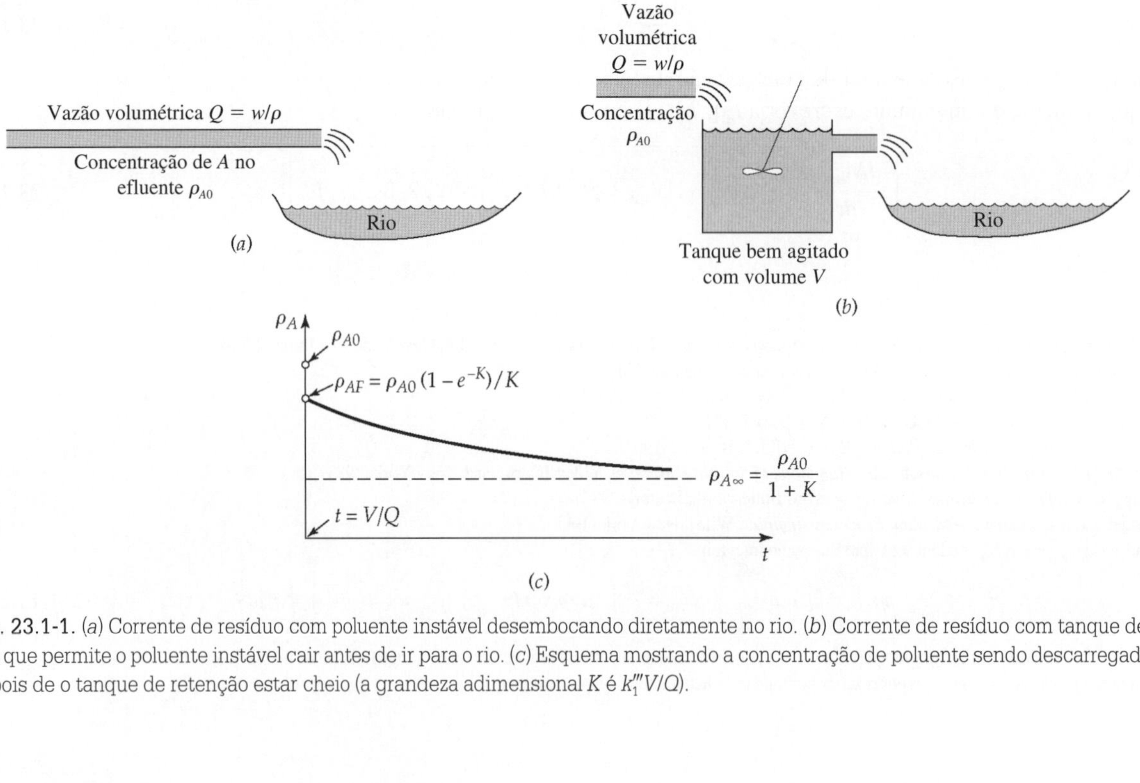

Fig. 23.1-1. (*a*) Corrente de resíduo com poluente instável desembocando diretamente no rio. (*b*) Corrente de resíduo com tanque de retenção que permite o poluente instável cair antes de ir para o rio. (*c*) Esquema mostrando a concentração de poluente sendo descarregado no rio depois de o tanque de retenção estar cheio (a grandeza adimensional K é $k_1'''V/Q$).

mento para fora durante o estágio de enchimento do tanque. Nenhum A está entrando ou saindo através de uma interface de transferência de massa. A vazão mássica de produção da espécie A é $r_{A,\text{tot}} = (wt/\rho)(-k_1'''\rho_A) = -k_1'''m_{A,\text{tot}}$. Por conseguinte, o balanço macroscópico de massa para a espécie A durante o período de enchimento é

$$\frac{d}{dt}m_{A,\text{tot}} = w\omega_{A0} - k_1'''m_{A,\text{tot}} \tag{23.1-5}$$

Essa primeira equação diferencial de primeira ordem pode ser resolvida com a condição inicial de que $m_{A,\text{tot}} = 0$ em $t = 0$ para fornecer

$$m_{A,\text{tot}} = \frac{w\omega_{A0}}{k_1'''}(1 - \exp(-k_1'''t)) \tag{23.1-6}$$

Isso pode ser escrito em termos da fração mássica instantânea de A no tanque, usando a relação $m_{A,\text{tot}} = wt\omega_A$:

$$\frac{\omega_A}{\omega_{A0}} = \frac{1 - \exp(-k_1'''t)}{k_1'''t} \qquad \left(t \leq \frac{\rho V}{w}\right) \tag{23.1-7}$$

A fração mássica de A no instante quando o tanque está cheio, ω_{AF}, é então dada por

$$\frac{\omega_{AF}}{\omega_{A0}} = \frac{1 - e^{-K}}{K} \tag{23.1-8}$$

em que $K = k_1'''\rho V/w = k_1'''V/Q$.

(b) O balanço de massa no tanque depois de ele ter sido cheio é

$$\frac{d}{dt}(\rho_A V) = w\omega_{A0} - w\omega_A - k_1'''\rho_A V \tag{23.1-9}$$

ou, na forma adimensional, com $\tau = (w/\rho V)t$,

$$\frac{d\omega_A}{d\tau} + (1 + K)\omega_A = \omega_{A0} \tag{23.1-10}$$

Essa equação diferencial de primeira ordem pode ser resolvida com a condição inicial de que $\omega_A = \omega_{AF}$ em $\tau = 1$ para fornecer

$$\frac{\omega_A - [\omega_{A0}/(1 + K)]}{\omega_{AF} - [\omega_{A0}/(1 + K)]} = e^{-(1+K)(\tau-1)} \qquad \left(t \geq \frac{\rho V}{w}\right) \tag{23.1-11}$$

Isso mostra que, à medida que o tempo progride, a fração mássica do poluente sendo descarregado dentro do rio diminui exponencialmente, com um valor limite de

$$\omega_{A\infty} = \frac{\omega_{A0}}{1 + K} = \frac{\omega_{A0}}{1 + (k_1'''\rho V/w)} \tag{23.1-12}$$

A curva para a concentração mássica como uma função do tempo depois de encher o tanque é mostrada na Fig. 23.1-1(c). Essa curva pode ser usada para determinar condições tais que a concentração do efluente esteja na faixa permitida. A Eq. 23.1-12 pode ser usada para decidir o tamanho necessário do tanque de retenção.

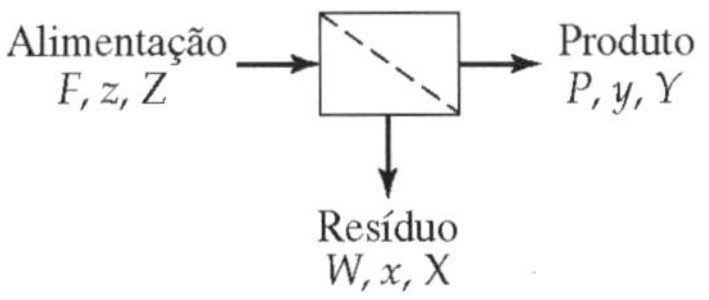

Fig. 23.1-2. Separador binário, em que uma corrente de alimentação é dividida em uma corrente de produto e em uma corrente de resíduo.

EXEMPLO 23.1-2

Separadores Binários

Descreva a operação de um separador binário, um dos mais comuns e simples dispositivos de separação (ver Fig. 23.1-2). Aqui, uma mistura binária de A e B entra no aparelho em uma corrente de alimentação, a uma vazão molar F, e por algum mecanismo de separação ela é dividida em uma corrente de produto com uma vazão molar P e uma corrente de resíduo com uma vazão molar W. A fração molar de A (o componente desejado) na corrente de alimentação é z e as frações molares nas correntes do produto e do resíduo são y e x, respectivamente.

SOLUÇÃO

Começamos escrevendo os balanços macroscópicos de massa, em regime permanente, para o componente A e para o fluido inteiro como

$$zF = yP + xW \tag{23.1-13}$$

$$F = P + W \tag{23.1-14}$$

Costuma-se chamar de *corte* a razão $\theta = P/F$ das vazões molares das correntes do produto e da alimentação. A Eq. 23.1-13 torna-se então, depois de eliminar W pelo uso da Eq. 23.1-14,

$$z = \theta y + (1 - \theta)x \tag{23.1-15}$$

Normalmente, o corte θ e a composição de alimentação z são considerados conhecidos.

Necessitamos agora de uma relação entre as composições de alimentação e do resíduo, sendo convencional escrever uma equação relacionando as composições das duas correntes de saída:

$$Y = \alpha X \tag{23.1-16}$$

Aqui, α é conhecido como o *fator de separação*, geralmente considerado também conhecido, e caracteriza a capacidade de separação do separador. Aqui, Y e X são as razões molares definidas por

$$Y = \frac{y}{1-y} \quad \text{e} \quad X = \frac{x}{1-x} \tag{23.1-17, 18}$$

Em termos das frações molares, a Eq. 23.1-16 pode ser escrita como

$$y = \frac{\alpha x}{1 + (\alpha - 1)x} \quad \text{ou} \quad x = \frac{y}{\alpha - (\alpha - 1)y} \tag{23.1-19, 20}$$

As Eqs. 23.1-15 e 19 (ou 20) descrevem completamente a operação de separação.

Para a separação líquido-vapor – ou seja, destilação em equilíbrio – é típico se definir o separador *ideal* em termos de uma operação em que as correntes do produto e do resíduo estejam em equilíbrio. Para essa situação, α é a *volatilidade relativa* e, para sistemas termodinamicamente ideais, ela é apenas a razão das pressões de vapor dos componentes. Mesmo para sistemas não ideais, α varia relativamente de forma lenta com a composição.

Para separadores *reais*, pode-se então definir α em termos de um fator empírico de correção – por exemplo, a *eficiência* – definida por

$$\alpha = E\alpha^* \tag{23.1-21}$$

sendo α^* o fator de separação para o modelo ideal e E um fator de correção que considera a falha do sistema real em se comportar de modo ideal.

Assim, encontramos que, para uma dada composição de alimentação, o *enriquecimento* $(y - z)/z$ produzido pelo separador é uma função do corte θ e do fator de separação α. O enriquecimento pode ser calculado a partir da seguinte equação, que é obtida combinando-se as Eqs. 23.1-15 e 23.1-20:

$$z = \theta y + (1 - \theta)\frac{y}{\alpha - (\alpha - 1)y} \tag{23.1-22}$$

Essa é uma equação quadrática para y que pode ser resolvida quando z é dado, obtendo-se então o enriquecimento $(y - z)/z$. Um exemplo é dado na Fig. 23.1-3, em que tanto $(y - z)/z$ como $5\theta(y - z)/z$ são plotados como funções de θ para $z = 1/2$ e $\alpha = 1{,}25$ (um valor razoável para muitos processos). Pode ser visto que, enquanto o enriquecimento máximo $(y - z)/z$ é obtido para cortes extremamente pequenos, o produto do enriquecimento e da vazão do produto é maior em um valor intermediário de θ. Encontrar um valor ótimo de θ é um problema que tem de ser visto com base econômica.

Separadores simples, do tipo genérico mostrado na Fig. 23.1-2, são bastante usados como unidades básicas de montagem para processos de separação em multiestágios. Esses incluem evaporadores e cristalizadores, que têm tipicamente um fator de separação muito alto, α, por estágio, e sistemas para destilação, absorção gasosa e extração líquida, em que α pode variar muito. Todas essas aplicações estão bem cobertas em livros-texto padrões de operações unitárias.

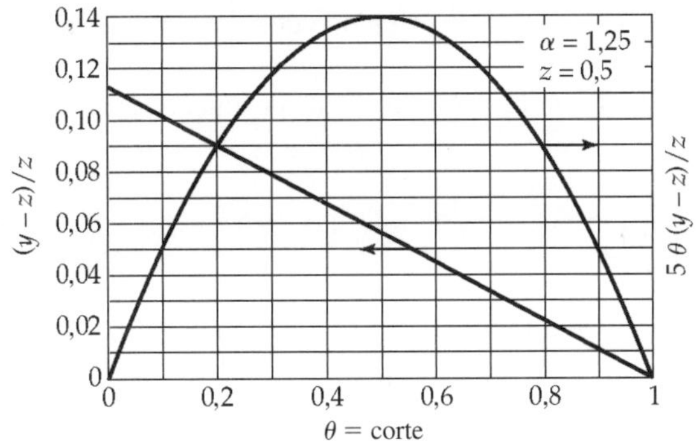

Fig. 23.1-3. Comportamento de um separador binário.

Processos com membranas estão crescendo rapidamente em importância e muitos princípios de projeto foram desenvolvidos para a indústria de fracionamento de isótopos.[2] Discussões sobre aplicações mais modernas são também disponíveis.[3]

EXEMPLO 23.1-3

Balanços Macroscópicos e "Capacidade de Separação" e "Função Valor" de Dirac

Durante o Projeto Manhattan da II Guerra Mundial, o físico britânico Dirac[2,4,5] usou balanços macroscópicos de massa para um separador binário, com o objetivo de desenvolver um critério para comparar a efetividade de diferentes processos de separação – por exemplo, difusão térmica e centrifugação. O mesmo critério tem sido útil também na avaliação de biosseparações.

Imaginemos o sistema simples de separação mostrado na Fig. 23.1-2, em que F é a vazão molar da corrente de alimentação que contém uma mistura binária de A e B, sendo P e W as vazões molares das correntes do produto e do resíduo. As frações molares da espécie A nas três correntes são z, y e x, respectivamente.

No sistema, existe algum mecanismo (por exemplo, uma membrana) para aumentar a concentração de A na corrente do produto e diminuí-la na corrente do resíduo. Podemos então definir um *fator de separação* α como nas Eqs. 23.1-16 a 18.

$$\alpha = \frac{y/(1-y)}{x/(1-x)} = 1 + \frac{y-x}{x(1-y)} \tag{23.1-23}$$

Escrevemos isso em uma segunda forma, porque consideraremos apenas sistemas em que haja somente um leve enriquecimento da espécie A, de modo que $\alpha - 1$ seja uma grandeza muito pequena. Quando a Eq. 23.1-23 é resolvida para y como uma função de x, obtemos então

$$y = \frac{x + (\alpha - 1)x}{1 + (\alpha - 1)x} \approx x + (\alpha - 1)x(1 - x) \tag{23.1-24}$$

A seguir, definimos a *capacidade de separação de Dirac*, Δ, do sistema como o aumento líquido no "valor" (este poderia ser, por exemplo, o valor monetário) das correntes que estão participando no sistema:

$$\Delta = Pv(y) + Wv(x) - Fv(z) \tag{23.1-25}$$

[2] E. Von Halle and J. Schacter, *Diffusion Separation Methods*, in Volume 8 of *Kirk-Othmer Encyclopedia of Chemical Technology* (M. Howe-Grant, ed.), 4th edition, Wiley, New York (1993), pp. 149-203.

[3] W. S. W. Ho and K. K. Sirkar, *Membrane Handbook*, Van Nostrand Reinhold, New York (1992), p. 954; R. D. Noble and S. A. Stern, *Membrane Separations Technology*, Elsevier, Amsterdam (1995), p. 718.

[4] P. A. M. Dirac, *British Ministry of Supply* (1941); isso está reimpresso em *The Collected Works of P. A. M. Dirac (1924-1948)*, (R. H. Dalitz, ed.) Cambridge University Press (1995). Prêmio Nobel, **Paul Adrien Maurice Dirac** (1902-1984), foi um dos líderes no desenvolvimento de mecânica quântica, desenvolveu a equação relativística da onda e previu a existência do pósitron.

[5] K. Cohen, *Theory of Isotope Separation*, McGraw-Hill, New York (1951).

sendo $v(x)$ a *função valor de Dirac*. (Na literatura da ciência da separação, a capacidade de separação é freqüentemente dada pelo símbolo δU.)

Mostre como a capacidade de separação e a função valor podem ser obtidas pelo uso da definição na Eq. 23.1-25, juntamente com os balanços de massa para o sistema.

SOLUÇÃO

O balanço de massa total e o balanço de massa para a espécie A são:

$$F = P + W; \qquad Fz = Py + Wx \tag{23.1-26, 27}$$

Dividimos agora a Eq. 23.1-27 por F e então usamos a Eq. 23.1-26 para eliminar W. Introduzimos então a grandeza $\theta = P/F$ (chamada de "corte"), ficando com

$$z = \theta y + (1 - \theta)x \quad \text{ou} \quad z - x = \theta(y - x) \tag{23.1-28}$$

A seguir, dividimos a Eq. 23.1-25 por F e introduzimos θ, resultando

$$\frac{\Delta}{F} = \theta v(y) + (1 - \theta)v(x) - v(z) \tag{23.1-29}$$

Visto que as diferenças entre as concentrações das correntes são bem pequenas, podemos expandir $v(y)$ e $v(x)$ em torno de z e conseguir

$$v(x) = v(z) + (x - z)v'(z) + \tfrac{1}{2}(x - z)^2 v''(z) + \cdots \tag{23.1-30}$$

$$v(y) = v(z) + (y - z)v'(z) + \tfrac{1}{2}(y - z)^2 v''(z) + \cdots \tag{23.1-31}$$

em que os primos indicam diferenciação em relação a z. Quando essas expressões são colocadas na Eq. 23.1-29 e usamos a Eq. 23.1-28, conseguimos

$$\frac{\Delta}{F} = \tfrac{1}{2}\theta(1 - \theta)(y - z)^2 v''(z) \tag{23.1-32}$$

Quando usamos a Eq. 23.1-24, esta última equação se torna

$$\frac{\Delta}{F} = \tfrac{1}{2}\theta(1 - \theta)(\alpha - 1)z^2(1 - z)^2 v''(z) \tag{23.1-33}$$

Consideramos agora que a capacidade de separação do sistema seja praticamente independente da concentração. Portanto, estabelecemos o fator dependente da concentração na Eq. 23.1-33 igual à unidade; assim,

$$\frac{\Delta}{F} = \tfrac{1}{2}\theta(1 - \theta)(\alpha - 1) \tag{23.1-34}$$

é a expressão final para a capacidade de separação. De acordo com essa expressão, a capacidade de separação tem um máximo quando o sistema é operado a $\theta = 1/2$.

Necessitamos ainda obter a função valor de Dirac, que tem de satisfazer a equação diferencial

$$\frac{d^2v}{dz^2} = \frac{1}{z^2(1 - z)^2} \tag{23.1-35}$$

Ao se integrar essa equação, obtemos

$$v = (2z - 1)\ln\left(\frac{z}{1 - z}\right) - 2 + C_1 z + C_2 \tag{23.1-36}$$

As duas constantes de integração podem ser atribuídas arbitrariamente e várias escolhas diferentes foram usadas. Entretanto, a escolha mais comum é $v(1/2) = 0$ e $v'(1/2) = 0$. Isso conduz a

$$v = (2z - 1)\ln\left(\frac{z}{1 - z}\right) \tag{23.1-37}$$

que é a solução simétrica, pelo fato de $v(1 - z) = v(z)$ e $v'(1 - z) = -v'(z)$.

A função valor $v(z)$ e a capacidade de separação Δ são úteis quando comparando separações feitas em tipos diferentes de equipamentos, assim como diferentes faixas de concentração. De um ponto de vista econômico, $v(z)$, como dado pela Eq. 23.1-37, é útil para determinar diferenças de preço para misturas de isótopos de diferentes purezas.

EXEMPLO 23.1-4

Análise Compartimentada

Uma das aplicações mais simples e mais úteis do balanço macroscópico de massa da espécie é chamada de *análise compartimentada*, em que um sistema complexo é tratado como uma rede de misturadores perfeitos, cada um com volume constante, conectados por dutos de volume desprezível, com nenhuma dispersão ocorrendo nos dutos de conexão. Imagine unidades de misturas, marcadas como 1, 2, 3, ..., n, ..., N, contendo várias espécies (marcadas com índices α, β, γ, ...). Então, a concentração mássica, $\rho_{\alpha n}$, da espécie α na unidade n varia com o tempo, de acordo com a equação

$$V_n \frac{d\rho_{\alpha n}}{dt} = \sum_{m=1}^{N} Q_{mn}(\rho_{\alpha m} - \rho_{\alpha n}) + V_n r_{\alpha n} \tag{23.1-38}$$

Aqui, V_n é o volume da unidade n, Q_{mn} é a vazão volumétrica do solvente da unidade m para a unidade n e $r_{\alpha n}$ é a taxa de formação da espécie α por unidade de volume na unidade n.

Mostre como tal modelo pode ser especializado para descrever a remoção de produtos metabólicos tóxicos (ou seja, os materiais tóxicos resultando do metabolismo humano) de um paciente por *hemodiálise*. Hemodiálise é a remoção periódica de metabólitos tóxicos encontrados por meio do contato entre o sangue e um fluido de diálise em escoamento contracorrente, separados por uma membrana de celofane que é permeável ao metabólito.

SOLUÇÃO

O modelo simples de dois compartimentos da Fig. 23.1-4 foi adequado para representar o sistema de hemodiálise. Aqui, o bloco grande, ou compartimento 1 (denominado "corpo"), representa os fluidos corpóreos combinados, exceto para aqueles no sangue, que são representados pelo compartimento 2. O sangue circula por um sistema ramificado de vasos através do compartimento 1, a uma vazão volumétrica Q, extraindo, no processo, soluto pelas paredes dos vasos. Esse processo é altamente eficiente e um único soluto sai do compartimento 1, a uma concentração ρ_1, igual à concentração em todo o compartimento. Ao mesmo tempo, o soluto está sendo formado dentro dos fluidos corpóreos, a uma taxa constante G, sendo extraído do sangue durante a diálise por um dialisador a uma taxa $D\rho_2$. A constante de proporcionalidade, D, é conhecida como "folga do dialisador" e é fixada pelo projeto do dialisador e pelas condições operacionais.

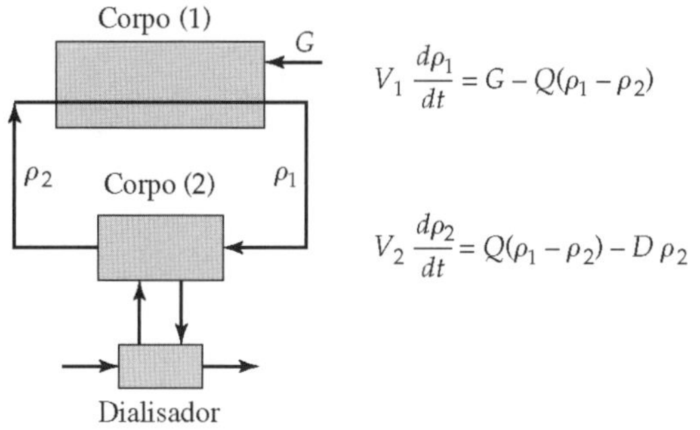

Fig. 23.1-4. Modelo de dois compartimentos usado para analisar o funcionamento de um dialisador.

O processo muito complexo que realmente ocorre é modelado pelas duas equações

$$V_1 \frac{d\rho_1}{dt} = -Q(\rho_1 - \rho_2) + G \tag{23.1-39}$$

$$V_2 \frac{d\rho_2}{dt} = Q(\rho_1 - \rho_2) - D\rho_2 \tag{23.1-40}$$

com $D = 0$ entre os períodos de diálise. Pelo fato de estarmos considerando um único soluto, as concentrações têm somente um subscrito, que indica o compartimento. Medimos o tempo t do início de um procedimento de diálise, quando o sangue e os fluidos corpóreos estão muito perto do equilíbrio entre si, de modo que podemos escrever as condições iniciais como

C. I.: em $t = 0$, $$\rho_1 = \rho_2 = \rho_0 \tag{23.1-41}$$

onde ρ_0 é uma constante. Queremos agora obter uma expressão explícita para a concentração do metabólito tóxico no sangue em função do tempo.

Começamos adicionando as Eqs. 23.1-39 e 40 e resolvendo para $d\rho_1/dt$. Esta é então substituída na derivada da Eq. 23.1-40 em relação ao tempo para obter a equação diferencial referente à concentração de metabólito no sangue:

$$\frac{d^2\rho_2}{dt^2} + \left(\frac{Q}{V_1} + \frac{Q}{V_2} + \frac{D}{V_2}\right)\frac{d\rho_2}{dt} + \frac{QD}{V_1V_2}\rho_2 = \frac{QG}{V_1V_2} \tag{23.1-42}$$

com

$$\text{C. I.: em } t = 0, \qquad \rho_2 = \rho_0 \quad \text{e} \quad \frac{d\rho_2}{dt} = -\frac{D\rho_0}{V_2} \tag{23.1-43}$$

A segunda condição inicial é obtida pelo uso das Eqs. 23.1-40 e 41.

Essa equação é agora resolvida com os seguintes valores específicos de parâmetros, que são típicos para a remoção de creatinina de uma pessoa adulta com 70 kg:

Grandeza	V_1 (litros)	V_2 (litros)	Q (litros por min)	D (litros por min)	G (g por minuto)	ρ_0 (g por litro)
Magnitude	43	4,5	5,4	0,3	0,0024	0,140

A equação diferencial e as condições iniciais tomam agora a forma:

$$\frac{d^2\rho_2}{dt^2} + (1{,}3922)\frac{d\rho_2}{dt} + (0{,}00837)\rho_2 = 6{,}70 \times 10^{-5} \tag{23.1-44}$$

$$\text{C.I.: no tempo } t = 0, \qquad \rho_2 = \rho_0 \quad \text{e} \quad \frac{d\rho_2}{dt} = -0{,}00933 \tag{23.1-45}$$

sendo a concentração expressa em gramas por litro e o tempo em minutos. A função complementar que satisfaz a equação homogênea associada é

$$\rho_{2,\text{cf}} = C_1 \exp(0{,}006043t) + C_2 \exp(1{,}386t) \tag{23.1-46}$$

e a integral particular é

$$\rho_{2,\text{pi}} = 0{,}0080 \tag{23.1-47}$$

A solução completa para a equação não-homogênea é dada pela soma da função complementar e da integral da particular. Quando as constantes de integração são determinadas a partir das condições iniciais, conseguimos

$$\rho_2 = 0{,}1258 \exp(0{,}006043t) + (0{,}0062 \exp(1{,}386t) + 0{,}0080 \tag{23.1-48}$$

$$\frac{d\rho_2}{dt} = -0{,}000760 \exp(0{,}006043t) - 0{,}0086 \exp(1{,}386t) \tag{23.1-49}$$

durante o período de diálise.

Para o período de recuperação seguinte ao da diálise, consideramos aqui que o paciente não tenha função renal; assim, a folga, D, é zero. A Eq. 23.1-42 adquire a forma mais simples

$$\frac{d^2\rho_2'}{dt^2} + Q\left(\frac{V_1 + V_2}{V_1V_2}\right)\frac{d\rho_2'}{dt} = \frac{QG}{V_1V_2} \tag{23.1-50}$$

sendo ρ' a concentração durante o período de recuperação. A função complementar e a integral particular são

$$\rho_{2,\text{cf}}' = C_3 \exp\left[-Q\left(\frac{V_1 + V_2}{V_1V_2}\right)t'\right] + C_4 \tag{23.1-51}$$

$$\rho_{2,\text{pi}}' = \frac{Gt'}{V_1 + V_2} \tag{23.1-52}$$

em que t' é o tempo medido a partir do início do período de recuperação. Substituindo os valores numéricos, obtemos então a concentração durante o período de recuperação e sua derivada temporal

$$\rho_2' = C_3 \exp(-1{,}325t') + (5{,}05 \times 10^{-5})t' + C_4 \quad (23.1\text{-}53)$$

$$\frac{d\rho_2'}{dt'} = -1{,}325C_3 \exp(-1{,}325t') + (5{,}05 \times 10^{-5}) \quad (23.1\text{-}54)$$

As constantes de integração devem ser determinadas para $t' = 0$, a partir das condições de igualdade,

em $t' = 0$, $$\rho_2' = \rho_2 \quad \text{e} \quad \rho_1' = \rho_1 \quad (23.1\text{-}55, 56)$$

Necessitamos de uma segunda condição inicial para determinar as constantes de integração na Eq. 23.1-53. Isso pode ser obtido da Eq. 23.1-40 e da equação correspondente para ρ_2' (isto é, com $D = 0$), combinada com as duas relações nas Eqs. 23.1-55 e 56. Essa relação é

em $t' = 0$, $$\frac{d\rho_2'}{dt} = \frac{d\rho_2}{dt} + \frac{D\rho_2}{V_2} \quad (23.1\text{-}57)$$

Para finalidades ilustrativas, devemos encerrar a diálise em 50 min, para os quais

$$\rho_2(t = 50) = 0{,}099239 = \rho_2' \quad (23.1\text{-}58)$$

Temos agora informação suficiente para determinar as constantes de integração e portanto conseguimos para a concentração no sangue durante o período de recuperação

$$\rho_2' = 0{,}0972 - 0{,}00422 \exp(-1{,}325t') + (5{,}05 \times 10^{-5})t' \quad (23.1\text{-}59)$$

As Eqs. 23.1-48 e 59 são plotadas na Fig. 23.1-5.

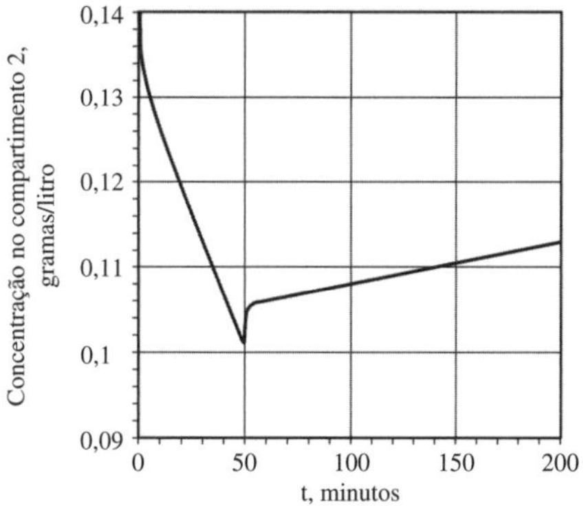

Fig. 23.1-5. Farmacocinética da diálise: previsão do modelo.

A Fig. 23.1-6 é talvez mais interessante por mostrar a aplicação das Eqs. 23.1-39 e 40 para um paciente real. Aqui, os pontos representam os dados e as linhas são as previsões do modelo. Somente a folga do dialisador e as concentrações de creatinina são conhecidas e os dados do primeiro ciclo são usados para estimar os parâmetros restantes. O modelo resul-

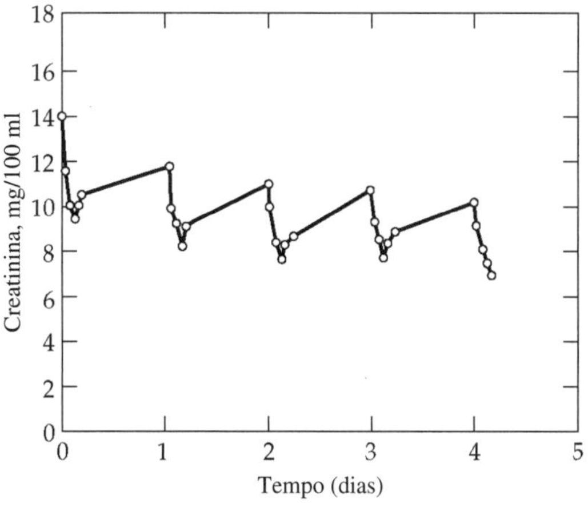

Fig. 23.1-6. Dados experimentais (pontos) e simulados (curvas sólidas) de creatinina para um paciente em diálise [R. L. Bell, K. Curtiss, and A. L. Babb, *Trans. Amer. Soc. Artificial Internal Organs*, **11**, 183 (1965)].

tante é usado então para prever os próximos três ciclos. Vemos que essa abordagem correlaciona de forma excelente os dados, tendo valor preditivo. Observe que o aumento repentino na concentração de creatinina em 50 min resulta do fato de que o dialisador não mais a remove do sangue. Como resultado, o desequilíbrio entre o sangue e o resto do corpo torna-se então menor.

Modelos compartimentados similares têm larga aplicação em medicina, onde são chamados de *modelos farmacocinéticos*.[6] Uma modelagem farmacocinética apriorística, em que os parâmetros do modelo são determinados separadamente do processo sob análise, foi primeiro desenvolvida por Bischoff e Dedrick.[7]

EXEMPLO 23.1-5

Constantes de Tempo e Insensibilidade do Modelo

No exemplo anterior é claro, mesmo por uma inspeção superficial, que nem os fluidos corpóreos nem o sangue circulante têm muito em comum com tanques de mistura ideal, sendo conseqüentemente de algum interesse examinar criticamente o sucesso do modelo compartimentado simples. Para começar nessa direção, compare a resposta (ou seja, a concentração na saída) de dois sistemas bem diferentes na Fig. 23.1-7, em relação a uma alimentação de soluto que cai exponencialmente: um em que o fluido que entra se move em escoamento empistonado (*plug flow* ou *PFR*) e um outro que atua como um misturador perfeito (ou *reator contínuo de tanques agitados, CSTR*). Conforme mostrado na Fig. 23.1-7, as respostas a uma entrada em forma de um pulso são bem diferentes para o PFR e o CSTR. Considere escoamento em regime permanente, a uma vazão volumétrica Q, através de cada sistema e considere ainda que o traçador sendo seguido está muito diluído para afetar o comportamento do escoamento do solvente transportador. Suponha que não ocorra reação.

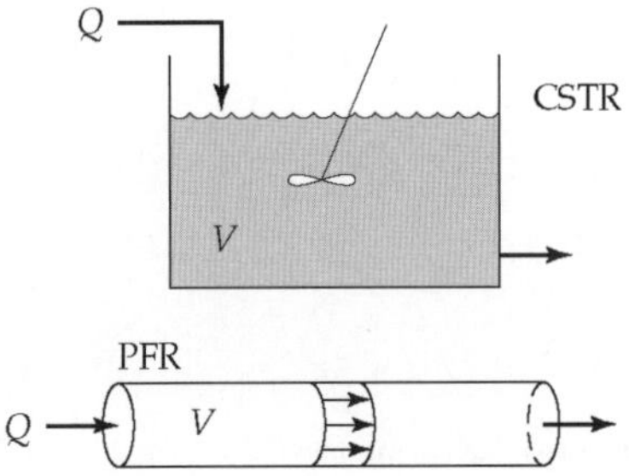

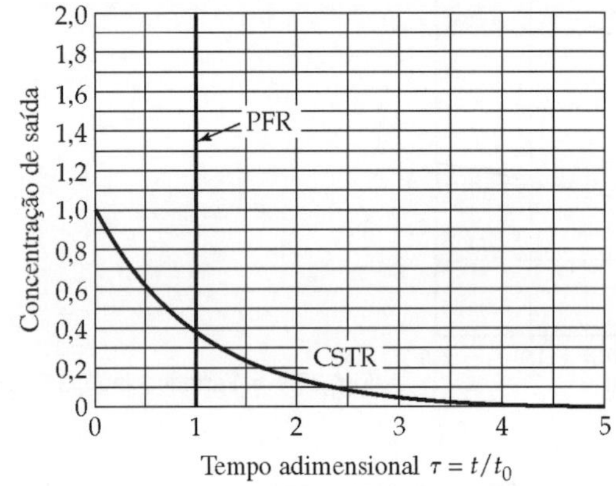

Fig. 23.1-7. Respostas do PFR e do CSTR a uma alimentação em pulso.

SOLUÇÃO

Para ambos os sistemas, consideramos que a concentração seja inicialmente zero em todo o sistema e que a concentração da espécie α na corrente de entrada seja

$$\rho_\alpha = \rho_0 \exp(-t/t_0) \tag{23.1-60}$$

sendo ρ_0 e t_0 constantes, específicas para o problema.

Para o PFR, a concentração da corrente de saída mostra somente um atraso e um decaimento no tempo, podendo-se escrever de imediato para $X = \rho_\alpha/\rho_0$

$$X = 0 \quad \text{para } t < t_{\text{res}} \tag{23.1-61}$$

sendo $t_{\text{res}} = V/Q$ o *tempo médio de residência do soluto*, uma segunda constante de tempo imposta ao sistema. O resultado para um tempo mais longo é

$$X = \exp[-(t - t_{\text{res}})/t_0] \quad \text{para } t > t_{\text{res}} \tag{23.1-62}$$

[6] P. G. Welling, *Pharmacokinetics*, American Chemical Society (1997).

[7] K. B. Bischoff and R. L. Dedrick, *J. Pharm. Sci.*, **87**, 1347-1357 (1968); *AIChE Symposium Series*, **64**, 32-44 (1968).

que nos é aqui de mais interesse.

Para o CSTR, começamos com a equação diferencial básica

$$V\frac{dX}{dt} = Q(\exp(-t/t_0) - X) \tag{23.1-63}$$

com a condição inicial que $X = 0$ em $t = 0$. Essa equação diferencial de primeira ordem tem a solução

$$X = \left(\frac{\alpha}{\alpha - 1}\right)(e^{-\tau} - e^{-\alpha\tau}) \qquad (\alpha \neq 1) \tag{23.1-64}$$

$$X = \tau e^{-\tau} \qquad (\alpha = 1) \tag{23.1-65}$$

em que $\alpha = t_0/t_{res}$ e $\tau = t/t_0$. As concentrações de saída são plotadas na Fig. 23.1-8 como funções do tempo adimensional, $\tau = t/t_0$, para cada reator e para $1/\alpha = t_{res}/t_0$ igual a 0,1 e 1,0.

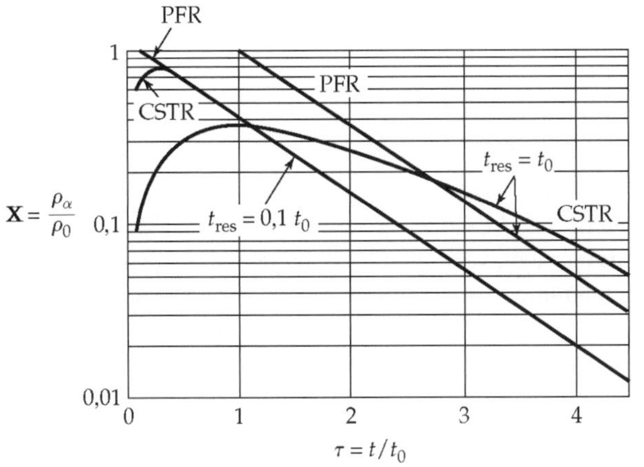

Fig. 23.1-8. Resposta do PFR e do CSTR a uma alimentação com decaimento exponencial.

Pode ser visto que para $1/\alpha = t_{res}/t_0 = 1{,}0$, os dois reatores produzem concentrações de efluente muito diferentes, como seria esperado. No entanto, para $t >> t_{res}$ e para intervalo de tempo de observação, t_{obs}, significativamente maior que t_{res}, as curvas do efluente para os dois reatores são praticamente indistingüíveis. Essa é a região de validade para a análise compartimentada e vemos que além das constantes de tempo impostas pelo próprio sistema, há também uma outra constante de tempo imposta pela duração de uma observação, t_{obs}. Podemos então definir a faixa de validade da análise compartimentada pelas desigualdades

$$t_{obs} >> t_0 >> t_{res} \tag{23.1-66}$$

Desse modo, a análise compartimentada é mais útil como uma descrição aproximada, para tempos longos, de um sistema que responde lentamente em relação aos tempos de residência do soluto em suas unidades componentes. Pode ser visto imediatamente que essas condições são encontradas no Exemplo 23.1-4, em que as concentrações dos metabólitos para tempos longos são de principal interesse.

A Eq. 23.1-66 resume os requisitos para farmacocinéticos que são encontrados em uma larga variedade de problemas de transporte biológico com reação. Eles são também satisfeitos em uma grande quantidade de situações ambientais.[8]

23.2 BALANÇOS MACROSCÓPICOS DE MOMENTO E DE MOMENTO ANGULAR

Os enunciados macroscópicos das leis de conservação de momento e de momento angular para uma mistura fluida, com gravidade como a única força externa, são

[8] F. H. Shair and K. L. Heitner, *Envir. Sci. and Tech.*, **8**, 444-451 (1974).

$$\frac{d\mathbf{P}_{\text{tot}}}{dt} = -\Delta\left(\frac{\langle v^2\rangle}{\langle v\rangle} w + pS\right)\mathbf{u} + \mathbf{F}_{s\to f} + \mathbf{F}_0 + m_{\text{tot}}\mathbf{g} \tag{23.2-1}$$

$$\frac{d\mathbf{L}_{\text{tot}}}{dt} = -\Delta\left(\frac{\langle v^2\rangle}{\langle v\rangle} w + pS\right)[\mathbf{r} \times \mathbf{u}] + \mathbf{T}_{s\to f} + \mathbf{T}_0 + \mathbf{T}_{ext} \tag{23.2-2}$$

Essas equações (raramente usadas) são as mesmas que as Eqs. 7.2-2 e 7.3-2, exceto pelos termos adicionais $\mathbf{F}_0$ e $\mathbf{T}_0$ que são, respectivamente, os fluxos[1] líquidos de entrada de momento e de momento angular para o sistema devido à transferência de massa. Para a maioria dos processos de transferência de massa, esses termos são tão pequenos que podem ser seguramente desprezados.

23.3 BALANÇO MACROSCÓPICO DE ENERGIA

Para uma mistura fluida, o enunciado macroscópico da lei de conservação de energia é

$$\frac{d}{dt}(U_{\text{tot}} + K_{\text{tot}} + \Phi_{\text{tot}}) = -\Delta\left[\left(\hat{U} + p\hat{V} + \frac{1}{2}\frac{\langle v^3\rangle}{\langle v\rangle} + \hat{\Phi}\right)w\right] + Q_0 + Q + W_m \tag{23.3-1}$$

Essa equação é a mesma que a Eq. 15.1-2, exceto pela adição do termo Q_0.[1] Esse termo considera a adição de energia ao sistema como um resultado da transferência de massa. Ele pode ser de considerável importância, particularmente se o material estiver entrando através da superfície de contorno a uma temperatura muito maior ou muito menor do que aquela do fluido dentro do sistema em escoamento, ou se ele reagir quimicamente no sistema.

Quando reações químicas estão ocorrendo, considerável calor pode ser liberado ou absorvido. Esse calor de reação é automaticamente levado em consideração no cálculo das entalpias das correntes de entrada e de saída (ver Exemplo 23.5-1).

Em algumas aplicações, em que as taxas de transferência de energia através da superfície são funções da posição, é mais conveniente reescrever a Eq. 23.3-1 na forma d – ou seja, ao longo de uma porção diferencial do sistema em escoamento, conforme descrito na Seção 15.4. Então, o incremento do calor adicionado, dQ, é expresso em termos de um coeficiente local de transferência de calor.

23.4 BALANÇO MACROSCÓPICO DE ENERGIA MECÂNICA

Um exame cuidadoso da dedução do balanço de energia mecânica na Seção 7.8 mostra que o resultado obtido lá se aplica a misturas tão bem quanto para fluidos puros. Se incluirmos agora a superfície da fronteira de transferência de massa S_0, obteremos então

$$\frac{d}{dt}(K_{\text{tot}} + \Phi_{\text{tot}}) = -\Delta\left[\left(\frac{1}{2}\frac{\langle v^3\rangle}{\langle v\rangle} + \hat{\Phi} + \frac{p}{\rho}\right)w\right] + B_0 + W_m - E_c - E_v \tag{23.4-1}$$

Essa é a mesma que a Eq. 7.4-2, exceto pelo termo adicional B_0 que considera o transporte de energia mecânica através da

[1] Esses termos podem ser escritos como integrais,

$$\mathbf{F}_0 = -\int_{S_0} [\mathbf{n} \cdot \rho\mathbf{v}\mathbf{v}]\, dS; \qquad \mathbf{T}_0 = -\int_{S_0} [\mathbf{n} \cdot \{\mathbf{r} \times \rho\mathbf{v}\mathbf{v}\}]\, dS \tag{23.2-1a, b}$$

em que **n** é o vetor unitário da normal, dirigido para fora.

[1] Esse termo pode ser escrito como uma integral,

$$Q_0 = -\int_{S_0} \left(\mathbf{n} \cdot \left\{\tfrac{1}{2}\rho v^2\mathbf{v} + \rho\hat{\Phi}\mathbf{v} + \sum_{\alpha=1}^{N} c_\alpha \overline{H}_\alpha \mathbf{v}_\alpha\right\}\right) dS \tag{23.3-1a}$$

em que **n** é o vetor unitário da normal, dirigido para fora. A origem desse termo pode ser vista referindo-se à Eq. 19.3-5 e à Eq. (H) da Tabela 17.8-1.

fronteira de transferência de massa.[1] O uso dessa equação é ilustrado no Exemplo 22.5-3.

23.5 USO DOS BALANÇOS MACROSCÓPICOS PARA RESOLVER PROBLEMAS EM REGIME PERMANENTE

Os balanços macroscópicos estão resumidos na Tabela 23.5-1 para sistemas com mais de um plano de entrada e de saída. Os termos com o subscrito 0 descrevem a adição ou a remoção de massa, de momento, de momento angular, de energia e de energia mecânica nas superfícies de transferência de massa. Geralmente, esses balanços não são usados integralmente, mas é conveniente ter uma lista completa deles para finalidades de resolução dos problemas. Para problemas em regime permanente,

TABELA 23.5-1 Balanços Macroscópicos em Regime Transiente para Sistemas Multicomponentes Não-Isotérmicos

Massa:

$$\frac{d}{dt} m_{\text{tot}} = \Sigma w_1 - \Sigma w_2 + w_0 = \Sigma \rho_1 \langle v_1 \rangle S_1 - \Sigma \rho_2 \langle v_2 \rangle S_2 + w_0 \tag{A}$$

Massa da espécie α:

$$\frac{d}{dt} m_{\alpha,\text{tot}} = \Sigma w_{\alpha 1} - \Sigma w_{\alpha 2} + w_{\alpha 0} + r_{\alpha,\text{tot}} \qquad \alpha = 1, 2, 3, \ldots N \tag{B}$$

Momento:

$$\frac{d}{dt} \mathbf{P}_{\text{tot}} = \Sigma\left(\frac{\langle v_1^2 \rangle}{\langle v_1 \rangle} w_1 + p_1 S_1\right)\mathbf{u}_1 - \Sigma\left(\frac{\langle v_2^2 \rangle}{\langle v_2 \rangle} w_2 + p_2 S_2\right)\mathbf{u}_2 + m_{\text{tot}}\mathbf{g} + \mathbf{F}_0 - \mathbf{F}_{f\to s} \tag{C}$$

Momento angular:

$$\frac{d}{dt} \mathbf{L}_{\text{tot}} = \Sigma\left(\frac{\langle v_1^2 \rangle}{\langle v_1 \rangle} w_1 + p_1 S_1\right)[\mathbf{r}_1 \times \mathbf{u}_1] - \Sigma\left(\frac{\langle v_2^2 \rangle}{\langle v_2 \rangle} w_2 + p_2 S_2\right)[\mathbf{r}_2 \times \mathbf{u}_2] + \mathbf{T}_{\text{ext}} + \mathbf{T}_0 - \mathbf{T}_{f\to s} \tag{D}$$

Energia mecânica:

$$\frac{d}{dt}(K_{\text{tot}} + \Phi_{\text{tot}}) = \Sigma\left(\frac{1}{2}\frac{\langle v_1^3 \rangle}{\langle v_1 \rangle} + gh_1 + \frac{p_1}{\rho_1}\right)w_1 - \Sigma\left(\frac{1}{2}\frac{\langle v_2^3 \rangle}{\langle v_2 \rangle} + gh_2 + \frac{p_2}{\rho_2}\right)w_2 + W_m + B_0 - E_c - E_v \tag{E}$$

Energia (total):

$$\frac{d}{dt}(K_{\text{tot}} + \Phi_{\text{tot}} + U_{\text{tot}}) = \Sigma\left(\frac{1}{2}\frac{\langle v_1^3 \rangle}{\langle v_1 \rangle} + gh_1 + \hat{H}_1\right)w_1 - \Sigma\left(\frac{1}{2}\frac{\langle v_2^3 \rangle}{\langle v_2 \rangle} + gh_2 + \hat{H}_2\right)w_2 + W_m + Q_0 + Q \tag{F}$$

Notas:
(a) $\Sigma w_{\alpha 1} = w_{\alpha 1a} + w_{\alpha 1b} + w_{\alpha 1c} + \ldots$, em que $w_{\alpha 1a} = \rho_{\alpha 1a} v_{1a} S_{1a}$ e assim por diante; as Eqs. (A) e (B) podem ser escritas em unidades molares, trocando os símbolos em letras minúsculas por letras maiúsculas e adicionando o termo $\Sigma_\alpha R_{\alpha,\text{tot}}$ à Eq. (A), a fim de considerar o fato de que moles não necessitam ser conservados em uma reação química.
(b) h_1 e h_2 são elevações acima de um plano arbitrário de referência.
(c) $\hat{H}_1$ e $\hat{H}_2$ são as entalpias por unidade de massa (para a mistura), relativas a algum estado de referência escolhido arbitrariamente; ver Exemplo 19.3-1.
(d) Todas as equações são escritas para escoamento compressível; para escoamento incompressível, $E_c = 0$. As grandezas E_c e E_v são definidas nas Eqs. 7.3-3 e 4.
(e) $\mathbf{u}_1$ e $\mathbf{u}_2$ são vetores unitários na direção de escoamento.

[1] Em termos de uma integral de superfície, esse termo é dado por

$$B_0 = -\int_{S_0} \left(\mathbf{n} \cdot \left[\tfrac{1}{2}\rho v^2 + \rho\hat{\Phi} + p\right]\mathbf{v}\right) dS \tag{23.4-1a}$$

os lados esquerdos das equações podem ser omitidos. Como vimos nos Caps. 7 e 15, necessita-se de considerável intuição no uso dos balanços macroscópicos e, algumas vezes, é necessário suplementar as equações com observações experimentais.

EXEMPLO 23.5-1

Balanços de Energia para um Conversor de Dióxido de Enxofre

Gases quentes, provenientes de um queimador de enxofre, entram em um conversor, em que o dióxido de enxofre presente deve ser oxidado cataliticamente a trióxido de enxofre, de acordo com a reação $SO_2 + 1/2\ O_2 \rightleftharpoons SO_3$. Quanto calor tem de ser removido do conversor por hora, de modo a permitir uma conversão de 95% de SO_2 para as condições mostradas na Fig. 23.5-1? Considere que o conversor seja grande o suficiente para que os componentes do gás de saída estejam em equilíbrio termodinâmico entre si. Isto é, as pressões parciais dos gases de saída estão relacionadas pela restrição de equilíbrio

$$K_p = \frac{p_{SO_3}}{p_{SO_2} p_{O_2}^{1/2}} \tag{23.5-1}$$

Os valores aproximados de K_p para essa reação são

T (K)	600	700	800	900
$K_p(\text{atm}^{-1/2})$	9500	880	69,5	9,8

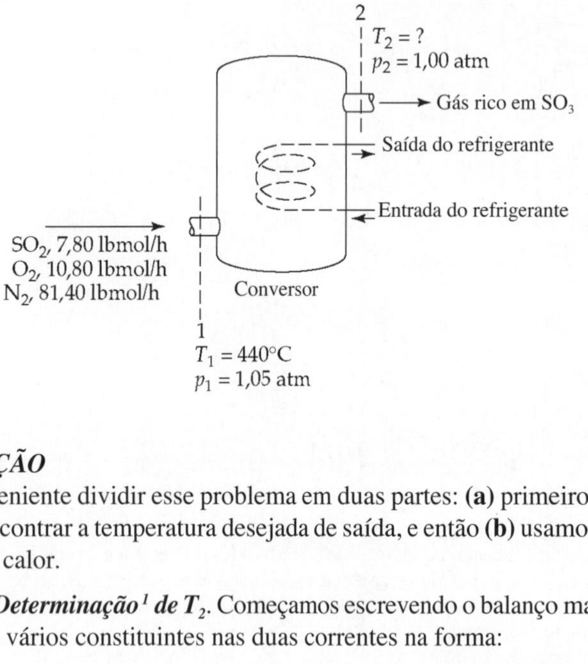

Fig. 23.5-1. Oxidação catalítica do dióxido de enxofre.

SOLUÇÃO

É conveniente dividir esse problema em duas partes: **(a)** primeiro, usamos o balanço de massa e a expressão de equilíbrio para encontrar a temperatura desejada de saída, e então **(b)** usamos o balanço de energia para determinar a remoção requerida de calor.

(a) ***Determinação***[1] ***de*** T_2. Começamos escrevendo o balanço macroscópico de massa em regime permanente, Eq. 23.1-3, para os vários constituintes nas duas correntes na forma:

$$W_{\alpha 2} = W_{\alpha 1} + R_{\alpha,\text{tot}} \tag{23.5-2}$$

Além disso, tiramos vantagem das duas relações estequiométricas

$$R_{SO_2,\text{tot}} = -R_{SO_3,\text{tot}} \tag{23.5-3}$$

$$R_{O_2,\text{tot}} = \tfrac{1}{2} R_{SO_2,\text{tot}} \tag{23.5-4}$$

Podemos obter agora as vazões molares desejadas através da superfície 2:

[1] Ver O. A. Hougen, K. M. Watson, and R. A. Ragatz, *Chemical Process Principles*, Part II, 2nd edition, Wiley, New York (1959), pp. 1017-1018.

$$W_{SO_2,2} = 7{,}80 - (0{,}95)(7{,}80) = 0{,}38 \text{ lbmol/h} \tag{23.5-5}$$

$$W_{SO_3,2} = 0 + (0{,}95)(7{,}80) = 7{,}42 \text{ lbmol/h} \tag{23.5-6}$$

$$W_{O_2,2} = 10{,}80 - \tfrac{1}{2}(0{,}95)(7{,}80) = 7{,}09 \text{ lbmol/h} \tag{23.5-7}$$

$$W_{N_2,2} = W_{N_2,1} = 81{,}40 \text{ lbmol/h} \tag{23.5-8}$$

$$W_2 = 0{,}38 + 7{,}42 + 7{,}09 + 81{,}40 = 96{,}29 \text{ lbmol/h} \tag{23.5-9}$$

A seguir, substituindo os valores numéricos na expressão de equilíbrio, Eq. 23.5-1, temos

$$K_p = \frac{(7{,}42/96{,}29)}{(0{,}38/96{,}29)(7{,}09/96{,}29)^{1/2}} = 72{,}0 \text{ atm}^{-1/2} \tag{23.5-10}$$

Esse valor de K_p corresponde a uma temperatura de saída, T_2, igual a cerca de 510°C, de acordo com os dados de equilíbrio vistos anteriormente.

(b) ***Cálculo da remoção requerida de calor.*** Conforme indicado pelos resultados do Exemplo 15.3-1, variações nas energias cinética e potencial podem ser negligenciadas aqui em comparação com variações na entalpia. Além disso, para as condições desse exemplo, podemos considerar o comportamento de gás ideal. Então, para cada constituinte, $\overline{H}_\alpha = \tilde{H}_\alpha(T)$. Podemos então escrever o balanço macroscópico de energia, Eq. 23.3-1, como

$$-Q = \sum_{\alpha=1}^{N} (W_\alpha \tilde{H}_\alpha)_1 - \sum_{\alpha=1}^{N} (W_\alpha \tilde{H}_\alpha)_2 \tag{23.5-11}$$

Para cada um dos constituintes individuais, podemos escrever

$$\tilde{H}_\alpha = \tilde{H}_\alpha^\circ + (\tilde{C}_{p\alpha})_{\text{médio}}(T - T^\circ) \tag{23.5-12}$$

Aqui, $\tilde{H}_\alpha^\circ$ é a entalpia padrão de formação[2] da espécie α a partir de seus elementos constituintes na temperatura de referência, T°, e $(\tilde{C}_{p\alpha})_{\text{médio}}$ é a capacidade calorífica média da espécie entre T e T°. Para as condições desse problema, podemos usar os seguintes valores numéricos para essas propriedades físicas (as duas últimas colunas são obtidas da Eq. 23.5-12):

Espécie	$\tilde{H}_\alpha^\circ$ cal/gmol a 25°C	$(\tilde{C}_{p\alpha})_{\text{médio}}$ [cal/gmol · °C] de 25°C até 440°C	510°C	$(W_\alpha \tilde{H}_\alpha)_1$ Btu/h	$(W_\alpha \tilde{H}_\alpha)_2$ Btu/h
SO_2	−70.960	11,05	11,24	−931.900	−44.800
SO_3	−94.450	—	15,87	0	−1.158.700
O_2	0	7,45	7,53	60.100	46.600
N_2	0	7,12	7,17	433.000	509.500
			Totais	−438.800	−647.400

A substituição dos valores precedentes na Eq. 23.5-11 fornece a taxa requerida de calor removido:

$$-Q = (-438.800) - (-647.400) = 208.600 \text{ Btu/h} \tag{23.5-13}$$

EXEMPLO 23.5-2

Altura de uma Torre de Absorção com Recheio[3]

Deseja-se remover um gás solúvel A de uma mistura contendo A e um gás insolúvel B, colocando em contato a mistura com um solvente líquido não-volátil, L, no aparelho mostrado na Fig. 23.5-2. O aparelho consiste essencialmente em um tubo vertical preenchido com um recheio, arrumado aleatoriamente, de pequenos anéis feitos de um material quimicamente

[2] Ver, por exemplo, O. A. Hougen, K. M. Watson, and R. A. Ragatz, *Chemical Process Principles*, Part I, 2nd edition, Wiley, New York (1959), pp. 257, 296.

[3] J. D. Seader and E. J. Henley, *Separation Process Principles*, Wiley, New York (1998).

inerte. O líquido L é aspergido uniformemente sobre o topo do recheio, pingando sobre as superfícies desses pequenos anéis. Ao fazer isso, ele está intimamente em contato com a mistura gasosa que passa para cima da torre. Esse contato direto entre as duas correntes permite a transferência de A do gás para o líquido.

As correntes gasosa e líquida entram no aparelho a vazões molares de $-W_G$ e W_L, respectivamente, em uma base livre de A. Note que a vazão de gás é negativa, porque a corrente de gás está escoando do plano 2 ao plano 1 nesse problema. A razão molar entre A e G na corrente de entrada do gás é $Y_{A2} = y_{A2}/(1 - y_{A2})$, e a razão molar entre A e L na corrente líquida de entrada é $X_{A1} = x_{A1}/(1 - x_{A1})$. Desenvolva uma expressão para a altura requerida, z, da torre, de modo a reduzir a razão molar Y_A na corrente gasosa de Y_{A2} para Y_{A1}, em termos dos coeficientes de transferência de massa nas duas correntes e em termos das vazões e composições das correntes.

Considere que a concentração de A seja sempre pequena em ambas as correntes, de modo que a operação seja considerada isotérmica e de modo que as correções de alta taxa de transferência de massa para os coeficientes de transferência de massa não sejam necessárias e os coeficientes de transferência de massa, k_x^0 e k_y^0, definidos na segunda linha da Eq. 22.2-14, possam ser usados.

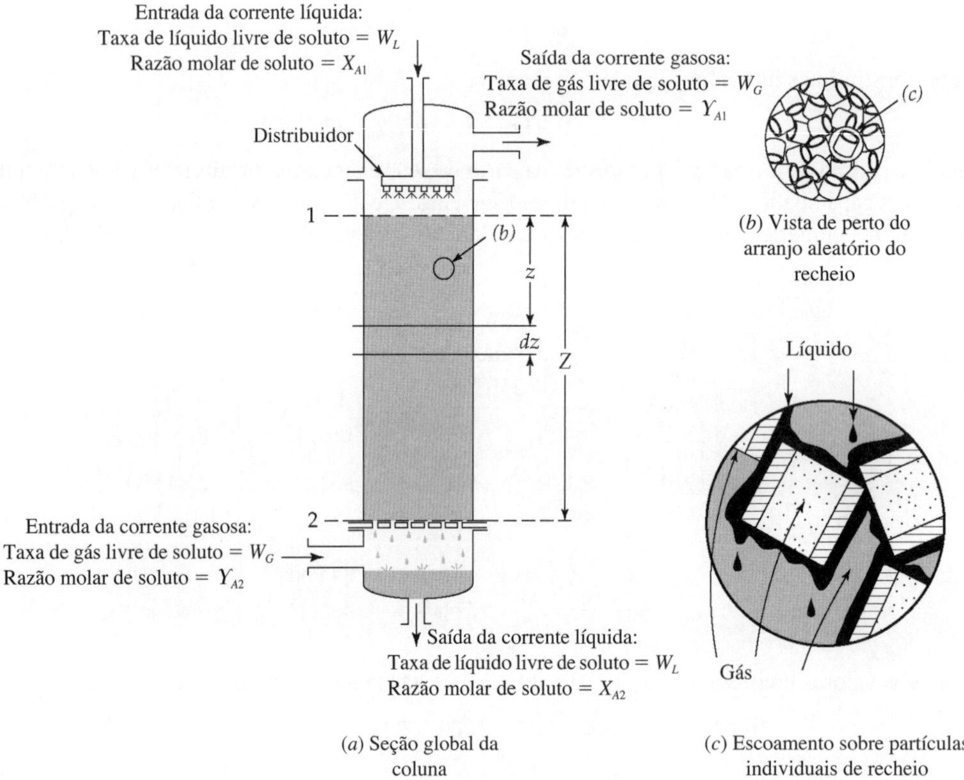

Fig. 23.5-2. Coluna de recheio para transferência de massa em que a fase descendente está dispersa. Note que nesse desenho W_G é negativa; isto é, o gás está escoando de 2 em direção a 1.

SOLUÇÃO

Uma vez que o comportamento de uma torre recheada é bem complexo, trocamos o sistema verdadeiro por um modelo hipotético. Consideramos o sistema como equivalente a duas correntes escoando lado a lado, com nenhuma retromistura, conforme mostrado na Fig. 23.5-3, e em contato com uma outra corrente, através de uma área interfacial a por unidade de volume de coluna de recheio (ver Eq. 22.1-14).

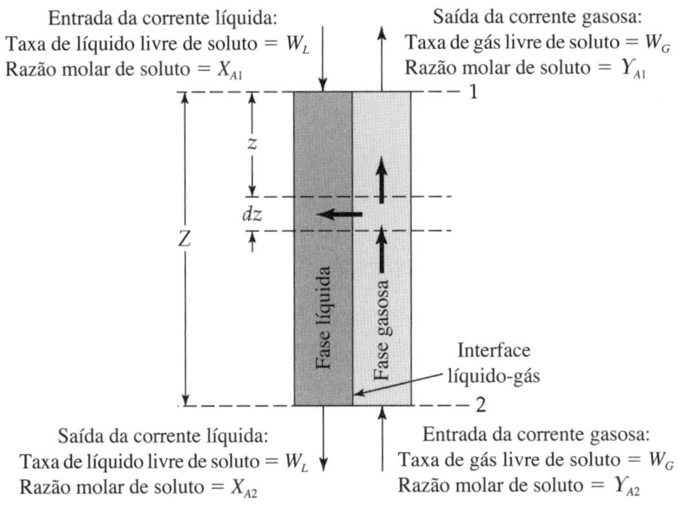

Fig. 23.5-3. Representação esquemática de uma torre de absorção com recheio, mostrando um elemento diferencial em que um balanço de massa é feito.

Consideramos ainda que a velocidade do fluido e a composição de cada corrente sejam uniformes ao longo da seção transversal da torre e negligenciamos tanto o transporte turbulento como o molecular na direção de escoamento. Consideramos também os perfis de concentrações na direção de escoamento como sendo curvas contínuas, não afetadas apreciavelmente pela colocação das partículas individuais do recheio.

O modelo resultante dessas suposições simplificadoras não é provavelmente uma descrição muito satisfatória de uma torre com recheio. O descarte da retromistura e não-uniformidade da velocidade do fluido são, talvez particularmente sérias. No entanto, as correlações atualmente disponíveis para coeficientes de transferência de massa foram calculadas com base nesse modelo, que deve ser conseqüentemente empregado quando essas correlações são usadas.

Estamos agora em uma posição de desenvolver uma expressão para a altura da coluna, e fazemos isso em dois estágios: **(a)** Primeiro, usamos o balanço macroscópico global de massa, com o objetivo de determinar a composição de saída da fase líquida e a relação entre as composições macroscópicas das duas fases em cada ponto na torre. **(b)** Então, usamos os resultados juntamente com a forma diferencial do balanço macroscópico de massa, de modo a determinar as condições interfaciais e a altura requerida da torre.

(a) ***Balanços macroscópicos globais de massa.*** Para o soluto A, escrevemos o balanço macroscópico de massa da Eq. 23.1-3 para cada corrente do sistema entre os planos 1 e 2 como

corrente líquida $$W_{Al2} - W_{Al1} = W_{Al,0} \tag{23.5-14}$$

corrente gasosa $$W_{Ag2} - W_{Ag1} = W_{Ag,0} \tag{23.5-15}$$

Aqui, os subscritos Al e Ag se referem ao soluto A nas correntes líquida e gasosa, respectivamente. Como o número de moles saindo da corrente fluida tem de entrar na corrente gasosa através da interface, $W_{Al,0} = -W_{Ag,0}$, e as Eqs. 23.5-14 e 15 podem ser combinadas para fornecer

$$W_{Al2} - W_{Al1} = -(W_{Ag2} - W_{Ag1}) \tag{23.5-16}$$

Isso pode ser agora reescrito em termos das composições das correntes de entrada e de saída, fazendo $W_{Al2} = W_L X_{A2}$ e assim por diante, obtendo-se então o rearranjo

$$X_{A2} = X_{A1} - \frac{W_G}{W_L}(Y_{A2} - Y_{A1}) \tag{23.5-17}$$

Dessa maneira, encontramos a concentração de A na corrente de saída do líquido.

Trocando o plano 2 por um plano a uma distância z abaixo da coluna, a Eq. 23.5-17 pode ser usada para se obter uma expressão relacionando as composições macroscópicas das correntes em qualquer ponto na torre:

$$X_A = X_{A1} - \frac{W_G}{W_L}(Y_A - Y_{A1}) \tag{23.5-18}$$

A Eq. 23.5-18 (a "linha de operação") é mostrada na Fig. 23.5-4, juntamente com a distribuição de equilíbrio para as condições do Problema 23A.2.

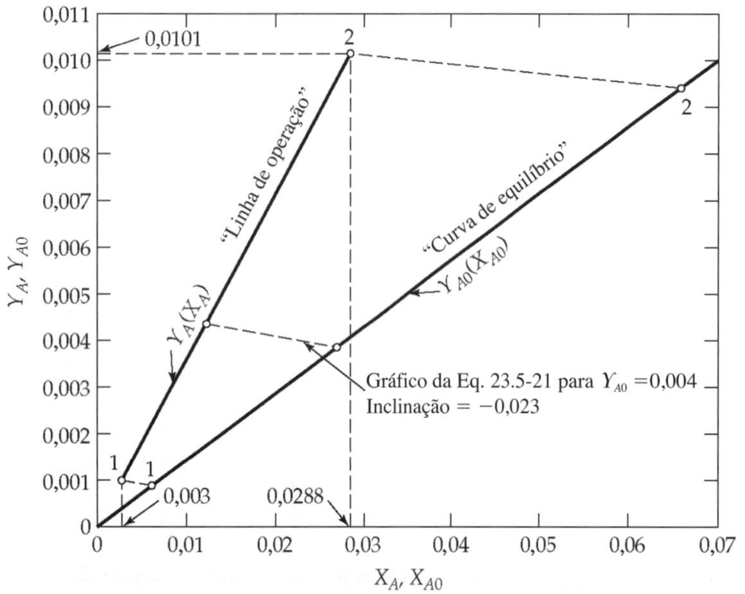

Fig. 23.5-4. Cálculo das condições interfaciais na absorção de ciclo-hexano do ar em uma coluna de recheio (ver Problema 23A.2).

(b) ***Aplicação dos balanços macroscópicos na forma d.*** Aplicamos agora a Eq. 23.1-3 a um incremento diferencial, dz, da torre, primeiro para estimar as condições interfaciais e então para determinar a altura requerida da torre para uma dada separação.

(i) ***Determinação das condições interfaciais.*** Como somente A é transferido através da interface, podemos escrever, de acordo com a segunda linha da Eq. 22.1-14 (que supõe baixas concentrações de A e pequenas taxas de transferência de massa):

$$dW_{Al,0} = (k_x^0 a)(x_{A0} - x_A)Sdz \tag{23.5-19}$$

$$dW_{Ag,0} = (k_y^0 a)(y_{A0} - y_A)Sdz \tag{23.5-20}$$

Aqui, a é a área interfacial por unidade de volume da torre com recheio, S é a área da seção transversal da torre, x_{A0} e y_{A0} são as frações molares interfaciais de A nas fases líquida e gasosa, respectivamente, e x_A e y_A são as correspondentes concentrações macroscópicas (o índice m está sendo omitido aqui, de modo que x_A, y_A, X_A e Y_A são as composições macroscópicas).

Logo, uma vez que (para as soluções diluídas consideradas aqui) $x_A = X_A/(X_A + 1) \approx X_A$ e $y_A = Y_A/(Y_A + 1) \approx Y_A$, as Eqs. 23.5-19 e 20 podem ser combinadas, resultando em

$$\frac{Y_A - Y_{A0}}{X_A - X_{A0}} = -\frac{(k_x^0 a)}{(k_y^0 a)} \tag{23.5-21}$$

Essa equação nos capacita a determinar Y_{A0} como uma função de Y_A. Para qualquer Y_A, pode-se localizar X_A na linha de operação (balanço de massa). Pode-se então desenhar uma linha reta de inclinação $-(k_x^0 a)/(k_y^0 a)$ através do ponto (Y_A, X_A), conforme mostrado na Fig. 23.5-4. A interseção dessa linha com a curva de equilíbrio fornece então as composições interfaciais locais (Y_{A0}, X_{A0}).

(ii) ***Determinação da altura requerida da coluna.*** A aplicação da Eq. 23.1-1 à corrente gasosa em um volume $S\,dz$ da torre fornece

$$W_G dY_A = dW_{Ag,0} \tag{23.5-22}$$

Essa expressão pode ser combinada com a Eq. 23.5-20 para as soluções diluídas que estão sendo consideradas, obtendo-se

$$-W_G dY_A = (k_y^0 a)(Y_A - Y_{A0})S\,dz \tag{23.5-23}$$

Essa equação pode agora ser rearranjada e integrada de $z = 0$ a $z = Z$:

$$Z = -\frac{W_G}{S(k_y^0 a)} \int_{Y_{A1}}^{Y_{A2}} \frac{dY_A}{Y_A - Y_{A0}} \tag{23.5-24}$$

A Eq. 23.5-24 é a expressão desejada para a altura requerida da coluna, com a finalidade de efetuar a separação especificada. Ao escrever a Eq. 23.5-24, desprezamos a variação do coeficiente de transferência de massa, k_y^0, com composição. Isso geralmente é permitido somente para soluções diluídas.

Em geral, a Eq. 23.5-24 tem de ser integrada por procedimentos numéricos ou gráficos. No entanto, para soluções diluídas, freqüentemente considera-se que as linhas de operação e de equilíbrio da Fig. 23.5-4 são retas. Se, além disso, a razão k_x^0 / k_y^0 for constante, então $Y_A - Y_{A0}$ variará linearmente com Y_A. Podemos então integrar a Eq. 23.5-24 para obter (ver Problema 23B.1)

$$Z = \frac{W_G}{S(k_y^0 a)} \frac{Y_{A2} - Y_{A1}}{(Y_{A0} - Y_A)_{\ln}} \tag{23.5-25}$$

sendo

$$(Y_{A0} - Y_A)_{\ln} = \frac{(Y_{A0} - Y_A)_2 - (Y_{A0} - Y_A)_1}{\ln [(Y_{A0} - Y_A)_2/(Y_{A0} - Y_A)_1]} \tag{23.5-26}$$

A Eq. 23.5-25 pode ser rearranjada de modo a resultar

$$W_{Ag,0} = W_G(Y_{A2} - Y_{A1}) = (k_y^0 a)ZS(Y_{A0} - Y_A)_{\ln} \tag{23.5-27}$$

A comparação da Eq. 23.5-27 com a Eq. 15.4-15 mostra a estreita analogia entre torres com recheio e simples trocadores de calor. Expressões análogas à Eq. 23.5-24, porém contendo o coeficiente global de transferência de massa k_y^0, podem ser também deduzidas (ver Problema 23B.1). Novamente, podemos usar os resultados finais, Eqs. 23.5-25 ou 27, para escoamento concorrente ou contracorrente. Mantenha em mente, entretanto, que o modelo simplificado usado para descrever a torre com recheio não é tão confiável quanto aquele correspondente usado para trocadores de calor.

EXEMPLO 23.5-3

Cascatas Lineares

Vimos no Exemplo 23.1-2 que o grau de separação possível em um separador binário simples pode ser bem limitado, sendo por conseguinte freqüentemente desejável combinar separadores individuais em uma *cascata* em contracorrente, tal como aquela mostrada na Fig. 23.5-5. Aqui, a alimentação para qualquer estágio do separador é a soma da corrente do resíduo, proveniente do separador imediatamente acima dele, e o produto proveniente do separador imediatamente abaixo.

Mostre como tal arranjo pode aumentar o grau de separação relativo àquele obtido em um separador único.

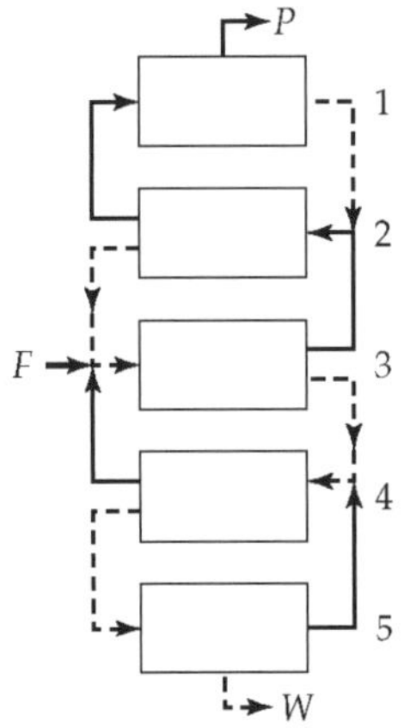

Fig. 23.5-5. Cascata linear. Escoamentos ascendentes são mostrados pelas linhas sólidas e escoamentos descendentes, pelas linhas tracejadas.

SOLUÇÃO

Para o sistema como um todo, podemos escrever um balanço de massa para o produto desejado e para a solução como um todo. Ou seja, tratamos o sistema inteiro como um separador e escrevemos

$$z_F F = y_P P + x_W W \qquad F = P + W \tag{23.5-28, 29}$$

Será considerado aqui que todas as grandezas nessas equações são dadas, de modo que o problema seja especificado desde que os balanços macroscópicos sejam levados em consideração. Ainda temos de determinar o número requerido de estágios para atender a essas condições.

Começamos escrevendo um conjunto de balanços de massa para a porção superior da coluna; os dois estágios superiores para finalidades ilustrativas (ver Fig. 23.5-5) são:

$$y_3U_3 - x_2D_2 = y_PP \qquad U_3 - D_2 = P \tag{23.5-30, 31}$$

Aqui, U_n e D_n são as correntes para cima e para baixo, provenientes do estágio n, e y_n e x_n são as frações molares correspondentes do soluto desejado. Quando P é eliminado entre as Eqs. 23.5-3 e 31, obtemos

$$\frac{y_2 - y_P}{x_2 - y_P} = \frac{D_2}{U_3} \tag{23.5-32}$$

Essa equação fornece a relação, em termos das vazões correspondentes, entre as composições das correntes para cima e para baixo, passando uma pela outra em qualquer seção transversal da coluna acima do estágio de alimentação. Essa relação, quando mostrada no gráfico de x-y (que é chamado de *diagrama de McCabe-Thiele*[3,4]), é conhecida como *linha de operação* para o sistema. No momento, concentramo-nos nas composições e retornaremos mais adiante ao problema de determinação das razões das vazões das correntes.

Considera-se que as composições das fases em cada estágio satisfazem uma relação de equilíbrio, tal como (ver Eq. 23.1-19)

$$y_n = \frac{\alpha x_n}{1 + (\alpha - 1)x_n} \tag{23.5-33}$$

ou, mais genericamente, $y_n = f(x_n)$, sendo $f(x)$ uma função conhecida.

As Eqs. 23.5-32 e 33 (ou sua generalização) permitem agora a determinação de todas as composições na porção da coluna acima do ponto de alimentação, geralmente conhecida como a *seção de retificação*; cálculos similares podem ser feitos para a *seção de esgotamento* (*stripping section*), a porção abaixo do ponto de alimentação. Podemos então determinar o número requerido de estágios para a separação sob análise e a localização apropriada do estágio de alimentação.

Primeiro, entretanto, necessitamos determinar as razões das vazões das correntes, requeridas na Eq. 23.5-32, e consideraremos aqui três casos especiais:

(a) ***Refluxo total.*** Esse modo especial de operação, em que P e W são iguais a zero, é importante, visto que ele provê o menor número possível de estágios que pode resultar nas composições desejadas de saída. Aqui

$$U_n = D_{n-1} \tag{23.5-34}$$

para todo n, sendo a linha de operação dada por

$$y_n = x_{n-1} \tag{23.5-35}$$

Essa relação simples se mantém para todos os sistemas físicos. As composições dos estágios são plotadas na Fig. 23.5-6 (para uma fração molar do produto igual a 0,9 e uma fração molar do resíduo igual a 0,1), juntamente com uma curva de equilíbrio da forma da Eq. 23.5-33, com $\alpha = 2{,}5$.

Nessa figura, as linhas em degraus entre as linhas de equilíbrio e de operação sugerem um método gráfico de determinar as composições dos estágios: cada "degrau" entre as linhas de equilíbrio e de operação representa um estágio ou uma unidade de separação. O diagrama sugere que seis estágios são requeridos para essa separação bem simples. No entanto, para a situação de refluxo total e volatilidade relativa constante, α, é mais simples reconhecer que

$$Y_n = Y_{n-1}/\alpha \tag{23.5-36a}$$

de maneira que

$$Y_N = Y_1/\alpha^N \tag{23.5-36b}$$

Para a situação mostrada na Fig. 23.5-6, temos então

$$\log\left(\frac{0{,}9/0{,}1}{0{,}1/0{,}9}\right) = (N - 1)\log 2{,}5 \tag{23.5-37}$$

[4] W. L. McCabe and E. W. Thiele, *Ind. Chem. Eng.*, **17**, 605-611 (1925).

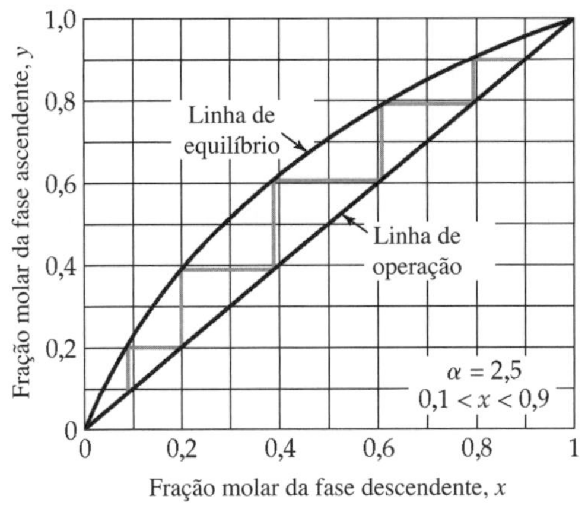

Fig. 23.5-6. Diagrama de McCabe-Thiele para refluxo total, com $\alpha = 2{,}5$ e $0{,}1 < x < 0{,}9$.

ou

$$N = 1 + \frac{\log 81}{\log 2{,}5} = 5{,}796 \tag{23.5-38}$$

que é mais exata, porém praticamente igual à estimativa gráfica.

Se produtos devem ser retirados, é necessário calcular as razões das vazões das correntes, e o meio para fazer isso varia com a operação específica considerada.

(b) *Restrições termodinâmicas: cascatas adiabáticas e refluxo mínimo.* Para a maioria das operações comuns por estágios, razões das correntes são determinadas por restrições termodinâmicas, e essas são discutidas profundamente em uma ampla variedade de textos sobre operações unitárias. Não necessitamos repetir aqui essa informação prontamente acessível, mas, por meio de um exemplo, consideraremos brevemente destilação, a mais largamente usada de todas. Em princípio, as razões das correntes em destilação são determinadas considerando colunas adiabáticas e um conjunto de "balanços de entalpia" (ver último parágrafo da Seção 15.1), correspondente aos balanços de massa recém-introduzidos.

Entretanto, é muito freqüente supor calores molares de vaporização iguais para as várias espécies e desprezar "calores sensíveis" (ou seja, as contribuições de $\tilde{C}_p\Delta T$ para $\Delta\tilde{H}$). Com essas simplificações, as vazões das correntes U_n e D_n são constantes. Podemos então escrever para qualquer posição acima do prato de alimentação

$$U = D + P \quad \text{e} \quad y_{n-1}U = x_nD + y_PP \tag{23.5-39, 40}$$

e abaixo do prato de alimentação

$$D = U + W \quad \text{e} \quad x_mD = y_{m+1}U + x_WW \tag{23.5-41, 42}$$

Aqui, os índices n e m dos estágios se referem, respectivamente, à seção superior ou retificadora (acima do ponto de alimentação) e à seção inferior ou de esgotamento da coluna (abaixo do ponto de alimentação).

Por meio de um exemplo, consideramos o sistema no item (a) para uma alimentação de líquido saturado, eqüimolar nas duas espécies envolvidas e operadas no refluxo mínimo: a menor quantidade de líquido retornando do prato do topo que pode produzir a separação desejada. Essa situação irá ocorrer quando a linha de operação tocar a curva de equilíbrio, e, no sistema que está sendo considerado, essa zona de composição constante ("*pinch*") ocorrerá primeiro no prato de alimentação. A composição do vapor no prato de alimentação é dada então por

$$Y_F = 2{,}5X_F = 2{,}5 \quad \text{ou} \quad y_F = \frac{Y_F}{1 + Y_F} = 0{,}7143 \tag{23.5-43, 44}$$

A linha de operação tem então dois ramos: um acima e outro abaixo do prato de alimentação, conforme mostrado na Fig. 23.5-7.

Qualquer coluna real tem de operar entre os limites de refluxo total e de refluxo mínimo, mas uma operação normal opera apenas uns poucos pontos percentuais acima do mínimo. Isso ocorre pelo fato de o custo de pratos individuais tender a ser muito menor que os custos associados ao aumento do refluxo (o líquido que retornou para a coluna pela condensação do vapor proveniente do prato do topo): o aumento da carga térmica requerida para retornar vapor proveniente do líquido deixando o prato de fundo, a carga do condensador para retornar vapor do topo e os custos de capital

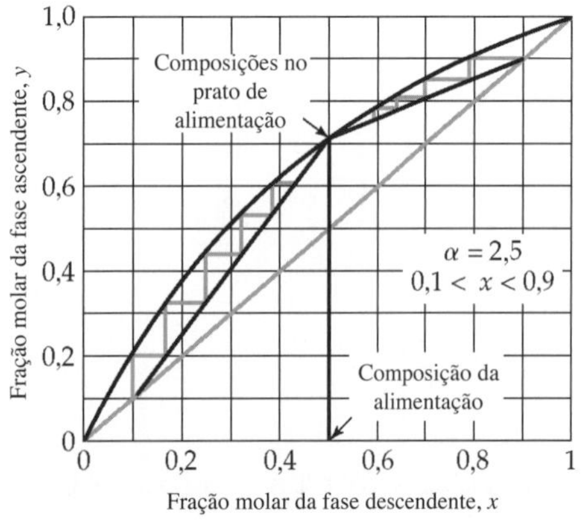

Fig. 23.5-7. Diagrama de McCabe-Thiele para refluxo mínimo, com $\alpha = 2{,}5$ e $0{,}1 < x < 0{,}9$.

de maior diâmetro da coluna, maior refervedor, para retornar vapor no fundo, e condensador, para retornar líquido no topo.

(c) *Restrições de transporte e cascatas ideais.* Para separação via membranas seletivamente permeáveis, a razão entre as correntes do produto e do resíduo é governada pela pressão exercida através da membrana, e a energia requerida para produzir essa pressão tem de ser renovada para cada estágio da cascata. Isso fornece ao projetista um grau extra de liberdade e tem conduzido a uma ampla variedade de configurações de cascatas. Primeiro desenvolvidas para isótopos,[5] cascatas com membranas foram agora desenvolvidas para operações industriais com gases[6] e parecem ser promissoras para muitas outras aplicações.

Consideramos aqui, por exemplo, cascatas *ideais*, que são aquelas em que somente correntes de mesma composição são misturadas. Em termos desse exemplo, isso significa

$$Y_{n+1} = X_{n-1} = \frac{Y_{n-1}}{\alpha} \tag{23.5-45}$$

e, por extensão,

$$Y_{n+1} = \frac{Y_n}{\sqrt{\alpha}} \tag{23.5-46}$$

Assim, somente dois estágios são necessários no refluxo total, e a linha de operação está na metade da distância entre a curva de "equilíbrio" e a linha de 45°. Conforme mostrado na Fig. 23.5-8, a linha de operação tem uma derivada contínua através do estágio de alimentação.

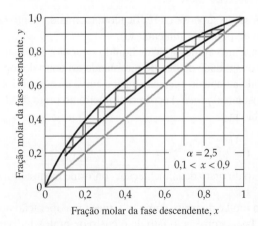

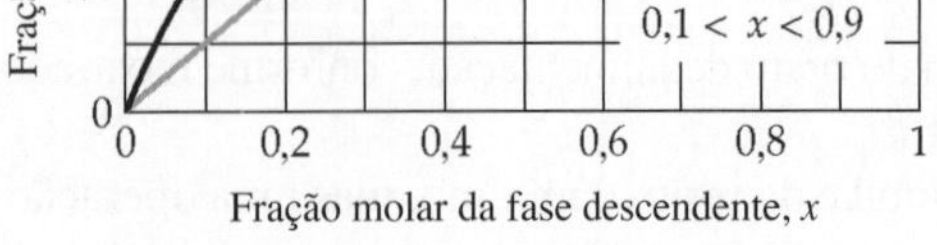

Fig. 23.5-8. Diagrama de McCabe-Thiele para uma cascata ideal, com $\alpha = 2{,}5$ e $0{,}1 < x < 0{,}9$.

[5] E. von Halle and J. Schacter, *Diffusion Separation Methods*, in *Kirk-Othmer Encyclopedia of Chemical Technology*, Volume 8, Wiley, New York (1993), pp. 149-203.
[6] R. Agrawal, *Ind. Eng. Chem. Research*, **35**, 3607-3617 (1996); R. Agrawal and J. Xu, *AIChE Journal*, **42**, 2141-2154 (1996).

Cascatas ideais fornecem as menores vazões possíveis das correntes de estágio total, porém as vazões agora variam com a posição: elas são maiores no estágio de alimentação e diminuem em direção às extremidades da cascata. Por essa razão, esses sistemas são conhecidos como *cascatas afuniladas* (*tapered cascades*) (ver Problema 23B.6).

EXEMPLO 23.5-4

Expansão de uma Mistura Gasosa Reativa Através de um Bocal Adiabático e sem Atrito

Uma mistura eqüimolar de CO_2 e H_2 está confinada, a 1000 K e 1,50 atm, em um tanque grande, isolado e sob pressão, como mostrado na Fig. 15.5-9. Sob essas condições, a reação

$$CO_2 + H_2 \Leftrightarrow CO + H_2O \qquad (23.5\text{-}47)$$

pode ocorrer. Depois de ser armazenado no tanque durante um tempo suficiente para a reação atingir o equilíbrio, permite-se que o gás escape para o ambiente de 1 atm, através do pequeno bocal convergente mostrado.

Estime a temperatura e a velocidade do gás que escapa pela garganta do bocal, (*a*) considerando que nenhuma reação apreciável ocorra durante a passagem do gás através do bocal e (*b*) considerando equilíbrio termodinâmico instantâneo em todos os pontos no bocal. Em cada caso, suponha que a expansão seja adiabática e sem atrito.

SOLUÇÃO

Começamos considerando operação em regime quase-estacionário, perfis planos de velocidades e variações desprezíveis na energia potencial. Consideramos também capacidades caloríficas constantes e comportamento de gás ideal, e desprezamos a difusão na direção do escoamento. Podemos então escrever o balanço macroscópico de energia, Eq. 23.3-1, na forma

$$\tfrac{1}{2}v_2^2 = \hat{H}_1 - \hat{H}_2 \qquad (23.5\text{-}48)$$

Aqui, os subscritos 1 e 2 se referem às condições no tanque e na garganta do bocal, respectivamente, e, como no Exemplo 15.5-4, a velocidade do fluido no tanque é considerada igual a zero.

Para determinar a variação de entalpia, igualamos $d(\frac{1}{2}v^2)$, proveniente da forma d do balanço de energia em regime permanente (Eq. 23.3-1), a $d(\frac{1}{2}v^2)$, proveniente da forma d do balanço de energia mecânica em regime permanente (Eq. 23.4-1), a fim de conseguir

$$\frac{1}{\rho}dp = d\hat{H} \qquad (23.5\text{-}49)$$

Esse resultado é obtido também a partir da Eq. E da Tabela 19.2-4. Adicionalmente à Eq. 23.5-49, usamos a lei de gás ideal e uma expressão para $\hat{H}(T)$, obtida com a ajuda da Tabela 17.1-1, Eq. 19.3-16, e da relação $\rho\hat{H} = c\tilde{H}$, de forma a obter

$$p = cRT = \frac{\rho RT}{M} = \frac{\rho RT}{\sum_{\alpha=1}^{N} x_\alpha M_\alpha} \qquad (23.5\text{-}50)$$

$$\hat{H} = \frac{\tilde{H}}{\rho/c} = \frac{\sum_{\alpha=1}^{N} x_\alpha \overline{H}_\alpha}{M} = \frac{\sum_{\alpha=1}^{N} x_\alpha[\tilde{H}_\alpha^\circ + \tilde{C}_{p\alpha}(T - T^\circ)]}{\sum_{\alpha=1}^{N} x_\alpha M_\alpha} \qquad (23.5\text{-}51)$$

Aqui, x_α é a fração molar da espécie α na temperatura T, e $\tilde{H}_\alpha^\circ$ é a entalpia molar da espécie α na temperatura de referência T°. A avaliação de $\hat{H}$ é discutida separadamente para as duas aproximações.

Aproximação (a): Suposição de reação química muito lenta. Aqui, as x_α são constantes nos valores de equilíbrio para 1000 K, podendo-se escrever a Eq. 23.5-51 como

$$d\hat{H} = \left(\frac{\Sigma_\alpha x_\alpha \tilde{C}_{p\alpha}}{\Sigma_\alpha x_\alpha M_\alpha}\right)dT \qquad (23.5\text{-}52)$$

Portanto, podemos escrever a Eq. 23.5-49 na forma

$$d \ln p = \left(\frac{\Sigma_\alpha x_\alpha \tilde{C}_{p\alpha}}{R}\right)d \ln T \qquad (23.5\text{-}53)$$

Uma vez que x_α e $\tilde{C}_{p\alpha}$ são considerados constantes, essa equação pode ser integrada de (p_1,T_1) a (p_2,T_2) para obter

$$T_2 = T_1\left(\frac{p_2}{p_1}\right)^{R/\Sigma_\alpha x_\alpha \tilde{C}_{p\alpha}} \tag{23.5-54}$$

Podemos agora combinar essa expressão com as Eqs. 23.5-48 e 51 para obter a expressão desejada para a velocidade do gás no plano 2:

$$v_2 = \left\{2T_1\left[1 - \left(\frac{p_2}{p_1}\right)^{R/\Sigma_\alpha x_\alpha \tilde{C}_{p\alpha}}\right]\frac{\Sigma_\alpha x_\alpha \tilde{C}_{p\alpha}}{\Sigma_\alpha x_\alpha M_\alpha}\right\}^{1/2} \tag{23.5-55}$$

Substituindo os valores numéricos nas Eqs. 23.5-54 e 55, obtemos (ver Problema 23A.1) $T_2 = 920$ K e $v_2 = 1726$ ft/s. Pode-se ver que esse tratamento é muito similar àquele apresentado no Exemplo 15.5-4. Ele está também sujeito à restrição de que a velocidade na garganta tem de ser subsônica; ou seja, a pressão na garganta do bocal não pode cair abaixo da fração de p_1 requerida para produzir a velocidade do som na garganta (ver Eq. 15B.6-2). Se a pressão ambiente cair abaixo desse valor crítico de p_2, a pressão na garganta continuará no valor crítico e haverá uma onda de choque além da saída do bocal.

Aproximação (b): Suposição de reação muito rápida: Podemos proceder aqui como no item (***a***), exceto que as frações molares x_α têm agora de ser consideradas funções da temperatura, definidas pela relação de equilíbrio

$$\frac{(x_{H_2O})(x_{CO})}{(x_{H_2})(x_{CO_2})} = K_x(T) \tag{23.5-56}$$

e pelas relações estequiométricas

$$x_{H_2O} = x_{CO} \qquad x_{H_2} = x_{CO_2} \qquad \sum_{\alpha=1}^{4} x_\alpha = 1 \tag{23.5-57, 58, 59}$$

A grandeza $K_x(T)$ na Eq. 23.5-56 é a constante de equilíbrio conhecida para a reação. Pode ser considerada uma função somente da temperatura, por causa do comportamento de gás ideal e porque o número de moles presentes não é afetado pela reação química. As Eqs. 23.5-57 e 58 seguem da estequiometria da reação e da composição do gás original colocado no tanque.

A expressão para a temperatura final é agora consideravelmente mais complicada. Para essa reação, em que $\Sigma_\alpha x_\alpha M_\alpha$ é constante, as Eqs. 23.5-49 e 50 podem ser combinadas para resultar

$$R \ln \frac{p_2}{p_1} = \int_{T_1}^{T_2}\left(\frac{d\tilde{H}}{dT}\right) d \ln T \tag{23.5-60}$$

em que, com as capacidades caloríficas aproximadas como constantes,

$$\frac{d\tilde{H}}{dT} = \sum_{\alpha=1}^{4} [\tilde{H}_\alpha^\circ + \tilde{C}_{p\alpha}(T - T^\circ)]\frac{dx_\alpha}{dT} + \sum_{\alpha=1}^{4} x_\alpha \tilde{C}_{p\alpha} \tag{23.5-61}$$

Em geral, a integral na Eq. 23.5-60 tem de ser avaliada numericamente, uma vez que x_α e dx_α/dt são todas funções complicadas da temperatura governada pelas Eqs. 23.5-56 a 59. Visto no entanto que T_2 foi determinada a partir da Eq. 23.5-60, v_2 pode ser obtida pelo uso das Eqs. 23.5-48 e 51. Substituindo os valores numéricos nessas expressões, obtemos (ver Problema 23B.2) $T_2 = 937$ K e $v_2 = 1752$ ft/s.

Encontramos, então, que tanto a temperatura de saída como a velocidade a partir do bocal são maiores do que quando o equilíbrio químico é mantido em toda a expansão. A razão para isso é que o equilíbrio se desloca com uma diminuição de temperatura, de maneira a liberar calor de reação para o sistema. Tal liberação de energia ocorrerá com uma diminuição de temperatura em qualquer sistema em equilíbrio químico, independentemente das reações envolvidas. Essa é uma das conseqüências da famosa regra de Le Châtelier. Nesse caso, a reação é endotérmica como escrita e a constante de equilíbrio diminui com a diminuição da temperatura. Como um resultado, o CO e a H_2O são reconvertidos parcialmente a H_2 e CO_2 na expansão, com uma liberação correspondente de energia.

É interessante que, nos motores de foguetes, a velocidade de exaustão, e por conseguinte o empuxo do motor, seja também aumentada se um equilíbrio rápido puder ser obtido, apesar de as reações de combustão serem fortemente exotérmicas. A razão para isso é que as constantes de equilíbrio para essas reações aumentam com uma diminuição da temperatura, de modo que o calor de reação seja novamente liberado na expansão. Esse princípio foi sugerido como um método para melhorar o empuxo de motores de foguetes. O aumento no empuxo obtido potencialmente dessa maneira é bem grande.

Esse exemplo foi escolhido por sua simplicidade. Note em particular que, se houver uma mudança no número de moles durante a reação química, então a constante de equilíbrio e, conseqüentemente, a entalpia serão funções da pressão. Nesse caso, que é bem comum, as variáveis p e T, implícitas na Eq. 23.5-60, não podem ser separadas, necessitando-se de uma integração por partes dessa equação. Tais integrações foram feitas, por exemplo, para a previsão do comportamento de túneis de vento supersônicos e motores de foguetes, porém os cálculos envolvidos são muito trabalhosos para apresentação aqui.

23.6 USO DOS BALANÇOS MACROSCÓPICOS PARA RESOLVER PROBLEMAS EM REGIME TRANSIENTE

Na Seção 23.5, a discussão ficou restrita a regime permanente. Aqui, trataremos do comportamento transiente de sistemas multicomponentes. Tal comportamento é importante em um grande número de operações práticas, tal como lixiviação e secagem de sólidos, separações cromatográficas e operações de reatores químicos. Em muitos desses processos, calores de reação, assim como transferência de massa, têm de ser considerados. Uma discussão completa desses tópicos está fora do escopo deste texto, e nos restringiremos a vários exemplos simples. Discussões mais profundas podem ser encontradas em outros livros.[1]

EXEMPLO 23.6-1

Partida de um Reator Químico

Deseja-se produzir uma substância B, a partir de uma matéria-prima A, em um reator químico de volume V, equipado com um agitador que é capaz de manter razoavelmente homogêneo todo o conteúdo do reator. A formação de B é reversível e as reações direta e inversa podem ser consideradas de primeira ordem, com constantes de taxa de reação k'''_{1B} e k'''_{1A}, respectivamente. Além disso, B é submetido a uma decomposição irreversível de primeira ordem, com uma constante de taxa de reação k'''_{1C} resultando em um terceiro componente C. As reações químicas de interesse podem ser representadas como

$$A \rightleftarrows B \rightarrow C \tag{23.6-1}$$

No tempo zero, uma solução de A, a uma concentração c_{A0}, é introduzida no reator inicialmente vazio, a uma vazão mássica constante w.

Desenvolva uma expressão para a quantidade de B no reator, assim que o reator esteja cheio até sua capacidade V, considerando que não haja B na solução de alimentação, e despreze variações das propriedades dos fluidos.

SOLUÇÃO

Começamos escrevendo os balanços macroscópicos de massa em regime transiente para as espécies A e B. Em unidades molares, eles podem ser expressos como

$$\frac{dM_{A,\text{tot}}}{dt} = \frac{wc_{A0}}{\rho} - k'''_{1B}M_{A,\text{tot}} + k'''_{1A}M_{B,\text{tot}} \tag{23.6-2}$$

$$\frac{dM_{B,\text{tot}}}{dt} = -(k'''_{1A} + k'''_{1C})M_{B,\text{tot}} + k'''_{1B}M_{A,\text{tot}} \tag{23.6-3}$$

A seguir, eliminamos $M_{A,\text{tot}}$ da Eq 23.6-3. Primeiro, diferenciamos essa equação com relação a t de modo a obter

$$\frac{d^2M_{B,\text{tot}}}{dt^2} = -(k'''_{1A} + k'''_{1C})\frac{dM_{B,\text{tot}}}{dt} + k'''_{1B}\frac{dM_{A,\text{tot}}}{dt} \tag{23.6-4}$$

Nessa equação, trocamos $dM_{A,\text{tot}}/dt$ pelo lado direito da Eq. 23.6-2 e usamos então a Eq. 23.6-3 para eliminar $M_{A,\text{tot}}$. Dessa maneira, obtemos uma equação diferencial linear de segunda ordem para $M_{B,\text{tot}}$ como uma função do tempo:

[1] W. R. Marshall, Jr., and R. L. Pigford, *The Application of Differential Equations to Chemical Engineering Problems*, University of Delaware Press, Newark, Del. (1947); B. A. Ogunnaike and W. H. Ray, *Process Dynamics, Modeling and Control*, Oxford University Press (1994).

$$\frac{d^2M_{B,\text{tot}}}{dt^2} + (k'''_{1A} + k'''_{1B} + k'''_{1C})\frac{dM_{B,\text{tot}}}{dt} + k'''_{1B}k'''_{1C}M_{B,\text{tot}} = \frac{k'''_{1B}wc_{A0}}{\rho} \tag{23.6-5}$$

Essa equação deve ser resolvida com as condições iniciais

C.I. 1: em $t = 0$,
$$M_{B,\text{tot}} = 0 \tag{23.6-6}$$

C.I. 2: em $t = 0$,
$$\frac{dM_{B,\text{tot}}}{dt} = 0 \tag{23.6-7}$$

Essa equação pode ser integrada para resultar

$$M_{B,\text{tot}} = \frac{wc_{A0}}{\rho k'''_{1C}}\left(\frac{s_-}{s_+ - s_-}\exp(s_+t) - \frac{s_+}{s_+ - s_-}\exp(s_-t) + 1\right) \tag{23.6-8}$$

em que

$$2s_\pm = -(k'''_{1A} + k'''_{1B} + k'''_{1C}) \pm \sqrt{(k'''_{1A} + k'''_{1B} + k'''_{1C})^2 - 4k'''_{1B}k'''_{1C}} \tag{23.6-9}$$

As Eqs. 23.6-8 e 9 fornecem a massa total de B no reator como uma função do tempo, até o tempo no qual o reator esteja completamente cheio. Essas expressões são muito similares às equações obtidas para o manômetro amortecido no Exemplo 7.7-2 e para o controlador de temperatura no Exemplo 15.5-2. Pode ser mostrado, no entanto, que s_+ e s_- são ambas reais e negativas; logo, $M_{B,\text{tot}}$ não pode oscilar (ver Problema 23B.3).

EXEMPLO 23.6-2

Operação Transiente de uma Coluna de Recheio

Existem muitos processos industrialmente importantes em que ocorre transferência de massa entre um fluido e um sólido granular poroso: por exemplo, a recuperação de vapores orgânicos por adsorção em carvão, a extração de cafeína de grãos de café e a separação de hidrocarbonetos aromáticos e alifáticos por adsorção seletiva em sílica gel. Usualmente, o sólido é mantido fixo, como indicado na Fig. 23.6-1, e o fluido percola através do sólido. A operação é assim inerentemente

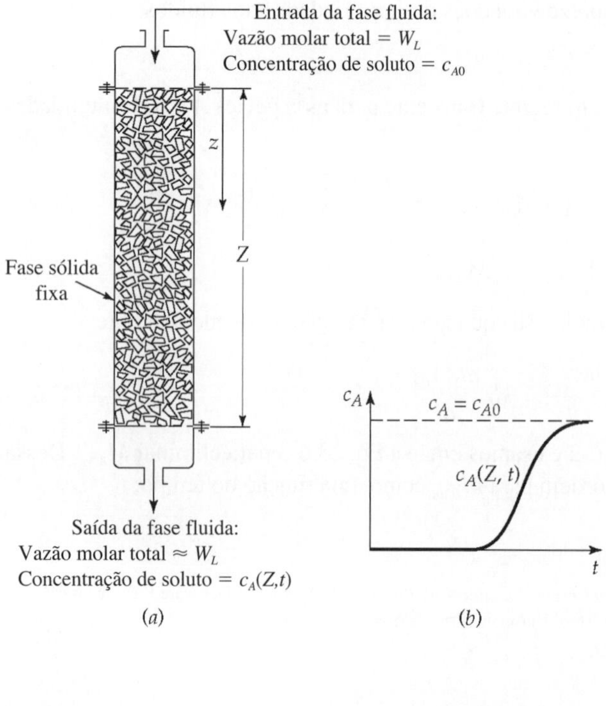

Fig. 23.6-1. Coluna de absorção em leito fixo: (*a*) representação ilustrada do equipamento; (*b*) curva típica do efluente.

transiente e o sólido tem de ser trocado periodicamente ou "regenerado", ou seja, retornado à sua condição inicial através de aquecimento ou de outro tratamento. A fim de ilustrar o comportamento de tais operações de transferência de massa em leito fixo, consideramos, como um caso fisicamente simples, a remoção de um soluto proveniente de uma solução passando através de um leito adsorvente.

Nessa operação, uma solução contendo um único soluto A com uma fração molar x_{A1} em um solvente B é passada através de uma torre com recheio, com uma vazão volumétrica constante igual a w/ρ. O recheio da torre consiste em um sólido granulado, capaz de adsorver A da solução. No início da percolação, os interstícios do leito são cheios com líquido puro B, estando o sólido livre de A. O fluido percolante desloca uniformemente esse solvente, de modo que a concentração da solução de A é sempre uniforme em qualquer seção transversal. Por simplicidade, considera-se que a concentração de equilíbrio de A adsorvido no sólido seja proporcional à concentração local de A na solução. Supõe-se também que a concentração de A adsorvido na solução percolante seja sempre pequena e que a resistência do sólido poroso ao transporte de massa intrapartícula seja desprezível.

Desenvolva uma expressão para a concentração de A na coluna como uma função do tempo e da distância apontando para baixo da coluna.

SOLUÇÃO

Analogamente ao tratamento do absorvedor de gás no Exemplo 23.5-2, pensamos as duas fases como sendo contínuas e existindo lado a lado, conforme mostrado na Fig. 23.6-2. Definimos novamente a como a área de contato por unidade de volume de recheio da coluna. Agora, entretanto, uma das fases é estacionária e as condições transientes prevalecem. Por causa desse comportamento localmente transiente, os balanços macroscópicos de massa são aplicados localmente sobre um pequeno incremento de coluna de altura Δz. Podemos usar a Eq. 23.1-3 e a suposição de soluções diluídas a fim de estabelecer que a vazão molar do solvente, W_B, seja essencialmente constante ao longo do comprimento da coluna e do tempo de operação. Usaremos agora a Eq. 23.1-3 para escrever as relações de conservação de massa para a espécie A em cada fase, para um incremento de altura Δz.

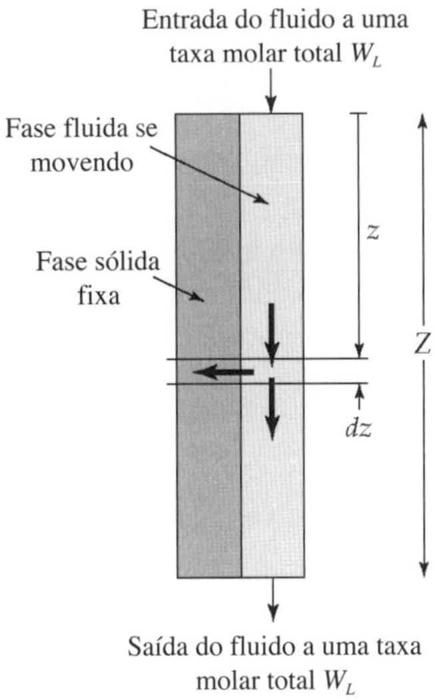

Fig. 23.6-2. Modelo esquemático para uma coluna de absorção em leito fixo, mostrando um elemento diferencial no qual é feito um balanço de massa.

Para a *fase sólida* nesse incremento de coluna, podemos aplicar a Eq. 22.3-3 localmente, mantendo em mente que agora $M_{A,\text{tot}}$ depende tanto de z como de t:

$$\frac{dM_{A,\text{tot}}}{dt} = W_{A0} \tag{23.6-10}$$

ou

$$(1 - \varepsilon)S\Delta z \frac{\partial c_{As}}{\partial t} = (k_x^0 a)(x_A - x_{A0})S\Delta z \tag{23.6-11}$$

Aqui, foi feito uso da Eq. 22.1-14 e os símbolos têm o seguinte significado:

ε = fração volumétrica da coluna ocupada pelo líquido
S = área da seção transversal da coluna (vazia)
c_{As} = moles de A adsorvidos por unidade de volume da fase sólida
x_A = fração molar macroscópica de A na fase líquida
x_{A0} = fração molar interfacial de A na fase fluida, considerada como estando em equilíbrio com c_{As}
k_x^0 = coeficiente de transferência de massa na fase fluida, definido na Eq. 22.1-14, para pequenas taxas de transferência de massa.

Note que, ao escrever a Eq. 23.6-11, desprezamos a transferência convectiva de massa através da interface sólido-fluido. Isso é razoável se x_{A0} for muito menor do que a unidade. Consideramos também que as partículas sejam pequenas o suficiente de modo que a concentração da solução ao redor de qualquer partícula seja essencialmente constante sobre a superfície da partícula.

Para a *fase fluida*, no incremento da coluna sob consideração, a Eq. 23.1-3 se torna

$$\frac{dM_{A,\text{tot}}}{dt} = -\Delta W_A + W_{A0} \tag{23.6-12}$$

ou

$$\varepsilon c S \Delta z \frac{\partial x_A}{\partial t} = -W_B \Delta z \frac{\partial x_A}{\partial z} - (k_x^0 a)(x_A - x_{A0}) S \Delta z \tag{23.6-13}$$

Aqui, c é a concentração molar total do líquido. A Eq. 23.6-13 pode ser reescrita pela introdução de uma variável modificada do tempo, definida por

$$t' = t - \left(\frac{\varepsilon c S}{W_B}\right) z \tag{23.6-14}$$

Pode ser visto que, para qualquer posição na coluna, t' é o tempo medido a partir do instante em que a "frente de escoamento" do solvente percolante atingiu a posição em questão. Reescrevendo as Eqs. 23.6-13 e 11 em termos de t', temos

$$\left(\frac{\partial x_A}{\partial z}\right)_{t'} = -\frac{(k_x^0 a) S}{W_B}(x_A - x_{A0}) \tag{23.6-15}$$

$$\left(\frac{\partial c_{As}}{\partial t'}\right)_z = \frac{(k_x^0 a)}{(1-\varepsilon)}(x_A - x_{A0}) \tag{23.6-16}$$

As Eqs. 23.6-15 e 16 combinam as equações de conservação de massa para cada fase com a expressão considerada da taxa de transferência de massa. Essas duas equações devem ser resolvidas ao mesmo tempo, juntamente com a distribuição de equilíbrio entre as fases, $x_{A0} = mc_{As}$, em que m é uma constante. As condições de contorno são

C.C. 1: em $t' = 0$, $\quad c_{As} = 0 \quad$ para todo $z > 0$ (23.6-17)

C.C. 2: em $z = 0$, $\quad x_A = x_{A1} \quad$ para todo $t' > 0$ (23.6-18)

Antes de resolver essas equações, é conveniente reescrevê-las em termos das seguintes variáveis adimensionais:

$$X(\zeta, \tau) = \frac{x_A}{x_{A1}} \qquad Y(\zeta, \tau) = \frac{mc_{As}}{x_{A1}} \qquad \zeta = \frac{(k_x^0 a)S}{W_B} z \qquad \tau = \frac{(k_x^0 a)m}{(1-\varepsilon)} t' \tag{23.6-19, 20, 21, 22}$$

Em termos dessas variáveis, as equações diferenciais e as condições de contorno adquirem a forma

$$\frac{\partial X}{\partial \zeta} = -(X - Y); \qquad \frac{\partial Y}{\partial \tau} = +(X - Y) \tag{23.6-23, 24}$$

com as condições de contorno $Y(\zeta, 0) = 0$ e $X(0, \tau) = 1$.

A solução[2] para as Eqs. 23.6-23 e 24 para essas condições de contorno é

$$X = 1 - \int_0^\zeta e^{-(\tau+\bar{\zeta})} J_0(i\sqrt{4\tau\bar{\zeta}})\, d\bar{\zeta} \tag{23.6-25}$$

[2] Esse resultado foi primeiro obtido por A. Anzelius, *Z. angew. Math. u. Mech.*, **6**, 291-294 (1926), para o problema análogo em transferência de calor. Um método de obter esse resultado é mostrado no Problema 23D.1. Ver também H. Bateman, *Partial Differential Equations of Mathematical Physics*, Dover, New York (1944), pp. 123-125.

Aqui, $J_0(ix)$ é a função de Bessel de ordem zero de primeiro tipo. Essa solução é apresentada graficamente em várias referências disponíveis.[3]

EXEMPLO 23.6-3

A Utilidade dos Momentos de Ordem Baixa

Para muitos sistemas complexos, as descrições completas são impraticáveis ou desnecessárias, sendo suficiente obter somente umas poucas características básicas. Especificamente, podemos perguntar como se pode determinar o volume do sistema V e a vazão volumétrica Q através dele, a partir de observações de pequenos pulsos de traçador de massa m introduzidos na entrada e então medidos na saída. Para essa finalidade, considere o escoamento, macroscopicamente permanente, através de um sistema fechado de geometria arbitrária, porém com uma única entrada e saída, tal como aquela sugerida na Fig. 7.0-1, exceto que não há superfícies móveis. O escoamento e o comportamento difusional são arbitrários, exceto que a distribuição do traçador tem de ser descrita pela equação de difusão (Eq. 19.1-7 com Eq. 17.7-3 inserida para o fluxo mássico)

$$\frac{\partial \rho_T}{\partial t} = -(\nabla \cdot \rho_T \mathbf{v}) + (\nabla \cdot \mathscr{D}_{TS} \nabla \rho_T) \qquad (23.6\text{-}26)$$

em que ρ_T é a concentração local do traçador e $\mathscr{D}_{TS}$ é a difusividade pseudobinária para o traçador se movimentando através da solução que enche o sistema. Sistemas turbulentos podem ser incluídos usando-se as grandezas médias temporais e uma difusividade turbulenta efetiva.

No desenvolvimento dos balanços macroscópicos, necessitamos usar a condição de que não há escoamento ou difusão através das paredes do envoltório

$$(\mathbf{n} \cdot \mathbf{v}) = 0 \quad \text{e} \quad (\mathbf{n} \cdot \nabla \rho_T) = 0 \qquad (23.6\text{-}27, 28)$$

e de que o fluxo difusivo do traçador é pequeno comparado ao fluxo convectivo na entrada e na saída do sistema

$$\mathscr{D}_{TS}(\mathbf{n} \cdot \nabla \rho_T) << \rho_T (\mathbf{n} \cdot \mathbf{v}) \qquad (23.6\text{-}29)$$

Aqui, **n** é o vetor unitário normal apontando para fora. Consideramos a concentração de entrada do traçador como sendo zero até $t = 0$ e também depois de algum tempo finito $t = t_0$. Na prática, a duração do pulso de concentração deve ser bem curta.

SOLUÇÃO

A análise[4] está baseada nos momentos $I^{(n)}$ da concentração do traçador em relação ao tempo, definidos por (aqui é a posição do vetor definida na Eq. A.2-24):

$$I^{(n)}(\mathbf{r}) = \int_{-\infty}^{+\infty} \rho_T(\mathbf{r}, t) t^n dt \qquad (23.6\text{-}30)$$

Multiplicamos agora a Eq. 23.6-26 por t^n e integramos em relação ao tempo, ao longo da faixa de concentração não nula do traçador de saída

$$\int_0^\infty \frac{\partial \rho_T}{\partial t} t^n dt + \left(\nabla \cdot \mathbf{v} \int_0^\infty \rho_T t^n dt\right) = \left(\nabla \cdot \mathscr{D}_{TS} \nabla \int_0^\infty \rho_T t^n dt\right) \qquad (23.6\text{-}31)$$

Quando o primeiro termo é integrado por partes e usando a notação introduzida na Eq. 23.6-30, obtemos

$$\begin{cases} -nI^{(n-1)} = -(\nabla \cdot \mathbf{v}I^{(n)}) + (\nabla \cdot \mathscr{D}_{TS} \nabla I^{(n)}) & (n \geq 1) \\ 0 = -(\nabla \cdot \mathbf{v}I^{(n)}) + (\nabla \cdot \mathscr{D}_{TS} \nabla I^{(n)}) & (n = 0) \end{cases} \qquad (23.6\text{-}32, 33)$$

para todos os sistemas que fornecem momentos finitos. Temos agora uma hierarquia de equações para os $I^{(n)}$, em termos dos momentos de ordens inferiores, sendo a estrutura dessas equações muito conveniente.

---

[3] Ver, por exemplo, O. A. Hougen and K. M. Watson, *Chemical Process Principles*, Part III, Wiley, New York (1947), p. 1086. Suas variáveis y/y_0, $b\tau$ e aZ correspondem às nossas variáveis X, τ e ζ.

[4] E. N. Lightfoot, A. M. Lenhoff and R. I. Rodrigues, *Chem. Eng. Sci.*, **36**, 954-956 (1982).

Em termos físicos, foi primeiro notado por Spalding[5] que a Eq. 23.6-32 tem a mesma forma da equação da difusão com reação química, Eq. 19.1-16, porém com a concentração trocada por $I^{(n)}$ e o termo de reação trocado por $nI^{(n-1)}$. Portanto, podemos integrar essas equações ao longo de todo o volume do sistema em escoamento e desse modo desenvolver um novo conjunto de balanços macroscópicos.

Começamos pela integração da Eq. 23.6-32, para $n = 0$, ao longo do volume inteiro do sistema em escoamento entre os planos 1 e 2:

$$0 = -\int_V (\nabla \cdot \mathbf{v}I^{(0)})dV + \int_V (\nabla \cdot \mathcal{D}_{TS}\nabla I^{(0)})dV \tag{23.6-34}$$

As integrais de volume podem ser convertidas em integrais de superfície usando o teorema da divergência de Gauss a fim de obter

$$0 = -\int_S (\mathbf{n} \cdot \mathbf{v}I^{(0)})dS + \int_S (\mathbf{n} \cdot \mathcal{D}_{TS}\nabla I^{(0)})dS \tag{23.6-35}$$

sendo $S = S_f + S_1 + S_2$. A integral ao longo da superfície fixa S_f é zero de acordo com as Eqs. 23.6-27 e 28; as integrais ao longo dos planos de entrada e de saída, S_1 e S_2, podem ser simplificadas, de modo a se ter

$$0 = \int_{S_1} vI^{(0)}dS - \int_{S_2} vI^{(0)}dS \tag{23.6-36}$$

Usamos aqui a Eq. 23.6-29 para eliminar os termos difusivos nos planos 1 e 2. Se considerarmos que $I^{(0)}$ é constante ao longo da seção transversal, podemos removê-lo da integral e então obter

$$0 = \langle v_1 \rangle S_1 I_1^{(0)} - \langle v_2 \rangle S_2 I_2^{(0)} \tag{23.6-37}$$

Para um fluido incompressível, a vazão volumétrica, Q, é constante, de modo que $\langle v_1 \rangle S_1 = \langle v_2 \rangle S_2$ e

$$I_1^{(0)} = I_2^{(0)} \tag{23.6-38}$$

Ou seja, $I^{(0)}$ calculado no plano 1 é o mesmo que $I^{(0)}$ no plano 2 e em cada ponto no sistema. É notação padrão abreviar essa grandeza como M_0, o momento zero (absoluto). A Eq. 23.6-38 é análoga à Eq. 23.1-2 para um sistema em regime permanente sem transporte de massa através das paredes. A seguir, calculamos $I_1^{(0)}$ para a introdução de uma massa m de traçador ao longo de um intervalo de tempo que seja pequeno com respeito ao tempo médio de residência do traçador, $t_{\text{res}} = V/Q$:

$$I_1^{(0)} = \int_0^\infty \rho_T(\mathbf{r}, t)|_{S_1}dt = \left(\frac{Q}{V}\int_0^{Q/V} \rho_T(\mathbf{r}, t)|_{S_1}dt\right)\frac{V}{Q} = \left(\frac{m}{V}\right)\frac{V}{Q} = \frac{m}{Q} \tag{23.6-39}$$

A troca, na segunda etapa, do limite superior por Q/V é permitida pela duração finita do pulso traçador. A partir das duas últimas equações, conseguimos então

$$Q = \frac{m}{I_2^{(0)}} = \frac{m}{M_0} \tag{23.6-40}$$

Isso fornece a possibilidade de medir a vazão do sangue a partir da massa de um traçador injetado e do valor de $I_2^{(0)} = M_0$. Este último pode ser obtido por meio de um cateter inserido no vaso sangüíneo ou por técnicas de RMN.

Essa fórmula simples[6] foi primeiro introduzida em 1829 e tem sido usada intensamente desde 1897 para medir vazões sangüíneas,[7] incluindo o débito cardíaco.[8] Ela é também largamente usada para muitos sistemas ambientais, tais como rios, e também para sistemas nas indústrias de processos.

A seguir, retornamos à Eq. 23.6-32, integrando-a ao longo do volume do sistema em escoamento, fazendo uso uma vez mais do fato de que o termo difusivo ao longo da entrada e da saída é muito menor do que o termo convectivo. Isso fornece

$$-n\int_V I^{(n-1)}(\mathbf{r}, t)dV = -\int_V (\nabla \cdot \mathbf{v}I^{(n)})\,dV \tag{23.6-41}$$

---

[5] D. B. Spalding, *Chem. Eng. Sci.*, **9**, 74-77 (1958).
[6] E. Hering, *Zeits. f. Physik*, **3**, 85.126 (1829).
[7] G. N. Stewart, *J. Physiol.* (London), **22**, 159-183 (1897).
[8] K. Zierler, *Ann. Biomed. Eng.*, **28**, 836-848 (2000).

ou se $I^{(n)}$ for considerado constante ao longo de uma seção transversal,

$$-n\left(\frac{1}{V}\int_V I^{(n-1)}(\mathbf{r}, t)dV\right) = \frac{1}{V}(\langle v_1\rangle S_1 I_1^{(n)} - \langle v_2\rangle S_2 I_2^{(n)}) \tag{23.6-42}$$

Então, definindo a grandeza entre parênteses no lado esquerdo como a média volumétrica, obtemos finalmente[3]

$$-n[I^{(n-1)}]_{\text{média volumétrica}} = \frac{Q}{V}(I_1^{(n)} - I_2^{(n)}) \tag{23.6-43}$$

Agora, se estabelecermos $n = 1$, teremos o seguinte:

$$-I^{(0)} = \frac{Q}{V}(I_1^{(1)} - I_2^{(1)}) = \frac{1}{t_{\text{res}}}(I_1^{(1)} - I_2^{(1)}) \tag{23.6-44}$$

Se o traçador for injetado como uma *alimentação tipo função delta*, de modo que $I_1^{(1)} = 0$, podemos usar a notação $I_2^{(1)} = M_1$ (o primeiro momento), em que a última equação se torna

$$\frac{I_2^{(1)}}{I^{(0)}} = t_{\text{res}} \quad \text{ou} \quad \frac{M_1}{M_0} = t_{\text{res}} \tag{23.6-45}$$

Os cardiologistas foram os pioneiros na aplicação desse resultado, como no caso da Eq. 23.6-40, para determinar o volume de sangue. Desde então, foram encontrados muitos outras aplicações ambientais e na indústria de processos.

Momentos de ordens mais altas também se mostraram úteis, em particular os momentos centrais

$$\mu_n = \int_{-\infty}^{\infty} \rho_T(t - t_{\text{res}})^n dt \tag{23.6-46}$$

Esses são comumente empregados para o caso especial de uma alimentação de um traçador em forma de impulso. Assim, o segundo momento central normalizado, ou variância, é

$$\sigma^2 = \frac{\mu_2}{M_0^2} \tag{23.6-47}$$

Isso é o quadrado do desvio-padrão, quando o perfil de saída do traçador é uma distribuição de Gauss. O terceiro momento central é uma medida da assimetria em torno de t_{res} e o quarto momento central é uma medida do achatamento da curva (*kurtosis*). Na prática, o quarto momento é praticamente impossível de determinar exatamente a partir de dados experimentais, e mesmo a obtenção do terceiro momento tem se mostrado bem difícil.

O uso do segundo momento tem encontrado algumas aplicações muito importantes no estudo da dinâmica de traçadores em tecido biológico,[9] e novamente a vasta literatura no campo médico foi estendida para muitas outras aplicações. É também interessante notar as relações de aditividade em sistemas conectados em série. Logo, M_0 é invariante ao número de subsistemas incluídos, e M_1, μ_2 e μ_3 são aditivos, porém momentos de ordens mais altas não o são.

QUESTÕES PARA DISCUSSÃO

1. Como são deduzidos os balanços macroscópicos para misturas multicomponentes? Como eles estão relacionados às equações de balanço?
2. Na Eq. 23.1-1, como as reações homogêneas e heterogêneas são consideradas? Qual é o significado físico de $w_{\alpha 0}$?
3. Forneça um exemplo específico de um sistema em que o último termo na Eq. 23.1-4 seja zero.
4. Usando a Tabela 23.5-1, normalmente se especificam as direções das correntes (isto é, se elas são correntes de entrada ou de saída). Como se pode proceder se as direções de escoamento variarem com o tempo?
5. Resuma os procedimentos de cálculo para a entalpia por unidade de massa, $\hat{H} = U + p\hat{V}$, na Eq. 23.3-1 e para a entalpia molar parcial na Eq. 23.3-1a. Quais são essas grandezas para misturas de gases ideais?

[9] F. Chinard, *Ann. Biomed. Eng.*, **28**, 849-859 (2000).

6. Reveja a dedução do balanço de energia mecânica na Seção 7.8. O que teria de ser mudado naquela dedução se desejarmos aplicá-la a uma mistura reacional não-isotérmica em um sistema em escoamento sem transferência de massa através de superfícies?
7. Até que ponto este capítulo fornece suporte para estudar operações unitárias, tais como absorção, extração, destilação e cristalização?
8. Que mudanças teriam de ser feitas neste capítulo a fim de descrever processos em uma nave espacial ou na superfície da Lua?

PROBLEMAS

23A.1 Expansão de uma mistura gasosa: taxa de reação muito lenta. Estime a temperatura e a velocidade da mistura água-gás na extremidade de descarga do bocal no Exemplo 23.5-4, se a taxa de reação for muito lenta. Use os seguintes dados: $\log_{10} K_x = -0{,}15$, $\tilde{C}_{p,H_2} = 7{,}217$, $\tilde{C}_{p,CO_2} = 12{,}995$, $\tilde{C}_{p,H_2O} = 9{,}861$, $\tilde{C}_{p,CO} = 7{,}932$ (todos esses calores específicos estão em Btu/lbmol·°F. A pressão na saída do bocal é igual à pressão ambiente?
Respostas: 920K, 1726 ft/s; sim, o bocal é subsônico.

23A.2 Altura de uma torre de absorção com recheio. Uma torre com recheio, do tipo descrita no Exemplo 23.5-2, deve ser usada para remover 90% do ciclo-hexano de uma mistura de ciclo-hexano-ar pela absorção em um óleo leve não-volátil. A corrente gasosa entra no fundo da torre a uma vazão volumétrica de 363 ft³/min, a 30°C e a 1,05 atm de pressão. Ela contém 1% de ciclo-hexano por volume. O óleo entra no topo da torre a uma vazão de 20 lbmoles/h, também a 30°C, e contém 0,3% de ciclo-hexano em uma base molar. A pressão de vapor de ciclo-hexano a 30°C é 121 mm Hg e soluções dele no óleo podem ser consideradas seguir a lei de Raoult.
(a) Construa a linha de operação para a coluna.
(b) Construa a curva de equilíbrio para a faixa de operação encontrada aqui. Considere a operação isotérmica e isobárica.
(c) Determine as condições interfaciais em cada extremidade da coluna.
(d) Determine a altura requerida da torre, usando a Eq. 23.5-24, se $k_x^0 a = 0{,}32$ mol/h·ft³, $k_y^0 a = 14{,}2$ moles/h·ft³ e a seção transversal, S, da torre for 2,00 ft².
(e) Repita o item (d) usando a Eq. 23.5-25.
Resposta: **(d)** altura da coluna = 62 ft; **(e)** 60 ft

23B.1 Forças-motrizes médias efetivas em um absorvedor de gás. Considere uma torre de absorção gasosa com recheio do tipo descrito no Exemplo 23.5-2. Suponha que a concentração de soluto seja sempre pequena e que as linhas de equilíbrio e de operação sejam ambas praticamente retas. Sob essas condições, tanto $k_y^0 a$ como $k_x^0 a$ podem ser considerados constantes na superfície de transferência de massa.
(a) Mostre que $(Y_A - Y_{Ae})$ varia lineramente com Y_A. Note que Y_A é a razão molar macroscópica de A na fase gasosa e Y_{Ae} é a razão molar na fase gasosa em equilíbrio com um líquido de composição macroscópica X_A (ver Fig. 22.4-2).
(b) Repita o item (a) para $(Y_A - Y_{A0})$.
(c) Use os resultados dos itens (a) e (b) para mostrar que

$$W_{Ag,0} = (k_y^0 a) ZS(Y_{A0} - Y_A)_{\ln} \qquad (23B.1\text{-}1)$$

$$W_{Ag,0} = (K_y^0 a) ZS(Y_{Ae} - Y_A)_{\ln} \qquad (23B.1\text{-}2)$$

O coeficiente global de transferência de massa, K_y^0, é definido pela Eq. 22.4-4. Note que essa parte do problema pode ser resolvida pela analogia com o desenvolvimento no Exemplo 15.4-1.

23B.2 Expansão de uma mistura gasosa: taxa muito rápida de reação. Estime a temperatura e a velocidade da mistura água-gás na extremidade de descarga do bocal no Exemplo 23.5-4, se a taxa de reação for considerada infinitamente rápida. Use os dados fornecidos no Problema 23A.1, assim como o seguinte: a 900K, $\log_{10} K_x = -0{,}34$; $\tilde{H}_{H_2} = +6340$; $\tilde{H}_{H_2O}(g) = -49.378$; $\tilde{H}_{CO} = -16.636$; $\tilde{H}_{CO_2} = -83.242$ (todas as entalpias são dadas em cal/gmol). Por simplicidade, negligencie o efeito da temperatura sobre a capacidade calorífica e considere que $\log_{10} K_x$ varia linearmente com a temperatura entre 900 e 1.000K. O seguinte procedimento simplificado é recomendado.

(a) Pode ser visto antecipadamente que T_2 será maior para taxas lentas de reação e, por conseguinte, maior do que 920K (ver Problema 23A.1). Mostre que, sobre a faixa de temperatura a ser encontrada, $\tilde{H}$ varia praticamente de forma linear com a temperatura de acordo com a expressão $(d\tilde{H}/dT)_{médio} \approx$ 12,40 cal/gmol·K.
(b) Substitua o resultado de (a) na Eq. 23.5-41, a fim de mostrar que $T_2 \approx$ 937K.
(c) Calcule $\tilde{H}_1$ e $\tilde{H}_2$ e mostre, pelo uso da Eq. 23.5-29, que $v_2 = 1750$ ft/s.

23B.3 Partida de um reator químico.
(a) Integre a Eq. 23.6-5, juntamente com as condições iniciais dadas, de modo a mostrar que a Eq. 23.6-8 descreve corretamente $M_{B,\text{tot}}$ como uma função do tempo.
(b) Mostre que s_+ e s_- na Eq. 23.6-9 são reais e negativas. *Sugestão:* Mostre que

$$(k_{1A}''' + k_{1B}''' + k_{1C}''')^2 - 4\,k_{1B}'''k_{1C}''' = (k_{1A}''' - k_{1B}''' + k_{1C}''')^2 + 4k_{1A}'''k_{1B}''' \qquad (23B.3\text{-}1)$$

(c) Obtenha expressões para $M_{A,\text{tot}}$ e $M_{C,\text{tot}}$ como uma função do tempo.

23B.4 Reação irreversível de primeira ordem em um reator contínuo. Um reator bem agitado, de volume V, está no início completamente cheio com uma solução de soluto A em um solvente S a uma concentração c_{A0}. No tempo $t = 0$, uma solução idêntica de A em S é introduzida a uma taxa mássica constante, w. Uma pequena corrente constante de catalisador dissolvido é introduzida ao mesmo tempo, fazendo com que A desapareça segundo uma reação irreversível de primeira ordem, com constante de taxa k_1''' s^{-1}. A constante de taxa pode ser considerada independente da composição e do tempo. Mostre que a concentração de A no reator (considerado isotérmico) em qualquer tempo é

$$\frac{c_A}{c_{A0}} = \left(1 - \frac{wt_0}{\rho V}\right)e^{-t/t_0} + \frac{wt_0}{\rho V} \qquad (23B.4\text{-}1)$$

sendo $t_0^{-1} = [(w/\rho v) + k_1''']$.

23B.5 Balanços de massa e de entalpia em um separador adiabático. Cem libras de 40% em massa de amônia aquosa superaquecida, tendo uma entalpia específica de 420 Btu/lb$_m$, devem ser evaporadas instantaneamente (*flashed*) de modo adiabático para uma pressão de 10 atm. Calcule as composições e as massas do líquido e do vapor produzidos. Para as finalidades desse problema, você pode supor que no equilíbrio termodinâmico

$$\log_{10} Y_{NH_3} = 1{,}4 + 1{,}53\,\log_{10} X_{NH_3} \qquad (23B.5\text{-}1)$$

sendo Y_{NH_3} e X_{NH_3} as razões *mássicas* entre a amônia e a água. As entalpias do vapor e do líquido saturados, a 10 atm, podem ser consideradas

$$\hat{H} = 1210 - 465y_{NH_3} - 115y_{NH_3}^{12} \qquad (23B.5\text{-}2)$$

Btu/lb$_m$ de vapor saturado, e

$$\hat{h} = 330 - 950x_{NH_3} + 740x_{NH_3}^2 \qquad (23B.5\text{-}3)$$

Btu/lb$_m$ de líquido saturado. Aqui, x_{NH_3} e y_{NH_3} são as frações *mássicas* de amônia.
Resposta: $P = 36{,}5$ lb, $y_P = 0{,}713$, $\hat{H}_p = 877$ Btu/lb$_m$; $W = 63{,}6$ lb$_m$, $x_W = 0{,}22$, $\hat{h}_W = 157$ Btu/lb$_m$

23B.6 Distribuição de escoamento em uma cascata ideal. Determine os escoamentos das correntes ascendente e descendente dos estágios individuais para a cascata ideal descrita no Exemplo 23.5-3. Expresse seus resultados como frações da taxa de alimentação e comece a partir do fundo da cascata. Use 12 estágios como o inteiro mais próximo que fornece a separação desejada. Sugere-se que você comece calculando as composições das correntes ascendente e descendente e então use os balanços de massa

$$D_{n-1} = U_n + W; \qquad x_{n-1}D_{n-1} = y_nU_n + x_WW \qquad (23B.6\text{-}1)$$

abaixo do prato de alimentação e os balanços correspondentes acima dele. Use 10 estágios com a composição da corrente de fundo (W) igual a uma fração molar de 0,1.

23B.7 Separação com isótopo e a função de valor. Você deseja comparar um fracionador de isótopo já existente, que processa 50 moles/h de uma alimentação contendo 1,0% molar do isótopo desejado para um produto de 90% de pureza e um resíduo de 10% com um outro que processa 50 moles/h de 10% molar de um material para um produto e resíduo de 95% e 2%, respectivamente. Que fracionamento é mais eficaz? Considere a capacidade de separação de Dirac como uma medida exata de efetividade.

23C.1 Reação irreversível de segunda ordem em um tanque agitado. Considere um sistema similar àquele discutido no Problema 23B.4, exceto que agora o soluto desaparece de acordo com uma reação de segunda ordem; isto é, $R_{A,\text{tot}} = -k_2'''Vc_A^2$. Desenvolva uma expressão para c_A como uma função do tempo, pelo seguinte método:

(a) Use um balanço macroscópico de massa para o tanque com o objetivo de obter uma equação diferencial descrevendo a evolução de c_A com o tempo.

(b) Reescreva a equação diferencial e a condição inicial correspondente em termos da variável

$$u = c_A + \frac{w}{2\rho V k_2'''}\left(1 + \sqrt{1 + \frac{4\rho V k_2''' c_{A0}}{w}}\right) \qquad (23C.1\text{-}1)$$

A equação diferencial não-linear obtida dessa maneira é a *equação diferencial de Bernoulli.*

(c) Agora, coloque $v = 1/u$ e faça a integração. Reescreva então o resultado em termos da variável original c_A.

23C.2 Purificação de proteína (Fig. 23C.2). Deseja-se purificar uma mistura binária de proteína usando uma cascata ideal de estágios individuais de ultrafiltração, do tipo mostrado na figura. A maior das duas unidades de membranas é a fonte de separação e cada fluxo de proteína através da membrana é expresso por

$$N_i = c_i v S_i \qquad (23C.2\text{-}1)$$

em que N_i é o fluxo de proteína da espécie i através da membrana, c_i é a sua concentração na solução ascendente (supostamente bem misturada), v é a velocidade superficial através da membrana e S_i é um *fator de separação* (*sieving factor*) da proteína específica. A menor unidade de membrana é usada somente para manter um balanço de solvente e pode ser ignorada para as finalidades desse problema.

(a) Mostre que o enriquecimento da proteína 1 relativo a 2 é dado por

$$Y_1 = \alpha_{12} X_1 \qquad (23C.2\text{-}2)$$

sendo Y_1 e X_1 as razões molares entre a proteína 1 e a proteína 2 nas correntes do produto e do resíduo, respectivamente, e $\alpha_{12} = S_1/S_2$.

(b) Determine o número requerido de estágios em uma cascata ideal, de modo a produzir 99% de proteína 1 pura a partir de uma alimentação com 90% e tendo um rendimento de 95% em função de α_{12}. Sugere-se variar α_{12} de 2 a 200.

(c) Calcule as concentrações de saída, rendimento e vazões das correntes para uma cascata de três estágios, com $\alpha_{12} = 40$ e com uma alimentação com 90% de pureza feita no estágio intermediário.

(d) Compare a capacidade de separação de Dirac dessa cascata de três estágios com aquela de uma única unidade, tendo a mesma razão molar entre o produto e a alimentação.

23C.3 Significado físico dos momentos de ordens zero e um. Considere alguns sistemas simples de escoamento, tais como escoamento empistonado e vasos bem agitados, arranjados individualmente e em série ou paralelo. Mostre que as vazões e os volumes podem ser obtidos a partir de momentos definidos no Exemplo 23.6-3.

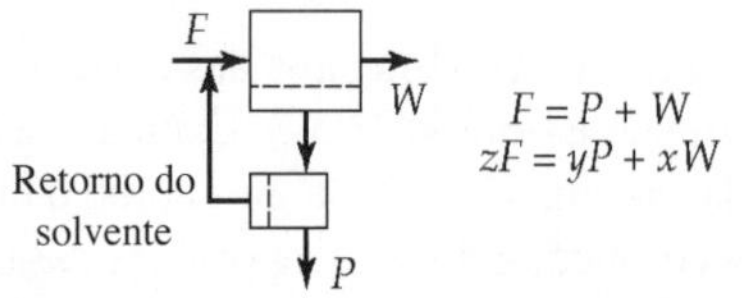

Fig. 23C.2. Separador binário baseado em membrana.

23C.4 Analogia entre a operação transiente de uma coluna de adsorção e um trocador de calor em escoamento cruzado[1] (Fig. 23C.4). No trocador de calor mostrado na figura, as duas correntes de fluido escoam em ângulo reto

[1] W. Nusselt, *Tech. Math. Therm.*, **1**, 417 (1930); D. M. Smith, *Engineering*, **138**, 479 (1934).

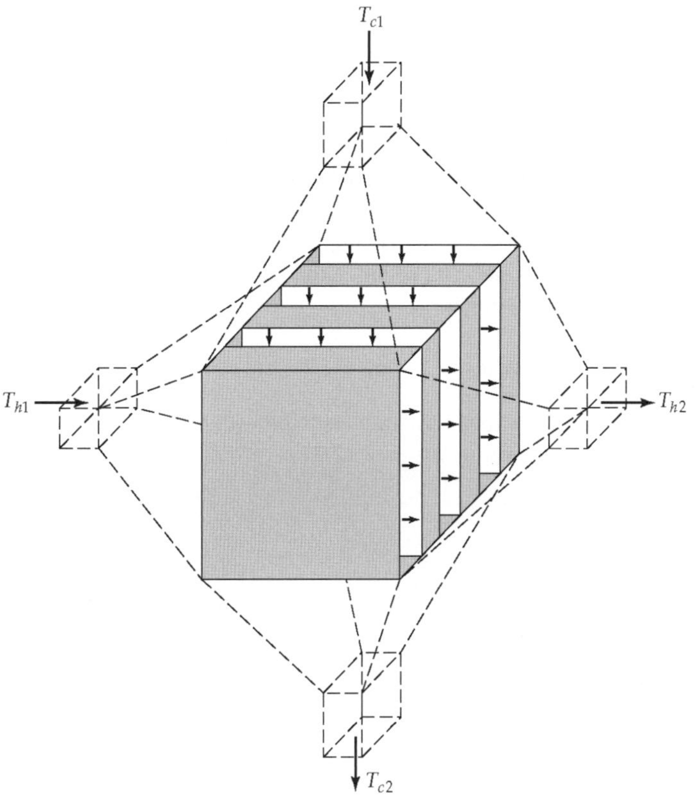

Fig. 23C.4. Representação esquemática de um trocador de calor com escoamento cruzado "tipo sanduíche".

entre si, sendo desprezado o fluxo de calor paralelo à parede. Aqui, a troca de calor é claramente menor do que para um trocador em contracorrente, com mesma área da superfície e mesmo coeficiente global de transferência de calor sob condições idênticas. A taxa de calor nesses trocadores pode ser expressa para U_{loc} constante como

$$Q = U_{loc} A \Delta T_{ln} Y \tag{22C.4-1}$$

Aqui, Q é a taxa total de transferência de calor, A é a área superficial de troca térmica e ΔT_{ln} é a média logarítmica de $(T_{h1} - T_{c1})$ e $(T_{h2} - T_{c2})$, como definido na figura. Note que T_{h2} e T_{c2} são as temperaturas médias das duas correntes na saída. Podemos então considerar Y como a razão entre o calor transferido em escoamento cruzado e aquele que seria transferido em contracorrente.

Use a Eq. 23.6-27 para escrever uma expressão para Y como uma função das taxas das correntes de escoamento de massa, das propriedades físicas, da área de troca térmica e do coeficiente global de transferência de calor. Expresse o resultado em termos de integrais definidas e considere $\hat{C}_{ph}$, $\hat{C}_{pc}$ e U_{loc} constantes.

23D.1 Operação transiente de uma coluna de recheio. Mostre que a Eq. 23.6-25 é uma solução válida das Eqs. 23.6-23 e 24. A seguinte abordagem é recomendada:

(a) Faça a transformada de Laplace das Eqs. 23.6-23 e 24 com relação a τ. Elimine a transformada de Y a partir das expressões resultantes. Mostre que a transformada de X pode ser escrita para as condições de contorno dadas como

$$\overline{X} = \frac{1}{s} e^{-[s/(s+1)]\zeta} \tag{23D.1-1}$$

em que $\overline{X}$ é a transformada de Laplace de X.

(b) Reescreva essa expressão na forma

$$\overline{X} = \frac{1}{s} - \int_0^{\zeta} e^{-\bar{\zeta}} \left(\frac{1}{s+1} \right) e^{[\bar{\zeta}/(s+1)]} d\bar{\zeta} \tag{23D.1-2}$$

Inverta essa expressão para obter a Eq. 23.6-25 usando a identidade

$$\mathcal{L}\{e^{a\tau}F(\tau)\} = \bar{F}(s-a) \tag{23D.1-3}$$

em que $\mathcal{L}\{F(\tau)\} = \bar{F}(s)$.

23D.2 Aditividade dos momentos de ordens menores. Considere que um par de sistemas em escoamento, arranjados em série, encontra os requerimentos do Exemplo 23.6-3. Mostre que (i) o momento de ordem zero é o mesmo nas entradas e saídas do sistema para o primeiro e segundo sistemas e (ii) o primeiro momento absoluto e o segundo e terceiro momentos centrais, mas não o quarto momento central, são aditivos. *Sugestão*: Para o segundo momento e para momentos de ordens superiores, é útil reconhecer que a saída da segunda unidade, após uma alimentação em pulso na primeira, pode ser obtida usando a integral de convolução

$$c(t) = \int_0^t h_1(t-\tau)h_2(\tau)d\tau \equiv h_1 * h_2 \tag{23D.2-1}$$

sendo h uma resposta do sistema a alimentação em pulso. Uma maneira simples de proceder é reconhecer que a transformada de Laplace de $c(t)$ pode ser escrita como

$$\mathcal{L}\{c(t)\} \equiv F(s) = h_1(s)h_2(s) \tag{23D.2-2}$$

Segue então que

$$F'(s) = h_1'(s)h_2(s) + h_1(s)h_2'(s) \tag{23D.2-3}$$

e similarmente para derivadas de ordens mais altas. Agora, pode também ser mostrado que

$$M_0 = F(0); \qquad M_1 = -\frac{F'(0)}{F(0)} \tag{23D.2-4, 5}$$

$$\mu_2 = \frac{F''(0)}{F(0)} - \frac{[F'(0)]^2}{[F(0)]^2} \tag{23D.2-6}$$

$$\mu_3 = -\frac{F'''(0)}{F(0)} + 3\frac{F'(0)F''(0)}{[F(0)]^2} - 2\frac{[F'(0)]^3}{[F(0)]^3} \tag{23D.2-7}$$

$$\mu_4 = \frac{F^{(iv)}(0)}{F(0)} - 4\frac{F'(0)F'''(0)}{[F(0)]^2} + 6\frac{F''(0)[F'(0)]^2}{[F(0)]^3} - 3\frac{[F'(0)]^4}{[F(0)]^4} \tag{23D.2-8}$$

23D.3 Partida de um reator químico. Refaça o Exemplo 23.6-1 usando as transformadas de Laplace das Eqs. 23.6-2 e 3.

23D.4 Comportamento transiente de N reatores em série.[2] Existem N reatores químicos idênticos, de volume V, conectados em série, cada um equipado com um agitador perfeito. Inicialmente, cada tanque é preenchido com solvente puro S. No tempo zero, uma solução de A em S é introduzida no primeiro tanque a uma vazão volumétrica constante Q e a uma concentração constante $c_A(0)$. Essa solução contém também uma pequena quantidade de um catalisador dissolvido, introduzida logo antes da descarga no primeiro tanque, provocando as seguintes reações de primeira ordem:

$$A \underset{k'''_{1BA}}{\overset{k'''_{1AB}}{\rightleftharpoons}} B \underset{k'''_{1CB}}{\overset{k'''_{1BC}}{\rightleftharpoons}} C \tag{23D.4-1}$$

As constantes de taxa nessas reações são consideradas constantes em todo o sistema. Seja $h = Q/V$ o inverso do "tempo de residência efetivo" em cada tanque. Obtenha uma expressão para $c_\alpha(n)$, a concentração da espécie química α no n-ésimo tanque, em qualquer tempo t.

[2] A. Acrivos and N. R. Amundson, *Ind. Eng. Chem.*, **47**, 1533-1541 (1955).

Capítulo 24

OUTROS MECANISMOS PARA O TRANSPORTE DE MASSA

No Cap. 1 dissemos que o transporte molecular de momento é relacionado ao gradiente da velocidade pela lei da viscosidade de Newton. No Cap. 9 apresentamos a lei de Fourier, que diz que o transporte molecular de calor ocorre devido ao gradiente de temperatura. Entretanto, quando discutimos misturas no Cap. 19, mostramos uma contribuição adicional ao transporte molecular de calor associado à quantidade de entalpia transportada pela interdifusão das diversas espécies. No Cap. 17 demos a (primeira) lei de Fick da difusão, que diz que o transporte molecular de massa ocorre como conseqüência de um gradiente de concentração. Mencionamos que outras forças motrizes podem contribuir para o fluxo de massa. Os propósitos deste capítulo são os de descrever as mais importantes dentre estas forças motrizes adicionais e o de ilustrar algumas de suas aplicações.

Dentre estas forças, destacam-se o gradiente de potencial elétrico e a pressão, que governam o comportamento de sistemas iônicos, das membranas *permseletivas*, bem como a ultracentrífuga. Os fenômenos *eletrocinéticos* em particular ganham importância rapidamente. Dipolos induzidos podem produzir separações, como a *dieletroforese* e a *magnetoforese*, úteis em aplicações especializadas. Adicionalmente, veremos que o gradiente de temperatura pode causar fluxos de massas por um processo conhecido como *difusão térmica*[1] ou como *efeito Soret,* e que gradientes de concentração podem produzir um fluxo térmico pelo efeito de *termodifusão*,[2] ou *efeito Dufour*. Finalmente, é importante assinalar que em sistemas contendo três ou mais componentes, o comportamento de cada uma das espécies é influenciado pelos gradientes de concentração de todas as demais espécies presentes.

Afortunadamente, o largo espectro de comportamentos resultantes destas diversas forças motrizes pode ser descrito compactamente pela estrutura da termodinâmica dos processos irreversíveis;[3] este tópico é resumido nas Seções 24.1 e 2. Esta discussão se conclui com as equações generalizadas de Maxwell–Stefan. Nas seções remanescentes, mostramos como diversas especializações destas equações podem ser usadas para fornecer descrições convenientes de processos especiais de difusão selecionados.

Aqueles que não desejarem ler as duas primeiras seções podem passar diretamente para as seções posteriores, onde os resultados essenciais da termodinâmica de processos irreversíveis são resumidos.

---

[1] O efeito foi observado primeiramente em líquidos por C. Ludwig, *Sitzber Akad. Wiss. Wien* **20**, 539 (1856), mas é nomeado em honra a Ch. Soret, *Arch. Sci. Phys. Nat., Genève*, **2**, 48-61 (1879); **4**, 209-213 (1880); *Comptes Rendus Acad. Sci., Paris,* **91**, 289-291 (1880). As primeiras observações em gases foram feitas por S. Chapman e F. W. Dootson, *Phil. Mag.*, **33**, 490-492 (1917).

[2] L. Dufour, *Arch. Sci. Phys. Nat. Genève*, **45**, 9- 12 (1872); *Ann. Phys.* (5) **28**, 490-492 (1873).

[3] A discussão aqui é para sistemas multicomponentes. A discussão para sistemas binários pode ser encontrada em L. Landau e E. M. Lifshitz, *Fluid Mechanics*, 2.ª edição, Pergamon Press (1987), Cap. VI. Veja também R. B. Bird, *Korean J. Chem. Eng.*, **15**, 105-123 (1998).

24.1 A EQUAÇÃO DE TRANSFORMAÇÃO PARA A ENTROPIA

A termodinâmica dos processos irreversíveis, também chamada de termodinâmica do "não-equilíbrio", emprega quatro postulados em adição aos da termodinâmica do equilíbrio:[1]

1. As relações termodinâmicas do equilíbrio se aplicam a sistemas que não estão em equilíbrio, desde que os gradientes não sejam demasiadamente grandes (*postulado do quase-equilíbrio*).
2. Todos os fluxos em um sistema podem ser escritos como relações lineares envolvendo todas as forças (*postulado da linearidade*).
3. Não ocorrem acoplamentos entre fluxos e forças se a diferença na ordem tensorial dos fluxos e das forças for ímpar (*postulado de Curie*).[2]
4. Na ausência de campos magnéticos, a matriz dos coeficientes das relações fluxos - forças é simétrica (*relações de reciprocidade de Onsager*).[3]

Nesta e nas seções seguintes usaremos estes postulados, que nasceram da necessidade de descrever diversos fenômenos observados e também do desenvolvimento da teoria cinética. Note que a teoria de não-equilíbrio que estamos utilizando exclui as considerações sobre fluidos não-newtonianos.[4]

No Problema 11D.1 vimos como deduzir a equação de balanço de entropia de Jaumann,

$$\boxed{\rho \frac{D\hat{S}}{Dt} = -(\nabla \cdot \mathbf{s}) + g_S} \tag{24.1-1}$$

onde $\hat{S}$ é a entropia específica (por unidade de massa) de um fluido multicomponente, $\mathbf{s}$ é o fluxo vetorial de entropia e g_S é a taxa de produção de entropia por unidade de volume. Neste ponto, não conhecemos $\mathbf{s}$ nem g_S, e, portanto, nosso primeiro objetivo é determinar expressões para estas grandezas em termos dos fluxos e gradientes presentes no sistema. Para tanto, temos de usar a suposição de que as equações da termodinâmica do equilíbrio sejam válidas localmente (o "postulado de quase-equilíbrio"), que diz que equações como

$$d\hat{U} = Td\hat{S} - pd\hat{V} + \sum_{\alpha=1}^{N} \frac{\overline{G}_\alpha}{M_\alpha} d\omega_\alpha \tag{24.1-2}$$

podem ser aplicadas a um sistema que não esteja muito longe do equilíbrio. Nesta equação, $\overline{G}_\alpha$ é a energia livre de Gibbs parcial molar e M_α é a massa molecular da espécie α. Agora, aplicamos esta relação para um elemento do fluido que se move com a velocidade do centro de massa $\mathbf{v}$. Então, podemos trocar os operadores diferenciais pelos operadores da derivada substantiva. Desta forma, a Eq. 24.1-2 permite expressar $D\hat{S}/Dt$ em termos de DU/Dt, $D(1/\rho)/Dt$ e $D\omega_\alpha/Dt$. Então, a equação de transformação da energia interna, [Eq. (D) da Tabela 19.2-4], a equação da continuidade total [Eq. (A) da Tabela 19.2-3], e a equação da continuidade para a espécie α [Eq. (B) da Tabela 19.2-3] podem ser usadas para as três derivadas substantivas que foram introduzidas. Assim, após considerável rearranjo, encontramos

$$\mathbf{s} = \frac{1}{T}\left(\mathbf{q} - \sum_{\alpha=1}^{N} \frac{\overline{G}_\alpha}{M_\alpha} \mathbf{j}_\alpha\right) \tag{24.1-3}$$

$$g_S = -\left(\mathbf{q} \cdot \frac{1}{T^2}\nabla T\right) - \sum_{\alpha=1}^{N}\left(\mathbf{j}_\alpha \cdot \left[\nabla\left(\frac{1}{T}\frac{\overline{G}_\alpha}{M_\alpha}\right) - \frac{1}{T}\mathbf{g}_\alpha\right]\right) - \left(\boldsymbol{\tau} : \frac{1}{T}\nabla \mathbf{v}\right) - \sum_{\alpha=1}^{N} \frac{1}{T}\frac{\overline{G}_\alpha}{M_\alpha} r_\alpha \tag{24.1-4}$$

---

[1] S. R. de Groot e P. Mazur, *Non-Equilibrium Thermodynamics*, North-Holland, Amsterdam (1962). Veja também H. B. Callen, *Thermodynamics and an Introduction to Thermostatistics*, Wiley, Nova York (1985), Cap. 14.

[2] P. Curie, *Oeuvres*, Paris (1903), p. 129.

[3] O laureado Nobel **Lars Onsager** (1903-1976) estudou engenharia química na Universidade Técnica de Trondheim; após trabalhar com Peter Debye em Zurique por dois anos, ele teve posições de ensino em diversas universidades antes de ir para a Universidade de Yale. Suas contribuições à termodinâmica de processos irreversíveis podem ser encontradas em L. Onsager, *Phys. Rev.*, **37**, 405-426 (1931); **38**, 2265-2279 (1931). Um resumo das verificações experimentais das relações de reciprocidade de Onsager foi feito por D. G. Miller em *Transport Phenomena in Fluids* (H. J. M. Hanley, ed.), Marcel Deckker, Nova York (1969), Cap. 11.

[4] Para descrever fluidos viscoelásticos não-lineares, temos de generalizar a teoria termodinâmica, como descrito por A. N. Beris e B. J. Edwards, *Thermodynamics of Flowing Systems with Internal Microstructure,* Oxford University Press (1994); M. Grmela e H. C. Öttinger, *Phys. Rev.*, **E56**, 6620-6632 (1997); H. C. Öttinger e M. Grmela, *Phys. Rev.*, **E56**, 6633-6655 (1997); B. J. Edwards, H. C. Öttinger, e R. J. J. Jongschaap, *J. Non-Equilibrium Thermodynamics*, **27**, 356-373 (1997); H. C. Öttinger, *Phys. Rev.*, **E57**, 1416-1420 (1998); H. C. Öttinger, *Applied Rheology*, **9**, 17-26 (1999).

A produção de entropia foi escrita como a soma de produtos de fluxos e forças. Entretanto, apenas $N-1$ fluxos de massa $\mathbf{j}_\alpha$ são independentes, e devido à equação de Gibbs-Duhem, existem apenas $N-1$ forças independentes. Quando consideramos esta falta de independência,[5] escrevemos o fluxo e a produção de entropia sob a seguinte forma:

$$\boxed{\mathbf{s} = \frac{1}{T}\mathbf{q}^{(h)} + \sum_{\alpha=1}^{N} \frac{\overline{S}_\alpha}{M_\alpha}\mathbf{j}_\alpha} \tag{24.1-5}$$

$$\boxed{Tg_S = -(\mathbf{q}^{(h)} \cdot \nabla \ln T) - \sum_{\alpha=1}^{N}\left(\mathbf{j}_\alpha \cdot \frac{cRT}{\rho_\alpha}\mathbf{d}_\alpha\right) - (\boldsymbol{\tau}:\nabla\mathbf{v}) - \sum_{\alpha=1}^{N}\frac{\overline{G}_\alpha}{M_\alpha} r_\alpha} \tag{24.1-6}$$

onde $\mathbf{q}^{(h)}$ é o fluxo térmico com a subtração do fluxo difusivo de entalpia

$$\mathbf{q}^{(h)} = \mathbf{q} - \sum_{\alpha=1}^{N}\frac{\overline{H}_\alpha}{M_\alpha}\mathbf{j}_\alpha \tag{24.1-7}$$

e

$$\begin{aligned} cRT\mathbf{d}_\alpha &= c_\alpha T\nabla\left(\frac{\overline{G}_\alpha}{T}\right) + c_\alpha\overline{H}_\alpha\nabla \ln T - \omega_\alpha\nabla p - \rho_\alpha\mathbf{g}_\alpha + \omega_\alpha\sum_{\beta=1}^{N}\rho_\beta\mathbf{g}_\beta \\ &= c_\alpha RT\nabla \ln a_\alpha + (\phi_\alpha - \omega_\alpha)\nabla p - \rho_\alpha\mathbf{g}_\alpha + \omega_\alpha\sum_{\beta=1}^{N}\rho_\beta\mathbf{g}_\beta \end{aligned} \tag{24.1-8}$$

A segunda forma da Eq. 24.1-8 é obtida[5] usando-se a relação $d\overline{G}_\alpha = RTd \ln a_\alpha$ onde a_α é a atividade. Na operação $\nabla \ln a_\alpha$, a derivada deve ser tomada a T e p constantes, e a quantidade $\phi_\alpha = c_\alpha\overline{V}_\alpha$ é a fração volumétrica da espécie α. Os $\mathbf{d}_\alpha$ introduzidos aqui são chamados de *forças motrizes de difusão*, e são responsáveis pela *difusão sob concentração* (termo contendo o $\nabla \ln a_\alpha$), *difusão sob pressão* (termo em ∇p), e a *difusão forçada* (termo em $\mathbf{g}_\alpha$). Os $\mathbf{d}_\alpha$ são definidos de forma a se ter $\Sigma_\alpha\mathbf{d}_\alpha = 0$.

A produção de entropia na Eq. 24.1-6, dada pela soma de produtos de fluxos e forças é o ponto de partida para o desenvolvimento da termodinâmica de processos irreversíveis. De acordo com o "postulado da linearidade" cada um dos fluxos presentes na Eq. 24.1-6 ($\mathbf{q}^{(h)}$, $\mathbf{j}_\alpha$, $\boldsymbol{\tau}$ e $\overline{G}_\alpha/M_\alpha$) pode ser escrito como função linear de todas as forças (∇T, $\mathbf{d}_\alpha$, $\nabla\mathbf{v}$ e r_α). Entretanto, devido ao "postulado de Curie", cada um dos $\mathbf{j}_\alpha$ deve depender linearmente de todos os $\mathbf{d}_\alpha$ bem como de ∇T; e $\mathbf{q}^{(h)}$ deve depender linearmente de ∇T bem como de todos os $\mathbf{d}_\alpha$, mas nem $\mathbf{j}_\alpha$ nem $\mathbf{q}^{(h)}$ podem depender de $\nabla\mathbf{v}$ ou de r_α. Semelhantemente, o tensor tensão $\boldsymbol{\tau}$ dependerá do tensor $\nabla\mathbf{v}$, e também de forças motrizes escalares r_α multiplicadas pelo tensor unitário. Como o "acoplamento" entre $\boldsymbol{\tau}$ e as reações químicas não tem sido estudado, vamos omitir quaisquer considerações adicionais a este respeito. Na próxima seção, discutimos o acoplamento entre todas as forças vetoriais e fluxos vetoriais e as conseqüências da aplicação das "relações de reciprocidade de Onsager".

24.2 AS EXPRESSÕES DE FLUXO PARA CALOR E MASSA

Agora vamos aplicar o "postulado de linearidade" para obter os fluxos vetoriais

$$\mathbf{q}^{(h)} = -a_{00}\nabla \ln T - \sum_{\beta=1}^{N}\frac{cRTa_{0\beta}}{\rho_\beta}\mathbf{d}_\beta \tag{24.2-1}$$

$$\mathbf{j}_\alpha = -a_{\alpha 0}\nabla \ln T - \rho_\alpha\sum_{\beta=1}^{N}\frac{cRTa_{\alpha\beta}}{\rho_\alpha\rho_\beta}\mathbf{d}_\beta \qquad \alpha = 1, 2, \ldots, N \tag{24.2-2}$$

Nestas equações, as quantidades a_{00}, $a_{0\beta}$, $a_{\alpha 0}$ e $a_{\alpha\beta}$ são os "coeficientes fenomenológicos" (isto é, as propriedades de transporte). Uma vez que os $\mathbf{j}_\alpha$ e $\mathbf{d}_\alpha$ não são independentes, é necessário que $a_{\alpha\beta} + \Sigma_\gamma a_{\alpha\gamma} = 0$, onde a soma se faz sobre todos

[5] Os passos intermediários estão em C. F. Curtiss e R. B. Bird, *Ind. Eng. Chem. Research*, **38**, 2515-2522 (1999), errata **40**, 1791 (2001).

os γ (exceto $\gamma = \beta$) de 1 a N. Agora, de acordo com as relações de reciprocidade de Onsager, $a_{\alpha 0} = a_{0\alpha}$ e $a_{\alpha\beta} = a_{\beta\alpha}$ para todos os valores de α e β de 1 a N.

A seguir, relacionamos os coeficientes fenomenológicos aos coeficientes de transporte. Primeiro, renomeamos $a_{\alpha 0}$ e $a_{0\alpha}$ para D_α^T, *os coeficientes de difusão térmica multicomponentes*. Estes têm a propriedade $\Sigma_\alpha D_\alpha^T = 0$. A seguir, definimos os *coeficientes de difusão de Fick*,[1] $\mathbb{D}_{\alpha\beta}$ por $\mathbb{D}_{\alpha\beta} = -cRTa_{\alpha\beta}/\rho_\alpha\rho_\beta$. Estas difusividades são simétricas ($\mathbb{D}_{\alpha\beta} = \mathbb{D}_{\beta\alpha}$) e satisfazem à relação $\Sigma_\alpha \omega_\alpha \mathbb{D}_{\alpha\beta} = 0$. Assim, a Eq. 24.2-2 fica

$$\boxed{\mathbf{j}_\alpha = -D_\alpha^T \nabla \ln T + \rho_\alpha \sum_{\beta=1}^{N} \mathbb{D}_{\alpha\beta}\mathbf{d}_\beta \qquad \alpha = 1, 2, \ldots, N} \tag{24.2-3}$$

para os fluxos de massa multicomponentes. Esta são as *equações generalizadas de Fick*. Quando a segunda forma da Eq. 24.1-8 é substituída na Eq. 24.2-3 vemos que existem quatro contribuições ao vetor fluxo de massa $\mathbf{j}_\alpha$: o termo da difusão sob concentração (contendo o gradiente da atividade), o termo da difusão sob pressão (contendo o gradiente de pressão), o termo de difusão forçada (contendo as forças externas) e o termo de difusão térmica (proporcional ao gradiente de temperatura).

A Eq. 24.2-3 pode ser "virada às avessas"[1,2] e resolvida para as forças motrizes $\mathbf{d}_\alpha$:

$$\boxed{\mathbf{d}_\alpha = -\sum_{\beta\neq\alpha} \frac{x_\alpha x_\beta}{\mathcal{D}_{\alpha\beta}}\left(\frac{D_\alpha^T}{\rho_\alpha} - \frac{D_\beta^T}{\rho_\beta}\right)(\nabla \ln T) - \sum_{\beta\neq\alpha} \frac{x_\alpha x_\beta}{\mathcal{D}_{\alpha\beta}}\left(\frac{\mathbf{j}_\alpha}{\rho_\alpha} - \frac{\mathbf{j}_\beta}{\rho_\beta}\right) \quad (\alpha = 1, 2, \ldots, N)} \tag{24.2-4}$$

Estas são as *equações generalizadas de Maxwell–Stefan*, um de seus casos especiais foi apresentado na Eq. 17.9-1. Os $\mathcal{D}_{\alpha\beta}$ são chamados de *difusividades multicomponentes de Maxwell–Stefan*, e demonstrou-se que são simétricas,[3] suas relações com os $\mathbb{D}_{\alpha\beta}$ serão discutidas a seguir.

Quando a expressão para $\mathbf{d}_\alpha$ na Eq. 24.2-4 é substituída na Eq. 24.2-1, obtemos

$$\mathbf{q}^{(h)} = -\left[a_{00} + \sum_{\alpha=1}^{N}\sum_{\substack{\beta=1\\ \beta\neq\alpha}}^{N} \frac{cRTx_\alpha x_\beta}{\rho_\alpha}\frac{D_\alpha^T}{\mathcal{D}_{\alpha\beta}}\left(\frac{D_\beta^T}{\rho_\beta} - \frac{D_\alpha^T}{\rho_\alpha}\right)\right]\nabla \ln T$$
$$+ \sum_{\alpha=1}^{N}\sum_{\substack{\beta=1\\ \beta\neq\alpha}}^{N} \frac{cRTx_\alpha x_\beta}{\rho_\alpha}\frac{D_\alpha^T}{\mathcal{D}_{\alpha\beta}}\left(\frac{\mathbf{j}_\alpha}{\rho_\alpha} - \frac{\mathbf{j}_\beta}{\rho_\beta}\right) \tag{24.2-5}$$

A condutividade térmica da mistura é definida como o coeficiente de proporcionalidade entre o vetor fluxo térmico e o gradiente da temperatura quando não há fluxo de massa no sistema. Assim, a grandeza entre colchetes é, por concordância geral, a condutividade térmica k multiplicada pela temperatura T. Se combinamos este resultado com a definição na Eq. 24.1-7, obtemos para a expressão final para o fluxo térmico:[3]

$$\boxed{\mathbf{q} = -k\nabla T + \sum_{\alpha=1}^{N}\frac{\overline{H}_\alpha}{M_\alpha}\mathbf{j}_\alpha + \sum_{\alpha=1}^{N}\sum_{\substack{\beta=1\\ \beta\neq\alpha}}^{N} \frac{cRTx_\alpha x_\beta}{\rho_\alpha}\frac{D_\alpha^T}{\mathcal{D}_{\alpha\beta}}\left(\frac{\mathbf{j}_\alpha}{\rho_\alpha} - \frac{\mathbf{j}_\beta}{\rho_\beta}\right)} \tag{24.2-6}$$

Vemos que o fluxo térmico consiste em três termos: o termo de condução de calor (contendo a condutividade térmica), o termo de difusão de calor (contendo as entalpias parciais molares) e, finalmente, o termo de Dufour (contendo o coeficiente de difusão térmica e os fluxos de massas). O termo de difusão de calor, já encontrado na Eq. 19.3-3, é importante em sistemas de difusão. O termo de Dufour é usualmente pequeno e pode ser desprezado.

As Eqs. 24.2-3, 4 e 6 são os resultados principais da termodinâmica de processos irreversíveis. Agora, temos os fluxos de massa e calor expressos em termos das propriedades de transporte e dos fluxos. A seguir, discutiremos a relação entre

[1] C. F. Curtiss, *J. Chem. Phys.*, **49**, 2917-2919 (1968); veja também D. W. Condiff, *J. Chem. Phys.*, **51**, 4209-4212 (1969), e C. F. Curtiss e R. B. Bird, *Ind. Eng. Chem. Research*, **39**, 2515-2522 (1999); errata **41**, 1791 (2001). Os $\mathbb{D}_{\alpha\beta}$ aqui são os negativos dos $\tilde{D}_{\alpha\beta}$ usados por J. O. Hirschfelder, C. F. Curtiss e R. B. Bird, *Molecular Theory of Gases and Liquids*, Wiley, Nova York (1954), segunda impressão corrigida (1964), Cap. 11.

[2] H. J. Merk, *Appl. Sci. Res.*, **A8**, 73-99 (1959); E. Helfand, *J. Chem. Phys.*, **33**, 319-322 (1960). **Hendrik Jacobus Merk** (1920-1988) realizou a inversão da expressão para o fluxo de massa enquanto aluno de graduação em engenharia física na Universidade Técnica de Delft; de 1953 a 1987 foi professor na mesma instituição.

[3] C. F. Curtiss e R. B. Bird, *Ind. Eng. Chem. Research*, **38**, 2515-2522 (1999); errata, **40**, 1791 (2001).

a matriz de difusividades de Fick $\mathbb{D}_{\alpha\beta}$ e a das difusividades de Maxwell–Stefan $\mathcal{D}_{\alpha\beta}$. As duas matrizes são simétricas e de ordem $N \times N$, e as duas tem $\frac{1}{2}N(N-1)$ elementos independentes. As $\mathcal{D}_{\alpha\beta}$ são obtidas pela relação:[3]

$$\mathcal{D}_{\alpha\beta} = \frac{x_\alpha x_\beta}{\omega_\alpha \omega_\beta} \frac{\sum_{\gamma \neq \alpha} \mathbb{D}_{\alpha\gamma} (\text{adj } B_\alpha)_{\gamma\beta}}{\sum_{\gamma \neq \alpha} (\text{adj } B_\alpha)_{\gamma\beta}} \qquad \alpha, \beta = 1, 2, \ldots, N \tag{24.2-7}$$

onde $(B_\alpha)_{\beta\gamma} = -\mathbb{D}_{\beta\gamma} + \mathbb{D}_{\alpha\gamma}$ — isto é, os componentes $\beta\gamma$ da matriz de ordem $(N-1)\times(N-1)$, que designamos B_α, com a linha $\beta = \alpha$ e a coluna $\gamma = \alpha$ sendo incluída e onde adj B_α é a matriz adjunta de B_α. Para sistemas binários e ternários, as relações explícitas são dadas nas Tabelas 24.2-1 e 2. Pode ser visto que para a mistura binária $\mathbb{D}_{\alpha\beta}$ e $\mathcal{D}_{\alpha\beta}$ diferem de um fator dependente de concentrações. Entretanto, eles têm o mesmo sinal, o que explica por que o sinal positivo foi o escolhido na Eq. 24.2-3 em vez do sinal negativo.

TABELA 24.2-1 Resumo[1] das Expressões para $\mathbb{D}_{\alpha\beta}$ em Termos de $\mathcal{D}_{\alpha\beta}$ [Nota: Expressões adicionais podem ser geradas pela permutação dos índices. Fórmulas para sistemas de quatro componentes são apresentadas nas referências.]

Binário:

$$\mathbb{D}_{11} = -\frac{\omega_2^2}{x_1 x_2} \mathcal{D}_{12} \tag{A}$$

$$\mathbb{D}_{22} = -\frac{\omega_1^2}{x_1 x_2} \mathcal{D}_{12} \tag{B}$$

$$\mathbb{D}_{12} = \mathbb{D}_{21} = \frac{\omega_1 \omega_2}{x_1 x_2} \mathcal{D}_{12} \tag{C}$$

Ternário:

$$\mathbb{D}_{11} = -\frac{\dfrac{(\omega_2+\omega_3)^2}{x_1 \mathcal{D}_{23}} + \dfrac{\omega_2^2}{x_2 \mathcal{D}_{13}} + \dfrac{\omega_3^2}{x_3 \mathcal{D}_{12}}}{\dfrac{x_1}{\mathcal{D}_{12}\mathcal{D}_{13}} + \dfrac{x_2}{\mathcal{D}_{12}\mathcal{D}_{23}} + \dfrac{x_3}{\mathcal{D}_{13}\mathcal{D}_{23}}} \tag{D}$$

$$\mathbb{D}_{12} = \frac{\dfrac{\omega_1(\omega_2+\omega_3)}{x_1 \mathcal{D}_{23}} + \dfrac{\omega_2(\omega_1+\omega_3)}{x_2 \mathcal{D}_{13}} - \dfrac{\omega_3^2}{x_3 \mathcal{D}_{12}}}{\dfrac{x_1}{\mathcal{D}_{12}\mathcal{D}_{13}} + \dfrac{x_2}{\mathcal{D}_{12}\mathcal{D}_{23}} + \dfrac{x_3}{\mathcal{D}_{13}\mathcal{D}_{23}}} \tag{E}$$

Agora estamos na posição de apresentar os três resultados finais desta seção, que são úteis como pontos de partida para a solução de problemas de difusão. Para a *difusão multicomponentes em gases ou líquidos*, a combinação das Eqs. 24.1-8 e 24.2-4 dá

$$\sum_{\substack{\beta=1 \\ \beta\neq\alpha}}^{N} \frac{x_\alpha x_\beta}{\mathcal{D}_{\alpha\beta}} (\mathbf{v}_\alpha - \mathbf{v}_\beta) = -x_\alpha \nabla \ln a_\alpha - \frac{1}{cRT}\left[(\phi_\alpha - \omega_\alpha)\nabla p - \rho_\alpha \mathbf{g}_\alpha + \omega_\alpha \sum_{\beta=1}^{N} \rho_\beta \mathbf{g}_\beta\right]$$
$$- \sum_{\substack{\beta=1 \\ \beta\neq\alpha}}^{N} \frac{x_\alpha x_\beta}{\mathcal{D}_{\alpha\beta}} \left(\frac{D_\alpha^T}{\rho_\alpha} - \frac{D_\beta^T}{\rho_\beta}\right)(\nabla \ln T) \quad (\alpha = 1, 2, \ldots, N) \tag{24.2-8}$$

Esta equação foi escrita em termos da diferença entre velocidades moleculares $\mathbf{v}_\alpha - \mathbf{v}_\beta$. As Eqs. (D) até (I) da Tabela 17.8-1 podem, então, ser usadas para escrever esta equação em termos de quaisquer dos fluxos de massa ou molares.

TABELA 24.2-2 Resumo[1] das Expressões de $\mathcal{D}_{\alpha\beta}$ em Termos de $\mathbb{D}_{\alpha\beta}$ [Nota: Expressões adicionais podem ser geradas pela permutação dos índices. Fórmulas para sistemas de quatro componentes são apresentadas nas referências.]

Binário:

$$\mathcal{D}_{12} = \frac{x_1 x_2}{\omega_1 \omega_2} \mathbb{D}_{12} = -\frac{x_1 x_2}{\omega_2^2} \mathbb{D}_{11} = -\frac{x_1 x_2}{\omega_1^2} \mathbb{D}_{22} \tag{A}$$

Ternário:

$$\mathcal{D}_{12} = \frac{x_1 x_2}{\omega_1 \omega_2} \frac{\mathbb{D}_{12}\mathbb{D}_{33} - \mathbb{D}_{13}\mathbb{D}_{23}}{\mathbb{D}_{12} + \mathbb{D}_{33} - \mathbb{D}_{13} - \mathbb{D}_{23}} \tag{B}$$

Se desejamos designar uma das espécies como sendo especial (por exemplo, o solvente), então a Eq. 24.2-8 pode ser reescrita na forma (veja o Problema 24C.1):

$$\sum_{\substack{\beta=1 \\ \text{todo } \beta}}^{N} \frac{x_\alpha x_\beta}{Ð_{\alpha\beta}}(\mathbf{v}_\gamma - \mathbf{v}_\beta) = -x_\alpha \nabla \ln a_\alpha - \frac{1}{cRT}\left[(\phi_\alpha - \omega_\alpha)\nabla p - \rho_\alpha \mathbf{g}_\alpha + \omega_\alpha \sum_{\beta=1}^{N} \rho_\beta \mathbf{g}_\beta\right]$$

$$-\sum_{\substack{\beta=1 \\ \text{todo } \beta}}^{N} \frac{x_\alpha x_\beta}{Ð_{\alpha\beta}}\left(\frac{D_\gamma^T}{\rho_\gamma} - \frac{D_\beta^T}{\rho_\beta}\right)(\nabla \ln T) \quad (\alpha = 1, 2, \ldots, N) \tag{24.2-9}$$

Note que na Eq. 24.2-8 aparecem $N(N-1)/2$ difusividades simétricas, $Ð_{\alpha\beta}$, e que $Ð_{\alpha\alpha}$ não aparecem e, portanto, não são definidos. Entretanto, na Eq. 24.2-9, existem $N(N+1)/2$ difusividades simétricas, mas os $Ð_{\alpha\alpha}$ (N ao todo) estão presentes e agora somos forçados a empregar uma relação suplementar $\Sigma_\alpha(x_\alpha/Ð_{\alpha\beta}) = 0$, onde a soma se faz sobre todos os α. A Eq. 24.2-9, com a relação auxiliar, é equivalente à Eq. 24.2-8, e as duas relações generalizadas de Maxwell-Stefan são equivalentes às equações generalizadas de Fick dadas pela Eq. 24.2-3, em conjunto com a relação auxiliar.

Para *a difusão de gases multicomponentes a baixas densidades*, a atividade pode ser substituída pela fração molar e, com boa aproximação, o $Ð_{\alpha\beta}$ pode ser substituído por $\mathscr{D}_{\alpha\beta}$. Estas são as difusividades binárias para todos os pares de espécies da mistura. Uma vez que os $\mathscr{D}_{\alpha\beta}$ variam muito pouco com a concentração enquanto os $\mathbb{D}_{\alpha\beta}$ são fortemente dependentes da concentração, é preferível usar a forma de Maxwell–Stefan (Eq. 24.2-4) à forma de Fick (Eq. 24.2-3).

Para a *difusão binária em gases ou líquidos*, a Eq. (C) da Tabela 24.2-1 e Eq. 17B.3-1 podem ser usadas para simplificar a Eq. 24.2-8 como segue:

$$\mathbf{J}_A^* = -cÐ_{AB}\left[x_A \nabla \ln a_A + \frac{1}{cRT}[(\phi_A - \omega_A)\nabla p - \rho\omega_A\omega_B(\mathbf{g}_A - \mathbf{g}_B)] + k_T \nabla \ln T\right] \tag{24.2-10}$$

Nesta equação, introduzimos a *razão de difusão térmica*, definida por $k_T = -D_A^T/\rho\tilde{D}_{AB} = +(D_A^T/\rho Ð_{AB})(x_A x_B/\omega_A\omega_B)$. Outras quantidades presentes são o *fator de termodifusão* α_T e o *coeficiente de Soret* σ_T, definido por $k_T = \alpha_T x_A x_B = \sigma_T x_A x_B T$. Para gases, α_T é quase independente da composição, e σ_T é a quantidade preferida para líquidos. Quando k_T é positivo, a espécie A move-se em direção à região mais fria e, quando é negativo, a espécie A move-se para a região mais quente. Alguns exemplos de k_T para gases e líquidos são apresentados na Tabela 24.2-3.

Para misturas binárias de gases diluídos, observa-se experimentalmente que a espécie com mais alto peso molecular usualmente migra para a região mais fria. Se os pesos moleculares são aproximadamente iguais, então geralmente a espécie com maior diâmetro migra para a região mais fria. Em alguns casos, ocorre a mudança de sinal da razão de termodifusão quando a temperatura é reduzida.[4]

TABELA 24.2-3 Valores Experimentais da Razão de Difusão Térmica para Líquidos e Misturas Gasosas de Baixa Densidade

Líquidos:[a]				**Gases:**			
Componentes A-B	T (K)	x_A	k_T	Componentes A-B	T (K)	x_A	k_T
$C_2H_2Cl_4$–n-C_6H_{14}	298	0,5	1,08	Ne–He[b]	330	0,80	0,0531
$C_2H_4Br_2$–$C_2H_4Cl_2$	298	0,5	0,225			0,40	0,1004
$C_2H_2Cl_4$–CCl_4	298	0,5	0,060	N_2–H_2[c]	264	0,706	0,0548
CBr_4–CCl_4	298	0,09	0,129			0,225	0,0663
CCl_4–CH_3OH	313	0,5	1,23	D_2–H_2[d]	327	0,90	0,0145
CH_3OH–H_2O	313	0,5	−0,137			0,50	0,0432
ciclo-C_6H_{12}–C_6H_6	313	0,5	0,100			0,10	0,0166

[a] R. L. Saxton, E. L. Dougherty e H. G. Drickamer, *J. Chem. Phys.*, **22**, 1166-1168, (1954); R. L. Saxton e H. G. Drickamer, *J. Chem. Phys.*, **22**, 1287-1288 (1954); L. J. Tichacek, W. S. Kmak e H. G. Drickamer, *J. Phys. Chem.*, **60**, 660-665 (1956).
[b] B. E. Atkins, R. E. Bastick e T. L. Ibbs, *Proc. Roy. Soc. (London)*, **A172,** 142-158 (1939).
[c] T. L. Ibbs, K. E. Grew e A. A. Hirst, *Proc. Roy. Soc. (London)*, **A173**, 543-554 (1939).
[d] H. R. Heath, T. L. Ibbs e N. E. Wild, *Proc. Roy. Soc. (London)*, **A178**, 380-389 (1941).

[4] S. Chapman e T. G. Cowling, *The Mathematical Theory of Non-Uniform Gases*, 3.ª edição, Cambridge University Press (1970), p. 274.

No restante deste capítulo exploramos algumas conseqüências das expressões para o fluxo de massa das Eqs. 24.2-8, 9 e 10.

EXEMPLO 24.2-1

Difusão Térmica e a Coluna de Clusius-Dickel

Neste exemplo, discutimos a difusão de espécies sob a influência de um gradiente de temperatura. Para ilustrar o fenômeno, consideramos o sistema mostrado na Fig. 24.2-1, que consiste em dois bulbos ligados por um tubo isolado com pequeno diâmetro e cheio com uma mistura de gases ideais A e B. Os bulbos são mantidos a temperaturas constantes T_1 e T_2, respectivamente, e o diâmetro do tubo isolado é pequeno o bastante para eliminar, substancialmente, correntes de convecção. Eventualmente, o sistema atinge um estado estacionário, com o gás A enriquecido num dos finais do tubo e empobrecido no outro. Obtenha uma expressão para $x_{A2} - x_{A1}$, a diferença de frações molares nas extremidades do tubo.

SOLUÇÃO

Após o estabelecimento do regime permanente não mais existe movimento de A ou de B e, portanto, $\mathbf{J}_A^* = 0$. Se tomamos o eixo do tubo na direção de z, então, pela Eq. 24.2-10 temos

$$\frac{dx_A}{dz} + \frac{k_T}{T}\frac{dT}{dz} = 0 \tag{24.2-11}$$

Aqui, a atividade a_A foi substituída pela fração molar, como é apropriado para mistura de gases ideais. Usualmente, o grau de separação neste tipo de aparelho é pequeno. Podemos então ignorar o efeito da composição sobre k_T e integrar esta equação para obter

$$x_{A2} - x_{A1} = -\int_{T_1}^{T_2} \frac{k_T}{T} dT \tag{24.2-12}$$

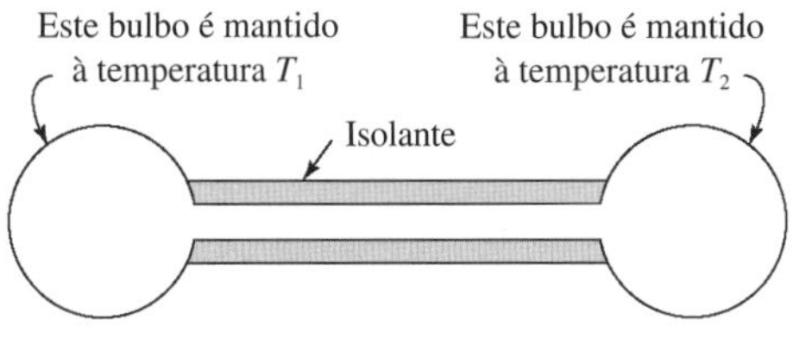

Fig. 24.2-1. Difusão térmica binária estacionária em um equipamento de dois bulbos. A mistura dos gases A e B tende a se separar sob a influência do gradiente de temperatura.

Como a dependência de k_T com T é bem complexa, é costume supor k_T constante a uma temperatura média T_m. A Eq. 24.2-12 então nos dá (aproximadamente)

$$x_{A2} - x_{A1} = -k_T(T_m) \ln \frac{T_2}{T_1} \tag{24.2-13}$$

A temperatura média recomendada é[5]

$$T_m = \frac{T_1 T_2}{T_2 - T_1} \ln \frac{T_2}{T_1} \tag{24.2-14}$$

As Eqs. 24.2-13 e 14 são úteis para a estimativa da ordem de grandeza dos efeitos da termodifusão.

A menos que o gradiente de temperatura seja muito alto, a separação normalmente será pequena. Por este motivo, é vantajoso combinar-se o efeito da termodifusão à convecção natural entre duas paredes verticais, uma aquecida e a outra resfriada. A corrente aquecida sobe e a resfriada desce. A corrente que sobe ficará mais rica em um dos componentes —

[5] H. Brown, *Phys. Rev.*, **58**, 661-662 (1940).

digamos, A — e a que desce ficará mais rica em B. Este é o princípio de operação da *coluna de Clusius–Dickel*.[6-8] Com o acoplamento de diversas dessas colunas em cascata é possível realizar uma separação. Durante a Segunda Guerra Mundial este foi um dos métodos usados para a separação de isótopos do gás de hexafluoreto de urânio. O método também tem sido usado com algum sucesso na separação de misturas orgânicas, onde os componentes têm praticamente os mesmos pontos de ebulição, e a destilação não é boa opção.

A razão de termodifusão pode também ser obtida do efeito Dufour, mas a análise dos experimentos é carregada de erros experimentais difíceis de serem evitados.[9]

EXEMPLO 24.2-2

Difusão sob Pressão e Ultracentrífuga

Examinaremos a difusão na presença de um gradiente de pressão. Se um gradiente de pressão suficientemente grande pode ser estabelecido, então uma separação mensurável pode ser obtida. Um exemplo disso é a ultracentrífuga, que tem sido usada para a separação de enzimas e de proteínas. Na Fig. 24.2-2 mostramos uma célula cilíndrica em uma centrífuga de muito alta velocidade. O comprimento da célula L é pequeno com relação ao raio de rotação R_0, e a densidade da solução pode ser considerada como função apenas da composição. Determine a distribuição dos dois componentes no regime permanente em termos de seus volumes molares e do gradiente de pressão. Este último é obtido da equação do movimento como

$$\frac{dp}{dz} = -\rho g_\Omega \approx -\rho\Omega R_0 \tag{24.2-15}$$

Por simplicidade, supomos que os volumes parciais molares e os coeficientes de atividade sejam constantes em toda faixa de condições existentes na célula.

SOLUÇÃO

No regime permanente, $\mathbf{j}_A^* = 0$, e os termos relevantes da Eq. 24.2-10 dão, para a espécie A,

$$\frac{dx_A}{dz} + \frac{M_A x_A}{RT}\left(\frac{\overline{V}_A}{M_A} - \frac{1}{\rho}\right)\frac{dp}{dz} = 0 \tag{24.2-16}$$

Inserindo a expressão apropriada para o gradiente de pressão e multiplicando por $(\overline{V}_B/x_A)dz$, obtemos para a espécie A

$$\overline{V}_B \frac{dx_A}{x_A} = -\overline{V}_B \frac{g_\Omega}{RT}(\rho\overline{V}_A - M_A)dz \tag{24.2-17}$$

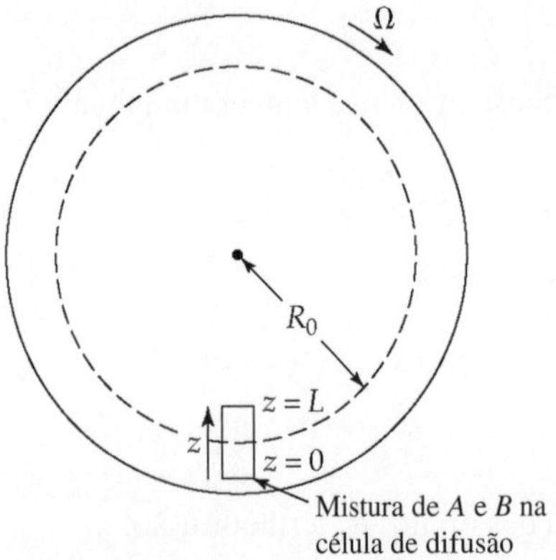

Fig. 24.2-2. Difusão sob pressão estacionária em uma centrífuga. A mistura na célula de difusão tende a se separar em virtude do gradiente de pressão induzido na centrífuga.

[6] K. Clusius e G. Dickel, *Z. Phys. Chem.*, **B44**, 397-450, 451-473 (1939).

[7] K. E. Grew e T. L. Ibbs, *Thermal Diffusion in Gases*, Cambridge University Press (1952); K. E. Grew, em *Transport Phenomena in Fluids* (H. J. M. Hanley, ed.), Marcel Dekker, Nova York (169), Cap. 10.

[8] R. B. Bird, *Advances in Chemical Engineering*, **1**, 155-239 (1956) Seçao 4.D.2; *errata*, **2**, 325 (1958).

[9] S. Chapman e T. G. Cowling, *The Mathematical Theory of Nonuniform Gases*, 3.ª edição, Cambridge University Press (1970), pp. 268-271.

Então, escrevemos uma equação análoga para a espécie B

$$\overline{V}_A \frac{dx_B}{x_B} = -\overline{V}_A \frac{g_\Omega}{RT}(\rho \overline{V}_B - M_B)dz \tag{24.2-18}$$

Subtraindo a Eq. 24.2-18 da Eq. 24.2-17 obtemos

$$\overline{V}_B \frac{dx_A}{x_A} - \overline{V}_A \frac{dx_B}{x_B} = \frac{g_\Omega}{RT}(M_B\overline{V}_A - M_A\overline{V}_B)dz \tag{24.2-19}$$

Agora integramos esta equação desde $z = 0$ até um valor arbitrário de z, levando em consideração que as frações molares de A e de B em $z = 0$ são x_{A0} e x_{B0}, respectivamente. Isto nos dá

$$\overline{V}_B \int_{x_{A0}}^{x_A} \frac{dx_A}{x_A} - \overline{V}_A \int_{x_{B0}}^{x_B} \frac{dx_B}{x_B} = \frac{M_B\overline{V}_A - M_A\overline{V}_B}{RT} \int_0^z g_\Omega dz \tag{24.2-20}$$

Se g_Ω é tratada como uma constante entre os limites de integração, então obtemos

$$\overline{V}_B \ln \frac{x_A}{x_{A0}} - \overline{V}_A \ln \frac{x_B}{x_{B0}} = \frac{M_B\overline{V}_A - M_A\overline{V}_B}{RT} g_\Omega x \tag{24.2-21}$$

Tomando a exponencial de ambos os lados, encontramos

$$\left(\frac{x_A}{x_{A0}}\right)^{\overline{V}_B} \left(\frac{x_{B0}}{x_B}\right)^{\overline{V}_A} = \exp\left[(M_B\overline{V}_A - M_A\overline{V}_B)\left(\frac{g_\Omega z}{RT}\right)\right] \tag{24.2-22}$$

Esta descreve a distribuição de concentração no regime permanente para uma mistura binária em um campo de forças centrífugas constante. Note que uma vez que este resultado não contém coeficientes de transporte, então o mesmo resultado pode ser obtido a partir de uma análise feita com a termodinâmica do equilíbrio.[10] Entretanto, se queremos analisar o comportamento temporal do processo de centrifugação, então a difusividade para a mistura A-B aparecerá no resultado, e o problema não pode ser resolvido por relações de equilíbrio termodinâmico.

24.3 DIFUSÃO SOB CONCENTRAÇÃO E FORÇAS MOTRIZES

No Cap. 17 escrevemos a lei de Fick afirmando que o fluxo de massa (ou fluxo molar) é proporcional ao gradiente da fração ponderal (ou fração molar), como está resumido na Tabela 17.8-2.

Por outro lado, na Eq. 24.2-10 parece que a termodinâmica dos processos irreversíveis dita o emprego do gradiente da atividade como força motriz para a difusão de concentração. Nesta seção, mostramos que ambas podem ser indiferentemente usadas, mas que cada escolha requer uma difusividade diferente. Estas duas difusividades são relacionadas e isto é ilustrado para uma mistura binária.

Quando deixamos de lado os termos da difusão sob pressão, da difusão térmica e da difusão forçada da Eq. 24.2-10, obtemos

$$\mathbf{J}_A^* = -c\mathcal{D}_{AB} x_A \nabla \ln a_A \tag{24.3-1}$$

Esta pode ser reescrita utilizando o fato de ser a atividade uma função de x_A como

$$\mathbf{J}_A^* = -c\mathcal{D}_{AB}\left(\frac{\partial \ln a_A}{\partial \ln x_A}\right)_{T,p} \nabla x_A \tag{24.3-2}$$

A atividade pode também ser escrita como o produto do coeficiente de atividade e da fração molar ($a_A = \gamma_A x_A$), de modo que

$$\mathbf{J}_A^* = -c\mathcal{D}_{AB}\left[1 + \left(\frac{\partial \ln \gamma_A}{\partial \ln x_A}\right)_{T,p}\right] \nabla x_A \tag{24.3-3}$$

[10] E. A. Guggenheim, *Thermodynamics*, North-Holland, Amsterdam (1950), pp. 356-360.

Se a mistura for "ideal", então o coeficiente de atividade é igual à unidade e a Eq. 24.3-3 torna-se a mesma que a Eq. (B) da Tabela 17.8-2, e $\text{Đ}_{AB} = \mathcal{D}_{AB}$.

Se a mistura é não-ideal, exprimimos a difusividade binária $\mathcal{D}_{AB}$ como

$$\mathcal{D}_{AB} = \text{Đ}_{AB}\left(\frac{\partial \ln a_A}{\partial \ln x_A}\right)_{T,p} = \text{Đ}_{AB}\left(1 + \left(\frac{\partial \ln \gamma_A}{\partial \ln x_A}\right)_{T,p}\right) \tag{24.3-4}$$

e então as Eqs. 24.3-2 e 3 ficam

$$\mathbf{J}_A^* = -c\mathcal{D}_{AB}\nabla x_A \tag{24.3-5}$$

que é uma das formas da lei de Fick (veja a Eq. (B) da Tabela 17.8-2). Para medir Đ_{AB} temos de ter medidas da atividade em função da concentração e, por esta razão, Đ_{AB} não tem sido popular.

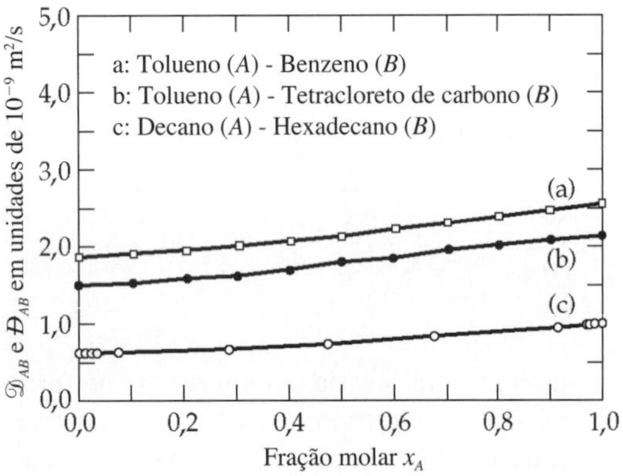

Fig. 24.3-1. Difusividade em misturas líquidas, ideais a 25°C [P. W. M. Rutten, *Diffusion in Liquids*, Delft University Press (1992), p. 31].

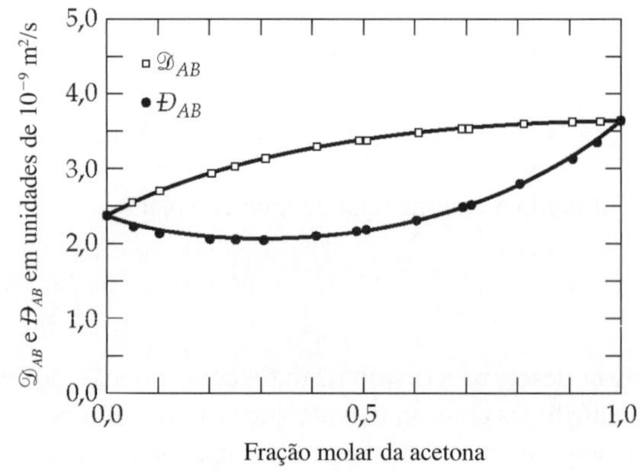

Fig. 24.3-2. Difusividade em mistura líquida não-ideal (acetona-clorofórmio (a 25°C) [P. W. M. Rutten, *Diffusion in Liquids,* Delft University Press (1992), p. 32].

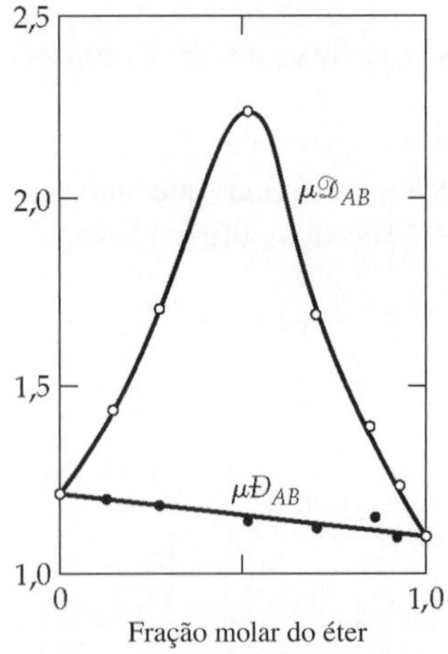

Fig. 24.3-3. Efeito da atividade sobre o produto da viscosidade e da difusividade para misturas líquidas de clorofórmio e éter etílico [R. E. Powell, W. E. Roseveare e H. Eyring, *Ind. Eng. Chem.*, **33**, 430-435 (1941)].

Para misturas ideais, Đ_{AB} e $\mathcal{D}_{AB}$ são idênticas, e são funções quase lineares da fração molar como mostra a Fig. 24.3-1. Para misturas não-ideais, Đ_{AB} e $\mathcal{D}_{AB}$ são diferentes, e funções não-lineares da fração molar; um exemplo é apresentado na Fig. 24.3-2. Entretanto, verificou-se que o produto $\mu\text{Đ}_{AB}$ é, para algumas misturas não-lineares, muito aproximadamente linear em sua dependência na fração molar, enquanto $\mu\mathcal{D}_{AB}$ não o é (veja a Fig. 24.3-3). Não existem razões concludentes para a preferência de uma difusividade sobre a outra. A maior parte dos dados de difusividade apresentados na literatura correspondem a $\mathcal{D}_{AB}$ e não a Đ_{AB}.

24.4 APLICAÇÕES DAS EQUAÇÕES GENERALIZADAS DE MAXWELL-STEFAN

As equações generalizadas de Maxwell–Stefan foram apresentadas na Eq. 24.2-4 em termos das forças motrizes da difusão $\mathbf{d}_\alpha$, e a expressão para os $\mathbf{d}_\alpha$ foram dadas pela Eq. 24.1-8. Quando estas são combinadas, obtêm-se as equações de Maxwell–Stefan em termos do gradiente de atividade, do gradiente de pressão e dos campos externos que atuam nas diferentes espécies, dados (Eqs. 24.2-8 ou 9):

$$\begin{aligned} -\mathbf{d}_\alpha &= \sum_{\substack{\beta=1 \\ \text{todo } \beta}}^{N} \frac{x_\alpha x_\beta}{\mathcal{D}_{\alpha\beta}}(\mathbf{v}_\gamma - \mathbf{v}_\beta) + \text{termos de difusão térmica} \\ &= -x_\alpha \nabla \ln a_\alpha - \frac{1}{cRT}\left[(\phi_\alpha - \omega_\alpha)\nabla p - \rho_\alpha \mathbf{g}_\alpha + \omega_\alpha \sum_{\beta=1}^{N} \rho_\beta \mathbf{g}_\beta\right] \\ \alpha &= 1, 2, 3, \ldots, N \end{aligned} \tag{24.4-1}$$

Os termos de difusão térmica não foram explicitados aqui já que não serão utilizados nesta seção. Os símbolos $\phi_\alpha = c_\alpha \bar{V}_\alpha$ e ω_α designam, respectivamente, a fração volumétrica e a fração ponderal da espécie α. Como explicado nas Seções 24.1 e 2, diversas relações auxiliares devem ser levadas em consideração:

$$\sum_{\alpha=1}^{N} \mathbf{d}_\alpha = 0; \qquad \mathcal{D}_{\alpha\beta} = \mathcal{D}_{\beta\alpha}; \qquad \sum_{\alpha=1}^{N} \frac{x_\alpha}{\mathcal{D}_{\alpha\beta}} = 0 \tag{24.4-2, 3, 4}$$

A primeira destas relações decorre da definição dos $\mathbf{d}_\alpha$, a segunda é uma conseqüência das relações de reciprocidade de Onsager, e a terceira é necessária devido à introdução de uma espécie de referência α. A escolha de qual a espécie seja designada como γ é arbitrária; com freqüência, é conveniente fazer $\gamma = \alpha$. A escolha depende da natureza do sistema sob estudo, e este ponto será ilustrado a seguir.

Em todos os capítulos precedentes, a única força externa considerada foi a força gravitacional. Nesta seção, faremos a força externa por unidade de massa $\mathbf{g}_\alpha$ igual à uma soma de forças

$$\mathbf{g}_\alpha = \mathbf{g} + \left(\frac{z_\alpha F}{M_\alpha}\right)\nabla\phi + \delta_{\alpha m}\frac{1}{\rho_m}\nabla p \tag{24.4-5}$$

Aqui, $\mathbf{g}$ é a aceleração gravitacional, z_α é a carga elementar da espécie α (por exemplo, -1 para o íon Cl^-), $F = 96485$abs.-coulomb/g-equivalente é a constante de Faraday, ϕ é o potencial eletrostático, e o subscrito m no delta de Kronecker $\delta_{\alpha m}$ refere-se a qualquer matriz restritiva, como uma membrana permeável-seletiva.

Em suma, para a solução de problemas de difusão multicomponentes em sistema isotérmicos temos agora N equações para os fluxos de massas (das quais $N - 1$ são independentes), as equações de continuidade para as espécies e a equação do movimento. Este conjunto de equações demonstrou-se útil para a solução de uma ampla classe de problemas de transferência de massa, e discutiremos agora alguns destes problemas nos exemplos seguintes.

É claro que para a solução de problemas de difusão multicomponentes precisamos das difusividades de Maxwell–Stefan $\mathcal{D}_{\alpha\beta}$, que ocorrem nas Eqs. 24.4-1. Muito poucas medidas foram feitas destas grandezas, que requerem medidas simultâneas da atividade em função das concentrações. Dentre os poucos exemplos destas medidas encontram-se aquelas realizadas por Rutten.[1]

Exemplo 24.4-1

Centrifugação de Proteínas

As moléculas de proteínas são suficientemente grandes para serem concentradas por centrifugação contra as tendências de dispersão do movimento browniano, e este processo demonstrou-se de utilidade para a determinação do peso molecular e para separações preparativas em pequena escala. Mostre como o comportamento de proteínas num campo centrífugo pode ser previsto, e qual o tipo de informação que pode ser obtida deste comportamento num tubo de centrífuga (veja a Fig.

[1] Ph. W. M. Rutten, *Diffusion in Liquids*, Delft University Press, Delft, The Netherlands (1992).

24.4-1). Como veremos no Exemplo 24.4-3, podemos tratar a proteína e seus contra-íons atendentes como uma única grande molécula eletricamente neutra. Escolha a proteína como a espécie γ e parta de sua equação para o fluxo de massa. As espécies iônicas pequenas necessárias para a estabilidade da proteína não participam significativamente do processo e podem ser ignoradas.

SOLUÇÃO

Consideramos aqui um sistema pseudobinário com uma única proteína globular P em um solvente W, que é primariamente água, e inicialmente restringiremos a discussão a uma solução diluída em rotação dentro de um tubo perpendicular ao eixo de rotação (Fig. 24.4-1a) a uma velocidade angular constante Ω. Para este sistema, $x_W \approx 1$ e o campo do soluto em relação ao eixo estacionário será o de uma rotação de corpo rígido, a saber, $\mathbf{v}_W = \boldsymbol{\delta}_\theta \Omega r$.

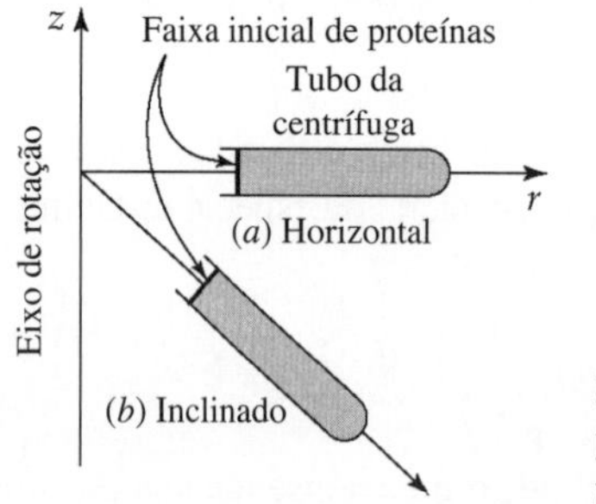

Fig. 24.4-1. Ultracentrifugação de proteínas, com duas orientações possíveis do tubo de centrifugação.

A difusão radial da proteína é descrita pela componente r da equação simplificada de Maxwell–Stefan

$$\frac{x_P}{Ð_{PW}} v_{Pr} = -\left(1 + \frac{\partial \ln \gamma_P}{\partial \ln x_P}\right)\frac{\partial x_P}{\partial r} - \frac{1}{cRT}(\phi_P - \omega_P)\frac{\partial p}{\partial r} \tag{24.4-6}$$

Vemos imediatamente que a proteína se moverá na direção radial positiva se sua fração ponderal for maior que sua fração volumétrica — isto é, se for mais densa que o solvente. Se a Eq. 24.4-6 for multiplicada por $cÐ_{PW}$, obtemos

$$N_P = -cÐ_{PW}\left[\left(1 + \frac{\partial \ln \gamma_P}{\partial \ln x_P}\right)\frac{\partial x_P}{\partial r} + \frac{1}{cRT}(\phi_P - \omega_P)\frac{\partial p}{\partial r}\right]$$

$$= -c\mathscr{D}_{PW}\frac{\partial x_P}{\partial r} - \frac{Ð_{PW}}{RT}(\phi_P - \omega_P)\frac{\partial p}{\partial r} \tag{24.4-7}$$

onde a difusividade pseudobinária de Fick $\mathscr{D}_{PW}$ foi introduzida. A difusividade presente na Eq. 24.4-7 pode ser estimada usando-se a Eq. 17.4-3 como

$$\mathscr{D}_{PW} = \frac{\kappa T}{6\pi\mu_W R_P f_P} \tag{24.4-8}$$

onde R_P é o raio da esfera que possui o volume da molécula de proteína, μ_W é a viscosidade do solvente (água) e f_P é um fator de forma hidrodinâmica (isto é, um fator de correção que leva em conta a esfericidade da molécula da proteína).

Da equação do movimento da solução, obtemos o gradiente de pressão em termos da velocidade angular da ultracentrífuga, assim

$$\frac{\partial p}{\partial r} = \rho\frac{v_\theta^2}{r} = \rho\Omega^2 r \tag{24.4-9}$$

O termo $\rho\Omega^2 r$ não varia significativamente ao longo do tubo de centrifugação, que é pequeno em relação ao raio do rotor da ultracentrífuga.

Agora, queremos obter uma avaliação da dependência do peso molecular no termo de gradiente de pressão na Eq. 24.4-7. Para tanto, introduzimos as seguintes aproximações, válidas no limite de soluções diluídas comumente usadas no processamento de proteínas:

$$\phi_P = c_P\overline{V}_P = x_P c\overline{V}_P \approx x_P \frac{\overline{V}_P}{\overline{V}_W} = x_P \frac{M_P}{M_W}\frac{\hat{V}_P}{\hat{V}_W} \quad (24.4\text{-}10a)$$

$$\omega_P = \frac{\rho_P}{\rho} = \frac{c_P M_P}{cM} = x_P \frac{M_P}{(x_P M_P + x_W M_W)} \approx x_P \frac{M_P}{M_W} \quad (24.4\text{-}10b)$$

Aqui, $\hat{V}_P = \overline{V}_P/M_P$ é o volume parcial específico da proteína. O volume parcial específico do solvente pode ser tomado como 1 ml/g sem erro significativo, e $\hat{V}_P$ para proteínas globulares situa-se na vizinhança de 0,75 ml/g. Vemos que o fator decisivo que permite uma centrifugação eficiente é a relação de pesos moleculares, mais importante que os volumes específicos, já que estes não diferem muito entre as duas espécies.

Quando as Eqs. 24.4-7,8,10 e 11 são combinadas, a primeira lei de Fick para a proteína assume a forma

$$N_P = -c\mathscr{D}_{PW}\frac{\partial x_P}{\partial r} + x_P(N_P + N_W)$$

$$= -c\mathscr{D}_{PW}\frac{\partial x_P}{\partial r} + c_P v_{\text{migr}} \quad (24.4\text{-}11)$$

uma vez que o fluxo molar de água é virtualmente nulo. Aqui, a "velocidade de migração" da proteína é

$$v_{\text{migr}} = -\frac{Đ_{PW}}{cRT}\left[\frac{M_P}{M_W}\left(\frac{\hat{V}_P}{\hat{V}_M} - 1\right)\right]\rho\Omega^2 r \quad (24.4\text{-}12)$$

Na verdade, para a solução diluída em consideração, v_{migr} é praticamente idêntica velocidade média molar.

A seguir, substituímos o fluxo molar da Eq. 24.4-11 na equação da continuidade da espécie

$$\frac{\partial c_P}{\partial t} = -\frac{\partial N_P}{\partial r} \quad (24.4\text{-}13)$$

que, para o caso em que $\mathscr{D}_{PW}$ seja constante

$$\frac{\partial c_P}{\partial t} = \mathscr{D}_{PW}\frac{\partial^2 c_P}{\partial r^2} - c_P v_{\text{migr}} \quad (24.4\text{-}14)$$

que é a equação que desejamos resolver para diversas situações específicas.

(a) ***Comportamento Transiente.*** Consideremos primeiramente a migração de uma proteína inicialmente distribuída em uma faixa estreita sob condições onde variações relativas de r são pequenas e apenas quantidades insignificantes de proteínas atingem o fundo do tubo. Então, podemos introduzir uma nova variável $u = r - v_{migr}t$, que nos permite transformar $c_p(r, t)$ em $c_P(u, t)$. A equação da difusão fica

$$\left(\frac{\partial c_P}{\partial t}\right)_u = \mathscr{D}_{PW}\left(\frac{\partial^2 c_P}{\partial u^2}\right)_t \quad (24.4\text{-}15)$$

e deve satisfazer a condição inicial

$$\text{Em } t = 0, \qquad c_P = C\delta(u) \quad (24.4\text{-}16)$$

onde C é uma constante que nos diz a quantidade de proteína contida na faixa original. As condições de contorno são

$$\text{Para } u \to \pm\infty, \qquad c_P \to 0 \quad (24.4\text{-}17)$$

A Eq. 24.4-17 representa a condição de "tubo longo" usada nesta aplicação.

As Eqs. 24.4-15 a 17 descrevem uma distribuição gaussiana da proteína em torno de seu centro de massa resultante da difusão e que se move com a velocidade v_{migr}. A velocidade de migração pode ser medida, e esta medida fornece o produto da difusividade da proteína pelo peso molecular. A largura da banda, por sua vez, dá uma medida independente da difusividade que, combinada ao valor medido da velocidade de migração e ao volume específico, permite o cálculo do peso molecular.[2] Se o peso molecular é conhecido, por exemplo, por espectrometria de massa, então o fator de forma pode ser determinado. Este, por sua vez, é uma medida útil da forma da proteína.

---

[2] R. J. Silbey e R. A. Alberty, *Physical Chemistry,* 3.ª edição, Wiley, Nova York (2001), p. 801.

(b) *Polarização Estacionária.* A seguir, consideramos o comportamento para tempos longos quando a proteína foi concentrada no fundo do tubo e atingiu o regime permanente. Nestas condições, não há mais movimento radial e as Eqs. 24.4-6, 9 e 10 dão

$$-\left(1+\frac{\partial \ln \gamma_P}{\partial \ln x_P}\right)\frac{d \ln x_P}{dr}=\frac{1}{cRT}\left(\frac{M_P}{M_W}\right)\left(\frac{\hat{V}_P}{\hat{V}_W}-1\right)\frac{dp}{dr} \quad (24.4\text{-}18)$$

O gradiente de concentração pode ser medido, e todas as outras grandezas, exceto M_P, podem ser determinadas experimentalmente, de forma independente do processo de centrifugação. Os coeficientes de atividade podem, por exemplo, ser determinados a partir de dados da pressão osmótica. Portanto, o peso molecular da proteína pode ser determinado com precisão. Apenas a espectrometria de massa pode fornecer dados mais precisos, mas não se adequa a todas as proteínas.

(c) *Operação Preparativa.* A velocidade da separação centrífuga pode ser grandemente aumentada inclinando-se o tubo como mostra a Fig. 24.4-1*b*. Assim, a proteína é forçada em direção ao lado externo do tubo pela ação centrífuga e o gradiente de densidade resultante provoca o transporte axial por convecção natural, um processo semelhante ao empregado para partículas maiores em centrífugas de disco.[3]

EXEMPLO 24.4-2

Proteínas como Partículas Hidrodinâmicas

Mostre que os resultados do último exemplo são equivalentes ao tratamento de proteínas como pequenas partículas hidrodinâmicas.

SOLUÇÃO

Se no exemplo anterior não tivéssemos usado as simplificações nas Eqs. 24.4-9 e 10, teríamos obtido para a velocidade de migração na operação em regime permanente

$$v_{\text{migr}}=-\left(\overline{V}_P-\frac{\omega_P}{c_P}\right)\frac{dp}{dr}\frac{Đ_{PW}}{RT} \quad (24.4\text{-}19)$$

Agora, nos restringiremos a soluções diluídas de modo que o coeficiente de atividade seja muito próximo à unidade, e podemos fazer $Đ_{PW}=\mathcal{D}_{PW}$ e usar a Eq. 24.4-8 para a difusividade e a Eq. 24.4-9 para o gradiente de pressão. Então, a velocidade de migração fica

$$v_{\text{migr}}=-\left(\overline{V}_P-\frac{\omega_P}{c_P}\right)(\rho_W\Omega^2 r)\frac{1}{RT}\left(\frac{\kappa T}{6\pi\mu_W R_P f_P}\right) \quad (24.4\text{-}20)$$

A seguir, reconhecemos que $\Omega^2 r = g_{ef}$ (uma força de campo efetiva por unidade de massa resultante do campo centrífugo) e que $\kappa/R = \tilde{N}$ (o número de Avogadro), para encontrar

$$v_{\text{migr}}=-\left(\overline{V}_P\rho_W-\frac{\rho_P}{c_P}\right)\frac{g_{\text{ef}}}{\tilde{N}}\left(\frac{1}{6\pi\mu_W R_P f_P}\right) \quad (24.4\text{-}21)$$

onde empregamos a aproximação $\omega_P=\rho_P/(\rho_p+\rho_W)\approx\rho_p/\rho_W$ para uma solução diluída da proteína. Fazemos ainda $\overline{V}_P\approx(\frac{4}{3}\pi R_p^3)\tilde{N}$, o volume por proteína, e $\rho_P/c_P\approx(\frac{4}{3}\pi R_p^3)(\rho^{(P)})\tilde{N}$, a massa por mol de proteína; aqui, $\rho^{(P)}$ é a densidade da proteína pura. Quando estas equações são introduzidas na Eq. 24.4-21 obtemos

$$v_{\text{migr}}=\frac{2R_P^2(\rho^{(P)}-\rho_W)g_{\text{ef}}}{9\mu_W f_P} \quad (24.4\text{-}22)$$

A comparação com a Eq. 2.6-17 mostra que a velocidade de migração de uma proteína não-esférica em um campo centrífugo é a mesma que a velocidade terminal de uma esfera em campo gravitacional correspondente (dividida pelo fator f_P para levar em consideração os desvios devidos à esfericidade).

[3] Veja, por exemplo, *Perry's Chemical Engineers' Handbook*, McGraw-Hill, Nova York, 7.ª edição (1997), p. **18**-113.

Podemos também começar com a equação do movimento para uma partícula P inicialmente em repouso numa suspensão suficientemente diluída tal que as interações partícula-partícula sejam desprezíveis. Então, a velocidade da partícula relativa à massa de fluido F em repouso é

$$\mathbf{v}_P - \mathbf{v}_F = -\mathscr{D}_{PF}\left(\nabla \ln n_P + \frac{1}{\kappa T}\left[V_P\left(1 - \frac{\rho^{(P)}}{\rho}\right)(\nabla p)_\infty - \mathbf{F}_{em} + (\rho^{(P)} + \tfrac{1}{2}\rho)V_P\frac{d\mathbf{v}_P}{dt} + 6\sqrt{\pi\mu\rho}R_P^2\int_0^t \frac{d\mathbf{v}_P}{d\tau}\frac{1}{\sqrt{t-\tau}}d\tau\right]\right) \quad (24.4\text{-}23)$$

Aqui, n_P é a concentração numérica de partículas, V_P e R_P são o volume e raio da partícula, e o subscrito ∞ refere-se a condições "longe" da partícula (isto é, fora da camada limite hidrodinâmica). A Eq. 24.4-23 é a equação do movimento com um termo adicional de movimento browniano, que é importante, por exemplo, na coleta de aerossóis.[4] O símbolo $\mathbf{F}_{em}$ corresponde à força eletromotriz por partícula.

A difusividade $\mathscr{D}_{PF}$ neste exemplo corresponde a $\mathscr{D}_{PW}$ do Exemplo 24.4-1, e pode se observar que existe uma analogia próxima entre as descrições por moléculas ou por partículas. Existem, de fato, apenas três diferenças significativas:

1. O coeficiente de atividade termodinâmico é considerado igual a 1 para a partícula.
2. A aceleração da partícula é desprezada.
3. Os efeitos da história prévia (isto é, a força de Basset dada pela integral na Eq. 24.4-23) são desprezados.

Na prática, os coeficientes de atividade tendem à unidade em soluções diluídas, e o termo de forças de Basset tende a ser pequeno mesmo para partículas grandes. Entretanto, os efeitos instantâneos da aceleração podem ser apreciáveis para partículas maiores que cerca de um mícron de diâmetro.

EXEMPLO 24.4-3

Difusão de Sais em Solução Aquosa

Considere agora, por simplicidade, um 1-1 eletrólito M^+X^-, como o cloreto de sódio, difundindo-se em um sistema com o o representado na Fig. 24.4-2. Dois reservatórios bem misturados, a duas concentrações salinas diferentes são ligados por uma restrição na qual o transporte difusivo entre os dois reservatórios se passa. O potenciômetro mostrado na figura mede a diferença de potencial $\Delta\phi$ entre os eletrodos, sem extrair corrente elétrica do sistema. Mostre como as equações generalizadas de Maxwell–Stefan podem ser usadas para descrever o processo de difusão.

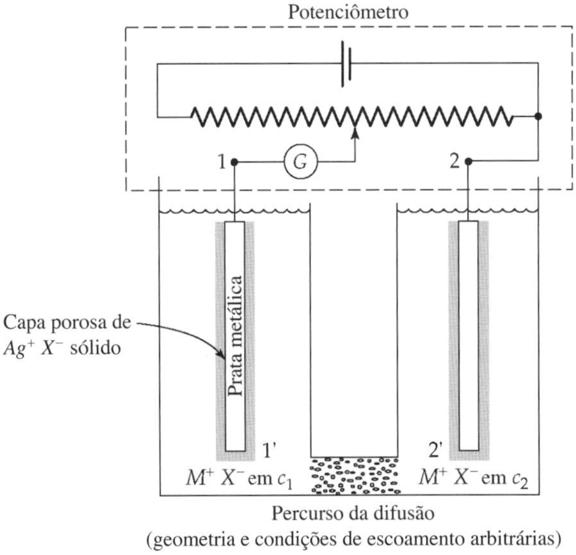

Fig. 24.4-2. Difusão salina e potenciais de difusão. O símbolo G denota um galvanômetro.

[4] Veja L. D. Landau e E. M. Lifshitz, *Fluid Mechanics,* Pergamon Press, Oxford (1987), pp. 90-91, Problema 7.

SOLUÇÃO

Considera-se que o sal (S) esteja completamente dissociado, de forma que o sistema é considerado como ternário, com as três espécies M^+, X^- e água. Desprezamos o termo de difusão sob pressão: a pressão de referência cRT na Eq. 24.4-1 é de aproximadamente 1350 atmosferas sob as condições normais, e as diferenças de pressão que podem ocorrer em sistemas semelhantes ao retratado são de importância desprezível.

As suposições de neutralidade e de inexistência de corrente fornecem as seguintes restrições:

$$x_{M^+} = x_{X^-} = x_S = 1 - x_W \tag{24.4-24}$$

$$N_{M^+} = N_{X^-} = N_S \tag{24.4-25}$$

Aqui, as frações molares do cátion M^+ e do ânion X^- são iguais à do sal.

Podemos então selecionar a espécie γ na Eq. 24.4-1 para ser a espécie α, e obtemos para o cátion e o ânion

$$\frac{1}{c\mathcal{D}_{M^+W}}(x_W N_{M^+} - x_{M^+}N_W) = -x_{M^+}\nabla \ln a_{M^+} + \frac{1}{cRT}(\rho_{M^+}\mathbf{g}_{M^+}(1 - \omega_{M^+}) - \omega_{M^+}\rho_{X^-}\mathbf{g}_{X^-}) \tag{24.4-26}$$

$$\frac{1}{c\mathcal{D}_{X^-W}}(x_W N_{X^-} - x_{X^-}N_W) = -x_{X^-}\nabla \ln a_{X^-} + \frac{1}{cRT}(\rho_{X^-}\mathbf{g}_{X^-}(1 - \omega_{X^-}) - \omega_{X^-}\rho_{M^+}\mathbf{g}_{M^+}) \tag{24.4-27}$$

A seguir, empregamos as Eqs. 24.4-24 e 25, e a expressão para a força elétrica dada na Eq. 24.4-5 para obter

$$\frac{1}{c\mathcal{D}_{M^+W}}(x_W N_S - x_S N_W) = -\left(\frac{\partial \ln a_{M^+}}{\partial \ln x_S}\right)\nabla x_S + \left(\frac{x_S}{RT}\right)F\nabla\phi \tag{24.4-28}$$

$$\frac{1}{c\mathcal{D}_{X^-W}}(x_W N_S - x_S N_W) = -\left(\frac{\partial \ln a_{X^-}}{\partial \ln x_S}\right)\nabla x_S + \left(\frac{x_S}{RT}\right)F\nabla\phi \tag{24.4-29}$$

Note que a difusividade íon-íon não aparece, pois não há diferença de velocidade entre os dois íons quando não há corrente.

O potencial eletrostático ϕ pode ser eliminado entre as duas equações por adição. A expressão resultante para o fluxo

$$N_S = -\left(\frac{1}{c\mathcal{D}_{M^+W}} + \frac{1}{c\mathcal{D}_{X^-W}}\right)^{-1}\left(\frac{\partial \ln (a_{M^+}a_{X^-})}{\partial \ln x_S}\right)\nabla x_S + x_S(N_S + N_W) \tag{24.4-30}$$

pode ser posta na forma da lei de Fick

$$N_S = -c\mathscr{D}_{SW}\nabla x_S + x_S(N_S + N_W) \tag{24.4-31}$$

pela introdução da definição da difusividade baseada na concentração

$$\mathscr{D}_{SW} = 2\left(\frac{\mathcal{D}_{M^+W}\mathcal{D}_{X^-W}}{\mathcal{D}_{M^+W} + \mathcal{D}_{X^-W}}\right)\left(1 + \frac{\partial \ln \gamma_S}{\partial \ln x_S}\right) \tag{24.4-32}$$

e, como $a_S = a_{M^+}a_{X^-} = x_S^2\gamma_\pm^2$ e $\gamma_\pm = \sqrt{\gamma_{M^+}\gamma_{X^-}}$,

$$\gamma_S = \gamma_{M^+}\gamma_{X^-} \tag{24.4-33}$$

que é o coeficiente de atividade iônica médio.

As difusividades íon-água podem ser estimadas pelas condutâncias equivalentes limites sob a forma

$$\lambda_{\alpha\infty} = \lim_{x_\alpha \to 0} \frac{z_\alpha \mathcal{D}_{\alpha W}F^2}{RT} \tag{24.4-34}$$

Como regra prática, podemos afirmar que as difusividades variam muito menos que as condutâncias, e difusividades salinas podem ser estimadas com boa precisão até em torno de concentrações de 1N a partir de dados de condutâncias limites. Uma razão básica para isto se deve ao fato de as interações de difusão íon-íon, que sempre ocorrem na presença de corrente, tornarem-se apreciáveis mesmo a concentrações salinas reduzidas (veja o Problema 24C.3).

A Eq. 24.4-32 mostra que os íons mais vagarosos tendem a contribuir mais significativamente para a determinação das difusividades salinas e este fato é a justificativa para tratar a proteína como uma molécula grande e neutra, como foi feito no Exemplo 24.4-1. Proteínas solúveis são quase sempre carregadas, mas elas e seus contra-íons atendentes se comportam como um sal neutro, e sua difusividade é dominada pela parcela protéica, que por sua vez atua como uma partícula hidrodinâmica.

Sob um gradiente de concentração, o mais rápido dos dois íons tende a ficar na frente do mais lento. Entretanto, disto resulta a formação de um gradiente de potencial que tende a acelerar o íon mais lento e retardar o mais rápido. Pode ser demonstrado (veja o Problema 24B.2) que o assim chamado *potencial de junção* é descrito por

$$\frac{d\phi}{dx_S} = -\frac{RT}{F}\frac{1}{x_S}\left[\frac{(\partial \ln a_{M^+}/\partial \ln x_S)Ð_{M^+W} - (\partial \ln a_{X^-}/\partial \ln x_S)Ð_{X^-W}}{Ð_{M^+W} + Ð_{X^-W}}\right] \tag{24.4-35}$$

Entretanto, estes potenciais não podem ser medidos diretamente, pois os eletrodos necessários para fechar o circuito interferem na medida (veja o Problema 24C.3). Podemos obter um valor aproximado pelo emprego de pontes salinas de cloreto de potássio.[5]

Este exemplo elementar representa uma introdução crua a um assunto complexo e importante. O leitor interessado deve familiarizar-se com a vasta literatura da eletroquímica.[6]

EXEMPLO 24.4-4

Desvios da Eletroneutralidade Local: Eletrosmose[6]

Deve ter ficado claro pela discussão anterior sobre o potencial da difusão que podem ocorrer desvios da neutralidade elétrica na difusão de eletrólitos, e que seus efeitos não são sempre desprezíveis. Para examinar esta situação considere um longo tubo de seção circular contendo um eletrólito, do qual pelo menos um de seus componentes pode ser adsorvido pela parede do tubo. Esta adsorção gera uma carga fixa e uma região eletricamente carregada, a *dupla camada difusa*, na solução adjacente à parede do tubo. Esta carga produzirá um campo elétrico no interior do tubo que varia com a posição radial, mas não axialmente. Se uma diferença de potencial é aplicada às extremidades do tubo, o resultado será um escoamento do fluido, conhecido como *eletrosmose*. Reciprocamente, se uma pressão hidrodinâmica é utilizada para produzir o escoamento do fluido, o resultado será uma diferença de potencial, conhecida como *potencial de fluxo*, que se desenvolve entre as extremidades do tubo. Estes fenômenos são representativos de uma classe conhecida como fenômenos eletrocinéticos. Deduza uma expressão para o fluxo eletrosmótico resultante na ausência de um gradiente de pressão axial.

SOLUÇÃO

Nosso primeiro problema é o de desenvolver uma expressão para a distribuição do potencial eletrostático, após o que podemos calcular o escoamento eletrosmótico.

O ponto de partida para o cálculo do potencial eletrostático é a equação de Poisson

$$\nabla^2\phi = -\frac{\rho_e}{\varepsilon} \tag{24.4-36}$$

Aqui, ρ_e é a densidade de carga elétrica

$$\rho_e = F\sum_{\alpha=1}^{N} z_\alpha c_\alpha \tag{24.4-37}$$

e ε é a permissividade dielétrica da solução. Para o problema em questão, a Eq. 24.4-36 se reduz a

$$\frac{1}{r}\frac{d}{dr}\left(r\frac{d\phi}{dr}\right) = -\frac{\rho_e}{\varepsilon} \tag{24.4-38}$$

Agora, seguindo Newman,[6] supomos que a concentração de carga siga a distribuição de Boltzmann

$$\frac{c_\alpha}{c_{\alpha\infty}} = \exp\left(-\frac{z_\alpha F\phi}{RT}\right) \approx 1 - \frac{z_\alpha F\phi}{RT} \tag{24.4-39}$$

e usamos a expansão de Taylor truncada, conhecida como a aproximação de Debye–Hückel, que permite a obtenção de uma solução explícita. Nela, o subscrito ∞ pode ser considerado como indicativo do centro do tubo, pois, como veremos,

[5] R. A. Robinson e R. H. Stokes, *Electrolyte Solutions*, edição revisada, Butterworth, Londres, (1965), p. 571. Esta referência venerável contém grande quantidade de dados úteis.

[6] Veja, por exemplo, J. S. Newman, *Electrochemical Systems*, 2.ª edição, Prentice-Hall, Englewood Cliffs, N. J. (1991). O Exemplo 24.4-2 origina-se da p. 215.

a densidade de carga decai muito rapidamente com a distância da parede do tubo. Por esta mesma razão, podemos desprezar a curvatura da parede e supor que a carga na linha de centro seja nula, e assim

$$\frac{d^2\phi}{dy^2} = \frac{\phi}{\lambda^2} \qquad \text{onde } \lambda = \left(\frac{F^2}{\varepsilon RT}\sum_{\alpha=1}^{N} z_\alpha^2 c_{\alpha\infty}\right)^{-1/2} \tag{24.4-40, 41}$$

Aqui, $y = R - r$ é a distância medida da parede a um ponto no seio do fluido, e λ é o *comprimento de Debye* que tende a ser muito pequeno. Para um eletrólito 1-1

$$\lambda \approx \frac{3{,}0}{\sqrt{c_S}} \tag{24.4-42}$$

onde as unidades de comprimento de Debye λ e a concentração de sal c_s são, respectivamente, Ångströms e molaridade. Para uma solução 0,1 N, o comprimento de Debye é de apenas 10 Å. Como resultado, desvios da neutralidade podem ser desprezados em sistemas macroscópicos. Similarmente, desbalanceamentos são muito pequenos para os potenciais de junção, tipicamente inferiores a décimos de milivolts (veja também o Problema 24C.4).

Precisamos agora de condições de contorno para integrar a Eq. 24.4-38, e a primeira delas é a suposição de eletroneutralidade a grandes distâncias da parede:

$$\text{C.C. 1:} \quad \text{Como } \frac{y}{\lambda} \to \infty, \qquad \phi \to 0 \tag{24.4-43}$$

A segunda é obtida da lei de Gauss (veja Newman,[6] p. 75), supondo a inexistência do gradiente de potencial no interior da parede sólida,

$$\text{C.C. 2:} \quad \text{Para } y = 0, \qquad \frac{d\phi}{dy} = -\frac{q_e}{\varepsilon} \tag{24.4-44}$$

onde q_e é a carga da superfície por unidade de área. A integração da Eq. 24.4-40 dá

$$\phi = \frac{q_e}{\lambda} e^{-y/\lambda} \tag{24.4-45}$$

Newman[6] apresenta um desenvolvimento mais rigoroso que considera a curvatura da parede, mas para qualquer tubo com raios maiores que décimos de nanômetros, isto não se faz necessário.

Agora podemos pôr estes resultados na equação do movimento, supondo que o escoamento seja laminar e permanente, de modo que

$$0 = \mu \frac{1}{r}\frac{d}{dr}\left(r\frac{dv_z}{dr}\right) - \frac{dp}{dr} + \rho_e E_z \tag{24.4-46}$$

na qual o campo elétrico axial é

$$E_z = \frac{\partial \phi}{\partial z} \tag{24.4-47}$$

Desprezando o gradiente de pressão e usando a Eq. 24.4-36 para proceder à eliminação de ρ_e, encontramos

$$0 = \mu \frac{1}{r}\frac{d}{dr}\left(r\frac{dv_z}{dr}\right) + \varepsilon \frac{1}{r}\frac{d}{dr}\left(r\frac{d\phi}{dr}\right)E_z \tag{24.4-48}$$

Se, novamente, a curvatura é desprezada, podemos integrar esta equação para obter

$$v_z = \left(\frac{\lambda q_e}{\mu}\right)E_z(1 - e^{-y/\lambda}) \tag{24.4-49}$$

A expressão no primeiro conjunto de parênteses pode ser considerada como uma propriedade do sistema experimentalmente determinada, e $exp(-y/\lambda)$ é desprezível por toda a seção transversal do tubo, essencialmente para todos os tubos. Assim, a velocidade é uniforme exceto muito próximo à parede.

Estes escoamentos eletrosmóticos têm sido largamente usados em reatores microscópicos e em separadores — por exemplo, em dispositivos para diagnósticos — pois oferecem a vantagem de apresentar uma dispersão convectiva desprezível.

Note que a velocidade é independente do raio do tubo. Assim, a eletrosmose é especialmente útil em tubos de raio pequeno, onde grandes gradientes de pressão seriam necessários para produzir as mesmas velocidades de escoamento.

EXEMPLO 24.4-5

Forças Motrizes Adicionais para a Transferência de Massa

Até agora cobrimos todos os mecanismos de transferência de massa que são comumente considerados no contexto da termodinâmica de processos irreversíveis, mas existem outras possibilidades que se demonstraram significativas. Aqui, consideraremos três: a força sobre uma partícula carregada movendo-se através de um campo magnético e as forças de indução elétrica ou magnética. Estas contêm termos não-lineares, isto é, o produto da velocidade das espécies e campos de forças. Portanto, elas estão, no sentido estrito, fora da formulação linear. Entretanto, foi determinada a legitimidade de acrescentá-las às forças de campo presentes na Eq. 24.4-1. Desenvolva uma forma específica para a equação resultante, e mostre como esta pode ser usada para descrever processos de transferência de massa afetados por uma ou mais destas forças.

SOLUÇÃO

Iniciamos por definir uma força motriz estendida para a transferência de massa, $\mathbf{d}_{\alpha,\text{ext}}$, para incluir estas forças:

$$\mathbf{d}_{\alpha,\text{ext}} = \mathbf{d}_\alpha + \frac{x_\alpha z_\alpha F}{RT}[\mathbf{v}_\alpha \times \mathbf{B}] + \frac{x_a}{RT}\{\Gamma_\alpha^{\text{el}}[\mathbf{E}\cdot\nabla\mathbf{E}] + \Gamma_\alpha^{\text{mag}}[\mathbf{B}\cdot\nabla\mathbf{B}]\} \quad (24.4\text{-}50)$$

Aqui, $\mathbf{B}$ é a indução magnética, $\mathbf{E} = \nabla\phi$ é o campo elétrico, $\Gamma_\alpha^{\text{el}}$ a *suscetibilidade elétrica*, e $\Gamma_\alpha^{\text{mag}}$ a *suscetibilidade magnética*.

A origem dos termos contendo $[\mathbf{v}_\alpha \times \mathbf{B}]$ e $[\mathbf{E}\cdot\nabla\mathbf{E}]$ na Eq. 24.4-50 vem da relação de Lorentz

$$\mathbf{F} = q_0(\mathbf{E} + [\mathbf{v}\times\mathbf{B}]) \quad (24.4\text{-}51)$$

onde q_0 é a carga elétrica. Isto é explicitamente mostrado na Eq. 24.4-50 para uma partícula carregada que se move através de um campo magnético (veja o Problema 24B.1), mas apenas indiretamente para a indução elétrica $[\mathbf{E}\cdot\nabla\mathbf{E}]$, a qual baseia-se na interação de um *campo não-uniforme* com um dipolo elétrico.

Para mostrar a origem do termo $[\mathbf{E}\cdot\nabla\mathbf{E}]$ na Eq. 24.4-50, considere, por exemplo, a situação unidimensional retratada na Fig. 24.4-3. Um campo elétrico tende a alinhar os dipolos que normalmente se dispõe aleatoriamente pelo movimento browniano e, se o campo não for uniforme, aparecerá uma força sobre um dipolo alinhado com o valor

$$F_z = q_0\left[\left(E_0 + \frac{l}{2}\frac{\partial E}{\partial z}\right) - \left(E_0 - \frac{l}{2}\frac{\partial E}{\partial z}\right)\right] = q_0 l \frac{\partial E}{\partial z} \quad (24.4\text{-}52)$$

onde q_0 é o valor da carga nos dois extremos dos dipolos e l é a distância entre os dois centros de carga.

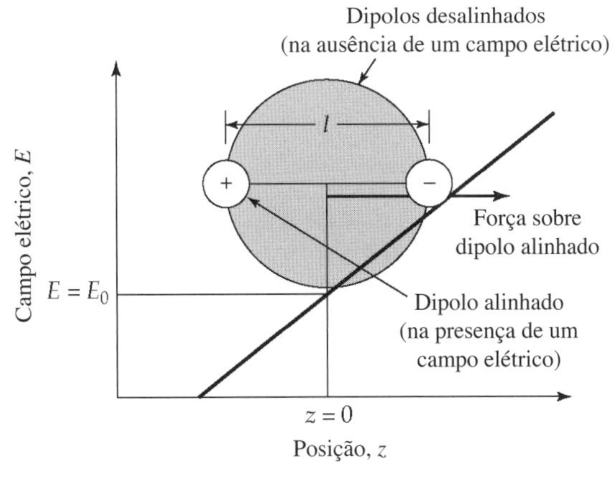

Fig. 24.4-3. Origem da força dieletroforética dada pela Eq. 24.4-52.

Em alguns casos — por exemplo, com a forma *anfótera* dos aminoácidos — podemos determinar simultaneamente q_0 e l da teoria molecular. Entretanto, para partículas e a maior parte das moléculas, temos apenas os *dipolos induzidos*: uma separação parcial de cargas resultante da presença do campo. Nas condições de nosso interesse aqui, apenas uma pequena parcela dos dipolos intrínsecos está alinhado com o campo, e o alinhamento parcial e a força do dipolo induzido são comumente supostos como proporcionais à força do campo. Todos estes fatores são coletados no que é uma quantidade experimentalmente determinada, a *susceptibilidade elétrica*. A origem do termo magnetoforese é análoga. Agora nos voltamos para uma breve discussão de aplicações destes novos mecanismos de separação.

O comportamento de íons em movimento através de um campo magnético é a base da espectrometria de massa clássica, embora o espectrômetro de tempo de vôo seja de uso generalizado. Os dois tipos de espectrômetro são altamente desenvolvidos e encontram aplicações extensivas para a análise de misturas de gases inorgânicos simples até de moléculas biológicas complexas não-voláteis como proteínas. Na verdade, quando aplicáveis, eles fornecem os mais precisos meios para a determinação do peso molecular de proteínas, freqüentemente com erro na faixa de um dálton para o peso molecular de dezenas de milhares.

A dieletro e a magnetoforese têm sido utilizadas, desde muito tempo, para a remoção de pequenas partículas suspensas em fluidos. Campos não-uniformes são obtidos, no caso da dieletroforese, pelo emprego de empacotamento de pequenas partículas dielétricas, como esferas de vidro entre eletrodos (veja, por exemplo, o Problema 24B.1). Devido ao fato de as partículas se moverem sempre na direção do campo mais forte, torna-se possível o uso de corrente alternada, comumente de algumas dezenas de quilovolts, e assim evita-se as reações nos eletrodos. As correntes são muito pequenas e podem, normalmente, ser desprezadas. Na magnetoforese, um campo não-uniforme pode ser obtido pela colocação de malhas ferromagnéticas entre os pólos de um eletromagneto, o que pode funcionar apenas quando os materiais são paramagnéticos ou ferromagnéticos. Um exemplo clássico é o da remoção de corpos coloridos constituídos de óxidos de ferro para o branqueamento de argilas.

Novos usos da dieletroforese têm se desenvolvido com grande rapidez nas áreas de biologia,[7] materiais avançados[8] incluindo a nanotecnologia, e supervisão do meio ambiente.[9] Elas incluem a classificação, análise quantitativa e manipulação incluindo a formação de malhas ordenadas.

Diversas destas aplicações requerem modificações fundamentais da Eq. 24.4-50 para incluir forças quadripolares e até octopolares.[10] Existem, adicionalmente, interações fortes entre forças elétricas e hidrodinâmicas, e a forma tanto do instrumento como das partículas podem ter efeitos profundos.[11]

24.5 TRANSFERÊNCIA DE MASSA ATRAVÉS DE MEMBRANAS SELETIVAMENTE PERMEÁVEIS

As membranas podem ser consideradas, do ponto de vista físico, como finas folhas separando duas fases macroscópicas e controlando a transferência de massa entre elas. Adicionalmente, a membrana é mantida estacionária contra um gradiente de pressão externo e o arrasto viscoso interno por um sistema mecânico, tipicamente uma malha de fios metálicos ou uma estrutura equivalente. As membranas consistem em uma matriz insolúvel, seletivamente permeável a uma ou mais espécies móveis α, β, ... São definidas matematicamente por três restrições:

1. Curvatura desprezível

$$\delta << R_{\text{curv}} \tag{24.5-1}$$

---

[7] C. Polk, *IEEE Transactions on Plasma Science*, **28**, 6-14 (2000); J. Suehiro *et al.*, *J. Physics D: Applied Physics*, **32**, 2814-2320 (1999); J. P. H. Bert, R. Pehig e M. S. Talary, *Trans. Inst. Meas. Control*, **20**, 82-91 (1998); A. P. Brown, W. B. Betts, A. B. Harrison e J. G. O'Neill, *Biosensors and Bioelectronics*, **14**, 341-351 (1999); O. D. Velev e E. W. Kaler, *Langmuir*, **15**, 3693-3698 (1999); T. Yamamoto, *et al.*, *Conference Record, IAS Annual Meeting (IEEE Industry Applications Society)*, **3**, 1933-1940 (1998); M. S. Talary, *et al.*, *Med and Bio. Eng. and Computing*, **33**, 235-237 (1995); H. Morgan e N. G. Green, *J. Electrostatics*, **42**, 279-293 (1997).

[8] L. Cui e H. Morgan, *J. Micromech. Microeng.*, **10**, 72-79 (2000); M. Hase *et al.*, *Proc. Intl. Soc. Optical Eng.*, **3673**, 133-140 (1999); C. A. Randall, *IEEE Intl. Symp. on Applications of Ferroelectrics*, Piscataway, N.J. (1996).

[9] P. Baron, *ASTM Special Technical Publication*, 147-155 (1999); R. J. Han, O. R. Moss e B. A. Wong, *Aerosol Sci. Tech.*, 241-258 (1994).

[10] C. Reichle *et al.*, *J. Phys. D: Appl. Phys.*, **32**, 2128-2135 (1999); A. Ramos *et al.*, *J. Electrostatics*, **47**, 71-81 (1999); M. Washizu e T. B. Jones, *J. Electrostatics*, **33**, 187-198 (1994); B. Khusid e A. Acrivos, *Phys. Rev. E*, **54**, 5428-5435 (1996).

[11] S. Kim e S. J. Karrila, *Microhydrodynamics*, Butterworth-Heinemann, Boston (1991); D. W. Howard, E. N. Lightfoot e J. O. Hirschfelder, *AIChE Journal*, **22**, 794-798 (1976).

onde δ é a espessura da membrana e R_{curv} é o raio de curvatura da superfície da membrana. Segue que o transporte de massa é unidirecional e perpendicular à superfície da membrana.

2. Imobilidade da matriz

$$v_m = 0 \qquad (24.5\text{-}2)$$

onde v_m é a velocidade da matriz, que serve como referencial.

3. Comportamento em regime pseudopermanente

$$\frac{\partial c_\alpha}{\partial t} = 0 \qquad (25.4\text{-}3)$$

onde α é qualquer uma das espécies, incluindo a matriz M. Isto, de fato, significa que os tempos de resposta da difusão são curtos quando comparados aos das soluções adjacentes.

Agora, queremos mostrar como estas restrições podem ser usadas para adaptar as equações de Maxwell–Stefan para gerar descrições compactas, mas confiáveis, do transporte em membranas.

Vamos iniciar reconhecendo que a matriz M deve ser considerada como de difusão das espécies, e escolhemos utilizar equações de Maxwell–Stefan apenas para as espécies móveis. Podemos usar as Eqs. 24.4-1 e 5, e escrever para uma mistura de N espécies móveis:

$$\sum_{\substack{\beta=1 \\ \beta\neq\alpha}}^{N} \frac{x_\alpha x_\beta}{Ð_{\alpha\beta}}(x_\alpha - x_\beta) = -x_\alpha \nabla_{T,p} \ln a_\alpha - x_\alpha\left(\frac{\overline{V}_\alpha}{RT}\right)\nabla p - x_\alpha z_\alpha\left(\frac{F}{RT}\right)\nabla\phi \qquad (25.4\text{-}4)$$

Note que α foi escolhida como a espécie de referência na equação para cada α e que a força que mantém estacionária a membrana — isto é, o último termo na Eq. 24.4-5 — resultou na eliminação do termo na fração molar da expressão para a difusão sob pressão.[1]

A seguir, notamos que, do ponto de vista termodinâmico, o número de componentes é o número de espécies móveis independentes na solução que banha a membrana, pois é a solução externa que determina o estado de equilíbrio da membrana. Reconhecemos também que, para quase todas as situações, o peso molecular efetivo da matriz não pode ser determinado. Assim, definimos que o sistema interno inclui apenas as espécies móveis e definimos as frações molares destas espécies para somar um. Entretanto, como as interações de cada espécie com a membrana M são bem significativas, definimos também $Ð'_{\alpha M}$ por

$$\frac{x_M}{Ð_{\alpha M}} = \frac{1}{Ð'_{\alpha M}} \qquad (24.5\text{-}5)$$

A Eq. 24.5-5 completa a redução das equações de Maxwell–Stefan para o transporte por membranas, mas ainda temos de selecionar um conjunto de condições de contorno que sejam, de um modo geral, aplicáveis.

Estas condições são obtidas do requisito de que o potencial total de cada espécie seja constante através do contorno

$$\left(\frac{\overline{V}_{\alpha,\text{méd}}}{RT}\right)(p_m - p_e) + z_\alpha\left(\frac{F}{RT}\right)(\phi_m - \phi_e) = 0 \qquad (24.5\text{-}6)$$

Aqui, o subscrito m e e se referem às condições no interior da membrana e na solução externa, respectivamente. A atividade a_α deve ser calculada sobre a composição da fase membrana, mas à pressão da solução externa, e

$$\overline{V}_{\alpha,\text{méd}} = \frac{1}{p_m - p_e}\int_{p_e}^{p_m} \overline{V}_\alpha dp \qquad (24.5\text{-}7)$$

Na prática, os solutos são normalmente considerados incompressíveis e os $\overline{V}_\alpha$ não se alteram através da superfície.

Com freqüência, as condições no interior da membrana são muito difíceis, ou mesmo impossíveis de serem determinadas e, nestas circunstâncias, a Eq. 24.5-6 é útil apenas para a obtenção de uma compreensão qualitativa do comportamento da membrana. Parcialmente por esta razão, as descrições completas da membrana são raras (veja, entretanto, Scattergood

[1] E. M. Scattergood e E. N. Lightfoot, *Trans. Faraday Soc.*, **64**, 1135-1146 (1968).

e Lightfoot[1]). Introduções altamente simplificadas, mas com freqüência úteis, do transporte através de membranas estão disponíveis numa variedade de fontes.[2,3,4] Uma aproximação venerável, especialmente útil para os biólogos é a de Kedem e Katchalsky.[5]

Entretanto, rápidos progressos estão se realizando na determinação de dados fundamentais, e muitos destes são apresentados no *Journal of Membrane Science.* Uma área importante é a que trata as membranas microporosas.[6] Podemos, igualmente, esperar avanços na modelagem. É bem conhecido, de longa data,[7] que o teorema inverso, generalizado por Lorentz para escoamentos lentos[8] fornece uma base sólida para a extensão da teoria hidrodinâmica da difusão da Seção 17.4 para a difusão multicomponente em membranas microporosas. Técnicas computacionais recentemente desenvolvidas[9] deverão tornar tratáveis as computações necessárias a prover um poder preditivo real. Estas técnicas podem ser também usadas para o desenvolvimento de estruturas auto montáveis,[10] que oferecem novas possibilidades para membranas altamente seletivas.

Este campo oferece um larga variedade de tipos de membranas e de processos de transferência de massa que neles ocorrem. Podemos distinguir entre membranas biológicas[11] e sintéticas,[12] mas existem diversas faixas de composições e de comportamentos dentro de cada uma destas categorias. Dentre o grupo sintético há membranas "homogêneas", nas quais a matriz age como um verdadeiro solvente, para a espécie permeável, e membranas "microporosas", nas quais a espécie permeável é confinada a regiões livres da matriz, e misturas dos dois tipos. Estes fatores são importantes do ponto de vista dos materiais, mas os formalismos necessários à descrição de seus comportamentos de transporte são, para todos, muito semelhantes.

Existe também uma ampla variedade de condições de processos de uso generalizado. Aqui, consideraremos apenas uns poucos para ilustrar as situações comumente encontradas.

EXEMPLO 24.5-1

Difusão por Concentração entre Duas Fases Preexistentes

Considere o "soluto" A difundindo através de uma membrana colocada entre soluções binárias do soluto A no solvente B *sob a influência de gradientes de concentração.* Esta é a situação comumente encontrada, inclusive na diálise, oxigenação do sangue e de muitos processos de separação de gases.[13] Existem muitas variantes, incluindo a *difusão facilitada* (ver o Problema 24C.8). Hemodiálise é um caso especial, onde diferenças de pressão são empregadas para impulsionar água através da membrana, mas a difusão por concentração de solutos é de interesse primordial do ponto de vista presente. Suponha, por enquanto, que o fluxo do solvente, N_B, seja conhecido. Deduza uma equação análoga à lei de Fick para este sistema.

SOLUÇÃO

Estamos interessados primeiramente no soluto A, e a equação de Maxwell–Stefan tem a forma

$$\frac{x_A v_A}{Ɖ'_{AM}} + \frac{x_A x_B}{Ɖ_{AB}}(v_A - v_B) = -\left[1 + \left(\frac{\partial \ln \gamma_A}{\partial \ln x_A}\right)_{T,p}\right]\frac{dx_A}{dz} \tag{24.5-8}$$

---

[2] E. L. Cussler, *Diffusion: Mass Transfer in Fluid Systems,* 2.ª edição, Cambridge University Press (1997), p. 580.
[3] W. M. Denn, *Analysis of Transport Phenomena,* Oxford University Press (1998), p. 597.
[4] J. D. Seader e E. J. Henley, *Separation Process Principles,* Wiley, Nova York (1998).
[5] O. Kedem e A. Katchalsky, *Biochem. Biophys. Acta,* **27**, 229 (1958).
[6] K. Kaneko, *J. Membrane Sci.*, **96**, 59-89 (1994); K. Sakai, *J. Membrane Sci.*, **96**, 91-130 (1994); S. Nakao, *J. Membrane Sci.*, **96**, 165-131 (1994).
[7] E. N. Lightfoot, J. B. Bassingthwaighte e E. F. Grabowski, *Ann. Biomed. Eng.*, **4**, 78-90 (1976).
[8] J. Happel e H. Brenner, *Low Reynolds Number Hydrodynamics*, Prentice-Hall (1965), Martinus Nijhoff (1983), p. 62, p. 85.
[9] S. Kim e S. J. Karrila, *Microhydrodynamics: Principles and Selected Applications*, Butterworth-Heinemann, Boston (1991).
[10] I. Mustakis, S. C. Clear, P. F. Nealey e S. Kim, *ASME Fluids Engineering Division Summer Meeting*, FEDSM, 22-26 de Junho (1997).
[11] B. Alberts *et al.*, *The Molecular Biology of the Cell,* Garland, Nova York (1999), Caps. 10 e 11.
[12] W. S. W. Ho e K. K. Sirkar, *Membrane Handbook,* Van Nostrand Reinhold, Nova York (1992), p. 954; R. D. Noble e S. A. Stern, *Membrane Separations Technology,* Membrane Science and Technology Series, **2**, Elsevier (Amsterdam) p. 718; R. van Reis e A. L. Zydney, "*Protein Ultrafiltration*" em *Encyclopedia of Bioprocess Technology* (M. C. Flickinger e S. W. Drew, eds.), Wiley, Nova York (1999), pp. 2197-2214; L. J. Zeman e A. L. Zydney, *Microfiltration and Ultrafiltration,* Marcel Dekker, Nova York (1996).
[13] W. J. Koros e G. K. Fleming, *J. Membrane Sci.*, **83**, 1-80 (1993).

que pode ser rearranjada para dar

$$N_A = -c\left(\frac{Ɖ'_{AM}Ɖ_{AB}}{Ɖ'_{AM} + Ɖ_{AB}}\right)\left[1 + \left(\frac{\partial \ln \gamma_A}{\partial \ln x_A}\right)_{T,p}\right]\frac{dx_A}{dz} + x_A(N_A + N_B)\left(\frac{Ɖ'_{AM}}{Ɖ'_{AM} + Ɖ_{AB}}\right) \quad (24.5\text{-}9)$$

que, por sua vez, é semelhante à lei de Fick, com o primeiro termo do lado direito correspondendo ao fluxo difusivo fickiano, e o segundo ao termo convectivo. Entretanto, a difusividade efetiva contém agora uma contribuição de membrana, e o termo convectivo é agora ponderado pela relação de difusividades. Esta situação corresponde à situação representada na Fig. 24.5-1. A seta que aponta para a direita representa a difusão relativa ao solvente, modificada pela interação com a matriz, enquanto a seta apontando para a esquerda representa o "arrasto" da membrana, que tende reduzir o transporte relativo à convecção que ocorre na ausência da membrana — isto é, $x_A(N_A + N_B)$. Note que, em geral, existem camadas limites de transferência de massa em ambos os lados da membrana.

Existem várias situações limites de interesse. Se a membrana interage apenas fracamente com o soluto, $Ɖ'_{AM} \gg Ɖ_{AB}$. Então,

$$N_A = -cƉ_{AB}\left[1 + \left(\frac{\partial \ln \gamma_A}{\partial \ln x_A}\right)_{T,p}\right]\frac{dx_A}{dz} + x_A(N_A + N_B) \quad (24.5\text{-}10)$$

que é exatamente a lei de Fick. Entretanto, deve ser lembrado que a concentração molar e difusividade são as correspondentes à fase membrana. A seguir, nos voltamos para a situação limite onde

$$x_A(N_A + N_B) << N_A \quad (24.5\text{-}11)$$

e a distribuição de soluto entre membrana e solução é linear, de forma que

$$c_{Ae} = K_D c_{Am} \quad (24.5\text{-}12)$$

onde os subscritos e e M se referem às fases solução externa e membrana, respectivamente, e K_D é o coeficiente de distribuição para as duas fases. Podemos, então, escrever

$$N_A = P(c_{Ae0} - c_{Ae\delta}) \quad (24.5\text{-}13)$$

onde

$$P = K_D D_{A,\text{ef}} \quad (24.5\text{-}14)$$

é conhecida como a *permeabilidade da membrana*, e

$$D_{A,\text{ef}} = \left(\frac{Ɖ'_{AM}Ɖ_{AB}}{Ɖ'_{AM} + Ɖ_{AB}}\right)\left[1 + \left(\frac{\partial \ln \gamma_A}{\partial \ln x_A}\right)_{T,p}\right] \quad (24.5\text{-}15)$$

Os subscritos $_{Ae}0$ e $_{Ae}\delta$ se referem às concentrações de soluto a montante e a jusante da membrana.

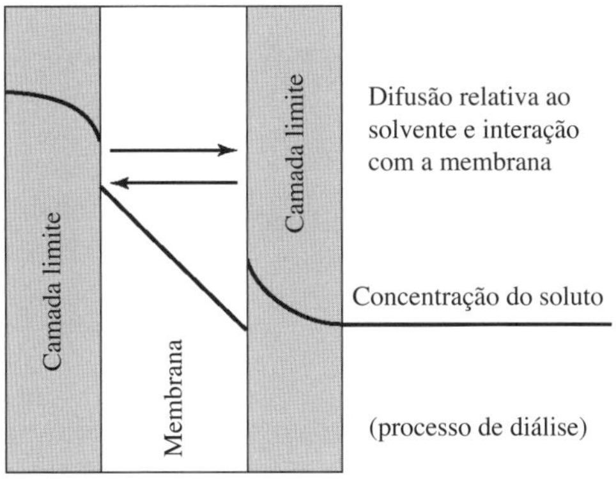

Fig. 24.5-1. Transporte de massa intramembrana.

EXEMPLO 24.5-2

Ultrafiltração e Osmose Reversa

Agora considere o processo de filtração, no qual deseja-se remover, seletivamente, um solvente pelo fluxo produzido pela pressão através de uma membrana que rejeita o soluto. As aplicações incluem a ultrafiltração e osmose reversa, a primeira destas aplica-se a macromoléculas e a segunda a moléculas pequenas.[14] A microfiltração e a nanofiltração são formalmente similares, mas a natureza das entidades que estão sendo removidas apresenta complicações adicionais que não consideraremos aqui.[12] Desenvolva um sistema para a descrição do fluxo de solvente e da composição do filtrado em função da pressão aplicada.

SOLUÇÃO

Inevitavelmente, uma parcela do soluto atravessa a membrana junto com o solvente, como indicado na Fig. 24.5-1, e será necessário considerar as equações de Maxwell–Stefan para as duas espécies. Entretanto, a filtração por membrana é um processo complexo que requer muita informação para a obtenção, *a priori*, de sua descrição completa, e começamos com um resumo do comportamento característico utilizando a Fig. 24.5-2 como ponto de partida. Nela, representa-se, esquematicamente, o fluxo através da membrana e a composição do filtrado em função da queda de pressão através da membrana. Primeiramente, note que o fluxo aumenta com a queda de pressão, vagarosamente no início da curva, mas tendendo, assintoticamente, a uma relação linear, e a assíntota cruza o eixo de velocidade nula a um valor positivo da queda de pressão, $\Delta\pi_{ef}$. A relação da concentração de soluto no filtrado para a concentração da alimentação decresce com o aumento da queda de pressão da unidade para um valor assintótico,[15] o qual é normalmente muito inferior a um. Nosso principal interesse nesta breve introdução é o da explicação deste comportamento característico em termos termodinâmicos e do comportamento de transporte.

Esta situação difere fundamentalmente do exemplo anterior já que a difusão sob pressão é o principal fenômeno, e que a solução a jusante é produzida pela transferência de massa através da membrana. Portanto, a relação de soluto e solvente é idêntica à relação das taxas de transferência de massas. Não existe, portanto, uma camada limite no lado do filtrado, e é quase que uma prática universal o emprego de estruturas de compósito. Tais membranas compósitas consistem em uma fina camada seletiva sobreposta a um suporte espesso, altamente poroso e não-seletivo que fornece a resistência mecânica. Este suporte pode ser ignorado em nosso exemplo.

Iniciamos analisando o comportamento intramembrana para o qual as equações de Maxwell–Stefan, modificadas pelas Eqs. 24.5-4, assumem a forma

$$\frac{x_S x_W}{Đ_{SW}}(v_S - v_W) + \frac{x_S v_S}{Đ'_{SM}} = -\frac{1}{RT}x_S \nabla_{T,p}(RT \ln a_S) - \frac{c_S \overline{V}_S}{cRT}\nabla p \qquad (24.5\text{-}16)$$

$$\frac{x_S x_W}{Đ_{SW}}(v_W - v_S) + \frac{x_W v_W}{Đ'_{WM}} = -\frac{1}{RT}x_W \nabla_{T,p}(RT \ln a_W) - \frac{c_W \overline{V}_W}{cRT}\nabla p \qquad (24.5\text{-}17)$$

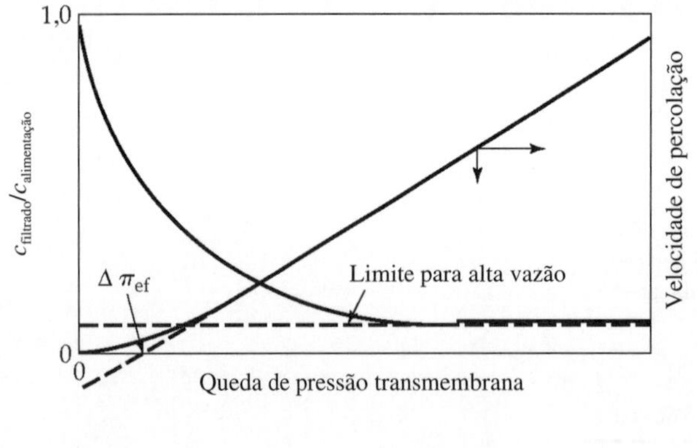

Fig. 24.5-2. Ultrafiltração: escoamento e rejeição de soluto.

[14] R. J. Petersen, *J. Membrane Sci.*, **83**, 81-150 (1993).

[15] Na verdade há uma lenta diminuição da concentração de soluto no filtrado, mesmo sob queda de pressão muito grande presumivelmente resultante da compressão da membrana. Entretanto, não consideraremos aqui este efeito secundário.

Nelas, os subscritos S e W referem-se ao soluto parcialmente rejeitado e ao solvente (usualmente a água). O termo $x_\alpha \overline{V}_\alpha$ foi substituído por $c_\alpha \overline{V}_\alpha / c$, para tornar explícita a presença das frações volumétricas

$$\phi_\alpha = c_\alpha \overline{V}_\alpha \tag{24.5-18}$$

Adicionalmente, o primeiro termo à direita foi reescrito para lembrar que a derivada representa o gradiente da energia livre parcial molar

$$d\overline{G}_\alpha = RTd \ln a_\alpha \tag{24.5-19}$$

onde a composição, a temperatura e a pressão são mantidas constantes.

Começamos pelo exame do comportamento do fluxo e, para tanto, somamos as Eqs. 24.5-16 e 17 para obter a relação entre o transporte das espécies e o gradiente de pressão *intramembrana.*

$$\left(\frac{N_S}{c\text{Đ}'_{SM}} + \frac{N_W}{c\text{Đ}'_{WM}} \right) = -\frac{1}{cRT} \nabla p_m \tag{24.5-20}$$

O subscrito m na pressão é posto para nos lembrar que, até o momento, calculamos apenas a queda de pressão no interior da membrana. Empregamos ainda a equação de Gibbs–Duhem

$$\sum_\alpha \overline{G}_\alpha dx_\alpha = 0 \tag{24.5-21}$$

e o fato de a soma das frações volumétricas ser um.

Para obter a diferença entre as pressões a montante e a jusante, que são diretamente mensuráveis, temos de retornar à Eq. 24.5-6, que assume a forma

$$p_e - p_m = \frac{RT}{\overline{V}_S} \ln \frac{a_{Sm}}{a_{Se}} = \pi_e - \pi_m \tag{24.5-22}$$

Olhando o lado a montante da membrana, por exemplo, a Eq. 24.5-22 nos diz que é necessária uma queda de pressão finita através da interface da membrana para mover o soluto contra uma atividade termodinâmica crescente. Então, a queda de pressão mensurável através da membrana é

$$\Delta p_{\text{ext}} = \frac{cRT}{\delta} \left(\frac{N_S}{c\text{Đ}'_{SM}} + \frac{N_W}{c\text{Đ}'_{WM}} \right) + \Delta \pi_{\text{ef}} \tag{24.5-23}$$

onde δ é a espessura da membrana, e

$$\Delta \pi_{\text{ef}} = (\pi_{e0} - \pi_{e\delta}) - (\pi_{m0} - \pi_{m\delta}) \tag{24.5-24}$$

onde os subscritos 0 e δ referem-se aos lados a montante e a jusante da membrana, respectivamente. A pressão osmótica intramembrana dificilmente é conhecida, mas é substancialmente menor do que os valores correspondentes da solução. (Veja os Problemas 24C.7 e 8.) No presente estágio de nosso conhecimento, a Eq. 24.5-24 explica a existência do valor da interseção diferente de zero do comportamento assintótico, e uma eliminação das contribuições da membrana fornece um limite superior. Fornece também uma percepção do comportamento intramembrana a partir de observações experimentais, mas não uma predição, *a priori*, do valor da interseção.

A seguir, eliminamos o gradiente de pressão da Eq. 24.5-16 com o auxílio da Eq. 24.5-23

$$N_S \left(\frac{x_W}{c\text{Đ}_{WS}} - \frac{\phi_S}{c\text{Đ}'_{SM}} \right) - N_W \left(\frac{x_S}{c\text{Đ}_{SW}} + \frac{\phi_S}{c\text{Đ}'_{WM}} \right) = -\left(1 + \frac{\partial \ln \gamma_s}{\partial \ln x_s} \right) \frac{dx_s}{dz} \tag{24.5-25}$$

Esta expressão pode ser integrada para obter-se o perfil da concentração de soluto (veja, por exemplo, os Problemas 24C.7 e 8). De um modo geral, o perfil de concentração mostra uma inclinação negativa na direção do escoamento, e este aspecto torna-se mais pronunciado quando o taxa de escoamento através da membrana cresce — isto é, quando a queda de pressão transmembrana torna-se maior.

Para taxas de escoamento muito baixas, N_S e N_W são relativamente pequenos e a difusão é relativamente rápida. Existe apenas uma pequena queda de concentração do soluto através da membrana, e o resultado é uma má rejeição observada na Fig. 24.5-2, para baixas perda de pressão. Este comportamento é sugerido pelo perfil da concentração sob fluxo zero da Fig. 24.5-1.

Para fluxos muito altos, por outro lado, os gradientes de concentração são altos e a difusão é fraca, exceto muito próximo do limite a jusante da membrana, onde se desenvolve um gradiente de concentração muito negativo. Próximo do limite a montante, os dois termos de fluxos de massa são grandes comparados com as suas diferenças, e podemos desprezar os gradientes de concentração no cálculo da relação entre os fluxos de massa:

$$\frac{N_S}{N_W} \approx \frac{x_S}{x_W}\left(\frac{(1/c\mathcal{D}_{SW}) + (\overline{V}_S/\mathcal{D}'_{WM})}{(1/c\mathcal{D}_{SW}) + (\overline{V}_W/\mathcal{D}'_{SM})}\right) \tag{24.5-26}$$

A base para a exclusão do soluto fica clara agora:

1. Exclusão termodinâmica definida pela razão x_S/x_W.
2. Diferenciação pelo atrito, definida pela diferença entre os termos de interação com a membrana $(\overline{V}_S/\overline{V}_W)(\mathcal{D}'_{SM}/\mathcal{D}'_{WM})$.

Os dois efeitos são usados na prática e são ilustrados nos problemas.

EXEMPLO 24.5-3

***Membranas Carregadas e Exclusão de Donnan*[16]**

Considere membranas contendo cargas imobilizadas consistindo em géis polieletrolíticos. Estes géis contêm grupos iônicos repetidos, seguros por ligações covalentes, como mostra a Fig. 24.5-3. O interior da membrana pode então ser visto como uma solução contendo *cargas fixas* espacialmente fixas, *contra-íons* móveis, *eletrólito invasor* e água. Por simplicidade, supomos que as cargas fixas sejam ânions, designados por X^-, e que os contra-íons sejam cátions, escritos como M^+. A solução externa é de M^+X^- em água, fonte do eletrólito invasor M^+X^-. Mostre que a presença de cargas físicas produz uma exclusão dos eletrólitos invasores.

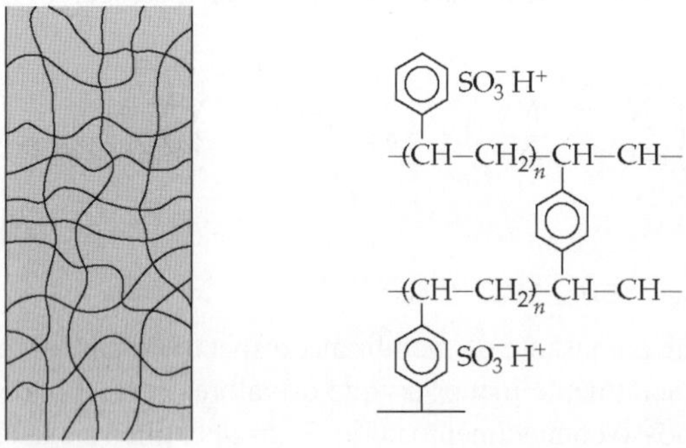

Membrana — Estrutura molecular

Fig. 24.5-3. Uma membrana de troca iônica à base de ácido sulfônico.

SOLUÇÃO

Este sistema é dominado pelo comportamento no limite da membrana e, por conseqüência, nos voltamos à Eq. 24.5-6, escrita para a água e para os sais ou M^+X^-. A expressão para água é

$$\ln \frac{a_{We}}{a_{Wm}} = \frac{\overline{V}_W}{RT}(p_m - p_e) = \frac{\overline{V}_W}{RT}\Delta\pi \tag{24.5-27}$$

onde os subscritos e e m se referem à solução externa e à membrana, respectivamente. Como a concentração de eletrólito intramembrana é sempre mais alta que a externa, resultando em atividade mais baixa para água, o interior da membrana está a uma pressão mais alta que a solução externa (veja, por exemplo, o Problema 24B.4).

[16] H. Strathmann, "Eletrodialysis", Seção V em *Membrane Handbook* (W. W. S. Ho e K. K. Sirkar, eds.), Van Nostrand, Nova York (1992).

A equação correspondente para o sal S nos dá

$$\frac{a_{Se}}{a_{Sm}} = \frac{x_{M^+e}x_{X^-e}}{x_{M^+m}x_{X^-m}}\frac{\gamma_{Se}}{\gamma_{Sm}} = \exp\left(\frac{\overline{V}_S}{RT}\Delta\pi\right) \quad (24.5\text{-}28)$$

ou

$$\frac{c_{M^+e}c_{X^-e}}{c_{M^+m}c_{X^-m}} = K_D = \frac{\gamma_{Sm}}{\gamma_{Se}}\left(\frac{c_m}{c_e}\right)^2 \exp\left(\frac{\overline{V}_S}{RT}\Delta\pi\right) \quad (24.5\text{-}29)$$

Decorre daí que

$$c_{Sm}^2 + c_{Sm}c_{X^-m} = \frac{1}{K_D}c_{Se}^2 \quad (24.5\text{-}30)$$

e, portanto, a concentração de sal na fase membrana é menor do que a da solução. Esta supressão do eletrólito invasor pela presença de cargas fixas é conhecida como *exclusão de Donnan* (veja o Problema 24B.3).

A preponderância de contra-íons, aqui M^+, no interior da membrana, tende a fazer com que se difundam para a solução externa, enquanto os co-íons, aqui X^-, tendem a se difundir para o interior. O resultado é o desenvolvimento de uma diferença de potencial elétrico entre a membrana e a solução externa. Esta é normalmente estimada desprezando-se os efeitos osmóticos e supondo serem unitários os coeficientes de atividade:

$$\phi_m - \phi_e = -\left(-\frac{z_{M^+}F}{RT}\right)\ln\frac{x_{M^+m}}{x_{M^+e}} \quad (24.5\text{-}31)$$

As Eqs. 24.5-27 a 30 aplicam-se às relações entre soluções em lados opostos da membrana que contém um soluto parcialmente excluído de um lado, que agora corresponde à fase membrana do desenvolvimento apresentado. A Eq. 24.5-31 é muito usada devido à falta de conhecimento sobre os efeitos desprezados.

Assim, a Eq. 24.5-31 é largamente empregada, particularmente entre biólogos, com o intuito de explicar a origem dos potenciais observados, com grande freqüência, nas membranas biológicas.[11] Entretanto, os meios pelos quais as membranas biológicas podem produzir e controlar a seletividade iônica são extremamente sofisticados e apenas começando a serem compreendidos.[17]

24.6 DIFUSÃO EM MEIOS POROSOS

Os meios porosos são importantes em uma variedade de aplicações de transferência de massa, algumas das quais, como a catálise[1] já foram tratadas neste texto (Seção 18.7), e elas exibem uma grande variedade de morfologias.[2,3] Processos de adsorção, como a cromatografia, usualmente ocorrem em meios granulares e as partículas absorventes são, elas mesmas, sólidos porosos. A recuperação secundária de petróleo envolve, tipicamente, a transferência de massa em rochas porosas e a secagem por congelamento, ou *liofilização* de alimentos e fármacos[4] depende do transporte de vapor de água através de uma camada de sólido seco. Processos de transporte semelhantes ocorrem em todo o vasto campo da tecnologia de partículas,[5] e, como foi indicado na Seção 24.5, algumas membranas podem ser consideradas como estruturas microporosas. Tais estruturas são freqüentes em organismos vivos e contribuem de forma importante para a distribuição da água e do soluto.[3]

A discussão de sólidos porosos também traz de volta a discussão da transferência de momento com a qual começamos este texto. Muitos dos modelos usados para a descrição da transferência de massa em meios porosos são de origem hidrodinâmica e, algumas vezes, os conceitos de transferência de massa e de momento se interpenetram.

---

[17] B. Hill, *Ionic Channels of Excitable Membranes,* Sinauer Associates, Sunderland, Mass. (1992); F. M. Ashcroft, *Ion Channels and Disease: Channelopathies, Academic Press*, Nova York (1999); D. J. Aidley, *The Physiology of Excitable Cells,* Cambridge University Press (1998).

[1] (a) R. Aris, *The Mathematical Theory of Diffusion and Reaction in Permeable Catalysts,* Vols. 1 e 2 Oxford University Press (1975); (b) O. Levenspiel, *Chemical Reaction Engineering,* 3.ª edição, Wiley, Nova York (1999).

[2] M. Sahimi, *Flow and Transport in Porous Media and Fractured Rock,* Verlagsgesellschaft, Weinheim, Alemanha (1995); V. Stanek, *Fixed Bed Operations*, Ellis Horwood, Chichester, Inglaterra (1994).

[3] F. E. Curry, R. H. Adamson, Bing-Mei Fu e S. Weinbaum, *Bioengineering Conference* (Sun River, Oregon), ASME, Nova York (1997).

[4] (a) L. Rey e J. C. May, "Freeze-Drying/Lyophilization of Pharmaceutical and Biological Products", em *Drugs and Pharmaceutical Sciences* (J. Swarbrick, ed.), Marcel Dekker, Nova York (1999); (b) P. Sheehan and A. I. Liapis, *Biotech. and Bioeng*, **60**, 712-728 (1998).

[5] M. Rhodes, *Introduction to Particle Technology*, Wiley, Nova York (1998).

A previsão do transporte de líquidos e de gases em meios porosos é uma tarefa difícil e desafiante, e não existe uma teoria completamente satisfatória. O transporte de massa em meios porosos se dá por uma multiplicidade de mecanismos: (i) por difusão comum, descrita pelas equações de Maxwell–Stefan; (ii) pela difusão de Knudsen; (iii) pelo escoamento viscoso de acordo com a equação de Hagen–Poiseuille; (iv) por difusão de superfície — isto é, a migração de partículas adsorvidas ao longo da superfície dos poros; (v) por transpiração térmica, o análogo térmico do escoamento viscoso; e (vi) por difusão térmica. Nesta discussão, ignoraremos os três últimos mecanismos.

Este problema foi atacado por muitos pesquisadores[6] e resumido por outros.[7] Damos aqui os principais resultados de seus trabalhos. Os modelos disponíveis baseiam-se ou em canais cilíndricos ou em agregados de partículas esferoidais e faremos uma revisão de alguns exemplos representativos. Ainda nos limitaremos a discutir duas situações limites dentro dos poros da matriz sólida:

(i) *Escoamento molecular livre,* para o qual o diâmetro molecular é pequeno e o percurso médio livre é longo relativamente às dimensões características dos poros. Nestas condições, não existe interação intraporo significativa.

(ii) *Escoamento contínuo de gases e líquidos*, nos quais os diâmetros e o distanciamento das moléculas intraporos são pequenos quando comparados às dimensões dos poros. Aqui, o fluido intraporos pode ser descrito pela teoria hidrodinâmica generalizada,[8] e as equações generalizadas de Maxwell–Stefan para difusão multicomponente podem ser usadas.

Existem também fenômenos para o transporte de gases, conhecidos como fenômenos de escorregamento, para os quais o livre percurso médio é comparável às dimensões dos poros,[9] mas estes não serão discutidos aqui.

TRANSPORTE POR MOLÉCULAS LIVRES

O transporte de gases rarefeitos é um exemplo do escoamento de Knudsen que já apresentamos no Problema 2B.9. Para um longo capilar de raio *a*, a fórmula de Knudsen assume a forma

$$N_A = -\frac{8a}{3}\frac{1}{\sqrt{2\pi M_A RT}}\frac{dp_A}{dz} = -\frac{8a}{3}\sqrt{\frac{RT}{2\pi M_A}}\frac{dc_A}{dz} \tag{24.6-1}$$

Nela, p_A é a pressão parcial da espécie A em uma mistura. Note que a Eq. 24.6-1 nos diz que o transporte de qualquer das espécies individuais nestas condições limites independe da presença das outras espécies. Assim, a taxa de escoamento molar W_A em um tubo é proporcional ao cubo do raio do tubo e ao inverso da raiz quadrada do peso molecular. Esta dependência no peso molecular é conhecida como *Lei de Graham.*

A Eq. 24.6-1 pode ser reescrita como

$$N_A = -\mathcal{D}_{AK}\frac{dc_A}{dz} \tag{24.6-2}$$

que define a "difusividade de Knudsen" $\mathcal{D}_{AK}$. Entretanto, esta deve ser considerada como uma difusividade binária para a espécie A em relação ao meio poroso, que não é consistente com a lei de Fick, pois o fluxo molar não contém o termo convectivo. Como resultado, $\mathcal{D}_{AK}$ não é uma propriedade de estado, uma vez que inclui o raio do tubo a. Para levar em consideração a natureza tortuosa dos canais do meio poroso e a área da seção transversal disponível para o escoamento, a expressão para o fluxo deve ser modificada para

$$\langle N_A \rangle = \mathcal{D}_{AK}^{\text{ef}}\frac{dc_A}{dz} \tag{24.6-3}$$

[6] J. Hoogschagen, *J. Chem. Phys.*, **21**, 2096 (1953), *Ind. Eng. Chem.*, **47**, 906-913 (1955); D. S. Scott e F. A. L. Dullien, *AIChE Journal*, **8**, 113-117 (1962); L. B. Rothfeld, *AIChE Journal*, **9**, 19-24 (1963); P. L. Silverston, *AIChE Journal*, **10**, 132-133 (1964); R. D. Gunn e C. J. King, *AIChE Journal*, **15**, 507-514 (1969); C. Feng e W. E. Stewart, *Ind. Eng. Chem. Fund.*, **12**, 143-147 (1973); C. F. Feng, V. V. Kostrov e W. E. Stewart, *Ind. Eng. Chem. Fund.*, **13**, 5-9 (1973).

[7] E. A. Mason e R. B. Evans, III, *J. Chem. Ed.*, **46**, 358-364 (1969); R. B. Evans III, L. D. Love e E. A. Mason, *J. Chem. Ed.*, **46**, 423-427 (1969); R. Jackson, *Transport in Porous Catalysts*, Elsevier, Amsterdam (1977); R. E. Cunningham e R. J. J. Williams, *Diffusion in Gases and Porous Media*, Plenum Press, Nova York (1980); o Cap. 6 deste livro dá um resumo da história da difusão.

[8] E. N. Lightfoot, J. B. Bassingthwaighte e E. F. Grabowski, *Ann. Biomed. Eng.*, **4**, 78-90 (1976).

[9] R. Jackson, *Transport in Porous Catalysts*, Elsevier, Amsterdam (1977); R. E. Cunningham e R. J. J. Williams, *Diffusion in gases and Porous Media*, Plenum Press, Nova York (1980).

onde

$$\mathcal{D}_{AK}^{\text{ef}} = (\varepsilon/\tau)\mathcal{D}_{AK} \tag{24.6-4}$$

e $\langle N_A \rangle$ é o fluxo molar baseado na seção transversal total do meio poroso. Nesta expressão, ε é a porosidade do meio e τ é o fator de tortuosidade. Embora existam modelos[1a,10] para a estimativa da grandeza de τ, a tortuosidade deve ser determinada experimentalmente.[11]

Como alternativa para a Eq. 24.6-4 para a difusividade efetiva de Knudsen, podemos tratar o agregado como uma coleção de esferas imóveis (ou "moléculas gigantes" de gás) e usar a teoria cinética de Chapman–Enskog.[12] O Problema 24B.6 mostra que esta abordagem fornece predições muito similares às da Eq. 24.6-4. Existe uma notável insensibilidade do modelo.

EXEMPLO 24.6-1

Difusão de Knudsen

Dois grandes reservatórios bem misturados, cada um com volume V, comunicam-se por um duto de seção transversal S e comprimento L, cheio com um sólido poroso com mostrado na Fig. 24.6-1. Inicialmente o reservatório 1 está cheio com hidrogênio à pressão uniforme p_0 e o reservatório 2 com nitrogênio, também a p_0. O sistema é mantido a temperatura constante. No instante $t = 0$, uma pequena válvula no duto é aberta permitindo que os dois reservatórios atinjam o equilíbrio. Desenvolva uma expressão para a pressão total em cada reservatório em função do tempo supondo que o escoamento dos dois gases através do duto obedeça a Eq. 24.6-1, e que a lei dos gases ideais seja aplicável em todo o sistema.

SOLUÇÃO

Iniciamos supondo o comportamento quase estacionário no duto de forma que, para ambos os gases, a taxa de transferência do reservatório 1 para o reservatório 2 é dada por

$$W_A = \frac{(8/3)(\varepsilon/\tau)aS}{L\sqrt{2\pi M_A RT}}(p_{A1} - p_{A2}) \equiv K_A(p_{A1} - p_{A2}) \tag{24.6-5}$$

onde W_A é a taxa molar de escoamento da espécie A (nitrogênio ou hidrogênio) e a é o raio efetivo dos poros no meio que une os dois reservatórios. Um balanço macroscópico de massa entre o reservatório 2 dá

$$V\frac{dc_{A2}}{dt} = \frac{V}{RT}\frac{dp_{A2}}{dt} = K_A(p_{A1} - p_{A2}) \tag{24.6-6}$$

ou

$$\frac{dp_{A2}}{dt} = \left(K_A\frac{RT}{V}\right)(p_{A1} - p_{A2}) \tag{24.6-7}$$

Agora, um balanço de massa para todo o sistema dá

$$p_{A1} + p_{A2} = p_0 \tag{24.6-8}$$

As condições iniciais no instante inicial $t = 0$,

$$p_{H1} = p_0 \qquad p_{N1} = 0 \qquad p_{H2} = 0 \qquad p_{N2} = p_0 \tag{24.6-9}$$

Estas condições iniciais completam a especificação do comportamento do sistema, e vemos que as distribuições dos dois gases são independentes uma da outra.

Para o *nitrogênio*, podemos definir as variáveis adimensionais $\psi = p_N/p_0$ e $\tau = (RTK_N/V)_t$. Então, podemos escrever a Eq. 24.6-7 para o *nitrogênio* no compartimento 2 como

$$\frac{d\psi_{N2}}{d\tau} = 1 - 2\psi_{N2} \tag{24.6-10}$$

---

[10] W. E. Stewart e M. F. L. Johnson, *J. Catalysis*, **4**, 248-252 (1965).

[11] J. B. Butt, *Reaction Kinetics and Reactor Design*, 2.ª edição, Marcel Dekker, Nova York (1999).

[12] R. B. Evans III, G. M. Watson e E. A. Mason, *J. Chem. Phys.*, **35**, 2076-2083 (1961).

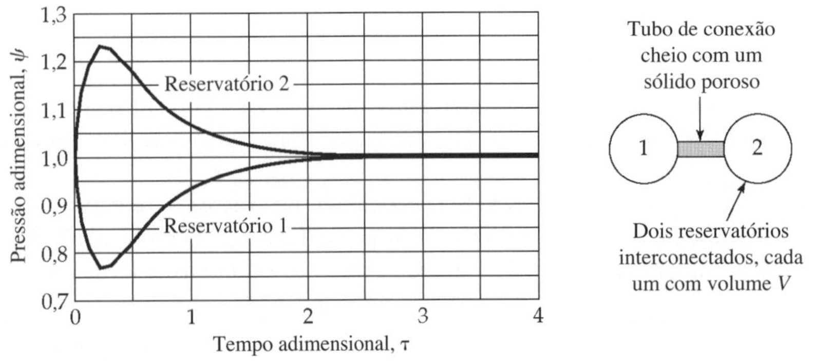

Fig. 24.6-1. Escoamento de Knudsen.

com a condição inicial $\psi_{N2}(0) = 1$. A solução deste problema é então

$$\psi_{N2} = \tfrac{1}{2}(1 + e^{-2\tau}) \qquad \psi_{N1} = \tfrac{1}{2}(1 - e^{-2\tau}) \tag{24.6-11}$$

Para o *hidrogênio*, notamos *que* $K_H = \sqrt{28/2}K_N \approx 3{,}74K_N$. Portanto, a equação diferencial para o hidrogênio é

$$\frac{d\psi_{H2}}{d\tau} = 3{,}74(1 - 2\psi_{H2}) \tag{24.6-12}$$

com condição inicial $\psi_{H2}(0) = 0$. A solução da equação diferencial é então

$$\psi_{H2} = \tfrac{1}{2}(1 - e^{-7{,}48\tau}) \qquad \psi_{H1} = \tfrac{1}{2}(1 - e^{-7{,}48\tau}) \tag{24.6-13}$$

Os resultados estão apresentados na Fig. 24.6-1.

A relação $N_A/N_B = \sqrt{M_B/M_A}$ para os fluxos molares obtida aqui foi observada por Graham[13] em 1833 e redescoberta por Hoogschagen[6] em 1953. Embora tenha sido demonstrada aqui para escoamento de Knudsen, esta relação é válida também para a difusão isobárica completamente fora da região de Knudsen. Ela foi demonstrada a partir da teoria cinética por diversos pesquisadores e verificada experimentalmente em tubos e meios porosos[6,7,13,14] até valores muito grandes da abertura da passagem para o livre percurso médio. Dois conjuntos de dados confirmatórios são apresentados na Tabela 24.6-1. Nos dois conjuntos de experimentos,[13,14] um equipamento semelhante ao da Fig. 24.6-1 foi utilizado, e diversos gases de teste foram empregados contra o ar. As relações entre os fluxos $N_{gás}/N_{ar}$ são os valores iniciais obtidos quando os dois reservatórios continham apenas ar ou o gás do teste.

TRANSPORTE CONTÍNUO

Até o presente momento, os modelos mecânicos para o transporte intraporos de fluidos aplicam-se a soluções binárias nas quais as moléculas do soluto são grandes quando comparadas às do solvente. Os modelos para esta situação são baseados na teoria hidrodinâmica da difusão estendida a estruturas porosas.[8] As descrições são obtidas por resolução das equações para o escoamento lento para esferas (representando o soluto) através de um contínuo (representando o solvente) em canais fechados.[15] A lista de efeitos importantes inclui a exclusão parcial do soluto na entrada do canal e a interação seletiva com a parede do canal. Os resultados limitam-se a solutos únicos, mas o rápido desenvolvimento de técnicas computacionais[16] permitirão, brevemente, o exame de sistemas mais complexos. A difusão hidrodinâmica pode ser usada para membranas microporosas, mas apenas na ausência de forças intermoleculares significativas entre o soluto e as paredes do poro.

[13] T. Graham, *Phil. Mag.*, **2**, 175, 269, 351 (1833). **Thomas Graham** (1805-1869), filho de um próspero industrial, freqüentou a Universidade de Glasgow de 1819 a 1826; em 1937 foi nomeado professor de química do University College, Londres, tornou-se membro da Royal Society em 1834, e no mesmo ano foi nomeado "Master of the Mint".

[14] E. A. Mason e B. Kronstadt, IMP-ARO(D)-12, University of Maryland, Institute for Molecular Physics, 20 de março de 1967.

[15] Z. -Y Yan, S. Weinbaum e R. Pfeffer, *J. Fluid Mech.*, **162**, 415-438 (1986).

[16] S. Kim e S. J. Karrila, *Microhydrodynamics: Principles and Selected Applications*, Butterworth-Heinemann, Boston (1991).

TABELA 24.6-1 Verificação Experimental da Lei de Graham [T. Graham, *Phil. Mag.*, **2**, 175, 269, 351 (1833); E. A. Mason e B. Kronstadt, IMP-ARO(D)-12, Universidade de Maryland, Institute for Molecular Physics, 20 de Março de 1967]

Gás	$N_{gás}/N_{ar}$ Graham[a]	$N_{gás}/N_{ar}$ Mason e Kronstadt[b]	$\left(\frac{M_{ar}}{M_{gás}}\right)^{1/2}$
H_2	3,83		3,791
He		2,66 ± 0,01	2,690
CH_4	1,344	1,33 ± 0,01	1,3437
C_2H_4	1,0191		1,0162
CO	1,0149		1,0169
N_2	1,0143	1,02 ± 0,01	1,0168
O_2	0,9487	0,960 ± 0,005	0,9514
H_2S	0,95		0,9219
Ar		0,855 ± 0,011	0,8516
N_2O	0,82		0,8112
CO_2	0,812		0,8113
SO_2	0,68		0,6724

A modelagem do escoamento viscoso nestes sistemas foi discutido anteriormente na Seção 6.4, e a prática usual para a descrição destes escoamentos, para os baixos valores do número de Reynolds de nosso interesse aqui, pela expressão de Blake–Kozeny (Eq. 6.4-9) [veja também Rhodes[5] (Cap. 5), Sahimi[2] (Cap. 6), Staněk[2] (Cap. 3)]:

$$v_0 = -\frac{D_p^2}{150\mu}\frac{\varepsilon^3}{(1-\varepsilon)^2}\nabla p \qquad (24.6\text{-}14)$$

onde v_0 é a velocidade superficial. Note da discussão da Seção 19.2 que emprega-se aqui o valor médio ponderal da velocidade do fluido que atravessa o material poroso.

Para obter descrições macroscópicas podemos usar as equações generalizadas de Maxwell-Stefan (Eq. 24.5-4), e nos restringiremos a escoamentos movidos pela concentração, e pela pressão. Quando a espécie móvel é pequena relativamente à dimensão do poro, então as condições de contorno são simplificadas à continuidade das concentrações e da pressão na interface entre o fluido externo e o intraporo.

EXEMPLO 24.6-2

Transporte em uma Solução Externa Binária

Simplifique as equações de Maxwell–Stefan para a difusão em uma solução binária diluída, de uma espécie A, grande, dissolvida em um solvente B, em um meio macroporoso M, uma matriz com poros grandes quando comparado aos diâmetros das duas espécies móveis, mas pequenos o suficiente para que os gradientes laterais de concentrações dentro de cada poro seja desprezível.

SOLUÇÃO

Inicialmente, determinamos a relação entre a pressão e o escoamento, e notamos que temos duas maneiras para fazer isto: usando a equação de Blake–Kozeny (Eq. 24.6-14), ou o resultado da base difusão (Eq. 24.5-20) da seção precedente.

Para altas velocidades através do material poroso e poros grandes comparados às dimensões moleculares, é a velocidade média ponderal que deve ser proporcional ao gradiente da pressão, e podemos supor que a equação de Blake–Kozeny governe o escoamento. A Eq. 24.6-14 é reescrita como

$$\left(\frac{150\mu(1-\varepsilon)^2}{D_p^2\varepsilon^3}\right)(\omega_A v_A + \omega_B v_B) = -\frac{dp}{dz} \qquad (24.6\text{-}15)$$

e a Eq. 24.6-20 como

$$cRT\left(\frac{v_A}{Ð'_{AM}} + \frac{v_B}{Ð'_{BM}}\right) = -\frac{dp}{dz} \qquad (24.6\text{-}16)$$

Comparando os coeficientes de v_A e v_B nestas duas equações determina-se descrições para $Ð'_{AM}$ e $Ð'_{BM}$, respectivamente. Se os poros são pequenos relativamente às dimensões moleculares e se a velocidade média ponderal não é alta relativamente às velocidades de difusão $v_\alpha - v$, situamo-nos ainda em uma região de escoamento pouco estudada, e devemos obter auxílio de dados experimentais ou de um modelo molecular apropriado.[17]

Para determinar a taxa de transporte de soluto buscamos a Eq. 24.5-25 *notando que as difusividades da seção já incluem o fator* ε/τ. Entretanto, se as dimensões dos poros são muito maiores que os diâmetros efetivos das moléculas de soluto e solvente, a relação $Ð_{AB}$ e $Ð'_{AM}$ será muito pequena. Podemos, então, escrever

$$N_A x_B - N_B x_A = -c(\varepsilon/\tau)\mathscr{D}_{AB}^{\text{ext}}\nabla x_A \qquad (24.6\text{-}17)$$

na qual

$$\mathscr{D}_{AB}^{\text{ext}} = Ð_{AB}^{\text{ext}}\left(1 + \frac{\partial \ln \gamma_A}{\partial \ln x_A}\right) \qquad (24.6\text{-}18)$$

onde o sobrescrito ext refere-se às condições na solução externa da mesma composição do fluido dos poros. A Eq. 24.6-17 pode ainda ser escrita como

$$N_A = -c(\varepsilon/\tau)\mathscr{D}_{AB}^{\text{ext}}\nabla x_A + (N_A + N_B) \qquad (24.6\text{-}19)$$

a qual é a primeira lei de Fick modificada para a porosidade e tortuosidade. Esta equação é de grande utilidade.

Exatamente como em fluidos não confinados, não podemos determinar o escoamento total, ou a queda de pressão, apenas por considerações sobre a difusão. É necessária a vazão total, ou equivalente. Um exemplo específico é apresentado pela secagem por congelamento, onde o vapor de água deve difundir-se através da região porosa de sólido seco e onde os gases inertes devem ser admitidos como estacionários. Esta região é, também, de interesse devido ao fato de as condições variarem desde a difusão simples, contínua, através da região de escorregamento, até a região de Knudsen.[4b]

Devemos ter em mente que a Eq. 24.6-19 e as equações que conduzem a ela representam o efeito direto da difusão molecular. A dispersão convectiva que resulta da mistura entre partículas e os desvios do escoamento retilíneo devem ser adicionados quando se emprega a média volumétrica da equação da convecção (veja a Seção 20.5, Butt[12], Seçaõ 5.2-5 e Levenspiel[1b], Seção 13.2).

QUESTÕES PARA DISCUSSÃO

1. Como deve ser modificada a termodinâmica do equilíbrio para podermos estudar sistemas em não-equilíbrio, como os que envolvem gradientes de velocidade, temperatura e de concentrações?
2. Que coeficientes de transporte novos aparecem em misturas multicomponentes, e o que eles descrevem?
3. Em que extensão este capítulo explica a origem da Eq. 19.3-3? Aquela equação está completamente correta?
4. A Eq. 24.1-6 é realmente o ponto inicial para a dedução das expressões completas para os fluxos? Discuta a sua origem.
5. Como são definidos o coeficiente de difusão térmica, a relação de difusão térmica, e o coeficiente de Soret? Os sinais destas grandezas podem ser previstos *a priori*?

[17] Z. -Y. Yan, S. Weinbaum e R. Pfeffer, *J. Fluid Mech.*, **162**, 415-438 (1986).

6. Como podemos da Eq. 24.2-8 obter a Eq. 17.9-1? Que restrições devem ser impostas sobre a Eq. 17.9-1?
7. Qual a força motriz apropriada para a difusão: o gradiente da concentração, o gradiente da atividade ou outra grandeza?
8. Discuta a coluna de Clusius–Dickel para a separação de isótopos.
9. Para a descrição da operação estacionária de uma ultracentrífuga não é necessário o conhecimento de qualquer propriedade de transporte. Isto parece peculiar?
10. Quais os diversos fenômenos físicos que devem ser compreendidos para descrever a difusão em meios porosos?

PROBLEMAS

24A.1. Difusão térmica.
(a) Estime a separação no regime permanente do H_2 e D_2 que ocorre num simples aparelho de difusão térmica mostrado na Fig. 24.3-1 sob as seguintes condições: $T_1 = 200$ K, $T_2 = 600$ K, a fração molar de deutério é inicialmente 0,10, e o valor médio efetivo de $k_T = 0{,}0166$.
(b) A que temperatura este k_T deve ser avaliado?
Respostas: **(a)** A fração molar do H_2 é mais alta em 0,0183 no bulbo quente.
(b) 330 K

24A.2. Ultracentrifugação de proteínas. Estime o perfil de concentração, no regime permanente, quando uma solução de albumina típica é sujeita a um campo centrífugo 50.000 vezes superior à aceleração gravitacional sob as seguintes condições:

Comprimento da célula = 1,0 cm
Peso molecular da albumina = 45.000
Densidade aparente da solução de albumina = $M_A/\overline{V}_A = 1{,}34$ g/cm^3
Fração molar da albumina (em $z = 0$) $x_{A0} = 5 \times 10^{-6}$
Densidade aparente da água = 1,00 g/cm^3
Temperatura = 75°F
Resposta: $x_A = 5 \times 10^{-6} \exp(-22{,}7z)$, com z em cm

24A.3. Difusividades iônicas. A condutância iônica equivalente (isto é, a concentração zero), nas dimensões de cm^2/ohm · g-equiv para os seguintes íons a 25°C são:[1] Na^+, 50,10; K^+, 73,5; Cl^-, 76,35. Calcule as difusividades iônicas correspondentes com a definição

$$\mathcal{D}_{iw} = \frac{RT}{F^2}\frac{\lambda_{i0}}{|z_i|} \tag{24A.3-1}$$

Note que $F = 96.500$ coulombs/g-equiv, $RT/F = 25{,}692$ mv a 25°C, e 1 coulomb = 1 ampére · s.

24B.1. As dimensões da força de Lorentz. Mostre como a força de Lorentz sobre uma carga em movimento em um campo magnético corresponde ao primeiro termo adicionado à expressão linear $\mathbf{d}_\alpha$ da Eq. 25.4-51 e dá um conjunto de unidades consistente para essa grandeza. *Sugestão*: Note que $cRT\mathbf{d}_\alpha$ representa a força matriz para o movimento difusivo de espécies α por unidade de volume e que as dimensões usuais da indução magnética são 1 Weber = 1 Newton-segundo/Coulomb-metro.

24B.2. Potenciais de junção. Considere dois reservatórios bem misturados de sais aquosos a 25°C, como na Fig. 24.4-2, separados por uma região estagnada. As concentrações salinas são 1,0 N à esquerda (1) e 0,1 N à direita (2). Estime o potencial de junção para o NaCl e para o KCl usando as difusividades iônicas do Problema 24A.3. Suponha serem constantes os coeficientes de atividade. Qual dos dois compartimentos será o mais positivo? Por quê?

24B.3. Exclusão de Donnan. A membrana de ácido sulfônico usada por Scattergood[2] tinha a seguinte composição interna de equilíbrio quando imersa em 0,1 N NaCl:

[1] R. A. Robinson e R. H. Stokes, *Electrolyte Solutions*, revised edition, Butterworths, London (1965), Tabela 6.1.
[2] E. M. Scattergood e E. N. Lightfoot, *Trans. Faraday Soc.*, **64**, 1135-1146 (1968).

Polímero de ácido sulfônico orgânico	c_{X^-}	$= 1{,}03$ g-equiv/litro
Água	c_ω	$= 13{,}2$ g-equiv/litro
Íon cloreto	c_{Cl^-}	$= 0{,}001$ g-equiv/litro
Íon sódio	c_{Na^+}	$= 1{,}031$ g-equiv/litro

Calcule o coeficiente de distribuição do cloreto de sódio

$$K_D = \frac{(x_{Na^+}x_{Cl^-})_{\text{externa}}}{(x_{Na^+}x_{Cl^-})_{\text{membrana}}} \tag{24B.3-1}$$

Note que a concentração de água na solução externa é de aproximadamente 55,5 g-mol/litro.
Resposta: 0,653.

24B.4. Pressão osmótica. Água do mar, típica, contendo 3,45% em peso de sais dissolvidos possui uma pressão de vapor 1,84% abaixo da água pura. Estime a pressão transmembrana mínima necessária para a produção de água pura considerando que a membrana seja idealmente seletiva.
Resposta: cerca de 25 atm.

24B.5. Permeabilidade de uma membrana perfeitamente seletiva. Desenvolva uma expressão para a permeabilidade hidráulica de uma membrana perfeitamente seletiva descrita no Exemplo 22.8-5 em termos dos parâmetros de difusão apresentados na Seção 24.5.
Resposta: $K_H = Đ'_{wm}/RT\delta$, onde δ é a espessura da membrana.

24B.6. Insensitividade do modelo. Quando se modela um meio poroso como uma rede de canais paralelos devemos levar em consideração a natureza tortuosa ("tortuosidade" τ) de sistemas reais bem como a restrição ao transporte devida à fração ε da seção transversal disponível para o escoamento. A Eq. 24.6-3 deve ser então modificada para

$$\mathbf{N}_A = -\frac{8}{3}\frac{\varepsilon a}{\tau}\frac{1}{\sqrt{2\pi M_A RT}}\nabla p \tag{24B.6-1}$$

Uma alternativa é a de considerar o processo de transporte como sendo a difusão da espécie A através de um conjunto de moléculas gigantes imobilizadas[3] (estas partículas compondo o meio poroso). Este modelo gera a expressão

$$\mathbf{N}_A = -\frac{\pi}{4}\left(\frac{1+\frac{1}{8}\pi}{1-\varepsilon}\right)\frac{\varepsilon a}{\tau}\frac{1}{\sqrt{2\pi M_A RT}}\nabla p \tag{24B.6-2}$$

Compare estas duas equações, notando que o valor de ε é de aproximadamente 0,4.

24C.1. Expressões para o fluxo de massa.
(a) Mostre como transformar o lado esquerdo da Eq. 24.2-8 no lado esquerdo da Eq. 24.2-9. Primeiro, reescreva a equação sob a forma:

$$\sum_{\substack{\beta=1\\ \beta\neq\alpha}}^{N}\frac{x_\alpha x_\beta}{Đ_{\alpha\beta}}(\mathbf{v}_\gamma - \mathbf{v}_\beta) = x_\alpha(\mathbf{v}_\alpha - \mathbf{v}_\gamma)\sum_{\substack{\beta=1\\ \beta\neq\alpha}}^{N}\frac{x_\beta}{Đ_{\alpha\beta}} \tag{24C.1-1}$$

Reescreva o segundo termo como a soma em *todos os* β, e então some um termo para compensar pela alteração de soma. Note que esta alteração introduziu na soma um termo contendo $Đ_{\alpha\alpha}$, que não foi definido por não ser necessário. Agora, temos a liberdade para defini-lo na forma mais conveniente, e escolhemos a seguinte:

$$\frac{x_\alpha}{Đ_{\alpha\alpha}} = -\sum_{\substack{\beta=1\\ \beta\neq\alpha}}^{N}\frac{x_\beta}{Đ_{\alpha\beta}} \quad \text{ou} \quad \sum_{\substack{\beta=1\\ \text{todo}\,\beta}}^{N}\frac{x_\beta}{Đ_{\alpha\beta}} = 0 \tag{24C.1-2, 3}$$

Esta forma nos permite obter o lado esquerdo da Eq. 24.2-9, e também a relação auxiliar dada após a Eq. 24.2-9. Ela é, de fato, apenas a Eq. 24C.1-3 dada anteriormente.

[3] R. B. Evans, III, G. M. Watson e E. A. Mason, *J. Chem. Phys.*, **35**, 2076-2083 (1961).

(b) A seguir repetimos o desenvolvimento acima trocando $\mathbf{v}_\beta$ por $[\mathbf{v}_\beta + (D_\beta^T/\rho_\beta)\nabla \ln T]$, e verificamos que ambos os termos de difusão e de difusão térmica da Eq. 24.2-8 podem ser transformados nos termos correspondentes da Eq. 24.2-9.

24C.2. Centrifugação diferencial. A destruição das células de *E. coli* produz uma suspensão diluída de *corpos de inclusão*, agregados rígidos e insolúveis de uma proteína desejada, células inteiras e proteínas dissolvidas indesejáveis. Para os propósitos deste problema, todas podem ser consideradas esféricas com as propriedades aqui indicadas.

	Células	Corpos de Inclusão	Proteínas
Massa ou equivalente	$1{,}89 \times 10^{-12}$g	$2{,}32 \times 10^{-15}$g	50 quilodáltons
Densidade (g/ml)	1,07	1,3	1,3

Estes materiais podem ser separados eficientemente por centrifugação? Explique.

24C.3. Características de transporte do cloreto de sódio. Na tabela seguinte[1] a condutância equivalente, difusividade e coeficientes de atividade termodinâmica são dados para o cloreto de sódio a 25°C. Os dois primeiros são dados em

Características eletroquímicas de soluções aquosas de NaCl a 25°C

Concentração molar	Condutância equivalente (cm^2/ohm-equiv)	Difusividade ($10^5 \times cm^2/s$)	Concentração molal	Coeficiente de atividade
0	126,45	1,61	0	1
0,00055	124,51			
0,001	123,74	1,585		
0,005	120,64			
0,01	118,53			
0,02	115,76			
0,05	111,06	0,507		
0,1	106,74	1,483	0,1	0,778
0,2	101,71	1,475	0,2	0,735
			0,3	0,71
			0,4	0,693
0,5	93,62	1,474	0,5	0,681
			0,6	0,673
			0,7	0,667
			0,8	0,659
			0,9	0,657
1	85,76	1,484	1,0	0,657
			1,2	0,654
			1,4	0,655
1,5	79,86	1,495		
			1,6	0,657
			1,8	0,662
2	74,71	1,516	2,0	0,668
			2,5	0,688
3	65,57	1,563	3,0	0,714
			3,5	0,746
4	57,23		4,0	0,783
			4,5	0,826
5	49,46		5,0	0,874

função da molaridade (M) e o terceiro para a molalidade (m). Para os propósitos do problema podemos supor que $M/m = 1 - 0{,}019m$. As condutâncias equivalentes limites (isto é, a diluição infinita) são 50,10 e 76,35, respectivamente. A condutância equivalente do sal é, por sua vez, definida como

$$\Lambda_S = \lambda_{Na^+} + \lambda_{Cl^-} = K_{sp}/c_S \qquad (24C.3\text{-}1)$$

onde a condutância específica $K_{sp} = L/AR$, onde R é a resistência de um volume de solução de comprimento L e seção transversal A. Use estes dados para discutir a sensibilidade do comportamento da solução às três difusividades $\mathcal{D}_{Na^+,w}$, $\mathcal{D}_{Cl^-,w}$ e $\mathcal{D}_{Na^+Cl^-}$, necessárias para a descrição da resposta à concentração da solução.

24C.4. Desvios da eletroneutralidade. Segundo Newman, estime os desvios da eletroneutralidade na região de estagnação entre os reservatórios do Problema 24B.2 como segue. Primeiro, calcule $d^2\phi/dz^2$, onde z é a distância medida desde o reservatório 1 na direção do reservatório 2, supondo que a concentração de sal em g-moles/litro seja dada por

$$c_s = 1{,}0 - 0{,}9\frac{z}{L} \qquad (24C.4\text{-}1)$$

onde L é o comprimento da região de estagnação. Então, insira o resultado na equação de Poisson

$$\nabla^2\phi = \frac{F}{\varepsilon}\sum_{i=1}^{N} z_i c_i \qquad (24C.4\text{-}2)$$

Aqui, ε é a constante dielétrica, e F/ε pode ser tomado como $1{,}392 \times 10^{16}$ volt-cm/g-equiv (veja Newman,[4] pp. 74 e 256), o que corresponde a uma constante dielétrica relativa de 78,303. Para este problema, a soma na Eq. 24C.4-2 reduz-se a $(c_+ - c_-)$.

24C.5. Forças motrizes dieletroforéticas. Quando um potencial elétrico é imposto através de um meio não condutor, podemos escrever

$$(\nabla \cdot \varepsilon \mathbf{E}) = 0 \qquad (24C.5\text{-}1)$$

onde ε é a constante dielétrica.

Mostre que esta equação pode ser usada para o cálculo da distribuição do campo elétrico **E** na região entre dois eletrodos de metal cilíndricos e coaxiais de raios externo e interno R_2 e R_1, respectivamente. Você pode desprezar a variação da constante dielétrica. Em direção a qual eletrodo migrarão as partículas de suscetibilidade positiva, e com suas velocidades de migração variarão com a posição?

24C.6. Efeito de pequenas inclusões em meio dielétrico. A produção de não-linearidades no campo por partículas incrustadas pode ser ilustrada considerando-se o caso limite de uma única partícula de raio R em um campo, de outra forma, uniforme. A distribuição do campo tanto no meio externo como na partícula é definido pela equação de Laplace, $\nabla^2\phi = 0$, e pelas condições de contorno sobre a superfície da esfera.

$$\varepsilon_s(\boldsymbol{\delta}_r \cdot \nabla\phi_s) = \varepsilon_c(\boldsymbol{\delta}_r \cdot \nabla\phi_c) \qquad (24C.6\text{-}1)$$

Aqui os índices s e c designam a esfera e o meio contínuo, respectivamente.

24C.7. Filtração seletiva induzida pelo atrito. Descreva o comportamento de rejeição de glicose de um celofane[5,6] que não apresenta a rejeição termodinâmica. Você pode supor que a fração molar da glicose na alimentação à membrana seja 0,01 e que as seguintes propriedades são dadas:

$$K_D = 1{,}0; \qquad \bar{V}_s/\bar{V}_w = 4; \qquad \mathcal{D}'_{wm}/\mathcal{D}'_{gm} = 100; \qquad \mathcal{D}'_{wm}/\mathcal{D}_{gw} = 25$$

Os subscritos g, ω e m se referem a glicose, água e à matriz da membrana, respectivamente.
Resposta parcial: A fração molar limite para a glicose no filtrado é 0,00242.

24C.8. Filtração seletiva termodinamicamente induzida. Descreva o comportamento da membrana hipotética para a qual $K_D = 1{,}0$, o coeficiente de atividade são unitários, e $\mathcal{D}'_{sm}/\mathcal{D}'_{\omega m} = \bar{V}_w/\bar{V}_s = 4$.

---

[4] J. S. Newman, *Electrochemical Systems*, 2.ª edição, Prentice-Hall, Nova York (1991), p. 256.
[5] B. Z. Ginzburg e A. Katchalsky, *J. Gen. Physiol.*, **47**, 403-418 (1963).
[6] T. G. Kaufmann e E. F. Leonard, *AIChE Journal*, **14**, 110-117 (1968).

Aqui, os subscritos s, w e M referem-se ao soluto, à água e à membrana respectivamente. *Resposta parcial*: A concentração de soluto no produto limite para alta vazão é 0,1 vez a concentração na alimentação.

24C.9. Transporte facilitado. Considere o transporte de um soluto S através de uma membrana homogênea da solução externa a outra como um CS complexo com transportador C impossibilitado de deixar a fase membrana. O soluto S pode ser considerado insolúvel na membrana e a convecção desprezível (veja a Fig. 24C.8). Suponha adicionalmente que:

1. Existe equilíbrio nas duas superfícies da membrana, de acordo com

$$c_{CS} = K_D c_C c_S \tag{24C.9-1}$$

onde a concentração de S é a da solução externa, e as concentrações de C e de CS são as da membrana.[7]

2. C e CS seguem a expressão simples de taxa $N_i = -D_{im}\nabla c_i$.

Desenvolva uma expressão geral para a taxa de transporte de S em termos da quantidade total de transportador e de seu complexo presente na membrana, da concentração da solução de S, da quantidade K_D e das difusividades. Qual a taxa máxima de transporte de S (isto é, quando sua concentração à esquerda do diagrama torna-se muito alta e a da direita é nula)?

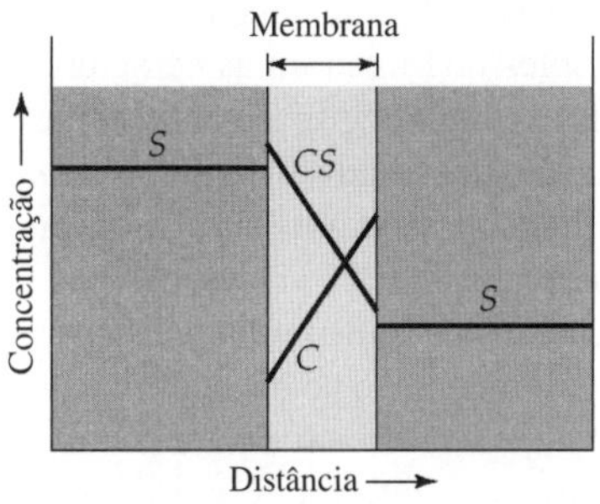

Fig. 24C.8. Transporte elementar facilitado. Perfis de concentração para o soluto (S), o transportador (C) e o complexo (CS).

24D.1. Fluxo e produção de entropia.

(a) Verifique que as Eqs. 24.1-3 e 4 decorrem das Eqs. 24.1-1 e 2.

(b) Mostre que podemos proceder em ordem inversa das Eqs. 21.4-5 até 8 para as Eqs. 24.1-3 e 4. Para tanto, é necessário usar uma forma da equação de Gibbs–Duhem,

$$\sum_{\alpha=1}^{N} \rho_\alpha \nabla\left(\frac{1}{T}\frac{\overline{G}_\alpha}{M_\alpha}\right) - \frac{1}{T}\nabla p + \sum_{\alpha=1}^{N} \rho_\alpha \frac{\overline{H}_\alpha}{M_\alpha}\frac{1}{T^2}\nabla T = 0 \tag{24D.1-1}$$

[7] Veja, entretanto, J. D. Goddard, J. S. Schultz e R. J. Bassett, *Chem. Eng. Sci.*, **25**, 665-683 (1970) e W. D. Stein, *The Movement of Molecules across Cell Membranes*, Academic Press, Nova York (1984).

POSFÁCIO*

De todas as mensagens que tentamos transmitir ao longo deste texto, a mais importante é a de reconhecer o *papel-chave das equações de balanço*, desenvolvidas nos Caps. 3, 11 e 19. Escritas em nível microscópico do contínuo, elas são as chaves de ligação entre os movimentos muito complexos de moléculas individuais e o comportamento observável da maioria dos sistemas de interesse em engenharia. Elas podem ser usadas para determinar os perfis de velocidades, de pressões, de temperaturas e de concentrações, assim como os fluxos de momento, de energia e de massa, mesmo em sistemas complicados dependentes do tempo. Elas são aplicáveis a sistemas turbulentos e mesmo quando soluções completas não podem ser obtidas *a priori*, simplificam o uso eficiente de dados através da análise dimensional. Formas integradas das equações de balanço fornecem os balanços macroscópicos.

Nenhum texto introdutório, entretanto, vai ao encontro das necessidades de cada leitor. Tentamos, contudo, fornecer *uma base sólida nos fundamentos* necessários para lidar no momento, de uma maneira inteligente, com aplicações não-antecipáveis de fenômenos de transporte. Demos também inúmeras referências de fontes onde informações adicionais podem ser encontradas. Algumas dessas referências contêm dados especializados ou introduzem técnicas poderosas de resolução de problemas. Outras mostram como a análise de transporte pode ser incorporada no projeto de equipamentos e de processos.

Conseqüentemente, temos nos concentrado em exemplos relativamente simples que ilustram as características das equações de balanço e os tipos de questões que elas são capazes de responder. Isso exigiu negligenciar bastante diversas técnicas numéricas poderosas disponíveis para resolver problemas difíceis. Felizmente, existem agora muitas *monografias sobre técnicas numéricas* e pacotes computacionais de maior ou menor generalidade. Estão também disponíveis programas gráficos que simplificam grandemente a apresentação de dados e simulações.

Deve ser também reconhecido que grandes avanços estão sendo feitos na teoria molecular de fenômenos de transporte, desde técnicas melhoradas para prever as propriedades de transporte até o desenvolvimento de novos materiais. *Dinâmica molecular e técnicas de simulação de dinâmica browniana* estão provando ser muito poderosas para entender sistemas variados tais como gases com densidades ultrabaixas, filmes finos, poros pequenos, interfaces, colóides e líquidos poliméricos.

Modelos simples de *transporte turbulento* foram incluídos, mas esses são apenas uma introdução modesta a um grande e importante campo. Técnicas altamente sofisticadas foram desenvolvidas para áreas especializadas, tais como a previsão das forças e torques em aviões, os processos de combustão em automóveis e o desempenho de misturadores de fluidos. Esperamos que o leitor interessado não pare na nossa discussão introdutória e muito limitada.

Por outro lado, expandimos grandemente nossa abordagem sobre *fenômenos de camada-limite*, porque sua importância e potencialidades estão sendo agora reconhecidas em muitas aplicações. Inicialmente uma área de atuação dos aerodinamicistas, as técnicas de camada-limite são agora largamente usadas em muitos campos de transferência de calor e de massa, assim como em mecânica dos fluidos. Aplicações abundam em diversas áreas, tais como catálise, processos de separação e biologia.

De grande e crescente importância é o *comportamento não-newtoniano* encontrado na preparação e no uso de filmes, lubrificantes, adesivos, suspensões e emulsões. Exemplos biológicos são extremamente importantes, desde a operação de articulações em seres vivos a secreções viscosas para redução de arrasto em animais marinhos, e até mesmo o problema muito básico de digestão de gêneros alimentícios.

Nenhuma música e nenhuma comunicação oral seria possível sem *escoamento compressível*, uma área que negligenciamos por causa das limitações de espaço. Escoamento compressível é também de importância crítica no projeto de aviões, veículos de reentrada em nosso programa espacial e na previsão de fenômenos meteorológicos. O impressionante poder destrutivo de tornados é um exemplo desafiador desse último caso.

Alguns problemas sobre fenômenos de transporte em *sistemas envolvendo reações químicas* foram apresentados. Por simplicidade, tomamos expressões de cinética química preferencialmente nas formas idealizadas. Para problemas em com-

*Ao escreverem o posfácio, os autores começaram cada parágrafo com palavras tendo as letras *O, N, W, I, S, C, O, N, S, I* e *N* (on Wisconsin), que é o estado americano no qual trabalham. Por razões óbvias, não foi possível reproduzir esse detalhe na tradução. (*N.T.*)

bustão, propagação de chama e fenômenos explosivos, descrições mais realistas da cinética serão necessárias. O mesmo é verdade em sistemas biológicos e o entendimento do funcionamento do corpo humano requererá descrições muito mais detalhadas das interações entre cinética química, catálise, difusão e turbulência.

Em termos básicos, cada um de nós é internamente provido de energia por um equivalente próximo de células combustíveis, com corrente transmitida principalmente por cátions, em particular prótons, em vez de elétrons. Existem também *fenômenos de transporte elétricos, que são complexos,* acontecendo nos agora numerosos equipamentos microeletrônicos, tais como computadores e telefones celulares. Fizemos uma introdução muito modesta ao eletrotransporte, mas novamente o leitor é estimulado a continuar em fontes mais especializadas.

Nenhum projeto de engenharia pode ser concebido e, muito menos, completado, simplesmente através do uso de análises descritivas, tais como fenômenos de transporte e termodinâmica. Engenharia, em última análise, depende fortemente da heurística para suplementar conhecimento incompleto. Fenômenos de transporte podem, no entanto, mostrar-se imensamente proveitosos fornecendo aproximações úteis, começando com estimativas de ordem de grandeza e continuando com aproximações sucessivamente mais exatas, como aquelas fornecidas pela teoria da camada-limite. É importante então, talvez na segunda leitura deste texto, procurar *descrições independentes da forma e do modelo*, examinando o comportamento numérico de nossos modelos de sistemas.

R. B. B.
W. E. S.
E. N. L.

Apêndice A

NOTAÇÃO VETORIAL E TENSORIAL[1]

As grandezas físicas encontradas em fenômenos de transporte caem em três categorias: *escalares*, tais como temperatura, pressão, volume e tempo; *vetoriais*, como velocidade, momento e força; e *tensoriais* (segunda ordem), tais como tensão, fluxo de momento e tensores de gradiente de velocidade. Distinguimos essas grandezas através da seguinte notação:

s = escalar (itálico sem negrito)
$\mathbf{v}$ = vetor (romano com negrito)
$\boldsymbol{\tau}$ = tensor de segunda ordem (grego com negrito)

Além disso, letras gregas em negrito com um subscrito (tais como $\boldsymbol{\delta}_i$) são vetores. Simplificando, "O" significa o zero escalar, o zero vetor e o zero tensor.

Para vetores e tensores, vários tipos diferentes de multiplicação são possíveis. Alguns deles requerem o uso de sinais especiais de multiplicação que serão definidos mais adiante: o ponto simples (·), o ponto duplo (:) e o xis (×). Envolvemos essas multiplicações especiais, ou somas das mesmas, em classes diferentes de parênteses para indicar o tipo de resultado produzido:[2]

( ) = escalar
[ ] = vetor
{} = tensor de segunda ordem

Nenhum significado físico especial estará atrelado ao tipo de parênteses, se as únicas operações envolvidas forem adição e subtração ou uma multiplicação, em que ·, : e × não aparecem. Logo, $(\mathbf{v} \cdot \mathbf{w})$ e $(\boldsymbol{\tau} : \boldsymbol{\nabla}\mathbf{v})$ são escalares, $[\boldsymbol{\nabla} \times \mathbf{v}]$ e $[\boldsymbol{\tau} \cdot \mathbf{v}]$ são vetores e $\{\mathbf{v} \cdot \boldsymbol{\nabla}\boldsymbol{\tau}\}$ e $\{\boldsymbol{\sigma} \cdot \boldsymbol{\tau} + \boldsymbol{\tau} \cdot \boldsymbol{\sigma}\}$ são tensores de segunda ordem. Por outro lado, $\mathbf{v} - \mathbf{w}$ pode ser escrito como $(\mathbf{v} - \mathbf{w})$, $[\mathbf{v} - \mathbf{w}]$ ou $\{\mathbf{v} - \mathbf{w}\}$, uma vez que nenhuma operação com ponto simples ou com xis aparece. Similarmente, $\mathbf{vw}$, $(\mathbf{vw})$, $[\mathbf{vw}]$ e $\{\mathbf{vw}\}$ são todos equivalentes.

[1]Este apêndice é muito similar ao Apêndice A de R. B. Bird, R. C. Armstrong and O. Hassager, *Dynamics of Polymeric Liquids, Vol. 1, Fluid Mechanics*, 2nd edition, Wiley-Interscience, New York (1987). Lá, na Seção 8, é dada uma discussão de coordenadas não ortogonais. Também, na Tabela A.7.4, existe um sumário das operações de nabla para coordenadas bipolares.

[2]Alguns autores de mecânica do contínuo, em geral, escrevem $\boldsymbol{\tau}\mathbf{v}$ em vez de $[\boldsymbol{\tau} \cdot \mathbf{v}]$. A denominação produto escalar, seja indicada por ponto simples (·) ou ponto duplo (:), deve se restringir ao produto de dois vetores ou de dois tensores de segunda ordem, respectivamente, em que o resultado da operação é um escalar. (*N.T.*)

Na verdade, escalares podem ser considerados como tensores de ordem zero e vetores como tensores de primeira ordem. Os sinais de multiplicação podem ser interpretados assim:

Sinal de Multiplicação	Ordem do Resultado
Nenhum	Σ
$\times$	$\Sigma - 1$
$\cdot$	$\Sigma - 2$
$:$	$\Sigma - 4$

em que Σ representa a soma das ordens das grandezas sendo multiplicadas. Por exemplo, $s\boldsymbol{\tau}$ é da ordem de $0 + 2 = 2$, $\mathbf{vw}$ é da ordem de $1 + 1 = 2$, $\boldsymbol{\delta}_1\boldsymbol{\delta}_2$ é da ordem de $1 + 1 = 2$, $[\mathbf{v} \times \mathbf{w}]$ é da ordem de $1 + 1 - 1 = 1$, $(\boldsymbol{\sigma} : \boldsymbol{\tau})$ é da ordem de $2 + 2 - 4 = 0$ e $\{\boldsymbol{\sigma} \cdot \boldsymbol{\tau}\} = 2 + 2 - 2 = 2$.

As operações básicas que podem ser feitas com grandezas escalares não necessitam ser elaboradas aqui. Entretanto, as leis para a álgebra de escalares podem ser usadas para ilustrar três termos que aparecem na discussão subseqüente de operações vetoriais:

a. Para a multiplicação de dois escalares, r e s, a ordem da multiplicação não é importante; assim, a lei *comutativa* é válida: $rs = sr$.

b. Para a multiplicação sucessiva de três escalares, q, r e s, a ordem em que as multiplicações são feitas não é importante; logo, a lei *associativa* é válida: $(qr)s = q(rs)$.

c. Para a multiplicação de um escalar s pela soma de escalares p, q e r, não é importante se a adição ou a multiplicação é feita primeira; desse modo, a lei *distributiva* é válida: $s(p + q + r) = sp + sq + sr$.

Essas leis não são geralmente válidas para as operações vetoriais e tensoriais análogas, descritas nos parágrafos seguintes.

A.1 OPERAÇÕES VETORIAIS A PARTIR DE UM PONTO DE VISTA GEOMÉTRICO

Nos cursos elementares de física, você é apresentado aos vetores de um ponto de vista geométrico. Nesta seção, estenderemos essa abordagem para incluir as operações de multiplicação de vetores. Na Seção A.2, daremos um tratamento analítico paralelo.

DEFINIÇÃO DE UM VETOR E SUA MAGNITUDE

Um vetor $\mathbf{v}$ é definido como uma grandeza de uma dada magnitude e direção. A magnitude do vetor é designada por $|\mathbf{v}|$ ou simplesmente pelo símbolo em itálico correspondente, v. Dois vetores, $\mathbf{v}$ e $\mathbf{w}$, são iguais quando suas magnitudes são iguais e quando eles apontam para a mesma direção. Eles não precisam ser colineares ou ter o mesmo ponto de origem. Se $\mathbf{v}$ e $\mathbf{w}$ têm a mesma magnitude, mas apontam para direções opostas, então $\mathbf{v} = -\mathbf{w}$.

ADIÇÃO E SUBTRAÇÃO DE VETORES

A adição de dois vetores pode ser feita pela familiar construção do paralelogramo, conforme indicado na Fig. A.1-1a. A adição de vetores obedece às seguintes leis:

Comutativa: $$(\mathbf{v} + \mathbf{w}) = (\mathbf{w} + \mathbf{v}) \qquad \text{(A.1-1)}$$

Associativa: $$(\mathbf{v} + \mathbf{w}) + \mathbf{u} = \mathbf{v} + (\mathbf{w} + \mathbf{u}) \qquad \text{(A.1-2)}$$

A subtração de vetores é feita invertendo-se o sinal de um vetor e adicionando; assim, $\mathbf{v} - \mathbf{w} = \mathbf{v} + (-\mathbf{w})$. A construção geométrica para isso é mostrada na Fig. A.1-1b.

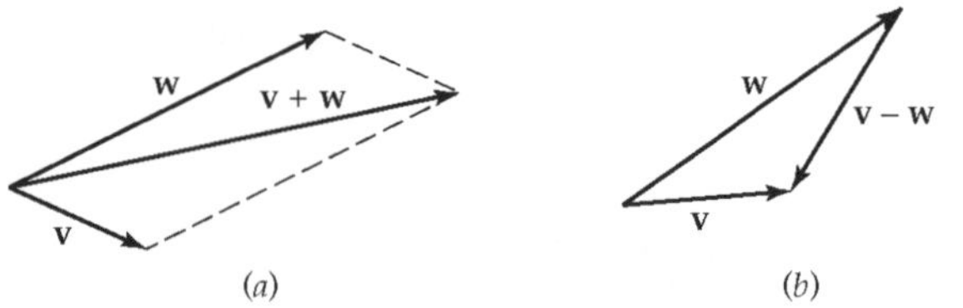

Fig. A.1-1 (a) Adição de vetores; (b) subtração de vetores.

MULTIPLICAÇÃO DE UM VETOR POR UM ESCALAR

Quando um vetor é multiplicado por um escalar, a magnitude do vetor é alterada, porém sua direção continua a mesma. As seguintes leis são aplicáveis

Comutativa: $$s\mathbf{v} = \mathbf{v}s \tag{A.1-3}$$

Associativa: $$r(s\mathbf{v}) = (rs)\mathbf{v} \tag{A.1-4}$$

Distributiva: $$(q + r + s)\mathbf{v} = q\mathbf{v} + r\mathbf{v} + s\mathbf{v} \tag{A.1-5}$$

PRODUTO ESCALAR (OU PRODUTO COM PONTO SIMPLES) DE DOIS VETORES

O produto escalar de dois vetores **v** e **w** é uma grandeza escalar, definida por

$$(\mathbf{v} \cdot \mathbf{w}) = vw \cos \phi_{\mathrm{vw}} \tag{A.1-6}$$

onde ϕ_{vw} é o ângulo entre os vetores **v** e **w**. O produto escalar é então a magnitude de *w* multiplicada pela projeção de **v** sobre **w** ou vice-versa (Fig. A.1-2a). Note que o produto escalar de um vetor por si próprio é apenas o quadrado de sua magnitude.

$$(\mathbf{v} \cdot \mathbf{v}) = |\mathbf{v}|^2 = v^2 \tag{A.1-7}$$

As regras governando os produtos escalares são como segue:

Comutativa: $$(\mathbf{u} \cdot \mathbf{v}) = (\mathbf{v} \cdot \mathbf{u}) \tag{A.1-8}$$

Não Associativa: $$(\mathbf{u} \cdot \mathbf{v})\mathbf{w} \neq \mathbf{u}(\mathbf{v} \cdot \mathbf{w}) \tag{A.1-9}$$

Distributiva: $$(\mathbf{u} \cdot \{\mathbf{v} + \mathbf{w}\}) = (\mathbf{u} \cdot \mathbf{v}) + (\mathbf{u} \cdot \mathbf{w}) \tag{A.1-10}$$

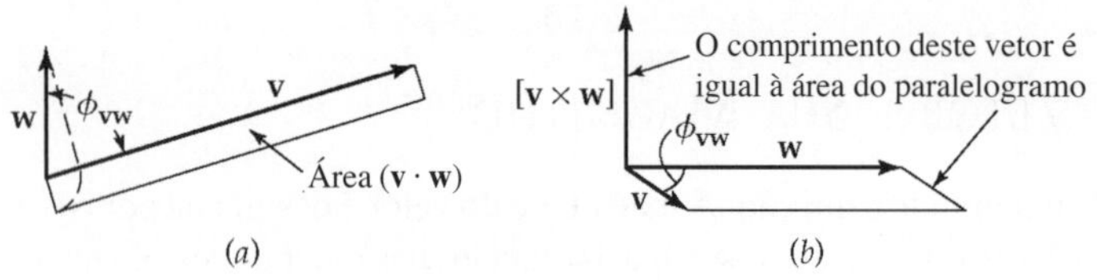

Fig. A.1-2 Produtos de dois vetores: (a) produto escalar; (b) produto vetorial.

PRODUTO VETORIAL (OU PRODUTO COM XIS) DE DOIS VETORES

O produto vetorial de dois vetores **v** e **w** é um vetor definido por

$$[\mathbf{v} \times \mathbf{w}] = \{vw \operatorname{sen} \phi_{\mathrm{vw}}\}\mathbf{n}_{\mathrm{vw}} \tag{A.1-11}$$

onde $\mathbf{n}_{\mathrm{vw}}$ é um vetor de comprimento unitário (um "vetor unitário") perpendicular a ambos, **v** e **w**, e apontando na direção que um parafuso de rosca à direita se moverá quando girado de **v** em direção a **w**, através de um ângulo ϕ_{vw}. O produto vetorial está ilustrado na Fig. A.1-2b. A magnitude do produto vetorial é apenas a área do paralelogramo definido pelos vetores **v** e **w**. Segue da definição do produto vetorial que

$$[\mathbf{v} \times \mathbf{v}] = 0 \tag{A.1-12}$$

Note o seguinte sumário das leis governando a operação de produto vetorial:

Não Comutativa: $[\mathbf{v} \times \mathbf{w}] = -[\mathbf{w} \times \mathbf{v}]$ (A.1-13)

Não Associativa: $[\mathbf{u} \times [\mathbf{v} \times \mathbf{w}]] \neq [[\mathbf{u} \times \mathbf{v}] \times \mathbf{w}]$ (A.1-14)

Distributiva: $[\{\mathbf{u} + \mathbf{v}\} \times \mathbf{w}] = [\mathbf{u} \times \mathbf{w}] + [\mathbf{v} \times \mathbf{w}]$ (A.1-15)

PRODUTOS MÚLTIPLOS DE VETORES

Os produtos múltiplos formados pelas combinações dos processos de multiplicação anteriormente descritos são um pouco mais complicados:

(a) $rs\mathbf{v}$ (b) $s(\mathbf{v} \cdot \mathbf{w})$ (c) $s[\mathbf{v} \times \mathbf{w}]$
(d) $(\mathbf{u} \cdot [\mathbf{v} \times \mathbf{w}])$ (e) $[\mathbf{u} \times [\mathbf{v} \times \mathbf{w}]]$ (f) $([\mathbf{u} \times \mathbf{v}] \cdot [\mathbf{w} \times \mathbf{z}])$
(g) $[[\mathbf{u} \times \mathbf{v}] \times [\mathbf{w} \times \mathbf{z}]]$

As interpretações geométricas dos três primeiros são diretas. Pode ser facilmente mostrado que a magnitude de $(\mathbf{u} \cdot [\mathbf{v} \times \mathbf{w}])$ representa o volume de um paralelepípedo com vértices definidos pelos vetores **u**, **v** e **w**.

EXERCÍCIOS

1. Quais são as "ordens" e das seguintes grandezas: $(\mathbf{v} \cdot \mathbf{w})$, $(\mathbf{v} - \mathbf{u})\mathbf{w}$, $(\mathbf{ab}:\mathbf{cd})$, $[\mathbf{v} \cdot \rho\mathbf{wu}]$, $[[\mathbf{a} \times \mathbf{f}] \times [\mathbf{b} \times \mathbf{g}]]$?
2. Faça um esboço para ilustrar a desigualdade na Eq. A.1-9. Há casos especiais para os quais ela se torna uma igualdade?
3. Uma superfície matemática plana de área S tem uma orientação dada por um vetor unitário normal **n** à superfície. Um fluido de densidade ρ escoa, através dessa superfície, com uma velocidade **v**. Mostre que a taxa mássica através da superfície é $w = \rho(\mathbf{n} \cdot \mathbf{v})S$.
4. A velocidade angular **W** de um corpo sólido girando é um vetor cuja magnitude é a taxa do deslocamento angular (radianos por segundo) e cuja direção é aquela em que um parafuso de rosca à direita avançaria se girado na mesma direção. O vetor posição **r** de um ponto é o vetor a partir da origem de coordenadas até o ponto. Mostre que a velocidade de qualquer ponto em um corpo sólido girando é $\mathbf{v} = [\mathbf{W} \times \mathbf{r}]$, relativa a uma origem localizada no eixo de rotação.
5. Uma força constante **F** atua como um corpo se movendo com uma velocidade **v**, que não é necessariamente colinear com **F**. Mostre que a taxa na qual **F** atua no corpo é $W = (\mathbf{F} \cdot \mathbf{v})$.

A.2 OPERAÇÕES VETORIAIS EM TERMOS DE COMPONENTES

Nesta seção, um tratamento analítico paralelo é dado a cada um dos tópicos apresentados geometricamente na SeçãoA.1. Aqui vamos nos restringir a coordenadas retangulares e denotaremos os eixos como 1, 2, 3, correspondentes à notação usual de x, y, z; somente as coordenadas destras são usadas.

Muitas fórmulas podem ser expressas compactamente em termos do *delta de Kronecker* δ_{ij} e do *símbolo de permutação* ε_{ijk}. Essas grandezas são definidas assim:

$$\begin{cases} \delta_{ij} = +1, & \text{se } i = j \quad \text{(A.2-1)} \\ \delta_{ij} = 0, & \text{se } i \neq j \quad \text{(A.2-2)} \end{cases}$$

$$\begin{cases} \varepsilon_{ijk} = +1, & \text{se } ijk = 123, 231, \text{ou} 312 \quad \text{(A.2-3)} \\ \varepsilon_{ijk} = -1, & \text{se } ijk = 321, 132, \text{ou} 213 \quad \text{(A.2-4)} \\ \varepsilon_{ijk} = 0, & \text{se quaisquer dois índices forem diferentes} \quad \text{(A.2-5)} \end{cases}$$

Note também que $\varepsilon_{ijk} = (1/2)(i - j)(j - k)(k - i)$.

Várias relações envolvendo essas grandezas são úteis para provar algumas identidades vetoriais e tensoriais

$$\sum_{j=1}^{3} \sum_{k=1}^{3} \varepsilon_{ijk}\varepsilon_{hjk} = 2\delta_{ih} \quad \text{(A.2-6)}$$

$$\sum_{k=1}^{3} \varepsilon_{ijk}\varepsilon_{mnk} = \delta_{im}\delta_{jn} - \delta_{in}\delta_{jm} \quad \text{(A.2-7)}$$

Note que um determinante três por três pode ser escrito em termos do ε_{ijk}

$$\begin{vmatrix} a_{11} & a_{12} & a_{13} \\ a_{21} & a_{22} & a_{23} \\ a_{31} & a_{32} & a_{33} \end{vmatrix} = \sum_{i=1}^{3} \sum_{j=1}^{3} \sum_{k=1}^{3} \varepsilon_{ijk} a_{1i} a_{2j} a_{3k} \qquad \text{(A.2-8)}$$

A grandeza ε_{ijk} seleciona assim os termos necessários que aparecem no determinante e fixa o sinal apropriado para cada termo.

Os Vetores Unitários

Sejam $\boldsymbol{\delta}_1$, $\boldsymbol{\delta}_2$, $\boldsymbol{\delta}_3$ os "vetores unitários" (isto é, vetores de magnitude unitária) na direção dos eixos 1, 2, 3[1] (Fig. A.2-1). Podemos usar as definições dos produtos escalar e vetorial para tabelar todos os produtos possíveis de cada tipo

$$\begin{cases} (\boldsymbol{\delta}_1 \cdot \boldsymbol{\delta}_1) = (\boldsymbol{\delta}_2 \cdot \boldsymbol{\delta}_2) = (\boldsymbol{\delta}_3 \cdot \boldsymbol{\delta}_3) = 1 & \text{(A.2-9)} \\ (\boldsymbol{\delta}_1 \cdot \boldsymbol{\delta}_2) = (\boldsymbol{\delta}_2 \cdot \boldsymbol{\delta}_3) = (\boldsymbol{\delta}_3 \cdot \boldsymbol{\delta}_1) = 0 & \text{(A.2-10)} \end{cases}$$

$$\begin{cases} [\boldsymbol{\delta}_1 \times \boldsymbol{\delta}_1] = [\boldsymbol{\delta}_2 \times \boldsymbol{\delta}_2] = [\boldsymbol{\delta}_3 \times \boldsymbol{\delta}_3] = 0 & & & \text{(A.2-11)} \\ [\boldsymbol{\delta}_1 \times \boldsymbol{\delta}_2] = \boldsymbol{\delta}_3; & [\boldsymbol{\delta}_2 \times \boldsymbol{\delta}_3] = \boldsymbol{\delta}_1; & [\boldsymbol{\delta}_3 \times \boldsymbol{\delta}_1] = \boldsymbol{\delta}_2 & \text{(A.2-12)} \\ [\boldsymbol{\delta}_2 \times \boldsymbol{\delta}_1] = -\boldsymbol{\delta}_3; & [\boldsymbol{\delta}_3 \times \boldsymbol{\delta}_2] = -\boldsymbol{\delta}_1; & [\boldsymbol{\delta}_1 \times \boldsymbol{\delta}_3] = -\boldsymbol{\delta}_2 & \text{(A.2-13)} \end{cases}$$

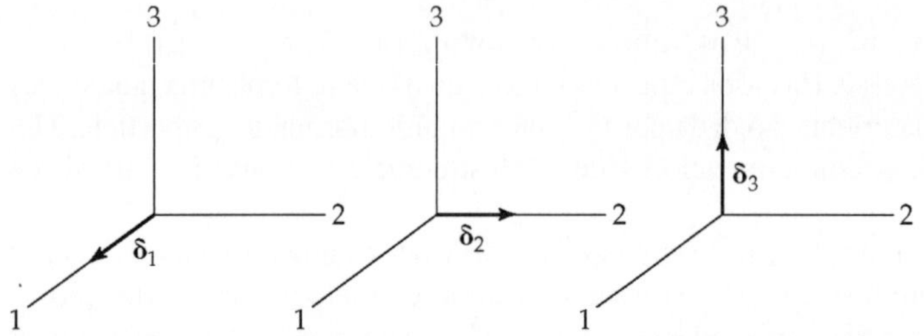

Fig. A.2-1 Os vetores unitários $\boldsymbol{\delta}_i$; cada vetor tem magnitude unitária e pontos na i-ésima direção.

Todas essas relações podem ser resumidas pelas seguintes relações:

$$\boxed{(\boldsymbol{\delta}_i \cdot \boldsymbol{\delta}_j) = \delta_{ij}} \qquad \text{(A.2-14)}$$

$$\boxed{[\boldsymbol{\delta}_i \times \boldsymbol{\delta}_j] = \sum_{k=1}^{3} \varepsilon_{ijk} \boldsymbol{\delta}_k} \qquad \text{(A.2-15)}$$

onde δ_{ij} é o delta de Kronecker e ε_{ijk} é o símbolo de permutação predefinido na introdução desta seção. Essas duas relações nos capacitam a desenvolver expressões analíticas para todas as operações comuns com ponto simples e com xis. No restante desta seção e na próxima, no desenvolvimento das expressões para operações vetoriais e tensoriais, tudo o que fazemos é quebrar todos os vetores em componentes e, então, aplicar as Eqs. A.2-14 e 15.

Expansão de um Vetor em Termos de Suas Componentes

Qualquer vetor $\mathbf{v}$ pode ser completamente especificado através dos valores de suas projeções v_1, v_2 e v_3 nos eixos correspondentes 1, 2, 3 (Fig. A.2-2). O vetor pode ser construído adicionando-se vetorialmente as componentes multiplicadas por seus vetores unitários correspondentes:

$$\mathbf{v} = \boldsymbol{\delta}_1 v_1 + \boldsymbol{\delta}_2 v_2 + \boldsymbol{\delta}_3 v_3 = \sum_{i=1}^{3} \boldsymbol{\delta}_i v_i \qquad \text{(A.2-16)}$$

[1]Na maioria dos textos elementares, os vetores unitários são chamados ***i, j, k***. Preferimos usar $\boldsymbol{\delta}_1$, $\boldsymbol{\delta}_2$, $\boldsymbol{\delta}_3$ porque as componentes desses vetores são dadas pelo delta de Kronecker. Isto é, a componente de $\boldsymbol{\delta}_1$ na direção 1 é δ_{11} ou a unidade; a componente de $\boldsymbol{\delta}_1$ na direção 2 é δ_{12} ou zero.

Observe que um *vetor associa um escalar com cada direção coordenada.*[2] As v_i são chamadas de "componentes do vetor **v**" e elas são escalares, enquanto $\boldsymbol{\delta}_i v_i$ são vetores, que quando adicionados vetorialmente fornecem **v**.

A magnitude de um vetor é dada por

$$|\mathbf{v}| = v = \sqrt{v_1^2 + v_2^2 + v_3^2} = \sqrt{\sum_i v_i^2} \qquad \text{(A.2-17)}$$

Dois vetores **v** e **w** serão iguais se suas componentes forem iguais: $v_1 = w_1$, $v_2 = w_2$ e $v_3 = w_3$. Também, $\mathbf{v} = -\mathbf{w}$, se $v_1 = -w_1$ e assim por diante.

Adição e Subtração de Vetores

A soma ou diferença de vetores **v** e **w** podem ser escritas em termos das componentes como

$$\mathbf{v} \pm \mathbf{w} = \sum_i \boldsymbol{\delta}_i v_i \pm \sum_i \boldsymbol{\delta}_i w_i = \sum_i \boldsymbol{\delta}_i (v_i \pm w_i) \qquad \text{(A.2-18)}$$

Geometricamente, isso corresponde a adicionar as projeções de **v** e **w** em cada eixo individual e então construir um vetor com essas novas componentes. Três ou mais vetores podem ser adicionados exatamente da mesma maneira.

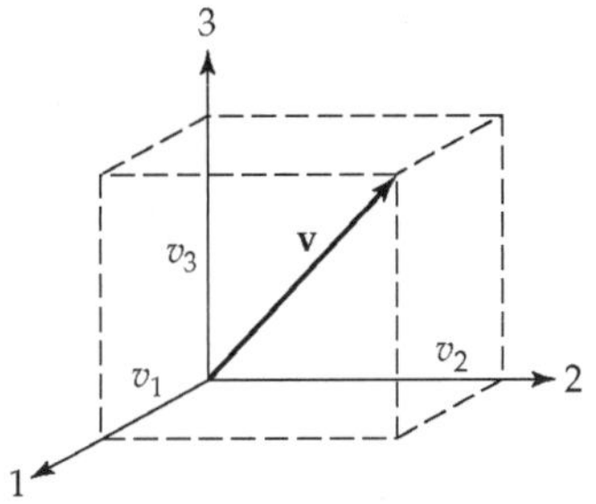

Fig. A.2-2 As componentes v_i do vetor **v** são as projeções do vetor nos eixos coordenados 1, 2 e 3.

Multiplicação de um Vetor por um Escalar

A multiplicação de um vetor por um escalar corresponde a multiplicar cada componente do vetor pelo escalar.

$$s\mathbf{v} = s\left\{\sum_i \boldsymbol{\delta}_i v_i\right\} = \sum_i \boldsymbol{\delta}_i \{s v_i\} \qquad \text{(A.2-19)}$$

Produto Escalar (ou Produto com Ponto Simples) de Dois Vetores

O produto escalar de dois vetores **v** e **w** é obtido escrevendo-se cada vetor em termos das componentes, de acordo com a Eq. A.2.16, e então fazendo as operações de produto escalar sobre os vetores unitários usando a Eq. A.2-14.

$$(\mathbf{v} \cdot \mathbf{w}) = \left(\left\{\sum_i \boldsymbol{\delta}_i v_i\right\} \cdot \left\{\sum_j \boldsymbol{\delta}_j w_j\right\}\right) = \sum_i \sum_j (\boldsymbol{\delta}_i \cdot \boldsymbol{\delta}_j) v_i w_j$$

$$= \sum_i \sum_j \delta_{ij} v_i w_j = \sum_i v_i w_i \qquad \text{(A.2-20)}$$

Logo, o produto escalar de dois vetores é obtido somando-se os produtos das componentes correspondentes dos dois vetores. Observe que $(\mathbf{v} \cdot \mathbf{v})$ (algumas vezes escrito como $\mathbf{v}^2$ ou como v^2) é um escalar que representa o quadrado da magnitude de **v**.

[2]Para uma discussão da relação dessa definição de um vetor para a definição em termos das regras para a transformação de coordenadas, ver W. Prager, *Mechanics of Continua*, Ginn, Boston (1961).

Produto Vetorial (ou Produto com Xis) de Dois Vetores

O produto vetorial de dois vetores **v** e **w** pode ser trabalhado usando-se as Eqs. A.2-16 e 15:

$$\begin{aligned}[\mathbf{v} \times \mathbf{w}] &= \left[\left\{\sum_j \boldsymbol{\delta}_j v_j\right\} \times \left\{\sum_k \boldsymbol{\delta}_k w_k\right\}\right] \\ &= \sum_j \sum_k [\boldsymbol{\delta}_j \times \boldsymbol{\delta}_k] v_j w_k = \sum_i \sum_j \sum_k \varepsilon_{ijk} \boldsymbol{\delta}_i v_j w_k \\ &= \begin{vmatrix} \boldsymbol{\delta}_1 & \boldsymbol{\delta}_2 & \boldsymbol{\delta}_3 \\ v_1 & v_2 & v_3 \\ w_1 & w_2 & w_3 \end{vmatrix} \end{aligned} \tag{A.2-21}$$

Aqui, fizemos uso da Eq. A.2-8. Note que a i-ésima componente de $[\mathbf{v} \times \mathbf{w}]$ é dada por $\sum_j \sum_k \varepsilon_{ijk} v_j w_k$; esse resultado é freqüentemente usado para fornecer identidades vetoriais.

Produtos Vetoriais Múltiplos

Expressões para produtos múltiplos, mencionados na Seção A.1, podem ser obtidas usando-se as expressões analíticas precedentes para os produtos escalares e vetoriais. Por exemplo, o produto $(\mathbf{u} \cdot [\mathbf{v} \times \mathbf{w}])$ pode ser escrito

$$(\mathbf{u} \cdot [\mathbf{v} \times \mathbf{w}]) = \sum_i u_i [\mathbf{v} \times \mathbf{w}]_i = \sum_i \sum_j \sum_k \varepsilon_{ijk} u_i v_j w_k \tag{A.2-22}$$

Então, da Eq. A.2-8, obtemos

$$(\mathbf{u} \cdot [\mathbf{v} \times \mathbf{w}]) = \begin{vmatrix} u_1 & u_2 & u_3 \\ v_1 & v_2 & v_3 \\ w_1 & w_2 & w_3 \end{vmatrix} \tag{A.2-23}$$

A magnitude de $(\mathbf{u} \cdot [\mathbf{v} \times \mathbf{w}])$ é o volume de um paralelepípedo definido pelos vetores **u**, **v** e **w** desenhados a partir de uma origem comum. Além disso, o determinante ser igual a zero é uma condição necessária e suficiente para que os vetores **u**, **v** e **w** sejam coplanares.

Vetor Posição

O símbolo usual para o vetor posição — ou seja, o vetor que especifica a localização de um ponto no espaço — é **r**. As componentes de **r** são, então, x_1, x_2 e x_3, de modo que

$$\mathbf{r} = \sum_i \boldsymbol{\delta}_i x_i \tag{A.2-24}$$

Isso é uma irregularidade na notação, uma vez que as componentes têm um símbolo diferente daquele do vetor. A magnitude de **r** é geralmente chamada de $r = \sqrt{x_1^2 + x_2^2 + x_3^2}$, e esse r é a coordenada radial em coordenadas esféricas (ver Fig. A.6-1).

Exemplo A.2-1

Prova de uma Identidade Vetorial

As expressões analíticas para os produtos com ponto simples e com xis podem ser usadas para provar identidades vetoriais; por exemplo, verifique a relação

$$[\mathbf{u} \times [\mathbf{v} \times \mathbf{w}]] = \mathbf{v}(\mathbf{u} \cdot \mathbf{w}) - \mathbf{w}(\mathbf{u} \cdot \mathbf{v}) \tag{A.2-25}$$

SOLUÇÃO

A componente i da expressão no lado esquerdo pode ser expandida como

$$\begin{aligned}[\mathbf{u} \times [\mathbf{v} \times \mathbf{w}]]_i &= \sum_j \sum_k \varepsilon_{ijk} u_j [\mathbf{v} \times \mathbf{w}]_k = \sum_j \sum_k \varepsilon_{ijk} u_j \left\{\sum_l \sum_m \varepsilon_{klm} v_l w_m\right\} \\ &= \sum_j \sum_k \sum_l \sum_m \varepsilon_{ijk} \varepsilon_{klm} u_j v_l w_m = \sum_j \sum_k \sum_l \sum_m \varepsilon_{ijk} \varepsilon_{lmk} u_j v_l w_m \end{aligned} \tag{A.2-26}$$

Podemos usar agora a Eq. A.2-7 para completar a prova

$$[\mathbf{u} \times [\mathbf{v} \times \mathbf{w}]]_i = \sum_j \sum_l \sum_m (\delta_{il}\delta_{jm} - \delta_{im}\delta_{jl}) u_j v_l w_m = v_i \sum_j \sum_m \delta_{jm} u_j w_m - w_i \sum_j \sum_l \delta_{jl} u_j v_l$$

$$= v_i \sum_j u_j w_j - w_i \sum_j u_j v_j = v_i(\mathbf{u} \cdot \mathbf{w}) - w_i(\mathbf{u} \cdot \mathbf{v}) \qquad \text{(A.2-27)}$$

que é apenas a componente i do lado direito da Eq. A.2-25. De maneira similar, podemos verificar tais identidades como

$$(\mathbf{u} \cdot [\mathbf{v} \times \mathbf{w}]) = (\mathbf{v} \cdot [\mathbf{w} \times \mathbf{u}]) \qquad \text{(A.2-28)}$$

$$([\mathbf{u} \times \mathbf{v}] \cdot [\mathbf{w} \times \mathbf{z}]) = (\mathbf{u} \cdot \mathbf{w})(\mathbf{v} \cdot \mathbf{z}) - (\mathbf{u} \cdot \mathbf{z})(\mathbf{v} \cdot \mathbf{w}) \qquad \text{(A.2-29)}$$

$$[[\mathbf{u} \times \mathbf{v}] \times [\mathbf{w} \times \mathbf{z}]] = ([\mathbf{u} \times \mathbf{v}] \cdot \mathbf{z})\mathbf{w} - ([\mathbf{u} \times \mathbf{v}] \cdot \mathbf{w})\mathbf{z} \qquad \text{(A.2-30)}$$

EXERCÍCIOS

1. Escreva os seguintes somatórios:

(a) $\sum_{k=1}^{3} k^2$ **(b)** $\sum_{k=1}^{3} a_k^2$ **(c)** $\sum_{j=1}^{3}\sum_{k=1}^{3} a_{jk}b_{kj}$ **(d)** $\left(\sum_{j=1}^{3} a_j\right)^2 = \sum_{j=1}^{3}\sum_{k=1}^{3} a_j a_k$

2. Um vetor **v** tem componentes $v_x = 1, v_y = 2, v_z = -5$. Um vetor **w** tem componentes $\boldsymbol{\omega}_x = 3, \boldsymbol{\omega}_y = -1, \boldsymbol{\omega}_z = 1$. Avalie:

(a) $(\mathbf{v} \cdot \mathbf{w})$
(b) $[\mathbf{v} \times \mathbf{w}]$
(c) O comprimento de **v**
(d) $(\boldsymbol{\delta}_1 \cdot \mathbf{v})$
(e) $[\boldsymbol{\delta}_1 \times \mathbf{w}]$
(f) $\phi_{\mathbf{vw}}$
(g) $[\mathbf{r} \times \mathbf{v}]$, onde **r** é o vetor posição.

3. Avalie: **(a)** $([\boldsymbol{\delta}_1 \times \boldsymbol{\delta}_2] \cdot \boldsymbol{\delta}_3)$ **(b)** $[[\boldsymbol{\delta}_2 \times \boldsymbol{\delta}_3] \times [\boldsymbol{\delta}_1 \times \boldsymbol{\delta}_3]]$.

4. Mostre que a Eq. A.2-6 é válida para o caso particular $i = 1, h = 2$. Mostre que a Eq. A.2-7 é válida para o caso particular $i = j = m = 1, n = 2$.

5. Verifique que $\sum_{j=1}^{3} \sum_{k=1}^{3} \varepsilon_{ijk}\alpha_{jk} = 0$, se $\alpha_{jk} = \alpha_{kj}$.

6. Explique cuidadosamente a afirmação depois da Eq. A.2-21 de que a i-ésima componente de $[\mathbf{v} \times \mathbf{w}]$ é $\sum_j \sum_k \varepsilon_{ijk} v_j w_k$

7. Verifique que $([\mathbf{v} \times \mathbf{w}] \cdot [\mathbf{v} \times \mathbf{w}]) + (\mathbf{v} \cdot \mathbf{w})^2 = v^2 w^2$ (a "identidade de Lagrange").

A.3 OPERAÇÕES TENSORIAIS EM TERMOS DE COMPONENTES

Na última seção, vimos ser possível o desenvolvimento de expressões para todas as operações comuns com ponto simples e com xis para vetores, sabendo-se como escrever um vetor v como um somatório $\sum_i \boldsymbol{\delta}_i v_i$, e sabendo-se como manipular os vetores unitários $\boldsymbol{\delta}_i$. Nesta seção, seguiremos um procedimento paralelo. Escreveremos um tensor $\boldsymbol{\tau}$ como uma soma $\sum_i \sum_j \boldsymbol{\delta}_i \boldsymbol{\delta}_j \tau_{ij}$ e daremos fórmulas para a manipulação das díadas unitárias $\boldsymbol{\delta}_i \boldsymbol{\delta}_j$; dessa maneira, expressões serão desenvolvidas para as operações com ponto simples e com xis que ocorrem comumente para tensores.

DÍADAS UNITÁRIAS

Os vetores unitários $\boldsymbol{\delta}_i$ foram definidos na discussão precedente, e então os *produtos escalares* $(\boldsymbol{\delta}_i \cdot \boldsymbol{\delta}_j)$ e os *produtos vetoriais* $[\boldsymbol{\delta}_i \times \boldsymbol{\delta}_j]$ foram dados. Existe um terceiro tipo de produto que pode ser formado pelos vetores unitários — a saber, os *produtos diádicos* $\boldsymbol{\delta}_i \boldsymbol{\delta}_j$ (escritos sem símbolos de multiplicação). De acordo com as regras de notação dadas na introdução do Apêndice A, os produtos $\boldsymbol{\delta}_i \boldsymbol{\delta}_j$ são tensores de segunda ordem. Uma vez que $\boldsymbol{\delta}_i$ e $\boldsymbol{\delta}_j$ têm magnitudes iguais a um, iremos nos referir aos produtos $\boldsymbol{\delta}_i \boldsymbol{\delta}_j$ como *díadas unitárias*. Enquanto cada vetor unitário na Fig. A.2-1 representa uma direção coordenada única, as díadas unitárias na Fig. A.3-1 representam pares *ordenados* das direções coordenadas.

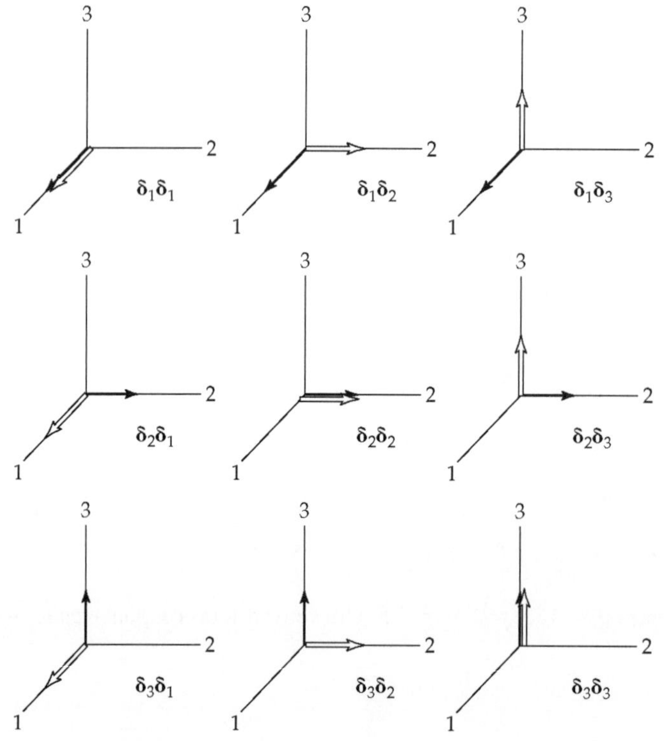

Fig. A.3-1 As díadas unitárias $\boldsymbol{\delta}_i\boldsymbol{\delta}_j$. As setas sólidas representam o primeiro vetor unitário no produto diádico e as setas ocas representam o segundo. Observe que $\boldsymbol{\delta}_1\boldsymbol{\delta}_2$ não é o mesmo que $\boldsymbol{\delta}_2\boldsymbol{\delta}_1$.

(Em problemas físicos, trabalhamos freqüentemente com grandezas que requerem a especificação simultânea de duas direções. Por exemplo, o fluxo do momento x através de uma área unitária de superfície perpendicular à direção y é uma grandeza desse tipo. Pelo fato de essa grandeza não ser, algumas vezes, a mesma que o fluxo do momento y perpendicular à direção x, é evidente que especificar as duas direções não é suficiente; temos também de concordar com a ordem em que as direções são dadas.)

As operações com ponto simples e com xis de vetores unitários foram apresentadas por meio de definições geométricas dessas operações. As operações análogas para as díadas unitárias foram apresentadas formalmente, relacionando-as às operações para vetores unitários.

$$(\boldsymbol{\delta}_i\boldsymbol{\delta}_j:\boldsymbol{\delta}_k\boldsymbol{\delta}_l) = (\boldsymbol{\delta}_j \cdot \boldsymbol{\delta}_k)(\boldsymbol{\delta}_i \cdot \boldsymbol{\delta}_l) = \delta_{jk}\delta_{il} \tag{A.3-1}$$

$$[\boldsymbol{\delta}_i\boldsymbol{\delta}_j \cdot \boldsymbol{\delta}_k] = \boldsymbol{\delta}_i(\boldsymbol{\delta}_j \cdot \boldsymbol{\delta}_k) = \boldsymbol{\delta}_i\delta_{jk} \tag{A.3-2}$$

$$[\boldsymbol{\delta}_i \cdot \boldsymbol{\delta}_j\boldsymbol{\delta}_k] = (\boldsymbol{\delta}_i \cdot \boldsymbol{\delta}_j)\boldsymbol{\delta}_k = \delta_{ij}\boldsymbol{\delta}_k \tag{A.3-3}$$

$$\{\boldsymbol{\delta}_i\boldsymbol{\delta}_j \cdot \boldsymbol{\delta}_k\boldsymbol{\delta}_l\} = \boldsymbol{\delta}_i(\boldsymbol{\delta}_j \cdot \boldsymbol{\delta}_k)\boldsymbol{\delta}_l = \delta_{jk}\boldsymbol{\delta}_i\boldsymbol{\delta}_l \tag{A.3-4}$$

$$\{\boldsymbol{\delta}_i\boldsymbol{\delta}_j \times \boldsymbol{\delta}_k\} = \boldsymbol{\delta}_i[\boldsymbol{\delta}_j \times \boldsymbol{\delta}_k] = \sum_{l=1}^{3} \varepsilon_{jkl}\boldsymbol{\delta}_i\boldsymbol{\delta}_l \tag{A.3-5}$$

$$\{\boldsymbol{\delta}_i \times \boldsymbol{\delta}_j\boldsymbol{\delta}_k\} = [\boldsymbol{\delta}_i \times \boldsymbol{\delta}_j]\boldsymbol{\delta}_k = \sum_{l=1}^{3} \varepsilon_{ijl}\boldsymbol{\delta}_l\boldsymbol{\delta}_k \tag{A.3-6}$$

Esses resultados são fáceis de lembrar: pode-se, simplesmente, fazer o produto com ponto simples (ou com xis) dos vetores unitários mais próximos em cada lado do ponto simples (ou do xis); na Eq. A.3-1, duas de tais operações são feitas.

EXPANSÃO DE UM TENSOR EM TERMOS DE SUAS COMPONENTES

Na Eq. A.2-16, expandimos um vetor em termos de suas componentes, cada componente sendo multiplicada pelo vetor unitário apropriado. Aqui, estendemos essa idéia e definimos [1] um tensor (segunda ordem) como uma *grandeza que associa um escalar com cada par ordenado de direções coordenadas* no seguinte sentido:

$$\begin{aligned}\boldsymbol{\tau} &= \boldsymbol{\delta}_1\boldsymbol{\delta}_1\tau_{11} + \boldsymbol{\delta}_1\boldsymbol{\delta}_2\tau_{12} + \boldsymbol{\delta}_1\boldsymbol{\delta}_3\tau_{13} \\ &\quad + \boldsymbol{\delta}_2\boldsymbol{\delta}_1\tau_{21} + \boldsymbol{\delta}_2\boldsymbol{\delta}_2\tau_{22} + \boldsymbol{\delta}_2\boldsymbol{\delta}_3\tau_{23} \\ &\quad + \boldsymbol{\delta}_3\boldsymbol{\delta}_1\tau_{31} + \boldsymbol{\delta}_3\boldsymbol{\delta}_2\tau_{32} + \boldsymbol{\delta}_3\boldsymbol{\delta}_3\tau_{33} \\ &= \sum_{i=1}^{3}\sum_{j=1}^{3} \boldsymbol{\delta}_i\boldsymbol{\delta}_j\tau_{ij}\end{aligned} \tag{A.3-7}$$

Os escalares τ_{ij} são referidos como as "componentes do tensor $\boldsymbol{\tau}$".

Há vários tipos especiais de tensores de segunda ordem dignos de nota:

1. Se $\tau_{ij} = \tau_{ji}$, o tensor é dito *simétrico*.

2. Se $\tau_{ij} = -\tau_{ji}$, o tensor é dito *anti-simétrico*.

3. Se as componentes de um tensor forem consideradas como as componentes de $\boldsymbol{\tau}$, mas com os índices transpostos, o tensor resultante será chamado de *transposto* de $\boldsymbol{\tau}$, e dado pelo símbolo $\boldsymbol{\tau}^\dagger$:

$$\boldsymbol{\tau}^\dagger = \sum_i \sum_j \boldsymbol{\delta}_i\boldsymbol{\delta}_j\tau_{ji} \tag{A.3-8}$$

4. Se as componentes do tensor forem formadas por pares ordenados das componentes de dois vetores **v** e **w**, o tensor resultante é chamado de *produto diádico de* **v** e **w**, e dado pelo símbolo **vw**:

$$\mathbf{vw} = \sum_i \sum_j \boldsymbol{\delta}_i\boldsymbol{\delta}_j v_i w_j \tag{A.3-9}$$

Note que $\mathbf{vw} \neq \mathbf{wv}$, mas $(\mathbf{vw})^\dagger = \mathbf{wv}$.

5. Se as componentes do tensor forem dadas pelo delta de Kronecker δ_{ij}, o tensor resultante é chamado de *tensor unitário* e dado pelo símbolo $\boldsymbol{\delta}$:

$$\boldsymbol{\delta} = \sum_i \sum_j \boldsymbol{\delta}_i\boldsymbol{\delta}_j\delta_{ij} \tag{A.3-10}$$

A magnitude de um tensor é definida por

$$|\boldsymbol{\tau}| = \tau = \sqrt{\tfrac{1}{2}(\boldsymbol{\tau}:\boldsymbol{\tau}^\dagger)} = \sqrt{\tfrac{1}{2}\sum_i \sum_j \tau_{ij}^2} \tag{A.3-11}$$

e seu traço é $\text{tr} = \tau = \Sigma_i \tau_{ii}$

ADIÇÃO DE TENSORES E PRODUTOS DIÁDICOS

Dois tensores são adicionados assim:

$$\boldsymbol{\sigma} + \boldsymbol{\tau} = \sum_i \sum_j \boldsymbol{\delta}_i\boldsymbol{\delta}_j\sigma_{ij} + \sum_i \sum_j \boldsymbol{\delta}_i\boldsymbol{\delta}_j\tau_{ij} = \sum_i \sum_j \boldsymbol{\delta}_i\boldsymbol{\delta}_j(\sigma_{ij} + \tau_{ij}) \tag{A.3-12}$$

Ou seja, a soma de dois vetores é aquele tensor cujas componentes são as somas das componentes correspondentes dos dois tensores. O mesmo é verdade para produtos diádicos.

[1]Tensores são freqüentemente definidos em termos das regras de transformação; as conexões entre tal definição e aquela dada anteriormente é discutida por W. Prager, *Mechanics of Continua*, Ginn, Boston (1961).

MULTIPLICAÇÃO DE UM TENSOR POR UM ESCALAR

A multiplicação de um tensor por um escalar corresponde à multiplicação de cada componente do tensor pelo escalar:

$$s\boldsymbol{\tau} = s\left\{\sum_i \sum_j \boldsymbol{\delta}_i \boldsymbol{\delta}_j \tau_{ij}\right\} = \sum_i \sum_j \boldsymbol{\delta}_i \boldsymbol{\delta}_j \{s\tau_{ij}\} \qquad \text{(A.3-13)}$$

O mesmo é verdade para produtos diádicos.

PRODUTO ESCALAR (OU PRODUTO COM PONTO DUPLO) DE DOIS TENSORES

Dois tensores podem ser multiplicados de acordo com a operação de ponto duplo

$$(\boldsymbol{\sigma}:\boldsymbol{\tau}) = \left(\left\{\sum_i \sum_j \boldsymbol{\delta}_i \boldsymbol{\delta}_j \sigma_{ij}\right\}:\left\{\sum_k \sum_l \boldsymbol{\delta}_k \boldsymbol{\delta}_l \tau_{kl}\right\}\right) = \sum_i \sum_j \sum_k \sum_l (\boldsymbol{\delta}_i \boldsymbol{\delta}_j : \boldsymbol{\delta}_k \boldsymbol{\delta}_l)\sigma_{ij}\tau_{kl}$$

$$= \sum_i \sum_j \sum_k \sum_l \delta_{il}\delta_{jk}\sigma_{ij}\tau_{kl} = \sum_i \sum_j \sigma_{ij}\tau_{ji} \qquad \text{(A.3-14)}$$

onde a Eq. A.3-1 foi usada. Similarmente, podemos mostrar que

$$(\boldsymbol{\tau}:\mathbf{vw}) = \sum_i \sum_j \tau_{ij} v_j w_i \qquad \text{(A.3-15)}$$

$$(\mathbf{uv}:\mathbf{wz}) = \sum_i \sum_j u_i v_j w_j z_i \qquad \text{(A.3-16)}$$

PRODUTO TENSORIAL (OU PRODUTO COM PONTO SIMPLES) DE DOIS TENSORES

Dois tensores podem ser multiplicados de acordo com a operação de único ponto

$$\{\boldsymbol{\sigma} \cdot \boldsymbol{\tau}\} = \left\{\left(\sum_i \sum_j \boldsymbol{\delta}_i \boldsymbol{\delta}_j \sigma_{ij}\right) \cdot \left(\sum_k \sum_l \boldsymbol{\delta}_k \boldsymbol{\delta}_l \tau_{kl}\right)\right\} = \sum_i \sum_j \sum_k \sum_l \{\boldsymbol{\delta}_i \boldsymbol{\delta}_j \cdot \boldsymbol{\delta}_k \boldsymbol{\delta}_l\}\sigma_{ij}\tau_{kl}$$

$$= \sum_i \sum_j \sum_k \sum_l \delta_{jk}\boldsymbol{\delta}_i \boldsymbol{\delta}_l \sigma_{ij}\tau_{kl} = \sum_i \sum_l \boldsymbol{\delta}_i \boldsymbol{\delta}_l \left(\sum_j \sigma_{ij}\tau_{jl}\right) \qquad \text{(A.3-17)}$$

Ou seja, a componente il de $\{\boldsymbol{\sigma} \cdot \boldsymbol{\tau}\}$ é $\sum_j \sigma_{ij}\tau_{jl}$. Operações similares podem ser feitas com os produtos diádicos. É prática comum escrever $\{\boldsymbol{\sigma} \cdot \boldsymbol{\sigma}\}$ como $\boldsymbol{\sigma}^2$, $\{\boldsymbol{\sigma} \cdot \boldsymbol{\sigma}^2\}$ como $\boldsymbol{\sigma}^3$ e assim por diante.

PRODUTO VETORIAL (OU PRODUTO COM PONTOS SIMPLES) DE UM TENSOR COM UM VETOR

Obtemos um vetor quando fazemos o produto vetorial entre um tensor e um vetor

$$[\boldsymbol{\tau} \cdot \mathbf{v}] = \left[\left\{\sum_i \sum_j \boldsymbol{\delta}_i \boldsymbol{\delta}_j \tau_{ij}\right\} \cdot \left\{\sum_k \boldsymbol{\delta}_k v_k\right\}\right] = \sum_i \sum_j \sum_k [\boldsymbol{\delta}_i \boldsymbol{\delta}_j \cdot \boldsymbol{\delta}_k]\tau_{ij} v_k$$

$$= \sum_i \sum_j \sum_k \boldsymbol{\delta}_i \delta_{jk} \tau_{ij} v_k = \sum_i \boldsymbol{\delta}_i \left\{\sum_j \tau_{ij} v_j\right\} \qquad \text{(A.3-18)}$$

Ou seja, a i-ésima componente de $[\boldsymbol{\tau} \cdot \mathbf{v}]$ é $\sum_j \tau_{ij} v_j$. Similarmente, a i-ésima componente de $[\mathbf{v} \cdot \boldsymbol{\tau}]$ é $\sum_j v_j \tau_{ji}$. Claramente, $[\boldsymbol{\tau} \cdot \mathbf{v}] \neq [\mathbf{v} \cdot \boldsymbol{\tau}]$, a não ser que $\boldsymbol{\tau}$ seja simétrico.

Lembre-se de que, quando um vetor **v** é multiplicado por um escalar s, o vetor resultante $s\mathbf{v}$ aponta na mesma direção que **v**, mas tem um comprimento diferente. No entanto, quando o produto vetorial entre $\boldsymbol{\tau}$ e **v** é feito, o vetor resultante $[\boldsymbol{\tau} \cdot \mathbf{v}]$ difere de **v** *tanto* no comprimento *como* na direção; isto é, o tensor $\boldsymbol{\tau}$ "deflete" ou "torce" o vetor **v** para formar um novo vetor apontando para uma direção diferente.

PRODUTO TENSORIAL (OU PRODUTO COM XIS) DE UM TENSOR COM UM VETOR

Obtemos um tensor quando fazemos o produto tensorial entre um tensor e um vetor

$$\{\boldsymbol{\tau} \times \mathbf{v}\} = \left\{\left(\sum_i \sum_j \boldsymbol{\delta}_i\boldsymbol{\delta}_j\tau_{ij}\right) \times \left(\sum_k \boldsymbol{\delta}_k v_k\right)\right\} = \sum_i \sum_j \sum_k [\boldsymbol{\delta}_i\boldsymbol{\delta}_j \times \boldsymbol{\delta}_k]\tau_{ij}v_k$$
$$= \sum_i \sum_j \sum_k \sum_l \varepsilon_{jkl}\boldsymbol{\delta}_i\boldsymbol{\delta}_l\tau_{ij}v_k = \sum_i \sum_l \boldsymbol{\delta}_i\boldsymbol{\delta}_l\left\{\sum_j \sum_k \varepsilon_{jkl}\tau_{ij}v_k\right\} \quad \text{(A.3-19)}$$

Por conseguinte, a componente *il* de $\{\boldsymbol{\tau} \times \mathbf{v}\}$ é $\sum_j \sum_k \varepsilon_{jkl}\tau_{ij}v_k$. Similarmente, a componente *lk* de $\{\mathbf{v} \times \boldsymbol{\tau}\}$ é $\sum_i \sum_j \varepsilon_{ijl}v_i\tau_{jk}$.

OUTRAS OPERAÇÕES

Dos resultados precedentes, não é difícil provar as seguintes identidades:

$$[\boldsymbol{\delta} \cdot \mathbf{v}] = [\mathbf{v} \cdot \boldsymbol{\delta}] = \mathbf{v} \quad \text{(A.3-20)}$$
$$[\mathbf{uv} \cdot \mathbf{w}] = \mathbf{u}(\mathbf{v} \cdot \mathbf{w}) \quad \text{(A.3-21)}$$
$$[\mathbf{w} \cdot \mathbf{uv}] = (\mathbf{w} \cdot \mathbf{u})\mathbf{v} \quad \text{(A.3-22)}$$
$$(\mathbf{uv}:\mathbf{wz}) = (\mathbf{uw}:\mathbf{vz}) = (\mathbf{u} \cdot \mathbf{z})(\mathbf{v} \cdot \mathbf{w}) \quad \text{(A.3-23)}$$
$$(\boldsymbol{\tau}:\mathbf{uv}) = ([\boldsymbol{\tau} \cdot \mathbf{u}] \cdot \mathbf{v}) \quad \text{(A.3-24)}$$
$$(\mathbf{uv}:\boldsymbol{\tau}) = (\mathbf{u} \cdot [\mathbf{v} \cdot \boldsymbol{\tau}]) \quad \text{(A.3-25)}$$

EXERCÍCIOS

1. As componentes de um tensor simétrico $\boldsymbol{\tau}$ são

$$\tau_{xx} = 3 \qquad \tau_{xy} = 2 \qquad \tau_{xz} = -1$$
$$\tau_{yx} = 2 \qquad \tau_{yy} = 2 \qquad \tau_{yz} = 1$$
$$\tau_{zx} = -1 \qquad \tau_{zy} = 1 \qquad \tau_{zz} = 4$$

As componentes de um vetor **v** são

$$v_x = 5 \qquad v_y = 3 \qquad v_z = -2$$

Avalie

(a) $[\boldsymbol{\tau} \cdot \mathbf{v}]$ **(b)** $[\mathbf{v} \cdot \boldsymbol{\tau}]$ **(c)** $(\boldsymbol{\tau}:\boldsymbol{\tau})$
(d) $(\mathbf{v} \cdot [\boldsymbol{\tau} \cdot \mathbf{v}])$ **(e)** $\mathbf{vv}$ **(f)** $[\boldsymbol{\tau} \cdot \boldsymbol{\delta}_1]$

2. Avalie

(a) $[[\boldsymbol{\delta}_1\boldsymbol{\delta}_2 \cdot \boldsymbol{\delta}_2] \times \boldsymbol{\delta}_1]$ **(c)** $(\boldsymbol{\delta}:\boldsymbol{\delta})$
(b) $(\boldsymbol{\delta}:\boldsymbol{\delta}_1\boldsymbol{\delta}_2)$ **(d)** $\{\boldsymbol{\delta} \cdot \boldsymbol{\delta}\}$

3. Se $\boldsymbol{\alpha}$ for simétrico e $\boldsymbol{\beta}$ for anti-simétrico, mostre que $(\boldsymbol{\alpha} : \boldsymbol{\beta}) = 0$.

4. Explique cuidadosamente a afirmação depois da Eq. A.3-17 de que a componente *il* de $\{\boldsymbol{\sigma} \cdot \boldsymbol{\tau}\}$ é $\sum_j \sigma_{ij}\tau_{jl}$.

5. Considere uma estrutura rígida composta de partículas pontuais ligadas por bastões sem massa. As partículas são numeradas com 1, 2, 3, ..., N e as massas das partículas são m_ν ($\nu = 1, 2, 3, ..., N$). As localizações das partículas em relação ao centro de massa são $\mathbf{R}_\nu$. A estrutura inteira roda, com uma velocidade angular **W**, em torno de um eixo passando através do centro de massa. Mostre que o momento angular em relação ao centro de massa é

$$\mathbf{L} = \sum_\nu m_\nu[\mathbf{R}_\nu \times [\mathbf{W} \times \mathbf{R}_\nu]] \quad \text{(A.3-26)}$$

Mostre, então, que a última expressão pode ser reescrita como

$$\mathbf{L} = [\boldsymbol{\Phi} \cdot \mathbf{W}] \qquad (A.3\text{-}27)$$

sendo

$$\boldsymbol{\Phi} = \sum_{\nu} m_\nu \{(\mathbf{R}_\nu \cdot \mathbf{R}_\nu)\boldsymbol{\delta} - \mathbf{R}_\nu \mathbf{R}_\nu\} \qquad (A.3\text{-}28)$$

o *tensor momento de inércia*.

6. A energia cinética de rotação da estrutura rígida no Exercício 5 é

$$K = \sum_{\nu} \tfrac{1}{2} m_\nu (\dot{\mathbf{R}}_\nu \cdot \dot{\mathbf{R}}_\nu) \qquad (A.3\text{-}29)$$

onde $\dot{\mathbf{R}}_\nu = [\mathbf{W} \times \mathbf{R}_\nu]$ é a velocidade da ν-ésima partícula. Mostre que

$$K = \tfrac{1}{2}(\boldsymbol{\Phi} : \mathbf{WW}) \qquad (A.3\text{-}30)$$

A.4 OPERAÇÕES DIFERENCIAIS VETORIAIS E TENSORIAIS

O operador vetorial diferencial ∇, conhecido como "nabla" ou "del", é definido em coordenadas retangulares como

$$\nabla = \boldsymbol{\delta}_1 \frac{\partial}{\partial x_1} + \boldsymbol{\delta}_2 \frac{\partial}{\partial x_2} + \boldsymbol{\delta}_3 \frac{\partial}{\partial x_3} = \sum_i \boldsymbol{\delta}_i \frac{\partial}{\partial x_i} \qquad (A.4\text{-}1)$$

onde $\boldsymbol{\delta}_i$ são os vetores unitários e os x_i são as variáveis associadas aos eixos 1, 2, 3 (ou seja, as coordenadas cartesianas x_1, x_2 e x_3, normalmente referidas como x, y, z). O símbolo ∇ é um operador vetorial — tem componentes como um vetor, mas não aparece sozinho; tem de ser operado com uma função escalar, vetorial ou tensorial. Nesta seção, resumiremos as várias operações de ∇ sobre escalares, vetores e tensores. Como nas Seções A.2 e A.3, decomporemos os vetores e tensores em suas componentes e então usaremos as Eqs. A.2-14 e 15 e as Eqs. A.3-1 a 6. Mantenha em mente que, nesta seção, as equações escritas na forma de componentes são válidas somente para coordenadas retangulares, para as quais os vetores unitários $\boldsymbol{\delta}_i$ são constantes; coordenadas curvilíneas serão discutidas nas Seções A.6 e 7.

Gradiente de um Campo Escalar

Se s for uma função escalar das variáveis x_1, x_2, x_3, então a operação de ∇ sobre s é

$$\nabla s = \boldsymbol{\delta}_1 \frac{\partial s}{\partial x_1} + \boldsymbol{\delta}_2 \frac{\partial s}{\partial x_2} + \boldsymbol{\delta}_3 \frac{\partial s}{\partial x_3} = \sum_i \boldsymbol{\delta}_i \frac{\partial s}{\partial x_i} \qquad (A.4\text{-}2)$$

O vetor assim construído a partir das derivadas de s é designado por ∇s (ou grad s) e é chamado de *gradiente* do campo escalar s. As seguintes propriedades da operação gradiente devem ser notadas.

Não Comutativa: $\nabla s \neq s\nabla$ (A.4-3)

Não Associativa: $(\nabla r)s \neq \nabla(rs)$ (A.4-4)

Distributiva: $\nabla(r + s) = \nabla r + \nabla s$ (A.4-5)

Divergente de um Campo Vetorial

Se o vetor $\mathbf{v}$ for uma função das variáveis espaciais x_1, x_2, x_3, então o produto escalar pode ser formado com o operador ∇; para obter a forma final, usamos a Eq. A.2-14:

$$\begin{aligned}(\nabla \cdot \mathbf{v}) &= \left(\left\{\sum_i \boldsymbol{\delta}_i \frac{\partial}{\partial x_i}\right\} \cdot \left\{\sum_j \boldsymbol{\delta}_j v_j\right\}\right) = \sum_i \sum_j (\boldsymbol{\delta}_i \cdot \boldsymbol{\delta}_j) \frac{\partial}{\partial x_i} v_j \\ &= \sum_i \sum_j \delta_{ij} \frac{\partial}{\partial x_i} v_j = \sum_i \frac{\partial v_i}{\partial x_i}\end{aligned} \qquad (A.4\text{-}6)$$

Essa coleção de derivadas das componentes do vetor $\mathbf{v}$ é chamada de *divergente* de $\mathbf{v}$ (algumas vezes abreviada div $\mathbf{v}$). Algumas propriedades da operação divergente devem ser notadas.

Não Comutativa: $(\nabla \cdot \mathbf{v}) \neq (\mathbf{v} \cdot \nabla)$ (A.4-7)

Não Associativa: $(\nabla \cdot s\mathbf{v}) \neq (\nabla s \cdot \mathbf{v})$ (A.4-8)

Distributiva: $(\nabla \cdot \{\mathbf{v} + \mathbf{w}\}) = (\nabla \cdot \mathbf{v}) + (\nabla \cdot \mathbf{w})$ (A.4-9)

ROTACIONAL DE UM CAMPO VETORIAL

Um produto vetorial pode também ser formado entre o operador ∇ e o vetor $\mathbf{v}$, que é uma função das três variáveis espaciais. Esse produto vetorial pode ser simplificado usando-se a Eq. A.2-15, e escrito em uma variedade de formas

$$\begin{aligned}
[\nabla \times \mathbf{v}] &= \left[\left\{\sum_j \boldsymbol{\delta}_j \frac{\partial}{\partial x_j}\right\} \times \left\{\sum_k \boldsymbol{\delta}_k v_k\right\}\right] \\
&= \sum_j \sum_k [\boldsymbol{\delta}_j \times \boldsymbol{\delta}_k] \frac{\partial}{\partial x_j} v_k = \sum_i \sum_j \sum_k \varepsilon_{ijk} \boldsymbol{\delta}_i \frac{\partial}{\partial x_j} v_k \\
&= \begin{vmatrix} \boldsymbol{\delta}_1 & \boldsymbol{\delta}_2 & \boldsymbol{\delta}_3 \\ \dfrac{\partial}{\partial x_1} & \dfrac{\partial}{\partial x_2} & \dfrac{\partial}{\partial x_3} \\ v_1 & v_2 & v_3 \end{vmatrix} \\
&= \boldsymbol{\delta}_1 \left\{\frac{\partial v_3}{\partial x_2} - \frac{\partial v_2}{\partial x_3}\right\} + \boldsymbol{\delta}_2 \left\{\frac{\partial v_1}{\partial x_3} - \frac{\partial v_3}{\partial x_1}\right\} + \boldsymbol{\delta}_3 \left\{\frac{\partial v_2}{\partial x_1} - \frac{\partial v_1}{\partial x_2}\right\}
\end{aligned} \tag{A.4-10}$$

O vetor assim construído é chamado de rotacional de $\mathbf{v}$. Outras notações para $[\nabla \times \mathbf{v}]$ são rotacional $\mathbf{v}$ e rot $\mathbf{v}$, sendo essa última mais comum na literatura alemã. A operação rotacional, como o divergente, é distributiva, mas não comutativa ou associativa. Observe que a i-ésima componente de $[\nabla \times \mathbf{v}]$ é $\Sigma_j \Sigma_k \varepsilon_{ijk}(\partial/\partial x_j) v_k$.

GRADIENTE DE UM CAMPO VETORIAL

Além do produto escalar $(\nabla \cdot \mathbf{v})$ e do produto vetorial $[\nabla \times \mathbf{v}]$, pode-se formar o produto diádico $\nabla \mathbf{v}$:

$$\nabla \mathbf{v} = \left\{\sum_i \boldsymbol{\delta}_i \frac{\partial}{\partial x_i}\right\}\left\{\sum_j \boldsymbol{\delta}_j v_j\right\} = \sum_i \sum_j \boldsymbol{\delta}_i \boldsymbol{\delta}_j \frac{\partial}{\partial x_i} v_j \tag{A.4-11}$$

Isso é chamado de *gradiente* do vetor $\mathbf{v}$ e é algumas vezes escrito como grad $\mathbf{v}$. É um tensor de segunda ordem, cuja componente[1] ij é $(\partial/\partial x_i) v_j$. Seu transposto é

$$(\nabla \mathbf{v})^\dagger = \sum_i \sum_j \boldsymbol{\delta}_i \boldsymbol{\delta}_j \frac{\partial}{\partial x_j} v_i \tag{A.4-12}$$

cuja componente ij é $(\partial/\partial x_j) v_i$. Note que $\nabla \mathbf{v} \neq \mathbf{v} \nabla$ e $(\nabla \mathbf{v})^\dagger \neq \mathbf{v} \nabla$.

DIVERGENTE DE UM CAMPO TENSORIAL

Se o tensor $\boldsymbol{\tau}$ for uma função das variáveis espaciais x_1, x_2, x_3, então um produto vetorial pode ser formado com o operador ∇; para obter a forma final, usamos a Eq. A.3-3:

$$\begin{aligned}
[\nabla \cdot \boldsymbol{\tau}] &= \left[\left\{\sum_i \boldsymbol{\delta}_i \frac{\partial}{\partial x_i}\right\} \cdot \left\{\sum_j \sum_k \boldsymbol{\delta}_j \boldsymbol{\delta}_k \tau_{jk}\right\}\right] = \sum_i \sum_j \sum_k [\boldsymbol{\delta}_i \cdot \boldsymbol{\delta}_j \boldsymbol{\delta}_k] \frac{\partial}{\partial x_i} \tau_{jk} \\
&= \sum_i \sum_j \sum_k \delta_{ij} \boldsymbol{\delta}_k \frac{\partial}{\partial x_i} \tau_{jk} = \sum_k \boldsymbol{\delta}_k \left\{\sum_i \frac{\partial}{\partial x_i} \tau_{ik}\right\}
\end{aligned} \tag{A.4-13}$$

Isso é chamado de *divergente* do tensor $\boldsymbol{\tau}$ e é, algumas vezes, escrito como div $\boldsymbol{\tau}$. A k-ésima componente de $[\nabla \cdot \boldsymbol{\tau}]$ é $\sum_i (\partial/\partial x_i) \tau_{ik}$. Se $\boldsymbol{\tau}$ for o produto $s\mathbf{vw}$, então

$$[\nabla \cdot s\mathbf{vw}] = \sum_k \boldsymbol{\delta}_k \left\{\sum_i \frac{\partial}{\partial x_i} (s v_i w_k)\right\} \tag{A.4-14}$$

[1] *Cuidado*: Alguns autores definem a componente ij de $\nabla \mathbf{v}$ como $(\partial/\partial x_j) v_i$.

LAPLACIANO DE UM CAMPO ESCALAR

Se tomarmos o divergente de um gradiente da função escalar s, obteremos

$$(\nabla \cdot \nabla s) = \left(\left\{\sum_i \boldsymbol{\delta}_i \frac{\partial}{\partial x_i}\right\} \cdot \left\{\sum_j \boldsymbol{\delta}_j \frac{\partial s}{\partial x_j}\right\}\right)$$

$$= \sum_i \sum_j \delta_{ij} \frac{\partial}{\partial x_i} \frac{\partial s}{\partial x_j} = \left\{\sum_i \frac{\partial^2}{\partial x_i^2} s\right\} \tag{A.4-15}$$

A coleção de operadores diferenciais operando sobre s na última linha é dada como o símbolo ∇^2; conseqüentemente, em coordenadas retangulares

$$(\nabla \cdot \nabla) = \nabla^2 = \frac{\partial^2}{\partial x_1^2} + \frac{\partial^2}{\partial x_2^2} + \frac{\partial^2}{\partial x_3^2} \tag{A.4-16}$$

Esse é chamado de operador *Laplaciano*. (Alguns autores usam o símbolo Δ para o operador Laplaciano, particularmente na antiga literatura alemã; logo, $(\nabla \cdot \nabla s)$, $(\nabla \cdot \nabla)s$, $\nabla^2 s$ e Δs são todas grandezas equivalentes). O operador Laplaciano tem somente a propriedade distributiva, como o gradiente, o divergente e o rotacional.

LAPLACIANO DE UM CAMPO VETORIAL

Se tomarmos o divergente do gradiente da função vetorial $\mathbf{v}$, obteremos

$$[\nabla \cdot \nabla \mathbf{v}] = \left[\left\{\sum_i \boldsymbol{\delta}_i \frac{\partial}{\partial x_i}\right\} \cdot \left\{\sum_j \sum_k \boldsymbol{\delta}_j \boldsymbol{\delta}_k \frac{\partial}{\partial x_j} v_k\right\}\right]$$

$$= \sum_i \sum_j \sum_k [\boldsymbol{\delta}_i \cdot \boldsymbol{\delta}_j \boldsymbol{\delta}_k] \frac{\partial}{\partial x_i} \frac{\partial}{\partial x_j} v_k$$

$$= \sum_i \sum_j \sum_k \delta_{ij} \boldsymbol{\delta}_k \frac{\partial}{\partial x_i} \frac{\partial}{\partial x_j} v_k = \sum_k \boldsymbol{\delta}_k \left(\sum_i \frac{\partial^2}{\partial x_i^2} v_k\right) \tag{A.4-17}$$

Ou seja, a k-ésima componente de $[\nabla \cdot \nabla \mathbf{v}]$ é, em coordenadas cartesianas, apenas $\nabla^2 v_k$. Notações alternativas para $[\nabla \cdot \nabla \mathbf{v}]$ são $(\nabla \cdot \nabla)\mathbf{v}$ e $\nabla^2 \mathbf{v}$.

OUTRAS RELAÇÕES DIFERENCIAIS

Inúmeras identidades podem ser fornecidas usando as definições dadas recentemente:

$$\nabla rs = r\nabla s + s\nabla r \tag{A.4-18}$$

$$(\nabla \cdot s\mathbf{v}) = (\nabla s \cdot \mathbf{v}) + s(\nabla \cdot \mathbf{v}) \tag{A.4-19}$$

$$(\nabla \cdot [\mathbf{v} \times \mathbf{w}]) = (\mathbf{w} \cdot [\nabla \times \mathbf{v}]) - (\mathbf{v} \cdot [\nabla \times \mathbf{w}]) \tag{A.4-20}$$

$$[\nabla \times s\mathbf{v}] = [\nabla s \times \mathbf{v}] + s[\nabla \times \mathbf{v}] \tag{A.4-21}$$

$$[\nabla \cdot \nabla \mathbf{v}] = \nabla(\nabla \cdot \mathbf{v}) - [\nabla \times [\nabla \times \mathbf{v}]] \tag{A.4-22}$$

$$[\mathbf{v} \cdot \nabla \mathbf{v}] = \tfrac{1}{2}\nabla(\mathbf{v} \cdot \mathbf{v}) - [\mathbf{v} \times [\nabla \times \mathbf{v}]] \tag{A.4-23}$$

$$[\nabla \cdot \mathbf{vw}] = [\mathbf{v} \cdot \nabla \mathbf{w}] + \mathbf{w}(\nabla \cdot \mathbf{v}) \tag{A.4-24}$$

$$(s\boldsymbol{\delta}:\nabla \mathbf{v}) = s(\nabla \cdot \mathbf{v}) \tag{A.4-25}$$

$$[\nabla \cdot s\boldsymbol{\delta}] = \nabla s \tag{A.4-26}$$

$$[\nabla \cdot s\boldsymbol{\tau}] = [\nabla s \cdot \boldsymbol{\tau}] + s[\nabla \cdot \boldsymbol{\tau}] \tag{A.4-27}$$

$$\nabla(\mathbf{v} \cdot \mathbf{w}) = [(\nabla \mathbf{v}) \cdot \mathbf{w}] + [(\nabla \mathbf{w}) \cdot \mathbf{v}] \tag{A.4-28}$$

EXEMPLO A.4-1

Prova de uma Identidade Tensorial

Prove que para $\boldsymbol{\tau}$ *simétrico*:

$$(\boldsymbol{\tau}:\nabla \mathbf{v}) = (\nabla \cdot [\boldsymbol{\tau} \cdot \mathbf{v}]) - (\mathbf{v} \cdot [\nabla \cdot \boldsymbol{\tau}]) \tag{A.4-29}$$

SOLUÇÃO

Primeiro, escreva o lado direito em termos das componentes:

$$(\nabla \cdot [\boldsymbol{\tau} \cdot \mathbf{v}]) = \sum_i \frac{\partial}{\partial x_i} [\boldsymbol{\tau} \cdot \mathbf{v}]_i = \sum_i \sum_j \frac{\partial}{\partial x_i} \tau_{ij} v_j \tag{A.4-30}$$

$$(\mathbf{v} \cdot [\nabla \cdot \boldsymbol{\tau}]) = \sum_j v_j [\nabla \cdot \boldsymbol{\tau}]_j = \sum_j \sum_i v_j \frac{\partial}{\partial x_i} \tau_{ij} \tag{A.4-31}$$

O lado esquerdo pode ser escrito como

$$(\boldsymbol{\tau}:\nabla \mathbf{v}) = \sum_i \sum_j \tau_{ji} \frac{\partial}{\partial x_i} v_j \sum_i \sum_j \tau_{ij} \frac{\partial}{\partial x_i} v_j \tag{A.4-32}$$

a segunda forma resultando da simetria de $\boldsymbol{\tau}$. A subtração da Eq. A.4-31 da Eq. A.4-30 fornecerá a Eq. A.4-32.

Agora que demos todas as operações vetoriais e tensoriais, incluindo as várias operações com ∇, queremos salientar que as operações de ponto único e ponto duplo podem ser escritas de uma vez, usando-se a seguinte regra simples: *um ponto implica um somatório sobre os índices adjacentes*. Ilustraremos a regra com vários exemplos.

Para interpretar $(\mathbf{v} \cdot \mathbf{w})$, notamos que $\mathbf{v}$ e $\mathbf{w}$ são vetores, cujas componentes têm um índice. Uma vez que ambos os símbolos são adjacentes ao ponto, igualamos seus índices e, então, somamos sobre eles: $(\mathbf{v} \cdot \mathbf{w}) = \Sigma_i v_i w_i$. Para operações de ponto duplo, tais como $(\boldsymbol{\tau}:\nabla \mathbf{v})$, procedemos como segue. Notamos que $\boldsymbol{\tau}$, sendo um tensor, tem dois subscritos, enquanto que ∇ e $\mathbf{v}$ têm um. Estabelecemos, conseqüentemente, o segundo subscrito de $\boldsymbol{\tau}$ igual ao subscrito de ∇ e somamos; então, estabelecemos o primeiro subscrito de $\boldsymbol{\tau}$ igual ao subscrito de $\mathbf{v}$ e somamos. Logo, obtemos $(\boldsymbol{\tau}:\nabla \mathbf{v}) = \Sigma_i \Sigma_j \tau_{ji} (\partial/\partial x_i) v_j$. Similarmente, $(\mathbf{v} \cdot [\nabla \cdot \boldsymbol{\tau}])$ pode ser escrito de uma vez como $\Sigma_i \Sigma_j v_j (\partial/\partial x_i) \tau_{ij}$, fazendo a operação dentro dos colchetes antes dos parênteses.

A fim de obter a i-ésima componente de uma grandeza vetorial, procedemos exatamente da mesma maneira. Para avaliar $[\boldsymbol{\tau} \cdot \mathbf{v}]_i$, estabelecemos o segundo índice do tensor τ igual ao índice sobre $\mathbf{v}$ e somamos para obter $\Sigma_j \tau_{ij} v_j$. Similarmente, a i-ésima componente de $[\nabla \cdot \rho \mathbf{v}\mathbf{v}]$ é obtida como $\Sigma_j (\partial/\partial x_j)(\rho v_j v_i)$. Tornando-se treinado com esse método, você pode economizar um bom tempo na interpretação das operações de ponto único e ponto duplo em coordenadas cartesianas.

EXERCÍCIOS

1. Faça todas as operações na Eq. A.4-6, escrevendo todos os somatórios em vez de usar a notação Σ.

2. Um campo $\mathbf{v}(x, y, z)$ é dito ser *irrotacional* se $[\nabla \times \mathbf{v}] = \mathbf{0}$. Quais dos seguintes campos são irrotacionais?

(a) $v_x = by \quad v_y = 0 \quad v_z = 0$

(b) $v_x = bx \quad v_y = 0 \quad v_z = 0$

(c) $v_x = by \quad v_y = bx \quad v_z = 0$

(d) $v_x = -by \quad v_y = bx \quad v_z = 0$

3. Avalie $(\nabla \cdot \mathbf{v})$, $\nabla \mathbf{v}$ e $[\nabla \cdot \mathbf{v}\mathbf{v}]$ para os quatro campos no Exercício 2.

4. Um vetor $\mathbf{v}$ tem as componentes

$$v_i = \sum_{j=1}^{3} \alpha_{ij} x_j$$

com $\alpha_{ij} = \alpha_{ji}$ e $\sum_{i=1}^{3} \alpha_{ii} = 0$; as α_{ij} são constantes. Avalie $(\nabla \cdot \mathbf{v})$, $[\nabla \times \mathbf{v}]$, $\nabla \mathbf{v}$, $(\nabla \mathbf{v})^\dagger$ e $[\nabla \cdot \mathbf{v}\mathbf{v}]$. (*Sugestão*: Em conexão com a avaliação de $[\nabla \times \mathbf{v}]$, ver Exercício 5 na Seção A.2.)

5. Verifique que $\nabla^2(\nabla \cdot \mathbf{v}) = (\nabla \cdot (\nabla^2 \mathbf{v}))$ e que $[\nabla \cdot (\nabla \mathbf{v})^\dagger] = \nabla(\nabla \cdot \mathbf{v})$.

6. Verifique que $(\nabla \cdot [\nabla \times \mathbf{v}]) = \mathbf{0}$ e $[\nabla \times \nabla s] = \mathbf{0}$.

7. Se $\mathbf{r}$ for o vetor posição (com componentes x_1, x_2, x_3) e $\mathbf{v}$ for qualquer vetor, mostre que

(a) $(\nabla \cdot \mathbf{r}) = 3$

(b) $[\nabla \times \mathbf{r}] = \mathbf{0}$

(c) $[\mathbf{r} \times [\nabla \cdot \mathbf{v}\mathbf{v}]] = [\nabla \cdot \mathbf{v}[\mathbf{r} \times \mathbf{v}]]$ (em que $\mathbf{v}$ é uma função de posição)

8. Desenvolva uma expressão alternativa para $[\nabla \times [\nabla \cdot s\mathbf{vv}]]$.

9. Se $\mathbf{r}$ for o vetor posição e r for sua magnitude, verifique que

(a) $\nabla \frac{1}{r} = -\frac{\mathbf{r}}{r^3}$ (c) $\nabla(\mathbf{a} \cdot \mathbf{r}) = \mathbf{a}$ se $\mathbf{a}$ for um vetor constante

(b) $\nabla f(r) = \frac{1}{r}\frac{df}{dr}\mathbf{r}$

10. Escreva totalmente em coordenadas cartesianas

(a) $\frac{\partial}{\partial t}\rho\mathbf{v} = -[\nabla \cdot \rho\mathbf{vv}] - \nabla p - [\nabla \cdot \boldsymbol{\tau}] + \rho g$

(b) $\boldsymbol{\tau} = -\mu\{\nabla\mathbf{v} + (\nabla\mathbf{v})^\dagger - \frac{2}{3}(\nabla \cdot \mathbf{v})\boldsymbol{\delta}\}$

A.5 TEOREMAS INTEGRAIS VETORIAIS E TENSORIAIS

Para fazer provas gerais em física do contínuo, vários teoremas integrais são extremamente úteis.

Teorema da Divergência de Gauss–Ostrogradskii

Se V for uma região fechada em um espaço envolvido por uma superfície S, então

$$\int_V (\nabla \cdot \mathbf{v})dV = \int_S (\mathbf{n} \cdot \mathbf{v})dS \qquad \text{(A.5-1)}$$

sendo $\mathbf{n}$ o vetor normal unitário apontado para fora. Isso é conhecido como o *teorema da divergência* de Gauss–Ostrogradskii. Dois teoremas estreitamente relacionados para escalares e tensores são

$$\int_V \nabla s\, dV = \int_S \mathbf{n}s\, dS \qquad \text{(A.5-2)}$$

$$\int_V [\nabla \cdot \boldsymbol{\tau}]\, dV = \int_S [\mathbf{n} \cdot \boldsymbol{\tau}]dS \qquad \text{(A.5-3)}^1$$

A última relação é válida também para produtos diádicos $\mathbf{vw}$. Note que, em todas as três equações, ∇ na integral de volume é apenas trocado por $\mathbf{n}$ na integral de superfície.

Teorema Rotacional de Stokes

Se S for uma superfície limitada por uma curva fechada C, então

$$\int_S (\mathbf{n} \cdot [\nabla \times \mathbf{v}])\, dS = \oint_C (\mathbf{t} \cdot \mathbf{v})dC \qquad \text{(A.5-4)}$$

onde $\mathbf{t}$ é um vetor unitário tangencial na direção de integração de C; $\mathbf{n}$ é o vetor unitário normal a S na direção em que um parafuso de rosca para a direita se moveria se sua cabeça fosse torcida na direção da integração de C. Há uma relação similar para tensores.[1]

Fórmula de Leibniz para Diferenciar uma Integral de Volume[2]

Seja V uma região móvel fechada em um espaço envolvido por uma superfície S; seja $\mathbf{v}_S$ a velocidade de qualquer elemento de superfície. Então, se $s(x, y, z, t)$ for uma função escalar de posição e tempo,

$$\frac{d}{dt}\int_V s\, dV = \int_V \frac{\partial s}{\partial t} dV + \int_S s(\mathbf{v}_S \cdot \mathbf{n})dS \qquad \text{(A.5-5)}$$

[1]Ver P. M. Morse and H. Feshbach, *Methods of Theoretical Physics,* McGraw-Hill, New York (1953), p. 66.

[2]M. D. Greenberg, *Foundations of Applied Mathematics*, Prentice-Hall, Englewood Cliffs, N.J. (1978), pp. 163-164.

Essa é uma extensão da *fórmula de Leibniz* para diferenciar uma única integral (ver Eq. C.3-2); mantenha em mente que $V = V(t)$ e $S = S(t)$. A Eq. A.5-5 se aplica também a vetores e tensores.

Se a integral for através de um volume, cuja superfície se move com a velocidade local do fluido (de modo que $\mathbf{v}_S = \mathbf{v}$), então o uso da equação da continuidade conduzirá ao útil resultado adicional:

$$\frac{d}{dt}\int_V \rho s\, dV = \int_V \rho \frac{Ds}{Dt}\, dV \qquad \text{(A.5-6)}$$

sendo ρ a densidade do fluido. A Eq. A.5-6 é algumas vezes chamada de *teorema do transporte de Reynolds.*

EXERCÍCIOS

1. Considere o campo vetorial

$$\mathbf{v} = \boldsymbol{\delta}_1 x_1 + \boldsymbol{\delta}_2 x_3 + \boldsymbol{\delta}_3 x_2$$

Avalie ambos os lados da Eq. A.5-1 sobre a região limitada pelos planos $x_1 = 0, x_1 = 1; x_2 = 0, x_2 = 2; x_3 = 0, x_3 = 4$.

2. Use o mesmo campo vetorial para avaliar ambos os lados da Eq. A.5-4 para a face $x_1 = 1$ no Exercício 1.

3. Considere a função escalar dependente do tempo:

$$s = x + y + zt$$

Avalie ambos os lados da Eq. A.5-6 sobre o volume limitado pelos planos $x = 0, x = t; y = 0, y = 2t; z = 0, z = 4t$. As grandezas x, y, z, t são adimensionais.

4. Use a Eq. A.5-4 (com $\mathbf{v}$ trocado por $\boldsymbol{\tau}$) para mostrar que, quando $\tau_{ki} = \sum_j \epsilon_{ijk} x_j$,

$$2\int_S \mathbf{n}\, dS = \oint_C [\mathbf{r} \times \mathbf{t}] dC$$

sendo $\mathbf{r}$ o vetor posição localizando um ponto sobre C em relação à origem.

5. Avalie ambos os lados da Eq. A.5-2 para a função $s(x, y, z) = x^2 + y^2 + z^2$. O volume V é o prisma triangular repousando entre os dois triângulos cujos vértices são (2, 0, 0), (2, 1, 0), (2, 0, 3) e (−2, 0, 0), (−2, 1, 0), (−2, 0, 3).

A.6 ÁLGEBRA VETORIAL E TENSORIAL EM COORDENADAS CURVILÍNEAS

Até agora, consideramos somente as coordenadas cartesianas x, y e z. Embora deduções formais sejam geralmente feitas em coordenadas cartesianas, é freqüentemente mais comum usar coordenadas curvilíneas para trabalhar problemas. Os dois sistemas mais usuais de coordenadas curvilíneas são o *cilíndrico* e o *esférico*. A seguir, discutiremos somente esses dois sistemas, porém o método pode ser também aplicado para todos os sistemas *ortogonais* de coordenadas — isto é, aqueles em que as três famílias de superfícies coordenadas são mutuamente perpendiculares.

Estamos interessados principalmente em saber como escrever várias operações diferenciais, tais como ∇s, $[\nabla \times \mathbf{v}]$ e $(\boldsymbol{\tau} : \nabla \mathbf{v})$ em coordenadas curvilíneas. Resulta que podemos fazer isso de uma maneira direta se soubermos, para o sistema de coordenadas sendo usado, duas coisas: (a) a expressão para ∇ em coordenadas curvilíneas e (b) as derivadas espaciais dos vetores unitários em coordenadas curvilíneas. Logo, queremos focar nossa atenção nesses dois pontos.

COORDENADAS CILÍNDRICAS

Em coordenadas cilíndricas, em vez de designar as coordenadas de um ponto por x, y, z, localizamos o ponto dando os valores de r, θ, z. Essas coordenadas[1] são mostradas na Fig. A.6-1*a*. Elas são relacionadas às coordenadas cartesianas por

[1]*Cuidado:* Escolhemos usar a notação familiar r, θ, z para coordenadas cilíndricas em vez de mudar para alguns símbolos menos familiares, embora haja duas situações em que pode acontecer confusão: (a) ocasionalmente, tem de se usar coordenadas cilíndricas e esféricas no mesmo problema, e os símbolos r e θ têm significados diferentes nos dois sistemas; (b) ocasionalmente, lida-se com o vetor posição $\mathbf{r}$ em problemas envolvendo coordenadas cilíndricas, mas a magnitude de $\mathbf{r}$ não é a mesma que a coordenada r, e sim $\sqrt{r^2 + z^2}$. Em tais situações, como na Fig. A.6-1, podemos usar as barras para as coordenadas cilíndricas e escrever $\bar{r}, \bar{\theta}, \bar{z}$. Para a maior parte da discussão, as barras não serão necessárias.

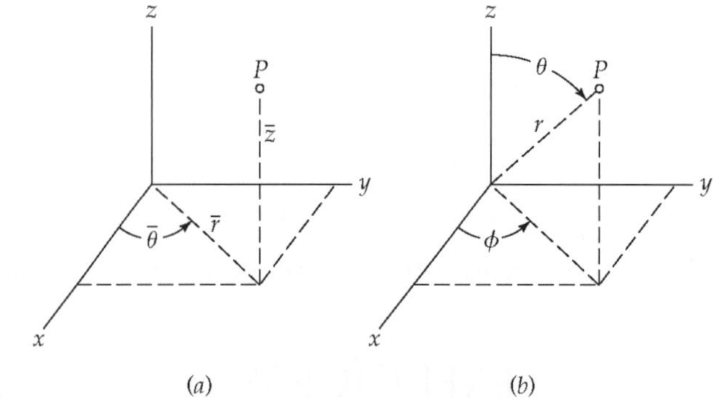

Fig. A.6-1 (a) Coordenadas cilíndricas[1] com $0 \leqslant \bar{r} < \infty$, $0 \leqslant \bar{\theta} < 2\pi$, $-\infty < \bar{z} < \infty$. (b) Coordenadas esféricas com $0 \leqslant r < \infty$, $0 \leqslant \theta < \pi$, $0 \leqslant \phi < 2\pi$. Note que $\bar{r}$ e $\bar{\theta}$ em coordenadas cilíndricas *não* são as mesmas que r e θ em coordenadas esféricas. Note, cuidadosamente, como o vetor posição $\mathbf{r}$ e seu comprimento r são escritos nos três sistemas de coordenadas:

Retangular:	$\mathbf{r} = \boldsymbol{\delta}_x x + \boldsymbol{\delta}_y y + \boldsymbol{\delta}_z z;$	$r = \sqrt{x^2 + y^2 + z^2}$
Cilíndrica:	$\mathbf{r} = \boldsymbol{\delta}_r \bar{r} + \boldsymbol{\delta}_z \bar{z};$	$r = \sqrt{\bar{r}^2 + \bar{z}^2}$
Esférica:	$\mathbf{r} = \boldsymbol{\delta}_r r;$	$r = r$

$$\begin{cases} x = r\cos\theta & \text{(A.6-1)} \\ y = r\,\text{sen}\,\theta & \text{(A.6-2)} \\ z = z & \text{(A.6-3)} \end{cases} \qquad \begin{aligned} r &= +\sqrt{x^2 + y^2} && \text{(A.6-4)} \\ \theta &= \text{arctg}\,(y/x) && \text{(A.6-5)} \\ z &= z && \text{(A.6-6)} \end{aligned}$$

Para converter derivadas de escalares em relação a x, y, z em derivadas em relação a r, θ, z, usa-se a "regra da cadeia" de diferenciação parcial.[2] Os operadores de derivada são prontamente relacionados assim:

$$\begin{cases} \dfrac{\partial}{\partial x} = (\cos\theta)\dfrac{\partial}{\partial r} + \left(-\dfrac{\text{sen}\,\theta}{r}\right)\dfrac{\partial}{\partial\theta} + (0)\dfrac{\partial}{\partial z} & \text{(A.6-7)} \\ \dfrac{\partial}{\partial y} = (\text{sen}\,\theta)\dfrac{\partial}{\partial r} + \left(\dfrac{\cos\theta}{r}\right)\dfrac{\partial}{\partial\theta} + (0)\dfrac{\partial}{\partial z} & \text{(A.6-8)} \\ \dfrac{\partial}{\partial z} = (0)\dfrac{\partial}{\partial r} + (0)\dfrac{\partial}{\partial\theta} + (1)\dfrac{\partial}{\partial z} & \text{(A.6-9)} \end{cases}$$

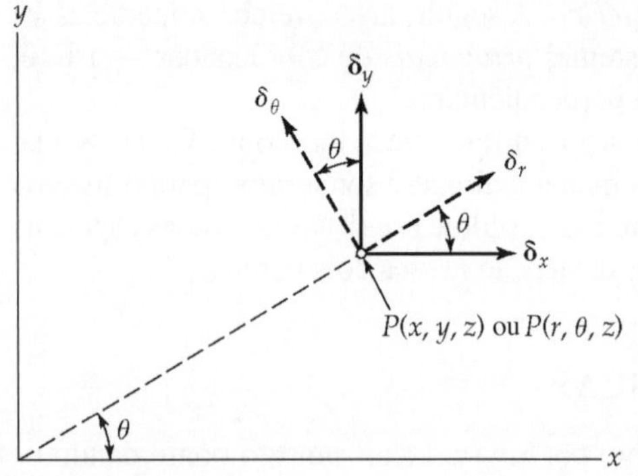

Fig. A.6-2 Vetores unitários em coordenadas retangulares e cilíndricas. O eixo z e o vetor unitário $\boldsymbol{\delta}_z$.

---

[2] Por exemplo, para uma função escalar $X(x, y, z) = \psi(r, \theta, z)$:

$$\left(\frac{\partial X}{\partial x}\right)_{y,z} = \left(\frac{\partial r}{\partial x}\right)_{y,z}\left(\frac{\partial \psi}{\partial r}\right)_{\theta,z} + \left(\frac{\partial \theta}{\partial x}\right)_{y,z}\left(\frac{\partial \psi}{\partial \theta}\right)_{r,z} + \left(\frac{\partial z}{\partial x}\right)_{y,z}\left(\frac{\partial \psi}{\partial z}\right)_{r,\theta}$$

Observe que somos cuidadosos em usar símbolos diferentes X e ψ, uma vez que as funções de X e ψ com x, y, z são diferentes.

Com essas relações, as derivadas de quaisquer funções escalares (incluindo, naturalmente, as componentes de vetores e tensores) em relação a x, y e z podem ser expressas em termos de derivadas com respeito a r, θ, z.

Após ter discutido a inter-relação das coordenadas e derivadas nos dois sistemas de coordenadas, voltamos agora para a relação entre os vetores unitários. Começamos notando que os vetores unitários $\boldsymbol{\delta}_x$, $\boldsymbol{\delta}_y$, $\boldsymbol{\delta}_z$ (ou $\boldsymbol{\delta}_1$, $\boldsymbol{\delta}_2$, $\boldsymbol{\delta}_3$ como os temos chamados) são independentes da posição — isto é, independentes de x, y, z. Em coordenadas cilíndricas, os vetores unitários $\boldsymbol{\delta}_r$ e $\boldsymbol{\delta}_\theta$ dependem da posição, como podemos ver na Fig. A.6-2. O vetor unitário $\boldsymbol{\delta}_r$ é um vetor de comprimento unitário na direção crescente de r; o vetor unitário $\boldsymbol{\delta}_\theta$ é um vetor de comprimento unitário na direção crescente de θ. Claramente, à medida que o ponto P se move ao redor do plano xy, as direções de $\boldsymbol{\delta}_r$ e $\boldsymbol{\delta}_\theta$ mudam. Argumentos trigonométricos elementares conduzem às seguintes relações:

$$\begin{cases} \boldsymbol{\delta}_r = (\cos\theta)\boldsymbol{\delta}_x + (\operatorname{sen}\theta)\boldsymbol{\delta}_y + (0)\boldsymbol{\delta}_z & \text{(A.6-10)} \\ \boldsymbol{\delta}_\theta = (-\operatorname{sen}\theta)\boldsymbol{\delta}_x + (\cos\theta)\boldsymbol{\delta}_y + (0)\boldsymbol{\delta}_z & \text{(A.6-11)} \\ \boldsymbol{\delta}_z = (0)\boldsymbol{\delta}_x + (0)\boldsymbol{\delta}_y + (1)\boldsymbol{\delta}_z & \text{(A.6-12)} \end{cases}$$

Essas podem ser resolvidas para $\boldsymbol{\delta}_x$, $\boldsymbol{\delta}_y$, $\boldsymbol{\delta}_z$ para dar

$$\begin{cases} \boldsymbol{\delta}_x = (\cos\theta)\boldsymbol{\delta}_r + (-\operatorname{sen}\theta)\boldsymbol{\delta}_\theta + (0)\boldsymbol{\delta}_z & \text{(A.6-13)} \\ \boldsymbol{\delta}_y = (\operatorname{sen}\theta)\boldsymbol{\delta}_r + (\cos\theta)\boldsymbol{\delta}_\theta + (0)\boldsymbol{\delta}_z & \text{(A.6-14)} \\ \boldsymbol{\delta}_z = (0)\boldsymbol{\delta}_r + (0)\boldsymbol{\delta}_\theta + (1)\boldsymbol{\delta}_z & \text{(A.6-15)} \end{cases}$$

A utilidade desses dois conjuntos de relações ficará clara na próxima seção.

Vetores e tensores podem ser decompostos em componentes com respeito a coordenadas cilíndricas, da mesma forma como foi feito para coordenadas cartesianas nas Eqs. A.2-16 e A.3-7 (ou seja, $v = \boldsymbol{\delta}_r v_r + \boldsymbol{\delta}_\theta v_\theta + \boldsymbol{\delta}_z v_z$). Além disso, as regras de multiplicação para os vetores unitários e as díadas unitárias são os mesmos que nas Eqs. A.2-14 e 15, e A.3-1 a 6. Conseqüentemente, as várias operações com ponto simples e com xis (porém, *não* as equações diferenciais!) são feitas como descrito nas Seções A.2 e 3. Por exemplo,

$$(\mathbf{v}\cdot\mathbf{w}) = v_r w_r + v_\theta w_\theta + v_z w_z \qquad \text{(A.6-16)}$$

$$[\mathbf{v}\times\mathbf{w}] = \boldsymbol{\delta}_r(v_\theta w_z - v_z w_\theta) + \boldsymbol{\delta}_\theta(v_z w_r - v_r w_z) + \boldsymbol{\delta}_z(v_r w_\theta - v_\theta w_r) \qquad \text{(A.6-17)}$$

$$\begin{aligned}\{\boldsymbol{\sigma}\cdot\boldsymbol{\tau}\} = {} & \boldsymbol{\delta}_r\boldsymbol{\delta}_r(\sigma_{rr}\tau_{rr} + \sigma_{r\theta}\tau_{\theta r} + \sigma_{rz}\tau_{zr}) \\ & + \boldsymbol{\delta}_r\boldsymbol{\delta}_\theta(\sigma_{rr}\tau_{r\theta} + \sigma_{r\theta}\tau_{\theta\theta} + \sigma_{rz}\tau_{z\theta}) \\ & + \boldsymbol{\delta}_r\boldsymbol{\delta}_z(\sigma_{rr}\tau_{rz} + \sigma_{r\theta}\tau_{\theta z} + \sigma_{rz}\tau_{zz}) \\ & + \text{etc.} \end{aligned} \qquad \text{(A.6-18)}$$

COORDENADAS ESFÉRICAS

Agora, tabelamos para referência o mesmo tipo de informação para coordenadas esféricas r, θ, ϕ. Essas coordenadas são mostradas na Fig. A.6-1*b*. Elas estão relacionadas às coordenadas cartesianas por

$$\begin{cases} x = r\operatorname{sen}\theta\cos\phi & \text{(A.6-19)} \qquad r = +\sqrt{x^2+y^2+z^2} & \text{(A.6-22)} \\ y = r\operatorname{sen}\theta\operatorname{sen}\phi & \text{(A.6-20)} \qquad \theta = \operatorname{arctg}(\sqrt{x^2+y^2}/z) & \text{(A.6-23)} \\ z = r\cos\theta & \text{(A.6-21)} \qquad \phi = \operatorname{arctg}(y/x) & \text{(A.6-24)} \end{cases}$$

Para coordenadas esféricas, temos as seguintes relações para os operadores de derivada:

$$\begin{cases} \dfrac{\partial}{\partial x} = (\operatorname{sen}\theta\cos\phi)\dfrac{\partial}{\partial r} + \left(\dfrac{\cos\theta\cos\phi}{r}\right)\dfrac{\partial}{\partial\theta} + \left(-\dfrac{\operatorname{sen}\phi}{r\operatorname{sen}\theta}\right)\dfrac{\partial}{\partial\phi} & \text{(A.6-25)} \\ \dfrac{\partial}{\partial y} = (\operatorname{sen}\theta\operatorname{sen}\phi)\dfrac{\partial}{\partial r} + \left(\dfrac{\cos\theta\operatorname{sen}\phi}{r}\right)\dfrac{\partial}{\partial\theta} + \left(\dfrac{\cos\phi}{r\operatorname{sen}\theta}\right)\dfrac{\partial}{\partial\phi} & \text{(A.6-26)} \\ \dfrac{\partial}{\partial z} = (\cos\theta)\dfrac{\partial}{\partial r} + \left(-\dfrac{\operatorname{sen}\theta}{r}\right)\dfrac{\partial}{\partial\theta} + (0)\dfrac{\partial}{\partial\phi} & \text{(A.6-27)} \end{cases}$$

As relações entre os vetores unitários são

$$\begin{cases} \boldsymbol{\delta}_r = (\text{sen}\ \theta\ \cos\ \phi)\boldsymbol{\delta}_x + (\text{sen}\ \theta\ \text{sen}\ \phi)\boldsymbol{\delta}_y + (\cos\ \theta)\boldsymbol{\delta}_z & \text{(A.6-28)} \\ \boldsymbol{\delta}_\theta = (\cos\ \theta\ \cos\ \phi)\boldsymbol{\delta}_x + (\cos\ \theta\ \text{sen}\ \phi)\boldsymbol{\delta}_y + (-\ \text{sen}\ \theta)\boldsymbol{\delta}_z & \text{(A.6-29)} \\ \boldsymbol{\delta}_\phi = (-\ \text{sen}\ \phi)\boldsymbol{\delta}_x + (\cos\ \phi)\boldsymbol{\delta}_y + (0)\boldsymbol{\delta}_z & \text{(A.6-30)} \end{cases}$$

e

$$\begin{cases} \boldsymbol{\delta}_x = (\text{sen}\ \theta\ \cos\ \phi)\boldsymbol{\delta}_r + (\cos\ \theta\ \cos\ \phi)\boldsymbol{\delta}_\theta + (-\ \text{sen}\ \phi)\boldsymbol{\delta}_\phi & \text{(A.6-31)} \\ \boldsymbol{\delta}_y = (\text{sen}\ \theta\ \text{sen}\ \phi)\boldsymbol{\delta}_r + (\cos\ \theta\ \text{sen}\ \phi)\boldsymbol{\delta}_\theta + (\cos\ \phi)\boldsymbol{\delta}_\phi & \text{(A.6-32)} \\ \boldsymbol{\delta}_z = (\cos\ \theta)\boldsymbol{\delta}_r + (-\ \text{sen}\ \theta)\boldsymbol{\delta}_\theta + (0)\boldsymbol{\delta}_\phi & \text{(A.6-33)} \end{cases}$$

E, finalmente, algumas amostras de operações em coordenadas esféricas são

$$\begin{aligned} (\boldsymbol{\sigma}:\boldsymbol{\tau}) &= \sigma_{rr}\tau_{rr} + \sigma_{r\theta}\tau_{\theta r} + \sigma_{r\phi}\tau_{\phi r} \\ &+ \sigma_{\theta r}\tau_{r\theta} + \sigma_{\theta\theta}\tau_{\theta\theta} + \sigma_{\theta\phi}\tau_{\phi\theta} \\ &+ \sigma_{\phi r}\tau_{r\phi} + \sigma_{\phi\theta}\tau_{\theta\phi} + \sigma_{\phi\phi}\tau_{\phi\phi} \end{aligned} \qquad \text{(A.6-34)}$$

$$(\mathbf{u}\cdot[\mathbf{v}\times\mathbf{w}]) = \begin{vmatrix} u_r & u_\theta & u_\phi \\ v_r & v_\theta & v_\phi \\ w_r & w_\theta & w_\phi \end{vmatrix} \qquad \text{(A.6-35)}$$

Isto é, as relações (não envolvendo $\boldsymbol{\nabla}$!) dadas nas Seções A.2 e 3 podem ser escritas diretamente em termos dos componentes esféricos.

EXERCÍCIOS

1. Mostre que

$$\int_0^{2\pi}\int_0^{\pi} \boldsymbol{\delta}_r\ \text{sen}\ \theta\ d\theta\ d\phi = \mathbf{0}$$

$$\int_0^{2\pi}\int_0^{\pi} \boldsymbol{\delta}_r\boldsymbol{\delta}_r\ \text{sen}\ \theta\ d\theta\ d\phi = \tfrac{4}{3}\pi\boldsymbol{\delta}$$

sendo $\boldsymbol{\delta}_r$ o vetor unitário na direção r em coordenadas esféricas.

2. Verifique que em coordenadas esféricas $\boldsymbol{\delta} = \boldsymbol{\delta}_r\boldsymbol{\delta}_r + \boldsymbol{\delta}_\theta\boldsymbol{\delta}_\theta + \boldsymbol{\delta}_\phi\boldsymbol{\delta}_\phi$.

A.7 OPERAÇÕES DIFERENCIAIS EM COORDENADAS CURVILÍNEAS

Voltaremos agora ao uso do operador $\boldsymbol{\nabla}$ em coordenadas curvilíneas. Como na seção prévia, trabalharemos em detalhes os resultados para coordenadas cilíndricas e esféricas. Resumiremos então o procedimento para obter as operações com $\boldsymbol{\nabla}$ para quaisquer coordenadas curvilíneas ortogonais.

COORDENADAS CILÍNDRICAS

Das Eqs. A.6-10, 11 e 12, podemos obter expressões para as derivadas espaciais dos vetores unitários $\boldsymbol{\delta}_r$, $\boldsymbol{\delta}_\theta$ e $\boldsymbol{\delta}_z$:

$$\boxed{\frac{\partial}{\partial r}\boldsymbol{\delta}_r = 0 \qquad \frac{\partial}{\partial r}\boldsymbol{\delta}_\theta = 0 \qquad \frac{\partial}{\partial r}\boldsymbol{\delta}_z = 0} \qquad \text{(A.7-1)}$$

$$\boxed{\frac{\partial}{\partial \theta}\boldsymbol{\delta}_r = \boldsymbol{\delta}_\theta \qquad \frac{\partial}{\partial \theta}\boldsymbol{\delta}_\theta = -\boldsymbol{\delta}_r \qquad \frac{\partial}{\partial \theta}\boldsymbol{\delta}_z = 0} \qquad \text{(A.7-2)}$$

$$\boxed{\frac{\partial}{\partial z}\boldsymbol{\delta}_r = 0 \qquad \frac{\partial}{\partial z}\boldsymbol{\delta}_\theta = 0 \qquad \frac{\partial}{\partial z}\boldsymbol{\delta}_z = 0} \qquad \text{(A.7-3)}$$

O leitor deveria interpretar essas derivadas geometricamente, considerando a maneira pela qual $\boldsymbol{\delta}_r$, $\boldsymbol{\delta}_\theta$, $\boldsymbol{\delta}_z$ variam à medida que *P* é mudado na Fig. A.6-2.

Usamos agora a definição do operador $\boldsymbol{\nabla}$ na Eq. A.4-1, as expressões nas Eqs. A.6-13, 14 e 15 e os operadores de derivada nas Eqs. A.6-7, 8 e 9 para obter a fórmula para $\boldsymbol{\nabla}$ em coordenadas cilíndricas

$$\begin{aligned}\nabla &= \boldsymbol{\delta}_x \frac{\partial}{\partial x} + \boldsymbol{\delta}_y \frac{\partial}{\partial y} + \boldsymbol{\delta}_z \frac{\partial}{\partial z} \\ &= (\boldsymbol{\delta}_r \cos\theta - \boldsymbol{\delta}_\theta \operatorname{sen}\theta)\left(\cos\theta \frac{\partial}{\partial r} - \frac{\operatorname{sen}\theta}{r}\frac{\partial}{\partial \theta}\right) \\ &\quad + (\boldsymbol{\delta}_r \operatorname{sen}\theta + \boldsymbol{\delta}_\theta \cos\theta)\left(\operatorname{sen}\theta \frac{\partial}{\partial r} + \frac{\cos\theta}{r}\frac{\partial}{\partial \theta}\right) + \boldsymbol{\delta}_z \frac{\partial}{\partial z}\end{aligned} \tag{A.7-4}$$

Quando os termos são multiplicados, há uma simplificação considerável e obtemos

$$\boxed{\nabla = \boldsymbol{\delta}_r \frac{\partial}{\partial r} + \boldsymbol{\delta}_\theta \frac{1}{r}\frac{\partial}{\partial \theta} + \boldsymbol{\delta}_z \frac{\partial}{\partial z}} \tag{A.7-5}$$

para coordenadas *cilíndricas*. Isso pode ser usado para obter todas as operações diferenciais em coordenadas cilíndricas, de modo que as Eqs. A.7-1, 2 e 3 são usadas para diferenciar quaisquer vetores unitários em que $\boldsymbol{\nabla}$ opere. Esse ponto será deixado claro no próximo exemplo ilustrativo.

COORDENADAS ESFÉRICAS

As derivadas espaciais de $\boldsymbol{\delta}_r$, $\boldsymbol{\delta}_\theta$ e $\boldsymbol{\delta}_\phi$ são obtidas diferenciando-se as Eqs. A.6-28, 29 e 30:

$$\boxed{\frac{\partial}{\partial r}\boldsymbol{\delta}_r = 0 \qquad \frac{\partial}{\partial r}\boldsymbol{\delta}_\theta = 0 \qquad \frac{\partial}{\partial r}\boldsymbol{\delta}_\phi = 0} \tag{A.7-6}$$

$$\boxed{\frac{\partial}{\partial \theta}\boldsymbol{\delta}_r = \boldsymbol{\delta}_\theta \qquad \frac{\partial}{\partial \theta}\boldsymbol{\delta}_\theta = -\boldsymbol{\delta}_r \qquad \frac{\partial}{\partial \theta}\boldsymbol{\delta}_\phi = 0} \tag{A.7-7}$$

$$\boxed{\frac{\partial}{\partial \phi}\boldsymbol{\delta}_r = \boldsymbol{\delta}_\phi \operatorname{sen}\theta \qquad \frac{\partial}{\partial \phi}\boldsymbol{\delta}_\theta = \boldsymbol{\delta}_\phi \cos\theta \qquad \frac{\partial}{\partial \phi}\boldsymbol{\delta}_\phi = -\boldsymbol{\delta}_r \operatorname{sen}\theta - \boldsymbol{\delta}_\theta \cos\theta} \tag{A.7-8}$$

O uso das Eqs. A.6-31, 32 e 33 e das Eqs. A.6-25, 26 e 27 na Eq. A.4-1 fornece a seguinte expressão para o operador $\boldsymbol{\nabla}$:

$$\boxed{\nabla = \boldsymbol{\delta}_r \frac{\partial}{\partial r} + \boldsymbol{\delta}_\theta \frac{1}{r}\frac{\partial}{\partial \theta} + \boldsymbol{\delta}_\phi \frac{1}{r \operatorname{sen}\theta}\frac{\partial}{\partial \phi}} \tag{A.7-9}$$

em coordenadas *esféricas*. Essa expressão pode ser usada para obter operações diferenciais em coordenadas esféricas, de modo que as Eqs. A.7-6, 7 e 8 são usadas para diferenciar os vetores unitários.

COORDENADAS ORTOGONAIS GERAIS

Até agora, discutimos os dois sistemas mais usados de coordenadas curvilíneas. Apresentamos agora, sem prova, as relações para quaisquer coordenadas curvilíneas ortogonais. Seja a relação entre as coordenadas cartesianas x_i e as coordenadas curvilíneas q_α dada por

$$\begin{cases} x_1 = x_1(q_1, q_2, q_3) \\ x_2 = x_2(q_1, q_2, q_3) \\ x_3 = x_3(q_1, q_2, q_3) \end{cases} \quad \text{ou} \quad x_i = x_i(q_\alpha) \tag{A.7-10}$$

Essas equações podem ser resolvidas para q_α a fim de obter as relações inversas $q_\alpha = q_\alpha(x_i)$. Então,[1] os vetores unitários $\boldsymbol{\delta}_i$ em coordenadas retangulares e os $\boldsymbol{\delta}_\alpha$ em coordenadas curvilíneas estão relacionados assim:

$$\begin{cases} \boldsymbol{\delta}_\alpha = \sum_i h_\alpha \left(\frac{\partial q_\alpha}{\partial x_i}\right)\boldsymbol{\delta}_i = \sum_i \frac{1}{h_\alpha}\left(\frac{\partial x_i}{\partial q_\alpha}\right)\boldsymbol{\delta}_i & \text{(A.7-11)} \\ \boldsymbol{\delta}_i = \sum_\alpha h_\alpha \left(\frac{\partial q_\alpha}{\partial x_i}\right)\boldsymbol{\delta}_\alpha = \sum_\alpha \frac{1}{h_\alpha}\left(\frac{\partial x_i}{\partial q_\alpha}\right)\boldsymbol{\delta}_\alpha & \text{(A.7-12)} \end{cases}$$

sendo os "fatores de escala" h_α dados por

$$h_\alpha^2 = \sum_i \left(\frac{\partial x_i}{\partial q_\alpha}\right)^2 = \left[\sum_i \left(\frac{\partial q_\alpha}{\partial x_i}\right)^2\right]^{-1} \tag{A.7-13}$$

As derivadas espaciais dos vetores unitários $\boldsymbol{\delta}_\alpha$ podem ser encontradas como sendo

$$\boxed{\frac{\partial \boldsymbol{\delta}_\alpha}{\partial q_\beta} = \frac{\boldsymbol{\delta}_\beta}{h_\alpha}\frac{\partial h_\beta}{\partial q_\alpha} - \delta_{\alpha\beta}\sum_{\gamma=1}^{3}\frac{\boldsymbol{\delta}_\gamma}{h_\gamma}\frac{\partial h_\alpha}{\partial q_\gamma}} \tag{A.7-14}$$

e o operador $\boldsymbol{\nabla}$ como sendo

$$\boxed{\boldsymbol{\nabla} = \sum_\alpha \frac{\boldsymbol{\delta}_\alpha}{h_\alpha}\frac{\partial}{\partial q_\alpha}} \tag{A.7-15}$$

O leitor deve verificar que as Eqs. A.7-14 e 15 podem ser usadas para obter as Eqs. A.7-1 a 3, A.7-5 e A.7-6 a 9.

Das Eqs. A.7-15 e 14, podemos obter agora as seguintes expressões para as operações mais simples de $\boldsymbol{\nabla}$:

$$(\boldsymbol{\nabla} \cdot \mathbf{v}) = \frac{1}{h_1 h_2 h_3}\sum_\alpha \frac{\partial}{\partial q_\alpha}\left(\frac{h_1 h_2 h_3}{h_\alpha} v_\alpha\right) \tag{A.7-16}$$

$$\nabla^2 s = \frac{1}{h_1 h_2 h_3}\sum_\alpha \frac{\partial}{\partial q_\alpha}\left(\frac{h_1 h_2 h_3}{h_\alpha^2}\frac{\partial s}{\partial q_\alpha}\right) \tag{A.7-17}$$

$$[\boldsymbol{\nabla} \times \mathbf{v}] = \frac{1}{h_1 h_2 h_3}\begin{vmatrix} h_1\boldsymbol{\delta}_1 & h_2\boldsymbol{\delta}_2 & h_3\boldsymbol{\delta}_3 \\ \frac{\partial}{\partial q_1} & \frac{\partial}{\partial q_2} & \frac{\partial}{\partial q_3} \\ h_1 v_1 & h_2 v_2 & h_3 v_3 \end{vmatrix} \tag{A.7-18}$$

Na última expressão, os vetores unitários são aqueles que pertencem ao sistema de coordenadas curvilíneas. Operações adicionais podem ser encontradas em Morse e Feshbach.[1]

Os fatores de escala, introduzidos anteriormente, aparecem agora nas expressões para o volume e os elementos de superfície $dV = h_1 h_2 h_3 dq_1 dq_2 dq_3$ e $dS_{\alpha\beta} = h_\alpha h_\beta dq_\alpha dq_\beta$ ($\alpha \neq \beta$); aqui, $dS_{\alpha\beta}$ é o elemento de superfície sobre uma superfície de γ constante, em que $\gamma \neq \alpha$ e $\gamma \neq \beta$. O leitor deve verificar que os elementos de volume e os vários elementos de superfície em coordenadas cilíndricas e esféricas podem ser encontrados dessa maneira.

Nas Tabelas A.7-1, 2 e 3, resumimos as operações diferenciais mais comumente encontradas em coordenadas cartesianas, cilíndricas e esféricas.[2] As expressões dadas para coordenadas curvilíneas podem ser obtidas pelo método ilustrado nos dois exemplos seguintes.

EXEMPLO A.7-1

Operações Diferenciais em Coordenadas Cilíndricas

Deduza as expressões para $(\boldsymbol{\nabla} \cdot \mathbf{v})$ e $\boldsymbol{\nabla}\mathbf{v}$ em coordenadas cilíndricas.

SOLUÇÃO

(a) Começamos escrevendo $\boldsymbol{\nabla}$ em coordenadas cilíndricas e decompondo $\mathbf{v}$ em seus componentes

$$(\boldsymbol{\nabla} \cdot \mathbf{v}) = \left(\left\{\boldsymbol{\delta}_r \frac{\partial}{\partial r} + \boldsymbol{\delta}_\theta \frac{1}{r}\frac{\partial}{\partial \theta} + \boldsymbol{\delta}_z \frac{\partial}{\partial z}\right\} \cdot \{\boldsymbol{\delta}_r v_r + \boldsymbol{\delta}_\theta v_\theta + \boldsymbol{\delta}_z v_z\}\right) \tag{A.7-19}$$

[1] P. Morse and H. Feshbach, *Methods of Theoretical Physics*, McGraw-Hill, New York (1953), p. 26 and p. 115.

[2] Para outros sistemas de coordenadas, ver a compilação extensa de P. Moon and D. E. Spencer, *Field Theory Handbook*, Springer, Berlin (1961). Além disso, um sistema de coordenadas ortogonais está disponível em que um dos três conjuntos de superfícies coordenadas é composto de cones coaxiais (mas com vértices não coincidentes); tudo das operações com $\boldsymbol{\nabla}$ foi tabelado pelos criadores desse sistema de coordenadas, J. F. Dijksman and E. P. W. Savenije, *Rheol. Acta*, **24**, 105-118 (1985).

Expandindo, obtemos

$$(\nabla \cdot \mathbf{v}) = \left(\boldsymbol{\delta}_r \cdot \frac{\partial}{\partial r} \boldsymbol{\delta}_r v_r\right) + \left(\boldsymbol{\delta}_r \cdot \frac{\partial}{\partial r} \boldsymbol{\delta}_\theta v_\theta\right) + \left(\boldsymbol{\delta}_r \cdot \frac{\partial}{\partial r} \boldsymbol{\delta}_z v_z\right)$$
$$+ \left(\boldsymbol{\delta}_\theta \cdot \frac{1}{r}\frac{\partial}{\partial \theta} \boldsymbol{\delta}_r v_r\right) + \left(\boldsymbol{\delta}_\theta \cdot \frac{1}{r}\frac{\partial}{\partial \theta} \boldsymbol{\delta}_\theta v_\theta\right) + \left(\boldsymbol{\delta}_\theta \cdot \frac{1}{r}\frac{\partial}{\partial \theta} \boldsymbol{\delta}_z v_z\right)$$
$$+ \left(\boldsymbol{\delta}_z \cdot \frac{\partial}{\partial z} \boldsymbol{\delta}_r v_r\right) + \left(\boldsymbol{\delta}_z \cdot \frac{\partial}{\partial z} \boldsymbol{\delta}_\theta v_\theta\right) + \left(\boldsymbol{\delta}_z \cdot \frac{\partial}{\partial z} \boldsymbol{\delta}_z v_z\right) \quad \text{(A.7-20)}$$

Usamos agora as relações dadas nas Eqs. A.7-1, 2 e 3 a fim de avaliar as derivadas dos vetores unitários. Isso dá

$$(\nabla \cdot \mathbf{v}) = (\boldsymbol{\delta}_r \cdot \boldsymbol{\delta}_r)\frac{\partial v_r}{\partial r} + (\boldsymbol{\delta}_r \cdot \boldsymbol{\delta}_\theta)\frac{\partial v_\theta}{\partial r} + (\boldsymbol{\delta}_r \cdot \boldsymbol{\delta}_z)\frac{\partial v_z}{\partial r} + (\boldsymbol{\delta}_\theta \cdot \boldsymbol{\delta}_r)\frac{1}{r}\frac{\partial v_r}{\partial \theta}$$
$$+ (\boldsymbol{\delta}_\theta \cdot \boldsymbol{\delta}_\theta)\frac{1}{r}\frac{\partial v_\theta}{\partial \theta} + (\boldsymbol{\delta}_\theta \cdot \boldsymbol{\delta}_z)\frac{1}{r}\frac{\partial v_z}{\partial \theta} + \frac{v_r}{r}(\boldsymbol{\delta}_\theta \cdot \boldsymbol{\delta}_\theta) + \frac{v_\theta}{r}(\boldsymbol{\delta}_\theta \cdot \{-\boldsymbol{\delta}_r\})$$
$$+ (\boldsymbol{\delta}_z \cdot \boldsymbol{\delta}_r)\frac{\partial v_r}{\partial z} + (\boldsymbol{\delta}_z \cdot \boldsymbol{\delta}_\theta)\frac{\partial v_\theta}{\partial z} + (\boldsymbol{\delta}_z \cdot \boldsymbol{\delta}_z)\frac{\partial v_z}{\partial z} \quad \text{(A.7-21)}$$

Uma vez que $(\boldsymbol{\delta}_r \cdot \boldsymbol{\delta}_r) = 1$, $(\boldsymbol{\delta}_r \cdot \boldsymbol{\delta}_\theta) = 0$ e assim por diante, a Eq. A.7-21 se simplifica para

$$(\nabla \cdot \mathbf{v}) = \frac{\partial v_r}{\partial r} + \frac{1}{r}\frac{\partial v_\theta}{\partial \theta} + \frac{v_r}{r} + \frac{\partial v_z}{\partial z} \quad \text{(A.7-22)}$$

que é a mesma Eq. A da Tabela A.7-2. O procedimento é um pouco tedioso, porém é *direto*.

TABELA A.7-1 Sumário das Operações Diferenciais Envolvendo o Operador ∇ em Coordenadas Cartesianas (x, y, z)

$$(\nabla \cdot \mathbf{v}) = \frac{\partial v_x}{\partial x} + \frac{\partial v_y}{\partial y} + \frac{\partial v_z}{\partial z} \quad \text{(A)}$$

$$(\nabla^2 s) = \frac{\partial^2 s}{\partial x^2} + \frac{\partial^2 s}{\partial y^2} + \frac{\partial^2 s}{\partial z^2} \quad \text{(B)}$$

$$(\boldsymbol{\tau}:\nabla \mathbf{v}) = \tau_{xx}\left(\frac{\partial v_x}{\partial x}\right) + \tau_{xy}\left(\frac{\partial v_x}{\partial y}\right) + \tau_{xz}\left(\frac{\partial v_x}{\partial z}\right)$$
$$+ \tau_{yx}\left(\frac{\partial v_y}{\partial x}\right) + \tau_{yy}\left(\frac{\partial v_y}{\partial y}\right) + \tau_{yz}\left(\frac{\partial v_y}{\partial z}\right)$$
$$+ \tau_{zx}\left(\frac{\partial v_z}{\partial x}\right) + \tau_{zy}\left(\frac{\partial v_z}{\partial y}\right) + \tau_{zz}\left(\frac{\partial v_z}{\partial z}\right) \quad \text{(C)}$$

$$[\nabla s]_x = \frac{\partial s}{\partial x} \quad \text{(D)}$$

$$[\nabla s]_y = \frac{\partial s}{\partial y} \quad \text{(E)}$$

$$[\nabla s]_z = \frac{\partial s}{\partial z} \quad \text{(F)}$$

$$[\nabla \times \mathbf{v}]_x = \frac{\partial v_z}{\partial y} - \frac{\partial v_y}{\partial z} \quad \text{(G)}$$

$$[\nabla \times \mathbf{v}]_y = \frac{\partial v_x}{\partial z} - \frac{\partial v_z}{\partial x} \quad \text{(H)}$$

$$[\nabla \times \mathbf{v}]_z = \frac{\partial v_y}{\partial x} - \frac{\partial v_x}{\partial y} \quad \text{(I)}$$

$$[\nabla \cdot \boldsymbol{\tau}]_x = \frac{\partial \tau_{xx}}{\partial x} + \frac{\partial \tau_{yx}}{\partial y} + \frac{\partial \tau_{zx}}{\partial z} \quad \text{(J)}$$

$$[\nabla \cdot \boldsymbol{\tau}]_y = \frac{\partial \tau_{xy}}{\partial x} + \frac{\partial \tau_{yy}}{\partial y} + \frac{\partial \tau_{zy}}{\partial z} \quad \text{(K)}$$

TABELA A.7-1 Sumário das Operações Diferenciais Envolvendo o Operador ∇ em Coordenadas Cartesianas (*x, y, z*) – *(Cont.)*

$$[\nabla \cdot \boldsymbol{\tau}]_z = \frac{\partial \tau_{xz}}{\partial x} + \frac{\partial \tau_{yz}}{\partial y} + \frac{\partial \tau_{zz}}{\partial z} \quad \text{(L)}$$

$$[\nabla^2 \mathbf{v}]_x = \frac{\partial^2 v_x}{\partial x^2} + \frac{\partial^2 v_x}{\partial y^2} + \frac{\partial^2 v_x}{\partial z^2} \quad \text{(M)}$$

$$[\nabla^2 \mathbf{v}]_y = \frac{\partial^2 v_y}{\partial x^2} + \frac{\partial^2 v_y}{\partial y^2} + \frac{\partial^2 v_y}{\partial z^2} \quad \text{(N)}$$

$$[\nabla^2 \mathbf{v}]_z = \frac{\partial^2 v_z}{\partial x^2} + \frac{\partial^2 v_z}{\partial y^2} + \frac{\partial^2 v_z}{\partial z^2} \quad \text{(O)}$$

$$[\mathbf{v} \cdot \nabla \mathbf{w}]_x = v_x\left(\frac{\partial w_x}{\partial x}\right) + v_y\left(\frac{\partial w_x}{\partial y}\right) + v_z\left(\frac{\partial w_x}{\partial z}\right) \quad \text{(P)}$$

$$[\mathbf{v} \cdot \nabla \mathbf{w}]_y = v_x\left(\frac{\partial w_y}{\partial x}\right) + v_y\left(\frac{\partial w_y}{\partial y}\right) + v_z\left(\frac{\partial w_y}{\partial z}\right) \quad \text{(Q)}$$

$$[\mathbf{v} \cdot \nabla \mathbf{w}]_z = v_x\left(\frac{\partial w_z}{\partial x}\right) + v_y\left(\frac{\partial w_z}{\partial y}\right) + v_z\left(\frac{\partial w_z}{\partial z}\right) \quad \text{(R)}$$

$$\{\nabla \mathbf{v}\}_{xx} = \frac{\partial v_x}{\partial x} \quad \text{(S)}$$

$$\{\nabla \mathbf{v}\}_{xy} = \frac{\partial v_y}{\partial x} \quad \text{(T)}$$

$$\{\nabla \mathbf{v}\}_{xz} = \frac{\partial v_z}{\partial x} \quad \text{(U)}$$

$$\{\nabla \mathbf{v}\}_{yx} = \frac{\partial v_x}{\partial y} \quad \text{(V)}$$

$$\{\nabla \mathbf{v}\}_{yy} = \frac{\partial v_y}{\partial y} \quad \text{(W)}$$

$$\{\nabla \mathbf{v}\}_{yz} = \frac{\partial v_z}{\partial y} \quad \text{(X)}$$

$$\{\nabla \mathbf{v}\}_{zx} = \frac{\partial v_x}{\partial z} \quad \text{(Y)}$$

$$\{\nabla \mathbf{v}\}_{zy} = \frac{\partial v_y}{\partial z} \quad \text{(Z)}$$

$$\{\nabla \mathbf{v}\}_{zz} = \frac{\partial v_z}{\partial z} \quad \text{(AA)}$$

$$\{\mathbf{v} \cdot \nabla \boldsymbol{\tau}\}_{xx} = (\mathbf{v} \cdot \nabla)\tau_{xx} \quad \text{(BB)}$$

$$\{\mathbf{v} \cdot \nabla \boldsymbol{\tau}\}_{xy} = (\mathbf{v} \cdot \nabla)\tau_{xy} \quad \text{(CC)}$$

$$\{\mathbf{v} \cdot \nabla \boldsymbol{\tau}\}_{xz} = (\mathbf{v} \cdot \nabla)\tau_{xz} \quad \text{(DD)}$$

$$\{\mathbf{v} \cdot \nabla \boldsymbol{\tau}\}_{yx} = (\mathbf{v} \cdot \nabla)\tau_{yx} \quad \text{(EE)}$$

$$\{\mathbf{v} \cdot \nabla \boldsymbol{\tau}\}_{yy} = (\mathbf{v} \cdot \nabla)\tau_{yy} \quad \text{(FF)}$$

$$\{\mathbf{v} \cdot \nabla \boldsymbol{\tau}\}_{yz} = (\mathbf{v} \cdot \nabla)\tau_{yz} \quad \text{(GG)}$$

$$\{\mathbf{v} \cdot \nabla \boldsymbol{\tau}\}_{zx} = (\mathbf{v} \cdot \nabla)\tau_{zx} \quad \text{(HH)}$$

$$\{\mathbf{v} \cdot \nabla \boldsymbol{\tau}\}_{zy} = (\mathbf{v} \cdot \nabla)\tau_{zy} \quad \text{(II)}$$

$$\{\mathbf{v} \cdot \nabla \boldsymbol{\tau}\}_{zz} = (\mathbf{v} \cdot \nabla)\tau_{zz} \quad \text{(JJ)}$$

sendo o operador $(\mathbf{v} \cdot \nabla) = v_x \frac{\partial}{\partial x} + v_y \frac{\partial}{\partial y} + v_z \frac{\partial}{\partial z}$

TABELA A.7-2 Sumário das Operações Diferenciais Envolvendo o Operador ∇ em Coordenadas Cilíndricas (r, θ, z)

$$(\nabla \cdot \mathbf{v}) = \frac{1}{r}\frac{\partial}{\partial r}(rv_r) + \frac{1}{r}\frac{\partial v_\theta}{\partial \theta} + \frac{\partial v_z}{\partial z} \qquad \text{(A)}$$

$$(\nabla^2 s) = \frac{1}{r}\frac{\partial}{\partial r}\left(r\frac{\partial s}{\partial r}\right) + \frac{1}{r^2}\frac{\partial^2 s}{\partial \theta^2} + \frac{\partial^2 s}{\partial z^2} \qquad \text{(B)}$$

$$\begin{aligned}(\boldsymbol{\tau}:\nabla \mathbf{v}) = {} & \tau_{rr}\left(\frac{\partial v_r}{\partial r}\right) + \tau_{r\theta}\left(\frac{1}{r}\frac{\partial v_r}{\partial \theta} - \frac{v_\theta}{r}\right) + \tau_{rz}\left(\frac{\partial v_r}{\partial z}\right) \\ & + \tau_{\theta r}\left(\frac{\partial v_\theta}{\partial r}\right) + \tau_{\theta\theta}\left(\frac{1}{r}\frac{\partial v_\theta}{\partial \theta} + \frac{v_r}{r}\right) + \tau_{\theta z}\left(\frac{\partial v_\theta}{\partial z}\right) \\ & + \tau_{zr}\left(\frac{\partial v_z}{\partial r}\right) + \tau_{z\theta}\left(\frac{1}{r}\frac{\partial v_z}{\partial \theta}\right) + \tau_{zz}\left(\frac{\partial v_z}{\partial z}\right) \qquad \text{(C)}\end{aligned}$$

$$[\nabla s]_r = \frac{\partial s}{\partial r} \qquad \text{(D)}$$

$$[\nabla s]_\theta = \frac{1}{r}\frac{\partial s}{\partial \theta} \qquad \text{(E)}$$

$$[\nabla s]_z = \frac{\partial s}{\partial z} \qquad \text{(F)}$$

$$[\nabla \times \mathbf{v}]_r = \frac{1}{r}\frac{\partial v_z}{\partial \theta} - \frac{\partial v_\theta}{\partial z} \qquad \text{(G)}$$

$$[\nabla \times \mathbf{v}]_\theta = \frac{\partial v_r}{\partial z} - \frac{\partial v_z}{\partial r} \qquad \text{(H)}$$

$$[\nabla \times \mathbf{v}]_z = \frac{1}{r}\frac{\partial}{\partial r}(rv_\theta) - \frac{1}{r}\frac{\partial v_r}{\partial \theta} \qquad \text{(I)}$$

$$[\nabla \cdot \boldsymbol{\tau}]_r = \frac{1}{r}\frac{\partial}{\partial r}(r\tau_{rr}) + \frac{1}{r}\frac{\partial}{\partial \theta}\tau_{\theta r} + \frac{\partial}{\partial z}\tau_{zr} - \frac{\tau_{\theta\theta}}{r} \qquad \text{(J)}$$

$$[\nabla \cdot \boldsymbol{\tau}]_\theta = \frac{1}{r^2}\frac{\partial}{\partial r}(r^2\tau_{r\theta}) + \frac{1}{r}\frac{\partial}{\partial \theta}\tau_{\theta\theta} + \frac{\partial}{\partial z}\tau_{z\theta} + \frac{\tau_{\theta r} - \tau_{r\theta}}{r} \qquad \text{(K)}$$

$$[\nabla \cdot \boldsymbol{\tau}]_z = \frac{1}{r}\frac{\partial}{\partial r}(r\tau_{rz}) + \frac{1}{r}\frac{\partial}{\partial \theta}\tau_{\theta z} + \frac{\partial}{\partial z}\tau_{zz} \qquad \text{(L)}$$

$$[\nabla^2 \mathbf{v}]_r = \frac{\partial}{\partial r}\left(\frac{1}{r}\frac{\partial}{\partial r}(rv_r)\right) + \frac{1}{r^2}\frac{\partial^2 v_r}{\partial \theta^2} + \frac{\partial^2 v_r}{\partial z^2} - \frac{2}{r^2}\frac{\partial v_\theta}{\partial \theta} \qquad \text{(M)}$$

$$[\nabla^2 \mathbf{v}]_\theta = \frac{\partial}{\partial r}\left(\frac{1}{r}\frac{\partial}{\partial r}(rv_\theta)\right) + \frac{1}{r^2}\frac{\partial^2 v_\theta}{\partial \theta^2} + \frac{\partial^2 v_\theta}{\partial z^2} + \frac{2}{r^2}\frac{\partial v_r}{\partial \theta} \qquad \text{(N)}$$

$$[\nabla^2 \mathbf{v}]_z = \frac{1}{r}\frac{\partial}{\partial r}\left(r\frac{\partial v_z}{\partial r}\right) + \frac{1}{r^2}\frac{\partial^2 v_z}{\partial \theta^2} + \frac{\partial^2 v_z}{\partial z^2} \qquad \text{(O)}$$

$$[\mathbf{v} \cdot \nabla \mathbf{w}]_r = v_r\left(\frac{\partial w_r}{\partial r}\right) + v_\theta\left(\frac{1}{r}\frac{\partial w_r}{\partial \theta} - \frac{w_\theta}{r}\right) + v_z\left(\frac{\partial w_r}{\partial z}\right) \qquad \text{(P)}$$

$$[\mathbf{v} \cdot \nabla \mathbf{w}]_\theta = v_r\left(\frac{\partial w_\theta}{\partial r}\right) + v_\theta\left(\frac{1}{r}\frac{\partial w_\theta}{\partial \theta} + \frac{w_r}{r}\right) + v_z\left(\frac{\partial w_\theta}{\partial z}\right) \qquad \text{(Q)}$$

$$[\mathbf{v} \cdot \nabla \mathbf{w}]_z = v_r\left(\frac{\partial w_z}{\partial r}\right) + v_\theta\left(\frac{1}{r}\frac{\partial w_z}{\partial \theta}\right) + v_z\left(\frac{\partial w_z}{\partial z}\right) \qquad \text{(R)}$$

TABELA A.7-2 Sumário das Operações Diferenciais Envolvendo o Operador ∇ em Coordenadas Cilíndricas (r, θ, z) – (*Cont.*)

$$\{\nabla \mathbf{v}\}_{rr} = \frac{\partial v_r}{\partial r} \qquad \text{(S)}$$

$$\{\nabla \mathbf{v}\}_{r\theta} = \frac{\partial v_\theta}{\partial r} \qquad \text{(T)}$$

$$\{\nabla \mathbf{v}\}_{rz} = \frac{\partial v_z}{\partial r} \qquad \text{(U)}$$

$$\{\nabla \mathbf{v}\}_{\theta r} = \frac{1}{r}\frac{\partial v_r}{\partial \theta} - \frac{v_\theta}{r} \qquad \text{(V)}$$

$$\{\nabla \mathbf{v}\}_{\theta\theta} = \frac{1}{r}\frac{\partial v_\theta}{\partial \theta} + \frac{v_r}{r} \qquad \text{(W)}$$

$$\{\nabla \mathbf{v}\}_{\theta z} = \frac{1}{r}\frac{\partial v_z}{\partial \theta} \qquad \text{(X)}$$

$$\{\nabla \mathbf{v}\}_{zr} = \frac{\partial v_r}{\partial z} \qquad \text{(Y)}$$

$$\{\nabla \mathbf{v}\}_{z\theta} = \frac{\partial v_\theta}{\partial z} \qquad \text{(Z)}$$

$$\{\nabla \mathbf{v}\}_{zz} = \frac{\partial v_z}{\partial z} \qquad \text{(AA)}$$

$$\{\mathbf{v} \cdot \nabla \boldsymbol{\tau}\}_{rr} = (\mathbf{v} \cdot \nabla)\tau_{rr} - \frac{v_\theta}{r}(\tau_{r\theta} + \tau_{\theta r}) \qquad \text{(BB)}$$

$$\{\mathbf{v} \cdot \nabla \boldsymbol{\tau}\}_{r\theta} = (\mathbf{v} \cdot \nabla)\tau_{r\theta} + \frac{v_\theta}{r}(\tau_{rr} - \tau_{\theta\theta}) \qquad \text{(CC)}$$

$$\{\mathbf{v} \cdot \nabla \boldsymbol{\tau}\}_{rz} = (\mathbf{v} \cdot \nabla)\tau_{rz} - \frac{v_\theta}{r}\tau_{\theta z} \qquad \text{(DD)}$$

$$\{\mathbf{v} \cdot \nabla \boldsymbol{\tau}\}_{\theta r} = (\mathbf{v} \cdot \nabla)\tau_{\theta r} + \frac{v_\theta}{r}(\tau_{rr} - \tau_{\theta\theta}) \qquad \text{(EE)}$$

$$\{\mathbf{v} \cdot \nabla \boldsymbol{\tau}\}_{\theta\theta} = (\mathbf{v} \cdot \nabla)\tau_{\theta\theta} + \frac{v_\theta}{r}(\tau_{r\theta} + \tau_{\theta r}) \qquad \text{(FF)}$$

$$\{\mathbf{v} \cdot \nabla \boldsymbol{\tau}\}_{\theta z} = (\mathbf{v} \cdot \nabla)\tau_{\theta z} + \frac{v_\theta}{r}\tau_{rz} \qquad \text{(GG)}$$

$$\{\mathbf{v} \cdot \nabla \boldsymbol{\tau}\}_{zr} = (\mathbf{v} \cdot \nabla)\tau_{zr} - \frac{v_\theta}{r}\tau_{z\theta} \qquad \text{(HH)}$$

$$\{\mathbf{v} \cdot \nabla \boldsymbol{\tau}\}_{z\theta} = (\mathbf{v} \cdot \nabla)\tau_{z\theta} + \frac{v_\theta}{r}\tau_{zr} \qquad \text{(II)}$$

$$\{\mathbf{v} \cdot \nabla \boldsymbol{\tau}\}_{zz} = (\mathbf{v} \cdot \nabla)\tau_{zz} \qquad \text{(JJ)}$$

sendo o operador $(\mathbf{v} \cdot \nabla) = v_r \frac{\partial}{\partial r} + \frac{v_\theta}{r}\frac{\partial}{\partial \theta} + v_z \frac{\partial}{\partial z}$

TABELA A.7-3 Sumário das Operações Diferenciais Envolvendo o Operador ∇ em Coordenadas Esféricas (r, θ, ϕ)

$$(\nabla \cdot \mathbf{v}) = \frac{1}{r^2}\frac{\partial}{\partial r}(r^2 v_r) + \frac{1}{r \operatorname{sen}\theta}\frac{\partial}{\partial \theta}(v_\theta \operatorname{sen}\theta) + \frac{1}{r \operatorname{sen}\theta}\frac{\partial v_\phi}{\partial \phi} \quad \text{(A)}$$

$$(\nabla^2 s) = \frac{1}{r^2}\frac{\partial}{\partial r}\left(r^2 \frac{\partial s}{\partial r}\right) + \frac{1}{r^2 \operatorname{sen}\theta}\frac{\partial}{\partial \theta}\left(\operatorname{sen}\theta \frac{\partial s}{\partial \theta}\right) + \frac{1}{r^2 \operatorname{sen}^2\theta}\frac{\partial^2 s}{\partial \phi^2} \quad \text{(B)}$$

$$\begin{aligned}(\boldsymbol{\tau}:\nabla \mathbf{v}) = {} & \tau_{rr}\left(\frac{\partial v_r}{\partial r}\right) + \tau_{r\theta}\left(\frac{1}{r}\frac{\partial v_r}{\partial \theta} - \frac{v_\theta}{r}\right) + \tau_{r\phi}\left(\frac{1}{r \operatorname{sen}\theta}\frac{\partial v_r}{\partial \phi} - \frac{v_\phi}{r}\right) \\ & + \tau_{\theta r}\left(\frac{\partial v_\theta}{\partial r}\right) + \tau_{\theta\theta}\left(\frac{1}{r}\frac{\partial v_\theta}{\partial \theta} + \frac{v_r}{r}\right) + \tau_{\theta\phi}\left(\frac{1}{r \operatorname{sen}\theta}\frac{\partial v_\theta}{\partial \phi} - \frac{v_\phi}{r}\operatorname{cotg}\theta\right) \\ & + \tau_{\phi r}\left(\frac{\partial v_\phi}{\partial r}\right) + \tau_{\phi\theta}\left(\frac{1}{r}\frac{\partial v_\phi}{\partial \theta}\right) + \tau_{\phi\phi}\left(\frac{1}{r \operatorname{sen}\theta}\frac{\partial v_\phi}{\partial \phi} + \frac{v_r}{r} + \frac{v_\theta}{r}\operatorname{cotg}\theta\right)\end{aligned} \quad \text{(C)}$$

$$[\nabla s]_r = \frac{\partial s}{\partial r} \quad \text{(D)}$$

$$[\nabla s]_\theta = \frac{1}{r}\frac{\partial s}{\partial \theta} \quad \text{(E)}$$

$$[\nabla s]_\phi = \frac{1}{r \operatorname{sen}\theta}\frac{\partial s}{\partial \phi} \quad \text{(F)}$$

$$[\nabla \times \mathbf{v}]_r = \frac{1}{r \operatorname{sen}\theta}\frac{\partial}{\partial \theta}(v_\phi \operatorname{sen}\theta) - \frac{1}{r \operatorname{sen}\theta}\frac{\partial v_\theta}{\partial \phi} \quad \text{(G)}$$

$$[\nabla \times \mathbf{v}]_\theta = \frac{1}{r \operatorname{sen}\theta}\frac{\partial v_r}{\partial \phi} - \frac{1}{r}\frac{\partial}{\partial r}(r v_\phi) \quad \text{(H)}$$

$$[\nabla \times \mathbf{v}]_\phi = \frac{1}{r}\frac{\partial}{\partial r}(r v_\theta) - \frac{1}{r}\frac{\partial v_r}{\partial \theta} \quad \text{(I)}$$

$$[\nabla \cdot \boldsymbol{\tau}]_r = \frac{1}{r^2}\frac{\partial}{\partial r}(r^2 \tau_{rr}) + \frac{1}{r \operatorname{sen}\theta}\frac{\partial}{\partial \theta}(\tau_{\theta r} \operatorname{sen}\theta) + \frac{1}{r \operatorname{sen}\theta}\frac{\partial}{\partial \phi}\tau_{\phi r} - \frac{\tau_{\theta\theta} + \tau_{\phi\phi}}{r} \quad \text{(J)}$$

$$[\nabla \cdot \boldsymbol{\tau}]_\theta = \frac{1}{r^3}\frac{\partial}{\partial r}(r^3 \tau_{r\theta}) + \frac{1}{r \operatorname{sen}\theta}\frac{\partial}{\partial \theta}(\tau_{\theta\theta} \operatorname{sen}\theta) + \frac{1}{r \operatorname{sen}\theta}\frac{\partial}{\partial \phi}\tau_{\phi\theta} + \frac{(\tau_{\theta r} - \tau_{r\theta}) - \tau_{\phi\phi}\operatorname{cotg}\theta}{r} \quad \text{(K)}$$

$$[\nabla \cdot \boldsymbol{\tau}]_\phi = \frac{1}{r^3}\frac{\partial}{\partial r}(r^3 \tau_{r\phi}) + \frac{1}{r \operatorname{sen}\theta}\frac{\partial}{\partial \theta}(\tau_{\theta\phi} \operatorname{sen}\theta) + \frac{1}{r \operatorname{sen}\theta}\frac{\partial}{\partial \phi}\tau_{\phi\phi} + \frac{(\tau_{\phi r} - \tau_{r\phi}) + \tau_{\phi\theta}\operatorname{cotg}\theta}{r} \quad \text{(L)}$$

$$[\nabla^2 \mathbf{v}]_r = \frac{\partial}{\partial r}\left(\frac{1}{r^2}\frac{\partial}{\partial r}(r^2 v_r)\right) + \frac{1}{r^2 \operatorname{sen}\theta}\frac{\partial}{\partial \theta}\left(\operatorname{sen}\theta \frac{\partial v_r}{\partial \theta}\right) + \frac{1}{r^2 \operatorname{sen}^2\theta}\frac{\partial^2 v_r}{\partial \phi^2} - \frac{2}{r^2 \operatorname{sen}\theta}\frac{\partial}{\partial \theta}(v_\theta \operatorname{sen}\theta) - \frac{2}{r^2 \operatorname{sen}\theta}\frac{\partial v_\phi}{\partial \phi} \quad \text{(M)}$$

$$[\nabla^2 \mathbf{v}]_\theta = \frac{1}{r^2}\frac{\partial}{\partial r}\left(r^2 \frac{\partial v_\theta}{\partial r}\right) + \frac{1}{r^2}\frac{\partial}{\partial \theta}\left(\frac{1}{\operatorname{sen}\theta}\frac{\partial}{\partial \theta}(v_\theta \operatorname{sen}\theta)\right) + \frac{1}{r^2 \operatorname{sen}^2\theta}\frac{\partial^2 v_\theta}{\partial \phi^2} + \frac{2}{r^2}\frac{\partial v_r}{\partial \theta} - \frac{2\operatorname{cotg}\theta}{r^2 \operatorname{sen}\theta}\frac{\partial v_\phi}{\partial \phi} \quad \text{(N)}$$

$$[\nabla^2 \mathbf{v}]_\phi = \frac{1}{r^2}\frac{\partial}{\partial r}\left(r^2 \frac{\partial v_\phi}{\partial r}\right) + \frac{1}{r^2}\frac{\partial}{\partial \theta}\left(\frac{1}{\operatorname{sen}\theta}\frac{\partial}{\partial \theta}(v_\phi \operatorname{sen}\theta)\right) + \frac{1}{r^2 \operatorname{sen}^2\theta}\frac{\partial^2 v_\phi}{\partial \phi^2} + \frac{2}{r^2 \operatorname{sen}\theta}\frac{\partial v_r}{\partial \phi} + \frac{2\operatorname{cotg}\theta}{r^2 \operatorname{sen}\theta}\frac{\partial v_\theta}{\partial \phi} \quad \text{(O)}$$

$$[\mathbf{v} \cdot \nabla \mathbf{w}]_r = v_r\left(\frac{\partial w_r}{\partial r}\right) + v_\theta\left(\frac{1}{r}\frac{\partial w_r}{\partial \theta} - \frac{w_\theta}{r}\right) + v_\phi\left(\frac{1}{r \operatorname{sen}\theta}\frac{\partial w_r}{\partial \phi} - \frac{w_\phi}{r}\right) \quad \text{(P)}$$

$$[\mathbf{v} \cdot \nabla \mathbf{w}]_\theta = v_r\left(\frac{\partial w_\theta}{\partial r}\right) + v_\theta\left(\frac{1}{r}\frac{\partial w_\theta}{\partial \theta} + \frac{w_r}{r}\right) + v_\phi\left(\frac{1}{r \operatorname{sen}\theta}\frac{\partial w_\theta}{\partial \phi} - \frac{w_\phi}{r}\operatorname{cotg}\theta\right) \quad \text{(Q)}$$

$$[\mathbf{v} \cdot \nabla \mathbf{w}]_\phi = v_r\left(\frac{\partial w_\phi}{\partial r}\right) + v_\theta\left(\frac{1}{r}\frac{\partial w_\phi}{\partial \theta}\right) + v_\phi\left(\frac{1}{r \operatorname{sen}\theta}\frac{\partial w_\phi}{\partial \phi} + \frac{w_r}{r} + \frac{w_\theta}{r}\operatorname{cotg}\theta\right) \quad \text{(R)}$$

TABELA A.7-3 Sumário das Operações Diferenciais Envolvendo o Operador ∇ em Coordenadas Esféricas (r, θ, ϕ) – (*Cont.*)

$$\{\nabla \mathbf{v}\}_{rr} = \frac{\partial v_r}{\partial r} \tag{S}$$

$$\{\nabla \mathbf{v}\}_{r\theta} = \frac{\partial v_\theta}{\partial r} \tag{T}$$

$$\{\nabla \mathbf{v}\}_{r\phi} = \frac{\partial v_\phi}{\partial r} \tag{U}$$

$$\{\nabla \mathbf{v}\}_{\theta r} = \frac{1}{r}\frac{\partial v_r}{\partial \theta} - \frac{v_\theta}{r} \tag{V}$$

$$\{\nabla \mathbf{v}\}_{\theta\theta} = \frac{1}{r}\frac{\partial v_\theta}{\partial \theta} + \frac{v_r}{r} \tag{W}$$

$$\{\nabla \mathbf{v}\}_{\theta\phi} = \frac{1}{r}\frac{\partial v_\phi}{\partial \theta} \tag{X}$$

$$\{\nabla \mathbf{v}\}_{\phi r} = \frac{1}{r \operatorname{sen} \theta}\frac{\partial v_r}{\partial \phi} - \frac{v_\phi}{r} \tag{Y}$$

$$\{\nabla \mathbf{v}\}_{\phi\theta} = \frac{1}{r \operatorname{sen} \theta}\frac{\partial v_\theta}{\partial \phi} - \frac{v_\phi}{r} \operatorname{cotg} \theta \tag{Z}$$

$$\{\nabla \mathbf{v}\}_{\phi\phi} = \frac{1}{r \operatorname{sen} \theta}\frac{\partial v_\phi}{\partial \phi} + \frac{v_r}{r} + \frac{v_\theta}{r} \operatorname{cotg} \theta \tag{AA}$$

$$\{\mathbf{v}\cdot\nabla\boldsymbol{\tau}\}_{rr} = (\mathbf{v}\cdot\nabla)\tau_{rr} - \left(\frac{v_\theta}{r}\right)(\tau_{r\theta} + \tau_{\theta r}) - \left(\frac{v_\phi}{r}\right)(\tau_{r\phi} + \tau_{\phi r}) \tag{BB}$$

$$\{\mathbf{v}\cdot\nabla\boldsymbol{\tau}\}_{r\theta} = (\mathbf{v}\cdot\nabla)\tau_{r\theta} + \left(\frac{v_\theta}{r}\right)(\tau_{rr} - \tau_{\theta\theta}) - \left(\frac{v_\phi}{r}\right)(\tau_{\phi\theta} + \tau_{r\phi} \operatorname{cotg} \theta) \tag{CC}$$

$$\{\mathbf{v}\cdot\nabla\boldsymbol{\tau}\}_{r\phi} = (\mathbf{v}\cdot\nabla)\tau_{r\phi} - \left(\frac{v_\theta}{r}\right)\tau_{\theta\phi} + \left(\frac{v_\phi}{r}\right)[(\tau_{rr} - \tau_{\phi\phi}) + \tau_{r\theta} \operatorname{cotg} \theta] \tag{DD}$$

$$\{\mathbf{v}\cdot\nabla\boldsymbol{\tau}\}_{\theta r} = (\mathbf{v}\cdot\nabla)\tau_{\theta r} + \left(\frac{v_\theta}{r}\right)(\tau_{rr} - \tau_{\theta\theta}) - \left(\frac{v_\phi}{r}\right)(\tau_{\theta\phi} + \tau_{\phi r} \operatorname{cotg} \theta) \tag{EE}$$

$$\{\mathbf{v}\cdot\nabla\boldsymbol{\tau}\}_{\theta\theta} = (\mathbf{v}\cdot\nabla)\tau_{\theta\theta} + \left(\frac{v_\theta}{r}\right)(\tau_{r\theta} + \tau_{\theta r}) - \left(\frac{v_\phi}{r}\right)(\tau_{\theta\phi} + \tau_{\phi\theta}) \operatorname{cotg} \theta \tag{FF}$$

$$\{\mathbf{v}\cdot\nabla\boldsymbol{\tau}\}_{\theta\phi} = (\mathbf{v}\cdot\nabla)\tau_{\theta\phi} + \left(\frac{v_\theta}{r}\right)\tau_{r\phi} + \left(\frac{v_\phi}{r}\right)[\tau_{\theta r} + (\tau_{\theta\theta} - \tau_{\phi\phi}) \operatorname{cotg} \theta] \tag{GG}$$

$$\{\mathbf{v}\cdot\nabla\boldsymbol{\tau}\}_{\phi r} = (\mathbf{v}\cdot\nabla)\tau_{\phi r} - \left(\frac{v_\theta}{r}\right)\tau_{\phi\theta} + \left(\frac{v_\phi}{r}\right)[(\tau_{rr} - \tau_{\phi\phi}) + \tau_{\theta r} \operatorname{cotg} \theta] \tag{HH}$$

$$\{\mathbf{v}\cdot\nabla\boldsymbol{\tau}\}_{\phi\theta} = (\mathbf{v}\cdot\nabla)\tau_{\phi\theta} + \left(\frac{v_\theta}{r}\right)\tau_{\phi r} + \left(\frac{v_\phi}{r}\right)[\tau_{r\theta} + (\tau_{\theta\theta} - \tau_{\phi\phi}) \operatorname{cotg} \theta] \tag{II}$$

$$\{\mathbf{v}\cdot\nabla\boldsymbol{\tau}\}_{\phi\phi} = (\mathbf{v}\cdot\nabla)\tau_{\phi\phi} + \left(\frac{v_\phi}{r}\right)[(\tau_{r\phi} + \tau_{\phi r}) + (\tau_{\theta\phi} + \tau_{\phi\theta}) \operatorname{cotg} \theta] \tag{JJ}$$

sendo o operador $(\mathbf{v}\cdot\nabla) = v_r \frac{\partial}{\partial r} + \frac{v_\theta}{r}\frac{\partial}{\partial \theta} + \frac{v_\phi}{r \operatorname{sen} \theta}\frac{\partial}{\partial \phi}$

(b) Examinamos agora o produto diádico $\nabla \mathbf{v}$:

$$\nabla \mathbf{v} = \left\{ \boldsymbol{\delta}_r \frac{\partial}{\partial r} + \boldsymbol{\delta}_\theta \frac{1}{r}\frac{\partial}{\partial \theta} + \boldsymbol{\delta}_z \frac{\partial}{\partial z} \right\} \{ \boldsymbol{\delta}_r v_r + \boldsymbol{\delta}_\theta v_\theta + \boldsymbol{\delta}_z v_z \}$$

$$= \boldsymbol{\delta}_r\boldsymbol{\delta}_r \frac{\partial v_r}{\partial r} + \boldsymbol{\delta}_r\boldsymbol{\delta}_\theta \frac{\partial v_\theta}{\partial r} + \boldsymbol{\delta}_r\boldsymbol{\delta}_z \frac{\partial v_z}{\partial r} + \boldsymbol{\delta}_\theta\boldsymbol{\delta}_r \frac{1}{r}\frac{\partial v_r}{\partial \theta} + \boldsymbol{\delta}_\theta\boldsymbol{\delta}_\theta \frac{1}{r}\frac{\partial v_\theta}{\partial \theta} + \boldsymbol{\delta}_\theta\boldsymbol{\delta}_z \frac{1}{r}\frac{\partial v_z}{\partial \theta}$$

$$+ \boldsymbol{\delta}_\theta\boldsymbol{\delta}_\theta \frac{v_r}{r} - \boldsymbol{\delta}_\theta\boldsymbol{\delta}_r \frac{v_\theta}{r} + \boldsymbol{\delta}_z\boldsymbol{\delta}_r \frac{\partial v_r}{\partial z} + \boldsymbol{\delta}_z\boldsymbol{\delta}_\theta \frac{\partial v_\theta}{\partial z} + \boldsymbol{\delta}_z\boldsymbol{\delta}_z \frac{\partial v_z}{\partial z}$$

$$= \boldsymbol{\delta}_r\boldsymbol{\delta}_r \frac{\partial v_r}{\partial r} + \boldsymbol{\delta}_r\boldsymbol{\delta}_\theta \frac{\partial v_\theta}{\partial r} + \boldsymbol{\delta}_r\boldsymbol{\delta}_z \frac{\partial v_z}{\partial r} + \boldsymbol{\delta}_\theta\boldsymbol{\delta}_r \left(\frac{1}{r}\frac{\partial v_r}{\partial \theta} - \frac{v_\theta}{r} \right) + \boldsymbol{\delta}_\theta\boldsymbol{\delta}_\theta \left(\frac{1}{r}\frac{\partial v_\theta}{\partial \theta} + \frac{v_r}{r} \right)$$

$$+ \boldsymbol{\delta}_\theta\boldsymbol{\delta}_z \frac{1}{r}\frac{\partial v_z}{\partial \theta} + \boldsymbol{\delta}_z\boldsymbol{\delta}_r \frac{\partial v_r}{\partial z} + \boldsymbol{\delta}_z\boldsymbol{\delta}_\theta \frac{\partial v_\theta}{\partial z} + \boldsymbol{\delta}_z\boldsymbol{\delta}_z \frac{\partial v_z}{\partial z} \qquad \text{(A.7-23)}$$

Logo, a componente rr é $\partial v_r/\partial r$, a componente $r\theta$ é $\partial v_\theta/\partial r$ e assim por diante, conforme dado na Tabela A.7-2.

EXEMPLO A.7-2

Operações Diferenciais em Coordenadas Esféricas

Encontre a componente r de $[\nabla \cdot \boldsymbol{\tau}]$ em coordenadas esféricas.

SOLUÇÃO

Usando a Eq. A.7-9, temos

$$[\nabla \cdot \boldsymbol{\tau}]_r = \Bigg[\left\{ \boldsymbol{\delta}_r \frac{\partial}{\partial r} + \boldsymbol{\delta}_\theta \frac{1}{r}\frac{\partial}{\partial \theta} + \boldsymbol{\delta}_\phi \frac{1}{r \operatorname{sen} \theta}\frac{\partial}{\partial \phi} \right\} \cdot \{ \boldsymbol{\delta}_r\boldsymbol{\delta}_r\tau_{rr} + \boldsymbol{\delta}_r\boldsymbol{\delta}_\theta\tau_{r\theta} + \boldsymbol{\delta}_r\boldsymbol{\delta}_\phi\tau_{r\phi}$$

$$+ \boldsymbol{\delta}_\theta\boldsymbol{\delta}_r\tau_{\theta r} + \boldsymbol{\delta}_\theta\boldsymbol{\delta}_\theta\tau_{\theta\theta} + \boldsymbol{\delta}_\theta\boldsymbol{\delta}_\phi\tau_{\theta\phi} + \boldsymbol{\delta}_\phi\boldsymbol{\delta}_r\tau_{\phi r} + \boldsymbol{\delta}_\phi\boldsymbol{\delta}_\theta\tau_{\phi\theta} + \boldsymbol{\delta}_\phi\boldsymbol{\delta}_\phi\tau_{\phi\phi} \} \Bigg] \qquad \text{(A.7-24)}$$

Usamos agora as Eqs. A.7-6, 7, 8 e a Eq. A.3-3. Uma vez que queremos somente a componente r, selecionamos somente aqueles termos que contribuem para o coeficiente de $\boldsymbol{\delta}_r$:

$$\left[\boldsymbol{\delta}_r \frac{\partial}{\partial r} \cdot \boldsymbol{\delta}_r\boldsymbol{\delta}_r\tau_{rr} \right] = [\boldsymbol{\delta}_r \cdot \boldsymbol{\delta}_r\boldsymbol{\delta}_r] \frac{\partial \tau_{rr}}{\partial r} = \boldsymbol{\delta}_r \frac{\partial \tau_{rr}}{\partial r} \qquad \text{(A.7-25)}$$

$$\left[\boldsymbol{\delta}_\theta \frac{1}{r}\frac{\partial}{\partial \theta} \cdot \boldsymbol{\delta}_\theta\boldsymbol{\delta}_r\tau_{\theta r} \right] = [\boldsymbol{\delta}_\theta \cdot \boldsymbol{\delta}_\theta\boldsymbol{\delta}_r] \frac{1}{r}\frac{\partial}{\partial \theta} \tau_{\theta r} + \text{outro termo} \qquad \text{(A.7-26)}$$

$$\left[\boldsymbol{\delta}_\phi \frac{1}{r \operatorname{sen} \theta}\frac{\partial}{\partial \phi} \cdot \boldsymbol{\delta}_\phi\boldsymbol{\delta}_r\tau_{\phi r} \right] = [\boldsymbol{\delta}_\phi \cdot \boldsymbol{\delta}_\phi\boldsymbol{\delta}_r] \frac{1}{r \operatorname{sen} \phi}\frac{\partial}{\partial \phi} \tau_{\phi r} + \text{outro termo} \qquad \text{(A.7-27)}$$

$$\left[\boldsymbol{\delta}_\theta \frac{1}{r}\frac{\partial}{\partial \theta} \cdot \boldsymbol{\delta}_r\boldsymbol{\delta}_r\tau_{rr} \right] = \frac{\tau_{rr}}{r} \left[\boldsymbol{\delta}_\theta \cdot \left\{ \frac{\partial}{\partial \theta} \boldsymbol{\delta}_r \right\} \boldsymbol{\delta}_r \right] + \frac{\tau_{rr}}{r} \left[\boldsymbol{\delta}_\theta \cdot \boldsymbol{\delta}_r \left\{ \frac{\partial}{\partial \theta} \boldsymbol{\delta}_r \right\} \right]$$

$$= \frac{\tau_{rr}}{r} [\boldsymbol{\delta}_\theta \cdot \boldsymbol{\delta}_\theta\boldsymbol{\delta}_r] = \boldsymbol{\delta}_r \frac{\tau_{rr}}{r} \qquad \text{(A.7-28)}$$

$$\left[\boldsymbol{\delta}_\phi \frac{1}{r \operatorname{sen} \theta}\frac{\partial}{\partial \phi} \cdot \boldsymbol{\delta}_r\boldsymbol{\delta}_r\tau_{rr} \right] = \frac{\tau_{rr}}{r \operatorname{sen} \theta} \left[\boldsymbol{\delta}_\phi \cdot \left\{ \frac{\partial}{\partial \phi} \boldsymbol{\delta}_r \right\} \boldsymbol{\delta}_r \right]$$

$$= \frac{\tau_{rr}}{r \operatorname{sen} \theta} [\boldsymbol{\delta}_\phi \cdot \boldsymbol{\delta}_\phi \operatorname{sen} \theta\, \boldsymbol{\delta}_r] = \boldsymbol{\delta}_r \frac{\tau_{rr}}{r} \qquad \text{(A.7-29)}$$

$$\left[\boldsymbol{\delta}_\theta \frac{1}{r}\frac{\partial}{\partial \theta} \cdot \boldsymbol{\delta}_\theta\boldsymbol{\delta}_\theta\tau_{\theta\theta} \right] = \boldsymbol{\delta}_r \left(-\frac{\tau_{\theta\theta}}{r} \right) + \text{outro termo} \qquad \text{(A.7-30)}$$

$$\left[\boldsymbol{\delta}_\phi \frac{1}{r \operatorname{sen} \theta}\frac{\partial}{\partial \phi} \cdot \boldsymbol{\delta}_\theta\boldsymbol{\delta}_r\tau_{\theta r} \right] = \boldsymbol{\delta}_r \frac{\tau_{\theta r} \cos \theta}{r \operatorname{sen} \theta} \qquad \text{(A.7-31)}$$

$$\left[\boldsymbol{\delta}_\phi \frac{1}{r \operatorname{sen} \theta}\frac{\partial}{\partial \phi} \cdot \boldsymbol{\delta}_\phi\boldsymbol{\delta}_\phi\tau_{\phi\phi} \right] = \boldsymbol{\delta}_r \left(\frac{-\tau_{\phi\phi}}{r} \right) + \text{outro termo} \qquad \text{(A.7-32)}$$

Combinando os resultados anteriores, obtemos

$$[\nabla \cdot \boldsymbol{\tau}]_r = \frac{1}{r^2}\frac{\partial}{\partial r}(r^2\tau_{rr}) + \frac{\tau_{\theta r}}{r}\operatorname{cotg}\theta + \frac{1}{r}\frac{\partial}{\partial \theta}\tau_{\theta r} + \frac{1}{r\,\mathrm{sen}\,\theta}\frac{\partial \tau_{\phi r}}{\partial \phi} - \frac{\tau_{\theta\theta} + \tau_{\phi\phi}}{r} \tag{A.7-33}$$

Observe que essa expressão está correta se $\boldsymbol{\tau}$ for ou não simétrico.

EXERCÍCIOS

1. Se **r** for o vetor posição instantâneo para uma partícula, mostre que a velocidade e a aceleração da partícula são dadas por (use a Eq. A.7-2):

$$\mathbf{v} = \frac{d}{dt}\mathbf{r} = \boldsymbol{\delta}_r\dot{r} + \boldsymbol{\delta}_\theta r\dot{\theta} + \boldsymbol{\delta}_z\dot{z} \tag{A.7-34}$$

$$\mathbf{a} = \boldsymbol{\delta}_r(\ddot{r} - r\dot{\theta}^2) + \boldsymbol{\delta}_\theta(r\ddot{\theta} + 2\dot{r}\dot{\theta}) + \boldsymbol{\delta}_z\ddot{z} \tag{A.7-35}$$

em coordenadas cilíndricas. Os pontos indicam derivadas temporais das coordenadas.

2. Obtenha $(\nabla \cdot \mathbf{v})$, $[\nabla \times \mathbf{v}]$ e $\nabla\mathbf{v}$ em coordenadas esféricas e $[\nabla \cdot \boldsymbol{\tau}]$ em coordenadas cilíndricas.

3. Use a Tabela A.7-2 para escrever diretamente as seguintes grandezas em coordenadas cilíndricas:

(a) $(\nabla \cdot \rho\mathbf{v})$, sendo ρ um escalar **(b)** $[\nabla \cdot \rho\mathbf{v}\mathbf{v}]_r$, sendo ρ um escalar

(c) $[\nabla \cdot p\boldsymbol{\delta}]_\theta$, sendo p um escalar **(d)** $(\nabla \cdot [\boldsymbol{\tau} \cdot \mathbf{v}])$

(e) $[\mathbf{v} \cdot \nabla\mathbf{v}]_\theta$ **(f)** $\nabla\mathbf{v} + (\nabla\mathbf{v})^\dagger$

4. Verifique que as entradas para $\nabla^2\mathbf{v}$ na Tabela A.7-2 podem ser obtidas por qualquer um dos seguintes métodos:

(a) Verifique primeiro que, em coordenadas cilíndricas, o operador $[\nabla \cdot \nabla]$ é

$$(\nabla \cdot \nabla) = \frac{\partial^2}{\partial r^2} + \frac{1}{r}\frac{\partial}{\partial r} + \frac{1}{r^2}\frac{\partial^2}{\partial \theta^2} + \frac{\partial^2}{\partial z^2} \tag{A.7-36}$$

e, então, aplique o operador em **v**.

(b) Use a expressão para $[\nabla \cdot \boldsymbol{\tau}]$ na Tabela A.7-2, mas substitua as componentes para $\nabla\mathbf{v}$ no lugar das componentes de $\boldsymbol{\tau}$, de modo a obter $[\nabla \cdot \nabla\mathbf{v}]$.

(c) Use a Eq. A.4-22:

$$\nabla^2\mathbf{v} = \nabla(\nabla \cdot \mathbf{v}) - [\nabla \times [\nabla \times \mathbf{v}]] \tag{A.7-37}$$

e use as operações de gradiente, de divergente e de rotacional na Tabela A.7-2 para avaliar as operações do lado direito.

A.8 OPERAÇÕES INTEGRAIS EM COORDENADAS CURVILÍNEAS

Ao fazer as integrações da Seção A.5 em coordenadas curvilíneas, é importante entender a construção dos elementos de volume, conforme mostrado para coordenadas cilíndricas na Fig. A.8-1 e para coordenadas esféricas na Fig. A.8-2.

Ao fazer as *integrais de volume*, as situações mais simples são aquelas em que as superfícies limitantes são as do sistema de coordenadas. Para *coordenadas cilíndricas*, uma típica integral de volume de uma função $f(r, \theta, z)$ seria da forma

$$\int_{z_1}^{z_2}\int_{\theta_1}^{\theta_2}\int_{r_1}^{r_2} f(r, \theta, z) r\, dr\, d\theta\, dz \tag{A.8-1}$$

e, para *coordenadas esféricas*, uma típica integral de volume de uma função $g(r, \theta, \phi)$ seria

$$\int_{\phi_1}^{\phi_2}\int_{\theta_1}^{\theta_2}\int_{r_1}^{r_2} g(r, \theta, \phi) r^2\, dr\, \mathrm{sen}\,\theta\, d\theta\, d\phi \tag{A.8-2}$$

Uma vez que os limites (r_1, r_2, θ_1, θ_2 etc.) nessas integrais são constantes, a ordem da integração não é importante.

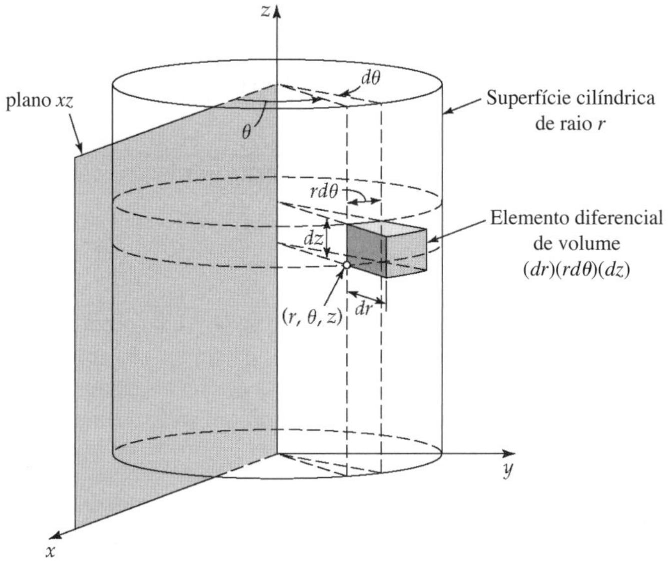

Fig. A.8-1 Elemento diferencial de volume, $r\,dr\,d\theta\,dz$, em coordenadas cilíndricas e elementos diferenciais de linha, dr, $r\,d\theta$ e dz. Os elementos diferenciais de superfície são: $(r\,d\theta)(dz)$ perpendiculares à direção r (sombreamento intermediário); $(dz)(dr)$ perpendiculares à direção θ (sombreamento mais escuro) e $(dr)(r\,d\theta)$ perpendiculares à direção z (sombreamento mais leve).

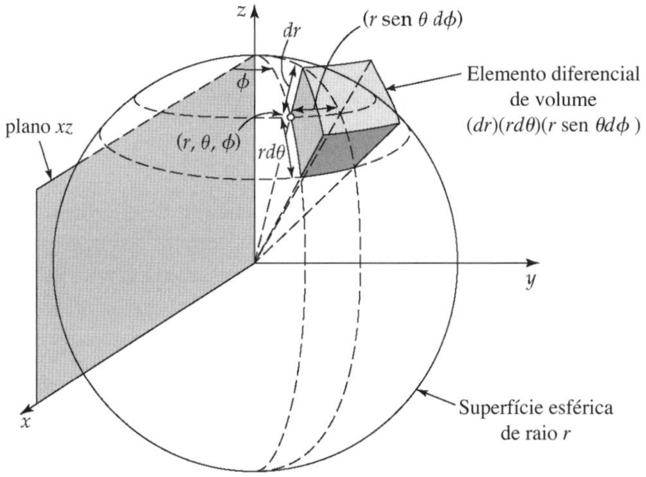

Fig. A.8-2. Elemento diferencial de volume, r^2 sen $\theta\,dr\,d\theta\,d\phi$, em coordenadas esféricas e elementos diferenciais de linha, dr, $r\,d\theta$ e r sen $\theta\,d\phi$. Os elementos diferenciais de superfície são: $(r\,d\theta)(r$ sen $\theta\,d\phi)$ perpendiculares à direção r (sombreamento mais leve); $(r$ sen $\theta\,d\phi)(dr)$ perpendiculares à direção θ (sombreamento mais escuro) e $(dr)(rd\theta)$ perpendiculares à direção ϕ (sombreamento intermediário).

Ao fazer as *integrais de superfície*, as situações mais simples são aquelas em que a integração é feita em uma das superfícies do sistema de coordenadas. Para *coordenadas cilíndricas*, há três possibilidades:

Na superfície $r = r_0$: $$\int_{z_1}^{z_2}\int_{\theta_1}^{\theta_2} f(r_0, \theta, z) r_0\, d\theta\, dz \tag{A.8-3}$$

Na superfície $\theta = \theta_0$: $$\int_{z_1}^{z_2}\int_{r_1}^{r_2} f(r, \theta_0, z) r\, dr\, dz \tag{A.8-4}$$

Na superfície $z = z_0$: $$\int_{\theta_1}^{\theta_2}\int_{r_1}^{r_2} f(r, \theta, z_0) r\, dr\, d\theta \tag{A.8-5}$$

Similarmente, para *coordenadas esféricas*:

Na superfície $r = r_0$: $$\int_{\phi_1}^{\phi_2}\int_{\theta_1}^{\theta_2} g(r_0, \theta, \phi) r_0^2 \text{ sen } \theta\, d\theta\, d\phi \tag{A.8-6}$$

Na superfície $\theta = \theta_0$: $$\int_{\phi_1}^{\phi_2}\int_{r_1}^{r_2} g(r, \theta_0, \phi) \text{ sen } \theta_0\, r^2\, dr\, d\phi \tag{A.8-7}$$

Na superfície $\phi = \phi_0$: $$\int_{\theta_1}^{\theta_2}\int_{r_1}^{r_2} g(r, \theta, \phi_0) r^2\, dr \text{ sen } \theta\, d\theta \tag{A.8-8}$$

O leitor deve tentar fazer esquemas para mostrar exatamente quais áreas são descritas por cada uma das seis integrais de superfície anteriores.

Se a área de integração em uma integral de superfície não for uma das superfícies do sistema de coordenadas, então, deve-se consultar um livro sobre cálculo diferencial e integral.

A.9 COMENTÁRIOS ADICIONAIS SOBRE A NOTAÇÃO VETOR-TENSOR

A notação em negrito, usada neste livro, é chamada de *notação de Gibbs.*[1] Também largamente usada, é uma outra notação referida como notação tensorial cartesiana.[2] Conforme mostrado na Tabela A.9-1, uns poucos exemplos são suficientes para comparar os dois sistemas. As duas colunas mais externas são justamente as duas maneiras diferentes de abreviar as operações descritas explicitamente na coluna do meio em coordenadas cartesianas. As regras para conversão de um sistema para outro são dadas a seguir.

Para converter de uma notação expandida para uma notação tensorial cartesiana:

1. Omita todos os sinais de somatório (a "convenção de somatório de Einstein").
2. Omita todos os vetores unitários e as díadas unitárias.
3. Troque $\partial/\partial x_i$ por ∂_i.

Para converter de uma notação tensorial cartesiana para uma notação expandida:

1. Forneça os sinais de somatório para todos os índices repetidos.
2. Forneça os vetores unitários e as díadas unitárias para todos os índices não repetidos; em cada termo de uma equação tensorial, os vetores unitários têm de aparecer na mesma ordem nas díadas unitárias.
3. Troque ∂_i por $\partial/\partial x_i$.

A notação de Gibbs é compacta, fácil de ler e destituída de qualquer referência a um sistema particular de coordenadas; entretanto, tem-se de saber o significado das operações com ponto simples e com xis e o uso dos símbolos em negrito. A notação tensorial cartesiana indica a natureza das operações explicitamente em coordenadas cartesianas, mas erros na leitura ou na escrita de subscritos podem ser mais agravantes. Pessoas que conheçam igualmente bem ambos os sistemas preferem

TABELA A.9-1

Notação de Gibbs	Notação expandida em termos dos vetores unitários e das díadas unitárias	Notação tensorial cartesiana
$(\mathbf{v} \cdot \mathbf{w})$	$\sum_i v_i w_i$	$v_i w_i$
$[\mathbf{v} \times \mathbf{w}]$	$\sum_i \sum_j \sum_k \varepsilon_{ijk} \boldsymbol{\delta}_i v_j w_k$	$\varepsilon_{ijk} v_j w_k$
$[\nabla \cdot \boldsymbol{\tau}]$	$\sum_i \sum_j \boldsymbol{\delta}_i \frac{\partial}{\partial x_j} \tau_{ji}$	$\partial_j \tau_{ji}$
$\nabla^2 s$	$\sum_i \frac{\partial^2}{\partial x_i^2} s$	$\partial_i \partial_i s$
$[\nabla \times [\nabla \times \mathbf{v}]]$	$\sum_i \sum_j \sum_k \sum_m \sum_n \boldsymbol{\delta}_i \varepsilon_{ijk} \varepsilon_{kmn} \frac{\partial}{\partial x_j} \frac{\partial}{\partial x_m} v_n$	$\varepsilon_{ijk} \varepsilon_{kmn} \partial_j \partial_m v_n$
$\{\boldsymbol{\tau} \times \mathbf{v}\}$	$\sum_i \sum_j \sum_k \sum_l \varepsilon_{jkl} \boldsymbol{\delta}_i \boldsymbol{\delta}_l \tau_{ij} v_k$	$\varepsilon_{jkl} \tau_{ij} v_k$

[1] J. W. Gibbs, *Vector Analysis*, Dover Reprint, New York (1960).

[2] W. Prager, *Mechanics of Continua*, Ginn, Boston (1961).

a notação de Gibbs para discussões gerais e para apresentar resultados, porém trocam para a notação tensorial cartesiana a fim de provar as identidades.

Ocasionalmente, *a notação matricial* é usada para mostrar as componentes de vetores e tensores em relação aos sistemas designados de coordenadas. Por exemplo, quando $v_x = \dot{\gamma}y$, $v_y = 0$, $v_z = 0$, $\nabla \mathbf{v}$ pode ser escrito de duas maneiras:

$$\nabla \mathbf{v} = \boldsymbol{\delta}_y \boldsymbol{\delta}_x \dot{\gamma} = \begin{pmatrix} 0 & 0 & 0 \\ \dot{\gamma} & 0 & 0 \\ 0 & 0 & 0 \end{pmatrix} \tag{A.9-1}$$

O segundo "=" não é realmente um sinal de "igualdade", mas tem de ser interpretado como "pode ser mostrada como". Note que essa notação é, de algum modo, perigosa, uma vez que se tem de inferir as díadas unitárias que são multiplicadas pelos elementos da matriz — nesse caso, $\boldsymbol{\delta}_x\boldsymbol{\delta}_x$, $\boldsymbol{\delta}_x\boldsymbol{\delta}_y$ e assim por diante. Se tivermos usado coordenadas cilíndricas, $\nabla \mathbf{v}$ seria representado pela matriz

$$\nabla \mathbf{v} = \begin{pmatrix} \dot{\gamma} \operatorname{sen} \theta \cos \theta & -\dot{\gamma} \operatorname{sen}^2 \theta & 0 \\ \dot{\gamma} \cos^2 \theta & -\dot{\gamma} \operatorname{sen} \theta \cos \theta & 0 \\ 0 & 0 & 0 \end{pmatrix} \tag{A.9-2}$$

onde os elementos da matriz são multiplicados por $\boldsymbol{\delta}_r\boldsymbol{\delta}_r$, $\boldsymbol{\delta}_r\boldsymbol{\delta}_\theta$ e assim por diante, e então adicionados juntos.

Apesar do risco da interpretação errônea e do livre emprego de "=", a notação matricial tem largo uso, sendo a razão principal o fato de que as operações "com ponto" correspondem às regras padrões de multiplicação de matrizes. Por exemplo,

$$(\mathbf{v} \cdot \mathbf{w}) = (v_1 \quad v_2 \quad v_3)\begin{pmatrix} w_1 \\ w_2 \\ w_3 \end{pmatrix} = v_1 w_1 + v_2 w_2 + v_3 w_3 \tag{A.9-3}$$

$$[\boldsymbol{\tau} \cdot \mathbf{v}] = \begin{pmatrix} \tau_{11} & \tau_{12} & \tau_{13} \\ \tau_{21} & \tau_{22} & \tau_{23} \\ \tau_{31} & \tau_{32} & \tau_{33} \end{pmatrix}\begin{pmatrix} v_1 \\ v_2 \\ v_3 \end{pmatrix} = \begin{pmatrix} \tau_{11}v_1 + \tau_{12}v_2 + \tau_{13}v_3 \\ \tau_{21}v_1 + \tau_{22}v_2 + \tau_{23}v_3 \\ \tau_{31}v_1 + \tau_{32}v_2 + \tau_{33}v_3 \end{pmatrix} \tag{A.9-4}$$

Naturalmente, tais multiplicações de matrizes são significativas somente quando as componentes são aludidas aos mesmos vetores unitários.

Apêndice B

Fluxos e Equações de Balanço

B.1 Lei de Newton da viscosidade

$$[\boldsymbol{\tau} = -\mu(\nabla \mathbf{v} + (\nabla \mathbf{v})^\dagger) + (\tfrac{2}{3}\mu - \kappa)(\nabla \cdot \mathbf{v})\boldsymbol{\delta}]$$

Coordenadas cartesianas (x, y, z):

$$\tau_{xx} = -\mu\left[2\frac{\partial v_x}{\partial x}\right] + (\tfrac{2}{3}\mu - \kappa)(\nabla \cdot \mathbf{v}) \qquad \text{(B.1-1)}^a$$

$$\tau_{yy} = -\mu\left[2\frac{\partial v_y}{\partial y}\right] + (\tfrac{2}{3}\mu - \kappa)(\nabla \cdot \mathbf{v}) \qquad \text{(B.1-2)}^a$$

$$\tau_{zz} = -\mu\left[2\frac{\partial v_z}{\partial z}\right] + (\tfrac{2}{3}\mu - \kappa)(\nabla \cdot \mathbf{v}) \qquad \text{(B.1-3)}^a$$

$$\tau_{xy} = \tau_{yx} = -\mu\left[\frac{\partial v_y}{\partial x} + \frac{\partial v_x}{\partial y}\right] \qquad \text{(B.1-4)}$$

$$\tau_{yz} = \tau_{zy} = -\mu\left[\frac{\partial v_z}{\partial y} + \frac{\partial v_y}{\partial z}\right] \qquad \text{(B.1-5)}$$

$$\tau_{zx} = \tau_{xz} = -\mu\left[\frac{\partial v_x}{\partial z} + \frac{\partial v_z}{\partial x}\right] \qquad \text{(B.1-6)}$$

em que

$$(\nabla \cdot \mathbf{v}) = \frac{\partial v_x}{\partial x} + \frac{\partial v_y}{\partial y} + \frac{\partial v_z}{\partial z} \qquad \text{(B.1-7)}$$

[a] Quando se considera que o fluido tenha densidade constante, o termo contendo $(\nabla \cdot \mathbf{v})$ pode ser omitido. Para gases monoatômicos a baixas densidades, a viscosidade dilatacional κ é zero.

B.1 LEI DE NEWTON DA VISCOSIDADE (continuação)

Coordenadas cilíndricas (r, θ, z):

$$\tau_{rr} = -\mu\left[2\frac{\partial v_r}{\partial r}\right] + (\tfrac{2}{3}\mu - \kappa)(\nabla \cdot \mathbf{v}) \qquad \text{(B.1-8)}^a$$

$$\tau_{\theta\theta} = -\mu\left[2\left(\frac{1}{r}\frac{\partial v_\theta}{\partial \theta} + \frac{v_r}{r}\right)\right] + (\tfrac{2}{3}\mu - \kappa)(\nabla \cdot \mathbf{v}) \qquad \text{(B.1-9)}^a$$

$$\tau_{zz} = -\mu\left[2\frac{\partial v_z}{\partial z}\right] + (\tfrac{2}{3}\mu - \kappa)(\nabla \cdot \mathbf{v}) \qquad \text{(B.1-10)}^a$$

$$\tau_{r\theta} = \tau_{\theta r} = -\mu\left[r\frac{\partial}{\partial r}\left(\frac{v_\theta}{r}\right) + \frac{1}{r}\frac{\partial v_r}{\partial \theta}\right] \qquad \text{(B.1-11)}$$

$$\tau_{\theta z} = \tau_{z\theta} = -\mu\left[\frac{1}{r}\frac{\partial v_z}{\partial \theta} + \frac{\partial v_\theta}{\partial z}\right] \qquad \text{(B.1-12)}$$

$$\tau_{zr} = \tau_{rz} = -\mu\left[\frac{\partial v_r}{\partial z} + \frac{\partial v_z}{\partial r}\right] \qquad \text{(B.1-13)}$$

em que

$$(\nabla \cdot \mathbf{v}) = \frac{1}{r}\frac{\partial}{\partial r}(r v_r) + \frac{1}{r}\frac{\partial v_\theta}{\partial \theta} + \frac{\partial v_z}{\partial z} \qquad \text{(B.1-14)}$$

[a] Quando se considera que o fluido tenha densidade constante, o termo contendo $(\nabla \cdot \mathbf{v})$ pode ser omitido. Para gases monoatômicos a baixas densidades, a viscosidade dilatacional κ é zero.

Coordenadas esféricas (r, θ, ϕ):

$$\tau_{rr} = -\mu\left[2\frac{\partial v_r}{\partial r}\right] + (\tfrac{2}{3}\mu - \kappa)(\nabla \cdot \mathbf{v}) \qquad \text{(B.1-15)}^a$$

$$\tau_{\theta\theta} = -\mu\left[2\left(\frac{1}{r}\frac{\partial v_\theta}{\partial \theta} + \frac{v_r}{r}\right)\right] + (\tfrac{2}{3}\mu - \kappa)(\nabla \cdot \mathbf{v}) \qquad \text{(B.1-16)}^a$$

$$\tau_{\phi\phi} = -\mu\left[2\left(\frac{1}{r\ \text{sen}\ \theta}\frac{\partial v_\phi}{\partial \phi} + \frac{v_r + v_\theta\ \text{cotg}\ \theta}{r}\right)\right] + (\tfrac{2}{3}\mu - \kappa)(\nabla \cdot \mathbf{v}) \qquad \text{(B.1-17)}^a$$

$$\tau_{r\theta} = \tau_{\theta r} = -\mu\left[r\frac{\partial}{\partial r}\left(\frac{v_\theta}{r}\right) + \frac{1}{r}\frac{\partial v_r}{\partial \theta}\right] \qquad \text{(B.1-18)}$$

$$\tau_{\theta\phi} = \tau_{\phi\theta} = -\mu\left[\frac{\text{sen}\ \theta}{r}\frac{\partial}{\partial \theta}\left(\frac{v_\phi}{\text{sen}\ \theta}\right) + \frac{1}{r\ \text{sen}\ \theta}\frac{\partial v_\theta}{\partial \phi}\right] \qquad \text{(B.1-19)}$$

$$\tau_{\phi r} = \tau_{r\phi} = -\mu\left[\frac{1}{r\ \text{sen}\ \theta}\frac{\partial v_r}{\partial \phi} + r\frac{\partial}{\partial r}\left(\frac{v_\phi}{r}\right)\right] \qquad \text{(B.1-20)}$$

em que

$$(\nabla \cdot \mathbf{v}) = \frac{1}{r^2}\frac{\partial}{\partial r}(r^2 v_r) + \frac{1}{r\ \text{sen}\ \theta}\frac{\partial}{\partial \theta}(v_\theta\ \text{sen}\ \theta) + \frac{1}{r\ \text{sen}\ \theta}\frac{\partial v_\phi}{\partial \phi} \qquad \text{(B.1-21)}$$

[a] Quando se considera que o fluido tenha densidade constante, o termo contendo $(\nabla \cdot \mathbf{v})$ pode ser omitido. Para gases monoatômicos a baixas densidades, a viscosidade dilatacional κ é zero.

B.2 LEI DE FOURIER DA CONDUÇÃO DE CALOR[a]

$[\mathbf{q} = -k\nabla T]$

Coordenadas cartesianas (x, y, z):

$$q_x = -k\frac{\partial T}{\partial x} \quad \text{(B.2-1)}$$

$$q_y = -k\frac{\partial T}{\partial y} \quad \text{(B.2-2)}$$

$$q_z = -k\frac{\partial T}{\partial z} \quad \text{(B.2-3)}$$

Coordenadas cilíndricas (r, θ, z):

$$q_r = -k\frac{dT}{\partial r} \quad \text{(B.2-4)}$$

$$q_\theta = -k\frac{1}{r}\frac{\partial T}{\partial \theta} \quad \text{(B.2-5)}$$

$$q_z = -k\frac{\partial T}{\partial z} \quad \text{(B.2-6)}$$

Coordenadas esféricas (r, θ, φ):

$$q_r = -k\frac{\partial T}{\partial r} \quad \text{(B.2-7)}$$

$$q_\theta = -k\frac{1}{r}\frac{\partial T}{\partial \theta} \quad \text{(B.2-8)}$$

$$q_\phi = -k\frac{1}{r\ \text{sen}\ \theta}\frac{\partial T}{\partial \phi} \quad \text{(B.2-9)}$$

[a] Para misturas, o termo $\Sigma_\alpha(\overline{H}_\alpha/M_\alpha)\mathbf{j}_\alpha$ tem de ser adicionado a $\mathbf{q}$ (ver Eq. 19.3-3).

B.3 (PRIMEIRA) LEI DE FICK DA DIFUSÃO BINÁRIA[a]

$$[\mathbf{j}_A = -\rho \mathscr{D}_{AB} \nabla \omega_A]$$

Coordenadas cartesianas (x, y, z):

$$j_{Ax} = -\rho \mathscr{D}_{AB} \frac{\partial \omega_A}{\partial x} \tag{B.3-1}$$

$$j_{Ay} = -\rho \mathscr{D}_{AB} \frac{\partial \omega_A}{\partial y} \tag{B.3-2}$$

$$j_{Az} = -\rho \mathscr{D}_{AB} \frac{\partial \omega_A}{\partial z} \tag{B.3-3}$$

Coordenadas cilíndricas (r, θ, z):

$$j_{Ar} = -\rho \mathscr{D}_{AB} \frac{\partial \omega_A}{\partial r} \tag{B.3-4}$$

$$j_{A\theta} = -\rho \mathscr{D}_{AB} \frac{1}{r} \frac{\partial \omega_A}{\partial \theta} \tag{B.3-5}$$

$$j_{Az} = -\rho \mathscr{D}_{AB} \frac{\partial \omega_A}{\partial z} \tag{B.3-6}$$

Coordenadas esféricas (r, θ, φ):

$$j_{Ar} = -\rho \mathscr{D}_{AB} \frac{\partial \omega_A}{\partial r} \tag{B.3-7}$$

$$j_{A\theta} = -\rho \mathscr{D}_{AB} \frac{1}{r} \frac{\partial \omega_A}{\partial \theta} \tag{B.3-8}$$

$$j_{A\phi} = -\rho \mathscr{D}_{AB} \frac{1}{r \text{ sen } \theta} \frac{\partial \omega_A}{\partial \phi} \tag{B.3-9}$$

[a] De modo a obter os fluxos molares em relação à velocidade média molar, troque $\mathbf{j}_A$, ρ e ω_A por $\mathbf{J}_A^*$, c e x_A.

B.4 EQUAÇÃO DA CONTINUIDADE[a]

$$[\partial \rho / \partial t + (\nabla \cdot \rho \mathbf{v}) = 0]$$

Coordenadas cartesianas (x, y, z):

$$\frac{\partial \rho}{\partial t} + \frac{\partial}{\partial x}(\rho v_x) + \frac{\partial}{\partial y}(\rho v_y) + \frac{\partial}{\partial z}(\rho v_z) = 0 \tag{B.4-1}$$

Coordenadas cilíndricas (r, θ, z):

$$\frac{\partial \rho}{\partial t} + \frac{1}{r}\frac{\partial}{\partial r}(\rho r v_r) + \frac{1}{r}\frac{\partial}{\partial \theta}(\rho v_\theta) + \frac{\partial}{\partial z}(\rho v_z) = 0 \tag{B.4-2}$$

Coordenadas esféricas (r, θ, φ):

$$\frac{\partial \rho}{\partial t} + \frac{1}{r^2}\frac{\partial}{\partial r}(\rho r^2 v_r) + \frac{1}{r \text{ sen } \theta}\frac{\partial}{\partial \theta}(\rho v_\theta \text{ sen } \theta) + \frac{1}{r \text{ sen } \theta}\frac{\partial}{\partial \phi}(\rho v_\phi) = 0 \tag{B.4-3}$$

[a] Quando se considera que o fluido tem densidade constante, ρ, a equação é simplificada para $(\nabla \cdot \mathbf{v}) = 0$.

B.5 EQUAÇÃO DO MOVIMENTO EM TERMOS DE $\boldsymbol{\tau}$

$$[\rho D\mathbf{v}/Dt = -\nabla p - [\nabla \cdot \boldsymbol{\tau}] + \rho \mathbf{g}]$$

Coordenadas cartesianas (x, y, z): [a]

$$\rho\left(\frac{\partial v_x}{\partial t} + v_x \frac{\partial v_x}{\partial x} + v_y \frac{\partial v_x}{\partial y} + v_z \frac{\partial v_x}{\partial z}\right) = -\frac{\partial p}{\partial x} - \left[\frac{\partial}{\partial x}\tau_{xx} + \frac{\partial}{\partial y}\tau_{yx} + \frac{\partial}{\partial z}\tau_{zx}\right] + \rho g_x \quad \text{(B.5-1)}$$

$$\rho\left(\frac{\partial v_y}{\partial t} + v_x \frac{\partial v_y}{\partial x} + v_y \frac{\partial v_y}{\partial y} + v_z \frac{\partial v_y}{\partial z}\right) = -\frac{\partial p}{\partial y} - \left[\frac{\partial}{\partial x}\tau_{xy} + \frac{\partial}{\partial y}\tau_{yy} + \frac{\partial}{\partial z}\tau_{zy}\right] + \rho g_y \quad \text{(B.5-2)}$$

$$\rho\left(\frac{\partial v_z}{\partial t} + v_x \frac{\partial v_z}{\partial x} + v_y \frac{\partial v_z}{\partial y} + v_z \frac{\partial v_z}{\partial z}\right) = -\frac{\partial p}{\partial z} - \left[\frac{\partial}{\partial x}\tau_{xz} + \frac{\partial}{\partial y}\tau_{yz} + \frac{\partial}{\partial z}\tau_{zz}\right] + \rho g_z \quad \text{(B.5-3)}$$

[a] Essas equações foram escritas sem fazer a suposição de que $\boldsymbol{\tau}$ é simétrico. Isso significa, por exemplo, que quando é feita a suposição usual de simetria do tensor tensão, τ_{xy} e τ_{yx} podem ser alternados.

Coordenadas cilíndricas (r, θ, z): [b]

$$\rho\left(\frac{\partial v_r}{\partial t} + v_r \frac{\partial v_r}{\partial r} + \frac{v_\theta}{r}\frac{\partial v_r}{\partial \theta} + v_z \frac{\partial v_r}{\partial z} - \frac{v_\theta^2}{r}\right) = -\frac{\partial p}{\partial r} - \left[\frac{1}{r}\frac{\partial}{\partial r}(r\tau_{rr}) + \frac{1}{r}\frac{\partial}{\partial \theta}\tau_{\theta r} + \frac{\partial}{\partial z}\tau_{zr} - \frac{\tau_{\theta\theta}}{r}\right] + \rho g_r \quad \text{(B.5-4)}$$

$$\rho\left(\frac{\partial v_\theta}{\partial t} + v_r \frac{\partial v_\theta}{\partial r} + \frac{v_\theta}{r}\frac{\partial v_\theta}{\partial \theta} + v_z \frac{\partial v_\theta}{\partial z} + \frac{v_r v_\theta}{r}\right) = -\frac{1}{r}\frac{\partial p}{\partial \theta} - \left[\frac{1}{r^2}\frac{\partial}{\partial r}(r^2\tau_{r\theta}) + \frac{1}{r}\frac{\partial}{\partial \theta}\tau_{\theta\theta} + \frac{\partial}{\partial z}\tau_{z\theta} + \frac{\tau_{\theta r} - \tau_{r\theta}}{r}\right] + \rho g_\theta \quad \text{(B.5-5)}$$

$$\rho\left(\frac{\partial v_z}{\partial t} + v_r \frac{\partial v_z}{\partial r} + \frac{v_\theta}{r}\frac{\partial v_z}{\partial \theta} + v_z \frac{\partial v_z}{\partial z}\right) = -\frac{\partial p}{\partial z} - \left[\frac{1}{r}\frac{\partial}{\partial r}(r\tau_{rz}) + \frac{1}{r}\frac{\partial}{\partial \theta}\tau_{\theta z} + \frac{\partial}{\partial z}\tau_{zz}\right] + \rho g_z \quad \text{(B.5-6)}$$

[b] Essas equações foram escritas sem fazer a suposição de que $\boldsymbol{\tau}$ é simétrico. Isso significa, por exemplo, que quando é feita a suposição usual de simetria do tensor tensão, $\tau_{r\theta} - \tau_{\theta r} = 0$.

Coordenadas esféricas (r, θ, φ): [c]

$$\rho\left(\frac{\partial v_r}{\partial t} + v_r \frac{\partial v_r}{\partial r} + \frac{v_\theta}{r}\frac{\partial v_r}{\partial \theta} + \frac{v_\phi}{r \operatorname{sen}\theta}\frac{\partial v_r}{\partial \phi} - \frac{v_\theta^2 + v_\phi^2}{r}\right) = -\frac{\partial p}{\partial r}$$
$$- \left[\frac{1}{r^2}\frac{\partial}{\partial r}(r^2\tau_{rr}) + \frac{1}{r \operatorname{sen}\theta}\frac{\partial}{\partial \theta}(\tau_{\theta r}\operatorname{sen}\theta) + \frac{1}{r \operatorname{sen}\theta}\frac{\partial}{\partial \phi}\tau_{\phi r} - \frac{\tau_{\theta\theta} + \tau_{\phi\phi}}{r}\right] + \rho g_r \quad \text{(B.5-7)}$$

$$\rho\left(\frac{\partial v_\theta}{\partial t} + v_r \frac{\partial v_\theta}{\partial r} + \frac{v_\theta}{r}\frac{\partial v_\theta}{\partial \theta} + \frac{v_\phi}{r \operatorname{sen}\theta}\frac{\partial v_\theta}{\partial \phi} + \frac{v_r v_\theta - v_\phi^2 \operatorname{cotg}\theta}{r}\right) = -\frac{1}{r}\frac{\partial p}{\partial \theta}$$
$$- \left[\frac{1}{r^3}\frac{\partial}{\partial r}(r^3\tau_{r\theta}) + \frac{1}{r \operatorname{sen}\theta}\frac{\partial}{\partial \theta}(\tau_{\theta\theta}\operatorname{sen}\theta) + \frac{1}{r \operatorname{sen}\theta}\frac{\partial}{\partial \phi}\tau_{\phi\theta} + \frac{(\tau_{\theta r} - \tau_{r\theta}) - \tau_{\phi\phi}\operatorname{cotg}\theta}{r}\right) + \rho g_\theta \quad \text{(B.5-8)}$$

$$\rho\left(\frac{\partial v_\phi}{\partial t} + v_r \frac{\partial v_\phi}{\partial r} + \frac{v_\theta}{r}\frac{\partial v_\phi}{\partial \theta} + \frac{v_\phi}{r \operatorname{sen}\theta}\frac{\partial v_\phi}{\partial \phi} + \frac{v_\phi v_r + v_\theta v_\phi \operatorname{cotg}\theta}{r}\right) = -\frac{1}{r \operatorname{sen}\theta}\frac{\partial p}{\partial \phi}$$
$$- \left[\frac{1}{r^3}\frac{\partial}{\partial r}(r^3\tau_{r\phi}) + \frac{1}{r \operatorname{sen}\theta}\frac{\partial}{\partial \theta}(\tau_{\theta\phi}\operatorname{sen}\theta) + \frac{1}{r \operatorname{sen}\theta}\frac{\partial}{\partial \phi}\tau_{\phi\phi} + \frac{(\tau_{\phi r} - \tau_{r\phi}) + \tau_{\phi\theta}\operatorname{cotg}\theta}{r}\right] + \rho g_\phi \quad \text{(B.5-9)}$$

[c] Essas equações foram escritas sem fazer a suposição de que $\boldsymbol{\tau}$ é simétrico. Isso significa, por exemplo, que quando é feita a suposição usual de simetria do tensor tensão, $\tau_{r\theta} - \tau_{\theta r} = 0$.

B.6 EQUAÇÃO DO MOVIMENTO PARA UM FLUIDO NEWTONIANO COM ρ E μ CONSTANTES

$$[\rho D\mathbf{v}/Dt = -\nabla p + \mu\nabla^2\mathbf{v} + \rho\mathbf{g}]$$

Coordenadas cartesianas (x, y, z):

$$\rho\left(\frac{\partial v_x}{\partial t} + v_x\frac{\partial v_x}{\partial x} + v_y\frac{\partial v_x}{\partial y} + v_z\frac{\partial v_x}{\partial z}\right) = -\frac{\partial p}{\partial x} + \mu\left[\frac{\partial^2 v_x}{\partial x^2} + \frac{\partial^2 v_x}{\partial y^2} + \frac{\partial^2 v_x}{\partial z^2}\right] + \rho g_x \quad \text{(B.6-1)}$$

$$\rho\left(\frac{\partial v_y}{\partial t} + v_x\frac{\partial v_y}{\partial x} + v_y\frac{\partial v_y}{\partial y} + v_z\frac{\partial v_y}{\partial z}\right) = -\frac{\partial p}{\partial y} + \mu\left[\frac{\partial^2 v_y}{\partial x^2} + \frac{\partial^2 v_y}{\partial y^2} + \frac{\partial^2 v_y}{\partial z^2}\right] + \rho g_y \quad \text{(B.6-2)}$$

$$\rho\left(\frac{\partial v_z}{\partial t} + v_x\frac{\partial v_z}{\partial x} + v_y\frac{\partial v_z}{\partial y} + v_z\frac{\partial v_z}{\partial z}\right) = -\frac{\partial p}{\partial z} + \mu\left[\frac{\partial^2 v_z}{\partial x^2} + \frac{\partial^2 v_z}{\partial y^2} + \frac{\partial^2 v_z}{\partial z^2}\right] + \rho g_z \quad \text{(B.6-3)}$$

Coordenadas cilíndricas (r, θ, z):

$$\rho\left(\frac{\partial v_r}{\partial t} + v_r\frac{\partial v_r}{\partial r} + \frac{v_\theta}{r}\frac{\partial v_r}{\partial \theta} + v_z\frac{\partial v_r}{\partial z} - \frac{v_\theta^2}{r}\right) = -\frac{\partial p}{\partial r} + \mu\left[\frac{\partial}{\partial r}\left(\frac{1}{r}\frac{\partial}{\partial r}(rv_r)\right) + \frac{1}{r^2}\frac{\partial^2 v_r}{\partial \theta^2} + \frac{\partial^2 v_r}{\partial z^2} - \frac{2}{r^2}\frac{\partial v_\theta}{\partial \theta}\right] + \rho g_r \quad \text{(B.6-4)}$$

$$\rho\left(\frac{\partial v_\theta}{\partial t} + v_r\frac{\partial v_\theta}{\partial r} + \frac{v_\theta}{r}\frac{\partial v_\theta}{\partial \theta} + v_z\frac{\partial v_\theta}{\partial z} + \frac{v_r v_\theta}{r}\right) = -\frac{1}{r}\frac{\partial p}{\partial \theta} + \mu\left[\frac{\partial}{\partial r}\left(\frac{1}{r}\frac{\partial}{\partial r}(rv_\theta)\right) + \frac{1}{r^2}\frac{\partial^2 v_\theta}{\partial \theta^2} + \frac{\partial^2 v_\theta}{\partial z^2} + \frac{2}{r^2}\frac{\partial v_r}{\partial \theta}\right] + \rho g_\theta \quad \text{(B.6-5)}$$

$$\rho\left(\frac{\partial v_z}{\partial t} + v_r\frac{\partial v_z}{\partial r} + \frac{v_\theta}{r}\frac{\partial v_z}{\partial \theta} + v_z\frac{\partial v_z}{\partial z}\right) = -\frac{\partial p}{\partial z} + \mu\left[\frac{1}{r}\frac{\partial}{\partial r}\left(r\frac{\partial v_z}{\partial r}\right) + \frac{1}{r^2}\frac{\partial^2 v_z}{\partial \theta^2} + \frac{\partial^2 v_z}{\partial z^2}\right] + \rho g_z \quad \text{(B.6-6)}$$

Coordenadas esféricas (r, θ, ϕ):

$$\rho\left(\frac{\partial v_r}{\partial t} + v_r\frac{\partial v_r}{\partial r} + \frac{v_\theta}{r}\frac{\partial v_r}{\partial \theta} + \frac{v_\phi}{r\,\text{sen}\,\theta}\frac{\partial v_r}{\partial \phi} - \frac{v_\theta^2 + v_\phi^2}{r}\right) = -\frac{\partial p}{\partial r}$$
$$+ \mu\left[\frac{1}{r^2}\frac{\partial^2}{\partial r^2}(r^2 v_r) + \frac{1}{r^2\,\text{sen}\,\theta}\frac{\partial}{\partial \theta}\left(\text{sen}\,\theta\frac{\partial v_r}{\partial \theta}\right) + \frac{1}{r^2\,\text{sen}^2\,\theta}\frac{\partial^2 v_r}{\partial \phi^2}\right] + \rho g_r \quad \text{(B.6-7)}^a$$

$$\rho\left(\frac{\partial v_\theta}{\partial t} + v_r\frac{\partial v_\theta}{\partial r} + \frac{v_\theta}{r}\frac{\partial v_\theta}{\partial \theta} + \frac{v_\phi}{r\,\text{sen}\,\theta}\frac{\partial v_\theta}{\partial \phi} + \frac{v_r v_\theta - v_\phi^2\,\text{cotg}\,\theta}{r}\right) = -\frac{1}{r}\frac{\partial p}{\partial \theta}$$
$$+ \mu\left[\frac{1}{r^2}\frac{\partial}{\partial r}\left(r^2\frac{\partial v_\theta}{\partial r}\right) + \frac{1}{r^2}\frac{\partial}{\partial \theta}\left(\frac{1}{\text{sen}\,\theta}\frac{\partial}{\partial \theta}(v_\theta\,\text{sen}\,\theta)\right) + \frac{1}{r^2\,\text{sen}^2\,\theta}\frac{\partial^2 v_\theta}{\partial \phi^2} + \frac{2}{r^2}\frac{\partial v_r}{\partial \theta} - \frac{2\,\text{cotg}\,\theta}{r^2\,\text{sen}\,\theta}\frac{\partial v_\phi}{\partial \phi}\right] + \rho g_\theta \quad \text{(B.6-8)}$$

$$\rho\left(\frac{\partial v_\phi}{\partial t} + v_r\frac{\partial v_\phi}{\partial r} + \frac{v_\theta}{r}\frac{\partial v_\phi}{\partial \theta} + \frac{v_\phi}{r\,\text{sen}\,\theta}\frac{\partial v_\phi}{\partial \phi} + \frac{v_\phi v_r + v_\theta v_\phi\,\text{cotg}\,\theta}{r}\right) = -\frac{1}{r\,\text{sen}\,\theta}\frac{\partial p}{\partial \phi}$$
$$+ \mu\left[\frac{1}{r^2}\frac{\partial}{\partial r}\left(r^2\frac{\partial v_\phi}{\partial r}\right) + \frac{1}{r^2}\frac{\partial}{\partial \theta}\left(\frac{1}{\text{sen}\,\theta}\frac{\partial}{\partial \theta}(v_\phi\,\text{sen}\,\theta)\right) + \frac{1}{r^2\,\text{sen}^2\,\theta}\frac{\partial^2 v_\phi}{\partial \phi^2} + \frac{2}{r^2\,\text{sen}\,\theta}\frac{\partial v_r}{\partial \phi} + \frac{2\,\text{cotg}\,\theta}{r^2\,\text{sen}\,\theta}\frac{\partial v_\theta}{\partial \phi}\right] + \rho g_\phi \quad \text{(B.6-9)}$$

[a] A grandeza entre colchetes na Eq. B.6-7 *não* é aquela esperada da Eq. (M) para $[\nabla \cdot \nabla\mathbf{v}]$ na Tabela A.7-3, porque adicionamos à Eq. (M) a expressão para $(2/r)(\nabla \cdot \mathbf{v})$, que é zero para fluidos com ρ constante. Isso fornece uma equação muito mais simples.

B.7 FUNÇÃO DISSIPAÇÃO, Φ_v, PARA FLUIDOS NEWTONIANOS (VER EQ. 3.3-3)

Coordenadas cartesianas (x, y, z):

$$\Phi_v = 2\left[\left(\frac{\partial v_x}{\partial x}\right)^2 + \left(\frac{\partial v_y}{\partial y}\right)^2 + \left(\frac{\partial v_z}{\partial z}\right)^2\right] + \left[\frac{\partial v_y}{\partial x} + \frac{\partial v_x}{\partial y}\right]^2 + \left[\frac{\partial v_z}{\partial y} + \frac{\partial v_y}{\partial z}\right]^2 + \left[\frac{\partial v_x}{\partial z} + \frac{\partial v_z}{\partial x}\right]^2 - \frac{2}{3}\left[\frac{\partial v_x}{\partial x} + \frac{\partial v_y}{\partial y} + \frac{\partial v_z}{\partial z}\right]^2 \quad \text{(B.7-1)}$$

Coordenadas cilíndricas (r, θ, z):

$$\Phi_v = 2\left[\left(\frac{\partial v_r}{\partial r}\right)^2 + \left(\frac{1}{r}\frac{\partial v_\theta}{\partial \theta} + \frac{v_r}{r}\right)^2 + \left(\frac{\partial v_z}{\partial z}\right)^2\right] + \left[r\frac{\partial}{\partial r}\left(\frac{v_\theta}{r}\right) + \frac{1}{r}\frac{\partial v_r}{\partial \theta}\right]^2 + \left[\frac{1}{r}\frac{\partial v_z}{\partial \theta} + \frac{\partial v_\theta}{\partial z}\right]^2 + \left[\frac{\partial v_r}{\partial z} + \frac{\partial v_z}{\partial r}\right]^2$$

$$- \frac{2}{3}\left[\frac{1}{r}\frac{\partial}{\partial r}(r v_r) + \frac{1}{r}\frac{\partial v_\theta}{\partial \theta} + \frac{\partial v_z}{\partial z}\right]^2 \quad \text{(B.7-2)}$$

Coordenadas esféricas (r, θ, φ):

$$\Phi_v = 2\left[\left(\frac{\partial v_r}{\partial r}\right)^2 + \left(\frac{1}{r}\frac{\partial v_\theta}{\partial \theta} + \frac{v_r}{r}\right)^2 + \left(\frac{1}{r \operatorname{sen}\theta}\frac{\partial v_\phi}{\partial \phi} + \frac{v_r + v_\theta \operatorname{cotg}\theta}{r}\right)^2\right]$$

$$+ \left[r\frac{\partial}{\partial r}\left(\frac{v_\theta}{r}\right) + \frac{1}{r}\frac{\partial v_r}{\partial \theta}\right]^2 + \left[\frac{\operatorname{sen}\theta}{r}\frac{\partial}{\partial \theta}\left(\frac{v_\phi}{\operatorname{sen}\theta}\right) + \frac{1}{r \operatorname{sen}\theta}\frac{\partial v_\theta}{\partial \phi}\right]^2 + \left[\frac{1}{r \operatorname{sen}\theta}\frac{\partial v_r}{\partial \phi} + r\frac{\partial}{\partial r}\left(\frac{v_\phi}{r}\right)\right]^2$$

$$- \frac{2}{3}\left[\frac{1}{r^2}\frac{\partial}{\partial r}(r^2 v_r) + \frac{1}{r \operatorname{sen}\theta}\frac{\partial}{\partial \theta}(v_\theta \operatorname{sen}\theta) + \frac{1}{r \operatorname{sen}\theta}\frac{\partial v_\phi}{\partial \phi}\right]^2 \quad \text{(B.7-3)}$$

B.8 EQUAÇÃO DA ENERGIA EM TERMOS DE q

$$[\rho\hat{C}_p DT/Dt = -(\nabla \cdot \mathbf{q}) - (\partial \ln \rho/\partial \ln T)_p Dp/Dt - (\boldsymbol{\tau}:\nabla \mathbf{v})]$$

Coordenadas cartesianas (x, y, z):

$$\rho\hat{C}_p\left(\frac{\partial T}{\partial t} + v_x\frac{\partial T}{\partial x} + v_y\frac{\partial T}{\partial y} + v_z\frac{\partial T}{\partial z}\right) = -\left[\frac{\partial q_x}{\partial x} + \frac{\partial q_y}{\partial y} + \frac{\partial q_z}{\partial z}\right] - \left(\frac{\partial \ln \rho}{\partial \ln T}\right)_p \frac{Dp}{Dt} - (\boldsymbol{\tau}:\nabla \mathbf{v}) \quad \text{(B.8-1)}^a$$

Coordenadas cilíndricas (r, θ, z):

$$\rho\hat{C}_p\left(\frac{\partial T}{\partial t} + v_r\frac{\partial T}{\partial r} + \frac{v_\theta}{r}\frac{\partial T}{\partial \theta} + v_z\frac{\partial T}{\partial z}\right) = -\left[\frac{1}{r}\frac{\partial}{\partial r}(r q_r) + \frac{1}{r}\frac{\partial q_\theta}{\partial \theta} + \frac{\partial q_z}{\partial z}\right] - \left(\frac{\partial \ln \rho}{\partial \ln T}\right)_p \frac{Dp}{Dt} - (\boldsymbol{\tau}:\nabla \mathbf{v}) \quad \text{(B.8-2)}^a$$

Coordenadas esféricas (r, θ, φ):

$$\rho\hat{C}_p\left(\frac{\partial T}{\partial t} + v_r\frac{\partial T}{\partial r} + \frac{v_\theta}{r}\frac{\partial T}{\partial \theta} + \frac{v_\phi}{r \operatorname{sen}\theta}\frac{\partial T}{\partial \phi}\right) = \left[\frac{1}{r^2}\frac{\partial}{\partial r}(r^2 q_r) + \frac{1}{r \operatorname{sen}\theta}\frac{\partial}{\partial \theta}(q_\theta \operatorname{sen}\theta) + \frac{1}{r \operatorname{sen}\theta}\frac{\partial q_\phi}{\partial \phi}\right] - \left(\frac{\partial \ln \rho}{\partial \ln T}\right)_p \frac{Dp}{Dt} - (\boldsymbol{\tau}:\nabla \mathbf{v}) \quad \text{(B.8-3)}^a$$

[a] O termo de dissipação viscosa, $-(\boldsymbol{\tau}:\nabla \mathbf{v})$, é dado no Apêndice A, Tabelas A.7-1, 2, 3. Esse termo pode geralmente ser desprezado, exceto para sistemas com gradientes muito grandes de velocidade. O termo contendo $(\ \ln \rho/\ \ln T)_p$ é zero para fluidos com ρ constante.

B.9 EQUAÇÃO DA ENERGIA PARA FLUIDOS NEWTONIANOS PUROS COM ρ E k CONSTANTES[a]

$$[\rho\hat{C}_p DT/Dt = k\nabla^2 T + \mu\Phi_v]$$

Coordenadas cartesianas (x, y, z):

$$\rho\hat{C}_p\left(\frac{\partial T}{\partial t} + v_x\frac{\partial T}{\partial x} + v_y\frac{\partial T}{\partial y} + v_z\frac{\partial T}{\partial z}\right) = k\left[\frac{\partial^2 T}{\partial x^2} + \frac{\partial^2 T}{\partial y^2} + \frac{\partial^2 T}{\partial z^2}\right] + \mu\Phi_v \qquad \text{(B.9-1)}^b$$

Coordenadas cilíndricas (r, θ, z):

$$\rho\hat{C}_p\left(\frac{\partial T}{\partial t} + v_r\frac{\partial T}{\partial r} + \frac{v_\theta}{r}\frac{\partial T}{\partial \theta} + v_z\frac{\partial T}{\partial z}\right) = k\left[\frac{1}{r}\frac{\partial}{\partial r}\left(r\frac{\partial T}{\partial r}\right) + \frac{1}{r^2}\frac{\partial^2 T}{\partial \theta^2} + \frac{\partial^2 T}{\partial z^2}\right] + \mu\Phi_v \qquad \text{(B.9-2)}^b$$

Coordenadas esféricas (r, θ, φ):

$$\rho\hat{C}_p\left(\frac{\partial T}{\partial t} + v_r\frac{\partial T}{\partial r} + \frac{v_\theta}{r}\frac{\partial T}{\partial \theta} + \frac{v_\phi}{r\,\mathrm{sen}\,\theta}\frac{\partial T}{\partial \phi}\right) = k\left[\frac{1}{r^2}\frac{\partial}{\partial r}\left(r^2\frac{\partial T}{\partial r}\right) + \frac{1}{r^2\,\mathrm{sen}\,\theta}\frac{\partial}{\partial \theta}\left(\mathrm{sen}\,\theta\frac{\partial T}{\partial \theta}\right) + \frac{1}{r^2\,\mathrm{sen}^2\,\theta}\frac{\partial^2 T}{\partial \phi^2}\right] + \mu\Phi_v \qquad \text{(B.9-3)}^b$$

[a] Essa forma da equação da energia é válida também sob as suposições menos rigorosas de k = constante e $(\partial \ln \rho/\partial \ln T)_p Dp/Dt = 0$. A suposição de ρ = constante é dada no nome da tabela, pelo fato de ser a suposição feita mais freqüentemente.

[b] A função Φ_v é dada na Seção B.7. O termo $\mu\Phi_v$ é geralmente negligenciado, exceto em sistemas com grandes gradientes de velocidade.

B.10 EQUAÇÃO DA CONTINUIDADE PARA A ESPÉCIE α, EM TERMOS[a] DE $\mathbf{j}_\alpha$

$$[\rho D\omega_\alpha/Dt = -(\nabla\cdot\mathbf{j}_\alpha) + r_\alpha]$$

Coordenadas cartesianas (x, y, z):

$$\rho\left(\frac{\partial \omega_\alpha}{\partial t} + v_x\frac{\partial \omega_\alpha}{\partial x} + v_y\frac{\partial \omega_\alpha}{\partial y} + v_z\frac{\partial \omega_\alpha}{\partial z}\right) = -\left[\frac{\partial j_{\alpha x}}{\partial x} + \frac{\partial j_{\alpha y}}{\partial y} + \frac{\partial j_{\alpha z}}{\partial z}\right] + r_\alpha \qquad \text{(B.10-1)}$$

Coordenadas cilíndricas (r, θ, z):

$$\rho\left(\frac{\partial \omega_\alpha}{\partial t} + v_r\frac{\partial \omega_\alpha}{\partial r} + \frac{v_\theta}{r}\frac{\partial \omega_\alpha}{\partial \theta} + v_z\frac{\partial \omega_\alpha}{\partial z}\right) = -\left[\frac{1}{r}\frac{\partial}{\partial r}(r j_{\alpha r}) + \frac{1}{r}\frac{\partial j_{\alpha\theta}}{\partial \theta} + \frac{\partial j_{\alpha z}}{\partial z}\right] + r_\alpha \qquad \text{(B.10-2)}$$

Coordenadas esféricas (r, θ, φ):

$$\rho\left(\frac{\partial \omega_\alpha}{\partial t} + v_r\frac{\partial \omega_\alpha}{\partial r} + \frac{v_\theta}{r}\frac{\partial \omega_\alpha}{\partial \theta} + \frac{v_\phi}{r\,\mathrm{sen}\,\theta}\frac{\partial \omega_\alpha}{\partial \phi}\right) = \left[\frac{1}{r^2}\frac{\partial}{\partial r}(r^2 j_{\alpha r}) + \frac{1}{r\,\mathrm{sen}\,\theta}\frac{\partial}{\partial \theta}(j_{\alpha\theta}\,\mathrm{sen}\,\theta) + \frac{1}{r\,\mathrm{sen}\,\theta}\frac{\partial j_{\alpha\phi}}{\partial \phi}\right] + r_\alpha \qquad \text{(B.10-3)}$$

[a] Para obter as equações correspondentes em termos de $\mathbf{J}^*_\alpha$, faça as seguintes trocas:

Troque	ρ	ω_α	$\mathbf{j}_\alpha$	$\mathbf{v}$	r_α
por	c	x_α	$\mathbf{J}^*_\alpha$	$\mathbf{v}^*$	$R_\alpha - x_\alpha \sum_{\beta=1}^{N} R_\beta$

B.11 EQUAÇÃO DA CONTINUIDADE PARA A ESPÉCIE *A*, EM TERMOS DE ω_A PARA $\rho\mathscr{D}_{AB}$ CONSTANTE[a]

$$[\rho D\omega_A/Dt = \rho\mathscr{D}_{AB}\nabla^2\omega_A + r_A]$$

Coordenadas cartesianas (x, y, z):

$$\rho\left(\frac{\partial\omega_A}{\partial t} + v_x\frac{\partial\omega_A}{\partial x} + v_y\frac{\partial\omega_A}{\partial y} + v_z\frac{\partial\omega_A}{\partial z}\right) = \rho\mathscr{D}_{AB}\left[\frac{\partial^2\omega_A}{\partial x^2} + \frac{\partial^2\omega_A}{\partial y^2} + \frac{\partial^2\omega_A}{\partial z^2}\right] + r_A \quad \text{(B.11-1)}$$

Coordenadas cilíndricas (r, θ, z):

$$\rho\left(\frac{\partial\omega_A}{\partial t} + v_r\frac{\partial\omega_A}{\partial r} + \frac{v_\theta}{r}\frac{\partial\omega_A}{\partial \theta} + v_z\frac{\partial\omega_A}{\partial z}\right) = \rho\mathscr{D}_{AB}\left[\frac{1}{r}\frac{\partial}{\partial r}\left(r\frac{\partial\omega_A}{\partial r}\right) + \frac{1}{r^2}\frac{\partial^2\omega_A}{\partial \theta^2} + \frac{\partial^2\omega_A}{\partial z^2}\right] + r_A \quad \text{(B.11-2)}$$

Coordenadas esféricas (r, θ, ϕ):

$$\rho\left(\frac{\partial\omega_A}{\partial t} + v_r\frac{\partial\omega_A}{\partial r} + \frac{v_\theta}{r}\frac{\partial\omega_A}{\partial \theta} + \frac{v_\phi}{r \operatorname{sen}\theta}\frac{\partial\omega_A}{\partial \phi}\right) = \rho\mathscr{D}_{AB}\left[\frac{1}{r^2}\frac{\partial}{\partial r}\left(r^2\frac{\partial\omega_A}{\partial r}\right) + \frac{1}{r^2 \operatorname{sen}\theta}\frac{\partial}{\partial \theta}\left(\operatorname{sen}\theta\frac{\partial\omega_A}{\partial \theta}\right) + \frac{1}{r^2\operatorname{sen}^2\theta}\frac{\partial^2\omega_A}{\partial \phi^2}\right] + r_A \quad \text{(B.11-3)}$$

[a] Para obter as equações correspondentes em termos de x_A, faça as seguintes trocas:

Troque	ρ	ω_α	$\mathbf{v}$	r_α
por	c	x_α	$\mathbf{v}^*$	$R_\alpha - x_\alpha \sum_{\beta=1}^{N} R_\beta$

APÊNDICE C

TÓPICOS MATEMÁTICOS

Neste apêndice, resumiremos informações em tópicos matemáticos (diferentes de vetores e tensores) que são úteis no estudo de fenômenos de transporte.[1]

C.1 ALGUMAS EQUAÇÕES DIFERENCIAIS ORDINÁRIAS E SUAS SOLUÇÕES

Dispomos aqui uma curta lista de equações diferenciais que aparecem freqüentemente em fenômenos de transporte. Supõe-se que o leitor esteja familiarizado com essas equações e em como resolvê-las. As grandezas a, b e c são constantes reais e f e g são funções de x. Nas Eqs. C.5-12 e 13, uma constante arbitrária pode ser colocada à direita.

Equação	Solução	
$\dfrac{dy}{dx} = \dfrac{f(x)}{g(y)}$	$\int g\,dy = \int f\,dx + C_1$	(C.1-1)
$\dfrac{dy}{dx} + f(x)y = g(x)$	$y = e^{-\int f\,dx}\left(\int e^{\int f\,dx} g\,dx + C_1\right)$	(C.1-2)
$\dfrac{d^2y}{dx^2} + a^2y = 0$	$y = C_1 \cos ax + C_2 \operatorname{sen} ax$	(C.1-3)
$\dfrac{d^2y}{dx^2} - a^2y = 0$	$y = C_1 \cosh ax + C_2 \operatorname{senh} ax$ ou	(C.1-4a)
	$y = C_3 e^{+ax} + C_4 e^{-ax}$	(C.1-4b)
$\dfrac{1}{x^2}\dfrac{d}{dx}\left(x^2\dfrac{dy}{dx}\right) + a^2y = 0$	$y = \dfrac{C_1}{x}\cos ax + \dfrac{C_2}{x}\operatorname{sen} ax$	(C.1-5)
$\dfrac{1}{x^2}\dfrac{d}{dx}\left(x^2\dfrac{dy}{dx}\right) - a^2y = 0$	$y = \dfrac{C_1}{x}\cosh ax + \dfrac{C_2}{x}\operatorname{senh} ax$ ou	(C.1-6a)
	$y = \dfrac{C_3}{x}e^{+ax} + \dfrac{C_4}{x}e^{-ax}$	(C.1-6b)

[1]Alguns livros de referência sobre matemática aplicada são: M. Abramowitz and I. A. Stegun, *Handbook of Mathematical Functions*, Dover, New York, 9th printing (1973); G. M. Murphy, *Ordinary Differential Equations and Their Solutions*, Van Nostrand, Princeton, N.J. (1960); J.J. Tuma, *Engineering Mathematics Handbook*, 3rd edition, McGraw-Hill, New York (1987).

$\frac{d^2y}{dx^2} + a\frac{dy}{dx} + by = 0$	Resolva a equação $n^2 + an + b = 0$, e obtenha a raízes $n = n_+$ e $n = n_-$. Então (a) se n_+ e n_- forem reais e desiguais, $y = C_1\exp(n_+x) + C_2\exp(n_-x)$	(C.1-7a)
	(b) se n_+ e n_- forem reais e iguais a n, $y = e^{nx}(C_1x + C_2)$	(C.1-7b)
	(c) se n_+ e n_- forem complexas: $n_\pm = p \pm iq$, $y = e^{px}(C_1 \cos qx + C_2 \operatorname{sen} qx)$	(C.1-7c)
$\frac{d^2y}{dx^2} + 2x\frac{dy}{dx} = 0$	$y = C_1\int_0^x \exp(-\bar{x}^2)\,d\bar{x} + C_2$	(C.1-8)
$\frac{d^2y}{dx^2} + 3x^2\frac{dy}{dx} = 0$	$y = C_1\int_0^x \exp(-\bar{x}^3)\,d\bar{x} + C_2$	(C.1-9)
$\frac{d^2y}{dx^2} = f(x)$	$y = \int_0^x \int_0^{\bar{x}} f(\bar{\bar{x}})d\bar{\bar{x}}\,d\bar{x} + C_1x + C_2$	(C.1-10)
$\frac{1}{x}\frac{d}{dx}\left(x\frac{dy}{dx}\right) = f(x)$	$y = \int_0^x \frac{1}{\bar{x}}\int_0^{\bar{x}} \bar{\bar{x}}f(\bar{\bar{x}})d\bar{\bar{x}}d\bar{x} + C_1 \ln x + C_2$	(C.1-11)
$\frac{1}{x^2}\frac{d}{dx}\left(x^2\frac{dy}{dx}\right) = f(x)$	$y = \int_0^x \frac{1}{\bar{x}^2}\int_0^{\bar{x}} \bar{\bar{x}}^2f(\bar{\bar{x}})d\bar{\bar{x}}d\bar{x} - \frac{C_1}{x} + C_2$	(C.1-12)
$\frac{d^2y}{dx^2} = h(y)$	$x = \int_0^y \frac{d\bar{y}}{\sqrt{2\int_0^{\bar{y}} h(\bar{y})d\bar{y} + C_1}} + C_2$	(C.1-13)
$x^3\frac{d^3y}{dx^3} + ax^2\frac{d^2y}{dx^2} + bx\frac{dy}{dx} + cy = 0$	$y = C_1x^{n_1} + C_2x^{n_2} + C_3x^{n_3}$, em que n_k são as raízes da equação $n(n-1)(n-2) + an(n-1) + bn + c = 0$, desde que todas as raízes sejam distintas.	(C.1-14)

Notas:

[a]Nas Eqs. C.1-4 e C.1-6, as decisões de quando se deve usar as formas exponenciais ou as funções trigonométricas (ou hiperbólicas) são geralmente feitas com base nas condições de contorno do problema ou nas propriedades de simetria da solução.

[b]As Eqs. C.1-5 e C.1-6 são resolvidas fazendo a substituição $y(x) = u(x)/x$ e então resolvendo a equação resultante para $u(x)$.

[c]Nas Eqs. C.1-8 a C.1-13, pode ser conveniente ou necessário mudar os limites inferiores das integrais para algum valor diferente de zero.

C.2 EXPANSÕES DE FUNÇÕES EM SÉRIE DE TAYLOR

Nos problemas físicos, necessitamos freqüentemente descrever uma função $y(x)$ na vizinhança de algum ponto $x = x_0$. Então, expandimos a função $y(x)$ em uma "série de Taylor em torno do ponto $x = x_0$":

$$y(x) = y\big|_{x=x_0} + \frac{1}{1!}\left(\frac{dy}{dx}\bigg|_{x=x_0}\right)(x - x_0) + \frac{1}{2!}\left(\frac{d^2y}{dx^2}\bigg|_{x=x_0}\right)(x - x_0)^2 + \frac{1}{3!}\left(\frac{d^3y}{dx^3}\bigg|_{x=x_0}\right)(x - x_0)^3 + \cdots \tag{C.2-1}$$

O primeiro termo fornece o valor da função em $x = x_0$. Os dois primeiros termos dão um ajuste linear da curva em $x = x_0$. Os três primeiros termos dão um ajuste parabólico da curva em $x = x_0$ e assim por diante. A série de Taylor é constantemente usada quando somente alguns termos iniciais são necessários para descrever adequadamente a função.

Aqui estão algumas expansões em série de Taylor de funções padrões em torno do ponto $x = 0$:

$$e^{\pm x} = 1 \pm \frac{x}{1!} + \frac{x^2}{2!} \pm \frac{x^3}{3!} + \cdots \tag{C.2-2}$$

$$\ln(1+x) = x - \frac{x^2}{2} + \frac{x^3}{3} - \frac{x^4}{4} + \cdots \tag{C.2.3}$$

$$\operatorname{erf} x = \frac{2x}{\sqrt{\pi}}\left(1 - \frac{x^2}{1!3} + \frac{x^4}{2!5} - \frac{x^6}{3!7} + \cdots\right) \tag{C.2-4}$$

$$\sqrt{1 \pm x} = 1 \pm \frac{1}{2}x - \frac{1 \cdot 1}{2 \cdot 4}x^2 \pm \frac{1 \cdot 1 \cdot 3}{2 \cdot 4 \cdot 6}x^3 - \cdots \tag{C.2-5}$$

Mais exemplos podem ser encontrados nos livros-texto e manuais de cálculo. A série de Taylor pode também ser escrita para funções de duas ou mais variáveis.

C.3 DIFERENCIAÇÃO DE INTEGRAIS (FÓRMULA DE LEIBNIZ)

Suponha que tenhamos uma função $f(x, t)$ que dependa de uma variável espacial x e do tempo t. Então, podemos formar a integral

$$I(t) = \int_{\alpha(t)}^{\beta(t)} f(x, t)\, dx \tag{C.3-1}$$

que é uma função de t [ver Fig. C.3-1(a)]. Se quisermos diferenciar essa função em relação a t sem avaliar a integral, podemos usar a fórmula de Leibniz

$$\frac{d}{dt}\int_{\alpha(t)}^{\beta(t)} f(x, t)\, dx = \int_{\alpha(t)}^{\beta(t)} \frac{\partial}{\partial t} f(x, t)\, dx + \left(f(\beta, t)\frac{d\beta}{dt} - f(\alpha, t)\frac{d\alpha}{dt}\right) \tag{C.3-2}$$

A Fig. C.3-1(b) mostra os significados das operações feitas aqui: o primeiro termo no lado direito fornece a variação na integral, porque a própria função está variando com o tempo; o segundo termo representa o ganho na área à medida que o limite superior é movido para a direita; e o terceiro termo mostra a perda na área à medida que o limite inferior se move para a direita. Essa fórmula encontra muitos usos em ciência e em engenharia. A fórmula análoga em três dimensões é dada na Eq. A.5-5.

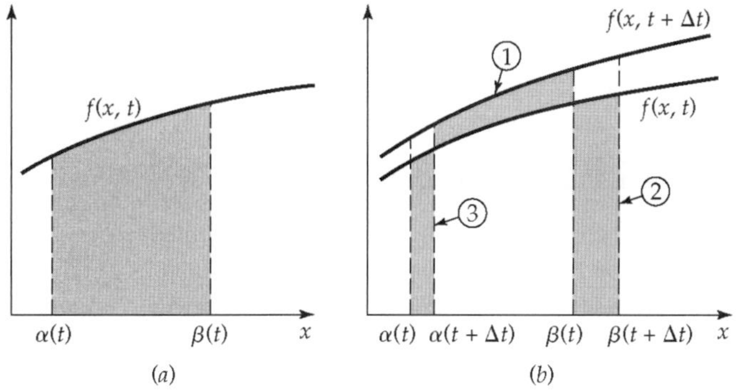

Fig. C.3-1 (a) A área sombreada representa $I(t) = \int_{\alpha(t)}^{\beta(t)} f(x, t)dx$ em um instante t (Eq. C.3-1). (b) A fim de obter dI/dt, formamos a diferença $I(t + \Delta t) - I(t)$, dividida por Δt e então fazer $\Delta t \to 0$. As três áreas sombreadas correspondem aos três termos no lado direito da Eq. C.3-2.

C.4 FUNÇÃO GAMA

A função gama aparece freqüentemente como o resultado de integrações:

$$\Gamma(n) = \int_0^\infty x^{n-1}e^{-x}dx \tag{C.4-1}$$

$$\Gamma(n) = \int_0^1 \left(\ln \frac{1}{x}\right)^{n-1} dx \tag{C.4-2}$$

$$\Gamma(n+1) = \int_0^\infty \exp(-x^{1/n})\, dx \tag{C.4-3}$$

Várias fórmulas para funções gama são importantes:

$\Gamma(n+1) = n\Gamma(n)$ (usada para definir $\Gamma(n)$ para n negativo) (C.4-4)

$\Gamma(n) = (n-1)!$ (quando n é um inteiro maior do que 0) (C.4-5)

Alguns casos especiais da função gama são:

$$\Gamma(1) = \Gamma(2) = 1 \tag{C.4-6}$$

$$\Gamma(\tfrac{1}{2}) = \sqrt{\pi} = 1{,}77245\ldots \tag{C.4-7}$$

$$\Gamma(\tfrac{3}{2}) = \tfrac{1}{2}\Gamma(\tfrac{1}{2}) = \tfrac{1}{2}\sqrt{\pi} = 0{,}88622\ldots \tag{C.4-8}$$

$$\Gamma(\tfrac{1}{3}) = 2{,}67893\ldots \tag{C.4-9}$$

$$\Gamma(\tfrac{4}{3}) = \tfrac{1}{3}\Gamma(\tfrac{1}{3}) = 0{,}89297\ldots \tag{C.4-10}$$

$$\Gamma(\tfrac{7}{3}) = \tfrac{4}{3}\Gamma(\tfrac{4}{3}) = 1{,}19063\ldots \tag{C.4-11}$$

A função gama é mostrada na Fig. C.4-1.

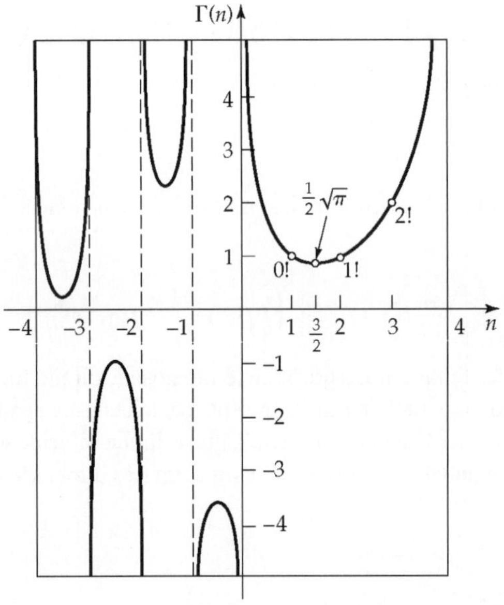

Fig. C.4-1 Função gama.

C.5 FUNÇÕES HIPERBÓLICAS

O seno hiperbólico (senh x), o co-seno hiperbólico (cosh x) e a tangente hiperbólica (tgh x) aparecem freqüentemente em problemas de ciência e de engenharia. Eles estão relacionados à hipérbole da mesma maneira que as funções circulares estão relacionadas ao círculo (ver Fig. C.5-1). As funções circulares (sen x e cos x) são periódicas e oscilatórias, enquanto suas análogas hiperbólicas não o são (ver Fig. C.5-2).

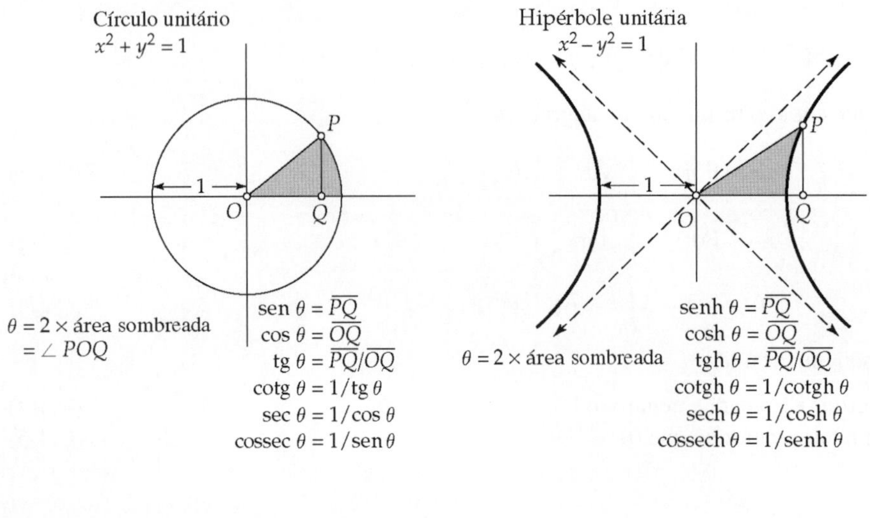

Fig. C.5-1 Comparação entre as funções circulares e hiperbólicas.

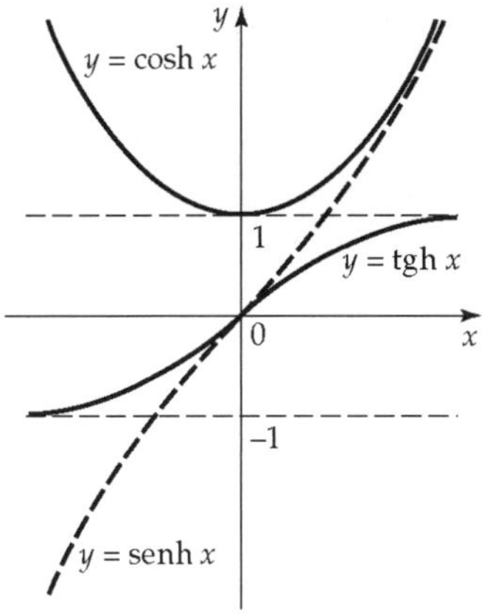

Fig. C.5-2 Comparação entre as formas das funções hiperbólicas.

As funções hiperbólicas estão relacionadas à função exponencial, conforme segue:

$$\cosh x = \tfrac{1}{2}(e^x + e^{-x}); \qquad \operatorname{senh} x = \tfrac{1}{2}(e^x - e^{-x}) \tag{C.5-1, 2}$$

As relações correspondentes para as funções circulares são:

$$\cos x = \tfrac{1}{2}(e^{ix} + e^{-ix}); \qquad \operatorname{sen} x = \tfrac{1}{2i}(e^{ix} - e^{-ix}) \tag{C.5-3, 4}$$

Pode-se deduzir uma variedade de relações padrões para as funções hiperbólicas, tais como

$$\cosh^2 x - \operatorname{senh}^2 x = 1 \tag{C.5-5}$$

$$\cosh(x \pm y) = \cosh x \cosh y \pm \operatorname{senh} x \operatorname{senh} y \tag{C.5-6}$$

$$\operatorname{senh}(x \pm y) = \operatorname{senh} x \cosh y \pm \cosh x \operatorname{senh} y \tag{C.5-7}$$

$$\cosh ix = \cos x; \qquad \operatorname{senh} ix = i \operatorname{sen} x \tag{C.5-8, 9}$$

$$\frac{d \cosh x}{dx} = \operatorname{senh} x; \qquad \frac{d \operatorname{senh} x}{dx} = \cosh x \tag{C.5-10, 11}$$

$$\int \cosh x \, dx = \operatorname{senh} x; \qquad \int \operatorname{senh} x \, dx = \cosh x \tag{C.5-12, 13}$$

Deve ser mantido em mente que cosh x e cos x são ambas funções pares de x, enquanto senh x e sen x são funções ímpares de x. Nas Eqs. C.5-12 e 13, uma constante arbitrária pode ser colocada à direita.

C.6 FUNÇÃO ERRO

A função erro é definida como

$$\operatorname{erf} x = \frac{\int_0^x \exp(-\bar{x}^2)\, d\bar{x}}{\int_0^\infty \exp(-\bar{x}^2)\, d\bar{x}} = \frac{2}{\sqrt{\pi}} \int_0^x \exp(-\bar{x}^2)\, d\bar{x} \tag{C.6-1}$$

Essa função, que aparece naturalmente em inúmeros problemas de fenômenos de transporte, cresce monotonicamente, indo de erf 0 a erf $\infty = 1$, e tem o valor de 0,99 em torno de $x = 2$. A expansão em série de Taylor para a função erro em torno de $x = 0$ é dada na Eq. C.2-4. É também importante notar que $\operatorname{erf}(-x) = -\operatorname{erf}(x)$ e que

$$\frac{d}{dx} \operatorname{erf} u = \frac{2}{\sqrt{\pi}} \exp(-u^2) \frac{du}{dx} \tag{C.6-2}$$

aplicando a fórmula de Leibniz à Eq. C.6-1.

A função intimamente relacionada erfc $x = 1 -$ erf x é chamada de "função erro complementar".

APÊNDICE D

TEORIA CINÉTICA DOS GASES

Nos Caps. 1, 9 e 17, falamos brevemente sobre o uso dos conceitos de livre percurso médio para obter expressões aproximadas para as propriedades de transporte. Demos então os resultados rigorosos do desenvolvimento de Chapman-Enskog para gases monoatômicos diluídos. Neste apêndice, daremos uma breve discussão da teoria de Chapman-Enskog, apenas o suficiente para mostrar aquilo que a teoria engloba e para mostrar como ela fornece um sentido de unidade ao assunto de fenômenos de transporte em gases. O leitor que deseje prosseguir mais pode consultar as referências padrões.[1]

D.1 EQUAÇÃO DE BOLTZMANN[2]

O ponto inicial na teoria cinética de misturas de gases monoatômicos a baixas densidades é a *equação de Boltzmann* para a função distribuição de velocidades, $f_\alpha(\dot{\mathbf{r}}_\alpha, \mathbf{r}, t)$. A grandeza $f_\alpha(\dot{\mathbf{r}}_\alpha, \mathbf{r}, t)\, d\dot{\mathbf{r}}_\alpha d\mathbf{r}$ é o número provável de moléculas da espécie α que no tempo t estão localizadas no elemento de volume $d\mathbf{r}$ na posição $\mathbf{r}$ e têm velocidades dentro da faixa $d\dot{\mathbf{r}}_\alpha$ em torno de $\dot{\mathbf{r}}_\alpha$. A equação de Bolztmann, que descreve como f_α evolui com o tempo, é

$$\frac{\partial}{\partial t} f_\alpha = -\left(\frac{\partial}{\partial \mathbf{r}} \cdot \dot{\mathbf{r}}_\alpha f_\alpha\right) - \left(\frac{\partial}{\partial \dot{\mathbf{r}}_\alpha} \cdot \mathbf{g}_\alpha f_\alpha\right) + J_\alpha \tag{D.1-1}$$

em que $\partial/\partial\mathbf{r}$ é idêntico ao operador ∇ e $\partial/\partial\dot{\mathbf{r}}_\alpha$ é similar ao operador que envolve velocidades em vez de posições. A grandeza $\mathbf{g}_\alpha$ é a força externa por unidade de massa que atua em uma molécula da espécie α e J_α é um termo muito complicado com cinco integrais, que considera a mudança em f_α devido a colisões moleculares. O termo J_α envolve a função de energia potencial intermolecular (por exemplo, o potencial de Lennard-Jones) e os detalhes das trajetórias de colisão. A equação de Boltzmann pode ser pensada como uma equação da continuidade em um espaço de posição-velocidade com seis dimensões; J_α serve como um termo de geração. A função distribuição de velocidades é "normalizada" em relação à densidade expressa como número de partículas da espécie α, ou seja, $\int f_\alpha(\dot{\mathbf{r}}_\alpha, \mathbf{r}, t) d\dot{\mathbf{r}}_\alpha = n_\alpha(\mathbf{r}, t)$.

[1] J. H. Ferziger e H. G. Kaper, *Mathematical Theory of Transport Processes in Gases*, North-Holland, Amsterdam (1972); S. Chapman e T. G. Cowling, *The Mathematical Theory of Non-Uniform Gases*, 3.ª ed., Cambridge University Press (1970); J. O. Hirschfelder, C. F. Curtiss, e R. B. Bird, *Molecular Theory of Gases and Liquids*, 2.ª impressão corrigida, Wiley, Nova York (1964); Cap. 7; E. M. Lifshitz e L. P. Pitaevskii, *Physical Kinetics*, Pergamon, Oxford (1981), Cap. 1.

[2] L. Boltzmann, *Sitzungsberichte Keiserl. Akad. der Wissenschaften*, **66**(2), 275–370 (1872); C. Cercignani, *The Boltzmann Equation and Its Applications*, Springer-Verlag, Nova York (1988). C. F. Curtiss, *J. Chem. Phys.*, **97**, 1416–1423, 7679–7686 (1992), achou necessário modificar a equação de Boltzmann de modo a considerar a possibilidade de obtenção de pares de moléculas; a modificação, importante somente a temperaturas muito baixas, forneceu uma concordância muito melhor com os dados experimentais em uma faixa limitada de baixas temperaturas.

D.2 EQUAÇÕES DE BALANÇO

Quando a equação de Boltzmann é multiplicada por alguma propriedade molecular $\psi_\alpha(\dot{\mathbf{r}}_\alpha)$ e então integrada sobre todas as velocidades moleculares, a *equação geral de balanço* é obtida:

$$\frac{\partial}{\partial t}\int \psi_\alpha f_\alpha d\dot{\mathbf{r}}_\alpha = -\left(\frac{\partial}{\partial \mathbf{r}}\cdot\int \dot{\mathbf{r}}_\alpha \psi_\alpha f_\alpha d\dot{\mathbf{r}}_\alpha\right) + \int\left(\mathbf{g}_\alpha\cdot\frac{\partial \psi_\alpha}{\partial \dot{\mathbf{r}}_\alpha}\right) f_\alpha d\dot{\mathbf{r}}_\alpha + \int \psi_\alpha J_\alpha d\dot{\mathbf{r}}_\alpha \quad \text{(D.2-1)}$$

Uma integração por partes é feita para obter esse resultado e se usa o fato de que f_α é zero em velocidades infinitas. Se ψ_α for uma grandeza conservada durante a colisão (ver a Seção 0.3), então podemos mostrar que o termo contendo J_α será zero.[1]

Agora, admita ψ_α como sendo sucessivamente as grandezas conservadas para moléculas monoatômicas: a massa m_α, o momento $m_\alpha\dot{\mathbf{r}}_\alpha$ e a energia $\frac{1}{2}m_\alpha(\dot{\mathbf{r}}_\alpha\cdot\dot{\mathbf{r}}_\alpha)$. Quando essas grandezas forem substituídas por ψ_α na Eq. D.2-1 e quando o somatório de todas as espécies α for feito para a segunda e a terceira dessas grandezas, obteremos as *equações de balanço* para a massa de α, o momento e a energia, conforme segue:

$$\frac{\partial}{\partial t}\rho_\alpha = -(\nabla\cdot\rho_\alpha\mathbf{v}) - (\nabla\cdot\mathbf{j}_\alpha) \quad \text{(D.2-2)}$$

$$\frac{\partial}{\partial t}\rho\mathbf{v} = -[\nabla\cdot\rho\mathbf{v}\mathbf{v}] - [\nabla\cdot\boldsymbol{\pi}] + \sum_\alpha \rho_\alpha\mathbf{g}_\alpha \quad \text{(D.2-3)}$$

$$\frac{\partial}{\partial t}(\tfrac{1}{2}\rho v^2 + \rho\hat{U}) = -(\nabla\cdot(\tfrac{1}{2}\rho v^2 + \rho\hat{U})\mathbf{v}) - (\nabla\cdot\mathbf{q}) - (\nabla\cdot[\boldsymbol{\pi}\cdot\mathbf{v}]) + \sum_\alpha((\mathbf{j}_\alpha + \rho_\alpha\mathbf{v})\cdot\mathbf{g}_\alpha) \quad \text{(D.2-4)}$$

Na última dessas equações, a energia interna por unidade de volume é definida como

$$\rho\hat{U} = \tfrac{3}{2}n\kappa T = \int \tfrac{1}{2}m_\alpha(\dot{\mathbf{r}}_\alpha - \mathbf{v})^2 f_\alpha d\dot{\mathbf{r}}_\alpha \quad \text{(D.2-5)}$$

Desse modo, vemos que as equações da continuidade, do movimento e da energia são conseqüências diretas das leis de conservação para massa, momento e energia, discutidas no Cap. 0. As Eqs. D.2-2 a 4 devem ser comparadas com as Eqs. 19.1-7, 3.2-9 e Eq. (B) e com a nota de pé de página (b) da Tabela 19.2-4, que foram deduzidas por argumentos do contínuo.

D.3 EXPRESSÕES MOLECULARES PARA OS FLUXOS

Ao mesmo tempo em que as equações de balanço são obtidas, as expressões moleculares para os fluxos são geradas como integrais da função de distribuição:

$$\mathbf{j}_\alpha(\mathbf{r},t) = m_\alpha\int(\dot{\mathbf{r}}_\alpha - \mathbf{v})f_\alpha d\dot{\mathbf{r}}_\alpha \xrightarrow{\text{para equilíbrio}} 0 \quad \text{(D.3-1)}$$

$$\boldsymbol{\pi}(\mathbf{r},t) = \sum_\alpha m_\alpha\int(\dot{\mathbf{r}}_\alpha - \mathbf{v})(\dot{\mathbf{r}}_\alpha - \mathbf{v})f_\alpha d\dot{\mathbf{r}}_\alpha \xrightarrow{\text{para equilíbrio}} p\boldsymbol{\delta} \quad \text{(D.3-2)}$$

$$\mathbf{q}(\mathbf{r},t) = \sum_\alpha \tfrac{1}{2}m_\alpha\int(\dot{\mathbf{r}}_\alpha - \mathbf{v})^2(\dot{\mathbf{r}}_\alpha - \mathbf{v})f_\alpha d\dot{\mathbf{r}}_\alpha \xrightarrow{\text{para equilíbrio}} 0 \quad \text{(D.3-3)}$$

Nessas expressões, os fluxos envolvem integrais dos produtos de massa, de momento e de energia com a "velocidade difusional" $(\dot{\mathbf{r}}_\alpha - \mathbf{v})$ da espécie α. Note a similaridade entre a estrutura desses *fluxos moleculares* (ou "fluxos difusivos") e aquela dos fluxos convectivos de massa, $\rho_\alpha\mathbf{v}$, de momento $\rho\mathbf{v}\mathbf{v}$ e de energia cinética $\frac{1}{2}\rho v^2\mathbf{v}$, que aparecem nas equações de balanço, onde $\mathbf{v}$ é a velocidade mássica média instantânea local da mistura gasosa. Logo, os fluxos moleculares representam o movimento difusivo de massa, de momento e de energia além daqueles descritos pelos fluxos convectivos. Note também que a teoria molecular gera automaticamente o termo de trabalho molecular $-(\nabla\cdot[\boldsymbol{\pi}\cdot\mathbf{v}])$ na equação de energia.

D.4 SOLUÇÃO DA EQUAÇÃO DE BOLTZMANN

Se a mistura gasosa estivesse em repouso, a função distribuição de velocidades seria dada pela função distribuição de Maxwell-Boltzmann (conhecida da mecânica estatística do equilíbrio). Então, encontraríamos, como mostrado na Seção D.3, que $\mathbf{j}_\alpha = 0$, que $\boldsymbol{\pi} = p\boldsymbol{\delta} = n\kappa T\boldsymbol{\delta}$ e que $\mathbf{q} = 0$. A dedução de $p = n\kappa T$ é dada no Problema 1C.3.

Por outro lado, quando há gradientes de concentração, de velocidade e de temperatura, a função distribuição é dada como a distribuição de Maxwell-Boltzmann multiplicada por um "fator de correção":

$$f_\alpha(\dot{\mathbf{r}}_\alpha, \mathbf{r}, t) = n_\alpha \left(\frac{m_\alpha}{2\pi \kappa T}\right)^{3/2} \exp[-m_\alpha(\dot{\mathbf{r}} - \mathbf{v})^2/2\kappa T]\,(1 + \phi_\alpha(\dot{\mathbf{r}}_\alpha, \mathbf{r}, t) + \cdots) \tag{D.4-1}$$

sendo $\phi_\alpha << 1$. Nessa expressão, n_α, $\mathbf{v}$ e T são funções da posição $\mathbf{r}$ e do tempo t. Uma vez que os desvios do equilíbrio resultam dos gradientes de temperatura, de velocidade e de concentração, $\phi_\alpha(\dot{\mathbf{r}}_\alpha, \mathbf{r}, t)$ pode ser representado, perto do equilíbrio, como uma função linear dos vários gradientes,

$$\phi_\alpha = -(\mathbf{A}_\alpha \cdot \nabla \ln T) - (\mathbf{B}_\alpha : \nabla \mathbf{v}) + n \sum_\beta (\mathbf{C}_{\alpha\beta} \cdot \mathbf{d}_\beta) \tag{D.4-2}$$

onde o vetor $\mathbf{A}_\alpha$, o tensor $\mathbf{B}_\alpha$ e os vetores $\mathbf{C}_{\alpha\beta}$, todos funções de $\dot{\mathbf{r}}_\alpha$, $\mathbf{r}$ e t, são dados como as soluções das equações íntegro-diferenciais.[1] As grandezas $\mathbf{d}_\alpha$ são "forças-motrizes difusionais generalizadas", que incluem os gradientes de concentração, os gradientes de pressão e as diferenças de força externa, definidas como

$$\begin{aligned} \mathbf{d}_\alpha &= \nabla x_\alpha + (x_\alpha - \omega_\alpha)\nabla \ln p - (\rho/p)\omega_\alpha(\mathbf{g}_\alpha - \Sigma_\beta \omega_\beta \mathbf{g}_\beta) \\ &= \frac{1}{cRT}\left[(\nabla p_\alpha - \rho_\alpha \mathbf{g}_\alpha) - \omega_\alpha\left(\nabla p - \sum_\beta \rho_\beta \mathbf{g}_\beta\right)\right] \end{aligned} \tag{D.4-3}$$

sendo x_α, ω_α e p_α a fração molar, a fração mássica e a pressão parcial, respectivamente. A Eq. D.4-3, válida somente para uma mistura de gases monoatômicos a baixas densidades, é generalizada para outros fluidos na discussão da termodinâmica de processos irreversíveis na Seção 24.1.

D.5 FLUXOS EM TERMOS DAS PROPRIEDADES DE TRANSPORTE

Quando as Eqs. D.4-1 a 3 são substituídas nas Eqs. D.3-1 a 3, obtemos as expressões para os fluxos em termos de $\mathbf{d}_\alpha$, $\nabla \mathbf{v}$ e ∇T:

$$\mathbf{j}_\alpha(\mathbf{r}, t) = +\rho_\alpha \sum_\beta \mathbb{D}_{\alpha\beta} \mathbf{d}_\beta - D_\alpha^T \nabla \ln T \tag{D.5-1}$$

$$\boldsymbol{\pi}(\mathbf{r}, t) = p\boldsymbol{\delta} - \mu[\nabla \mathbf{v} + (\nabla \mathbf{v})^\dagger - \tfrac{2}{3}(\nabla \cdot \mathbf{v})\boldsymbol{\delta}] \tag{D.5-2}$$

$$\mathbf{q}(\mathbf{r}, t) = -k\nabla T + \sum_\alpha \frac{\overline{H}_\alpha}{M_\alpha} \mathbf{j}_\alpha + \sum_\alpha \sum_\beta \frac{cRTx_\alpha x_\beta}{\rho_\alpha} \frac{D_\alpha^T}{\mathcal{D}_{\alpha\beta}} \left(\frac{\mathbf{j}_\alpha}{\rho_\alpha} - \frac{\mathbf{j}_\beta}{\rho_\beta}\right) \tag{D.5-3}$$

Nessas equações, as propriedades de transporte aparecem: a viscosidade μ, a condutividade térmica k, os coeficientes de difusão térmica para multicomponente D_α^T e as difusividades de Fick para multicomponente $\mathbb{D}_{\alpha\beta}$ (os $\mathcal{D}_{\alpha\beta}$ são as difusividades de Maxwell-Stefan, estreitamente relacionada a $\mathbb{D}_{\alpha\beta}$). Assim, a teoria cinética prevê os "efeitos cruzados": o transporte de massa resultante de um gradiente de temperatura (difusão térmica) e o transporte de energia resultante de um gradiente de concentração (o efeito da termodifusão).

O termo de pressão na Eq. D.5-2 é proveniente do primeiro termo na expansão na Eq. D.4-1 (isto é, a distribuição de Maxwell-Boltzmann) e o termo da viscosidade é proveniente do segundo termo (ou seja, o termo ϕ_α contendo os gradientes). A teoria cinética de gases monoatômicos a baixas densidades prevê que a viscosidade dilatacional será zero.

D.6 PROPRIEDADES DE TRANSPORTE EM TERMOS DAS FORÇAS INTERMOLECULARES

As propriedades de transporte nas Eqs. D.5-1 a 3 são dadas pela teoria cinética como integrais múltiplas complicadas envolvendo as forças intermoleculares que descrevem as colisões binárias na mistura gasosa. Uma vez que uma expressão tenha sido escolhida para a lei da força intermolecular (tal como o potencial (6-12) de Lennard-Jones da Eq. 1.4-10), essas integrais podem ser avaliadas numericamente. Para um gás puro, as três propriedades de transporte – autodifusividade, viscosidade e condutividade térmica – são então dadas por:

$$\mathscr{D} = \frac{3}{8}\frac{\sqrt{\pi m \kappa T}}{\pi\sigma^2\Omega_{\mathscr{D}}}\frac{1}{\rho}; \qquad \mu = \frac{5}{16}\frac{\sqrt{\pi m \kappa T}}{\pi\sigma^2\Omega_{\mu}}; \qquad k = \frac{25}{32}\frac{\sqrt{\pi m \kappa T}}{\pi\sigma^2\Omega_k}\hat{C}_V \qquad \text{(D.6-1, 2, 3)}$$

As "integrais de colisão" adimensionais, $\Omega_\mu = \Omega_\kappa \approx 1{,}1\Omega_D$, contêm toda a informação acerca das forças intermoleculares e da dinâmica de colisão binária. Elas são dadas na Tabela E.2 como uma função de $\kappa T/\varepsilon$. Se fizermos as integrais de colisão iguais à unidade, obteremos então as propriedades de transporte para um gás composto de esferas rígidas.

Dessa forma, as propriedades de transporte, necessárias nas equações de balanço, foram obtidas a partir da teoria cinética em termos dos dois parâmetros σ e ε da função da energia potencial intermolecular. Dessas expressões, obtemos $\text{Pr} = \hat{C}_p\mu/k = \frac{2}{5}(\hat{C}_p/\hat{C}_V) = \frac{2}{5}(\frac{5}{3}) = \frac{2}{3}$ e $\text{Sc} = \mu/\rho\mathscr{D} = \frac{5}{6}(\Omega_{\mathscr{D}}/\Omega_\mu) \approx \frac{3}{4}$, sendo esses valores muito bons para gases monoatômicos puros.

D.7 COMENTÁRIOS FINAIS

A discussão anterior enfatiza as relações estreitas entre os transportes de massa, de momento e de energia, sendo visto como todos os três fenômenos de transporte podem ser explicados em termos de uma teoria molecular para gases monoatômicos a baixas densidades. É também importante ver que as equações da continuidade, do movimento e da energia para um meio contínuo podem todas ser deduzidas a partir de um ponto inicial — a equação de Boltzmann - e que as expressões moleculares para os fluxos e para as propriedades de transporte são geradas no processo. Além disso, a discussão da dependência dos fluxos nas forças-motrizes está bastante relacionada à abordagem de termodinâmica do irreversível no Cap. 24.

Este apêndice lidou com gases monoatômicos a baixas densidades. Discussões similares estão disponíveis para gases poliatômicos,[3] para líquidos monoatômicos[4] e líquidos poliméricos.[5] Nas teorias cinéticas para líquidos monoatômicos, as expressões para os fluxos de momento e térmico contêm termos similares àqueles nas Eqs. D.3-2 e 3, mas também contribuições associadas com forças entre as moléculas; para polímeros, tem-se a última contribuição, mas também forças adicionais dentro da cadeia polimérica. Em todas essas teorias, pode-se deduzir as equações de balanço a partir de uma equação para uma função de distribuição e então obter expressões formais para as propriedades de transporte.

[3] C. F. Curtiss, *J. Chem. Phys.*, **24**, 225–241 (1956); C. Muckenfuss e C. F. Curtiss, *J. Chem. Phys.*, **29**, 1257–1277 (1958); L. A. Viehland e C. F. Curtiss, *J. Chem. Phys.*, **60**, 492-520 (1974); D. Russell e C. F. Curtiss, *J. Chem. Phys.*, **60**, 514–520 (1974).

[4] J. H. Irving e J. G. Kirkwood, *J. Chem. Phys.*, **18**, 817–829(1950); R. J. Bearman e J. G. Kirkwood, *J. Chem. Phys.*, **28**, 136–145 (1958).

[5] C. F. Curtiss and R. B. Bird, *Adv. Polymer Sci.*, **125**, 1–101 (1996); *Proc. Nat. Acad. Sci.*, **93**, 7440-7445 (1996); *J. Chem. Phys.*, **106**, 9899–9921 (1997), **107**, 5254–5267 (1997), **111**, 10362–10370 (1999).

Apêndice E

TABELAS PARA PREVISÃO DE PROPRIEDADES DE TRANSPORTE

TABELA E.1 Parâmetros do Potencial (6-12) de Lennard-Jones e Propriedades Críticas

		Parâmetros de Lennard-Jones			Propriedades críticas[g,h]				
Substância	Peso Molecular M	σ (Å)	ε/κ (K)	Ref.	T_c (K)	p_c (atm)	$\tilde{V}_c$ (cm^3/gmol)	μ_c (g/cm · s × 10^6)	k_c (cal/cm · s · K × 10^6)
Elementos leves:									
H_2	2,016	2,915	38,0	*a*	33,3	12,80	65,0	34,7	—
He	4,003	2,576	10,2	*a*	5,26	2,26	57,8	25,4	—
Gases nobres:									
Ne	20,183	2,789	35,7	*a*	44,5	26,9	41,7	156,0	79,2
Ar	39,948	3,432	122,4	*b*	150,7	48,0	75,2	264,0	71,0
Kr	83,80	3,675	170,0	*b*	209,4	54,3	92,2	396,0	49,4
Xe	131,30	4,009	234,7	*b*	289,8	58,0	118,8	490,0	40,2
Gases poliatômicos simples:									
Ar	28,97[i]	3,617	97,0	*a*	132,0[i]	36,4[i]	86,6[i]	193,0	90,8
N_2	28,01	3,667	99,8	*b*	126,2	33,5	90,1	180,0	86,8
O_2	32,00	3,433	113,0	*a*	154,4	49,7	74,4	250,0	105,3
CO	28,01	3,590	110,0	*a*	132,9	34,5	93,1	190,0	86,5
CO_2	44,01	3,996	190,0	*a*	304,2	72,8	94,1	343,0	122,0
NO	30,01	3,470	119,0	*a*	180,0	64,0	57,0	258,0	118,2
N_2O	44,01	3,879	220,0	*a*	309,7	71,7	96,3	332,0	131,0
SO_2	64,06	4,026	363,0	*c*	430,7	77,8	122,0	411,0	98,6
F_2	38,00	3,653	112,0	*a*	—	—	—	—	—
Cl_2	70,91	4,115	357,0	*a*	417,0	76,1	124,0	420,0	97,0
Br_2	159,82	4,268	520,0	*a*	584,0	102,0	144,0	—	—
I_2	253,81	4,982	550,0	*a*	800,0	—	—	—	—
Hidrocarbonetos									
CH_4	16,04	3,780	154,0	*b*	191,1	45,8	98,7	159,0	158,0
$CH{\equiv}CH$	26,04	4,114	212,0	*d*	308,7	61,6	112,9	237,0	—
$CH_2{=}CH_2$	28,05	4,228	216,0	*b*	282,4	50,0	124,0	215,0	—
C_2H_6	30,07	4,388	232,0	*b*	305,4	48,2	148,0	210,0	203,0
$CH_3C{\equiv}CH$	40,06	4,742	261,0	*d*	394,8	—	—	—	—
$CH_3CH{=}CH_2$	42,08	4,766	275,0	*b*	365,0	45,5	181,0	233,0	—
C_3H_8	44,10	4,934	273,0	*b*	369,8	41,9	200,0	228,0	—
$n{-}C_4H_{10}$	58,12	5,604	304,0	*b*	425,2	37,5	255,0	239,0	—

TABELA E.1 Parâmetros do Potencial (6-12) de Lennard-Jones e Propriedades Críticas – *(Cont.)*

i—C_4H_{10}	58,12	5,393	295,0	*b*	408,1	36,0	263,0	239,0	—
n—C_5H_{12}	72,15	5,850	326,0	*b*	469,5	33,2	311,0	238,0	—
i—C_5H_{12}	72,15	5,812	327,0	*b*	460,4	33,7	306,0	—	—
$C(CH_3)_4$	72,15	5,759	312,0	*b*	433,8	31,6	303,0	—	—
n—C_6H_{14}	86,18	6,264	342,0	*b*	507,3	29,7	370,0	248,0	—
n—C_7H_{16}	100,20	6,663	352,0	*b*	540,1	27,0	432,0	254,0	—
n—C_8H_{18}	114,23	7,035	361,0	*b*	568,7	24,5	492,0	259,0	—
n—C_9H_{20}	128,26	7,463	351,0	*b*	594,6	22,6	548,0	265,0	—
Ciclo-hexano	84,16	6,143	313,0	*d*	553,0	40,0	308,0	284,0	—
Benzeno	78,11	5,443	387,0	*b*	562,6	48,6	260,0	312,0	—
Outros compostos orgânicos:									
CH_4	16,04	3,780	154,0	*b*	191,1	45,8	98,7	159,0	158,0
CH_3Cl	50,49	4,151	355,0	*c*	416,3	65,9	143,0	338,0	—
CH_2Cl_2	84,93	4,748	398,0	*c*	510,0	60,0	—	—	—
$CHCl_3$	119,38	5,389	340,0	*e*	536,6	54,0	240,0	410,0	—
CCl_4	153,82	5,947	323,0	*e*	556,4	45,0	276,0	413,0	—
C_2N_2	52,04	4,361	349,0	*e*	400,0	59,0	—	—	—
COS	60,07	4,130	336,0	*e*	378,0	61,0	—	—	—
CS_2	76,14	4,483	467,0	*e*	552,0	78,0	170,0	404,0	—
CCl_2F_2	120,92	5,116	280,0	*b*	384,7	39,6	218,0	—	—

[a] J. O. Hirschfelder, C. F. Curtiss e R. B. Bird, *Molecular Theory of Gases and Liquids,* impressão corrigida com notas adicionais, Wiley, Nova York (1964).
[b] L. S. Tee, S. Gotoh e W. E. Stewart, *Ind. Eng. Chem. Fundalmentals*, **5**, 356-363 (1966). Os valores para benzeno são provenientes dos dados de viscosidade para essa substância. Os valores para outras substâncias são calculados a partir da Correlação (iii) do artigo.
[c] L. Monchick e E. A. Mason, *J. Chem. Phys.*, **35**, 1676–1697 (1961); parâmetros obtidos a partir da viscosidade.
[d] L. W. Flynn e G. Thodos, *AIChE Journal*, **8**, 362–365 (1962); parâmetros obtidos a partir da viscosidade.
[e] R. A. Svehla, *NASA Tech. Report R–132* (1962); obtidos a partir da viscosidade. Esse relatório fornece extensas tabelas dos parâmetros de Lennard-Jones, capacidades caloríficas e propriedades de transporte calculadas.
[f] Os valores das constantes críticas para as substâncias puras são selecionados de K. A. Kobe e R. E. Lynn, Jr., *Chem. Rev.*, **52**, 117–236 (1962); *Amer. Petroleum Inst. Research Proj.* **44**, Thermodynamics Research Center, Texas A&M University, College Station, Texas (1966); e *Thermodynamics Functions of Gases*, F. Din (editor), Vols. 1-3, Butterworths, London (1956, 1961, 1962).
[g] Os valores da viscosidade crítica são provenientes de O. Hougen e K. M. Watson, *Chemical Process Principles*, Vol. 3, Wiley, Nova York (1947), p. 873.
[h] Os valores da condutividade térmica crítica são provenientes de E. J. Owens e G. Thodos, *AIChE Journal*, **3**, 454–461 (1957).
[i] Para ar, o peso molecular *M* e as propriedades pseudocríticas foram calculadas a partir da composição média do ar seco, conforme dado em *International Critical Tables*, Vol. 1 (1926), p. 393.

TABELA E.2 Integrais de Colisão para Uso com o Potencial (6-12) de Lennard-Jones, para a Previsão de Propriedades de Transporte de Gases a Baixas Densidades[a,b,c]

$\kappa T/\varepsilon$ ou $\kappa T/\varepsilon_{AB}$	$\Omega_\mu = \Omega_k$ (para viscosidade e condutividade térmica)	$\Omega_{\mathfrak{D},AB}$ (para difusividade)	$\kappa T/\varepsilon$ ou $\kappa T/\varepsilon_{AB}$	$\Omega_\mu = \Omega_k$ (para viscosidade e condutividade térmica)	$\Omega_{\mathfrak{D},AB}$ (para difusividade)
0,30	2,840	2,649	2,7	1,0691	0,9782
0,35	2,676	2,468	2,8	1,0583	0,9682
0,40	2,531	2,314	2,9	1,0482	0,9588
0,45	2,401	2,182	3,0	1,0388	0,9500
0,50	2,284	2,066	3,1	1,0300	0,9418
0,55	2,178	1,965	3,2	1,0217	0,9340
0,60	2,084	1,877	3,3	1,0139	0,9267
0,65	1,999	1,799	3,4	1,0066	0,9197
0,70	1,922	1,729	3,5	0,9996	0,9131
0,75	1,853	1,667	3,6	0,9931	0,9068
0,80	1,790	1,612	3,7	0,9868	0,9008
0,85	1,734	1,562	3,8	0,9809	0,8952
0,90	1,682	1,517	3,9	0,9753	0,8897
0,95	1,636	1,477	4,0	0,9699	0,8845
1,00	1,593	1,440	4,1	0,9647	0,8796
1,05	1,554	1,406	4,2	0,9598	0,8748
1,10	1,518	1,375	4,3	0,9551	0,8703
1,15	1,485	1,347	4,4	0,9506	0,8659
1,20	1,455	1,320	4,5	0,9462	0,8617
1,25	1,427	1,296	4,6	0,9420	0,8576
1,30	1,401	1,274	4,7	0,9380	0,8537
1,35	1,377	1,253	4,8	0,9341	0,8499
1,40	1,355	1,234	4,9	0,9304	0,8463
1,45	1,334	1,216	5,0	0,9268	0,8428
1,50	1,315	1,199	6,0	0,8962	0,8129
1,55	1,297	1,183	7,0	0,8727	0,7898
1,60	1,280	1,168	8,0	0,8538	0,7711
1,65	1,264	1,154	9,0	0,8380	0,7555
1,70	1,249	1,141	10,0	0,8244	0,7422
1,75	1,235	1,128	12,0	0,8018	0,7202
1,80	1,222	1,117	14,0	0,7836	0,7025
1,85	1,209	1,105	16,0	0,7683	0,6878
1,90	1,198	1,095	18,0	0,7552	0,6751
1,95	1,186	1,085	20,0	0,7436	0,6640
2,00	1,176	1,075	25,0	0,7198	0,6414
2,10	1,156	1,058	30,0	0,7010	0,6235
2,20	1,138	1,042	35,0	0,6854	0,6088
2,30	1,122	1,027	40,0	0,6723	0,5964
2,40	1,107	1,013	50,0	0,6510	0,5763
2,50	1,0933	1,0006	75,0	0,6140	0,5415
2,60	1,0807	0,9890	100,0	0,5887	0,5180

[a] Os valores dessa tabela, aplicáveis para o potencial (6-12) de Lennard-Jones, são interpolados a partir dos resultados de L. Monchick e E. A. Mason, *J. Chem. Phys.*, **35**, 1676-1697 (1961). Acredita-se que a tabela de Monchick-Mason seja um pouco melhor do que a tabela anterior de J. O. Hirschfelder, R. B. Bird e E. L. Spotz, *J. Chem. Phys.*, **16**, 968–981 (1992).

[b] Essa tabela foi estendida para temperaturas menores por C. F. Curtiss, *J. Chem. Phys.*, **97**, 7679-7686 (1992). Curtiss mostrou que a baixas temperaturas, a equação de Boltzmann necessita ser modificada de modo a considerar "pares orbitantes" de moléculas. Fazendo somente essa modificação, é possível conseguir uma transição suave do comportamento quântico para o clássico. Os desvios são apreciáveis abaixo de temperaturas adimensionais de 0,30.

[c] As integrais de colisão foram ajustadas através de uma curva por P. D. Neufeld, A. R. Jansen e R. A. Aziz, *J. Chem. Phys.*, **57**, 1100–1102 (1972), conforme segue:

$$\Omega_\mu = \Omega_k = \frac{1,16145}{T^{*0,14874}} + \frac{0,52487}{\exp(0,77320T^*)} + \frac{2,16178}{\exp(2,43787T^*)} \quad \text{(E.2-1)}$$

$$\Omega_{\mathfrak{D},AB} = \frac{1,06036}{T^{*0,15610}} + \frac{0,19300}{\exp(0,47635T^*)} + \frac{1,03587}{\exp(1,52996T^*)} + \frac{1,76474}{\exp(3,89411T^*)} \quad \text{(E.2-2)}$$

onde $T^* = kT/\varepsilon$.

APÊNDICE F

CONSTANTES E FATORES DE CONVERSÃO

F.1 CONSTANTES MATEMÁTICAS

$\pi = 3{,}14159\ldots$
$e = 2{,}71828\ldots$
$\ln 10 = 2{,}30259\ldots$

F.2 CONSTANTES FÍSICAS[1]

Constante da lei dos gases (R)	8,31451	J/g-mol · K
	$8{,}31451 \times 10^3$	kg · m²/s² · kg-mol · K
	$8{,}31451 \times 10^7$	g · cm²/s² · g-mol · K
	1,98721	cal/g-mol · K
	82,0578	cm³ atm/g-mol · K
	$4{,}9686 \times 10^4$	lb_m ft²/s² · lb-mol · R
	$1{,}5443 \times 10^3$	ft · lb_f/lb-mol · R
Aceleração padrão da gravidade (g_0)	9,80665	m/s²
	980,665	cm/s²
	32,1740	ft/s²
Constante de Joule (J_c) (equivalente mecânico do calor)	4,1840	J/cal
	$4{,}1840 \times 10^7$	erg/cal
	778,16	ft · lb_f/Btu
Número de Avogadro ($\tilde{N}$)	$6{,}02214 \times 10^{23}$	moléculas/gmol
Constante de Boltzmann ($k = R/\tilde{N}$)	$1{,}38066 \times 10^{-23}$	J/K
	$1{,}38066 \times 10^{-16}$	erg/K
Constante de Faraday (F)	96485,3	C/equivalente grama
Constante de Planck (h)	$6{,}62608 \times 10^{-34}$	J · s
	$6{,}62608 \times 10^{-27}$	erg · s
Constante de Stefan–Boltzmann ( )	$5{,}67051 \times 10^{-8}$	W/m² · K⁴
	$1{,}3553 \times 10^{-12}$	cal/s · cm²K⁴
	$1{,}7124 \times 10^{-9}$	Btu/h · ft²R⁴
Carga do elétron (e)	$1{,}60218 \times 10^{-19}$	C
Velocidade da luz no vácuo (c)	$2{,}99792 \times 10^8$	m/s

[1]E. R. Cohen e B. N. Taylor, *Physics Today* (agosto de 1996), pp. BG9-BG13; R. A. Nelson, *Physics Today* (agosto de 1996), pp. BG15-BG16.

F.3 FATORES DE CONVERSÃO

Nas tabelas que seguem, para converter qualquer grandeza física de um conjunto de unidades para outro, multiplique-a pelo número apropriado da tabela. Por exemplo, suponha que p seja dado em 10 lb_f/in^2 e desejamos ter p em $libras/ft^2$. Da Tabela F.3-2, o resultado é

$$p = (10)(4{,}6330 \times 10^3) = 4{,}6330 \times 10^4 \text{ libras/ft}^2$$

As entradas nas linhas e colunas sombreadas são aquelas necessárias para converter de e para unidades do SI.

Além das tabelas, damos aqui alguns dos fatores de conversão comumente usados:

Dada uma grandeza nessas unidades:	Multiplique por:	Para obter a grandeza nessas unidades:
Libras	453,59	Gramas
Quilogramas	2,2046	Libras
Polegadas	2,5400	Centímetros
Metros	39,370	Polegadas
Galões americanos	3,7853	Litros
Galões americanos	231,00	Polegadas cúbicas
Galões americanos	0,13368	Pés cúbicos
Pés cúbicos	28,316	Litros
Kelvin	1,800000	Rankine
Rankine	0,555556	Kelvin

TABELA F.3-1 Fatores de Conversão para Grandezas Tendo Dimensões de F ou ML/t^2

Dada uma grandeza nessas unidades ↓	Multiplique pelo valor na tabela para converter para essas unidades →	$N = kg \cdot m/s^2$ (Newton)	$g \cdot cm/s^2$ (dinas)	$lb_m \cdot ft/s^2$ (libras)	lb_f
$N = kg \cdot m/s^2$	(Newton)	1	10^5	7,2330	$2{,}24881 \times 10^{-1}$
$g \cdot cm/s^2$	(dinas)	10^{-5}	1	$7{,}2330 \times 10^{-5}$	$2{,}24881 \times 10^{-6}$
$lb_m \cdot ft/s^2$	(libras)	$1{,}3826 \times 10^{-1}$	$1{,}3826 \times 10^4$	1	$3{,}1081 \times 10^{-2}$
lb_f		4,4482	$4{,}4482 \times 10^5$	32,1740	1

TABELA F.3-2 Fatores de Conversão para Grandezas Tendo Dimensões de F/L^2 ou M/Lt^2 (pressão, fluxo de momento)

Dada uma grandeza nessas unidades ↓ / Multiplique pelo valor na tabela para converter para essas unidades →	Pa (N/m^2) ($kg/m \cdot s^2$)	dinas/cm^2 ($g/cm \cdot s^2$)	libras/ft^2 ($lb_m/ft \cdot s^2$)	lb_f/ft^2	lb_f/in^2 (psia)[a]	atm	mm Hg	in Hg
Pa = N/m^2 = $kg/m \cdot s^2$	1	10	$6{,}7197 \times 10^{-1}$	$2{,}0886 \times 10^{-2}$	$1{,}4504 \times 10^{-4}$	$9{,}8692 \times 10^{-6}$	$7{,}5006 \times 10^{-3}$	$2{,}9530 \times 10^{-4}$
dinas/cm^2 = $g/cm \cdot s^2$	10^{-1}	1	$6{,}7197 \times 10^{-2}$	$2{,}0886 \times 10^{-3}$	$1{,}4504 \times 10^{-5}$	$9{,}8692 \times 10^{-7}$	$7{,}5006 \times 10^{-4}$	$2{,}9530 \times 10^{-5}$
libras/ft^2 = $lb_m/ft \cdot s^2$	1,4882	$1{,}4882 \times 10^{1}$	1	$3{,}1081 \times 10^{-2}$	$2{,}1584 \times 10^{-4}$	$1{,}4687 \times 10^{-5}$	$1{,}1162 \times 10^{-2}$	$4{,}3945 \times 10^{-4}$
lb_f/ft^2	$4{,}7880 \times 10^{1}$	$4{,}7880 \times 10^{2}$	32,1740	1	$6{,}9444 \times 10^{-3}$	$4{,}7254 \times 10^{-4}$	$3{,}5913 \times 10^{-1}$	$1{,}4139 \times 10^{-2}$
lb_f/in^2	$6{,}8947 \times 10^{3}$	$6{,}8947 \times 10^{4}$	$4{,}6330 \times 10^{3}$	144	1	$6{,}8046 \times 10^{-2}$	$5{,}1715 \times 10^{1}$	2,0360
atm	$1{,}0133 \times 10^{5}$	$1{,}0133 \times 10^{6}$	$6{,}8087 \times 10^{4}$	$2{,}1162 \times 10^{3}$	14,696	1	760	29,921
mm Hg	$1{,}3332 \times 10^{2}$	$1{,}3332 \times 10^{3}$	$8{,}9588 \times 10^{1}$	2,7845	$1{,}9337 \times 10^{-2}$	$1{,}3158 \times 10^{-3}$	1	$3{,}9370 \times 10^{-2}$
in Hg	$3{,}3864 \times 10^{3}$	$3{,}3864 \times 10^{4}$	$2{,}2756 \times 10^{3}$	$7{,}0727 \times 10^{1}$	$4{,}9116 \times 10^{-1}$	$3{,}3421 \times 10^{-2}$	25,400	1

[a]Essa unidade é preferencialmente abreviada como "psia" (libras por polegada quadrada absoluta) ou "psig" (libras por polegada quadrada manométrica). Pressão manométrica é a pressão absoluta menos a pressão barométrica local. Algumas vezes, a pressão é reportada em "bars"; para converter de "bars" para pascals, multiplique por 10^5 e para converter de bars para atmosfera, multiplique por 0,98692.

TABELA F.3-3 Fatores de Conversão para Grandezas Tendo Dimensões de FL ou ML^2/t^2 (energia, trabalho, torque)

Dada uma grandeza nessas unidades ↓ / Multiplique pelo valor na tabela para converter para essas unidades →	J ($kg \cdot m^2/s^2$)	ergs ($g \cdot cm^2/s^2$)	libras pés $lb_m\ ft^2/s^2$	$ft \cdot lb_f$	cal	Btu	hp-h	kWh
J = $kg \cdot m^2/s^2$	1	10^{7}	$2{,}3730 \times 10^{1}$	$7{,}3756 \times 10^{-1}$	$2{,}3901 \times 10^{-1}$	$9{,}4783 \times 10^{-4}$	$3{,}7251 \times 10^{-7}$	$2{,}7778 \times 10^{-7}$
ergs = $g \cdot cm^2/s^2$	10^{-7}	1	$2{,}3730 \times 10^{-6}$	$7{,}3756 \times 10^{-8}$	$2{,}3901 \times 10^{-8}$	$9{,}4783 \times 10^{-11}$	$3{,}7251 \times 10^{-14}$	$2{,}7778 \times 10^{-14}$
libras pés = $lb_m\ ft^2/s^2$	$4{,}2140 \times 10^{-2}$	$4{,}2140 \times 10^{5}$	1	$3{,}1081 \times 10^{-2}$	$1{,}0072 \times 10^{-2}$	$3{,}9942 \times 10^{-5}$	$1{,}5698 \times 10^{-8}$	$1{,}1706 \times 10^{-8}$
$ft \cdot lb_f$	1,3558	$1{,}3558 \times 10^{7}$	32,1740	1	$3{,}2405 \times 10^{-1}$	$1{,}2851 \times 10^{-3}$	$5{,}0505 \times 10^{-7}$	$3{,}7662 \times 10^{-7}$
calorias termodinâmicas[a]	4,1840	$4{,}1840 \times 10^{7}$	$9{,}9287 \times 10^{1}$	3,0860	1	$3{,}9657 \times 10^{-3}$	$1{,}5586 \times 10^{-6}$	$1{,}1622 \times 10^{-6}$
unidades térmicas inglesas	$1{,}0550 \times 10^{3}$	$1{,}0550 \times 10^{10}$	$2{,}5036 \times 10^{4}$	778,16	$2{,}5216 \times 10^{2}$	1	$3{,}9301 \times 10^{-4}$	$2{,}9307 \times 10^{-4}$
Horsepower-hora	$2{,}6845 \times 10^{6}$	$2{,}6845 \times 10^{13}$	$6{,}3705 \times 10^{7}$	$1{,}9800 \times 10^{6}$	$6{,}4162 \times 10^{5}$	$2{,}5445 \times 10^{3}$	1	$7{,}4570 \times 10^{-1}$
Quilowatts-hora	$3{,}6000 \times 10^{6}$	$3{,}6000 \times 10^{13}$	$8{,}5429 \times 10^{7}$	$2{,}6552 \times 10^{6}$	$8{,}6042 \times 10^{5}$	$3{,}4122 \times 10^{3}$	1,3410	1

[a]Essa unidade, abreviada por "cal", é usada em algumas tabelas de termodinâmica química. Para converter grandezas expressas em calorias da *International Steam Tables* (abreviadas na língua inglesa como "I. T. cal") para essa unidade, multiplique por 1,000654.

Tabela F.3.4 Fatores de Conversão para Grandezas Tendo Dimensões[a] de M/Lt ou Ft/L^2 (viscosidade, densidade vezes difusividade)

Dada uma grandeza nessas unidades ↓ / Multiplique pelo valor na tabela para converter para essas unidades →	Pa · s (kg/m · s)	g/cm · s (poises)	centipoises	lb_m/ft · s	lb_m/ft · h	lb_f · s/ft²
Pa · s = kg/m · s	1	10	10^3	$6,7197 \times 10^{-1}$	$2,4191 \times 10^3$	$2,0886 \times 10^{-2}$
g/cm · s = (poises)	10^{-1}	1	10^2	$6,7197 \times 10^{-2}$	$2,4191 \times 10^2$	$2,0886 \times 10^{-3}$
centipoises	10^{-3}	10^{-2}	1	$6,7197 \times 10^{-4}$	2,4191	$2,0886 \times 10^{-5}$
lb_m/ft · s	1,4882	$1,4882 \times 10^1$	$1,4882 \times 10^3$	1	3600	$3,1081 \times 10^{-2}$
lb_m/ft · h	$4,1338 \times 10^{-4}$	$4,1338 \times 10^{-3}$	$4,1338 \times 10^{-1}$	$2,7778 \times 10^{-4}$	1	$8,6336 \times 10^{-6}$
lb_f · s/ft²	$4,7880 \times 10^1$	$4,7880 \times 10^2$	$4,7880 \times 10^4$	32,1740	$1,1583 \times 10^5$	1

[a] Quando moles aparecem nas unidades dadas e desejadas, o fator de conversão é o mesmo que para as unidades mássicas correspondentes.

Tabela F.3-5 Fatores de Conversão para Grandezas Tendo Dimensões de ML/t^3T ou F/tT (condutividade térmica)

Dada uma grandeza nessas unidades ↓ / Multiplique pelo valor na tabela para converter para essas unidades →	W/m · K ou kg · m/s³ · K	g · cm/s³ · K ou erg/s · cm · K	lb_m ft/s³ F	lb_f/s · F	cal/s · cm · K	Btu/h · ft · F
W/m · K = kg · m/s³ · K	1	10^5	4,0183	$1,2489 \times 10^{-1}$	$2,3901 \times 10^{-3}$	$5,7780 \times 10^{-1}$
g · cm/s³ · K	10^{-5}	1	$4,0183 \times 10^{-5}$	$1,2489 \times 10^{-6}$	$2,3901 \times 10^{-8}$	$5,7780 \times 10^{-6}$
lb_m ft/s³ F	$2,4886 \times 10^{-1}$	$2,4886 \times 10^4$	1	$3,1081 \times 10^{-2}$	$5,9479 \times 10^{-4}$	$1,4379 \times 10^{-1}$
lb_f/s · F	8,0068	$8,0068 \times 10^5$	$3,2174 \times 10^1$	1	$1,9137 \times 10^{-2}$	4,6263
cal/s · cm · K	$4,1840 \times 10^2$	$4,1840 \times 10^7$	$1,6813 \times 10^3$	$5,2256 \times 10^1$	1	$2,4175 \times 10^2$
Btu/h · ft · F	1,7307	$1,7307 \times 10^5$	6,9546	$2,1616 \times 10^{-1}$	$4,1365 \times 10^{-3}$	1

TABELA F.3-6 Fatores de Conversão para Grandezas Tendo Dimensões de L^2/t (difusividade de momento, difusividade térmica, difusividade molecular)

Dada uma grandeza nessas unidades ↓ / Multiplique pelo valor na tabela para converter para essas unidades →	m^2/s	cm^2/s	ft^2/h	centistokes
m^2/s	1	10^4	$3,8750 \times 10^4$	10^6
cm^2/s	10^{-4}	1	3,8750	10^2
ft^2/h	$2,5807 \times 10^{-5}$	$2,5807 \times 10^{-1}$	1	$2,5807 \times 10^1$
centistokes	10^{-6}	10^{-2}	$3,8750 \times 10^{-2}$	1

TABELA F.3-7 Fatores de Conversão para Grandezas Tendo Dimensões de M/t^3T ou F/LtT (coeficientes de transferência de calor)

Dada uma grandeza nessas unidades ↓ / Multiplique pelo valor na tabela para converter para essas unidades →	$W/m^2\,K$ ($J/m^2 \cdot s \cdot K$) $kg/s^3\,K$	$W/cm^2\,K$	$g/s^3\,K$	$lb_m/s^3\,F$	$lb_f/ft \cdot s \cdot F$	$cal/cm^2\,s \cdot K$	Btu/ $ft^2\,h \cdot F$
$W/m^2\,K = kg/s^3\,K$	1	10^{-4}	10^3	1,2248	$3,8068 \times 10^{-2}$	$2,3901 \times 10^{-5}$	$1,7611 \times 10^{-1}$
$W/cm^2\,K$	10^4	1	10^7	$1,2248 \times 10^4$	$3,8068 \times 10^2$	$2,3901 \times 10^{-1}$	$1,7611 \times 10^3$
$g/s^3\,K$	10^{-3}	10^{-7}	1	$1,2248 \times 10^{-3}$	$3,8068 \times 10^{-5}$	$2,3901 \times 10^{-8}$	$1,7611 \times 10^{-4}$
$lb_m/s^3\,F$	$8,1647 \times 10^{-1}$	$8,1647 \times 10^{-5}$	$8,1647 \times 10^2$	1	$3,1081 \times 10^{-2}$	$1,9514 \times 10^{-5}$	$1,4379 \times 10^{-1}$
$lb_f/ft \cdot s \cdot F$	$2,6269 \times 10^1$	$2,6269 \times 10^{-3}$	$2,6269 \times 10^4$	32,1740	1	$6,2784 \times 10^{-4}$	4,6263
$cal/cm^2\,s \cdot K$	$4,1840 \times 10^4$	4,1840	$4,1840 \times 10^7$	$5,1245 \times 10^4$	$1,5928 \times 10^3$	1	$7,3686 \times 10^3$
$Btu/ft^2\,h \cdot F$	5,6782	$5,6782 \times 10^{-4}$	$5,6782 \times 10^3$	6,9546	$2,1616 \times 10^{-1}$	$1,3571 \times 10^{-4}$	1

TABELA F.3-8 Fatores de Conversão para Grandezas Tendo Dimensões[a] de M/L^2t ou Ft/L^3 (coeficientes de transferência de massa k_x ou kw)

Dada uma grandeza nessas unidades ↓ / Multiplique pelo valor na tabela para converter para essas unidades →	$kg/m^2\,s$	$g/cm^2\,s$	$lb_m/ft^2\,s$	$lb_m/ft^2\,h$	$lb_f\,s/ft^3$
$kg/m^2\,s$	1	10^{-1}	$2,0482 \times 10^{-1}$	$7,3734 \times 10^2$	$6,3659 \times 10^{-3}$
$g/cm^2\,s$	10^1	1	2,0482	$7,3734 \times 10^3$	$6,3659 \times 10^{-2}$
$lb_m/ft^2\,s$	4,8824	$4,8824 \times 10^{-1}$	1	3600	$3,1081 \times 10^{-2}$
$lb_m/ft^2\,h$	$1,3562 \times 10^{-3}$	$1,3562 \times 10^{-4}$	$2,7778 \times 10^{-4}$	1	$8,6336 \times 10^{-6}$
$lb_f\,s/ft^3$	$1,5709 \times 10^2$	$1,5709 \times 10^1$	32,1740	$1,1583 \times 10^5$	1

[a] Quando moles aparecem nas unidades dadas e desejadas, o fator de conversão é o mesmo que para as unidades mássicas correspondentes.

NOTAÇÃO

Números entre parênteses se referem a equações, seções ou tabelas em que os símbolos são definidos ou usados pela primeira vez. As dimensões são dadas em termos de massa (M), de comprimento (L), de tempo (t), de temperatura (T) e adimensionais (—). Símbolos em negrito são vetores ou tensores (ver Apêndice A). Símbolos que não aparecem com freqüência não são listados.

A = área, L^2
a = absortividade (16.2-1), —
a = área interfacial por unidade de volume de leito com recheio (6.4-4), L^{-1}
a_α = atividade da espécie α (24.1-8), —
C_p = capacidade calorífica a pressão constante (9.1-7), ML^2/t^2T
C_V = capacidade calorífica a volume constante (9.3-6), ML^2/t^2T
c = velocidade da luz (16.1-1), L/t
c = concentração molar total (Seção 17.7), moles/L^3
c_α = concentração molar da espécie α (Seção 17.7), moles/L^3
D = diâmetro do cilindro ou esfera, L
D_p = diâmetro da partícula no leito com recheio, (6.4-6), L
$\mathscr{D}_{AB}$ = difusividade binária para o sistema A–B (17.1-2), L^2/t
$\mathscr{D}_{\alpha\beta}$ = difusividade binária para o par α–β em um sistema multicomponente (17.9-1), L^2/t
$Đ_{\alpha\beta}$ = difusividade multicomponente de Maxwell–Stefan (24.2-4), L^2/t
$\mathbb{D}_{\alpha\beta}$ = difusividade multicomponente de Fick (24.2-3), L^2/t
D_α^T = coeficiente multicomponente de difusão térmica (24.2-3), M/Lt
d = diâmetro molecular (1.4-3), L
$\mathbf{d}_\alpha$ = força-motriz difusional para a espécie α (24.1-8), L^{-1}
E_{tot} = $U_{tot} + K_{tot} + \Phi_{tot}$ = energia total em um sistema macroscópico (15.1-2), ML^2/t^2
E_c = termo de compressão no balanço de energia mecânica (7.4-3), ML^2/t^3
E_v = termo de dissipação viscosa no balanço de energia mecânica (7.4-4), ML^2/t^3
e = 2,71828 ...
e = emissividade (16.2-3), —
$\mathbf{e}$ = vetor do fluxo combinado de energia (9.8-5), M/t^3
$F_{12}, \bar{F}_{12}$ = fator de forma direto e indireto (16.4-9), (16.5-15), —
$\mathbf{F}_{s\to f}$ = força exercida pelo sólido no fluido (7.2-1), ML/t^2
f = fator de atrito (ou coeficiente de arrasto) (6.1-1), —
G = $H - TS$ = energia livre de Gibbs (24.1-2), ML^2/t^2
G = $\langle \rho v \rangle$ = velocidade mássica (6.4-8), M/L^2t
$\mathbf{g}$ = aceleração da gravidade (3.2-8), L/t^2
$\mathbf{g}_\alpha$ = força de campo por unidade de massa atuando na espécie α (Tabela 19.2-1), L/t^2
H = $U + pV$ = entalpia (9.8-6), ML^2/t^2
h = constante de Planck (14.1-2), ML^2/t
h = elevação (2.3-10), L
$h, h_1, h_{ln}, h_{loc}, h_a, h_m$ = coeficientes de transferência de calor (14.1-1 a 6), M/t^3T
i = $\sqrt{-1}$ (4.1-43), —
$\mathbf{J}_\alpha, \mathbf{J}_\alpha^*$ = fluxos molares (Tabela 17.8-1), mol/L^2t
$\mathbf{j}_\alpha, \mathbf{j}_\alpha^*$ = fluxos mássicos (Tabela 17.8-1), M/L^2t
j_H, j_D = fatores j de Chilton–Colburn (14.3-19, Tabela 22.2-1), —
K = energia cinética (7.4-1), ML^2/t^2
K_x, K_y = coeficientes bifásicos de transferência de massa (22.4-4), mol/tL^2
κ = $R/\tilde{N}$ = constante de Boltzmann (1.4-1), ML^2/t^2T
k = condutividade térmica (9.1-1 e 24.2-6), ML/t^3T

k_x = coeficientes de transferência de massa para uma única fase (22.1-7, 22.3-4, Tabela 22.2-1), mol/tL^2

k_x^0, k_y^0 = coeficientes de transferência de massa para pequenas taxas de transferência de massa e para pequena concentração da espécie (22.1-9, 22.4-2), moles/tL^2

$k_x^\bullet$ = coeficiente de transferência de massa para altas taxas de transferência líquida de massa (22.8-2a), moles/tL^2

k_T = razão de difusão térmica (24.2-10), —

k_e = condutividade elétrica (9.5-1), $\text{ohm}^{-1}\text{cm}^{-1}$

k_n'' = coeficiente de taxa de reação química heterogênea (18.0-3), $\text{moles}^{1-n}/L^{2-3n}t$

k_n''' = coeficiente de taxa de reação química homogênea (18.0-2), $\text{moles}^{1-n}/L^{3-3n}t$

L = comprimento de filme, de tubo ou de fenda (2.2-22), L

$\mathbf{L}_{\text{tot}}$ = momento angular total dentro de um sistema macroscópico (7.3-1), ML^2/t

l = comprimento de mistura (5.4-4), L

l_0 = comprimento característico na análise dimensional (3.7-3), L

M = peso molecular molar médio (Tabela 17.7-1), M/mol

M_α = peso molecular da espécie α (Tabela 17.7-1), M/mol

$M_{\alpha,\text{tot}}$ = número total de moles da espécie α em um sistema macroscópico (Tabela 23.1-3), mol

m = massa de uma molécula (1.4-1), M

m, n = parâmetros no modelo da lei de potência para a viscosidade (8.3-3), M/Lt^{2-n}

$m_{\alpha,\text{tot}}$ = massa total da espécie α em um sistema macroscópico (23.1-1), M

N = taxa de rotação do eixo (3.7-28), t^{-1}

N = número de espécies em uma mistura multicomponente (17.7-1), —

$\tilde{N}$ = número de Avogadro $(\text{gmol})^{-1}$

$\mathbf{N}_\alpha$ = vetor do fluxo molar combinado para a espécie α (17.8-2), moles/L^2t

$\mathbf{n}$ = vetor normal unitário (Fig. 1.7-2, A.5-1), —

$\mathbf{n}_\alpha$ = vetor combinado de fluxo de massa para a espécie α (17.8-1), M/L^2t

n = concentração molecular ou densidade numérica (1.4-2), L^{-3}

$\mathbf{P}_{\text{tot}}$ = momento total em um sistema macroscópico em escoamento (7.2-1), ML/t

$\mathcal{P}$ = $p + \rho g h$ = pressão modificada (para ρ e g constantes) (2.3-10), M/Lt^2

$\mathcal{P}_0$ = pressão característica usada na análise dimensional (3.7-4), M/Lt^2

p = pressão do fluido, M/Lt^2

Q = taxa de calor através de uma superfície (9.1-1, 15.1-1), ML^2/t^3

$Q_{\overrightarrow{12}}$ = escoamento de energia radiante da superfície 1 para a superfície 2 (16.4-5), ML^2/t^3

Q_{12} = troca líquida de energia radiante entre a superfície 1 e a superfície 2 (16.4-8), ML^2/t^3

$\mathbf{q}$ = vetor fluxo térmico (9.1-4), M/t^3

q_0 = fluxo térmico interfacial (10.8-14), M/t^3

R = constante dos gases (em $p\tilde{V} = RT$), ML^2/t^2T mol

R = raio de um cilindro ou uma esfera, L

R_α = taxa molar de produção da espécie α por uma reação química homogênea (18.0-2), moles/tL^3

R_h = raio hidráulico médio (6.2-16), L

$\mathfrak{R}$ = parte real (de uma grandeza complexa) (4.1-43)

$\mathbf{r}$ = vetor posição (3.4-1), A.2-24, L

r = $\sqrt{x^2 + y^2}$ = coordenada radial em coordenadas cilíndricas, L

r = $\sqrt{x^2 + y^2 + z^2}$ = coordenada radial em coordenadas esféricas, L

r_α = taxa mássica de produção da espécie α por uma reação química homogênea (19.1-5), M/tL^3

S_1, S_2 = área da seção transversal nos planos 1 e 2 (7.1-1), L^2

S = entropia (11D.1-1, 24.1-1), ML^2/t^2T

T = temperatura absoluta, T

$\mathbf{T}_{s\to f}$ = torque exercido por uma fronteira sólida no fluido (7.3-1), ML^2/t^2

$\mathbf{T}_{\text{ext}}$ = torque externo atuando no sistema (7.3-1), ML^2/t^2

$T_1 - T_0$ = diferença característica de temperatura usada em análise dimensional (11.5-5), T

t = tempo, t

U = energia interna (9.7-1), ML^2/t^2

U = coeficiente global de transferência de calor (10.6-15), M/t^3T

$\bar{u}$ = média aritmética da velocidade molecular (1.4-1), L/t
$\mathbf{u}$ = vetor unitário na direção de escoamento (7.2-1), —
V = volume, L^3
$\mathbf{v}$ = velocidade mássica média (17.7-1), L/t
$\mathbf{v}^*$ = velocidade molar média (17.7-2), L/t
$\mathbf{v}_\alpha$ = velocidade da espécie α (17.1-3, Tabela 17.7-1), L/t
v_0 = velocidade característica na análise dimensional (3.7-4), L/t
v_s = velocidade do som (9.4-2, 11C.1-4), L/t
v_* = $\sqrt{\tau_0/\rho}$ = velocidade de atrito (5.3-2), L/t
W = taxa molar de escoamento através de uma superfície, (23.1-4), moles/t
W_α = taxa molar de escoamento da espécie α, através de uma superfície (23.1-3), moles/t
W_m = taxa de realização de trabalho no sistema pelo ambiente via partes móveis (7.4-1), ML^2/t^3
w = taxa mássica de escoamento através de uma superfície (2.2-21), M/t
w_α = taxa mássica de escoamento da espécie α, através de uma superfície (23.1-1), M/t
x_α = fração molar da espécie α (Tabela 17.7-1), —
x, y, z = coordenadas cartesianas
y = distância a partir da parede (na teoria da camada limite e na turbulência) (Seção 4.4), L
y_α = fração molar da espécie α (22.4-2), —
Z = freqüência de colisão na parede (1.4-2), $L^{-2}t^{-1}$
z_α = carga iônica (24.4-5), equiv/mol

alfa α = $k/\rho\hat{C}_p$ = difusividade térmica (9.1-7), L^2/t
beta β = coeficiente térmico de expansão volumétrica (10.9-6), T^{-1}
β = gradiente de velocidade em uma superfície (12.4-6), t^{-1}
gama γ = C_p/C_V = razão de capacidades térmicas (11.4-56), —
$\dot{\boldsymbol{\gamma}}$ = $\nabla\mathbf{v} + (\nabla\mathbf{v})^\dagger$ = tensor taxa de deformação (8.3-1), t^{-1}
delta ΔX = $X_2 - X_1$ = diferença entre valores na saída e na entrada
δ = espessura de um filme descendente (2.2-22), espessura da camada limite (4.4-14), L
$\boldsymbol{\delta}$ = tensor unitário (1.2-7, A.3-10), —
$\boldsymbol{\delta}_i$ = vetor unitário na direção i (A.2-9), —
δ_{ij} = delta de Kronecker (1.2-2, A.2-1), —
épsilon ε = porosidade (6.4-3), —
$\varepsilon, \varepsilon_{AB}$ = energia atrativa máxima entre duas moléculas (1.4-10, 17.3-13), ML^2/t^2
ε_{ijk} = símbolo de permutação (A.2-3), —
dzeta ζ = coeficiente de composição de expansão volumétrica (19.2-2 e Tabela 22.2-1), —
eta η = viscosidade de fluido não newtoniano (8.2-1), M/Lt
η', η'' = componentes da viscosidade complexa (8.2-4), M/Lt
$\bar{\eta}$ = viscosidade elongacional (8.2-5), M/Lt
η_0 = viscosidade com taxa de cisalhamento igual a zero (8.3-4), M/Lt
teta θ = arctg(y/x) = ângulo em coordenadas cilíndricas (A.6-5), —
θ = arctg $(\sqrt{x^2 + y^2}/z)$ = ângulo em coordenadas esféricas (A.6-23), —
kapa κ = viscosidade dilatacional (1.2-6), M/Lt
$\kappa, \kappa_0, \kappa_1, \kappa_2$ = constantes adimensionais usadas em turbulência (5.3-1, 5.4-3, 5.4-5, 5.4-6)
lambda $\Lambda, \Lambda_v, \Lambda_T, \Lambda_\omega$ = razões de difusividade (20.2-29), —
λ = comprimento de onda de radiação eletromagnética (16.1-1), L
λ = livre percurso médio (1.4-3), L
$\lambda, \lambda_1, \lambda_2, \lambda_k, \lambda_H$ = constantes de tempo em modelos reológicos (Seção 8.4 a Seção 8.6), t
mi μ = viscosidade (1.1-1), M/Lt
ni ν = μ/ρ = viscosidade cinemática (1.1-3), L^2/t
ν = freqüência de radiação eletromagnética (16.1-1), t^{-1}
csi ξ = coeficiente de composição de expansão volumétrica (Tabela 22.2-1), —
pi $\Pi, \Pi_v, \Pi_T, \Pi_\omega$ = perfis adimensionais (4.4-25, 12.4-21, 20.2-28), —
π = 3,14159...
$\boldsymbol{\pi}$ = $\boldsymbol{\tau} + p\boldsymbol{\delta}$ = tensor fluxo de momento molecular, tensor tensão molecular (1.2-2, 1.7-1), M/Lt^2
rô ρ = densidade, M/L^3

ρ_α = massa da espécie α por unidade de volume de mistura (Tabela 17.7-1), M/L^3

sigma σ = constante de Stefan–Boltzmann (16.2-11), M/t^3T^4

σ = tensão superficial (3.7-12), M/t^2

σ, σ_{AB} = diâmetro de colisão (1.4-10, 17.3-11), L

tau $\boldsymbol{\tau}$ = tensor fluxo de momento (viscoso), tensor tensão (viscosa) (1.2-2), M/Lt^2

τ_0 = magnitude da tensão cisalhante em interface sólido–fluido (5.3-1), M/Lt^2

fi Φ = energia potencial (3.3-2), ML^2/t^2

Φ_v = função dissipação viscosa (3.3-3), t^{-2}

$\boldsymbol{\phi}$ = $\boldsymbol{\pi} + p\mathbf{vv}$ = tensor fluxo de momento combinado (1.7-1), M/Lt^2

ϕ = arctg y/x = ângulo em coordenadas esféricas (A.6-24), —

ϕ = potencial eletrostático (24.4-5), volts

φ = energia potencial intermolecular (1.4-10), ML^2/t^2

psi Ψ_1, Ψ_2 = primeiro e segundo coeficiente da tensão normal (8.2-2, 3), M/L

Ψ_v = função de dissipação viscosa (3.3-3), t^{-2}

ψ = função de corrente (Tabela 4.2-1), as dimensões dependem do sistema de coordenadas

ômega $\Omega_\mu, \Omega_k, \Omega_{\mathcal{D}}$ = integrais de colisão (1.4-14, 9.3-13, 17.3-11), —

ω_α = fração mássica da espécie α (17.1-2, Tabela 17.7-1), —

$\omega_{A1} - \omega_{A0}$ = diferença característica de fração mássica usada em análise dimensional (19.5-7), —

Overlines

$\tilde{X}$ = por mol

$\hat{X}$ = por unidade de massa

$\overline{X}$ = molar parcial (19.3-3, 24.1-2)

$\overline{X}$ = média temporal (5.1-4)

$\breve{X}$ = adimensional (3.7-3)

Parênteses, Colchetes, Chaves

$\langle X \rangle$ = valor médio sobre uma seção transversal de escoamento

$(X), [X], \{X\}$ = usados em operações vetoriais–tensoriais quando os parênteses, colchetes ou chaves incluem operações de multiplicação com ponto ou com xis (Apêndice A)

$[\![\ ]\!]$ = grupamentos adimensionais

$[=]$ = tem as dimensões de

Sobrescritos

$X^\dagger$ = transposto de um tensor (1.2-7, A.3-8)

$X^{(t)}$ = turbulento (5.2-8)

$X^{(v)}$ = viscoso (5.2-9)

X' = grandeza de flutuação (5.2-1)

Subscritos

A, B = espécies A e B em sistemas binários

$\alpha, \beta, \ldots$ = espécies em sistemas multicomponentes

a = média aritmética da força-motriz ou coeficiente associado de transferência (14.1-3)

b = valor macroscópico ou de mistura (*cup mixing*) para uma corrente confinada (10.8-33, 14.1-2)

c = avaliado no ponto crítico (1.3-1)

ln = média logarítmica da força-motriz ou coeficiente associado de transferência (14.1-4)

loc = força-motriz local ou coeficiente associado de transferência (14.1-5)

m = coeficiente médio de transferência para um objeto submerso (14.1-6)

r = reduzido, relativo ao valor crítico (Seção 1.3)

tot = quantidade total de uma entidade em um sistema macroscópico

0 = avaliado em uma superfície

1, 2 = avaliado nas seções transversais 1 e 2 (7.1-1)

Grupos adimensionais designados com duas letras

Br = número de Brinkman (10.4-9, Tabela 11.5-2)

Ec = número de Eckert (Tabela 11.5-2)

Fr = número de Froude (3.7-11)

Gr = número de Grashof (10.9-18, Tabela 11.5-2)

$\mathrm{Gr}_\omega, \mathrm{Gr}_x$ = número difusional de Grashof (19.5-13, Tabela 22.2-1)

Ha = número de Hatta (20.1-41)
Le = número de Lewis (17.1-9)
Ma = número de Mach (11.4-71)
Nu = número de Nusselt (14.3-10 a 15)
Pé = número de Péclet (Tabela 11.5-2)
Pr = número de Prandtl (9.1-8, Tabela 11.5-2)
Ra = número de Rayleigh (Tabela 11.5-2)
Re = número de Reynolds (3.7-10)
Sc = número de Schmidt (17.1-8)
Sh = número de Sherwood (22.1-5)
We = número de Weber (3.7-12)

Operações matemáticas

D/Dt = derivada substantiva (3.5-2), t^{-1}
$\mathscr{D}/\mathscr{D}t$ = derivada co-rotacional (8.5-2), t^{-1}
∇ = operador nabla (A.4-1), L^{-1}
$\ln x$ = logaritmo de x na base e
$\log_{10} x$ = logaritmo de x na base 10
$\exp x$ = e^x = função exponencial de x
$\text{erf } x$ = função erro de x (4.1-14, Seção C.6)
$\Gamma(x)$ = função gama (completa) (12.2-21, Seção C.4)
$\Gamma(x, u)$ = função gama incompleta (12.2-24)
$O(\ldots)$ = "da ordem de"

ÍNDICE

D

E

R

S

T

U

V

Pré-impressão, impressão e acabamento

GRÁFICA
SANTUÁRIO

grafica@editorasantuario.com.br
www.editorasantuario.com.br
Aparecida-SP

10 1 2 3 4 5 6 7 8 9
2018

EXPRESSÕES DE FLUXOS MOLECULARES (VER APÊNDICE B — B.1, B.2 E B.3)

Momento (ρ = constante, fluido newtoniano):

$$\boldsymbol{\pi} = p\boldsymbol{\delta} - \mu(\nabla \mathbf{v} + (\nabla \mathbf{v})^{\dagger}) \qquad \text{ou} \qquad \pi_{ij} = p\delta_{ij} - \mu\left(\frac{\partial v_j}{\partial x_i} + \frac{\partial v_i}{\partial x_j}\right)$$

Calor (somente fluido puro):

$$\mathbf{q} = -k\nabla T \qquad \text{ou} \qquad q_i = -k\frac{\partial T}{\partial x_i}$$

Massa (para uma mistura binária de A e B):

$$\mathbf{j}_A = -\rho\mathscr{D}_{AB}\nabla\omega_A \qquad \text{ou} \qquad j_{Ai} = -\rho\mathscr{D}_{AB}\frac{\partial \omega_A}{\partial x_i}$$

EXPRESSÕES DE FLUXOS CONVECTIVOS (VER SEÇÕES 1.7, 9.7, 17.7)

Momento:

$$\rho\mathbf{v}\mathbf{v} \qquad \text{ou} \qquad \rho v_i v_j$$

Energia:

$$\rho(\hat{U} + \tfrac{1}{2}v^2)\mathbf{v} \qquad \text{ou} \qquad \rho(\hat{U} + \tfrac{1}{2}v^2)v_i$$

Massa:

$$\rho\omega_A\mathbf{v} \qquad \text{ou} \qquad \rho\omega_A v_i$$

EXPRESSÕES COMBINADAS DE FLUXOS

Momento:

$$\boldsymbol{\phi} = \rho\mathbf{v}\mathbf{v} + \boldsymbol{\pi} = \rho\mathbf{v}\mathbf{v} + p\boldsymbol{\delta} + \boldsymbol{\tau} \qquad \text{(Eq. 1.7-2)}$$

Energia:

$$\mathbf{e} = \rho(\hat{U} + \tfrac{1}{2}v^2)\mathbf{v} + \mathbf{q} + [\boldsymbol{\pi}\cdot\mathbf{v}] \qquad \text{(Eq. 9.8-5)}$$

$$= \rho(\hat{H} + \tfrac{1}{2}v^2)\mathbf{v} + \mathbf{q} + [\boldsymbol{\tau}\cdot\mathbf{v}] \qquad \text{(Eq. 9.8-6)}$$

Massa:

$$\mathbf{n}_A = \rho\omega_A\mathbf{v} + \mathbf{j}_A \qquad \text{(Eq. 17.8-1)}$$

Nota: A grandeza $[\boldsymbol{\pi}\cdot\mathbf{v}]$ é o fluxo do trabalho molecular (ver Seção 9.8) e $\boldsymbol{\pi} = p\boldsymbol{\delta} + \boldsymbol{\tau}$ (ver Tabela 1.2-1). Todos os fluxos obedecem à mesma convenção de sinal: eles são positivos, quando a entidade sendo transportada está se movendo do lado negativo de uma superfície para o lado positivo.